Gesamtverzeichnis des deutschsprachigen Schrifttums (GV) 1700 – 1910

Bearbeitet unter der Leitung von
Hilmar Schmuck und Willi Gorzny
Bibliographische und redaktionelle Beratung:
Hans Popst und Rainer Schöller

55

Han - Hao

K · G · Saur München · New York · London · Paris 1982

CIP-Kurztitelaufnahme der Deutschen Bibliothek

Gesamtverzeichnis des deutschsprachigen Schrifttums :
(GV). – München, New York, London, Paris : Saur.
Bd. 1 – 6 bearb. unter d. Leitung von Peter Geils
u. Willi Gorzny.
ISBN 3-598-30000-X

1700 – 1910 / bearb. unter d. Leitung von Hilmar
Schmuck u. Willi Gorzny. Bibliograph. u. red.
Beratung: Hans Popst u. Rainer Schöller

NE: Schmuck, Hilmar [Bearb.]

55. Han - Hao. - 1982.

Techn. Realisierung und Druck: Norbert Gärtner, Mainz-Kastel
Binden: Karl Schaumann, Darmstadt
Printed in the Federal Republic of Germany
ISBN 3-598-30000-X (Gesamtwerk)

Han's, Balthasar, Ausreden der Armbrust- und Büchsenschützen. Aus einer Handschrift des 16. Jahrh. hrsg. von Karl Waßmannsdorff. gr. 8. (XXXIV, 27 S.) Heidelberg 887, K. Groos. *

Hän, s.a. Haën.

Hän, Anton

— über d. Art d. Todes d. Ertrunkenen, Erhenkten ꝛc. 8. Wien 772. Kruchten. 8 gr

— difficultates circa modernum systema de sensibilitate hum. corporis. 8. Wien 761. Kruchten. 16 gr

— von Einimpfung d. Pocken. Aus d. Latein. v. F. X. v. Wasserberg. 8. Wien 775. 4 gr

— epistola de cicuta. 8maj. Wien 764. Trattner. 3 gr

— epitome operum omnium. In usum juniorum practic. studentiumque accommodata per Jh. Mch. Schosulan. 8maj. Wien 778. (Beck). 8 gr Weiss P. 10 gr Schrbp. 12 gr

— Diss. sistens examen proverbii: Medicina turpis disciplina. 8. Leyd. 763.

— von den Fiebern. 8. Kopenh. 763. Mumme. 4 gr N. Ausg. 8. Dresd. 777. (Göthe in Leipz.) 4 gr

— Heilungsmethode, herausg. v. Gr. Plattner. 9 Bde, mit Kpf. gr. 8. Leipz. 779—85. Weygand. 11 ₰ 12 gr

— lettre à un de ses amis au sujet de la lettre de Mr. Tissot à Mr. Hirzel. 8. Wien 758. auch 763.

— de magia liber. 8maj. Wien 777. (List in Berl.) 20 gr (Wesché in Frkf.) 8 gr

— de miraculis. 8maj. Frankf. 776. (Schäfer). (C. F. Günther in Glogau). 16 gr

— ad sibi communicatos observationes Vratislavienses de cicuta resp. 8maj. Bresl. 765. (Gosohorsky). 3 gr

— opuscula quaed. inedita ed. cur. et praef. J. Eyerell. II Prts. 8maj. Wien 795. (Heubner). 2 ₰ 12 gr

— opuscula omnia medico-physica in unum nunc primum collecta. VI Voll. 8. Neapel 780.

— von d. Pest. 8. Basel 789. Flick. 16 gr

v. *Hän*, Ant., († d. 5. Sept. 1776.) praelectiones in H. Boerhavii institut. patholog. ed. F. X. v. Wasserberg. V Tom. 8maj. Wien 780—82. (Kummer in Leipz.) 6 ₰

— quaestiones saepius motae super methodo inoculandi variolas. 8maj. Wien 757. Trattner. 4 gr

— resp. ad Tralles epist. apologeticam circa variolar. inoculationes etc. 8. Wien 765. Kruchten. 6 gr

— ratio medendi in nosocomio pract. XV Prts. 8maj. Wien 758—73. Trattner. 10 ₰ 5 gr Continuat. III Prts. (P. II. Et. s. tit.: Operum posthumorum Vol. I. 1 ₰ 12 gr) colleg. ed. Max. Stoll. 8maj. ibid. 772—79. 4 ₰ 8 gr

— theses sistens febrium divisiones. 8maj. Wien 760. Trattner. 6 gr

— theses pathologicae de haemorrhoidibus. 8maj. Wien 759. Trattner. 4 gr

— vindiciae difficultatum de sensibilitate etc. contra A. de Haller. 8. Wien 762. Kruchten. 16 gr

— Vorles. über d. Krankheitslehre nach Boerhave. Aus d. Latein., mit Zusätzen verm. u. herausg. von F. X. v. Wasserberg. 1r Bd. gr. 8. Leipz. 780. (W. Vogel). 2 ₰ 12 gr

Haen-Carstanjen, de, die Wasserglas-Gallerte, ihre Anwendung und ihr Nutzen. 8. (16 S.) Düsseldorf 856, (Schaub'sche Buchh.)

Hanaccius, s. H a n a c k

Hanáček, Karl, *Musterlehrer a. d. Pfarrhauptschule zu Altbrünn.* Satzlehre. *Brünn* 1858. *Carl Winiker.* 49 S. 8°.

Hanáček, Carl, Satzlehre. 3. Aufl. Brünn 862, (Winiker.) gr. 8. (52 S.) n. 4 ngr.

Hanáček, Carl, Satzlehre. 4. Aufl. Brünn 867. Winiker. gr. 8. (52 S.) n. 4 ngr.

Hanaček, R.: Über S y s t e m e für Zahnrädermodelle in Metermass. Wien 1871.

Hanaček, Wladimir

H a n a č e k, W., Aufgaben über ebenflächige Körper; deren Darstellung, ebene und gegenseitige Schnitte. gr. 8. (19 S.) Wien 885. Znaim, Fournier und Haberler. *

Hanaček, W., Aufgaben üb. ebenflächige Körper, deren Darstellung, ebene u. gegenseitige Schnitte. gr. 8. (19 S.) Wien 886. (Pichler's Wwe. & Sohn.) n. — 50

H a n a č e k, Wlad., Aufgaben über Punkte, Gerade und Ebenen. Ein Beitrag zum Unterrichte in der darstellenden Geometrie an Oberrealschulen. gr. 8. (23 S.) Znaim 884, (Fournier und Haberler.)

Hanáček Wl.: Von 2 besonderen sphärischen Dreiecken, von denen jedes die reciproke Figur des andern ist. 31 Znaim R. 76. Progr.

Hanaček, Wlad., Lehrbuch d. b ö h m i s c h e n Sprache. 1. Thl. (1. u. 2. Classe.) gr. 8. (VI, 184 S) Wien 898. A. Hölder. Geb. in Leinw. n. 2. 08

Hanaček, Wladim., Lehrbuch der böhmischen Sprache. I. u. II. Thl. gr. 8. Wien, A. Hölder. Geb. in Leinw. n. 5. 78
1. (1. u. 2. Classe.) 2., unveränd. Aufl. (VI, 184 S.) 901. n. 2. 18
2. (3. u. 4. Classe.) (VII, 330 S.) 900. n. 3. 60

Hanaček, Wladimir, Lehrbuch der böhmischen Sprache. 1. Tl. (1. u. 2. Klasse.) 3. Aufl. Inhaltlich unveränd. nach der neuen Rechtschreibg. hergestellter Abdr. der 2. Aufl. (VI, 184 S.) 8. Wien 906. A. Hölder. Geb. n. 1. 88

Hanaček, Lehrbuch der böhmischen Sprache. I. Teil. 4., unveränderte, sonach gemäß Min.-Erl. vom 16. Juni 1906, Z. 23619 allgemein zulässige Auflage. Wien 1910. Alfred H ö l d e r. Geb. K 2.18.

Hanaček, Wlad. Böhmisches Sprech- u. Lesebuch f. Mittel- u. Bürgerschulen. 2 Thle. gr. 8. Wien, Hölder. [1. Thl. (76 S.) 891. geb. ** — 96; 2. Thl. (XI, 161 S.) 891. geb. ** 1 80.] ** 2 76

Hanaček, Wlad., böhmisches Sprech- u. Lesebuch f Mittel- u. Bürgerschulen. 1.—3. Tl. gr. 8. Wien, A. Hölder. Geb. in Leinw. n. 4.92
1. 2. unveränd. Aufl. (IV, 63 S.) 893. n. — 96. — 2. (XI, 161 S.) 891. n. 1.80. — 3. (VI, 192 S.) 893. n. 2.16.

Hanaček, Wladimir, Böhmisches Sprach- und Lesebuch für Mittel- und Bürgerschulen. II. Thl. 2. Auflage. Wien 1894. A. Hölder. (Min.-Erl. v. 29. September 1894, Z. 22232) —.70
Gebunden —.90

Hanaček, Wladimir, Böhmisches Sprach- und Lesebuch für Mittel- und Bürgerschulen. I. Theil. 3. Auflage. Wien 1895. Alfred Hölder. (Min.-Erl. v. 26. Juli 1895, Z. 17536.) Geb. —.48

Hanaček, Wladimir, Böhmisches Sprach- und Lesebuch für Mittel- und Bürgerschulen. I. Theil. 4. Aufl. Wien 1896. Alfred Hölder. (Min.-Erl. vom 22. Juni 1896, Z. 15161.) Geb. —.48

Hanaček, Wladimir, Böhmisches Sprach- und Lesebuch für Mittel- und Bürgerschulen. II. Theil. 3. Aufl. Wien 1896. A. Hölder. (Min.-Erl. vom 29. September 1896, Z. 24015) —.70, geb. —.90

— **Böhmisches Sprech- u. Lesebuch f. Mittel- u. Bürgerschulen. 3 Thle. gr. 8. Ebd. 898.** Geb. in Leinw. n. 4.92
1. 5., unveränd. Aufl. (IV, 63 S.) n. — 96
2. 4., unveränd. Aufl. (V, 161 S.) n. 1. 80
3. 2., unveränd. Aufl. (VI, 192 S.) n. 2. 16

— **böhmisches Sprech- u. Lesebuch f. Mittel- u. Bürgerschulen. I. u. II. Tl. gr. 8. Ebd. 903.** Geb. in Leinw. n. 2. 82
I. 6., unveränd. Aufl. In neuer Rechtschreibg. (IV, 63 S.) n. — 92
II. 5., unveränd. Aufl. Inhaltlich unveränd., in der neuen Rechtschreibg. hergestellter Abdr. der 4. Aufl. (V, 161 S.) n. 1. 90

Hanaček Wladimir, Böhmisches Sprach- und Lesebuch für Mittel- und Bürgerschulen. I. Teil. 7., unveränderte, somit gemäß Min.-Erl. vom 28. Februar 1903, Z. 4938, allgemein zulässige Auflage. Wien 1907. A. Hölder. Geb. K 1.06.

Hanaček Wladimir. Böhmisches Sprach- und Lesebuch für Mittel- und Bürgerschulen. II. Teil. 6., inhaltlich unveränderte, sonach gemäß Min. Erl. vom 17. Jänner 1903 Z. 40172 ex 1902, allgemein zulässige Auflage. Wien 1908. A. Hölder. Geh. K 1.40, geb. K 1.90 (Min.-Erl. vom 30. Dezember 1907, Z. 52186.)

Hanaček, Böhmisches Sprech- und Lesebuch für Mittel- und Bürgerschulen. I. Teil. 8., inhaltlich unveränderte, somit gemäß Min.-Erl. vom 25. Juli 1907, Z. 24155. allgemein zulässige Auflage. Wien 1910. Alfred Hölder. Geb. K 1.06.

Hanaček, Wladim., böhmisches Sprech- u. Lesebuch f. Mittel- u. Bürgerschulen. I. Tl. 3. Aufl. (63 S.) 8. Wien 910. A. Hölder. Geb. — 92

Hanačik, Josef: Kurze Charakteristik der im Sophokleischen Ajas handelnden Personen, s. Hudec, Hubert: Gymnasium am Schlusse des Studienjahres. 1855.

Hanačik, V., Achilleus (II. díl). Pr. 1890. 47 S.

Hanack, Christian

— accessiones n. ad Hornii jus feudale. 4. ibid. 728.

Hanack, Christian (Präs.), s. Bauer, Christian Ernst: De favore erga debitores calamitate belli debilitatos.

— — De ecclesiis incendio eversis. Von eingeäscherten Gottes=Häusern. Wittbg. (Ephr. Gottl. Eichsfeld) 16. VIII. 1761. 20 S. mit genealog. Biogr. v. Immanuel Gottlieb Freyberg (Dresden; M.: J. D. Jahn). (5.50) 13012

— — [De elogiis criminum speciatim academicis.] Wittbg. (Jo. Friedr. Schlomach) 7. VIII. 1755. 16 S. mit Biogr. v. Martin Gottlob Schlomach (Leipzig; M.: M. E. Dietz). (5.—) 13009

— — De eo, quod justum est circa investituram solennem. Theses inaug. jur. Präs: Gottfr. Ludwig Mencken. Wittenbg. (Christian Schroeder) Febr. 1720. 12 Bl. (6.20) 13000

Hanaccius, Christ., de eo, quod refert, feudum esse datum vel oblat. 4. Vitb. Zimmermann. 721.

— — Jurisprudentia naturalis passim emendanda. — Dominii origo extra dubium posita. Wittbg. 3. V. 1758. 16 S. mit Biogr. v. August Gotthelff Schmuck (Bautzen; M.: A. D. Gabler). (5.—) 13010

— jus judiciarium Saxonicum. 8. ibid. 730.

— — Juris Saxonici ceterasque propediem inchoandas lectiones indicat dataque occasione de Saxonici juris separatim docendi discendique utilitate pariter ac necessitate nonnulla edisserit. Wittbg. (Gerdes) 1722. 8 Bl. (4.—) 13001

— — (Präs.), Manipulus sextus thesium 60 ex institutionum Justiniani titulo de autoritate tutorum disput. 10. Wittbg. (Gaebert) 1728. 4 Bl. (4.—) 13003
Respondenten: Anton Friedrich Haferung (Greuss./Thür.), Benedict Ludolph Reismann (Wittenberg), Jacob Friedrich Cnebel (Zittau), Carl Philipp Just (Zittau), Johann Christoph Keil (Wittenberg), Georg Friedrich Maeck (Frauenstein/Misn.), Heinrich Brokes (Lübeck), Johann Samuel v. Wedig (Wittenb.), Johann Victor Boenig (Quedlinburg), Johann Georg Hommitzsch (Trebicensi-Sax.).

— — Manipulus septimus thesium 60 ex institutionum Justiniani titulo de rerum divisione disput. 10. Wittbg. (Eichsfeld) 1729. 4 Bl. (4.—) 13004
Respondenten: Gottlob Heinrich Kuntzel (Dresd.), Johann Christoph Keil (Wittenberg), Carl Friedrich Lucius (Dresd.), Christian Samuel Schaufus (Chemn.), Christian Adam Birckholz (Holtzdorf-Saxon.), Carl Wilhelm Temmich (Wittenbg.), Alexander Goetz (Sorb. Misn.), Christian Gottlob Engel (Rochl. Misn.), Jo. Friedrich Hauswald, Christoph Leisker (Grosthumens. Misn.).

— — Dasselbe. (Manipulus octavus thes. 60). Wittenbg. (Eichsfeld) 1729. 4 Bl. (4.—) 13005

Respondenten: Carl Wilhelm Temmich (Wittenberg), Johann Gottfried Redlich (Hertzberg/Sax.), Martin Gottlob Luther (Wurzen-Hoheburg), August Gottlob Kollmann (Eilenburg), Johann Christoph Keil (Wittbg.), Friedrich Gottlob Lehmann (Bischofswerda), Carl Wilhelm Temmich (Wittenberg), Alexander Goetz (Sorb. Misn.), Johann Martin Tresselt (Breitenbach/Schwarzburg), Martin Friedrich Schoen (Senfftenb. Misn.).

— — Manipulus duodecimus thesium controversarum e titulis institutionum Justiniani de heredibus instituendis et vulgari substitutione 10 disput. Wittbg. (Jo. Friedr. Schlomach) 1744. 15 S. (4.—) 13007

Respondenten: Johann Gottlieb Sorge (Oberlausitz), (Oppon.: Jo. Wilh. Otto [Coelled./Thür.], Jo. Carl Wilhelm Regis [Zerbst], Philipp Ludwig Spener [Wittbg.]); Jo. August Christian Dennewiz (Jüterbog), (Oppon.: Joh. Andr. Bleisch [Belt. Saxo], Johann Gottlieb Sorge [Ob.-Laus.], Jo. Wilhelm Otto [Coelled./Thür.]); Johann Heinrich Goettel (Niederboesa/Thür.), (Oppon.: Jo. Heinr. Gottlob Justi [Burcca-Thur.], August Gunth. Clemann [Thur.], Gebh. Friedr. Bastineller [Wittenberg]), Friedrich Gottlieb Willisch (Megalo-Hayn. Misn.), (Oppon.: Wolfg. Chr. Fried. Schroeter [Wurzen], Johann Adolph Roth [Dresd.], Jo. Carl Erdm. Nitzsch [Glaucha-Schoenb.]); Christian Friedr. Neuhoff (Sorbiga-Misnico), (Oppon.: Christ. Friedr. Andreae [Ortrand], Jo. Wilhelm Otto [Coelleda]); Johann Wilhelm Otto (Coelleda), (Oppon.: Adolph Maxim. Zeugfang [Zschepplin-Misn.], Christian Friedr. Neuhoff [Sorbig-Misn.]); Jo. Carl Erdmann Nitzsch (Glaucha-Schoenburg), (Oppon.: Fried. Gottlieb Willisch [Megalo-Hayn. Misn.], Johann August Schroeter [Wurzen], Johann Friedrich Kobel [Thüring.]); Christian Friedrich Andreae (Ortrand), (Oppon.: Gottlob Christian Simers [Mega-Kmel. Misn.], Jo. Aug. Christ. Dennewiz [Jüterbog], Johann Wilhelm Otto [Coelleda]), Adolph Maximilian Zeugfang (Zscheppl. Misn.), (Oppon.: Gottlob Christian Simers [Mega-Kmehl. Misn.], Johann Wilhelm Otto [Coelleda], Christian Friedr. Andreae [Ortrand]), Philipp Ludwig Spener (Wittenberg), (Oppon.: Gebhard Friedrich Bastineller [Wittbg.], Jo. Balthas. Ludw. Conradi [Wittenbg.], Christ. Ern. Hettermann [Weberstad/Thüringen]).

Hanack, Christian (Wittenberg), Observationes circa jura eleemosynarum et aliarum collectarum ecclesiasticarum templorum et betularum pentecostalium etc. Präs. Casp. Heinrich Horn. Wittbg. (Samuel Creusig) 11. I. 1716. 34 S., tlws. dtsch. (6.30) 12997

— — Dasselbe. Wittbg. (Scheffler) 1740. 32 S. (6.—) 12998

— — Dasselbe. Wittbg. (Hake) 1749. 38 S. (6.—) 12999

— — [De comitum palatinorum origine.] Wittbg. (Schlomach) 1747. 16 S. mit Biogr. v. Johann Gottlob Puscher (Bischofswerda; M.: R. S. Reich). (5.—) 13008

— — Institutum Jo. Gottfried Wachsmuth (Kemberg). — Praemit. antiquitatum Germaniae specim. VI; de originibus Saxonicis I. Wittenbg. Ephr. Gottl. Eichsfeld) Okt. 1761. 4 Bl. (3.50) 13013

— — De praefecturis. Wittenbg. (Jo. Christoph Tzschidrich) 28. IV. 1765. 15 S. mit Biogr. von Christian Gottlieb Hommel (Wittenberg; M.: M. S. Gemelich). (4.50) 13014

— — Primordia superioritatis territorialis Saxonicae ex antiquis Saxonum et Francorum rebus eruta. Wittbg. (Gottl. Heinr. Schwartz/Schlomach) 1740. 124 S. (7.—) 13006

— — De Saxonici juris ad artem revocandi ratione munus jura docendi publicum extra ordinem ab Augustissimo Sarmatarum rege atque electore Saxonicae patre patriae longe indulgentissimo. Wittbg. (Gaeberdt) 1726. 18 Bl. (5.50) 13002

— — De testatore, legislatore. Wittbg. (Schlomach) 12. X. 1759. 16 S. mit Biogr. v. Johann Sigismund Zeidler (Johanngeorgenstadt; M.: M. D. Kunad). (4.—) 13011

Hanack, Chr.: Vorbereitung z. Sächs. Rechtsgelehrtheit. *Wittenberg.* 765. 8.

HANACK, Frdr., Lehrjahre der Liebe. (Zahmer Familien-Roman.) Penig 1804, bey F. Dienemann u. Comp. — *A. E.:* Chemnitz, gedr. bei C. G. Kretschmar. 8°.
Doppeltit. u. 260 S. (Journal von neuen deutschen Orig.-Romanen in 8 Lfrgn. jährl. Jahrg. 2: 1803. Lfg. 8.)

Hanack, Fr., Lehrjahre der Liebe. R. Penig 804. Dienemann. (Leich in Leipz.) 1 ⁄ (A. u. d. T.: Journal von Originalromanen.)

Hanaczek, H., s. Lehrerfreund, Deutscher.

Hanaczek, W., der Turnverein in Znaim 1862—1887. Festschrift zum 25jähr. Gründungs-Feste. gr. 8. (31 S.) Znaim 887. (Fournier & Haberler.) n. — 50

Hanaczik: Eine Abhandlung über Sophokles und insbesondere über dessen Drama Aias mit einer böhm. Uebersetzungsprobe aus Aias. 12 S. (Fortsetzung und Schluss s. Brünn 1857, 1859, 1860) –Neuhaus, Progr. 1855

Ha-Nagid, S., Poetisches, s.: Harkavy, A., Studien u. Mittheilungen aus der kaiserl. öffentlichen Bibliothek zu St. Petersburg.

Hanak. Die Heilswahrheiten d. Christentums. Ein Vademecum f. Hrn. Prof. Luthardt. gr. 8. (148 S.) Lpz. 892, O. Wigand. * 2 —

Hanak, Dr. Emanuel, Lehrbuch der Geschichte des Alterthums für die unteren Classen der Mittelschulen. Mit 55 in den Text gedruckten Abbildungen. 11., unveränderte Auflage. Wien 1899. A. Hölder. Geh. –.60, geb. –.80

Hanák Ker. János. A természetrajz elemei. Az Ujság számára irta — — Pesten, 1858. Saját gyártmányu papirra nyomtatta Sommer Lipót Bécsben. Hartleben Konrád Adolf sajátja. (196 S. 8.) (Elemente der Naturgeschichte. Für die Jugend verfaßt von Joh. Nep. Hanák. 6te verbesserte und vermehrte Ausgabe mit 114 Holzschnitten. Wien. Dr. und Papier von Leop. Sommer. Verlag von Konrad Adolf Hartleben.)

Hanák, Mich., Geschichte eines natürl., durch sich selbst entwickelten Somnambulismus. Beobachtet im J. 1831—32. Aus d. Latein. übers. von M. H. gr. 12. Kaschau 833. (832.) Wigand. 12 gl

Hanák, Mich., Geschichte e. natürl., durch sich selbst entwickelten Somnambulismus. Beobachtet im J. 1831—32. A. d. Latein. übers. v. M. H. gr. 12. (5½ B.) Kaschau 833. [Leipzig, G. Wigand.]

Hanák, Rud., die königl. Landeshauptstadt Brünn u. die Umgebung. Nach den besten Hülfsquellen zusammengestellt u. mit Unterstützung des Brünner Lehrervereins hrsg. gr. 8. (IV, 75 S.) Brünn 880. (Winkler.) n. 1. —

Hanaman, J., die Dickmaischbrauerei mit besonderer Berücksichtigung des altbayerischen Brauverfahrens vom chemischen Standpunkte aus beleuchtet. München 862. Gummi. gr. 8. (15 S.) n. 4 ngr.

HANAMANN, A.: Ueber d. Gränzlinie zwischen Verbrechen und Vergehen. *Wien*, 805. 8.

Hanamann, Jos.

Hanamann, J., Ackererden u. Gesteine Böhmens, s.: Archiv der naturwissenschaftl. Landesdurchforschung Böhmens.

Hanamann, Jos., populäre Anweisung zur Massanalyse u. Härtebestimmung des Wassers, s.: Dünkelberg, Frdr. Wilh., die Reinigung des Wassers.

Hanamann, Jos., über die Bedeutung u. Nothwendigkeit der Kalkzufuhr u. üb. die Hebung der Bodencultur durch Kalkdüngung. Ueber Veranlassg. der deutschen Section des Landesculturrathes f. das Königr. Böhmen verf. gr. 8. (87 S.) Prag 900. (J. G. Calve.) n. 1.30

Hanamann, Jos., die chemische Beschaffenheit der fliessenden Gewässer Böhmens. I. Thl. Hydrochemie des Egerflusses, s.: Archiv der naturwissenschaftl. Landesdurchforschg. v. Böhmen.

Hanamann, Jos., d. chem. Beschaffenheit d. fliess. Gewässer Böhmens, Hydrochemie d. Elbe, s.a. Archiv d. naturwissenschaftl. Landesdurchforschung v. Böhmen.

HANAMANN, J.
Chemische (Die) Beschaffenheit der fliessenden Gewässer Böhmens.
I. Hydrochemie des Egerflusses. Prag, 1894. Roy. 8vo.
Archiv der naturwissenschaftlichen Landesdurchforschung von Böhmen. Vol. IX, No. 4.

Hanamann, Jos., über die Bodenbeschaffenheit u. das Nährstoffkapital böhmischer Ackererden, s.a. Archiv der naturwissenschaftlichen Landesdurchforschung v. Böhmen. XI. 1.

Über die Bodenbeschaffenheit und das Nährstoffcapital Böhmischer Ackererden. Von Dr. Jos. Hanamann, Dir. zu Lobositz. *Prag: F. Řivnáč 1902.* (78 S.) 4°(8°)
— Archiv d. naturwiss. Landesdurchforschung von Böhmen. Bd 11, No 1. [03. 3313]

Hanamann, J.: Prüfung des Wassers auf organische Stoffe mittels Kaliumpermanganat und seine Härtebestimmung.
Berlin, 1906. 22 S. mit 12 Abb.

Hanamann, Josef, sechsjährige Vegetations- und Düngungsversuche in Verbindung mit meteorologischen Beobachtungen und Bodenanalysen angestellt an der Fürst zu Schwarzenberg'schen chemischen Versuchsstation in Lobositz. Mit 4 graph. Darstellungen der Resultate der Beobachtungen (in 4. und Fol.). Lex.-8. (101 S.) Prag 873, (André'sche Buchh.)

—— Zucker, Apparate und Einrichtungsgegenstände, s. Ausstellungs-Bericht, officieller.

Hanamann, Jos. Ueber die chem. Zusammensetzung verschied. Ackererden u. Gesteine Böhmens, s.a. Archiv der naturwissenschaftlichen Landesdurchforschung in Böhmen.

——, Über die chemische Zusammensetzung verschiedener Ackererden u. Gesteine Böhmen's und über ihren agronomischen Werth. 1890.
s. Zeit- u. Gesellsch.-Schriften: Archiv f. d. naturwiss. Landesdurchforsch. von Böhmen. Bd 7, No 3.

Hanap, Nic., exempla biblica. 8. Budae 781. Typograph. Soc. 12 gl

Hanap, Nic., Exempla biblica. 8. Augsb. Rieger. 783.

— Flores biblici. 8. Budae 768. Typogr. Soc. 12 gl

Hanau [sachl. OW]

Hanau — S. R. Imp. Comitatus — proprie sic dictus, cum singulis suis Praefecturis, ut et comitatus Solms, Büdingen et Nidda cum reliqua Wetteravia et vicinis Regionibus per Fr. Zollmannum A. C. SS. V. curante Joh. Chr. Homanno D. M. Noribergae. A Dom. 1728. 1: 190,000. 1 Bl.

Hanau [Schlagwort]

— s. a.: Deutschland. Kürschner-Pelp. — Geologische Karten. Preussen 77.

Hanau, s.a. Preussen. Messtischblätter.

Hanau, s.a. Woerl's Reisehandbücher.

Hanau — Charte von der Grafschaft — von Isenburg-Büdingen, von Solms und andern Bezirken der Wetterau verfertigt von Fr. Zollmann jetzt aber verbessert, und nach den neuesten Besitzern herausgegeben von Homanns Erben 1805. 1: 190.000. 1 Bl.

Hanau. Ravenstein's deutsche Reisekarten. Karte der Umgegend v. Hanau. 1 : 300,000. 29,5×39 cm. Farbdr. Hanau (909). Clauss & Feddersen. — 50

Hanau — Schlacht von — am 30. October 1813. Gez. von Humbert. Herausg. vom Geschichtsverein in Hanau. 1 Bl.

Hanau. Wandkarte des Kreises Hanau, Reg.-Bez. Cassel. Bearb. nach den neuen Messtischblättern der königl. preuss. Landes-Aufnahme. 1 : 35,000. 2 Blatt à 52×93 cm. Farbdr. Hanau (901). Clauss & Feddersen. n. 10. —; auf Leinw. m. Stäben n.n. 12. 50

Hanau [Verfasser]

Hanau, Arthur (geb. am 11 Mai 1858 in Frankfurt a. M.): Beiträge zur Histologie der Haut des Vogelfusses ... [Frankfurt a. M.] (1881). 2 Bl., 24 S., 1 Bl., 2 Taf. 4.
Bonn, Med. Fak., Diss. v. 13 Aug. 1881

Hanau, Dr. med. Arthur, I. Assistent am pathologischen Institut zu Zürich: Beiträge zur Pathologie der Lungenkrankheiten. I. Ueber Lokalisation und weitere Verbreitung der Tuberkulose in der Lunge. II. Zur Histologie der croupösen und indurirten Pneumonie. Mit einer Tafel. S.A. (Zeitschr. f. klin. Med., Bd XII [S. 1–33]). Berl. L. Schumacher Dr. 1886. 1 Bl., 33 S., 1 Taf. 8°.
Zürich, Med. Fac., Habilitationsschrift.

Hanau, Arth., eiterige Entzündung der Speicheldrüsen,
—— ein Fall von eiteriger Prostatitis bei Pyämie als Beitrag zur Lehre von den Ausscheidungskrankheiten,
} **s. Beiträge zur pathologischen Anatomie und zur allgemeinen Pathologie.**

Hanau, H.: Drei Karten zur Ergänzung der Trinskarte. I Slowakei, Galizien, Bukowina, Siebenbürgen. (1:1.500.000.) Wien: Freytag & Berndt 1910.

Hanau, Heinrich

Dr. Hoch's Conservatorium zu Frankfurt am Main. Festschrift zur Feier seines fünfundzwangzigjährigen Bestehens ⟨1878–1903⟩. Im Auftr. d. Kuratoriums verf. von Heinrich **Hanau**. Nebst e. Verz. sämtl. Lehrer u. Schüler d. Anst. vom Sept. 1878 bis Juni 1903. *Frankfurt a. M. 1902: C. Adelmann.* (99 S.) 8°

Hanau, Herm., der arme Heinrich. Drama in 4 Aufzügen. 8. (VII, 84 S.) Berlin 900. Freund & Jeckel. n. 2.—

Hanau, Herm., Honoria. Tragödie in 4 Aufzügen. (III, 70 S.) 8. Köln 910. Bonn, A. Ahn. 2.—

Hanau, Herm., das Märchen von den sieben Raben od. das Märchen v. der Kunst. Dramatisches Märchen in 5 Aufzügen u. 1 Vorspiel. (VIII, 117 S.) 8. Dresden 906. E. Pierson. n. 2.—

— der Religionsstifter. Trauerspiel in 5 Aufzügen. 8. (86 S.) Berlin 901. G. H. Meyer. n. 2.—; geb. n. 3.—

Hermann Hanau: Simson und Delila. Trauersp. in 5 Aufz. *Leipzig & Berlin: G. H. Meyer 1902.* (160 S.) 8° [F.]

— Vaterland. Tragödie in 5 Aufzügen. (III, 97 S.) 8. Leipzig 900. Berlin (W. Lietzenburgerstr. 46), Dr. Herm. Hanau. n. 2.—

Hermann **Hanau**. Vaterland. Tragödie in 5 Aufz. Leipzig & Berlin: G. H. Meyer 1900. (97 S.) 8° [F.]

Hanau, Hermann [Kammerger.-Ref.]: Die Voraussetzungen, unter welchen nach gemeinem Recht der Mandant für Schaden haftet, welcher dem Mandatar bei Ausführung seines Auftrages erwächst. E. Beitr. z. Lehre v. d. Haftpflicht ... Berlin, Buchdr. v. G. Schade, *1894;* 86 S., 1 Bl. 8.
Berlin, Jur. Fak., Inaug.-Diss. v. 21. Juli 1894

Hanau, Herm., die **Voraussetzgn.**, **unter** welchen nach gemeinem Recht der **Mandant** für Schaden haftet, welcher dem **Mandatar** bei Ausführg. seines Auftrages erwächst. Ein Beitrag zur Lehre v. der Haftpflicht. Diss. gr. 8. (87 S.) Berlin 894. (Puttkammer & Mühlbrecht.) n. 1. 60

— der Wunsch. Dramatische Dichtg. (IV, 73 S.) 8. Ebd. 903. n. 2.—
Auch dess. Verf. „Der Religionsstifter" u. „Simson u. Delila" Berlin 901. 902 sind in seinen Selbstverlag übergegangen.

Hanau, Jacob (Giessen)
Ueber die Arten von Hernien, die durch ein Hindernis in ihrem Verlaufe gezwungen eine abnorme Richtung einschlagen. Systematische Zusammenstellung vom anatomischen Standpunkte aus.
Giessen: W. Keller 1870. 65 S. 4°
Diss. med. 16.7.1870. vorh. 26. 7.

Hanau, Louis (*geb. Militsch in Schles. 8. 6. 1827*): Ueber die Krankheiten des Pancreas. Breslau (1868). (44 S.) 8°
Breslau, Med. Diss. v. 21. [vielmehr 22.] Dez. 1868

Hanau, Ludwig [app. Arzt aus Friedberg (Hessen)]: Aus d. patholog. Institut zu Giessen. Ueber congenitale Cystennieren. . . . Giessen, O. v. Münchow, Univ.-Dr., 1890; 27 S. 8°
Giessen, Med. Fak., Inaug.-Diss. v. 1890

Hanau, Ludwig [aus Lüben (Schlesien)]: Ueber abnorme Speichelsecretion bei Geisteskranken. (Ein Fall von Ptyalismus) . . . Halle a. S., Hof-Buchdr. v. C. A. Kaemmerer & Co., 1887; 28 S. + 1 Bl. 8°.
Halle, Med. Fak., Inaug.-Diss. v. 11. Jan. 1887.

Hanauer, Augusta, Ottonias. In drei Gesängen. Mit dem (lith.) Bildnisse Otto's des Heiligen, Bambergs großen Bischofs u. der Pommern Apostel. gr. 8. (126 S.) Bamberg 852. Buchner in Comm. n. ⅔ ₰

Hanauer, Auguste

Hanauer, A., la Burg impériale de Haguenau. (56 S. m. Abbildgn.) Lex.-8. Strassburg 905. J. Noiriel. n. 1.20
Sonderabdruck aus: „Revue d'Alsace".

Hanauer, A., Études économiques sur l'Alsace ancienne et moderne, publiées sous les auspices de la Société industrielle de Mulhouse. Tome I et II. gr. 8. Strassburg, (Hagemann und Comp.) à Bd. * ℳ 7,20.
Inhalt:
Tom. I. Les monnaies. (595 S.) 876.
» II. Denrées et salaires. (XXX, 616 S.) 878.

Hanauer, A., les faïenciers de Haguenau. (68 S. m. Fig.) gr. 8. Rixheim 907. (Strassburg, J. Noiriel.) 2.—

— La forêt sainte et Haguenau jusqu'au milieu du XIVe siècle. (28 S.) Lex. 8. Strassburg 908. J. Noiriel.
2 Sonderabdrucke aus „Revue d'Alsace". 1.—

Hanauer, Dr. med. A. Gesundheitspflege der arbeitenden Klassen. Frankfurt a/M. 1897. 40 S 8°. Mk. —.20.

— La guerre de trente ans à Haguenau d'après des documents inédits. Publiée par A. M. P. Ingold. (400 S. m. Bidnis.) Lex. 8. Colmar 909. H. Hüffel. nn 6.—

— Les imprimeurs de Haguenau. (167 S.) gr. 8. Mulhouse 901. (Strassburg, J. Noiriel.) n. 3. 20

Les imprimeurs de Haguenau. Par A[uguste] **Hanauer**, bibliothécaire à Haguenau. *Mulhouse: H. Gangloff 1901* [übergeklebt: *Strasbourg: F. Staat 1904*]. (106 S.) 8°
Aus Revue d'Alsace

Hanauer, A., nouvelles notes sur loeuvre Notre-Dame. gr. 8. (74 S.) Rixheim 902. Strassburg, J. Noiriel. n. 1.—

— l'oeuvre Notre-Dame de Strasbourg. gr. 8. (62 S.) Ebd. 901. n. 1.60
2 Sonderabdrucke aus: „Revue cathol. d'Alsace".

— Le protestantisme à Haguenau. (359 S.) Lex.-8. Strassburg 905. J. Noiriel. — Colmar, H. Hüffel. n. 4.—

— dasselbe, s.a. **Revue d'Alsace.**

Hanauer, Auguste (Bearb.), s. Statutenbuch, Das alte, der Stadt Hagenau.

Hanauer, C. A., s.: Cartulaire de l'église S. George de Haguenau.

— coutumes matrimoniales au moyen âge. [Aus: „Mémoires de l'Académie de Stanislas 1892".] gr. 8. (64 S.) Nancy 893. (Strassburg i/E., J. Noiriel.) n n. 2. —

— Conrad Dankrotzheim et le heilig Namenbuch. [Aus: „Revue catholique d'Alsace".] gr. 8. (23 S.) Strassburg 896. J. Noiriel. n.n. — 60

— guide monétaire pour l'histoire d'Alsace. [Aus: „Revue catholique d'Alsace".] gr. 8. Rixheim 894. Ebd. n. — 80

— Diebolt Lauber et les calligraphes de Haguenau au XVe siècle. [Aus: „Revue cathol. d'Alsace".] gr. 8. (45 S.) Strassburg 895. J. Noiriel. n. 1.20

Hanauer, C., des armen Kindes Weihnachtsfest, s.: Sammlung lebender Bilder.

Hanauer, G., s.a. **Memoiren der Revolutionszeit.**

Memoiren der Revolutionszeit. In Ausz. mit Anm. [= Anhang] f. d. Schulgebr. hrsg. von Dr. G. **Hanauer**, Prof. in Karlsruhe. [Nebst] Wörterbuch. *Bielefeld & Leipzig: Velhagen & Klasing 1903.* 3 Bde 8°
= Sammlung, Velhagen & Klasings, franz. u. engl. Schulausgaben. Prosateurs franç. Lfg 149 B. Jog. 8061

Hanauer, J: Zur Systematik der Ingenieurwissenschaften, insbesondere über eine rationelle Signierung von technischen Zeichnungen. Frankfurt a. M. 1907

***Hanauer,* Jh. Melch., († im Dec. 1781.) commentatio systematica in juris provincialis Bambergensis partem primam principalem, quae de civilibus agit etc. 4. Bamberg 769.**

— s. Landrecht d. Hochst. u. Fürstenth. Bamberg.

Hanauer, Isidor [approb. Arzt aus Bruchsal]: Aus d. paediatr. Poliklinik des . . . Prof Dr. H. Ranke. Ueber die Indicationen zur Operation der Spina bifida. Im Anschluss an einen durch Injection behandelten Fall von Myelo-Meningocele mit todtlichem Ausgange . . . . Munchen, K. Hof- u. Univ.-Buchdr. v. Dr. C Wolf & Sohn. 1887; 27 S. 8°.
Munchen, Med. Fak., Inaug.-Diss. v. 1887.

Hanauer, Julius: Ueber die Abhängigkeit der Capacität eines Condensators von der Frequenz der benutzten Wechselströme. *Leipzig: J. A. Barth 1897.* (31 S.) 8°
Wurzburg, Phil. Diss. v. 1897

Hanauer, Robert, Referendar: Der Verzicht auf das Eigentum an Grundstücken, seine Voraussetzungen und Folgen. Borna-Leipzig 1908: Noske. VIII, 48 S. 8°
Leipzig, Jur. Diss. v. 7. Nov. 1908
[Geb. 3. Mar 84 Euskirchen; Wohnort: Euskirchen; Staatsangeh.: Preußen; Vorbildung: Gymn. Munstereifel Reife O. 02; Studium: Lausanne 1, Berlin 1, Bonn 1, Berlin 1, Bonn 4 S.; Rig. 31. Marz 06.] [U 09. 2531

Hanauer, Wilhelm

Hanauer, W., die Arbeiterwohnungsfrage. Statistisch u. praktisch beleuchtet. [Aus: „Fortschritte der öffentl. Gesundheitspflege".] gr. 8. (15 S.) Frankfurt a M. 891. Jaeger's Verl. n. 1. 20

Hanauer, W., die Arbeiterwohnungsfrage in Deutschland am Beginn des XX. Jahrhunderts, vom ärztlich-hygien. Standpunkt beleuchtet. (Schumann's medizin. Volksbücher.) (120 S.) kl. 8. Leipzig 903. W. Schumann Nachf. Geb. in Leinw. n. 1. 50

Hanauer, W., die Arbeiterwohnungsfrage in Deutschland. — Die Hygiene d. Wohnungen. Jetzt: Ulm, J. Ebner.

Hanauer, W., die Bekämpfung der sexuellen Infektionskrankheiten. Eine Aufgabe des Staates u. der Gesellschaft. gr. 8. (62 S.) Frankfurt a/M. 903. Neuer Frankfurter Verlag. n. 1. —

— die Choleragesetzgebung, s.: Cholera. Das Wesen der Cholera.

Führer für das Heilpersonal der Stadt Frankfurt a. M. Hrsg. von Dr. W[ilhelm] **Hanauer** u. Dr. H[ermann] Schlesinger. Frankfurt a. M.: Jaeger 1900. (185 S., S. IV–XLI.) 8° 107. 16738 4

HANAUER, W. Geſchichte der Proſtitution in Frankfurt a. M. Frankfurt a. M. 1903. Gr. 8°. 56 S.
In: Feſtſchrift des 1. Kongreſſes der deutſchen Geſellſchaft zur Bekämpfung der Geſchlechtskrankheiten.

Hanauer W, Gesundheitspflege f. d. arbeit. Klassen. (40 S) Frankfurt a. M (1901)

— die Hygiene der Wohnungen. (Schumann's medizin. Volksbücher.) (119 S.) kl. 8. Ebd. 903. Geb. in Leinw. n. 1. 50

— s.: Krankenkassen-Bibliothek.

— die Krankenkontrolle, s.: Flebig, C.

Hanauer: Krankenkontrolle, s. Krankenkassenbibliothek.

— die wichtigsten Krankheiten der Krankenkassenmitglieder. (89 S.) 8. Frankfurt a/M. 903. Dr. E. Schnapper. n. — 40
Sonderabdr. a.: „C. Flebig u. W. Hanauer, die Krankenkontrolle".

Hanauer, Wilh., d. soziale Lage d. ärztlichen Standes. [Aus: „Fortschritte d. öffentl. Gesundheitspflege".] gr. 8. (10 S.) Frankfurt a/M. 895. Jaeger's Verl. n. — 50

Hanauer, Wilhelm [aus Richen (Baden)]: Zur Therapie der Gelenktuberkulose mit Jodoformölinjectionen. . . . Wurzburg, P. Scheiner's Buchdr., 1890; 26 S. 8°
Wurzburg, Med. Fak, Inaug. Diss. v. 1890

Hanausek E, 1874-99. Die fachliche Fortbildungsschule der Wiener Drechslergenossenschaft. Rückblicke. 24. Bericht. (55 S 4 T) Wien 1899

Hanausek, E., die Rigi-Bahn, s. Exner, W. F.

Hanausek Ed.: Über Badian Shikimi und ostindischen Sternanis mit 8 Fig. 7 Wien II.-A. 88. **Progr.**

Hanausek, Ed., kurze Darlegung der wichtigsten anatomischen, physikalischen u. chemischen Verhältnisse der Pflanzenkörper, mit besonderer Rücksicht auf deren Anwendung in der allgemeinen Waarenkunde u. Technologie. Mit in den Text eingedr. Fig. u. 10 (chemigraph.) Taf. gr. 8. (VII, 56 S.) Wien 879. Hölder. n. 2. 20

Hanausek, Ed., kurze Darlegung der wichtigsten anatomischen, physikalischen u. chemischen Verhältnisse der Pflanzenkörper m. besond. Berücksicht. auf deren Anwendung in der Waarenkunde u. Technologie. Mit in den Text gedr. Fig. u. 10 Taf. 3., veränd. Aufl. gr. 8. (VIII, 72 S.) Wien 888. Hölder. n. 2. —

Hanausek, Eduard, Grundriss der allgemeinen Warenkunde, s.: Erdmann, Otto Linné.

Hanausek Ed.: Mittheilungen aus dem Laboratorium für Warenkunde. 14 Wien H.-A. 84.
Progr.

Hanausek, Ed.: Papier aus Musa paradisiaca L. 7 S. – Wien, H.-A., Progr. 1889.

Hanausek, Ed., die Technologie der Drechslerkunst. Die Lehre von den Rohstoffen und deren Verarbeitung. Hrsg. von der Handels- und Gewerbekammer für das Erzherzogthum Österreich unter der Enns. Bearb. in deren Auftrage. gr. 8. (XVI, 312 S.) Wien 884, (Gerold's Sohn.) *

Hanausek E. die Technologie der Drechslerkunst. Wien 1885

Hanausek, Ed., d. Technologie d. Drechslerkunst. Die Lehre v. d. Rohstoffen u. deren Verarbeitg. M. e. Anh. üb. d. Arbeitstheilg. in d. Drechslerkunst, dann üb. Kleinmotoren u. Gewerbehygiene. Hrsg. v. d. Handels- u. Gewerbekammer f. d. Erzherzogth. Österreich unt. d. Enns. Bearb. in deren Auftrage. 2., unveränd., verm. u. durch 115 Abb. ergänzte Aufl. gr. 8. (XIX, 320 S.) Wien 897. (C. Gerold's Sohn.) n. 4. —

— anatomische, physikalische und chemische Verhältnisse der Pflanzenkörper mit besond. Rücksicht auf Waarenkunde und Technologie. gr. 8. (VIII, 60 S. mit in den Text gedr. Fig. und 10 Taf.) Wien 882, Hölder. *

Hanausek, Ed.: Das Waren-Museum an der Wiener Handels-Akademie. 6 u. 1 S. – Wien, H.-A., Progr. 1887. 1888.

— s.: Zeitschrift f. Nahrungsmittel-Untersuchg., Hygiene u. Waarenkunde.

– (Hrsg.), s. Zentralorgan für Warenkunde und Technologie.

Hanausek, Gust., kritische Bemerkungen u. Vorschläge zur Reform der juristischen Studien u. Prüfungen. (24 S.) gr. 8. Wien 909. Manz. — 50
Sonderabdruck aus „Allg. öst. Gerichts-Zeitg."

Hanausek, G. Der Check im Giroverkehr der Oesterreichisch-ungarischen Bank. Wien 1889.

— Das gesetzliche Erbrecht u. Pflichtteilsrecht des Ehegatten in den Entwürfen e. Novelle zum allgem. bürgerlichen Gesetzbuche. Studien zum österreich. Erbrecht und ehel. Güterrecht. (VII, 82 S.) gr. 8. Ebd. 910. 1. 70

Hanausek, Gust. Facturen u. Facturaclauseln nach österreichischem Recht. gr. 8. (VI, 151 S.) Wien 891, Manz. * 3 —

— Die Stadtgemeinde Graz und die Grazer Wasserversorgungs-Gesellschaft. Ein Rechtsgutachten. (49 S.) Lex. 8. Graz 907. Leuschner & Lubensky. 1. 20

Hanausek, Gust., die Haftung d. Verkäufers f. die Beschaffenheit der Waare nach römischem u. gemeinem Recht m. besond. Berücksicht. d. Handelsrechts. 1. Abth. gr. 8. (XI, 276 S.) Berlin 883. Hertz. n. 6. —

— dasselbe. 2. Abth. 1. Hälfte. gr. 8. (IV, 167 S.) Ebend. 884. n. 3. 60

Hanausek, G., die Haftung d. Verkäufers f. die Beschaffenheit der Waare nach römischem u. gemeinem Recht mit besond. Berücksicht. des Handelsrechts. 2. Abth. 2. Hälfte. [Schluss.] gr. 8. (IX u. S. 169—415.) Berlin 887. Hertz. n. 5. 40 (cplt.: n. 15. —)

Hanausek, Gust., die Lehre vom uneigentlichen Niessbrauch nach gemeinem Recht. gr. 8. (V, 186 S.) Erlangen 879, Deichert. *

Die Reform der juristischen Studien und Prüfungen von Dr. Gustav Hanausek. Graz: Leuschner & Lubensky 1907. (56 S.) 8° [F.] 1908. 7866 11

Hanausek, Thomas Franz

—: Anton Baran [, ehemaliger Direktor des Gymnasiums, † am 15. Juli 1907.] S. 15—19. 8. Progr. K. k. Staats-Gymn. *Krems* 1908.

Hanausek, T. F., der Bau des menschlichen Körpers. Ein Leitfaden f. den Unterricht in der Somatologie, nebst e. Einleitg. üb. die allgemeinen Eigenschaften der Organismen. [Aus: „Graber, Leitf. d. Zoologie".] gr. 8. (60 S. m. 51 Text-Abbildgn. u. 4 farb. Taf.) Prag 893. F. Tempsky. — Leipzig, G. Freytag. Geb. n. 1. 10

Hanausek, T[homas] F[ranz]: Beiträge zur mikroskopischen Untersuchung der Papierfasern. 16 S. 8.
Progr. K. k. Staatsgymn. im III. Bezirke *Wien* 1901.

Hanausek Dr. T. F.: Einige Bemerkungen zur Charakteristik des thierischen Haares. 4. Wien H.-A. 88.
Progr.

—: Die Feier des 60jährigen Regierungsjubiläums Sr. Majestät des Kaisers Franz Josef I. am 2. Dezember 1908. S. 28—31. 8.
Progr. K. k. Staats-Gymn. *Krems* 1909

Hanausek, T. F.: Friedrich August Flückiger, s. Reber, B.

— Handbuch der allgem. Warenkunde, s. Handbibliothek der gesammten Handelswissenschaft. 12. Bd.

Hanausek, Th. F., Handbuch der allgemeinen Warenkunde, s.: Schlössing, F. H.

— *Th. F.*: Über die Harzgänge in den Zapfenschuppen einiger Coniferen. 29. 11 Krems R. 79. 80. Progr.

Hanausek Dr. T.: Über die Harz- und Oelräume in der Pfefferfrucht mit 1 Taf. 12 Wien R. VII. 86. Progr.

Hanausek, T. F., die „Kohleschicht" im Perikarp der Kompositen. (30 S. m. 2 Taf.) gr. 8. Wien 907. (A. Hölder.) 1. 45
Sonderabdr. a. „Sitzungsber. d. k. Akad. d. Wiss."

Hanausek, T. F., Lehrbuch der Materialienkunde, s. a Braun, H.

Hanausek, T. F. Lehrbuch der Materialienkunde auf naturgeschichtl. Grundlage. Ein Leitfaden f. den Unterricht in der Rohstofflehre m. besond. Berücksicht. der in den Gewerben hauptsächl. verwendeten Naturproducte. Zum Gebrauche f. Handwerker-, Gewerbe-, Handelsschulen u. verwandte Lehranstalten. Im Auftrage des k. k. Ministeriums f. Cultus u. Unterricht. 2. Bd.: Materialienkunde d. Pflanzenreiches. gr. 8. (VIII, 160 S. m. Abbildgn.) Wien 891, Hölder. * 1 40
[1. Bd.] Ebd. 1887. * 2 80; s. XVIII. Bd. 1. Abthl. S. 215: Braun, Herm. u. T. F. Hanausek.

Hanausek, T. F., Lehrbuch d. Materialienkunde auf naturgeschichtl. Grundlage f. d. Unterr. in d. Rohstofflehre m. bes. Berücksicht. d. in d. Gewerben hauptsächl. verwend. Naturproducte. Zum Gebr. f. Handwerker-, Gewerbe- u. Handelsschulen u. verw. Lehranst. 2., umgearb. Aufl. d. im Auftr. d. k. k. Ministeriums f. Cultus u. Unterricht veranst. 1. Ausg. 1. u. 3. Bd. gr. 8. Wien 898. A. Hölder. n. 3. 60
1. Materialienkunde d. Mineralreiches. Mit 101 Abb. (IX, 162 S.) n. 1.50
3. Materialienkunde d. Thierreiches. M. 144 Abb. (X, 227 S.) n. 2. 10

HANAUSEK, T. F.
Lehrbuch der Materialienkunde auf naturgeschichtlicher Grundlage. Wien, 1898–'99. 3 vols., 8vo. Ill.

Hanausek, T. F., Lehrbuch der technischen Mikroskopie. Mit 256 in den Text gedr. Abbildgn. gr. 8. (X, 455 S.) Stuttgart 900. 901. F. Enke. n. 14. 40
Auch in 3 Lfgn. 1 u. 2 à n. 5.—. 3 n. 4. 40.

— Lehrbuch der Somatologie u. Hygiene f. Lehrer u. Lehrerinnenbildungsanstalten. gr. 8. (VI, 166 S. m. 79 Abbildgn. u. 7 farb. Taf.) Prag 894. F. Tempsky. — Leipzig, G. Freytag. Geb. in Leinw. n. 2. 80

Hanausek, Dr. T. F., Lehrbuch der Somatologie und Hygiene für Lehrer- und Lehrerinnen-Bildungsanstalten. 2. umgearbeitete Auflage. Prag, Wien, Leipzig. F. Tempsky. 1897. (Min.-Erl. v. 15. Juli 1897, Z. 17471.) Geheftet 1.15
Gebunden 1.40

Hanausek, T. F., Lehrbuch d. Somatologie u. Hygiene f. Lehrer u. Lehrerinnenbildungsanst. M. 104 Abb. u. 7 farb. Taf. 2., umgearb. Aufl. gr. 8. (VI, 168 S.) Wien u. Prag 898. F. Tempsky. — Leipzig, G. Freytag. Geb. in Leinw. n. 2. 80

— Lehrbuch der Somatologie u. Hygiene f. Lehrer- u. Lehrerinnenbildungsanstalten. Mit 104 Abbildgn. u. 7 farb. Taf. 3., umgearb. u. verb. Aufl. gr. 8. (V, 163 S.) Leipzig 902. G. Freytag. Geb. in Leinw. n. 3.—

Hanausek, T. F., Lehrbuch der Somatologie u. Hygiene f. Lehrer- u. Lehrerinnenbildungsanstalten. Mit 104 Abbildgn. u. 7 farb. Taf. 4. Aufl. Unveränd. Abdr. der 3. Aufl. (VI, 163 S.) 8. Wien 904. F. Tempsky. Geb. in Leinw. n. 3. —

— Lehrbuch der Somatologie u. Hygiene, f. Lehrer- u. Lehrerinnenbildungsanstalten bearb. 5. verb. Aufl. (152 S. m. 145 Abbildgn. u. 8 farb. Taf.) gr. 8. Wien 907. F. Tempsky. — Leipzig, G. Freytag. Geb. 3. —

Hanausek, Th.: Über eine unechte Macis mit 1 Tafel. 5 S. – Wien, H.-A., Progr. 1887.

Hanausek, T[homas] F[ranz]: Mozartfeier am 27. Jänner 1906. S. 13–21. 8 Progr. K. k. Staats-Gymn. *Krems* 1906.

Hanausek, T. F., die Nahrungs- u. Genussmittel aus dem Pflanzenreiche, s.a. **Waarenkunde u. Rohstofflehre, allgemeine.**

HANAUSEK, T. F.
Nahrungs- und Genussmittel (Die) aus dem Pflanzenreiche. Nach den Grundsätzen der wissenschaftlichen Waarenkunde für die Praxis und zum Studium bearbeitet. Kassel, 1884. 8vo. Ill.
Allgemeine Waarenkunde und Rohstofflehre, vol. 5.

— die Safranfälschungen, s.: **Kronfeld, M.**, Geschichte d. Safrans u. seiner Cultur in Europa.

Hanausek Dr. Thomas: Schillerfeier am 9. Mai 1905. 8. Krems 05.
Progr.

— Untersuchungen über die kohleähnliche Masse der Kompositen (botanischer Teil) (mit 3 Taf.). D 87. 93 . . . . „ 5.—
Separatabdruck

Hanausek (T. F.), Waarenlexikon der chemischen Industrie und der Pharmacie. Leipzig 1892. 8.

– (Hrsg.), s. Weidinger, G.: Warenlexikon der chemischen Industrie und Pharmazie.

Hanbery, ... s. Journal, hannöv. militärisches.

Hanbücken, Joh., Carlo, s.a. Jacobi's neues Vereinstheater. 8. Hft.

Carlo. Dramat. Gemälde in 1 Aufz. von Joh. **Hanbücken**. Aachen: A. Jacobi & Co. 1907. (24 S.) 8° [F.]
— Vereinstheater, Jacobi's Neues. H. 8. [07. 8170 B

Hanbury, N., das System der wissenschaftlichen Zuschneidekunst. 8. (IV, 52 S. mit 2 Schnittmustertaf.) Berlin 885, (R. Kühn.)
Nicht mehr im Handel.

Hanc, G., Cherchez la femme. Eine kom. Scene. (14 S.) 8. Straßburg 907. Schlesier & Schweikhardt. — 80

Drei Einakter von G. **Hanc**. D'Hochzittsnacht. E Maikür. Cherchez la Femme. Straßburg i. E.: Schlesier & Schweikhardt 1907. (24, 24, 14 S.) 8° [Umschlagt. F.]
[Mit Sondert.] [07. 793]

Hanc, G., Uns'r Ferdinand. Luschtspeel in 2 Akte. Met ere Deck'bezeichng. vo J. J. Walz. gr. 8. (102 S.) Straßburg 900. Schlesier & Schweickhardt. n. 2. —

Hanc, G., E G'meinrotsetzung ze Kolbswihr. Lustspiel in 1 Aufzug. (31 S.) 8. Straßburg 905. Schlesier & Schweikhardt. n. 1. —

— D'Hochzittsnacht. Eine elsäss. Dorftragödie in 1 Akt. (24 S.) 8. Ebd. 907. — 80

— Nur d'Lieb! Schoispeel en 3 Akte. Met ere Deckbezeichng. vo Leo Schnug. 8. (92 S.) Ebd. 901. n. 2. —

— E Maikür. Elsässisches Sittenbild in 1 Akt. (24 S.) 8. Ebd. 907. — 80

HANCARVILLE, P. F. Hugues, dit d'. (Bibl. Arcana. London 1885. no. 357: the learned Abbé *Gaspar Michel*, called *Le Blond*, 1738—1809). Bilder aus dem Privatleben der römischen Cäsaren. Auf Capri bei Sabellus. Deutsche Ausgabe, gedruckt für Heinrich Conradt und seine Freunde. Mit den 51 Tafeln der Original-Ausgabe (Capri 1780) in getreuen Nachbildungen. 4°. Privatdruck. (Mk. 40.—. (25 Mk., eleg. Orig.-Ldrbd., Adolf Weigel. 1908; 65 Mk., Expl. von tadelloser Erhaltung, Dieterich. Göttingen, 1907.)
Die Tafeln geben genau die Kupfer des französischen Originals wieder, welche Hancarville als Wiedergaben römischer Gemmen und Cameen ausgab, während sie seiner eigenen Phantasie entsprungen waren. Also eine mehr als kühne Mystification!

Dasselbe. Luxus-Ausgabe. (150 Mk. Schnabel & Walter, Potsdam, 1907.)

-- — Denkbilder des Geheimkults der römischen Damen. Ins Deutsche übertragen von Alfred Semerau. Mit den 51 Tafeln der Original-Ausgabe (Capri 1784) in getreuen Nachbildungen. 4°. Privatdruck. (Eleg. Orig.-Ldrbd. Mk. 35—.) (25 Mk. Adolf Weigel, 1908; 42 Kr Halm & Goldmann, Wien, 1907.)
Nur in 500 in der Presse numer. Expll. hergestellt.

— Luxus-Ausgabe: auf Japan in echt Schweinslederband gebunden (nur in 20 Exemplaren Nr. 1—20) hergestellt. (Mk. 100—.)

HANCARVILLE, P. F. Hugues. Denkmäler des Geheimkults der römischen Damen. Mit Frontispiz und 50 Tafeln. Privatdruck nach dem Original von — — (Paris) 1784. XIV und 50 S. Text. In 4°. (1920). Eleg. reichvergold. Hpgtbd. [E. III, 65.]
Für Subskribenten in kleiner Auflage hergestellter vorzüglicher Privatdruck auf echtem Bütten. Die 50 antiken Karneole, Smaragde und Sardonyxe in originalgetreuer Wiedergabe.

Hanchen, oder das getreue Ehepaar, von dem Verf. des angenehmen Monaths, 8. Nordhausen, 791. Groß. 7 ggl.

Haenchen, Phpp. Emil, kurze Geschichte der deutsch-reformierten Gemeinde Erlangen. gr. 8. (III, 108 S.) Erlangen 893. F. Junge. n. 1. 20

Hänchen, Ph. E., die Lehre v. dem Heil. Versuch e. bibl. Dogmatik. 1. Hälfte. gr. 8. (V, 396 S.) Erlangen 878. Deichert. n. 5. —

— Predigt gelegentlich d. 200jährigen Gedenktages der Gründg. der deutsch-reformierten Gemeinde. — Vortrag, bei dem an demselben Tage gefeierten Familienabende der beiden reformierten Gemeinden geh. v. Karl Müller. gr. 8. (24 S.) Ebd. 893. n. -- 40

* Hanchen's kleines Museum. 2 Bde. 8. Gießen, Müller. 809.

Hanck, s.a Hank.

Hanck, die Polizei-Verordnungen f. den Reg.-Bez. Lüneburg. Amtl. hrsg. Minden 900.

Hanck, Henriette, Schriften. 1—4. Bd. 8. Hamburg, Kittler. A. u. d. Ttln.:
Bd. 1. Tante Anna. Eingeleitet v. H. C. Andersen. (11 B.) 845. 1 Thlr.
- 2—4. Die Tochter einer Schriftstellerin. 1—3. Thl. (35¾ B.) 846. 1 Thlr.

Hancke, s.a. Hanke, Hanker.

Hancke, kurzer Abriß der Geschichte d. 3. Magdeb. Infanterie-Regiments Nr. 66. Auf Veranlassg. d. Regiments zusammengestellt. gr. 8. (16 S. m. 2 Taf.) Magdeburg 885 (Wennhacke & Zincke.) — 30

Hancke, kurzer Abriß der Geschichte d. 3. Magdeb. Infanterie-Regiments Nr. 66. Auf Veranlassg. d. Regiments zusammengestellt. 2. Aufl. gr. 8. (24 S. m. 2 Abbildgn.) Magdeburg 890. (Berlin, E. S. Mittler & Sohn.) n. — 40

-- Gedenkbuch d. 3. Magdeburg. Infanterie-Regiments Nr. 66. 1860—1892. gr. 8. (190 S.) Magdeburg 892. W. Niemann. n. 2. 50

Hancke, Ad.: Anleitung zur qualitativen chemischen Analyse für Anfänger. 42 S. 8°. – Troppau OR., Progr. 1857.

Hancke, Aug. Heinr. (Breslau), De nonnullis elephantiasis exemplis. Diss. med. Halle (Heinr. Ruf jun.) 23. I. 1837. 32 S. mit Biogr. (M.: W. Blümike) u. Abb. (Stdr. v. E. Pönicke & Sohn, Lpz. (6.—) 13015
Oppon.: M. O. Robirow, B. Schraeder. — Friedrich Grosse (Breslau). — Krankengesch. d. Johann David Geyer.

Hancke, E., Bodin. Eine Studie üb. den Begriff der Souverainetät, s.a. Untersuchungen zur deutschen Staats- u. Rechtsgeschichte.

Hancke, E.: Bodin. Eine Studie über den Begriff der Souverainetät. Breslau 1894.
(Untersuchungen z. Dt. Staats- u. Rechtsgesch. hrsg. von Gierke. H. 47.)

Hancke, E., zur Revision d. Berner internationalen Uebereinkommens üb. d. Eisenbahn-Frachtverkehr. [Aus: „Eisenbahnrechtl. Entscheidgn. u. Abhandlgn."] gr. 8. (27 S.) Breslau 895. J. U. Korn's Verl. n. 1. —

Hancke, Ernst, Regentschaft und Stellvertretung des Landesherrn nach deutschem Staatsrechte. Inaugural-Dissertation. gr. 8. (X, 70 S.) Breslau 887, Kohn und Hancke. * 1 —

Hancke, Fritz (geb. am 7 Juli 1856 in Koblenz): Die ophthalmoscopische Diagnose intracranieller Heerderkrankungen ... Bonn, Univ.-Buchdr. v. C. Georgi 1880. 30 S., 1 Bl. 8.
Bonn, Med. Fak., Diss. v. 10 Aug. 1880

Hancke, Gottfried Benjamin

— Gedichte, Erster [bis Vierter] Theil Nebst denen NEUKIRCHISCHEN Satyren. Zweyte und vermehrte Aufflage (des 1. Theils). Mit Kupfern. Dresden und Leipzig, Zimmermanns Erben & Breitkopf, im Verlage des Autors, 1731—35. 8°. *Mit Porträt d. Dichters, 14 teilw. gefalt. Kupfern von Boetius und Zucchi nach der Wernerin, C. A. Wortmann und M. Rentz, sowie einigen Vignetten auf den Titeln und im Text.* Starke HPgtbde. d. Z. 145.—
G. III. 352, 19, 3. FdF. 1669 Erste Gesamtausgabe

* **HANCKE**, Gottfr. Benj. (aus Breslau, † um 1750 als Accisesekretär zu Dresden), Geistliche u. Moralische Gedichte (Publikation auf Kosten Franz Anton's Grafen v. Sporck, damal. Statthalters von Bohmen, dessen Signet auf dem Titelbl. in 6 verschlung. Initialen.) Mit emblemat. Titelkpf. (unsign.). Leipzig u Breßlau, bey Ernst Christian Brachvogel, Buchh. 1723. 8°. (In Berlin: Yk 3371; auch in Göttingen.)
Erste rare Ausgabe. 12 Bll. Vorst. (incl. Titelkpf. u. Tit. in Roth- u. Schwarzdr.), 560 S., 4 Bll. Reg. — Enth. in 3 Abthlgn. Elegien, Oden, Psalmen, Cantaten, Lieder u. vermischte Gedichte (u. a. Oden a. d. Hohen Liede Salomonis [S. 291—306], Uebers. aus d. Italien. des Giov. Bapt. Marini [z. B. auf den betruncknen Loth, auf Davids Ehebruch u. Mord, die klagende Bathseba, auf die keusche Susanna), auf die zwey alten Susannen-Brüder [a. d. Lat. des Sautelius], etc., sämmtl. m. d. Orig. zur Seite; auf den keuschen Joseph etc. etc.)

— — Dasselbe. Schweidnitz und Leipzig 1723. 8°. (In Göttingen.)
Vorr., 600 S. u. Reg.

Hancke, Gottfried Benjamin, Gottfried Benjamin Hanckens // Geistliche // und // Moralische // Gedichte. // Zweyte Edition. // Leipzig und Breßlau, // Bey Ernst Christian Brachvogel, Buchh. // 1723. - 12 Blatt (nicht paginiert) Titelkupfer, Titelblatt, Widmung und Vorrede. - 560 S. und noch 4 Blatt (nicht paginiert) Register.
B. S. T. 8°.284.

— - Dasselbe. Dritte und vermehrte Aufl. Mit Titelkpfr. von Montalegre u. Renz. Schweidnitz, bey C. Mullern. 1724. 8°. (In Breslau, Kgl. u. Univ.-Bibl.: Litt. Teut. II. 8° 867; auch in Göttingen.) (12 fl. ostr., höchst interess. Embd., J. Taussig, Prag, 1895.)
Vorr. etc., 622 S. u. Reg

* — — Weltliche Gedichte, nebst des beruhmt. Poetens Hrn. *Benj. Neukirchs* noch niemahls gedruckten Satyren. Mit d. schönen Portr. des Verf. u. 7 satyr. Kupfern (Ansichten u. s. w., gest. von Wordtmann). Dressden u. Leipzig 1727. Gr. 8⁰. (In Berlin: Yk 3381.) (12 Mk. Karl W. Hiersemann; 25 Mk., alter Ldrbd. mit Rückenvergold., Adolf Weigel. 1905:)
Bemerkenswerth darin die Beschreibung v. Kukusbad bei Königinhof, der prächt. Besitzg. des Grafen von Sporck, dann die Satyren auf d. Herkomannus. Einige Satyren, vornehmlich die VI., geisseln die Galanterie in Leipzig, besonders die verbuhlten Weiber, spitzbübischen Jungemägde u. s. w. — Ueber H. s. auch Wolfg. Menzel, Deutsche Dichtung. Bd. II, Stuttg. 1859. S. 478. — *Neukirch's* Satiren erschienen auch fur sich allein. (Vgl. Goedeke.)

— — Staar-Stecher, Poetischer, In welchem sowohl Die Schlesische Poesie überhaupt, als auch Der Herr v. Lohenstein und Herr Hoffrath Neukirch Gegen die Junckerische Untersuchung (vgl. Hoffmannswaldau u. andrer Deutschen ..... Gedichte. Th. 7. Hrsg. von Gottlob Fr. Wilh. Juncker .... 1727) verthaydiget; absonderlich aber die Ehre der Hanckischen Gedichte gerettet, und dergleichen Tadlern ihre Poetische Blindheit gewiesen wird. (Vf.: *Gottfr. Benj. Hancke.*) Breßlau und Leipzig, im Jahr 1730. 8⁰. 1 Bl. u. 102 S. Rar! (In Gottingen: P. 3354.)
Anon.-Lex IV. p. 111 (nach Waniek, Gottsched Lpz. 1897. S. 56.).

Hancke, J. W., neues Journal für Möbelschreiner etc., s. 9. Bd. Journal.

— Johann Fried. Julius (Breslau), De respiratione. Diss. physiol.-comparat. Bln. (Nietack) 20. XII. 1832. 36 S. mit Biogr. (M.: J. Nuschke.) (6.20) 13016
Oppon.: C. Heer, E. Engelking, C. Deninger. — Gew.: E. F. Glocker.

Hancke, Johann Wenceslaus

Hancke, Joh. Wenc., Chlorzink als Heilmittel geg. Syphilis, chron. Exantheme u. Ulcerationen. gr. 8. (16¼ B.) Breslau 811. Grass, Barth u. Comp.

Hancke, J. W., über Eröffnung d. Eitergeschwülste nach verschied. Methoden. Zum Gebr. f. angeh. Wundärzte. gr. 8. (5 B.) Breslau 829. W. G. Korn.

—— prophylactisches Heilverfahren bei Verletzungen vom tollen Hunde, u. Behandl. d. eingetret. Wuthkrankheit. 8. (7½ B.) Breslau 830, Gosohorsky.

Hancke, Oswald

Hancke, Osw., d. verhängnisvolle Backzahn od. Die wirksame Pille, s.: Liebhaber-Theater.

Hancke, Osw., furchtbar nett! Sammlung humorist. Vorträge für frohe gesellige Kreise. Berlin 870. Schlingmann. 16. (VII, 171 S.) n. 10 *ngr.*

Hancke, Osw. Die Goldhöhle der Sonora. Nach John Retcliff's Roman „Puebla" f. die reifere Jugend erzählt. Mit 5 Vollbildern u. zahlr. Text-Illustr. gr. 8. (IV, 339 S.) Stuttg. 890, Süddeutsches Verlags-Institut. geb. 5 —

Hancke, Osw., russische Hofkabalen, s.a. Kürschner's Bücherschatz.

Russische Hofkabalen. Hist. Erzählung aus d. Zeit d. Kaiserin Katharina II. Von Oswald Hancke. Mit Ill von A. Lewin Berlin, Leipzig: H Hillger [1906]. (112 S.) 8° [F.]
= Bücherschatz, Kürschners. No 533. 07. 13130

— Liebeshändel, s. Eisenbahn-Unterhaltungen.

—— s. Liebhaber-Theater. — Volkserzählungen, kleine.

— Perlen d. Bühne in Erzählgn. f. d. Jugend. Mit 5 Farbdr.-Bild. nach Aquarellen v. W. Zweigle. gr. 8. (III, 278 S.) Stuttgart 896. Süddeutsches Verlags-Institut. Geb. in Leinw. n. 4. —

Hancke, Osw., des Königs Retter, s.a. Geschichts- u. Unterhaltungs-Bibliothek, vaterländische. 5.

— des Königs Retter. Eine Erzählg. aus der Zeit Friedrich's des Großen für Alt u. Jung. Berlin 869. Liebrecht. gr. 16. (159 S.) cart. 15 *ngr.*

Des Königs Retter. Eine Erzählung aus d. Zeit Friedrichs d. Großen f. alt u. jung. Von Oswald Hancke. 6., unveränd. Aufl. *Breslau: M. Woywod 1901.* (160 S.) 8° [F.]
— Geschichts- u. Unterhaltungs-Bibliothek, Vaterländische. Bd 5. 01. 3748

— Rinaldini d. Zweite, s.a. Liebhaber-Theater.

Rinaldini der Zweite. Schwank in 1 Akt von O[swald] Hancke. *Mühlheim a. d. Ruhr: J. Bagel [1897].* (29 S.) 8° [F.]
= Liebhaber-Theater. Bdch. 70. 00. 2316 6

– Der Scheich der Khruiden, s. Volkserzählungen, Kleine.

— erloschene Sterne, s.a. Weichert's Wochen-Bibliothek.

Erloschene Sterne. Theatererinnerungen, Kulissengeschichten u. andere Humoresken von Oswald Hancke, Hoftheaterdir. Mit 3 Vollbildern. *Berlin: A. Weichert [1902].* (96 S.) 8° [F.]
= Wochen-Bibliothek, Weichert's. Bd 133. 03. 8339

— an den Ufern des Uruguay, s.: Volks-Erzählungen, kleine.

Hancke, Osw., Friedrich Werner, der Sohn des Veteranen, s.a. Geschichts- u. Unterhaltungs-Bibliothek, vaterländische.

Hancke, Osw., Friedrich Werner, der Sohn des Veteranen. Eine Erzählung aus dem deutsch-österreich. Kriege für Jung und Alt. 8. (136 S.) Berlin 868, Liebknecht. cart.

Friedrich Werner, der Sohn des Veteranen. Eine Erzählung aus d. deutsch-österreich. Kriege f. alt u. jung. Von Oswald Hancke. 6., unveränd. Aufl. *Breslau: M. Woywod 1901.* (135 S.) 8° [F.]
— Geschichts- u. Unterhaltungs-Bibliothek, Vaterländische. Bd 3. 01. 3747

Friedrich Werner, der Sohn des Veteranen. Eine Erzählung aus d. deutsch-östreich. Kriege ... Von Oswald Hancke. 7. verb. Aufl. Breslau: M. Woywod 1907. (128 S.) 8° [F.]
— Geschichts- u. Unterhaltungs-Bibliothek, Vaterländische. Bd 3. 08. 3480 2

Hanckel, s.a. Hankel.

Hanckel, Augustin (Torgau), Philosophum morientem h. e. ΕΥΘΑΝΑΣΙΑΝ subsidiis naturae solis minime acquirendam. Präs. Christoph Heinr. Zeibich. Wittbg. (Christian Kreusig) 18. IX. 1700. 8 Bl. (6.—) 13017

— Christian August, Dissertatio de divortiis jure naturali neutiquam prohibitis. Gött. (Jo. Christ. Lud. Schulz) 1749. 23 S. (5.50) 13018

Hancken, Christian W. Deulin, ein neues Antiseptikum. Diss. Vet.-Med. Bern. 36 S. 8. Berlin, R. Trenkel, 1910.

Hancken, Wilhelm: Beitrag zur Serodiagnostik der Syphilis. Berlin: Trenkel 1909. 48 S. 8°
Göttingen, Med. Diss. v. 26. Mai 1909, Ref. Hirsch
[Geb. 14. Mai 85 Himmelpforten; Wohnort: Magdeburg; Staatsangeh.: Preußen; Vorbildung: Gymn. Stade Reife O. 03; Studium: Göttingen 2, Kiel 1, Göttingen 2, München 2, Kiel 3 S.; Coll. 19. Dez. 08; Approb. 21. Mai 09.] [U 09. 1309

Hancker, H.: De jure circa sacra, in specie de jure reformandi exercitium religionis cum annexis, quod imperatori statibusque S. R. I. competit. *Gött.*, Vandenhöck. 780. 4. (10 Gr.)

Hanckwitz, Adolph. (Ludov. Albert.) (geb. Mors 27. 3. 1835): De eclampsia puerperali. Berolini (1858). (32 S.) 8°
Berlin, Med. Diss. v. 24. Aug. 1858

Hancock, Charles, England und die Maori. Mit 1 Holzschn.-Bildnisse der 3 nach London gekommenen Häuptlinge: König Tawhiao, Wiremu Te Wheoro und Patara Te Tuhi. [Verm. Sonderabdr. aus der „Deutschen Kolonial-Zeitung".] gr. 8. (12 S.) Berlin 885, Puttkammer und Mühlbrecht. *

Hancock, Harrie Irving

Hancock, H. Irving, Dschiu-Dschitsu, die Quelle japanischer Kraft. Methodische Körperstählg. u. athlet. Kunstgriffe der Japaner. (XV, 235 S. m. 51 Taf.) 8. Stuttgart (905). J. Hoffmann. n. 5. —; geb. n. 6. —

— dasselbe. Autoris. Uebersetzg. v. Max Pannwitz. (Volksausg.) (XII, 195 S. m. 51 Taf.) 8. Ebd. (906). n. 2. —; geb. n. 2. 60

Hancock, J. Irving, Dschiu-Dschitsu, die Quelle japanischer Kraft. Methodische Körperstählg. u. athlet. Kunstgriffe d. Japaner. Autoris. Uebersetzg. v. Max Pannwitz. (Volksausg.) (XII, 195 S. m. 51 Taf.) 8. Stuttgart (908.) J. Hoffmann. 2.—; geb. 2. 60

— japanische **Gymnastik** f. Knaben u. Mädchen nach dem Jiu-Jitsu-System. (XIV, 127 S. u. 82 S. m. Abbildgn.) 8. Ebd. (906). n. 2. —; geb. n. 2. 60

— u. Katsukuma **Higashi,** das Kano Jiu-Jitsu (Jiudo). Das offizielle Jiu-Jitsu der japan. Regierg. Mit Ergänzgn. v. Hoshino u. Tsutsumi, sowie Erläutergn. üb. gefährl. Schläge u. das Kuatsu, das japan. Verfahren zur Wiederbelebg. Bewußtloser. Mit e. Einführg v. E. Baelz. Mit mehr als 500 Abbildgn. nach dem Leben u. 4 anatom. Taf. (XXIII, 526 S.) gr. 8. Ebd. (906). Geb. in Leinw. n. 16. —

Hanoock, Harris [A. B. aus Charlottesville, Va., U. S. A.]: Eine Form des Additionstheorems für hyperelliptische Functionen erster Ordnung ... Berlin, Druck v. G. Bernstein, *1894*; 41 S., 1 Bl. 4.
Berlin, Phil. Fak., Inaug.-Diss. v. 1. Aug. 1894

Hancock, W., John Smith, s. **Theatre,** the modern english comic.

Das Hancock County Journal: 1870?—1875?
Republican weekly. Only paper published in Nauvoo, 1870–75. Printed at Office of Post (Keokuk, Iowa). Circulation: 1872, 350. Edited & published by Theo. Bischof, 1870–75.
Nauvoo, IL

Hancocke, John, vom gemeinen Wasser als dem besten Fiebermittel, s.a. **Universal-Wasserdoktor.**

Hancocke, John, vom gemeinen Wasser als dem besten Fibermittel, Neu bearbeitet u. erläutert vom Prof. Oertel in Ansbach. 12. Stuttgart 854. Scheible's Buchh. 1/4 ℛ

Hăncu, Vasile H., Dr. med. a. Bukarest: Über die Tautomerie cyclischer Monoketone. Berlin 1908: J. S. Preuss. (67 S.) 8°
Bonn, Phil. Fak., Ref. Anschütz, Diss. v. 12. Febr. 1908
[Geb. 31. Jan. 70 Poucea, Siebenbürgen; Wohnort: Bukarest; Staatsangeh.: Rumänien; Vorbildung: St. Sava-Gymn. Bukarest Reife; Studium: Bukarest 12, Berlin 4 S.; Rig. 18. Dez. 07.]

Hand

— d. eiserne, e. Reisefragment aus den Papieren e. Schweizers. 8. Erfurt 797. (Otto). 2 ℛ

Hand, die gewaltige, Gottes. Zwei Predigten am 24. u. 27. Juli gehalten zu St. Stephani zu Langensalza. Langensalza 870. Klinghammer. gr. 8. (16 S.) n.n. 6 ngr.

An Gottes Hand. Erinnerungen aus einem Diakonissenleben, von *A. L.* Mit Vorwort von *J. Müllensiefen.* 2. verm. Aufl. In-8°. VII, 194 S. Zürich, Dépôt der Evangel. Gesellsch. 1 50; gebd. 2 50
1891

In Gottes **Hand** oder: Die geraubte Tochter. Eine Erzählung aus d. Sklavenzeit. Lengerich: Bischof & Klein [1907]. (335 S.) 8° [F.]. 108. 14600

Hand, die gute, Gottes in der Mission, s.: **Missionstraktate, kleine.** Nr. 27.

Hand in Hand, s.a. Industrie, deutsche.

Hand in Hand! Wochenschrift zur Unterhaltg. u. Belehrg. Red.: Aug. Butscher. 1. Jahrg. Oktbr. 1886—Septbr. 1887. 52 Nrn. (1½ B.) gr. 4. Stuttgart, (Brettinger). n. 5. —

Hand in Hand! Wochenschrift zur Unterhaltung und Belehrung. Red.: A. Butscher. 2. Jahrg. Oktbr. 1887—Septbr. 1888. 52 Nrn. (à Nr. 1½ B.) gr. 4. Stuttgart, (Brettinger). n. 5. —

— dasselbe. Bundesblatt für Nord und Süd. 3. Jahrg. Oktbr. 1888—Septbr. 1889. 52 Nrn. (à Nr. 1½ B.) gr. 4. Eßlingen, (Langguth). n. 5. —

HAND IN HAND. Amtliches Organ des Bundes der Industriellen. (Zeitschrift für die Gesammt-Vertretung der Interessen von Industrie u. Handel.)
Jahrg. I. Nummer 1—18. 1899. Berlin. Verlag von H. Klokow. (Ohne bes. Titelblatt.) 4°.
Jahrg. II. Nummer 1—24. 1900. ib. —
Jahrg. III. Nummer 1—24. 1901. ib. —
Jahrg. IV. Nummer 1—24. 1902. ib. —

HAND IN HAND. Amtliches Organ des Bundes der Industriellen. Zeitschrift für die Gesammtvertretung der Interessen v. Industrie u. Handel. Herausgegeben von: Dr. WILHELM WENDLANDT-Berlin, Generalsekretär des Bundes der Industriellen, nebst Beiblatt UNLAUTERER WETTBEWERB. Amtliches Organ d. Centralstelle zur Handhabung des Gesetzes über den unlauteren Wettbewerb. Zeitschrift für gewerbl. Rechtsschutz. Herausgegeben von: Rechtsanwalt Dr. jur. JULIUS LUBSZYNSKI-Berlin, Syndikus des Bundes der Industriellen.
Jahrg. V. No. 1—24. 1903. Berlin. Verlag: Zeitschriften-Verlag Bechly & Co., G. m. b. H.,
Jahrg. VI. No. 1—18. 1904. ib. —

Hand in Hand. Zeitschrift f. die Gesammt-Vertretg. der Interessen v. Industrie u. Handel. Amtliches Organ des Bundes der Industriellen. Hrsg.: Wilh. Wendlandt. 5. u. 6. Jahrg. 1903—1904. à 24 Nrn. Nebst Beiblatt: Unlauterer Wettbewerb. Monatsschrift f. gewerbl. Rechtsschutz. Hrsg. u. red. v. Jul. Lubszynski. 2. u. 3. Jahrg. 1903 u. 1904. à 12 Nrn. (à ca. 12 u. 4 S.) gr. 4. Berlin-Charlottenburg, Verlag d. deutsch. Industrie. à Jhrg. n. 10. —
Fortsetzg., s.: **Industrie, deutsche.**

An des Heilands **Hand**. Christl. Erzählungen f. d. Jugend. Bd 1. Lengerich i. W.: Bischof & Klein [1906]. 8° [illegible] 6

Hand, d. Herrn, e. kathol. Gebetbüchl. mit K. 24. Cöln, Fabricius.

— — dasselbe. lat. od. franz. 12. Ebend.

Hand des Herrn, e. kathol. Gebetbüchlein, mit Kpf. 24. Köln 827, Matthieu. Das Dutzend 2 ß

Hand, die, des Herrn, neu durchgeseh. m. Weglassg. Einiges u. m. Zusätzen aus den besten latein. u. deutschen Gebet- u. Erbauungsbüchern verm. von e. kathol. Geistlichen der Diözese Trier. Enthält u. A. Meß-, Beicht-, Communion- u. Vesper-Andachten. 12. (VI u. 261 S.) Neuwied 848, Heuser. 1/4 ß; in Halbfrzbd. n. 8 ngr; in Lederbd. n. 11 ngr; in Lederbd. m. Goldschn. n. 22 ngr

Hand, die, des Herrn, neu durchgesehen u. mit Zusätzen vermehrt von einem katholischen Geistlichen der Diözese Trier. Enthält u. A. Meß-, Beicht-, Communion- u. Vesper-Andachten. 2. Aufl. Neuwied 860. Heuser. 16. (2 Bl., 324 S. u. 1 Stahlst.) 10 ngr

Hand und Herz. Nach dem Engl. Berlin 856. Evangelische Buchhdlg. 32. (39 S.) n. 4 ngr

Hand, die, d. Rache. Zwei Beispiele von d. Wirkung d. Gewissensangst bei geheimen Missethätern. Frei nach d. Holländ. v. G. Ripking. 8. (10 B.) Osterode 846, Sorge.

Hand, die, des Rächers, (Fortsetz. v. Iffland's Jägern). Familiengemälde in 5 A. v. C. Steinberg. 8. Leipz. Gräff. 795.

Hand, Eine, voll Schurkereien und Thorheiten ... London [Wien] 1786. V: *Grossing (Grossinger), Franz Rud.* (wr)

— die todte. Historische Novelle aus dem 13. Jahrh. Nach älterem Text frei bearb. [Aus: „Hl. Stadt Gottes".] 8. (82 S.) Steyl (902). Missionsdruckerei. Geb. n. — 60

Hand, die unsichtbare, s.: Broschüren-Cyclus.

Hand, Adolf [aus Eisenach]: Beiträge zur Kenntniss einiger Benzolderivate .... Jena, *Druck v. Wilh. Keller in Giessen*, 1886; 2 Bl. + 31 + 1 S. 8°.
Jena, Phil. Fak., Inaug.-Diss. v. 1886.

Hand, Adolf, Beiträge zur Kenntniss einiger Benzolderivate. Diss. Jena 1886, G. Neuenhahn. 8°. 31 S.

Hand, Christian Friedrich (Portensis Saxo.), De metrorrhagia. Diss. med. Frankfurt/O. (Apitz) 6. VIII. 1805. 32 S. (5.50) 13019
Gew.: Christian Friedrich Traun, Christian Erdmann Jacobi.

Hand, F., die landwirtschaftlichen Produktionskosten beeinflußt durch die Entfernung des Wirtschaftshofes zur Feldmark u. des Gutes zum Absatzort (Bahnstation u. s. w.). Prämiiert vom „Mecklenburg. patriot. Verein" aus der Pogge-Karsten'schen Stiftg. (61 S. m. 1 Plan.) gr. 8. Wismar 904. D. C. Hinstorff's Verl. n. 1.20

Hand, Ferdinand

— — Disputationem publ. ab Ernesto Sigismundo Mirbtio (Schlesien). — Annotationes in Euripidis Iphigeniam Tauricam part. II. Jena (Jo. Georg Schreiber) 23. V. 1832. 8 S. (4.50) 13024

Hand, Fd., Das Arbeitshaus als das vorzüglichste Hülfsmittel in der Verwaltung des Armenwesens. 8°. Jena, Cröker, 1839. 2. Aufl. 1839.

Hand, F., De Horat. Art. poet. 275 sqq. Pr. 1849. 9 S. 4°.

Hand, Fd., Aesthetik der Tonkunst. 1r Thl. 8. Leipzig 837. Hochhausen u. Fournes. 2 ß

Hand, Fd., Aesthetik der Tonkunst. 2. Thl. gr. 8. Jena 841, Hochhausen. 3 ß (1. 2: 5 ß)

Hand, Ferd., Aesthetik der Tonkunst. 2. Ausg. 2 Thle. gr. 8. (1. Thl.: VIII u. 416 S. 2. Thl.: 630 S.) Leipzig 847, Eisenach. 5 ß

— Progr. Papin, Statii carmina. P. I. Sylvae. 8 maj. Jena 817.

(De Pindari Carminibus scripsit) Ferdinandus **Handius**. (Index scholarum aestivarum 1850.) Jenae (1850.) 9 S. 4°

— Gab heraus: Fr. Aug. Carus nachgelass. Werke.

— de circumlitione. s.a. Index scholarum.

Hand, F, De circumlitione. Pr. 1859. 15 S. 4°.

—— Commentationes criticae, s.a. Index scholarum.

Hand, F. Commentationes criticae. Pr. 1860. 12 S. 4°

— s. auch F. Gronovii in P. Papinii Statii Sylvarum.

—— prakt. Handbuch f. Uebungen im latein. Stil. gr. 8. (16 B.) Jena 838, Crökersche Buchh.

— praktisches Handbuch für Uebungen im lateinischen Stil. 2. verb. Ausg. gr. 8. (XVI u. 251 S.) Jena 850, Cröker. n. 1 ß

— — Index scholarum publice privatimque in universitate litter. Jenensi per aestat. a. 1830 inde a die 10. V. — Praefatus est Heinr. Carl Abr. Eichstad. Jena (Bran). 19 S. (4.—) 13023

— — Index scholarum publice privatimque in universitate litter. Jenensi per aestatem a. 1840 inde a die 4. V. — Praefatus est Heinr. Carl Abr. Eichstad. Jena (Bran). 18 S. (4.—) 13026

— — Index scholarum hibernarum publice et privatim in universitate litter. Jenensi inde a die 19. X. 1846. — Praefatus est Heinr. Carl Abr. Eichstad. Jena (Bran). 16 S. (4.—) 13027

—— antiquae inscriptiones latinae. 4maj. (28 S.) Jenae 849, libr. Bran.

Hand, Ferd., antiquae inscriptiones latinae. gr. 4. (28 S.) Jenae 850, Bran. 6 ngl

Hand, F., Interpretatio cuiusdam loci in Plinii Nat. hist. Pr. 1851. 11 S. 4°. 1.50

Hand, Fd., Kunst u. Alterthum in St. Petersburg. 1r Bd. gr. 8. Weimar 827. Industr.=Cpt. 2 ℛ 6 gl

Hand, Ferd., Lehrbuch d. latein. Stils. gr. 8. (31¼ B.) Jena 833, Cröker.

—— Lehrbuch d. latein. Stils. 2., verb. Ausgabe. gr. 8. (32 B.) Jena 839, Crökersche Buchh.

Hand's, Ferd., Lehrbuch des lateinischen Stils. Zum Gebrauche für Lehrer und Lernende auf Universitäten und Gymnasien. 3. Aufl. Vollständig neubearb. von Heinr. Ludw. Schmitt. gr. 8. (VIII, 287 S.) Jena 880, Costenoble. *

Incerti auctoris l i b e l l u s de differentiis vocum ex antiquo codice suppletus et emendatus (a) Ferdinando Handio. (Progr.) Jenae (1848.) 4°

— observation. criticarum in Catulli carmina specimen. 8 maj. Leipz. 809. Barth. 8 gl

— **Ferdinand** (Plauen) u. **Paul Hermes** (Breslau), Observationes criticae in Catulli carmina. Lpz. (Walmon) 15. IV. 1809. 94 S. (6.50) 13020

— — Dasselbe. Lpz. (Joh. Ambros. Barth) 1809. (6.50) 13021

—s.a. O r a t i o n e s in Henr. Car. Abr. Eichstadii sacris die XXIV. etc.

— — Orationes in Henr. Car. Abr. Eichstadii sacris. Jena (Bran) 24. II. 1839. VIII, 30 S., 1 Bl. (6.—) 13025
Prolog v. Carl Wilhelm Goettling. — Widm. v. Wilhelm Wachsmuth (Leipzig).

— — De particulis Graecis dissertatio secunda. De particula *et* cum aliis vocabulis conjuncta. Jena (Bran) 4. IX. 1824. 28 S. (4.50) 13022

—— Quaestiones Catullianae. 4maj. (VIII und 12 S.) Jenae 850, libr. Bran. *

Hand, F., Quaestiones Theocriteae. Pr. 1848. 9 S. 4°.

Oratio (de r e b u s academicis reformandis) quam in concione academica habuit Ferdinandus Handius. Jenae 1850. 4°

—— de Persii satira prima dissertatio. 4maj. (28 S.) Jena 850, libr. Bran.

—— Tursellinus seu de particulis lat. comment. Vol. I—III. 8maj. Lipsiae, libr. Weidmann. [I. (38 B.) 829. 2½ Thlr., Schrbp. 3½ Thlr., II. (47½ B.) 832., III. (12 B.) 836. à 3½ Thlr., Schrbp. 5 Thlr.] 9 Thlr. 12 Gr., Schrbp.

Hand, Ferd., Tursellinus seu de particulis latinis commentarii. Vol. IV. 8maj. (39½ B.) Lipsiae 845, libr. Weidmann. Vol. I—III. ibid. 1829—36. 9 Thlr. 15 Ngr.

Hand's, Ferd., lateinisches Übungsbuch. Zum Gebrauche f. die obersten Klassen der Gymnasien. 3. Aufl. Vollständig neu bearb. v. Heinr. Ludw. Schmitt. gr. 8. (VII, 148 S.) Jena 883. Costenoble. n. 2. —

Hand, Johann Christian

Hand, Jh. Chr., († d. 21. Apr. 1807.) Denkmal der in d. verfloss. Jahrhunderte in d. Stadt Sorau vorgefall. merkwürd. Begebenheiten. Sorau 801.

—s.a. G e s a n g - ed. Gebetbuch f. Stadt- u. Landschulen.

Hand, J. C., Gesang- und Gebetbuch für Stadt- u. Landschulen. 8. Lpz. Beygang. 796.

— **Johann Christian** (Calau/Laus.), Libellus quo juvenibus ornat. atque human. Joanni Augusto et Carolo Wilhelmo Beckiis amant. atque conjunct. fratribus felic. faust. atque fortunat. abitum in academiam apprecatur atque de Livio Oratore disserit. Lpz. (Breitkopf) 1773. 36 S. (6.50) 13028

— — (Pastor u. Superint. zu Freyburg), Epistola qua viris adjunctis, pastoribus & diaconis dioecesi Friburgensi adscriptis mandatum elect. clement. de munere pastoris atque superintend. clement. sibi demandato promulgat atque amicam sui memoriam commendat simulque de prudentia doctoris ecclesiae erga illos, qui institutionem doctrinae Christanae vel plane contemnunt pauca disserit. Naumburg (Ulig) 10. X. 1784. 20 S. (5.50) 13029

Hand, Rudolf

Hand, Rud., österr.-ungar. **Baurathgeber.** Bauindustrielles Handbuch. Theoretisches Nachschlage- u. prakt. Hilfshandbuch, das gesammte Hochbau- u. das Maschinenbaugebiet umfassend. Unentbehrlich f. jeden Ingenieur, Architekten, Baumeister, Schätzmeister, Bauführer, Polier, Bauhandwerker, ferner f. jeden Guts-, Realitäten- u. Fabriksbesitzer, od. Verwalter, od. Administrator, od. Direktor, f. Bankbeamte u. Assekuranzliquidatoren etc. gr. 8. (VII, 1108 S. m. Abbildgn.) Wien 894. M. Perles. Geb. in Halbfrz. n. 20.—

— s.: Eisenbahn-Kalender f. Oesterreich-Ungarn.

Hand, Rud., Instruction f. Feuerversicherungs-Ingenieure u. Assecuranz-Liquidatoren d. Hochbaufaches. Directiven f. Civil-Ingenieure, Architekten, Baumeister u. Assecuranzbeamte bei Vornahme v. Vorschätzgn. u. Brandschadenerhebgn. gr. 8. (35 S.) Wien 894. (M. Perles.) n. 1. 20

— Schubthüren m. Berücksicht. d. selbstthätig auf- u. zugehenden Schubthüren mit elektrischem Betriebe. 8. (21 S. m. Fig.) Wien 898. (Leipzig, A. Seemann.) n. — 50

Hand-Adreßbuch üb. alle Handlungshäuser u. Fabriken in Süddeutschland. Entworfen u. revidirt von C. H. Seeger. 1r Thl. gr. 8. Heilbr. 827. Class. 18 gl

Hand- und Adreßbuch für schweizerische Kaufleute, Gewerbtreibende und Geschäftsreisende. 2. Abthl., enth. die Kantone Luzern, Uri, Schwyz, Unterwalden, Zug, Graubünden, Thurgau, Schaffhausen, Appenzell, St. Gallen und Glarus. 8. (224 S.) St. Gallen 850, Scheitlin und Zollikofer. Zürich, Schultheß.

—— dass. — 3. Abthl., enth. die Kantone Freiburg, Neuenburg, Waadt, Wallis, Tessin und Genf. Nebst einem deutschen und französ. Register über das Ganze. 8. (153 S.) Ebds. 851.
1. Abthl. vgl.: Handbuch für schweizerische Kaufleute.

—— über alle Verhältnisse der kathol. Kirche, Geistlichkeit und kirchl. Institute. Eine allgem. Statistik der kathol. Kirche in den Ländern deutscher Zunge für 1850. Nach amtl. und offiziellen Mittheilungen. Hrsg. von J. A. M. Brühl. 1. Jahrg. 2 Abthlgn. gr. 8. (1. Abthl. 103 S. 2. Abthl. ? S.) Bockenheim 850, Expedition. (Levy.) Thlr. *

Handagende. Auszug aus dem Kirchenbuch für die evangelisch-reformierten Gemeinden der Kantone Basel-Stadt und Basel-Land von 1910. 88 S. 8. Basel, Friedrich Reinhardt, 1910.

Handagende zu der Agende der evangelisch-reformierten Kirche im Fürstentum Lippe. — Detmold 1908: Bruder. 66 S. 12:4° H. ref. 820e-2.
2.3018

Handagende, kleine. Liturgische Ordngn. zum Handgebrauch nach der Agende der evangelisch-luther. Kirche der Prov. Hannover u. Gebete als Zugabe zur Agende, den Geistlichen zu freiem Gebrauch dargeboten. Hrsg. vom königl. Landes-Konsistorium. 8. (112 S.) Hannover 902. C. Meyer. Geb. in Leinw. m. Goldschn. n.n. 1. 50

Handagende zu einer geregelten und der kirchlichen Ordnung entsprechenden Wahrnehmung der liturgischen Obliegenheiten des geistlichen Amtes ... Strehlen 1874. V: *Dächsel, Aug.* (Ky)

Hand-Agende zu einer geregelten und der kirchlichen Ordnung entsprechenden Wahrnehmung der liturgischen Obliegenheiten des geistlichen Amtes. Zunächst für den Privatgebrauch zusammengestellt, jetzt aber, bei der in Aussicht gestellten Revision der preuß. Landes-Agende, zur belieb. Verwerthung hrsg. von einem evangel. Geistlichen in Schlesien. gr. 8. (226 S.) Strehlen 874, Gemeinhardt. [Berlin, Berggold.] (*M 2,50.)

Handapparat, Kleiner poetischer, oder Kunst in 2 Stunden ein Dichter zu werden ... Pesth 1823. V: *Gräffer, Franz.* (MGT)

Handarbeit f. Knaben u. Mädchen. 1—8. 8. Leipzig, B. G. Teubner. à 1. —
Jolles, A., Spielzeug (aus eigener Hand). (IV, 20 S. m. 11 Taf.) (910.) (Nr. 8.)
Morawe, Chr. Fr., Papparbeit. (21 S. m. Abbildgn. u. 9 [3 farb.] Taf.) (910.) (Nr. 1.)
Pallat-Hartleben, Annemarie, Nadelarbeit. Puppenschneiderei. — Rosenmund, Ella, Nadelarbeit in d. Schule. (21 S. m. Abb. u. 8 [1 farb.] Taf.) (910.) (Nr. 2.)

Das grosse **Handarbeitbuch.** Lex.-8°. Erscheint in 26 Lief. Wien: Vobach 1908. à K —.80

(Fr.) Ebhardt's **Handarbeiten.** Anleitung z. Erlernen d. verschiedenen Handarbeitstechniken. Hrsg. von Brigitta Hochfelden. Bd 1. (2. Aufl.) Berlin: F. Ebhardt & Co. [1908]. 8° 08. 16344

Handarbeiten n. Froebel'schen Grundsätzen f. Kindergarten, Elementarschulen u. Familien, zusammengest. u. gezeichn. v. Kindergärtnerinnen d. Stadt Zürich. Hrsg. v. d. Vorstande d. städt. Schulwesens. 8 Hfte. qu. 4. Zürich 896. (Hofer & Co.) n.n. 3. 50
1. Bauen m. Würfeln. (4 Taf. m. 1 Bl. Text.)
2. Bauen m. Längetafeln. (4 Taf. m. 1 Bl. Text.)
3. Bauen m. Würfeln u. Längetafeln. (4 Taf. m. 1 Bl. Text.)
4. Bauen m. geteilten Würfeln. (4 Taf. m. 1 Bl. Text.)
5. Legen m. Täfelchen. (4 farb. Taf. m. 1 Bl. Text.)
6. Legen m. Stäbchen. (8 Taf. m. 1 Bl. Text.)
7. 8. Flechten. 2 Serien. (8 u. 9 farb. Taf. m. je 1 Bl. Text.)

Hand- u. Kunst-Arbeiten, häusliche. Hrsg. v. Wanda Friedrich. 1. Jahrg. Dezbr. 1894—Novbr. 1895. 12 Hfte. (à ca. 2 Bog. m. Abbildgn.) gr. 4. Leipzig, E. Volkening. n. 6. —; einzelne Hfte. — 60

Handarbeiten, illustriert. Red.: Ludw. Carsten. 1. Jahrg. März 1901—Febr. 1902. 24 Nrn. gr. Fol. (à ca. 4 S. m. Abbildgn. u. Musterbog.) Berlin, Verlagsanstalt „Vera". n. 8. —

— dasselbe. Illustr. Frauen-Zeitg. in künstler. Ausführg. m. Damen- u. Kindergarderobe, sowie f. Wäscheausstattung. Red. f. die Belletristik: Wilh. Wohlthat. Handarbeiten u. Moden: Madame Mendelson-Jaccard. Mitarbeiterin: Martha Wieland. 2. Jahrg. 1902. 24 Nrn. gr. Fol. (à ca. 12 S. m. Abbildgn.) Ebd. n. 5. —
Erscheint nicht mehr. — Firma erloschen.

Handarbeits-Bibliothek der „Wiener Mode". I. gr. 4. Wien 894. Wiener Mode, Verlags-A.-G. n. 1. 70
Album der Monogramme f. Kreuzstich. 36 schwarze u. 2 farb. Taf. m. 578 Orig.-Mustern. Nebst e. Vorwort u. Inhaltsverzeichniss. (6 S.)

Handarbeits-Bücher der „Deutschen Moden-Zeitung". 11., 25., 30., 31., 35., 42. u. 43. Bd. Lex. 8. Leipzig, Verlag der Deutschen Moden-Zeitg. 1. 50
Brandt, C.-Marie, Brandmalerei-Arbeiten. Mit 4 doppelseit. Beil., enth. die Mustervorlagen (42 S. m. Abb.) (910.) (Bd. 42.)
Gamm, Hedw., das Flick-Buch. Anleitung f. Haus u. Schule zum Ausbessern, prakt. Umändern u. Verwerten v. Kleidern, Wäsche u. a. m. (60 S. m. 95 Abbildgn.) (910.) (Bd. 35.)
Niedner, Marie, Kelim-Arbeiten. Mit 100 Abbildgn. u. 4 doppelseit. Beilagen m. Mustervorlagen. (42 S.) (910.) Bd. 31.)
Reden, Gussy v., Hedebo-Stickereien. Dänische Orig.-Arbeiten u. verwandte moderne Stickereien. (43 S. m. 115 Abbildgn. u. 2 Mustertaf.) (910.) (Bd. 30.) 1. 50
Seydel, Agnes, u. Käte Seydel, Flachstich-Arbeiten. Mit 170 Abbildgn. u. 3 doppelseit. Beilagen u. Mustervorlagen. (46 S.) (910.) (Bd. 25.)
— — Kerb- u. Blumenschnitt-Arbeiten. Mit 3 doppels. Musterbogen u. 136 Abbildgn.) (46 S.) (910.) (Bd. 43.)
Weber, Helene, Kurzstich-Arbeiten. I. Heft. 4. Aufl. (56 S. m. Abbildgn. u. 5 Musterbog.) (910.) (Bd. 11.)

Handarbeits-Lehrerin, die, in der Volksschule. Anweisung f. Handarbeits-Lehrerinnen zur method. Erteilg. des Handarbeitsunterrichts im Anschluß an das Handbüchlein f. Schülerinnen: „Der Handarbeitsunterricht in der Volksschule". Hrsg. vom Erziehungs-Institut Gießen. (144 S. m. 25 Abbildgn.) 12. Stuttgart 903. Muth. Geb. in Leinw. n. 1. 20

Handarbeits-Rezepte, 60, f. Armenzeug und zwar Häkelei, Strickerei u. Näherei m. 4 Schnittmusterbogen v. e. Förderin der St. Petrus Claver-Sodalität. (45 S.) kl. 8. Salzburg 905. St. Petrus Claver-Sodalität. — 50

Die **Handarbeits-,** Koch- u. **Bügelschulen** des Aachener Vereins für Volkswohlfahrt. Aachen (1907): La Ruelle. (12 S.) 8° [F.] 07. 13087 5

Handarbeitsunterricht, Der, für die männliche Jugend und der Slöjdunterricht in der Schule vom Standpunkte der Pädagogik ... Wien 1885. V: *Salomon, Otto.* (Bibl. d. stat. Bureaus Dresden 1890.)

Handarbeits-Unterricht, der, in der Volksschule. Handbüchlein f. die Schülerinnen. Hrsg. vom Erziehungs-Institut Gießen. 4. u. 5. Aufl. (à 63 S. m. 22 Abbildgn.) kl. 8. Ebd. 903. 904. Kart. n. — 25

Handatlanten [Schlagwort]

Handatlanten, s.: Atlanten.

Handatlas [Schlagwort]

Handelsatlas, s.: Atlanten, Langhans, P.

Handatlas [Sachliches OW]

Hand-Atlas von Africa, zu. C. Ritter's allgem. Erdkunde. I. Abthl., hrsg. v. C. Ritter u. F. A. O'Etzel. Fol. (14 lith. Bl.) Berlin 831, Reimer.

Hand Atlas, Allgemeiner, der ganzen Erde. Fol. Wien und Pesth 1817.

Hand-Atlas, allgemeiner, s.a. Weiland, C. F.

Handatlas, allgemeiner (grosser Weiland'scher) der ganzen Erde. Im Verlage des geographischen Institutes. Aus 70 Karten bestehend. Weimar gr. Folio. (Ausgabe v. J. 1844, in welche die bis 1849 neu aufgelegten und verbesserten Karten gegen die herausgenommenen alten eingefügt wurden.)

Hand-Atlas, Allgemeiner, der ganzen Erde, zu A. C. Gaspari's Handbuch der neuesten Erdbeschreibung 60 Karten. Fol. Weimar 1804.

— allgemeiner, über alle Theile der Erde bearb. u. herausg. in der Kunst- u. geographischen Anstalt in Nürnberg. (In 25 Liefgn.) 1. u. 2. Liefg. Nürnberg 861. Serz & Co. gr. Fol. Jede Liefg. (à 2 color. Karten in Stahlst.) n. 24 ngr.

Hand-Atlas, allgemeiner, über alle Theile der Erde bearb. u. hersg. in der Kunst- u. geograph. Anstalt zu Nürnberg. 3. Liefg. Nürnberg 865. Serz & Co. Imp.-Fol. (2 Blatt in Stahlst. u. color.) Jedes Blatt n. 24 ngr.

Handatlas von Berlin und Umgegend. 16 Karten. Berlin: H. Hillger [1905]. (16 Karten) 8° [Umschlagt.]
Aus: Kürschner-Peip: Deutsches Kartenwerk. [05. 13433]

— d. ganzen Erde, in 60 Karten. Olifantpap. Weimar, Geogr. Instit. 20 ℛ geb. 22 ℛ Ders., in 60 Bl., verkleinert. Ebd. 10 ℛ geb. 11 ℛ

— derselbe in 60 Bl. verkleinert. Ebend. 10 Rthlr. geb.

Handatlas der Erde und des Himmels in 70 Lfgn. (Karten.) Neu redig. Ausg. 1—3. Lfg. Kpfrst. und ill. Imp.-Fol. Mit Text (2 S. in gr. 4.) Weimar 856, Landes-Industrie-Comptoir. à Lfg. 10 Ngr. *

Handatlas der Erde und des Himmels in 70 Lfgn. (Karten.) Neu redig. Ausg. 4—65. Lfg. und Supplement 1—5. Lfg. Kpfrst. und ill. Imp.-Fol. mit Text. (180 S. in gr. 4.) Weimar 857—62, [Geographisches Institut.] à Lfg. * 10 Ngr. Thlr. *
1—3. Lfg. Ebendas. 1856. * 1 Thlr.

Handatlas der Erde und des Himmels. Neu redig. Volks-Ausg. In 50 Karten (Lfgn.) 1—45. Lfg. Kpfrst. und ill. Imp.-Fol. Weimar 860—62, [Geographisches Institut.] à Lfg. 8 Ngr.

—— der Erde und des Himmels. In 70 Blättern. 42. Aufl. Bearb. von H. Kiepert, C. Gräf, A. Gräf und C. Bruhns. 66.—70. (Schluss-)Lfg. Kpfrst. und ill. Imp.-Fol. (5 Bl. mit 12 S. Text in gr. 4.) Weimar 862, Geographisches Institut. à Lfg. * 10 Ngr. *
cplt. ohne Text geb.
1.—65 Lfg. und Suppl. 5 Lfgn. Ebendas. 1856-62. * 23 Thlr. 10 Ngr.

—— dass. — Ausg. in 50 Blättern. 46.—50. (Schluss-) Lfg. Kpfrst. und ill. Imp.-Fol. Ebendas. 862. à Lfg. 8 Ngr.
cplt. geb. *
1.—45. Lfg. Ebendas. 1860—62. 12 Thlr.

—— dass. — Suppl. dazu. I — V. Generalkarte von Deutschland nebst der Schweiz. 5 Blatt. Imp.-Fol. Ebendas. 862. à Blatt * 10 Ngr. *

Handatlas der neuesten Geographie von J. Scheda u. Steinhauser. 2. Lfg. Enthaltend 6 Blätter. Die Hemisphären. — Nordamerika. — Südamerika. — Frankreich. — Schweden und Norwegen. — Das europ. Nordrussland. Ebds. 2 fl. 40 kr; einzeln 40 kr. 1870.

— sämmtlicher medicinisch-pharmaceut. Gewächse oder naturgetreue Abbild. u. Beschreibung der officinellen Pflanzen mit Berücksichtigung aller officiell eingeführten Pharmakopöen für Pharmaceuten, Mediziner u. Droguisten. Herausgeg. v. e. Vereine Gelehrter. 1.—13. Liefg. br. 8. (Mit 12 color. Kupfertaf.) Jena 846, Mauke.. à n. 5/12 ℛ

—— sämmtlicher medicinisch-pharmaceut. Gewächse oder naturgetreue Abbildungen und Beschreibung der officinellen Pflanzen mit Berücksicht. aller officiell eingeführten Pharmakopöen für Pharmaceuten, Mediciner und Droguisten. Hrsg. von einem Vereine Gelehrter. 2., verb. Aufl. 30 Lfgn. br. 8. (XXX und 96 S. mit 111 ill. Kpfrn.) Jena 849—50, Mauke. à Lfg. 12 Ngr.

— sämmtlicher medicinisch-pharmaceutischer Gewächse oder naturgetreue Abbildungen u. Beschreibungen der officinellen Pflanzen zu den Lehrbüchern der Arzneimittellehre von Buchheim, Clarus, Oesterlen, Schöman, Schroff u. Seifert u. mit Berücksichtigung aller officiell eingeführten Pharmakopöen für Pharmaceuten, Mediciner u. Droguisten bearb. von einem Vereine Gelehrter. 3. Aufl. (In 30 Liefgn.) 1—10. Liefg. Jena 857, 58. Mauke. gr. 16. Jede Liefg. (à 8 color. Kpfrtaf. und 8 Bl. Text) n. 10 ngr.

— sämmtlicher medicinisch-pharmaceutischer Gewächse oder naturgetreue Abbildungen u. Beschreibungen der officinellen Pflanzen etc. bearb. von einem Vereine Gelehrter. 3. Aufl. 11—30. (letzte) Liefg. Jena 859, 60. Mauke. gr. 8. Jede Liefg. (à 8 color. Kpfrtaf. u. 8 Bl. Text) n. 10 ngr.

—— sämmtlicher medicinisch-pharmaceutischer Gewächse oder naturgetreue Abbildungen und Beschreibungen der officinellen Pflanzen zu den Lehrbüchern der Arzneimittellehre von Buchheim, Clarus, Oesterlen etc. und mit Berücksichtigung aller officiell eingeführten Pharmacopöen für Pharmaceuten, Mediciner und Droguisten bearb. von einem Vereine Gelehrter. 4. Aufl. (In ca. 30 Lfgn.) 1.—16. Lfg. br. 8. (XXX und 192 S. mit 96 ill. Kpfrt.) Jena 866—68, F. Mauke. à Lfg. * 10 Ngr.

Hand-Atlas sämmtlicher medicinisch-pharmaceutischer Gewächse oder naturgetreue Abbildungen und Beschreibungen der officinellen Pflanzen in den Lehrbüchern der Arzneimittellehre von Buchheim, Clarus, Oesterlen etc. und mit Berücksicht. aller officiell eingeführten Pharmacopöen für Pharmaceuten, Mediciner und Droguisten bearb. von einem Vereine Gelehrter. 4. Aufl. 17.—30. (Schluss-)Lfg. gr. 8. (230 S. mit 105 color. Kpfrt.) Jena 868—70, F. Mauke. à Lfg. * ℳ 1. *
1.—16. Lfg. Ebendas. 1866—68. * ℳ 16.
—— dass. — 5. Aufl., s. Artus, Wilib.

— grosser, der Erde u. des Himmels, in 72 Blatt in Kpfrst. mit Farbendr. u. Colorit. 43. Aufl. Bearb. von H. Kiepert, C. F. Weiland, C. Graef, A. Graef, C. Bruhns u. O. Delitsch. Weimar 870. Geogr. Institut. 1—23. Liefg. Imp.-Fol. Jede Liefg. (3 Bll. Kpfrst. u. color.) n. 1 ℳ

— — 44. verm. u. bericht. Aufl. 1. Liefg. Ebend. 870. (3 Bll.) n. 1 ℳ

Hand-Atlas, grosser, d. Erde u. d. Himmels, in 72 Blatt in Kpfrst. u. Farbendr. u. Colorit. 43. Aufl. Bearb. v. H. Kiepert, C. F. Weiland, C. Graef, A. Graef, C. Bruhns u. O. Delitsch. 24. Lfg. Imp.-Fol. (3 Bl. Kpfrst. u. color. u. Titelbl. in Stahlst.) Weimar 871. geogr. Institut. n. 4. —; (cplt.: n. 71. —)

Handatlas, grosser, der Erde und des Himmels, in 72 Karten. 45. verm. und bericht. Aufl. Bearb. von H. Kiepert, C. F. Weiland, C. Graef, A. Graef, C. Bruhns und O. Delitsch. Fol. Weimar 875, Geograph. Institut. geb. * in plano geb. *

Kiepert, H., Weiland, C. F., Gräf, C. und A., Bruhns, C. und Delitsch, O. Grosser Hand-Atlas des Himmels und der Erde Weimar 1873 und 1882. Je 1 Bd. mit 72 Karten c 1..

Hand-Atlas, grosser, des Himmels u. der Erde. Bearb. von H. Kiepert, C. F. Weiland, C. u. A. Graef, C. Bruhns, O. Delitsch. Red.: Arnd. 49. Aufl. 72 Blatt in Kpfrst. m. Farbendr. u. Colorit. gr. Fol. Weimar 880. Geograph. Institut. n. 83. —; geb. in Plano n. 115. —; geb. in Fol. in Halbjuchten n. 90. —; Auswahl in 49 Blatt n. 50. —; geb. n. 55. —

— grosser, der Naturgeschichte aller drei Reiche. In 120 Folio-Taf. nach einer neuen patentirten Methode in Farben ausgeführt in der lithographisch-artist. Kunstanstalt S. Czeiger. Wien [artist. Leitung von Rob. Schuster v. Bärnrode]. Hrsg. unter Mitwirkung hervorragender Künstler u. Fachgelehrter von Gust. v. Hayek. (In 15 Lfgn.) 1—5. Lfg. Fol. (à 8 Chromolith. m. Text S. 1—16.) Wien 882. Perles. Subscr.-Pr. à n. 2. —

Handatlas, grosser, der Naturgeschichte aller drei Reiche. In 120 Folio-Taf. nach e. neuen patentirten Methode in Farben ausgeführt in der lithographisch-artist. Kunstanstalt S. Czeiger, Wien [artist. Leitg. v. Rob. Schuster v. Bärnrode]. Hrsg. unter Mitwirkg. hervorrag. Künstler u. Fachgelehrter von Gust. v. Hayek. 6—15. (Schluss-)Lfg. Fol. (à 8 Chromolith. m. Text S. 29—84.) Wien 883. 84. Perles. Subscr.-Pr. à n. 2. —

— dasselbe. 2. Aufl. 30 Lfgn. Fol. (à 4 Taf. m. Text.) Ebend. 885. 86. à n. 1. —

Handatlas, Historischer, s.a. Benicken.

Hand-Atlas, histor., od. Versinnlich. d. allgem. Geschichte aller Länder u. Staaten. 4 Liefgen. Fol. u. 4. Weimar, Geogr. Institut. 14 Rthlr. 12 gr. Olifantpap.

—— illustrirter, für Freunde der Erdkunde und zum Gebrauch beim Unterricht. Im Verein mit Ehrenfr. Leeder und Heinr. Leutemann hrsg. von Thdr. Schade. 25 Bl. in Stahlst. mit erläut. Texte. (In 6 Lfgn.) 1—4. Lfg. Imp.-Fol. (à Lfg. 4 Bl. mit Text 12 S.) Leipzig 859—61, Brockhaus. à Lfg. * 1 Thlr. 18 Ngr. *

—— illustrirter, für Freunde der Erdkunde und zum Gebrauch beim Unterricht. Im Verein mit Heinr. Leutemann hrsg. von Ehrenfried Leeder und Thdr. Schade. 22 Blätter in Stahlst. und Farbendruck mit 243 Illustr. und erläut. Texte. 5. und 6. Lfg. Imp.-Fol. (6 Blatt mit 29 S. Text.) Leipzig 862,63, Brockhaus. [5. Lfg. 1 Thlr. 18 Ngr., 6. Lfg. * 24 Ngr.] * cplt. * 8 Thlr. 24 Ngr.; cart. * geb. *

—— dass. — (Ausg. ohne Text.) Imp.-Fol. (22 Blätter in Stahlst. und Farbendruck.) Ebendas. 866. cart. *

— kleiner, in 28 Blättern, Steindruck. Neue verm. Ausg. gr. 4. Düsseld., Arnz. 1 ℳ 18 ₰

— kleiner, über alle Theile d. Erde, 24 ill. Karten. 4 Darmst., Lange. 12 ₰

Handatlas, Kleiner Meyers, s. Meyers.

— d. Erzdiöcese Köln, nebst e. topograph. Uebersicht derselben nach ihrer neuesten Eintheilung in Decanate. gr. 8. Köln, Du Mont-Schauberg. 12 ₰

Hand- u. Wandatlas, compendiöser, der neuesten Erdkunde. Roy.-Fol. (7 illum. Bl.) Wolfenbüttel 843, Holle. 5/6 ℳ

Hand-Atlas — Methodischer — für das wissenschaftliche Studium der Erdkunde. Bearb. von E. v. Sydow. 4. Auflage. Gotha, Justus Perthes. 34 Bl.

— u. Schul-Atlas, neuer allgem., in 25 Bl. qu. Fol. Freiburg, Herder. 1 Rthlr. 12 gr. illum.

Hand- u. Schul-Atlas, neuer allgem., in 26 (lith. u. ill.) Blättern. Zum geograph. Unterr. u. Gebr. f. alle Stände. 2. Aufl. 829. 2 Thlr., 8., verm. u. nach den neuesten u. besten Quellen bericht. A. qu. Fol. Freiburg (831), Herder.

Hand-Atlas, neuer über alle Theile der Erde, nach den besten Hülfsmitteln und mit steter Rücksicht auf die neuesten politischen Ereignisse entworfen, von C. G. Reichard, F. Haller von Hallerstein u. A. in 26 Blättern. 3te gänzlich umgearbeitete und mit neuen Charten bereicherte Ausgabe. Fol. Nürnberg, Campe. 819.

Handatlas — Neuer — über alle Theile der Erde von Dr. Heinrich Kiepert. Berlin bei Reimer. Neue vollst. berichtigte Auflage. 1866 — 70. 11 Lief. 45 Bl.

Neuer **Handatlas** uber alle Teile der Erde in 61 Haupt- u. 124 Neben-karten m. alphab. Namenverzeichn. Hrsg. v. E(rnst) Debes. 2. verm. u. verb. Aufl. *Leipzig: H. Wagner & E. Debes 1899.* (2 Bl., 52 Kt., 2 Erl.-Bl., 111 S.) 1 Bd 2. [98. 12412]

Physikal.-statistischer Hand-Atlas von Oesterreich-Ungarn in 24 Karten m. erläuternd. Text. Herausgeg. v. Dr. Jos. Chavanne. III. Liefg. (Nr. 1, 8, 9). Farbendruck in Quer-Folio. Ebds. In Umschl. 8 fl. 60 kr. 1883.

Handausgabe

Physikal.-statist Hand-, von Oesterreich-Ungarn in 24 Karten mit erläut Text herausgeg von Dr. Jos Chavanne 4. Liefg (Nr 13. Waldkarte Nr. 16. Karte d. Vertheilg d Confessionen. Nr 20 Karte d Vertheilg d Orte) Hoch-Fol. Wien, Ed. Hölzel In Umschl. 8 fl. 60 kr., Emball. Mappe netto 10 kr. 1883.

Atlas, Physikal.-statist. Hand-, v. Oesterreich-Ungarn in 24 Karten mit erläut. Texte. Herausg. v. Dr. Jos Chavanne. V. Lief. (8 Bl. Folio Farbendr.) Ebds. In Umschlag 3 fl. 60 kr.. Einzelpreis d. Karten 1 fl. 50 kr. 1884.

Handatlas, Physikalisch-statistischer, von Österreich-Ungarn in 24 Karten mit erläut. Text. Herausgeg. von Dr. Jos. Chavanne. VI. Lief. Farbendruck und Text. Hoch-Fol. Wien: Hölzel. In Umschl. 1885.

Spamers grosser **Hand-Atlas** in 150 Kartenseiten nebst alphabet. Orts-Register u. 150 Folio-Seiten Text enth. e. geogr.-statist. u. ethnograph. Beschreibg aller Teile d. Erde bearb. v. Dr. Alfred Hettner, a. o. Prof. an d. Univ. Leipzig. M. ca 600 Kt., Pl. u. Diagr. Lfg 1. *Leipzig: O. Spamer [1896].* 2. (96. 3743

Handatlas, Otto Spamers großer, in 150 Kartenseiten nebst alphabet. Namenverzeichn. Hierzu 150 Folio-Seiten Text enth. e. geogr.-stat. u. ethnogr. Beschreibung aller Teile d. Erde bearb. von Dr. Alfred Hettner, Prof., Leipzig. Mit ca. 600 Karten, Pl. u. Diagr. 2. Aufl. Leipzig: O. Spamer 1900. (VI S., 150 Karten, 131 S.) 2°

—— über alle Theile d. Erde, nach dem neuesten Zustande, hrsg. v. Stieler, (so wie die übrigen geograph. Werke dess.), s.a. Stieler, Ado.

—— über alle Theile d. Erde, zunächst f. Bürgerschulen u. Zeitungsleser bestimmt. (34 Bl. in Kpfrst. u. ill.) gr. Fol. Weimar 831, Geograph. Institut.

Hand-Atlas über alle Theile der Erde nach dem neuesten Zustande u. über das Weltgebäude. Herausg. von Ad. Stieler, F. v. Stülpnagel, H. Berghaus u. J. C. Bär. Nach neuem Plan in 63 Blättern. 3e—6e Lfrg. Fol. Gotha 833, 34. J. Perthes. Subscr.-Pr. (à n 2 ₰) 8 ₰ Alle 6 Lfrgg. 15 5/6 ₰

Hand-Atlas für den politischen und gerichtlichen Verwaltungsdienst in der österreichisch-ungarischen Monarchie einschliesslich Bosniens und der Hercegowina. Bearbeitet von G. Freytag. Wien. [1901.] Freytag & Berndt. 4°. 15 S. mit 11 Karten K 4.—

—— vollständiger, der Naturgeschichte. 1. Abthl.: Das Pflanzenreich. Fol. (48 Stnt. mit 9 S. Text.) Wenigen-Jena 857, Hochhausen's Verlag. * ill. *

—— vollständiger, des Pflanzenreichs. 2. Aufl. (des vorstehenden Werks.) Fol. (48 Stnt. und 9 S. Text.) Wenigen-Jena 860, Hochhausen's Verlag. * ill. *

—— vollständiger, des Pflanzenreichs. 24 Bogen Kpfr. und 2 Bogen Text. 3. Aufl. Fol. Wenigen-Jena 864, Hochhausen's Verlag. cart. * 1 Thlr.; ill. *

Vollstaendiger Handatlas des Pflanzenreichs. Jena, 1857–8. fol. Ed. 3. Wenigen-Jena, 1864. fol.

Handatlas, vollständiger, über alle Theile der Erde. Mit Berücksicht. der neuesten geograph. Entdeckungen zum Selbstunterricht u. bequemen Gebrauch für Gebildete aller Stände. Insbesondere zur Benützung bei Adrian Balbi's allgem. Erdbeschreibung u. der geograph. Lehrbücher von J. F. G. Cannabich, Galletti, Stein, Volger u. a. In 24 auf das feinste in Stahl gest. General- u. Specialkarten, worunter 3 Doppelblätter. Imp.-4. Pesth 842, Hartleben. (Leipzig, Frohberger.) 2 3/4 ₰

Hand-Atlas, vollständiger, üb. alle Theile der Erde. In 45 (in Kpfr. gest.) Karten. (Neue Ausg.) qu. gr. 4. Leipzig 847, Brockhaus. 18 ngl col. 1 ₰ Einzelne Karten à 1 1/2 ngl

— d. allgemeinen Weltgeschichte. Nebst Zeitrechnungs-Tafeln. Mit steter Rücksicht auf d. besten histor. Lehrbücher, besonders die des Prof. v. Dresch. 4 Lieferr. Imperial-Fol. Weimar 821. Industr.-Compt. 14 ₰ 12 ℊ Olif.-Pap. 18 ₰ 6 ℊ

— — Derselbe auf holländ. Olifant-Papier.

Handausgabe der neuesten Ablösungsgesetze für das Kgr. Würtemberg. Stuttgart 1848—51. H: *Baumann*, *Carl.* (Kat. der ständ. Bibl. Stuttgart 1907. S. 625.)

Hand-Ausgabe der neuesten Ablösungsgesetze für das Königr. Württemberg, nebst den Vollziehungs-Instructionen, den hierauf bezüglichen Ministerial-Verfügungen, dem Gesetzes-Entwurfe mit Motiven, den ständischen Verhandlungen und ausführl. alphabet. Sachregister. 1. Abthl. A. u. d. T.: Gesetz über Beseitigung der auf dem Grund und Boden ruhenden Lasten, vom 14. April 1848 ꝛc. gr. 8. (184 S.) Stuttgart 848, Metzler'sche Buchh.

—— dass. — 2. Abthl. A. u. d. T.: Gesetze, in Betreff der Freigebung der Theilnahme an der Ablösungskasse, der Beseitigung der Ueberreste älterer Abgaben, der Erläuterung und theilweisen Abänderung einiger Bestimmungen des Gesetzes über Beseitigung der auf dem Grund und Boden ruhenden Lasten und des Jagdwesens. Hand-Ausgabe mit Erläuterungen und ausführl. Sachregister von Carl Baumann. gr. 8. (108 S.) Stuttgart 849, Metzler'sche Buchh.

—— dass. — 3. Abthl. A. u. d. T.: Gesetz über Ablösung der Zehenten vom 17. Juni 1849 ꝛc. Hand-Ausg. mit Erläuterungen und ausführl. Sachregister von Baumann. 1—3. Heft. gr. 8. (... S.) Ebds. 849—51.

— amtliche, enth.: Gesetz, das Notariat betr., v. 15. III. 1899. Bekanntmachung, die Ausführg. des Gesetzes, das Notariat betr., vom 15. III. 1899, v. 30. VIII. 1899. Gesetz üb. die Angelegenheiten der freiwill. Gerichtsbarkeit vom 17. V. 1898. Gesetz, die Ausführg. des Gesetzes üb. die Angelegenheiten der freiwill. Gerichtsbarkeit betr., v. 18. VII. 1899. Dienstanweisung f. die großherzogl. Notare v. 22. XI. 1899. Gebührenordnung f. die großherzogl. Notare v. 29. XI. 1899. Gesetz üb. den Urkundenstempel vom 12. VIII. 1899. gr. 8. (VIII, 264 S.) Darmstadt 899. G. Jonghaus. n. 8.—

Handausgabe, amtliche, enth.: das Gesetz, die Ausführung des bürgerl. Gesetzbuchs betr., v. 17. VI. 1899, sowie sonst. Vorschriften, die im Anschluß an das Gesetz, die Ausführg. des bürgerl. Gesetzbuchs betr., ergangen sind, u. abgeänderte Landesgesetze, in der neuen, v. 1. I. 1900 an gelt. Fassg. gr. 8. (XXII, 602 S.) Darmstadt 900. G. Jonghaus. n. 3.60

— amtliche, enth.: Gerichtsvollzieherordnung vom 21. V. 1879. Verordnung, die Zustellgn. u. Behändiggn. betr., v. 12. XI. 1899. Dienstanweisung f. die großherzogl. Gerichtsvollzieher v. 16. XII. 1899. Gebührenordnung f. Gerichtsvollzieher, in der Fassg. der Bekanntmachung des Reichskanzlers v. 20. V. 1898. Verordnung, die Gebühren der Gerichtsvollzieher u. Gerichtsdiener betr., v. 16. XII. 1899. gr. 8. (VIII, 156 S.) Darmstadt 900. G. Jonghaus. n. 2.—

— amtliche, enth.: Vorschriften üb. das Grundbuchwesen. gr. 8. (V, 161 S. m. Formularen.) Ebd. 900. n. 2.—

— des Einkommensteuer-Gesetzes f. das Fürstent. Schwarzburg-Sondershausen, nebst Ausführungsbestimmungen u. Gemeindeabgaben-Gesetz. Amtliche Ausg. 8. (128 S.) Sondershausen (897). F. A. Eupel. Kart. n. 1.—

Handausgabe des Gesetzes über die Volksschulen im Königr. Württemberg vom 29. Sept. 1846, nebst sämmtl. Zusatz- u. Erläuterungserlassen älterer und neuerer Zeit, bearb. von G. A. Suskind. Mit Sachregister. gr. 8. Stuttgart 845, Metzler'sche Buchh. 1 1/2 ₰

Handausgabe hessischer Gesetze. II. 8. Gießen, A. Töpelmann. Geb. in Leinw. n. 3.50
Hessische Verfassungsgesetze, m. Einführg. u. Erläutergn. hrsg. von W. van Calker. (XVI, 284 S.) 906.

— österreichischer Gesetze. 1. Bd. kl. 8. Wien 906. G. Szelinsky. n. 2. 50; geb. n. 3. 50
Gesetz üb. Gesellschaften m. beschränkter Haftung. Kommentar. Von Fel. Kornfeld u. Gust. Scheu. (XIV, 374 S.)

Handausgabe d. österr. Gesetze u. Verordnungen, s.a. Gesetze u. Verordnungen.

Handausgabe der österr. Gesetze u Verordnungen [Amtl. Ausg.] 99 Hfte. Wien 868—891.

1. Vereins- u. Versammlungsrecht. 884. — 50
2. Vieh- u. Fleischbeschau-Ordnung. 886. — 25
3. Staatsgrundges. 5. A. 882. 4 —
4. Confess. Gesetze. 5. A. 885. 1 20
5. Advocaten-Ordng. 2. A. 874. — 40

6. Wehrgesetz u. Militärtaxe. 4. Aufl. 881.
7. Durchführgsbest. z. Wehrgesetze. 869.
8. Concurs-Ord. 2. Aufl. 879.
9. Pressgesetz. 2. Aufl. 890.
10. Dienstbotenordng. f. Wien.

11. Regelung d. Grundsteuer 1869. 5. Aufl. 881. 1 —
12. Schutz d. liter. u. artist. Eigenthums. — 40
13. Notariats-Ordng. 4. A. 879. 1 —
14. Grundbuchsgesetz. 1 —
15. Grundbuchsangelegenheiten. 4. Aufl. 887. — 40
16. Verordngn. bez. d. Doctorates. 3. Aufl. 879. 1 20
17. Reichsrathswahl-Ordnung. 2. Aufl. 885. — 75
18. Erwerbsgenossenschaften. 3. Aufl. 889. — 60
19. Bagatell- u. Mahnverfahren. 2. Aufl. 876. — 40
20 Anlegg. v. Grundbüchern in d. Bukowina. 873. — 75
21. Strafproc.-Ordng. 2. A. 875. 2 —
22. Verordng. betr. Forstges. 873. — 60
23. Vollzugsvorschrift z. Strafprocess-Ordnung. — 40
24. Staatsvorschusscassen. 874. — 60
25. Staatsanwaltschaftl. Organe. 874. — 60
26. Forstgesetz. 2. Aufl. 890. 1 20
27. Schutz v. Mustern u. Marken. 3. Aufl. 886. 1 20
28. Mass- u. Gewichtsordnung. 2. Aufl. 876. 1 20
29. Anlegung von Eisenbahnbüchern. 874. — 50
30. Berggesetz. 2. Aufl. 874. 3 20
31. Anlegg. neuer Grundbücher f. Österreich unt. d. Enns. 874. — 40
32. — Österreich ob d. Enns. 874. — 40
33. — Salzburg. 874. — 40
34. — Mähren. 874. — 40
35. — Schlesien. 874. — 40
36. — Kärnten. 874. — 40
37. — Galiz. u. Lodomerien. 874. — 40
38. — Steiermark. 874. — 40
39. — Krain. 874. — 40
40. — Böhmen. 874. — 40
41. — Görz u. Gradiska. 875. — 40
42. — Istrien. 875. — 40
43. Organisirg. d. Börsen. 875. — 40
44. Wechselordng. 4. Aufl. 889. — 80
45. Briefposttarif m. d. Auslande. 876. — 75
46. Punzirungsgesetz. 875. 1 20
47. Wiener Linienverzehrungssteuer. 890. — 60
48. Statut d. Wiener Börse. 875. — 40
49. Verwaltgsgerichtshof. 3. A. 890. — 50
50. Dienstboten-Ordn. f. Niederösterreich. 878. — 40
92. Besteuerg. d. Branntweins. — 60
92a. — Vollzugsvorschrift. 1 60
93. Zuckerbesteuerung. 889. 1 20
93a. Durchführung hiezu. — 40
94. Branntweinbesteuerg. 889. 2 40
94a. Sachregister. Heft 94. 1 20

51. Matrikeln f. d. Israeliten in Galizien. 877.
52. Strafgesetz v. 1852. 877.
53. Handelsgesetzbuch v. 1862. 891
54. Eisenbahn-Betriebs-Ordnung v. 1851. 9. Aufl. 890.
55. Verzehrungssteuer v. Fleisch etc. 2. Aufl. 889.
56. Zolltarif v. 1882. 2. Aufl. 887.
56a. Ergänzg. z Zolltarif v. 1882. 888.
58. Gefällsübertretungen. 878.
59. Instructionen betr. d. Durchführg. d. Zolltarifs. 1. Abt. 878.
60. dass. 2. Abt. 879.
61. Einquartierungsgesetz. 879.
62. — Durchführgsvorschrift. 879.
63. Hausirhandel. 885.
64. Thierkrankheiten u. Rinderpest. 884.
65. Disciplinarbehandlung d. k. k. Beamten. 880.
66. Mass- u. Gewichtsordnung. 2. T. 880.
67. Heimatsverhältnisse. 885.
68. Handel m. geist. Getränk. 881.
69. Spielkartenstempel. 881.
70. Dampfkessel. 3. Aufl.
71. Zollämtl. Untersuchung d. Baumwollgarne. 882.
71a. Zollämtl. Behandlung der Baumwollgarne. 887.
72. Erläutergn. z. Zolltarif. 882.
73. Theaterordnung. 882.
74. Verzollg. d. Mineralöle. 882.
74a. — Neueste Gesetze. 887.
75a. Wehrgesetz v. 1889.
76. Bauordng. f. Wien. 2. Aufl. 884.
77. Bauordnung f. Niederösterr. 2. Aufl. 887.
78. Gewerbeordng. 2. Aufl. 883.
78a. Gewerbl. Hilfspersonale. 885.
79. Grundsteuerkataster. 883.
80. Ausführungsvorschr. z. Gewerbeordng. 3. Aufl. 886.
81. Sanitätsangelegenhtn. 884.
82. Landesordnung f. Niederösterreich. 2. Aufl. 884.
84. Gesetze betr. Landsturm. 886.
85. Organisation d. Landsturms. 2. Aufl.
86. Landsturmgesetze. 2 Tle. 887.
87. Executionsnovelle v. 1887. 2. Aufl. 887.
88. Unfall- u. Krankenversich. d. Arbeiter. 2. Aufl. 890.
89. Postsparcassen-Amt. 888.
91. Zuckersteuer. 888.
91a. — Vollzugsvorschrift.
95. Bezirkskrankencasse in Wien.
96. Lagerhäuser. 2. Aufl.
97. Bruderladen.
97a. Durchführung hiezu.
98. Gebäudesteuer-Vorschr. 3. A.
99. Fischereiges. f. Niederösterr.

Handausgabe der österr. Gesetze und Verordnungen. 8. Wien, Hof- u. Staatsdruckerei. 76. Heft. Bauordnung für die k. k. Reichshaupt- und Residenzstadt Wien. (IX und 90 S.) 20 kr. 77. Heft. Bauordnung für das Erzherzogthum Oesterreich unter der Enns. (IX u. 90 S.) 20 kr. 78. Heft. Die Gewerbeordnung auf Grund des kaiserl. Patentes v. 20. Dec. 1859 und d. durch d. Gesetz v. 15. März 1883 erfolgten Abänderungen. (XII u. 130 S.) 50 kr. 1883.

Handausgabe d. österr. Gesetze und Verordnungen. 8. 79. Heft. Gesetze u. Vorschriften üb. die Evidenzhaltung des Grundsteuer-Katasters. (VII u 105 S.) Wien. k. k. Hof- u. Staatsdruckerei. 80 kr. — 80. Heft Ausführungs-Vorschriften zur Gewerbe-Ordnung und Normalstatuten f. die Genossenschaften. (75 S.) 20 kr. 1883

Hand-Ausgabe der österr. Gesetze und Verordnungen. 8. 81. Heft. Inh.: Gesetz vom 30. April 1870 über die im Wirkungskreise der Gemeinden gelegenen Sanitäts-Angelegenheiten. (VII u. 200 S.) Wien, Hof- und Staatsdruckerei. 60 kr. — 82. Heft. Landes-Ordnung und Landtags-Wahlordnung des Erzherzogthums Oesterreich unter der Enns. (37 S.) 10 kr. 1884.

Hand-Ausgabe d. österr. Gesetze und Verordnungen 8. 1. Heft Gesetz üb. das Vereins- und Versammlungsrecht. (64 S.) Wien, k. k. Hof- u. Staatsdruckerei. 24 kr. 54. H. Eisenbahnbetriebs-Ordnung. 4. ergänzte Aufl. (74 S.) 30 kr. 64. H. Gesetze, betreffend Abwehr u. Tilgung ansteckender Thierkrankheiten etc. (XII u. 352 S.) 1 fl. 60 kr. 70. H. Ueber Dampfkessel. 2., ergänzte Aufl. (IX u. 128 S.) 50 kr. 75. H. Wehrgesetz. 2. Aufl. (164 S.) 60 kr. 83. H. Brantweinbesteuerung. (IX u. 371 S.) 1 fl. 60 kr. 1884.

Handausgabe der österreichischen Gesetze und Verordnungen. 8°.
Wien: Hof- und Staatsdruckerei 1885.
4. Heft. Confessionelle Gesetze. 5. Aufl. (X u. 164 S.)
63. Heft. Vorschrift über den Hausirhandel (93 S.).
78 A. Bestimmungen der Gewerbeordnung über die gewerblichen Hilfspersonale. (VIII u. 59 S.)

Handausgabe der österreichischen Gesetze und Verordnungen. kl 8°.
Wien: Hof- und Staatsdruckerei 1885.
54. Heft. Eisenbahnbetriebsordnung für alle Kronländer. 5. ergänzte Aufl. (75 S.)
78 a. Heft. Bestimmungen über das gewerbliche Hilfspersonal. (VIII u. 38 S.)
17. Heft. (2. Aufl.) Wahlgesetz. (68 S.)

Handausgabe der österr. Gesetze Nr. 97. a) Inh.: Verordnung des Ackerbauministers vom 11. Sept. 1889 (R.-G.-Bl. Nr. 148), womit Bestimmungen zur Durchführung des Gesetzes vom 28. Juli 1889 (R.-G.-Bl. Nr. 127) betreffend die Regelung der Verhältnisse der nach dem allgemeinen Berggesetze errichteten oder noch zu errichtenden Bruderladen getroffen werden. 8. (10 S.) —.4
Wien: Hof- und Staatsdruckerei 1890.

Nachtrag I zur Handausgabe der österr. Gesetze und Verordnungen Heft 100. 8. (4 S. mit 1 Tafel) Wien: Hof- und Staatsdruckerei 1893. —.03

Nachtrag zur Handausgabe der österr. Gesetze und Verordnungen. 18. Heft. Gesetze und Verordnungen über Erwerbs- urd Wirthschafts-Genossenschaften. 8. (3 S.) Wien: Hof- und Staatsdruckerei 1896. —.02

Handausgabe der österreichischen Gesetze und Verordnungen. Heft 121. Vollzugsvorschrift zum Gesetze vom 25. October 1896 R. G. B. Nr. 220 betreffend die directen Personalsteuern. IV.—VI. Hauptstück. 8. (XIII, 336 S.) Geh. —.80
Wien: Hof- und Staatsdruckerei 1897.

Handausgabe der österreichischen Gesetze u. Verordnungen. Hft. 54, 58 a u. b, 65, 100, 100a u. 127—141. 8. Wien, Hof- u. Staatsdruckerei. n. 37. 90
54. Verordnung, kaiserl., vom 16. XI. 1851, m. welcher e. Eisenbahnbetriebs-Ordnung f. alle Kronländer erlassen wird. (11., durch die bisher. Abändergn. ergänzte Aufl.) (IV, 78 S.) 899. n. — 40
58a. Strafgesetz üb. Gefällsübertretungen u. Amtsunterricht f. die zur Anwendung des Strafgesetzes üb. Gefällsübertretungen bestimmten Behörden u. Ämter, ergänzt durch die wichtigsten nachträgl. Anordnungen. 1. Thl. (LXX, 637 S.) 901. n. 5. —
58b. Dasselbe. 2. Thl. (S. 639—1582.) 902. n. 5. —
65. Vorschriften üb. die Disciplinarbehandlung der k. k. Beamten u. Diener. (VI, 96 S.) 902. n. 1.20

100. Die österreichischen Währungsgesetze sammt den darauf bezüglichen ergänzenden u. erläuternden Verordnungen. Zusammengestellt u. m. Anmerkgn. versehen. Von Jos. Raudnitz. (XV, 349 S.) 899. n. 2.80

100a. Allgemeine Vorschrift f. die k. k. Finanzbehörden, Ämter u. Cassen, dann die k. k. Rechnungs- u. Controlorgane, betr. die Einführung der Kronenwährung als Landeswährung. Mit erläut. Anmerkgn. versehen. Von Jos. Raudnitz. (VII, 135 S.) 899. n. — 60

127. Vollzugsverordnungen zu dem Gesetze vom 11. I. 1897. R.G.Bl. Nr. 30 betr. den Schutz v. Erfindungen (Patentgesetz). (VIII, 161 S.) 899. n. 1.20

128. Gesetze u. Verordnungen üb. Jagd u. Vogelschutz im Erzherzogth. Österreich unter der Enns. (VIII, 72 S.) 899. n. — 50

129. Gesetze u. Verordnungen betr. die Zuckerbesteuerung nebst den Erlässen des k. k. Finanzministeriums zur Durchführung der gesetzlichen Bestimmungen, betr. die Zuckerbesteuerung. (XII, 447 S.) 899. n. 2.40

130. Gesetze u. Verordnungen üb. die Besteuerung des Branntweines u. der m. der Branntweinerzeugung verbundenen Preßhefeerzeugung. (VI, 1012 S. m. Formularen u. Taf.) 899. n. 5. —

131. Gesetze u. Verordnungen üb. die Bierbesteuerung. (V, 235 S. m. Formularen u. Taf.) 899. n. 1.40

132. Gesetze u. Verordnungen betr. den Verkehr m. versteuertem Branntwein, Zucker, Bier u. Mineralöl zwischen den im Reichsrathe vertretenen Königreichen u. Ländern, den Ländern der ungarischen Krone u. den Ländern Bosnien u. Hercegovina. (VI, 139 S.) 900. n. 1. —

133. Sammlung der Rechnungs-Vorschriften bezüglich der directen Personalsteuern. Mit den Nachtragsverordngn. ergänzt. u. erläut. Anmerkgn. versehen. Von Jos. v. Eisel v. Eiselsberg. (XXIII, 745 S. m. Formularen) 900. n. 3. —

134. Zusammenstellung, chronologisch-geordnete, der seit der Kundmachung des Gesetzes vom 25. X. 1896, R.G.Bl. Nr. 220 auf dem Gebiete der directen Personalsteuern erflossenen kaiserl. Verordnungen, publicirten u. wichtigeren nicht publicirten Finanzministerialerlässe m. Ausnahme der Vollzugsvorschrift zu dem Personalsteuergesetze (Handausg. Hefte 119, 120 u. 121). sowie der Rechnungsvorschriften (Handausg. Heft 133). (Nach dem Stande v. Mitte Septbr. 1900.) (V, 480 S.) 900. n. 2.40

135. Gesetz vom 18. VI. 1901, R.G.Bl. Nr. 74, betr. Gebühren v. Vermögensübertragungen, sammt Durchführungsverordng. vom 21. VI. 1901, R.G.Bl. Nr. 75, u. der Verordng. des Finanzministeriums vom 25. VI. 1901, Verordnungsblatt Nr. 91, nebst den vom Gesetze abweich. Bestimmgn. der kaiserl. Verordng. vom 16. VIII. 1899, R.G.Bl. Nr. 158. (V. 49 S.) 901. n. — 50

136. Das Pulver-Monopol in Österreich-Ungarn u. die Vorschriften üb. die Erzeugung u. den Verkehr v. explosiven Stoffen, v. Waffen u. Munitionsgegenständen. Bearb. im Vereine m. Eug. Ritter Schlesinger v. Benfeld. Von Alois Jahn. (X, 257 S.) 902. n. 2. —

137. Vorschriften üb. die Erzeugung u. den Verkehr v. Waffen u. Munitionsgegenständen. (50 S.) 902. n. — 40

138. Jagdgesetz f. d. Erzherzogth. Österreich unter der Enns m. Ausnahme des Gemeindegebietes der k. k. Reichshaupt- u. Residenzstadt Wien, vom 22. XI. 1901, L. G. u. V. Bl. Nr. 41 ex 1902, nebst den in Gemäßheit dieses Gesetzes erlassenen Verordnungen des k. k. Statthalters im Erzherzogthum Österreich unter der Enns u. Gesetz vom 22. XI. 1901 (L. G. u. V. Bl. Nr. 90) wirksam f. das Erzherzogth. Österreich unter der Enns, betr. die Erfordernisse zur Bestätigg. u. Beeidigg. f. das zum Schutze der Landescultur bestellte Wachpersonale. (VI. 150 S.) 902. n. 1. —

139. Verordnung des Handelsministeriums vom 10. VI. 1902, womit auf Grund des § 24 des Postgesetzes vom 5. XI. 1837 neue Bestimmungen üb. die Abgabe der Postsendungen erlassen werden. (22 S.) 902. n. — 30

140. Kundmachung des Präsidenten des k. k. Patentamtes vom 19. VII. 1902, Z. 189 Präs, betr. die Feststellung e. Tarifes f. Patentanwälte. Verlautbart in der am 15. VIII. 1902 ausgegebenen Nummer 16 des österreich. Patentblattes. (14 S.) 902. n. — 40

141. Vorschriften, betr. den Bierwürze-Kontrollmeßapparat (Patent Erhard-Schau), nebst der aus Anlaß seiner Einführg. erfolgten Abänderg. einiger Bestimmgn. der Biersteuervollzugsvorschrift.) (VII, 91 S. m. 11 Taf.) 902. n. 1. —

Früher u. d. T.: Gesetze u. Verordnungen, d. österr., aufgenommen.

(F) **Handausgabe** der österr. Gesetze und Verordnungen Nachtrag zu Heft 109. 8°. (4 S.) K —.05
Wien: Hof- und Staatsdruckerei 1902.

Handausgabe der österreichischen Gesetze u. Verordnungen. 8. Wien, Hof- u. Staatsdruckerei.

129. Heft. Gesetze u. Verordnungen betr. die Zuckerbesteuerung. Zusammengestellt im Departement VI des k. k. Finanzministeriums. (VIII, 487 S.) '04. 6. —

Handausgabe der österreichischen Gesetze u. Verordnungen. kl. 8. Wien, Hof- u. Staatsdruckerei. 1906.

142. Heft. Bradel, Joh., Vorschriften üb. die Benützung des Giroverkehrs durch Staatskassen. Im Auftrage des k. k. Finanzministeriums zusammengestellt u. m. Anmerkgn. versehen. (XXVI, 652 S.) 6. —. — 143. Heft. Bradel, Joh., Vorschriften üb. staatliche Geldverwaltung. Im Auftrage des k. k Finanzministeriums zusammengestellt u. m. erläut. Anmerkgn. versehen. (XXXVI, 377 S.) 4. —.

— der österreichischen Gesetze u. Verordnungen. Heft 6. 7. 12. 64. 67a. 74. 78. 98. 100a. 104. 129. 134a. 142 u. 143. kl. 8. Wien, Hof- u. Staatsdruckerei. n. 53.60

6. Jagdgesetz f. das Gemeindegebiet der k. k. Reichshaupt- u. Residenzstadt Wien vom 8. XII. 1902, L.G. u. V.Bl. Nr. 22, nebst der in Gemäßheit dieses Gesetzes erlassenen Verordnungen des k. k. Statthalters im Erzherzogth. Österreich unter der Enns u. des Magistrates der k. k. Reichshaupt- u. Residenzstadt Wien. (V, 90 S.) 903. n. 3. —

7. Schul- u. Unterrichtsordnung f. allgemeine Volksschulen u. f. Bürgerschulen samt Durchführungsbestimmungen. Wirksam f. die im Reichsrate vertretenen Königreiche u. Länder m. Ausnahme des Königr. Galizien u. Lodomerien samt dem Großherzogt. Krakau. (120 S.) 905. n. — 60

12. Gesetz vom 6. III. 1906, R. G. Bl. Nr. 58 üb. Gesellschaften m. beschränkter Haftung, samt den Durchführungsverordnungen, betr. Aendergn. in der Anlegg. u. Führg. des Handelsregisters u. Weisgn. an die Registergerichte, ferner die Gebühren u. steuerrechtl. Bestimmgn. des Gesetzes, sowie e. die „Erläut. Bemerkgn." zum Gesetzentwurfe, dann die auszugsweisen Berichte der Kommission des Herrenhauses u. des volkswirtschaftlichen Ausschusses des Abgeordnetenhauses üb. diesen Entwurf enth. Anh. (XIII, 321 S.) 906. n. 4. —

64. Gesetze betr. die Abwehr u. Tilgung ansteckender Tierkrankheiten samt den hierzu nachtraglich ergangenen Gesetzen, Durchführungsverordnungen, Landesgesetzen, Erlässen, Kundmachungen u. den Entscheidungen des k. k. Obersten Gerichts- u. Kassationshofes. Von Max Frh. v. Buschman. Neu bearb. v. Fritz Zadnik. (XIII, 690 S.) 906. n. 6. —

67a. Heimatgesetznovelle, die, vom 5. XII. 1896, R. G. Bl. Nr. 222, samt den bis Ende Oktober 1903 erflossenen einschlägigen Erkenntnissen des k. k. Verwaltungsgerichtshofes. (X, 86 S.) 903. n. 1. —

74. Gesetze u. Verordnungen üb. die Mineralölbesteuerung. (VI, 157 S.) 903. n. 1.20

78. Die Gewerbeordnung. Sammt den einschläg. Gesetzen, Verordngn., Erlässen u. Entscheidgn. der Ministerien, sowie den Erkenntnissen des Verwaltungsgerichtshofes. Von Frz. Müller u. Hugo Diwald. 5. Aufl. (XXIV, 1529 S.) 903. n. 8. —

98. Zusammenstellung der Gebäudesteuer-Vorschriften. 4., verm. Aufl. (LII, 635 u. 24 S.) 902. n. 10. —

100a. Die österreichischen Währungsgesetze sammt den darauf bezüglichen ergänzenden u. erläuternden Verordnungen zusammengestellt u. m. Anmerkgn. versehen. Von Jos. Raudnitz. (XVI, 242 S.) 904. n. 1.60

104. Die Vorschriften betr. den Transport explosiver u. denselben ähnlicher Gegenstände auf den österreichischen Eisenbahnen. Zusammengestellt von Max Frhr. v. Buschman, unter Mitwirkg. v. Frz. Hübner. 3. durch die bisher. Abändergn. ergänzte Aufl. (XIV, 110 S.) 902. n. — 80

129. Gesetze u. Verordnungen betr. die Zuckerbesteuerung. Zusammengestellt im Departement VI des k. k. Finanzministeriums. (VIII, 487 S.) 904. n. 6. —

134a. Zusammenstellung, chronologisch geordnete, der seit der Kundmachung des Gesetzes vom 25. X. 1896, R. G. Bl. Nr. 220 auf dem Gebiete der direkten Personalsteuern erflossenen Gesetze, kaiserl. Verordnungen, publizierten u. wichtigeren nicht publizierten Finanzministerialerlässe m. Ausnahme der Vollzugsvorschrift zu dem Personalsteuergesetze (Handausg. Hefte 119, 120 u. 121), sowie der Rechnungsvorschriften (Handausg. Heft 133). 2. Tl. (Umfassend den Zeitraum von Mitte Septbr. 1900 bis 31. XII. 1903.) (V, 469 S.) 904. n. 1.50 (1 u. 2.: 3.90)

142. Vorschriften üb. Benützung des Giroverkehrs durch Staatskassen. Im Auftrage des k. k. Finanzministeriums zusammengestellt u. m. erläut. Anmerkgn. versehen. Von Joh. Bradel. (XXVI, 652 S.) 906. n. 6. —

143. Vorschriften üb. staatliche Geldverwaltung. Im Auftrage des k. k. Finanzministeriums zusammengestellt u. m. erläut. Anmerkgn. versehen. Von Joh. Bradel. (XXXVI, 377 S.) 906. n. 4. —

Handausgabe der österreichischen Gesetze u. Verordngn. Heft 5, 15—17, 19, 24, 64a, 78a, 123e, 134b. 8. Wien, Hof- u. Staatsdruckerei. 17. —

Betriebsordnung u. Maximal-Tarif f. das Platzfuhrwerk in Wien. (59 S.) 910. (Heft 5.) — 30

Dokupil, Ottokar, die Gewerbeordnung im Texte der Kundmachung des Handelsministers im Einvernehmen m. dem Minister des Innern vom 16. VIII. 1907, R.G.Bl. Nr. 199, samt den geltenden Durchführungsverordnungen. — Erläut. durch die parlamentar. Materialien. Mit Genehmigung des k. k. Handelsministeriums. (XVIII, 933 S.) 908. (Heft 78a.) 6. —

Finanzwachvorschrift. (IX, 203 S.) 907. (Heft 15.) 1.20

Gesetze über die Wahl der Mitglieder des Hauses der Abgeordneten des Reichsrates, m. den vom k. k. Ministerium des Innern hinausgegebenen Erläutergn. zur Reichsratswahlordng. nebst dem Berichte des Wahlreformausschusses und statist. Tabellen. (VI, 148 S.) 907. (Heft 17.) 1.20

Verordnung betr. die Vornahme der Volkszählung vom J. 1910 u. Volkszählungsgesetz vom J. 1869. (79 S.) 910. (Heft 24.) — 80

Vorschrift f. die Verschleißer v. Tabakspezialitäten. (Finanzministerialverordnung vom 26. XI. 1906, Z. 36047. (67 S.) 906. (Heft 123e.) — 60

Wilfling, Aug., Gesetz vom 22. II. 1907, R.G.Bl. Nr. 49, betr. Gebührenerleichterungen bei Konvertierung von Geldschuldforderungen samt Durchführungsverordng., Instruktion, nachträgl. Erlässen u. alphabet. Sachregister. Im Auftrage des k. k. Finanzministeriums zusammengestellt. (67 S.) 907. (Heft 16.) — 60

Zadnik, Fritz, die Bestimmungen der neuen Handelsverträge u. der Vereinbarungen m. Ungarn sowie der Staatsverträge üb. d. Eisenbahntarifwesen. (XIII, 209 S.) 908. (Heft 19.) 3. —

— Nachtrag zu der Gesetzessammlung betr. die Abwehr und Tilgung ansteckender Tierkrankheiten (Heft 64). (VIII, 211 S.) 910. (Heft 64a.) 1. 80

Zusammenstellung, chronologisch geordnete, der seit der Kundmachung des Gesetzes vom 25. X. 1896, R. G. Bl. Nr. 220 auf dem Gebiete der direkten Personalsteuern erflossenen Gesetze, kaiserl. Verordnungen, publizierten u. wichtigeren nicht publizierten Finanzministerialerlässe mit Ausnahme der Vollzugsvorschrift zu dem Personalsteuergesetze (Handausg. Hefte 119, 120 u. 121), sowie der Rechnungsvorschriften (Handausg. Heft 131). 3. Tl. (Umfassend die J. 1904, 1905 u. 1906.) (V, 521 S.) 907. (Heft 134b.) 1. 50

— königl. sächs. Gesetze. 49., 72., 76., 120. u. 121. Bd. 8. Ebd.

49. **Wahl, R.**, Das königl. sächsische Gesetz üb. den Urkundenstempel vom 13. XI. 1876 in der Fassung des Gesetzes vom 10. VI. 1898 nebst Ausführungsverordnung vom 12. X. 1899, erläutert v. W. Mit e. Inhaltsverzeichnisse, 6 Tab. üb. die nach Prozenten des Werthes zu erheb. Stempelabgaben u. e Sachregister. 5. Aufl. (VIII, 166 S.) Geb. in Leinw. 2 40. — 72. **Lotze. M.**, Die königl. sächs. Gesetze u. Verordnungen üb Jagd u. Fischerei m. den damit in Verbindung stehenden reichs- u. landesgesetzlichen Vorschriften, sowie das Gesetz, betr. den Ersatz v. Wildschaden u. die Rechtsfähigkeit der Jagdgenossenschaft. Mit Einleitg., Erläutergn., Wort- u. Sachregister. 2. Aufl. (VII, 232 S.) Geb. in Leinw. 3. —. — 76. Gesetz, das Mobiliar- u. Privat-Feuerversicherungswesen betr., vom 28. VIII. 1876 in der ihm durch die Gesetze vom 18. X 1886 u. 5. V. 1892 gegebenen Fassung, m. der dazu g hör. Ausführungs-Verordng. u. den einschlag. Bestimmgn. des Gesetzes üb. den Urkundenstempel. 6. Aufl. (60 S.) In Leinw. kart. —. 60. — 120. **Siedamgrotzky, O.**, Die Fleischbeschau-Gesetze u. Verordnungen f. das Königr. Sachsen. Zum Gebrauche f. Verwaltungsbeamte, Gemeindevorstände, Thierärzte u. Fleischbeschauer. (VIII, 122 S.) 1. 60. — 121. **Michel. E.**, Königl. sächsische Landgemeindeordnung vom 24. IV. 1873. Textausg. m. kurzen Anmerkgn. u. Sachregister. (64 S.) In Leinw. kart. —. 60.

Handausgabe königl. sächs. Gesetze, Fortsetzg., s.: **Handbibliothek, Leipziger juristische.**

Hand-Ausgabe der Instruction zu Abhaltung der Ruggerichte in den Gemeinden vom 15. November 1844. Mit vollst. ausgearb. Legende. Stuttgart: Metzler 1845.

— zum 2. Bde. des **Kirchenbuchs** f. die evangelische Kirche des Großherzogt. Hessen. (Taufe. — Begräbnis. — Krankenkommunion u. Krankenseelsorge.) (VIII, 160 S.) kl. 8. Darmstadt 904. (C. F. Winter'sche Buchdr.) n. 1. 60; geb. in Ldr. n.n. 2. 60

— zum 2. Bde. des **Kirchenbuchs** f. die evangel. Kirche des Großherzogt. Hessen. (Taufe. — Begräbnis. — Kranken-Kommunion und Kranken-Seelsorge. 2. Aufl. (VIII, 160 S.) kl. 8. Darmstadt 908. (C. F. Winter'sche Buchdr.) 1.60; geb. in Ldr. n 3.—; m. Goldschn. n 3. 20

— commentirte, d. österr. Reichsgesetze. 8. I. Band. Das allgem. bürgerliche Gesetzbuch sammt allen Nachtrags-Verordnungen etc. 2. verm. Aufl (707 S.) Prag, Heinrich Mercy. 2 fl. 80 kr. — III. Bd. Die Reichsgesetz u. Verordnungen üb. das Volksschulwesen. 4. Auflage. (392 S.) 1 fl. 20 kr, gebd. 1 fl. 60 kr. 1883.

Handausgabe, commentirte, der österreichischen Reichsgesetze. III. Inhalt: Die Reichsgesetze und Verordnungen über das Volksschulwesen für die im Reichsrathe vertretenen Königreiche und Länder, sowie die diese Gesetze betreffenden Entscheidungen des Reichsgerichtes und Verwaltungsgerichtshofes, dann die Erlässe des böhm. Landesschulrathes. Mit ausführlich. alphab. Sachregister. 4. Aufl. 8. (394 S.) geb. 1 fl. 60 kr.

— — III. Inhalt: Die Gesetze und Verordnungen über das Volksschulwesen für das Königreich Böhmen, erläutert durch die Entscheidungen des Reichsgerichtes und Verwaltungsgerichtshofes und Erlässe des böhm. Landesschulrathes. Mit ausführlichem alphabet. Sachregister. 4. Aufl. 8. (550 S.) geb. 2 fl. 80 kr. Prag: Mercy 1882.

— — III. Bd. B. Dieselbe Ausgabe f. Böhmen mit Einbeziehung der Landesgesetzgebung. 8 (515 S.) Ebds. 2 fl. 40 kr., gebd. 2 fl. 80 kr. 1883.

— commentirte. der österr. Reichsgesetze. VI. Bd. Inh.: Das allgemeine Strafgesetz v. 27. Mai 1852. 8. (VIII u. 499 S.) Prag, H. Mercy. 2 fl. 20 kr., geb. 2 fl. 60 kr. 1883.

Handausgabe der kaiserl. sanktionirten Landes-Gesetze für das Herzogthum Kärnten. Klgft., Leon, 1869—78, Duodez. 10 Hefte. (Umschlagtitel: Gesetzsammlung für das Herzogthum Kärnten.)

Hand-Ausgabe der kaiserlich sanktionirten Landesgesetze für das Herzogthum Kärnten, dann mehrerer k. k. ministerieller und landesbehördlicher Kundmachungen. 8. XI. Heft. (142 S.) geh. 80 kr. Klagenfurt: Leon 1882.

— der Landesgesetze für das Herzogthum Kärnten, s. Landesgesetze.

Hand-Ausgabe, Officielle, der österr. Gesetze u. Verordnungen. 75. Heft. Inh.: Wehrgesetz sammt Wehrgesetz-Novelle vom Jahre 1882 und Durchführungsvorschrift vom Jahre 1882. kl. 8. (161 S.) geh. 50 kr.

— der gesammten k. württemberg. Pfandgesetzgebung, enthalt. das Pfand-, Prioritäts- und Executionsgesetz ꝛc. Mit einer gemeinfaßl. Belehrung für die Unterpfandsbehörden, kurzen Anmerkungen und Erläuterungen und einem vollständ. Sachregister. br. gr. 12. (VI und 331 S.) Ulm 847, F. Ebner. *

Führt auch den Umschlagstitel: Vollständige Sammlung der k. württemb. Pfandgesetzgebung.

Handausgabe d. gesammt. kgl. würtemb. Pfandgesetzgebung v. 1825—1856. Ulm 857.

Handausgabe deutscher Reichsgesetze. Textausg. m. Reg. Leipzig, Rossberg.

Bd. 1. **Fuchs**, Handelsgesetzgebung. 899.
„ 2. Bürgerl. Gesetz-Buch. Grundbuchordnung u. freiwill. Gerichtsb. 900.
„ 3. Civilprozessgesetzgebung. 899.
„ 4. **Kaeubler**. Personenstandsgesetz. 900.
„ 5. **Coermann**, Strafgesetzb. 900.
„ 6. Gerichtsverfassungsgesetz. 899.
„ 7. Civilprozessordnung. 899.
„ 8. Konkursordnung. 899.
„ 9. Strafprozessordnung. 2. Aufl.
„ 10. Urheberrecht an Schriftwerken. Marken-Musterschutz. 2. Aufl. 900.
„ 11. Rechtsanwaltsordnung. 878.
„ 14. **Kranichfeld**, Anfechtungsgesetz. 880.
„ 16. Reichsstempelgesetz. 4. Aufl. 895.
„ 17. Deutsches Seerecht. 883.
„ 18. Krankenversicherungsgesetz. 4. Aufl. 892.
„ 19. Gewerbeordnung. 4. Aufl. 897.
„ 22. Hülfskassengesetz vom 1. 6. 1884.
„ 23. Unfallversicherungs-Gesetz. 2. Aufl. 887.
„ 25. **Mangoldt**, Pressgesetz. 886.
„ 26. **Nienholdt**, Unfallvers.-Ges. v. 28. 5. 1885.
„ 27. Bau-Unfall-Versicherungsgesetz. 887.
„ 28. Unfall- u. Krankenversich.-Gesetz d. landw. Arbeiter. 886.
„ 29. **Mangoldt**, Zoll- u. Steuerstrafrecht. 886.
„ 30. **Klemm**, Ges. betr. Ausschluss d. Oeffentlichkeit. 888.
„ 31. Wechselordnung u. Wechselstempelsteuer. 8. Aufl. 889.
„ 32. 33. **Hoffmann**, Genossenschaftsgesetz. 896.
„ 34. Invaliditäts- u. Altersversicherung. 889.
„ 35. Gewerbegerichte. 890.
„ 36. **Scherer**, Ges. betr. Viehhandel. 2. Aufl. 891.
„ 37. Patentgesetz. Gebrauchsmuster. Waarenbezeichnung. 894.
„ 38. Arbeiterschutzgesetz. 892.
„ 41. **Fuld**. Wuchergesetz. 893.
„ 42. — Abzahlungsgeschäfte. 894.
„ 43. Unterstützungswohnsitz. 894.
„ 45. **Förtsch**. Binnenschiffahrt u. Flösserei. 895.
„ 46. Bürgerl. Gesetzbuch mit Einführungs-Gesetz. 900.
„ 47. **Fuchs**, Handelsgesetzb. u. Wechselordnung. 899.
„ 48. Grundbuchordnung u. Zwangsversteigerung. 897.
„ 49. **Kranichfeld**, Grundbuchordnung. 897.
„ 50. **Reinhard**, Zwangsversteigerg. u. Zwangsverwaltg. 898.
„ 51. **Klössel**, Auswanderungsgesetz. 898.
„ 52. **Bernewitz**, Handwerkergesetz. 898.
„ 53. **Lessing**, Entschädigung freigesprochener Personen. 898.
„ 54. **Traenkner** u. **Wulfert**, B. G. B. Handausg. 897.
„ 55. **Fuchs**, handelsrechtliche Nebengesetze. 899.
„ 56. Grundbuchordnung vom 24. 3. 1897.
„ 57. Zwangsversteigerung u. -Verwaltung. 899.
„ 58. Freiwillige Gerichtsbarkeit. 899.
„ 59. **Pechwell**, Militärstrafgerichtsordnung. 899.
„ 60. **Kurtz**, Vormundschaftsrecht. 899.

Handausgabe deutscher Reichsgesetze. 61. Bd. 8. Leipzig, Roßberg'sche Verlagsbuchh. Geb. in Leinw. n. 2. —

Die deutsche Transportgesetzgebung. Ein Leitfaden durch das Frachtrecht der Spediteure, Frachtführer, Eisenbahnen, Post- u. Telegraphenanstalten, Binnenschiffahrts- u. Flößerei-Betriebe. Für die Praxis bearb. Von W. **Coermann**. Von der industriellen Gesellschaft in Mülhausen i. E. im Herbst 1899 preisgekrönte Arbeit. (VI, 154 S.) 900.

— deutscher **Reichsgesetze**, Fortsetzg., s.: **Handbibliothek, Leipziger juristische.**

Handausgabe der österreichischen Reichsgesetze. III. Bd. Inh.: Die Reichsgesetze und Verordnungen über das Volksschulwesen für die im Reichsrathe vertretenen Königreiche und Länder, sowie die diese Gesetze betreffenden Entscheidungen des Reichsgerichtes und Verwaltungsgerichtshofes, dann die Erlässe des böhmischen Landesschulrathes. Mit einem ausführlichen alphabetischen nach Schlagwörtern abgefaßten Materien-Register. 4. Aufl. 8. (394 S.) geh. 1 fl. 20 kr. Prag: Mercy 1882.

Hand-Ausgabe von Hölzel's Wandbildern für den Anschauungs- und Sprach-Unterricht. 4. Serie. Gr.-8°. (5 Tafeln) K 1.20
Wien: Hölzel 1902.

Hand-Ausgaben der wichtigeren Gesetze. X. d. Inh.: II. Supplt.-Heft. XXXVI. Gesetz-Artikel vom Jahre 1890 über Ergänzung einiger Bestimmungen des XXXV. Gesetz-Artikels vom Jahre 1888 über das staatliche Schankgefälle u. Instruction zur Durchführung desselben. 8. (27 S.)
Budapest: Ráth 1890. —.40

— X. a. c. d. Inh.: XXXV. Gesetz-Artikel vom Jahre 1888 über das staatliche Schankgefälle u. XXXVI. Gesetz-Artikel vom Jahre 1888 über die in Folge des Schankgefälles zu gewährenden Entschädigungen. Mit Erläuterungen, Anmerkungen und Parallelstellung von Peter Fritz. II. Supplt.-Heft. XXXVI. Gesetz-Artikel vom Jahre 1890 über Ergänzung einiger Bestimmungen des XXXV. Gesetz-Artikels vom Jahre 1888 ꝛc. 8. (27, 71, 211 S. u. Register) 2.60
Budapest: Ráth 1890.

Handausgaben der wichtigeren Gesetze XIII a, b. Inhalt: XXVIII. Gesetzartikel vom Jahre 1893 über den Schutz der in gewerblichen und Fabriksbetrieben Beschäftigten gegen Unfälle und über die Gewerbe-Inspectoren. Mit Erläuterungen. XIV. Gesetzartikel vom Jahre 1891 über die Unterstützung in Krankheitsfällen der in gewerblichen und Fabriksbetrieben Beschäftigten. Mit Erläuterungen und der Durchführungs-Verordnung. Gr.-8. (59 S.) Budapest: Ráth 1894. 1.—

— — XIII a, b, c. Inhalt wie oben und XIV. Gesetzartikel vom Jahre 1891 über die Unterstützung in Krankheitsfällen der in gewerblichen u. Fabriksbetrieben Beschäftigten. Mit Erläuterungen und der Durchführungsverordnung. Gr.-8. (23 und 59 S.) Budapest: Ráth 1894. 1.—

— — XIII b. Inhalt: XXVIII. Gesetzartikel vom Jahre 1893 über den Schutz der in gewerblichen und Fabriksbetrieben Beschäftigten gegen Unfälle und gegen die Gewerbe-Inspectoren. Mit Erläuterungen. Gr.-8. (30 S.) Budapest: Ráth 1894.

Handausgaben der wichtigeren Gesetze. XIII b, c. Inhalt: XXVIII. Gesetzartikel vom Jahre 1893 über den Schutz der in gewerblichen u. Fabriksbetrieben Beschäftigten gegen Unfälle und über die Gewerbe-Inspectoren. Mit Erläuterung und der Vollzugs-Verordnung. Gr.-8. (23 S.) —.50
Budapest: Ráth 1894.

— — XVI a, b. Inhalt: XXIII. Gesetzartikel vom Jahre 1893 über das Verbot künstliche Weine zu erzeugen und in den Verkehr zu bringen Mit Erläuterung und der Durchführungs-Verordnung 1. Heft. Gr.-8. (22 S.) Budapest: Ráth 1894. —.40

— — XVI b. 2. Heft. Durchführungs-Verordnung. Gr.-8. (22 S.) Budapest: Ráth 1894. —.20

Handausgaben der wichtigeren Gesetze, XVIII a b. Inhalt: XII. Gesetzartikel vom Jahre 1894 über die Landwirthschaft und Feldpolizei. Mit Erläuterungen und der Durchführungs-Verordnung. Gr.-8. (122 S.) 2.—

— — XVIII b. Inhalt: Gesetzartikel vom Jahre 1894 über die Landwirthschaft und Feldpolizei. II. Heft. Durchführungs-Verordnung. Gr.-8. (122 S.) Budapest: Ráth 1894. 1.40

[F.] **Handausgaben**, Schwann'sche, deutscher und preussischer Gesetze. No 1–6 u. 8. *Düsseldorf: L. Schwann 1898.* 8. [98. 1009]

Hand- und Hausbedarf, für Bürger, Landleute, Oekonomen, Handwerker, Künstler ꝛc. 12. Lpz. Joachim.

Handbibel, s.a. **Karrer**

Hand-Bibel. Die ganze hl. Schrift. Nach dem Urtext u. m. Berücksicht. der besten Übersetzgn. hrsg. v. Frz. Eug. Schlachter. 1. Probedr. (VIII, 2150 S.) 8. Bern 908. (Bonn, J. Schergens.) Geb. nn 8.—; in Ldr. nn 9.—; in Saff. m. Goldschn. nn 11.—

Handbibel der Christen auf alle Tage des Jahres ... Tübingen 1792—96. V: *Gradmann, Johann Jacob.* (Ky) (MGT)

Handbibel für Christen auf alle Tage d. J., (von J. J. Gradmann). 5 Thle. gr. 8. Nürnb. 792—96. Felssecker. 4 ℛ 4 ℊ 6r u. 7r Thl. A. u. d. T.: Unsere Obliegenheiten gegen d. Nächsten. 2 Thle. Kempten 800. Dannheimer. 2 ℛ u. 4r—7r A. u. d. T.: Sittenlehren d. Christenthums. 4 Bde. Die 15 ersten Betrachtt. aus d. 5ten Thle. A. u. d. T. d. wichtige Lehre vom Gebet. 8. Tübing. 797.

– dasselbe, s.a. Gradmann.

Handbibel, kleine, f. die Jugend u. f. jeden guten Christen. 12. Münch. Giel. 814.

Handbibel, kleine, für die Jugend. 3te Aufl. 12. München, Giel. 818.

— kleine, für d. Schulen. 12. Mainz, Wirth. 4 ℊ

Handbibel, kleine, f. Schulen. I. Glaubenslehre. II. Sittenlehre. (Die Liebe.) III. Heilsmittel-Lehre. (Hoffnung.) 3 Abthln. 12. (8 B.) Mainz 833, Wirth.

— d. N. Testam., in e. erläuterten Uebersetzung für Verehrer d. Wahrheit u. Tugend. 8. Hamb. 803. (Campe). 1 ℛ 4 ℊ

— academ., zum Gebrauch d. Rechtsbeflissenen auf den preuß. Universitäten. gr. 8. Berl. 774. Rottmann. 1 ℛ

— allgem. geograph., s. D. J. Jacobsen.

— allgem., f. Küche u. Keller. Zum Gebr. f. Hausfrauen in d. Stadt u. auf d. Lande, f. Küchen- u. Kellermeister, Gast- u. Schenkwirthe, Restaurateurs u. Destillateurs, Köche, Brauer, Zuckerbäcker u. Conditoren. 1s—10s Heft, mit 10 Steintaf. gr. 12. Merseb. 832. Weidemann. Subscr.-Pr. à Heft 4 ℊ

— allgemeine, für Küche u. Keller rc. 11s u. 12s Heft. Boudings blancs bis Brod. Mit 1 ill. Steindr. gr. 12. Merseburg 832. (833.) Weidemann. (à 1/6 ℛ) 1/3 ℛ

— allgem., z. Kultur- u. Sittengeschichte. 1—4. Bd. 8. Stuttgart, Neues Literar. Institut. à Bd. —50; geb. 1.—

Casanova, Jak., meine Flucht aus den Bleikammern Venedigs. (116 S.) (907.) (Bd. 4.)
Frusta, Giovanni, der Flagellantismus als epidem. Geisteskrankheit. Aus d. Italien. (104 S.) (907.) (Bd. 2.)
Sekten u. Geheimbünde, die revolut. russischen. Der „arme Konrad" in Rußland, v. F. v. B.... (90 S.) (907.) (Bd. 1.)
Vidocq's Memoiren. Vom Galeerensklaven bis zum Chef der geheimen Polizei Napoleons I. 1. Tl. Auf dem Wege zur Galeere. (116 S.) (907.) (Bd. 3.)

Handbibliothek, ascetische. 1. u. 2. Bd. kl. 8. Regensburg, F. Habbel. à n. 1.50; geb. in Leinw. à n. 2.—

1. Betrachtungen f. die monatlichen Exerzitien der Ordensfrauen. Aus dem Holl. übers. v. Schwester M. Paula, O. S. F. Mit e. Gewissenserforsch. (288 S.) (904.)
2. Die Schule des heiligsten Herzens Jesu. Von W. van Nieuwenhoff. Ins Deutsche übertr. u. m. e. Gebetsanh. versehen v. e. Ordensmitgliede. (340 S. m. Titelbild.) (904.)

Handbibliothek, aszetische. 3. Bd. kl. 8. Regensburg (908). J. Habbel. 1.50; geb. in Leinw. 2.—

Beichte u. Kommunion, die hl. Für Ordensleute u. alle, welche häufig kommunizieren. Frei nach dem Engl. bearb. v. e. Ordensmitgliede. (178 S.)

— auserlesene, für Damen, zur Bildung d. Verstandes, d. Geschmacks u. d. Sitten, (v. Fr. Erdm. Petri). 8. Leipz. 802. Hinrichs 16 ℊ

Handbibliothek, Auserlesene, für Damen, zur Bildung des Verstandes, des Geschmacks und der Sitten. Leipzig 1802. V: *Petri, Frdr. Erdm.* (Ky) (ErschDL) (Krusche)

Handbibliothek des Auslandes f. die organisch-chemische Richtung d. Heilkunde. Im Vereine m. mehr. Aerzten hrsg. v. Sigism. Eckstein. Nr. I—IV., VI. u. VII. gr. 8. Wien, Kaulfuss Wwe., Prandel u. Comp.

A. u. d. Ttln.:

Nr. I. Die Harnsedimente in diagnostischer, pathogenetischer u. therapeutischer Beziehung nach Golding Bird's Lectures on the Physical and Pathological Characters of Urinary deposits, delivered at Guy's Hospital, London 1843. (7¾ B. 1 Stnt. u. 1 Tab.) 844. * 20 Ngr.
II. III. Der Speichel in physiologischer, diagnostischer u. therapeut. Beziehung nach Samuel Wright's on the Physiology and Pathology of the Saliva. London 1842—43. 1. u. 2. Lief. (14 B.) 844. à * 15 Ngr.
IV. Die Gerinnung u. Speckhaut des Blutes bezügl. ihrer Ursachen u. ihres symptomatischen Werthes, namentlich als Entscheidungsmomente für den Aderlass, nach Giovanni Polli's Abhandlungen etc. 1. Lfg. (5 B. u. 2 Tab.) 84[illegible] 15 Ngr.
VI. VII. Die Galle im gesunden u. krankhaften Zustande, m. besond. Berücksichtig. d. Gallensteine, nach F. Bouisson's „de la bile etc." frei bearb. u. m. Zusätzen verm. v. E. A. Platner. Anhang. Zur Physiologie d. Galle; nach N. Blondlot's Essai sur les fonctions du foie et de ses annexes. (18½ B.) 84[illegible] 47. 1 Thlr. 10 Ngr.

Nr. V wird noch erwartet.

Hand-Bibliothek, bauwissenschaftl., s. a. F. Dümmler.

Handbibliothek, bauwissenschaftliche, ein Verzeichniß aller ältern und neuern Schriften über die bürgerliche Wasser- und Straßenbaukunst. 8. Berlin, Dümmler. 820.

— chirurgische, e. Samml. auserles. neuester Abhandll. u. Schriften, aus dem Gebiete d. prakt. Chirurgie. 1r Bd., 2 Abtheill. A. u. d. T.: A. Cooper's u. B. Traver's chirurg. Abhandll. u. Versuche. Aus d. Engl. Mit 14 schwarzen u. 1 ill. Kpft. gr. 8. Weimar 821. Land.-Industr.-Compt. 3 ℛ 2 ℊ

— 2r Bd. A. u. d. T.: Ch. Bell's Abhandll. über d. Krankheiten d. Harnröhre, d. Harnblase, d. Vorsteherdrüse u. des Mastdarms. Mit krit. Noten über d. Zusätze zu den fremden Ausgaben dieses Werks, u. über d. Meinungen d. fremden Schriftsteller über d. abgehandelten Krankheiten v. John Shaw. Nach d. Ausg. v. 1820. Aus d. Engl. Mit 1 Kpf. gr. 8. Ebd. 821. 1 ℛ 12 ℊ

— 3r Bd. A. u. d. T.: Jh. Hennen, Grundsätze d. Militär-Chirurgie, mit Beobachtt. über d. Anordnung u. Polizei d. Hospitäler rc. Aus d. Engl. übers. gr. 8. Ebd. 822. 2 ℛ

— 4r Bd. A. u. d. T.: J. M. G. Itard, d. Krankheiten d. Ohres u. d. Gehöres. Mit 3 Taf. Abbildd. Aus d. Französ. gr. 8. Ebd. 822. 2 ℛ 12 ℊ

Allgemeines Bücher-Lexikon III.

Hand-Bibliothek, chirurgische, 5r Bd. A. u. d. T.: Will. Hey, chirurg. Beobachtt., durch Fälle erläutert. Nach d. 3ten Ausg. aus d. Engl. übers. Mit Kpf. gr. 8. Weimar 823. Land.-Ind.-Compt. 2 ℛ 6 ℊ

— 6r Bd., 1e Abtheil. A. u. d. T.: Astl. Cooper, Abhandl. über Lurationen u. Frakturen d. Gelenke, d. Unterkiefers, d. obern Extremitäten u. d. Knochen d. Rumpfes. Aus d. Engl. Mit 8 Kpf. gr. 8. Ebd. 823. 1 ℛ 21 ℊ

— 6r Bd., 2e Abtheil. A. u. d. T.: Th. Volpi, medicin.-chirurg. Abhandll. u. Versuche. Aus d. Italien. gr. 8. Ebd. 824. 21 ℊ

— 7r Bd., 1e Abthl. A. u. d. T.: 1) Earle, prakt. chirurg. Beobachtt. 1 ℛ 2) A. Cooper, Bemerkk. über d. Frakturen d. Schenkelbeinhalses. Aus d. Engl. Mit 2 Kpft. 12 ℊ gr. 8. Ebd. 824. 1 ℛ 12 ℊ

— 7r Bd., 2e Abthl. A. u. d. T.: J. Shaw, Bemerkk. über d. Verkrümmungen d. Rückgrates. Aus d. Engl., mit 6 Tafeln Abbildd. u. Holzschn. gr. 8. Ebd. 825. 1 ℛ 12 ℊ

— 8r Bd., 1e Abthl. A. u. d. T.: S. Plumbe, prakt. Abhandll. über d. Hautkrankheiten. Aus d. Engl. Mit 2 color. Kpft. gr. 8. Ebd. 825. 2 ℛ

— 8r Bd., 2e Abthl. A. u. d. T.: J. Shaw, fernere Bemerkk. über d. Seitenkrümmung d. Rückgrats u. d. Behandl. contracter Glieder rc. Aus d. Engl., mit 13 eingedr. Holzschn. gr. 8. Ebd. 826. 21 ℊ

— 9r Bd. A. u. d. T.: Delpech, klinische Chirurgie, oder Beobachtt. u. Bemerkk. aus den Arbeiten d. chirurg. Klinik zu Montpellier gezogen. Aus d. Französ. Mit 5 Kpft. gr. 8. Ebd. 826. 2 ℛ 12 ℊ

— 10r Bd. A. u. d. T.: Alex. Cop. Hutchison, prakt. Beobachtt. in d. Chirurgie, besonders in Beziehung auf d. chirurg. Militär- u. Seedienst. Nach d. 2ten Ausg. aus d. Engl. übersetzt. Mit 1 Kpft. gr. 8. Ebd. 828. 1 ℛ 21 ℊ

— 11r Bd. A. u. d. T.: 1) J. Wardrop, über d. Aneurysmen u. eine neue Methode, sie zu heilen. Aus d. Engl. Mit 2 Kpft. 15 ℊ 2) M. Mothe, Auswahl d. chirurg. Abhandll. Aus d. Französ. Mit 1 Kpf. 1 ℛ 12 ℊ 3) J. Scott, Beobachtt. über d. Behandl. von chron. Entzündung in verschied. Gebilden rc. Aus d. Engl. 21 ℊ gr. 8. Ebd. 829. 3 ℛ

— 12r Bd., 1e u. 2e Abthl. A. u. d. T.: J. Delpech, d. Orthomophie in Beziehung auf den menschl. Körper, oder anatomisch-patholog. Betrachtungen über d. Ursachen, Vorbauungs- u. Heilungs-Mittel d. Hauptdeformitäten, u. über d. wahren Grundsätze d. orthopädischen Behandlung. Aus d. Französ. 2 Abtheill., nebst 1 Atlas, mit 43 Steintaf. gr. 8. Ebd. 830. 6 Thlr.

— 13r Bd. A. u. d. T.: 1) Jos. Amesbury, Bemerkk. über d. Natur u. Behandl. d. Frakturen am obern Drittel des Femur u. d. veralteten Frakturen überhaupt. Erläutert durch Fälle aus d. öffentl. u. aus d. Privatpraxis. Nebst e. Beschreib. der hierher gehörigen Apparate d. Verfassers. Aus d. Engl., mit 3 Kpft. 2) Benj. Bell, Abhandl. über d. Krankheiten d. Knochen. Aus d. Engl., mit 1 Kpft. gr. 8. Ebd. 831. 2 Thlr. 18 Gr.

— 14r Bd. A. u. d. T.: 1) J. Syme, Abhandl. über d. Ausschneidung krankhafter Gelenke. Aus d. Engl. übersetzt. Mit 2 Kpft. 18 Gr. 2) R. Fletcher, medicin.-chirurg. Bemerkk. u. Erläuterungen. 1e Abthl. Aus d. Engl. übers. Mit 4 Taf. Abbildd. 1 Thlr. 12 Gr. gr. 8. Ebd. 832. 2 Thlr. 6 Gr.

Hand-Bibliothek, chirurgische, eine auserles. Sammlung der besten neuesten chirurg. Schriften des Auslandes. 15r Bd. A. u. d. T.: B. C. Brodie, Vorlesungen über die Krankheiten d. Harnwerkzeuge. Aus d. Engl. $1\frac{1}{4}$ Thlr. — Amussat's, Vorlesungen über die Harnverhaltungen in Folge von Harnröhrenverengerungen, u. über die Krankheiten der Prostata. Herausg. v. A. Petit (de l'ile de Ré). Aus d. Franz. Mit 1 Taf. Abbild. $\frac{7}{8}$ Thlr. gr. 8. Weimar 833. Land.-Ind.-Compt. $2\frac{1}{8}$ Thlr.

— 16r Bd. A. u. d. T.: Chirurgische Versuche üb. Knochenbruche, Gelenkkrankheiten u. Verrenkungen, u. üb. Bauchwunden; als Resultate der klinischen Beobachtung im Guy's-Hospitale von B. B. Cooper. Aus d. Engl. gr. 8. Ebd. 837. $1\frac{5}{8}$ Thlr.

Handbibliothek, Cotta'sche. Nr. 1—40. 8. Stuttgart (902). J. G. Cotta Nachf. 15. 40

Inhaltsübersicht in alphabetischer Ordnung:

Droste-Hülshoff, Annette Freiin v., lyrische Gedichte. (312 S. m. Bildnis.) (Nr. 37.) — 70; geb. in Leinw. 1. 20

Goethe, J. W. v., Briefe. Ausgewählt u. in chronolog. Folge m. Anmerkgn. hrsg. von Eduard v. der Hellen. 1. Bd. (1764—1779). (VII, 314 S.) (Nr. 26.) — 70

— Egmont. Ein Trauerspiel in 5 Aufzügen. Mit e. Einleitg. v. Karl Goedeke. (82 S.) (Nr. 23.) — 20

— Götz v. Berlichingen m. der eisernen Hand. Ein Schauspiel. Mit e. Einleitg. v. Karl Goedeke. (104 S.) (Nr. 24.) — 25

— Hermann u. Dorothea. Mit e. Einleitg. v. Karl Goedeke. (66 S.) (Nr. 22.) — 20

— Iphigenie auf Tauris. Ein Schauspiel. Mit e. Einleitg. v. Karl Goedeke. (70 S.) (Nr. 25.) — 20

Grillparzer, Frz., die Ahnfrau. Trauerspiel in 5 Aufzügen. Mit e. Nachwort v. Heinr. Laube. (126 S.) (Nr. 3.) — 30

— ein Bruderzwist in Habsburg. Trauerspiel in 5 Aufzügen. (132 S.) (Nr. 12.) — 30

— ein treuer Diener seines Herrn. Trauerspiel in 5 Aufzügen. Mit e. Nachwort v. Heinr. Laube. (108 S.) (Nr. 6.) — 25

— Esther. — Hannibal. — Psyche. Dramat. Fragmente. (68 S.) (Nr. 11.) — 20

— ausgewählte Gedichte. (VIII, 258 S. m. Bildnis.) (Nr. 15.) — 60; geb. in Leinw. 1. 10

— die Jüdin v. Toledo. Historisches Trauerspiel in 5 Aufzügen. (90 S.) (Nr. 13.) — 25

— das Kloster bei Sendomir. — Der arme Spielmann. Erzählgn. (78 S.) (Nr. 14.) — 20

— Libussa. Trauerspiel in 4 Aufzügen. (112 S.) (Nr. 10.) — 25

— des Meeres u. der Liebe Wellen. Trauerspiel in 5 Aufzügen. Mit e. Nachwort v. Heinr. Laube. (108 S.) (Nr. 7.) — 25

— König Ottokars Glück u. Ende. Trauerspiel in 5 Aufzügen. Mit e. Nachwort v. Heinr. Laube. (144 S.) (Nr. 5.) — 30

— Sappho. Trauerspiel in 5 Aufzügen. Mit e. Nachwort v. Heinr. Laube. (98 S.) (Nr. 4.) — 25

— Selbstbiographie. (162 S.) (Nr. 16.) — 40

— der Traum, e. Leben. Dramatisches Märchen in 4 Aufzügen. Mit e. Nachwort v. Heinr. Laube. (118 S.) (Nr. 8.) — 25

— das goldene Vließ. Dramatisches Gedicht in 3 Abteilgn. I. Der Gastfreund. Trauerspiel in 1 Aufzuge. Die Argonauten. Trauerspiel in 4 Aufzügen. (124 S.) (Nr. 1.) — 30

— dasselbe. II. Medea. Trauerspiel in 5 Aufzügen. Mit e. Nachwort v. Heinr. Laube. (110 S.) (Nr. 2.) — 25; I. u. 2. in 1 Leinw.-Bd. 1. —

— Weh dem, der lügt! Lustspiel in 5 Aufzügen. Mit e. Nachwort v. Heinr. Laube. (105 S.) (Nr. 9.) — 25

Grün, Anast., Nikolaus Lenau. Lebensgeschichtl. Umrisse. Mit e. Anh.: Briefe v. u. an Lenau, ausgewählt u. erläutert v. Johs. Proelß. (195 S. m. 1 Bildnis.) (Nr. 21.) — 50; geb. in Leinw. 1. —

Hauff, Wilh., Lichtenstein. Romantische Sage aus d. württemberg. Geschichte. (848 S.) (Nr. 33.) — 70; geb. in Leinw. 1. 20

Heine, Heinr., Buch der Lieder. Mit e. biographisch-litterarhistor. Einleitg. v. Steph. Born. (272 S. m. Bildn.) (Nr. 38) — 60; geb. in Leinw. 1. 10

Hölderlin, Frdr., Gedichte. (255 S. m. Bildnis.) (Nr. 35.) — 60; geb. in Leinw. 1. 10

Homers Odyssee. Uebers. v. Joh. Heinr. Voß. (274 S.) (Nr. 34.) — 60

Lenau, Nik., die Albigenser. (102 S.) (Nr. 19.) — 25

— Faust. — Don Juan. — Helena. (148 S.) (Nr. 18.) — 30

— Gedichte. (327 S.) (Nr. 17.) — 80; geb. in Leinw. 1. 30

— Savonarola. (120 S.) (Nr. 20.) — 30

Lessing, Gotth. Ephr., Minna v. Barnhelm od. das Soldatenglück. Ein Lustspiel in 5 Aufzügen. (91 S.) (Nr. 29.) — 20

— Emilia Galotti. Ein Trauerspiel in 5 Aufzügen. Mit e. Einleitg. v. Hugo Göring. (80 S.) (Nr. 30.) — 20

Omar Chijam, Strophen. Deutsch von Adf. Frdr. Grafen v. Schack. (100 S.) (Nr. 36.) — 40; geb. in Leinw. — 90

Rückert's, Frdr., Liebesfrühling, nebst: „Vorfrühling“: Agnes' Totenfeier u. Amaryllis. (358 S. m. Bildn.) (Nr. 32.) — 80; geb. in Leinw. 1. 30

Schiller, Frdr. v., die Räuber. Ein Schauspiel. Mit e. Einleitg. v. Karl Goedeke. (130 S.) (Nr. 28.) — 25

— Wilhelm Tell. Schauspiel. Mit e. Einleitg. v. Karl Goedeke. (130 S.) (Nr. 27.) — 25

Schopenhauer, Arth., die Welt als Wille u. Vorstellg. 1. Bd. 1. u. 2. Buch. (416 S.) (Nr. 39.) — 50

— dasselbe. 2. Bd. 3. u. 4. Buch. (285 S.) (Nr. 40.) — 60; 1. u. 2. in 1 Leinw.-Bd. 1. 30

Uhland, Ludw., Gedichte. (312 S. m. Bildnis.) (Nr. 31.) — 70; geb. in Leinw. 1. 20

— **Cotta'sche.** Nr. 41—140. 8. Stuttgart, J. G. Cotta Nachf. 54. 70

Anzengruber, Ludw., die Heimkehr u. andere Geschichten. Mit einer Einleitung v. Ant. Bettelheim. (VI, 88 S.) (905.) (Nr. 98.) — 25

— der ledige Hof. Schauspiel in 4 Akten. (90 S.) (903.) (Nr. 66.) — 30

Auerbach, Berth., Edelweiß. Eine Erzählung. (254 S.) (904.) (Nr. 83.) 1. —; geb. in Leinw. 1. 50

— Spinoza. Ein Denkerleben. (VI, 286 S.) (903.) (Nr. 41.) 1. 20; geb. in Leinw. 1. 70

Baumbach, Rud., das Wasser des Vergessens u. andere Erzählungen. (62 S.) (904.) (Nr. 84.) — 25

Bürger, Gottfr. Aug., Gedichte. Mit e. biograph. Einleitung v. Rich. Maria Werner. (283 S. m. Bildnis.) (903.) (Nr. 67.) — 70; geb. in Leinw. 1. 20

Calderon de la Barca, der Richter v. Zalamea. Schauspiel in 3 Aufzügen. Für die deutsche Bühne übers. v. Adf. Wilbrandt. (91 S.) (903.) (Nr. 42.) — 30

Droste-Hülshoff, Annette Freiin v., die Judenbuche. Ein Sittengemälde aus dem gebirgigten Westfalen. (48 S.) (905.) (Nr. 99.) — 20

Ebner-Eschenbach, Marie v., ein Spätgeborener. Erzählung. (85 S.) (903.) (Nr. 68.) — 40; geb. in Leinw. — 90

Fontane's, Thdr., Wanderungen durch die Mark Brandenburg. Auswahl, hrsg. v. Herm. Berdrow. (228 S.) (905.) (Nr. 121.) 1. —; geb. in Leinw. 1. 50

Franzos, Karl Emil, der alte Damian u. andere Geschichten. (76 S.) (905.) (Nr. 100.) — 25

Freiligrath, Ferd., Gedichte. (VIII, 300 S.) (905.) (Nr. 123.) 1. —; geb. in Leinw. 1. 50

— neue Gedichte. (VII, 322 S.) (905.) (Nr. 124.) 1. —; geb. in Leinw. 1. 50

Göring, Hugo, Lessings Leben. Supplement zu den Werken des Dichters. (184 S. m. Titelbild.) (903.) (Nr. 69.) — 60; geb. in Leinw. 1. 10

Goethe's, J. W. v., Briefe. Ausgewählt u. in chronolog. Folge m. Anmerkgn. hrsg. von Eduard v. der Hellen. 2. Bd. (1780—1788.) (332 S.) (903.) (Nr. 47.) — 70

— dasselbe. 3. Bd. (1788—1797.) (284 S.) (903.) (Nr. 70.) — 70

— dasselbe. 4. Bd. (1797—1806.) (296 S.) (905.) (Nr. 101.) — 70

— Briefe an Frau v. Stein, nebst dem Tagebuch aus Italien u. Briefen der Frau v. Stein. Mit Einleitung v. K. Heinemann. (In 4 Bdn.) 1.—3. Bd. (200, 236 u. 195 S. m. 1 Bildnis.) (905.) (Nr. 102—104.) à — 60

— dasselbe. 4. Bd. (270 S.) (905.) (Nr. 105.) — 70

— Briefwechsel m. einem Kinde. Seinem Denkmal. Mit Herm. Grimms Lebensbild „Bettina v. Arnim“ als Einleitg. (3 Bde.) 1. Bd. (XX, 183 S. m. Titelbild.) (906.) (Nr. 132.) — 70

— dasselbe. 2. Bd. (169 S.) (906.) (Nr. 133.) — 60

— dasselbe. 3. Bd. (128 S.) (906.) (Nr. 134.) — 50; vollständig in 1 Bd. geb. 2 50

— Faust. Eine Tragödie. Mit einer Einleitg. v. Karl Goedeke. 2 Tle. (160 u. 225 S.) (906.) (Nr. 125. 126.) à — 30

— die Leiden des jungen Werthers. Mit e. Einleitg. v. Karl Goedeke. (114 S.) (903.) (Nr. 43.) — 25; geb. in Leinw. — 75

— Wilhelm Meisters Lehrjahre. Mit e. Einleitg. v. Karl Goedeke. 1. Tl. (260 S.) (903.) (Nr. 44.) — 60

— dasselbe. 2. Tl. (300 S.) (903.) (Nr. 45.) — 70; 1 u. 2 in 1 Leinw.-Bd. 2. —

— Reineke Fuchs. In 12 Gesängen. Mit e. Einleitg. v. Karl Goedeke. (126 S.) (906.) (Nr. 127.) — 30

— Torquato Tasso. Ein Schauspiel. Mit e. Einleitg. v. Karl Goedeke. (106 S.) (903.) (Nr. 46.) — 25

— Unterhaltungen m. dem Kanzler Friedrich v. Müller. Hrsg. v. C. A. H. Burkhardt. 3. verm. u. verb. Aufl. (XVI, 208 S.) (904.) (Nr. 85.) 1. —; geb. in Leinw. 1. 50

Grillparzer's Briefe u. Tagebücher. Eine Ergänzg. zu seinen Werken. Gesammelt u. m. Anmerkgn. hrsg. v. Carl Glossy u. Aug. Sauer. 1. Bd.: Briefe. (XIV, 297 S.) (905.) (Nr. 106.) — 60

— dasselbe. 2. Bd.: Tagebücher. (III, 316 S.) (905.) (Nr. 107.) — 70

Gudrun. Deutsches Heldenlied, übers. v. Karl Simrock. (205 S.) (906.) (Nr. 135.) — 80; geb. 1. 30

Hartmann, Mor., der Krieg um den Wald. Eine Historie in 12 Kap. (151 S.) (903.) (Nr. 48.) — 50; geb. in Leinw. 1. —

Hauff, Wilh., Märchen. (330 S.) (903.) (Nr. 49.) — 80; geb. in Leinw. 1. 30

Hausschatz, humoristischer, f. das deutsche Volk, hrsg. v. Ernst Eckstein. 6 Bde. (246, 208, 246, 199, 217 u. 228 S.) (905.) (Nr. 115—120.) à 1. —; geb. in Leinw. à 1. 50

Hebbel, Frdr., Genoveva. Tragödie in 5 Akten. Mit e. Einleitg. v. Rich. Specht. (168 S.) (903.) (Nr. 71.) — 40

— Judith. Eine Tragödie in 5 Aufzügen. Mit e. Einleitg. v. Rich. Specht. (74 S.) (904.) (Nr. 86.) — 25

— Maria Magdalene. Ein bürgerl. Trauerspiel in 3 Aufzügen. Mit e. Einleitg. v. Rich. Specht. (62 S.) (904.) (Nr. 87). — 20

— Mutter u. Kind. Ein Gedicht in 7 Gesängen. Mit e. Einleitg. v. Rich. Specht. (70 S.) (904.) (Nr. 88.) — 25

Heine, Heinr., Romanzero. (259 S.) (903.) (Nr. 50.) — 60; geb. in Leinw. 1. 10

Herder, Joh. Gottfr. v., Stimmen der Völker in Liedern. (321 S.) (903.) (Nr. 72.) — 75; geb. in Leinw. 1. 25

Heyse, Paul, getreu bis in den Tod. Erkenne Dich selbst. 2 Novellen. (100 S.) (905.) (Nr. 108.) — 30

Hoffmann, E. Th. A., Lebensansichten des Katers Murr, nebst fragmentar. Biographie des Kapellmeisters Johannes Kreisler in zufäll. Makulaturblättern. (388 S.) (903.) (Nr. 51.) — 90; geb. in Leinw. 1. 40

Hoffmann, Hans, vom guten u. schlechten Wein. (63 S.) (905.) (Nr. 122.) — 25

Jean Paul, Doktor Katzenbergers Badereise. (260 S.) (903.) (Nr. 73.) — 60; geb. in Leinw. 1. 10

Keller, Gottfr., ausgewählte Gedichte. Hrsg. v. Adf. Frey. (199 S.) (906.) (Nr. 131.) 1. —; geb. 1. 50

— die drei gerechten Kammmacher. Erzählung. (63 S.) (903.) (Nr. 52.) — 30

— Pankraz der Schmoller. Erzählg. (74 S.) (904.) (Nr. 89.) — 30

Kleist, Heinr. v., Prinz Friedrich v. Homburg. Ein Schauspiel. (88 S.) (903.) (Nr. 55.) — 20

— Michael Kohlhaas. Erzählung. (95 S. m. Bildnis.) (903.) (Nr. 53.) — 25

— der zerbrochene Krug. Ein Lustspiel. (114 S.) (903.) (Nr. 54.) — 25

Körner, Thdr., Lustspiele. (128 S.) (903.) (Nr. 57.) — 30

— Zriny. Ein Trauerspiel in 5 Aufzügen. (94 S.) (903.) (Nr. 56.) — 25

Kossak, Margar., der Liebeszauber vom Glårafoß. Novelle. (51 S.) (906.) (Nr. 139.) — 30

Kurz, Herm., der Sonnenwirt. Schwäbische Volksgeschichte aus dem 18. Jahrh. 1. Bd. (229 S.) (903.) (Nr. 74.) — 60

— dasselbe. 2. Bd. (280 S.) (903.) (Nr. 75.) — 70; in 1 Bd. geb. 2. —

Lessing, Gthold. Ephr., Miß Sara Sampson. Ein bürgerl. Trauerspiel in 5 Aufzügen. Mit e. Einleitg. v. Hugo Göring. (86 S.) (903.) (Nr. 76.) — 20

Molière, die gelehrten Frauen. Lustspiel in 5 Akten. In deutscher Uebertragg. v. Ludw. Fulda. (68 S.) (904.) (Nr. 90.) — 30

Mörike, Eduard, Erzählungen. (244 S.) (906.) (Nr. 130.) — 70; geb. 1. 20

— Gedichte u. Idylle vom Bodensee. (260 S.) (906.) (Nr. 128.) — 70; geb. 1. 20

— Maler Nolten. Roman in 2 Tln. (392 S.) (906.) (Nr. 129.) 1. —; geb. 1. 60

Nibelungenlied, das. Uebers. v. Karl Simrock. Mit Simrocks Portr. nach e. Zeichng. v. Herm. Grimm, radiert v. H. Reifferscheid. (318 S.) (906.) (Nr. 136.) 1. —; geb. 1. 50

Nissel, Frz., Agnes v. Meran. Trauerspiel in 5 Akten. (106 S.) (906.) (Nr. 140.) — 40

— ein Nachtlager Corvins. Historisches Lustspiel in 3 Akten. (102 S.) (903.) (Nr. 77.) — 40

Paoli, Betty, ausgewählte Gedichte. Mit e. Einleitg. v. Marie v. Ebner-Eschenbach. (86 S.) (904.) (Nr. 91.) — 40; geb. in Leinw. — 90

Riehl, W. H., Ovid bei Hofe. Novelle. (64 S.) (903.) (Nr. 58.) — 40

Roquette, Otto, Nebenkranz zu Waldmeisters silberner Hochzeit. (102 S.) (903.) (Nr. 78.) — 50; geb. in Leinw. 1. —

Schack, Adf. Frdr. Graf v., die Plejaden. Ein Gedicht in zehn Gesängen. (128 S.) (903.) (Nr. 59.) — 50; geb. in Leinw. 1. —

Schiller, Frdr. v., die Braut v. Messina od. Die feindlichen Brüder. Ein Trauerspiel m. Chören. Mit e. Einleitg. v. Karl Goedeke. (106 S.) (905.) (Nr. 110.) — 25

— Don Karlos, Infant von Spanien. Ein dramat. Gedicht. Mit e. Einleitg. v. Karl Goedeke. (298 S.) (905.) (Nr. 111.) — 30

— Gedichte. Mit einer Einleitg. v. Karl Goedeke. (304 S. m. Bildnis.) (905.) (Nr. 109.) — 50; geb. 1. —

— die Jungfrau von Orleans. Eine romant. Tragödie. Mit e. Einleitg. v. Karl Goedeke. (134 S.) (903.) (Nr. 60.) — 30

— Kabale u. Liebe. Ein bürgerl. Trauerspiel. Mit e. Einleitg. v. Karl Goedeke. (98 S.) (903.) (Nr. 79.) — 25

— Maria Stuart. Trauerspiel in 5 Aufzügen. Mit e. Einleitg. v. Karl Goedeke. (154 S.) (904.) (Nr. 92.) — 25

— die Verschwörung des Fiesco zu Genua. Ein republikanisches Trauerspiel. Mit e. Einleitg. v. Karl Goedeke. (112 S.) (905.) (Nr. 112.) — 25

— Wallenstein. Ein dramat. Gedicht. Mit e. Einleitg. v. Karl Goedeke. 1. Tl. Wallensteins Lager. Die Piccolomini. (156 S.) (905.) (Nr. 113.) — 25

— dasselbe. 2. Tl. Wallensteins Tod. (163 S.) (905.) (Nr. 114.) — 25; Nr. 113 u. 114 in 1 Bd. geb. 1. —

Schopenhauer, Arth., Parerga u. Paralipomena. Kleine philosoph. Schriften. 1. Tl. (228 S.) (904.) (Nr. 93.) — 60

— dasselbe. 2. Tl. (279 S.) (904.) (Nr. 94.) — 70; 1. u. 2. Tl. in 1 Leinw.-Bd. 2. —

— dasselbe. 3. Tl. (308 S.) (904.) (Nr. 95.) — 80

— dasselbe. 4. Tl. (335 S.) (904.) (Nr. 96.) — 90; 3. u. 4. Tl. in 1 Leinw.-Bd. 2. 40

Seidel, Heinr., der Rosenkönig. Eine Vorstadtgeschichte. (76 S.) (903.) (Nr. 61.) — 40

Seidel, Heinr., Weihnachtsgeschichten. (128 S.) (903.) (Nr. 62.) — 60; geb. in Leinw. 1. 10

Shakespeare, William, Julius Cäsar. Trauerspiel in 5 Aufzügen. Uebers. v. Aug. Wilh. v. Schlegel. Mit e. Einleitung v. Max Koch. (104 S.) (903.) (Nr. 80.) — 25

— wie es euch gefällt. Lustspiel in 5 Aufzügen. Uebers. von Aug. Wilh. v. Schlegel. Mit einer Einleitung v. Max Koch. (90 S.) (903.) (Nr. 81.) — 25

Simrock, Karl, das kleine Heldenbuch. (2 Bde.) 1. Bd.: Walther u. Hildegunde. — Alphart. — Der hörnerne Siegfried. — Der Rosengarten. — Das Hildebrandslied. (199 S.) (906.) (Nr. 137.) — 80

— dasselbe. 2. Bd.: König Ortnits Meerfahrt u. Tod. — Hugdietrich u. Wolfdietrich. (210 S.) (906.) (Nr. 138.) — 80; in 1 Bd. geb. 2. 30

Uhland, Ludw., Ernst Herzog v. Schwaben. Trauerspiel in 5 Aufzügen. (72 S.) (903.) (Nr. 64.) — 20

— Ludwig der Baier. Schauspiel in 5 Aufzügen. (76 S.) (903.) (Nr. 63.) — 20

Wieland, Christoph Mart., Oberon. Ein Gedicht in 12 Gesängen. Mit e. Einleitg. v. Frz. Muncker. (263 S. m. Bildnis.) (903.) (Nr. 65.) — 60; geb. in Leinw. 1. 10

Wilbrandt, Adf., Novellen aus der Heimat. (222 S.) (904.) (Nr. 97.) — 90; geb. in Leinw. 1. 40

Wolzogen, Karoline v., Schillers Leben. Verf. aus Erinnergn. der Familie, seinen eigenen Briefen u. den Nachrichten seines Freundes Körner. (279 S. m. Titelbild.) (903.) (Nr. 82.) — 70; geb. in Leinw. 1. 20

— Cotta'sche. Nr. 85 u. 141—162. kl. 8. Stuttgart, J. G. Cotta Nachf 12. 10

Auerbach, Berth., die Geschichte des Diethelm v. Buchenberg. (172 S.) (909.) (Nr. 158.) 75; geb. in Leinw. 1. 25

— Ivo, der Hairle. Eine Schwarzwälder Dorfgeschichte (142 S.) (909.) (Nr. 159.) — 60; geb. in Leinw. 1. 10

— Deutsche illustrierte Volksbücher. 10 Bde. Mit Bildern v. M. Artaria, Paul Meyerheim, Ludw. Richter u. a. (III, 448, 448 u. 512 S.) 908. (Nr. 144—153) à — 40; in 3 Leinw.-Bdn. à 2. —

Fontane, Thdr., ausgewählte Balladen. (92 S.) 907. (Nr. 141) — 40; geb. — 90

Goethe u. Werther. Briefe Goethes meistens aus seiner Jugendzeit, m. erläut. Dokumenten hrsg. v. A. Kestner. 3. Aufl. Mit e. ergänz. Anh. (162 S. m. 2 Bildn. u. 3 Fksms.) (910.) (Nr. 162) — 80; geb. 1. 30

Goethe's Briefe. Ausgewählt u. in chronolog. Folge m. Anmerkgn. hrsg. von Eduard v. der Hellen. 5. Bd. (1807—1818). (312 S.) (909.) (Nr. 155) — 70

— Mutter. In e. Auswahl aus ihrem Briefwechsel dargestellt von Eduard v. der Hellen. (VI, 256 S.) (909.) (Nr. 157) 1. —; geb. in Leinw. 1. 50

— Unterhaltungen m. dem Kanzler Friedrich v. Müller. Hrsg. v. C. A. H. Burkhardt. 3. verm. u. verb. Aufl. (XVI, 208 S.) (907.) (Nr. 85) 1. —

Hebbel's, Frdr., Demetrius. Vollendet v. O. Harnack. (140 S.) (910.) (Nr. 161) — 50

Hebel, J. P., Schatzkästlein des rheinischen Hausfreundes. Mit 60 Holzschn. (Cotta'sche Orig.-Ausg.) (VIII, 282 S.) (909.) (Nr. 156) — 70; geb. in Leinw. 1. 20

Loti, Pierre, japanische Herbsteindrücke. Übers. v. Rob. Proelß. (179 S.) 907. (Nr. 142) — 60; geb. 1. 10

Mérimée, Prosper, die Mißvergnügten. Lustspiel in 1 Aufzug. Deutsch v. Ant. Bettelheim. (56 S.) (909.) (Nr. 154) — 25

Riehl, W. H., Meister Martin Hildebrand. Novelle. (64 S.) (909.) (Nr. 160) — 30

Streicher, Andr., Schillers Flucht v. Stuttgart u. Aufenthalt in Mannheim 1782 bis 1785. Neue Ausg. (144 S.) 907. (Nr. 143) — 50; geb. 1. —

Handbibliothek für ländliche Fortbildungsschullehrer. 1—4. u. 6. Bd. gr. 8. Leipzig, H. Voigt. Geb. in Leinw. nn 8. 60

Hensel, G., G. Kälker u. E. Robig, aus der Praxis der ländlichen Fortbildungsschule. 1. Jahrg. (92 S.) 910. (Bd. 4) Geb. 1. 60

Kälker, Geo., zur Methodik der ländlichen Fortbildungsschule. (108 S.) 907. (Bd. 2) Geb. 2. —

— u. E. Robig, aus der Praxis der ländlichen Fortbildungsschule. 3. Jahrg. (118 S.) 910. (Bd. 6) 1. 40; geb. n 1. 80

Löhnis, F., der Beruf des Landwirts. 12 Aufsätze zur Einführg. in die Landwirtschaft. (74 S.) 907. (Bd. 1) Geb. 1. 40

Trunz, A., Bürgerkunde f. ländliche Fortbildungsschulen, landwirtsch. Unterrichtsanstalten u. f. den Gebrauch des prakt. Landwirtes, unter Mitarbeit v. Austen verf. (151 S.) 910. (Bd. 3) Geb. nn 1. 80

Handbibliothek für Freunde von Johann Kaspar Lavater
⑤ Anfang 1790—Ende 1793 ⑥ 8° ⑦ Zweimonatsblatt ⑧ Zürich (ohne Angabe des Druckers) ⑩ Johann Kaspar Lavater ⑪ Johann Kaspar Lavater (Verfasser) ⑭ Bs: U; Zh: Z ⑮ Von BGSZ 99 (p. 79) wegen Mangels an Publizität nicht als Zeitschrift anerkannt. Die Titelblätter der einzelnen Hefte von der Hand Lavaters numeriert, datiert und mit dem Namen des Empfängers bezeichnet.

Handbibliothek der Frömmigkeit. I. Das Leben Mariä in Betrachtungen auf alle Tage eines Monats. Nach der Bearbeitung des Pater Blot, Priester der Gesellschaft Jesu, ins Deutsche übertragen. 16. (190 S. mit 1 Holzschntaf.) Paderborn 871, Kleine.

Handbibliothek der Frömmigkeit. I. Das Leben Mariä in Betrachtgn. auf alle Tage e. Monats. Nach der Bearbeitg. d. Pater Blot, Priesters der Gesellschaft Jesu ins Deutsche übertragen. 16. (190 S. m. 1 Holzschntaf.) Paderborn 876. Kleine. — 75

— für Gärtner und Liebhaber der Gärtnerei. 1e Abthl. 1r Thl. A. u. d. T.: Wissenschaftl. Vorbereitung für Gärtner. 1r Thl. Mathematik, Zeichenkunst, Physik u. Chemie in Bezug auf ihre Anwendung und Begründung für die in der prakt. Gärtnerei vorkomm. Fälle. Bearb. von Wilh. Legeler. 1e—3e Lfrg. Mit 15 Kpfrtaf. gr. 12. Berlin 837. Herbig. 2 ℛ

— 1e Abthl. 2r Thl. A. u. d. T.: Botanik für Gärtner und Gartenfreunde. Von Alb. Dietrich. 1r—3r Thl. Allgem. od. theoret. Botanik. 1e—13e Lfrg. gr. 12. Ebd. 837—40. 6 1/3 ℛ

— IIe Abtheilung. Bearbeitet von dem Garten-Director Lenné, C. J. Fintelmann, W. Legeler, Th. Nietner, Pet. Fried. Bouché u. A. Dietrich. 1e—8e Lfrg. A. u. d. T.: Die Küchengärtnerei. Eine prakt. Anleitung zur Erziehung u. Pflege aller im Gebiete dieses Theiles der Gärtnerei vorkomm. Gewächse, bearb. von Theod. Nietner. 8 Lfrgg. gr. 12. Ebd. 837—40. (à n. 3/8 ℛ) 3 ℛ

— IIIe Abtheilung. Die Obstbaumzucht. Eine praktische Anleitung zur Erziehung und Wartung der Obstbäume, im freien Lande wie in Töpfen, nebst einer Beschreibung der vorzügl. Tafel-, Wirthschafts- u. Handelsfrüchte, so wie der Aufbewahrung u. Verpackung derselben und einer Uebersicht der monatl. Beschäftigung im Obstgarten, bearb. von C. J. Fintelmann. 1e—9e Lfrg. (1r u. 2r Thl.) gr. 12. Ebd. 837—40. (à n. 3/8 ℛ) 3 3/8 ℛ

Handbibliothek für Gärtner und Liebhaber der Gärtnerei. 4. Abthl., s.a. Bouché, P. F., und C., die Blumenzucht in ihrem ganzen Umfange.

— IVe Abthl. Die Blumenzucht in ihrem ganzen Umfange. Eine prakt. Anleitung zur Erziehung u. Wartung der Blumen, im Freien, in Glas- u. Treibhäusern wie auch im Zimmer. Bearb. von P. F. Bouché. 1r—3r Thl. (13 Lfrgg.) gr. 12. Ebd. 837, 38. (à n. 3/8 ℛ) Ladenpr. 5 1/2 ℛ

— Ve Abthl. Die Wildbaumzucht. 1e u. 2e Lfrg., von Nietner. gr. 12. Ebd. 840. n. 3/4 ℛ

Handbibliothek für Gärtner u. Liebhaber der Gärtnerei. 5. Abthl. — Die Wildbaumzucht. Von G. A. Fintelmann. 3.—5. Liefg. gr. 12. (Mit 1 Kupfertaf.) Berlin 841, Herbig. n. 1 1/8 ℛ

— dies. 6. Abthl. A. u. d. T.: Die Treiberei. Eine pract. Anleitung zur Cultur von Gemüse u. Obst in Mistbeeten, Treibhäusern u. Talutmauern, nebst Erziehung u. Wartung der Orangerie u. der für's Orangeriehaus geeign. Gewächse. Unter Mitwirkung seines Collegen Ed. Nietner bearb. u. herausgeg. von Legeler. Mit 2 Kupfertaf. gr. 12. Ebend. 842. n. 1 ℛ — Ladenpr. 1 1/6 ℛ

Hand-Bibliothek für Geflügel-Zucht u. Sport. 1. Thl. 16. Dresden 882. Meinhold & Söhne. geb. n. — 80
Züchtungs-Lehre. Bearb. v. Oberstlieutenant a. D. E. Sabel. (V, 63 S.)

Handbibliothek f. d. deutsche Genossenschaftswesen. Unt. Mitwirkg. v. Alberti, Häntschke, Klinkert etc. hrsg. v. Hans Crüger. 1. u. 3. Bd. gr. 8. [Breslau, E. Morgenstern, Verl.] Berlin, J. Guttentag. à n. 5. —; geb. à n. 6. —
1. Vorschuß- u. Kredit-Vereine als Volksbanken. Prakt. Anweisg. zu deren Einrichtg. u. Gründg. Von Schulze-Delitzsch. 6. Aufl. Neu bearb. v. Hans Crüger. M. d. Bildniß v. Schulze-Delitzsch. (XVI, 336 S.) 897.
3. Handbuch f. Konsumvereine. Prakt. Anweisg. zu deren Einrichtg. u. Gründg. Von G. Oppermann u. H. Häntschke. (XI, 350 S.) 898.
Der 2. Bd. ist noch nicht erschienen.

— f. das deutsche Genossenschaftswesen. Unter Mitwirkg. v. Alberti, Häntschke, Klinkert etc. hrsg. v. Hans Crüger. 2—7. Bd. gr. 8. Berlin, J. Guttentag. n. 23.50; geb. in Leinw. n. 28. —
2. Die Buchführg. f. Vorschuß- u. Kreditvereine. Prakt. Anweisg. zur Einrichtg. u. Führg. der Bücher f. Kreditgenossenschaften aller Art. Von Alb. Vollborn. (VIII, 270 S. m. Formularen.) 900. n. 7. —; geb. n. 8. —
3. Handbuch f. Konsumvereine. Prakt. Anweisg. zu deren Einrichtg. u. Gründg. Von G. Oppermann u. H. Häntschke. 2. umgearb. Aufl. (XII, 328 S.) 899. n. 5. —; geb. n. 6. —
4. Taschenbuch f. Baugenossenschaften, Bau- u. Sparvereine. Eine Anweisg. f. deren Gründg. u. Einrichtg. Von Wohlgemuth. Nach dessen Tode vollendet u. bearb. v. Fritz Schneider, nebst e. Anleitg. zur Buchführg. v. E. Syring. (X, 334 S. m. 4 Taf.) 899. n. 6. —; geb. n. 7. —
5. Das bürgerl. Gesetzbuch u. Handelsgesetzbuch nach ihrer Wirkg. f. die Genossenschaften nebst Formularen f. deren Geschäftsverkehr. Von Alex. Alberti. (104 S.) 900. n. 2. —; geb. n. 2.50
6. Anleitg. zur Gründg. von Handwerkergenossenschaften nebst Statuten, Geschäftsanweisgn. u. Formularen f. den Verkehr m. dem Registergericht. Von Hans Crüger. (VIII, 145 S.) 900. n. 2.50; geb. n. 3. —
7. Das Reichs-Hypothekenrecht. Eine kurzgefaßte Darstellg. unter besond. Berücksicht. der Rechtsverhältn. d. Genossenschaften nebst Formularen f. deren Geschäftsverkehr. Mit e. Anh., enth. e. Zusammenstellg. der f. den derzeit. Geltungsbereich des Reichs-Hypothekenrechts maßgeb. landesgesetzl. Vorschriften. Von E. Scholz. (67 S.) 901. n. 1. —; geb. n. 1.50

Handbibliothek für das deutsche Genossenschaftswesen. Hrsg. von Dr. Hans Crüger. 1.—10. Bd. gr. 8°. Berlin, J. Guttentag, 1904—1908.

Handbibliothek für das deutsche Genossenschaftswesen. Hrsg. v. Hans Crüger. 1. u. 3. Bd. gr. 8. Berlin 904. J. Guttentag. n. 13. —
1. Vorschuß- u. Kredit-Vereine als Volksbanken. Praktische Anweisg. zu deren Einrichtg. u. Gründg. Von Schulze-Delitzsch. 7. Aufl., bearb. v. Hans Crüger. (426 S.) n. 7. —; geb. in Leinw. n. 8. —
3. Handbuch f. Konsumvereine. Praktische Anweisg. zu deren Einrichtung u. Gründung. Von G. Oppermann u. H. Häntschke. 3. umgearb. Aufl., fortgeführt v. Fritz Schneider. (XII, 357 S.) n. 6. —

— für das deutsche Genossenschaftswesen. Hrsg. v. Hans Crüger. 8—10. Bd. gr. 8. Berlin, J. Guttentag. 17.50
Crüger, Hans, Einführung in das deutsche Genossenschaftswesen. (XII, 397 S.) 907. (Bd. 9) 8.—; geb. in Leinw. 9. —
Musterformulare f. den Geschäftsverkehr der Erwerbs- u. Wirtschaftsgenossenschaften. Hrsg. v. dem allgemeinen Verbande der auf Selbsthilfe beruh. deutschen Erwerbs- u. Wirtschaftsgenossenschaften, e. V. (122 S.) 907. (Bd. 8) Kart. 2.50
Scholz, E., u. Paul Donath, Rechtsbuch f. Genossenschaften. (XII, 322 S.) 908. (Bd. 10.) 7.—; geb. in Leinw. 8. —

— geographisch-statistische, hrsg. von Alf. Bronnwald. 1. u. 2. Bd. 8. Berlin 880. 81. Sensenhauser. n. 1. 25
1. Die Städte u. Flecken der preuss. Monarchie mit genauer Angabe der Einwohnerzahl, Lage [Provinz, Reg.-Bezirk, Kreis], der Bildungs- u. Erziehungs-Anstalten, Bezeichnung der Städte, die einen eigenen Kreis bilden, nebst einer Rangliste. Nach offiziellen u. zuverlässigen Quellen bearb. von H. Brandt. (62 S.) n. 1. —
2. Die Städte des Königreichs Sachsen, nebst den Ortschaften von über 2000 Einwohnern, mit genauer Angabe der Einwohnerzahl, Lage [Kreis- u. Amtshauptmannschaft], der Bildungs- u. Erziehungsanstalten, Bezeichnung der Städte, die einen eigenen Kreis bilden, nebst einer Rangliste. Nach officiellen u. zuverlässigen Quellen bearb. von H. Brandt. (16 S.) n. — 25

Hand-Bibliothek, germanistische. Hersg. von Jul. Zacher. 1. Bd. Walther v. der Vogelweide, hersg. u. erklärt von W. Wilmanns. Halle 869. Buchh. des Waisenhauses. gr. 8. (X, 402 S.) n. 1 ₰ 15 ngr.

— germanistische, hrsg. v. Jul. Zacher. II. u. III. gr. 8. Halle 872—75. Buchh. d. Waisenh. n. 18. 75. (I—III.: n. 23. 25)
II. Kudrun. Hrsg. u. erklärt v. Ernst Martin. (LII, 387 S.) n. 5. 25
III. Vulfila od. die gotische Bibel. Mit dem entsprech. griech. Text u. m. krit. u. erklär. Commentar nebst dem Kalender, der Skeireins u. den got. Urkunden hrsg. v. Ernst Bernhardt. (LXXII, 654 S.) n. 13. 50

— germanistische. Hrsg. von Jul. Zacher. 4. u. 5. Bd. gr. 8. Halle 878. 82. Buchh. d. Waisenh. n. 18.— (1—5.: n. 41. 25)
4. Heliand, hrsg. von Ed. Sievers. (XLIV, 542 S.) n. 8. —
5. Otfrids Evangelienbuch, hrsg. u. erklärt von Osk. Erdmann. (VIII, LXXVII, 493 S.) n. 10. —

Handbibliothek, germanische. Hrsg. v. Jul. Zacher. 1. u. 6. Bd. gr. 8. Halle, Buchh. d. Waisenhauses. n. 18. — (1—6.: n. 60. 25)
1. Walther v. der Vogelweide, hrsg. u. erklärt v. W. Wilmanns. 2. vollständig umgearb. Ausg. (XII, 499 S.) 883. n. 10. —
6. Lamprecht's Alexander, nach den 3 Texten m. dem Fragment d. Alberic v. Besançon u. den latein. Quellen hrsg. u. erklärt v. Karl Kinzel. (LXXX, 543 S.) 884. n. 8. —

Handbibliothek, germanistische, begründet v. J. Zacher. 7. Bd. 1. Hälfte. gr. 8. Halle 888. Buchhandlg. d. Waisenhauses. n. 5. — (I—VII, 1.: n. 59. 75)
Die Lieder der Edda, hrsg. v. B. Sijmons. 1. Bd.: Text. 1. Hälfte: Götterlieder. (XVI, 222 S.)

Handbibliothek, germanistische. Begründet v. Jul. Zacher. VIII. Bd. in 2 Tln. gr. 8. Halle, Buchh. d. Waisenhauses. n. 12. 60 (I—VII, 1 u. VIII.: n. 72. 25)
1. Hartmann v. Aue. Iwein, der Ritter m. dem Löwen. Hrsg. v. Emil Henrici. 1. Tl. Text. (V, 388 S.) 891. n. 8. —
2. — dasselbe. 2. Tl. Anmerkungen. (VI, XXXIX u. S. 389—626.) 893. n. 4. 50

Handbibliothek, germanistische. Begründet v. Jul. Zacher. II., VII, 2., VII, 4 u. IX, 1. gr. 8. Halle, Buchh. des Waisenhauses. n. 26. 60
II. Kudrun. Hrsg. u. erklärt v. Ernst Martin. 2. verb. Aufl. (LX, 372 S.) 902. n. 7. —
VII, 2. Lieder, die, der Edda. Hrsg. v. B. Sijmons u. H. Gering. 1. Bd.: Text. 2. Tl.: Heldenlieder. (S. 223—497.) 901. n. 5. 60; (1. u. 2. n. 10. 60)
4. Vollständiges Wörterbuch zu den Liedern der Edda. Von Hugo Gering. 1. Abtlg. (592 Sp.) 901. n. 9. —
IX, 1. Wolfram v. Eschenbach, Parzival u. Titurel. Hrsg. u. erklärt v. Ernst Martin. 1. Tl.: Text. (LIII, 315 S.) 900. n. 5. —

— germanistische. Begründet v. Jul. Zacher. VII, 3; VII, 5 u. IX, 2. gr. 8. Halle, Buchh. des Waisenhauses. n. 36. 40
VII, 3. Lieder, die, der Edda. Hrsg. v. B. Sijmons u. H. Gering I. Bd.: Text. Hrsg. u. erklärt v. B. Sijmons. 3. Tl.: Einleitung. (XIX, CCCLXXV S.) 906. n. 9. 40
5. Dasselbe. 2. Bd. Gering, Hugo, Vollständiges Wörterbuch zu den Liedern der Edda. (2. Abtlg.) (XIII S. u. Sp. 593—1404.) 903. n. 15. — (Vollständig: n. 44. —)
IX, 2. Wolfram v. Eschenbach, Parzival u. Titurel. Hrsg. u. erklärt v. Ernst Martin. 2. Tl. Kommentar. (XCVIII, 630 S.) 903. n. 12. — (Vollständig: n. 17. —)

— germanistische. Begründet v. Jul. Zacher. X. gr. 8. Halle, Buchh. des Waisenhauses. 8. —
Die Sagen v. Ermanarich u. Dietrich v. Bern. Von R. C. Boer. (VIII, 333 S.) 910.

— f. d. pfarramtliche Geschäftsführg. im Königr. Bayern. Unt. Mitwirkg. v. Ign. Körbling u. Max Muggenthaler hrsg. v. Ludw. Heinr. Krick. Lfg. 1—24, 24a u. 25—51. gr. 8. Passau 895—98. R. Abt. à n. — 60
I. Handbuch d. Verwaltg. d. kathol. Pfarramtes (im engeren Sinn), m. Rücksicht auf d. im Königr. Bayern gelt. kirchl. u. staatl. Bestimmgn. bearb. v. Ludw. Heinr. Krick. (XVI, 735 S.) (Lfg. 1—16.) 895. n. 9. 60; geb. in Halbfrz. n.n. 12. —
II. Handbuch d. kathol. Pfründewesens, m. Rücksicht a. d. im Königr. Bayern gelt. staatl. Bestimmgn. bearb v. Ludw. Heinr. Krick. 3., vielfach verb. u. größtenteils umgearb. Aufl. (XV, 440 S.) (Lfg. 34—42.) 896. n. 5. 40; geb. n.n. 7. 20
III. Handbuch d. Verwaltg. d. Kirchenvermögens im Königr. Bayern diess. d. Rh. bearb. v. Ludw. Heinr. Krick. 3., vielfach verb. u. größtenteils umgearb. Aufl. (XVI, 424 S.) (Lfg. 25—33.) 896. n. 5. 40; geb. n.n. 7. 20
IV. Handbuch d. bayer. Volksschulwesens v. Max Muggenthaler. (S. 1—432.) (Lfg. 43—51.)
V. Handbuch d. öffentl. Armenpflege im Königr. Bayern bearb. v. Ign. Körbling. (XII, 385 S.) (Lfg. 17—24.) 896. n. 4. 80; geb. in Halbfrz. n.n. 6. 50
V. Dasselbe. Ergänzungsheft. (S. 386—437.) (Lfg. 24a.) 897. n. — 60

— für die pfarramtliche Geschäftsführung im Königr. Bayern. Unter Mitwirkung v. Ign. Körbling u. Max Muggenthaler hrsg. v. Ludw. Heinr. Krick. 52. u. 53. Lfg. gr. 8. Passau 899. [R. Abt.] München, G. Schuh & Cie. à — 60
52. 53. 4. Bd. Handbuch des bayerischen Volksschulwesens, m. Rücksicht auf die im Königr. Bayern gelt. kirchl. u. staatl. Bestimmgn. bearb. Von Max Muggenthaler. 10. u. 11. Lfg. (XII u. S. 432—516.) (Kplt. n. 6. 60; geb. n.n. 8. 40)

— für die pfarramtliche Geschäftsführung im Königr. Bayern. Unter Mitwirkung v. Ign. Körbling u. Max Muggenthaler hrsg. v. Ludw. Heinr. Krick. I. Bd. 2. u. 3. Tl., II., III. u. V. Bd. gr. 8. Kempten, J. Kösel. n. 22. 20
I, 2. 3. Handbuch der Verwaltg. des kath. Pfarramtes (im engeren Sinne), m. Rücksicht auf die im Königr. Bayern gelt. kirchl. u. staatl. Bestimmgn. Von Ludw. Heinr. Krick. 2., vielfach verb. u. großenteils umgearb. Aufl. 2. u. 3. Tl. Materielle Behandlung der pfarramtl. Geschäfte. Formularien u. Muster. (XVI u. S. 121—675.) 903. n. 5. 40; (1. Bd. vollständig: n. 6. 60; geb. in Halbfrz. n. 8. 60)
1. Tl. u. d. T.: Krick, Ludw. Heinr., Handbuch 2c. Ebd. 902. n. 1. 20.
II. Handbuch des katholischen Pfründewesens, m. Rücksicht auf die im Königr. Bayern gelt. staatl. Bestimmgn. bearb. Von Ludw. Heinr. Krick. 4., vielfach verb. u. großenteils umgearb. Aufl. (X, 518 S.) 905. n. 6. —; geb. in Halbfrz. n. 8. —
III. Handbuch der Verwaltg. des Kirchenvermögens im Königr. Bayern diess. d. Rh. Von Ludw. Heinr. Krick. 4., vielfach verb. u. großenteils umgearb. Aufl. (XVI, 419 S.) 904. n. 4. 80; geb. in Halbfrz. n. 6. 80
V. Handbuch der öffentl. Armenpflege im Königr. Bayern. Von Ign. Körbling. Neu bearb. in 2. Aufl. (XI, 498 S.) 904. n. 6. —; geb. in Halbfrz. n. 8. —
Bd. 4 ist in neuer Aufl. noch nicht erschienen.

— badischer Gesetze. In Verbindung m. Gelehrten u. Männern der Praxis hrsg. v. H. Rosin. 1.—5. Bd. 12. Freiburg i/Br. J. C. B. Mohr. cart. n. 14. 10
1. Badische Verfassungsgesetze, m. Einleitg., Anmerkgn. u. Register hrsg. v. H. Rosin. (VIII, 248 S.) 887. n. 2. —
2. Gesetze üb. die direkten Steuern, m. Einleitg., Anmerkgn. u. Register hrsg. von E. Philippovich v. Philippsberg. (XII, 70 u. 259 S.) 888. n. 3. —
3. Gesetze üb. Erwerb u. Belastung des Grundeigenthums, m. Einleitg., Anmerkgn. u. Register hrsg. v. W. Behaghel. (XII, 300 S.) 888. n. 2. 50
4. Gesetze üb. Vormundschafts- u. Nachlaßwesen, m. Einleitg., Anmerkgn. u. Register hrsg. v. H. Buhl. (XII, 214 S.) 890. n. 3. —; 2. Aufl. (XII, 281 S.) n. 3. 60
5. Gesetze, die katholische Kirche betr., m. Einleitg., Anmerkgn. u. Register hrsg. v. J. X. Heiner. (5 u. 321 S.) 890. n. 3. —

— der gesamten Handelswissenschaften in 12 Bdn. Bearb. v. Eug. Merkel, W. Röhrich, F. H. Schlössing etc. 8. Stuttgart, Brettinger. geb. à n. 1. 50; auch in 40 Lfgn. à n. — 50
1. Die kaufmännische Arithmetik in ihrem ganzen Umfange. Lehr- u. Nachschlagebuch f. Kaufleute u. Industrielle zum Selbstunterricht u. zum Gebrauche an Handels- u. Gewerbeschulen. Von C. Spöhrer. 1. Bd. Das niedere kaufmänn. Rechnen. (X, 247 S.) 884.
2. Dasselbe. 2. Bd. Das höhere kaufmänn. Rechnen. (VI, 202 S.) 886. n. 1. 50
3. J. H. Schlössing's Handelsgeographie, Kultur- u. Industrie-Geschichte. 2. Bearbeitg. im Auszuge. (XI, 349 S.) 884.
4. Handbuch der Münz-, Mass- u. Gewichtskunde v. F. H. Schlössing. (IV, 240 S.) 885.
5. Methodische Anleitung zum Selbstunterricht in der doppelten Buchführung v. Frdr. Scubitz. (XVIII, 252 S. m. 1 Tab.) 885.
6. Die deutsche Handelskorrespondenz einschließlich der Formularlehre u. m. e. Anh. „Die einfache Buchführung“, bearb. f. das Privatstudium d. Kaufmannes, Industriellen u. Gewerbetreibenden u. zur Benützg. f. den Unterricht an Handels-, Gewerbe- u. Fortbildungsschulen v. C. Spöhrer. (VIII, 283 S.) 886.
7. Das Handelsrecht, als Leitfaden f. den Kaufmann, Fabrikanten, Gewerbetreibenden u. Industriellen bearb. v. Eug. Merkel. (XIV, 183 S.) 885.
8. Das deutsche Wechselrecht in Verbindung m. den abweichenden Bestimmungen der ausländischen Wechselgesetze, d. Wechselprozeß-Verfahrens u. d. neuen Konkursrechtes. Lehr- u. Nachschlagebuch f. Kaufleute, Bankiers u. Industrielle, zum Selbstunterricht u. zum Gebrauche an Handels- u. Gewerbeschulen. Von Gust. Wagner. (X, 202 S.) 886.
9. Handelskunde, Bank- u. Börsenwesen, als Lehr- u. Nachschlagebuch f. den Bankier, Kaufmann, Fabrikanten, Gewerbetreibenden u. Privatmann, m. besond. Berücksicht. der Deutschen Reichsbank u. d. Börsensteuergesetzes vom 29. Mai 1885, m. e. Anh.: Die Ausführungsbestimmungn. etc. zum Börsensteuergesetze, bearb. v. Eug. Merkel. (XVI, 240 S.) 886.
10. Die Volkswirthschaftslehre. Als Grundlage nationalökonom. Vorlesgn. u. Lehrbuch f. Fachschulen, sowie f. den Selbstunterricht. Von Ed. Aug. Schröder. (XII, 247 S.) 885.
11. Allgemeines Kontor-Wörterbuch. Die kaufmänn. Terminologie: Kurze Erklärgn. der im Handel vorkomm. Wörter u. Fachausdrücke in deutscher, französ. u. engl. Sprache enth. Von Wilh. Röhrich. (VI, 207 S.) 886.
12. Handbuch der allgemeinen Warenkunde. Zum Selbststudium u. f. den Kontorgebrauch bearb. v. F. H. Schlössing. (V, 232 S.) 886.

— der gesamten Handelswissenschaften. Bearb. v. H. Behlolawek. Th. Fr. Hanausek, L. Hoffmann u. A. 2.—4., 6.—14., 16. Bd. 8. Stuttgart, Brettinger. geb. à n. 1. 50
2. Die kaufmännische Arithmetik in ihrem ganzen Umfange. Lehr- u. Nachschlagebuch f. Kaufleute u. Industrielle. Von C. Spöhrer. 2. Bd.: Das höhere kaufmänn. Rechnen. 2., verm. Aufl. (VI, 205 S.) 890.
3. J. H. Schlössing's Handelsgeographie, Kultur- u. Industriegeschichte. 3., verm. Aufl. (XV. 350 S.) 887.
4. Handbuch der Münz-, Mass- u. Gewichtskunde v. F. H. Schlössing. Unter Mitwirkg. v. G. Wagner neu bearb. v. H. Behlolawek. 2., umgearb. Aufl. (VI, 214 S. m. 2 Tab.) 890.
6. Die deutsche Handelskorrespondenz einschließlich der Formularlehre u. m. e. Anh. „Die einfache Buchführung“, bearb. v. C. Spöhrer. 3., verm. Aufl. (VIII, 265 S.) 890.
7. Das Handelsrecht. Allgemeines deutsches Handelsgesetzbuch m. Anmerkgn. u. Erläutergn., als Leitfaden f. den Kaufmann, Fabrikanten, Gewerbetreibenden u. Industriellen bearb. v. Ludw. Hoffmann. 2., unveränd. u. verb. Aufl. (VI, 184 S.) 890.
8. Wechsellehre u. Wechselrecht. Das deutsche Wechselrecht in Verbindung m. den abweichenden Bestimmgn. der ausländischen Wechselgesetze u. d. Wechselprozeß-Verfahrens. Nebst e. Anh., enth. Beispiele v. Wechseln, Retourrechngn., Proteste m. Anführg. der betr. Artikel d. „Deutschen Wechselrechts“. Von G. Wagner. 2., verb. Aufl. (X, 206 S.) 889.
9. Leitfaden der Handelslehre m. besond. Berücksicht. d. Bank- u. Börsenwesens. Bearb. v. H. Behlolawek. 2., umgearb. Aufl. (VIII, 165 S.) 890.
10. Grundzüge der Volkswirtschaftslehre. Von H. Behlolawek. 3. Aufl. (X, 176 S.) 890.
11. Handbuch der kaufmännischen Fachausdrücke in deutscher, französischer u. englischer Sprache. Von Wilh. Röhrich. 2., verm. Aufl. (VII, 175 S.) 890.
12. Handbuch der allgemeinen Warenkunde. Bearb. v. F. H. Schlössing. 2., verm. Aufl. v. Th. F. Hanausek. (219 S.) 890.
13. Handbuch der Kontorwissenschaften. Von H. Behlolawek. (XII, 227 S. m. 4 Beilagen). 890.
14. Englische Handelskorrespondenz. Nach der Spöhrer'schen deutschen Handelskorrespondenz m. zahlr. unterr. Anmerkgn. u. Erläutergn. bearb. v. O. Langer. (VIII, 223 S.) 890.
16. Die französische Handelskorrespondenz. Nach der Spöhrer'schen deutschen Handelskorrespondenz m. zahlr. unterricht. Anmerkungen u. Erläutergn. bearb. v. O. Langer. (XII, 210 S.) 890.

— der gesamten Handelswissenschaften. Bearb. von Hanns Belohlawek, Th. F. Hanausek, Ludw. Hoffmann u. A. 1., 5., 15. u. 17.—20. Bd. 8. Stuttgart, A. Brettinger. Geb. n. 13. 50
1. Die kaufmännische Arithmetik in ihrem ganzen Umfange. Lehr- u. Nachschlagebuch f. Kaufleute u. Industrielle zum Selbstunterricht u. zum Gebrauche an Handels- u. Gewerbeschulen. Von C. Spöhrer. 1. Bd.: Das niedere kaufmänn. Rechnen m. ausführl. Behandlg. des Kontokorrentwesens. 2., verb. Aufl. (XII, 247 S.) 894. Einzelpr. n. 2.—; bei Abnahme der ganzen Kollektion n. 1. 50
5. Theoretisch-praktische Anleitg. f. den Unterricht in der einfachen u. doppelten, sowie verbesserten einfachen u. amerikanischen Buchführung. Von C. Spöhrer. 2., völlig umgearb. u. sehr verm. Aufl. (XI, 300 S. m. 1 Tab.) 891. n. 1. 50
15. Deutsch-englisches u. englisch-deutsches Handlexikon zu jeder englischen Handelskorrespondenz. Hrsg. v. W. Rudow u. J. Nastasi. (VII, 229 S.) 892. n. 1. 50
17. Deutsch-französisches u. französisch-deutsches Handlexikon zu jeder französischen Handelskorrespondenz. Hrsg. v. Rudow u. Werner. (VII, 167 S.) 891. n. 1. 50
18. Handbuch des Bank- u. Börsenwesens. Lehr- u. Hilfsbuch f. Fachschulen u. zum Selbstunterricht. Bearb. von Hans Belohlawek. (VIII, 192 S.) 894. Einzelpr. n. 2. —; bei Abnahme der ganzen Kollektion v. 20 Bdn. n. 1. 50
19. 2 Thle. in 1 Bde. I. The world of commerce. Select readings with notes by H. Baumann. (VIII, 136 S.) — II. Au seuil de la vie des affaires. Choix de lectures, par H. Quayzin. (IX, 160 S.) 894. Einzelpr. n. 2. 50; bei Abnahme der ganzen Kollektion von 20 Bdn. n. 2. —
20. Kaufmännische Gesetzeskunde. Sammlung der wichtigsten Reichsgesetze f. Kaufleute u. Industrielle. Von J. Engelmann. (XI, 248 S.) 894. Einzelpr. n. 2. 50; bei Abnahme der ganzen Kollektion v. 20 Bdn. n. 2. —

— d. ges. Handelswissenschaften. Bearb. v. Hch. Baumann, Hanns Belohlawek, J. Engelmann etc. 3. u. 6. Bd. 8. Stuttgart 896. A. Brettinger. Geb. in Leinw. n. 4. 50
3. F. H. Schlössing's Handelsgeographie, Kultur- u. Industriegeschichte. 4., teilweise verb. Aufl. Bearb. v. Mich. Wegerstorfer. (XII, 372 S.) n. 2. 50
6. D. deutsche Handelskorrespondenz einschließl. d. Formularlehre u. m. e. Anh.: Das Mahn- u. Schuldklagverfahren, bearb. f. d. Privatstud. d. Kaufmanns, Industriellen u. Gewerbetreib. u. z. Benützg. f. d. Unterr. an Handels-, Gewerbe- u. Fortbildungsschulen v. C. Spöhrer. 4., verb. Aufl. (VIII, 265 S.) n. 2. —

— der gesamten Handelswissenschaften. Bearb. v. H. Baumann, H. Belohlawek, R. Bürner ꝛc. 2., 5., 7. u. 21. Bd. 8. Stuttgart, W. Nitzschke. — A. Brettinger. Geb. in Leinw. n. 9. —

2. Die kaufmännische Arithmetik in ihrem ganzen Umfange. Lehr- u. Nachschlagebuch f. Kaufleute u. Industrielle z. Selbstunterricht u. z. Gebrauche an Handels- u. Gewerbeschulen. Von C. Spöhrer. 2. Bd. Das höh. kaufmänn. Rechnen. 3., verm. Aufl. (VI, 194 S.) (901). n. 2. —
5. Theoretisch-prakt. Anleitg. f. den Unterricht in der einfachen u. doppelten, sowie verbesserten einfachen u. amerikanischen Buchführg. Ein Lehrbuch f. Kaufleute, Gewerbetreibende u. Industrielle zum Selbstunterricht u. z. Gebrauch an Handels-, Fortbildungs- u. Gewerbeschulen. Von C. Spöhrer. 3., verb. u. sehr verm. Aufl. (XIII, 336 S. m. 1 Tab.) (902). n. 3. —
7. Das neue deutsche Handelsgesetzbuch nebst Einführungsgesetz f. den Handelsstand gemeinverständl. erläutert u. m. e. ausführl. Sachregister versehen. Von R. Bürner. (VI, 204 S.) (901). n. 2. —
21. Lehr- u. Übungsbuch der Gabelsberger'schen Stenographie. In 2 Thln. (1. Thl.: Theoretischer Thl., 2. Thl.: Praktischer — stenograph. Thl.) Für den Gebrauch an Handelslehranstalten verf. Von Frz. Fiedler. (XV, 164 u. 41 autogr. S.) 901. n. 2. —; Ausg. m. Text in deutscher Rechtschreibg. v. H. Fleischer. (XIX, 164 u. 41 autogr. S.) (901). n. 2. —

— der gesamten Handelswissenschaften. Bearb. v. H. Baumann, Hans Belohlawek, R. Bürner a. a. 1. Bd., 3. Bd. (Ausg. B. u. C.) 8. u. 9. Bd. 8. Stuttgart, W. Nitzschke. — A. Brettinger. Geb. in Leinw. n. 10. —

1. Die kaufmännische Arithmetik in ihrem ganzen Umfange. Lehr- u. Nachschlagebuch f. Kaufleute u. Industrielle zum Selbstunterricht u. zum Gebrauche an Handels- u. Gewerbeschulen. Von C. Spöhrer. 1. Bd. Das niedere kaufmänn. Rechnen m. ausführl. Behandlg. des Kontokorrentwesens. 3., verb. Aufl. (VIII, 247 S.) (903.) Geb. n. 2. —
3. (Ausg. B.) Leitfaden der Handelsgeschichte. Für Schul- u Selbstunterricht. Von K. Stracke. Mit 10 Skizzen u. 3 Karten. (VIII, 174 S.) (904.) Geb n. 2. —
3. (Ausg. C.) Handelsbetrieb u. kaufmännisches Leben in Deutschland, Oesterreich u. der Schweiz vom Mittelalter bis zum Beginne der Eisenbahnzeit im J. 1835. Ein Beitrag zur Kulturgeschichte. Von Walt. Gorback. Mit vielen erläut. Illustr. (X, 229 S.) (905.) n. 2. —; geb. in Leinw. n. 2. 50
8. Wechsellehre u. Wechselrecht. Das deutsche Wechselrecht in Verbindg. m. den abweich. Bestimmgn. der ausländ. Wechselgesetze u. des Wechselprozeß-Verfahrens. Lehr- u. Nachschlagebuch f. Kaufleute, Bankiers u. Industrielle, zum Selbstunterricht u. zum Gebrauche an Handels-, Fortbildungs- u. Gewerbeschulen. Von Gust. Wagner. Mit Wechselbeispielen nach Originalen. Völlig neu bearb. v. Schöninger. 3., nach dem neuesten Gesetzesstand verb. Aufl. (VIII, 163 S.) (904.) Geb. n. 2. —
9. Leitfaden der Handelslehre. Zum Gebrauche f. Handelslehranstalten u. zum Selbstunterrichte. Von Hans Belohlawek. 3., umgearb. Aufl. (VIII, 188 S.) (903.) Geb. n. 1. 50

— der gesamten Handelswissenschaften. Bearb. v. H. Baumann, M. A., Hans Belohlawek, R. Bürner u. a. 1. 3. 6. 8. 16 u. 20. Bd. 8. Stuttgart, W. Violet. Geb. in Leinw. 16. 20

Busse, Max, kaufmännisches Rechnen. Lehrbuch zum Selbstunterricht u. zum Gebrauch an Handels- u. Gewerbeschulen. I. Tl. 4., vollständig umgearb. Aufl. v. Spöhrers kaufmänn. Arithmetik, I. Tl. (VIII, 232 S.) (910.) (Bd. 1) Geb. in Leinw. 2. —

Langer, O., Correspondance commerciale française, traitée suivant la correspondance allemande du directeur Spöhrer et pourvue de nombreuses notes et explications. — Französische Handelskorrespondenz. Nach der Spöhrerschen deutschen Handelskorrespondenz m. zahlr. unterricht. Anmerkgn. u. Erläutergn. bearb. 2., verb. Aufl. (VIII, 220 S.) (909.) (Bd. 16) Geb. in Leinw. 2. 50

Regel, Fritz, Geographie f. Handels- u. Realschulen, auch zum Gebrauche an kaufmänn. Fortbildungsschulen, sowie zum Selbstunterricht. Bearb. unter Mitwirkg. v. Münchgesang. 5., vollst. umgearb. Aufl. v. F. H. Schlössings Handelsgeographie, Industrie- u. Kulturgeschichte. (XVI, 484 S.) 907. (Bd. 3) Geb. in Leinw. 3. 20

Schöninger, Adf., das deutsche Wechselrecht u. das deutsche Scheckrecht einschließlich des Postscheckverkehrs auf Grund der Gesetzgebung vom J. 1908. Zum Gebrauch f. Kaufleute u. an Handelsschulen. 4. Aufl. v. G. Wagners Wechsellehre. (VIII, 171 S.) 909. (Bd. 8) Geb. in Leinw. 2. 50

— u. J. Engelmann, kaufmännische Gesetzeskunde. Sammlung der wichtigsten Reichsgesetze f. Kaufleute u. Industrielle. Bearb. f. den Schul- u. Privatgebrauch. 2., verm. Aufl. (XIII, 248 S.) (907.) (Bd. 20) Geb. in Leinw. 3. —

Spöhrer, C., deutsche Handelskorrespondenz m. der Formularlehre u. dem Mahn- u. Schuldklagverfahren. 5., verb. Aufl. (VIII, 260 S.) (909.) Geb. in Leinw. 2. 50; m. e. Anh.: Wie bewerbe ich mich um eine Stelle? 5., verb. Aufl. (VIII, 260 u. 23 S. m. 1 Faksm.) (909.) (Bd. 6) Geb. in Leinw. 3. —

Auch die übrigen Bände sind jetzt Verlag v. W. Violet.

—— für jede Haushaltung. Eine Samml. d. Nützlichsten u. Neuesten d. Künste, Handwerke, Haus- u. Landwirthschaft, Volksarzneikunde u. aller Bedürfnisse d. Lebens. Von d. zuverläss. Künstlern ꝛc. 12. (9 B.) Schwäb. Hall 839, Haspel'sche Buchh. Thlr.

Handbibliothek, Historische Sächsische.

Leipzig 1776—84. H: *Weinart, Benjamin Gottfried.* (OL)

— für die Jugend. 2 Bdch. 8. Gießen, Tasche u. Müller. 802—6. (1: 16 gr. 2: 14 gr.)

Handbibliothek, juristische, s.: Cosack, K., Lehrbuch d. Handelsrechts. — Daude, P., Lehrbuch d. deutschen litterarischen, künstlerischen u. gewerbl. Urheberrechts. — Hecker, K., Lehrbuch d. deutschen Militairstrafrechts. — Krohne, K., Lehrbuch der Gefängniskunde. — Lewis, W., Lehrbuch d. Versicherungsrechts. — Merkel, A., Lehrbuch d. deutschen Strafrechts. — Schulin, F., Lehrbuch der Geschichte d. Römischen Rechts. — Stenglein, M., Lehrbuch d. deutschen Strafprozeßrechts.

Handbibliothek, Juristische,

oder Verzeichniss von Büchern aus allen Theilen der Jurisprudenz ... Erlangen 1788. V: *Palm, Johann Jacob.* (Petz) (Engj)

Handbibliothek, jurist. Bd. 1—10. Stuttgart 886—91.

— juristische. (10. Bd.) gr. 8. Stuttgart 891. F Enke. n. 12. —; geb. in Leinw. n. 13. —
Lehrbuch d. Konkursrechts v. J Kohler. (XI, 731 S.)

— juristische. Hrsg.: Max Hallbauer u. W. Schelcher. Bd. 12. 20. 57. 68. 71. 79. 82. 100. 102. 122. 143. 144. 148—150. 150a. 151—183. 185—191. 213. 326. 329. 337. 338. 344. 349. 359. 372. 373. 376 u. 395. 8. Leipzig, Roßberg'sche Verlagsbuchh. n. 269. 90

Bernewitz, Frhr. v., die revidierte Gesindeordnung f. das Königr. Sachsen. Nach den Quellen u. der Rechtsprechg. erläutert. Mit ausführl. Sachregister. 3., verm. Aufl. (IX, 258 S.) 906. (Bd. 395) Geb. in Leinw. n. 4. —

Bosse's, v., kgl. sächs. revidierte Landgemeindeordnung vom 24. IV. 1873. Neu bearb. v. E. Michel. 9., verm. Aufl. (IX, 450 S.) 905. (Bd. 329.) Geb. in Leinw. n. 6. —

Claus, Leitfaden f. den Hypothekengläubiger im Zwangsversteigerungs- u. Zwangsverwaltungsverfahren. 2., verm. u. verb. Aufl. (VIII, 197 S.) 906. (Bd. 182.) Geb. in Leinw. n. 4. —

Dittrich, Mart., Reichsgesetz üb. die Angelegenheiten der freiwilligen Gerichtsbarkeit vom 17. V. 1898, m. den einschlag. reichsgesetzl. Bestimmgn. versehen u. erläutert durch die Rechtsprechg. 2. Aufl. (VIII, 168 S.) 906. (Bd. 183.) Geb. in Leinw. n. 2. 40

Drucker, Mart., die Gebührenordnung f. Rechtsanwälte vom 7. VII. 1879 in der Fassung der Bekanntmachung vom 20. V. 1898. An der Hand der Rechtsprechg. erläutert. (VI, 225 S.) 901. (Bd. 213.) Geb. in Leinw. n. 4. —

Edelmann, Rich., die Fleischbeschau-Gesetzgebung des Deutschen Reiches u. des Königr. Sachsen. Zum Gebrauche f. Verwaltungsbeamte, Richter, tierärztl. u. nichttierärztl. Fleischbeschauer zusammengestellt u. erläutert. (XXIV, 287 S.) 903. (Bd. 152.) Geb. in Leinw. n. 4. —

Fahnert, Paul, revidirte Gesindeordnung f. das Königr. Sachsen vom 2. V. 1892 in der Fassung vom 31. V. 1898. Textausg. m. Einleitg., Abdr. der darin citirten Gesetzesstellen u. ausführl. Sachregister. 3. Aufl. (VIII, 62 S.) 906. (Bd. 68.) Kart. n. — 80

Fellitzsch, Heinr. v., das königl. sächsische Landesstrafrecht. Zusammengestellt u. erläutert. 3. Bd. Zölle u. Steuern. (IX, 367 S.) 903. (Bd. 373.) Geb in Leinw. n. 8. — (1.—3.: n. 22. —)

Flinzer, Rud., das Impfgesetz f. das Deutsche Reich vom 8. IV. 1874, nebst der Ausführungsverordng. f. das Königr. Sachsen vom 14. XII. 1899 sowie allen m. dem Impfwesen in Zusammenhang stehenden Verordngn. Mit Erläutergn. hrsg. Mit e. Sachregister. (V, 81 S.) 900. (Bd. 314.) Geb. n. 1. 60

— die Medizinal-Gesetze u. Verordnungen des Königr. Sachsen. Unter Berücksicht. der Reichsgesetzgebg. systematisch geordnet u. m. Erläutergn. versehen. Mit chronolog. u. ausführl. Sachregister. 2. Aufl. 1. Bd. (XXI, 597 S.) 905. (Bd. 172.) Geb. in Leinw. n. 11. —

— dasselbe. 2. Bd. (Abgeschlossen am 15. IV. 1905.) (XXIV, 1060 S.) 905. (Bd. 173.) Geb. in Leinw. n. 14. —

Frese, die den Gerichten übertragenen Angelegenheiten der freiwilligen Gerichtsbarkeit (m. Ausschluß der Grundbuchsachen) u. das gerichtliche Hinterlegungswesen. Reichsrecht u. kgl. sächs. Landesrecht. (XL, 658 S.) 903. (Bd. 148.) Geb. in Leinw. n. 9. —

Habenicht, W., Leitfaden f. den sächsischen Vormundschafts- u. Nachlaßrichter u. seinen Gerichtsschreiber. (VII, 72 S.) 907. (Bd. 190.) Kart. n. 1. 20

Hallbauer, Max, das deutsche Erbschaftsrecht. Ein Leitfaden durch das Erbschaftsrecht u. e. Hilfsbuch f. alle, die sich als Erben, Vermächtnisnehmer, Nachlaßpfleger, Testamentsvollstrecker u. dgl. m. e. Erbschaft zu beschäftigen haben. 2. Aufl. (X, 315 S.) 906. (Bd. 102.) Geb. in Leinw. n. 4. —

— das bürgerliche Gesetzbuch f. das Deutsche Reich nebst dem Einführungsgesetz. Mit e. ausführl. Sachregister versehen. 4. Aufl. (XII, 580 u. 75 S.) 906. (Bd. 79.) Geb. in Leinw. n. 2. —

— das deutsche Grundstücksrecht (m. Ausnahme des Hypothekenrechts). Ein Leitfaden durch das Grundstücksrecht u. e. Hilfsbuch f. alle, die sich m. Grundstücken zu befassen haben. (VIII, 219 S.) 905. (Bd. 177.) Geb. in Leinw. n. 3. 40

— das neue Reichsgesetz üb. die Krankenversicherung. Eine Darlegg. in Gesprächsform f. jedermann. 2. Ausg. unter Berücksicht. der Novelle v. 1903. (106 S. u. S. 101—112.) 903. (Bd. 71.) n. — 80

— das deutsche Testamentenrecht. Ein Leitfaden durch das Testamentenrecht u. e. Hilfsbuch f. die, welche e. letzten Willen errichten wollen od. dabei mitzuwirken haben. 3. Aufl. (VII, 208 S.) 905. (Bd. 100.) Geb. in Leinw. n. 3. 40

Hecht, Art., das königl. sächsische Gesetz üb. die Zwangsvollstreckung wegen Geldleistungen in Verwaltungssachen vom 18. VII. 1902. Handausg. m. den zugehör. Nebengesetzen u. Verordngn., erläut. Bemerkgn. u. Sachregister. (X, 285 S.) 904. (Bd. 359.) n. 4. 80

Hennig, E., die Arbeiterversicherung im Deutschen Reiche insbesondere im Königr. Sachsen. Textausg. der Reichs- u. königl. sächs. Landesgesetze üb. Kranken-, Unfall- u. Invalidenversicherg. m. Nebengesetzen u. Ausführungsbestimmgn. Mit kurzen Anmerkgn. u. e. ausführl. Sachregister versehen. (XVIII, 842 S.) 905. (Bd. 176.) Geb. in Leinw. n. 8. —

— u. Br. Lange, Katechismus der Arbeiterversicherungsgesetze (Kranken-, Unfall- u. Invalidenversicherung) m. besond. Berücksicht. der sächs. Ausführungsbestimmungen. 2. umgearb. u. vervollständ. Aufl. (XI, 297 S.) 903. (Bd. 144.) Geb. in Leinw. n. 4. —

Höckner, Bernh., die Militärpensionsgesetze vom 31. V. 1906, nebst den Militär-Hinterbliebenengesetzen vom 17. VI. 1887 u. 13. VI. 1895 u. Auszügen aus dem Reichsbeamtengesetz vom 31. III. 1873 u. dem Kriegsinvalidengesetz vom 31. V. 1901 usw. Handausg. m. Anmerkgn. u. alphabet. Sachregister. (X, 130 S.) 906. (Bd. 185.) Geb. in Leinw. n. 2. 50

Hoffmann, Albr. Rud., das Reichs-Erbschaftssteuergesetz vom 3. VI. 1906 nebst den Ausführungsbestimmungen des Bundesrats u. den Vollzugsanweisungen Preußens, Bayerns, Sachsens, Württembergs u. Badens. Erläutert v. H. (XXXVII, 353 S.) 907. (Bd. 187.) Geb. in Leinw. n. 5. —

Illing, A., das Krankenversicherungsgesetz in der Fassung des Reichsgesetzes vom 25. V. 1903, sowie das Gesetz üb. die eingeschriebenen Hilfskassen vom 7. IV. 1876/1. VI. 1884. Textausg. unter Hervorhebg. der Neuergn. m. Anh. u. Sachregister hrsg. (IV, 142 S.) 903. (Bd. 156.) Geb. in Leinw. n. 1. 20

Just, Ernst, das königl. sächsische Ergänzungssteuergesetz vom 2. VII. 1902 nebst Ausführungsverordnung u. Instruktion. Erläutert. (XXVI, 331 S.) 903. (Bd. 150.) Geb. in Leinw. n. 5. 60

— das königl. sächs. Gesetz die Abänderung des Ergänzungssteuergesetzes vom 2. VII. 1902 betr. vom 21. IV. 1906, nebst Ausführungsbestimmgn. Als Anh. zu der Handausg. des Ergänzungssteuergesetzes erläutert. (63 S.) 907. (Bd. 150a.) In Leinw. kart. n. 1. 40

Koch, Walt., Kapitalanlage in Hypotheken. Praktische Winke f. Kapitalisten, Vormünder u. Vermögensverwalter. Mit e. Anh., enth. Entwürfe zu Hypothekenurkunden. (III, 79 S.) 906. (Bd. 178.) Geb. in Leinw. n. 1. 80

Kremski, Frz., die Gesetze üb. die Wahlen zum Reichstage, zum preußischen Abgeordnetenhause u. den preußischen Gemeindevertretungen nebst den zu ihrer Ausführung erlassenen Bestimmungen, in der zur Zeit gült. Gestalt m. kurzen Erläutergn. hrsg. (IV, 118 S.) 903. (Bd. 155.) Geb. in Leinw. n. 2. —

Kretzschmar, J. F., das höhere Schulwesen im Königr. Sachsen. Gesetz üb. die Gymnasien, Realschulen u. Seminare vom 22. VIII. 1876, nebst Ausführungsverordng. u. die einschlag. Gesetze, Verordngn. u. Entscheidgn. (XIII, 704 S.) 903. (Bd. 158.) Geb. in Leinw. n. 10. —

Kulka, Ernst, das Kaufmannsgerichtsgesetz vom 6. VII. 1904 nebst den entsprechend anzuwendenden Bestimmungen des Gewerbegerichtsgesetzes. Handausg. m. Einleitg., Erläutergn. u. Sachregister. (XVIII, 140 S.) 904. (Bd. 166.) Geb. in Leinw. n. 2. 40

Lange, Hugo Eug., die Tätigkeit des Amtsanwalts. Systematisches Handbuch f. die Praxis. Unter Berücksicht. der preuß. u. sächs. Ausführungsbestimmgn. (VIII, 375 S.) 906. (Bd. 181.) Geb. in Leinw. n. 6. —

Lessing, Geo., Reichsgesetz betr. die Entschädigung f. unschuldig erlittene Untersuchungshaft vom 14. VII. 1904. Erläutert. (VIII, 56 S.) 905. (Bd. 169.) Kart. n. 1. 40

Lorey, Frz., die Besteuerung des Gewerbebetriebs im Umherziehen im Königr. Sachsen. (Gesetz vom 1. VII. 1878, die Besteuerg. des Gewerbebetriebs im Umherziehen betr., in der Fassg. vom 26. III. 1904, u. Gesetz vom 23. III. 1880, betr. die weitere Besteuerg. des Wanderlagerbetriebes, nebst Ausführungsbestimmgn.) Erläutert. (XXII, 219 S.) 904. (Bd. 165.) Geb. in Leinw. n. 4. —

Lotze, M., die kgl. sächs. Gesetze u. Verordnungen üb. Jagd u. Fischerei m. den damit in Verbindung stehenden reichs- u. landesgesetzlichen Vorschriften. 3. verm. Aufl. bearb. v. Geo. Böhme. (VIII, 274 S.) 905. (Bd. 372.) Geb. in Leinw. n. 4. —

Ludwig-Wolf, L. F., das königl. sächsische Ergänzungssteuergesetz nebst Ausführungsverordnung u. Instruktion. Zum Handgebrauch zusammengestellt. 2. Aufl. (VI, 132 S.) 907. (Bd. 154.) Geb. in Leinw. n. 1. 40
1. Aufl. (VI, 129 S.) 903. Geb. n. 1. 25.

Michel, E., königl. sächs. Gesetz betr. die Erhebung v. Kosten f. Amtshandlungen der Behörden der inneren Verwaltung u. v. Gebühren f. die Benutzung öffentlicher Einrichtungen vom 30. IV. 1906, nebst der Dienstanweisg. vom 23. VI. 1906, einigen anderen hauptsächl. Bestimmgn. üb. das Kostenwesen u. den Gesetzesmaterialien. Textausg. m. Sachregister. (VII, 256 S.) 906. (Bd. 186.) Geb. in Leinw. n. 4. —

Mittelstein, Max, deutsches Binnenschiffahrtsrecht. 1. Bd. Reichsrechtliche Bestimmgn. 2. gänzlich umgearb. Aufl. 4. Lfg. (Schluß.) (VIII u. S. 481—624.) 902. (Bd. 57.) n. 3. —

Mosel, Curt v. der, das Recht der Gemeindebesteuerung im Königr. Sachsen. (III, 63 S.) 905. (Bd. 175.) Kart. n. 1. 40

Müller, Louis, Tagegelder, Reise- u. Umzugskosten im Königr. Sachsen. Mit Plänen v. Dresden u. Leipzig. 2., vollständig umgearb. Aufl. (IX, 372 S.) 907. (Bd. 189.) Geb. in Leinw. n. 8. —

Naucke, Karl, Leitfaden f. Konkursverwalter. Ein Handbuch zum prakt. Gebrauche nebst Formularen. (VIII, 138 S.) 904. (Bd. 163.) Geb. in Leinw. n. 2. 80

Neumann, M., wie vertrete ich meine Rechte vor dem Amtsgericht? Eine Anleitg. f. Laien. (VII, 54 S.) 904. (Bd. 151.) Kart. n. 1. 20

Pörschel, Osk., die Vorbereitung auf die Expedientenprüfung im Geschäftsbereiche des kgl. sächs. Justizministeriums. 2., verm. Aufl. (XI, 211 S.) 903. (Bd. 159.) Geb. in Leinw. n. 8. —

Posener, Paul, die Verfassung des Deutschen Reiches. Kommentar. (VI, 176 S.) 903. (Bd. 157.) Geb. in Leinw. n. 2. 80

Reichstags-Wahlgesetz vom 31. V. 1869 nebst dem Reglement zur Ausführung des Wahlgesetzes nach der Bekanntmachung vom 28. IV. 1903. Textausg. 2. Aufl. (58 S.) 903. (Bd. 20.) Geb. n. — 60

Rumpelt, A., die königl. sächsische Aerzteordnung vom 15. VIII. 1904 nebst den zugehörigen Ausführungsvorschriften, insbesondere der ärztlichen Standes- u. Ehrengerichtsordnung. Mit Erläutergn. u. Sachregister hrsg. (IV, 160 S.) 904. (Bd. 167.) Geb. in Leinw. n. 3. —

— allgemeines Baugesetz f. das Königr. Sachsen vom 1. VII. 1900/20. V. 1904, nebst Ausführungsverordnungen v. denselben Tagen. Textausg. m. ausführl. Sachregister versehen. 2. Aufl. (III, 101 S.) 904. (Bd. 12.) Geb. in Leinw. n. 1. 60

— allgemeines Baugesetz f. das Königr. Sachsen vom 1. VII. 1900 m. dem Abänderungsgesetze vom 20. V. 1904. Handausg. m. den zugehör. Bestimmgn., ausführl. Erläutergn. u. Sachregister. 3., verm. u. verb. Aufl. (VIII, 583 S.) 904. (Bd. 326.) n. 6. —

Schaefer, Gust., die sächsische Einkommen- u. Ergänzungssteuer in Frage u. Antwort. (80 S.) 906. (Bd. 170.) Kart. n. 1. —

Schelcher, Walt., das Enteignungsgesetz f. das Königr. Sachsen vom 24. VI. 1902, nebst der Ausführungsverordng. vom 24. XI. 1902 u. den sonst gült. besonderen enteignungsrechtl. Bestimmgn. 2 Abtlgn. (XVI, 600 S.) 903. (Bd. 143.) n. 8. 40; geb. in Leinw. n. 9. —

Schlippe, C. E. Th., im Königr. Sachsen geltende gewerberechtliche Bestimmungen üb. die Errichtung, die Einrichtung u. den Betrieb sowie die staatliche Beaufsichtigung v. Fabriken, Werkstätten u. ihnen gleichgestellten Anlagen. Zum Handgebrauche f. Fabrikbesitzer, Betriebsleiter, Ingenieure, Chemiker, Architekten u. Gewerbeaufsichtsbeamte zusammengestellt u. m. Anmerkgn. versehen. 2., verb. Aufl. (XII, 468 S.) 906. (Bd. 82.) Geb. in Leinw. n. 9. —

Seydewitz, P. v., das königl. sächsische Volksschulgesetz vom 12. IV. 1873 nebst Ausführungsverordnung u. den damit in Verbindung stehenden Gesetzen u. Verordnungen. Mit erläut. Anmerkgn. u. Sachregister hrsg. 5. Aufl., besorgt v. Kretzschmar. (XII, 512 S.) 906. (Bd. 338.) Geb. in Leinw. n. 6. —
4. Aufl. (XII, 561 S.) 903. Geb. n. 6.—.

Springer, der Kauf nach deutschem Rechte. Ein Leitfaden durch die gesetzl. Bestimmgn. üb. den Kauf u. e. Hilfsbuch f. alle, die sich mit Käufen u. Verkäufen zu befassen haben. (VII, 201 S.) 906. (Bd. 180.) Geb. in Leinw. n. 3. 40

Troitzsch, Walt., allgemeines Baugesetz f. das Königr. Sachsen vom 1. VII. 1900/20. V. 1904, nebst Ausführungsverordngn. von denselben Tagen. Textausg. m. Anmerkgn., e. ausführl. Sachregister u. den f. Bauende wicht. Bestimmgn des Reichs- u. Landesrechts. 2. Aufl. (X, 129 S.) 904. (Bd. 122.) Geb. in Leinw. n. 2. —

— Reichsgesetz betr. Kinderarbeit in gewerblichen Betrieben vom 30. III. 1903. Handausg. m. Anmerkgn. u. den weiteren gegenwärtig in Geltg. steh. Bestimmgn. üb. die Beschäftigg. von Kindern in gewerbl. Betrieben. (74 S.) 903. (Bd. 158.) Geb. in Leinw. n. 1. 90

Vollmer, R. F., die im Königr. Sachsen gültigen Bestimmungen f. Kraftfahrzeuge. Textausg. m. Anmerkgn. f. Behörden u. Kraftfahrer. (IV, 89 S.) 907. (Bd. 191.) Geb. in Leinw. n. 2. 50

Wach, Fel., kgl. sächs. Gesetz, die Organisation der Behörden f. die innere Verwaltung betr., vom 21. IV. 1873, nebst den damit in Verbindg. stehenden Gesetzen u. Verordngn. Handausg. (VIII, 320 S.) 905. (Bd. 337.) Geb. in Leinw. n. 4. —

Wachler, Paul, das königl. sächsische Einkommensteuergesetz vom 24. VII. 1900 nebst Ausführungsverordnung u. Instruktion. Erläutert. (VIII, 375 S.) 903. (Bd. 160.) Geb. in Leinw. n. 5. 60

Wahl, Rich., das kgl. sächs. Gesetz üb. die Erbschaftssteuer vom 13. XI. 1876 nebst Ausführungsverordnung vom 6. XII. 1876 u. den Abänderungsgesetzen vom 3. VI. 1879 u. 9. III. 1880, erläutert. 5., unter Berücksicht. der Bestimmgn. des bürgerl. Gesetzbuchs f. das Deutsche Reich vollständig umgearb. Aufl. (VIII, 126 S.) 904. (Bd. 164.) Geb. in Leinw. n. 2. 40

— das königl. sächsische Gesetz üb. den Urkundenstempel vom 13. XI. 1876 in der Fassung des Gesetzes vom 10. VI. 1898 nebst Ausführungsverordnung vom 12. X. 1899, erläutert v. W. Mit e. Inhaltsverzeichnisse, 6 Tab. üb. die nach Prozenten des Wertes zu erheb. Stempelabgaben u. e. Sachregister. 6. Aufl. (X, 258 S.) 906. (Bd. 349.) Geb. in Leinw. n. 4. —

Walde, Hans, Reichs-Militärgesetz vom 2. V. 1874 m. Wehrgesetz, Reichsverfassung Abschn. XI, Militärkonventionen u. Gesetz betr. die freiwillige Gerichtsbarkeit usw. im Heere. Handausg. m. Anmerkgn. u. alphabet. Sachregister. (VIII, 140 S.) 906. (Bd. 179.) Geb. in Leinw. n. 2. 80

Warneyer, Otto, das bürgerliche Gesetzbuch f. das Deutsche Reich nebst dem Einführungsgesetz, erläutert durch die Rechtsprechung. (XVI, 871 S.) 905. (Bd. 174.) Geb. in Leinw. n. 7.—

— die Zivilprozeßordnung in der neuesten Fassung, erläutert durch die Rechtsprechung. (XIV, 708 S.) 906. (Bd. 183.) Geb. in Leinw. n. 5. 60

Wimmer, Ernst, die im Königr. Sachsen üb. den Verkehr m. Nahrungsmitteln, Genußmitteln u. Gebrauchsgegenständen geltenden reichs- u. landesrechtlichen Vorschriften. Handausg. m. ausführl. Erläutergn. u. Sachregister. (VIII, 136 S.) 905. (Bd. 168.) Geb. in Leinw. n. 2. 60

Wörner, Gerh., das sächsische Beamten-Unfallfürsorgegesetz vom 1. VII. 1902. (48 S.) 903. (Bd. 149.) Kart. n. 1. 20

— das Mobiliar- u. Privat-Feuerversicherungswesen im Königr. Sachsen. 7. Aufl. (VI, 110 S.) 903. (Bd. 376.) Geb. in Leinw. n. 2. —

— die Nebengesetze zur Reichs-Unfallversicherungsgesetzgebung. 1. Tl.: Die deutschen Unfallfürsorgegesetze f. Beamte u. Gefangene. (VIII, 114 S.) 904. (Bd. 161.) Geb. in Leinw. n. 2.50

— dasselbe. 2. Tl.: Landesrechtliche Ergänzungsgesetze zur Reichs-Unfallversicherungsgesetzgebung, nebst den deutschen Unfallentschädigungsgesetzen außerhalb der Reichs-Unfallversicherungsgesetzgebg (XVI, 244 S.) 904. (Bd. 162.) Geb. in Leinw. n. 4. 50

Zehl, A., der Anwärter f. den Schutzmannsdienst. 2., verm. Aufl. (20 S.) 905. (Bd. 171.) n. — 50

— juristische. Hrsg.: Max Hallbauer u. W. Schelcher. 10. 25. 48. 65. 67. 75. 76. 79. 81. 91. 101. 109. 124. 127. 136. 137. 140. 147. 159. 160. 174. 183. 184. 192—195. 197—200. 207. 216. 219. 225. 231. 241. 250. 262—270. 272—298. 338. 369 u. 405. Bd. kl. 8. Leipzig, Roßberg'sche Verlagsbuchh. Geb. u. kart. 302. 75

Adolph, P., das kgl. sächs. Gesetz gegen die Verunstaltung v. Stadt u. Land vom 10. III. 1909 nebst der Ausführungsverordnung vom 15. III. 1909. Unter Benutzg. der amtl. Quellen u. insbesondere unter Berücksicht. der Landtagsverhandlgn. erläutert. (IX, 189 S.) 909. (Bd. 288) Geb. in Leinw. 3. 60

— Vereinsgesetz v. 19. IV. 1908. Unter Berücksicht. aller bisher. Landesgesetzgebgn. erläutert. (XVI, 196 S.) 908. (Bd. 277) Geb. in Leinw. 3. —

— dasselbe, nebst der sächsischen Ausführungs-Verordnung vom 12. V. 1908. Unter Benutzg. der amtl. Quellen sowie unter Berücksicht. ergangener Entscheidgn. u. der Erfahrgn. der Praxis erläutert. (XXIV, 168 S.) 908. (Bd. 279) Geb. in Leinw. 2. 80

Behrend, Rich., das Handelsgesetzbuch (m. Seerecht). Mit e. ausführl. Sachregister versehen. 2. Ausg., m. e. Nachtrage, enth. die Abänderungsgesetze vom 2. VI. 1902, 12. V. 1904 u. 30. V. 1908. (VII, 868 S.) 908. (Bd. 91) Geb. in Leinw. 2. —

Bernstein, Otto, das Börsengesetz in der vom 1. VI. 1908 an geltenden Fassung, nebst der Bekanntmachg. des Bundesrats, betr. die Zulassung v. Wertpapieren zum Börsenhandel vom 4. VII. 1910, unter Berücksicht. der Börsenordnungen f. Berlin u. die sächsischen Börsen erläutert. (XVI, 407 S.) 910. (Bd. 282) Geb. in Leinw. 6. —

Blase, Rich., das königl. sächsische Gesetz üb. die Fürsorgeerziehung vom 1. II. 1909 nebst Ausführungsverordnung vom 6. V. 1906 u. den sonstigen Ausführungsbestimmungen. Mit e. Einführg. in das Gesetz, Erläutergn. u. Sachregister hrsg. (XII, 307 S.) 909. (Bd. 292) Geb. in Leinw. 5. —

Böhme, Frz., das kgl. sächs. Gesetz, die Feuerbestattung betr. vom 29. V. 1906. Mit der Ausführungsverordng. u. erläut. Anmerkgn. hrsg. (VI, 79 S.) 907. (Bd. 204) Kart. 2. —

Böhme, Herm., das kgl. sächs. Stempelsteuergesetz vom 12. I. 1909 nebst den dazu gehörigen Ausführungsbestimmungen. Handausg. m. Erläutergn. 1. Bd., enth. die Erläutergn. zu dem Gesetze u. der Ausführungsverordng., den Text des Tarifs, sämtl. Ausführungsbestimmgn., Hilfstabellen u. e. alphabet. Sachregister. (X, 567 S.) 910. (Bd. 290) Geb. in Leinw. 8. 75

— dasselbe. Textausg., zusammengestellt u. m. e. alphabet. Sachregister versehen. (221 S.) 909. (Bd. 289) Geb. in Leinw. 3. 50

Bose, C. E. v., das Vereinsrecht des deutschen bürgerlichen Gesetzbuchs. Ein Leitfaden durch das Vereinsrecht u. e. Hilfsbuch f. Vereinsvorstände. 2., verm. Aufl., nach des Verf. Tode hrsg. v. Max Hallbauer. (VIII, 103 S.) 909. (Bd. 136) Geb. in Leinw. 2. —

Breit, James, Pflichten u. Rechte des Bankiers unter dem neuen Scheckgesetz. (88 S.) 908. (Bd. 274) Kart. 1. 60

Edelmann, Rich., die Schlachtviehversicherungs-Gesetzgebung des Königr. Sachsen nach den Gesetzen vom 2. VI. 1898 u. 24. IV. 1906. Zum Gebrauche f. Verwaltungsbeamte, Gemeindevorstände, Tierärzte, Fleischbeschauer u. Tierbesitzer zusammengestellt u. erläutert. (VIII, 95 S.) (Bd. 199) Kart. 1. 80

Ergänzungssteuergesetz, das königl. sächsische, vom 2. VII. 1902. Ein Leitfaden durch das Ergänzungssteuergesetz u. e. Hilfsbuch f. alle, die sich damit befassen müssen. 2. unveränd. Ausg., m. e. Nachtrage, behandelnd das Abänderungsgesetz vom 21. IV. 1906. (VIII, 152 u. 8 S.) 907. (Bd. 147) Geb. in Leinw. 1. 40

Feilitzsch, Heinr. v., das königl. sächsische Forst- u. Feldstrafgesetz vom 26. II. 1909. Mit Erläutergn. hrsg. (VIII, 158 S.) 909. (Bd. 405) Geb. in Leinw. 3. —

Flinzer, Rud., die Medizinal-Gesetze u. Verordnungen des Königr. Sachsen. Unter Berücksicht. der Reichsgesetzgebg. systematisch geordnet u. m. Erläutergn. versehen. Mit chronolog. u. ausführl. Sachregister. 2. Aufl. III. Bd. (Abgeschlossen am 8. III. 1907.) (XII, 253 S.) 907. (Bd. 262) Geb. in Leinw. 5. 60

Franke, Rob., die kgl. sächs. Kostenordnung f. Rechtsanwälte u. Notare vom 22. VI. 1900 in der Fassung des Gesetzes vom 18. III. 1910. Textausg. m. kurzen Anmerkgn. unter Beifügg. aller angezogenen Gesetzesstellen. 2., umgearb. Aufl. (IV, 83 S.) 910. (Bd. 127) Geb in Leinw. 1. 80

Fuld, Ludw., das Wuchergesetz in der Fassung des Gesetzes vom 19. VI. 1893. Erläutert. 2. Aufl. (IV, 68 S.) 908. (Bd. 241) Kart. 1. 60

Gutmann, Fritz, das Handelsgesetzbuch (ohne Seerecht) nebst dem Einführungsgesetz, erläutert durch die Rechtsprechung. (X, 510 S.) 907. (Bd. 194) Geb. in Leinw. 4. 80

Habenicht, W., die im Königr. Sachsen f. die Anlegung v. Mündelgeld geltenden Vorschriften. (VI, 22 S.) 908 (Bd. 286.) Kart. 1. —

Hallbauer, Max, Gesetz üb. den Verkehr m. Kraftfahrzeugen vom. 3. V. 1909. Erläutert. 2. Ausg., verm. durch die Bekanntmachg. des Bundesrats vom 3. II. 1910. (VIII, 274 S.) 910. (Bd. 294.) Geb. in Leinw. 4. —
1. Ausg. (VIII, 220 S.) 909. Geb. 5.—.

— Das bürgerliche Gesetzbuch f. das Deutsche Reich nebst dem Einführungsgesetz. Mit e. ausführl. Sachregister versehen. 5. Aufl., m. den durch die Novelle vom 30. V. 1908 u. das Vereinsgesetz herbeigeführten Ändergn. (XII, 580 u. 75 S.) 908. (Bd. 79.) Geb. in Leinw. 2. —

— Das deutsche Hypothekenrecht. Ein Leitfaden durch das Hypothekenrecht. 2., verb. u. verm. Aufl. (VIII, 258 S.) 908. (Bd. 137.) Geb. in Leinw. 4. —

— Das Invalidenversicherungsgesetz vom 13./19. VII. 1899. Eine Darlegg. in Gesprächsform f. jedermann. Unter besond. Berücksicht. der Verhältnisse im Königr. Württemberg neu bearb. von Thdr. Frh. v. Soden. 3. verm. Aufl. (VI, 122 S.) 907. (Bd. 109.) Kart. 1. 40

— u. Thdr. Fuchs, das deutsche Pfandrecht. Ein Leitfaden durch das Pfandrecht u. e. Hilfsbuch f. alle, die sich m. Pfand-, Lombard- u. ähnl. Geschäften zu befassen haben. (VIII, 240 S.) 907. (Bd. 184.) Geb. in Leinw. 3. 40

— u. R. Thieme-Garmann, das deutsche Vormundschaftsrecht. Ein Leitfaden durch das Vormundschaftsrecht u. e. Hilfsbuch f. Vormünder. 2., verb. u. verm. Aufl. (VIII, 172 S.) 909. (Bd. 101.) Geb. in Leinw. 3. 40

Hettner, Frz., Wahlgesetz f. die zweite Kammer der Ständeversammlung im Königr. Sachsen vom 5. V. 1909 nebst der Ausführungsverordnung vom 7. V. 1909. Textausg. m. Einleitung. (IV, 80 S.) 909. (Bd. 10.) Kart. 1. 20

— Die Wahlgesetze f. den Landtag im Königr. Sachsen nebst den Ausführungsverordnungen u. den Bestimmungen üb. den Betrieb des Landtags. (VIII, 324 S.) 909. (Bd. 81.) Geb. in Leinw. 5. —

Hüttner, Rud., das Recht der Feuerversicherung. Ein Leitfaden f. Fachleute, Juristen u. das Publikum. (VII, 174 S.) 908. (Bd. 284.) Geb. in Leinw. 3. 40

— Das Recht der Haftpflicht- u. Unfallversicherung. Ein Leitfaden f. Fachleute, Juristen u. das Publikum. (VI, 165 S.) 908. (Bd. 285.) Geb. in Leinw. 3. 40

— Das Recht der Lebensversicherung. Ein Leitfaden f. Fachleute, Juristen u. das Publikum. (VI, 149 S.) 908. (Bd. 283.) Geb. in Leinw. 3. 40

Ihle, G., das deutsche Mietrecht. Mit e. ausführl. Sachregister. 2. verb. u. verm. Aufl. (VII, 146 S.) 910. (Bd. 25.) Geb. in Leinw. 2. 40

Illemann, Wilh., Haftpflicht der Post- u. Telegraphenverwaltung u. ihrer Beamten f. Postsendungen, Telegramme u. Ferngespräche im Inlands- u. Auslandsverkehr. Zusammenstellung u. Erläuterg. sämtl., die Garantieverhältnisse behandelnden gesetzl. u. Verwaltungsbestimmgn. (IX, 124 S.) 908. (Bd. 285.) Geb. in Leinw. 2. 40

Kaden, Ernst, kgl. sächs. Gesetz üb. die Gerichtskosten vom 21. VI. 1900 in der Fassung des Gesetzes vom 18. III. 1910. Textausg. m. Erläutergn., Gebührentafeln u. ausführl. Sachregister. 2., verm. u. m. den Entscheidgn. der Gerichte verseh. Aufl., bearb. v. Walt. Brachmann. (VIII, 184 S.) 910. (Bd. 124.) Geb. in Leinw. 2. 80

Keller, J., das Armenrecht im Königr. Sachsen, enth. das Gesetz üb. den Unterstützungswohnsitz vom 6. VI. 1870 in der Fassg. vom 30. V. 1908 m. Erläutergn., nebst den damit in Verbindg. steh. Reichsgesetzen über die Freizügigkeit u. den Erwerb u. Verlust der Staatsangehörigkeit sowie der einschlag. sächs. Gesetzgebg. Handausg. (XII, 332 S.) 908. (Bd. 281.) Geb. in Leinw. 7. —

Kittel, Thdr., die deutsche Eisenbahn-Verkehrsordnung vom 23. XII. 1908 nebst allgemeinen Ausführungsbestimmungen. Handausg. m. Erläutergn. u. Hinweisen auf die deutsche u. die österreich. Rechtsprechg. (XII, 223 S.) 910. (Bd. 296.) Geb. in Leinw. 4. —

Kuhfahl, G. A., u. Kurt **Sauer**, Gesetz üb. den Versicherungsvertrag m. Einführungsgesetz vom 30. V. 1908. Handausg. m. Einleitg., erläut. Anmerkgn. u. Sachregister hrsg. (VII, 246 S.) 908. (Bd. 278.) Geb. in Leinw. 5. —

Kunz-Krause, Herm., die Apothekengesetzgebung im Königr. Sachsen. Auf Grund der zurzeit gült. Gesetze u. Verordngn. einschließlich der reichsgesetzl. Bestimmgn. bearb. u. hrsg. (XXIV, 539 S.) 908. (Bd. 275.) Geb. in Leinw. 11. —

Lange, Hugo Eug., Haftpflichtgesetz. Reichsgesetz, betr. die Verbindlichkeit zum Schadenersatze f. die bei dem Betriebe v. Eisenbahnen, Bergwerken usw. herbeigeführten Tötgn. u. Körperverletzgn. vom 7. VI. 1871 (RGBl. 207), geändert durch Art. 42 EGBGB (RGBl. 96, 616), erläutert durch die Rechtsprechg. (XII, 801 S.) 910. (Bd. 298.) Geb. in Leinw. 15. —

Lantzsch, königl. sächs. Gesetz betr. die Unterhaltung u. Körung der Zuchtbullen vom 30. IV. 1906 nebst Ausführungsverordng. vom 30. XI. 1906 u. sonstigen einschlagenden Vorschriften. Hrsg. u. m. Erläutergn. versehen. 2., ergänzte Aufl. (VI, 78 S.) 908. (Bd. 192.) Kart. 2. 40
1. Aufl. (VII, 52 S.) 907. Kart. 1. 40.

Lehmann, A., das Dismembrationswesen in Sachsen unter besond. Berücksicht. der Mitwirkung des Grundbuchrichters. (VI, 161 S. m. 1 Taf.) (Bd. 289.) Geb. in Leinw. 4. —

Lorey, Frz., gemeinverständliche Einführung in das neue sächsische Stempelsteuerrecht, nebst dem Abdr. des Stempelsteuergesetzes vom 12. I. 1909 u. der Ausführungsverordng. vom 12. III. 1909, sowie e. alphabet. Sachregister hrsg. (173 S.) 909. (Bd. 293.) Geb. in Leinw. 2. 40

Ludwig-Wolf, L. F., das königl. sächsische Einkommensteuergesetz vom 24. VII. 1900 nebst Ausführungsverordnung u. Instruktion. Zum Handgebrauch des steuerzahl. Publikums zusammengestellt. 2. u. 3. Aufl. (IV, 110 S.) 907. 08. (Bd. 43.) Geb. in Leinw. 1. 40

— Leipziger Steuerbuch. Eine Sammlg. der auf das Steuerwesen bezügl., neben der Staats-Grund- u. Einkommensteuer gelt. landes- u. ortsgesetzl. Bestimmgn. (VI, 121 S.) 909. (Bd. 295.) Geb. in Leinw. 2. —

Mahn, H., die Leistungen f. die bewaffnete Macht in Krieg u. Frieden. Eine Zusammenstellg. u. Erläuterg. der reichsrechtl. Bestimmgn. (VIII, 199 S.) 908. (Bd. 280.) Geb. in Leinw. 3. 60

Merkel, Erich, der Gemeindebeamte. Ein Abriß des sächs. Verfassungs- u. Verwaltungsrechts m. besond. Berücksicht. des Gemeindeverwaltungsrechts zur Vorbereitung auf die Expedienten- u. Sekretärprüfg. (XII, 301 S.) 909. (Bd. 287.) Geb. in Leinw. 5. 60

Meves, Rud., das Urheberrecht. Die Gesetze zum Schutze des geist. u. des gewerbl. Eigentums u. das Gesetz gegen den unlauteren Wettbewerb, erläutert durch die Rechtsprechung. (VIII, 243 S.) 907. (Bd. 198.) Geb. in Leinw. 3. 60

Morgenstern, K., die im Königr. Sachsen geltenden Bestimmungen üb. Dampfkessel. Zusammengestellt u. m. Anmerkgn. versehen. 4. Aufl., bearb. v. K. E. Th. Schlippe. (VI, 210 S.) 910. (Bd. 369.) Geb. in Leinw. 4. 80

Müller, Gottwalt, Handbuch f. die sächsischen Sparkassen. Eine Sammlg. der das Sparkassenwesen betr. Verordngn. sowie der Entscheidgn. des Oberlandesgerichts, des Reichsgerichts u. des Oberverwaltungsgerichts. Mit e. Anh.: Denkschrift der Regierg. an die Ständekammern üb. das Sparkassenwesen. (VIII, 209 S.) 908. (Bd. 273.) Geb. in Leinw. 4. 80

Naucke, Aktuar K., Leitfaden f. Konkursgläubiger u. Gemeinschuldner. (IV, 72 S.) 908. (Bd. 267) Kart. 1. 40

Naundorff, E., Handbuch f. d. Gemeindevorstände d. Königr. Sachsen. 3. verm. Aufl., bearb. in Gemeinschaft m. Wimmer u. v. Brescius v. G. Böhme. (XVI, 774 S.) 909. (Bd. 140) Geb. in Leinw. 10. —

Oppe, E., die Mobiliar-Feuerversicherung im Königr. Sachsen (landesrechtliche u. reichsrechtl. Vorschriften). Handausg. m. Einleitg., Erläutergn. u. Sachregister. (IV, 168 S.) 910. (Bd. 297) Geb. in Leinw. 3. —

Oertel, Walt., die im Königr. Sachsen geltenden Bestimmgn. f. den Radfahrverkehr. Handausg. m. Anmerkgn u. e. Sachverzeichnis z. Gebrauche f. Justiz- u. Verwaltungsbehörden. Polizeibeamte, Radfahrer, Kraftfahrer u. Fahrradindustrielle. (VII, 95 S.) 908. (Bd. 270) Geb. in Leinw. 2. 60

Pauwels, Vict., Grundbuchordnung f. das Deutsche Reich v. 24. III. 1897, erläutert durch die Rechtsprechg. (VIII, 129 S.) 907. (Bd. 197) Geb. in Leinw. 2. 20

Pörschel, Osk., das deutsche Gerichtskostengesetz, d. Gebührenordnung f. Gerichtsvollzieher u. die Gebürenordng. f. Zeugen u. Sachverständige. Textausg. m. Sachregister u. ausführl. Gebührentafeln. 3. Aufl. (III, 72 S. m. 2 Taf.) 910. (Bd. 67) Geb. in Leinw. 1. 60

— dasselbe m. den sämtl. zur Veröffentlichg. gelangten Entscheidgn. d. Reichsgerichts u. d. übrigen Gerichte. Nebst Sachregister u. ausführl. Gebührentaf. hrsg. 3., bedeutend verm. Aufl. (VIII, 247 S. m. 2 Taf.) 910. (Bd. 65) Geb. in Lw. 4.50

— Leitfaden f. die Ortsgerichtspersonen im Königr. Sachsen. (IV, 132 S.) 908. (Bd. 268) Geb. in Leinw. 2. 40

— Die Vorbereitung auf die Aktuar- u. die Sekretärprüfg. im Geschäftsbereiche des kgl. sächs. Justizministeriums. (VIII, 659 S.) 907. (Bd. 200) Geb. in Leinw. 9. 60

— Die Vorbereitung auf die Expedientenprüfung im Geschäftsbereiche des kgl. sächs. Justizministeriums. 3., umgearb. Aufl. (XI, 252 S.) 910. (Bd. 159) Geb. in Leinw. 4. 50

Reinhard, R. Paul, Gesetz üb. d. Zwangsversteigerung u. d. Zwangsverwaltung v. 24. III. 1897 nebst d. Einführungsges. (Fassung v. 20. V. 1898). Handausg. m. Einleitg., Erläutergn. u. Register. 3. Aufl. (VIII, 438 S.) 907. (Bd. 250) Geb. in Leinw. 5. 50

Rosenthal, Max, das Genossenschaftsgesetz (Reichsgesetz betr. die Erwerbs- u. Wirtschaftsgenossenschaften) in der Fassung v. 20. V. 1898, erläutert durch die Rechtsprechung. Nebst den Ausführungsbestimmgn. u. Beispielen f. die v. d. Genossenschaften zu bewirk. Eingaben. 3. Aufl. (VIII, 159 S.) 909. (Bd. 76) Geb. in Leinw. 3. —

— Reichsstempelges. (Effekten-, Kuxen-, Talon-, Scheck-, Grundstücksübertragungs- u. Fahrkartenstempel) u. Wechselstempelgesetz v. 15. VII. 1909, erläutert durch die Rechtsprechg. Nebst den sämtl. Ausführungsbestimmgn. des Bundesrats einzelner Bundesstaaten. (X, 287 S.) 910. (Bd. 216) Geb. in Lw. 5. —

— Die Wechselordng. in der v. 1. X. 1908 an geltenden Fassg., erläutert durch die Rechtsprechg. Mit e. Anh., enth. das Wechselprotestgesetz nebst Begründg., das Scheckgesetz u. das Wechselstempelsteuergesetz. (VIII, 171 S.) 908. (Bd. 195) Geb. in Leinw. 2. 80

Roth, Walt., die Grundbuchordnung f. das Deutsche Reich v. 22. III. 1897 Für den prakt. Gebrauch im Königr. Sachsen bearb. (VI, 98 S.) 908. (Bd. 286) Kart. 2. —

Schelcher, Walt., Wassergesetz f. das Königr. Sachsen vom 12. III. 1909. Handausg. m. d. zugehör. Bestimmgn. 1. Bd., enth. die Einleitg., das Wassergesetz m. dem Regierungsentwurfe, die Ausführungsverordng., die Dienstanweisg. f. die Verwaltungsbehörden nebst Anlagen u. e. Sachregister. (XII, 246 S. m. 1 farb. Karte.) 909. (Bd. 291) Geb. in Leinw. 4. —

— dasselbe. 2. Bd., enth. Erläutergn. z. Wassergesetze, d. Kostenverordng. v. 12. III. 1910, Mustersatzgn. f. Wassergenossenschaften usw. sowie e. Sachreg. (XII, 445 S.) 910. (Bd. 291) Geb. in Leinw. 7. —

Schiebler, Scheckgesetz v. 11. III. 1908. Handausg. m. Einltg., Erläutergn. u. Sachregister. (X, 122 S.) 908. (Bd. 272) Geb. in Leinw. 2. 40

Schroeder, Fel. v., das Reichs-Preßgesetz v. 7. V. 1874. Für d. Handgebrauch nach Rechtsprechg. u. Literatur bearb. (VIII, 98 S.) 910. (Bd. 225) Geb. in Leinw. 2. —

Schulze, Alfr., das Reichsbeamtengesetz in der Fassung der Bekanntmachung v. 18. V. 1907. Handausg. m. Erläutergn., Ergänzgn. u. Registern. (X, 538 S.) 908. (Bd. 276) Geb. in Leinw. 10. —

Schulze, Armin, das königl. sächs. Gesetz, d. Staatshaushalt betr., v. 1. VII. 1904 nebst Ausführungsverordng. v. 18. I. 1905, sowie das kgl. sächs. Gesetz die Oberrechnungskammer betr. v. 30. VI. 1904. Textausg. unt. Beifügg. d. angezogenen Gesetzesstellen m. ausführl. Sachregister. (VIII, 79 S.) 907. (Bd. 193) Kart. 1. 40

Seydewitz, P. v., das königl. sächsische Volksschulgesetz vom 26. IV. 1873 nebst Ausführungsverordnung u. den damit in Verbindung stehenden Gesetzen u. Verordnungen. Mit erläut. Anmerkgn. u. Sachreg. hrsg. 6. Aufl., besorgt v. Frz. Böhme. (XII, 512 S.) 910. (Bd. 338.) Geb. in Leinw. 6. —

Seyfferth, Fel., Gesetz gegen den unlauteren Wettbewerb v. 7. VI. 1909. Unter Benutzg. der v. Amtsricht. Rudolf Heinze in Dresden veranstalteten Ausg. des Gesetzes v. 27. V. 1896 erläutert. (IV, 147 S.) 909. (Bd. 75) Geb. in Leinw. 2. 80

Troitzsch, Walt., die Gewerbeordnung f. das deutsche Reich. 6., vervollständ. Aufl. m. ausführl. Sachreg. u. Anmerkgn. (V, 203 S.) 910. (Bd. 219) Geb. in Leinw. 2. —

Vollmer, R. F., Pensionsrecht der sächs. Gemeindebeamten. Handausg. (VII, 102 S.) 907. (Bd. 263) Geb. in Leinw. 2. 40

Wachler, Paul, das königl. sächsische Einkommensteuergesetz v. 24. VII. 1900 in der Fassung der Gesetze v. 1. VII. 1902 u. v. 15. VI. 1908 nebst Ausführungsverordnung u. Instruktion. Erläutert v. W. 2. Aufl. (X, 375 S.) 908. (Bd. 160) Geb. in Leinw. 5. 60

Warneyer, Otto, das bürgerliche Gesetzbuch f. das Deutsche Reich nebst dem Einführungsgesetz, erläutert durch die Rechtsprechg. 2. Aufl. Neue durch die abgeänderte Fassg. d. §§ 72, 833 ergänzte Ausg. (XVI, 1106 S.) 908. (Bd. 174) Geb. in Leinw. 7. —

— Die Zivilprozeßordnung in der v. 1. VI. 1910 ab geltenden Fassung, unter Beifügung der übrigen Bestimmungen der Novellen v. 1. VI. 1909 u. 22. V. 1910, erläutert durch die Rechtsprechung nebst Angaben üb. die einschlägige Literatur. 3. Aufl. (XVI, 963 S.) 910. (Bd. 183) Geb. in Leinw. 7. —

Wechselordnung, die, in der v. 1. X. 1908 an geltenden Fassung, nebst d. Scheckgesetz u. d. Wechselstempelsteuergesetz. Textausg. m. ausführl. Sachregister. 9. Aufl. (60 S.) 908. (Bd. 231) Kart. 1. —

Zivilprozeßordnung, die, in der Fassung v. 1. VI. 1909 m. e. Anh., enth. das Gesetz, betr. die Zuständigkeit des Reichsgerichts vom 22. V. 1910. Textausg. m. Sachregister. 3. Aufl. (Neue Ausg.) (V, 287 u. 6 S.) 910. (Bd. 207) Geb. in Leinw. 2. —
2. Aufl. (V, 242 S.) 907. Geb. 1.60.

Handbibliothek, katechetische. Prakt. Hilfsbüchlein f. alle Seelsorger. In Verbindg. m. mehreren Katecheten hrsg. v. Frz. Walk. 1.—16. Bdchn. 12. Kempten, J. Kösel. 10. 60; geb. in Leinw. n. 15. 40

1. Katechesen üb. den Beichtunterricht f. Erstbeichtende v. Alois Vogl. (54 S.) 891. — 25; geb. n. — 55
2. Gedanken üb. den Erstbeicht-Unterricht. Unterricht üb. die zehn Gebote Gottes f. Erstbeichtende v. Adf. Bourier. (136 S.) 891. — 60; geb. n. — 90
3. Kommunion-Unterricht f. Erstkommunikanten. Von Alois Vogl. (146 S.) 891. — 60; geb. n. — 90
4. Firmungs-Unterricht. Als Vorbereitung zum Empfange des h. Sakramentes der Firmg. Von Bened. Nepefny. (152 S.) 891. — 60; geb. n. — 90
5. Worterklärungen zum Deharbe'schen Katechismus in alphabetischer Ordnung. Von Benedikt Nepefny. (VIII, 135 S.) 892. — 70; geb. n. 1. —
6. Die letzte Oelung. In 7 Katechesen erklärt f. die oberen Klassen der Werktagsschule od. f. die Feiertagsschule von Benedikt Nepefny. (139 S.) 892. — 70; geb. n. 1. —
7. Vollständige Katechesen f. die Oberklasse der Volksschulen unter besond. Berücksicht. d. Straßburger Diözesankatechismus. I. Tl. Glaubenslehre. Von Jul. Gapp. (246 S.) 892. 1. —; geb. n. 1. 30
8. — dasselbe. II. Tl.: Sittenlehre. Von Jul. Gapp. (271 S.) 893. 1. —; geb. n. 1. 30
9. — dasselbe. III. Tl.: Heilsmittel. Von Jul. Gapp. (276 S.) 893. 1. —; geb. n. 1. 30
10. Der Religionsunterricht in der unteren Klasse der kath. Volksschule. Von Br. B. 893. 1. 50; geb. n. 1. 80
11. Katechetische Vorbereitung der Kinder auf die erste Beichte. Von J. Sauren. (32 S.) 893. — 25; geb. n. — 55
12. Der Seelsorger u. die kleinen Kinder. (Pastoralbriefe an e. angeh. Pfarrer.) Von Jul. Gapp. (75 S.) 893. — 50; geb. n. 80
13. Religionsunterricht der Jugend in seinem erziehlichen Erfolge auf Verstand, Gemüt u. Willen. Von Conr. Reiß. (32 S.) 893. — 25; geb. n. — 55
14. Repetitionsbüchlein. Ein Leitfaden f. den Katecheten zur Wiederholg. d. Notwendigsten aus dem Katechismus, was dem Kind fürs Leben bleiben soll, zugleich e. Lesebüchlein f. das kathol. Haus. 1. Tl. Die Glaubenslehre. (64 S.) 894. — 35; geb. n. — 65
15. — dasselbe. 2. Tl.: Von den Geboten. (54 S.) 894. — 30; geb. n. — 60
16. Brosämlein v. der Mutter Tisch. Dargeboten v. Aloysius Stanislaus. (VII, 264 S.) 894. 1. —; geb. n. 1. 30

— katechetische. Prakt. Hilfsbüchlein f. alle Seelsorger. In Verbindg. m. mehr. Katecheten hrsg. v. Frz. Walk. 4. u. 17.—27. Bdchn. 12. Kempten, J. Kösel. n. 12. 05

4. Firmungs-Unterricht. Als Vorbereitg. z. Empfange d. hl. Sakramentes d. Firmg. Von Bened. Nepefny. 2., verb. u. m. e. Anh. verm. Aufl. (174 S.) 894. — 90; geb. n. 1. 20
17. Das Wichtigste f. Eltern u. Erzieher z. Pflege d. Keuschheit bei ihren Kindern v. Ugld. Jais. Eltern u. Erziehern, denen d. leibl. u. geist. Wohl ihrer Kinder am Herzen liegt, aufs neue dargeboten u. m. e. Einleitg. u. zahlreichen Anmerkgn. versehen v. Jos. Pötsch. (144 S.) 894. — 80; geb. n.n. 1. 10
18. D. geistl. Übungen v. d. ersten hl. Kommunion. Gedanken u. Anmutgn. z. Gebrauche d. Katecheten v. A. Schanto. 2., verm. Aufl. (VIII, 184 S.) 895. — 90; geb. n.n. 1. 20
19. Repetitionsbüchlein. E. Leitfaden f. d. Katecheten z. Wiederholg. d. Notwendigsten a. d. Katechismus, was d. Kinde fürs Leben bleiben soll, zugleich e. Lesebüchlein f. d. kathol. Haus. 3. Tl.: V. d. Gnadenmitteln. (VI, 61 S.) 896. n. — 35; geb. n. — 65
20. Kreuzes-Pädagogik, hl. Lippen abgelauscht. Erwäggn. f. Katecheten, Lehrer u. Lehrerinnen v. Bruno. (VIII, 328 S.) 897. n. 1. 60; geb. n.n. 1. 90
21. Überbleibsel v. d. Mutter Tisch. Von Aloysius Stanislaus. (VIII, 258 S.) 897. n. 1. —; geb. n.n. 1. 30
22. Krümlein v. d. Mutter Tisch. Von Aloysius Stanislaus (Frz. Gust. Sina). (VIII, 272 S.) 897. n. 1. 40; geb. n. 1. 70
23. D. übernatürl. Leben. Katechet. Vorträge üb. d. göttl. Gnade. Von Benef. Bened. Nepefny. (VIII, 349 S.) 898. 1. 80
24. Braut-Unterricht, kurzer prakt. Materialien u. Winke insbes. f. jüngere Priester, nebst e. populären Darstellg. d. hauptsächlichsten Ehehindernisse, sow. e. Skizze f. d. Examen d. Brautleute v. e. Seelsorgsgeistlichen. (VIII, 86 S.) 898. n. — 80; geb. in Leinw. n. 1. 10
25. Beicht-Unterricht, kurzer u. leichtfaßl., f. Kinder. [Aus: „Katechet Blätter".] 3. Aufl. (15 S.) 898. n. — 20
26. Bibl. Beispiele z. Gnaden- u. Sakramentenlehre. Von Jos. Mich. Weber. (61 S.) 898. n. — 50; geb. n. — 80
27. Katechet. Leitfaden f. d. bibl. Geschichtsunterricht. Von Johs. Siegel. 1. Tl.: Das alte Testament. (VII, 313 S.) 898. 1. 80; geb. n. 2. 10

Handbibliothek, katechetische. Prakt. Hilfsbüchlein f. alle Seelsorger. In Verbindg. m. mehr. Katecheten hrsg. v. Frz. Walk. 28.—43. Bdchn. 12. Kempten, J. Kösel. n. 21. —; geb. in Leinw. n. 25. 80

28. Katechetischer Leitfaden f. den biblischen Geschichtsunterricht. Von Johs. Siegel. 2. Tl.: Das Neue Testament. (315 S.) 899. 1. 80; geb. n. 2. 10; (kplt. in 1 Bd. geb. n. 4. —)
29. Das katholische Kirchenjahr. Ein Leitfaden f. den Katecheten zur Einführg. der Kinder in das Verständnis des katholisch. Kirchenjahres. Von Ed. Kiel. (63 S.) 899. — 60; geb. n. — 90
30. Erstbeicht-Unterricht für schwache Kinder. Von Jos. Mich. Weber. (31 S.) 899. n. — 20; geb. n. — 50
31. Natürliches u. übernatürliches Leben. Gleichnisse u. Vergleiche f. Predigt u. Katechese. Von Joh. Fuchs. (VII, 263 S.) 899. 1. 50; geb. n. 1. 80
32. Natur u. Katechismus. Eine populäre Symbolik f. den religiösen Unterricht. Von Jos. Mich. Weber. (XXIII, 317 S.) 899. n. 1. 70; geb. n. 2. —
33. Erklärung der hl. Messe. Ausg. f. den Katecheten. Von (Wilh. Jos.) Hauseur. (186 S.) 899. — 80; geb. n. 1. 10
34. Katechesen f. die unteren Klassen der Volksschule, nach den Anfangsgründen der kathol. Religion bearb. Von Joh. Nep. Huber. (368 S.) 899. 2. —; geb. n. 2. 30
35. Nützliche Zuthaten zu jedem kathol. Katechismusunterricht. Von Pet. Jos. Welke. (VIII, 64 S.) 900. — 60; geb. n. — 90
36. Pröblein aus den Sonntags-Episteln. Von Aloysius Stanislaus. (VIII, 332 S.) 900. 1. 80; geb. n. 2. 10
37. Die hl. Taufe. Katechesen. Von Bened. Nepefny. (311 S.) 900. 1. 70; geb. n. 2. —
38. Die siebenfache Gnadenquelle. Katechesen üb die Sakramente im allgemeinen. Für die oberen Klassen der Werktagsschule, auch f. Feiertags-, Fortbildungs- u. verwandte Schulen. Von Bened. Nepefny. (203 S.) 900. 1. 20; geb. n. 1. 60
39. Soziale Christenlehren. Wegweiser zur Lösg. der sozialen Frage. Von Bruno am Rhein. (VIII, 304 S.) 900. 1. 80; geb. n. 2. 10
40. Epistel-Worte. Von Aloysius Stanislaus. (VIII, 330 S.) 900. 1. 80; geb. n. 2. 10
41. Beispiele u. Erzählungen zum Katechismus der katholischen Religion f. die Volksschulen nach den einzelnen Glaubensartikeln, den Geboten u. den hl. Sakramenten gesammelt u. geordnet. Ein Handbüchlein f. Katecheten. (VIII, 293 S.) 901. 1. 80; geb. n. 2. 10
42. Biblische Schattenbilder zu den Hauptsünden. Eine „Legende" der Unheiligen. Von Jos. M. Weber. (VII, 52 S.) 901 — 60; geb. n. — 90
43. Das kathol. Priestertum. Katechesen üb. das hl. Sakrament der Priesterweihe. Für die oberen Klassen der Werktagsschule, auch f. Feiertags-, Fortbildungs- u. verwandte Schulen. Von Bened. Nepefny. (196 S.) 901. 1. 10; geb. n. 1. 40

Handbibliothek, katechetische. Praktische Hilfsbüchlein f. alle Seelsorger. In Verbindg. m. mehreren Katecheten hrsg. v. Frz. Walk. 1. Bdchn. kl. 8. Kempten, J. Kösel. n. — 25; geb. in Leinw. n.n. — 55

Katechesen f. den Beicht-Unterricht f. Erstbeichtende. Von Aloys Vogl. 2. Aufl. (54 S.) 905.

—— ausländ. Classiker, in getreuen Uebersetzn. von e. Gesellschaft Gelehrter. 1. Bd. — A. u. d. T.: Die Frithiofs-Sage, a. d. Schwed. d. E. Tegnér. Uebers. v. A. E. Wollheim. 2., verb. Ausg. gr. 12. (6⅔ B.) Hamburg u. Leipzig 841, Schuberth u. Comp. *

Schwedisch u. deutsch. *

Handbibliothek, klassische. 3 Bde. kl. 8. Berlin (907). Heilbrunn & Co. Geb. 5. —

1. Gedichte. (320 S.) — 2. 3. Dramen. (319 S. m. je 5 Abb.)

—— kleine, f. d. Volkslehrer d. kathol. Deutschlands, od. Verzeichniß d. vorzügl. Prämienschriften, Lehrbücher f. Volksschulen u. Jugendschriften religiösen u. moral. Inhalts; mit besond. Rücksicht auf d. im Königr. Bayern eingeführten Lehrbücher d. Kgl. Central-Schulbücher-Verlags in München 2c. Nebst e. Anh. v. Musikalien. 8. (3½ B.) Augsburg 831, Rieger.

—— klinische, e. auserles. Samml. d. besten neuern klinisch-medicin. Schriften d. Auslandes. 1. Bd. — A. u. d. T.: C. Billard, die Krankheiten d. Neugebornen u. Säuglinge, nach neuen klin. u. pathol.-anatom., in d. Hospital d. Findelkinder zu Paris angestellt., Beobachtn. geschildert. A. d. Franz. 3 Lfgn. gr. 8. (37 B.) Weimar 828, 29, Landes-Ind.-Compt.

—— dass. mit e. patholog.-anatom. Atlas v. 7 ill. Kpfrt., welcher alle Gegenstände d. 10 Taf. d. Originals enthält. gr. 4. (½ B. Erklär.) Ebds. 829.

—— ders. 2. Bd. 2 Hälften. — A. u. d. T.: A. Cazenave u. H. E. Schedel, pract. Darstellung d. Hautkrankheiten, nach d. geachtetsten Schriftstellern, vorzügl. aber nach d., in d. Clinik d. D. Biett im Hospital Saint-Louis gesamm. Beobachtn. u. Erfahrn. A. d. Franz. 2 Hlftn. gr. 8. Ebds. [1. (33 B.) 829. 2 Thlr. 12 Gr., 2. (17 B.) 830. 1 Thlr. 9 Gr.]

Nachträge hierzu, nach d. 2. Aufl. d. Origin. gr. 8. (4½ B.) Ebendas. 1835 9 Gr.

—— ders. 3. Bd. — A. u. d. T.: Rob. Gooch, über einige d. wichtigsten Krankheiten, die d. Frauen eigenthüml. sind. Nebst e. Abhandl. üb. e. leicht mit Hirncongestion zu verwechs. Kinderkrankheit. A. d. Engl. M. 2 Taf. Abbild. gr. 8. (18 B.) Ebds. 830.

—— ders. 4. Bd. — A. u. d. T.: G. M. Burrow, Commentare üb. d. Ursachen, Gestaltungen, Symptome u. moral. wie medicin. Behandl. d. Wahnsinns. A. d. Engl. gr. 8. (52½ B.) Ebds. 831.

—— ders. 5. Bd. — A. u. d. T.: W. Lawrence, üb. d. venerischen Krankheiten d. Auges. A. d. Engl. gr. 8. (17 B.) Ebds. 831.

—— klinische, eine auserles. Samml. d. besten neuern klinisch-medicin. Schriften d. Auslandes. 2. u. 6. Bd. gr. 8. Weimar, Landes-Judust.-Compt.

A. u. d. Ttln.:

Bd. 2. Pract. Darstellung d. Hautkrankheiten, nach d. geachtetsten Schriftstellern, vorzügl. aber nach den in d. Clinik d. Dr. Biett im Hospitale Saint-Louis gesamm. Beobachtn. u. Erfahrn. Von A. Cazenave u. H. E. Schedel. 2., n. d. 3. Ausg. d. Orig., beträchtl. verm. u. auf die Abbildn. in d. Atlas d. Hautkrankheiten hinweis. Ausg. A. d. Franz. (39³/₄ B.) 839. 2 Thlr. 12 Gr.

6. Pract. Compendium d. Hautkrankheiten; mit besond. Berücksichtig. d. häufigern u. hartnäckigern Formen dieser Krankheiten; nebst Krankheits- u. Heilungs-Geschichten. Von Jonath. Green. A. d. Engl. (27 B.) 836. 2 Thlr.

1., 3—5. Bd. Ebendas. 1828—31. 9 Thlr., mit Atlas z. 1. Bde. 11 Thlr.

Handbibliothek, Leipziger,

der Handlungs-Komptoir- und Waarenkunde. Leipzig 1819. H: *Heusinger, Joh. Casp., Joh. Conrad Ihling* & *C. L. Hecht.* (MGT) (NN) S. a. Nr. 8749.

— Leipziger juristische. Hrsg. v. Max Hallbauer u. Walt. Schelcher. Bd. 7b, 12, 170, 250, 480, 45, 46b, 56b, 57, 65, 67, 68, 70, 73, 79, 87, 97, 99—112, 115, 116, 118—124, 127—141, 145—147, 201—208, 211, 219, 220, 223, 227, 228, 246, 247, 250, 255—260, 313, 326b, 338, 349, 369, 372, 373, 376, 381b, 397, 405, 407b, 415 u. 418—421. 8. Leipzig, Roßberg'sche Verlagsbuchh. n. 285. 55

Inhaltsübersicht in alphabetischer Ordnung:

Apelt, Karl, das königl. sächsische Gesetz üb. die Verwaltungsrechtspflege vom 19. VII. 1900 u. die Nebengesetze vom 20. u. 21. VII. 1900 nebst den einschlagenden reichs- u. landesgesetzlichen Bestimmungen erläutert v. A. (X, 440 S.) 901. (Bd. 131.) Geb. in Leinw. n. 7.—

— dasselbe. Textausg. m. Sachregister. (VII, 184 S.) 900. (Bd. 121.) Geb. in Leinw. n. 2. 50

Berger, Vict., die Rechtsanwaltsordnung vom 1. VII. 1878. Handausg. m. erschöpf. Wiedergabe der einschlag. gerichtl. Entscheidgn., insbesondere derjenigen des Ehrengerichtshofes f. deutsche Rechtsanwälte. (XII, 93 S.) 901. (Bd. 211.) n. 1 80

Bernewitz, A. v., das Gewerbegerichtsgesetz in der Fassung des Reichsgesetzes vom 30. VI. 1901, nebst den damit in Verbindung stehenden königl. sächs. Vorschriften. Sonderabdr. aus Handausg. der Reichs-Gewerbeordng. m. den damit in Verbindg. steh. Reichs- u. sächs. Landesgesetzen bearb. 2. Aufl. Mit ausführl. Sachregister. (VI, 112 S.) 901. (Bd. 415.) Geb. in Leinw. n. 2.—

— die Reichs-Gewerbeordnung in ihrer dermaligen Fassung, nebst den damit in Verbindung stehenden Reichs- u. sächs. Landesgesetzen, sowie den einschläg. Verordnungen. Nach den Gesetzgebungsmaterialien u. der Judikatur der höchsten Gerichts- u. Verwaltungsbehörden bearb. 7. Aufl. m. ausführl. Sachregister. 2 Bde. (VIII, 750 u. XII, 606 S.) 901. (Bd. 313.) Geb. in Leinw. n. 20.—

Böhme, Frz., die kgl. sächsischen Gesetze u. Verordnungen betr. die Dissidenten u. religiösen Sekten. Mit erläut. Anmerkgn. u. Sachregister hrsg. (VII, 84 S.) 901. (Bd. 134.) Kart. n. 1. 80

Börner, H., Gesetz üb. Familienanwartschaften vom 7. VII. 1900, m. der Verordnung, die Ausführung dieses Gesetzes betr., vom 29. IX. 1900. Handausg. (VI, 152 S.) 901. (Bd. 115.) Kart. n. 3.—

Bose, C. E. v., das Vereinsrecht des neuen bürgerl. Gesetzbuchs. Ein Leitfaden f. Juristen u. Laien, zugleich e. Hilfsbuch f. Vereinsvorstände. (VIII, 87 S.) 901. (Bd. 136.) Geb. in Leinw. n. 1. 60

Breit, James, sächsische Ausführungsbestimmungen zum bürgerl. Gesetzbuch u. den Nebengesetzen. Textausg. m. Einleitung u. Sachregister. 2. Aufl. (LXXV, 449 S.) 902. (Bd. 419.) Geb. in Leinw. n. 6.—

1. Aufl. (LIX, 489 S.) 900. n. 6.—; geb. n. 6. 40.

Buschbeck, A., Gesetz betr. die Bekämpfung gemeingefährlicher Krankheiten vom 30. VI. 1900. Handausg. m. den zugehör. Ausführungsbestimmgn. des Bundesraths u. der kgl. sächs. Ausführungsverordng. Erläutert v. B. (XI, 112 S.) 901. (Bd. 135.) Kart. n. 1. 60

Civilprozeß-Gesetzgebung. Gerichtsverfassungsgesetz, Civilprozeßordng., Konkursordng., Anfechtungsgesetz, Zwangsversteigerungsgesetz. Textausg. m. alphabet. Sachregistern. (V, 56, V, 291, III, 80 u. III, 56 S.) 899. (Bd. 203.) Geb. in Leinw. n. 3.—

Civilprozeßordnung für das Deutsche Reich in der Fassung nach dem Gesetze vom 17. V. 1898 u. der Bekanntmachung vom 20. V. 1898. Textausg. m. alphabet. Sachregister. (V, 291 S.) 899. (Bd. 207.) Geb. in Leinw. n. 2.—

Coermann, W., Strafgesetzgebung. Das Strafgesetzbuch f. das Deutsche Reich nebst sämmtl. Strafbestimmgn. der andern Reichsgesetze. Mit Verweisgn. u. Registern. (XIV, 478 S.) 900. (Bd. 205.) n. 4.—

Dannenberg, W., das allgemeine Berggesetz f. das Königr. Sachsen vom 16. VI. 1868. Nach dem derzeit. Stande der Gesetzgebg. bearb. (XIX, 661 S.) 901. (Bd. 381b.) Geb. in Leinw. n. 12.—

Ergänzungssteuergesetz, das königl. sächsische, vom 2. VII. 1902. Ein Leitfaden durch das Ergänzungssteuergesetz u. e. Hilfsbuch f. alle, die sich damit befassen müssen. (VIII, 152 S.) 902. (Bd. 147.) Geb. in Leinw. n. 1. 25

Fahnert, Paul, revidirte Gesindeordnung f. das Königr. Sachsen vom 2. V. 1892 in der Fassung vom 31. V. 1898. Textausg. m. Einleitg., Abdr. der darin citirten Gesetzesstellen u. ausführl. Sachregister. 2. Aufl. (X, 62 S.) 900. (Bd. 68.) Kart. n. — 75

Feilitzsch, v., das königl. sächsische Landesstrafrecht. Zusammengestellt u. erläutert. 2 Bde. (X, 416 u. XII, 365 S.) 899. (Bd. 373.) Geb. in Leinw. n. 14.—

Flinzer, Rud., die Gebührentaxe für ärztliche u. zahnärztliche Privatpraxis vom 28. III. 1889, sowie die Gebührenordnung f. Aerzte, Chemiker, Pharmaceuten u. Hebammen bei gerichtlich-medicinischen u. medicinalpolizeil. Verrichtungen vom 19. III. 1900 u. damit zusammenhängende Verordnungen. (V, 43 S.) 900. (Bd. 116.) n. 1.—

— die Medicinal-Gesetze u. Verordnungen des Königr. Sachsen. Unter Berücksicht. der Reichsgesetzgebg. systematisch geordnet u. m. Erläutergn. versehen. II. Nachtrag. (Abgeschlossen am 15. III. 1899.) Mit ausführl. Sachregister. (XV, 360 S.) 899. (Bd. 407b.) n. 4. 80; geb. in Leinw. n. 5. 60

Franke, Rob., die kgl. sächs. Kostenordnung f. Rechtsanwälte u. Notare vom 22. VI. 1900. Textausg. m. kurzen Anmerkgn. unter Beifügung aller angezogenen Gesetzesstellen. (IX, 64 S.) 900. (Bd. 127.) Geb. in Leinw. n. 1. 40

Fuchs, A. E., Handelsgesetzbuch u. Wechselordnung. Mit ausführl. Sachregister. (V, 362 S.) 899. (Bd. 247.) Geb. in Leinw. n. 2. 80

— Handelsgesetzgebung. Das Handelsgesetzbuch f. das Deutsche Reich nebst der allgemeinen deutschen Wechselordng. u. den hauptsächl. sonst. in das Handelsrecht einschlag. Reichsgesetzen. Mit ausführl. Sachregistern. (IV, 362 u. 192 S.) 899. (Bd. 201.) Geb. in Leinw. n. 4.—

— handelsrechtliche Nebengesetze. Gesetze zum Schutze des geist. u. des gewerbl. Eigenthums. Wuchergesetze, Börsengesetz, Genossenschaftsgesetz u. s. w. Mit Sachregistern. (III, 192 S.) 899. (Bd. 255.) Geb. in Leinw. n. 1. 50

Gerichtsverfassungsgesetz f. das Deutsche Reich in der Fassung nach dem Gesetze vom 17. V. 1898 u. der Bekanntmachung vom 20. V. 1898. Textausg. m. alphabet. Sachregister. (III, 56 S.) 899. (Bd. 206.) In Leinw. kart. n. — 60

Gesetz üb. die Angelegenheiten der freiwilligen Gerichtsbarkeit vom 17. V. 1898. Textausg. m. alphabet. Sachregister. (III, 55 S.) 899. (Bd. 258.) In Leinw. kart. n. — 60

— das Mobiliar- u. Privat-Feuerversicherungswesen betr., vom 28. VIII. 1876 in der ihm durch die Gesetze vom 18. X. 1886 u. 5. V. 1892 gegebenen Fassung, m. der dazu gehör. Ausführungs-Verordng. u. den einschlag. Bestimmgn. des Gesetzes üb. den Urkundenstempel. 6. Aufl. (60 S.) 900. (Bd. 376.) In Leinw. kart. n. — 60

— üb. die Zwangsversteigerung u. die Zwangsverwaltung vom 24. III. 1897 nach der Bekanntmachung vom 20. V. 1898. Textausg. m. alphabet. Sachregister. (III, 56 S.) 899. (Bd. 257.) In Leinw. kart. n. — 60

Gesetzbuch, das bürgerliche, f. das Deutsche Reich nebst dem Einführungsgesetze. Text-Ausg. m. Sachregister. 2. Aufl. (VIII, 704 S.) 900. (Bd. 246.) n. 3.—

— dasselbe. Nebst Grundbuchordng. u. Gesetz üb. die Angelegenheiten der freiwill. Gerichtsbarkeit. Text-Ausgaben m. Sachregistern. (VIII, 704, 26 u. III, 55 S.) 900. (Bd. 202.) n. 4.—

Gewerbeordnung, die, f. das Deutsche Reich in der Fassung der Bekanntmachung vom 26. VII. 1900. Mit ausführl. Sachregister. 5. Aufl. (VI, 184 S.) 900. (Bd. 219.) Geb. in Leinw. n. 1. 80

Grundbuchordnung vom 24. III. 1897. Nach der Bekanntmachg. vom 20. V. 1898. Textausg. m. alphabet. Sachregister. (III, 26 S.) 898. (Bd. 256.) In Leinw. kart. n. — 60

Hallbauer, M., das neue Erbschaftsrecht des deutschen bürgerl. Gesetzbuches. Eine gemeinverständl. Darlegg. der Vorschriften üb. die Erbfolgeordng. u. üb. die Rechte u. Pflichten des Erben, insbesondere auch gegenüber den Nachlaßgläubigern, Miterben, Nacherben, Vermächtnisnehmern u. Pflichtteilsberechtigten. Mit ausführl. Sachregister. (X, 280 S. m. Fig.) 899. (Bd. 102.) Geb. n. 3. 50

Hallbauer, M., das bürgerliche Gesetzbuch f. das Deutsche Reich nebst Einführungsgesetz. Vom 18. VIII. 1896. Mit e. ausführl. Sachregister versehen. 3. Aufl. (XII, 580 u. 75 S.) 900. (Bd. 79.) Geb. in Leinw. 2. 50

— das Hypothekenrecht des deutschen bürgerlichen Gesetzbuchs. Ein Leitfaden durch das Hypothekenrecht u. e. Hülfsbuch f. alle, die sich m. Hypotheken zu befassen haben. (XI, 218 S.) 901. (Bd. 137.) Geb. in Leinw. n. 3. —

— das neue Invalidenversicherungsgesetz. Eine Darlegg. in Gesprächsform f. Jedermann. Auf Grund des Gesetzes vom 13. VII. 1899 neu bearb. v. G. Elle. 2. verm. Aufl. (82. u. 83. Taus. der Gesamtausg.) (VII, 82 S.) 900. (Bd. 70.) n. — 80

— dasselbe. Unter besond. Berücksicht. der Verhältnisse im Königr. Preußen neu bearb. v. Alfr. Illing. 2. verm. Aufl. (76. u. 77. Taus. der Gesamtausg.) (VII, 95 S.) 900. (Bd. 105.) n. — 80

— dasselbe. Unter besond. Berücksicht. der Verhältnisse im Königr. Sachsen bearb. v. Clem. Uhlmann. 2. verm. Aufl. (78.—79. Taus. der Gesammtausg.) (VII, 100 S.) 900. n. — 80; (84.—86. Taus. der Gesammtausg.) (VII, 103 S.) 900. (Bd. 108.) n. — 80

— dasselbe. Unter besond. Berücksicht. der Verhältnisse in den Thüring. Staaten neu bearb. v. G. Elle. 2. verm. Aufl. (87. u. 88. Taus. der Gesammtausg.) (VII, 87 S.) 900. (Bd. 110.) n. — 80

— dasselbe. Unter besond. Berücksicht. der Verhältnisse im Königr. Württemberg neu bearb. von Thdr. Frh. v. Soden. 2. verm. Aufl. (80. u. 81. u. 89.—90. Taus. der Gesammtausg.) (à VIII, 106 S.) 900. (Bd. 109.) n. — 80

— das neue Testamentenrecht des deutschen bürgerlichen Gesetzbuches. Eine gemeinverständl. Darlegg. des neuen Testamentenrechts, zugleich e. Hülfsbuch f. die, welche e. letzten Willen errichten wollen. (VIII, 167 S.) 899. (Bd. 100.) Geb. n. 2. 50

— das neue Verwandtenrecht des deutschen bürgerlichen Gesetzbuches. Eine gemeinverständl. Darlegg. der Vorschriften üb. die rechtl. Beziehgn. zwischen Eltern u. Kindern; sowie die gesetzl. Unterhaltspflichten, die Annahme an Kindes Statt u. die Ansprüche unehel. Kinder. Mit ausführl. Sachregister. (X, 188 S. m. Fig.) 899. (Bd. 104.) Geb. n. 2. 50

— u. C. **Mannsfeld**, das neue Eherecht des deutschen bürgerlichen Gesetzbuches. Eine gemeinverständl. Darlegg. der Vorschriften üb. Schließg. u. Trenng. der Ehe u. die rechtl. Beziehgn. der Eheleute zu einander u. zu dritten Personen. (X, 176 S.) 900. (Bd. 103.) Geb. in Leinw. n. 2. 50

— u. R. **Thieme-Garmann**, das neue Vormundschaftsrecht des deutschen bürgerlichen Gesetzbuches. Eine gemeinverständl. Darlegg. des Vormundschaftsrechts, zugleich e. Hülfsbüchlein f. Vormünder. (X, 152 S.) 899. (Bd. 101.) Geb. n. 2. 50

Hasche, Paul, königl. sächsisches Einkommensteuergesetz vom 24. VII. 1900 nebst der dazu gehörigen Ausführungsverordnung u. Instruktion. Mit Erläutergn. auf Grund gesetzl. Bestimmgn., ergangener Verordngn. u. Entscheidgn. (XIII, 349 S.) 901. (Bd. 120.) Geb. in Leinw. n. 5. 60

Heinze, Osc., Gesetz, die ärztlichen Bezirksvereine im Königr. Sachsen betr., nebst Ausführungs-Verordnung vom 23. III. 1896, sowie die Standesordng. u. Ehrengerichtordg. nach der Ministerial-Verordng. vom 12. VIII. 1896. In seiner Entwickelg. dargestellt. 2. Ausg. (140 S.) 899. (Bd. 73.) Kart. n. 2. 25

Hillig, C., Hypothekenbankgesetz vom 13. VII. 1899. Handausg. m. Anmerkgn. u. Sachregister. (XX, 155 S.) 900. (Bd. 106.) Geb. in Leinw. n. 2. 40

Ihle, G., Wirt u. Mieter. Eine Darstellg. des Mitrechtes nach dem deutschen bürgerl. Gesetzbuche. Mit e. ausführl. Sachregister. (X, 133 S.) 900. (Bd. 25a.) Geb. in Leinw. n. 1. 80

Illing, Alfr., Bau-Unfallversicherungsgesetz u. Gesetz betr. die Abänderung der Unfallversicherungsgesetze (Mantelgesetz). Vom 30. VI. 1900. Textausg., m. Sachregister u. Abdr. der einschläg. Stellen anderer Gesetze hrsg. (VI, 107 S.) 900. (Bd. 227.) Kart. n. 1. 40

— Gewerbe-Unfallversicherungsgesetz u. Gesetz betr. die Abänderung der Unfallversicherungsgesetze (Mantelgesetz.) Vom 30. VI. 1900. Textausg., m. Sachregister u. Abdr. der einschläg. Stellen anderer Gesetze hrsg. (VI, 137 S.) 900. (Bd. 223.) Kart. n. 1. 50

— die gewerbliche Unfallversicherung. Gemeinverständliche Darstellg. der wichtigsten Bestimmgn. des Gewerbe-Unfallversicherungsgesetzes vom 30. VI. 1900 in Gesprächsform. (VIII, 176 S.) 901. (Bd. 139.) Geb. in Leinw. n. 2. —

— Unfallversicherungsgesetz f. Land- u. Forstwirthschaft u. Gesetz betr. die Abänderung der Unfallversicherungsgesetze (Mantelgesetz) vom 30. VI. 1900 in der Fassung des Gesetzes vom 5. VII. 1900. Textausg. m. Sachregister u. Abdr. der einschläg. Stellen anderer Gesetze. (VIII, 150 S.) 900. (Bd. 228.) Geb. n. 1. 60

Justiz-Gesetze, die, f. das Königr. Sachsen. Enth. die das Privat- u. Strafrecht betr. Reichs- u. Landesgesetze sowie die damit in Verbindg. steh. Verordngn. Neue Folge. 23. Bd. Das J. 1898 enth. Mit Inhaltsverzeichniß u. Sachregister. (VI, 124 S.) 899. (Bd. 418.) Geb. in Leinw. n. 1. 80

Kaden, Ernst, Gesetz üb. die Gerichtskosten vom 21. VI. 1900. Text-Ausg. m. Erläutergn., Gebührentafeln u. ausführl. Sachregister. (V, 115 S.) 900. (Bd. 124.) Geb. in Leinw. n. 2. 40

Kaeubler, Johs., das königl. sächsische Standesamt. Das Reichsgesetz üb. die Beurkundg. des Personenstandes u. die Eheschließg. m. den Ausführungsbestimmgn. f. das Deutsche Reich u. das Königr. Sachsen. Bearb. v. K. (XIV, 284 S.) 901. (Bd. 201.) Geb. in Leinw. n. 6. —

Kloß, Rich., das Beurkundungswesen im Königr. Sachsen m. Ausschluß des Notariats. Die f. Errichtg. öffentl. Urkunden u. f. Beurkundgn. auf dem Gebiete der freiwill. Gerichtsbarkeit maßgeb. Vorschriften des Reichs- u. Landesrechtes systematisch zusammengestellt u. erläutert. (XII, 228 S.) 901. (Bd. 46b.) Geb. in Leinw. n. 3. 50

— das Notariat im Königr. Sachsen. Die f. die königl. sächs. Notare maßgeb. Vorschriften d. Reichs- u. Landesrechtes zusammengestellt u. erläutert. (XVI, 145 S.) 900. (Bd. 128.) Geb. in Leinw. n. 3. —

Konkursordnung f. das Deutsche Reich u. Gesetz, betr. die Anfechtg. v. Rechtshandlgn. e. Schuldners außerhalb des Konkursverfahrens in der Fassg. nach dem Gesetze vom 17. V. 1898 u. der Bekanntmachg. vom 20. V. 1898. Textausg. m. alphabet. Sachregister. (III, 80 S.) 899. (Bd. 208.) In Leinw. kart. n. — 80

Kremski, Frz., das königl. preußische Gesetz betr. die Anstellung u. Versorgung der Kommunalbeamten vom 30. VII. 1899. Mit der Ausführungsanweisg. vom 12. X. 1899, sowie Anmerkgn. u. Erläutergn. f. den prakt. Gebrauch hrsg. (VI, 81 S.) 899. (Bd. 112.) Geb. n. 1. 50

Kurtz, C., das deutsche Vormundschaftsrecht nach dem bürgerlichen Gesetzbuch u. sein Verfahren nach dem Reichsgesetz üb. die Angelegenheiten der freiwilligen Gerichtsbarkeit. Textausg. m. erläut. Vorwort, Anmerkgn. u. Sachregister. (XVI, 108 S.) 899. (Bd. 260.) n. 1. 40

Lotze, M., die königl. sächs. Gesetze u. Verordnungen üb. Jagd u. Fischerei m. den damit in Verbindung stehenden reichs- u. landesgesetzlichen Vorschriften, sowie das Gesetz, betr. den Ersatz v. Wildschaden u. die Rechtsfähigkeit der Jagdgenossenschaft. Mit Einleitg., Erläutergn., Wort- u. Sachregister. 2. verm. u. verb. Aufl. (VII, 232 S.) 900. (Bd. 372.) Geb. in Leinw. n. 3. —

Ludwig-Wolf, L. F., das königl. sächsische Einkommensteuergesetz vom 24. VII. 1900 nebst Ausführungsverordnung u. Instruktion. Zum Handgebrauch des steuerzahl. Publikums zusammengestellt. (IV, 96 S.) 900. (Bd. 43a.) Geb. in Leinw. n. 1. 25

Mangoldt, P. v., das königl. sächs. Forst- u. Feldstrafgesetz vom 30. IV. 1873 u. 24. IV. 1894, nebst den das Verfahren in Forst- u. Feldrügesachen betr. Gesetzen. 2. Aufl., neu bearb. v. Heinr. v. Feilitzsch. (VIII, 100 S.) 901. (Bd. 405.) Kart. n. 2. 50

Mauckisch, Max, Reichsstrafgesetzbuch m. den Reichsgesetzen vom 27. XII. 1899 (§ 316) u. vom 25. VI. 1900. (Lex Heinze, §§ 180 ff., 362). Unter besond. Berücksicht. der königl. sächs. Landesgesetzgebg. u. aller wicht. u. grundleg. Entscheidgn. des Reichsgerichts u. des königl. sächs. Oberlandesgerichts hrsg. 2. Ausg. (XII, 366 S.) 900. (Bd. 87.) Geb. in Leinw. n. 3. 60

— Strafgesetzbuch f. das Deutsche Reich. Textausg. m. den bisher u. den f. den 1. I. 1900 vorgesehenen Abändergn. u. den Reichsgesetzen vom 27. XII. 1899 (§ 316) u. vom 25. VI. 1900 (Lex Heinze, §§ 180 ff., 362). Nebst Einführungsgesetz u. ausführl. Sachregister. 2. Ausg. (XI, 148 S.) 901. (Bd. 17a.) Geb. in Leinw. n. 1. 25

Michel, E., königl. sächsische revid. Landgemeindeordnung vom 24. IV. 1873. Textausg. m. kurzen Anmerkgn. u. Sachregister. (64 S.) 900. (Bd. 421.) In Leinw. kart. n. — 60

— die königl. sächsischen Städteordnungen vom 24. IV. 1873. Revidirte Städteordng. u. die Städteordng. f. mittlere u. kleine Städte. Mit kurzen Anmerkgn., unter besond. Berücksicht. der ergangenen oberbehördl. Entscheidgn., u. m. ausführl. Sachregister hrsg. (VIII, 160 S.) 901. (Bd. 118.) Kart. n. 2. —

Mittelstein, Max, deutsches Binnenschiffahrtsrecht. 1. Bd. Reichsrechtliche Bestimmungen. 2., gänzlich umgearb. Aufl. 1.—3. Lfg. (S. 1—478.) 901. 902. (Bd. 57.) à n. 3. —

— dasselbe. 2. Bd. Nichtreichsrechtl. Bestimmgn. 2., gänzlich umgearb. Aufl. (VIII, 650 S.) 900. (Bd. 132.) Geb. in Leinw. n. 10. —

— die Reichsgesetze betr. die privatrechtlichen Verhältnisse der Binnenschiffahrt u. der Flößerei vom 15. VI. 1895 in der vom 1. I. 1900 an geltenden Fassung. Textausg. m. Abdr. der ergänz. Bestimmgn. anderer Gesetze u. Sachregister. (VI, 93 S.) 900. (Bd. 56b.) Geb. in Leinw. n. 1. 50

Morgenstern, K., die im Königr. Sachsen geltenden Bestimmungen üb. Dampfkessel. Zusammengestellt u. m. Anmerkgn. versehen. 3. Aufl. (VIII, 115 S.) 902. (Bd. 369.) Geb. in Leinw. n. 2. 40

Naundorff, E., Gesetz betr. die Handels- u. Gewerbekammern vom 4. VIII. 1900 nebst Ausführungsverordnung vom 15. VIII. 1900. Mit Erläutergn. (V, 44 S.) 900. (Bd. 123.) Geb. in Leinw. n. 1. 40

— Handbuch f. die Gemeindevorstände des Königr. Sachsen. 2. verm. u. vollständig umgearb. Aufl. (XIV, 648 S.) 901. (Bd. 140.) Geb. in Leinw. n. 6. —

— Reichsgesetz üb. die privaten Versicherungsunternehmungen vom 12. V. 1901 nebst Ausführungsverordnungen. Mit erläut. Anmerkgn. auf Grund der Gesetzesmaterialien. (VI, 186 S.) 902. (Bd. 141.) Geb. in Leinw. n. 3. —

Oertel, Walt., das Gemeindetestament. Anleitung für Bürgermeister, Gemeindevorstände, Gutsvorsteher u. Ortsgerichtspersonen zur Abfassg. v. Gemeindetestamenten. (VII, 48 S.) 900. (Bd. 129.) — 75

Pechwell, die Militärstrafgerichtsordnung nebst Einführungsgesetz u. dem Gesetze, betr. die Dienstvergehen der richterl. Militärjustizbeamten u. die unfreiwillige Versetzg. derselben in e. andere Stelle od. in den Ruhestand vom 1. XII. 1898. Mit Anmerkungen u. Sachregister. (VII, 682 S.) 899. (Bd. 259.) n. 8. —

Pörschel, Osk., das deutsche Gerichtskostengesetz nebst der Gebührenordnung f. Gerichtsvollzieher u. der Gebührenordng.

f. Zeugen u. Sachverständige. Mit Sachregister u. ausführl. Gebührentafeln. 2. vollständig veränd. Aufl. (VII, 82 S. m. 2 Tab.) 900. (Bd. 67.) Geb. in Leinw. n. 1. 60

Pörschel, Osk., das deutsche Gerichtskostengesetz, die Gebührenordng. f. Gerichtsvollzieher u. die Gebührenordng. f. Zeugen u. Sachverständige m. den sämmtlichen zur Veröffentlichung gelangten Entscheidungen des Reichsgerichts u. der übrigen Gerichte. Nebst Sachregister u. ausführl. Gebührentafeln hrsg. 2. bedeutend verm. Aufl. (VIII, 262 S.) 901. (Bd. 65.) Geb. in Leinw. n. 4. —

Reinhard, Paul, Gesetz üb. die Zwangsversteigerung u. die Zwangsverwaltung vom 24. III. 1897, nebst dem Einführungsgesetze in der Fassg. der Bekanntmachg. vom 20. V. 1898. Mit den Ausführungsgesetzen ꝛc. v. Preußen, Bayern u. Sachsen. Handausg. m. Einleitg., Erläutergn. u. Register. 2. verm. u. verb. Aufl. (VIII, 338 S.) 900. (Bd. 250.) Geb. in Leinw. n. 5. 50

Rosenthal, Max, das Reichs-Gesetz betr. die Gesellschaften m. beschränkter Haftung vom 20. IV. 1892 in der vom 1. I. 1900 an geltenden Fassung. Handausg. m. den ergänz. Bestimmgn. anderer Gesetze, den Entscheidgn. der Gerichte sowie e. ausführl. systemat. Sachregister. (VIII, 75 S.) 901. (Bd. 130.) Geb. in Leinw. n. 1. 50

Rumpelt, A., allgemeines Baugesetz f. das Königr. Sachsen vom 1. VII. 1900. Handausg. m. den zugehör. Bestimmgn., ausführl. Erläutergn. u. Sachregister, im amtl. Auftrage veranstaltet. 2., verm. u. verb. Aufl. (XII, 417 S.) 902. (Bd. 326b.) Geb. in Leinw. n. 5. —
1. Aufl. (X, 405 S.) 900. geb. n. 5. —.

— dasselbe nebst Ausführungsverordnung hierzu vom selben Tage. Textausg.. im amtl. Auftrage veranstaltet u. m. ausführl. Sachregister versehen. (VII, 101 S.) 900. (Bd. 12.) Geb. in Leinw. n. 1. 50

Schaefer, Gust., Rathgeber in Einkommensteuersachen. Eine Anleitg. f. Steuerpflichtige zur richt. Deklaration u. wirksamen Reklamation nebst e. Steuersatztabelle u. 10 Reklamationsbeispielen. 7., nach dem neuen Einkommensteuergesetz vom 24. VII. 1900 bericht. Aufl. (IX, 107 S.) 901. (Bd. 45.) Kart. n. 1. 25

Schroeter, Vict. v., das Wahlverfahren im Königr. Sachsen. Die gesetzl. Bestimmgn. üb. das Verfahren bei Reichstags-, Landtags-, Gemeinde- u. Jagdgenossenschafts-Wahlen auf dem platten Lande, f. den prakt. Gebrauch zusammengestellt. 4. Aufl. (VII, 38 S.) 902. (Bd. 145.) Kart. n. 1. —

Schwartz, Erwin, das landwirtschaftliche Unfallversicherungsgesetz. Eine Darlegg. in Gesprächsform f. jedermann. (VIII, 93 S.) 901. (Bd. 133.) n. 1. 20

Seydewitz, P. v., das königl. sächsische Volksschulgesetz vom 26. IV. 1873 nebst Ausführungsverordnung zu demselben vom 25. VIII. 1874 u. den damit in Zusammenhang steh. Gesetzen u. Verordngn. Mit erläut. Anmerkgn. u. Sachregister hrsg. 3. Aufl., besorgt v. Kockel u. Kretzschmar. (X, 486 S.) 899. (Bd. 338.) Geb. in Leinw. n. 4. 40

Siedamgrotzky, O., die Fleischbeschau-Gesetze u. Verordngn. f. das Königr. Sachsen. Zum Gebrauche f. Verwaltungsbeamte, Gemeindevorstände, Thierärzte u. Fleischbeschauer. (VIII, 122 S.) 900. (Bd. 420.) Geb. in Leinw. n. 1. 60

— die Schlachtviehversicherungs-Gesetze u. Verordnungen f. das Königr. Sachsen. Zum Gebrauche f. Verwaltungsbeamte, Gemeindevorstände, Thierärzte u. Thierbesitzer. (XV, 61 S.) 900. (Bd. 119.) Kart. n. 1. 40

Soden, Thdr. Frh. v., das Invalidenversicherungsgesetz vom 22. VI. 1889—13. VII. 1899, unter fortlaufender Nummerfolge der Paragraphen nach der Bekanntmachung vom 19. VII. 1899. Textausg., m. Hervorhebg. der Neuergn., Vorbemerkgn., 6 Anlagen (enth. die wichtigsten Bundesrathsbeschlüsse) u. Sachregister. (IV, 128 S.) 899. (Bd. 107.) Geb. n. 1. 60

Sturm, J., Militärstrafgerichtsordnung nebst Einführungsgesetz, u. das Gesetz, betr. die Dienstvergehen der richterl. Militärjustizbeamten u. die unfreiwill. Versetzg. derselben in e. andere Stelle od. in den Ruhestand. Vom 1. XII. 1898. Textausg. m. ausführl. Sachregister. (VIII, 194 S.) 899. (Bd. 99.) Geb. n. 1. 60

— u. H. Walde, Militärstrafgerichtsordnung f. das Deutsche Reich, nebst Ausführungsbestimmgn., dem Gesetz, betr. die Dienstvergehen der richterl. Militärjustizbeamten u. die unfreiwill. Versetzg. derselben in e. andere Stelle od. in den Ruhestand, sowie den dazu gehör. sonst. Erlassen u. Formularen. Handausg. m. Anmerkgn. u. Sachregister. II. Richterdisciplinargesetz, Ein- u. Ausführungs-Verordngn. ꝛc., Dienst- u. Geschäftsordng. (XII, 163 S.) 900. (Bd. 97.) Geb. in Leinw. n. 3. 50; (kplt. n. 8. 50)

Troitzsch, Walt., allgemein. Baugesetz f. das Königr. Sachsen vom 1. VII. 1900, nebst Ausführungsverordnung vom 1. VII. 1900. Textausg. m. Anmerkgn. u. e. ausführl. Sachregister, nebst einigen f. Bauende wicht. Bestimmgn. des Reichs- u. Landesrechts. (X, 112 S.) 900. (Bd. 122.) Geb. in Leinw. n. 2. —

— Meisterbüchlein. Gemeinverständl. Darlegg. d. f. Handwerker wicht. Bestimmgn. der Gewerbeordnung, des Gewerbegerichtsgesetzes, der Versicherungsgesetze, des bürgerl. Gesetzbuchs u. der Wechselordnung. (VIII, 112 S.) 902. (Bd. 146.) Geb. in Leinw. n. 1. 50

Voigtländer, Rob., die Gesetze betr. das Urheberrecht u. das Verlagsrecht an Werken der Litteratur u. der Tonkunst vom 19. VI. 1901. Sachlich erläut. Mit e. Anh., enth. die litterar. Gesetze v. Österreich, Ungarn, der Schweiz, die Berner Uebereinkunft u. die wicht. Staatsverträge. (357 S.) 901. (Bd. 138.) Geb. in Leinw. n. 6. —

Wahl, Rich., das königl. sächsische Gesetz über den Urkundenstempel vom 13. XI. 1876 in der Fassung des Gesetzes vom 10. VI. 1898 nebst Ausführungsverordnung vom 12. X. 1899, erläutert v. W. Mit e. Inhaltsverzeichnisse, 6 Tab. über die nach Prozenten des Werthes zu erheb. Stempelabgaben u. e. Sachregister. 5. Aufl. (VIII, 160 S.) 900. (Bd. 349.) Geb. in Leinw. n. 2. 40

Walde, Hans, Militär-Strafgesetzbuch f. das Deutsche Reich vom 20. VI. 1872 nebst den Kriegsartikeln u. der Disziplinar-Strafordnung vom 31. X. 1872. Textausg. m. Anmerkgn., Verweisen auf die Entscheidgn. des Reichsgerichts, sowie die Reichs-Militärstrafgerichtsordng. u. ausführlich. Sachregister. (VIII, 96 S.) 899. (Bd. 7b.) Geb. in Leinw. n. 1. 80

Waentig, Heinr., die königl. sächs. Lehrergehalts- u. Lehrerpensions-Gesetze m. den dazu ergangenen Ausführungsverordnungen. Mit erläut. Anmerkungen u. Sachregister hrsg. 2., verm. u. verb. Aufl. (VIII, 130 S.) 900. (Bd. 397.) Geb. in Leinw. n. 2. 70

Welck, M. Frhr. v., die Prüfungsordnung f. Aerzte vom 28. V. 1901. Im amtl. Auftrage u. auf Grund amtl. Materialien hrsg. (V, 63 S.) 901. (Bd. 220.) Geb. in Leinw. n. 1. 50

Zwick, H., das königl. preußische Gesetz betr. die Fürsorge f. die Wittwen u. Waisen der Lehrer an den öffentlichen Volksschulen vom 4. XII. 1899. Mit Bemerkgn. üb. die bisher. Reliktenversorgg. der Volksschullehrer u. Erläutergn. zu ob. Gesetz. (Preuß. Lehrer-Reliktengesetz.) (VII, 30 S.) 900. (Bd. 111.) n. — 70

Ein Teil der vorstehenden Bände ist ursprünglich noch unt. d. alt. Sammeltiteln (Handausgabe deutsch. Reichsgesetze — Handausgabe kgl. sächs. Gesetze — Meinhold's jurist. Handbibliothek) erschienen.

—164. u. 326. Bd. 8. Leipzig, Rossbergsche Verlagsbuchh. Geb. in Leinw.
12. Rumpelt, A., Allgemeines Baugesetz f. das Königr Sachsen vom 1. VII. 1900/20. V. 1904, nebst Ausführungsverordnungen v. denselben Tagen. Textausg., m. ausführl. Sachregister versehen. 2. Aufl. (III, 101 S.) 1. 50. — 122. Troitzsch, W., Allgemeines Baugesetz f. das Königr. Sachsen vom 1. VII. 1900/20. V. 1904, nebst Ausführungsverordnungen v. denselben Tagen. Textausg. m. Anmerkgn., e. ausführl. Sachregister und den f. Bauende wicht. Bestimmgn. des Reichs- u. Landesrechts. 2. Aufl. (X, 129 S.) 2. —. — 151. Neumann, M., Wie vertrete ich meine Rechte vor dem Amtsgericht? Eine Anleitg. f. Laien. (VII, 54 S.) Kart. 1. 20. — 161. Wörner, G., Die Nebengesetze zur Reichs-Unfallversicherungsgesetzgebung. 1. Tl.: Die deutschen Unfallfürsorgegesetze f. Beamte u. Gefangene. (VIII, 114 S.) Geb. in Leinw. 2. 50. — 162. Dasselbe. 2. Tl.: Landesrechtliche Ergänzungsgesetze zur Reichs-Unfallversicherungsgesetzgebung, nebst den deutschen Unfallentschädigungsgesetzen ausserhalb der Reichs-Unfallversicherungsgesetzgebg. (XVI, 244 S.) Geb. in Leinw. 4. 50. — 163. Naucke, K., Leitfaden f. Konkursverwalter. Ein Handbuch zum prakt. Gebrauche nebst Formularen. (VIII, 138 S.) Geb. in Leinw. 2. 80. — 164. Wahl, R., Das kgl. sächs. Gesetz üb. die Erbschaftssteuer vom 13. XI 1876 nebst Ausführungsverordnung vom 6. XII. 1876 u. den Abänderungsgesetzen vom 3. VI. 1879 u. 9. III. 1880, erläutert. 5., unter Berücksicht. der Bestimmgn. des bürgerl. Gesetzbuchs f. das Deutsche Reich vollständig umgearb. Aufl. (VIII, 126 S.) Geb. in Leinw. 2. 40. — 326. Rumpelt, A., Allgemeines Baugesetz f. das Königr. Sachsen vom 1. VII. 1900 m. dem Abänderungsgesetze vom 20. V. 1904. Handausg. m. den zugehör. Bestimmgn., ausführl. Erläutergn. u. Sachregister. 3., verm. u. verb. Aufl. (VIII. 533 S.) 6. —

— für Leser von Geschmack. 1r Thl. 8. Nördl. 793. Beck. 16 gGr.

Handbibliothek, literarische. Alphabetisch und systematisch geordnet von Eduard Baldamus, s. Baldamus, Ed.

Handbibliothek, Literarische,
s. Baldamus, Eduard.

—— der theologischen Literatur d. 19. Jahrh. Ausgewählt u. systematisch geordnet z. Gebr. für Prediger u. Studirende v. W. B. Heinr. Zimmer. 8. (5¾ B.) Frankfurt a. M. 813, Zimmer. *

— medicinische, enthaltend deutsche Uebersetzungen aller in latein. Sprache abgefaßten Schriften d. ausgezeichnetsten Aerzte aus d. 17ten u. 18ten Jahrh., v. H. Boerhaave an bis J. P. Frank, besorgt von e. Gesellschaft deutscher Aerzte. 1r Bd. 4 Thle. A. u. d. T.: H. Boerhaave's kurze Lehrsätze über Erkennung u. Heilung d. Krankheiten. 4 Thle. 8. Gotha 828. Hennings. 1 Thlr. 8 gGr. 1830 Hbg. Pr. 18 gGr.

— 11r Bd. 3 Thle. A. u. d. T.: L. G. Klein's Wegweiser am Krankenbette. 3 Thle. 8. Ebd. 828. 1 Thlr.

— medicinische, hrsg. unter Mitwirkung v. Karl Ewald, Mark. Hajek, Vict. Hammerschlag u. a. 1. u. 2. Bd. 8. Wien 902. A. Hölder. Geb. in Leinw. n. 9. —
1. Therapie der Hautkrankheiten. Von Frdr. Luithlen. (IV, 205 S.) n. 3. —
2. Therapie der Erkrankungen des Respirations- u. Circulationsapparates. Von Max Kahane. (XIV, 394 S.) n. 6. —

— medizinische, hrsg. v. Frdr. Luithlen unter Mitwirkg. v. F. Blumenthal, P. Bröse, Karl Ewald u. a. 3.—15. Bd. 8. Wien, A. Hölder. Geb. in Leinw. n. 40.60
Blumenthal, Ferd., Stoffwechsel-Krankheiten. (X, 130 S.) 906. (Bd. 13.) n. 2. 40
Ewald, Karl, die Indikationen zu chirurgischen Eingriffen u. deren Ausführung in einfachen Fällen. I. Tl. Mit 3 Abbildgn. (X, 330 S.) 905. (Bd. 14.) n. 4. 20
— Dasselbe. II. Tl. Mit 22 Abbildgn. (VI, 229 S.) 905. (Bd. 15.) n. 3. 20
Hammerschlag, Vict., Therapie der Ohrenkrankheiten. Mit 29 Abbildgn. (VIII, 257 S.) 903. (Bd. 5.) n. 3. 40
Hanke, Vict., Therapie der Augenkrankheiten. (6, 234 S.) 903. (Bd. 3.) n. 3. 20
Heindl, Adalb., Therapie der Mund-, Rachen- u. Kehlkopf-Krankheiten. (VIII, 237 S.) 903. (Bd. 7.) n. 3. 20
Kahane, Max, Therapie der Darmkrankheiten. (VII, 175 S.) 905. (Bd. 12.) n. 2. 80
Kahane, Max, Therapie d. Magenkrankheiten. (VIII, 206 S.) 904. (Bd. 8.) n. 2. 80
Kretz, Rich., die Anwendung der Bacteriologie in der praktischen Medicin. (VIII, 149 S.) 903. (Bd. 4.) n. 2. 40
Ledermann, R., die mikroskopische Technik m. besond. Berücksicht. der Färbetechnik. Mit 24 Abbildgn. im Texte u. 5 Taf. in Farbendr. (VIII, 226 S.) 903. (Bd. 6.) n. 4. 40
Mann, Ludw., Elektrodiagnostik u. Elektrotherapie. Mit 14 Abbildgn. (XXV, 161 S.) 904. (Bd. 9.) n. 2. 80
Riether, Gust., Therapie im Säuglingsalter. (VII, 143 S.) 904. (Bd. 10.) n. 2. 40
Rosenthal, O., Therapie der Syphilis u. der venerischen Krankheiten. (V, 254 S.) 904. (Bd. 11.) n. 3. 40
Bd. 1. u. 2 Ebd. 902. Geb. n. 9. —.

— medizinische, hrsg. v. Frdr. Luithlen unt. Mitwirkg. v. F. Blnmental, P. Bröse, Karl Ewald u. a. 16—18. Bd. kl. 8. Wien, A. Hölder. Geb. in Leinw. 18. 20
Friedländer, Frdr. v., chirurg. Diagnostik. (VIII, 440 S.) 907. (Bd. 16.) Geb. in Leinw. 6. —
Gottschalk, Sigm., Gynäkologie. Mit 46 Abb. im Text, darunter 1 Farbendr. (XIV, 355 S.) 909. (Bd. 18.) Geb. in Leinw. 6. —
Merzbach, Geo., die krankhaften Erscheinungen des Geschlechtssinnes. (VIII, 470 S.) 909. (Bd. 17.) 5.20; geb. in Leinw. 6. 20
1—15. Bd. Ebd. 902—08. Geb. 49.60.

— medicinische, f. praktische Aerzte u. Studirende. 1. Bd.: Lehrbuch der Kinder-Krankheiten f. prakt. Aerzte u. Studirende. Nach James Milman Coley's practical treatise of the diseases of children u. den einschlagenden Werken v. Copland, Evanson rc. frei bearb. von Herm. Hölder. (Neue Titel-Ausg.) gr. 8. (X u. 469 S.) Stuttgart 849. J. B. Müller. 2 ₰

— dies. 2. Bd.: Lehrbuch der Unterleibsbrüche f. prakt. Aerzte, Wundärzte u. Studirende. Nach Th. P. Teale's practical treatise on abdominal hernia, u. den Werken von Malgaigne, Lawrence, Scarpa rc. frei bearb. von Herm. Hölder. Mit 56 Holzschn. gr. 8. (XVI u. 242 S.) Ebd. (848) 850. 1½ ₰

— dies. 3. Bd.: Lehrbuch der venerischen Krankheiten, nach dem neuesten Stande der Wissenschaft bearb. v. Herm. Hölder. gr. 8. (X u. 467 S.) Ebd. 851. 2 ₰

— dies. 4. Bd. A. u. d. T.: Lehrbuch der Scrophel- u. Tuberkelkrankheiten v. H. Lebert. Gekrönte Preisschrift. Deutsch bearb. v. R. Köhler. gr. 8. (X u. 438 S.) Ebd. 851. 2 ₰ (1—4: 7½ ₰)

Handbibliothek, medicinische, für praktische Aerzte und Studirende. Stuttgart, J. B. Müller. (Leipzig, C. F. Winter.) gr. 8.
5. Bd. Ashwell, Sam., Lehrbuch der Krankheiten des weiblichen Geschlechts, vom klinischen Standpunkte dargestellt. Nach der 3. engl. Aufl. frei bearb. u. mit Zusätzen versehen von H. Hölder. 853. (XVIII, 456 S.) 2 ₰
6. Bd. Die Krebs- und Scheinkrebs-Krankheiten des Menschen. Nach den bisherigen Leistungen der Wissenschaft auf dem klinischen Standpunkte bearb. von Reinhold Köhler. 853. (857.) (XII, 691 S.) 2 ₰ 24 ngr
7. Bd. Das Mikroskop und sein Gebrauch für den Arzt. Mit Zugrundelegung des Werkes von Beale: „The microscope etc." von Herm. Reinhard. Mit eingedr. Holzschn. 857. (VIII, 170 S.) n. 24 ngr

Handbibliothek f. Militäranwärter u. Beamte. I.—III. Bd. gr. 8. Berlin, S. Gerstmann. n. 5. —; Einbde. à n. n. — 25
I. Zusammenstellg. d. wichtigsten Gesetze u. Dienstvorschriften f. Militäranwärter u. Beamte. (106 S.) 896. n. — 75
II. Grundsätze f. d. Besetzg. d. Subaltern- u. Unterbeamtenstellen bei d. Reichs- u. Staatsbehörden m. Militäranwärtern, nebst d. f. Preußen, Bayern, Sachsen, Baden u. Württemberg gelt. bes. Bestimmgn. u. d. neuesten Verzeichniß d. d. Militäranwärtern in sämmtl. Bundesstaaten vorbehalt. Stellen, d. Gesetz betr. d. Besetzg. d. Subaltern- u. Unterbeamtenstellen m. Militäranwärtern in d. Kommunalverbänden Preußens u. Verfügg. üb. d. Besetzg. d. d. Militäranwärtern b. d. Privateisenbahnen vorbehalt. Beamtenstellen v. 8. Oktbr. 1885. (S. 107—206 u. 172 S.) 896. n. 3. —
III. Vorschriften betr. d. Versorgungswesen d. Militärpersonen v. Feldwebel abwärts u. deren Hinterbliebene. (112 S.) 897. n. 1. 25

Moderne praktisch-theologische Handbibliothek. Eine Sammlung von Leitfäden f. d. kirchl. Präxis im Sinne d. neueren Theologie. Hrsg. von Priv.-Doz. Liz. F[riedrich] Niebergall-Heidelberg. Bd 1. Leipzig: R. Wöpke 1905. 8° [F.] (07. 4··) 5

— moralische, für d. Jugend, oder Vetter Roberts Winterabende. 8. Ingolst. 827. Attenkofer. (Krüll in Landsh.) 22 gr

Hand-Bibliothek, musikalische. gr. 8. Leipzig 826., ist Verlag v. Hofmeister. s. auch Handbuch d. musik. Literatur.

— musikalische, oder Verzeichniß auserlesener Musikalien d. deutschen u. ausländ. Kunsthandels. A. u. d. T.: Catalogue de Musique gravée et imprimée etc. 1e Abtheil. Instrumentalmusik. gr. 8. Leipz. 826. Whistling. 6 gr

„Neue Handbibliothek für Nationalökonomie, Staatswirthschaft und Finanzwissenschaft", 14 Bände, Wien 1814.

— neue militärische. Ein Verzeichniß aller Schriften üb. d. Kriegskunst u. deren Hülfswissenschaften. 8. Berl. 819. Dümmler. 6 gr

Handbibliothek, Neue Sächsische historische. Leipzig 1775—84. H: *Weinart, Benj. Gfr.* (Kat. d. stat. Bureaus. Dresden 1890.)

Handbibliothek des Offiziers. 1.—11. Bd. gr. 8. Berlin, E. S. Mittler & Sohn. n. 67. 05; geb. n. 80. 25
Barthelmes, Grundsätze der Militär-Gesundheitspflege f. den Truppenoffizier. Mit 2 bunten Taf. u. 12 Abbildgn. im Text. (VIII, 146 S.) 907. (Bd. 11.) n. 2. 60; geb. n. 3. 60
Becker, der Bataillons-Kommandeur im äußeren u. inneren Dienst. (VII, 143 S.) 905. (Bd. 6.) n. 2. 80; geb. n. 4. —
Berlin, Handbuch der Waffenlehre. Für Offiziere aller Waffen zum Selbstunterricht, besonders zur Vorbereitg. f. die Kriegsakademie. Mit 302 Abbildgn. u. 4 Steindr.-Taf. (XVIII, 520 S.) 904. (Bd. 3.) n. 12. —; n. geb. 13. 50
Bronsart v. Schellendorff, der Dienst des Generalstabes. 4. Aufl. Bearb. v. Bronsart v. Schellendorff. (VIII, 472 S.) 905. (Bd. 4.) n. 9. 60; geb. n. 11. —
Immanuel, Handbuch der Taktik. Mit 143 Abbildgn. (XXII, 617 S.) 905. (Bd. 7.) n. 11. —; geb. in Leinw. n. 12. —
Krafft, Handbuch f. die Vorbereitung zur Kriegsakademie. Zugleich e. Ratgeber f. die wissenschaftl. Beschäftigg. jüngerer Offiziere. (VI, 314 S. m. Fig.) 903. (Bd. 1.) n. 5. 50; geb. n. 7. —
Meier, G. F., der französische Dolmetscher. Ein Handbuch f. Offiziere aller Waffen. Mit e. Anh.: Anleitung u. 110 Aufgaben, teilweise m. Lösgn., zur Vorbereitg. f. die Dolmetscher-Prüfg. Mit 10 Abbildgn. im Text. (VI, 280 S.) 906. (Bd. 9.) n. 5. 50; geb. n. 6. 50
Rabenau, v., die deutsche Land- u. Seemacht u. die Berufspflichten des Offiziers. Ein Handbuch f. Offiziere, Reserveoffiziere u. Kriegsschüler üb. die Einrichtgn. des Heeres u. der Marine sowie üb. die Berufs- u. Standespflichten des Offiziers. Mit 1 Titelbild, 3 Abbildgn. u. 22 Uebersichtsskizzen im Text. (XXIV, 432 S.) 906. (Bd. 8.) n. 5. —; geb. n. 6.25
Schmiedecke, die Verkehrsmittel im Kriege. Mit 3 Karten u. 66 Abbildgn. (X, 242 S.) 906. (Bd. 10.) n. 5. 50; geb. n. 6.50
Schwerin, Graf v., der Adjutantendienst bei den Truppen aller Waffen, bei Garnisonkommandos u. Bezirkskommandos. (VIII, 196 S.) 904. (Bd. 2.) n. 3. 75; geb. n. 5. —
Wedel, v., der Kompagniechef. Ein Ratgeber f. Erziehg., Ausbildg., Verwaltg. u. Besichtigg. der Kompagnie. 3. Aufl. unter Berücksicht. der neuen Schießvorschrift f. die Infanterie (Entwurf vom 2. XI. 1905) u. des neuen Exerzier-Reglements f. die Infanterie vom 29. V. 1906. (VII, 242 S.) 907. (Bd. 5.) n. 4. —; geb. n. 5. —
1. u. 2. Aufl. (à VII, 242 S.) 905—906. 4. —; geb. 5. —

— des Offiziers. 1—3., 5., 7., 8., 10., 12—14. Bd. 15. Bd. 2 Tle., u. 16—18. Bd. gr. 8. Berlin, E. S. Mittler & Sohn. 89.50; geb. 106.50

Altrock, v., das Kriegsspiel. Eine Anleitg. zu seiner Handhabg. Mit Beispielen u. Lösgn. Mit 1 Karte in Steindr. (XII, 190 S. m. 1 Taf.) 908. (Bd. 13.) 4.50; geb. 5.50

— Truppenführung. Ein Handbuch zum Selbststudium der angewandten Taktik in e. Stufenfolge v. Aufgaben f. Offiziere aller Waffen. Mit 3 Karten in Steindr. u. 2 Taf. Kriegsgliedergn. (XVI, 272 S.) 910. (Bd. 18.) 8.—; geb. 9.—

Berlin, Handbuch d. Waffenlehre. Für Offiziere aller Waffen zum Selbstunterricht, besonders zur Vorbereitg. f. d. Kriegsakademie. 2., neubearb. Aufl. Mit 283 Abb. im Text u. auf 15 Taf. (XVI. 515 S.) 908. (Bd. 3.) 10.—; geb. n 11.50

Hindorf, Alfr., die Gefechtsausbildg. der Kompagnie in Aufgaben. Auf Grund der Deckblätter 1909 zum Exerzier-Reglement f. die Infanterie u. d. Schießvorschrift f. die Infanterie v. 21. X. 1909 neu bearb. Ausg. Mit 1 Meßtischblatt u. Skizzen im Text. (VI, 149 S.) 910. (Bd. 17.) 2.75; geb. 3.75

Hoppenstedt, takt. Handbuch des Infanterie-Offiziers. Ein Ratgeber f. Ausbildg. u. Führg. der Truppen sowie f. d. takt. Fortbildg. des Offiziers. Mit 5 Plänen u. Abbild. im Text. (VIII, 298 S.) 908. (Bd. 12.) 5.50; geb. 7.—

Immanuel, Frdr., taktische Aufgaben f. Übungen u. Kriegsspiel in Verbänden aller Art bis zum Armeekorps einschließl., auf Grund der neuesten Vorschriften. 3., völlig umgearb. Aufl. Mit 4 Karten 1:100,000 u. 3 Übersichtsskizzen. (XIV, 431 S.) 909. (Bd. 16.) 9.—; geb. 10.—

— Handbuch der Taktik. 2., völlig neu bearb. Aufl. Mit zahlr. Abb. im Text u. auf Taf. 2 Tle. (X, 433 u. VI, 304 S.) 910. (Bd. 7.) 13.50; geb. 15.—

Krafft, Handbuch f. die Vorbereitg. zur Kriegsakademie. Zugleich e. Ratgeber f. die wissenschaftl. Beschäftigg. jüngerer Offiziere. 2., verm. Aufl. Mit 2 Skizzen. (VIII, 454 S. m. Fig.) 907. (Bd. 1.) 8.—; geb. 9.50

Lehmann, Konr., u. v. Estorff, Dienstunterricht d. Offiziers. Anleitung zur Erteilg. des Mannschaftsunterrichts in Beispielen. Unter Mitarbeit höh. Offiziere aller Waffen. 2., auf Grund der Feldienst-Ordng. v. 22. III. 1908 neubearb. Aufl. Mit 2 Karten in Steindr. (XXIV, 332 S.) 909. (Bd. 14.) 4.—; geb. 5.—

Rabenau, v., die deutsche Land- u. Seemacht u. die Berufspflichten des Offiziers. Ein Handbuch f. Offiziere, Reserveoffiziere u. Kriegsschüler. 2. Aufl. Mit zahlr. Abb. im Text. (XXIV, 482 S.) 909. (Bd. 8.) 6.—; geb. n 7.25

Schmiedecke, die Verkehrsmittel im Kriege. 2., vollst. umgearb. Aufl. (X, 363 S. m. 92 Abbildgn. u. 10 Karten.) 911. (Bd. 10.) 7.50; geb. n 8.75

Schwerin, Graf v., der Adjutantendienst bei den Truppen aller Waffen bei Garnisonkommandos u. Bezirkskommandos. 2., neu bearb. Aufl. (VIII, 213 S.) 909. (Bd. 2.) 4.—; geb. 5.—

Trotha's, v., Ausbildg. unserer Unterführer f. den Kriegsbedarf. Neu bearb. v. Rud. Mohr. 1. Tl.: Der Ausbildungsgang der Unterführer bei zweijähr. Dienstzeit. 3. Aufl. (VIII, 199 S.) 909. (Bd. 15, I.) 3.50; geb. n 4.50; erm. Pr. 1.75; geb. 2.50

— dasselbe. II. Tl.: Die Ausbildg. des Unterführerpersonals im Felddienst. 3. Aufl. Mit 2 Skizzen im Text u. 1 Karte in Steindr. (IV, 92 S.) 909. (Bd. 15, II.) 1.75; geb. 2.75; erm. Pr. 1.—; geb. 1.75

Wedel, v., der Kompagniechef. Ein Ratgeber f. Erziehg., Ausbildg., Verwaltg. u. Besichtigg. der Kompagnie. 4., völlig neu bearb. Aufl. (VII, 241 S.) 911. (Bd. 5.) 4.—; geb. 5.—

— für Offiziere, oder populäre Kriegslehre für Eingeweihte u. Laien. Bearbeitet u. herausg. von e. Gesellschaft preuß. Offiziere unter Leitung d. Redaktion d. Zeitschrift f. Kunst, ꝛc. des Krieges. 1r Bd. A. u. d. T.: Geschichte d. Kriegswesens. 1e Abthl., d. Kriegswesen d. Alterthums, v. F. v. Ciriacy. gr. 12. Berl. 828. Herbig. 1 Rthlr. 8 gGr. 2e Abthl. A. u. d. T.: Kriegswesen d. Mittelalters, v. H. v. Brandt. 830. 1 Rthlr. 14 gGr.

— 2r Bd. A. u. d. T.: Literatar d. Kriegswissenschaft, von J. G. v. Hoyer. 832. 1 Rthlr. 20 gGr.

— 3r Bd. A. u. d. T.: Waffenlehre. 828. 18 gGr.

— 4r Bd., 1e Abtheil. A. u. d. T.: J. G. v. Hoyer, Befestigungskunst u. Pionirdienst. Mit 3 Kpft. 832. 1 Rthlr. 12 gGr.

— 6r Bd., 1e Abthl. A. u. d. T.: v. Brandt, Grundzüge d. Taktik d. drei Waffen: Infanterie, Cavallerie u. Artillerie. 832. 1 Rthlr. 18 gGr.

— 7r Bd. A. u. d. T.: Grundzüge d. prakt. Strategie, von v. Decker. 828. 18 gGr.

— 8r Bd. A. u. d. T.: prakt. Generalstabswissenschaft. (Niederer Theil.) Oder Dienst des Generalstabes für die bei einer Division im Kriege angestellten Offiziere, bearb. v. C. v. Decker. Mit 4 Steintaf. 830. 1 Rthlr. 20 gGr.

— 9r Bd. A. u. d. T.: Terrainlehre, bearb. von F. A. O'Etzel. Mit 10 Steintaf. gr. 12. Berl. 829. Herbig. 1 Rthlr. 14 gGr.

— 9r Bd. A. u. d. T.: F. A. O'Etzel, Terrainlehre. 2e verm. Aufl. Mit 9 Kpfrtaf. gr. 12. Ebd. 834. $1\frac{7}{12}$ Rthlr.

— 10r Bd. (1e Abthl.) A. u. d. T.: militär. Zeichnen u. Aufnehmen. Bearb. vom Hauptm. Kühne. 1e Abthl. Militär. Zeichnen. Mit 12 Kpft. 829. 1 Rthlr. 20 gGr. 2e Abthl., d. militär. Aufnehmen, von Dems. Mit 8 Kpft. 829. 1 Rthlr. 10 gGr.

— 12r Bd. 1e Abthl. A. u. d. T.: chronolog.-synchronist. Uebersicht u. Andeutungen für d. Kriegsgeschichte. 1e Abthl., von C. M. W. S. v. Strudenitz. 1s—3s Heft. 2 Rthlr. 10 gGr. 2e Abthl. 1s, 2s Heft. A. u. d. T.: chronol.-synchron. Uebersicht ꝛc. Vom General-Major Rödlich. 1s, 2s Hft. 831. 2 Rthlr. 18 gGr. 3e Abthl.: chronol.-synchron. Uebersicht ꝛc., von Rödlich. 832. 1 Rthlr. 8 gGr.

— für Offiziere, oder: Populaire Kriegslehre f. Eingeweihte u. Laien. Bearb. u. herausg. von einer Gesellschaft preuß. Offiziere, unter Leitung der Redaktion der Zeitschrift für Kunst, Wissenschaft u. Geschichte des Krieges. 1r Bd. 3e Abthl. A. u. d. T.: Geschichte des Kriegswesens. (Von Hnr. v. Brandt.) 3e Abth. Das Kriegswesen von Maximilian's I. Zeiten bis zum Beginn des 17. Jahrhunderts. gr. 12. Berlin 835. Herbig. 2r Subscr.-Pr. $2\frac{1}{4}$ Rthlr. (1e—3e Abth. $5\frac{1}{6}$ Rthlr.)

— 1r Bd. 4e Abthl. A. u. d. T.: Geschichte des Kriegswesens. 4e Abthl. Geschichte der Entwickelung des Kriegswesens im 17. Jahrh. gr. 12. Ebd. 838. n. 2 Rthlr.

— 3r Bd. A. u. d. T.: Waffenlehre. 2e gänzlich umgearb. u. verm. Aufl. Mit 3 Steintaf. gr. 12. Ebd. 837. n. $1\frac{1}{6}$ Rthlr.

— 4r Bd. 2e Abthl. A. u. d. T.: J. G. v. Hoyer, Befestigungskunst u. Pionir-Dienst. 2e Abthl. Mit 5 Kpfrtaf. gr. 12. Ebd. 834. 2r Subscr.-Pr. $2\frac{1}{4}$ Rthlr.

— 5r Bd. 1r Thl. A. u. d. T.: Der Haushalt der Kriegsheere, in seinen militair., politischen u. staatswirthschaftl. Beziehungen. Dargestellt vom Frhrn. E. K. H. v. Richthofen. — Histor. Thl. gr. 12. Ebd. 839. n. $1\frac{5}{6}$ Rthlr.

— 5r Bd. 2r Thl. A. u. d. T.: Der Haushalt d. Kriegsheere, in sn. militair., polit. u. staatswirthschaftl. Beziehungen. Dargestellt vom Frhrn. E. K. H. v. Richthofen. 2r Thl. Zustände d. neueren u. neuesten Zeit. gr. 12. Ebd. 840. n. $1\frac{5}{6}$ Rthlr.

— 6r Bd. 2e Abthl. A. u. d. T.: Der kleine Krieg in seinen verschied. Beziehungen. Bearb. von Heinr. von Brandt. Nebst 3 Plänen. gr. 12. Ebd. 837. n. $1\frac{5}{6}$ Rthlr.

— 8r Bd. A. u. d. T.: C. v. Decker, prakt. Generalstabswissenschaft. (Niederer Theil.) Oder: Dienst des Generalstabes für die bei einer Division im Kriege angestellten Offiziere. 2e Aufl. Mit 4 Steintaf. gr. 12. Ebd. 836. $1\frac{5}{6}$ Rthlr.

— 10r Bd. A. u. d. T.: Militairisches Zeichnen u. Aufnehmen. Berarb. vom Hauptm. Kühne. 1e Abthl. Militair. Zeichnen. 2e verb. Aufl. Mit 15 Kpfrtaf. gr. 12. Ebd. 834. 2 Rthlr.

— 10r Bd. 2e Abthl. Militair. Zeichn. 2e A. Militair. Aufnehm. 2e verb. u. verm. Aufl. Mit 8 Kpfrtaf. gr. 12. Ebd. 835. $1\frac{5}{12}$ Rthlr.

— 11r Bd. 1e Abthl. A. u. d. T.: Militair. Länderbeschreibung von Europa. Bearb. von A. v. Roon. 1e Abthl. Mittel- und Süd-Europa. gr. 12. Ebd. 837. n. $2\frac{1}{6}$ Rthlr.

— 12r Bd. 1e Abthl. 1s—3s Hft. ist die Jahrg. 1830, 1831 u. 1833 u. 2e Abthl. 1s—3s Hft. (nicht 3e Abthl.) ist d. Jahrg. 1831, 1832, 1833. Vgl. Thl. III. S. 26.

— 2r Bd. Supplement. A. u. d. T.: Literatur d. Kriegswissenschaften u. Kriegsgeschichte. Fortsetzung v. 1831—1840. Bearb. v. J. G. v. Hoyer. gr. 12. Ebd. 840. n. ½ Thlr.

— für Offiziere, oder: Populäre Kriegslehre für Eingeweihte u. Laien. 6. Bd. 1. Abthl. — A. u. d. T.: Grundzüge der Taktik der 3 Waffen: Infanterie, Kavallerie u. Artillerie. Bearb. von Hnr. v. Brandt. 2. verb. u. verm. Aufl. gr. 12. Berlin 842, Herbig. n. 1⅚ Thlr. — 7. Bd. A. u. d. T.: Grundzüge der prakt. Strategie. Von C. v. Decker. 2. Aufl. gr. 12. Ebend. 841. n. ¾ Thlr.

— f. Offiziere, od.: Populaire Kriegslehre für Eingeweihte u. Laien. Bearb. u. hrsg. von einer Gesellschaft preuß. Offiziere, unter Leitung der Redaction der Zeitschrift für Kunst, Wissenschaft u. Geschichte d. Krieges. 6. Bd. 2. Abth. 2. Aufl. A. u. d. T.: Der kleine Krieg in seinen verschied. Beziehungen. 2. verm. Aufl. Von Heinr. v. Brandt. Nebst 3 (lith.) Plänen (in gr. 4.) 8. (XX u. 603 S.) Berlin 850, Herbig. n. 1⅚ Thlr. — 9. Bd. 3. Aufl. A. u. d. T.: Terrainlehre. Bearb. von A. F. v. Etzel. 3. Aufl. Mit 9 Kpfrtaf. (in 8., qu. 4. u. qu. Fol.) 8. (LXXII u. 480 S.) Ebd. 850. n. 1 7/12 Thlr.

—— dieselb. — Supplementbd., s. Decker, C. v., Ansichten üb. d. Dienst d. Brigade-Batterien ꝛc.

— ökonomische, zunächst für Auswanderer, oder das Wichtigste aus d. Landwirthschaft, dem Obstbau, dem Forstwesen, der Jagd u. Fischerei, der Straßen- u. Flußbau; Kenntniß, Futterung, Wartung, Pflege u. Zucht der Pferde u. der Rindviehes, ihre Krankheiten u. Heilung derselben ꝛc. 2 Bde. Mit 1 Kpfr. 8. Bern ... Dalp. 2⅓ Thlr.

Oekonomische Handbibliothek, zunächst für Auswanderer, oder das Wichtigste aus der Landwirthschaft, dem Obstbau, Forstwesen, der Jagd und Fischerei, dem Straßen- und Flußbau, der Kenntniss, Fütterung, Wartung und Zucht der Pferde und des Rindviehes, ihrer Krankheiten und Heilung derselben. - Bern 1834. 2 Bd.

Oldenbourgs Technische Handbibliothek. Bd. 1. 4. Aufl. München & Berlin: R. Oldenbourg 1909. 8°

— pädagogische, oder systematisch-geordnetes Verzeichniß der vorzüglichsten Schriften, welche über Erziehungskunst und Unterricht bis zur Mitte des Jahres 1818 wirklich erschienen sind. 8. Prenzlau, Ragoczy. 820.

— pädagogische. Sammlung v. Lehrmitteln f. Schule u. Haus. I—IV. gr. 8. Schleswig 871. Bergas. n. 3. —

1. Spruch- u. Versbüchlein f. Mittel- u. Unterklassen. Nebst e. Anh.: unsere christl. Feste. Zusammengestellt u. f. häusl. Wiederholg. durch die Mutter m. kurzen Sätzen bereichert v. L. Heinrich. (VI, 82 S.) n — 60
2. Der deutsche Sprachunterricht zunächst f. die Mittelklassen der Volks- besonders Landschulen. Praktischer Lehrgang v. Frdr. Dressel. (XIV, 190 S.) n. 1. 20
3. Die Rechtschreibung im Deutschen u. Satzzeichnung. Im Anschluß an K. W. L. Heyse's Grammatik. Für Schulen u. zum Selbstunterricht v. G. Tschache. (VI, 74 S.) n. — 60
4. Kurzgefaßter Lehrgang f. die Anschauungsübungen, [Denk- u. Sprechübgn.] welche m. den Elementarschülern zu treiben sind. Für Haus u. Schule zusammengestellt v. H. Stiehler. (VI, 68 S.) n. — 60

— pädagogische. Eine Auswahl wicht. pädagog. Schriften aus alter u. neuer Zeit. Hrsg. v. W. Bartholomäus. 1. Bd. gr. 8. Bielefeld 888. Helmich. n. 2. —; geb. n. 2. 50
Christ. Gotth. Salzmann's Ameisenbüchlein od. Anweisung zu e. vernünft. Erziehg. der Erzieher. Mit e. kurzen Lebensbeschreibg. Salzmann's, e. Einleitg. u. Anmerkgn. f. Lehrer u. Eltern hrsg. v. W. Bartholomäus. (116 S.)

— pädagogische. Eine Auswahl wicht. pädagog. Schriften aus alter u. neuer Zeit. Hrsg. v. Wilh Bartholomäus. 2. Bd. gr. 8. Bielefeld 892. A. Helmich. n. 3. 75; geb. n. 4. 75 (1 u. 2.: n. 5. 75; geb. n. 7. 25)
Joh. Heinr. Pestalozzi's Lienhard u. Gertrud. Ein Buch f. das Volk. Mit e. Lebensbeschreibg. Pestalozzi's, e. Einleitg u. Anmerkgn. hrsg. v. Wilh. Bartholomäus. (393 S.)

Hand- u. Taschen-Bibliothek, pädagog., f. Aeltern, Lehrer u. Erzieher; in 4 Abthln. Im Vereine mit mehr. Geistlichen u. Schulmännern hrsg. v. Chrstn. Friedr. Handel u. Chr. Gtlo. Scholz. — A. m. d. Umschlags-Ttl.: Der Schulbote. 8. Neiße 831—36, Hennings.

Abthl. I. Allgemeine Grundsätze d. Unterrichts u. d. Erziehung. 1—5., 7—10. Bdchn.

A. u. d. Ttln.:

Bdchn. 1—5. Handel, Chr. Fr., Kinder-Seelenlehre, insbes. f. Lehrer aber auch f. Aeltern u. Erzieher anwendlich dargestellt. 1—5. Bdchn. [1. (8½ B.) 8 Gr., 2. (6¼ B.) 831. 7 Gr., 3. (8½ B.) 833. 8 Gr., 4. (8½ B.) 834. 8 Gr., 5. (8½ B.) 836 8 Gr.] 1 Thlr. 15 Gr.
" 7—10. Scholz, Chr. Gtlo., Methodik d. Muttersprachunterrichts in deutschen Volksschulen. 1. u. 2. Bdchn. [1. (9¾ B.) 835. 10 Gr., 2. (16½ B.) 836. 16 Gr.] 1 Thlr. 2 Gr.
Das 6. Bdchn. wird noch erwartet.

Hand- u. Taschen-Bibliothek, pädagog., f. Eltern, Lehrer u. Erzieher. Im Vereine m. mehr. Geistlichen u. Schulmännern hrsg. v. Chrstn. Friedr. Handel u. Chrstn. Gtli. Scholz. In 4 Abthl. — A. m. d. Umschlags-Ttl.: Der Schulbote. 8. Neiße, Hennings.

Abthl. I. Allgem. Grundsätze d. Unterrichts u. d. Erziehung. 6. u. 11. Bdchn.

A. u. d. Ttln.:

Bdchn. 6. Handel, Chr. Fr., Kinder-Seelenlehre, anwendlich dargestellt. (7½ B.) 837. * 8 Gr.
" 11. —— über einige noch hie u. da sich findende Schulmängel. Ein Wort d. Erfahr. (7¾ B.) 839. * 8 Gr.
1—5. 7—10. Bdchn. Ebds. 1831—36. * 7 Thlr. 3 Gr.

Abthl. II. Unterrichtswege. 1—14. Bdchn.

A. u. d. Ttln.:

Bdchn. 1. Scholz, Chr. Gtlo., Uebungen im Anschauen, Denken, Reden u. Aufschreiben, als Vorschule d. Weltkunde u. d. Sprech- u. Größenlehre. 1. Bdchn. (8½ B.) 831. 8 Gr.
Vgl. 5. Bdchn.
" 2. Müller, Jos., Leselehre, gegründet auf d. Bau u. d. Anordnung d. Grundsilben d. teutschen Sprache, nebst einigen Winken üb. d. damit zusammenhäng. Sprach- u. Schreibunterr. (6½ B. u. 1½ B. Wandtafn. Fol.) 831. 8 Gr.
" 3. Röhricht, Carl Gtli., Leitfaden z. Unterr. in d. Rechtschreibung. (5½ B.) 832. 6 Gr.
" 4. Kleine Pflanzenkunde, od. Beschreib. d. wicht. Pflanzen. Für Volksschulen bearb. v. A....s. 1. Bdchn. (6 B.) 832. 6 Gr.
" 5. Scholz, Chr. Gtlo., Uebungen im Anschauen, Denken ꝛc. 2. Bdchn. (6½ B.) 833. 6 Gr.
Vgl. 1. Bdchn.
" 6. Geometr. Konstructionslehre, od. d. mathemat. Zeichnen. Eine Anweis. zu prakt. Arbeiten, mit d. Lineal u. Zirkel u. e. Vorbereit. z. Studium d. eigentl. Geometrie. Von R. St. (M. 3 Stndr.-Taf. qu. Fol.) (4½ B.) 833. 8 Gr.
" 7. Scholz, Chr. Gtlo., Laut- u. Buchstabenlehre d. deutschen Sprache, z. Begründung d. Lese- u. Rechtschreibeunterr. f. Volksschullehrer bearb. u. als Probe aus e. größ. ungedr. deutschen Sprachwerke. (8½ B.) 833. 8 Gr.
" 8. Röhricht, Carl Gtli., Vorschule d. Satz- u. Aufsatzlehre Zugleich e. Versuch d. Wort-, Satz- u. Rechtschreibelehre mit einander in Verbind. zu bringen. (7 B.) 834. 8 Gr.
" 9., 10. Sobolewsky, Ludw., die Erde in Beziehung auf d. Himmel, od. mathemat. Geographie; f. Volksschullehrer. Mit e. Vorw. v. Chr. Gtlo. Scholz. (15½ B. u. 2 Stnt. gr. 4.) 834. 16 Gr.
" 11. Wander, K. F. W., Geschichtsblikke, od. kurze Darstell. d. Wissenswürdigsten aus d. Welt- u. Menschengesch. f. jed. Tag im Jahre 1. Bdchn Januar. (7¾ B.) 835. 6 Gr.
Vgl. 14. Bdchn.
" 12. Müller, Jos., Grundzüge f. den ersten Unterr. in d. teutschen Sprachlehre. (11 B.) 835. 12 Gr.
" 13. Schneider, Wilh., musikal. Führer f. diejen., welche d. Weg zum Schulfach betreten u. sich auf dass. vorbereiten wollen. (6 B. u. 1 Musikbeil. qu. ½ Fol.) 835. 8 Gr.
" 14. Wander, K. F. W., Geschichtsblikke; od. kurze Darstell. ꝛc. 2. Bdchn. Februar. (6 B.) 835. 6 Gr.
Vgl. 11. Bdchn.

Hand- u. Taschen-Bibliothek, pädagogische, ꝛc.

Abthl. II. Unterrichtswege. 15—25. Bdchn.

A. u. d. Ttln.:

Bdchn. 15. Hinke, Aug., 140 Uebungen im Briefschreiben, z. Förderung u. Erleichter. dies. Unterrichtsgegenstandes in Volksschulen. (8¼ B.) 836. * 8 Gr.
" 16—19. Wander, K. F. W., Geschichtsblicke ꝛc. 3—6. Bdchn. (22¾ B.) 837, 38. * 1 Thlr.
" 20. Hoffmann, H. Th., method. Leitfaden f. d. ersten Gesangunterr. in Elementarschulen. Od.: Wie betreibt man d. Gesangunterr. in Elementarschulen auf e. zweckmäß. Weise? (6 B.) 838. * 8 Gr.
" 21. Scholz, Chr. Gtli. u. A. Stubba, Leitfaden f. d. Unterr. in d. Geometrie. Ein Aufgaben- u. Uebungsb. f. Schüler in Seminarien u. Volksschulen. 1. Lehrg.: Vorbereitende u. einleit. Uebungen in d. Geometrie. (10¾ B. u. 3 Figtaf.) 838. * 10 Gr.
" 22. Lüsebrink, Joh. Pet. Friedr., die Zweifachrechnung f. Elementarschulen. (5½ B.) 839. * 6 Gr.
" 23—25. Scholz, Chr. Gtli. u. A. Stubba, method. Lehrbuch d. Geometrie. Ein Handb. f. Lehrer in Seminarien u. Volksschulen. 1. Thl. 1—3. Abschn.: Vorbereit. u. einleit. Uebungen in d. Geometrie. (21¾ B. u. 7 Figtaf.) 839, 40. à * 8 Gr. * 1 Thlr.
1—14. Bdchn. Ebendas. 1831—35. * 4 Thlr. 10 Gr.

Abthl. III. Pädagogisches Allerlei.

A. u. d. T.:

Bdchn. 12—20. Sprechsaal d. schriftl. Vereines vaterländ. Schulmänner, Pädagogen, Aeltern, Erzieher u. Jugendfreunde. Von Chr. Fr. Handel u. Chr. G. Scholz. [12. (8 B.) 836. * 8 Gr., 13. (9¼ B.) 837. * 10 Gr. 14. u. 15. (15⅛ B.) 838. * 14 Gr., 16. (9¼ B.) 839. * 10 Gr., 17. (9 B.) 839. * 8 Gr., 18. (11 B.) 840. * 11 Gr., 19. (11½ B.) 841. * 10 Gr., 20. (6¾ B.) 842. * 8 Gr.] * 3 Thlr. 7 Gr.

1—11. Bdchn. Ebendas. 1831—36. * 3 Thlr. 5 Gr.

Hand- u. Taschen-Bibliothek, pädagog., f. Aeltern, 2c. Abthl. III. Pädagogisches Allerlei. Thlr.

A. u. d. T.:

Bdchn. 1—11. Sprechsaal d. schriftl. Vereines vaterländ. Schulmänner, Pädagogen, Aeltern, Erzieher 2c. Eröffnet v. Chrstn. Fr. Handel u. Chr. Gtlo. Scholz. [1. (6 B. u Musikbeil.) 831. 7 Gr., 2., 3. (11 B.) 11 Gr., 4., 5. (14¼ B.) 832. 15 Gr., 6. (7½ B.), 7. (6½ B.) à 8 Gr., 8. (8½ B.) 833. 6 Gr., 9. (8 B.) 834. 8 Gr., 10. (5¼ B.) 835. 6 Gr., 11. (8¼ B.) 836. 8 Gr.]

Abthl. IV. Bücherschau.

A. u. d. T.:

Bdchn. 1—5. Beurtheilung d. wichtigsten pädagog. Schriften, hrsg. v. Chr. Fr. Handel u. Chr. Gtlo. Scholz. [1. (7¾ B.) 831. 8 Gr., 2. (7¼ B.) 832. 8 Gr., 3., 4. (11½ B.) 833. 12 Gr., 5. (8 B.) 834. 8 Gr.]

Abthl. IV. Bücherschau.

A. u. d. T.:

Bdchn. 6., 7. Beurtheilung d. wichtigsten pädagog. Schriften. Hrsg. v. Chr. Fr. Handel u. Chr. G. Scholz. 6. u. 7. Bdchn. (11 u. 9¾ B.) 836, 40. à * 10 Gr.

1—5. Bdchn. Ebendas. 1831—34. * 1 Thlr. 12 Gr.

Handbibliothek, pharmazeutische. 1. Bd. kl. 8. Magdeburg 909. Schallehn & Wollbrück. Geb. in Leinw. 1. —

Repetitorium d. pharmazeut. Chemie. Von Otto Gerke. (X, 85 S.)

—— **philologische.** 1.—159. Lfg. gr. 8. Berlin 881—87, Weidmann'sche Buchh. à Lfg. *ℳ 1.—. * 1

Inhalt:

Lfg. 1—10. 34—38. 81—86. 90. 91. Mommsen, Thdr., römische Geschichte. 7. Aufl. 1.—3. Bd. (X, 942; VIII, 463; IV, 708 S.) *ℳ 23.—.

» 138—146. —— dass. — 5. Bd. (VIII, 659 S. mit 8 Karten.) *ℳ 9.—. (4. Bd. noch nicht erschienen.)

» 11—18. 24—33. 39—49. Curtius, Ernst, griechische Geschichte. 5. Aufl. 3 Bde. (VII, 687; III, 883; IV, 816, 119 S. mit 1 lith. und color. Karte von J. Kaupert.) *ℳ 29.—.

» 19—23. 95—98. 103. Preller, L., römische Mythologie. 3. Aufl. von H. Jordan. 2 Bde. (XII, 455; XI, 490 S.) *ℳ 10.—.

» 50—58. 65—72. 75—80. Lange, L., römische Alterthümer. 3 Bde. [1. und 2. Bd. 3. Aufl. (XII, 964 S.); 3. Bd. 2. Aufl. (XII, 624 S.)] *ℳ 23.—.

» 59—64. Jordan, H., Topographie der Stadt Rom im Alterthum. 1. Bd. 1. Abthl. (X, 551 S. mit 2 Taf.) *ℳ 6.—.

» 73. 74. 101. 102. 119. 128. 129. 148. —— dass. — 1. Bd. 2. Abthl. (VII, 478 S. mit 5 Taf. und 1 Plan.) *ℳ 8.—.

» 87—89. 92—94. 99. 100. Hultsch, Fr., griechische und römische Metrologie. Zweite Bearbeitung. (XIV, 745 S.) *ℳ 8.—.

» 104—118. Bergk, Th., griechische Literaturgeschichte. Aus dem Nachlass hrsg. von Gust. Hinrichs. 1. und 2. Bd. (VI, 1024; XI, 544 S.) *ℳ 15.—.

» 130—136. —— dass. — 3. Bd. (XII, 620 S.) *ℳ 7.—.

» 152—159. —— dass. — 4. Bd. (XII, 580 S.) *ℳ 8.—.

Lfg. 120—127. Nissen, H., italische Landeskunde. 1. Bd. (VIII, 566 S.) *ℳ 8.—.

» 137. 147. 149—151. Preller, L., griechische Mythologie. 1. Bd. 4. Aufl. 1. Abthl. (S. 1—368.) *ℳ 5.—.

—— **populäre.** 1.—20. Bd. 16. Dresden 870—75, Kaufmann.

Inhalt:

Bd. 1. Der reichhaltigste Gelegenheitsdichter. 1.—8. verb. Aufl. (154 S.) ℳ 1,25.

» 2. —— dass. — Neue Folge. Original-Beiträge von Rob. Kretzschmar. 1.—4. Aufl. (143 S.) ℳ 1,25.

» 3. Der heiterste Gesellschafter. Eine Auswahl der besten komischen Vorträge für gesellige Kreise. 1.—5. Aufl. (82 S.) 75 Pf.

» 4. Die auserlesensten Gratulations- und Fest-Gedichte. 1.—5. Aufl. (90 S.) 75 Pf.

» 5. Die beliebtesten Polterabendscherze, sowie Spiele und Gedichte zu Hochzeitsfesten. 1.—6. vollständig umgearb. und verb. Aufl. (IV, 154 S.) ℳ 1,25.

» 6. —— dass. — Neue Folge. Neue Polterabend- und Hochzeitsgedichte von Rob. Kretzschmar. Anhang: Vorträge bei Ehejubiläen und Gratulationskarten. 1.—4. Aufl. (134 S.) ℳ 1,25.

» 7. Am Polterabend und Hochzeitsfest! Gedichte, Scenen und Spiele. 1.—4. Aufl. (IV, 90 S.) 75 Pf.

» 8. —— dass. — Neue Folge. Neue Polterabend- und Hochzeits-Gedichte. Von Rob. Kretzschmar. Anhang: Vorträge bei Ehejubiläen und Gratulationskarten. 1.—4. Aufl. (IV, 90 S.) 75 Pf.

» 9. Der unübertroffene Taschenspieler und Hexenmeister. Die beste und reichste Auswahl der überraschendsten und ohne große Schwierigkeit auszuführenden Taschenspiel-, Karten- und Rechenkünste. 1.—15. Aufl. (XXVIII, 154 S.) 75 Pf.

» 10. Die besten komischen Vorträge für gesellige Kreise. (1. Bd.) 1.—11. Aufl. (IV, 170 S.) ℳ 1,25.

» 11. Kretzschmar, Rob., das Buch der Akrosticha (Namensverse). Anhang: Stammbuchverse. (XI, 76 S.) 75 Pf.

» 12. —— Buch der Tafellieder und Toaste. Gedichte. 1.—3. Aufl. (IV, 150 S.) ℳ 1,25.

» 13. —— das Buch der Toaste. (76 S.) 75 Pf.

» 14. Der heiterste Gesellschafter. Neue Folge. 1.—3. Aufl. (82 S.) 75 Pf.

» 15. Die besten komischen Vorträge für gesellige Kreise. 2. Bd. 1.—4. Aufl. (152 S.) ℳ 1,25.

» 16. Das große egyptische Traumbuch, enth. die reichste, einzig vollständ. und richtige Deutung aller Träume. Nach alten egypt. und arab. Handschriften zusammengestellt, sowie unter Mitbenützung hinterlassener Papiere der berühmten Wahrsagerin Mlle. Le Normand bearb. Anhang: Träume in Bildern in zahlreichen Bildern dargestellt, nebst Angabe der betr. Lotterie-(Lotto-)Gewinn-Nummern. 1. und 2. Aufl. (IV, 119 S.) 75 Pf.

» 17. Das Buch der Träume. 1.—3. Aufl. (52 S.) 50 Pf.

» 18. Kreplin, E. W., ein Tausend Erwerbsquellen für Geschäfts- und Privatleute. Eine Zusammenstellung erprobter und zum Theil bisher geheim gehaltener Anweisungen, insbesondere für solche männliche und weibliche Personen, welche bei kleinem Betriebscapitale sich gewinnbringenden Unternehmungen und Beschäftigungen zuwenden wollen. gr. 8. (IV, 232 S.) ℳ 1,50.

» 19. Das Ganze der Taschenspiel- und Wahrsagekunst. Von Philadelphia dem Jüngeren, Bosco, Madem. Le Normand 2c. 2 Thle. in 1 Bd. (XXVIII, 154; 80 S.) ℳ 1,50.

» 20. Blicke in die enthüllte Zukunft. (80 S.) 75 Pf.

— **postalische.** Nr. 1—3. 12. Berlin, C. Heymann. Kart. à n. 2. —

1. Musterarbeiten f. die Sekretärprüfung. Von K. Dankwort u. K. Frenzel. 2. Aufl. (IV, 306 S.) 904.
2. Internationaler Telegraphenvertrag nebst Ausführungs-Uebereinkunft (Londoner Revision vom 10. VII. 1903.) Für Lern- u. Nachschlagezwecke bearb. Von Günt. Schmidt. (XII, 166 S.) 904.
3. Verkehrsgeographie. Von Karl Dankwort u. Ph. Bersu. 1. Tl. Allgemeine Erdbeschreibg. Bearb. v. Bersu. (VIII, 210 S.) 906.

— **postalische.** Nr. 4—6. kl. 8. Berlin, C. Heymann. Kart. à 2. —

Andersch, Max, Rechtskatechismus f. Post- u. Telegraphenbeamte. 1. Tl. Postgesetz u. Eisenbahnpostgesetz. (VIII, 290 S.) 908. (Bd. 5.)

Dankwort, Karl, u Bersu. Verkehrsgeographie 2. Tl. Postgeographie. Bearb. v. Dankwort. (VIII, 182 S.) 908. (Bd. 4.)

Koch, Paul, der Postprotest. Ein Wegweiser f. Postbeamte. 1., 2. unveränd. u. 3. Aufl. (Je 142 S.) 908. 909. (Bd. 6.)

Handbibliothek, prakt., gemeinnütziger Kenntnisse f. d. Volks-Unterricht 2c. (2. Ausg.) 1. Bd.: Das Wissenswürdigste aus d. Naturlehre. Ein Hülfsbuch f. Lehrer u. Leitfaden z. Selbstunterricht. Von Emil Ferd. Vogel. 8. (XII u. 262 S.) Ebd. 847. 1/3 Thlr. — 2. Bd.: Das Wissenswürdigste aus der Naturgeschichte. Ein Handbuch f. Lehrer 2c. Von Emil Ferd. Vogel. 8. (XVI u. 380 S.) Ebd. 847. 1/2 Thlr.

— **praktische, gemeinnütziger Kenntnisse f. den Volks-Unterricht.** Eine Sammlung des Wissenswürdigsten aus dem Gebiete der Naturlehre, der Naturgeschichte, der Länder- u. Völkerkunde, der Welt- u. Menschengeschichte u. d. Technologie. Als Hülfsbuch für Lehrer, wie auch zum Selbst-Unterricht unter Mitwirkung mehrerer Gelehrten bearb. u. herausg. v. Emil Ferd. Vogel. 8. Lfg. Länder- u. Völkerkunde. Von E. F. Vogel. 1. Lfg. 8. (112 S.) 9—11. Lfg. A. u. d. T.: Das Wissenswürdigste aus der Länder- u. Völkerkunde. Ein Hülfsbuch für Lehrer u. Leitfaden zum Selbstunterricht. Von Emil Ferd. Vogel. 2—4. Lfg. 8. (XX S. u. S. 113—348.) Leipzig 847. 49. Brauns. à n. 1/6 Thlr. (1—11: n. 1⅚ Thlr.)

— praktisch-theologische. Eine Sammlg. v. Leitfäden f. die kirchl. Praxis im Sinne der neueren Theologie, hrsg. v. F. Niebergall. 1.—4. Bd. 8. Göttingen, Vandenhoeck & Ruprecht. n. 11. 40; geb. n. 13. 80

1. Die Kasualrede. Von F. Niebergall. (VIII, 134 S.) Leipzig 905. n. 2. 40; geb. n.n. 3. —
2. Die Predigt. Eine Einführg. in die Praxis. Von M. Schian. (VIII, 226 S.) 906. n. 3. —; geb. n. 3. 60
3. Die Arbeit an den Suchenden aller Stände. Anleitung zur Tätigkeit in Vorträgen u. Presse. Von W. Wielandt. (VI, 232 S.) 906. n. 3. —; geb. in Leinw. n. 3. 60
4. Die kirchliche Vereinsarbeit. Von G. Hoepel. (VIII, 223 S.) 906. n. 3. —; geb. n. 3. 60

— praktisch-theologische. Eine Sammlg. v. Leitfäden f. die kirchl. Praxis, hrsg. v. Frdr. Niebergall. 1. u. 5—14. Bd. 8. Göttingen, Vandenhoeck & Ruprecht. 28.60; geb. 36. 60

Balzer, O., prakt. Eschatologie. Die christl. Hoffnung in der gegenwärt. Evangeliums-Verkündigg. (Beiträge zur Gewinng. v. Stoffgedanken f. Predigt, Seelsorge u. Unterricht, 2. Tl.) (VI, 218 S.) 908. (Bd. 9.) 3.20; geb. 3. 80
Bechtolsheimer, H., die Seelsorge in d. Industriegemeinde. (VI, 190 S.) 907. (Bd. 5.) 2.80; geb. 3. 40
Beiträge zur Gewinng. v. Stoffgedanken f. Predigt, Seelsorge u. Unterricht, 3. Tl. Hackenschmidt, Karl, die Christus-Predigt f. unsere Zeit. Praktische Christologie. (154 S.) 909. (Bd. 10.) 2.60; kart. 3. 20
Grünberg, Paul, die evangel. Kirche, ihre Organisation u. ihre Arbeit in der Großstadt. (VIII, 164 S.) 910. (Bd. 14.) 2.80; geb. 3. 40
Herzog, Johs., die Probleme des inneren Lebens in d. evangelischen Verkündigung. Eine homilet. Untersuchg. (X, 160 S.) 908. (Bd. 8.) 2.80; geb. in Leinw. 3. 40
Hesselbacher, K., die Seelsorge auf d. Dorfe. 2. Aufl. (XII, 188 S.) 909. (Bd. 7.) 3.—; geb. 3. 60
1. Aufl. (XI, 191 S.) 908. 3.—; geb. 3.60.
Lorenz, Ottom., der Konfirmanden-Unterricht. (VIII, 260 S.) 910. (Bd. 12. 13.) 3.80; geb. 4. 40
Niebergall, Fr., Jesus im Unterricht. Ein Handbuch f. die Behandlg. der neutestamentl. Geschichten. (VIII, 174 S.) 910. (Bd. 11.) 2.80; geb. 3. 40
— Die Kasualrede. 2. Aufl. (VIII, 172 S.) 907. (Bd. 1.) 2.80; geb. 3. 40
Traub, G., der Pfarrer u. die soziale Frage. (VI, 134 S.) 907. (Bd. 6.) 2.—; geb. 2. 60

— d. öffentlichen Rechts. Hrsg. von A. v. Kirchenheim. 1.—4. Bd. 8. Stuttgart, Enke. n. 33. —; geb. n. 37. —

1. Lehrbuch d. deutschen Staatsrechts. Von A. v. Kirchenheim. (XVI, 440 S.) 887. n. 8. —; geb. n. 9. —
2. Lehrbuch d. deutschen Verwaltungsrechts. Von K. Frhr. v. Stengel. (XVI, 459 S.) 886. n. 8. —; geb. n. 9. —
3. Lehrbuch d. Kirchenrechts. Von Ph. Zorn. (XVII, 534 S.) 888. n. 9. —; geb. n. 10. —
4. Lehrbuch d. Völkerrechts. Von A. Rivier. (XVI, 453 S.) 889. n. 8. —; geb. n. 9.;

— des öffentlichen Rechts. Hrsg. von A. v. Kirchenheim. 4. (Schluß-)Bd. 8. Stuttgart, F. Enke. n. 8. —; geb. in Leinw. n. 9. —

Lehrbuch des Völkerrechts. Von Alphons Rivier. 2., verb. Aufl. (XVI, 469 S.) 899.
Bd. 1—3. Ebd. 886—888. n. 25. —; geb. n. 28. —.

Handbibliothek der nützlichsten deutschen Schriften zum Vergnügen und Unterricht. Herausgegeben von Nicolai. 1787. 8.

— des bayerischen Staatsbürgers, od. Sammlung Königl. Bayer. Administrativ-Gesetze und Verordnungen vom Jahre 1817 bis auf die neueste Zeit, bezüglich auf die Verfassung des Reiches, Verwaltung der Gemeinden u. die materiellen Interessen des Bürgers überhaupt. Zusammengestellt mit Genehmigung des Königlichen Staatsministeriums des Innern. 4 Bdchn. Mit 1 Tabelle. gr. 12. Augsburg 837, Kollmann. n. 1 2/3 ℛ (Einz.: Bdchn. I. 1/2 ℛ II. 3/4 ℛ III. 2/3 ℛ IV. 1/3 ℛ)

Handbibliothek d. bayer. Staatsbürgers, oder Sammlung sämmtlicher Administrativ-Gesetze etc. 9 Bde., 8 Supplem.-Bde. u. Neue Reihe Bd. 1—3. (Zus. 20 Bde.) Augsburg u. Regensburg 1845—78. 8°. Ppbde.
Von Suppl. Bd. 7 ab: Regensb., Manz.

— des bayerischen Staatsbürgers, od. Sammlung Königl. Bayer. Administrativ-Gesetze u. Verordnungen v. J. 1817 bis auf die neueste Zeit, bezüglich auf die Verfassung des Reiches, Verwaltung der Gemeinden rc. 5. Bd. gr. 12. Augsburg 841, Kollmann. n. 1 1/6 ℛ — 2. vervollst. umgearb. Aufl. (in 5 Bdchen.) 1.—4. Bd. gr. 8. Ebend. 845, 46. 1. 2 ℛ 2. n. 1 1/2 ℛ 3. n. 1 1/3 ℛ 4. n. 1 1/6 ℛ

— des bayerischen Staatsbürgers, od. Sammlung sämmtlicher Administrativ-Gesetze u. Verordnungen rc. bezüglich auf die Verfassung des Reiches, Verwaltung d. Gemeinden u. die materiellen Interessen des Bürgers überhaupt. 2. umgearb. u. vervollst. Aufl. 5. Bd. gr. 8. (264 S.) Augsburg 847, Kollmann. Subscr.-Pr. n. 1 ℛ; Laden-Pr. n. 1 1/4 ℛ — Chronolog. u. alphabet. General-Register zu allen 5 Bdn. gr. 8. (208 S.) Ebd. 847. Subscr.-Pr. n. 1/2 ℛ Einzeln n. 2/3 ℛ (cplt. 5 Bde. m. Generalreg. n. 7 1/6 ℛ) — Supplement-Bd. 5 Lfgn. (IV u. 528 S.) Ebd. 850. Subscr.-Pr. (1 : 3 ngr — 2 : 1/6 ℛ — 3 : 6 ngr — 4 u. 5 : à 1/3 ℛ) 1 ℛ 4 ngr — Ladenpr. (1 : 3 1/2 ngr — 2 : 1/4 ℛ — 3 : 8 ngr — 4 u. 5 : à 13 1/3 ngr) 1 ℛ 15 1/2 ngr

— — 2. Supplementband. Ebend. 853. gr. 8. (IV, 654 S. u. 1 Tab. in Fol.) n. 1 ℛ 20 ngr

— — 3. Supplem.-Bd. 1. Liefg., s. Grundbestimmungen rc.

— des bayerischen Staatsbürgers, oder Sammlung sämmtlicher Administrativ-Gesetze, sowie der geltenden bezüglichen Verordnungen u. s. w. mit Zugrundelegung der Verfassung des Reiches vom J. 1818 und der später allerhöchst verabschiedeten Gesetze bezüglich auf die Verfassung des Reiches, Verwaltung der Gemeinden und die materiellen Interessen des Bürgers überhaupt. Zusammengestellt von einem Geschäftsmanne rc. 3., durchaus umgearb. u. ganz vervollständigte Aufl. 1—3. Bd. Augsburg 857, 58. Kollmann. gr. 8. (VI, 585; IV, 611; IV, 623 S.) Subscr.-Pr. n. 5 ℛ 26 ngr; Ladenpr. n. 8 ℛ 20 ngr

Handbibliothek der bayerischen Staatsbürger, oder Sammlung sämmtlicher Administrativ-Gesetze, sowie der geltenden bezüglichen Verordnungen u. s. w. mit Zugrundelegung der Verfassung des Reiches vom Jahre 1818 und der später allerhöchst verabschiedeten Gesetze bezüglich auf die Verfassung des Reiches, Verwaltung der Gemeinden u. die materiellen Interessen des Bürgers überhaupt. Zusammengestellt von einem Geschäftsmanne. 3., durchaus umgearb. u. ganz vervollständigte Aufl. 4. u. 5. Bd. Augsburg 858, 59. Kollmann. gr. 8. (VIII, 1058 S. u. 1 lith. Taf.) 1—5 Bd. n. 12 ℛ 8 ngr

— — 1. u. 2. Supplem.-Bd. zur 3. Aufl. des Hauptwerks. Ebend. 862, 63. gr. 8. (IV, 383 S.; IV, 544 S.) n. 2 ℛ

— des bayerischen Staatsbürgers oder Sammlung sämmtl. Administrativ-Gesetze, sowie der geltenden bezügl. Verordnungen rc. mit Zugrundlegung der Verfassung des Reiches vom J. 1818 u. der später allerhöchst verabschiedeten Gesetze bezüglich auf die Verfassung des Reiches, Verwaltung der Gemeinden u. die materiellen Interessen des Bürgers überhaupt. 3—6. Suppl.-Bd. zur 3. Aufl. des Hauptwerks. Augsburg 866. Kollmann'sche Buchh. gr. 8. n. 5 ℛ 9 1/2 ngr
3. Bd. (620 S.) n. 1 ℛ 18 ngr., 4. Bd. (416 S.) n. 1 ℛ 4 ngr., 5. Bd. (524 S.) n. 1 ℛ 12 1/2 ngr., 6. Bd. (382 S.) n. 1 ℛ 5 ngr.

Handbibliothek des bayerischen Staatsbürgers rc. 5. Suppl.-Bd. zur 3. Aufl. des Hauptwerks. 4 Hefte. gr. 8. Ebendas. [1. Heft. (S. 1—128.) 868. *ℳ 1.; 2. und 3. Heft. (S. 129—400.) 869. *ℳ 2,25.; 4. Heft. (S. 401—524.) 869. *ℳ 1.]

—— dass. — 6. Suppl.-Bd. zur 3. Aufl. des Hauptwerks. 2 Hefte. gr. 8. Ebendas. [1. Heft. (S. 1—160.) 869. *ℳ 1,50.; 2. Heft (S. 161—382.) 870. *ℳ 2.]

—— dass. — 7. Suppl.-Bd. zur 3. Aufl. des Hauptwerks. 1. Heft. gr. 8. (160 S.) Ebendas. 871.
1. Reihe. 8 Bde. und 7 Suppl.-Bde. *ℳ 61,60.

— des bayerischen Staatsbürgers, od. Sammlung sämmtl. Administrativ-Gesetze, sowie der geltenden bezügl. Verordngn. rc. m. Zugrundelegg. der Verfassg. d. Reiches vom J. 1818 u. der später allerhöchst verabschiedeten Gesetze bezüglich auf die Verfassg. d. Reiches, Verwaltg. der Gemeinden u. die materiellen Interessen d. Bürgers überhaupt. Zusammengestellt v. e. Geschäftsmanne. 4. Suppl.-Bd. 4. Hft. zur 3. Aufl. d. Hauptwerks. gr. 8. (S. 417—548.) Augsburg 871. Kollmann n. 1. 5[illegible]

— dasselbe. Neue Reihe. Die Gesetze d. deutschen Reiches in Bayern u. die dazu erlassenen Vollzugsvorschriften. Zusammengestellt v. e. Geschäftsmanne. 1—3. Hft. gr. 8. (S. 1—432.) Ebend. 871. 72. n. 4. 10 (1. Reihe I—V, 2. Reihe. I. 1—3. u. Suppl.-Bd. I—VII, 1: n. 65. 70

—— des bayerischen Staatsbürgers. Neue Reihe. Die Gesetze des deutschen Reiches in Bayern und die dazu erlass. Vollzugsvorschriften. Zusammengestellt von einem Geschäftsmann. 1. Bd. 1.—3. Heft. gr. 8. [Ebendas.] [1. Heft. (S. 1—144.) 871. *M 1,20.; 2. Heft. (S. 145—304.) 872. *M 1,50.; 3. Heft. (S. 305—432.) 873. *M 1,40.] *

— dasselbe. Neue Reihe: Die Gesetze des Deutschen Reiches in Bayern u. die dazu erlassenen Vollzugsvorschriften. Zusammengestellt von einem Geschäftsmanne. 1. Bd. 4. (Schluß-)Hft. gr. 8. (S. 433—864.) Ebend. 876. n. 4. 40

— dasselbe. 2. Bd. gr. 8. (436 S.) Ebend. 877. n. 4. —

— dasselbe. 3. Bd gr. 8. (347 S.) Ebend. 878. n. 3. 60

Handbibliothek des bayerischen Staatsbürgers, oder Sammlung sämmtl. Administrativ-Gesetze, sowie der gelt. bezügl. Verordnungen rc., mit Zugrundelegung der Verfassung des Reiches vom J. 1818, und der später allerhöchst verabschiedeten Gesetze bezüglich auf die Verfassung des Reiches, auf die Verwaltung der Gemeinden und die materiellen Interessen des Bürgers überhaupt. Zusammengestellt von einem Geschäftsmanne in 5 Bdn. 7. Suppl.-Bd. 2. (Schluß-)Heft und 8. Suppl.-Bd. zur 3. Aufl. des Hauptwerks. gr. 8. Regensburg, Manz. [7. Suppl.-Bd. 2. Heft. (S. 161—508.) 878. *M 3,60.; 8. Suppl.-Bd. (494 S.) 879. *M 5] *
1. Reihe. 5 Bde. und 8 Suppl.-Bde. *M 52,40.

— des bayerischen Staatsbürgers, oder Sammlung sämmtl. Administrativ-Gesetze, sowie der gelt. bezügl. Verordnungen rc., mit Zugrundelegung der Verfassung des Reiches vom J. 1818, u. der später allerhöchst verabschiedeten Gesetze bezüglich auf die Verfassung des Reiches, auf die Verwaltung der Gemeinden u. die materiellen Interessen des Bürgers überhaupt. Zusammengestellt von einem Geschäftsmanne in 5 Bdn. 8. Suppl.-Bd. zur 3. Aufl. des Hauptwerks. gr. 8. (494 S.) Regensburg 879. Manz. n. 5. —

Handbibliothek, technische, hrsg. v. Hans Lorenz. 1. u. 2. Bd. gr. 8. München, R. Oldenbourg. Geb. in Leinw. n. 19. —
1. Neuere Kühlmaschinen, ihre Konstruktion, Wirkungsweise u. industrielle Verwendung. Ein Leitfaden f. Ingenieure, Techniker u. Kühlanlagen-Besitzer. Von Hans Lorenz. 3. durchgeseh. u. verm. Aufl. (VIII, 374 S. m. Abbildgn.) 901. n. 10. —
2. Praktische Betriebskontrolle e. Mälzerei- u. Brauereibetriebes. Von Ant. Schifferer. (XII, 304 S. m. Abbildgn., 2 Taf. u. 1 Tab.) 901. n. 9. —

Handbibliothek, technische, Fortsetzung, s.: Oldenbourg's technische Handbibliothek.

Handbibliothek, Theologische, oder Verzeichniss von Büchern aus allen Theilen der Gottesgelahrtheit ... Erlangen 1788. H: *Palm, Joh. Jacob.* (Petz)

—— vollständ., d. neuesten Erdbeschreibung v. Ad. Chr. Gaspari, G. Hassel, J. G. Fr. Cannabich, J. C. F. Guts-Muths u. Fr. A. Ukert. 20. Bd. 4 Lfgn. (od. V. Abthl. 5. Bd. 4 Lfgn.) gr. 8. Weimar, Geograph. Inst.
A. u. d. Tit.:
Lfg. 1. GutsMuths, J. C. F., vollständ. u. neueste Erdbeschreib. d. Staates Colombia. (27½ B.) 830. 2 Thlr. 6 Gr.
„ 2. —— vollständ. u. neueste Erdbeschreib. d. Staaten Chile u. Arauca, Patagoniens, d. Feuerlandes, d. Falklandinseln od. Malouinen u. d. Süd-Polar-Eilande. (19 B.) 830. 1 Thlr. 15 Gr.
Lfg. 3. Fröbel, Jul., geograph.-statist. Beschreib. v. Ober- u. Nieder-Peru, od. d. Freistaaten Peru u. Bolivia. (23 B.) 831. 2 Thlr.
„ 4. —— geograph.-statist. Beschreib. d. Argentinischen Republik od. d. Freistaaten v. Rio de la Plata, d. Freistaats v. Uruguay u. d. Staats Paraguay. (17 B.) 832. 1 Thlr. 15 Gr.
1—19. u. 21—23. Bd. od. 22 Abthln. Ebendas. 1819—27. 76 Thlr. 12 Gr.
Das hiermit vollendete Werk enth. zusammen 1304 Bog.

— der vorzügl. neuern Werke des Auslandes über prakt. Medicin u. Chirurgie. In Verbindung mit mehren Aerzten herausgeg. v. G. Krupp, s. 1) Lisfranc, chirurg. Klinik des Hospitals de la Pitié. — 2) Prout, Krankheiten des Magens u. der Harnorgane. — 3) Graves, Rob. James, klinische Beobachtungen. — 4) Piorry, Krankheiten des Herzens. — 5) Rilliet u. Barthez, Kinderkrankheiten. — 6) Fergusson, Handbuch d. Chirurgie. — 7) Williams, Pathologie u. Therapie. — 8) Lugol, Untersuchungen über scrophulöse Krankheiten.

— des allgemeinen u. prakt. Wissens. Zum Studium u. Selbstunterricht in den hauptsächlichsten Wissenszweigen u. Sprachen hrsg. v. Eman. Müller-Baden in Verbindg. m. Geo Biedenkapp, Gust. Blumschein, Frdr. Claussen u. a. Neueste, amtl. gült. Rechtschreibg. 2 Bde. (III, 48, 22, 136, 268, 49, 86, 56, 74, 170, 86 u. III, 254, 194, 310, 96, 60, 48 u. 91 S. m. Abb., farb. Taf. u. 42 farb. Kart.) Lex. 8. Berlin (910). Deutsches Verlagshaus Bong & Co. Geb. in Leinw. 25. —

— der stenographischen Wissenschaft. Begründet u. geleitet v. Paul Mitzschke. 1. Bd. 8. Leipzig 890. Robolsky. n. 3. —
Die Vorgeschichte der Stenographie in Deutschland während d. 17. u. 18. Jahrh. Von Alfr. Junge. (XVI, 126 S.)

— wissenschaftliche. I. Reihe. Theologische Lehrbücher. I. II. gr. 8. Paderborn 889. 890. F. Schöningh. n. 5. 60; geb. n. 7. 60
I. Katholische Dogmatik in 6 Büchern v. H. Schell. 1. Bd. (XXI, 425 S.) n. 3. —; geb. n. 4. —
II. — dasselbe. 2. Bd. (XIV, 346 S.) n. 2. 60; geb. n. 3. 60

— dasselbe. II. Reihe. Philosophische Lehr- u. Handbücher. I. gr. 8. Ebd. 890. n. 6. —
Naturphilosophie im Geiste d. hl. Thomas v. Aquin. Von M. Schneid. 3., umgearb. Aufl. (XI, 432 S.)

— wissenschaftliche. 1. Reihe. Theologische Lehrbücher. III—VIII. gr. 8. Paderborn, F. Schöningh. n. 22. 80; geb. in Leinw. n.n. 29. — (I—VIII.: n. 28. 40; geb. n.n. 36. 60)
III. Katholische Dogmatik in 6 Büchern v. Herm. Schell. 3. Bd. 1. Tl. (XVIII, 446 S.) 892. n. 3. 20; geb. n.n. 4. 20
IV. — dasselbe. 3. Bd. 2. Tl. (Schluß.) (XXII u. S. 447—958.) n. 3. 60; geb. n.n. 4. 60 (kplt.: n. 12. 40; geb. n.n. 16. 40)
V. Katholisches Kirchenrecht. 1. Bd. Die Verfassung der Kirche, nebst allgemeiner u. spezieller Einleitung, v. Frz. Heiner. (XIV. 391 S.) 893. n. 3. 60; geb. n.n. 4. 60
VI. — dasselbe. 2. Bd. Die Regierg. der Kirche v. Frz. Heiner. (IX, 438 S.) 894. n. 4. —; geb. n.n. 5. —
VII. Die Verwaltung des Bußsakramentes. Eine theoretisch-prakt. Unterweisg. f. die Beichtväter v. Kasp. Er. Schieler. (XXII, 644 S.) 894. n. 6. —; geb. n.n. 7. 20
VIII. Pastoral-Medizin v. Ferd. Marx. (X, 220 S.) 894. n. 2. 40; geb. n.n. 3. 40

— dasselbe. 2. Reihe. Philosophische Lehr- u. Handbücher. II. III. gr. 8. Ebd. 892. n. 8. 60; geb. n.n. 10. 60 (I—III.: n. 14. 60; geb. n.n. 17. 60)
II. Spezielle Metaphysik im Geiste d. hl. Thomas v. Aquin. 2. Bd. Psychologie. 1 Tl. Leben der Seele. Von Matth. Schneid. (X, 360 S.) 892. n. 5. —; geb. n.n. 6. —
III. Einleitung in die Geschichte der Philosophie. Die Gottesidee, die leit. Idee in der Entwickelg. der griech. Philosophie. Von Alois Otten. (VIII, 288 S.) 894. n. 3. 60; geb. n.n. 4. 60

— dasselbe. 3. Reihe. Lehr- u. Handbücher verschiedener Wissenschaften. I. gr. 8. Ebd. 893. n. 4. 60; geb. n.n. 5. 60
Lehrbuch der Pädagogik. Von Cornel Krieg. (XIV, 376 S.)

— wissenschaftliche. 1. Reihe. Theol. Lehr- u. Handbücher. V., VI. u. IX.—XVII. gr. 8. Paderborn, F. Schöningh. n. 53. —; geb. n.n. 65. 60 (I.—XVII.: n. 73. 80; geb n.n. 92. 60)
V. Kathol. Kirchenrecht. Von Frz. Heiner. 1. Bd. Die Verfassg. d. Kirche nebst allgem. u. specieller Einleitg. 2., verb Aufl. (XII, 395 S.) 897. n. 3. 60; geb. n.n. 4. 60
VI. Dasselbe. 2. Bd. D. Regierg. d. Kirche. 2., verb. Aufl. (IX, 462 S.) 897. n. 4. —; geb. n.n. 5. —
IX. Theologische Principienlehre. Lehrbuch d. Apologetik v. Andr. Schill. (XII, 512 S.) 895. n. 5. 60; geb. n.n. 6. 80
X. D. Orden u. Kongregationen d. kathol. Kirche. Von Max Heimbucher. 1. Bd. (X, 583 S.) 896. 6. —; geb. 7. 20
XI. Dasselbe. 2.(Schluß-)Bd. (VII, 557 S.) 897. n. 6. —; geb. n.n. 7. 20
XII. Moraltheologie. Von Adam Göpfert. 1. Bd. (XII, 512 S.) 897. n. 4. —; geb. n.n. 5. 20
XIII. Dasselbe. 2. Bd. (VIII, 441 S.) 897. n. 3. 60; geb. n.n. 4. 80
XIV. Dasselbe. 3. Bd. (IX, 532 S.) 898. n. 4. —; geb. n.n. 5. 20
XV. Einleitg. in d. Neue Testament. Von Alois Schaefer. (VIII, 383 S.) 898. n. 4. 60; geb. n.n. 5. 60
XVI. Lehrbuch d. Kirchengeschichte. Von F. X. Funk. 3., verb. u. verm. Aufl. (XVI, 618 S.) 898. n. 6. —; geb. n.n. 7. 20
XVII. Die Hymnen d. Breviers nebst d. Sequenzen d. Missale, übers. u. kurz erklärt. Von Adb. Schulte. (XIV, 404 S.) 898. n. 5. 60; geb. n.n. 6. 80

Handbibliothek, wissenschaftliche. 3. Reihe. Lehr- u. Handbücher verschied. Wissenschaften. II.—IV. gr. 8. Paderborn, F. Schöningh. n. 11. 60; geb. in Leinw. n.n. 14. 80 (I.—IV.: n. 16. 20; geb. n. 19. 40)
II. Allgem. Kulturgeschichte. Im Grundriß dargest. v. Johs. Nikel. (XVI, 505 S.) 895. n. 4. —; geb. n. 5. 20
III. Prakt. Ratschläge üb. kirchl. Gebäude, Kirchengeräte u. Paramente v. Joh. Gerhardy. (VIII, 258 S.) 895. n. 2. 80; geb. n.n. 3. 60
IV. Entwurf e. Ästhetik d. Natur u. Kunst. Von Ant. Kirstein. (VIII, 324 S.) 896. 4. 80; geb. 5. 80

— wissenschaftliche. 1. Reihe. Theologische Lehr- u. Handbücher. V, VI, XII—XIV, XVI, XVIII—XX u. XXIII. gr. 8. Paderborn, F. Schöningh. n. 45. 80; geb. n.n. 57. 80
V. Katholisches Kirchenrecht. 1. Bd. Von Frz. Heiner. Die Verfassg. der Kirche nebst allgemeiner u. specieller Einleitg. 3., verb. Aufl. (XII, 373 S.) 901. n. 3. 60; geb. n.n. 4. 80
VI. Dasselbe. 2. Bd. Die Regierg. der Kirche. 3., verb. Aufl. (IX, 480 S.) 901. n. 4. —; geb. n.n. 5. 20
XII. Moraltheologie. Von Frz. Adam Göpfert. 1. Bd. 3. Aufl. (XII, 536 S.) 901. n. 4. —; geb. n.n. 5. 20
2. Aufl. (XIV, 530 S.) 899. n. 4. —; geb. n.n. 5. 20.
XIII. Dasselbe. 2. Bd. 3. Aufl. (VIII, 416 S.) 901. n. 4. —; geb. n.n. 5. 20
2. Aufl. (VIII, 456 S.) 900. n. 3. 60; geb. n.n. 4. 80.
XIV. Dasselbe. 3. Bd. 3. Aufl. (IX, 561 S.) 902. n. 4. —; geb. n.n. 5 20
2. Aufl. (IX, 550 S.) 900. n. 4. —; geb. n.n. 5. 20.
XVI. Lehrbuch der Kirchengeschichte. Von F. X. Funk. 4., verm. u. verb. Aufl. (XVI, 634 S.) 902. n. 6. 60; geb. n.n. 7. 80
XVIII. Lehrbuch der Pastoraltheologie. Von Joh. Evang. Pruner. 1. Bd.: Das Priesteramt. Darbringung des hl. Meßopfers u. Spendg. u. Empfang der v. Gott angeordneten Gnadenmittel. (XIV, 432 S.) 900. n. 4. 40; geb. n. 5. 60
XIX. Dasselbe. 2. Bd.: Das Lehramt u. das Hirtenamt des kathol. Priestertums. (XIII, 319 S.) 901. n. 3. 60; geb. n.n. 4. 80
XX. Lehrbuch der Dogmatik in 7 Büchern. Für akadem. Vorlesgn. u. zum Selbstunterricht. Von Jos. Pohle. 1. Bd. (XVII, 525 S.) 902. n. 5. 60; geb. n.n. 6. 80
XXIII. Lehrbuch des kathol. Eherechts. Von Mart. Leitner. (X, 648 S.) 902. n. 6. —; geb. n.n. 7. 20

— dasselbe. 2. Reihe. Philosophische Lehr- u. Handbücher. IV. gr. 8. Ebd. n. 3. —; (I—IV. n. 17. 60)
Thomas Aquinas, angelicus Sanctus, O. Prad.: Logica. Prima pars summae philosophiae, ex operibus Th. iuxta cursum philosophicum cosmi Alamanni instituta a Winfr. Phpp. Englert. (XLIV, 254 S.) 901.

— dasselbe. 3. Reihe. Lehr- u. Handbücher verschiedener Wissenschaften. I. gr. 8. Ebd. n. 6. —; geb. n.n. 7. 20
Lehrbuch der Pädagogik. Geschichte u. Theorie. Von Cornel. Krieg. 2. wesentlich verm. u. verb. Aufl. (XVI, 459 S.) 900.

— wissenschaftliche. 1. Reihe. Theologische Lehrbücher. V. VI. IX. XII—XIV. XVII—XXII. XXIV u. XXV. gr. 8. Paderborn, F. Schöningh. n. 69. 60; geb. n.n. 86. —
Fell, Winand, Lehrbuch der allgemeinen Einleitung in das Alte Testament. (X, 244 S.) 906. (XXV.) n. 3. 20; geb. n.n. 4. 40
Göpfert, Frz. Adam, Moraltheologie. 1. Bd. 5., verm. u. verb. Aufl. (X, 564 S.) 905. (XII.) n. 4. 40; geb. n.n. 5. 60
4. Aufl. (XII, 554 S.) 903. n. 4. 20; geb. n.n. 5. 40.
— dasselbe. 2. Bd. 5., verm. u. verb. Aufl. (VIII, 496 S.) 906. (XIII.) n. 4. 20; geb. n.n. 5. 20
4. Aufl. (VIII, 481 S.) 903. n. 4. —; geb. n.n. 5. 20.
— dasselbe. 3. Bd. 5., verm. u. verb. Aufl. (VIII, 564 S.) 906. (XIV.) n. 4. 80; geb. n.n. 6. —
4. Aufl. (VIII, 576 S.) 904. n. 4. 20; geb. n.n. 5. 40.
Heiner, Frz., katholisches Kirchenrecht. 1. Bd. Die Verfassung der Kirche nebst allgemeiner u. spezieller Einleitung. 4., verb. Aufl. (XII, 385 S.) 904. (V.) n. 3. 60; geb. n.n. 4. 80
— dasselbe. 2. Bd. Die Regierung der Kirche. 4., verb. Aufl. (IX, 471 S.) 905. (VI.) n. 4. —; geb. n.n. 5. 20
Kihn, Heinr., Patrologie. 1. Bd. Von den Zeiten der Apostel bis zum Toleranzedikt v. Mailand (313). (X, 413 S.) 904. (XXIV.) n. 4. 60; geb. n.n. 5. 80
Pohle, Jos., Lehrbuch der Dogmatik in 7 Büchern. Für akadem. Vorlesungen u. zum Selbstunterricht. 1. Bd. 2., verb. Aufl. (XX, 537 S.) 905. (XX.) n. 5. 80; geb. n.n. 7. —
— dasselbe. 2. Bd. 2., verb. Aufl. (XIII, 578 S.) 905. (XXI.) n. 6. 40; geb. n.n. 7. 40
1. Aufl. (X, 573 S.) 903. n. 6. —; geb n.n. 7. 60.
— dasselbe. 3. Bd. 2., verb. Aufl. (XVIII, 762 S.) 906. (XXII.) n. 8. 40; geb. n.n. 9. 60
Pruner, Joh. Evang., Lehrbuch der Pastoraltheologie. 1. Bd.: Das Priesteramt. Darbringung des hl. Meßopfers u. Spendg. u. Empfang der v. Gott angeordneten Gnadenmittel. 2., verb. u. verm. Aufl. (XII, 456 S.) 904. (XVIII.) n. 4. 60; geb. n.n. 5. 80
— dasselbe. 2. Bd.: Das Lehramt u. das Hirtenamt des kathol. Priestertums. 2., verm. u. verb. Aufl. (XI, 379 S.) 905. (XIX.) n. 4. —; geb. n.n. 5. 20
Schill, Andr., theologische Prinzipienlehre. Lehrbuch der Apologetik. 2. Aufl., neu bearb. v. Otk. Witz. (XIII, 515 S.) 903. (IX.) n. 5. 60; geb. n.n. 6. 80
Schulte, Adalb., die Hymnen des Breviers nebst den Sequenzen des Missale, übers. u. kurz erklärt. 2., durchgeseh. Aufl. (XIV, 431 S.) 906. (XVII.) n. 6. —; geb. n.n. 7. 20

— dasselbe. 3. Reihe. Lehrbücher verschiedener Wissenschaften. I u. V. gr. 8. Ebd. n. 18. 60; geb. n.n. 21. —
I. Lehrbuch der Pädagogik. Geschichte u. Theorie. Von Cornel. Krieg. 3., verm. u. verb. Aufl. (XVI, 568 S.) 906. n. 7. 60; geb. n.n. 8. 80
V. Handbuch der christl. Archäologie. Von Carl Maria Kaufmann. Mit 239 Abbildgn. (XVIII, 632 S.) 905. n. 11. —; geb. n.n. 12. 20

— wissenschaftliche. I. Reihe. Theolog. Lehrbücher. V., VI., IX., XII.—XIV., XVI., XX.—XXII. u. XXVI.—XXX. gr. 8. Paderborn, F. Schöningh. 90.—; geb. 108. —
Funk, F. X., Lehrbuch der Kirchengeschichte. 5., verm. u. verb. Aufl. (XVI, 645 S.) 907. (XVI.) 7.—; geb. n 8. 20
Göpfert, Frz. Adam, Moraltheologie. 1. Bd. 6. verb. Aufl. (X, 551 S.) 909. (XII.) 4.80; geb. n 6. —
— dasselbe. 2. Bd. 6., verm. u. verb. Aufl. (VIII, 510 S.) 909. (XIII.) 46.0; geb. n 5. 80
— dasselbe. 3. Bd. 6., verm. u. verb. Aufl. (VIII, 583 S.) 910. (XIV.) 5.80; geb. n 7. —
Heiner, Frz., kathol. Kirchenrecht. 1. Bd. Die Verfassg. der Kirche nebst allgemeiner u. spezieller Einleitg. 5., verb. Aufl. (XII, 419 S.) 909. (V.) 4.20; geb. n 5. 40
— dasselbe. II. Bd. Die Regierg. der Kirche. 5., verb. Aufl. (IX, 512 S.) 909. (VI.) 5.—; geb. n 6. 20
Kihn, Heinr., Patrologie. 2. Bd. Vom Toleranzedikt v. Mailand (313) bis zum Ende der patrist. Zeit (754.) (X, 514 S.) 908. (XXIX.) 5.80; geb. n 7. —
Mutz, Frz. Xav., christliche Aszetik. 2., verm. u. verb. Aufl. (XIII, 576 S.) 909. (XXVII.) 7.—; geb. n 8. 20
1. Aufl. (XII, 560 S.) 907. 6.80; geb. 8. —
Pohle, Jos., Lehrbuch der Dogmatik in 7 Büchern. Für akadem. Vorlesgn. u. zum Selbstunterricht. 1. Bd. 4., verb. Aufl. (XIX, 550 S.) 908. (XX.) 6.40; geb. n 7. 60
— dasselbe. 2. Bd. 3. u. 4., verb. Aufl. (XIII, 592 S.) 909. (XXI.) 6.80; geb. n 8. —
— dasselbe. 3. Bd. 3. verb. u. verm. u. 4., verb. Aufl. (XX, 757 S.) 908. 10. (XXII.) 8.80; geb. n 10. —
Schill, A., theologische Prinzipienlehre. 3. Aufl., besorgt v. Straubinger. (X, 485 S.) 909. (IX.) 6.—; geb. n 7. 20
Schulte, Adalb., die Psalmen des Breviers nebst den Cantica, zum praktischen Gebrauche übers. u. kurz erklärt. (XIV, 459 S.) 907. (XXVI.) 6.20; geb. n 7. 40
— Die messianischen Weissagungen des Alten Testaments nebst dessen Typen übers. u. kurz erklärt. (VIII, 208 S.) 908. (XXX.) 3.60; geb. 4. 80
Zahn, Jos., Einführung in die christliche Mystik. (IX, 581 S.) 908. (XXVIII.) 8.—; geb. 9. 20

Handbibliothek, wissenschaftliche. III. Reihe. Lehrbücher verschiedener Wissenschaften. II. VI. VII. gr. 8. Paderborn, F. Schöningh. 19.80; geb. 28. 40

Engel, Aug., Grundriß der Sozialreform. (X, 321 S.) 907. (VI.) 4.—; geb. n 5. 20

Kleinschmidt, Beda, O. F. M., Lehrbuch der christlichen Kunstgeschichte. (XXXIV, 840 S. m. 808 Abbildgn. u. Titelbild.) 910. (VII.) 10.—; geb. in Leinw. n 11.20; in Halbfrz. n 12. —

Nikel, Johs., allgemeine Kulturgeschichte. Im Grundriß dargestellt. 2., völlig umgearb. Aufl. (XVII, 622 S.) 907. (II.) 5.80; geb. n 7. —

Hand-Bilder-Atlas zur Naturgeschichte der Säugethiere. Nach den verschiedenen Ordnungen u. Familien systematisch zusammengestellt zum Gebrauche für Schule u. Haus. Mit (11 S.) erläuterndem Text. Nürnberg 859. Geißler. qu. 4. (21 lith. u. color. Taf.) n. 1 ß 4 ngr

Handbillet, Das, des Hanswurstes. Eine Beilage zur Regierung des Hanswurstes. Salzburg 1786. 23 S. 8°. V: *Richter, Joseph.* (Hans Viktor Pisk: Josef Richter. Diss. Wien 1927. S 97—98)

Handbillet, Das, des Hanswursts. Ein Beitrag zur Regierung des Hanswurstes. Salzburg 1786. V: *Richter, Joseph.* (Mitth. Dr. Ignaz Schwarz-Wien.)

Handblätter z. Vertheilen. Von e. prakt. Arzte (Ziemann). Nr. 1—4. gr. 8. (à 4 S.) Kassel 895. E. Röttger. je 100 Stück n.n. — 50

1. „Wenn du es wüßtest". – 2. Frieden.
3. Vom festen Herzen. — 4. „Was soll ich thun, daß ich selig werde?"

Handbook

— international, for telegraphists, s.: Telegraphisten-Kalender, internationaler.

South Kensington Museum. Handbook to the Special Loan Collection of Scientific Apparatus 1876 London 8 — Dasselbe (vorgen. Werk) in deutscher Ausgabe, hrsg durch R. Biedermann, London 1876 8. [Das Original in 3 Ex.]

Handbook, new, for the river Rhine from Cologne to Mayence translated by Fred. Brand. With Panorama of the Rhine. qu. 16. Cologne 843, Dunst. 1/3 ß — Mit 21 Stahlst. n. 2 ß

Handbook, new, for the river Rhine from Cologne to Mayence. With a travelling map (lith.) qu. 32. (56 S.) Cologne 850, F. C. Eisen. n. 1/6 ß

Handbook of the Italian schools in the Dresden Gallery. By C. J. Ff. 8. (XXXIX, 261 S. m. 8 Abbildgn.) London 888. Dresden, C. Tittmann. Geb. in Leinw. n. 4. —

Handbook, a short, of bible knowledge. Translated from the Tshi into the Gâ or Akra language. (126 S. m. 2 farb. Karten.) gr. 8. Basel 903. Basler Missionsbuchh. Geb. n. 2. —

Hand-book (the) for Travellers upon the Continent. Part I. being a Guide to Holland and Belgium, the Rhine from Holland to Switzerland, to Prussia and Northern Germa. post 8. London, Black et Armstrong. map, bound. Preis f. England 3 1/3 ß Herabges. für Deutschland auf 2 1/2 ß — Part II. Southern Germany, Bavaria, Austria, Tyrol, Salzburg, Austrian and Bavarian Alps, and the Descent of the Danube, from Ulm to the Black Sea, post 8. the same. bound. Preis für England 3 1/3 ß Herabges. f. Deutschland auf 2 1/2 ß

Hand-book for Travellers in Denmark, Norway, Sweden, and Russia. post 8. London, Black et Armstrong. 4 ß 5 ngr

— for Travellers in the East: including Greece, Constantinople, Asia Minor, and Turkey in Europe. post 8. the same. with maps 5 1/2 ß

— for Travellers in Switzerland, the same. Preis für England 3 1/3 ß Herabgesetzt für Deutschland auf 2 1/2 ß
Allgemeines Bücher-Lexikon. I. Supplement-Band.

—— of travel-talk, conversations in English, German, French and Italian. — Guide de conversations modernes en français, anglais, allemand et italien. gr. 16. (X und 422 S.) Anvers 847, Kornicker.

—— dass. — English and German. — Handbuch der engl. und deutschen Conversationssprache. Gespräche über Reisen, Eisenbahnen, Dampfschiffe rc. 16. (VI und 211 S.) Ebds. 847.

—— dass. — English and French. — Nouv. guide de convers. modernes ou dialogues usuels et familiers sur les voyages, les chemins de fer, les bateaux à vapeur etc. en anglais et français. 16. (VI und 211 S.) Ebds. 847.

Handbook of travel-talk; conversations in English and German. Handbuch d. Conversation in engl. u. deutscher Sprache f. Reisende u. Hülfsmittel z. Erlernung dieser Sprachen. (Neue [Titel-] Ausg.) 16. (194 S.) Wiesbaden 895. G. Quiel. Kart. — 75

— dasselbe, conversations in English, German, French and Italian. Nouveau guide de conversations modernes en anglais, allemand, français et italien. (Neue [Titel-] Ausg.) gr. 16. (384 S.) Ebd. 895. Kart. 1. 50

Handbuch

—— s.a. Adreß- und Handbuch.

— f. das preußische Abgeordnetenhaus. Ausg. f. die 20. Legislaturperiode. Von A. Plate. (898 u. 34 S. m. Bildnissen.) gr. 8. Berlin 904. W. Moeser. Geb. in Leinw. n. 7. 50

— f. das preussische Abgeordnetenhaus. Von A. Plate. Ausg. f. die 21. Legislaturperiode. (565 S. m. 50 Bildnistaf.) 8. Berlin 908. Preuss. Verlagsanstalt. Geb. in Leinw. nn 7. 50

Handbuch des Preussischen Adels . . . Berlin 1892—93. H: *Janecki, Marcell.* (Rothsch) (Dn) (Berl)

— d. preußischen Adels. Hrsg. unter Förderg. d. königl Herolds-Amtes. 1. u. 2. Bd. gr. 8. (X, 641; X, 630 S.) Berlin 892. 893. E. S. Mittler & Sohn. à n. 10. —; geb. in Halbldr. à n.n. 12. —; Pracht-Ausg. 4. geb. in Halbldr. à n.n. 20. —

Hand- und Adreßbuch, s. Adreß- und Handbuch.

Hand- und allgemeines Adreßbuch, statistisches, für das Herzogthum Lauenburg mit Einschluß der Lübeck'schen, Hamburg-Lübeck'schen u. Mecklenburg-Strelitzischen Enclaven. Nach officiellen u. authentischen Quellen bearb. 1861. Mit 1 (lith.) Specialkarte des Herzogthums Lauenburg (in 4.). Ratzeburg 861. Linsen. gr. 8. (VIII, 356 S.) n. 1 ß 15 ngr

Hand- und Adreßbuch der Bundesstadt Bern. Verzeichniß der Behörden, Angabe der Häuserbesitzer und Wohnungen, der Handels- u. Gewerbstreibenden, der Gesellschaften u. Vereine, Tarife u. Verordnungen der Verkehrs-Anstalten u. dergl. m. Bern 859. (Vogt's Verlag.) gr. 8. (VIII, 222 S.) n. 24 ngr.

— und Adreßbuch der Stadt Celle, s. Adreß- und Handbuch.

Gesellschaft von Berlin. Hand- u. Adreßbuch f. d. Gesellsch. von Berlin, Charlottenburg u. Potsdam. Jg. 1. 2. Berlin: A. Hein 1889–92. 2 Bde 8° [F.]
1. 1889/90. 1889. 2. 1891–92. 1892.
Forts. s. u. d. T.: Almanach d. Guten Gesellschaft Deutschlands. [illegible]

Hand- u. Adreßbuch für Schweizerische Kaufleute, Gewerbstreibende u. Geschäftsreisende. 2. Abthlg., enth. die Kantone Luzern, Uri, Schwyz, Unterwalden, Zug, Graubünden, Thurgau, Schaffhausen, Appenzell, St. Gallen u. Glarus. 8. (224 S.) St. Gallen 850, Scheitlin & Zollikofer. Zürich, Schultheß. 18 ngr — 3. Abthlg., enth. die Kantone Freiburg, Neuenburg, Waadt, Wallis, Tessin u. Genf. Nebst e. deutschen u. französ. Register üb. das Ganze. 8. (153 S.) Ebd. 851. 18 ngr (1—3: 1⅚ thlr) [1. Abthlg. f.: Handbuch für Schweizer. Kaufleute.]

Hand- u. Adressbuch d. Erzdiöcese Cöln, nebst e. topograph. Uebersicht ders. nach ihrer neuesten Eintheilung in Decanate. Hrsg. v. d. Beamten d. Erzbischöfl. General-Vicariats zu Cöln. gr. 8. (8 B.) Cöln 827, DuMont-Schauberg.
2. u. 3. Aufl., vgl. Handbuch etc.

Hand- und Adreßbuch für das Fürstentum Lübeck. Nach amtl. Quellen bearb. Plön: Kaven 1908. VI, 107 S. 8° [07. 14013] 8

— und Adreßbuch der Stadt Lüneburg, s. Adreß- und Handbuch

Hand- und Adreß-Buch für die Stadt Nördlingen. Von W. Pöller. 4., verm. rc. Aufl. Nördlingen 856. Beck. 8. (VIII, 108 S.) n. 10 ngr

Hand- u. Adreßbuch f. die Stadt Nördlingen v. Geo. Monninger. 8. (XIX, 118 S.) Nördlingen 876. Beck. n. 2. —

Hand- u. Adreßbuch f. die Stadt Nördlingen. Von Geo. Monninger. Mit 2 Plänen. 8. (IV, 185 S.) Nördlingen 886. Beck. cart. n. 2. —

Hand- u. Adreßbuch d. Stadt Nördlingen. Von Geo Monninger. 8. (IV, 181 S. m. Plan.) Nördlingen 896 C. H. Beck. Kart. n.n.n. 2. —

Hand- u. Adreßbuch der Stadt Nördlingen. Von Geo. Monninger. (IV, 232 S. m. 1 Plan.) 8. Nördlingen 906. C. H. Beck. Kart. n. 3. —

Hand- u. Adreßbuch der Industriestadt Oelsnitz i. V., nebst Geschäfts-Anzeiger, f. die J. 1889 u. 1890. Hrsg. von P. Stubenhöfer. gr. 8. (VIII, 140 S.) Oelsnitz 889. (Plauen, Neupert's Verl.) geb. n. 3. —

Hand- u. Adreßbuch der Industriestadt Oelsnitz i. V., nebst Geschäftsanzeiger, f. die J. 1891 u. 1892. 2. Ausg. Hrsg. v. Paul Stubenhöfer u. Arth. Bahner. gr. 8. (130 u. 14 S.) Oelsnitz 891. (Plauen, F. E. Neupert's Verl. Kart. n.n. 2. 50
3. Ausg. s. u. d. T.: Adreßbuch.

— — der Stadt Oelsnitz i. V. m. den Orten Vogtsberg, Raschau, Lauterbach u. Untermarxgrün. 1904. 5. Ausg. Hrsg. v. Paul Stubenhöfer u. Otto Ottinger. (IV, 204 S. m. Stadtplan.) gr. 8. Oelsnitz (H. Back). Geb. n.n. 4. —

Hand- und Adreßbuch des Kreises Pinneberg unter gütiger Unterstützung des Herrn Landrats Dr. Scheiff, der Herren Bürgermeister und Gemeindevorsteher von Schiller-Tietz. Blankenese. 1904. 8°.

— Provinz. Addreß-, für Brandenb., Pommern, Magdeb. Halberstadt rc. gr. 8. Berl. Lange. 802.

— — v. Torgau, nebst Geschäfts-Anzeiger f. Handel u. Gewerbe. Nach amtl. Quellen bearb. III. Ausg. 1. Oktbr. 1892. gr. 8. (92; 38 S.) Torgau, Jacob. ** 3 —

— — v. Torgau, nebst d. Einwohner-Verzeichnissen d. Städte Belgern, Dommitzsch, Prettin u. Schildau. N. amtl. Quellen bearb. IV. Ausg. 1. Juli 1895. gr. 8 (IV, 148 S. m. kleinem Stadtplan.) Torgau, F. Jacob. n. 3. —

Hand- u. Adreßbuch über alle Verhältnisse der kathol. Kirche, Geistlichkeit u. kirchl. Institute. Eine allgemeine Statistik der kathol. Kirche in den Ländern deutscher Zunge für 1850. Nach amtlichen u. offiziellen Mittheilungen. Hrsg. von J. A. M. Brühl. 1. Jahrgang. 2 Abthlgn. gr. 8. (447 S.) Bockenheim, Expedition. (Levy.) n 1 thlr

[F.] Bund der Landwirte. Agrarisches Handbuch. *Berlin: Verl. d. Bundes d. Landwirte [1898].* (6 Bl., 898 S., 1 Bl., 2 Tab.) 1 Bd 8. [98. 3800]

— agrarisches. Hrsg. v. Bund d. Landwirte. 12. (XI, 898 S.) Berlin 898. (W. Ißleib.) Geb. in Leinw. n. 4. —

Bund der Landwirte. Agrarisches Handbuch. 2., zeitgemäß überarb. Aufl. *Berlin: Bund d. Landwirte 1903.* (893 S.) 8° [F.] [03. 7210]

AGRARISCHES HANDBUCH. Herausgegeben vom Bund der Landwirte. 3. Auflage. Berlin 1911. Verlag des Bundes der Landwirte. 8°.

[Handbuch] Handelsvertragsverein. Verband zur Förderung des deutschen Außenhandels. Agrarpolitisches Handbuch von Georg *Gothein* unt. Mitw von . . Berlin 1910/11. 8°

Handbuch d. Aichungswesens. Hrsg. v. der kaiserl. Normal-Aichungs-Kommission. 8. (XI, 130 S.) Berlin 888. Springer. cart. n. 2. —

Acad. Handb. z. Gebr. d. Rechtsbeflissenen auf d. Kön. Preuss. Universitäten. Mit 1 in Kpf. gest. Geschlechtsbaum. *Berlin,* Rottmann. (Cnobloch in *Leipzig.*) 774. gr. 8. (1 Thl.)

Handbuch der bayerischen Actiengesellschaften, bearbeitet von E. Pfleiderer. München 1883.

Handbuch der bayerischen und württembergischen Actiengesellschaften, bearbeitet von E. Pfleiderer. München. 3 Jahrgang (1885) ff. bis 10. Jahrgang (1892/93). (10 Jahrgang enthält auch die badischen Actiengesellschaften.)

— der Bayrischen, Württembergischen und Badischen Aktiengesellschaften. Bearbeitet von E. Pfleiderer. Jahrgang 6. 9. 10. München 1888-92

Handbuch der bayerischen, württembergischen u. badischen Aktiengesellschaften. 10. Jahrg. 1892/93. Mit Anh.: „Die bayer. Staats- u. Communal-Anleihen". gr. 8. (VIII, 356 S.) München 892. G. Franz' Verl. n. 5. —
Fortsetzung u. d. Titel:

Handbuch der deutschen Aktiengesellschaften. Ein Hand- und Nachschlagebuch für Bankiers, Kaufleute, Industrielle, Kapitalisten. Ausgabe 1896—1897. Leipzig 1896. V: *Thieme, Robert Clemens.* (Börsenbl. f. d. dtsch. Buchh., Jg. 81, Nr. 113, 18. V. 1914) (Hdschr. Mitth. von Friedrich Müller, München.)

Handbuch der Deutschen Aktien-Gesellschaften. 2. verm. u. verb. Aufl. Ausgabe 1897—98. Bd I. *Leipzig: A. Schumann (1897)*. 8. (97. 3812

— d. deutschen Aktien-Gesellschaften. 3., verm. u. verb. Aufl. Ausg. 1898—99. I. Bd. Nebst einem Anh.: D. deutschen u. ausländ. Staatspapiere sow. d. übr. an deutschen Börsenplätzen notierten Fonds etc. E. Hand- u. Nachschlagebuch f. Bankiers, Kaufleute, Industrielle, Kapitalisten etc. gr. 8. (LIX, 1130 u. XI, 292 S.) Leipzig [A. Schumann's Verl.] Verlag für Börsen- u. Finanzlitterat. Geb. in Leinw. n. 15. —

Handbuch der Deutschen Aktien-Gesellschaften. Jahrbuch der deutschen Börsen. Ausgabe 1899-1900.... Ein Hand- und Nachschlagebuch für Bankiers....4., vollst. umgearb. u. bedeutend verm. Aufl. Bd. 1. Leipzig: Verlag für Börsen- und Finanzliteratur A.-G. 1899. 4° (8°).

— der deutschen Aktien-Gesellschaften. Jahrbuch der deutschen Börsen. Ausg. 1901/1902. 2 Bde. Nebst e. Anh.: Die deutschen u. ausländ. Staatspapiere sowie die übr. an deutschen Börsenplätzen notierten Fonds etc. Ein Hand- u. Nachschlagebuch f. Bankiers, Industrielle, Kapitalisten, Behörden etc. 6., vollst. umgearb. u. bedeutend verm. Aufl. gr. 8. Leipzig, Verlag f. Börsen- u. Finanzliteratur.
Geb. in Leinw. n. 45. —
1. (CXXIII, 1870 u. 432 S.) 901. n. 25. —
2. (CXX, 1482 u. 69 S.) 902. n. 20. —

— dasselbe. Ausg. 1902/1903. 1. Bd. 7., vollst. umgearb. u. bedeutend verm. Aufl. gr. 8. (CXIX, 1947 u. XIII, 435 S.) Ebd. 903. Geb. in Leinw. n. 25. —

— der deutschen Aktien-Gesellschaften. Jahrbuch der deutschen Börsen. Ausg. 1905/1906. 2 Bde. Nebst e. Anh.: Die deutschen u. ausländ. Staatspapiere sowie die übr. an deutschen Börsenplätzen notierten Fonds etc. Ein Hand- u. Nachschlagebuch f. Bankiers, Industrielle, Kapitalisten, Behörden etc. 10., vollständig umgearb. u. verm. Aufl. Lex.-8. Berlin, Verlag f. Börsen- u. Finanzliteratur. Geb. in Leinw. n. 45. —
1. (CXIX, 1783 u. XIII, 491 S.) Leipzig 906. n. 25. —
2. (CXVIII, 1392 u. 72 S.) 906. n. 20. —

Handbuch der deutschen Aktien-Gesellschaften. Ausg. 1906/1907. 11. Aufl. Bd 1. 2. Berlin und Leipzig 1907

Handbuch der deutschen Aktien-Gesellschaften. Ausg. 1907/1908. 12. Aufl. Bd 1. 2. Berlin und Leipzig 1908

Handbuch der deutschen Aktien-Gesellschaften. Ausg. 1908/1909. 13. Aufl. Bd 1. 2. Berlin und Leipzig 1909

— der deutschen Aktien-Gesellschaften. Jahrbuch der deutschen Börsen. Ausg. 1909/1910. Nebst e. Anh.: Die deutschen u. ausländ. Staatspapiere sowie d. übr. an deutschen Börsenplätzen notierten Fonds etc. Ein Hand- u. Nachschlagebuch f. Bankiers, Industrielle, Kapitalisten, Behörden etc. 14., vollst. umgearb. u. verm. Aufl. 2 Bde. Lex. 8. Berlin, Verlag f. Börsen- u. Finanzliteratur. Geb. in Leinw. 49. 50
1. (CXXII, 2142 u. 580 S.) 910. Geb. 27. 50
2. (CXXI, IV, 1736, 99 u. 81 S.) 910. Geb. 22. —

— dasselbe. Ausg. 1910/11. 15., umgearb. u. verm. Aufl. 1. Bd. (CXXV, XII, 22, 41 u. 600 S.) gr. 8. Ebd. 911. Geb. in Leinw. 27. 50

Handbuch der Aktiengesellschaften u. Geldinstitute der Schweiz. Hrsg. v. der Allgemeinen Creditbank in Basel. Abgeschlossen per 11. Novbr. 1885. gr. 8. (XX, 414 S.) Zürich 886. Orell Füssli & Co. Verl. n. 12. —

Handbuch der Aktiengesellschaften und Geldinstitute der Schweiz. 2. Aufl. 1891. Abgeschlossen per 1. Oktober 1890. — Manuel des Sociétés anonymes et des banques en Suisse. 2e éd. 1891. Contenant tous les changements survenus jusqu'au 1er octobre 1890. Gr. in-8°. XVIII, 482 S. Zürich, Art. Institut Orell Füssli. Leinwd. 20 —

Handbuch der Actiengesellschaften und Geldinstitute der Schweiz. 3. Aufl. 1892. Abgeschlossen per 1. Oktober 1891. — Manuel des Sociétés anonymes et des banques en Suisse. 3e éd. 1892. Contenant tous les changements survenus jusqu'au 1er octobre 1891. Gr. in-8°. XVI, 508 S. Zürich, Art. Institut Orell Füssli. 15 —

Handbuch der Aktiengesellschaften u. Geldinstitute der Schweiz. 4. Aufl. 1893. Abgeschlossen per 1. October 1892. — *Manuel* des Sociétés anonymes et des banques en Suisse. 4e éd. 1893. Contenant tous les changements survenus jusqu'au 1er octobre 1892. Gr. in-8°. XVI, 534 S. Zürich, Art. Institut Orell Füssli. 15 —

— der Aktiengesellschaften u. Geldinstitute der Schweiz. 5. Aufl. 1894. Abgeschlossen per 1. Oktbr. 1893. gr. 8. (XIV, 553 S.) Zürich, Art. Institut Orell Füssli, Verl. n. 12. —

Handbuch der Aktiengesellschaften und Geldinstitute der Schweiz. 5. Aufl. 1894. Abgeschlossen per 1. October 1893. Gr. in-8°. XIV, 553 S. — Manuel des Sociétés anonymes et des banques en Suisse. 5e éd. 1894. Contenant tous les changements survenus jusqu'au premier octobre 1893. Zürich, Art. Inst. Orell Füssli. 15 —

— der Aktiengesellschaften u. Geldinstitute der Schweiz. — Manuel des sociétés anonymes et des banques en Suisse. 6. Aufl. 1896. Abgeschlossen per 1. Oktbr. 1895. (Deutsch u. französ.) gr. 8. (XVI, 581 S.) Zürich, Art. Institut Orell Füssli, Verl. n. 12. —

— der Suddeutschen Aktiengesellschaften. Bearbeitet v. F Bonschab. Jahrg. 11-17 Munchen 1893-99

— der süddeutschen Aktien-Gesellschaften: Bayern, Württemberg u. Baden. 11. u. 12. Jahrg. 1893/94, 1894/95. Mit Anh.: „Die bayer. Staats- u. Communal-Anleihen" u. e. Bankier-Verzeichniss, bearb. v. Frdr. Bonschab. gr. 8. (18 u. 448; XXIV, 431 S.) Ebd. à Jahrg. n. 6. —

— der süddeutschen Aktien-Gesellschaften Bayern, Württemberg u. Baden. 16. Jahrg. 1898/99. M. Anh.: „D. bayer. Staats-, Kreis- u. Communal-Anleihen" u. e. Bankier-Verzeichnis, bearb. v. Frdr. Bonschab. gr. 8. (XL, 482 S.) Ebd. n. 6. 50; geb. in Leinw. n. 7. 50

Handbuch der Süddeutschen Actien-Gesellschaften. Bayern, Württemberg und Baden. Mit Anhang: »Die bayerischen Staats- und Communal-Anleihen« und einem Bankier-Verzeichniss, bearbeitet von F Bonschab. München, Leipzig, Berlin, Hamburg. 11. Jahrgang (1893/94) ff. bis 18. Jahrgang (1900/01). — 28. Auflage (1910/11). — 29. Auflage (1911/12).

Handbuch der Südd. Aktiengesellschaften. 18. 19 20. 24. Leipzig 1900-02. 06

— der süddeutsch. Aktien-Gesellschaften (Bayern, Württemberg u. Baden) u. der an süddeutschen Börsen kurshabenden Staatspapiere, sonstigen Fonds, Bank- u. Industriewerte. Jahrbuch der Börsen v. München, Augsburg, Stuttgart u. Mannheim. Jahrg. 1902/1903. 20. Aufl. gr. 8. (XXI, VIII, 718 S.) Leipzig 902. Verlag f. Börsen- u. Finanzlitteratur. Geb. in Leinw. n. 10. —

Handbuch der süddeutschen Aktien-Gesellschaften (Bayern, Württemberg u. Baden) u. der an süddeutschen Börsen kurshabenden Staatspapiere, sonstigen Fonds, Bank- u. Industriewerte. Jahrbuch der Börsen v. München, Augsburg, Stuttgart u. Mannheim. Jahrg. 1906/1907. 24. Aufl. (XX, IX, 692 S.) Lex.-8. Berlin 906. Verlag f. Börsen- u. Finanzliteratur. Geb. in Leinw. n. 10.—

— der Süddeutschen Aktiengesellschaften 1907/06-1910/11. 13/14. Berlin 1908-13

— der süddeut. Aktien-Gesellschaften (Bayern, Württemberg, Baden u. Hohenzollern) u. der an süddeutschen Börsen kurshabenden Staatspapiere, sonstigen Fonds, Bank- u. Industriewerte. Jahrbuch der Börsen v. München, Augsburg, Stuttgart u. Mannheim. Jahrg. 1910/1911. 28. Aufl. (XX, X, 802 S.) Lex. 8. Ebd. 911. Geb. in Leinw. 12.—

Handbuch für Actionäre der Leopold-Eisenbahn von Florenz nach Livorno . . . Augsb. 1842. V: *Fenzi, Eman. & Peter Senn.* (WFM)

Handbuch für die Actionäre der Leopold-Eisenbahn von Florenz nach Livorno, oder Sammlung der auf dieses Unternehmen Bezug habenden Urkunden bis zum 31. Mai 1841. Lex.-8. (Mit 1 Karte.) Augsburg 842, Matth. Rieger'sche Buchh. 1/2 ℛ

Handbuch für Accis-Geleits-Zollbediente, Kaufleute etc. in Sächs. Landen, in alphabet. Ordnung, (v. J. T. G. Frenzel). gr. 8. Leipz. 794. Schwickert. 1 ℛ 12 𝔤𝔤

Handbuch, Allgemeines, zur sittlichen Bildung des weiblichen Geschlechts. Leipzig 1801. V: *Pölitz, Carl Heinrich Ludwig.* (KY) (MGT)

— allgem., zur sittl. Bildung d. weibl. Geschlechts, (v. K. H. L. Pölitz). 8. Leipz. 801. Mit n. Titel 812. (Aue in Altona). 1 ℛ

— allgemein., zur sittl. Bildung des weibl. Geschlechts. 8. Lpz. Jacobäer. 801.

— allgemeines, der Freimaurerei. 2. völlig umgearb. Aufl. von Lenning's Encyklopädie der Freimaurerei. 1—7. Liefg. Leipzig 861—64. Brockhaus. Lex.-8. (1. Bd.: VIII, 640 S.; 2. Bd.: S. 1—256.) Jede Liefg. n. 20 ngr

Allgemeines **Handbuch** der Freimaurerei. [Bd 1—3 hrsg. von **Herm. Schletterer** u. **Mor. Zille**, Bd 4 von **Otto Henne-Am Rhyn**.] 2. völlig umgearb. Aufl. von Lenning's Encyklopädie der Freimaurerei. Bd 1—4. Leipzig: Brockhaus 1863—1879. 8⁰

1. A — Honiton. VIII, 640 S. 1863.
2. Honolulu — Pythagoras. 644 S. 1865.
3. Quaderstein — Zytomierz. Nachtr. u. Berichtigungen. VI, 626 S. 1867.
4. Erg. VI, 106 S. 1879.

— allgemeines, der Freimaurerei. 2., völlig umgearb. Aufl. von Lenning's Encyklopädie der Freimaurerei. 8—15. (Schluss-)Liefg. Leipzig 865—67. Brockhaus. Lex.-8. (2. Bd. S. 257—644., 3. Bd. VI, 626 S.) Jede Liefg. n. 20 ngr; cplt. geb. n. 11 ℛ 15 ngr

[Dasselbe.] Hrsg. vom Verein deutscher Freimaurer. [Unter Leitung von **Rob. Fischer**.] 3. völlig umgearb. und mit den neuen wissenschaftlichen Forschungen in Einklang gebrachte Aufl. von Lennings Encyklopädie der Freimaurerei. Bd 1. 2. Leipzig: Hesse 1900—1901. 8⁰

1. A — L. VII, 640 S. 1900.
2. M — Z. Nachtr. u. Berichtigungen, Verzeichnis d. Namen sämtl. (eingegangenen und noch thätigen) deutschen Grosslogen, Logen, Kapitel u. Kränzchen. Reg. 639 S. 1901.

Recens f. 2. Aufl.: A. 24 (1863) S. 288—292, Bh. 4 (1861) S. 366—367; 5 (1862) S. 166, 326—327; 6 (1863) S. 78, 407; 7 (1864) S. 181, 293—294; 8 (1865) S. 29—30, 117—118; 9 (1866) S. 6, 182; 10 (1867) S. 14—15, 125—126; 11 (1868) S. 69—70 (J. G. **Findel**); FZ. 15 (1861) S. 362—363; 16 (1862) S. 31 (H. **Marggraff**), 119—120, 239, 343; 17 (1863) S. 71; 18 (1864) S. 31—32, 166—167; 19 (1865) S. 407—408; 20 (1866) S. 7, 149—150, 342 bis 343; 21 (1867) S. 302—303; 22 (1868) S. 93 bis 94 (R. **Hahnemann**); 27 (1873) S. 353 bis 356; L. 21 (1862) S. 147—150.

f. 3. Aufl.: Bh. 43 (1900) S. 136, 176, 304, 412; 44 (1901) S. 148 (C. **Gotthold**); BstF. 9 (1900) S. 81—82; 10 (1901) S. 86 bis 87 (H. **Lissauer**); 13 (1904) S. 63 (A. **Feld**); FZ. 54 (1900) S. 295—296; 55 (1901) S. 135 (K. **Pilz**); H. 12 (1902) No 13; L. 23 (1900) S. 61, 84, 141; SL. 21 (1901) S. 75; OF. 24 (1900) S. 167—168; R. 27 (1900) S. 32, 72; BZC. 29 (1900) S. 254—255 (F. **Seckt**); HZC. 34 (1900—1901) S. 84—85 (K. **Wiebe**), 183; °Theolog. Litteraturbl. 1900 Nr 30; 1901 S. 413—418 (**Zöckler**); °Monatsschr. f. Stadt u. Land. 57 (1900) S. 896; °Deutsch. Protestantenbl. 1900 S. 328; °Deutsche Stimmen. 1900 S. 574; °Köln. Volks-Ztg. 1900 No 852; °Wissenschaftl. Zeitschr. f. Xenologie. 1900 S. 169—170 (F. **Maack**); °Frankfurter Ztg. 45 (1900) Nr 277; Wissensch. Beil. z. Leipziger Ztg. 1900 S. 275 (W. **Smitt**); Die Hilfe. 7 (1901) No 31 (E. **Felden**); Strassburger Post. 1901 No 182; °Deutsch. Reichs-Anzeiger. 1901 No 158.

cf. f. 2. Aufl.: SzFig. 1 (1873) 140—141; **Fischer, Rob.**: D. allgem. Handb. d. Frmrei. [Gera 1895.] 11 S. 8⁰ [Kopftit.] (in 140); f. 2. Aufl. Bd 4: ML. 8 (1879—1880) S. 8 (F. **Krüger**); Z. 9 (1879) S. 101—102 (**Jörg**).

f. 3. Aufl.: Bh. 35 (1892) S. 253—254 (K. **Paul**), 378 (R. **Fischer**); Bk. 19 (1900) No 65—67 (M. **Corens**); FZ. 50 (1896) S. 244—246 (K. **Pilz**); 60 (1906) S. 337—339 (R. **Bachmann**); L. 24 (1901) S. 42—43 (R. **Fischer**); ML. 29 (1900—1901) S. 168 (O. **Henckel**); SL. 24 (1904) S. 59; MitthVdF. 1895—1896 S. 37—45; 1896—1897 S. 64—73; 1897—1898 S. 75—76; 1901—1902 S. 29—39 (R. **Fischer**); S. 7 (1900) S. 49—51, 57 bis 60; 8 (1901) S. 8—10, 26 (J. G. **Findel**).

Handbuch, Allgemeines, für alle Handlungs-Negocianten, Raffinadeurs . . . Hamb. [1773]. V: *Lindemann, Ernst.* (CBH)

— allgemeines, s. Callico-Cambric-Zitz-Kattun- und Leinwanddrucker. mit K. 8. Leipz. Baumgärtner.

Handbuch, Allgemeines, für Ökonomen und Cameralisten … Leipz. 1793. V: *Du Chaine (= Ferd. Chn Touchy?).* (WÖ)

— allgem., für Oekonomen u. Kameralisten; od. vollst. Anweis. der d. Staaten so äußerst nothwendigen Kameralwissenschaften. 2 Thle. gr. 8. Leipz. … N. Aufl. 799. Voß. 2 ℛ 16 gℊ

— allgem., f. Schulmeister auf dem Lande. 8. Glogau 771. C. F. Günther. 12 gℊ

— u. Taschenbuch, allgem., od. Universal-Physik, s. Universalkatechismus.

— allgem. nützl., f. den Landmann. 8. Mühlh. 792. Später mit d. T.: die Bauern zu Ackermannshofen rc. 8. Lpz. (o. Jahrz.) Joachim. 8 gℊ

Hand- und Volksbuch, Allgemein nützliches, besonders für Stadt- und Landwirthe … Grätz 1793. V: *Hoff, Heinr. Georg.* (MGT) (Ky)

Handbuch, allgem. ökonom., f. Frauenzimmer, s. Nürnb. Kochbuch 3r. Rthlr.

— allgem. praktisches, d. gesammten Haushaltungs- u. Wirthschaftslehre. Zunächst f. angehende Hausfrauen in den Ostsee-Provinzen Rußlands. 1. Thl. Wirthschaftsbuch. gr. 8. (16 B.) Mitau 846, Reyher.

— alphabet.-geordnetes, f. Hauslehrer u. Erzieher, s. a. K. R. Müller, Handbuch d. Technologie.

— alphabet. geordnetes, f. Hauslehrer u. f. Erzieher der Jugend. 2 Bde. gr. 8. Leipz. Sommer. 805.

Handbuch, Alphabetisch geordnetes, für Hauslehrer und für Erzieher der Jugend … Leipzig 1850. V: *Müller, Carl Renatus.* (MGT)

— alphabet. geordnetes, des Wissensnöthigen für das Expeditions- und Geschäftsleben bearb. im Vereine mit mehreren Rechtsgelehrten und Geschäftsmännern von Fr. Ed. Heckel. Neues wohlf. Abonnement. (In 2 Bdn. oder 7 Liefg.) gr. 8. Leipzig 845, Wöller. à n. 1/3 ℛ (2 Bde. Ladenpreis n. 2 1/2 ℛ)

— für jedes Alter, oder Haushaltungskunst des menschl. Lebens, s. a. *Manuel* de tous les âges.

Handbuch f. jedes Alter, od. Haushaltungskunst de menschl. Lebens, aus d. Engl. Franz. u. Deutsch, neu Aufl. gr. 12. Mainz, Kupferberg. 815. Schreibp.

(voyez Manuel de tous les ages.)

Handbuch der Griechischen Alterthümer … Leipzig 1789. V: *Traphage, Christian Gottlieb.* (Ky) (MGT) (ML)

— der biblischen Alterthumskunde, herausgeg. von Jos. Frz. Allioli, unter Mitwirkung von Lor. Clem. Gratz u. Dan. Haneberg. (2 Bde.) 1. Bd. A. u. d. T.: Politische, häusliche u. religiöse Alterthümer der Hebräer. Lex.-8. Landshut 844, v. Vogel'sche Verlagsb. 2 1/2 ℛ

— dass. 2. Bd. A. u. d. T.: Biblische Erd- u. Länderkunde, herausgeg. von J. F. Allioli, unter Mitwirkung von L. C. Gratz. Mit 3 Karten u. 2 Beil. Lex.-8. Ebd. 844. 3 2/3 ℛ

— der klassischen Altertums-Wissenschaft in systematischer Darstellung m. besond. Rücksicht auf Geschichte u. Methodik der einzelnen Disziplinen. In Verbindg. m. Autenrieth, Ad. Bauer, Blass etc. hrsg. v. Iwan Müller. (In 14 Halbbdn.) 1—4. Halbbd. gr. 8. (1. Bd. 618 u. 2. Bd. XX, 624 S.) Nördlingen 885. 86. Beck. à n. 5. 50

— der klassischen Altertums-Wissenschaft in systematischer Darstellung m. besond. Rücksicht auf Geschichte u. Methodik der einzelnen Disziplinen. In Verbindung mit Autenrieth, Ad. Bauer, Blass etc. hrsg. von Iwan Müller. 1. Bd. gr. 8. (47 1/2 Bog.) München 887. Beck'sche Verlh. n. 12. —; geb. n. 14. —
Urlichs, v., Grundlegung u. Geschichte d. Philologie.
Einleitende Disziplinen u. Hilfsdisziplinen:
Blass, Hermeneutik u. Kritik.
— Paläographie, Handschriftenkunde u. Bücherwesen. Mit 6 lith. Schrifttaf.
Hinrichs u. E. Hübner, Epigraphik. Mit 1 Schrifttaf.
Unger, Chronologie.
Nissen, Metrologie.

— dasselbe. 2. Bd. Griechische u. lateinische Sprachwissenschaft. 2., völlig neu bearb. u. sehr verm. Aufl. gr. 8. (60 1/2 Bog.) Ebd. 890. n. 15. 50; geb. n. 17. 50
Brugmann, griech. Grammatik (Geschichtliches u. Methodisches, Lautlehre, Flexionslehre, Syntax u. Stilistik).
Stolz u. Schmalz, latein. Grammatik (Geschichtliches u. Methodisches, Lautlehre, Flexionslehre, Syntax u. Stilistik).
Autenrieth u. Heerdegen, griech. u. latein. Lexikographie.
Volkmann, Rethorik.
Gleditsch, Metrik.
Sach- u. Wortregister.

— dasselbe. 3. Bd. Geographie u. politische Geschichte des klassischen Altertums (mit e. Einleitg. über die Geographie und Geschichte des Orients bis zu den Perserkriegen). gr. 8. (58 Bog.) Ebd. 888. n. 16. 50; geb. n. 18. 50
Hommel, Fr., Einleitung. Geographie u. Geschichte d. Orients bis zu den Perserkriegen.
Geographie u. Geschichte von Griechenland:
Lolling, Geographie u. Topographie von Hellas u. den hellen. Kolonien.
— Topographie von Athen. Mit 2 Karten.
Pöhlmann, Grundzüge der polit. Geschichte v. Griechenland.
Geographie u. Geschichte v. Rom u. den röm. Provinzen:
Jung, J., Geographie u. Topographie v. Italien, Hispanien, Gallien, Britannien, Germanien, Illyrikum, Asien u. Afrika (ausserhalb der griech. Kolonien).
Niese, Grundzüge der röm. Geschichte.
Richter, O., Topographie v. Rom. Mit 4 Karten.

Handbuch der klassischen Altertums-Wissenschaft in systematischer Darstellung m. besonderer Rücksicht auf Geschichte u. Methodik der einzelnen Disziplinen. In Verbindung mit Autenrieth, Ad. Bauer, Blass etc. hrsg. v. Iwan Müller. 4. Bd. Die Lehre v. den Altertümern. 1. Hälfte. Die griechischen Altertümer. gr. 8. (38 1/2 Bog.) München 887. Beck'sche Verlh. n. 9. 50; geb. n. 11. 50
Busolt, griech. Staats- u. Rechtsaltertümer.
Bauer, Ad., griech. Kriegsaltertümer. Mit Abbildgn.
Müller, Iw., griech. Privataltertümer. Mit Abbildgn.

— dasselbe. 4. Bd. Die Lehre von den Altertümern. 2. Hälfte. Die römischen Altertümer. gr. 8. (28 1/2 Bog.) Ebd. 887. n. 7. 50; geb. n. 9. —
Schiller, röm. Staats- u. Rechtsaltertümer.
— röm. Kriegsaltertümer. Mit Abbildgn.
Voigt, Mor., röm. Privataltertümer u. Kulturgeschichte.

— dasselbe. 5. Bd. 1. Abtlg. gr. 8. (22 Bog.) Ebd. 888. n. 5. 50; geb. n. 7. 20
Günther u. Windelband, Geschichte der antiken Naturwissenschaft u. Philosophie.

— dasselbe. 5. Bd. 3. Abtlg. gr. 8. (20 Bog.) Ebd. 890. n. 6. 50; geb. n. 8. 20
Stengel, P., u. Oehmichen, griech. Kultusaltertümer u. antikes Bühnenwesen. Mit 8 Taf.

— dasselbe. 7. Bd. gr. 8. (48¾ Bog.) Ebd. 890. n. 13. 50; geb. n. 15. 50

Christ, v., Geschichte der griech. Litteratur bis auf die Zeit Justinian's. 2., verm. u. verb. Aufl. Mit 24 Abbildgn. auf 16 Taf.

— dasselbe. 8. Bd. 1. Tl. gr. 8. (20 Bog.) Ebd. 890. n. 5. 50

Schanz, M., Geschichte der röm. Litteratur. 1. Tl.: Die röm. Litteratur in der Zeit der Republik.

— dasselbe. 9. Bd. 1. Abtlg. gr. 8. (32 Bog.) Ebd. 891. n. 8. 50; geb. n. 10. 50

Krumbacher, K., Geschichte der byzantinischen Litteratur von Justinian bis zum Ende d. oströmischen Reiches [527—1453].

—— der klassischen Altertumswissenschaft in systematischer Darstellung und mit besond. Rücksicht auf Geschichte und Methodik der einzelnen Disziplinen. Hrsg. von Iwan Müller. (In ca. 20 Halbbdn.) 1.—13. Halbbd. oder 1.—8. Bd., 4. Bd. in 2 Hälften, 5. Bd. 1. Abthl. und 7. Bd. gr. 8. [Nördlingen.] München, Beck'sche Verlagsh.
1.—5., 7.—13. Halbbd. à *ℳ 5.50.; 6. Halbbd. *ℳ 7.—. * geb. *

Inhalt:

Bd. 1. Urlichs, Blass, Hinrichs, Unger und Nissen, einleitende und Hilfs-Disziplinen. A. Grundlegung und Geschichte der Philologie. B. Hermeneutik und Kritik. C. Paläographie. D. Epigraphik. E. Chronologie. F. Metrologie. (XX, 712 S. nebst 6 paläograph. Taf. und 1 Tab. der griech. Alphabete.) 887. *ℳ 12.—.; geb. *ℳ 14.—.

» 2. Griechische und lateinische Sprachwissenschaft: Brugmann, griechische Grammatik. — Stolz und Schmalz, lateinische Grammatik. — Autenrieth und Heerdegen, griechische und lateinische Lexikographie. — Volkmann, Rhetorik. — Gleditsch, Metrik. (XX, 624 S.) 885. *ℳ 11.—.; geb. *ℳ 13.—.
1. Aufl. vergriffen; 2. Aufl. 1889 im Erscheinen.

» 3. Hommel, Lolling, Pöhlmann, Jung, Niese und Otto Richter, Geographie und politische Geschichte des klassischen Altertums. (XI, 923 S. mit 6 Plänen.) 888. *ℳ 16.50.; geb. *ℳ 18.50.

» 4. 1. Hälfte: Busolt, Adolf Bauer und Iwan Müller, die griechischen Staats-, Kriegs- und Privataltertümer. (XI, S. 1—480 u.) 887. *ℳ 9.50.; geb. *ℳ 11.50. — 2. Hälfte: Schiller und Voigt, die römischen Staats-, Kriegs- und Privataltertümer. (XI, S. 481—931.) 887. *ℳ 7.50.; geb. *ℳ 9.—.

» 5. 1. Abthl.: Günther und Windelband, Geschichte der Naturwissenschaften und der Philosophie im klassischen Altertum. (VII, 337 S.) 888. *ℳ 5.50.; geb. *ℳ 7.20.

» 7. Christ, Wilhelm, Geschichte der griechischen Litteratur. (663 S. mit 8 Taf.) 888. *ℳ 12.—.; geb. *ℳ 14.—.

— der klassischen Altertums-Wissenschaft in systematischer Darstellung m. besond. Rücksicht auf Geschichte u. Methodik der einzelnen Disziplinen. In Verbindg. m. Autenrieth, Ad. Bauer, Blass etc. hrsg. v. Iwan v. Müller. 1. Bd. Grundlegung u. Geschichte der Philologie, nebst den einleit. u. Hilfsdisziplinen. 2., völlig neubearb. u. sehr verm. Aufl. 1. Hälfte. Lex.-8. München 891. C. H. Beck. n. 6. 50

Grundlegung u. Geschichte der klassischen Altertumswissenschaft v. L. v. Urlichs. Nach dem Tode d. Verf. f. die neue Aufl. durchgesehen u. ergänzt v. Heinr. Ludw. Urlichs. — Hermeneutik u. Kritik v. Frdr. Blass. — Palaeographie, Buchwesen u. Handschriftenkunde. Dargestellt v. Frdr. Blass. — Griechische Epigraphik v. Wilh. Larfeld. (448 S. m. 7 Schrifttaf.)

— dasselbe. 1. Bd. 2. Hälfte. Lex.-8. Ebd. 892. n. 8. 50 (1. Bd. kplt. geb. in 1 Halbfrzbd.: n.n. 17. —)

Einleitende u. Hilfs-Disziplinen. D. Griechische Epigraphik v. Wilh. Larfeld. — E. Römische Epigraphik v. Emil Hübner. — F. Zeitrechnung der Griechen u. Römer v. Geo. Fr. Unger. — G. Griechische u. römische Metrologie v. Heinr. Nissen. 2., sehr verm., teilweise völlig neubearb. Aufl. (XX u. S. 449—914 m. 1 Schrifttaf.) n. 8. 50

— dasselbe. 4. Bd. 1. Abtlg. Lex.-8. Ebd. n. 15. —; geb. in 1 Halbfrzbd. n.n. 17. —

IV, 1. (1.) Die griechischen Altertümer. 1. Hälfte. Staats- u. Rechtsaltertümer v. Geo. Busolt. 2., umgearb. u. sehr verm. Aufl. (384 S.) 892. n. 6. 50

IV, 1. (2.) — dasselbe. 2. Hälfte. Die griechischen Privat- u. Kriegsaltertümer. Von Iwan v. Müller u. Adf. Bauer. 2., umgearb. u. stark verm. Aufl. (IX, 502 S.) 893. n. 8. 50

— dasselbe. 4. Bd. 2. Abtlg. Lex.-8. Ebd. 893. n. 8. —; geb. in Halbfrz. n.n. 9. 80

Die römischen Staats- u. Kriegsaltertümer v. Herm. Schiller. Die römischen Privataltertümer v. Mor. Voigt. 2., umgearb. u. verm. Aufl. (IX, 478 S.)

— dasselbe. 5. Bd. 1. Abtlg. Lex.-8. Ebd. 894. n. 5. 50; geb. in Halbfrz. n.n. 7. 20

Geschichte der alten Philosophie v. W. Windelband. Nebst e. Anh.: Abriss der Geschichte der Mathematik u. der Naturwissenschaften im Altertum v. Siegm. Günther. 2., sorgfältig durchgesch. Aufl. (VIII, 313 S.)

— dasselbe. 6. Bd. in 3 Tln. Lex.-8. Ebd. 893—895. à Tl. n. 5. 50; 6. Bd. kplt.: n. 16. 50; geb. n.n. 18. 50

Klassische Kunstarchäologie. Nebst e. Anh. üb. die antike Numismatik. Von Karl Sittl. 3 Tle. (XX, 953 S.)

— dasselbe. 8. Bd. 2. Tl. Lex.-8. Ebd. 892. n. 8. — (8. Bd. 1. u. 2. Tl. geb. in 1 Halbfrzbd.: n.n. 15. 50)

Geschichte der römischen Litteratur bis zum Gesetzgebungswerk d. Kaisers Justinian. Von Mart. Schanz. 2. Tl.: Die Zeit vom Ende der Republik (30 v. Chr.) bis auf Hadrian (117 n. Chr.). (XV, 476 S.)

Handbuch d. klassischen Altertums-Wissenschaft in systemat. Darstellg. m. besond. Rücksicht auf Geschichte u. Methodik d. einz. Disziplinen, in Verbindg. m. Autenrieth, Ad. Bauer, Blass etc. hrsg. von Iwan v. Müller. 3. Bd., 4. Abtlg. gr. 8. Ebd. 896. n. 5. —; geb. in Halbfrz. n.n. 6. 50

Grundriss d. griech. Geschichte nebst Quellenkunde v. Rob. Pöhlmann. 2., völlig umgearb. u. bedeut. verm. Aufl. (VI, 263 S.)

— dasselbe. 3. Bd. 5. Abtlg. gr. 8. Ebd. 896. n. 5. —; geb. in Halbfrz. n.n. 6. 50

Grundriss d. röm. Geschichte nebst Quellenkunde v. Bened. Niese. 2., umgearb. u. verm. Aufl. (VIII, 265 S.)

— dasselbe. 5. Bd. 2. Abtlg. 1. Hälfte. (24. Halbbd.) gr. 8. Ebd. 897. n. 7. —

Griech. Mythologie u. Religionsgeschichte. Von Otto Gruppe. 1. Hälfte. (384 S.)

— dasselbe. 5. Bd. 3. Abtlg. gr. 8. Ebd. 898. n. 5. —; geb. in Halbfrz. n.n. 6. 50

D. griech. Kultusaltertümer. Von Paul Stengel. 2., verm. u. verb. Aufl. M. 5 Taf. (VIII, 228 S.)

— dasselbe. 7. Bd. gr. 8. Ebd 898. n. 16. 50; geb. in Halbfrz. n.n. 18. 50

Geschichte d. griech. Litteratur bis auf die Zeit Justinians. Von Wilh. Christ. 3, verm. u. verb. Aufl. M. 28 Abb. (XIII, 945 S.)

— dasselbe. 8. Bd. 1. Abtlg. gr. 8. Ebd. 898. n. 7. 50; geb. in Halbfrz. n.n. 9. —

Geschichte d. röm. Litteratur bis z. Gesetzgebungswerk des Kaisers Justinian. Von Mart. Schanz. 1. Tl.: D. röm. Litteratur in d. Zeit d. Republik. 2. Aufl. M. alphabet. Register. (XVIII, 421 S.)

— dasselbe. 8. Bd. 3. Tl. (21. Halbbd.) gr. 8. Ebd. 896. n. 7. 50

Geschichte d. röm. Litteratur bis z. Gesetzgebungswerk des Kaisers Justinian. Von Mart. Schanz. 3. Tl.: D. Zeit v. Hadrian 117 bis auf Constantin 324. (XIX, 410 S.)

— dasselbe. 9. Bd. 1. Abtlg. gr. 8. Ebd. 897. n. 24. —; geb. in Halbfrz. n.n. 36. 50

Geschichte d. byzantin. Litteratur v. Justinian b. zum Ende des oström. Reiches (527—1453) von Karl Krumbacher. 2. Aufl., bearb. unt. Mitwirkg v. A Ehrhard u. H Gelzer (XX, 1193 S.)

— dasselbe. (22. u. 23. Halbbd.) Atlas zu Bd. VI. Archäologie der Kunst von Karl Sittl. 64 Taf. mit 1000 Abb., nebst Inhaltsverzeichnis u. alphabet. Register. (28 S.) qu. Fol. Ebd 897. In Mappe n. 13. 50

— d. klassischen Altertums-Wissenschaft in systemat. Darstellg. m. bes. Rücksicht auf Geschichte u. Methodik d. einz. Disziplinen, in Verbindg. m. Autenrieth, Ad. Bauer, Blass etc. hrsg. von Iwan v. Müller. 3. Bd., 3. Abtlg., 1. Hälfte. gr. 8. München 897. C. H. Beck. n. 3. 50

Grundriss d. Geographie v. Italien u. d. Orbis romanus. Von Jul. Jung. 2., umgearb. u. verm. Aufl. Mit alphabet. Register. (VIII, 178 S.)

Handbuch der klass. **Altertums-Wissenschaft** in systemat. Darstellung m. besond. Rücksicht auf Geschichte u. Methodik der einzelnen Disziplinen. In Verbindg. m. Autenrieth, Ad. Bauer, Blass etc. hrsg. v. Iwan v. Müller. II. Bd. 1.—3. Abt., III. Bd. 3. Abt. 2. Hälfte, V. Bd. 2. Abt. 2. Hälfte. 1. Lfg. u 4. Abt., VIII. Bd. 2. Tl. 1. u. 2. Hälfte. gr. 8. München, C. H. Beck. n. 78. 30

II, 1. Griechische Grammatik (Lautlehre, Stammbildungs- u. Flexionslehre u. Syntax). Von Karl **Brugmann**. 3. Aufl. Mit e. Anh. üb. griech. Lexikographie v. Leop. Cohn. (XIX, 632 S.) 900. n. 12.—; geb. n.n. 14.—

2. Lateinische Grammatik. Laut- u. Formenlehre Syntax u. Stilistik. Von Frdr. **Stolz** u. J. H. **Schmalz**. Mit e. Anh. üb. latein. Lexikographie von Ferd. Heerdegen. 3. Aufl. (XIV, 574 S.) 900. n. 11.—; geb. n.n. 13.—

3. Rhetorik u. Metrik der Griechen u. Römer. 3. umgearb. Aufl. Rhetorik. Von Rich. **Volkmann**. 3. Aufl., besorgt v. Casp. Hammer. — Metrik, nebst e. Anh. üb. die Musik der Griechen, m. 2 Notentaf. Von H. **Gleditsch**. (X, 336 S.) 901. n. 8. 80; geb. n.n. 10. 60

III, 3. II. Topographie der Stadt Rom. Von Otto **Richter**. 2. verm. u. verb. Aufl. Nebst 32 Abbildgn., 18 Taf. u. 2 Plänen v. Rom. (X, 411 S.) 901. n. 15. —; m. der 1. Hälfte in 1 Halbfrzbd. n.n. 20. 50

V. 2. II. (25. Halbbd.) Griech. Mythologie u. Religionsgeschichte. Von Otto **Gruppe**. 2. Hälfte. 1. Lfg. (S. 385—768.) 902. n. 7.—; (I u. 2I. n. 14.—)

4. (26. Halbbd.) Religion u. Kultus der Römer. Von Geo. **Wissowa**. (XII, 534 S.) 902. n. 10.—; geb. in Halbfrz. n.n. 12.—

VIII, 2. 1. Geschichte der römischen Litteratur bis zum Gesetzgebungswerk des Kaisers Justinian. 2. Tl.: Die röm. Litteratur in der Zeit der Monarchie bis auf Hadrian. Von Mart. **Schanz**. 1. Hälfte. Die augustische Zeit. 2. Aufl. Mit alphabet. Register. (XII, 372 S.) 899. n. 7.—; geb. n.n. 8. 50

II. Dasselbe. 2. Hälfte. Vom Tode des Augustus bis zur Regierg. Hadrians. 2. Aufl. Mit alphabet. Register. (XI, 425 S.) 901. n. 7. 50; geb. n.n. 9.— ; (I u. II 2 n. 22.—; geb. n n. 26. 50)

— der klassischen **Altertums-Wissenschaft** in systematischer Darstellung m. besond. Rücksicht auf Geschichte u. Methodik der einzelnen Disziplinen. In Verbindg. m. Autenrieth, Ad. Bauer, Blass u. a. hrsg. von Iwan v. Müller. 27.—30. Halbbd. gr. 8. München, C. H Beck. n. 30. 50

27. V. Bd. 2. Abtlg. 2. Hälfte. 2. Lfg. Griechische Mythologie u. Religionsgeschichte. Von Otto **Gruppe**. 2. Hälfte. 2. Lfg. (S. 769—1152.) 903. n. 7.—

28. VIII. Bd. 4. Abtlg. 1. Hälfte Geschichte der römischen Litteratur bis zum Gesetzgebungswerk des Kaisers Justinian. 4. Tl. Die römische Litteratur von Constantin bis zum Gesetzgebungswerk Justinians. Von Mart. **Schanz**. 1. Hälfte. Die Litteratur des 4. Jahrh. Mit alphabet. Register. (XV, 469 S.) 904 n. 8. 50; geb. n.n. 10.— (I—IV, 1.: 37. 50; geb. n.n. 45. 50)

29. 30. V. Bd. 2. Abtlg. 2. Hälfte. 3. Lfg. Griechische Mythologie u. Religionsgeschichte. Von O. **Gruppe**. Schluss-Bd. (1. Bd. XIV u. S. 718a—f u. 2. Bd. VIII u. S. 1153—1923.) 906. n. 15.— (V, 2, II vollständig: 36.—; geb. in Halbfrz. n. 40.—)

— dasselbe. III. Bd. 1. Abtlg. 1. Hälfte; 2. Abtlg. 2. Hälfte; 4. u. 5. Abtlg.; VII. Bd. u. VIII. Bd. 3. Tl. Lex.-8. Ebd. n. 64. 70

III, 1, I. Grundriss der Geographie u. Geschichte des alten Orients. Von Fritz **Hommel**. 2. neubearb. Aufl. des „Abrisses der Geschichte des alten Orients“. 1. Hälfte. Ethnologie des alten Orients. Babylonien u. Chaldäa. (400 S. m. Abbildgn. u. 1 Karte.) 904. n. 7. 50

2, II. Topographie v. Athen. Von Walth. **Judeich**. Mit 48 Abbildgn. im Text u. 3 Plänen in Mappe. (XII, 416 S.) 905. n. 18.—; geb. in Halbfr. n.n. 20.—

4. Grundriss der griechischen Geschichte nebst Quellenkunde. Von Rob. **Pöhlmann**. 3. verm. u. verb. Aufl. (VI, 307 S.) 906. n. 5. 50; geb. in Halbfrz. n.n. 7. 20

5. Grundriss der römischen Geschichte nebst Quellenkunde. Von Benedict. **Niese**. 3. umgearb. u. verm. Aufl. (VIII, 405 S.) 906. n. 7. 20; geb. in Halbfrz. n.n. 9.—

VII. Geschichte der griechischen Literatur bis auf die Zeit Justinians. Von Wilh. **Christ**. 4. rev. Aufl. Mit Anh. v. 43 Porträtdarstellgn. nach Auswahl v. A. Furtwängler u. J. Sieveking. (XII, 996 S.) 905. n. 17. 50; geb. in Halbfrz. n.n. 19. 50

VIII, 3. Geschichte der römischen Litteratur bis zum Gesetzgebungswerk des Kaisers Justinian. Von Mart. **Schanz**. 3. Tl.: Die Zeit von Hadrian 117 bis auf Constantin 324. 2. Aufl. Mit alphabet. Register. (XVI, 512 S.) 905. n. 9.—; geb. in Halbfrz. n.n. 10. 80

— der klassischen **Altertums-Wissenschaft** in systematischer Darstellung m. besond. Rücksicht auf Geschichte u. Methodik der einzelnen Disziplinen. In Verbindg. m. Autenrieth, Ad. Bauer, E. Bethe u. a. hrsg. von Iwan v. Müller. II. Bd. 2. Abtlg., III. Bd. 4. u. 5. Abtlg., VII. Bd. 1. Tl. u. 2. Tl. I. Hälfte, VIII. Bd. 1. Tl. 2 Hälften u. IX. Bd. 2. Abtlg. I. Tl. Lex. 8. München, C. H. Beck. 78. 80

Christ's, Wilh. v., Geschichte der griechischen Literatur. 5. Aufl., unter Mitwirkg. v. Otto Stählin bearb. v. Wilh. Schmid. 1. Tl.: Klassische Periode der griech. Literatur. (XII, 716 S.) 908. (VII. Bd. 1. Tl.) 13. 50; geb. in Halbfrz. 15. 80

— dasselbe. 2. Tl.: Nachklassische Periode der griech. Literatur. I. Hälfte. (236 S.) 909. (VII. Bd. 2. Tl. I. Hälfte.) 4. 50

Manitius, Max, Geschichte der lateinischen Literatur des Mittelalters. I. Tl.: Von Justinian bis zur Mitte des 10. Jahrh. Mit Index. (XIII, 766 S.) 911. (IX. Bd. 2. Abt. I. Tl.) 15. —; geb. in Halbfrz. n 17. 50

Niese, Benedictus, Grundriss der römischen Geschichte nebst Quellenkunde. 4. verb. u. verm. Aufl. (VIII, 454 S.) 910. (III. Bd. 5. Abtlg.) 9.—; geb. in Halbfrz. n 9. 80

Pöhlmann, Rob. v., Grundriss der griechischen Gesch. nebst Quellenkunde. 4. verm. u. verb Aufl. (VII, 334 S.) 909. (III. Bd. 4. Abtlg.) 5.80; geb. in Halbfrz. n 7. 50

Schanz, Mart., Geschichte der römischen Litteratur bis zum Gesetzgebungswerk des Kaisers Justinian. 1. Tl.: Die röm. Litteratur in der Zeit der Republik. 1. Hälfte: Von den Anfängen der Litteratur bis zum Ausgang des Bundesgenossenkriegs. 3. ganz umgearb. u. stark verm. Aufl. Mit alphabet. Register. (XII, 362 S.) 907. (VIII. Bd. 1. Tl. I. Hälfte.) 7.—; geb. in Halbfrz. n 8. 80

— dasselbe. 2. Hälfte: Vom Ausgang d. Bundesgenossenkriegs bis zum Ende der Republik. 3. ganz umgearb. u. stark verm. Aufl. Mit alphabet. Register. (XII, 531 S.) 909. (VIII. Bd. 1. Tl. II. Hälfte.) 10.—; geb. in Halbfrz. n 12.—

Stolz, Frdr., u. J. H. **Schmalz**, lateinische Grammatik. Laut- u. Formenlehre, Syntax u. Stilistik. Mit e. Anh. üb. latein. Lexikographie v. Ferd. Heerdegen. 4. Aufl. (XVI, 779 S.) 910. (II. Bd. 2. Abtlg.) 15.—; geb. in Halbfrz. n 17. 50

— amtliches, der Kammer der **Abgeordneten** des bayer. Landtages. Hrsg. vom Bureau der Kammer der Abgeordneten. 12. (III, 317 S. m. eingedr. Bildnissen.) München 900. (J. Lindauer.) Geb. in Leinw. n.n. 5. 50

Handbuch, amtliches, der Kammer der **Abgeordneten** des bayerischen Landtages. Hrsg. vom Bureau der Kammer der Abgeordneten. (III, 422 S. m. Bildnissen.) kl. 8. München 906. (Th. Ackermann.) Geb. in Leinw. n. 6. 80

Handbuch, amtliches, der Kammer der **Abgeordneten**, des bayerischen Landtages. Hrsg. v. Bureau der Kammer der Abgeordneten. (III, 840 S. m. eingedr. Bildnissen.) kl. 8. München 908. (Th. Ackermann. — H. Hugendubel. — J. Lindauer.) Geb. in Leinw. nn 6.—

— analytisches, des alten **Testaments**. 18 Heft. 8. Leipz. Joachim.

— der **Anatomie** des Menschen in 8 Bdn. In Verbindg. m. A. v. Brunn, J. Disse, Eberth etc. hrsg. von Karl v. **Bardeleben**. 1.—6. Lfg. gr. 8. Jena, G. Fischer. Subskr.-Pr. n. 32. 10; Einzelpr. n. 41. 50

1. 1. Bd. 1. Abtlg. Skeletlehre. Bearb. v. J. **Disse**, Graf **Spee**, **Mehnert** u. **Pfitzner**. I. Abtlg. Allgemeines. Wirbelsäule. Thorax. Von J. **Disse**. (92 S. m. 69 Abb.) 896. Subskr.-Pr. n. 3.—; Einzelpr n. 4.—

2. 7. Bd. 2. Tl. 1. Abtlg. Harn- u. Geschlechtsorgane. Bearbeitet v. J **Disse**, Wilh. **Nagel**, **Eberth** u. **Holl**. 2. Tl. I. Abtlg. D. weibl. Geschlechtsorgane. Von Wilh. **Nagel**. (VIII, 159 S. m. 70 Abb.) 896. Subskr.-Pr. n. 5. 50; Einzelpr. n. 7.—

3. 1. Bd. Skelettlehre. Bearb. von J. **Disse**, Graf **Spee**, **Mehnert** u. **Pfitzner**. II. Abtlg. Kopf. Von Graf **Spee**. (VII u. S. 93—372 m. 102 z. Tl. farb. Holzschn.) 896. Subskr.-Pr. n. 9.—; Einzelpr. n. 11. 50

4. 7. Bd. Harn- u. Geschlechtsorgane. Von J. **Disse**, W. **Nagel**, **Eberth** u. **Holl**. 2. Tl. 2. Abtlg. Die Muskeln u. Fascien des Beckenausganges. (Männl. u. weibl. Damm.) Von M. **Holl**. (IV u. S. 161—300 m. 34 Abb.) 897. Subskr.-Pr. n. 3. 60; Einzelpr. n. 5.—

5. 5. Bd. 1. Abtlg. Sinnesorgane. Von A. v. **Brunn**, G. **Schwalbe**, **Siebenmann** u. **Kuhnt**. 1. Abtlg. Haut (Integumentum commune). Von A. v. **Brunn**. (III, 109 S. m. 117 teilweise farb. Abb.) 897.

Subskr.-Pr. n. 4. —; Einzelpr. n. 5. —
6. Dasselbe. 2. Abtlg. 1. D. äussere Ohr. Von G. Schwalbe. M. 35 teilweise farb. Abb. im Text. 2. Mittelohr u. Labyrinth. Von F. Siebenmann. M. 66 teilweise farb. Abb. im Text. (S. 111—324.) 898. Subskr.-Pr. n. 7. —; Einzelpr. n. 9. —

Handbuch, amtliches, der Jubiläums-Ausstellung der Handwerker Steiermarks. Graz 1908. (296 S 1 T) qu 8° Graz 1908

Handbuch. amtliches, der Kammer der Abgeordneten des bayerischen Landtages. Hrsg. vom Bureau der Kammer der Abgeordneten. 12. (III, 317 S. m. eingedr. Bildnissen.) München, J. Lindauer. Geb. in Leinw. 5. 50. 1900.

Handbuch, Amtliches, der Kammer der Abgeordneten des bayerischen Landtages. Hrsg. vom Bureau der Kammer der Abgeordneten. (Ill. 422 S. m. Bildnissen.) kl. S. München: Ackermann 1906.

Handbuch, amtliches, der Kammer der Abgeordneten des bayerischen Landtages. Hrsg. vom Bureau der Kammer der Abgeordneten. (III, 840 S. m. eingedr. Bildnissen.) kl. 8. München, H. Hugendubel. — J. Lindauer. 1908. Geb. in Leinw. 6. —

Handbuch, Amtliches, der zweiten Kammer der Landstände des Grossherzogtums Hessen. Hrsg. von d. Dir. d. Kanzlei d. 2. Kammer. 33. Landtag 1905/1908. Darmstadt 1906. 1907. 8°.
1: Verfassungsrecht d. Deutschen Reiches u. d. Grossherzogt. Hessen. (Bearb. von Walckesberg.) 1906.
2: Übersicht d. Wahlkreise m. d. gewählt. Abg. seit d. J. 1820, Vorstand, Ausschüsse u. deren Präsidenten. (Bearb. von Ernst Schenck.) 1907.

Handbuch der Anatomie des Menschen in 8 Bdn. In Verb. mit ... hrsg. von Prof. Dr. Karl v. Bardeleben in Jena. Bd 1, Abt. 1. *Jena: G. Fischer 1896.* 8° [oo. 12569

— der Anatomie des Menschen in 8 Bdn. In Verbindg. m. A. v. Brunn, J. Disse, Eberth etc. hrsg. von Karl v. Bardeleben. 7.—9. Lfg. gr. 8. Jena, G. Fischer. Subskr.-Pr. n. 23. —; Einzelpr. n. 29. —
7. IV. Bd. Nervensystem. Von Ziehen u. Zander. 1.—3. Abtlg. Centralnervensystem. 1. Tl. Makroskopische u. mikroskop. Anatomie des Rückenmarks. Makroskop. u. mikroskop. Anatomie des Gehirns. Von Th. Ziehen. 1. Abschn. Mit 94 teilweise farb. Abbildgn. im Text. (402 S.) 899. Subskr.-Pr. n. 11. —; Einzelpr. n. 14. —
8. VII. Bd. 1. Tl. Harn- u. Geschlechtsorgane. Bearb. v. J. Disse, Nagel, Holl, Ebert. 1. Tl.: Harnorgane. Von J. Disse. Mit 88 Abbildgn. im Text. (170 S.) 902. Subskr.-Pr. n. 6. —; Einzelpr. n. 7. 50
9. VI. Bd. Darmsystem. Bearb. v. Merkel u. Disse. 1. Abtlg. Atmungsorgane. Von Frdr. Merkel. Mit 89 Abbildgn. im Texte. (182 S.) 902. Subskr.-Pr. n. 6. —; Einzelpr. n. 7. 50
1.—6. Ebd. 896—898. n. 32. 10, bzw. 41. 50.

— der Anatomie des Menschen in 8 Bdn. In Verbindg. m. A. v. Brunn, J. Disse, Eberth u. a. hrsg. von Karl v. Bardeleben. 10.—13. Lfg. gr. 8. Jena, G. Fischer. n. 35. 90
10. IV. Bd. 2. Tl. Anatomie des Nervensystems. Bearb. v. Ziehen u. Zander. 2. Lfg. Makroskopische u. mikroskopische Anatomie des Gehirns. Von Th. Ziehen. Mit 123 teilweise farb. Abbildgn. im Text. (S. 403—576.) 903. Subskr.-Pr. n. 4. 50; Einzelpr. n. 6. —
11. II. Bd. 1. Abtlg. 1. Tl. Bänder, Gelenke u. Muskeln. Bearb. v. R. Fick, Eisler u. K. v. Bardeleben. 1. Abtlg. Handbuch der Anatomie u. Mechanik der Gelenke unter Berücksicht. der bewegenden Muskeln. Von Rud. Fick. 1. Tl.: Anatomie der Gelenke. Mit 162 grösstenteils farb. Abbildgn. im Text. (XII, 512 S.) 904. Subskr.-Pr. n. 16. —; geb. n. 18. —
12. VII. Bd. 2. Tl. 2. Abtlg. Harn- u. Geschlechtsorgane. Bearb. v. J. Disse, Wilh. Nagel, C. J. Eberth u. Holl. 2. Tl. 2. Abtlg. Die männlichen Geschlechtsorgane. Von C. J. Eberth. Mit 259 z. Tl. farb. Abbildgn. im Text. (XI, 310 S.) 904. n. 10. —
Für diese Lfg. giebt es keinen besonderen Subskr.-Preis.
13. V. Bd. 1. Abtlg. 2. Tl. Sinnesorgane. 1. Abtlg. Geruchsorgan (Organon olfactus) u. Geschmacksorgan. Von E. Kallius. Mit Benutzung einiger Vorarbeiten von M. v. Brunn. Mit 110 Abbildgn im Text. (III u. S. 115—270.) 905. Subskr.-Pr. n. 5. 40; Einzelpr. n. 6. 40
Lfg. 1—9. Ebd. 896—902. n. 65. 10; bezw. n. 70. 50.

Handbuch der Anatomie des Menschen in 8 Bdn. In Verbindg. m. P. Bartels, A. v. Brunn, J. Disse u. a. Hrg. v. Karl v. Bardeleben. 14.—18. Lfg. Lex. 8. Jena, G. Fischer. 77. —
14. VIII. Bd. 1. Abtlg. Plasma u. Zelle. 1. Abtlg. Allgem. Anatomie der lebend. Masse. 1. Lfg. Die Grundlagen der mikroskop. Anatomie, die Kerne, die Centren u. die Granulalehre. Von Mart. Heidenhain. Mit 276 teilweise farb. Abbildgn. im Text. (VIII, 506 S.) 907. 20. —; Vorzugspr. 16. —
15. II. Bd. 2. Abtlg. 2. Tl. Die Muskeln des menschlichen Armes. Von A. Frohse, Fritz u. Max Fränkel. Mit 154 teilweise farb. Abbildgn. (XX, 414 S.) 908. 24. —; Vorzugspr. 20. —
16. Skeletlehre. Von J. Disse, Graf Spee, W. Krause. 3. Abtlg.: Skelet der oberen u. unteren Extremität v. W. Krause. Mit 83 Abbildgn. im Text. (III, VIII, 286 S.) 909. 9. —
17. Gefässsystem. Von Tandler u. Paul Bartels. 4. Abt. Das Lymphgefässsystem, v. Paul Bartels. Mit 77 zum Tl. farb. Abb. (XII, 280 S.) 909. 12. —; Vorzugspr. 10. —
18. II. Bd. 1. Abtlg. 2. Tl. Bänder, Gelenke u. Muskeln. Bearb. v. R. Fick, Eisler, Fritz Frohse, Max Fränkel. 1. Abtlg. Handbuch der Anatomie u. Mechanik der Gelenke unter Berücksicht. der bewegenden Muskeln. Von Rud. Fick. 2. Tl.: Allgem. Gelenk- u. Muskelmechanik. (XVI, 376 S. m. 350 z. Tl. farb. Abbildgn. u. 2 Taf.) 910. 12. —; geb. 14. —

— der pathologischen Anatomie des Nervensystems. In Verbindg. m. Anton, Ballet, v. Bechterew u. a. Hrsg. v. E. Flatau, L. Jacobsohn, L. Minor. Mit 428 Abbildgn. im Text u. 25 Taf. 5 Abtlgn. (VI, 1564 S.) gr. 8. Berlin 903. 904. S. Karger. n. 62. —; in 2 Halbfrzbdn. n.n. 67. —

Handbuch der vergleichenden Anatomie der Hausthiere. Bearb. von Dr. W[ilhelm] Ellenberger, Prof. zu Dresden, u. Dr. H[erm.] Baum, Prof. zu Dresden. 10. Aufl. der in 1.-4. von Gurlt, in 5. von Leisering u. Müller, in 6. u. 7. von Leisering, Müller u. Ellenberger, in 8. von Ellenberger, Müller u. Baum, in 9. Aufl. von Ellenberger u. Baum bearb. Anatomie d. Hausthiere. Mit 165 Abb. *Berlin: A. Hirschwald 1903.* (XVI, 1004 S.) 4°(8°) [oo. 13311

Handbuch der vergleichenden mikroskopischen Anatomie der Haustiere. Bearb. von Medizinalrat Prof. Dr. H[ermann] Baum, Dresden — Prof. H[einrich] Böther, Hannover — ... Prof. Dr. W[ilhelm] Ellenberger, Dresden — ... Prof. Dr. Th[eodor] O[scar] Rubeli, Bern — ... Prof. Dr. O(tto) Zietzschmann, Zürich. Hrg. von Prof. Dr. ... W[ilhelm] Ellenberger. Band 1. Mit 437 Textabbildungen. VIII + 602 S. gr.-8. Berlin, Paul Parey, 1906. [M. 22. —, geb. 24. —]
Darin S. 809—861: VIII. Nervengewebe und peripheres Nervensystem. Von Dr. (Th[eodor] O[scar]) Rubeli, Professor in Bern; *S. 422—565:* XI. Das Sehorgan. Von Otto Zietzschmann, Professor in Zürich.
(Der 2. ‹Schluss-›Band wird ... Ende 1906 bezw. Anfang 1907 erscheinen, *ohne Beiträge der 2 genannten Schweizer Prof.)*

Handbuch für Anfänger im Gartenbau. Bern 1797. N. A. 1824. V: *Wyss, Emanuel Nicolaus.* (MGT) (Ky)

— für Anfänger im Gartenbau, (von Fr. N. Wyß). 8. Bern 797. N. verb. Aufl. 8. Ebd. 824. (Leipz., Schmidt). 20 K

Handbuch, Angenehmes und lehrreiches, für den Bürger und Landmann. Magdeburg 1772. V: *Schummel, Johann Gottlieb.* (Ky) (MGT)

— angenehmes u. lehrreiches, für den Bürger u. Landmann, (v. J. G. Schummel), 8. Magdeb. 772. 2e Aufl. unt. d. Tit.: gemeinnütz. Handbuch für d. Bürger u. Landmann. 8. Ebd. 774. Zapf. 8 K

„Handbuch der Angestellten des Rheinschiffahrts-Octroi", Oktober 1805. Köln 1805. — Vorh.: Com. Bibl. Hamburg.

— bei Anordnung d. Naturalien im Naturalienkabinett. Mit Kpf. 8. Leipz. 784. Compt. f. Liter. 16 gr

Ein Handbuch des Anti-Freimaurer-Bundes. Mit einem Breve Seiner Heiligkeit Papst Leo XIII. Freiburg (Schweiz) 1887: Buchdr. d. Werkes v. heil. Paulus. 56 S. 8⁰
Abgedr. in: Annalen d. Werkes v. hl. Paulus. 11 (1886) S. 227—232, 264—274, 299—312. [Unvollst.]
cf. Annalen d. Werkes v. hl. Paulus. 11 (1886) S. 225—227; Stimmen aus Maria-Laach. 31 (1886) S. 582—584.
Enth. Belehrung u. Frage u. Antwort üb. Wesen, Zweck, Notwendigkeit, Zeitgemässheit, Organisation usw. des Bundes. 215.

Handbuch für die Anwendung der reinen Mathematik . . . Berlin 1827. V: *Radowitz, Jos. von.* (AarK) (Ky)

— f. die Anwendung d. reinen Mathemathik. Eine systematische Samml. d. Formen, Ausdrücke u. Hülfszahlen aus d. ebenen u. körperl. Geometrie 2c., (von v. Radowitz). 1r Bd. A. u. d. T.: die Formeln der Geometrie u. Trigonometrie. 4. Berl. 827. Dümmler. 3 ₰

Handbuch der gesamten medizinischen Anwendungen der Elektrizität einschließlich der Röntgenlehre. Hrsg. von H. Boruttau u. a. Bd 1-3. T. 2. Leipzig 1909—1927

— der gesamten medizin. Anwendungen der Elektrizität einschliessl. der Röntgenlehre. In 3 Bdn. bearb. v. F. Battelli, J. Bergonié, H. Boruttau u. a. Hrsg. v. H. Boruttau u. L. Mann. Mithrsg. f. den Röntgenbd.: M. Levy-Dorn u. P. Krause. I. Bd. (XVI, 599 S. m. Abbildgn.) Lex. 8. Leipzig 909. Dr. W. Klinkhardt. 30.—; geb. 32. 50

Handbuch zu den neutestamentlichen Apokryphen, in Verbindg. m. Fachgelehrten hrsg. v. Edg. Hennecke. (XVI, 604 S.) gr. 8. Tübingen 904 J. C. B. Mohr. n. 12. —; geb. n. 13. 50

Handbuch, Apostolisches, oder Aufsehen zu Gott, zur Erbauung für Kinder und Erwachsene. Leipzig 1787. V: *Masius (Meese), Johann Nicolaus (später Gottfried Lebrecht).* (MGT)

— für evangelische Arbeiterinnen. Hrsg. vom deutsch-evang. Frauenbund. (83 S.) 16. Berlin (907). Schriftenvertriebsanstalt. Geb. in Leinw. — 40

— der Arbeiterkrankheiten. Unter Mitwirkg. v. B. Ascher, Bauer, Blaschko u. a. hrsg. v. Thdr. Weyl. (LXIX, 809 S. m. 21 Abb.) Lex. 8. Jena 908. G. Fischer. 22.—; geb. n 24. 50

Handbuch für Evangel. Arbeitervereine. Hrsg. vom Ev. Bunde z. Wahrung d. deutsch-protestant. Interessen (Vorr.: Dr. [Ottomar] Lorenz, Pastor, Erfurt.) 2. Aufl. *Leipzig: C. Braun (1892).* (VIII, 124 S.) 8° [F.] [04 10331 10

— für evangel. Arbeitervereine. Hrsg. vom Evangel. Bunde zur Wahrung der deutsch-protestant. Interessen. (Von Ottomar Lorenz.) 1. u. 2. (Titel-)Aufl. 16. (VIII, 124 S.) Leipzig 892. 894. Buchh. d. Evangel. Bundes v. C. Braun. Geb. in Leinw. n. 1. —

Handbuch für Evangel. Arbeitervereine. Hrsg. vom Ev. Bunde z. Wahrung d. deutsch-protestant. Interessen. (Vorr.: Dr. [Ottomar] Lorenz, Pastor, Erfurt.) 2. Aufl. *Leipzig: C. Braun (1902).* (VIII, 124 S.) 8° [F.] [04. 9547 10

— der Arbeiterwohlfahrt. Bearb. v. Ascher, Büsing, Dieudonné u. a. Hrsg. v. Otto Dammer. (2 Bde. in etwa 9 Lfgn.) 1.—6. Lfg. gr. 8. (1. Bd. XI, 880 S. u. 2. Bd. S. 1—160 m. Fig.) Stuttgart 902. 903. F. Enke. n. 26. —; (1. Bd. vollständig n. 22. —; geb. in Halbfrz. n. 24. 50)

— der Arbeiterwohlfahrt. Bearb. v. Ascher, Büsing, Dieudonné u. a. Hrsg. v. Otto Dammer. (2 Bde.) 7. u. 8. Lfg. (2. Bd. VIII u. S. 161—490 m. Fig.) gr. 8. Stuttgart 903. F. Enke. n. 8. 40 (2. Bd.: n. 12. 40; geb. in Halbfrz. n. 14. 90; vollständig n. 34. 40; geb. n. 39. 40)

Handbuch der biochemischen Arbeitsmethoden. Bearb. von ... Hrsg. von Prof. Dr. Emil Abderhalden. Mit Textabb. Bd. 1–4. Berlin & Wien: Urban & Schwarzenberg 1909–10. 8°
1. Allgem. T. 1910. 2. Spez. T., Hälfte 1. 1909. [2.] 1910. 3, 1. 2, 1910. 4. Allgem. T. ‹Forts. d. 1. Bdes.› 1910. [11. 9231 9

Handbuch der biochemischen Arbeitsmethoden. Bearb. von ... Hrsg. von Prof. Dr. Emil Abderhalden. Mit Textabb. Bd 1–3. Berlin & Wien: Urban & Schwarzenberg 1910. 8°
1. Allgem Teil. 3, Hälfte 1. 2. Spez. Teil. [11. 4271 10

— der Architektur. Unter Mitwirkung von Fachgenossen hrsg. von Jos. Durm, Herm. Ende, Ed. Schmitt u. Heinr. Wagner. 1. Thl. Allgemeine Hochbaukunde. 1. Bd. 1. Hälfte. Lex.-8. Darmstadt 880. Diehl. n. 8. —
Einleitung. [Theoretische u. histor. Uebersicht.] Von A. Essenwein. Die Technik der wichtigeren Baustoffe. Von W. F. Exner, H. Hauenschild u. G. Lauböck. Mit 37 in den Text eingedr. (Holzschn.-)Abbildungen. (192 S.)

— dasselbe. 2. Thl. Die Baustile. Historische u. techn. Entwickelung. 1. Bd. Lex.-8. Ebend. 880. 81. n. 16. —
Die Baukunst der Griechen. Von Jos. Durm. Mit 371 in den Text gedr. (Holzschn.-)Abbildungen, sowie 18 in den Text eingehefteten Taf., darunter 2 in Farbendr. (VII, 247 S.)

— dasselbe. 3. Thl. Die Hochbau-Constructionen. 4. Bd. Anlagen zur Versorgung der Gebäude mit Licht u. Luft, Wärme u. Wasser. Lex.-8. Ebend. 881. n. 16. —
Künstliche Beleuchtung der Räume. Von Herm. Fischer. Heizung u. Lüftung der Räume. Von Herm. Fischer. Wasserversorgung der Gebäude. Von Salbach. Mit 331 in den Text eingedr. Abbildungen, sowie 10 Farbendr.-Taf., Beispiele von Heizungs-, Lüftungs- u. Wasserversorgungs-Anlagen enth. (VIII, 320 S.)

— der Architektur. Unter Mitwirkg. v. Fachgenossen hrsg. v. Jos. Durm, Herm. Ende, Ed. Schmitt u. Heinr. Wagner. 1. Thl. Allgemeine Hochbaukunde. 1. Bd. 2. Hälfte. Lex.-8. Darmstadt 883. Diehl. n. 10. — (1. Bd. cplt.: n. 18. —)
Die Technik der wichtigeren Baustoffe. [Schluss.] Von H. Hauenschild. Die Statik der Hochbau-Constructionen. Von Thdr. Landsberg. Mit 347 in den Text eingedr. Abbildgn. (VIII u. S. 193—463.)

Handbuch der Architektur. Unter Mitwirkg v. Fachgenossen hrsg. v. Jos. Durm, Herm. Ende, Ed. Schmitt u. Heinr Wagner. 4. Thl. Entwerfen, Anlage u. Einrichtg. der Gebäude. 1. 3. u. 4. Halbbd. Lex.-8. Darmstadt, Diehl. n. 62. —

1. Die architektonische Composition. Allgemeine Grundzüge. Von H. Wagner. Die Proportionen in der Architektur. Von Aug. Thiersch. Die Anlage d. Gebäudes. Von H. Wagner. Die Gestaltung der äusseren u. der inneren Architektur. Von J. Bühlmann. Vorräume, Treppen-, Hof- u. Saal-Anlagen. Von L. Bohnstedt u. H. Wagner. Mit 285 in den Text eingedr. Abbildgn., so wie 20 in den Text eingehefteten Taf. (VII, 255 S.) 883. n. 16. —
3. Landwirthschaftliche Gebäude u. verwandte Anlagen. Ställe f. Arbeits-, Zucht- u. Luxuspferde; Wagen-Remisen. Von Frdr. Engel. Gestüte u. Marstall-Gebäude. Von Ed. Schmitt. Rindvieh-, Schaf-, Schweine- u. Federviehställe. Feimen, offene Getreideschuppen u. Scheunen. Von Frdr. Engel. Magazine, Vorraths- u. Handelsspeicher f. Getreide. Von Frdr. Engel u. Ed. Schmitt. Grössere landwirthschaftliche Gebäude-Complexe. Von Frdr. Engel. Schlachthöfe u. Viehmärkte. Von Geo. Osthoff. Markthallen u. Marktplätze. Von Geo. Osthoff u. Ed. Schmitt. Brauereien, Mälzereien u. Brennereien. Von Alb. Geul. Mit 535 in den Text eingedr. Abbildgn., so wie 12 in den Text eingehefteten Taf. (X, 431 S.) 884. n. 23. —
4. Gebäude f. Erholungs-, Beherbergungs- u. Vereinszwecke. Schank- u. Speise-Locale; Kaffeehäuser u. Restaurants. Von Heinr. Wagner. Volksküchen u. Speiseanstalten f. Arbeiter, Volks-Kaffeehäuser. Von Ed. Schmitt. Oeffentliche Vergnügungs-Locale u. Festhallen. Von Jos. Durm u. Heinr. Wagner. Hotels. Von Herm. v. der Hude. Gasthöfe niederen Ranges, Schlaf- n. Herbergshäuser. Von Ed. Schmitt. Baulichkeiten f. Cur- u. Badeorte. Von Jonas Mylius u. Heinr. Wagner. Gebäude f. Gesellschaften u. Vereine. Von Ed. Schmitt u. Heinr. Wagner. Baulichkeiten f. den Sport. Panoramen; Orchester-Pavillons; Stibadien u. Exedren, Pergolen u. Veranden; Gartenhäuser, Kioske u. Pavillons. Von Jos. Durm, Jac. Lieblein, Rob. Reinhardt, Heinr. Wagner. Mit 482 in den Text eingedr. Abbildgn., so wie 8 in den Text eingehefteten Taf. (XI, 444 S.) 885. n. 23. —

— dasselbe. 2. Thl. Die Baustile. Historische u techn. Entwickelg. 2. Bd. Lex.-8. Ebend. 885. Verl. n. 20. —
Die Baukunst der Etrusker. Die Baukunst der Römer. Von Jos. Durm. Mit 327 in den Text eingedr. Abbildgn., sowie 2 Farbendr.-Taf. (VIII, 368 S.)

— dasselbe. 3. Thl. Die Hochbau-Constructionen. 1. 5. u. 6. Bd. Lex.-8. Ebend. n. 43. —

1. Constructions-Elemente in Stein, Holz u. Eisen. Von Barkhausen, Heinzerling u. Marx. Fundamente. Von Schmitt. Mit 747 in den Text eingedr. Abbildgn. u. 1 Taf. (X, 338 S.) 886. n. 15. —
5. Koch-, Spül-, Wasch- u. Bade-Einrichtungen. Von Emil Rud. Dameke, Erwin Marx u. Ed. Schmitt. Entwässerung u. Reinigung der Gebäude. Ableitung d. Haus-, Dach- u. Hofwassers. Aborte u. Pissoirs. Entfernung der Fäcalstoffe aus den Gebäuden. Von M. Knauff, B. Salbach u. Ed. Schmitt. Mit 549 in den Text eingedr. Abbildgn., so wie 1 in den Text eingehefteten Farbendr.-Taf. (VII, 367 S.) 883. n. 18. —
6. Sicherungen gegen Einbruch. Von Marx. Anlagen zur Erzielung e. guten Akustik. Von Orth. Glockenstühle. Von Köpcke. Sicherungen gegen Feuer. Blitzschlag. Bodensenkungen u. Erderschütterungen. Stützmauern. Von Spillner. Terrassen, Freitreppen u. Rampen-Anlagen. Von Ewerbeck. Behandlung der Trottoire u. Hofflächen. Von Spillner. Vordächer v. Ewerbeck. Eisbehälter v. Spillner. Mit 229 in den Text eingedr. Abbildgn., so wie 7 in den Text eingehefteten Taf. (VI, 172 S.) 884. n. 10. —

— der Architektur. Unter Mitwirkg. v. Fachgenossen hrsg. von J. Durm, H. Ende, E. Schmitt u. H. Wagner. 1. Thl. Allgemeine Hochbaukunde. 1. Bd. 2. Hälfte. 2. Aufl. Lex.-8. Darmstadt 889. Bergsträsser. n. 12. —
Die Statik der Hochbau-Constructionen v. Th. Landsberg. (VII, 274 S. m. 378 eingedr. Abbildgn. u. 2 Taf.)

— dasselbe. 2. Thl. Die Baustile. Historische u. techn. Entwickelg. 3. Bd. 2 Hälften u. 4. Bd. 1. Hft. Lex.-8. Ebd. n. 39. 60

3. Bd. 1. Hälfte. Die Ausgänge der class. Baukunst. [Christlicher Kirchenbau.] Die Fortsetzung d. classischen Baukunst im oströmischen Reiche. [Byzantinische Baukunst.] Von A. Essenwein. Mit 235 in den Text eingedr. Abbildungen, sowie 22 in den Text eingehefteten Taf. (VIII, 164 S.) 886. n. 12. 60
3. Bd. 2. Hälfte. Die Baukunst d. Islam. Von J. Franz-Pascha. Mit 216 in den Text eingedr. Abbildgn., sowie 4 in den Text eingehefteten Taf., darunter 3 in Farbendr. (VI, 150 S.) 887. n. 11. —
4. Bd. Die romanische u. die gothische Baukunst. 1. Hft. Die Kriegsbaukunst v. A. v. Essenwein. (VI, 259 S. mit 199 eingedr. Abbildgn. u. 14 Taf.) 889. n. 16. —

— dasselbe. 3. Thl. Die Hochbau-Constructionen. 4. Bd. Anlagen zur Versorgg. d. Gebäude m. Licht u. Luft, Wärme u. Wasser. 2. Aufl. Lex.-8. Ebd. 890. n. 22. —
Versorgung der Gebäude mit Sonnenlicht u. Sonnenwärme. Von Schmitt. — Künstliche Beleuchtung der Räume. Von H. Fischer u. W. Kohlrausch. — Heizung u. Lüftung der Räume. Von H. Fischer. — Wasserversorgung der Gebäude. Von O. Lueger. (VIII, 458 S. m. 439 in den Text eingedr. Abbildungen, sowie 12 Taf., darunter 10 in Farbendr.)

— dasselbe. 4. Thl. Entwerfen, Anlage u. Einrichtg. d. Gebäude. 6., 7. u. 9. Halbband. Lex.-8. Ebd. n. 110. —

6. Halbbd. Gebäude f. Erziehung, Wissenschaft u. Kunst. 1. Hft. Niedere u. höhere Schulen. Schulbauwesen im Allgemeinen. Volksschulen u. andere niedere Schulen. Von G. Behnke. — Niedere techn. Lehranstalten u. gewerbl. Fachschulen. Von E. Schmitt. — Gymnasien u. Real-Lehranstalten. Von H. Lang. — Mittlere technische Lehranstalten. Höhere Mädchenschulen. Sonstige höhere Lehranstalten. Von E. Schmitt. — Pensionate u. Alumnate. Von H. Wagner. — Lehrer- u. Lehrerinnen-Seminare. Von H. Lang u. E. Schmitt. — Turnanstalten. Von O. Lindheimer. Mit 330 eingedr. Abbildgn. u. 2 Taf. (VII, 311 S.) 890. n. 16. —
6. Halbbd. — dasselbe. 2. Hft. Hochschulen, zugehörige u. verwandte wissenschaftliche Institute. Universitäten. Von

H. Eggert. — Technische Hochschulen. Von C. Körner. — Physikalische u. chemische Institute. Mineralogische u. geologische, botanische u. zoologische Institute. Von C. Junk u. E. Schmitt. — Medicinische Lehranstalten der Universitäten. Von L. v. Tiedemann. — Elektro-technische Institute, mechanisch-technische Laboratorien. Von E. Schmitt. — Sternwarten u. andere Observatorien. Von P. Spieker. Mit 514 in den Text gedr. Abbildgn., sowie 5 in den Text eingehefteten Taf. (VIII, 567 S.) 888. n. 30. —

7. Halbbd. Gebäude f. Verwaltung, Rechtspflege u. Gesetzgebung; Militärbauten, Stadt- u. Rathhäuser v. F. Bluntschli. — Gebäude für Ministerien, Botschaften u. Gesandtschaften v. A. Kortüm. — Geschäftshäuser f. staatl. Provinz-, Kreis- u. Ortsbehörden v. F. Schwechten u. H. Wagner. — Geschäftshäuser f. sonstige öffentl. u. private Verwaltgn. v. G. Osthoff u. H. Meyer. — Leichenschauhäuser v. E. Schmitt. — Gerichtshäuser, Straf- u. Besserungsanstalten von Th. v. Landauer, E. Schmitt u. H. Wagner. — Parlamentshäuser u. Ständehäuser v. H. Wagner u. P. Wallot. — Gebäude f. militärische Zwecke v. F. Richter. Mit 361 in den Text eingedr. Abbildgn., sowie 13 in den Text eingehefteten Taf. (IX, 588 S.) 887. n. 32. —

9. Halbbd. Der Städtebau. Von J. Stübben. (IX, 561 S. mit 857 Textfig. u. 13 Taf.) 890. n. 32. —

— der Architektur. Unter Mitwirkg. v. Fachgenossen hrsg. v. Jos. Durm, Herm. Ende, Ed. Schmitt u. Heinr. Wagner. 2. Thl. Die Baustile. Historische u. techn. Entwicklg 1. Bd. 2. Aufl. Lex.-8. Darmstadt 892. A. Bergsträsser, Verl. n. 18. —

Die Baukunst der Griechen. Von Jos. Durm. Mit 260 in den Text eingedr. Abbildgn., sowie 3 in den Text eingeh. Farbendr.-Taf. (VII, 386 S.)

— dasselbe. 2. Thl. 4. Bd. 2. Hft. Lex.-8. Ebd. 892. n. 16. — (1. u. 2. Hft.: n. 32. —)

Die romanische u. gothische Baukunst. Von Aug. v. Essenwein. 2. Hft.: Der Wohnbau. (VI, 210 S. m. 238 Abbildgn. u. 15 Taf.)

Handbuch der Architektur. Unter Mitwirkg. v. Fachgenossen hrsg. v. Jos. Durm, Herm. Ende, Ed. Schmitt u. Heinr. Wagner. 3. Thl. Die Hochbau-Constructionen. 1. Bd. Constructionselemente u. Fundamente. 2. Aufl. Lex.-8. Darmstadt 891. A. Bergstrasser, Verl. n. 15. —

Constructions-Elemente in Stein. Von Erwin Marx. — Constructions-Elemente in Holz. Von Frdr. Heinzerling. — Constructions-Elemente in Eisen. Von Geo. Barkhausen. Fundamente. Von Ed. Schmitt Mit 770 in den Text eingedr. Abbildgn., sowie 1 Taf. (VIII, 375 S.)

— dasselbe. 3. Thl. 2. Bd. Raumbegrenzende Constructionen. 1. Hft., 2. Hft., 3. Hft. 1. Lfg., 5. Hft. Lex.-8. Ebd. n. 88. —

1. Wände u. Wand-Öffnungen. Von Erwin Marx. Mit 961 in den Text eingedr. Abbildgn. (VII, 517 S.) 891. n. 24. —
2. Einfriedigungen, Brüstungen u. Geländer; Balcons, Altane u. Erker. Von Frz. Ewerbeck u. Ed. Schmitt. Gesimse. Von Adf. Göller. Mit 702 in den Text gedr. Abbildgn., sowie 1 in den Text eingeh. Taf. (VI, 366 S.) 891. n. 20. —
3. Balkendecken. Von Barkhausen. Gewölbte Decken. (Gewölbe.) Von Körner. Verglaste Decken u. Deckenlichter. Von Schacht u. Ed. Schmitt. Sonstige Decken-Constructionen. Von Barkhausen. 1. Lfg. (336 S. m. 411 Abbildgn. u. 3 Taf.) 893. n. 18.
5. Dachdeckungen. Von Hugo Koch. Verglaste Dächer u. Dachlichter. Von Ludw. Schwering. Massive Steindächer. Von Erwin Marx. Nebenanlagen der Dächer. Von Hugo Koch. (VII, 176 S. m. 1336 Abbildgn. u. 3 Taf.) 891. n. 26.

— dasselbe. 3. Thl. 3. Bd. 1. u. 2. Hft. Lex.-8. Ebd. n. 35. —; geb. in Leinw. n.n. 39. —; in Halbfrz. n.n. 41. 50

1. Erhellg. d. Räume mittels Sonnenlicht. Von Ed. Schmitt. Fenster, Thüren u. and. bewegl. Wandverschlüsse. Von Hugo Koch. (VI, 387 S. m. 891 Abb.) 896. n. 21. —; geb. n.n. 23. — u. n.n. 24. 50
2. Anlagen zur Vermittelung d. Verkehres in d. Gebäuden. Treppen u. innere Rampen. Von Otto Schmidt u. Ed. Schmitt. Aufzüge. Von Phpp. Mayer. Sprachrohre; Haus- u. Zimmer-Telegraphen. Von Jos. Krämer. 2. Aufl. M. 576 in den Text eingedr. Abb. (VI, 264 S.) 898. n. 14. —; geb. in Leinw. n.n. 16. —; in Halbfrz. n.n. 17. —

— dasselbe. 3. Thl. 5. Bd. 2. Aufl. Lex.-8. Ebd. 892. n. 20. —

Koch-, Spül-, Wasch- u. Bade-Einrichtgn. v. Erwin Marx u. Ed. Schmitt. Entwässerung u. Reinigg. der Gebäude. Ableitung d. Haus-, Dach- u. Hofwassers. Aborte u. Pissoirs. Entfernung der Fäcalstoffe aus den Gebäuden. Von Max Knauff u. Ed. Schmitt. Mit 624 in den Text eingedr. Abbildgn., sowie 1 in den Text eingeh. Farbendr.-Taf. (VII, 423 S.)

— dasselbe. 3. Thl. 6. Bd. 2. Aufl. Lex.-8. Ebd. 891. n. 12. —

Sicherungen gegen Einbruch. Von Erwin Marx. Anlagen zur Erzielung e. guten Akustik. Von Aug. Orth. Glockenstühle. Von Köpcke. Sicherung gegen Feuer, Blitzschlag, Bodensenkungen u. Erderschütterungen, Stützmauern. Von E. Spillner. Terrassen, Freitreppen u. Rampen-Anlagen. Von Frz. Ewerbeck. Befestigung der Bürgersteige u. Hofflächen. Von E. Spillner. Vordächer. Von Ed. Schmitt. Eisbehälter u. sonstige Kühlanlagen. Von Geo. Osthoff u. E. Spillner. (VI, 233 S. m. 331 Abbildgn.)

— dasselbe. 4. Thl. Entwerfen, Anlage u. Einrichtung der Gebäude. 1. Halbbd. 2. Aufl. Lex.-8. Ebd. 893. n. 16. —

Die architektonische Composition. Allgemeine Grundzüge. Von Heinr. Wagner. Die Proportionen in der Architektur. Von Aug. Thiersch. Die Anlage des Gebäudes. Von Heinr. Wagner. Die Gestaltung der äusseren u. der inneren Architektur. Von Jos. Bühlmann. Vorräume, Treppen-, Hof- u. Saal-Anlagen. Von Heinr. Wagner. (VII, 292 S. m. 357 Abbildgn. u. 3 Taf.)

— dasselbe. 4. Thl. 3. Halbbd. Gebäude f. die Zwecke der Landwirthschaft u. der Lebensmittelversorgung. 2. Hft 2. Aufl. Lex.-8. Ebd. 891. n. 16. —

Gebäude f. Lebensmittel-Versorgung. Schlachthöfe u. Viehmärkte. Märkte f. Lebensmittel. Von Geo. Osthoff. Märkte f. Getreide. Von Ed. Schmitt. Märkte f. Pferde u. Hornvieh v. Geo. Osthoff. 2. Aufl. (VII, 275 S. m. 283 Textabbildgn. u. 14 Taf.)

— dasselbe. 4. Thl. 4. Halbbd. Gebäude f. Erholungs-, Beherbergungs- u Vereinszwecke. 1. u. 2. Hft. Lex.-8. Ebd. 894. n. 24. —

1. Schankstätten u. Speisewirthschaften; Kaffeehäuser u. Restaurants. Von Heinr. Wagner. Volksküchen u. Speiseanstalten f. Arbeiter; Volks-Kaffeehäuser. Von Ed. Schmitt. Oeffentliche Vergnügungsstätten u. Festhallen. Von Jos. Durm u. Heinr. Wagner. Gasthöfe höheren Ranges. Von Herm. v. der Hude. Gasthöfe niederen Ranges, Schlaf- u. Herbergshäuser. Von Ed. Schmitt. 2. Aufl. (VII, 288 S. m. 290 Abbildgn. u. 1 Taf.) n. 13. —
2. Baulichkeiten f. Cur- u. Badeorte. Von Jonas Mylius u. Heinr. Wagner. Gebäude f. Gesellschaften u. Vereine. Von Ed. Schmitt u. Heinr. Wagner. Baulichkeiten f. den Sport. Panoramen; Musikzelte; Stibadien u. Exedren, Pergolen u. Veranden; Gartenhäuser, Kioske u. Pavillons. Von Jos. Durm, Jac. Lieblein, Rob. Reinhardt, Heinr. Wagner. 2. Aufl. (VII, 254 S. m. 301 Abbildgn. u. 4 Taf.) n. 11. —

Handbuch der Architektur. Unter Mitwirkg. v. Fachgenossen hrsg. v. Jos. Durm, Herm. Ende, Ed. Schmitt u. Heinr. Wagner. 4. Thl. 5. Halbbd. Gebäude f. Heil- u. sonst. Wohlfahrts-Anstalten. 2. Hft. Lex.-8. Darmstadt 891 A. Bergsträsser, Verl. n. 10. —

Verschiedene Heil- u. Pflegeanstalten. Irren-Anstalten; Entbindungs-Anstalten. Von Adf. Funk. Heimstätten f. Genesende. Von Gust. Behnke. Versorgungs-, Pflege- u. Zufluchtshäuser. Blinden-Anstalten; Taubstummen-Anstalten. Von Karl Henrici. Anstalten f. Schwachsinnige. Krippen, Kinder-Bewahrungsanstalten, Kinderhorte u. Ferien-Colonien. Findel- u. Waisenhäuser. Altersversorgungs-Anstalten u. Siechenhäuser. Armen-Versorgungs- u. Armen-Arbeitshäuser. Zufluchtshäuser f. Obdachlose u. Wärmstuben. Von Gust. Behnke. (VII, 154 S. m. 123 Abbildgn. u. 6 Taf.)

— dasselbe. 4. Tl. 6. Halbbd. Gebäude f. Erziehung, Wissenschaft u. Kunst. 4. Hft. Lex.-8. Ebd. 893. n. 30. —

Gebäude f. Sammlgn. u. Ausstellgn. Archive v. Rud. Opfermann. Bibliotheken v. Alb. Kortüm u. Ed. Schmitt. Museen. Von Heinr. Wagner. Pflanzenhäuser. Von Adb. Kerler u. Ed. Schmitt. Aquarien. Von Otto Lindheimer. Ausstellungsbauten. Von Alfr. Messel. (VIII, 634 S. m. 626 Abbildgn. u. 8 Taf.)

— dasselbe. 4. Thl. 9. Halbbd. Lex.-8. Ebd. 890. n. 32. —
Der Städtebau. Von J. Stübben. (IX, 561 S. m. 857 Abbildgn. u. 13 Taf.)

— dasselbe. Ergänzungshefte, s.: Fortschritte auf dem Gebiete der Architektur.

— der Architektur. Unt. Mitwirkg. v. Fachgenossen hrsg. von Jos. Durm, Herm. Ende, Ed. Schmitt u. Heinrich Wagner. 1. Thl. Allgem. Hochbaukunde. 1. Bd., 1. Hälfte. Lex.-8. Darmstadt 895. Stuttgart, A. Bergsträsser. n. 10. —
Einleitg. (Theoretische u. historische Uebersicht.) Von Aug. v. Essenwein. Die Technik d. wicht. Baustoffe. Von W. F. Exner, Hans Hauenschild, Geo. Lauboeck u. Ed. Schmitt. 2. Aufl. (VII, 290 S. m. 71 Abb.)

Handbuch d. Architektur. 1. Thl. 1. Bd. 2. Hft. Lex.-8. Darmstadt 898. Stuttgart, A. Bergsträsser. n. 15. —; geb. in Halbfrz n.n. 18. —
Die Statik der Hochbau-Constructionen. Von Thdr. Landsberg. 3. Aufl. M. 409 in d. Text eingedr. Abb., sowie 4 in d. Text eingeh. Taf. (VII, 312 S.)

— dasselbe. 1. Thl. 2. u. 4. Bd. Lex.-8. Ebd. n. 24. —
2. Die Bauformenlehre. Von Jos. Bühlmann. (VII, 269 S. m. 805 Abb.) 896. n. 16. —
4. Die Keramik in d. Baukunst. Von Rich. Bormann. M. 85 in den Text eingedr. Abb. (VI, 152 S.) 897. n. 8. —; geb. n.n. 11. —

— dasselbe. 2. Thl. Die Baustile. Histor. u. techn. Entwickelg. 3. Bd. 1. u. 2. Hälfte. Lex.-8. Ebd. n. 24. —; geb. in Halbfrz. n.n. 30. 50
1. D. altchristl. u. byzantin. Baukunst. Von H. Holtzinger. 2. Aufl. M. 278 in den Text eingedr. Abb., sowie 5 in d. Text eingeh. Taf. (VII, 172 S.) 899. n. 12. —; geb. in Halbfrz. n.n. 15. —
2. D. Baukunst des Islam. Von Franz-Pascha. 2. Aufl. (VI, 167 S. m. 232 Abb. u. 4 [3 farb.] Taf.) 896. n. 12. —; geb. in Leinw. n.n. 14. —; in Halbfrz. n.n 15. 50

— dasselbe 2. Thl. 6. Bd. 1. Hft. Lex.-8. Ebd. 898. n. 16. —; geb. in Leinw n.n. 18. —; in Halbfrz. n.n. 19. —
Die Baukunst d. Renaissance in Frankreich. Von H. Geymüller. 1. Hft.: Histor. Darstellg. d. Entwickelg. d. Baustils. Mit 66 in d. Text eingedr. Abb., sowie 1 in d. Text eingeh. Farbendr.-Taf. (VIII, 331 S.)

— dasselbe. 3. Thl. Die Hochbau-Constructionen. 2. Bd. Raumbegrenz. Constructionen. 2. Hft. Lex.-8. Ebd. 898. n. 20. —; geb. in Halbfrz n.n. 23. —
Einfriedlggn., Brüstgn. u. Geländer; Balcone, Altane u. Erker. Von Frz. Ewerbeck u. Ed. Schmitt. — Gesimse. Von Adf. Göller. Mit 930 in d. Text eingedr. Abb., sowie 1 in d. Text eingeh. Taf. (VI, 480 S.) 899.

— dasselbe. 3. Thl. 2. Bd.: Raumbegrenz. Constructionen. 3. Hft. 2. (Schluss-) Lfg. Lex.-8. Ebd. 895. n. 14. —
Balkendecken. Von Geo. Barkhausen. Gewölbte Decken. (Gewölbe.) Von Carl Körner. Verglaste Decken u. Deckenlichter. Von Adf. Schacht u. Ed. Schmitt. Sonstige Decken-Constructionen. Von Geo. Barkhausen. 2. Lfg. (VIII u. S. 337—603 m. 268 Abb. u. 9 Taf.)

— dasselbe. 3. Thl. 2. Bd. 4. Hft. Lex.-8. Ebd. 897. n. 18. —; geb. in Halbfrz. n.n. 21. —
Dächer im Allgemeinen. Dachformen. Von Ed. Schmitt. — Dachstuhl-Constructionen. Von Thdr. Landsberg. M. 712 in d. Text eingedr. Abb., sowie 2 in d. Text eingeh. Taf. (VII, 374 S.)

— dasselbe 3. Thl. 3. Bd. 2. Hft. Lex.-8. Ebd. 892. n. 14. —
Anlagen zur Vermittelung d. Verkehres in den Gebäuden. Treppen u. Rampen. Von Otto Schmidt u. Ed. Schmitt. Aufzüge. Von Phpp. Mayer. Sprachrohre; Haus- u. Zimmertelegraphen. Von Jos. Kramer. (VI, 241 S. m. 522 Abbildgn.)

— dasselbe. 4. Thl.: Entwerfen, Anlage u. Einrichtg. d. Gebäude. 2. Halbbd. Gebäude f. die Zwecke d. Wohnens, d. Handels u. d. Verkehrs. 3. Hft. Lex.-8. Ebd. 896. n. 10. —; geb. in Leinw. n.n. 12. —; in Halbfrz. n.n. 13. 50
Gebäude f. d. Post-, Telegraphen- u. Fernsprechdienst. Von Rob. Neumann. (VI, 142 S. m. 90 Abb. u. 5 Taf.)

— dasselbe. 4. Thl. 5. Halbbd.: Gebäude f. Heil- u. sonst. Wohlfahrts-Anstalten. 1. u. 3. Hft. Lex.-8. Ebd. n. 57. —; geb. in Halbfrz. n.n. 63. —
1. Krankenhäuser. Von Osw. Kuhn. M. 454 in den Text eingedr. Abb., sowie 21 in d. Text eingeh. Taf. (X, 969 S.) 897. n. 42. —; geb. n.n. 45. —
3. Bade- u. Schwimm-Anstalten. Von Fel. Genzmer. M. 338 in d. Text eingedr. Abb., sowie 8 in d. Text eingeh. Taf. (VI, 284 S.) 899. n. 15. —; geb. n.n. 18. —

— dasselbe 4. Thl. 10. Halbbd. Lex.-8. Ebd. 898. n. 8. —; geb. in Leinw. n.n. 10. —; in Halbfrz. n.n. 11. —
Die Garten-Architektur. Von A. Lambert u. E. Stahl. M. 107 in d. Text eingedr. Abb., sowie 5 in d. Text eingehefteten Taf. (VI, 115 S.)

— dasselbe, Ergänzungshefte, s.: Fortschritte auf d. Gebiete d. Architektur.

— der Architektur. Unter Mitwirkg. v. Jos. Durm, Herm. Ende hrsg. v. Ed. Schmitt. 1. Thl. Allgemeine Hochbaukunde. II. u. V. Bd. Lex.-8. Stuttgart, A. Bergsträsser. n. 28. —; geb. in Halbfrz. n.n. 34. —
II. Die Bauformenlehre. Von Jos. Bühlmann. 2. Aufl. (IV, 272 S. m. 310 Abbildgn.) 901. n. 16. —; geb. n.n. 19. —
V. Die Bauführung. Mit Einschluss der Baukostenberechng., der Baurüstgn. u. der Beförderungsmittel v. Baumaterialien auf der Baustelle. Von Hugo Koch. Mit 173 in den Text eingedr. Abb., sowie 3 in den Text eingeh. Taf., darunter 1 in Farbendr. (V, 263 S.) 901. n. 12. —; geb. n.n. 15. —

— dasselbe. 2. Tl. Die Baustile. Historische u. techn. Entwickelg. 4. Bd. Die roman. u. die got. Baukunst. 3. Hft. Lex.-8. Ebd. n. 16. —; geb. in Halbfrz. n.n. 19. —
Der Kirchenbau. Von Max Hasak. Mit 291 in den Text eingedr. Abbildgn., sowie 19 in den Text eingeh. Taf., darunter 1 in Farbendr. (VI, 278 S.) 902.

— dasselbe. 5. Bd. Lex.-8. Ebd. n. 27. —; geb. in Halbfrz. n.n. 30. —
Die Baukunst der Renaissance in Italien. Von Jos. Durm. Mit 558 in den Text eingedr. Abbildgn., sowie 5 in den Text eingeh. Farbendr.-Taf. (VII, 564 S.) 903.

Handbuch der Architektur. Unter Mitwirkung v. Jos. Durm, Herm. Ende hrsg. v. Ed. Schmitt. 2. Tl. Die Baustile. Historische u. techn. Entwickelg. 6. Bd. 2. Hft. Lex.-8. Stuttgart, A. Bergsträsser. n. 16. —; geb. in Halbfrz. n.n. 19. —
Die Baukunst der Renaissance in Frankreich. Von Baron Heinr. v. Geymüller. 2. Hft. Struktive u. ästhet. Stilrichtgn. Kirchliche Baukunst. Mit 155 in den Text gedr. Abbildgn. (VIII u. S. 333—676.) 901.

— dasselbe. 7. Bd. Lex.-8. Ebd. n. 16. —; geb. in Halbfrz. n.n. 19. —
Die Baukunst der Renaissance in Deutschland, Holland, Belgien u. Dänemark. Von Gust. v. Bezold. Mit 340 in den Text eingedr. Abbildgn., sowie 7 in den Text eingeh. Taf. (VIII, 269 S.) 900.

— dasselbe. 3. Tl. Die Hochbaukonstruktionen. 1. Bd. Lex.-8. Ebd. n. 15. —; geb. in Halbfrz. n.n. 18. —
Konstruktionselemente in Stein. Von Erwin Marx. — Konstruktionselemente in Holz. Von Frdr. Heinzerling. — Konstruktionselemente in Eisen. Von Geo. Barkhausen. — Fundamente. Von Ed. Schmitt. 3. Aufl. Mit 502 in den Text eingedr. Abbildgn. (VIII, 406 S.) 901.

— dasselbe. 2. Bd. Raumbegrenzende Konstruktionen. Hft. 1, 3b, u. 5. Lex.-8. Ebd. n. 74. —; geb. in Halbfrz. n.n. 83. —

1. Wände u. Wandöffnungen. Von Erwin Marx. Mit 956 in den Text eingedr. Abb. (VII, 506 S.) 900. n. 24. —; geb. n.n. 27.—
3b. Gewölbte Decken. (Gewölbe.) Von Carl Körner. — Verglaste Decken u. Deckenlichter. Von Adf. Schacht u. Ed. Schmitt. 2. Aufl. Mit 429 in den Text eingedr. Abbildgn., sowie 11 in den Text eingeh. Taf. (VI, 456 S.) 901. n. 24. —; geb. n.n. 27. —
5. Dachdeckungen. Von Hugo Koch. — Verglaste Dächer u. Dachlichter. Von Ludw. Schwering. — Massive Steindächer. Von Erwin Marx. — Nebenanlagen der Dächer. Von Hugo Koch. 2. Aufl. Mit 1406 in den Text eingedr. Abbildgn., sowie 3 in den Text eingeh. Taf. (VII, 485 S.) 899. n. 26. —; geb. n.n. 29. —

— dasselbe. 4. Tl. Entwerfen, Anlage u. Einrichtg. der Gebäude. 2. Halb-Bd. Gebäude f. die Zwecke des Wohnens, des Handels u. Verkehres. 1. u. 2. Hft. Lex.-8. Ebd. n. 37. —; geb. in Halbfrz. n.n. 43. —

1. Wohnhäuser. Von Karl Weissbach. Mit 490 in den Text eingedr. Abbildgn. u. 1 in den Text eingeh. Taf. (VIII, 440 S.) 902. n. 21. —; geb. n.n. 24. —
2. Geschäfts- u. Kaufhäuser, Warenhäuser u. Messpaläste, Passagen od. Galerien. Von Karl Zaar u. Aug. Leo Zaar. — Gebäude f. Banken u. andere Geldinstitute. Von Paul Kick. — Börsengebäude. Von Hans Auer. Mit 397 in den Text gedr. Abbildgn. u. 15 in den Text eingeh. Taf. (VI, 302 S.) 902. n. 16. —; geb. in Halbfrz. n.n. 19. —

— dasselbe. 3. Halb-Bd. Gebäude f. die Zwecke der Landwirtschaft u. der Lebensmittelversorgg. 1. Hft. Lex.-8. Ebd. n. 12. —; geb. in Halbfrz. n.n. 15. —

Landwirtschaftliche Gebäude u. verwandte Anlagen. — Ställe f. Arbeits-, Zucht- u. Luxuspferde; Wagenremisen. Von Alfr. Schubert. — Gestüte u. Marstallgebäude. Von Alfr. Schubert u. Ed. Schmitt. — Rindvieh-, Schaf-, Schweine- u. Federviehställe. Feimen, offene Getreideschuppen, Feld- u. Hofscheunen. Von Alfr. Schubert. — Magazine, Vorrats- u. Handelsspeicher f. Getreide. Von Alfr. Schubert u. Ed. Schmitt. — Gutswirtschaftl. u. bäuerl. Gehöftanlagen. Von Alfr. Schubert. Mit 327 in den Texteingedr. Abb., sowie 4 in den Text eingeh. Taf. (2. Aufl.) (VII, 236 S.) 901.

— dasselbe. 5. Halb-Bd. Gebäude f. Heil- u. sonst. Wohlfahrtsanstalten. 1., 2. u. 4. Hft. Lex.-8. Ebd. n. 56. —; geb. in Halbfrz. n.n. 65. —

1. Krankenhäuser. Von Frdr. Osw. Kuhn. 2. Aufl. Mit 416 in den Text eingedr. Abbildgn., sowie 20 in den Text eingeh. Taf. (X, 542 S.) 903. n. 32. —; geb. n.n. 35. —
2. Verschied. Heil- u. Pflegeanstalten. — Irrenanstalten. Von Wilh. Voiges. — Entbindungsanstalten u. Hebammenschulen. Von Karl Wolff. — Heimstätten f. Wöchnerinnen u. f. Schwangere. Sonder-Heil- u. Pflegeanstalten (Sanatorien). Von Eduard Schmidt. — Lungenheilstätten. Von Vikt. v. Weltzien. — Heimstätten f. Genesende. — Versorgungs-, Pflege- u. Zufluchtshäuser. Von Gust. Behnke. — Blindenanstalten; Taubstummenanstalten. Von Karl Henrici, Frdr. Sander u. Heinr. Wagner. — Anstalten f. Schwachsinnige. Krippen, Kinderbewahranstalten, Kinderhorte u. Ferienkolonien, Findel- u. Waisenhäuser. Altersversorgungsanstalt. u. Siechenhäuser. Armenversorgungs- u. Armenarbeitshäuser. Zufluchtshäuser f. Obdachlose u. Wärmstuben. Von Gust. Behnke. 2. Aufl. Mit 344 in den Text eingedr. Abbildgn., sowie 17 in den Text eingeh. Taf. (VII, 292 S.) 903. n. 15. —; geb. n.n. 18. —
4. Wasch- u. Desinfektions-Anstalten. Von Fel. Genzmer. Mit 262 in den Text eingedr. Abbildgn., sowie 4 in den Text eingeh. Taf. (VI, 167 S.) 900. n. 9. —; geb. n.n. 12. —

— dasselbe. 6. Halb-Bd. Gebäude f. Erziehg., Wissenschaft u. Kunst. 3. Hft. Lex.-8. Ebd. n. 15. —; geb. in Halbfrz. n.n. 18. —

Künstlerateliers. Von Ed. Schmitt. — Kunstakademien u. Kunstgewerbeschulen. Von Carl Schaupert u. Conradin Walther. — Konzerthäuser u. Saalbauten. Von Ed. Schmitt. Mit 299 in den Text eingedr. Abbildgn., sowie 7 in den Text eingeh. Taf. (VII, 292 S.) 901.

Handbuch der Architektur. Unter Mitwirkung v. Jos. Durm, Herm. Ende hrsg. v. Ed. Schmitt. 4. Tl. Entwerfen, Anlage u. Einrichtg. d. Gebäude. 7. Halb-Bd.: Gebäude f. Verwaltung, Rechtspflege u. Gesetzgebung, Militärbauten. 1. u. 2. Hft. Lex.-8. Stuttgart, A. Bergsträsser. n. 39. —; geb. in Halbfrz. n.n. 45. —

1. Stadt- u. Rathäuser. Von F. Bluntschli u. G. Lasius. — Gebäude f. Ministerien, Botschaften u. Gesandtschaften. Von Alb. Kortüm. — Geschäftshäuser für Provinz- u. Kreisbehörden. Von Frz. Schwechten u. Heinr. Wagner. — Geschäftshäuser f. sonstige öffentliche u. private Verwaltungen. Von Geo. Osthoff. — Leichenschauhäuser. Von Ed. Schmitt. — Gerichtshäuser, Straf- u. Besserungsanstalten. Von Thdr. v. Landauer, Ed. Schmitt u. Heinr. Wagner. 2. Aufl. Mit 493 in den Text eingedr. Abbildgn., sowie 14 in den Text eingeh. Taf. (VIII, 500 S.) 900. n. 27. —; geb. n.n. 30. —
2. Parlamentshäuser u. Ständehäuser. Von Heinr. Wagner u. Paul Wallot. — Gebäude f. militärische Zwecke. Von Frdr. Richter. 2. Aufl. Mit 288 in den Text eingedr. Abbildgn., sowie 4 in den Text eingeh. Taf. (VI, 223 S.) 900. n. 12. —; geb. n.n. 15. —

— dasselbe, Ergänzungshefte, s.: Fortschritte auf d. Gebiete der Architektur.

— der Architektur. Unter Mitwirkg. v. Jos. Durm u. Herm. Ende hrsg. v. Eduard Schmitt. I. Tl. Allgemeine Hochbaukunde. 1. Bd. I. Heft u. 3. Bd. Lex.-8. Stuttgart. Leipzig, A. Kröner. n. 28. —; geb. in Halbfrz. n.n. 34. —

1, I. Einleitung. (Theoretische u. geschichtl. Uebersicht.) Von Aug. v. Essenwein. — Die Technik der wichtigeren Baustoffe. Von W. F. Exner, Hans Hauenschild, Hugo Koch, Geo Lauboeck u. Eduard Schmitt. 3. Aufl. Mit 81 in den Text eingedr. Abbildgn. (VII, 316 S.) 905. n. 12. —; geb. n.n. 15. —
3. Die Formenlehre des Ornaments. Von Herm. Pfeifer. Mit 260 in den Text eingedr. Abbildgn., sowie 6 in den Text eingeh. Taf., darunter 4 in Farbendr. (VIII, 270 S.) 906. n. 16. —; geb. in Halbfrz. n.n. 19. —

— dasselbe. II. Tl. Die Baustile. Historische u. techn. Entwickelg. 2. Bd. u. 4. Bd. IV. Heft. Lex.-8. Ebd. n. 50. —; geb. in Halbfrz. n.n. 56. —

2. Die Baukunst der Etrusker. Die Baukunst der Römer. Von Jos. Durm. 2. Aufl. Mit 833 in den Text eingedr. Abbildgn., sowie 21 in den Text eingeh. Taf., darunter 3 in Farbendr. (XI, 784 S.) 905. n. 32. —; geb. n.n. 35. —
4, IV. Die roman. u. die got. Baukunst. 4. Heft. Einzelheiten des Kirchenbaues. Von Max Hasak. Mit 511 in den Text eingedr. Abbildgn., sowie 12 in den Text eingeh. Taf. (VI, 338 S.) 903. n. 18. —; geb. n.n. 21. —

— dasselbe. III. Tl. Die Hochbaukonstruktionen. 3. Bd. III. Heft. 5. Bd. I. Heft u. 6. Bd. Lex.-8. Ebd. n. 44. —; geb. in Halbfrz. n.n. 53. —

3, III. Ausbildung der Fussboden-, Wand- u. Deckenflächen. Von Hugo Koch. Mit 515 in den Text eingedr. Abbildgn., sowie 1 in den Text eingeh. Taf. (VI, 357 S.) 903. n. 18. —; geb. n.n. 21. —
5, I. Einrichtungen f. Koch- u. Wärmzwecke, f. Warmwasserbereitung u. f. Heizung vom Küchenherd aus. Von F. Rud. Vogel. 3. Aufl. Mit 889 in den Text eingedr. Abb. (IV, 252 S.) 907. n. 12. —; geb. in Halbfrz. n.n. 15. —
6. Sicherungen gegen Einbruch. Von Erwin Marx u. Hugo Koch. — Anlagen zur Erzielung e. guten Akustik. Von Aurel Sturmhoefel. — Glockenstühle. Von Claus Köpcke. — Sicherungen gegen Feuer, Blitzschlag, Bodensenkungen u. Erderschütterungen, Stützmauern. Von Emil Spillner. — Terrassen, Freitreppen u. äussere Rampen. Von Frz. Ewerbeck. — Befestigung der Bürgersteige u. Hofflächen. Von Emil Spillner. — Vordächer. Von Eduard Schmitt. — Eisbehälter u. Kühlanlagen m. künstlicher Kälteerzeugung. Von Ernst Brückner u. Emil Spillner. 3. Aufl. Mit 569 in den Text eingedr. Abbildgn., sowie 1 in den Text eingeh. Taf. (VI, 281 S.) 904. n. 14. —; geb. n.n. 17. —

— dasselbe. IV. Tl. Entwerfen, Anlage u. Einrichtung der Gebäude. 1. Halbbd.; 4. Halbbd. I. u. II. Heft; 6. Halbbd. Heft I. IIa. IIb. u. IV.—VI. Heft; 8. Halbbd. Heft I. IIa. u. IIb. u. 9. Halbbd. Lex.-8. Ebd. n. 279. —; geb. in Halbfrz. n n. 318. —

1. Architektonische Komposition. Allgemeine Grundzüge. Von Heinr. Wagner. — Proportionen in der Architektur. Von Aug. Thiersch. — Anlage des Gebäudes. Von Heinr. Wagner. — Gestaltung der äusseren u. inneren Architektur. Von Jos. Bühlmann. — Vorräume, Treppen-, Hof- u. Saalanlagen. Von Heinr. Wagner. — Akustik der Säle. Von Aurel Sturmhoefel. Mit 473 in den Text eingedr. Abbildgn., sowie 4 in den Text eingeh. Taf. 3. Aufl. (VII, 376 S.) 904. n. 18. —; geb. n.n. 21. —

4, I. Gebäude für Erholungs-, Beherbergungs- u. Vereinszwecke. 1. Heft. — Schankstätten u. Speisewirtschaften; Kaffeehäuser u. Restaurants. Von Heinr. Wagner u. Hugo Koch. — Volksküchen u. Speiseanstalten für Arbeiter, Volkskaffeehäuser. Von Eduard Schmitt. — Oeffentliche Vergnügungsstätten. Von Heinr. Wagner u. Hugo Koch. — Festhallen. Von Jos. Durm. — Gasthöfe höheren Ranges. Von Herm. v. der Hude. — Gasthöfe niederen Ranges; Schlaf- u. Herbergshäuser. Von Eduard Schmitt. 3. Aufl. Mit 413 in den Text gedr. Abbildgn., sowie 8 in den Text eingeh. Taf. (VII, 378 S.) 904. n. 18. —; geb. n.n. 21. —

II. Dasselbe. 2. Heft: Baulichkeiten für Kur- u. Badeorte. Gebäude f. Gesellschaften u. Vereine. Baulichkeiten für den Sport. Panoramen; Musikzelte; Aussichtstürme, Bellevuen u. Belvedere. Von Jak. Lieblein, Jonas Mylius, Rob. v. Reinhardt, Eduard Schmitt u. Heinr. Wagner. 3. Aufl. Mit 388 in den Text eingedr. Abbildgn., sowie 20 in den Text eingeh. Taf. (VIII, 314 S.) 904. n. 15. —; geb. n.n. 18. —

6, I. Gebäude f. Erziehung, Wissenschaft u. Kunst. 1. Heft: Niedere u. höhere Schulen. Schulbauwesen im allgemeinen. Volksschulen u. andere niedere Schulen. Von Gust. Behnke. — Niedere technische Lehranstalten u. gewerbliche Fachschulen. Von Eduard Schmitt. — Gymnasien u. Reallehranstalten. Von Karl Hinträger. — Mittlere techn. Lehranstalten. Höhere Mädchenschulen. Sonstige höhere Lehranstalten. Von Eduard Schmitt. — Pensionate u. Alumnate. Von Heinr. Wagner. — Lehrer- u. Lehrerinnenseminare. Von Heinrich Lang u. Eduard Schmitt. — Turnanstalten. Von Otto Lindheimer. 2. Aufl. Mit 373 in den Text eingedr. Abbildgn., sowie 2 in den Text eingeh. Taf. (VII, 350 S.) 903. n. 18. —; geb. n.n. 21. —

IIa. Dasselbe. 2. Heft. Hochschulen, zugehörige u. verwandte wissenschaftliche Institute. a: I. Hochschulen im allgemeinen. Universitäten u. technische Hochschulen. Naturwissenschaftliche Institute. Von Herm. Eggert, Carl Junk, Carl Körner u. Eduard Schmitt. 2. Aufl. Mit 401 in den Text eingedr. Abbildgn., sowie 10 in den Text eingeh. Taf. (VII, 454 S.) 905. n. 24. —; geb. n n. 27. —

IIb. Dasselbe. b: II. Medizinische Lehranstalten der Universitäten. Technische Laboratorien u. Versuchsanstalten. Sternwarten u. andere Observatorien. Von Paul Müssigbrodt, Eduard Schmitt u. Paul Spieker. 2. Aufl. Mit 376 in den Text eingedr. Abbildgn., sowie 13 in den Text eingeh. Taf. (VIII, 358 S.) 905. n. 18. —; geb. n.n. 21. —

IV. Dasselbe. 4. Heft: Gebäude für Sammlungen u. Ausstellungen. Archive. Von Rud. Opfermann. — Bibliotheken. Von Alb. Kortüm. — Museen. Von Heinr. Wagner; neu bearb. v. Heinr. Wagner jun. — Pflanzenhäuser. Von Eduard Schmitt. — Aquarien. Von Otto Lindheimer. — Ausstellungsbauten. Von Frz. Jaffé. 2. Aufl. Mit 882 in den Text eingedr. Abbildgn. u. 11 in den Text eingeh. Taf. (VIII, 744 S.) 906. n. 32. —; geb. in Halbfrz. n.n. 35. —

V. Dasselbe. 5. Heft. Theater. Von Manfr. Semper. Mit 268 in den Text eingedr. Abbildgn., sowie 18 in den Text eingeh. Taf. (VIII, 523 S.) 904. n. 27. —; geb. n.n. 30. —

VI. Dasselbe. 6. Heft. Zirkus- u. Hippodromgebäude. Von Eduard Schmitt. Mit 139 in den Text eingedr. Abbildgn. (V, 113 S.) 901. n. 6. —; geb. n.n. 9. —

8, I. Kirchen, Denkmäler u. Bestattungsanlagen. 1. Kirchen Von Cornel. Gurlitt. Mit 607 in den Text eingedr. Abbildgn. u. 6 in den Text eingeh. Taf. (VII, 568 S.) 906. n. 32. —; geb. in Halbfrz. n.n. 35. —

IIa. Dasselbe. 2a: Denkmäler. Von Alb. Hofmann. I. Geschichte des Denkmales. Mit 24 in den Text eingeh. Taf. (XII, 300 S.) 906. n. 15. —; geb. in Halbfrz. n.n. 18. —

IIb. Dasselbe. II. Denkmäler m. architekt. oder vorwiegend architekton. Grundgedanken. Mit 524 in den Text eingedr. Abbildgn. u. 4 in den Text eingeh. Taf. (VI u. S. 301–824.) 906. n. 24. —; geb. in Halbfrz. n.n. 27. —

9. Der Städtebau. Von J. Stübben. 2. Aufl. Mit 990 in den Text eingedr. Abbildgn. u. 18 in den Text eingeh. Taf. (X, 652 S.) 907. n. 32. —; geb. in Halbfrz. n.n. 35. —

— der Architektur. Red.: Eduard Schmitt. I. Tl. Allgemeine Hochbaukunde. 1. Bd. II. Heft. u. 4. Bd. Lex. 8. Leipzig, [A. Kröner.] J. M. Gebhardt's Verl. 27.—; geb. in Halbfrz. 33. —

1. II. Die Statik der Hochbaukonstruktionen. Von Thdr. Landsberg. 4. Aufl. Mit 480 in den Text eingedr. Abbildgn., sowie 1 in den Text eingeh. Taf. (VIII, 394 S.) 909. 18.—; geb. in Halbfrz. n 21. —

4. Die Keramik in der Baukunst. Von Rich. Borrmann. 2. Aufl. Mit 115 in den Text eingedr. Abbildgn.) (VI, 191 S.) 908. 9.—; geb. in Halbfrz. n 12. —

— dasselbe. II. Tl. Die Baustile. Historische u. techn. Entwickelg. 1. Bd.; 3. Bd. I. Heft. 4. Bd. 2. Heft u. 7. Bd. Lex. 8. Ebd. 76.—; geb. in Halbfrz. n 88. —

1. Die Baukunst der Griechen. Von Jos. Durm. 3. Aufl. Mit 502 Abbildgn. im Text u. 6 Taf. (V, 552 S.) 910. 27.—; geb. n 30. —

3, I. Altchristliche u. byzantinische Baukunst. Von Heinr. Holtzinger. 3. Aufl. Mit 280 in den Text eingedr. Abbildgn., sowie 6 in den Text eingeh. Taf. (VIII, 176 S.) 909. 12.—; geb. n 15. —

4, II. Die roman. u. got. Baukunst. 2. Heft. Der Wohnbau des Mittelalters. Von Otto Stiehl. In 1. Aufl. bearb. von Aug. v. Essenwein. 2. Aufl. Mit 459 in den Text eingedr. Abbildgn., sowie 17 in den Text eingeh. Taf. (VIII, 398 S.) 908. 21.—; geb. n 24. —

7. Die Baukunst der Renaissance in Deutschland, Holland, Belgien u. Dänemark. Von Gust. v. Bezold. 2. Aufl. Mit 341 in den Text eingedr. Abbildgn., sowie 6 in den Text eingeh. Taf. (VIII, 288 S.) 908. 16.—; geb. n 19. —

— dasselbe. III. Tl.: Die Hochbaukonstruktionen. 4. Bd. u. 5. Bd. II. Heft. Lex. 8. Ebd. 56.—; geb. in Halbfrz. n 62. —

4. Anlagen zur Versorgg. der Gebäude m. Licht u. Luft, Wärme u. Wasser. Versorgung der Gebäude m. Sonnenlicht u. Sonnenwärme. Künstl. Beleuchtg. der Räume. Heizung u. Lüftg. der Räume. Wasserversorgung der Gebäude. Von Ferd. Fischer, Herm. Fischer, Wilh. Kohlrausch u. Eduard Schmitt. 3. Aufl. Mit 490 in den Text eingedr. Abbildgn., sowie 12 in den Text eingeh. Taf., darunter 10 in Farbendr. (VIII, 486 S.) 908. 24.—; geb. n 27. —

5, II. Entwässerung u. Reinigung der Gebäude. Mit Einschluss der Spül-, Wasch- u. Badeeinrichtgn., der Aborte u. Pissoire. Von Rud. Vogel u. Eduard Schmitt. 3. Aufl. Mit 1019 in den Text eingedr. Abb., sowie 9 in den Text eingeh. Taf., darunter 3 in Farbendr. (IX, 682 S.) 908. 32.—; geb. n 35. —

Handbuch der Architektur. Red.: Eduard Schmitt. IV. Tl. Entwerfen, Anlage u. Einrichtg. d. Gebäude. 2. Halbbd. III. Heft, 3. Halbbd. II. Heft, 8. Halbbd. III. Heft u. 10. Halbbd. Lex. 8. Leipzig, [A. Kröner.] J. M. Gebhardt's Verl. 61.—; geb. in Halbfrz. n 73. —

2, III. Gebäude f. die Zwecke des Wohnens, des Handels u. des Verkehres. 3. Heft. Gebäude f. den Post-, Telegraphen- u. Fernsprechdienst. Von Rob. Neumann. 2. Aufl. Mit 94 in den Text eingedr. Abbildgn., sowie 5 in den Text eingeh. Taf. (VI, 148 S.) 906.) 10.—; geb. n 13. —

3, II. Gebäude f. die Zwecke d. Landwirtschaft u. der Lebensmittelversorgung. 2. Heft. Gebäude f. Lebensmittelversorgung. Schlachthöfe u. Viehmärkte. Von Fel. Moritz. — Markthallen. Märkte f. Pferde u. Hornvieh. Von Eduard Schmitt. 3. Aufl. Mit 391 in den Text eingedr. Abbildgn., sowie 30 in den Text eingeh. Taf.) (VIII, 430 S.) 909. 24.—; geb. n 27. —

8, III. Kirchen, Denkmäler u. Bestattungsanlagen. 3. Heft. Bestattungsanlagen. Von Stef. Fayans. Mit 382 in den Text gedr. Abbildgn. u. 6 in den Text eingeh. Taf. (VIII, 343 S.) Stuttgart 907. 18.—; geb. n 21. —

10. Die Gartenarchitektur. Von André Lambert u. Eduard Stahl. 2. Aufl. Mit 189 Abbildgn. im Text u. 22 Taf. (V, 152 S.) 910. 9.—; geb. n 12. —

* Handbuch der Arithmetik und Geometrie für Officiere, welche diese Wissenschaft von selbst erlernen wollen, von einem königl. preuss. Artillerie-Officier. 2 Th. Berlin, Wever, gr. 8. 589 S. m. 12 Kupf. 1789.

— d. Arithmetik u. Geometrie, für Offiziere rc. 2 Thle, mit 9 Kpft. gr. 8. Berl. 789. (Sander). 2 ℛ 12 gℓ

Handbuch, Arithmetisches. Leipzig 1794—95. V: *Illing, Carl Chn.* (Kläbe, Neuestes Gel. Dresden. Leipzig 1796.)

[J.] **Handbuch des Armenrechts.** E. m. Erläut. vers. Zsstellg d. reichs- u. württemberg. landesgesetzl. Bestimmgn üb. d. Armenwesen. Hrsg. v. Rudolf Scharpff, Regiergsr. im K. Württ. Minist. des Innern. *Stuttgart: W. Kohlhammer 1896.* (XXII S., 1 Bl., 695 S.) 1 Bd 8. (96. 367)

Handbuch der Artillerie. Uebersetzung der neuesten (8.) Ausg. des Aide-Mémoire à l'usage des officiers d'artillerie von W. v. Seydlitz. 7 Lfgn. gr. 8. (928 S. mit 106 Stnt.) Glogau 858,59, Flemming's Verlag. à Lfg. 15 Ngr.

Handbuch f. die k. k. Artillerie. 1—8. 15—17. Abschn. [1. Thl. 1—8. 2. Thl. 15. 3. Thl. 16. 17.] 8. Wien 870—75. (Braumüller.) n. 20. 40

1. Beschreibung d Feld- u. Gebirgs-Artillerie-Materials. Bearb. v. Ant. Zdenek. (V, 150 S.) n. 1. 80
2. Organisazion u. Feld-Ausrüstung der Artillerie. Bearb. v. Jos. Hermann. (V, 116 S.) n. 2. 40
3. Verrichtungen bei den Feld- u. Gebirgs-Kanonen. Marsch-, Feld- u. Transport-Verhaltgn. Mit 3 (lith.) Taf. (in qu. 4.) Bearb. v. Karl Skladny. (56 S.) n. 1. 50
4. Schiessen u. Werfen aus Feld- u. Gebirgs-Kanonen Bearb. v. Arthur Graf Bylandt-Rheidt. — Gebrauch der Artillerie im Feld- u. Gebirgs-Kriege. Bearb. v Otto Maresch. (VII, 149 S. m. eingedr. Holzschn. u 2 Steintaf. in qu. gr. 4.) n. 2. 60
5. Feld-Batterie-Bau u. Feld-Befestigung. Mit 11 (lith.) Taf. (in 8., 4. u. qu. 4.) Bearb. v. Karl Schmarda. (IV, 68 S.) n. 1. 80
6. Pferdewesen. Mit 3 (lith.) Taf. (in qu. 4.) Bearb. v. Camillo Schramek. (52 S.) n. 1. 80
7. Handfeuer- u. blanke Waffen. Bearb. v. Alfr. Ritter v Kropatschek. (IV, 65 S. m. 3 Steintaf. in qu. 4.) n. 2.20
8. Militairische Notizen. A. Formazion u. Stärke der österr.-ung. Landmacht. B. Rekognoscirung. C. Fremdländische Feld-Artillerien. D. Allgemeine Notizen. E. Verrechnungsweise der Batterien u. Munizions-Kolonnen. Bearb. v. Jos. Ritter v. Leithmer u. Jos. Herrmann. (IV, 67 S.) n. 1.50
15. Batteriebau beim Angriff u. bei der Vertheidigg. fester Plätze. I. Hälfte. Batteriebau beim Angriff fester Plätze. Bearb. v. Karl Schmarda. Mit 7 (lith.) Taf. (in 4.) (91 S.) n. 2. 60
16. Materialien. Bearb. v. Otto v. Prüschenk. (III, 61 S.) n. 1. 40
17. Uebernahms- u. Depositirungs-Vorschriften. Bearb. v. Jos. Kominik. (IV, 85 S.) n. – 80

—— dass. — 2. Thl. 11. und 15. Abschnitt. 8. Ebendas. *

Inhalt:

Abschn. 11. Sterbenz, Joh., Handhabung und Transport des Festungs-Artillerie-Materials. (VI, 32 S. mit 5 Stnt. in qu. 4.) 872. *ℳ 1,20.

» 15. Schmarda, Oberst Karl, Batteriebau beim Angriff und bei der Vertheidigung fester Plätze. 1. Hälfte: Batteriebau beim Angriff fester Plätze. (91 S. mit 7 lithogr. Taf. in 4.) 873. *ℳ 2,60.

— dasselbe. 15. Abschnitt. 8. Ebend. 874. n. 5. —

Batteriebau beim Angriff u. bei der Vertheidigg. fester Plätze. Batteriebau beim Angriff fester Plätze. Bearb. v. Karl Schmarda. Batteriebau bei der Vertheidigg. fester Plätze. Bearb. v. Karl Kiiwanek. Mit 18 (lith.) Taf. (in qu. 4.) (V, 175 S.)

Ist e. neue Bearbeitg. d. I. Thls. 15. Abschnitt, welcher dadurch ausser Gebrauch gesetzt wird.

Handbuch für die k. k. Artillerie. 5. Abschn. [1. Hälfte.] 8. Wien 875. Braumüller. n. 1. 20

Feld-Batteriebau. Bearb. v. Karl Schmarda. 2. auf das Metermass umgearb. Aufl. v. Karl Kiiwanek. [Mit 2 (lith.) Fig.-Taf. (in qu. gr. 4.)] (II, 42 S.)

Handbuch für die kaiserl. königl. Artillerie. 2. Bd. 9. 10. 12—14. Abschnitt. 8. Wien 877. 78. (Seidel & Sohn.) n. 7. —

9. Beschreibung des Festungs-Artillerie-Materials. Bearb. von Oberlieut. Ernst Hugvetz. (IV, 124 S.) n. 2. —
10. Bedienung der Festungsgeschütze, Packung u. Bereithaltung des Artillerie-Materials in Batterien. Zusammengestellt v. Hauptm. Karl Ziegelmayer. (IV, 64 S.) n. 1. 20
12. Schiessen u. Werfen aus Festungsgeschützen, bearb. von Ernest Zehner v. Riesenwald. (III, 100 S. mit 2 Steintaf. in Fol.) n. 2. —
13. 14. Angriff u. Vertheidigung fester Plätze. Bearb. von Karl Kriwanek. (90 S. mit 1 Steintaf.) n. 1. 80

— dasselbe. 3. Thl. 18—20. Abschn. 8. Ebend. 878. n. 7. 60

18. Schiesspulver u. Kriegsfeuerwerkerei. Bearb. von Jos. Friedrich. (VI, 186 S.) n. 2. 60
19. Erzeugung, Untersuchung u. Klassifikation der Geschütz-Rohre. Bearb. von Frz. Zeidner. (VII, 106 S.) 2. —
20. Notizen aus der Mathematik, Mechanik, Physik, Chemie u. Ballistik; Münz-, Mass- u. Gewichts-Tabellen. Bearb. von Nik. Wuich. (VII, 237 S.) n. 3. —

— d. Artillerie, für Feuerwerker u. Unteroffiziere. 8. Ludwigsb. 819. Nast. 16 gr

Handbuch für schweizerische Artillerie-Offiziere. Verfasst von einigen Offizieren der eidgenöss. Armee u. von dem eidgenöss. Artillerie-Bureau. 1—15. Capitel. Aarau, Sauerländer's Verlag. gr. 16.

1. Schiesspulver. Bearb. von H. Welti. Mit 6 lith. Taff. (VIII, 31 S.) 868. n. 6 ngr.
2. Munition u. Kriegsfeuerwerk. Bearb. von Stahel. (112 S. mit 4 Steintaff.) 870. n. 12 ngr.
3. Geschützrohre. Bearb. von Rud. v. Erlach u. Gressly. Mit 4 lith. Taff. (in gr. 16. u. qu. 4.) (104 S.) 869. n. 12 ngr.
4. Lafetten u. Kriegsfuhrwerke. Bearb. von R. v. Erlach u. Schädler. (72 S.) 869. n. 6 ngr.
5. Beschreibung der Ausrüstungsgegenstände der Geschütze u. Kriegsfuhrwerke u. der Pferdeausrüstung. Bearb. von Rud. v. Erlach u. Fornaro. (88 S.) 870. n. 8 ngr.
6. Ausrüstung der Geschütze u. Kriegsfuhrwerke, Munitionsausrüstung u. Packung. Bearb. von R. v. Erlach. Mit 7 lith. Taff. (in 8. u. qu. 4.) (152 S. mit 1 Tab. in qu. 4.) 870. n. 18 ngr.
7. Materialien. Holz, Kohle, Seilwerk, Firnisse etc. Bearb. von v. Escher u. Gressly. Mit 2 lith. Taff. (73 S.) 870. n. 8 ngr.
8. Pferdekenntniss. Wartung, Beschlag, Krankheiten der Pferde. Bearb. von Hch. Wehrli u. Zangger. (96 S. mit 1 Tab. u. 2 Steintaff. in 4.) 870. n. 12 ngr.
9. Heeresorganisation. Bearb. von Bluntschli. (71 S.) 869. n. 8 ngr.
10. Felddienst u. Taktik. Bearb. von Rothpletz. Mit 1 lith. Taf. (in qu. 4.) (92 S.) 868. n. 8 ngr.
11. Batteriebau u. Feldbefestigung. Bearb. von Schumacher. Mit 9 lith. Taff. (108 S.) 870. n. 12 ngr.
12. Schiessen mit Geschützen. Bearb. von H. Siegfried. Mit 6 lith. Taff. (in gr. 4. u. qu. Fol.) (IV, 160 S.) 870. n. 24 ngr.
13. Tragbare Waffen. Bearb. von Schmidt. Mit 8 lith. Taff. u. 2 Tabb. (in Fol.) (38 S.) 869. n. 8 ngr.
14. Recognoscirungen, Brücken- u. Lagerbau. Bearb. von Rothpletz u. Schumacher. (86 S. mit 5 lith. Taff.) 870. n. 12 ngr.
15. Notizen über Mathematik, Physik u. Mechanik. Bearb. von Pestalozzi. Mit 3 lith. Taff. (119 S.) 868. n. 12 ngr.

Erscheint auch in französ. Sprache, als: Aide-mémoire à l'usage des officiers d'artillerie suisses.

—— für schweizerische Artillerie-Offiziere. 2. Aufl. 1., 8., 8. und 9. Kapitel. 8. Aarau, Sauerländer's Verlag. *

Inhalt:

Kapitel 1. Schonkor, Schiesspulver. (VII, 52 S. mit 7 Taf.) 887. * 80 Pf.

» 3. Tscharner und Gressly, Geschützrohre. (128 S. mit 3 Taf.) 888. * ℳ 1.40.

» 8. Wirz, G., Pferdekenntniss. (IV, 156 S. mit 7 Stut.) 888. * ℳ 1.60.

» 9. Orelli, v., Organisation der schweizerischen Armee, im speziellen der schweizerischen Artillerie und der der Nachbarstaaten. (IV, 108 S.) 887. * ℳ 1.—.

—— für schweizerische Artillerie-Offiziere. (2. Aufl.) 1. Kapitel, Beilage u. 10. Kapitel. 12. Aarau 890, Sauerländer u. Comp. * 1 30

1. Pulver. Beilage. Die Sprengpräparate. Von E. Schenker. (24 S.) * — 50. — 10. Taktik der Feldartillerie. Von Hebbel. (64 S.) * — 80.
Französische Ausgabe s. u. d. T.: Aide mémoire à l'usage des officiers de l'artillerie suisse.

Handbuch der Artilleriewissenschaft. 2. Aufl. Dresden 1792. V: *Saueracker, Heinrich Wilhelm.* (Ky)

— d. Artilleriewissenschaft. Mit Kpf. gr. 8. Dresd. 2e verbess. Aufl. (von H. W. Saueracker) 792. Walther. 1 ℛ 12 gl

Handbuch der praktischen Artillerie-Wissenschaft. Dresden 1792. 8°.

Handbuch d. gerichtl. Arzneikunde f. Aerzte u. Rechtsgelehrte. In Verbind mit Friedr. Erdmann Flachs, Carl Gotth. Lehmann, Rud. Jul. Alb. Martini u. Carl Gust. Schmalz sen. bearb. u. hrsg. v. Friedr. Jul. Siebenhaar. 2 Bde. (od. 8 Hfte.) gr. 8. Leipzig, Engelmann. *

Bd. 1. A — Junggesellenschaft. (45¾ B.) 838. * 3 Thlr. 8 Gr.
- 2. Käsegeist — Zwitter. (57 B. incl. dopp. Register.) 840. * 3 Thlr. 20 Gr.

— der militär. Arzneykunde s.a. Hamilton.

Handbuch der militairischen Arzneikunde, für Feldärzte und Wundärzte in Garnisonen und Kriegslazarethen . . . Leipzig 1790. V: *Hebenstreit, Ernst Benj. Gottlieb.* (Call)

Handbuch der homöopathischen Arzneimittellehre . . . Leipz. 1843—48. H: *Müller, Chlotar.* (EB)

Handbuch der practischen Arzneimittellehre. Frankf. 1803. V: *Müller, Joh. Val.* (Call)

— ausgesuchter neuer Arneivorschriften; aus d. Engl., mit Zusätzen. 8. Leipz. 793. Weygand. 16 gl

— d. ausübenden Arzneiwissenschaft, s.a. Hand- u. Hülfsbuch für Feldwundärzte.

Handbuch der ausübenden Arzneywissenschaft und Wundarzneykunst bey Armeen im Felde . . . Leipzig 1797. V: *Ackermann, Johann Christian Gottlieb.* (Ky) (Call) (MGT)

— für Aerzte, Wundärzte u. Apotheker, besonders auf dem Lande u. in kleinen Städten, oder Unterricht, wie d. Medikamente zubereitet werden u. gegen welche Krankheiten man sie anwendet. 8. Halle 808. Dietlein. 12 gl

— ärztliches, f. die staatl. Matrikelführer. (Authentische Übersetzg.) Hrsg. vom kgl. ungar. Ministerium des Innern. (839 S.) 8. Budapest 907. (L. Toldi.) 6. —

- ascetisches, für Ordensleute, welche nach der Regel des heil Benedict leben. Aus älteren lateinischen, deutschen und französ. Vorlagen zusammengestellt, theilweise überarbeitet u. herausg. von einigen Conventualen des Klosters Metten. 1. Bdchn. A. u. d. T.: Vorschule des Ordenslebens. Landshut 858. Thomann. 8. (XXIII, 345 S.) 16 ngr

— ascetisches, für Ordensleute, welche nach der Regel des heiligen Benedict leben. Aus älteren lateinischen, deutschen u. französischen Vorlagen zusammengestellt ꝛc. 2—4. Bdchn. Landshut 859, 60. Thomann. 8. 2 ℛ 26 ngr

2. Bdchn.: Erklärung der Regel des heiligen Benedict. (2 Bl., 500 S.) 27 ngr
3. Bdchn.: Betrachtungsstoffe über den Geist der Regel des heiligen Vaters Benedict, nebst einem Ceremoniale. (V, 504 S.) 27 ngr
4. Bdchn.: Conferenz-Reden über die Hauptpflichten des Ordensstandes. 2 Abthlgn. (691 S.) 1 ℛ 2 ngr

— astronom., für diejenigen, die einige Stern- und Planetenkenntniß erlangen wollen. M. K. 8. 781. Ist jetzt Verlag von Petersen in Altenburg.

Handbuch, Astronomisches, besonders für 1781. Hamburg 1781. V: *Watermeyer, Albrecht Anton von.* (MGT) (Ky)

— astronom., besonders für 1781, (von A. A. v. Watermeyer). Mit Kpf. 8. Hamb. 781. (Altenb., Petersen). 1 ℛ

Handbuch zu dem Atlas v. Preußen in 27 Karten; od.: geograph.-statist.-topograph. Beschreibung d. preuß. Monarchie u. Verzeichniß sämmtl. Ortschaften ders. (1. Hälfte.) I—XIII. Lfg. (od. 1. Thl. 1—7. Lfg. bearb. v. G. F. Krause, u. 2. Thl. 1. Bd. 1—6. Lfg. bearb. v. S. R. Schneider.) gr. 8. (78 B. u. 1 B. Tab.) Erfurt 832, 33, Müller.

Handbuch zu dem Atlas von Preussen in 27 Karten . . . Erfurt 1833—35. H (1): *Schneider, S. R. & J. Gg Matthes.* (2): *J. C. Müller.* (EB)

—— dass. 2. Hälfte, 1. Bd. — A. u. d. T.: Vollständ. geograph.-statist.-topograph. Wörterbuch d. preuß. Staates. Nach v. d. kgl. Regierungen angeordn. Mittheilungen bearb. u. hrsg. v. J. C. Müller. 1. Bd. A — E. gr. 8. (55½ B.) Erfurt 835, Müller.

Vgl. Atlas.

—— zu dem Atlas v. Preußen in 27 Karten; od. geograph.-statist.-topograph. Beschreibung d. preuß. Monarchie u. Verzeichniß sämmtl. Ortschaften derselben. 2. Hälfte. 2—4. Bd. — A. u. d. T.: Vollständ. geograph.-statist.-topograph. Wörterbuch d. preuß. Staates. Nach von d. kgl. Regierungen angeord. Mittheiln. bearb. u. hrsg. v. J. C. Müller. 2—4. Bd. F—Z. gr. 8. Erfurt, Müller'sche Buchh. *

Bd. 2. F—K. (67¾ B.) 835. * 2 Thlr.
- 3. L—R. (64¾ B.) 836. * 2 Thlr.
- 4. S—Z. (60 B.) 836. * 1 Thlr. 12 Gr.
1. Hälfte. (2 Bde.) u. 2. Hälfte, 1. Bd. A—E. Ebendas. 1832—35. * 3 Thlr. 18 Gr.

— enth. Aufsätze über die exacten Wissenschaften u. ihre Anwendung. [Internationale Ausstellung wissenschaftl. Apparate im South Kensington Museum, London 1876.] Deutsche Ausg., hrsg. durch Rud. Biedermann. gr. 8. (XX, 402 S.) London 876. (Berlin, Asher & Co.) n. 4. —

Handbuch über Aufstellung, Wartung, Betrieb und Instandhaltung von Elektromotoren und Dynamomaschinen der Bergmann-Elektricitäts-Werke A G. Berlin. *Berlin: Bergmann Elektricitäts-Werke 1901.* (III, 78 S) 8°

— über Aufstellung, Wartung, Betrieb u. Instandhaltung v. Elektromotoren u. Dynamomaschinen der Bergmann - Elektrizitäts - Werke, Aktiengesellschaft, Berlin N., Oudenarderstrasse 23/32. 8. (II, 78 S. m. Abb.) Berlin 901. (J. Springer.) Geb. in Leinw. n. 2. —

— der gesammten Augenheilkunde, hrsg. v. Arlt, Jul. Arnold jr., Aubert, red. v. Alfr. Graefe u. K. Saemisch. 1. Bd. 1. Thl., 2. Bd., 3. Bd. 1. Thl., 4 Bd., 5. Bd. 1. Hälfte, 6. Bd. 1. Hälfte u. 7. Bd. 1. Hälfte. gr. 8. Leipzig 874. 75. Engelmann. n. 90. —

I. Anatomie u. Physiologie. 1. Thl. Mit 189 Fig. in Holzschn. u. e. lith. Taf. (in 4.) (478 S.) n. 12. —

II. — dasselbe. 2. Thl. Mit 218 (eingedr.) Fig. in Holzschn. (VIII, 692 S.) n. 18. —

III. Pathologie u. Therapie. 1. Thl. Mit 106 Fig. in Holzschn. u. 2 (lith.) Taf. (in 4.) (X, 500 S.) n. 13. —

IV. — dasselbe. 2. Thl. Mit 87 (eingedr.) Fig. in Holzschn. (VIII, 746 S.) n. 20. —

V. I. — dasselbe. 3. Thl. 1. Hälfte. Mit 10 (eingedr.) Fig. in Holzschn. (IV, 520 S.) n. 13. —

VI. I. — dasselbe. 4. Thl. 1. Hälfte. Mit 17 (eingedr.) Fig. in Holzschn. (256 S.) n. 7. —

VII. — dasselbe. 5. Thl. 1. Hälfte. Mit 5 (eingedr.) Fig. in Holzschn. u. 3 lith. Taf. (234 S.) n. 7. —

— der gesammten Augenheilkunde. Hrsg. v. Arlt, Jul. Arnold jun., Aubert etc. Red. v. Alfr. Graefe u. Thdr. Saemisch. 5. Bd. 2. Hälfte, 6. Bd. 2. Hälfte u. 7. Bd. 2. Hälfte. gr. 8. Leipzig 877—80. Engelmann. n. 41. —

V, 2. Pathologie u. Therapie. 3. Thl. 2. Hälfte. Mit 52 (eingedr.) Fig. in Holzschn. (XII u. S. 521—1048.) n. 13. —

VI, 2. Dasselbe. 4. Thl. 2. Hälfte. Mit 50 (eingedr.) Fig. in Holzschn. (XXI u. S. 257—1024.) n. 20. —

VII, 2. Dasselbe. 5. Thl. 2. Hälfte. (VIII u. S. 235—554.) n. 8. —

— dasselbe. General-Register. gr. 8. (IV, 68 S.) Ebend. 880. n. 2. — (cplt. m. Register: n. 133. —)

— d. gesamten Augenheilkunde, 2. Aufl., s. a. Graefe, Albr., u. Thdr. Saemisch.

Graefe-Saemisch. Handbuch der gesamten Augenheilkunde unter Mitw. von ... hrsg. von Prof. Dr. Theodor Saemisch in Bonn. 2. neubearb. Aufl. Bd 12. *Leipzig: W. Engelmann 1899.* 8°

Handbuch der Augenheilkunde [Graefe u. Saemisch]. 2. Aufl., hrsg. von Th. Saemisch von Bd. 14 an. Hrsg. v. Th. Axenfeld u. A. Elschnig. Leipzig

Bd 2. Abt. 2. Leber, Th: Cirkulations- und Ernährungsverhältnisse des Auges. 1903

Bd 4. Abt. 1. Landolt, E: Die Untersuchungsmethoden. 1904

Bd 5. Abt. 1. Saemisch, Th: Die Krankheiten der Conjunctiva, Cornea und Sklera.

T. 1. Die Krankheiten der Conjunctiva. 1904

Abt. 2. Michel, I. v.: Die Krankheiten der Augenlider. 1908

Bd 6. Abt. 2. Schirmer, O: Sympathische Augenerkrankung. Heß, C: Pathologie und Therapie des Linsensystems. 190

Bd 8. Abt. 2. Heß, C: Die Anomalien der Refraktion und Akkomodation des Auges mit einleitender Darstellung der Dioptrik des Auges. 1903

Bd 11. Abt. 1. Groenouw, A: Beziehungen der Allgemeinleiden und Organerkrankungen zu Veränderungen und Krankheiten des Sehorganes: Erkrankungen der Atmungs-, Kreislauf-, Verdauungs-, Harn- und Geschlechtsorgane, der Haut und der Bewegungsorgane, Konstitutions-Anomalien, erbliche Augenkrankheiten und Infektionskrankheiten. 1904

Bd 14. Abt. 7. Hirschberg, J: Geschichte der Augenheilkunde. VIII. 1918

Bd 15. Abt. 1. Hirschberg, J: Geschichte der Augenheilkunde. IX u. X. 1918

Abt. 2. Hirschberg, J: Geschichte der Augenheilkunde. Register-Bd. 1918

Bd 8. Gewerbehygiene.

Th. 1. Allgemeine Gewerbehygiene und Fabrikgesetzgebung. Von E. Roth. Hygienische Fürsorge für Arbeiterinnen und deren Kinder. Von A. Bluhm. Maschinelle Einrichtungen gegen Unfälle. Von M. Kraft. Die Lüftung der Werkstätten. Von M. Kraft. 1894

T. 2. Spezielle Gewerbehygiene.

Abth. 1. Hygiene der Berg-, Tunnel- und Hüttenarbeiter. Bearb. von M. Müller u. a. 1895

Abth. 2. 1. Hygiene der Müller, Bäcker und Konditoren. Bearb. von Zadek. 1896

2. Hygiene der Tabakarbeiter. Von E. Schellenberg. 1896

Abth. 3. Hygiene der chemischen Großindustrie. 1896

1. Medizinalstatistische Einleitung. Bearb. von E. Roth.

2. Anorganische Betriebe. Bearb. von Heinzerling. (Forts.): Phosphor und Zündwaren. Bearb. von Helbig.

3. Organische Betriebe. Bearb. von F. Goldschmidt. (Forts.): Rhodan- und Cyanverbindungen. Bearb. von Th. Weyl.

Abth. 4. Hygiene der keramischen Industrie (Ziegelarbeiter, Töpfer, Porzellanarbeiter). Bearb. von W. Sonne. 1896

Hygiene der Steinmetzen und Maurer. Bearb. von Th. Sommerfeld. 1896

Hygiene der Glasarbeiter und Spiegelbeleger. Bearb. von H. Schaeffer. 1896

Abth. 5. Hygiene der Textilindustrie. Nebst: Gen. Reg. zu Bd 8. Bearb. von Netolitzky. 1897

Bd 9. Lfg 1. Immunität. Bearb. von E. Metschnikoff. 1897

Lfg 2. Parasitologie. Bearb. von A. Weichselbaum. 1898

Lfg 3. Epidemiologie. Bearb. von A. Weichselbaum. 1899

Lfg 4. Oeffentliche Maßnahmen gegen ansteckende Krankheiten. Bearb. von Th. Weyl. 1900

Bd 10. Lfg 1. Hygiene der Prostitution und venerischen Krankheiten. Bearb. von A. Blaschko. 1900

Lfg 2. Hauptregister zu allen 10 Bänden. 1901

Suppl. Bd 1. [Lfg] 1. Notizen zur Hygiene des Unterrichts und des Lehrerberufes. Von L. Burgerstein. 1901

[Lfg] 2. Hygiene der Arbeit in komprimierter Luft. Von Ph. Silberstern. 1901

[Lfg] 3. Hygiene des Alkoholismus. Von A. Delbrück. 1901

Suppl. Bd 2. Lfg 1. Der Schutz der Städte vor Schadenfeuer. Bearb. von O. v. Ritgen. 1902

Lfg 2. Das Trennsystem. Bearb. von A. Bredtschneider. 1902

Lfg 3. Hygiene der Barbierstuben. Bearb. von C. Bruhns. 1902

Lfg 4. Zahn- und Mund-Hygiene im Dienste der öffentlichen Gesundheitspflege. Bearb. von P. Ritter. 1903

Suppl. Bd 3. Lfg 1. Der Lärm in den Städten und seine Verhinderung. Bearb. von G. Pinkenburg. 1903

Lfg 2. Die Verunreinigung der Luft durch gewerbliche Betriebe. Bearb. von H. Leymann. 1903

Lfg 3. Die Rauch-Plage. Bearb. von B. Tschorn 1903

Suppl. Bd 4. Soziale Hygiene. Bearb. von A. Buehl u. a. Jena 1904

— ausführl., einer gemeinnützigen Naturgeschichte, in e. gedrängten Auszuge aus d. besten neuen u. naturhistor. Schriften gemeinfaßl. entworfen. 18 Hft, 8. Chemnitz 790. Mauke. 2 ℛ

Handbuch, Ausführliches,

des in dem Churfürstenthum Sachsen und incorporirten, auch vereinigten Landen geltenden Rechts von Verbrechen und Strafen . . . Wittenberg u. Zerbst 1801. V: *Mössler, Joh. Gfr.* (Kappler, Lit. d. Criminalrechts. Stuttgart 1838.)

Handbuch des österreichischen Automobil-Club. 8°. (843 S.) Wien: Lechner 1909. geb. K 12.—

— des österreichischen Automobil-Club. Zusammengestellt v. Frdr. Cubasch. Hrsg. v. Konrad u. Bleyer. (Ausg. 1910.) (XVI, 928 S. m. 1 farb. Karte.) kl. 8. Wien, G. Freytag & Berndt. Geb. in Leinw. 10. —

Handbuch für Automobilisten. Hrsg. von der Kontinental-Kautschuk- und Guttapercha-Kompanie Jg. 1904 u. 1905. Hannover, 1904—1905.

— automobiltechnisches (automobiltechn. Kalender). Hrsg. im Auftrage der automobiltechn. Gesellschaft E. V. u. der flugtechn. Gesellschaft durch den Schriftführer der Gesellschaft Ernst Valentin unter Mitwirkg. v. E. Aders, H. M. Bauer, F. Huth u. a. 6. Aufl. (XIX, 788 S. m. Abbildgn.) kl. 8. Berlin 909. M. Krayn. Geb. in Leinw. 4. 50

—— der allgemeinen und speciellen Balneotherapie bearb. von Baumann, Camerer, O. Diruf sen. etc., redig. von Th. Valentiner. Lex.-8. (850 S.) Berlin 873, G. Reimer. *

—— der allgemeinen und speciellen Balneotherapie, bearb. von Baumann, Camerer, O. Diruf sen., Grossmann, Mess, Niebergall, Reumont, Runge, Stoecker, W. Valentiner, Th. Valentiner. 2. Aufl. Lex.-8. (XII, 833 S.) Berlin 876, G. Reimer. *

Handbuch für Bankiers und Kaufleute ... O. O. 1781. V: *Hirsch, Michael Christian.* (will) (MI.)

— f. Banquiers u. Kaufleute. 8. Brünn, 781.

Handbuch für den Batteriebau zum Gebrauche bei der eidgenössischen Artillerie. Vom Bundesrath genehmigt den 21. Februar 1870. (Mit 14 Taf.) kl 8. Zürich 1870.

— bei dem Bau eiserner Träger- u. Joch-Brücken, s. Werther.

Handbuch für das württ. Baugewerbe Bewährte moderne Spezialkonstruktionen und Materialien im Hochbau. Herausgegeben von F Schuster. I. Jahrgang. (130 S) Stuttgart 1910

— des Bauingenieurs. Eine vollständ. Sammlg. der an Tiefbauschulen gelehrten techn. Unterrichtsfächer. Zum Gebrauche f. die Schule u. Praxis. Hrsg. unter Mitwirkg. erfahrener Fachmänner v. R. Schöler. I.—III. Bd. Lex.-8. Leipzig, B. F. Voigt. à n. 6. —; geb. à n. 7. 50

I. Der Wasserbau. Von S. Deutsch. 1. Tl. Umfassend: Die Meteorologie, den Kreislauf des Wassers, die steh. u. fliess. Binnengewässer, die Talsperren, die Messung d. Wasserstände, d. Wassergeschwindigkeiten u. Wasserabflussmengen, den Flussbau u. den Wehrbau. Für den Schulgebrauch u. die Baupraxis bearb. Mit 218 Textabbildungen u. 32 Taf. (VIII, 164 S.) 906.

II. Dasselbe. II. Tl. Umfassend: Natürliche u. künstliche Wasserstrassen, Schiffahrtsschleusen, Schiffshebeeinrichtungen, Hafenbauten, Flusskanalisierg., Bekämpfg. des Hochwassers der Flüsse u. Ströme, Deichbauten, Berechnung der durch Schütze fliess. Wassermenge, Berechng. der Werkkanäle, Berechnung v. Kaimauern u. Notizen über die wichtigsten Flüsse des Deutschen Reiches. Für den Schulgebrauch u. die Baupraxis bearb. Mit 135 Textabbildgn. u. 37 Taf. (VIII, 168 S.) 906.

III. Der städtische Tiefbau, umfassend: Die Bebauungspläne, die Befestigg. der Strassen, die Reinigg. der Strassenflächen u. Beseitigg. des Kehrichts, die Wasserversorgg. der Städte, die Entwässerungsanlagen der Städte u. die Reinigg. u. Beseitigg. städt. Abwässer. Für den Schulgebrauch u. die Baupraxis bearb. Von A. Reich. Mit 386 Textabbildgn. u. 5 Taf. (X, 223 S.) 907.

— des Bauingenieurs. Eine vollständ. Sammlg. der an den Tiefbauschulen gelehrten techn. Unterrichtsfächer. Zum Gebrauche f. die Schule u. Praxis. Hrsg. unter Mitwirkg. erfahrener Fachmänner v. R. Schöler. 4.—10. Bd. Lex. 8. Leipzig, B. F. Voigt. à Bd. 6.—; geb. 7. 50

Schewior, Geo., die Bodenmelioration. I. Tl., umfassend: Den Boden, die Bodenbearbeitg., die Düngg. des Bodens, die landwirtschaftl. Nutzpflanzen, die Hydrostatik, die Hydrodynamik, das Wasser, die Wassermengen in natürl. u. künstl. Flussläufen, die Durchflussmengen bei Wehren, Schleusen, Durchlässen, Brücken, die Berechng. der Rückstauweite, den zweckmässigsten Querschnitt e. Wasserlaufes, die zuläss. Geschwindigkeit des fliess. Wassers, die Schutzvorrichtgn. gegen die Einwirkg. des fliess. Wassers, die Beschaffg. der Vorflut, das Grundsteuerkataster nebst e. Anh. Für die Schule u. den prakt. Gebrauch bearb. Mit 342 Textabbildgn., 4 Taf., darunter 1 farb., u. zahlr. Tab. (VIII, 281 S.) 909. (VIII. Bd.)

— dasselbe. II. Tl., umfassend: Die Bodenentwässerg. durch Anpflanzg., durch Kolmation, durch holländ. Drainage, durch Gräben u. durch unterird. Drains; Durchlässe u. Brücken; Überleitgn.; Drücker; feste Wehre; bewegl. Wehre: Berechng. der Holzschützen; Berechnung der Kraft zum Aufziehen lotrecht steh. Schützen nebst e. Anh. Für die Schule u. den prakt. Gebrauch bearb. Mit 271 Textabbild., 27 Taf., darunter 1 farb., u. zahlr. Tab. (X, 194 S.) 910. (IX. Bd.)

— dasselbe. III. Tl., umfassend: Den Grundbau; die Moorkultur; die Ackerbewässerg.; die landwirtschaftl. Verwertg. des städt. Kanalwassers; die Wiesenbewässerg.; die Urbarmachg.; die techn. Bearbeitg. v. Meliorationsplänen; staatl. Förderg. der Meliorationen in Preussen; das Wasserrecht nebst e. Anh. Für die Schule u. den prakt. Gebrauch bearb. Mit 303 Textabbildgn., 15 Taf., darunter 1 farb., u. zahlr. Tab. (X, 277 S.) 911. (X. Bd.)

Strohmeyer, K., der Eisenbahnbau. I. Tl., umfassend: Die Geschichte der Eisenbahnen; die amtlichen Vorschriften; das Aufsuchen e. Eisenbahnlinie; die Vorarbeiten; den Unterbau; den Schutz der Eisenbahnen gegen Wasser, Frost, Feuer u. Schnee; die Wegübergänge in Schienenhöhe, den Oberbau, insbesondere der preuss. Staatsbahn, die Weichen, Drehscheiben u. Schiebebühnen; die Betriebsmittel; die Signalordng.; den Eisenbahnbetrieb; die Unterhaltg. des Oberbaues. Für den Schulgebrauch u. die Baupraxis bearb. Mit 312 Textabbildgn. u. 8 Taf. (XII, 208 S.) 907. (IV. Bd.)

— dasselbe. II. Tl., umfassend: Die Bahnhofsanlagen; die Bahnhofshochbauten; Einrichtgn., welche sonst noch f. Bahnhöfe in Betracht kommen; Auszüge aus den amtl. Vorschriften üb. Bahnhofsanlagen u. Bahnhofshochbauten; Beleuchtung der Bahnhöfe, Züge u. Strecken; das Wichtigste aus dem Magnetismus; Grundzüge der Elektrizitätslehre; die elektr. Läutewerke; die Bahntelegraphie. Mit 380 Textabbildgn. u. 2 Taf. (XIV, 244 S.) 908. (V. Bd.)

— dasselbe. III. Tl., umfassend: Allgemeines üb. Stellwerke; die Leitgn. e. mechan. Sicherheitsstellwerkes, einschl. Spannwerke; die Weichenriegel; die Weichenspitzenverschlüsse; die Weichenhandschlösser; die Gleisschutzvorrichtgn., die Fühl- od. Sperrschienen; die Zeitverschlüsse; die Mastsignale; die selbständ. mechan. Stellwerke. Mit 182 Textabbildgn. u. 28 Taf. (X, 205 S.) 909. (VI. Bd.)

— dasselbe. IV. Tl., umfassend: Die Neben-, Lokal-, Klein- u. Strassenbahnen; die elektr. Bahnen einschl. Akkumulatorenwagen; die Schwebebahnen; die Zahnradbahnen; die Seilbahnen; die Kabelbahnen; die Heissdampfmotorwagen; die Einschienenbahn; die Drahtseil- u. Hängebahnen; die Feld-, Forst-, Industrie- usw. Bahnen; die Fuhrwerksgleise; die amtl. Vorschriften u. techn. Vereinbargn., die einzelnen Bahngattgn. betr. Für die Schule u. den prakt. Gebrauch bearb. (XVI, 236 S. m. 388 Abbildgn. u. 26 Taf.) 910. (VII. Bd.)

— der Baukunde. Neubearbeitung d Deutschen Bauhandbuchs. Eine systemat. u. vollständ. Zusammenstellg. der Resultate der Bauwissenschaften m. den zugehör. Hülfswissenschaften. Veranstaltet v. den Herausgebern der Deutschen Bauzeitung u. d. Deutschen Baukalenders. (In 3 Abthlgn.) 1. Abth. 1. Bd. gr. 8. Berlin 885. (Toeche.) n. 20. —; geb. n. 22. 50

Hülfswissenschaften zur Baukunde. Unter Mitwirkg. v. Fachmännern der verschiedenen Einzelgebiete bearb. 1. Bd. Mit etwa 1100 Holzschn. im Text u. 4 Taf. in Farbendr. (XLVII, 1188 S.)

— der Baukunde. Eine systemat. u. vollständige Zusammenstellung der Resultate der Bauwissenschaften mit den zugehör. Hülfswissenschaften. Veranstaltet v. den Herausgebern der Deutschen Bauzeitung u. des Deutsch. Baukalenders. 1. Abth.: Hülfswissenschaften. 1. Bd. [Heft-Ausg.] 4 Hfte. gr. 8. Berlin 887. (Toeche.) n. 22. —; geb. n. 26. —

1. Bauführung u. Baurecht [Baupolizei-Recht]. Bearb. von Krüger, Posern, Hilse. Mit 25 Illustr. i. Text. (XII, 374 S.) n. 7. —; geb. n. 8. —
2. Anleitung zur Perspektive. Resultate der reinen Mathematik. Bearb. v. J. M. Frangenheim u. Posern. Mit 182 Illustr. im Text. (VI u. S. 375—486.) n. 2. —; geb. n. 3. —
3. Technische Mechanik fester, flüssiger u. luftförm. Körper. [Mechanik der Wärme.] Bearb. v. Mehrtens. Mit 600 Illustr. im Text. (IX u. S. 487—844.) n. 7. —; geb. n. 8. —
4. Reine u. angewandte Physik. [Lehre vom Schall, Licht u. Magnetismus; von der Elektrizität u. den Grundzügen der Meteorologie, Wetterprognose.] Die gesammten Lichtpaus-Verfahren. Mit 286 Illustr. im Text. (VI u. S. 845—1173.) n. 6. —; geb. n. 7. —

— dasselbe. 1. Abth.: Hülfswissenschaften. 2. Bd. 1. Hft. gr. 8. Ebd. 887. n. 9. —; geb. n. 10. —

Eisen u. Eisenkonstruktionen in geschichtlicher, hüttentechnischer u. technologischer Beziehg. Bearb. v. G. Mehrtens. Mit etwa 650 Illustr. im Text. (XX, 898 S.)

— der Baukunde, 2. Abth., s.: Baukunde des Architekten.

— dasselbe. 3. Abth.: Baukunde des Ingenieurs. 1.—3. Hft. gr. 8. Ebd. n. 23. —; geb. n. 26. —

1. Der Grundbau. Bearb. v. L. Brennecke. Mit 683 Illustr. im Text. (IV, 348 S.) 890. n. 7. —; geb. n. 8. —
2. Der Wasserbau. Bearb. von L. Franzius. Mit e. Anh., betr.: Wildbach-Verbaugn. u. Regulirgn. v. Gebirgsflüssen, sowie Ent- u. Bewässerg. von Ländereien, bearb. von W. Frauenholz. (V, 376 S. mit 656 Abbildgn.) 890. n. 8. —; geb. n. 9. —
3. Städtisches Strassenwesen u. Städtereinigung. Bearb. von R. Baumeister. (III, 356 S. m. 372 Abbildgn. im Text.) 890. n. 8. —; geb. n. 9. —

— der Baukunde. Eine systemat. u. vollständ. Zusammenstellg. der Resultate der Bauwissenschaften m. den zugehör. Hülfswissenschaften. Veranstaltet v. den Herausgebern der Deutschen Bauzeitg. u. d. Deutschen Baukalenders. III. Abth.: Baukunde d. Ingenieurs. 4. Hft. gr. 8. Berlin 892. (E. Toeche.) n. 9. —; geb. n. 10. — (1—4.: n. 32. —; geb. n. 36. —)

Erdarbeiten v. Barkhausen. Strassenbau v. Nessenius. Brückenbau v. Housselle. (VI, 421 S. m. 514 Abbildgn.)

Handbuch d. Baukunde. E. systemat. u. vollständ Zusammenstellg. d. Resultate d. Bauwissenschaften mit d. zugehör. Hilfswissenschaften. Veranst. v. d. Herausgebern d. deutschen Bauzeitg. u. d. deutschen Baukalenders. III. Abth. Baukunde d. Ingenieurs. 1. Hft., 2. Thl. gr. 8. Berlin 895. (E. Toeche.) n. 3. —; geb. in Leinw. n. 4. — (1.—4.: n. 35. —; geb. n. 40. —)

Ergänzgn. z. Grundbau v. L. Brennecke. (V, IV, 122 S. m. 200 Illustr.) (1. u. 2.: n. 10. —; geb. n. 12. —)

Handbuch der Baukunde. Deutsches Bauhandbuch. 3. Aufl. Berlin
Abt. 3. Baukunde des Ingenieurs.
H. 1. Der Grundbau. Bearb. von L. Brennecke. 1906

— d. bürgerl. Baukunst, s. Unterricht.

Handbuch für Baulustige und für Haus- und Grundstücks-Besitzer über das sämtliche Bauwesen. Leipzig 1800. V: *Günther. Gottlob.* (BrMm)

— für Baulustige u. für Haus- u. Grundstücksbesitzer, über d. sämmtl. Bauwesen. Mit 28 Kpft. 8. Leipz. 800. (W. Rauck). 1 ₰ 16 gr

— das, d. Bautechnikers. E übersichtl. Zusammenfassg. d. an Baugewerkschulen gepflegten techn. Lehrfächer. Zum Gebr. f. studier. u. ausführ. Bautechniker. Unt. Mitwirkg. v. erfahr. Baugewerkschullehrern hrsg. v. Hans Issel. IV. Bd. gr. 8. Leipzig, B. F. Voigt. 5. —

D. innere Ausbau, umf.: Thüren, Fenster, Wandtäfelgn., Holzdecken u. Treppen in Holz, Stein u. Eisen. Für den Schulgebrauch u. d. Baupraxis bearb. v. H. Issel. M. 533 Textillustr. u. 7 Taf. (X, 150 S.) 899.
Bd. I—III erscheinen später.

— das, d. Bautechnikers. Eine übersichtl. Zusammenfassg. der an Baugewerkschulen gepflegten techn. Lehrfächer. Zum Gebrauche f. studier. u. ausführ. Bautechniker. Unter Mitwirkg. von erfahrenen Baugewerkschullehrern hrsg. von Hans Issel. I.—III. u. V.—XI. Bd. gr. 8. Leipzig, B. F. Voigt. à 5. —; geb. à n. 6. —

I. Der Zimmermann. Umfassend: Die Verbindgn. d. Hölzer untereinander, die Fachwerkwände, Balkenlagen, Dächer einschliesslich der Schiftgn. u. die Baugerüste. Für den Schulgebrauch u. die Baupraxis bearb. Von Adf. Opderbecke. Mit 732 Textabbildgn. u. 25 Taf. 2. verm. Aufl. (VIII, 251 S.) 902.
1. Aufl. (VIII, 202 S. m. 624 Abb. u. 17 Taf.) 900.
II. Der Maurer. Umfassend: Die Gebäudemauern, Decken, Fussböden, die Putz- u. Fugearbeiten. Für den Schulgebrauch u. d. Baupraxis bearb. Von Adf. Opderbecke. Mit 625 Textabbildgn. u. 17 Taf. (X, 235 S.) 900.
III. Die Bauformenlehre, umfassend: Den Backsteinbau u. d. Werksteinbau f. mittelalterl. u. Renaissance-Formen. Für den Schulgebrauch u. die Baupraxis bearb. Von Adf. Opderbecke u. Hans Issel. Mit 675 Textabbildgn. u. 10 Taf. (VIII, 192 S.) 899.
V. Die Wohnungs-Baukunde, umfassend: Das freisteh. u. eingebaute Einfamilienhaus, das freisteh. u. eingebaute Miethaus, das städt. Wohn- u. Geschäftshaus u. deren innere Einrichtg. Für den Schulgebrauch u. d. Baupraxis bearb. Von Hans Issel. Mit 330 Textillustr. u. 3 Taf. (X, 142 S.) 899.
VI. Die allgemeine Baukunde, umfassend: Die Wasserversorgg., die Beseitigg. der Schmutzwässer u. Abfallstoffe, die Abortanlagen u. Pissoirs, die Feuerungs- u. Heizungsanlagen. Für den Schulgebrauch u. die Baupraxis bearb. Von Adf. Opderbecke. Mit 597 Textabbildgn. u. 6 Taf. (VIII, 278 S.) 899.
VII. Die landwirtschaftliche Baukunde. Umfassend: Bauernhäuser u. Bauerngehöfte, Gutshäuser u. Gutsgehöfte m. sämtl. Nebenanlagen, Feld- u. Hofscheunen, Stallgn. für Gross- u. Kleinvieh u. Gebäude für landwirtschaftl. Gewerbe. Für den Schulgebrauch u. die Baupraxis bearb. Von Hans Issel. Mit 611 Textabbildgn. u. 19 Taf. (XII, 259 S.) 901.
VIII. Der Holzbau, umfass.: Den Fachwerk-, Block-, Ständer- u. Stabbau u. deren zeitgemässe Wiederverwendg. Für den Schulgebrauch u. die Baupraxis bearb. Von Hans Issel. Mit 400 Textabbildgn. u. 12 Taf. (XII, 197 S.) 900.
IX. Die Eisenkonstruktionen des Hochbaues. Umfassend: Die Berechng. u. Anordng. der Konstruktionselemente, der Verbindgn. u. Stösse der Walzeisen, der Träger u. deren Lager, der Decken, Säulen, Wände, Balkone u. Erker, der Treppen, Dächer u. Oberlichter. Für den Schulgebrauch u. die Baupraxis bearb. Von R. Schöler. Mit 820 Textabbildgn., darunter 9 Taf. u. 18 Tab. (XIV, 355 S.) 901.
X. Der Dachdecker u. Bauklempner. Umfassend: Die sämtl. Arten der Dacheindeckgn. m. feuersicheren Stoffen u. die Konstruktion u. Anordng. der Dachrinnen u. Abfallrohre. Für den Schulgebrauch u. die Baupraxis bearb. Von Adf. Opderbecke. Mit 700 Textabbildgn. u. 16 Taf. (VIII, 223 S.) 901.
XI. Die angewandte darstellende Geometrie, umfassend: Die Grundbegriffe der Geometrie, das geometr. Zeichnen, die Projektionslehre od. das projektive Zeichnen, die Dachausmittelgn., Schraubenlinien, Schraubenflächen u. Krümmlinge sowie die Schiftgn. Für den Schulgebrauch u. die Baupraxis bearb. Von Erich Geyger. (X, 266 S. m. 439 Abbildgn.) 902.
Bd. IV. Ebd. 899. n. 5. —; geb. n. 6. —.

Handbuch, das, des Bautechnikers. Eine übersichtl. Zusammenfassung der an Baugewerkschulen gepflegten techn. Lehrfächer. Zum Gebrauch f. studier. u. ausführ. Bautechniker. Unter Mitwirkung v. erfahrenen Baugewerkschullehrern hrsg. v. Hans Issel. I—V, VII—IX u. XI—XVII. Bd. gr. 8. Leipzig, B. F. Voigt. à 5.—; geb. à n. 6.—

Geyger, Erich, die angewandte darstellende Geometrie, umfassend: Die Grundbegriffe der Geometrie, das geometr. Zeichnen, die Projektionslehre oder das projektive Zeichnen, die Dachausmittelgn., Schraubenlinien, Schraubenflächen u. Krümmlinge sowie die Schiftgn. Für den Schulgebrauch u. die Baupraxis bearb. 2. verb. Aufl. (X, 258 S. m. 570 Abbildgn.) 906. (Bd. XI.)

Issel, Hans, Die Baustillehre, umfassend: Die wichtigsten Entwicklungsstufen der Monumental-Baukunst in den verschiedenen Stilarten, m. besond. Berücksicht. der massgeb. Einzel-Bauformen. Für den Schulgebrauch u. die Baupraxis bearb. Mit 454 Textabbildgn. u. 17 Taf. (XII, 332 S.) 904. (Bd. XII.)

— das Entwerfen der Fassaden, entwickelt aus der zweckmässigen Gestaltung der Einzelformen u. deren Anwendung auf neuzeitl. bürgerliche Bauten in Bruchstein-, Werkstein-, Putz- u. Holzarchitektur. Für den Schulgebrauch u. die Baupraxis bearb. (X, 239 S. m. 350 Abbildgn. u. 24 Taf.) 907. (Bd. XVII.)

— der Holzbau, umfassend: Den Fachwerk-, Bohlen-, Block-, Ständer- u. Stabbau u. deren zeitgemässe Wiederverwendung. Für den Schulgebrauch u. die Baupraxis bearb. 2. bedeutend erweit. Aufl. Mit 500 Textabbildgn. u. 15 Taf. (XII, 246 S.) 905. (Bd. VIII.)

— die landwirtschaftliche Baukunde, umfassend: Bauernhäuser u. Bauerngehöfte, Gutshäuser u. Gutsgehöfte mit sämtl. Nebenanlagen, Feld- u. Hofscheunen, Stallungen f. Gross- u. Kleinvieh u. Gebäude f. landwirtschaftl. Gewerbe. Für den Schulgebrauch u. die Baupraxis bearb. Mit 684 Textabbildgn. u. 24 Taf. 2. erweit. u. verb. Aufl. (X, 285 S.) 905. (Bd. VII.)

— die Wohnungs-Baukunde (bürgerliche Baukunde), umfassend: Das freisteh. u. eingebaute Einfamilienhaus, das freisteh. u. eingebaute Miethaus, das städtische Wohn- u. Geschäftshaus u. deren innere Einrichtg. Für den Schulgebrauch u. die Baupraxis bearb. Mit 583 Textabbildgn. u. 23 Taf. 2. bedeutend erweit. u. verb. Aufl. (X, 222 S.) 905. (Bd. V.)

Nöthling, Ernst, die Baustofflehre, umfassend: Die natürl. u. künstl. Bausteine. Die Bauhölzer u. Metalle, sowie die Verbindungs-, Neben- u. Hilfs-Baustoffe. Für den Schulgebrauch u. die Baupraxis bearb. Mit über 800 Abbildgn. auf 30 Taf. (XIV, 332 S.) 904. (Bd. XIII.)

Opderbecke, Adf., der innere Ausbau. Umfassend: Türen u. Tore, Fenster u. Fensterverschlüsse, Wand- u. Deckenvertäfelgn., Treppen in Holz, Stein u. Eisen. Für den Schulgebrauch u. die Baupraxis bearb. 2. bedeutend erweit. Aufl. Mit 600 Textabbildgn. u. 7 Taf. (X, 214 S.) 904. (Bd. IV.)

— die Bauformenlehre, umfassend: Den Backsteinbau u. den Werksteinbau für mittelalterliche u. Renaissance-Formen. Für den Schulgebrauch u. die Baupraxis bearb. Mit 537 Textabbildgn. u. 13 Taf. 2. vervollständ. u. bericht. Aufl. (VIII, 251 S.) 903. (Bd. III.)

— der Maurer. Umfassend: Die Gebäudemauern, den Schutz der Gebäudemauern u. Fussböden gegen Bodenfeuchtigkeit, die Decken, die Konstruktion u. das Verankern der Gesimse, die Fussböden, die Putz- u. Fugearbeiten. Für den Schulgebrauch u. die Baupraxis bearb. Mit 743 Textabbildgn. u. 23 Taf. 3. verm. Aufl. (XIII, 296 S.) 906. (Bd. II.) 2. Aufl. (X, 296 S. m. 712 Abbildgn. u. 23 Taf.) 903.

— das Veranschlagen im Hochbau, umfassend: Die Grundsätze f. die Entwürfe u. Kostenanschläge, die Berechnung der hauptsächlichsten Baustoffe, die Berechnung der Geldkosten der Bauarbeiten u. e. Bauentwurf m. Erläuterungsbericht u. Kostenanschlag. Für den Schulgebrauch u. die Baupraxis bearb. Mit 20 Textabbildgn. u. 22 Doppeltaf. (VIII, 256 S.) 904. (Bd. XIV.)

— der Zimmermann, umfassend: Die Verbindgn. der Hölzer untereinander, die Fachwerkwände, Balkenlagen, Dächer einschliesslich Schiftgn. u. die Baugerüste. Für den Schulgebrauch u. die Baupraxis bearb. Mit 811 Textabbildgn. u. 27 Taf. 3. verm. Aufl. (VIII, 280 S.) 905. (Bd. I.)

— u. H. Wittenbecher, der Steinmetz. Umfassend: Die Gewinng. u. Bearbeitg. natürl. Bausteine, das Versetzen der Werksteine, die Mauern aus Bruch-, Feld- u. bearbeiteten Werksteinen, die Gesimse, Maueröffngn., Hausgiebel, Erker u. Balkone, Treppen u. Gewölbe m. Werksteinrippen. Für den Schulgebrauch u. die Baupraxis. Mit 609 Textabbildgn. u. 7 Doppeltaf. (VIII, 222 S.) 905. (Bd. XV.)

Schöler, R., die Eisenkonstruktionen des Hochbaues. Umfassend: Die Berechng. u. Anordng. der Konstruktionselemente, der Verbindungen u. Stösse der Walzeisen, der Träger u. deren Lager, der Decken, Säulen, Wände, Balkone u. Erker, der Treppen, Dächer u. Oberlichter. Für den Schulgebrauch u. die Baupraxis bearb. 2. verb. Aufl. Mit 833 Textabbildgn., darunter 9 Taf. u. 18 Tab. (XVI, 358 S.) 904. (Bd. IX.)

Schöler, R., die Statik u. Festigkeitslehre des Hochbaues einschliesslich der Theorie der Beton- u. Betoneisenkonstruktionen. Für den Schulgebrauch u. die Baupraxis bearb. Mit 570 Textabbildgn., 13 zum Tl. farb. Taf. u. 15 Querschnittstab. (XII, 284 S.) 905. (Bd. XVI.)

Handbuch, das, des Bautechnikers. Eine übersichtl. Zusammenfassg. d. an Baugewerkschulen gepflegten techn. Lehrfächer. Zum Gebrauche f. studier. u. ausführende Bautechniker. Unter Mitwirkg. v. erfahrenen Baugewerkschullehrern hrsg. v. Hans Issel. 1. 2. 4.—7. 9. 10. 14. 16. u. 18.—20. Bd. Lex. 8. Leipzig, B. F. Voigt. à Bd. 5.—; geb. 6.—

Dieckmann, F. W., u. Hans Issel, die Baugeschäftskunde u. Bauführung, umfassend: Die Führg. der Bau- u. Geschäftsbücher einschl. e. kurzgefassten Wechselkunde, der wichtigsten Bestimmgn. aus der Arbeiterversicherungsgesetzgebg. u. der Konkursordng., die Aufstellg. der Baurechngn., die Verdingg. der Bauarbeiten, die Baugesuche u. die Bauabnahme, sowie die Arbeiten des Bauführers auf dem Bauplatze. Für den Schulgebrauch u. die Baupraxis bearb. Mit 96 Textabbildgn. (XIV, 294 S.) 908. (Bd. XX.)

Haass, Ludw., die Schatten-Konstruktionen, die axonometrische Projektion u. die Perspektive. Für den Schulgebrauch u. die Baupraxis bearb. (Mit 255 Textabbild. u. 16 Taf. (VIII, 178 S.) 907. (Bd. XVIII.)

Haberstroh, H., der Eisenbeton im Hochbau, umfassend: Die für den Eisenbeton verwendeten Baustoffe, die Eiseneinlagen im Eisenbeton, die Zurichtg. der Eiseneinlagen, die Grundformen f. die Anordng. der Eiseneinlagen u. die Schalgn., Steinkonstruktionen m. Eiseneinlage u. Ummantelgn. v. Eisenkonstruktionen, ferner Leitsätze f. die stat. Berechng., Rechnungsverfahren m. Beispielen, Formeln f. das Entwerfen u. e. Anh. v. Tabellen. Für den Schulgebrauch u. die Baupraxis bearb. Mit 400 Textabbildgn. u. 12 Taf. (VIII, 243 S.) 908. (Bd. XIX.)

Issel, Hans, die landwirtschaftliche Baukunde, umfassend: Bauernhäuser u. Bauerngehöfte, Gutshäuser u. Gutsgehöfte m. sämtl. Nebenanlagen, Feld- u. Hofscheunen, Stallgn. f. Gross- u. Kleinvieh u. Gebäude f. landwirtschaftl. Gewerbe. Für den Schulgebrauch u. die Baupraxis bearb. 3. erweit. u. verb. Aufl. (X, 316 S. m. 714 Abbildgn. u. 29 Taf.) 910. (Bd. VII.)

— Die Wohnungs-Baukunde (Bürgerliche Baukunde), umfassend: Das freisteh. u. eingebaute Einfamilienhaus, das freisteh. u. eingebaute Miethaus, das städt. Wohn- u. Geschäftshaus u. deren innere Einrichtg., sowie den Wohnungsbau in den Tropen. Für den Schulgebrauch u. die Baupraxis bearb. 3. erweit. u. verb. Aufl. (X, 268 S. m. 653 Abb. u. 29 Taf.) 910. (Bd. V.)

Opderbecke, Adf., der innere Ausbau, umfassend: Türen u. Tore, Fenster u. Fensterverschlüsse, Wand- u. Deckenvertäfelgn., Treppen in Holz, Stein u. Eisen. Für den Schulgebrauch u. die Baupraxis bearb. 3. vollständig neubearb. Aufl. (X, 250 S. m. 706 Abbildgn. u. 20 Taf.) 911. (Bd. IV.)

— Die allgemeine Baukunde, umfassend: Die Wasserversorgg., die Beseitigg. der Schmutzwässer u. Abfallstoffe, die Abortanlagen u. Pissoirs, die Feuerungs- u. Heizungsanlagen. Für den Schulgebrauch u. die Baupraxis bearb. 2. verb. u. erweit. Aufl. Mit 694 Textabbildgn. u. 6 Taf. (VIII, 284 S.) 907. (Bd. VI.)

— Der Dachdecker u. Bauklempner. Umfassend: Die sämtl. Arten der Dacheindeckgn. m. feuersicheren Stoffen u. die Konstruktion u. Anordng. der Dachrinnen u. Abfallrohre. Für den Schulgebrauch u. die Baupraxis bearb. 2. verb. u. verm. Aufl. Mit 745 Textabbildgn. u. 17 Taf. (VIII, 240 S.) 907. (Bd. X.)

— Der Maurer, umfassend: Die Gebäudemauern, den Schutz der Gebäudemauern u. Fussböden gegen Bodenfeuchtigkeit, die Decken, die Konstruktion u. das Verankern der Gesimse, die Fussböden, die Putz- u. Fugearbeiten, die Wiederherstellungs- u. Umbauarbeiten. Für den Schulgebrauch u. die Baupraxis bearb. Mit 808 Textabbildgn. u. 23 Taf. 4. verb. u. verm. Aufl. (VIII, 338 S.) 910. (Bd. II.) 5.—; geb. 6.—

— Das Veranschlagen im Hochbau, umfassend: Die Grundsätze f. die Entwürfe u. Kostenanschläge, die Berechng. der hauptsächlichsten Baustoffe, die Bestimmgn. üb. die stat. Berechng. der Konstruktionen in Eisen, Holz, Stein u. Eisenbeton, die Berechng. der Geldkosten der Bauarbeiten u. e. Bauentwurf m. Erläuterungsbericht u. Kostenanschlag. Für den Schulgebrauch u. die Baupraxis bearb. 2. verb. u. erweit. Aufl. (IX, 288 S. m. 34 Abbildgn. u. 22 Doppeltaf.) 910. (Bd. XIV.)

— Der Zimmermann, umfassend: Die Verbindgn. der Hölzer untereinander, die Fachwerkwände, Balkenlagen u. Dächer einschliessl. Schiftgn., die Dachgauben u. die Baugerüste. Für den Schulgebrauch u. die Baupraxis bearb. 4. verm. Aufl. Mit 912 Textabbildgn. u. 27 Taf. (VIII, 300 S.) 908. (Bd. I.)

Schöler, R., die Eisenkonstruktionen des Hochbaues. Umfassend: Die Berechng. u. Anordng. der Konstruktionselemente, der Verbindungen u. Stösse der Walzeisen, der Träger u. deren Lager, der Decken, Säulen, Wände, Balkone u. Erker, der Treppen, Dächer u. Oberlichter. Für den Schulgebrauch u. die Baupraxis bearb. 3. verb. Aufl. Mit 871 Textabbildgn., darunter 9 Taf. u. 19 Tab. (XVI, 384 S.) 909. (Bd. IX.)

— Die Statik u. Festigkeitslehre des Hochbaues einschliesslich der Theorie der Beton- u. Betoneisenkonstruktionen. Für den Schulgebrauch u. die Baupraxis bearb. 2. verb. u. erweit. Aufl. Mit 612 Textabbildgn., 13 zum Tl. farb. Taf. u. 15 Querschnittstab. (XIV, 295 S.) 908. (Bd. XVI.)

—— der mit der Reorganisation vom J. 1854 neu ernannten Beamten und Diener bei den k. k. politischen, Justiz- und gemischten Behörden, so wie jener der k. k. Finanz-Landesdirektion, der Bezirks-Verwaltungen und neu organisirten Steuerämter in Tirol und Vorarlberg. Mit Bezeichnung ihres Gehaltes, nebst Ranglisten für die drei ersteren Behörden. gr. 8. (III und 92 S.) Innsbruck 855, Wagner'sche Buchh. *

Handbuch der Beamten des Königl. Preußischen Landes-Ökonomie-Kollegiums und der preußischen Landwirtschaftskammern für das Jahr 1908. Zsgest. v. Bischoff. Jg 1. Stettin. 1908. 8°

Handbuch über die Beamten der Reichsbank für das Jahr 1904, bearbeitet im Zentralbureau der Reichsbank. Berlin 1904.
Dasselbe für 1905 ff.

— über die Beamten der Reichsbank f. d. J. 1906, bearb. im Zentralbureau der Reichsbank. (V, 185 S. m. 1 Tab.) 8. Berlin 906. A. Bath. n. 1. 25

— über die Beamten der Reichsbank f. d. J. 1910, bearb. im Zentralbureau der Reichsbank. (IV, 158 S.) 8. Berlin 910. A. Bath. 1. 40

— d. Befestigungskunst im Felde, darin d. Grundsätze durch geschichtl. Beispiele u. Vorschläge erfahrner Feldherrn u. Ingenieuroffiziere erläutert sind. Mit 7 Steintaf. gr. 8. Leipz. 825. (Kummer). 3 ℛ 16 𝒢

—— zur Beförderung des Flors d. Metallwaarenfabrication in Deutschland, s. Poppe, J. H. M., Almanach.

Handbuch der Behörden, Institute, Vereine und Anstalten im Kronlande Tirol und Vorarlberg für das J. 1860. gr. 8. (IV und 238 S.) Innsbruck 860, Wagner'sche Universitäts-Buchh. Thlr. *

Handbuch der Behörden, Institute, Vereine und Anstalten im Kronlande Tirol und Vorarlberg für das J. 1862. gr. 8. (IV und 264 S.) Innsbruck 862, Wagner'sche Universitäts-Buchh. cart. *

Handbuch der politischen Behörden in Galizien für das Jahr 1867. (Schematismus.) 8. (VIII u. 164 S.) Lemberg: Wild 1867.

Handbuch der Behörden in Tirol u. Vorarlberg für das Jahr 1858. Mit Angabe des Ranges u. Gehaltes der einzelnen Beamten und Diener. *Innsbruck* 1858. Verl. d. *Wagner'schen* Buchhdl. 191 S. 8°. 54 kr.

—— für Beichtväter, besteh. aus d. eigenen Worten d. heil. Franziscus v. Sales, d. h. Alphons v. Liguori, d. h. Karl Borromäus, u. a. gottsel. Männer. Zusammengest. v. J. Gaume, u. nach d. 4. Aufl. in's Deutsche übers. Hrsg. durch e. kathol. Geistlichen. (6 Lfgn.) gr. 8. (43³/₄ B.) Aachen 841, Cremer'sche Buchh.

—— f. Beichtväter, bestehend aus den eigenen Worten des heil. Franz v. Sales, des Alph. v. Liguori, Karl Borromäus, Philippus Neri, Franz Xaverius, Leonhard v. Porto Mauritio ꝛc. Zusammengestellt v. J. Gaume, u. nach der 4. Aufl. ins Deutsche übers. 2. Aufl. gr. 8. (43³/₄ B.) Aachen 843, Cremer'sche Buchh.

—— f. Beichtväter, bestehend 1) aus dem durch die liebreiche u. verschwiegene Verwaltung des Sacramentes d. Buße geheil. Priester; 2) aus d. Uebung f. Beichtväter d. Liguori; 3) aus d. Warnungen f. Beichtväter u. d. Abhandlung üb. die Generalbeichte des Leonh. v. Porto Mauritio u. s. w. A. d. Franz. nach d. 5., verb. u. verm. Aufl. vollständ. übers. v. J. Gaume. gr. 8. (41 B.) Regensburg 846, Manz.

—— belehrendes, d. deutschen Sprache, zunächst f. Nichtgelehrte. gr. 8. (15 B.) Schwabach 841. (Nürnberg, Stein.) *

Handbuch zur Belehrung der Landwehr-Subaltern-Offiziere. 3. Aufl. Berlin 1837. 8°. (1. Aufl. 1818.)

— zur Belehrung der Landwehr-Subaltern-Offiziere. gr. 8. Berl. 823. Mittler. 1 ℛ

—— zur Belehrung d. Landwehr-Subaltern-Offiziere üb. ihre Berufs- u. Dienstpflichten. 3. Aufl. gr. 8. (16 B. u. 1 Stnt.) Berlin, Posen u. Bromberg 837, Mittler. *

—— zur Beobachtung der Formalitäten bei den königl. Hypothekenämtern im Bereiche des rhein. Appellations-Gerichtshofes zu Köln. Hrsg. von einem Hypothekenbewahrer a. D. 8. (120 S.) Trier 853, Lintz'sche Buchh.

— bequemes, f. die vollst. Kochkunst. 8. Schwerin 774. Buchenröder. 9 𝒢

— z. Berechnungen verschiedener Interessen, Steuerabzüge u. s. w. 4. Wien, Wallishauser. 800.

— zu Berechnungen verschied. Interessen, Steuerabzüge ꝛc. Nebst e. Verzeichniß e. Münz-, Maaß- u. Gewichtstabelle ꝛc. 4. Wien 802. Wallishauser. 10 𝒢

Handbuch der geistlichen Beredsamkeit. Frankfurt a. M. 1836—39. V: *Koch, Johann Ludwig.* H: *Brand, Jacob & Casp. Halm.* (ADB 16, 388)

—— der Berggesetzgebung des Königr. Sachsen. Hrsg. von Friedr. Freiesleben. gr. 8. (X und 468 S.) Leipzig 852, Gerig'sche Buchh. *

—— für das Berg-, Münz- und Forstwesen im Kaiserth. Oesterreich für 1854—56. Hrsg. von Joh. Bapt. Carl Kraus. 15—17. Jahrg. gr. 8. Wien, (Sallmayer und Comp.) [15. (558 S.) 16. (314 S.) 17. (530 S.) à Jahrg. ** 2 Thlr.] **

— für die wissenschaftliche Beschäftigung des deutschen Offiziers. Von M. v. W. Mit einem lith. Plan. gr. 8. (XII, 329 S.) Berlin 880. Eisenschmidt. n. 7. —; geb. n. 7. 50; geb. u. durchsch. n. 8. —

—— für die wissenschaftliche Beschäftigung des deutschen Offiziers. Von M. v. W. gr. 8. (XII, 329 S. mit 1 lithogr. Plan.) Berlin 880, Feicht.
geb. *M* 7,50; geb. und durchsch.

Handbuch zum Bestimmen der Mineralien auf dichotomischem Wege, nach Dufrénoy's Traité de Minéralogie. Mit einem Vorwort von Chr. Zimmermann. Nebst 240 Abbild. gr. 16. (XII und 372 S. mit 8 Stnt.) Clausthal 848, Schweigersche Buchh. Thlr.

Handbuch für die Bevollmächtigten des Deutschen Buchbinder-Verbandes. Hrsg. vom Verbands-Vorstand. Berlin: Deutscher Buchbinder-Verband 1908. VIII, 272 S. 8°.

— für d. Bewohner des Rhein- u. Mosel-Departements für d. J. 1812. 12. Coblenz 812. Pauli u. Comp. 1 ℛ

Handbuch für Bezirksschulinspektoren. 2 Tle. m. Kalender vom 1. IX. 1904 bis 31. XII. 1905. (279, 375 u. 16 S.) 16. Wien, A. Pichler's Wwe. & Sohn. Geb. in Leinw. u. geh. n.n. 8. —

— bibliographisches, der philolog. Literatur der Deutschen von der Mitte des 18. Jahrh. bis auf die neueste Zeit. Nach Jh. Sam. Ersch in systemat. Ordnung bearb. u. mit den nöthigen Registern versehen von Chr. Ant. Geißler. 3. Aufl. gr. 8. Leipzig 845, Brockhaus. n. 3 ₰

— der Bibelerklärung. Hrsg. vom Calwer Verlagsverein. 2 Bde. 5., umgearb. Aufl. gr. 8. (VIII, 998 u. VIII, 628 S. m. 4 chromolith. Karten.) Calw 878. Vereinsbuchhandlung. n. 6. —; geb. in 1 Halbleinw.-Bd. n.n. 7. —; in 1 Halbldr.-Bd. n.n. 7. 50; in 1 Halbfrz.-Bd. n.n. 8. —; in 2 Halbldr.-Bde. n.n. 8. 40; in 2 Halbfrz.-Bde. n.n. 9. —

—— der Bibelerklärung. Hrsg. vom Calwer Verlagsverein. 6. verm. und teilweise umgearb. Aufl. (In 6 Lfgn.) 2 Bde. gr. 8. Calw 885, Vereinsbuchh. à Lfg. *ℳ 1.—. * geb. 2 Bde. *

Inhalt:
Bd. 1. Altes Testament. (IV, 892 S.)
» 2. Neues Testament. (IV, 560 S. mit 2 chromolithogr. Karten.)

-- d. Bibelerklärung. Hrsg. v. Calwer Verlagsverein. 1. u. 2. Bd. 7., völlig umgearb. Aufl. gr. 8. Calw u. Stuttgart 898. Vereinsbuchh. à n. 3. —; geb. in Halbfrz. à n. 4. 50
1. D. Geschichtsbücher d. Alten Testaments. M. 2 (farb.) Karten. (IV, 726 S.)
2. D. Lehrbücher u. Propheten d. Alten Testaments. (561 S.)

— der Bibelerklärung. Hrsg. vom Calwer Verlagsverein. 3. Bd. Das Neue Testament. 7. Aufl. gr. 8. (558 S. m. 2 farb. Karten.) Calw u. Stuttgart 900. Vereinsbuchh. n. 3. —; geb. in Halbfrz. n. 4. 50; (kplt. n. 8. —; in 3 Halbfrzbdn. n. 12. —; in 2 Halbleinw.-Bdn. n. 10. —

Handbuch der Bibelerklärung für Schule und Haus. Die wichtigsten Abschnitte der heil. Schrift in geschichtl. Zusammenhange ausgelegt, mit übersichtl. Angabe der nicht erklärten Stellen. Hrsg. von dem Calwer Verlagsverein. 1. Bd., das Alte Testament enthaltend. 1. Aufl. (XX und 947 S.) 1849. und 2., verb. und verm. Aufl. gr. 8. (XLIII und 1008 S. mit 3 lithogr. Charten in gr. 8. und qu. gr. 4.) Calw 851. (Stuttgart, J. F. Steinkopf.) *

—— der Bibelerklärung für Schule und Haus. Die wichtigsten Abschnitte der heil. Schrift in geschichtlichem Zusammenhange ausgelegt, mit übersichtlicher Angabe der nicht erklärten Stellen. Hrsg. von dem calwer Verlagsverein. 1. Bd. 3., verb. und verm. Aufl. und 2. Bd. 2., verb. Aufl. (Altes Testament. — Neues Testament.) gr. 8. (XL und 1030; XXX und 706 S. mit 3 lithogr. Charten in gr. 8. und qu. 4.) Calw 852. 55. (Stuttgart, J. F. Steinkopf.) * 1

Handbuch für gebildete Bibelfreunde . . . Neustadt 1830. V: *Dinter, Gustav Friedrich.* (Ky)

—— für gebild. Bibelfreunde, welche üb. alterthüml. u. Sprach-Dunkelheiten so wie üb. interess. Oerter, Personen u. Begebenheiten d. heil. Schrift Belehrung suchen, od. ihrem Gedächtnisse zu Hülfe kommen wollen. Nach d. bewährt. Hülfsmitteln alphabet. bearb. v. e. Freunde d. Lichtes aus Gott. Lex.-8. (16½ B.) Neustadt a. d. O. 830, Wagner.

— f. Bierbrauer, Bäcker, Essigfabrikanten, Brandweinbrenner, Brandweinschenken und Oekonomien. 16. Fürth, Korn.

Handbuch der Bierbrauerei auf Grundlage von Habich, Schule der Bierbrauerei. Herausgegeben von Conrad Schneider und Gottlieb Behrend. Fünfte, vollständig umgearbeitete und vermehrte Auflage herausgegeben von E. Ehrich. Halle a. S., 1891. pp. xv–552. 8vo. Ill.

[F.] Handbuch der Bierbrauerei. Auf Grundlage v. (G. E.) Habich, Schule d. Bierbrauerei. Hrsg. v. Dr. Conrad Schneider, Dir. d. Brauer-Akad. in Worms, u. Gottlieb Behrend, Ingen. in Hamburg. 6., vollst. umgearb. u. verm. Aufl. Hrsg. v. E. Ehrich, Assist. . . . in Worms. M. c. 200 Text-Abb. H. 1—3. *Halle a. S.: W. Knapp 1896. 97.* 8. [97 7204

[F.] Handbuch der Bierbrauerei. Auf Grundlage v. (G. E.) Habich, Schule d. Bierbrauerei. Hrsg. v. Dr. Conrad Schneider, Dir. d. Brauer-Akad. in Worms, u. Gottlieb Behrend, Ingen. in Hamburg. 6., vollst. umgearb. u. verm. Aufl. Hrsg. v. E. Ehrich, Assist. a. d. Brauer-Ak. . . . in Worms. M. 174 Text-Abb. (In 10 Heften.) *Halle a. S.: W. Knapp 15(96—)98.* (XV, 467 S.) 1 Bd 8. [98 316

Handbuch der gesammten Bierbrauerei. Nach den neuesten Erfahrungen u. mit Benutzung der besten Quellen. Mit vielen in den Text gedr. Abbildungen (in Holzschn.) 1. Bd. A. u. d. T.: Taschenbuch der Bayerischen Bierbrauerei. Nach eigenen Erfahrungen u. mit Benutzung der besten Quellen hrsg. von Alex. Ziegler. 8. (VIII u. 134 S. m. 3 Tabellen in qu. Fol.) Leipzig 849, Spamer. n. 1 ₰

—— der gesammten Bierbrauerei. Nach den neuesten Erfahrungen und mit Benutzung der besten Quellen. Mit vielen in den Text gedr. Abbildungen (in Holzschn.) 1. Bd. A. u. d. T.: Taschenbuch der bayerischen Bierbrauerei. Nach eigenen Erfahrungen und mit Benutzung der besten Quellen hrsg. von Alex. Ziegler. 1. Aufl. (VII und 134 S. mit 3 Tab. in qu. Fol.) 1849. und 2., verm. und verb. Aufl. 8. (VII und 139 S. mit 1 Tab. in qu. gr. Fol.) Leipzig 852(53,) Spamer. *

—— dass. — 2. Bd., das Neue Testament enth. gr. 8. (XXVI und 704 S. mit 2 lithogr. Charten.) Ebds. 850. * —

— — zur ästhetischen und moralischen Bildung für angehende Offiziers. gr. 12. München, Lindauer. 816.
Auch unter dem Titel:
Harmonia, Vaterlands- und Kriegsgedichte d. Deutschen.

Handbuch für die äußere Bildung oder Regeln des Anstands. Berlin 1791. V: *Siede, Johann Chr.* (Mitth. Dr. G. Herzfeld-Berlin.)

Handbuch zur intellektuellen und moralischen Bildung für angehende Offiziers . . . O. O. [18??]. H: *Aurbacher, Ludwig.* (Lindner)

Handbuch zur intellektuellen und moralischen Bildung für angehende Offiziers. [München 1816—17.] H: *Aurbacher, Ludwig.* (Zeitschr. f. Büch. 1923, S. 87) Vgl. II, 8583.

— zur intellektuellen u. moral. Bildung junger Offiziere rc. 3 Bde. 8. Münch. 816, 17. J. Lindauer. 2 ₰ (3r Bd. A. u. d. T.: Harmonie, Vaterlands- u. Kriegsgedichte d. Deutschen. 1 ₰)

— d. sittl. Bildung des weibl. Geschlechts. 2te Aufl. 8. Leipz. Jacobäer. 812.

Handbuch der Biochemie des Menschen und der Tiere. Unter Mitw. hrsg. von Dr. phil. et med. Carl Oppenheimer in Berlin. Mit Abb. u. Kurven. Bd. 1–4. (In 29 Lfgen.) Jena. Fischer 1908–11 (908°)

1. Die chemischen Baustoffe d. tierischen Substanz. 19(08–)09. — 2, 1. Biochemie d. Zelle. 1910. — 2, 2. Biochemie d. Gewebe u. Organe. 1909. — 3, 1. Die Drüsen u. d. Abscheidungen. 1910. — 3, 2. Ernährung, Verdauung u. Resorption. 1909. — 4, 1. 2. Gaswechsel u. Stoffwechsel. 1910–11. A 12 834

Handbuch d. Biochemie d. Menschen u. d. Tiere. Unter Mitwirkg. von E. Abderhalden, Hans Aron, G. v. Bergmann u. a. hrsg. v. Carl Oppenheimer. 1.—27. Lfg. (I. Bd. XXIV, 932 S.; II. Bd. 1. Hälfte S. 1—783, II. Bd. 2. Hälfte IV, 400 S., III. Bd. 1. Hälfte XII u. S. 161—820 u. 433—736, III. Bd. 2. Hälfte VII, 348 S., IV. Bd. 1. Hälfte S. 1—552 u. IV. Bd. 2. Hälfte VI, 595 S. m. Abb.) Lex. 8 Jena 908—10. G. Fischer. à Lfg. 5. —

— **dasselbe. I.—III. Bd. u. IV. Bd. 2. Hälfte. Lex. 8. Ebd.** 127. —
- I. Die chem. Baustoffe der tier. Substanz. (XXIV, 932 S. m. 43 Abb.) Lex. 8. Ebd. 909. 30.—; geb. n 32. 50
- II, 1. Biochemie d. Zelle. (IX, 720 S. m. 12 Abb.) 910. 24.50; geb. n 27. —
- II, 2. Biochemie d. Gewebe u. Organe. (VII, 392 S. m. 1 Abb.) 909. 14.—; geb. n 16. —
- III, 1. Die Drüsen u. die Abscheidungen. (XII, 783 S. m. 6 Abb.) 910. 27.50; geb. n 30. —
- III, 2. Ernährung, Verdauung u. Resorption. (VIII, 348 S.) 909. 11.—; geb. n 13. —
- IV, 2. Tiere. Energiewechsel u. Stoffwechsel. (VI, 595 S. m. 2 Abb. u. 10 Kurven.) 910. 20. —

— f. angehende Blumenpfleger (v. Bock). gr. 12. Brandenburg, 1827. Wiesike. — 12½

—— des Königr. Böhmen für d. Jahr 1846. Hrsg. v. d. k. böhm. Gesellsch. d. Wissenschaften. gr. 8. (70⅛ B.) Prag 846, Credner. *

—— des Königreiches Böhmen für das J. 1847 und 1848. Hrsg. von der k. böhm. Gesellschaft der Wissenschaften. gr. 8. Prag, Haase Söhne Verlags-Expedition. [1847. (XIII und 772 S.) ** 2 Thlr. 20 Ngr., 1848. (XIII und 790 S.) ** 2 Thlr. 26 Ngr. **

—— dass. für das J. 1851. Hrsg. von der k. böhm. Gesellschaft der Wissenschaften. (Nach amtl. Eingaben redig. von J. Helbing v. Hirzenfeld.) gr. 8. (XVI und 780 S.) Ebds. **

Handbuch für die sächsischen Börsen 1886—1887. Bearb. von W. Seifert und Fr. Schubert. Leipzig 1887

Handbuch Börsen-Werthe, umfassend die neuesten Jahresabschlüsse aller Noten- und Pfandbriefbanken und der sonstigen deutschen und ausländischen Aktiengesellschaften etc. Herausgegeben von H. Arends und C. Mossner. Berlin. Jahrgang 1895/96 ff

— Börson-Werthe, **umfassend die noueston Jahresabschlüsso aller Noton- u. Pfandbriefbankon u. der sonst. doutschen u. ausländ. Actien-Gesellschaften, doren Action od. Obligationen an der Berliner Börse gohandolt wordon, nebst ausführl. Verzeichniss der Vorstände dor hauptsächlichsten Börsen Deutschlands u. der Direktoren, Aufsichtsrathsmitglieder u. Zahlstellen der Actien-Gesellschaften, sowio gonauo Uebersicht üb. die Finanzlago der doutschon u. der wichtigsten ausländ. Staaten u. Städte, Zusammenstellg. der deutschen u. ausländ. Fonds, soweit dieselben f. die Berliner Börse in Betracht kommen, u. die der deutschen Communal-Anleihen, Pfand- u. Rentenbriefe sowie d. in Berlin notirten Loospapiere. Jahrg. 1902/1903. Hrsg. v. H. Arends u. Curt Mossner. gr. 8. (1887 S.) Berlin 902. Finanzverl. Geb. in Leinw. n. 10.—**
Vergl.: Börsenwerthe.

— **Börsen-Werthe, umfassend die neuesten Jahresabschlüsse aller Noten- u. Pfandbriefbanken u. der sonst. deutschen u. ausländ. Actien-Gesellschaften,** deren Actien od. Obligationen an der Berliner Börse gehandelt werden, nebst ausführl. Verzeichnis der Vorstände der hauptsächlichsten Börsen Deutschlands u. der Directoren, Aufsichtsrathsmitglieder u. Zahlstellen der Actien-Gesellschaften, sowie genaue Uebersicht üb. die Finanzlage der deutschen u. der wichtigsten ausländ. Staaten u. Städte, Zusammenstellg. der deutschen u. ausländ. Fonds, soweit dieselben f. die Berliner Börse in Betracht kommen u. die der deutschen Communal-Anleihen, Pfand- u. Rentenbriefe sowie der in Berlin notierten Loospapiere. 12. Jahrg. (1905/1906) Hrsg. v. H. Arends u. Curt Mossner. (CLXXXIII, 2056 S.) gr. 8. Berlin 905. Finanzverlag. Geb. in Leinw. n. 10. —

— Börsen-Werte, umfassend d. neuesten Jahresabschlüsse aller Noten- u. Pfandbriefbanken u. der sonst. deutsch. u. ausländ. Aktien-Gesellschftn., deren Aktien od. Obligationen an der Berliner Börse gehandelt werden, nebst ausführl. Verzeichn. d. Vorstände der hauptsächlichsten Börsen Deutschl. u. der Direktoren, Aufsichtsratsmitglieder u. Zahlstellen d. Aktien-Gesellschaften, sowie genaue Uebersicht **üb. d. Finanzlage d. deutschen u. der wichtigsten ausländ. Staaten u. Städte, Zusammenstellg. d. deutschen u. ausländ. Fonds, soweit dieselben f. d. Berliner Börse in Betracht kommen, u. die der deutschen Kommunal-Anleihen, Pfand- u. Rentenbriefe sowie d. in Berlin notierten Lospapiere. 17. Jahrg. (1910/1911.)** Hrsg. v. H. Arends u. Curt Mossner. 2 Bde. (III, CLXXXXI, 2574 S.) 8. Berlin 910. Finanzverl. G. m. b. H. Geb. in Leinw. nn 12. —

Handbuch der Botanik, s. a. **Wochenbände.**

—— **der Botanik. Hrsg. von A. Schenk, unter Mitwirkung von Ferd. Cohn, Detmer, O. Drude, Falkenberg, B. Frank, Goebel, Haberlandt, Herm. Müller, Pfitzer, Sadebeck, G. Winter u. A. 1., 2. Bd. und 3. Bd. 1. Hälfte. Lex.-8. Breslau, Trewendt.** *M 50.; geb. **

Inhalt:

- **Bd. 1. Drude, Morphologie der Phanerogamen. — Insektenfressende Pflanzen. — Frank, Pflanzenkrankheiten. — Müller, H., Wechselbeziehungen zwischen Pflanzen und Insekten. — Sadebeck, Gefässkryptogamen. (VII, 766 S. mit 191 eingedr. Holzschn. und 1 lithogr. Taf.) 881. *M 20.; geb. **M 22,40.**
- **„ 2. Detmer, System der Pflanzenphysiologie. — Falkenberg, Algen. — Göbel, Muscineen. — Haberlandt, Pflanzengewebe. — Pfitzer, Bacillariaceen. (XI, 707 S. mit 96 eingedr. Holzschn.) 882. *M 18.; geb. **M 20,40.**
- **„ 3. 1. Hälfte. Göbel, Entwickelungsgeschichte der Pflanzenorgane. — Zopf, Spaltpilze. (VIII, 432 S. mit 160 eingedr. Holzschn.) 884. *M 12.; geb. *M 14,40.**

Vgl.: Encyklopädie der Naturwissenschaften.

— der Botanik. Hrsg. von A. Schenk unter Mitwirkung von Ferd. Cohn, Detmor, O. Drude etc. Mit 191 (eingedr.) Holzschn. u. e. lith. Taf. (In 3 Bdn.) 1. u. 2. Bd. Lex.-8. Breslau 881. 82. Trowendt. n. 88. — geb. n.n. 42. 80
- **1. (VII, 766 S.)** **n. 20. —; geb. n.n. 22. 40**
- **2. (XI, 707 S.)** **n. 18. —; geb. n.n. 20. 40**

— dasselbe. 3. Bd. 1. Abth. 7. Lfg. [2. Hälfte] u. 2. Abth. 2—4. Lfg. gr. 8. Ebend. 877—80. n. 25. 80
- **I. 7. [2. Hälfte.] (XI u. S. 185—855 m. 107 eingedr. Holzschn., 4 Chromolith u. 4 Bl. Tafelerklärungen.) n. 10. 80**
- **II. 2. (180 S.) n. 4. 40. — 3. (XXI, 336 S. m. 62 eingedr. Holzschn.) n. 8. 90. — 4. (100 S. m. 26 eingedr. Holzschn.) n. 2. 40**

—— der Botanik. Hrsg. von A. Schenk. Unter Mitwirkung von Detmer, Drude, Falkenberg etc. Mit 126 (eingedr.) Holzschn. 3. Bd. 2. Hälfte. gr. 8. Breslau 887, Trewendt. *
geb. **

Inhalt:
I. Zopf, W., die Pilzthiere oder Schleimpilze. (XIX, S. 1—700.)
II. Drude, Oscar, die systematische und geographische Anordnung der Phanerogamen. (S. 700a—700l.)
III. Zimmermann, A., Morphologie und Physiologie der Pflanzenzelle. (S. 701—706.)
1. und 2. Bd. und 3. Bd. 1. Hälfte. Ebendas. 1881—84. *M 50.—.; geb. *M 57.20. — Vgl.: Encyklopädie der Naturwissenschaften.

—— der Botanik. Hrsg. von A. Schenk. Unter Mitwirkung von Detmer, Drude, Falkenberg etc. 4.(Schluss-)Bd. Mit 217 (eingedr.) Holzschn. u. 1 Taf. gr. 8. (VIII, 781 S.) Bresl. 890, Trewendt. * 24 —; geb. ** 26 40
1.—3. Bd. Ebd. 1881—87. * 68 —; geb. ** 77 60. — Vgl.: Encyklopädie d. Naturwissenschaften.

— d. pharmaceutisch. Botanik. 16—17s Heft. mit illum. K. Fol. Nrnb. Stein. 800—805. (à 1 Rthlr.)

Handbuch zur pharmaceutischen Botanik. Nürnberg 1801—4. H: *Juch, Carl Wilhelm.* (will) (MGT) »1800—18« (Ky)

— — der pharmaceutischen Botanik. 2r Bd. 16 Heft. Mit 6 illum. Kupfert. Fol. Nürnberg, Stein. 818.

, **Bary A. de** u. **Sachs J.**: Handbuch d. physiologischen Botanik. 4 Bd., Bd. 1 i 2 Abth., af Bd. 2 kun Abth. 1 udk. (4 Vol.). Leipz. 1865-77. Fig. 1 Tvl.
(O. m. Sertit. specif.).

Handbuch der physiologischen Botanik in Verbindung mit A. de Bary, Th. Irmisch, N. Pringsheim u. J. Sachs herag. von Wilh. Hofmeister. (In 4 Bdn.) 1. Bd. 1. u. 2. Abthl., 2. Bd. 1. Abthl. u. 4. Bd. Leipzig, Engelmann. Lex.-8.
1. Bd. 1. Abthl. Hofmeister, Wilh., die Lehre von der Pflanzenzelle. (XII u. S. 1—404 mit 58 eingedr. Holzschn.) 867. n. 3 ₰
1. Bd. 2. Abthl. — allgemeine Morphologie der Gewächse. (VI u. S. 405—664 S. mit 134 eingedr. Holzschn.) 868. n. 1 ₰ 26 ngr.
2. Bd. 1. Abthl. de Bary, Morphologie u. Physiologie der Pilze, Flechten u. Myxomyceten. (XII, 316 S. mit 101 eingedr. Holzschn. u. 1 Kpfrtaf. in 4.) 866. n. 2 ₰ 16 ngr.
4. Bd. Sachs, Jul., Handbuch der Experimental-Physiologie der Pflanzen. Untersuchungen über die allgemeinsten Lebensbedingungen der Pflanzen u. die Functionen ihrer Organe. (IX, 514 S. mit 50 eingedr. Holzschn.) 865. n. 3 ₰ 20 ngr.

— der physiologischen Botanik. In Verbindung mit A. de Bary u. J. Sachs hrsg. v. Wilh. Hofmeister. 3. Bd. gr. 8. Leipzig 877. Engelmann. n. 14. —
(cplt.: n. 47. 20)
Vergleichende Anatomie der Vegetationsorgane der Phanerogamen u. Farne. Von A. de Bary. Mit 241 (eingedr.) Holzschn. u. einem Namensregister. (XVI, 663 S.)

— botanisches, oder Kenntniß d. vornehmsten Pflanzen, nach d. Linné'schen System. Mit 13 Kpf. 8. Leipz. 805. Leo. 2 ₰

Hand- u. Wörterbuch, botanisches, f. d. Gärtner. Wittenberg, 1794.

— für Brauereien, Brennereien u. Zuckerfabriken, enth. alle zur Zeit gült. Gesetze, Verordngn. u. Ausführungsbestimmgn. m. sachl. Erläutergn. gr. 16. (VIII, 99 S.) Breslau 873. Korn. n. 1. 60

— dasselbe. Nebst e. Adreßbuch aller in d. Prov. Schlesien vorhandenen Brauereien, Brennereien u. Zucker-Fabriken, unter Angabe der Namen der Besitzer und der betreff. Steuerbezirke. gr. 16. (195 S.) Ebend. 873. n. 2. 50

Handbuch für den deutschen Braunkohlenbergbau hrsg. von G[eorg] Klein, Bergass., unter Mitw. von ... Nebst 1 geol Kt., 13 Taf. u. 204 Abb. Halle a. S.: Knapp 1907. x, 504 S. 4°(8°)
(Die deutsche Braunkohlenindustrie. [Bd 1.]) [10. 3104

Handbuch des Bistums Breslau und seines Delegatur-Bezirks. [1.] Für d. J. 1907. Breslau: Fürstbischöfl. geh. Kanzlei 1907. 8° [F.]
Anf. s. u. T.: Schematismus d. Bisthums Breslau u. s. Delegatur-Bezirks. [07 4914

— d. Bist. Breslau u. seines Delegatur-Bezirks f. d. J. 1910. (191 S.) 8. (Breslau, G. P. Aderholz.) Geb. nn 2.75; mit d. preuß. Anteilen d. Erzbistümer Prag u. Olmütz. (191 u. 15 S.) nn 4.—; die preuß. Anteile allein (15 S.) nn 1. 25

— für Briefmarken-Sammler. Anweisung zur zweckmässigsten Einrichtung der Briefmarken-Sammlungen nebst vollständiger Uebersicht u. Beschreibung aller bis jetzt ausgegebenen Briefmarken. 862. (56 S.) — 2. umgearb. u. verm. Aufl. Leipzig 863. Dürr'sche Buchhdlg. 8. (64 S.) 9 ngr.

—— des kaufmänn. Briefwechsels, s. Bibliothek vollständ. kaufmännische, 1. u. 2. Hft.

F. Z. A. S. **Handbuch** für die Brr. der Unabhängigen Grossloge des Freimaurerbundes Zur Aufgehenden Sonne F. Z. A. S. Nürnberg. Eine Übersicht ihrer Einrichtungen. Hs. f. Brr. Frm. o. O. u. J. 162 S. 8°. 21.

Handbuch für die Brüder der Gr. Landes-Loge der Freimaurer von Deutschland. Eine Uebersicht ihrer Einrichtungen. Als Ms. f. Frmr. gedr. Berlin 1889: Mittler & S. IV, 92 S. 8°

[Nachtrag zum Handbuch für die Brüder der Grossen Landes-Loge der Freimaurer von Deutschland.] [Berlin 1892: Mittler & Sohn.] S. 93—98. 8°. 21.

[Dasselbe.] 2. Ausg. Ebendas. 1898. IV, 111 S. 8°

[Dasselbe.] 3. Ausg. Ebendas. 1905. IV, 112 S. 8°
1. Aufl. in 23. 25; 2. in 28; 3. in 193.

Handbuch für die Brüder der Gr. Landes-Loge der Freimaurer von Deutschland. Eine Übersicht ihrer Einrichtungen. Als Ms. f. Frmr. gedr. 5. Ausg. Berlin 1910: Mittler & Sohn. III, 138 S. 8°.
Vgl. W. 20729, 7746. 358.

— für die Brüder u. Schwestern des III. Ordens des heil. Franz v. Assis, enth. 1. die Ordens-Regel, 2. die Erklärung der Regel u. Ordens-Statuten u. 3. die das Ordensleben betreff. Gebethe, Ceremonien, Ablässe u. den Kalender. 8. (232 S.) Troppau 852, Traßler. n. 1/2 ₰

— für die Brüder und Schwestern des III. Ordens des heil. Franz von Assisi, enthaltend: 1. die Ordensregel; 2. die Erklärung der Regel und die Ordens-Statuten; 3. die das Ordensleben betreffenden Gebete, Ceremonien und den Kalender; 4. einen Anhang anderweitiger Gebete. 2. verm. u. verb. Aufl. Troppau 857. Schüler. 12. (VI, 218 S.) n. 0 ngr

Handbuch der Buchdruckerkunst. Frankf. a. M. 1827. V: *Krebs.* (cb)

Handbuch d. Buchdruckerkunst. M. Vign. gr. 12. Frkf. 827, Andreä. Rthlr.

Handbuch der Buchdruckerkunst, für angehende und praktische Buchdrucker ... Berlin 1820. V: *Flick, Joh. Frdr.* (BrMm) (Ky) (cb)

— der Buchdruckerkunst für angehende und praktische Buchdrucker. Als Anhang: Anweisung Papiere auf alle Art zu farben. Mit einem vollst. Formatbuche, d. Vorstellung einer Correctur und 4 Kastenabbild. in Steindruck. 8. Berlin, Enslin. 820.

— f. Bücherfreunde, s. Jügel.

Handbuch für die Schweizerische Bundesversammlung. [Mit 1 Tabelle.] 146 S. 8. Bern, Rösch & Schatzmann, 1903.

— f. d. Bureaudienst bei Gemeinde- u. Polizeiverwaltgn. (Ein Wegweiser f. alle angeh. Beamte u. solche, die sich d. Beamten-Laufbahn zu widmen beabsichtigen.) 3. Aufl. gr. 8. (VIII, 142 S.) Wiesbaden (894). R. Bechtold & Co. n. 1. 80; kart. n. 2. —

Handbuch f. Badens Bürger. Enthalt. d. Verfassungsurkunde u. Wahlordnung d. Großhrzgth., nebst d. auf d. Landtage 1831 zu Stande gekomm. Gesetzen u. d. darauf Bezug habend. wicht. Vollzugsverordn. 16. (20¼ B.) Karlsruhe 832, Groos. Thlr.

—— dass. 1. Fortsetz., enthalt. d. Großhrzgl. Hausgesetz, d. Schluß- u. Bundesacte nebst d. Preßgesetz d. deutschen Bundes, d. Geschäftsordn. d. I. u. II. Kammer u. d. bis Ende 1832 erschien. wichtigeren neuen Gesetze. 16. (9¼ B.) Ebds. 833.

Handbuch für die Bürger, Gemeinde-Vorsteher und Stiftungspfleger in Bayern. München 1820. V: *Seifried, Joseph Elias von.* (Bücher-Samml. d. hist. Ver. v. u. f. Oberbayern. München 1867.)

— für d. Bürger u. für d. Gemeindevorsteher u. Stiftspfleger in Baiern zum prakt. Unterricht in Vollziehung der denselben durch d. königl. Verordng. übertragenen Geschäfte u. Obliegenheiten. 1r u. 2r Thl. 8. Münch. 821. (Landsh., Krüll). 2 ...

Anonym: „Handbuch für Bürger und Landleute, zur Beförderung einer Haus- und Landwirthschaft", Nürnberg 1785 (Zeh).

Handbuch für den Bürger und Landmann. Halle 1790. V: *Berger, Chn Friedrich.* (Ky) (MGT)

— für den Bürger u. Landmann, (von C. F. Berger) (1r Thl. für Oekonomen.. 2r für Baum-, Blumen- u. Gartenliebhaber. 3r, Mittel gegen Krankheiten d. Menschen u. Thiere. 4r, Anhang.) 8. Halle 790 Hendel. 1 ... (3r Thl. A. u. d. T.. medicin. Handbuch für d. Bürger u. Landmann.)

— für den Bürger in Städten und Märkten, u. f. d. Gemeindevorsteher und Stiftungspfleger in Baiern, zum prakt. Unterricht in Vollziehung der denselben durch die königl. Verordn. ubertr. Geschäfte und Obliegenheiten. 1r Theil. 8. Landshut, Krüll. 820.

— f. d. Bürger in Städten u. Märkten, u. f. d. Gemeinde-Vorsteher u. Stiftungspfleger in Baiern z. prakt. Unterricht in Vollziehung der denselben übertragenen Geschäfte u. Obliegenheiten. 2r Thl. 8. München 821. (Landsh., Krüll.)

— f. d. gesittet. Bürgerstand. 5 Bde. 8. Berl. Schöne. 791.

— für den deutschen Burschenschafter. 12. (108 S.) Berlin 890. C. Heymann's Verl. geb. n.n. 3. 60

Handbuch für den Deutschen Burschenschafter. 2. Ausg. [Nebst] Ergänzungen. *Berlin: C. Heymann 1892–1900.* 2 Bde 8° [F.] [... 4500

Handbuch für den Deutschen Burschenschafter. Hrsg. von Dr. G[ustav] H[einrich] Schneider. 4. Ausg. [Nebst] Ergänzungen. *Berlin 1897–1900: W. Baensch* (Erg.: *C. Heymanns Verlag*). 2 Bde 8° Erg (Vorr.: M. Hobohm). 1900. [... 5045 11

[F.] Handbuch für den deutschen Burschenschafter. Hrsg. v. d. Hauptleitg d. Verbandes alter Burschenschafter 'Wartburg' ... (Vorr.: Rudolph Berger.) *Wien: Verl. d. Verbandes 1898.* (45 S., 1 Bl.) 1 Bd 8. [9.. 5530 Gr

— d. Chemie, s. Hochheimer.

— der angewandten physikalischen Chemie in Einzeldarstellungen. Unter Mitwirkg. v. R. Abegg, E. Baur, W. Böttger u. a. hrsg. v. Geo. Bredig. 1–4. Bd. Lex.-8. Leipzig, J. A. Barth. n. 58. —; geb. in Leinw. n. 62. —

1. Elektrochemie wässeriger Lösungen. Von Fritz Foerster. Mit 121 Abbildgn. im Text. (XVII, 507 S.) 905. n. 20. —; geb. in Leinw. n. 21. —
2. Physikalisch-chemische Mineralogie. Von C. Doelter. Mit 66 Abbildgn. im Text. (XI, 272 S.) 905. n. 12. —; geb. in Leinw. n. 13. —
3. Maschinenkunde f. Chemiker. Ein Lehr- u. Handbuch f. Studierende u. Praktiker. Von Albr. v. Ihering. Mit 359 Abbildgn. u. 7 Taf. (IX, 396 S.) 906. n. 14. —; geb. in Leinw. n. 15. —
4. Theorie der Verdampfung u. Verflüssigung v. Gemischen u. der fraktionierten Destillation. Von J. P. Kuenen. Mit 104 Abbildgn. im Text. (XII, 244 S.) 9.6. n. 12. —; geb. in Leinw. n. 13. —

— d. angewandten physikalischen Chemie in Einzeldarstellungen. Unter Mitwirkg. v. R. Abegg, E. Baur, W. Böttger u. a. hrsg. v. Geo. Bredig. 5.—10. Bd. u. 11. Bd. I. Abtlg. Lex. 8. Leipzig, J. A. Barth. 54.60

Baur, Emil, kurzer Abriss d. Spektroskopie u. Kolorimetrie. Mit 29 Abb. im Text. (VIII, 122 S.) 907. (Bd. 5.) 6.—; geb. in Leinw. 7.—

Brunswig, H., Explosivstoffe. Auf Grund des in der Literatur veröffentl. Materials bearb. Mit 45 Fig. im Text u. 58 Tab. (XII, 177 S.) 909. (Bd. 10.) 8.—; geb. in Leinw. 9. —

Findlay, Alex., Einführung in d. Phasenlehre u. ihre Anwendungen. Mit 134 Abb. im Text u. 1 Taf. Deutsch v. G. Siebert. (VII, 224 S.) 907. (Bd. 6.) 10.—; geb. in Leinw. 11.—

Lorenz, Rich., u. F. Kaufler, Elektrochem. geschmolz. Salze. Mit 17 Abb. im Texte. (VI, 84 S.) 909. (Bd. 11, I.) 3.60

Müller, Arth., allgem. Chemie d. Kolloide. Mit 22 Abb. im Text. (X, 204 S.) 907. (Bd. 8.) 9.—; geb. in Leinw. 10.—

Rothmund, V., Löslichkeit u. Löslichkeitsbeeinflussg. Mit 65 Fig. (XI, 196 S.) 907. (Bd. 7.) 8.—; geb. in Leinw. 9.—

Schaum, Karl, Photochemie u. Photographie. I. Tl. Mit 114 Abb. (VIII, 228 S.) 908. (Bd. 9.) 10. —

Handbuch der anorganischen Chemie unter Mitw. von ... hrsg. von Dr. O[tto] Dammer... Bd 1–4 & Erg.Bd. *Stuttgart: F. Enke 1892–1903.* 5 Bde 8°
1. 1892. 2. (in 2 Th.) 1894. 3. 1893.
4 = Die Fortschritte d. anorgan. Chemie in d. Jahren 1892–1902. Bearb. von Privatdoc. Dr. [Emil] Baur [u. a.] 19(02–)03.
Erg.Bd [u. d. T.:] Physikal.-chem. Tabellen d. anorgan. Chemie von Dr. Karl v. Buchka ... 1895.

— der anorganischen Chemie. Unter Mitwirkg. v. Gadebusch, Haitinger, Lorenz u. a. hrsg. v. O. Dammer. 3 Bde. Lex.-8. Stuttgart, F. Enke. n. 88.—; auch in 22 Lfgn. à n. 4.—
1. Bd. (XII, 751 S.) 892. n. 20.—. — 2. Bd. 1. Thl. (VIII, 715 S.) 894. n. 18.—. — 2. Bd. 2. Thl. (XIII, 966 S.) 894. n. 25.—. — 3. Bd. (XII, 965 S.) 893. n. 25.—.

— d. anorgan. Chemie. Hrsg. v. O. Dammer. Ergänzungsbd. gr. 8. Stuttgart 895. F. Enke. n. 10.— (Hauptwerk u. Ergänzungsbd.: n. 98.—)
Physikal.-chemische Tabellen d. anorgan. Chemie. Von Karl Buchka. (VIII, 348 S.)

— der anorganischen Chemie. Hrsg. v. O. Dammer. IV. Bd. Die Fortschritte der anorgan. Chemie in den J. 1892—1902. Bearb. v. Baur, R. J. Meyer, Muthmann u. a. gr. 8. (XXIV, 1023 S.) Stuttgart 902. 903. F. Enke. n. 26.—; geb. in Halbfrz. n. 28.50; (Hauptwerk, Ergänzungsbd. u. IV. Bd. n. 124.—)

— der anorganischen Chemie. (In 4 Bdn.) Unter Mitwirkg. v. Ahrens, Auerbach, Baur u. a. hrsg. v. R. Abegg. II. Bd. 2. Abtlg. u. III. Bd. 1. Abtlg. Lex.-8. Leipzig, S. Hirzel. Subskr.-Pr. n. 37.—; geb. n. 41.—; Einzelpr. n. 41.—; geb. n. 45.—
II. 2. Die Elemente der 2. Gruppe des period. Systems. (IX, 700 S. m. 16 Fig.) 905. n. 22.—; geb. n. 21.—; bzw. n. 24.—; geb. n. 26—
III. 1. Die Elemente der 3. Gruppe des period. Systems. (X, 466 S. m. 7 Fig.) 906. n. 15.—; geb. n. 17.—; bzw. n. 17.—; geb. n. 19.—

— d. anorganischen Chemie in 4 Bdn. Unter Mitwirkg. v. E. Abel, Ahrens, Baur u. a. hrsg. v. R. Abegg u. Fr. Auerbach. II. Bd. 1. Abtlg. u. III. Bd. 2. u. 3. Abtlg. Lex. 8. Leipzig, S. Hirzel. 73.—; geb. 79.—
II, 1. Die Elemente der 1. Gruppe des period. Systems. (XIII, 867 S. m. 34 Fig.) 908. 24.—; geb. 26.—
III, 2. Die Elemente der 4. Gruppe des period. Systems. (XII, 921 S. m. 64 Fig.) 909. 25.—; geb. 27.—
III, 3. Die Elemente der 5. Gruppe d. period. Systems. (XIV, 876 S. m. 23 Fig.) 907. 24.—; geb. 26.—
II, 2 u. III, 1. Ebd. 905. 06. 37.—; geb. 41.— Bd. I ist noch nicht erschienen.

— d. gemeinnütz Chemie, bei verschied. Arbeiten ect. 8. Leipz. 785. Compt. f. Liter. 16 gl

Handbuch der organischen Chemie, s. Beilstein, Friedrich

Handbuch der technischen Chemie. Nach der 5. Auflage der Chimie industrielle frei bearbeitet von F. Stohmann u. C. Engler. Bd. 1: Anorganische Chemie. Bd. 2: Organische Chemie. Stuttgart 1872—74. 8.

Handbuch der Chemie und Technologie der Öle und Fette. Hrsg. von L. Ubbelohde, F. Goldschmidt und [von Bd 4 ab] M. Hartmann. Leipzig
1. Bd: Chemie, Analyse, Gewinnung der Öle, Fette und Wachse. Allgemeiner Teil. 1908
2. Bd: Spezieller Teil. 1920
3. Bd: Chemie, Analyse, Technologie der Fettsäuren, des Glyzerins, der Türkischrotöle und der Seifen. Abt. 1—2. 1910—1911.
4. Bd.: Chemie, Technologie und Analyse der oxydierten, polymerisierten und reduzierten fetten Öle und der Wachse. 1926

— der Chemie und Technologie der Öle u. Fette. Chemie, Analyse, Gewinng. u. Verarbeitg. der Öle, Fette, Wachse u. Harze. (In 4 Bdn.) Unter Mitwirkg. v. E. Benz, S. Bettmann, C. Biel u. a. Hrsg. v. L. Ubbelohde u. F. Goldschmidt. 1. Bd. u. 3. Bd. I. Abtlg. Lex. 8. Leipzig, S. Hirzel. 42.—
I. Chemie, Analyse, Gewinnung der Öle, Fette u. Wachse. Allgemeiner Tl., bearb. v. C. Biel, Bornemann, Gilg, Haefcke, Holde, Marcusson, Margosches, Saxl, Ubbelohde u. Winterfeld. Mit 424 Abbildgn. u. 12 Taf. (XIV, 832 S.) 908. 30.—; geb. 33.—
III. 1. Chemie, Analyse, Technologie der Fettsäuren, des Glyzerins, der Türkischrotöle u. der Seifen. Bearb. v. E. Benz, S. Bettmann, E. Bontoux u. a. Red. v. F. Goldschmidt. (XX, 380 S.) 910. 12.—

—— der allgemeinen und speciellen Chirurgie mit Einschluss der topographischen Anatomie, Operations- und Verbandlehre. Mit 136 Kpfrt., 52 lithogr. Umrisstaf. und zahlreichen Holzschn. Bearb. von Agatz, Billroth und H. Demme etc. redig. von Pitha und Billroth. 1. Bd. 1. Abthl. 1. und 2. Lfg., 1. Bd. 2. Abthl. 2. Lfg., 2. Bd. 1. Abthl. 1. Lfg., 2. Bd. 2. Abthl. 1. Lfg., 3. Bd. 1. Abthl. 2. Lfg., 3. Bd. 2. Abthl. 1. Lfg. und 4. Bd. 1. Abthl. 2. Lfg. Lex.-8. Erlangen, Enke's Verlag. *

Inhalt:
Bd. 1. Abthl. 1. 1. und 2. Lfg. Haeser, historische Entwickelung der Chirurgie und des chirurgischen Standes. — Weber, die Gewebserkrankungen im Allgemeinen und ihre Rückwirkung auf den Gesammtorganismus. Mit 68 in den Text gedr. Holzschn. 865. [1. Lfg. (S. 1—352.) * 2 Thlr. 4 Ngr., 2. Lfg. (S. 353—640, mit 6 Stnt.) * 1 Thlr. 26 Ngr.] * 4 Thlr.
» 1. » 2. 2. Lfg. Billroth, Verletzungen der Weichtheile, Schnitt-, Riss-, Quetschwunden, Verbrennungen, Erfrierungen. — Fischer, Verletzungen durch Kriegswaffen, Behandlung der Verwundeten im Kriege. — Nussbaum, Anaesthetica. — Billroth, Operations-, Instrumenten- und Verbandlehre. (666 S. mit 152 Holzschn. und 17 Stnt.) 867. * 4 Thlr. 18 Ngr.
» 2. » 1. 1. Lfg. Lücke, die Lehre von den Geschwülsten in anatomischer und klinischer Beziehung. (S. 1—212 mit 19 in den Text gedr. Holzschn.) 867. * 20 Ngr.
» 2. » 2. 1. Lfg. Weber, Krankheiten der Haut, des Zellgewebes, der Lymph- und Blutgefässe, der Nerven. — Volkmann, Krankheiten der Bewegungsorgane: Knochen, Gelenke, Muskeln, Sehnen, Schleimbeutel. Allgemeines über Amputationen, Resectionen. (S. 1—672 mit 138 eingedr. Holzschn. und 3 Farbendrucktafeln.) 865. * 4 Thlr. 10 Ngr.
» 3. » 1. 2. Lfg. v. Tröltsch, Krankheiten des Ohres. — Weber, Krankheiten des Gesichts. (402 S. mit 1 Kpfrt. und 62 in den Text gedr. Holzschn.) 866. * 2 Thlr. 16 Ngr.
» 3. » 2. 1. Lfg. Lorinser, Krankheiten der Wirbelsäule. — Billroth, Krankheiten der Brustdrüsen, der Rippen; penetrirende Brustwunden, Thoracenthese. — Nussbaum, Krankheiten des Unterleibs. (S. 1—212 mit 29 in den Text gedr. Holzschn.) 866. * 1 Thlr. 10 Ngr.
» 4. » 1. 2. Lfg. v. Pitha, die Krankheiten der oberen und unteren Extremitäten. (VIII und 380 S. mit 41 in den Text gedr. Holzschn.) 868. * 2 Thlr. 12 Ngr.

—— dass. — Atlas. 4 Lfgn. 136 Tafeln in Stahlstich und 52 lithogr. Umrisstafeln, grösstentheils nach der Natur gezeichnet von Joseph Greb, und 144 Bl. Text. Lex.-8. Ebendas. 865. à Lfg. * 1 Thlr. 22 Ngr.

—— der allgemeinen und speciellen Chirurgie mit Einschluss der topographischen Anatomie, Operations- und Verbandlehre. Mit 136 Taf. in Stahlst., 52 lithogr. Umrisstaf. und zahlreichen Holzschn. Bearb. von Agatz, Bergmann, Billroth, Dittel, Duchek, Esmarch, Fischer, G. Fischer, Gurlt, Haeser, Heine, Heineke, Hüter, Kocher, König, Koranyi, Lorinser, Lücke, v. Nussbaum, v. Pitha, Podrazki, Reder, E. Rose, Schede, B. Schmidt, v. Sigmund, Simon, Socin, Störk, Thiersch, v. Tröltsch, Uhde, R. Volkmann, O. Weber, redig. von v. Pitha und Billroth. (In 4 Bdn.) 1. Bd. 1. Abthl. und 2. Abthl. 1. Heft, 1. Lfg. 1. und 2. Hälfte, 2. und 3. Lfg. und 2. Heft; 2. Bd. 1. Abthl. 1. und 2. Heft, 2. Abthl. 1. und 2. Lfg.; 3. Bd. 1. Abthl. 1. Lfg. 1. und 2. Hälfte, 2.—5. Lfg., 2. Abthl. 1. Lfg., 5. Lfg. 1. und 2. Hälfte, 6. Lfg., 7. Lfg. 1. und 2. Hälfte und 8. Lfg.; 4. Bd. 1. Abthl. 2. Heft. gr. 8. Erlangen [Stuttgart], Enke. *

Inhalt:
Bd. 1. Abthl. 1. Haeser, historische Entwickelung der Chirurgie und des chirurgischen Standes. — Weber, die Gewebserkrankungen im Allgemeinen und ihre Rückwirkung auf den Gesammtorganismus. (640 S. mit 68 in den Text eingedr. Holzschn.) 865. *ℳ 12.
» 1. » 2. 1. Heft, 1. Lfg. (1. Hälfte.) Hueter, die septikämischen und pyämischen Fieber. — Volkmann, Erysipelas, Rose, Rothlauf. (S. 1—186 mit 12 in den Text gedr. Holzschn. und 3 Stnt.) 869. (*ℳ 4,50.) *ℳ 4,80.
» 1. » 2. 1. Heft, 1. Lfg. (2. Hälfte). Heine, der Hospitalbrand (Gangraena diphteritica). (S. 187—385, mit 12 in den Text gedr. Curventaf. und 7 lithogr. Taf. in gr. Fol.) 871. *ℳ 6.
» 1. » 2. 1. Heft, 2. Lfg. Rose, Delirium tremens und Delirium traumaticum. (125 S.) 872. *ℳ 2,10.

» 3. » 1. 4. Lfg. König, die Krankheiten des unteren Theiles des Schlundes und der Speiseröhre. (72 S. mit 7 in den Text gedr. Holzschn. und 3 lithogr. Taf.) 872. (*ℳ 1,80.) *ℳ 2.

» 3. » 1. 5. Lfg. Hueter, Tracheotomie und Laryngotomie. (100 S. mit 8 in den Text gedr. Holzschn.) 872. (*ℳ 1,80.) *ℳ 2.

» 3. » 2. 1. Lfg. Lorinser, Krankheiten der Wirbelsäule. — Billroth, Krankheiten der Brustdrüsen, der Rippen; penetrirende Brustwunden, Thoracenthese. — v. Nussbaum, Krankheiten des Unterleibs. (212 S. mit 29 in den Text gedr. Holzschn.) 866. *ℳ 4.

» 3. » 2. 5. Lfg., 1. und 2. Hälfte. Esmarch, die Krankheiten des Mastdarmes und des Afters. 1. Hälfte. (S. 1—142, mit 53 in den Text gedr. Holzschn. und 7 Farbendrucktaf.) 872. *ℳ 4.; 2. Hälfte (S. 143—187, mit 13 in den Text gedr. Holzschn. und 4 Farbendrucktaf.) 873. *ℳ 2,40.

» 3. » 2. 6. Lfg. Dittel, die Stricturen der Harnröhre. (224 S. und 48 S. Tafelerklärungen, mit 56 in den Text gedr. Holzschn. und 24 Farbendrucktaf.) 872. (*ℳ 17.) *ℳ 17,20.

» 2. » 2. 1. Lfg. Weber, Krankheiten der Haut, des Zellgewebes, der Lymph- und Blutgefässe, der Nerven. — Volkmann, Krankheiten der Bewegungsorgane: Knochen, Gelenke, Muskeln, Sehnen, Schleimbeutel. Allgemeines über Amputationen, Resectionen. (672 S. mit 138 in den Text gedr. Holzschn. und 3 Farbendrucktaf.) 865. (*ℳ 13.) *ℳ 13,20.

» 2. » 2. 2. Lfg. Volkmann, Krankheiten der Bewegungsorgane. (2. Hälfte.) (218 S. mit 117 in den Text gedr. Holzschn.) 872. (*ℳ 4,60.) *ℳ 4,80.

» 3. » 1. 1. Lfg., 1. Hälfte. Bergmann, die Lehre von den Kopfverletzungen. (314 S. mit 29 in den Text gedr. Holzschn.) 873. *ℳ 6.

» 3. » 1. 1. Lfg., 2. Hälfte. Heineke, chirurgische Krankheiten des Kopfes. (154 S. mit 21 in den Text gedr. Holzschn.) 873. *ℳ 3,60.

» 3. » 1. 2. Lfg. v. Tröltsch, Krankheiten des Ohres. — Weber, Krankheiten des Gesichts. (402 S. mit 1 Kpfrt. und 62 in den Text gedr. Holzschn.) 866. *ℳ 7,60.

» 3. » 1. 3. Lfg. Fischer, die Krankheiten des Halses. (126 S. mit 6 in den Text gedr. Holzschn. und 1 Taf. in Stahlst.) 871. (*ℳ 2,60.) *ℳ 2,80.

» 1. » 2. 1. Heft, 3. Lfg. Roser, über den Starrkrampf. — Reder, Hundswuth. — Koranyi, Hundswuth, Rotz- und Wurmkrankheiten. — v. Sigmund, Syphilis und venerische Geschwürsformen. — Duchek, Scorbut. — Billroth, Scrophulose und Tuberculose. (352 S. mit 4 in den Text gedr. Holzschn. und 1 lithogr. Farbendrucktaf.) 870. *ℳ 6,80.

» 1. » 2. 2. Heft. Billroth, Verletzungen der Weichtheile, Schnitt-, Riss-, Quetschwunden, Verbrennungen, Erfrierungen. — Fischer, Verletzungen durch Kriegswaffen, Behandlung der Verwundeten im Kriege. — Thiersch, die feineren anatomischen Veränderungen nach Verwundung der Weichtheile. — Nussbaum, Anaesthetica. — Billroth, Operations-, Instrumenten- und Verbandlehre. (666 S. mit 152 Holzschn. und 17 lithogr. Taf.) 867. (*ℳ 13,80.) *ℳ 11.

» 2. » 1. 1. und 2. Heft. Lücke, die Lehre von den Geschwülsten in anatomischer und klinischer Beziehung. 1. Heft. (S. 1—112 mit 19 in den Text gedr. Holzschn.) 867. *ℳ 2., und 2. Heft. (X, S. 113—284 mit 38 in den Text gedr. Holzschn.) 869. *ℳ 3,60.

Bd. 3. Abthl. 2. 7. Lfg., 1. und 2. Hälfte. Kocher, Krankheiten des Hodens und seiner Hüllen, des Nebenhodens, Samenstrangs und der Samenblasen. 1. Hälfte (S. 1—214, mit 4 lithogr. Taf. und 30 in den Text gedr. Holzschn.) 874. *ℳ 5,20.; 2. Hälfte (S. 215—470 mit 3 lithogr. Taf. und 59 in den Text gedr. Holzschn.) 874. *ℳ 5,20.

» 3. » 2. 8. Lfg. Podrazki, die Krankheiten des Penis und der Harnblase. (135 S. mit 6 in den Text gedr. Holzschn.) 871. *ℳ 2,40.

» 4. » 1. 2. Heft. v. Pitha, die Krankheiten der oberen und unteren Extremitäten. (VIII, 380 S. mit 41 in den Text gedr. Holzschn.) 868. *ℳ 7,20.

—— dass. — Atlas. 136 Taf. in Stahlst. und 52 lithogr. Umrisstaf., grösstentheils nach der Natur gezeichnet von Joseph Grepp. 4 Lfgn. gr. 8. (144 Bl. Text.) Ebendas. geb.

—— der allgemeinen und speciellen Chirurgie mit Einschluss der topographischen Anatomie, Operations- und Verbandlehre. Mit 136 Taf. in Stahlst., 52 lithogr. Umrisstaf. und zahlreichen Holzschn. Bearb. von Agatz, Bergmann, Billroth, Dittel, Duchek, Esmarch, Fischer, G. Fischer, Gurlt, Haeser, Heine, Heineke, Hüter, Kocher, König, Koranyi, Lorinser, Lücke, v. Nussbaum, v. Pitha, Podrazki, Reder, E. Rose, Schede, B. Schmidt, v. Sigmund, Simon, Socin, Störk, Thiersch, v. Tröltsch, Uhde, R. Volkmann, O. Weber, redig. von v. Pitha und Billroth. (In 4 Bdn.) 1. Bd. 2. Abthl. 3. Heft; 3. Bd. 1. Abthl. 6. und 7. Lfg. 1. Hälfte, 2. Abthl. 2. und 3. Lfg. 1. Hälfte, 4. Lfg., 8. Lfg. 2. Hälfte; 4. Bd. 1. Abthl. 1. und 2. Lfg. 1. Hälfte, 4.—9. Lfg. gr. 8. Stuttgart, Enke.

Inhalt:

Bd. 1. 2. Abthl. 3. Heft. Fischer, E., allgemeine Verbandlehre. (157 S. mit 147 Holzschn.) 879. *ℳ 5.

» 3. 1. Abthl. 6. Lfg. Lücke, Krankheiten der Schilddrüse. (105 S. mit 13 Holzschn. und 2 lithogr. Taf. in qu. 8. und gr. 4.) 875. *ℳ 4.

» 3. 1. Abthl. 7. Lfg. 1. Hälfte. Störk, Laryngoscopie und Rhinoscopie. 1. Hälfte. (184 S. und 3 S. Tafelerklärungen mit 35 Holzschn. und 3 lithogr. Taf.) 876. *ℳ 6.

» 3. 2. Abthl. 2. Lfg. Heineke, Entzündungen, Anschwellungen und Geschwülste des Unterleibes. (180 S. mit 15 Holzschn.) 879. *ℳ 4,40.

» 3. 2. Abthl. 3. Lfg. 1. Hälfte. Schmidt, B., Hernien. (1. Hälfte.) (XI, 128 S. mit 62 Holzschn.) 879. *ℳ 3,20.

Bd. 3. 2. Abthl., 4. Lfg. Uhde, chirurgische Behandlung innerer Einklemmungen. (100 S. mit 26 Holzschn.) 877. *ℳ 2,40.

» 3. 2. Abthl., 8. Lfg., 2. Hälfte. Socin, die Krankheiten der Prostata. (117 S. mit 33 Holzschn. und 4 lithogr. Taf.) 875. *ℳ 4,40.

» 4. 1. Abthl., 1. Lfg. Chrobak, Untersuchungen der weiblichen Genitalien. (VII, 255 S.) 879. *ℳ 6,40.

» 4. 1. Abthl., 2. Lfg., 1. Hälfte. Mayerhofer, Entwickelungsfehler und Entzündungen des Uterus, Sterilität. (96 S. mit 26 Holzschn.) 878. *ℳ 2,40 Pf.

» 4. 1. Abthl., 4. Lfg. Gusserow, die Neubildungen des Uterus. (VIII, 228 S. mit 40 Holzschn.) 878. *ℳ 6.

» 4. 1. Abthl., 5. Lfg. Bandl, Ludw., die Krankheiten der Tuben, der Ligamente, des Beckenperitonäum und des Beckenzellgewebes. (192 S. mit 12 Holzschn.) 879. *ℳ 4,80.

» 4. 1. Abthl., 6. Lfg. Olshausen, die Krankheiten der Ovarien. (451 S. mit 33 Holzschn.) 877. *ℳ 12.

» 4. 1. Abthl., 7. Lfg. Breisky, die Krankheiten der Vagina. (156 S. mit 32 Holzschn.) 879. *ℳ 4.

» 4. 1. Abthl., 8. Lfg. Hildebrandt, die Krankheiten der äusseren weiblichen Genitalien. (133 S. mit 27 Holzschn.) 877. *ℳ 3,60.

» 4. 1. Abthl., 9. Lfg. Winckel, die Krankheiten der weiblichen Harnröhre und Blase. (217 S. mit 59 Holzschn.) 877. *ℳ 6.

—— der allgemeinen und speciellen Chirurgie mit Einschluss der topographischen Anatomie, Operations- und Verbandlehre. Mit 136 Taf. in Stahlst., 52 lithogr. Umrisstaf. und zahlreichen Holzschn. Bearb. von Agatz, Bandl, Bergmann, Billroth, Breisky, Chrobak, Dittel, Duchek, Esmarch, Fischer, G. Fischer, E. Fischer, Fritsch, Gusserow, Haeser, Heine, Heineke, Hildebrandt, Hüter, Kocher, König, Koranyi, Lorinser, Lossen, Lücke, Mayrhofer, v. Nussbaum, Olshausen, v. Pitha, Podrazki, Reder, E. Rose, Schede, B. Schmidt, v. Sigmund, Socin, Störk, Thiersch, v. Tröltsch, Uhde, R. Volkmann, O. Weber, Winckel, redig. von v. Pitha und Billroth. (In 4 Bdn.) 2. Bd. 2. Abthl. 3. und 4. Lfg., 3. Bd. 1. Abthl. 7. Lfg. 2. Hälfte, 3. Bd. 2. Abthl. 3. Lfg. 2. Hälfte und 4. Bd. 1. Abthl. 2. Lfg. 2. Hälfte und 3. Lfg. gr. 8. Stuttgart, Enke.

Inhalt:

Bd. 2. 2. Abthl. 3. Lfg. Schede, M., Allgemeines über Amputationen und Exarticulationen. 2 Hälften. [1. Hälfte. (S. 1—256 mit 25 eingedr. Holzschn.) 880. *ℳ 6.; 2. Hälfte. (S. 257—419 mit 143 eingedr. Holzschn.) 881. *ℳ 4.] *ℳ 10.

» 2. 2. Abthl. 4. Lfg. Lossen, H., Allgemeines über Resectionen. 2 Hälften. [1. Hälfte. (S. 1—208 mit 42 eingedr. Holzschn.) *ℳ 5.; 2. Hälfte. (S. 209—328 mit 8 eingedr. Holzschn.) 882. *ℳ 3.] *ℳ 8.

» 3. 1. Abthl. 7. Lfg. 2. Hälfte. Störk, K., Laryngoscopie und Rhinoscopie. (2. Hälfte.) (XI, S. 185—555 mit 107 eingedr. Holzschn. und 4 Chromolithogr. mit 4 Bl. Tafelerklärungen.) 880. *ℳ 10,80.

» 3. 2. Abthl. 3. Lfg. 2. Hälfte. Schmidt, B., Hernien. (2. Hälfte.) (X, S. 129—336.) 882. *ℳ 5.

» 4. 1. Abthl. 2. Lfg. 2. Hälfte. Mayrhofer, C., Entwickelungsfehler und Entzündungen des Uterus, Sterilität. (2. Hälfte.) (VII, S. 97—195 mit 11 eingedr. Holzschn. und 2 Chromolithogr.) 882. *ℳ 3,60.

» 4. 1. Abthl. 3. Lfg. Fritsch, H., die Lageveränderungen der Gebärmutter. (258 S. mit 100 eingedr. Holzschn.) 880. *ℳ 6.

—— der clinischen Chirurgie, s. Praxis, chirurgische.

Handbuch der orthopädischen Chirurgie in Verbindung mit ... hrsg. von Prof. Dr. [Georg] Joachimsthal in Berlin. Mit Abb. Bd 1. 2. (In 8 Lfgen.) Jena: G. Fischer 19(04–)07. 3 Bde 8°

1, Abt. 1. Allgem. Teil. 19(04–)07.

2. Spezieller Teil. Hälfte 1. 19(04–)07.

2. Spezieller Teil. Hälfte 2. 1905–07. [07. 8343]

— der orthopädischen Chirurgie. In Verbindg. m. Dollinger, Drehmann, Heusner u. a. hrsg. v. Joachimsthal. 1—7. Lfg. (1. Bd. 1224 S. u. 2. Bd. S. 1—802 m. Abb.) Lex.-8. Jena 904—906. G. Fischer. à n. 6. —

— der orthopädischen Chirurgie. In Verbindg. m. Dollinger, Drehmann, Heusner u. a. hrsg. v. Joachimsthal. 8. (Schluss-)Lfg. (1. Bd. IV, IV, S. 1225 bis 1534 u. 2. Bd. VI u. S. 803—818 m. Abbildgn.) Lex. 8. Jena 907. G. Fischer.
8.— (Vollst. 50.—; geb. n 57.50)

Handbuch der praktischen Chirurgie. In Verbindung mit ... bearb. u. hrsg. von E[rnst] v. Bergmann, P[aul] v. Bruns u. J[oh.] Mikulicz. Bd 1–4. (In 26 Lfgen.) *Stuttgart: F. Enke (1899–1901)* 6 Bde 8°
1 = Chirurgie d. Kopfes. (1899–)1900.
2 = Chirurgie d. Halses, d. Brust u. d. Beckens. (1899–)1900
3, 1 2 = Chirurgie d. Unterleibes. Th. 1. 2. 1900. 1901
4, 1 = Chirurgie d. oberen Extremitäten. 1901
4, 2 = Chirurgie d. unteren Extremitäten. 1901 [09. 337

— der praktischen Chirurgie. In Verbindung m. v. Angerer, Borchardt, v. Bramann etc. bearb. u. hrsg. von E. v. Bergmann, P. v. Bruns u. J. v. Mikulicz. (4 Bde.) 26 Lfgn. gr. 8. (1. Bd. VIII, 1120 S.; 2. Bd. XII, 1103 S.; 3. Bd. 1. Thl. VIII, 835 S.; 3. Bd. 2. Thl. VIII, 762 S.; 4. Bd. 1. Thl. VIII, 498 S. u. 4. Bd. 2. Thl. VI, 693 S. m. Abb.) Ebd. 900. 901. n. 104. 80

— dasselbe. 1. u. 2. Bd., 3. Bd. 2 Thle. u. 4. Bd. gr. 8. Ebd. n. 104. 80; geb. n. 119. 80
I. Chirurgie des Kopfes. Bearb. von v. Bergmann, Krause, Krönlein, Kümmel, Küttner, Lexer, Partsch, Schlatter, Wiesmann. (X, 1120 S. m. 206 Abbildgn.) 900. n. 23. 40; geb. n. 26. 40
II. Chirurgie des Halses, der Brust u. des Beckens. Bearb. von v. Angerer, v. Bruns, v. Eiselsberg, v. Hacker, Henle, Hofmeister, Jordan, Kümmell, Lotheissen, Riedinger, Steinthal, (XII, 1103 S. m. 301 Abbildgn.) 900. n. 23. —; geb. n. 26. —
III. 1. Chirurgie des Unterleibes. 1. Thl. Bearb. von Graser, Kausch, Kehr, Körte, v. Mikulicz, Schlange, Steinthal. (VIII, 835 S. m. 150 Abb.) 900. n. 17. 40; geb. n. 20. 40
2. Dasselbe. 2. Thl. Bearb. von v. Bramann, Rammstedt, Rotter, Schede, Sonnenburg. Mit 216 in den Text gedr. Abbildgn. (VIII, 762 S.) 901. n. 16. —; geb. n. 19. —
IV. Chirurgie der oberen Extremitäten. Bearb. von P. L. Friedrich, A. Schreiber, M. Wilms. Mit 249 in den Text gedr. Abbildgn. (VIII, 498 S.) — Chirurgie der unteren Extremitäten, bearb. v. M. Borchardt, A. Hoffa, D. Nasse, P. Reichel. Mit 319 in den Text gedr. Abbildgn. (VI, 693 S.) 901. n. 25. —; geb. n. 28. —

— dasselbe. 4 Bde. 2. umgearb. Aufl. 1.—11. Lfg. gr. 8. (1. Bd. S. 1—864; 2. Bd. XII, 1107 S.; 3. Bd. S. 1—576 u. 4. Bd. S. 1—576 m. Abb.) Ebd. 902. n. 71. —

— dasselbe. 2. Bd. gr. 8. Ebd. n. 23. —; geb. in Halbfrz. n. 26. —
Chirurgie des Halses, der Brust, der Wirbelsäule u. des Beckens. Lehre v. den Hernien. Bearb. von v. Angerer, P. v. Bruns, v. Eiselsberg, E. Graser, A. Henle, F. Hofmeister, Jordan, H. Kümmell, F. Riedinger, Steinthal. Mit 268 in den Text gedr. Abbildgn. (XII, 1107 S.) 902.

— der praktischen Chirurgie. In Verbindg. m. v. Angerer. Borchardt, v. Bramann u. a. bearb. u. hrsg. von E. v. Bergmann, P. v. Bruns u. J. v. Mikulicz. 4 Bde. 2. umgearb. Aufl. 12—16. (Schluss-)Lfg. (1. Bd. XII u. S. 865—1086; 3. Bd. X u. S. 577—1286 u. 4. Bd. XII u. S. 577—1108 m. Abbildgn.) gr. 8. Stuttgart 903. F. Enke. n. 30. 60 (Kplt. n. 95. 60)

— dasselbe. 1. 3. u. 4. Bd. gr. 8. Ebd. n. 72. 60; geb. in Halbfrz. n. 81. 60 (Kplt. n. 95. 60; geb. n. 107. 60)
1. Chirurgie des Kopfes u. der Speiseröhre. Bearb. von v. Bergmann, v. Hacker, Krause, Krönlein, Kümmel, Küttner, Lexer, Lotheissen, Schlatter, Wiesmann. Mit 183 in den Text gedr. Abbildgn. (XII, 1086 S.) 903. n. 22. 60; geb. n. 25. 60
3. Chirurgie des Unterleibes. Bearb. von v. Bramann, Kausch, Kehr, Körte, v. Mikulicz, Nitze, Rammstedt, Rotter, Schede, Schlange, Sonnenburg, Steinthal. Mit 235 in den Text gedr. Abbildgn. (X, 1286 S.) 903. n. 27. —; geb. n. 30. —
4. Chirurgie der Extremitäten. Bearb. v. Borchardt, Friedrich, Hoffa, Hofmeister, Reichel, Schreiber, Wilms. Mit 507 in den Text gedr. Abbildgn. (XII, 1108 S.) 903. n. 23. —; geb n. 26. —

— dasselbe. In Verbindg. m. v. Angerer, Borchardt, v. Bramann u. a. bearb. u. hrsg. von E. v. Bergmann u. P. v. Bruns. 3. umgearb. Aufl. (5 Bde.) 1. u. 2. Bd. Lex.-8. Stuttgart, F. Enke. n. 43. 60; geb. in Leinw n n. 47. 60
1. Chirurgie des Kopfes. Bearb. von E. v. Bergmann, F. Krause, R. U Krönlein, W. Kümmel, H. Küttner, E. Lexer, O. Römer, C. Schlatter, P. Wiesmann. Mit 167 in den Text gedr. Abbildgn. (X, 987 S.) 907. n. 22. —; geb. in Leinw. n. 24. —
2. Chirurgie des Halses, der Brust u der Wirbelsäule. Bearb. von O. v. Angerer, P. v. Bruns, Frhr. A. v. Eiselsberg, V. v. Hacker, A. Henle, F. Hofmeister, M. Jordan, H. Kümmell, G. Lotheissen, F. Riedinger. Mit 265 in den Text gedr. Abbildgn. (XII, 968 S.) 907. n. 21. 60; geb. in Leinw. n. n. 23 60

Handbuch d. prakt. Chirurgie. In Verbindg. m. v. Angerer, Borchardt, v. Bramann u. a. bearb. u. hrsg. von E. v. Bergmann u. P. v. Bruns. 3. umgearb. Aufl. III.—V. (Schluss-)Bd. Lex. 8. Stuttgart, F. Enke. 59.40; geb. in Leinw. n 65. 40
III. Chirurgie d. Bauches. Bearb. v. E. Graser, W. Kausch, H. Kehr, W. Körte, J. v. Mikulicz, J. Rotter, H. Schlange, C. F. Steinthal. Mit 140 in den Text gedr. Abb. (X, 880 S.) 907. 19.40; geb. in Leinw. n 21. 40
IV. Chirurgie des Beckens. Bearb. v. F. v. Bramann, H. Graff, H. Kümmell, M. Nitze, C. Rammstedt, M. Schede, E. Sonnenburg, C. F. Steinthal. Mit 176 in den Text gedr. Abb. (VIII, 677 S.) 907. 15.—; geb. in Leinw. n 17. —
V. Chirurgie der Extremitäten. Bearb. v. M. Borchardt, P. L. Friedrich, A. Hoffa, F. Hofmeister, D. Nasse, P. Reichel, A. Schreiber, M. Wilms. Mit 504 in den Text gedr. Abb. (XII, 1136 S.) 907. 25.—; geb. in Leinw. 27. —
Bd. I u. II. Ebd. 907. 43.60; geb. 47. 60

— d. thierärztl. Chirurgie u. Geburtshilfe. Hrsg. v. Jos. Bayer u. Eug. Fröhner. 1. u. 2. Bd. gr. 8. Wien 896. W. Braumüller. n. 16. —
1. Operationslehre v. Jos. Bayer. 2 Lfgn. (X, 335 S. m. 317 Abbildgn.) à Lfg n. 4. —
2. Allgem. Chirurgie v. Eug. Fröhner. 2 Lfgn. (XI, 302 S.) à Lfg. n. 4. —

— dasselbe. III. Bd., 1. Thl., 1. u. 2. Lfg. gr. 8. Ebd. 897. n. 7. 60
1. Kopf, Hals, Brust, Bauch. 1. Lfg.: Krankheiten d. Lippen, d. Maulhöhle u. Zunge, d. Pharynx, d. Speicheldrüsen, d. Schädels u. Gehirns. Von G König. 1. Lfg. (S. 1—160.) n. 4. —
2. Dasselbe. 2. Lfg.: Krankheiten d. Lippen, d. Maulhöhle u. Zunge, d. Pharynx, d. Speicheldrüsen, d. Schädels u. Gehirns. Von G. König. — Krankheiten d. Nase, d. Nasenhöhlen u. Nebenhöhlen d. Luftsackes u. d. Ohren. Von P. J. Cadiot. (S. 161—302 m. 19 Abb.) n. 3. 6

— dasselbe. III. Bd, 2. Thl., 1. u. 2. Lfg. gr. 8. Ebd 897. à n. 4. —
1. Kopf, Hals, Brust, Bauch. Sattel- u. Geschirrdrücke Widerristfisteln. Von Bartke. — Chirurg. Krankheiten d. Magens u. Darmes. Von W. Gutmann. (156 S. m 14 Abb.)
2. D. Krankheiten d. weibl. Geschlechtsorgane u. d. Milchdrüsen incl. Ovariotomie. Von Vennerholm. M. 43 Abb. (S. 159—317.)

— dasselbe. IV. Bd., 1. Thl., 1. u. 2. Lfg. gr. 8. Ebd. à n. 4. 80
1. Extremitäten, Hufe, Klauen. D. Krankheiten d. Knochen. Von Zschokke. — Krankheiten d. Muskeln, Fascien, Nerven u. Gefässe an d. Extremitäten. Von Hell. (194 S. m. 31 Abb.) 897.
2. Dasselbe. 2. Lfg.: Sehnen, Sehnenscheiden u. Schleimbeutel. Von Siedamgrotzky. — Kriegschirurgie u. Statistik. Von Bartke. (S. 195—348 m. 41 Abb.) 898.

— dasselbe. VII. Bd., 1. Thl., 2 Lfgn. gr. 8. Ebd. 897. n. 10. —
Geburtshilfe beim Rind. Von M. G. de Bruin. (IX, 382 S. m. 77 Abb.)

— der thierärztlichen Chirurgie u. Geburtshilfe. Unt. Mitwirkg. v. Albrecht, Bartke, de Bruin etc. hrsg. v. Jos. Bayer u. Eug. Fröhner. I. Bd. gr. 8. Wien, W. Braumüller. n. 12. —; geb. in Halbfrz. n. 14. —
Operationslehre. Von Jos. Bayer. 2. umgearb. Aufl. Mit 451 Abbildgn. (XII, 522 S.) 899.

— dasselbe. II. Bd. gr. 8. Ebd. n. 8. —; geb. in Halbfrz. n. 10. —

Allgemeine Chirurgie. Von Eug. Fröhner. 2. verb. Aufl. (XII, 328 S.) 900.

Handbuch der thierärztlichen Chirurgie u. Geburtshilfe. Unter Mitwirkg. v. Albrecht, Bartke, de Bruin etc. hrsg. v. Jos. Bayer u. Eug. Fröhner. III. Bd., 1. Thl. 3. Lfg. u. III. Bd. 2. Thl. 3. Lfg. gr. 8. Wien, W. Braumüller. n. 11. —

I. 3. Kopf, Hals, Brust, Bauch. 3. Lfg. Krankheiten d. Zähne. Von Rob. Ostertag. Mit 131 Abbildgn. (II u. S. 303—493.) 903. n. 5. —

II. 3. Dasselbe. Männliche Geschlechts- u. Harnorgane incl. Castration. Von Hendrickx. — Die Krankheiten des Nabels. Von Gmelin. Mit 41 Abbildgn. (IX u. S. 319—531.) 899. n. 6. —; (2. Thl. kplt. n. 14. —; geb. in Halbfrz. n. 16. 60)

— dasselbe. IV. Bd. 1. Thl. III. Lfg. u. IV. Bd., 2. Thl. 1. Lfg. gr. 8. Ebd. n. 8. 80

1. III. Extremitäten, Hufe, Klauen. 3. Lfg. Krankheiten der Gelenke incl. Spat u. Schale. Von Lansillotti-Buonsanti. Mit 32 Abbildgn. (X u. S. 349—525.) 900. n. 4. 80; (IV. Bd. 1 Thl. kplt. n. 13. 60; geb. in Halbfrz. n. 16. 20)

2. I. Extremitäten, Hufe, Klauen. Die Krankheiten des Pferdes (m. Ausnahme der Krankheiten der Hornkapsel). Von Eberlein. Mit 67 Abbildgn. (S. 1—160.) 900. n. 4.—

— dasselbe. V. Bd. gr. 8. Ebd. n. 15. —; geb. in Halbfrz. n. 17. 60

Augenheilkunde. Von Jos. Bayer. Mit 262 Abbildgn. im Texte u. 11 Chromotaf. (XI, 484 S.) 900.

— dasselbe. VII. Bd. 1. Thl. gr. 8. Ebd. n. 12. —; geb. in Halbfrz. n. 14. —

Die Geburtshilfe beim Rind. Von M. G. de Bruin. Mit 98 Abbildgn. 2., verb. Aufl. (XI, 420 S.) 902.

— dasselbe. VI. Bd. gr. 8. Ebd. n. 16. —; geb. in Halbfrz. n. 18. 60

Hautkrankheiten. Von Hugo Schindelka. Mit 65 Abbildgn. u. 6 chromolith. Taf. (XI, 507 S.) 903.

Handbuch der tierärztlichen Chirurgie u. Geburtshilfe. Unter Mitwirkg. v. Albrecht, Bartke, de Bruin u. a. hrsg. v. Jos. Bayer u. Eug. Fröhner. I u. II. Bd. III. Bd. 1. Tl. 4. Lfg.; IV. Bd. 2. Tl. 2 Lfg.; IV. Bd. 3. Tl. 1. u. 2. Lfg. u. V. Bd. Lex.-8. Wien, W. Braumüller. n. 57. 20

I. Operationslehre. Von Jos Bayer. 3., umgearb. Aufl. Mit 538 Abbildgn. (XVI, 691 S.) 906. n. 13. 40 geb. in Halbfrz. n.n. 15. 40

II. Allgemeine Chirurgie. Von Eug. Fröhner. 3., neu bearb. Aufl. (XII, 346 S.) 905. n. 8. —; geb. in Halbfrz. n. 10. —

III, 1 IV. Kopf, Hals, Brust, Bauch. 4. Lfg. Krankheiten des Halses. Von J. Hirzel. (S. 495—568 m. 4 Abbildgn.) 903. n. 2. —

IV, 2 II. Extremitäten, Hufe, Klauen. II. Thl. 2. Lfg.: Die Hufkrankheiten des Pferdes (m. Ausnahme der Krankheiten der Hornkapsel). Von Eberlein. Mit 104 Abbildgn. (S. 161—400.) 903. n. 6. —

IV, 3 I. Dasselbe. 7. Lfg. Krankheiten des Hufes (ausschliesslich Huf-Entzündung, Hufknorpel-Erkrankungen u Strahlkrebs). Von A. Lungwitz. Mit 45 Abbildgn. (111 S.) 903. n. 2. 80

IV, 3 II. Dasselbe. III. Tl. 2. Lfg. Klauenkrankheiten. Von E. Hess. Mit 167 Abbildgn. (S. 113—352.) 905. n. 7. —

V. Augenheilkunde. Von Jos. Bayer. 2. verb. Aufl. Mit 279 Abbildgn. im Texte u. 17 Farbendr.-Taf. (XIII, 536 S. m. 17 Bl. Erklärgn.) 906. n. 18. —; geb. in Halbfrz. n. 20. 40

— der tierärztlichen Chirurgie u. Geburtshilfe. Unter Mitwirkg. v. Albrecht, Bartke, De Bruin u. a. hrsg. v. Jos. Bayer u. Eug. Fröhner. I. Bd., III. Bd. 1. Tl. 5. Lfg., 2. Tl. u. 3. Tl. 1. Lfg., IV. Bd., 1. Tl., 2. Tl. 3. u. 4. Lfg. u. 3. Tl. 3. Lfg., VI. Bd., VII. Bd. 1. Tl. u. 2. Tl. 1. u. 2. Lfg. Lex. 8. Wien, W. Braumüller. 108. 90

Albrecht, Geburtshilfe beim Pferde. 1. Lfg. Mit 46 Abb. (S. 127—286.) 909. (VII. Bd. 2. Tl. 2. Lfg.) 5. —

Bayer, Jos., Operationslehre. 4., umgearb. Aufl. (XVI, 745 S. m. 562 Abb.) 910. (I. Bd.) 15.—; geb. in Halbfrz. n 18. —

Bruin, M. G. de, Geburtshilfe bei den kleineren Haustieren. Mit 36 Abbildgn. (125 S.) 908. (VII. Bd. 2. Tl. 1. Lfg.) 4. —

— Die Geburtshilfe beim Rind. 3. neubearb. Aufl. v. Ant. Tapken. (XV, 420 S. m. 90 z. Tl. farb. Abb.) 910. (VII. Bd. 1. Tl.) 12.—; geb. in Halbfrz. n. 14. —

Eberlein, R., die Hufkrankheiten d. Pferdes (m. Ausnahme der Krankheiten der Hornkapsel). Mit 270 Abb. im Texte u. 6 Taf. 4. Lfg. (X u. S. 561—680 m. 6 Taf. u. 6 Bl. Erklärgn.) 908. (IV. Bd. 2. Tl. 4. Lfg.) 4. —

Extremitäten, Hufe, Klauen. 1. Tl. Zschokke, die Krankheiten d. Knochen. — Hell, Krankheiten der Muskeln, Faszien, Nerven u. Gefässe an den Extremitäten. — Siedamgrotzky, Krankheiten der Sehnen, Sehnenscheiden u. Schleimbeutel. Neu bearb. v. Lungwitz. - Bartke, Kriegschirurgie u. Statistik. — Lanzillotti-Buonsanti, N., Krankheiten der Gelenke inkl. Spat u. Schale. 2., verb. u. verm. Aufl. Mit 152 Abb. (XI, 646 S.) 908. (IV. Bd. 1. Tl.) 18.—; geb. in Halbfrz. 20. 40

— dasselbe. II. Tl. 3. Lfg.: Eberlein, die Hufkrankheiten des Pferdes (m. Ausnahne der Krankheiten der Hornkapsel). Mit 58 Abb. (S. 401—560.) 907. (IV. Bd. 2. Tl. 3. Lfg.) 4. —

— dasselbe. III. Tl. 3. Lfg.: Schmidt, Thdr., Krankheiten des Schweifes. Mit 85 Abb. u. 4 Taf. (VIII u. S. 353—475 m. 4 Bl. Erklärgn.) 909. (IV. Bd. 3. Tl. 3. Lfg.) 4. —

Hess, E., Erkrankungen des Euters inklusive Ovariotomie. (S. 1—160 m. 56 Abbildgn.) 910. (III. Bd. 3. Tl. 1 Lfg.) 5. —

Kopf, Hals, Brust, Bauch. V. Lfg. Silbersiepe, Erich, Krankheiten d. Thorax u. d. Lungen; inklusive Brustbeulen. (X u. S. 569—771 m. 61 Abbildgn.) 910. (III. Bd. 1. Tl. 5. Lfg.) 5. 40

— dasselbe. 2. Tl. Bartke, Sattel- u. Geschirrdrücke. Widerristfisteln. — Gutmann, W., chirurgische Krankheiten d. Magens u. Darmes. — Hendrickx, männl. Geschlechts- u. Harnorgane inkl. Kastration. — Gmelin, die Krankheiten d. Nabels. 2., verb. u. verm. Aufl. Mit 78 Abb. (VIII, 442 S.) 908. (III. Bd. 2. Tl.) 12.50; geb. in Halbfrz. n 14. 60

Schindelka, Hugo, Hautkrankheiten bei Haustieren. Mit 95 Abb. u. 8 Chromataf. 2., neu bearb. Aufl. (XV, 572 S.) 908. (VI. Bd.) 20.—; geb. in Halbfrz. n 22. 60

— d. Christen. 8. Brixen, Weger. 797.

— eines Christen, da er zur Meß, Beicht und Communion geht. 8. Wien, Geistinger 775.

— für Christen, aus d. Latein. von Phil. Menne. 8. Augsb. 827. Doll. 16 Kr

HANDBUCH eines frommen Christen, bestehend in auserlesenen, und sehr kräftigen Morgen- und Abend- Meß- Beicht- und Kommunion-Gebethen, sammt den Tagzeiten zu der göttlichen Vorsicht, nebst dem Gebeth zu der Mutter Gottes. Pest 1817. o. Dr 132 S - 12°

— christl., f. Stadt- und Landleute. 8. Lpz. Heye. 796.

— chronolog., worin alle Kalender v. 1401 — 2000 in eine Uebers. gebr. sind. 4. Magdeb. Heinrichshofen. 800.

— chronolog.-genealog., d. souverainen Staaten Europens. a. dem Franz. gr. 8. Berlin. (Gräff in Leipzig.) 798.

— chronolog.-genealog., d. souveränen Staaten Europens. Aus d. Französ., mit Anmerkk. u. Zusätzen. gr. 8. Berl. 798. (Wienbrack in Leipz.) 1 Rthl. 4 Kr

Anonym: „Compendieuses Handbuch für Kaufleute", 4 Teile, Leipzig 1795—1797.

Handbuch für Dachdecker-Arbeiten. Imst [1910]. V: *Hadrich, Robert.* (Margr)

(F) **Handbuch für Dachdeckerarbeiten.** 8°. (16 S.) K 1.— Imst: Grissemann 1910.

Handbuch der modernen Dampf-Wäscherei. Die neuesten Erfahrungen über Einrichtung, Betrieb u. Leitung von Dampf-Wäschereien. *Berlin: Internat. Wäscherei Zeitung (1900).* (192 S.) 8°

— der modernen Dampf-Wäscherei. Die neuesten Erfahrgn. üb. Einrichtg., Betrieb u. Leitg. v. Dampf-Wäschereien. gr. 8. (151 S. m. 75 Abbildgn.) Berlin (900). (H. Lazarus.) n. 5.—; geb. in Leinw. n. 6.—

Ⓑ — d. modernen Dampf-Wäscherei. 900. (KBL31.) Jetzt: Berlin, O. Dreyer. Erm. Pr. 3.20

Handbuch für Darleiher, od. Darstellung aller b. Darlehen u. in d. daraus entspring. Processen zu beobacht. gesetzl. Vorschriften. Von e. prakt. Juristen. Mit den nöth. Formularen. *Berlin.* (Rücker u. Püchler.) 828. 8. (16 Gr.)

— der russischen Deklinationen u. Konjugationen u. einige darauf bezügliche Worttabellen. Fol. (VIII, 48 u. 4 S.) Leipzig 901. R. Gerhard. n. 1.—

Handbuch für die Denkmalpflege. Hrgg von der Provinzial-Kommission zur Erforschung und Erhaltung der Denkmäler in der Provinz Hannover. Bearb v. J. Reimers. Hannover. 1899 8°.

— v. Denksprüchen u. Liederversen; gesammelt u. herausg v. einem öffentl. Lehrer 16 1000. 8. München 826, Finsterlin

— des prakt. Dentisten. Bearb. v. hervorrag. Fachleuten. 1. Bd. gr. 8. Berlin. 908. H. Meusser. Geb. in Leinw. 15.—
Die operative Zahnbehandlung. Von Adph. Peetz. 3. Aufl. Mit 238 Abb. u. 9 Taf. (423 S.)

Handbuch für Deutsche; enthaltend Formen zu Handschriften, welche den Bürgern der Vereinigten Staaten nützlich und dienlich seyn können *als: Bande, Noten, Reseten, Überschreibungen, Verträge, Vollmachten, Letzte Willen oder Testamente, Versteigerungs-Bedingungen, Ausweisungen über Verodnungen der Gesetze über obige und andere Gegenstände. Nebst allerley Formen in der englischen Sprache. Auch Interessen Tabellen und eine Tabelle zum Gebrauch für Sägemüller. Zweite und verbesserte Auflage. Reading, Pa.: Gedruckt und herausgegeben von Johann Ritter und Comp. 1828. VIII, 108 S.*

Handbuch d. Turnkr. Deutsch-Österreich, i. A. d. Kreisturnrats hrsg. v. Alfred Schmarda, 1. u. 2. Aufl., m. Abb., Wien 1910 u. 1913, 254 u. 279 S., 8°. 2 Bde.

— Deutsch = Russisches z. nothdürftigen Verständig. rc. 8. Luneb. Herold u. W. 806.

Handbuch des Deutschtums im Auslande nebst einem Adreßbuch der deutschen Auslandschulen. Hsg. vom Allg. deutschen Schulverein z. Erh. d. Deutschtums im Auslande Berlin 1904: Dietrich Reimer. 260 S. 2. Aufl. 1906. 573 S.
Die 1 Aufl. des „Handbuches" von J. Hubert Henoch, die zweite bearbeitet von Hans Schulz und Martin Haß; das „Adreßbuch" in beiden Auflagen von Wilhelm Tibelius und Gustav Lenz.

Handbuch des Deutschtums im Auslande nebst e. Adreßbuch d. deutschen Auslandschulen, 2 Kartenbeil. u. 5 Kartenskizzen. Hrsg. v. Allgem. Deutschen Schulverein z. Erhaltung d. Deutschtums im Auslande. 2., umgearb. u. stark verm. Aufl. (Vorr.: Friedrich Paulsen.) Berlin: D. Reimer 1906. (XXXI, 584 S.) 8°

Handbuch der Diätetik ... Hannover 1784. V: *Schwabe, Ernst.* (Ky) (MGT) (AarK)

— d. Diätetik, oder Anweis. zur Gesundheit, (v. Er. Schwabe). gr. 8. Hannov. 784. Helwing. 16 gr

—— der Diätetik u. Gesundheits-Erhaltungskunst nach alle path. u. homöopath. Grundsätzen, z. Gebr. f. Aerzte, Kranke u. Frauen, welche sich mit d. Krankenpflege beschäftigen. Nach alphab. Ordn. bearb. Enthalt. e. Anweis. üb. d. nützl. Gebr. d. auf d. Leben u. d. Gesundheit Einfluß habend. Dinge, u. zur Bereitung schickl. Speisen u. Getränke bei allopath. u. homöopath. Curen. Von e. prakt. Arzte. gr. 8. (20¼ B.) Arnstadt 833, Mirus.
zu militär. Dienstgeschäften; enthält eine Samml. ausgearb. Muster zu schriftl. Aufsätzen bei Dienstvorfällen u. im Rechnungsfache, als Anhang zum militär. Briefsteller. 8. Wien 813. Geistinger. 1 rthl 8 gr

— zu militair. Dienstgeschäften. 8. Wien 813. (Gerold) 1 rthl 8 gr Hbg. Pr. 1 rthl

Handb. zu militär. Dienstgeschäften, enthalt. eine Samml. Formulare zu schriftl. Aufsätzen bei Dienstvorfällen u. im Rechnungsfache. *Wien.* 821. 8. (16 Gr.)

(F) Handbuch betreffend die Dienst-, Personalverhältnisse und die Rechnungsablage bei den nichtärarischen Post- und Telegraphenämtern. Zusammengestellt und herausgegeben von Michael Boryslawski. Wien. 1901. Waldheim. Gr.-8°. 242 S. Cart. K 4.—

— diplomatisches, s. a. Ghillany.

—— diplomatisches. Sammlung der wichtigsten europäischen Friedensschlüsse, Congressacten und sonstigen Staatsurkunden vom westphäl. Frieden bis auf die neueste Zeit. Mit kurzen geschichtlichen Einleitungen hrsg. von F. W. Ghillany. 2 Thle. (à 2 Lfgn.) gr. 8. Nördlingen, Beck'sche Buchh. [1. (XXXI und 411 S.) * 1 Thlr. 25 Ngr., 2. (813 S.) 855. * 3 Thlr. 25 Ngr.] *

—— diplomatisches. Sammlung der wichtigsten europ. Friedensschlüsse, Congressacten und sonst. Staatsurkunden vom westphäl. Frieden bis auf die neueste Zeit. Mit kurzen geschichtl. Einleitungen hrsg. von F. W. Ghillany. 3. Thl. gr. 8. (VI und 441 S.) Nördlingen 868, Beck'sche Buchh. *
1. und 2. Thl. Ebendas. 1855. * 5 Thlr. 20 Ngr.

— f. Dirigenten u. Vorstände von Männer-Gesang-Vereinen, zugl. Führer durch d. Männer-Chor-Literatur. 12. (IV, 106 S.) Mainz 896. Kittlitz-Schott & Bieger. Kart. 1.50

— d. evangel. Dogmatik f. Studierende der Theologie. (Kurze Zusammenfassg. d. Dogmatik v. A. F. C. Vilmar, hrsg. v. Chr. Israël.) gr. 8. (XII, 246 S.) Gütersloh 896. C. Bertelsmann. n. 3.—; geb. n. 3.60
Allg. Bücher-Lexikon. XXIX. Band. (XII. Supplement-Band 1.

— für Dorfrichter. 8. Prag 808. Schönfeld. 9 𝒦

— f. Dorfschullehrer üb. Luthers kleinen Catechismus. 8. Zerbst. (Fr. Bruder in Leipz.) 808.

— für Dorfschullehrer über Luthers kleinen Katechismus. 8. Zerbst 808. (Engelmann in Leipz.) 8 𝒦

—— für Dresden auf das J. 1850. Ein neues Adreßbuch, Altstadt, Neustadt, Friedrichstadt und Vorstädte umfassend. 1. Jahrg. 2 Abthlgn. gr. 8. (1. Abthl. VII und 332 S.) Dresden 850, Grimm und Comp. *

Handbuch des deutschen Dünenbaues. Im Auftr. d. Kgl. Preuss. Minist. d. öff. Arbeiten u. unter Mitw. von ... hrsg. von Paul Gerhardt, Baurat in Königsberg i. Pr. Mit 445 in d. Text gedr. Abb. *Berlin: P. Parey 1900* (XXVIII, 656 S.) 8° [oo. 1311

Handbuch für die Ehre der Geistlichkeit in den herzogl. Mecklenburg-Schwerinischen Landen. Schwerin 1780. V: *Siggelkow, Friedrich Wilhelm Christoph.* (Ky) (MGT)

— für d. Ehre d. Geistlichkeit in den Mecklenburg.-Schwerin. Landen, (v. F. W. C. Siggelkow). 8. Schwerin 780. N. Aufl. unt. d. T.: Handbuch d. Mecklenburg. Kirchen- u. Pastoralrechts. 8. Ebd. 783. (Wienbrack in Leipz.) 1 ℳ 3e Aufl. 4. Schwerin 797. (Stiller in Rostock). 1 ℳ 8 𝒦

Handbuch des Eichungswesens. 2. Aufl. Berlin 1889

Handbuch des Einregistrirungs-, Stempel-, Greffe- und Hypothekenwesens; a. d. Franz. . . . Oldenburg 1812. V: *Rondonneau, Louis.* (Ky)

— des Einregistrirungs-, Stempel-, Greffe- u. Hypothekenwesens; aus d. Französ. (des L. Rondonneau) übersetzt v. G. J. F. Roldeke. 2 Thle. 8. Oldenb. 812. Schulze. 1 ℳ 8 𝒦

Handbuch für deutsche Einwanderer in Californien. herausgegeben und in einzelnen Exemplaren unentgeltlich vertheilt von der Allgem. Deutschen Unterstützungs-Gesellschaft in San Francisco Cal (Gegründet am 7 Januar 1854.) Mit einer Karte von Californien und Nevada San Francisco 1885 58 S 1 Krt 8°

[5.] Handbuch fur den Eisenbahndienst. I. Sammlung v. Gesetzen, Verordngn, Erlassen etc. f. d. Vorbereitung auf Dienstprüfgn u. z. prakt. Gebr. sowie e. Hülfs- u. Nachschlageb. f. Eisenbahn-Behörden, -Dienststellen u. -Verwaltgn. (Umschlagt.: Sammlung v. Gesetzen in Bezug auf d. Eisenbahn-Dienst . . .) Text m. Anm., e. chronolog. Verzeichn. u. e. alphabet. Sachreg. v. F. R. Engelhard. (In 12 Lfgn.) *Berlin: R. v. Decker 18(95.)96.* (XV S., 928 Sp.) 1 Bd 4. [96. 1131

— für den Eisenbahn-Dienst in Oesterreich, s. Jantzen und Kastner.

—— für den gesammten Eisenbahn-, Dampfschiffahrt- und Telegraphen-Dienst im Kaiserth. Oesterreich. Enthaltend: Die sämmtlichen Bestimmungen, Tarife und alle anderen hierauf bezüglichen Kundmachungen bis 1. Juli 1853. Zusammengestellt und hrsg. von Adf. Jantzen und Leop. Kastner. 4 Lfgn. 4. (1. und 2. Lfg. S. 1—224.) Wien 853, Braumüller. *

Handbuch für den gesammten Eisenbahn-, Dampfschifffahrt- und Telegraphendienst im Kaiserthume Oesterreich. Enthaltend: Die sämmtlichen Bestimmungen, Tarife und alle anderen hierauf bezüglichen Kundmachungen bis 1. Oktober 1853. Zusammengestellt und herausgegeben von Adolph Jantzen und Leopold Kastner. 2. Lieferung. (S. 113—224.) 8. Wien. Gedruckt bei Anton Schweiger. Verlag von Wilh. Braumüller. 1853.

Handbuch fur den gesammten Eisenbahn-, Dampfschifffahrt- und Telegraphendienst im Kaiserthume Oesterreich Enthaltend: Die sämmtlichen Bestimmungen, Tarife und alle anderen hierauf bezüglichen Kundmachungen bis 1. November 1853. Zusammengestellt und herausgegeben von Adolph Jantzen und Leopold Kastner. 3. und 4. Lieferung. (S. 225—454. Schluß.) gr. 8. Wien. Druck von Anton Schweiger. Wilhelm Braumüller. 1853. (4034/1853.)

Handbuch für den Eisenbahn-Güterverkehr. I. Berlin: Barthol 1908. 8°.

— für den Eisenbahn-Güter-Verkehr d. deutschen Reichs. I. u. II. Bd. u. III. Bd. 1--5. Lfg. m. 2 Nachträgen. gr. 8. Berlin 874—76. C. Pfeiffer. n. 18. 60

1. Betriebs-Reglement vom 11. Mai 1874. Mit ausführl. aus dem amtl Material geschöpften Erläutergn. u. e. vollständ. Sachregister. 2. Aufl. (52 S.) n. 1. —
II. Stations-Verzeichniss der Eisenbahnen d. deutschen Reichs u. Oesterreich-Ungarns, soweit dieselben dem Betriebe übergeben sind. Nach officiellem Material der Eisenbahn-Verwaltgn. bearb. Mit e. Anh. enth. die wichtigsten Zoll- u. Steuer-Vorschriften d. deutschen Zollvereins. Für den pract. Gebrauch der Eisenbahn-Beamten, Spediteure, Fabrikanten, Handels- u. Gewerbtreibenden. (IX, 103 S.) n 2. —
III. 1. Local-Tarife der Berlin-Anhaltischen, Berlin-Görlitzer, Berlin-Hamburger, Berlin-Potsdam-Magdeburger, Berlin-Stettiner, Magdeburg-Halberstätter, Märkisch-Posener u. Niederschlesisch-Märkischen Eisenbahn. Mit e. (lith.) Uebersichtskarte (in qu.-Fol.) der sämmtlichen Stationen dieser Bahnen. (IV, 148 S.) Mit Nachtrag. (39 S.) n. 3. —; Nachtrag apart n. 1. —
2. Local-Tarife der Braunschweigischen, Halberstadt-Blankenburger, Halle-Sorau-Gubener, Leipzig-Dresdner, Magdeburg-Cöthen-Halle-Leipziger, Nordhausen-Erfurter, Sächsischen Staats- u unter Staats-Verwaltg. steh. Privat-Eisenbahnen, sowie der Thüringischen u. Werra-Eisenbahn. Mit e. (lith.) Uebersichtskarte (in qu. Fol.) der sämmtl. Güter-Stationen dieser Bahnen. (IV, 185 S.) Mit Nachtrag 1. (34 S.) n. 4. —; Nachtrag apart n. 1. —
3. Local-Tarife der großherzogl. Badischen Eisenbahnen, Bayerische Ostbahn, königl. Bayerische Staats-Eisenbahnen, Reichs-Eisenbahnen in Elsaß-Lothringen u. Luxemburgische Wilhelmsbahn, Württembergische Eisenbahnen. (148 S.) n. 4. —
4. Local-Tarif der Bergisch-Märkischen Eisenbahn. (V, 113 S.) n. 3. —
5. Local-Tarif der Hannover'schen Staatsbahn. (53 S.) n. 1. 60

— des Eisenbahnmaschinenwesens. Unter Mitwirkg. v. Jul. Alexander, G. Bode, V. G. Bosshardt u. a. hrsg. von Ludw. Ritter v. Stockert. 3 Bde. Lex. 8. Berlin 908. J. Springer. 80.—; geb. in Leinw. n 86.—
1. Fahrbetriebsmittel. Unter Mitwirkg. v. Emil Cimonetti, Geo. Dinglinger, Rob. Garbe u. a. (XV, 819 S. m. 650 Abb.) 32.—; geb. n 34. —
2. Zugförderung. Unter Mitwirkg. v. Jul. Alexander, V. G. Bosshardt, C. Guillery u. a. (XI, 845 S. m. 591 Abb.) 32.—; geb. n 34. —
3. Werkstätten. Unter Mitwirkg. v. G. Bode, J. Brotan, O. Busse u. a. (VIII, 403 S. m. 471 Abb. u. 6 Taf.) 16.—; geb. n 18. —

—— für specielle Eisenbahn-Technik unter Mitwirkung von Fachgenossen hrsg. von Edm. Heusinger v. Waldegg. In 4 Bdn. à 2 Hälften. Lex.-8. Leipzig, Engelmann.

Inhalt:

Bd. 1. Der Eisenbahnbau. Bearb. von R. Baumeister, W. Fränkel, Heusinger v. Waldegg, A. v. Kaven, Georg Meyer, Gust. Meyer, Rud. Paulus, J. Rasch, Ed. Sonne, H. Sternberg, W. Streckert, M. M. v. Weber und E. Winkler. 1. Aufl. 1869,70.; 2. verb. Aufl 1871, und 3. verb. Aufl. Mit 259 Holzschn.-Fig. und 56 Zeichnungstaf. 1. Hälfte. (S. 1—336 und Taf. 1—21.) 872. *ℳ 11.; 2. Hälfte. (XXII, S. 337—814, Taf. 22—56 und Inhalt VIII S.) 873. *ℳ 15.

» 2. Eisenbahn-Wagenbau in seinem ganzen Umfange. Bearb. von Heusinger v. Waldegg, Hladik, Georg Meyer, Cl. Reifert, A. Schneemann, Ed. Sonne, Wohler. 1. Aufl. 1. Hälfte. (S. 1—264 mit 21 Stnt.) 1869. *ℳ 11.; 2. Hälfte. (XII, S. 265—560.) 871. *ℳ 14., und 2. verm. und verb. Aufl. Mit 269 Holzschn.-Fig. und 55 Zeichnungstaf. 1. Hälfte. (S. 1—320 und Taf. 1—24.) 874. *ℳ 13.; 2. Hälfte. (S. 321—656, Taf. 25—53, und Inhalt VIII S.) 874. *ℳ 15.

» 3. Der Locomotivbau. 1. Hälfte. Bearb. von C. Linde, Geo. Meyer, O. Grove, W. Basson, Heusinger v. Waldegg, Ludw. Becker, Strick, L. Kargl. (S. 1—448 mit eingedr. Holzschn. und 20 Stnt. in qu. 4.) 874. *ℳ 12.; 2. Hälfte. Bearb. von L. Kargl, Heusinger v. Waldegg, Adph. Petzholdt etc. (XIX, S. 449—1046, mit eingedr. Holzschn., und Atlas: XII S. mit 38 Stnt. in qu. Fol.) 874. *ℳ 21.

» 4. Die Technik des Eisenbahn-Betriebes mit Signalwesen und Werkstatten-Einrichtung. 1. Hälfte. Bearb. von Ed. Sonne, Herm. Tellkampf, Ed. Schmitt, Plathner, Büte, Heusinger v. Waldegg, Kick. (S. 1—272 mit eingedr. Holzschn. und 22 Stnt. in gr. 8. und qu. gr. 4.) 872. *ℳ 12.; 2. Hälfte, bearb. von Ludw. Becker, Thdr. Büte, E. Buresch etc. (XXVIII, S. 273—696 mit 155 eingedr. Holzschn-Fig. und 25 lithogr. Zeichnungstaf. in Lex.-8. und qu. gr. 4.) 874. *ℳ 16.

—— für specielle Eisenbahn-Technik, unter Mitwirkung von Fachgenossen hrsg. von Edm. Heusinger v. Waldegg. 1., 4. Bd. und Ergänzungsheft und 5. Bd. (2 Hälften). Lex.-8. Leipzig, Engelmann.

Inhalt:

Bd. 1. Der Eisenbahnbau. Bearb. von R. Baumeister, W. Fränkel, Heusinger v. Waldogg etc. 4. verb. und verm. Aufl. (XXIV, 998 S. mit 330 eingedr. Holzschn.-Fig. und 63 lithogr. Zeichnungstaf.) 877. *ℳ 36.

» 4. Die Technik des Betriebes mit Signalwesen und Werkstatten-Einrichtung. Bearb. von Ludw. Becker, Thdr. Büte, E. Buresch etc. 2. verm. und verb. Aufl. (XX, X, 727 S. mit einem Atlas von 55 lithogr. Taf. in qu. Fol.) 876. *ℳ 30.

» 4. Ergänzungsheft: Launhardt, W., die Betriebskosten der Eisenbahnen in ihrer Abhängigkeit von den Steigungs- und Krümmungsverhaltnissen der Bahn. (IV, 68 S.) 877. *ℳ 2.

» 5. Tertiärbahnen einschliesslich der schwebenden Draht- und Seilbahnen. Bau und Betrieb der Secundär- und Tertiärbahnen. 1. Hälfte. Bearb. von Otto Busing, Heusinger v. Waldegg und Ladisl. Vojáček. (S. 1—320 mit eingedr. Holzschn. und Stnt. 1—46.) 877. *ℳ 25. — 2. Hälfte. Bearb. von Rom. Abt, Otto Busing, Heusinger v. Waldegg, H. Sternberg und Lad. Vojáček. (XXVI, S. 321—660 und Stnt. 47—99.) 878. *ℳ 20.

2. und 3. Bd. Ebendas. 1874,75. *ℳ 64. Compl. *ℳ 187., geb. *ℳ 212.

—— für specielle Eisenbahn-Technik, unter Mitwirkung von Fachgenossen hrsg. von Edm. Heusinger v. Waldegg. 3. Bd.: Der Locomotivbau. 2. verm. und verb. Aufl. Bearb. von W. Basson, W. Bork, A. v. Borries etc. Mit 565 (eingedr.) Holzschn.-Fig., einem Sach- und Autoren-Register, sowie 1 Atlas von 74 (lithogr.) Zeichnungstaf. Lex.-8. (XXII, 1244; Atlas XVI S.) Leipzig 882, Engelmann. *

—— des Eisenbahnwesens in ökonomischer, rechtlicher, administrativer und technischer Beziehung. Zum Selbststudium für Eisenbahnbeamte, Adspiranten des Bahndienstes und alle Eisenbahn-Interessenten. 34 Lfgn. oder 5 Bde. gr. 8. Stuttgart Maier. à Lfg. *ℳ 1. *

Inhalt:

Bd. 1. Haushofer, M., Grundzüge des Eisenbahnwesens in seinen ökonomischen, politischen und rechtlichen Beziehungen. (VI, 339 S.) 875. *ℳ 6.

» 2. Paulus, Rud., Bau und Ausrüstung der Eisenbahnen. Gemeinfaßlich bearb. (X, 374 S. mit 93 Holzschn.) 875. *ℳ 6.

» 3. Schmidt, Louis, die Verwaltung der Eisenbahnen und die Buchführung im Eisenbahnbetriebe. Vollständig dargestellt. (VIII, 199 S.) 875. *ℳ 4.

» 4. Haushofer, M., Eisenbahngeographie. Eine Darstellung des modernen Weltverkehrs mit besond. Berücksicht. der Eisenbahnen. (VII, 373 S.) *ℳ 6.

» 5. Rohr, Fr. Wilh., Handbuch des praktischen Eisenbahndienstes. Eine Darstellung des Betriebes und der Verwaltung der Eisenbahnen in Deutschland, unter Berücksichtigung der Reichsgesetzgebung. 1. Hälfte: Einleitendes und Allgemeines. Stations-Betriebs- und Telegraphendienst. — 2. Hälfte: Personen-Expeditionsdienst und Stations-Cassenverwaltung. Güter-Expeditionsdienst. Allgemeiner Verwaltungs- und Bureaudienst. (XIV, 978 S.) 877. *ℳ 15.

Vorstehende Werke erschienen 1875—77 auch u. d. T.: Eisenbahn-Bibliothek für Eisenbahn-, Post- und Telegraphen-Beamte.

—— d. Eisenbahnwesens in ökonom., rechtl., administrat. u. techn. Beziehg. 15. Lfg. [2. Reihe. 1. Lfg.] 8. Stuttg. 76, Maier. n. 1.

Eisenbahngeographie v. M. Haushofer. (1—64)

— Handbuch des Eisenbahnwesens in ökonomischer, rechtlicher, administrativer u. technischer Beziehung. Zum Selbststudium für Eisenbahnbeamte, Adspiranten des Bahndienstes u. alle Eisenbahn-Interessenten. 16—35. [Schluß-]Lfg. [2. Reihe. 2—21. Lfg.] gr. 8. Stuttgart 876—81. Maier. à n. 1. —

Eisenbahngeographie von M. Haushofer. (S. 65—373.)

Handbuch des practischen Eisenbahndienstes. Von Fr. Wilh. Rohr. (XIV, 978 S.)

— f. Eisenbetonbau in 4 Bdn. Hrsg. von F. v. Emperger. Lex. 8. Berlin, W. Ernst & Sohn. 165.—; geb. 190. 50

I. Entwicklungsgeschichten u. Theorie d. Eisenbetons. Die Grundzüge d. geschichtl. Entwicklg. des Eisenbetons. Theorie u. Versuche. Bearb. v. M. Foerster, Max R. v. Thullie, K. Wienecke, Ph. Völker, J. A. Spitzer, J. Melan. Mit 564 Textabb. (VIII, 449 S.) 908. 18.—; geb. 21.50

II. Baustoff, der, u. seine Bearbeitung. Baustoffe, Betonmischmaschinen, Betonierungsregeln, Vorrichten u. Verlegen d. Eisens, Schalg. im Hochbau, Transportvorrichtgn., Schalg. bei Balkenbrücken, Schalg. bei Bogen. Bearb. v. K. Memmler, H. Burchartz, H. Albrecht, R. Janesch, O. Rappold u. A. Nowak. Mit 420 Textabb. u. 1 Taf. (VII, 243 S.) 907. 12.—; geb. bar 15.

III. 1. Bauausführungen aus d. Ingenieurwesen. Bearb. v. F. v. Emperger, A. Nowak u. F. W. Otto Schulze. 1. Tl.: Grund- u. Mauerwerksbau; Wasserbau (Anfang). Mit 547 Textabb. u. 4 Doppeltaf. (VIII, 330 S.) 907. 15.—

III, 2. Dasselbe. 1. u. 2. Tl.: Grund- u. Mauerwerksbau, Wasserbau u. verwandte Anwendgn., Bergbau, Tunnelbau, Stadt- u. Untergrundbahnen. Bearb. v. F. v. Emperger, A. Nowak. F. W. Otto Schulze, R. Wuczkowski, Fr. Lorey u. B. Nast. 2. Tl. Flüssigkeitsbehälter. Röhrenförmige Leitgn. u. offene Kanäle, Aquadukte v. Kanalbrücken. Bergbau. Tunnelbau, Stadt- u. Untergrundbahnen. Bearb. v. R. Wuczkowski, Fr. Lorey, B. Nast, A. Nowak. (X u. S. 331—642 m. 503 Abb. u. 1 Doppeltaf. 907. 15. —

III, 3. Bauausführgn. aus d. Ingenieurwesen. 3. Tl.: Brückenbau u. Eisenbahnbau. Anwendungen d. Eisenbetons im Kriegsbau. Bearb. v. J. A. Spitzer, A. Nowak, W. Gehler, O. Colberg, E. Elskes, J. Labes, R. Bastian, N. v. Shitkewitsch, E. Stettner. Mit 1428 Textabb. u. 5 Doppeltaf. (X, 711 S.) 908. 33.—; geb. 37. —

IV, 1, I. Bauausführungen aus d. Hochbau u. Baugesetze. 1. Tl. I. Lfg. Sicherheit gegen Feuer, Blitz u. Rost, d. innere Ausbau, Treppen, Kragbauten. Bearb. v. R. Saliger, W. Knapp, G. Thurnherr, R. Heim. Mit 749 Textabb. (300 S.) 908. 15. —

IV, 1. II. Dasselbe. 1. Tl.: Die Sicherheit gegen Feuer, Blitz u. Rost, innerer Ausbau, Treppen, Kragbauten, Dachbauten, Kuppelgewölbe. Bearb. v. R. Saliger, W. Knapp, G. Thurnherr, R. Heim, R. Kohnke. II. Lfg. Kragbauten, Dachbauten, Kuppelgewölbe. Bearb. v. R. Heim, R. Saliger, R. Kohnke. Mit 649 Textabb. (VIII u. S. 301—647.) 909. 16. —

IV, 2. Dasselbe. 2. Tl. Silos. Hohe Schornsteine. Fabrikgebäude u. Lagerhäuser. Landwirtsch. Bauten. Saal- u. Versammlungsbauten. Geschäftshausbau. Bearb. v. Sor, R. Saliger, F. Boerner, L. Hess, R. Thumb, O. Neubauer. Mit 1254 Textabb. 2 Lfgn. (VII, 610 S.) 909. 30.—; in 1 Bd. geb. 34

IV, 3. Dasselbe. 3. Tl.: Bestimmgn. f. d. Ausführung v. Eisenbetonbauten. Bauunfälle. Bearb. v. A. Natorp u. F. v. Emperger. Mit 179 Textabb. (VI, 253 S.) 909. 11—; geb. 14

Handbuch f. Eisenbetonbau in 12 Bdn. Hrsg. von F. v. Emperger. 2. neubearb. Aufl. 3.— 5. Bd. Lex. 8. Berlin, W. Ernst & Sohn. 52.—; geb. 59. 50

3. Grund- u. Mauerwerksbau. Grundbau. Mauerwerksbau. Bearb. von F. v. Emperger, A. Nowak. (XII, 465 S. m. 1008 Fig.) (910.) 20.—; geb. 22. 50

4. Wasserbau. Uferbefestigungen, Schleusen, Leuchttürme u. Leuchtbaken, Hellinge, Schiffsgefässe, Wehre, Staudämme u. Talsperren. Bearb. v. F. W. Otto Schulze, L. Kauf, E. Brugsch. (XII, 283 S. m. 817 Abbild.) 910 14.—; geb. 16. 50

5. Flüssigkeitsbehälter, Röhren, Kanäle. — Flüssigkeitsbehälter, röhrenförmige Leitungen u. offene Kanäle, Aquadukte u. Kanalbrücken. Bearb. v. R. Wuczkowski, Fr. Lorey. (XII u. S. 273—693 m. 838 Abbildgn.) 910. 18.—; geb. 20. 50

Handbuch der Elektrochemie. Bd III Lfg 1—5, VI, VII 1 u. IX Halle a. S., 1899—1908.

Bd III. Danneel, H., Spezielle Elektrochemie. Lfg 1—5. 1902—1908.

Bd VI. Langguth, F., Elektromagnetische Aufbereitung. 1903 64 S. mit 49 Abb.

Bd VII. T 1 Borchers W., Die elektrischen Öfen. Erzeugung von Wärme aus elektrischer Energie und Bau elektrischer Öfen 2 Aufl 1907 366 S mit 278 Abb

Bd IX. Stockmeier, H., Handbuch der Galvanostegie und Galvanoplastik. 1899 166 S.

— der Elektrochemie, bearb. v. W. Borchers, E. Bose, H. Danneel u. a. Lex.-8. Halle 907. W. Knapp. n. 7.—
Die elektrischen Öfen. Erzeugung v. Wärme aus elektr. Energie u. Bau elektr. Öfen. Von Wilh. Borchers. 2. Aufl. (V, 168 S.)
Erschienen bisher ohne Sammeltitel.

— der Elektrotechnik, bearb. v. H. Ebert, H. Eisler, B. Gleichmann u. a., hrsg. v. C. Heinke. I. Bd. 1. u. 3. Abtlg. III. Bd. 1. u. 2. Abtlg. IV., IX., u. XII. Bd. Lex.-8. Leipzig, S. Hirzel. Geb. in Leinw. n. 96.50
I. 1. Die Elektrophysik u. die Theorie des Elektromagnetismus. Von C. Heinke u. H. Ebert. 1. Abtlg.: Die Entwickelg. der Elektrophysik. Die Hülfsvorstellgn. der Elektrophysik. — Elektrische Spannungserregg. u. dielektr. Erscheingn. Bearb. v. C. Heinke. Mit 77 Abbildgn. (XIV, 408 S.) 902. n. 18.—
3. Die Theorie des Elektromagnetismus. Von H. Ebert. Mit 17 Abbildgn. (VIII, 83 S.) 900. n. 4. 50
III. 1. Die galvanischen thermoelektrischen Stromquellen. Von J. Kollert. Mit 35 Abbildgn. (IV, 56 S.) 900. n. 3.—
2. Die Akkumulatoren. Von E. Sieg. Mit 56 Abbildgn. (VII, 112 S.) 901. n. 5.—
IV. Ein- u. Mehrphasen-Wechselstrom-Erzeuger. Von Fritz Niethammer. Mit 656 Abb. (XVI, 328 S.) 900 n. 18.—
IX. Elektromotoren u. elektrische Arbeitsübertragung. Von F. Niethammer u. E. Schulz. Mit 356 Abbildgn. (XIV, 195 S.) 901. n. 18.—
XII. Telegraphie u. Telephonie. Von J. Noebels, A. Schluckebier u. O. Jentsch. Mit 582 Abbildgn. (XVIII, 793 S.) 901. n. 30.—

— der Elektrotechnik, bearb. v. H. Ebert, H. Eisler, V. Engelhardt u. a. hrsg. v. C. Heinke. I. Bd. 2. Abtlg.; II. Bd. 1—3. Abtlg.; IV. Bd.; VI. Bd. 1. bis 3. Abtlg u. VII. Bd. Lex.-8. Leipzig, S. Hirzel. Geb. in Leinw. n. 134.—
I, 2. Die Elektrophysik u. die Theorie des Elektromagnetismus. Von C. Heinke u. H. Ebert. 2. Abtlg. Mit 305 Abbildgn. (XX, 518 S.) 904. n. 20.— (2 u. 3: 24.50; in 1 Leinw.-Bd. 25.—; I 1—3, geb.: 43.—)
II, 1—3. Die Messtechnik. Von C. Heinke, J. Kollert, R. O. Heinrich u. R. Ziegenberg. 1. Abtlg.: Die Grundlagen der Messtechnik v. C. Heinke. Mit 32 Abbildgn. 2. Abtlg.: Gleichstrommessungen. 3. Abtlg.: Photometrie v J. Kollert. Mit 376 Abbildgn. (XVIII, 472 S.) 905. Geb. in Leinw. n. 20.—
IV. Ein- u. Mehrphasen-Wechselstrom-Erzeuger. Von F. Niethammer. 2. Aufl. Mit 748 Abbildgn. (XVIII, 460 S.) 906. Geb. in Leinw. n. 24.—
VI, 1. Die Leitungen, Schalt- u. Sicherheitsapparate f. elektr. Starkstromanlagen. Von H. Pohl u. B. Soschinski. 1. Abtlg. Leiter u. Isoliermittel. — Fabrikation der Leitgn. — Schalter, Sichergn. — Schutzvorrichtungen gegen Überspanngn. u. atmosphär. Entladgn. Bearb. v. H. Pohl. Mit 395 Abbildgn. (XXIV, 448 S.) 904. Geb. in Leinw. n. 20.—
2. 3. Die Leitungen, Schalt- u. Sicherheitsapparate f. elektr. Starkstromanlagen. Von H. Pohl u. B. Soschinski. 2. Abtlg., Schaltanlagen, Montage der Leitgn. u. Kabel. Bearb. v. H. Pohl. Mit 366 Abbildgn. u. 6 Taf. — 3. Abtlg. Berechnung v. Leitungsnetzen. Bearb. v. B. Soschinski. Mit 159 Abbildgn. (XVIII, 419 u. XII, 256 S.) 906. Geb. in Leinw. n. 28.—
VII. Elektrische Centralen. Von K. Wilkens. Mit 158 Abbildgn. u. 16 Taf. (XII, 350 S.) 906. Geb. in Leinw. n. 22.—

— der Elektrotechnik, bearb. v. H. Ebert, V. Engelhardt, H. Freytag u. a., hrsg. v. C. Heinke. II. Bd. 4.—6. Abtlg., V., IX. Bd., XI. Bd. 2. Abtlg. u. XII. Bd. Lex. 8. Leipzig, S. Hirzel. Geb. in Leinw. 137.—
Messtechnik, die, v. C. Heinke, J. Kollert, R. O. Heinrich, D. Berocvits u. R. Ziegenberg. 4. Abtlg.: Wechselstrommessungen, Wellenstrommessungen u. magnetische Messungen. Von C. Heinke. Mit 285 Abbildgn. — 5. Abtlg.: Die technischen Messinstrumente. Von R. O. Heinrich u. D. Berocvitz. Mit 91 Abbildgn. u. 1 Taf. — 6. Abtlg.: Die Electricitätszähler. Von R. Ziegenberg. Mit 190 Abbild. (XVIII, S. 3—330; VI, 85 u. IX, 208 S.) 908. (Bd. II. 4.—6. Abtlg.) Geb. in Leinw. 24.—
Niethammer, F., Elektromotoren, Umformer u. elektrische Motorantriebe. 2. Aufl. (XVI, 469 S. m. 604 Abbildgn., darunter 25 Taf.) 910. (Bd. IX.) Geb. in Leinw. 20.—
Noebels, J., A. Schluckebier u. O. Jentsch, Telegraphie u. Telephonie. 2. Aufl. Mit 762 Abbild. (XXIV, 896 S.) 907. (Bd. XII.) Geb. in Leinw. 30.—
Pichelmayer, Karl, Dynamobau. Berechnen u. Entwerfen der elektr. Maschinen u. Transformatoren. Mit 432 Abbildgn., darunter 24 Taf. (XXIX, 745 S.) 908. (Bd. V.) Geb. in Leinw. 26.—
Wärmetechnik u. Signalwesen v. V. Engelhardt, K. Hohage, H. Freytag, H. Schwerin u. R. Vogel. 2. Abtlg.: Elektrothermische Einrichtgn. u. Verfahren v. V. Engelhardt. — Die elektr. Minenentzündg. v. K. Hohage. — Feuertelegraphie v. H. Freytag. — Elektrische Eisenbahn-Signale u. Weichen v. H. Schwerin. — Blocksignale v. R. Vogel. Mit 541 Abbildgn. u. 26 Taf. (XIV, 560 S.) 908. Bd. XI, 2. Abtlg.) Geb. in Leinw. 27.—

—— für die bayerischen Elementarschulen zur Erlernung der nöthigsten Kenntnisse und zur Einsicht geziemender Gesittung nach den allerhöchsten Vorschriften und in naturgemäßer Entwicklung. Mit Gebeten und Liedern. 8. (172 S. mit 1 Stnt. in 4.) Regensburg 849, Manz.

— elementarisches, zum Unterricht d. Jugend, od. die ersten Begriffe in allen Arten dargestellt, nach J. Ch. Stoy. Mit 54 Kupfert. gr. 8. Breslau, W. G. Korn. 812.

— — dass. in franz. Sprache. f. Stoy, J. Ch.

— für Elementarschüler. Ein Hülfsbuch bei dem Unterrichte in Bibelkunde, Weltkunde u. deutscher Sprache. Bearb. v. e. Lehrer-Vereine in der Diöcese Bolkenhain. gr. 8. (IV, 352 S.) Breslau 873. Priebatsch. n. 1. 25.

— dasselbe. 2. Aufl. gr. 8. (IV, 364 S.) Ebend. 875. geb. n.n 1. 50

—— für Elsass-Lothringen 1880. Bearb. im Ministerium für Elsass-Lothringen. 8. (XXXII, 456 S.) Strassburg 880, Schmidt's Universitätsbuchh. **

— für Elsass-Lothringen 1882. [Nach dem Stande vom 1. Juli 1882.] Bearb. im Ministorium f. Elsass-Lothringen. gr. 8. (XXXIV, 496 S.) Strassburg, Schmidt. n.n. 6. —

Handbuch für Elsaß-Lothringen 1884. [Nach dem Stande vom 1. Aug. 1884.] gr. 8. (XXXVI, 534 S.) Straßburg 884, Schmidt's Universitäts-Buchh. **

Statistisches Handbuch für Elsaß-Lothringen. Hrsg. vom Statistischen Bureau des Kaiserl. Ministerium für Elsaß-Lothringen. Jg 1 und [2]. — Straßburg: Schmidt 1885—1902. XII, 280 S. und XVIII, 776 S. [mehr nicht ersch.]

—— für Elsaß-Lothringen 1886. [Nach dem Stande vom 10. Juli 1886.] Bearb. im Ministerium für Elsaß-Lothringen. gr. 8. (XXXIII, 328 S.) Straßburg 886, Schmidt's Universitäts-Buchh. **

—— dass. — 1888/89. [Nach dem Stande vom 10. Novbr. 1888.] Bearb. im Ministerium für Elsaß-Lothringen. gr. 8. (XXXV, 429 S.) Ebendas. 888. **
Für 1887 nicht erschienen.

— für Elsaß-Lothringen 1892. [Nach dem Stande vom 1. Apr. 1892.] Bearb. nach amtl. Quellen. 8. (XXXVIII, 453 S.) Straßburg i/E., F. Bull. n.n. 6.—

Handbuch für Elsaß-Lothringen. 1898. (Nach d. Stande v. 1. VIII. 1898.) Bearb. im Ministerium f. Elsaß-Lothringen. gr. 8. (XL, 384 S.) Straßburg, F. Bull. n.n. 6. —; geb. n.n. 6. 80

— für Elsaß-Lothringen 1904. (Nach dem Stande vom 1. VIII. 1904.) Bearb. im Ministerium f. Elsaß-Lothringen. (XLII, 412 S.) 8. Straßburg, F. Bull. n.n. 6. —; kart. n.n. 6. 80

— für Elsaß-Lothringen 1907. (Nach dem Stande vom 15. IV. 1907 unter tunl. Berücksicht. der bis Ende Juni 1907 eingetretenen Ändergn. Bearb. im Ministerium f. Elsaß-Lothringen. (XLI, 404 S.) 8. Straßburg, F. Bull. nn 6.—; kart. nn 6. 80

—— für gebild. Eltern, die es gut mit sich u. ihren Kindern meinen. 1—3. Thl. gr. 16. Frankfurt a. M., Andreä. [1. (21 B.), 2. (22 B.), 3. (19 B.) 830, 31. à 16 Gr.]

— d. Entbildungskunst für Hebammen. 8. Bern ... 2. Aufl. 821. Jenni. 90 K

Handbuch der Entwicklungsgeschichte des Menschen. Bearb. von ... Hrsg. von Franz Keibel, Prof., Freiburg i. B., u. Franklin P[aine] Mall, Prof., Baltimore. Mit Abb. In 2 Bden. Bd 1. 2. Leipzig: Hirzel 1910–11. 8° [11. 1772

Handbuch der vergleichenden und experimentellen Entwicklungslehre der Wirbeltiere. Bearb. von ... Hrsg. von Dr. Oscar Hertwig, Prof. in Berlin. Mit Abb. Bd 1–3. (In 30 Lfgen.) Jena: G. Fischer 19(01)–06. 8 Bde 4°(8°)
1, T. 1, Hälfte 1. 19(01–)06. 2. 19(03–)06. 1, T. 2. 19(01–)06.
2, T. 1. 2. 19(02–)06. 3. 19(03–)06.
3, T. 1. 2. 19(04–)06. 3. 19(03–)06. [06. 13836

— der vergleichenden u. experimentellen Entwickelungslehre der Wirbeltiere. Bearb. v. Barfurth, Braus, Bühler u. a. Hrsg. v. Osc. Hertwig. (In ca. 20 Lfgn.) 1.—9. Lfg. gr. 8. (I. Bd. 1. Abt. S. 1—284. u. 2. Abtg. S. 1—368; II. Bd. 1. Abtlg. S. 1—462; II. Bd. 2. Abtlg. S. 1—138 u. III. Bd. 2. Abtlg. S. 1—80 m. Abb.) Jena 901. 902. G. Fischer. à n. 4. 50

— der vergleichenden u. experimentellen Entwickelungslehre der Wirbeltiere. Bearb. v. Barfurth, Braus, Bühler u. a. Hrsg. v. Osc. Hertwig. 10—30. (Schluss-)Lfg. (I. Bd. 1 Tl. VII u. S. 285—1297; I. Bd. 2. Tl. III u. S. 369—378; II. Bd. 1. Tl. III u. S. 463—468; II. Bd. 2. Tl. III u. S. 139—270; II. Bd. 3. Tl. 512 S.; III. Bd. 1. Tl. IV, 909 S.; III. Bd. 2. Tl. III u. S. 81—890 u. III. Bd. 3 Tl. III, S. 1 bis 184 m. Abbildgn.) Lex.-8. Jena 903—906. G. Fischer. à Lfg. n. 4. 50

Handbuch, (encyclopädisches) d. gerichtl. Arzneikunde für Aerzte u. Rechtsgelehrte. In Verbindung mit Friedr. Erdmann Flachs, Karl Gotth. Lehmann, Rud. Jul. Alb. Martini u. Karl Gust. Schmalz sen. bearb. u. herausg. von Friedr. Jul. Siebenhaar. 1r u. 2r Bd. à 4 Hefte. gr. 8. Leipzig 837—40. Engelmann. n. 7 1/6 ℛ

Handbuch, Encyklopädisches, des Blindenwesens. Herausgegeben unter Mitwirkung vieler hervorr. Schul- u. Fachmänner von Reg.-Rath Dir. Prof. Alex. Mell. (400 S. m. Abb. u. 1 Taf.) Wien 1899. A. Pichler's Wwe. u. Sohn.

Handbuch, encyklopädisches, des Blindenwesens. Hrsg. unter Mitwirkg. vieler hervorrag. Schul- u. Fachmänner v. Alex. Mell. Mit 81 Portr., 185 anderen Abb. u. 2 Schrifttaf. 2 Halbbde. gr. 8. (X, 890 S.) Wien 900. A. Pichler's Wwe. & Sohn. n. 22.—; geb. n. 24.—

— enzyklopädisches, der Erziehungskunde. Unter Mitwirkg. v. Gelehrten u. Schulmännern hrsg. v. Jos. Loos. Mit 225 Abbildgn. u. 9 Separatbeilagen. 1. Bd. (8, 1071 S.) gr. 8. Wien 906. A. Pichlers Wwe. & Sohn. n. 15.—; geb. n. 17.—

Handbuch, enzyklopädisches, d. Erziehungskunde. Unter Mitwirkg. v. Gelehrten u. Schulmännern hrsg. v. Jos. Loos. Mit 256 Abb. u. 6 Separatbeilagen. II. (Schluss-)Bd. (1101 S.) gr. 8. Wien 908. A. Pichlers Wwe. & Sohn. 15.—; geb. 17.—

— enzyklopädisches, der Heilpädagogik. Unt. Mitwirkg. zahlreicher am Erziehungswerke interessierter Ärzte u. Pädagogen hrsg. v. A. Dannemann, H. Schober, E. Schulze. (In 10 Lfgn.) 1.—7. Lfg. (Sp. 1—1344.) Lex. 8. Halle 909. 10. C. Marhold. à Lfg. 3.—

Enzyklopädisches **Handbuch** der Heilpädagogik. Unter Mitw. ... hrsg. von Prof. Dr. A[dolf] Dannemann, Gießen, Hilfsschul-Leiter H(ans) Schober, Posen, Hilfsschul-Lehrer E(duard) Schulze, Halle a. S. (In 10 Lfgen.) Halle a. S.: Marhold 19(09–)11. 4 S., 1974 Sp. 4° [11. 14733

— enzyklopädisches, des Kinderschutzes u. der Jugendfürsorge. Hrsg. unter Mitwirkg. hervorrag. Fachleute v. Th. Heller, Fr. Schiller, M. Taube. (Je 10 Lfgn.) 1. u. 2. Lfg. (S. 1—160.) Lex. 8. Leipzig 910. W. Engelmann. à 3.—

Enzyklopädisches **Handbuch** des Kinderschutzes und der Jugendfürsorge. Hrsg. ... von Dr. Th[eodor] Heller, Dir., Wien-Grinzig, Dr. Fr[iedrich] Schiller, Magistratsrat, Breslau, Dr. M. Traube, Geh.San.R., Leipzig. Bd 1. 2. Leipzig: W. Engelmann 19(10–)11. 4°
1. Abhärtung — Kunsterziehung. 2. Landerziehungsheime — Zwangsvorstellung. [11. 13304

— encyclopädisches, der kathol. Liturgie. Nebst e. Anhange über die armenische Liturgie. Nach dem französ. Werke des Abbé Migne fürs Deutsche bearb. von E. Schinke u. Jh. Kühn. (In 9—10 Liefg.) 1. Liefg. Lex.-8. Gleiwitz 846, Landsberger. n. 1/3 ℛ

— encyclopädisches, der katholischen Liturgie. Nach dem französ. Werke des Abbé Migne fürs Deutsche bearb. v. E. Schinke u. Jos. Kühn. 2—11. Lfg. Lex. 8. (S. 81—880.) Gleiwitz 847, Landsberger. à n. 1/3 ℛ (cplt. n. 3 2/3 ℛ)

Encyklopädisches **Handbuch** der Pädagogik hrsg. von W[ilhelm] Rein, Jena. Bd 1–7. *Langensalza: H. Beyer & Söhne 1895–99.* 7 Bde 4°(8°) [F.]
1. Abbitte — Erzählungen f. Kinder. 1895
2. Erziehender Unterricht — Griech. Erziehung 1896
3. Griech. Unterricht — Jünglingsvereine 1897
4. Kadetten-Anstalten — Myopie 1897
5. Nachahmung — Rom. Erziehung. 1898
6. Rousseau — Systemhefte 1899.
7. Tabakrauchen — Zwingli. Nachträge. Register 1899. [00. 2056

— encyklopädisches, der Pädagogik, hrsg. v. W. Rein. (In 4 Bdn. zu 12 Lfgn.) 1. Bd. 1.—5. Lfg. Lex.-8. (S. 1—400.) Langensalza 894. H. Beyer & Söhne. à n. 1.—

Handbuch, encyklopäd., d. Pädagogik, hrsg. v. W. Rein. 6.—72. Lfg. gr. 8. (1. Bd. XII u. S. 401—944 u. 2.—6. Bd. VIII, 920; VI, 967; VIII, 897; VII, 937 u. VII, 950 S.) Langensalza 895—899. H. Beyer & Söhne. à n. 1.—; auch in Halbbdn. à n. 7. 50; in geb. Bdn. à n. 17.—

— encyklopädisches, der Pädagogik, hrsg. v. W. Rein. 73.—86. (Schluß-)Lfg. gr. 8. (7. Bd. VIII, 1135 S.) Langensalza 899. H. Beyer & Söhne. à n. 1.—; (14 Halbbde. n. 10.—; 7 Bde. geb. n. 19. 50)

Handbuch. Encyklopädisches Handbuch der Pädagogik, hrg. von W[ilhelm] Rein, Jena. 2. Aufl. Band 1. 1. Hälfte: Abbitte — Beobachtung. VI S. + S. 1—512. gr.-8. Langensalza, Hermann Beyer & Söhne, 1902. (*cpl.* in 16 Halbbänden, br. *Subscr.* à M. 7. 50, *später* à M. 8.—; geb. pro Band *Subscr.* à M. 17.—, *später* à M. 18.—)
—
(Mitarbeiter *u. a.:* A[ndreas] Florin, Prof., Chur; † A[dam] Hug, Seminarl., Zürich; Dr. O[tto] Hunziker, Prof., Zürich; Dr. F[riedrich] Kölle, Dir. d. Schweizer. Anstalt f. Epilept., Zürich; Dr. [Wolfgang] Mittermaier, Univ.-Prof., Bern.)

Encyklopädisches **Handbuch** der Pädagogik hrsg. von W[ilhelm] Rein. 2. Aufl. Bd 1–10 [u.] Syst. Inhaltsverzeichn. Langensalza: Beyer 1903–1911. 4°(8°)

1. Abbitte – Degeneration, psychische. 1903.
2. Deklamieren – Franziskaner. 1904.
3. Franz. Unterricht, geschichtl. Abriss – Handelshochschulen. 1905.
4. Handelsschulen – Klassenoberster. 1906.
5. Klassenorganisation d. Volksschule – Munterkeit. 1906.
6. Musikal. Erziehung – Präparieren. 1907.
7. Prinzenerziehung – Schulberichte. 1908
8. Schulbesuch usw. – Stoy, Karl Volkmar. 1908.
9. Strafe – Vortrag, mündl. 1909.
10. Wagehalsig – Zwingli, Huldreich. Nachtr. 1910.

Syst Inhaltsverzeichniss, aufgestellt von Emil Zeissig. 1911. [11. 6789 6

— encyklopädisches, der **Pädagogik**. Von W. Rein. 2. Aufl. I. Bd. 2. Hälfte u. II.—V. Bd. à 2 Hälften. Lex.-8. Langensalza, H. Beyer & Söhne. Subskr.-Pr. jede Hälfte n. 8.—; f. früher subskr. Exemplare à n. 7. 50 (Der Bd. geb. n. 18. 50; bezw. n. 17. 50,
I, 2. (X u. S. 513—1000.) 903. — II. (VIII, 999 S.) 904. — III. (VII, 967 S.) 905. — IV. (VII, 956 S.) 906. — V. (VII, 982 S.) 906.

— dasselbe. 8. Bd.: I. Ergänzungsbd. 2 Hälften. (VI, 962 S.) Lex.-8. Ebd. 905. 906. à n. 7. 50

— encyklopädisches, der **Pädagogik**, hrsg. v. W. Rein. 9. Bd.: 2. Ergänzungsbd. 2 Hälften. (VI, 983 S.) Lex. 8. Langensalza 908. 10. H. Beyer & Söhne. 15. —

— dasselbe. 2. Aufl. VI—X. Bd. à 2 Hälften. Lex. 8. Ebd. Subskr.-Pr. jede Hälfte 8.—; f. früher subskr. Exemplare 7.50 (Der Bd. geb. n 18.50; bezw. n 17. 50)
VI. (VII, 927 S.) 907. — VII. (VII, 932 S.) 907. 08. — VIII. (VII, 937 S.) 908. — IX. (VII, 900 S.) 909. — X. (VI, 1026 S.) 909. 10.

Handbuch, Encyklopädisches, der Pharmakologie und Toxikologie. Herausgegeben von Hofrath Prof. Dr. A. Drasche. Redigirt von A. Brestowski. (Sonder-Ausgabe aus der „Bibliothek der gesammten medicinischen Wissenschaften".) Lex.-8. (967 S.) In Leinwand gebunden 15.—
Teschen: Prochaska 1895.

Enzyklopädisches **Handbuch** der Schulhygiene. Unter Mitarb. von ... hrsg. von Dr. R[ichard] Wehmer, Med.R., Berlin. Abt. 1. *Leipzig & Wien: A. Pichlers Wwe & Sohn 1903.* 8° [illegible]

— enzyklopädisches, der **Schulhygiene**. Unter Mitarbeit v. F. W. Büsing f. Bauhygiene, Herm. Krollick f. Pädagogik, sowie Sam. W. Abbott, R. Abel, Ernest G. W. Annis u. a. hrsg. v. R. Wehmer. 2 Abtlgn. (VIII, 1065 S. m. 439 Abbildgn.) gr. 8. Wien 903. 904. A. Pichler's Wwe. & Sohn. n. 25. —; in 1 Bd. geb. n. 27. —

Handbuch, Encyclopaedisches, der Schulwissenschaften. Dresden 1819. V: *Philippi, Carl Ferdinand.* (Ky) (MGT)

— encyklopädisches, d. Schulwissenschaften. (v. Karl Fd. Philippi). 3 Bde. 8. Dresd. 819.

Enzyklopädisches Handbuch der gesammten Staatsarzneikunde für Aerzte u. Rechtsgelehrte. In Verbindung mit ... bearb. u. hrsg. von Friedr. Jul. Siebenhaar. Abth. 1. [einz.] Leipzig 1838. 40. 2 Bde

[F.] Encyklopädisches **Handbuch** des gesamten Turnwesens und der verwandten Gebiete. In Verbindg m. zahlr. Fachgenossen hrsg. v. Dr. Carl Euler, Schulr. ... in Berlin. Bd I—III. *Wien & Leipzig: A. Pichler's Wwe & Sohn 1894—96.* 3 Bde 8.
I. (in 2 Abt.) M. 32 Portr. u. 345 and. Abb. 1894 (4 Bl., 720 S.)
II. M. 17 Portr. u. 405 and. Abb. 1895 (2 Bl., 750 S.)
III. M. 6 Portr. u. 188 and. Abb. 1896 (2 Bl., 634 S., 1 Kt.) [94. 8361

Enzyklopädisches Handbuch des gesamten Turnwesens und der verwandten Gebiete. In Verbindg. m. zahlreichen Fachgenossen, hrsg. v. Dr. Karl Euler, m. Abb.
Bd. 1: A-Laufarten, 720 S.
Bd. 2: Laufspiele — Springgeräte, 650 S.
Bd. 3: Springkastenübungen — Z, 634 S., Wien 1894/5/6; 8°. 3 Bde.

— zur **Erbauung** für denkende Christen, in 365 Darstellungen abgefaßt. Der Geisteserhebung gewidmet. 2 Thle. 8. Köln 833. (Leipzig, Central-Compt.) 1 Thlr

Handbuch kirchlicher und häuslicher Erbauung für Gemeindegenossen der evangelisch-lutherischen Kirche ... Riga 1847. V: *Ulmann, Carl Chn v.* (R-N)

— — der **Erdbeschreibung**, von Gaspari, A. C. und a. m. s. Gaspari, A. C.

— d. Erdbeschr. s. Degen.

— d. alt. Erdbeschr. s. D'Anville.

Handbuch der alten Erdbeschreibung zum Gebrauch der eilf grösseren Danvillischen Landcharten. Nürnb. 1785—86. V: *Hummel, Bernhard Friedrich.* (will)

— d. alten Erdbeschreibung, zum Gebrauch d. XI. größern Danvillischen Landkarten; aus den besten Quellen verfaßt. 1r Bd., 1r u. 2r Thl., von B. F. Hummel u. A. Stroth. 784, 86. 2r Bd. 1r u. 2r Thl., von P. Jak. Brunns u. Th. J. Ditmar, 785, 86. 3r Bd. oder 5r Thl. des ganzen Werks. A. u. d. T.: Handbuch d. mittlern Erdbeschreibung rc. Aus d. Französ. (v. G. A. Dillinger). 782. gr. 8. Nürnb. Schneider u. W. N. Aufl. 1r Thl. verb: von Heeren. Europa 800. 1 Thlr 8 gr 2r von Hummel u. Stroth, Italien u. Griechenland. 800. 1 Thlr 8 gr 3r von Brunns, Asien rc. 800. 1 Thlr 8 gr 4r von H. E. G. Paulus u. Brunns, Afrika u. Aegypten rc. 800. 1 Thlr 16 gr 5r 796. 20 gr Ebd. Alle 5 Bde 6 Thlr 16 gr 1r Bd., 1r, 2r Thl. latein.: Compendium geographiae antiquae, mappis Danvillianis accommodatum. Vol. I. p. 1. Vol. I. p. 2. cura B. F. Hummel. 8maj. Nürnb. 785. ibid. à 1 Thlr 8 gr 2 Thlr 16 gr

Handbuch der Erdbeschreibung von Europa insbesondere von Teutschland ... Stuttgart 1804. V: *Lotter, Christoph Ludwig & Phil. Wilh. Gottlieb Hausleutner.* (Ky) (MGT)

. d. Erdbeschreibung von Europa, insbesond. von Deutschland; (v. P. W. Hausleutner u. C. L. Lotter). Mit Einleit. u. Vorrede von Fr. Chr. Franz I. 8. Stuttg. 804. 2e A. 819. Steinkopf. 2 Thlr

— d. **Erdbeschreibung** von Europa. 8. Stuttg. Steinkopf. 814.

— — der **Erdbeschreibung** mit besonderer Hinsicht auf Deutschland. 2te Aufl. in 2 Abtheil. gr. 8. Stuttgart, Steinkopf. 810.

Handbuch der mittlern Erdbeschreibung . . . A. d. Franz. O. O. 1782. Ü: *Dillinger, Georg Adam.* (Ky)

— f. d. neueste Erdbeschreibung n. Einleit. v. Franz. 8. Stuttg. Steinkopf. 803.

Handbuch d. polit. Erdbeschreibung. Nach Adr. Balbi's Abrégé de Géographie. Für Deutschland bearb. u. vervollständ. v. Karl Andree. 2 Bde. (9 Lfgn.) gr. 8. (63 u. 55¾ B.) Braunschweig (834), 35, G. C. E. Meyer. à 2 Thlr. 12 Gr. Thlr.
Vgl. Hausbuch des geograph. Wissens..

— d. Erdbeschr. f. Ungelehrte. 8. Berlin, Wever. (Sander.) 784.

Handbuch der Erdbeschreibung für Ungelehrte. Berlin 1785. H: *Schulz, Joach. Christoph Friedrich.* (Ky) (R-N) (ML)

Handbuch vom Erkäntniss Gottes. O. O. 1704. V: *Unverfaerht.* (Myl)

Handbuch zur Erklärung des neuen Testaments für Ungelehrte. Halle 1790—92. V: *Röper, Frdr. Ludwig.* (MGT)

— zur Erklärung d. Neuen Testaments für Ungelehrte. 4 Bde. gr. 8. Leipz. 791—94. (1r Bd., 1e—3e Abtheil. 2e Aufl. 811—13. 3 ₰ 20 gr. 2r—4r Bd. 792—94. 2 ₰ 6 gr.) W. Vogel. 6 ₰ 2 gr. (2e Abtheil. A. u. d. T.: d. Evangelisten Markus u. Lukas, erklärt für Ungelehrte 1 ₰ 8 gr. 3e Abtheil.: der Evangelist Johannes, erklärt für Ungelehrte. 1 ₰ 8 gr.)

Handbuch zur kurzen Erläuterung der Frage: Wie viel Pfunde und Lothe der gewöhnlichen Warenartikel von der Eingangs-Abgabe frei sind . . . Bremen 1854. V: *Höden, J. v. d.* (Ky)

Handbuch zur gründl. u. leichten Erlernung d. Schönschreibekunst, in pract. Anweisungen f. d. Calligraphie, nach amerikan. u. engl. Methode. — Manuel au l'étude fontamentale et facile de la Calligraphie, avec les instruct. prat. d'après la methode americaine et anglaise. — (Carstair's Schnellschreibmethode.) 4. (30 lith. Blätter u. 2 B. deutsch. u. franz. Text.) Grätz 829, Kaiser. Thlr.

Handbuch zur Ermittelung der Bauhandwerks-Arbeiten und zur Anfertigung von Bauanschlägen. Für Baumeister, Cameralisten, Oekonomen, Bauherren ꝛc. Von einem prakt. Architekten. gr. 8. Schwäb. Hall 846, Haspel. 1 ₰

— d. Ernährungstherapie u. Diätetik. Unt. Mitwirkg. v. Biedert, J. Boas, Dettweiler etc. hrsg. von E. v. Leyden. 1. Bd., 2 Abthlgn. gr. 8. Leipzig, G. Thieme. n. 15. —; geb. in Leinw. n. 16. 20; in Halbfrz. n. 17. —
1. (VIII, 422 S. m. 2 farb. Tab.) 897. n. 10. —
2. (IV u. S. 423—622 m. 30 Abb.) 898. n. 5. —

— dasselbe. 2. Bd., 2 Abthlgn. Lex.-8. Ebd. à n. 10. —; geb. in Leinw. n.n. 11. —; in 1 Leinw.-Bd. n.n. 21. 20; in 1 Halbfrzbd. n.n. 22. 25
1. (IV u. S. 1—390 m. Abb.) 898. — 2. (VII u. S. 391—825.) 899.

— der Ernährungstherapie u. Diätetik. Unter Mitwirkg. v. P. Biedert, I. Boas, P. Dettweiler u. a. hrsg. von E. v. Leyden. 2. umgearb. Aufl. Hrsg. v. Geo. Klemperer. 2 Bde. Lex.-8. Leipzig, G. Thieme. n. 25. —; geb. in Halbfrz. n. 29. —
1. (X, 502 S.) 903. n. 11. —; geb. n. 13. —
2. (VIII, 579 S.) 904. n. 14. —; geb. n. 16. —

— der Erzbruderschaft sanctissimi corporis Christi oder der ewigen Anbetung des hochheil. Frohnleichnams unseres Herrn Jesu Christi. 32. (VI und 128 S.) Freiburg im Br. 856, Herder'sche Vrlgsh.

— der Erzbruderschaft Sanctissimi Corporis Christi oder der ewigen Anbetung des hochheil. Frohnleichnams unseres Herrn Jesu Christi. Aus Auftrag und mit Genehmigung des hochwürdigsten Hrn. Erzbischofs Hermann v. Vicari verfaßt und zusammengestellt für den Gebrauch in allen Kirchen des Erzbisth. Freiburg. 15.—18. Aufl. 16. (IV, 152 S.) Freiburg i. Br. 875—78, Herder'sche Verlagsh. *

— der Erzbruderschaft Sanctissimi Corporis Christi oder der ewigen Anbetung des hochheiligen Frohnleichnams unseres Herrn Jesu Christ. Aus Auftrag des hochw. Hrn. Erzbischof Herm. v. Vicari verf. und zusammengestellt für den Gebrauch in allen Kirchen des Erzbisth. Freiburg. 19.—22. Aufl. 16. (IV, 152 S.) Freiburg i. Br. 880—84, Herder'sche Verlagsh. *

Handbüchlein der Erzbruderschaft Sanctissimi Corporis Christi oder der ewigen Anbetung des hochheil. Frohnleichnams unseres Herrn Jesu Christi. Aus Auftrag und mit Genehmigung des hochwürdigsten Hrn. Erzbischofs Herm. v. Vicari verfaßt und zusammengestellt für den Gebrauch in allen Kirchen des Erzbisthums Freiburg. 23. und 24. Aufl. 16. (IV, 152 S.) Freiburg i. Br. 886,88, Herder'sche Verlagsh. *
geb. **

Handbüchlein der Erzbruderschaft Sanctissimi Corporis Christi od. der ewigen Anbetg. d. hochheil. Frohnleichnams unseres Herrn Jesu Christi. 25. Aufl. 16. (IV, 152 S.) Freiburg i. Br. 889, Herder.
* — 20; geb. * — 30

— der Erzbruderschaft v. der Ehrenwache des heiligsten Herzens Jesu. Aus dem Franz. 2. verb. Aufl. 12. (XXVII, 831 S. m. Titelbild u. 1 Farbdr.) Münster 896. H. Schöningh. Geb. in Leinw. n. 2. 20

— der Erzbruderschaft v. d. Ehrenwache d. hlgst. Herzens Jesu. Hrsg. von der Generaldirektion. 4. verb. Aufl. (XXIV, 347 S. m. Titelbild u. 1 Farbdr.) kl. 8. Münster 907. H. Schöningh. Geb. in Leinw. 2. 20

Handbuch für den Erzgebirgsturngau II, 2. Aufl., hrsg. v. Gauturnr., Annaberg im Erzgeb. 1910, 137 S., 16°.

Handbuch zur Erziehung der bürgerlichen Jugend in Wien. Wien 1775. V: *Loeper, Chn. Phil. Gabriel.* (Ky 3/586) (WBL XV/398) (BiblPort)

— der Erziehungs- u. Unterrichtslehre f. höhere Schulen. In Verbindg. m. Arendt, Brocks, Brunner etc. hrsg. v. A. Baumeister. (In 4 Bdn.) 1. Bd. 1. Abtlg. Lex.-8. München 895. C. H. Beck. n. 6. 50; geb. in Halbfrz. n n. 8. —
Geschichte der Pädagogik m. besond. Rücksicht auf das höhere Unterrichtswesen v. Theobald Ziegler. Nebst allgemeiner Einleitg. vom Herausgeber. (LXX, 361 S.)

— d. Erziehungs- u. Unterrichtslehre f. höh. Schulen. In Verbindg. m. Arendt, Brocks, Brunner etc. hrsg. v. A. Baumeister. I. Bd. 2. Abt., II. Bd. 1. u. 2. Abt., III. Bd. 6 Abthlgn. u. IV. Bd. 5 Abtlgn. gr. 8. München, C. H. Beck. n. 67. 30
(Kplt. n. 73. 80; in Halbfrzbdn. n.n. 84. 80)

I, 2. Die Einrichtg. u. Verwaltg. d. höh. Schulwesens in d. Kulturländern v. Europa u. in Nordamerika. Unt. Mitwirkg. zahlr. Verff. hrsg. Von A. Baumeister. (VIII, 894 S.) 897. n. 16. —; geb. in Halbfrz. n.n. 18.—
II, 1. A. Theoret. Pädagogik u. allgem. Didaktik v. Wendelin Toischer. B. Die Vorbildg. d. Lehrer f. d. Lehramt v. Wilh. Fries. (VII, 200 u. VIII, 206 S.) 895. n. 7. 50; geb. in Halbfrz. n.n. 9. —
II, 2. Prakt. Pädagogik f. höh. Lehranst. v. Adf. Matthias. M. e. Anh.: I. Üb. Internats-Erziehung v. Gust. Schimmelpfeng. II. Üb. Schulgesundheitspflege v. Ludw. Kotelmann. (VII, 397 S. m. Abb.) 895. n. 7. —; geb. in Halbfrz. n.n. 8. 50
III, 1. Didaktik u. Methodik d. einz. Lehrfächer. 1. Abtlg.: Lateinisch. Bearb. v. Pet. Dettweiler. Geschichte. Bearb. v. Osk. Jäger. (255 u. 110 S.) 895. n. 6. 50
III, 2. Dasselbe. 2. Abtlg.: Französisch. Bearb. v. Wilh. Münch. Englisch. Bearb. v. Frdr. Glauning. (107 u. 88 S.) 895. n. 4. —
III, 3. Dasselbe. 3. Abtlg.: D. deutsche Unterricht u. d. philosoph. Propädeutik v. Gust. Wendt. (160 S.) 896. n. 3. —
III, 4. Dasselbe. 4. Abtlg.: Evangel. Religionsunterricht. Von Frdr. Zange. (273 S.) 897. n. 5. 50
III, 5. Dasselbe. 5. Abtlg.: Kathol. Religionslehre. Von J. N. Brunner. (65 S.) 898. n. 1. 20
III, 6. Dasselbe. 6. Abtlg.: Griechisch. Von P. Dettweiler. (94 u. XXIX S.) 898. n. 1. 80
(3. Bd. kplt., geb. in Halbfrz. n.n. 24. 60.)
IV, 1. Dasselbe. II. Hälfte. 1. Abtlg.: Rechnen u. Mathematik. Von Max Simon. — Physik. Von J. Kiessling. (128 u. 73 S.) 895. n. 4. —
IV, 2. Dasselbe. 2. Abtlg.: Mathematische Geographie. Von Siegm. Günther. — Geographie. Von Alfr. Kirchhoff. (44 u. 67 S. m. 2 Karten.) 895. n. 2. 50
IV, 3. Dasselbe. 3. Abtlg.: Naturbeschreibung. Von Ernst Loew. — Chemie. Von Rud. Arendt. (98 u. 74 S.) 895. n. 3. 50
IV, 4. Dasselbe. 4. Abtlg.: Zeichnen. Von Adb. Matthaei. — Gesang. Von Johs. Plew. (95 u. 56 S.) 895. n. 3. —
IV, 5. Dasselbe. 5. Abtlg.: Turnen u. Jugendspiele u. die körperl. Erziehg. in höh. Schulen. Von Herm. Wickenhagen. (V, 93 S.) 898. n. 1. 80
(4. Bd kplt.: n 14. 80; geb in Halbfrz. n.n 16. 80)

Handbuch der Erziehungs- u. Unterrichtslehre f. höh. Schulen, hrsg. v. A. Baumeister. III. Bd. 2. Abtlg. 1. Hälfte. gr. 8. München, C. H. Beck. n. 4.—; geb. n. 5. —

Didaktik u. Methodik des franz. Unterrichts. Von Wilh. Münch. 2., umgearb. Aufl. (V, 179 S.) 902. n. 4. —; geb. n. 5. —

— der Erziehungs- u. Unterrichtslehre f. höhere Schulen. In Verbindung m. Arendt, Brunner, Dettweiler u a. hrsg. v. A. Baumeister. I. Bd. 1. Abtlg., II. Bd. 2. Abtlg. I. u. II. Hälfte. u. III. Bd. II. Abtlg. II. Hälfte. gr. 8. München, C. H. Beck. n. 19. 50
geb. in Leinw. n. 23. 50

I, 1. Geschichte der Pädagogik m. besond. Rücksicht auf das höhere Unterrichtswesen. Von Theob. Ziegler. 2., durchgeseh. u. ergänzte Aufl (X, 394 S.) 904. n. 7. —; geb. in Leinw. n. 8. —; in Halbfrz. n.n. 8. 50
II, 2, I. Praktische Pädagogik f. höhere Lehranstalten. Von Adf. Matthias. 2., umgearb. u. verm. Aufl. (VIII, 264 S.) 903. n. 5. —; geb. in Leinw n. 6. —
II. Schulgesundheitspflege. Von Ludw. Kotelmann. 2. neubearb. Aufl. (VII, 216 S. m. Abbildgn.) 904. n. 5. —; geb. in Leinw. n. 6. —
III, 2, II. Didaktik u. Methodik des englischen Unterrichts. Von Frdr. Glauning. 2. umgearb. Aufl. (IV, 110 S.) 903. n. 2. 50: geb. in Leinw. n. 3. 50

— der Erziehungs- u. Unterrichtslehre f. höh. Schulen. In Verbindg. m. Arendt, Brunner, Dettweiler u. a. hrsg. v. A. Baumeister. (I. Bd. 1. Abtlg. II. Bd., 1. Abtlg. u. 2. Abtlg. I. Hälfte. gr. 8. München, C. H. Beck. 16.—; geb. in Leinw. 19. —

Fries, Wilh., die wissenschaftliche u. praktische Vorbildung f. das höhere Lehramt. 2., umgearb. Aufl. (VI, 216 S.) 910. (Bd. II, 1. Abtlg.) 4.—; geb. 5. —
Matthias, Adf., praktische Pädagogik f. höhere Lehranstalten. 3., vielfach verb. u. verm. Aufl. (IX, 277 S.) (Bd. II, 2. Abtlg. I. Hälfte.) 5.—; geb. 6. —
Ziegler, Theob., Geschichte der Pädagogik m. besond. Rücksicht auf das höhere Unterrichtswesen. 3., durchgeseh. u. ergänzte Aufl. (X, 416 S.) 909. Bd. I, 1. Abtlg.) 7.—; geb. 8. —

Handbuch, Evangelisches, für Christen oder Worte Jesu Christi beherzigt. Nürnberg 1790. V: *Lavater, Johann Kaspar.* (schstr S. 126)

— d. Evangeliums Jesu Christi, u. alten u. neuen Testaments, nebst Luthers kl. Katechismus. 8. Nürnb. 825, Raw.

Handbuch, Exegetisches, für die biblischen Beweisstellen in der Dogmatik. Leipzig 1795—1802. V (Th. 1): *Rosenmüller, Ernst Frdr. Carl.* V (Th. 2): *Fuhrmann, Wilh. David.* (MGT) (Ky) (Winer)

— exeget., f. d. biblischen Beweisstellen in der Dogmatik. 1r Thl. gr. 8. Lpz. Beer. 795.

— exegetisches, f. die biblischen Beweisstellen in d. Dogmatik. 1r u. 2n Thls 1ste Abthl. gr. 8. Leipzig, Graffé. 795–802. (I. 20 gr. II, 1ste Abthl. 1 Rthlr. 12 gr.)

Handbuch, Exegetisches, des Alten Testaments für Prediger, Schullehrer und gebildete Leser. Leipzig 1797—1800. V: *Nachtigal, Johann Conr. Chph.* (Ky) (MGT) V: *Roeper, Frdr. Ldw.* (EB)

— exeget., d. Alt. Testaments, für Prediger u. Schullehrer ꝛc., (von J. K. C. Nachtigall). 1s—6s Stück. gr. 8. Leipz. 797—800. Weygang. (Weygand). 6 Rthlr 16 gr.

Handbuch, Exegetisches, des neuen Testaments. Leipzig 1788—90. V: *Röper, Frdr. Ludwig.* (Ky) (MGT) (Winer)

Handbuch, Exegetisches, des Neuen Testaments. Leipzig 1788—90. V nicht: *Röper, Friedrich Ludwig.* (NN VIII, 2, S. 536) (Zeitschr. f. Büch. 1923, S. 87)

— exeget., des N. Testaments, (von F. L. Röper od. Rönner?). 1s—4s Stck. 788—90. 2e A. 793, 94. 5s—10s Stck. gr. 8. Lpz. 797–809. (W. Vogel). 11 Rthlr 2 gr (13 Stück. A. u. d. T.: Erklär. d. Schriften d. N. Testam. 1r Thl. gr. 8. Leipz. 6e A. 822. 1 Rthlr 21 gr)

— exegetisches, des neuen Testaments. 17s Heft. 2te verb. Ausg. gr. 8. Ebend. 813.

— exeget., d. neuen Testaments. 1s Stück 6te Aufl. A. u. d. T.: Erklärung d. Schriften des neuen Testaments. 1r Thl. gr. 8. Leipzig 822, W. Vogel.

— für Expedienten u. junge Männer, welche dem Expedientenstande sich zu widmen beabsichtigen. Mit besond. Rücksicht auf advocator. Geschäftsbetrieb bearb. v. e. ehemal. Expedienten gr. 8. (IV, 273 S.) Dresden 873. Höckner in Comm. n.n. 5. —

— f. Fabrikanten, Künstler, Handwerker u. Oekonomen, f. Neueste u. Nützlichste, das, in d. Chemie, Fabrikwissenschaft

Handbuch für Fabrikanten, Künstler, Handwerker und Oekonomen. Von Bd 13 ab: Neuestes Handbuch ... Von J. C. Leuchs. 2. Aufl. Bd 1—24. Nürnberg 1808—1831

Handbuch für die Philosophische Fakultät der Universität Göttingen. Nur f. d. Mitglieder d. Fakultät. *Göttingen 1903: Dieterich.* (61 S.) 8° [F.]
(Nicht für den Austausch)

— für Färber u. alle diejen., welche sich mit Färben d. Tücher u. Wolle rc. beschäftigen, auf vieljähr. Versuche u. Erfahrungen gegründet. 8. (20½ B.) Liegnitz 850, Kuhlmey.

Handbuch des Felddienstes für Cavallerie-Offiziere. Zusammengestellt genau nach den Vorschriften des Dienst-Reglements und der Feld-Instruction. Von einem k. k. Cavallerie-Offizier. Lemberg und Czernowitz 1855. Druck und Verlag von Ed. Winiarz. (IV, 388 S. 8.) geh.

— für den Felddienst für Mannschafts- u. Unteroffiziers-Schulen. Olmütz 867. Hölzel. 8. (80 S.) n. 3 ngr.

Handbuch für praktische Feldmesser. Frankfurt [ca. 1800]. V: *Bischof, Carl August Lebrecht.* (will)

— f. Feldwundärzte. gr. 8. Ebend. 797.

— der Pariser Feuerwehr. Auf Befehl des französischen Kriegsministeriums herausg. von einer Commission von Offizieren des Sapeur-Pompier-Bataillons der Stadt Paris. Für deutsche Polizeimänner und Communalbeamte, sowie für deutsche Militär- und Bürgerfeuerwehren bearb. von Rich. Schunck. Mit 121 in den Text eingedr. Holzschn. Braunschweig 856. Vieweg. 8. (XIV, 231 S.) n. 1 ℛ 15 ngr

— der Feuerwehren des bayer. Landes-Feuerwehr-Verbandes. 2. Tl.: Technische u. Übungs-Vorschriften nebst Normen f. Lösch-, Steig- u. Rettungsgeräte f. die bayer. Verbands-Feuerwehren in Stadt u. Land. Hrsg. vom bayer. Landes-Feuerwehr-Ausschuß. (216 S. m. Abbildgn.) 8. Nebst Kommando-Auszug. (34 S.) kl. 8. München 910. Ph. L. Jung. p nn 1.80; Kommando-Auszug allein p nn — 80
Hieraus einzeln: Anleitung f. Feuerwehr-Sanitätsmänner. (S. 47—64.) p nn —30. — Fußexerzitium u. Inspektionsordnung. (S. 9—38 u. 65—70.) p nn —35. — Löschgeräte. (Übungen f. die Spritzenmannschaften.) 2. techn. Zug. (S. 71—154.) p nn —70. — Signale der Feuerwehren einschließlich Feuerwehrmärsche. (S. 39—46.) p nn —25. — Steig- u. Rettungsgeräte. (Übungen f. die Steigermannschaft.) 1. techn. Zug. (S. 155—216.) p nn —60.
Der 1. Tl. ist noch nicht erschienen.

— für die sächsischen Feuerwehren. Hrsg. vom Landesausschuß sächs. Feuerwehren. Im Auftrage bearb. v. Loth. Weigand. 8 (VII, 263 S.) Chemnitz 884. (Bülz.) n.n. 1. 60

Handbuch der sächs. Feuerwehren. Herausgegeben vom Landesausschuß sächs. Feuerwehren. Chemnitz 1888.

— des Finanzherold 1888—1889. Nachschlagewerk über sämmtl. Actien-Gesellschaften in Frankfurt a. M., der Prov. Hessen-Nassau, dem Grossherzogth. Hessen, Grossherzogth. Baden, Elsass-Lothringen und Luxemburg. [Abgeschlossen am 2. Novbr. 1888.] Hrsg. von der Redact. des „Finanzherold". 8. (X, 200 S.) Frankfurt a. M. 888, (Detloff.) geb. **

Handbuch des Finanzherold 1890—93. 2.—5. Jahrg. Ein Handbuch u. Nachschlagewerk für Bankiers u. Kapitalisten. Hrsg. von der Red. d. „Finanzherold". gr. 8. (XII, 500; XXII, 500; XVII, 628; XVII, 708 S.) Frankf. a. M., Verlag d. Finanzherold. 2.—4. Jahrg. geb. à * 5 —; 5. Jahrg. geb. * 7 50

— d. Finanzherold 1898. 10. Jahrg. E. Handbuch u. Nachschlagewerk f. Bankiers. Kapitalisten u. Industrielle. Abgeschl. am 15. XII. 1897. Hrsg. von d. Red. d. „Finanzherold". Organ f. Börse, Handel u. Industrie. Begründ. v. Heinr. Emden. gr. 8. (XXV, 968 S.) Frankfurt a/M. Leipzig, Verlag f. Börsen- u Finanzlitteratur. Geb. in Leinw. n. 8.—

— des Finanzherold, Fortsetzg., s.: Jahrbuch der Frankfurter Börse.

Handbuch des Deutschen Flotten-Vereins (E. V.). Für d. Schriftleitung verantwortlich H[ans] Sturtz, Friedenau. Berlin: Deutscher Flotten-Ver. 1905. (280 S.) 8° [F.] [08. 1607 8

— des deutschen Flotten-Vereins (e. V.). Schriftleitung: Fritz Scherler. (402 S. m. 8 Bildnistaf.) gr. 8. Berlin (W. 9, Linkstr. 20) 909. Deutscher Flotten-Verein. 2.—

— d. Berliner Fonds-Börse, hrsg. durch die Sachverständigen-Kommission d. Fonds-Börse in Berlin. 1895. 16. (159 S.) Berlin (Puttkammer & Mühlbrecht). n. 1. 60

Handbuch, Formularisches, für den ausübenden Stimmer des Tasteninstruments. Dresden 1792. V: *Wiese, Christian Ludwig Freih. von.* (Ky) (ML)

— formularisches, für den ausübenden Stimmer d. Tastinstruments, (v. Chr. L. G. v. Wiese). 4. Dresd. 792. Hilscher. (Walther). 4 ℊ

— für Forst- und Jagdbediente der unteren Klassen etc. ..., Gemeinnützliges, in 3 Abtheilungen. Jena 1799—1800. 8.

— d. Forstbenutzungslehre. gr. 8. Giessen, Tasché u. Müller. 809.

— für Förster u. Forstliebhaber. 2 Thle. 8. Düsseld. 704. Dänzer. 16 ℊ

— aller seit 1560 bis auf die neueste Zeit erschienenen Forst- und Jagd-Gesetze des Königreichs Sachsen. Systematisch und chronologisch zusammengestellt von Geo. Victor Schmid. 3. und 4. Thl. gr. 8. Meißen 840, [Goedsche'sche Buchh.]
Thl. 3. Justiz- und Polizei-Gesetze in Jagd- und Forstsachen. (XIII und 214 S.)
4. Gesetze über die persönl. Pflichten und Rechte der Forst- und Jagdbedienten. (VIII und 64 S.)
1. und 2. Thl. Ebendas. 1839—44. 3 Thlr. 17½ Ngr.

— der Forst- u. Jagdgesetzgebung Baierns, s. Sammlung, systemat., d. Forst- u. Jagdgesetze rc.

„Handbuch für praktische Forst- und Jagdkunde. Von einer Gesellschaft Forstmänner und Jäger, in alphabetischer Ordnung", 3 Bände, Leipzig 1796.

„Handbuch der praktischen Forst- und Jagdkunde in alphabetischer Ordnung", 3 Bände, Leipzig 1796, 1797 (Schwickert).

— der Forst- u. Jagdliteratur. Vom Jahre 1820 bis z. Jahre 1843 systematisch geordnet u. hrsg. v. C. P. Laurop. gr. 8. (12½ B.) Frankfurt a. M. 814, Sauerländer's Verl. *

— dass. Ergänzungsheft, die Literatur aus den Jahren 1814 u. 1815 u. Nachträge aus früheren Jahren enthaltend. Systemat. geordnet u. hrsg. v. C. P. Laurop. gr. 8. (9 B.) Ebds. 816. *

Handbuch für die Forst- und Cameralverwaltung im Grossherzogthum Hessen. - Darmstadt 1883. 759 S. - Nachtr. u. Berichtig.: 1. Forts. Darmstadt 1886. - Weitere Ausgabe ebd. 1913. XV, 603 S. bearb. v. Karl Nicolaus

Handbuch der natürlichen grundsätzlichen Forstwirthschaft im Staate . . . Erfurt 1805. V: *Griesheim, Ludw. Wilh. von.* (Engoec) »Altenburg 1800«. (Ky)

— der Forstwissenschaft, in Verbindg. m. A. Bühler, Ritter R. v. Dombrowski, W. Fr. Exner rc. hrsg. v. Tuisko Lorey. [In 2 Bdn.] (In ca. 25 Lfgn.) 1—4. Lfg. Lex.-8. (1. Bd. S. 1—192.) Tübingen 886. Laupp. à n. 1. —

— der Forstwissenschaft, in Verbindung m. A. Bühler, Ritter R. v. Dombrowski, W. Fr. Exner rc. Hrsg. v. Tuisko Lorey. 42 Lfgn. — 2 Bde. Lex.-8. Tübingen 887. 888. Laupp. à Lfg. n. 1. —

1. Bd. 1. Abtlg.: Weber, die Aufgaben der Forstwissenschaft. Allgemeine Erörterungen über die Ziele und Mittel der forstlichen Produktion. — Lorey, Unterricht, Versuchswesen. — Schwappach, Forstgeschichte. - Ramann, Standortslehre. — Bürgen, Forstbotanik. — Lorey, Waldbau. (XVI, 630 S.; Realster zum Gesamt-Werk 15 S.)

1. Bd. 2. Abtlg.: Fürst, Forstschutz. — Förster, Wildbach- und Lawinenverbauung. — Exner, technische Eigenschaften der Hölzer. — Stötzer, Forstproduktenernte, Verwertung, Aufbewahrung. — Schuberg, Transportwesen. — Bühler, die landwirtschaftlichen Nutzungen im Walde. — Schwackhöfer, forstlich chem. Technologie. — Dombrowski, Jagd. — Metzger, Fischerei. (IX, 614 S.)

2. Bd. Lehr, Waldwertrechnung u. forstliche Statik. — v. Guttenberg, Holzmeßkunde. — Judeich, Forsteinrichtung. — Schwappach, Forstverwaltg. — Lehr, Forstpolitik. (VIII, 576 S. m. Illustr.)

Handbuch der Forstwissenschaft, in Verbindung m. A. Bühler, Ritter R. v. Dombrowski, W. Fr. Exner u. A. hrsg. v. Tuisko Lorey. 2 Bde. in 3 Abtlgn. Lex.-8. Tübingen 888. H. Laupp. n. 42. —; geb. n.n. 49. 20

I, 1. Allgemeiner Teil. Forstliche Produktionslehre. I. (XIV, 630 u. 15 S.) n. 15. —; geb. n.n. 17 40

I, 2. — dasselbe. II. (IX, 614 S.) n. 14. —; geb. n.n. 16. 40

II. Forstliche Betriebslehre u. Forstpolitik. (IX, 576 S.) n. 13. —; geb. n.n. 16. 40

— der Forstwissenschaft, 2. Aufl., s.: Lorey.

— d. grundsätzl. Forstwissenschaft im Staate, in Hinsicht auf d. Landökonomie u. Wildbahn, (v. L. W. v. Griesheim). 2 Thle, mit 1 Kpf. gr. 4. Altenb. 800. (Petersen). 5 ℛ (Hennings in Neisse) 4 ℛ 12 ℊ

HANDBUCH DES DEUTSCHEN FORTBILDUNGSSCHULWESENS Von OSKAR PACHE.

1. Teil. (Schriften des Verbandes der Freunde und Lehrer deutscher Fortbildungsschulen Bd 1) Wittenberg 1896 R Herrosé's Verlag (H Herrosé) 8°
2. Teil. (Schriften des deutschen Vereines für das Fortbildungsschulwesen. Nr. 4) ib. 1897 —
3 Teil (Schriften ... Nr 6) ib. 1898. —
4 Teil. (Schriften ... Nr 8) ib 1899 —
5. Teil (Schriften ... Nr 10) ib 1900 —
6. Teil (Schriften ... Nr 11) ib 1902 —

HANDBUCH DES DEUTSCHEN FORTBILDUNGSSCHULWESENS Von OSKAR PACHE

7 [1]) Teil (Schriften des Deutschen Vereins für das Fortbildungsschulwesen Nr 17) ib 1905 —

[1]) Die fehlenden Nummern habe ich nicht einsehen können.

— Frankfurter, d. i., Gebet- und Gesangbuch, nebst Psalter rc. 12. Frankf. Andreä. 721.

Hand- u. Hülfsbuch, französ.-deutsches, s. Manuel.

— der Frauenbewegung, hrsg. v. Helene Lange u. Getr. Bäumer. 1.—4. Tl. gr. 8. Berlin, W. Moeser. n. 30. 60; geb. in Leinw. n. 37. 50

1. Geschichte, die, der Frauenbewegung in den Kulturländern. Mitarbeiter am 1. Tl.: Getr. Bäumer, Marianne Hainisch, Emilie Benz etc. (XIV, 490 S.) 901. n. 9. —; geb. n. 11. —
2. Frauenbewegung u. soziale Frauenthätigkeit in Deutschland nach Einzelgebieten. Mitarbeiter am 2. Tl.: Alice Salomon, Marie Stritt, Anna Pappritz, Ottilie Hoffmann. (VII, 267 S.) 901. n. 5. —; geb. n. 6. 50
3. Stand, der, der Frauenbildung in den Kulturländern. Mitarbeiter am 3. Tl.: Getr. Bäumer, Mary J. Lyschinska, Margarete Henschke u. a. (XIII, 461 S.) 902. n. 8. 60; geb. n. 10. 40
4. Frau, die deutsche, im Beruf. Mitarbeiter am 4. Tl.: Rob. Wilbrandt, Lisb. Wilbrandt. (XVI, 418 S.) 902. n. 8. —; geb. n. 9. 60

— der Frauenbewegung, hrsg. v. Helene Lange u. Gertr. Bäumer. V. Tl. 2 Abtlgn. Lex.-8. Berlin, W. Moeser. Kart. n. 4. 80; in 1 Bd. geh. n. 4. —; geb. n. 5. 50

1. Die deutsche Frau im Beruf. Praktische Ratschläge zur Berufswahl. Von Josephine Levy-Rathenau u. Lisb. Wilbrand. 1. Abtlg.: Landwirtschaft u. Nebengebiete. Häusliche Dienste. Industrie u. Gewerbe. Handel u. Verkehr. (XVI, S. 1—115 u. 263—281.) 906. Kart. n. 2. —
2. Dasselbe. 2. Abtlg.: Freie Berufe. (XVI u. S. 115—281.) 906. Kart. n. 2. 80

1.—4. Tl. Ebd. 901. 902. n. 30. 60; geb. n. 37. 50.

— der Frauenbewegung, hrsg. v. Helene Lange u. Gertr. Bäumer. V. Tl. gr. 8. Berlin, W. Moeser. 3. 50
Die deutsche Frau im Beruf. Praktische Ratschläge zur Berufswahl. Von Josephine Levy-Rathenau. 2. neubearb. Aufl. (VIII, 184 S.) 910.

Handbuch für Frauenbildung und Frauenberuf, s. Norden, Max

Handbuch für Frauenbildung und Frauenberuf. Führer durch die Anstalten und Einrichtungen zur Ausbildung von Mädchen und Frauen in Berlin. Berlin 1902. V: *Norden, Max.* (Berl 1912, S. 973)

— für Frauenbildung u. Frauenberuf. Führer durch die Anstalten u. Einrichtgn. zur Ausbildung v. Mädchen u. Frauen in Berlin gr. 8. (X, 112 S.) Berlin 902. C. Habel. Kart. n. 1. 20

— f. Frauenbildung u. Frauenberuf. Frauen-Führer. Auskunftsbuch üb. Vereine, Ausbildungsgelegenheiten u. Wohlfahrtseinrichtgn. in Berlin. 3. Aufl. (VIII, 120 S.) gr. 8. Berlin, C. Habel. 1904. Geb. 1. 20.

Handbuch f. Frauenbildung u. Frauenberuf. Frauen Führer. Auskunftsbuch üb. Vereine, Ausbildungsgelegenheiten u. Wohlfahrtseinrichtgn. in Berlin. 4. Aufl. (VIII, 134 S.) 8. Berlin, C. Habel. 1905. Geb. 1. 20.

— für Frauenbildung u. Frauenberuf. Frauen-Führer. Auskunftsbuch üb. Vereine, Ausbildungsgelegenheiten u. Wohlfahrtseinrichtgn. in Berlin. 5. Aufl. (VIII, 131 S.) 8. Berlin 906. C. Habel. Geb. n. 1. 20
2. Aufl. (VIII, 88 S.) 903. — 3. Aufl. (XIII, 120 S.) 904. — 4. Aufl. (VIII, 134 S.) 905. à n. 1. 20.

— für Frauenbildung u. Frauenberuf. Frauen-Führer. Auskunftsbuch üb. Vereine, Ausbildungsgelegenheiten u. Wohlfahrtseinrichtgn. in Berlin. 6. Aufl. (VIII, 128 S.) 8. Berlin 907. C. Habel. Geb. 1. 20

— zur Frauenfrage. Der deutsch-evangel. Frauenbund in seiner geschichtl. Entwickelg., seinen Zielen u. seiner Arbeit. Im Auftrage des Vorstands des deutsch-evang. Frauenbundes hrsg. v. Paula Mueller. (VI, 206 S.) 8. Gr. Lichterfelde-Berlin 908. E. Runge. 2. —; geb. 2. 50

— der Frauenkrankheiten. Bearb. von Bandl, Billroth, Breisky etc. Redig. von Th. Billroth. Mit zahlreichen in den Text gedr. Holzschn. (In 10 Abschnitten.) 1., 2., 4.—9. Abschnitt. gr. 8. Stuttgart, Enke.

Inhalt:

Abschnitt 1. Chrobak, C., die Untersuchung der weiblichen Genitalien und allgemeine gynäkologische Therapie. (VIII, 266 S. mit 90 in den Text gedr. Holzschn.) 879. *M 6,40.

» 2. Mayerhofer, Carl, Sterilität, Entwickelungsfehler und Entzündungen des Uterus. 1. Hälfte. (96 S.) 878. *M 2,40.

» 4. Gusserow, A., die Neubildungen des Uterus. (340 S.) 878. *M. 6.

» 5. Bandl, L., die Krankheiten der Tuben, der Ligamente, des Beckenperitonäum und des Beckenzellgewebes. (VI, 202 S. mit 12 in den Text gedr. Holzschn.) 879. *M. 4,80.

» 6. Olshausen, Rob., die Krankheiten der Ovarien. (VIII, 461 S. mit 33 in den Text gedr. Holzschn.) 877. *M. 12.

» 7. Breisky, A., die Krankheiten der Vagina. (VII, 167 S. mit 32 in den Text gedr. Holzschn.) 879. *M 4.

» 8. Hildebrandt, H., die Krankheiten der äusseren weiblichen Genitalien. (VI, 136 S. mit 27 in den Text gedr. Holzschn.) 877. *M. 3,60.

» 9. Winckel, F., die Krankheiten der weiblichen Harnröhre und Blase. (VII, 231 S. mit 59 in den Text gedr. Holzschn.) 877. *M 6.

Der 3. und 10. Abschnitt sind noch nicht erschienen.

—— der Frauenkrankheiten. Bearb. von Bandl, Billroth, Breisky, Chrobak, Fritsch, Gusserow, Hildebrandt, Mayrhofer, Olshausen und Winckel. Redig. von Th. Billroth. Mit zahlreichen in den Text gedr. Holzschn. 2. Abschnitt 2. Hälfte und 3. und 10. Abschnitt. gr. 4. Stuttgart, Enke.

Inhalt:

Abschnitt 2. Mayrhofer, Carl, Sterilität des Weibes. Entwicklungsfehler und Entzündungen der Gebärmutter, mit einem Anhang über die Hypertrophien und Atrophien derselben. 2. Hälfte. (VII, S. 97—204 mit 37 eingedr. Holzschn. und 2 Farbendr.-Taf.) 882. *M 3,60.; compl. *M 6.

» 3. Fritsch, H., die Lageveränderungen der Gebärmutter. (VI, 260 S. mit 100 in den Text gedr. Holzschn.) 881. *M 6.

» 10. Billroth, Th., die Krankheiten der weiblichen Brustdrüsen. (VI, 176 S. mit 55 eingedr. Holzschn. und 8 Taf. in Farbendr.) 880. *M 9,60.

—— der Frauenkrankheiten. Bearb. v. Bandl, Billroth, Breisky etc. Redig. von Th. Billroth und A. Luecke. 2. gänzl. umgearb. Aufl. 3 Bde. gr. 8. Stuttgart, Enke. *

Inhalt:

Bd. 1. Chrobak, R., die Untersuchung der weiblichen Genitalien und allgemeine gynäkologische Therapie. — Müller, P., die Sterilität der Ehe. Entwicklungsfehler des Uterus. — Fritsch, H., die Lageveränderungen und Entzündungen des Uterus. (XVIII, 1107 S. mit 346 in den Text gedr. Holzschn.) 885. *M 28.—.

» 2. Gusserow, A., die Neubildung des Uterus. — Olshausen, R., die Krankheiten der Ovarien. — Bandl, L., die Krankheiten der Tuben, der Ligamente, des Beckenperitoneum und des Beckenbindegewebes, einschliesslich der Extrauterin-Schwangerschaft. (XVI, 1034 S. mit 119 in den Text gedr. Holzschn.) 885. *M 26.—.

» 3. Billroth, Th., die Krankheiten der weiblichen Brustdrüsen. — Zweifel, die Krankheiten der äusseren weiblichen Genitalien und die Dammrisse. — Winckel, die Krankheiten der weiblichen Harnröhre und Blase. (822 S. mit 227 in den Text gedr. Holzschn. und 9 Taf. in Farbendr.) 886. *M 26.—.

— der deutschen Frauenvereine unter dem Rothen Kreuz. gr.8. (VIII, 860 S.) Berlin 881. C. Heymann's Verl. n. 8. —; geb. n. 4. —

— des vaterländischen Frauen-Vereins. Hrsg. vom Hauptvorstand. (XII, 1080 S. m. 1 Tab.) gr. 8. Berlin 910. C. Heymann. Geb. 6. —

Aus dem Buchhandel zurückgezogen.

— f. Frauenzimmer. Bregenz, Brentano.

— f. ein junges Frauenzimmer, 2 Thle. 8. Hamburg, Buchenröder. 774.

— f. junge Frauenzimmer. 2 Thle. 8. Wien, Doll. 791.

— für junge Frauenzimmer, d. Kochkunst u. d. Wirthschaft betreffend. 2 Bde. 8. Hamb. 774. N. A. 806. 4e A. 8. Leipz. 816. (W. Nauck). 1 ₰

Anonym: „Handbuch für junge Frauenzimmer, enthält alles, was zur Führung einer Wirthschaft nöthig ist", 2 Bände, Altona und Leipzig 1807.

— f. junge Frauenzimmer, die Kochkunst u. d. Wirthschaft betreffend. 2 Bde. 4te Aufl. 8. Leipz. Sommer. 816.

— f. Frauenzimmer an d. Toilette. 8. Berlin. (Rieger, Augsb. 796.

—— für Freimaurer, oder hieroglyphischer Ermahner. Enthaltend: die Erklärungen aller Sinnbilder in den Graden als Lehrling, Geselle, Meister-Maurer, Mark-Meister &c.; den Verordnungen gemäß geordnet und aus dem Engl. ins Deutsche übers. und hrsg. von J. Geo. Stock. 2. Aufl. 8. (196 S. mit 8 Holzschnt.) Philadelphia 856(60), (Schäfer und Koradi.) geb. *

Handbuch für die deutschen Frei-Maurer des Staates Illinois. Die alten Pflichten der Frei-Maurer (die Preston'sche Bearb. derselben) sowie die Constitution, Nebengesetze u. s. w. der Grossloge des Staates Illinois enthaltend. Zsgest. und aus d. Engl. übers. von Louis Blohm. Chicago: Röhr 1872. 61 S. 8°
Tt. 1072.

Handbuch, Freimaurerisches, für den Gebrauch der deutschen Logen. New York 1888. V: *Vehslage, Henry, Edward Greller, Adolph Klee.* (wolfstieg II, 521)

— der militair. Fremdwörter u. Kunstausdrücke, mit kurzen Sacherklärungen, für Unteroffiziere u. Soldaten jeder Waffengattung. Gesammelt u. herausg. von e. 18 Jahre dienenden Unteroffizier. 8. Schwerin 840. Kürschner; Berlin, Plahnsche Buchh. (Nitze.) n. 7/12 ₰

— der militairischen Fremdwörter und Kunstausdrücke, mit kurzen Sacherklärungen, für Unteroffiziere und Soldaten jeder Waffengattung. Gesammelt und hrsg. von einem Unteroffiziere der großherzogl. mecklenburg-schwerinschen Brigade. 2. Aufl. gr. 8. (135 S.) Schwerin 847, [Hildebrand.]

— z. Gebr. f. Freunde der Botanik, der Gartenkunst u. s. w. mit K. gr. 8. Lpz. Leo. 805.

Handbuch des Friedenscongresses zu Rastatt. Rastatt 1798—99 . . . V: *Schreiber, Alois Wilhelm.* »1799« & *Joach. von Schwarzkopf.* (Kn) (MGT) (NN)

— f. Friedensrichter, s. a. Laß, K. H.

— für (französ.) Friedensrichter, übers. von K. H. Laß. 8. Köln 812. Rommerskirchen. 1 ₰ 4 K

Handbuch der Fruchtbaumkunst. Braunschweig 1788—89. V: *Hirschfeld, Christian Cay Lor.* (JL)

— um üb. Einnahme und Ausgabe tägl. Rechnung zu führen. 8. Leipz. Jacobäer. 796.

—— der wichtigsten seelsorglichen Funktionen kathol. Geistlicher. Von Fritz u. andern Geistlichen. gr. 8. (4½ B.) Dinkelsbühl 814, Walthr'sche Buchh.

— d. Gartenbaukunst, s. Weudland, J. C.

Handbuch für Gartenfreunde und angehende Botaniker, oder systematisches Verzeichniß von 2261 Arten Samen und Pflanzen, sowohl zum Gebrauch für Küchen- Blumen- als auch Baumgärten, welche um beygesezte Preise zu haben sind, bey Neuenhahn dem jüngern in Nordhausen-Frankenhausen. 1788. 199 S.

Handbuch der Gastechnik. Hrsg. von E. Schilling und H. Bunte. München und Berlin

Handbuch des Gauverbandes „An der weißen Elster" im XIII. Kreise Thüringen, hrsg. v. Gauturnrat 1894, Zeitz 1894, 14 S., 8°.

[Bruno] Gebhardts Handbuch der Deutschen Geschichte. In Verbindung mit ... neu hrsg. von Ferdinand Hirsch. Bd 1. 2. Stuttgart, Berlin, Leipzig: Union (1906). 2 Bde 8° [J.]
1. Von d. Urzeit bis z. Reformation.
2. Von d. Reformation bis z. Gegenwart. [od. ...] 8

[Bruno] Gebhardts Handbuch der Deutschen Geschichte. In Verbindung mit ... neu hrsg. von Ferdinand Hirsch. 3. Aufl Bd 1 2. Stuttgart, Berlin, Leipzig: Union (1906). 2 Bde 8° [J.]
1 Von d Urzeit bis z. Reformation
2. Von d. Reformation bis z. Gegenwart. [od. ...]

[Bruno] Gebhardts Handbuch der deutschen Geschichte. In Verbindung mit ... neu hrsg. von Ferdinand Hirsch. 4. Aufl. Bd 1. 2. Stuttgart, Berlin, Leipzig: Union 1910. 8°
1. Von d. Urzeit bis z. Reformation.
2. Von d. Reformation bis z. Gegenwart. [10. 10548]

Handbuch zum Gebrauch der neuen Genralkarte von Ost-, West-, Süd- und Neu-Ostpreußen, nebst Verzeichnis der Post-Course. Berlin, 1799.

Handbuch der wichtigsten Gebühren in der k. k. österreichischen Armee. Wien 1862. V: *Gavenda, Anton Freih. v.* (EB)

—— der wichtigsten Gebühren in der k. k. österreichischen Armee. Zusammengestellt von einem k. k. Hauptmann. 16. (IV und 236 S. mit 1 Tab. in Fol.) Wien 862, Markgraf und Müller. *

— der Geburtshülfe. Bearb. von H. Fehling, H. Fritsch, F. Kehrer etc. Hrsg. von P. Müller. 3 Bde. gr. 8. Stuttgart, Enke. n. 58. —
I. Mit 81 in den Text gedr. Abbildgn. (XVI, 646 S.) 888. n. 16.
II. 1. Mit 133 in den Text gedr. Abbildgn. (496 S.) 888. n. 11. 40
II. 2. (XXX u. S. 497—1010 m. 111 Holzschn. u. 1 Chromolith.) 889. n. 12. 60
III. (XII, 726 S. m. 93 Holzschn.) 889. n. 18. —

Handbuch der Geburtshülfe. Bearb. v. K. Baisch, R. v. Braun-Fernwald, E. Bumm u. a. In 3 Bdn. hrsg. von F. v. Winckel. I. Bd. 2 Tle., II. Bd. 3 Tle. u. III. Bd. 1. u. 2. Tl. Lex.-8. Wiesbaden, J. F. Bergmann. n. 135. 80; geb. n. 149. 80
I, 1. (XII, 657 S. m. Abbildgn. u. Taf.) 903. n. 13. 60; geb. n. 15. 60
2. (IX u. S. 659—1301 m. Abbildgn. u. Taf.) 901. n. 14. 40; geb. n. 16. 40
II, 1. (X, 653 S. m. Abbildgn. u. 4 Taf.) 904. n. 14. 60; geb. n. 16. 60
2. (IX u. S. 655—1452 m. Abbildgn. u. 2 Taf.) 904. n. 18. 60; geb. n. 20. 60
3. (XIV u. S. 1453—2428 m. Abbildgn. u. 15 Taf.) 905. n. 24. —; geb. n. 26. —
III, 1. (XII, 901 S. m. Abbildgn.) 906. n. 22. 60; geb. n. 24. 60
2. (XI, 1025 S. m. Abbildgn. u. 10 Taf.) 906. n. 28. —; geb. n. 30. —

— der Geburtshülfe. Bearb. v. K. Baisch, R. v. Braun-Fernwald, Ernst Bumm u. a. In 3 Bdn. hrsg. v. F. v. Winckel. III. Bd. 3. Tl. (Schluss.) (CX, 778 S. m. Abbildgn. u. 2 Taf.) Lex. 8. Wiesbaden 907. J. F. Bergmann. 25.—; geb. 27. —
Bd. I, II u. III 1. 2. Ebd. 903—06. 185.80; geb. 149.80

— gedrängtes, der Fremdwörter in deutscher Schrift- und Umgangs-, dann Kriegssprache, mit besond. Berücksichtigung der kriegswissenschaftl. fremdartigen Ausdrücke. 16. Dillingen 840. Kulinger. 7/12 ß

— des Gefängnisswesens in Einzelbeiträgen v. Bär, Ekert, Föhring etc., hrsg. durch F. v. Holtzendorff u. E. v. Jagemann. 2 Bde. gr. 8. (XXII, 511 S. m. 3 Tab. u. 39 Plänen u. Grundrissen; XV, 543 S. m. 5 Tab.) Hamburg 888. Verlags-Anstalt u. Druckerei, A.-G. à Bd. n. 25. —; geb. n. 27. 50

Handbuch für den katholischen Geistlichen in seinen kirchlichen und bürgerlichen Beziehungen . . . Münster 1841. V: *Ostermann, Heinrich.* (Rass)

— für den kathol. Geistlichen in seinen kirchl. u. bürgerl. Beziehungen. Zugleich zu benutzen als Nachtrag z. „kathol. Pfarrer." Vom Verf. des „kathol. Pfarrers." gr. 8. (Mit 3 Tab.) Münster 841, Coppenrath'sche Buch. 7/12 ß

— geistreiches, für fromme kathol. Christen in den Stunden d. Andacht u. Betrachtung. Mit 1 Kpf. 8. Wien ... N. Aufl. 8. Ebd. 821 u. 25. Al. Doll. 8 K

— geistreiches, f. fromme kathol. Christen in d. Stunden d. Andacht u. Betrachtung. A. d. Franz. Mit 1 Kupfr. 8. Wien 825. Al. Doll d. ä.

Handbuch für Gemäldesammler und diejenigen, welche Bildergallerien besuchen Oder Lexicon der Maler und Malerey. Enthaltend die Geschichte dieser Kunst und ihrer einzelnen Zweige; die Entstehung und Geschichte der Schulen; Nachrichten von den verschiedenen Malerakademien und Bildergallerien, den vorzüglichsten Künstlern und den merkwürdigsten Gemälden älterer und neuerer Zeit, auch Erklärung der gewöhnlichsten Kunstausdrücke. Nach Sulzer, Pernety, Walpole, Varsavi, Fuessly, Fiorillo, Orloff, Hagedorn, Weise etc 8 Quedlinburg und Leipzig 1824.

— f. Gemäldesammler u. diejen., welche Bildergallerien besuchen. Oder: Lexicon d. Maler u. d. Malerei. Nach bewährten Schriftstellern bearb. 8. Quedlinb. 824, Basse.

— der jüdischen Gemeindeverwaltung 1907. (Statistisches Jahrbuch.) (18. Jahrg.) (XXIV, 227 S.) Lex. 8. Berlin (W. 35, Steglitzerstr. 85), Deutsch-israelit. Gemeindebund. 2. —

—— gemeinnütz., der Bibel, od. alphabet. Uebersicht d. bibl. Merkwürdigkeiten alt. u. neu. Testaments, mit Beisatz d. Stellen, wo solche ausführl. zu lesen sind; dann mit beigefügter Chronologie. Nebst Anh. z. d. apokryph. Büchern d. alten Testaments, nämlich d. 3. u. 4. Buch Esra, d. 3. Buch der Maccabäer. Lex.-8. (17½ B.) Sulzbach 835, v. Seidel'sche Bb.

— gemeinnütz., für d. Bürger u. Landmann, oder auserles. medicin.-ökonom. u. andere Kunststücke für Jedermann. 1r Bd., 1—50 Stück. 4. Schwab. 802—3. Mizler. 15 ...

Handbuch gemeinnütz., f. d. Bürger u. Landmann z. Verbess. d. Sitten. 8. Magdeb. Zapf. 774.

Gemeinnütziges *Handbuch* f. Forst- u. Jagdbediente d. untern Klassen, insonderheit f. Privat-Revierjäger. Von einem prakt. Forstwirthe. 3 Abth. (1 Vol.). [1]Jena. [2-3]Leipz. 1799-1800.
(1. Forstwissenschaft. 111 S. — 2. Vorkenntnisse d. Jagd (10) 212 S. — 3. Die wirkliche Jagd. 196 S.).

— gemeinnütz., für Forst- u. Jagdbediente d. untern Klassen ꝛc., in 3 Abtheill. 8. Jena 799—800. (Brockhaus in Leipz.) 1 ℛ 20 𝔤𝔤

—— gemeinnütziges, f. Gärtner u. Gartenfreunde, besonders f. Blumisten u. Obstbaumzüchter. Nebst ein. Verzeichn. der seltensten Topfpflanzen u. Ziergewächse. gr. 8. (36½ B. u. 8 Stnt.) Ulm 815, Ebner, Verl.

—— gemeinnütz., der Conversation f. Gebildete aus allen Ständen, im Vereine mit einigen Freunden d. Literatur bearb. u. hrsg. v. Mor. Lange. 1. Lfg. 16. (12 B.) München 836, Jaquet.

— gemeinnütziges, enthaltend d. Rechenkunst vom Zählen an bis zum dritten Hauptpunkt d. Regel de Tri mit Brüchen, nebst vielen Hülfs- u. Reduktions-Tabellen über alle nur vorkommende Gegenstände ꝛc. 8. Gotha 827. Ettinger. 20 𝔤𝔤

—— gemeinnütz., d. vaterländ. Staats- u. Geschäftskunde f. alle Stände d. Königr. Hannover. 2 Thle. gr. 8. (59 B.) Parchim u. Ludwigslust 835, 36, Hinstorff'sche Hofbuchh. *
A. u. d. Titln.:
Thl. 1. Allgem. vaterländ. Staatskunde, od. Abriß d. Verfass. u. Verwalt. d. Königr. Hannover, nebst Uebersicht d. phys. u. statist. Geographie u. der Geschichte dieses Landes.
" 2. Allgem. Geschäftskunde f. d. Königr. Hannover, od. Anweis. z. Abfass. aller Arten schriftl. Aufsätze, sowohl in öffentl. als Privatgeschäften, mit besond. Berücksicht. d. Verfass., Gesetze u. Gewohnheiten d. Königr. Hannover. Mit e. Anh., enth. e. Fremdwörterbuch.

Handbuch für die G e n d a r m e r i e . Straßburg 1809.

— f. die Gendarmerie in den westphäl. u. bergischen Landen. 8. Strasb. Levrault. 812.

Handbuch für die G e n d a r m e r i e als Unterricht in ihren Dienstobliegenheiten. München 1813.

Handbuch der neuesten Genealogie und Heraldik, worinnen aller jetzigen Europäischen Potentaten Stammtafeln und Wappen enthalten sind. Nebst einer kurzen Vorstellung aller jetzt regierenden Kayser, Könige, Churfürsten, geistlicher und weltlicher Fürsten, und Grafen des H. R. Reiches, nach ihren Lebens- und Regierungs-Jahren, wie auch einiger auswärtiger Fürsten, des Pabstes und der Cardinäle. Auf's neue ausgefertigt von Johann Christoph Gatterer, der Geschichte ordentlicher Lehrer auf der Georg-Augustus-Universität in Gottingen. 8. Nürnberg 1761.

Handbuch der neuesten Genealogie, welches die Stamm-Tafeln der jetzigen Europäischen Potentaten enthält ... Nürnb. 1772. V: *Gatterer, Joh. Chph.* (BrMm)

Handbuch der neuesten Genealogien. Nürnb. 1768. V: *Seyfart, Johann Friedrich.* (ML)

— genealogisches, angefangen von Krebel, f. C. F. Jäcobi.

— genealogisches, von Schumann 1760, fortgef. von G. Fr. Krebel, (wurde aller zwei Jahr neu gedruckt). gr. 8. Leipz., (Brockhaus). Jedes J. 1 ℛ 12 𝔤𝔤 (Vergl. Chr. F. Jacobi.)

Handbuch, Genealogisches, des lebenden Raths- Gerichts- und Ämterfähigen Adels zu Nürnberg. Nürnberg 1795. V: *Volkamer von Kirchensittenbach, Johann Georg Friedrich.* (Ky) (MGT)

— genealogisches, des lebenden Raths-, Gerichts-, u. Aemterfähigen Adels zu Nürnberg, (v. J. G. F. Volkamer). 8. Nürnb. 795.

— genealogisches, bürgerlicher Familien. 1. u. 2. Bd 12. (VIII, 406; IV, 441 S.) Charlottenburg 889. Mahler. geb à Bd. n. 6. —

— genealogisches, bürgerlicher Familien. Hrsg. unter Leitg. e. Red.-Comités des Vereins „Herold". 3. Bd. 12. (VIII, 404 S. m. Abbildgn. u. 13 z. Tl. farb. Wappentaf.) Berlin 894. W. T. Bruer. Geb. in Leinw. n. 6. — (1—3.: n. 18. —)

— genealogisches, bürgerl. Familien. Hrsg. unt. Leitg. e. Red.-Komités d. Vereins „Herold". 4. u. 5. Bd. 12. Berlin, W. W. Bruer. Geb. in Leinw. à n.n. 6. —
4. (VIII, 482 S. m. Wappenbild. u. 8 z. Tl. farb. Taf.) 896.
5. (IX, 542 S. m. Wappenbild. u. 6 z. Tl. farb. Taf.) 897.

— genealogisches, bürgerlicher Familien. Unter Förderung des Vereins „Herold" hrsg. v. B. Koerner, m. Zeichngn. v. Ad. M. Hildebrandt. 6.—9. Bd. 12. Berlin, W. T. Bruer. Geb. in Leinw. à n.n. 6. —
6. (V, V, 347 S. m. Wappenbildern u. 7 z. Tl. farb. Taf.) 899.
7. (III, V, 470 S. m. Wappenbildern u. 8 [6 farb.] Taf.) 900.
8. (VII, VI, 560 S. m. Wappenbildern u. 12 [7 farb.] Taf.) 901.
9. (VI, VI, 527 S. m. Wappenbildern u. 11 [7 farb.] Taf.) 902.

— genealogisches, bürgerlicher Familien, hrsg. von Bernh. Koerner. Zeichnungen von Ad. M. Hildebrandt. 10. u. 11. Bd. 12. Berlin [W. T. Bruer]. Görlitz, C. A. Starke. Geb. in Leinw. à n n. 6. —
10 (XI, 678 S. m. Wappenbildern u. 13 [9 farb.] Taf.) 903.
11. (IX, 682 S. m. Wappenbildern u. 15 [9 farb.] Taf.) 904.

— dasselbe, e. deutsches Geschlechterbuch, hrsg. von Bernh. Koerner, m. Zeichngn. v. Ad. M. Hildebrandt, Ed. L. Lorenz-Meyer u. Ost. Roick. 12. Bd. (XXXV, 639 S. m. Abbildgn., 4 Taf., 24 [1 farb.] Bildnistaf. u. 13 [11 farb.] Wappentaf.) kl. 8. Görlitz 906. C. A. Starke. Geb. in Leinw. n. 8. —; f. Abnehmer v. 5 Bdn. n. 6. —

— genealogisches, bürgerlicher Familien, e. deutsches Geschlechterbuch, hrsg. v. Bernh. Koerner. 13.—18. Bd. kl. 8. Görlitz, C. A. Starke. Geb. in Leinw. à nn 10. —
13. Mit Zeichnungen v. Ad. M. Hildebrandt, Geo. Otto, Lor. M. Rheude, Rober. v. Haken u. A. (XX, 537 S. m. 44 Bildnissen u. 11 [9 farb.] Wappentaf.) 907. Geb. 8.—; erh. Pr. 10. —
14. Mit Zeichngn. v. Prof. Ad. M. Hildebrandt, Alex. v. Dachenhausen. (XXII, 547 S. m. Abbild., 29 Bildnistaf. u. 8 [6 farb.] Wappentaf.) 908. Geb. 8.—; erh. Pr. 10. —
15. Mit Zeichngn. v. Ad. M. Hildebrandt u. Rodo Haken. (XXVIII, 532 S. m. Abbildgn., 8 Taf., 12 Bildnistaf. u. 12 [11 farb.] Wappentaf.) 909. Geb. 8.—; erh. Pr. 10. —
16. Mit Zeichngn. v. Ad. M. Hildebrandt u. Ost. Roick. (XXV, 659 S. m. Abbild., 1 Taf., 32 Bildnistaf. u. 8 [7 farb.] Wappentaf.) 910. Geb. 10. —
17. Mit Zeichngn. v. Ad. M. Hildebrandt. (XXXV, 588 S. m. 13 Bildnistaf. u. 11 farb. Wappentaf.) 910. Geb. nn 10. —
18. Geschlechterbuch, Hamburger, bearb. in Gemeinschaft m. Ascan W. Lutteroth. 1. Bd. 1910. Mit Zeichngn. v. Ed. L. Lorenz-Meyer. (XXXXVIII, 531 S. m. 8 Taf., 99 Bildnistaf. u 21 farb. Wappentaf.) 910. Geb. nn 10. —
Der Preis der Bde. 3 - 11 ist auf à 8.— erhöht.

— genealogisches, der zur Zeit noch lebenden raths- u. gerichtsfähigen Familien der vormaligen Reichsstadt Nürnberg. Hrsg. von Gottl. Frhr. Stromer von Reichenbach. 7. Fortsetzung. 8. (176 S. m. Holzschntaf. u. 19 Beilagen in 4.) Nürnberg 878. Bauer & Raspe. n.n. 5. —

Handbuch, genealogisches, der zur Zeit lebenden rats- u. gerichtsfähigen Familien der vormaligen Reichsstadt Nürnberg. 8. Fortsetzg., hrsg. v. Wilh. Frhr. v. Imhoff. gr. 8. (VIII, 236 S. mit 22 chromolith. Wappen- u. 16 Stammtaf.) Nürnberg 890. (H. Schrag.) n. 6. —

— **genealogisches, der zur Zeit lebenden rats- u. gerichtsfäh. Familien d. vormaligen Reichsstadt Nürnberg,** m. 28 großen u. 126 kleineren in Farbendr. ausgeführten Wappen, sowie geschichtl. Notizen üb. ausgestorbene u. verzogene Nürnberger Geschlechter. 9. Fortsetzg. Hrsg. v. Wilh. Frhr. v. Imhoff. 8. (VIII, 280 S.) Nürnberg 900. (J. L. Schrag). n.n. 8. —

Handbuch. Genealogisches H' zur Schweizer Geschichte. Hrg. von der Schweizerischen Heraldischen Gesellschaft. Band 1: Hoher Adel. — *A. u. d. T.:* Manuel généalogique pour servir à l'histoire de la Suisse. Publié par les soins de la Société suisse d'héraldique. Tome 1er: Les Dynastes. [Mit Illustrationen, 31 Siegeltafeln und 39 Stammtafeln, wovon 31 im Text.] (Beilage zum Heraldischen Archiv.) IV + VIII + 415 S. gr.-8. Zürich = Zurich, Schulthess & Co., 1900—1908. [geb. fr. 24. —]

Genealogisches **Handbuch** zur Schweizer Geschichte Hrsg von der Schweizerischen Heraldischen Gesellschaft Zürich Schulthess 1900—1908.
2 Bde 4°
1 Hoher Adel VII - 415 S m 10 Abb 7 Falttaf 31 Taf
3 Niederer Adel u Patriziat VIII - 32 S m 2 Abb 2 Falttaf 2 Taf (unvollst)
Tit auch franz

Handbuch, Genealogisches, von dem gesammten Fürstlichen Hause Hessen . . . Kassel 1780. V: *Strieder, Friedrich Wilhelm.* (BrMm) (MGT) (Stri) (Ky)

— **genealogisches u. Staats-.** 65r Jahrg. (Herausgeg. v. J. L. Klüber.) gr. 8. Frankf. a. M. 827, Wenner.

— — **genealogisches und statistisches,** für Zeitungsleser, oder: ausführliche Genealogie der europäischen Regenten und aller ihrer lebenden Familienglieder ꝛc. ꝛc. Nebst einer statist. Uebersicht aller europ. Staaten ꝛc. 8. Leipzig, Sommer. 820.

— genealog.-histor., von d. Kur- u. Fürstl. Hause Hessen, (von F. W. Strieder). 8. Cassel 780. Auvel.

— geneal. hist., v. d. Chur- u. Fürstl. Hause Hessen ꝛc. 8. Cassel, Auvel. 805.

— **genealogisch-statist.,** für Zeitungsleser u. zum Hausgebrauch. Mit der Genealogie der regier. Häuser u. Standesherren u. der kurzen Statistik der Monarchien u. Republiken. 8. Leipzig 836. Nauck. 1/2 Rthlr

Handbuch für den Generalquartiermeister-Stab der k. b. Armee. Mit Taf. ꝛc. München 1865. 244 S.

— d. Geographie, vorzügl. für d. Seilersche Lesebuch bestimmt. 8. Hildburgh. 796. Hanisch. (Taubert in Leipz.). 14 gr.

— d. **Geographie** von Böhmen, nebst einer Skizze von Prag. 8. Prag, Polt. 806.

Handbuch der neuesten Geographie für alle Stände. Helmstädt 1804. V: *Ahrens, Ant. Franz Heinrich.* (Ky)

— d. neuesten Geographie, für alle Stände, (v. A. F. H. Ahrens). 8. Helmst. 804. Fleckeisen. 1 Rthlr 6 gr.

— **d. neuesten Geographie,** od.: Abriß der mathem.-phys. u. besond. polit. Erdkunde. Mit 4 ill. Charten. 2 Thle. gr. 8. Wien 826, Schrämbl.

— **d. neuesten Geographie f. Kaufleute, Militärpersonen u. Lehrer gelehrter u. hoher Bürgerschulen.** gr. 8. Gotha 826, Hennings.

Handbuch der Geographie und Statistik. Begründet durch Dr C. G. D. Stein und Dr. Ferdinand Hörschelmann. Neu bearbeitet unter Mitwirkung mehrerer Gelehrten von Dr J. E. Wappäus. 7. Auflage.
Bd 1. Abth 1. Handbuch der allgemeinen Geographie und Statistik. Von J. E. Wappäus 1855.
Abth. 2. Nord-Amerika. Nebst einer allgemeinen Uebersicht von Amerika. Von J. E. Wappäus 1855.
Abth. 3. Das ehemalige spanische Mittel- und Süd-Amerika nebst den europäischen Besitzungen. Von J. E Wappäus. 1863—1870
Abth. 4 Brasilien, Westindien und die Südpolar-Länder Von J E Wappäus und Otto Delitsch. 1871.
Bd 2. Abth. 1. Afrika Von T. E. Gumprecht, nebst Nachträgen und Ergänzungen von Otto Delitsch. 1866.
Abth. 2 Australien. Von C E. Meinicke. 1866.
Abth. 3. Asien. Von J H Brauer und J. H. Plath 1864
Bd. 3. Abth 1 Ost- und Nord-Europa Von J E. Wappäus Fedor Possart, H. F. Brachelli, C. F Frisch, G. E Ravenstein und M. M. von Baumhauer 1858—1864.
Abth. 2. West- und Süd-Europa Von M. Willkomm M Block, X Heuschling und H. F. Brachelli 1862—1871.
Bd 4 Abth. 1. Kaiserthum Oesterreich Nebst einer Einleitung, der Deutsche Bund im Allgemeinen. Von H F. Brachelli 1861—1867.
Abth. 2. Königreich Preussen und die deutschen Mittel- und Klein-Staaten. Von H. F. Brachelli. 1864. Leipzig 1855—1871 10 Bde. 8°.

Geographisches **Handbuch.** Unter Mitarbeit hervorrag. Fachmänner hrsg. von Albert Scobel. (5. neubearb. u. verm. Aufl.) Lfg 1. Bielefeld & Leipzig: Velhagen & Klasing 1908. 4°(8°) 08. 10343

Geographisches **Handbuch.** Allgem. Erdkunde, Länderkunde u. Wirtschaftsgeographie. Unter Mitarbeit hervorrag. Fachmänner hrsg. von Albert Scobel. 5., neubearb. u. verm. Aufl. In 2 Bden (in 20 Lfgen). Bd 1. 2. Mit Abb., Kt. u. Einschaltbildern. Bielefeld & Leipzig: Velhagen & Klasing 19(08)09–10. 4°(8°)
1. Allgem. Erdkunde, Länder- u. Staatenkunde von Europa 19(08–)09.
2. Länder- u. Staatenkunde d. außereurop. Gebiete. Wirtschaftsgeographie. 19(09–)10. 10. 2504

— **geographisches,** über Deutschland, Holland, Belgien, die Schweiz u. wichtige Städte benachbarter Länder, mit besond. Rücksicht auf Topographie, Balneographie, Geschichte, Industrie u. Kunst; für Reise u. Haus. Mit 35 Plänchen d. wichtigsten Städte u. ihrer Umgebung, u. e. neuen Post- u. Reisekarte. schm. gr. 8. Darmstadt 839. Leske. Geb. in Futteral n. 4 Rthlr Ohne Karte n. 2 2/3 Rthlr

— **geographisches,** zu Andree's Handatlas, mit besonderer Berücksichtigung der kommerziellen, statistischen u. politischen Verhältnisse. Hrsg. von der Geographischen Anstalt von Velhagen & Klasing in Leipzig. gr. 8. (X, 939 S.) Bielefeld 882. Velhagen & Klasing. n. 10. —; cart. n. 11. —; in Halbfrz. geb. n.n. 12. 50

— **geographisches,** zu Andree's Handatlas, mit besond. Berücksicht. der kommerziellen, statist. und polit. Verhältnisse. Hrsg. von der Geograph. Anstalt von Velhagen und Klasing in Leipzig. 10 Lfgn. gr. 8. (X, 939 S.) Bielefeld 883, Velhagen und Klasing. à Lfg. *M 1. cart. *M 11.; geb. in Halbfrz.

— **geographisches,** zu Andrees Handatlas (3. Aufl.) m. besond. Berücksicht. der politischen, kommerziellen u. statistischen Verhältnisse. Unter Mitwirkg. von A. v. Danckelmann, H. Gebauer, E. Jung ꝛc. hrsg. v. A. Scobel. 12 Lfgn. gr. 8. (VIII, 687 S. m. Fig.) Bielefeld 893. 894. Velhagen & Klasing. à n. — 60 (kplt. geb.: n. 9. —)

— **geographisches,** zu Andrees Handatlas m. bes. Berücksicht. d. polit., kommerz. u. statist. Verhältnisse. Unt. Mitwirkung von A. v. Danckelmann, H. Gebauer, E. Jung ꝛc. hrsg. v. A. Scobel. 2., verm. u. verb. Aufl. M. 156 Kärtchen u. Fig. im Text u. 2 farb. Karten. gr. 8. (IX, 801 S.) Bielefeld 895. Velhagen & Klasing. n. 8. 50; geb. n. 10. —

87

Handbuch, geographisches, zu Andrees Handatlas m. bes. Berücksicht. d. polit., kommerz. u. statist. Verhältnisse. Unt. Mitwirkg. v. R. Credner, A. v. Danckelmann, O. Drude rc. hrsg. v. A. Scobel. 3., völlig neubearb. u. verm. Aufl. (In 18 Lfgn.) 1.—5. Lfg. gr. 8. (S. 1—272 m. Fig.) Bielefeld 898. Velhagen & Klasing. à n. — 60

— geographisches, zu Andrees allgem. Handatlas m. besond. Berücksicht. der politischen, wirtschaftl. u. statist. Verhältnisse. Unter Mitwirkg. v. R. Credner, A. v. Danckelman, O. Drude rc. hrsg. v. A. Scobel. 3. völlig neubearb. Aufl. Mit 171 Kärtchen u. Fig. im Text. 6.—18. Lfg. gr. 8. (XII u. S. 273—993.) Bielefeld 899. Velhagen & Klasing. à n. — 60; (kplt. n. 10. 80; geb. in Halbfrz. n. 12. 60)

— dasselbe. 4., durchgeseh. Aufl. Mit 171 Kärtchen u. Fig. im Text. gr. 8. (XII, 994 S.) Ebd. 902. n. 10. 80; geb. in Halbfrz. n. 12. 50

Handbuch, Geographisches, für die Jugend und Liebhaber der Geographie. Leipzig 1794. V: *Hausius, Carl Gottlob.* (MGT)

Handbuch, geograph., für d. Jugend u. Liebhaber d. Geographie, (von K. G. Hausius). 4 Abtheill., mit 17 Karten. gr. 8. Leipz. 794—805. Leo. 4 ℛ ohne Karten 3 ℛ

— geogr., f. Kaufleute, s.a. Weddigen.

Handbuch, Geographisches, für Kaufleute. Lemgo 1792—94. V: *Weddigen, Peter Florenz.* (KY) (MGT)

— geograph., f. Kaufleute, (v. P. F. Weddigen). 2 Thle. 8. Lemgo 792—94. Meyer. 1 ℛ 12 gr

Handbuch, Geographisches, von den österreichischen Staaten. Wien 1790—92. V: *Luca, Ignaz de.* (ML)

— geograph.-statistisches, von Deutschland. 8. Stuttg. Steinkopf. 804.

— geograph.-statistisch-topographisches, für Reisende in Würtemberg. Oder alphabet. Beschreib. aller Städte, Dörfer, Weiler, Schlösser, Bäder, Berge, Flüsse, Seen rc., in Hinsicht d. Lage, Anzahl d. Bewohner, Merkwürdigkeiten, wichtigsten Ereignisse rc. Mit 1 Karte gr. 8. Stuttg. 832. Scheible. 2 ℛ 12 gr

— geograph.-statist.-topograph., f. Reisende in Würtemberg. Oder: Alphabetische Beschreibung aller Städte, Dörfer, Weiler, Schlösser, Bäder, Berge, Flüsse, Seen rc., in Hinsicht der Lage, Anzahl der Bewohner, Nahrungsquellen, Merkwürdigkeiten, wichtigst. Ereignisse rc. Mit 1 ill. Karte. Lex.-8. Stuttgart 833. Scheible. 2 1/2 ℛ NB. Die 1e—3e Abthl. erschien bereits 1832 unt. d. T.: Lexicon, geograph.-statist.-topograph., von Würtemberg,

— der regionalen Geologie, hrsg. v. G. Steinmann u. O. Wilckens. 1.—4. Heft. Lex. 8. Heidelberg, Carl Winter. Subskr.-Pr. 3.80; Einzelpr. 5. 40

Gagel, C., die mittelatlantischen Vulkaninseln. (32 S. m. Fig.) 910. (4. Hft. [VII. Bd. 10. Abtlg.]) Subskr.-Pr. 1.— ; Einzelpr. 1. 40

Pjeturss, H., Island. (22 S. m. 13 Fig.) 910. (2. Hft. [IV. Bd. 1. Abtlg.]) Subskr.-Pr. —80; Einzelpr. 1. 20

Smith, Warren D., the Philippine Islands. With a chapter on the lithology by J. P. Iddings. (24 S.) 910. (3. Hft. [VI. Bd. 5. Abtlg.]) Subskr.-Pr. —80; Einzelpr. 1. 20

Ussing, N. V., Dänemark. (38 S.) 910. (1. Hft. [I. Bd. 2. Abtlg.]) Subskr.-Pr. 1.20; Einzelpr. 1. 60

[8.] Handbuch fur Gerichtsschreiber der Amtsgerichte. Geschäftsordng f. d. Gerichtsschreibereien d. Amtsgerichte v. 14. Dez. 1896. Nebst Formularen u. e. Anh. ... hrsg. v. Hans Schmidt, Gerichtsschreiber. M. e. ausführl. Sachreg. *Trier: H. Stephanus 1898.* (VIII S., 1 Bl., 286 S.) 1 Bd 8. [98. 8791

—— für Gerichtsschreiber und Gerichtsvollzieher. Geschäfts-Ordnung für die Gerichtsschreibereien der Amtsgerichte, Landgerichte, Secretariate der Staatsanwaltschaften, sowie Geschäfts-Ordnung und Geschäftsanweisung der Gerichtsvollzieher, nebst Anhang rc. 2. Abdr. 8. (338 S.) Trier 883, Stephanus. cart.

Aus: Gesetzsammlung und Justizministerialblatt, besonders abgedruckt.

Handbuch f. Gerichtsschreiber u Gerichtsvollzieher der Amtsgerichte, Landgerichte, Staatsanwaltschaften. 2. Abdr. Trier 883.

Handbuch des Akademischen Turnvereins Germania zu München. München 1897. J. Schön (64 S.) 8°

— oder Geschäfts-Instruction für angehende u. wirkliche Feldwebel der Preuß. Infanterie. Zusammengestellt von Unteroffizieren des 13. Infanterie-Regiments. gr. 8. (VIII u. 122 S.) Münster 850. (Berlin, Mittler & Sohn.) n. 1/2 ℛ

Anonym: „Handbuch für Geschäftsmänner, zur Erleichterung der Correspondenz in Oesterreich", Krems 1804 (Leipzig, Schmidt).

—— des Geschäftsreisenden v. H. Apianus. 8. (VI, 90 S.) Lpz. 889, Beunewitz. 1 —

Handbuch zur Biblischen Geschichte 1899 ? Reading, PA

Handbuch der deutschen Geschichte. In Verbindung mit R. Bethgo ... herausg von B. Gebhardt. Bd. 1. 2. Bd. 1.: Von der Urzeit bis zur Reformation. Stuttgart, Berlin, Leipzig 1891—92. 8. . . . . (D)

Handbuch der Deutschen Geschichte. In Verbindung mit R(ichard) Bethge, W(alther) Schultze... hrg. von Bruno Gebhardt. 2 Bände. 2. Aufl. 8. Stuttgart-Berlin-Leipzig, Union Deutsche Verlagsgesellschaft, 1901. [*zus.* M. 17. —]

Band 1: Von der Urzeit bis zur Reformation. X + 720 S.
Band 2: Von der Reformation bis zum Ende des 19. Jahrhunderts. X + 899 S.

Darin Vieles betr. die Schweiz, insbes. Bd. 1, S. 563—566. 602 f. 612—615. 664 f. 676—678. 716—720; Bd. 2, S. 37—45 u. s. w.

— der Geschichte des Herzogthumes Kärnten. II. Abthl. 1.—3. Heft. — A. u. d. T.: Hnr. Hermann, Handbuch d. Geschichte des Herzogthumes Kärnten in Vereinigung mit den österreich. Fürstenthümern. 1.—3. Hft. Geschichte Kärntens von der Vereinigung mit den österreich. Fürstenthümern bis zu ihrer Theilung. — Von der Theilung der österreich. Fürstenthümer bis zu ihrer Wiedervereinigung. Mit 1 Karte. Lex.-8. (Mit 1 Portr.) Klagenfurt 843—46, Leon. 1. 1/3 ℛ 2. 22 ngr 3. 14 ngr

—— dass. — 2. Abthl., s.a. Hermann, Heinr.

—— der Geschichte des Herzogth. Kärnten. I. Abthl., s.a. Ankershofen, G. v.

— der Geschichte des Herzogthumes Kärnten. Klagenfurt 853—58. Leon. gr. 8.

I. Abth. Bis zur Vereinigung mit den österreichischen Fürstenthümern. Von Gli. v. Ankershofen. II. Bd. 2. u. 3. Heft. Vierte Periode 788 bis 976. A. Die Zeitgeschichte. B. Die inneren Zustände. — 4. Heft. Fünfte Periode 976—1122. A. Die Herzoge. (S. 117—795 u. Register S. 1 67.) 2 ℛ 19 ngr

II. Abth. Von der Vereinigung mit den österreichischen Fürstenthümern bis in die neueste Zeit. A. u. d. T.: Handbuch der Geschichte des Herzogthums Kärnten in Vereinigung mit den österreichischen Fürstenthümern. Von Heinr. Hermann. 2. Bd. 1. u. 2. Heft. Geschichte Kärntens vom Jahre 1518—1780, oder die neuere Zeit. (2 Bl., 423 S.) 2 ℛ 4 ngr. — 3. Bd. Geschichte Kärntens vom J. 1780—1857, oder die neueste Zeit. 1. u. 2. Heft. (2 Bl., 371; 2 Bl., 323 S.) 2 ℛ 2 ngr 4 ℛ 6 ngr

— der Geschichte des Herzogthums Kärnten. Klagenfurt, Leon. gr. 8.

I. Abth.: Bis zur Vereinigung mit den österreichischen Fürstenthümern. Von G. v. Ankershofen. 2. Bd. A. u. d. T.: Handbuch der Geschichte des Herzogthums Kärnten im Mittelalter bis zur Vereinigung mit den österreichischen Fürstenthümern. 1. Bd. 5. Heft: 5. Periode 976—1122. 859. (S. 796—995 u. Regesten u. Urkunden S. 65—124.) 27 ngr.

II. Abth.: Von der Vereinigung mit den österreichischen Fürstenthümern bis in die neueste Zeit rc. A. u. d. T.: Handbuch der Geschichte des Herzogthums Kärnten in Vereinigung mit den österreichischen Fürstenthümern. Von Heinr. Hermann. 3. Bd. Geschichte Kärntens vom Jahre 1780—1857 [1859] oder der neuesten Zeit. 3. Heft: Culturgeschichte Kärntens vom Jahre 1790—1857 [1859] oder der neuesten Zeit. 860. (447 S.) 1 ℛ 20 ngr.

— — nach des Verf. Tode fortgesetzt von Karlmann Tangl. 4. Bd. 1. Heft. Ebend. 864. gr. 8. (XII, 215 S.) 27 ngr.

Handbuch der Geschichte der italienischen Litteratur. Magdeb. 1832—34. V: *Volk, Wilhelm Gustav Werner*. H: *Genthe, Frdr. Wilh.* (ADB)

— der Geschichte der Abendländ. Litteraturen, s. Genthe, Friedr. Wilh.

Handbuch der Geschichte der Medizin. Begründet von Dr. med. Th(eodor) Puschmann.... Bearb. von... Professor Dr. [Eduard] Schaer, Strassburg i/E..... Hrg. von Dr. med. Max Neuburger... und Dr. med. Julius Pagel.... Liefg. 1. IV + 176 S. gr.-8. Jena, Gustav Fischer, 1901. (Vollständig in 3 Bänden oder etwa 10 Liefg. zum Preise von M. 4. —)

Handbuch der Geschichte der Medizin. Begründet von Dr. med. Th(eodor) Puschmann.... Hrg. von Dr. med. Max Neuburger ... und Dr. med. Julius Pagel.... Liefg. 2—4. *je* IV S. + S. 177—704. gr.-8. Jena, Gustav Fischer, 1901-1902-1902. (Vollständig in 3 Bänden oder etwa 10 Liefg. zum Preise von M. 4. —)

Handbuch der Geschichte der Medizin. Begründet von Dr. med. Th(eodor) Puschmann.... Hrg. von Dr. med. Max Neuburger ... und Dr. med. Julius Pagel.... Liefg. 5 *u.* 6. Band 1 Bog. 45—48 ⟨Schluss⟩ und Band 2 Bog. 1—7 (*u.* 8—18). *je* IV S. + Band 1, XII S. + S. 705—756 *u.* Band 2, S. 1—288. gr.-8. Jena, Gustav Fischer, 1903. (Vollständig in 3 Bänden oder etwa 10 Liefg. zum Preise von M. 4. —)

Handbuch der Geschichte der Medizin. Begründet von Dr. med. Th(eodor) Puschmann.... Hrg. von Dr. med. Max Neuburger ... und Dr. med. Julius Pagel.... Liefg. 7. IV S. + [Band 2,] S. 289—464. gr.-8. Jena, Gustav Fischer. 1903. (Vollständig in 3 Bänden oder etwa 10 Liefg. zum Preise von M. 4. —)

Handbuch der Geschichte der Medizin. Begründet von Dr. med. Th(eodor) Puschmann.... Hrg. von Dr. med. Max Neuburger ... und Dr. med. Julius Pagel.... Liefg. 8 und 9. IV S. + (Bd. 2,) S. 465—816. gr.-8. Jena, Gustav Fischer, 1903. (Vollständig in 3 Bänden oder etwa 10 Liefg. zum Preise von M. 4. —)

Handbuch der Geschichte der Medizin. Begründet von Dr. med. Th(eodor) Puschmann.... Hrg. von Dr. med. Max Neuburger ... und Dr. med. Julius Pagel.... Liefg. 10. Band 2 Bog. 52—60 ⟨Schluss⟩ und Band 3 Bog. 1—2. IV S. + Band 2, VIII S. + S. 817—960 *u.* Band 3, S. 1—32. gr.-8. Jena, Gustav Fischer, 1903. (Vollständig in 3 Bänden oder etwa 10 Liefg. zum Preise von M. 4. —)

Handbuch der Geschichte der Medizin. Begründet von Dr. med. Th[eodor] Puschmann.... Hrg. von Dr. med. Max Neuburger ... und Dr. med. Julius Pagel.... Liefg. 11. IV S. + (Bd. 3,) S. 33—208. gr.-8. Jena, Gustav Fischer, 1903. [à M. 4. —]

Handbuch der Geschichte der Medizin. Begründet von Dr. med. Th[eodor] Puschmann.... Hrg. von Dr. med. Max Neuburger... und Dr. med. Julius Pagel.... Liefg. 12. Band 3, Bog. 14—24. IV S. + (Bd. 3,) S. 209—384. gr.-8. Jena, Gustav Fischer, 1904. [à M. 4. —]

Handbuch der Geschichte der Medizin. Begründet von Dr. med. Th[eodor] Puschmann.... Hrg. von Dr. med. Max Neuburger ... und Dr. med. Julius Pagel.... Liefg. 13. Band 3, Bog. 25—35. IV S. + (Bd. 3,) S. 385—500. gr.-8. Jena, Gustav Fischer, 1905. [à M. 4. —]

Handbuch der Geschichte der Medizin. Begründet von Dr. med. Th[eodor] Puschmann.... Hrg. von Dr. med. Max Neuburger ... und Dr. med. Julius Pagel.... Liefg. 14. Band 3, Bog. 36—46. IV S. + (Bd. 3,) S. 561—736. gr.-8. Jena, Gustav Fischer, 1905. [à M. 4. —]

Handbuch der Geschichte der Medizin. Begründet von Dr. med. Th(eodor) Puschmann.... Bearb. von ... Professor Dr. (Ed[uard]) Schaer, Strassburg i/E.; ... *u. A.* Hrg. von Dr. med. Max Neuburger... und Dr. med. Julius Pagel.... 3 Bände. (15 Lieferungen.) gr.-8. Jena, Gustav Fischer, (1901—)1905. (*pro Liefg.* M. 4. —; *cpl.* M. 60. —, geb. 67. —)

Band 1. (Liefg. 1—5.) XII + IV + 756 S. 1902 (1901—1903).
Band 2. (Liefg. 5—10.) VIII + 960 S. 1903.
Band 3. (Liefg. 10—15.) XXXII + 1128 S. (1903—)1905.

Handbuch der Mittelalterlichen und Neueren Geschichte. Hrsg. von G[eorg] v. Below u. F[riedrich] Meinecke. Abt. 4, [Bd 9.] *München & Berlin: R. Oldenbourg 1903.* 8° [03. 8638

Handbuch der mittelalterlichen und neueren Geschichte. Hrsg. von G[eorg] von Below und F[riedrich] Meinecke. Abt. 1—4. — München u. Berlin: Oldenbourg 1905—29. 8°

— der mittelalterlichen u. neueren Geschichte. Hrsg. von G. v. Below u. F. Meinecke. Abtlg. III: Verfassung, Recht, Wirtschaft. Lex.-8. München, R. Oldenbourg. n. 18. —; geb. n.n. 20. —

Handelsgeschichte der romanischen Völker des Mittelmeergebiets bis zum Ende der Kreuzzüge. Von Adf. Schaube. (XIX, 816 S.) 906.
Bisher nur unter d. betr. Einzeltiteln aufgenommen.

— dasselbe. IV. Abtlg. Hilfswissenschaften u. Altertümer. Lex. 8. Ebd.

Urkundenlehre. Von W. Erben, L. Schmitz-Kallenberg u. O. Redlich. I. Tl. Allgemeine Einleitg. zur Urkundenlehre v. Osw. Redlich. — Die Kaiser- u. Königsurkunden des Mittelalters in Deutschland, Frankreich u. Italien v. Wilh. Erben. (X, 369 S.) 907. 10. —; geb n 11. 50

— der mittelalterlichen u. neueren Geschichte. Hrsg. v. G. v. Below u. F. Meinecke. II. Abtlg. Politische Geschichte. Lex. 8 München, R. Oldenbourg.

Allgemeine Geschichte der germanischen Völker bis zur Mitte des 6. Jahrh. Von Ludw. Schmidt. (XIV, 247 S.) 909. 7.50: geb. 9. —

— dasselbe. III. Abtlg. Verfassung. Recht, Wirtschaft. Lex. 8. Ebd.
Französische Verfassungsgeschichte von der Mitte des 9. Jahrh. bis zur Revolution. Von Rob. Holtzmann. (XI, 543 S.) 910. 12.50; geb. 14. —

Handbuch der Geschichte des Kaisertums Russland . . . A. d. Russ. Gött. 1802. V: *Yankievich de Mirïeovo, Theodor.* Ü: *Schloezer, August Ludwig von.* (BrMm)

— d. Gesch. d. Kaiserth. Rußland, vom Anfange d. Staats bis z. Tode Katharina II.; aus d. Russ., mit krit. Vorber. u. Anh. v. A. L. v. Schlozer. 8. Götting. 802. Dieterich. 14 gr

— f. schöne Geschlecht zum Nutzen u. Vergnügen. 3 Jahrg. 12. Altenb. Eckhardt. 784. 85. 86.

Handbuch fürs schöne Geschlecht, zum Nutzen und Vergnügen. Altona 1785. H: *Gaspari, Adam Christian & Johann Hermann Stöver.* (MGT) (R-N) (Ky)

— fürs schöne Geschlecht, zum Nutzen u. Vergnügen. (Von Ad. Chr. Gaspari u. J. H. Stöver.) 3 Jahrgg. 12. Altona 785—87. Eckhardt. 2 Thlr 6 gr

—— für d. weibliche Geschlecht. (Leben d. Frau M. M. Althans. A. d. Engl.) gr. 12. (6½ B.) Basel 837, (Schneider.)

— der Geschlechtskrankheiten, unter Mitarbeit v. G. Alexander, K. Benda, A. Blaschko u. a. hrsg. v. E. Finger, J. Jadassohn, S. Ehrmann, u. S. Gross. 1. Bd. (III, 860 S. m. 78 Abbildgn. u. 2 [1 farb.] Taf.) Lex. 8. Wien 910. A. Hölder. 27.50; geb. in Halbfrz. n 30.—; auch in etwa 20 Lfg. à 5. —

Handbuch für Geschworene . . . Nördlingen 1855. V: *Meyer, Carl.* (EngJ)

Handbuch für Geschworne. Mit Zugrundlegung des bayrischen Strafrechts hrsg. von einem Rechtskundigen (Carl Meyer). gr. 16. (VII und 104 S.) Nördlingen 855, Beck'sche Buchh. Thlr. *

—— für Geschworene und zum Gebrauche in Strafsachen, überhaupt für das Herzogth. Braunschweig, enth. das Criminalgesetzbuch und die sämmtl. Gesetze über das Strafverfahren mit Erläuterungen und Registern, von Rothschildt. gr. 16. (421 S.) Wolfenbüttel 851, Holle'sche Buchh. *

– d. Gesellschaften m. beschränkter Haftung im Deutschen Reiche. M. e. Beigabe: D. Reichs-Gesetz betr. d. Gesellschaften m. b. H. v. 20. IV. 1892. E. Hand- u. Nachschlagebuch f. Bankiers, Kaufleute, Industrielle, Kapitalisten etc. gr. 8. (LVIII, 400 S.) Leipzig 898. [A. Schumann's Verlag.] Verlag f. Börsen- u. Finanzlitteratur. Geb. in Leinw. n. 10. —

— d. chursächs. Gesetze 1r-5r Thl. gr. 8. Zeitz, Webel. 804-5. (1 2 Rthlr.)

Handbuch d. chursächsisch. Gesetze (v. *J. F. Chr. Berger.*) 1r — 8r Bd. nebst 1r — 3r Spplbd. u. Register. *Zeitz*, Webel. 804 — 8. gr. 8. (30 Thl. 12 Gr.)

Handbuch der Chursächsischen Gesetze. Zeitz 1804—13. V: *Berger, Joh. Friedrich Chn.* (Wa) (Ky) (MGT) (EngJ) (Schz)

Handbuch der galizischen Gesetze in Auszügen, die von 1772 bis Ende Oct. 1788 erflossenen gedruckten Patente . . . Lemberg 1788—90. V: *Löwenrode, Gf v.* (Schletter, Handb. d. jurist. Litt. Grimma 1843. S. 194.)

— d. kais. konigl. Gesetze. 5 Bde. gr. 8. Salzb. Mayr. 786-88.

Handbuch der Gesetze für Kauf- und Handelsleute . . . Zeitz 1805. H: *Berger, Johann Frdr. Chn.* (Ky)

— d. Gesetze f. Kauf- u. Handelsleute u. für andere Geschäftsmänner in diesem Fache, (von J. F. Chr. Berger). gr. 8. Zeitz 805 Webel. 1 Thlr 18 gr

— der kursächs. Gesetze, (von J. F. Chr. Berger). 1r — 18r Bd., nebst 1n — 3n Suppl.-Bd. u. Register. gr. 8. Zeitz 804 — 12. Webel. 30 Thlr 12 gr (bei Serig in Leipz. 12 Bde. geb. f. 16 Thlr) Zugabe, od. Samml. d. von 1813 an im Namen d. hohen Verbündeten ergang. Landes-Gouvernements-Verfügungen. gr. 8. Zeitz 814. Webel. 1 Thlr 12 gr

Handbuch der österreichischen Gesetze und Verordnungen zum praktischen Gebrauche. II. Thl. Inh.: Dr. Leop. Berg, der Hausadvocat f. Fabrikanten, Gewerbetreibende und Hilfsarbeiter. 8°. Wien: Perles 1886. In Leinw. geb. fl.

—— der preuß. Gesetze üb. Ehe, Aufgebote, Trauungen u. Taufen. Für Civil- u. Militär-Geistliche, Beamte u. Staatsbürger aller Klassen. Von e. prakt. Juristen. 8. (6½ B.) Berlin 835, [Gsellius.]

—— der f. d. Kgl. Preuß. Rheinprovinzen verkünd. Gesetze &c., s.a Bormann, K. Th. F., u. A. v. Daniels.

—— der f. die kgl. preuß. Rheinprovinzen verkünd. Gesetze, Verordnn. u. Regierungsbeschlüsse aus d. Zeit d. Fremdherrschaft. Hrsg. v. A. v. Daniels. 3—7. Bd. gr. 8. Köln, Bachem. [3. (53 B.) 835. * 3½ Thlr., 4. (43 B.) 836. * 2⅚ Thlr., 5. (57 B.) 837. * 3⅚ Thlr., 6. (59 B.) 841. * 3⅚ Thlr., 7. (18½ B.) 842. * 3⅓ Thlr.] *
1. u. 2. Bd. Ebendas. 1834. * 5 Thlr. 8 Gr. — Vgl. 8. Bd.: Bormann, K. Th. F., u. A. v. Daniels.

— - der für d. k. preuß. Rheinprovinzen verkündigten Gesetze, Verordnungen u. Regierungsbeschlüsse aus der Zeit der Fremdherrschaft. Hrsg. v. A. v. Daniels. 8. (letzt.) Bd. Mit alphabet. Sachregister. gr. 8. (31½ B.) Köln 843, 45, (Bachem.) *
1—7. Bd. Ebendas. 1834—42. * 22 Thlr. 20 Ngr.

— d. Gesetze d. Konigreichs Sachsens. 11 Bde. gr. 8. Ebend. 804-8.

— der Gesetze des Königreichs Sachsen. 12r Bd. gr. 8. Zeitz, Webel, 813.

Handbuch der im Konigreiche Sachsen geltenden Gesetze. Zugabe oder Sammlung der von 1813 an, im Namen der hohen verbündeten Mächte, ergangenen Landes Gouvernements-Verfügungen 8. Zeitz 1814.

—— sämmtlicher bis Ende Dezbr. 1854 erschienenen, und noch in Wirksamkeit bestehenden Gesetze und Verordnungen in Militärsachen für die politisch-administrativen Behörden im österreichischen Kaiserstaate (mit Ausnahme des lombardisch-venetian. Königreiches und der Militärgränze) von Carl Gochnat. gr. 8. (III und 333 S.) Krems 855. (Leipzig, Steinacker.) *

—— der unentbehrlichsten, bei Aufnahme v. Handlungen d. freiwill. Gerichtsbarkeit zu beobachtende Gesetze, in alphabet. Ordn.; e. Hilfsb. f. Richter, Notarien, Justiz-Secretaire u. Actuarien in d. kgl. preuß. Staaten. Von e. prakt. Juristen. 8. (11 B.) Breslau 835, Schletter.

Handbuch der Gesetze, Verordnungen und Normal-Erlässe über das Volksschulwesen in Niederösterreich. Mit Ermächtigung des k. k. n.-ö. Landesschulrathes zusammengestellt von Albert Ritter von Hermann. 8. (XII, 312 S.) 2.—, geb. 2.20

Wien: Hölder 1889.

Handbuch der Gesetze, Verordnungen u. . . . Vorschr. f. d. Forststrafwesen im Großherzogtum Hessen, s.a. Beck, Ferdinand Karl Heinrich

— der Gesetze, Verordnungen und sonstigen Vorschriften für das Forststrafwesen im Großherzogthum Hessen. 1. Abth. Die Gesetze zur Bestrafung der Forst-, Jagd- u. Fischerei-Vergehen u. Frevel, nebst den hauptsächlichsten allgemeinen Verordnungen für das Forststrafwesen. 3., nach dem neuesten Stande der Gesetzgebung verb. Aufl. Darmstadt 863. Jonghaus. gr. 8. (138 S.) n. $13^1/_2$ ngr.

— der Gesetze, Verordnungen u. sonstigen Vorschriften, für das Forststrafwesen im Großherzogth. Hessen. 1e Abthl. Die Gesetze zur Bestrafung der Forst-, Jagd- u. Fischerei-Vergehen u. Frevel, nebst den hauptsächlichsten allgem. Verordnn. für das Forststrafwesen. 2e Aufl. 8. Darmstadt 840. Leske. $^1/_3$ ₰

— der Gesetze, Verordnungen u. sonstigen Vorschriften für das Forststrafwesen im Großherzogthum Hessen. 2. Abthl. Vorschriften üb. das Verfahren z. Straferkennung der Forstvergehen. gr. 8. Darmstadt 841, Leske. $^1/_2$ ₰ — 3. Abthl. Vorschriften f. den Vollzug der Forststraferkenntnisse, die Anzeigegebühren u. Forstgerichtskosten. gr. 8. Ebd. 844. $^2/_3$ ₰

— der in dem Königreiche Württemberg geltenden Gesetze u. Verordnungen in Betreff der Medizinal-Polizei nach dem Stande am Schlusse des Jahrs 1840. Mit einem Anhange, enth. die Normal-Instruction für Leichenschauer, u. einem Sachregister. gr. 8. Stuttgart 841, Metzler'sche B. $1^5/_6$ ₰

Handbuch der in dem Kgr. Württemberg geltenden Gesetze und Verordnungen in Betreff der Medizinal-Polizei. Stuttgart 1841. 2. Aufl. 1847. V: *Pistorius, Carl Chr. Frdr.* (Kat. der ständ. Bibl. Stuttgart 1907. S. 312.)

Handbuch der in dem Königr. Württemberg geltenden Gesetze und Verordnungen in Betreff der Medizinal-Polizei nach dem Stande am Schlusse des Jahres 1846. Mit einem Anhange, enth. die Normal-Instruction für Leichenschauer, und einem Sachregister. 2., verm. Ausg. gr. 8. (422 S.) Stuttgart 847, Metzler'sche Buchh. Thlr.

Handbuch der deutschen Gesetzgebung. Eine Sammlg. aller Gesetze, Verordngn., Erlasse, Ausführungs-Anweisgn., Beschlüsse u. Verfüggn. des Deutschen Reiches. Zusammengestellt aus dem Reichsgesetz-Blatt, dem Centralblatt f. das Deutsche Reich, dem Amtsblatt des Reichs-Postamts u. dem Reichsanzeiger. Hrsg. v. E. Schönrock u. M. Weirauch. 1. Jahrg. 1901. 12 Hfte. gr. 8. (1. Hft. 48 S.) Trier, A. Sonnenburg. à —. 50.

— der deutschen u. preussischen Gesetzgebung. Eine Sammlg. aller Gesetze, Verordngn., Erlasse, Ausführungs-Anweisgn., Beschlüsse, Verfüggn. des Deutschen Reiches u. des Königr. Preussen in 2 Thln. Hrsg. v. E. Schönrock u. M. Weirauch. 1. Jahrg. 1901. 12 Hfte. gr. 8. (1. Hft. 48 u. 48 S.) Ebd. à 1. —

Handb. d. neueren Markgräfl. Bad. Gesetzgeb., od. alphabet. Auszug aus d. in d. Karlsruher u. Rastätter Wochenblättern befindl. u. ein. andern u. s. w. Verordnn. 3 Thle. (bis z. J. 1811.) ***Karlsruhe,*** **Braun. 782. 801. 11. (1. 2. 3 Thl. 16 Gr.)**

— d. neuern Markgräfl. Badischen Gesetzgebung wesentl. Inhalts beträchtl. Theil, od. Handbuch in e. alphabet. Ausz. aus den in den Karlsruher u. Rastätter Wochenblättern befindl. u. e. andern &c. Verordnungen, 3 Thle., bis zum J. 1811. 8. Karlsr. 782, 801 u. 811. Macklot. 1r, 2r Thl. 3 ₰ 16 gr 3r Thl. ...

— der Gesetzgebung in Preußen u. dem Deutschen Reiche. Unt. Mitwirkg. v. Aschenborn, Bredow, v. Bremen &c. hrsg. v. Graf Hue de Grais. I., IV, 1. u. XIV, 2. gr. 8. Berlin, J. Springer. Geb. in Leinw. n. 22. —

I. Das Deutsche Reich. Reichsverfassung — Reichsangehörigkeit — Reichstag — Reichsbehörden u. Reichsbeamte — Reichsfinanzen — Elsaß-Lothringen. Von Graf Hue de Grais. (XII, 885 S.) 901. n. 6. —

IV, 1. Der Preußische Staat. I. Staatsverfassg. u. Staatsbehörden. Von Graf Hue de Grais. (XIII, 608 S.) 903. n. 9. —

XIV, 2. Land- u. Forstwirthschaft, Viehzucht, Jagd u. Fischerei. 2. Bd. Die Forstwirthschaft. Von W. Schultz. (XII, 428 S.) 903. n. 7. —

VII. Die Polizei. Polizeiverwaltung. — Strafpolizei. — Sicherheitspolizei. — Ordnungspolizei. Von St. Genzmer. (XVI, 543 S.) 905. Geb. in Leinw. n. 10. —

IX. Das Bauwesen. Staatsbauverwaltung. — Baurecht. — Baupolizei. Von F. Künchgesang. (XIII, 506 S.) 904. n. 10. —

XIV, 5. Land- u. Forstwirtschaft, Viehzucht, Jagd u. Fischerei. 5. Bd. Die Jagd. Jagdrecht. — Jagdpolizei. — Wildschaden. — Jagdschutz. Von W. Schultz u. G. Frhr. v. Seherr-Thoß. (XII, 179 S.) 904. n. 4. —

XV, 1. Handel u. Gewerbe I. Der Handel. Von F. Lusensky. (XIV, 482 S.) 904. n. 10. —

XIX. Die Eisenbahnen. Allgemeine Bestimmgn. — Verwaltung der Staatseisenbahnen, Staatsaufsicht über Privateisenbahnen. — Beamte u. Arbeiter. — Finanzen, Steuern. — Eisenbahnbau, Grunderwerb u. Rechtsverhältnisse des Grundeigentums. — Eisenbahnbetrieb. — Eisenbahnverkehr. — Verpflichtungen der Eisenbahnen im Interesse der Landesverteidigg. — Post- u. Telegraphenwesen. — Zollwesen, Handelsverträge. Von K. Fritsch. (XVIII, 971 S.) 906. Geb. in Leinw. n. 17. 50

— der Gesetzgebung in Preußen u. dem Deutschen Reiche. Unter Mitwirkg. v. Altmann, Aschenborn, Bredow u. a. hrsg. von Graf Hue de Grais. III. 1. 2, IV, VII, IX, XIV. 5, XV. 1 u. XIX. gr. 8. Berlin, J. Springer. Geb. in Leinw. n. 91. 50

III, 1. Heer u. Kriegsflotte. 1. Allgemeine Bestimmgn. Wehrpflicht, Heereseinrichtg. u. Rechtsverhältnisse der Militärpersonen, Heereslasten, Versorgg. der Militärpersonen, Kriegsflotte. Von Graf Hue de Grais. (XVI, 733 S.) 904. n. 14. —

2. Dasselbe. 2. Bd. Militärstrafrecht. — Materielles Militärstrafrecht. — Militärstrafverfahren. — Disziplinarstrafrecht u. ehrengerichtl. Verfahren. Von M. Schlayer. (XIII, 690 S.) 904. n. 14. —

IV. Der preußische Staat. 3. Bd. Kommunalverbände. Gemeinsame Bestimmungen. — Landgemeinden u. Gutsbezirke. — Städte. — Kreise. — Provinzen. Von Graf Hue de Grais. (XV, 620 S.) 905. Geb. in Leinw. n. 12. —

—— der königl. sächs. Gesetzgebung v. 28. u. 30. Jan. 1835. Eine übersichtl. Zusammenstell. d. Gesetze: Ueber Competenzverhältnisse zwischen Justiz- u. Verwaltungs-Behörden. — Ueber d. höh. Justizbehörden u. d. Instanzenzug in Justizsachen. — Ueber privil. Gerichtsstände, u. üb. d. Verfahren in Administrativjustizsachen, mit sämmtl. zu dies. Gesetzen ergang. Verordnn. u. gesetzl. Bestimmungen. 2., mit e. vollständ. Register vers. Ausg. gr. 8. ($12^1/_2$ B.) Leipzig 838, [Peter.]

— d. Gespräche f. d. gebildeten Umgang &c. (als 2r Thl. od. Suppl. zu d. Handb. f. Reisende. d. Fr. v. Genlis.) in 4 Sprachen. 8. Leipz. Hinrichs. 807.

Handbuch der Gesundbrunnen, Mineral- und Mineralschlammbäder . . . München 1850. V: *Arendts, Carl.* (EngG)

—— der Gesundbrunnen, Mineral- und Mineralschlammbäder, sowie Molkenkur-Anstalten des Königr. Bayern und der berühmtesten des übrigen Süd- und Mitteldeutschlands für Aerzte und Nichtärzte. Nebst einer umfassenden Einleitung über die verschied. Arten von Bädern, ihre Wirkungen und Kuranwendungen ꝛc., gegründet auf vieljähr. Beobachtungen und Erfahrungen bewährter Aerzte. Bearb. von C. A. 8. (IX und 317 S. mit 1 lithogr. Abbild. des Bades Kreuth in gr. 4.) München 850, Fleischmann.

— u. Gewerbe. Zeitschrift f. die zur Vertretg. v. Handel u. Gewerbe gesetzlich berufenen Körperschaften. Hrsg. v. Soetbeer. Schriftleitung: Graf v. Brockdorff. 10. Jahrg. Oktbr. 1902—Septbr. 1903. ca. 39 Nrn. gr. 8. (Nr. 1. 18 S.) Berlin, C. Heymann. Halbjährlich 5. —

— der praktischen Gewerbehygiene. Unter Mitwirkg. v. E. Claussen, G. Evert, K. Hartmann, W. Oppermann, Th. Oppler, R. Platz, C. Specht, A. Villaret hrsg. v. H. Albrecht. Mit mehreren hundert Fig. 1.—3. Lfg. gr. 8. (S. 1—560.) Berlin 894. R. Oppenheim. à n. 4. 50

— d. prakt. Gewerbehygiene m. bes. Berücks. d. Unfallverhütg. Unt. Mitwirkg. v. E. Claussen, G. Evert, K. Hartmann, E. Krumbhorn, W. Oppermann, R. Platz, Th. Sommerfeld, C. Specht, M. Sprenger, A. Villaret hrsg. v. H. Albrecht. M. 756 Fig. 4. u. 5. (Schluss-)Lfg. gr. 8. (XII u. S. 561—1053.) Berlin 895. 96. [R. Oppenheim.] C. Heymann's Verl. Subskr.-Pr. n. 11. — (kplt.: Ladenpr. n. 27. —; geb. n. 30. —)

„Handbuch der merkantilisch-geographischen Gewerb-Producten-kunde für Kaufleute", 1 Band in 2 Abteilungen, Ronneb. 1798.

— für Gichtkranke u. Podagristen. 8. Heidelb. 792. Braun in Karlsr. 12 gl

Handbuch der Giftlehre für Chemiker, Aerzte, Apotheker und Gerichtspersonen. Aus dem holländischen nach der zweiten Auflage frei bearbeitet und mit Zusätzen versehen von J. B. Henkel. Braunschweig, 1862. 8vo. 2 parts. Erster Theil: Allgemeine Giftlehre und die Gifte des Pflanzenreichs. Zweiter Theil: Die Thiergifte und die Mineralgifte.

[Leopold] Gmelin-[Karl] Kraut's Handbuch der anorganischen Chemie. 7. gänzl. umgearb. Aufl. Unter Mitw. hervorragender Fachgenossen hrsg. von A[lbert] Hilger, Prof., München, u. C[arl] Friedheim, Prof., Bern. Lfg 1. Heidelberg: C. Winter 1905. 8° [illegible] 11

Handbuch für das küstenländische Verwaltungs-Gebiet: gefürstete Grafschaften Görz und Gradisca, Markgrafschaft Istrien und die Stadt Triest mit ihrem Gebiete für das Jahr 1855. 8. Triest

— gottsel., f. Kranke u. Sterbende in Betr., Gebet ꝛc. 8. Nürnb. 716.

Handbuch der Gottseligkeit, den Stillen im Lande gewidmet. Jerusalem 1789. V: *Stein von Laussnitz, von.* (wr)

Handbuch, Grammatisch-kritisches, für angehende Lehrer in der lateinischen Sprache. Halle 1796. V: *Meiner, Conr.* (MGT) (Ky)

— grammat.-krit., f. angeh. Lehrer in d. latein. Sprache, (v. J. G. Meiner). gr. 8. Halle 796. Gebauer. 1 Rthl 6 gl

— grosses kritisches, der Reklame, nebst Zeitungskatalog. Jahrg. 1910, v. Baumann u. Odebrecht. Synd.: Armbruster, Berlin O. 17. 1. Probeabdr. (223 S.) gr. 8. Berlin (W. 50, Eislebenerstr. 15), Dir. E. Baumann. 3. —

— grosses, der Philatelie. Verzeichnis u. Beschreibg. aller staatl. u. privaten Post- u. Telegraphen-Wertzeichen, sowie der bekannt gewordenen Essais. Mit vielen erläut. Notizen u. Angabe aller Neudrucke. Unter Mitwirkg. bedeutender Philatelisten begonnen v. Otto Toltz u. fortgesetzt v. C. Lindenberg. 1. Tl. Die staatl. Postzeichen. 1.—20. Lfg. gr. 8. (1. Bd. IV, 704 S. u. 2. Bd. S. 1—392.) Leipzig 887—890. Heitmann. à n. — 50 (1. Bd. [Lfg. 1—13.] cplt.: n. 9. 75)

— grosses, der Philatelie. Verzeichnis u. Beschreibg. aller staatl. u. privaten Post- u. Telegraphen-Wertzeichen, sowie der bekannt gewordenen Probedrucke. Mit vielen erläut. Notizen u. Angabe der Neudrucke. Unter Mitwirkg. bedeut. Philatelisten hrsg. von Frhr. v. Vittinghoff gt. Schell, J. H. Anheisser u. F. Kalckhoff. 1. Thl. Die Postzeichen. 21.—27. Lfg. gr. 8. (2. Bd. S. 393—736.) Leipzig 891. 892. E. Heitmann. à n. — 50

— grosses, der Philatelie. Verzeichn. u. Beschreibg. aller staatl. u. privaten Post- u. Telegraphen-Wertzeichen sow. d. bekannt gewordenen Probedrucke. M. vielen erläut. Notizen u. Angabe d. Neudrucke. Unt. Mitwirkg. bedeut. Philatelisten hrsg. v. Ernst Heitmann. 1. Tl. Die Postwertzeichen. 28.—36. Lfg. gr. 8. (2. Bd. IV u. S. 737—1063 u. 3. Bd. S. 1—96.) Leipzig 895—897. E. Heitmann. à n. — 50

—— des Grossgrundbesitzes in Bayern. Hrsg. vom General-Comité des landwirthschaftl. Vereins in Bayern. (Ausg. auf Schreibpap.) Lex.-8. (VIII, 433 S. mit 2 lithogr. und color. Karten.) München 878, Ad. Ackermann. geb. **

— d. Grossgrundbesitzes in Bayern. (Asg. auf. Schreibpap.) 8. (433 m. 2 Karten) Münch. 79. A Ackermann. geb. n.n. 15. —

—— des Grossgrundbesitzes in Bayern. Hrsg. vom General-Comité des landwirthschaftl. Vereins in Bayern. Ergänzungsbd. Lex.-8. (VIII, 352 S.) München 887, (Kaiser.) geb. **

Hauptwerk. (Ebendas.) 1878. *ℳ 15.—.

Handbuch für sozialdemokratische Grossratswähler. Bearb. von J[ulius] Albrecht, R[obert] Grimm, H[ermann] Kistler, Gust[av] Müller, und Oskar Schneeberger. Hrg. zu den Gesamterneuerungswahlen des bernischen Grossen Rates im Mai 1910 von der Geschäftsleitung der sozialdemokrat. Partei des Kantons Bern. 2. durchgesehene Aufl. 212 S. 8. Bern, Unionsdruckerei, 1910. [fr. 2. —]

Handbuch der Großschmetterlinge . . . , s. Barthel, Max

— des größeren Grundbesitzes in Bayern. Neuausg. d. im J. 1879 ersch. Hauptbd. u. d. Ergänzgsbd. v. J. 1887 d. „Handb. des Großgrundbesitzes in Bayern". Bearb. u. hrsg. vom bayer. Landwirtschaftsrat. (IV, 713 S.) Lex. 8. München 907. (J. Lindauer.) Geb. in Lw. nn 8. —

Handbuch des ländl. Grundbesitzes im Großherzogtum Mecklenburg-Schwerin (m. Ausschluß des kleinen Grundbesitzes). Verzeichnis sämtl. Ortschaften in alphabet. Ordnung m. Angabe der Ortseigenschaft, des polit. Landesteils, der Gesamtflächengröße u. der Größe der einzelnen Kulturen, der Einwohnerzahl, d. Viehstandes, d. Grundherrschaft, Besitzer, Pächter, Administratoren, Schulzen, der Pachtperioden u. der Pachtsummen, des Amts- und Landgerichts, der wesentl. Bestandteile der Ortschaft, der industriellen u. Fernsprech-Anlagen m. Anschlußnummer, der Postbestell- u. Telegraphenanstalt, der Eisenbahnstation u. deren ungefährer Entferng., des Reichstagswahlkreises u. des Aushebungsbezirks. Bearb. n. amtl. Material u. direkten Angaben. (VIII, 202 S.) 32×24 cm. Schwerin 908. L. Davids. 9.—; geb. 10. —

—— des Grundbesitzes im Deutschen Reiche. Mit Angabe sämmtl. Güter, ihrer Qualität, ihrer Grösse [in Culturart]; ihres Grundsteuer-Reinertrages; ihrer Besitzer, Pächter, Administratoren; der Industriezweige; Poststationen; Züchtungen specieller Viehraçen; Verwerthung des Viehstandes etc. Nach amtl. und authent. Quellen bearb. von P. Ellerholz und H. Lodemann. I. Das Königr. Preussen. 4.—9. Lfg. gr. 8. Berlin, [Landwirthschaftl.-statist. Bureau.] Nicolai'sche Verlagsh.

Inhalt:

Lfg. 4. Provinz Westpreussen. (XIII, 256 S.) 880. *ℳ 6.
» 5. Provinz Sachsen. (XV, 479 S.) 880. *ℳ 7,50.
» 6. Provinz Schlesien. (XIV, 678 S.) 880. *ℳ 9.
» 7. Provinz Posen. (XIV, 326 S.) 881. *ℳ 7,50.
» 8. Provinz Schleswig-Holstein. (XVI, 329 S.) 884. *ℳ 7,50.
» 9. Rheinprovinz. (XVI, 360 S.) 882. *ℳ 7,50.
Nicht weiter erschienen.
1.—3. Lfg. s. XVI. Bd. 1. Abthl. S. 450: General-Adressbuch.

Handbuch des Grundbesitzes im Deutschen Reiche. Mit Angabe sämmtl. Güter, ihrer Qualität, ihrer Grösse [in Culturart]; ihres Grundsteuer-Reinertrages; ihrer Besitzer, Pächter, Administratoren; der Industriezweige; Poststationen; Züchtungen specieller Viehraçen; Verwerthung des Viehstandes etc. Nach amtl. und authent. Quellen bearb. von P. Ellerholz. 2. verb. Aufl. I. Das Königr. Preussen. 1.—5. und 7. Lfg. gr. 8. Berlin, Nicolai'sche Verlagsh. *

Inhalt:

Lfg. 1. Provinz Brandenburg. (VIII, 340 S.) 885. *ℳ 8.
» 2. Provinz Pommern. (XIV, 387 S.) 884. *ℳ 8.
» 3. Provinz Ostpreussen. (XIV, 324 S.) 884. *ℳ 8.
» 4. Provinz Westpreussen. (XVI, 262 S.) 885. *ℳ 8.
» 5. Provinz Sachsen. (XVI, 498 S.) 883. *ℳ 10.
» 7. Provinz Posen. (XIV, 314 S.) 884. *ℳ 8.

—— des Grundbesitzes im Deutschen Reiche. Mit Angabe sämmtl. Güter, ihrer Qualität, ihrer Grösse u. Culturart; ihres Grundsteuerreinertrages, ihrer Besitzer, Pächter etc., der Industriezweige; Post-, Telegraphen- u. Eisenbahnstationen; Züchtgn. spezieller Viehrassen; Verwerthg. d. Viehstandes etc. Bearb. v. Paul Ellerholz, E. Kirstein, Traug. Müller u. Geo. Volger. I.: Das Königr. Preussen. 6. u. 7. Lfg. Lex.-8. Berl., Nicolai's Verl. * 22 —
6. Prov. Schlesien. 2. verb. Aufl., bearb. v. Geo. Vogler. (VII, LIV, 703 S.) 892 * 12 —. — 7. Prov. Posen. 3. verb. Aufl. (XIII, 348 S.) 891. * 10 —
1.—5., 8.—10. Lfg. Ebd. 1882—88. * 67 —.

—— des Grundbesitzes im Deutschen Reiche. Mit Angabe sämmtl. grösseren Güter, ihrer Qualität, ihrer Grösse und Vertheilung der Fläche nach Kulturarten; ihres Hufenstandes; ihrer Besitzer, Pächter, Administratoren etc., der industriellen Anlagen; Post-, Telegraphen- und Eisenbahnstationen und der zuständ. Amtsgerichtsbezirke. Nach den vorhandenen amtl. und anderen Quellen bearb. von Traug. Mueller. X. Die Grossherzogth. Mecklenburg-Schwerin und Strelitz. gr. 8. (LII, 264 S.) Berlin 888, Nicolai'sche Verlagsh. *
I—IX. Ebendas. 1882—85. *ℳ 65.—.

— des Grundbesitzes im Deutschen Reiche. Mit Angabe sämmtl. Güter, ihrer Qualität, ihrer Grösse u. Culturart; ihres Grundsteuerreinertrages, ihrer Besitzer, Pächter, Administratoren etc.; der Industriezweige; Post-, Telegraphen- u. Eisenbahnstationen; Züchtgn. specieller Viehrassen; Verwerthg. d. Viehstandes etc. Nach amtl. u. authent. Quellen bearb. v. Paul Ellerholz, E. Kirstein, Traug. Müller u. Geo. Volger. I. Das Königr. Preussen. 2., 4., 6. u. 7. Lfg. Lex.-8. Berlin, Nicolai's Verl. n. 38. —
2. Prov. Pommern. 3., verb. Aufl., bearb. v. Geo. Volger. (V, XXX, 378 S.) 893. n. 8. —
4. Prov. Westpreussen. 3., verb. Aufl., bearb. v. Geo. Volger. (XXX, 287 S.) 894. n. 8. —
6. Prov. Schlesien. 2., verb. Aufl., bearb. v. Geo. Volger. (VII, LIV, 703 S.) 892. n. 12. —
7. Prov. Posen. 3., verb. Aufl. (XIII, 348 S.) 891. n. 10. —

— d. Grundbesitzes im Deutschen Reiche. M. Angabe sämmtl. Güter, ihrer Qualität, ihrer Grösse u. Culturart; ihres Grundsteuerreinertrages, ihrer Besitzer, Pächter, Administratoren etc.; d. Industriezweige; Post-, Telegraphen- u. Eisenbahnstationen; Züchtgn. spec. Viehrassen; Verwerthg. d. Viehstandes etc. N. amtl. u. authent. Quellen bearb. v. Paul Ellerholz, E. Kirstein, Traug. Müller, W. Gerland u. Geo Volger. I. D. Königr. Preussen. 1., 3., 7., 11. (2 Abthlgn.) u. 12. Lfg. gr. 8. Berlin, Nicolai's Verl. n. 47. 50
1. Prov. Brandenburg. 3., verb. Aufl., bearb. v. Geo. Volger. (L, 310 S. m. 1 farb. Karte.) 896. n. 8. —
3. Prov. Ostpreussen. 3., verb. Aufl., bearb. v. Geo. Volger. (XXXIII, 346 S.) 895. n. 8. —
7. Prov. Posen. 4., verb. Aufl., bearb. v. E. Kirstein. (XLV, 362 S. m. 1 farb. Karte.) 895. n. 10. —
11, I. Prov. Hessen-Nassau. 1. Abth.: Reg.-Bez. Cassel. Bearb. v. Kirstein u. W. Gerland. (XXIV, 123 S. m. 1 farb. Karte.) 895. n. 5. —
11, II. Dasselbe. II. Abth.: Reg.-Bez. Wiesbaden. Bearb. v. Kirstein u. W. Gerland. (XX, 95 S. m. 1 farb. Karte.) 896. n. 4. 50
12. Prov. Westfalen. Bearb. v. Kirstein u. Schlch. M. 1 (farb.) Karte d. Prov. Westfalen. (VII, LXII, 568 S.) 897. n. 12. —

Handbuch des Grundbesitzes im Deutschen Reiche. Mit Angabe sämmtl. Güter, ihrer Qualität, ihrer Grösse u. Culturart; ihres Grundsteuerreinertrages, ihrer Besitzer, Pächter, Administratoren etc.; der Industriezweige; Post-, Telegraphen- u. Eisenbahnstationen; Züchtgn. spezieller Viehrassen; Verwerthg. d. Viehstandes etc. Nach amtl. u. authent. Quellen bearb. v. Paul Ellerholz, E. Kirstein, Traug. Müller, W. Gerland, Geo. Vogler u. Schlch. I. Das Königr. Preussen. 1., 5. u. 7. Lfg. gr. 8. Berlin, Nicolai's Verl. n. 30. —
1. Prov. Brandenburg. Von E. Kirstein. Mit e. Karte d. Prov. Brandenburg. 4. verb. Aufl. (LXX, 321 S.) 903. n. 8.—
5. Prov. Sachsen. Von E. Kirstein. Mit e. (farb.) Karte der Prov. Sachsen. 3. verb. Aufl. (VII, LXII, 547 S.) 899. n. 12. —
7. Prov. Posen. Von E. Kirstein. Mit e. Karte der Prov. Posen. 6. verb. Aufl. (LXI, 366 S.) 902. n. 10. —
5. Aufl. (LIII, 368 S.) 899. n. 10. —.

— des Grundbesitzes im Deutschen Reiche. Mit Angabe sämmtl. Güter, ihrer Qualität, ihrer Grösse u. Kulturart; ihres Grundsteuerreinertrages; ihrer Besitzer, Pächter, Administratoren etc.; der Industriezweige; Post-, Telegraphen- u. Eisenbahnstationen; Züchtgn. speziell. Viehrassen; Verwertg. d. Viehstandes etc. Nach amtl. u. authent. Quellen bearb. v. Paul Ellerholz, E. Kirstein, Traug. Müller, W. Gerland, Geo. Volger, Schlch u. Alfr. Melcher. I. Das Königr. Preussen. 3., 4. u. 7. Bd. Lex.-8. Berlin, Nicolai's Verl. n. 30. —
3. Prov. Ostpreussen. Von Bruno Melcher u. Alfr. Melcher. 4. verb. Aufl., bearb. im Auftrage des Vorstandes der Landwirtschaftskammer für die Prov. Ostpreussen. (LIV, 473 S. m. 1 farb. Karte.) 903. n. 12. —
4. Prov. Westpreussen. Von E. Kirstein. Mit e. (farb.) Karte der Prov. Westpreussen. 4. verb. Aufl. (XLVI, 295 S.) 903. n. 8. —
7. Prov. Posen. Von E. Kirstein. Mit e. Karte der Prov. Posen. 7. verb. Aufl. (LVII, 433 S.) 905. n. 10. —

— des Grundbesitzes im Deutschen Reiche. Unter Mitwirkg. der königl. Behörden u. nach amtl. Quellen bearb. Lex. 8. Berlin, Nicolai's Verl.
Prov. Brandenburg. Bearb. unter Mitwirkg. der königl. Behörden u. der Landwirtschaftskammer f. die Prov. Brandenburg. 5. gänzlich umgearb. Aufl. (VII, LXXXVI, 377 u. 24 S. m. 1 farb. Karte.) 910. 10. —
Prov. Ostpreussen. Mit e. Karte der Prov. Ostpreussen. 5. verb. Aufl., bearb. im Auftrage des Vorstandes der Landwirtschaftskammer f. die Prov. Ostpreussen von Bruno Melcher u. Alfr. Melcher. (V, XCV, 629 S.) 907. (3. Bd.) 15.—
Prov. Pommern. Bearb. unter Mitwirkg. der königl. Behörden u. der Landwirtschaftskammer für die Prov. Pommern. 4. gänzlich umgearb. Aufl. (VIII, 26, II, 420 u. 35 S. m. 1 farb. Karte.) 910. 10. —
Prov. Posen. Bearb. unter Mitwirkung der königl. Behörden u. der Landwirtschaftskammer f. die Provinz Posen. 8. gänzlich umgearb. Aufl. (VII, 84, 383 u. 28 S. m. 1 farb. Karte.) 910. 10. —
Prov. Sachsen. Mit e. Karte d. Prov. Sachsen. 4. verb. Aufl. bearb. v. E. Kirstein u. P. Haake. (LXXXV, 905 S.) 907. (5. Bd.) 20. —
Prov. Westpreussen. Im Auftrag der Landwirtschaftskammer unter Mitwirkung der königl. Behörden der Prov. bearb. u. hrsg. v. der Buchstelle der Landwirtschaftskammer f. d. Prov. Westpreussen. 5. gänzl. umgearb. Aufl. (VII, LIX, 370 S. m. 1 farb. Karte.) 909. 10. —

—— für den Güter-Verkehr auf den Eisenbahnen Deutschlands und Oesterreich-Ungarns. I. Reglementarische Bestimmungen über die Beförderung von Gütern auf den Eisenbahnen Deutschlands und Oesterreich-Ungarns. Mit Erläuterungen und einem ausführl. Sachregister, Verzeichniß derjenigen Eisenbahn-Stationen in Deutschland und Oesterreich-Ungarn, die für den Güter-Verkehr nicht eingerichtet sind, sowie derjenigen, nach denen nur eine beschränkte Güter-Beförderung stattfindet. gr. 8. (49 S.) Berlin 873, Hentze. [C. Pfeiffer'sche Buchh.] *

—— dass. — II. Handbuch der Local-Tarife für den Güter-Verkehr der Eisenbahnen Deutschlands und Oesterreich-Ungarns. 2 Lfgn. Mit 2 (lithogr.) Uebersichtskarten (in Fol.). gr. 8. Ebendas. [1. Lfg. (IV, 148 S.) 878. *ℳ 3.; 2. Lfg. (IV, 185 S.) 874. *ℳ 4.] *

Anonym: „Handbuch für Gutsbesitzer und Dorfschulzen. Enthaltend eine Sammlung von Gesetzen, Verordnungen, gesetzlichen Vorschriften und einzelnen öffentlich noch nicht bekannt gewordenen, rechtskräftigen Erkenntnissen; mit besonderer Berücksichtigung der gutsherrlichen Verhältnisse in der Provinz Brandenburg; vorzüglich den Gerichtsstand überhaupt, die Polizei-, Kirchen-, Schul-, Armen-, Jagd-, Forst-, Einquartierungs-, Truppen-Verpflegungs-, Vorspann- und Stempel-Angelegenheiten, sowie die Ausübung des Polizei-Strafrechts betreffend", von einem Rittergutsbesitzer bearbeitet, Berlin 1829 (Herbig).

— d. Gynäkologie. Bearb. v. E. Bumm, A. Döderlein, H. Fritsch u. A. In 3 Bdn. hrsg. v. J. Veit. M. zahlr. Abb. 1., 2. u. 3. Bd. 1. Hft. gr. 8. Wiesbaden, J. F. Bergmann. n. 44. 80; geb. n. 52. —
1. Asepsis u. Antisepsis in d. Gynäkologie. Von H. Löhlein. — Lage- u. Bewegungs-Anomalien d. Uterus u. s. Nachbarorgane. Von Otto Küstner. — Erkrankgn. d. Vagina. Von J. Veit. — Gonorrhoische Erkrankgn. d. weibl. Harn- u. Geschlechtsorgane. Von E. Bumm — Entwickelg. u. Entwickelungsfehler d. weibl. Genitalien. Von W. Nagel. (VIII, 698 S.) 897. n. 13. 60
2. Die Krankheiten d. weibl. Blase. Von H. Fritsch. — Physikal. Untersuchungsmethoden d. Blase Von F. Viertel. — Die Entzündgn. d. Gebärmutter. Von A. Döderlein. — Die Atrophia uteri. Von A. Döderlein. — Anatomie u. Histologie d. Myome d. Uterus. Von K. Gebhard. — Aetiologie, Symptomatologie, Diagnostik, Prognose d. Myome d. Uterus. Von J. Veit. — D. elektr. Behandlg. d. Myome d. Uterus. Von R. Schaeffer. — D. palliative Behandlg. u. d. vaginalen Operationen der Uterusmyome. Von J. Veit. — D. abdominalen Myom-Operationen. Von R. Olshausen. — Myom u. Schwangerschaft. Von R. Olshausen. (VI, 814 S. m. 4 Taf.) 897. n. 18. 60
3, I. Die Menstruation. Von C. Gebhard. — Die Erkrankgn. d. Vulva. Von J. Veit. — Die Erkrankgn. d. Ovarien. Von J. Pfannenstiel. (VI, 512 S. m. 115 Abb. u. 1 Taf.) 897. n. 12. 60; geb. n. 15. —

— der Gynäkologie. Bearb. v. E. Bumm, A. Döderlein, H. Fritsch etc. In 3 Bdn. hrsg. v. J. Veit. 3. Bd. II. Hälfte. 2 Abtlgn. gr. 8. Wiesbaden, J. F. Bergmann. n. 30. 20; (kplt. n. 75. —)
II, 1. Krankheiten des Beckenbindegewebes. Von A. v. Rosthorn. — Anatomie des Carcinoma uteri. Von G. Winter. — Ätiologie, Symptomatologie, Diagnose u. Radikalbehandlung der Uteruscarcinome. Von R. Frommel. — Palliative Behandlung des inoperablen Carcinoms. Von A. Gessner. — Carcinom u. Schwangerschaft. Von O. Sarwey. — Deciduoma malignum. Von J. Veit. Mit 88 Abbildgn. im Text u. 15 Taf. (V, 596 S.) 899. n. 16.—
II, 2. Die Hämatocele. Von E. Winternitz. — Die Erkrankgn. der Tube. Von F. Kleinhans u. J. Veit. — Allgem. Peritonitis. Von A. Döderlein. — Das Sarcoma uteri. Von A. Gessner. — Endothelioma uteri. Von A. Gessner. — Fremdkörper im Beckenbindegewebe. Von A. v. Rosthorn. — Register zum Gesamtwerk. Mit 60 Abbildgn. im Text u. auf den Taf. IX—XI. (VII u. S. 599—1087.) 899. n. 14. 20

— der Gynäkologie. Bearb. v. G. A. Döderlein u. a. Hrsg. v. J. Veit. 2. völlig umgearb. Aufl. 5 Bde. Lex. 8. Wiesbaden, J. F. Bergmann. 112.—; geb. 128. 40
I. (X, 836 S. m. Abbildgn.) 907. 16.60; geb. n 18. 60
II. (IX, 602 S. m. Abb. u. 5 farb. Taf.) 907. 15.40; geb. 17.80
III, 1. (IX, 576 S. m. Abbildgn. u. 2 farb. Taf.) 908. 14.—; geb. 16. 40
III, 2. (VII u. S. 577—980 m. Abbildgn.) 908. 10.60; geb. 13.20
IV, 1. Die Erkrankungen des Eierstockes u. des Nebeneierstockes. Von J. Pfannenstiel. Unter Mitwirkg. v. P. Kroemer. Mit 185 Abbildgn. im Text u. auf 10 Taf. (X, 549 S.) 908. 16.60; geb. 19. —
IV, 2. Die Erkrankungen der Vulva. Von J. Veit. — Die Peritonitis. Von F. Fromme. — Bildungsfehler der weiblichen Genitalien. Von K. Menge. Mit 83 Abbildgn. im Text u. auf 3 Taf. (VII u. S. 551—1076.) 910. 14.—; geb. 16. 40
V. (XI, 740 S. m. 116 Abbildgn. im Text u. auf 20 Taf.) 910. 24.60; geb. 27. —

— für Handel, Verkehr u. Industrie der Prov. Schleswig-Holstein-Lauenburg. gr. 8. (XII, 101, 129, 29, 23 u. XXII S. m. Abbildgn. u. 1 farb. Karte.) Kiel 893. (Lipsius & Tischer.) Geb. in Leinw. n.n. 3.—

Handbuch für Handel, Verkehr und Industrie der Provinz Schleswig-Holstein-Lauenburg. (Hrgg. vom Verlag der Nord-Ostsee-Zeitung.) Jg. 1. Kiel. 1892/93. Jg. 2. ebd. 1895. 8°

— für deutsche Handels-Dampfer v. 50 Brutto-Registertonnen u. mehr. (4. Aufl.) Fol. (IV, 90 S.) Berlin 892. E. S. Mittler & Sohn. n.n. 40. —

[S.] Handbuch für die Handelskammer zu Breslau. Hrsg. v. d. Handelskammer. (*Breslau: Dr. v. O. Gutsmann 1897.*) (54 S.) 1 Bd 8.
[98. 2646 B]

— f. die Handels- u. Gewerbekammer in Prag. Zusammengest. anlässlich der Neuconstituirung der Kammer im J. 1902 im Auftrage d. abtret. Kammerpraesidiums. gr. 8. (VI, 188 S.) Prag 902. F. Řivnáč). n. 2. —

— für die deutsche Handels-Marine auf d. J. 1877—1882. Hrsg. vom Reichskanzler-Amte. gr. 8. (VII, 508; V, 517; VI, 535; VI, 558; VI, 557 u. VI, 530 S.) Berlin 877—82. G. Reimer. cart. à n. 5. —

Handbuch f. die deutsche Handels-Marine auf d. J. 1883, 1884 u. 1885. Hrsg. vom Reichsamt d. Innern. gr. 8. (à ca. VI, 531 S.) Berlin, G. Reimer. cart. à n. 5. —

— dasselbe, auf d. J. 1886. Hrsg. im Reichsamt d. Innern. gr. 8. (VI, 538 S.) Ebend. cart. n. 8. —

— für die deutsche Handels-Marine auf d. J. 1887. Hrsg. im Reichsamt des Innern. gr. 8. (VI, 125; 290 u. 115 S.) Berlin, G. Reimer. cart. n. 8. —

— dasselbe, auf das J. 1888. gr. 8. (VI, 114; 278 u. 120 S.) Ebd. cart. n. 8. —

— dasselbe, auf das J. 1889. gr. 8. (VI, 114; 262 u. 121 S.) Ebd. cart. n. 7. 50

— für die deutsche Handels-Marine auf d. J. 1892—1894. Hrsg. im Reichsamt des Innern. gr. 8. Berlin G. Reimer. Kart. n. 22. —
1892. (VI, 123, 270 u. 149 S.) n. 8.—. — 1893. (VI, 122, 164 u. 169 S.) n. 7.—. — 1894. (VI, 128, 164 u. 175 S.) n. 7.—.

— f. d. deutsche Handels-Marine auf d. J. 1895—1898. Hrsg. im Reichsamt d. Innern. gr. 8. Berlin, G. Reimer. Kart. n. 29. 50
1895. (VI, 134, 161 u. 182 S.) n. 7. 50
1896. (VI, 135, 160 u. 179 S.) n. 7. —
1897. (VI, 139, 162 u. 186 S.) n. 7. 50
1898. (VI, 139, 162 u. 191 S.) n. 7. 50

— f. die deutsche Handels-Marine auf das J. 1899—1902. Hrsg. im Reichsamt des Innern. gr. 8. Berlin, G. Reimer. Kart. n. 31. 50
1899. (VI, 143, 164 u. 196 S.) n. 7. 50
1900. (VI, 145, 182 u. 206 S.) n. 8. —
1901. (VI, 146, 174 u. 228 S.) n. 8. —
1902. (VI, 149, 174 u. 237 S.) n. 8. —

Handbuch für die deutsche Handelsmarine auf d. J. 1906. Hrsg. im Reichsamte des Innern. (VI, 166, 180 u. 266 S.) gr. 8. Berlin 906. G. Reimer. Kart. n 9. —

— für die deutsche Handelsmarine auf d. J. 1910. Hrsg. im Reichsamte des Innern. (VI, 144. 162 u. 238 S.) gr. 8. Berlin 910. G. Reimer. Geb. in Halbleinw. 9. —

—— des deutschen Handels-, See- und Wechselrechts. Unter Mitwirkung von Brunner, Cohn, Gareis etc. hrsg. von W. Endemann. 1. Bd. gr. 8. Leipzig, Fues's Verlag. [1. Halbbd. (S. 1—384.) 881. *ℳ 8.; 2. Halbbd. (XIV, S. 385—886.) 882. *ℳ 10,70.] *

—— dass. — 2. Bd. gr. 8. Ebendas. [1. Halbbd. (S. 1—384.) 881; 2. Halbbd. (XI, S. 385—738.) à Halbbd. *ℳ 8.] *

—— dass. — 3. Bd. gr. 8. Ebendas. [1. Halbbd. (S. 1—381.) 883. *ℳ 8.; 2. Halbbd. 1. Abthl. (S. 385—672.) 883. *ℳ 6.; 2. Abthl. (S. 673—992.) 884. *ℳ 7.; 3. Abthl. (XII, S. 993—1223.) 885. *ℳ 6,30.] *

—— dass. — 4. (Schluss)-Bd. gr. 8. Ebendas. [1. Halbbd. (S. 1—240.) 883. *ℳ 5.; 2. Halbbd. 1. Abthl. (S. 241—466; S. 1—144.) 883. *ℳ 8.; 2. Abthl. (IV, S. 467—476; VIII, S. 145—350.) 881. *ℳ 5.] *
compl. 4 Bde. *

Endemann, W. Handbuch des deutschen Handels-, See- und Wechselrechts. 4 Bde. 1881—85.

— der gesammten Handelswissenschaften für ältere u. jüngere Kaufleute, sowie für Fabrikanten, Gewerbetreibende, Verkehrsbeamte, Anwälte u. Richter. Bearb. von M. Haushofer, J. Landgraf, H. Gießler u. J. F. Huber. 2 Bde. gr. 8. (XVI, 663 u. XI, 695 S.) Stuttgart 879. Maier. n. 10. —

— f. alle Handwerksmeister, Gesellen u. Lehrbursche zur Beförderung der Ordnung. 8, Potsdam, Horvath. 784.

—— für die Provinz Hannover auf das J. 1870. 8. (XVI, 680 S.) Hannover. (Celle, Schulze'sche Buchh.) geb. *

—— der Provinz Hannover. 1874, 1876 und 1877. gr. 8. (XXIV, 940; XXIV, 850; XXIII, 846 S.) Hannover, Klindworth. à Jahrg. **
—— dass. — 1878. gr. 8. (XXIII, 895 S.) Ebendas. geb. **
—— dass. — 1880. gr. 8. (XXXII, 916 S.) Ebendas. geb. **
Jahrg. 1875 und 1879 sind nicht erschienen.

—— der Prov. Hannover. 1881—1884. gr. 8. (938; 950; 966; 979 S.) Hannover, Klindworth. cart. à Jahrg. **

—— der Prov. Hannover für die J. 1885—86. gr. 8. (XXXVI, 954 S.) Hannover, Klindworth. geb. **
Fortsetzung s. Staatshandbuch über die Provinz Hannover.

— zur Harmonienlehre u. für d. Generalbaß ꝛc. gr. 8. Prag 802. Barth. (Taubert in Leipz.) 2 ß

Handbuch für das preußische Haus der Abgeordneten. Ausg.: Oktbr. 1880. 12. (III, 307 S.) Berlin 880, (Moeser.) geb. *
Ausg. für 1881 ist nicht erschienen.

—— dass. — Ausg.: Nov. 1882. gr. 16. (III, 317 S.) (Ebendas.) 883. geb. *

Handbuch für das preußische Haus der Abgeordneten. Nachtrag Januar 1882. 12. (III, 57 S.) Berlin 882, (Möser.) *

—— dass. — Nachtrag Novbr. 1883. 12. (III, 50 S.) (Ebendas.) 883. *

—— dass. — Nachtrag Januar 1885. 12. (III, 72 S.) (Ebendas.) 885. *

—— dass. — Ausg. Januar 1886. 12. (III, 312 S.) (Ebendas.) 886. *

—— dass. — Nachtrag Januar 1887. 12. (48 S.) (Ebendas.) 887. *

—— dass. — Nachtrag Januar 1888. 12. (... S.) (Ebendas.) 888. *
Vergriffen.

Handbuch für das preußische Haus der Abgeordneten. Ausg. Januar 1889. 12. (III, 329 S. u. 3 Pläne d. H. d. Abg.) Berl. 889, (Möser). * 4 50

Handbuch f. das preußische Haus der Abgeordneten. Ausg.: Jan. 1894. 12. (III, 349 S. m. 3 Plänen.) Berlin, W. Moeser. Geb. in Leinw. n.n. 4. 50

Handbuch f. d. preuß. Haus d. Abgeordneten v. Jan. 1894. Nachtrag v. Jan. 1895. 12. (52 S.) Berlin 895. W. Moeser. — 60

— dasselbe. Nachtrag. Ausg.: Jan. 1898. 12. (82 S.) Ebd. 898. n. — 80 (kplt. m. Nachtrag: n.n. 5. 30)

Handbuch f. das preußische Haus der Abgeordneten. Ausg.: Jan. 1899. 12. (III, 355 S.) Berlin (W. Moeser). Geb. in Leinw. n. 4.50; Nachtrag. Ausg. 1901. (68 S.) n. — 70

— für Hausarbeit. Lehrgang des Pestalozzi-Hauses II (Berlin), Seminar, Koch- u. Haushaltungsschule „Hedwig Heyl". (VII, 178 S.) 8. Berlin 905. C. Habel. Geb. in Leinw. n. 2. —

— für Hausarbeit. Lehrgang des Pestalozzi-Fröbelhauses (Berlin), Seminar-, Koch- u. Haushaltungsschule „Hedwig Heyl". 2. verb. Aufl. (VII, 178 S.) 8. Berlin 909. C. Habel. Geb. in Leinw. 2. 40

Handbuch und Hausbuch

— f. junge Frauenzimmer. 2 Thle. 8. Wien 791. M. Hall. 16 K

Hand- und Hausbuch gemeinnütz. Kenntnisse f. alle Stände. Eine Samml. v. Fünf Tausend d. neuesten u. weniger bekannten anwendbaren Entdeckn., Erfindn. ꝛc. in Fabriken, Manufakturen, Künsten u. techn. Gewerben ꝛc. Unt. Mitwirk. e. Gesellschaft v. Technikern u. Gewerbtreibenden hrsg. v. Karl W. Heinichen. 2 Bde. (à 6 Hfte.) 8. (50 B. u. 3 Stnt.) Dresden 839, Bromme. à Hft. * ⅛ Thlr. *

Hand- u. Hausbuch gemeinnütziger Kenntnisse f. alle Stände. Eine Samml. von 1800 der neuesten u. weniger bekannten anwendbaren Entdeckungen, Erfindungen, Vorschriften u. Verbesserungen in Fabriken, Manufakt., Künsten u. techn. Gewerben ꝛc. Unter Mitwirkung von Technikern ꝛc. hrsg. v. Carl W. Heinichen. 2., verm. Aufl. 2 Bde. 8. (53⅓ B. u. 3 Kpfrt.) Dresden 813, Bromme's Vrlgsh.

—— dass. 13. od. Supplementheft f. die Besitzer der 1. Aufl. 8. (5⅛ B.) Ebds. 813.

Anonym: „Handbuch für kleine und große Haushaltungen", Lingen 1792 (Jüllicher).

E. B.: „Handbuch für kleine und große Haushaltungen; oder gründliche Anweisung, wie ein junges Frauenzimmer Küche und Haushaltung auf die angenehmste Art besorgen lernen kann; aus vieljähriger Erfahrung", Rinteln 1792 (Bösenthal); 2. Auflage ebenda 1798.

Anonym: „Hand- und Haushaltungsbuch für Hausväter und Hausmütter, mit Ausrechnungen beim Kauf und Verkauf", Stralsund 1783 (Löffler). Mit neuem Titel Stralsund 1831 (Struck).

— u. Haushaltungsbuch f. Hausväter u. Hausmütter. gr. 8. Rostock, Koppe. 784.

Hand- u. Haushaltungs-Buch f. Hausväter u. Hausmütter, so wie überh. f. Jedermann, welcher sich eine Erleichterung beim Ausrechnen, sei's beim Ein- od. Verkauf od. in sonst. Angelegenheiten, verschaffen will. Nebst Zinsen-Tabn. zu 6, 5, 4, 3, 2 u. ½ pCt. auf e. Jahr, so wie auf e. Monat berechnet. gr. 8. (50½ B.) Stralsund 831, Struck. Thlr.

— von mehr als 1000 der einfachsten und bewährtesten Hausmittel, sowie der vorzüglichsten Heil-Pflanzen u. Kräuter, mit kurzgefaßten Belehrungen, wie dieselben mit Nutzen bei den meisten Krankheiten u. Gebrechen des Menschen anzuwenden sind ꝛc., mit einem Anhang von Hufeland's Haus- u. Reiseapotheke; Belehrung über die Heilkraft des Franzbranntwein's u. Salz ꝛc. Durchgesehen von einem bewährten Arzte. Reutlingen 860. Rupp & Baur. 12. (V, 187 S.) n. 12 ngr

— von mehr als 1000 der einfachsten u. bewährtesten Hausmittel, sowie der vorzüglichsten Heil-Pflanzen u. Kräuter, mit einer kurzgefaßten Belehrung, wie dieselben mit Nutzen bei den meisten Krankheiten u. Gebrechen d. Menschen anzuwenden sind, nebst ausführlichen alphabet. Registern über Krankheiten u. Heilkräuter ꝛc., mit einem Anhang von Hufeland's Haus- u. Reise-Apotheke; Belehrung über die Heilkraft des Franzbranntweins u. Salz, der Eisenfeilspähne u. des kalten Wassers. Hrsg. von einem bewährten Arzte. 2. Aufl. 8. (IV, 187 S.) Reutlingen 879. Baur. 1. 20

— f. christl. Hausväter u. Hausmütter z. Erweckung frommer Gesinn. gr. 8. Kempten. Dannheimer.

Handbuch der Hautkrankheiten. Bearb. von H[einrich] A u s p i t z [u. a.] Hälfte 1. 2. Mit Abb. Leipzig 1883. (Handbuch d. spec. Pathologie u. Therapie, hrsg. von H. v. Ziemssen. Bd 14.)

H a n d b u c h der Hautkrankheiten, hrg. von Prof. Dr. Franz M r a č e k unter Mitwirkung von ... Prof. Dr. [Joseph] J a d a s s o h n (Bern)... Band 1. Mit 104 Abbildungen und 2 Tafeln in Farbendruck. IV + 798 S. 8. Wien, Alfred Hölder, 1902. [M. 25.—]
Erscheint seit 1901 in Abtheilungen à M. 5. —

— der Hautkrankheiten. Hrsg. von Frz. Mraček unter Mitwirkg. von v. Bergmann, Blaschko, Buschke u. a. 9.—19. Abtlg. (2. Bd. III u. S. 433—789; 3. Bd. III, 688 S. u. 4. Bd. S. 1—588 m. Abbildgn., 18 [4 farb.] Taf. u. 1 Blatt Erklärgn.) Lex.-8. Wien 903—906. A. Hölder. à n. 5.—; (II—IV, 1: n. 70.50; geb. n.n. 78.—)

— der Hautkrankheiten. Hrsg. von Frz. Mraček unter Mitwirkg. v. Bergmann, Blaschko, Buschke u. a. 20.—24. Abtlg. (IV. Bd. 2. Hälfte. V, 828 S. m. Abbildgn., 4 farb. Taf. u. 3 Bl. Erklärgn.) Lex.8. Wien 907—09. A. Hölder. 26.—; geb. in Halbfrz. n 28.50; (vollst. 121.50; geb. n 134. —)

Handbuch für Hebammen. Offenbach 1793. V: *Wiebel.* (EngM) (Call) » *Wibel* « (Ky)

— f. Hebammen, (v. Dr. Wiebel). 8. Offenb. 793. Krebs. 16 gr

Handbuch der Hebammenkunst ... Bern 1806. V: *Schiferli, Rud. Abrah.* (Ky) (MGT)

— der Hebammenkunst, zum Gebr. bei Vorlesungen. (von R. A. Schiferli). 8. Bern 806. 2e Aufl. s. Schiferli.

Handbuch für Heer und Flotte. Enzyklopädie der Kriegswissenschaften und verwandter Gebiete. Hrsg. von G. v. Alten. Berlin ...
Bd 1. A—Bayonne. 1909
Bd 2. Bayreuth—Dampfsammler. 1909
Bd 3. Dampfschiff—FZM. 1911
Bd 4. G—Jdstedt. 1912
Bd 5. Jdstein—Leipzig. 1913
Bd 6. Leisadgues—Österreich-Ungarn. 1914
Bd 9. (Sonderbd). Kriege vom Altertum bis zur Gegenwart. 1912

Handbuch für H e e r und Flotte. Enzyklopädie d. Kriegswissenschaften u. verwandter Gebiete. Unter Mitw. ... hrsg. von Georg v. Alten, Gen. Lt. z. D. Bd 1. Berlin, Leipzig, Stuttgart, Wien: Bong 1909. 4° (8°)

— für das k. k. Heer. Nr. 1, 2 und 12. 16. Teschen, Prochaska. à n.n. — 40
1. Auszug aus dem Dienst-Reglement f. das k. k. Heer. 1. Thl. Nach der 2. Aufl. des Reglements vom Jahre 1873. (VIII, 320 S.) 886.
2. — dasselbe. 2. Thl. 2. Aufl. d. Reglements vom Jahre 1874. [Felddienst.] (III, 214 S. m. 5 Taf.) 887.
12. Die Organisation der k. k. österreichisch-ungarischen Kriegsmacht. (IV, 84 S.) 889.

H a n d b u c h der Heil-, Pflege- und Kuranstalten (Privat-Anstalten). Ärztlich redigiert von Dr. H[ugo] Neumann, ... Berlin. [2. Ausgabe] 1902. [Illustriert.] VIII + 146 [+ 4] S. 8. Berlin, Deutsche Jahrbuch-Gesellschaft m. b. H. [geb. M. 2.40]
(*Künftig u. d. T.:* Jahrbuch der Heil-, Pflege- und Kuranstalten.)

Handbuch zur Heilkunde der vorzüglichsten und gefährlichsten Pflanzenkrankheiten in der Landwirthschaft. Leipzig 1796. V: *Schreger, Heinrich Christian Theophilus.* (Ky) (Engoec) (MGT)

— der sympathischen Heilkunde, systematisch bearb. und mit erläuternden Anmerkungen versehen für Diejenigen, welche zu dieser Heilmethode Glauben und Vertrauen haben. Von Alexander Anonymus. 8. (XII und 100 S.) Leipzig 850, C. H. Reclam sen.

— z. Heilung d. gefährl. Pflanzenkrankheit. in d. Landwirthsch. gr. 8. Leipzig, Sommer. 796.

— zu Heilung d. gefährl. Pflanzenkrankheit in d. Landwirthschaft, (v. ... Schreger). gr. 8. Leipz. 796. (Centr.-Cpt.) 1 ₰ 8 gr

Handbuch der selbständigen Herrenfahrer-Verbände Deutsch-Österreichs. Klgft., Leon, 1899. 171 S.

— f. das preußische Herrenhaus. In Fortführg. der Metzel'schen Ausg. hrsg. v. A. Reißig. gr. 8. (IV, 428 S. m. 2 Taf. u. 3 Plänen.) Berlin 899. C. Heymann's Verl. Geb. in Leinw. n. 5. —; Nachtrag, abgeschl. am 26. III. 1901. (80 S.) n. 1. —

— für das preußische Herrenhaus. Neu hrsg. von A. Reißig. (X, 458 S. m. 2 Taf. u. 4 Plänen.) gr. 8. Berlin 904. C. Heymann. Kart. n. 5. —

— für das preußische Herrenhaus. Neu hrsg. v. E. David. Abgeschlossen am 20. XI. 1907. (IV, 457 u. VI S. m. 1 Bildnis.) 8. Berlin 907. C. Heymann. Kart. 6. —

— f. Herzliebhaber. 8. Wien, Schönfeld. 794.

Ein Hand- und Hülfsbuch für Administrations- und Steuer-Beamte, Magistrate und Polizei-Behörden, Post- und Kassen-Verwaltungen, Domainen-Aemter, Kaufleute und Professionisten und namentlich zur Belehrung für das handeltreibende Publicum", Berlin 1844. — Vorh.: Com. Bibl. Hamburg.

Anonym: „Hand- und Hülfsbuch für Beamte und Geschäftsmänner in den preussischen Staaten, mit besonderer Beziehung des Regierungs-Bezirks Merseburg", Halle 1827 (Gebauer).

Handbuch und Hülfsbuch für Feldärzte ... Leipzig 1797. V: *Ackermann, Johann Christian Gottlob.* (EngM)

Hand- und Hilfsbuch für Feldwundärzte; oder praktische Anleitung für Medicinal-Personen bey Armeen im Felde, zur gründlichen Kenntniss ... aller ... äusserlichen Krankheiten. Leipz. 1797. V: *Ackermann, Joh. Chn Gottlieb.* (MGT) (Ky)

— f. Feldärzte 2c., z. Kenntniß u. Heilung d. äußerl. Krankheiten, (v. J. Ch. G. Ackermann). gr. 8. Lpz. 797. Weygand. 1 ₰ 20 gr

Hand- und Hilfsbuch für Feldärzte; oder praktische Anleitung für Medicinal-Personen bey Armeen im Felde, zur gründlichen Kenntniss ... aller ... innerlichen Krankheiten. Leipzig 1797. V: *Ackermann, Joh. Chn Gottlieb.* (MGT) (Ky)

— für Feldärzte, oder prakt. Anleit. für Medicinalpersonen bei Armeen im Felde, zur Kenntniß u. Heilung d. innerl. Krankheiten 2c. A. u. d. T.: Handbuch d. ausübenden Arzneiwissenschaft 2c. bei Armeen im Felde. (Von J. Ch. G. Ackermann.) gr. 8. Leipz. 797. Weygand. 1 ₰ 18 gr

Hand- und Hilfsbuch, Französisch-deutsches, für den Kaufmann ... Karlsruhe 1843. V: *Elwert.* (Gi)

Anonym: „Hand- und Hülfsbuch für Capitalisten, Geschäftsmänner und alle Jene, welche Geschäfte auf Credit schließen", Wien 1810 (Al. Doll).

Hand- und Hilfsbuch für Verkäufer und Käufer bei Zahlungen in Silbergroschen. Magdeburg 1822. V: *Baumgarten, Joh. Chph Ferd.* (Ky)

— für Verkäufer u. Käufer, bei Zahlungen in Silbergroschen. (v. J. C. F. Baumgarten). 8. Magdeb. 822. Heinrichshofen. 4 ℊ

Hand- und Hülfsbuch für den gesammten schriftlichen Verkehr des Meklenburgers im Privat- und im öffentlichen Leben. 2., durchaus verb. und vervollständigte wohlfeile Ausg. des „Neuen Haus- und Geschäftssecretärs und rechtskundigen Rathgebers für die Großherzogth. Meklenburg." 2 Thle. 8. Wismar, Hinstorff'sche Hofbuchh. [1. (IV und 562 S.) 2. (324 S.) 855.] Thlr *

Hand-, Hülfs- und Wiederholungsbuch für evangelische Volksschulen des Deutschen Reiches. 66.—72. nach den neuesten Ministerial-Bestimmungen über Rechtschreibung verb. und bedeutend verm. Aufl. 8. (64 S.) Potsdam 882—84, E. Stechert. *

Hand-, Hülfs- u. Wiederholungsbuch f. evangelische Volksschulen des Deutschen Reiches. 78., nach den neuesten Ministerial-Bestimmgn. üb. Rechtschreibung verb. u. bedeutend verm. Aufl. 8. (64 S. m. eingedr. Fig.) Berlin 891. Gerstmann. n. — 30

Hand-, Hülfs- u. Wiederholungsbuch f. evangel. Volksschulen d. Deutschen Reiches. 79. bedeutend veränd. u. nach der neuen Rechtschreibg. verb. Aufl. 8. (64 S.) Berl. 892, Gerstmann's Verlag. * — 30

Hand-, Hülfs- u. Wiederholungsbuch f. evangelische Volksschulen d. Deutschen Reiches. 80., nach den neuesten Ministerial-Bestimmgn. üb. Rechtschreibg. verb. u. bedeutend verm. Aufl. 8. (64 S.) Berlin 893. S. Gerstmann's Verl. n. — 30

— der vergleichenden Histologie u. Physiologie der Haussäugethiere. Für Thierärzte u. Studirende bearb. v. Bonnet, Csokor, Eichbaum etc., hrsg. v. W. Ellenberger. 1. Bd. 1. Thl. gr. 8. Berlin 884. Parey. n. 12. —
Histologie der Haussäugethiere. 1. Thl. Mit 204 in den Text gedr. Holzschn. (308 S.)

— der vergleichenden Histologie u. Physiologie der Haussäugethiere. Bearb. v. Bonnet, Csokor, Eichbaum etc. Hrsg. v. W. Ellenberger. 1. Bd. Vergleichende Histologie der Haussäugethiere. 2. Thl. gr. 8. (XIV u. S. 309—765 m. 248 eingedr. Abbildgn.) Berlin 887. Parey. n. 13. — (1. Bd. cplt.: n. 25. —)

— dasselbe. 2. Bd. Vergleichende Physiologie d. Haussäugethiere. 1. Thl. Mit 82 Textabbildgn. gr. 8. (XV, 877 S.) Ebd. 890. n. 25. —

— der vergleichenden Histologie u. Physiologie der Haussäugethiere. Bearb. v. Berlin, Bonnet, Csokor etc. Hrsg. v. W. Ellenberger. 2. Bd. Vergleichende Physiologie der Haussäugethiere. 2. Thl. Mit 284 Textabbildgn. u. 4 Taf. gr. 8. (XV, 994 S.) Berlin 892. P. Parey. n. 25. — (kplt.: n. 75. —)

— histor.-biographisches, d. merkwürd. Männer d. letzten Jahrz. ; aus d. Französ. 18 Hft. 8. Amberg 802. v. Seidel in Sulzb. 12 ℊ

— historisches, f. d. Jugend, f. Dpl, J. G.

Handbuch, Historisches, für Kaufleute oder darstellendes Gemählde der Handlung . . . Lübeck 1793. H: *Schedel, Johann Chn.* (MGT) (MS) (Ky) (CBH)

Historisches Handbuch für Kaufleute oder darstellendes Gemählde der Handlung und des Verkehrs, die jetzt Europa mit den übrigen Welttheilen unterhält.
[A. d. Franz. m. Anmerkungen und Zusätzen v. Johann Christian Schedel]
Lübeck: Donatius. 1793. 4, 412 S. 8°.
Bayerische Staatsbibliothek München
Übers. v. Tableau général du commerce de l'Europe, avec l'Afrique, les Indes Orientales et l'Amérique ..., London 1787.
Johann Christian Schedel, 1748–1803

„Historisches Handbuch für Kaufleute, oder darstellendes Gemälde der Handlung und des Verkehrs, die jetzt Europa mit den übrigen Welttheilen unterhält" aus dem Französischen übersetzt von J. C. Schedel, Lübeck 1793 (Dyck in Leipzig). — Vorh.: Industrie- und Handelskammer Leipzig, Com. Bibl. Hamburg.

— hist., f. Kaufleute, gr. 8. Lübeck, Niemann und Comp. 793.

— hist., z. Kenntn. d. gegenw. Kriegsschauplatzes. 8. Gotha, Perthes. 793.

— histor., für Prediger u. für Candidaten des Predigtamtes. 8. Leipz. 804. (W. Nauck). 18 ℊ

— hist., f. Prediger u. f. Candidaten d. Predigtamts. 8. Leipz. Sommer. 804.

Handbuch, Historisches, auf alle Tage im Jahre, hauptsächlich den Jünglingen gewidmet. Tübingen 1790. V: *Hehl, Eberhard Friedrich.* (Ky) (MGT)

— historisches, auf alle Tage im Jahre, hauptsächlich f. Jünglinge, (v. E. F. Hehl). 8. Tübing. 790. v. Cotta. 16 ℊ

— hist., v. d. Veränderung. u. Schicksal. d. Kirche, s. C. Ed. Müller.

Handbuch, Historisch-genealogisch-chronologisches, zum Behuf des Gedächtnisses. Wien 1797. V: *Geissau, Anton von.* (KA 2/328) (BiblPort)

Handbuch, Historisch-geographisches, zur genaueren Kenntniss des jetzigen Kriegsschauplatzes . . . Gotha 1793. V: *Hamberger, Julius Wilhelm.* (Ky) (MGT) (Rotermund, Gel. Hann. Bremen 1825.)

— histor.-geograph., zur genauern Kenntniß d. jetzigen Kriegs-Schauplatzes f. Zeitungsleser, (v. J. W. Hamberger). 8. Gotha 793. Perthes. 18 ℊ

Handbuch, Historisch-heraldisches, zum General-Taschenbuch der gräflichen Häuser. Gotha 1855. V: *Soltmann, Hermann.* (EB)

— historisch-heraldisches, zum genealogischen Taschenbuch der gräflichen Häuser. (Von Herm. Soltmann.) Gotha 855. J. Perthes. 32. (VIII, 1124 S.) n. 2 ℛ

Handbuch, historisch-statistisches, der Erzdiözese Salzburg in ihren heutigen Grenzen. 4. Heft (Decanat Thalgau) 8. (S. 355—440.) Salzburg. Duyle. 1861 40 kr.

Handbuch, Historisch-statistisches, der Erzdiöcese Salzburg in ihren heutigen Grenzen. Salzburg 1862—63. H: *Dürlinger, Jos.* (EB)

— histor.-statist., von Schlesien. 8. Bresl. ... J. F. Korn. 4 ℊ

— Hof- u. Staats-, des Königr. Westphalen. gr. 8. Hannov. Hahn. 811.

— des allerhöchsten Hofes u. d. Hofstaates Sr. k. u. k. apostolischen Majestät f. d. J. 1886. Lex.-8. (XVI, 352 S.) Wien, Hof- u. Staatsdruckerei. geb. n. 4. —

— des Allerhöchsten Hofes u. d. Hofstaates Sr. k. u. k. apostolischen Majestät f. d. J. 1887—1890. Lex.-8. (XVI, 359; XVI, 361; XVI, 367; XVI, 369 S.) Wien, Hof- u. Staatsdruckerei. à Jahrg. n. 4. —

— des Allerhöchsten Hofes u. d. Hofstaates Sr. k. u. k. Apostolischen Majestät f. d. J. 1891—1894. Lex.-8. (XVI, 372; XVI, 375; XVI, 387; XVI, 395 S.) Wien, Hof- u. Staatsdruckerei. Geb. à Jahrg. n. 4. —

Handbuch d. Hofes u. d. Hofstaates Sr. k. u. k. apostolischen Majestät f. das J. 1895—1897. Lex.-8. (XXVIII, 357; XXIX, 363 u. XXIX, 375 S.) Wien, Hof- u. Staatsdruckerei. Geb. in Leinw. à n. 4. —

— des Allerhöchsten Hofes u. d. Hofstaates Sr. k. u. k. apostolischen Majestät f. 1902. Lex.-8. (XXIX, 475 S.) Wien, Hof- u. Staatsdruckerei. Geb. in Leinw. n. 4. —

Handbuch des allerhöchsten Hofes und des Hofstaates seiner k. u. k. apostolischen Majestät für 1903. Lex.-8". (XXIX, 479 S.) Wien: Hof- und Staatsdruckerei. geb. K 4.—

— des Allerhöchsten Hofes u. des Hofstaates Sr. k. u. k. apostolischen Majestät f. 1904. (XXIX, 475 S.) Lex.-8. Wien, Hof- u. Staatsdruckerei. Geb. in Leinw. 6. —

— des Allerhöchsten Hofes u. des Hofstaates Sr. k. u. k. apostolischen Majestät für 1906. (XXIX, 487 S.) Lex.-8. Wien, Hof- u. Staatsdruckerei. Geb. in Leinw. n. 6. —

Handbuch des Allerhöchsten Hofes u. des Hofstaates Sr. k. u. k. apostolischen Majestät f. 1907. (XXIX, 493 S.) Lex.-8. Wien, Hof- u. Staatsdruckerei. Geb. in Leinw. 6. —

— des Allerhöchsten Hofes u. des Hofstaates Sr. k. u. k. apostolischen Majestät f. 1908. (XXIX, 501 S.) Lex.-8. Wien, Hof- u. Staatsdruckerei. Geb. in Leinw. 6. —

— des Allerhöchsten Hofes u. des Hofstaates Sr. k. u. k. apostolischen Majestät f. 1909. (XXIX, 533 S.) Lex.-8. Wien, Hof- u. Staatsdruckerei. Geb. in Leinw. 6. —

Handbuch des Allerhöchsten Hofes u. des Hofstaates Sr. k. u. k. apostolischen Majestät f. 1910. (XXIX, 541 S.) Lex. 8. Wien, Hof- u. Staatsdruckerei. Geb. in Leinw. 6. —

Handbuch über den königlich Preussischen Hof und Staat für die Jahre 1794—98. O. O. V: *Siebmann, Christian Ludwig.* (MGT)

— für den Königl. Preuß. Hof u. Staat f. d. J. 1794—98, (von ... Siebmann). gr. 8. Berlin.

Handbuch für den königl. Preussischen Hof und Staat für 1799—1802. O. O. H: *Siebmann, Christian Ludwig.* (MGT) »1794—98« (Ky)

— über d. Königl. Preuß. Hof u. Staat f. 1803—5. gr. 8. Berl., Unger. 6 ℛ Anh. 16 ℊ Für d. J. 1824. gr. 8. Berl., Decker. 2 ℛ 16 ℊ Dass. für 1828. gr. 8. Ebd. (Mittler). 2 ℛ 21 ℊ Für 1831. gr. 8. Ebd 3 ℛ 8 ℊ

Handbuch über den k. preussischen Hof und Staat, für das Jahr 1818. 8. Berlin.

Anhang zum Handbuche über den k. preussischen Hof und Staat. 8 Berlin 1818.

— f. d. Königl. Preuß. Hof u. Staat f. d. J. 1828. 8. Berlin. (Mittler.)

—— über d. Kgl. Preuss. Hof u. Staat f. d. Jahr 1831 u. 34. gr. 8. (39 u. 40½ B.) Berlin, (Mittler.)

— über den Königl. Preuß. Hof u. Staat für das Jahr 1834. gr. 8. Berlin 834. (Dümmler.) 3 1/3 ℛ — dass. f. d. J. 1836. gr. 8. Ebd. 836. 3 1/6 ℛ — dass. f. d. J. 1838—1840. gr. 8. Ebd. 838—40. à n. 2 7/8 ℛ

Handbuch über den Königl. Preuß. Hof u. Staat für die Jahre 1841—1846. gr. 8. Berlin 841—46, Dümmler. (Schröder.) 1841—45 à n. 3 ℛ — 1846 n. 2 ℛ 27 ngl

—— für den k. preuss. Hof und Staat für das J. 1848. 8. (XVI und 860 S.) Berlin 848, (Dümmler, Enslin'sche Buchh., Schneider und Comp.) **

— für den K. Preuss. Hof u. Staat für das Jahr 1848. 8. (XVI u. 860 S.) Berlin. (Dümmler. — Geelhaar. — Schneider & Co.) baar 2 1/3 ℛ

– dass. Jg. 1851–65 unter d. Titel: Königlich Preußischer Staats-Kalender

—— über den königl. preussischen Hof und Staat. gr. 8. (IV, 1096 S.) Berlin 868, v. Decker'sche Geh. Ober-Hofbuchdr. cart. **

—— dass. — für das J. 1871. 2. Thl., enth. die Provinzen Schleswig-Holstein, Hannover und Hessen-Nassau. gr. 8. (XII, 284 S.) Ebendas. 871.

—— dass. — für das J. 1873. gr. 8. (XXIV, 1012 S.) Ebendas. 873. cart.

—— dass. — für das J. 1875. [Schluss der Redact. am 15. Novbr. 1874.] gr. 8. (XL, 1108 S.) Ebendas. 874. **

—— über den königl. preuss. Hof und Staat für das J. 1876. [Schluss der Redact. am 1. Decbr. 1875.] Lex.-8. (XXIV, 1083 S.) Berlin, (v. Decker's Verlag.) cart. **

—— dass. — für das J. 1877. [Schluss der Redact. am 20. Decbr. 1876]. Lex.-8. (XXIV, 991 S.) (Ebendas.) cart. **

—— dass. — für das J. 1878. [Schluss der Redact. Ende Mai 1878]. gr. 8. (XXVI, 1022 S.) (Ebendas.) cart. **

—— dass. — für das J. 1879. [Schluss der Redact. Ende Mai 1879]. gr. 8. (XXVI, 1102 S.) (Ebendas.) cart. **

—— über den königl. preussischen Hof und Staat für das J. 1880/81. [Schluss der Redaktion Ende Mai 1880.] gr. 8. (XXVI, 1119 S.) Berlin 880, (v. Decker's Verlag.) cart. **

—— dass. — für das J. 1881/82. [Schluss der Redaktion 2. Aug. 1881.] gr. 8. (XXXI, 764 S.) (Ebendas.) 881. cart. **

—— dass. — für das J. 1882/83. [Schluss der Redaktion 2. Aug. 1882.] gr. 8. (XXXI, 748 S.) (Ebendas.) 882. cart. **

—— dass. — für das J. 1883/84. [Schluss der Redaktion 12. Septbr. 1883.] gr. 8. (XXXI, 764 S.) (Ebendas.) 883. cart. **

—— dass. — für das J. 1884/85. [Schluß der Redaktion 25. Septbr. 1884.] gr. 8. (XXXI, 756 S.) (Ebendas.) 884. cart. **

—— über den königl. preußischen Hof und Staat für d. J. 1885/86. [Schluß der Redact. 1. Novbr. 1885.] gr. 8. (XXXI, 768 S.) Berlin 885, (R. v. Decker's Verlag.) cart. **

—— dass. — für d. J. 1886/87. [Schluß der Redact. 1. Novbr. 1886.] gr. 8. (XXXI, 778 S.) (Ebendas.) 886. cart. **

—— dass. — für die J. 1887/88 und 1889. Lex.-8. (XXXI, 788; XXXI, 808 S.) (Ebendas.) 887,88. cart. à Jahrg. **

—— für den königl. preußischen Hof u. Staat f. d. J. 1890—1892. Lex.-8. (XXXI, 824; XXXII, 823; XXXII, 826 S.) Berl. 890—92, (v. Decker). cart. à Ausg. ** 14 —

Handbuch über den königl. preußischen Hof u. Staat f. d. J. 1891—1894. Lex.-8. (XXXII, 823; XXXII, 826; XXXII, 826; XXXII, 836 S.) Berlin, (R. v. Decker). Kart. à Jahrg. n.n. 14. —

— üb. d. kgl. preuß. Hof u. Staat f. d. J. 1895—1898. gr. 8. (XXXII, 832; XXXII, 852; XXXII, 860 u. XXXIII, 858 S.) Berlin (R. v. Decker). Kart. à n.n. 14. —

— über den königl. preußischen Hof u. Staat f. d. J. 1899, 1900 u. 1901. (Schluß der Red. 15. XII.) gr. 8. (XXXIII, 894; XXXIII, 912 u. XXXIII, 920 S.) Ebd. 898—900. Kart. à n.n. 14. —

— dasselbe f. d. J. 1902. (Schluß der Red. 15. XII. 1901.) gr. 8. (XXXIII, 941 S.) Ebd. 901. Kart. n.n. 16. —

— über den königl. preussischen Hof u. Staat f. d. J. 1904. (Schluss der Red. 15. XII. 1903.) (XXXII, 924 S) gr. 8. Berlin '03, R. v. Decker. Kart. 16. —

— über den königl. preußischen Hof u. Staat f. d. J. 1906. (Schluß der Red. 15. XII. 1905.) (XXXII, 948 S.) gr. 8. Berlin 905. (R. v. Decker.) Kart. n.n. 16. —

— über den königl. preussischen Hof u. Staat f. d. J. 1907. (Schluss der Red. 15. XII. 1906.) (XXXII, 965 S.) gr. 8. Berlin '06, R. v. Decker. Kart. 16. —

— üb. den königl. preussischen Hof u. Staat f. d. J. 1908. (Schluss der Red. 15. XII. 1907.) (XXXII, 984 S.) gr. 8. Berlin '07, R. v. Decker. Kart. 16. —

— üb. den königl. preussischen Hof u. Staat f. d. J. 1909. (Schluss der Red. 15. XII. 1908.) (XXXII, 981 S.) gr. 8. Berlin '08, R. v. Decker. Kart. 17. 50.

— über den königl. preußischen Hof u. Staat f. d. J. 1910. (Schluß der Red. 15. XII. 1909.) (XXXII, 993 S.) gr. 8. Berlin 909. R. v. Decker. Geb. in Halbleinw. nn 17. 50

Handbuch, Homiletisches, über einige der gewöhnlichen Evangelien und über freie Texte. Jahrg. 1. Stück 1—4. Schleswig 1799—1800. V: *Teller, Wilhelm Abrah.* (JL)

Homiletisches Handbuch zu den neuen gottesdienstlichen Lektionen der preussischen Landeskirche. Bearb. von Mitgliedern d. Schles. Pfarrervereins u. hrsg. von Lic. Gerhard Eberlein, Pastor in Gross-Strehlitz, u. Ernst Bunke, Pastor in Münsterberg. T. 1. 2. Berlin: Buchh. d. Ostdeutschen Jünglingsbundes 1898–99. 2 Bde 8°

1. Advent bis Trinitatis. 1898.
2. Die Trinitatiszeit. Anh.: Die 10 neuen Episteln u. Evangelien d. altkirchl. Perikopenreihen. 1899.

Homiletisches Handbuch zu den neuen gottesdienstlichen Lektionen der preußischen Landeskirche. Bearb. von Mitgl. d. Schles. Pfarrerver. u. hrsg. von Lic. Gerhard Eberlein u. Ernst Bunke. 2. verb. Aufl. T. 1. 2. Berlin: Ostdeutsch. Jünglingsbund 1900–02. 2 Bde 8° [F.]

1. Advent bis Trinitatis. 1900.
2. Die Trinitatiszeit. Anh. Die 10 neuen Episteln u. Evangelien d. altkirchl. Perikopenreihen. 1902. [03. 3370

— homiletisches, z. Gebr. d. gewöhnlichen Perikopen auf alle Sonn- u. Festtage des Jahrs Ir Bd. b. II. Bds 4s Hft. gr. 8. Leipz. Hertel. 791–809. (In Bds. 1n Thls. 1s Heft 18 gr. 2s 12 gr. 3s u. 4s 1 Rthlr. In Bds. 2n Thls. 1s—4s Hft. 2 Rthlr. I. Bd. 3n Thls. 1s u. 2s Hft. 1 Rthlr. 3s—4s 1 Rthlr. II. Bd. 1n Thls. 1s u. 2s Heft. 1 Rthlr. 3s u. 4s 1 Rthlr. II. Bd. 2n Thls. 1s Hft. 12 gr. 2s 12 gr. 3s u. 4s 1 Rthlr.) Rthlr. 1

— homilet., üb. einige Sonn- u. Festt.-Evangelien u. Episteln. v. Wolfrath Teller u. Olshausen, siehe Olshausen.

— der Hygiene. Hrsg. v. Thdr. Weyl. (In ca. 10 Bdn.) 1.—13. Lfg. gr. 8. Jena. G. Fischer. Subskr.-Pr. n. 34. 60; Einzelpr. n. 43. 40

1. I. Bd. 1. Abtlg. 1. Lfg. Geschichtliche Entwickelung u. Organisation der öffentlichen Gesundheitspflege in den Kulturstaaten. Bearb. v. C. Finkelnburg. (III, 30 S.) 893. n. — 80
2. III. Bd. 1. Abtlg. 1. Lfg. Einzelernährung u. Massenernährung. Bearb. v. Imman. Munk. (IV, 141 S. m. 2 Abbildgn.) 893. n. 3. —
3. II. Bd. 2. Abtlg. Leichenwesen einschliesslich der Feuerbestattung. Bearb. v. A. Wernich. (IV, 102 S. m. 6 Abbildgn.) Abdeckereiwesen. Bearb. v. R. Wehmer. (S. 103—148 m. 6 Abbildgn.) 893. n. 3. 50
4. I. Bd. 1. Abtlg. 2. Lfg. Hygiene des Bodens m. besond. Rücksicht auf Epidemiologie u. Bauwesen. Bearb. von Jos. v. Fodor. (S. 31—246 m. 23 Abbildgn. u. 2 Curventaf.) Subskr.-Pr. n. 3. 60; Einzelpr. n. 4. 50
5. VI. Bd. 1. Hft. Anlagen f. die Versorgung der Städte m. Lebensmitteln. Markthallen, Schlachthöfe u. Viehmärkte. Bearb. v. Geo. Osthoff. (VI, 79 S.) 894. Subskr.-Pr. n. 1. 50; Einzelpr. n. 2. —
6. VI. Bd. 2. Hft. Volks- u. Hausbäder. Von R. Schultze. Mit 22 Abbildgn. Die Sicherheit in Theatern u. in grösseren Versammlungs-Räumen. Von Fr. W. Büsing. Mit 11 Abbildgn. (S. 81—140.) 894. Subskr.-Pr. n. 1. 20; Einzelpr. n. 1. 80
7. I. Bd. 1. Abtlg. 3. Lfg. Das Klima. Von Rich. Assmann. Mit 1 Abbildg. Akklimatisation u. Tropenhygiene. Von O. Schellong. (S. 247—356.) 894. Subskr.-Pr. n. 2. —; Einzelpr. n. 2. 50
8. III. Bd. 1. Abtlg. 2. Lfg. Nahrungs- u. Genussmittel. Bearb. v. Alb. Stutzer. Mit 21 Abbildgn. (S. 143—333.) 894. Subskr.-Pr. n. 3. 50; Einzelpr. n. 4. 50
9. I. Bd. 1. Abtlg. 4. Lfg. Die Bekleidung. Von Florian Kratschmer. Mit 5 Abbildgn. (III u. S. 361—444.) 894. Subskr.-Pr. n. 1. 50; Einzelpr. n. 2.

10. II. Bd. 2. Abtlg. 2. Lfg. Strassenhygiene, d. i. Strassen Pflasterg., -Reinigg. u. -Besprengg., sowie Beseitigg. der festen Abfälle. Bearb. v. E. Richter. (VII, 76 S. m. 85 Abbildgn.) 894. Subskr.-Pr. n. 2.— ; Einzelpr. n. 2. 50
11. III. Bd. 1. Abtlg. 3. Lfg. Die Gebrauchsgegenstände im Anschluss an die Gesetzgebung des Deutschen Reichs u. an die der übrigen Kulturstaaten. Von Thdr. Weyl. (S. 335—409 m. 1 Abbildg.) 894. Subskr.-Pr. n. 1. 50; Einzelpr. n. 2.
12. VIII. Bd. 1. Lfg. Gewerbehygiene. 1. Tl. Allgemeine Gewerbehygiene u. Fabrikgesetzgebg. Bearb. v. Em. Roth, Agnes Bluhm u. Max Kraft. (IX, 224 S. m. 117 Abbildgn.) 894. Subskr.-Pr. n. 4. 50; Einzelpr. n. 6. —
13. II. Bd. 1. Abtlg. Die Städtereinigung. Einleitung, Abfuhrsysteme, Kanalisation. Bearb. v. R. Blasius u. F. W. Büsing. (XI, 304 S. m. 79 Abbildgn.) 894. Subskr.-Pr. n. 6. — ; Einzelpr. n. 8. —
Für Lfg. 1—3 existiert nur ein Preis.

— dasselbe. 14—36. Lfg. gr. 8. Ebd. Subskr.-Pr. n. 69. 80; Einzelpr. n. 115. —
14. 4. Bd. 1. Lfg. Einfluss d. Wohnung auf die Gesundheit. Von A. Oldendorff. — Wohnungsstatistik u. Wohnungsenquête. Von H. Albrecht. — Die Beleuchtung. Von L. Weber. I. physikal. Tl. — Die Gasbeleuchtung. Von E. Rosenboom. (138 S. m. 37 Abb.) 895. Subskr.-Pr. n. 3. 60; Einzelpr. n. 4. 50
15. Dasselbe. 2. Lfg. Grundzüge der Sicherheitstechnik f. elektr. Licht- u. Kraft-Anlagen. Bearb. v. Mart. Kallmann. (S. 139—236 m. 45 Abb.) 895. Subskr.-Pr. n. 2. — ; Einzelpr. n. 2. 80
16. 6. Bd. 1. Abtlg. Handbuch d. Schulhygiene v. Leo Burgerstein u. Aug. Netolitzky. (X, 429 S. m. 154 Abb.) 895. Subskr.-Pr. n. 8. —; Einzelpr. n. 10. 50
17. 6. Bd. 3. Lfg. Asyle, niedere Herbergen, Volksküchen u. s. w. Bearb. v. M. Knauff u. Th. Weyl. M. 18 Abb. — Schiffshygiene. Bearb. v. D. Kulenkampff. M. 17 Abb. (S. 141—235.) 895. Subskr.-Pr. n. 2. — ; Einzelpr. n. 2. 50
18. 8. Bd. 2. Lfg. Gewerbehygiene. II. Tl. Spez. Gewerbehygiene. 1. Abtlg. Hygiene d. Berg-, Tunnel- u. Hüttenarbeiter. Bearb. v. M. Füller, C. Meissner u. O. Saeger. (IX u. S. 225—565.) 895. Subskr.-Pr. n. 7. — ; Einzelpr. n. 9. —
19. 7. Bd. 2. (Schluss-) Lfg. Öffentl. Kinderschutz. Bearb. v. H. Neumann. (V u. S. 431—687 m. 7. Abb.) 895. Subskr.-Pr. n. 4. 80; Einzelpr. n 7. —
20. 2. Bd. 1. Abtlg. 2. Lfg. D. Schicksale d. Fäkalien in kanalisierten u. nichtkanalis. Städten. Rieselfelder. Bearb. v. Geo. H. Gerson, J. H. Vogel, Th. Weyl. (IV, 48 S. m. 10 Abb.) 896. Subskr.-Pr. n. 1. 20; Einzelpr. n. 1. 80
21. 4. Bd. 2. Lfg. (Fortsetzg. d. Bau- u. Wohnungshygiene.) Heizg. u. Ventilation. Bearb. v. Karl Schmidt. Mit Beiträgen v. Th. Weyl. (V, 160 S. m. 183 Abb.) 896. Subskr.-Pr. n. 3. — ; Einzelpr. n. 4. 50
22. 4. Bd. 2. Abtlg. Hygiene d. Städtebaus. Bearb. v. J. Stübben. (IV, 120 S. m. 31 Abb.) Wohnungs-Aufseher (Wohnungs-Polizei), Wohnungsämter. Bearb. v. A. Wernich. (16 S.) 896. Subskr.-Pr. n. 2. 50; Einzelpr. n. 3. 50
23. 8. Bd. 3. Lfg. Gewerbehygiene. II. Tl. Spez. Gewerbehygiene. 2. Abtlg. Hygiene der Müller, Bäcker u. Konditoren. Bearb. v. Zadek. M. 12 Abb. — Hygiene der Tabakarbeiter. Bearb. v. E. Schellenberg. (IV, 46; III, 10 u. 2 S.) 896. Subskr.-Pr. n. 1. 20; Einzelpr. n. 1. 80
24. 1. Bd. 2. Abtlg. Wasserversorgg., Wasseruntersuchg. u. Wasserbeurteilg. Bearb. v. F. Loeffler, G. Oesten, R. Sendtner. (M. Beiträgen v. Th. Weyl.) Generalreg. z. 1. Bde. (IX, VIII, 91; 85; III, 188; III, 33; 13 u. Reg. 22 S. m. 85 Abb.) 896. Subskr.-Pr. n. 4. 50; Einzelpr. n. 9. —
25. 4. Bd. 2. Abtlg. 2. Lfg. D. Wohnhaus. Bau u. Einrichtg. d. Wohnhauses. Bakteriologie u. Biologie d. Wohng. Gesetze, Verordngn. u. s. w. betr. bill. Wohnungen. Bearb. v. Chr. Nussbaum, A. Wernich, F. Hueppe. — Generalreg. z. 4. Bde. (V, VI u. S. 533—953.) 896. Subskr.-Pr. n. 4. 50; Einzelpr. n. 9. 50
26. 5. Bd. 1. Abtlg. Anlage u. Bau d. Krankenhäuser nach hygienisch.-techn. Grundsätzen. Bearb. v. F. Ruppel. (IV, 284 S.) 896. Subskr.-Pr. n. 4. 50; Einzelpr. n. 8. 50
27. 3. Bd. 2. Abtlg. Fleischbeschau. Bearb. v. R. Edelmann. — Generalreg. z. 3. Bde. (VII u. S. 411—566 m. 28 Abb.) 896. Subskr.-Pr. n. 2. —; Einzelpr. n. 4. —
28. 6. Bd. 4. Lfg. Eisenbahnhygiene. Bearb. v. Otto Braemer. (II u. S. 237—313 m 13 Abb.) 896. Subskr.-Pr. n. 1. 25; Einzelpr. n. 2. 50
29. 8. Bd. 4. Lfg. Gewerbehygiene. 2. Tl. Spez. Gewerbehygiene. 3. Abtlg. Hygiene d. chem. Grossindustrie. Bearb. v. F. Goldschmidt, Chr. Heinzerling, Helbig, E. Roth, Th. Weyl. (VII u. S. 629—910 m. 38 Abb.) 896. Subskr.-Pr. n. 1. 50; Einzelpr. n. 7. —
30. 8. Bd. 5. Lfg. Dasselbe. 2. Tl. 4. Abtlg. Hygiene der keram. Industrie, der Steinmetzen, Maurer, Glasarbeiter u. Spiegelbeleger. Bearb. v. Wilh Sonne, Th. Sommerfeld u. H. Schaefer. (VII u. S. 911—1000 m. 9 Abb.) 896. Subskr.-Pr. n. — 80; Einzelpr. n. 2. 40
31. 8. Bd. 6. Lfg. Dasselbe. 2. Tl. 5. Abtlg. Hygiene d. Textilindustrie. Von A. Netolitzky. (IX—XVI u. 224 S. m. 51 Abb.) 897. Subskr.-Pr. n. 3. 75; Einzelpr. n. 6. —
32. 9. Bd. 1. Lfg. Immunität. Von Elias Metschnikoff. (IV, 62 S.) 897. Subskr.-Pr. n. 1. —; Einzelpr. n. 2. —
33. 2. Bd. D. Städtereinigg. 1. Abtlg. 3. Lfg. Flussverunreinigg., Klärg. d. Abwässer, Selbstreinigg. d. Flüsse. Von Th. Weyl. (Generalreg. z. 2. Bde.) (V, VIII u. S. 379—474 u. 233—248.) 897. Subskr.-Pr. n. 2. —; Einzelpr. n. 3. —
34. 4. Bd. 5. Lfg. Gesundheitl. Ansprüche an militär. Bauten. Von C. E. Helbig. Mit 9 Abb. im Text. (III, 34 u. Generalreg. z. 6. Bde. V, 7 S.) 897. Subskr.-Pr. n. — 70; Einzelpr. n. 1. 20
35. 5. Bd. 2. Abtlg. Die Hygiene d. Gefängniswesens. Der Vollzug v. Freiheitsstrafen in hygien. Beziehg. Von A. Baer. M. 5 Taf. (IV, 251 S.) 897. Subskr.-Pr. n. 4. — ; Einzelpr. n. 6. —
36. 9. Bd. 2. Lfg. Parasitologie. Von A. Weichselbaum. M. 78 Abb. im Text. (X, 267 u. 7. S.) 898. Subskr.-Pr. n. 4. —; Einzelpr. n. 6. —

Handbuch der Hygiene. Bearb. v. Albrecht, Assmann, Baer etc. Hrsg. v. Th. Weyl. 37.—41. Lfg. gr. 8. Jena, G. Fischer. Subskr.-Pr. n. 18. 35; Einzelpr. n. 24. 60
37. 9. Bd. 3. Lfg. Epidemiologie. Von A. Weichselbaum. Mit 4 Abb. im Text. (VIII u. S. 337—564.) 899. Subskr.-Pr. n. 3. 75; Einzelpr. n. 5. —
38. Verwaltung, Betrieb u. Einrichtung der Krankenhäuser. Von H. Merke. Mit 30 Abbildgn. im Text. (IV u. S. 285—570 u. General-Register zu Bd. V S. 253—264.) 899. Subskr Pr. n. 5. —; Einzelpr. n. 7. —
39. Oeffentliche Massnahmen gegen ansteckende Krankheiten m. besond. Rücksicht auf Desinfektion. Von Th. Weyl. Mit Beiträgen v. Nocht u. Schwarz. Mit 57 Abbildgn. im Text. (9. Bd. VIII u. S. 565—796.) 900. Subskr.-Pr. n. 4.—; Einzelpr. n. 6. —
40. Hygiene der Prostitution u. der venerischen Krankheiten. Von A. Blaschko. Mit 1 Kartenskizze u. 2 Kurven im Text. (III, 128 S.) 900. Subskr.-Pr. n. 2. —; Einzelpr. n. 3. —
41. (10. Bd. 2. Lfg.) Hauptregister zu allen 10 Bdn. gr. 8. (III u. S. 129—309.) Ebd. 901. Subskr.- u. Einzelpr. n. 3. 60

— d. Hygiene in 10 Bdn. Bearb. v. Albrecht, Assmann, Baer u. a. Hrsg. v. Thdr. Weyl. 1., 2., 3., 4., 6., 7. u. 8. Bd. gr. 8. Jena, G. Fischer. Subskr.-Pr. n. 90. 95; geb. n.n. 102. 95; Einzelpr. n. 135 80; geb. n n. 150. 30
I. Bearb. v. Assmann, Finkelnburg, v. Fodor u. a. M. 114 Abb. u. 2 Kurventaf. im Text. (V, VII, VIII, 804 S.) 896. Subskr.-Pr. n. 12. 40; geb. n.n. 13. 90; Einzelpr. n. 18. 80; geb. n.n. 20. 80
II. D. Städtereinigung. Bearb. v. R. Blasius, F. W. Büsing, Geo. H. Gerson, E. Richter, J. H. Vogel, Wehmer, Wernich, Th. Weyl. M. 148 Abb. u. 3 Taf. im Text. Generalreg. z. 2. Bde. (XI, VIII, 474 u. IV, 248 S.) 897. Subskr.-Pr. n. 14. 70; geb. 16. 70; Einzelpr. n. 19. —; geb. n.n. 21. —
III. Nahrungsmittel, Ernährung, Fleischbeschau. Bearb. v. Iman. Munk, Alb. Stutzer, Thdr. Weyl, R. Edelmann. M. 53 Abb. im Text. (V, IV, VII, 566 S.) 896. Subskr.-Pr. n. 10. —; geb. n.n. 11. 50; Einzelpr. n. 13. 50; geb. n.n. 15. 50
IV. Allgem. Bau- u. Wohnungshygiene. Bearb. v. Oldendorff, Albrecht, Weber u. a. M. 486 Abb. u. 3 Beilagen im Text. (V, V, IV, VI, 953 S.) 896. Subskr.-Pr. n. 15. 60; geb. n.n. 17. 10; Einzelpr. n. 24. 80; geb. n.n. 26. 80
VI. Spec. Bauhygiene. Tl. B. Bearb. v. Brähmer, W. Büsing, Helbig, Knauff, Kulenkampff, Osthoff, Schultze, Th. Weyl. M. 90 Abb. im Text. Generalreg. z. 6. Bde. (V, VI, 355 S.) 897. Subskr.-Pr. n. 6. 70; geb. n. 8. 20; Einzelpr. n. 10. —; geb. n. 12. —
VII. 1. Abtlg. Handbuch d. Schulhygiene v. Leo Burgerstein u. Aug. Netolitzky. M. 54 Abb. 2. Abtlg.: Öffentl. Kinderschutz v. H. Neumann. M. 17 Abb. (X, V, 687 S.) 895. Subskr.-Pr. n. 12. 80; geb. n.n. 14. 30; Einzelpr. n. 17. 50; geb. n.n. 19. 50
VIII. Gewerbehygiene, m. bes. Rücksicht auf Fabrikgesetzgebg., Unfallschutz u. Wohlfahrtseinrichtungen. Bearb. v. Agnes Bluhm, F. Goldschmidt, Chr. Heinzerling. (IX, 1255 S. m. 321 Abb.) 897. Subskr.-Pr. n. 18. 75; geb. n.n. 21. 25; Einzelpr. n. 32. 20; geb. n.n. 34. 70

— dasselbe. 5., 9. u. 10. Bd. 8. Ebd. Subskr.-Pr. n. 31.85; geb. n. 37. 85; Einzelpr. n. 47. 10; geb. n. 53. 10
5. Bau u. Betrieb der Krankenhäuser. Hygiene der Gefängnisse. Bearb. v. H. Merke, F. Ruppel, A. Baer. Mit 334 Abbildgn. u. 5 Taf. im Text. Generalregister zum 5. Bde. (V, IV, 570 u. IV, 264 S.) 899. Subskr.-Pr. n. 13 50; geb. n. 15 50; Einzelpr. n. 21. 50; geb. n. 23. 50
9. Aetiologie u. Prophylaxe d. Infektionskrankheiten. Bearb. v. E. Nocht, El. Metschnikoff, O. Schwarz, A. Weichselbaum, Th. Weyl. Mit 139 Abbildgn. im Text. Generalregister z. 9. Bde. (VIII, 796 S.) 900. Subskr.-Pr. n 12. 75; geb. n.n. 14. 75; Einzelpr. n. 19. —; geb. n.n. 21. —
10. Hygiene der Prostitution u. venerischen Krankheiten. Von A. Blaschko. Mit 1 Kartenskizze u. 2 Kurven im Text. Hauptregister zu allen 10 Bdn. (IX, 309 S.) 901. Subskr.-Pr. n. 5. 60; geb. n. 7. 60; Einzelpr. n. 6. 60; geb. n. 8. 60

— dasselbe. I. Suppl.-Bd. gr. 8. Ebd. Subskr.-Pr. n. 5 —; geb. n. 7. —; Einzelpr. n. 6. —; geb. n. 8.—
Notizen zur Hygiene des Unterrichts u. des Lehrerberufes. Von Leo Burgerstein. Mit 7 Kurvenfig. im Text. — Hygiene der Arbeit in komprimierter Luft. Von Phpp. Silberstern. Mit 6 Abbildgn. im Text. — Hygiene des Alkoholismus. Von A. Delbrück. Mit 10 Kurventaf. im Text. (IX, 195 S.) 901.

— dasselbe. II. Suppl.-Bd. 1.–3. Lfg. gr. 8. Ebd. Subskr.-Pr. n. 4. 40; Einzelpr. n. 5. 50
1, 2. Der Schutz d. Städte v. Schadenfeuer. Von O. v. Ritgen. — Das Trennsystem. Von A. Bredtschneider. Mit 43 Abb. (140 S.) 902. Subskr.-Pr. n. 3. 60; Einzelpr. n. 4. 50
3. Hygiene der Barbierstuben. Von C. Bruhns. (40 S.) 902. Subskr.-Pr. n. — 80; Einzelpr. n. 1. —

— der Hygiene. Bearb. v. Albrecht, Assmann, Baer u. a. Hrsg. von Th. Weyl. II. Suppl.-Bd. 4. Lfg. u. III. Suppl.-Bd. 1.—3. Lfg. gr. 8. Jena, G. Fischer. Subskr.-Pr. n. 8. 80; Einzelpr. n. 11. —
II, 4 Zahn- u. Mund-Hygiene im Dienste der öffentlichen Gesundheitspflege. Von Paul Ritter. Mit 5 Abbildgn. u. 2 Kurven im Text. (237 S.) 903. Subskr.-Pr. n. 4. —; Einzelpr. n 5. —
III, 1—3. Der Lärm in den Städten u. seine Verhinderung. Von G. Pinkenburg. — Die Verunreinigung der Luft durch gewerbliche Betriebe. Von Herm. Leymann. — Die Rauch-Plage. Von B. Tschorn. Mit 78 Abbildgn. im Text. (200 S.) 903. Subskr.-Pr. n. 4. 80; Einzelpr. n. 6. –

— dasselbe. IV. Suppl.-Bd. gr. 8. Ebd. Subskr.-Pr. n. 24. —; geb. n. 26. 50; Einzelpr n. 32. —; geb. n. 34. 50
Hygiene, soziale. Bearb. von A. Buehl, R. Eberstadt, H. Finkelstein u. a. Mit 21 Taf., 8 Abbildgn. u. 11 Kurven im Text. (XXX, 1077 S.) 904.
Hieraus einzeln:
Buehl, das Armenwesen. (IV, 188 S.) n. 4. —
Eberstadt, Rud., das Wohnungswesen. (III, 82 S.) n. 2. 50
Finkelstein, H., Fürsorge f. Säuglinge. (III, 20 S) n. — 75
Flesch, Wohlfahrtseinrichtungen f. Arbeiter u. deren Familien. (IV, 50 S.) n. 1. 50
Grotjahn, A., der Alkoholismus. (III, 16 S.) n. — 50
— soziale Hygiene u. Entartungsproblem. (III, 64 S.) n. 2.
Hartmann, Konr., Arbeiterschutz. (III, 60 S.) n. 2. —
Mombert, Paul, das Nahrungswesen. (IV, 72 S.) n. 2. 50
Schmid-Monnard, soziale Fürsorge f. Kinder im schulpflichtigen Alter. Mit e. Beitrag von A. Hartmann. (III, 42 S.) n. 1. 50
Schwiening, Heinr., Krieg u. Frieden. Mit 11 Kurven im Text. (III, 72 S.) n. 2. 50
Suck, Hans, Fürsorge f. die schulentlassene Jugend. (IV, 94 S.) n. 2. 80
Weyl, Th., Assanierung. Die Abwehr gemeingefährl. Krankheiten. Mit 19 Taf. (V, 80 S.) n. 5. —
— zur Geschichte der sozialen Hygiene. Mit Beiträgen von Marg. Weinberg. Mit 2 Taf. u. 8 Abbildgn. im Text. (XIII, 272 S.) n. 6. —

Ⓑ — der Hygiene. 10 Bde. u. 4 Suppl. 893—904. (KBL 27. 29. 31. 33.) Jetzt: Leipzig, J. A. Barth.

— der Hygiene und der Gewerbekrankheiten, s.a. Handbuch der speciellen Pathologie und Therapie.

Handbuch der Hygiene und der Gewerbekrankheiten. Bearb. von ... hrsg. von M. v. Pettenkofer u. H. v. Ziemssen. 3. umgearb. Aufl. Thl 1—3. Mit Abb. Leipzig 1882—87.

Thl 1. Individuelle Hygiene. Abth. 1. 2. 1882–87.
Abth. 1. Einleitung von M. v. Pettenkofer. – Ernährung u. Nahrungsmittel von J. Forster. – Verfälschung d. Nahrungs- u. Genußmittel von A. Hilger. 1882.
Abth. 2, H. 2. 3. 1886–87.
H. 2. Renk, Friedrich: D. Luft. 1886.
H. 3. Soyka, J.: D. Boden. 1887.
Thl 2. Soziale Hygiene. Abth. 1. 2. 4. 1882.
Abth. 1. Grössere Gemeinwesen. Hälfte 1. 2.
1. Anlage von Ortschaften von C. Flügge. – D. Entfernung d. Abfallstoffe von F. Erismann. – Beerdigungswesen von A. Schuster. – Massenernährung von J. Forster.
2. Wolffhügel, G. D.: Wasserversorgung.
Abth. 2. Spec. sociale Einrichtungen. D. Hygiene d. Schule von F. Erismann. – Gefangnishygiene von A. Baer. – Fabriken von L. Hirt. – Krankenanstalten von L. Degen. – Kasernen von L. Schuster. – Öffentl. Bäder von F. Renk. – D. Verkehrsmittel von A. Kunkel.
Abth. 4. D. Gasinhalationskrankheiten u. d. gewerbl. Vergiftungen von L. Hirt. – D. Staubinhalationskrankheiten von G. Merkel.
Thl 3. Allgemeiner Theil. Geigel, A.: Öffentliche Gesundheitspflege. 1882.
(Handbuch d. speciellen Pathologie u. Therapie. Hrsg. von H. v. Ziemssen. Bd 1.)

Handbuch der Hygiene und der Gewerbekrankheiten. Herausg. von M. v. Pettenkofer und H. v. Ziemssen. (Handbuch der öffentl. Gesundheitspflege etc. 3. umgearb. A.) Leipzig 1882–94. 3 Thle.

Handbuch des Hypotheken-Rechts und der Hypotheken-Ordnung des Königreichs Baiern ... 2. ... Aufl. Amberg 1826. V: *Lehner, C. B.* (wa) (EngJ)

— d. Hypothekenrechts u. d. Hypothekenordnung d. Königr. Baiern. 2te Aufl. gr. 8. Amberg 826. (Leipz., Mag. f. J.)

Handbuch der Jagdwissenschaft, ausgearbeit. nach dem v. Burgsdorfschen Plane ꝛc., herausg. v. Bechstein. 2r Bd. 4. Gotha, jetzt Hennings u. Hopf in Erfurt. 4 ₰

BECHSTEIN, Johann Matthäus (Hrsg.): Handbuch der Jagdwissenschaft. Ausgearbeitet nach dem von Burgdorfischen Plane von einer Gesellschaft. - Nürnberg 1. Tl. 1. Bd. 1801. 301 S. - 1. Tl. Bd. 2 ebd. 1802. 512 S. - 1. Tl. Bd. 3 ebd. 1806. 326 S. - 2. Tl. 1. Bd. ebd. 1809. 394 S. - 2. Tl. 2. Bd. Gotha 1824

— Handbuch d. Jagdwissenschaft, ausgearb. nach d. v. Burgsdorfschen Plane. 2r Thl. 2r Bd. Mit 3 Kpfrn. u. 1 Vign. gr. 4. Gotha 824, Hennings.

— für angehende Jäger. 12. Leipz. 797. (W. Rauch). 4 gl

— f. angehende Jäger. 12. Leipz. Sommer. 797.

Illustriertes Handbuch der Obstkunde. Unter Mitwirkung mehrerer hrgg. v. F. Jahn, Eduard Lucas u. J. G C Oberdieck. Bd. 1—6 [Nebst] Ergänzungsbd. 1. Stuttgart (1865 ff.: Ravensburg). 1859—83 8°
1 Aepfel. Mit 262 Beschreibungen u Abb. 1859.
2 Birnen. Mit 263 Beschreibungen u. Abb 1860.
3. Steinobst. 1861.
4 Aepfel. Mit 278 Beschreibungen u Abb 1865.
5: Birnen. Mit 280 Beschreibungen u. Abb. 1866.
6. Steinobst. 1870.
Ergänzungsbd. 1 [u. d. T.:] (W.) Lauche's Erster Ergänzungsband zu Lucas u. Oberdieck's illustrirtes Handbuch der Obstkunde. Hrgg. im Auftrage des Deutschen Pomologen-Vereins. Mit 367 Durchschnittszeichnungen. Berlin. 1883. 8°

—— illustrirtes, der Obstkunde. Auf Veranlassung der 2. Versammlung deutscher Pomologen und Obstzüchter, unter Mitwirkung Mehrerer hrsg. von Fr. Jahn, Ed. Lucas und J. G. C. Oberdieck. 9 Lfgn. oder 3 Bde. gr. 8. Stuttgart 858—61, Ebner und Seubert. à Lfg. * 24 Ngr.
Inhalt:
Bd. 1. Aepfel. (IV und 572 S. mit eingedr. Holzschn.) * 2 Thlr. 12 Ngr.
„ 2. Birnen. (531 S. mit eingedr. Holzschn.) * 2 Thlr. 12 Ngr.
„ 3. Steinobst. (VIII und 574 S. mit eingedr. Holzschn.) * 2 Thlr. 12 Ngr.

—— illustrirtes, der Obstkunde. Unter Mitwirkung Mehrerer hrsg. von Fr. Jahn, Ed. Lucas und J. G. C. Oberdieck. 10.—17. Lfg. gr. 8. (4. Bd. [Lfg. 10. 12. 14.] 579 S., 5. Bd. [Lfg. 11. 13. 15.] 584 S., 6. Bd. [Lfg. 16. 17.] S. 1—310 mit eingedr. Holzschn. und 11 Stnt.) Stuttgart 863—67, Ebner und Seubert. [Ravensburg, Ulmer.] à Lfg. * 24 Ngr.
1.—3. Bd. (Ebendas.) 1858—61. * 7 Thlr. 6 Ngr.

—— illustrirtes, der Obstkunde. Unter Mitwirkung Mehrerer hrsg. von Ed. Lucas und J. G. C. Oberdieck. 18.—24. Lfg. gr. 8. (6. Bd. 2. und 3. Lfg. [18. und 20. Lfg.] S. 193—597 mit eingedr. Holzschn.; 7. Bd. 3. Lfg. [21. Lfg.] S. 311—502 mit eingedr. Holzschn.; 8. Bd. 3 Lfgn. [19., 22. und 24. Lfg.] VIII, 528 S. mit eingedr. Holzschn.) Ravensburg [Stuttgart] 869—75, Ulmer. à Lfg. *M 2,40. *
1.—17. Lfg. [Ebendas.] 1858—67. *M 40,80.

—— dass. — Systematische Uebersicht der Obstsorten der ersten fünf Bde. des Handbuchs mit kurzen Bemerkungen über Anpflanzung, Werth und Benützung der einzelnen Sorten. Zugleich Text zu den pomolog. Tafeln zum Bestimmen der Obstsorten von Ed. Lucas. gr. 8. (XLVIII, 115 S.) Ebendas. 870. *

—— dass. — Zusätze zu Bd. I und IV, s. Oberdieck, J. G. C.

—— illustrirtes, der Obstkunde. Unter Mitwirkung mehrerer Pomologen hrsg. von Ed. Lucas und J. G. C. Oberdieck. Suppl.: Birnen. Nr. 671—762. Mit 92 Beschreibungen und Abbild. (in eingedr. Holzschn. und 14 Holzschntaf.). Bearb. von J. G. C. Oberdieck. gr. 8. (VIII, 184 S.) Stuttgart 879, Ulmer. *
compl. 8 Bde. und 2 Suppl.-Bde. *

Handbuch, illustrirtes, für Reisende in Mittel-Europa. Nach eigener Anschauung und den besten Hilfsquellen bearb. von Theob. Grieben. 1. Thl.: Nord- und Mitteldeutschland, Kopenhagen, Stockholm, London, Warschau und St. Petersburg. (Grieben's Reise-Bibliothek. Nr. 1a.) 7., umgearb. und verm. Aufl. gr. 16. (VI und 850 S. mit Illustr. in eingedr. Holzschn., lithogr. Post- und Eisenbahnkarte von Mittel-Europa in Imp.-Fol., 9 lithogr. Plänen in 8., 4. und qu. gr. 4. und 5 lithogr. Karten in 8. und qu. 4.) Berlin 858, Th. Grieben. geb. Thlr. *

—— dass. — 3. Thl.: Süd-Deutschland, Oesterreich, Ober-Italien, Genua und Turin. (Grieben's Reise-Bibliothek. Nr. 1c.) 7., umgearb. und verm. Aufl. gr. 16. (VIII und 440 S. mit Illustr. in eingedr. Holzschn., lithogr. Post- und Eisenbahnkarte von Mittel-Europa in Imp.-Fol., 18 lithogr. Plänen in 8., qu. 8. und qu. 4. und lithogr. Karte vom Salzkammergut und Tyrol in qu. gr. 4.) Ebendas. 858. geb. *

—— illustrirtes, für Reisende in Oesterreich. Nach eigener Anschauung und den besten Hilfsquellen bearb. von Theob. Grieben. (Grieben's Reise-Bibliothek. Nr. 30.) 7., umgearb. und verm. Aufl. gr. 16. (VIII und 288 S. mit Illustr. in eingedr. Holzschn., lithogr. Post- und Eisenbahnkarte von Mittel-Europa in Imp.-Fol., 8 lithogr. Plänen in 8., qu. 8. und qu. 4. und lithogr. Karte vom Salzkammergut und Tyrol in qu. gr. 4.) Berlin 858, Th. Grieben. geb. *
Vgl.: Grieben's Reise-Bibliothek.

—— illustrirtes, der Uhrmacherkunst, s. Georgi, Erasmus.

Rudolf Muckenberger. Handbuch d. chemischen Industrie der ausserdeutschen Länder. ([Jg.] 1.) 1895. *Berlin: R. Muckenberger 1895.* 8°
[03. 3006

Handbuch der chemischen Industrie der außerdeutschen Länder. Hrsg. von R. Muckenberger. Jg. 2. Berlin 1900

Handbuch der chemischen Industrie der außerdeutschen Länder. 3. Ausg. Hrsg. von R. Muckenberger. Berlin 1905

Handbuch der acuten Infectionskrankheiten. Von C. Liebermeister [u. a.] 2. Aufl. Hälfte 1. 2. Mit Abb. Leipzig 1876—77.
(Handbuch d. spec. Pathologie u. Therapie, hrsg. von H. v. Ziemssen. Bd 2.)

—— des Ingenieurdienstes, s. From, F. W. T.

Handbuch der Ingenieur-Wissenschaft. 2. Aufl. Stuttgart 1857—61. V: *Becker, Max.* (Zuwachsverz. d. Bibliotheken in Zürich 1898 ff. 8.)

— der Ingenieurwissenschaften für Eisenbahn-, Strassenbau- u. Wasserbau-Ingenieure in 4 Bdn. Unter Mitwirkung v. Fachgenossen bearb. u. hrsg. von Edm. Heusinger v. Waldegg, L. Franzius u. Ed. Sonne. 1—3. Bd. Lex.-8. Leipzig 878—82. Engelmann. n. 176. —

I. Vorarbeiten. Erd-, Strassen- u. Tunnelbau. Hrsg. von Edm. Heusinger v. Waldegg. (XII, 1099 S. m. eingedr. Holzschn. u. 58 Steintaf.) n. 46. —

II. Der Brückenbau. 1. Abth. Die Brücken im Allgemeinen. Hölzerne u. steinerne Brücken. Kunstformen des Brückenbaues. Im Verein m. R. Baumeister, F. Heinzerling, G. Mehrtens, C. Wilcke bearb. u. hrsg. v. Th. Schäffer u. Ed. Sonne. Mit 93 (eingedr.) Holzschn., vollständ. Sachregister u. der 1. Abth. des Atlas [23 (lith.) Zeichnungstaf.]. (X, 424 S.) n. 18. —
— dasselbe. 2. Abth. (XVI, 837 S. m. 300 eingedr. Holzschn. u. 50 Steintaf.) n. 42. —

III. Der Wasserbau. Im Verein m. G. Franzius, A. Frühling, H. Garbe etc. bearb. u. hrsg. v. L. Franzius u. Ed. Sonne. 1. Abth. (XVI, 1158 u. XVI S. m. 325 eingedr. Holzschn. u. 69 Steintaf.) n. 50. —
— dasselbe. 2. Abth. Binnenschiffahrtsanlagen u. landwirthschaftl. Wasserbau, bearb. v. H. Garbe, A. Hess, K. Pestalozzi, J. Schlichting, Ed. Sonne, hrsg. v. L. Franzius u. Ed. Sonne. 2., verm. Aufl. Mit 122 (eingedr.) Holzschn., vollständ. Sachregister u. 26 lith. Taf. (XIV, 450 S.) n. 20. —

— der Ingenieurwissenschaften. 1. Bd. 1. u. 2. Abth., 2. Bd. 1. Abth., 3. Bd. 1. u. 3. Abth. u. 4. Bd. 1. u. 2. Abth. Lex.-8. Leipzig, Engelmann. n. 154. —

1. Bd.: Vorarbeiten, Erd-, Strassen-, Grund- u. Tunnelbau. 1. Abtlg. Vorarbeiten, Einfluss d. Betriebes auf das Alignement, Erd- u. Felsarbeiten, sowie Bauleitg. Im Verein m. R. Koch, E. Mackensen, G. Meyer u. R. Richard bearb. u hrsg. von Edm Heusinger v. Waldegg. 2. verm. Aufl. Mit 75 (eingedr.) Holzschn., vollständ. Sachregister u. 16 lith. Taf. (XII, 486 S.) 883. n. 16. —; Einbd. n.n. 2. 50
2. Abth.: Konstruktion der Stütz- u. Futtermauern, Strassen- u. Grundbau. Im Verein m. E. Häseler, F. Laissle u. Gust. Meyer bearb. u. hrsg. von Edm. Heusinger v. Waldegg. 2. verm. Aufl. Mit 134 Holzschn., vollständ. Sachregister u. 30 lith. Taf. (XII, 455 u X S) 884. n. 22. —

2. Bd.: Der Brückenbau. Hrsg. v. Th. Schäffer u. Ed. Sonne. 1. Abtlg.: Die Brücken im allgemeinen. Steinerne u. hölzerne Brücken, Aquadukt- u. Kanalbrücken, Kunstformen des Brückenbaues, bearb. v. R. Baumeister, F. Heinzerling, G. Mehrtens, Th. Schäffer, Ed. Sonne. 2. verm. Aufl. Mit 225 Holzschn., Sachregister u. 28 lith. Taf. (XII, 566 S.) 886. n. 24. —; Einbd. n n. 2. 50

3. Bd.: Der Wasserbau. 1. Abth.: Voruntersuchungen, Wasserversorgg. u. Entwässerg. der Städte, Stauwerke, bearb. v. A. Frühling, Ch. Havestadt, F. Lincke, K. Pestalozzi, J. Schlichting, Ed. Sonne, hrsg. v. L. Franzius u. Ed. Sonne. Mit 161 Holzschn., vollständ. Sachregister u. 26 lith. Taf. (XIV, 570 S. m. 1 Bl. Text zu den Taf.) 883. n. 22. —; Einbd. n.n. 2 50

3. Abth.: Wasserbau am Meere u. in Strommündungen, bearb. v. L. Franzius u. G. Franzius, hrsg. v. L. Franzius u. Ed. Sonne. Mit 205 Holzschn, vollständ. Sachregister u 30 lith. Taf. (X, 588 S.) 884. n. 24 —

4. Bd.: Die Baumaschinen. 1. Abtlg.: Kraftmaschinen, Triebwerke, Wasserhebemaschinen, Baggermaschinen, Rammen u. zugehörige Hülfsmaschinen. Bearb. v. E. Brauer, H. Bücking, R. Graepel, A. Krebs, F. Lincke, Fr. Neukirch, H. Schellhaas, hrsg. v. L. Franzius u. F. Lincke. Mit 146 (eingedr.) Holzschn., vollständ. Sachregister u. 23 lith. Taf (XVIII, 539 u. X S.) 883. n. 24. —; Einbd. n.n. 2. 50

2. Abtlg.: Hilfsanlagen f. den Materialtransport u. die Errichtg. v. Hochbauten. Apparate u. Maschinen zur Herstellg. v. Tiefbohrlöchern. Gesteinsbohrmaschinen. Abbohren v. Schächten. Schräm- u. Schlitzmaschinen. Tunnelbohrmaschinen. Bearb. v. Pröll u. Scharowsky, L. v. Willmann, G. Köhler, W. Schulz, Ph. Forchheimer. Unter Mitwirkg. v. L. Franzius hrsg. v. F. Lincke. Mit 183 Holzschn., vollständ. Sachregister u. 23 lith. Taf. (XXI, 416 u. Register zum Atlas VIII S) 885. n. 22. —; Einbd. n.n. 2. 50

Handbuch der Ingenieurwissenschaften in 4 Bdn. 4. Bd. Die Baumaschinen. Unter Mitwirkg. von L. Franzius hrsg. v. F. Lincke. 3. Abtlg. 6 Lfgn. Lex.-8. Leipzig, Engelmann. n. 27. 60; geb. n. 30. 60

1. Lfg. Gewinnung u. Bearbeitung v. Bausteinen. Bearb. v. F. Polak. Mit 36 Holzschn. u. 4 lith. Taf. (VI, 68 S.) 887. n. 3. —

2. Lfg. Maschinen u. Apparate zum Arbeiten unter Wasser. [Pneumatische Fundirungen. Taucherei. Hebungsarbeiten.] Bearb. v. L. Franzius. Mit 37 Holzschn. u. 4 lith. Taf. (VI, 95 S.) 887. n. 4. —

3. Lfg. Maschinelle Hülfsmittel f. Brückenbauten. Bearb. v. L. v. Willmann. Mit 37 Holzschn. u. 6 lith. Taf. (VII, 119 S.) 887. n. 5. —

4. Lfg. Mörtelmaschinen. Mit 1 Taf. u. 8 Holzschn. (VI, 30 S.) — Maschinen f. den Bau u. die Unterhaltung der Strassen. Mit 17 Holzschn. u. 2 Taf. Bearb. von Ed. Sonne. (69 S.) 888. n. 3. 60

5. Lfg. Hülfsmittel u. Verfahren der Materialprüfung. Prüfung v. Baumaterialien u. fert. Konstruktionen. Prüfung der Schmieröle. Untersuchung des Papiers. Bearb. von M. Rudeloff. Mit 78 Holzschn. u. 3 lith. Taf. (IX, 146 S.) 889. n. 5. —

6. Lfg. Hebemaschinen. Bearb. v. F. Lincke u. F. Gutermuth. (VIII, 131 u. 6 S. m. 91 Textfig. u. 7 lith. Taf., nebst X S. Erklärgn.) 890. n. 7. —

— dasselbe. 2. Bd. Der Brückenbau. 2. Abtlg. 2 Lfgn., 3.—5. Abtlg. Lex.-8. Ebd. n. 50. —

2. Abtlg. Die eisernen Brücken im allgemeinen. Eiserne Balkenbrücken. Hrsg. von Th. Schäffer, Ed. Sonne u. Th. Landsberg. 1. Lfg. Die eisernen Brücken im Allgemeinen, bearb. v. J. E. Brik u. Th. Landsberg. Die Brückenbahn, bearb. v. Fr. Steiner. — Theorie der eisernen Balkenbrücken [Anhang], bearb. v. Fr. Steiner. (221 S. m. 112 Textfig. u. 7 Taf.) 889. n. 9.

2. Abtlg. — dasselbe. 2. Lfg. Theorie der eisernen Balkenbrücken [Schluss], bearb. v. Fr. Steiner. Konstruktion der eisernen Balkenbrücken, bearb. v. demselben. Mit Sachregister. (XIV u. S. 225—543 m. 182 Textfig. u. 14 Taf.) 890. n. 13. — (2. Abtlg. cplt. geb.: n. 24. 50)

3. Abtlg. Bewegliche Brücken, bearb. v. W. Fränkel, hrsg. v. W. Schäffer u. Ed. Sonne. 2., umgearb. Aufl. Mit 133 Textfig., Sachregister u. 7 lith. Taf. (X, 178 S.) 888. n. 8. —

4. Abtlg. Eiserne Bogenbrücken u. Hängebrücken, bearb. von J. Melan u. Th. Schäffer, hrsg. v. Th. Schäffer u. Ed. Sonne. 2., umgearb. Aufl. Mit 134 Textfig., Sachregister u. 10 lith. Taf. (XII, 260 S.) 888. n. 10. —

5. Abtlg. Eiserne Brückenpfeiler. Ausführung u. Unterhaltung der eisernen Brücken, bearb. v. F. Heinzerling u. W. Hinrichs, hrsg. v. Th. Schäffer u. Ed. Sonne. Mit 141 Textfig., Sachregister u. 11 lith. Taf. (VIII, 270 S.) 889. n. 10. —; geb. n.n. 12. 50

— dasselbe. 4. Bd.: Die Baumaschinen. Unter Mitwirkg. v. L. Franzius hrsg. v. F. Lincke. 3. Abtlg. 6. [Schluss-] Lfg. Lex.-8. Leipzig 890. W. Engelmann. n. 7. — (3. Abtlg. kplt.: n. 27. 60; Einbd. n.n. 3. —; 4. Bd. 1.—3. Abtlg. u. Anh.: n. 79. 60)

XIII. Kapitel. Hebemaschinen. Bearb. v. F. Lincke u. F. Gutermuth. (VIII, 131, 6, u. X S. m. 91 Textfig. u. 7 lith. Taf.)

— dasselbe. Anhang zum 4. Bd. Lex.-8. Ebd. 890. n. 6. —; geb. n. 8. —

Die Elektrotechnik in ihrer Anwendung auf das Bauwesen. Bearb. v. H. Görges u. K. Zickler. (VIII, 142 S. m. 6 lith. Taf. u. 102 Fig. im Text.)

— der Ingenieurwissenschaften. 3. Bd. Der Wasserbau hrsg. v. L. Franzius, A. Frühling, J. Schlichting u. Ed. Sonne. I. Abtlg. 1. Hälfte. 3., verm. Aufl. Lex.-8. Leipzig 892. W. Engelmann. n. 14. —; geb. n.n. 17. —

Voruntersuchungen. Binnengewässer. Stauwerke. Im Verein m. P. Gerhardt, G. Tolkmitt u. Chr. Havestadt hrsg. v. L. Franzius, A. Frühling, J. Schlichting, Ed. Sonne. Mit 160 Textfig., Sachregister u. 14 lith. Taf. (XII, 353 S. m. 1 Bl. Text.)

— dasselbe. 3. Bd. 1. Abtlg. 2. Hälfte. Lex.-8. Ebd. 893. n. 20. —; geb. n.n. 23. —

Wasserversorgung u. Entwässerg. der Städte. Im Verein m. F. Lincke hrsg. v. L. Franzius, A. Frühling, J. Schlichting, Ed. Sonne. 3., verm. Aufl. Mit 574 Textfig., Sachregister u. 10 lith. Taf. (XI, 518 S. u. 1 Bl.)

— dasselbe. 3. Bd.: Der Wasserbau. 2. Abtlg. 2. Hälfte. Lex.-8. Ebd. 895. n. 18. —; Einbd. n.n. 3. —

Schleusen. Schiffahrtskanäle. In Verein m. L. Brennecke u. R. Rudloff hrsg. v. L. Franzius, H. Garbe, Ed. Sonne. 3., verm. Aufl. M. 399 Textfig., Sachregister u. 17 lith. Taf. (IX, 445 S. u. 1 Bl. Erklärgn.)

— dasselbe. 3. Bd. Der Wasserbau. 3., verm. Aufl. Hrsg. v. L. Franzius, A. Frühling, H. Garbe, J. Schlichting u. Ed. Sonne. 2. Abtlg. 1. Hälfte. 1. Lfg. Lex.-8. Ebd. 897. n. 6. —

IX. Kap. Meliorationen (Landwirtschaftliche Verbessergn.). Von A. Hess. M. 4 Taf. u. 45 Textfig. — X. Kap. Die Wasserstrassen im allgem., Flösserei u. Binnenschiffahrt. Schiffahrtsanlagen. Von Ed. Sonne. M. 2 Taf. u. 32 Textfig. — XI. Kap. Der Flussbau. Von Fr. Kreuter, H. Garbe u. A. Koch. Mit 3 Textfig. (176 S.)

— dasselbe. 3. Bd., 3. Abtlg., Ergänzg., s.: Franzius, Ludw., Geo. Franzius u. R. Rudloff, Seekanäle etc.

— dasselbe. 4. Bd.: Die Baumaschinen. 1. Abtlg. Lex.-8. Ebd. 897. n. 11. —; geb. n.n. 14. —

Einleitg., Wasserhebemaschinen, Baggermaschinen, Rammen u. zugehör. Hilfsmaschinen, bearb. v. F. Lincke, O. Berndt, H. Bücking, R. Graepel u. M. Valentin. Unt. Mitwirkg. v. L. Franzius hrsg. v. F. Lincke. 2. Aufl. M. 144 Textfig., vollst. Sachregister u. 12 lith. Taf. (XV, 320 u. VII S.)

— dasselbe. 5. Bd.: Eisenbahnbau. Ausgen. Vorarbeiten, Unterbau u. Tunnelbau. 1.—3. Abtlg. Lex.-8. Ebd. n. 26. —; geb. n.n. 34. 50

1. Einleitg. u. Allgemeines. Bahn u. Fahrzeug. Bearb. v. Alfr. Birk, Frz. Kreuter, hrsg. v. Löwe u. H. Zimmermann. Mit 125 Abb. im Text u. vollst. Sachregister. (VIII, 203 S.) 897. n. 6. —; geb. n.n. 8. 50

2. Berechng., Konstruktion, Ausführg. u. Unterhaltg. d. Oberbaues. Bearb. v. Herm. Zimmermann, Alfr. Blum, Herm. Rosche, hrsg. v. F. Löwe u. H. Zimmermann. Mit 3 Taf., 284 Abb. im Text u. vollst. Namen- u. Sachverzeichnis. (XIV, 394 S.) 897. n. 12. —; geb. n.n. 15. —

3. Weichen u. Kreuzgn., Drehscheiben u. Schiebebühnen. Bearb. v. Ferd. Löwe, Geo. Meyer, hrsg. v. F. Löwe u. H. Zimmermann. Mit 1 Taf., 166 Abb. im Text u. vollst. Sachverzeichnis. (VIII, 198 S.) 898. n. 8. —; geb. n.n. 11. —

Handbuch d. Ingenieurwissenschaften in 5 Bdn. I. Bd.: Vorarbeiten, Erd-, Grund-, Strassen- u. Tunnelbau. Hrsg. v. Gust. Meyer u. L. v. Willmann. 1. u. 2. Abtlg. Lex.-8. Leipzig, W. Engelmann. n. 30. —; geb. n.n. 36. 50

1. Vorarbeiten f. Eisenbahnen. Bauleitg. Bearb. v. L. Oberschulte u. Gust. Meyer. 3., verm. Aufl. M. 89 Textfig., vollst. Sachreg. u. 7 lith. Taf. (XV, 382 u. III S.) 898. n. 18. —; geb. n.n. 21. 50
2. Erd- u. Felsarbeiten. Erdrutschungen. Stütz- u. Futtermauern. Bearb. v. Gust. Meyer u. E. Häseler. 3., verm. Aufl. M. 141 Textfig., vollständ. Sachreg. u. 13 lith. Taf. (XIII, 332 u. V S.) 897. n. 12. —; geb. n.n. 15. —

— dasselbe. 2. Bd.: Der Brückenbau. 1. u. 2. Abtlg. Lex.-8. Ebd. n. 37. —; geb. n.n. 43. —

1. Die Brücken im allgemeinen. Steinerne u. hölz. Brücken. Wasserleitungs- u. Kanalbrücken. Kunstformen d. Brückenbaues. Bearb. v. R. Baumeister, F. Heinzerling, Th. Landsberg, Fr. Lorey, G. Mehrtens, G. Tolkmitt, hrsg. v. Th. Landsberg, in 1. u. 2. Aufl. v. Th. Schäffer u. Ed. Sonne. 3. verm. Aufl. Mit 306 Textfig., vollständ. Sachregister u. 30 lith. Taf. (XIII, 578 u. III S.) 899. n. 24. —; geb. n.n. 27. —
2. Die eisernen Brücken im allgemeinen. Theorie d. eisernen Balkenbrücken. Bearb. v. J. E. Brik, Th. Landsberg u. Fr. Steiner, hrsg. v. Th. Landsberg, in 1. u. 2. Aufl. v. Th. Schäffer u. E. Sonne. 3. verm. Aufl. Mit 180 Textfig., Sachregister u. 6 lith. Taf. (XII, 377 S.) 901. n. 13. —; geb. n.n. 16. —

— der Ingenieurwissenschaften in 5 Bdn. 1. Bd. Vorarbeiten, Erd-, Grund-, Strassen- u. Tunnelbau. Hrsg. v. L. von Willmann. 3. Abtlg. 4. Abtlg. 1. Lfg. u. 5. Abtlg. Lex.-8. Leipzig, W. Engelmann. n. 41. —

3. Der Grundbau. Bearb. v. L. v. Willmann u. C. Zschokke. 3. verm. Aufl. Mit 214 Textfig., vollständ. Sachregister u. 14 lith. Taf. (XIII, 317 u. VI S.) 900. n. 13. —; geb. n. 16. —
4. 1. Lfg. Der Strassenbau einschliessl. der Strassenbahnen. Von F. Laissle. Hrsg. von L. v. Willmann. 3. verm. Aufl. 1. Lfg. (S. 1—272 m. 154 Fig. u. 11 lith. Taf.) 902. n. 12. —
5. Der Tunnelbau. Von E. Mackensen. Hrsg. von L. v. Willmann. 3. verm. Aufl. Mit 289 Textfig., vollständ. Sachregister u. 11 lith. Taf. (XVI, 425 u. IV S.) 902. n. 16. —; geb. n.n. 19. —

— dasselbe. 3. Bd. Der Wasserbau. 3. verm. Aufl. Hrsg. v. L. Franzius, A. Frühling, H. Garbe, J. Schlichting u. Ed. Sonne. 2. Abtlg. 1. Hälfte. Landwirtschaftlicher Wasserbau. Binnenschiffahrt. Flussbau. Im Verein m. A. Hess u. Fr. Kreuter hrsg. v. L. Franzius, H. Garbe, Ed. Sonne. 2. u. 3. Lfg. Lex.-8. Ebd. n. 22. —

2. XI. Kap. Der Flussbau. Von Fr. Kreuter, H. Garbe u. A. Koch. (S. 177—416 m. 190 Fig. u. 5 Taf.) 899. n. 9. —
3. XI. Kap. Der Flussbau. (Schluss). Von Fr. Kreuter, H. Garbe u. Ed. Sonne. — XII. Kap. Die Deiche. Von H. Garbe. (XV, S. 417—735 u. IV S. m. 189 Fig. u. 9 [4 farb.] Taf.) 900. n. 13.

Handbuch der Ingenieurwissenschaften in 5 Bdn. 3. Bd. Der Wasserbau. 3. verm. Aufl. Hrsg. v. L. Franzius (A. Frühling, H. Garbe, J. Schlichting) u. Ed. Sonne. 3. Abtlg. Wasserbau am Meere u. in Strommündgn. Im Verein m. G. Franzius, H. Mönch, C. Schilling u. G. de Thierry hrsg. v. L. Franzius u. E. Sonne. Mit 288 Textfig., Sachregister u. 27 lith. Taf. 2 Lfgn. Lex.-8. Leipzig, W. Engelmann. n. 32. —; geb. n.n. 35. —

1. XVI. Kap. Das Meer u. die Seeschiffahrt. Von L. Franzius u. C. Schilling. — XVII. Kap. Einwirkungen des Meeres auf die Küsten. Seeuferbau. Von L. Franzius. — XVIII. Kap. Einwirkung des Meeres auf die Strommündungen u. deren Korrektion. Von L. Franzius u. G. de Thierry. — XIX. Kap. Seehäfen. Von L. Franzius u. G. de Thierry. (S. 1—352 m. 91 Fig. u. 14 [10 farb.] Taf.) 900. n. 16. —
2. XIX. Kap. Seehäfen. Von L. Franzius, G. Franzius u. G. de Thierry. (Schluss.) XX. Kap. Hafendämme, Ufermauern u. Schiffsbauanstalten. Von G. Franzius u. H. Mönch. (XV, S. 353—751 u. IV S. m. 197 Fig. u. 13 Taf.) 901. n. 16. —

— dasselbe. 5. Bd. Der Eisenbahnbau. Ausgenommen Vorarbeiten, Unterbau u. Tunnelbau. 7. u. 8. Abtlg. Lex.-8. Leipzig, W. Engelmann. n. 15. —; geb. in Halbfrz. n.n. 20. —; (1—3, 7 u. 8 n. 41. —; geb. n.n. 54. 50)

7. Schmalspurbahnen. Bearb. von Alfr. Birk, hrsg. v. F. Loewe u. H. Zimmermann. Mit 1 Taf., 145 Abbildgn. im Text u. vollständ. Sachverzeichnis. (VIII, 163 S.) 902. n. 6. —; geb. n.n. 8. 50
8. Lokomotiv-Stellbahnen u. Seilbahnen. Bearb. v. Roman Abt u. Siegfr. Abt, hrsg. v. F. Loewe u. H. Zimmermann. Mit 206 Abbildgn. im Text u. vollständ. Sachverzeichnis. (X, 211 S.) 901. n. 9. — geb. n.n. 11. 50; Abtlgn. 4—7 erscheinen später.

— dasselbe, Ergänzungsband, s.: Foerster, Max, die Eisenkonstruktionen der Ingenieur-Hochbauten.

— der Ingenieurwissenschaften in 5 Tln. I. Tl.: Vorarbeiten, Erd-, Grund-, Strassen- u. Tunnelbau. Hrsg. von L. v. Willmann. 1.—3. Bd. u. 4. Bd. 2. Lfg. Lex.-8. Leipzig, W. Engelmann. n. 53. —

1. Vorarbeiten f. Eisenbahnen u. Strassen. Bauleitung. Von L. Oberschulte u. H. Wegele. 4. verm. Aufl. Mit 107 Textabbildgn., vollständ. Sachverzeichnis u. 8 lith. Taf. (XVIII, 567 S.) 904. n. 20. —; geb. in Halbfrz. n.n. 23. —
2. Erd- u. Felsarbeiten. Erdrutschungen. Stütz- u. Futtermauern. Von E. Häseler, H. Wegele u. L. v. Willmann. Hrsg. von L. v. Willmann. 4. verm. Aufl. Mit 298 Textabbildgn., vollständ. Sachverzeichnis u. 12 lith. Taf. (XVIII, 414 u. VI S.) 905. n. 13. —; geb. in Halbfrz. n.n. 16. —
3. Der Grundbau. Bearb. von L. v. Willmann u. C. Zschokke, hrsg. von L. v. Willmann. 4. verm. Aufl. Mit 301 Textabbildgn., vollständigem Sachverzeichnis u. 14 lith. Taf. (XVI, 406 u. VI S.) 906. n. 12. —; geb. in Halbfrz. n.n. 15. —
4. Der Strassenbau einschliesslich d. Strassenbahnen. Von F. Laissle. Hrsg. v. L. v. Willmann. 3. verm. Aufl. Mit 327 Textfig., vollständg. Sachregister u. 15 lith. Taf. 2. Lfg. (XIX u. S. 273—473.) 903. n. 8. —

Handbuch der Ingenieurwissenschaften in 5 Tln. II. Tl.: Der Brückenbau. Hrsg. von Th. Landsberg, begründet v. Th. Schäffer u. Ed. Sonne. 1. 2. 5. u. 6. Bd. Lex.-8. Leipzig, W. Engelmann. n. 54. —; geb. in Halbfrz. n.n. 65. 50

1. Die Brücken im allgemeinen. Steinerne Brücken. Ausführung u. Unterhaltg. der steinernen Brücken. Von M. Förster, Th. Landsberg, G. Mehrtens. 4., verm. Aufl. Mit 182 Textabbildgn., vollständ. Sachregister u. 23 lith. Taf. (XII, 419 S.) 904. n. 14. —; geb. n.n. 17. —
2. Hölzerne Brücken. Wasserleitungs- u. Kanalbrücken. Die Kunstformen d. Brückenbaues. Von R. Baumeister, F. Heinzerling, F. Lorey. 4. verm. Aufl. Mit 215 Textabbildgn., vollständ. Sachregister u. 11 lith. Taf. (X, 253 S.) 904. n. 8. —; geb. n.n. 10. 50
5. Eiserne Bogenbrücken u. Hängebrücken. Bearb. v. J. Melan u. Th. Landsberg. 3 verm. Aufl. Mit 270 Textfig., Sachregister u. 14 lith. Taf. (XV, 431 u. III S.) 906. n. 16. —; geb. n.n. 19. —
6. Eiserne Brückenpfeiler. Ausführung u. Unterhaltg. der eisernen Brücken. Bearb. v. G. Mantel u. W. Hinrichs. 3. verm. Aufl. Mit 275 Textfig., Sachregister u. 13 lith. Taf. (XV, 375 S.) 903. n. 16. —; geb. n.n. 19. —

— dasselbe. III. Tl. Der Wasserbau. Hrsg v. J. F. Bubendey, G. Franzius, A. Frühling, Fr. Kreuter, Th. Rehbock u. Ed. Sonne. 1. Bd. I. u. II. Lfg.; 3. Bd.; 4. Bd. I. Hälfte, 5. u. 8. Bd. Lex.-8. Ebd. n. 62. —

1. I. Die Gewässerkunde. Bearb. von J. F. Bubendey, P. Gerhardt u. R. Jasmund, hrsg. v. J. F. Bubendey. 4., verm. Aufl. 1. Lfg. Mit 55 Textabbildgn. u. 2 Taf., sowie dem Portr. des L. Franzius nebst dessen Lebensskizze. (VIII u. S. 1—144.) 905. n. 5. —
   II. Dasselbe. 2. Lfg. Mit 230 Textabbildgn. u. den Taf. III—X. (S. 145—180.) 906. n. 14. —
3. Die Wasserversorgung der Städte. Von G. Oesten u. A. Frühling. Hrsg. v. A. Frühling. 4. verm. Aufl. Mit 422 Textabbildgn., vollständ. Sachregister u. 7 lith. Taf. (XII, 416 u. IV S.) 904. n. 12. —; geb. n.n. 15. —
4, I. Die Entwässerung der Städte. Von A. Frühling. Hrsg. v. J. F. Bubendey. 1. Hälfte: Anlagen der Brauch- u. Regenwässer. (410 S. m. 601 Abbildgn. u. 6 Taf.) 903. n. 11. —
5. Binnenschiffahrt, Schiffahrtskanäle, Flusskanalisierung. Bearb. v. Ed. Sonne u. W. Becker, hrsg. v. Ed. Sonne. 4., verm. Aufl. Mit 145 Textabbildgn., vollständ. Sachregister u. 10 lith. Taf. (X, 307 S.) 906. n. 9. —; geb. in Halbfrz. n. 12. —
8. Die Schiffsschleusen. Von L. Brennecke, hrsg. v. J. F. Bubendey. 4. verm. Aufl. Mit 402 Textabbildgn., vollständ. Sachregister u. 11 lith. Taf. (X, 372 u. IV S.) 904. n. 11. —; geb. in Halbfrz. n.n. 14. —

— dasselbe. IV. Tl. Die Baumaschinen. 2. Bd. Lex.-8. Ebd. 903. n. 20. —; geb. in Halbfrz. n.n. 23. — (1 u. 2 : n. 31. —; geb. n.n. 37. —)
Vorrichtungen u. Maschinen zur Herstellung von Tiefbohrlöchern. Das Abbohren v. Schächten. Gesteinsbohrmaschinen, Schräm- u. Schlitzmaschinen, Tunnelbohr- u. Treibmaschinen. Die elektr. Minenzündg. Bearb. v. G. Köhler, W. Schulz, L. Bräuler u. K. Zickler. Unter Mitwirkg. v. L. Franzius hrsg. von F. Lincke. 2 verm. Aufl. Mit 367 Textfig., vollständ. Sachregister u. 18 lith. Taf. (XXIV, 489 u. VII S.)

— dasselbe. V. Tl. Der Eisenbahnbau. Ausgenommen Vorarbeiten, Unterbau u. Tunnelbau. Hrsg. von F. Loewe u. H. Zimmermann. 2. Bd. Lex.-8. Ebd. 906. n. 12. —; geb. in Halbfrz. n.n. 15. —
Berechnung, Konstruktion, Ausführung u. Unterhaltung des Oberbaues. Bearb. v. Herm. Zimmermann, Alfr. Blum, Herm. Rosche. Mit 3 Taf., 296 Abbildgn. im Text u. ausführl. Namen- u. Sachverzeichnis. 2., verm. Aufl. (XII, 427 S.)

— der Ingenieurwissenschaften in 5 Tln. I. Tl. Vorarbeiten, Erd-, Grund-, Strassen- u. Tunnelbau. 4., verm. Aufl. IV. Bd. Strassenbau einschliesslich d. Strassenbahnen. Bearb. v. F. Laissle, hrsg. von L. v. Willmann. 1. Lfg.: Landstrassen, städt. Strassen. Mit 214 Textabbildgn. u. 12 lith. Taf. (V u. VI u. S. 1—384 m. 1 Bildnis.) Lex. 8. Leipzig 907. W. Engelmann. 11. —

— dasselbe. II. Tl. Der Brückenbau. Hrsg. von Th. Landsberg, begründet v. Th. Schäffer u. Ed. Sonne. 3. u. 4. Bd. Lex. 8. Ebd. 21.—; geb. in Halbfrz. 27. —
3. Die eisernen Brücken im allgemeinen. Theorie der eisernen Balkenbrücken. Von J. E. Brik, Th. Landsberg u. Fr. Steinert. 4., verm. Aufl. Mit 190 Textabbildgn., vollständ. Sachregister u. 6 lith. Taf. (XII, 381 S.) 909. 11.—: geb. n 14. —
4. Bewegliche Brücken. Bearb. v. W. Dietz. 3. verm. Aufl. Mit 262 Textfig., Sachregister und 3 lith. Taf. (XIV, 315 S.) 907. 10.—: geb. n 13. —

— dasselbe. III. Tl. Der Wasserbau. Begr. v. Ludw. Franzius† u. Eduard Sonne. Hrsg. v. J. F. Rubendey, G. Franzius, A. Frühling, Th. Köhn, Fr. Kreuter, Th. Rehbock u. Ed. Sonne. 4. verm. Aufl. 4. Bd. 2. Hälfte, 6., 7. u. 13. Bd. Lex. 8. Ebd. 117. —
4. II. Die Entwässerung der Städte. Von Aug. Frühling, 2. Hälfte: Flussverunreinigung u. Behandlung städt. Abwässer. (XV u. S. 411—729 u. IV S. m. 240 Abbildgn. u. 1 Taf.) 910. 13.- (vollst.: 24.—; geb. in Halbfrz. n 27. —)
6. Der Flussbau. Von Fr. Kreuter. 3 Lfgn. (XII, 458 S. m. 311 Abbildgn., 31 Lichtbildblättern u. 7 Taf.) 907—910. 16.—; geb. in Halbfrz. n 19. —
7. Landwirtschaftl. Wasserbau einschl. Deichbau, Deichschleusen u. Fischteiche. Von J. Spöttle, J. Wey u. P. Gerhardt. Hrsg. v. Fr. Kreuter. 1. u. 2. Lfg. (VI, 470 S. m. 471 Abbildgn. u. 2 Tab.) 907. 909. 20. —
13. Ausbau v. Wasserkräften. Von Th. Koehn. Mit 467 Textfig., Sachregister u. 84 z. Tl. lith. Taf. 2 Lfgn. (XXIII, 1232 u. XVIII S.) 907. 908. 58.—; geb. in Halbfrz. n 68. —

— dasselbe. IV. Tl. Die Baumaschinen. Begr. v. F. Lincke u. L. Franzius. Hrsg. v. H. Weihe. 1. u. 3. Bd. Lex. 8. Ebd. 56.—; geb. in Halbfrz. n 62. —
1. Einleitung, Baggermaschinen, Rammen u. zugehörige Hülfsmaschinen, Wasserhebemaschinen Bearb. von H. Weihe u. O. Berndt. Hrsg. v. H. Weihe. 3. verm. Aufl. Mit 717 Textabbildgn., vollständ. Sachregister u. 14 lith. Taf. (XVI, 471 u. III S.) 910. 24. —; geb. in Halbfrz. n 27. —
3. Lasthebemaschinen. Elektrischer Antrieb von Lasthebemaschinen. Maschinelle Hilfsmittel für die Beförderg. v. Massengütern. Maschinelle Hilfsmittel und Rüstgn. für Hoch- u. Brückenbauten. Tauchen und Hebungsarbeiten unter Wasser. Bearb. v. F. Lincke, G. W. Koehler, O. Denecke, Cl. Feldmann, J. Herzog, O. Berndt, L. v. Willmann u. L. Hotopp. 2., verm. Aufl. Mit 1079 Textfig., vollständ. Sachregister u. 19 lith. Taf. (XXIII, 763 u. VIII S.) 908. 32.—; geb. in Halbfrz. n 35. —

— dasselbe. V. Tl. Der Eisenbahnbau, ausgenommen Vorarbeiten, Unterbau u. Tunnelbau. Hrsg. von F. Loewe u. H. Zimmermann. I. Bd., III. Bd. 1. Lfg., IV. Bd. 1. Lfg., VI. Bd. 1.—3. Lfg. u. VIII. Bd. 81. 20
I. Einleitung u. Allgemeines. Bahn u. Fahrzeug im allgemeinen. Von Alfr. Birk. 2., verm. Aufl. Mit 125 Abbildgn. im Text sowie ausführl. Namen- u. Sachverzeichnis. (VIII, 210 S.) 908. 6.—; geb. in Halbfrz. n 9. —
III, 1. Gleis-Verbindung. (Weichen u. Kreuzgn. Drehscheiben u. Schiebebühnen.) Von E. Borst u. R. Anger. 2., verm. Aufl. 1. Lfg. (S. 1—304 m. 243 Abbildgn. u. 5 Taf.) 908. 11. —
IV, 1. Anordnung der Bahnhöfe. 1. Abtlg. Einleitung, Zwischen- und Endstationen in Durchgangsform, Verschiebebahnhöfe, Güter- u. Hafenbahnhöfe. Bearb. v. A. Goering u. M. Oder, hrsg. v. F. Loewe u. H. Zimmermann. Mit 420 Abbildgn. im Text, 9 Texttaf. u. 5 lith. Taf., sowie ausführl. Namen- u. Sachverzeichnis. (XI, 836 S.) 907. 14.—; geb. in Halbfrz. n 17. —
V, 1-3. Betriebs-Einrichtungen. 1.—3. Lfg. Mittel z. Sicherung des Betriebes. Bog. 1—56. Bearb. v. S. Scheibner. Mit Abbildg. 1—106 u. 405—928 im Text. (S. 17—887.) 908—910. 40. 20
VIII. Lokomotiv-Steilbahnen u. Seilbahnen. Bearb. v. Roman Abt u. Siegfr. Abt. 2., verm. Aufl. Mit 410 Abbildgn. im Text, 2 Tab. u. vollständ. Sachverzeichnis. (X, 300 S.) 906 10.—; geb. in Halbfrz. n 13. —

Handbuch für Inhaber russischer Staatsfonds. Gedr. im Auftr. d. Kanzlei f. Credit-Operationen d. russ. Finanz-Minist. *Berlin: Puttkammer & Mühlbrecht 1896.* (148 S., 1 Tab.) 1 Bd 8. 96. 2400

Handbuch für Inhaber russischer Staatsfonds. Berlin 1896. — Berlin (Petersburg) 1903.

— zur Instruktion des technischen Personals der kaiserl. Marine. (III, 95 S.) gr. 8. Kiel 905. Lipsius & Tischer. Geb. in Leinw. u. durchsch. n. 3. —

— der Instruktion üb. das Scheibenschießen f. die m. dem aptirten Zündnadel-Gewehr u. dem Infanterie-Gewehr Modell 71 bewaffneten Infanterie-Bataillone. Nach der Instruktion vom 2. Nov. 1874 bearb. u. durch alle späteren Bestimmgn. ergänzt u. vervollständigt. gr. 8. (40 S.) Berlin 874. Militaria. n. 1. 20

— zur Instruktion f. den Unteroffizier der Marine. 8. (VII, 101 S.) Berlin 876. Mittler & Sohn. n. — 80

— der nautischen Instrumente. Hydrographisches Amt der Admiralität. Mit 27 Taf. in Steindr. u. 170 Holzschn. im Text. gr. 8. (X, 432 S.) Berlin 882. Mittler & Sohn. n. 12. —

— der nautischen Instrumente. Hydrographisches Amt d. Reichs-Marine-Amts. 2. Aufl. Lex.-8. (XII, 452 S. m. 33 Taf. in Steindr. u. 171 Holzschn. im Text.) Berlin 890. Mittler & Sohn. n. 4. 50

— internationales, für die Eisen-Industrie u. verwandte Gewerbszweige. Hrsg. v. der Redaction der „Eisen-Zeitg.", W. Kirchner. 5 Abthlgn. gr. 8. Berlin 887. (Mitscher & Röstell.) n. 40. —; die 5 Abthlgn. einzeln n. 65. —
1. (Zu Bd. 1 u. 2.) 1. Abth.: Die Eisen-Industrie in der Weltwirthschaft. (24 S.) 4. Abth.: Das Adressen-Material des Auslandes. (190 S.) n. 15. —
2. (1. Bd. 2. Abth.) Die Eisen- und Maschinen-Industrie Deutschlands, nach Bezugsquellen alphabetisch geordnet. (III, 136 S.) n. 12. 50
3. (1. Bd. 3. Abth.) Adressen-Material Deutschlands. (XI, 259 S.) n. 12. 50
4. (2. Bd. 2. Abth.) Die Eisen-, Stahl- u. Messingwaarenfabrikanten Deutschlands, alphabetisch nach den Waarengruppen geordnet (IV, 251 S.) n. 12. 50
5. (2. Bd. 3. Abth.) Die Eisenwaaren-Handlungen Deutschlands, alphabetisch nach den Orten geordnet. (III, 175 S.) n. 12. 50

— der Journalistik. In Verbindg. m. L. Kuhlenkamp, E. Gruettefien, A. Klaar u. a. m. hrsg. v. Rich. Wrede. 6 Lfgn. gr. 8. (VIII, 272 S. m. 1 Bildnis.) Berlin 902. Dr. R. Wrede. à n. 1. 20

— der Journalistik. In Verbindung m. L. Kuhlenkamp, E Gruettefien, A. Klaar u. a. m. hrsg. v. Rich. Wrede. 2., neubearb. Aufl. (V, 272 S. m. 1 Bildnis.) gr. 8. Berlin 906. Dr. R. Wrede. Geb. in Leinw. n. 6. —

— Itinerarisches, d. merkwürd. Länder zu bereisen. 8. Berl. Felisch. (auch Graff in Leipz.) 794.

— f. d. Jugend od. Inbegr. d. nützl. z. Bildung des Verstandes u. Herzens. 1r Thl. 8. Gießen, Tasché. 802.

Handbuch der Jugend in Bürgerschulen ... Frankf. a. M. 1796. V: *Wagner, Friedrich Ludwig.* (GGr)

— z. Gebrauch d. Jugend bei Erlernung d. deutsch-böhmischen u. französ. Sprachen. gr. 8. Leipz. 775, (W. Vogel). 8 ℊ 2e A. gr. 8. Prag 792. Widtmann. 10 ℊ

— f. d. sächs. Jugend ist J. Glo. Schulz Geschichte Sachsens.

— — für die vaterländ. Jugend. Ein Unterricht in Fragen und Antworten. N. A. 12. Berlin. Oehmigke. 816.

Handbüchlein der Jugendspiele, m. Abb., zsgest. v. e. Freunde d. Jugend, Salzburg, 167 S., 8°.

—— für badische Juristen, eine Sammlung der für die badische Civilpraxis wichtigsten Gesetze, Verordnungen, Rechtsbelehrungen und Staatsverträge, als Ergänzung des Landrechts und der Civilproceßordnung. gr. 8. (XII und 736 S.) Mannheim 858, Bensheimer.

—— kalendarisches, s. Trautmann, Joh. Benj.

Handbuch, Kalendarisches, f. d. politische, Literatur- u. Kunstgeschichte.
(1830.) M. Titelvign.
Berlin.

— kalendarisches, f. die politische, literar. u. Kunstgeschichte, oder Uebersicht des Wissenswürdigsten aus jenen Geschichtszweigen, chronologisch zusammengest. nach den einzelnen Tagen des Jahres durch das Feld der alten u. neuen Geschichte bis zum J. 1830. gr. 12. Berl. (u. Lpz.) 832. Nauck. 1 ℛ carr. 1 ℛ 8 ℊ Mit Papier zu eigenen Notizen ganz durchschossen. 1 ℛ 18 ℊ

Handbuch der Kaliwerke, Salinen, Erdol- und Tiefbohrunternehmungen. Jg. [1.] 1905. Berlin: Kuxen-Zeitung 1905. 8°

Handbuch der Kaliwerke, Salinen, Erdöl- und Tiefbohr-Unternehmungen. Berlin. Jahrgang 1908.

Handbuch der Kaliwerke, Salinen u. Tiefbohrunternehmgn. — Handb. d. Petroleum-Industrie. Jahrg. 1910. (XV, 676; IX, 204 u. 8 S.) gr. 8. Berlin. Finanzverl. G. m. b. H. Geb. in Leinw. nn 12. - -

— der gewerblichen Kalkulation, m. vielen Musterbeispielen aus den verschiedensten Gewerben u. 30 Abb. f. den Unterricht an Fortbildungs-, Handwerker- u. Gewerbeschulen. Hrsg. v. G. Fermum, P. Bambach, A. Bennemann u. a. (127 S.) gr. 8. Leipzig-Zwenkau 910. E. Stock. 1.30; geb. 1. 60

—- zunächst f. k. k. oesterr. Kameral-Beamte, s.a. Malinkowsky, A. v.

Handbuch zunächst für k. k. österreichische Kameral-Beamte, enthaltend eine Darstellung der Finanzverfassung Oesterreichs, dann des österreichischen Gewerbs- und Cameral-Beamten-Wesens. 3 Thle. gr. 8°. Wien (Braumüller u. Seidel) 1836—39. 3. Thl. a. u. d. T.: Verfassung des österreichischen Kameral-Beamtenwesens. Nach den neuesten gesetzlichen Bestimmungen und Vorschriften systematisch bearbeitet von Aug. Malinkowsky. gr. 8°. Ebd. 1836.

— f. Cameralisten, s.a. Handb. f. Kammeralisten.

— f. angehende Kammeralisten. 2 Bde. gr. 8. Leipzig, Voß. 793. 94. (1r 1 Rthlr. 12 gr. 2r 1 Rthlr. 8 gr.)

— f. Kammeralisten, Oekonomen u. Güter-Veranschlagungs-Commissarien rc., s. Böthke.

Handbuch für Cameralisten ... um principmässig den Werth vorhandener landwirthschaftlicher Gebäude ... abzuschätzen ... Breslau 1812. V: *Böthke, Ernst Hnr. Sam.* (wa)

Petersburg, Hydrographisches Departement
Handbuch für Capitäne von nach Kronstadt und St Petersburg bestimmten Handelsschiffen Vom St. Petersburger Hauptthaten Zollamte genehmigte Ausgabe. St Petersburg 1878.

Handbuch des Herzogthumes Kärnten für das Jahr 1856. Zusammengestellt im Präsidial-Bureau der k. k. kärntnerischen Landesregierung. Klagenfurt. Gedruckt bei Friedrich Edlen v. Kleinmayr. (7 u. 312 S. 8.) geh.

— für das Herzogthum Kärnten auf das J. 1865. Klagenfurt 865. v. Kleinmayr. gr. 8. (VI, 256 S.) cart. n. 1 ℛ 2 ngr.

— des Preußischen Kassen- und Rechnungswesens zum Gebrauch für Magistratsbeamte, Kassen-Kuratoren u. Revisoren, Kämmerer u. s. w. Berlin 860. C. Heymann. 16. (120 S.) n. 8 ngr.

Handbuch für Katecheten, Schullehrer und Schüler zu dem in den k. k Staaten eingeführten Katechismus. 8. (128 S. 2 Bl.) Wien. Gedruckt bei Leopold Grund. 1845. Ungebunden 8 kr. Gebunden 12 kr. C. M. Verlag der Schulbücher-Verschleiß-Administration

— — katechet. über den hannöverschen Katechismus rc. s.a. Rutenberg, H.

— katechet., über d. hannöverschen Katechismus für Lehrer, die bei ihrem Unterrichte sich dieses Lehrbuchs bedienen, (v. Herm. Rutenberg). 1s—5s Hft. 8. Bremen 815, 16. (Herold u. W. in Läneb.) à 5 ℊ 1 ℛ 1 ℊ

Handbuch, Katechetisches, der Landwirthschaft für Liebhaber der Oekonomie ... Regensb. 1795. V: *Reuter, Johann Gottlieb.* (Fiker) (Ky) (EngOec) (MGT)

Katechetisches *Handbuch* d. Landwirthschaft ... Regensb. 1795. 788 S.
Handbuch d. gesamten Landwirthschaft. In Verbind. m. [20 Verf.[n]] herausg. v. Th. v. der Goltz. 3 Bd. Tübing. 1889-90. Fig. 4°.
(O. m. Sdrtit.: 1. Volksw. Grundlagen u. Oekonomik d. Landwirthschaft. 1890. se 533. — 2. Der Acker- u. Pflanzenbau 1889, se 380. — 3. Die landw. Tierhaltung u. die landw. Nebengewerbe. 1890. 854 S.).

-- katechet., d. Landwirthschaft, (v. Jh. Gli. Reuter). 8. Regensb. 795. Montag u. W. 2 ₰

Handbuch, Katechetisches, über das von Rosenmüller herausgegebene christliche Lehrbuch. Leipzig 1800—11. V: *Petri, Carl.* (Ky) »1799—1804« (Winer)

— katechetisches, üb. d. v. Rosenmüller herausg. christl. Lehrbuch 1r Th. 1s—4s, 2r Th. 1s—4s, u. 3 Th. 1s-3s (v. Karl Petri.) 8. Leipz. Hertel. 800. 811. (I. 1.—4. à 7 gr. II. 1. 2. 12 gr. II. 3. 4. 12 gr. III. 1. 2. 10 gr. III. 3. 10 gr.

— katechetisches, üb. Rosenmüllers Lehrbuch. 3n Thls. 4s u. letztes Stück. 8. Leipz. Hertel. 813.

— katechet., üb. die Sonn- u. Festtags-Evangelien. 8. Leipz. Sommer. 791.

Handbuch zum grossen, in der Diözese Augsburg eingeführten Katechismus der christkatholischen Lehre ... Innsbruck 1830. V: *Maldoner, Joseph Hilarius.* (Margr)

—— zum großen Katechismus d. Diözese Augsburg, mit Beweisen, Beyspn. u. Gleichnissen. Von e. Freunde d. Jugend. (Von Maldoner.) (1. Aufl.) 8. (21 B.) Innsbruck 830, Wagner.

— zum großen, in der Diözese Augsburg eingeführten, Katechismus der christkathol. Lehre, mit Beweisen, Erweiterungen u. Beispielen. Von e. Freunde d. Jugend (Pfarrer Maldoner). 1r Thl. 2e ganz umgearb. Aufl. 8. Innsbruck 833. Wagner. (Landshut, Krüll.) 5/6 ₰

—— (dass. u. d. T.:) zum großen, in d. Diözese Augsburg eingeführten, Katechismus d. christkathol. Lehre, mit Beweisen, Erweiterungen u. Beyspn. Von e. Freunde d. Jugend. (Von Maldoner.) 2 Thle. 2., ganz umgearb. Aufl. 8. (33 u. ... B.) Innsbruck 833, 34, Wagner.

—— zum großen, in der Diözese Augsburg eingeführten Katechismus der christkathol. Lehre mit Beweisen, Erläuterungen und Beispielen. Von einem Freunde der Jugend. 4. Thl., oder 3. Thl. 2. Abthl. Zur 2., 3. und 4. Aufl. 8. (VIII und 520 S.) Innsbruck 849, Wagner'sche Buchh. —
1. und 2. Thl. und 3. Thl. 1. Abthl. Ebendas. 1844. 2 Thlr. 19¼ Ngr.

—— zum großen in den k. k. österreich. Staaten eingeführten Katechismus der christkathol. Lehre mit Beweisen, Erläuterung u. Beispielen. A. u. d. T.: Handbuch z. großen in der Diöcese Augsburg eingeführten Katechismus der christkathol. Lehre 2c. 2 Thle. 1., unveränd. Aufl. 8. (66 B.) Innsbruck 844, Wagner'sche Buchh.

— dass. 3. Thl. 1. Abthl. Zur 2., 3. u. 4. Aufl. 8. (34 B.) Ebds. 844.

—— zum großen, in den k. k. österreichischen Staaten eingeführten Katechismus der christkatholischen Lehre mit Beweisen, Erläuterungen und Beispielen. Von einem Freunde der Jugend. 2 Thle. 5., verb. und verm. Aufl. gr. 12. (XL und 1139 S.) Innsbruck 854, Wagner'sche Buchh.

Handbuch zum großen, in den k. k. österreichischen Staaten eingeführten Katechismus der christkatholischen Lehre mit Beweisen, Erläuterungen und Beispielen. Von einem Freunde der Jugend. Erster Theil. Fünfte, sehr vermehrte und verbesserte Auflage. Mit Genehmigung des hochwürdigsten Ordinariats Brixen. Innsbruck. 1855. Druck und Verlag der Wagner'schen Buchhandlung. (XXI. 660 S. 8.)

— üb. den hannöv. Katechismus, siehe Rutenberg.

Handbuch zum Heidelberger Katechismus für Lernende und Lehrende. Bern 1848. V: *Zyro, Ferdinand Frdr.* (Ky)

—— zum heidelberger Katechismus für Lernende und Lehrende. (Von F. F. Zyro.) 12. (XIII und 370 S.) Bern 848, (Dalp.) *

—— zum Katechismus der christkathol. Religion f. die Erzdiöcese Freiburg. Zunächst f. Katecheten u. Schullehrer, dann aber auch f. die Gläubigen überhaupt. Bearb. v. e. kathol. Geistlichen. gr. 8. (25½ B.) Freiburg 845, Emmerling. *

— u. Gebetbuch, katholisches, m. K. 8. Cöln, Haas. (Fabricius.) 783.
Schreibp.

— — dasselbe. 12. Ebend. 783.

— kathol., f. Kranke u. Sterbende. 8. Augsburg, Doll. 783.

— kathol. der edlen Zeit 2c., 4. Augsb. 720.

Handbuch für Kaufleute. Leipz. 1785—86. H: *Crome, August Friedrich Wilhelm.* (MS) (Merk) (Ky) (CBH)

— f. Kaufleute, od. Anleit., Wechsel, Waaren zu berechnen 2c. gr. 8. Leipz. Bohme. 787.

— f. Kaufleute, od. Anleit., sowohl Wechsel-Course, als Waaren mit oder ohne Spesen von d. vornehmsten Handelsplätzen blos durch Addiren u. Multipliciren zu berechnen. Mit e. Anh. gr. 8. Leipz. 787. (Snobloch). 1 ₰ 12 gr

— f. Kaufleute. gr. 8. Riga, Meinshausen. 795.

—— für Kaufleute, od. Uebersicht d. wichtigsten Gegenstände d. Handels u. Manufakturwesens, d. Schifffahrt u. d. Bankgeschäfte, mit steter Beziehung auf National-Oekonomie u. Finanzen. Nach d. Engl. d. Dictionary pract., theoret. and historical, of Commerce and commercial Navigation, by J. R. Mac Culloch, in alphabet. Ordn. frei bearb. u. mit d. nöth. Anmerkn. u. Zusätzen versehen v. C(arl) F(riedr.) E(noch) Richter. 2 Bde. (4 Lfgn.) Nebst e. Beil.: Die Londoner Docks. gr. 8. Stuttgart 834, Cotta. [1. (59 B.) 4 Thlr., 2. (66½ B. u. lith. Plan d. Hafens v. New-York.) 4 Thlr. 16 Gr.]

—— dass. — Supplement-Bd. Bearb. nach d. 2. Aufl. d. Dictionary pract. etc. by J. R. Mac Culloch, in alphabet. Ordnung u. mit vielen Zusätzen v. L. R. Schmidt. 1. Lfg. gr. 8. (27 B. u. 1 Stnt.) Ebds. 835.

Handbuch f. **Kaufleute**, od. Uebersicht d. wichtigsten Gegenstände d. Handels u. Manufakturwesens, d. Schifffahrt u. d. Bankgeschäfte, mit steter Beziehung auf National-Oekonomie u. Finanzen. N. d. Engl. d. Dictionary etc. by J. R. Mac Culloch frei bearb. v. C. F. E. Richter. — Supplem.-Band. Bearb. n. d. 2. Aufl. d. Dictionary of commerce etc. by J. R. Mac Culloch, in alphabet. Ordn. u. mit vielen Zusätzen v. L. R. Schmidt. 3 Lfgn. Mit d. Plänen v. Gibraltar, Helsingör, Konstantinopel, St. Petersburg u. Rio de Janeiro. gr. 8. (95¾ B.) Stuttgart u. Tübingen 835—37, Cotta'sche Buchh. Thlr.
Das Hauptwerk. Ebendas. 1834. 8 Thlr. 16 Gr.

—— für **Kaufleute** und Geschäftsmänner. 3., umgearb. Ausg. 8. (146 S.) Zürich 847, Orell, Füssli und Comp.

— für **Kaufleute** u. Geschäftsmänner in der Schweiz. Enthalt. Schweizerisches Münzwesen, Maß u. Gewicht; Wechsel- u. Geld-Course jedes einzelnen Kantons u. Reductions-Tab. gr. 8. Zürich 841, Orell, Füßli u. Comp. n. 5/6 Rthlr.

— f. Kaufleute, f. d. Jahre 1785, 86. 2 Thle. in 3 Bdn., (von A. F. W. Crome). 1r Thl. Beschreib. deutscher Fabrik- u. Handelsstädte, mit 3 Karten. 2r Thl. Abhandll. aus d. Handelsgebiet rc., mit 2 Karten. gr. 8. Leipz. 787. (W. Vogel). 4 Rthlr.

— für junge **Kaufleute**. 8. Nördlingen, Beck. 787.

— f. lernende u. ausgelernte Kaufleute u. alle Arten v. Geschäftsleuten rc., mit Vorschrift. 4. Manh.... Beyder. 3 Rthlr. 16 Gr. Velinp. 4 Rthlr. 8 Gr.

— f. **Kaufleute** u. Schiffer, enth. sämmtl. Frachtlisten für d. Transport d. Waaren auf d. Rhein, v. Holland bis Basel rc. gr. 8. Kölln 825, P. Schmitz.

Anonym. „Handbuch für Kaufleute und Schiffer, enthaltend sammtliche Frachtlisten für den Transport der Waaren auf dem Rhein von Holland bis Basel . . . .", Köln 1827 (P. Schmitz).

Handbuch f. schweizer. Kaufleute, Gewerbetreib. u. Geschäftsreis. St. Gallen 1850

— für Schweizerische **Kaufleute**, Gewerbtreibende u. Geschäftsreisende. 1. Abth., enth. die Kantone Bern, Baselstadt, Baselland, Solothurn, Aargau u. Zürich. 8. (XX u. 196 S.) Zürich 850, Schultheß. 19 Ngr. (2. u. 3. Abthlg., siehe: **Hand-** u. Adreß-Buch.)

Handbuch für Kaufleute und Seefahrer, welche sich mit dem Ostsee-Handel beschäftigen . . . A. d. Dän. . . . v. Lesser. Kopenh. 1798. V: *Marieu, Thom. Antoine de.* (CBH) (Bruun, Bibl. Danica. II, 820.)

„Handbuch für Kaufleute und Seefahrer, welche sich mit dem Ostseehandel beschäftigen", aus dem Dänischen übersetzt mit Vermehrungen, von J. A. L e s s e r, Kopenhagen 1798 (Schubothe).

Handbuch für Kaufleute, vermöge dessen man auf eine sehr leichte Art wissen kann, wie viel ein Pf. Koffe und 1 Pf. Zucker fast zu allen nur möglichen Preisen, Coursen, und Avarien von Bourdaux, Nantes und Havre de Grace in Hamburg und Amsterdam zu stehen kommt. Frankf. 5 Bog. 4. 1786.

Handbuch für Kaufleute sowohl Wechsel als Waarenberechnungen von den vornehmsten Handelsplätzen bey allen steigenden und fallenden Coursen, mit oder ohne Spesen, blos durch Addiren und Multipliciren in Leipziger Wechselzahlung zu berechnen. Leipz. Böhm. 24 und 301 S. 8. 1787.

Anonym: „Handbuch für Kaufleute, welche die leipziger Messen beziehen, oder vor dem leipziger Handelsgerichte Rechtssachen und Processe zu führen haben", Leipzig 1798. — Vorh.: Com. Bibl. Hamburg. — Dasselbe 2. Aufl., Leipzig 1810 (W. Nauck).

Handbuch für Kaufleute, welche die Leipziger Messen beziehen . . . N. A. Leipzig 1810. V: *Roessig, Carl Gottlob.* (Schz)

— f. Kaufleute, welche d. Leipz. Messe beziehen oder vor dem Leipziger Handelsgerichte Processe zu führen haben. gr. 8. Leipz. 810. (W. Nauck). 1 Rthlr.

Anonym: „Handbuch für Kaufleute, wie man wissen kann, wie viel ein Pfund Zucker und Kaffee in Bordeaux, Nantes etc. kostet", Lübeck 1786 (Donatius).

Handbuch für die Kavallerie-Mannschaftsschulen mit besonderer Berücksichtigung der Unterofficiers-Pflichten. *Prag* 1858. *Friedr. Rohliček.* 156 S., 1 Bl. 8°. Mit 1 lithogr. Plane. 1 fl.

Handbuch für die Kavallerie-Mannschafts-Schulen mit besonderer Berücksichtigung der Unteroffiziers-Pflichten. Mit einem lithogr. Plane. *Prag* 1859. *Carl Bellmann's* Verl. 156 S. 8°. 1 fl. Ö.-W.

—— für die **Kavallerie-Mannschafts-Schulen** mit besond. Berücksichtigung der Unteroffiziers-Pflichten. 2. Aufl. Durchgesehen und nach den neuesten Vorschriften umgearb. von Rob. Byr. br. 8. (IV und 233 S. mit 1 Stnt. in qu. Fol.) Prag 862, Bellmann's Verlag. *

Handbuch für Cavallerieofficiers über den Dienst im Felde. Dresden 1789. V: *Saint-Paul, Friedrich Wilhelm Leopold von.* (Ky) (MGT) Walther.

— z. Kenntniß d. griech. Alterthümer, in geograph.-mytholog.-histor. Rücksicht; z. Gebrauch d. Jugend, (v. C. G. Traphagen). 8. Leipz. 789. N. A., mit 2 Karten. 8. Ebd. 819. W. Vogel. 1 Rthlr. 4 Gr.

— z. **Kenntniß** d. vorzüglichsten Ausgaben d. griech. u. röm. Klassiker ihrer Uebersetzungen u. Erläuterungsschriften nebst d. richt. Ladenpreisen. 8. Halberst. 823, Vogler.

—— zur **Kenntniss** d. vorzügl. Ausgaben d. Griech. u. Röm. Classiker, ihrer Uebersetzungen u. Erläuterungsschriften, nebst d. richtigen Ladenpreisen ders. Ein Hülfsb. f. Lehrer u. Studirende. Von e. alten Schulmanne. 2., viel verm. u. verb. Aufl. gr. 8. (23¼ B.) Potsdam 830, Vogler.

— z. Kenntniß d. Gesch. d. Provinzen u. der Staatsverfassung des türkischen Reichs. 8. Prag 789. Dießbach. 8 Gr.

Handbuch zur Kenntniss der westphälischen Gesetze bis Ende 1811 ... Marburg 1813. V: *Lometsch, K. A. C.* (Ky) (EngJ)

— zur Kenntniß d. westphäl. Gesetze, bis Ende 1811, mit Ausschluß d. Proceßordnungen. gr. 8. Cassel und Marb. Krieger. 813.

Handbuch zur Kenntniss des Preussischen Kantonwesens. Stettin 1802. V: *Wilke.* (Ky) (MGT)

Handbuch zur Kenntnis der Particular-Gesetzgebung des Fürstenthums Lübeck. Eutin 1837—42. V: *Rüder, M. H.* (Schz)

— z. Kenntn. d. vornehmst. Pflanzen, n. d. Linneisch. System ꝛc. m. K. gr. 8. Leipzig, Leo. 805.

— z. Kenntniß d. deutschen Reichsverfassung. 3 Thle., s. Reichstagsalmanach.

Handbuch zur Kenntniss der deutschen Reichsverfassung. Nürnb. 1795-97. V: *Gumpelzhaimer, Christian Gottlieb.* (Ky)

Handbuch zur Kenntniß der teutschen Reichsversammlung und ihrer Geschäfte ingleichen der Kreisversammlungen und Reichsgerichte. 1794—1796 s. Reichstagsalmanach.

Handbuch der ersten und nothwendigsten Kenntnisse für Kinder ... Braunschweig 1803. 2. Aufl. 1804. V: *Raabe, Heinrich August.* (MGT) (Ky)

— der ersten u. nothwendigsten Kenntnisse für Kinder aller Stände, enthaltend: leichte u. gründl. Anleitung zum Lesen, Schreiben ꝛc. 8. Braunschweig 803. (Leibrock.) 2/3 Rthlr.

— d. ersten u. nothwendigsten Kenntnisse für Kinder aller Stände, (v. H. A. Raabe). 8. Braunschw. 803. Plüchart. 16 ggr. 2e A. 8. Hannov. 805. 3e A. 810. Hahn. 12 ggr.

Handbuch, d. ersten u. nothwend. Kenntnisse für Kinder aller Stände ꝛc. 8. Leipz. Sommer. 803. Rthlr. -

— d. ersten u. nothw. Kenntnisse f. Kinder all. Stände ꝛc. Hannov. Hahn. 805.

Handbuch der gemeinnützigsten Kenntnisse von der Schifffahrt u. dem Seewesen, besonders zum Gebrauch f. Handlungsschulen ꝛc. Mit 8 Kpf. 8. Stettin 795. N. A. 8. Berl. 816. Nicolai. 1 Rthlr.

Handbuch der gemeinnützigsten Kenntnisse von Schiffahrt und Seewesen besonders zum Gebrauch für Handlungsschulen und zur Erklärung neuerer Seereisen in alphabetischer Ordnung abgefasst. Mit vielen Kupfern (auf 8 Tafeln). (Donation Liechtenstein.) 8. Berlin und Stettin 1817.

Handbuch der gemeinnützigsten Kenntnisse für Volksschulen ... Halle 1787—92 [1793]. V: *Junker, Frdr. Aug.* (MGT) (Ky) »8. Aufl. 1817—21«. H: *Niemeyer, Johann Christian L.* (Ky)

— d. gemeinnützigen Kenntnisse f. Volksschulen, (v. F. A. Junker). 3 Thle. gr. 8. Halle 787—93. 1r Thl. 9e A. 817. 14 ggr. 2r Thl. 9e A. 821. 10 ggr. 3r Thl. 2 Abthll., mit 3 Kpfr. 7e Aufl. 824. 1 Rthlr. 8e A., umgearb. (v. Jh. Chr. L. Niemeyer). 3 Thle. Ebd. 817, 19, 21. Waisenhaus B. 2 Rthlr. Schrbp. 3 Rthlr. 2 ggr.

— d. gemeinnütz. Kenntnisse f. Volksschulen. (v. F. A. Junker.) 3 Thle. gr. 8. Halle, Waisenh. 808. (I. 14 gr. II. 10 gr. III. 1 Rthlr.)

— — dasselbe auf Schreibpap. auf einer Seite gedruckt. (I. 1 Rthlr. II. 18 gr. III. 1 Rthlr. 8 gr.)

— — Anhang dazu, s. Exempeltafeln.

Handbuch d. gemeinnützlichsten Kenntnisse f. Volksschulen, von F. A. Junker. 3r Thl. 6te Aufl. gr. 8. Halle, Waisenhausbuchh. 815. Rthlr.

— f. Kinder reifern Alters, z. Bildung des Verstandes. 8. Nürnb. 776. Monath u. K. 10 ggr.

— f. Kinder und junge Leute, welche d. vorzügl. Regeln d. franz. Sprache lernen wollen. 8. Hamb. Herold. 781.

Handbuch für die Kinder Mariens zum Gebrauche der Arbeitssäle und Schulen der Töchter der christlichen Liebe des heil. Vincenz von Paul. Aus dem Französischen übersetzt. 16. (448 S.) Gratz. Druck von Jos. A. Kienreich. 1854.

Handbuch der Kinderheilkunde. Ein Buch f. d. prakt. Arzt hrsg. von Prof. Dr. M[einhard] Pfaundler, München, u. Prof. Dr. A[rthur] Schlossmann, Düsseldorf. 2 Bde mit 61 Taf. u. 430 Textfig. Bd 1. Leipzig: F. C. W. Vogel 1906. 4°(8°) [04. 1039 3

Handbuch der Kinderheilkunde. Ein Buch für den praktischen Arzt, hrg. von Prof. Dr. M[einhard] Pfaundler in München und Prof. Dr. A[rthur] Schlossmann in Düsseldorf. Unter Mitarbeit von... Privatdoz. Dr. E[mil] Feer-Basel, ... Prof. Dr. M[ax] Stooss-Bern.... 2 Bände mit 61 Tafeln und 430 Textfiguren. Band 2, 1. u. 2. Hälfte. IV + 502 S. u. II S. + S. 503—990. gr.-8. Leipzig, F. C. W. Vogel, 1906. [Bd. 2 *cpl.* M. 30.—]

Darin Band 2, 1. Hälfte, S. 232—247 u. 248—287: Erkrankungen des Bauchfells u. E' der Leber. Von Prof. Dr. M[ax] Stooss in Bern; *S. 288—375:* Erkrankungen von Nase, Luftröhre, Bronchien, Lunge und Pleura. Von Privatdozent Dr. E[mil] Feer in Basel.

— der Kinderheilkunde. Ein Buch f. den prakt. Arzt. Hrsg. v. M. Pfaundler u. A. Schlossmann. Unter Mitarb. v. B. Benedix, J. v. Bókay, W. Camerer u. a. 4 Bde. m. 69 Taf. u. 516 Textfig. 2. Aufl. 4.—6. Taus. (XI, 445; III, 588; III, 600 u. III, 561 S.) Lex. 8. Leipzig 910. F. C. W. Vogel. à 12.50; geb. à n 15.—

— dasselbe. 5. Bd. (1. Ergänzungsbd.) Chirurgie u. Orthopädie im Kindesalter v. Fritz Lange u. Hans Spitzy. (1.—2. Taus.) (VIII, 339 S. m. 221 Fig. u. 21 z. Tl. farb. Taf.) Lex. 8. Ebd. 910. 20.—; geb. n 23.—

—— der Kinderkrankheiten, s. a. Fränkel, L.

Handbuch Kinderkrankheiten

Handbuch der Kinderkrankheiten. Nach Mittheilungen bewährter Aerzte hrsg.von A(dolf) Schnitzer und B.Wolff. Bd 1 - 2, gbd.

Leipzig: Brockhaus 1843

JB 4.122

—— der Kinderkrankheiten, bearb. von Hennig, v. Vierordt, Henke etc. Hrsg. von C. Gerhardt. 1. und 2. Bd. und 3. Bd. 2 Hälften. Lex.-8. Tübingen, Laupp'sche Buchh. *

Inhalt:

Bd. 1. Allgemeiner Theil. Von C. Hennig, K. v. Vierordt, W. Henke, A. Jacobi, C. Binz, C. Rauchfuss, L. Pfeiffer, A. Baginsky. (X, 699 S. mit 56 eingedr. Holzschn.) 877. *M 12.

» 2. Krankheiten der Neugeborenen. Allgemeinerkrankungen. 1. Thl. [Acute Infectionskrankheiten.] Von B. S. Schultze, C. Hennig, P. Müller, H. Bohn, C. Gerhardt, O. Wyss, H. Emminghaus, E. Hagenbach, A. Monti, Leichtenstern, A. Jacobi. (XII, 816 S. mit 11 eingedr. Holzschn.) 877. *M 15.

» 3. 1. Hälfte: Allgemeinerkrankungen. 2. Thl. Von H. Rehn, B. Fränkel, R. Förster, E. Külz, F. V. Birch-Hirschfeld, A. Nicolai, H. Emminghaus, C. Binz. (VII, 435 S. mit 2 eingedr. Holzschn.) 878. *M 8,50.

» 3. 2. Hälfte: Krankheiten der Athmungsorgane von O. Kohts, C. Rauchfuss, Flesch, C. Gerhardt, R. Demme, A. Weil, L. Fürst, L. Thomas, O. Wyss, Leichtenstern, H. Widerhofer. (XII, 1026 S. mit 51 eingedr. Holzschn.) 878. *M 19.

—— der Kinderkrankheiten. Bearb. von Hennig, v. Vierordt, Henke, Jacobi, Binz, Rauchfuss, Pfeiffer, Baginsky, Schultze, Müller, Bohn etc. Hrsg. von C. Gerhardt. 1. Bd. 1. und 2. Abthl., 4. Bd. 3 Abthlgn., 5. Bd. 1. und 2. Abthl., 6. Bd. 1. und 2. Abthl. und Anhang. gr. 8. Tübingen, Laupp'sche Buchh. * 1

Inhalt:

Bd. 1. 1. Abthl.: Geschichte der Kinderkrankheiten. Anatomie und Physiologie des Kindesalters. Von C. Hennig, W. Henke, K. v. Vierordt. 2. umgearb. und verm. Aufl. (VIII, 498 S. mit 68 eingedr. Holzschn.) 881. *M 10.

» 1. 2. Abthl.: Hygiene des Kindesalters. Pflege und Ernährung. Allgemeine Therapie. Kindersterblichkeit. Impfung. Schulbesuch. Kinderheilanstalten. Von A. Jacobi, C. Binz, L. Pfeiffer, A. Baginsky, C. Rauchfuss. 2. umgearb. und verm. Aufl. (X, 639 S. mit 39 eingedr. Holzschn. und 1 lithogr. Taf. in Tondr.) 882. *M 12.

» 4. 1. Abthl.: Die Krankheiten der Kreislaufsorgane. Von C. Rauchfuss, Fr. Riegel, Th. v. Dusch. (X, 404 S. mit 32 eingedr. Holzschn.) 878. *M 8.

» 4. 2. Abthl.: Die Krankheiten der Verdauungs-Organe, bearb. von Heinr. Bohn, O. Kohts, H. Emminghaus, H. Rehn, Matterstock, H. Lebert, H. Widerhofer, F. V. Birch-Hirschfeld und G. K. Matterstock. (XII, 928 S. mit 8 eingedr. Holzschn.) 879,80. *M 18.

» 4. 3. Abthl.: Die Krankheiten der Urogenitalorgane von C. Hennig, Joh. Bókai, L. Thomas und A. Monti. (XII, 632 S. mit 6 eingedr. Holzschn.-Abbild.) 878. *M 12.

» 6. 1. Abthl.: Die chirurgischen Erkrankungen: Einleitung, Allgemeines über Operationen, Verbände, Wunden und Contusionen von C. Schönborn. (S. 1—16.) — Die Anaesthetika von R. Demme. (S. 17—103.) — Chirurgische Krankheiten der Haut von J. Weinlechner. (S. 105—232.) — Erkrankungen der Lymphdrüsen von Ernst v. Bergmann. (S. 233—348.) 882. *M 6.

» 6. 2. Abthl.: Die chirurgischen Erkrankungen II. Von F. Beely, J. Trendelenburg, Ed. v. Wahl, F. Meusel, Bókai, Th. Kocher. (X, 790 S.) 880. *M 15.

Nachtrag: Influenza von Ernst Kormann. (S. 1—40.) — Die Hautkrankheiten von Heinr. Bohn. (S. 41—283.) 883. *M 5,40.

Bd. 5. 1. Abthl. 1. Hälfte: Die Krankheiten des Nervensystems I. Von Otto Soltmann, L. Fürst, A. Monti und O. Kohts. (XI, 424 S.) 880. *M 8.

» 5. 1. Abthl. 2. Hälfte: Die Krankheiten des Nervensystems II. Von A. Seeligmüller und A. Steffen. (VIII, 726 S.) 880. *M 13.

» 5. 2. Abthl.: Die Krankheiten der Muskeln — des Gehörorganes — des Auges im Kindesalter. Von M. Seidel, Frhr. v. Tröltsch und Fr. Horner. [(S. 1—304.) 879. *M 6.; (S. 305—378.) 882. *M 1,40.] *M 7,40.

—— der Kinderkrankheiten, bearb. von Hennig, v. Vierordt, Henke etc. Hrsg. von C. Gerhardt. [In 6 Bdn.] Nachtrag II: Die psychischen Störungen im Kindes-Alter. Von H. Emminghaus. gr. 8. (VIII, 293 S. mit 12 Holzschn.) Tübingen 887, Laupp'sche Buchh. *

—— der Kinderkrankheiten. Bearb. v. Hennig, v. Vierordt, Henke etc. Hrsg. v. C. Gerhardt. 5. Bd. 2. Abthl. (Schluss-Heft.) gr. 8. Tübingen 889, Laupp. * 4 60

Die Krankheiten d. Auges im Kindesalter. Fortgesetzt v. Jul. Michel. (IX, S. 379—634.)

1. Bd. 2 Abthlgn., 2. Bd.; 3. Bd. 2 Abthlgn; 4. Bd. 3 Abthlgn.; 5. Bd. 1. Abthl. 2 Hefte, 5. Bd. 2. Abthl. 1 Heft; 6. Bd. 2 Abthlgn. u. 2 Nachträge. Ebd. 1877—87. * 163 30.

Handbuch der Kinderkrankheiten. Bearb. v. Hennig, v. Vierordt, Henke etc. Hrsg. v. C. Gerhardt. 3. Nachtrag. gr. 8. Tübingen 893. H. Laupp. n. 1 20

Die Krankheiten der Thymusdrüse v. Carl Hennig. (VII, 47 S. m. 4 Abbildgn.)

Handbuch der Kinderkrankheiten. Bearb. v. Hennig, v. Vierordt, Henke u. s. w. Hrsg. v. C. Gerhardt. 1. Nachtrag. Schluss. gr. 8. Tübingen 896. H. Laupp. n. 3. —

Influenza. Die Hautkrankheiten. Die Syphilis im Kindesalter. Bearb. v. E. Kormann, H. Bohn, O. Heubner. (Schluss.) (VIII u. S. 285—423 m. 6 Abb.)

— für die evangelische Kirche des Großherzogt. Hessen, im Auftrage großherzogl. Oberkonsistoriums hrsg. von Herm. Sonne. 5. Aufl. 1. Tl. Personalbestand vom 1. I. 1905. 2. Tl. Nachtrag zu den kirchl. Gesetzen, Verordngn. u. Ausschreiben der 4. Aufl. des Handbuchs. (120 u. 44 S.) 8. Darmstadt 905. J. Waitz. n.n. 2.50; geb. n. 3. —

Bisher bearb. v. W. Habicht.

Handbuch der christlichen Kirchen- und Dogmengeschichte ... Erfurt 1800. V: *Wittig, Ludw. Wilh.* (Ky)

— d. christl. Kirchen- u. Dogmengeschichte nach alphabet. Ordnung (nicht v. W. F. Hezel, sondern v. L. W. Wittich) 1r Bd. gr. 8. Erfurt 800. Hennings. 3 ₰

Handbuch zur Kirchen- und Ketzergeschichte. Häresiopel [Gera u. Berlin] auf 1786 und 1787. V: *Bahrdt, Carl Friedrich.* (Wr)

— der Kirchengeschichte f. Studierende, in Verbindg. m. Gerh. Ficker, Heinr. Hermelink, Erwin Preuschen, Horst Stephan hrsg. v. Gust. Krüger. 4. Tl. Lex. 8. Tübingen 909. J. C. B. Mohr. 5.—; geb. 6. —

Die Neuzeit. Von Horst Stephan. (XII, 300 S.)
Tl. 1—3 erscheinen später.

— der im Großherzogth. Mecklenburg-Schwerin gültigen Kirchen-Gesetze. 4 Lfrgg. gr. 8. Wismar 836—39. Schmidt u. v. Cossel's Rathsbuchh. (à 1 ℛ) n. 4 ℛ

Handbuch der im Grossherzogthum Mecklenburg-Schwerin geltenden Kirchengesetze ... Wismar 1839. V: *Deiters, K. F.* (winer) (schz)

Handbuch des baierischen Kirchenrechts. Innsbr. 1811. V: *Bertholdi, Joh. Bapt.* (schmal)

— des baierischen Kirchenrechts. 2 Bde. 8. Innsbruck, Schiffner. (Münch. Giel.) 811.

Handbuch des baierischen Kirchenrechts. *Insbruck*, Schiffner. (Giel in *München*.) 811. 2 Bde. 8. (1 Thl. 20 Gr.)

— des Mecklenburg. Kirchen- u. Pastoral-Rechts rc., s.a Handbuch f. die Geistlichkeit.

Handbuch des Mecklenburgischen Kirchen- und Pastoralrechts . . . Schwerin 1783. V: *Siggelkow, Friedrich Wilhelm Christoph.* (MGT) »1797« (Winer) (Ky) (EngJ)

• — des mecklenburg. Kirchen- u. Pastoralrechts, (von Sigelkow.) Leipz. Gräff. 797.

— d. mecklenb. Kirchen- u. Pastoral-Rechts etc. (v. Siggelkow.) Schwerin, Bärensprung. 797.

—— der Kirchen-Statistik für das Königr. Sachsen, s.a. Jüchtzer.

— der Kirchen-Statistik f. das Königr. Sachsen. Neue Folge. 13. Ausg. Nach handschriftl. Angaben u. amtl. Quellen bearb. v. Jul. Jüchtzer. gr. 8. (VIII, 332 S.) Dresden 885. Ramming'sche Buchdr. n.n. 5. 50

—— der Kirchen-Statistik f. das Königr. Sachsen. Neue Folge. 15. Ausg. Bearb. v. Alban Förster. gr. 8. (VIII, 352 S.) Dresd. 891, Wulffen. ** 7 -

— dasselbe. Neue Folge. 16. Ausg. Bearb. v. Arth. Kolbe. gr. 8. (VIII, 368 S.) Dresden 894. E. Wulffen. n. n 7. —

-- d. Kirchen-Statistik f. d. Königr. Sachsen. Nach d. Stande v. 1. I. 1897. Neue Folge. 17. Ausg. Nach handschriftl. Angaben u. amtl. Quellen bearb. v. Arth. Kolbe. gr. 8. (VIII, 381 S.) Dresden 897. E. Wulffen. n.n. 7. —

-- der Kirchen-Statistik f. das Königr. Sachsen. Nach dem Stande vom 1. I. 1900. Neue Folge. — 18. Ausg. Nach handschriftl. Angaben u. amtl. Quellen bearb. v. Arth. Kolbe. gr. 8. (VIII, 401 S.) Dresden 900. Ramming'sche Buchdr. u. Verlagsh. n.n. 7. 50

Handbuch der Kirchen-Statistik f. das Königr. Sachsen. Nach dem Stande vom 1. I. 1903. Neue Folge. — 19. Ausg. Nach handschriftl. Angaben u. amtl. Quellen bearb. v. Arth. Kolbe. (VIII, 412 S.) gr. 8. Dresden 903. Ramming'sche Buchdruckerei. n.n 7. 50

— der Kirchen-Statistik f. d. Königr. Sachsen. Nach dem Stande v. 1. I. 1910. Neue Folge. 21. Ausg. Nach handschriftl. Angaben u. amtl. Quellen bearb. v. Arth. Kolbe. (VIII, 453 S.) gr. 8. Dresden 910. Ramming. nn 7. 50

— kirchliches (f. d. kathol. Deutschland). In Verbindg. m. P. Weber, W. Liese u. K. Mayer hrsg. v. H. A. Krose, S. J. 1. u. 2. Bd. gr. 8. Freiburg i/B., Herder. Geb. in Leinw. à 6. —

1. 1907—1908. (XV, 472 S.) 908.
2. 1908—1909. (XVI, 456 S.) 909

Handbuch, Kleineres, für den Bürger. Leipzig 1786. V: *Claudius, Georg Carl.* (Ky)

— kleineres, für d. Bürger, (v. G. K. Claudius). 18 Bdchen. 8. Leipz. 786. Beygang. 8 gr

Handbuch, Kleines, der praktischen Arzneymittellehre . . . Frankf. a. M. 1803. V: *Müller, Johann Valentin.* (MGT)

— kleines, d. prakt. Arzneimittellehre, oder Entwurf einer Auswahl d. wirksamsten Heilmittel etc., herausg. von J. V. Müller. 8. Frankf. a. M. 803. Jäger. 20 gr

Hand- u. Hülfsbuch, kleines, f. Buchhändler, Schriftsteller u. Correktoren, mit d. Vorstellung einer Correktur, v. Verfasser d. Handbuchs f. Buchdrucker. 2e Aufl. Berl. 824, Petri.

Hand- u. Hülfsbuch, kleines, f. Buchhändler, Schriftsteller u. Correktoren. Mit d. Vorstellung e. Correktur. Vom Verf. d. Handbuchs f. Buchdrucker (J. F. Flick). 3. Aufl. 8. (4 B.) Berlin 829, Petri.

Hand- und Hülfsbuch, kleines, f. Buchhändler, Schriftsteller u. Correktoren. Mit d. Vorstell. e. Correktur. Vom Verf. d. Handb. f. Buchdrucker. 4. Aufl. 8. (4 B.) Berlin 836. (Leipzig, Steinacker.)

— kleines, d. nordischen Mythologie, f. Schulen u. Freunde d. Mythologie etc. 8. Leipz. 816. Engelmann. 8 gr

— kl. ökonom., od. Geschäfte d. Frauenzimmer in d. Küche u. Haushaltung. 16 Bdchn. 8. Frankf. a. M. 805. Jäger. 9 gr

Kleines ökonomisches Hand- und Kunstbuch. Nach den neuesten Entdeckungen zum Gebrauch für praktische Haus- und Landwirthe entworfen. Glückstadt. 1808.

Hand- u. Kunstbuch, kleines ökonomisches. 8. Glückstadt 808. (Hammerich in Altona; Lauffer in Leipz.) 12 gr

— u. Kunstbuch, kl. ökonomisches. 8. Glücksstadt, Schneider. 808.

— kleines, f. junge Reisende d. Handelstandes. 8. Darmst. Heyer u. L. 808.

— kleines, f. junge Reisende d. Handelstandes. 8. Darmst. 808. Leske. 16 gr

— kleines, f. junge Reisende d. Handelstandes. 8. Darmst. Leske. 809.

Handbuch, kleines, der russischen Sprache, speziell für den Gebrauch in der deutschen Armee bestimmt. 16. (IV, 101 S.) Berlin 881, A. Goldschmidt. cart. *

Kleines Handbuch der russ. Sprache für den Gebrauch in der deutschen Armee. Berlin (c. 1885). 8°.

— kl., f. Deutschlands edle Töchter, welch. d. Vorsehung d. Freuden d. Ehe versagt hat. 8. Zerbst, Joachim. (auch Fr. Bruder in Leipz.) 803.

— kl., beym Unterricht im Lesen. 8. Hamburg, Ernst. 790.

— kleines, bei Zahlungen nach d. Eintheilung d. preuß. Thalers in 30 Silbergroschen, (v. J. C. F. Baumgarten.) 8. Magdeburg 822, Heinrichshofen.

— klinisches, der Harn- u. Sexualorgane, bearb. v. K. Benda, R. Benoke, E. Burckhardt etc. Hrsg. v. W. Zuelzer. Red. v. F. M. Oberländer. 4 Abthlgn. gr. 8. Leipzig 894. F. C. W. Vogel. n. 38. —; geb. n.n. 46. —

1. (VII, 436 S. m. 45 Abbildgn.) n. 10. —; geb. n.n. 12. —
2. (V, 406 S. m. 1 Abbildg.) n. 10. —; geb. n.n. 12. —
3. (V, 413 S. m. 67 Abbildgn.) n. 10. —; geb. n.n. 12. —
4. (V, 318 S.) n. 8. —; geb. n.n. 10. —

— zum Gebrauche der wohlehrwürdigen Klosterfrauen aus der Gesellschaft der hl. Ursula. 2., verm. u. verb. Aufl. (228 S.) 8. Breslau 904. (G. P. Aderholz.) n. 2. —

—— der Erzdiöcese Cöln. Hrsg. mit Genehmigung Sr. Erzbischöfl. Gnaden v. d. Beamten d. Erzbischöfl. General-Vicariats zu Cöln. 2., verb. u. verm. Aufl. (12 B. u. Ttlvign.) 830. 18 Gr., 3. Aufl. ... gr. 8. Cöln 833, DüMont-Schauberg.
1. Aufl., vgl. Hand- u. Adressbuch etc.

—— der Erzdiöcese Köln. 6., verm. und erweiterte Aufl. der amtl. Ausg. gr. 8. (XXXVI und 290 S.) Köln 850, (F. C. Eisen.) *

— der Erzdiözese Köln. 10. Aufl. der amtlichen Ausgabe. Köln 863. (J. & W. Boisserée.) gr. 8. (VIII, 376 S.) n. 1 ℛ

—— der Erzdiözese Köln. Amtl. Ausg. 10. Aufl. 1864 und 11. Aufl. gr. 8. (VIII und 383 S.) Köln 866, (Boisserée.) *

— der Erzdiözese Köln. Amtl. Ausg. 11. Aufl. 1866 u. 12. Aufl. Köln 869. (Boisserée.) gr. 8. (VIII, 373 S.) n.n. 1 ℛ

—— der Erzdiöcese Köln. Amtliche Ausg. 12. Aufl. gr. 8. (XXXII, 378 S.) Köln 869, (J. und W. Boisserée.) **

Handbuch der Erzdiöcese Köln. Amtliche Ausg. 13. Aufl. gr. 8. (XL, 378 S.) Köln 872, Rommerskirchen. In Comm. n.n. 2. 75; cart. n.n. 3. —

— der Erzdiöcese Köln. 14. Aufl. gr. 8. (XLIV, 396 S.) Köln 878. Bachem. n. 4. —; cart. n. 4. 25

— der Erzdiöcese Köln. Amtliche Ausg. 15. Aufl. Hrsg. v. J. P. Ferdinand. gr. 8. (XLVIII, 449 S.) Köln 888. Bachem. n. 4. 20; cart. n. 4. 50

—— der Erzdiöcese Köln. Amtliche Ausg. 16. Aufl. Hrsg. v. Joh. Pet. Ferdinand. gr. 8. (LII, 471 S.) Köln 892, Bachem. * 4 75; geb. * 5 25

— der Erzdiözese Köln. 17. amtl. Ausg. Bearb. v. Joh. Pet. Ferdinand. gr. 8. (63 u. 492 S.) Köln 895. J. P. Bachem. n. 4. 75; geb. n. 5. 25

— der Erzdiözese Köln. 18. Ausg. Hrsg. v. dem erzbischöfl. Generalvikariat. gr. 8. (IV, 419 S.) Köln 901. J. P. Bachem. Kart. n. 8. —

— der Erzdiözese Cöln. 19. Ausg. Hrsg. v. dem erzbischöfl. Generalvikariat. (XLVIII, 444 S.) Lex.-8. Cöln 905. J. P. Bachem. n. 8. 20; geb. n. 8. 80

—— für Communal- u. Ortsbehörden, zur leichtern Auffindung d. dieselben angehend. Verfügungen im Amtsblatte d. kgl. Potsdamer Regierungsbezirks. Von 1811 bis ult. 1823. 2. Aufl. Nebst 2 Forts. bis ult. 1830. (3 Hfte.) 8. (25 B.) Rathenow 831, Flick.

—— dass. (4. Hft.) Von 1831 bis ult. 1833. 8. (7½ B.) Ebds. 834. (Berlin, Plahn.)

— für Kommunal- u. Ortsbehörden, zur leichtern Auffindung der dieselben angehenden Verfügungen im Amtsblatte des Königl. Potsdamer Regierungsbezirks. (IV. Heft.) Von 1811 bis ult. 1823. 8. Rathenow 834. Flicks Wittwe. (Berlin, Plahn.) ⅓ ℛ — 3e Aufl., von 1811 bis 1823. 8. Berlin 839. (Schultze.) ½ ℛ — 1e—4e Fortsetzung v. 1824 bis ult. 1836. Ebd. n. 1 ℛ 6½ gl — 5e Fortsetz. von 1837 bis ult. 1839. 8. Ebd. 840. n. ⅓ ℛ

—— für Communal- u. Ortsbehörden, z. leichtern Auffindung d. dieselb. angeh. Verfügungen im Amtsblatte d. kgl. potsdamer Regierungsbezirks. 4. Fortsetz. (od. 5. Hft.) Von 1831 bis ult. 1836. 8. (7½ B.) Berlin 837, (Plahn'sche Bh.) *
Hauptwerk nebst 1–3. Forts. Ebendas. 1831—34. * 1 Thlr. 10 Gr.

—— für d. Communalgarden-Dienst, e. pract. Dienstcatechismus f. Hauptleute, Zugführer, Rottmeister u. Gemeine d. Communalgarden im Königr. Sachsen, nebst vollständ. Uebersicht d. in Bezug darauf ergang. Verordn. u. d. auf allerhöchsten Befehl entworf. u. genehm. Dienst-, Exercier- u. Disciplinar-Reglements, u. angeführten Schema's zu Eingaben, Listen, Wachjournalen etc. u. kurzer Erklärung d. üblichsten militair. Ausdrücke. gr. 8. (8½ B.) Dresden 831, [Grimmer.] 12 Gr., hrdas. Pr.

Handbuch für den Congress von Rastadt. Rastadt [Cassel] 1798. V: *Schwarzkopff, Joachim von.* (Wr)

Handbuch des Congresses zu Rastadt. Nebst 1r—3r Fortsetzung. gr. 8. Rastadt u. Basel 798, 99. (Brockhaus in Leipz.) 3 ℛ

—— von Königsberg für 1886/87, hrsg. von Carl Nürmberger. Eine für weitere Kreise bestimmte Ergänzung des Adreßbuches von Königsberg. gr. 8. (62 S.) Königsberg, C. Nürmberger, Adreßbuch-Verlag. **

—— konservatives, hrsg. unter Mitwirkg. der parlamentar. Vertretg. der konservativen Parteien. gr. 8. (VI, 383 S.) Berl. 892, Walther. * 2 —; geb. in Leinw. * 2 50

— dasselbe. 2., umgearb. u. verm. Aufl. Abgeschlossen am 1. Mai 1894. gr. 8. (VIII, 444 S.) Ebd. 894. n. 2. —; geb. in Leinw. n.n. 2. 50

— konservatives. 3., umgearb. u. verm. Aufl. Bearb. u. hrsg. v. Angehörigen beider konservativer Parteien. Abgeschlossen am 18. I. 1898. gr. 8. (XIII, 536 S.) Berlin 898. H. Walther. n. 3. —; geb. n. 3. 50

— für Conscribirte u. deren Verwandte, oder Auszug der sie betreffenden Gesetze, Dekrete u. ministeriellen Weisungen über d. Conscription. Aus d. Französ. von A. H. v. Post. 8. Bremen 8 l. Heyse. 9 gl

—— für preußische Consular-Beamte, Rheder, Schiffer und Befrachter. Nach amtl. Quellen. gr. 8. (XXII und 718 S.) Berlin 847, G. Reimer. *

— für Konzertveranstalter. (1905—6.) Eingeleitet v. Rich. Batka. (69 S. u. Schreibkalender.) kl. 8. Prag (905). Dürerverlag. n. 1. 50

— der reichsgesetzl. Neuregelung des Kraftfahrzeugverkehrs auf öffentl. Wegen u. Plätzen. (101 S.) kl. 8. Siegburg (910). W. Reckinger. (Nur direkt.) Geb. in Leinw. 1. 50

— der **Krankenanstalten** in Preussen 1906. Im Auftr. Sr. Exz. des Hrn. Ministers der geistl., Unterrichts- u. Medizinalangelegenheiten hrsg. v. der Medizinal-Abteilg. d. Ministeriums. (VII, 471 S.) Lex. 8. Berlin 907. J. Springer. 15.—; geb. in Leinw. n 16.50

— der **Krankenversorgung** u. Krankenpflege, hrsg. v. Geo. Liebe, Paul Jacobsohn, George Meyer. 1. Bd. 2 Abthlgn. gr. 8. (1. Abth. VIII, 182 S.) Berlin 898. A. Hirschwald. n. 20. —

— dasselbe. II. Bd. 2. Abth. 2 Lfgn. gr. 8. (XIV, 1396 S.) Ebd. 899. 903. n. 36.—
I. Bd. Ebd. 898. n. 20.—.

— der **Krankenversorgung** u. Krankenpflege. Hrsg. v. Geo. Liebe, Paul Jacobsohn, George Meyer. II. Bd. 1. Abth. gr. 8. (XX, 1078 S.) Berlin 902. A. Hirschwald. n. 24.—

— d. Krankheiten d. weiblichen **Adnexorgane**. Hrsg. v. A. **Martin**. (In 3 Bdn.) 1. u. 2. Bd. 1. Hälfte. gr. 8. Leipzig, A. Georgi. n. 27.—
1. Die Krankheiten der Eileiter. Unt. Mitwirkg. v. R. Kossmann, E. G. Orthmann, M. Sänger u. P. Wendeler. Hrsg. v. A. **Martin**. (XVI, 411 S. m. 79 Abb., 5 farb. Taf. u. 5 Bl. Erklärgn.) 895. n. 13.—; geb. n. 14.50
2, 1. Die Krankheiten d. Eierstöcke. Unt. Mitwirkg. v. F. Herter, F. Kippenberg, R. Kossmann etc. hrsg. von A. **Martin**. 1. Hälfte. M. 98 Textabb. u. 4 Taf. (512 S.) 899. n. 14.—

— der Krankheiten der weiblichen **Adnexorgane**. Hrsg. v. A. Martin. II. Bd. (2. Hälfte.) gr. 8. Leipzig [A. Georgi.] G. Thieme. n. 14.—
II. Die Krankheiten der Eierstöcke. Unter Mitwirkg. v. M. Heinrichs, E. Herter, F. Kippenberg etc. hrsg. v. A. Martin. 2. Hälfte. Mit 75 Textabbildgn. u. 1 Taf. (XVI u. S. 513—991.) 899. n. 14.—; (kplt. geb. n.n. 30.—)
1. Bd. jetzt Ebd. 895. n. 13.—; geb. n.n. 14.50.

— der Krankheiten der weiblichen **Adnexorgane**. Hrsg. v. A. Martin. III. Bd. Lex.-8. Berlin, S. Karger. n. 14.—
Die Krankheiten des Beckenbindegewebes u. des Beckenbauchfells. Unter Mitwirkg. v. J. A. Amann jr., O. Busse u. Ph. Jung. Hrsg. v. A. Martin. Mit 24 Abbildgn. im Text u. 11 Taf. (VIII, 360 S.) 906.
Bd. I u. II jetzt Ebd. erm. Pr. n.n. 27.—.

Handbuch der Krankheiten des chylopoëtischen Apparates. I. Von A. **Vogel** [u. a.] 2. Aufl. Hälfte 1. 2. Leipzig 1878.
(Handbuch d. spec. Pathologie u. Therapie. hrsg. von H. v. Ziemssen. Bd 7.)

Handbuch der Krankheiten des Harnapparates. Von C. **Bartels** [u. a.] 2. Aufl. Hälfte 1. 2. Leipzig 1877—78.
(Handbuch d. spec. Pathologie u. Therapie. hrsg. von H. v. Ziemssen. Bd 9.)

Handbuch der Krankheiten des Harnapparates. 3. völlig umgearb. Aufl. Hälfte 1. Leipzig 1882.
1. **Wagner**, E.: Der Morbus Brightii.
(Handbuch d. spec. Pathologie u. Therapie, hrsg. von H. v. Ziemssen. Bd 9.)

Handbuch der Krankheiten des Nervensystems. II. 2. Aufl. Hälfte 1. 2. Leipzig 1876—77. Bf 520, 8
1. **Erb**, Wilhelm: D. Krankheiten d. peripheren-cerebrospinalen Nerven. Mit 4 Holzschn. 1876.
2. Von A. **Eulenburg** [u. a.] Mit 2 Holzschn. 1877.
(Handbuch d. spec. Pathologie u. Therapie. hrsg. von H. v. Ziemssen. Bd 12.)

Handbuch der Krankheiten des Nervensystems. I. 2. Aufl. Hälfte 1. 2. Leipzig 1878.
1. Von H. **Nothnagel** [u. a.] Mit 6 Holzschn.
2. **Erb**, Wilhelm: Krankheiten d. Rückenmarks u. d. verlängerten Marks. Mit 32 Holzschn.
(Handbuch d. spec. Pathologie u. Therapie, hrsg. v. H. v. Ziemssen. Bd 11.)

Handbuch der Krankheiten des Respirations-Apparates. II. Von Theodor **Juergensen** [u. a.] 2. Aufl. Mit 24 Holzschn. Leipzig 1877. X, 586, 264 S.
(Handbuch d. spec. Pathologie u. Therapie, hrsg. von H. v. Ziemssen. Bd 5.)

Handbuch der Krankheiten des Respirations-Apparates. I. Von B[ernhard] **Fränkel** [u. a.] 2. umgearb. Aufl. Hälfte 1. 2. Leipzig 1877—79.
(Handbuch d. spec. Pathologie u. Therapie, hrsg. von H. v. Ziemssen. Bd 4.)

Handbuch der Krankheiten des Circulations-Apparates. Von S. **Rosenstein** [u. a.] 2. Aufl. Mit 30 Holzschn. Leipzig 1879. XII, 819 S.
(Handbuch d. spec. Pathologie u. Therapie, hrsg. von H. v. Ziemssen. Bd 6.)

Handbuch des Kreisamtsdienstes in den kaiserlich königlichen Staaten. Prag u. Wien 1788. V: *Mayer von Mayern, Joh.* (wrztg 1788, S. 2911) (WBL 18/136) (Biblport)

— f. die **Krieger-Vereine** d. deutschen Krieger-Bundes. gr. 8. (40 S.) Berlin 890. (Funcke & Naeter.) n. — 40

Handbuch für bayer. Krieger-Vereine. Neue Aufl. München 1896. 257 S.

Handbuch für die Kriegervereine des deutschen Kriegerbundes. Berlin 1898. 8°.

— d. Kriegsarzneikunde, oder üb. die Erhaltung d. Gesundheit der Soldaten im Felde rc., (v. J. C. G. Ackermann). 2 Bde. gr. 8. Leipz. 794, 95. Weygand. 3 ⁊ß

Handbuch der Kriegsarzneykunde, oder über die Erhaltung der Gesundheit der Soldaten . . . Leipzig 1795. V: *Ackermann, Johann Christian Gottlieb.* (Ky) (MGT)

Handbuch Kriegsarzneikunde

Handbuch der Kriegsarzneykunde, oder: über die Erhaltung der Gesundheit der Soldaten im Felde, über die Anstalten zur Heilung der Krankheiten derselben, und über die Kenntniß und Kur der wichtigsten Feldkrankheiten. Bd 1 - 2, gbd.

Leipzig: Weygand 1795

JB 3.579

Handbuch des Kunstgewerbevereins zu Hamburg. (128 S) Hamburg 1908

— f. Kunstliebhaber üb. d. vornehmst. Kupferstecher und ihre Werke, v. Huber, Rost u. Martini. 9 Thle. 8. Zürich, Orell, Füßly u. Comp. 796—804. (1r u. 2r 2 Rthlr. 12 gr. 3r 4r 2 Rthlr. 12 gr. 5r u. 6r 3 Rthlr. 7r u. 8r 2 Rthlr. 12 gr. 9r 2 Rthlr.)

— — dasselbe französisch. IX Vol. 8. Ebend. 797—808.

— der Kunstpflege in Österreich. Auf Grund amtl. Quellen hrsg. im Auftrage d. k. k. Ministeriums f. Cultus u. Unterricht. 8. (IX, 333 S.) Wien 891. (Manz.) Geb. n.n. 4. —

— dasselbe. 2. Aufl. 8. (XXVII, 484 S.) Ebd. 893. Geb. in Leinw. n.n. 5. —

— der Kunstpflege in Österreich. Hrsg. vom k. k. Ministerium f. Cultus u. Unterricht. Red. von Wilh. Frhrn. v. Weckbecker. 3. Aufl. gr. 8. (XVIII, 818 S.) Wien (I, Schwarzenbergstr. 7), Schulbücher-Verlag. Geb. in Leinw. n.n. 6. 67

Handbuch der Kunstpflege in Oesterreich 3. Auflage. Redigirt von Wilhelm Freiherrn von Weckbecker, Hofrath in Sr k. u k apostol Majestät Oberstkämmereramte. 8 Wien 1902.

Handbuch für Kupferstichsammler, s. Andresen, Andr.

Handbuch, Kurzes, der Apothekerkunst, zum Gebrauch für Lernende. Stettin 1790. V: *Trommsdorf, Johann Bartholomäus.* (Ky) (MGT) (NN)

— kurzes, der Apothekerkunst, zum Gebrauch f. Lernende. 8. Stettin, Kaffke. 790.

— kurzes, d. Apothekerkunst, zum Gebrauch für Lernende, (von J. B. Trommsdorf). 8. Stettin 790. (Nicolai in Berl.) 8 gl

— kurzgefasstes exegetisches, zu den Apokryphen des Alten Testamentes. 2. Liefg. Die Bücher Tobi und Judith. Erklärt von Otto Fridolin Fritzsche. Leipzig 853. Hirzel. gr. 8. (IV. 212 S.) 1 ℛ

— — 3. Liefg. Das erste Buch der Maccabäer. Erklärt von Carl Ludw. Wilib. Grimm. Ebend. 853. gr. 8. (XXXVI, 235 S.) 1 ℛ $7\frac{1}{2}$ ngr

— — 4. Liefg. Das 2., 3. u. 4. Buch der Maccabäer. Erklärt von C. L. Wilibald Grimm. Leipzig 857. Hirzel. gr. 8. (IV, 371 S.) 1 ℛ $22\frac{1}{2}$ ngr

— kurzgefasstes exegetisches zu den Apokryphen des alten Testaments. Leipzig 859, 60. Hirzel. gr. 8.
5. Liefg.: Die Weisheit Jesus-Sirach's. Erklärt u. übers. von Otto Fridolin Fritzsche. (XL, 415 S.) 2 ℛ 15 ngr
6. Liefg.: Das Buch der Weisheit. Erklärt von Carl Ludw. Wilib. Grimm. (IV, 300 S.) 1 ℛ 15 ngr

— kurzgefaßtes exegetisches, zum Alten Testament. 1e Lfrg. A. u. d. T.: Die zwölf kleinen Propheten, erklärt v. F. Hitzig. gr. 8. Leipzig 838. Weidmann. $1\frac{1}{2}$ ℛ — 2e Lfrg. A. u. d. T.: Hiob. Erklärt von Ludw. Hirzel. gr. 8. Ebd. 839. 1 ℛ (Steht in Verbindung mit de Wette's kurzgefaßtem exegetisch. Handbuche zum Neuen Testament.

— kurzgefaßtes exegetisches, zum Alten Testament. 3. Liefg. — A. u. d. T.: Der Prophet Jeremia. Erklärt v. F. Hitzig. gr. 8. Leipzig 841, Weidmann'sche B. $1\frac{2}{3}$ ℛ — 4. Liefg. — A. u. d. T.: Die Bücher Samuels. Erklärt von Otto Thenius. gr. 8. Ebend. 842. $1\frac{1}{4}$ ℛ — 5. Liefg. — A. u. d. T.: Der Prophet Jesaia. Erklärt von Aug. Knobel. gr. 8. Ebend. 843. $1\frac{5}{6}$ ℛ — 6. Liefg. — A. u. d. T.: Das Buch der Richter u. Rut. Erklärt v. Er. Bertheau. gr. 8. Ebend. 845. 1 ℛ 4 ngr

— dass. 7. Lfg. A. u. d. T.: Die Sprüche Salomo's. Erklärt von Ernst Bertheau. Der Prediger Salomo's. Erklärt v. Ferd. Hitzig. gr. 8. (XLVIII u. 222 S.) Ebd. 847. 1 ℛ

— dass. 8. Lfg. A. u. d. T.: Der Prophet Ezechiel. Erklärt von Ferd. Hitzig. gr. 8. (XVI u. 380 S.) Ebd. 847. 1 ℛ 18 ngr

— dass. 9. Lfg. A. u. d. T.: Die Bücher der Könige. Erklärt von Otto Thenius. Nebst e. Anh.: das vorexilische Jerusalem u. dessen Tempel, mit 3 lith. Taf. (in qu. 4.) gr. 8. (XXXII u. 516 S.) Ebd. 849. $2\frac{1}{4}$ ℛ

— dass. 10. Lfg. A. u. d. T.: Das Buch Daniel. Erklärt v. Ferd. Hitzig. gr. 8. (XIV u. 229 S.) Ebd. 850. 1 ℛ

— dass. 11. Lfg. A. u. d. T.. Die Genesis. Erklärt von Aug. Knobel. gr. 8. (XXII u. 350 S.) Ebd. 852. $1\frac{1}{2}$ ℛ (1—11: 15 ℛ 22 ngr)

— kurzgefasstes exegetisches, zum Alten Testament. 1. Lfg. 2. Aufl. A. u. d. T.: Die zwölf kleinen Propheten erklärt von Ferd. Hitzig. 2. Aufl. gr. 8. (X u. 407 S.) Leipzig 852, Weidmann (jetzt: Hirzel.) $1\frac{3}{4}$ ℛ

— dass. 2. Lfg. 2. Aufl. A. u. d. T.: Hiob. Erklärt von Ludw. Hirzel. 2. Aufl. durchgesehen von Justus Olshausen. gr. 8. (XIV u. 265 S.) Ebd. 852. $1\frac{1}{4}$ ℛ

Handbuch, kurzgefasstes exegetisches, zum Alten Testament. Leipzig, Hirzel. gr. 8.
5. Liefg. Der Prophet Jesaia. Erklärt von Aug. Knobel. 2., verb. Aufl. 854. (XXIV, 467 S.) 1 ℛ 27 ngr
12. Liefg. Die Bücher Exodus und Leviticus. Erklärt von Aug. Knobel. 857. (XXV, 591 S.) 2 ℛ 15 ngr
14. Liefg. Die Psalmen. Erklärt von Just. Olshausen. (2 Bl., VIII, 505 S.) 2 ℛ
15. Liefg. Die Bücher der Chronik. Erklärt von Ernst Bertheau. 854. (L, 432 S.) 2 ℛ
16. Liefg. Das Hohe Lied. Erklärt von Ferd. Hitzig. — Die Klaglieder. Erklärt von Otto Thenius. (VIII, 180 S.) $27\frac{1}{2}$ ngr

— kurzgefasstes exegetisches, zum Alten Testament. Leipzig, Hirzel. gr. 8.
1. Liefg.: Die 12 kleinen Propheten erklärt von Ferd. Hitzig. 3. Aufl. 863. (VI, 413 S.) 1 ℛ 22½ ngr.
4. Liefg.: Die Bücher Samuels. Erklärt von Otto Thenius. 2. Aufl. 864. (XXV, 293 S.) 1 ℛ 15 ngr.
5. Liefg.: Der Prophet Jesaia. Erklärt von Aug. Knobel. 3., verb. Aufl. 861. (XXIV, 471 S.) 1 ℛ 27 ngr.
11. Liefg.: Die Genesis erklärt von Aug. Knobel. 2. verb. Aufl. 860. (XXVI, 382 S.) 1 ℛ 21 ngr.
13. Liefg.: Die Bücher Numeri, Deuteronomium u. Josua. Erklärt von Aug. Knobel. Nebst einer Kritik des Pentateuch u. Josua. 861. (XVI, 606 S.) 2 ℛ 15 ngr.
17. Liefg.: Die Bücher Esra, Nechemia u. Ester. Erklärt von Ernst Bertheau. 862. (VI, 354 S.) 1 ℛ 22½ ngr.

— kurzgefasstes exegetisches, zum alten Testament. 2. Liefg. Hiob. Für die 3. Aufl. nach L. Hirzel u. J. Olshausen neu bearb. von Aug. Dillmann. Leipzig 869. Hirzel. gr. 8. (XXIX, 370 S.) 1 ℛ 24 ngr.

— — 3. Liefg. Der Prophet Jeremia. Erklärt von Ferd. Hitzig. 2. Aufl. Ebend. 867. gr. 8. (XVII, 410 S.) 2 ℛ

— kurzgefasstes exegetisches, zum Alten Testament. 5. 9. 11. u. 15. Lfg. gr. 8. Leipzig 872—75. Hirzel. 30. 60
5. Der Prophet Jesaia erklärt v. Aug. Knobel. 4. Aufl. hrsg. v. Ludw. Diestel. (XXVIII, 519 S.) 7. 50
9. Die Bücher der Könige. Erklärt v. Otto Thenius. 2. Aufl. (XXXII, 486 S.) 7. 50
11. Die Genesis. Für die 3. Aufl. nach Aug. Knobel neu bearb. v. Aug. Dillmann. (XVIII, 496 S.) 7. 50
15. Die Bücher der Chronik erklärt v. Ernst Bertheau. 2. Aufl. (LI, 427 S.) 8. 10

— kurzgefasstes exegetisches, zum Alten Testament. 1., 8., 11. u. 12. Lfg. gr. 8. Leipzig 880—82. Hirzel. 34. 30
1. Die zwölf kleinen Propheten, erklärt von Ferd. Hitzig. 4. Aufl., besorgt von Heinr. Steiner. (X, 433 S.) n. 7. 50
8. Der Prophet Ezechiel, für die 2. Aufl. erklärt von Rud. Smend. Mit 8 (eingedr.) Holzschn. u. e. lith. Plan. (XXX, 397 S.) 8. 50
11. Die Genesis. Erklärt von Aug. Dillmann. 4. Aufl. (XX, 457 S.) n. 7. 50
12. Die Bücher Exodus u. Leviticus. Für die 2. Aufl. nach Aug. Knobel neu bearb. von Aug. Dillmann. (VIII, 639 S.) 10. 80

— kurzgefasstes exegetisches, zum Alten Testament. 6. 7. u. 11. Lfg. gr. 8. Leipzig, Hirzel. n. 19. 50
6. Das Buch der Richter u. Ruth. Erklärt v. Ernst Bertheau. 2. Aufl. (XXXII, 316 S.) 882. n. 6. —
7. Die Sprüche Salomo's. Erklärt v. E. Bertheau. In 2. Aufl. hrsg. v. W. Nowack. — Der Prediger Salomo's. Erklärt v. F. Hitzig. In 2. Aufl. hrsg. v. W. Nowack. (XLVI, 314 S.) 883. n. 6. —
11. Die Genesis. Von der 3. Aufl. an erklärt v. Aug. Dillmann. 5. Aufl. (XXII, 472 S.) 886. n. 7. 50

— kurzgefasstes exegetisches, zum Alten Testament. 5., 13. u. 17. Lfg. gr. 8. Leipzig, Hirzel. n. 27. —
5. Der Prophet Jesaia. Für die 5. Aufl. erklärt von Dillmann. (XXIX, 544 S.) 890. n. 8. —
13. Die Bücher Numeri, Deuteronomium und Josua, für die 2. Aufl. neu bearb. von A. Dillmann. (V, 690 S.) 887. n. 11. —
17. Die Bücher Esra, Nechemia und Ester. Erklärt von E. Bertheau. In 2. Aufl. hrsg. von V. Ryssel. (XXXII, 446 S.) 887. n. 8. —

— kurzgefasstes exegetisches, zum Alten Testament. 2. u. 11. Lfg. gr. 8. Leipzig, S. Hirzel. n. 13. 50
2. Hiob. Von der 3. Aufl. an erklärt v. Aug. Dillmann. 4. Aufl. (XL, 361 S.) 891. n. 6. —
11. Die Genesis, v. der 3. Aufl. an erklärt v. Aug. Dillmann. 6. Aufl. (XXIII, 479 S.) 892. n. 7. 50

— kurzgef., zum Alten Testament. 12. Lfg. gr. 8. Leipzig 897. S. Hirzel. n. 12. —
Die Bücher Exodus u. Leviticus. Von Aug. Dillmann. In 3. Aufl. hrsg. v. Vict. Ryssel. (XIV, 696 S.)

— dasselbe. 4. u. 5. Bd. gr. 8. Ebd. 898. n. 15. —
4. Die Bücher Samuels erklärt. Von Otto Thenius. 3., vollständig neugearb. Aufl., besorgt v. Max Löhr. (XCV, 215 S.) n. 6. —
5. Der Prophet Jesaja erklärt von Aug. Dillmann. F. d. 6. Aufl. hrsg. u. vielf. umgearb. v. Rud. Kittel. (XXX, 535 S.) n. 9. —

—— kurzgefasstes, der Geschichte. 1. Bd.: Orientalische u. griechische Geschichte v. Willy Strehl. 8. (VI, 244 S.) Bresl. 892, Koebner. * 3 60; geb. in Leinw. * 4 —

—— kurzgefasstes, z. Gebrauche beim einleit. Religionsunterricht. 8. (2½ B.) Berlin 846, Amelangs Sort.-Buchh. *

—— kurzgefasstes statistisches, der Provinz Posen, enth. ein Verzeichniss sämmtl. Kreise, Städte, Rittergüter etc. mit ihren resp. Besitzern und Pächtern, sowie den dazu gehörigen Chausseen, Eisenbahn- und Post-Stationen etc. nebst den vollständ. Instantien-Notizen zum Gebrauch für Landwirthe, Gewerbtreibende, Kaufleute etc. gr. 8. (IV und 135 S.) Posen 865, Türk. *

—— kurzgefasstes statistisches, der Provinz Posen, enth. die Instanzien-Notiz der Provinz, d. i. den Nachweis sämmtl. Civil- und Militär-, Verwaltungs- und Justiz-Behörden, der Geistlichkeit etc. sowie ein Verzeichniss sämmtl. Kreise, Städte, Rittergüter etc. zum Gebrauch für Landwirthe, Gewerbetreibende, Kaufleute etc. nach amtl. Quellen. 2. bedeutend erweit. und verm. Aufl. gr. 8. (IV, 195 S.) Posen 870, Türk.

—— kurzgefasstes statistisches, für die Prov. Posen, enth. die Instanzien-Notiz der Provinz, d. i. den Nachweis sämmtl. Civil- und Militär-, Verwaltungs- und Justiz-Behörden, der Geistlichkeit, der Post-, Eisenbahn- und Telegraphie-Verwaltung und der Kredit-Institute, sowie einem Verzeichniss sämmtl. Kreise, Städte, Rittergüter, Güter, grösserer bäuerl. Besitzungen, Domainen, Forsten etc. mit ihren resp. Besitzern und Pächtern, und den darin befindl. Behörden, Chausseen, Eisenbahnen etc. zum Gebrauch für Landwirthe, Gewerbtreibende, Kaufleute, Beamte etc. nach amtl. Quellen. 3. bedeutend erweiterte und verm. Aufl. gr. 8. (IV, 234 S.) Posen 877, Türk. *

Handbuch für Küstenvermessungen. Hrsg. v. Reichs-Marine-Amt. Bd 1. 2. Berlin: E. S. Mittler & Sohn 1906. 2 Bde 8°
1. Text. Mit 84 Text-Fig. u. 5 Bl. Fig. als Anh. 2. Tafeln. [ɢʙ. 4137 8

Handbuch des Kyffhäuser-Turngau-Verbandes, Eisleben 1884, 39 S., 8°.

Kynologisches Jahrbuch (2 ff.: Kynologisches Handbuch). Hrsg. von Silvester Frey [d. i. Emil Eppenstein]. [1.] Für 1909. Berlin: H. Krüger [1908]. 8°

Kynologisches Handbuch. ⟨Kynologisches Jahrbuch. [1.] Für 1910⟩ Hrsg. von Silvester Frey. Berlin-Steglitz: Fouquet [1909]. 8°

— f. Lackirer, f. Lingrp.

—— über Lagerung und Vorposten für Infanterie und Kavallerie mit Bezug auf die bei grösseren Truppenkörpern eingetheilte Artillerie. gr. 16. (IV und 80 S. mit 4 lithogr. Plänen in qu. gr. Fol.) Wien 851, Gerold, Verlag.

für d. bayer. Landes-Feuerwehr-Verband. 12. (167 S. m. 1 Taf.) München 898. Ph. L. Jung. n. — 90

Handbuch der Landesgesetze und wichtigsten normativen Verordnungen für das Volksschulwesen im Herzogthume Ober- und Niederschlesien. 8. (228 S.) geb. Wien: Schulbücherverlag 1889. —.60

— f. d. östreichsche Landjugend z. Unterricht d. Feldwirthschaft. 8. Presburg, Patzko.

Handbuch für die evangelische Landeskirche augsburgischen Bekenntnisses im Großfürstenthum Siebenbürgen. Eine Sammlung von Gesetzen und Aktenstücken herausgegeben vom Oberkonsistorium der evangel. Landeskirche Augsb. Bek. in Siebenbürgen. Wien, 1857. Dr. von J. B. Wallishausser. Selbstverlag der evangel. Landeskirche A. B. zu Hermannstadt in Siebenbürgen. (XXXVIII. 3 Bl. 214 S. 1 Bl. 8.)

—— für Landeskultur und Bergwesen im Kaiserth. Oesterreich für die J. 1852 und 1853. Hrsg. von Joh. Bapt. Kraus. 14. und 15. Jahrg. (à 2 Thle.) gr. 8. Wien, (Sallmayer und Comp.) à Jahrg. **

Handbuch der Landeskunde von Siebenbürgen. [Hermannstadt 1856.] V: *Bielz, Eduard Albert.* (Bibl. d. stat. Bureaus Dresden 1890.)

Handbuch aller in Österr. u. d. Enns befindlichen Landgerichter u. Verwaltungsämter.
Wien 1788.

— f. d. Landmann, od. Verzeichn. der in jed. Monat z. Besorg. d. Landwirthsch. zu verrichtend. Arbeit. 8. Berlin, Sander. 776.

— f. Landprediger u. Landschullehrer, bei den sogenannten Kinderlehren in Kirchen, besonders in Filialkirchen; enth. kurze Religionsvorträge für Schulkinder mit Liederversen 2c. 2 Thle. 8. Leipz 810. Barth. 1 ℛ

— für die Landschulen im Kanton Basel. gr. 8. Basel, Schweighäuser. 806.

— f. d. churcölnischen Landschulmeister. 8. Frankfurt, Guilhaumann. 790.

— f. den schweizerischen Landsturm. Bearb. von Offizieren d. Generalstabes. gr. 16. (VI, 154 S. m. 2 Tab.) Bern 889. Nydegger & Baumgart. cart. n.n. — 70

— für die Landtagswähler Niederösterreichs. Hrsg. v. Landesausschuß d. sozialdemokrat. Arbeiterpartei in Niederösterreich. (135 S.) 8. Wien 908. Wiener Volksbuchh. Geb. in Leinw. 2. —

—— für angeh. Landwirthe, od. Darstellung d. Grundsätze, Ansichten u. Angaben verschied. Schriftsteller in Betreff d. wichtigsten Gegenstände d. Landwirthschaft. Von J. v. K. (4 Lfgn.) gr. 8. (42½ B.) Leipzig 838, 39, Rein'sche Buchh.

—— für angehende Landwirthe. 2. Aufl. 7 Lfgn. gr. 8. (69 B.) Leipzig 843, 44, Rein'sche Buchh. à Lfg. ⅓ Thlr.

— für angehende Landwirthe, oder Zusammenstellung der Grundsätze, Ansichten u. Angaben verschiedener Schriftsteller in Betreff der wichtigsten Gegenstände der Landwirthschaft. Von J. v. K(irbach) 3. verm. Aufl. 8 Lfgn. gr. 8. (XXX u. 1215 S.) Leipzig 847, Rein. (1—6: à ⅓ ℛ 7. u. 8: ¾ ℛ) 3¾ ℛ — 4. neu durchgeseh. u. abermals verm. Aufl. 2 Thle. gr. 8 (1: XXVI u. 650 S. 2: 639 S.) Ebd. 852. 53. (à 2 ℛ 3 ngr) 1 ℛ 6 ngr

— f. Landwirthe, Gartenliebhaber, Jäger u. Technologen, (v. Lehmann). Mit 1 Kpf. 8. Coburg u. Leipzig, 1799. Sinner. (Leipzig, Brauns.) 1. —

—— für Landwirthe, Gärtner u. Ackerbauer, zur untrügl. Vertilgung aller Arten, Garten-, Wald-, Baum- u. Feldraupen. Nebst e. Anh., enthalt.: die Vertilgung d. Käfer, Blattläuse, Baumwanzen, Ameisen u. a. schädl. Thiere. Nach vieljähr. Erfahrungen gesammelt u. hrsg. von e. prakt. Landwirthe. 8. (9½ B.) Berlin 836, Lewent's Vrlsbuchh.

—— der gesamten Landwirtschaft. In Verbindung mit H. Classen, C. Dammann, W. Detmer 2c. hrsg. von Thdr. Frhr. v. der Goltz. (In 3 Bdn. oder ca. 12 Lfgn.) 1. und 2. Lfg. Lex.-8. (1. Bd. S. 1—50; 2. Bd. S. 1—48; 3. Bd. S. 1 —192 mit eingedr. Abbild.) Tübingen 888, Laupp'sche Buchh. à Lfg. * M 3.—. *

—— der gesamten Landwirtschaft. In Verbindg. m. H. Classen, C. Dammann, W. Detmer 2c. Hrsg. von Thdr. Frhr. v. der Goltz. 3.—15. (Schluß-)Lfg. Lex.-8. (1. Bd.: XII, S. 51—670; 2. Bd.: S. 49—742 u. 3. Bd.: XI, S. 193—854 m. eingedr. Abbildgn.) Tübingen 889,90, Laupp. 3.—13. Lfg. à * 3 —
14. u. 15. Lfg. * 9 —; * 42 —
1. u. 2. Lfg. Ebd. 1888. * 6 —; compl. geb. in 3 Bde. ** 54 —.

— der gesamten Landwirtschaft. Bearb. v. Attinger, Balster, Bode u. a. Hrsg. v. Geo. Probst. (XII, 312 S.) Lex.-8. Regensburg 905. Verlagsanstalt vorm. G. J. Manz. n. 2. —; kart. n. 2. 40

— der gesamten Landwirtschaft. Unter Mitwirkg. v. J. Albert, Balster, P. Bauer u. a. hrsg. v. Karl Steinbrück. 4 Bde. u. Ergänzungsbd. kl. 8. Hannover, Dr. M. Jänecke. 32.80; geb. in Leinw. 37.—; in Halbfrz. 42.—

1. Betriebslehre, landwirtschaftl. Unt. Mitwirkg. v. P. Schröder, H. Schmidt, Paul Holdefleiß u. dem Hrsg. Karl Steinbrück. (XXXIV, 60, 68, 163, 59, 169 u. 185 S.) 908. 5.20; geb. in Leinw. 6.—; in Halbfrz. 7. —
2. Acker- u. Pflanzenbau. Allgem. Tl. Unter Mitwirkg. v. H. Balster, Fritz Franck-Oberaspach, O. Freybe u. a. (XXXI, 96, 128, 71, 56, 129 u. 72 S. m. Abb.) 908. 5.20; geb. in Leinw. n 6.—; in Halbfrz. 7. —
3. Acker- u. Pflanzenbau. Spezieller Tl. Unter Mitwirkg. v. J. Albert, H. Buhlert, F. Falke u. a. hrsg. v. Karl Steinbrück. (XXXVII, 87, 62, 69, 87, 92, 112, 46, 66, 48 u. 201 S. m. Abbildgn. u. 1 Taf.) 908. 7.60; geb. in Leinw. 8.40; in Halbfrz. 9. 40
4. Tierzucht. Unter Mitwirkg. v. A. Beeck, C. Böbeker, C. A. Brödermann u. a. hrsg. v. Karl Steinbrück. (LVI, 101, 150, 96, 87, 81, 76, 72, 51, 131, 46, 30 u. 104 S. m. Abbild.) 908. 8.80; geb. in Leinw. 9.60; in Halbfrz. 10.60

Ergänzungsbd.: Nebengewerbe, landwirtschaftl.-technische. Unter Mitwirkg. v. P. Bauer, G. Baumert, A. Cluß u. a. Hrsg. v Karl Steinbrück. (VIII, 59; IX, 100; IX, 134; VI, 130, VIII, 89 u. VII, 59 S. m. Abb. u. 5 Taf.) 909. 6.—; geb. in Leinw. 7.—; in Halbfrz. 8. —

Handbuch der gesamten Landwirtschaft. (Billige Lfgs.-ausg.) 53 Lfgn. (3577 S. m. Abb. u. 1 Taf.) 8. Hannover 907. 08. Dr. M. Jänecke. à Lfg. — 50
Vergl.: Bibliothek der ges. Landwirtschaft.

— d. Landwirthschaft, f. alle Stände, in Paris v. Wohlfahrtsausschusse veranst.; aus d. Französ. (v. Ph. Loos), 4 Bde. gr. 8. Berl. 796 — 98, Pauli. 6 ℛ (3r, 4r Thl, A. u. d. T.: Chabert, Handbuch d. Vieharzneikunst.)

Landwirtschaftliches **Handbuch**, worinn kurz und deutlich anzutreffen ist, was ein Landwirt vom Acker- und Weinbau, der Vieh- und Baumzucht, wie auch von ländlichen Gewerben zu wissen und zu thun hat. Nebst einer Zugabe von weiterer Untersuchung Landwirtschaftlicher Gegenstände. Stuttgart: Cotta 1779. 523, 66 S. -- 21*

Handbuch der **Laryngologie** und **Rhinologie** bearb. von ... Hrsg. von Dr. Paul Heymann. Privatd., Berlin. Bd 1-3. (In 30 Lfgn.) *Wien: A. Hölder (1896–)1900.* 5 Bde 8°
1 = Kehlkopf u. Luftröhre Hälfte 1. 2. 18(96–)98.
2 = D Rachen 18(96–)99. 3 = D Nase Hälfte 1 2 (1896–)1900. [illegible]

Hand-, Lehr- u. **Gebetbuch** z. Gebr. der Mitglieder der Erzbruderschaft vom heiligsten u. unbefleckten Herzen Mariä. Hrsg. von ein. Priester der kathol. Kirche. 2 Bde. 16. Regensburg 844, Manz.
Bd. 1. Hand- u. Lehrbuch. (9¼ B. u. 1 Stahlst.)
" 2. Gebetbuch. (13¼ B. u. 1 Stahlst.)

— u. Lehrbuch d. **Kochkunst**, m. Anweis. f. Unerfahrne ꝛc. 8. Schwerin, Bödner. 795.

Hand- u. Lehrbuch der Staatswissenschaften in selbständigen Bdn. Bearb. v. A. Arndt, R. van der Borght, K. Brämer etc., hrsg. v. Kuno Frankenstein. 1. Abtlg.: Volkswirtschaftslehre. 1., 7., 10., 11. u. 17. Bd. gr. 8. Leipzig, C. L. Hirschfeld. n. 49. 80; geb. n.n. 59. 80
1. Grundbegriffe u. Grundlagen der Volkswirtschaft. Zur Einführg. in das Studium der Staatswissenschaften v. Jul. Lehr. (XIV, 375 S.) 893. n. 9. – ; geb. n.n. 11. —
7. Das Verkehrswesen v. R. van der Borght. (X, 468 S.) 894. n. 12. 50; geb. n. 14. 50
10. Forstpolitik, Jagd- u. Fischereipolitik v. Adam Schwappach. (XII, 396 S.) 894. n. 10. —; geb. n.n. 12. —
11. Bergbau u. Bergpolitik v. Adf. Arndt. (VIII, 247 S.) 894. n. 6. 80; geb. n.n. 8. 80
17. Das Versicherungswesen v. Herm. Brämer u. Karl Brämer. (XII, 413 S.) 894. n. 11. 50; geb. n.n. 13. 50

— — dasselbe. 2. Abtlg.: Finanzwissenschaft. 1. Bd. gr. 8. Ebd. 894. n. 11. —; geb. n.n. 13. —
Die Grundzüge der Finanzwissenschaft. Zur Einführg. in das Studium der Finanzwissenschaft v. Wilh. Vocke. (XII, 446 S.)

Hand- u. Lehrbuch d. Staatswissenschaften in selbständ. Bänden Bearb v. G. Adler, A. Arndt. R. van der Borght u. a. Hrsg. v. Kuno Frankenstein. 1. Abtlg.: Volkswirtschaftslehre IV.–VI. u XIV Bd. gr. 8. Leipzig, C. L. Hirschfeld. n. 41. 50; Einbde. à n.n. 2. —
IV. Produktion u. Konsumtion in d. Volkswirtschaft. Aus d. Nachlasse v. Jul Lehr hrsg. u. vollendet v. Kuno Frankenstein. (VIII, 261 S.) 895. n. 7. —
V. D. Einkommen u. s. Verteilg. Von Frdr. Kleinwächter. (IX, 352 S.) 896. n. 10. —
VI. Bevölkerungslehre u. Bevölkerungspolitik. (X, 492 S.) 898. n. 13. 50
XIV. D. Arbeiterschutz. S. Theorie u. Politik v. Kuno Frankenstein. (X, 381 S.) 896. n. 11. —

— — dasselbe. 2. Abtlg.: Finanzwissenschaft. II.–IV. Bd. gr. 8 Ebd. n. 43. – ; Einbde. à n.n. 2. —
II. D. Steuern. Allgem. Teil v. Alb. Schäffle. (XIV, 420 S.) 895. n. 13. —
III. Dasselbe. Bes. Tl. Von Alb. Schäffle. (XVI, 633 S.) 897. n. 20. —
IV. Das Budget. Von Max v. Heckel. (XVI, 354 S.) 898. n. 10. —

— — dasselbe. 3 Abtlg: Staats- u. Verwaltungslehre. III. Bd. in 2 Tln. gr. 8. Ebd. 897. n. 28. —; Einbde. à n.n. 2. —
Das öffentl. Unterrichtswesen im Deutschen Reiche u. in d. übr. europ. Kulturländern. 2 Tle. (X, 448 u. X, 608 S.)
Erschien auch in 7 Lfgn. à n. 4.
Bd. 1 u. 2 d. 3. Abtlg. erscheinen später.

Hand- u. Lehrbuch der Staatswissenschaften in selbstständigen Bänden. Bearb. v. G. Adler, A. Arndt, R. van der Borght etc. Begründet v. Kuno Frankenstein, fortgesetzt von Max v. Heckel. 1. Abtlg.: Volkswirtschaftslehre. I.—III., XIII. u. XVI. Bd. gr. 8. Leipzig, C. L. Hirschfeld. n. 67. 50; Einbände à n.n. 2. —
I. Die Grundbegriffe der Nationalökonomie. Zur Einführg. in das Studium der Staatswissenschaften. Von Jul. Lehr. 2. Aufl., hrsg. von Max v. Heckel. (XVI, 367 S.) 901. n. 9. —
II. Geschichte der Nationalökonomie. Von Aug. Oncken. (In 2 Tln.) 1. Tl.: Die Zeit vor Adam Smith. Mit 2 Taf. (X, 516 S.) 902. n. 16. 50
III. Geschichte des Sozialismus u. Kommunismus v. Plato bis zur Gegenwart. Von Geo. Adler. (In 2 Tln.) 1. Tl.: Bis zur französ. Revolution. (X, 281 S.) 899. n. 8. —
XIII. Der Schutz der gewerblichen Urheberrechte des In- u. Auslandes. Von R Stephan u. Paul Schmid. (XVIII, 532 S.) 899. n. 16. 50
XVI. Handel u. Handelspolitik. Von R. van der Borght. (XI, 570 S.) 900. n. 17. 50

Hand- u. Lehrbuch der Staatswissenschaften in selbstständigen Bänden. Bearb. v. G. Adler, A. Arndt, R. van der Borght etc. Begründet v. Kuno Frankenstein, fortgesetzt von Max v. Heckel. 3. Abtlg.: Staats- u. Verwaltungslehre. I. u. VI. Bd. gr. 8. Ebd. n. 18. 30; Einbde. à n n. 2. —
I. Allgemeine Staatslehre. Von Rich. Schmidt. 1. Bd. Die gemeinsamen Grundlagen des polit. Lebens. (XII, 292 S.) 901. n. 8. 80
VI. Das öffentliche Gesundheitswesen. Von O. Rapmund. Allgemeiner Tl. (X, 336 S.) 901. n. 9. 50

Hand- u. Lehrbuch der Staatswissenschaften in selbständigen Bänden. Bearb. v. G. Adler, A. Arndt, R. van der Borght u. a. Begründet v. Kuno Frankenstein, fortgesetzt v. Max v. Heckel. I. Abtlg.: Volkswirtschaftslehre. 8. Bd. I. Tl., 15. u. 18. Bd. gr. 8. Leipzig, C. L. Hirschfeld. n. 46. 60; geb. n. 52. 60
8, I. Geld u. Banken. Von Karl Helfferich. (In 2 Tln.) 1. Tl. Das Geld. (X, 590 S.) 903. n. 17. 50; geb. n. 19. 50
15. Grundzüge der Sozialpolitik. Von R. van der Borght. (XII, 566 S.) 904. n. 16. 50; geb. n. 18. 50
18. Kolonialpolitik. Von Alfr. Zimmermann. (XXII, 421 S.) 905. n. 12. 60; geb. n. 14. 60

— dasselbe. II. Abtlg.: Finanzwissenschaft. 5. Bd. Lex.-8. Ebd. n. 27. —; geb. n. 31. —
Die Kommunalfinanzen. (Grossbritannien, Frankreich, Preussen.) Von Rich. v. Kaufmann. 2 Bde. (Organisation, Aufgaben u. Ausgaben der Kommunalkörperschaften. — Die Deckungsmittel des Bedarfs.) (XV, 336 u. XVII, 531 S.) 906.

— — dasselbe. III. Abtlg.: Staats- u. Verwaltungslehre. II. Bd. 1. u. 2. Tl. gr. 8. Ebd. n. 27. —; geb. n. 31. —
II. 1. Allgemeine Staatslehre. Von Rich. Schmidt. II. Bd. 1. Tl. Die verschiedenen Formen der Staatsbildg. 1. Kap. (Abtlg. I.): Die älteren Staatsgebilde. (X, 399 S.) 903. n. 12. 50; geb. n. 14. 50
2. Dasselbe. 2. Tl. 1. Kap. (Abtlg. II): Die Entstehung der modernen Staatenwelt. (VIII, u. S. 899–856.) 903. n. 14. 50; geb. n. 16. 50

Hand- u. Lehrbuch der Staatswissenschaften in selbständigen Bänden, begründet v. Kuno Frankenstein, fortgesetzt von Max v. Heckel. I. Abtlg. Volkswirtschaftslehre. 8. u. 16. Bd. Lex. 8. Leipzig, C. L. Hirschfeld. à 17.50; geb. à 19. 50
Borght, R. van der, Handel u. Handelspolitik. 2. Aufl. (XII, 548 S.) 907. (16. Bd.)
Helfferich, Karl, Geld u. Banken. 1. Tl. Das Geld. 2. Aufl. (X, 600 S.) 910. (8. Bd.)

— d. christl. Lehre, oder wichtige Wahrheiten u. Lehren d. Christenthums. gr. 8. St. Gallen 786. Huber u. C. 20 gr.

Handbuch der Lehre von den Geweben des Menschen und der Thiere. Unter Mitwirkung von J. Arnold, Babuchin, O. Becker, Biesiadecki etc. hrsg. von S. Stricker. 2 Bde. in 5 Lfgn. gr. 8. (S. 1—664; 665—1248.) Leipzig. Engelmann. à Bd. *M 13. *

1. Lfg. bearb. von S. Stricker, A. Rollett, Max Schultze, J. Arnold W. Kühne und E. Brücke. (XXVIII, S. 1—176 mit 51 eingedr. Holzschn.) 869. *M 4.0
2. Lfg. bearb. von Schweigger-Seidel, C. J. Eberth, F. v. Recklinghausen, W. Müller, A. Rollett, E. F. W. Pflüger, F. Waldeyer, E. Klein und E. Verson. (S. 177—400 mit 69 eingedr. Holzschn.) 869. *M 4.
3. Lfg. bearb. von C. Toldt, Ew. Hering, E. Verson, F. E. Schulze, C. Ludwig, C. J. Eberth, H. Obersteiner, v. La Valette, W. Waldeyer, A. Biesiadecki und E. Klein. (S. 401—624 mit 99 eingedr. Holzschn.) 869. *M 5.
4. Lfg. bearb. von C. Langer, E. Klein, J. Gerlach etc. (S. 625—864 mit 83 eingedr. Holzschn.) 870. *M 5.
5. Lfg. [Mit Titeln, Vorwort, Inhalt und Register.] Bearb. von R. Rüdinger, W. Waldeyer, Babuchin etc. (XII, S. 865—1248, mit 121 eingedr. Holzschn.) 871. *M 8.

Handbuch d. Lehre v. den Geweben d. Menschen u. d. Thiere. Unter Mitwirk. v. ... herausg. v. S. Stricker. 2 Bd. Leipz. 1871-72. (28) 1248 S. Fig.

— für Lehrer. Graz 869. Verlag des Leykam. br. 16. (166 S.) In engl. Einb. n. 10 ngr.

—— für Lehrer. br. 16. (166 S.) Graz 869. Pock. geb. *

Handbuch für Lehrer. Enthaltend: a) Stundenpläne, b) Handkatalog, c) Journal für tägliche Bemerkungen, d) Rechnung über Einnahmen und Ausgaben. kl. 8°. Graz: Pock 1869.

— — für Lehrer, beym Gebrauch der biblischen Geschichten. 1r Thl. 8. Schwelm. (Elsen, Bädeker.) 820.

— f. Lehrer beim Gebrauch d. bibl. Geschichten (v Rauschenbusch.) 1r u. 2r Thl. 2e Aufl. 1r Thl. 1 Rthlr., 2r Thl. 1 Rthlr. 8 gr. u. 3r Thl. 1 Rthl. 12 gr. 8. Schwelm 822-27, Scherz

—— für Lehrer beim Gebr. d. bibl. Geschichten, von d. Verf. d. auserlesensten bibl. Historien nach Hübner (Hilm. Ernst Rauschenbusch). 3. Thl. 2., verb. Aufl. 8. (35¼ B.) Schwelm 831, Scherz.
1. u. 2. Thl. 2. Aufl. Ebendas. 1826, 27. 2 Thlr. 8 Gr.

— für Lehrer u. Lehrerinnen. Hrsg. unter Mitwirkg. v. H. Gallee, M. Griep, K. Kamp u. a. Mit e. Einleitg. v. Th. Ziegler. (XL, 470 S.) gr. 8. Leipzig 903. [Th. Hofmann.] B. G. Teubner. n. 3. 20; geb. in Leinw. n. 3. 80

—— für Lehrer beim Rechnungsunterricht, ob. Samml. v. Aufgaben üb. d. vornehmsten Lehren d. Rechenkunst, mit kurzer Anleitung zu deren Auflösung. 12. (..., 1 Stnt. u. Tab.) Bern 831, (Jenni, Sohn.) Thlr.

— für Lehrer höherer Schulen. Bearb. von A. Auler, O. Boerner, W. Capitaine u. a. 2 Abtlgn. (XIV, 704 S. m. 1 Tab.) Lex.-8. Leipzig 905. 906. B. G. Teubner. n. 12. —; geb. in Leinw. n. 13. —

Handbuch des Schlesischen Lehrervereins. Hrsg. vom Geschäftsführenden Ausschuß. Breslau 1905: Bresl. Genossensch.-Buchdr. 90 S. 8° [10. 11894

Handbuch des Schlesischen Lehrervereins. Hrsg. vom Geschäftsführenden Ausschuß. 2. Ausg. Breslau 1907: Bresl. Genossensch.-Buchdr. 88 S. 8° [10. 11895

Handbuch, Leichtfassliches, der christlichen Religion für alle Klassen von Menschen. Augsburg 1802. V: *Menne, Edilb.* (Th) (Schmal) »1803« (Ky)

— leichtfäßliches, d. christl. Religion (v. P. E. Menne.) gr. 8. Augsb. Kranzfelder. 802.

— leichtfaßliches, d. christl. Religion, (v. E. Menne). gr. 8. Augsb. 803. Kranzfelder. 1 ₰ 6 K

Handbuch für Leih-Bibliotheken oder Anleitung zur Bearbeitung eines Catalogs . . . Karlsruhe 1833. V: *Marx, Rudolph.* (ErschDL) (Ky)

Handbuch für Leih-Bibliotheken, od. Anleit. z. Bearbeitung e. Catalogs sowohl nach d. Verfn. als nach d. Titeln. (Von D. R. Marx.) 8. (22½ B.) Karlsruhe 833, Marx.

— für Leipzig auf das Jahr 1846. Ein neues Adreßbuch für die innere u. äußere Stadt, die Anbaue, Gohlis, Pfaffendorf u. Neudnitz. Lex.-8. Leipzig 846, Brauns. n. 24 ngr

— für Leipzig auf das Jahr 1847. Ein neues Adreßbuch für die innere u. äußere Stadt, die Anbaue, Pfaffendorf u. Neudnitz. gr. 8. (VI u. 295 S.) Leipzig, G. Brauns. baar 5/6 ₰

— auf das Jahr 1848. 3. Jahrg. gr. 8. (X u. 286 S.) Ebd. baar 5/6 ₰ — auf das Jahr 1849. 4. Jahrg. br. gr. 8. (VIII u. 256 S.) Ebd. n. 5/6 ₰ — auf das Jahr 1850. Ein neues Adreßbuch, die innere, außere u. äußerste Stadt, ingleichen das Vorwerk Pfaffendorf u. das Dorf Neudnitz betreffend. 5. Jahrg. br. gr. 8. (X u. 318 S.) Ebd. n. 5/6 ₰

— dass. Neues Leipziger Adreßbuch auf das Jahr 1851 die innere, äußere u. äußerste Stadt, ingleichen das Vorwerk Pfaffendorf u. das Dorf Neudnitz betreffend. 6. Jahrg. br. gr. 8. (XII u. 329 S.) Leipzig, Fr. Fleischer. n. n. 5/6 ₰

— Leipziger, f. d. J. 1890. Ratgeber f. Einheimische u. Fremde. 2. Jahrg. vom Familien-Jahrbuch. 8. (64 S.) Leipzig 890. Verlag zum Greiffen. — 25

— zum Lesebuch f. die Unterklasse kathol. Volksschulen d. Prov. Schlesien. (VIII, 127 S.) 8. Dortmund 909. W. Crüwell. 1.60; geb. 2. —

Handbuch für Leute, die keine Ärzte sind. Riga 1779—81. V: *Schall, Johann Eberhard Friedrich.* (Ky)

— f. Liebhaber der Hunde, od. Vorschriften über Erziehung, Abrichtung, Heilung rc. 8. Leipz. 792. (Hinrichs). 10 K

Handbuch f. Liebhaber d. Trier. Geschichte. Mit Kpf. 16. Thal-Ehrenbreitenst. 796. Gehra. 18 K

Handbuch für Liebhaber der Natur und Ökonomie. Grätz 1788—89. V: *Dengg, Patriz.* (Ky) Weingand Jg. 1. 2. (zu je 2 Bden)

— f. Liebhaber d. Natur u. Oekonomie, (v. Patr. Dengg). 4 Bde. 8. Grätz 788, 89. Weingand; (a. Ferstl). 2 ₰

Handbuch f. Liebhaber engl. Pflanzungen u. Gärtner, (v. K. G. Rössig) 2 Thle. 8. Leipzig, 1786. 2. Aufl. 1790. (Nauck.) 1. 20
— — Dass., Zusätze z. ersten Ausgabe besond. Ebend. 1796. — 25

Handbuch für Liebhaber englischer Pflanzungen und Gärtner . . . Leipzig 1790—96. V: *Rössig, Carl Gottlob.* (Ky) (MGT) (Adel)

— f. Liebhaber engl. Pflanzungen u. Gärten, in einer tavellar. Uebersicht, (v. K. G. Rößig). 2 Thle. 8. Lpz. 796. (W. Rauck). 1 ℛ 16 gr

— f. Liebhab. englischer Pflanzungen u. Gärten, in einer tabellar. Uebersicht. 2 Thle. 8. Leipz. Sommer. 796.

— — dessen 2r Thl. besonders oder Zusätze zur 1sten Auflage.

— literarisches, s.a. Eckard.

Handbuch, Litterarisch-pädagogisches, für Eltern, Erzieher, Lehrer und Kinderfreunde . . . Halberstadt 1794—95. V: *Albrecht, Ernst Heinrich.* (Ky) (MGT)

— literar.-pädagog., z. Kenntniß d. neuesten Erziehungs-Schriften, (v. Erdm. H. Albrecht). 4 Stcke. 8. Halberst. 794—96. (W. Rauck in Leipz.) 1 ℛ

— literar. pädagog., z. Kenntn. d. neuest. Erzieh. Schr. 4 Stück. 8. Halberstadt. (Sommer, Leipzig.) 794—796. (à 6 gr.)

— f. Literatoren, s.a. J. C. Giseckeu.

Handbuch für Litteratoren. Magdeburg 1794. V: *Giesecke, Joh. Chn.* (Hauptkat. d. Univ.-Bibl. Tübingen K. S. 51.)

Handbuch f. Literatoren, od. allgem. alphab. Uebers. d. gesammt. gangb. Literatur, m. Verlegern rc.; Ausz. a. Heinsius B. Lex. 8. Magdeb. Giesecke. 794. Kihlr.

—— der kathol.-theolog. Literatur. Oder Verzeichniß d. vorzügl. Werke d. kathol.-theolog. Literatur, welche v. Ende d. 18. Jahrh. bis Juni 1840 erschienen sind. gr. 12. (7 B.) Köln 840, J. G. Schmitz. *

Handbuch der katholisch-theologischen Litteratur. Oder Verzeichnis der vorzüglichsten Werke der katholisch-theologischen Litteratur, welche vom Ende des 18. Jahrhunderts bis Juni 1840 erschienen sind. Köln, J. G. Schmitz, 1841. gr. 12°, 7 Bogen, 50 Pf

—— der musikalischen Literatur, s.a. Hofmeister, A.

Handbuch der musikalischen Litteratur . Verzeichniss der bis zum Ende des Jahres 1815 gedruckten Musikalien . . s.a. Meysel.

— d. musikal. Literatur, od. allgemeines systemat. geordnetes Verzeichniß der bis Ende 1815 gedruckten Musikalien, auch musikal. Schriften u. Abbildd. mit Anzeige der Verleger u. Preise. gr. 8. Leipz. 816. Hofmeister. 2 ℛ 12 gr 1r—9r Nachtrag. Ebd. 817—26. 2 ℛ 16 gr

—— der musikal. Literatur etc., s.a. Whistling, C. F.

— d. musikal. Literatur, od. allgem. systemat. geordn. Verzeichniß gedruckter Musikalien rc. 5r—9r Nachtr. gr. 8. Lpz. 822—26. Whistling.

— der musikal. Literatur, oder allgemeines systematisch geordnetes Verzeichniß gedruckter Musikalien, auch musikal. Schriften u. Abbildungen rc. 2e ganz umgearb. Aufl. gr. 8. Leipzig, Hofmeister. 5 1/3 ℛ — Ergänzungsband, die während des Druckes bis Ende 1828 erschien. Artikel, Namenregister d. Autoren u. Verleger über das ganze Werk. 2/3 ℛ — 2r Ergänzungsband, die vom Januar 1829 bis zum Ende des Jahres 1833 neu erschienenen u. neu aufgelegten musikal. Werke enthaltend. Angefertigt v. Ad. Hofmeister. gr. 8. Leipzig 834. Hofmeister. 1 1/2 ℛ — Die Fortsetzung s. Monatsbericht, musikal.-literar. 3r Ergänz.-Band. Die v. Januar 1834 bis Ende 1838 neu erschien. rc. Werke enthaltend. gr. 8. Ebd. 839. 1 1/2 ℛ Schreibp. 2 ℛ

— der musikalischen Literatur oder allgem. systematisch geordnetes Verzeichniß gedruckter Musikalien, auch musikal. Schriften u. Abbildungen mit Anzeige d. Verleger u. Preise. 3. bis zum Anfang 1844 ergänzte Aufl. 11 Hefte. Bearb. v. Ad. Hofmeister u. C. F. Whistling. hoch 4. Leipzig 844, 45, Hofmeister. 7 1/3 ℛ — Schreibpap. 11 ℛ

—— der musikalischen Literatur oder allgem. systematisch geordnetes Verzeichniss gedruckter Musikalien auch musikal. Schriften und Abbildungen mit Anzeige der Verleger und Preise. 1. Ergänzungsbd.: Die vom Jan. 1844 bis Ende des J. 1851 neu erschienenen und neu aufgelegten musikal. Werke enthaltend. hoch 4. (382 S.) Leipzig 852, Hofmeister.

Schreibp.

—— der musikalischen Literatur oder allgemeines systematisch geordnetes Verzeichniss der in Deutschland und in den angrenzenden Ländern erschienenen Musikalien, auch musikal. Schriften, Abbildungen und plast. Darstellungen mit Anzeige der Verleger und Preise. Bearb. und hrsg. von Adph. Hofmeister. 5. Bd. oder 2. Ergänzungsbd. Die von Anfang 1852 bis Ende 1859 neu erschienenen und neu aufgelegten musikal. Werke enthaltend. 2 Hälften. hoch 4. (VI und 470 S.) Leipzig 860, Hofmeister. Thlr. *

Schreibp. *

1—3. Bd. Ebendas. 1845. 7 Thlr. 10 Ngr., 4. (1. Ergänzungs-)Bd. 1852. 4 Thlr.

—— der musikalischen Literatur oder allgemeines systematisch geordnetes Verzeichniss der in Deutschland und den angrenzenden Ländern erschienenen Musikalien, auch musikal. Schriften, Abbildungen und plast. Darstellungen mit Anzeige der Verleger und Preise bearb. von Adph. Hofmeister. 6. Bd. oder 3. Ergänzungsbd., die Erscheinungen von 1860 bis Ende 1867 enth. 2 Thle. hoch 4. Leipzig, Hofmeister. *

Schreibp. *

Inhalt:

Thl. 1. Instrumentalmusik. (S. 1—344.) 868. * ℳ 10,60.; auf Schreibp. * ℳ 16,20.
" 2. Vocalmusik. (S. 345—561.) 869. * ℳ 7.; auf Schreibp. * ℳ 9,80.

Handbuch der neuern deutschen Literatur für Jünglinge . . . Hadersleben 1801—3. V: *Eckermann, Adolph Hnr.* [?] (NN)

— d. neuen deutschen Literatur, f. Jünglinge. 2 Bde. 8. Schlesw 803. Christiani. 1 ℛ 12 gr

Handbuch der neuern deutschen Litteratur f. Jünglinge mit kurzen krit. Notizen. Zweyter B. Philologie. (Schlesw.) 1804. 8. 18 gr.

— d. neueren deutschen Literatur bis zu Ende d. J. 1817. Eine Auswahl der in den letztverflossenen Jahrzehnten erschien. vorzügl. u. besten Werke, nach wissenschaftl. Fächern systemat. geordnet. gr. 8. Aarau 818. Sauerländer. 16 gr

— liturgisches. Auszug aus dem schleswig-holstein. Kirchenbuch u. dem kleinen Glücksburger Altarbuch nebst den Abweichgn. der preuß. Agende. Herśg. von R. Hansen. Schleswig 870. Schulbuchh. 8. (V, 139 S.) n. 24 ngr

— liturgisches, über die vorzüglichsten kirchlichen Funktionen sowohl aus dem röm. Rituale als röm. Pontifikale u. andere in der Trienter Diözese üblichen Ceremonien mit liturgischen Bemerkungen u. Erklärungen. gr. 8. (324 S.) Bozen 852. Eberle. 1 ₰

—— liturgisches, über die vorzüglichsten kirchlichen Funktionen sowohl aus dem röm. Rituale als röm. Pontifikale und andere in der trienter Diözese üblichen Ceremonien und liturg. Bemerkungen und Erklärungen. gr. 8. (324 S.) Bozen 852, [Pfaundler'sche Buchh.] *

— liturgisches, z. freien Gebrauch f. d. Geistlichen d. evang.-luther. Kirche d. Prov. Schleswig-Holstein. Empfohlen v. d. 7. ordentl. Gesamtsynode. Hrsg. v. d. kgl. evang.-luther. Konsistorium zu Kiel. gr. 8. (IV, 188 S.) Schleswig 898. J. Bergas Geb. in Leinw. n.n. 3. —

— liturgisches, f. die Geistlichen der evangelisch-lutherischen Kirche der Prov. Schleswig-Holstein. Gedruckt als Synodalvorlage des königl. evangelisch-luther. Konsistoriums zu Kiel. gr. 8. (99 S.) Schleswig 894. J. Bergas. Geb. in Leinw. n.n. 2. 30

— liturgisches, f. die Geistlichen der evangelisch-lutherischen Kirche der Prov. Schleswig-Holstein. Rev. Ausg. Gedruckt als Synodalvorlage d. königl. evangelisch-luther. Konsistoriums zu Kiel. gr. 8. (IV, 95 S.) Schleswig 896. J. Bergas, Verl. Geb. in Leinw. n. 2. 40

— liturgisches, zum Gebrauche bei dem Haupt-Gottesdienst. Nach dem Cantionale für die evangelisch-luther. Kirchen im Großherzogth. Mecklenburg-Schwerin abgefaßt, mit Berücksicht. der Schullehrer, Cantoren u. Gemeindeglieder. Rostock 869. Koch. hoch 4. (III, 155 S.) n. 1 ₰ 15 ngr.

Handbuch, liturgisches, zum Gebrauche für den Seelsorgsklerus der Diöcese Passau. 2. Aufl. 8. (168 S.) Passau 888. Waldbauer's Buchh. n. 1. 60; geb. n. 2. —

Handbuch, Liturgisches, für die Stadtkirchen zu Riga. Riga 1801. V: *Bergmann, Liborius von.* (Ky) (R-N)

— liturgisches, f. die Stadt-Kirchen zu Riga. (v. Lib. Bergmann). 8. Riga 801.

Handbuch, logarithmisch-trigonometrisches, s.a. Köhler, Heinr. Glieb.

—— logarithmisch-trigonometrisches, welches die gemeinen oder Briggischen Logarithmen für alle Zahlen bis 108000 auf 7 Decimalstellen, die Gaussischen Logarithmen, die Logarithmen der trigonometr. Functionen von 10 zu 10 Secunden für die 9 ersten und 9 letzten Grade des Quadranten und von Minute zu Minute für die übrigen Grade desselben, goniometr. Formeln und einige andere mathemat. Tafeln, die oft gebraucht werden, enthält. Hrsg. von Heinr. Glieb. Köhler. 1. Ausg. 1847, 2. Ausg. 1848 und 3., Stereotyp-Ausg. Lex.-8. (XXXVI und 388 S.) Leipzig 852, B. Tauchnitz.

—— logarithmisch-trigonometrisches, welches die gemeinen oder Briggischen Logarithmen für alle Zahlen bis 108000 auf 7 Decimalstellen, die Gaussischen Logarithmen, die Logarithmen der trigonometr. Functionen von 10 zu 10 Secunden für die 9 ersten und 9 letzten Grade des Quadranten und von Minute zu Minute für die übrigen Grade desselben, goniometr. Formeln und einige andere mathemat. Tafeln, die oft gebraucht werden, enthält. Hrsg. von Heinr. Glieb. Köhler. 4., revid. Ster.-Ausg. Lex.-8. (XXXVI und 388 S.) Leipzig 855, B. Tauchnitz.

Handbuch für den Gebrauch der deutschen Logen unter der Juridiction der Grossloge der sehr alten und ehrbaren Gesellschaft freier und angenommener Maurer des Staates New Jersey. Verf. von dem zu diesem Zweck ernannten Committée. New York 1888. V: *Vehslage, Henry, Edward Goeller, Adolph Klee.* (wolfstieg II, 521)

— der Lokal-Tarife für den Güterverkehr der Eisenbahnen Deutschlands und Österreich-Ungarns. Berlin 1873-76

—— für Locomotiven-Führer, s. im II. Bde.: Schauplatz, neuer, der Künste rc. 192. Bd.

(T[uisko] v.) Lorey's **Handbuch** der Forstwissenschaft. 2., verb. u. verm. Aufl. in Verbindung mit ... hrsg. von Prof. Dr. Hermann Stoetzer. In 4 Bden. Bd 1–4. (In 25 Lfgen.) *Tübingen: H. Laupp 1903.* 4 Bde 4°(8°) [F.]
1 — Die Aufgaben d. Forstwirtschaft u. Forstl. Produktionslehre I.
2 — Forstl. Produktionslehre II.
3 — Forstl. Betriebslehre u. Forstl. Ingenieurwesen.
4 — Forstl. Verwaltungs- u. Rechtskunde, Forstpolitik u. Forstgesch.

(T[uisko] v.) Lorey's **Handbuch** der Forstwissenschaft. In Verbindung mit ... hrsg. von Prof. Dr. Hermann Stoetzer. In 4 Bden. Bd 1–4 (in 25 Lfgen)[nebst] Erg. Bd. Tübingen: H. Laupp 1903–06. 5 Bde 4°(8°)[F.]
1 — Die Aufgaben d. Forstwirtschaft u. Forstl. Produktionslehre 1. 2. verb. u. verm. Aufl. 1903.
2 — Forstl. Produktionslehre 2. 2. Aufl. 1903.
3 — Forstl. Betriebslehre u. Forstl. Ingenieurwesen. 2. Aufl. 1903.
4 — Forstl. Verwaltungs- u. Rechtskunde, Forstpolitik u. Forstgesch. 2. Aufl. 1903.
Erg. Bd — Jacobi, A.: Grundriss d. Zool. f. Forstleute. Mit 441 Abb. 1906.

—— der Stadt Lüneburg, s. Adreß- und Handbuch.

Handbuch des höheren Mädchenschulwesens. Unter Mitw. zahlr. Fachgenossen hrsg. v. J[akob] Wychgram. M. e. Übersichtskarte. — Leipzig: Voigtländer 1897. VII, 448 S. 8°

— für Magenleidende. Rathschläge, Winke u. Belehrgn. zur Selbstheilg. chron. Magenleiden (chron. Magencatarrh u. nervöse Verdauungsstörgn.) auf naturgemäßem Wege. Hrsg. auf Grundlage langjähr. Selbsterfahrgn. v. e. Geheilten. 2., gänzlich umgearb. u. verm. Aufl. des Schriftchens: „Der chron. Magencatarrh u. die nervöse Verdauungsstörg." 8. (72 S.) Leipzig 891. H. Hartung & Sohn. n. 1. 70

— f. Maire, Polizeycommissaire rc. 1r Bd. gr. 8. Leipzig, Rein. 803.

— f. Maler, z. Bereitung d. Farben, s. P. F. Tingry.

— f. Maler, Illuminirer, Zeichner rc. 8. Lpz. Voß. 792.

—— das, der Malerei vom Berge Athos, s. Ἑρμηνεία τῆς ζωγραφικῆς.

— e. ehrl. Mannes. 8. Hannover, Hahn. 770.

— d. ehrlich. Mannes in Versen. 8. Augsb. Stage. 769.

— d. ehrlichen Mannes, in Versen. 8. Augsb. 799. v. Jenisch u. St. 6 gr.

Handbuch für den praktischen Maschinen-Constructeur. herausgegeben von W. Uhland. Bd. I, Abth. 1, 2 u. 3. Bd. II. Abth. 1 u. 2. Bd. III, Abth. 1, 2, 3, 4. Bd. IV. Abth. 1. Leipzig, 1883.
dgl. Suppl.-Bde, Abth. 1, 2, 3. 4. Ebend., 1886.

— des Maschinentechnikers. Bernoulli's Vademecum d. Mechanikers. 24. Aufl. Nachschlagebuch f. Techniker, Gewerbetreibende u. Schüler techn. Lehranstalten. Bearb. v. R. Baumann. (VIII, 600 S. m. Fig.) 8. Leipzig 908. A. Kröner. Geb. in Leinw. 6. —

— über das metrische Maß u. Gewicht. [Beilage d. kärntner Gemeindeblattes vom 1. Febr. 1876.] 16. (59 S.) Klagenfurt 876. Bertschinger & Heyn. n. — 24

Handbuch der von Seiner Heiligkeit errichteten Mässigkeitsbruderschaft unter dem Schutze des Festgeheimnisses Maria Lichtmesses, enthaltend die vorzüglichsten Urkunden, Satzungen und Andachten, wie auch die zweckmässigsten Belehrungen über die Einführung und Leitung der Filial-Bruderschaften. Breslau 1852. V: *Czezowki, Yves.* (JES) (SO)

Handbuch der v. Sr. Heiligkeit Pius IX. errichteten Mäßigkeits-Bruderschaft unter dem Schutze d. Festgeheimnisses Maria Lichtmeß, enth. die bezügl. Urkunden, Satzungen u. Andachten, wie auch die zweckmäßigen Belehrungen über die Einführung u. Leitung der Filial-Bruderschaften. Mit 1 Stahlst. 8. (VIII u. 379 S.) Breslau 852, Aderholz in Comm. n. 1 ₰

—— der Mathematik, hrsg. von Schlömilch unter Mitwirkung von Reidt und Heger. 2 Bde. gr. 8. (VIII, 662; VII, 963 S. mit 580 eingedr. Holzschn. und 12 lithogr. Taf.) Breslau 880,81, Trewendt. *ℳ 39.; geb. *

Inhalt:

Heger, Geometrie. Differentialrechnung. Integralrechnung. Wahrscheinlichkeitsrechnung. — Reidt, Algebra. Arithmetik. Planimetrie. Stereometrie und Trigonometrie.

Vgl.: Encyklopädie der Naturwissenschaften.

— der Mathematik, 2. Aufl., s.: Schloemilch.

—— für Maurer, Zimmerleute rc., s.a. Schwender, J. G.

— f. Maurer, Zimmerleute, Steinmetzen, Tischler rc. Gestochen auf 100 Kupferplatten u. auf Verlangen aus d. Engl. mit verschied. Veränderungen u. Verbesser. übers. v. J. G. Schwender. 2 Thle. 4. Leipz. 805. 5 ₰ 2e Aufl., 3 Abthll. Mit 102 Kpf. br. 8. Ebd. 831. Magaz. f. Industr. 3 ₰ 8 ₰ Daraus apart. Handbuch f. Zimmerleute. Mit 19 Kpf. Ebd. 806. 1 ₰

Handbuch, Maurerisches, oder Darstellung aller in Frankreich üblichen Gebräuche der Maurerei ... A. d. Franz. Leipzig [1821]. V: *Vuillaume.* (SJL)

— — maurerisches, oder Darstellung aller in Frankreich üblichen Gebräuche der Maurerey rc. A. d. Franz. Mit 32 Kupfert. gr. 8. Leipzig, Magazin für Industrie. 821. Druckpap.

Handbuch, Maurerisches, oder Angabe aller Gebräuche in der französischen Maurerei ... Leipzig 1821—29. V: *Vuillaume.* (SJL) (TT)

—— maurerisches, od. Angabe aller Gebräuche in d. französ. Maurerei, nebst Anzeige u. Erklär. aller geheimen Worte u. Grade d. verschied. Systeme. Begleitet v. den Regeln für d. Aussprechen d. hebr. Sprache rc. Durch e. Veteran d. Maurerei. M. 32 Kpfr. A. d. Franz. Neue, wohlf. Ausg. gr. 8. (20½ B.) Leipzig 829, Magazin für Industrie.

—- für Mecklenburg-Schwerin. 1. und 2. Jahrg. 1881 und 1882. gr. 8. (XVI, 229; VIII, 224 S.) Ludwigslust, Hinstorff'sche Hofbuchh. à Jahrg. *
geb. à Jahrg. *

—— der gerichtlichen Medicin. Bearb. von Belohradsky, L. Blumenstok, Dragendorff, H. Emminghaus, H. Eulenberg, F. A. Falck, Falk, Gauster, Hasner etc. Hrsg. von J. Maschka. 4 Bde. gr. 8. Tübingen, Laupp'sche Buchh. *

Inhalt:

Bd. 1. Geschichte der gerichtlichen Medicin von V. Janowsky. — Aufgabe des Gerichtsarztes bei Vornahme von Untersuchungen von H. Eulenberg. — Lehre von den Verletzungen in gerichtsärztlicher Beziehung von L. Blumenstok, K. Weil, J. Hasner v. Artha und Trautmann. — Untersuchung von Blutspuren von Dragendorff. — Untersuchung von Haaren von O. Oesterlen. — Untersuchung der Spuren von Fusstritten und Werkzeugen von A. Schauenstein. — Tod durch Erstickung von J. Maschka. — Ertrinken von Belohradsky. — Tod durch Verblutung von O. Oesterlen. — Tod durch Entziehung von Nahrung von F. A. Falck. — Tod durch Verbrennung, Verbrühung und Insolation von Falk. — Tod durch Erfrieren von L. Blumenstok. — Tod durch Blitzschlag von O. Oesterlen. — Schädigungen der Gesundheit und Tod durch psychische Insulte von A. Schauenstein. — Kindesmord von Skrzeczka. (XIII, 1031 S. mit eingedr. Holzschn. und 1 Farbentaf.) 881. *ℳ 16.

» 2. Die Vergiftungen in gerichtsärztlicher Beziehung, bearb. von B. Schuchard, M. Seidel, Th. Husemann, A. Schauenstein. (X, 794 S. mit 1 lithogr. Farbentaf.) 881. *ℳ 15.

» 3. Die Unfähigkeit zur Fortpflanzung. Zwitterbildungen. Zeichen der Jungfrauschaft und gesetzwidrige Befriedigung des Geschlechtstriebes. Schwangerschaft und Geburt. Fruchtabtreibung und Abortus. Die Leichenerscheinungen. Die Knochen in gerichtsärztlicher Beziehung. Kunstfehler der Aerzte und Wundärzte. Bearb. von O. Oesterlen, J. Maschka. J. v. Saexinger, A. Schauenstein, E. Toldt. (VIII, 703 S. mit 15 in den Text gedr. Holzschn.) 882. *ℳ 13.

Bd. 4. Die gerichtliche Psychopathologie. Bearb. von L. Schlager, H. Emminghaus, L. Kirn, M. Gauster, R. v. Kraft-Ebing. (VIII, 668 S.) 882. *ℳ 12.

— der gerichtlichen Medizin. Hrsg. v. A. Schmidtmann. Unter Mitwirkg. v. A. Haberda, Kockel, Wachholz u. a. 9. Aufl. des Casper-Liman'schen Handbuches. 1. u. 3. Bd. Lex.-8. Berlin, A. Hirschwald. n. 40. —

1. (XVI, 939 S. m. 40 Abbildgn.) 905. n. 24. —
3. (VIII, 727 S.) 906. n. 16. —

Der 2. Bd. ist noch nicht erschienen.

— der gerichtl. Medizin. Hrsg. v. A. Schmidtmann. Unter Mitwirkg. v. A. Haberda, Kockel, Wachholz u. a. 9. Aufl. des Casper-Liman'schen Handbuches. 2. Bd. (Schluss). Mit 63 Abb. u. d. General-Register. (XI, 608 u. 14 S.) Lex. 8. Berlin 907. A. Hirschwald. 15. —

Handbuch der praktischen Medicin. Bearb. von ... unter Redaktion von Dr. W[ilhelm] Ebstein, Prof. in Göttingen, u. Dr. J[ulius] Schwalbe hrsg. von W. Ebstein. Bd 1–5. (In 31 Lfgn.) *Stuttgart: F. Enke 1898-1901.* 6 Bde 8°

1 — Die Krankheiten d. Athmungs- u. Kreislaufsorgane. Bearb. von Prof. Dr. [Franz] König [u. a.] 18(98–)99.
2 — Die Krankheiten d. Blutes, d. blutbereitenden Organe u. d. Verdauungsorgane. Bearb. von Prof. Dr. [Heinr.] Braun [u. a.] 1900.
3, 1 — Die Krankheiten d. Harnorgane u. d. männl. Geschlechtsapparates. Vener. Krankheiten. Bearb. von Prof. Dr. P[aul] Fürbringer [u. a.] 1900.
3, 2 — Krankheiten d. Haut. Die sog. Constitutionskrankheiten. Krankheiten d. Bewegungsorgane. Bearb. von Prof. Dr. [Otto] Damsch [u. a.] 1901.
4 — Die Krankheiten d. Nervensystems. Bearb. von Prof. Dr. [Albert] Eulenburg [u. a.] 1900.
5 — Psychiatrie. Infektionskrankheiten. Zoonosen. Vergiftungen. Bearb. von Prof. Dr. [Ludw.] Brieger [u. a.] (1899–)1901.

— der praktischen Medizin. Bearb. v. Brieger, Damsch, Dehio u. a. Unter Red. v. W. Ebstein u. J. Schwalbe hrsg. v. W. Ebstein. In 4 Bdn. 2., vollständig umgearb. Aufl. Lex.-8. Stuttgart, F. Enke. n. 77. —;
geb. n.n. 85. —

I. Krankheiten der Atmungs-, der Kreislaufsorgane, des Blutes u. der sogenannten Blutdrüsen. Bearb. von E. Grawitz, Laache, Lenhartz, Romberg, Strübing, Unverricht. Mit 75 in den Text gedr. Abbildgn. (XXVI, 1056 S.) 905. n. 22. —; geb. in Leinw. n. 24. —

II. Krankheiten der Verdauungs-, der Harnorgane u. des männlichen Geschlechtsapparates. Die vener. Krankheiten. Bearb. v. W. Ebstein, A. Epstein, P. Fürbringer, J. Jadassohn, H. Kümmell, H. Lorenz, A. Pribram, S. Rosenstein, G. Sticker. Mit 74 in den Text gedr. Abb. (XVI, 959 S.) 905. n. 20. —; geb. in Leinw. n. 22. —

III. Krankheiten des Nervensystems m. Einschluss d. Psychosen. Krankheiten der Bewegungsorgane. Bearb. v. O. Damsch, L. Edinger, E. Mendel, A. Nicolaier, H. Obersteiner, E. Redlich, Th. Ziehen. Mit 81 in den Text gedr. Abbildgn. 2 Hälften. (XVI, 923 S.) 906. n. 20. —; geb. in Leinw. n. 22. —
IV. Akute allgem. Infektionskrankheiten. Zoonosen. Konstitutionskrankheiten. Vergiftungen. Bearb. v. Brieger, Dehio, W. Ebstein, Finlay, Harnack, Marx, Nicolaier, Reiche, Rumpf, J. Schwalbe, Sticker, Unverricht, Wassermann. Mit 51 in den Text gedr. Abbildgn. (XII, 699 S.) 906. n. 15. —; geb. in Leinw. n. 17. —

Handbuch der praktischen Medizin. Hrsg. v. W. Ebstein u J. Schwalbe. 2. Aufl. Ergänzungsbd. 2 Hälften. Lex.-8. Stuttgart, F. Enke. n. 20. —; geb. in Leinw. n.n. 22. —
Chirurgie des praktischen Arztes m. Einschluss der Augen-, Ohren- u. Zahnkrankheiten. Bearb. v. A. Fraenkel, K. Garrè, H. Häckel u. a. (XV, 941 S. m. 171 Abb.) 906. 907.

— der sozialen Medizin. Bearb. v. Abel, Aschaffenburg, Bettmann u. a. Hrsg. v. Mor. Fürst u. F. Windscheid. I. II. IV.—VII. Bd. u. VIII. Bd. 2 Abtlgn. Lex.-8. Jena, G. Fischer. Subskr.-Pr. n. 48. —; geb. n. 56. —; Einzelpr. n. 56. 50; geb. n. 64. 50
1. Stellung u. Aufgaben des Arztes in der öffentlichen Armenpflege. Von Mor. Fürst. (X, 278 S.) 903. Subskr.-Pr. n. 6. —; Einzelpr. n. 7. —
2. Stellung u. Aufgaben des Arztes auf dem Gebiete der Krankenversicherung. Von Karl Jaffé. (X, 238 S.) 903. Subskr.-Pr. n. 5. —; geb. n. 6. —; Einzelpr. n. 6. —; geb. n. 7. —
4. Soziale Krankenpflege in Krankenhäusern. Von F. Jessen. Mit 14 Abbildgn. im Text. — Stellung u. Aufgaben des Arztes in der Behandlung des Alkoholismus. Ueber Trinkerheilstätten. Von Max Nonne. Mit 6 Abbildgn. im Text. — Stellung u. Aufgaben des Arztes in den Volksheilstätten f. Lungenkranke. Von Joh. Ritter. — Die ärztliche Mitwirkung bei der sozialen Fürsorge im Seeverkehr. Von B. Nocht. Mit 3 Abbildgn. im Text. Irrenanstalten, Idioten- u. Epileptikeranstalten m. besond. Berücksicht. der Tätigkeit des Arztes in denselben. Von Geo. Ilberg. Mit 1 Abbildg im Text. (VIII, IV, V, III, IV, 478 S.) 904. Subskr.-Pr. n. 9. —; geb. n. 10. —; Einzelpr. n. 12. —; geb. n. 13. —
5. Samariter- u. Rettungswesen. Von L. Henius. — Das Militär-Sanitätswesen. Von H. Friedheim. (V, 154 S.) 905. n. 4. —; geb. n. 5. —
6. Der Gewerbearzt. Von Th. Sommerfeld. (VIII, 194 S.) 905. Subskr.-Pr. n. 4. —; geb. n. 5. —; Einzelpr. n. 5. —; geb. n. 6. —
7. Die ärztliche Ueberwachung der Prostituierten. Von S. Bettmann. Mit 2 Kurven im Text. — Stellung u. Aufgaben des Ammenuntersuchungsarztes. Von G. Schmalfuss. (VI, 314 S.) 905. Subskr.-Pr. n. 7. 50; geb. n. 8. 50; Einzelpr. n. 8. 50; geb. n. 9. 50
8, I. Arzt, der, als Begutachter auf dem Gebiete der Unfall- u. Invalidenversicherung. 1. Abtlg. Innere Erkrankgn. m. besond. Berücksicht. der Unfallnervenkrankheiten. Von Frz. Windscheid. Mit 2 Abbildgn. im Text. (VIII, 204 S.) 905. Subskr.-Pr. n. 4. 50; geb. n. 5. 50; Einzelpr. n. 5. —; geb. n. 6. —
II. Dasselbe. 2. Abtlg. Chirurgische Erkrankgn., besonders der Bewegungsorgane. Von Paul Sudeck. Mit 90 Abbildgn. im Text. (X, 244 S.) 906. Subskr.-Pr. n. 8. —; geb. n. 9. —; Einzelpr. n. 10. —; geb. n. 11. —
Bd. 3 ist noch nicht erschienen.

— der im Königreich Sachsen geltenden Medicinal-Polizeigesetze, sämmtl. Gesetze enth., welche d. unterm 30. Juli 1836 erschien., allg. Instruction d. Bezirksärzte, Gerichtsärzte u. Amtschirurgen zum Grunde liegen. Mit 2 Tabb. gr. 8. Leipzig 837. Kayser'sche Buchh. (Beyer.) 3/4 ß

—— der im Königr. Sachsen gelt. Medicinal-Polizeigesetze, sämmtl. Gesetze enth., welche d. unt. 30. Juli 1836 erschien., allgem. Instruction d. Bezirksärzte, Gerichtsärzte u. Amtschirurgen z. Grunde liegen. gr. 8. (9½ B. u. 2 Tab.) Leipzig 837, [Peter.]

Handbuch des Medizinal- und Veterinärwesens im Königreich Sachsen. Nach d. Stande v. 1. Januar 1907. Dresden: C. Heinrich (1907). (152 S.) 8° [F.]
[07. 4498

— des Medizinal- u. Veterinärwesens im Königr. Sachsen. Nach dem Stande v. 1. I. 1910. (148 S.) gr. 8. Dresden (910). C. Heinrich. 1. 60

Handbuch, Medicinisches, für den Bürger und Landmann . . . Zeitz u. Naumburg 1794—95. V: *Heinse, Gottlob Heinrich.* (EngM) (MGT) (Ky)

— medicin., f. den Bürger u. Landmann, (von K. Gf. Heinse). 2 Thle. 8. Zeitz 794—95. Webel. 1 ß 18 gr Daraus apart: Lesebuch f. junge Eheleute. 21 gr

— medicin. u. chirurg., für angehende prakt. Aerzte u. Wundärzte. Aus d. Engl. gr. 8. Nürnb. 774. Felssecker. 1 ß 6 gr

Handbuch, Medicinisches und chirurgisches, für angehende Wundärzte und andere Liebhaber der Arzneywissenschaft; a. d. Engl. Frankf. u. Leipzig [Nürnberg] 1771. Ü: *Scheuber, Johann.* (ML)

— medicin., f. d. gemein. Mann. 2 Thle. 8. Zeiz, Webel. 794. 95. (a. unt. d. Tit. Lesed. f. junge Eheleute) (à 21 gr.)

Handbuch der physiologischen Methodik. Unter Mitwirkg. v. L. Asher, A. Bethe, Chr. Bohr u. a. Hrsg. v. Rob. Tigerstedt. (In 3 Bdn.) I. Bd. 1 u. 2. Abtlg., II. Bd. 1—3. Abtlg. III. Bd. 1. 2. u. 4. Abtlg. Lex. 8. Leipzig, S. Hirzel. 70. 50
I, 1. Allgemeine Methodik. I. (II, 124 S. m. 50 Fig. u. 1 Taf.) 910. 5. —
I, 2. Protisten, wirbellose Tiere, physikalische Chemie. Mit 97 Fig. (II, 232 S.) 908. 7. 50
II, 1. Blut u. Blutbewegung. I. (IV, VI, 346 S. m. 91 Fig. u. 7 Taf.) 910. 14. —
II, 2. Atmung—Verdauung. Mit 36 Fig. (II, 168 S.) 908. 6. —
II, 3. Muskelphysiologie. (II, 488 S. m. 179 Fig. u. 11 Taf.) 908. 18. —
III, 1. Sinnesphysiologie I. (II, 108 S. m. 49 Fig.) 910. 4. —
III, 2. II. (VI, 224 S. m. 107 Fig. u. 1 Taf.) 909. 8. —
III, 4. Zentrales Nervensystem. (II, 192 S. m. 92 Fig.) 910. 8. —

— der speciellen Methodik. Auf Grundlage der Lehrpläne f. die österreich. Volks- u. Bürgerschulen hrsg. v. Rob. Niedergesäß. 3 Bde. gr. 8. Wien, Pichler's Wwe. & Sohn. à n. 7. —; Sep.-Ausg. in 14 Thln. n. 24. 80
1. Die specielle Methodik d. Unterrichts in der Elementarclasse. Von Rob. Niedergesäß. (102 S.) 883. n. 1. 40
2. Methodik d. deutschen Sprachunterrichts. Von Hans Sommert. (221 S.) 882. n. 2. 80
3. Methodik d. geographischen Unterrichtes v. Gust. Rusch. (189 S.) 884. n. 2. 40
4. Methodik d. Unterrichtes in der Geschichte. Von Gust. Rusch. (91 S.) 884. n. 1. 20
5. Methodik d. naturgeschichtlichen Unterrichtes v. Carl Roth. (124 S.) 884. n. 1. 60
6. Methodik der Naturlehre. Von Eug. Netoliczka. (104 S.) 883. n. 1. 40
7. Methodik d. Rechenunterrichts. Von Jos. Hofer. (270 S.) 883. n. 3. 40
8. Methodik d. Unterrichts in der Geometrie u. im geometrischen Zeichnen v. Ed. Bauer u. Alex. Tschiedel. (91 S.) 884. n. 1. 20
9. Die specielle Methodik d. Zeichenunterrichtes v. Jos. Grandauer. (109 S.) 883. n. 1. 40
10. Methodik d. Schreibunterrichtes. Von Jos. Ambros. Mit vielen in den Text gedr. Schriftproben. (77 S.) 885. n. 1. —
11. Methodik d. Gesangunterrichtes. Von Jos. Hiebsch. (56 S.) 885. n. — 80

12. Methodik d. Turnunterrichtes. Von Rich. Kümmel. (125 S. m. eingedr. Fig.) 884. n. 1. 60
13. Methodik d. Unterrichts in den weiblichen Handarbeiten. Von Louise Prockesch. (143 S. m. 29 Taf. in Carton.) 885. n. 3. —
14. Der Schulgarten. Von Mich. Fischer. (128 S.) 883. n. 1. 60

— der speciellen Methodik. Hrsg. v. R. Niedergesäß. 3., 4., 7., 9. u. 13. Thl. gr. 8. Wien, Pichler's Wwe. & Sohn. n. 10. 80
3. Methodik des geographischen Unterrichts. Von G. Rusch. 2., verb. Aufl. (III, 135 S.) 889. n. 1. 80
4. Methodik des Unterrichts in der Geschichte von G. Rusch. 2., verb. Aufl. (87 S.) 889. n. 1. 20
7. Methodik d. Rechenunterrichts. Von Jos. Hofer. 2. Aufl. (270 S.) 890. n. 3. 40
9. Die specielle Methodik d. Zeichenunterrichts. Von J. Grandauer. 2. Aufl. (109 S.) 888. n. 1. 40
13. Methodik d. Unterrichts in den weiblichen Handarbeiten. Von Louise Prockesch. 2., verb. Aufl. (143 S. m. 30 Taf. in Carton.) 890. n. 3. —

— der speciellen Methodik, hrsg. v. Rob. Niedergesäß. 2., 3., 5. u. 11. Thl. gr. 8. Wien, A. Pichler's Wwe. & Sohn. n. 7. 80
2. Methodik d. deutschen Sprachunterrichts. Von Hans Sommert. 2., umgearb. Aufl. (224 S.) 892. n. 2. 80
3. Methodik des geographischen Unterrichts. Von Gust. Rusch. 3., verb. Aufl. (137 S. m. Abbildgn.) 894. n. 1. 80
5. Methodik des naturgeschichtlichen Unterrichts. Von Carl Rothe. 2., verm. Aufl. (125 S.) 891. n. 1. 60
11. Methodik d. Gesangunterrichts. Von Jos. Hiebsch. 2., vollständig umgearb. Aufl. (IV, 143 S.) 893. n. 1. 60

— d. spez. Methodik. Auf Grundlage d. Lehrpläne f. d. österr. Volks- u. Bürgerschulen hrsg. v. Jos. Ambros, Johanna Czermak, Jos. Grandauer u. a. 52 Lfgn. gr. 8. (à 3 Bog. m. Abb. u. Plänen.) Wien 895—898. A. Pichler's Wwe. & Sohn. à Lfg. n. — 50

— dasselbe. 2.—4., 6, 8.—10. u. 12. Thl. gr. 8. Ebd. n. 15. 90
2. Methodik d. deutschen Sprachunterrichts. Von H. Sommert. 3., verb. Aufl. (224 S.) 896. n. 2. 80; geb. n. 3. 20
3. Methodik d. geogr. Unterrichts v. G. Rusch. 5. Aufl. (136 S.) 898. n. 1. 80; geb. n. 2. 20
4. Methodik des Unterrichts in d. Geschichte. Von Gust. Rusch. 4. Aufl. (88 S.) 89?. n. 1. 20; geb. n. 1. 60
6. Methodik d. Naturlehre. Von Eug. Netoliczka. 2., umgearb Aufl. v. Konr. Kraus. (X, 165 S.) 895. n. 2. 40; geb. n. 2. 80
8. Methodik des Unterrichtes in der Geometrie u. im geometr. Zeichnen. Von Konr. Kraus. (VII, 212 S. m. 35 Abb.) 895. n. 2. 80
9. Die spec. Methodik d. Zeichenunterrichtes. Von Jos. Grandauer. 3. Aufl. (113 S. m Fig.) n. 1. 40; geb. n. 1. 80
10. Methodik d. Schreibunterrichtes. Von Jos. Ambros. Mit vielen in d Text gedr. Schriftproben. 2., verb. u. verm. Aufl. (116 S.) 895. n. 1. 50
12. Methodik d. Turnunterrichtes. Von Gust. Lukas. (V, 161 S. m. 163 Abb.) 897. n. 2. —; geb. n. 2. 40

— der speciellen Methodik. 1., 2., 10. u. 13. Thl. gr. 8. Wien, A. Pichler's Wwe. & Sohn. n. 10. 90; geb. n. 12. 50
1. Specielle Methodik der Elementarklasse. Von Jos. Mann u. Johanna Czermak. (1. Schulj.). 3. Aufl. (IV, 304 S. m. Abbildgn.) 899. n. 3. 60; geb. n. 4. —
2. Methodik des deutschen Sprachunterrichts. Von Hans Sommert. 4. Aufl. (227 S.) 899. n. 2. 80; geb. n. 3. 20
10. Methodik des Schreibunterrichtes. Von Jos. Ambros. Mit vielen in den Text gedr. Schriftproben. 3. verb. u. verm. Aufl. (115 S.) 902. n. 1. 50; geb. n. 1. 90
13. Methodik des Unterrichts in den weiblichen Handarbeiten. Von Louise Prockesch. 3. verb. Aufl. (152 S.) 897. n. 3. —; geb. in Leinw. n. 3. 40

— der speziellen Methodik. I.—IV. u. VIII. Tl. 8. Wien, A. Pichler's Wwe. & Sohn. n. 12 60
I. Spezielle Methodik der Elementarklasse (1. Schulj.). Von Jos. Mann u. Johanna Czermak. Mit zahlreichen Schriftproben u. 4 Taf. Zeichenvorlagen zum Nachbilden. 4., verb. Aufl. (IV, 316 S.) 906. n. 3. 80
II. Methodik des deutschen Sprachunterrichts. Von Hans Sommert. 5., umgearb. Aufl. (246 S.) 904. n. 3. —
III. Methodik des geographischen Unterrichts. Von Gust. Rusch. 6. Aufl. (III, 140 S.) 903. n. 1. 80
IV. Methodik des Unterrichts in der Geschichte. Von Gust. Rusch. 5. u. 6. Aufl. (à III, 88 S.) 903. 906. n. 1. 20; geb. n. 1. 60
VIII. Methodik des Unterrichts in der Geometrie u. im geometrischen Zeichnen. Von Konr. Kraus. Mit 35 Abbildgn. 2., verb. Aufl. (VII, 221 S.) 906. n. 2. 80

— der speziellen Methodik. 2.—4. u. 10. Tl. 8. Wien, A. Pichler's Wwe. & Sohn. 8. 80
Ambros, Jos, Methodik des Schreibunterrichts. Mit vielen in den Text gedr. Schriftproben. 5., verb. Aufl. (III, 141 S.) 910. (10. Tl.) 2. —
4. Aufl. (119 S.) 907. 1. 50.
Rusch, Gust., Methodik des geograph. Unterrichts. 7. u. 8. Aufl. (III, 148 S.) 907. 10. (3. Tl.) 2. —
— Methodik des Unterrichts in der Geschichte. 7. Aufl. (III, 88 S.) 909. (4. Tl.) 1. 20
Sommert, Hans, Methodik des deutschen Sprachunterrichts. 6. Aufl. (276 S.) 907. (2. Tl.) 3. 60

Handbuch der Methodik aller Unterrichtsgegenstände der Volksschule. In Gemeinschaft mit .. bearb. u. hrsg. von P. Tesch, Sem.-Oberl. Mit 1 Schrifttafel. *Bielefeld & Leipzig: Velhagen & Klasing 1901.* (x, 664 S.) 8° [F.] [01. 9496

— methodisch-praktisches, f. den Volksschul-Unterricht. Unter Mitwirkg. mehrerer Schulmänner hrsg. v. Jos. Ambros. 8. Wien, A. Pichler's Wwe. & Sohn.
Ambros, Jos., u. Glieb. Grabolle, das 2. Schuljahr. 4. Aufl. (XII, 287 S. m. Fig.) 910. 2. 40
Rau, Frz., die drei letzten Schuljahre. 3. Aufl. (IX, 398 S. m. 4 farb. Taf.) 909. 4. 60

— für Metzger, Fleischbeschauer, Tierärzte, Landwirte, Viehhändler u. Behörden, enth. die Schlachthausgesetze u. die gesetzlichen Vorschriften, behufs Abwehr u. Unterdrückung von Viehseuchen u. mikroskopische Untersuchung des Schweinefleisches auf Trichinen u. Finnen. Neueste, mit vielen Anmerkungen versehene Ausgabe. 12. (96 S.) Neuwied 882. Heuser's Verl. cart. 1. —

— der pathogenen Mikroorganismen. Unter Mitwirkg. v. Rud. Abel, Axenfeld, M. Bock u. a., nebst mikrophotograph. Atlas, zusammengestellt v. E. Zettnow, hrsg. v. W. Kolle u. A. Wassermann. 1.—7. Lfg. (1. Bd. 864 S. u. 2. Bd. S. 1—336 m. Adbildgn., 2 Taf. u. 1 Bl. Erläutergn.) Mit e. Atlas photograph. Taf. n. Orig.-Aufnahmen. gr. 8. Jena 902. G. Fischer. à n. 4. —; nebst Atlas 1.—3. Lfg. gr. 4. (6 Taf. m. 7 S. Text u. 6 Bl. Erklärgn.) à n. 2. —

— der pathogenen Mikroorganismen. Unter Mitwirkg. v. Rud. Abel, Axenfeld, V. Babes u. a., nebst mikrophotograph. Atlas, zusammengestellt v. E. Zettnow, hrsg. v. W. Kolle u. A. Wassermann. 8.—25. Lfg. (1. Bd. III u. S. 865—1045; 2. Bd. III u. S. 337—951; 3. Bd. IV, 942 u. 4. Bd. IV, 1354 S. m. z. Tl. farb. Abbildgn.) Mit e. Atlas photograph. Taf. nach Orig.-Aufnahmen. gr. 8. Jena 902—904. G. Fischer. à n. 4. — (kplt. n. 112. —; geb. n. 127. —) nebst Atlas 6 Lfgn. (12 Taf. u. 8 S. Text.) gr. 4. à n. 2. —; Einbd. n. n. 2. 50

— dasselbe. Ergänzungsbd. 1. Heft. (III, 384 S. m. 27 z. Tl. farb. Abb. u. 7 Taf.) Lex.-8. Ebd. 906. n. 15. —

— der pathogenen **Mikroorganismen**. Unter Mitwirkg. v. Rud. Abel, Apolant, Axenfeld u. a., nebst mikrophotograph. Atlas, zusammengestellt v. E. Zettnow, hrsg. v. W. Kolle u. A. Wassermann. Ergänzungsbd. 2. Heft. (III u. S. 385—704 m. 35 z. Tl. farb. Abb., 5 Taf. u. 5 Kurven.) Lex. 8. Jena 907. G. Fischer. 13. —

— dasselbe. II. Ergänzungsbd. 1.—3. Heft. (III, 597 S. m. Abb. u. 2 farb. Taf.) Lex. 8. Ebd. 907—09. 19. 50

— der **Milchkunde**. Unter Mitwirkg. v. Bongert, A. Burr, St. Engel u. a. hrsg. v. Paul Sommerfeld. (XIV, 1000 S. m. Abbild. u. 8 Taf.) Lex. 8. Wiesbaden 909. J. F. Bergmann. 20. —

Handbuch, Militär-administratives, für junge Unterabteilungskommandanten und alle Kompagnieoffiziere zusammengestellt von M. G. ... Trient 1907. V: *Gjuričić, Miroslav.* (Margr)

Handbücherei für Militäranwärter. Abth. 1, H. 1. *Berlin: Kaiser-Wilhelm-Dank [1898].* 4°(8°) [F.] [94. 1442

[F.] Handbuch für Militäranwärter. II. 1. *Berlin: K. Siegismund 1898.* 8. [98. 4450

Handbuch f. k. u. k. Militärärzte. II. Bd. Beiträge zur Kenntnis d. Militär-Sanitätswesens d. europ Grossmächte u. d. Sanitätsdienstes in d. wichtigsten Feldzügen d. neuesten Zeit. Unter Mitwirkg. hervorrag. Fachgenossen hrsg. v. Paul Myrdacz. 11 Hfte. u. Anh. z. Hft. 3. gr. 8. Wien, J. Šafář. n. 35. 10
(2. Bd. kplt. n. 32. —)

1. Das französ. Militär-Sanitätswesen. Geschichte u. gegenwärt. Gestaltg. Bearb. v. Paul Myrdacz. (IV, 75 S.) 895. n. 2. 20
2. Sanitäts-Geschichte d. Krimkrieges 1854—1856. Bearb. v. Paul Myrdacz. (IV, 57 S. m. 3 Kartenskizzen.) 895 n. 1. 80
3. Geschichte d. k. u. k. österreich.-ungar. Militär-Sanitätswesens. Von S. Kirchenberger. (XI, 259 S.) 895. n. 6. 50
3. Anh. Chronolog. Tabellen zur Geschichte d. k. u. k. österr.-ungar. Militär-Sanitätswesens. Von S. Kirchenberger. (71 S.) 896. n. 1. 80
4. Sanitäts-Geschichte d. Feldzuges 1859 in Italien. Bearb. v. Paul Myrdacz. Mit 3 Kartenskizzen. (66 S.) 896. n. 2. 20
5. D. russ. Militär-Sanitätswesen. Geschichte u. gegenwärt. Gestaltg. Bearb. v. Paul Myrdacz. (64 S.) 896. n. 1. 80
6. D. deutsche Militär-Sanitätswesen Geschichte u. gegenwärt. Gestaltg. Bearb. v. Paul Myrdacz. (IV, 99 S.) 896. n. 2. 70
7. Feldärztl. Improvisationen. Von Joh. Gschirhakl. Mit 39 Abb. (67 S.) 896. n. 2 40
8. Sanitäts-Geschichte d deutsch-französischen Krieges 1870—71. Unter Mitwirkg. v. Joh. Steiner bearb. v. Paul Myrdacz. Mit 17 Kartenskizzen u. 6 Situationsplänen im Texte u. 1 (lith.) Übersichtskarte als Beilage. (V, 156 S.) 896. n. 4. 50
9. Das italien. Militär-Sanitätswesen. Geschichte u. gegenwärt. Gestaltg Von Paul Myrdacz. (67 S.) 897. n. 1. 80
10. Sanitäts-Geschichte d Feldzüge 1864 u. 1866 in Dänemark, Böhmen u. Italien. Mit Benützg. d. Acten des k. u. k. Kriegsarchivs bearb. Von Paul Myrdacz. M. 2 Kartenskizzen als Beilagen u. 2 Skizzen im Texte. (125 S.) 897. n. 4. -
11. Sanitäts-Geschichte d. russisch-türk. Krieges 1877 78 in Bulgarien u. Armenien. Von Paul Myrdacz. M. Kartenskizze als Beilage u. 2 Kartenskizzen im Texte. M. Titel, Inhalt u. Vorrede zum ges. II. Bde. (VII, IV, 115 S.) 898. n. 3 10

— — VI. Heft. Inhalt: Dr. Paul Myrdacz. Nachtrag (III. Nachtrag zur zweiten Auflage) für das Jahr 1895 Gr.-8. (146 S) * 1.50
Wien Šafář 1896.

Handbuch der k. u. k. Militärärzte. VII. Nachtrag. (IV. Nachtrag zur zweiten Auflage für das Jahr 1896. Gr.-8. (70 S.) —.75
Wien: Šafář 1897.

— für k. u. k. **Militärärzte**. 1. Bd. Systematisch geordnete Sammlg. der in Kraft steh. Vorschriften, Circular-Verordngn., Reichs-Kriegs-Ministerial-Erlässe etc. üb. das k. u. k. Militär-Sanitätswesen u. die persönl. Verhältnisse der Militärärzte, als Ergänzg. z. Reglement f. den Sanitätsdienst des k. u. k. Heeres. Bearb. v. Paul Myrdacz. 3. Aufl. gr. 8. (XVI, 1134 S.) Wien 899. J. Šafář. n. 16. —

— dasselbe, s. a.: Myrdacz.

— f. Leute, die keine Aerzte sind. 3 Thle. 8. Riga 779—81. Hartknoch in Leipz. 2 Rthlr.

Handbuch für k. u. k. Militärärzte. IX. Nachtrag für das Jahr 1899. (I. Nachtrag zur 3. Auflage des ersten Bandes und zum zweiten Bande des Handbuches.) Bearbeitet von Dr. Paul Myrdacz. (Abgeschlossen mit 31. December 1899.) Wien. 1900. Šafář. Lex.-8°. VI, 112 S. K 2.50

Handbuch für k. u. k. Militärärzte. X. Nachtrag für das Jahr 1900. (II. Nachtrag zur 3. Auflage des ersten Bandes.) Bearbeitet von Dr. Paul Myrdacz. [Militärärztliche Publicationen Nr. 56.) Wien. 1901. Šafář. Gr.-8°. 88 S K 1.80

Handbuch für k. u. k. Militärärzte XII. Nachtrag für das Jahr 1902. (IV. Nachtrag zur 3. Aufl d. I. Bd) [Militärärztliche Publikationen. Nr. 77.] Lex. 8°. (92 S.) K 2
Wien: Šafář 1903.

Handbuch der Militärgeographie. Wien 1874. V: *Swoboda, Anton.* (EB)

Handbuch der Militär-Gesundheitspflege von Dr. Wilhelm Roth, k. sächs. Generalarzt und Dr. Rudolf Lex, k preuss. Ober-Stabsarzt. I Bd. Mit 103 in den Text eingedruckten Holzschn und 3 lithogr. Taf. II. Bd Mit 94 in den Text eingedruckten Holzschn und 5 Steindrucktaf. III. Bd. Mit 21 in den Text eingedruckten Holzschn. (3 Bde.) gr. 8. Berlin 1872 - 1877.

Handbuch, Militärisches. 1778, s.a. Gaigne, de.

Handbuch, Militarisches; a. d. Franz. Gotha 1778. Ü: *Siegfrieden, Johann Gottlieb.* (MGT)

— militärisches. 8. Gotha, Ettinger. 778.

Handbuch. Militärisches, des Königreichs Bayern für das Jahr 1831, 1836 und 1846 (3 Bde) 8. München 1831 –1846

—— militärisches, in Fragen und Antworten zum Gebrauche der Schulen für Unteroffiziere und Gemeine der k. k. Cavallerie. gr. 8. (IV und 74 S.) Gratz 849, (Kienreich's Verlags-Comptoir.)

Handbuch für die Militärrechtspflege. (H. f. d. M. R.) (Unter Benützg. des vom k. preuß. Kriegsministerium hrsg. Kompendiums über Militärrecht.) (D. V. 25.) (XI, 564 S.) 8. München 906. (Literarisch-artist. Anstalt.) Kart. n. 3. 50

—— für das k. k. Militär-Sanitätswesen. Im Auftrage des Reichs-Kriegs-Ministeriums hrsg. von Frz. Stawa, Karl Kraus und Jos. Leiden. 1.—4. Lfg. 8. Wien 874, (Seidel und Sohn. [1. Lfg. (158 S. mit 1 Stnt. in qu. 4.) *M 2.; 2. und 3. Lfg. (363 S. mit 1 Tab. in 4.) *M 4,40.; 4. Lfg. (237 S.) *M 2,40.] *

—— für das k. k. Militär-Sanitätswesen. Im Auftrage des Reichs-Kriegs-Ministeriums hrsg. von Frz. Stawa, Carl Kraus und Jos. Leiden. 5.—10. Lfg. 8. Wien, (Seidel und Sohn.) [5. Lfg. (183 S.) 875. *M 2.; 6. Lfg. (124 S. mit 3 Tab. in qu. Fol. und 1 Holzschntaf.) 875. *M 1.; 7. Lfg. (157 S.) 876. *M 2.; 8. Lfg. (VIII, 266 S.) 876. *M 2.; 9. und 10. Lfg. (112, 31; 112, 33 S. mit 6 Stnt.) 877. *M 3,60.] *
1.—4. Lfg. Ebendas. 1874. *M 8,80.

Militär-statistisches Handbuch für die Jahre 1870—94. 1897—1900. Wien 1872—1900.

Handbuch zum Militairunterricht für Schweizeroffiziere aller Waffen . . . Basel 1824. V: *Wieland, Joh.* (Zuwachsverz. d. Bibliotheken in Zürich 1898 ff.)

— zum Militärunterricht f. Schweizeroffiziere aller Waffen, (als Versuch e. Vertheidigungssystems d. schweizer Eidsgenossenschaft.) Mit 1 strateget. Uebersichtskärtchen d. Schweiz u. 4 Plänen. gr. 8. Basel 825, Schweighäuser.

— zunächst für Mitglieder der Bruderschaft vom allerheiligsten Altarssakramente, dann für jeden Christen zur Belehrung u. Erbauung. Regensburg 860. Pustet. 12. (250 S. m. Holzschn.) 6 ngr.

Handbuch für die Mitglieder der Ehrenwache vom göttlichen Herzen Jesu. 4. Ausg. Wien 1895. V: *Willim, Johann Evangelist.* (EB)

— für die Mitglieder d. kath. Lehrer-Verbandes der Rheinprovinz. 12. (80 S. m. 2 eingedr. Bildnissen.) Aachen 893. (Cremer.) n. 1. —

Handbuch für die Mitglieder des Kath. Lehrer-Verbandes der Rheinprovinz. Mit 2 Portr. Eigentum d. Rhein. Prov.-Ver. *Aachen: Selbstverl. (1893).* (79 S.) 8° [6.] [94. 3373

— für die Mitglieder des III. Ordens des hl. Franziskus, hrsg. v. den Minderbrüdern zu Metz. (564, VII S. m. farb. Titelbild.) 16. Metz (909). Verlag des „Sendboten". Geb. in Leinw. 1.20

Handbuch für die Mitglieder des Westpreußischen Provinzial-Lehrervereins. Hrsg. v. Vorstande. Danzig: Verein 1909. 105 S. 8° [09. 6175

Handbuch für die Mitglieder des Vereins katholischer Lehrer Schlesiens. Hrsg. von d. engeren Vorstande. 3. Aufl. Breslau: Selbstverl. 1909. 190, 32 S. 8°. [10. 1304 2

— d. Mnemonik, z. Gebr. f. Schulen. 8. Lpz. 811, (Sauffer). 16 gl

Handb. d. Mnemonik, z. Gebr. f. Schulen u. z. Selbstunterricht. *Lpz.*, Richter. 811. 8° 16 gl

Handbuch der Moral für den Bürgerstand. Halle 1789. 2. Aufl. 1791. V: *Bahrdt, Carl Friedrich.* (Ky) (ML)

— der Moral, für den Bürgerstand. (v. K. F. Bahrdt). 8 Halle 790. Schwetschke u. S. 16 gl

— moralisches, od. Grunds. e. weis. Aufführ. 8. Augsb. Stage. 768.

— moralisches, od. Grundsätze e. weisen Aufführung; aus dem Französ. übersetzt von W. Köberlin. 2e Aufl. 8. Augsb. 786. v. Jenisch u. St. 4 gl

Handbuch, Moralisches, oder Grundsätze eines vernünftigen und glücklichen Lebens . . . Leipzig 1794. V: *Pölitz, Carl Hnr. Ludwig.* (Ky) (MGT) »1793« (NN)

— moralisches, f. die Jugend, od. Lehren e. Vaters an seine in die Welt tret. Kinder. 8. Hamb. 811. (Aue in Altona). 6 gl

Moralisches Handb. f. d. Jugend, od. Lehren e. Vaters an se. in d. Welt tretenden Kinder. *Hamb.*, Gundermann. (...) 811. 8° 9 gl

— das, des Motorzweirad-Fahrers. Populäre Darstellg. des Motorzweirades u. seiner Teile. Ratschläge üb. die Behandlg. der Maschine, Verhaltungsmassregeln u. Auskunftsmittel bei Defekten. Von Filius (Adf. Schmal). (149 S. m. Abbildgn.) 8. Wien 904. F. Beck. n. 4. —

Handbuch für Müller und Bäcker . . . Leipzig 1799. V: *Hoyer, Johann Gottfried von.* (Ky) (MGT)

— f. Müller u. Bäcker, od. Bouquets Abhandl. von d. Mahlen des Getreides u. d. Bau der Wassermühlen; nach d. Französ. (von J. G. v. Hoyer). Mit 6 Kpf. 4. Leipz. . . . 2e Aufl. (799). Baumgärtner. 1 Rthl 12 gl

Handbuch für das Münz-, Berg- und Forstwesen im Kaiserthum Oesterreich. Herausgegeben von Kraus. Jahrgang 15, 17. Wien 1854 u. 1856. 8. [Eine Fortsetzung bildet das „Montan-Handbuch".]

— musikal., auf d. J. 1782, 83, 84. 8. Frankf. u. Leipz. 783—85. (Steiner in Winterth.) 1 Rthl 3 gl

— f. Mütter, s. a. S. Hahnemann.

— f. Mütter, welche Antheil an d. ersten Unterweisung u. Bildung ihrer Kinder nehmen wollen. Auch u. d. T.: Ferdinands u. Juliens erstes Lehr- u. Lesebuch. 8 Leipz. 811. Leo. 16 gl

— der technischen Mykologie f. technische Chemiker, Nahrungsmittelchemiker, Gärungstechniker, Agrikulturchemiker, Landwirte, Kulturingenieure, Forstwirte u. Pharmaceuten, unter Mitwirkg. v. R. Aderhold, O. Appel, G. Barth u. a. hrsg. v. Frz. Lafar. (2., wesentlich erweit. Aufl. v. Lafar, techn. Mykologie.) (In 5 Bänden.) 1.—14. Lfg. (1. Bd. S. 1—512; 2. Bd. S. 1—320; 3. Bd. VIII, 504 S.; 4. Bd. S. 1—418 u. 5. Bd. S. 1—320 m. 288 Fig., 1 Tab. u. 13 Taf.) Lex.-8. Jena 904—906. G. Fischer. à n. 4. —

— dasselbe. 3. Bd. Mykologie des Bodens, des Wassers u. des Düngers. Unter Mitwirkg. v. J. Behrens, M. Hahn, L. Hiltner u. a. hrsg. (VIII, 504 S. m. 90 Abbildgn. u. 10 Taf.) Lex.-8. Ebd. 904—906. n. 18. —; geb. n. 20. —

— der technischen Mykologie f. techn. Chemiker, Nahrungsmittelchemiker, Gärungstechniker, Agrikulturchemiker, Landwirte, Kulturingenieure, Forstwirte u. Pharmaceuten, unter Mitwirkg. v. R. Aderhold, O. Appel, G. Barth u. a. hrsg. v. Frz. Lafar. (2., wesentl. erweit. Aufl. v. Lafar, techn. Mykologie.) 15.—18. Lfg. (1. Bd. XVI. u. S. 513—750; 2. Bd. IX. u. S. 321—575 u. 4. Bd. IX. u. S. 449—559 m. Fig.) Lex. 8. Jena 907. 08. G. Fischer. 14. 40

— dasselbe. 1., 2. u. 4. Bd. Lex. 8. Ebd. 58.—; geb. 62. 50
1. Allgemeine Morphologie u. Physiologie der Gärungsorganismen. Unter Mitwirkg. v. J. Behrens, W. Benecke, R. Burri u. a. hrsg. Mit 2 Taf. u. 95 Abb. im Text. (XVI, 750 S. m. 2 Bl. Erklärgn.) 904—07. 24.—; geb. 25. 50
2. Mykologie der Nahrungsmittelgewerbe. Unter Mitwirkg. v. R. Aderhold, O. Appel, R. Burri u. a. hrsg. Mit 37 Abbildgn. im Text. (IX, 575 S.) 905—08. 17.—; geb. 18. 50
4. Spezielle Morphologie u. Physiologie der Hefen- u. Schimmelpilze. Unter Mitwirkg. v. A. Bau, M. Hahn, Alb. Klöcker u. a. hrsg. Mit 1 Taf., 1 Tab. u. 123 Abbildgn. im Text. (IX, 559 S.) 905—07. 17.—; geb. in Leinw. 18. 50
3. Bd. Ebd. 904—06. 18.—; geb. 20.—.

— d. Myologie u. Syndesmologie f. Aerzte rc. übers. u. bearbeitet v. J. S. Klupsch. gr. 8. Halle, Hendel. 805.

Handbuch, Mythologisches, für Künstler und Kunstliebende ... Berlin 1787. V: *Grossing (Grossinger), Franz Rud.* Ü: *Wadzeck, Frdr. Franz Daniel.* (MGT) (Ky)

— mythologisches, f. Künstler u. Kunstliebende; z. Besten weibl. Wittwen u. Waisen. (Aus d. Französ. v. Grossing, übers. von F. F. D. Wadzeck.) 2 Bde. 8. Berl. 787.

—— und Nachschlagebuch für Gemeinde- und Stiftungs-Verwaltungen, Bürgermeister, Cassiere, Gemeindeschreiber, und alle Staatsbürger des Königreichs Bayern. Auf Grund der neuesten Gesetze und Verordnungen und mit Benützung der besten Quellen in alphabet. Ordnung bearb. 1.—52. Lfg. gr. 8. (3328 S.) Würzburg 877—79, Staudinger'sche Buchh. à Lfg. * 50 Pf. *

Hand- und Nachschlagebuch für Gemeinde- und Stiftungs-Verwaltungen, Bürgermeister, Cassiere, Gemeindeschreiber und alle Staatsbürger des Königr. Bayern. Auf Grund der neuesten Gesetze und Verordnungen und mit Benützung der besten Quellen in alphabetischer Ordnung bearbeitet. 53.—122. (Schluß-)Lfg. gr. 8. (S. 3329—7831.) Würzburg 880,81, Staudinger'sche Buchh. à Lfg. * 50 Pf. *
Wohlfeile Ausg. 883. compl. *
1.—52. Lfg. Ebendas. 1877—79. à * 50 Pf.
—— dass. — Wohlf. unveränd. (Titel-)Ausg. 1.—4. Bd. gr. 8. (S. 1—3072.) Ebendas. 883,84. à Bd. *M 2,50. *

Hand- u. Nachschlagebuch f. die kgl. bayer. Kreishauptstadt Regensburg. Nach amtl. Quellen bearb. (XVI, 199 S.) gr. 8. Regensburg 904. J. Habbel. n. 1. 50; geb. in Leinw. n. 2. —

— d. Nationalbienenzucht, s. Dina.

Handbuch für Naturaliensammler. Prakt. Anleitung z. Fangen, Züchten, Konservieren u. Präparieren von Naturkörpern, sowie z. Einrichtung von Sammlungen. Mit zahlr. Abb. Hrsg. von M[ax] Selmons. Bd 1. Berlin: E. A. Böttcher 1907. 8° [07. 4913

— d. Naturgeschichte, v. Klügel. Halle, Dreyßig.

Handbuch der Naturgeschichte oder Vorstellung der Allmacht . . . Gottes in d. Werken d. Natur, s.a. Beaurieu Gaspard Guillard de

— d. Naturgesch. od. Vorstell. d. Allmacht, Weish. u. Güte Gottes in d. Werken d. Natur. 4 Thle. m. K. gr. 8. Nürnb. Hauffe. 771—74.

Handbuch der Naturgeschichte a. d. Franz. Nürnb. 1772—74. Ü: *Lederer, Johann Georg.* (ML) »Nürnb. 1772«. (will)

Handbuch der Naturgeschichte oder Vorstellung der Allmacht, Weisheit und Güte Gottes in den Werken der Natur. Aus d. Franz. übers. [v. Johann Georg Lederer.] Bd 1-4. Nürnberg: Hauffe 1773-74. 2 Bde 8
Bd 1: Welcher den Menschen und die vierfüßigen Thiere enthält. 1773.
Bd 2: Welcher die Vögel enthält. 1773.
Bd 3: Welcher die Fische enthält. 1774.
Bd 4: Welcher die Insecten enthält. 1774.

—— der Naturgeschichte. Hrsg. v. M. S. Krüger. 1. Thl. — A. u. d. T.: H. Milne Edwards, Handbuch d. Zoologie, od. Naturgeschichte d. Thiere. N. d. 2. französ. Ausg. bearb. u. mit Anmerkn. u. Zusätzen hrsg. v. Krüger. 2 Bde. Mit 1 zoolog. Hand-Atlas (1. Lfg. Taf. I—II, schmal gr. 4.). gr. 8. Berlin 841, Rubach.
Der Atlas apart 12 Gr.

Handbuch e. technolog. u. ökonom. Naturgeschichte für d. gemeinen Mann, s.a. P. Gerhard.

— e. technol. u. ökonom. Naturgesch. f. d. gemein. Mann, (v. P. Gerhard.) 1r Bd. 1r bis 4r Thl. gr. 8. Leipz. Beygang. 797. 98. (1r 16 gr. 2r 18 gr. 3r 1 Rthlr. 4 gr. 4r 1 Rthlr.)
m. K. (1r 1 Rthlr. 4 gr. 2r 1 Rthlr. 2 gr. 3r 1 Rthlr. 4 gr. 4r 1 Rthlr.)
Schreibp. m. illum. K. (1r 1 Rthlr. 16 gr. 2r 1 Rthlr. 12 gr. 3r 1 Rthlr. 16 gr. 4r 1 Rthlr. 8 gr.)

— d. Naturgeschichte, z. faßl. Unterricht f. Schulen. 1s Heft. 8. Eisenach 782. (Bärecke). 10 Kr

— d. Naturgesch. z. faßl. Unterrichte f. Schul. 1s Heft. 8. Eisenach, Wittekind. 782.

— d. Naturlehre z. Vorlesung u. z. Privatgebrauch. m. K. gr. 8. Nürnberg, Stein. 808.

—— der Navigation, mit besond. Berücksicht. von Kompass und Chronometer, sowie der neuesten Methoden der astronom. Ortsbestimmung. Kaiserliche Admiralität, hydrograph. Bureau. gr. 8. (X, 342 S. mit 15 Taf. in Steindr. und 104 Holzschn. im Text.) Berlin 879, Mittler und Sohn. *

—— der Navigation mit besonderer Berücksichtigung von Kompas und Chronometer, sowie der neuesten Methoden der astronomischen Ortsbestimmung. Hydrographisches Amt der kaiserl. Marine. 2. verb. Aufl. gr. 8. (XII, 362 S. mit 20 Stnt. und 99 Holzschn. im Text.) Berlin 881, Mittler und Sohn.

—— der Navigation m. besond. Berücksicht. v. Kompas u. Chronometer, sowie der neuesten Methoden d. astronom. Ortsbestimmg. Hydrographisches Amt d. Reichs-Marine-Amts. 3. verb. Aufl. Mit 18 Taf. in Steindr. u. 107 Holzschn. im Text. gr. 8. (XIV, 416 S.) Ebd. 891. 5 —

Handbuch für die Navigation mit Torpedobooten an der heimischen Küste. Als Manuscript gedruckt. I. Bd. Küsten Gebiet Aussa—Zara incl Quarnero und vorliegende Inseln Mit 1 Ansichtszeichnung und 55 Planskizzen (von Nr. 1 bis Nr. 55). II Bd. Küsten Gebiet Zara—Narenta, und vorliegende Inseln. Mit 50 Planskizzen (von Nr. 56 bis Nr. 105). III Bd. Küsten Gebiet Narenta—Spizza, und vorliegende Inseln. Mit 22 Planskizzen (von Nr. 106 bis Nr. 127) (3 Bde.) 8. Wien 1887.

—— neues, des verständigen Gärtners, s. Lippold, J. F.

— — neues gemeinnütziges, für Gutsbesitzer, Beamte, Manufacturisten, Weinhändler ꝛc., oder aufgedecktes Geheimniß die Bärme ꝛc. s. Geheimniß, aufgedecktes, die gepreßte und trockene Hefe oder Barme zu fabriziren ꝛc.

Handbuch, Neues genealogisches, auf das Jahr 1778 enthaltend die Geschlechtstafeln des . . . Adels. Frankfurt a. M. 1778—80. V: *Albrecht, Gerhard Friedrich.* (EB)

— neues genealog., enthalt. d. Geschlechtstafeln des in u. außer d. heil. Röm. Reiche blühenden Adels. 2 Thle, mit 2 Nachtrr. 8. Frankf. a. M. 778—80. (Streng). 1 ₰ 8 ℛ

Handbuch, Neues, der Geographie, mit den nöthigsten statistischen und historischen Erläuterungen . . . Leipzig 1791. V: *Engel, Moritz Erdmann.* (Ky) (MGT)

— neues, d. Geographie, mit den nöthigsten statistischen Erläuterungen für d. Jugend, (von Mor. Erdm. Engel). 8. Leipz. 791. Schneider. 9 ℛ

Handbuch, Neues geographisches, zum Unterricht der Jugend eingerichtet. Breslau 1775—78. V: *Vogel, Daniel.* (Ky) (MGT)

— neues geographisches, zum Unterricht d. Jugend, (von Dn. Vogel). 8. Bresl. 775. 4e verb. Aufl. 792. (Gosohorsky). 16 ℛ

Anonym: „Neues Hand- und Hausbuch für junge Frauenzimmer", 2 Bände, Wien 1792.

Handbuch, Neues, der Jugend in Bürgerschulen. Ein Leitfaden zum Vorbereitungs-Unterricht fürs bürgerliche Leben. Frankfurt a. M. 1796. V: *Wagner, Friedrich Ludwig.* (StBFrankf I, 164)

— neues, f. d. Jugend in Bürgersch. 1s. gr. 8. Frankf. Fleischer. 796.

— neues, f. die Jugend in Bürgerschulen, (v. Fr. L Wagner). 1r Thl. gr. 8. Frankf. 796. N. Aufl. mit sn. Namen. 799. 5e A. 809. Guilhaumann. 9 ℛ

— neues, f. Kunstler, auf alle Fälle eingerichtet, a. d. Fr. 2 Thle. gr. 8. Bamberg, Göbhard. 765.

— neues, f. Künstler auf alle Fälle eingerichtet; aus d. Französ. 2 Thle. gr. 8. Bamb. 765. (Wesche in Frankf.) 2 ₰

— neues liturgisches, zum Gebrauch bei d. Hauptgottesdienst. Nebst e. Auswahl v. Chorgesängen f. d. Festtage. Nach dem Cantionale f. die evangel.-luth. Kirchen im Grossherzogt. Mecklenburg-Schwerin abgefasst m. besond. Berücksicht. der Chordirigenten. (92 S.) Lex. 8. Schwerin 909. F. Bahn. Geb. in Leinw. 2. 80

Hand- und Reisebuch, Neues, zur Andacht und Unterhaltung. Stuttg. 1780. H: *Böckh, Christian Gottfried.* (BB) (ML) »Nördlingen 1780«. (Ky)

Hand- u. Reisebuch, neues, zur Andacht u. Unterhaltung, (v. C. G. Böckh). 8. Nördl. 780. Beck. 14 ℛ

Hand- und Reisebuch, Neues, zur Unterweisung nützlicher Kenntnisse für Reisende. Nördlingen 1780. 8

—— neues, für Reisende, in 4 Sprachen, s. Manuel the travellers of conversations in english etc.

Handbuch. Neues H' fur Reisende am Rheine, enthaltend die Nachweisung alles Sehenswerthen im Gebiethe dieses Stroms von der Quelle bis zur Mundung. Mit 2 Chärtchen. 8. Elberfeld 1823.

— neues, f. Reisende am Rhein, enthaltend d. Nachweis. alles Sehenswerthen im Gebiete dieses Stroms v. d. Quelle bis z. Mündung. Mit 2 Chärtchen. 2r Abdruck. 8. Elberfeld 826. Büschler.

—— neues, f. Reisende am Rheine, enthalt. d. Nachweisung alles Sehenswerthen im Gebiete dieses Stroms, von d. Quelle bis z. Mündung. Unveränd. Aufl. m. 1 neuen Karte. 8. (16½ B.) Elberfeld 829, Büschler.

— neues, f. die Schiedsmänner im Königreich Preußen. 8. (28 S.) Berlin 879. Latte. n. — 75

— neues, d. deutschen Sprache, s. Taschenbuch d. deutschen Spr.

Handbuch, Neues, für die Grossh. badischen Staatsbehörden ... Karlsruhe 1832. V: *Mall, J.* (BaBb)

—— neues, f. d. Großhrzgl. Badischen Staatsbehörden, enthalt. in alphabet. Ordn., sämmtl. Städte, Dörfer, Weiler u. Höfe d. Großhrzgth., mit Angabe d. Seelenzahl u. d. Eintheil. in Kreise, Aemter, Decanate ꝛc. ꝛc. Bearb. nach d. neuesten u. zuverläss. Quellen, mit e., die 4 neuen Kreise darstell. col. Karte. gr. 8. (30½ B.) Karlsruhe 832, Müller.

—— neuestes vollständiges, der Färberei auf Wolle, Seide, Baumwolle u. andere feine Stoffe. 8. (8⅜ B.) Leipzig 844, Brauns.

—— neues vollständ., d. Gerberei u. Lederbereitung. Enthalt. die Roth- od. Loh-Gerberei u. Leder-Bereitung, d. Ungarisch-Leder-Gerberei, Sämisch-, Weiß-, Saffian- u. Pergament-Gerberei u. Darmsaiten-Fabrikation. Mit e. Verzeichn. üb. d. in d. Leder-Gerberei gebräuchl. Kunst-Ausdrücke. A. d. Franz. Mit vielen Abbild. (auf 8 Stnt. 4.) 8. (24 B.) Ulm 833, Ebner.

Anonym: „Neues, vollständiges Handbuch für Kaufleute", Frankfurt a. M. 1767 (Garbe).

— neues u. vollständiges, der Uhrmacherkunst. Enthaltend: Die allgem. Grundsätze der genauen Zeitmessung durch Uhren überhaupt, u. gründl. Anweisungen, alle Arten Taschen- u. Pendeluhren, so wie auch große Chronometer u. astronom. Uhren anzufertigen u. alle Reparaturen an denselben auszuführen. Nach den neuesten Erfindungen u. Verbesserungen. Nach den französ. Werken v. Janvier u. M. D. Magnier deutsch bearb. 2 Thle oder 6 Hfte. 8. (1. Thl. 272 S. mit 13 lith. Taf. in qu. Fol.) — 2. Thl. A. u. d. T.: Theoretischer u. prakt. Unterricht in der höhern Uhrmacherkunst. Von P. J. Krüger. Mit 31 Taf. Abbildgn. (in Fol.) (126 S.) Quedlinburg 851, Basse. (à Hft. 1/3 ₰) 2 ₰

Anonym: „Neues Handbuch der Wechselkunde, oder Inbegriff der Lehre von den Wechseln und des Wechselhandels", 1. (einziger) Teil, Stuttgart 1802 (Steinkopf).

— neuestes, für Frauenzimmer. 2 Thle. 8. Neust. 789. (Coppenrath in Münster). 1 ₰

— neuestes, f. Frauenzimmer, 2 Thle. 8. Altona. (Sommer, Leipz.) 806.

— neuestes, für Freunde u. Verehrer d. schönen Wissenschaften, 2 Bde, s.a. Bibliothek für Freunde d. schönen Wissenschaften.

— neuest., f. Freunde u. Verehrer der schön. Wissenschaften. 2 Bde. (N. Tit. u. herunterges. Pr. d. krit. Bibl. d. schön. W.) 8. Cöthen, Aue. 797.

Handbuch, neuestes, d. Geographie, mit den nöthigsten statistisch. Erläuter. f. d. Jugend. 8. Leipz. Schneider. 791. Rthlr.

Anonym: „Neuestes Handbuch der Jagdwissenschaft. Nebst Wörterbuch der Jagdkunstsprache und einem Jagdkalender", Ulm 1835 (Ebner).

— neuest., d. österr. Rechte. 5 Thle. 8. Wien, Mösle. 79·.

— neuestes, d. Sternkunde; aus d. Dän. d. Södorgisch. Sternkatechismus, mit e. Vorrede u. aufs Neue durchges. u. mit Zusätzen verm. von Thom. Bugge, übers. v. Chr. G. Zahle. Mit 7 Kpft. gr. 8. Kopenh. 798. Schubothe. 1 ₰ 4 ℊ

— neuestes vollständ., der Färberei auf Wolle, Seide, Baumwolle u. andere feine Stoffe. 8. Leipzig 844, Brauns. 1/3 ₰

— neuestes vollst., d. Oesterreich. Rechte, wie sie unter Joseph II. bestehen, s. F. X. Sonnleithner.

— neuestes, der Wundarzneikunst, s. Legonas.

— der Neurasthenie. Bearb. v. R. v. Hösslin, O. Hünerfauth, J. Wilheim u. A. Hrsg. v. Frz. Carl Müller. gr. 8. (VII, 611 S.) Leipzig 893. F. C. W. Vogel. n. 12. ; geb. n. 14. 50

Handbuch der reichsgesetzlichen Neuregelung des Kraftfahrzeugverkehrs auf öffentlichen Wegen u. Plätzen. (101 S.) kl. 8. Sieburg, W. Reckinger. 1910 Geb. in Leinw. 1. 50.

— der Neurologie. Bearb. v. G. Abelsdorff, R. Bárány. M. Bielschowsky u. a. Hrsg. v. M. Lewandowsky. I. Bd. Allgemeine Neurologie. 2 Tle. (VII, 1606 S. m. 322 z. Tl. farb. Abbildgn. u. 12 z. Tl. farb. Taf.) Lex. 8. Berlin 910. J. Springer. 68.—; geb. in Halbldr. n 73.50

Handbuch für Neu-Vorpommern und das Fürstentum Rügen. Hrsg. im August 1907. 138. Aufl. Stralsund: Kgl. Regierungs-Buchdr. (1907). (364 S.) 8° [F.] 07. 12894 9

Handbuch zum k. k. österreichischen Normal-Katechismus ... Innsbruck 1830. V: *Maldoner, Josef Hilarius.* (Margr)

—— zum k. k. österreich. Normal-Katechismus mit Beweisen, Beispn. u. Gleichn. (Von Maldoner.) 2., umgearb. Aufl. 2 Thle. 8. ... Innsbruck 833, 34, Wagner.

—— zum k. k. oesterr. Normal-Katechismus mit Beweisen, Erläuterungen u. Gleichnissen. 3. Aufl. 2 Thle. 8. Innsbruck 836, 37, Wagner.

Hand-Buch für das Deutsche Notariat in Amerika. Ebenso werthvoll f. Bankiers, Collections-Agenten u. sonstige Geschäftsleute. *Chicago: Koelling & Klappenbach (1897).* (80 S.) 8° [F.] [illegible]

— für das deutsche Notariat in Amerika. Ebenso werthvoll f. Bankiers, Collections-Agenten u. sonst. Geschäftsleute, welche legale Verbindgn. mit od. ohne gerichtl. Angelegenheiten in Europa — speziell in Deutschland — abzuwickeln haben. Enth: Eine kurze übersichtl. Darstellg. der speziell auf Erbschaften, Grund- u. Pfandrechte, bürgerlich. Verhältnisse, Paßwesen, Pensions- u. Militär-Angelegenheiten bezügl. Bestimmgn. u. Gerichtsgebräuche, nebst den hierauf bezügl. verschied. Formularien. gr. 8. (80 S.) Chicago (900). Koelling & Klappenbach. n. 1.50

— d. theoret. u. prakt. Notariats, nebst Anweisung, zur vorsichtigen u. förmlichen Abfassung d. Verträge u. letzten Willen, mit besond. Hinsicht auf d. Gesetze d. Kantons Bern. 8. Bern 815. Jenni. 1 ₰ 8 ℊ

Handbuch für Notarien, besonders in Kursachsen. Freyberg 1793. V: *Göbel, Johann Samuel.* (Ky) (ML) (Kläbe, Neuest. Gel. Dresd. Leipz. 1796.)

— f. Notarien in Kursachsen, (v. Jh. S. Göbel). 8. Frberg 793. Graz u. G. 8 ℊ

— f. westphäl. Notarien, s. Tittmann, C.

Handbuch, nöthiges, üb. Zucht, Behandlung, Wartung u. Fütterung, auch Arbeit d. Pferde, f. Oekonomen u. jed. Pferdebesitzer. Nebst e. Anh., enth. das Wesentlichste d. Reitkunst u. des Zureitens junger Pferde. Ausführl. bearb. v. ein. Oekonomen. 8. (8 B.) Arnsberg 838, Ritter. Thlr.

— - u. Notizbuch f. Hausväter u. Hausmütter auf jeden Tag des Jahres f. 1811. 8. Hannov. Gebr. Hahn. 811.

— u. Notizenbuch f. Hausväter u. Hausmütter f. 1809 u. 10. 8. Hannov. Hahn. (jeder Jahrg. 10 gr.)

— nutzbares, andächtiger Uebungen, mit Anmerkk. u. Unterrichtungen derselben 2c. 8. Salzb. 778. Duyle. 8 ℊ

Anonym: „Handbuch zum Nutzen und Vergnügen des Bürgerstandes, besonders für Professionisten, Künstler etc.", 2 Teile, Wien 1795 (Schmidtbauer).

—— zum Nutzen u. Vergnügen f. Frauenzimmer. Eine Samml. d. vorzügl. weibl. Arbeiten 2c. 2 Bdchn. gr. 12. (11 B. u. 2 Stnt.) Ulm 837, Ebner'sche Buchh.

— — zum Nutzen u. Vergnügen f. Frauenzimmer. Eine Sammlung der vorzügl. weibl. Arbeiten, als Nähen, Kleidermachen :c. 2. Bdchn. m. Abbildgn. 2. Aufl. 12. (18¼ B. u. 2 Stnt.) Ulm 811, Ebner, Berl.

Handbuch zum Nutzen und Vergnügen für Teutschlands Söhne und Töchter. Berlin 1788. 2. Aufl. 1792. V: *Hartmann, Anton Theodor & Johann Christian Weitsch.* (MGT) (Ky)

— zum Nutzen u. Vergnügen f. Deutschlands Söhne u. Töchter, (v. Jh. Chr. Weitsch u. A. Th. Hartmann, NB. soll ganz von H. allein sein). 8. Berl. 788. 2e Aufl. 792. Wilke in Warschau. 12 K

Handbuch, d. nützliche, f. Jedermann, der seine Hauswirthschaft gut besorgen will :c. 12. Landsh. 790. Storno. 3 K

— d. nützliche, f. Jedermann. 12. Landshut, Hagen. 806.

Handbuch, Nützliches und angenehmes, für Väter, Mütter, Kinder, Hofmeister ... Wien 1784. V: *Salis.* (BGE 3/67) (Ky 3/32, 5/13) (wrztg 1785 bei Nr. 21) (biblPort)

HANDBUCH, Nützliches u. angenehmes, für Väter, Mütter, Kinder, Hofmeister, Gouvernanten, Lehrlinge etc., überhaupt für alle Menschen. Wien, Hörling, 1784. 8°. (40 xr.)
Anzeige des Verlegers.

— nützl., für alle Bäcker, Brauer, Branntweinbrenner :c. 4. Berl. 790. Unger. 16 K

Hand- u. Hausbuch, nützliches, für Frauen u. Mädchen. In 33 Abhandll. über wirthschaftl. Gegenstände, Religion, Moral, Lebensklugheit, Gesundheits- u. Schönheitspflege. gr. 8. Wien 816. Gerold. 1 ʀf 8 K

Anonym: „Nützliches Hand- und Hausbuch für Frauen und Mädchen, in 33 Abhandlungen über hauswirthschaftliche Gegenstände, Religion, Moral, Lebensklugheit, Gesundheit und Schönheitspflege", Wien 1817 (Gerold).

Anonym: „Nützliches Handbuch für den Landmann, oder für Jeden, der sich mit der Landwirthschaft beschäftigt ....", Warschau 1792 (Wilke).

Handbuch für den Turngau Oberösterreich-Salzburg, enth. d. Satzungen u. Bestimmungen f. d. D. T., f. d. XV. Dtsch. Turnkr. u. f. d. Turngau Oberösterreich-Salzburg, Salzburg 1888, XV u. 26 S., 8°.

— üb. d. Obstbaumzucht u. Obstlehre. m. K. u. e. Tab. gr. 8. Frankf. Hermann. 804.

Handbuch, offic. schweizer., über die Terrainlehre, das Kartenlesen und die Recognoszirungen, für den Gebrauch der Offiziere der Infanterie und Cavallerie bearb. Mit vielen color. Tfln. kl. 8. Bern, Wyss. 1877. 2. —

Handbuch für den Officier zur Belehrung im Frieden und zum Gebrauch im Felde ... Berlin 1817—18. V: *Rühle von Lilienstern, Johann Jacob Otto August.* (MGT) (Hitzig) (Ky) (BrMm) (Koner)

— f. den Offizier zur Belehrung im Frieden u. zum Gebrauch im Felde, (von J. J. Rühle von Lilienstern). 2 Thle. gr. 8. Berl. 817—18. Reimer. 6 ʀf Schrbp. 7 ʀf 8 K

Handbuch für alle Officiere der Infanterie. O. O. 1791. V: *Friedrich August Herzog von Braunschweig.* (BB)

Handbuch für die Offiziere der Artillerie. Berlin 1873. 8.

— für die Offiziere der Königlich Preußischen Artillerie. Mit 164 in den Text gedr. Holzschn. u. 24 Taf. in Steindr. Berlin 860. Voß. Lex.-8. (XXXII, 872 S.) n. 5 ʀf

Handbuch für die Offiziere der preuß. Artillerie. Mit Taf. :c. Berlin 1860. 871 S.
— — 2. Aufl. Abt. 1—20. 1877.
— — Nachtr. 1. 1878.
— — Nachtr. 2. 1879.

Handbuch für die Officiere der k. preussischen Artillerie. Mit 164 in den Text gedruckten Holzschn. und 24 Taf. in Steindruck. Auf dienstliche Veranlassung gedruckt. 8. Berlin 1860.
— — 2. Aufl. Mit 224 in den Text gedruckten Holzschn. und 25 Taf. in Steindruck. Auf dienstliche Veranlassung gedruckt. Mit Nachträge I—III. gr. 8. Berlin 1877—1882.

— für die Offiziere der königl. preußischen Artillerie. Mit 224 in den Text gedr. Holzschn. u. 25 Taf. in Steindr. Auf dienstl. Veranlassung gedr. 2. Aufl. Lex.-8. (1343 S.) Berlin 877. Voß. n. 20. —

— f. die Offiziere d. Beurlaubtenstandes der Infanterie. (Red.: Transfeldt.) 4 Thle. 12. Berlin 890. Mittler & Sohn. Mit Aufbewahrungsdecke. n. 5. —
I. Thl. Einleitung. (24 S.)
II. Thl. Der innere Dienst. 1. Kenntniß der allgemeinen Dienstverhältnisse. (48 S.) — 2. Innerer Dienst der Kompagnie. (IV, 90 S.) — 3. Disziplin. Gerichtsdienst. Ehrengerichte. (IV, 64 S.) — 4. Verwaltung. (VI, 36 S.)
III. Thl. Der äußere Dienst. 5. Dienstunterricht. (III, 7 S.) — 6. Turnen u. Bajonettiren. (III, 10 S.) — 7. Exerziren. (VI, 92 S.) — 8. Waffen, Munition, Schießen. (170 S. m. Abbildgn. u. 1 Tab.) — 9. Die Gefechtslehre. (V, 37 S.) — 10. Felddienst. (IV, 101 S. m. 23 Abbildgn.) — 11. Der Garnisondienst. (IV, 31 S.)
IV. Thl. Die Mobilmachung. (10 S.)

— für die Offiziere d. Beurlaubtenstandes der Infanterie. (Red.: Transfeldt.) 1. Thl., 2. u. 3. Thl., 11 Abschnitte, u. 4. Thl. 12. Berlin 890. E. S. Mittler & Sohn. Einzelpr. n.n. 6. 35; kplt. in Mappe: n. 6. —
I. Thl. Einleitung. (24 S.) n. — 20.
II. Thl. Der innere Dienst. 1. Kenntniß der allgemeinen Dienstverhältnisse. (48 S.) n. — 40. — 2. Innerer Dienst der Kompagnie. (IV, 90 S.) n. — 80. — 3. Disziplin. Gerichtsdienst. Ehrengerichte. (IV, 64 S.) n. — 60. — 4. Verwaltung. (VI, 36 S.) n. — 40.
III. Thl. Der äußere Dienst. 5. Dienstunterricht. (III, 7 S.) n. — 15. — 6. Turnen u. Bajonettiren. (III, 10 S.) n. — 15. — 7. Exerziren. (VI, 92 S.) n. — 80. — 8. Waffen, Munition, Schießen. (170 S. m. Abbildgn. u. 1 Tab.) n. 1. 20. — 9. Die Gefechtslehre. (IV, 37 S.) n. — 40. — 10. Felddienst. (IV, 101 S. m. 23 Abbildgn.) n. — 80. — 11. Der Garnisondienst. (IV, 31 S.) n. — 30.
IV. Thl. Die Mobilmachung. (10 S.) n. — 15.

— f. d. Offiziere d. Beurlaubtenstandes d. Infanterie. 4 Thle. in 13 Abschnitten, 2., n. d. neuesten Dienstvorschriften bearb. Aufl. 12. Berlin 895. E. S. Mittler & Sohn. In Leinw.-Mappe n. 6. —; Einzelpr. n.n. 6. 95

I. Einleitung. (21 S.) n.n. — 20
II. D. innere Dienst. 1. Kenntniß d. allgem. Dienstverhältnisse. (IV, 52 S.) n.n. — 50
2. Inn. Dienst d. Kompagnie. (IV, 94 S.) n.n. — 85
3. Disziplin. Gerichtsdienst. Ehrengerichte. (IV, 66 S.) n.n. — 60
4. Verwaltung. (V, 35 S.) n.n. — 40
III. D. äußere Dienst. 5. Dienstunterricht. (1. Aufl.) (III, 7 S.) 890. n.n. — 15
6. Turnen u. Bajonettiren. (1. Aufl.) (III, 10 S.) 890. n.n. — 15
7. Exerzieren. (VI, 93 S.) n.n. — 90
8. Waffen. Munition. Schießen. Bearb. v. Wiebe. (X, 183 S. m. 48 Abb.) n.n. 1. 30
9. D. Gefechtslehre. (V, 44 S.) n.n. — 50
10. Felddienst. (IV, 98 S.) n.n. — 90
11. Der Garnisondienst. (1. Aufl.) (IV, 31 S.) 890. n.n. — 35
IV. D. Mobilmachung. (II, 9 S.) n.n. — 15

[Abschn. 5 u. 6 sind in d. 2. Aufl. nicht erschienen.]

Handbuch für die Offiziere des Beurlaubtenstandes der Infanterie. 8., nach den neuesten Dienstvorschriften bearb. Aufl. 18 Hfte. 12. Berlin 899. E. S. Mittler & Sohn. In Leinw.-Mappe n. 6. —; Einzelpr. n.n. 6. 85

1. Einleitung. (III, 19 S.) n. — 20
2. Allgemeine Dienstkenntniß. (IV, 59 S.) n.n. — 50
3. Innerer Dienst der Kompagnie. (IV, 90 S.) n.n. — 85
4. Disziplin. (V, 70 S.) n. — 60
5. Waffen. Munition. Schießen. Von Wiebe. Bis zum 1. 1. 1899 bericht. Ausg. der 2. Aufl. (X, 180 S. m. Abbildgn. u. 1 Tab.) n.n. 1. 30
6. Exerzieren. (VI, 69 S.) n.n. — 90
7. Gefechtslehre. (VI, 41 S.) n.n. — 40
8. Felddienst. (IV, 106 S. m. Abbildgn. u. 1 Taf.) n.n. — 90
9. Garnisondienst. (IV, 33 S.) n.n. — 35
10. Dienstunterricht. (III, 7 S.) — 15
11. Turnen u. Bajonettiren. (IV, 10 S.) — 15
12. Verwaltung. (V, 41 S.) n. — 40
13. Mobilmachung. (III, 10 S.) — 15

Handbuch für die Offiziere der Feld-Artillerie. Abt. 1—10. 15. 16. 18. 19. Berlin 1876. 8°.

— f. Officiere v. Generalstab, s.a. Ribaupierre.

Handbuch für Offiziere des Generalstabes. 2. Aufl. Wien 1866. 8°. (1. Aufl. Frühjahr 1866.)

— für Offiziere des Generalstabes. 2. Aufl. Wien 867. Gerold's Sohn. 8. (IV, 231 S. mit eingedr. Holzschn. u. 1 Tab. in Fol.) n. 1 Rthl. 18 ngr.

Handbuch für Officiere des Generalstabes. Zusammengestellt von den Hauptleuten Succovaty, Habiger, Tomaschek und Freiherr von Pidoll. Wien 1873.

— f. Officiere d. Infanterie, m. 3 K. gr. 12. Berl. (Wilke in Warschau.) 792.

— f. alle Officiere d. Infanterie, m. K. 8. Wien, Tendler. 795.

— f. alle Offiziere d. Infanterie, Mit Kpf. 8. Wien 795. Trattner. 12 gr.

— f. Officiere d. Cavallerie, m. Plans v. einem preußischen Officier. 2 Bde. gr. 8. Dresden, Walther. 790.

Handbuch für die Officiere der Rheinbundstruppen. Dresden 1811. V: *Guehery, Louis Amanley de & Anton von Dziembrowsky.* (Ky) (MGT)

— f. die Offiziere d. Rhein-Bunds-Truppen, (v. L. A. de Guehery u. Ant. Dziembowsky). 8. Dresd. 811. Addreß-Compt. Mit color. Kpf. 1 Rthl. 18 gr. schw. Kpf. 1 Rthl. 8 gr. ohne Kpf. 1 Rthl.

—— zum praktischen Gebrauch für sämmtliche Offiziere, Militair-Beamte 2c. der königl. preuß. Armee, sowie für Civil-Beamte, welche mit der Armee in dienstliche Berührung kommen. Hrsg. von A. Strachle. (2., unveränd. Ausg.) 8. (XI und 260 S.) Neuwied 852, (van der Beeck.) *

Handbuch der Ohrenheilkunde, bearb. v. E. Berthold, F. Bezold, K. Bürkner etc., hrsg. v. Herm. Schwartze. 2 Bde. Lex.-8. Leipzig, F. C. W. Vogel. n. 55. —; geb. n. 61. —

1. (VII, 714 S. m. 133 Abbildgn.) 892. n. 25. —; geb. n. 28. —
2. (VII, 916 S. m. 177 Abbildgn.) 893. n. 30. —; geb. n. 33. —

— der politischen Oekonomie, in Verbindung mit B. Benecke, L. Brentano, Frhr. Th. v. der Goltz 2c. hrsg. v. Gust. Schönberg. 2 Bde. Lex.-8. (XII, 1244 u. VI, 663 S.) Tübingen 882. Laupp. n. 36. —; Einband in Halbfrz. n.n. 4. —

—— der politischen Oekonomie, in Verbindung mit B. Benecke, J. Conrad, F. H. Geffcken 2c. hrsg. von Gust. Schönberg. 2. umgearb. und verm. Aufl. 3 Bde. Lex.-8. Tübingen. Laupp'sche Buchh. *ℳ 54.—.; geb. *

Inhalt:

Bd. 1. Volkswirtschaftslehre. 1. Tl. (XII, 734 S.) 885. *ℳ 14.—. geb. *ℳ 16.40.
„ 2. —— dass. — 2. Tl. (XIII, 1007 S.) 886. *ℳ 20.—.; geb *ℳ 22.40.
„ 3. Verwaltungslehre. (XI, 1015 S.) 885. *ℳ 20.—.; geb *ℳ 22.40.

—— der politischen Oekonomie in Verbindung m. A. Buchenberger, J. Conrad, F. H. Geffcken u. A. hrsg. v. Gust. Schönberg. 3. Aufl. 3 Bde. Lex.-8. Tübingen 890, Laupp. * 57 —; geb. * * 64 20

1. Volkswirtschaftslehre. 1. Bd. (XV, 790 S.) 890. * 15 —.
2. Dass. — 2. Bd. (XIII, 1126 S.) 891. * 21 —.
3. Finanzwissenschaft u. Verwaltungslehre. (XIII, 1164 S.) 891. * 21 —.

— d. politischen Oekonomie, in Verbindg. m. A. Buchenberger, J. Conrad, F. H. Geffcken u. a. hrsg. v. G. v. Schönberg. 4. Aufl. In 3 Bdn. Lex.-8. Tübingen, H. Laupp. n. 76. —; geb. in Halbfrz. n.n. 88. —

1. Volkswirtschaftslehre. (In 2 Bdn.) 1. Bd. (XIV, 885 S.) 896. n. 18. —; geb. n.n. 20. 40
2. I. Dasselbe. 2. Bd. 1. Halbbd. (X, 731 S.) 896. n. 14. —; geb. in Halbfrz. n.n. 16. 40
2. II. Dasselbe. 2. Bd. 2. Halbbd. (X, 592 S.) 898. n. 12. 60; geb. n.n. 15. —
3. I. Finanzwissenschaft. 1. Halbbd. (XIV, 864 S.) 897. n. 18. —; geb. in Halbfrz. n.n. 20. 40
3. II. Finanzwissenschaft u. Verwaltungslehre. 2. Halbbd. Kommunales Finanzwesen u. Verwaltungslehre. (X, 609 S.) 898. n. 13. 40; geb. n.n. 15. 80

— ökonom., od. allgem. u. aufricht. Unterricht in d. Fabrikation d. trockenen Hefe od. Bärme, in d. Destillirkunst, d. guten Verfertigung allerhand Aquavite, Liqueurs, d. Cognacs u. Rums 2c. Mit Abbildd. 8. Leipz. 822. Magazin f. Ind. 1 Rthl. 12 gr.

Handbuch, Ökonomisches, für Frauenzimmer. Stuttgart 1791. V: *Löffler, Friederike Louise geb. Herbort.* (Ky)

— ökonom., f. Frauenzimmer. 1r Bd., 1e Abthl. Auch u. d. T.: Neues Kochbuch, oder geprüfte Anweis. zur schmackh. Zubereitung der Speisen, des Backwerks, des Confekts 2c., (von F. L. Löfflerin). 1r Thl. 8. Stuttg. 791. 2e verm. Ausg. 794. 7e verb. Aufl. 824. Steinkopf. 1 Rthl. 8 gr. 1r Bd., 2e Abthl. Auch u. d. T.: Neues Kochbuch 2c., (von F. L. Löfflerin). 2r Thl. 8. Ebd. ... 4e A. 825. 1 Rthl. 8 gr. 2r Bd. Auch u. d. T.: Anweis. zu Frauenzimmerarbeiten. 8. Ebd. 810. 4e Aufl. 826. 2 Rthl. Beide Bände. 4 Rthl. 16 gr.

Oekonomisches Handbuch für Frauenzimmer. Stuttgard, bei Johann Friedrich Steinkopf [Bd. 2 bei Johann Christoph Betulius] 1792—1795.
2 Bde. 8°.
1 1795: Neues Kochbuch oder geprüfte Anweisung zur schmakhaften Zubereitung der Speisen. des Bakwerks ... Neue . verb. u. verm. Aufl. 6 Bl., 636 S., 14 Bl.
2. 1792: Abhandlungen von Frauenzimmerarbeiten von Haushaltssachen und von Schönheitsmitteln. 4 Bl., 776 S., 8 Bl.

Anonym: „Oekonomisches Handbuch für Frauenzimmer", I. Band in 2 Abteilungen und II. Band, Stuttgart 1798 (Steinkopf). I. Band 2. Abteilung a. u. d. T.: „Löfflers Kochbuch"; II. Band a. u. d. T.: „Anweisung zu Frauenzimmerarbeiten, Behandlung von Haushaltungssachen, Körperschönheit etc." I. Band 1. u. 2. Abtlg. Neuauflage ebenda 1806 und 1808; I. Band 5. Auflage, II. Band 3. Auflage ebenda 1817; I. Band 7. verm. und verb. Auflage, II. Band 4. verm. und verb. Auflage ebenda 1824—1826; I. Band 8. verm. und verb. Aufl., II. Band 4. verm. und verb. Auflage ebenda 1833.

— ökonomisches, f. Frauenzimmer. 2 Bde. 8. Stuttgart, Steinkopf. 811. (1r Bd. enth. d. Löfflerische Kochbuch 2 Rthlr. 16 gr. 2r Bd. a. unt. d. Titel: Abhandl. v. Frauenzimmerarbeit &c. 1 Rthlr. 8 gr.)

— ökonomisches, f. Frauenzimmer. 1r 1ste Abthl. enth. das Löfflersche Kochbuch. 5te verb. Aufl. 8. Stuttg. Steinkopf. 811.

— — ökonomisches, für Frauenzimmer. 1sten Bandes 1ste Abtheil. 8. Stuttgart, Steinkopf. 817.
Auch unter dem Titel:
Neues Kochbuch, oder geprüfte Anweisung zur schmackh. Zubereitung der Speisen, des Backwerks, des Confetts &c. von F. L. Löfflerin. 1r Theil. 6te verb. Auflage.

— — 1sten Bandes 2te Abtheil. 8. Ebend. 817.
Auch unter dem Titel:
Neues Kochbuch &c. (von F. L. Löfflerin.) 2ter Theil. 3te verb. Aufl.

—— ökonomisches, f. Frauenzimmer. 1. Bd. 1. Abthl. — A. u. d. T.: Neues Kochbuch, od. geprüfte Anweis. z. schmackhaften Zubereitung d. Speisen, d. Backwerks, Confekts, Gefrornen u. Eingemachten. 1. Thl. 8., verb. u. verm. Aufl. 8. (39 B.) Stuttgart 833, Steinkopf.
1. Bd. 2. Abthl. Kochbuch. 2. Thl. 4. Aufl. 1825. 1 Thlr. 8 Gr., 2. Bd. Anweisung zu Frauenzimmer-Arbeiten. 4. Aufl. 1826. 2 Thlr. Ebendas.

—— ökonomisches, f. Frauenzimmer. 1. Bd. 2. Abthl. — A. u. d. T.: Neues Kochbuch, od. geprüfte Anweis. zur schmackhaften Zubereitung d. Speisen, d. Backwerks &c. (Von F. L. Löfflerin.) Anhang od. 2. Thl. 5. neu verb. u. verm. Aufl. 8. (37 B.) Stuttgart 840, J. F. Steinkopf.
1. Bd. u. 2. Bd. 1. Abthl. Ebendas. 1825, 26, 33. 4 Thlr. 16 Gr.

— — dass. f. Gutsbesitzer, Verwalter u. auch den gemeinen Landmann. 4 Thle. Altona. (Leipz. Benj. Fleischer.)

Handbuch, Ökonomisches, für Gutsbesitzer, Verwalter und Pächter, und den gemeinen Landmann . . . Altona 1787. V: *Du Chaine (= Ferd. Chn Touchy?).* (wö)

Anonym: „Oekonomisches Handbuch für Gutsbesitzer, Verwalter . . . .", 4 Teile, Altona 1787—1789 (Kaven). Dasselbe, Leipzig 1787, 1788 (Fleischer).

— ökonom., Haushaltungs- u. landwirthschaftl., für Rittergutsbesitzer, Pächter &c., herausg. von e. alten Oekonomie-Verwalter in Schlesien. 8. (o. O.) 805. (Leipz., Köhler). 16 gr

Handbuch, Oekonomisch-medicinisches, oder Sammlung von Vorschriften die aufs Hauswesen Beziehung haben. Riga 1804. V: *Friebe, Wilhelm Christian.* (MGT)

Anonym: „Oekonomisch-physikalisch-alphabetisches Handbuch", 3 Teile, Zwickau 1794—1796 (Höfer).

Handbuch, ökonom.-prakt., für Bierbrauer, Bäcker, Essigfabrikanten, Branntweinbrenner, Branntweinschenken u. Oekonomen. 16. Fürth, Korn. 16 gr Dass., neu umgearb. 8. Ulm ... Ebner. 16 gr

— — dass. praktisches, f. Bierbrauer, Essigfabrikanten, Brandweinbrenner u. andere Oekonomen. 12. Nürnberg, Zeh. 815.

Handbuch, Oekonomisch-technologisches, oder Land- und Hauswirthschaftlicher Orakel für Hausväter und Hausmütter . . . Leipzig 1798—1800. V: *Putsche, Carl Wilhelm Ernst.* (Ky) (Engoec) (MGT)

— ökonom.-technolog., od. land- u. hauswirthschaftl. Orakel für Hausväter u. Hausmütter &c., (v. K. W. E. Putsche). 2 Thle. gr. 8. Leipz. 798—800. Schwickert. 2 ₰ 8 gr

Handbuch einer Ordre-Sammlung für Offiziere und Militärbeamte im k. bayer. Heere . . . München 1854. V: *Vogl, Joh. Nep.* (Bücher-Samml. d. hist. Ver. v. u. f. Oberbayern. Münch. 1867.)

Handbuch zur Orientierung über die Gehaltsverhältnisse d. preussischen Volksschullehrerinnen. Auf Grund eigener statist. Aufnahmen hrsg. vom Vorstande d. Landesvereins preuß. Volksschullehrerinnen. Im Anh.: Das Lehrerbesoldungsgesetz. — Berlin: Selbstverl. d. Vereins 1900. 87 S. 8°

Handbuch der Ornithologie, besonders zum Gebrauch für Sammler . . . Kopenhagen 1846. H: *Paulsen, Barth. Hans Chn Ernst.* (Ky) (BrMm) (Collin, Anonymer. Kiobenh. 1869.)

—— d. Ornithologie, besond. z. Gebrauch f. Sammler, enth. die in Europa vorkommenden Gattungen u. die in Dänemark, Schleswig, Holstein u. Lauenburg nebst den Inseln Helgoland u. Rügen vorkommenden Arten m. erläut. Abbild. (auf 4 Taf.) (Herausg. v. Paulsen.) I. Thl. Das System u. die Gattungen. 8. (13 B.) Kopenhagen 846, Reitzel. **

— der Ortsgesetze der Residenzstadt Dessau u. der f. die Bürgerschaft wichtigsten landes- u. reichsgesetzlichen Bestimmungen, zum prakt. Gebrauche zusammengestellt. gr. 8. (X, 260 S.) Dessau 894. R. Kahle. Kart. n. 2. 25

—— für Ortsrichter, Gerichtspersonen und Gemeindevorstände, oder kurze und faßliche Anweisung dessen, was sie zu thun und zu beobachten haben, wenn sie ihr Amt mit gutem Erfolge führen wollen. Von einem Veteranen. 8. (IV und 60 S.) Pirna 851, Diller und Sohn.

— der Diöcese Osnabrück. 1899. (Novbr.) Hrsg.: Beckschäfer. 8. (IV, 123 S.) Osnabrück, F. Schöningh. Geb. in Leinw. n. 2. —

Oesterreichisches Statistisches Handbuch (Jg 1—32: für die im Reichsrathe vertretenen Königreiche und Länder). Jg 1—35 1882—1916/17. - - Wien: Verl. der K. K. Statistischen Zentralkommission 1883—1918. 4°

— österreichisches statistisches, f. die im Reichsrathe vertretenen Königreiche u. Länder. Nebst e. Anh. f. die gemeinsamen Angelegenheiten der österreichisch-ungarischen Monarchie. Hrsg. v. der k. k. statist. Central-Commission. 1. Jahrg. 1882. gr. 8. (IV, 255 S.) Wien 883. Hölder. n. 7. —

— dasselbe. 2. Jahrg. 1883. gr. 8. (IV, 254 S.) Ebend. 884. n. 7. 20

— dasselbe. 3. Jahrg. 1884. gr. 8. (IV, 260 S.) Ebend. 885. n. 7. 60

— dasselbe. 4. Jahrg. 1885. gr. 8. (III, 268 S.) Ebend. 886. n. 6. —

— österreichisches statistisches, f. die im Reichsrathe vertretenen Königreiche u. Länder. Nebst e. Anh. f. die gemeinsamen Angelegenheiten d. österreichisch-ungar. Monarchie. Hrsg. v. der k. k. statist. Central-Commission. 5.—8. Jahrg. 1886—1889. gr. 8. (III, 271; IV, 275; III, 273; III, 271 S.) Wien, (Gerold's Sohn). à Jahrg. n. 6. —

— österreichisches statistisches, f. die im Reichsrathe vertretenen Königreiche u. Länder. Nebst e. Anh. f. die gemeinsamen Angelegenheiten der österreichisch-ungar. Monarchie. Hrsg. v. der k. k. statist. Central-Commission. 9.—12. Jahrg. 1890—1893. gr. 8. (III, 282; III, 297; IV, 302; IV, 330 S.) Wien 891—894. (C. Gerold's Sohn.) à Jahrg. n. 6. —

— österreichisch. statist., f. d. im Reichsrathe vertret. Königreiche u. Länder. Nebst e. Anh. f. d. gemeins. Angelegenheiten d. österreichisch-ungar. Monarchie. Hrsg. v. d. k. k. statist. Central-Commission. 13. bis 16. Jahrg. 1894—1897. Lex.-8. (IV, 320, IV, 324, IV, 332 u. IV, 357 S.) Wien (C. Gerold's Sohn). à Jahrg. n. 6. —

— österreichisches statistisches, f. die im Reichsrathe vertretenen Königreiche u. Länder. Nebst e. Anh. f. die gemeinsamen Angelegenheiten der österreichisch-ungar. Monarchie. Hrsg. v. der k. k. statist. Central-Commission. 17.—20. Jahrg. 1898—1901. Lex.-8. (III, 363; III, 365; III, 375 u. III, 432 S.) Wien 899—902. (C. Gerold's Sohn.) à n. 6. —

— österreichisches statistisches, f. die im Reichsrate vertretenen Königreiche u. Länder. Nebst e. Anh. f. die gemeinsamen Angelegenheiten der österreichisch-ungar. Monarchie. Hrsg. v. der k. k. statist. Zentralkommission. 21.—24. Jahrg. 1902—1905. (III, 428; III, 476; IV, 432 u. IV, 484 S.) Lex.-8. Brünn 906. (Wien, C. Gerold's Sohn.) à n. 6. —

Handbuch, österreichisches statist., f. d. im Reichsrate vertretenen Königreiche u. Länder. Nebst e. Anh. f. die gemeinsamen Angelegenheiten der österreichisch-ung. Monarchie. Hrsg. v. der k. k. statist. Zentralkommission. 25—28. Jahrg. 1906—1909. (IV, 420; IV, 540; IV, 506 u. IV, 510 S.) Lex. 8. Wien 907—10. C. Gerold's Sohn. à 6. —

HANDBUCH. Österreichisch-genealogisches – für 1784. Hartl, Wien 1784 1 vol 300 S + 7 Kupferstiche.

— östreichisch-genealogisches, f. 1784. m. Wappen. 8. Wien, Kaulfuß.

— der Ostküste Südamerikas zwischen dem Kap San Roque u. der Magellan-Strasse. Hrsg. v. der Direktion der deutschen Seewarte. Mit 102 Küstenansichten u. 17 Hafenplänen im Text, sowie 22 Taf. gr. 8. (XXIV, 731 S. u. Nachträge 8 Bl.) Hamburg 902. (L. Friederichsen & Co.) Geb. in Leinw. u. geh. n. 6. —

Handbuch der Prov. Ostpreußen für 1886/87. Nachweis der innerhalb derselben ihren Sitz habenden Staats-, Reichs- und Selbstverwaltungs-Behörden, deren Mitglieder und Beamten, auf Grund amtl. Mittheilungen, nach ihrer Zuständigkeit geordnet und zusammengestellt von Carl Nürnberger. 1. Thl.: Provinzial-Behörden. 2. Thl.: Regierungsbezirks-, Militärverwaltungs- und Reichsbehörden, Namensregister. gr. 8. (IV, 144 S.) Königsberg, C. Nürnberger, Adreßbuch-Verlag. [* * *M* 4.50.] *

Nicht weiter erschienen.

— für die Prov. Ostpreußen. Nachweis der Staats-, Provinzial- u. Kommunal-Behörden, deren Mitglieder u. Beamten, der Geistlichkeit, Medicinal-Personen, Unterrichts- u. Bildungs-Anstalten u. öffentl. Institute. Abgeschlossen im Juni 1891. gr. 8. (X, 306 S.) Königsb. i. Pr. 891, Hartung. * 3 50; geb. * 3 75

— dass. -- Ergänzungsheft. Verzeichniß der Amtsvorsteher in der Prov. Ostpreußen. 8. (24 S.) (Ebd.) 891. * — 30

Handbuch der Oceanographie u maritimen Meteorologie. Im Auftrage d. k. k. Reichs-Kriegs-Ministeriums [Marine-Section] verf. v. Ferd. Attlmayr, Jos Köttstorfer, Jos Luksch, Ernst Mayer, Peter Salcher u Jul. Wolf. Mit 12 lith. Taf. u. 84 in den Text gedr. Fig. 2 Bde. gr. 8. (XIX, XI, 990 S.) Wien 883. Hof- u. Staatsdruckerei. n. 20. 30

Handbuch, Pädagogisches, für Schulmänner und Privaterzieher . . . Halle 1790. H: *Niemeyer, Aug. Hermann.* (Ky) (MGT)

— pädagogisches, für Schulmänner u. Privaterzieher, (v A. H. Niemeyer). gr. 8. Halle 790. Waisenhaus B. 16 *K*

Handbuch der Paläontologie, herausgegeben unter Mitwirkung von W. Ph. Schimper und A. Schenk, von C. A. Zittel.

I Abth. I Bd. Protozoa etc. 1876—1880
I. „ II. „ Mollusca etc. 1881—1885.
I. „ III. „ Vertebrata. 1887—1890.
I „ IV. „ Mammalia 1891—1893.
II „ Palaophytologie 1890.

München, 1876—1893.

— der Papierfabrikation, von Carl Hartmann. gr. 8. (24 B. u. 8 Stnt.) Berlin 842, Amelang, Berl.

Handbuch der Parfümerie- und Toiletteseifen-Fabrikation. Hrsg. von C. Deite. Berlin 1891

— parlamentarisches, für das Herrenhaus und das Haus der Abgeordneten. 16. (VIII und 298 S.) Berlin 859, Decker'sche geheime Ober-Hofbuchdruckerei. *

— parlamentarisches, für das Herrenhaus und das Haus der Abgeordneten. 2. Ausg. gr. 16. (VIII und 317 S.) Berlin 862, v. Decker'sche geheime Ober-Hofbuchdruckerei. * geb. *

— parlamentarisches, für den preußischen Landtag. Ausg. f. die XIII. Legislatur-Periode des preußischen Landtags. Hrsg. v. Fr. Kortkampf. 8. (VIII, 216 S.) Berlin 877. Kortkampf. n. 3: —; geb. n. 3. 60

—— parlamentarisches, für den norddeutschen Reichstag und den preußischen Landtag. Hrsg. unter Mitwirkung von Abgeordneten von Friedr. Kortkampf und Rud. Roth. 2 Bde. à 2 Thle. 8. Berlin 874, Kortkampf. *

Inhalt:

Bd. 1. Handbuch für den preuß. Landtag. 12. Legislatur-Periode. 1. Thl.: Gesetzgebung und Staatsverwaltung. (XIV, 176 S.) — 2. Thl.: Die beiden Häuser des Landtages. (VIII, 182 S.) * M. 6.

2. Handbuch für den deutschen Reichstag. 2. Legislatur-Periode 1874—1876. 1. Thl.: Gesetzgebung, Organisation und Statistik. (XVI, 238 S.) * M. 3. — 2. Thl.: Gesetzgebende Factoren. (VIII, 216 S. mit 1 Tab.) * M. 3., 2. Bd. complet * M. 5.

(F) Handbuch der Pastoraltheologie. Bearbeitet von P. Ignaz Schüch. Neu herausgegeben von Dr. Virgil Grinnisch. 11. verbesserte und vermehrte Auflage. Mit oberhirtlicher Genehmigung. Innsbruck. 1899. Rauch. Lex.-8°. XXIV, 1017 S. fl. 6.—

— der allgemeinen Pathologie, unter Mitwirkg. v. E. Albrecht, L. Aschoff, M. Askanazy u. a. hrsg. v. L. Krehl u. F. Marchand. (In 4 Bdn.) 1. Bd.: Allgem. Ätiologie. (X, 601 S.) Lex. 8. Leipzig 908. S. Hirzel. 18.—; geb. 21. —

Handbuch der speciellen Pathologie und Therapie bearb. von Bamberger, Chiari, Falck, Griesinger, Hasse, Hebra, Heusinger, Lebert, Pitha, Simon, Stiebel, Traube, R. Virchow, J. Vogel, Wintrich. Redig. von Rud. Virchow. Erlangen, Enke. Lex.-8.

1. Bd. Allgemeine Störungen der Ernährung und des Blutes. Krankheiten des Bewegungsapparates. Bearb. von R. Virchow, J Vogel und Stiebel. 851. (XIV, 552 S.) n. 3 ℛ

2. Abth. 1. Hälfte: Krankheiten der männlichen Geschlechtsorgane und der Harnblase. Bearb. von Pitha. 855. (2 Bl., 211 S.) n. 1 ℛ 6 ngr

2. Abth. 2. Hälfte: Krankheiten der weiblichen Geschlechtsorgane. Puerperalkrankheiten. Von Veit. 855. (S. 213—412.) n. 1 ℛ 2 ngr

2. Bd. 1. Abth.: Intoxicationen, Zoonosen und Syphilis bearb von C. Ph. Falck, R. Virchow und F. A. Simon. 854. (IX, 630 S.) n. 3 ℛ 14 ngr

2. Abth.: Infectionskrankheiten. Malariakrankheiten. Gelbes Fieber. Typhus. Pest. Cholera. Bearb. von Griesinger. 857. (VI, 374 S.) n. 2 ℛ 4 ngr

4. Bd. 1. Abth. 1. Hälfte: Krankheiten des Nervenapparates. Bearb. von K. E. Hasse. 855. (2 Bl., S. 1-348) n. 1 ℛ 26 ngr

5. Bd. 1. Abth. Krankheiten der Respirationsorgane. 1. u. 2. Liefg. Bearb. von M. A. Wintrich. — 3. Liefg. bearb. von N. Friedreich. 854—58. (2 Bl., 530 S. mit Holzschn. im Text.) n. 2 ℛ 26 ngr

2. Abth 1. Hälfte: Krankheiten der Blut- u. Lymphgefässe. Bearb. von H. Lebert. (2 Bl., 152 S.) n. 26 ngr

6. Bd. 1. Abth. Krankheiten des chylopoëtischen Systems. (Digestionstractus. Leber. Milz. Pankreas. Nebennieren. Bauchfell.) Bearb. von H. Bamberger. 854, 55. (VIII, 711 S.) n. 3 ℛ 28 ngr

— der speciellen Pathologie und Therapie, bearb. von Bamberger, Falck, N. Friedreich, Griesinger, Hasse etc. Red. von Rud. Virchow. Erlangen, Enke. Lex.-8.

2. Bd. 2. Abth.: Infectionskrankheiten. Malarienkrankheiten. Gelbes Fieber. Typhus. Pest. Cholera. Bearb. von Griesinger. 2. Aufl. 864. (VII, 457 S.) n. 2 ℛ 16 ngr

3. Bd.: Acute Exantheme u. Hautkrankheiten. Von Hebra. 1—3. Heft. 861—64. (S. 1—500.) n. 2 ℛ 28 ngr

4. Bd. 1. Abth.: Die Krankheiten des Nervensystems. Von K. E. Hasse. 2. Hälfte. 859. (VII, S. 349—686.) n. 1 ℛ 26 ngr

—— dass. — 5. Bd. 2. Abthl. 1. Hälfte: Krankheiten der Blut- und Lymphgefässe bearb. von H. Lebert. Lex.-8. (S. 1—152.) Ebds. 855. *

—— dass. — 6. Bd. 2. Abthl. 1. Hälfte: Krankheiten der männlichen Geschlechtsorgane und der Harnblase. Bearb. von Pitha. Lex.-8. (S. 1—20.) Ebds. 855. *

—— dass. — 6. Bd. 2. Abthl. 2. Hälfte: Krankheiten der weiblichen Geschlechtsorgane. Puerperal-Krankheiten von Veit. Lex.-8. (S. 213—412.) Ebds. 855. *

Der Preis der seither erschienenen Bände und Abthlgn. ist * 17 Thlr. 28 Ngr.

— dass.—5. Bd. 2. Abth.: Krankheiten des Herzens, bearb. von N. Friedreich. 2. Hälfte. 861. (IV, S. 153—429.) n. 1 ℛ 16 ngr

— dass.—6. Bd. 1. Abth.: Krankheiten des chylopoëtischen Systems. Digestionstractus. Leber. Milz. Pancreas. Bauchfell. Nebennieren. Bearb. von H. Bamberger. 2. verm. Aufl. 864. (VIII, 664 S.) n. 3 ℛ 28 ngr

6. Bd. 2. Abth. 1. Heft: Krankheiten der männlichen Geschlechtsorgane. Bearb. von F. R. v. Pitha. 2. verm. Aufl. 864. (XI, 242 S.) n. 1 ℛ 14 ngr

6. Bd. 2. Abth. 3. Heft: Krankheiten der harnbereitenden Organe. Von Jul. Vogel. 1. Heft. 863. (S. 413—572.) n. 28 ngr

— der speciellen Pathologie u. Therapie, bearb. von Bamberger, Biermer, Falck, N. Friedreich etc. Hersg. von Rud. Virchow. 2. Bd. 2. Abth.: Infectionskrankheiten. — Malariakrankheiten. — Gelbes Fieber. — Typhus. — Pest. — Cholera. Bearb. von Griesinger. 2., verm. u. verb. Aufl. Erlangen 864. Enke's Verlagsh. Lex.-8. (VII, 457 S.) 2 ℛ 16 ngr

— — 3. Bd. 4. Liefg. Acute Exantheme u. Hautkrankheiten. Von Hebra. 4. Heft. Erlangen 865. Enke's Verlagsh. (VIII u. S. 501—638.) n. 28 ngr

Handbuch der speciellen Pathologie u. Therapie etc. 4. Bd. 1. Abth. 1. u. 2. Liefg. Die Krankheiten des Nervensystems von Hasse. 2. verm. u. verb. Aufl. Ebend. 868, 69. Lex.-8. (VIII, 764 S.) n. 2 ℛ 4 ngr

— — 5. Bd. 1. Abth. 4. u. 5. Liefg. Krankheiten der Bronchien u. des Lungen-Parenchyms. Von A. Biermer. Ebend. 865, 67. Lex.-8. (S. 531—822.) Jede Liefg. 24 ngr

— — 5. Bd. 2. Abth. 2. Hälfte. Krankheiten der Blut- u. Lymphgefässe bearb. von Lebert. 2., verm. u. verb. Aufl. Ebend. 867. Lex.-8. (S. 530—631 mit eingedr. Holzschn.) n. 1 ℛ 24 ngr

— — 6. Bd. 2. Abth. 2. Heft. Krankheiten der weiblichen Geschlechtsorgane. Puerperalkrankheiten bearb. von G. Veit. 2. verm. u. verb. Aufl. Ebend. 867. Lex.-8. (VII u. S. 243—708 mit eingedr. Holzschn.) n. 2 ℛ 20 ngr

— — 6. Bd. 2. Abth. 4. Heft. Krankheiten der harnbereitenden Organe. Von Jul. Vogel. 2. Heft. Ebend. 863, 865. Lex.-8. (IX u. S. 573—708.) n. 25 ngr

Handbuch der speciellen Pathologie u. Therapie, bearb. von v. Bamberger, Biermer, Falck etc. Red. von Rud. Virchow. III. Bd. 1. Abth. 1. u. 2. Lfg. 2. Aufl. u. 3. Bd. 2. Thl. 1—3. Lfg. Lex.-8. Stuttgart 872—76. Enke. n. 28. 40

Hautkrankheiten bearb. v. Ferd. Hebra u. Mor. Kaposi [Mor. Kohn.] (V, 733 u. 735 S.)

— der speciellen **Pathologie** u. Therapie bearb. v. **Al. Geigel, L. Hirt, G. Merkel** etc., hrsg. von H. v. Ziemssen. 1—7. Bd., 8. Bd. 2. Hälfte, 9. Bd., 10. Bd., 11. Bd. 1. Hälfte u. 2. Hälfte. 1. Abthl. 12., 13. u. 15. Bd. gr. 8. Leipzig 874—76. F. C. W. Vogel. n. 236. 50

I. Handbuch der öffentlichen Gesundheitspflege u. der Gewerbe-Krankheiten von Alois Geigel, Ludw. Hirt u. Glieb. Merkel. 2. Aufl. (X, 598 S.) n. 10. —

II. Handbuch der acuten Infectionskrankheiten. 1. Thl. v. C. Liebermeister, H. Lebert, F. Haenisch, J. B. O. Heubner, J. Oertel. 2. Aufl. Mit 14 (eingedr. Holzschn. (X, 716 S.) n. 12. —. — 2. Thl. v. Thomas, Curschmann, Zuelzer, Hertz, v. Ziemsseu. (X, 753 S.) n. 18. —

III. Handbuch der Syphilis, der Invasionskrankheiten u. der Zoonosen v. Chr. Bäumler, A. Heller, O. Bollinger. Mit 59 (eingedr.) Holzschn. 2. Aufl. (X, 712 S.) n. 12. —

IV. Handbuch der Krankheiten d. Respirationsapparates. I. 1. Hälfte von H. v. Ziemssen, B. Fränkel, A. Steffen, J. Steiner. Mit 85 (eingedr.) Holzschn. (X, 551 S.) n. 11. —. — 2. Hälfte v. Frz. Riegel u. O. Fräntzel. (X, 480 S.) n. 9. —

V. Handbuch der Krankheiten d. Respirations-Apparates. II. Von Th. Juergensen, E. Hertz, H. Ruehle, E. Rindfleisch. Mit 21 (eingedr.) Holzschn. (X, 448 u. 266 S.) n. 13. —

VI. Handbuch der Krankheiten d. Circulations-Apparates Von G. Rosenstein, L. Schrötter, H. Lebert H. Quincke, J. Bauer. Mit 39 (eingedr.) Holzschn (XII, 634 S.) n. 12. —

VII. Krankheiten d. chylopoëtischen Apparates I. 1. Hälfte v. A. Vogel, E. Wagner, H. Wendt. (VIII, 323 S.) n. 6. —. — 2. Hälfte v. O. W. Leube, A. Heller, O Leichtustern. Mit 75 (eingedr.) Holzschn. (X, 716 S. n. 14. —

VIII. Handbuch der Krankheiten d. chylopoëtischen Apparates. II. 2. Hälfte v. F. Mosler, N. Friedreich G. Merkel, J. Bauer. Mit 5 (eingedr. Holzschn (VIII, 435 S.) n. 9. —

IX. Handbuch der Krankheiten d. Harnapparates v. C Bartels, W. Ebstein, H. Lebert u. H. Curschmann. (VII, 492 u. X, 484 S.) n. 28.

X. Handbuch der Krankheiten der weiblichen Geschlechtsorgane. Von Carl Schroeder. 2. Aufl. Mit 147 (eingedr.) Holzschn. (VIII, 586 S.) n. 10.

XI. Krankheiten d. Nervensystems I. 1. Hälfte. Von H Nothnagel, F. Obernier, O. Heubner, G. Huguenin, E. Hitzig. (XII, 819 S. m. 5 eingedr. Holzschn.) n. 15. —. — 2. Hälfte v. Wilh. Erb. Krankheiten d. Rückenmarks. 1. Abth. Mit 6 (eingedr.) Holzschn.. (VIII, 882 S.) n. 7. —

XII. Handbuch der Krankheiten d. Nervensystems II. 1. Hälfte. Die Krankheiten der peripheren-cerebrospinalen Nerven v. Wilh. Erb. 2. Aufl. (XI, 606 S. m. 4 eingedr. Holzschn.) n. 10. 50. — 2. Hälfte v. A. Eulenburg, H. Nothnagel, J. Bauer, H. v. Ziemssen. F. Jolly. (VIII, 600 S.) n. 12. —

XIII. Handbuch der Krankheiten d. Bewegungsapparates Erkältungskrankheiten. Allgemeine Ernährungsanomalien. 1. Hälfte. Von H. Senator, E. Seitz, H. Immermann. Mit 4 (eingedr.) Holzschn. (VIII, 654 S.) n. 12. —. — 2. Hälfte. Handbuch der allgemeinen Ernährungsstörungen v. F. V. Birch-Hirschfeld, H. Senator, H. Immermann. (VIII, 744 S.) n. 13. —

XV. Handbuch der Intoxicationen. Von R. Boehm, B. Naunyn, H. v. Boeck. (XIV, 638 S.) n. 12. —

— der speciellen **Pathologie** u. Therapie, bearb. v. Geigel, Hirt, Merkel etc., hrsg. von H. v. Ziemssen. 8. Bd. 1. Hälfte, 11. Bd. 2. Hälfte, 2. u. 3. Abthlg., 12. Bd. Anh. u. 16. Bd. gr. 8. Leipzig 877. 78. F. C. W. Vogel. n. 39. 50 (1—XIII, XV u. XVI.: n. 276. —)

VIII. Handbuch der Krankheiten des chylopoëtischen Apparates. II. Die Krankheiten der Leber v. E. Ponfick, Th. Thierfelder, O. Schüppel, O. Lichtenstern, A. Heller. 1. Abth. (X, 410 S.) n. 9. —

XI. Handbuch der Krankheiten des Nervensystems. 1. 2. Hälfte v. Wilh. Erb. 2. u. 3. Abthl. Mit 40 (eingedr.) Holzschn. (X, 577 S. u. Reg. zur 11. Bd. 1. Hälfte S. 821—847.) n. 12. —

XII. Anh.: Die Störungen der Sprache. Versuch einer Pathologie der Sprache. Von Adf. Kussmaul. (X, 299 S.) n. 5. 50

XVI. Handbuch der Geisteskrankheiten von Heinr. Schüle. (VIII, 649 S.) n. 13. —

Handbuch der speciellen **Pathologie** u. Therapie, bearb. von Geigel, Hirt, Merkel etc., hrsg. von H. v. Ziemssen. Neue Aufl. 2. Bd. 2. Hälfte, 4—6. Bd., 7. Bd. u. Anh., 8—11. Bd., 12. Bd. 2. Hälfte u. Anh., 13., 15. u. 16. Bd. gr. 8. Leipzig 877—81. F. C. W. Vogel. n. 258. —

II. Handbuch der acuten Infectionskrankheiten. 2. Hälfte. Von L. Thomas, H. Curschmann, H. v. Ziemssen, W. Zuelzer, H. Herz. Mit 17 eingedr. Holzschn. 2. Aufl. (X, 947 S.) n. 15. —

IV. Handbuch der Krankheiten des Respirations-Apparates. I. 2. Aufl.

1. Hälfte. Von B. Fränkel, H. v. Ziemssen, J. Steiner, A. Steffen. Mit 96 (eingedr.) Holzschn. (X, 561 S.) n. 11. —
2. Hälfte. Von Frz. Riegel u. O. Fraentzel. Mit 21 (eingedr.) Holzschn. (X, 593 S.) n. 10. —

V. Handbuch der Krankheiten des Respirations-Apparates. II. Von Thdr. Juergensen, H. Hertz, H. Ruehle, E. Rindfleisch. Mit 24 (eingedr.) Holzschn. (X, 586 u. 264 S.) n. 15. —

VI. Handbuch der Krankheiten des Circulations-Apparates. Bearb. v. S. Rosenstein, L. Schrötter, H. Quincke, J. Bauer, H. Lebert. Mit 30 (eingedr.) Holzschn. 2. Aufl. (XII, 819 S.) n. 15. —

VII. Handbuch der Krankheiten des chylopoëtischen Apparates. I. 2. Aufl.

1. Hälfte. Von A. Vogel, E. Wagner, H. Wendt, F. A. Zenker, H. v. Ziemssen. Mit Anh.: Krankheiten des Oesophagus, von F. A. Zenker u. H. v. Ziemssen. (XI, 332 u. Anh. 244 S.) n. 10. —; Anh. apart n. 4. —
2. Hälfte. Von Th. Leube, A. Heller, O. Leichtenstern. Mit 81 (eingedr.) Holzschn. (X, 732 S.) n. 14. —

VIII. — dasselbe. II. 2. Aufl. Leber, Gallenwege u. Pfortader. Von E. Ponfick, Th. Thierfelder, O. Schuppel, O. Leichtenstern, A. Heller, F. Mosler, N. Friedreich, G. Merkel u. J. Bauer, mit Anhang. Mit (eingedr.) Holzschn. 2. Aufl. (X, 440, VIII, 509 u. Anh. 374 S.) n. 25. —

IX. Handbuch der Krankheiten des Harnapparates. Von C. Bartels, W. Ebstein, H. Lebert, H. Curschmann. Mit (eingedr.) Holzschn. 2. Aufl. (VII, 504 u. XII, 596 S.) n. 21. —

X. Handbuch der Krankheiten der weiblichen Geschlechtsorgane, von Carl Schroeder. 3—5., umgearb. Aufl. Mit 174 Holzschn. im Text. (VIII, 586 S.) n. 10. —

XI. Handbuch der Krankheiten des Nervensystems I. Von H. Nothnagel, F. Obernier, O. Heubner, G. Huguenin, E. Hitzig, Wilh. Erb. 2. Aufl. Mit 38 (eingedr.) Holzschn. (XII, 1124 u. XIV, 996 S.) n. 40. —

XII. Handbuch der Krankheiten des Nervensystems II. Von A. Eulenburg, H. Nothnagel, J. Bauer, H. v. Ziemssen, F. Jolly. Mit 2 (eingedr.) Holzschn. 2. Aufl. (X, 746 S.) n. 14. —

XII. Anh.: Die Störungen der Sprache. Versuch einer Pathologie der Sprache, von Adf. Kussmaul. 2. Aufl. (X, 299 S.) n. 6. —
XIII. 1. Handbuch der Krankheiten des Bewegungsapparates. Erkältungskrankheiten. Scrophulose. Diabetes. Von H. Senator, E. Seitz, V. F. Birch-Hirschfeld. 2. Aufl. (VIII, 635 S.) n. 12. —
2. Handbuch der allgemeinen Ernährungsstörungen, von H. Immermann. 2. Aufl. (VIII, 812 S.) n. 15. —
XV. Handbuch der Intoxicationen. Von R. Boehm, B. Naunyn u. H. v. Boeck. 2. Aufl. (XVI, 670 S.) n. 12. —
XVI. Handbuch der Geisteskrankheiten, von Heinr. Schüle. 2. umgeänd. Aufl. (VIII, 699 S.) n. 13. —

— dass. — Suppl.-Bd. (zur 1. Aufl.): Oedem des Hirns, Hydrocephalus von G. Huguenin. Vertigo von H. Nothnagel. Hypochondrie von P. Jolly. Interstitielle Pneumonie von Th. Jürgensen. Lex.-8. (VI, 380 S.) Ebendas. 878. *

Handbuch der speciellen Pathologie u. Therapie, bearb. von Geigel, Hirt, Merkel etc., hrsg. von H. v. Ziemssen. 1. Bd. Handbuch der Hygiene u. der Gewerbekrankheiten. 3., umgearb. Aufl. 1. Thl. 1. Abth., 2. Thl. 4. Abth. u. 3. Thl. gr. 8. Leipzig 882. F. C. W. Vogel. n. 15. 50
I. Thl. individuelle Hygiene. 1. Abth. Einleitung, von M. v. Pettenkofer. Ernährung u. Nahrungsmittel, von J. Forster. Verfälschung der Nahrungs- u. Genussmittel, von A. Hilger. (VIII, 308 S.) n. 6. —
II. Thl. Sociale Hygiene. 4. Abth. Die Gasinhalations-Krankheiten u. die gewerblichen Vergiftungen, von L. Hirt. Die Staubinhalations-Krankheiten, von G. Merkel. (VIII, 224 S.) n. 4. 50
III. Thl. Allgemeiner Theil. Oeffentliche Gesundheitspflege, von A. Geigel. (V, 256 S,) n. 5. —

— der speciellen Pathologie u. Therapie. Hrsg. v. H. v. Ziemssen. 1. Bd. 1. Thl. 2. Abth. 1. u. 2. Hft., 2. Thl. 1. u. 2. Abth., 2. Bd. 1—3. Thl., 3. Bd. 1. Thl., 10. Bd., 12. Bd. Anh., 14. 16. u. 17. Bd. gr. 8. Leipzig, F. C. W. Vogel. n. 130. 30
I. 1. Handbuch der Hygiene u. Gewerbekrankheiten. Hrsg. v. M. v. Pettenkofer u. H. v. Ziemssen. 1. Thl. Individuelle Hygiene. 2. Abth. 1. Hft. Fermente u. Mikroparasiten v. C. Flügge. 3. Aufl. Mit 65 (eingedr. Holzschn.-) Abbildgn. (VIII, 308 S.) 883. n. 6. —
2. Hft. Die Luft v. Frdr. Renk. Mit 27 Abbildgn. 3. Aufl. (VI, 242 S.) 886. n. 6. —
I. 2. Dasselbe. 2. Thl. Sociale Hygiene. 1. Abth. Grössere Gemeinwesen. 1. Hälfte. Anlage v. Ortschaften v. C. Flügge. Die Entfernung der Abfallstoffe v. F. Erismann. Beerdigungswesen v. A. Schuster. Massenernährung v. J. Forster. 3. Aufl. (VIII, 412 S.) 882. n. 8.—
2. Hälfte. Wasserversorgung v. G. Wolffhügel. 3. Aufl. (VIII, 244 S.) 882. n. 5.—
2. Abth. Dasselbe. 2. Thl. Sociale Hygiene. 2. Abth. Specielle sociale Einrichtungen. Die Hygiene der Schule v. F. Erismann. Gefängniss-Hygiene v. A. Baer. Fabriken v. L. Hirt. Krankenanstalten v. L. Degen. Kasernen v. A. Schuster. Oeffentliche Bäder v. F. Renk. Die Verkehrsmittel v. A. Kunkel. 3. Aufl. (VIII, 444 S.) 882. n. 9. —
II. Handbuch der Infectionskrankheiten. 1. Thl. Malariainfectionen v. H. Hertz. — Typhus abdominalis. Pest. Gelbfieber. Von C. v. Liebermeister. Mit 8 Abbildgn. 3. Aufl. (VI, 335 S.) 886. n. 6. 50
2. Thl. Cholera indica u. Cholera nostras v. M. J. Rossbach. Mit 8 Abbildgn. im Text. 3. Aufl. (VIII, 238 S.) 886. n. 5. —
3. Thl. Dysenterie v. O. Heubner. — Meningitis cerebro-spinalis epidemica von H. v. Ziemssen. — Influenza-Schweissfriesel. Dengue- od. Dandyfieber. Heufieber. Erysipelos. Von W. Zuelzer. Mit 8 Abbildgn. 2. Aufl. (VI, 312 S.) 886. n. 6. 80
III. Lehrbuch der chronischen Infectionskrankheiten. 1. Thl. Syphilis v. Ch. Bäumler. Mit 5 Abbildgn. 3. Aufl. (VI, 335 S.) 886. n. 6. —
X. Handbuch der Krankheiten der weiblichen Geschlechtsorgane v. Carl Schroeder. 7. umgearb. Aufl. Mit 189 Abbildgn. im Text. (X, 600 S.) 884. n. 10 —
XII. Anh. Die Störungen der Sprache. Versuch e. Pathologie der Sprache v. Adf. Kussmaul. 3. Aufl. (X, 300 S.) 885. n. 6. —
XIV. Handbuch der Hautkrankheiten; bearb. v. H. Auspitz, V. Babes, E. Geber, E. Lesser, P. Michelson, A. Neisser, E. Schwimmer, P. G. Unna, E. Veiel u. Th. Veiel, A. Weyl u. H. v. Ziemssen. Mit 82 (eingedr. Holzschn.-)Abbildgn. (XII, 724 u. XII, 664 S.) 881—84. n. 28. —
XVI. Klinische Psychiatrie. Specielle Pathologie u. Therapie der Geisteskrankheiten v. Heinr. Schüle. 3. völlig umgearb. Aufl. Mit 3 Abbildgn. (XX, 543 S.) 886. n. 12. —
XVII. [Schluss-]Bd. General-Register. (III, 441 S.) 885. n. 16. —

— der speciellen Pathologie u. Therapie, bearb. von H. Auspitz, V. Babes, A. Baer etc. Hrsg. von H. v. Ziemssen. 1. Bd. 2. Abth. 3. Hft.; 2. Bd. 4. Thl.; 5. u. 10. Bd. gr. 8. Leipzig, F. C. W. Vogel. n. 38 —
I. Handbuch der Hygiene u. der Gewerbekrankheiten, bearb. v. A. Baer, L. Degen, R. Emmerich etc. Hrsg. von M. v. Pettenkofer u. H. v. Ziemssen. 1. Thl. Individuelle Hygiene. 2. Abth. 3. Hft. Der Boden von J. Soyka. 3., umgearb. Aufl. Mit 37 Abbildgn. (VI, 351 S.) 887.
II. Handbuch der acuten Infectionskrankheiten. 4. Thl. Rückfallsfieber v. M. J. Rossbach. Flockfieber, Pocken von H. Curschmann. 3., völlig umgearb. Aufl. Mit 17 Abbildgn. (VI, 225 S.) 888. n. 5. —
V. Handbuch der Krankheiten der Lunge. 3 Thle. 3., umgearb. Aufl. 1. Croupöse Pneumonie, Katarrhalpneumonie, hypostatische Vorgänge in der Lunge. Interstitionelle Pneumonie [Cirrhose u. Bronchiektasie] von Th. v. Jürgensen. (VI, 250 S.) 887. n. 5. —
2. Anämie, Hyperämie, Oedem, Hämorrhagie, Embolie, Atelektase, Atrophie, Hypertrophie, Emphysem, Gangrän, Neubildungen der Lunge, Neubildungen im Mediastinum, thierische u. pflanzliche Parasiten der Lunge, v. H. Hertz. (VI, 196 S.) 887. n. 4. —
3. Die Lungenschwindsucht u. die acute Miliartuberkulose v. H. Ruehle. Mit 4 Abbildgn. (VI, 163 S.) 887. n. 4. —
X. Handbuch der Krankheiten der weiblichen Geschlechtsorgane v. C. Schroeder. 8., verb. Aufl. Mit 185 Abbildgn. u. Portr. d. Verf. in Lichtdr. (XII, 608 S.) 887. n. 10. —. — 9. Aufl., umgearb. u. hrsg. v. M. Hofmeier. Mit 185 Abbildgn. (X, 614 S.) 889. n. 12. —. — 10. Aufl. Mit 182 Abbildgn. (X, 604 S.) 890. n. 12. —.

— der speciellen Pathologie u. Therapie, bearb. v. H. Auspitz, V. Babes, A. Baer etc. Hrsg. von H. v. Ziemssen. 10. Bd. gr. 8. Lpz. 890, F. C. W. Vogel. * 12 —; geb. * 13 50
Schroeder, Carl. Handbuch der Krankheiten der weiblichen Geschlechtsorgane. 10. Aufl., umgearb. u. hrsg. v. M. Hofmeier. Mit 182 Abbildgn. im Text. (X, 604 S.)

— dasselbe. 10. Bd. gr. 8. Ebd. 893. n. 12.—; geb. n. 14. —
Carl Schroeder's Handbuch der Krankheiten der weiblichen Geschlechtsorgane. 11. Aufl., umgearb. u. hrsg. v. M. Hofmeier. (XVI, 581 S. m. 156 Abbildgn.)

— der speciellen Pathologie u. Therapie, bearb. v. H. Auspitz, V. Babes, A. Baer etc. Hrsg. v. H. v. Ziemssen. 1. Bd. 3., umgearb. Aufl. 1. Thl. 2. Abth. 4. Hft. gr. 8. Leipzig 894. F. C. W. Vogel. n. 16. —
Handbuch der Hygiene u. der Gewerbekrankheiten. Bearb. v. A. Baer, L. Degen, R. Emmerich etc. Hrsg. von M. v. Pettenkofer u. H. v. Ziemssen. 1. Thl. Individuelle Hygiene. 2. Abth. 4. Hft. Die Wohnung v. R. Emmerich u. G. Recknagel. (XV, 714 S. m. 202 Abbildgn.)

— der speciellen Pathologie u. Therapie der akuten Krankheiten, s.a. Praxis, die chirurgische.

Handbuch Pathologie speziellen Therapie
Handbuch der speziellen Pathologie und Therapie der akuten Krankheiten, nach den Erfahrungen der bewährtesten Aerzte unserer Zeit dargestellt. 974 S., gbd.

Berlin: Veit
Wien: Gerold 1838
(Die medizinische Praxis der bewährtesten Aerzte unserer Zeit... Th.1)

JB 2.523/1

Handbuch Pathologie speziellen Therapie
Handbuch der speciellen Pathologie und Therapie der akuten Krankheiten nach den Erfahrungen der bewährtesten Aerzte unserer Zeit systematisch dargestellt. 2...umgearb.und...verm. Ausg. 1515 S., gbd.
Berlin: Veit
Wien: Gerold } 1840
(Die medicinische Praxis der bewährtesten Aerzte unserer Zeit... 2...Ausg. Th.1)

JB 2.524/1

Handbuch Pathologie speziellen Therapie
Handbuch der speciellen Pathologie und Therapie der acuten Krankheiten nach den Erfahrungen der bewährtesten Aerzte unserer Zeit systematisch dargestellt. 3.neu bearb.Aufl. Bd 1 - 2, gbd.

Berlin: Veit 1844
(Die medicinische Praxis der bewährtesten Aerzte unserer Zeit... 3...Aufl. Th.1 - 2)

JB 2.525/1-2

— der speziellen Pathologie u. Therapie d. chron. Krankheiten, s.a. Praxis.

Handbuch der speciellen Pathologie und Therapie der chronischen Krankheiten. Berlin 1838—39. H: *Sobernheim, Joseph Friedrich.* (EngM)

Handbuch Pathologie speziellen Therapie
Handbuch der speziellen Pathologie und Therapie der chronischen Krankheiten, nach den Erfahrungen der bewährtesten Aerzte unserer Zeit systematisch dargestellt. Abth.1 - 2, gbd.
Berlin: Veit
Wien: Gerold } 1838 - 1839
(Die medizinische Praxis der bewährtesten Aerzte unserer Zeit.., Th.2)

JB 2.523/2

Handbuch Pathologie speziellen Therapie
Handbuch der speciellen Pathologie und Therapie der chronischen Krankheiten nach den Erfahrungen der bewährtesten Aerzte unserer Zeit systematisch dargestellt. 2...umgearb. und...verm.Ausg. Abth.2 - 3, gbd.
Berlin: Veit
Wien: Gerold } 1841
(Die medicinische Praxis der bewährtesten Aerzte unserer Zeit... 2...Ausg. Th.2/2-3)

JB 2.524/2

Handbuch Pathologie speziellen Therapie
Handbuch der speciellen Pathologie und Therapie der chronischen Krankheiten nach den Erfahrungen der bewährtesten Aerzte unserer Zeit systematisch dargestellt. 3.neu bearb. Aufl. Bd 1 - 3, gbd.

Berlin: Veit 1844 - 1845
(Die medicinische Praxis der bewährtesten Aerzte unserer Zeit... 3...Aufl. Th.3 - 5)

JB 2.525/3-5

— der Pathologie des Stoffwechsels. Unter Mitwirkg. v. Adalb. Czerny, Carl Dapper, Fr. Kraus u. a. hrsg. von Carl v. Noorden. 2. Aufl. 1. Bd. (XV, 1073 S.) Lex.-8. Berlin 906. A. Hirschwald. n. 26. —
Die 1. Aufl. erschien u. d. T.: Noorden, Carl v., Lehrbuch der Pathologie des Stoffwechsels.

— d. Pathologie d. Stoffwechsels. Unter Mitwirkg. v. Adalb. Czerny, Carl Dapper, Fr. Kraus u. a. hrsg. v. Carl v. Noorden. 2. Aufl. 2. (Schluss-)Bd. (XIX, 987 S.) Lex. 8. Berlin 907. A. Hirschwald. 24. —
Bd. I. Ebd. 906. 26.—.

— der Pathologie u. Therapie der Geisteskrankheiten. Für prakt. Aerzte u. Studirende bearb. von mehren Aerzten u. herausgeg. von A. Schnitzer. gr. 8. Leipzig 846, Brockhaus. 4 ℳ

— der katholischen Pfarr- u. Curatiegemeinden des Stadtdekanates Mannheim 1905. (128 S. m. 1 Bildnis.) schmal 8. Mannheim, F. Gremm. n. — 20

— d. prakt. Pharmakologie für Aerzte, Wundärzte ꝛc., von e. Gesellschaft prakt. Aerzte. gr. 8. Halle 791. Hendel. 1 ℳ 12 ₰

— pharmazevt., üb. die Güte und Verfälschung der Arzneymittel. 2 Thle. s.a. J. Schaub.

Handbuch, Pharmaceutisches, über die Güte und Verfälschung der Arzneimittel . . . Cassel 1794. V: *Grumbrecht (Gumprecht?).* (call)

— pharmaceutisches, über die Güte u. Verfälschung d. Arzneimittel. Mit e. Vorrede v. E. G. Baldinger. 2 Thle. 8. Cassel 794, 97. (Luckhardt). 20 ₰

— der Stadt Philadelphia u. Umgebung. Enthaltend: Eine kurzgefaßte Geschichte der Stadt, nebst Bemerkungen über städtische Behörden u. öffentliche Aemter, eine Beschreibung der öffentlichen Gebäude, Kirchen, Erziehungs-Anstalten ꝛc. ꝛc. Nebst einem Anhang über die Centennial-Feier u. Weltausstellung von 1876. [Neue Aufl.] Illustrirt (durch eingedr. Holzschn.). gr. 16. (IX, 452 S. mit 1 chromolith. Karte in Imp.-Fol.) Philadelphia 876. Schäfer & Koradi. cart. n. 3. —

Handbuch der Philosophie des Lebens. München 1793. V: *Aretin, Adam Freih. von.* (Ky) (MGT)

Handbuch der Philosophie des Lebens, (von Ad. v. Aretin). 8. München 793. Lentner. 9 gr.

Handbuch der Physik, unter Mitwirkung von Fachleuten herausgegeben von A. Winkelmann. Bd I. II ff. Breslau. 1889 ff (im Erscheinen).

— der Physik, unter Mitwirkg. von F. Auerbach, E. Brodhun, F. Braun u. A. hrsg. v. A. Winkelmann. 1. Bd. Lex.-8. (III, 878 S. m. 297 Abbildgn.) Breslau 891. Trewendt. n. 24.—; geb. n. 26.40

— der Physik, unter Mitwirkg. v. F. Auerbach, F. Braun, E. Brodhun u. A. hrsg. v. A. Winkelmann. 8.—24. Lfg. gr. 8. (2. Bd. 1. Abth. 856 S.; 2. Bd. 2. Abth. S. 1—112; 3. Bd. 1. Abth. 546 S.; 3. Bd. 2. Abth. X, 592 S., m. Holzschn.) Breslau 891—894. E. Trewendt. à Lfg. n. 3.60 (1. Bd., 2. Bd. 1. Abth. u. 3. Bd. 1. u. 2. Abth. n. 77.—; Einbde. à n.n. 2.40)
2. Bd. 1. Abth. n. 20.—. — 3. Bd. 1. Abth. n 15.—. — 3. Bd. 2. Abth. n. 18.

— d. Physik, unt. Mitwirkg. v. F. Auerbach, F. Braun, E. Brodhun u. A. hrsg. v. A. Winkelmann. 25.—30. (Schluss-) Lfg. gr. 8. (2. Bd. 2. Abth. VI, S. 113—887 u. LV S. m. Holzschn.) Breslau 895—896. E. Trewendt. à n. 3.60

— dasselbe. 2. Bd. 2. Abth. M. 128 Abb., e. Inhaltsübersicht u. e. Namenreg. f. d. ganze Work. gr. 8. (VI, 887 u. LV S.) Ebd. 896. n. 28.—; Einbd. in Halbfrz. n.n 2.40 (kplt. 3 Bde. in 5 Thln: n. 105.—; geb. in Halbfrz. n n. 117.—)

— der Physik. 2. Aufl. Unter Mitwirkg. v. R. Abegg. F. Auerbach, A. Bemporad u. a. hrsg. v. A. Winkelmann. I. Bd. 1. Hälfte, III. u. IV. Bd. à 2 Hälften. V. Bd. 1. Hälfte u. VI. Bd. 2 Hälften. Lex.-8. Leipzig, J. A. Barth. n. 145. —
I, 1. Allgemeine Physik. Mit 164 Abbildgn. (IV, 544 S.) 906. n. 17.—
III. Wärme. 2 Hälften. Mit 206 Abbildgn. (VIII, XIV u 1178 S.) 906. n. 36.—; geb. in Halbleinw. n. 38.—
IV. Elektrizität u. Magnetismus. 1. 2 Hälften. Mit 282 Abb. (VI, XIV u. 1014 S.) 903. 905. n. 32.—; geb. n. 34.—
V, 1. Dasselbe. II. Mit 216 Abbildgn. 1. Hälfte. (VIII, 515 S.) 905. n. 16.—
VI. Optik. 2 Hälften. Mit 388 Abbildgn. (VIII, XII u. 1404 S.) 904. 906. n. 44.—; geb. in Halbleinw. n. 46.

— der Physik. 2. Aufl. Unter Mitwirkg. v. R. Abegg. F. Auerbach, A. Bemporad u. a. hrsg. v. A. Winkelmann. I. Bd. 2. Hälfte, II. Bd. u. V. Bd. 2. Hälfte. Lex. 8. Leipzig, J. A. Barth. 74. —
I, 2. Allgemeine Physik. Mit 302 Abbildgn. (XII u. S. 545—1560.) 908. 33.—. (I. Bd. vollst.: 50.—; in 2 Halbleinw.-Bdn. 54.—).
II. Akustik. (X, 714 S. m. 367 Abbildgn.) 909. 25.—; geb. in Halbmoleskin 27. —
V, 2. Elektrizität u. Magnetismus II. Mit 194 Abbildgn. (XIV u. S. 517—971.) 908. 16.—. (V. Bd. vollst. 32.—; geb. in Halbleinw. 34.—).
I. 1, III, IV, V. 1 u. VI. Ebd. 904—08. 145.—.

— dasselbe, s. a. Encyklopädie der Naturwissenschaften.

Handbuch physiognomisch-physikalisches

Physiognomisch-physikalisches Handbuch der Natur oder: Von den Menschen beyderley Geschlechts, ihren Arten, ihrer Zucht und Fortpflanzung. Aus dem Englischen übersetzt. 156 S., gbd., Abb.

Bozen u. Zurzach: 1788

JB 951

— physiognom.-physikal., d. Natur, oder: Von d. Menschen beiderlei Geschlechts, ihren Arten, ihrer Zucht u. Fortpflanzung rc. Aus d. Engl. 8. Zurzach 788. (Dannheimer in Kempten). 8 gr.

— physiognom. physikalisches, d. Natur. 8. Zurzach. Gutsch. 788.

— der Physiologie bearb. von H. Aubert, C. Eckhard, Th. W. Engelmann etc. Hrsg. von L. Hermann, 1—4. Bd. à 2 Thle., 5. Bd. 1. Thl. u. 2. Thl. 1. Lfg., 6. Bd. 2 Thle. gr. 8. Leipzig 879—81. F. C. W. Vogel. n. 130. 50
I. 1. Handbuch der Physiologie der Bewegungsapparate. 1. Thl. Allgemeine Muskelphysik, von L. Hermann. Chemie u. Stoffwechsel der Muskeln von O. Nasse. Flimmer- u. Protoplasmabewegung, von Th. W. Engelmann. Mit 60 (eingedr.) Holzschn. (XIV, 408 S.) n. 10. —
2. Dasselbe. 2. Thl. Physiologie der Stimme u. Sprache, von P. Grützner. Specielle Bewegungslehre, von A. Fick. Mit 98 (eingedr.) Holzschn. (X, 359 S.) n. 9. —
II. 1. Handbuch der Physiologie des Nervensystems. 1. Thl. Allgemeine Nervenphysiologie, von L. Hermann. Specielle Nervenphysiologie, von Sigm. Mayer. (VIII, 288 S.) n. 6. 50
2. Dasselbe. 2. Thl. Physiologie des Rückenmarks, von C. Eckhard. Physiologie der Grosshirnrinde, von Sigm. Exner. (VIII, 361 S.) n. 10. —
III. 1. Handbuch der Physiologie der Sinnesorgane. 1. Thl. Gesichtssinn. — Dioptrik. Nebenapparate des Auges. Lehre von der Lichtempfindung. Von A. Fick. Chemische Vorgänge in der Netzhaut. Von W. Kühne. Raumsinn des Auges. Augenbewegungen. Von E. Hering. Mit 144 (eingedr.) Holzschn. (VIII, 601 S.) n. 15. —
2. Dasselbe. 2. Thl. Gehör, von V. Hensen. Geschmacksinn. Geruchsinn, von M. v. Vintschgau. Tastsinn u. Gemeingefühle, von O. Funke. Temperatursinn, von E. Hering. Mit 32 (eingedr.) Holzschn. (X, 461 S.) n. 12. —
IV. 1. Handbuch der Physiologie des Kreislaufs, der Athmung u. der thierischen Wärme. 1. Thl. Blut- u. Blutbewegung, von A. Rollet. Innervation der Kreislaufsorgane, von A. Aubert. Mit 49 (eingedr.) Holzschn. (VIII, 460 S.) n. 12. —
2. Blutgase u. respiratorischer Gaswechsel von N. Zuntz. Athembewegungen u. Innervation derselben, von J. Rosenthal. Thierische Wärme, von demselben. Mit 52 (eingedr.) Holzschn. (VIII, 467 S.) n. 12. —
V. 1. Physiologie der Absonderungsvorgänge. Von R. Heidenhain u. B. Luchsinger. Chemie der Verdauungssäfte u. Verdauung. Von Rich. Maly. (446 u. 254 S.) n. 16. —
V, 2. 1. Aufsaugung, Lymphbildung, Assimilation, von W. v. Wittich. Bewegungen der Verdauungs-, Absonderungs- u. Fortpflanzungsapparate [mit Anhang über glatte Muskeln], von Sigm. Mayer. Mit 25 (eingedr.) Abbildgn. (VIII u. S. 257—482.) n. 6. —
VI. 1. Physiologie des allgemeinen Stoffwechsels u. der Ernährung, von C. v. Voit. (VIII, 575 S.) n. 14. —
2. Physiologie der Zeugung, von V. Hensen. Mit 48 (eingedr.) Abbildgn. (VIII, 304 S.) n. 8.

Handbuch der Physiologie, bearb. v. H. Aubert, E. Drechsel, C. Eckhard etc., hrsg. v. L. Hermann. 5. Bd. 2. Thl. 2. (Schluss-)Lfg. gr. 8. Leipzig 883. F. C. W. Vogel. n. 6. 50
Chemie der Absonderungen u. Gewebe v. E. Drechsel. Mit Sachregister zum 5. Bde. u General-Register zu sämmtl. Bdn. d. Handbuches. (XVII u. S. 449—623. Sachreg. zum 5. Bde. S. 483—498 u. General-Sachreg. S. 305—360.)

— der Physiologie des Menschen. (In 4 Bdn.) Bearb. v. Chr. Bohr, R. du Bois-Reymond, H. Boruttau u. a. Hrsg. v. W. Nagel. I. Bd. 1. Hälfte u. 2. Hälfte. 1. Tl. II. Bd. 1. Hälfte. III. Bd. 2 Hälften u. IV. Bd. 1. Hälfte. Lex.-8. Braunschweig, F. Vieweg & Sohn. n. 63. —
I, 1. Physiologie der Atmung, des Kreislaufs u. des Stoffwechsels. Bearb. v. Chr. Bohr, H. Boruttau, O. Frank, A. Gürber, F. B. Hofmann, R. Tigerstedt. 1. Hälfte. Mit 27 eingedr. Abbildgn. (VIII, 330 S.) 905. n. 9. —
2. I. Tl. Dasselbe. 2. Hälfte. 1. Tl. Mit 14 eingedr. Abbildgn. (IX u. X. S. 333—608.) 906. n. 8. —
II, 1 Physiologie der Drüsen, Physiologie der inneren Sekretion, der Harn-, Geschlechts- u. Verdauungsorgane. Bearb. v. H. Boruttau, O. Cohnheim, R. Metzner, W. Nagel, E. Overton, I. Pawlow, H. Sellheim, E. Weinland, O. Weiss. 1. Hälfte. Mit 118 eingedr. Abbildgn. u. 1 Taf. (X, 384 S.) 906. n. 12. —
III, 1. Physiologie der Sinne. Bearb. von J. v. Kries, W. Nagel, K. L. Schaefer, Fr. Schenck, T. Thunberg, O. Weiss, O. Zoth. 1. Hälfte. Mit 33 eingedr. Abbildgn. u. 1 Taf. (XII, 282 S.) 904. n. 8. —
2. Dasselbe. 2. Hälfte. Mit 101 eingedr. Abbildgn. u. 1 Taf. (XIII—XVII u. S. 283—806.) 905. n. 14. —
(III. Bd. kplt. 22. —; geb. 24. —)
IV, 1. Physiologie des Nerven- u. Muskelsystems. Bearb. v. R. Du Bois-Reymond, M. Cremer, M. v. Frey, O. Langendorff, W. Nagel, P. Schultz, A. Tschermak, O. Weiss. 1. Hälfte. Mit 68 eingedr. Abbildgn. (X, 426 S.) 905. n. 12 —

— der Physiologie des Menschen in 4 Bdn. u. 1 Ergänzungsbd. Bearb. v. Chr. Bohr, R. du Bois-Reymond, H. Boruttau u. a. Hrsg. v. W. Nagel. I. Bd. 2. Hälfte, II. Bd. 2. Hälfte, IV. Bd. 2. Hälfte u. Erg.-Bd. gr. 8. Braunschweig, F. Vieweg & Sohn. 57. —
I. 2. I. Physiologie der Atmung, d. Kreislaufs u. des Stoffwechsels. 2. Hälfte. 2. Tl. (VIII, XI—XIV u. S. 609—874 m. 45 Abbildgn.) 909. 10. —
II. 2. Physiologie der Drüsen, Physiologie der inneren Sekretion, der Harn-, Geschlechts- u. Verdauungsorgane. Bearb. v. H. Boruttau, O. Cohnheim, R. Metzner. W. Nagel, E. Overton, I. Pawlow, H. Sellheim, E. Weinland, O. Weiss 2. Hälfte. Mit 95 eingedr. Abbildgn. u. 2 Taf. (XI—XV u. S. 385—1024.) 907. 20. — . (II. Bd. vollst. 32. —; geb. 35. —)
IV. 2. I—III. Physiologie des Nerven- u. Muskelsystems. Bearb. v. R. du Bois-Reymond, M. Cremer, M. v. Frey u. a. 2. Hälfte. 1—3. Tl. (XVIII, VII u. S. 427—962 m. 116 Abbildgn. u. 2 [1 farb.] Taf.) 907—09. 20. —. (IV. Bd. vollst. 32. —; geb. 35. —)
Ergänzungsbd. Blut u. Lymphe. — Entoptische Erscheingn. — Nachträge: Schutzapparate des Auges. — Zirkulations- u. Ernährungsverhältnisse des Auges. — Physiologie der Druck-, Temperatur- u. Schmerzempfindgn. — Innere Sekretion. — Die Absonderg. des Hauttalgs. Sachregister zu Bd. I—IV u. zum Ergänzungsbde. Bearb. v. H. Boruttau, A. Lohmann, R. Metzner u. a. (VII, 183 S. m. 18 Abbildgn.) Lex. 8. 910. 7. —; geb. in Halbfrz. 9. —
I, 1 u. 2 I, II 1., III u. IV, 1. Ebd. 905. 06. 63. —.

Handbuch der vergl. Physiologie. s.a. Ellenberger.

— der vergleichenden Physiologie. Bearb. v. E. Babák, S. Baglioni, W. Biedermann u. a. Hrsg. v. Hans Winterstein. (In ca. 80 Lfgn.) 1—12. Lfg. (II. Bd. 1. Hälfte. VI, 980 S., 2. Hälfte. S. 1—456 u. IV. Bd. 1. Hälfte S. 1—160 m. Abbildgn.) Lex. 8. Jena 910. G. Fischer. à Lfg. 5. —

— des Pionierdienstes. 1r Thl. Rein militärischer Dienst des Pioniers. 8. Glogau 835. 36. Flemming. — 2r Thl. Bearb. vom Hauptm. Oettinger, Hauptm. Wasserschleben, Prem.-Lieut. v. Köckeritz u. Sek.-Lieut. u. Adj. im Ingenieur-Korps Grosser. Technischer u. Sections-Dienst des Pioniers. 4 Abthll. (12 Lfrgg.) Mit 32 Kpfrtaf., 4 Steintaf. u. 5 Lithograph. 8. Ebd. 835—37. n. 4 ℛ Herabg. Pr. n. 3 ℛ — Daraus einzeln: Ir Thl. Rein militär. Dienst. 1/3 ℛ — II. 1. Handbuch d. Feldbefestigung. 2 1/2 ℛ — II. 2. Sappiren. 1/4 ℛ — II. 3. Miniren. 1/4 ℛ — II. 4. Pontoniren. 5/12 ℛ

— für den allgemeinen Pionierdienst. Auf dienstl. Veranlassg. gedruckt. [Mit 345 in den Text gedr. Holzschn. u. 47 (lith.) Fig.-Taf.] gr. 8. (XIII, 456 S.) Berlin 872. Bath. n. 10. —

—— f. d. allg. Pionierdienst. 1. Thl. 2. Afl. 8. (169 m. II.) Berl. 78. Bath. n. 3. — ‖ 2. Thl. 2. Afl. (270) n. 6. —

Handbuch für den allgemeinen Pionierdienst. Mit vielen in den Text gedr. Holzschn. 2 Thle. Auf dienstliche Veranlassung gedr. gr. 8. (VIII, 169 u. VIII, 451 S.) Berlin 882. Bath. n. 9. —

— für den allgemeinen Pionnierdienst. Mit vielen in den Text gedr. Holzschn. 3. Thl. Auf dienstl. Veranlass. gedr. 3. Aufl. gr. 8. (VII, 64 S. m. 16 Steintaf.) Berlin 886. Bath. n. 1. 60

Handbuch des practischen Pionierdienstes, herausgegeben von einem Verein preuß. Ingenieur-Offiziere mit 32 Kpfrtf. u. 5 Lithogr. Glogau, Flemming, ist der Pr. n. 4 ℛ

—— der ungrischen Poesie, od.: Auswahl interessanter, chronolog. geordn. Stücke aus d. vortreffl. ungrischen Dichtern, begleitet mit gedrängten Nachrichten v. deren Leben u. Schriften; nebst e. einleit. Geschichte d. ungr. Poesie; e. Samml. deutscher Uebersetzn. ungr. Gedichte, u. e. Verzeichniss d. im Werke vorkomm. weniger gebräuchl. Wörter. Für Jene sowohl, die bereits einige Fortschritte in dieser Sprache gemacht, als f. alle Freunde d. Literatur im Allgem., u. d. ungr. insbesond. In Verbind. mit J. Fenyéry hrsg. v. Frz. Toldy. 2 Bde. Lex.-8. (65 B.) Pesth 828. (Wien, Gerold; Berlin, Oehmigke.)

Handbuch der Poetik für Gymnasien. 2. Aufl. . . . Münst. 1848. 3. Aufl. 1857. V: *Dieckhoff, Bernhard.* (Rass)

— politisches. Staats-Lexikon für das deutsche Volk. 1—11. Heft. Leipzig 869, 870. Brockhaus. Lex.-8. Jedes Heft (80 S.) n. 10 ngr

Handbuch, Politisches. Staats-Lexikon für das deutsche Volk. Leipzig 1870—71. H: *Miller, Bernhard.* (Kat. d. Bibl. d. dtsch. Reichstages. Berl. 1882.)

— politisches. Staats-Lexikon f. das deutsche Volk. 12—17. Hft. Lex.-8. (2. Bd. VI, u. S. 241—713.) Leipzig 871. Brockhaus. à n. 1. —

— politisches, f. Frauen. Hrsg. vom allgemeinen deutschen Frauen-Verein. (VI, 118 S.) 8. Leipzig 907. B. G. Teubner. 1. 20

Politisches Handbuch für Frauen. Hrsg. v. Allg. Deutschen Frauen-Verein. — Leipzig u. Berlin: Teubner 1909. VI, 118 S. 8°

— poetisches, auf d. Jahre 1776—81. 8. Leipz. Weygand.

— poet. = moral., f. Geist u. Herz, f. Stammbücher. 8. Nürnb. 802. Schneider u. W. 6 K.

Handbuch, Politisches, für die erwachsene Jugend der Stadt und Landschaft Zürich. Zürich 1796. V: *Wyss, David.* (BSCHWL V, 5, S. 90)

— politisches, f. d. erwachsene Jugend v. Zürich. 8. Zürich, Orell. 796.

Handbuch, Politisches, für die Jugend der Stadt und Landschaft Zürich. Zürich 1790. V: *Wyss, David.* (Ky) (MGT)

Politisches **Handbuch** der Nationalliberalen Partei. Hrsg. v. Centralbüro d. Nationallib. Partei Deutschlands. Abgeschlossen Dez. 1907. Berlin: Buchh. d. Nationallib. Partei (1907). (1229, VI S.) 8° [F.] 08. 1185

Handbuch, politisches, der nationalliberalen Partei. Hrsg. v. Centralbüro d. nationallib. Partei Deutschlands. Abgeschlossen Dezbr. 1907. (1229 u. VII S.) 8. Berlin (908). Buchh. d. nationallib. Partei. Geb. in Leinw. nn 5.—; 1. Nachtrag 1910. (228 S.) Geb. in Leinw. 2.50

[F.] Politisches **Handbuch** für nationalliberale Wähler. Hrsg. v. Mitgl. d. nationallib. Partei. 2. Aufl. Abgeschl. Ende Febr. 1897 ... *Berlin: Puttkammer & Mühlbrecht 1897.* (598 S., 3 Bl.) 1 Bd 8. 97 2208

Handbuch d. Polizei-Verordngn. f. d. Reg.-Bez. Düsseldorf. Amtl. J. Düsseldorf 881.

Handbuch enthaltend die Polizei-Verordnungen für die Provinz Schleswig-Holstein in Verbindung mit mehreren, das polizeiliche Interesse berührenden Gesetzen und Bekanntmachungen bearbeitet für den praktischen Gebrauch der Ortspolizei- und Gemeindebehörden, der Königlichen Gendarmerie und der polizeilichen Exekutivbeamten v. Georg Wagner.
Kiel und Leipzig 1897. 8°

— für Pommern. Orts- u. Grundbesitzer-Verzeichniss der Prov. Pommern. Hrsg. v. E. Kühne. gr. 8. (IV, 280 S. u. Nachtrag 7 S.) Stettin 891, Zipperling. * 4 —

— dasselbe. 1. Nachtrag. gr. 8. (7 S.) Ebd. 892. Kostenlos.

— pomologisches, s.a. Wrede, J. H. P.

— pomolog., od. Ausz. a. d. Sicklerisch. Obstgärtner. 8. Hannov. Hahn. 803.

Handbuch für die eidgenössischen Pontonniers. Zürich 1822. 8°.

Handbuch über die Preuß. Porto-Taxe nebst einer Zusammenstellung der Porto Taxen für sammtliche Post Anstalten des Preuß. Staats. Berlin, 1832. 4 Bde. 4. (Das preuß Regulativ über das Post-Taxwesen v. J. 1824 in d. Preuß. Gesetzsamml. 1824, Dezember, St 21.)

— für die Provinz Posen. Nachweisung der Behörden, Anstalten, Institute u. Vereine. Nach amtl. Quellen bearb. 1. Ausg., abgeschlossen nach dem Stande vom 1. IV. 1901. gr. 8. (XXX, 302 S.) Posen 901. Merzbach'sche Buchdr. Geb. in Leinw. n. 6. —

Handbuch für d. Provinz Posen. Nachweisung d. Behörden, Anstalten, Institute u. Vereine. Nach amtl. Quellen bearb. 2. Ausg., abgeschlossen nach dem Stande vom Dezbr. 1904. (XXVII, 363 S.) gr. 8. Posen 905. Merzbach'sche Buchdr. Geb. in Leinw. n. 6. —

— der Prov. Posen. Nachweisung der Behörden, Anstalten, Institute u. Vereine. Nach amtl. Quellen bearb. 3. Ausg., abgeschlossen nach dem Stande vom Oktbr. 1908. (XXXVII, 392 S.) gr. 8. Posen 909. Merzbach. Geb. in Leinw. nn 7. —

— für Post u. Telegraphie. gr. 8. (III, 242 S.) Berlin 879. v. Decker. n. — 80

— für Post und Telegraphie. gr. 8. (IV, 279 S.) Berlin 883, (v. Decker's Verlag.) **

— für Post u. Telegraphie. (Neue amtl. Ausg. v. 1886.) gr. 8. (IV, 300 S.) Berlin 886. (v. Decker.) n.n. — 90

— für Post u. Telegraphie. 8. (IV, 323 S.) Berl. 892, (v. Decker). * 1 —

— f. Post u. Telegraphie. Berichtiggn. Nr. 1—15. 8. (4 Bl.) Berlin 895. (R. v. Decker.) — 15; (kplt. m. Nachtrag n. 1. 60; kart. n. 2. 15)

— f. Post u. Telegraphie. 8. (352 S.) Berlin 900. R. v. Decker. Kart. n. 2. —

Handbuch für Post und Telegraphie. *Berlin 1900: Reichsdruckerei.* (352 S.) 8° [F.] 01. 8678

— u. Postbuch, s. Postbuch.

Hand- und Postbuch, Geographisches, welches alle Länder der Welt enthält. Wien 1779. V: *Olearius, Joh. Chn.* (BIBLPORT)

— des norddeutschen Postrechts, enthltd. das Gesetz über das Postwesen des norddeutschen Bundes vom 2. Nov. 1867 u. das Gesetz über das Posttaxwesen im Gebiete des norddeutschen Bundes vom 4. Nov. 1867, erläut. aus den Materialien ꝛc., ferner das vollständ. Reglement vom 11. Dezbr. 1867, die wichtigsten auf Grund der vorerwähnten Gesetze erlassenen Bekanntmachgn. ꝛc. Mülheim a. d. Ruhr 868. Bagel. 8. (VII, 136 S.) 10 ngr

— für Post-, Eisenbahn- u. Dampfschiff-Reisende in den deutschen u. angrenzenden Staaten, nebst 1 Reisekarte von Deutschland. 12. Berlin 843, Morin. 1/8 ß

Handbuch, Praktisches, für Accis- Geleit- Zollbediente Kauf- und Handelsleute ... Leipzig 1794. V: *Frenzel, Joh. Theod. (Gottlob).* (Ky) (OL) (MGT)

Handbuch, praktisches, bei dem Bau eiserner Träger- oder Joch-Brücken mit besond. Berücksichtigung der Britannia- und Conway-Röhren-Brücke in England. Nach dem Engl. von Gust. Werther. 8. (V und 66 S. mit 16 Stnt.) Dresden 853, Kuntze. Thlr. *

—prakt., für Beamte, Advokaten, Prokuratoren 2c. 8. Münch. 786. Lentner. 16 gr.

—prakt., für das Ebenholz-, Elfenbein-, Leder-, Schildplatt-, Horn-Stuckatur. 8. Kempten 799. Kösel. 19 gr.

— praktisches, f. empirische Feldmesser. m. K. 8. Frankf. Jäger. 799.

—prakt., für Feldprediger, oder Belehrung über den ganzen Umfang ihrer Pflichten u. Rechte. Mit 1 Kpf. gr. 8. Berl. 802. (Reimer z. a. Dyck in Leipz.) 1 Thlr. 16 gr.

Handbuch, Praktisches, über die Fortpflanzung und Kultur des Maulbeerbaumes . . . Innsbruck 1843. V: *Zallinger, Carl von.* (Ky)

—— praktisches, üb. die Fortpflanzung u. Kultur des Maulbeerbaumes, nach den Vorschriften der besten italien. Autoren u. Erfahrungen der bewährtesten Oekonomen. Von Carl v. Zallinger. gr. 8. (14¼ B. u. 5 Stnt.) Innsbruck 843, Wagner'sche Buchh.

Handbuch, Praktisches, für Freymaurer nach den Bedürfnissen unsers Zeitalters . . . Leipzig 1801—4. V: *Schuffenhauer, Johann Carl August.* (SJL)

—prakt., für Freimaurer, nach dem Bedürfniß unseres Zeitalters. 4 Hefte. 12. Leipz. 801—4. (Craz u. G. in Frberg). 1 Thlr. 8 gr.

Handbuch, praktisches, der Haushaltungskunst. 1. Bd. A. u. d. T.: Neues Kochbuch oder bewährte u. vollständige Anweisung zur schmackhaften Zubereitung aller Arten von Speisen, Backwerk, Gefrorenem 2c. Von F. L. Löffler. 12. umgearb. und verm. Aufl. (In 4 Liefgn.) 1. Liefg. Stuttgart 862. J. F. Steinkopf. gr. 8. (S. 1—128.) 6 ngr.

Anonym: „Praktisches Handbuch für Hausväter und Hausmütter", 3 Bände, Quedlinburg 1786 (Ernst). Mit neuem Titel: „Praktische Bemerkungen und Geheimnisse, die Haushaltungskunst betreffend; oder auch praktisches Handbuch für Hausväter und Hausmütter", 6 Teile, Quedlinburg 1785—1791 (Reussner).

Handbuch, Praktisches, des Jagd-Gesetzes . . . Von einem Praktikus. Leipzig 1890. V: *Sauppe, Moritz Julius.* (Centr. XIX, 377)

Handbuch, Praktisches, für Kauf- und andere Geschäftsleute zum Unterricht bey Wechselgeschäften sowohl in Teutschland überhaupt, als auch in Chursachsen insbesondere. Leipzig 1801. V: *Kermes, Leopold August.* (KGBerlin I, 761)

— prakt., f. Kaufl. z. Unterr. bey Wechselgeschäften. gr. 8. Leipz. Tauchnitz. 801.

— praktisches, für Königsberg. Wegweiser für Fremde u. Hiesige. Herzg. von R. D. Königsberg 867. Braun & Weber. 16. (41 S.) n. 7½ ngr.

Handbuch, Praktisches, für Künstler [von J. Imison]; a. d. Engl. Zittau 1792—93. Ü: *Geisler, Johann Gottlieb.* (MGT) (OL)

—prakt., f. Künstler; aus d. Engl., mit Zusätzen von Jh. Gli. Geisler. 3 Bde., mit Kpf. gr. 8. Dresd. 792, 93. Walther. 4 Thlr. 4 gr.

Handbuch, Praktisches, für die in Ebenholz, Elfenbein, Leder, Schildplatte . . . arbeitenden Künstler. Berl. 1796. V: *Loos, Philipp Werner.* (Rothsch II, 332)

Handbuch, Praktisches, für Künstler und Oekonomen. Berlin 1796. V: *Loos, Philipp Werner.* (Rothsch)

Handbuch, Practisches, zur Kupferstichkunde . . . Magdeb. 1840. V: *Haacke, von.* (JStBbH)

—— pract., zur Kupferstichkunde, od. Lexicon derjen. vorzüglichsten Kupferstecher, sowohl d. älteren, als bis auf d. neueste Zeit, deren Werke sich zu e. schön. Zimmerverzierung eignen, nebst e. kurzen krit. Beurtheil. derselb., der Angabe ihrer besten zu obigem Zwecke vorzugsweise passenden Blätter, etc. Verfasst u. zusammengetr. v. ein. Kunstfreunde. gr. 8. (20½ B.) Magdeburg 840, Bühler'sche Buchh.

Handbuch, Praktisches, für den deutschen Landmann . . . Stuttgart 1814—15. V: *Schmid, Johann Christoph Ernst.* (Ky) (MGT)

—prakt., f. den deutschen Landmann; von d. Verf. d. Bauern-Katechismus, (von Jh. Chr. E. Schmid). (1r Thl. A. u. d. T.: geprüfte Lehren, um die Erndten vervielfältigen, wenigstens verdoppeln zu können. 16 gr. 2r Thl. A. u. d. Titeln: 1) Bemerkk. z. Verbesserung d. Rind-, Pferde-, Schaf-, Schweine- u. Federviehzucht; 2) Anweis. f. den Landmann u. jeden Baumguts-Besitzer z. Obstbaumzucht. 16 gr.) 8. Stuttg. 814. Steinkopf. 1 Thlr. 8 gr. 3r Thl. A. u. d. T.: 1) Schmid, Jh. Chr. E., Grundsätze zu einer dauerhaften Bienenzucht. 2) Morstadts Anleitung, Zucker aus Runkelrüben zu bereiten, mit Kpf. 8. Ebd. 815. 16 gr.

— praktisches, der christlichen Lehre nach der Augsburg. Confession. Zur Erbauung u. zum Unterrichte in Schulen und beim Confirmationsunterrichte. 2 Thle. gr. 8. (Mit 1 Karte.) Braunschweig 843, Leibrock. 1¾ Thlr.

— praktisches, der pädagogischen Litteratur. Enth. e. systemat. Uebersicht der neueren pädagog. Litteratur, e. Zusammenstellg. v. Hilfsmitteln zur Erlerng. der fremden Sprachen, sowie v. Lehr- u. Handbüchern f. Handels-Schulen. Ein Hilfsbuch f. Lehrer u. Erzieher. gr. 8. (77 S.) Leipzig 887. Fock. n. — 40

—— praktisches, zur Lösung taktischer Aufgaben für Subalternofficiere der k. k. österreich. Armee. gr. 8. (XII und 219 S. mit 20 Stnt. in qu. gr. 4.) Brünn 853, Buschak und Irrgang. *

Handbuch, Praktisches, für Mahler und Lakirer. Berlin 1795. V: *Loos, Philipp Werner.* (Rothsch)

Handbuch, Praktisches, für Manufacturiers und Künstler. Berlin 1797. V: *Loos, Philipp Werner.* (Rothsch)

Anonym: „Praktisches Handbuch der Mechanik, für Künstler, Fabrikanten und Handwerker" aus dem Englischen übersetzt. 2 Teile, Quedlinburg 1827, 1828 (Basse).

—— prakt., d. Mechanik f. Künstler, Fabrikanten u. Handwerker. Nach d. 12. engl. Orig.-Ausg. übers. 2. Thl. M. 5 Taf. Abbild. 8. (16 B.) Quedlinburg 828, Basse.
1. Thl. Ebendas. 1827. 1 Thlr. 4 Gr.

—— practisches, für den Mineur, s. Reinhold, F.

Handbuch, Praktisches, für Pferdeliebhaber und Pferdehändler, die äussere Bildung, Schönheit, Güte, Fehler etc. der Pferde selbst beurteilen zu können, von † †. (I.) gr. 8. Leipzig 796. Schwickert. M. 1.50

— prakt., f. Rheinschifffahrtsbeamte, Handelsleute, Schiffer ꝛc., enth. eine Samml. der vorzügl. Gesetze u. Verordnn. über die Rheinschifffahrt seit d. J. 1805. 8. (Mainz 819. Müller u. Lpz., Hinrichs). 2 ℳ 16 ℊ

— prakt., f. kathol. Seelsorger am Krankenb. 8. Erfurt, Beyer u. Max. 804.

— prakt., für kathol. Seelsorger am Krankenbette. 8. Erf. 804. (Otto). 1 ℳ Auch u. d. T.: Erbauungsbuch für aufgeklärte Katholiken ꝛc.)

— prakt., f. kathol. Seelsorger am Krankenbette. 8. Frkf. Beyer. 804.

—— prakt., f. kathol. Seelsorger am Krankenbette. Hrsg. v. ein. Gesellschaft kathol. Pfarrer. — A. u. d. T.: Erbauungsbuch f. kathol. Christen, insbesond. f. Leidende. 2., gänzl. verb. u. verm. Aufl. 8. (22 B.) Erfurt 838, (41.) [Weimar, Voigt.]

Handbuch, Praktisches, für die Seelsorgspriester zur Leitung des dritten Ordens ... Bregenz 1898. 2. Aufl. 1899. 3. Aufl. 1902. V: *Tischler, Franz.* (Margr)

— practisches, des Seidenmanufacturwesens, siehe: Schauplatz, neuer, der Künste u. Handwerke, 116. Bd.

Praktisches Handbuch des Seidenmanufacturwesens, von einem deutschen Techniker. Weimar. 1841. 8.

Handbuch, praktisches, für den preußischen Staatsbürger. Ein Ratgeber in Familien-, Gesinde-, Miet-, Steuer-, Vormundschafts-, Eigentums-, Erbschafts- u. anderen Angelegenheiten. Nach den einschläg. Gesetzen u. der Rechtsprechg. bearb. 8. (VIII, 154 S.) Arnsberg 902. J. Stahl. Geb. n. 1.50

— praktisches, f. den preußischen Staatsbürger. Ein Ratgeber in Familien-, Gesinde-, Miet-, Steuer-, Vormundschafts-, Eigentums-, Erbschafts- u. anderen Angelegenheiten. Nach den einschläg. Gesetzen u. der Rechtsprechg. bearb. 3. Aufl. 11—15. Taus. (VIII, 162 S.) 8. Arnsberg 904. J. Stahl. Geb. n.n. 1.50

—— prakt. f. Steuerbeamte ꝛc.; od. d. Verordn. u. d. Gesetz, die Aufnahme d. Inventarien, ingl. die Vermessung u. Bezeichn. d. Betriebsgeräthschaften bei Bierbrauereien betreff. v. 18. Nov. u. 4. Dec. 1833, so wie d. Biersteuer-Verordn. v. 4. Dec. 1833, in alphabet. Ordn. gr. 8. (2 B.) Leipzig 837, Wienbrack.

—— dass. — f. Branntweinbrennereien. gr. 8. (4⅛ B.) Leipzig 837, Wienbrack.

—— dass. — od. d. Gesetz u. d. Verordn. üb. Entrichtung d. Schlachtsteuer v. 4. Oct. 1834 ꝛc. gr. 8. (2 B.) Leipzig 837, Wienbrack.

—— dass. — od. d. Gesetz, das Untersuchungsverfahren geg. Uebertreter d. gesetzl. Vorschriften in Sachen d. indirecten Abgaben betreff.; v. 27. Dec. 1833. gr. 8. (3¾ B.) Leipzig 837, Wienbrack.
Vgl. unten: Handbüchlein f. Steuerbeamte.

prakt., der gesammten Thierheilkunde. Oder: Gründlicher Unterricht über die Wartung und Pflege, Kennzeichen, Ursachen, Dauer, Verlauf, Verhütung u. Heilung der innerlichen Krankheiten unserer Haussäugethiere. Nach den neuesten Erfahrungen, allopathischen u. homöopathischen Grundsätzen bearb. Von einer Gesellschaft prakt. Thierärzte. Mit einer Vorrede von S. v. Tennecker. 2. verm. u. verb. Aufl. Mit lith. Abbild. 1. Bd. 1.—4. Hft. gr. 8. Bernburg 845, 46, Gröning. 1. 2.: à ⅜ ℳ 3. 4.: à ½ ℳ

— prakt., der gesammten Thierheilkunde. Oder: Gründl. Unterricht über die Wartung u. Pflege, Kennzeichen, Ursachen, Dauer, Verlauf, Verhütung u. Heilung der innerlichen Krankheiten unserer Haussäugethiere. Nach den neuesten Erfahrgn., allopathischen u. homöopathischen Grundsätzen bearb. v. einer Gesellschaft praktischer Thierärzte. Mit einer Vorrede von S. v. Tennecker. 2. verm. u. verb. Aufl. 5—8. Hft. gr. 8. (2. Bd. 131 S. mit 1 lith. Taf.) Bernburg 847. 49, Gröning. 5 u. 7. à ½ ℳ 6 u. 8 à ⅜ ℳ (cplt. 3½ ℳ)

Handbuch, praktisches, f. *Tischler* u. andere Holzarbeiter. 6. verb. u. verm. Aufl. Berlin, C. Heymann, 1856. 8°. Saub. Ppb.
X—332 S.

— praktisches, für Tuchfabrikanten und Tuchkaufleute. 3. verm. Aufl. Forst 860. (Guben, Berger.) 16. (91 S.) n. 10 ngr.

— praktisches, f. Tuchfabrikanten u. Tuchkaufleute. Preisberechnungs-, Zinsen-Berechnungs- u. Werth-Umrechnungs-Tabellen. 16. (80 S.) Forst i. L. 875. (Leipzig, Schneider.) n. 1. —

— praktisches, für Tuchfabrikanten u. Tuchkaufleute. gr. 16. (80 S.) Forst i/L. 878. Hoene. 1. —

— prakt., über d. Verbesserung d. vormundschaftl. Verwaltungen. 4. Hannov. 778. Helwing. 12 ℊ

Handbuch, Praktisches, des rheinischen Civilrechts, enth. zugleich eine übersichtliche Darstellung der Gerichtsverfassung und der allgemeinen Grundsätze des richtlichen Verfahrens in Civil- und Strafsachen. Mühlheim a. d. R. 1877. V: *Nebe-Pflugstaedt, A.* (StBKöln II, 85 f.)

—— praktisches, des rheinischen Civilrechts, enth. zugleich eine übersichtl. Darstellung der Gerichtsverfassung und der allgemeinen Grundsätze des gerichtl. Verfahrens in Civil- und Strafsachen, insbesondere der das Amt der Schiedsmänner, Schöffen und Geschworenen betr. Vorschriften. (10. umgearb. und verm. Aufl. des Rheinpreuß. Hausadvokat.) 8. (XVI, 551 S.) Mühlheim 887, Bagel.

— praktisches, d. rheinischen Civilrechts, enth. zugleich e. übersichtl. Darstellg. der Gerichtsverfassg. u. der allgemeinen Grundsätze d. gerichtl. Verfahrens in Civil- u. Strafsachen, insbesondere der das Amt der Schiedsmänner, Schöffen u. Geschworenen betr. Vorschriften. 2., umgearb. u. verm. Aufl. 8. (XVI, 671 S.) Mülheim a. d. R. 893. J. Bagel. 9. —; geb. 10. 50

—— prakt. grammatikal., d. deutsch. Sprache. Ein Rathgeber f. diejenigen, welche mündlich u. schriftl. ohne Kenntniß d. grammat. Regeln sich richtig ausdrücken wollen. Nach Adelung, Campe, Heinsius, Heyse u. A. bearb. Vom Verf. des allgem. Volksseer., des vollst. Taschen-Fremdwörterbuchs rc. 4 Lfgn. 16. (31 B.) Hamburg 846, Bödeker. à 3⅓ Ngr.

Handbuch, prakt.-homilet., od. 1200 auserlesene Themata zu Predigten aus all. Theil. d. Moral. u. Relig. gr. 8. Leipz. Jacobäer. 802. Rblr.

Handbuch, Praktisch-katechetisches, über den Hannöverischen Katechismus . . . Bremen 1815—16. V: *Rutenberg, Hermann.* (Ky) (MGT)

Handbuch der elektrotechnischen Praxis, hrsg. v. Arth. Wilke. 1. u. 2. Bd. Lex.-8. Stuttgart, F. Enke. n. 23. —; geb. in Leinw. n. 25. 20

1. Die Massenfabrikation der elektrischen Präzisionsapparate. Von Carl Schücke. Mit 325 in den Text gedr. Abbildgn. (VI, 258 S.) 903. n. 9. —; geb. n. 10. —
2. Einrichtung u. Betrieb elektrotechnischer Fabriken. Von F. Niethammer. (VIII, 364 S. m. 378 Abbildgn.) 904. n. 14. —; geb. n. 15. 20

— f. angehende Prediger, best. in Entwürfen, Kasualpredigten u. Reden. 24 Thle. 8. Frankf. 777—85. Acad. B. 12 ₰

— für Priester, nach einer getreuen Uebersetzung besond. Abhandlungen; nebst Anhang: „Anleitung zur Vollkommenheit für Weltpriester nach den Entwürfen zu geistl. Uebungen;“ aus den Schriften des heil. Alphons Maria v. Liguori, von der Versammlung des allerheil. Erlösers. 3. verb. u. verm. Aufl. gr. 8. (Mit 1 Kupf.) Wien 843. (Mechitaristen-Congreg.-Buchh.) 5/6 ₰

Handbuch des gemeinen und altbaierischen Privatrechts, für Nicht-Juristen . . . Kempten 1825. V: *Feeg, Max.* (Ky)

— d. gemeinen u. altbaierischen Privatrechts f. Nicht-Juristen rc. (v. M. Feeg). 8. Kempten 825. Dannheimer. 20 K bei Wolff in Augsb. 10 K

Handbuch des Herzoglich Sachsen-Gothaischen Privat- und Polizeirechts. O. O. 1790—91. V: *Hellbach, Johann Chn.* (Ky)

— des Herzogl. Sachsen-Gothaischen Privat- u. Polizeirechts, (v. J. Chr. Hellbach). 3 Hefte. 8. o. O. 790, 91.

Handbuch für Marburger Professoren. Gedr. auf Beschluss d. akad. Senats v 29. Juli 1899. *Marburg 1899: J. A. Koch.* (VI. 156 S.) 8° [...]

Handbuch, Prognostisches, oder Erklärung der Zeichen, welche einen guten oder schlimmen Ausgang der Krankheit vorher sagen . . . Breslau 1771. Ü: *Morgenbesser, Johann Gottfried.* (Ky)

— prognostisches, od. Erklär. der Zeichen, welche einen guten oder schlimmen Ausgang d. Krankheit vorher sagen; a. Uebersetzung (v. J. G. Morgenbesser). 8. Bresl. 771 J. F. Korn. 6 K

— der Prophylaxe. Bearb. v. Bing, Fischl, Th. S. Flatau u. a. Hrsg. v. A. Nobiling u. L. Jankau. I. Abtlg. 1. u. 2. Tl. u. II.—XIV. Abtlg. gr. 8. München, Seitz & Schauer. Einzelpr. n. 25. —; (kplt. n. 18. 50; in 1 Halbfrz.-Bd. n. 21. —)

I. 1. Die Prophylaxe bei Frauenkrankheiten. Von Oskar Schaeffer. (45 S.) 900. n. 1. 50
2. Die Prophylaxe in der Geburtshilfe. Von O. Schaeffer. (50 S.) 900. n. 1. 50
II. Die Prophylaxe bei Geschlechts- u. Hautkrankheiten. Von Max Joseph. (50 S.) 900. n. 1. 50
III. Die Prophylaxe der Krankheiten des Kindesalters. Von Rud. Fischl. (76 S.) 900. n. 2. —
IV. Die Prophylaxe in der Chirurgie. Von A. Hoffa u. A. Lilienfeld. (50 S.) 900. n. 2. —
V. Die Prophylaxe in der Psychiatrie. Von Walt. Fuchs. (52 S.) 900. n. 1. 50
VI. Die Prophylaxe bei Zahn- u. Mundkrankheiten. Von H. Chrn. Greve. (26 S.) 900. n. 1. —
VII. Die Prophylaxe d. Hals- u. Nasenkrankheiten. Von Thdr. S. Flatau. (36 S.) 900. n. 1. 50
VIII. Die Prophylaxe in der Ohrenheilkunde. Von Alb. Bing. (24 S.) 900. n. 1. —
IX. Die Prophylaxe in der Nervenheilkunde. Von Windscheid. (47 S.) 900. n. 1. 50
X. Die Prophylaxe in der inneren Medizin. Von Einhorn, Mendelsohn, R. Rosen. (98 S.) 901. n. 3. —
XI. Die Prophylaxe bei Krankheiten der Harnwege u. des Geschlechtsapparates (des Mannes). Von Albr. Frhr. v. Notthaft u. Arth. Kollmann. (73 S.) 901. n. 2. —
XII. Die Prophylaxe in der Augenheilkunde. Von Königshöfer. (86 S.) 901. n. 2. 50
XIII. Zur Geschichte der Prophylaxe. Von S. Goldschmidt. (42 S.) 900. n. 1. 50
XIV. Allgemeine Prophylaxe. Von Martius. (14 S.) 900. n. 1. —

Handbuch der Prophylaxe. Bearb. v. Bing, Fischl, Th. S. Flatau u. a. Hrsg. v. A. Nobiling u. L. Jankau. I.—III. Suppl. gr. 8. München, Seitz & Schauer. n. 4. —

I. Die Prophylaxe der Sterilität. Von E. Heinr. Kisch. (24 S.) 900. n. 1. —
II. Die Prophylaxe im Militärsanitätswesen. Von Otto Neumann. (46 S.) 900. n. 1. 50
III. Die Prophylaxe der funktionellen Störungen des männlichen Geschlechtsapparates. Von Herm. Rohleder. (40 S.) 901. n. 1. 50

⑧ — d. Prophylaxe. 900. 901. (KBL 31.) Jetzt: München, Verlag d. ärztl. Rundschau.

— der Prov.-Verwaltung der Prov. Hessen-Nassau. Amtliche Ausg. 3 Thle. gr. 8. Cassel 902. (E. Hühn.) Geb. in Leinw. n.n. 8. 50

1. Provinzialverwaltung im engeren Sinne. (XV, 195 S.)
2. Unfall- u. Krankenversicherung. (VIII, 292 S.)
3. Invaliden-Versicherung. (XI, 373 S.)

— für die rheinische Provinzialverwaltung, enth. die f. diese Verwaltg. gelt. Gesetze, Verordngn., Reglements, Dienst- u. Geschäftsanweisgn. 6. Aufl. 8. (IX, 765 S.) Düsseldorf 900. L. Voß & Co. Geb. in Leinw. n.n. 6. —

— für die rheinische Provinzialverwaltung, enth. die f. diese Verwaltg. gelt. Gesetze, Verordngn., Reglements, Dienst- u. Geschäftsanweisgn. Nachtrag. (V, 245 S.) 8. Düsseldorf 904. L. Voß & Co. Geb. in Leinw. n.n. 2. 50
Hauptwerk. Ebd. 900. Geb. n.n. 6. —.

Handbuch der gerichtlichen Psychiatrie unter Mitw. von ... hrsg. von Prof. Dr. A[lfred] Hoche. *Berlin: A. Hirschwald 1901.* (VII, 732 S.) 4° [...]

—— der Pulverfabrication, s.a. Schauplatz d. Künste, 113. Bd.

Handbuch der Pulverfabrikation sowie der Schießbaumwolle- u. Schießhede-Bereitung. 2. verm. Aufl. Mit Taf. Weimar 1847. 295 S.

Handbuch für Rathsherren deutscher Provinzial-Mittelstädte . . . Neustadt a. d. O. 1810. V: *Chladenius*, *Carl Gfr. Theodor.* (Ky) (MGT) (NN)

— f. die Rathsherren der Provinzialmittelstädte, (von K. G. Th. Chladenius). 8. Neust. 810. Wagner. 1 ₰

— für den deutschen R. D.-C.-S.-Burschenschafter. 2. Aufl. S.-H. 1901. 8. (161 S. m. farb. Abbildgn.) Leipzig-R. 901. A. Hoffmann. n. 1. 75

— für den Realienunterricht in den Volksschulen d. Fürstentum Schwarzburg-Rudolstadt. gr. 8. (VIII, 144 S.) Rudolstadt 898. Hofbuchdr., F. Mitzlaff. Geb. n.n. — 75

— für den Realienunterricht in den Volksschulen des Fürstent. Schwarzburg-Rudolstadt. 2. Aufl. (VIII, 150 S.) gr. 8. Rudolstadt 903. Fürstl. priv. Hofbuchdr. Geb. n.n. — 85

—— für den Rechnungsdienst der Post- und Telegraphen-Anstalt. Sammlung der den administrativen und den Fachrechnungsdienst der Post- und Telegraphenanstalt betr. Normen. Im Auftrage des k. k. Handelsministeriums zusammengestellt im Ministerial-Rechnungsdepartement, bezw. in den Postfachrechnungsdepartements I und II. 3 Thle. hoch 4. (VII, 223; VII, 140; 48 S.) Wien 888, Hof- und Staatsdruckerei. *

Handbuch des bürgerlichen Rechts in Teutschland zum Gebrauch für studirende Advokaten, Beysitzern . . . Leipz. 1788—91. V: *Liekefett*, *Samuel Gottfried.* (MGT) (OL) »1788—92« (Ky)

— d. bürgerl. Rechts in Deutschland, (v. S. G. Liekefett). 7 Thle. gr. 8. Leipz. 788—92. (Knobloch). 15 ₰

Handbuch des Bürgerlichen Rechts in Teutschland zum Gebrauch für Studierende, Advokaten . . . Leipzig 1789—91. V: *Fettmilch.* (KGBerlin I, 327)

Handbuch des öffentlichen Rechts, Reichs-Ausg., s.a. Marquardsen.

— des öffentlichen Rechts der Gegenwart in Monographien. Begründet von H. v. Marquardsen u. M. v. Seydel, hrsg. v. G. Jellinek u. R. Piloty. Einleitungsbd. Lex.-8. Tübingen, J. C. B. Mohr. 1908

3. Abtlg. Philippovich, E. v., Grundriss der politischen Oekonomie. I. Bd. Allgemeine Volkswirtschaftslehre. 7., rev. Aufl. (XII, 432 S.) 10. —; geb. 11. —

— des öffentlichen Rechts der Gegenwart in Monographien. Unter Mitwirkg. v. vielen Gelehrten des In- u. Auslandes begründet von Heinr. v. Marquardsen u. Max v. Seydel, hrsg. v. Geo. Jellinek u. Rob. Piloty. Einleitungsbd. III. Abtlg., IV. Abtlg. 1. u. 2. Tl., VII. Abtlg. 1. u. 2. Lfg. u. III. Bd. 1 Halbbd. I. Abtlg. Lex. 8. Tübingen, J. C. B. Mohr. 46. 80

3. Grundriß der politischen Oekonomie. Von Eug. v. Philippovich. I. Bd. Allgemeine Volkswirtschaftslehre. 8., rev. Aufl. (XII, 435 S.) 909. 10.—; geb. 11. —

4, I. Dasselbe. II. Bd. Volkswirtschaftspolitik. 1. Tl. 4., neubearb. Aufl. (IX, 343 S.) 908. 8.—; geb. 9. —
3. Aufl. (VIII, 365 S.) 905. 8.—; geb. 9. —.

4, II. Dasselbe. 2. Bd. Volkswirtschaftspolitik. 2. Tl. 1. bis 3. Aufl. XI, 393 S.) 907. 9. —

7. (In 3 Lfgn.) 1. u. 2. Lfg. (S. 1—450.) 909. 10. 11. 80

III. 1. I. Das Staatsrecht des Königr. Sachsen. Von Otto Mayer. (VI, 328 S.) 906. 8.—; Subskr.-Pr. der 2. Aufl. v. Bd. II u. III, 1 (19. u. 20. Schlußlfg.) 7. 20

Handbuch des öffentlichen Rechts der Gegenwart in Monographien. Begründet von H. v. Marquardsen u. M. v. Seydel, hrsg. v. G. Jellinek u. R. Piloty. Einleitungsbd. Lex.-8. Tübingen, J. C. B. Mohr. 1909

III. Bd. 1. Halbbd. I. Abtlg. Mayer, O., Das Staatsrecht des Königr. Sachsen (VI, 328 S.) 8. —; Subskr.-Pr. der 2. Aufl. v. Bd. II u. III. 1. (19. u. 20. Schlusslfg.) 7. 20

— des öffentlichen Rechts der Gegenwart in Monographien. Hrsg. v. Heinr. Marquardsen. 1. Bd. 1. Halbbd. 2. Halbbd. 1. u. 2. Lfg., 2. Bd. 1. u. 2. Halbbd., 3. Bd. 1. Halbbd. 1. Abthlg. 1—3. Lfg., 2. u. 3. Abthlg, 2. Halbbd. 3 Abthlgn., 4. Bd. 1. Halbbd. 1—4. u. 6. Abth. u. 2. Halbbd. 2. Abth. Lex.-8. Freiburg i/B., Mohr. Subscr.-Pr. n. 97. —

I. Allgemeiner Theil. 1. Halbbd. Allgemeines Staatsrecht. Von Carl Gareis. (XIV, 186 S.) Staat u. Kirche. Von Paul Hinschius. (S. 187—380) 883. Subscr.-Pr. n. 9. —; Einzelpr. n. 14. —

— dasselbe. 2. Halbbd. Allgemeines Verwaltungsrecht. Bearb. von O. v. Sarwey. Völkerrecht. Bearb. von A. v. Bulmerincq. Politik. Bearb. v. H. Marquardsen. 1. u. 2. Lfg. (XVI, 384 S.) 884. Subscr.-Pr. n. 11. —

II. Das Staatsrecht d. Deutschen Reiches u. der Deutschen Staaten. I. 1. Halbbd. Das Staatsrecht d. Deutschen Reiches. Von Paul Laband. (VIII, 214 S.) Das Staatsrecht der Reichslande Elsaß-Lothringen. Von A. Leoni. (S. 215—308.) 883. Subscr.-Pr. n. 8. —; Einzelpr. n. 12. —

— dasselbe. 2. Halbbd. Das Staatsrecht d. Königr. Preußen. Bearb v. H. Schulze. (VIII, 165 S.) — Das Staatsrecht d. Königr. Sachsen. Bearb. v. C. E. Leuthold. (S. 167—262.) 884. n. 8. —

III.— dasselbe. II. 1. Halbbd. 1. Abth. Das Staatsrecht d. Königr. Bayern. Von Wilh. Vogel. 1—3. Lfg. (172 S.) 885. 86. n. 8. —; Einzelpr. n. 4. 50

III. Das Staatsrecht d. Deutschen Reiches u. der Deutschen Staaten. II. 2. Abth. Das Staatsrecht d. Königr. Württemberg. Bearb. v. L. Gaupp. (VIII, 307 S.) 884. n. 9. —

— dasselbe. 3. Abth. Das Staatsrecht d. Großherzogth. Baden. Von K. Schenkel. Das Staatsrecht d. Großherzogth. Hessen. Von Carl Gareis. (VIII, 118 S.) 884. n. 3. —

— dasselbe. 2. Halbbd. 1. Abth. Das Staatsrecht v. Mecklenburg-Schwerin, Mecklenburg-Strelitz, Oldenburg, Braunschweig, Anhalt, Waldeck, Schaumburg-Lippe, Lippe. Bearb. v. Otto Büsing, H. Becker, A. Otto, A. Pietscher, F. Böttcher, K. Bömers, A. Falkmann. (X, 193 S.) 884. n. 5. —

— dasselbe. 2. Abth. Das Staatsrecht der Thüringischen Staaten: Sachsen-Weimar-Eisenach, Sachsen-Meiningen, Sachsen-Altenburg, Sachsen-Coburg u. Gotha, Schwarzburg-Rudolstadt, Schwarzburg-Sondershausen, Reuß ältere Linie, Reuß jüngere Linie. Bearb. v. Geo. Meyer, W. Kircher, K. Th. Sonnenkalb, F. Forkel, K. Klinghammer, C. Schambach, O. Liebmann, R. Müller. (VIII, 204 S.) 884. n. 5. —

— dasselbe. 3. Abth. Das Staatsrecht der freien u. Hanse-Städte Hamburg, Lübeck, Bremen. Bearb. v. J. Wolffson, K. Klügmann, H. Sievers. (VI, 88 S.) 884. n. 3. —

IV. Das Staatsrecht der außerdeutschen Staaten. 1. Halbbd. 1. Abth. Das Staatsrecht der österreichisch-ungarischen Monarchie. Bearb. v. J. Ulbrich. (VII, 190 S.) 884. n. 5. —

— dasselbe. 2. Abth. Das Staatsrecht der schweizerischen Eidgenossenschaft. Bearb. von Alois v. Orelli. (IV, 160 S.) 885. n. 5. —

— dasselbe. 3. Abth. Das Staatsrecht der Vereinigten Staaten v. Amerika. Bearb. von H. v. Holst. (VII, 189 S.) 885. n. 6. —

— dasselbe. 4. Abth. Das Staatsrecht d. Königreichs der Niederlande. Bearb. v. L. de Hartog. (VIII, 92 S.) 886. n. 4. —

— dasselbe. 6. Abth. Das Staatsrecht der französischen Republik. Bearb. v. André Lebon. (VII, 172 S.) 886. n. 6. —

— dasselbe. 2. Halbbd. 2. Abth. Das Staatsrecht der vereinigten Königreiche Schweden u. Norwegen. Bearb. v. T. A. Aschehoug. (XII, 208 S.) 886. n. 7. —

— des öffentlichen Rechts der Gegenwart in Monographien. Unter Mitwirkg. v. Aschehoug, Becker, Bömers 2c. hrsg. von H. Marquardsen. 1. Bd. 2. Halbbd. 3. Lfg. (Schluß d. 1. Bds.) Lex.-8. (5, XII u. S. 385—391.) Freiburg i/Br. 887. J. C. B. Mohr. gratis

— dasselbe. 3. Bd. 1. Halbbd. 1. Abth. Lex.-8. Ebd. 888. Subscr.-Pr. n.n. 9. —; Ladenpr. geb. n. 12. —
Das Staatsrecht d. Königr. Bayern. Bearb. von M. Seydel. (339 S.)

— dasselbe. 4. Bd. 1. Halbbd. 4. Abth. 2. Lfg. [Schluß der 4. Abth.] Lex.-8. Ebd. 890. n. 8. —
Das Staatsrecht des Großherzogthums Luxemburg, bearb. von P. Eyschen. (VII, 102 S.)

— dasselbe. 4. Bd. 1. Halbbd. 7. Abth. 1. u. 2. Lfg. Lex.-8. Ebd. 888. n. 7. 50
1. Das Staatsrecht d. Königr. Italien. Von C. Brusa. 1. Lfg. (48 S.) n. 1. 50
2. — dasselbe. 2. Lfg. (S. 49—240.) n. 6. —

— dasselbe. 4. Bd. 1. Halbbd. 8. Abth. 1. Lfg. Lex.-8. Ebd. 889. n. 5. —
Das Staatsrecht d. Königr. Spanien. Von M. Torres-Campos. (IV, 125 S.)

— dasselbe. 4. Bd. 2. Halbbd. 1. Abth. Lex.-8. Ebd. 889. n. 13. —
Das Staatsrecht Rußlands. Von J. Engelmann. Das Staatsrecht Finlands v. L. Mechelin. (X, 351 S. u. Nachtrag zu v. Bulmerincq, Völkerrecht 11 S.)

— dasselbe. 4. Bd. 2. Halbbd. 3. Abth. Lex.-8. Ebd. 889. n. 6. —
Das Staatsrecht d. Königr. Dänemark. Bearb. v. C. Goos u. H. Hansen. (VII, 169 S.)

Handbuch des öffentlichen Rechts der Gegenwart in Monographien. Unter Mitwirkung von Aschehoug, Becker, Bömers 2c. hrsg. v. Heinr. v. Marquardsen u. Max v. Seydel. Einleitungsbd., hrsg. v. Max v. Seydel. 8. Abth. Lex.-8. Freiburg i/B. 893. J. C. B. Mohr. n. 8. —
Allgemeine Volkswirthschaftslehre. Bearb. von Eug. v. Philippovich. (VIII, 348 S.)

— dasselbe. Einleitungsbd., hrsg. von Max v. Seydel. 5. Abth. gr. 8. Ebd. 895. n. 5. —
Theoretische Statistik. Bearb. v. Geo. v. Mayr. (VIII, 202 S.)

— dasselbe. 3. Bd. 1. Halbbd. 1. Abth. Lex.-8. Ebd. 887. Subskr.-Pr. n. 9. —; Ladenpr. geb. n. 12. —
(1. Halbbd. kplt.: n. 24. —)
Das Staatsrecht d. Königr. Bayern. Bearb. v. Max v. Seydel. (339 S.) — Ersetzt d. Stelle d. Vogel'schen Staatsrechts, von dem bisher 3 Lfgn. erschienen; nach Vollendg. desselben sollte es als selbständiges Werk außerhalb d. Handbuches erscheinen, doch ist e. Fortsetzg. voraussichtlich nicht zu erwarten.

— dasselbe. 4. Bd. 1. Halbbd. 1. Abth. 1.—3. Lfg. Lex.-8. Ebd. 892. Subskr.-Pr. à Lfg. n. 2. —
Die österreichisch-ungarische Monarchie. I. Oesterreichisches Staatsrecht, bearb. v. J. Ulbrich. 2., verb. u. verm. Aufl. 1.—3. Lfg. (1. Bd. XII, 264 S.) Subskr.-Pr. à n. 2. —
(1. Bd. kplt. Ladenpr.: n. 7. —; geb. n.n. 8. —)

— dasselbe. 4. Bd. 1. Halbbd. 5. Abth. 1. u. 2. Lfg. Lex.-8. Ebd. 892. n. 10. —
Das Staatsrecht d. Königr. Belgien. Von Maurice Vauthier. 2 Lfgn. (XII, 272 S.)

— dasselbe. 4. Bd. 1. Halbbd. 7. Abth. 3. Lfg. Lex.-8. Ebd. 892. n. 12. 60 (7. Abth. kplt., 3 Lfgn., n. 20. —)
Das Staatsrecht d. Königr. Italien. Bearb. v. E. Brusa. 3. Lfg. (VIII u. S. 241—525.)

— dasselbe. 4. Bd. 1. Halbbd. 9. Abth. Lex.-8. Ebd. 892. n. 6. — (7.—9. Abth. [3. Thl. d. 4. Bds.] in 1 Bde.: n. 31. —)
Das Staatsrecht d. Königr. Portugal. Bearb. v. J. J. Tavares de Medeiros. (XI, 145 S.)

— dasselbe. 2. Bd. u. 3. Bd. 1. Halbbd. in 2. Aufl. (In ca. 22 Lfgn.) 1.—15. Lfg. gr. 8. Ebd. 894. 895. Subskr.-Pr. n.n. 43. 90
1. 2. 2. Bd. In 2., umgearb. Aufl. hrsg. von Max v. Seydel. 1. Abth. Das Staatsrecht des Deutschen Reiches. Von Paul Laband. (IV, 276 S.) n. 6. —
3. 3. Bd., 1. Halbbd. 4. Abth. Das Staatsrecht des Großherzogth. Hessen. Von Konr. Cosack. (VII, 149 S.) n. 3. 30
4—7. 2. Bd. 3. Abth. Das Staatsrecht des Königr. Preußen. Von K. Frhr. v. Stengel. (XI, 586 S.) n. 12. —
8—10. 2. Bd. 4. Abth. Das Staatsrecht des Königr. Bayern, 2., verb. u. verm. Aufl. Von Max v. Seydel. (VIII, 348 S.) n. 7. 20
11. 12. 2. Bd. 2. Abth. Das Verwaltungsrecht v. Elsaß-Lothringen. Von Alb. Leoni u. Karl Mandel. (VI, 307 S.) n. 6. 40
13—15. Das Staatsrecht des Königr. Württemberg. Von Ludw. Gaupp. (X, 428 S.) n. 9. —

— d. öffentl. Rechts d. Gegenwart in Monographien. Unt. Mitwirkg. v. Aschehoug, Becker, Bömers 2c. hrsg. von Heinr. v. Marquardsen u. Max v. Seydel. Einleitungsband, hrsg. von Max v. Seydel. 1. u. 6. Abth. gr. 8. Freiburg i/B., J. C. B. Mohr. n. 19. —;
(1, 3, 5 u. 6.: n. 32 —)
1. Geschichte d. Staatsrechtswissenschaft. Bearb v. Herm. Rehm. (VI, 268 S.) 896. n. 7. —
6. Bevölkerungsstatistik. Von Geo. v. Mayr. (X, 486 S.) 897. n. 12. —

— dasselbe. 2. Bd. u. 3. Bd. 1. Halbbd. in 2. Aufl. 16.—18. Lfg. gr. 8. Ebd. 896. Subskr.-Pr. n. 7. 20
(1.—18.: n. 51. 10)
16. 17. 3. Bd., 1. Halbbd., unt. Mitwirkg. v. K. Cosack, C. W. Fricker, L. Gaupp, F. Wielandt in 2., umgearb. Aufl. hrsg. von Max v. Seydel. 3. Abth. Das Staatsrecht d. Großherzogth. Baden. Von Frdr. Wielandt. (S. 1—288.) à n. 3. —
18. Dasselbe. (XI u. S. 289—345.) n. 1. 20

— des öffentl. Rechts der Gegenwart in Monographien. Unter Mitwirkg. v. Aschehoug, Becker, Bömers 2c. begründet von Heinr. v. Marquardsen, hrsg. von Max v. Seydel u. Robert Piloty. Einleitungsband. 2. u. 3. Abth. u. 4. Abth. 1. Thl. gr. 8. Freiburg i/B. Tübingen, J. C. B. Mohr. n. 26. —
2. Allgemeine Staatslehre. Von Herm. Rehm. (IV, 360 S.) 899. n. 9. —; geb. n.n. 10. —
3. Allgem. Volkswirthschaftslehre. Von Eug. v. Philippovich. 3. u. 4. durchgeseh. Aufl. (XII, 407 S.) 901. n. 9. 60; geb. n.n. 10. 60
4. 1. Volkswirthschaftspolitik. Von Eug. v. Philippovich. 1. Thl. 1. u. 2. Aufl. (VIII, 325 S.) 899. n. 7. 40

— dasselbe, hrsg. v. Geo. Jellinek u. Rob. Piloty. II. Bd., in 3. Aufl. hrsg. v. Geo. Jellinek. 1. Abth. gr. 8. Ebd. n. 8. —; geb. n.n. 9. —
Das Staatsrecht des Deutschen Reiches. Von Paul Laband. 3., neubearb. Aufl. (VII, 313 S.) 902.

— des öffentlichen Rechts der Gegenwart in Monographien. Unter Mitwirkg. v. Aschehoug, Becker, Bömers u. anderen Gelehrten des In- u. Auslandes begründet von Heinr. v. Marquardsen u. Max v. Seydel, hrsg. v. Geo. Jellinek u. Rob. Piloty. Nach Max v. Seydel's Tod hrsg. v. Rob. Piloty. II. Bd. 4. Abtlg.; III Bd. 1. Halbbd. 2. Abtlg.; IV. Bd. 1. Halbbd. 1. Abtlg. I. u. IV. Bd. 2. Halbbd. 4. Abtlg. I u. II. Lex.-8. Tübingen, J. C. B. Mohr. n. 67. —; geb. n.n. 73. —
II, 4. Das Staatsrecht des Königr. Bayern. Von Max v. Seydel. 3. Aufl., nach des Verf. Tode hrsg. v. Jos. Graßmann. (XII, 331 S.) 903. n. 9. —; geb. n. 10. —

III, 1, II. Das Staatsrecht des Königr. Württemberg. Auf der Grundlage des Handbuchs v. L. Gaupp dargestellt. Von Karl Göz. (3. Aufl. des Gaupp'schen Handbuches.) (XI, 458 S.) 901. n. 11. —; geb. n. 12. —

IV, 1, 1, I. Das österreichische Staatsrecht. Von J. Ulbrich. 3., neubearb. Aufl. (XII, 290 S.) 904. n. 7. —; geb. n. 8. —

IV, 2 4, I. Englisches Staatsrecht m. Berücksicht. der f. Schottland u. Irland geltenden Sonderheiten. Von Jul. Hatschek. I. Bd. Die Verfassg. (XII, 669 S.) 905. n. 18. —; geb. n n. 19. 50

II. Dasselbe. II. Bd. Die Verwaltg. (VIII, 710 S.) 906. n. 22. –; geb. n. 23. 50

— dasselbe. Einleitungsbd., hrsg. v. Geo. Jellinek. 3. Abtlg. Lex.-8. Ebd. n. 10. —; geb. n. 11. —

Grundriß der politischen Oekonomie. I. Bd. Allgemeine Volkswirtschaftslehre. Von Eug. v. Philippovich. 6., rev. u. verm. Aufl. (XII, 431 S.) 906.

5. Aufl. (XII, 408 S.) 904. n. 9. 60.

Handbuch sämmtlicher Rechte zum Gebrauche für Richter und Sachwalter. Leipzig 1792—97. V: *Schwarz, Johann Nicolaus.* (Ky) (EngJ)

— sämmtl. Rechte für Richter u. Advocaten, (v. J. N. Schwarz). 2 Bde. gr. 8. Leipz. 792—97. Hertel. 4 ℛ

— f. Regenten, Völker glückl. zu machen u. Tyrannen zu schrecken. 8. Berlin, Rottmann. 802.

Handbuch für Regenten Völker glücklich zu machen. Bern 1802. V: *Heinzmann, Johann Georg.* (MGT)

Anonym: „Handbuch für Regenten, Völker glücklich zu machen", Bern 1802 (Typographische Societät).

— für den königl. bayer. Reg.-Bez. der Pfalz. Eine Zusammenstellg. der Beamten u. Angestellten im Staats-, Kirchen- u. Gemeindedienste, des ärztl. Personals, des Gesamtoffizierskorps u. der Militärbeamten, der Eisenbahnbeamten u. Bediensteten, der Unterstützungs- u. Wohlthätigkeits-Anstalten, der Vereine ꝛc. ꝛc., nebst e. statist. Anh.: Die Gemeinden der Pfalz m. Annexen, ihrer Seelenzahl u. polit. Einteilg. nach den Ergebnissen der Volkszählg. vom 1. XII. 1900. Hrsg. v. Jul. Kranz. gr. 8. (VIII, 343 u. 6 S.) Speyer 902. Jäger. Kart. n. 4. —

— für den königl. bayer. Reg.-Bez. der Pfalz. Eine Zusammenstellg. der Beamten u. Angestellten im Staats-, Kirchen- u. Gemeindedienste, des ärztl. Personals, des Gesamtoffizierskorps u. der Militärbeamten, der Eisenbahnbeamten u. Bediensteten, der Unterstützungs- u. Wohlthätigkeits-Anstalten, der Vereine etc. etc., nebst e. statist. Anh.: Die Gemeinden der Pfalz m. Annexen, ihrer Seelenzahl u. polit. Einteilg. nach den Ergebnissen der Volkszählg. vom 1. XII. 1905 u. Verzeichnis der Herrschaften in der Pfalz vor Ausbruch der französ. Revolution. Hrsg. v. Jul. Kranz. (XIV, 361 S.) gr. 8. Speyer 907. Dr. Jäger Kart. 4. —

—— für das deutsche Reich. Zusammengestellt während der Monate Oktbr. und Novbr. 1874. Bearb. im Reichskanzler-Amt. gr. 8. (XIX, 336 S.) Berlin 874, v. Decker'sche Geh. Ober-Hofbuchdr. cart. **

— für das Deutsche Reich auf d. J. 1876. Bearb. im Reichskanzler-Amt. gr. 8. (XXI, 412 S.) Berlin, C. Heymann's Verl. n.n. 4. 50

— für das Deutsche Reich auf d. J. 1877. Bearb. im Reichskanzler-Amt. gr. 8. (XXII, 439 S.) Berlin, C. Heymann's Verl. cart. n.n. 4. 50

— dasselbe auf d. J. 1879. gr. 8. (XXII, 393 S.) Ebend. cart. n.n. 5. —

— dasselbe auf d. J. 1880. gr. 8. (XXII, 311 S.) Ebend. cart. n.n. 4. 50

— dasselbe auf d. J. 1881. gr. 8. (XXIII, 330 S.) Ebend. cart. n.n. 4. 50

— dasselbe auf d. J. 1882. gr. 8. (XXVI, 340 S.) Ebend. cart. n.n. 4. 50

— für das Deutsche Reich auf d. Jahr 1883. Bearb. im Reichsamte d. Innern. gr. 8. (XXVI, 404 S.) Berlin 883. C. Heymann's Verl. cart. n.n. 4. 50

— für das Deutsche Reich auf d. J. 1884—1886. Bearb. im Reichsamte d. Innern. gr. 8. (à ca. XXVI, 400 S.) Ebend. cart. à n.n. 5. —

Handbuch für d. Deutsche Reich auf d. J. 1887—1890. Bearb. im Reichsamte des Innern. gr. 8. (XXXII, 418; XXXII, 433; XXXII, 444; XXXII, 460 S.) Berlin, C. Heymann's Verl. cart. à Jahrg. n.n. 5. —

— dasselbe, auf das J. 1890. Nachtrag. Verzeichniß der Mitglieder d. Reichstags. gr. 8. (27 S.) Ebd. 890. n.n. — 30

— für das Deutsche Reich auf d. J. 1891—1894. Bearb. im Reichsamt d. Innern. gr. 8. (XXX, 464; XXXI, 482; XXXI, 487; XXXI, 499 S.) Berlin, C. Heymanns Verl. Kart. à Jahrg. n.n. 5. —

— dasselbe auf d. J. 1893. Nachtrag. Verzeichniß der Mitglieder des Reichstags. gr. 8. (25 S.) Ebd. 893. n n. — 30

— f. d. Deutsche Reich auf d. J. 1895—1898. Bearb. im Reichsamt d. Innern. 20.—23. Jahrg. gr. 8. (XXXII, 509, XXXII, 525, XXXII, 536 u. XXXII, 551 S.) Berlin, C. Heymann's Verl. Kart. à n.n. 5 —

— für das Deutsche Reich auf d. J. 1899 u. 1900. Bearb. im Reichsamt des Innern. 24. u. 25. Jahrg. gr. 8. (XXXII, 570 u. XXXVI, 588 S.) Berlin, C. Heymann's Verl. Kart. à n.n. 5. —

— dasselbe, auf d. J. 1901 u. 1902. 26. u. 27. Jahrg. gr. 8. (XXXVI, 626 u. XXXVI, 650 S.) Ebd. Kart. à n. 6. —

— f. das Deutsche Reich auf d. J. 1904. Bearb. im Reichsamt des Innern. 29. Jahrg. (XXXVI, 687 S.) gr. 8. Berlin, C. Heymann. Kart. 6. —

— f. das Deutsche Reich auf d. J. 1905. Bearb. im Reichsamte des Innern. 30. Jahrg. (XXXVI, 709 S.) 8. Berlin, E. Heymann. Kart. 6 —

— f. das Deutsche Reich auf d. J. 1906. Bearb. im Reichsamte des Innern. 31. Jahrg. (XXXVIII, 722 S.) 8. Berlin, C. Heymann. Kart. n. 6. —

Handbuch f. das Deutsche Reich auf d. J. 1907. Bearb. im Reichsamte des Innern. 32. Jahrg. (XL, 729 S.) 8. Berlin, C. Heymann. Kart. 6. —

Handbuch f. das Deutsche Reich auf d. J. 1907. Bearb. im Reichsamte des Innern. Nachtrag. Verzeichnis der Mitglieder des Reichstags. (29 S.) 8. Berlin, C. Heymann. —. 30.

— f. das Deutsche Reich auf d. J. 1908. Bearb. im Reichsamte des Innern. 33. Jahrg. (XLII, 791 S.) 8. Berlin. C. Heymann. Kart. 6. —

Handbuch f. das Deutsche Reich auf d. J. 1909. Bearb. im Reichsamte des Innern. 34. Jahrg. (XLII, 817 S.) 8. Berlin, C. Heymann. Kart. 7. 50.

— f. das Deutsche Reich auf d. J. 1910. Bearb. im Reichsamte d. Innern. 35. Jahrg. (XLIV, 745 S.) 8. Berlin, C. Heymann. Geb. in Halbleinw. 7. 50

Handbuch für das neue Deutsche Reich für 1874. 76. 77. 79. 82-85. Berlin 1874-85

— deutscher Reichsgesetze. 2. u. 46. Bd. 8. Leipzig, Rossberg. Geb. in Leinw.

2. Gesetzbuch, das bürgerliche. f. das Deutsche Reich vom 18. VIII. 1896. Nebst Grundbuchordng. u. Gesetz üb. die Angelegenheiten der freiwill. Gerichtsbarkeit. Text-Ausgaben mit Sachregistern. (VIII, 704, 26 u. III, 55 S.) 4. —. — 46. Gesetzbuch, das bürgerliche, f. das Deutsche Reich nebst dem Einführungsgesetze. Text-Ausg m. Sachregister. 2. Aufl (VIII, 704 S.) 3 —

Handbuch der Reichs- und Landesgesetze ... über das Volksschulwesen in Mähren. Brünn 1883. H: *Januschka, Joseph.* (EB)

Handbuch d. Reichs- und Landesgesetze, Verordnungen und Vorschriften üb. das Volksschulwesen in Mähren. gr. 8. (XVIII u. 463 S.) Brunn, *C. Winkler's Buchhandlung. 1 fl. 80 kr., geb 2 fl netto. N. b. 1883.

— der Reichs- u. Landesgesetze, Verordnungen u. Vorschriften üb. das Volksschulwesen in Mähren. Hrsg. im Auftrage d. k. k. Landesschulrathes f. Mähren. 2., neu red. Aufl. gr. 8. (XXXI, 462 S.) Brünn 891. R. M. Rohrer. Geb. n. 4. –

(F) Handbuch der Reichs- und Landesgesetze, Verordnungen und Vorschriften über das Volksschulwesen in Mähren. Herausgegeben im Auftrage des k. k. Landesschulrathes in Mähren. 3., neu redigirte Auflage. Brünn, 1901. Rohrer. Gr.-8°. XXV, 616 S. Geb. K 5.—

Handbuch der Reichsgesetze und Ministerial-Verordnung über das Volksschulwesen in den im Reichsrathe vertretenen Königreichen und Ländern. Fünfte, neu redigirte Auflage (enthaltend die bis Ende November 1885 herausgegebenen Normalien.) 8°
Wien: Schulbücher Vlg 1886.

— der Reichsgesetze u. Ministerial-Verordnungen zum Gebrauche f. die k. k. Gendarmerie. gr. 8. (63, 42, 36, 55, 99, 26, 22, 33, 83, 54, 112, 17 u. XLVIII S.) Wien 898. Hof- u. Staatsdruckerei. Kart. n. 3.60

Handbuch der Reichsgesetze u. Ministerial-Verordnungen zum Gebrauch f. die k. k. Gendarmerie. Wien 899.

Nachtrag I zum Handbuche der Reichsgesetze und Ministerial-Verordnungen zum Gebrauche für die k. k. Gendarmerie. [Wien 1900. Hof- und Staatsdruckerei.] Gr.-8°. 6, 8, 55—61, 78—79a, 99—101 S. K --.12

— für die Reise nach den Vereinigten Staaten von Nordamerika. Hrsg. vom frankfurter Verein zum Schutz der Auswanderer. 12. (72 S. mit 1 lithogr. Eisenbahn-Karte in qu. Fol.) Frankfurt a. M. 852, (Auffarth.)

— u. Reisebuch, neues, z. Unterweis. nützl. Kenntnisse für Reisende. 8. Ebend. 780.

— f. Reisende, Dänisch, Französ., Deutsch u. Engl., nach d. Mad. de Genlis Manuel du Voyageur, 8. Altona, Hammerich. 16 gl.

— f. Reisende, m. Anzeige d. vorzügl. Reiserouten rc. 8. Leipz. Sommer. 800.

— für Reisende. Der neueste Wegweiser und zuverlässigste Führer durch Hamburg, Altona und deren nahe und fernere Umgebungen, enthaltend: alle für Reisende, Fremde und Auswanderer nöthigen und nützlichen Mittheilungen und Beschreibung von Reisen nach Holstein, Mecklenburg, Lübeck, Hannover, dem Harz, Helgoland rc., mit den neuesten großen (lithogr.) Grundrissen von Hamburg und Altona (in Fol.) 1. und 2. Aufl. 1853 und 1854. und 3. (Titel-)Aufl. gr. 16. (VI und 96 S.) Altona 855, Heilbutt.
mit lithogr. Karte

— für Reisende. Der neueste Wegweiser und zuverlässigste Führer durch Hamburg, Altona und deren nahe und fernere Umgebungen, enthaltend: alle für Reisende, Fremde und Auswanderer nöthigen und nützl. Mittheilungen und Beschreibung von Reisen nach Holstein, Mecklenburg, Lübeck rc. mit den neuesten großen (lithogr.) Grundrissen von Hamburg und Altona (in Londr. in gr. Fol. und qu. gr. Fol.) 4—7., verb. und verm. Aufl. gr. 16. (VI und 101 S.) Altona 857—60, Heilbutt.
geb.

— für Reisende durch das Königreich Baiern von J. V. K. 4 Bdchn. 12. München. (Leipzig, Hartmann und Wien, Wimmer in Comm.) 821.

— für Reisende in Deutschland. Nach eigener Anschauung und den besten Hülfsquellen. 1. Thl.: Oesterreich, Süd- und West-Deutschland. 4., umgearb. Aufl. 8. (XVI und 504 S. nebst 1 lithogr. Reisekarte in Fol. und 25 lithogr. Plänen in 8. und 4.) Coblenz 851, Baedeker. *

— dass. — 2. Thl.: Mittel- und Nord-Deutschland. 4., umgearb. Aufl. 8. (VIII und 240 S. mit 1 lithogr. Post- und Eisenbahnkarte in Fol., den lithogr. Plänen von Berlin, Braunschweig etc. und lithogr. Spezialkarten vom Harz, der sächs. Schweiz und vom Riesengebirge in 8. und 4.) Ebds. 851. *
Beide Theile zusammengenommen * 3 Thlr.

Handbuch für Reisende in Deutschland u. d. österr. Kaiserstaate. Nach eigner Anschauung u. den besten Hülfsquellen. Thl. 1. 2. (Mit Reisekarte u. Plänen.) Coblenz 1842. 8.
—, — 2. Aufl. Ebda 1843. 8.
—, — 3. Aufl. Ebda 1846. 8.
—, — 4. Aufl. Ebda 1851. 8.

— f. Reisende in Deutschland u. dem österr. Kaiserstaate. Nach eigener Anschauung u. den besten Hülfsquellen. 1. u. 2. Aufl. 842, 44. 2 Thle. u. 3., umgearb. Aufl. 8. (43¾ B., 1 Reisekarte u. 20 Pläne.) Coblenz 846, Bädeker.

Handbuch für Reisende durch Deutschland und die angrenzenden Länder bis London, Paris, St. Petersburg, Stockholm, Warschau, Pesth, Turin, Mailand und Venedig. Berlin 1848. 8. . . . . (B.St.)

— für Reisende auf deutschen u. darangrenzenden fremden Eisenbahnen. gr. 8. (2⅝ B.) Bremen 845, Schünemann's Verl.

— für gebildete Reisende durch Südfrankreich, die Schweiz, Italien u. Griechenland bis Corfu. Nach eigener Anschauung vom deutschen Anacharsis. In 2 Thlen. gr. 12. Stuttgart 839. Brodhag. n. 1½ rß

— für gebildete Reisende durch Südfrankreich, d. Schweiz, Italien u. Griechenland bis Corfu. Nach eigener Anschauung vom deutsch. Anacharsis. 2 Thle. gr. 12. (33⅝ B.) Stuttgart 839, [Scheible, Rieger u. Sattler.] *

— für Reisende in die südlichen Gebirge von Baiern. Mit 1 Karte. 8. München, Lindauer. 820.

Handbuch für Reisende des Handelsstandes, Kleines. Darmstadt 1808. 8.
—, — Darmstadt 1809. 8.

Handbuch für Reisende nach Heidelberg und in seinen Umgebungen... Heidelberg 1838. V: *Hoffmeister, F. L.* (EngG)

—— für Reisende nach Heidelberg u. in seinen Umgebungen. 3., nach neuem Plane bearb. u. bericht. Ausg. d. „Gemälde v. Heidelberg, Mannheim ꝛc. v. Helm. v. Chezy." Ein Wegweiser f. Fremde u. Einheimische. Mit e. Anh. u. d. Panorama v. heidelberger Schlosse, Karten u. Planen. gr. 12. (7 B.) Heidelberg 838, Engelmann.

— für Reisende in Italien, in Beziehung auf alte und neue Denkmäler, Wissenschaften, Künste, Klima und Production, Sitten und Gebräuche seiner Bewohner. Sammt statist. Uebersicht der verschiedenen Staaten Italiens, den Reiserouten durch dieselben, Verzeichnisse der Posten und Gasthöfen, und einem Münztarife. Eine Uebersetzung des zu Mailand erschienenen „Manuel du Voyageur en Italie," von Fr. Heldmann. Mit 1 Charte 8. Basel, Neukirch. 820.

— f. Reisende, um sich mit den nöthigen Ausdrücken auf Reisen bekannt zu machen. In 5 Sprachen. quer 8. Moskau, Gautier. (Leipz. Leo.) 813.

Handbuch für Reisende auf dem Maine von S. Hänle und K. v. Spruner. Mit 1 Karte. kl 8. Würzburg 1843.

— f. Reisende in den Orient. Inhalt: Die ionischen Inseln, Griechenland, Türkei, Inseln des Archipels, Syrien, Palästina u. Aegypten. Nach eigener Anschauung u. den besten Hülfsquellen. Nebst Lehren u. Winken f. Reisende. Mit Register, 5 Kart. u. d. Plänen v. Constantinopel u. Jerusalem. 8. (31¾ B.) Stuttgart 846, Krabbe. *

— f. Reisende nach dem schles. Riesengebürge u. d. Grafschaft Glatz. 8. Bresl. W. G. Korn. 814.

—— für Reisende in d. Schweiz, s. Glutz-Blotzheim, R.

Handbuch für Reisende durch die Schweiz. Zurich 1787 s.a.[Heidegger, Heinrich].

— f. Reisende durch d Schweiz, (von H. Heidegger). 8. Zürich 781. 4e Aufl., verb. herausg. v. Gluz-Blozheim. Mit 1 Karte u. 1 Vign. gr. 8. Ebd. 818. 5e Aufl. 822. 6e Aufl. 830. Orell. ohne Karte. 1 ₰ 20 K Mit Karte. 3 ₰ Auch französ.: Manuel du Voyageur etc. 1 ₰ 20 K

Handbuch für Reisende durch die Schweiz. Zürich 1796. 3. Aufl. 1799. V: *Heidegger, Heinrich.* (AarK) (Ky) (MGT)

Handbuch für Reisende in der Schweiz. 4. Aufl. ... Zürich 1818. V: *Glutz-Blotzheim, Rob.* (AarK)

— f. Reisende, in 4 Sprachen: Polnisch, Deutsch, Französ. u. Italien., von Fr. v. Genlis. 4e A Bresl. 826. W. G. Korn. 20 K

—— für Reisende, in 4 Sprachen: polnisch, deutsch, franz. u. engl., zur Erlernung d. nothwend. Redensarten in verschied. auf Reisen vorkomm. Fällen, hrsg. v. d. Frau v. Genlis. 5., verb. Aufl. 8. ... Breslau 834, W. G. Korn.

Handbuch für Reisende aus allen Ständen ... Leipzig 1785. V: *Reichard, Heinrich August Ottocar.* (EngG) (Ky) (MGT)

— f. Reisende aus allen Ständen, (v. H. A. O. Reichard). Neue Postkarten. gr. 8. Leipz. 792. Weygand. 3 ₰ 18 K

—— für detachirte Reiterofficiere bei d. kleinern Vorfällen d. Kriegs. Von e. Staabsofficiere. gr. 8. (6¼ B.) Leipzig 831, Hartmann.

Handbuch über die Reitkunst, zum Behufe des ersten Unterrichts im Reiten. Würzburg 1817. V: *Ferdinand, Andr.* (Ky) (MGT)

— des modernen Reklamewesens der bedeutendsten Industrien. Unter Mitwirkg. v. Fachleuten hrsg. v. Karl Erdmann. 1. Tl. gr. 4. Leipzig [K. R. Vogelsberg]. Frankfurt a. M., Centralvertriebsanstalt f. Commissions- u. Selbstverlag. n.n. 1. 50

Die Reklame der Maschinenfabriken u. verwandter Betriebe. Von Rich. Oefler. Mit 57 Illustr. (24 S.) (903.)

Handbuch des preussischen Rektorenvereins. Hrsg. im Auftrage des Zentralvorstandes v. K. Hentze u. A. Loewentraut. 1. Bd. Ergänzung zu dem in demselben Verlag u. von denselben Verff. hrsg. Taschenkalender f. Schulinspektoren, Direktoren, Rektoren, Hauptlehrer u. Oberlehrer. (III, 196 S.) 12. Leipzig 904. B.G.Teubner. Geb. in Leinw. n. 1. 20

Fortsetzg., s.: Handbuch f. Schulinspektoren usw.

— der christkathol. Religion, s.a. F. Huber.

Handbuch der Religion und Moral ... Augsb. 1790. V: *Erdt, Paulin.* (ML) (BB) (Ky)

— d. Religion u. Moral, in lehrreichen u. erbaul. Lesungen f. alle Stände, (v. A. Erdt). 2 Bde. 8. Augsb. 790. Wolff. 2 ₰

—— des Religions-Unterrichtes für die Zöglinge des k. Schullehrer-Seminars Freising. Als Mskr. gedr. gr. 8. (89 S.) Freising 880, Datterer. *

Republikanisches Hdbch f d Millionen Dten in d VS. 2 portraits. N. p., 1856

— für Reserve- u. Landwehr-Kavallerieofficiere, sowie für Einjährig-Freiwillige der Kavallerie. Nach amtl. Quellen bearb. Berlin 870. C. Duncker's Verl. gr. 8. (X, 326 S.) n. 1 ₰ 10 ngr.

Handbuch für einen Reuter, von Ole Madsen (oder W. F. Graf von Schmettau I.) Reuter. Altona 1763. V: *Gerstenberg, Heinrich Wilhelm von.* (Kordes, Schlesw.-holst. u. eutin. Schriftst. Schleswig 1797.)

Handbuch für Richter, Advokaten, Beamten und Candidaten zu Magistratsstellen u. s. w. *Prag*. 1787. 8. [enthalt. einen Abdruck der a. G. O. mit deren Erläuterungen bis 1787.]

— s. Richter, Advocaten, Beamte u. Candidaten ꝛc. in Böhmen ꝛc. gr. 8. Prag, Schönfeld. 787.

—— für den preußischen Richter und Calculator im Bietungs- und Kaufgelderbelegungs-Termine, eine systemat. Zusammenstellung aller bisher ergangenen Verordnungen und Rescripte in Betreff der Belegung und Vertheilung der Kaufgelder im Subhastations-Verfahren. gr. 8. (47 S.) Militsch 854. (Breslau, Kern.)

—— des römischen Rituals, s. Manuale ritualis romani.

— des Römisch-Osnabrückischen Rituals. Aus der größern Agende ausgezogen und von einer Uebersetzung der liturgischen Formulare und Erklärung der Cäremonien begleitet von einem Priester der Osnabrückischen Diöcese. 2. (Titel-) Ausg. Osnabrück (848.) 856. Overwetter. 8. (XV, 187 S.) 15 ngr

Handbuch für Römer, Griechen und Dissidenten in Stadt-, Schloss- und Landgerichten . . . Warschau 1769. V: *Geret, Samuel Luther von.* (ML)

—— der Rosenkranzandacht zu Ehren der allers. Jungfrau Maria. Nach den zuverläss. Quellen. Aus d. Franz. übers. durch Jos. M. Aringer. 8. (19 B. u. 1 Stahlst.) Augsburg 842, Kollmann'sche Buchh.

Handbuch für die Rübenzucker-Industrie, enthaltend die dort interessirenden deutschen Patente. Nebst Namen- und Sachregister. 2. Ausg. Berlin 1901
Erg. H. 1. Enthaltend die in der Zeit vom 1. October 1900 bis 1. October 1901 ertheilten, die Rübenzucker-Industrie interessirenden deutschen Patente. 1901
Erg. H. 2. Enthaltend die in der Zeit vom 1. October 1901 bis 1. October 1903 ertheilten, die Rübenzucker-Industrie interessirenden deutschen Patente. 1902

Handbuch für die Rübenzucker-Industrie, enthaltend die dort interessirenden deutschen Patente. Nebst Namen- und Sachregister. 3. Ausg. Berlin 1905
Erg. H. 1. Enthaltend die in der Zeit vom 1. Oktober 1905 bis 1. Oktober 1907 erteilten, die Rübenzucker-Industrie interessierenden deutschen Patente. 1908

Handbuch und Rundreiseführer für den Orient. [Brünn 1897.] V: *Blumenzweig, Albrecht.* (EB)

— russisch-deutsches, zur nothdürftigen Verständig. zwischen Personen beider Völkerschaften ꝛc. 2te vollst. Aufl. 8. Lüneb. Herold u. W. 813.

— russisch-deutsches, zur nothdürftigen Verständigung zwischen Personen beider Völkerschaften ꝛc. 8. Celle 813. Schulze. 8 gr

Handbuch für Sachsen und Ausländer . . . Dresden u. Leipzig 1791. V: *Kretschmann, Christian Gfr.* (Ky) (MGT)

— für Sachsen u. Ausländer. Ein alphabet. Verzeichniß der im Kurfürstenthum Sachsen u. dazu gehörigen incorporirten u. übrigen Landen ꝛc. befindl. Ortschaften u. Besitzungen ꝛc., (von Chr. Gf. Kretschmann.) gr. 8. Dresden u. Leipz. 791. Arnold. (Kühn in Leipz.) 20 gr

— der Provinz Sachsen. Mit Genehmigung des Ober-Präsidenten herausg. 1839. gr. 8. Magdeburg 840. Rubach'sche Buchh. (Fabricius.) n. 1½ ngr

—— der Provinz Sachsen. Mit Genehmigung des Hrn. Ober-Präsidenten hrsg. 1843. (2. Jahrg.) gr. 8. (29½ B.) Magdeburg 841, Rubach'sche Buchh. *
1. Jahrg. Ebendas. 1839. * 1 Thlr. 15 Ngr.

—— der Provinz Sachsen. 1854. Mit Genehmigung des Hrn. Ober-Präsidenten hrsg. gr. 8. (XVI und 405 S.) Magdeburg und Leipzig 854, Gebr. Baensch. *

—— der Provinz Sachsen. 1858. Mit Genehmigung des Hrn. Ober-Präsidenten hrsg. gr. 8. (XXII und 894 S.) Magdeburg 858, E. Baensch. *
Ist nicht fortgesetzt worden.

—— der Prov. Sachsen. 1877. Mit Genehmigung des Herrn Ober-Präsidenten hrsg. gr. 8. (XVI, 738 S.) Magdeburg 877, E. Baensch. *
Andere Jahrgänge sind nicht erschienen.

—— für die Prov. Sachsen. Praktisches Nachschlagebuch zum tägl. Gebrauch. Ein Provinzial- und Kommunal-Handbuch, kaufmänn., gewerbl. und landwirthschaftl. Adressbuch mit Fabrikaten-Register und Produktions-Tabellen, zugleich Landeskunde und geograph. Orts-Lexikon. Nach amtl. und authent. Quellen bearb. Mit 1 (lithogr. und) kolor. Karte der Prov. Sachsen. gr. 8. (XVIII, 1042 S.) Berlin 882, H. J. Meidinger. cart. *
geb. *

— der Prov. Sachsen. Mit Genehmigg. d. Hrn. Ober-Präsidenten hrsg. gr. 8. (XI, 795 S.) Magdeburg 884. E. Baensch jun. 8. —

— der Prov. Sachsen. 1889. Nach amtl. Quellen zusammengestellt. gr. 8. (XV, 935 S.) Magdeburg 889. E. Baensch jun. n. 9. —

— der Prov. Sachsen. 1892. Nach amtl. Quellen zusammengestellt. Lex.-8. (XVI, 878 S.) Magdeburg, E. Baensch jun. n. 12. —; geb. n. 13. —

— der Prov. Sachsen. 1900. Mit Genehmigg. Sr. Exc. des Hrn. Ober-Präsidenten d. Prov. Sachsen nach amtl. Quellen zusammengestellt. gr. 8. (XVI, 920 S.) Magdeburg 900. E. Baensch jun. n. 12. —; geb. n. 13. —

Handbuch der ärztlichen Sachverständigen-Tätigkeit unter Mitw. d. Herren ... hrsg. von Prof. Dr. Paul Dittrich, Prag. Bd 3, Lfg 1. Wien & Leipzig: W. Braumüller 1905. 8° (05. 13457.

Handbuch der ärztlichen Sachverständigen-Tätigkeit. Unter Mitwirkg. v. Gabriel Anton, Karl Bayer, Jos. Borze u. a. hrsg. v. Paul Dittrich. (In 10 Bdn. oder ca. 50 Lfgn.) Lex.-8. Wien 906. W. Braumüller. n. 20. —; geb. in Halbfrz. n. 23. —; auch in 4 Lfgn. à n. 5. —
III. Die ärztliche Sachverständigen-Tätigkeit bei der Untersuchung u. Begutachtg. v. Verletzgn. zu forensischen Zwecken. Von Paul Dittrich. — Chirurgische Beurteilg. v. Verletzungsfolgen. Von Karl Bayer. — Ueber die wichtigsten Fehlerquellen bei der Deutung von Röntgenbefunden. Von Vikt. Lieblein. — Kunstfehler in der Chirurgie. Von Ant. Wölfler u. Gust. Doberauer. (VIII, 746 S. m. 70 Abbildgn. u. 12 Taf.)

— dasselbe. 5.—11. Lfg. (2. Bd. S. 1—768 u. 10. Bd. S. 1—552 m. Abbildgn.) Lex.-8. Ebd. 906. 907.
Subskr.-Pr. à n. 5. —; Einzelpr. à n. 6. —

— der ärztlichen Sachverständigen-Tätigkeit. Unter Mitwirkg. v. Gabriel Anton, Karl Bayer, Jos. Berze u. a. hrsg. v. Paul Dittrich. 12—42. Lfg. Lex. 8. Wien, W. Braumüller. 141. —
12—18. (8. Bd. IX, 788 S. u. 10. Bd. 1. Tl. VII u. S. 553—932 m. 28 Abb.) 907. 08. 34. —
19—24. (1. Bd. XVI, 944 S. m. 95 Abbildgn.) 908. 27. —
25—27 u. 31—33. (9. Bd. XI, 1154 S.) 909. 10. 34. —
28—30. (7. Bd. XIV, 458 S.) 909. 12. —
34—42. (7. Bd. 1. Tl. II. Hälfte XXIV, 1245 S. m. 1 farb. Taf.) 910. 34. —

— dasselbe. I. Bd., VII. Bd. 1. Tl. 2 Hälften. VIII. Bd. 1. Tl., IX. Bd. u. X. Bd. 1. Tl. Lex. 8. Ebd. 158.—; geb. in Halbfrz. n 178. —
Erben, Frz., Vergiftungen. Klinischer Tl. 1. Hälfte. Allgemeines. Anorganische Gifte. Mit Vorwort u. zwei Beiträgen von R. v. Jaksch. (XIV, 458 S.) 909. (VII. Bd. 1. Tl. I. Hälfte.) 12.—; geb. n 15. —
— dasselbe. II. Hälfte: Die organ. Gifte. Therapie, semiot. Übersicht. (XXIV, 1245 S. m. 1 farb. Taf.) 910. (VII. Bd. 1. Tl. II. Hälfte.) 34.—; geb. in Halbfrz. n 38. —
Gross, Hans, kriminalistische Tätigkeit u. Stellung des Arztes. Mit 95 Abbildgn. im Texte. (XVI, 944 S.) 908. (I. Bd.) 27.—; geb. n 30. —
Netolitzky, Aug., österreichische Sanitätsgesetze. — Dexler, Herm., ärztliche Sachverständigen-Tätigkeit auf dem Gebiete der Veterinär-Medizin. Mit 28 Abbildgn. im Texte. (IX, 932 S.) 907. (X. Bd. I. Tl.) Subskr.-Pr. 27.—; geb. in Halbfrz. 30.—; Einzelpr. 32.—; geb. 35. —
Psychiatrie, forensische. 1. Bd. Mit Beiträgen v. Joh. Fritsch, Frdr. v. Sölder, Jos. Berze u. a. Gabr. Anton, Paul Dittrich u. Jul. v. Wagner-Jauregg. (IX, 788 S.) 908. (VIII. Bd.) Subskr.-Pr. 24.—; geb. in Halbfrz. n 27.—; Einzelpr. 29.—; geb. n 32. —
— dasselbe. 2. Bd. Mit Beiträgen v. M. Probst, Liepmann, W. Weygandt u. a. Gabr. Anton, Paul Dittrich u. Jul. v. Wagner-Jauregg. (XI, 1154 S.) 910. (IX. Bd.) 34.—; geb. in Halbfrz. n 38. —

— der Sauerstofftherapie. Unter Mitwirkg. v. H. Brat, W. Cowl, G. Gaertner u. a. hrsg. v. Max Michaelis. (IX, 551 S. m. 126 Fig. u. 1 Taf.) Lex.-8. Berlin 906. A. Hirschwald. n. 12. —

— der Schafzucht für Schäferei Besorger u. Schafmeister. (Von Joh. Minchura.) gr. 8. Prag 840. Haase Söhne. 1/2 ꝛf

— der Schiffahrtskunde, z. Gebrauch für Navigationsschulen, auch z. Selbstunterricht angehender Steuerleute. Mit 15 Kupf. und 2 Seecharten. gr. 8. Hamburg, Perthes und Besser. 818.

HANDBUCH DER SCHIFFAHRTSKUNDE. Zum Gebrauch für Navigationsschulen auch zum Selbstunterricht angehender Steuerleute. Mit einer vollständigen Sammlung der unentbehrlichsten Seemannstafeln nebst 15 Kupfern und zwey Seecharten. Verfasst von der Hamburgischen Gesellschaft zur Verbreitung der mathematischen Kenntnisse. Hamburg 1819. Perthes und Besser. 8⁰.

Dasselbe. 2. verbesserte und vermehrte Auflage. Nebst 17 Kupfern und zwey Seecharten. ib. 1824. —

Dasselbe. 3. verbesserte und vermehrte Auflage. Nebst 17 Kupfern und 2 Seecharten. ib. 1832. —

HANDBUCH DER SCHIFF(F)AHRTS-KUNDE, mit einer Sammlung von Seemanns-Tafeln, einer See-Karte und einer magnetischen Karte. Im Auftrage der Hamburgischen Gesellschaft zur Verbreitung mathematischer Kenntnisse verfasst von C. RÜMKER.
4 Auflage. Hamburg 1844. Perthes-Besser & Mauke. 8⁰.

Dasselbe, 5. mit stereotypirten Tafeln versehene Auflage. Mit 2 See-Karten, 2 Stern-Karten und 1 magnetischen Karte. ib. 1850. —

Dasselbe, 6., mit stereotypirten Tafeln versehene Auflage. Mit 2 See-Karten, 2 Stern-Karten, 1 magnetischen Karte und der Abbildung eines Kauffahrtei-Schiffes nebst Beschreibung. ib. 1857. —

— f. Schiffer u. Seefahrende auf die J. 1786—88. gr. 8. Hamb. Hoffmann. (Campe). 1 ꝛf 16 ℊ

Handbuch für das Herzogthum Schlesien auf das Jahr 1856. Erste Lieferung. Typographische Anstalt von A. Trasler Sohn. (144 S. 8.)

—— der Provinz Schlesien. 1. Abthl.: Schlesische Instanzien-Notiz, Nachweis der königl. Civil-Verwaltungs-, sowie ständ. und Communal-Behörden, der Geistlichkeit, Medicinal-Personen ꝛc. 2. Abthl.: Gewerbliches Adreß-Buch, Verzeichniß der Handelskammern, Actiengesellschaften, Handelsfirmen ꝛc. Hrsg. von dem königl. Ober-Präsidial-Bureau. gr. 8. (XV und 458 S.) Breslau 861, Korn. *
Vgl.: Instanzien-Notiz, schlesische.

—— der Provinz Schlesien. 1. Abthl.: Schlesische Instanzien-Notiz, Nachweis der königl. Civil-Verwaltungs-, sowie ständische und Communal-Behörden der Geistlichkeit ꝛc. 2. Abth.: Gewerbliches Adreß-Buch, Verzeichniß der Handelskammern, Actiengesellschaften, Handelsfirmen ꝛc. Hrsg. von dem königl. Ober-Präsidial-Bureau. (1. Ausg.) 1864. * 2 Thlr. (Neue Ausg.) gr. 8. (XIX und 538 S.) Breslau 866, Korn. *

— der Provinz Schlesien (für 1869—1871.). 1. Abth.: Schlesische Instanzien-Notiz, Nachweis der königl. Civil-Verwaltungs-, sowie ständische u. Communal-Behörden der Geistlichkeit ꝛc. 2. Abth.: Gewerbliches Adreß-Buch, Verzeichniß der Handelskammern, Actiengesellschaften, Handelsfirmen ꝛc. Hersg. von dem königl. Ober-Präsidial-Bureau. Breslau 869. Korn. gr. 8. (XV, 658 S.) n. 2 ꝛf 10 ngr.

—— der Provinz Schlesien. 1. Abthl.: Schlesische Instanzien-Notiz, Nachweis der königl. Civil-Verwaltungs-, sowie ständ. und Communal-Behörden, der Geistlichkeit, Medicinal-Personen, Unterrichts- und Bildungs-Anstalten, öffentl. Institute und Vereine, Rittergüter und deren Besitzer resp. Pächter. 2. Abthl.: Gewerbliches Adreß-Buch, Verzeichniß der Handelskammern, Actiengesellschaften, Handelsfirmen, Berg- und Hüttenwerke, Fabriken und Gasthöfe. Hrsg. von dem königl. Ober-Präsidial-Bureau. 51. Aufl. gr. 8. (XIII, 810 S.) Breslau 872, Korn's Verlag. *

—— für die Prov. Schlesien. 1. Abthl.: Instanzien-Nachweis der Staats-, Provinzial- und Communal-Behörden, der Geistlichkeit, Medicinal-Personen, Unterrichts- und Bildungs-Anstalten, des größeren ländl. Grundbesitzes, der öffentl. Institute und Vereine. 2. Abthl.: Gewerbliches Adreß-Buch. Verzeichniß der Handelskammern, Actiengesellschaften, Handelsfirmen, Berg- und Hüttenwerke, Fabriken und Gasthöfe. 3. Abthl.: Schlesisches Ortschafts-Verzeichniß, mit Angabe der Kreise und Postanstalten, sowie der Amts- und Standesamts-Bezirke. Hrsg. von dem königl. Ober-Präsidial-Bureau. 52. Aufl., abgeschlossen am 1. Decbr. 1875. gr. 8. (XCVIII, 430; IV 168, 234 S.) Breslau 876, Korn. * ℳ 9.; geb. *

—— für die Prov. Schlesien. [1. Abtl.: Instanzien-Nachweis der Staats-, Provinzial- und Kommunal-Behörden, der Geistlichkeit, Medicinal-Personen, Unterrichts- und Bildungsanstalten, des größeren ländl. Grundbesitzes, der öffentl. Institute und Vereine. — 2. Abtl.: Gewerbliches Adreß-Buch. Verzeichnis der Handelskammern, Aktiengesellschaften, Handelsfirmen, Berg- und Hüttenwerke, Fabriken und Gasthöfe. — 3. Abtl.: Schlesisches Ortschafts-Verzeichnis. Uebersicht sämtl. Städte, Flecken, Dörfer und sonst. Ortschaften in alphabet. Ordnung. Mit Angabe des landrätl. Kreises, der Postanstalt, sowie der Zugehörigkeit zum Amtsgericht, Landgericht, Amtsbezirk und Standesamtsbezirk. (Bei den Städten ist die Einwohnerzahl nach der Zählung von 1880 hinzugefügt.).] Hrsg. von dem königl. Ober-Präsidial-Bureau. 53. Aufl., abgeschlossen ultimo Juni 1881. gr. 8. (CIV, 961 S.) Breslau 881, Korn. * ℳ 9.; geb. **

—— für die Prov. Schlesien. 1. Abthl.: Instanzien-Nachweis der Staats-, Provinzial- und Kommunal-Behörden, der Geistlichkeit, Medicinal-Personen, Unterrichts- und Bildungsanstalten, des größeren ländl. Grundbesitzes, der öffentl. Institute und Vereine. 2. Abthl.: Gewerbliches Adreß-Buch. Verzeichniß der Handelskammern, fremden Consulate, Aktiengesellschaften, Handelsfirmen, Berg- und Hüttenwerke, Fabriken und Gasthöfe. Hrsg. von dem kgl. Ober-Präsidial-Bureau. 54. Aufl., abgeschlossen 20. Jan. 1885. gr. 8. (CXX, 487; 195 S.) Breslau 885, Korn. * ℳ 8.—; geb. *

— für die Prov. Schlesien. 1. Abth.: Verzeichniß der Reichs-, Staats-, Provinzial- u. Kommunal-Behörden, der Geistlichkeit, Medicinal-Personen, Unterrichts- u. Bildungsanstalten, der öffentl. Institute u. Vereine. 2. Abth.: Gewerbliches Adreßbuch, Verzeichniß der Handelskammern, Consulate, Aktiengesellschaften, Handelsfirmen, Berg- u. Hüttenwerke, Fabriken u. Gasthöfe. Nach amtl. Quellen bearb. 55. Ausg. der Schlef. Instanzien-Notiz. gr. 8. (CXI, 416 u. 225 S.) Breslau 892. W. G. Korn. n. 10. —; geb. in Leinw. n.n. 11. —

— für d. Prov. Schlesien. I. Nachweisg. d. Behörden, Anstalten, Institute u. Vereine. II. Schles. Handels- u. Gewerbe-Adreßbuch. Nach amtl. Quellen bearb. 56. Ausg. d. schles. Instanzien-Notiz. gr. 8. (XXXII, 536 S. 300, 170 Sp. u. I, 50 S.) Breslau 898. W. G. Korn. n. 9. —; geb. n. 10. —

— für die Prov. Schlesien. Nachweisung der Behörden, Anstalten, Institute u. Vereine. Nach amtl. Quellen bearb. 57. Ausg. der schles. Instanzien-Notiz. (XXXV, 555 S.) gr. 8. Breslau 904. W. G. Korn. n. 6. —; geb. in Leinw. n. 7. —

Handbuch für die niederen lateinischen Schulen. Salzb. 1776. V: *Kleinsorg, Raphael*, oder *Schelle*, P. *Augustin*. (H. F. Wagner, Anonymes und Pseudonymes in der Salzburger Literatur. 1910, S. 22.)

Handbuch für Schüler zum Gebrauche bei dem Unterrichte in der Religion, Geschichte, Geographie, Naturgeschichte, Naturlehre, deutschen Sprache und Rechnen. 4.—12. Aufl. 16. (64 S.) Potsdam 870—74, Rentel. cart. (* 20 Pf.) *
Mit color. Uebersichtskarte von Deutschland (* 25 Pf.) *

—— für Schüler [Ausg. A.] zum Gebrauche bei dem Unterrichte in der Religion, Geschichte, Geographie, Naturgeschichte, Naturlehre, deutschen Sprache, im Rechnen und Formenlehre. 13.—58. Aufl. 8. (66 S. mit 40 geometr. eingedr. Fig.) Potsdam 875—83, Rentel's Verlag. *

—— dass. — [Ausg. B.] (ohne Religion). 56. Aufl. 8. (66 S.) Ebendas. 883. *

—— für Schüler [Ausg. A.] zum Gebrauche bei dem Unterrichte in der Religion, Geschichte, Geographie, Naturgeschichte, Naturlehre, deutschen Sprache, im Rechnen und Formenlehre. 63. Aufl. 8. (66 S. mit 40 geometr. Fig.) Potsdam 885, Rentel's Verlag. *

—— dass. — [Ausg. B.] ohne Religion. 62. Aufl. 8. (66 S.) Ebendas. 885. *

—— f. Schüler, [Ausg. A] zum Gebrauche bei dem Unterrichte in der Religion, Geschichte, Geographie, Naturgeschichte, Naturlehre, deutschen Sprache u. Formenlehre. Mit 40 geometr. Fig. 71. Aufl. 12. (68 S.) Potsd. 891, Rentel's Verlag. * — 25; 5 Karten dazu à * 5 —

Handbuch f. Schüler. (Ausg. B.) Z. Gebr. b. d. Unterrichte i. d. Geschichte, Geographie, Naturgeschichte, Naturlehre, deutschen Sprache, im Rechnen u. Formenlehre. M. 40 geometr. Fig. 73. Aufl. 12. (68 S.) Potsdam (891). Berlin, J. Rentel. n. — 25; m. 5 Karten dazu à n. — 65

— f. Schüler z. Gebr. bei d. Unterr. in d. Religion, Geschichte, Geographie, Naturgeschichte, Naturlehre, deutschen Sprache, Formenlehre u. im Rechnen. M. 40 geometr. Fig. 73. Aufl. (Realienbuch. Ausg. A.) 12. (64 S.) Berlin 898. J. Rentel. n. — 30

Handbuch der gesammten preußischen Schul-Gesetzgebung. Eine systemat. Zusammenstellung der in Preußen über das Schulwesen erlassenen, noch giltigen Gesetze, Verordnungen, Rescripte 2c. bis auf die neueste Zeit. Im Verein mit einem prakt. Schulmanne bearb. von C. F. Müller. 8. (VI und 329 S.) Berlin 854, Hempel. Thlr. *

Handbuch der Schulhygiene von Dr. Leo Burgerstein und Dr. Aug. Netolitzky in Wien. Jena. Gustav Fischer. (Min.-Erl. v. 19. April 1895, Z. 8392) 1895. 10 Mark 50 Pfennige

— f. Schulinspektoren, Direktoren, Rektoren, Schulvorsteher, Hauptlehrer u. Oberlehrer. Im Auftrage des preuss. Rektorenvereins hrsg. v. K. Hentze u. A. Loewentraut. 2. u. 3. Bd. (Je IV, 192 S.) kl. 8. Leipzig 905. 906. B. G. Teubner. Geb. in Leinw. à n. 1. 20
Vergl: Handbuch des preussischen Rektorenvereins.

— f. Schullehrer. 2 Bdch. Leipz. Barth. (à 12 gr.)

— f. Schul- u. Hauslehrer. 4 Bde. 8. Neustadt, Wagner. 810. (1r u. 2r à 20 gr. 3r u. 4r à 1 Rthlr.)

Handbuch für Schul- und Hauslehrer . . . Neustadt a. d. O. 1820. V: *Dinter, Gustav Friedrich*. (ErschDL)

— f. Schullehrer in Städt. u. Dörfern. 8. Breslau, Korn d. ältere. 804.

— f. Schulmeister. 8. Halberst. Groß. 796.

Handbuch über Schulmöbel der Vereinigten Schulmöbelfabriken Stuttgart, München, Tauberbischofsheim. Ausgabe 1909 und 1913. (120 S.) 4° Stuttgart 1909. 13

—— der Schul-Statistik für das Königr. Sachsen, s. a. Jüchtzer, Jul.

— der Schul-Statistik f. das Königr. Sachsen. Neue Folge. 13. Ausg. Nach handschriftl. Angaben u. amtl. Quellen bearb. v. Jul. Jüchtzer. gr. 8. (VIII, 815 S.) Dresden 885. Ramming'sche Buchdr. n.n. 6. 50

— der Schul-Statistik f. d. Königr. Sachsen. Neue Folge. 15. Ausg. Nach handschriftl. Angaben u. amtl. Quellen bearb. v. Alban Förster. gr. 8. (VIII, 922 S.) Dresden 891. Ramming. n.n. 9. —

— dasselbe. Neue Folge. 16. Ausg. Bearb. v. Arth. Kolbe. gr. 8. (VIII, 994 S.) Dresden 894. E. Wulffen. n.n. 9. —

— d. Schul-Statistik f. d. Königr. Sachsen. („Ramming".) Neue Folge. — 17. Ausg. Nach handschriftl. Angaben u. amtl. Quellen bearb. v. Arth. Kolbe. gr. 8. (VIII, 1064 S.) Dresden 897. E. Wulffen. n.n. 9. —

— der Schulstatistik f. das Königr. Sachsen. Nach dem Stande vom 1. V. 1903. („Ramming".) Neue Folge. — 19. Ausg. Nach handschriftl. Angaben u. amtl. Quellen bearb. v. Arth. Kolbe. (VIII, 1244 S.) gr. 8. Dresden 903. Ramming'sche Buchdr. n.n. 9. 50

— der Schul-Statistik f. das Königr. Sachsen. Nach dem Stande v. 15. V. bezw. 1. X. 1909. („Ramming".) Neue Folge. — 21. Ausg. Nach handschriftl. Angaben u. amtl. Quellen bearb. v. Arth. Kolbe. (VIII, 1314 S.) gr. 8. Dresden 909. Ramming. n.n. 9. 50

Handbuch f. Schützen, od. kurzgefaßte Darstellung des Wichtigsten f. den angehenden Schützen ꝛc. Bearb. v. ein. Büchsenmacher. 8. (3½ B.) Grünberg 843, Levysohn. Thlr. *

Handbuch für das Fürstenthum Schwarzburg-Rudolstadt. 1894 Rudolstadt. V: *Vater, Oscar* [?]. (Ky)

— für das Fürstenth. Schwarzburg-Rudolstadt. 1894. (Bearb. v. Vater.) 8. (XVI, 190 S.) Rudolstadt, R. Keil. Kart. n.n. 2. —

— f. das Fürstenth. Schwarzburg-Rudolstadt. 1901. Bearb. von Vater. 8. (XVI, 196 S. m. 1 Abbildg.) Rudolstadt, Müller. n. 2. —

Seglers Handbuch. 2., gänzl. umgearb. Aufl. hrsg. v. d. Redaktion des 'Wassersport', Georg Belitz. M. 123 Taf. u. 201 Abb. im Text. *Berlin: J. Becker 1897.* (XII, 536 S., 123 Taf.) 1 Bd 4.(8). [illegible]

—— des Seidenmanufacturwesens, s. Schauplatz d. Künste, 116. Bd.

Handbuch der Seifenfabrikation. Unter Mitw. von ... hrsg. von Dr. C[arl] Deite. 3. Aufl. Bd 1. 2. Berlin: Springer 1906–12. 8°
1. Hausseifen u. Textilseifen. Mit 108 Abb. 1906
2. Toiletteseifen. Medizin. Seifen u. a. Spezialitäten. Mit 85 Textfig. 1912.

Handbuch zum Selbstunterrichte für k. k. Kavallerie-Offiziere. Von A. v. K. k. k. Rittmeister im Adjutanten-Korps. 1te Lieferung. Die Thema und ihre Ausarbeitung mit einem Croquis. Temesvár, 1856. Buchdr. von Beichels Erben. (22 S. 8. Mit einen Plan.)

Handbuch der Wojwodschaft Serbien und des Temeser Banates sammt der Militärgränze für das Jahr 1855. Temesvar. 1855. Aus der k. k. Filial-Staatsdruckerei. (VI, 544 S. 8.)

Handbuch der Serumtherapie und experimentellen Therapie. Ein Handbuch f. Klinik u. Praxis, unter Mitw. von ... hrsg. von Dr. A[lfred] Wolff-Eisner (2: von Dr. M[artin] Klimmer u. Dr. A. Wolff-Eisner). Bd(1.)2. München: Lehmann (2: Leipzig: W. Klinkhardt) 1910–11. 8°
2 [u. d. T.] Handbuch d. Serumtherapie u. Serumdiagnostik in der Veterinär-Medizin. [illegible]

Handbuch für Siebenbürgen. Enthaltend: Civil- und Militärbeamten-Schematismus. Handels- und Gewerbsschematismus. Oeffentliche Anstalten. Geistlicher Schematismus ꝛc. 8. (80 S.) Hermannstadt 1853.

— d. Sittenlehre, aus dem Franz. 8. Wien, Camesina. 773.

— der Sittenlehre; aus d. Französ. 8. Wien 773. (Heubner). 12 gr.

— für Deutschlands Söhne u. Töchter, (v. J. D. Hartmann). 8. Berl. 789.

Handbuch für Teutschlands Söhne und Töchter. Berlin 1790. V. *Hartmann, Johann David.* (Ky) (MGT)

Handbuch für die Soldaten, oder Handbuch für Zeitungsleser . . . Leipzig 1796. V: *Hoyer, Joh. Gfr. von.* (Ky) (MGT)

— für d. Soldaten. oder Handbuch für Zeitungsleser ꝛc., (v. J. G. v. Hoyer). Mit Kpf. gr. 8. Leipz. 796. Leo. 1 Thlr. 12 gr.

— f. Soldaten im Felde 1795 ist e. N. Tit. v. Colombiers Gesund. d. Kriegsl.

Handbuch f. Sonntagsschüler. (Zum Hausgebr.) Bearb. v. pfälz. Lehrern. 3. Tle. 8. Kaiserslautern, H. Kayser. 1. 16
I. (58 S.) 909. — 40. — II. (57 S.) 909. — 40.
III. (45 S.) 908. — 36.

— soziales. Zusammengestellt u. hrsg. v. L. Weber. (VIII, 341 S.) gr. 8. Hamburg (907). Agentur d. Rauhen Hauses. 3.50; geb. n 4. 50

— f. d. Spar- u. Vorschuss-Consortien d. 1. allgem. Beamten-Vereines d. österr.-ungar. Monarchie. Ausg. f. d. im Reichsrathe vertret. Königreiche u. Länder. Hrsg. v. 1. allgem. Beamten-Vereine d. österr.-ungar. Monarchie. 3., vervollständ. u. neu bearb. Aufl. gr. 8. (XIX, 312 S. m. Tab.) Wien 895. (Gerold & Co.) Kart. n. 7. —

Handbuch der Englischen Sprache, oder Auswahl lehrreicher und unterhaltender Aufsätze . . . Berlin 1793. H: *Ideler, Chn Ludw. & Joh. Wilh. Hnr. Nolte.* (MGT)

—— der Englischen Sprache u. Literatur, s.a. Ideler, (Chr.) Ludw.

— d. engl. Sprache u. Literat. od. Auswahl ꝛc. a. d. klass. engl. Prosaisten u. Dichtern. 2 Bde. gr. 8. Berlin, Nauck. 802.
E. Pap.

— der engl. Sprache u. Literatur, od. Auswahl aus den engl. Klassikern. 3te Aufl. von Nolte u. Ideler, poetischer Thl. gr. 8. Berl. Nauck. 811.

— d. französ. Sprache, nach den Redetheilen bearbeitet. Zum Gebrauche der Zöglinge des Convictes in dem Benedictinerstifte zu Melk. gr. 8. Wien 817. Heubner. 2 fl 822. Hbg. Pr. 1 fl 8 gr.

Handbuch der französischen Sprache nach ihren Redetheilen . . . Wien 1822. V: *Stradtmann, Paul.* (Gi)

—— der französischen Sprache, enth. e. kurzgef. Grammatik, e. Lesebuch u. Wörterbuch. Zunächst berechnet f. diejen., welche es für gut halten, d. Praxis d. Theorie vorausgehen zu lassen. Bearb. u. hrsg. v. mehr. prakt. Schulmännern. gr. 8. (19½ B.) Leipzig 832, Müller.

—— der franz. Sprache u. Literatur, s.a. Ideler, (Chr.) Ludw.

— d. franz. Sprache u. Literat. od. Auswahl interess. St. ꝛc. 2 Bde. gr. 8. Ebend. 804. (à 1 Rthlr. 6 gr.)

— d. franz. Sprache u. Literatur, od. Auswahl interess. Stücke aus d. franz. Klassikern ꝛc. von L. Ideler und H. Nolte prosaisch. Thl. 4te Aufl. 8. Ebend. 812.

— — der franz. Sprache und Litteratur. 1r Theil. 5te Aufl. 2r Theil. 4te Aufl. gr. 8. Berlin, Nauck. 818 — 819. à 1 Rthlr. 6 Gr.

— d. italien. Sprache, ein Anhang zu dem Handbuche der französ. Sprache als Schwestersprache bearbeitet, zum Gebrauch d. Zöglinge des Convictes in d. Benediktinerstifte zu Melk. 2 Thle. gr. 8. Wien 819. Armbruster. 2 Rthl. 16 gr.

Handbuch der italienischen Sprache nach ihren Redetheilen . . . Wien 1822. V: *Stradtmann, Paul.* (Gi)

— d. italien. Sprache, nach ihren Redetheilen bearbeitet. 2 Bde. gr. 8. Wien 822, Heubner.

Handbuch der Spanischen Sprache und Litteratur . . . Berl. 1801—4. V: *Buchholz, Paul Ferd. Friedrich & Joh. F. Sandvoss.* (MGT) (Ky) (AarK)

— d. span. Sprache u. Literatur, od. Samml. interess. Stücke ꝛc., (v. Fr. Buchholz u. J. F. Sandvoß). 2 Bde. 8. Berl. 801—4. Nauck. 3 Rthl. 8 gr. Engl. Schreibp. 4 Rthl. 4 gr.

Handbuch der allgemeinen Staatenkunde. Winterthur 1808. V: *Haller, Carl Ludwig von.* (GGr VII, 195)

—— über den, dem k. k. Ministerium für Landeskultur und Bergwesen unterstehenden Staatsbeamten-, Gewerken- und gewerkschaftl. Beamten-Stand im Kaiserth. Oesterreich für das J. 1851. Hrsg. von Joh. Bapt. Kraus. 1. Jahrg. (13. Jahrg. für das Bergwesen.) (2 Thle.) gr. 8. (482 S.) Wien 851, Sallmayer und Comp. **

Handbuch des bayerischen Staatsbürgers. Ein Wegweiser u. Nachschlagebuch für das öffentliche Leben u. den Rechtsverkehr. Auf Grund der Reichs- u. Landesgesetzgebung bearb. von *Chr. Weber.* 2 Bde. u. Suppl. (in 2 voll.). Nördlingen, Beck. 1876—77. 8°. Saubere Ppbde.
I: Verfassung und Verwaltung. VIII S., 1 Bl., 312 S. II: Die Rechtsgeschichte u. das Gerichtswesen. V, 2.. S. Suppl. Die wichtigsten Verfassungs-, Verwaltungs- u. Justizgesetze d. Deutschen Reichs u. d. Kgrs. Bayern. IV S., 1 Bl., 403 S.

— für Staatsbürger, Staats- u. Gemeindebeamte, im Großherzogth. Baden, in 8 Abschnitten: Die Reichs- u. Staatsverfassg., bad. Verwaltungsgesetze u. Verordngn. v. allgemeinem Interesse, sowie neueste Gesetze vom J. 1902. 12. (VII, 375 S.) Karlsruhe 902. [K. Scherer.] Weinheim, F. Ackermann. Geb. in Leinw. n. 3.—

— für weimarische Staatsbürger. Jena 855. Hochhausen. 8. 1. Thl.: Das Bauwesen in rechtlicher und policeilicher Hinsicht von C. H. Röhlig. (XII, 296 S.) n. 20 ngr

— für Staats-Eisenbahn-Beamte, enth. e. Zusammenstellg. derjenigen Gesetze, Verordngn. u. sonst. Erlasse, welche f. den administrativen Dienst bei den Staats- u. unter Staats-Verwaltg. steh. Privat-Eisenbahnen v. besonderer Wichtigkeit sind. Mit Anh. gr. 8. XIV, 304 u. Anh; 179 S.) Hannover 875. Schäfer. n. 7. 75; geb. n. 8. 50. ohne Anh. n. 4. 80; geb. n. 5. 50

—— für Staats-Eisenbahn-Beamte, enth.: diejenigen Gesetze, Verordnungen und sonst. Erlasse, welche für den administrativen Dienst bei den Staats- und unter Staats-Verwaltung stehenden Privat-Eisenbahnen von besonderer Wichtigkeit sind. 2. Aufl. gr. 8. (XII, 660 S. mit 1 eingedr. Holzschn., 1 Stnt., Tab. und Formularen.) Ebendas. 878. *

—— für Staats-Eisenbahn-Beamte, enthaltend: diejenigen Gesetze, Verordnungen und sonst. Erlasse, welche für den administrativen Dienst bei den Staats- und unter Staats-Verwaltung stehenden Privat-Eisenbahnen von besond. Wichtigkeit sind. 3. Aufl. Durchges. von G. Bröse und W. Isenbeck. gr. 8. (XII, 749 S.) Hannover 882, Schäfer. **

—— für Staats-Eisenbahn-Beamte, enth.: diejenigen Gesetze, Verordnungen und sonst. Erlasse, welche für den administrativen Dienst bei den Staats- und unter Staatsverwaltung stehenden Privat-Eisenbahnen von besonderer Wichtigkeit sind. 4. Aufl. Durchgesehen von G. Bröse und W. Isenbeck. gr. 8. (XXXII, 766 S.) Hannover 886, Schäfer. *
geb. **

—— der gesammten Staats-Gesetzgebung über den christlichen Kultus und über die Verwaltung der Kirchen-Güter und Einkünfte in den königl. preuß. Provinzen am linken Rheinufer, oder Sammlung der dort bestehenden, das Kirchenwesen betreff. Gesetze, Edikte, Dekrete ꝛc im Urtexte mit Angabe der Publikations-Hauptdokumente und mit, einzelne Verfügungen erläuternden ꝛc. Entscheidungen und Urtheile der obersten und obern Gerichtshöfe, Gesetzes-Motive und anderen Anmerkungen und Hinweisungen enthaltenen Noten. Hrsg. von F. P. Hermens. 4. Bd., als Nachtrag und Fortsetzung mit einem Vorwort, einem besondern chronolog. und einem besondern Sach-Register. gr. 8. (VII und 1176 S.) Aachen 852, Mayer. *
1—3. Bd. Ebendas. 1833. * 9 Thlr. 15 Ngr.

„Handbuch für den Staatsmann, oder Analyse der vorzüglichsten französischen und ausländischen Werke über Politik, Gesetzgebung, Finanzen, Policey, Handlung, Staats- und Naturrecht . . .; aus dem Französischen der Herren Perponel, Condorcet, Chappeller u. a.", 2 Bände, Zürich 1791 (Orell).

Handbuch der Staatspiere im Allgemeinen und insbesondere der neuern und ältern österr. Staatspapiere und National-Bankactien oder Erklärung der Staatspapiere überhaupt, insbes. der sämmtl. österr. Staatspapiere. 11. umgearb. u. sehr verm. Aufl. 8°. Wien, Schrämbl, 1836.

— des schweizerischen Staatsrechts, s.a. Usteri.

Handbuch des Schweitzerischen Staatsrechts . . . Aarau 1815—16. 2. . . Aufl. Aarau 1821. V: *Usteri, Paul.* (Ky) (MGT) (CBH) (AarK)

— d. schweizerischen Staatsrechts. Enth.: den Bundesvertrag, die damit in Verbindung stehenden Urkunden ꝛc. Herausgeg. (v. Staatsrath Usteri). gr. 8. Aarau 815. 2e Aufl. 821. Sauerländer. 2 Rthl. 10 gr.

Handbuch der Staats-Verfassung und Staats-Verwaltung des Königreiches Bayern. (7 Bde. und 1 Bd. Register.) (Mit 1 Taf. Wappen.) 8. München 1809—1813.

— d. Staatsverfassung u. Staatsverwaltung des Königr. Baiern. 4 Bde. gr. 8. München 809 — 10. Redaction d. Tageblatts. (Giel). 5 Rthl. Dass. mit latein. Lettern. kl. 8. Ebd. 5 Rthl. 15 gr. holl. Pap. 7 Rthl.

— f. Stadt- u. Landprediger, in Predigtentwürfen über d. Moral. 1r Bd. gr. 8. Liegnitz 803. Siegert. 2 Rthl.

—— für sächsische Stadträthe, Rathmänner u. Stadtverordnete, d. i.: die allgemeine Städteordnung für d. Königr. Sachsen, nebst dazugehörigen Gesetzen u. Ausführungs-Verordnung in ihrer Anwendung auf größere u. kleinere Städte, ausführlich erläutert ꝛc. 12. (10 B.) Grimma 845, Verlags-Compt.

— schlesischer Stamm- u. Reinzuchten. Hrsg. von der Landwirthschaftskammer f. die Prov. Schlesien. gr. 8. (64 S.) Breslau 900. (W. G. Korn.) Kart. n. 2. —

Handbuch schlesischer Stamm- und Reinzuchten. Hrsg. von d. Landwirtschaftskammer f. d. Prov. Schlesien. 2. Aufl. Breslau 1909: Korn. VIII, 78 S. 8°
(Veröffentlichungen d. Landwirtschaftskammer f. d. Prov. Schlesien. H. 7.)

Handbuch für Preussische Standesbeamte enth. d. Reichsgesetz über d. Beurkundung d. Personenstandes u. d. Eheschliessungen in der v. 1. Jan. 1900 an gelt. Fassung nebst ausführl. gemeinverständl. Erl. u. allen nach d. 1. Jan. 1900 auf d. Standesamt zu verwendenden Formulare [!] etc. *Köln: Th. Quos 1900.* (IV, 79, 95 S.) 8° [J]

— der Starkstromtechnik. Hrsg. v. Weigel u. Wernicke. II. Bd. 33×25 cm. Leipzig, Hachmeister & Thal. 15.—; geb. 18. —
II. Die Projektierung u. Ausführung elektrischer Licht- u. Kraftanlagen. Von Karl Wernicke. Erläutert durch Beispiele m. zahlr. Abb. im Text u. 15 Taf. (VIII, 401 S.) 907—10. 15.—; geb. 18.—; auch in 12 Lfgn. à 1. 25
Bd. I u. d. T.: Weigel, Rob., Handbuch. Ebd. 906. 15.—; geb. 18.—.

— d. allgem. Statistik d. preuß. Staaten v. J. Andr. Ortloff. 1ste Abthl. m. Tab. gr. 8. Fol. Walther. 799.

Hand- und allgemeines Adreßbuch, statistisches, für das Herzogth. Lauenburg mit Einschluß der lübeck'schen, hamburg-lübeck'schen und mecklenburg-strelitzischen Enclaven. Nach officiellen und authent. Quellen bearb. 1861. gr. 8. (VIII und 356 S. mit 1 chromolithogr. Specialkarte des Herzogth. Lauenburg in gr. 4) Ratzeburg 861, Linsen. *

—— unter Mitwirkung landeskundiger Männer bearb. v. H. Linsen. ebd. 1872. 8°

— statistisches, der königl. Freistadt Aussig. Hrsg. vom Stadtrathe nebst e. Vorworte v. Ad. Kögler. Mit 2 Stadtplänen. gr. 8. (X, 140 S.) Aussig 888. (Grohmann.) n.n. 3. —

— statistisches, f. das Großherzogth. Baden. Frankf. am M. Herrmann. 815.

— statistisches, f. das Großherzogthum Baden. 12. Karlsr. 815. Müller. 18 gr.

— statistisches, des Königr. Böhmen. Zusammengestellt v. statist. Landesbureau des Kgr. Böhmen. I. Deutsche Ausg. (XVIII, 484 S.) Lex. 8. Prag 909. J. G. Calve. Geb. in Halbleinw. 5. —

— statistisches, f. das Departement d. Wesermündungen auf d. J. 1813, herausgeg von G. X. v. Halem. 8. Bremen 813. Heyse. 1 fl 8 gr. Schrbp. 1 fl 16 gr.

— statistisches, f. Elsass-Lothringen. Hrsg. vom statist. Bureau d. kaiserl. Ministeriums f. Elsass-Lothringen. 1. Jahrg. gr. 8. (XII, 280 S.) Strassburg 885. (Schmidt.) n. 6. —

— statistisches, für Elsass-Lothringen. Hrsg. vom statist. Bureau des kaiserl. Ministeriums für Elsass-Lothringen. 1902. gr. 8. (IV, XVIII, 776 S.) Strassburg, Strassburger Druckerei u. Verlagsanstalt. n. 30.—

— statistisches, der Stadt Frankfurt am Main. Im Auftr. d. Magistrats hrsg. durch d. statist. Amt. 1. Ausg. Enth. die Statistik bis zum J. 1905/06. (XX, 305 S.) Lex. 8. Frankfurt a/M. 907. (J. D. Sauerländer.) 2. —

— dasselbe. 1. Ausg. 1.—4. Ergänzungsheft. Lex. 8. Ebd. nn 5. —
1. Jahresübersichten, statistische, d. Stadt Frankfurt am Main. (VI, 124 S.) 908. nn 1. —
2. Dasselbe. Ausg. f. d. J. 1907/08. (IV, 130 u. 36 S. 908.) nn 1. 50
3. Dasselbe. Ausg. f. d. J. 1908/09. Mit e. Anh.: Straßenverzeichnis. (IV, 130 u. 40 S.) 909. nn 1. 50
4. Dasselbe. Ausg. f. d. J. 1909/10. Mit e. Anh.: Straßenverzeichnis. (IV, 130 S. m. 1 eingedr. Plan.) 910. nn 1. —

Handbuch, Statistisches, der deutschen Gymnasien. Bd. 1. Herausg. von Brauns u. A. Theobald. Für d. J. 1836. — Bd. 2. Herausg. von Aug. Theobald. Für d. J. 1837, 1838 und Anfang von 1839. Cassel o. J. 8.

Statistisches Handbuch für das Grossherzogtum Hessen. Hrsg. von d. Grossh. Hessischen Zentralstelle für die Landesstatistik. 1. Ausg. *Darmstadt: G. Jonghaus 1903.* (XII, 318 S.) 4°(8°)

— statistisches, f. das Grossherzogt. Hessen. Hrsg. v. d. grossh. hess. Zentralstelle f. d. Landesstatistik. 2. Ausg. (XV, 299 u. 26 S. m. 2 Taf. u. 1 Tab.) Lex. 8. Darmstadt 909. Buchh. grossherz. Staatsverlags. Geb. in Leinw. 2. —

Statistisches Handbuch für das Großherzogtum Hessen. Hrsg. von d. Großh. Hess. Zentralstelle f. d. Landesstatistik. 2. Ausg.
Darmstadt: Jonghaus 1909. XV, 299, 26 S. 4° (8°)

— statistisches, f. Kunst u. Kunstgewerbe, 5. Aufl., s: Kunsthandbuch f. Deutschland.

—— statistisches, für Kunst und Kunstgewerbe im Deutschen Reich 1880. 8. (V, 311 S.) Berlin 880, Weidmann'sche Buchh. geb. *

—— dass — 1881, hrsg. von Rud. Springer. 8. (VII, 398 S.) Ebendas. 881. geb. *
Vgl.: Springer, Rud., Kunsthandbuch für Deutschland, Oesterreich und die Schweiz.

Statistisches Handbuch für das Grossherzogthum Mecklenburg-Schwerin. Hrsg. v. Grossherzogl. Statist. Amt. (Vorr.: Fr. Schildt.) 1. Ausg. Schwerin: Gedr. in d. Bärensprungschen Hofbuchdr. 1898. (XII, 276 S.) 1 Bd 8°

— statistisches, f. das Grossherzogth. Mecklenburg-Schwerin. Hrsg. v. grossherzogl. statist. Amt. 1. Ausg. gr. 8. (XII, 276 S.) Schwerin 899. (Stiller.) n. 2. —

— statistisches, f. das Grossherzogt. Mecklenburg-Schwerin. Hrsg. vom grossherzogl. statist. Amt. 2. verm. Ausg. (XII, 404 S.) gr. 8. Schwerin 910. L. Davids. Geb. 3.—; in Leinw. n 3. 60

— statistisches, der österreichisch-ungar. Monarchie für den Zeitraum 1867—1876. Verfasst u. hrsg. von den Vorständen der k. k. oesterreich. u. königl.-ungar. statist. Bureaux. gr. 8. (XV, 249 S.) Wien 878. Hölder. n. 4. —

—— statistisches, der österreichisch-ungarischen Monarchie. Neue Folge. Verf. und hrsg. von der k. k. statist. Central-Commission in Wien und dem kgl. ungar. statist. Landesbureau in Budapest. (Deutsch und ungar.) 4. (XI, 218 S.) (Ebendas.) 888. cart. *

Handbuch, statistisches, der Königlichen Hauptstadt Prag und Vororte für 1881. 82. 85-91. 93. Prag 1882-97

—— statistisches, der königl. Hauptstadt Prag und der Vororte Wyšehrad, Holešowic-Bubna, Karolinenthal, Smichow, k. Weinberge und Žižkow für das J. 1881. Hrsg. von der statist. Commission der königl. Hauptstadt Prag sammt Vororten unter Redact. von Jos. Erben. Neue Folge. 1. Jahrg. 2 Thle. Deutsche Ausg. gr. 8. Prag, (Rziwnatz.) cart. *

Inhalt:
Thl. 1. Allgemeiner Theil. (XIV, 229 S.) 882. cart. *M 3,60.
» 2. Specieller Theil. Mit 1 Kartenbeilage, darstellend den Rayon der städt. statist. Commission. (X, 183 S.) 883. cart. *M 2,40.

— dasselbe f. d. J. 1882. Neue Folge. 2. Jahrg. Deutsche Ausg. gr. 8. (XV, 351 S.) Ebend. 884. cart. n. 5. —

—— statistisches, der königl. Hauptstadt Prag mit Holešowic-Bubnau, den Vororten Karolinenthal, Smichow, Kgl. Weinberge und Žižkow für die J. 1883 und 1884. Hrsg. von der statist. Commission der königl. Hauptstadt Prag sammt Vororten unter Redact. von Jos. Erben. Neue Folge. 3. Jahrg. Deutsche Ausg. 5 Hefte. gr. 8. (596 S.) Prag 886, (Řivnáč.) *

— statistisches, der königl. Hauptstadt Prag u. der Vororte Karolinenthal, Smichow, Kgl. Weinberge u. Žižkow f. d. J. 1885. Hrsg. v. der statist. Commission der kgl. Hauptstadt Prag sammt Vororten unter Red. v. J. Erben. Neue Folge. 4. Jahrg. Deutsche Ausg. gr. 8. (XIII, 201 S.) Prag 888. (Řivnáč.) n. 5. —

Handbuch, statistisches, der kgl. Hauptstadt Prag u. der Vororte Karolinenthal, Smichow, Kgl. Weinberge u. Žižkow f. d. J. 1886. Neue Folge. 5. Jahrg. Deutsche Ausg. 1., allgemeiner Thl. gr. 8. (XI, 246 S.) Prag 888. Řivnáč. n. 4. —

— statistisches, der königl. Hauptstadt Prag u. der Vororte Karolinenthal, Smichow, Kgl. Weinberge u. Žižkow f. die J. 1885 u. 1886. Hrsg. v. der statist. Commission der kgl. Hauptstadt Prag sammt Vororten unter Red. v. Jos. Erben. Neue Folge. Deutsche Ausg. 2. Thl. Verwaltungsbericht. gr. 8. (X, 307 S.) Prag 890. (Řivnáč.) n. 4. —

—— dass. — f. die J. 1887/88, 1889 u. 1890. Hrsg. v. der statist. Commission der kgl. Hauptstadt Prag sammt Vororten unter der Redact. v. Jos. Erben. Neue Folge. 6.—8. Jahrg. Deutsche Ausg. gr. 8. (Ebd.) [6. Jahrg. (XI, 379 S.) 889. * 8 —; 7. Jahrg. (XIII, 265 S.) 891. * 5 —; 8. Jahrg. (XIV, 384 S.) 892. * 8 —.] * 21 —

— dasselbe f. d. J. 1891. Neue Folge. 9. Jahrg. Deutsche Ausg. gr. 8. (XII, 331 u. V S.) Ebd. 894. n. 6. —

— statist., d. kgl. Hauptstadt Prag u. d. Vororte Karolinenthal, Smichow, Kgl. Weinberge u. Žižkow f. d. J. 1892. Hrsg. v. d. statist. Commission d. kgl. Hauptstadt Prag sammt Vororten unt. d. Red. v. Jos. Erben. Neue Folge. 10. Jahrg. — Deutsche Ausg. (M. e. alphabet. Sachreg.) gr. 8. (XV, 372 u. V S) Prag 894. (F. Řivnáč.) n. 5. —

— statistisches, f. das Deutsche Reich. Hrsg. v. kaiserl. statist. Amt. 2 Tle. Lex. 8. Berlin, C. Heymann. 10.—; geb. 14. —
1. (XI, 749 S.) 907. Einzelpr. 7.—; geb. 9. —
2. (VIII, 595 S.) 907. Einzelpr. 5.—; geb. 7. —

— statistisches, üb. die Schul- u. Gehaltsverhältnisse der evangelischen, katholischen u. israelitischen öffentlichen Volksschulen des Reg.-Bez. Hannover. Nach dem Stande vom 1. XI. 1903. Im Auftrage der Bezirkslehrervereine Hannover u. Hoya-Diepholz bearb. v. A. Willig, K. Basedow, K. Fredebold, E. Schmidt, K. Schmidt. (IV, 156 S.) Lex.-8. Hannover (F. Cruse). n.n. 3. —

Handbuch, statistisches, der Schweiz, 1879. Herausgegeben auf Beschluss der Centralkommission der schweiz. statistischen Gesellschaft von der *Zeitschrift für schweiz. Statistik.* 15. Jahrgang. 1879. Heft I. und II. Redaction: A. Chatelanat, mit Beihülfe des eidg. statist. Bureaus. In-4°. 190 S. Mit 1 Eisenbahnkarte. Bern, J. Dalp. pro complet 5 —

— statistisches, für die Selbstverwaltung in Schlesien. Hrsg. vom landesstatist. Amte des schles. Landesausschusses. I. Jahrg. 1899, 2 Abthlgn. u. II. Jahrg. 1900. 1. Abth. 4. Troppau, (Buchholz & Diebel.) Kart. n. 16. —
I, 1. (XI, 443 S.) 899. n. 8. —.
I, 2. II, 1. (IX, 413 S.) 901. n. 8. —.

— statistisches, f. die Selbstverwaltung in Schlesien. Hrsg. vom landesstatist. Amte des schles. Landesausschusses. III—VI. Jahrg. 1901—1904. 4. Troppau (Buchholz & Diebel.) n.n. 24. —
III. (XII, 479 S.) 902. n. 8. —
IV. (VI, 401 S.) 903. n.n. 6. —
V. (VIII, 319 S.) 904. n.n. 5. —
VI. (VIII, 413 S.) 905. n. 5. —

— statistisches, f. die Selbstverwaltung in Schlesien. Hrsg. v. landesstatist. Amte d. schles. Landesausschusses. VII. Jahrg. 1905. (V, 542 S.) Lex. 8. Troppau 906. (Buchholz & Diebel.) 6. —

— statistisches, f. die Selbstverwaltung in Steiermark, s. a. Mitteilungen, statistische, üb. Steiermark.

Statistisches Handbuch für die Selbstverwaltung in Steiermark Herausgegeben vom Statistischen Landesamte von Steiermark. Erste Ausgabe. Graz. 1899. In Comm. Leuschner & Lubensky. Lex.-8°. X, 199 S. fl. 1.50
Statistische Mittheilungen über Steiermark. Herausgegeben vom Statistischen Landesamte des Herzogthums Steiermark. V. Heft.

—— statistisches, für den hamburgischen Staat. Hrsg. vom statist. Bureau der Steuerdeputation. gr. 8. (XIV, 190 S. mit 1 lithogr. und color. Plane in qu. 4.) Hamburg 874, O. Meissner. cart. *

—— statistisches, für den Hamburgischen Staat. Hrsg. vom statist. Bureau der Steuerdeputation. 2. Ausg. gr. 8. (XVII, 269 S.) Hamburg 880, O. Meissner. cart. *

—— statistisches, für den Hamburgischen Staat. Hrsg. von dem statist. Bureau der Steuer-Deputation. 3. Ausg. gr. 8. (XXIII, 245 S.) Hamburg 885, O. Meissner's Verlag. *

—— statistisches, f. den Hamburgischen Staat. Hrsg. v. dem statist. Bureau der Steuer-Deputation. 4. Ausg. gr. 8. (XVI, 336 S.) Hamb. 891, Meissner's Verlag. * 6 —

— statistisches, f. den preussischen Staat. Hrsg. vom königl. statist. Bureau. 1. Bd. Lex.-8. (XVIII, 587 S.) Berlin 888. Verlag d. königl. statist. Bureaus. n. 5. —
Ist die Fortsetzg. von: Jahrbuch f. die amtliche Statistik des preuss. Staates.

— statistisches, f. den Preussischen Staat. Hrsg. v. dem königl. statist. Bureau. II. Bd. gr. 8. (XVIII, 641 S.) Berlin 893. Verlag d. k. statist. Bureaus. n. 5. — (1. 2.: n. 10. —)

— statistisches, f. d. preussischen Staat. Hrsg. v. kgl. statist. Bureau. 3. Bd. gr. 8. (XVIII, 600 S.) Berlin 898. Verlag d. königl. statist. Bureaus. n. 5. —; geb. n. 6. —

— statistisches, f. den preussischen Staat. Hrsg. vom königl. statist. Bureau. 4. Bd. (XXI, 685 S.) gr. 8. Berlin 903. Verlag d. königl. statist. Landesamts. n. 5. —

— statistisches, der evangelischen Volksschulen des Reg.-Bez. Arnsberg, nebst e. Anh., betr. die mittleren Schulen des Bezirks. Nach amtl. Quellen bearb. 8. (III, 271 S.) Arnsberg 900. F. Stahl. Geb. in Leinw. n. 2. 50

— statistisches, üb. die kath. Volksschulen Württembergs. Hrsg. vom württemb. kath. Volksschullehrerverein. 4. (XIV, 509 S.) Horb 893. H. Christian. Kart. n. 8. —

— statistisches, der Volks-, Mittel- u. Privatschulen des Reg.-Bez. Hildesheim. Nebst e. Uebersicht über die Schul-Verwaltung u. über die gewerbl. u. ländl. Fortbildungsschulen des Bezirks nach dem Stande vom 1. I. 1903. Unter Benutzung amtl. Materials bearb. v. A. Kreipe, W. Bannier, H. Lohmann, H. Roterberg. (185 S.) gr. 8. Hildesheim 903. H. Helmke. Kart. n. 3. —

— statistisches, f. d. Königr. Württemberg. Jahrg. 1895—1897. Bearb. im k statist. Landesamt. [Aus: „Württ. Jahrbb. f. Statistik u. Landeskde."] Lex.-8 (VIII, 248; XVI, 216 u. XX, 256 S. m. 3 eingedr. graph. Darstellgn.) Stuttgart, W. Kohlhammer. Kart. à n. 2. —

— statistisches, f. das Königr. Württemberg. Jahrg. 1898, 1899 u. 1900. Bearb. im k. statist. Landesamt. Lex.-8. (XX, 289; XXII, 285 u. XXIII, 300 S.) Stuttgart 899—901. W. Kohlhammer. Kart. à n.n. 2.— Sonderabdr. aus: „Württ. Jahrbb. f. Statistik u. Landeskde."

— dasselbe. Jahrg. 1901. Bearb. im k. statist. Landesamt. Lex.-8. (XI, 260 S. m. 1 farb. Karte.) Ebd. 902. Kart. n.n. 2. —

Handbuch, statistisches, f. d. Königr. Württemberg. Jahrg. 1902 u. 1903. Hrsg. v. dem kgl. statist. Landesamt. (X, 243 S. m. 1 farb. Karte u. 1 farb. Taf.) Lex.-8. Stuttgart 904. (W. Kohlhammer.) Kart. n. 1. 50

— dasselbe. Jahrg. 1904 u. 1905. (X, 254 S. m. 2 farb. Karten. Lex.-8. Ebd. 906. Kart. n. 1. 50

— statistisches, f. das Königr. Württemberg. Jahrg. 1906 u. 1907. Hrsg. v. dem königl. statist. Landesamt. (XI, 286 S. m. 1 farb. Karte.) Lex. 8. Stuttgart 908. (W. Kohlhammer.) Kart. nn 2. —

— dasselbe. Jahrg. 1908 u. 1909. (XI, 389 S.) Lex. 8. Ebd. 910. Geb. nn 2. 50

— statistisch-geographisches, v. Preuß. Staate. Nach zuverläss. Quellen bearbeitet. gr. 8. Berlin 827, Reimer.

—— statistisch-topographisches, des Herzogth. Braunschweig oder alphabet. Verzeichniß sämmtl. Städte, Flecken, Dörfer rc. mit genauer Angabe der Qualität und Lage der Oerter, der Wahlbezirke, Kreise, Kreis- und Amtsgerichte, Superintenduren rc., wozu die einzelnen Ortschaften oder Häuser gehören, nebst Angabe der Zahl und Qualität der Feuerstellen, der Seelenzahl jedes Orts rc. Ein Handbuch für alle Behörden und jeden Geschäftsmann. Nach authent. Quellen bearb. Fol. (IV und 39 S.) Braunschweig 851, J. H. Meyer. Thlr. *

Handbuch des Lemberger Statthalterei-Gebietes in Galizien für das Jahr 1855. Lemberg, aus der k. k. galiz. Aerarial-Staatsdruckerei. (490 S. und 49 Bl. 8)

Handbuch des Lemberger Statthaltereigebietes in Galizien für das Jahr 1856. Lemberg, aus der k. k. galiz. Aerarial-Staatsdruckerei. (VIII. 328 S. XLIII. 8.)

Handbuch des Lemberger Statthaltereigebietes in Gallizien für das Jahr 1857. Lemberg, aus der k. k. galiz. Aerarial-Staatsdr. (XI. 733 S. 8.)

—— das Herzogth. Steiermark für das J. 1844. gr. 8. (X und 456 S.) Graz 855, (Ferstl'sche Buchh.)

— des Herzogsthumes Steiermark für das Jahr 1855. Graz. (Ferstl) gr. 8. (X, 456 S.) 2 ℳ

Handbuch merkwürdiger Stellen aus lateinischen Geschichtsschreibern. Breslau 1813. V: *Raumer, Friedrich Ludwig Gg von.* (GGr VI, 346)

— z. Gebrauch beim Stellenwechsel (Arbeitsnachweis im Handelsgewerbe), s.a. Schriften des deutschnation. Handlungsgehilfen-Verbandes 9. Bd.

Handbuch zum Gebrauch beim Stellenwechsel. ⟨Arbeitsnachweis im Handelsgewerbe. [2. veränd. Aufl.]⟩ Hamburg: Deutschnat. Handlungsgehilfen-Verb. [1908]. (80 S.) 8° [F.]
—**Schriften** d. Deutschnat Handlungsgehilfen-Verbandes. Bd 9. 1908 10ℳ10

— d. preuß. Stempelgesetze, s.a. Massow.

Handbuch der Königlich-Preußischen Stempel-Gesetze, vorzügl. für Justitzbediente und Privatleute im Jahre 1795 entworfen bei der Pommerschen Regierung. Stettin 1795.
— 2. Aufl. 1795.

— f. Steuer-Einnehmer, s. Bodmann, Ferd Mauuel.

Handbuch der Steuergesetzgebung Würtembergs . . . Stuttgart 1835. V: *Schütz. Carl Wolfg. Chph.* (Ky)

—— der Steuergesetzgebung Würtembergs, enth. e. systemat. Darstell. aller gegenwärtig gelt. Gesetze, Verordnn., Instructionen u. Normalien, in Betreff d. directen u. indirecten Staatssteuern, d. Oberamts-, Corporations- u. Gemeinde-Abgaben, nebst erläut. Bemerkn. aus d. landständ. Verhandln. u. geschichtl. Notizen üb. d. einzelnen Steuerarten. (Hrsg. v. C. Schütz.) gr. 8. (33 B.) Stuttgart 835, Metzler'sche Buchh. Thlr.

— d. Steuerpflichtigen, od. Samml. d. Grundgesetze Dekrete ꝛc. üb. die direkten Steuern, aus d. Franz. gr. 8 Hamb. Perthes u. B. 812.

—— der Strafgesetzgebung Preußens, mit Anmerkungen und Erläuterungen aus den Motiven ꝛc. für Richter, Staats- und Polizeianwälte, Verwaltungsbeamte ꝛc. von Adph. Heckert. Mit einem Vorworte von K. F. H. Straß. 2 Thle. gr. 8. Berlin 851, Allgemeine deutsche Verlags-Anstalt. *

Thl. 1. Das Verfahren und die Kompetenz in Strafsachen. (VII und 276 S.)
" 2. Das Strafgesetzbuch. (IV und 159 S.)

— des deutschen Strafprozeßrechts. In Einzelbeiträgen von Dochow, Staatsanw. Fuchs, A. Geyer ꝛc., hrsg. von Fr. v. Holtzendorff. 2 Bde. gr. 8. (VIII, 488 u. VIII, 674 S.) Berlin 877—79. Habel. n. 27. 60

—— des deutschen Strafrechts. In Einzelbeiträgen von Dambach, Dochow, Engelmann, Geyer, Heinze, v. Holtzendorff, John, Liman, Merkel, Meves, Schaper, Schwarze, Skrzeczka, Teichmann, Wahlberg, hrsg. von Fr. v. Holtzendorff. 3 Bde. gr. 8. Berlin, Habel. *

Inhalt:
Bd. 1. Die geschichtl. und philosoph. Grundlagen des Strafrechts. (XII, 344 S.) 871. *M 5,50.
" 2. Die allgemeinen Lehren. (X, 637 S.) 872. *M 9.
" 3. Die Lehre von den Verbrechensarten. 1. Halbbd.: Die Verbrechen gegen den Staat. (IV, S. 1—212.) 872. *M 4. — 2. Halbbd. (XV, S. 213—1047.) 874. *M 16.

—— dass. — Alphabetisches Sachregister nebst einem Congruenzregister zu den 3 Bdn. von Ernst Bezold. gr. 8. (67 S.) Ebendas. 874. *

—— des deutschen Strafrechts. In Einzelbeiträgen von Dambach, Dochow, Ekert, Engelmann, Geyer, Heinze, Hinschius, v. Holtzendorff, John, Kayser, v. Krafft-Ebing, Liman, Merkel, Meves, Schaper, v. Schwarze, Skrzeczka, Teichmann, Wahlberg. Hrsg. von Fr. v. Holtzendorff. 4. (Suppl.-)Bd.: Ergänzungen zum deutschen Strafrecht. gr. 8. (XX, 748 S.) Ebendas. 877. *
1.—3. Bd. und Sachregister. Ebendas. 1871—74. *M 36,50

Handbuch des Preussischen Strafrechts oder Zusammenstellung des 20 Tit. des 2. Theils des allgemeinen Landrechts mit den Gesetzen, Verordnungen und Rescripten, welche denselben ergänzen, abändern oder erläutern. Leipzig 1830. V: *Hafemann, Ferdinand Julius.* (KGBerlin I, 1641)

—— des Preuß. Strafrechts, od. Zusammenstellung d. 20. Tit. d. 2. Thls. d. allgem. Landrechts, mit d. Gesetzen, Verordnungen u. Rescripten, welche dens. ergänzen, abändern od. erläutern. Hrsg. v. e. prakt. Juristen. gr. 8. (34½ B.) Leipzig 830, Lehnhold.

— f. städt. u. Gemeinde-Straßen- u. Wege-Wärter im Königr. Sachsen. (72 S.) kl. 8. Flöha 907. A. Peitz & Sohn. Kart. 1. —

— der Südküste Irlands u. des Bristol-Kanals. Hrsg. v. der Direktion der Deutschen Seewarte. 2. Aufl. Mit 25 Küstenansichten u. 10 Hafenplänen. gr. 8. (XXII, 461 S.) Hamburg 901. (L. Friederichsen & Co.) Geb. in Leinw. n. 3. —

Handbuch der allgemeinen deutschen Synonymik . . . Halle 1802. V: *Ruff, Joh. Gg.* (ErschDL) (Ba) (Gi)

— d. allgem. deutsch. Synonymik, nach Eberhard ꝛc. gr. 8. Halle, Ruff. 802.

—— systematisches, der deutschen Rechtswissenschaft. Unter Mitwirkung von H. Brunner, E. Brunnenmeister, O. Bülow, H. Degenkolb, V. Ehrenberg, A. Franken, J. Glaser, A. Grawein, A. Haenel, R. Heinze etc. hrsg. von Karl Binding. 3. Abthl. 3. Thl. 1. Bd.: Handbuch des Seerechts. Von Rud. Wagner. 1. Bd. gr. 8. (XI, 456 S.) Leipzig 884, Duncker und Humblot. *M 10.; geb. *

Handbuch, systematisches der deutschen Rechtswissenschaft. Unter Mitwirkg. v. H. Brunner, E. Brunnenmeister, O. Bülow etc. hrsg. v. Karl Binding. 2. Abth. 2. Thl., 1. u. 2. Bd. gr. 8. Leipzig 885. 86. Duncker & Humblot. n. 20. 80; Einbd. à n.n 2. 50
Institution d. deutschen Privatrechts. Von Andr. Heusler. 1. u. 2. Bd. (XI, 396 u. XII, 670 S.)

— dasselbe. 3. Abth., 3. Thl., 1. Bd. gr. 8. Ebend. 884. n. 10. —; Einbd. n.n. 2. 50
Handbuch d. Seerechts. Von Rud. Wagner. 1. Bd. (XI, 456 S.)

— dasselbe. 7. Abth. 1. Thl. 1. Bd. gr. 8. Ebend. 885. n. 20. —; geb. n. 22. 50
Handbuch d. Strafrechts. Von Karl Binding. 1. Bd. (XXII, 927 S.)

— dasselbe. 9. Abth. 2. Thl. 1. Bd. gr. 8. Ebend. 885. n. 15. 60; geb. n. 18. 10
Handbuch d. deutschen Civilprozessrechts. Von Adf. Wach. 1. Bd. (XV, 690 S.)

— dasselbe. 9. Abth. 4. Thl. 1. u. 2. Bd. gr. 8. Ebend. 883. 85. n. 29. 60; Einbd. à n.n. 2. 50
Handbuch d. Strafprozesses. Von Jul. Glaser. 1. u. 2. Bd. (XVI, 756 u. XII, 602 S.)

— systematisches, d. deutschen Rechtswissenschaft. Unter Mitwirkg. v. H. Brunner, E. Brunnenmeister, O. Bülow etc. hrsg. v. K. Binding. 1. Abth. 2. Thl. gr. 8. Leipzig 888. Duncker & Humblot. n. 9. —; geb. n.n. 11. 50
Geschichte der Quellen u. Litteratur d. römischen Rechts. Von P. Krüger. (X, 395 S.)

— dasselbe. 2. Abth. 1. Thl. 1. Bd. gr. 8. Ebd. 887. n. 9. 60; geb. n.n. 12. 10
Deutsche Rechtsgeschichte. Von H. Brunner. 1. Bd. (XII, 412 S.)

— systematisches, der deutschen Rechtswissenschaft. Unter Mitwirkg. v. H. Brunner, E. Brunnenmeister, O. Bülow etc. hrsg. v. Karl Binding. 1. Abtlg., 3. Tl. u. 7. Tl. 1. Bd. gr. 8. Leipzig 893. Duncker & Humblot. n. 24. 40; Einbde. à n.n. 2. 50
3. Abriss d. römischen Staatsrechts v. Thdr. Mommsen. (XV, 363 S.) n. 8. 40
7, I. Pandekten. Von Ferd. Regelsberger 1. Bd. (XVIII, 717 S.) n. 16.

— dasselbe. 2. Abth. 1. Thl. 2. Bd. gr. 8. Ebd. 892. n. 17 —; Einbd. n.n. 2. 50
Deutsche Rechtsgeschichte. Von Heinr. Brunner. 2. Bd. Mit Register zu Bd. I. u. II. (XI, 762 S.)

— dasselbe. 3. Abth. 4. Thl. 1. Bd. gr. 8. Ebd. 894. n. 12. —; Einbd. n.n. 2. 50
Versicherungsrecht v. Vict. Ehrenberg. 1. Bd. mit e. Sachregister. (XII, 536 S.)

— dasselbe. 5. Abth. 1. Thl. gr. 8. Ebd. 892. n. 19. — ; Einbd. n.n. 2. 50
Deutsches Staatsrecht. Von Alb. Haenel. 1. Bd. Die Grundlagen d. deutschen Staates u. die Reichsgewalt. (XIV, 856 S.)

— dasselbe. 8. Abth. 1. Bd. gr. 8. Ebd. 892. n. 16. —
Kirchenrecht v. Rud. Sohm. 1. Bd. Die geschichtl. Grundlagen. (XXIII, 700 S.)

— systemat., d. deutschen Rechtswissenschaft. Unt. Mitwirkg. v. H. Brunner, E. Brunnenmeister, V. Ehrenberg u. a. hrsg. v. Karl Binding. 2. Abtlg. 3. Tl. 1. Bd. gr. 8. Leipzig 895. Duncker & Humblot. n. 20. —; geb. n.n. 22. 50
Deutsches Privatrecht. Von Otto Gierke. 1. Bd. Allgem. Teil u. Personenrecht. (XXXII, 897 S.)

— dasselbe. 3. Abtlg., 2. Tl., 1. u. 2. Bd. gr. 8. Ebd. 897. n. 22. —; geb. in Halbfrz. n.n. 27. —
Wechselrecht. Von C. S. Grünhut. 2 Bde. (XVI, 478 u. XI, 594 S.)

— dasselbe. 6. Abtlg., 1. u. 2. Bd. gr. 8. Ebd. à n. 11. —; geb. à n.n. 13. 50
1. Deutsches Verwaltungsrecht. Von Otto Mayer. 1. Bd. (XIV, 482 S.) 895.
2. Dasselbe. 2. Bd. M. e. Register üb. beide Bde. (VI, 485 S.) 896.

— systematisches, d. deutschen Rechtswissenschaft. Unt. Mitwirkg. von H. Brunner, V. Ehrenberg, O. Gierke etc. hrsg. von Karl Binding. 1. Abth. 4. Tl. gr. 8. Leipzig 899. Duncker & Humblot. n. 24. —; geb. n.n. 27. —
Römisches Strafrecht. Von Thdr. Mommsen. (XXIII, 1078 S.)

— dasselbe. 9. Abth. 3. Tl. gr. 8. Ebd. 899. n. 11. —; geb. in Halbfrz. n.n. 13. 50
Deutsches Konkursprozessrecht. Von Loth. Seuffert. Mit e. Register. (XX, 483 S.)

— systematisches, der deutschen Rechtswissenschaft. Unter Mitwirkg. v. H. Brunner, V. Ehrenberg, O. Gierke u. a. hrsg. v. Karl Binding. II. Abtlg., 1. Tl., I. Bd.; 3. Tl. II. Bd. u. III. Abtlg. 3. Tl. II. Bd. Lex.-8. Leipzig, Duncker & Humblot. n. 51. —; geb. in Halbfrz. n.n. 59. —
II, 1. I. Deutsche Rechtsgeschichte. Von Heinr. Brunner. I. Bd. 2. Aufl. (XV, 629 S.) 906. n. 14. —; geb. in Halbfrz. n. 16. 50
II, 3. II. Deutsches Privatrecht. Von Otto Gierke. 2. Bd. Sachenrecht. (XLVI, 1021 S.) 905. n. 23. —; geb. in Halbfrz. n.n. 26. — (1 u. 2: n. 43. —; geb. n.n. 48. 50)
III, 3. II. Handbuch des Seerechts. Sachen des Seerechts. Schuldverhältnisse des Seerechts. Von Max Pappenheim. 1. (Des Handbuchs des Seerechts [1. Bd v. R. Wagner] 2. Bd.) (XVIII, 620 S.) 906. n. 14. —; geb. in Halbfrz. n.n. 16. 50 (1 u. 2: 24. —; geb. n. 29. —)

— systematisches, der deutschen Rechtswissenschaft. Unter Mitwirkg. v. H. Brunner, V. Ehrenberg, H. Gerland, O. Gierke u. a. Hrsg. v. Karl Binding. I. Abtlg. 3. u. 6. Tl. I. Bd., IX. Abtlg. 4. Tl. III. Bd. u. X. Abtlg. 1. Tl. I. Bd. gr. 8. Leipzig, Duncker & Humblot. 49.—; geb. in Halbfrz. n 59. —
I, 3. Abriss des röm. Staatsrechts. Von Thdr. Mommsen. 2., m. e. Register verseh. Aufl. (XV, 375 S.) 907. 9.—, geb. n 11. 50
I, 6. 1. Römisches Privatrecht bis auf die Zeit Diokletians. Von Ludw. Mitteis. 1. Bd. Grundbegriffe u. Lehre v. den jurist. Personen. (XVIII, 428 S.) 908. 10.—; geb. n 12. 50
IX, 4, III. Das Verfahren vor den Schwur- u. Schöffengerichten. Von Frdr. Oetker. (Des Handbuchs d. Strafprozesses v. Jul. Glaser. 3. Bd.) (XIV, 752 S.) 907. 16.—; geb. n 18. 50
X. 1. I. Das deutsche bürgerliche Recht. 1. Tl. I. Bd. Der allgemeine Teil des deutschen bürgerlichen Rechts. Von Andr. v. Tuhr. I. Bd. Allgemeine Lehren u. Personenrecht. (XX, 627 S.) 910. 14.—; geb. n 10. 50

— tabellar., f. d. Königl. Preuß. Zoll- u. Steuerdienst, so wie f. Kaufleute u. Gewerbtreibende rc., nach d. Erhebungs-Rolle f. d. Jahr 1822 bis 24 u. d. neuen Münzgesetze vom 30. Septbr. 1821. quer 4. Berlin 822, Maurersche B.

Handbuch, Tabellarisch-historisches, der Kirchen- und Staatengeschichte bis auf die neuesten und gegenwärtigen Zeiten. Nürnberg 1793. V: *Bischof, Carl Aug. Lebrecht.* (Ky) (will) (MGT)

— tabellar.-histor., der Kirchen- u. Staatengeschichte bis auf gegenwärt. Zeiten, (von K. A. L. Bischof). gr. 8. Nürnb. 793. Bauer u. M. 2 ₰ 8 K

Handbuch, Tabellarisch-historisches, über die Weltgeschichte. Nürnberg 1793. V: *Bischof, Carl August Lebrecht.* (will)

— tabell. hist., d. Kirchen- u. Weltgesch. b. a. gegenw. Zeiten. gr. 8. Nürnb. Raspe. 793.

— tägl., d. Christen in der Einsamkeit in ges. und kranken Tagen. 2 Theile. 8. Nürnb. Hause. 772.

—— tägliches, für junge Christen; oder eine kurze Anleitung zur Selbsterbauung. 16. (152 S.) Cleveland, Ohio 888. (Philadelphia, Schäfer und Koradi.) geb. *

— tägliches, zur häusl. Erbauung. Enthalt.: Morgen- u. Abendgebete, nebst einer Auswahl vorzügl. geistl. Lieder, wie auch die Lehre von den Pflichten der Christen durch deren Erfüllung sie ihre wahre Glückseligkeit befördern. 8. Hamburg 833. (Herold; auch Aue in Altona.) 1/2 ₰

— tägl., f. d. Jugend, s.a. Trapp.

Handbuch, Taegliches, für die Jugend. Hamb. 1784. V: *Trapp, Ernst Christian.* (Ky) (StAt) (MGT)

tägl., für d. Jugend, (v. E. Chr. Trapp). 8. Hamb. 784. (A. Campe). 8 K

— tägl., f. Kön. Preuß. Justiz- u. Verwaltungs-Beamte. 8. Erfurt 824, Müller.

— tägl., in gut. u. bös. Tagen. gr. 8. Marburg, Krieger. 798.

Handbuch, Tägliches ...

— u. Taschenb. f. Oekonomen rc. 2 Thl. Penig, Dienemann u. Comp. 806.

— — und Taschenbuch, tägliches, für Oekonomen rc. 2 Thle. 8. Mit 1 großen Kupfertafel. Sonst Dienemann jetzt Dieze in Penig.

Hand- u. Taschenbuch, tägliches, f. Oekonomen rc. Vom Verf. des „Verwalters wie er sein sollte." 2 Thle. Mit 1 Kpft. 8. Penig 808. (Leich in Leipz.) 3 ₰ 8 ℊ

— - u. Taschenbuch f. Bücher- u. Zeitungs-Leser in : Sprachen. 8. Elberf. Mannes. 815.

Hand- und Taschenbuch f. d. Einwohner d. preuß. Staats. Eine Monatsschr. f. Freunde d. Rechts u. d. Ordn. 3. Ausg. (des Taschenbuchs f. Berlin rc.) 13 Hfte. gr. 8. (58¼ B.) Berlin 840, Heymann. * 1½ Thlr., m. 23 ill. Karten *
Auch u. d. T.: Vollständiges Archiv aller Verordnungen ...

Hand- u. Taschenbuch d. elegant. Gartenkunst, in Zimmern, an Fenstern u. in kleinen Gärten. Mit vollständ. Gartenkalender in botan., deutschen, französ. u. engl. Benennungen. N. d. Franz. v. G. Kißling. Mit e. Vorr. v. Joh. Metzger. M. 2 lith. Taf. Abbild. gr. 12. (9½ B.) Heidelberg 833, A. Oßwald.

—— der eleganten Gartenkunst in Zimmern, an Fenstern u. in kleinen Gärten rc. N. d. Franz. v. Kißling. Mit e. Vorr. v. Joh. Metzger. (Neue Ausg.) gr. 12. (9½ B. u. 2 Bl. Abbildn.) Mannheim 841, Bensheimer.

Hand- oder Taschenbuch für den Kauf- und Geschäftsmann . . . Meissen 1824. 2. Aufl. Dresden 1824. V: *Roch, Carl Friedrich.* (NN) (AUel) (Ky)

Hand- oder Taschenbuch für den Kauf- u. Geschäftsmann, u. für den mit Posten Reisenden u. Correspondirenden, als e. Bedürfniß d. Zeit — nützlich u. bequem, oder kurze u. deutliche Uebersicht d. Postverfassung im Königr. Sachsen rc., von K. F. R*** (Roch). gr. 8. Dresd. . . . 2e verm. u. verb. Aufl. Ebd. 824. Verf. (a. Köhler in Leipz.)

— u. Taschenbuch f. Liebhaber d. Pferde, s. Pferdearzt.

Hand- u. Taschenbuch für Offiziere der preußischen Feld-Artillerie. Zum Gebrauch bei der Ausbildung und im Felde. Berlin 865. Vossische Buchh. 8. (XXXI, 624 S. mit 2 Tabb. in Fol. u. 120 Fig. im Text in Holzschn. u. auf 13 Steintaff. in qu. Fol.) n. 1 ₰ 15 ngr; geb. n.n. 1 ₰ 20 ngr

Hand- u. Taschenbuch für Offiziere der preußischen Feld-Artillerie. 2. Auflage. Berlin 1868. 8.

— — 2. völlig umgearb. Aufl. Mit 172 Figuren im Text (in Holzschn.) u. auf 12 lith. Taff. (in qu. Fol.) Ebend. 869. 8. (XXX, 634 S.) n. 1 ₰ 15 ngr

— — für die Offiziere u. Unteroffiziere der preußisch-norddeutschen Infanterie zum Gebrauch bei Ausbildung der Mannschaft in der Gymnastik u. im Bajonnetfechten. Unter Zugrundelegg. der allerhöchsten Bestimmgn. u. mit Benutzg. anderer Quellen zusammengestellt u. bearb. von e. königl. preußischen Offizier. Mit 3 Uebungs-Tab. u. 3 Kommando-Taf. 1. u. 2. Aufl. Potsdam 870. Döring. 32. (VIII, 135 S.) n. 6 ngr

Hand- und Taschenbuch für Zoll- und Steuer-Beamte. (Abgedr. aus dem Termin- und Notiz-Kalender für die preuß. Zoll- und Steuerbeamten auf das J. 1858.) gr. 16. (190 S.) Berlin 858, C. Heymann. *

— u. Taschenwörterbuch, s.a. Universalkatechismus.

Hand- und Taschenwörterbuch oder Universalphysik. Leipz. 1802. V: *Birkholz, Adam Michael.* (Ky)

Handbuch der Technik und Methodik der Immunitätsforschung. Unter Mitw. von ... hrsg. von Prof. Dr. R[udolf] Kraus in Wien u. Dr. C. Levaditi in Paris. Bd 1, Lfg 1. Jena: G. Fischer 1907. 8° [07 13417]

— der Technik u. Methodik der Immunitätsforschung. Unter Mitwirkg. v. A. Boehme, Calmette, Casper u. a. hrsg. v. R. Kraus u. C. Levaditi. I. u. II. Bd. à 2 Lfgn. Lex. 8. Jena, G. Fischer. 55.—; geb. 70.—
I. Antigene. (IV, 1138 S. m. 126 teils farb. Abbildgn., 1 Kurve u. 3 farb. Taf.) 908. 32.—; geb. n 34.50
II. Antikörper. Mit 2 Kurven, 1 Taf. u. 131 teils farb. Abbildgn. im Text. (IV, 1219 S.) 909. 33.—; geb. n 35.50

Handbuch der chemischen Technologie. Hrsg. von P. A. Bolley u. a. Braunschweig
Bd 1. Gruppe 1. Die chemische Technologie des Wassers. Von P. Bolley. 1862
Gruppe 2. Das Beleuchtungswesen. Von P. Bolley. Nebst einem Anh. über elektrische Beleuchtung. Von G. Wiedemann. 1862
Abth. 2. Die Industrie der Mineralöle.
Th. 1. Die Erdöl-Industrie.
Lfg 1. Das Erdöl (Petroleum) und seine Verwandten. Von H. Höfer. 1888
Lfg 2. Das Erdöl (Petroleum) und seine Verarbeitung. Von A. Veith 1892
Lfg 3. Die Chemie und Technologie der natürlichen und künstlichen Asphalte. Von H. Köhler. 1904
Th. 2. Die Fabrikation der Mineralöle und des Paraffins aus Schweelkohle, Schiefer usw. sowie die Herstellung der Kerzen und des Oelgases. Von W. Scheithauer. 1895
Th. 3. Das Erdwachs. Ozokerit und Ceresin. Von J. Berlinerblau. 1897
Gruppe 3. Abth. 1. Die chemische Technologie der Brennstoffe. Von F. Fischer.
Th. 1. Chemischer Theil. 1880—1897
Th. 2. Preßkohlen, Kokerei, Wassergas, Mischgas, Generatorgas, Gasfeuerungen. 1901
Abth. 2. Die Industrie der Steinkohlentheer-Destillation und Ammoniakwasser-Verarbeitung Von G. Lunge. 1882
Bd 2. Gruppe 1. Abth. 1. Die Technologie der chemischen Producte, welche durch Großbetrieb aus unorganischen Materialien gewonnen werden. Von Ph. Schwarzenberg. 1865
Abth. 2. Handbuch der Kaliindustrie. Von E. Pfeiffer 1887
Abth. 3—5. Handbuch der Sodaindustrie und ihrer Nebenzweige für Theorie und Praxis. Von G. Lunge. Bd 1. 2. 1879
Gruppe 2. Die Fabrikation chemischer Producte aus thierischen Abfällen. Von H. Fleck. 1862
Bd 3. Gruppe 1. Die Glasfabrikation. Von W. Stein. 1862
N. F. Von H. Benrath. 1880
Bd 4. Gruppe 1. Die Bierbrauerei, die Branntweinbrennerei und die Liqueurfabrikation. Von F. J. Otto. 1865
Gruppe 2. Die Essigfabrikation, die Zucker- und Stärke-Fabrikation, die Fabrikation des Stärkegummis, Stärkesyrups und Stärkezuckers, sowie der Butter- und Käsebereitung. Von F. J. Otto. 1867
Gruppe 3. Der Weinbau und die Weinbereitungskunde. Von F. Mohr. 1865
Gruppe 5. Handbuch der Preßhefen-Fabrikation. Von M. Stenglein. 1901
Abth. 1. Die Apparate und Einrichtung von Preßhefefabriken.
Abth. 2. Das chemische und das mikroskopische Laboratorium des Hefebrenners.
Bd 5. Gruppe 1. Die Theerfarbstoffe.
Th. 1. Bearb. von P. A. Bolley und E Kopp. 1867—1874
Th. 2. Bearb. von R. Meyer. 1880—1883
Th. 3. Bearb. von R. Meyer und R. Gnehm. 1895—1897
Gruppe 2. Chemische Technologie der Gespinnstfasern, ihre Geschichte, Gewinnung, Verarbeitung und Veredlung. Von O. N. Witt und L. Lehmann.
Bd 1. 1888—1910
Bd 2. 1911—1917
Gruppe 4. Die Chemie der natürlichen Farbstoffe. Von H. Rupe
T. 1. 2. 1900—1909
Bd 6. Gruppe 1. Die chemische Technologie der Baumaterialien und Wohnungseinrichtungen.
Abth. 1. Chemische Technologie des Holzes als Baumaterial. Von A. Mayer. 1872
Abth. 2. Die chemische Technologie der Mörtelmaterialien. Von G. Feichtinger. 1885
Gruppe 2. Die Darstellung der Seifen, Parfümerien und Cosmetica. Von C. Deite. 1867
Gruppe 3. Das Schießpulver, die Zündhütchen- und Zündwaaren-Fabrikation.
Abth. 1. Das Schießpulver, dessen Geschichte, Fabrikation, Eigenschaften und Proben. Von J. Upmann. 1874

Abth. 2. Die Explosivkörper und die Feuerwerkerei. Von E. v. Meyer. 1874
Abth. 3. Die Zündwaaren-Fabrikation in ihrer gegenwärtigen Ausbildung. Von W. Jettel. 1871
Gruppe 4. Abth. 1. Grundzüge der Lederbereitung mit besonderer Berücksichtigung der neueren Fortschritte auf diesem Gebiete. Von C. Heinzerling. 1882
Abth. 2. Die Fabrikation der Kautschuk- und Guttaperchawaaren sowie des Celluloids und der wasserdichten Gewebe. Von C. Heinzerling. 1883
Gruppe 5. Abth. 1. Die Fabrikation des Papiers nebst Gewinnung der Fasern aus Ersatzstoffen. Von E. Hoyer. 1887
Gruppe 6. Abth. 1. Die Jndustrie der Explosivstoffe. Von O. Guttmann. 1895
Abth. 2. Handbuch der Sprengarbeit. Von O. Guttmann. 1892
Bd 7. Die Metallurgie. Gewinnung der Metalle. Von E. Stölzel. 1863—1886 Ra
Bd 8. Abth. 1. Die Metallverarbeitung auf chemisch-physikalischem Wege. Von A. Ledebur. 1882
Abth. 2. Die Erzeugung der Eisen- und Stahlschienen. Von A. Petzholdt. 1874
N. F. Lfg 4. Die trocknenden Oele, ihre Eigenschaften, Zusammensetzung und Veränderungen sowie Fabrikation der Firnisse aus denselben. Von L. E. Andés. 1882
Lfg 6. Mineralgerbung mit Metall-Salzen und Verbindungen aus diesen mit organischen Substanzen als Gerbemittel. Von F. L. Knapp. 1892

Handbuch der chemischen Technologie. Hrsg. von P. A. Bolley u. a. 2. Aufl. Braunschweig
Bd 1. Gruppe 1. Die chemische Technologie des Wassers. Von F. Fischer. 1880
Gruppe 2. Abt. 2. Die Jndustrie der Mineralöle. T. 1. Die Erdöl-Jndustrie. Lfg 1. (N. F. Lfg 14.) Das Erdöl und seine Verwandten. Von H. Höfer. 1906
Bd 2. Gruppe 1. Abt. 3—5. Handbuch der Soda-Jndustrie und ihrer Nebenzweige für Theorie und Praxis. Von H. Lunge. Bd 1—3. 1893—1896
Gruppe 2. Abt. 2. Die Fabrikation chemischer Produkte aus thierischen Abfällen. 1880
Bd 6. Gruppe 6. Abt. 2. (N. F. Lfg 13.) Handbuch der Sprengarbeit. Von O. Guttmann. 1906

Handbuch der chemischen Technologie. Hrsg. von P. A. Bolley u. a. 3. Aufl. Braunschweig
Bd 1. Gruppe 3. Abt. 2. Die Jndustrie des Steinkohlentheers und Ammoniaks. Von G. Lunge. 1888
Bd 2. Gruppe 1. Abt. 3—5. Handbuch der Soda-Jndustrie und ihrer Nebenzweige. Von G. Lunge.
Bd 1. (N. F. Lfg 12.) Handbuch der Schwefelsäure-Fabrikation. 1903
Bd 2. (N. F. Lfg 16.) Sulfat, Salzsäure, Leblanc-Verfahren, Kaustische Soda. 1909
Bd 3. (N. F. Lfg 17.) Ammoniaksoda. Verschiedene Sodaverfahren. Chlor. Nachträge zu den ersten Bänden. 1909
Bd 3. Gruppe 2. Handbuch der gesammten Thonwaarenindustrie. Von E. Cramer und H. Hecht. 1907

Handbuch der chemischen Technologie. Hrsg. von P. A. Bolley u. a. 4. Aufl. Braunschweig
Bd 1. Gruppe 3. Abt. 2. Die Jndustrie des Steinkohlentheers und Ammoniaks. Von G. Lunge. 1900
Bd 1. Steinkohlentheer.
Bd 2. Ammoniak.

—— der chemischen Technologie. In Verbindung mit mehreren Gelehrten und Technikern bearb. von P. A. Bolley und K. Birnbaum. Nach dem Tode der Hrsgbr. fortges. von C. Engler. 1. Bds. 2. Gruppe 2. Abthl. 1. Thl. 1. Lfg., 3. Gruppe 2. Lfg.; 2. Bds. 1. Gruppe 2. Abth.; 5. Bds. 2. Gruppe 1. Lfg.; 6. Bds. 5. Gruppe 1. Abthl. 1.—3. Lfg.; 7. Bds. 7. und 8. Lfg. gr. 8. Braunschweig, Vieweg und Sohn. *

—— der chemischen Technologie. In Verbindung mit mehren Gelehrten und Technikern bearb., und hrsg. von P. Bolley. Mit Kpfrt. und in den Text gedr. Holzschn. (In 8 Bdn.) 1. Bd. 1. Gruppe und 2. Gruppe. 1. Hälfte, 2. Bd. 2. Gruppe und 3. Bd. 1. Gruppe. gr. 8. Braunschweig (861)62, Vieweg und Sohn. *

Inhalt:
Bd. 1. Gruppe 1. Bolley, P., die chemische Technologie des Wassers. (XI und 136 S. mit 80 in den Text gedr. Holzschn.) * 24 Ngr.
" 1. " 2. 1. Hälfte. Bolley, P., das Beleuchtungswesen. Nebst einem Anhang über elektrische Beleuchtung von Gust. Wiedemann. (172 S. mit 2 Kpfrt. in qu. Fol. und 136 in den Text gedr. Holzschn.) * 1 Thlr.
" 2. " 2. Fleck, Hugo, die Fabrikation chemischer Producte aus thierischen Abfällen. Auf Grund selbständiger Erfahrungen bearb. (VIII und 158 S. mit 46 in den Text gedr. Holzschn.) * 1 Thlr.
" 3. " 1. Stein, W., die Glasfabrikation. (X und 230 S. mit 233 in den Text gedr. Holzschn.) * 1 Thlr. 10 Ngr.

—— der chemischen Technologie. In Verbindung mit mehren Gelehrten und Technikern bearb., und hrsg. von P. Bolley. 1. Bd. 2. Gruppe 2. Hälfte, 2. Bd. 1. Gruppe 1. Lfg., 4. Bd. 1.—3. Gruppe, 5. Bd. 1. Lfg., 6. Bd. 2. Gruppe, 7. Bd. 1.—3. Lfg. gr. 8. Braunschweig 862—68, Vieweg und Sohn. *

Inhalt:
Bd. 1. Gruppe 2. 2. Hälfte. Bolley, P., das Beleuchtungswesen. 2. Hälfte. (VIII und S. 173—326 mit eingedr. Holzschn.) 862. * 1 Thlr.
" 2. " 1. 1. Lfg. Schwarzenberg, Phil., die Technologie der chemischen Producte, welche durch Großbetrieb aus unorgan. Materialien gewonnen werden. (VI und 192 S. mit zahlreichen in den Text eingedr. Holzst.) 865. * 1 Thlr.
Bd. 4. Gruppe 1. Otto, Fr. Jul., die Bierbrauerei, die Branntweinbrennerei und die Liqueurfabrikation. Für Chemiker Landwirthe, Fabrikanten rc. (X und 653 S. mit 13[illegible] in den Text eingedr. Holzst.) 865. * 3 Thlr. 10 Ngr
" 4. " 2. 1. Lfg. Otto, Fr. Jul., die Essigfabrikation, die Zucker- und Stärke-Fabrikation, die Fabrikation des Stärkegummis, Stärkesyrups und Stärkezuckers, sowie die Butter- und Käse-Bereitung. Für Chemiker, Landwirthe, Fabrikanten. (192 S. mit in den Text eingedr. Holzst.) 867. * 1 Thlr.
" 4. " 2. 2. Lfg. —— dass. — (S. 193—384 mit 6 Holzschntaf. in qu. 4. und in den Text eingedr. Holzst.) 867. * 1 Thlr.
" 4. " 2. 3. Lfg. —— dass. — (V—VIII und S. 385—618 mit 4 Holzschntaf. in qu. 4. und Fol. und zahlreichen in den Text eingedr. Holzst.) 868. * 1 Thlr. 5 Ngr.
" 4. " 3. Mohr, Fdr., der Weinbau und die Weinbereitungskunde. (VIII und 164 S. mit 39 in den Text eingedr. Holzst.) 865. * 25 Ngr.
" 5. Lfg. 1. Bolley, P. A., die chemische Technologie der Spinnfasern, ihre Verarbeitung durch Bleichen, Färben, Bedrucken und Appretiren. (209 S. mit zahlreichen in den Text eingedr. Holzst.) 867. * 1 Thlr.
" 6. Gruppe 2. Deite, C., die Darstellung der Seifen, Parfümerien und Cosmetica. (XII und 156 S. mit zahlreichen in den Text eingedr. Holzst.) 867. * 1 Thlr.
" 7. Lfg. 1. Stölzel, C., die Metallurgie. 1. Bd. Gewinnung der Metalle. (Allgemeiner Theil.) (XII und 290 S. mit zahlreichen in den Text eingedr. Holzst.) 863. * 1 Thlr. 20 Ngr.
" 7. " 2. —— dass. — 2. Lfg. Specieller Theil der Metallgewinnung. Roheisen und Stabeisen. (S. 278—480 mit zahlreichen in den Text gedr. Holzst.) 865. * 1 Thlr.
" 7. " 3. —— dass. — Stahl. (S. 481—608 mit 2 Holzschntaf. in qu. 4. und zahlreichen in den Text gedr. Holzst.) 868. * 20 Ngr.
1. Bd. 1. Gruppe und 2. Gruppe 1. Hälfte, 2. Bd. 2. Gruppe und 3. Bd. 1. Gruppe. Ebendas. 861,62. * 4 Thlr. 4 Ngr. — Vgl. XIII. Bd. 1. Abthl. S. 409.

—— der chemischen Technologie. In Verbindung mit mehreren Gelehrten und Technikern bearb. und hrsg. von P. A. Bolley. 2. Bd. 1. Gruppe, 2. Lfg., 5. Bd. 2. Lfg., und 6. Bd. 3. Gruppe, 3. Abthl. gr. 8. Braunschweig 870, Vieweg und Sohn. *

Inhalt:
Bd. 2. 1. Gruppe. Die Technologie der chemischen Producte, welche durch Großbetrieb aus unorganischen Materialien gewonnen werden. Von Phil. Schwarzenberg. Mit zahlreichen in den Text gedr. Holzst. 2. Lfg. (S. 191—448 mit 2 Holzschntaf. und 3 Tab. in qu. gr. Fol.) *ℳ 6.
" 5. Chemische Verarbeitung der Pflanzen- und Thierfasern. 2. Lfg.: Die künstlich erzeugten organischen Farbstoffe. Der Theer: Die aus Phenol und Benzol hervorgehenden Farbsubstanzen von P. A. Bolley. (162 S. mit eingedr. Holzschn.) *ℳ 3.
" 6. 3. Gruppe. Das Schießpulver, die Zündhütchen und Zündwaaren-Fabrikation. 3. Abthl.: Die Zündwaaren-Fabrikation in ihrer gegenwärt. Ausbildung. Mit Berücksicht. der wichtigsten Maschinen zum Hobeln der Hölzer, zum Einlegen und Ausnehmen, zur Spanschachtel- und Salonbüchsen-Fabrikation und der Recepte zum Zusammensetzen der Zündwaaren von Wladimir Jettel. (VII, 77 S. mit in den Text eingedr. Holzst.) *ℳ 2.
Vgl. 14. Bd. 1. Abthl. S. 500, 501. — Früher Erschienenes. Ebendas. 1862—68. *ℳ 56,40.

—— dass. — Nach dem Tode des Hrsgbrs. fortgesetzt von K. Birnbaum. 8 Bde., die meisten in mehre Gruppen zerfallend. 5. Bd. 3. Lfg., 6. Bd. 1. Gruppe, 1. Abthl., 3. Gruppe, 1. und 2. Abthl., 7. Bd. 4. Lfg., und 8. Bd. 2. Abthl. gr. 8. Ebendas. *

Inhalt:
Bd. 5. Chemische Verarbeitung der Pflanzen- und Thierfasern. 3. Lfg.: Die künstl. erzeugten organ. Farbstoffe. Der Theer: die aus Naphtalin und Anthracen hervorgeh. Farbsubstanzen. Ferner Cyanin, Murexyd, Aloëfarbstoffe, Rufigallussäure und Phenolfarbstoffe. Von E. Kopp. (S. 351—536, mit zahlreichen in den Text eingedr. Holzst.) 874. *ℳ 3,60.
" 6. 1. Gruppe: Die chem. Technologie der Baumaterialien und Wohnungseinrichtungen. 1. Abthl.: Chemische Technologie des Holzes als Baumaterial. Von Adf. Mayer. (X, 184 S. mit in den Text eingedr. Holzst.) 872. *ℳ 3,60.
" 6. 3. Gruppe. Das Schießpulver, die Zündhütchen und Zündwaaren-Fabrikation. 1. Abthl.: Das Schießpulver, dessen Geschichte, Fabrikation, Eigenschaften und Proben von J. Upmann. (219 S.) 874. *ℳ 4,50. — 2. Abthl.: Die Explosivkörper und die Feuerwerkerei von E. v. Meyer. (127 S.) 874. *ℳ 3.
" 7. Die Metallurgie. 4. Lfg.: Specieller Theil der Metallgewinnung. Kupfer von C. Stölzel. (S. 609—752 mit zahlreichen in den Text gedr. Holzst., und Anh. S. XV—XXXIX.) 874. *ℳ 4.
Bd. 8. Verarbeitung der Metalle. 2. Abthl.: Die Erzeugung der Eisen- und Stahlschienen. Eine hüttenmänn. Studie von Alph. Petzholdt. (XIII, 81 S. mit 1 lithogr. Karte.) 874. *ℳ 2.

—— der chemischen Technologie. In Verbindung mit mehreren Gelehrten und Technikern bearb. und hrsg. von weil. P. Bolley. Nach dem Tode des Hrsgbrs. fortgesetzt von K. Birnbaum. Mit zahlreichen in den Text eingedr. Holzst. 2. Bds. 1. Gruppe und 7. Bd. 5. Lfg. gr. 8. Braunschweig, Vieweg und Sohn. *

Inhalt:

Bd. 2. 1. Gruppe: Die Technologie der chemischen Producte, welche durch Großbetrieb aus unorganischen Materialien gewonnen werden. 3. und 4. Lfg.: Lunge Geo., Handbuch der Soda-Industrie und ihrer Nebenzweige für Theorie und Praxis. 2 Bde. 1. Bd. und 2. Bd. 1. Abthl. (XXVII, 611 S.; S. 1—640.) 879. à *ℳ 18.
 7. Die Metallurgie. 5. Lfg.: Stölzel, C., Specieller Theil der Metallgewinnung. Zink, Cadmium, Zinn, Blei. (S. 753—880 und Anhang S. XLI—XLVII.) 877. *ℳ 4.

—— der chemischen Technologie. In Verbindung mit mehreren Gelehrten und Technikern bearb., und hrsg. von P. Bolley. Nach dem Tode des Hrsgbrs. fortgesetzt von K. Birnbaum. 1. Bd. 3. Gruppe 1. Lfg. u. 2. Abthl., 2. Bd. 1. Gruppe 5. Lfg., 5. Bd. 4. und 5. Lfg., 6. Bd. 1. Gruppe 2. Abthl., 6. Bd. 4. Gruppe 1. und 2. Abthl., 7. Bd. 6. Lfg. und 8. Bd. 1. Abthl. gr. 8. Braunschweig, Vieweg und Sohn. *

Inhalt:

Bd. 1. 3. Gruppe: Fischer, Ferd., die chemische Technologie der Brennstoffe. 1. Lfg. (160 S. mit in den Text eingedr. Holzst.) 880. *ℳ 5.
 „ 1. 3. Gruppe: Die chemische Technologie der Brennstoffe. 2. Abthl.: Lunge, Geo., die Industrie der Steinkohlentheer-Destillation und Ammoniakwasser-Verarbeitung. (XIII. 356 S.) 882. *ℳ 9.
 „ 2. 1. Gruppe: Die Technologie der chemischen Producte, welche durch Großbetrieb aus unorganischen Materialien gewonnen werden. 5. Lfg.: Lunge, Geo., Handbuch der Soda-Industrie und ihrer Nebenzweige für Theorie und Praxis. 2. Bd. (XXIII, S. 641—1018 mit zahlreichen in den Text eingedr. Holzst.) 880. *ℳ. 10. (compl. *ℳ 46.)
 „ 5. Chemische Verarbeitung der Pflanzen- und Thierfasern. 4. und 5. Lfg.: Meyer, Rich., die künstlich erzeugten organischen Farbstoffe. Neuere Entwickelung der Theerfarbenindustrie. Mit zahlreichen in den Text eingedr. Holzst. [4. Lfg. (XI, S. 537—946.) 880. *ℳ 10.; 5. Lfg. (S. 947—1177.) 883. *ℳ 5,60.] *ℳ 15,60.
 „ 6. 1. Gruppe: Die chemische Technologie der Baumaterialien und Wohnungseinrichtungen. 2. Abthl.: Feichtinger, G., die chemische Technologie der Mörtelmaterialien. 2 Lfgn. Mit zahlreichen in den Text eingedr. Holzst. [1. Lfg. (I—VI, S. 1—192.) 884. *ℳ 6,50.; 2. Lfg. (VII—XIII, S. 193—478.) 885. *ℳ 6.] *ℳ 12,50.
 „ 6. 4. Gruppe. 1. Abthl.: Heinzerling, Chrn., Grundzüge der Lederbereitung mit besond. Berücksicht. der neueren Fortschritte auf diesem Gebiete. Ein Handbuch für Gerber, Techniker ꝛc. (XIII, 204 S.) 882. *ℳ 5,50. — 2. Abthl.: Heinzerling, Chrn., die Fabrikation der Kautschuk- und Guttaperchawaaren, sowie des Celluloids und der wasserdichten Gewebe, mit besond. Berücksicht. der neueren Fortschritte, die in diesen Industriezweigen gemacht worden sind. Ein Handbuch für Techniker, Fabrikanten, Gelehrte ꝛc. (XV, 242 S. mit 104 in den Text eingedr. Holzst. und 1 Situationsplan.) 883. *ℳ 8.
 „ 7. Die Metallurgie. 6. Lfg.: Stölzel, C., specieller Theil der Metallgewinnung. Blei, Silber. (XLIX—LIV, S. 881—1060 mit zahlreichen in den Text eingedr. Holzst.) 882. *ℳ 5.
 „ 8. 1. Abthl.: Die Metallurgie. 2. Bd.: Ledebur, A., Metallverarbeitung. (XI, 317 S.) 882. *ℳ 7.

Handbuch der chemischen Technologie. In Verbindung mit mehreren Gelehrten und Technikern bearb., und hrsg. von K. Birnbaum. Neue Folge. 1.—4. Lfg. gr. 8. Braunschweig, Vieweg und Sohn. *

Inhalt:

Lfg. 1. Fleck, Hugo, die Fabrikation chemischer Producte aus thierischen Abfällen. Auf Grund selbstständiger Erfahrungen und mit Berücksicht. der neuesten Verbesserungen bearb. 2. Aufl. (IX, 169 S. mit 45 in den Text eingedr. Holzst.) 880. *ℳ 3,20.
 „ 2. Benrath, H. E., die Glasfabrikation. (XII, 495 S. mit 201 in den Text eingedr. Holzst.) 880. *ℳ 10.
 „ 3. Fischer, Ferd., die chemische Technologie des Wassers. (XII, 403 S. mit 271 in den Text eingedr. Holzst.) 880. *ℳ 11,60.
 „ 4. Andés, Louis Edgar, die trocknenden Oele, ihre Eigenschaften, Zusammensetzung und Veränderungen, sowie Fabrikation der Firnisse aus denselben zu Anstrichen und für Buchdrucker, genaue Darstellung der Fabrikation aller Anstrich-, Buchdruck-, Stein- und Kupferdruckfarben. Ein Handbuch für Lack-, Firniß- und Farbenfabrikanten ꝛc., nach dem neuesten Stande dieser Industriezweige, unter Benutzung der hervorragendsten Literatur und nach eigenen vieljährigen Erfahrungen dargestellt. (IX, 189 S. mit 49 in den Text eingedr. Holzst.) 882. *ℳ 5,20.
Bd. 7. Die Metallurgie. 7. Lfg.: Stölzel, C., specieller Theil der Metallgewinnung. Silber, Gold. (LV—LXIII, S. 1061—1328 mit zahlr. Holzst.) 886. *ℳ 8.—.
 —— dass. — 8. (Schluß-)Lfg.: Stölzel, C., unter Mitwirkung von M. Kiliani, specieller Theil der Metallgewinnung. Gold, Platin, Quecksilber, Wismuth, Antimon, Arsen, Nickel und Kobalt, Wolfram, Aluminium. (XXII, S. 1329—1628; Anhang S. LXV—LXXXVI mit zahlr. eingedr. Holzst..) 886. *ℳ 11.—.

— dasselbe. 1. Bds. 3. Gruppe. 2. Lfg. gr. 8. Ebd. 887. n. 8. —
Die chemische Technologie der Brennstoffe. Von F. Fischer. 2. Lfg. (V—VII u. S. 161—405 m. Holzst.)

— dasselbe. 2. Bds. 1. Gruppe. 2. Abth. gr. 8. Ebd. 887. n. 16. —
Die Technologie der chemischen Producte, welche durch Großbetrieb aus unorganischen Materialien gewonnen werden. 2. Abth. Handbuch der Kali-Industrie. Die Bildg. der Salzlager v. Staßfurt u. Umgegend, sowie v. Kalusz u. Beschreibung dieser Salzlager. Die techn. Gewinng. der Kalisalze aus den natürlich vorkomm. Salzen m. ihren Nebenzweigen u. Anwendg. der Kalisalze in der Landwirthschaft. Von E. Pfeiffer. Mit 1 Karte, 2 lith. Taf. u. 187 Holzst. (XVI, 514 S.)

— dasselbe. 6. Bds. 5. Gruppe. 1. Abth. 3. (Schluß-)Lfg. gr. 8. Ebd. 887. n. 12. —
Die Fabrikation d. Papiers. Von E. Hoyer. 3. (Schluß-)Lfg. (IX u. S. 257—495 m. Holzst. u. 2 Taf.) (cplt.: n. 20. —)

— dasselbe. 5. Bds. 2. Gruppe. 1. Lfg. gr. 8. Ebd. 888. n. 6. 50
Chemische Technologie der Gespinnstfasern, ihre Geschichte, Gewinng., Verarbeitung u. Veredelung. Von O. N. Witt. Mit zahlr. in den Text eingedr. Holzst. 1. Lfg. (192 S.)

—— dass. — Neue Folge. 5. Lfg.: Die Industrie des Steinkohlentheers und Ammoniaks. Von Geo. Lunge. 3. verm. und verb. Aufl. gr. 8. (XV, 657 S. mit 195 eingedr. Holzst.) Ebendas. 888. *
1.—4. Lfg. Ebendas. 1880—82. *ℳ 30.—.

— dasselbe. 5. Bds. 3. Gruppe. gr. 8. Ebd. 889. n. 5. —
Die Fabrikation des Rußes u. der Schwärze aus Abfällen u. Nebenproducten insbesondere der Theer- u. Mineralöl-Destillerien, Braunkohlenschweelereien, Weinsäurefabriken ꝛc. Von H. Köhler. Mit zahlr. eingedr. Holzst. (X, 105 S.)

— dasselbe. 5. Bd. 2. Gruppe. 2. Lfg. gr. 8. Ebd. 891. n. 6. — (1 u. 2.: n. 12. 50)
Chemische Technologie der Gespinnstfasern, ihre Geschichte, Gewinng., Verarbeitg. u. Veredelg. v. Otto N. Witt. 2. Lfg. (S. 193—384 m. Holzst.)

— der chemischen Technologie. In Verbindg. m. mehreren Gelehrten u. Technikern bearb. u. hrsg. v. P. A. Bolley u. K. Birnbaum. Nach dem Tode der Herausgeber fortgesetzt v. C. Engler. 1. Bds. 2. Gruppe, 2. Abth. Die Industrie der Mineralöle. 1. Thl. 2. Lfg. gr. 8. Braunschweig 892. F. Vieweg & Sohn. n. 26. — (1 u. 2.: n. 32. —)
Die Erdöl-Industrie v. Hans Höfer u. Alex. Veith. 2. Lfg. Das Erdöl (Petroleum) u. seine Verarbeitg. Gewinnung, Verarbeitg., Untersuchg., Verwendg. u. Eigenschaften d. Erdöles v. Alex. Veith. (X, 623 S. m. 305 Abbildgn.)

— dasselbe. 6. Bd. 6. Gruppe. 2. Abth. gr. 8. Ebd. 892. n. 6. —
Handbuch der Sprengarbeit v. Osc. Guttmann. (XI, 98 S. m. 130 Holzst.)

— dasselbe. Neue Folge. 6. Lfg. gr. 8. Ebd. 892. n. 2. —
Mineralgerbung m. Metall-Salzen u. Verbindungen aus diesen m. organischen Substanzen als Gerbemittel. Von F. L. Knapp. (IX, 84 S.)

— dasselbe. Neue Folge. 7. Lfg. gr. 8. Ebd. 893. n. 30. —
Handbuch der Soda-Industrie u. ihrer Nebenzweige. Von Geo. Lunge. 2., vollkommen umgearb. Aufl. 1. Bd.: Handbuch der Schwefelsäure-Fabrikation. (XIX, 832 S. m. 396 Holzst.)

— d. chemischen Technologie v. Bolley unt. Mitwirkg. v. Th. Beckert, Bender, Benedict etc. hrsg. v. O. Dammer. 5 Bde. gr. 8. Stuttgart, F. Enke. n. 100. —; geb. n. 112. 50

1. (XVI, 920 S. m. 191 Fig.) 895.	n. 24. —
2. (XIII, 766 S. m. 235 Fig.) 895.	n. 20. —
3. (X, 771 S. m. 288 Fig.) 896.	n. 21. —
4. (VIII, 668 S. m. 345 Fig.) 898.	n. 17. —
5. (X, 690 S. m. 213 Fig.) 898.	n. 18. —

— dasselbe. 5. Bd. 6. u. 7. (Schluß-) Lfg. (53. u. 58. Lfg.) Ebd. n. 14. 40
6. Chemische Verarbeitg. der Pflanzen- u. Thierfasern. Die künstl. erzeugten organ. Farbstoffe. 6. Lfg. Neuere Entwicklg. d. Theerfarbenindustrie. III. Von Rich. Meyer. (V u. S. 1179—1428.) 895. n. 6. 40
7. Dasselbe. 7. Lfg. Die Theerfarbstoffe. Von Rich. Meyer u. R. Gnehm. (3. Thl. XX u. S. 1429—1791 m. Abb. u. 4 Taf. 897. n. 8. 40 (Kplt.: n. 40. —)

— dasselbe. 6. Bd., 6. Gruppe, 1. Abth. (54. Lfg.) gr. 8. Ebd. 895. n. 30. —
Die Industrie d. Explosivstoffe v. Osc. Guttmann. (XVIII, 704 S. m. 327 Abb.)

— dasselbe. Neue Folge. 8. u. 9. Lfg. gr. 8. Ebd. n. 56. —
8. Handbuch d. Soda-Industrie u. ihrer Nebenzweige. Von Geo. Lunge. 2., vollkommen umgearb. Aufl. 2. Bd.: Sulfat, Salzsäure, Leblancverfahren. (XII, 803 S. m. 300 Holzst.) 895. n. 30. —
9. Dasselbe. 2. Aufl. 3. (Schluß-)Bd.: Ammoniaksoda. Verschied. Sodaverfahren. Chlor. Elektrolyse. Nachträge z. d ersten Bdn. (XVI, 707 S. m. 234 Holzst.) 896. n. 26. —; (Kplt.: n. 86. —)

— d. chemischen Technologie. In Verbindg. m. mehr. Gelehrten u. Technikern bearb. u. hrsg. v. P. A. Bolley u. K. Birnbaum. Nach d. Tode d. Herausgeber fortges. v. C. Engler. 1. Bd. 2. Gruppe, 2. Abth. 2. u. 3. Thl. (55. u. 57. Lfg.) gr. 8. Braunschweig, F. Vieweg & Co. n. 26. —
II. D. Industrie d. Mineralöle. D. Fabrikation d. Mineralöle u. d. Paraffins aus Schwefelkohle, Schiefer 2c, sow. d. Herstellg. d. Kerzen u. d. Oelgases. Von W. Scheithauer. (XI, 381 S. m. 192 Abb. u. 4 Taf.) 895. n. 15. —
III. D. Erdwachs. Ozokerit u. Ceresin. Geschichte, Vorkommen, Gewinng. u. Verarbeitg. Von Jos. Berlinerblau. (VIII, 239 S. m. 59 Abb.) 897. n. 11. —

— dasselbe. 1. Bd., 3. Gruppe, 3. Lfg. (56. Lfg. nebst Nachtrag.) gr. 8. Ebd. 896. n. 5. — (1.—3. n. 18. —)
Die chem. Technologie d. Brennstoffe. Von Ferd. Fischer. (S. 407—592 m. Holzst.) — Nachträge u. Register (1. Thl. X u. S. 593—647 m. Holzst.) unberechnet.

— dasselbe. Neue Folge. 10. u. 11. Lfg. gr. 8. Ebd. n. 22. —
10. Die Industrie des Steinkohlentheers u. Ammoniaks. Von Geo. Lunge. 4. Aufl., umgearb. u. stark verm. v. Hippolyt Köhler. 1. Bd. Steinkohlentheer. Mit 200 in den Text eingedr. Abbildgn. (XVII, 702 S.) 900. n. 14. —
11. Dasselbe. 2. Bd. Ammoniak. Mit 82 in den Text gedr. Abbildgn. (XIII, 323 S.) 900. n. 8. —

— dasselbe. V. Bd., 4. Gruppe. (59. Lfg.) gr. 8. Ebd. n. 8. —
Die Chemie der natürlichen Farbstoffe. Von Hans Rupe. (XII, 332 S.) 900.

— der chemischen Technologie. In Verbindg. m. mehreren Gelehrten u. Technikern bearb. u. hrsg. v. P. A. Bolley u. K. Birnbaum. Nach dem Tode der Herausgeber fortgesetzt v. C. Engler. I. Bd., 3. Gruppe. (60. Lfg.) gr. 8. Braunschweig, F. Vieweg & Sohn. n. 15. —
II. Die chemische Technologie der Brennstoffe. II. Preßkohlen, Kokerei, Wassergas, Mischgas, Generatorgas, Gasfeuergn. Von Ferd. Fischer. Mit 370 in den Text eingedr. Abbildgn. (VIII, 379 S.) 901. n. 15. —; (I u. II n. 33. —)

— dasselbe. IV. Bd., 5. Gruppe. 1. u. 2. Abth. (61. u. 62. Lfg.) gr. 8. Ebd. n. 20. —
1. Handbuch der Preßhefen-Fabrikation. Von M. Stenglein. 1. Abth. Die Apparate u. Einrichtg. v. Preßhefefabriken. Mit 251 Abbildgn. (XIV, 327 S.) 901. n. 11. —
2. Dasselbe. 2. Abth. Das chem. u. das mikroskop. Laboratorium des Hefebrenners. Mit 125 Abbildgn. u. 12 Taf. (XII, 279 S.) 901. n. 9. —
Aus dem Handel gezogen; Ersatz dafür erscheint später.

— dasselbe. V. Bd., 2. Gruppe. 3. Lfg. (63. Lfg.) gr. 8. n. 6. —
Chemische Technologie der Gespinnstfasern, ihre Geschichte, Gewinnung, Verarbeitung u. Veredlung. Unter Mitwirkg. von Arth. Buntrock. Von Otto N. Witt. 3. Lfg. (S. 385—576 m. Abbildgn.) 902. n. 6. —; (1—3. n. 18. 50)

— der chemischen Technologie. In Verbindg. m. mehreren Gelehrten u. Technikern bearb. u. hrsg. v. P. A. Bolley u. K. Birnbaum. Nach dem Tode der Herausgeber fortgesetzt v. C. Engler. I. Bd., 2. Gruppe. II. Abtlg., I. Tl. 3. Lfg. (64. Lfg.) u. VI. Bd., 2. Gruppe. II. Abtlg. (65. Lfg.) gr. 8. Braunschweig, F. Vieweg & Sohn. n. 21. —
64. Die Chemie u. Technologie der natürlichen u. künstlichen Asphalte. Ein Handbuch der gesamten Asphalt-Industrie f. Fabrikanten, Chemiker, Techniker, Architekten u. Ingenieure. Von Hippolyt Köhler. Mit 191 in den Text gedr. Abbildgn. (XV, 434 S.) 904. n. 15. —; geb. in Leinw. n. 16. —
65. Die Riechstoffe. Von Geo. Cohn. (VIII, 219 S. m. Abbildgn.) 904. n. 6. —

— dasselbe. Neue Folge. 12—15. Lfg. gr. 8. Ebd. n. 62. —
12. Handbuch der Soda-Industrie u. ihrer Nebenzweige. Von Geo. Lunge. 3. vollkommen umgearb. Aufl. 1. Bd. Handbuch der Schwefelsäure-Fabrikation. Mit 512 eingedr. Abbildgn. (XXII, 1117 S.) 903. n. 36. —; geb. n. 38. 50
13. Handbuch der Sprengarbeit. Von Osc. Guttmann. 2. Aufl. Mit 146 Abbildgn. im Text u. auf 4 Taf. sowie 2 Tab. (XI, 99 S.) 906. n. 6. —; geb. n. 7. —
14. Das Erdöl u. seine Verwandten. Geschichte, physikal. u. chem. Beschaffenheit, Vorkommen, Ursprung, Auffindg. u. Gewinng. des Erdöles. Von Hans Höfer. 2. Aufl. Mit 18 Abbildgn. im Text u. auf 1 Taf. (XVII, 279 S.) 906. n. 10. —; geb. n. 11. —
15. Die Fabrikation des Rußes u. der Schwärze aus Abfällen u. Nebenproducten m. besond. Berücksicht. der Entfärbungskohle. Nach dem gegenwärt. Stande dieser Industrie u. unter Benützg. der besten Quellen bearb. Von Hippolyt Köhler. 2. verm. Aufl. Mit 96 in den Text eingedr. Abbildgn. (XIV, 214 S.) 906. n. 10. —

Handbuch der chem. Technologie. Neue Folge. 16. u. 17. Lfg. gr. 8. Braunschweig, F. Vieweg u. Sohn. 58.—; geb. 63. 10
16. Handbuch der Soda-Industrie u. ihrer Nebenzweige. Von Geo. Lunge. 3. umgearb. Aufl. 2. Bd. Sulfat, Salzsäure, Leblanc-Verfahren, kaustische Soda. Mit 326 Abb. im Text u. auf 9 Taf. (XVIII, 868 S.) 909. 34.—; geb. 36. 60
17. Dasselbe. 3. umgearb. Aufl. 3. Bd. Ammoniaksoda, verschied. Sodaverfahren, Chlor, Nachträge zu d. ersten Bänden. Mit 185 Abb. im Text u. auf 3 Taf. (XV. 641 S.) 909. 24.—; geb. 26. 50

— der chem. Technologie. In Verbindg. m. mehreren Gelehrten u. Technikern bearb. u. hrsg. v. P. A. Bolley u. K. Birnbaum. Nach dem Tode der Herausgeber fortgesetzt v. C. Engler. 61. u. 66—68. Lfg. gr. 8. Braunschweig, F. Vieweg u. Sohn. 76. 50
61. (V. Bd. 4. Gruppe.) Die Chemie der natürlichen Farbstoffe. Von Hans Rupe. 2. Tl (IX, 236 S.) 909. 10. —
Ersatz f. d. aus d. Handel gezogene früh. Lfg. 61.
66. (III. Bd. 2. Gruppe.) Handbuch der gesamten Thonwaarenindustrie. Von Bruno Kerl. 3. Aufl. Bearb. v. Eduard Cramer u. Herm. Hecht. Mit 518 Abb. im Text u. 1 Tab. (XLIII, 1588 S.) 907. 45.—; geb. 48.50; auch in 9 Lfgn. à 5. —
67. (V. Bd. 2. Gruppe.) Chem. Technologie der Gespinnstfasern, ihre Geschichte, Gewinnung u. Verarbeitung u. Veredlung. Von Otto N. Witt u. Ludw. Lehmann. 4. Lfg. (S. 577—770 m. Abb.) 909. 10. —
68. (V. Bd. 2. Gruppe.) Dasselbe. 1. Bd. Die Gesch. d. Textilindustrie, d. Gespinnstfasern u. die Hülfsmittel ihrer Veredlg. Mit 111 Abbildgn. im Text u. auf 1 Taf. 5. Lfg. (XXI u. S. 771—956.) 910. 11.50 (1. Bd. vollst. 40.—; geb. 41. —).

Handbuch der Technologie für die reifere Jugend ... Halberstadt 1796-97. V: *Müller*, *Carl Renatus*. (EngMt)

Handbuch, Technologisches, für Kinder und Kinderlehrer . . . Zerbst 1806. V: *Kühne*, *Christian Frdr. Gottlob.* (MGT) »1807« (Ky)

— technolog., f. Kinder u. Kinderlehrer, (v. Chr. Fr. Glo. Kühne). 18 Bdchn. 8. Zerbst 807. 16 gr.

— technologisches, f. Kinder u. Kinderlehrer. 18 Bdch. 8. Zerbst. (Fr. Bruder in Leipz.) 807.

Handbuch, Technologisches, für Künstler, Fabrikanten und Metallurgen, auf das Jahr 1786. Göttingen. H: *Göttling, Johann Friedrich August.* (MGT)

Handbuch der elektrischen Telegraphie. Unter Mitw. von mehreren Fachmännern hrsg. von Dr. Karl Eduard Zetzsche. Bd 1–4,1. [Mehr nicht erschienen.] Mit Holzschn. Berlin: J. Springer (3,2 u. Erg.: Halle a. S.: W. Knapp) 1877–94. 6 Bde 8°.
1 — Zetzsche, K. E.: Geschichte d. elektr Telegraphie. 1877.
2 — Frölich, Otto: Die Lehre von d. Elektrizität u. d. Magnetismus mit besond. Berücks. ihrer Beziehungen z. Telegraphie. 1878.
3 — Telegraphie, Die elektrische, im engeren Sinne.
Hälfte 1. Die Erfordernisse z. Telegraphiren. Bearb. von O Henneberg, Dr. O. Frölich u. Dr. [K.] E. Zetzsche. 1887.
2 — Betrieb, Der, u. d. Schaltungen d. elektr. Telegraphen. Unter Mitw. von ... Bearb. von Prof. Dr. A[dolf] Tobler, [Zurich], u. Zetzsche. 1891.
2, Erg — Zetzsche: Amerikan. Schaltungen f. d. mehrfache Telegraphie. Nach Ch. Thom and W. H. Jones: Telegraphic connections ... frei bearb. 1894.
4 — Kohlfürst, L[udwig], [&] Zetzsche: Die elektr. Telegraphen f. besond. Zwecke. 1. [Mehr nicht erschienen.] 1881. (o4. 9831

—— über die Terrainlehre, das Kartenlesen und die Recognoscirungen für den Gebrauch der Offiziere der Infanterie und der Cavallerie bearb. Im Auftrag des eidgenöss. Militär-Departements vom Stabsbureau publizirt. Deutsche Uebersetzung. 16. (VIII, 158 S. mit 16 lithogr. Taf.) Bern 876, Wyss. cart. *

— zum Neuen Testament. In Verbindg. m. H. Gressmann, E. Klostermann, F. Niebergall u. a. hrsg. v. Hans Lietzmann. 1. u. 2. Lfg. Lex.-8. Tübingen, J. C. B. Mohr. n. 3. 10
1. (III. Bd. Bogen 1—5.) Briefe, die, des Apostels Paulus. An die Römer, erklärt v. Hans Lietzmann. (80 S.) 906. n. 1. 50
2. (V. Bd.) Praktische Auslegung des Neuen Testaments in 2 Halbbdn. Allgemeine Einleitg. (aus dem 1. Halbbd.) u. An die Römer (aus dem 2. Halbbd.). Von F. Niebergall. (S. 1—48 u. 1—48.) 906. Subskr.-Pr. n. 1. 60; Einzelpr. n. 1. 80

— zum Neuen Testament. In Verbindg. m. M. Dibelius, H. Gressmann, W. Heitmüller u. a. hrsg. v. Hans Lietzmann. 8—16. Lfg. Lex. 8. Tübingen, J. C. B. Mohr. Subskr.-Pr. 22.56; Einzelpr. 25. 65
3.4. (1. Bd. 2. Tl.) Die hellenistisch-römische Kultur in ihren Beziehgn. zu Judentum u. Christentum. Von Paul Wendland. Mit 5 Abb. im Text u. 12 Taf. (IV, 190 S.) 907. Subskr.-Pr. 4.50; Einzelpr. 5.—; geb. 7. —
5. (III. Bd. Bog. 6—11.) Briefe, die, des Apostels Paulus. An die Korinther I, erklärt v. Hans Lietzmann. (S. 81—164.) 907. Subskr.-Pr. 1.44; Einzelpr. 1. 60
6. (II. Bd.) Evangelien, die. Markus. Unter Mitwirkg. v. Hugo Gressmann erklärt v. Erich Klostermann. (148 S.) 907. Subskr.-Pr. 2.56; Einzelpr. 2. 85
7. (V. Bd.) Auslegung, prakt., des Neuen Testaments in 2 Halbbdn. Markus (aus d. 1. Halbbd.) v. F. Niebergall. (S. 49—120.) 907. Subskr.-Pr. 1.26; Einzelpr. 1. 40
8. Dasselbe. Matthäus (aus dem 1. Halbbd.) An die Korinther I. (aus dem 2. Halbbd.) (S. 121 - 152 u. 49—80.) 908. Subskr.-Pr. 1.08; Einzelpr. 1. 20
9. Dasselbe. Lukas, die Apostelgeschichte (aus dem 1. Halbbd.) (S. 153—216.) 908. Subskr.-Pr. 1.08; Einzelpr. 1. 20
10. Dasselbe. I. Allgemeine Einleitg. Die Evangelien u. die Apostelgeschichte. Johannes. (Schluss d. 1. Halbbds.) (IV u. S. 217—271.) 909. Subskr.-Pr. 1.08; Einzelpr. 1. 20
11. (III. Bd.) Die Briefe des Apostels Paulus. Von Hans Lietzmann. I. An die Korinther II. (S. 165—224.) 909. Subskr.-Pr. 1.08; Einzelpr. 1. 20
12. (V. Bd.) Prakt. Auslegg. des Neuen Testaments f. Prediger u. Religionslehrer. Von Frdr. Niebergall. In 2 Halbbdn. II. An d. Korinther II, Galater, Epheser, Philipper, Kolosser, Thessalonicher I, II; Pastoralbriefe. (S. 81—208.) 909. Subskr.-Pr. 2.16; Einzelpr. 2. 40
13. (II. Bd.) Evangelien, die. Matthäus. Unter Mitwirkg. v. Hugo Gressmann erklärt v. Erich Klostermann. 1. Hälfte. (S. 149—244.) 909. Subskr.-Pr. 1.62; Einzelpr. 2. 40
14. (V. Bd.) Prakt. Auslegg. d. Neuen Testaments f. Prediger u. Religionslehrer. Von Frdr. Niebergall. II. Die kathol. Briefe, Hebräerbrief u. Apokalypse. (V. u. S. 209—304.) 909. Subskr.-Pr. 1.80; Einzelpr. 2. —
15. (II. Bd.) Evangelien, die. Matthäus. Unter Mitwirkg. v. Hugo Gressmann erklärt v. Erich Klostermann. 2. Hälfte. (S. 245—357.) 909. Subskr.-Pr. 2.—; Einzelpr. 2. 20
16. (III. Bd.) Die Briefe d. Apostels Paulus. An d. Galater. Von Hans Lietzmann. (XI u. S. 225—264.) 910. Subskr.-Pr. —90; Einzelpr. 1. —

— dasselbe. III. Bd. 1. u. V. Bd. Lex. 8. Ebd. 16.50; geb. 20. —
III. 1. Die Briefe des Apostels Paulus. I. Die 4 Hauptbriefe, erklärt. Von Hans Lietzmann. (XI, 284 S.) 910. 5.30; geb. 7. —
V. Praktische Auslegg. des Neuen Testaments f. Prediger u. Religionslehrer. Von Frdr. Niebergall. 2 Tle. in 1 Bde. (IV, 271 u. V, 304 S.) 909. 11.20; geb. 13. —

— f. Theologen, Buchhandler ꝛc. u. alle, w. e. Kenntn. der neust. theol. Literatur erlangen wollen. (Ersch. sch. 1799. unt. d. Tit. krit. Repertor. d. theol. Literatur v. 1790—95.) gr. 8. Berlin, Schone. 803.

— f. Theologen, Buchhändler, Antiquare ꝛc., s. Repertorium d theolog. Literatur.

St., C. Freiherr von: „Theoretisch- practisches Handbuch zur gründlichen Bestimmung und Ausmittelung des wahren Werths der Domainen und Landgüter, so wie aller Zweige der Landwirthschaft, nach den Principien der rationellen Landwirthschaft, mit den nöthigen Anschlägen und Tabellen", 3 Teile, Wien 1819.

— theoret. praktisches, d. höhern Chemie. 8. Hof, Grau. 784.

THEORETISCH-PRAKTISCHES HANDBUCH DER HÖHEREN CHIMIE, in welchem alle zu wissen nöthige Lehrsätze der Philosophen sistematisch vorgetragen und mit nützlichen Erläuterungen versehen sind. Herausgegeben von einem Liebhaber und Schüler der geheimen Weisheit. Hof, in der Vierlingeschen Buchhandlung, 1784. pp. [vi]–271, 12mo.

Theoretisch- praktisches Handbuch der Chirurgie, m. Einschluß der syphilitischen u. Augen-Krankheiten; in alphab. Ordnung. Unter Mitw. ...von... hrsg. von Joh[ann] Nep[omuk] Rust. Bd 1 - 17. Berlin: Enslin; Wien: Gerold 1830 - 36. 8°

Bd 1 - 3: 1830.
Bd 1: Von A bis And.
Bd 2: Von Ane bis Be.
Bd 3: Von Bi bis Car.
Bd 4.5: 1831.
Bd 4: Von Cas bis Chi.
Bd 5: Von Chlo bis De.
Bd 6-8: 1832.
Bd 6: Von Di bis E.
Bd 7: Von F bis G.
Bd 8: Von H bis Hern.
Bd 9. 10: 1833.
Bd 9: Von Hero bis Inh.
Bd 10: Von Inj bis Lithi.

Bd 11 - 14: 1834.
Bd 11: Von Litho bis Men.
Bd 12: Von Ner bis Pap.
Bd 13: Von Para bis Pty.
Bd 14: Von (Pu)ck bis Pty.
Bd 15.16: 1835.
Bd 15: Von Sharp bis Syph.
Bd 16: Von Sy bis Ulc. artif.
Bd 17: Von U.Cach. bis Z. 1836.

Handbuch theoretisch-praktisches Chirurgie

Theoretisch-praktisches Handbuch der Chirurgie, mit Einschluss der syphilitischen und Augen-Krankheiten, in alphabetischer Ordnung. Hrsg. von Joh(ann) Nep(omuk) Rust. Bd 1 - 18 (= Reg.-Bd), gbd., Abb.

Berlin: Enslin } 1830 - 1836
Wien: Gerold }

JB 3.357

— theoret.-prakt., für unmittelbare Denkübungen, s.a. L. Nissen

— theoret.-praktisches, s. unmittelbare Denkübungen, eine Preisschrift v. L. Nissen, M. Herrmansen u. A. Steffensen. 3 Bde. 8. Essen u. Duisburg, Bädecker. 812.

Handbuch, T h e o r e t i s c h - p r a k t i s c h e s , für Maler, Illuminirer, Zeichner, Kupferstecher ... Nebst einer praktischen Abhandlung von den verschiedenen Arten der Malerey ... Zum Nutzen und Vergnügen für diejenigen, die sich dieser Kunst widmen, zusammengetragen von einem Liebhaber der schönen Kunste.
Wien: Ludwig 1792. 1 vol. 164 S. + 2 Bl. Reg.

— theoret.-prakt., f. Maler, Illuminirer ꝛc., (von T. Querfurt). 8. Wien 800. (Widtmann in Prag). 8 ggl.

Hand- u. Methodenbuch, theoret.-prakt., für Volksschullehrer im Königr. Baiern. gr. 8. München, (Landsh., Thomann).

N a u , Bernhard Sebastian von (Herausgeber): „Theoretisch-praktisches Handbuch für Oekonomie, Bergbaukunde, Technologie und Thierarzneiwissenschaft", von einer Gesellschaft bearbeitet, 2 Bände, Zürich 1791—1792 (Orell).

— theoretisch-praktisches, der Realien f. Präparanden, Seminaristen u. Lehrer. 1. Bd. gr. 8. Münster 875. Nasse. n. 2. 20

Vollständiger Wegweiser f. den naturgeschichtl. Unterricht in der Volksschule v. M. Bach u. F. Kreutz. 1. Abth. Das Mineral- u. Pflanzenreich. (X, 326 S.)

— theoretisch praktisches, der Realien für Präparanden, Seminaristen u. Lehrer. 1. Bd. 1. u. 2. Abth. gr. 8. Münster 877. Nasse. n. 5. —

1. Vollständiger Wegweiser für den naturgeschichtlichen Unterricht in der Volksschule, nebst dem hierzu erforderlichen Materiale. Von M. Bach u. F. Kreutz. 1. Abthl. Mineral- u. Pflanzenreich. 2. Aufl. (XV, 317 S.) n. 2. 20
2. — dasselbe. 2. Abth. Das Thierreich. (XVI, 304 S.) n. 2. 80

— theoretisch-praktisches, der Realien f. Präparanden, Seminaristen u. Lehrer. Von M. Bach, J. Brandenburger, Gansen u. F. Kreutz. 1. Bd. 2. Abtlg. u. 3. Bd. gr. 8. Paderborn, F. Schöningh. n. 6. 80

1. Vollständiger Wegweiser f. den naturgeschichtlichen Unterricht in der Volksschule, nebst dem hierzu erforderlichen Material. 2. Abtlg.: Das Tierreich. Der Mensch u. seine Gesundheit. Vollständig umgearb. u. als 3. Aufl. dargeboten v. J. Brandenburger. Mit 141 ganzseit. u. in den Text gedr. Abbildgn. (VIII, 576 S.) 888. n. 4. —
3. Hilfsbuch zum Studium der Geschichte, der Welt- u. Menschenkunde. Von J. Gansen. (VIII, 301 S.) 888. n. 2. 80

— theoretisch-praktisches, der Realien für Präparanden, Seminaristen u. Lehrer. Von M. Bach, J. Brandenburger, Gansen u. F. Kreutz. 1. Bd. Vollständ. Wegweiser f. den naturgeschichtl. Unterricht in der Volksschule. 2. Abtlg. gr. 8. Paderborn, F. Schöningh. n. 4. —

Das Tierreich. Der Mensch u. seine Gesundheit. Von J. Brandenburger. 4. verb. Aufl. Mit 140 ganzseit. u. in d. Text gedr. Abbildgn. (VIII, 570 S.) 899.

—— der allgemeinen Therapie. Bearb. von J. Bauer, F. Busch, W. Erb, A. Eulenburg, Th. Jürgensen, O. Leichtenstern, C. v. Liebermeister, J. Oertel, Stange, H. Weber, W. Winternitz und H. v. Ziemssen. Hrsg. von H. v. Ziemssen. 4 Bde. oder 9 Thle. gr. 8. Leipzig, F. C. W. Vogel. *

Inhalt:

Bd. 1. 1. Thl.: Einleitung von H. v. Ziemssen. (XVI S.) — Ueber die Ernährung von Kranken und diätetische Heilmethoden von J. Bauer. (S. 1—342.) — Ueber Kumyss-Kuren von Stange. (S. 343—404.) — Register. (S. 405—446.) 883. *ℳ 10.
» 1. 2. und 3. Thl.: Antipyretische Heilmethoden von C. Liebermeister. Antiphlogistische Heilmethoden von Th. Jürgensen. Percutane, intracutane und subcutane Arznei-Application von A. Eulenburg. (VIII, 326; 131 S.) 880. *ℳ 9.
» 1. 4. Thl.: Respiratorische Therapie von M. J. Oertel. (XII, 746 S. mit 88 eingedr. Holzschn.) 882. *ℳ 14.
» 2. 1. Thl.: Klimatotherapie von H. Weber. Balneotherapie von O. Leichtenstern. (XII, 454 S.) 880. *ℳ 9.
» 2. 2. Thl.: Allgemeine Orthopädie, Gymnastik und Massage von Friedr. Busch. (VIII, 272 S. mit 34 eingedr. Holzschn.-Abbild.) 883. *ℳ 5.
» 2. 3. Thl.: Hydrotherapie von W. Winternitz. (VIII, 310 S. mit 15 eingedr. Holzschn.) 881. *ℳ 6.
» 3. Handbuch der Elektrotherapie von Wilh. Erb. 2 Hälften. [1. Hälfte. (VIII, S. 1—304 mit 34 eingedr. Holzschn.) 882. *ℳ 6.; 2. Hälfte. (VIII, S. 305—693 mit 5 eingedr. Holzschn.) 882. *ℳ 8.] *ℳ 14.
» 4. Therapie der Kreislaufs-Störungen, Kraftabnahme des Herzmuskels, ungenügende Compensationen bei Herzfehlern, Fettherz und Fettsucht, Veränderungen im Lungenkreislauf etc. von M. J. Oertel. (XII, 304 S. mit 37 Abbild. im Text.) 884. *ℳ 6.

—— der allgemeinen Therapie. Bearb. von J. Bauer, F. Busch, W. Erb etc. Hrsg. von H. v. Ziemssen. 3. und 4. Bd. gr. 8. Leipzig, F. C. W. Vogel. *

Inhalt:

Bd. 3. Erb, Wilh., Handbuch der Elektrotherapie. 2. Aufl. (XII, 760 S. mit 39 Abbild. im Text.) 886. *ℳ 15.—.
† » 4. Oertel, M. J., Therapie der Kreislaufs-Störungen, Kraftabnahme des Herzmuskels, ungenügender Compensationen bei Herzfehlern, Fettherz und Fettsucht, Veränderungen im Lungenkreislauf etc. 3. Aufl. Unveränd. Abdr. der 2. durch neue Untersuchungen verm. Aufl. (XIV, 344 S. mit 38 Abbild. im Text.) 885. *ℳ 6.—.

1. und 2. Bd. [in 7 Thln.] Ebendas. 1880—83. *ℳ 53.—.

—— der allgemeinen Therapie. Hrsg. von v. Ziemssen. 4. Bd. gr. 8. Lpz. 891, F. C. W. Vogel. * 9 —; geb. * 10 25

Oertel, M. J. Allgemeine Therapie der Kreislaufsstörungen, Kraftabnahme d. Herzmuskels, ungenügender Compensationen bei Herzfehlern, Fettherz u. Fettsucht, Verändergn. im Lungenkreislauf etc. 4. vollständig umgearb. Aufl. (XIV, 406 S. m. 62 Abbildgn.)

Handbuch der Therapie der Erkrankungen der Atmungs- und Kreislaufsorgane. Bearb. von ..., hrsg. von Dr F[ranz] Penzoldt, Prof., u. Dr. R[oderich] Stintzing, Prof 2. teilw. umgearb. Aufl. Mit 94 Abb. Jena: G. Fischer 1898. (VI, 744 S.) 4°(8°)
= Handbuch d. Therapie innerer Krankheiten. 2. Aufl. Bd 3. [illegible] 10

Handbuch der Therapie der Erkrankungen der Athmungs- und Kreislaufsorgane. Bearb. von ..., hrsg. von F[ranz] Penzoldt, Prof. in Erlangen, u. R[oderich] Stintzing, Prof. in Jena. 3. umgearb. Aufl. Mit 115 Abb. *Jena: G. Fischer 1902.* (VI, 789 S.) 4°(8°)
— Handbuch d. Therapie innerer Krankheiten. Bd 3. [illegible]

Handbuch der T h e r a p i e der Erkrankungen der Atmungs-, Kreislauf-, Harn- und männlichen Geschlechtsorgane. (4. Aufl.) Jena: Fischer 1910. 4°
(Handbuch d. gesamten Therapie. Bd 3.)

Handbuch der Therapie der Erkrankungen des Nervensystems (ausschl. Gehirnkrankheiten) ... hrsg. v. Dr. F[ranz] Penzoldt, Prof. in Erlangen, u. Dr. R[oderich] Stintzing, Prof. in Jena. 2. teilw. umgearb. Aufl. M. 85 Abb. im Text. *Jena: G. Fischer 1898.* (VI, 862 S.) 1 Bd 4.(8.)
= Handbuch d. Therapie innerer Krankheiten. 2. Aufl. Bd V. [illegible]

Handbuch der Therapie der Erkrankungen des Nervensystems (ausschliessl. Gehirnkrankheiten). Bearb. von ... Hrsg. von Dr. F[ranz] Penzoldt, Prof. in Erlangen, u. Dr. R[oderich] Stintzing, Prof. in Jena. 3. umgearb. Aufl. Mit Abb. *Jena: G. Fischer 1903.* (VI, 902 S.) 4°(8°)
— Handbuch d. Therapie innerer Krankheiten. Bd 5. [illegible]

Handbuch der Therapie der Erkrankungen des Nervensystems und der Geisteskrankheiten. Bearb. von ... Hrsg. von Dr. F[ranz] Penzoldt, Prof., u. Dr. R[oderich] Stintzing, Prof. 4. Aufl. d. Handbuchs d. Therapie innerer Krankheiten. Jena: Fischer 1910. VIII, 836 S. 8°
(Handbuch d. gesamten Therapie. Bd 4.) [illegible] 2

Handbuch der T h e r a p i e der Erkrankungen der Verdauungsorgane. Bearb. von ..., hrsg. von Dr. F[ranz] Penzoldt, Prof., u. Dr. R[oderich] Stintzing, Prof. 2. teilw. umgearb. Aufl. Mit 70 Abb. Jena: G. Fischer 1898. (VI, 979 S.) 4° (8°)
= Handbuch d. Therapie innerer Krankheiten. 2. Aufl. Bd. 4.

Handbuch der Therapie der Erkrankungen der Verdauungsorgane. Bearb. von ... hrsg. von Dr. F[ranz] Penzoldt, Prof. in Erlangen u. Dr. R[oderich] Stintzing, Prof. in Jena. 3. umgearb. Aufl. Mit 91 Abb. *Jena: G. Fischer 1903.* (VI, 1042 S.) 4°(8°)
— Handbuch d. Therapie innerer Krankheiten. Bd 4. [illegible]

Handbuch der Therapie der Gehirn- und Geistes-Krankheiten u. d. Erkrankgn d. Beweggsapparates ... hrsg. v. Dr. F[ranz] Penzoldt, Prof. in Erlangen, u. Dr. R[oderich] Stintzing, Prof. in Jena. 2. teilw. umgearb. Aufl. M. 63 Abb. im Text. *Jena: G. Fischer 1898.* (VI, 645 S.) 1 Bd 4.(8.)
= **Handbuch** d. Therapie innerer Krankheiten ... 2. Aufl. Bd VI. (98.11814 B.

Handbuch der Therapie der Gehirn- und Geisteskrankheiten und der Erkrankungen des Bewegungsapparates. Bearb. von ... hrsg. von Dr. F[ranz] Penzoldt, Prof. in Erlangen, u. Dr. R[oderich] Stintzing, Prof. in Jena. 3. umgearb. Aufl. Mit 85 Abb. *Jena: G. Fischer 1903.* (VI, 678 S.) 4°(8°)
— **Handbuch** d. Therapie innerer Krankheiten. Bd 6. (03. 13078

Handbuch der gesamten Therapie. In 7 Bden. Bearb. von ... Hrsg. von Dr. F[ranz] Penzoldt, Prof. u. Dr. R[oderich] Stintzing, Prof. Mit. Abb. u. Taf. 4. umgearb. Aufl. (d. Handbuchs d. Therapie innerer Krankheiten). Bd 1–7. (In 23 Lfgen.) Jena: Fischer 1909–11. 8°

1. Handbuch d. Therapie d. Infektionskrankheiten u. Vergiftungen. 1909.
2. Handbuch d. Therapie d. Stoffwechsel-, Blut- u. Lymphkrankheiten, sowie d. Erkrankungen d. Verdauungsorgane. 1909.
3. Handbuch d. Therapie d. Erkrankungen d. Atmungs-, Kreislauf-, Harn- u. männl. Geschlechtsorgane. 1910.
4. Handbuch d. Therapie d. Erkrankungen d. Nervensystems u. d. Geisteskrankheiten. 1910.
5. Handbuch d. Therapie d. Erkrankungen d. Bewegungsapparates, venerischen u. Hautkrankheiten, Röntgen-, Radium- u. Lichtbehandlung, Augenkrankheiten. 1911.
6. Handbuch d. Therapie d. chirg. u. Ohrenkrankheiten. 1911.
7. Handbuch d. Therapie d. Geburtshilfe u. Frauenkrankheiten. Mit e. Anh.: Behandlung d. Hitzschlags u. Sonnenstiche. 1912.

Handbuch der Therapie der Infektionskrankheiten. Bearb. von ..., hrsg. von Dr. F[ranz] Penzoldt, Prof., u. Dr. R[oderich] Stintzing, Prof. 2. teilw. umgearb. Aufl. Mit 39 Abb. Jena: G. Fischer 1897. (XII, 622 S.) 4°(8°)
= **Handbuch** d. Therapie innerer Krankheiten. 2. Aufl. Bd 1. (96. 11903 10

Handbuch der Therapie der Infektionskrankheiten. Bearb. von ... hrsg. von Dr. F[ranz] Penzoldt, Prof. in Erlangen, u. Dr. R[oderich] Stintzing, Prof. in Jena. 3. umgearb. Aufl. Mit 44 Abb. Jena: G. Fischer 1902. (XII, 674 S.) 4°(8°)
= Handbuch d. Therapie innerer Krankheiten. Bd 1.

Handbuch der Therapie der Infektionskrankheiten und Vergiftungen, bearb. von ... hrsg. von Dr. F[ranz] Penzoldt u. Dr. R[oderich] Stintzing. 4. Aufl. d. Handbuchs d. Therapie innerer Krankheiten. Mit 22 Abb. u. 1 Kurve. Jena: Fischer 1909. VIII, 580 S. 8°
(Handbuch d. gesamten Therapie. Bd 1.) (10. 1514

Handbuch der Therapie innerer Krankheiten in 7 Bden. Bearb. von ..., hrsg. von Dr. F[ranz] Penzoldt, Prof., u. Dr. R[oderich] Stintzing, Prof. 2. teilw. umgearb. Aufl. Bd 1–7. Jena: G. Fischer 1897–98. 7 Bde 4°(8°)
1 — Handbuch d. Therapie d. Infektionskrankheiten. 1897.
2 — Handbuch d. Stoffwechsel-, Blut-, Lymphkrankheiten u. d. Vergiftungen. 1897.
3 — Handbuch d. Erkrankungen d. Atmungs- u. Kreislaufsorgane. 1898.
4 — Handbuch d. Erkrankungen d. Verdauungsorgane. 1898.
5 — Handbuch d. Erkrankungen d. Nervensystems (ausschließl. Gehirnkrankheiten). 1898.
6 — Handbuch d. Gehirn- u. Geistes-Krankheiten u. d. Erkrankungen d. Bewegungsapparates. 1898.
7 — Handbuch d. venerischen Krankheiten, d. Erkrankungen d. Harn- u. Geschlechtswerkzeuge sowie d. Haut. 1898. (96. 11911 10

— der Therapie innerer Krankheiten in 7 Bdn. Bearb. v. Angerer, Babes, Bälz etc. hrsg. v. Penzoldt u. R. Stintzing. Generalregister zur 1. u. 2. Aufl. (Bearb. v. F. Gumprecht.) gr. 8. (III, 94 S.) Jena 899. G. Fischer.
n. 1.60; geb. n. 2.70

Handbuch der Therapie innerer Krankheiten. Bearb. v. Angerer, Babes, Bälz etc. hrsg. v. R. Penzoldt u. R. Stintzing. (In 20 Lfgn.) 1.–11. Lfg. gr. 8. (I. Bd. XII, 674 S.; II. Bd. VI, 706 S.; III. Bd. VI, 789 S. u. IV. Bd. S. 1–640 m. Abbildgn.) Jena 902. G. Fischer. n. 49.50

— der Therapie innerer Krankheiten in 7 Bdn. Bearb. von v. Angerer, Babes, Bälz u. a. hrsg. v. F. Penzoldt u. R. Stintzing. 3. umgearb. Aufl. 12–20. Lfg. (4. Bd. VI u. S. 641–1042; 5. Bd. VI, 902 S.; 6. Bd. VI, 678 S. u. 7. Bd. VI, 641 S. m. Abbildgn.) gr. 8. Jena 903. G. Fischer. Subskr.-Pr. à n. 4.50; (Vollständig: n. 90.—; geb. n. 100.—; Einzelpr. n. 113.—; geb. n. 129.50)

Handbuch der Therapie innerer Krankheiten in 7 Bänden. Bearb. von ... hrsg. von F[ranz] Penzoldt, Prof. in Erlangen, u. R[oderich] Stintzing, Prof. in Jena. 3. umgearb. Aufl. Mit Abb. Bd 1–7. *Jena: G. Fischer 1902–03.* 7 Bde 4°(8°)
1 — Handbuch d. Therapie d. Infektionskrankheiten. 1902.
2 — Handbuch d. Therapie d. Stoffwechsel-, Blut-, Lymphkrankheiten u. d. Vergiftungen. 1902.
3 — Handbuch d. Therapie d. Erkrank. d. Atmungs- u. Kreislaufsorgane. 1902.
4 — Handbuch d. Therapie d. Erkrankungen d. Verdauungsorgane. 1903.
5 — Handbuch d. Therapie d. Erkrankungen d. Nervensystems (ausschl. Gehirnkrankheiten). 1903.
6 — Handbuch d. Therapie d. Gehirn- u. Geisteskrankheiten u. der Erkrankungen d. Bewegungsapparates. 1903.
7 — Handbuch d. Therapie d. venerischen Krankheiten, der Erkrankungen d. Harn- u. Geschlechtswerkzeuge, sowie d. Haut. 1903. (03. 13077

Handbuch d. Therapie innerer Krankheiten. 4. Aufl.
s. **Handbuch** d. Therapie d. Erkrankungen d. Nervensystems u. d. Geisteskrankheiten. 1910. (10. 14500 2

Handbuch der Therapie d. venerischen Krankheiten, d. Erkrankungen d. Harn- u. Geschlechtswerkzeuge, sowie d. Haut. Bearb. v. ..., hrsg. v. Dr. F[ranz] Penzoldt, Prof. in Erlangen, u. Dr. R[oderich] Stintzing, Prof. in Jena. 2. teilw. umgearb. Aufl. M. 40 Abb. i. T. *Jena: G. Fischer 1898.* (VI, 593 S.) 1 Bd 8.
= **Handbuch** d. Therapie innerer Krankheiten. 2. Aufl. Bd 7. (98. 11814 B.

Handbuch der Therapie der venerischen Krankheiten, der Erkrankungen der Harn- und Geschlechtswerkzeuge, sowie der Haut. Bearb. von ... hrsg. von Dr. F[ranz] Penzoldt, Prof. in Erlangen, u. Dr. R[oderich] Stintzing, Prof. in Jena. 3. umgearb. Aufl. Mit 46 Abb. *Jena: G. Fischer 1903.* (VI, 641 S.) 4°(8°)
— **Handbuch** d. Therapie innerer Krankheiten. Bd 7. (03. 13079

— der Therapie der chronischen Lungenschwindsucht. Mit besond. Berücksicht. der Tuberkulose der oberen Luftwege. Bearb. v. Aron, Baer, F. Blumenfeld u. a. Hrsg. v. G. Schröder u. F. Blumenfeld. (VIII, 996 S. m. 65 Abbildgn. u. 1 Taf.) Lex.-8. Leipzig 904. J. A. Barth. n. 25.—; geb. in Halbfrz. n. 27.50

— der physikalischen Therapie. Unter Mitwirkg. v. Bernhard, R. du Bois-Reymond, Bum u. a. Hrsg. v. A. Goldscheider u. Paul Jacob. I. u. II. Tl. à 2 Bde. Lex.-8. Leipzig, G. Thieme. n. 56.—; geb. in Halbfrz. n. 64.—
I. 1. (XIV, 563 S. m. 69 Abb.) 901. n. 15.—; geb. n. 17.—
2. (XI, 535 S. m. 175 Abb.) 901. n. 15.—; geb. n. 17.—
II. 1. (VIII, 478 S. m. 55 Abb.) 902. n. 12.—; geb. n. 14.—
2. (XV, 661 S. m. 86 Abb.) 902. n. 14.—; geb. n. 16.—

— der speciellen Therapie innerer Krankheiten in 6 Bdn. Bearb. v. Angerer, Babes, Bälz etc., hrsg. v. F. Penzoldt u. R. Stintzing. 1.–14. Lfg. gr. 8. (1. Bd. X, 672 S.; 2. Bd. S. 1–384; 3. Bd. S. 1–592; 4. Bd. S. 1–208; 5. Bd. S. 1–240; 6. Bd. 1. Tl. S. 1–80 u. 2. Tl. S. 1–80 m. Abbildgn.) Jena 894. G. Fischer.
à n. 3. —

Handbuch d. spec. Therapie innerer Krankheiten in 6 Bdn. Bearb. v. Angerer, Babes, Bälz etc. hrsg. v. F. Penzoldt u. R. Stintzing. 15.–27. (Schluss-)Lfg. gr. 8. (2. Bd. 1. Tl. S. 385–457; 2. Tl. VI, 312 S.; 3. Bd. 2. Tl. VI u. S. 1–191; 4. Bd. 1 Tl. VI u. S. 209–805; 2. Tl. S. 1–228; 5. Bd. 2. Tl. S. 1–1134; 3. Tl. VIII, 196 S.; 6. Bd. 1. Tl. S. 81–432 u. 2. Tl. VI u. S. 81–185 m. Abb.) Jena 895–896. G. Fischer.
à Lfg. n. 3. —

— dasselbe. 6 Bde. gr. 8. Ebd. Subskr.-Pr. n. 80. —; geb. n. 90. —; Einzelpr. n. 108. —; geb. n.n. 121. —
1. Handbuch d. speziellen Therapie d. Infektionskrankheiten. Bearb. v. Babes, H. Buchner, Bürkner etc. (X, 672 S. m. 38 Abb.) 894. Subskr.-Pr. n. 12. —; geb. n. 13.50; Einzelpr. n. 16. —; geb. n.n. 18 —
2. Handbuch d. spec. Therapie d. Vergiftungen, Stoffwechsel-, Blut- u. Lymphkrankheiten. Bearb. v. O. Angerer, Ph. Biedert, C. Binz etc. (VI, 467 u. 311 S. m. 11 Abb.) 895. Subskr.-Pr. n. 14. —; geb. n. 15.50; Einzelpr. n. 18. —; geb n.n. 20. —
3. Handbuch d. spec. Therapie d. Erkrankungen d. Atmungsorgane u. d. Kreislaufsorgane. Bearb. v. O. Angerer, Ch. Bäumler, J. Bauer etc. (VI, 590 u. 191 S. m. 110 Abb.) 896. Subskr.-Pr. n. 13. —; geb. n. 14 50; Einzelpr. n. 17. —; geb. n.n. 19.
4. Handbuch d. spec. Therapie d. Erkrankgn. d. Verdauungsorgane. Bearb. v. R. Frommel, E. Grasser, W. v. Heinecke etc. (VI, 805 u. 228 S. m. 71 Abb.) 896. Subskr.-Pr. n. 13. —; geb. n. 15. —; Einzelpr. n. 18. —; geb. n.n. 20.50
5. Erkrankgn. d. Bewegungsapparates u. d. Nervensystems, sow. d. Geisteskrankheiten. Bearb. v. E. Baelz, O. Binswanger, Bürkner etc. (VIII, 258; 1134 u. 196 S. m. 141 Abb.) 896. Subskr.-Pr. n. 17. —; geb. n. 19. —; Einzelpr. n. 25. —; geb. n.n. 27.50
6. Handbuch d. spec. Therapie d. venerischen Krankheiten, d. Erkrankgn. d. Harn- u. Geschlechtswerkzeuge sow. d. Haut. Bearb. v. K. Bürkner, P. J. Eichhoff, O. Eversbusch etc. (VI, 432 u. 185 S.) 895. Subskr.-Pr. n. 11. —; geb. n. 12.50; Einzelpr. n. 14. —; geb. n.n. 16. —

— dasselbe. 1. Suppl.-Bd. 1. u. 2. Hft. gr. 8. Ebd. 897. Subskr.-Pr. n. 3. 30; Einzelpr. n. 4. 40
1. Die Serumbehandlung d. Diphtherie. Von F. Ganghofner. (V, 76 S.) Subskr.-Pr. n. 1.50; Einzelpr. n. 2. —
2. Behandlg. d. v. d. weibl. Genitalien ausgeh. Entzündgn. des Bauchfells u. des benachbarten Zellgewebes Von F. v. Winkel. Mit 9 teilweise farb. Abb. im Text. (V, 69 S.) Subskr.-Pr. n. 1. 80; Einzelpr. n. 2. 40

— dasselbe. 2. Aufl. In 7 Bdn. gr. 8. Ebd. Subskr.-Pr n. 92 —; geb. n. 107. —; Einzelpr. n. 113.—; geb. n. 130. 50 (kplt. erm. Pr. n. 90. —; geb. n. 105.—)
1. Infektionskrankheiten. (XII, 622 S. m. 39 Abb.) 897. Subskr.-Pr. n. 11. —; geb. n. 13. —; Einzelpr. n. 14 —; geb. n. 16. 50
2. Stoffwechsel-, Blut- u. Lymphkrankheiten, Vergiftgn. (VI, 700 S. m 18 Abb.) 897. Subskr.-Pr. n. 13. —; geb. n. 15. —; Einzelpr. n. 16. —; geb. n. 18. 50
3 Erkrankgn. d. Atmungs- u. Kreislaufsorgane. M. 94 Abb. im Text (VI, 744 S.) 898. Subskr.-Pr. n. 13. —; geb. n. 15. —; Einzelpr. n. 15. — ; geb. n. 17. 50
4. Erkrankgn. d. Verdauungsorgane. Mit 70 Abb. im Text. (VI, 979 S.) 898. Subskr.-Pr. n. 18. —; geb. n. 20. 50; Einzelpr. n. 22. —; geb. n 24. 50
5. Erkrankgn d. Nervensystems (ausschl. Gehirnkrankheiten). M. 85 Abb. im Text. (VI, 862 S.) 898. Subskr.-Pr. n. 15. —; geb. n. 17. 50; Einzelpr. n. 18 — ; geb. n. 20. 50
6. Gehirn- u. Geisteskrankheiten u. Erkrankgn. des Bewegungsapparates. M. 63 Abb. im Text. (VI, 645 S.) 898. Subskr.-Pr. n. 12. —; geb. n. 14. ; Einzelpr. n. 15. —; geb. n. 17. 50
7. Vener. Krankheiten, Erkrankgn. d. Harn- u Geschlechtswerkzeuge, sow. d. Haut. M. 10 Abb. im Text. (VI, 593 S.) 898. Subskr.-Pr. n. 10. — ; geb. n. 12. ; Einzelpr. n. 13. —; geb. n. 15. 50

Erschien auch in 20 Lfgn. à n. 4. 50.

— der speciellen Therapie innerer Krankheiten in 6 Bdn. Bearb. v. Angerer, Babes, Bälz etc., hrsg. v. F. Penzoldt u. R. Stintzing. Suppl-Bd. 3. Hft. gr. 8. Jena 899. G. Fischer. Subskr.-Pr. n. 5. —; geb. n. 6. 50; Einzelpr. n. 6. 50; geb. n. 8. —; (Suppl.-Bd. kplt. n. 8. 50; geb. n. 10; resp. n. 11. —; geb. n. 13. —)
Krankenpflege f. Mediciner. Von Mart. Mendelsohn. Mit 368 Holzschn. im Text. (X u. S. 147—424.)

Handbuch der Therapie der Stoffwechsel-, Blut-, Lymphkrankheiten und der Vergiftungen. Bearb. von ..., hrsg. von Dr. F[ranz] Penzoldt, Prof., u Dr R[oderich] Stintzing, Prof. 2. teilw. umgearb. Aufl. Mit 18 Abb Jena: G. Fischer 1897. (VI, 700 S.) 4°(8°)
— Handbuch d. Therapie innerer Krankheiten. 2 Aufl. Bd 2. 10

Handbuch der Therapie der Stoffwechsel-, Blut-, Lymphkrankheiten und der Vergiftungen Bearb. von ... hrsg von Dr F[ranz] Penzoldt, Prof. in Erlangen, u. Dr. R[oderich] Stintzing, Prof. in Jena 3. umgearb Aufl. Mit 17 Abb. *Jena: G. Fischer 1902.* (VI, 706 S.) 8°
= Handbuch d. Therapie innerer Krankheiten Bd 2.

Handbuch der Therapie der Stoffwechsel-, Blut- und Lymphkrankheiten, sowie der Erkrankungen der Verdauungsorgane. Bearb. von ... Hrsg. von Dr. F[ranz] Penzoldt u. Dr. R[oderich] Stintzing. 4. Aufl. d. Handbuchs d. Therapie innerer Krankheiten. Mit 2 Taf. u. 83 Abb. Jena: Fischer 1909. VI, 856 S. 8°
(Handbuch d. gesamten Therapie. Bd 2.)

— d. Tierarzneik., od. Unterr., w. jed. Landw. s. Pferde, Schafe, Schweine, Ziegen u. Hunde aufziehen, warten u. füttern u. ihre Krankheiten erkennen u. heil. soll. Mit 9 Kpfn. 2 Tle. gr. 8. Leipzig 16. Reclam. M. 15.—

— d. deutschen Thiergeschichte, f. Schulen. 8. Marc. 700. Krieger. 9 K

Handbuch der Thierseuchen - Gesetzgebung Sammlung aller die Abwehr und Tilgung ansteckender Thierkrankheiten betreffenden Gesetze, Verordnungen, Erlässe und Kundmachungen mit einer Beschreibung der Thierseuchen und einer Anleitung zur Ausführung thierärztlicher Schriftstücke. Zum Gebrauche für Thierärzte, Beamte der politischen Behörden und Richter herausgegeben von Anton Toscana und August Postolka, Amtsthierärzte der k. k. Reichshaupt- und Residenzstadt Wien. Zweite, durchgesehene und vermehrte Auflage. (Gr.-8. (XII, 552 S.) 5.—, elegant gebunden 5.80

—— für Tischlermeister zur Berechnung gewöhnl. Bau-Arbeiten. Vom Tischlergewerk zu Berlin. gr. 8. (16 S.) Berlin 849, Sacco.

Handbuch für die Töchter der christlichen Liebe des heiligen Vincenz von Paul. Aus dem Französischen übersetzt. 16. (XIV, 372 S.) Gratz. Druck von Jos. A. Kienreich. 1854.

—— des guten Tons und der feinen Gesellschaft. Ein neues Complimentirbüchlein und treuer Wegweiser für junge Leute, sich in Gesellschaft und Umgang beliebt zu machen rc. Nebst einer Anleitung zum Tranchiren und Vorlegen und zum Anordnen der Tafel und einem Anhange neuer Gesellschaftsspiele und Pfänderauslösungen 5., verm. und verb. Aufl. (von Ferd. v. Biedenfeld). 12. (VIII und 373 S. mit 2 Stnt.) Weimar 851, Voigt.

Handbuch. Topographisch-statistisches H' des Konigreichs Bayern .... Munchen 1867 s. Bavaria.

Handbuch, topographisch-statistisches, für den Reg.-Bez. Danzig. Herg. von der königl. Regierg. Danzig 869. Kafemann. hoch 4. (IX, 382 S.) n. 1 Thlr 10 ngr

— topographisch-statistisches, des Regierungs-Bezirks Frankfurt a. O. mit einem Anhang, enth. eine Personal-Statistik der im Bezirke vorhandenen Verwaltungs-Behörden, Aemter und Organe, Deichverbände rc. Im Auftrage der königl. Regierung zu Frankfurt a. O. von deren statist. Bureau aus amtl. Quellen zusammengestellt. Frankfurt a. O. 867. Harnecker & Comp. gr. 4. (XXXII, 346 S.) n. 2 Thlr 20 ngr

Handbuch, Topographisch-statistisches, vom Fürstenthum Halberstadt . . . Magdeburg 1803. V: *Bruder, Joach. Heinrich.* (MGT) (EngG) »1804« (Ky)

— topograph.-statist., v. Fürstenth. Halberstadt. (v. J. H. Bruder). gr. 8. Magdeb. 804. Heinrichshofen. 12 K

Handbuch, Topographisch-statistisches, des Isarkreises. München 1825. V: *Schaden, Johann Nepomuk Adolph von.* (Sch) (NN)

— topographisch-statistisches, f. d. Isarkreis im Königr. Baiern. gr. 8. München 825. (Lindauer.)

– Topographisch - statistisches

— — des Regierungs-Bezirks Minden enthltd. ein Verzeichniß sämmtl. Städte, Gemeinden, Ortschaften ꝛc. nebst Angabe der Bevölkerung, der Größe, der Häuserzahl ꝛc. Als Anhang ein alphabet. Inhalts-Verzeichniß. Nach amtl. Quellen zusammengestellt. Minden 866. (Volkening.) Lex.-8. (100 S.) n. 20 *ngr.*

— topographisch-statistisches, nebst Ortschafts-Verzeichniß d. Kreises Grünberg i/Schles. Nach amtl. Quellen bearb. u. hrsg. von dem königl. Landrathsamte. gr. 4. (VIII, 176 S.) Grünberg i/Schles. 890. Frdr. Weiß' Nachf. Verl. cart. n.n. 6. —

— v. Torgau, nebst Geschäfts-Anzeiger f. Handel u. Gewerbe. Nach amtl. Quellen bearb. III. Ausg. 1. Oktbr. 1892. gr. 8. (92 u. 38 S.) Torgau 892. F. Jacob. n.n. 3. —

Hand- und Tourenbuch des Bundes deutscher Radfahrer Oesterreichs. Wien 1898. V: *Fritsch, Benno.* (EB)

Hand- u. Tourenbuch d. Bundes deutscher Radfahrer Oesterreichs. 12. (XVI, 606 S.) Wien 898. (W. Braumüller.) Geb. in Leinw. n. 2. 40

— des deutschen Touring-Club München (e. V.). (Zugleich offizielle Ausg. des bayr. Automobil-Club.) 12. (128 S.) München (901). (Literar.-artist-Anstalt.) n. — 60

Handbuch des Alpinen Deutschen Touristen-Vereins Dresden, gegr. 15. 7. 1904, Dresden 1905, 60 S., Kl.-8°.

Handbuch für Transport-Kommandanten von A. B. G. Mailand 1851. 43 S.

Handbuch des Bisth. Trier. Hrsg. durch d. bischöfl. General-Vikariat. gr. 8. (16, 208 S.) Trier 894. (Paulinus-Druckerei.) n.n. 3. —; geb. in Leinw. n.n. 3. 75
Bisher u. d. T.: Schematismus des Bisth. Trier.

[F.] Handbuch des Bisthums Trier. Hrsg. durch d. Bischöfl. General-Vikariat. *Trier: Dr. u. Comm.-V. d. Paulinus-Dr. 1897.* (15 S., 16—143 Doppel-S., 144—224 S., 1 Kt.) 1 Bd 8. [98. 4451

— der Tropenkrankheiten. Unter Mitwirkung von A. Baelz, P. W. Bassett-Smith, P. van Brero u. a. hrsg. v. Carl Mense. 3 Bde. Lex.-8. Leipzig, J. A. Barth. n. 56. —; geb. in Leinw. n. 60. 50
I. Mit 124 Abbildgn. im Text u. auf 9 Taf. (XII, 354 S.) 905. n. 12. —; geb. n. 13. 20
II. Mit 126 Abbildgn. im Text u. auf 18 Taf. (XI, 472 S.) 905. n. 16. —; geb. in Leinw. n. 17. 50
III. 1. Mit 161 Abbildgn. im Text u. auf 8 Taf. (432 S.) 906. n. 14. —
2. Mit 154 Abbildgn. im Text u. auf 5 Taf. (XVIII u. S. 433—818.) 906. n. 14. — (III. Bd. kplt. geb. n. 29. 80)

Handbuch für den Truppenführer. Mit Berücksichtigung der neuesten Verordnungen . . . Berlin 1887. V: *Lehnert.* (KA)

Handbuch für die Truppenführer. Mit Berücksicht. der neuesten Verordngn. [Schieß-Vorschrift vom 22. Febr. 1887, Felddienst-Ordnung vom 23. Mai 1887 ꝛc.]. 12. (VII, 84 S.) Berlin 887. Mittler & Sohn. cart. n. 1. —

— für Trupen-Rekognoszenten. gr. 16. (70 S. m. 6 Taf. in gr. 8.) Teschen 873. Prochaska. n. 1. 40; geb. m. Einschiebehft. u. Bleifeder n. 2. 80

— dasselbe. 2. auf Grund der neuen Reglements umgearb. u. bericht. Aufl. gr. 16. (III, 95 S. m. eingedr. Holzschn.) Ebend. 875. n. 1. 20; geb. n. 1. 80

— dasselbe. 3., auf Grund der neuen Reglements, d. neuen Zeichenschlüssels, d. neuen Maßes u. Gewichtes umgearb. u. bericht. Aufl. gr. 16. (V, 97 S.) Ebend. 876. n. 1. 60; geb. n. 2. 40

— v. Turkenkriege m. Oesterr. u. Rußland. 8. Nürnberg, Monath. 789.

Handbuch für den Akademischen Turnbund. Festschrift z. Feier d. 25jähr. Bestehens des A. T. B., d. Verbandes nichtfarbentragender akad. Turnvereine u. -Verbindungen auf deutschen Hochschulen. Im Auftr. d. Bundes hrsg. von Dr. rer. pol. Kurt Blaum. Straßburg i. E.: Selbstverl. d. A. T. B. (1908). (XIV, 253, 90 S.) 8° [F.] 08. 11179 4

Handbuch für den Akademischen Turnerbund, Festschr. z. 25jähr. Best. des A. T. B., d. Verband. nichtfarbentragender akademischer T. V. u. Verbindungen auf dtsch. Hochschulen, i. A. d. Bundes hrsg., 1908, 343 S., 8°.

Handbuch der Deutschen Turnerschaft, Leipzig, 8°. 10 Bde.
1.—5. Ausg., hrsg. v. Ferdinand Goetz, 1879, 1884, 1888, 1892, 1896.
6.—9. Ausg., — Hugo Rühl, 1899, 1904, 1908, 1912.
10. Ausg., hrsg. v. d. Geschäftsstelle d. D. T., 1920.

— der deutschen Turnerschaft. 6. Ausg. Im Auftrage des Ausschusses der deutschen Turnerschaft hrsg. v. Hugo Rühl. 8. (VIII, 196 u. 120 S.) Hof 899. R. Lion. n.n. 1. —

Handbuch der deutschen Turnerschaft. 7. Ausg. Im Auftrage des Ausschusses der deutschen Turnerschaft begründet u. bis zur 5. Ausg. hrsg. v. F. Goetz. Von der 6. Ausg. an hrsg. v. Hugo Rühl. (VIII, 389 S.) 8. Leipzig 904. P. Eberhardt. n. 1. 50; geb. n. 2. —

Handbuch d. deutschen Turnerschaft. 8. Ausg. Im Auftr. des Ausschusses der deutschen Turnerschaft begründet u. bis zur 5. Ausg. hrsg. v. F. Goetz. Von der 6. Ausg. an hrsg. v. Hugo Rühl. (VIII, 409 S.) 8. Leipzig 908. P. Eberhardt. 1.50; geb. 2. —

Handbuch des Nordostthüringer Turngaues im XIII. Kreise Thüringen, 2. u. 3. Aufl., Weißenfels a. S. 1903 u. 1906, 8°. 2 Bde.

Handbuch des Nordwestböhmischen Turngaues (Turnkreis Deutsch-Österreich), 1. u. 2. Aufl., Brüx 1906, 1912, 8°. 2 Bde.

Handbuch für den südösterreichischen Turngau, enth. Grundges. f. d. XV. Turnkr. Deutsch-Österreich u. d. südösterr. Turngaues, 1887 u. 1901, 8°. 2 Bde.

Handbuch des Turngaues der Chemnitzer Umgebung 1895, 2. verb. Aufl., 3. — Jubiläumsaufl. 1878—1903, Chemnitz, 16°. 2 Bde.

Handbuch des gesamten Turnunterrichts für die Vereine des Arbeiter-Turn- u. Sportbundes. Leipzig.
1. Wedler, O.: Hilfeleistung beim Gerätturnen. 1906.
2. Benedix, G.: Der Turnwart. 2. Aufl. 1921.
— — 3. Aufl. 1922.
3. Koppisch, R.: Ordnungsübungen 2. Aufl. 1913.
4. Koppisch, R.: Turnspiele. 1909.
Spiele mit! 3. Aufl. 1921.
5. Benedix, G.: Geräteturnen. T. 1.

Handbuch des gesamten Turnunterrichts für die Vereine des Arbeiter-Turnerbundes, m. Abb., Leipzig, 8°. 5 Bde.
Bd 1: Wedler, Otto, D. Hilfeleistung beim Gerätturnen u. Anh. Erste Hilfe bei Unglücksfällen, 1906, 268 S.
Bd 2: Benedix, Georg, D. Turnwart, Hilfsbuch f. d. praktischen Übungsbetrieb, 2. u. 3. Aufl., 1921 u. 1922, je 127 S.
Bd 5: — Geräteturnen, systematischer Teil, 3. durchges. Aufl., 1924, 240 S.
Bd 6: — u. Koppisch, R., Freiübungen, 1922, 240 S.

Handbuch f. d. Uffze d. Feld-Art. Abt. 3. 4. (Geschützrohre, Laffeten, Protzen u. Wagen.) (Mehr nicht vorhanden.) Berlin 1890.

Handbuch f. Uffze u. Corporale d. Inf. Düsseldorf 1810.

[Wilhelm Heinrich] Uhland's **Handbuch** für den praktischen Maschinen-Konstrukteur. (2., vollst. neubearb. Aufl.) Bd 1, T. 1 Berlin: W. & S. Loewenthal (1906).[1] 4° [illegible]

Hand- u. Notizenbuch, unentbehrl., für Hausväter u. Hausmütter, auf jeden Tag des Jahres, für 1809, 10. u. 11. 8. Hannov., Hahn. (à 10 gGr) 1 Thlr 6 gGr

— das unentbehrlichste, für jede Haushaltung. Enthält eine vollständ. Sammlung neuer gemeinn. Rathschläge, Recepte, Anweisungen u. Mittel. Nebst e. Anhange: Franklin's goldnes Schatzkästlein rc. gr. 8. Leipzig 835. Schreck. 1 Thlr

—— der Unfallversicherung. 1. und 2. Jahrg. 1885 und 1886. (IV, 250; IV, 181 S.) München, Franz'sche Verlagsbuchh. à Jahrg.

— der Unfallversicherung. Die Reichs-Unfallversicherungsgesetze, dargestellt v. Mitgliedern des Reichs-Versicherungsamts nach dem Aktenmaterial dieser Behörde. Lex.-8. (VIII, 802 S.) Leipzig 892. Breitkopf & Härtel. n. 6. —; geb. n. 7. 50

Handbuch der Unfallversicherung. Die Reichs-Unfallversichergsgesetze, dargest. v. Mitgl. d. Reichs-Versichergsamtes nach d. Akten dieser Behörde. 2., neu bearb. u. erhebl verm. Aufl. (In 2 Hälften.) *Leipzig: Breitkopf & Härtel 18(96.)97.* (XV, 1074 S.) 1 Bd 4.(8.) [illegible]

— der Unfallversicherung. Die Reichs-Unfallversicherungsgesetze, dargestellt v. Mitgliedern des Reichs-Versicherungsamt nach den Akten dieser Behörde. Neue, m. dem Wortlaut der Unfallversicherungsgesetze vom J. 1900 verm., sonst unveränd. Ausg. gr. 8. (XXIII, CXXXVI, 1074 S.) Leipzig 901. Breitkopf & Härtel. n. 10. — ; geb. n. 12. —

Handbuch der Unfallversicherung Die Reichs-Unfallversicherungsgesetze dargest von Mitgl d. Reichsversicherungsamts nach d Akten dieser Behörde 3. nach d. Gesetzen v 30. Juni 1900 neubearb Aufl. Bd 1—3 [Nebst] Erg. Bd. Leipzig 1909—1913 8°

— der Unfallversicherung in 3 Bdn. Die Reichs-Unfallversicherungsgesetze, dargestellt v. Mitgliedern des Reichs-Versicherungsamts nach den Akten dieser Behörde. 3., nach den Gesetzen vom 30. VI. 1900 neubearb. Aufl. Lex. 8. Leipzig, Breitkopf & Härtel. 29.50; geb. 39. —
1. Entstehungsgeschichte der Gesetze. Gesetz, betr. die Abänderg. der Unfallversicherungsgesetze. Gewerbe-Unfallversicherungsgesetz. (XIX, 672 S.) 909. 8.65; geb. 11. 65
2. Unfallversicherungsgesetz f. Land- u. Forstwirtschaft. Bau-Unfallversicherungsgesetz. See-Unfallversicherungsgesetz. Verordnung, betr. das Verfahren vor den Schiedsgerichten f. Arbeiterversicherg. Verordnung, betr. den Geschäftsgang u. das Verfahren des Reichs-Versicherungsamts. (XV, 652 S.) 909. 8.35; geb. 11. 35
3. Alphabetisches Verzeichnis der Gewerbszweige. Die Musterstatuten. Anh. Nachtrag zum 1. u. 2. Bde. Geschichte u. Wirkungskreis des Reichs-Versicherungsamts. Sachregister. (XII, 1004 S.) 910. 12.50; geb. 16. —

— f. die Ungarn, d. sich in der deutschen Sprache üben wollen. 8. Pesth 785. Eggenberger. 9 Kr

— in Untergangs-, Bau- u. Feldsachen für Stadt- u. Gemeinde-Räthe, f. Untergänger, Bauschauer u. Feldmesser (Feldsteußler), so wie für Gebäude- u. Güterbesitzer rc. Mit Formularen, gr. 8. Tübing. 830. 2e Aufl. 832. Fues. 12 gGr

— unterhalt. u. belehrendes, f. Freunde edler Grunds. v. S. D. A. R—r. 8. Braunschw. Reichard. 802.

— unterhaltendes u. belehrendes, f. Freunde edler Grundsätze. 2te Aufl. e. K. R. 8. Halberst. 825. Vogler.

—— unterhaltendes u. belehr., f. Freunde edler Grundsätze, v. K. A. R—e. 2., verm. u. viel verb. Aufl. — A. u. d. T.: Das Buch d. geistr. Unterhalt. u. Belehr. 8. (15½ B.) Leer 829. [Potsdam, Vogler.]

— für den Unteroffizier u. Gemeinen der Infanterie, zum dienstlichen Unterricht bearb. von F. S. 2 Tle. 8. Berlin 882. F. Luckhardt. n. 1. 80
1. Der Unterrichtsstoff in Frageform. (VII, 109 S.)
2. Der Unterrichtsstoff in Antwortform. (XVI, 384 S.)

— für den Unteroffizier u. Gemeinen der Infanterie, zum dienstl. Unterricht v. F. S. 2 Thle. 2. Aufl. 8. Berlin 885. F. Luckhardt. n. 1. 80
1. Der Unterrichtsstoff in Frageform. (VII, 109 S.) n. — 60
2. Der Unterrichtsstoff in Antwortform. (XVI, 384 S.) n. 1. 20

—— für den Unterofficier der k. k. Genie-Truppe. Bearb. von mehreren Officieren des k. k. Genie-Regimentes Erzherzog Leopold Nr. 2. Technischer Theil. 12. (XX, 592 S. mit 127 Stnt.) Krems 884. (Wien, Seidel und Sohn.) geb.
—— dass. — Militärischer Theil. 12. (XX, 600 S. mit 18 Stnt.) (Ebendas.) 884.

Handbuch für den Unterofficier des k. u. k. Pionnier-Regiments. (Im Auftrage des Commandos des k. u. k. Pionnier-Reg. redigirt vom Hauptm. August **Reuss**) 1. Hft Messkunst und Profiliren. (Mit 6 Taf auf 3 Blättern.) 2. Hft. Bau Materialien und Seilverbindungen. Bekleidungs Arbeiten. (Mit 7 Taf. auf 4 Blättern.) 3. Hft Erdarbeiten, Zimmermanns-Arbeiten. (Mit 10 Taf. auf 5 Blättern.) 4. Hft. Strassen-Bau. Eisenbahn- und Telegraphen Bau. (Mit 11 Taf. auf 6 Blättern.) 5. Hft. Wasser Bau. Lager-Arbeiten. (Mit 10 Taf. auf 5 Blättern) 6. Hft. Feld- und beständige Befestigung. Festungskrieg. (Mit 22 Taf. auf 11 Blättern.) 7. Hft. Spreng Arbeiten. (Mit 6 Taf. auf 3 Blättern) 8. Hft. Kriegsbrücken-Material und Train. Wasserfahren, Verankern und Ueberschiffen. (Mit 10 Taf. auf 5 Blättern.) 9. Hft. Bau von Kriegsbrücken. (Mit 15 Taf auf 8 Blättern) 10. Hft. Bau von Noth und halb permanenten Brücken. Eiffel'sche Brücke. (Mit 30 Taf. auf 16 Blättern) 11. Hft. Truppen-Uebergänge über Gewässer 12. Hft. Technologisches für Bau Arbeiten. (Mit 2 Taf auf 1 Blatt) (12 Hfte in 1 Schuber) kl 8. Wien 1890.

— für den Unteroffizier auf Transporten und selbstständigen Commanden. Olmütz 867. Hölzel. 8. (36 S.) 2½ ngr.

Handbuch für die Unteroffiziere der Großh. Hess. Artillerie Darmstadt 1834. 8°.

Handbuch für die Unter Officiere des k. sächsischen Artillerie Corps. (Mit 24 Taf) 8. Dresden 1821.

— für Unteroffíciere der k. u. k. Eisenbahntruppe. 1. u. 2. Thl. u. Anh. 12. (VIII, 230 S. u. VII u. S. 301—530 u. VII u. S. 601—775 m. Fig. u. 1 Taf.) Wien 900. (L. W. Seidel & Sohn.) Kart. n. 8.—

— für die Unteroffiziere der Fuß-Artillerie. Zusammengestellt auf Veranlassg. der General-Inspektion der Fuß-Artillerie. 1. u. 2. verb. Aufl. 12. (IV, 248 S.) Berl. 889,91. Eisenschmidt. geb. ** 1 50

— für die Unteroffiziere der Fuß-Artillerie. Zusammengestellt auf Veranlassg. der General-Inspektion der Fuß-Artillerie. 3., verb. Aufl. gr. 16. (IV, 274 S. m. 1 Tab.) Berlin 894. R. Eisenschmidt. Geb. in Leinw. n.n. 1. 50

Handbuch für die Unteroffiziere der k. k. Genie-Truppe, zusammengestellt von mehreren Offizieren des k. k Genie-Regimentes General der Cavallerie Erzherzog Leopold Nr. 2. (Mit 58 Tafeln.) kl. 8. Krems 1868.

Handbuch für den Unteroffizier der k. k. Genie-Truppe . . . Krems 1884. H: *Geissner, Carl.* (EB)

— f. den Unterofficier d. k. k. Genie-Truppe. Bearb. v. mehreren Officieren d. k. k. Genie-Regim. Erzherzog Leopold Nr. 2. Technischer Theil. 8. (XVII u. 692 S. mit 127 Tafeln.) Wien, L. W. Seidel & Sohn. Geb. 2 fl. N. b. 1884

Handbuch für Unteroffiziere des k. k. Heeres. 6 Bände. Teschen 1875. 8.

— für Unteroffiziere d. k. k. Heeres. 1. Abth. 5 Bdchn., 2. Abth. 4 Bdchn. u. 3. Abth. 1. Bdchn. 16. Teschen 876. Prochaska. n. 2. 80; einzelne Bdchn. à n. — 40

I. 1. Auszug aus dem Dienst-Reglement f. das k. k. Heer. Für Unteroffiziere u. Mannschaften aller Truppen. 1. Thl. 4. Aufl. (V, 263 S.)

2. Dasselbe. 2. Thl. [Feld-Dienst.] 3. Aufl. (III, 175 S. m. 1 Tab. in qu. gr. 8.)

3. Auszug aus dem Exerzier-Reglement f. die k. k. Fußtruppen. 1. Thl. Mit sämmtl. in der offiziellen Ausg. enthaltenen (47 eingedr. Holzschn.-) Fig. u. Noten. 3. Aufl. (236 S.)

4. Unterricht im Gewehrwesen u. Scheibenschießen. Mit 25 (eingedr. Holzschn.-) Fig. 2. Aufl. (44 u. 65 S.) Anwendung d. Infanterie-Spatens [nach System Linnemann]. Mit 16 (eingedr. Holzschn.-) Fig. 2. Aufl. (24 S. m. 1 Holzschntaf. in qu. gr. 8.) Dienst-Reglement f. das k. k. Heer. 3. Thl. Infanterie u. Jägertruppe. § 1—10. Abth. f. Unteroffiziere u. Mannschaft ꝛc. (39 S.)

5. Die Bildung u. die Einrichtungen der k. k. österr.-ungar. Kriegsmacht. Von G. Ratzenhofer. 2. bericht. Aufl. (72 S.) Militär-Gesundheitspflege. Dargestellt f. den Gebrauch der Unteroffiziere der k. k. Armee v. L. Zwepthurm. 2. bericht. Aufl. (30 S.) 1. Abth. cplt. n. 1. 20

II. 1 Aus der Adjustirungs- u. Ausrüstungs-Vorschrift f. d. k. k. Infanterie- u. Jägertruppe. Mit 24 (eingedr. Holzschn.-) Fig. 2. bericht. Aufl. (72 S.)

2. Gebühren. Transport-Führg. Anh.: Beförderungs-Vorschrift. Gesetz üb. die Verleihg. v. Anstellgn. an ausgediente Unteroffiziere. (72, 40 u. Anh. 14 S.)

3. Der Unteroffizier im Terrain. Anleitg. zum Planlesen, Orientiren, Recognosciren u. Croquiren. 4. bericht. Aufl. (88 S. m. eingedr. Holzschn.)

4. Oesterr.-ungarisches Soldatenbuch. Vaterländische Denkwürdigkeiten f. Unteroffiziere u. Mannschaften d. k. k. Heeres. 3. bericht. Aufl. (IV, 172 S. m. 16 Holzschntaf.) 2. Abth. cplt. n. 1. 20

III. 1. Die praktischen Uebungen der Infanterie u. Jäger. Von G. Ratzenhofer. (148 S.) n. — 40

— für Unteroffiziere des k. k. Heeres. Anh. zu 1. Abth. 4. Bdchn. 16. Teschen 876. Prochaska. n. — 20

Einrichtung, Conservirung, Visitirung u. Behandlung des k. k. Infanterie u. Jäger-Gewehres m. Werndl-Verschluß [Modell 1873] u. der hiezu gehörigen Munition. (53 S. m. eingedr. Holzschn. u. 1 Holzschntaf. in qu. gr. 8.)

—— für die Unterofficiere der königlich-hannoverschen Infanterie. Als Leitfaden für ihr Verfahren in allen Dienstverhältnissen. gr. 8. (X und 294 S.) Hannover 852, Gebr. Jänecke. *

— für Unteroffiziere der Königlich Sächsischen Infanterie. 8. Dresden u. Leipzig 842, Arnoldische Buchh. 2/3 ß

—— für Unteroffiziere und Kanoniere der schweizerischen Artillerie. Von einem schweizer. Artillerie-Offizier. 16. (XIX und 498 S. mit 2 Tab. und 1 Stnt. in qu. 8. und 4. und eingedr. Holzschn.) Basel 854, Schabelitz'sche Buchh. *

— f. Unteroffiziere u. Korporale d. Infanterie. 12. Straßburg 824, Levrault.

Handbuch für Unteroffiziere über das Schlagschloß-Gewehr 1837. Dresden 1837. 8°.

Handbuch, für Unteroffiziere und Soldaten der schweiz. Artillerie. 316 Stn. kl. 8. mit 16 lithogr. Tafeln. Aarau. Druck von Sauerländer. 1878.

Handbuch für Unteroffiziere u. Soldaten der schweiz. Cavallerie. In-12°, 232 S. Aarau, H. R. Sauerländer. 1881.

Handbuch zum Gebrauche in den Unteroffizier-Schulen der k. k. Infanterie und Jäger . . . 1. Liefg. Lemberg 1866. V: *Richter, Franz.* (Ky)

— zum Gebrauche in den Unteroffizier-Schulen der k. k. Infanterie u. Jäger. Mit Fragen u. Antworten nach den neuesten Reglements leichtfaßlich zusammengestellt von dem Verfasser des „Handbuches für Mannschafts-Schulen.“ (Frz. Richter.) (In 3 Liefgn.) 1. Liefg.: Das Dienst-Reglement. Lemberg 866. (Richter.) gr. 16. (76 S.) n. 5 *ngr.*

—— dass. — in deutscher und polnischer Sprache. 1. Lfg.: Das Dienst-Reglement. gr. 16. (151 S.) Ebendas. 866. *

—— dass. — in die ungarische Sprache übertragen von Arpád Baron Pászthory de Cadem. 1. Lfg: Das Dienst-Reglement. gr. 16. (151 S.) Ebendas. 866. *

Handbuch zum Unterricht im Christenthum . . . St. Petersburg 1807. V: *Segelbach, Christian Friedrich.* (R-N) (Ky) (NN)

Handbuch für den deutschen Unterricht an Mädchenbildungsanstalten. 1. Leipzig & Berlin: Teubner 1910. 8° 11. 6565

Handbuch des deutschen Unterrichts an höheren Schulen. In Verbind. mit ... hrsg. von Dr. Adolf Matthias, Geh. Ober-Reg.R. Bd 1, T. 1. Muenchen: C. H. Beck 1907. 4°(8°) 07. 7918

— des deutschen Unterrichts an höheren Schulen. In Verbindg. m. Ernst Elster, Paul Geyer, Paul Goldscheider u. a. hrsg. v. Adf Matthias. I. Bd. 2. u. 3. Tl. u. III. Bd. 1. u. 3. Tl. Lex.-8. München, C. H. Beck. n. 26. —; geb. in Leinw. n. 30. —

I, 2. Der deutsche Aufsatz. Von Paul Geyer. (VII, 326 S.) 906. n. 6. —; geb. n. 7. —

3. Lesestücke u. Schriftwerke im deutschen Unterricht. Von Paul Goldscheider. (XIV, 496 S.) 906. n. 8. —; geb. in Leinw. n. 9. —

III, 1. Deutsche Stilistik. Von Rich. M. Meyer. (XI, 237 S.) 906. n. 5. —; geb. n. 6. —

3. Deutsche Verslehre. Von Frz. Saran. (XV, 355 S.) 907. n. 7. —; geb. in Leinw. n. 8. —

— des deutschen Unterrichts an höh. Schulen. In Verbindg. m. Ernst Elster, Paul Geyer, Paul Goldscheider u. a. hrsg. v. Adf. Matthias. I. Bd. 1. Tl., II. Bd. 1. Tl. 1. Abtlg., III. Bd. 2. Tl. u. IV. Bd. 2. Tl. Lex. 8. München, C.H.Beck. 25.20; geb. in Leinw. 29.20
Einführung in d. Gotische, Althochdeutsche u. Mittelhochdeutsche. 1. Abtlg. Leyen, Frdr. v. der: Einführung in d. Gotische. (X, 181 S.) 908. (Bd. II, 1. Tl.) 3.20; geb. in Leinw. 4.20
Hirt, Herm., Etymologie d. neuhochdeutsch. Sprache. Darstellung d. deutsch. Wortschatzes in seiner geschichtl. Entwicklg. (XV, 404 S.) 909. (Bd. IV, 2. Tl.) 8.—; geb. in Leinw. 9.—
Lehmann, Rud., deutsche Poetik. (X, 264 S.) 908. (Bd. III, 2. Tl.) 5.—; geb. in Leinw. 6.—
Matthias, Adf., Geschichte d. deutschen Unterrichts. (VIII, 446 S.) 907. (Bd. I, 1. Tl.) 9.—; geb. in Leinw. 10.—

Handbuch zum Unterricht der churcölnischen Landschulmeister . . . Bonn 1790. V: *Oberthür, Bonifaz Anton.* (Adel) (MGT) »Frankf. a. M.« (Ky)

— zum Unterricht der Kurkölnischen Landschulmeister, (von B. A. Oberthür). 8. Frankf. a. M. 790. Guilhaumann. 9 gl

— z. Unterr. in d. Orthographie, im Briefschr. u. Rechn. 8. Leipz. Compt. f. Litt. 793.

— z. Unterricht in d. Orthographie ꝛc. 8. Dresden, Hilscher. 807.

— z. Unterricht in d. Orthographie, im Briefschreiben u. Rechnen, f. Schulen. 8. Lpz. 793. 8. Dresd. 807. (Riemann in Lpz.) 1 gl

Handbuch zum Unterricht weiblicher Personen, welche gute Wirthinnen werden wollen . . . Leipzig 1795. V: *Mehler, Johann* [?]. (Ky)

— z. Unterr. weibl. Personen, welche gute Wirthinnen werden wollen, nebst e. Anweis., wie man sich auf e. leichte Art ꝛc. Betten ohne Zuthun von Federn bereiten könne, (v. Jh. Mehler ?) Mit Kpf. gr. 8. Leipz. 795. Schwickert. 1 gl

— für den Unterricht in der deutschen Schule u. zu Hause. 1r Thl., s. a. Fibel, große. 2r Thl., s. a. Sprachübungen, od. Handbuch f. Lehrer u. Eltern.

Handbuch für den Unterricht in der deutschen Schule und zu Hause . . . Stuttgart 1814—17. V: *Daniel, Wilh. Frdr.* (Ky) (MGT)

Handbuch f. d. Unterricht d. Soldaten d. Inf. Wiesbaden 1852.

Handbuch für den Unterricht der Terrainlehre an den Mannschafts-, Unteroffiziers- und Freiwilligenschulen . . . Wien 1904. V: *Harbauer, Carl.* (EB)

— für den Unterricht der Terrainlehre an den Mannschafts-, Unteroffiziers- u. Freiwilligenschulen, v. K. H. (55 S. m. Abbildgn. u. 7 Taf.) 8. Wien 904. L. W. Seidel & Sohn. n. 1.80

Anonym: „Handbuch zum Unterrichte der Weiber, die gute Wirthinnen werden wollen", Leipzig 1795 (Schwickert).

— für die preußischen Unterthanen. 8. Berlin, Himburg, 784.

Handbuch der Urologie, hrsg. von Dr. Anton v. Frisch, Prof., u. Dr. Otto Zuckerkandl, Privatd. an d. Wiener Univ. Unter Mitw. von ... Mit zahlr. Abb. u. Taf. Bd 1–3. Wien: A. Hölder 1903–06. 3 Bde 8°
1. 1904. 2. 1905. 3. 1906. [06. 13034

Handbuch, Das in Paris . . . veranstaltete gemeinnützige, der Landwirthschaft für alle Stände . . . Berlin 1797. V: *Loos, Philipp Werner.* (MGT) »1796—98« (Ky) (Engoec)

HANDBUCH des alldeutschen Verbandes 11. Aufl München 1907 J F Lehmann 8°

— f. den Rüdesheimer Verband deutscher Burschenschaften. Von Karl Hensing. 3. Aufl. (201 S. m. z. Tl. farb. Fig.) 8. Leipzig 907. A. Hoffmann. Geb. in Leinw. 2.—

Handbuch des Verbandes deutscher evangelischer Schul- und Lehrervereine. *Berlin: F. Zillessen 1903.* (280 S.) 8° [F.] [03. 10306

— für die Verbandsfunktionäre. Anleitungen f. die Praxis der Geschäftsführg. im deutschen Holzarbeiter-Verband. Hrsg. vom Verbandsvorstand. (XII, 262 S.) 8. Stuttgart 908. Berlin, Verlagsanstalt des deutschen Holzarbeiter-Verbandes. Geb. in Leinw. 1.40

— der Verehrer Mariae od. vollständ. Gebetbuch f. Alle, die Maria zu ihrer besonderen Beschützerin erwählt haben, insbesondere f. die Mitglieder der Marianischen Jungfrauen-Congregationen. 3. Ausg. gr. 16. (XVI, 901 S. m. 1 Stahlst.) Paderborn 888. Esser. n. 2.50; geb. m. Goldschn. n. 6.50

Handbuch für den Verein d. Marienkinder, welcher unter d. Leitung der barmherzigen Schwestern vom hl. Vincenz v. Paul (Töchter d. christl. Liebe) steht. Von e. Priester der Congregation der Mission. 6., verb. Aufl. 12. (608 S. m. Abbildgn. u. 1 Farbdr.) Regensburg 901. F. Pustet. 1.20; geb. in Leinw. n. 1.70; in Ldr. m. Goldschn. n. 2.50

— für den Verein der Marienkinder, welcher unter der Leitung der barmherzigen Schwestern vom hl. Vincenz v. Paul (Töchter der christl. Liebe) steht. Von e. Priester der Kongregation der Mission. 7. Aufl. (608 S. m. Abbildgn. u. 1 Farbdr.) kl. 8. Regensburg 905. F. Pustet. n. 1.20; geb. in Leinw. n. 1.70; in Ldr. m. Goldschn. n. 2.50

— der katholischen Vereine des Fürstbist. Breslau. Nach amtl. Quellen zusammengestellt. (III, 234 S.) 8. Breslau 908. (G. P. Aderholz). 1.40

Handbuch der katholischen Vereine des Fürstbistums Breslau. Nach amtl. Quellen zsgest. Breslau: Fb. Geh. Kanlei 1908. 233 S. 8°

Handbuch der Vereine für die im Reichsrathe vertretenen Königreiche und Länder . . . Wien 1892. B: *Sandbichler, Jos., Frdr. Knarek & Frdr. Probst.* (Berl)

—— der Vereine f. die im Reichsrathe vertretenen Königreiche u. Länder nach dem Stand am Schlusse d. J. 1890 u. m. e. Anh. f. d. J. 1891. Bearb. vom Bureau der k. k. statist. Central-Comission. Lex.-8. (VI, 620 S. m. 1 Tab.) Wien 892, Manz. * 10 —

Handbuch für die Vereine der Kinder Mariä, welche unter der Leitung der barmherzigen Schwestern vom hl. Vincenz v. Paul [Töchter der christl. Liebe] stehen. Von e. Priester der Congregation der Mission. Neue umgearb. Aufl. 16. (552 S. m. 1 Farbendr.) Regensburg 884. Pustet. n. 1. 50; geb. in Leinw. n. 2. —; in Ldr. m. Goldschn. n. 2. 70; in Chagrin n. 3. 30

— für die Vereine der Kinder Mariä, welche unter der Leitg. der barmherz. Schwestern vom hl. Vincenz v. Paul (Töchter christl. Liebe) stehen. Von e. Priester der Kongregation der Mission. 4., m. neuen Liedern verm. Aufl. 12. (568 S. m. farb. Titelbild.) Regensburg 895. F. Pustet. n. 1. 20; geb. in Leinw. n. 1. 70; in Ldr. m. Goldschn. n. 2. 50; in Chagrin m. Goldschn. n. 3. —

[F.] Handbuch für Vereins- und Versammlungs-Leiter. Zugl. e. Wegweiser b. Reichstagswahlen. M. ausführl. Sachreg. u. e. Anh. enth. die f. d. Agitation hauptsächlich in Frage kommenden Strafgesetzparagraphen. *Berlin: Vorwärts 1897.* (71 S.) 1 Bd 8. (97. 3725

— für Vereins- u. Versammlungs-Leiter. Zugleich e. Wegweiser bei den Reichstagswahlen. Mit e. ausführl. Sachregister u. e. Anh., enth. die f. die Agitation hauptsächlich in Frage komm. Strafgesetzparagraphen. 5. Aufl. 12. (72 S.) Berlin 899. Buchh. Vorwärts. n. — 30

— für die Vereinsvorstände u. Mitglieder des deutschen Werkmeister-Verbandes f. d. J. 1899—1902. 8. —11. Jahrg. gr. 8. (266 S. m. 1 Karte, 810, 828 u. 388 S.) Düsseldorf. (Leipzig, Schulze & Co.) à n.n. 7. —

— für die Vereinsvorstände u. Mitglieder des deutschen Werkmeister-Verbandes f. d. J. 1906. 15. Jahrg. (514 S.) 8. Düsseldorf. (Leipzig, Schulze & Co.) n.n. 7. —

Handbuch für die Vereinsvorstände und Mitglieder des Deutschen Werkmeister-Verbandes f. d. J. 1908 ff. Jg. 17 ff. Düsseldorf 1908 ff. 8°

— für die Vereinsvorstände u. Mitglieder des deutschen Werkmeister-Verbandes f. d. J. 1910. 19. Jahrg. (326 S.) 8. Düsseldorf, Werkmeister-Buchh. 5. —

— d. gerichtl. Verfahrens wider Criminal- u. polit. Verbrecher in d. K. K. St. gr. 8. Prag, Calve. 794.

—— des Verfahrens in fiscal. Untersuchungs- u. Injurien-Sachen, so wie d. summar. Verfahrens bei Polizei- u. Steuer-Contraventionen u. and. Vergehungen, deren Bestrafung d. Verwaltungs-Behörden obliegt. Von e. pract. Juristen. 8. (13½ B.) Berlin 828, Rücker.

Handbuch zur Verfassung militärischer Aufsätze . . . Olmütz 1848. V: *Hauer, Carl.* (Ky)

Handbuch zur Verfassung militär. Aufsätze. Von C(arl) H(auer). gr 8. (XVI u. 318 S. m. 18 lith. Plänen in qu. 4.) Olmütz 818, Neugebauer. n. 2 ₰ 8 ₰

—— zur Verfassung militärischer Aufsätze. Von C. H. gr. 8. (XVI und 318 S. mit 18 lithogr. Plänen in qu. 4.) Olmütz 838, Neugebauer. *

— der Verfassung u. Verwaltung d. Provinzialverbandes v. Schlesien. Amtliche Ausg. Hrsg. im Auftrage d. Provinzialausschusses. gr. 8. (VIII, 467 S.) Breslau 883. (Korn's Sort.) n.n. 4. 50

[F.] Handbuch der Verfassung und Verwaltung des Provinzialverbandes von Schlesien. Amtl. Ausg. *Breslau: Dr. v. Grass, Barth & C. 1896.* (X, 655 S.) 1 Bd 8. (97. 9036

Handbuch der Verfassung und Verwaltung des Provinzialverbandes von Schlesien. Amtl. Ausg. Breslau 1910: Graß, Barth & Co. X, 694 S. 8° (10. 5184

— der Verfassung u. Verwaltung des Prov.-Verbandes v. Schlesien. Amtl. Ausg. (X, 694 S.) Lex. 8. Breslau 910. (W. G. Korn.) nn 5. —

Handbuch der Verfassung und Verwaltung des Provinzialverbandes von Schlesien. Amtl. Ausg. Breslau 1910—1914. 8°

— zur Verhütung u. Heilung der Frauenkrankheiten auf naturgemäßem Wege (ohne Arzt u. ohne Arzneien). Besonders die Folgen der Jugendsünden, Nervenschwäche, Hysterie, Bleichsucht, Blutarmut, weißer Fluß, Gebärmutterleiden, Kopfschmerz, Unfruchtbarkeit, gefährl. Blutungen, Regelstörgn., Schwangerschaftsleiden u. s. w. (Umschlag: Der Frauen- u. Ehearzt. Ein prakt. Ratgeber in allen Leidensfragen der Menschheit in V Abteilgn. v. R. Atur.) 2. Aufl. 12. (291 u. 144 S. m. 1 Abbildg.) Frauendorf (897). Gesundheitsblätter-Verlag. n. 5. —; geb. n. 6. 50

—— für den gesammten schriftl. Verkehr, s. Hand- u. Hülfsbuch.

— des schriftlichen Verkehrs m. vorgesetzten Behörden u. Personen f. Präparanden, Seminaristen u. Lehrer des Großherzogt. Baden. gr. 8. (VIII, 125 S.) Bonndorf 898. Spachholz u. Ehrath. Geb. n.n. 1. 80

— für Verkehrs- u. Reise-Bureaus, s.: Mono-Verkehrs-Bibliothek.

Handbuch, Vermehrtes, der Gesetze durch ... Auszüge ... in ... öffentliche Angelegenheiten ... einschlagender vom Jahre 1740 bis ... 1784 erflossener ... Verordnungen. Grätz: Miller 1784. 1 vol. 1 Bl. + 581 S.

— vermehrtes, d. k. k. Gesetze, durch Auszüge verschiedener Gegenstände v. J. 1740—84. 4 Bde. gr. 8. Grätz 788. Miller. 7 ₰

Handbuch aller unter der Regierung Josef II. für die k. k. Erbländer ergangen Verordnungen ..., s.a. Josef II., Kaiser von Oesterreich.

Handbuch aller unter der Regierung des Kaisers Joseph des II. für die k. k. Erbländer ergangenen Verordnungen und Gesetze in einer sistematischen Verbindung. Mit allergnädigster Freiheit. I.—V. Bd. enthält die Verordnungen und Gesetze vom Jahre 1780—1784. VI. und VII. Bd. (wie vor) vom Jahre 1784. VIII. und IX. Bd. (wie vor) vom Jahre 1785. X. und XI. Bd. (wie vor) vom Jahre 1786. XII. Bd. 1. und 2. Th. Hauptrepertorium über die 11 Bde. des Handbuches etc. vom Jahre 1778 bis Ende 1786. XIII und XIV. Bd. (wie vor) vom Jahre 1787. XV. Bd. (wie vor) vom Jahre 1788. XVI.—XVIII. Bd. (wie vor) vom Jahre 1789. (Jeder Band hat ein Titelbild.) (18 Bde.) 8. Wien 1785—1790.

Handbuch aller unter der Regierung des Kaiser Joseph des Zweiten ... ergangenen Verordnungen und Gesetze ... Wien 1785—91. H: *Kropatschek, Joseph.* (Ky) (MGT) (CBH)

— aller Verordnungen u. Gesetze unter d. Regierung K. Joseph II., (v. J. Kropatscheck). 18 Thle in 19 Bden. gr. 8. Wien 785—91. v. Mosle. 55 Rthl 8 gr

Handbuch churpfalzbaier. Verordn. unt. d. Regier. Sr. Churf. Durchl. v. Pfalzbaiern, Maximil. Joseph IV. *München*, (v. Ilmisch u. Stage in *Augsburg*.) 799. 3 Bde. 8. (3 Thl.)

— churpfalzbaier. Verordn. unt. Regier. Maximil. Jos. IV. 1r Bd 8. Nurnb. Seidel. (Scherer, Munch.) 805.

— d. kirchlichen Verrichtungen, hauptsächlich an Nachmittagen u. bei sonst. Neben-Gottesdiensten. Eine Sammlung verschied. in d. kathol. Kirche übl. Andachten, Gebete u. Segnungen. Hrsg. v. e. Geistlichen. 8. (13⅞ B.) Regensburg 816, Pustet.

— für die Verschiffung üb. deutsche Häfen. Hrsg. v. der Red. der Deutschen Export-Revue. (49 S.) 8. Berlin (908). H. Paetel. 1.—

Handbuch d. Versicherungsgesetzgebung m. bes. Beziehg. auf d. hamburg. Armenpflege, hrsg. v. d. Armen-Kollegium. gr. 8. (III, III, 191 S.) Hamburg 895 (C. Boysen.) In Leinw. kart. n. 2.—

Handbuch der communalständischen Verwaltung des Preuß Markgrafthums Ober-Lausitz. (Amtl. Ausg.) Gorlitz 1901: Görlitzer Nachrichten u. Anzeiger. (Getr. Pag.) 8° [F.] [08. 7861 2]

Handbuch für die Verwaltung des Provinzialverbandes Posen. Im amtlichen Auftrage hrgg. v. Nötel. Bd. 1. (Hauptbd.). Posen. 1902. 8°

Handbuch für Verwaltungs-Beamte, unter besond. Berücksicht. der für den Reg.-Bez. Düsseldorf erlassenen Polizei-Verordnungen. Im Auftrage der königl. Regierung zu Düsseldorf nach amtl. Quellen bearb. 2 Abthlgn. gr. 8. (XII, 416; 432 S.) Düsseldorf 881,83, Schwann'sche Verlagsh. à Abthl. *M 5. *

— für Verwaltungs-Beamte, unter besond. Berücksicht. der für den Reg.-Bez. Düsseldorf erlassenen Polizei-Verordnungen. Im Auftrage der königl. Regierung zu Düsseldorf nach amtl. Quellen bearb. 3. (Schluß-)Abthl. gr. 8. (LXIX, S. 833—2446; Register 69 S.) Düsseldorf 888, Schwann. *
1. und 2. Abthl. Ebendas. 1881,83. à *M 5.

— der Verwaltungspolizei in Elsaß-Lothringen. Neubearb. von H. v. Oesterley. (XIX, 415 S.) 8. Gebweiler 907. J. Boltze. Geb. in Leinw. 6.80

— d. prakt. Vieharzneykunst f. wirthsch. Gebr. 8. Leipz. Compt. f. Lit. 783.

Handbuch der prakt. Vieharzneikunst, i. welchem v. d. Natur u. d. Krankheiten d. Tiere, d. b. ein. Wirtschaft nöt. u. nützl. sind, gehand. wird. Leipzig 1783.

— f. das Volk, in gemeinnützigen Unterhaltungen f. alle Stände auf 1788 u. 89. 8. Hedelb., Pfähler. 16 gr

— des Völkerrechts. Auf Grundlage europ. Staatspraxis unter Mitwirkung von v. Bulmerincq, E. Caratheodory, Dambach rc. hrsg. von Frz. v. Holtzendorff. 1. Bd.: Einleitung in das Völkerrecht. gr. 8. (XII, 523 S.) [Berlin 885, Habel.] Hamburg, Verlagsanstalt und Druckerei, A.-G. * geb. *

— des Völkerrechts. Auf Grundlage europ. Staatspraxis unter Mitwirkung von v. Bulmerincq, E. Caratheodory, Dambach rc. hrsg. von Frz. v. Holtzendorff. 2.—4. (Schluß-)Bd. gr. 8. Hamburg, Verlagsanstalt u. Druckerei, A.-G. n. 84.—; geb. n. 90.— (4 Bde.: n. 100.—; geb. n. 108.—)
2. Die völkerrechtliche Verfassung u. Grundordnung der auswärtigen Staatsbeziehungen. (XII, 671 S.) 887. n. 22.—, geb. n. 24.—
3. Die Staatsverträge und die internationalen Magistraturen. (XV, 797 S.) 887. n. 30.—; geb. n. 32.—
4. Die Staatsstreitigkeiten u. ihre Entscheidung. (XIII, 854 S.) 889. n. 32.—; geb. n. 34.—

— dasselbe. Register-Bdchn. gr. 8. (136 S.) Ebd. 889. n. 7.—

— und Volksbuch f. Stadt- und Land-Wirthe. m. Kupf. 8. Grätz, Tusch. 790.

Hand- u. Volksbuch. f. Stadt- u. Landwirthe, (v. H. G. Hoff). Mit Kpf. 8. Grätz 793. Tusch. 12 gr

Handbuch für Volksschulen. Herausgegeben von Johann Michaelis. 1. 2. Heft. kl. 8° Hermannstadt: Michaelis. 1869.
Inhalt: 1. Heft. Sprachlehre. (48 S.) cart. 20 kr. – 2. Heft. Naturlehre. (31 S.) cart.

Handbuch für Volksschulen. Auf Grund der Bestimmgn. d. „Lehrplanes f. die Volksschulen d. Königr. Sachsen" bearb. v. e. prakt. Schulmanne. 5 Hfte. gr. 8. Meißen 884. 85. Schlimpert. n. 1.15
1. Geographie. Mit 4 Abbildgn. (48 S.) n. —20; m. Atlas n. —75
2. Geschichte. Mit 2 Abbildgn. (64 S.) n. —25
3. Anthropologie u. Zoologie. Mit 46 Abbildgn. (72 S.) n. —30
4. Botanik u. Mineralogie. Mit 4 Abbildgn. (52 S.) n. —20
5. Naturlehre. (40 S.) n. —20

— f. Volksschullehrer, welche d. neuesten u. zweckmäß. Lehrmethoden kennen lernen wollen, s.a. Baumgarten.

Handbuch für Volksschullehrer, welche die neuesten und zweckmässigsten Lehrmethoden kennen lernen wollen. 1817—28. V: *Baumgarten, Johann Christoph Friedrich.* (Ky)

— f. Volksschullehrer, welche die neuesten u. zweckmäßigsten Lehrmethoden kennen lernen wollen, (v. J. G. F. Baumgarten). 1r Thl. Auch u. dem T.: Neueste u. zweckm. Anleitung im Lesen, Schreiben, Rechnen u. Singen zu unterrichten u. im Denken zu üben. 817. 2e verm. Aufl. Mit 1 Steintaf. 826. 20 gr 2r Thl. Auch u. d. T.: Neueste u. zweckmäß. Anleitung z. Unterricht im prakt. Kopfrechnen, in d. Orthographie, in der Sprachlehre, in schriftl. Aufsätzen rc. 826. 20 gr 3r Thl. Auch u. d. T.: Neueste u. zweckm. Anleit. zum Unterricht in d. Religion, zur Behandl. d. bibl. Erzähll. u. bibl. Geschichten rc. 828. 16 gr 8. Quedlinb., Basse. Alle 3 Thle. 2 Rthl 8 gr

Handbuch des Volksschulwesens in Oberbayern. (Nach d. Stande v. 1. Juni 1908.) ... Aus amtl. Quellen bearb. von L[eonhard] **Bischoff**, Kgl. Reg.-Rechnungskomm., ... hrsg. v. Verein z. Unterstützung d. Hinterbliebenen d. Volksschullehrer f. d. Reg.Bez. Oberbayern. München: M. Kellerer 1908. (244 S.) 4° [F.] 08. 1309

— **des Volksschulwesens in Oberbayern. Nach dem Stande vom 1. VI. 1910. Mit Genehmigg. der königl. Regierung v. Oberbayern aus amtl. Quellen bearb. v. L. Bischoff u. gemäß § 9, Abs. 1 der Vereins-Satzgn. hrsg. v. Kreisverein zur Unterstützg. der Hinterbliebenen der Volksschullehrer f. den Reg.-Bez. Oberbayern. (275 S.) 30,5×23,5 cm. München 910. M. Kellerer. 4. 50**

— volksthümliches, der Staatswissenschaften u. Politik [ein Staatslexikon für das Volk] hrsg. v. Rob. Blum. 1. Bd. [Aachen — Küstenhandel.] 8 Hfte. gr. 8. (534 S.) Leipzig 847. 48, Blum & Co. (Matthes.) 1—7: à 1/6 Thlr 8: 1/4 Thlr — 9. Hft. oder 2. Bd. 1. Hft. [Ladungsbrief — Mäßigkeitsvereine.] gr. 8. (S. 1—64.) **Leipzig 848, Blum & Co. (Matthes.) 1/6 Thlr — Aus seinem handschriftl. Nachlasse von Gleichgesinnten fortgesetzt. (10—15. Hft.) 2. Bd. 2—7. Hft. [Mäßigkeitsvereine — Zwölftafelgesetz.] gr. 8.** (VIII S. u. S. 65—421.) **Leipzig 851, Matthes. à n. 1/6 Thlr** (cmplt. n. 27/12 Thlr)

Handbuch des **Volksvereins** für das katholische Deutschland. *M.-Gladbach: Zentralstelle d. Volksver. 1901.* (140 S.) 8° [F.] 02. 8485

— d. schweiz. Volkswirtschaft, hrsg. v. Reicheberg. 83—85. Lfg. Bern, Verl. Encyklopädie. Je —. 80.

— **volkswirtschaftliches**, s.a. **Schriften des deutschen volkswirtschaftlichen Verbandes. I.**

Volkswirtschaftliches **Handbuch**. Ein Führer durch alle Gebiete d. neuzeitl. Organisationswesens z. Vertretung wirtschaftl. u. verwandter allg. Interessen. Ausg. 1. Berlin: Heymann 1909. 8° (Schriften d. Deutschen Volkswirtschaftlichen Verbandes. Bd 1.) 09. 8131 B

—— vollständ., f. Bäcker, Müller, Getreide- u. Mehlhändler, Wirthschaftsvorsteher, Mühlenbaumeister etc. Nach d. neuesten Erfahrn. d. Engländer u. d. Franzosen (nach Benoit u. Fontanelle) bearb. v. e. teutschen Bäcker. 8. (25 B. u. 2 Stnt.) Ulm 836, Ebner'sche Buchh.

— vollständiges, der Färberei, enthalt.: die neusten u. besten Verfahren, um Wolle, Seide, Baumwolle, Tuch, Leinwand u. alle Arten von Geweben in allen Nüancen zu färben, so wie gründl. Anweisungen zur Bereitung der hierzu gehörigen Farben etc. Aus d. Franz. übertragen von E. O. Schmidt. 8. (VIII u. 143 S.) Erfurt 847, Bartholomäus. 3/4 Thlr

— vollständ. genealogisches, d. regierenden Häuser Europens. 8. Karlsr., Marx. 5 Gr.

—— vollständ., f. Hut-Fabrikanten. Von Cluz ... u. F...., u. Jul. v. Fontenelle. A. d. Franz. übers. u. mit Zusätzen verm. 8. (13 B. u. 3 Taf. Abbild.) Quedlinburg 835, Basse.

— vollständiges, d. Jagdwissenschaft, nach d. v. Burgsdorf Plane von e. Gesellschaft u. ausgearb. v. J. Matth. Bechstein. **gr. 4.** Nürnb. 801—9, Monath u. K. **1r Thl., 1r, 2r Bd. u. 2r Thl.,** 1r Bd. 9 Thlr 16 Gr. **2r Thl., 2r Bd. mit 3 Kpfr. gr. 4. Gotha** 821. Hennings. 4 Thlr

Bechstein, Joh. Matth.: „Vollständiges Handbuch der Jagdwissenschaft", 4 Bände, Nürnberg, Altdorf 1806. — Vorh.: Stadtbibliothek Nürnberg.

— **vollständiges, d. Literatur d. Gewerbskunde, f. Krieger, J. C.**

Handbuch, Vollständiges, für Metallarbeiter. Berlin 1794. V: *Loos, Philipp Werner.* (Rothsch)

— **vollständ., d. Naturgeschichte als Hausbedarf f. Gebild. aus allen Ständen u. z. Schulgebrauch. m. 300 illum. Abbild. gr. 8. Zwickau, Schumann. 809.**
m. 500 schwarzen Abbild.

— **vollständiges, der Naturgeschichte, als Hausbedarf für Gebildete aus allen Ständen u. zum Schulgebrauch. Mit 300 Abbildd. 2e stark verm., verb. u. mit neuen Kpfr. verseh. Aufl. gr. 8. Ronneburg 833. Weber. 1 1/3 Thlr ill. 2 Thlr**

Handbuch, Vollständiges, einer technologischen und ökonomischen Naturgeschichte ... Leipzig 1797—98. V: *Gerhard, Paul.* (MGT)

— vollständiges, einer technolog. und ökonomischen Naturgeschichte der Säugthiere, für deutsche Bürger, Landwirthe und Schullehrer. 4 Bde. mit 28 Kupf. Neue Ausg. gr. 8. Leipzig, Franz. 817. Mit illum. Kupf.
Mit schwarzen Kupfern

—— **vollständ., f. Reisende in d. Schweiz, Tyrol, Salzburg, durch Würtemberg u. Bayern. Mit genauer Angabe d. Reiserouten u. aller sehenswerthen Punkte dieser Länder; so wie mit besond. Berücksichtigung d. verschied. Bade- u. Kur-Orte. Anleitung diese Länder auf die genußreichste u. zweckmäßigste Art zu bereisen. Als Fortsetz. d. Handb. f. Reisende am Rheine etc. v. Alois Schreiber. gr. 12. (9 B. u. 1 Karte.) Heidelberg 835, Engelmann.**

— vollständiges, f. Schneider, m. K. 8. Leipz. Baumgärtner.

Vollständiges **Handbuch** der Vieharzneikunst. Hrsg. u. geordnet von Chabert, Flandrin u. Huzard. Bd 1. 2. Berlin 1798.
(Das in Paris ... veranstaltete Handbuch d. Landwirtschaft. Bd 3. 4.)
— 2. Aufl. Bd 2. 1801.

— **für die auf Grund des Einkommensteuer-Gesetzes vom 19. VI. 1906 gebildeten Voreinschätzungs-Kommissionen. (48 S.) 8. Magdeburg (906). R. Zacharias. n. —25**

Handbuch für die auf Grund des Einkommensteuer-Gesetzes vom 19. Juni 1906 gebildeten Voreinschätzungs-Kommissionen. 2. Aufl. Magdeburg: R. Zacharias [1907]. (48 S.) 8° [F.] 07. 6147 3

— **d. nöthigsten Vorkenntnisse, in Rücksicht d. Handels u. d. Briefstyls, f. junge Kaufleute od. die sich d. Handlung bestimmen. gr. 8. Riga 795. Meinshausen. 18 Gr.**

Handbuch d. nothwendigst. Vorkenntnisse d. Handels u. d. Briefstyls f. junge Kaufleute. (Auch u. d. T.: Liv- u. Esthländischer Briefsteller.) gr. 8. Riga 795, Müller. 18 Gr.

Handbuch der **Vorschriften** über **Handelsstatistik** und **Zolltarifwesen** des oesterr.-ungar. Zollgebiets nach d. Stande ders. v. Ende Mai 1896. F. d. prakt. Gebr. ... zsgest. v. Karl Schott, Rechngsr. ... 2. umgearb. u. wesentl. erweit. Aufl. *Wien: Selbstv.; k. k. Hof- u. Staatsdr. 1896.* (XX, 890 S.) 1 Bd 4. 96. 5...

Handbuch der neuesten Waffen von J. H. Prag, 1856. Druck der k. k. Hofbuchdruckerei von Gottl. Haase Söhne. (93 S. 8. Mit 3 Plänen.)

Handbuch der neuesten Waffen von J. H. 2te Aufl. Prag, 1857. Dr. der k. k. Hofbuchdr. von Gottl. Haase Söhne. (79 S. 8. Mit 2 Tafeln.)

— d. Waffenlehre f. k. k. Offiziere. Nach Demian's erster Ausg. umgearb. u. verb. v. A. Rittig v. Flammenstern. 3te verm. Aufl. Mit 5 Kpfrtaf. gr. 8. Wien 824. (Gerold.)

— d. Waffenlehre zum Selbststudium, üb. die Einrichtung, Wirkung u. den Gebrauch d. Waffen aller Arten, mit Kpf. gr. 8. Wien 812. Gräffer. 1 ℛ︀ Dass., nach Demian's erster Ausgabe umgearb. u. verb. von A. Rittig v. Flammenstern. 3e verm. A. mit 5 Kpft. gr. 8. Wien 824. (Gerold). 1 ℛ︀ 12 gr

— f. nichtsozialdemokratische Wähler zur Reichstagswahl am 25. I. 1907. Hrsg. vom Reichsverband gegen die Sozialdemokratie. (328 S.) 8. Berlin 907. Reichsverband gegen die Sozialdemokratie. 2. —

Handbuch für nichtsozialdemokratische Wähler. 2., gänzl. umgearb., verm. u. verb. Aufl. Hrsg. v. Reichsverband gegen d. Sozialdemokr. Berlin: Reichsverbandsverlag 1909. VII, 160 S. 8° [09. 1170]

— f. sozialdemokratische Wähler. D. Reichstag 1893—98. Hrsg. v. sozialdemokrat. Parteivorstand. 8. (399 S.) Berlin 898. Buchh. Vorwärts. Geb. in Leinw. n. 3. —

— für sozialdemokratische Wähler. Der Reichstag 1898—1903. Hrsg. vom sozialdemokrat. Parteivorstand. (422 S.) 8. Berlin 903. Buchh. Vorwärts. Geb. in Leinw. n. 4. —

— für sozialdemokratische Wähler anläßlich der Reichstagsauflösung 1906, hrsg. vom sozialdemokrat. Parteivorstand. (182 S.) kl. 8. Berlin 907. Buchh. Vorwärts. Geb. in Leinw. 2. —

— u. Wandel. Jahresberichte üb. d. Wirtschafts- u. Arbeitsmarkt. Für Volkswirthe u. Geschäftsmänner, Arbeitgeber u. Arbeiter-Organisation. Jahrg. 1901. Hrsg. v. Calwer. (350 S.) gr. 8. Berlin, Edelheim. geb. 10. —; in Halbfranz 12. —

—— für den Wechselverkehr zwischen dem deutschen Reichs-Postgebiete und den Postgebieten von Bayern, Württemberg, Oesterreich-Ungarn und Luxemburg. gr. 4. (XI, 229 S.) Berlin 872, v. Decker'sche Geh. Ober-Hofbuchdr. **

— f. Weinhändler. 8. Berl. 787. Himburg. 8 gr

Handbuch für Weinhändler. Hrsg. von J. F. P. Berlin: Himburg 1788. 160 S. – 16°
[Heinsius und Kayser: 1787.]

— des praktischen Weinkellermeisters. 8. Prag Krammer.

— des praktischen Weinkellermeisters. gr. 8. Wien 790. (Diesbach in Prag; Leipz., Hinrichs) 6 gr

Handbuch des praktischen Weinkellermeisters. Wien. Prag, Leipzig 1790. -- [Zit. nach Kayser]
--- Dass. 2., verb. Aufl. Wien 1790. -- [Zit. nach Weber]

Handbuch worinnen verfaßt ist, welcher Gestalt der Gottes Dienst . . . in unseren Schwedischen Versammlungen . . . verrichtet werden soll. Aus dem Schwedischen Riga [1708]. Ü: *Bergius*. H: *Skragge, Gabriel*. (Winkelmann, Bibliotheca Livoniae hist. 2. Aufl.)

— der allgem. Weltgeschichte. 8. Berlin, Wever (Sander). 792.

— der allgemeinen Weltgeschichte. Für die reifere kathol. Jugend u. das Volk nach den Werken v. Alzog, Annegarn, Wiedemann u. A. bearb. 5., verm. Aufl. Lex.-8. (XLVIII, 872 S.) Regensburg 889. Verlags-Anstalt. 6. —; geb. in Halbldr. od. Leinw. 7. 20

— der allgem. Weltgeschichte für Schule u. Haus. Bearbeitet nach den Werken von Annegarn, Döllinger, Hortig, Wiedemann u. A. gr. 8. Regensb. u. Landshut 835. Manz. $1^1/_4$ ℛ︀
— 2e verm. u. verb. Aufl. gr. 8. Ebd. 838. $1^1/_3$ ℛ︀

Handbuch der allgemeinen Weltgeschichte für Schule und Haus. Bearb. nach den Werken von Alzog, Annegarn, Döllinger, Widemann u. A. 3. sehr verb. u. verm. Aufl. gr. 8. Regensburg 845. Manz. $1^5/_{12}$ ℛ︀

— der allgemeinen Weltgeschichte für alle Stände. Bearbeitet nach den Werken von Wiedemann, Döllinger, Alzog, Annegarn u. A. Hrsg. u. bis zum J. 1869 fortgesetzt von Michael Ruppert. 4., umgearb. u. sehr verm. Aufl. Regensburg 870. Manz. gr. 8. (XLIV, 818 S.) 2 ℛ︀

—— der allgemeinen Weltgeschichte für alle Stände. Bearb. nach den Werken von Wiedemann, Döllinger, Alzog, Annegarn u. A. Hrsg. und bis zum J. 1869 fortgesetzt von Mich. Ruppert. 4., umgearb. und sehr verm. Aufl. Illustr. Ausg. mit 12 feinen Holzschnittbildern. In 12 Heften. gr. 8. (XLIV, 818 S.) Regensburg 871, Manz. à Heft 50 Pf.

— der allgemeinen Weltgeschichte für alle Stände. 4., sehr verm. Aufl., bearb. u. hrsg. von Mich. Ruppert. Suppl., enth. die Jahre 1870—1878, bearb von J. Naaber. gr. 8. (79 S.) Regensburg 879. Manz. — 80

Handbuch der allgemeinen Weltgeschichte für Ungelehrte. Berlin 1784. 2. Aufl. 1793. H: *Schulz, Joachim Christoph Friedrich*. (Ky) (R-N)

— für prakt. Welt- u. Menschenkenntniß, (v. Jh. Chr. Siede). gr. 8. Berl. 793. Schöne. 12 gr Engl. P. 16 gr

Handbuch für praktische Welt- und Menschenkenntnisse . . . Berlin 1794. V: *Siede, Johann Christian*. (Ky) (MGT)

— der afrikanischen Westküste zwischen Kap Verde u. Lagos. Hrsg. v. der Direktion der deutschen Seewarte. Mit 29 Küstenansichten. gr. 8. (XII, 120 S.) Hamburg 900. (L. Friederichsen & Co.) Kart. n.n. 1. 50

Deutsche Seewarte. Handbuch der Französischen Westküste. Hrsg. von d. Direktion. 2. Aufl. Mit 90 Küstenansichten u. 10 Hafenplänen. *Hamburg: L. Friedrichsen & Co. in Komm. 1900.* (XVI, 418 S.) 8° [00. 7190]

Kais. Marine. Deutsche Seewarte. **Handbuch** der Westküste Irlands. Mit 29 Küstenansichten. *Hamburg: L. Friederichsen & Co in Komm. 1902.* (XII, 338 S.) 8°

— f. das Königr. Westphalen, s.a. J. S. Ersch.

Handbuch für das Königreich Westphalen . . . Halle 1808 - 9. V: *Ersch, Johann Samuel.* (EngG) (Ky) (MGT)

— für d. Königr. Westphalen, zur Belehrung über Land u. Einwohner, d. Verfassung, Verwaltung u. äußern Verhältnisse überhaupt rc., (v. J. S. Ersch). Mit 1 Karte. gr. 8. Halle 808. Schwetschke u. S. 1 ₰ 12 gr.

—— des Whistspielers, s.a. Whistspieler.

— des Whistspielers. Nach d. Engl. von Fr. Kesting. 16. Wien 840. (Leipzig, Kummer.) 7 gr.

HANDBUCH, Wienerisches, fur Frauenzimmer vom hohen u. niedern Stande. Von *S**. Wien 1781. 8°.
Karajan's Bibl. II. no. 4421.

Handbuch der mecklenburgischen Wirthschaftsführung. Schwerin 1855—63. V: *Deiters, K. Fr.* (Russell IX, 1459)

—— der mecklenburgischen Wirthschaftsführung. (9 Lfgn.) 2 Bde. gr. 8. Schwerin, Hildebrand. [1. (XXIV und 510 S.) 2. (359 S. mit 1 lithogr. Plan in qu. gr. 4.) 1855.] *

Handbuch der Wirtschaftskunde Deutschlands. Bearb. von ... Hrsg. im Auftr. d. deutschen Verbandes f. d. kaufmänn. Unterrichtswesen. Bd 1–4. *Leipzig: B. G. Teubner 1901–04.* 4 Bde 4°(8°)
1. Mit zahlr. Abb., Tab. u. Karten. (Vorr.: Dr. [Rich.] Stegemann, Reg R.) 1901.
2. — Die land- u. forstwirtschaftl. Gewerbe Deutschlands. (Vorr.: Dr. [Rich.] Stegemann.) 1902.
3. (In 5 Lfgen.) Mit zahlr. Tab. u. 22 Karten. (Vorr.: Dr. H[ermann] Lehmann, [Syndikus d. Handelskammer], Aachen.) 1904.
4. (In 4 Lfgen.) Mit zahlr. Tab. u. 1 Karte. (Vorr.: Dr. [Rich.] Stegemann.) 1904.

Handbuch üb. d. exacten Wissenschaften u. ihre Anwendg. (Wissenschaftl. Apparate im South-Kensingthon-Museum zu London) 1876.

Handbuch der historischen Wissenschaften nach Hederichs Plane . . . Leipz. 1823. H: *Liechtenstern, Joseph Max Freih. v.* (BrVV)

— der theologischen Wissenschaften in encyklopädischer Darstellung m. besonderer Rücksicht auf die Entwickelungsgeschichte der einzelnen Disciplinen, in Verbindung mit Cremer, Grau, Harnack rc. hrsg. von Otto Zöckler. (In 3 Bdn.) 1. Bd. gr. 8. (VIII, 684 S.) Nördlingen 882. Beck. n. 11. —

— der theologischen Wissenschaften in encyklopädischer Darstellung m. besond. Rücksicht auf die Entwickelungsgeschichte der einzelnen Disziplinen, in Verbindg. m. Cremer, Grau, Harnack rc. hrsg. v. Otto Zöckler. 3 - 6. Halbbd. gr. 8. (2. Bd. S. 1—400, 3. Bd. XVI, 772 S.) Nördlingen 883. 84. Beck. à n. 5. 50

— dasselbe. 2., sorgfältig durchgeseh., teilweise neubearb. Aufl. 4 Bde. u. Reg. gr. 8. (XII, 786; VIII, 487; VII, 388; XI, 671 u. Reg. III, 88 S.) Ebend. 884. n. 40. —; geb. n. 48. 80

— dasselbe. Alphabetisches Namen- u. Sachregister. gr. 8. (III, 84 S.) Ebend. 885. n. 1. 80; geb. n.n. 2. 60 (cplt. m. Reg.: n. 34. 80; auch in 20 Lfgn. à n. 2. —)

—— dass. — Alphabetisches Namen- und Sachregister zur 2. Aufl. gr. 8. (III, 88 S.) Ebendas. 888. *M 2.—; geb. *

— der theologischen Wissenschaften in encyklopädischer Darstellung mit besond. Rücksicht auf die Entwicklungsgeschichte der einzelnen Disziplinen, in Verbindung mit Cremer, Grau, Harnack rc. hrsg. von Otto Zöckler. 3., sorgfältig durchgeseh. u. großenteils neu bearb. Aufl. 4 Bde. Lex.-8. München, Beck. n. 50. —; geb. n.n. 58. 80
1. Bd. 1. Abtlg. Grundlegung u. der Schrifttheologie 1. Hälfte. Mit 2 Karten. (XIII, 477 S.) 889. n. 7. —
2. Abtlg. Der Schrifttheologie 2. Hälfte. Mit 1 Karte. (VIII, 410 S.) n. 7. — (1. Bd. cplt.: n. 14. —; geb. n. 16. —)
2. Bd. Historische Theologie. Mit 2 kirchengeschichtl. Karten u. 33 Textabbildgn. (XI, 825 S.) n. 13. —; geb. n.n. 15. —
3. Bd. Systematische Theologie. (X, 700 S.) n. 11. —; geb. n.n. 13. —
4. Bd. Praktische Theologie. (VIII, 660 S.) 890. n. 10. —; geb. n.n. 12. —
Register. (III, 86 S.) n. 2. —; geb. n.n. 2. 80

— dasselbe. 1. u. 2. Aufl. Suppl.-Bd. 2 Abtlgn. Lex.-8. Ebd. 889. 890. n. 7. —; geb. n.n. 8. 80
1. Abtlg. A. Geschichte der theologischen Litteratur v. O. Zöckler. (195 S.) n. 3. 50
2. Abtlg. B. Der römische Katholizismus (Evangelische Polemik) v. Vict. Schultze. — C. Grundzüge d. allgemeinen Religionswissenschaft auf geschichtl. Grundlage v. Bruno Lindner. (XII u. S. 197—443.) n. 3. 50

Handbuch der Wohltahrtspflege in der Stadt Kiel. Hrsg. von d. stadt. Armenverwaltung. Kiel 1909: Ehlers. VII, 111 S. 8°

— f. Wohltätigkeit u. Wohlfahrtspflege in Dresden. Hrsg. von der Böhmert'schen Volkswohlstiftung. (XII, 211 S.) gr. 8. Dresden 906. (O. V. Böhmert.) n. 3. —

Handbuch der russischen Wörter und Redensarten . . . Leipzig 1813. V: *Schmidt, Joh. Adolph Erdmann.* (Ky) (MGT)

— d. russischen Wörter u. Redensarten, die im gemeinen Leben am häufigsten vorkommen können. (v. J. A. E. Schmidt). 8. Lpz. 813. Leo. 8 gr.

— d. Wundarzneikunde, zum Gebrauch für angehende Wundärzte. gr. 8. Zwickau 805. Schumann. 1 ₰ 12 gr.

— der gesammten Wundarzneykunst. 3 Bände. Hamburg, Vollmer.

— der Zahnheilkunde, red. von L. Holländer, H. Paschkis, W. Sachs, J. Scheff jun., A. Sternfeld unter Mitwirkg. v. Albert, M. Baštýř, R. Baume u. A. Hrsg. v. J. Scheff jun. Mit ungefähr 1000 Orig.-Holzschn. (In 3 Bdn. od. ca. 24 Lfgn.) 1.—5. Lfg. gr. 8. (1. Bd. S. 1—400.) Wien 890. Hölder. à n. 2. —

— der Zahnheilkunde, red. v. Ludw. Holländer, Heinr. Paschkis, Wilh. Sachs, Jul. Scheff jun., Alfr. Sternfeld unter Mitwirkg. v. Albert, M. Baštýř, R. Baume u. A. Hrsg. v. Jul. Scheff jun. Mit ungefähr 1000 Orig.-Holzschn. 29 Lfgn. gr. 8. Wien 890—893. A. Hölder. n. 59. —; geb. n.n. 65. —
1. Bd. (VIII, 570 S.) n. 15. —; geb. n.n. 16. 50
2. Bd. 1. Abth. (VI, 638 S.) n. 16. —; geb. n.n. 17. 50
2. Bd. 2. Abth. (VI, 618 S.) n. 16. —; geb. n.n. 17. 50
3. Bd. (VIII, 480 S.) n. 12. —; geb. n.n. 13. 50

— der Zahnheilkunde, unter Mitwirkg. v. Albert, Alfr. Baštýř, M. Baštýř u. a. hrsg. v. Jul. Scheff. 2., vollständig neu bearb. Aufl. Mit ungefähr 1000 Orig.-Abbildgn. (In 30 Lfgn.) 1.—9. Lfg. gr. 8. (I. Bd. V, 604 S. u. II. Bd. I. Abth. S. 1—112). Wien 902. A. Hölder. à n. 2. —; (I. Bd. vollständig n. 16. —; geb. in Halbfrz. n.n. 18. —)

— der Zahnheilkunde, unter Mitwirkung v. Albert, Alfr. Baštýř, M. Baštýř u. a. hrsg. v. Jul. Scheff. 2., vollständig neu bearb. Aufl. Mit ungefähr 1000 Orig.-Abbildgn. 10.—32. Lfg. (II. Bd. 1. Abth. VI u. S. 113—662; 2. Abth. VII, 726 u. III. Bd. VIII, 549 S.) gr. 8. Wien 902—904. A. Hölder. n. 46. 40 (2. Bd. n. 36. —; geb. n.n. 40. —; 3. Bd. n. 14. —; geb. n.n. 16. —; vollständig n.n. 66. —; geb. n.n. 74. —

Handbuch der Zahnheilkunde. Unter Mitw. von ... hrsg. von Dr. Julius Scheff, Prof. 3., vollst. neu bearb. u. verm. Aufl. Mit Orig.-Abb. Bd 1–3. Wien & Leipzig: Hölder 19(08–)09–10. 8°
1 19(08–)09 2, Abt 1. 1909. 2, Abt. 2 1910. 3. 1910. [10. 11107

— der Zahnkeilkunde, unter Mitwirkg. v. E. Albert. Alfr. Baštýř, M. Baštýř u. a. hrsg. v. Jul. Scheff. 3., vollständig neu bearb. u. verm. Aufl. 8 Bde. gr. 8. Wien, A. Hölder. 83.50; geb. in 4 Halbfrz.-Bde. 98.50; auch in 85 Lfgn.
I. Mit 375 Orig.-Abb. (V, 737 S.) 909. 21.50; geb. n 24. —
II. 1. Mit 353 Orig.-Abb. (VI, 717 S.) 909. 21.50; geb. n 24. —
II. 2. Mit 117 Orig.-Abb. (VIII, 626 S.) 910. 25. —; geb. n 27. 50
III. Mit 435 Orig.-Abb. (VIII, 557 S.) 910 15.50; geb. n 18. —

— d. Zeichen-, Maler-, Illuminir-, Aetz- u. Radirkunst. 2 Hefte, mit Kpf. gr. 8. Leipz. 797. Göthe. 16 𝒦

— für Zeichner, mit 9 Kpf. Fol. Dresd. 801. Arnold. 2 ℛ 16 𝒦
3e Aufl. Fol. Dresd. 814. Arnold. 2 ℛ Hdn. Pr. 1 ℛ

— für Zeitungsleser, s.a. Handb. f. Soldaten.

— f. Zeitungsleser. Hrsg. von F. Fenner v. Fenneberg unter Mitwirkung von F. Grieb, Herm. Rollett, J. G. Wirth u. mehreren And. gr. 16. (486 u. XXXVI S.) Ulm 817, Müller. n. 1 1/3 ℛ

—— für Zeitungsleser. Hrsg. von F. Fenner v. Fenneberg unter Mitwirkung von F. Grieb, Herm. Rollett, J. G. Wirth und mehreren Andern. gr. 16. (486 und XXXVI S.) Ulm 849, Müller's Buchh. *

— zum Zeitvertreib für d. schöne Geschlecht. 2 Thle. 8. Leipz. 777, 79. Schwickert. 1 ℛ 14 𝒦

Handbuch des im Bezirk des früheren Kurfürstenthums Hessen geltenden Cicilrechts in alphab. Ordnung. 2. Aufl. Unter Mitw. von ... bearb. von Max. Theobald. Kassel 1888.

— des kurhessischen Civil- und Civilproceßrechtes in alphabetischer Ordnung. 1. Bd. Cassel 860. Fischer. gr. 8. (X, 573 S.) n. 2 ℛ 20 ngr.

Handbuch, d. rheinischen Civilrechts, enth. zugleich e. übersichtl. Darstellg. der Gerichtsverfassg. u. der allgemeinen Grundsätze d. gerichtl. Verfahrens in Civil- u. Strafsachen. Mühlheim 887. *

—— des im Königr. Sachsen geltenden Civilrechts, s.a. Curtius, Carl Friedr.

Handbuch des im Königreich Sachsen geltenden Civilrechts. Leipzig 1797–1838. V (Th. 1. 2): *Curtius, Carl Frdr.* V (Th. 3): *Richter, Stephan Carl.* V (Th. 4 u. Abth. 4): *Hänel, Gustav Frdr.* H (2. Aufl. Th. 1. 2. 1807): *Richter, Stephan Carl.* H (2. Aufl. Th. 3. 1825): *Hänsel, Philipp Heinrich Friedrich.* H (3. Ausg. Th. 1. 2. 1835—38): *Hänsel, Philipp Heinrich Friedrich.* H (Th. 4. Abth. II. 1834): *Hänel, Frdr.* V (Ergänzungen u. Register): *Kriegel, Alb.* (Ky)

— des im Königreich Sachsen geltenden Civilrechts, (v. K. Fr. Curtius). 1r u. 2r Thl. gr. 8. Leipz. 198/99. Schwickert. 2e A. 807. 3 ℛ 3r Thl., oder d. 3ten Buchs 1e Abtheil., fortgesetzt v. St. K. Richter. gr. 8. Ebd. 807. 1 ℛ 4 𝒦 2e Aufl. 825. 1 ℛ 20 𝒦 4r Thl., oder des 3ten Buches 2e u. 3e Abtheil., herausg. von G. Fr. Hänel. gr. 8. Ebd. 819. 2e Aufl. 831. 1 ℛ 8 𝒦 4e u. letzte Abtheil. Nebst e Zusätzen u. Register, herausg. von G. Fr. Hänel. gr. 8. 820. 20 𝒦 Alle 4 Thle cpl. 7 ℛ (Vergl. Bemerkk. u. Excurse über das im Königr. Sachsen geltende Civilrecht.)

— des im Königreiche Sachsen geltenden Civilrechts, (von Karl Fr. Curtius). 1r Thl. 3e verm. u. nach den neuesten gesetzlichen Bestimmungen ergänzte Ausgabe, (v. Ph. Hnr. Fr. Hänsel). gr. 8. Leipzig 835. Schwickert. 1 1/2 ℛ — 2r Thl. 1e Abthl. 3e verm. u. nach d. neuesten gesetzlichen Bestimmungen ergänzte Ausg. (v. Ph. Hnr. Fr. Hänsel). gr. 8. Ebd. 835. 1 1/6 ℛ — 2r Thl. 2e Abthl. 3e verm. u. verb. Aufl. A. u. d. T.: Das in dem Königr. Sachsen gültige Erbrecht, (v. Ph. Hnr. Fr. Hänsel). gr. 8. Ebd. 837. 3 1/2 ℛ — 2r Thl. 3e Abthl. 3e verm. u. verb. Aufl. (v. Ph. Hnr. Fr. Hänsel). gr. 8. Ebd. 838. 2 1/6 ℛ — 4r Thl 2e u. letzte Abthl. (Von Fr. Hänel), nebst Ergänzungen u. Sachregister (von Alb. Kriegel). gr. 8. Ebd. 834. 1 ℛ (1. II. 1–3. III. IV. 1. 2. 12 1/2 ℛ)

— für die schweizerischen Civilstandsbeamten. Hrsg. vom schweizer. Departement des Innern. gr. 8. (385 S.) Bern 881. (Jenni.) n. 4. 50

Handbuch für die schweizerischen Civilstandsbeamten, hrsg. vom schweiz. Departement d. Innern. In-8°, 385 S. Bern, Stämpfli'sche Buchdr. 4 —
1885

Handbuch. Nachträge zum H' für die schweizerischen Civilstandsbeamten. Abgeschlossen im November 1906. Hrg. vom Schweizerischen Justiz- und Polizeidepartement. 230 S. 8. Bern, Ott & Bolliger, 1907.
(Das Handbuch für die sch' C' ist im Jahre 1881 hrg. worden.)

Handbuch über die Civilversorgung und Civilanstellung der Militairpersonen des Heeres und der Marine. Hrgg. v. C. Zander. Leipzig. 1880. 8°.

—— für Zollbeamte und Steuerpflichtige (nebst Anhang: enth. den Vertrag zwischen Sr. Maj. dem Könige von Preußen und Sr. Maj. dem Könige von Hannover, die Vereinigung des Steuervereins mit dem Zollvereine betreffend.) gr. 8. (138 S.) Cassel 851, Hotop.

—— des neuen Zoll-Tarifes von Russland. Mit Vergleichungstabellen und einem Anhange über Passagier-Effekte. gr. 16. (IV und 56 S.) St. Petersburg 851, (Krug.) *

—— der Zoologie von Wilh. C. H. Peters, Jul. Victor Carus und C. E. Adolph Gerstaecker. 2. Bd.: Arthropoden, bearb. von A. Gerstaecker. Räderthiere, Würmer, Echinodermen, Coelenteraten und Protozoen, bearb. von J. V. Carus. gr. 8. (VIII und 642 S.) Leipzig 863, Engelmann. *

— d. Zubereitens u. Aufbewahrens d. Thiere aller Klassen, s. P. E. Stein.

Handbüchel des praktischen Weinkellermeisters, zum nutzbaren Gebrauche aller derjenigen, welche mit der Weinmanipulazion sich beschäftigen. Wien 1789. -- [Zit. nach dem Realkatalog der DSB. 1: Kriegsverlust]

Handbücher f. die prakt. naturwissenschaftliche Arbeit. 5. Bd. Lex. 8. Stuttgart 909. Franckh. 2. —
Süsswasser-Diatomeen Deutschlands. Ein Hilfsbuch f. Anfänger bei der Bestimmg. der am häufigsten vorkomm. Formen. Von Frdr. Hustedt. (70 S. m. 9 Abb. u. 10 Taf.)
Bd. 1—3 s.: Bibliothek, mikrologische.

Handbücher, didaktische, f. den realistischen Unterricht an höh. Schulen in 10 Bdn. Unter Mitwirkg. v. B. Landsberg, C. Matzdorff, O. Ohmann, R. Watzel hrsg. v. Alois Höfler u. Frdr. Poske. I. u. VII. Bd. gr. 8. Leipzig, B. G. Teubner. Geb. in Leinw. 20. —
Höfler, Alois, Didaktik des mathematischen Unterrichts. (XVIII, 509 S. m. 147 Fig. u. 2 Taf.) 910. (I. Bd.) Geb. in Leinw. 12. —
Landsberg, Bernh., Didaktik des botanischen Unterrichts. (XIII, 303 S. m. 19 Fig. im Text u. auf 1 Taf.) 910. (VII. Bd.) Geb. in Leinw. 8. —
Die Bde. 2—6 erscheinen später.

Anonym: „Handbücher für Frauenzimmer, enthaltend eine Wäsche- und Kücheninventur", Leipzig 1747 (Dyk).

Handbücher der alten Geschichte. I. Serie. 1. Abt. 1. u. 2. Bd. gr. 8. Gotha 884. F. A. Perthes. à n. 7. —
Aegyptische Geschichte v. A. Wiedemann. 1. Abt.: Von den ältesten Zeiten bis zum Tode Tutmes' III. (XI, 372 S.) — 2. Abt.: Von dem Tode Tutmes' III. bis auf Alexander den Grossen. (VII u. S. 389—765.)

Handbücher der alten Geschichte. I. Serie. 1. Abtl.: Ägyptische Geschichte von A. Wiedemann. Suppl. gr. 8. (VI, 77 S.) Gotha 885, F. A. Perthes. *
Hauptwerk. 2 Tle. Ebendas. 1884. * ℳ 14.—.

— dasselbe. II. Serie. 1. Abtlg. 1. Tl. gr. 8. Ebend. 885. n. 12. —
Griechische Geschichte bis zur Schlacht v. Chaironeia v. Geo. Busolt. 1. Tl.: Bis zu den Perserkriegen. (XII, 623 S.)

— dasselbe. 4. Abtlg. 1. Tl. gr. 8. Ebend. 886. n. 6. —
Babylonisch-assyrische Geschichte v. C. P. Tiele. 1. Tl. Von den ältesten Zeiten bis zum Tode Sargons II. (XIII, 282 S.)

Handbücher der alten Geschichte. I. Serie. 1. Abtlg.: Ägyptische Geschichte v. A. Wiedemann. Suppl. gr. 8. (VI, 77 S.) Gotha 888. F. A. Perthes. n. 2. — (1. Abtlg. cplt. m. Suppl.: n. 16. —)

— dasselbe. I. Serie. 3. Abtlg. 1. Halbbd. u. 4. Abtlg. 2. Tl. gr. 8. Ebd. 888. n. 13. —
III. 1. Geschichte der Hebräer von R. Kittel. 1. Halbbd. Quellenkunde und Geschichte der Zeit bis zum Tode Josua's. (XII, 281 S.) n. 6. —
IV. 2. Babylonisch-assyrische Geschichte von C. P. Tiele. 2. Tl.: Von der Thronbesteigung Sinacherib's bis zur Eroberung Babels durch Cyrus. (VI u. S. 283—647.) n. 7. — (cplt.: n. 13. —)

— dasselbe. II. Serie. 1. Abtlg. 2. Tl. gr. 8. Ebd. 888. n. 12. — (1. 2.: n. 24. —)
Griechische Geschichte bis zur Schlacht bei Chaironeia von Geo. Busolt. 2. Tl.: Die Perserkriege u. das attische Reich. (XVI, 607 S.)

— dasselbe. III. Serie. Römische Geschichte. 2. Abtlg. 2. Bd. gr. 8. Ebd. 887. n. 9. — (1. u. 2.: n. 27. —)
Geschichte der römischen Kaiserzeit v. H. Schiller. 2. Bd. Von Diokletian bis zum Tode Theodosius d. Grossen. (VIII, 492 S.)

Handbücher der alten Geschichte. I. Serie. 3. Abth. 2. Halbbd. gr. 8. Gotha 892. F. A. Perthes. n. 7. —
Geschichte der Hebräer v. R. Kittel. 2. Halbbd. Quellenkunde u. Geschichte der Zeit bis zum babylon. Exil. (XIII, 344 S.) (1 u. 2.: n. 13. —)

Handbücher der alten Geschichte. II. Serie. 2. Abtlg. 1. Tl. gr. 8. Gotha 893. F. A. Perthes. n. 10. —
Geschichte der griechischen u. makedonischen Staaten seit der Schlacht bei Chaeronea v. Benedictus Niese. 1. Tl. Geschichte Alexanders des Grossen u. seiner Nachfolger u. der Westhellenen bis zum J. 281 v. Chr. (X, 512 S.) n. 10. —

— dasselbe. II. Serie. 1. Abth. 1. Bd. gr. 8. Ebd. 893. n. 12. —
Griechische Geschichte bis zur Schlacht bei Chaeronea v. G. Busolt. 1. Bd. Bis zur Begründg. d. peloponnes. Bundes. 2., verm. u. völlig umgearb. Aufl. (XVI, 716 S.)

Handbücher der alten Geschichte. II. Serie. 1. Abth. 2. u. 3. Bd. gr. 8. Gotha, F. A. Perthes. n. 23. — (1—III, 1: n. 35. —)
2. Griech. Geschichte bis z. Schlacht b. Chaeroneia v. Geo. Busold. D. ältere att. Geschichte u. d. Perserkriege. 2., verm. u. völlig umgearb. Aufl. (XVIII, 814 S.) 895. n. 13. —
3. Dasselbe. 1. Tl.: D. Pentekontaëtie. (XXII, 592 S.) 897. n. 10. —

Handbücher der alten Geschichte. II. Serie. 2. Abtlg. 2. Tl. gr. 8. Gotha, F. A. Perthes. n. 16. —
Geschichte der griechischen u. makedonischen Staaten seit der Schlacht bei Chaeronea. Von Benedict Niese. 2. Tl. Vom J. 281 v. Chr. bis zur Begründg. der röm. Hegemonie im griech. Osten 188 v. Chr. (XII, 779 S.) 899. n. 16. —; (1 u. 2 n. 26. —)

Handbücher der alten Geschichte. I. Serie. 5. Abtlg. 1. Bd.; II. Serie. 1. Abtlg. 3. Bd. 2. Tl. u. 2. Abtlg. 3. Tl. gr. 8. Gotha, F. A. Perthes. n. 37. —
I. 5. I. Bd. Geschichte der Meder u. Perser bis zur makedonischen Eroberung Von Justin v. Prášek. 1. Bd. Geschichte der Meder u. des Reichs der Länder. (XII, 282 S.) 906. n. 7. —
II. 1. Griechische Geschichte bis zur Schlacht bei Chaeroneia. Von Geo. Busolt. 3. Bd. 2. Tl.: peloponnes. Krieg. (XXXV u. S. 559—1640.) 904. n. 18. — (1—3.: n. 53. —)
2. Geschichte der griechischen u. makedonischen Staaten seit der Schlacht bei Chaeronea. Von Benedict Niese. 3. Tl. Von 188—120 v. Chr. (XI, 468 S.) 903. n. 12. — (Vollständig: n. 38. —)

— der alten Geschichte. I. Serie. 3. Abtlg. II. Bd. u. 5. Abtlg. II. Bd. gr. 8. Gotha, F. A. Perthes. 18. —
Kittel, Rud., Geschichte des Volkes Israel II. Bd. Das Volk in Kanaan. Quellenkunde u. Geschichte der Zeit bis zum babylon. Exil. 2., vollständig neubearb. Aufl. (XVI, 589 S.) 909. (I, 3. II.) 12. —
Prášek, Justin v., Geschichte der Meder u. Perser bis zur makedonischen Eroberung. II. Bd. Die Blütezeit u. der Verfall des Reiches der Achämeniden. (XII, 256 S.) 910. (I, 5. II.) 6. —

(Karl W.) Hiersemanns **Handbücher.** Bd 1. Leipzig: K. W. Hiersemann 1905. 8° 108. 1117

Kleine Handbücher, hrsg. unt. Mitwirk. d. dtsch. Reichsaussch. f. Leibesübungen (früher: Kleine Schriften d. Zentralausschusses zur Förderung d. Volks- u. Jugendspiele in Deutschland, hrsg. v. E. v. Schenckendorff u. F. A. Schmidt), m. Abb., Leipzig, 8°. 41 Bde.
Bd. 1: Schenckendorff, E. v., u. Schmidt, F. A., Ratgeber zur Einführung d. Volks- u. Jugendspiele, 2. Aufl. 1896.
Bd. 1: Hermann, A., — 3. Aufl. 1898, 5. Aufl. 1905.
Bd. 1: — u. Kohlrausch-Hannover, E., — 6. Aufl. 1907, 7. Aufl. 1912.
Bd. 2: Schmidt, F. A., Anleitung zu Wettkämpfen, Spielen u. turnerischen Vorführungen bei Jugend- u. Volksfesten, 1. Aufl. 1896, 2. Aufl. 1900, 3. Aufl. 1905, 4. Aufl. 1905, 5. Aufl. 1907, 6. Aufl. 1911, 7. Aufl. 1921.
Bd. 3: Hermann, A., Handbuch d. Bewegungsspiele für Mädchen, 1. Aufl. 1901, 2. Aufl. 1905, 3. Aufl. 1906, 5., 6., 7., 8. Aufl. v. Fritz Schroeder, 1908, 1910, 1913, 1922.
Bd. 4: Schenckendorff, E. v., Ratgeber zur Pflege d. körperlichen Spiele an d. dtsch. Hochschulen, 1. Aufl. 1901, 2. Aufl. 1902.
Bd. 4: Schenckendorff, E. v., u. Heinrich, J. — 3. Aufl. 1908, 4. Aufl. 1910.
Bd. 5: Radczwill, Minna, Singspiele, 1908, 4. Aufl. 1921.
Bd. 6: Burgaß, E., Winterliche Leibesübungen in freier Luft, 1. u. 2. verm. Aufl. 1910.

Bd. 7: Naydt, H., u. Eckardt, Fritz, Das Wandern, Anleitung zur Wanderung u. Turnfahrt in Schule u. Verein, 1. Aufl. 1908, 2. Aufl. 1909, 3. Aufl. 1911.
Eckardt, Fritz, 4. umgeänd. Aufl. m. Abb. 1922.
Bd. 8: Schäfer, Paul Georg, Geländespiele, 1. Aufl. 1909, 2. Aufl. 1911, 3. Aufl. 1912, 4. Aufl. 1916, 6. Aufl., umgearb. v. Fritz Eckardt, 1921.
Bd. 9: Kohlrausch, E., Militärisches Spielbuch, bearb. auf Grundlage d. neuen Turnvorschrift f. d. Infanterie v. 3. 5. 1910, 1. Aufl. 1911, 2. Aufl. 1919.
Bd. 10: 10 Auskunftsbogen d. Zentralausschusses über Spielplätze u. deren Ausrüstung in Stadt u. Land, über Ferienspiele, Eis- u. Rodelbahnen, sowie Wanderungen, 1. Aufl. 1911, 2. Aufl. 1913.
Bd. 11: Neinberg, Friedrich, Anleitung f. Ballspiele, Schlagball ohne Einschenker, Faustball, Tamburinball, Ein Handbuch f. Lehrer, Turnwarte, Spielleiter u. Jugendpfleger, 1912.
Bd. 12: Lotz, Heinrich, Schwimmen in Schule u. Verein, 1. u. 2. Aufl. 1914 u. 1923.
Bd. 13: Schomburg, Hugo, Schülerausflüge e. Quelle d. Kraft u. Freude, 1920.

Handbücher, Kleine, der Musikgeschichte nach Gattungen. Herausgegeben von Hermann Kretzschmar. Band I f. Leipzig 1905 f.

— **kleine**, der **Musikgeschichte nach Gattungen.** Hrsg. v. Herm. Kretzschmar. II. Bd. gr. 8. Leipzig, Breitkopf & Härtel. 8.—; geb. 8. 50
II. Geschichte der Motette. Von Hugo Leichtentritt. (VII 453 S.) 908.

Handbücher des Kunstgewerbes. Bd 1. *Leipzig: H. Seemann Nachf. 1902.* 8°

'— Kunstgewerbemus. Graul R, d. 18. Jrh., Dekoration u Mobiliar (200 S) Berlin 1905

— z. deutsch. **Landes- u. Volkskunde 1,** s.a. Lepsius, R., Geologie v. Deutschland.

— **zur deutschen Landes- u. Volkskunde.** Hrsg. v. der Centralkommission f. wissenschaftl. Landeskunde v. Deutschland. 1. Bd. 1. u. 2. Lfg., 3. Bd. gr. 8. Stuttgart, Engelhorn. n. 30. 50
I. 1. Geologie v. Deutschland u. den angrenzenden Gebieten v. R. Lepsius. 1. Bd.: Das westl. u. südl. Deutschland. Mit 1 geolog. Karte u. zahlr. Profilen im Texte. 1. Lfg. (254 S. m. 3 Tab.) 887. n. 11. 50
2. — dasselbe. 1. Bd. 2. Lfg. Mit zahlr. Profilen im Texte. (S. 255—458 m. 3 Tab.) 889. n. 7. —
III. Die Gletscher der Ostalpen. Von Ed. Richter. Mit 7 Karten, 2 Ansichten u. 44 Profilen im Text. (VII, 306 S.) 888. n. 12. —

— **zur deutschen Landes- u. Volkskunde,** hrsg. v. der Centralkommission f. wissenschaftl. Landeskunde v. Deutschland. 1. Bd. 3. Lfg. gr. 8. Stuttgart 892. J. Engelhorn. n. 14. — (I. u. III. Bd.: n. 44. 50)
Geologie v. Deutschland u. den angrenzenden Gebieten v. Rich. Lepsius. 1. Bd. Das westl. u. südl. Deutschland. 3. Lfg. Mit 1 Taf. farb. Profile u. zahlreichen Profilen im Texte. (XIV u. S. 459—800 m. 8 Tab.) (1. Bd. kplt.: n. 32. 50.)

— **zur deutschen Landes- u. Volkskunde.** Hrsg. v. der Centralkommission f. wissenschaftl. Landeskunde v. Deutschland. 4. Bd., 1 Tl. gr. 8. Stuttgart 896. J. Engelhorn. n. 16. — (I, III u. IV, 1.: n. 60. 50)
Deutschlands Pflanzengeographie. E. geograph. Charakterbild. d. Flora v. Deutschland u. d. angrenz. Alpen- sow. Karpathenländern v. Osc. Drude. 1. Tl. M. 4 Karten u. 2 Textillustr. (XIV, 502 S.)

— f. d. **rheinischen Landwirth.** Hrsg. v. landwirthschaftl. Verein f. Rheinpreußen. 1.—3. Bd. gr. 8. Bonn (C. Georgi). 2. 70
1. Viehhandel u. Viehprozeß. Von Johs. Schumacher. 2. Aufl. (VI, 78 S.) 896. — 75
2. Herrschaft u Gesinde. Ausführl. Darstellg. d. gesinderechtl. Verhältnisse, insbes. derjenigen in d. Rheinprovinz, m. zahlr. Anweisgn. u. Entscheidgn. d. höchsten Verwaltungs- u. Gerichtsbehörden, m. einschläg. Formularen, Erläutergn. d. das Gesinde betreff. Unterstützungs- u. Arbeiterversicherungsgesetze u. e. Uebersicht d. Wohlfahrtseinrichtgn. Prakt. Handbuch f. Jedermann. Von F. H. Hagenkötter. (VII, 79 S.) 896. — 75
3. Das landwirthschaftliche Versicherungswesen. Ein Lehrbuch f. d. prakt. Landwirth u. d. Schüler landwirthschaftl. Lehranstalten. Von M. Jolst. (VIII, 155 S.) 897. 1. 20

— f. den **rheinischen Landwirth.** Hrsg. vom landwirthschaftl. Verein f. Rheinpreußen. 4. u. 5. Bd. gr. 8. Bonn (C. Georgi). n. 1. 70
4. Der landwirthschaftl. Obstbau. Zum Unterricht an den landwirthschaftl. Schulen u. zur Selbstbelehrg. Von Emil Hoesch. 4. Aufl. (156 S. m. Abbildgn.) 898. n. 1. 20
5. Verein, der landwirthschaftl., f. Rheinpreußen u. seine Einrichtungen. Zur Orientirg. f. die Mitglieder des Vereins. (V, 145 S.) 898. n. — 50
Bd. 1—3. Ebd. 896. 897. n. 2. 70.

Handbücher des klösterlichen Lebens. 1—5. Bd. 16. Regensburg 869, 70. Manz. 1 *Thlr* 27½ *ngr.*
1. Tagzeiten zu Ehren U. L. Frau. [Officium parvum.] In latein. u. deutschem Texte. Mit dem Choramt zu Ehren der unbefleckten Empfängniß u. des heil. Herzens Jesu u. Mariä neu hrsg. von e. kathol. Geistl. Mit e. Stahlst. (324 S.) 9 *ngr.*
2. Geistliches Myrrhengärtlein, oder die christl. Seele vor dem heil. Sakramente, auf dem Kreuzwege u. in der Schule des heil. Gehorsams. Aus den frommen Schriften der heil. Brigitta, Gertrudis u. M. Margaretha Alacoque 2c. neu hersg. von Jak. Leitner. Mit e. Stahlst. (365 S.) 10 *ngr.*
3. Himmlisches Vergißmeinnicht. Oder: Tägliche Gebete der Heiligen. Sammt e. Anleitg. zum Betrachten u. zur Erforschg. des Gewissens für fromme Seelen. Aus den Schriften der heil. Jungfrauen Gertrudis, Mechtildis u. Theresia, sowie des sel. Petrus Forerius sorgfältig ausgewählt u. hersg. von Jak. Leitner. Mit 1 Stahlst. (277 S.) 7½ *ngr.*
4. Anmuthiges Seelen-Paradies oder fromme Uebgn. der heil. Jungfrau Gertrudis zur Mehrg. der Liebe Gottes. Sammt den Kirchengebeten bei Segng. der Gott geweihten Jungfrauen u. e. Vorbereitg. zum christl. Tode aus den Schriften frommer Geistesmänner. Neu hersg. v. Jak. Leitner. Mit e. Stahlst. (406 S.) 10 *ngr.*
5. Geistliches Schatzkästlein. Oder: Fromme Uebgn. auf die Feste u. Zeiten der heil. Kirche, mit der kirchlich approb. Andacht auf das heil. Herz-Jesu-Fest, e. Mai-Andacht, der Aloysius-Xaverius- u. Joseph-Andacht, u. den Novenen auf alle Hauptfeste Mariä. Hersg. von Jak. Leitner. Mit 1 Stahlst. (486 S.) 12 *ngr.*

Handbücher d. klösterlichen Lebens. 6—8. Bd. 16. Regensburg. 870. 71. Manz. 4. 65. (1—8.: 9. 50)
6. Das Geheimniß v. Betlehem u. Nazareth. Ein vollständ. Gebet- u. Betrachtungs-Buch aus dem heiligsten Leben u. Leiden Jesu u. Mariä. Nach Ordng. d. kathol. Kirchenjahres verf. u. hrsg. v. Jak. Leitner. Mit e. Stahlst. (573 S.) 1. 25
7. Das Geheimniß d. Kalvarienberges u. Altares. Ein vollständ. Gebet- u. Betrachtungs-Buch aus dem heiligsten Leben u. Leiden Jesu u. Mariä. Nach der Ordng. d. kathol. Kirchenjahres verfaßt u. hrsg. v. Jak. Leitner. Mit e. Stahlst. (654 S.) 1. 50
8. Das Geheimniß d. guten Königs. Ein vollständ. Gebet- u. Betrachtungs-Buch aus dem heiligsten Leben u. Leiden Jesu u. Mariä. Nach der Ordng. d. kathol. Kirchenjahres verf. u. hrsg. v. Jak. Leitner. Mit e. Stahlst. (783 S.) 1. 80

Handbücher d. klösterlichen Lebens. 1. Bd. 16. Regensburg 895. Nationale Verlagsanstalt. — 90
Tagzeiten zu Ehren Uns. Lieben Frau. (Officium parvum.) In latein. u. deutschem Texte. M. d. Choramt z. Ehren d. unbefleckten Empfängniß u. d. heil. Herzen Jesu u. Mariä neu hrsg. v. J. Leitner. 6. Aufl. (VIII, 323 S.)

Handbücher für das priesterliche Leben. Herausg. von mehreren Geistlichen. Red. von J. Holzwarth. Schaffhausen 860—63. Hurter. 16. Jeder Thl. 22½ *ngr.*
1—4. Thl.: Betrachtungsbuch für Priester. Von J. Adjutus. 4 Bde. (1.: 1. u. 2. Aufl. XI, 399 S.; 2.: XI, 388 S.; 3.: XII, 372 S.; 4.: XI, 316 S.)
5. Thl.: Olier, der Stifter von St. Sulpiz. Sein Leben u. Wirken. Nach dem Französ. bearb. von M. Clericus. (XI, 354 S.)
8. Thl.: Betrachtungen über das allerheiligste Altarssacrament von Huguet. Nach der 3. Aufl. ins Deutsche übers. (VIII, 299 S.)

Handbücher für das priesterliche Leben. Herg. von mehreren Geistlichen. Redig. von J. Holzwarth. 6. 7. 9—17. Thl. 16. Schaffhausen 865—70. Hurter'sche Buchh. Jeder Thl. 22½ ngr.
6. u. 7. Thl. Holzwarth, F. J., Memento mori! Ein Büchlein zur monatl. Vorbereitg. auf e. priesterl. Sterben. 2 Thle. (VIII, 326 u. VI, 342 S.)
9—11. Thl. Adjutus, J., Lesebüchlein für die Pfarrherren. 3 Bde. (XXI, 942 S.)
12. Thl. Holzwarth, F. J., das priesterliche Leben nach den Anschauungen der Kirche, oder Rufe aus allen Jahrhunderten an das Herz der Priester. 1. Bdchn.: Rufe aus der Kirche der Martyrer. (XVI, 352 S.)
13. Thl. — — 2. Bdchn. II. (VIII, 334 S.)
14. Thl. — — 3. Bdchn.: Rufe aus der Kirche der Väter über das Hirten- u. Predigtamt, über Gebet u. Studium. I. (340 S.)
15. Thl. — — 4. Bdchn. II. (VII, 357 S.)
16. Thl. — — 5. Bdchn. III. (320 S.)
17. Thl. — — 6. Bdchn.: Rufe aus der Kirche der Väter über den Ordensstand. (XXXIII, 304 S.)

Handbücher f. d. priesterliche Leben. Hrsg. v. mehreren Geistlichen. Red. v. J. Holzwarth. 2. u. 3. Tl. A. u. d. T.: J. Adjutus, Betrachtungsbuch für Priester. 2. u. 3. Bd. 2. Aufl. 12. (à Bd. XII, 388 S.) Regensburg 886. 887. Verlags-Anstalt. à Bd. 2. 25 (1—4.: 9. —)

— zur Missionskunde. 1—3. Bd. 8. Basel, Basler Missionsbuchh. 5.20; geb. in Leinw. 7. 20
Smith, Arth. H., das neue China. Nach dem engl. Original. Berechtigte deutsche Bearbeitg. v. Luise Oehler. Mit Abbildgn. u. 1 Karte. (VIII, 208 S.) 909. (Bd. 1) 2.40; geb. 3. 20
Steiner, P., die Basler Mission auf der Goldküste. Mit Bildern u. 1 Karte der Goldküste. (VII, 144 S.) 909. (Bd. 3) 1.40; geb. 2. —
— Kamerun als Kolonie u. Missionsfeld. Mit Abbildgn. u. 1 Karte. (135 S.) 909. (Bd. 2) 1.40; geb. in Leinw. 2. —
Schlüssel dazu s.: Römer.

— der königl. Museen zu Berlin. Mit Abbildgn. Hrsg. v. der General-Verwaltung der königl. Museen. I.—IV. Bd. 8. Berlin, W. Spemann. n. 6. 25; geb. n. 7. 50
I. Die italienische Plastik v. Wilh. Bode. (IV, 190 S. m. Bildern.) 891. n. 1. 25; geb. n. 1. 50; 2. Aufl. (188 S. m. 86 Abbildgn.) 893. n. 1. 25; geb. n. 1. 50
II. Gold u. Silber v. Jul. Lessing. (VI, 150 S. m. Abbildgn.) 892. n. 1. 25; geb. n. 1. 50
III. Der Kupferstich v. Frdr. Lippmann. (V, 220 S. m. 110 Abbildgn.) 893. n. 2. 50; geb. n. 3. —
IV. Buddhistische Kunst in Indien. (Museum f. Völkerkunde.) Von Alb. Grünwedel. (VIII, 178 S. m. 76 Abbildgn.) 893. n. 1. 25; geb. n. 1. 50

— d. kgl. Museen zu Berlin. 3. u. 5.—7. Bd. gr. 8. Berlin, W. Spemann. n. 8. 50; geb. 10. 50 (I—VII: n. 12. 25; geb. n. 15. —)
3. Der Kupferstich. Von Frdr. Lippmann. 2. Aufl. (V, 244 S. m. 131 Abb.) 896. n. 2. 50; geb. n. 3. —
5. Majolika. (Kunstgewerbe-Museum.) Von Otto v. Falke. (IV, 200 S. m. 79 Abb.) 896. n. 2. —; geb. n. 2. 50
6. Münzen u. Medaillen. Von Alfr. v. Sallet. M. 298 Abb. (IV, 224 S.) 898. n. 2. 50; geb. n. 3. —
7. Die Konservirung v. Altertumsfunden. Von Frdr. Rathgen. M. 49 Abb. (VI, 147 S.) 898. n 1. 50; geb. n. 2. —

— der königl. Museen zu Berlin. (1., 4. u. 8. Bd.) gr. 8. Berlin [W. Spemann]. G. Reimer. n. 6. 25; geb. n. 7. 50
1. Die italienische Plastik. Von Wilh. Bode. 3. Aufl. Mit 95 Abb. im Text. (IV, 194 S.) 902. n. 1. 25; geb. n. 1. 50
4. Buddhistische Kunst in Indien. (Museum f. Völkerkunde.) Von Alb. Grünwedel. Mit 102 Abbildgn. (XV, 213 S.) 900. n. 1. 50; geb. n. 2. —
8. Aus den Papyrus der königl. Museen. Von Adf. Erman u. Fritz Krebs. Mit 13 Abbildgn. u. 24 Taf. (VII, 291 S.) 899. n. 3. 50; geb. n. 4. —
Bd. 2, 3 u. 5—7 jetzt Ebd. 895—898. n. 9. 50; geb. 11. 50

— der königl. Museen zu Berlin. (I. III. u. IX.—XI. Bd.) 8. Berlin, G. Reimer. n. 13. 50; geb. n. 16. —
I. Die italienische Plastik. Von Wilh. Bode. 4. Aufl. Mit 103 Abbildgn. im Text u. 2 Plänen. (XXI, 207 S.) 905. n. 1. 50; geb. n. 2. —
III. Der Kupferstich. Von Frdr. Lippmann. 3. Aufl. Mit 131 Abbildgn. (V, 253 S.) 905. n. 2. 50; geb. n. 3. —
IX. Die ägyptische Religion. Von Adf. Erman. Mit 165 Abbildgn. (VI, 261 S.) 905. n. 3. 50; geb. n. 4. —
X. Das XVIII. Jahrh. Dekoration u. Mobiliar. (Kunstgewerbemuseum.) Von Rich. Graul. Mit 113 Abbildgn. (V, 200 S.) 905. n. 1. 50; geb. n. 2. —
XI. Die griechische Skulptur. Von Rhard. Kekule v. Stradonitz. Mit 155 Abbildgn. (IV, 383 S.) 906. n. 4. 50; geb. n. 5. —

— der königl. Museen zu Berlin. II. V. VI. IX. XII. u. XIII. Bd. 8. Berlin, G. Reimer. 14.—; geb. 17. —
Brüning, Adf., Porzellan im Kunstgewerbemuseum. Mit 166 Abbildgn. im Text. (III, 230 S.) 907. (Bd. XIII) 2.—; geb. n 2. 50
Erman, Adf., die ägyptische Religion. 2. umgearb. Aufl. Mit 104 Abb. (VII, 283 S.) 909. (Bd. IX) 3.—; geb. n 3. 50
Falke, Otto v., Majolika. (Kunstgewerbemuseum.) 2. Aufl. Mit 83 Abbildgn. im Text. (IV, 208 S.) 907. (Bd. V) 2.—; geb. n 2. 50
Lessing, Jul., Gold u. Silber. (Kunstgewerbe-Museum.) 2. verm. Aufl. Mit 110 Abb. (VIII, 168 S.) 907. (Bd. II) 2.—; geb. n 2. 50
Sallet, Alfr. v., die antiken Münzen. Neue Bearbeitg. v. Kurt Regling. (IV, 148 S. m. Abbildgn.) 909. (Bd. VI) 2.50; geb. 3. —
Schubart, Wilh., das Buch bei den Griechen u. Römern. Eine Studie aus der Berliner Papyrussammlg. Mit 14 Abbildgn. im Text. (III, 159 S.) 907. (Bd. XII) 2.50; geb. n 3. —

— der Musiklehre. Auf Anregg. des musikpädagog. Verbandes zum Gebrauch an Musiklehrer-Seminaren u. f. den Privatunterricht hrsg. v. Xav. Scharwenka. I—III. IV 1 u. V. gr. 8. Ebd. 18. —
Below, Leitfaden der Pädagogik, enth. Psychologie u. Logik, Erziehungslehre, allgemeine Unterrichtslehre. (X, 117 S.) 907. (I.) 2.50; geb. in Schulbd. 3.—; in Leinw. 3. 50
Grünberg, Max, Methodik des Violinspiels. Systemat. Darstellg. der Erfordernisse f. e. rationellen Lehrgang, unter Mitwirkg. v. Kurt Singer verf. (X, 111 S.) 910. (V.) 2. 50
Mengewein, C., die Ausbildung des musikalischen Gehörs. Ein Lehrbuch in 3 Tln. f. Konservatorien, Musik-Seminare sowie f. den Einzelunterricht. 1. Tl. (XII, 66 S.) 908. (IV, 1.) 1. 50
Riemann, Hugo, kleines Handbuch der Musikgeschichte m. Periodisierung nach Stilprinzipien u. Formen. (XI, 292 S.) 908. (II.) 4.—; geb. in Schulbd. 4.50; in Lw. 5. —
Scharwenka, Xav., Methodik des Klavierspiels. Systematische Darstellg. der techn. u. ästhet. Erfordernisse f. e. rationellen Lehrgang, unter Mitwirkg. v. Aug. Spanuth verf. (IX, 149 S.) 907. (III.) 2.50; geb. in Schulbd. 3.—; in Leinw. 3. 50

Handbücher der chemischen Technologie. Vierte Auflage. (Fünfzehnte umgearbeitete Auflage von R. von Wagner's Handbuch der chemischen Technologie.) Leipzig, 1900–1902. 2 vols., 8vo. Ill.
s.a. Fischer, Ferdinand

— theosophische. Von e. Schüler der Theosophie. I—V. kl. 8. Nürnberg, J. Th. Heller. Geb. in Leinw. à Bd. 1. 50
I. Theosophie, elementare. Aut. Übersetzg. (III, 45 S.) (907.)
II. Prinzipien, die sieben, des Menschen. Aut. Übersetzg. (III, IX, 45 S.) (907).
III. Karma. Autoris. Übersetzg. der Point-Loma-Ausgabe. (III, IX, 52 S.) (908).
IV. Reinkarnation. Autoris. Übersetzg. der Point-Loma-Ausgabe. (IV, IX, 58 S.) (908).
V. Mensch, der, nach dem Tode. Autoris. Übersetzung. (X, 64 S.) (910).

Handbücher für Unteroffiziere des k. k. Heeres. Nr. 1 u. 2. 16. Teschen 880. Prochaska. n. — 90
1. Schaffung u. Einrichtung der k. k. österr.-ungar. Kriegsmacht. Von G. Ratzenhofer. (IV, 74 S.) n. — 40
2. Die praktischen Uebungen der k. k. Infanterie-Waffe. Von G. Ratzenhofer. 2. verb. Aufl. (VI, 145 S.) n. — 50

— des preußischen Verwaltungsrechts. I u. II. gr. 8. Berlin, C. Heymann's Verl. n. 24. —; geb. n. 28. —
I. Das Wegerecht u. die Wegeverwaltung in Preußen. Von A. Germershausen. 1. Bd. 2., völlig umgearb. Aufl. (XI, 596 S.) 900. n. 10. —; geb. n. 12. —
II. Dasselbe. 2. Bd. 2., völlig umgearb. Aufl. (XVI, 738 S.) 902. n. 14. —; geb. n. 16. —

— des preußischen Verwaltungsrechts. II. 1. Bd. u. III. 1. Bd. gr. 8. Berlin, C. Heymann. n. 29. —; geb. n. 34. —
II. Das preußische Polizeirecht, unter Benutzg. der Entscheidgn. v. Verwaltungs- sowie Gerichtsbehörden zum Handgebrauch f. Behörden, Rechtsanwälte u. Beamte der Selbstverwaltg. Hrsg. Von Ost. v. Arnstedt. 1. Bd. (XIV, 622 S.) 905. n. 12. —; geb. n. 14. —
III. Das Gewerberecht in Preußen. Von F. Nelken. 1. Bd. (XVI, 812 S.) 906. n. 17. —; geb. n. 20. —

— des preußischen Verwaltungsrechts. I. 1 u. 2. Bd., II. 2. Bd. u. IV. gr. 8. Berlin, C. Heymann. 68. —; geb. 78. —
Arnstedt, Ost. v., das preußische Polizeirecht, unter Benutzg. der Entscheidgn. v. Verwaltungs- sowie Gerichtsbehörden zum Handgebrauch f. Behörden, Rechtsanwälte u. Beamte der Selbstverwaltg. hrsg. 2. Bd. (XVIII, 1039 S.) 907. (II.) 20. —; geb. 22. —
Ebner, A., das preußische Jagdrecht. Nach dem neuesten Stande der Gesetzgebg. systematisch u. als Kommentar dargestellt. (XI, 748 S.) 908. (IV.) 15. —; geb. 17. —
Germershausen, A., das Wegerecht u. die Wegeverwaltg. in Preußen. 1. Bd. 3., völlig umgearb. Aufl. (XI, 912 S.) 907. (I, 1.) 17. —; geb. 20. —
— dasselbe. 2. Bd. 3., völlig umgearb. Aufl. (XIX, 798 u. Nachtrag 32 S.) 907. (I, 2.) 16. —; geb. 19. —

— zur Volkskunde. 1—5. Bd. 8. Leipzig, W. Heims. à 2. —; geb à 2. 75
Sartori, Paul, Sitte u. Brauch. 1. Tl.: Die Hauptstufen des Menschendaseins. (VIII, 186 S.) 910. (Bd. 5.)
Schell, Otto, das Volkslied. (VIII, 204 S.) 908. (Bd. 3.)
Thimme, Adf., das Märchen. (VII, 201 S.) 909. (Bd. 2.)
Wehrhan, Karl, Kinderlied u. Kinderspiel. (VIII, 189 S.) 909. (Bd. 4.)
— Die Sage. (VIII, 102 S.) 908. (Bd. 1.) 2. —

Handbücherei f. Militäranwärter. I. Abth. Versorgungswesen. 1. u. 2. Heft. gr. 8. Berlin, Kaiser-Wilhelm-Dank. n.n. 2. 20
1. Die Anstellungsverhältnisse der Inhaber des Zivilversorgungsscheins bei den Kommunalverbänden im Königreich Preußen. Von Witowski. (VIII, 181 S.) (901.) n. 1. 20
2. Die Anstellungsverhältnisse der Inhaber des Zivilversorgungsscheins bei den Landes-Versicherungsanstalten. Von Witowski. (52 S.) 904. n.n. 1. —

Handbücherei, politische. Hrsg. v. W. Ohr. 1—3. Heft. gr. 8. München, Buchh. Nationalverein. à 1. —
Erkelenz, Ant., die freiheitlich-nationale Arbeiterbewegung. 1—5. Taus. (139 S.) 910. (1. Heft.)
Ohr, Wilh., die Jesuiten. (72 S.) 911. (3. Heft.)
Weiß, Karl, bayerische Kommunalpolitik. (1—5. Taus. (125 S.) 911. (2. Heft.)

Handbüchlein biblischer Alterthümer zum Verständniss der heiligen Schrift . . . 3. Aufl. Calw 18?? V: *Barth, Chn Gottlieb.* (zu)

Handbüchlein biblischer Alterthümer zum Verständnis der heil. Schrift . . . Calw 1852. V: *Hochstetter, G.* (Ky)

Handbüchlein biblischer Alterthümer zum Verständniß der heil. Schrift. Mit Abbildungen (in eingedr. Holzschn.) Von dem Verf. der bibl. Geographie ꝛc. Hrsg. von dem calwer Verlagsverein. 12. (VIII und 321 S.) Calw 851(52.) Stuttgart, J. F. Steinkopf. *

Handbüchlein, altkatholisches, 1903. Hrsg. v. der Red. des altkathol. Volkskalenders. 12. (40 S.) Baden-Baden, E. Sommermeyer. n. — 20

— dasselbe. 2. durchgesch. Aufl. 12. (40 S.) Ebd. — 15

— altkatholisches. 4. Ausg., s.: Kelenka, E. K.

Handbüchlein f. Amtsvorsteher u. andere Schul-Beaufsichtiger. Abgefaßt v. E. F. G. gr 8. (28 S.) Braunschweig 875. Brake jr. — 50

Handbüchlein, tägl. Andachtsübungen. Mit Schreibschrift. 18. Augsburg, Kranzfelder. 815.

Handbüchlein, ascetisches — enthaltend: Die Grundlehren der christlichen Vollkommenheit und eine Anleitung zu den geistlichen Uebungen. Zum Gebrauche der barmherzigen Schwestern. Wien, 1856. Mechitharisten-Buchdr. (70 S. 8.)

Handbüchlein für Auswanderer nach Nordamerika. Gekrönte Preisschrift. 2., verm. Aufl. 8. (104 S.) Basel 855, Bahnmaier's Buchh. *

Handbüchlein für Auswanderer nach Nordamerika. Gekrönte Preisschrift. 2. verm. Aufl. Basel (858). Bahnmaier. 8. (104 S.) n. $3^1/_2$ ngl.

Handbüchlein zur angenehmen u. nützl. Beschäftigung f. junge Damen, od. Encyclopädie d. vorzügl. weibl. Kunstarbeiten ꝛc. Von Charlotte L***. M. 88 Abbild. 2., sehr verm. Aufl. 12. (16 B.) Ilmenau 831, [Weimar,] Voigt.

Handbüchlein, biblisches, zum Gebrauch in Schulen und Familien. Hrsg. von dem calwer Verlags-Verein. 12. (IV und 78 S.) Calw 861. Stuttgart 861, J. F. Steinkopf. **

Handbüchlein der Bruderschaft von Jesus-Maria-Joseph zur Beförderung der christlichen Lehre und zur Abwendung der 5 Hauptübel der Menschen . . . Trier 1868. 2. Ausg. Schwann. 1871. V: *Rölli, Franz Xaver.* (so)

— e. katholischen Christen. 12. Bamberg, Göbhard. 771.

— eines kathol. Christen. 12. Bamb. 771. (Wesché in Frkf.) 8 ℊ

— eines katholischen Christen. 18. Augsburg, Apfel. 806.

Handbüchlein, christl., für Dienende beiderlei Geschlechts, bestehend in Sprüchen, Gebeten u. Liedern, sowie in Räthen, Ermahnungen u. lehrreichen Geschichten. 32. (232 S.) Zürich 841, Hanke. *

Handbüchlein, Christliches, für Kinder. Zürich 1771. 2. Aufl. 1781. V: *Lavater, Johann Kaspar.* (schstr S. 97)

— christl., worin d. Auslegung d. heil. Messe nebst d. übl. Gebeten für Katholiken als Morgen- u. Abendsegen, Beicht-, Communion-Gebeten enthalten sind. 12. Köln ... Imhoff-Schwarz. 8 ℊ Schrbp. 10 ℊ

Handbüchlein, Erdmann Hülfreichs bewährtes, für Bauersleute . . . Wien 1791. V: *Ehrenfels, Joh. Marc. Ritter von.* (MGT)

—— erklärendes, d. militär. Fremdwörter, deren man sich in d. deutschen Umgangssprache bedient. Ein Handbüchl. f. Jederm. 8. (8 B.) Darmstadt 829, (Heyer, Vrlsbuchh.)

— zur Erlernung u. Ausbreitung der Wasserheilkunde rc., s. Taschenbuch der Wasserheilkunde, 2. Bdchn.

— zur Erlernung u. Ausbreit. der Wasserheilkunde, s. 2. Bd. Taschenbuch

— der Erzbruderschaft v. der Ehrenwache des heiligsten Herzens Jesu. (Es lebe † Jesus!) 8. verm. Aufl. gr. 16. (111 S. m. 1 Abbildg.) Münster 901. H. Schöningh. Geb. in Leinw. n. — 40

Handbüchlein der Erzbruderschaft von der Ehrenwache des heiligsten Herzens Jesu. 9. verm. Aufl. Münster i. W.: H. Schöningh 1903. (107 S.) 8° [F]

— der Erzbruderschaft v. der Ehrenwache des heiligsten Herzens Jesu. 15. verb. Aufl. (112 S. m. 1 Abbildg.) 16. Münster 910. H. Schöningh. Geb. in Leinw. — 40

Handbüchlein der Erzbruderschaft der heiligen Familie. O. O. 1857—8. V: *Lüben*, *Wilh.* (Keiter, Kath. Litteraturkalender IV, 124.)

—— der Erzbruderschaft vom hochheil. und unbefleckten Herzen Mariä, zur Bekehrung der Sünder. 2. Aufl. 12. (IV und 131 S.) Freiburg im Br. 851, Herder'sche Vrlgsh. *

— der Erzbruderschaft unter dem Titel u. der Anrufung der Mutter Gottes von der immerwährenden Hilfe u. des hl. Alphonsus Maria v. Liguori. Mit der getreuen Copie d. Gnadenbildes in Farbendr. Canonisch errichtet zu Rom in der Kirche des genannten Heiligen auf dem Esquilin. 16. (32 S.) Regensburg 877. Pustet. — 20

— des Evangeliums von Jesu Christo, im Alt. u. N. Testamente. 8. Nürnb. 824. Raw. 6 K

Handbüchlein der gangbarsten Fremdwörter in der deutschen Sprache. Ein Hülfs- u. Lernbuch für den Schul- und Hausgebrauch; enthaltend die Verdeutschung u. den Gebrauch von solchen Fremdwörtern, deren Kenntniß eben so nöthig als nützlich ist. Mit prakt. Beispielen zum Verstehen derselben und zur Vermeidung d. Sprach- und Schreibfehler in denselben; nebst Bezeichnung d. Aussprache u. Betonung. Herausg. von e. prakt. Schulmanne. 8. Erfurt 836. Müller. 1/2 rℓ

— für Fußreisende. Berlin 865. Hertz. 16. (41 S.) 6 ngr

—— zum richtigen Gebrauch des ächten Lebensweckers und des ächten Oeles des Hrn. Karl Baunscheidt oder des Baunscheidtismus, nebst Verzeichniß aller damit geheilten Krankheiten und kurzer Anleitung, diese und andere Krankheiten sicher, wohlfeil und geschwind zu heilen. Zum Nutzen und Trost leidender Menschen. Für die 11. und 12. Aufl. des Lehrbuches. Von einem alten Baunscheidtisten. 2. vergrößerte Aufl. (155 S. mit 1 Stnt.) 1875; 3. verb. Aufl. gr. 8. (146 S. mit 1 Stnt.) Luzern 879, Gebr. Räber.

Baunscheidt. Handbüchlein zum richtigen Gebrauch des ächten Lebensweckers und des ächten Oels des Herrn Karl Baunscheidt oder des Baunscheidtismus. 5. Aufl. Gr. in-8°. Luzern, Gebr. Räber. 1884

—— zum richtigen Gebrauche des ächten Lebensweckers und des ächten Oels des Karl Baunscheidt, oder der Baunscheidtismus, mit Verzeichniß aller damit geheilten Krankheiten und kurzer Anleitung, diese und andere Krankheiten sicher, wohlfeil und geschwind zu heilen. Zum Nutzen und Trost leidender Menschen. Für die 7., 8., 9. und 10. Aufl. des Lehrbuches. Von einem alten Baunscheidtisten. gr. 8. (III, 120 S.) Luzern 870, Gebr. Räber. *

Handbüchlein zum richtigen Gebrauch des ächten Lebensweckers und des ächten Oels des Hrn. Karl Baunscheidt oder des Baunscheidtismus, nebst Verzeichniß aller damit geheilten Krankheiten und kurzer Anleitung, diese und andere Krankheiten sicher, wohlfeil und geschwind zu heilen. Zum Nutzen und Trost leidender Menschen. Für die 11. und 12. Aufl. des Lehrbuches. 4. Aufl. Von einem alten Baunscheidtisten. (146 S. mit 1 Stnt.) 1881; für die neueste, 13. Aufl. des Lehrbuches. 5. Aufl. gr. 8. (IV, 123 S. mit 1 Stnt.) Luzern 884, Gebr. Räber.

— zum richtigen Gebrauch d. ächten Lebensweckers u. d. ächten Oels d. Herrn Karl Baunscheidt od. der Baunscheidtismus, nebst Verzeichniß aller damit geheilten Krankheiten u. kurzer Anleitg. diese u. andere Krankheiten sicher, wohlfeil u. geschwind zu heilen. Für die neueste, 13. Aufl. d. Lehrbuches. 5. Aufl. gr. 8. (IV, 123 S. m. 1 Steintaf.) Luzern 884. Gebr. Räber. 2. 25

—— zum richtigen Gebrauch des ächten Lebensweckers und des ächten Oels des Hrn. Karl Baunscheidt oder des Baunscheidtismus, nebst Verzeichniß aller damit geheilten Krankheiten und kurzer Anleitung, diese und andere Krankheiten sicher, wohlfeil und geschwind zu heilen. Zum Nutzen und Trost leidender Menschen. Von einem alten Baunscheidtisten. 6. und 7. Aufl. gr. 8. (IV, 123 S. mit 1 Holzschn.) Luzern 885,88, Gebrüder Räber.

Handbüchlein zum richtigen Gebrauch des ächten Lebensweckers und des ächten Oeles des Hrn. Karl Baunscheidt oder des Baunscheidtismus, nebst Verzeichniss aller damit geheilten Krankheiten etc. In-8°. 124 S. Luzern, Gebr. Räber. 2 50
1890.

— z. richtigen Gebrauch d. echten Lebensweckers u. d. echten Oels d. Herrn Karl Baunscheidt od. d. Baunscheidtismus, nebst Verzeichniß aller damit geheilten Krankheiten u. kurzen Anleitg., diese u. and. Krankheiten sicher, wohlfeil u. geschwind zu heilen. Zum Nutzen u. Trost leid. Menschen. Für d. neueste, 13. Aufl. d. Lehrbuches. 10., unveränd. Aufl. Von e alten Baunscheidtisten. gr. 8. (IV, 124 S. m. 1 Abb) Luzern 895. Räber & Co. n. 2. 25

— zum richtigen Gebrauch des echten Lebensweckers u. des echten Oels des Hrn. Karl Baunscheidt oder des Baunscheidtismus, nebst Verzeichniß aller damit geheilten Krankheiten u. kurzer Anleitung, diese u. andere Krankheiten sicher, wohlfeil u. geschwind zu heilen. Zum Nutzen u. Trost leid. Menschen. Für die neueste, 13. Aufl. des Lehrbuches. 12. unveränd. Aufl. Von e. alten Baunscheidtisten. (IV, 124 S.) gr. 8. Luzern 901. Räber & Co. n. 2. 25

— geistliches, oder christkathol. Baumgärtl., enth. auserles. Morgen-, Abend-, Meß-, Beicht- u. Kommunion-Gebete u. Litaneien rc. 18. Grätz, Mittler. 4 K

GEISTLICHES Handbüchlein oder Gemeine Christ-Katholische Gebetter, Allen frommen Christen, besonders der lieben Jugend zu verschiedenen Zeiten gar nützlich, und wohl anständig zu gebrauchen; worinnen auch heilsame Lehrstücklein und Gesänger zu finden. Theils zusammengetragen, theils von neuem gemacht. Von einem Priester der Gesellschaft Jesu in den Missionen Ofen 1791. Gedr mit kön. Universitäts-Schriften. 191 S. - 140 mm

GEISTLICHES HANDBÜCHLEIN oder tägliche Andachtsübungen. Raab 1825: Leop. Streibig. 142, 2 S. - 8°

GEISTLICHES Hand-Buchlein oder Christ-Katholisches Baumgärtlein, darinnen allerlei auserlesene schöne Morgen-, Abend-, Meß-, Beicht- und Communion-Gebeter, und Litaneien zu finden sind Wie auch vom Leiden Christi Grobdruck. Ofen 1830 Druck Anna Landerer. 324 S - 120 mm

***Handbüchlein,** Geistliches. Klgft., Leon, (vor 1837.)

GEISTLICHES Handbüchlein täglicher Andachtsübungen auf die Morgens- und Abendszeit, bei der heiligen Messe, wie sie der Priester bethet, mit auserlesensten Gebethern zur Beichte und würdigen Empfangung des heiligsten Abendmahls, samt den Tagzeiten der unbefleckten Empfängniß Mariä und lauretanischer Litaney. Pesth 1814. Gedr. bey Mathias Trattner - 12°
- Vgl Geistliches Handbüchlein. J. 1791. T 0892.

—— geistliches, f. kathol. Christen; besteh. in ausgewählt. Gebethen ꝛc. Mit beygefügten Kirchengesängen, Gebethen u. Litaneyen, wie sie in d. ganzen Wiener Erzdiöcese vorgeschrieben sind. 18. (182 S. u. 3 Holzschn.) Wien 828, Haas.

— geistliches, worinnen Morgen=, Abend, vor u. nach der Arbeit, Kirchen=, Beicht=, Communion=, Ehe=, Reise= u. Wetter=gebete, wie auch Morgen=, Abend= u. Reise=Gesänge enthalten sind. kl. Form. Offenbach 772. Brede. 1 ℛ

Handbüchlein für Gemeindegutsverwalter; Anleitung zur Buchführung und Rechnungsstellung . . . Zürich 1904. V: *Bosshardt, Arnold* & *Herm. Kübler.* (Zuwachsverz. d. Bibliotheken in Zürich 1898 ff. 8.) (BBullschw 4, 1904))

Handbüchlein, Geographisches. Schmalkalden 1763. V: *Chrysander, Wilhelm Christian Justus.* (ML)

— geograph., für d. Jugend. 8. Leipz. Böhme. 764.

Handbüchlein, geographisches, f. den Soldaten. gr. 8. (16 S. m. 1 Bildnis u. 8 farb. Karten). Leipzig 894. G. Lang. n. — 35
In Ausgaben f. Preußen, Sachsen u. Württemberg.

— geograph.: vermehrtes, f. die zarte Jugend. 8. Mühlh. 770. Schröder. 4 ℊ

—— der Gesetze u. Verordn. üb. d. Preuß. Militärdienst ꝛc.; nebst angehängten Kriegsartikeln u. deren Ergänzungen. 8. (4 B.) Quedlinburg 829, Basse.

—— der Gesetze u. Verordn. in Betreff d. Pfand= u. Leihanstalten in d. Kgl. Preuß. Staaten. Für Pfandverleiher u. Verpfänder, um sich in zweifelhaften Fällen Raths zu erholen. gr. 8. (2 B.) Quedlinburg 834, Basse.

—— der Gesetze u. Verordnn. üb. d. indirekte Steuerwesen in d. kgl. preuß. Staaten ꝛc., s. Brandis, C. G.

Handbüchlein für die Gründung u. Leitung der Bruderschaft der christlichen Mütter. Im Verein m. der Red. des „Ambrosius" hrsg. von einem Priester der Diöcese Trier. 16. (123 S.) Donauwörth 880. Buchh. d. kath. Erziehungsvereins. — 35

— für Hebammen u. christliche Eheleute. 8. (X, 56 S.) Gotha 877. Schloeßmann. n. — 60

Hand- u. Hülfsbüchlein für Polizei- u. Magistratsbehörden, s.: Vorhaltungen, die.

—— und Hülfsbüchlein für evangelische Volksschulen des Deutschen Reichs. 58. nach den neuesten Ministerial=Bestimmungen vom 15. Oktbr. 1872 verb. und verm. Aufl. 8. (52 S., wovon 4 lithogr.) Potsdam 877, Stechert.

Hand- und Hülfsbüchlein für evangelische Volksschulen des Deutschen Reichs. 59.—65. nach den neuesten Ministerial-Bestimmungen vom 15. Oktbr. 1872 verb. und verm. Aufl. 8. (52 S., wovon 4 lithogr.) Potsdam 878—81, C. Stechert.
Spätere Aufl. u. d. T.: Hand-, Hülfs- und Wiederholungsbuch.

Handbüchlein, Historisches, Zürich-Helvetischer Jahr-Zeit-Geschichten. Zürich 1716. V: *Fries, Leonhard.* (AarK)

— für den am 1. Juni 1869 beginnenden Jubel=Ablaß, zum fruchtbaren Gedeihen des allgemeinen Conciliums von Papst Pius IX. am 11. April 1869 ausgeschrieben. München 868. (J. A. Finsterlin.) 12. (136 S.) n. 3 ngr.

— zum Gebrauche f. das gegenwärtige Jubiläum. 16. (48 S.) Bozen 901. A. Auer & Co. n. — 16

— der Jugendfürsorge, s.: Charitas-Schriften. 10. Hft.

-- dasselbe. 2. Aufl., s.: Wegweiser der Jugendrettung.

— der Jugendspiele. Zusammengestellt v. e. Freunde der Jugend. 12. (X, 167 S.) Salzburg (901). A. Pustet. n. 1.20

-- für Jung und Alt oder Katechismus der evangelischen Heilslehre. 2. umgearb. Aufl., als Anhang einen Ueberblick der Kirchengeschichte enth. Straßburg 862. Berger=Levrault. 8. (VI, 86 S.) n. 5 ngr.

— für Jung und Alt oder Katechismus der evangel. Heilslehre. 3. Aufl., als Anh. einen Ueberblick der Kirchengeschichte enthltd. Straßburg 865. Berger=Levrault & Co. (VI. 86 S.) cart. n. 5 ngr.

— f. evangelische Jünglinge. Hrsg. v. der Conferenz der evangel. Kirchenbehörden der Schweiz. 12. (36 S.) Zürich 900. Fäsi & Beer. n. — 25

— f. evangel. Jünglinge. Hrsg. v. der Conferenz der evangel. Kirchenbehörden der Schweiz. 6—10. Taus. (40 S.) kl. 8. Zürich 906. Beer & Co. — 20

Handbüchlein für die Berliner Katholiken. Hrsg. von d. Märk. Volks-Zeitung . Berlin: Märk. Volkszeitung 1900. (60 S.) 8° [Umschlagt.]

— kathol., in welchem d. Psalmen, Hymni u. Antiphonen sich befinden. 8. Celle 770. Schulze. 15 Exempl. 4 ℊ

—— kleines, in welchem Morgen=, Abend=, Meß=, Vesper=, Beicht= u. Kommunion= wie auch and. schöne Gebethe, sammt d. heil. Kreuzwege enthalten sind. 32. (128 S. u. 1 Holzschn.) Füssen 833. (Augsburg, Kollmann.)

—— katholisches, f. Kranke u. Sterbende. gr. 18. (48 Seit.) Regensburg 842, Manz.
Aus: Missionsbüchlein, katholisches ꝛc., besond. abgedruckt.

—— für kleine Kinder zum Gebrauch beim Auswendiglernen. 4. Aufl. 16. (16 S.) Querfurth 852, Schmid's Buchh. *

— des katholischen Kirchengesanges für das Land-Volk. 2., verb. Aufl. Einsiedeln 865. Gebr. Benziger. 32. (158 S. mit 1 Holzschntaf.) 3 ngr.

— der neueren Kirchengesetze u. Verordnungen f. die Mitglieder der synodalen Körperschaften. 12. (VI, 311 S.) Halle 884. Strien. cart. n. 2. —

— der neueren Kirchengesetze u. Verordnungen f. die Mitglieder der synodalen Körperschaften. 2. Aufl. 8. (VIII, 370 S.) Halle 894. E. Strien. Kart. n. 2. 80

Handbüchlein, kleines, täglicher Andachtsübungen. 18. Augsb. 810. M. Rieger. 4 ℋ Dass., mit Schreibschrift. 18. Ebd. 815. Kranzfelder. 4 ℋ

— kleines, d. Angelfischerei. Aus d. Engl. von F. E. v. Wibra. 8. Hamb. 821. (Herold). 10 ℋ (Hahn in Hannov.) 12 ℋ

— kleines, eines katholischen Christen. 8. Gmünd, Ritter. 801.

— kleines, zum Gebrauche bei dem Unterrichte im Pianoforte- und Violinspielen. Enth. die gebräuchlichsten musikal. Fremdwörter mit vielen Notenbeispielen. Nebst einem Anh., enth. ein Gerippe sämmtl. Tonarten mit den verwandten Moll-Tonarten und das Wichtigste aus den Elementen des Musikunterrichts. Von Musikdir. M. K. 1. Aufl. 1874, und 2. Aufl. 8. (40 S.) Potsdam 875, Rentel. *

HANDBÜCHLEIN der Konvers-Brüder des reformierten Zisterzienser-Ordens Mit Genehmigung des Hochw. P. Abtes Dominicus Assfalg. Mariastern 1909 Druck u. Verlag d Zisterzienser (Trappisten)-Abtei Mariastern. 240 S. - 140 mm

— f. Kranke. Bevorwortet v. E. Quandt. 12. (60 S.) Berlin 887. Deutsche Evangel. Buch- u. Tractat-Gesellschaft. n. — 60

— f. Kranke. Bevorwortet v. Emil Quandt. 2. Aufl. 8. (III, 66 S.) Berlin 891. Deutsche Evangel. Buch- u. Tractat-Gesellschaft. Kart. n. — 60

Handbüchlein für Kranke, und alle die um sie herum seyn müssen. München 1790. V: *Stickl*, *Franz Xaver.* (schmal)

— fur Kranke ꝛc. 8. München, Lentner. 790.

— zu Kranken-Besuchen und Krankencommunionen für Geistliche. Von einem alten Landgeistlichen. gr. 8. (VIII und 147 S.) Stuttgart 863, Schiller.

— für Küfer u. Faßbinder. Od. ganz genau berechn. kubische Tabellen z. Bestimm. d. Inhaltes jed. Art runder Gefäße in Berliner Quart ꝛc. Hrsg. v. J. M. Kahlen. 2. Aufl. 4. (1½ gedr. u. 2 lith. B.) Crefeld 829, Funcke.

— für Lehrer, Küster, Lectoren u. Hausväter zum gottesdienstlichen Gebrauch in ev.-lutherischen Gemeinden u. Häusern. gr. 8. (38 S.) Neu-Ruppin 877. Petrenz in Comm. n.n. — 75

— f. Liebhaber d. Stubenvögel, od. Anleit. zur Kenntniß d. Pflege derjen. Vögel, welche in d. Stube gehalten werden können. gr. 8. München 824. Fleischmann. 8 ℋ

— für Liebhaber der Stubenvögel, oder Anleitung z. Kenntniß u. Pflege derjenigen Vögel, welche in der Stube gehalten werden können, ihre Krankheiten u. Heilart derselb. 2e verm. Aufl. 8. München 839. Fleischmann. 1/3 ß

— der neuesten Literatur d. Katholizismus u. zunächst d. kathol. Theologie, od. systemat. Verzeichniß der v. Ende 1836 bis Ende 1839 erschien. betreff. Werke. Ein Supplem. zur „Bücherkunde d. kathol.-theol. Literatur." Vom Hrsgeb. derselben. gr. 8. (1½ B.) Schaffhausen 840, Hurter'sche Buchh.

— dass. od. systemat. Verzeichniß d. v. J. 1839 – 40 erschien. betreff. Werke. Mit alphabet. Register. 1. Forts. gr. 8. (4 B.) Ebds. 840.
Hauptwerk, vgl. Bücherkunde.

Handbüchlein der neuesten Literatur des Katholizismus. Schaffhausen 1841—42. V: *Schmalhofer*, *Michael.* (Th)

— der neuesten Literatur d. Katholizismus u. zunächst der kathol. Theologie, od. systemat. Verzeichniß der von 1836—1842 erschienenen kath. Werke. (3. Hft.) 2. Fortsetzung. gr. 8. (7½ B.) Schaffhausen 842, Hurter'sche Buchh. *

— dass. (4. Hft.) 3. Fortsetz., systemat. Verzeichniß der 1842 u. 1843 erschien. kathol. Werke. gr. 8. (11⅝ B.) Ebds. 844.*
Hft. 1. u. 2. Ebds. 1840. à 3¾ Ngr.

(F) Liturgisches Handbüchlein zum Gebrauche für Priester und Messner, bearbeitet von Balthasar Scherndl. Mit Druckgenehmigung des hochwürdigsten bischöflichen Ordinariates Linz. 2. Auflage. Linz-Urfahr. [1899.] Pressverein. 8°. XV, 159 S. mit 1 Tafel. fl. — 90

— für Lottospieler, oder: Anleitung wie man in der bayerischen Zahlenlotterie sicher gewinnen kann. Mit Angabe der gezogenen Nrn. seit dem dermaligen regelmäßigen Bestand des Lotto-Instituts von 1812 bis 1853 und den verschiedenen Spielarten. 12. (III und 120 S.) Augsburg 854, Jaquet's Vrlgsh.

— über das metrische Maß und Gewicht. [Beilage des kärntner. Gemeindeblattes vom 1. Febr. 1876.] 16. (59 S.) Klagenfurt 876, Bertschinger und Heyn. *

Handbüchlein der Mässigkeitsbruderschaft. Piekary 1852. V: *Czezowski*, *Yves.* (Jes) (so)

— für Maurer, Bau-Unternehmer u. Hausbesitzer, od. prakt. Anweisungen zu dauerhaften Grund-Mauern, zu richtiger Auswahl der Bau-Materialien ꝛc., nebst vielen Vorschriften von Zubereitung d. wohlfeilsten Oel- u. Wasserfarben. 8. Quedlinb. 821. Basse. 16 ℋ

— medizinisches, f. das Haus m. moderner Haus-Apotheke. 12. (VI, 74 S.) München 899. Seitz & Schauer. n. — 60

— für die Meßdiener. Hrsg. v. e. cand. theol. kath. der Erzdiözese Köln. 16. (47 S.) Köln 870. Rommerskirchen. n. — 20

Handbüchlein für die Meßdiener. Hrsg. von einem Priester der Erzdiöcese Köln. 8. Aufl. 16. (52 S.) Köln 887, Rommerskirchen's Buchh. cart. *

HANDBÜCHLEIN zur heiligen Messe, für fromme Kinder, mit Morgen- und Abendgebeten, Gebeten vor der heil. Beicht und Communion u.s.w., Litaneien und Meßgesängen Budapest 1882. Verlag Col. Rózsa u. Frau (vorm. A. Bucsánszky) 126, 2 S. - 90 mm

- Dass. Pest o. J. A. Bucsánszky 126, 2 S. - 90 mm

HANDBÜCHLEIN zur heiligen Messe, für fromme Kinder, mit Morgen- und Abendgebeten, Gebeten vor der heil. Beicht und Communion u.s.w. Litaneien und Meßgesängen. Pest 1866 Alois Bucsánszky 126, 2 S. - 32°
- Dass. Pest o. J. Aloys Bucsánszky 126, 2 S. - 32°
- Dass. Budapest 1905 Kol. Rózsa u. Frau 126, 2 S. - 8°

Handbüchlein zur heil. Messe mit beigefügten Morgen- und Abendgebeten, dann vor und nach der heil. Beicht und Kommunion, mit Tagesbetrachtungen durch die ganze Woche, und andern vermischten und andächtigen Gebeten. 8. (128 S.) Neuhaus, Alois Landfraß Verl. 1853.

Handbüchlein zur heiligen Messe, mit beigefügten Morgen- und Abendgebeten, dann vor und nach der h. Beicht und Kommunion, mit Tagesbetrachtungen durch die ganze Woche und andern vermischten und andächtigen Geteten. Neuhaus. 1855. Druck und Verlag von Alex. Landfraß. (128 S. 64)

— zur heiligen Messe, mit beigefügten Morgen- u. Abend-, sowie Gebeten vor und nach der heil. Beichte u. Communion. Neuhaus 862. Landfraß & Sohn. 32. (82 S. mit Vignetten.) n. 2 ngr.

— für katholische Meßner zu den gewöhnlichen kirchlichen Verrichtungen in den Pfarrkirchen. 32. (IV, 160 S.) Regensburg 876. Pustet. — 50

— für Ministranten zu den gewöhnlichen kirchlichen Verrichtungen in den Pfarrkirchen. 16. (IV, 92 S.) Ebend. 876. — 30

—— der Missionsgeschichte u. Missionsgeographie. Hrsg. v. dem Calwer Verlagsverein. 12. (21 B.) Calw 844. Vereinsbuchh. (Stuttgart, J. F. Steinkopf.) *

Handbüchlein der Missionsgeschichte und Missionsgeographie. 2. . . . Aufl. Calw 1846. V: *Blumhardt, Christoph Gottlieb.* (zu)

HANDBÜCHLEIN der Mitglieder der Altarvereine der Temesvarer Diözese. Timişoara (Temeswar) o. J.: Sonntagsblatt. 30 S. - 16°

—— für die Mitglieder der Bruderschaft vom guten Tode. 32. (47 S.) Sigmaringen 859, Liehner'sche Buchh. *

—— für die Mitglieder der Brüderschaft von der unbefleckten Empfängniß Mariä zu Hardenberg. 1. und 2. Aufl. gr. 16. (56 S.) Essen a. R. 887, Fredebeul und Koenen. *

—— Zum Gebrauche der Mitglieder der Erzbruderschaft des heiligsten und unbefleckten Herzens Mariä zur Bekehrung der Sünder. (Auszug aus dem größeren Handbuche.) 16. (167 S. mit 1 Holzschn.) Coblenz 847, (Hölscher's Verlag.) *

Handbüchlein für die Mitglieder der Herz-Jesu-Bruderschaft . . . Einsiedeln 1882. V: *Ehrensperger, Andreas.* (Jes)

—— zum Gebrauche für die Mitglieder der von Sr. Heiligkeit Papst Pius IX. errichteten Mäßigkeits-Bruderschaft unter dem Schutze des Festgeheimnisses Maria Lichtmeß, enthaltend gemeinschaftliche und Privatandachten der Bruderschaft nebst Meß-, Beicht- und Communiongebeten und dem Gelöbnißscheine derselben. 8. (IX und 140 S.) Breslau 852, Aderholz. *

— für die Mitglieder der Scapulier-Bruderschaft, od. Unterricht üb. das Marian. Scapulier, das ist: das geweihte Kleid der allerseligsten Jungfrau Maria vom Berge Carmel, im gelobten Lande, nebst Anweisg. zur Theilnahme an der Scapulier-Bruderschaft, den Tagzeiten, e. Meß-, Beicht- u. Kommunion-Andacht, den Andachtsübgn. auf die Marienfeste, 5 Litaneien u. mehreren anderen kräftigen Gebeten. Beigefügt ist e. kurze, aber vollständige Unterweisg. üb. die 4 anderen Scapuliere. Ein vollständiges Gebetbuch f. alle Verehrer Maria's. 2. Aufl. 8. (IV, 164 S. m. e. eingedr. Holzschn.) Werl 872. Stein. n. — 50

— neues, f. tägliche Besucher d. Allerheiligsten. Von dem Verf. der Avis spirituels. Aus dem Franz. Autoris. Uebersetzg. 16. (VIII, 328 S.) m. 1 Stahlst.) Mainz 876. Kirchheim. — 90; geb. in Halbleinw. n. 1. 20; in Calico n. 1. 80

Handbüchlein, neues, f. tägl. Besucher d. Allerheiligsten. 16. (328 m. 1 St.) Mainz 77, Kirchheim. — 90; geb. n. 1. 20 u. n. 1. 80

Handbüchlein, neues, f. tägliche Besucher d. Allerheiligsten. Von d Verf. d. Avis spirituels. (A. v. Hoffelize.) Autor. Uebersetzg. aus d. Franz. 4. Aufl. 16. (VIII, 328 S. m. 1 Stahlst.) Mainz 896. F. Kirchheim. n. — 90

Handbüchlein, neues, f. tägliche Besucher des Allerheiligsten. Von dem Verf. der Avis spirituels. (A. v. Hoffelize.) Autoris. Uebersetzg. aus dem Französ. 5. Aufl. VIII, 328 S.) gr. 16. Mainz 903. Kirchheim & Co. n. — 90; geb. in Halbleinw. n. 1. 20

Handbüchlein, neues, f. tägliche Besucher des Allerheiligsten. Von dem Verf. der Avis spirituels (A. v. Hoffelize.) Autoris. Übersetzg. Aus dem Franz. 6. Aufl. (VIII, 328 S.) 16. Mainz 910. Kirchheim & Co. — 90; geb. in Leinw. 1. 20

— neustes, für die Rheinreise von Köln bis Mainz, von Dr. L.... 16. Bonn (Cöln) 842, Dunst. 8 ngl — Mit d. Rheinkarte 1/3 rf — Mit Karte u. Stahlst. 1 1/3 rf — 2. verm. u. verb. Aufl. qu. 16. Mit 24 Ansichten in Stahlst. Ebend. 842. n. 1 2/3 rf — 3. verm. u. verb. Aufl. Mit 23 Stahlst. u. Panorama. qu. 24. Ebend. 843. geb. n. 1 2/3 rf

—— neuestes, für die Rheinreise von Köln bis Mainz. qu. 32. (58 S. mit 1 lithogr. Reisekarte.) Köln 850, C. F. Eisen. *

—— nothwendiges, üb. die gegenseitigen Rechte u. Pflichten der Handwerksmeister, deren Gesellen u. Lehrlinge. Hrsg. v. F. W. N. 16. (2 B.) Emmerich 842, Romen. (Leipzig, Hermann.)

— nuzliches, für Philosophen u. Nichtphilosophen. Verfaßt vom Grafen X. N. u. aus dem Wälschen übersetzt v. Ign. Steur. 8. Augsb. 788. Wagner. 6 K

—— für Pädagogik und allgemeine Unterrichtskunde zum Gebrauche der Elementar-Schulamts-Kandidaten. 2. vollständ. umgearb. Aufl. 8. (120 S.) Ingenbohl 880. (Freiburg i. Br., Herder'sche Verlagsh.) cart. *

Handbüchlein, practisches, für den Geschäftsmann. Arnsberg 864. Ritter. 16. (53 S.) n. 3½ ngr.

— prakt, f. d. Radfahrer u Radfahrerinnen in Nürnberg u. Fürth, u. solche, d. es werden wollen. 12. (70 S.) Nürnberg 899. J. Ph. Raw's Verl. — 50

— prakt., für Steuerbeamte ꝛc. ob. das Gesetz u. die Verordn. die Tabaksteuer betreff. — die Weinsteuer betreff. | s.a. Handbuch für Steuerbeamte.

—— prakt., f. Steuerbeamte ꝛc. ob. d. Gesetz u. d. Verordn. d. Tabaksteuer betreff., v. 4. Dec. 1833 u. 5. Apr. 1834, in alphabet. Ordnung. gr. 12. (1 B.) Leipzig 837, Wienbrack.

—— dass. — die Weinsteuer betreff., v. 4. Dec. 1833 u. 23. Sept. 1834. gr. 12. (1 B.) Leipzig 837, Wienbrack.
Vgl. oben: Handbuch f. Steuerbeamte ꝛc.

—— rathgebendes, für an Gicht u. Rheumatismus Leidende. Nach d. Franz. gr. 12. (4⅔ B.) Prag 842, Haase Söhne, Verlags-Exped.

— für Reisende in d. Erblande. 8. Wien, Kaulfuß. 789.

— f. kathol. Religionslehrer in Böhmen; enth. d. wissenswert. Normalien. Alphabet. zusammengest. v. e. Katecheten d. Leitmeritzer Diöcese. 12. (71 S.) Warnsdorf 893. A. Opitz. n. — 50

— für den Religions-Unterricht in der ein- und zweiklassigen Elementarschule. Barmen 862. Bertelsmann. 8. (76 S.) n. 4 ngr.

— für den Religions-Unterricht in der ein- u. zweiklassigen Elementarschule. 2., durchgeseh. u. verb. Aufl. Gütersloh 866. Bertelsmann. 8. (63 S.) n. 4 ngr.

—— zur Selbstbelehrung in den Vorkenntnissen der Kochkunst zum bessern Verstehen der vorhandenen Kochbücher für Mädchen jedes Standes, von der Tochter der Verf. d. Augsburger Kochbuchs. 8. (5¾ B.) Schweinfurt 841, Wesstein.

SERAPHISCHES Handbuchlein, in sich enthaltend Die Seraphische Ordens-Regel, das Testament des Seraphischen heil. Vaters Francisci, mit summarischen Inhalt der Gebote zu Nutzen der Seraphischen Brüder Auf das Neue aufgelegt auf Anordnung von P Leopold Horvàth. Pressburg 1837 Typ Belnay's Erben 72 S - 130 mm

Handbüchlein (Socialdemokratisches) für Amtsvorsteher und andere Schulbeaufsichtiger. Abgefasst von E. F. G. 8°. Braunschweig (c. a. 1875).

V. H. H. Handbuchlein von 400 Sprichwörtern, Ratzeln etc.—Helmst. 1728. 8°.
So in der Bibl J. A Fabricii II. Hambg 1739. p. 797. — Hochst selten!

– statistisches

– – für das Jahr 1866. Herausgegeben von der k k statistischen Central Commission. 8 Wien 1868

—— statistisches, für das J. 1868. Hrsg. von der k. k. statist. Central-Commission. 8. (III, 63 S.) Wien 870, (Prandel.) *

Handbüchlein, statistisches, f. d. J. 1869. Hrsg. v. der k. k. statist. Central-Commission. gr. 8. (III, 65 S.) Wien 871. Gerold's Sohn in Comm. n. 1. —

—— dass. — für die J. 1870 und 1871. Hrsg. von der k. k. statist. Central-Commission. 8. (III, 81; 89 S.) Wien 872,73, (Gerold's Sohn.) à Jahrg.

Handbüchlein, Statistisches, der österreichisch-ungarischen Monarchie für das Jahr 1867. Herausgegeben von der k. k. statistischen Central-Commission. kl. 8°. (61 S.) Wien: Prandel in Comm. 1869.

—— statistisches, des Kaiserthums Oesterreich für das Jahr 1865. Hrsg. von der k. k. statist. Central-Commission. 8. (V und 63 S.) Wien 867, (Prandel.) *
Vgl. XIII. Bd. 1. Abthl. S. 212.: Czoernig, Carl Frhr. v.,

Handbüchlein, statistisches, des Kaisertums Osterreich für 1866. 67. Wien 1868. 69

Statist. **Handbüchlein** d. Königl. Hauptstadt Prag. Hrsg. von der statist. Commission d. Königl. Hauptstadt Prag. Dt. Ausgabe. Jg 1—8. 1872—1880. — Prag: Statist. Commission d. königl. Hauptstadt Prag 1873—1881.
Forts. u. d. T.:

— **statistisches**, der kgl. Hauptstadt Prag f. d. J. 1872 u. 1873. Hrsg. v. der statist. Kommission d. k. Hauptstadt Prag unter Red. d. Vorstandes d. städt. statist. Bureaus Jos. Erben. Deutsche Ausg. m. e. Ergänzungsbeilage. gr. 8. (VI, 195 S.) Prag 874. (Gregr & Dattel.) n. 2. —

Handbüchlein, statistisches, der kgl. Hauptstadt Prag für die J. 1874—1877. Hrsg. von der statist. Commission der kgl. Hauptstadt Prag unter Redaction von Jos. Erben. 3.—6. Jahrg. Deutsche Ausg. gr. 8. (VIII, 141; VI, 140; VIII, 136; VIII, 141 S.) Prag 875—78, (Grégr und Dattel.) à Jahrg. *

—— statistisches, der königl. Hauptstadt Prag für das J. 1878. Hrsg. von der statist. Commission der königl. Hauptstadt Prag unter Redact. von Jos. Erben. 7. Jahrg. Deutsche Ausg. gr. 8. (VI, 154 S.) Prag 880, (Rziwnatz.) **

— — dass. — Für die J. 1879 und 1880. 8. Jahrg. Deutsche Ausg. gr. 8. (XVIII, 264 S.) (Ebendas.) 881. **
Fortsetzung u. d. T.: Statistisches Handbuch.

— der Sympathie. Enth. die wichtigsten u. bewährtesten Sympathiemittel, sowie e. Abhandlg. üb. Sympathie. 8. (32 S.) Regensburg (900). E. Stahl. n. — 50

(B) — d. Sympathie. 906. (KBL 31.) Jetzt: Berlin, Hellbrunn & Co.

— des guten Tons u. d. feinen Gesellschaft. Ein treuer Wegweiser f. junge Leute. 2te verb. Aufl. Mit 2 Steindr. 12. Ilmenau 823. Voigt.

—— des guten Tons u. d. feinen Gesellschaft. Ein neues Complimentirbüchlein u. treuer Wegweiser f. junge Leute ꝛc. Nebst e. Anleit. z. Tranchiren u. Vorlegen, u. e. Anh. neuer Gesellschaftsspiele u. Pfänderauslösungen. N. d. Franz. (Von Fr. Schmidt.) Nebst 2 Stnt. 3., umgearb. u. verm. Ausg. (10 B.) 829., 4., umgearb. u. verm. A. (11½ B.) 12. Ilmenau 832, [Weimar,] Voigt. à Thlr

— des guten Tons u. der feinen Gesellschaft. Ein neues Complimentirbüchlein u. treuer Wegweiser f. junge Leute, sich in Gesellschaft u. Umgang beliebt zu machen ꝛc. Nebst e. Anleitg. zum Tranchiren u. Vorlegen u. zum Anordnen der Tafel u. e. Anh. neuer Gesellschaftsspiele u. Pfänderauslösungen. 5. sehr verm. u. verb. Aufl. [von Ferd. Frhrn. v. Biedenfeld.] Nebst 2 lith. Taf. 12. (VIII u. 373 S.) Weimar 851, Voigt. ¾ n.f

—— des guten Tons und der feinen Lebensart. Ein neues Complimentirbüchlein und treuer Wegweiser für junge Leute, sich in Gesellschaften und im Umgange beliebt zu machen ꝛc. Nebst einer Anleitung zum Tranchiren und Vorlegen und zum Anordnen der Tafel ꝛc. 6. Aufl., umgearb. und verb. von L. v. Alvensleben. 12. (XVI und 389 S. mit 2 Stnt.) Weimar 860, Voigt. –

— des guten Tons und der feinen Lebensart. Ein neues Complimentirbüchlein u. treuer Wegweiser für junge Leute, sich in Gesellschaften u. im Umgange beliebt zu machen, auf eine gefällige Weise zu reden u. zu schreiben u. sich in vorkommenden Fällen richtig zu benehmen. 6., verm. u. verb. Aufl. (2., unveränd. Abdr.) Weimar 865. B. F. Voigt. 12. (XVI, 389 S. nebst 2 Stntaff.) 15 *ngr.*

—— des guten Tons und der feinen Lebensart. Ein neues Complimentirbüchlein und treuer Wegweiser für junge Leute, sich in Gesellschaften und im Umgange beliebt zu machen, auf eine gefäll. Weise zu reden und zu schreiben ꝛc. Nebst einer Anleitung zum Tranchiren und Vorlegen und zum Anordnen der Tafel und einem Anh. neuer Gesellschaftsspiele und Pfänderauslosungen. 7. Aufl. 8. (XII, 326 S.) Weimar 870, B. F. Voigt.

— des guten Tons u. der feinen Lebensart. Ein neues Complimentirbüchlein u. treuer Wegweiser f. junge Leute, sich in Gesellschaften u. im Umgange beliebt zu machen, auf eine gefäll. Weise zu reden u. zu schreiben u. sich in vorkommenden Fällen richtig zu benehmen. Nebst e. Anleitg. zum Tranchiren u. Vorlegen u. zum Anordnen der Tafel u. e. Anh. neuer Gesellschaftsspiele u. Pfänderauslösgn. 8. Aufl. 8. (XII, 320 S.) Weimar 876. B. F. Voigt. 1. 50

—— unentbehrliches, für Wirthe und Weinbesitzer, oder die auf Erfahrung gegründete Behandlung des Weines ꝛc.; nebst Angabe verschied. Methoden, denselben zu färben. Ferner: Verschiedene Rezepte zur Verfertigung von Liqueur, Nußwasser, Zimmetwasser ꝛc. Von einem Wirthe. 3., verm. Aufl. gr. 16. (16 S.) Schwäbisch Hall 851, Haspel'sche Buchh.

Handbüchlein zum ärztlichen Unterrichte für die Diaconissen-Schülerinnen. Ansbach 866. Junge. gr. 16. (VII, 191 S.) n. 18 *ngr.*

— zum Unterrichte in der Geographie f. Elementarschüler. 2. v. e. prakt. Schulmann verf. Aufl. gr. 16. (48 S. m. 4 lith. u. color. Karten in qu. 4.) Münster 876. Russell. n. — 40

beim geograph. Unterrichte über Deutschland. 12. Freiberg 845, Craz u. Gerlach. 1 *ngl*

— für den Unterricht in der biblischen Geschichte u. Religion in der IV. Abteilung der Volksschulen. Von e. Priester der Diözese Ermland. Nebst tabellar. Übersicht der im Ermlande vorschriftsmäß. Verteilg. d. Lehrstoffes f. bibl. Geschichte, Religionslehre u. Kirchengeschichte in den verschiedenen Abteilgn. der Volksschulen. gr. 8. (34 S.) Freiburg i/Br. 883. Herder. n. — 35; tabellar. Übersicht ap. n. — 10

— für fromme Verehrer d. hl. Joseph, d. reinsten Bräutigams der Gottesmutter Maria. Aus verschiedenen Autoren zusammengestellt v. e. Priester der Gesellschaft Jesu. Aus dem Ital. übers. v. e. Priester der Diöcese Mainz. 16. (VIII, 496 S.) Mainz 886. Frey. n. 1. 20

— f. fromme Verehrer d. hl. Joseph, d. reinsten Bräutigams der Gottesmutter Maria. Aus verschiedenen Autoren zusammengestellt v. e. Priester der Gesellschaft Jesu. Aus dem Ital. übers. v. e. Priester der Diöcese Mainz. Neue (Titel-)Ausg. 16. (VIII, 496 S.) Paderborn 893. F. Schöningh. 1. 20; geb. n. 1. 80

Handbüchlein, Vermehrtes geographisches. Mühlhausen 1770. V: *Chrysander, Wilhelm Christian Justus.* (ML)

Handbüchlein f. Vormünder in d. preuß. Staate, nach d. darüber ergang. gesetzl. Bestimmn. Von e. prakt. Juristen. 8. (4½ B. u. 1 B. Tab.) Berlin 828, Rücker.

Handbüchlein für Wähler. 2. Aufl. Leipzig 1848. V: *Hoffmann, Heinrich.* (UBTüb 1878/80, S. 16)

— für Waisenrichter. Enth. e. systemat. Darstellg. üb das Vormundschaftswesen nach dem bad. Landrechte, so wie die Waisenrichter-Ordgn., nebst Dienstweisg. f. Waisenrichter nach dem neuesten Stande m. Anmerkgn. u. Erläutergn. u. als Anh.: die auf das Vormundschaftswesen bezügl. Stellen des bad. Landrechtes. Von e. Fachmanne dargestellt. 8. (IV, 88 S.) Bonndorf 897. Spachholz & Ehrath. n.n. 1. 50

—— für Wallfahrtende nach Einsiedeln. gr. 12. (10½ B., 1 Stndr. u. Titvign.) Einsiedeln 830. (Augsburg, Kollmann.)

— des praktischen Weinkellermeisters. gr. 8. Wien. 789.

—- der Weltgeschichte f. Schulen u. Familien. Mit Abbild. hrsg. v. dem Calwer Verlagsverein. 12. (14 B.) Calw 843. (Stuttgart, J. F. Steinkopf.) **

Handbüchlein des Werkes der hl. Kindheit ... [Salzburg 187?] Salzburg [1887]. V: *Hager, Edmund.* (Hr)

—— für Wühler, s.a. Struwwel.

Handbüchlein für Wühler, Anleitung in wenigen Tagen ein Volksmann zu werden, von Peter Struwel, Demagog. Mit Holzschnitten. 8⁰. Leipzig 1848.

Handbüchlein für Wühler oder kurzgefasste Anleitung in wenigen Tagen ein Volksmann zu werden. Von Peter Struwwel, Demagog. 2. Aufl. Leipzig. 1848. 8⁰ – 3. Aufl. ebd. 1848.

Handcalender, s.a. Handkalender

Hand-Calender, Bequemer, d. jetzt lebenden regierenden Häupter in Europa samt derer Gemahlinnen Geburtstage u. Jahre. M. Approbation d. Kgl. Societät d. Wissenschaften.
1724—1728.
Berlin.

Hand-Calender, Haushaltungs-, Reise- u., verbesserter, immerwährender. Hg.: Turanophilus.
(1719.)
(1721.) 4. Aufl.
Erffurt.

Hand-Calender, Königl. . . . . a. J. . . . . Mit Approbation d. Kgl. Societät d. Wissenschaften.
1728—1730.
Berlin.

Handcalender, Neuer, für alle Stände mit den Nachrichten von den Reisen mit Extrapost ... Berlin 1809. V: *Matthias, Wilhelm Friedrich.* (Hitzig)

Handcatalog, s. H a n d k a t a l o g

Fleißige Händchen und andere Geschichtchen von F. F. *Witten a. d. R. Stadtmission [1906].* (16 S.) 8° [F.]
— **Blütenzweige.** No 1.

Haendcke, Berthold

Haendcke, Berth., Bibliographie der Architectur, Plastik u. Malerei, s.: Bibliographie der schweizer. Landeskunde.

Haendcke, Berth. Arnold Böcklin in seiner historischen u. künstlerischen Entwickelung. gr. 8. (30 S.) Hamb. 890, Haendcke u. Lehmkuhl. * — 80

Haendcke, Berth., die Chronologie der Landschaften Albrecht Dürers, s.a. **Studien z. deutsch. Kunstgeschichte. 19. Hft.**

Haendcke, Berthold: Die C h r o n o l o g i e der Landschaften Dürer's. Von –, o.ö.Prof. . . . an d. Univ. Königsberg i. Pr. M 2 Lichtdrucktaf. Strassburg: J. H. E. Heitz 1899. (40 S., 2 Taf.) 1 Bd 8.
= Studien z. deutschen Kunstgeschichte. H. 19.

Kunstverein zu Königsberg i. Pr. E. V. (Ludwig) Dettmann-Ausstellung in den Räumen der Stadt Galerie. 25. April bis 17. Mai [1908]. (Verf.: [Berthold **Haendck**je.) (Königsberg i. Pr. [1908]: Ostpr. Dr.) (4 Bl., 15 Taf.) 4° [F.]

— **Nikolaus Manuel Deutsch als Künstler. gr. 8. (VII, 116 S. m. 4 Lichtdr.-Taf.) Frauenfeld 889. Huber. n. 3. 20**

Mit Genehmigung der phil. Fak. der Albertus-Universität wird Mittwoch den 3. August 1904 . . . Herr Dr. phil. Arrien Johnsen . . . seine öffentliche Antrittsvorlesung über 'Die Entwicklung der Petrographie' halten. Zu diesem Akte ladet ein der Dekan d. phil. Fak. B[erthold] **Haendcke.** *Königsberg i. Pr. (1904): O. Kümmel.* (1 Bl.) 4°

(Haendcke, Berthold.) Ein Evangeliar aus dem IX. Jahrhundert. [Mit Textfiguren.] SA 8. [Zürich] 1893.

Haendcke, Berthold: Berthold Furtmeyr. Sein Leben und seine Werke . . . München, 1885; 65 S. 8°.
München, Phil. Fak., Inaug.-Diss. v. 1885.

Haendcke, Berthold, Berthold Furtmeyr. Sein Leben u. seine Werke. 8. (65 S.) Hamburg 885. Haendcke & Lehmkuhl. n. 2. —

Haendcke, Berth., das Kind u. die Kunst, s.: **Vortragsstoffe für Volks- u. Familienabende. 16. Heft.**

— **Max Klinger als Künstler, s.: Über Kunst der Neuzeit. 2. Hft.**

— **deutsche Kultur im Zeitalter des 30jährigen Krieges. Ein Beitrag zur Geschichte des 17. Jahrh. (X, 464 S.) gr. 8. Leipzig 906. E. A. Seemann. n. 6. 60; geb. n. 7. 50**

Haendcke, Berth., deutsche Kunst im täglichen Leben bis zum Schlusse des 18. Jahrh., s.a. **Aus Natur u. Geisteswelt.**

Deutsche K u n s t im täglichen Leben bis zum Schlusse des 18. Jahrhunderts. Von Berthold **Haendke.** Mit 63 Abb. Leipzig: B. G. Teubner 1908. (150 S.) 8°
= Natur, Aus, u. Geisteswelt. Bdch. 198.

— **Die Kunst u. die natürliche Umwelt, s.: Vortragsstoffe f. Volks- u. Familienabende. I, 28.**

Kunstanalysen aus 19 Jahrhunderten. E. Handbuch f. die Betrachtg. v. Kunstwerken. 2. verb. u. verm. Aufl. (VII, 284 S. m. Abbildgn. u. Taf.) Lex.8. Braunschw. (910). G. Westermann. Geb. in Lw. 10. —
1. Aufl. (XII, 274 S. m. Abb. u. Taf.) 907. 10. —

— **die schweizerische Malerei im XVI. Jahrh. diesseits der Alpen u. unter Berücksicht. der Glasmalerei, d. Formschnittes u. d. Kupferstiches. gr. 8. (V, 417 S. m. 8 Textillustr. u. 30 Taf.) Aarau 893. H. R. Sauerländer & Co. n. 10. —; geb. n. 12. —**

— **Der unbekleidete Mensch in der christlichen Kunst seit 19 Jahrhunderten. Eine kunst- u. kulturgeschichtl. Untersuchg. (296 S.) 8. Straßburg 910. J. H. E. Heitz. 6. —**

— u. **Aug. Müller, das Münster in Bern. (Festschrift zur Vollendg. der St. Vincenzenkirche.) Fol. (X, 179 S. m. 31 Textillustr. u. 20 Taf.) Bern 894. Schmid, Francke & Co. n. 24. —**

— **die Pannerträger der dreizehn alten Orte nach den Holzschnitten Urs Graf's. Mit 16 Lichtdr.-Taf. v. F. Thévoz & Cie. in Genf u. 12 Textabbildgn. [Aus: „Völkerschau" III. u. IV. Bd.] Hrsg. v. der mittelschweizer. geographisch-kommerziellen Gesellschaft in Aarau. Fol. (12 S.) Aarau 893. (Basel, A. Geering.) In Leinw.-Mappe. n. 17. —**

— **Studien zur Geschichte der sächsischen Plastik der Spätrenaissance u. Barock-Zeit. Mit 11 Lichtdr.-Taf. u. 4 Autotyp. 4. (VII, 139 S.) Dresden 903. E. Haendcke. n. 8. 50; geb. n. 10. —**

— **Studien zur Geschichte der spanischen Plastik,** s.a. **Zur Kunstgeschichte des Auslandes. 1. Hft.**

Studien zur Geschichte der spanischen Plastik. Juan Martinez Montañes. Alonso Cano. Pedro de Mena. Francisco Zarcillo. Von Dr. B[erthold] **Haendcke**, Prof., Königsberg Pr. Mit 11 Taf. *Strassburg: J. H. E. Heitz 1900.* (53 S.) 4°
= Kunstgeschichte, Zur, d. A u s l a n d e s. H. 1.

Haendcke, Erwin, die mundartlichen Elemente in den elsässischen Urkunden des Strassburger Urkundenbuches, s.a. **Studien, alsatische.**

Haendcke, *Karl Heinrich* Erwin: Die mundartlichen Elemente in den elsässischen Urkunden des Strassburger Urkundenbuches 1261–1332 . . . Strassburg, K. J. Trübner, 1894; X, 48 S., 1 Bl. 8.
Strassburg, Phil. Fak., Inaug.-Diss. v. 1894

Hand-Commentar, s.a. **Hand-Kommentar.**

Handcommentar. Kurzer H'-C' zum Alten Testament, in Verbindung mit I[mmanuel] Benzinger, A(lfred) Bertholet, K(arl) Budde, B(ernhard) Duhm, H[einrich] Holzinger, G[errit] Wildeboer hrg. von D. Karl Marti, ord. Professor ... [in] Bern. In fünf Bänden oder zwanzig Abteilungen (= 20 Lieferungen). IV (+ *zus.* 4849) S. 8. Tübingen (*Liefg. 1—9:* Freiburg i. B., Leipzig und T', *10—11:* T', F' i. B. und L', *12—19:* T' und L'), J. C. B. Mohr, (1897—)1904. (*cpl.* Subscr. *vor 1901* M. 60.—, im Buchh. 75.30; geb. *pro Abt. je M. 1.— mehr)*

Abteilung 1 (Liefg. 5) *a. u. d. T.:* Genesis. Erklärt von Lic. Dr. H[einrich] Holzinger.... Mit einer Abbildung. XXX + 278 S. 1898. (M. 5.—, *einzeln* 6.—)

Abteilung 2 (Liefg. 11) *a. u. d. T.:* Exodus. Erklärt von Lic. Dr. H[einrich] Holzinger.... Mit acht Abbildungen. XX + 155 S. 1900. (M. 2.80, *einzeln* 3.—)

Abteilung 3 (Liefg. 13) *a. u. d. T.:* Leviticus. Erklärt von Lic. Alfred Bertholet,... Professor ... in Basel. XX + 104 S. 1901. (M. 2.—, *einzeln* 2.40)

Abteilung 4 (Liefg. 19) *a. u. d. T.:* Numeri. Erklärt von Lic. Dr. H[einrich] Holzinger.... XVIII + 176 S. 1903. (M. 3.—, *einzeln* 3.75)

Abteilung 5 (Liefg. 9) *a. u. d. T.:* Deuteronomium. Erklärt von Lic. Alfred Bertholet.... XXX + 119 S. 1899. (M. 2.20, *einzeln* 2.50)

Abteilung 6 (Liefg. 16) *a. u. d. T.:* Das Buch Josua. Erklärt von Lic. Dr. H[einrich] Holzinger.... XXII + 103 S. 1901. (M. 2.—, *einzeln* 2.50)

Abteilung 7 (Liefg. 3) *a. u. d. T.:* Das Buch der Richter. Erklärt von D. Karl Budde.... XXIV + 147 S. 1897. (M. 3.—, *einzeln* 3.60)

Abteilung 8 (Liefg. 18) *a. u. d. T.:* Die Bücher Samuel. Erklärt von D. Karl Budde.... XXVIII + 343 S. 1902. (M. 5.80, *einzeln* 7.—)

Abteilung 9 (Liefg. 7) *a. u. d. T.:* Die Bücher der Könige. Erklärt von Lic. Dr. I[mmanuel] Benzinger.... Mit neun Abbildungen im Text, einem Plan des alten Jerusalem und einer Geschichtstabelle [im Text]. XXIV + 216 S. 1899. (M. 4.—, *einzeln* 5.—)

Hand-Commentar zum **Neuen Testament** bearb. von Prof. D. H[einrich] J[ulius] Holtzmann in Strassburg [u. a.]. 3., gänzl. umgearb. Aufl. Bd 1. *Tübingen & Leipzig: J. C. B. Mohr 1901.* 8° (01. 10539

Hand-Concordanz, s.a. Hand-Konkordanz

Hand-Concordanz, biblische. Hand- u. Hülfsbuch f. Prediger u. Lehrer zum leichtern Auffinden der Bibelstellen. 2. sehr verm. Aufl. gr. 8. (X u. 302 S.) Leipzig 847, Reichenbach. 1 ₰

Hand-Concordanz, biblische, oder alphabetisches Wortregister der Heiligen Schrift. Bremen 866. Verlag des Tractathauses. gr. 8. (IV, 940 S.) n. 1 ₰ 7½ ngr.

Hand-Concordanz, biblische. Ein Hand- u. Hilfsbuch für Prediger u. Lehrer zum leichtern Auffinden der Bibelstellen, zugleich auch enth. einen Religions-Cursus nach den Hauptstücken d. Luther. Katechismus, einen Cursus f. den Unterricht in der bibl. Geschichte, einen Leitfaden zum Bibellesen u. eine kurze Anweisung, die Schüler im Bibelaufschlagen zu üben ꝛc. 3., sehr verm. u. verb. Aufl. gr. 8. (X, 301 S.) Quedlinburg 879. Basse. n. 4.—

Hand-Concordanz, biblische, od. alphabetisches Wortregister der Heiligen Schrift. 2. Aufl. 8. (IV, 940 S.) Bremen 883. Verl. d. Tractathauses. n. 3. 75; geb. n. 4. 50

Hand-Concordanz, biblische. Ein Hand- u. Hilfsbuch für Prediger u. Lehrer zum leichtern Auffinden der Bibelstellen, zugleich auch enth. e. Religions-Cursus nach den Hauptstücken d. Luther. Katechismus, e. Cursus f. den Unterricht in der bibl. Geschichte, e. Leitfaden zum Bibellesen u. e. kurze Anweisg., die Schüler im Bibelaufschlagen zu üben. 3., sehr verm. u. verb. Aufl. Neue (Titel-)Ausg. gr. 8. (X, 301 S.) Braunschweig 890. Wollermann. n. 2.—; geb. n. 2. 75

Hand-Concordanz, biblische, od. alphabet. Wortregister der Heiligen Schrift. 3., verb. Aufl. 8. (944 S.) Bremen 893. Verlag des Traktathauses. — Zürich, Christl. Vereinsbuchh. 3. 75; geb. 4. 50

Hand-Concordanz, bibl., f. Religionslehrer u. alle Freunde d. heil. Schrift. Ein Hand- u. Hilfsb. beim Gebr. derselben. 8. (15 B.) Leipzig 841, Gebr. Reichenbach. *

Handconversationslexicon, neuestes, für alle Stände. Erstes unentbehrliches Handbuch des gesammten Wissens. 1. Liefg. Leipzig 858. Bethge. 8. (S. 1—48.) n. 5 ngr

Handconversationslexicon, neuestes, für alle Stände. Erstes unentbehrliches Handbuch des gesammten Wissens. (In 6 Lfgn.) 1. Lfg. 8. (S. 1—48.) Leipzig 858. [Leipzig, Friese.] *

Ist nicht fortgesetzt worden.

Hände, betende, — gesegnete Hände u. 8 andere Erzählungen, s.: Goldkörner.

Hände, fleißige. Kalender f. Frauen u. Mädchen. 1899. 4 (33 S. m. Abb.) Berlin, Schriftenvertriebsanst. — 10

Hände, fleißige. Kalender f. Frauen u. Mädchen. 1903. 4. (32 S. m. Abb.) Berlin, Schriftenvertriebsanst. — 10

Hände, fleißige. Kalender für Frauen u. Mädchen 1907. (32 S. m. Abbildgn.) gr. 8. Berlin, Schriftenvertriebsanstalt. — 10

— **fleißige.** Kalender f. Frauen u. Mädchen. 1911. (32 S. m. Abb.) gr. 8. Berlin, Schriftenvertriebsanst. — 10

Hände, Zarte — Blut und Eisen! Bismarck unter drei Kaiserinnen. Berl. 1895. V: *Robolsky, Hermann.* (Singer, A., Bismarck in der Literatur. Würzburg 1909. S. 167.)

— zarte, — Blut u. Eisen! Bismarck unt. drei Kaiserinnen. gr. 8. (27 S.) Berlin 895 E. Pellschus & Co. n. — 75

Handegger, A. Die Cistercienserinnen zu Maggenau. Mit 1 Taf. Gr. in-4°. 66 S. St. Gallen, Fehr'sche Buchhandlung. 1893. 2 40

Handel, der, s.a. **Verdeutschungsbücher** d. allgemeinen deutschen Sprachvereins.

— der. Sammlung handelswissenschaftl. Werke. 5 Bde. gr. 8. Stuttgart 869, Rübling. [R. Levi.] (ℳ 25,50.)

Inhalt:

Büchele, C., Gewerbe- und Handelsgeographie, nach den neuesten Quellen bearb. 2 Bde. (VIII, 447; 680 S.) (ℳ 12.) *ℳ 4.

Engelmann, Jul., das deutsche Handels- und Wechselrecht. Ein Handbuch zum Selbststudium für Kaufleute und Industrielle, sowie zum Gebrauch in

Handel, der. Sammlung handelswissenschaftl. Werke ꝛc.

höheren Lehranstalten. Nebst einem Anh., das allgem. deutsche Handelsgesetzbuch und die allgemeine deutsche Wechselordnung enth. (X, 354 S.) (ℳ 4,50.) ℳ 1,80.

Lindwurm, Arn., die Handelsbetriebslehre und die Entwickelung des Welthandels. (XII, 407 S.) (ℳ 4,50.) *ℳ 2.

Wenzelburger, Thdr., vollständige Handelswissenschaft. Theorie und Praxis derselben systematisch dargestellt für Kaufleute und Industrielle, besonders für Zöglinge des Handels. In Verbindung mit tüchtigen Geschäftsmännern und Gelehrten hrsg. (X, 661 S.) (ℳ 4,50.) *ℳ 2.

Handel, der. Sammlung handelswissenschaftl. Werke. 1. Bd. gr. 8. Hannover. Leipzig, O. Lenz. Ermäß. Pr. n. 3. —

Die Handelsbetriebslehre u. die Entwickelg. des Welthandels. Von Arnold Lindwurm. (Neue [Titel-] Ausg.) (XII, 407 S.) [868.] 878.

Argentiniens internationaler Handel. Nr 4. Buenos Aires 1910

Handel, der auswärtige, des deutschen Zollgebiets im Hinblick auf die Handelsverträge mit Belgien, Italien, Österreich-Ungarn, Rumänien, Russland, Schweiz und Serbien für die Jahre 1880-96. Herausgeg. im Reichsamt d. Innern. 4° Berlin 1897

Handel, Auswärtiger, Ungarns, s. Mitteilungen, Ungar. stat.

— auswärtiger, des deutschen Zollgebietes, s.a. Statistik des Deutschen Reichs.

— auswärtiger, des deutschen Zollgebiets. (1889—1900.) Bearb. im kaiserl. statist. Amt. hoch 4. (4, 37, 137 u. 150 S.) Berlin 901. Puttkammer & Mühlbrecht. n. 2.—

Handel, auswärtiger, d. deutschen Zollgebiets nach Herkunfts- u. Bestimmungs-Ländern in d. J. 1880—1896. Hrsg. im Reichsamt d. Innern. In 24 Hftn. Imp.-4. Berlin, Puttkammer & Mühlbrecht.
Subskr.-Pr. n. 18. —; Ladenpr. n. 24. —

1. Belgien. (33 S.) 897. n. 1. 20
2. Italien. (25 S.) 897. n. — 80
3. Oesterreich-Ungarn. (43 S.) 897. n. 1. 20
4. Rumänien. Serbien. (17 S.) 897. n. — 80
5. Rußland. (29 S.) 897. n. 1. 20
6. Schweiz. (31 S.) 897. n. — 80
7. Bulgarien. Griechenland. Türkei. (29 S.) 897. n. — 80
8. Dänemark. (19 S.) 897. n. — 80
9. Norwegen. Schweden. (47 S.) 897. n. 1. 60
10. Frankreich. (37 S.) 897. n. 1. 20
11. Großbritannien. (47 S.) 898. n. 1. 60
12. Niederlande. (41 S.) 897. n. 1. 20
13. Portugal. Spanien. (31 S.) 897. n. — 80
14. Afrika. (35 S.) 898. n. — 80
15. Britisch Ostindien. China. Japan. (41 S.) 897. n. 1. 20
16. Besitzgn. u Schutzgebiete europ. Staaten in Hinterindien, auf d. ostind. u. austral. Inseln, sow. am rothen Meer. Korea. Siam. Persien. Afghanistan, Beludschistan, Arabien mit Ausnahme d. türk. u. aegypt. Theils. (23 S.) 898. n. — 80
17. Chile. Argentinien. Paraguay. Uruguay. (31 S.) 897. n. — 80
18. Brasilien. Peru. (27 S.) 898. n. — 80
19. Britisch Nordamerika. Verein. Staaten v. Amerika. (47 S.) 898. n. 1. 60
20. Mexiko. Zentralamerikan. Republiken. Bolivien. Ecuador. Kolumbien. Venezuela. (31 S.) 898. n. — 80
21. Westindien. (20 S.) 898. n. — 80
22. Australien. (18 S.) 898. n. — 80
23. Freihafen Hamburg. Badische Zollausschlüsse. Zollausschluß Helgoland. (37 S.) 898. n. — 80
24. Hauptergebnisse. (21 u. 3 S.) 898. n. — 80

Handel, Über Brasiliens und Portugals, s. Brasiliens

Bremens Handel und Schiffahrt, dargestellt in 16 Tafeln. Bremen 1890

Anonym: „Der Breslauische Handel im Sommer 1804", o. O. und J. — Vorh.: Preuß. statist. Landesamt Berlin.

Anonym: „Der Handel in Compagnie, oder: die Handlungsgesellschaft nach Vortheil und Schaden betrachtet", Leipzig 1764 (Hilscher).

Handel, Danzigs, Gewerbe und Schiffahrt

Danzigs Handel, Gewerbe und Schiffahrt. Bericht und Jahresbericht für 1870. 71. 73-98. Danzig 1870-98

Danzig, Vorsteher-Amt der Kaufmannschaft, Danzigs Handel, Gewerbe und Schiffahrt in den Jahren 1874–79, 81–89. Danzig 1875—80, 82—90. Fol.

Danzig, Vorsteher-Amt der Kaufmannschaft, Danzig's Handel, Gewerbe und Schiffahrt im Jahre 1889 92. Jahresbericht. Danzig 1890—93. Fol.

Danzig, Vorsteher-Amt der Kaufmannschaft, Danzigs Handel, Gewerbe und Schiffahrt in den Jahren 1893—97. Danzig 1894—98. Fol.

Danzig, Vorsteheramt der Kaufmannschaft, Danzigs Handel, Gewerbe und Schiffahrt in den Jahren 1898, 99. Danzig 1899, 1900. Fol.

Deutscher Handel und Verkehr auf der Erde (No. 2 des Deutschen Kolonial-Atlas von Langhans (B1 c 1

Handel, Deutschlands, und Verkehr und die diesen dienenden Einrichtungen M ... Tab. i. Text u. 1 Kt (Vorr. R[ich.] Siegmund) Leipzig 1901 8°
(Handbuch d. Wirtschaftskunde Deutschlands Bd 4)

— über den englischen. Aus d. Rheinischen Blättern abgedruckt u. herausgeg. v. Ed. Golly. gr. 8. Berl. 816. Duncker u. H. 4 K

Handel, Europens, mit beiden Indien . . . Rostock 1780. V: *Raynal, William Thomas.* (EngG)

Handel, Der, mit Farbeholz in allen seinen Beziehungen . . . Hamb. 1844. V: *Ohnsorg, Johann.* (CBH)

„Der freie Handel in staatswirthschaftlicher und industrieller Beziehung", nach C. Fauvety, Leipzig 1847. — Vorh.: Com. Bibl. Hamburg.

Anonym: „Freier Handel immerdar! Den sämmtlichen europäischen Mächten, vorzüglich England und Frankreich und den Hanse-Städten zur Beherzigung vorgelegt", Hamburg 1806 — Vorh.: Com. Bibl. Hamburg.

Handel, freier, immerdar. 8. Hamb. 807. Kratsch. 12 K

Handel, der, m. gebrannten geistigen Getränken, deren Ausschank u. Kleinverschleiß. Nach dem Gesetze vom 30. Juni 1881 u. Vollzugsverordnung vom 2. Juli 1881. Erzeugung u. Verkauf weinähnlicher Getränke nach dem Gesetze vom 21. Juni 1880 u. der Ministerial-Verordnung vom 16. Septbr. 1880; dann Belegung derselben mit der Verzehrungssteuer nach dem Gesetze vom 30. März 1882. Bierdruck-Apparate. Verwendungsvorschrift nach der Ministerialverordnung vom 1. März 1882. In Bezug auf die Abgabebemessung u. prakt Anwendung durch die einschläg. Gesetze, Verordnungen u. Erlässe erläutert, u. ergänzt durch die bezügl. Bestimmungen der Gewerbeordnung, des Strafgesetzes u. der Aichvorschriften. Mit einem alphabet. Sachregister. 8. (60 S.) Prag 882. Mercy. n. — 80

Handel u. Gewerbe. Zeitschrift f. Deutschlands gesammte Gewerbthätigkeit. Organ f. die Handels- u. Gewerbekammern, sowie die wirthschaftl. Vereine u. Verbände. Hrsg. im Auftrage der vereinigten Sekretäre deutscher Handels- u. Gewerbekammern v. Annecke, Gensel, Scherenberg, Stegemann, Stumpf. Red.: Vosberg-Rekow. 2. Jahrg. Oktbr. 1894—Septbr. 1895. ca. 39 Nrn. (à ca. 2 Bog.) gr. 4 Berlin, Siemenroth & Worms. n. 10. -
f.: Mitteilungen f. Handel u. Gewerbe. — Nr. 1 5 sind Verlag von E. S. Mittler & Sohn in Berlin, von Nr. 6 an Siemenroth & Worms. — Der 1 Jahrg u. Nr. 1 5 d. 2. Jahrg sind vorläufig aus dem Handel zurückgezogen.

Handel u. Gewerbe. Zeitschrift f. Deutschlands ges. Gewerbthätigkeit. Organ für die Handels- u. Gewerbekammern, sow. d. wirthschaftl. Vereine u. Verbände Hrsg. i. Auftr. d. verein. Sekretäre deutscher Handels- u. Gewerbekammern v. Gensel, Hatscheck, Scherenberg, Stegemann, Stumpf. Red.: Vosberg-Retow. 3.—5. Jahrg Oktbr. 1895—Septbr. 1898. à ca. 39 Nrn. (à 12 S. gr. 4. Berlin, Siemenroth & Troschel. à Jahrg. n. 10. -

Handel u. Gewerbe. Zeitschrift f. d. z. Hebg. v. Handel u. Gewerbe gesetzl. beruf. Körperschaften. Im Auftr. d deutschen Handelstags hrsg. v. Soetbeer. 6. Jahrg Oktbr. 1898 bis Septbr. 1899. ca. 39 Nrn. (à ca. 16 S. gr. 4. Berlin, Siemenroth & Troschel. n. 10. —

— u. Gewerbe. Zeitschrift f. die zur Vertretg. v. Handel u. Gewerbe gesetzlich berufenen Körperschaften. Im Auftrag des deutschen Handelstags hrsg. v. Soetbeer. 7. u. 8. Jahrg. Oktbr. 1899—Septbr. 1901. à 38 Nrn. gr. 4. (XX, 564 u. XXIII, 626 S.) Berlin [Siemenroth & Troschel]. C. Heymann. à Jahrg. n. 10. —

— — dasselbe. Schriftleitung: Graf v. Brockdorff. 9. Jahrg. Oktbr. 1901—Septbr. 1902. 37 Nrn. gr. 4. (XXIV, 622 S.) Berlin, C. Heymann. n. 10. —

— — dasselbe. Schriftleitung: Gottfr. Leuckfeld. 10. Jahrg. Oktbr. 1902—Septbr. 1903. ca. 30 Nrn. gr. 4. (Nr. 1—31. 564 S.) Ebd. n. 10. —

— u. Gewerbe. Zeitschrift f. die zur Vertretg. v. Handel u. Gewerbe gesetzlich berufenen Körperschaften. Im Auftrag des deutschen Handelstags hrsg. von Soetbeer. Schriftleitung Gottfr. Leuckfeld u. seit Oktbr. 1905: Pohle. 11.—13. Jahrg. Oktbr. 1903 – Septbr. 1906. (XXV, 794; XXX, 818 u. XXXIV, 854 S.) gr. 4. Berlin C. Heymann. à Jhrg. n. 12. —

— — Zeitschrift f. d. z. Vertretg. v. Handel u. Gewerbe gesetzlich berufenen Körperschaften. Im Auftrag d. dtschn. Handelstags hrsg. v. Soetbeer. Schriftleitung.: Horster. 14—18. Jahrg. Oktbr. 1910—Septbr. 1911. à 38 Nrn. (17. Jhrg. XXVIII, 790 S.) 30,5×21,5 cm. Berlin, C. Heymann. à Jhrg. 12. —

Handel u. Gewerbe. 1. Heft. 8. Darmstadt 910. Buchhlg. großh. Staatsverlags. 1.60
Bestimmungen üb. die Anlegung u. den Betrieb von Dampfkesseln. Amtliche Handausg. Bearb. im Auftrage des großherzogl. Ministeriums des Innern. Von Dofflein. (102 S.)

— der, m. Giften. Rathgeber f. alle Gewerbtreibenden, welche m. Gift handeln. M. sämmtl. hierüber erlass. Polizeiverordngn. u. ausführl. alphabet. Sachreg. 12. (24 S.) Meldorf 898. (M. Hansen.) n. — 80

Handel, der, mit Giften, Arzneimitteln u. Drogen außerhalb der Apotheken, nach den f. das Reich u. das Großherzogt. Hessen geltenden Bestimmungen. (Bearb. v. Heyl). s.: Gesundheitspflege.

— der, Hamburgs. Sieben Briefe an e. deutsches Zollparlaments-Mitglied. Leipzig 869. Mayer. gr. 8. (58 S.) n. 10 ngr.

(Handel) Hamburgs Handel Sachverständigen-Berichte, hrsg auf Veranlassung der Handelskammer Jg 1880-1907 Hamburg, 1881—1908 u. ff (Cd 60

Handel, Der, Hamburgs, durch dessen Anschluss an den deutschen Zollverein gefördert. Hamburg 1841. V: *Klefeker, Franz.* (CBH) (Schr)

Handel, der, Hamburgs, durch dess. Anschluß an d. deutschen Zollverein gefördert. Nebst einigen allgem. Bemerkn. v. Verf. d. Schrift: „Für die Ausbreitung d. deutschen Zollvereins bis zur Seegrenze u. d. Einführ. v. Navigationsgesetzen." (Von Friedr. Klefeker.) — T. m. d. Umschl.-T.: Deutscher Zollverein. II. gr. 8. (5 B.) Hamburg 841, Perthes-Besser u. Mauke.

Der Handel von Hamburg in Getreide, Saaten, Dünge- u. Futtermitteln. Festschrift zur Generalversammlg in Hamburg 1908 des Vereins Deutscher Großhändler in Dünge- und Kraftfuttermitteln, E. V. Hrsg. von Theodor Waage. — Berlin: Saaten-, Dünger- u. Futtermarkt (1908). 10 Bl. 4° [Umschlagt.]

Hamburgs Handel in den Jahren 1871-99. 4° Hamburg 1871-99

*Hamburg's Handel im Jahre 1887 ff. Hrgg auf Veranlassung der Handelskammer. Hamburg (1888) ff. 4° k.
Erscheint seit 1893 nach Abtrennung der Jahresberichte mit dem Nebentitel. Sachverständigen Berichte hrgg. auf Veranlassung der Handelskammer.

Hamburg's Handel im J. 1900. Sachverständigen-Berichte, hrsg. auf Veranlassg. der Handelkammer. 4. (125 S.) Hamburg (C. Boysen). 1. 50.

Hamburgs Handel in den Jahren 1900-05. 4° Hamburg 1900-06

Hamburgs Handel im Jahre 1906-11. Hamburg 1907-12

Handel, Hamburgs, und Verkehr

Neue Börsen-Halle, Actien-Gesellschaft, Hamburgs Handel und Verkehr. Export-Handbuch Hamburg 1886.

Hamburgs Handel und Verkehr. Export-Handbuch der Börsen-Halle 1888/90. Hamburg. 1889. 8°.
—— Illustriertes Export-Handbuch der Börsen-Halle 1892/94. ebd. 1892. 8°.
Abschn. 1: Hamburgs Handel und Verkehr.
Abschn. 2: Hamburgs Grossindustrie und Kunstgewerbe.
Abschn. 3: Hamburger Export-Agentur-Geschäfte und Export-Musterläger.
Abschn. 4: Annoncen-Anhang; Abschn. 5: Register.

Hamburg, Börsenhalle. Hamburgs Handel und Verkehr. Illustrirtes Handbuch der —, 1897—99 Hamburg 1897

Hamburg's Handel u. Verkehr. Illustrirtes Export-Handbuch der Börsen-Halle 1901/3. gr. 8. (XIV, 592, 366. 724 u. 403 S. m. Abbildgn. u. Taf.) Hamburg, A.-G. „Neue Börsen-Halle". In 2 Leinw.-Bdn. 10. —; in 4 Leinw.-Bdn. 12. —

Hamburg's Handel u. Verkehr. Illustriertes Export-Handbuch der Börsenhalle 1905/7. 5 Tle. (X, 763, 411, 672 u. 493 S) gr. 8. Hamburg, Hamburger Börsenhalle. In 2 Leinw-Bdn. 10. —; in 4 Leinw.-Bdn. 12. —

Aus Handel und Industrie. Sammlung volkswirtschaftlicher Abhandlungen. Serie I-V und VI, 1. Zittau 1894-1900

Handel und Industrie Wochenschrift für volkswirtschaftliche, kommerzielle und industrielle Interessen, sowie Fachorgan für Aktien-, Bank-, Börsen- und Versicherungswesen, mit Polytechnischer Rundschau und Buch der Industrie Jg 12—17 (1903—1908). München, 1903—1908 u. ff

Handel u. Industrie. Wochenschrift für volkswirtschaftl., kommerzielle u. industrielle Interessen, sowie Fachorgan f. Aktien-, Bank-, Börsen- u. Versicherungswesen, m. Polytechn. Rundschau u. Buch der Industrie. Red: Kurt Wolff. 15. Jahrg. 1906. 52 Nrn. (à ca. 8 S.) gr. 4 München, Kommerzieller Verlag L. Schnitzler & Co. n. 12. —

— u. Industrie. Wochenschrift f. volkswirtschaftl., kommerzielle u. industrielle Interessen. Fachorgan f. Aktien-, Bank-, Börsen- u. Versicherungswesen. Red.: L. Wirschinger. 16—19. Jahrg. 1907—1910. à 52 Nrn. (à ca. 12 S.) 39,5×28 cm. München, Kommerzieller Verlag L. Schnitzler & Co. à Jhrg. 12. —

Handel und Industrie. Wochenschrift. 1907-13. fol München 1907-13

Handel und Industrie in Deutschland. Die wirthschaftliche Bewegung von — im Zeitraum von 1884 bis 1888. Nach den Jahresberichten der Handelskammern dargestellt von dem General-Sekretariat des deutschen Handelstages. 2 Bände. Berlin 1890.

Handel, Industrie und Schiffahrt im Bezirke der Corporation der Kaufmannschaft zu Königsberg i. Pr.

Österreich-Ungarn. K. u K Gen Consulat zu NY. Handel, Industrie und Schiffahrt NYs wä d Jahres 1876 ... 1878-81. Sv. T. A. Havemeyer. Gen Consul. NY, 1877-82.

Handel und Industrie Ungarns. Herausgegeben von der Budapester Handels- und Gewerbekammer. 1898 und 1899. Budapest 1900

Handel und Industrie Ungarns in den Jahren 1900-05. Budapest 1901-06

Handel und Industrie Ungarns. 1906-11. Budapest 1907-12

Handel, Industrie und Verkehr in Einzeldarstellungen

— — u. Verkehr in Einzeldarstellungen. 1.—7. Bd. 8. Berlin (906). Verlag für Sprach- u. Handelswissenschaft. à n. 1.—

1. Der deutsche Zollverein. Ein geschichtlicher Rückblick. Von Sturmhoefel. (86 S. m. 1 Bildnis.)
2. Die Krupp-Werke. Von D. Haek. Mit 12 Abbildgn. (79 S.)
3. Die Fugger u. Welser. Zwei Handelsfürstenhäuser der Reformationszeit. Von W. Opitz. Mit 4 Abbildgn. (IV, 80 S.)
4. Hamburg-Amerika-Linie u. Norddeutscher Lloyd. Ein Beitrag zur Geschichte der deutschen Seeschiffahrt. Von D. Haek. Mit 10 Abbildgn. (104 S.)
5. Geschichte u. Entwickelung der Warenhäuser, nach Mitteilgn. v. Osk. Tietz. Von Otto Erich v. Wussow. Mit 9 Abbildgn. (IV, 84 S.)
6. Die chemische Industrie unter besond. Berücksicht. der deutschen chemischen Industrie. Von Arth. Strigel. Mit 2 Abbildgn. (88 S.)
7. Die Börse. Ihre Geschichte, ihr Wesen u. ihre Bedeutung. Von Geo. Bernhard. (72 S.)

— — u. Verkehr in Einzeldarstelluugen. 8—18. Bd. 8. Berl., Verl. f. Sprach- u. Handelswissenschaft. à Bd. 1.—

Calwer, Rich., Kartelle u. Trusts. (74 S.) (906). (Bd. 8.)
Flamm, Oswald, Schiffbau. Seine Geschichte u. seine Entwicklg. Mit 20 Abbildgn. (75 S.) (907). (Bd. 10.)
Prager, R. L., der deutsche Buchhandel. Seine Geschichte u. seine Organisation. Nebst e. Einführg.: Der Ursprung des Buches u. seine Entwicklg. 2 Tle. in 1 Bde. (192 S. m. 10 Abbildgn.) (907). (Bd. 11. 12.)
Schär, Joh. Frdr., Zahlungsbilanz u. Diskont. Ihre Beziehgn. zum internationalen Geld- u. Kreditverkehr unter besond. Berücksicht. Deutschlands. (141 S.) (908). (Bd. 15. 16.)
Thiele, Frdr., die deutsche Lagerhausindustrie. Ihre geschichtl. Entwicklg., Organisation u. wirtschaftl. Bedeutg. in d. Gegenwart. (138 S.) (910). (Bd. 17. 18.)
Traube, A., u. H. Auerbach, Photographie u. Farbenphotographie. Ihre Geschichte u. Entwicklg. Mit 14 Abbildgn. (92 S.) (908). (Bd. 14.)
Tschierschky, S., die Unternehmer-Organisationen in Deutschland. (73 S.) (908). (Bd. 13.)
Voelcker, Henry, die deutsche Eisen- u. Stahlindustrie. (80 S.) (907). (Bd. 9.)

Kiel's **Handel** und Industrie in den Jahren von 1801 bis 1857. Kiel. 1860. 4°

Handel, Lage und Bedeutung, Riesa's. Jahresbericht. O. O.

Lübecks Nordischer **Handel** unter Berücksichtigung seiner Bedeutsamkeit für die deutsche Fabrication. Lübeck. 1848. 4°.

Anonym: „Ueber den Handel und Luxus", Königsberg 1792 (Unzer).

— u. Manufakturen, über, Rußlands, von e. Kaufmann (K. G. Wildfrank). 8. Lübeck 778.

— der Nürnberger; Darstell. des Industrie-Fleißes etc. 8. Zwickau 807, Schumann. 1 ₰ 16 Kr

Handel, Oesterreichs, mit dem Auslande im Jahre 1844. Triest 1845. V: *Hock, Carl Ritter von.* (EB)

— u. **Schiffahrt** v. Reval u. Baltischport, s.: Beiträge z. Statistik d. Handels v. Reval u. Baltischport

Handel, Der, und die Schiffahrt von Triest in den Jahren 1865 bis 1871. 4 Triest 1873.

Handel der Schweiz mit dem Königreich Belgien von 1871-77. Bern 1879

Handel der Schweiz mit dem Konigreich Italien, s. Statistik, schweizerische.

Stettin's **Handel**, Industrie und Schiffahrt. [1-34.] Im Jahre 1866-90 Jahres-Ber. der Vorsteher d. Kaufmannschaft *Stettin 1867-1900: F. Hessenland.* 8 Bde 8°, 26 Bde 4° [F.]
Forts. s. u. d. T.: Bericht über Stettin's Handel, Industrie u. Schiffahrt [94. 475]

Handel und Transport
v. Der Transportarbeiter.

Handel und Verkehr
s.a. Neue Zürcher-Zeitung.

Handel und Verkehr. Special-Organ für das Agentur-, Commissions- und Export-Geschäft, nebst Vacanzenblatt für Stellensuchende aller Berufszweige. [Früher „Deutsches Reichs-Vacanzen-Blatt".] 2. Jahrg. 1883. 52 Nrn. (à Nr. 1½ Bog.) Fol. Berlin, E. H. Friedrichs.
Nicht weiter erschienen.

— u. **Wandel.** s.a. Jugend-Bibliothek, stenographische.

Handel und Wandel
s.a. Zürcher Morgen-Zeitung (etc.).

— u. **Wandel.** Jahresberichte üb. den Wirtschafts- u. Arbeitsmarkt. Für Volkswirte u. Geschäftsmänner, Arbeitgeber u. Arbeiter-Organisationen. Jahrg. 1900 u. 1901. Hrsg. v. Rich. Calwer. gr. 8. (290 S. m. 1 Tab. u. 350 S.) Berlin 901. 902. Dr. J. Edelheim
Geb. in Leinw. à n. 10.—; in Halbfrz. à n. 12.—

v. Handel, Frhrr., ... Beiträge z. Erläuterung d. 12ten Art. des Preßburg. Friedensschlusses, insoweit derselbe den deutschen Ritterorden betrifft. 8. Deutschland 807.

Handel, Alois, Katechismus d. commerc. Eisenbahn-Betriebsdienstes für Aspiranten, Eisenbahnbeamte, Instructoren, Spediteure etc. 8. (IV, 359 S.) Wien 895. Spielhagen & Schurich. n. 4.40; geb. in Leinw. n. 5.—

Katechismus des executiven Eisenbahnverkehrsdienstes f. Aspiranten, Eisenbahnbeamte u. Instructoren. 8. (VI, 243 S.) Ebd. 895. n. 3.60;
geb. in Leinw. n.n. 4.20

Handel, Alois, Katechismus des exekutiven Eisenbahnverkehrsdienstes f. Aspiranten, Eisenbahnbeamte u. Instruktoren. 2. wesentlich erweit. Aufl. (X, 266 S.) 8. Wien 903. Spielhagen & Schurich. n. 4.—;
geb. in Leinw. n. 4.60

Handel, Alois, Katechismus des exekutiven Eisenbahnverkehrsdienstes f. Aspiranten, Eisenbahnbeamte u. Instruktoren. 3., umgearb. u. wesentlich erweit. Aufl. (V, 319 S.) 8. Wien 908. Spielhagen & Schurich.
4.—; geb. 4.50

— Der kommerzielle Verrechnungsdienst auf den k. k. österr. Staatsbahnen. Lehrbuch, m. zahlr. prakt. Musterbeispielen ausgestattet, f. Beamte u. Aspiranten in- u. ausländ. Bahnverwaltgn. (144 S.) Lex. 8 Ebd. (908). 3.50; geb. 4.50

Handel, Christian Friedrich

Handel, Chr. Fr., die Aecker sind getheilt, wie benutze ich sie am besten? 8. Bresl. 815. J. F. Korn. 4 gl

Handel, Chr. Fr., Alethosebia od. Liturgien f. gebildetere Gemeinen. gr. 8. Wiesb. 825. Schellenberg. 1 Rthl

vgl.: H a n d e l , Friedrich Christian

Handel, Chr. Fr., die Bedeutung, d. Zusammenhang u. d. Erbauliche d. einzelnen Theile uns. gegenwärt. kirchl. Gottesdienstes. Predigt. gr. 8. (1 B.) Neiße 830, Hennings.

—— und Chr. Otto. Scholz, Beurtheilung pädagog. Schriften, s. Hand- u. Taschen-Bibliothek, pädagog., IV. Abthl.

Handel, Chr. Fr., Bücherschau. 36—76 Bdchn., s. Hand- u. Taschenbibliothek, pädagogische. IV. Abthl.

— evangel. Christenlehre mit u. nach den Hauptstücken d. Katechismus, f. den Schul- u. Konfirmationsunterricht. 8. Bresl. 822. 2e Aufl. 825. Max u. Comp. 4 gl 3e Aufl. 831. 3 gl

— evangel. Christenlehre mit u. nach den Hauptstücken des Katechismus, für den Schul- u. Confirmanden-Unterricht. 4e von d. Verfass. nochmals durchges. u. hie u. da vervollständ. Aufl. 8. Breslau 833. 5e Aufl. 837. Max u. Comp. 1/8 Rthl — 6e aufs n. durchgeseh. u. vervollst. Aufl. 8. Ebd. 840. 1/8 Rthl

Handel, Chr. Fr., evangel. Christenlehre mit und nach den Hauptstücken des Katechismus, für den Schul- u. Confirmanden-Unterricht. 8. Aufl. nach dem Tode des Verf. durchgesehen und vervollständ. von Chr. Otto Handel, 8. Breslau 844, Max u. Comp. n. 1/6 Rthl

Handel, Chr. Fr., evangelische Christenlehre mit u. nach den Hauptstücken des Katechismus, f. d. Schul- u. Konfirmanden-Unterricht. 9. Aufl., nach des Verf. Tode durchgesehen von Chr. Otto Handel. 8. (96 S.) Breslau 847, Max & Co. — 10. Aufl. nach dem Tode des Verf. auf's neue durchgesehen u. vervollständigt von Chr. Otto Handel. 8. (96 S.) Ebd. 849. — 11. Aufl. nach dem Tode des Verf. auf's neue durchgesehen u. vervollständigt v. Chr. Otto Handel. 8. (96 S.) Ebd. 852 1/8 Rthl

Handel, Chr. Fr., evangelische Christenlehre mit u. nach den Hauptstücken des Katechismus für den Schul- und Konfirmanden-Unterricht. 13. Aufl., nach dem Tode d. Verf. auf's neue durchgesehen u. vervollständigt v. Chr. Otto Handel. 8. (112 S.) Stuttgart 879. Heitz. n. — 40

— Fragebüchlein üb. d. evangel. Christenlehre u. das dazu gehörige Hülfsbuch. 8. Halle 826. Anton, 4 gl

Handel, Christian Friedrich, u. Christian Gottl. Scholz

—— pädagog. Hand- u. Taschen-Bibliothek, s. Hand- u. Taschen-Bibliothek.

— kurzer Inbegriff der christlichen Religionslehre u. des Wichtigsten aus der Geschichte d. christlichen Kirche, als Leitfaden beim Unterricht der Gymnasiasten aus den obern Klassen. 8. Neisse u. Frankenstein 841, Hennings. 1/2 Rthl

— Kinder-Seelenlehre. 6 Bdchn. 831—37. 2 5/6 Rthl s.a. Hand- u. Taschenbibliothek, pädag. I. Abthl. 4s Bdchen.

Ch. F. Handel's Kinder-Seelenl., insbesond. f. Aeltern, aber auch f. Lehrer u. Erzieher anwendlich dargest. *Neisse*, Hennings. 831-37. 6 Bdch. od. Hfte. 8° 2 Rthl 20 gl. Ist: Pädagog. Hand- u. Taschenbibl. f. Aelt., Lehrer u. Erz. 1e Abth. Allgem. Grundss. d. Unt. u. d. Erz. 1-6s Bdch.

— Materialien zu einem vollständ. Unterricht im Christenthum nach Luthers Katechismus. 8. Halle 825, Anton.

—— Materialien zu e. vollständ. Unterr. im Christenthum nach Luthers Katechismus, od. d. große Christenlehre mit d. nöth. Bibelsprüchen, Liederversen u. Erklärn., nebst angehängten Hauptstücken d. Lutherschen Katechismus. 2., umgearb. Ausg. (17 1/4 B.) 835. u. 3., verb. Aufl. 8. (18 1/2 B.) Halle 840, Anton. à

Handel, Chrstn. Friedr., über Schulmängel, s. Hand- u. Taschen-Bibliothek, pädagog.

Handel, Christian Friedrich, u. Christian Gottl. Scholz

—— Sprechsaal 2c., s. Hand- u. Taschen-Bibliothek, pädagog., III. Abthl.

—— welcher Geist belebte uns. Väter in Augsburg bei Uebergabe ihres Bekenntnisses? Pred. z. 300jähr. Jubelfeier dies. Uebergabe am 25. Juni 1830 gehalten u. auf mehrfach geäußerte Wünsche zum Druck gegeben. 8. (1 B.) Neiße 830, Hennings.

Handel, Chr. Otto, die alleinseligmachende Kirche u. ihr Convertit. Erwiederung auf das Sendschreiben eines schlesischen Convertiten an die protestant. Gemeinde zu Markt-Borau im Namen u. Auftrage seiner Kirchgemeinde abgefaßt. gr. 8. (7 3/8 B.) Breslau 841, W. G. Korn.

—— praktischer Lehrgang f. den deutschen Sprachunterricht in Volksschulen. Od.: Consequent durchgeführte Methode, den gesammt. deutsch. Sprachunterricht mit Einschluß d. schriftl. Aufsätze, Denk- u. Redeübungen an gegebene Musterstücke zu knüpfen. gr. 8. (7 1/4 B.) Neisse 846, Burckhardt.

—— die Volksschullehrerbildung ohne Seminar. Od.: Wie ist es möglich, Zöglinge auch in kleineren Bildungsanstalten f. das Lehr- u. Organistenamt geschickt z. machen. gr. 8. (5 1/2 B. u. 1 Tab.) Ober-Glogau 846, Handel.

Handel, Franz C. Lothar

Handel, F. L., Bericht über die Schiller-Feier in der Freimaurerloge „Sokrates zur Standhaftigkeit" zu Frankfurt a. M. [13. Novbr. 1859.] Mit einem Vorw. von J. G. Findel. Leipzig 860. Förster & Findel. 12. (24 S.) n. 5 ngr.

Schiller, Friedr. v.: Bericht über die Schiller-Feier in der Freimaurerloge „Sokrates zur Standhaftigkeit" zu Frankfurt a. M. (13. Nov. 1859) erstattet von F[ranz] C. [Lothar] Handel. Mit einem Vorw. von J[os.] G[abr.] Findel. Leipzig: Luppe 1860. VI, 7—24 S. 8°
Tt. 2052. Festrede von G. Friederich. — Üb. Schiller s. Allgem. Deutsche Biographie Bd 31 1890 S. 215—245 (H. Fischer); Goedecke: Grundriss zur Gesch. der deutschen Dichtung 2. Aufl. Bd 5 1893 S. 15 bis 237, wo Literaturzusammenstellungen sind.

Der musik.·. BBr.·. Dank. [Unterz.:] [Franz Lothar] Handel. [Dat.:] Frankfurt [a. M.]: 1836. 1 Bl. 8° [Kopftit.]
Lied ohne Noten: „Drei ist die Zahl, die Maurern heilig ist, . . ."

Nachruf am Grabe des geliebten Br. Joh. Jos. Diehl, gesprochen von F[ranz] L[othar.] Handel, am 26. Jan. 5855. [Frankfurt a. M. 1855]: Krebs-Schmitt. 2 Bl. 8° [Umschlagtit.]

Handel, (Fr. Ch..) Alethosebia od. Liturgien f. gebildetere Gemeinen. gr. 8. Wiesbaden 825, Schellenberg.
vgl.: H a n d e l, Christian Friedrich

Handel, Georg Theodor Christoph

Handel G. Th. Ch., Arzneyvorrath f. unbemittelte Burg.rfamilien. 8. Hadam. Gel. Buchh. 801.

Handel, G. Th. Chr., († d. 19. Febr. 1801.) Arzneivorrath für unbemittelte Bürgerfamilien. 8. Hadamar 801. (Lanz in Weilb.) 9 K

Handel, Georg Theodor Christoph
Dissertatio inauguralis medica de indole, signis diagnosticis caussisque febris ardentis, monumentis praesertim veterum superstructa.
Marburgi 1791: Bayrhoffer. 57 S. 4°
pro solemniter capessendo in utraque medicina doctoris gradu.

— leichte u. sichere Heilungsart des bösartigen Trippers. 8. Frkf. 801. (Lanz in Weilb.) 6 K

— Kenntnisse u. Kur d. venerischen Schankers. 8. Hadamar 801. (Lanz in Weilb.) 3 K

— Kenntn. u. Cur des bösartigen Trippers. 8. Ebend. 801.

— über die unter dem Rindvieh grassirende Klauenseuche ec. 8. Frankf. a. M. 801. Hartmann. 2 K

— Pharmacopoea laconica. 8. Hadamar, Gel. Buchhdl. 801.

— pharmacopoea Laconica. 8. Hadamar 801. (Lanz in Weilb.) 3 K

— pharmacopoea militaris franco-gallica. 8. Frkf. a. M 798.

— üb. die jetzige Pockenepidemie u. die ausgezeichnete Wirksamkeit einiger Hausmittel in derselben. 8. Frankf. a. M. 800. Hermann. 3 K

Handel, Otto *(geb. Markt-Borau in Schles. 1 10 1852)*: Das räumliche Analogon eines Steiner'schen Problems der Ebene. Breslau 1877. (50 S.) 8° *(Umgearb. Breslauer Preisschr.) [Im Buchhandel 1877 bei Mayer & Müller in Berlin.]*
Breslau, Phil. Diss. v. 6. Aug. 1877

Handel, Otto [Oberl. Dr.]: Metrische Beziehungen an Tangentenfiguren der Kegelschnitte. *Breslau*, Breslauer Genoss.-Buchdr., E. G. (1889); 20 S., 4 Taf. 4°
Reichenbach, König Wilhelms-S, OP 1889 (209)

Handel, Otto, metrische Beziehgn. an Tangentenfiguren d. Kegelschnitte. Progr. gr. 4. (20 S. m. 4. Taf.) Roichenbach i/Schl. 889 (Borlin, Mayor & Müller.) n. 1.—

Handel, Otto Metrische Eigenschaften an Tangentenfiguren der Kegelschnitte. 4 (20 S., 4 Taf.).
Progr König Wilhelms Sch. *Reichenbach i. Schl.* 1889 (209).

Handel, Otto, Einführung in die Differential- u. Integral-Rechnung. Mit Übungsaufgaben. Zum Gebrauch an höh. Lehranstalten. (VI, 116 S. m. 64 Fig.) 8. Berlin 910. Weidmann. Geb. 2. —

Handel, elementar-synthetische Kegelschnittslehre. Zum Gebrauch an höheren Lehranstalten bearb. gr. 8. (VIII, 91 S. m. 60 Fig.) Berlin 893. Weidmann. n. 1. 40

Handel, Otto, elementar-synthetische Kegelschnittslehre. Mit zahlr. Übungsaufgaben. Zum Gebrauch an höheren Lehranstalten bearb. 2. verb. Aufl. gr. 8. (VI, 85 S. m. 57 Fig.) Berlin 901. Weidmann. Kart. n. 1. 60

Handel, Otto, elementar-synthetische Kegelschnittlehre. Mit zahlreichen Uebungsaufgaben. Zum Gebrauch an höheren Lehranstalten bearb. 3. verb. Aufl. (VIII, 93 S. mit 61 Fig.) 8. Berlin 906. Weidmann. Kart. n. 1. 60

— Elementar-synthetische Kegelschnittslehre. Mit zahlr. Übungsaufgaben. Zum Gebrauch an höh. Lehranstalten bearb. 4. Aufl. (VIII, 94 S. m. 63 Fig.) 8. Ebd. 910. Geb. 1. 60

Handel, Otto Zur Theorie der Spiegelung des Regenbogens an einer ruhigen Wasserfläche. Mit einer Figurentafel 4 (19 S).
Progr. König Wilhelms-Sch. *Reichenbach i. Schl.* 1887 (206).

Handel, P., prakt. Führer zur Erlernung des Guarani für spanisch, englisch u. doutsch Redende. 8. (VIII, 148 S.) Stuttgart 891. W. Kohlhammer. n. 4. —

Handel, Peter „Ergebnisse der meteorologischen Station Eichstätts für das Jahr 1891". pg. 34—40. 8°. M. Däntler.
Eichstätt, Progr. 1891/92

Handel, *Salomon*: De troporum apud Horatium usu scripsit S. H pars prior: Carmina. 8 (42 S.) Progr. Ober-G *Brody* 1896

Handel, Victorine Freiin v., Weihnachts-Rosen f. Jung u. Alt. gr. 4. (VII, 84 S. m. Abbildgn.) Wien 892. (St. Norbertus, Verlagsbuchh.) n. 2. 50; kart. n. 3. —; geb. in Leinw. n. 4. —; Velinausg. geb. in Leinw. m. Goldschn. n. 6. —

Handel-Mazetti, Enrika von

— als die Franzosen in St. Pölten waren. Eine Klostergeschichte. Illustriert von Gust. Olms. (46 S.) kl. 8. Frankenstein 904. Neu-Weißensee, H. W. Th. Dieter. — 15

Handel-Mazzetti, Enrika v., Sophie Barat. Ein Gedenkblatt zu ihrer Seligsprechungsfeier. 1—8. Taus. (72 S.) 8. Ravensburg 910. F. Alber. 2.—; geb. 3. —

Handel-Mazetti, Enrika von: 's E n g e r l, s.a. E r z ä h l e r, Unsere.

Handel-Mazzetti, Baronin Enrica v., 's Engerl, s.a. V o l k s s c h r i f t e n, Münchener, Nr. 11.

Enrika v. **Handel**-Mazzetti. 's Engerl. Fahrlässig getötet. Münster i. W.: Aschendorff [1909]. 103 S. 8°
(Unsere Erzähler Buch 15) [10. 3570

Handel-Mazzetti, E. v., Erzählungen. — Als d. Franzosen in St. Pölten waren. — Ich mag ihn nicht. — Skizzen a. Oesterreich. — Der letzte Wille des Herrn Egler. Jetzt: Freiburg i. B., Geschäftsstelle d. Charitasverbandes.

— Erzählungen. I u. II. Mit Illustr. v. Gust. Olms. kl. 8. Frankenstein. Neu-Weißensee, H. W. Th. Dieter. — 40
I. Des braven Fiakers Osterfreude u. Der Stangelberger Poldl. (76 S.) 903. — 15
II. „'s Engerl" u. „Dora". (72 S.) 903. — 25

— Erzählungen u. Skizzen, s.a. **Bücherhalle, die. 4. Bd.**

Handel-Mazzetti, Enrika v.: Erzählungen und Skizzen. Von –. Hrsg. u. eingeleitet von Johannes Eckardt. Kevelaer: Thum (1909). 308 S. 8° (Die Bücherhalle. Bd. 4.)

Fahrlässig getötet, s.a **Erzähler, unsere.**

— dasselbe, s.a. **Volksschriften, Münchener, Nr. 25.**

— Fahrlässig getötet. Novelle. Illustriert von Gust. Olms. (54 S.) kl. 8. Ebd. 904. — 20

— Prinzessin Herzlieb, s.: Erzähl. f. Schulkinder. V. 1.

— die wiedereröffnete Himmelsthür, s.a. Vereinstheater, neues.

Die wiedereröffnete Himmelsthür. Ein Osterspiel in 2 Scenen von Enrica Freiin v. Handel-Mazzetti. *Essen (Ruhr): Fredebeul & Koenen 1900.* (19 S.) 8° [F.]
— Vereinstheater, Neues. No 22. [ol. 1810 5

Handel-Mazzetti, Enrica Freiin v., Meinrad Helmpergers denkwürdiges Jahr. Eine Erzählg. Mit Orig.-[Titelbild-]Zeichng. v. J. Reich. 8. (610 S.) Stuttgart 900. [J. Roth.] München, Allg. Verlags-Gesellschaft. n. 5. 80; geb. n. 7. 20

— dasselbe. 2. [Titel-]Aufl. Volksausg. 8. (610 S.) Ebd. [900.] 902. n. 3. 80; geb. n. 5. —

— Meinrad Helmpergers denkwürdiges Jahr. Kulturhistorischer Roman. 3.–5. Aufl. (575 S.) 8. München (904). [Allgemeine Verlags-Gesellschaft.] Kempten, J. Kösel. n. 6. —; geb. in Leinw. n. 7. 50

— dasselbe. Auszug, f. den Schulgebrauch hrsg. v. Joh. Ranftl. (182 S. m. 5 Abb.) kl. 8. Leipzig 911. G. Freytag. — Wien, F. Tempsky. Geb. 1. 20

— Ich mag ihn nicht. Eine Erzählg. f. die Jugend. Illustriert v. Gust. Olms. (31 S.) kl. 8. Frankenstein 903. Neu-Weißensee, H. W. Th. Dieter. — 10

— dasselbe. Vom König, den Dracheneiern u. der Prinzessin Caritas, s.: Jugendschriften, Münchener. Nr. 13.

— Jesse u. Maria. Ein Roman aus dem Donaulande. 2 Bde. (408 u. 345 S.) 8. Kempten 906. J. Kösel. n. 8. —; geb. in Leinw. n. 10. —

— dasselbe. 4. Aufl. 4. Tausend. 2 Tle. in 1 Bde. (403 u. 344 S.) 8. Ebd. 906. Geb. in Leinw. n. 6. —

— Jesse u. Maria. Ein Roman aus dem Donaulande. 9. Tausend. 2 Bde. (403 u. 345 S.) 8. Kempten 907. J. Kösel. 8.—; geb. in Leinw. 10. —

— dasselbe. Auszug, f. den Schulgebrauch hrsg. v. Joh. Ranftl. (141 S. m. Bildnis.) kl. 8. Leipzig 911. G. Freytag. — Wien, F. Tempsky. Geb. 1. —

— Imperatori. 5 Kaiserlieder. (33 S. m. 5 Bildnissen.) gr. 8. Kempten (910). J. Kösel. 1.—; geb. in Leinw. 1. 80

— In terra pax, hominibus bonae voluntatis, s.a. **Vereinstheater, neues.**

Handel-Mazzetti, Enrica Freiin v.: In terra pax hominibus bonae voluntatis! Ein Weihnachtsspiel in 3 Aufz. Von –. Essen (Ruhr): Fredebeul & Koenen 1899. (44 S.) 8° [F.] = Vereinstheater, Neues. No. 21.

— der König der Glorie, s.: Erzählungen f. Schulkinder. 4. u. 5. Hftchn.

Handel-Mazzetti, Enrika v., die arme Margaret. Ein Volksroman aus d. alten Steyr. 1—11. Tausend. (392 S.) 8. Kempten 910. J. Kösel. 5.—; geb. 6. —

— Novellen, s.a. **Volksbücherei.**

(F) **Handel-Mazzetti, E. v., Novellen.** [Volksbücherei. Nr. 165 bis 167.] 8°. (XXXVI, 151 S.) Graz: „Styria" 1907. K - 60

— Historische Novellen, s.a. **Aus Vergangenheit u. Gegenwart.**

Handel-Mazzetti, Enrica von: Historische Novellen. Von –. Kevelaer: Butzon & Bercker [1908]. 95 S. 8° (Aus Vergangenheit u. Gegenwart. Bdch. 85.)

— kleine Opfer, s.: Jugend-Bibliothek des kathol. Schulvereines f. Österreich. I. 2.

Handel-Mazzetti, Enrica Freiin v., Pegasus im Joch od. d. verwünsch. Telegramme. E. Lustsp. in 3 Acten. [Aus: „Das Apostolat der christl. Tochter".] 12. (72 S.) Wien 895. (H. Kirsch.) n. — 60

— **Deutsches Recht u. andere Gedichte. (III, 79 S.) 8. Kempten 908. J. Kösel.** 2.—; geb. 3. —

Deutsches Recht und andere Gedichte von E[nrica] v. **Handel-Mazzetti.** Kempten & München: Kösel 1909. 92 S. 8°

— Skizzen aus Oesterreich. Artstetten, Lambach, Oberkrainerisches. Regatta. Illustriert v. Gust. Olms. (32 S.) kl. 8. Frankenstein 904. Neu-Weißensee, H. W. Th. Dieter. — 10

— der Verräter. Fahrlässig getötet, s.: Bücherei, allgemeine. 12.

Handel-Mazzetti's, Enrica v., geistige Werdejahre. Dramen, Schwänke u. religiöse Spiele aus ihrer literar. Entwicklungszeit. Mit e. Einleit. v. Johs. Eckardt. 1—3. Tausend. (III, XVI, 376 S. m. 3 Bildn.) 8. Ravensburg 911. F. Alber. 5.—; geb. in Leinw. 6. —

— der letzte Wille des Herrn Egler. Novelle aus Alt-Wien. Mit Illustr. v. Gust. Olms. (63 S.) kl. 8. Ebd. 904. — 20

Handel-Mazzetti, Heinrich von: Exkursion in die Ostalpen, s. Vierhapper, Fritz

Handel-Mazzetti, Heinr. Freih. v., Monographie der Gattung Taraxacum. Hrsg. m. Unterstützg. d. kais. Akademie der Wissenschaften in Wien. Mit 2 Taf. in Lichtdr., 3 lith. Taf. u. 2 Karten. (XI, 175 S.) Lex.8. Wien 907. F. Deuticke. 15. —

Handel-Mazzetti, Vict. Frhr. v., s.: Regesten v. Urkunden u. Acten aus dem Schlossarchive Aurolzmünster.

Händel, Die boehmischen. Historisches Drama in fünf Acten. Göttingen 1824. V: *Kekulé, Carl Ludwig.* (GGr) (Ky) (NN)

Händel, die böhmischen, histor. Drama in 5 A. (v. K. L. Kekulé). 8. Gött. 824. Dieterich. 16 gr

Händel, gründl. a. d. Act. gez. Nachr. von dess. peinl. Inquisitionssache. Fol. Onolzbach. 720. Rthlr.

Haendel's, C. A., Inseratenvorsendungsliste, s.a. Adressbuch der deutschen Zeitschriften.

Haendel, C. A., Inseraten-Versendungsliste, s.a. Inseraten-Versendungsliste.

Haendel, C. A., Inseraten-Versendungs-Liste. Verzeichniss der deutschen Zeitschriften wissenschaftl. u. unterhaltenden Inhalts, welche Inserate aufnehmen. Nach den Wissenschaften geordnet. Mit Angabe der Redacteure, der Verleger, der Journal-Preise, der Insertionsgebühren, der Auflagen, ob Change-Inserate, Beilagen angenommen u. Recensionen geliefert werden, sowie m. anderen Nachweisgn. Nach den sichersten Quellen zusammengestellt. 13. Jahrg. 1871. 4. (29 S.) Leipzig, Haendel. n.n. 2. —

— dasselbe. 14.—17. Jahrg. 1872—1875. 4. (29 S.) Ebend. à n.n. 1. 80

— dasselbe. 18. Jahrg. 1876/77. 4. (29 S.) Ebend. n.n. 2 —

Haendel, C. A., Inseraten-Versendungs-Liste. Verzeichniss der im Deutschen Reich, in Oesterreich-Ungarn u. in der Schweiz erschein. deutschen Zeitschriften wissenschaftl. u. unterhalt. Inhalts, welche Inserate aufnehmen. Nach den Wissenschaften geordnet. Mit Angabe der Redacteure, der Verleger, der Journalpreise etc. Nach den sichersten Quellen bearb. 24. Jahrg. 1882/83. 4. (40 S.) Leipzig, Haendel. n.n. 2. —

Haendel, C. A., Inseraten-Versendungs-Liste. Verzeichniss der im Deutschen Reich, in Oesterreich-Ungarn u. in der Schweiz erschein. deutschen Zeitschriften wissenschaftl. u. unterhalt. Inhalts, welche Inserate aufnehmen. Nach den Wissenschaften geordnet. Mit Angabe der Redacteure, der Verleger, der Journalpreise etc. 27. Jahrg. 1885/86. Lex.-8. (40 S.) Leipzig 885. Haendel. n.n. 2. —

Händel, Carl, s. Händel, Karl

Händel, Ernst

Innere Ansicht der Festhalle v. F. G. Stammann aus Hamburg (zur 11. Versammlung der deutschen Land- und Forstwirthe in Kiel, 1847) gez. v. E. Händel, lithogr. v. E. Beer. o. O. 1 Bl. Fol., 51/79 cm.

Händel E, Schablonen für Decken, Wände, Säulenschäfte etc. 2 Bde (Je 25 T) fol Weimar 1883. 88

Händel, Ernst, Schablonen in natürlicher Grösse für Decken, Wände, Säulenschäfte etc. aus dem Ende des XV. und Anfang des XVI. Jahrh., ausgeführt auf der königl. Albrechtsburg zu Meissen. Zum Gebrauche für Dekorationsmaler, Tapetenfabrikanten und Teppichwirker, sowie als Vorlagen für Gewerbeschulen. 2. Folge von demselben Verf. „Schablonenmalerei des Mittelalters" [1873, 25 Taf.]. 25 (lithogr.) Taf. in qu. gr. Fol., wobei 1 Taf. in Farben ausgeführt. Mit Text. gr. 4. (2 S.) Weimar 883, B. F. Voigt. In Mappe

1. Folge. Ebendas. 1873. ℳ 10,50.

Händel, Ernst, Schablonen in natürlicher Grösse für Decken, Wände, Säulenschäfte etc. aus dem Ende des XV. und Anfang des XVI. Jahrh., ausgeführt auf der königl. Albrechtsburg zu Meissen. Zum Gebrauche für Dekorationsmaler, Tapetenfabrikanten und Teppichwirker, sowie als Vorlagen für Gewerkeschulen. 2. Folge von desselben Verf. „Schablonenmalerei des Mittelalters". 25 Taf. in Royal-Plano, wobei 1 Taf. in Farben ausgeführt. 2. wohlf. Ausg. gr. Fol. (1 Bl. Text.) Weimar 888, B. F. Voigt. In Mappe 6 —

Haendel, E., die Schablonenmalerei d. Mittelalters. Vorlagen zu Schablonen in wirkl. Größe f. Decken, Wände, Brüstgn. ꝛc. zur Decorirg. v. Kirchen, Rathhäusern u. mittelalterl. Gebäuden im Style d. 12—16. Jahrh. Ein Beitrag zur Kenntniß der damal. Flachmalerei in Anwendg. auf das Bedürfniß der Gegenwart f. Zimmer- u. Decorationsmaler. 25 (lith.) Taf. in Royal-Plano. Imp.-Fol. Weimar 873. B. F. Voigt. 10. 50

Händel, E., Vorlagen zu Decken-Malereien. Gewölbte u. flache Plafonds zu Zimmern, Sälen u. Kirchen aus den verschiedenen Zeitaltern d. 12. bis 19. Jahrh. 1. Sammlg. 28 (lith.) Taf. (in Tondr.) gr. 4. Weimar 869. B. F. Voigt. 2 ℛ︀ 15 ngr.

Händel, E., Vorlagen zu Deckenmalereien. Flache u. gewölbte Plafonds m. Einschluß einzelner, zugehör. Wand-Dekorationen in verschiedenen Stilen zu Zimmern, Sälen u. Kirchen. 2., verb. Aufl., hrsg. unter Mitwirkg. mehrerer Fachgenossen v. K. Schaupert. 28 Foliotaf., wovon 1 in Farben ausgeführt. Fol. (2 Bl. Text.) Weimar 889. B. F. Voigt. 9. —

Händel, Frz., der Arzt in der Noth und Verlassenheit. Erste Selbsthilfe in Ermangelung eines ärztl. Beistandes bei plötzl. beschwerl. oder lebensgefährl. Krankheits-Zufällen und Anfällen, wie beim Auftritt fieberhafter Krankheiten, bei Schlagfluß ꝛc. und sonstigen kleineren Körperleiden, welche die Behandlung eines Arztes entbehrl. machen. Nebst einer Anleitung zu schriftl. oder mündl. Berichten über entfernte Kranke, sowie zur Anlegung von Hausapotheken und Zubereitung einiger Hausmittel. Vorzügl. zum Bedürfniß derer, welche auf dem Lande entfernt vom Arzte wohnen. gr. 8. (VIII und 216 S.) Weimar 859, Voigt. -

Händel, Frz., der Arzt in der Noth und Verlassenheit. Erste Selbsthilfe in Ermangelung eines ärztl. Beistandes bei plötzl. beschwerl. oder lebensgefährl. Krankheits-Zufällen und Anfällen, wie bei'm Auftritt fieberhafter Krankheiten, bei Schlagfluß ꝛc. Nebst einer Anleitung zu schriftl. oder mündl. Berichten über entfernte Kranke, sowie zur Anlegung von Hausapotheken und Zubereitung einiger Hausmittel. 2. Aufl. gr. 8. (VIII und 216 S.) Weimar 864, Voigt. -

Händel, Frz., Hülfe für Augenkranke, namentlich für Solche, welche an Augenschwäche, Trockenheit der Augen, beginnender Lähmung einiger Augenmuskeln ꝛc. leiden, durch A. White's Augenwasser: ein vorzügl. u. seit langen Jahren erprobtes Heilmittel ꝛc. 16. (31 S.) Weimar 851, Jansen & Co. 1/6 ℛ︀

Händel, Fritz. Die Gonitis und Gonotrochleitis chronica deformans des Hundes. Aus der Klinik für kleinere Haustiere der königl. tierärztlichen Hochschule in Stuttgart.... Diss. Vet.-Med. Bern. [Mit 8 Tafeln.] 46 S. 8. Pasing bei München, Anton Meindl, 1910.

Händel's, Georg Friedr., Biographie, s. Kretzschmar, Herm.

Händel, Georg Friedrich: Alexanderfest, s.a. B r e i t k o p f & H ä r t e l ' s Textbibliothek. Nr. 56.

Händel, Georg Friedrich: Alexanderfest, s.a. M o d e ' s , G., Textbibliothek. Nr. 205.

Händel, Geo. Frdr., das Alexanderfest, s.a. **Textbibliothek zum Musik- u. Opernführer. Nr. 28. 29**

Händel, G[eorg] F[riedr.] : Das A l e x a n d e r f e s t . Cantate f. Chor, Soloquartett u. Orchester. Von –. Die IX. Symphonie von Ludwig van Beethoven. Aufgeführt durch d. Singakademie . . . 1897. [Textbuch.] Königsberg i.Pf. 1897: R. Gruel. (8 S. 8⁰ [Ant. u. F.]

Händel, G. F., Belsazar. Oratorium in 3 Akten f. Soli, Chor, Orchester, Cembalo u. Orgel. Auf Grund der Ausg. der deutschen Händelgesellschaft bearb. von Jul. Sprengel. Textbuch u. themat. Führer. (26 S.) 8. Leipzig (905). J. Rieter-Biedermann. n. — 20

Händel, Georg Friedrich: Cäcilienode, s. T e x t - B i b l i o - thek des Musikführer.

Händel, Georg Friedrich: Herakles, s. M o d e ' s , G., Textbibliothek. Nr. 203.

Hymne aus der Oper 'Serse' von G[eorg] F[riedrich] **Händel**. ('Ombra mai fu'.) Largo. Nach d. Orig. f. Violine u. Klavier arrangirt von Emil Kross. (Leipzig: Bosworth & Co 1900.) (4, 3 S.) 4° [Kopft.]
(Blätter u. Blüten Violon & Piano No 81) (07 6903

Händel, Georg Friedrich: Josua, s. B r e i t k o p f & H ä r t e l ' s Textbibliothek. Nr. 28.

Händel, Georg Friedrich: Josua, s. M o d e ' s , G., Textbibliothek. Nr. 204.

Händel, Georg Friedrich: Israel in Aegypten, s.a. B r e i t - k o p f & H ä r t e l ' s Textbibliothek. Nr. 29.

Händel, Georg Friedrich. Israel in Aegypten, s.a. M o d e ' s , G., Textbibliothek. Nr. 207.

Händel, G. F. — Israel in Egypten. Oratorium in zwei Abtheilungen von — —. Prag. 1855. Druck Fr Rohlicek. (14 S. 8.) geh.

Israel in Ägypten. Oratorium komp. im J. 1738 von Georg Friedrich **Händel**. [Textbuch f. d. Aufführung d. Berl. Sing-Akad. 1910.] Berlin 1910: Horn & Raasch. 8 S. 8° (11. 4853

Händel, Georg Friedrich: Judas Maccabäus, s.a. B r e i t k o p f & H ä r t e l ' s Textbibliothek. Nr. 30.

Händel, Georg Friedrich: Judas Maccabäus, s.a. M o d e ' s , G., Textbibliothek Nr. 206.

Händel, Georg Friedrich: Judas Maccabäus, s.a. T e x t - B i b l i o t h e k des Musikführer.

Judas Makkabäus ein musikalisches Gedicht. Nach [**Georg Friedrich**] **Händelischer** Musik. Zur unterthänigsten Feyer des Höchsten Geburtsfestes Unsers . . . Herzogs zum erstenmale aufgeführt im Col egio Carolino den 2. Aug. 1772. 9 Bl. 8⁰ *Br LandschB*

Händel, G. F., Judas Makkabaeus. Oratorium in 3 Akten. Neues Textbuch. Englischer Text v. Th. Morell, übers. v. J. Eschenburg u. H. Gervinus, bearb. v. H. Stephani. 3. Aufl. (20 S.) kl. 8. Leipzig (910). C. F. W. Siegel. — 25

G[eorg] F[riedrich] **Händel**. Klavier-Konzert F dur m. Begleitg e. zweiten Pianoforte hrsg. v. Dr Hugo Riemann. *Leipzig: Steingräber [1893].* (19 S.) 1 Bd 4.
— Edition Steingräber. No 213. (96. 3933

G[eorg] F[riedrich] **Händel**. Klavier-Konzert G moll m. Begleitg e. zweiten Pianoforte hrsg. v. Dr Hugo Riemann. *Leipzig: Steingräber [1893].* (19 S.) 1 Bd 4.
— Edition Steingräber. No 212. (96. 3934

Händel, Georg Friedr., ein Künstlerleben, s. Stein, Armin, deutsche Geschichts- und Lebensbilder.
Vgl.: Heinrich, E.

Händel, Georg Friedrich: Messias, s.a. B r e i t k o p f & H ä r t e l ' s Textbibliothek. Nr. 31.

Händel, Georg Friedrich: Der Messias, s.a. M o d e ' s , G., Textbibliothek. Nr. 201.

Händel, Georg Friedrich: Messias, s.a. T e x t - B i b l i o t h e k des Musikführer.

Der Messias. Oratorium von G[eorg] F[riedrich] **Händel**. Übers. (auf Grund älterer Übertragungen), bearb. u. f. d. Aufführung eingerichtet von Friedrich Chrysander. Klav.-Ausz. Hrsg. von Max Seiffert. *Leipzig: Breitkopf & Härtel 1902.* (142 S.) 4° [F.] [illegible]

Händel's, (G. F.), Oratorientexte übersetzt, s. Gervinus, G. G.

Händel, G[eorg] F[riedrich] : Orlando. Oper v. –. (1732). Text von Dr. Bracciolo (1713). Aus d. Ital. übers. v. G[eorg] G[ottfried] Gervinus. Leipzig: Breitkopf & Härtel [1895]. (24 S.) 8⁰
= Textbibliothek. Breitkopf & Härtel's. No. 340.

R h a d a m i s t . Oper von G[eorg] F[riedrich] **Händel**. ‹1720›. Text von Nicola Haym. Aus d. Ital. übers. v. G[eorg] G[ottfr.] Gervinus. Leipzig: Breitkopf & Härtel [1895]. (30 S.) 8⁰
= Textbibliothek, Breitkopf & Härtel's. No 339.

Händel, Georg Friedrich: Samson, s. B r e i t k o p f & H ä r t e l ' s Textbibliothek. Nr. 32.

Händel, Georg Friedrich: Samson, s. M o d e ' s , G., Textbibliothek. Nr. 202.

Händel, Georg Friedrich: Samson, s. T e x t - B i b l i o t h e k des Musikführer.

Händel, Saul. Oratorium. Textbuch. gr. 8. (12 S.) Neubrandenburg 893. O. Rahmmacher. — 16

S o n a t e (A dur) von Georg Friedrich **Händel** ‹1685–1759›. Bearb. von A(lfr.) Moffat. (Berlin: N. Simrock 1899.) (7 S.) 4⁰ [Kopft.]
= Meisterschule d. alten Zeit. No 2.

Händel, G[eorg] F[riedrich] : S o s a r m e . Oper von –, (1732). Text v. Matteo Noris (1694). Aus d. Ital. übs. v. G[eorg] G[ottfr.] Gervinus. Leipzig: Breitkopf & Härtel [1895]. (24 S.) 8⁰ [F.]
= Textbibliothek, Breitkopf & Härtel's. No. 341.

Drei Stücke von G[eorg] F[riedr.] **Händel**. Für Streichorchester u. Orgel bearb. von Alois Schmitt. Partitur. *Berlin: Ries & Erler [1900].* (15 S.) 4° (00. 7188

Neues Textbuch zu Judas Makkabaeus, Oratorium in 3 Akten, von G[eorg] F[riedrich] Händel. Engl. Text von Th. Morell, übers. von <J. Eschenburg u.>H. Gervinus, bearb. von Hermann Stephani. 2. Aufl. Leipzig: Siegel [1909]. 20 S. 8°

Haendel, J., die neuesten Arzneimittel, s.: Peters, Herm.

Haendel, J., Beiträge zur Moorbad-Theraphie. (4 S.) Lex. 8. Leipzig 910. B. Konegen. 1. —
Sonderabdruck aus: „Reichs-Medizinal-Anzeiger".

Händel, Karl

Händel, Carl, Ref. in Freiberg i. Sa.: Die Schuldenhaftung des Erben nach § 27 des Handelsgesetzbuches. Borna-Leipzig 1906: R. Noske. (VIII, 75 S.) 8°
Leipzig, Jur. Fak., Diss. v. 18. April 1906
[Geb. 30 März 80 Crimmitschau; Wohnort: Freiberg i. Sa.; Staatsangeh.: Sachsen; Vorbildung: Thomasgymn. Leipzig Reife O. 00; Studium: Lausanne 1, Leipzig 1. Kiel 1, Leipzig 4 S.; Rig 25. Jan. 05.]

Händel, Ludwig [app. Arzt aus Karlsruhe]: 62 Fälle von gutartigen Veränderungen der Uterusschleimhaut ... Freiburg i. B., Buchdr. E. Kuttruff, 1896; 52 S. 8.
Freiburg i. B., Med. Fak., Inaug.-Diss. v. 1896

Händel, Max (geb. Landsberg a. W. 29. 10. 1857) Beiträge zur Casuistik der acuten genuinen Neuritis optica. Berlin (1885) (20 S.) 8°
Berlin, Med. Diss. v. 14. März 1885

Händel, Oskar, a. Großschirma: Tiermetaphern im französischen Gewerbe. Freiberg 1908: Gerlach. (90 S.) 8°
Leipzig, Phil. Fak., Ref. Birch-Hirschfeld u. Wülker, Diss. v. 5. März 1908
[Geb. 30. Mai 84 Großschirma; Wohnort: Freiberg; Staatsangeb.: Sachsen; Vorbildung: Realgymn. Freiberg Reife O. 04; Studium: Leipzig 7 S.]

— **Paul** (Münchenbernsdorf/Sachs.-Weimar), Ueber intermittirendes Fieber bei Peliosis rheumatica bezw. Erythema nodosum. Diss. med.-chir. Berlin (Gust. Schade [O. Francke]) 9. II. 1888. 29 Seiten mit Biogr. (4.80) 12619
Oppon.: Kranzfelder, Kohlstock, v. Harbou.

Haendel, Richard, Ref. in Berlin: Der Prozeßvergleich. Borna-Leipzig 1906: R. Noske. (VI, 37 S.) 8° [F.]
Leipzig, Jur. Fak., Diss. v. 30. Juli 1906
[Geb. 11. Sept. 83 Landsberg a. W.; Wohnort: Berlin; Staatsangeh.: Preußen; Vorbildung: Gymn. Landsberg a. W. Reife O. 02; Studium: Berlin 6 S.; Rig. 3. Juli 05.]

Händeler, Erich, s.: Jahrbuch der Schule Stolze-Schrey.

Unter d. Protectorate Ihrer Maj. d. Kaiserin Friedrich. **Händel-Fest** in Bonn in der Beethovenhalle am 24., 25. u. 26. Mai 1900. *(Bonn 1900: J. J. Carthaus.)* [Getr. Pag.] 8° [F.] (oo. 6654 B

Handelmann, Heinr., Herzog Adolf von Holstein-Gottorp, postulirter Coadjutor des Stiftes Lübek, kaiserl. Kriegs-Oberst unter Tilly u. Waldstein. Ein Beitrag zur Geschichte des 30jähr. Krieges. Nach meist ungedr. Quellen. Kiel 865. Schwer'sche Buchh. gr. 8. (70 S.) 12 ngr.

Handelmann, Heinr., die prähistorische Archäologie in Schleswig-Holstein. Ein Vortrag, geh. am 21 Juni 1875 [Aus: „Schriften d. naturwiss. Ver. zu Kiel".] gr. 8. (16 S.) Kiel 875. Homann in Comm. n. — 40

Handelmann, Heinr., die amtlichen Ausgrabungen auf Sylt 1870, 1871 und 1872. gr. 8. (39 S. mit 2 Stnt. und 3 eingedr. Holzschn.) Kiel 873, Schwers'sche Buchh. *

Handelmann, Heinr., die amtlichen Ausgrabungen auf Sylt 1875, 1876, 77 und 80. gr. 8. (70 S. mit eingedr. Holzschn.) Kiel 882, (v. Maack's Buchh.) * 2 40

—— s.a. Bericht zur Alterthumskunde Schleswig-Holsteins.

— 36. Bericht zur Alterthumskunde Schleswig-Holsteins. Mit (eingedr.) Holzschn. gr. 4. (15 S.) Ebend. 879. n. 1. —

Handelmann, Heinr., 37. Bericht zur Alterthumskunde Schleswig-Holsteins. Mit (eingedr.) Holzschn. gr. 4. (12 S.) Kiel 882. (v. Maack.) n. 1. —

—— 38. Bericht zur Alterthumskunde Schleswig-Holsteins. Zum 50jähr. Gedächtniss der Eröffnung des Schleswig-Holsteinischen Museums vaterländ. Alterthümer zu Kiel [Mittsommer 1835]. gr. 4. (32 S. mit Illustr.) (Ebendas.) 885. * 2 —

Die Bundesexecution, und was wir Schleswig-Holsteiner dabei thun haben [v. Heinrich **Handelmann**]. Hamburg 1863. 8°.

Die Bundesexecution, und was wir Schleswig-Holsteiner dabei zu thun haben. [v. Heinrich **Handelmann**]. 2. Aufl. Hamburg. 1863. 8°.

Handelmann, Heinr., die historische Entwickelung in Europa seit den Wiener Verträgen. Einleitung zu den Vorlesungen über die Neueste Geschichte, gehalten an der Universität Kiel. Kiel 863. Homann. gr. 8. (17 S.) n. 4 ngr.

— der **Fremdenführer** im Schleswig-Holsteinischen Museum vaterländischer Alterthümer zu Kiel. gr. 8. (23 S. m. Illustr.) Ebend. 883. n. — 60

Handelmann, H., der Fremdenführer im Schleswig-Holsteinischen Museum vaterländischer Alterthümer zu Kiel. 2. Aufl. gr. 8. (24 S. m. Illustr.) Kiel 886. (Universitäts-Buchhandlg.) n. — 40

Handelmann, Heinr., Geschichte von Brasilien. 9 Lfgn. Lex.-8. (XXIV und 989 S.) Berlin 858. 59, Springer's Verlag. à Lfg. 15 Ngr.

—— Geschichte der Insel Hayti. 2. (Titel-)Ausg. gr. 8. (192 S.) Kiel (856)60, Homann. *

Handelmann, Heinr., Geschichte der amerikanischen Kolonisation und Unabhängigkeit. 1. Bd.: Die Staaten der weissen und schwarzen Race. Vereinigte Staaten, Hayti, Brasilien. 1. und 2. Lfg.: Geschichte der Vereinigten Staaten. 1. Thl.: Die histor. Entwickelung des Landes, des Volkes und der Verfassung. 1. und 2. Lfg. gr. 8. (XVIII und S. 1—688) und: Geschichte der Insel Hayti. (VIII und 192 S.) Kiel 855(56,) Schwers'sche Buchh.

Zur Geschichte des siebenjahrigen Krieges. (Von Heinrich **Handelmann**. Aus der Zeitschrift fur Preussische Geschichte. Jg. 2 Berlin. 1865.) 8°.

Geschichte von Schleswig und von Schleswig-Holstein. (Ausschnitt aus [Brockhaus'] Conversations-Lexikon. 11. Aufl. Bd. 13.) [Von Heinrich **Handelmann**. Leipzig. 1868.] 8°.

Geschichte von Schleswig-Holstein. Mit Berucksichtigung der nordelbingischen Kleinstaaten fur Schule und Haus bearb. v. Heinrich **Handelmann**. Kiel und Hadersleben. 1873. 8°.

—— Geschichte von Schleswig-Holstein. Mit Berücksicht. der nordelbing. Kleinstaaten für Schule und Haus. 8. (132 S.) Kiel 874, Schwers'sche Buchh. cart. * M. 2; geb. *

Handelmann, Heinrich: Geschichte der Vereinigten Staaten. *Erster Theil:* Die historische Entwicklung des Landes, des Volkes und der Verfassung. *Kiel: Verlag der Schwersschen Buchhandlung 1856. XVI, 688 S.*
= Geschichte der amerikanischen Kolonisation und Unabhängigkeit. Erster Band. Die Staaten der weißen und schwarzen Race. Erste Hälfte. Buch I. Vereinigte Staaten.

—— **Geschichte der Vereinigten Staaten.** 1. Thl.: Die historische Entwickelung des Landes, des Volkes und der Verfassung. 2. (Titel-)Ausg. gr. 8. (XVI und 688 S.) Kiel (856)60, Homann. *

— vom Wiener Hof aus der Zeit der Kaiserin Maria Theresia u. Kaiser Josephs II. Aus ungedr. Depeschen des Grafen Joh. Frdr. Bachoff von Echt, königl. dänischen Gesandten (von 1750 bis 1781) am kaiserl. Hofe. [Aus: Archiv für Kunde österreich. Geschichtsquellen.] Wien 867. (Gerold's Sohn.) Lex.-8. (11 S.) n. 3 *ngr.*

Handelmann, Heinrich, s. Jahrbücher für die Landeskunde der Herzogthümer Schleswig, Holstein und Lauenburg.

Handelmann, H. Der Krinkberg bei Schenefeld u. die holsteinischen Silberfunde. Hrsg. v. dem schleswig-holsteinischen Museum vaterländ. Alterthümer. gr. 8. (29 S.) Kiel 890, Universitäts-Buchh. * 1 —

Der rechtmässige Landesherr und der Usurpator. Ein Wort aus Holstein an die Schleswiger. [Von Heinrich **Handelmann.**] o. O. [illegible] Januar 1861

—— Mittheilungen zur Alterthumskunde der Herzogth. Scheswig, Holstein und Lauenburg, s. Bericht, 23., der f. Schl.-Holst.-Lauenb. Gesellschaft für die Sammlung und Erhaltung vaterländ. Alterthümer.

—— und **W. Splieth,** neue Mittheilungen von den Runensteinen bei Schleswig. 8. (14 S. mit 2 Abbild.) Ebendas. 888. * — 50

— u. **W. Splieth,** neue Mittheilungen v. den Runensteinen bei Schleswig. gr. 8. (15 S. m. Abbildgn.) Ebd. 889. n. — 50

Moorleichenfunde in Schleswig-Holstein. Von Heinrich **Handelmann** und Adolf **Pansch.** Mit 2 Tafeln. Kiel 1873. 8°

—— und Ad. **Pansch,** Moorleichenfunde in Schleswig-Holstein. gr. 8. (33 S. mit 2 photolithogr. Taf.) Kiel 874, Schwers'sche Buchh. *

—— und **Klander,** Kieler Münzkatalog. Verzeichniß der Münzsammlung des Schleswig-Holsteinischen Museums vaterländ. Alterthümer. 1. Bd. 4. Heft. gr. 8. (VIII, 95 S. mit eingedr. Fig.) Ebendas. 887. * 1 60
1.—3. Heft. Ebendas. 1863—66. * ℳ 1.20.

Kieler Münzkatalog. Verzeichniss der Münzsammlung des Schleswig-Holsteinischen Museums vaterländischer Alterthümer. Hrgg. v. Heinrich **Handelmann** und [Christian Albrecht] **Klander.** 8°.
Bd. 1 in vier Heften. Kiel. 1863—87. Heft 1. Münzfunde, Oldenburgische und Vor-Oldenburgische Münzen ebd 1863; Heft 2 Antike und Orientalische Münzen ebd 1864. Heft 3: Religiöse und moralische Medaillen. Nachträge zum 1. Heft. ebd 1866; Heft 4: hrgg. v. dem Museumsdirektor (Heinrich Handelmann) ebd 1887

— Schleswig-Holsteinsches **Museum vaterländischer Alterthümer.** Abth. Christliche Zeit. 16. (34 S.) Kiel 878. Schwers. n. — 60

— dasselbe. Abth. Eisenalter. gr. 16. (57 S. m. eingedr. Holzschn.) Ebend. 878. n. — 80

Die dänische Reunionspolitik um die Zeit des siebenjährigen Krieges. Meist nach diplomatischen, zum Theil ungedruckten Aktenstücken. Von Heinrich **Handelmann.** (Aus Forschungen zur Deutschen Geschichte Bd. 5. Berlin. 1865.) 8°

— vorgeschichtliche **Steindenkmäler** in Schleswig Holstein. 3. Hft. Mit 2 lith. Taf. u. 6 (eingedr. Holzschn. gr. 4. (8 S.) Kiel 874. v. Maack. n. 1. 20

— Verzeichniß der Münzsammlung des Museums vaterländ. Alterthümer in Kiel, s.a. Bericht, 24., der Schl.-Holst.-Lauenb. Gesellschaft 2c.

— und **Klander,** Verzeichniß der Münzsammlung des Museums vaterländischer Alterthümer in Kiel. 1. Heft: Münzfunde, Oldenburgische und Vor-Oldenburgische Münzen. Kiel 863. Akadem. Buchhdlg. in Comm. gr. 8. (IV, 64 S.) n. 6 *ngr.*

—— und **Klander,** Verzeichniß der Münzsammlung des Museums vaterländischer Alterthümer in Kiel. 1. Heft: Münzfunde, Oldenburgische und Vor-Oldenburgische Münzen. gr. 8. (IV und 64 S.) Kiel 863, [G. v. Maack's Verlag.] *

— **u. Klander,** Verzeichniß der Münzsammlung des Museums vaterländischer Alterthümer in Kiel. 2. u. 3. Heft: Antike u. orientalische Münzen. Kiel 864, 66. (G. v. Maack's Verl.) gr. 8. (64 S.) n. 6 *ngr.*

— topographischer **Volkshumor.** Ortsnamen in Reim u. Spruch aus Schleswig-Holstein, Hamburg, Lauenburg u. Lübek. Kiel 866. Schwers'sche Buchh. gr. 16. (67 S.) n. 10 *ngr.*

— **Volks- und Kinder-Spiele** der Herzogthümer Schleswig, Holstein und Lauenburg. Ein Nachtrag zu Müllenhoff's Sammlung der Sagen, Märchen u. Lieder. Kiel 862. Homann. gr. 8. (IV, 106 S.) n. 18 *ngr.*

— **Volks- u. Kinderspiele** aus Schleswig-Holstein. 2 verm. Aufl. gr. 8. (114 S.) Kiel 874. Homann. n. 1. 2

—— nordelbische **Weihnachten.** Ein Beitrag zur Sittenkunde. gr. 8. (28 S.) Kiel 861, (Homann.) *
Aus: Jahrbücher für die Landeskunde der Herzogth. Schleswig, Holstein und Lauenburg, besonders abgedruckt.

—— Weihnachten in Schleswig-Holstein. 8. (108 S.) Kiel 866, Schwers'sche Buchh.

—— die letzten Zeiten hansischer Uebermacht im skandinav. Norden. gr. 8. (XI und 284 S.) Kiel 853, Schwers'sche Buchh. *

Handeln macht den Mann, oder der Freimaurer; ein Schauspiel in drei Akten. Cöln 1785. V: *Henseler, Albrecht Frdr.* (Ky)

Handeln, Rechtsmässiges und rechtswidriges. Berufsrechte u. verwandte Fälle. Vorläufige Entlassung. von (Joseph) *Heimberger* [u. a.] Berlin 1908 8°
(Vergl. Darstellung d. deutschen u. ausländ. Strafrechts hrsg. von Karl v. *Birkmeyer* [u. a.].

Handelsabkommen zwischen dem Deutschen Reiche u. den Vereinigten Staaten v. Amerika. Dem Reichstage vorgelegt (99 S.) 31,5×23 cm. Berl. 907. C. Heymann. 2. —

— dasselbe. Vom 22. IV./2. V. 1907. (18 S.) Lex. 8. Berlin 907. E. S. Mittler & Sohn. — 30
Sonderabdruck aus: „Deutsch. Handels-Archiv".

Handelsadressbuch

—— s. Gewerbe- und Handels-Adreßbuch für das Königreich Württemberg.

Handels-Adressbuch, allgemeines, von Deutschland, des österreich. Kaiserstaates und der Schweiz. gr. Lex.-8. (XVIII und 1492 S.) Mainz 856, Wirth Sohn. *

Handels- u. Gewerbe-Adressbuch, allgemeines, des Deutschen Reiches. 4. Aufl. Hrsg. v. Carl Schulte. II. u. III. Bd. Lex.-8. Elberfeld, C. Schulte. Geb. à n. 8. —
II. Enth. das Königr. Sachsen, die Prov. Sachsen, das Grossherzogt. Sachsen-Weimar, die Herzogtümer: Sachsen-Meiningen, Sachsen-Coburg-Gotha, Sachsen-Altenburg u. Anhalt, die Fürstentümer: Schwarzburg-Rudolstadt, Schwarzburg-Sondershausen, Reuss jüngere u. Reuss ältere Linie u. den hess. Kreis Schmalkalden. Ausg. 1905. (XXXV, 1281 S.)
III. Prov. Hannover, Grossherzogt. Oldenburg, Herzogt. Braunschweig, die freien Städte Bremen, Hamburg, Lübeck, Provv. Schleswig-Holstein, Hessen-Nassau, Grossherzogt. Hessen, die Fürstentümer Lippe-Detmold u. Schaumburg Lippe, Waldeck u. Pyrmont. Ausg. 1906. (XXXI, 1390 S.)

— — allgemeines, des Deutschen Reiches. Hrsg. v. Carl Schulte. IV. u. V. Bd. Lex. 8. Elberfeld, C. Schulte. Geb. à 8. —
IV. Prov. Brandenburg, Berlin (Stadtkreis), Grossherzogt. Mecklenburg-Schwerin, Grossherzogt. Mecklenburg-Strelitz, die Provv. Pommern, Ost- u. Westpreussen, Posen, Schlesien. Ausg. 1907. (XXX, 1549 S.)
V. Grossherzogt. Baden, Prov. Hohenzollern, Königreich Bayern, Königreich Württemberg, Reichsland Elsass-Lothringen. Ausg. 1908. (XL, 1859 S.)

Handels-Adress- und Firmenbuch, das, für das Grossherzogtum Hessen. Ergänzungsheft. Darmstadt 1863. 64

Handels-Adreß-Buch von Frankfurt a. M. Nach d. Haupt-Handelszweigen, Fabriken u. Manufacturen alphabet. geordn. u. mit e. allgem. Sach- u. Namen-Register versehen. (1. Jahrg. 1832.) 8. (7 B.) Frankfurt a. M., Krug.

—— dass. 2. Jahrg. 1833. (Mit angehängter vollständ. tabellar. Uebersicht d. Abgangs u. d. Ankunft d. Posten daselbst.) gr. 12. (5 B.) Ebds.
Vgl. Handlungs-Adreß-Kalender.

Handels-Adressbuch v. Frankfurt am Main, enth. die handelseingetragen. Firmen, Actiengesellschaften u. s. w. Nebst e. Plan der Stadt Frankfurt a. M. gr. 8. (109 S.) Frankfurt a. M. 900. Mahlau & Waldschmidt. Kart. n. 3. —

Handels- u. Geschäfts-Adressbuch von Paris u. den wichtigsten Fabrik- u. Handelsplätzen Frankreichs. Nach den neuesten u. besten Quellen bearb. gr. 8. Mainz 865. Le Roux'sche Hofbuchh. (III, 102 S.) 24 ngr.

Handels- und Gewerbe- Adressbuch

— — mit Angabe der Specialitäten f. München u. seine nächste Umgebung [Bogenhausen, Neuhausen, Nymphenburg, Schwabing, Thalkirchen]. Hrsg. v. der Handels- u. Gewerbe-Kammer für Oberbayern. 1879. [Hergestellt nach dem Stande vom 1. Novbr. 1878 unter Berücksichtigung der mit 1. Jan. 1879 in Wirksamkeit tret. Umnummerirung von Straßen.] gr. 8. (200 u. 219 S.) München 879. (Th. Ackermann.) n. n. 2. —; geb. n. n. 2. 50

—— —— mit Angabe der Specialitäten für München und seine nächste Umgebung [Bogenhausen, Neuhausen, Nymphenburg, Schwabing, Thalkirchen]. Hrsg. von der Handels- und Gewerbe-Kammer für Oberbayern. 1880—1884. [Hergestellt nach dem Stande vom 1. Novbr. 1879—1882.] gr. 8. (III, 190; IV, 207; IV, 212; IV, 202; 215 S.) München, (Th. Ackermann.) geb. à Jahrg. *

Handels- und Gewerbe-Adreßbuch mit Angabe der Specialitäten für München und seine nächste Umgebung [Bogenhausen, Neuhausen, Nymphenburg, Schwabing, Thalkirchen]. Hrsg. von der Handels- und Gewerbe-Kammer für Oberbayern. 1885. Hergestellt nach dem Stande vom 1. Novbr. 1884 unter Berücksicht. der während des Druckes eingetretenen Veränderungen. gr. 8. (233 S.) München 885, (Th. Ackermann's Sortiment.) geb. ** 1 60
Aus: Adreßbuch von München, besonders abgedruckt. — Als Sep.-Ausg. nicht weiter erschienen.

Handels- u. Gewerbe-Adreßbuch f. d. Königr. Bayern, s.: Mehrlich, Karl.

Handelsadressbuch. Handels- und Gewerbe-Adressbuch (* *Umschlag:* Adressbuch) für den Kanton Bern. Bd. 2: Berner Oberland. 3. Ausg. (1902-03.) VIII + 260 + *Annoncen* 32 S. Bern, Polytechnische Verlagsanstalt A.-G., (1902). [geb. fr. 3.50]

Handels- u. Gewerbe-Adressbuch d. Stadt Biel u. Nachbargemeinden 1896--97. Nach amtl. Quellen erstellt u. m. 1 neuen Plan d. Stadt Biel versehen. (Deutsch u. französisch.) 8. (VIII, 268 S.) Bern. Biel, E. Kuhn. Geb. in Leinw. n. 3. —

Handels- und Gewerbe-Adressbuch für Biel, Nidau etc., s. Gewerbe- und Handels-Adressbuch.

Handels- u. Gewerbe-Adressbuch der Stadt Biel u. Seeland 1899—1900. — Indicateur commercial et industriel de Bienne et Seeland. Nach amtl. Quellen erstellt u. m. e. neuen Plan der Stadt Biel versehen. Abgeschlossen am 1. XII. 1898. 8. (IX, 276 u. 154 S.) Biel. Bern (Marktgasse 59), Polytechn. Anstalt f. Verlag u. Publizität. Geb. in Leinw. n. 4. —

Handels- u. Gewerbe-Adressbuch d. Landeshauptstadt Czernowitz. Hrsg. v. Herm. Mittelmann. (VI, 72 S.) 8. Czernowitz 908. R. Schally. nn 1. —

— — v. Elsass-Lothringen. Nach amtl. Quellen hrsg. v. N. Fischer. gr. 8. (XII, 539 S. m. 1 autogr. Karte.) Strassburg i/E. 893. [E. d'Oleire.] Strassburger Druckerei u. Verlagsanstalt. Kart. n. n. 12. —

— — v. Elsass-Lothringen. 2. verm. u. verb. Aufl. Nach amtl. Quellen hrsg. v. N. Fischer. gr. 8. (VII, 607 S. m. 1 Karte.) Strassburg 899. Strassburger Druckerei u. Verlagsanstalt. Kart. n. 10. —

Handels- u. Gewerbe-Adressbuch der Stadt Gablonz a. N. Uebersichtliche Zusammenstellung der behördlich angemeldeten Gewerbe, m. Verzeichniss der Hausbesitzer, öffentl. Vereine, Strassen u. Plätze, sowie 1 Stadtplan. Bearb. v. H. Seidemann. 8. (85 S.) Gablonz 886. Rössler. n. — 90

— — der Prov. Hannover. Hrsg. u. bearb. v. Willy Biesenthal. gr. 8. (II, 1310 u. 177 S.) Hannover 893. (Leipzig, Eisenschmidt & Schulze.) Geb. n.n. 15. —

— — f. die Prov. Hannover etc., 2. Aufl., s.: Landes-Adressbuch.

— — für die Prov. Hessen-Nassau u. das Grossherzogth. Hessen. Hrsg. u. bearb. v. Willy Biesenthal. gr. 8. (IV, 1224, 705 u. 295 S.) Hannover 896. Berenberg'sche Buchdr. Geb. n. 10. —

— Gewerbe- u. Hotel-Adreßbuch der Kantone St. Gallen u. Appenzell. Red.: H. Guyer. 8. (VIII, 202; 144 u. 46 S.) St. Gallen 889. (Müller.) cart. n.n. 6. 40

Handels- und Gewerbe- Adressbuch

—— —— des österreichischen Kaiserstaates enth.: die sämmtl., nach dem neuen mit 1. Juli 1863 ins Leben getretenen Handelsgesetze erfolgten Eintragungen in die Einzeln- und Gesellschafts-Register mit Angabe der Procuraführer, der Ehepacten und der Rechtsverhältnisse bei Gesellschaftsfirmen; ca. 30,000 Firmen (in 4500 Orten) zusammengestellt und hrsg. von Leop. Kastner. hoch 4. (IV und 850 S.) Wien 867, Beck'sche Universitäts-Buchh. cart. *

Handels- u. Gewerbe-Adressbuch des österreichischen Kaiserstaates etc. 2. Jahrg. 1868. Nebst e. Anh., enthltd. die Handel- u. Gewerbetreib. in Croatien, Slavonien u Siebenbürgen. Ebend. 868. hoch 4. (III S. u. 1224 Sp. u. LXXVIII S.) cart. n. 4 ℳ

—— —— Klagenfurter. 8. (32 S.) Klagenfurt 884, Heyn's Buchh. *

— — der Markgrafsch. Mähren u. des Herzogth. Schlesien pro 1886. 3 Lfgn. gr. 8. (1. Lfg. 155 S.) Brünn 886. Winkler. n. 7. —

Handels- und Gewerbe-Adressbuch der Markgrafschaft Mähren und des Herzogthums Schlesien pro 1887. gr. 8. (XX, 330 S.) Brünn, Winkler. [Subscr.-Pr. * ℳ 7.—.] geb. * 10 —

Handels- u Gewerbe-Adressbuch der osterr Monarchie fur 1855. 56. 4° Wien 1855. 56

Handels- und Gewerbe-Adreßbuch der Stadt Nordhausen. Hrsg. von Adph. Büchting. 16. (94 S.) Nordhausen 862, Büchting. *

Handels- u. Gewerbe-Adressbuch, Nürnberg-Fürth, einschliesslich der umliegenden industriellen Orte. Gefertigt nach den persönl. Angaben der Geschäftsinhaber v. der Redaktion d. Handels- u. Gewerbe-Adressbuchs d. Deutschen Reichs V. Brettinger jun. gr. 8. (200 u. XXII S. m. 2 farb. Plänen.) Nürnberg 890. (Stuttgart, Brettinger.) geb. n.n. 5. —

(F) Handels- und Gewerbe-Adressbuch von Oberösterreich. Enthält die Adressen aller Geschäftsinhaber, wie Kaufleute, Fabrikanten, Gewerbetreibende, Grundpächter etc. und Handelsgeographie. Auf Grund amtlicher, authentischer Daten und mit Benützung der Ergebnisse der letzten Volkszählung verfasst und zusammengestellt. Revidiert von den einzelnen Gemeindevorstehungen. Linz. 1902. Mareis. Gr.-8°. 480, XVI S. Cart. K 7.—

— — d. Deutschen Reiches. Auf Grund offiz. Unterlagen bearb. v. Eug. Lorenz. 1. u. 2. Hft. gr. 8. Stettin 895. 96. E. Lorenz. à — 50
1. Bd. Pommern. Ausg. 1896—1899. (S. 1—92.)

— — des Deutschen Reiches. 3. Aufl. Hrsg. v. Carl Schulte. 5 Bde. gr. 4. Elberfeld, C. Schulte. Kart. f. 5 Bde. n. 30. —; f. je 2 Bde. n. 20. —; einzelne Bde. n. 12. —
1. Rheinprovinz, Westfalen, Birkenfeld u. Luxemburg. (XXXII, 1102 S.) 898.
2. Königr. Sachsen, Prov. Sachsen, Grossherzogth. Sachsen-Altenburg, sämmtl. thüringer Fürstenthümer u. der hessische Kreis Schmalkalden. (XXX, 1068 S.) 899.
3. Prov. Hannover, Grossherzogth. Oldenburg, Herzogth. Braunschweig, die freien Städte Bremen, Hamburg, Lübeck, Provv. Schleswig-Holstein, Hessen-Nassau, Grossherzogth. Hessen, die Fürstenthümer Lippe-Detmold u. Schaumburg-Lippe, Waldeck u. Pyrmont. Ausg. 1900. (XXV, 996 S.)
4. Berlin (Stadtkreis), Prov. Brandenburg, Prov. Pommern, Grossherzogth. Mecklenburg-Schwerin, Grossherzogth. Mecklenburg-Strelitz, Prov. Ostpreussen, Prov. Westpreussen, Prov. Posen, Prov. Schlesien. Ausg. 1901. (XXX, 1263 S.)
5. Grossherzogth. Baden, Königr. Württemberg, Prov. Hohenzollern, Königr. Bayern, Prov. Elsass-Lothringen. Erneuerte Ausg. (XXXI, 1128 S.) 898.

— — f. d. Königr. Sachsen, s.a. Landesadressbuch.

— — vom Königr. Sachsen. Nach amtl. Quellen hrsg. v. Theophil Weber. gr. 8. (VIII, 896 S.) Leipzig 894. Th. Weber. Geb. in Leinw. n.n. 10. —

— — der Prov. Sachsen u. Herzogth. Anhalt. Hrsg. u. bearb. v. Willy Biesenthal. gr. 8. (IV, 16, VIII, 1466, 164 u. 228 S.) Hannover 896. Berenberg'sche Buchdr. Geb. n. 8. —

Handels- und Gewerbe-Adreßbuch des Herzogth. Salzburg für 1876. Lex.-8. (VIII, 48 S.) Salzburg 876, Dieter. * 1 60

—— —— des Herzogth. Salzburg für 1880. 8. (VIII, 64 S.) Salzburg, Dieter.

Handels- und Gewerbe-Adressbuch der Schweiz. Bearbeitet nach den neuesten und zuverlässigsten Angaben. Heft I, Bogen 1—3. In-8°. Zürich, Cäsar Schmidt. 1881.

— — Serbiens. Nach amtl. Quellen red. u. hrsg. v. S. R. Christitsch. 1896/97. (In serb., deutscher u. französ. Sprache.) gr. 8. (XI, 509 u. 110 S.) Belgrad (M. Staitch.) n.n. 8. —

— — Serbiens. 1900/1901. Nach amtl. Quellen bearb. u. hrsg. v. S. R. Christitch. (In deutscher, französ. u. serb. Sprache.) gr. 8. (XIV, 422 S.) Belgrad (899). (Leipzig, G. Hedeler.) n. 8. —

— — von Tirol u. Vorarlberg. Verzeichniß aller jenen Firmen, welche handelskammer-wahlberechtigt sind, nebst einem Anh., die Advokaten, k. k. Notare u. Aerzte von Tirol u. Vorarlberg enth. gr. 8. (X, 132 S.) Innsbruck 878. Wagner. cart. n. 4. —

—— —— der Stadt Tuttlingen. Mit einem Anh. enth.: einige Adressen von Landorten des Oberamtsbezirks Tuttlingen. gr. 16. (72 S.) Tuttlingen 866, (Kling.) *

— — der Prov. Westfalen, Fürstenth. Lippe-Detmold, Fürstenth. Waldeck-Pyrmont, Fürstenth. Schaumburg-Lippe. Hrsg. u. bearb. v. Willy Biesenthal. gr. 8. (1496, 90, 38, 27 u. 196 S.) Hannover 895. Berenberg'sche Buchdr. Geb. n. 6. 50

— — f. Württemberg u. Hohenzollern. Im Auftrag des württemberg. Handelskammertags hrsg. v. F. C. Huber. (391 S.) gr. 8. Stuttgart 903. Deutsche Verlags-Anstalt. Geb. in Leinw. n. 4. —

Handels- und Gewerbe-Adreßbuch, Görlitzer. Verzeichniß der selbstständ. Handels- und Gewerbetreibenden zu Görlitz. [Suppl. zum „Allgemeinen Wohnungsanzeiger".] gr. 8. (III, 139 S.) Görlitz 882, Richter. geb. **
Vergriffen.

Handels-Adressbuch, Hamburger, 1882. Enthaltend: Hiesige Exporteure, Importeure, Schiffsrheder, Grossisten Fabrikanten etc. Hrsg. von Louis Lippmann. 8. (202 S.) Hamburg, J. F. Richter. geb. *

—— dass. — 1883—1885. 8. (12; 16⅛; 25 Bog.) Hamburg, Lippmann. Jahrg. 1883 und 1884 à Jahrg. 1885

Handels-Adressbuch, Hamburger, 1890 u. 1891/92. I. u. II. Jahrg. gr. 8. (VI, 655; VI, 1023 S.) Hamb. 890,91, Oberstedt u. Schering. geb. in Leinw. à Jahrg. * 5 —

Handels-Adressbuch, Hamburger, 1893. III. Jahrg. gr. 8. (VI, 892 S.) Hamburg, Alsterdamm 5, L. Oberstedt. Geb. in Leinw. n. 5. —

Handels-Adressbuch sämmtlicher Handel- u. Gewerbetreibenden des Grossherzogt. Luxemburg, nebst Verzeichnis der im Grossherzogt. Luxemburg befindl. Staats- u. Kommunal-Behörden u. der bei denselben angestellten Beamten. Für Private u. zum Gebrauch auf Comptoir u. Reise. Nach amtl. Quellen bearb. v. F. Kerschenmeyer. (VIII, 264 S.) 8. Luxemburg (Fischmarkt 2) (904). J. P. Nimax. Geb. in Leinw. n. 4. —

Handels-Adressbuch sämtlicher Handel- u. Gewerbetreibenden des Grossherzogt. Luxemburg, nebst Verzeichnis der im Grossherzogt. Luxemburg befindl. Staats- u. Kommunal-Behörden u. der bei denselben angestellten Beamten. Für Private u. zum Gebrauch auf Comptoir u. Reise. Nach amtl. Quellen bearb. v. François Kerschenmeyer. (VIII, 368 S. m. 1 Plan u. 1 Karte.) 8. Luxemburg (Fleischerstr. 18), 906. F. Kerschenmeyer. Geb. in Leinw. nn 4. —

Handels-Adressbuch, Leipziger, nebst Post- u. Eisenbahnbericht. Ostermesse 1849. Besond. Abdr. aus dem Leipziger Mess-Taschenbuch. 24. (88 S.) Leipzig, Spamer. n. 7 ngf.

Handels-Adreßbuch, neues, der Stadt Basel. Ein Führer f. Einheimische u. Fremde. Neueste Aufl. 8. (4 B.) Basel 845, Schabelitz. * –

Handels-Adressbuch, neuestes, von Mülhausen; s. Guide du voyageur à Mulhouse.

Handelsadreßbuch, Nürnbergs. 1835. s.a. Bäumler, Gottlieb.

Handelsaddreßbuch, Nürnbergs, od. Verzeichniß aller Kaufleute u. Fabrikanten d. Stadt Nürnberg u. ihres Burgfriedens. Neue völlig umgearb. u. mit e. nach d. Handelsgegenständen geord. Register vers. Aufl. 8. (3¼ B.) Nürnberg 835, Bäumler. (?) Thlr.

Handels-Adreßbuch von Nürnberg. Hrsg. von Sigm. Soldan. gr. 8. (IV und 125 S.) Nürnberg 867, Soldan. *

—— officielles, der Stadt St. Gallen. Verzeichniss der in St. Gallen bestehenden und im Ragionenbuch eingeschriebenen Geschäftsfirmen, mit Angabe der Inhaber etc. Hrsg. von B. Ritz. 30 Juni 1878. 8. (50, 24 S.) St. Gallen, (Huber und Comp.) ** 3 —

—— für das Herzogthum Oldenburg. Nach amtl. Quellen bearb. 8. (III und 135 S.) Oldenburg 866, Schulze'sche Buchh. *

Handels-Adreßbuch f. d. Herzogth. Oldenburg. Nach amtl. Quellen bearb. u. bis zum 1. I. 1898 ergänzt 2. Aufl. 8. (III, 192 S.) Oldenburg 898. Schulze. n. 2. —; geb. n.n. 2. 75

— f. das Herzogt. Oldenburg. 3. Aufl. Nach amtlichen Quellen bearb. u. bis Ende Januar 1909 ergänzt. (Von der Handelskammer bearb. u. in ihrem Auftrage hrsg.) (III, 304 S.) 8. Oldenburg 909. Schulze. 4. —

—— von Paris, s. Geschäfts-Führer und Handels-Adreßbuch.

Handelsadress- und Ragionenbuch des Kant. Aargau, herausgeg. von der aargauischen Justizdirektion. Juli 1884. Aarau, Sauerländer.

Handels- u. Industrie-Adressbuch, St. Petersburger, m. Inhalts-Verzeichniss in deutscher, französ., engl., schwed. u. finn. Sprache, f. das Jahr 1882. Zusammengestellt v. Alex. Wallmann. gr. 8. (LIV, 238 S.) St. Petersburg 882. (Röttger.) n. 5. —

Handels- und Industrie-Adressbuch, St. Petersburger, mit Inhalts-Verzeichniss in deutscher, französ., engl., schwed. und finn. Sprache, für das J. 1882. Zusammengestellt von Alex. Wallmann. gr. 8. (LIV, 238 S.) St. Petersburg, (Schmitzdorff.) *

Handelsadressbuch

— der Herzogthümer Schleswig-Holstein u. Lauenburg. 8. Kiel 826. Anhang dazu 828. Bansow. ½ ℛ

— Serbiens für das Jahr 1880. Hrsg. v. Matits & Co. 1. Jahrg. (Deutsch u. serbisch.) gr. 8. (II, 36 u. II, 72 S.) Belgrad. (Wien, Gerold & Co.) n.n. 2. —

— der k. k. Bez.-Hauptmannsch. Troppau m. d. Gerichtsbezirken: Königsberg, Odrau, Troppau, Wagstadt u. Wigstadtl, nebst vollständ. Wohnungs-Anzeiger v. Troppau. Bearb. u. hrsg. v. Jos. Hentschel. gr. 8. (III, 278 S.) Troppau 896. (Buchholz & Diebel.) Geb. n n. 5. —

— für Ungarn, mit besonderer Rücksicht auf Pest, Ofen und Altofen. Herausg. vom Pester Lloyd. 1853. Pest. (Geibel in Comm.) Lex.-8. (XII, 338 S.) nn. 1 ℛ 10 ngr

Handels-Adreß- und Firmenbuch, vollständiges, für die Pfalz, Königreich Bayern. Auf officiellen Mittheilungen beruhend. Lex.-8. (161 S.) Kaiserslautern 864, (Tascher.) *

Weber's Handels-, Industrie- und Gewerbe-Adressbuch d. Schweiz. 1901. Gr. 8°. XXXII, XVII, 574 u. XVI, 24 S. Zürich, Rob. Weber & Co. 15 –

Handels-Adressbuch des Königr. Württemberg, s. Gewerbe- und Handels-Adressbuch.

—— des Kantons Zürich für 1881/82, 1882/83. [Nach den offiziellen Angaben bearb.] gr. 8. (V, 319; VIII, 282, 84 S.) Zürich, Orell, Füssli und Comp. cart. à Jahrg. 3

Handelsadressenbuch

Handels-Adressenbuch für Böhmen mit besonderer Berücksichtigung der königl. Hauptstadt Prag. Hrsg. von Ludw. Beitl. gr. 8. (VII und 542 S.) Prag 866, Stýblo. cart.

Handels- und Gewerbe-Adressenbuch, Brünner, nebst einem Behörden-Schema der Markgrafschaft Mähren und einem Wegweiser und Fremdenführer. Nach amtl. Quellen zusammengestellt. 8. (120 S.) Brünn 877, (Winkler's Buchh.) cart. * 2 40

Handels- und Gewerbe-Adressenbuch, Brünner, nebst einem Behörden-Schema der Markgrafsch. Mähren für 1881. Nach besten Quellen zusammengestellt. 8. (182 S.) Brünn, Winkler's Buchh. cart. *

Handels-Adressenbuch, erstes, vom Königr. Serbien. Hrsg.: Alb. Bielitz. Semlin 1886—1887. gr. 8. (102 S.) Budapest. (Wien, Eisenstein & Co.) n. 6. —; in serb. Sprache (97 S.) Semlin b/Belgrad, Selbstverlag d. Verf. n. 3. 60

Handels-, Gewerbe- u. allgem. Adressenbuch von Brünn. s. a. Zeckel, Adressenbuch.

Handels-, Gewerbe und allgemeines Adressenbuch nebst dem Häuser-Verzeichnisse der Landeshauptstadt Brünn. Verfasst von M. J. Zeckel. gr. 8. (369 S.) Brünn 862, (Karafiat.) *

Handels- und Gewerbe-Adressenbuch des österreichischen Kaiserstaates, enth.: die sämmtl., nach dem neuen mit 1. Juli 1863 in's Leben getret. Handelsgesetze erfolgten Eintragungen in die Einzeln- und Gesellschafts-Register mit Angabe der Procuraführer, der Ehepacten und der Rechtsverhältnisse bei Gesellschaftsfirmen; ca. 35000 Firmen [in ca. 5000] Orten zusammengestellt und hrsg. von Leop. Kastner. 2. Jahrg. 1868. Nebst einem Anh., enth. die Handel- und Gewerbetreibenden in Croatien, Slavonien und Siebenbürgen. hoch 4. (III S., 1224 Sp. und LXXVIII S.) Wien 868, Hölder. cart. *
Vgl.: Kastner, Leop.

Handels- und Gewerbe- Adressenbuch . . .

Adressenbuch, Handels- und Gewerbe- — der österreichischen Monarchie. Unter Mitwirkung von V. G. Gottfried und Emanuel Pernold. Herausgegeben von dem nieder-österreichischen Gewerbe-Vereine. Eilfter Jahrgang. I. Theil. Adressen von Wien. (XVIII, 1022 und 304 S.) II. Theil. Adressen von den Provinzen. (X, 896, 318 S.) 8. Wien. Gedruckt bei den Edlen v. Ghelen'schen Erben. Auf Kosten und im Verlage des nied. österr. Gewerbe-Vereines. 1854.

Adressenbuch, Handels- und Gewerbe- — der österreichischen Monarchie. Unter Mitwirkung von V F. Gottfried und Emanuel Pernold. Herausgegeben von dem nied. österr. Gewerbe-Vereine. 12. Jahrgang. 1855. I. Theil. Adressen von Wien und Anhang. (XIX, 1160, 312 S.) II. Theil. dressen von den Provinzen. (X, 730, 2·0 S.) Wien. 1855. Gedruckt bei den Edlen von Ghelen'schen Erben. Auf Kosten und im Verlage des nieder-österr. Gewerbe-Vereins.

Handels- und Gewerbe-Adressen-Buch für Oesterreich ob der Enns. Redig. von Karl Größer. Linz 853. (Passau, Elsässer u. Waldbauer.) gr. 8. (XI, 419 S.) n. 1 ℛ 10 ngr

Handels- u. Gewerbe-Adressen-Buch für Oesterreich ob der Enns. Redig. von A. C. Richter. Linz 865. (Fink.) 4. (VIII, 261 S.) cart. n. 1 ℛ 15 ngr.

—— —— für Ungarn, mit besonderer Rücksicht auf Pest, Ofen und Altofen. Hrsg. vom pester Lloyd 1853. gr. 8. (XII und 338 S.) Pest 853, (Geibel.) **

Handels- und Gewerbe-Adressenbuch für Ungarn mit besonderer Rücksicht auf Pesth, Ofen und Altofen. Herausgegeben vom Pesther Lloyd. 1853. 8. (XI, 338 S.) Pesth. Landerer und Heckenast. 1853.

Handels- und Gewerbe-Adressenbuch, zugleich als Wohnungsanzeiger für Wien und die angrenzenden Ortschaften. Hrsg. von A. Heinrich. 17. Jahrg. 1860. gr. 8. (316 S.) Wien, Selbst-Verlag.

—— —— für die k. k. Reichshaupt- und Residenzstadt Wien und die angränzenden Ortschaften, mit alphabetisch-geordnetem Namens-Register. Gegründet vom nieder-österreich. Gewerbe-Vereine, mit Unterstützung des hohen k. k. Ministeriums für Finanzen, redig. von A. Heinrich. 19. Jahrg. 1862. 4. (XII und 691 S.) Wien, (Seidel und Sohn.) cart. **

—— —— dass. — 20. Jahrg. 1863. 4. (VIII und 707 S.) Wien, Förster und Bartelmus. cart. *

Handels- u. Gewerbe-Adressenbuch, Prager, umfassend die k. Hauptstadt Prag u. deren Vorstädte Karolinenthal, Smichow u. die k. Bergstadt Wyschehrad. Hrsg. v. Ludw. Voitl. gr. 8. (XVI, 651 S.) Prag 870. (Grégr u. Dattel.) geb. n. 10. —

Handels- u. Gewerbs-Address(!)-Taschenbuch der kgl.-baier. Haupt- u. Residenz-Stadt München. Hrsg. von *Jos. Sigm. Keitmayr* (Bürger und Handelsmann das.). München, b. Ignatz Jos. Lentner, 1818. 8°. Ppb.*)
Tit., 408 S., 2 Bll. „Nachricht".

Handels-Adreß-Verzeichniß von Mainz, f. d. J. 1834. Hrsg. v. öffentl. Büreau. gr. 12. (3½ B.) Mainz, Wirth.

Handels - Akademie. Kaufmännische Wochenschrift. Organ der Handels-Akademie zu Leipzig (1. deutsche Hochschule f. Kaufleute u. Gewerbetreibende). Begründet u. geleitet v. Ludw. Huberti unter Mitwirkg von Frhr. F. W. v. Biedermann, Pfitzner, Weiss u. s. w. 1. Jahrg. Febr.—Dezbr. 1894. 48 Hfte. (à ca. ½ Bog.) gr. 8. Leipzig, Verl. der „Handels-Akademie". Vierteljährlich n. 1. —; einzelne Hfte. n. — 15

„Handels - Akademie". Kaufmänn. Wochenschrift. Illustr. Zeitschrift f. d. Fortschritte in Handel, Industrie u. Gewerbe. Mitteilgn. a. d. Geschäftsbereiche d. Handels- u. Gewerbekammern, Handels- u. Gewerbegerichte. Verbandszeitg. f. d. kaufmänn. u. wirtschaftl. Vereine. Wochenschau üb. d. ges. Handelswissenschaft d. Gegenwart. Fachschrift f. alle kaufmänn. Bildungsanst. Organ d. Handels-Akademie zu Leipzig. Hrsg. v. Ludw. Huberti. Schriftleitung: Geo Hack. 2. Jahrg. 1895. 52 Nrn. (Bog.) gr. 8. Leipzig, Verl. d. „Handels-Akademie". n. 4. —

— dasselbe. Wochenschau üb. d. ges. Handelswissenschaft d. Gegenwart. Fachschrift f. alle kaufmänn., gewerbl. u. techn. Lehranst. Deutschlands, Oesterreich-Ungarns, d. Schweiz u. d. Auslands. Hauptblatt d. Verbands deutscher Handelslehrer. Hrsg.: Ludw. Huberti. Schriftleitg.: Ernst Auberlé u. G. W. Beyer. 3. Jahrg. 1896. 52 Hfte. (Bog.) gr. 8. Ebd. 4. —; orh. Pr. n. 10. 60

— dasselbe. Schriftleitg.: G. W. Beyer. 4. u. 5. Jahrg. 1897 - 1898. à 52 Hfte. (Bog.) gr. 8. Ebd. à Jahrg. n. 10. 60
Kann auch vierteljährlich bezogen werden.

Handels-Akademie. Kaufmännische Wochenschrift f. Verbreitg. nützl. Kenntnisse. Unterhaltungs- u. Belehrungsblatt f. Kaufleute. 6.—9. Jahrg. 1899—1902. à 52 Hfte. gr. 8. (à ca. 16 S.) Leipzig, Dr. L. Huberti. à Jahrg. 10. 60

Handels-Akademie. Kaufmännische Wochenschrift f. Verbreitg. nützl. Kenntnisse. Unterhaltungs- u. Belehrungsblatt f. Kaufleute. Schriftleiter: Jos. Gassner. 10. u. 11. Jahrg. 1903 u. 1904. à 52 Hefte. (à ca. 16 S.) gr. 8. Leipzig, Verlag der Handelsakademie. à Jhrg. n. 10. 60

— dasselbe. Verantwortlich: V. Bodenstein. 12. Jahrg. 1905. 26 Doppel-Hefte. (à ca. 16 S. m. Abbildgn.) gr. 8. Ebd. n. 10. 60

— dasselbe. Red.: M. Amrhein. Hrsg.: J. A. Amrhein-Ruedy. 13. Jahrg. 1906. 26 Doppel-Hefte. (à ca. 16 S.) gr. 8. Ebd. n. 11. —

Handels-Akademie. Kaufmännische Halbmonatsschr. Belehrungs- u. Unterhaltungsblatt f. Kaufleute. Red.: B. Volger. Hrsg.: Fr. Mester. 14.—17. Jahrg. 1907—1910. à 24 Hefte. (à ca. 20 S.) gr. 8. Leipzig, Verlag der Handels-Akademie. à Jhrg. 10. 60

Handels-Akademie, die Prager, von ihrer Gründung bis zur Gegenwart. [1856—1873.] Gedenkschrift aus Anlass der Wiener Weltausstellg. 1873 verfasst im Auftrag d. Verwaltungs-Rathes der Anstalt. gr. 8. (IV, 118 S.) Prag 873. Mercy. n. 2. —

Handels-Almanach, oder Uebersicht des in den verschied. Ländern der Erde Wissenswürdigsten für den Handel 2c. Mit 1 Tabelle. gr. 12. Weimar 838. Landes-Industrie-Compt. 3 ₰

Handels-Almanach für das Jahr 1855. Dem löblichen k. k. privil. Großhandlungs-Gremium in Wien in aller Hochachtung gewidmet von V. F Gottfried. 8 (104 S.) Wien. Gedruckt bei J. P. Sollinger's Wwe.

Handels-Almanach, illustrirter deutscher, für 1870. Hersg. unter Mitwirkg. tücht. Fachmänner von Louis Schmidt. Mit in den Text gedr. Abbildgn. (in Holzschn.) u. e. (lith.) Uebersichtskarte der Eisenbahnen Mittel-Europas (in qu. Fol.). Stuttgart 870. Nübling. gr. 8. (IV, 145 S.) n. 10 ngr.

Handelsamtsblatt, schweizerisches. Publikationsorgan der eidgenöss. Departemente für Finanzen, Zoll und Handel. 1. Jahrg. 1883. 198 Nrn. (à Nr. ca. 2 Bog.) Fol. Bern, Jent und Reinert. *

Handelsamtsblatt, schweizerisches. Publikationsorgan der eidgenöss. Departemente f. Finanzen, Zoll u. Handel. 2—4. Jahrg. 1884—1886. Fol. (Nr. 1. 2 B.) Bern, (Huber & Co.). à Jahrg. n.n. 6. —

Handelsamtsblatt, schweizerisches. Publikationsorgan der eidgenöss. Departemente f. Finanzen, Zoll und Handel. 5. Jahrg. 1887. ca. 120 Nrn. Fol. (Nr. 1. 2½ B.) Bern, (Huber & Co.). n.n. 6. —

— dasselbe. 6.—8. Jahrg. 1888—1890. à ca. 120 Nrn. Fol. (à Nr. ca. 1½ B.) Ebd. à Jahrg. n.n. 8. —

Handelsamtsblatt, schweizerisches. 9.—11. Jahrg. 1891—1893. Fol. Bern, (H. Körber) à Jahrg. n. 8.
Erscheint in zwanglosen Nummern. (à ca. 1½ Bog.)

Handelsamtsblatt, schweizerisches. — Feuille officielle suisse du commerce. — Foglio ufficiale svizzero di commercio. 13.—16. Jahrg. 1895—1898. Fol. (1344, 1438, 1322 u. 1484 S.) Bern (H. Körber). à Jahrg. n. 8. —

Handels-Angestellte, der. Organ f. die Interessen aller im Handelsgewerbe beschäftigten Personen. Offizielles Organ der freien Vereinigg. der Kaufleute Berlins. Publikations-Organ der Agitationskommission der Handels-Angestellten Deutschlands. Red.: J. Türk. 2. Jahrg. 1893. 52 Nrn. (Bog.) Fol. Berlin, S. O. 26, Elisabethufer 44, Exped. n. 4. —

Handels-Anstalten, Die, in London ... A. d. Engl. Stuttg. 1826. Ü: *Offterdinger, Ldw.* (CBH)

Handels-Anstalten in London, mit verwandten Gegenständen; aus d. Engl. gr. 8. Stuttg. 826. (Löflund). 20 ₰

Handels-Anzeiger. Zeitschrift f. die Export-Interessen Oesterreich-Ungarns u. Deutschlands. Hrsgbr.: Dagobert Scheinberger. Redact.: H. Reininger. 1. Jahrg. März 1892—Febr. 1893. 24 Nrn. (Bog.) gr. 4. Wien. (Lpz., Literar. Anstalt, Aug. Schulze.) * * 9 —
Erscheint auch in serb., bulgar., rumän. u. griech. Sprache.

Handels-Anzeiger. Internationale Export-, Assecuranz-, Bank-, Sparcassen- u. Verkehrs-Zeitg Hrsg. Dagobert Scheinberger. Red.: H. Reininger. 2. Jahrg. 1893. 24 Nrn. (à ca. 1 Bog.) gr. 4. Wien. (Leipzig, Literar. Anstalt A. Schulze.) n. 9. —
Auch in serbischer, bulgarischer, rumanischer u. griechischer Sprache, à 12 Nrn., zu gleichem Preise.

Handels-Anzeiger, allgemeiner, (vormals Allgemeiner Vermittlungs-Anzeiger). Organ f. Handel, Industrie u. Gewerbe, Bank-, Versicherungs-, Sparkassen- u. Verkehrswesen. Red.: Alb. Steinhage. Oktbr.—Dezbr. 1904. 13 Nrn. (à ca. 8 S) gr. 4. Leipzig (Königsplatz 9), Expedition. n. 1. —

— dasselbe. 2. Jahrg. 1905. 52 Nrn. (à ca. 8 S.) gr. 4. Ebd. n. 4. —

Handels- und Gewerbe-Anzeiger. Wochenschrift für die gesammten Interessen des deutschen Handels- und Gewerbestandes. Redig. von Heinr. Pfeiffer. (1. Jahrg.) Octbr.—Decbr. 1880. 13 Nrn. (Bog.) gr. 4. Berlin, Bruer und Comp. *
Die Fortsetzung bildet: Handels- u. Gewerbezeitung.

Handels- u. Gewerbe-Anzeiger. Wochenschrift f. die gesammten Interessen des deutschen Handels- u. Gewerbestandes. Red. v. Heinr. Pfeiffer. 1. Jahrg. Octbr. 1880 Septbr. 1881. 52 Nrn. (B.) gr. 4. Berlin, Bruer & Co. n. 12. —

Handels (-Anzeiger): Handels- und Markt-Anzeiger für die Centralschweiz
(S) 1868 (Z) Ende Mai wurde eine solche Zeitung mit den Luzerner Nachrichten (I)- vereinigt

Handels-Archiv. Sammlung der neuen auf Handel u. Schiffahrt bezügl. Gesetze u. Verordnungen des In- u. Auslandes u. statist. Mittheilungen üb. den Zustand u. die Entwickelung des Handels u. der Industrie in der Preuss. Monarchie. Nach amtl. Quellen. Hrsg. im K. Handelsamte zu Berlin. Red.: R. Delbruck. — J. Hegel. (1.) Jahrg. 1847. 12 Hfte. gr. 8. (à ca. 100 S.) Berlin, Besser's Verl. n. 4 ₰ — (2.) Jahrg. 1848. 12 Hfte. gr. 8. (à ca. 100 S.) Berlin, Bessers Verl. n. 5 ₰ — Red.: Delbrück u. Kiefeker. (3.) Jahrgang. 1849. 12 Hfte. gr. 8. (à ca. 80 S.) Berlin, (Leipzig) Herm. Schultze. n. 5 ₰

Handels-Archiv. Sammlung der neuen auf Handel u. Schifffahrt bezügl. Gesetze u. Verordnungen des In- u. Auslandes, so wie statistischer Nachrichten üb. den Zustand u. die Entwickelung des Handels u. der Industrie in Deutschland u. dessen Absatzgebieten. Nach amtl. Quellen. Hrsg. v. (Georg) v. Viebahn u. Saint Pierre. (4.) Jahrgang. 1850. 6 Hfte. gr. 8. (à ca. 100 S.) Berlin, G. Reimer. n. $2^1/_3$ ℳ — (5 u. 6.) Jahrg. 1851. 1852. à 24 Hfte. gr. 8. (à 30—72 S.) Ebd. à Jahrg. n. 5 ℳ

Handels-Archiv. Sammlung der neuen auf Handel und Schifffahrt bezüglichen Gesetze und Verordnungen des In- und Auslandes, so wie statistische Nachrichten über den Zustand und die Entwickelung des Handels und der Industrie in Deutschland und dessen Absatzgebieten. Nach amtlichen Quellen. Mit Genehmigung des Ministeriums für Handel, Gewerbe und öffentl. Arbeiten herausg. von v. Viebahn und Saint-Pierre. (7—9.) Jahrg. 1853—55. à 24 Hefte (à 3—4 Bgn.). Berlin, G. Reimer. gr. 8. Jeder Jahrg. n. 5 ℳ
Fortsetzung hiervon s. Handels-Archiv, preußisches.

Handels-Archiv, Deutsches. Zeitschrift für Handel und Gewerbe, herausgegeben vom Reichsamt des Innern. 1855-1913 und Inhaltsverzeichnis zum I. Teil. 1901 bis 1910 4° Berlin 1855-1913

Handels-Archiv, deutsches. Wochenschrift für Handel u. Gewerbe, hrsg. im Reichsamt d. Innern. Jahrg. 1881. 2 Bde. oder 52 Nrn. (à $1^1/_2$—3 B.) gr. 4. Berlin, Mittler & Sohn. à Bd. n. 8.

— dasselbe. Zeitschrift für Handel u. Gewerbe, hrsg. im Reichsamt d. Innern. Jahrg. 1882. 12 Hfte. (1. Hft. 96 S.) gr. 4. Ebend. n. 18. —
cf.: Handels-Archiv, preußisches.

Handels-Archiv, deutsches. Zeitschrift f. Handel u. Gewerbe, hrsg im Reichsamt d. Innern. Jahrg. 1883—1886. à 12 Hfte. (à Hft. 72 S.) gr. 4. Berlin, Mittler & Sohn. à Jahrg. n. 18. —

Handels-Archiv, deutsches. Zeitschrift f. Handel u. Gewerbe, hrsg. im Reichsamt d. Innern. Jahrg. 1887—1890. à 12 Hfte. gr. 4. (à Hft. ca. 132 S.) Berlin, Mittler & Sohn. à Jahrg. n. 18. —

— dasselbe. Inhaltsverzeichniß f. die 10 Jahrgänge von April 1880 bis Ende 1889. Nach den beiden Hauptabschnitten, Gesetzgebg. u. Statistik u. Berichte üb. das In- u. Ausland, abgetheilt u. nach den Handelsgebieten in alphabet. Folge geordnet. gr. 4. (VIII, 100 S.) Ebd. 890. n. 3. —

Handels-Archiv, deutsches. Zeitschrift f. Handel u. Gewerbe, hrsg. im Reichsamt d. Innern. Jahrg. 1891—1894. à 12 Hfte. gr. 4. (à Hft. ca. 132 S.) Berlin, E. S. Mittler & Sohn. à Jahrg. n. 18. —

Handels-Archiv, deutsches. Zeitschrift f. Handel u. Gewerbe, hrsg. im Reichsamt d. Innern. Jahrg. 1895—1898. à 12 Hfte. (à ca. 10 Bog.) gr. 4. Berlin, E. S. Mittler & Sohn. à Jahrg. n. 18. —
Kann auch halbjährlich bezogen werden.

Handels-Archiv, deutsches. Zeitschrift f. Handel u. Gewerbe, hrsg. im Reichsamt des Innern. Jahrg. 1899—1902. à 12 Hfte. gr. 4. (1050 u. 986; 1178 u. 1104; 1152 u. 1212; 1094 u. 1372 S.) Berlin, E. S. Mittler & Sohn. à Jahrg. n. 18. —

— dasselbe. Inhaltsverzeichniß f. die 11 Jahrgänge 1890 bis 1900. gr. 4. (X, 266 S.) Ebd. 902. n. 6. —

Handels-Archiv, deutsches. Zeitschrift f. Handel u. Gewerbe, hrsg. im Reichsamt des Innern. Jahrg. 1903—1906. à 12 Hefte. (LVI, 2616; LV, 2360; LI, 2544 u. LIV, 3466 S.) Lex.-8. Berlin, E. S. Mittler & Sohn. à Jhrg. n. 18. —

Handels-Archiv, deutsches. Zeitschrift f. Handel u. Gewerbe, hrsg. im Reichsamt des Innern. Jahrg. 1907—1910. à 12 Hefte. (1910, 1. Heft. XII, 104 u. 128 S.) Lex. 8. Berlin, E. S. Mittler & Sohn. à Jhrg. 18. —

—— hamburger. Sammlung und Nachweis der auf den hamburger Handel bezüglichen Verträge, Verordnungen und Bekanntmachungen. 1855. 1. Heft: Verträge und Gegenseitigkeits-Erklärungen in Bezug auf Hamburg's Seeschiffahrts-Verkehr. Lex.-8. (IV und 52 S.) Hamburg 855, [Nolte und Köhler.] *

—— dass. — 1855. 2. Heft: hamburgische Verordnungen und Bekanntmachungen in Bezug auf Rhederei und Seeschiffahrts-Verkehr. Nebst Zusammenstellung der bekanntgemachten hamburger Börsen-Usanzen. Lex.-8. (IV und S. 53—103.) Ebds. 855. *

Handels-Archiv, hamburger. Sammlung und Nachweis der auf den hamburger Handel bezügl. Verträge, Verordnungen und Bekanntmachungen. 3. Heft. 1857. Lex.-8. (XXVII und S. 164—334.) Hamburg 857, [Nolte.] *

Handels-Archiv, hamburger. Sammlung der auf Schiffahrt und Handel bezügl. hamburg. Verträge, Verordnungen und Bekanntmachungen. 1. Nachtrag enthaltend Verträge, Verordnungen, Bekanntmachungen rc. vom 1. Juli 1857 bis 30. Juni 1860, nebst einigen früheren Verordnungen rc. Lex.-8. (X und S. 335—422.) Hamburg 860, [Nolte.] Thlr. *

Handels-Archiv, Hamburger. Sammlung der auf Schiffahrt und Handel bezügl. Hamb. Verträge, Verordnungen und Bekanntmachungen. 2. Nachtrag enth. Verträge, Verordnungen und Bekanntmachungen rc. vom 1. Juli 1860 bis 30. Juni 1864 nebst einigen früheren Verordnungen rc. Lex.-8. (XXXV und S. 423—606.) Hamburg 864, Nolte. *

—— dass. — 2. Bd. 1. Heft, enth. Verträge, Verordnungen und Bekanntmachungen, welche vom 1. Juli 1864 bis zum 31. Decbr. 1866 abgeschlossen oder erlassen sind. (Nr. 329—441.) Nebst umfass. alphabet. Register, welches zugleich den Inhalt des 1. Bandes umfaßt. 1855—1866. Lex.-8. (VII und S. 607—767 und Register 29 S.) Ebendas. 867.

Handels-Archiv, Hamburger. Sammlung der auf Schiffahrt und Handel bezügl. Hamburger Verträge, Verordnungen und Bekanntmachungen. 2. Bd. 2. Heft, enth. Verträge, Verordnungen und Bekanntmachungen, welche in den J. 1867 und 1868 abgeschlossen oder erlassen sind [Nr. 442—629]. Nebst alphabet. Register für 1867 und 1868. Lex.-8. (XVI, S. 769—1122 und Register 44 S.) Hamburg 869, Nolte. *

Handels-Archiv, neues Hamburger. Sammlung der auf Handel und Schiffahrt bezügl., seitens des norddeutschen Bundes und der Hamburger Behörden erlassenen Verordnungen und Bekanntmachungen. Hrsg. auf Veranlassung der Handelskammer in Hamburg. Jahrg. 1869 und 1870. Lex.-8. (XI, 336; IX, 432 S.) Hamburg, Nolte. à Jahrg. *

—— dass. — Sammlung der auf Handel und Schiffahrt bezügl., seitens des deutschen Reiches und der hamburg. Behörden erlassenen Verordnungen und Bekanntmachungen. Hrsg. auf Veranlassung der Handelskammer in Hamburg. Jahrg. 1871—1873. gr. 8. (XIV, 220; XX, 372; XVII, 255 S.) Ebendas. 872—75. Jahrg. 1871 und 1873 à *
Jahrg. 1872 *

Handels-Archiv, neues Hamburger. Sammlung der auf Handel und Schiffahrt bezügl., seitens des deutschen Reiches und der hamburg. Behörden erlassenen Verordnungen und Bekanntmachungen. Hrsg. auf Veranlassung der Handelskammer in Hamburg. Jahrg. 1874—1879. gr. 8. (XVII, 269; XIII, 229; VIII, 175; IX, 176; IX, 269; IX, 293 S.) Hamburg, (Nolte) à Jahrg. * 3 —

—— neues Hamburger. Sammlung der auf Handel und Schiffahrt bezügl., seitens des Deutschen Reiches und der hamburg. Behörden erlassenen Verordnungen und Bekanntmachungen. Hrsg. auf Veranlassung der Handelskammer in Hamburg. Jahrg. 1880—1884. gr. 8. (X, 228; X, 287; IX, 166; 249; XI, 249 S.) Hamburg, (Nolte.) à Jahrg. *

—— neues Hamburger. Sammlung der auf Handel und Schiffahrt bezügl., seitens des Deutschen Reiches und der hamburg. Behörden erlassenen Verordnungen und Bekanntmachungen. Hrsg. auf Veranlassung der Handelskammer in Hamburg. Jahrg. 1885 und 1886. gr. 8. (X, 319; X, 192 S.) Hamburg 886,87, (Herold'sche Buchh.) à Jahrg. * 3 —

Handels-Archiv, neues Hamburger. Sammlung der auf Handel u. Schiffahrt bezügl., seitens d. Deutschen Reiches u. der hamburg. Behörden erlassenen Verordngn. u. Bekanntmachgn. Jahrg. 1887. gr. 8. (X, 302 S.) Hamb., (Herold's Verlag). * 3 —
Nicht weiter erschienen.

—— preußisches. Wochenschrift für Handel, Gewerbe und Verkehrs-Anstalten. Mit Genehmigung des königl. Ministeriums für Handel, Gewerbe und öffentl. Arbeiten nach amtl. Quellen hrsg. von v. Viebahn und Saint-Pierre. (10.) Jahrg. 1856. 2 Bde. oder 52 Nrn. (à 1½—2 Bog.) Mit Beilagen. gr. 4. Berlin 856, Deckersche geheime Ober-Hofbuchdr. à Bd. * 2 Thlr. *
Fruher u. d. T.: Handels-Archiv. Berlin 1847 ff.

—— preußisches. Wochenschrift für Handel, Gewerbe- und Verkehrsanstalten. Nach amtl. Quellen. Mit Genehmigung des königl. Ministeriums für Handel, Gewerbe und öffentl. Arbeiten hrsg. von v. Viebahn und Saint-Pierre. (11—13.) Jahrg. 1857—59. à Jahrg. 2 Bde. oder 52 Nrn. (à 1½—2½ Bog.) Mit Beilagen. gr. 4. Berlin, Decker'sche geheime Ober-Hofbuchdruckerei. à Bd. * 2 Thlr. *

—— dass. — (14.) Jahrg. 1860. hrsg. von Saint-Pierre und Moser. 2 Bde. oder 52 Nrn. (à 1½—3 Bog.) Mit Beilagen. gr. 4. Ebendas. à Bd. * 2 Thlr. *

—— dass. — (15.) Jahrg. 1861. Hrsg. von Moser und Jordan. 2 Bde. oder 52 Nrn. (à 1½—3 Bog.) Mit Beilagen. gr. 4. Ebendas. à Bd. * 2 Thlr. *

—— dass. — Register für die ersten 12 Jahrgänge von 1847 bis 1858. Nach den beiden Haupt-Abschnitten Gesetzgebung und Statistik abgetheilt und nach den Handelsgebieten in alphabet. Folge geordnet. gr. 4. (81 S.) Ebendas. 860. *

—— preußisches. Wochenschrift für Handel, Gewerbe und Verkehrs-Anstalten. Mit Genehmigung des Königl. Ministeriums für Handel, Gewerbe und öffentl. Arbeiten nach amtl. Quellen hrsg. von Moser und Jordan. (16.—21.) Jahrg. 1862—67. à Jahrg. 2 Bde. oder 52 Nrn. (à 1½—3 Bog.) Mit Beilagen. gr. 4. Berlin, v. Decker'sche geheime Ober-Hofbuchdruckerei. à Bd.

—— dass. — Register für die 6 Jahrgänge von 1859 bis 1864. Nach den beiden Haupt-Abschnitten Gesetzgebung und Statistik abgetheilt und nach den Handelsgebieten in alphabet. Folge geordnet. gr. 4. (79 S.) Ebendas. 865. *

—— preußisches. Wochenschrift für Handel, Gewerbe und Verkehrs-Anstalten. Mit Genehmigung des Königl. Ministeriums für Handel, Gewerbe und öffentl. Arbeiten nach amtl. Quellen hrsg. von Jordan und Herzog. 22. und 23. Jahrg. 1868 und 1869. à Jahrg. 2 Bde. oder 52 Nrn. (à 1½—3 Bog.) Mit Beilagen. gr. 4. Berlin, v. Decker'sche Geh. Ober-Hofbuchdr. à Bd. * M. 6.; à Jahrg. *

—— dass. — Nach amtl. Quellen hrsg. 24.—27. Jahrg. 1870—1873. à Jahrg. 2 Bde. oder 52 Nrn. (à 1½—3 Bog.) Mit Beilagen. gr. 4. Ebendas. à Bd. * M. 6.; à Jahrg. *

—— dass. — Nach amtl. Quellen hrsg. von Jordan und Stüve. 28. Jahrg. 1874. 2 Bde. oder 52 Nrn. (à 1½—3 Bog) Mit Beilagen. gr. 4. Ebendas. à Bd. * M. 6. *

—— preußisches. Wochenschrift für Handel, Gewerbe und Verkehrs-Anstalten. Nach amtl. Quellen hrsg. von Goering und Stüve. 29.—33. Jahrg. 1875—1879. à Jahrg. 2 Bde. oder 52 Nrn. (à 1½—3 Bog.) Mit Beilagen. gr. 4. Berlin, v. Decker's Verlag. Jahrg. 1875 à Bd. * M. 6. * 12 —
1876—1879 à Bd. * M. 8.; à Jahrg. * 16 —

—— preußisches. Wochenschrift für Handel und Gewerbe. Mit Genehmigung des königl. Ministeriums für Handel und Gewerbe nach amtl. Quellen hrsg. (34.) Jahrg. 1880. 2 Bde. oder 52 Nrn. (à Nr. 1½—3 Bog.) gr. 4. Berlin, Mittler und Sohn. à Bd. * M. 8. *

—— dass. — Register für die 10 Jahrgänge von 1871 bis 1880. Nach den beiden Hauptabschnitten Gesetzgebung und Statistik abgetheilt und nach den Handelsgebieten in alphabet. Folge geordnet. gr. 4. (IV, 71 S.) Ebendas. 881.
Die Fortsetzung bildet: Handels-Archiv, deutsches.

Rigaer Handelsarchiv. Zsgest. v. M. v. Reibnitz. ⟨Als Ms. f. d. Glieder d. Börsenver. gedr.⟩ Jg. 35, 2—40. Riga '08—13.

Die Handels-Auskunftei. Organ f. d. Interessen d. Auskunft- u. Kreditwesens. Jg. 1 – Jg.4, Nr. 3. [Mehr nicht ersch.] Berlin: Meissler (Jg. 3, Nr 4 ff.: Gesellsch. f. direkte Handelsauskunft-Erteilung) 1904–07. 4°

Handelsaufsicht (Handelsinspektoren), s.a. Schrift, 20., des Verbandes deutscher Handlungsgehülfen zu Leipzig.

Handelsaufsicht. (Handelsinspektoren.) Sonderabdr. aus dem stenograph. Bericht üb. den Verbandstag 1907 u. Gutachten v. Gewerbeinspektionen. (48 S.) gr. 8. Leipzig, Verband deutscher Handlungsgeh. 1908. —. 20.

Handelsbank in Lodz. 1872—1897 Denkschrift aus Anlass des 25jährigen Bestehens. 1897.

Anonym „Ueber Handelsbanken in kleinen Staaten — Eine Beleuchtung", Karlsruhe 1856 — Vorh Com Bibl. Hamburg

Handelsbericht über Singapore. Vom schweiz Handels- und Zolldepartement. (Bern 1863)

Stettin's Handels-Bericht. [1.– 4.] Fur d. Jahr 1850 – 53. (Stettin 1851–54: F. Hessenland.) 4 Bde 4°
Forts. s. u. T.: Bericht uber Stettins Handel.

Handelsberichte üb. das Ausland. Sonderabdrücke aus dem im Reichsamt des Innern hrsg. deutschen Handels-Arch. I. Serie. Europa. Nr. 222—348. 8. Berlin, E. S. Mittler & Sohn. 54. 20
222. Varna. (36 S.) 906. — 45. — 223. Salonik (Türkei). — Cavalla (Türkei). (13 S.) 906. — 20. — 224. Serbien. (30 S.) 906. — 40. — 225. Constantza (Rumänien). (19 S.) 906. — 25. — 226. Bordeaux. (47 S.) 907. — 60. — 227. Turin. (8 S.) 907. — 10. — 228. Großbritannien. (74 S.) 907. — 95. — 229. Rumänien. (159 S.) 907. 2.—. — 230. Fiume (25 S.) 907. — 35. — 231. Warschau. (7 S.) 907. — 10. — 232. Havre. (20 S.) 907. — 25. — 233. Irbit (Rußland). (40 S.) 907. — 50. — 234. Thessalien. (25 S.) 907. — 35. — 235. Glasgow. (17 S.) 907. — 25. — 236. Middlesborough. (16 S.) 907. — 20. — 237. Havre. (45 S.) 907. — 55. — 238. Riga. (39 S.) 907. — 50. — 239. Triest. (31 S.) 907. — 40. — 240. Galatz. (23 S.) 907. — 30. — 241. Niederlande. (37 S.) 907. — 50. — 242. Malaga. (32 S.) 907. — 40. — 243. Dänemark. (47 S.) 907. — 60. — 244. Brünn. (12 S.) 907. — 15. — 245. Ancona (Italien). (12 S.) 907. — 15. — 246. Kiew. (10 S.) 907. — 15. — 247. Bilbao (Spanien). (11 S.) 907. — 15. — 248. Sheffield. (15 S.) 907. — 20. — 249. Turin.

(12 S.) 907. — 15. — 250. **Moskau.** (48 S.) 907. — 60. — 251. Barcelona. (31 S.) 907. — 40. — 252. Neapel. (33 S.) 907. — 40. — 253. Kreta. (15 S.) 907. — 20. — 254. Fiume. (14 S.) 907. — 20. — 255. Triest. (44 S.) 907. — 55. — 256. Syra (Griechenland). (9 S.) 907. — 15. — 257. Baku. (27 S.) 908. — 35. — 258. Rom. (22 S.) 908. — 30. — 259. Florenz. (5 S.) 908. — 10. — 260. Österreich-Ungarn. (25 S.) 908. — 35. — 261. Varna. (46 S.) 908. — 60. — 262. Finland. (53 S.) 908. — 70. — 263. Odessa. (32 S.) 908. — 40. — 264. Rumänien. (160 S.) 908. 2.—. — 265. Bordeaux. (42 S.) 908. — 55. — 266. Marseille. (40 S.) 908. — 50. — 267. Bradford. (8 S.) 908. — 10. — 268. Birmingham. (10 S.) 908. — 15. — 269. Großbritannien. (27 S.) 908. — 35. — 270. Mariupol (Rußland). (9 S.) 908. — 15. — 271. Noworossiysk. (7 S.) 908. — 10. — 272. Middlesborough. (16 S.) 908. — 20. — 273. Glasgow. (18 S.) 908. — 25. — 274. Ungarn. (29 S.) 908. — 40. — 275. Galatz. (27 S.) 908. — 35. — 276. Nicolajew. (13 S.) 908. — 20. — 277. Schweden. (17 S.) 908. — 25. — 278. Libau. (24 S.) 908. — 30. — 279. La Vallette (Malta). (22 S.) 908. — 30. — 280. Rom. (17 S.) 908. — 25. — 281. Griechenland. (17 S.) 908. — 25. — 282. Odessa. (31 S.) 908. — 40. — 283. Dänemark. (33 S.) 908. — 45. — 284. Triest. (43 S.) 908. — 55. — 285. Baku. (30 S.) 908. — 40. — 286. Barcelona. (52 S.) 908. — 65. — 287. Niederlande. (51 S.) 908. — 65. — 288. Neapel. (57 S.) 908. — 70. — 289. Havre. (24 S.) 908. — 30. — 290. La Coruña (Spanien). (12 S.) 908. — 15. — 291. Sheffield. (21 S.) 908. — 30. — 292. Ancona (Italien). (10 S.) 908. — 15. — 293. Rumänien. (21 S.) 909. — 30. — 294. Triest. (43 S.) 909. — 55. — 295. Kiew. (37 S.) 909. — 50. — 296. Palermo. (22 S.) 909. — 30. — 297. Moskau. (36 S.) 909. — 45. — 298. Havre. (26 S.) 909. — 35. — 299. Österreich-Ungarn. Wirtschaftliche Verhältnisse in der Bukowina im J. 1907. (16 S.) 909. — 20. — 300. Marseille. (46 S.) 909. — 60. — 301. Genua. (157 S.) 909. 2.—. — 302. Rostow am Don. (11 S.) 909. — 15. — 303. Helsingfors (Finland). (67 S.) 909. — 85. — 304. Riga. (48 S.) 909. — 60. — 305. Bordeaux. (36 S.) 909. — 45. — 306. Österreich-Ungarn. Wirtschaftliche Verhältnisse in Galizien im J. 1907. (38 S.) 909. — 50. — 307. Bradford. (7 S.) 909. — 10. — 308. Ungarn. (47 S.) 909. — 60. — 309. Middlesborough. (19 S.) 908. — 25. — 310. Griechenland. (11 S.) 909. — 15. — 311. Glasgow. (18 S.) 909. — 25. — 312. Niederlande. (41 S.) 909. — 50. — 313. Norwegen. (46 S.) 909. — 60. — 314. Nicolajew. (11 S.) 909. — 15. — 315. Großbritannien. (32 S.) 909. — 40. — 316. Sheffield. (18 S.) 910. — 25. — 317. Schweden. Christiania. (22 S.) 910. — 30. — 318. Warna. (31 S.) 910. — 40. — 319. Salonik (Türkei). (22 S.) 910. — 30. — 320. Warschau. (15 S.) 910. — 20. — 321. Portugal. (12 S.) 910. — 15. — 322. Odessa. (47 S.) 910. — 60. — 323. Havre. (28 S.) 910. — 35. — 324. Triest. (57 S.) 910. — 75. — 325. Dänemark. (36 S.) 910. — 45. — 326. Rom. (14 S.) 910. — 20. — 327. Rumänien. (36 S.) 910. — 45. — 328. Rustschuk. (38 S.) 910. — 50. — 329. Kiew. (20 S.) 910. — 25. — 330. Mailand. (121 S.) 910. 1.55. — 331. Antwerpen. (20 S.) 910. — 25. — 332. Rußland. (40 S.) 910. — 50. — 333. Saratow (Rußland). (28 S.) 910. — 40. — 334. Österreich-Ungarn. (18 S.) 910. — 25. — 335. Helsingfors (Finland). (51 S.) 910. — 65. — 336. Genua. (59 S.) 910. — 75. — 337. Marseille. (43 S.) 910. — 55. — 338. Österreich-Ungarn. (34 S.) 910. — 45. — 339. Rostow am Don. (28 S.) 910. — 35. — 340. Havre. (31 S.) 910. — 40. — 341. Triest. (49 S.) 910. — 65. — 342. Bordeaux. (30 S.) 910. — 40. — 343. Nicolajew. (13 S.) 910. — 20. — 344. Großbritannien. (46 S.) 910. — 60. — 345. Gotenburg (Schweden). (24 S.) 910. — 30. — 346. Norwegen. (36 S.) 910. — 45. — 347. Serbien. (70 S.) 910. — 90. — 348. Spanien. (66 S.) 910. — 85.

Bis Nr. 233 lautete der Titel noch: Handelsberichte über d. In- u. Ausland.

Handelsberichte üb. das Ausland. Sonderabdrücke aus dem im Reichsamt des Innern hrsg. deutschen Handels-Arch. II. Serie. Asien. Nr. 87—181. 8. Berlin, E. S. Mittler & Sohn. 37. 70

87. Canton (China). (21 S.) 906. — 25. — 88. Pinang (Straits Settlements). (11 S.) 907. — 15. — 89. Formosa. (26 S.) 907. — 35. — 90. Philippinen. (20 S.) 907. — 25. — 91. Saigon (Cochinchina). (7 S.) 907. — 10. — 92. Schanghai (China). (40 S.) 907. — 50. — 93. Amoy (China). (15 S.) 907. — 20. — 94. Siam. (18 S.) 907. — 25. — 95. Medan (Sumatra). (19 S.) 907. — 25. — 96. Korea. (31 S.) 907. — 40. — 97. China. (46 S.) 907. — 60. — 98. Itschang. (China). (8 S.) 907. — 10. — 99. Hankau (China). (32 S.) 907. — 40. — 100. Singapur. (53 S.) 907. — 65. — 101. Britisch-Ostindien. (60 S.) 907. — 80. — 102. Madras (Britisch-Ostindien). (17 S.) 907. — 20. — 103. Hankau (China). (30 S.) 907. — 40. — 104. Schanghai (China). (44 S.) 907. — 55. — 105. Bagdad. (18 S.) 907. — 25. — 106. Tschungking (China). (28 S.) 907. — 35. — 107. Konia (Kleinasien). (50 S.) 907. — 65. — 108. Nagasaki (Japan). (14 S.) 908. — 20. — 109. Itschang. Schasi (China). (11 S.) 908. — 15. — 110. Philippinen. (15 S.) 908. — 20. — 111. Tschangscha (China). (10 S.) 908. — 15. — 112. Tengyüe (China). (12 S.) 908. — 15. — 113. China. (53 S.) 908. — 65. — 114. Siam. (17 S.) 908. — 25. — 115. Korea. (35 S.) 908. — 45. — 116. Amoy (China). (12 S.) 908. — 15. — 117. Wladiwostok. (21 S.) 908. — 30. — 118. Pakhoi. Hoihau (China). (15 S.) 908. — 20. — 119. Beirut. (Syrien). (35 S.) 908. — 45. — 120. Bombay (Britisch-Indien). (20 S.) 908. — 25. — 121. Tientsin (China). — Tschingwangtau (China). (53 S.) 908. — 70. — 122. Madras (Britisch-Ostindien). (21 S.) 908. — 30. — 123. Schanghai (China). (49 S.) 908. — 60. — 124. Ceylon. (11 S.) 908. — 15. — 125. Nagasaki (Japan). (23 S.) 908. — 30. — 126. Japan. (188 S.) 908. 2.35. — 127. Hongkong. (8 S.) 908. — 10. — 128. Tschungking (China). (26 S.) 908. — 35. — 129. Aleppo. (27 S.) 908. — 35. — 130. Japan. (12 S.) 908. — 15. — 131. Tschifu. (15 S.) 908. — 20. — 132. Canton (China). (44 S.) 909. — 55. — 133. Wladiwostok u. Nikolajewsk (Sibirien). (21 S.) 909. — 30. — 134. Bombay (Britisch-Indien). (16 S.) 909. — 20. — 135. Philippinen. (23 S.) 909. — 30. — 136. Tientsin u. Tschinwangtau (China). (55 S.) 909. — 70. — 137. Britisch-Ostindien. (51 S.) 909. — 65. — 138. Kobe u. Osaka. (87 S.) 909. 1.10. — 139. Calcutta (Britisch-Ostindien). (30 S.) 909. — 40. — 140. Swatau (China). (16 S.) 909. — 20. — 141. Kobe. (8 S.) 909. — 10. — 142. Indochina. (8 S.) 909. — 10. — 143. Siam. (14 S.) 909. — 20. — 144. Singapur. (81 S.) 909. 1.—. — 145. Amoy (China). (11 S.) 909. — 15. — 146. Hankau (China). (32 S.) 909. — 40. — 147. Yokohama (Japan.) (27 S.) 909. — 35. — 148. Britisch-Burma. (19 S.) 909. — 25. — 149. Mossul. (19 S.) 909. — 25. — 150. Ceylon. (20 S.) 909. — 25. — 151. Japan. (128 S.) 909. 1.60. — 152. Hongkong. (23 S.) 909. — 30. — 153. Jaffa u. Ghaza. (28 S.) 909. — 35. — 154. Nagasaki (Japan). (7 S.) 909. — 10. — 155. Aleppo. (23 S.) 909. — 30. — 156. Tschungking (China). (10 S.) 909. — 15. — 157. Bagdad. (24 S.) 910. — 30. — 158. Madras (Britisch-Ostindien). (18 S.) 910. — 25. — 159. Bombay (Britisch-Indien). (38 S.) 910. — 50. — 160. Canton (China). (38 S.) 910 — 50. — 161. Hankau (China). (34 S.) 910. — 45. — 162. Nagasaki (Japan.) (27 S.) 910. — 35. — 163. Formosa. (17 S.) 910. — 25. — 164. Schanghai (China). (72 S.) 910. — 90. — 165. Pakhoi (China). — Hoihau (China). (32 S.) 910. — 40. — 166. Japan. (44 S.) 910. — 55. — 167. Smyrna (Türkei). (64 S.) 910. — 80. — 168. Philippinen. (20 S.) 910. — 25. — 169. Amoy (China). (11 S.) 910. — 15. — 170. Tschifu. (26 S.) 910. — 35. — 171. Tientsin u. Tschinwangtau (China). (50 S.) 910. — 65. — 172. Yokohama. (19 S.) 910. — 25. — 173. Swatau (China). (20 S.) 910. — 25. — 174. Madras (Britisch-Ostindien). (21 S.) 910. — 25. — 175. Wladiwostok u. Nikolajewsk (Sibirien). (24 S.) 910. — 30. — 176. Siam. (20 S.) 910. — 25. — 177. Calcutta (Britisch-Ostindien). (57 S.) 910. — 75. — 178. Singapur. (67 S.) 910. — 85. — 179. Kobe u. Osaka. (43 S.) 910. — 55. — 180. Buschär. (16 S.) 910. — 20. — 181. Nagasaki (Japan). (30 S.) 910. — 40.

Handelsberichte üb. das Ausland. Sonderabdrücke aus dem im Reichsamt des Innern hrsg. deutschen Handels-Arch. III. Serie. Afrika. Nr. 43—62. 8. Berlin, E. S. Mittler & Sohn. 8. 30

43. Casablanca (Marokko). (15 S.) 907. — 20. — 44. Tunis (Regentschaft). (13 S.) 907 — 15. — 45. Britisch-Südafrika. (62 S.) 907. — 80. — 46. Casablanca (Marokko). (16 S.) 907. — 20. — 47. Tunis. (10 S.) 908. — 15. — 48. Lourenço Marques (Portug.-Ostafrika). (28 S.) 908. — 35. — 49. Zanzibar. (21 S.) 908. — 30. — 50. Ägypten. (43 S.) 908. — 55. — 51. Zanzibar. (52 S.) 909. — 65. — 52. Britisch-Ostafrika. (45 S.) 909. — 60. — 53. Britisch-Südafrika. (60 S.) 909. — 75. — 54. Casablanca (Marokko). (16 S.) 909. — 20. — 55. Algerien. (43 S.) 909. — 55. — 56. Tunis. (13 S.) 909. — 20. — 57. Benguella (Angola). (17 S.) 909. — 25. — 58. Ägypten. (20 S.) 909. — 25. — 59. Liberia. (28 S.) 909. — 35. — 60. Zanzibar. (49 S.) 910. — 60. — 61. Britisch-Südafrika. (86 S.) 910. 1.10. — 62. Entebbe (Port Alice). (16 S.) 910. — 20.

— dasselbe. IV. Serie. Amerika. Nr. 100—133. 8. Ebd. 7. 80

100. Nikaragua. (25 S.) 907. — 30. — 101. Jamaika. (8 S.) 907. — 10. — 102. Curitiba (Brasilien). (24 S.) 907. — 30. — 103. Haiti. (8 S.) 907. — 10. — 104. Portland (Oregon). (12 S.) 907. — 15. — 105. Cuba. (16 S.) 907. — 20. — 106. Cincinnati (Ohio). (28 S.) 907. — 35. — 107. Monterrey (Mexiko). (12 S.) 907. — 15. — 108. Bahia (Brasilien). (12 S.) 908. — 15. — 109. Guayaquil (Ecuador). (11 S.) 908. — 15. — 110. Mexiko. (15 S.) 908. — 20. — 111. Nikaragua. (10 S.) 908. — 15. — 112. Vereinigte Staaten v. Amerika. (16 S.) 908. — 20. — 113. Costa Rica. (11 S.) 908. — 15. — 114. Denver (Colorado). (30 S.) 908. — 40. — 115. St. Louis

(Missouri). (22 S.) 908. — 30. — 116. Cuba. (18 S.) 908. — 25. — 117. Galveston (Texas). (24 S.) 908. — 30. — 118. Rio Grande do Sul (Brasilien). (24 S.) 908. — 30. — 119. Baltimore (Maryland). (23 S.) 909. — 30. — 120. Bahia (Brasilien). (16 S.) 909. — 20. — 121. Costa Rica. (15 S.) 909. — 20. — 122. Mexiko. (49 S.) 909. — 60. — 123. La Paz (Bolivia). (14 S.) 909. — 20. — 124. St. Paul (Minnesota). (12 S.) 909. — 15. — 125. Denver (Colorado). (20 S.) 909. — 25. — 126. Chicago (Illinois). (16 S.) 909. — 20. — 127. St. Louis (Missouri). (12 S.) 909. — 15. — 128. La Paz (Bolivia). — (10 S.) 909. — 15. — 129. Galveston (Texas). (23 S.) 909. — 30. — 130. Cuba. (27 S.) 910. — 35. — 131. Costa Rica. (17 S.) 910. — 25. — 132. La Paz (Bolivia). (11 S.) 910. — 15. — 133. Amazonas. (11 S.) 910. — 15.

Handelsberichte üb. das Ausland. Sonderabdrücke aus dem im Reichsamt des Innern hrsg. deutschen Handels-Arch. V. Serie. Australien. Nr. 21—27. 8. Berlin, E. S. Mittler & Sohn. 3. 80

21. Neusüdwales. (42 S.) 906. — 55. — 22. Australischer Bund. (43 S.) 907. — 55. — 23. Queensland. (25 S.) 908. — 35. — 24. Australischer Bund. (54 S.) 908. — 70. — 25. Queensland. (35 S.) 909. — 45. — 26. Australischer Bund. (67 S.) 909. — 85. — 27. Queensland. (28 S.) 910. — 35.

Erschienen bis Mitte 1907 u. d. T.: Handelsberichte üb. das In- u. Ausland.

Handelsberichte der kaufmännischen Begleiter der ostasiat. Expedition. 4° Berlin

Handelsberichte üb. das In- u. Ausland. Sonderabdrücke aus dem im Reichsamt des Innern hrsg. deutschen Handelsarchiv. I. Serie. Europa. Nr. 1—69. gr. 8. Berlin, E. S. Mittler & Sohn. n. 29. 95

1. Großbritannien. Handelsber. f. d. J. 1898. (40 S.) 899. n. — 50
2. Rostoff am Don. Handelsbericht f. d. J. 1898. (19 S.) 899. — 25
3. Italien. Handel u. Industrie in Eisen u. Stahl. — Seidenernte im J. 1898. (19 S.) 899. — 25
4. Neapel. Handelsbericht f. d. J. 1898/99. (15 S.) 899. n. — 20
5. Belgien. Handels- u. Schifffahrtsbericht f. d. J. 1898. (34 S.) 899. n.n. — 45
6. Bilbao. Handelsbericht f. d. J. 1898. (21 S.) 899. n.n. — 30
7. Belgien. Bergwerks- u. Hütteninduſtrie in den Provinzen Hennegau, Lüttich u. Namur im J. 1898. (19 S.) (899.) — 25
8. Odessa. Handelsbericht des kaiserl. Generalkonsulats f. d. J. 1898. (29 S.) 900. — 40
9. Amsterdam. Handels- u. Schifffahrtsbericht des kaiserl. Generalkonsulats üb. die Niederlande f. d. J. 1898. (100 S.) 900. 1. 25
10. Messina. Handelsbericht des kaiserl. Konsulats f. d. J. 1898 (22 S.) 900. — 30
11. Antwerpen. Schiffsbewegg. im J. 1899. (Bericht des kaiserl. Generalkonsuls in Antwerpen.) (6 S.) 900. — 10
12. Neapel. Schiffahrt u. Schifffahrtsinteressen in Italien u. besonders in Neapel. (Bericht des kaiserl. Konsulats in Neapel.) (20 S.) 900. — 25
13. Middlesborough. Handelsbericht des kaiserl. Konsulats f. d. J. 1899. — Triest. Handelsber. des kaiserl. Konsulats f. d. J. 1899. (37 S.) 900. n. — 50
14. Malaga. Handelsbericht des kaiserl. Konsulats f. d. J. 1899. (16 S.) 900. n. — 20
15. Spanien. Die wirthschaftl. Lage im J. 1899. (Bericht des kaiserl. Generalkonsuls in Madrid.) — Odessa. Der Handel im J. 1899. (Bericht des kaiserl. Generalkonsulats.) — Aberdeen. Handel u. Schiffahrt im J. 1899. (Bericht des kaiserl. Konsulats.) (38 S.) 900. n. — 50
16. Calais. Der Handel im J. 1899. (Bericht des kaiserl. Vicekonsulats.) — Bari. Handel u. Schiffahrt im J. 1899. (Nach e. Berichte des kaiserl. Vicekonsulats.) (17 S.) 900. n. — 25
17. Archangel. Der Handel im J. 1899. (Bericht des kaiserl. Konsulats.) 900. (10 S.) — 15
18. Küstendsche. Wirthschaftliche Verhältnisse, Handel u. Schiffahrt im J. 1899. (Bericht des kaiserl. Vizekonsulats.) (6 S.) 900. — 10
19. Bradford. Die Lage der Industrie im Bez. West Riding of Yorkshire im J. 1899. (Bericht des kaiserl. Konsulats.) — Nikolajew. Landwirthschaft, Industrie u. Handel im J. 1899. (Bericht des kaiserl. Vizekonsulats.) — Havre. Handel u. Schiffahrt im J. 1899. (Bericht des kaiserl. Konsulats.) (87 S.) 900. n. 1. 10
20. Kopenhagen. Handel u. Schifffahrt im J. 1899. (Bericht des kaiserl. Konsulats.) — San Feliu de Guixols Handel u. Schifffahrt im J. 1899. (Bericht des kaiserl. Vizekonsulats.) (27 S.) 900. n. — 35
21. Oesterreich-Ungarn. Wirthschaftliche Verhältnisse in Galizien u. der Bukowina im J. 1899. (76 S.) 900. n. — 95
22. Madrid. Handelsbericht des kaiserl. Konsulats f. d. J. 1899. — Großbritannien. Handelsbericht des kaiserl. Generalkonsulats in London f. d. J. 1899. (96 S.) 900. n. 1. 20
23. Moskau. Handelsbericht des kaiserl. Konsulats f. d. J. 1899. — Riga. Handelsbericht des kaiserl. Konsulats f. d. J. 1899. — Libau. Handelsbericht des kaiserl. Konsulats f. d. J. 1898 u. 1899. — Reval. Handel u. Schiffahrt im J. 1899. (107 S.) 900. n. 1. 35
24. Rotterdam. Handel, Industrie u. Schiffahrt in den J. 1898 u. 1899. (Bericht des kaiserl. Konsulats.) — Neapel. Handelsbericht des kaiserl. Konsulats f. d. J. 1899/1900. (51 S.) 900. n. — 70
25. Belgien. Handels- u. Schiffahrtsbericht des kaiserl. Generalkonsulats in Antwerpen f. d. J. 1899. (15 S.) 900. n. — 20
26. Brüssel. Handelsbericht des kaiserl. Konsulats f. d. J. 1899. — Triest. Handelsverkehr v. Triest im J. 1899. (Bericht des kaiserl. Konsulats.) (73 S.) 900. — 95
27. Konstantinopel. Handel im J. 1899. (Bericht des kaiserl. Konsulats.) — Kiew. Handelsbericht des kaiserl. Konsulats f. d. J. 1899. (39 S.) 900. n. — 60
28. Norwegen. (26 S.) 901. n. — 35
29. Odessa. (33 S.) 901. n. — 45
30. Ungarn. (34 S.) 901. n. — 45
31. Rom. (7 S.) 901. — 10
32. Odessa. (7 S.) 901. — 10
33. Ungarn. — Belgien. (35 S.) (901.) n.n. — 45
34. Havre. — Boulogne s. M. — Calais. — (93 S.) (901.) n. 1. 20
35. Spanien. (33 S.) (901.) n.n. — 45
36. Triest. — La Vallette. — Constantza. (51 S.) (901.) n. — 65
37. Cardiff. (16 S.) (901.) — 15
38. Norwegen. (11 S.) (901.) — 15
39. Athen. Serbien. (37 S.) (901.) n. — 50
40. Kiew. (12 S.) (901.) — 15
41. Archangel. Bologna. (11 S.) (901.) — 15
42. Niederlande. (66 S.) (901.) n. — 85
43. Reval. Rotterdam. (32 S.) (901.) n. — 40
44. Neapel. (44 S.) (901.) n. — 55
45. Großbritannien. (71 S.) (901.) n. — 90
46. Porto. Livorno. San Feliú des Guixols. Libau. (45 S.) (901.) n. — 60
47. Riga. (68 S.) (901.) n.n. — 85
48. Rumänien. (64 S.) (901.) n. — 80
49. Dänemark. (26 S.) (901.) n. — 35
50. Oesterreich-Ungarn. (40 S.) (901.) n. — 50
51. Boulogne s. M. (9 S.) (901.) — 15
52. Sheffield. (8 S.) (902.) — 10
53. Konstantinopel. (41 S.) (902.) n.n. — 55
54. Rostow am Don. (47 S.) (902.) n. — 60
55. Calais. Havre. Nantes. Dünkirchen. (89 S.) (902.) n. — 60
56. Calais. (12 S.) (902.) — 15
57. Madrid. (35 S.) (902.) n.n. — 45
58. Middlesborough. (7 S.) (902.) — 10
59. Griechenland. (14 S.) (902.) n. — 20
60. Havre. Dünkirchen. Nantes. St. Nazaire. Rouen. (101 S.) (902.) n.n. 1. 30
61. Dänemark. Bradford. (41 S.) (902.) n.n. — 55
62. Odessa. (7 S.) (902.) — 10
63. Palermo. (9 S.) (902.) — 15
64. Riga. (93 S.) (902.) n. 1. 20
65. Ungarn. (11 S.) (902.) — 15
66. Constantza (Rumänien). (7 S.) (902.) — 10
67. Volo. (11 S.) (902.) — 15
68. Patras. (11 S.) (902.) — 15
69. Dundee. (12 S.) (902.) — 15

Handelsberichte üb. das In- u. Ausland. Sonderabdrücke aus dem im Reichsamt des Innern hrsg. deutschen Handelsarchiv. I. Serie. Europa. Nr. 70—221. 8. Berlin, E. S. Mittler & Sohn. n. 57. 70

70. Warschau. (9 S.) (903.) — 15. — 71. Rom. (12 S.) (903.) — 15
72. San Sebastian. (11 S.) (903.) — 15
73. Rumänien. (102 S.) (903.) n. 1. 30
74. Kiew. (12 S.) (903.) — 15. — 75. Libau. (25 S.) (903.) n. — 35
76. Neapel. (26 S.) (903.) n. — 35
77. Sheffield. (11 S.) (903.) — 15
78. Syra. (14 S.) (903.) n. — 20
79. Varna. (23 S.) (903.) n.n. — 30
80. Niederlande. (24 S.) (903.) n.n. — 30
81. Barcelona. (23 S.) (903.) n.n. — 30
82. Großbritannien. (98 S.) (903.) n.n. 1. 25
83. Messina. (20 S.) (903.) n.n. — 25
84. Boulogne s. M. (11 S.) (903.) — 15
85. Rostow am Don. (48 S.) (903.) n. — 60
86. Odessa. (34 S.) (903.) n. — 45
87. Triest. Genf. Griechenland. (54 S.) (903.) n. — 70
88. Serbien. (26 S.) (903.) n. — 35
89. Marseille. Calais. (38 S.) (903.) n. — 50
90. Niederlande. (65 S.) (903.) n. — 85
91. Libau. (37 S.) (903.) n. — 50. — 92. Kreta. (30 S.) (903.) n. — 50
93. Rom. — Palermo. (27 S.) 903. n. — 35
94. Bilbao. — Huelva. — San Sebastian. (28 S.) 903. n. — 35
95. Havre. (49 S.) 903. n. — 65
96. Dänemark. (35 S.) 903. n. — 45
97. Thessalien. (29 S.) 904. n. — 40
98. Kiew. (13 S.) 901. n. — 20. — 99. Ungarn. (40 S.) 904. n. — 50
100. Riga. (64 S.) 904. n. — 80
101. Rußland. — Baku. (34 S.) 904. n. — 45
102. Norwegen. (38 S.) 904. n. — 45
103. Triest. — La Valette. (51 S.) 904. n. — 65
104. Rustschuk. (37 S.) 904. n. — 50
105. Madrid. (30 S.) 901. n. — 40. — 106. Calais. (15 S.) 904. n. — 20
107. Bradford. (8 S.) 904. n. — 10
108. Groningen. (12 S.) (904.) — 15
109. Griechenland. (12 S.) 901. — 15
110. Palermo. (11 S.) 904. — 15
111. Marseille. (32 S.) 904. n. — 40

112. Dünkirchen. (19 S.) 904. n.n. — 25
113. Triest. (41 S.) 904. n. — 55
114. Malaga. (22 S.) 904. n. — 30
115. Birmingham. (12 S.) 904. — 15
116. Glasgow. Greenock. Ayr. Troon. Campbeltown. Ardrossan. (24 S.) 904. n. — 30
117. Niederlande. (61 S.) 904. n. — 80
118. Serbien. (28 S.) 904. n. — 35
119. Saloniki. (14 S.) 904. n. — 20
120. Livorno. (10 S.) 904. — 15
121. Genua. (77 S.) 904. n. 1. —
122. Nikolajew. (9 S.) 904. — 15
123. Barcelona. (25 S.) 904. n. — 35
124. Konstantinopel. (42 S.) 904. n. — 55
125. Reval. (20 S.) 904. n. — 25
126. Warschau. (22 S.) 904. n. — 30
127. Constanța (Rumänien). (21 S.) 904. n. — 30
128. La Valette (Malta). (18 S.) 904. n. — 25
129. Bilbao. — Huelva. — San Feliú de Guixols. (20 S.) 904. n — 25
130. Sheffield. (13 S.) 904. n. — 20
131. Brünn. (22 S.) 904. n. — 30. — 132. Kiew. (22 S.) 904. n. — 30
133. Boulogne s. M. (30 S.) 904. n. — 40
134. Dänemark. (38 S.) 904. n. — 50
135. Riga. (43 S.) 904. n. — 55. — 136. Triest. (39 S.) 904. n. — 50
137. Baku. (27 S.) 904. n. — 35
138. Varna. (48 S.) 904. n. — 60
139. Tiflis. (19 S.) 905. n. — 25. — 140. Moskau. (12 S.) 905. — 15
141. Österreich-Ungarn. (40 S.) 905. n. — 50
142. Großbritannien. (97 S.) 905. n. 1. 25
143. Rumänien. (15 S.) 905. n. — 20
144. Bordeaux. (32 S.) 905. n. — 40
145. Ungarn. (32 S.) 905. n. — 40
146. Mailand. (25 S.) 905. n. — 35
147. Middlesborough. (12 S.) 905. — 15
148. Bradford. Birmingham. (20 S.) 905. n. — 25
149. Bari (Italien). Piräus (Griechenland). (14 S.) 905. n. — 20
150. Dünkirchen. (19 S.) 905. n. — 25
151. Glasgow. (14 S.) 905. n. — 20
152. Cardiff (Großbritannien). — Grangemouth (Großbritannien). (15 S.) 905. n. — 20
153. Calais. (11 S.) 905. — 15
154. Huelva (Spanien). (13 S.) 905. n. — 20
155. Griechenland. (14 S.) 905. n. — 20
156. Kowno. (27 S.) 905. n. — 35. — 157. Triest. (48 S.) 905. n. — 60
158. Thessalien. (32 S.) 905. n. — 40
159. La Coruña (Spanien). Livorno. (16 S.) 905. n. — 20
160. Nikolajew (8 S.) 905. — 10
161. Kiew. (16 S.) 905. n. — 20
162. Patras (Griechenland). (12 S.) 905. — 15
163. Reval. (15 S.) 905. n. — 20
164. Bilbao (Spanien). (13 S.) 905. n. — 20
165. Malaga. (22 S.) 905. n. — 30
166. Dänemark. (35 S.) 905. n. — 45
167. Genua. (93 S.) 905. n. 1. 30. — 168. Brünn. (16 S.) 905. n. — 20
169. Konstantinopel. (33 S.) 905. n. — 45
170. Portugal. (10 S.) 905. — 15
171. Finland. (23 S.) 905. n. — 30
172. Niederlande. (48 S.) 905. n. — 60
173. Serbien. (34 S.) 906. n. — 45
174. Warschau. San Feliú de Guixols (Spanien). (16 S.) 906. n. — 20
175. Sheffield. (15 S.) 906. n. — 30
176. Syra (Griechenland). (56 S.) 906. n. — 70
177. Havre. (50 S.) 906. n. — 65
178. Rustschuk. (55 S.) 906. n. — 70
179. Riga. (47 S.) 906. n. — 60. — 180. Triest. (42 S.) 906. n. — 50
181. Varna. (26 S.) 906. n. — 35
182. Rumänien. (178 S.) 906. n. 2. 25
183. Großbritannien. (115 S.) 906. n. 1. 45
184. Konstantinopel. (45 S.) 906. n. — 60
185. Middlesborough. (15 S.) 906. n. — 20
186. Huelva (Spanien). (14 S.) 906. n. — 20
187. Dünkirchen. (24 S.) 906. n. — 30
188. Grangemouth (Großbritannien). (10 S.) 906. — 15
189. Malaga. (30 S.) 906. n. — 40
190. Havre. (20 S.) 906. n. — 25. — 191. Calais. (10 S.) 906. — 10
192. Birmingham. (11 S.) 906. — 15
193. Porto. (7 S.) 906. — 10. — 194. Portugal. (11 S.) 906. — 15
195. Cadix. (9 S.) 906. — 10
196. Patras (Griechenland). (10 S.) 906. — 15
197. Bari (Italien). (5 S.) 906. — 10
198. La Coruña (Spanien). (9 S.) 906. — 10
199. Niederlande. (62 S.) 906. n. — 80
200. Nikolajew. (7 S.) 906. — 10
201. Rostow am Don. (7 S.) 906. — 10
202. Griechenland. Syra. (23 S.) 906. n. — 30
203. Bilbao (Spanien). San Feliú de Guixols. (14 S.) 906. n. — 20
204. Dänemark. (40 S.) 906. n. — 50
205. Triest. (32 S.) 906. n. — 40
206. Glasgow. (15 S.) 906. n. — 20
207. Kiew. (20 S.) 906. n. — 25
208. Groningen. (10 S.) 906. — 15. — 209. Baku. (10 S.) 906. — 15
210. Genua. (89 S.) 906. n. 1. 15
211. Rom. (18 S.) 906. n. — 25
212. Newcastle on Tyne. (12 S.) 906. n. — 15
213. Riga (47 S.) 906. n. — 60
214. San Sebastian. (11 S.) 906. — 15
215. Portugal. (10 S.) 906. — 15
216. Livorno. Ancona. (15 S.) 906. n. — 20
217. Sheffield. (14 S.) 906. — 15
218. Neapel. (38 S.) 906. n. — 50
219. Triest. (45 S.) 906. n. — 55
220. Brünn. (18 S.) 906. n. — 25
221. Galatz. (29 S.) 906. n. — 35

Handelsberichte üb. das In- u. Ausland. Sonderabdrücke aus dem im Reichsamt des Innern hrsg. deutschen Handelsarchiv. II. Serie. Asien. Nr. 1—32. gr. 8. Berlin, E. S. Mittler & Sohn. n. 9. 95

1. Kanton. Handelsbericht f. d. J. 1898. (25 S.) 899. n. — 35
2. China. Handelsberichte üb. die südchines. Handelsplätze Kaulun, Lappa, Kiungtschau, Pakhoi, Lungtschau, Wutschau-Fu, Samschui f. d. J. 1898. (28 S.) 899. n. — 35
3. Japan. Außenhandel im J. 1898. — Birma. Außenhandel u. Schiffsverkehr. (25 S.) (899.) n. — 50
4. Wladiwostok. Handelsbericht des kaiserl. deutschen Handelsagenten f. d. J. 1898. (11 S.) 900. — 15
5. Madras. Handelsbericht des kaiserl. Konsulats f. d. J. 1899. — Formosa. Bericht des kaiserl. Konsulats im Tamsui-Twatutia üb. das Kamphermonopol. (14 S.) 900. n. — 20
6. Buschär. Bericht des kaiserl. Vizekonsulats üb. wirthschaftl. u. andere Verhältnisse in Buschär. (15 S.) 900. n. — 20
7. Tientsin. Handelsbericht des kaiserl. Konsulats f. d. J. 1899. — Persien. Wirthschaftliche Verhältnisse. (Nach e. Berichte der kaiserl. Gesandtschaft in Teheran.) — Calcutta. Handelsbericht des kaiserl. Konsulats f. d. J. 1899. (47 S.) (900.) n. — 60
8. Menado. Handelsbericht f. d. J. 1899. (Nach e. Berichte des kaiserl. Vizekonsulats in Menado.) (7 S.) (900). — 10
9. Bagdad. Handelsbericht f. d. J. 1899. (Nach dem Berichte des kaiserl. Konsulats in Bagdad.) — Damaskus. Handelsbericht des kaiserl. Konsulats f. d. J. 1899. (26 S.) (900.) n. — 35
10. Japan. Wirthschaftliche Verhältnisse u. Handel im J. 1899. (Bericht des kaiserl. Generalkonsulats f. Japan.) (40 S.) (900.) n. — 50
11. Britisch-Ostindien. — Aleppo. (31 S.) (901.) n. — 40
12. Nagasaki. (25 S.) (901.) n. — 35
13. Wladiwostok. (12 S.) (901.) — 15
14. Bombay. (37 S.) (901.) n. — 35
15. Japan. (26 S.) (901.) n. — 35
16. Singapur. (17 S.) (901.) n.n. — 25
17. Persien. (25 S.) (901.) n. — 35
18. Calcutta. (8 S.) (901.) — 10
19. Aleppo. (13 S.) (901.) n. — 20
20. Moulmein. Tientsin. Smyrna. (42 S.) (901.) n. — 55
21. Hankau. (35 S.) (901.) n.n. — 45
22. Bagdad. (14 S.) (901.) n. — 20
23. Beirut. (37 S.) (901.) n. — 50
24. Bombay (16 S.) (902.) — 25
25. Britisch-Ostindien. (38 S.) (902.) n. — 50
26. Swatau. (25 S.) (902.) n. — 35
27. Wladiwostok. (14 S.) (902.) n. — 20
28. Singapur. (34 S.) (902.) n.n. — 45
29. Ceylon. (9 S.) (902.) — 15
30. Tschifu. (17 S.) (902.) n.n. — 25
31. Formosa. (15 S.) (902.) n. — 20
32. Kalkutta. (8 S.) (902.) — 10

Handelsberichte üb. das In- u. Ausland. Sonderabdrücke aus dem im Reichsamt des Innern hrsg. deutschen Handelsarchiv. II. Serie. Asien. Nr. 33—86. 8. Berlin, E. S. Mittler & Sohn. n. 19. —

33. Bagdad. (10 S.) (903.) — 15
34. Saigon (Cochinchina). (14 S.) (903.) n. — 20
35. Japan. (38 S.) (903.) n. — 50
36. Korea. (26 S.) (903.) n. — 35
37. Schanghai. (39 S.) (903.) n. — 50
38. Hankau. (27 S.) (903.) n. — 35
39. Kanton. (24 S.) (903.) n. — 30
40. Wladiwostok u. Nikolajewsk. — Haifa. (22 S.) (903.) n. — 30
41. Jaffa. (12 S.) (903.) n. — 15
42. Amoy. Tschungking. (47 S.) 903. n. — 60
43. Tientsin. (50 S.) 904. n. — 65
44. Beirut. (32 S.) 904. n. — 40
45. Britisch-Ostindien. (42 S.) 904. n. — 55
46. Hankau. — Tschifu. (38 S.) 904. n. — 50
47. China. (64 S.) 904. n. — 80. — 48. Ceylon. (12 S.) 904. — 15
49. Rangun. (9 S.) 904. — 15
50. Haifa (Syrien). (10 S.) 904. — 15
51. Wladiwostok. (11 S.) 904. — 15
52. Beirut (Syrien). (29 S.) 905. n. — 40
53. Tientsin (China). — Pinang (Straits Settlements). (41 S.) 905. n. — 55
54. Nagasaki (Japan) (24 S.) 905. n. — 30
55. Aleppo (Türkei). (14 S.) 905. — 20
56. Bagdad. (20 S.) 905. n. — 25
57. Tschungking (China). (29 S.) 905. n. — 40
58. Bombay (Britisch-Ostindien). (23 S.) 905. n. — 30
59. Swatau (China). (10 S.) 905. — 15
60. Schasi (China). (20 S.) 905. n. — 25
61. China. (61 S.) 905. n. — 80
62. Rangun (Britisch-Burma). (13 S.) 905. — 20
63. Buschär (Persien). Ceylon. (19 S.) 905. n. — 25
64. Britisch-Ostindien. (36 S.) 905. n. — 45
65. Persien. (11 S.) 905. — 15
66. Menado (Celebes). (6 S.) 905. — 10
67. Schanghai (China). (41 S.) 905. n. — 55
68. Tschungking (China). (72 S.) 905. n. — 90
69. Bagdad. (18 S.) 906. — 20
70. Bombay (Britisch-Ostindien). (26 S.) 906. n. — 30
71. Canton (China). (26 S.) 906. n. — 30
72. Tschifu (China). (12 S.) 906. n. — 15
73. Pakhoi (China). Hoihau (China). (12 S.) 906. — 15

74. Tientsin (China). (40 S.) 906. n. — 45
75. Britisch-Ostindien. (61 S.) 906. n. — 75
76. China. (47 S.) 906. n. — 60
77. Niederländisch-Indien. (27 S.) 906. n. — 35
78. Madras (Britisch-Ostindien). (17 S.) 906. n. — 20
79. Mersina (Türkei). (15 S.) 906. — 20
80. Ceylon. (14 S.) 906. — 20
81. Wladiwostok. (11 S.) 906. — 15
82. Tschungking. (45 S.) 906. n. — 60
83. Mossul (Türkei). (12 S.) 906. — 15
84. Bagdad. (20 S.) 906. n. — 25
85. Smyrna. (60 S.) 906. n. — 75. — 86. Tschifu. (12 S.) 906. — 15

— dasselbe. III. Serie. Afrika. Nr. 1—17. gr. 8. Ebd. n. 4.65
1. Zanzibar. Handelsbericht f. d. J. 1898. (36 S.) (899.) n. — 45
2. Tanger. Handelsbericht f. d. J. 1899. (Nach e. Berichte der kaiserl. Gesandtschaft f. Marokko.) (6 S.) (900.) — 10
3. Tunis. Handelsbericht des kaiserl. Konsulats in Tunis f. d. J. 1898 u. 1899. (14 S.) (900.) n. — 20
4. Zanzibar. Handelsbericht des kaiserl. Konsulats f. d. J. 1899. (34 S.) (900.) n. — 45
5. Algerien. Handelsbericht des kaiserl. Konsulats in Algier f. d. J. 1899. (20 S.) (900.) — 25
6. Mozambique. (4 S.) (901.) — 10
7. Tanger. (7 S.) (901.) — 10
8. Port Said. (10 S.) (901.) — 15
9. Tunis. (6 S.) (901.) — 10
10. Lourenço Marques. (10 S.) (901.) — 15
11. Algerien. (28 S.) (901.) n. — 35
12. Zanzibar. (35 S.) (901.) n.n. — 45
13. Sudan. (10 S.) (902.) — 15
14. Tunis. Mogador. Tanger. Zanzibar. (48 S.) (902.) n. — 60
15. Britisch Südafrika. (60 S.) (902.) n. — 75
16. Port Said. (9 S.) (902.) — 15
17. Aegypten. (10 S.) (902.) — 15

— dasselbe. III. Serie. Afrika. Nr. 18—42. 8. Ebd. n. 6.75
18. Laurenço Marques. (16 S.) (903.) n. — 20
19. Algerien. (37 S.) (903.) n. — 50
20. Beira. (9 S.) 903. — 15. — 21. Casablanca. (14 S.) 904. n. — 20
22. Zanzibar. (32 S.) 904. — 40. — 23. Algerien. (40 S.) 904. — 50
24. Britisch-Ostafrika. (11 S.) 904. — 15
25. Durban (Natal). (28 S.) 904. n. — 35
26. Beira (Portugiesisches Ostafrika). (20 S.) 904. n. — 25
27. Casablanca (Marokko). (11 S.) 904. — 15
28. Laurenço Marques. (23 S.) 904. n. — 30
29. Aegypten. (32 S.) 904. n. — 40
30. Britisch-Ostafrika. (11 S.) 905. — 15
31. Britisch-Südafrika. (67 S.) 905. n. — 85
32. Zanzibar. (32 S.) 905. n. — 40
33. Tunis (Regentschaft). (6 S.) 905. — 10
34. Rufisque (Franz. Senegal). (7 S.) 905. — 10
35. Saffi (Marokko). (8 S.) 906. — 10
36. Mozambique (Portugiesisch-Ostafrika). (7 S.) 906. — 10
37. Tunis (Regentschaft). (16 S.) 906. — 20
38. Bissao (Portugiesisch-Guinea). (5 S.) (906.) — 10
39. Tunis. (6 S.) (906.) — 10
40. Santa Cruz de Tenerife (Kanarische Inseln.) (4 S.) (906.) — 10
41. Zanzibar. (27 S.) 906. n. — 35
42. Aegypten. (45 S.) 906. n. — 55

— dasselbe. IV. Serie. Amerika. Nr. 1—37. gr. 8. Ebd. 12.25
1. Lima (Peru). Handelsbericht f. d. J. 1898. (10 S.) (899.) — 15
2. Guayaquil (Ecuador). — Manäos (Brasilien). Handelsbericht f. d. J. 1898. (15 S.) (899.) n. — 20
3. Cincinnati. (Handel u. Industrie der Stadt Cincinnati im J. 1898.) — Mexiko. (Handelsbericht f. d. Fiskalj. 1898/99.) (22 S.) (899.) n.n. — 30
4. Curitiba (Brasilien). Handelsbericht des kaiserl. Konsulats f. d. J. 1898. (26 S.) 900. n. — 35
5. Leon-Managua (Nicaragua). Handelsbericht des kaiserl. Konsulats f. d. J. 1898. (16 S.) 900. n. — 20
6. Rio Grande do Sul. Handelsbericht des kaiserl. Konsulats f. die J. 1897 u. 1898. (61 S.) 900. n.n. — 65
7. Tacna-Arica. Handelsbericht des kaiserl. Konsuls f. die J. 1897 u. 1898. (8 S.) 900. — 10
8. Argentinien. Der Ausfuhrhandel im J. 1899. (Bericht des kaiserl. Generalkonsulats in Buenos Aires.) — Bahia. Handel u. Schifffahrt im J. 1899. (Bericht des kaiserl. Konsulats.) (9 S.) 900. — 15
9. Canada. Die wirthschaftl. Lage Canadas im J. 1899. (Bericht des kaiserl. Konsulats in Montreal.) (16 S.) 900. n. — 20
10. Chile. Finanzen, Industrie, Handel u. Schifffahrt im J. 1899. (Bericht des kaiserl. Generalkonsulats in Valparaiso.) (20 S.) (900.) n. — 25
11. Niederländisch-Guyana. Der Handel im J. 1899. (Bericht des kaiserl. Konsulats zu Paramaribo.) — Paita-Piura. Der Handel im J. 1899. (Bericht des kaiserl. Konsulats.) — Callao. Schifffahrt u. Handel im J. 1899. (29 S.) (900.) n. — 40
12. Rio de Janeiro. Handel u. Schifffahrt im J. 1899. (Bericht des kaiserl. Konsulats.) — Lima. Handel u. Industrie im J. 1899. (Bericht des kaiserl. Konsulats.) (35 S.) (900.) n.n. — 45
13. Florianapolis (Desterro). Wirthschaftliche Lage u. Einfuhrhandel des Staates Santa Catharina. (Bericht des kaiserl. Konsulats.) — New-Orleans. Handel u. Schifffahrt im J. 1899. (Bericht des kaiserl. Konsulats.) — St. Louis. Handel u. Industrie im J. 1899. (Bericht des kaiserl. Konsulats.) — Tapachula. Handel u. Schifffahrt im J. 1899. (Bericht des kaiserl. Konsulats.) (37 S.) (900.) n. — 50
14. Canada. Handel u. Schifffahrt im J. 1899. (Bericht des kaiserl. Konsulats in Montreal.) — San Francisco. Handelsbericht des kaiserl. Konsulats f. d. J. 1899. (77 S.) (900.) n. 1. —
15. Bahia (Brasilien). Handelsbericht des kaiserl. Konsulats f. die J. 1898 u. 1899. — Tepic (Mexico). Handelsbericht des kaiserl. Konsulats f. d. J. 1899. (23 S.) (900.) n.n. — 30
16. Vereinigte Staaten v. Amerika. (37 S.) (901.) n. — 40
17. Curitiba. (29 S.) (901.) n. — 40
18. Baltimore. (10 S.) (901. — 15
19. Argentinien. (13 S.) (901.) n. — 20
20. Mexiko. — Guadalajara. (15 S.) (901.) n. — 20
21. Uruguay. (33 S.) (901.) n.n. — 45
22. Chile. (10 S.) (901.) — 15
23. Monterey. — Mazatlan. — Santiago. (18 S.) (901.) n. — 25
24. Argentinien. — Niederländisch-Guyana. (27 S.) (901.) n. — 35
25. Curitiba. (24 S.) (901.) n. — 30
26. Philadelphia. (8 S) (901.) — 10
27. San Francisco. Coban. St. Thomas. Pará. (74 S.) (901.) n.n. — 95
28. New-Orleans. Canada. (33 S.) (901.) n.n. — 45
29. Vera Cruz. Pernambuco. (11 S.) (901.) — 15
30. Mexiko. (10 S.) (901.) — 15
31. Paraguay. (25 S.) (901.) n. — 35
32. Montevideo. (13 S.) (902.) n. — 20
33. Vereinigte Staaten v. Amerika. (48 S.) (902.) n. — 60
34. Kanada. (14 S.) (902.) n. — 20
35. Chile. Concepcion. Tapachula. (17 S.) (902.) n.n. — 25
36. Kanada. (25 S.) (902.) n. — 35
37. Curitiba. (19 S.) (902.) n.n. — 25

— dasselbe. IV. Serie. Amerika. Nr. 38—99. 8. Ebd. n.n. 18.70
38. Haiti. (17 S.) (903.) n.n. — 25
39. New-Orleans. Galveston (Texas). (18 S.) (903). n.n. — 25
40. Baltimore. (23 S.) (903.) n.n. — 30
41. Maracaibo. (8 S.) (903.) — 10
42. San Francisco. (38 S.) (903.) n. — 50
43. Lima. (9 S.) (903.) — 15. — 44. Panama. (6 S.) (903.) — 10
45. Portland. (16 S.) (903.) n. — 20
46. Rio de Janeiro. (61 S.) (903.) n. — 80
47. Canada. Chile. (62 S.) (903.) n. — 80
48. Ver. St. v. Amerika. Boston. — Paramaribo. (38 S.) (903.) n. — 50
49. Haiti. (23 S.) (903.) n. — 30
50. Uruguay. (42 S.) 903. n. — 55
51. Curitiba. (20 S.) 903. n. — 25
52. Cuba. (50 S.) 904. n. — 65
53. Canada. Argentinien. (37 S.) 904. n. — 50
54. Vereinigte Staaten v. Amerika. (7 S.) 904. — 10
55. Portland (Oregon). (13 S.) 904. n. — 20
56. Paramaribo. (10 S.) 904. — 15
57. San Francisco (Kalifornien). (10 S.) 904. — 15
58. Mexiko. (26 S.) 904. n. — 35
59. Costa Rica. (12 S.) 904. — 15
60. Curitiba (Brasilien). (18 S.) 905. n. — 25
61. Cuba (32 S.) 905. n. — 40
62. Iquique (Chile). (10 S.) 905. — 15
63. Rio Grande do Sul (Brasilien). (70 S.) 905. n. — 90
64. Haiti. (14 S.) 905. — 20
65. São Paulo. (17 S.) 905. n. — 25
66. Galveston (Texas). (16 S.) 905. — 20
67. Paraguay. (25 S.) 905. n. — 35
68. Portland (Oregon). (17 S.) 905. — 25
69. Cincinnati (Ohio). (62 S.) 905. n. — 80
70. Boston (Massachusetts). Sanchez (Dominikanische Republik). (15 S.) 905. — 20
71. Concepcion (Chile). Talcahuano (Chile). Lota (Chile). Tomé (Chile). Penco (Chile). St. Thomas (Dänisch-Westindien). (11 S.) 905. — 15
72. Canada. (19 S.) 905. n. — 25
73. Guayaquil (Ecuador). Guadalajara (Mexiko). Medellin (Columbia). (20 S.) 905. n. — 25
74. Paramaribo. (11 S.) 905. — 15
75. Mexiko. (15 S.) 905. n. — 20
76. Rio de Janeiro (Brasilien). (81 S.) 905. n. 1.05
77. Mollendo (Peru). (8 S.) 905. — 10
78. Portoriko. Gonaïves (Haiti). (16 S.) 906. — 20
79. Lima (Peru). St. Paul (Minnesota). (17 S.) 906. n. — 25
80. Curitiba (Brasilien). (16 S.) 906. n. — 20
81. Maracaibo (Venezuela). Punta Arenas (Chile). (15 S.) 906. — 20
82. Galveston (Texas). (21 S.) 906. n. — 25
83. Cap Haiti. — Mazatlan. — Santiago. (21 S.) 906. n. — 30
84. St. Thomas (Dänisch-Westindien). — Portland (Oregon). (15 S.) 906. n. — 20
85. Canada. (11 S.) 906. n. — 50
86. Cuyaba. (Brasilien). (4 S.) 906. — 10
87. Port of Spain (Trinidad). (7 S.) 906. — 10
88. Concepcion (Chile). Talcahuano (Chile). Lota (Chile). Tomé (Chile). Penco (Chile). (6 S.) 906. — 10
89. Piura (Peru). (14 S.) 906. — 15
90. Brasilien. (47 S.) 906. n. — 90
91. Portoriko. (11 S.) 906. — 15
92. St. Louis (Missouri). (9 S.) 906. — 15

93. Mexiko. (27 S.) 906. n. —35
94. San Salvador. (12 S.) 906. —15
95. St. Paul (Minnesota). (15 S.) 906. —20
96. Ecuador. (12 S.) 906. —15. — 97. Chile. (39 S.) 906. n. —50
98. Galveston (Texas). (25 S.) 906. n. —30
99. Denver. (16 S.) 906. —20

Handelsberichte üb. das In- u. Ausland. Sonderabdrücke aus dem im Reichsamt des Innern hrsg. deutschen Handelsarchiv. V. Serie. Australien. Nr. 8—20. 8. Berlin, E. S. Mittler & Sohn. n.n. 8. 40
8. Queensland. (20 S.) (903.) n.n. —25
9. Neuseeland. (43 S.) (903.) n. —55
10. Queensland. (20 S.) 904. n. —25
11. Neusüdwales. (34 S.) 905. n. —45
12. Südaustralien. (7 S.) 905. —10
13. Westaustralien. (23 S.) 905. n. —30
14. Neuseeland. (11 S.) 905. —15
15. Neuseeland. (8 S.) 906. —10
16. Südaustralien. (7 S.) 906. —10
17. Neusüdwales. (26 S.) 906. n. —30
18. Honolulu (Hawaiische Inseln). (7 S.) 906. —10
19. Neuseeland. (8 S.) 906. —10
20. Westaustralien. (50 S.) 906. n. —65

Handelsberichte üb. das In- u. Ausland. Sonderabdrücke aus dem im Reichsamt des Innern hrsg. deutschen Handelsarchiv. V. Serie. Australien u. Polynesien. Nr. 1—7. gr. 8. Berlin, E. S. Mittler & Sohn. 1. 15
1. Neuseeland. Handelsbericht f. d. J. 1898. — Südaustralien. Handelsbericht f. d. J. 1898. (12 S.) (899.) —15
2. Auckland. Handelsbericht des kaiserl. Konsulats f. d. J. 1899. — Südaustralien. Handelsbericht des kaiserl. Konsulats in Adelaide f. d. J. 1899. (14 S.) (900.) n. —20
3. Queensland. (14 S.) (901.) n. —20
4. Neuseeland. — Auckland. (11 S.) (901.) —15
5. Südaustralien. Fidschi-Inseln. (14 S.) (901.) n. —20
6. Queensland. (12 S.) (901.) —15
7. Neuseeland. (7 S.) (902.) —10

Die Handels-, Industrie- und Gewerbebetriebe von Böhmen. Handelskammerbezirke Eger, Reichenberg. 2. Hälfte. Budweis, Pilsen, Prag. [Österr. Zentralkataster. Bd. 8. 1. und 2. Hälfte.] Gr.-8°. (XLVIII, 2679, 483, 21, 40, 86, VIII S.) geb. K 32.—
Wien: v. Dorn 1904.

Die Handels-, Industrie- und Gewerbebetriebe von Galizien und Bukowina. Handelskammerbezirke Brody, Krakau, Lemberg Czernowitz. [Österr. Zentralkataster. Bd. 10.] Gr.-8°. (XXXVII 1567, 483, 19, 40, 24, VIII S.) Wien: v. Dorn 1904. geb. K 27.-

Die Handels-, Industrie- und Gewerbebetriebe von Kärnten und Krain. Handelskammerbezirke Klagenfurt, Laibach. [Österr. Zentralkataster. Bd. 5.] Gr.-8°. (XXXVII, 406, 483, 19, 40, 47, VIII S.) Wien: v. Dorn 1904. geb. K 8.—

Die Handels-, Industrie- und Gewerbebetriebe von Küstenland und Dalmatien. Handelskammerbezirke Görz, Rovigno, Triest, Ragusa, Spalato, Zara. [Österr. Zentralkataster. Bd. 6.] Gr.-8°. (XLVII, 319, 483, 19, 40, 34, VIII S.) geb. K 6.60
Wien: v. Dorn 1904.

Die Handels-, Industrie- und Gewerbebetriebe von Mähren und Schlesien. Handelskammerbezirke Brünn, Olmütz, Troppau [Österr. Zentralkataster. Bd. 9.] Gr.-8°. (XLV, 1148, 488, 19, 40, 34, VIII S.) Wien: v. Dorn 1904. geb. K 25.

Die Handels-, Industrie- und Gewerbebetriebe von Niederösterreich. Handelskammerbezirk Wien. [Österr. Zentralkataster. Bd. 2.] Gr.-8°. (XXXI, 646, 483, 31, 40, 45, VIII S.) geb. K 14.60
Wien: v. Dorn 1904.

Die Handels-, Industrie- und Gewerbebetriebe von Oberösterreich und Salzburg. Handelskammerbezirke Linz, Salzburg. [Österr. Zentralkataster. Bd. 3.] Gr.-8°. (XXXVIII, 532, 483, 19, 40, 52, VIII S.) Wien: v. Dorn 1904. geb. K 11.80

Die Handels-, Industrie- und Gewerbebetriebe von Steiermark. Handelskammerbezirke Graz, Leoben. [Österr. Zentralkataster. Bd. 4.] Gr.-8°. (XXXI, 512, 483, 21, 40, 34, VIII S.)
Wien: v. Dorn 1904. geb. K 10.—

Die Handels-, Industrie- und Gewerbebetriebe von Tirol und Vorarlberg. Handelskammerbezirke Bozen, Innsbruck, Rovigno, Feldkirch. [Österr. Zentralkataster. Bd. 7.] Gr.-8°. (XXXIX, 411, 483, 19, 56, VIII S.) Wien: v. Dorn 1904. geb. K 12.—

Die Handels-, Industrie- und Gewerbebetriebe der k. k. Reichshaupt- und Residenzstadt Wien. [Österr. Zentralkataster. Bd. 1.] Gr.-8°. (LXX, 1254, 483, 51, 40, 60, VIII S.) geb. K 13.—
Wien: v. Dorn 1904.

Handelsvertragsverein. Verband zur Förderung des deutschen Aussenhandels. — DIE DEUTSCH-AMERIKANISCHEN HANDELSBEZIEHUNGEN. — Denkschrift zur Erneuerung des Handelsabkommens mit den Vereinigten Staaten von Amerika. Berlin 1906. Druck von Liebheit & Thiesen. 4°.

Handels-Bibliothek, Wiener, unter Mitwirkung von Bisching, L. Doublier, V. Kletzinsky u. A. hrsg. von Carl Porges. 1.—100. Lfg. gr. 8. (à 3 Bog.) Wien 870—74, Hölder. à Lfg. * 60 Pf. *

Inhalt:

Bd. 1. Porges, Carl, Arithmetik des Verkehrs. 1.—31. Lfg.
» 2. Zehden, C., Handels-Geograhie. 1.—10. Lfg.
» 3. Porges, Carl, Handels-Correspondenz. 3. gänzlich umgearb. und verm. Aufl. 16 Lfgn.
» 4. Bisching, Ant., Leitfaden der allgemeinen Waarenkunde. 2 Abthlgn. 9 Lfgn.
» 5. Theumann, Thdr., das oesterreich. Wechselrecht. 6 Lfgn.
» 6. Doublier, L., Handels-Geschichte. 16 Lfgn.
» 7. Kletzinsky, V., Chemische Waarenkunde. 10 Lfgn.
» 8. Borggruen, Handelsrecht. 1. und 2. Lfg.

Handels-Bibliothek, Wiener. Unter Mitwirkung von Bisching, L. Doublier, V. Kletzinsky etc. hrsg. von Carl Porges. 100.—110. (Schluss-)Lfg.: Die kaufmännische Buchführung in doppelten Posten im Bank-, Waaren-, Commissions- und Speditions-Geschäft; bei Banken, Eisenbahnen, Versicherungs-Gesellschaften, Fabriks-Unternehmungen etc. etc. von Carl Porges. 11 Lfgn. gr. 8. (VIII, 191 S.) Wien 875—77, Hölder. 100.—108. Lfg. à * — 60
109. und 110. Lfg. * 80 Pf.; compl. * 7 20
1.—99. Lfg. Ebendas. 1870—74. à * 60 Pf.

Anonym: „Ueber die Handelsbilanz zwischen Deutschland und Frankreich", Frankfurt a. M. 1794 (Dietz).

Handels-Blatt
v. Baseler Zeitung (II).

Allgemeines Handelsblatt. Rochester, NY
Established 1848.

Handelsblatt, bremer. Redig. von Carl Andree. (1.) Jahrg. Octbr. 1851 — Septbr. 1852. und 2. Jahrg. Octbr. 1852 — Septbr. 1853. à Jahrg. 52 Nrn. (Bog.) Imp.-4. Bremen, Schünemann. [1. Jahrg. * 2 Thlr., 2. Jahrg. * 2 Thlr. 6 Ngr.] *

Die Fortsetzung erschien unter dem Titel:

—— bremer, in Verbindung mit O. Hübners Nachrichten und Mittheilungen aus der Staats- und Volkswirthschaft und dessen Versicherungszeitung. (3. und 4.) Jahrg. 1854 und 1855. à Jahrg. 52 Nrn. (à 1—2 Bog.) Mit Beilagen. Imp.-4. Bremen. (Leipzig, Hübner.) à Jahrg. *

—— dass. — (5.) Jahrg. 1856. 52 Nrn. (à 1—2 Bog.) Mit Beilagen. Imp.-4. Bremen, Schünemann's Verlag. *

Handelsblatt, bremer. 6—10. Jahrg. 1857—61. à 52 Nrn. (Bog.) Imp.-4. Bremen, Schünemann's Verlagsbuchh. à Jahrg. *

Handelsblatt, Bremer. Redig. von Arwed Emminghaus. 12. Jahrg. 1862. 52 Nrn. (Bog.) Mit Beilagen. Imp.-4. Bremen, Schünemann's Verlag. *

—— dass. — 13.—17. Jahrg. 1863—67. à Jahrg. 52 Nrn. (à 1—1½ Bog.) Mit Beilagen. Imp.-4. Bremen, (Gesenius.) à Jahrg. *

Handelsblatt, Bremer. Redig. von Arwed Emminghaus Festnummer zum 5. Novbr. 1864. Fol. (8 S. mit 2 Stnt in qu. Fol.) Bremen 864, (Gesenius.)

Handelsblatt, Bremer. Wochenschrift für Handel, Volkswirthschaft und Statistik. Redact.: A. Lammers. 18.—24. Jahrg. 1868—1874. à Jahrg. 52 Nrn. (à 1—$2\frac{1}{2}$ Bog.) gr. 4. Bremen, (Heinsius.) 18.—23. Jahrg. à *
24. Jahrg. *

— dasselbe. 24—26. Jahrg. 1874—1876. à 52 Nrn. (à 1—$1\frac{1}{2}$ B.) gr. 4. Bremen 874. Bruns. à Jahrg. n. 16. —

Handelsblatt, Bremer. Wochenschrift für Handel, Volkswirthschaft und Statistik. Redact.: A. Lammers. 25. und 26. Jahrg. 1875 und 1876. à Jahrg. 52 Nrn. (à 1—$1\frac{1}{2}$ Bog.) gr. 4. Bremen, (Gredner.) à Jahrg. * 16 —
—— dass. — 27.—29. Jahrg. 1877—1879. à Jahrg. 52 Nrn. (à 1—$1\frac{1}{2}$ Bog.) hoch 4. Bremen, (Bruns.) à Jahrg. * 16 —

Handelsblatt, Bremer. Wochenschrift für Handel, Volkswirthschaft u. Statistik. Red. v. A. Lammers. 27—32. Jahrg. 1877—1882. à 52 Nrn. (à 1—$1\frac{1}{2}$ B.) hoch 4. Bremen, Roussell in Comm. à Jahrg. n. 16. —

Handelsblatt, Bremer. Wochenschrift für Handel, Volkswirthschaft und Statistik. Redig. von A. Lammers. 30.—33. Jahrg. 1880—1883. à Jahrg. 52 Nrn. (à Nr. 1—$1\frac{1}{2}$ Bog.) hoch 4. Bremen, [Bruns], Roussell. à Jahrg. *
Nicht weiter erschienen.

Handels-Blatt, breslauer. Organ für den Kaufmann, den Producenten u. den Consumenten. 1. Jahrg. 1845. Octbr.—Decbr. 26 Nrn. (Bog.) kl. Fol. Breslau 845, Freund. *

Handelsblatt, Breslauer. –
– 30. IX. 1845 – 31. XII. 1887.

— deutsches. Organ für Industrie u. Handelsinteressen. Red.: Max. Geo. Priber. Jahrg. 1862. April—Decbr. 76 Nrn. (à 1—$1\frac{1}{2}$ Bgn.) Leipzig, O. Voigt. Fol. vierteljährlich n. 1 ℛ

—— deutsches. Wochenblatt für Handelspolitik und Volkswirthschaft. Zugleich Organ für die amtl. Mittheilungen des deutschen Handelstages. Hrsg. von Alex. Meyer. 1.—3. Jahrg. 1871—1873. à Jahrg. 52 Nrn. (à 1—2 Bog.) Fol. Berlin, Dümmler's Verlag. à Jahrg. *

—— dass. — 4. Jahrg. 1874. 52 Nrn. (à 1—2 Bog.) hoch 4. Berlin, L. Simion. *

—— deutsches. Wochenblatt für Handelspolitik und Volkswirthschaft. Zugleich Organ für die amtl. Mittheilungen des deutschen Handelstages. Hrsg. von Alex. Meyer. Jahrg. 1875 und 1876. à Jahrg. 52 Nrn. (à 1—2 Bog.) hoch 4. Berlin, Simion. à Jahrg. * 16 —
—— dass. — Redig. von dem Generalsecretair des deutschen Handelstages in Vertr. H. Rentzsch. Jahrg. 1877. 52 Nrn. (à 1—2 Bog.) Fol. Ebendas. * 16 —
—— dass. — Redig. von dem Generalsecretair des deutschen Handelstages W. Annecke. Jahrg. 1878 und 1879. à Jahrg. 52 Nrn. (à 1—2 Bog.) Fol. Ebendas. à Jahrg. * 16 —

—— deutsches. Wochenschrift für Handelspolitik und Volkswirthschaft. Zugleich Organ für die amtl. Mittheilungen des deutschen Handelstages. Redig. von W. Annecke. Jahrg. 1880—1884. à Jahrg. 52 Nrn. (à Nr. 1—2 Bog.) Fol. Berlin, Simion. à Jahrg. *

Handelsblatt f. d. deutschen Gartenbau u. d. mit ihm verw. Zweige. Organ d. Gartenbau-Verbandes f. d. Königr. Sachsen, hrsg. unt. Mitwirkg. d. hervorrag. Fachmänner d. In- u. Auslandes. Verantwortl.: H. Müller. Red.: F. Johs. Beckmann. 13. Jahrg. 1898. 52 Nrn. (Bog. m. Abb.) gr. 4. Berlin, Steglitz (Schlossstr. 66a), Verband d. Handelsgärtner Deutschlands. 8. 50; f. Verbandsmitglieder kostenlos

Handelsblatt f. den deutschen Gartenbau u. die mit ihm verwandten Zweige. Eigenthum des Verbandes der Handelsgärtner Deutschlands. Organ des Gartenbau-Verbandes f. das Königr. Sachsen, hrsg. unter Mitwirkg. der hervorragendsten Fachmänner des In- u. Auslandes. Red.: F. Johs. Beckmann. 14. u. 15. Jahrg. 1899 u. 1900. à 52 Nrn. gr. 4. (à ca. 8 S. m. Abbildgn.) Berlin. Steglitz (Schlossstr. 71), Verband der Handelsgärtner Deutschlands. à Jahrg. 8. 50; f. Verbandsmitglieder kostenlos.

— Hamburger. Organ für Handel, Gewerbe und Volkswirthschaft. Red.: J. L. Schwarz. 1. u. 2. Jahrg. 1855 u. 1856. à 52 Nrn. (à 1 Bgn.) — 3. u. 4. Jahrg. 1857 u. 1858. à 104 Nrn. (à $\frac{1}{2}$ — 1 Bgn.) Hamburg (Nolte u. Köhler.) gr. Fol. Jeder Jahrg. n. 4 ℛ

— Hamburger. Organ für Handel, Gewerbe u. Volkswirthschaft. Red. von J. L. Schwarz. 5—7. Jahrg. 1859—61. à 104 Nrn. (à 1 Bgn.) Hamburg, Nolte. Fol. Jeder Jahrg. n. 4 ℛ

— — 8—10. Jahrg. 1862—64. à 104 Nrn. (à 1 Bgn.) Ebend. Fol. Jeder Jahrg. n. 4 ℛ 24 ngr.

— Hamburger. Organ für Handel, Gewerbe u. Volkswirthschaft. Redig. von J. L. Schwarz. 11—13. Jahrg. 1865—67. à Jahrg. 104 Nrn. (Bgn.) Hamburg, Nolte. gr. Fol. Jeder Jahrg. n. 4 ℛ 24 ngr.; cplt. geh. 5 ℛ $7\frac{1}{2}$ ngr.

—— Königsberger. Organ für den deutschen Waarenhandel, mit specieller Berücksicht. des deutsch-russ. Verkehrs. Hrsgbr.: Hugo Pensky. Redact.: Manassewitz. 1. Jahrg. 1875. 52 Nrn. (à $1\frac{1}{2}$—2 Bog.) Fol. Königsberg, (Braun und Weber.) * 12 —
Nicht weiter erschienen.

Handelsblatt, Konstantinopler. Organ f. Handel, Finanzen, Industrie u. Verkehr in d. Levante. Hrsg. u. Red.: Hugo v. Keller. 1.—3. Jahrg. 1896—1898. à 52 Nrn. (à ca. 12 S.) gr. 4. Konstantinopel. (S. H. Weiss.) à Jahrg. m. Postversendg. n.n. 24. —

—— landwirthschaftliches. Hrsg. von G. Scheidtmann. 1. Jahrg. Febr.—Decbr. 1854. 96 Nrn. (à 1—$1\frac{1}{2}$ Bog.) Fol. Berlin, Ed. Krause. Vierteljährlich

— für Manufactur-Waaren. Central-Organ der deutschen Weberei. Unter Mitwirkung von Fachmännern hrsg. von S. Hepner. 1. Jahrg. 1882. 24 Nrn. (B.) gr. 4. Görlitz, Hepner. n. 2. —

— für Manufactur-Waaren. Central-Organ der deutschen Weberei. Unter Mitwirkg. v. Fachmännern hrsg. v. S. Hepner. 2. u. 3. Jahrg. 1883 u. 1884. à 24 Nrn. (B.) gr. 4. Görlitz, Hepner. à Jahrg. u. 4. —
Erscheint nicht mehr.

—— Prager. Organ des Gremiums der k. k. beeid. Wechsel- und Waaren-Sensale. Verantwortl. Red.: Heinr. Katz. 4. Jahrg. 1862. 156 Nrn. 4. Prag, Selbstverlag. **

Handelsblatt f. die gesammte Textil-Branche, s. a. Wochenberichte der Leipziger Monatsschrift f. Textil-Industrie.

Handelsblatt für die gesammte Textil-Branche. Fachblatt für den Handel in Garnen, Manufaktur- und Modewaaren, Tuchen, Weisswaaren, Wirkwaaren, Besatzartikeln und für die Confection sowie für den Woll-, Baumwoll-, Seiden-, Flachs-, Hanf- und Jute-Handel, nebst den bezügl. Industriezweigen. Organ für Fabrikanten, Zwischenhändler, Exporteure, Importeure und Agenten der obigen Branchen. Hrsg. von der Redaktion der „Leipziger Monatschrift für Textil-Industrie": Thdr. Martin. 1. und 2. Jahrg. 1887 und 1888. à Jahrg. 52 Nrn. (Bog.) gr. 4. Leipzig, Expedition der „Leipziger Monatschrift für Textil-Industrie" (Metzger, Wittig, Martin und Comp.) à Jahrg. * 10 —

Handelsblatt f. die gesammte Textil-Branche. Fachblatt f. den Handel in Garnen, Manufaktur- u. Modewaaren etc. Organ f. Fabrikanten, Zwischenhändler etc. Hrsg. v. Thdr. Martin. 1889 u. 1890. à Jahrg. 52 Nrn. (Bog.) gr. 4. Lpz., Exp. d. „Leipz. Monatschr. f. Textil-Industrie" (Metzger, Wittig, Martin u. Comp.). à Jahrg. * 10 —
Fortsetzung s. u. d. T.: Wochenberichte der Leipziger Monatsschrift f. Textil-Industrie.

—— für Walderzeugnisse. Organ für die Interessen der Forstwirthschaft und des Holzhandels. Redig. von E. Laris. 1. Jahrg. 1875. 52 Nrn. (à 2 Bog.) Fol. Trier, Lintz'sche Buchh. 6 —

—— dass. — Organ für die Interessen der Forstwirthschaft und des Holzhandels, sowie Organ des Holzhändlervereins. Redig. von E. Laris. 2.—4. Jahrg. 1876—1878. à Jahrg. 104 Nrn. (à 1—1½ Bog.) Fol. Ebendas. à Jahrg. * 9 —

Handelsblatt für **Walderzeugnisse**. Organ für die Interessen der Forstwirthschaft und des Holzhandels. Amtliches Organ der deutschen Forst-Verwaltungen, insbesondere zur Veröffentlichung ihrer Holz- und Lohrinden-Versteigerungen. Hrsg. und redig. von E. Laris. Ausg. für Norddeutschland. 5. Jahrg. 1879. 104 Nrn. (Bog.) Fol. Berlin, Expedition. *

— für **Walderzeugnisse**. Zeitung f. Holzhandel u. Holzindustrie, Forstwirthschaft u. Jagd. Vereins-Organ des Holzhändler-Vereins [München], sowie d. Pfälzer Holzhändler-Vereins [Kaiserslautern]. Amtliches Organ der deutschen Forst-Verwaltgn. zur Veröffentlichg. v. Holz- u. Lohrinden-Versteigergn. u. Submissionen. Hrsg. v. E. Laris. 16. Jahrg. 1890. ca. 60 Nrn. (B.) Fol. Gießen, Becker & Laris. n. 9. —

— f. **Walderzeugnisse**. Zeitung f. Holzhandel u. Holzindustrie, Forstwirthschaft u. Jagd. Vereins-Organ d. Holzhändler-Vereins [München], sowie d. Pfälzer Holzhändler-Vereins [Kaiserslautern]. Amtliches Organ der deutschen Forst-Verwaltgn. zur Veröffentlichg. v. Holz- u. Lohrinden-Versteigergn. u. Submissionen. Hrsg. v. E. Laris. 17.—20. Jahrg. 1891—1894. à ca. 60 Nrn. (à ca. 1 Bog.) Fol. Gießen, Becker & Laris. à Jahrg. n. 11. —

— f. **Walderzeugnisse**. Zeitg. f. Holzhandel u. Holzindustrie, Forstwirtschaft u. Jagd. Offic. Organ d. Holzhändler-Vereins [München], sow. d. Pfälzer Holzhändler-Vereins [Kaiserslautern]. Amtl. Insertions-Org. Hrsg. v. E. Laris. 21. u. 22. Jahrg. 1895—1896. ca. 60 Nrn. (Bog.) Fol. Gießen. Marburg, E. Laris. à Jahrg. n. 11. —

— dasselbe. Offic. Organ d. nordwestdeutschen Vereins f. Holzhandel u. Holzindustrie (Arnsberg i. Westf.). Amtl. Insertions-Organ. 23. Jahrg. 1897. 52 Nrn. (Bog.) Fol. Ebd. n. 11. —

— dasselbe. 24. Jahrg. 1898. ca. 60 Nrn. (Bog.) Fol. Marburg, E. Laris. n.n. 9. —; postfrei n.n. 11. —
Kann auch halbjährlich bezogen werden.

— f. **Walderzeugnisse**. Zeitung f. Holzhandel, Holzindustrie u. Forstwirthschaft. Einziges amtl. Organ des Centralverbandes v. Vereinen deutscher Holzinteressenten etc. 25.—28. Jahrg. 1899—1902. à 52 Nrn. Fol. (à 4 S.) Marburg, Verlag des Handelsblatt. à Jahrg. n.n. 9. —; postfrei n.n. 11. —

Handelsblatt für Walderzeugnisse. Zeitung f. Holzhandel, Holzindustrie u. Forstwirthschaft. Einziges amtl. Organ des Zentralverbandes von Vereinen deutscher Holzinteressenten usw. Chefred.: Eug. Laris. 29.—31. Jahrg. 1903—1905. à 52 Nrn. (à ca. 6 S.) Fol. Freiburg i/B. (Bürgerwehrstr. 4), Verl. d. Handelsblatt. à Jhrg. n. 4. —

Handelsblatt für Walderzeugnisse. - Trier, Gießen, Freiburg i. Br. Jg. 1-32. 1875-1906.
Forts. s.: Zbl. f. d. dtsch. Holzhandel. Handelsbl. f. Walderzeugn.

Handelsbriefe, Gesammelte, in genauer Wiedergabe der Originale zur Übung im Lesen fremder Handschriften. Köln 1897. H: *Rolfs, Ludwig E.* (Rothsch)

Handelsbriefe, moderne, in genauer Wiedergabe d. Originale z. Uebg. im Lesen fremder Handschriften. Für d. Selbstunterr. u. d. Gebr. in kaufmänn. Schulen. I.—IV. Tl. gr. 4. Köln, P. Neubauer. n. 9. 60; Mappen dazu à n.n. — 25
I. Französische Briefe. Ges. u. hrsg. v. Ludw. E. Rolfs. 3., verb. Aufl. (3. u. 4. Taus.) (VIII, 103 S.) 897. n. 2. 40
II. Englische Briefe. Ges. u. hrsg. v. Ludw. E. Rolfs. 3., verb. Aufl. (3. u. 4. Taus.) (IV, 87 S.) 897. n. 2. —
III. Spanische Briefe. Hrsg. u. m. (deutschen u. französ.) Erläutergn. vers. v. Eberh. Vogel. (XII, 88 S.) 895. n. 2. 80
IV. Italienische Briefe. Ges. u. hrsg. v. Ludw. E. Rolfs. (VIII, 83 S.) 896. n. 2. 40

Handelsbriefe, moderne, in genauer Wiedergabe der Originale zur Uebung im Lesen fremder Handschriften. Für den Selbstunterricht u. den Gebrauch in kaufmänn. Schulen. I. Tl. gr. 4. Köln 901. P. Neubner. n. 2. 40
Französische Briefe. Gesammelt u. hrsg. Von Ludw. E. Rolfs. 4. verb. Aufl. (5. u. 6. Taus.) (VIII. 103 S.)

Handelsbriefe, moderne, in genauer Wiedergabe der Originale zur Uebung im Lesen fremder Handschriften. Für den Selbstunterricht u. den Gebrauch in kaufmänn. Schulen. I. Tl. Lex. 8. Köln 907. P. Neubner. 2. 65
Französische Briefe. Gesammelt u. hrsg. Von Ludw. E. Rolfs. 5. Aufl. (7. u. 8. Taus.) (VIII, 103 S.)

Handels- u. Adreß-Buch, erstes allgemeines, der Stadt Iserlohn u. seiner nächsten Umgebung nebst einigen Provinzial- u. Lokal-Verordnungen sowie einem Plane der Stadt. Hrsg. von Fr. Wendel. Iserlohn 866. (Elberfeld, Bädeker'sche Buchh.) gr. 8. (XI, 236 S.) n. 1 ₰ 10 ngr.

Handels- u. Verkehrsbuch, koloniales. gr. 8. (IV, 136 S.) Berlin 901. Deutscher Kolonial-Verlag. n. 1. —

Handels-Adreß- u. Firmenbuch, vollständiges, für die Pfalz, Königreich Bayern. Auf officiellen Mittheilungen beruhend. Kaiserslautern 864. (Tascher.) Lex.-8. (161 S.) n. 18 ngr.

Handelsbücher, Hamburger. 1.—4. Bd. 8. Hamburg, Gebr. Lüdeking. Geb. in Leinw. 14. 20
Bolten, Hans, von der Buchhaltung des Kaufmanns. Systematische Darstellg. der einfachen, amerikan. u. doppelten Buchführg., m. Beispielen u. Aufgaben aus der Praxis. Bearb. f. den Unterricht in Handelsfachschulen u. f. d. Selbststudium. (XI, 195 S. m. 1 Tab.) (910.) (Bd. 3.) Geb. 3. 80
Büsch, Curt, von der Reklame des Kaufmanns. (VI, 241 S. m. z. Tl. farb. Abb. u. Taf.) 909. (Bd. 2.) Geb. 4. 80
— Vom Verkaufen. Ein Handbuch f. Verkäufer u. Verkäuferinnen. (IV, 195 S.) 909. (Bd. 1.) Geb. 2. 80
Kaestner, Gerh., vom Reisen u. Reisen lassen. (VII, 183 S.) 910. (Bd. 4.) Geb. 2. 80

Handelsbulletin
v Schweizerisches Centralblatt für Industrie, Handel und Verkehr.

Handels- und Schiffahrts-Bund, Der deutsche. Bremen 1847. V: *Duckwitz, Arnold.* (Ky)

Handels- u. Schiffahrts-Bund, der deutsche. gr. 8. (141 S.) Bremen 847. (Heyse.) n. ⅓ Thlr.

Handelscatechismus, s.a. Handelskatechismus

Anonym: „Handels-Catechismus, oder Einleitung in die Handlungs-Wissenschaft", aus dem Englischen nach der 2. Ausgabe bearbeitet von M., Leipzig 1819. — Vorh.: Com. Bibl. Hamburg.

Handels-Convention, die, zwischen Oesterreich-Ungarn und Rumänien vom 22. Juni 1875 sammt Vollzugs-Verordnung vom 24. Juni 1876. Mit einem ausführl. alphabet., nach Schlagwörtern abgefaßten Sachregister. 8. (51 S.) Prag 876, Merch.

Handels- und Schiffahrts-Convention, Die, zwischen dem Zollverein und England vom 2. März 1841. Berlin 1841. V: *Kühne, L.* (CBH)

Handels-Correspondent, Frankfurter, v. S. Berlyn, Berichte üb. merkantil., finanzielle u. Eisenbahnangelegenheiten rc. enth. 7—10. Jahrg. 1839—42. à 104 Nrn. (½ Bog.) Nebst Coursblatt. gr. 4. Frankfurt a. M., (Hermannsche Buchh.) [J. 839—41. à 3½ Thlr., 42. * 3⅝ Thlr.] *
1—6. Jahrg. 1833—38. (Ebendas. ?)

Handels-Correspondent, frankfurter, v. S. Berlyn, Berichte üb. merkantilische, finanzielle u. Eisenbahnangelegenheiten u. s. w. enthalt. 11—15. Jahrg. 1843—1847. à 104 Nrn. (½ B.) Mit der Beilage: Das frankf. Coursblatt. gr. 4. Frankfurt a. M. 843. (Hermann'sche Buchh.) à Jahrg. * :

Handels-Correspondent, Frankfurter, von S. Berlyn. Berichte üb. merkantilische, finanzielle, Eisenbahn-Angelegenheiten enthaltend. 15—20. Jahrg. 1847—1852. à 104 Nrn. gr. 4. (½ B.) 1847. 48. Nebst dem Frankfurter Coursblatt. 1850—52. Mit Beilagen. Frankfurt a. M. (Hermann.) 1847: baar 3⅝ Thlr. 1848. 49: à baar n. n. 3½ Thlr. 1850—52: à baar n. n. 5 Thlr.

Handels-Correspondent, frankfurter, von S. Berlyn, Berichte über merkantil., finanzielle, Eisenbahn-Angelegenheiten rc. 21—23. Jahrg. 1853—55. à Jahrg. 104 Nrn. (½ Bog.) Mit Beilagen. gr. 4. Frankfurt a. M., (Hermannsche Buchh.) à Jahrg. **

Handelscorrespondent, der geschickte, oder wohlfeiler Briefsteller, u. Titularbuch rc. 5 Thlr. 8. Braunschw. Runge. 740.

Handelscorrespondent, leipziger, oder praktische Anleitung zur Abfassung aller im kaufmänn. Verkehr vorkommenden Briefe, Circulare und Wechsel nebst Wechsel-, Handels- und See-Recht, Münz-, Maß- und Gewichts-Kunde und ein Wörterbuch der kaufmänn. Ausdrücke. Des „Kaufmänn. Briefsteller, vollständ. und umfassendes Handbuch für jeden Kaufmann rc." 3., gänzl. umgearb. und verm. Aufl. gr. 8. (XVI und 452 S.) Leipzig 858, Holtze. 1 Thlr. 6 Ngr.; geb.

Handelscorrespondenz, s.a. Handelskorrespondenz

Handelscorrespondenz, allgemeine, in sechs Sprachen, s. Bibliothek der gesammten Handelswissenschaften.

Handelscorrespondenz, allgemeine, in sieben Sprachen [deutsch, holländisch, englisch, französisch, italienisch, spanisch und russisch]. 2. Aufl. gr. 8. Stuttgart 870, Maier.

Inhalt:
Thl. 1. Deutscher Theil. (XII, 98 S.) ℳ 1,50.
» 2. Holländischer Theil. (XI, 104 S.) ℳ 1,50.
» 3. Englischer Theil. (XI, 99 S) ℳ 1,50.
» 4. Französischer Theil. (XI, 104 S.) ℳ 1,50.
» 5. Italienischer Theil. (X, 93 S.) ℳ 1,50.
» 6. Spanischer Theil. (X, 104 S.) ℳ 1,50.
» 7. Russischer Theil. (XII, 108 S.) ℳ 2.

Handelscorrespondenz, Frankfurter, s. Handelscorrespondent, Frankfurter

Handelscorrespondenz in vier Sprachen. Holländisch, französisch, hochdeutsch und englisch von J. M. Calisch, P. Gauthier, Jul. Kunze und F. M. Cowan. Umgearb. und ergänzt durch verschiedene Handelsformulare, einer Liste techn. Handelsausdrücke rc. von J. Vos. — De Handelscorrespondent in vier Talen. — br. 8. (IV, 145 S.) Amsterdam 872. (Leipzig, Opetz.)

—— s.a. Rhode, F. L.

Schweizer Handels-Courier
① 1 Untertitel Organ der demokratisch-freisinnigen Partei des Kantons Bern (ab 1. 7. 1879) ② Der Kurier (Be) (ab 16 12 1909) ③ Neue Jura-Zeitung ⑤ Ende 1852—30 6 1911 ⑥ 2° ⑦ wöchentlich 7×; wochentlich 6× (ab 1877) ⑧ Biel Ernst Schuler (1852—24 12 1875), Albert Schuler (25 12 1875—8 12 1897), Schuler & Cie (später Buchdruckerei Schüler AG. ab 12 1897) ⑨ Helvetia (Organ fur die Interessen der schweizerischen Auswanderer und der Schweizer im Auslande, spater Organ für Volkswirtschaft, Kolonisation und für die Schweizer im Auslande Redigiert von A Schüler, Hans F. Balmer, Wochenblatt, 1881—1887) Mittwochsblatt (Unterhaltungsbeilage 1886—1887) Heimat und Fremde (Blätter für Unterhaltung und Belehrung Darin sind Helvetia und Mittwochsblatt vereinigt 1. 1 1888 ff v. Heimat und Fremde I) Der Rechtsfreund (Blätter für Gesetzgebung, Volkswirtschaft und Rechtspflege, halbmonatlich 15 10. 1894 ff) ⑩ die Buchdrucker ⑪ Ernst Schuler (1852—24 12 1875, Albert Schuler (25 12 1875—8 12 1897), H Kühne (1873—24 12 1875), H Furrer, fruher Redaktor des Oberland, später der Berner Zeitung (V) (1 1 1876—31 12 1892), Dr W Merz (1894—31 12 1899). Rud Kocher Fursprecher (2 10. 1894—31 7 1897), C. Binz (1 1 1900—5 6 1907) E J Hofmann (16 7 1907—31 3 1909), Wilh. Müller (2 9. 1907—31. 3 1909). Arnold Heimann (ab 1. 4 1909), Dr Ernst Schiller (ab 1. 4 1909). Paul Kunz (ab 6 1911) ⑫ freisinnig ⑬ BGSZ· 1 (6434). 311. 399 527. 747 832 959—961 973 100 Jahre Graphische Anstalt Schuler AG Biel 1850—1950 ⑭ Be L ⑮ Auf 1 7 1879 Fusion des »Schweizer Handels-Courier« mit der »Berner Tagespost« Der »Schweizer Handels-Courier« behält seinen Titel bei, legt sich aber noch einen Untertitel zu (v sub 1).

—— französisch-deutsche. 2., verb. Aufl. mit vielen neuen Originalbriefen verm. Hrsg. von Wilh. Röhrich. — Correspondance commerciale française-allemande. 2. édition corrigée. gr. 16. (VII und 800 S.) Leipzig 860, O. Wigand. *

—— französisch-deutsche. Correspondance commerciale française-allemande. 3., verb. (Titel-)Aufl. mit vielen neuen Originalbriefen vermehrt. Hrsg. von Wilh. Röhrich. gr. 16. (VII und 800 S.) Leipzig (860)64, O. Wigand.

— spezielle, in sechs Sprachen, s. Bibliothek der gesammten Handelswissenschaften.

Handelseinverständnisse zwisch. d. K. K. Hofe u. d. Ottoman. Pforte zum Vorth. d. österr. Handl. unt. d. Namen Sined od. Einverständniss geschl. d. 24. Horn. 1784, nebst e. Anh. u. s. w. ***Wien.*** **783. 8.**

Handelsfirmen, Bremer, u. deren Branchen u. Artikel. [Aus: „Bremer Adreßbuch f. 1898".] gr. 8. (38 S.) Bremen 898. [M. Heinsius Nachf.] H. Landmann. n. 2. —

Handels-Firmen-Buch, Hannoversches. Enthltd. die vollständ. Eintragung der Handels-Firmen im vormal. Königr. Hannover in alphabet. Ordnung nach den Ortsnamen u. Firmen. Mit Angabe der Gebäude- u. Einwohner-Zahl, der Post-, Eisenbahn- u. Telegraphen-Stationen bei jedem Handels-Orte. Nebst einem Verzeichnisse der Rechtsbeistände, der Mitglieder der Handelskammern rc. 1. u. 2. Liefg. Hannover 867, 68. Klindworth. 4. (S. 1—160.) Jede Liefg. n. 10 ngr.

Handels- und Kriegsflagge, die deutsche, s. Kriegs- und Handelsflagge.

Handelsfreiheit, die, in England u. der Freihandel in Deutschland. [Aus der „Neuen Bremer Zeitung" abgedr.] gr. 8. (21 S.) Bremen 850, Heyse. 1/8 ℛ

Handelsfreiheit, Die vollkommene, zur Widerlegung von Dr. Lists National. Systems . . . Leipzig 1842. V: *Moriarty, Edward A.* [?] (Wa)

Handelsfreiheit, die vollkommene, z. Widerlegung des „Nationalen Systems der politischen Oekonomie" v. Friedr. List. Aus dem Edinburgh Quaterly Review von E. A. Moriarty. 8. (5½ B.) Leipzig 842, Hartung. *

—— und Zollschutz. (Mit Bezug auf den Bericht der Arbeitercommission des funfziger Ausschusses.) gr. 8. (16 S.) (Frankfurt a. M. 848, Hermannsche Buchh.) *

— u. Zollschutz. [Mit Bezug auf den Bericht der Arbeitercommission d. 50er Ausschusses.] gr. 8. (16 S.) (Frankfurt a. M. 850, Hermann.) n. 4 ngr

Handelsfürst, Der, und sein Erbe, oder: Der Triumph der Pflicht. Eine Erzählung für die Welt von der Verfasserin der »Geraldine«. Aus dem Engl. von C. Braun. Regensburg 1863. V: *Agnew, E. C.* (Russell IX, 526)

Handelsfürst, der, u. sein Erbe, oder: der Triumph der Pflicht. Eine Erzählung für die Welt von der Verfasserin der „Geraldine." Aus dem Engl. von Carl Braun. Regensburg 863. Manz. 8. (IV, 432 S.) 1 ℛ

Handelsgärtner, der. Handelszeitung f. den deutschen Gartenbau. Organ des „Gartenbau-Verbandes f. das Königr. Sachsen E. G." Red.: Herm. Pilz, f. die Handelsberichte: Otto Thalacker. 1. Jahrg. 1899. 52 Nrn. gr. Fol. (à ca. 4 S.) Leipzig-Gohlis, B. Thalacker. n.n.n. 5. —
Nicht durch den Buchhandel zu beziehen.

Handelsgebrauch der Kölner Effekten-Börse. Köln 1872

— der Kölner Produkten-Börse Köln 1870

Handelsgebräuche Gutachten, erstattet von d. Handelskammer zu Magdeburg auf gerichtl. Anfragen v. J. 1905. Magdeburg 1906: E. Baensch jun. (20 S.) 4° [F.] (06. 5177 3

— Gutachten, erstattet v. der Handelskammer zu Magdeburg auf gerichtl. Anfragen vom J. 1908. (35 S.) Lex. 8. Magdeburg 909. (Heinrichshofen's Sort.) — 75

Handelsgebräuche im Bezirke d. Handelskammer Chemnitz aus den J. 1902–1910. In ihrem Auftrage hrsg. vom Sekretariate der Handelskammer Chemnitz 1910. (40 S.) gr. 8. Chemnitz (910). (Focke.) — 60

Handelsgebräuche der Leipziger Börse im Wechsel-, Geld- u. Effecten-Geschäft. gr. 8. (21 S.) Leipzig 886. (Hinrichs' Verl.) n. — 50

—— an der Stettiner Börse nebst sämmtl. Tarifen bei der Korporation der Kaufmannschaft sowie die neuesten Verordnungen im Post-, Telegraphen- und Bankwesen. 8. (112 S.) Stettin 886, Hessenland. * 1 —

— **Frankfurter.** Gutachten, erstattet v. der Handelskammer zu Frankfurt a. Main. (VII, 68 S.) 8. Frankfurt a/M. 906. (K. Scheller.) nn — 50

Handelsgebräuche im Großhandel u. Schiffahrtsverkehre in Magdeburg. Festgestellt v. den Aeltesten der Kaufmannschaft zu Magdeburg. gr. 8. (129 S.) Magdeburg 893. Heinrichshofen's Sort. n. 2. —; geb. n.n. 2. 30

Handelsgebräuche im Großhandel und Schiffahrtverkehre Magdeburgs nebst Sammlung von Schlußscheinbedingungen ... hrsg. im Auftr. d. Handelskammer zu Magdeburg von Georg **Gutsche**, Rechtsanw., u. Dr. M[artin] Behrend, Syndikus. Magdeburg: Heinrichshofen in Komm. 1905. (XXXIII, 392 S.) 8° (05. 9231 3

Handelsgebräuche des Thorner Holzhandels. Hrsg. von d. Handelskammer zu Thorn am 1. Sept. 1905. (Thorn 1905: Thorner Ostdeutsche Zeitung.) (10 S.) 8° [F.] (05. 13061 10

Handelsgebräuche in Kiel. Festgestellt nach den Ermittelungen der Handelskammer. (Kiel 1903.) 8° [Kopft.

Handels- und Schifffahrts-Gebräuche in Königsberg in Preußen. 2. Aufl. Königsberg 1864.

Handels- u. Schiffahrtsgebräuche in Königsberg in Preußen. Zusammengestellt v. d. Vorsteheramte d. Kaufmannschaft. (Neue Bearbeitung.) 8. (24 S.) Königsb. 890, Hartung. * — 50

Handelsgeographie, die, s.: Miniatur-Bibliothek.

Handels- u. Wirtschaftsgeographie, hrsg. von Fr. Heinemann, H. Th. Matth. Meyer u. A. Witt. 1. Tl. 8. Braunschweig 906. [H. Wollermann.] Leipzig, List & von Bressensdorf. Kart. n. 2. 40
Handels- u. Wirtschaftsgeographie v. Südamerika Von Fr. Heinemann u. H. Th. Matth. Meyer. (VIII, 214 S.)

„Ueber ein Handelsgericht in Hamburg, insbesondere über ein öffentliches mündliches Verfahren vor demselben", Hamburg 1814. — Vorh.: Com. Bibl. Hamburg. Perthes.

„Ueber Handelsgerichte in Beziehung auf Bremen", Bremen 1817. — Vorh.: Com. Bibl. Hamburg.

Handelsgerichte, die, im Königreich Sachsen mit besonderer Berücksichtigung des kgl. Handelsgerichts zu Leipzig. Leipzig 862. O. Voigt. gr. 8. (11 S.) 3 ngr

Handels-Gerichts-Ordnung. Auf Befehl Eines Hochedlen Raths [illegible] Hansestadt Hamburg publicirt den 15 December 1815 [illegible] neue gedruckt (Hamburg 1841) [illegible]

„Handelsgerichts-Ordnung, publ. 15. December 1815. — Handelsgerichtliches Reglement, publ. 21. Februar 1816. — Verordnung, die Erhebung der Gerichts-Gebühren betreffend, publ. 10. Oct. 1817. — Bekanntmachung (in Betreff der von der verlierenden Partey zu ersetzenden Kosten), publ. 16. Juni 1834. — Verordnung wegen Abänderung des Art. 36 der Handelsgerichts-Ordnung, das Rechtsmittel der Contrarestitution betreffend, publ. 24. Oct. 1845" (Hamburg). — Vorh.: Com. Bibl. Hamburg.

Handelsgerichts-Ordnung der freien Hansestadt Bremen. 8. (2¼ B.) Bremen 845, Schünemann's Vrlgs.-Buchh. *

Handelsgerichts-Zeitung. Red.: G. E. Nolte u. O. Hübener. 10–12. Jahrg. 1877–1879. à 52 Nrn. (B.) Mit Beibl. enth. nichthandelsgerichtl. Civilrechtsfälle. Red.: D. Schlüter. 52 Nrn. (½ B.) hoch 4. Hamburg, O. Meißner. à Jahrg. n. 18 – ; ohne Beibl. n. 12. —; Beiblatt ap. n. 6. —

— dasselbe. 8. Jahrg. 1875. Register. gr. 4. (S. 417 - 468.) Ebend. 877. n. 3. —; Register zum Beiblatt. 8. Jahrg. 1875. (S. 209–227.) n. 3. —

— dasselbe. 9. Jahrg. 1876. Register. gr. 4. (S. 417—439.) Hamburg, O. Meißner. n. 3. —; Register zum Beiblatt. 9. Jahrg. 1876. (S. 209—225.) n. 3. —

Handelsgerichts-Zeitung. Red.: G. E. Nolte u. O. Hübener. 10. Jahrg. 1877. Register. gr. 4. (S. 417—443.) Hamburg 878. O. Meißner. n. 3. —; Register zum Beiblatt. 10. Jahrg. 1877. (S. 209—225.) n. 3. —

— dasselbe. 11. Jahrg. 1878. Register. hoch 4. (S. 417—440.) Ebend. 879. n. 3. —; Register zum Beiblatt. 11. Jahrg. 1878. (S. 209—226.) n. 3. —

— dasselbe. 12. Jahrg. 1879. Register. gr. 4. (S. 417—437.) Ebend. 879. n. 3. —
cf.: Gerichtszeitung, hanseatische.

Handelsgerichts-Zeitung, badische, damit verbunden die Handels-Zeitung. 1. Jahrg. 1867. Oktbr. bis Decbr. 13 Nrn. (½ Bgn.) Freiburg im Br. G. Mayer. Fol. n. 10 ngr.

Handelsgerichts-Zeitung, Hamburgische. Hrsg. von einem Verein Hamburg. Juristen. Redact.: J. Heinsen. 1. Jahrg. April—Decbr. 1868. 39 Nrn. (Bog.) gr. 4. Hamburg, O. Meißner. *
Mit Beiblatt, enth. Nichthandelsgerichtl. Rechtsfälle *

— dass. — 2. und 3. Jahrg. 1869 und 1870. à Jahrg. 52 Nrn. (Bog.) gr. 4. Ebendas. à Jahrg. *
Mit Beiblatt, enth. Nichthandelsgerichtl. Rechtsfälle *
Ist an Stelle der „Hamburgischen Gerichtszeitung" getreten.

— dass. — Register zum 1. und 2. Jahrg. gr. 4. (62; 71 S.) Ebendas. 868,69. à *

— dass. — Redact.: J. Heinsen. 4. Jahrg. 1871. 1.—3. Quartal, mit Gratis-Beilage: Entscheidungen des Bundes-Oberhandelsgericht. 1. Bd. 1.—3. Heft. gr. 4. Ebendas. *
Mit Beiblatt *

— dass. — 4. Jahrg. 1871. 4. Quartal. gr. 4. Ebendas. *
Mit Beiblatt *

— dasselbe. 5—8. Jahrg. 1872—1875. hoch 4. Ebend. n. 18. —; Ausg ohne Beiblatt n. 12. —; Beiblatt apart n. 6. —

— dasselbe. Red.: G. E. Nolte u. O. Hübner. 9. Jahrg. 1876. 52 Nrn. (B.) Mit Beiblatt enth. nichthandelsgerichtl. Civilrechtsfälle. Red.: D. Schlüter. 52 Nrn. (½ B.) hoch 4. Ebend. n. 18. —; ohne Beiblatt n. 12. —; Beiblatt apart n. 6. —

Handelsgesellschafter, der. Juristische Monatschrift f. offene Handelsgesellschaften, Kommanditgesellschaften, stille Gesellschaften u. Gesellschaften m. beschränkter Haftg. Hrsg. u. Red.: Jos. Bauer. 1 u. 2. Jahrg Oktbr. 1893 Septbr. 1895. à 12 Nrn. (Bog.) Lex. 8. Leipzig, (H. Bennewitz). à Jahrg. n. 6

Handelsgesellschafter, der. Jurist. Monatsschrift f. Gesellschaften m. beschränkter Haftg., off. Handelsgesellschaften, Kommanditgesellschaften u. stille Gesellschaften. Hrsg. u. Red.: Jos. Bauer. 3. u. 4. Jahrg. Oktbr. 1895—Septbr. 1897. à 12 Nrn. (Bog.) Lex.-8. Leipzig (Waldstraße 52, II.) 895. Verl. d. „Handelsgesellschafter". à Jahrg. n. 6. —

— dasselbe, Fortsetzg., s.: Zeitschrift f. Aktiengesellschaften u. d. Handelsgesellschafter.

Handels-Gesetz f. Bosnien u. die Hercegovina. gr. 8. (144 S.) Wien 883. Hof- u. Staatsdruckerei. n. 1. —

Handels-Gesetz f. Bosnien u. die Hercegovina m. Verordnungen. (234 S.) kl. 8. Mostar 904. Pacher & Kisić. Geb. in Leinw. n. 2. 50

Das ungarische **Handelsgesetz.** 〈Gesetz-Artikel 37 v. J. 1875〉 Text-Ausg. in deutscher Übersetzung mit Anm. u. Sachreg. hrsg. von Dr. Tibor Löw. Budapest: C. Grill 1902. (VIII, 274 S.) 8°

Das ungarische Handelsgesetz 〈Gesetz-Artikel XXXVII. vom Jahre 1875〉 [Kereskedelmi **Törvény**]. Text-Ausg. in deutscher Übers. m. Anm. u. Sachreg. hrsg. von Dr. Tibor Löw. 2. umgearb. Aufl. Budapest: Grill 1910. VII, 395 S. 8° [11. 7378

Handels-Gesetz, ungarisches. 37. Gesetzartikel vom J. 1875. Nach dem amtl. ungar. Orig.-Texte. gr. 8. (IV, 132 S.) Budapest 875. Ráth. n. 2. 40

— dasselbe. 2., mit den auf das Gesetz bezügl. Ministerial-Verordngn. verm. Aufl. gr. 8. (IV, 132 u. Anh. XXXIV S.) Ebend. 876. n. 3. 36; Ministerial-Verordngn. apart n. 1. 20

Handelsgesetz, ungarisches, mit den Justizministerial-Verordnungen über das Verfahren in Wechselangelegenheiten u. über die Regelung des Handelsverfahrens in u. außer Streitsachen. gr. 8. (172 S.) Budapest 882. Ráth. n. 2. 80

Handelsgesetz, ungarisches. Neuer Abdr. (Gesetz-Artikel XXXVII. 1875.) — Ungarisches Concursgesetz. (Gesetz-Artikel XVII. 1881.) Mit Anmerkgn., Parallelstellen u. Erläutergn. Nach dem Ung. v. Benj. Zsögöd. Mit den Vollzugsvorschriften. — Über den Wucher u. die schädlichen Creditgeschäfte. (Gesetz-Artikel XXV. 1883.) — Ueber die Abschaffung der Wuchergesetze. (Gesetz-Artikel XXXI. 1868.) — Ueber die Beschränkg. des Wuchers. (Gesetz-Artikel VIII. 1877.) gr. 8. (S. 216—358, IV, 116, 10, 14 u. 8 S.) Budapest 901. M. Ráth. n. 5. —

Handelsgesetzbuch

—s.a. Grünewald, E., Repertorium zum allgemeinen deutschen Handelsgesetzbuch.

— dasselbe, s.a. Guttentag's Sammlung v. Text-Ausgaben.

Handelsgesetzbuch, s.a. Handelsgesetzbuch, Das allgemeine deutsche. — Handelsgesetzbuch, Allgemeines deutsches.

—s.a. Lehr, G. — Makower, H.

Handelsgesetzbuch, s.a. Meyer's Volksbücher.

— s.a. Text des allgemeinen deutschen Handelsgesetzbuches.

— mit Ausschluß des Seerechts u. Wechselordnung mit den späteren Abänderungen, nebst den Württembergischen Einführungsgesetzen, der Handels-Gerichts-Ordnung, den noch gült. Bestimmungen der Wechsel-Gerichts-Ordnung von 1759 u. sämmtl. einschlag. Württembergischen Verordnungen u. Instruktionen. Mit ausführl. Sachregister. Stuttgart 866. Metzler's Verlag. 8. (VIII, 351 S.) n. 26 ngr.

„Handelsgesetzbuch; nebst einem alphabetisch geordneten Wort- und Sachregister, nach der officiellen Ausgabe übersetzt von K. L. Mths. Müller, Leipzig 1808 (Hinrichs); 2. Auflage ebenda 1809.

— (mit Ausschluß des Seerechts) und Wechselordnung mit den späteren Abänderungen, nebst den Württemberg. Einführungs-Gesetzen, der Handelsgerichts-Ordnung von 1759 und sämmtl. einschlagenden Württemberg. Verordnungen und Instruktionen. Mit ausführl. Sachregistern. 2. mit dem Wechselstempelsteuer-Gesetz versehene Ausg. 12. Stuttgart 873, Metzler's Verlag. *
geb. *
Ohne Wechselordnung *

Handelsgesetzbuch m. Ausschluß des Seerechts u. Wechselordnung, in Verbindung mit den Abänderungen des Gesetzes vom 18. Mai 1864, nebst allen dazu gehörigen Bestimmungen aus den neuen einschläg. Landes- u. Reichs-Gesetzen. Mit ausführl. Sachregister. 3., mit dem Wechselstempelsteuer-Gesetz verseh. Aufl. 8. (VI, 266 u. IV, 90 S.) Stuttgart 882. Metzler's Verl. n. 2. 30; geb. n. 3. —

Handelsgesetzbuch.
Entwurf eines Handelsgesetzbuches u. Entwurf e. Einführ.-Ges. nebst Denkschrift. Reichstagsvorlage. Berlin 897.
— 1. 2. u. 3. Berathung des Entwurfs im Reichstage. Stenograph. Berichte. Berlin 897.
— eines Ausführ.-Ges. zum Handelsgesetzbuch. Reichstagsvorlage. Berlin 899.

Kritik des Entwurfs von:

Dickel. Berlin 897.	2 —	**Mecca.** Cassel 896.
Gierke. Berlin 897.	1 —	**Pilz.** Leipzig 897.
Makower u. **Simon.** Berlin 896.	1 50	**Staub.** Berlin 896.

[F.] **Handelsgesetzbuch** nebst Einführungsgesetz. Nach d. Beschlüssen d. Reichstags in dritter Berathg. Text-Ausg. m. Sachreg. *Berlin: J. Guttentag 1897.* (XV, 431 S.) 1 Bd 8. (97. 5693

— nebst Wechsel- u. Gewerbe-Ordnung, Stempel-, Börsen-, Depôt- u. Markenschutz-Gesetz, sow. Gesetzen üb. unlaut. Wettbewerb u. üb. Abzahlungsgeschäfte mit ausführl. Sachreg. gr. 8. (III, 276 S.) Berlin 897. H. Hillger. Kart. n. 1. —

— vom 10.5.97. Abteilung 2: Seehandel. (Gareis Rges. 219-22) Giessen 1897

— (ohne Seerecht) vom 10.5.97. (Gareis Rges. 214-18) Giessen 1897

Handelsgesetzbuch vom 10. V. 1897, nebst dem Einführungsgesetze vom 10. V. 1897. Textausg. m. alphabet. Sachregister. 3. Abdr. 12. (VIII, 338 S.) München, C. H. Beck. Geb. in Leinw. 1. 80.

Handelsgesetzbuch vom 10. V. 1897, nebst dem Einführungsgesetze von 10. V. 1897 Textausg. m. alphabet. Sachregister. 4. Abdr. (VII, 338 S.) 12. München, C. H. Beck. Geb. in Leinw. 1. 80.

[F.] **Handelsgesetzbuch** vom 10. Mai 1897 unter Ausschluss des Seerechts. M. den ergänzenden Vorschr. d. Bürgerl. Gesetzb. u. Erl. hrsg. v. F[elix] Litthauer, Justizr. ... *Berlin: J. Guttentag 1898.* (VIII, 646 S., 1 Bl.) 1 Bd 8.
— **Sammlung**, Guttentag'sche, Deutscher Reichsgesetze. No 4a. (98. 10483

[F.] **Handelsgesetzbuch** m. Kommentar hrsg. v. H. Makower. Buch I—III neu bearb. unter Zugrundelegg d. Fassg des Handelsgesetzb. v. 10. Mai 1897 u. des bürgerl. Gesetzb. v. F. Makower, Rechtsanw. 12. '(d. neuen Bearb. 1.)' Aufl. Lfg 1. *Berlin: J. Guttentag 1898.* 8. (98. 2647

[F.] **Handelsgesetzbuch** nebst dem Einführungsgesetze v. 10. Mai 1897. M. ausführl. Sachreg. hrsg. v. G[eorg] A[ugust] Grotefend, Geh. Regiergsr. *Düsseldorf: L. Schwann 1898.* (IV, 324 S.) 1 Bd 8.
— **Handausgaben**, Schwann'sche, deutscher u. preuss. Gesetze. No 4. (98. 10096

[F.] Das **Handelsgesetzbuch** vom 10. Mai 1897 '(m. Ausschl. d. Seerechts)' auf d. Grundl. d. Bürgerl. Gesetzb. erläut. v. Dr. A[dalb.] Düringer, Oberlandesgerichtsr. in Karlsruhe, [&] Dr. M[ax] Hachenburg, Rechtsanw. in Mannheim. Buch 1. Lfg 1. *Mannheim: J. Bensheimer 1898.* 8. (98. 7090

[F.] **Handelsgesetzbuch** vom 10. Mai 1897 nebst d. Einführungsgesetze v. 10. Mai 1897. Handausg. m. Einl., erläut. Anm. u. Sachreg. hrsg. v. Dr. C[arl] Gareis ... Prof. ... in Königsberg. *München: C. H. Beck 1895.* (XLII, 457 S.) 1 Bd 8. (97. 8040

[F.] **Handelsgesetzbuch** vom 10. Mai 1897. M. Erl. v. O(tto) Rudorff, Rath am Hanseat. Oberlandesger. Stuttgart: F. Enke 1898. (VIII, 364 S.) 1 Bd 8.

— nebst Wechsel- u. Gewerbe-Ordnung, Stempel-, Börsen-, Depôt- u. Markenschutz-Gesetz sowie Gesetzen üb. unlauteren Wettbewerb u. üb. Abzahlungsgeschäfte m. ausführlichem Sachregister. gr. 8. (III, 276 S.) Berlin 899. W. R. Berndt. Kart. 2. —

Handelsgesetzbuch vom 10. Mai 1897 nebst Abdruck d. Gesetzes über die Angelegenheiten der freiwill. Gerichtsbarkeit u. Gerichtsverfassungsgesetz (Tit. 7, Kammern f. Handelssachen). Verglichen mit d. Allg. Deutschen Handelsgesetzbuch, dem Bürgerl. Gesetzbuch u. d. Rechtsprechung d. Reichsgerichts u. Reichsoberhandelsgerichts. Zu prakt. Gebrauch dargest. von Landgerichtsrat H[einrich] Königе, Mannheim. Berlin: J. Guttentag 1899. (410 S.) 8° [F.]

Handelsgesetzbuch mit Ausschluss des Seerechts. Vollst. Abdruck d. neuen u. alten Textes nebeneinander, nebst Einführungsgesetz u. Preuss. Ausführungsgesetz ... Mit Sachreg. zsgest. von Prof. Dr. R[ud.] Medem, Landger.R. *Berlin: O. Häring 1899.* (VIII, 392 S.) 8° [F.] (00. 9679

Handelsgesetzbuch vom 10. Mai 1897 und Allgemeine Deutsche Wechselordnung nebst Einführungs- u. Ergänzungsgesetzen. (Ausg. ohne Seerecht.) Erl. durch d. Rechtsprechung d. Reichsgerichts u. des vormal. Reichs-Oberhandelsger. von Julius Basch, Justizr. in Berlin. 5., verb. Aufl. Berlin: H. W. Müller 1899. (VII, 399 S.) 8° [F.]

Handelsgesetzbuch vom 10. Mai 1897 unter Ausschluss des Seerechts. M. d. ergänzenden Vorschriften d. Bürgerl. Gesetzb. u. Erl. hrsg. von F[elix] Litthauer, Justizrath. 11. ⟨unveränd.⟩ Aufl. *Berlin: J. Guttentag 1900.* (VIII, 646 S.) 8° [F.]
— **Sammlung**, Guttentagsche, Deutscher Reichsgesetze. No 4. (00. 2311

— Civilprozeßordnung, Konkursordnung m. den Einführungsgesetzen u. den preußischen Ausführungsgesetzen, s.a. Liliputausgabe! II.

Handelsgesetzbuch, Civilprozessordnung, Konkursordnung nebst d. Einführungsges. u. d. Preuss. Ausführungsges. in neuester Fassung. Textausg. mit Sachregister. *Berlin: O. Liebmann 1900.* (XII, 535 S.) 8° [F.]
— **Liliput-Ausgabe.** Bd 2. (01. 3994

Das **Handelsgesetzbuch** vom 10. Mai 1897 ⟨mit Ausschl. d. Seerechts⟩ erl. von Samuel Goldmann, Just.R. Lfg 1. *Berlin: F. Vahlen 1900.* 8° [F.] (00. 307

Handelsgesetzbuch vom 10. Mai 1897 nebst dem Einführungsgesetze vom 10. Mai 1897. Unter Ausschl. d. Seerechts. Handausg. mit Einl., erl. Anm. u. Sachreg. hrsg. von K[arl] Gareis. 2. erg. u. bericht. Aufl. *München: C. H. Beck 1900.* (XLIII, 467 S.) 8° [F.] (00. 7055 II

Handelsgesetzbuch mit Kommentar hrsg. von H. Makower. 12. ⟨d. neuen Bearb. 1.⟩ Aufl. Bd 1–3. Berlin: J. Guttentag 1900–04. 4 Bde 8° [F.]
1. (In 7 Lfgen.) Unter Zugrundelegung d. Fassung d. HGB. v. 10. Mai 1897 u. d. BGB. neu bearb. von F[elix] Makower. T. 1. Buch 1 u. 2 ⟨Handelsstand, Gesellschaften⟩. 1901. T. 2. Buch 3 ⟨Handelsgeschäfte⟩. 1902.
2. Buch 4. ⟨Seehandel⟩, unter Zugrundelegung ... 1897 u. unter Berücks. d. seerechtl. Nebengesetze hrsg. von E[ugen] Loewe, Landger.R. 1900.
3. Handelsrechtl. Nebengesetze. Neubearb. von F[elix] Makower. 1900. (03. 3003

Handelsgesetzbuch, nebst Einführungsgesetz. Vom 10. V. 1897. Text-Ausg. m. Sachregister. 6. Neudr. gr. 16. (VII, 431 S.) Berlin, J. Guttentag. 1901. Geb. in Leinw. 1. 80.

Handelsgesetzbuch vom 10. Mai 1897 unter Ausschluss d. Seerechts. Mit d. ergänz. Vorschriften d. BGB. u. Erl. hrsg. von F[elix] Litthauer, Justizr. 12. ⟨d. neuen Fassung 3.⟩ Aufl. *Berlin: J. Guttentag 1901.* (XI, 656 S.) 8° [F.]
— **Sammlung**, Guttentag'sche, Deutscher Reichsgesetze. No 4. (01. 6887

Handelsgesetzbuch. Textausg. m. Anmkgn. u Sachregister. Von e. prakt. Juristen. gr. 16. (406 S.) Leipzig, Bibl. Institut. 1901. —. 50.
(Meyer's Volksbücher Nr. 1273—77.)

Handelsgesetzbuch ‹mit Seerecht› vom 10. Mai 1897 nebst Einf. Gesetz vom 10. Mai 1897, Ausf. Gesetz vom 24. Sept. 1899, Verfügung d. preuss. Justizmin. vom 7. Nov. 1899 über d. Führung d. Handelsregisters u. Alphab. Sachreg. Berlin: Deutscher Verl. 1902 (304 S.) 8°
= Kroon, S.: Deutsches Bürgerl. u. Gewerberecht. No 14–18.

Handelsgesetzbuch vom 10. Mai 1897 und Allgemeine Deutsche Wechselordnung nebst Einführungs- u. Ergänzungsgesetzen. ‹Ausg. mit Seerecht.› Erl. durch d. Rechtsprechung d. Reichsgerichts u. des vormal. Reichs-Oberhandelsger. von Julius Basch, Justizr. in Berlin. 5., verb. Aufl. *Berlin: H. W. Müller 1902.* (XI, 643 S.) 8° [F.] [03. 6165

— vom 10. V. 1897, nebst dem Einführungsgesetze vom 10. V. 1897. Textausg. m. alphabet. Sachregister. 2.—4. Abdr. 12. (VII, 338 S.) München 902. C. H Beck. Geb. in Leinw. 1. 80

Deutsches Seehandelsrecht ‹**Handelsgesetzbuch**: Buch IV, Seehandel, in d. Fassung d. Gesetzes vom 10. V. 1897 u. d. Abänderungsgesetzes v. 2. VI. 1902› nebst e. Anh. enth. d. Nebengesetze. Handausg. mit Erl. u. ausführl. Sachreg. von Dr. Martin Leo, Rechtsanw. München: Schweitzer 1902. X, 417 S. 8° [10. 2308 II

Handelsgesetzbuch vom 10. Mai 1897 ‹mit Ausnahme d. Seerechtes› nebst d. Einführungsgesetze z. HGB., sowie zahlr., größtenteils wörtlich abgedr. Stellen and. Gesetze ... u. e. ausführl. Sachreg. Hrsg. von Ass. H[einrich] Zweinert. Leipzig: H. Buschmann 1904. (VIII, 277 S.) 8° [08. 15386

Handelsgesetzbuch. Mit d. ergänzenden Vorschriften d. B. G. B. u. Erl. Von weil. Justizr. F[elix] Litthauer. 13. Aufl. In Verb. mit M[ax] Thiele, Oberlandesger.R., u. Dr. A[lexander] Cohn, Landrichter, hrsg. von Dr. A[lbr.] Mosse, Oberlandesger.R. Berlin: J. Guttentag 1905. (XII, 653 S.) 8° [F.]
— **Sammlung,** Guttentag'sche, Deutscher Reichsgesetze. No 4. [06. 2960

Handelsgesetzbuch vom 10. Mai 1897 und Allgemeine Deutsche Wechselordnung nebst Einführungs- u. Ergänzungsgesetzen. ‹Ausg. ohne Seerecht.› Erl. durch d. Rechtsprechung d. Reichsgerichts u. d. vormaligen Reichs-Oberhandelsger. von Julius Basch, Rechtsanw. 6., verb. Aufl. Berlin: H. W. Müller 1905. (VII, 419 S.) 8° [F.] [07. 9494

Handelsgesetzbuch mit Kommentar hrsg. von H. Makower. 13. Aufl. bearb. von F[elix] Makower, Rechtsanw. Bd 1. Berlin: J. Guttentag 1906. 8° [F.] [06. 10398

Das **Handelsgesetzbuch** vom 10. Mai 1897 nebst Einführungsgesetz unter Ausschluß d. Seerechts mit d. Rechtsprechung d. Reichsgerichts in Kommentarform hrsg. von O. Riesebieter, Landger.R. Berlin: E. Weber 1906. (VIII, 278 S.) 8° [F.] [08. 10834

Handelsgesetzbuch vom 10. V. 1897, nebst dem Einführungsgesetze vom 10. V. 1897 m. den Abändergn. der Gesetze vom 2 VI 1902 u. 12 V 1904. 5. Aufl Textausg. m alphabet Sachregister. (VIII, 339 S kl 8. München, C. H. Beck. 1906. Geb in Leinw 1 80

Handelsgesetzbuch vom 10. Mai 1897 nebst d. Einführungsgesetze vom 10. Mai 1897. Textausg. m. alphab. Sachreg. Berlin, Stuttgart, Leipzig: Kohlhammer [1907]. VIII, 362 S. 8° [10. 15611

Handelsgesetzbuch vom 10. V. 1897, nebst dem Einführungsgesetze vom 10. V. 1897 m. den Abändergn. der Gesetze vom 2. VI. 1902 u. 12. V. 1904. Textausg. m. alphabet. Sachregister. 5. Aufl. (VIII, 339 S.) kl. 8. München 907. C. H. Beck. Geb. in Leinw. n. 1. 80

Handelsgesetzbuch vom 10. V. 1897 nebst dem Einführungsgesetze v. 10. V. 1897. Textausg. m. alphabet. Sachregister. (VIII, 362 S.) kl. 8. Stuttgart (907). W. Kohlhammer. Geb. in Leinw. 1. 80

Das **Handelsgesetzbuch** vom 10. Mai 1897 ‹mit Ausschluß d. Seerechts› auf d. Grundlage d. BGB. erl. von Dr. A[dalbert] Düringer, Dr. M[ax] Hachenburg unter Mitw. von K[arl] Geiler [&] V[iktor] Hoeniger. 2. Aufl. Bd 1. Mannheim: J. Bensheimer 1908. 8° [F.] [08. 14289

Das **Handelsgesetzbuch** vom 10. Mai 1897 ‹mit Ausschluß d. Seerechts› auf d. Grundlage d. BGB. erl. von Dr. A[dalbert] Düringer, Dr. M[ax] Hachenburg unter Mitw. von .. 2. Aufl. Bd 1. 2. Mannheim (2: Leipzig): Bensheimer 1908–10. 8°

1. Handelsstand nebst e. Anh. enth. Erl. der auf d. Handelsregisterführung bezügl. Bestimmungen d. Reichsgesetzes über d. Angelegenheiten d. freiwill. Gerichtsbarkeit. 1908. 2. (In 2 Abt.) Drittes Buch d. Gesetzes: Handelsgeschäfte. Allgemeine Vorschriften. 19(09–)10. [11. 4733

Das **Handelsgesetzbuch** mit Ausschluß des Seerechts. Erl. von Dr. Carl Ritter, Oberlandesger.R. in Hamburg. H. 1. Berlin: H. W. Müller 1909. 8°

Das **Handelsgesetzbuch** mit Ausschluß des Seerechts. Erl. von Dr. Carl Ritter, Oberlandesger.R. in Hamburg. (In 2 Hälften.) Berlin: H. W. Müller 19(09–)10. VII, 746 S. 8° [10. 3704

Handelsgesetzbuch nebst Einführungsgesetz. Vom 10. Mai 1897 unter Berücks. d. ergangenen Novellen. Text Ausg. mit Sachreg. 8. Aufl. Berlin: Guttentag 1910. VII, 433 S. 8°
(Guttentag'sche Sammlung von Text-Ausgaben ohne Anm. mit Sachreg.) [10. 5232

Handelsgesetzbuch vom 10. V. 1897, nebst dem Einführungsgesetze vom 10. V. 1897 m. den Abänderungen der Gesetze vom 2. VI. 1902, 12. V. 1904 u. 30. V. 1908. Textausg. m. Sachregister. 6. Aufl. (VIII, 339 S.) kl. 8. München, C. H. Beck. 1910. Geb. in Leinw. 1. 80.

Handelsgesetzbuch, das allgemeine, s. a. Gesetze u. Verordnungen, österreichische.

Handelsgesetzbuch, Das allgemeine, v. Standpunkte der österreichischen Gesetzgebung erläutert. 4. (Schluß) Lief. gr. 8 (XIII, S. 297–480) Wien, Gerold 1864.

— — vom 17. Decbr. 1862 sammt dem Einführungsgesetze u. allen darauf bezügl. ergänz. u. erläut. Verordnungen. [4., bis Ende Decbr. 1869 ergänzter Abdr.] Wien 870. Manz' Verl. 8. (VIII, 218 S.) n. 16 ngr.

— das allgemeine, vom 17. Decbr. 1862, sammt dem Einführungsgesetze, allen darauf bezügl. ergänz. u. erläut. Verordnungen u. den grundsätzl. Entscheidungen d. Obersten Gerichtshofes. [9., ergänzte Aufl.] gr. 16. (VIII, 228 S.) Wien 879. Manz. n. 3. —; geb. n. 4. —

Handelsgesetzbuch, Das allgemeine

Gesetze, Oesterreichische. XI. Band. 1 Abtheilung. Inhalt: Das allgemeine Handelsgesetzbuch sammt den Einführungsgesetzen, allen darauf bezüglichen Verordnungen und den grundsätzlichen Entscheidungen des obersten Gerichtshofes. 15 Auflage. 8. (IX, 522 S.) 1.70, geb. Wien: Manz 1893. 2.20

Handelsgesetzbuch, Das allgemeine, vom 17. December 1862, sammt dem Einführungs-Gesetze, allen darauf bezüglichen ergänzenden und erläuternden Verordnungen. Die Vorschriften über Erwerbs- und Wirthschafts-Genossenschaften, Versicherungs-Anstalten, Wäg- und Meßanstalten, Lagerhäuser und den Eisenbahnbetrieb. 16. Aufl. Von Dr. Vict. Hasenöhrl. (XI, 624 S.) 8. Geh. 2.50, geb. Wien: Manz 1895. 3.—

Handelsgesetzbuch, d. allgemeine, v. 17. Dezbr. 1862, sammt d. Einführungsgesetze u. allen darauf bezügl. ergänz. u. erläut. Gesetzen u. Verordngn. (Schul-Ausg.) 4. Aufl. 12. (VI, 195 S.) Wien 896. Manz. Kart. n. 1. 50

— das allgemeine, vom 17. XII. 1862, sammt dem Einführungsgesetze u. allen darauf bezügl. ergänz. u. erläut. Gesetzen u. Verordngn. (Schul-Ausg.) 5. Aufl. 12. (VII, 207 S.) Wien 900. Manz. Kart. n. 1.60

Das allgemeine **Handelsgesetzbuch** v. 17. Dez. 1862 samt d. Einführungsgesetze u. d. anderen einschläg. Gesetzen u. Verordnungen. Die Vorschriften über Börsen … d. Scheck u. d. Eisenbahntransport. 19. Aufl. Mit e. Übersicht über d. handelsrechtl. Spruchpraxis … von Dr. Oskar Pisko. Wien: Manz 1908. (XX, 1039 S.) 8° [F.]
= **Taschenausgabe**, Manzsche, österreich. Gesetze. Bd 11, Abt. 1. 108.17140

Handelsgesetzbuch, Das allgemeine deutsche, s.a. Handelsgesetzbuch. – Handelsgesetzbuch, Allgemeines deutsches.

—— dass. — s.a. **Protokolle der Kommission zur Berathung eines allgemeinen deutschen Handelsgesetzbuches.**

Handelsgesetzbuch, das allgemeine deutsche, nach der Schlußfassung der durch die deutsche Bundesversammlung berufenen Kommission. Authentischer Abdr. 1. u. 2. Aufl. Nürnberg 861. Korn. gr. 8. (259 S.) n. 16 *ngr.*

—— dass. — Mit Erläuterungen nach den Materialien und Benutzung der sämmtl. Vorarbeiten von Bornemann, Walbeck, Strohn und Bürgers rc. nebst einem vollständ. alphabetisch geordneten Sachregister. 3. und 4. Lfg. gr. 8. (XXVI und S. 209—456.) Berlin 862, Allgem. deutsche Verlags-Anstalt. (Leipzig, R. Schäfer's Verlag.) Subscr.-Pr. *
1. und 2. Lfg. Ebendas. 860. Subscr.-Pr. des compl. Werks * 1 Thlr. 15 Ngr.; Ladenpr. * 2 Thlr.
Ausg. für Preußen mit dem preuß. Einführungs-Gesetz vom 24. Juni 1861, Ministerial-Instruktion vom 12. Dezbr. 1861 und Gebühren-Taxe vom 27. Janr. 1862. (88 S.) zu gleichen Preisen.

—— dass. — Nebst dem preußischen Einführungs-Gesetz vom 24. Juni 1861, der Ministerial-Instruction vom 12. Decbr. 1861, der Gebühren-Taxe vom 27. Janr. 1862. br. 8. (373 S.) Berlin 862, [Cohn.]

—— dass. — Nebst Einführungs-Gesetz vom 30. Octbr. 1861 und Ausführungs-Verordnungen vom 30. Decbr. 1861 für das Königreich Sachsen. 1. und 2. Aufl. mit Inhaltsverzeichniß und Sachregister. 8. (266 S.) Dresden 862, Meinhold und Söhne.

—— dass. — Beilage zum Amts-Blatt der freien Stadt Frankfurt vom 4. Decbr. 1862. gr. 8. (VIII und 299 S.) Frankfurt a. M. 862, (Streng.) *

Handelsgesetzbuch, das allgemeine deutsche. gr. 8. (259 S.) Leipzig 862, C. F. Fleischer. *

—— dass. — Nebst Einführungsgesetz vom 30. Mai und Verordnung über Form und Führung der Handelsregister und Veröffentlichung der Eintragungen vom 31. Mai 1862. (Abdruck aus der Gesetzsammlung für das Fürstenthum Schwarzburg-Sondershausen.) gr. 4. (271 S.) Sondershausen [Gotha] 862, Eupel's Verlag.

—— dass. — Nebst den Ein- und Ausführungsgesetzen sowie einem Inhaltsverzeichniß und ausführlichem Sachregister hrsg. von J. Lutz. 3. Heft. Sächsische Ausführungs-Verordnung. (34 S.) Würzburg 862, Stahel'sche Buchh. *
1 und 2. Heft. Ebendas. 1861. * 12 Ngr.

—— dass. — Nebst dem Einführungsgesetz für Sachsen. 8. (IV und 108 S., und Einführungsgesetz 8 S.) Würzburg 862, Stahel'sche Buchh. *
Das Einführungsgesetz apart *

—— dass. — für das Königreich Sachsen. Nebst dem Einführungsgesetz, der Ausführungsverordnung, den bezügl. Verordnungen des Justizministerii und der Appellationsgerichte. Mit einem ausführl. Sachregister. 1.—5. Aufl. 8. (XLVIII und 166 S.) Leipzig 862—67, Roßberg'sche Buchh. *

—— dass. — Nebst dem (preuß.) Einführungsgesetz vom 24. Juni 1861, und allgemeine deutsche Wechsel-Ordnung nebst dem Einführungsgesetz vom 15. Febr. 1850, versehen mit einem vollständigen Sachregister. Als Anh.: Gesetz, betr. die Anfertigung und Verwendung der Stempelmarken, vom 2. Septbr. 1862, und Bestimmungen über Verwendung von Stempelmarken, vom 30. Septbr. 1862. (Ausg. ohne Seerecht.) hoch 4. (X und 48 S.) Aachen. (Leipzig 863, Wengler.)

—— dass. — Mit dem Einführungsgesetz der freien Stadt Frankfurt und einem ausführlichen Sachregister. hoch 4. (VIII und 147 S.) Frankfurt a. M. 863, Brönner. *

—— dass. — Nebst Einführungsgesetz und Ausführungsverordnung für das Großherzogthum Sachsen-Weimar-Eisenach. Ausg. ohne das Seerecht. gr. 8. (81 S.) Weimar 863, Böhlau. *

—— dass. — mit Einschaltungen der Bestimmungen des Einführungs-Gesetzes vom 24. Juni 1861 und der Vorschriften der Justiz-Ministerial-Instruktion vom 12. Dezbr. 1861 für die Landestheile der preußischen Monarchie, in welchen das allgemeine Landrecht und die allgemeine Gerichts-Ordnung Gesetzkraft haben. 1.—6. Aufl. 8. (XVIII und 272 S. mit 4 Tab. in 4.) Berlin 864, C. Heymann. *

—— dass. — Nebst dem Einführungsgesetze sowie einem Inhaltsverzeichniß und ausführlichem Sachregister, mit Ausdehnung desselben auf die Einführungsgesetze hrsg. von J. v. Lutz. Authent. Ausg. 10. Aufl. 8. (231 S.) Würzburg 864, Stahel'sche Buchh. *

—— dass. — Nebst der Einführungsverordnung für Mecklenburg-Schwerin, sowie einem Inhaltsverzeichniß und ausführlichem Sachregister hrsg. von J. Lutz. 8. (267 S.) Würzburg 864, Stahel'sche Buchh.

—— dass. — Nebst den Einführungsgesetzen sämmtl. deutschen Einzelstaaten und vollständ. alphabet. Sachregister. 2. Ausg. 16. (XVI und 188 S.) Münster 865, Cazin.
Ist auch mit den Einführungsgesetzen für Hannover, Oesterreich, Preußen und Sachsen zu gleichem Preise erschienen.

—— dass. — und Einführungsgesetz für das Großherzogthum Oldenburg. Sachregister. gr. 8. (67 S.) Oldenburg 865, Schulze'sche Buchh.

Handelsgesetzbuch, das allgemeine deutsche. Nebst dem Einführungsgesetz für Bremen und dem Gesetz, betr. das Verfahren, um Papiere auf den Inhaber außer Cours und wieder in Cours zu setzen. Mit Inhaltsverzeichniß und ausführlichem Sachregister. 2. Aufl. Lex.-8. (202 S.) Bremen 867, Schünemann's Verlag. * 10 Ngr.; Schreibp. *

— das allgemeine deutsche, mit Erläuterungen nach den Materialien u. Benutzung der sämmtl. Vorarbeiten von Bornemann, Walbeck, Strohn u. Bürgers nebst preuß. Einführungs-Gesetz vom 24. Juni 1861, Ministerial-Instruktion vom 12. Decbr. 1861, Gebühren-Taxe vom 27. Janr. 1862 u. einem vollständ. alphabetisch geordneten Sachregister. 3. Aufl. (In 12 Liefgn.) 1. Liefg. Berlin 868. allg. deutsche Verl.-Anstalt. gr. 8. (IV u. S. 1—48.) 5 *ngr.*

—— das allgemeine deutsche, und die allgemeine deutsche Wechselordnung, nebst dem Reichs-Einführungsgesetze und den Reichs- (beziehentl. Baierischen) Gesetzen über die Einsetzung des Bundes-Oberhandelsgerichts, über Genossenschaften, über Kommandit-Gesellschaften auf Aktien und Aktiengesellschaften, über die vertragsmäss. Zinsen, mit besond. Berücksicht. der Abweichungen des oesterreich. Rechts, und einem Anh., die Preuss. Einführungsgesetze zu dem Deutschen Handelsgesetzbuch und der Deutschen Wechselordnung, sowie das Einführungsgesetz für Elsass-Lothringen enth. (Von R. Schroeder.) 1. Aufl. (VII, 370 S.) 1872
M. 2.; cart.

— das allgemeine deutsche nebst dem Gesetz vom 11. Juni 1870, betr. die Kommandit-Gesellschaften auf Aktien u. die Aktiengesellschaften, u. die allg. deutsche Wechsel-Ordng. nebst den auf das Handels- u. Wechselrecht sich bezieh Reichs-Gesetzen u. den hiermit in Verbindg. steh. Einführungs-Gesetzen u. Verordngn. f. das Großherzogth. Baden. Mit ausführl. Inhaltsverzeichn. 8. (XIII, 382 S.) Mannheim 873. Bensheimer. n. 1. 50

Handelsgesetzbuch, das allgemeine deutsche, u. die allgemeine deutsche Wechselordnung, nebst dem Reichs-Einführungsgesetze u. den Reichs- (beziehentl. Bair.) Gesetzen üb. die Einsetzg. d. Bundes-Oberhandelsgerichts, üb. Genossenschaften, üb. Kommanditgesellschaften auf Aktien u. Aktiengesellschaften, üb. die vertragsmäss. Zinsen, m. besond. Berücksicht. der Abweichgn. d. oesterreich. Rechts, u. e. Anh., die Preuss. Einführungsgesetze zu dem Deutschen Handelsgesetzbuch u. der Deutschen Wechselordng., sowie das Einführungsgesetz f. Elsass-Lothringen enth. 2. Aufl. 8. (VII, 379 S.) Bonn 874. Weber's Verl. n. 2. —

Das allgemeine deutsche Handelsgesetzbuch '(ohne Seerecht)' mit Einführungsbestimmungen und mit ergänzenden Reichsgesetzen. Textausg. m. erläut. kurz Noten unter Berücksichtigung d. Entscheidgn. des Reichsoberhandelsgerichts und des Reichsgerichts und mit einem Sachregister hrsg. v. Dr. Carl Gareis, o. ö. Prof. . . . in Königsberg i/Pr. 2. umgearb. und mit d. Einführungsgesetzen verm. Aufl. München: C. H. Beck 1892. (X, 430 S.) 1 Bd. 8°
(Deutsche Reichsgesetze. Textausg. mit Anm. u. Register.)

Das Allgemeine Deutsche Handelsgesetzbuch u. d. Allgem. Deutsche Wechselordng nebst d. ergänz. Gesetzen d. Deutschen Reiches. M. ausführl. Sachreg. Hrsg. v. Dr. Richard Schröder, Prof. in Heidelberg. Th. I. . . . II. . . . 8. Aufl. *Bonn: E. Weber 1896.* (XXXVII, 184, 228 S.) 1 Bd 8. [97-347

— das allgemeine (österreichische), s. Gesetze, österreichische.

— allgemeines, giltig für die Königreiche Böhmen, Galizien u. Lodomerien mit den Herzogthümern Auschwitz u. Zator u. dem Großherzogthum Krakau, das lombardisch-venetianische Königreich u. das Königreich Dalmatien, die Erzherzogthümer Oesterreich unter u. ob der Enns ꝛc., eingeführt durch das Gesetz vom 17. Decbr. 1862, sammt einem alphabetischen Register zu den 4 ersten Büchern des Handelsgesetzbuches. Amtliche Handausg. Wien 863. (Leipzig, Deuicke.) 8. (V, 187 S.) nn. 15 ngr

Handelsgesetzbuch, Allgemeines deutsches, s.a. Handelsgesetzbuch. – Handelsgesetzbuch, Das allgemeine deutsche.

Handelsgesetzbuch, Allgm. deutsches. Textausg.
Commentare von:

Anschütz-Völderndorff. 3 Bde. m. 3 Beilageheften. Erl. 868—74.	42	—	Löhr. Elberfeld 868. (6. —)
			Lutz. Erlangen 863.
			Maassen. Cöln 862. (3. —)
Auerbach. 2 Thle. Frkft. 865.	10	80	Makower. 10. Aufl. Berlin 890.
Basch. 3. Aufl. Berlin 890.	4	—	Pannier. Leipzig 891.
Brown. Neuwied 885.	1	80	Puchelt. 3. Aufl. Lpzg. 885.
Friedberg. 2. Aufl. Lpzg. 892.	4	—	Röhrich. Stuttg. 885.
Gareis 2. Aufl. Münch. 892.	2	80	Scheffer u. Gross. Repertorium. Cassel 867.
Grünwald's Repertor. 3 Bde. Bamberg 874—80.	12	60	Schilling. Elberfeld 861
v. Hahn. 2 Bde. Brschwg. 879—83.	30	—	Schow. Hannover 865.
			Schröder. 7. Aufl. Bonn 892.
Keyssner. Stuttgart 878.	9	—	Siegeth. Lpzg. 884.
Koch. 2. Aufl. Berlin 872.	12	—	Siegle. Stgt. 885.
Koller. 2. Aufl. Berlin 872.	4	20	Staub. Berlin 892.
Kowalzig. 2. Aufl. Berlin 879.	10	—	Weinhagen. Köln 872.
v. Kräwell. Halle 862.	7	50	Wengler. Leipzig 867.
Litthauer. 8 Aufl. Berlin 892.	2	50	Willenbücher. Berlin 891.

—— allgemeines deutsches. Mit Erläuterungen nach den Materialien und Benutzung der sämmtl. Vorarbeiten von Bornemann, Waldeck, Strohn und Bürgers ꝛc. 1. und 2. Lfg. gr. 8. (208 S.) Berlin 861, Allgemeine deutsche Verlagsanstalt. Leipzig, R. Schäfer's Verlag. [1. Lfg. * 15 Ngr., 2. * 10 Ngr.] *

—— dass. — und Einführungs-Gesetz. Vom 24. Juni 1861. Allgemeine deutsche Wechsel-Ordnung und Gesetz, betreffend die Einführung derselben. Vom 15. Febr. 1850. Nebst Sachregister. gr. 8. (VII und 296 S.) Berlin 861, Decker'sche geheime Ober-Hofbuchdruckerei.

Handelsgesetzbuch, allgemeines deutsches. Volks-Ausg. (Mit Ausschluß der Gesetze über den Seehandel.) 16. (VIII und 102 S.) Berlin 861, Reymann. Thlr.

—— dass. — Mit Inhaltsverzeichniß und einem Sachregister. 8. (IV und 96 S.) Leipzig 861, Roßberg'sche Buchh.
Ausg. mit dem Seerechte. (IV und 290 S.)

—— dass. — Nachschläge-Register, s. Nachschlage-Register.

—— dass. — Nebst preußischem Einführungsgesetz und alphabetischem Sachregister. 16. (IV und 231 S.) Münster 861, Cazin.

—— dass. — Nebst dem preußischen Einführungs-Gesetz vom 24. Juni 1861. gr. 8. (XXXI und 155 S.) Stettin 861, [von der Nahmer.]

—— dass. — Nebst den Einführungsgesetzen, sowie ein Inhaltsverzeichniß und ausführl. Sachregister, mit Ausdehnung desselben auf die Einführungsgesetze hrsg. von J. Lutz. Authent. Ausg. 1. und 2. Heft. 8. Würzburg 861, Stahel'sche Buchh. *

Inhalt:
Heft 1. Das vollständige Handelsgesetzbuch nebst Sachregister. 5. Aufl. (231 S.) * 10 Ngr.
2. Die preußischen Einführungs-Bestimmungen. (32 S.) * 2 Ngr.

—— dass. — Nebst dem bayr. Einführungsgesetze sowie einem Inhaltsverzeichniß und ausführl. Sachregister, hrsg. von J. Lutz. Sep.-Ausg. für Bayern. (Ohne Seerecht.) 8. (IV, 108 und Einführungsgesetz 22 S.) Ebendas. 861. *
Einführungsgesetz apart *

—— Sachregister dazu. (Ausz. zum Gesetzblatt für Bayern.) 8. (56 S.) Ebendas. 861.

—— — mit Erläuterungen nach den Materialien u. Benutzung der sämmtlichen Vorarbeiten von Bornemann, Waldeck, Strohn u. Bürgers ꝛc. nebst einem vollständigen alphabetisch geordneten Sachregister. Berlin 862. Allgem. Deutsche Verlags Anstalt. gr. 8. (XXVI, 456 S.) n. 2 ꝛf
24. Juni 1861, Ministerial-Instruktion vom 12. Dezbr. 1861 u. Gebühren-Taxe vom 27. Januar 1862. (88 S.) zu gleichen Preisen.

—— — u. allgemeine deutsche Wechsel-Ordnung nebst den darauf bezüglichen Gesetzen, Verordnungen u. Instruktionen. Amtliche Ausg. Mit Sachregister. Berlin 862. v. Decker. gr. 8. (VIII, 420 S.) n. 1 ꝛf

—— — nebst Einführungs-Gesetz vom 30. Octbr. 1861 u. Ausführungs-Verordnungen vom 30. Decbr. 1861 für das Königr. Sachsen. 1. u. 2. Aufl., mit Inhaltsverzeichniß u. Sachregister. Dresden 862. Meinhold & Söhne. 8. (266 S.) 15 ngr

—— — Nebst dem Einführungsgesetz für Sachsen. Ebend. 862. 8. (IV, 108 S. u. Einführungsgesetz 8 S.) n. 7 ngr; das Einführungsgesetz apart n. 1 ngr

—— — Beilage zum Amts-Blatt der freien Stadt Frankfurt vom 4. Decbr. 1862. Frankfurt a. M. 1862. (Streng.) gr. 8. (VIII, 299 S.) n. 18 ngr

—— dass. — und allgemeine deutsche Wechselordnung nebst den dazu gehörigen Einführungsgesetzen und Vollzugsverordnungen und den übrigen auf das Handelsrecht bezügl. Gesetzen für das Großherzogth. Baden. Mit ausführl. Sachregister. gr. 8. (VI und 333 S.) Karlsruhe 862, Müller'sche Hofbuchh.

Handelsgesetzbuch, allgem. deutsches. Amtliche Ausgabe. München 1862. 8°.

— — 1.—4. Buch: enthaltend das gesammte Handelsrecht ausschließlich „Seerecht" nebst sächsischem Einführungsgesetz vom 30. Oktbr. 1861 u. alphabetischem Sachregister. Münster 862. Cazin. 16. (IV, 98 S.) 7½ ngr.

— — Nebst Einführungsgesetz vom 30. Mai u. Verordnung über Form u. Führung der Handelsregister u. Veröffentlichung der Eintragungen vom 31. Mai 1862. [Abdruck aus der Gesetzsammlung für das Fürstenthum Schwarzburg-Sondershausen.] Sondershausen 862. Eupel. 4. (271 S.) 1 ℛℊ

— — nebst Einführungsgesetz u. Ausführungsverordnung für das Großherzogthum Sachsen-Weimar-Eisenach. Ausgabe ohne das Seerecht. Weimar 862. Böhlau. gr. 8. (81 S.) n. 6 ngr.

— — Nebst der Einführungsverordnung für Mecklenburg-Schwerin, sowie einem Inhaltsverzeichniß u. ausführlichem Sachregister herausg. von J. Lutz. Würzburg 864. Stahel. 8. (267 S.) 12 ngr.

—— des allgemeinen deutschen, 1.—4. Buch: enth. das gesammte Handelsrecht ausschließlich „Seerecht" nebst vollständ. alphabet. Sachregister. 2. Ausg. 16. (XVI und 87 S.) Münster 865, Cazin. *
Ist auch mit den Einführungsgesetzen für Hannover, Oesterreich, Preußen und Sachsen zu gleichem Preise erschienen.

— allgemeines deutsches. Nebst den Einführungsgesetzen, sowie e. Inhaltsverzeichniß u. ausführl. Sachregistern hrsg. v. J. Lutz. 1. Lfg. Authentische Ausg. 11. Aufl. 8. (231 S.) Würzburg 866. Stahel. n. 1. —

— dasselbe. 2. Lfg. 1. Einführungsgesetz vom 5. Juni 1860 zum allgemeinen deutschen Handelsgesetzbuche, sowie zur allgemeinen deutschen Wechselordng. u. den Nürnberger Wechselnovellen. — 2. Gesetz vom 11. Juni 1870: Die Kommanditgesellschaften auf Aktien u. die Aktiengesellschaften. 8. (19 S.) Ebend. 871. n. — 20

— allgemeines deutsches, nebst dem königl. sächs. Einführungs-Gesetze vom 30. Octbr. 1861, der königl. sächs. Ausführungs-Verordnung vom 30. Decbr. 1861 u. dem norddeutschen Bundesgesetze, die Einführung des allgem. deutschen Handelsgesetzbuchs betr., vom 5. Juni 1869, sowie nebst entsprech. Verweisungen. 3. Aufl., mit Inhaltsverzeichniß u. speciellem Wort- u. Sachregister von Friedr. Alb. Wengler. Dresden 870. Meinhold & Söhne. 8. (IV, 376 S.) 20 ngr.

Handels-Gesetzbuch, allgemeines deutsches, für die Staaten des norddeutschen Bundes. Nebst den mit dem Handelsgesetzbuch in Verbindung stehenden Bundesgesetzen. Mit Inhaltsverzeichniß und Sachregister. 8. (306 S.) Leipzig 870, Roßberg'sche Buchh. *
—— dass. — mit den abändernden Bestimmungen des Reichsgesetzes vom 11. Juni 1870 betr. die Kommanditgesellschaften auf Aktien und die Aktiengesellschaften. Nebst den weiteren, mit dem Handelsgesetzbuch in Verbindung stehenden sächs. Gesetzen und Verordnungen und den bezügl. deutschen Reichsgesetzen. Mit Inhaltsregister und vollständ. Sachregister. 2.—7. Aufl. 8. (VIII, 352 S.) Ebendas. 870—72.

Handels-Gesetzbuch, allgemeines deutsches, für die Staaten des norddeutschen Bundes. Nebst den mit dem Handelsgesetzbuch in Verbindung stehenden Bundesgesetzen. Mit Inhaltsverzeichniß u. Sachregister. Ebend. 871. 8. (306 S.) n. 15 ngr.

— allgemeines deutsches m. den abändernden Bestimmungen d. Reichsgesetzes vom 11. Juni 1870 betr. die Kommanditgesellschaften auf Aktien u. die Aktiengesellschaften. Nebst den weiteren, m. dem Handelsgesetzbuch in Verbindg. steh. sächs. Gesetzen u. Verordngn. u. den bezügl. deutschen Reichsgesetzen. Mit Inhaltsreg. u. vollständ. Sachreg. 7. Aufl. 8. (VIII, 352 S.) Leipzig 872. Roßberg. n. 1. 50

Handelsgesetzbuch, allgemeines deutsches, m. den neueren Ergänzungs- u. Einführungs-Gesetzen sowie das Seerecht u. e. alphabet. Sachreg. 12. (XXIX, 265 S.) Paderborn 872. Kleine. — 45; ohne Seerecht — 30

— allgemeines deutsches u. allgemeine deutsche Wechselordnung nebst den damit in Beziehg. steh. Reichsgesetzen. Mit ausführl. Sachregister. 4. Aufl. 8. (VIII, 408 S.) Ebend. 873. n. 2. —

—— allgemeines deutsches, [mit Ausschluß des Seerechts]. 2. Lfg. 8. (12 S.) Würzburg 877, Stahel'sche Buchh. *
1. Lfg. Ebendas. 1866. *ℳ 1.

—— dass. — 2. Lfg.: Einführungsgesetz für Elsaß-Lothringen. 2. Aufl. 8. (12 S.) Ebendas. 877. *
1. Lfg. Ebendas. 1871. *ℳ 1.

—— allgemeines deutsches, mit Seerecht, nebst Einführungs- und Ergänzungs-Gesetzes. Text-Ausg. 16. (IX, 543 S.) Dresden 883, Barth und Schirrmeister. cart. *

Handelsgesetzbuch, allgemeines deutsches, nebst dem Gesetze vom 18. Juli 1884 betr. die Kommanditgesellschaften auf Aktien u. die Aktiengesellschaften. Textausg. m. Anmerkgn. u. Sachregister. gr. 8. (IV, 115 S.) Berlin 884. v. Decker. cart. n. 1. —

Handelsgesetzbuch, allgemeines deutsches, mit Seerecht und dem Gesetz, betr. Kommanditgesellschaften auf Aktien und Aktiengesellschaften. Hrsg. von der Redaktion des Reichs-Gesetzbuches. gr. 8. (160 S.) [Berlin 886.] Hamburg, Bruer und Comp. * 2 50

Handelsgesetzbuch, Allgemeines deutsches, mit Ausschluss des Seerechts, und allgemeine deutsche Wechselordnung. Uebersetzt ins Arabische von Martin Hartmann. Leipzig und Beirut 188?

—— allgemeines deutsches. Text-Ausg. 3. Aufl. 16. (191 S.) [Nürnb. 889, Hennings.] Dessau, Kahle. cart. * — 80
—— dass. — mit Seerecht u. dem Gesetz betr. Kommanditgesellschaften auf Aktien u. Aktiengesellschaften. Hrsg. v. der Redact. d. Reichs-Gesetzbuches. 2. Aufl. gr. 8. (160 S.) Hamb. 889, Bruer u. Comp. cart. * 2 50

— dass. — s.a. Textausgaben deutscher Reichsgesetze.

Allgemeines Deutsches Handelsgesetzbuch einschliesslich des Seerechtes. Allgemeine Deutsche Wechselordnung nebst d. ergänzend. Reichsgesetzen. Mit ausführl. Sachregister. Hrsg. v. Dr. Emil Friedberg, . . o. Prof. . . . a. d. Univ. Leipzig. 3. . . . verm. Ausg. Leipzig: Veit & C. 1894. (XX, 688 S.) 1 Bd. 8°
(Die Handelsgesetzgebung d. Deutschen Reiches.)

[F.] Allgemeines Deutsches Handelsgesetzbuch unter Ausschluss des Seerechts. Text-Ausg. m. Anm. u. Sachreg. Hrsg. v. F[elix] Litthauer, Justizr. 9. Aufl. *Berlin: J. Guttentag 1897.* (XI, 653 S., 1 Bl.) 1 Bd 8.
= Sammlung, Guttentag'sche, Deutscher Reichsgesetze. No 4. (97 335)

—— Nachschlage-Register, s. Nachschlage-Register.

— — für das Herzogthum Nassau, s. Bürgerbuch, neues Nassauisches.

— allgemeines deutsches, für das Königr. Sachsen. Mit Inhaltsverzeichniß und einem Sachregister. 8. (IV und 96 S.) Leipzig 861, Roßberg'sche Buchh.

— allgemeines, für das Kaiserthum Oesterreich. Giltig vom 1. Juli 1863. Nebst dem Einführungsgesetze und einem ausführlichen Sachregister. 16. (193 S.) Wien 864, Geitler. *

„Handelsgesetzbuch für das Grossherzogthum Berg". Text deutsch und französisch. Düsseldorf. Düsseldorf, eingeführt durch das kaiserliche Dekret vom 17. 12. 1811. — Vorh.: Preuß. Oberbergamt Dortmund — J. f. 7.

— das deutsche, mit Ausnahme d. Seerechtes. Uebersichtlich u. m. Beziehg. auf das seither in Elsaß-Lothringen gelt. Recht, dargestellt zum Gebrauche f. Kaufleute, Handelsrichter u. s. w. Von e. prakt. Juristen. 8. (IV, 78 S.) Mannheim 873. Bensheimer. n. 1. 20

— das deutsche. (In der vom 1. I. 1900 gült. Fassg.) gr. 8. (286 S.) Berlin (900) A. Weichert. Kart. 1. 50

Handelsgesetzbuch, das deutsche, u. die Eisenbahnen. Jena 860. Mauke. gr. 8. (IV, 64 S.) n. 10 ngr.

Handelsgesetzbuch f. Frankreich, übers. v. C. Bachoven. *Kölln.* 807. gr. 8.

französ., nach d. officiellen Ausgabe des Code de Commerce übersetzt. Französ. u. Deutsch. gr. 8. Hamb. 808. (Campe). 1 ₰ 12 ß (vergl. Napoleon).

Handelsgesetzbuch [illegible]

Handels-Gesetzbuch, holländisches, v. 1838. Nach d. amtl. Ausg. übers. v. F. C. Schumacher. gr. 12. (10½ B.) Hamburg 840, Hoffmann u. Campe.

Das Japanische Handelsgesetzbuch. [Th.] 1. 2. In d. Deutsche ubertr. u. m. Anm. vers. v. Oscar Borchardt, Dr. d. Rechte. Berlin: R. v. Decker 1896. 8°
= Handelsgesetze, Die geltenden, d. Erdballs. Nachtr. III.

— japanisches, nebst Einführungsgesetz. Übers. v. Ludw. Lönholm. gr. 8. (III, II, IV, 233 S. m. 1 Schrifttaf.) Tokyo (899). (Bromon, M. Nössler.) Geb. in Halbfrz. n. 9.—

— das, für das Königr. Italien, sammt dem Kundmachungspatent vom 25. Juni 1865. In's Deutsche übersetzt, mit Inhaltsverzeichniß u. einem alphabet. Sachregister versehen von D. Treves. Wien 868. Manz' Verl. 8. (XII, 190 S.) n. 20 ngr.

— für das Herzogthum Nassau u. Einführungsgesetz für das Großherzogth. Oldenburg. Sachregister. Oldenburg 865. Schulze'sche Buchh. gr. 8. (67 S.) 6 ngr.

[F.] Das neue Handelsgesetzbuch für das Deutsche Reich '(m. Ausschl. d. Seerechtes)'. Nebst d. Einführgsgesetz. Textausg. m. Anm. f. d. prakt. Gebr. u. e. Sachreg. v. Dr. [Naumann] Danziger I, Rechtsanw. beim Kgl. Landger. I Berlin. *Berlin: F. Dummler 1897.* (272 S.) 1 Bd 8. [97. 6901

— das neue, nebst Einführungsgesetz. Nach den Beschlüssen des Reichstages in 3. Lesg. 12. (280 S.) Berlin (899). B. Klette. Kart. n. 1. —

Das neue Handelsgesetzbuch nebst Einführungsgesetz vom 10 Mai 1897 (unter Ausschluss d. Seehandels). Mit Gesetzeskraft v. 1. Jan. 1900 ... unter stetiger Vergleichung mit d. Artikeln d. alten Handelsgesetzbuchs nebst Paragraphenschlussel mit Anm. Von Dr M[artin] Scherer, Rechtsanw. beim Reichsgericht. *Leipzig. O. Wigand 1899.* (XXII, 208 S.) 8° [F.]
= Handelsgesetzbuch, Das neue, ... u. d. Wechselordnung [1.] [99. 8065

Das Neue Handelsgesetzbuch nebst Einfuhrungsgesetz (sowie Wechselordnung u. Stempelsteuergesetz. Gultig vom 1. Jan. 1900). *Berlin: L. Schwarz & Co. [1900].* (277 S.) 8° [F.] [00. 5574

Das Neue Handelsgesetzbuch für das Deutsche Reich im Originaltext mit den preisgekr. Erläuterungen von Alfred Korn, Rechtsanw. zu Berlin. Mit e. Vorw. von Justizrat [Jakob] Riesser. Im Anh.: Seehandel. – Einführungsgesetz. – Sachreg. 2. Aufl. Berlin & Leipzig: W. Herlet 1901. (XIX, 319 S.) 8°

Handelsgesetzbuch f. d. Königr. d. Niederlande, nach d. amtl. Bekanntm. in d. Haagner Staats-Zeitungen v. 1826 übers. v. F. C. Schumacher. Mit Vorr. v. P. D. W. Tonnies. *Altona,* Hammerich. 827. gr. 8. (21 Gr.)

Handelsgesetzbuch, österr., m. allen ergänz. Gesetzen. 8. Aufl. Wien 878.

Handelsgesetzbuch f. d. deut. Reich vom 10./5. 1897 nebst Einführ.-Gesetz.

Textausgaben:

Beck. München. 3. Aufl. 900.	1 90	Knaur. Leipzig 898.
Berndt. Berlin 899.	2 —	Kohlhammer. Stuttgart 897.
Bruer & Co. Berlin 897.	3 —	Liebmann. Berlin 900. Liliputausgabe.
Decker. Berlin 897.	2 —	Malende. Leipzig 897.
Enselin & Laiblin. Reutlingen 897.	1 —	Reclam. Leipzig 898.
Guttentag. Berlin 897.	1 80	Rossberg. Leipzig 897.
Hendel. Halle 897.	— 75	Schweitzer. München 899.
Heymann. Berlin 897.	2 —	Weber. Bonn 896.
— mit Materialien. 897.	1 40	Weichert. Berlin 900.
Hillger. Berlin 897.	1 —	

Mit Erläuterungen von:

Basch. 5. Aufl. Berlin 899.	2 —	Danziger. 2. Aufl. Berlin 899.
Behrend. Leipzig 897.	2 —	Dove. Berlin 900.
Bürner. Stuttgart 897.	2 50	
Düringer u. Hachenburg. 2 Bde. Mannheim 900.	12 —	Makower. 3 Bde. 12. Auflage. Berlin 900.
Frankenburger. München 897.	4 —	Materialien. Berlin 897.
Friedberg. 5. Aufl. Lpzg. 898.	6 —	Medem. Berlin 899
Fuchs. Leipzig 899.	2 80	Meyerhoff. Berlin 900.
— — — grosse Ausgabe.	4 —	Ostermeyer. Leipzig 897.
Gareis. 2. Aufl. München 900.	4 —	Puchelt. 4. Auflage. 2 Bde. Leipzig 894.
— 2 Thle. Giessen 898.	1 80	Ritleng u. Gruber. Deutsch u. französich Strassbg 899.
— mit Seehandelsrecht. Berlin 899.	2 20	Rudorff. Stuttgart 898.
Goldmann. Berlin 900. Lfg. 1.	2 40	Scherer. Leipzig 899.
Grotefend. Düsseldorf 898.	1 50	Staub. 6. Auflage. 2 Bände. Berlin 900.
— — grosse Ausg. 897.	4 —	Strübe. Strassburg 898.
Königs. Berlin 899.	4 50	Wengler. 4. Aufl. Leipzig 897.
Lehmann u. Ring. 2 Bde. Berlin 900.	11 —	
Litthauer. 10. Aufl. Berlin 899.	2 25	

— f. d. Deutsche Reich, nebst Einführungsgesetz, s.a. Bibliothek d. Gesamt-Litteratur d. In- u. Auslandes.

— dasselbe, nebst Einführungsgesetz, s.a. Weber's illustr. Katechismen.

— f. d. Deutsche Reich u. Einführungsgesetz. Ausg. m. Anmerkgn. u. f. d. prakt. Anwendg. im tägl. Geschäftsleben bestimmten Formularen, Vertragsentwürfen rc. rc. F. d. prakt. Gebr. u. amtl. Quellen bearb. u. hrsg. v. d. Red. d. Reichs-Gesetzbuches f. Industrie, Handel u. Gewerbe. gr. 8. (XIV, 183, 40 u. 16 S.) Berlin 897. Bruer & Co. Geb. n. 3. —

— das, f. d. Deutsche Reich nebst d. Einführungsgesetze. V. 10. V. 1897. (Reichs-Gesetz-Blatt 1897 S. 219 ff.) Text-Ausg. m. Sachreg. 8. (IV, 262 S.) Berlin 897. R. v. Decker. Geb. in Leinw. 2. —

— nebst Einführungsgesetz. Nach d. Beschlüssen d. Reichstags in 3. Berathg Text-Ausg. m. Sachreg. 16. (V, 431 S.) Berlin 897. J. Guttentag.
Geb. in Leinw. n. 1. 80

— f. d. Deutsche Reich, nebst d. Einführungsgesetze. Text-Ausg. m. ausführl. Registern. 1. u. 2. Aufl. gr. 8. (IV, 331 S.) Berlin 897. C. Heymann's Verl.
2. —; geb. in Leinw. 2. 40

[F.] Handelsgesetzbuch für das Deutsche Reich '(m. Ausschluss des Seerechts)' nebst Einführgsges. Text-Ausg. m. ausführl. Reg. *Berlin, Stuttgart, Leipzig: W. Kohlhammer 1897.* (IV, 196 S.) 1 Bd 8.
[97 3694

[F.] Handelsgesetzbuch für das Deutsche Reich nebst Einführungsgesetz. Vollst. Text-Ausg. m. Einschl. des Seehandels. M. ausführl. Sachreg. *Halle a. d. S.: O. Hendel [1897].* (IV, 262 S.) 1 Bd 8.
= Bibliothek d. Gesamtlitteratur d. In- u. Auslandes. No 1024—1026.

— nebst d. Einführungsgesetze f. d. Deutsche Reich. Vom 10. V. 1897. M. ausführl. Sachreg. 2 Thle. 8. Leipzig 897. W. Malende à — 50; geb. à 1. —; in 1 Bd 1. —; geb. in Leinw. 1. 50
1. 1.-3. Buch. (IV, XXII, 160 u. 8 S.)
2. 4. Buch. Seehandel. (141 S.)

Handelsgesetzbuch nebst Einführungsgesetz f. d. deutsche Reich. 2 Tle. 8. Leipzig 897. J. Wilde. à — 50; geb. à 1. —; in 1 Bd. 1. —; geb. in Leinw. 1. 50
1. 1.-3. Buch. (IV, XXII, 160 u. 8 S.)
2. 4. Buch. Seehandel. (141 S.)

— f. d. Deutsche Reich nebst d. Einführungsgesetze. Text-Ausg. m ausführl. Registern. 8. (IV, 331 S.) Leipzig 897. Roßberg. Geb. in Leinw. 2. 40

— für das Deutsche Reich. (285 S) (Weber's illustr. Katech. 163) Leipzig 1897

— nebst d. Einführungsgesetze. Text-Ausg. m. alphabet. Sachreg. gr. 16. (VI, 338 S.) München 897. C. H. Beck. Geb. in Leinw. 1. 80

— f. d. Deutsche Reich. M. d. Einführungsgesetz u. ausführl. Sachreg. Text-Ausg. (m. Wechselordng.) gr. 8. (272 S.) Reutlingen 897. Enßlin & Laiblin.
Geb. in Leinw. 1. —; bess. Ausg. 1. 50

— f. d. Deutsche Reich (m. Ausschluß d. Seerechts), nebst Einführungsgesetz. Text-Ausg. m. ausführl. Reg. 12 (IV, 193 S.) Stuttgart 897. W. Kohlhammer.
geb. in Leinw. 1. 20

— nebst d. Einführungsgesetze f. d. Deutsche Reich. Vom 10. V. 1897. M. ausführl. Sachreg. 2 Tle. in 1 Bd. (Ausg. auf bess. Pap.) 8. (IV, XXII, 160 u. 141 S.) Leipzig 898. Th. Knaur. Geb. in Leinw. 1. 50

Handelsgesetzbuch für das Deutsche Reich vom 10. Mai 1897 (unter Ausschluß d. Seerechts) nebst d. Reichshaftpflichtgesetz u. d. Reichsgesetz betr. d. Inhaberpapiere mit Prämien. Textausg. mit kurzen Anm. u. Sachreg. Hrsg. von Karl Pannier. 5. Aufl. Leipzig: Ph. Reclam jun. (1899). (248 S.) 8° [F.] (Universal-Bibliothek. No. 2874/75.)

— f. das deutsche Reich (m. Seerecht) nebst Einführungsgesetz je in alter u. neuer Fassung. Vergleichende Textausg. m. alphabet. Sachregister. (Einbd.: Schweitzers altes u. neues Handelsgesetzbuch.) 12. (XI, 637 S.) München 899. J. Schweitzer Verl. Geb. in Leinw. 3. 50

Das Handelsgesetzbuch für das Deutsche Reich. Erl. von K[arl] Lehmann, Prof. in Rostock, u. V[iktor] Ring, Kammerger.R. in Berlin Bd 1. 2. *Berlin: C. Heymann (1899–)1902.* 2 Bde 8° [F.]
1 (In 3 Th.) (1899–)1902. 2 Bearb. von Lehmann 1901
= Kommentar z. Bürgerl. Gesetzbuche u. s. Nebenges. 2, 1.] [98. 683

Das Handelsgesetzbuch für das Deutsche Reich ⟨mit Ausschluss d. Seerechts⟩ nebst d. Einfuhrungsgesetz u. d. Preuss. Ausfuhrungsgesetz. Textausg. mit Anm. f. d. prakt. Gebrauch u. e. Sachreg. von Dr. [Naumann] Danziger I, Rechtsanw., Berlin. 2. verm. u. verb. Aufl. *Berlin: F. Dümmler 1900.* (278 S.) 8° [F] [00. 8717

Das Handelsgesetzbuch für das Deutsche Reich. Erl. von Heinrich Dove, Landger.R. *Berlin: C. Heymann 1900.* (XII, 506 S.) 8° [F]
= Taschen-Gesetzsammlung 50. [00. 12314

— nebst Einführungsgesetz. Vom 10. V. 1897. Text-Ausg. m. Sachregister. 6. Neudr. gr. 16. (VII, 431 S.) Berlin 901. J. Guttentag. Geb. in Leinw. 1. 80

Das Handelsgesetzbuch für das Deutsche Reich. Erl. von K[arl] Lehmann, Prof. in Rostock, u. V[iktor] Ring, Kammerger.R. in Berlin Bd 1. 2. *Berlin: C. Heymann 1901–02.* 2 Bde 8° [F]
1 1902 2 1901
= Kommentar z. Bürgerl. Gesetzbuche u. s. Nebengesetzen 2, 1]
[01. 8[illegible]

Handelsgesetzb. d. franz. Reichs; in's Deutsche übers., nebst beigefügt. Originaltext, mit erläut. Bemerkk. für Handelsgesellschaften, v. A. MANN. *Maynz.* 809. 2 Thle. gr. 8.

Handelsgesetzbuch, das, des Russischen Reiches [Ausg. von 1812] nebst den Verordnungen üb. das Fabrikgewerbe u. üb. die Reichs-Commerzbank m. den Ergänzungen u. Nachträgen bis zum 31. Decbr. 1847. Aus dem Russ. übers. von F. v. Schultz. Lex. 8. (XXII u. 655 S.) Riga 851. Rudolstadt, Froebel. n. 3 ℔

Handels-Gesetzbuch, Rheinisches, nach der bei d. Entstehung dess. von d. französ. Gouvernement angeord. officiellen deutschen Uebersetzung, nebst den, einige Artikel dies. Gesetzbuchs abändernden u. ergänz. Gesetzen u. Verordn. d. Kgl. Preuß. Gouvernements. (1—3. Lfg.) gr. 8. (11½ B.) Crefeld 834, Schüller.

— das, d. k. preuß. Rheinprovinzen, übers. u. erläut. v. C. A. Broicher u. F. F. Grimm. gr. 8. (21 B.) Köln 835, Bachem. *

— das rumänische, vom J. 1887, enth. außer d. eigentl. Handels-Gesetze auch das Wechsel- u. See-Recht, sowie das Concurs-Verfahren u. die auf das Proceß-Verfahren in Handelssachen bezügl. besonderen Vorschriften. Zum Schlusse e. Anh. m. Auszügen aus einschläg. besonderen Gesetzen v. prakt. Bedeutg. Aus den rumän. Originalien ins Deutsche übers. durch C. v. Boroschnay. 12. (478 S.) Bukarest 887. (Degenmann.) n.n. 4. 80

— für das Königr. Sachsen. Nebst dem Einführungsgesetz, der Ausführungsverordnung, den bezügl. Verordnungen des Justizministerii u. der Appellationsgerichte. Mit e. ausführl. Sachregister. 5. Aufl. Leipzig 867. Roßberg'sche Buchh. 8. (XLVIII, 166 S.) n. 10 ngr.

— für das Fürstenthum Serbien. In deutscher Uebersetzung mitgetheilt u. mit den Quellen desselben verglichen von Herm. Blodig. [Abdruck aus Haimerl's österreich. Vierteljahresschrift für Rechts- u. Staatswissenschaft.] Wien 861. Braumüller. gr. 8. (57 S.) n. 10 ngr.

— Spanisches, nach d. amtl. Madrider Ausg. übers. v. F. C. Schumacher. — A. u. d. T.: Handels-Gesetzbuch. Decretirt, sanctionirt u. promulgirt am 30. Mai 1829. Amtl. Ausg. Madrid. Auf Befehl d. Königs unsers Herrn. gr. 8. (18 B. u. Ttlvign.) Hamburg 832, (Hoffmann u. Campe.)

Handelsgesetzbuch, das ungarische, v. J. 1875 u. 76. Deut. Ausg. redigirt v. **Herich, Szoetenay** u. **Steinacker.** 2. Aufl. Budapest.

Handelsgesetzbuch, Zivilprozeßordnung, Konkursordnung, s. Handelsgesetzbuch. 1900.

Handelsgesetze. No. 1 u 2. (Volksausg. nordd. Bundesgesetze) 12° Berlin 1868

Handelsgesetze, die, des Erdballs. The commercial laws of the world. Les lois commerciales du monde. Las leyes mercantiles del mundo. Begründer des Werkes: Osk. Borchardt. 3. wesentl. erweit. u. m. Verwendg. amtl. Materials neubearb. Aufl. Hrsg. v. Jos. Kohler, Fel. Meyer, Heinr. Dove u. Hans Trumpler. Schriftleitung: Geo. Maas. Bearb. unter Berücksicht. des gesamten Handels-, Wechsel-, Konkurs- u. Seerechts m. Wiedergabe des Urtextes in allen Landessprachen u. m. gegenübersteh. Uebersetzung v. zahlreichen Mitarbeitern des In- u. Auslandes. (Ausg. D. in Landessprache m. deutscher Uebersetzg., Ausg. E. dasselbe m. engl. Uebersetzung, Ausg. F. dasselbe m. französ. Uebersetzg. u. Ausgabe S. dasselbe m. span. Uebersetzung.) Ausg. D. 1.—21. Lfg. Lex.-8. Berlin, R. v. Decker. à n. 2. 50

1. Das Handels-, Wechsel-, Konkurs- u. Seerecht Grossbritanniens u. Irlands. Von Siegfr. Goldschmidt u. Vikt. Schneider. I. Tl. Grundzüge des Handelsrechtes. (IV, IV, IV u. S. 1—64.) (906.)
2. 8. 14. Das Handelsrecht, Wechselrecht, Konkursrecht u. Seerecht der Türkei. Bearb. u. ins Deutsche übertr. Von Wilh. Padel. I—III. (5 S., Doppels. 6—8, S. 9—12, Doppels. 13—100, S. 101 u. 48 S.) 906.
3. 13. Das Handelsrecht, Wechselrecht u. Konkursrecht der Schweiz m. Wiedergabe des Gesetzestextes in den drei Landessprachen. Bearb. von Ludw. Rud. v. Salis unter Mitwirkg. v. Arth. Mamelok. I u. II. (6 Doppels., S. 7—14, Doppels. 15—84 u. S. 85.) 906.
4. 9. 15. Das Handels-, Wechsel-, Konkurs- u. Seerecht Bulgariens. Bearb. u. ins Deutsche übertr. von Milan St. Schischmanow unter Mitwirkg. v. Pet. A. Subow. I—III. (120 Doppels. u. S. 121.) 906.
5. 6. Das Handelsrecht, Wechselrecht, Konkurs- u. Seerecht Russlands. Mit Einleitung von A. W. Zavadskij u. einem Umriss des Zivilrechts von J. J. Pergament. Uebers. u. erläutert v. H. O. Klibanski. Mit amtl. Unterstützung des kaiserl. russ. Ministeriums f. Handel u. Gewerbe. I. (S. I—V, Doppels. VII—XLIII, 40 Doppels. u. S. 41.) 906.
7. 10. Das Handels-, Wechsel-, Konkurs- u. Seerecht Italiens. Mit Einleitg. u. Anmerkgn. v. Angelo Sraffa. Bearb. u. übers. von Graf Luigi Sommati di Mombello u. Osk. Vormbaum. I. II. (5 Doppels., S. 6—11, Doppels. 12—83 u. S. 84.) 906.
11. 21. Nordisches (dänisches, norwegisches, schwedisches) Wechsel- u. Seerecht. Bearb. u. übertr. von Erland Tybjerg u. Edward Hambro unter Beistand v. Adf. Aström. I. II. (80 Doppels. u. S. 81.) 906.
12. Das Handelsrecht u. Konkursrecht Dänemarks. Von Erland Tybjerg. (S. 1—5, Doppels. 6—9, S. 10—13, Doppels. 14—44 u. S. 45.) 906.
16. Das Handelsrecht, Wechselrecht, Konkursrecht u. Seerecht Aegyptens. Bearb. u. übers. von Frdr. v. Dumreicher. I. (40 Doppels. u. S. 41.) 906.
17. Das Handels-, Wechsel-, Konkurs- u. Seerecht Grossbritanniens u Irlands. Von Siegfr. Goldschmidt u. Vikt. Schneider. II. Tl. Gesetze. I. (6 S., Doppels. 7—42 u. S. 43.) 906.
18. 19. Das Handelsrecht, Wechselrecht, Konkursrecht u. Seerecht v. Oesterreich u. dem Okkupationsgebiet Bosnien-Herzegowina. Bearb. u. erläutert von Adalb. Gertscher. I. (160 S.) 906.
20. Die griechische Handelsgesetzgebung [Handels-, Wechsel-, Konkurs- u. Seerecht]. Bearb. u. übers. von Geo. v. Streit u. Geo. Diobouniotis. I. (40 Doppels. u. S. 41.) 906.

Handelsgesetze, die, des Erdballs. The commercial laws of the world. Les lois commerciales du monde. Las leyes mercantiles del mundo. Begründer des Werkes: Osk. Borchardt. 3. wesentlich erweit. u. m. Verwertg. amtl. Materials neubearb. Aufl. Hrsg. v. Jos. Kohler, Fel. Meyer, Heinr. Dove u. Hans Trumpler. Schriftleitung: Geo. Maas. Bearb. unter Berücksicht. des gesamten Handels-, Wechsel-, Konkurs- u. Seerechts m. Wiedergabe des Urtextes in allen Landessprachen u. m. gegenübersteh. Ubersetzg. v. zahlr. Mitarbeitern des In- u. Auslandes. (Ausg. D. in Landessprache m. deutscher Übersetzg., Ausg. E. dasselbe m. engl. Übersetzg., Ausg. F. dasselbe m. französ. Übersetzg. u. Ausg. S. dasselbe m. span. Übersetzg.) Ausg. D. Lfg. 22—146. 146 A. 147—207. 207 A. B. u. 208—248. Lex. 8. Berlin (906—10). R. v. Decker. Subskr.-Pr. 610. —

Acevedo, Daniel Garcia, u. Adolfo Berro Garcia, das Handelsrecht, das Wechselrecht, das Konkursrecht u. das Seehandelsrecht v. Uruguay. Übers. v. Geo. Schaps. I u. II. (208 Doppels.) (Lfg. 169—171. 182. 183.) 13. —

Aguirre, Carlos, das Handelsrecht, Wechselrecht, Konkursrecht u. Seerecht v. Mexiko. Mit e. histor. Einleitg. v. Ismael Pizarro Suárez. Übers. v. Heinrich Hillebrand. I—III. (Schluss.) (286 Doppels.) (Lfg. 238—241 u. 244—246.) 18. —

Åström, Adf., das Handels- u. Konkursrecht Schwedens. Bearb. unter Mitwirkg. v. Ernst Kallenberg. Übers. u. durchgesehen v. Hans Bittl. I. (Doppels. 1—9, S. 10—13, Doppels. 14—42 u. S. 43.) (907.) (Lfg. 25.) 2. 50
II. III s.: Tybjerg, E., IV s.: Goldschmidt, S.

Handels- u. Seerecht, Wechselrecht, Konkursrecht u. Versicherungsrecht, das, v. Deutschland. Bearb. u. erläutert v. Karl Lehmann, Ernst Jaeger, Heinr. Sievers, Hans Crüger, Carl Ritter, James Breit, E. Brodmann, H. Könige, Geo. Cohn, B. v. König. I—IV. (S. 1—800.) (909. 10.) (Lfg. 214. 215. 228—233. 247 u. 248.) 25. —

Handels-, Wechsel- u. Konkursrecht, das, v. Kroatien u. Slavonien. I. Vrbanić, Frz., d. Handels- u. Wechselrecht. — II. Čupović. Karl, das Konkurs- u. Anfechtungsrecht v. Kroatien u. Slavonien, nebst Einleitg. u. gerichtl. Verfahren z. Durchführg. v. kauf-

Azpuru, Jos., u. Alb. Mencos, das Handelsrecht, Wechselrecht, Konkursrecht u. Seerecht. v. Guatemala. Bearb. u. erläutert. Übers. v. Emil Stettner u. Pfleger. (101 Doppels.) (909.) (Lfg. 216. 217.) 6. 50

Benito, Lorenzo, das Handelsrecht, Wechselrecht, Konkursrecht u. Seerecht v. Spanien. Übers. v. Rüdiger. I—IV. (410 Doppels.) (908. 09.) Lfg. 123. 124. 176—179 u. 188—191.) 25. 50

Bustillo, Pedro J., das Handelsrecht, Wechselrecht, Konkursrecht u. Seerecht v. Honduras. Übers. v. Heinr. Hillebrand u. Karl Uerpmann.) (54 Doppels.) (910.) (Lfg. 236.) 3. 50

Chung Hui Wang u. A. Forke, die Rechtssätze des chinesischen Handels nebst Bemerkungen üb. das Gerichtsverfahren u. das Prozessrecht. (27 S.) — Stewart, T. Mc.Cants, Handelsgesetze der Republik Liberia. Gesammelt u. hrsg. Uebers. v. Siegfr. Goldschmidt. (14 Doppels. u. S. 15.) — L'Evesque, Charles, Abriss des Handelsrechts v. Siam. Übers. v. Fel. Wieland u. Schweichler. (20 Doppels. u. S. 21.) (909.) (Lfg. 195.) 3. 50

Clark and William Lawrence, das Handels-, Wechsel-, Konkurs- u. Seerecht der Verein. Staaten v. Amerika. Hrsg. u. bearb. unter Mitwirkg. v. Jos. Walker Magrath, Donald J. Kiser, Henry H. Skyles. Ins Deutsche übers. v. e. Anzahl deutscher Juristen. I. II. (II Doppels., Doppels. 1—54 u. VII. Tl. Doppels. 1—89.) (910.) (Lfg. 237. 242. 243.) 9. —

Cueto, del, Bemerkungen üb. das Handelsrecht der Republik Cuba. Übers. v. G. A. v. Rüdiger. (8 Doppels.) — Poujol, Alex., das Handelsrecht usw. v. Haiti. Schluss. (S. 161 u. Doppels. 162—222.) — Huss, Heinr., Bemerkgn. üb. das Handelsrecht der Republik Panama. (1 S.) (909.) (Lfg. 226. 227.) 5. —

Čupović, Karl, das Konkurs- u. Anfechtungsrecht v. Kroatien u. Slavonien, s.: Handels-, Wechsel- u. Konkursrecht.

Dimitriu, Vasile, u. Stef. G. Gane, das Handels-, Wechsel-, Konkurs- u. Seerecht Rumäniens. Übers. u. durchgesehen v. Geo. Flaischlen. I u. II. (105 Doppels.) (908.) (Lfg. 144. 145. 180. 181.) 10. 50

Djurowitsch, Mitar, Rechtssätze d. montenegrischen Handels. (3 S. u. Doppels. 4—15.) u. ferner: Georgewitsch, Andr., u. Stanoje Michajlowitsch, das Handels-, Wechsel- u. Konkursrecht Serbiens. III. (Schluss.) (S. 73 u. Doppels. 74—104.) (908.) (Lfg. 128.) 3. —

Dumreicher, Frdr. v., d. Handelsrecht, Wechselrecht, Konkursrecht u. Seerecht Ägyptens. Bearb. u. übers. II u. III. (Schluss.) (S. 41, Doppels. 42—112.) Ferner: Steinführer, Karl: Rechtssätze d. marokkanischen Handels. (15 S.) (907. 08.) (Lfg. 29. 113.) 5. —

Georgewitsch, Andr., u. Stanoje Michajlowitsch, das Handels-, Wechsel- u. Konkursrecht Serbiens. Bearb. u. ins Deutsche übertr. I. (Doppels. 1—40 u. S. 41.) (907.) (Lfg. 67.) 2. 50
II s.: Streit, G. v., III s.: Djurowitsch, M.

Gertscher, Adalb., das Handelsrecht, Wechselrecht, Konkursrecht u. Seerecht v. Österreich u. d. Okkupationsgebiet Bosnien-Herzegowina. Bearb. u. erläut. II—V. (S. 161—627.) (907. 08.) (Lf. 39. 54. 55. 136.) 11.50 (kpl. 14.—)

Giannini, T. C., Handels- etc. Recht v. San Marino, s.: Sommati di Mobello, Graf Luigi, u. Osk. Vormbaum, das Handels- etc. Recht Italiens.

Goldschmidt, Siegfr., u. Vikt. Schneider, das Handels-, Wechsel-, Konkurs- u. Seerecht Grossbritanniens u. Irlands. I. Tl. Grundzüge d. Handelsrechtes. II—V. (Schluss.) (S. 65—453.) (907. 08.) (Lfg. 28. 79. 129. 164. 165.) 12.50

— — dasselbe. II. Tl. Gesetze, Prozessverfahren, bearb. v. Thom. Baty u. Konkursrecht, bearb. v. N.W. Sibley. II—X. (Schluss.) (S. 43, Doppels. 44—667, S. 668—863 u. Doppels. 864—949.) u. Aström, Adf., d. Handels- u. Konkursrecht Schwedens. Bearb. unter Mitwirkg. v. Ernst Kallenberg. Übers. u. durchgesehen v. Hans Bittl. IV. (Schluss.) (IV, S. 131 u. Doppels. 132—191.) (907—09.) (Lfg. 38. 72. 108. 109. 130. 167. 168. 186. 187. 192. 193. 198—203.) 44. —

Greenfield, James, das Handelsrecht, einschliesslich d. Obligationen- u. Pfandrechtes, das Urkundenrecht, Konkursrecht u. d. Fremdenrecht v. Persien. (121 S.) (908.) (Lfg. 131.) 4. —

Hambro, Edward, das Handelsrecht u. Konkursrecht Norwegens. Bearb. u. übertr. I—V. (Schluss.) (Doppels. 1—10, S. 11. 12, Doppels. 13—210.) u. Tybjerg, Erland, u. Edward Hambro, nordisches (dänisches, norweg., schwed.) Wechsel- u. Seerecht. Bearb. u. übertr. unter Beistand v. Adf. Åström. (Schluss.) (S. 201, Doppels. 202 bis 233 u. S. 234.) (907.) (Lfg. 22. 30. 51. 83. 84 u. teilw. 102. 107.) à Lfg. 2.50

Padel, Wilh., das Handelsrecht, Wechselrecht, Konkursrecht u. Seerecht d. Türkei. Bearb. u. ins Deutsche übertr. IV. (S. 101, Doppels. 102—132, S. 133 u. 49—144.) (907.) (Lfg. 45. 46.) 5. —

Poujol, Alex., das Handelsrecht, Wechselrecht, Konkursrecht u. Seerecht v. Haïti. Übers. v. Heinr. Hillebrand u. Geo. Alfons v. Rüdiger. I u. II. (Doppels. 1—160 u. S. 161.) (909.) (Lfg. 210. 211. 220. 221.) 10. —
III s.: Cueto, del.

Pradel, Arth. Fernandez, u. Jul. Philippi, das Handelsrecht, Wechselrecht, Konkursrecht u. Seerecht männ. Rechtsansprüchen. I—III. (Schluss.) (Doppels. 1—8, S. 9—90, Doppels. 91—122, S. 123, Doppels. 124 bis 154 u. S. 155.) u. Lévy, Béla, d. Handelsrecht, Wechselrecht u. Konkursrecht Ungarns. Bearb. u. übers. III. (S. 81, Doppels. 82—128 u. S. 129.) (907.) (Lfg. 41. 74. 92. 93.) 10.—

Hekmeyer, Francisc. Cornelis, das Handels-, Wechsel-, Konkurs- u. Seerecht d. niederl. Kolonien. Bearb. u. ins Deutsche übertr. I u. II. (Doppels. 1—6. S. 7. 8, Doppels. 9—122.) (907.) (Lfg. 35. 94. 95.) 7.50
III s.: Regteren-Altena, M. v.

Hennebicq, Léon, Gesetz üb. die See- u. Binnenschiffahrt v. 10. II. 1908. (Anhang z. Sektion Belgien.) Übers. v. Fel. Wieland. Anh. V. (21 Doppels.) (909.) (Lfg. 207 A.) 1.50

— u. Wilh. Coermann, das Handelsrecht, Wechselrecht, Konkursrecht u. Seerecht Belgiens u. d. Kongostaates. Bearb. u. übers. I. u. II. (Doppels. 1—7, S. 8—13, Doppels. 14—131 u. S. 132.) — Salis, Ludw. Rud. v., das Handelsrecht, Wechselrecht u. Konkursrecht der Schweiz m. Wiedergabe d. Gesetzestextes in d. drei Landessprachen. Bearb. u. Mitwirkg. v. Arth. Mamelok. VI. (Schluss.) (S. 279—335.) (907.) (Lfg. 65. 66. 81. 82.) 10. —

— — dasselbe. 206. 207. III u. IV. (Schluss.) (S. 132, Doppels. 133—256 u. 21 Doppels.) — Horn, G., Wilh. Coermann u. Fel. Wieland, das Handelsrecht, Wechselrecht, Konkursrecht u. Seerecht Frankreichs u. seiner Kolonien. Bearb. u. übers. VI. (Schluss.) (48 Doppels. u. S. 49.) (909.) (Lfg. 184. 185. 206. 207.) 12.50

Horn, G., Bestimmungen des Code civil, welche in Handelssachen Anwendung finden können. (Anh. zur Sektion Frankreich.) Übers. v. Fel. Wieland. Anh. VI. (49 Doppels.) (910.) (Lfg. 207 B.) 3.50

— u. Wilh. Coermann, das Handelsrecht, Wechselrecht, Konkursrecht u. Seerecht Frankreichs u. seiner Kolonien. Bearb. u. übers. I—III u. V. (Doppels. 1—8, S. 9—32, Doppels. 33—172, S. 173 u. 189 u. Doppels. 190 bis 312 u. S. 313.) (907. 08.) (Lfg. 37. 77. 100. 101 u. 130—184.) 18.—
IV s.: Regteren-Altena, VI s.: Hennebicq, L.

Huss, Heinr., Bemerkungen üb. d. Handelsrecht d. Republik Panama, s.: Cueto, del, Bemerkgn. üb. d. Handelsrecht d. Republik Cuba.

Klibunski, H. O., das Handelsrecht, Wechselrecht, Konkurs- u. Seerecht Russlands. Mit Einleitg. v. A. W. Zavadskij u. e. Umriss d. Zivilrechts v. J. J. Pergament. Übers. u. erläut. v. K. Mit amtl. Unterstützg. d. kaiserl. russ. Ministeriums f. Handel u. Gewerbe. II—IV. (S. 41, Doppels. 42—320 u. S. 321.) (907.) (Lfg. 23. 43. 44. 96. 97. 106. 107.) 17.50

— Das Handelsrecht, Wechselrecht, Konkursrecht u. Seerecht Finnlands. Zusammengest. u. ins Deutsche übertr. I—IV. (Schluss.) (206 Doppels.) u. Klibanski, H. O., das Handelsrecht, Wechselrecht, Konkurs- u. Seerecht Russlands. Mit Einleitg. v. A. W. Zavadskij u. e. Umriss d. Zivilrechts v. J. J. Pergament. Übers. u. erläutert v. K. Mit amtl. Unterstützg. d. kaiserl. russ. Ministeriums f. Handel u. Gewerbe. VI. (Schluss.) (S. 321, Doppels. 322—370 u. S. XLIII, Doppels. XLIV bis LV u. S. LVI.) (907.) (Lfg. 58. 71. 104. 105 u. 120—122.) 17.50

Kück, Roberto, d. Handelsrecht, Wechselrecht, Konkursrecht u. Seerecht d. Dominikan. Republik. (87 Doppels.) (910.) (Lfg. 234. 235.) 5.50

Lama, Miguel Antonino de la, d. Handelsrecht, Wechselrecht, Konkursrecht u. Seerecht v. Peru. Bearb. u. erläut. Übers. v. Ernst Eisenmann. I—III. (Schluss.) (287 Doppels.) (907. 08.) (Lfg. 73. 116. 117 u. 155—158.) 18. —

Langgard Menezes, Rodrigo Octavio de, d. Handelsrecht, Wechselrecht, Seerecht u. Konkursrecht Brasiliens. Übers. v. Rich. Bartolomäus. I—V. (287 Doppels.) (907. 08.) (Lfg. 33. 76. 118. 119. 135. 146.) 13. —

— Novelle z. Konkursordnung (Gesetz Nr. 2024 vom 17. XII. 1908). Dekret Nr. 2044 v. 31. XII. 1908. (Wechselordng.) (Anh. zur Sektion Brasilien.) Übers. v. Heinr. Daehnhardt. Anh. VI. (57 Doppels.) (909.) 3.50

— Novelle z. Konkursordnung s.: Quesada, Ernesto, das Handelsrecht etc. d. Republik Argentinien.

L'Evesque, Charles, Abriss d. Handelsrechts v. Siam, s.: Chung Hui Wang u. A. Jorke, Rechtssätze d. chines. Handels.

Lévy, Béla, das Handelsrecht, Wechselrecht u. Konkursrecht Ungarns. Bearb. u. übers. I, II u. IV. (Schluss.) (Doppels. 1—80, S. 81, S. 401—496, S. 129 u. Doppels. 130—200.) (907. 08.) (Lfg. 40. 68 u. 125—127.) 12.50
III s.: Handels-, Wechsel- u. Konkursrecht v. Kroatien u. Slavonien.

Lönholm, Ludw. Herm., das Handelsrecht, Wechselrecht, Konkursrecht u. Seerecht Japans. Bearb. u. übers. I u. II. (Schluss.) (S. 1—17, Doppels. 18—99 u. S. 100—121.) (908. 09.) (Lfg. 152. 194.) 6.50

v. Chile. Übers. v. Ernst Eisenmann. I—IV. (Schluss.) (256 Doppels.) (907. 08.) (Lfg. 57. 80. 98. 99. 153. 154.) 16. —

Pradel, Arth. Fern., u. Benigno Lara, das Handelsrecht, Wechselrecht u. Konkursrecht v. Bolivien. Übers. v. Paul Gundelfinger. I u. II. (166 Doppels.) (908. 09.) (Lfg. 162. 163. 174. 175.) 10.50

Quesada, Ernesto, das Handelsrecht, Wechselrecht, Konkursrecht d. Republik Argentinien. Dargestellt u. erläut. unt. Mitarbeit v. Juan R. Mantillo u. Alfr. Persiani. Übers. v. Heinr. Hillebrand u. Geo. Schape. I bis IV. Schluss. (Doppels. 1—345 u. S. 346.) Anh. zur Sektion Brasilien. — Langgaard Menezes, Rodrigo Octavio de, Novelle z. Konkursordnung (Gesetz Nr. 2024 v. 17. XII. 1908). Dekret Nr. 2044 v. 31. XII. 1908 (Wechselordnung). (Gibt die Erklärg. d. Wechsels u. d. Zahlungsversprechens u. regelt die wechselrechtl. Geschäfte. Übers. v. Heinr. Daehnhardt. (57 Doppels.) (909.) (Lfg. 208. 209. 212. 213. 218. 219 u. 223—225.) 24.50

Regteren-Altena, Martinus van, das Handels-, Wechsel-, Konkurs- u. Seerecht d. Niederlande. I—III. (Schluss.) (Doppels. 1—6, S. 7—16, Doppels. 17—183 u. S. 184); ferner: Hekmeyer, Francisc. Cornelis, das Handels-, Wechsel-, Konkurs- u. Seerecht d. niederl. Kolonien. Bearb. u. ins Deutsche übertr. III. (Schluss.) (S. 122 u. Doppels. 123—169.) u. Horn, G., u. Wilh. Coermann, das Handelsrecht, Wechselrecht, Konkursrecht u. Seerecht Frankreichs u. seiner Kolonien. Bearb. u. übers. IV. (S. 173, Doppels. 174—188 u. S. 189.) (907.) (Lfg. 34. 63. 64 u. 110—112.) 15. —

Reuter, Emil, d. Handelsrecht, Wechselrecht u. Konkursrecht v. Luxemburg. Bearb. u. übers. I. u. II. (44 Doppels. u. S. 45.) (907.) (Lfg. 42 u. teilw. 59. 60.) à Lfg. 2.50

Rivas, Angel Cesar, das Handelsrecht, Wechselrecht, Konkursrecht u. Seerecht v. Venezuela. Übers. v. Paul Mayer. I—V. (Schluss.) (292 Doppels.) (907. 08.) 18.50

Rolland, Baron Hect. de, das Handelsrecht, Wechselrecht, Konkursrecht u. Seerecht v. Monaco. Mit Einleitg. v. R. Übers. u. m. Anmerkgn. versehen v. Osk. Vormbaum. I u. II. (84 Doppels.) (907.) (Lfg. 24 u. teilw. 59. 60.) à Lfg. 2.50

Rossi, Reyes Arrieta, das Handelsrecht, Wechselrecht, Konkursrecht u. Seerecht v. San Salvador. Bearb. u. erläutert. Übers. v. Karl Uerpmann u. Rechtsanw. Heinr. Hillebrand. X. (137 Doppels.) I u. II. (909.) (Lf. 196. 197. 222.) 8.50

Sá, Eduard Dally Alves, das Handelsrecht, Wechselrecht, Seerecht u. Konkursrecht v. Portugal. Übers. v. Heinr. Daehnhardt. I—III. (Schluss.) (227 Doppels.) (907. 08.) (Lfg. 114. 115. 142. 143. 166.) 14. —

Salis, Ludw. Rud. v., das Handelsrecht, Wechselrecht u. Konkursrecht d. Schweiz m. Wiedergabe d. Gesetzestextes in d. drei Landessprachen. Bearb. unt. Mitwirkg. v. Arth. Mamelok. III—V. (S. 85, Doppels. 86—195 u. S. 196—278.) (907.) (Lfg. 31. 49. 50 u. teilw. 59. 60.) à Lfg. 2.50
VI (Schluss) s.: Hennebicq, L., u. Coermann.

Schischmanow, Milan St., das Handels-, Wechsel-, Konkurs- u. Seerecht Bulgariens. Bearb. u. ins Deutsche übertr. unter Mitwirkg. v. Pet. A. Subow. IV. (Schluss.) (S. 121; Doppels. 122—135 u. S. 136.) (907.) (Lfg. 52.) 2.50

Schuler, A., d. Handelsrecht, Wechselrecht, Konkursrecht u. Seerecht v. Paraguay. Übers. v. Joaquin Giralt. (34 Doppels.) u. Zelaya, Ramón, d. Handelsrecht, Wechselrecht, Konkursrecht u. Seerecht v. Costa Rica. Übers. v. Rich. Bartolomäus. III. (S. 121, Doppels. 122—127 u. S. 128.) (907.) (Lfg. 88.) 2. 50

Sommati di Mombello, Graf Luigi, u. Osk. Vormbaum, das Handels-, Wechsel-, Konkurs- u. Seerecht Italiens. Mit Einleitg. u. Anmerkg. v. Angelo Sraffa. Bearb. u. übers. v. S. u. V. III—V. (Schluss.) (S. 84 u. Doppels. 85—188.) — Giannini, Torquato Carlo, das Handels-, Wechsel- u. Konkursrecht v. San Marino. Mit Einleitg. u. Anmerkgn. Übers. v. Fritz Zechbauer. (3 S. u. Doppels. 4—42.) (907. 08.) (Lfg. 26. 32. 138.) 9. —

Steinführer, Karl, Rechtssätze d. marokkanischen Handels, s.: Dumreicher, Fr. v., d. Handelsrecht etc. Aegyptens.

Stewart, T. Mc. Cants, Handelsgesetze d. Republik Liberia, s.: Chung Hui Wang u. A. Forke, Rechtssätze d. chines. Handels.

Streit, Geo. v., u. Geo. Diobouniotis, die griech. Handelsgesetzgebung (Handels-, Wechsel- Konkurs- u. Seerecht). Bearb. u. übers. II u. III. (Schluss.) (S. 41 u. Doppels. 42—122.) u. Andr. Georgewitsch u. Stanoje Michajlowitsch, das Handels-, Wechsel- u. Konkursrecht Serbiens. Bearb. u. ins Deutsche übertr. II. (S. 42, Doppels. 43—72 u. S. 73. (907.) (Lfg. 56. 86. 87.) 7. 50

III s.: Djurowitsch, M.

Tybjerg, Erland, das Handelsrecht u. Konkursrecht Dänemarks. ₀II—V. (Schluss.) (S. 45 u. Doppels. 46 bis 225.) u. Adf. Åström, d. Handels- u. Konkursrecht Schwedens. Bearb. unter Mitwirkg. v. Ernst Kallenberg. Übers. u. durchgesehen v. Hans Bittl. II u. III. (S. 43, Doppels. 44—130 u. S. 131.) (907.) (Lfg. 27. 61. 78. 89—91 u. teilw. 102. 103.) à Lfg. 2. 50

— u. Edward Hambro, nordisches (dänisches, norweg., schwed.) Wechsel-₀u. Seerecht. Bearb. u. übertr. unter Beistand v. Adf. Åström. III. IV. (S. 81, Doppels. 82 bis 200 u. S. 201.) (907.) Lfg. 47. 48. 62.) 7. 50

V. (Schluss) s.: Hambro, Edw.

Uribe, Antonio José, d. Handelsrecht, Wechselrecht, Konkursrecht u. Seerecht v. Columbia. Bearb. u. erl. Übers. v. Karl Uerpmann. I—III. (280 Doppels.) (908.) (Lfg. 139—141. 147. 148. 172. 173.) 17. 50

Urrutia, Francisco José, d. Handelsrecht, Wechselrecht, Konkursrecht u. Seerecht v. Ecuador. Bearb. u. erl. Übers. v. Geo. Alfons v. Rüdiger. I u. II. (Schluss.) (3 S. u. Doppels. 4—178.) (908.) Lfg. 137. 159. 160.) 11. —

Vrbanić, Frz., Handels- u. Wechselrecht v. Kroatien u. Slavonien, s.: Handels-, Wechsel- u. Konkursrecht.

Zelaya, Ramón, das Handelsrecht, Wechselrecht, Konkursrecht u. Seerecht v. Costa Rica. Übers. v. Rich. Bartolomäus. I u. II. (Doppels. 1—120 u. S. 121.) (907.) (Lfg. 38. 69. 70.) 7. 50

III s.: Schuler, A.

— Das Handelsrecht, Wechselrecht, Konkursrecht u. Seerecht v. Nicaragua. Übers. v. Johs. Zabel. (102 Doppels.) (909.) (Lfg. 204. 205.) 6. 50

Handelsgesetze, die, des Erdballs. II.—X. Bd., XI. Bd. 1. Abtlg., XII. Bd. 1. u. 2. Abtlg. u. XIII. Bd. 1. Abtlg. Lex. 8. Berlin, R. v. Decker. Geb. in Halbfrz. 652. 50

II. Mittel-Amerika. Enth. das Handels-, Wechsel-, Konkurs- u. Seerecht v. Guatemala—Honduras—San Salvador—Nicaragua—Costa Rica—Panama—Haïti—Dominikanische Republik—Cuba. Mitarbeiter: Jos. Azpuru, Alb. Mencos, Pedro J. Bustillo u. a. (101 Doppels.; S. 1—3 u. Doppels. 4—54; S. 1—3 u. Doppels. 4—137; S. 1—3 u. Doppels. 4—102; S. 1—3, Doppels. 4—125 u. S. 126—129; 3 S.; 3 S. u. Doppels. 4—222; S. 1—3 u. Doppels. 4—87; S. 1—3 u. Doppels. 4—8.) (910.) Geb. 57. —

III. Süd-Amerika I. Das Handels- u. Wechsel-, Konkurs- u. Seerecht v. Columbia, Venezuela, Ecuador. Mitarbeiter: Antonio José Uribe, Abogado Angel César Rivas, Abogado Francisco José Urrutia u. a. (280, 292 u. 178 Doppels.) (909.) Geb. 51. —

IV. Dasselbe II. Enth. das Handels-, Wechsel-, Konkurs- u. Seerecht v. Argentinien nebst Anh. Brasilien, Uruguay, Paraguay, Chile. Mitarbeiter: Ernesto Quesada, Juan R. Mantilla u. Alfredo Persiani u. a. (345 Doppels., S. 346 u. 57, 206, 34 u. 256 Doppels.) (909.) Geb. 60. —

V. Dasselbe III. Brasilien, Peru, Bolivien. Mitarbeiter: Abogado Rodrigo Octavio de Langgard Menezes, Miguel Antonio de La Lama, Abogado Arturo Fernandez Pradel u. a. (287, 287 u. 166 Doppels.) (909.) Geb. 50. —

VI. Afrika u. Asien. Enth. das Handels-, Wechsel-, Konkurs- u. Seerecht v. Ägypten—Marokko—Liberia—Persien—Siam—China—Japan. Mitarbeiter: Frdr. V. Dumreicher, Karl Steinführer, T. Mc. Cants-Stewart u. a. (109 Doppels. u. S. 110; 15 S.; 14 Doppels. u. S. 15; 121 S.; 20 Doppels. u. S. 21; 27 S. u. 121 Doppels.) (909.) Geb. 25. —

VII. Süd-Europa I. Enth. das Handels-, Wechsel-, Konkurs- u. Seerecht v. Spanien, Portugal, Italien, San Marino, Rumänien. Mitarbeiter: Lorenzo Benito, Eduard Dally Alves de Sá, Angelo Sraffa u. a. (410, 227, 188, 42 u. 165 Doppels.) (909.) Geb. 68. —

VIII. Dasselbe II. Enth. das Handels-, Wechsel-, Konkurs- u. Seerecht v. Bulgarien, Griechenland, Montenegro, Serbien, der Türkei. Mitarbeiter: G. Diobouniotis, Mitar Djurowitsch, Andra Georgewitsch u. a. (5 S., Doppels. 4—148 u. S. 149—153; 3 S. u. Doppels. 4—122; 3 S. u. Doppels. 4—16; 3 S. u. Doppels. 4—104, 3 S., Doppels. 6—135, S. 136 u. 154 S.) (908.) Geb. 42. —

IX. Ost-Europa. Enth. das Handels-, Wechsel-, Konkurs- u. Seerecht v. Russland m. Polen u. Finnland. Mitarbeiter: Klibanski, Pergament, Zavadskij. Mit amtl. Unterstützg. des kaiserl. russ. Ministeriums f. Handel u. Gewerbe. Der amtlich bestellte Referent: Wladim. v. Felkner. (VII S., Doppels. VI—L, S. LI, S. 1, Doppels. 2—370, 362a—370a u. S. 371; 3 S. u. Doppels. 4—206.) (908.) Geb. 44. —

X. Nord- u. Nordwest-Europa I. Enth. das Handels-, Wechsel-, Konkurs- u. Seerecht v. Skandinavien (Schweden, Norwegen, Dänemark). Mitarbeiter: A. Åström, Bittl, E. Hambro u. a. (7 S. u. Doppels. 4—191; 3 S. u. Doppels. 4—210; 3 S. u. Doppels. 6—225; 3 S., Doppels. 4—233 u. S. 234.) (908.) Geb. 58. —

XI, 1. Dasselbe II. Enth. das Handels-, Wechsel-, Konkurs- u. Seerecht v. Grossbritannien u. Irland (England, Schottland, Irland). Mitarbeiter: Siegfr. Goldschmidt, Thom. Baty, N. W. Sibley, M. A., Geo. Alfons v. Rüdiger. (453 S., 329 Doppels., S. 330—863 u. Doppels. 864—949.) (909.) Geb. 60. —

XII, 1. Mittel-Europa I. Enth. das Handels-, Wechsel-, Konkurs- u. Seerecht v. Belgien nebst Kongostaat, Frankreich, Monaco. Mitarbeiter: Léon Hennebicq, G. Horn, Baron Hect. de Rolland u. a. (254 Doppels., S. 255 u. 256, 21 Doppels., Doppels. 1—8, S. 9—32, Doppels. 33—312, 49 u. 84 Doppels.) (909.) Geb. 49. —

XII, 2. Dasselbe. Enth. das Handels-, Wechsel-, Konkurs- u. Seerecht der Niederlande u. Niederländisch-Indiens, der Schweiz, Luxemburgs. Mitarbeiter: M. van Regteren-Altena, Franciscus Cornelis Hekmeyer, Emil Reuter u. a. (7 S., Doppels. 4—183 u. S. 184; 3 S. u. Doppels. 4—169; 3 S., Doppels. 4—6, S. 7—14, Doppels. 15—195 u. S. 196—335; 3 S., Doppels. 4—44 u. S. 45.) (908.) Geb. 45. —

XIII, 1. Dasselbe II. Enth. das Handels-, Wechsel-, Konkurs- u. Seerecht v. Österreich-Ungarn (Bosnien, Herzegowina, Kroatien, Slavonien). Mitarbeiter: Adalb. Oertscher, Paul Schreckenthal, Karl Čupović, Frz. Vrbanić. (627; 3 S., Doppels. 4—200; 3 S., Doppels. 4—8, S. 9—90, Doppels. 91—154 u. S. 155.) (908.) Geb. 43. 50

Handelsgesetze, die, des Erdballs. Separat-Ausg. der Ausg. D. (Staaten-Einteilung.) Lex. 8. Berlin, R. v. Decker. Geb. in Leinw. 665. 60

Argentinien. Das Handelsrecht, Wechselrecht, Konkursrecht u. Seerecht der Republik Argentinien. Dargestellt u. erläutert v. Ernesto Quesada unter Mitarbeit v. Juan R. Mantilla u. Alfredo Persiani. Übers. v. Heinr. Hillebrand u. Geo. Schaps. (345 Doppels. u. S. 346.) (909.) Geb. 33. 50

Belgien u. Kongostaat. Das Handelsrecht, Wechselrecht, Konkursrecht u. Seerecht Belgiens u. des Kongostaates. Bearb. u. übers. v. Léon Hennebicq, Wilh. Coermann u. Fel. Wieland. (254 Doppels. u. S. 255 u. 256.) (909.) Geb. 25. 60

Bolivien. Das Handelsrecht, Wechselrecht u. Konkursrecht v. Bolivien. Bearb. u. erläutert v. Arturo Fernandez Pradel u. Benigno Lara. Übers. v. Paul Gundelfinger. (165 Doppels.) (909.) Geb. 17. —

Brasilien. Das Handelsrecht, Wechselrecht, Seerecht u. Konkursrecht Brasiliens. Bearb. v. Rodrigo Octavio de Langgaard Menezes. Übers. v. Rich. Bartolomäus. (287 Doppels.) (908.) Geb. 29. —

Bulgarien. Das Handels-, Wechsel-, Konkurs- u. Seerecht Bulgariens. Bearb. u. ins Deutsche übertr. v. Milan St. Schischmanow unter Mitwirkg. v. Pet. A. Subow. (5 S., Doppels. 4—148 u. S. 149—153.) 907. Geb. 16. —

Chile. Das Handelsrecht, Wechselrecht, Konkursrecht u. Seerecht v. Chile. Bearb. u. erläutert v. Arth. Fernandez Pradel u. Jul. Philippi. Übers. v. Ernst Eisenmann. (256 Doppels.) (908.) Geb. 25. 60

Columbia. Das Handelsrecht, Wechselrecht, Konkursrecht u. Seerecht v. Columbia. Bearb. u. erläutert v. Antonio José Uribe. Übers. v. Karl Uerpmann. (280 Doppels.) (910.) Geb. 28. —

Costa-Rica. Das Handelsrecht, Wechselrecht, Konkursrecht u. Seerecht v. Costa-Rica. Bearb. u. erläutert v. Ramón Zelaya, übers. v. Rich. Bartolomäus. (5 S., Doppels. 4—125 u. S. 126—128.) 907. Geb. 12. 80

Dänemark. Das Handelsrecht u. Konkursrecht Dänemarks. Bearb. v. Richt. Dr. Erland Tybjerg. Nordisches (dänisches, norweg., schwed.) Wechsel- u. Seerecht. Bearb. u. übertr. v. Erland Tybjerg u. Edward Hambro unter Beistand v. Adf. Åström. (5 S., Doppels. 6—225, 5 S., Doppels. 4—233 u. S. 234.) 907. Geb. 31. —

Ecuador. Das Handelsrecht, Wechselrecht, Konkursrecht u. Seerecht v. Ecuador. Bearb. u. erläutert v. Francisco José Urrutia. Übers. von Geo. Alfons v. Rüdiger. (178 Doppels.) (908.) Geb. 18. —

Frankreich. Das Handelsrecht, Wechselrecht, Konkursrecht u. Seerecht Frankreichs u. seiner Kolonien. Bearb. v. G. Horn. Übers. v. Wilh. Coermann u. Fel. Wieland. (312 Doppels. u. S. 313.) (908.) Geb. 80. —

Griechenland. Die griechische Handelsgesetzgebung. [Handels-, Wechsel-, Konkurs- u. Seerecht]. Bearb. u. übers. von Geo. v. Streit u. Geo. Diobouniotis. (5 S. u. Doppels. 4—122.) 907. Geb. 12. 80

Haïti. Das Handelsrecht, Wechselrecht, Konkursrecht u. Seerecht v. Haïti. Bearb. v. Alexandre Poujol. Übers. v. Heinr. Hillebrand u. Geo. Alfons v. Rüdiger. (222 Doppels.) (909.) Geb. 22. 50

Italien. Das Handels-, Wechsel-, Konkurs- u. Seerecht Italiens. Mit Einleitg. u. Anmerkgn. v. Angelo Sraffa. Bearb. u. übers. v. Graf Luigi Sommati di Mombello u. Osk. Vormbaum. (5 Doppels., S. 6—11 u. Doppels. 12—188.) — San Marino. Das Handels-, Wechsel- u. Konkursrecht v. San Marino. Mit Einleitg. u. Anmerkgn. v. Torquato Carlo Giannini. Übers. v. Fritz Zechbauer. (42 Doppels.) (908.) Geb. 23. —

Mexiko. Das Handelsrecht, Wechselrecht, Konkursrecht u. Seerecht v. Mexiko. Bearb. v. Carlos Aguirre. Mit e. histor. Einleitg. v. Ismael Pizarro Suárez. Übers. v. Heinr. Hillebrand. (286 Doppels.) (910.) Geb. 28. 80

Niederlande. Das Handels-, Wechsel-, Konkurs- u. Seerecht der Niederlande. Bearb. u. ins Deutsche übertr. v. Martinus van Regteren-Altena. Das Handels-, Wechsel-, Konkurs- u. Seerecht der niederländ. Kolonien. Bearb. u. ins Deutsche übertr. v. Franciscus Cornelis Hekmeyer. (5 S., Doppels. 4—183, S. 184, 5 S. u. Doppels. 4—169.) (907.) Geb. 35. —

Norwegen. Das Handels- u. Konkursrecht Norwegens. Bearb. u. übertr. v. Mitglied des höchsten Gerichtshofes Edward Hambro. Nordisches (dänisches, norwegisches, schwedisches) Wechsel- u. Seerecht. Bearb. u. übertr. v. Erland Dybjerg u. Edward Hambro unter Beistand v. Adf. Aström. (5 S., Doppels. 4—210, 5 S., Doppels. 4—233 u. S. 234.) 907. Geb. 29. —

Peru. Das Handelsrecht, Wechselrecht, Konkursrecht u. Seerecht v. Peru. Bearb. u. erläutert v. Richt. Miguel Antonio de la Lama. Übers. v. Ernst Eisenmann. (287 Doppels.) (908.) Geb. 28. 60

Portugal. Das Handelsrecht, Wechselrecht, Seerecht u. Konkursrecht v. Portugal. Bearb. v. Eduard Dally Alves de Sá. Übers. v. Heinr. Daehnhardt. (227 Doppels.) (908.) Geb. 22. 50

Rumänien. Das Handels-, Wechsel-, Konkurs- u. Seerecht Rumäniens. Bearb. v. Vasile Dimitriu u. Stef. G. Gane. Übers. u. durchgesehen v. Geo. Flaischlen. (165 Doppels.) (909.) Geb. 16. 50

San Salvador. Das Handelsrecht, Wechselrecht, Konkursrecht u. Seerecht v. San Salvador. Bearb. u. erläutert v. Reyes Arrieta Rossi. Übersetzt v. Karl Uerpmann u. Heinr. Hillebrand. (137 Doppels.) (909.) Geb. 18. 60

Schweden. Das Handels- u. Konkursrecht Schwedens. Bearb. v. Adf. Åström, unter Mitwirkg. v. Ernst Kallenberg. Übers. u. durchgesehen v. Hans Bittl. Nordisches (dänisches, norweg., schwed.) Wechsel- u. Seerecht. Bearb. u. übertr v. Erland Tybjerg u. Edward Hambro unter Beistand von Adf. Åström. (5 S Doppels. 4—191. 5 S., Doppels. 4—233 u. S. 234.) 907 Geb. 27. —

Schweiz. Das Handelsrecht, Wechselrecht u. Konkursrecht der Schweiz in Wiedergabe des Gesetzestextes in den 3 Landessprachen. Bearb. von Ludw. Rud. v. Salis unter Mitwirkg. v. Arth. Mamelok. (5 S., Doppels. 4—6, S. 7—14, Doppels. 15—195, S. 196—317, Doppels. 318—324 u. S. 325—335.) 907. Geb. 27. —

Spanien. Das Handelsrecht, Wechselrecht, Konkursrecht u. Seerecht v. Spanien. Bearb. u. erläutert v. Lorenzo Benito. Übers. von Geo. Alfons v. Rüdiger. (410 Doppels.) (909.) Geb. 40. 80

Türkei. Das Handelsrecht, Wechselrecht, Konkursrecht u. Seerecht der Türkei. Bearb. u. ins Deutsche übertr. v. Wilh. Padel. (5 S., Doppels. 6—135, S. 136 u. 154 S.) 907. Geb. 22. —

Uruguay. Das Handelsrecht, das Wechselrecht, das Konkursrecht u. das Seehandelsrecht v. Uruguay. Bearb. v. Dan. García Acevedo u. Adolfo Berro García. Übers. v. Geo. Schaps. (208 Doppels.) (910.) Geb. 21. —

Venezuela. Das Handelsrecht, Wechselrecht, Konkursrecht u. Seerecht v. Venezuela. Bearb. u. erläutert v. Angel Cesar Rivas. Übers. v. Paul Mayer. (292 Doppels.) (908.) Geb. 29. —

Handelsgesetze, die, f. d. Königr. Sachsen seit d. constitution. Verfass. dess., besond. abgedr. aus C. Kind's „Summarium d. Neuesten in d. deutschen u. ausländ. Rechtswissenschaft." Bd. II. Oct.-Hft. 1833. Nr. I. gr. 8. (1½ B.) Leipzig 834, (Franke.)

Handelsgesetzgebung, s. Wechsel- und Handelsgesetzgebung.

Handelsgesetzgebung, Die allgemeine deutsche, und Wechselgesetzgebung

— — die allgemeine deutsche, nebst sämmtlichen im Großherzogthum Hessen erlassenen, darauf bezüglichen Gesetzen u. Verordnungen, vervollständigt durch einen Anhang betreffend in Kraft bleibende ältere Gesetze. [Ausgabe für Starkenburg u. Oberhessen.] Mainz 863. v. Zabern. 12. (2 Bl., 204 S.) n. 25 ngr.

— — Ausgabe für Rheinhessen. Ebend. 863. 12. (III, 204 S.) n. 1 ₰ 10 ngr.

Handelsgesetzgebung, die neuere, d. deutschen Reiches u. deren Einführg. in das Großherzogth. Baden. Zugleich Ergänzungsbd. zu den seither. Ausg. d. allgem. deutschen Handelsgesetzbuches u. der allgem. deutschen Wechselordng. Mit ausführl. Inhaltsverzeichniß. 8. (IX, 158 S.) Mannheim 873. Bensheimer. n. — 70

Handelsgesetzgebung, die, des deutschen Reiches. Allgemeines deutsches Handelsgesetzbuch u. allgemeine deutsche Wechselordnung, nebst den damit in Verbindung stehenden Reichsgesetzen, sowie einem Anhang, enth. die Reichsgesetze über das Urheberrecht an Schriftwerken ꝛc. u. den Marken-, Muster- u. Patentschutz. Mit ausführl. Sachregister. 5., verm. Aufl. 8. (XII, 463 S.) Leipzig 878 Roßberg. n. 2. 40

— dasselbe. 6., vermehrte Aufl. 8. (XIV, 538 S.) Ebend. 883. n. 2. 60; geb. n. 3. 20

Handelsgesetzgebung, die, d. deutschen Reichs. Allgemeines deutsches Handelsgesetzbuch einschließlich d. neuen Aktiengesetzes u. d. Seerechts u. allgemeine deutsche Wechselordnung, nebst den damit in Verbindg. steh. Reichsgesetzen, sowie e. Anh., enth. die Reichsgesetze üb. das Urheberrecht an Schriftwerken ꝛc. u. den Marken-, Muster- u. Patentschutz. Mit ausführl. Sachregister. 6. Aufl. 2. Abdr. 8. (XIV, 538 S.) Leipzig 885. Roßberg. n. 2. 60; Einbd. n.n. — 60

Handelsgesetzgebung, die, d. Deutschen Reichs. Allgemeines deutsches Handelsgesetzbuch einschließlich d. Seerechts u. allgemeine deutsche Wechselordnung, nebst den damit in Verbindg. steh. Reichsgesetzen, sowie e. Anh., enth. die Reichsgesetze üb. das Urheberrecht an Schriftwerken ꝛc. u. den Marken- u. Musterschutz. Mit ausführl. Sachregister. 7., verm. Aufl. 8. (XVI, 532 S.) Leipzig 889. Roßberg. n. 2. 60; geb. n.n. 3. 20

Rhein. Handelsgesetzb. nach d. bei d. Entsteh. dess. v. d. franz. Gouvernement angeordn. offic. deutschen Uebersetz., nebst den, einige Artt. dies. Gesetzb. abänd. u. ergänz. Gesetzen u. Verordnn. d. Kgl. Preuss. Gouvernem. (1.—3. Lief.) ***Crefeld*****, Schüller. 834. gr. 8. (12 Gr.)**

Handels- u. Wechselgesetzgebung im Königreich Bayern. Bamberg 862. Buchner. 8. (XXX, 309 S.) n. 1 ₰ 12 ngr.

Handelsgewerbeschule, die, in Nürnberg. Nürnberg 1831

Handelsgewicht, Das neue, in Deutschland. Chemnitz [1858]. V: *Röhrich, Wilh.* (Kat. d. stat. Bureaus. Dresden 1890.)

Handelshafen, der, der Saarstädte, verf. v. P. Werneburg, O. Henze, H. Rupp u. Alex. Tille, s.a. Wirtschaftsfragen, südwestdeutsche.

Der Handelshafen der Saarstädte. Denkschrift der Handelskammer Saarbrücken im Auftrage der Kammer verfaßt von P. Werneburg u. a. Saarbrücken 1907. 73 S. mit 1 Taf. u. 9 Karten.

Handelshochschul-Bibliothek. Hrsg. v. Max Apt. 1.—9. Bd. gr. 8. Leipzig, G. A. Gloeckner. Geb. in Leinw. 39. 60

Allfeld, Philipp, Grundriss des gewerblichen Rechtsschutzes. (VIII, 220 S.) 910. (Bd. 8.) Geb. 4. 60

Calmes, Alb., die Fabrikbuchhaltung. Ein Lehrbuch. (VIII, 198 S.) 909. (Bd. 1.) Geb. 4. 50

Crüger, Hans, Grundriss d. deutschen Genossenschaftswesens. (III, 190 S.) 908. (Bd. 3.) Geb. 3. 40

Eger, Geo., Eisenbahnrecht im Deutschen Reich u. in Preussen. (VIII, 252 S. m. 3 Formularen.) 910. (Bd. 5.) Geb. 5. 20

— u. Kurt Gordan, Post-, Telegraphen- u. Telephonrecht. (VIII, 246 S.) 909. (Bd. 4.) Geb. 5. 20

Norden, Arth., die Berichterstattung üb. Welthandelsartikel (Getreide, Zucker, Kaffee, Baumwolle, Wolle.) (VIII, 202 S.) 910. (Bd. 7.) Geb. 4. 50

Puy-Fourcat, Gabr., le Français courant. Lectures pratiques et graduées permettant une revue facile et plaisante de la grammaire à l'usage 1. des cours moyens des universités commerciales et des universités populaires; 2. des cours supérieures des écoles supérieures de commerce, de l'enseignement moderne et des écoles commerciales et professionelles in Allemagne. (VI, 128 S.) 909. (Bd. 6.) Geb. 3. 20

Schär, Joh. Frdr., die Bank im Dienste des Kaufmanns m. besond. Berücksicht. der Normen u. Usancen im Kontokorrentverkehr auf Grund einer Enquête. Ein Wegweiser f. Geschäftsleute, Kapitalisten, Bankbeamte u. Studierende der Handelswissenschaften. (XII, 196 S.) 909. (Bd. 2.) Geb. 4. 50

Wiese, Leop. v., Einführung in die Sozialpolitik. (IV, 208 S.) 910. (Bd. 9.) Geb. 4. 50

Handels-Hochschul-Chronik. 1. Jahrg. S.-S. 1904. Hrsg. v. Alb. Ludw. Stange. 4 Nrn. (Nr. 9 12.) (à ca. 24 S.) Lex.-8. München, Verlag der Handelshochschul-Nachrichten. n. 2. —

— dasselbe. Einziges Interessen-Organ der Handels-Hochschulen u. akadem. Korporationen. W.-S. 1904/05. 6 Nrn. (Nr. 13—18.) (à ca. 24 S.) Lex.-8. Ebd. n. 2 —
Erschien von Nr. 16 an u. d. T.: Handels-Hochschul-Nachrichten.

Handelshochschule, Berlin. Eröffnung: Oktober 1906. Organisation u. Lehrplan der Handelshochschule der Korporation der Kaufmannschaft von Berlin. 2. Aufl. Mit Vorlesungs-Verzeichnis u. Stunden-Uebersicht f. das Winter-Sem. 1906/7. Hrsg. v. den Aeltesten der Kaufmannschaft v. Berlin. (58 S.) 8. Berlin 906. G. Reimer. n. — 50

— dasselbe. 3. Aufl. Mit Vorlesungs-Verzeichnis f. das Winter-Sem. 1906/7, Bezeichng. der Hörsäle u. Sprechstunden der Dozenten. Hrsg. von den Aeltesten der Kaufmannschaft v. Berlin. (62 S.) 8. Ebd. 906. n. — 50

Handelshochschule, die, Berlin. Bericht üb. das 1. Studienj. Oktbr. 1906/7. Erstattet v. dem Rektor der Handelshochschule J. Jastrow. (181 S. m. Abbildgn.) Lex. 8. Berlin 908. G. Reimer. 2. —
Fortsetzg., s.: Jahresbericht üb. die Handelshochschule Berlin.

— die, in Mannheim. Heinrich Lanz-Gedächtnisfonds. Vorwort. I. Rede zur Eröffng. des Winter-Sem. 1909/10, geh. v. dem Kuratoriumsvorsitzenden Martin. II. Über „Allgemeinbildg. u. Fachbildg." beim Handelshochschulunterricht. III. Anh.: 1. Landesherrliche Verordng. 2. Satzungen. 3. Prüfungsordnung usw. (58 S.) 8. Mannheim 910. J. Bensheimer's Verl. 1. —

Handels-Hochschule, Die städtische, in Köln, die erste selbständige Handels-Hochschule in Deutschland, eröffnet am 1. Mai 1901. Berlin 1901. 4. Aufl. 1903. H: *Schumacher, Hermann.* (Berl) (Bücherverz. d. Hauptbibl. d. Reichs-Marine-Amts Berlin 1902.)

Handels-Hochschule, die städtische, in Köln, die erste selbstständige Handels-Hochschule in Deutschland, eröffnet am I. V. 1901. gr. 8. (63 S.) Berlin 901. J. Springer. n. 1.—

— dasselbe. 2. Aufl. gr. 8. (70 S.) Ebd 901. n. 1.—

Die städtische Handels-Hochschule in Köln, die erste selbstständige Handels-Hochschule in Deutschland, eröffnet am 1. Mai 1901. (Hrsg. Prof. Dr. Hermann Schumacher, Studien-Dir.) 3. Aufl. Berlin: J. Springer 1902. (84 S.) 8°

— die städtische, in Cöln, die erste selbständige Handels-Hochschule in Deutschland. 4 erweit. Aufl. (XVI, 136 S m. 5 Taf.) gr. 8. Berlin 903. J. Springer. n. 1. 20

— dasselbe. Bericht üb. die zwei Studienj. 1903 u. 1904 (Sommer-Sem. 1903 u. Winter-Sem. 1904/05). Erstattet v. Chr. Eckert. (III, 134 S.) 8. Ebd. 905. n. 1. —

Handelshochschule, die städtische, in Cöln. Bericht üb. das 5. Studienj. (Sommer-Sem. 1905—Winter-Sem. 1905/06). Erstattet v. Chr. Eckert. (III, 174 S. m. 4 Taf.) 8. Köln 906. P. Neubner. n. 1. 20

— die städtische, in Cöln. Bericht üb. d. Studienj. 1909. (Sommer-Sem. 1908—Winter-Sem. 1908/09.) Erstattet v. Chr. Eckert. (III, 108 S.) 8. Cöln 909. P. Neubner. — 60

Handelshochschulen, s.a. Veröffentlichungen des deutschen Verbandes f. das kaufmänn. Unterrichtswesen.

Handelshochschulen. Gutachten von Kaufleuten, Industriellen u. a. Sachverständigen eingezogen u. zsgst. ... von Dr. Richard Ehrenberg in Altona. Als Ms. gedr. 1. *Braunschweig (1897): A. Limbach.* 8° [F.]
= Veröffentlichungen d. Deutschen Verbandes f. d. Kaufmännische Unterrichtswesen. Bd 3.
[00. 10009

Handels-Hochschul-Nachrichten. Zentralblatt der Handelshochschulen des In- u. Auslandes, hrsg. in Verbindg. m. hervorrag. Fachgelehrten v. Alb. Ludw. Stange. 3. Jahrg. Sommer-Sem. 1905 u. Winter-Sem. 1905/06. à 6 Nrn. (à ca. 24 S.) Lex.-8. München, Verlag der Handels-Hochschul-Nachrichten. à Sem. n. 2. —
Bisher u. d. T.: Handels-Hochschul-Chronik.

— dasselbe. 4. Bd. Sommer-Sem. 1906. 6 Nrn. (à ca. 32 S.) Lex.-8 München. (Leipzig, B G. Teubner.) n. 2. —
Fortsetzg., s.: Wirtschafts-Zeitung, deutsche.

Die Dresdner Handelsinnung 1654—1904. Festschrift der Dresdner Kaufmannschaft zum 250jährigen Jubiläum der Dresdner Handelsinnung. Dresden 1904.

Handels- und Verkehrsinteressen, Die, der verschiedenen Schweizerkantone ... St. Gallen 1865. V: *Lommel, Gg.* (Cat. d. Stadtbibl. Zürich. Zürich 1864—97.)

Handels- und Gewerbe-Journal. Fach-Organ für Handel und Gewerbe, Bank-, Eisenbahn- und Assecuranzwesen, sowie für Volkswirthschaft im Allgemeinen. Mit Beilage: „Die montanistische Presse". 11.—15. Jahrg. 1880—1884. à Jahrg. 52 Nrn. (Bog.) gr. 4. Wien, Administration. à Jahrg. **

Handels- und Gewerbe-Journal. Fach-Organ für Handel und Gewerbe, Bank-, Eisenbahn- und Assecuranzwesen, sowie für Volkswirthschaft im Allgemeinen. Mit Beilage: „Die montanistische Presse". Jahrg. 1885—1888. à Jahrg. 36 Nrn. (Bog.) gr. 4. Wien, Administration, Wollzeile 3. à Jahrg. **

Handelsjournal des andächtig. Kaufmanns rc. 8. Leipz. 748.

Handels-Journal, österreichisches. Commercielles Wochenblatt. Organ f. Staats- u. Volkswirthschaft, insbesondere f. Finanz-, Eisenbahn- u. Versicherungswesen, sowie für den gesammten Waarenhandel. Hrsg. u. Red.: Gust. Pappenheim. 14—16. Jahrg. 1880—1882. à 52 Nrn. (à 1—1½ B.) Fol. Wien, (Perles). Mit einer Beilage à Jahrg. n. 18. —; mit allen Beilagen n. 22. —

Handels-Journal, österreichisches. Commercielles Wochenblatt. Organ f. Staats- u. Volkswirthschaft, insbesondere f. Finanz-, Eisenbahn- u. Versicherungswesen, sowie f. den gesammten Waarenhandel. Hrsg.: Gust. Pappenheim. 17. u. 18. Jahrg. 1883 u. 1884. à 52 Nrn. (à 1—1½ B.) Fol. Wien, (Perles). Mit e. Beilage. à Jahrg n. 18. —; mit allen Beilagen n. 24. —

— dasselbe. 19. u. 20. Jahrg. 1885 u. 1886. à 52 Nrn. (à 1—1½ B.) Fol. Ebend. Mit e. Beilage à Jahrg. n.n. 18. —; mit allen Beilagen n.n. 22. —

Handels-Journal, österreichisches. Oesterreichisch-ungarisches commerciell-industrielles Wochenblatt. Organ f. Staats- u. Volkswirthschaft, insbesondere f. Finanz-, Eisenbahn- u. Versicherungswesen, sowie f. den gesammten Waarenhandel u. f. die Industrie. Hrsg.: G. Pappenheim. 21.—24. Jahrg. 1887—1890. à 52 Nrn. (à 1—1½ B.) Fol. Wien, (Perles). à Jahrg.: m. 1 Beilage n.n. 18. —; m. 2 Beilagen n.n. 22. —; m. 3 Beilagen n.n. 26. —

Handels-Journal, österreichisches. Oesterreichisch-ungar. commerciell-industrielles Wochenblatt. Organ f. Staats- u. Volkswirthschaft, insbesondere f. Finanz-, Eisenbahn- u. Versicherungswesen, sowie f. den gesammten Waarenhandel u. f. die Industrie. Hrsg.: Gust. Pappenheim. 25—28. Jahrg. 1891—1894. à 52 Nrn. (à 1—1½ Bog.) Fol Wien, (M. Perles). à Jahrg. n.n. 12. —; m. 1 Beilage n.n. 18. —; m. 2 Beilagen n.n. 22. —

Handels-Journal, österreichisches. Oesterr.-ungar. commerc.-industrielles Wochenblatt. Organ f. Staats- u. Volkswirthschaft, insbes. f. Finanz-, Eisenbahn- u. Versicherungswesen, sow. f. d. ges. Waarenhandel u. f. d. Industrie. Hrsg.: Gust. Pappenheim. Red.: Jos. Teirich. 29.—32. Jahrg. 1895—1898. à 52 Nrn. (Bog.) Fol. Wien (M. Perles). à Jahrg. n.n. 12. —; m. 1 Beilage n.n. 18. —; m. 2 Beilagen n.n. 22. —

Handels-Journal, österreichisches. Allgemeines u. commerciell-industrielles Wochenblatt. Organ f. Staats- u. Volkswirthschaft, insbesondere f. Finanz-, Eisenbahn- u. Versicherungswesen, Waarenhandel u. Industrie. Hrsg.: Gust. Pappenheim. Red.: Fritz Wolkenberg. 33.—36. Jahrg. 1899—1902. à 52 Nrn. gr. Fol. (à ca. 4 S.) Wien (M. Perles). à Jahrg. n.n. 12. —; m. 1 Beilage n.n. 15. —; m. 2 Beilagen n.n. 20. —

Handels-Journal, österreichisches. Allgemeines u. commerciell-industrielles Wochenblatt f. Staats- u. Volkswirthschaft, insbesondere für Finanz-, Eisenbahn- u. Versicherungswesen, Waarenhandel, Industrie, Kunst u. Literatur. Hrsg.: Gust. Pappenheim. Verantwortlich: Hans Pappenheim. Red.: Armand Mattl. 37.—40. Jahrg. 1903—1906. à 52 Nrn. (à ca. 4 S.) gr. Fol. (Wien, M. Perles.) à Jhrg. n.n. 12. —; m. 1 Beilage n.n. 16. —; m. 2 Beilagen n.n. 20. —

Handels-Journal, österreichisches. Allgemeines u. kommerziell-industrielles Blatt f. Staats- u. Volkswirtschaft, insbesondere f. Finanz-, Eisenbahn- u. Versicherungswesen, Warenhandel, Industrie, Kunst u. Literatur. Beilage der „Österr.-ungar. Montan- u. Metallindustrie-Ztg." u. der „Oesterr.-ungar. Müller-Ztg." Gegr. v. Gust. Pappenheim. Verantw. Red.: Hans Pappenheim. Red.: E. Gutfreund. 41—44. Jahrg. 1907—1910. à 52 Nrn. (à ca. 8 S.) 33,5×28 cm. Wien, (M. Perles). à Jhrg. nn 12. —; m. 2 Beilagen nn 20. —

Handels- und Adreß-Kalender des Großherzogth. Luxemburg. 1879. 16. (VI, 800 S.) Luxemburg, Schamburger.

—— —— dass. — Schaltj. 1880. 16. (295 S.) Ebendas. *

Handels- und Adreß-Kalender des Großherzogth. Luxemburg. 1882. 16. (313 S.) Luxemburg, Schamburger.
Jahrg. 1881 und 1883 nicht erschienen.

Handels- und Börsen-Kalender, Fromme's österreichischer, für die J. 1881—1885. 21.—25. Jahrg. Redig. von J. Michalek. 16. (413; VIII, 233, 192; VIII, 215, 192; VIII, 224, 190; VIII, 215, 192 S.) Wien, Fromme.
Früher u.d.T.: Handelskalender, Österreichischer u. Börsenkalender. geb. à Jahrg.

Handels- und Börsen-Kalender, Fromme's österreichischer, für die J. 1886—1889. 26.—29. Jahrg. Redig. von J. Michalek. 16. (à Jahrg. ca. 400 S.) Wien, Fromme. geb. in Leinw. à Jahrg. ℳ 3.20.; Brieftaschen-Ausg. *

Handels- u. Börsenkalender, Fromme's österreichischer f. d. J. 1890—1893. 30.—33. Jahrg. Redig. v. Frz. Lick. 16. (VII, 227; VII, 218; VII, 222; VII, 219 S. m. je 1 Tagebuch.) Wien, Fromme. à Jahrg. geb. in Leinw. * 3 20; Brieftaschen-Ausg. * 4 40

Handels- u. Börsenkalender, Fromme's österreichischer, f. d. J. 1895. 35. Jahrg. Red. v. Frz. Lick. 16. (VII, 203 S. u. Tagebuch.) Wien, C. Fromme. Geb. in Leinw. n. 3. 20; Brieftaschen-Ausg. n. 4. 40

Handels- u. Börsen-Kalender, Fromme's österr., f. d. J. 1896. 36. Jahrg. Red. v. Frz. Lick. 16. (VII, 207 S. u. Tagebuch.) Wien, C. Fromme. Geb. in Leinw n. 3. 20; Brieftaschen-Ausg. n. 4. 40

Handels- u. Gewerbs-Kalender f. das Königr. Ungarn u. dessen Nebenländer auf das Schaltjahr 1848. Unter dauernder Mitwirkung v. Fr. Albert v. Monte-Dego, red. u. hrsg. v. Greg. Szalkay. gr. 4. (212 S. m. 1 Stahlst.) Pesth, Emich in Comm. n. 1 ℛ

Handels- und Börsen-Kalender, österreichischer, für die Jahre 1861 und 1862. 1. und 2. Jahrg. Hrsg. von Ferd. Buchaczek. 16. Wien, Tendler und Comp. [1. Jahrg. (IV und 270 S.) 2. (IV und 284 S.)] In Lwd. geb. à Jahrg. *
In Leder geb. à Jahrg. *

Handels- und Börsenkalender, österreichischer. 3.—8. Jahrg. 1863—68. Hrsg. von C. Henop. 16. (3. Jahrg. VIII und 292 S., 4. Jahrg. IV und 298 S., 5. Jahrg. IV und 303 S., 6. Jahrg. IV und 302 S., 7. Jahrg. IV und 303 S., 8. Jahrg. IV und 311 S.) Wien, Fromme. à Jahrg. *

Handels- und Börsen-Kalender, oesterreichischer, für 1869. Hrsg. von C. Henop. 9. Jahrg. 16. (315 S.) Wien, Fromme. geb. *
—— —— dass. — für 1870. Nach C. Henop's Tode hrsg. von C. Parreiss. 10. Jahrg. 16. (VIII, 352 S.) Ebendas. geb. *
—— —— dass. — für 1871—1873. 11.—13. Jahrg. Redig. von Heinr. Spitzer. 16. (à 352—372 S.) Ebendas.
11. und 12. Jahrg. à *
13. Jahrg. *
—— —— dass. — für 1874. 14. Jahrg. Redig. von H. Spitzer und J. Michalek. 16. (372 S.) Ebendas. geb. *
—— —— dass. — für das J. 1875. 15. Jahrg. Redig. von J. Michalek. 16. (VIII, 416 S.) Ebendas. geb. *

Handels- und Börsen-Kalender, oesterreichischer, für die J. 1876—1878. 16.—18. Jahrg. Redig. von J. Michalek. 16. (VIII, 421; VIII, 239, 190; VIII, 225, 107 S.) Wien, Fromme. geb. in Leinw. à Jahrg. *
geb. in Leder à Jahrg. *

—— —— für die J. 1879 und 1880. 19. und 20. Jahrg. 16. (228, 190; VIII, 216 S.) Ebendas.
geb. in Leinw. à Jahrg. *
geb. in Leder à Jahrg. *
Forts.: s.:
Handelskalender, Frommes österreichischer, u. Börsenkalender

Handels- und Börsenkalender, Schweizerischer. Ein Handbuch für Kaufleute, Aktiengesellschaften und Beamte derselben. 1. Jahrg. 1891. Hrsg. von *P. Schaerer*. In-8°. VII, 185 S. u. Kalendarium. Zürich, Caesar Schmidt. Leinwd. 5 —
Nicht weiter erschienen.

Handelskalender, Sveriges. Attonde Argången. 1877—1878. 8. (IV, 1076 S.) Stockholm 878. Looström & Comp. geb. n. 14. —

Die Handelskammer zu Aachen 1804 bis 1904. Bericht über d. Feier d. 100jähr. Bestehens d. Handelskammer zu Aachen, 1904. *(Aachen): Aachener Verl.- & Dr.-Gesellsch. (1904).* (72 S.) 8° [04. 16734

Handelskammer. Die Basler Handelskammer und ihre Stellung zum neuen Zolltarif. Separat-Abdruck aus dem «Basler Vorwärts» No. 54. 11 S. 8. Basel, Genossenschafts-Buchdr., 1903.

Handelskammer Calw. Jahresbericht für 1904. Calw 1905

Handelskammer zu Frankfurt a. M. Jahresbericht f. 1871—1874. gr. 8. (XXIII, 208, VIII, 239, VIII, 248 u. VIII, 260 S.) Frankfurt a. M. (Zimmer.) à n. 4. —

Handelskammer zu Frankfurt a. M.: Jahresbericht f. 1900-04. Frankfurt 1901-05

Handels- und Gewerbekammer in Agram. Protokoll der ordentlichen Plenarsitzungen vom 9.5.88-18.9.91. 7 Hefte. Agram 1888-91

Handels- und Gewerbekammer, Die, für Kärnten 1851—1901. Klgft., Bertschinger, 1901. 55 S.

Handels- und Gewerbekammer, die — für Oberösterreich an die Industriellen dieses Landes. 8. (16 S.) Linz, Jos. Wimmer, 1853.

(F) Die Handels- und Gewerbekammer in Olmütz. 1851—1901. Olmütz. 1901. Im Verlage der Handels- und Gewerbekammer. [In Comm. Grosse.] Lex.-8°. 35 S. K —.40

Handels- u. Gewerbekammer, die, in Olmütz. 1851—1901. Lex.-8. (III, 35 S.) Olmütz 901. (E. Hölzel.) n. —20

Handels- und Gewerbekammer, Die, für Österreich unter der Enns. 1849—1899. 4. Wien 1899.

Handelskammer für das Herzogtum Gotha. 1897—1907. (Gotha 1907: Fr. A. Perthes.) 16 S. 4°

Handelskammer zu Halle a. S. Amtlicher Bericht und Rechenschaftsbericht. 1901-05. 4° Halle 1901-05

Handelskammer zu Halle a. S. Statist. Mitteilungen 1904-06. 4° Halle 1905-07

— — Statistische Mitteilungen. 1907-12. 4° Halle 1907-12

—— in Hamburg s.a. Denkschrift.

Handelskammer in Hamburg. Hamburgs Handelszustände, Hamburgs Warenhandel und Jahresbericht der norddeutschen Seewarte 1868. 4° Hamburg 1869

Handelskammer. Kantonale bernische Handels- & Gewerbekammer = Chambre cantonale bernoise du Commerce et de l'Industrie. Serie der Berichte und Entwürfe: Nr. 4 u. 5. 8. Bern, Neukomm & Zimmermann, 1902.
Nr. 4: s. Bericht und Eventual-Entwurf eines Gesetzes....
Nr. 5: s. Gesetzes-Entwurf über die Ausübung der Handelsgewerbe....

Handelskammer. Kantonale Bernische Handels- und Gewerbekammer = Chambre commerciale bernoise du Commerce et de l'Industrie. 8.
Serie der Berichte und Entwürfe: Nr. 6. Bern, Gebrüder Fischer, 1903. — s. Vorentwurf eines Gesetzes über den Erlass....
Série de nos rapports et avant-projets: No. 7. Berne, Fischer frères, 1903. — s. Avant-Projet de Loi sur l'organisation....

Handelskammer. Kantonale Bernische Handels- und Gewerbekammer = Chambre cantonale bernoise du Commerce et de l'Industrie. Serie der Berichte und Entwürfe: Nr. 8. 8. Bern, Gebr. Fischer, 1903.
s. Erfahrungen, Die aus- und inländischen handelsgerichtlichen.

Handelskammer. Kantonale bernische Handels- und Gewerbekammer = Chambre cantonale bernoise du Commerce et de l'Industrie. Serie der Berichte und Entwürfe: Nr. 9 u. Nr. 10. 8. Bern, Neukomm & Zimmermann, 1903 u. 1904.
s. Vorentwurf eines Gesetzes über die Ausübung der Handelsgewerbe ... — Unlauterer Wettbewerb....

Handelskammer. Kantonale Bernische Handels- und Gewerbekammer = Chambre cantonale bernoise du Commerce et de l'Industrie. 8.
Serie der Berichte und Entwürfe: Nr. 11. Bern, Gebr. Fischer, 1904. — s. Vorentwurf eines Gesetzes über den Erlass....
Série de nos Rapports et Avants-projets: No. 12. Berne, Fischer frères, 1904. — s. Avant-Projet de Loi sur l'organisation....

Handelskammer. Kantonale bernische Handels- und Gewerbekammer = Chambre cantonale bernoise du Commerce et de l'Industrie. 8.
Serie der Berichte und Entwürfe: Nr. 13. Bern, Büchler & Co., 1905. — s. Sparkassengesetzgebung. Schweizerische und ausländische Sp'....
Série de nos rapports et avant-projets: No. 14. Berne, B' & Co., 1905. — s. Association. Pour l'A' cantonale bernoise des Caisses d'épargne....

Handels- und Gewerbekammer, Kärntner, 1851—1910. Gedenkblatt anläßlich der Eröffnung des neuen Amtshauses. Klgft., Leon, (1910). Quart. 12 S.

Handelskammer, Die, zu Mainz 1798—1898. Mainz 1898. V: *Meesmann, Paul & Wilhelm Velke.* (Hessische Biographien. Hgbn. von Herman Haupt. Darmstadt. II/2 [1921], S. 137.)

Die Handelskammer zu Mainz 1798—1898. Ein geschichtlicher Überblick. Zur Erinnerung an ihr 100jähriges Bestehen herausgegeben von der grossherzoglichen Handelskammer Mainz. Mainz 1898.

Handelskammer zu Mühlhausen i. E. Jahresbericht 1900-05. 4° Mühlhausen 1900-05

Handelskammer zu Mulhausen i. E. Jahresber. 1906-10. 4° Mulhausen 1907-11

Handelskammer fur den Regierungs-Bezirk Münster. Jahresbericht 1900-05. Münster 1901-06

Handelskammer f. d. Reg.-Bez Münster. Jahresber. 1906-11. Münster i. W. 1907-12

Die Handelskammer für die westliche Niederlausitz in Cottbus 1852—1902. Festschrift aus Anlass ihres 50jährigen Bestehens.

DIE HANDELSKAMMERBERICHTE in ihrer Stellungnahme zum russischen Handelsvertrag. Berlin Druck von Wilhelm Issleib (Inhaber: Gustav Schuhr). 4°.

Handelskammergesetz u. Ausführungsverordnung zu dem Gesetze, betr. die Errichtung e. Handelskammer vom 25. VII. 1906 (Regierungsblatt Nr. 33, 1906, S. 344—356.) (16 S.) 8. Weimar 907. (H. Böhlau's Nachf.) nn — 25

Handelskammergesetz, Preuss., v. 24. 2. 70 u. 19. 8. 97. Text m. Erltgn. v. **Lusensky.** Berlin, Guttentag.

(Handels- und Gewerbekammern.) Deutscher Handelstag. — Die Handels- und Gewerbekammern, kaufmännischen Corporationen und wirthschaftlichen Vereine des deutschen Reichs. (o. O. 1877.) Fol. . . . .

Handels- u. Gewerbekammern, die, kaufmännische Corporationen u. die dem Deutschen Handelstage angehörigen wirthschaftlichen Vereine d. Deutschen Reichs. Ein nach Staaten u. alphabetisch geordnetes Verzeichniss dieser Corporationen u. ihrer Mitglieder, nebst Angabe der bezügl. hauptsächlichsten Gesetzesbestimmgn. u. d. Umfangs der einzelnen Bezirke. Zusammengestellt v. dem Bureau d. Deutschen Handelstages. gr. 4. (42 S.) Berlin 884. Liebheit & Thiesen. 1. 50

Handels- u. Gewerbekammern, die, kaufmännischen Korporationen u. die dem Deutschen Handelstage angehörigen wirthschaftlichen Vereine d. Deutschen Reichs. Ein nach Staaten geordnetes Verzeichniss dieser Corporationen u. ihrer Mitglieder, nebst Angabe der bezügl. hauptsächlichsten Gesetzesbestimmgn. u. d. Umfange der einzelnen Bezirke. Zusammengestellt v. dem Bureau d. Deutschen Handelstages. gr. 4. (44 S.) Berl. 890, Liebheit u. Thiesen. 1 50

Handels- u. Gewerbekammern, die, kaufmännischen Korporationen u. die dem deutschen Handelstage angehörigen wirthschaftlichen Vereine des Deutschen Reichs. Ein nach Staaten geordnetes Verzeichniss dieser Korporationen u. ihrer Mitglieder, nebst Angabe der bezugl. hauptsächlichsten Gesetzesbestimmgn. u. des Umfangs der einzelnen Bezirke u. 1 Karte der deutschen Handelskammern. Zusammengestellt v. dem Bureau des Deutschen Handelstages. gr. 4. (VI, 50 S.) Berlin 891. Liebheit & Thiesen. 1 50

—Mittheilungen (d. Handelstages) and. Mitglieder. Jg. 34. No 11.

Handelskammern, die, ihre Organisation u. Tätigkeit. Bericht an den internationalen Handelskammer-Kongress in Mailand 1906, erstattet v. den Aeltesten der Kaufmannschaft v. Berlin. (VI, 121 S.) Lex.-8. Berlin 906. G. Reimer. n. 2. —

Handelskammern in Württemberg. Gesetz vom 30.7.99, Königliche Verordnung v. 22.3.1900, Verfügung des K. Minister. d. Innern v. 28.3.1900. (32 S) Stuttgart 1900

Die Württembergischen Handelskammern 1856—1906. Festschrift. Im Auftrage des Württembergischen Handelskammertags verfaßt von F. C. Huber. 2 Bände. Stuttgart 1906 und 1910.

Handels- u. Produktenkarte. Friedrich, Ernst, Handels- u. Produktenkarte v. Kleinasien. 1:2,500,000. 82,5 × 45,5 cm. Farbdr. Mit 2 Nebenkarten u. ausführl. Register. 4. (XVI S.) Halle 898. G. Sternkopf. Kart. n. 2. —

Handelskarten. Ahr, W., Karte des deutschen Aussenhandels 1904. 52×75,5 cm. Autogr. Berlin (905). (Gr. Lichterfelde-West, P. Richter.) n. — 80

Handelskatechismus, s.a. Handelscatechismus

Handelskatechismus, oder Einleitung in die Handlungswissenschaft, worin d. wichtigsten z. Bildung des Kaufmanns nöthigen Kenntnisse ꝛc. Aus dem Engl. von Chr. Fr. Michaelis. 8. Leipzig, Baumgärtner. 818. -

Handels-Katechismus, allgemeiner, mit besond. Rücksicht auf das Schutzzoll- und Freihandels-System. Ein Handbuch für Jedermann, namentl. für Kaufleute, welche sich über die schwebenden Tagesfragen gründl. unterrichten wollen. Hrsg. von einem prakt. Kaufmanne. 8. (96 S. und 1 Tab. in 4.) Berlin 847, Weinholz.

Handelskorrespondenz, s.a. Handelscorrespondenz

Handelskorrespondenz, allgemeine, in 15 Sprachen. Bearb. von Brutzer, J. Bos, Somerville etc. Czech. Tl. gr. 8. (87 S.) [Stuttgart 887, Maier.] Berlin, Verlag für Sprach- und Handelswissenschaft. *

—— dass. — Dänisch-norweg. Tl. gr. 8. (95 S.) Ebendas. 887. *

—— dass. — Deutscher Tl. 6. Aufl. gr. 8. (95 S.) Ebendas. 887. *

Handelskorrespondenz, allgemeine, in fünfzehn Sprachen. Bearb. v. Brutzer, J. Bos jr., Sommerville u. A. Deutscher Tl. 7. Aufl. gr. 8. (95 S.) Berl. 890, Verlag f. Sprach- u. Handelswissenschaft. * 2 —; geb. * 2 60

Handelskorrespondenz, allgemeine, in 15 Sprachen. Deutsch, holländisch, dänisch-norwegisch, englisch, schwedisch, französisch, italienisch, spanisch, portugiesisch, polnisch, russisch, ungarisch, czechisch, serbisch u. rumänisch. Mit e. Suppl.-Bd. „Volapük". Bearbeit. v. Brutzer, J. Bos jr., Sommerville etc. Deutscher Tl. 9. Aufl. gr. 8. (95 S.) Berlin (900). Verlag f. Sprach- u. Handelswissenschaft. n. 2. — ; geb. n. 2. 60

—— dass. — Engl. Tl. 6. Aufl. gr. 8. (95 S.) Ebendas. 887. *

—— dass. — Französ. Tl. 6. Aufl. gr. 8. (95 S.) Ebendas. 887. *

—— dass. — Französischer Tl. 7. Aufl. gr. 8. (95 S.) Ebd. 891. * 2 —; geb. * 2 60

— dasselbe. Französischer Tl. 8. Aufl. gr. 8. (95 S.) Ebd. (900). n. 2.—; geb. n. 2. 60

—— dass. — Holländ. Tl. 6. Aufl. gr. 8. (95 S.) Ebendas. 887. *

—— dass. — Italienischer Tl. 6. Aufl. gr. 8. (95 S.) Ebendas. 887. *

—— dass. — Poln. Tl. gr. 8. (95 S.) Ebendas. 887. *

—— dass. — Portugies. Tl. gr. 8. (95 S.) Ebendas. 887. *

—— dass. — Rumän. Tl. gr. 8. (91 S.) Ebendas. 887. *

—— dass. — Russ. Tl. 6. Aufl. gr. 8. (94 S.) Ebendas. 887. *

— dasselbe. Russischer Tl. 8. Aufl. gr. 8. (94 S.) Ebd. (900). n. 2.—; geb. n. 2. 60

—— dass. — Schwed. Tl. 6. Aufl. gr. 8. (95 S.) Ebendas. 887. *

—— dass. — Serb. Tl. gr. 8. (93 S.) Ebendas. 887. *

—— dass. — Span. Tl. 6. Aufl. gr. 8. (95 S.) Ebendas. 887. *

—— dass. — Ungar. Tl. gr. 8. (90 S.) Ebendas. 887. *

—— dass. — Ergänzungsbd.: Volapük. gr. 8. (68 S.) Ebd. 891. * 2 —

Handelskursus, der, zu Mülhausen im Elsass. 1877—1891. Vom Vorstande des Handelskursus veröffentlicht. gr. 8. (51 S.) Mülh. i. E., Detloff. * — 80

—— allgemeine, in neun Sprachen. Deutsch, holländisch, englisch, schwedisch, französisch, italienisch, spanisch, portugiesisch und russisch. Bearb. von Brutzer, J. Boz jun., Sommerville, Borel, M. Buono, M. W. Brasch, G. Bienemann und A. Eckholtz. 9 Thle. gr. 8. Stuttgart 874, Maier. à Thl. *ℳ 2. *

Inhalt:

Thl. 1. Deutscher Theil. 3. Aufl. (98 S.)
» 2. Holländischer Theil. (104 S.)
» 3. Englischer Theil. (99 S.)
» 4. Schwedischer Theil. (102 S.)
» 5. Französischer Theil. (104 S.)
» 6. Italienischer Theil. (93 S.)
» 7. Spanischer Theil. (103 S.)
» 8. Portugiesischer Theil. (103 S.)
» 9. Russischer Theil. (108 S.)

—— die, und Comptoirwissenschaft, s. Porges, Carl.

Handelskorrespondenzen, nationale. Hrsg. v. Emil Thomas. (I. u. II Bd.) 12. Leipzig, C. F. Müller. Geb. à n. 1. 50

I. English mercantile correspondence by Alfr. T. Cates. (XIII, 105 S.) 896.
II. Correspondance commerciale par A. Pollloux. (VIII, 112 S.) 897.

Handelskorrespondenzen, nationale. Hrsg. v. Emil Thomas. (III. u. IV. Bd.) 12. Leipzig, C. F. Müller. Geb. in Leinw. à n. 1. 50

III. Lovera, Romeo, Corrispondenza commerciale italiana. (VI, 112 S.) 900.
IV. Jiménez, Luis, Correspondenzia commercial. (VIII, 140 S.) 900.

Handelskrisis, die, u. die Gewerkschaften Nebst Anh.: Gesetzentwurf üb. den 8stünd. Normalarbeitstag. Von Parvus. gr. 8. (64 S.) München 901. M. Ernst. n. 1.—

Handelskunde, allgem., kaiserl. u. königl. Dänische privileg. gr. 4. Hamb. 805. Großmann u. Horaczeck. 8 ngr

Handelskursus, der, zu Mülhausen im Elsass. 1877—1891. Vom Vorstande des Handelskursus veröffentlicht. gr. 8. (51 S.) Mülhausen i/E. 891. C. Detloff. n. — 80

Handelskursus zu Mühlhausen i. E. Bericht üb. d. 18. u. 19. Schulj. 1893—1894 u 1894—1895. gr. 8. (40 u. 31 S.) Mühlhausen i. E. 894. 95. (C. Detloff.) à n. — 50

Handelsleute, Die christlichen, wider die Apologie der Handelsjuden auf den Jahrmarkt in Wien. O. O. 1782. V: *Voll, M. C.* (Behrisch, Die Wiener Autoren. 1784.)

Handels-Lexicon. 1. Bd. 1.—8. Liefg. (A—Berlin.) Lex.-8. Leipzig 846, C. Schäfer. à n. 1/6 ngr

— dass. oder Encyclopädie d. gesammt. Handelswissenschaften f. Kaufleute u. Fabrikanten. Herausgeg. von e. Verein Gelehrter u. prakt. Kaufleute. 1. Bd. (1. Liefg. 2. Abdruck.) Lex.-8. (Mit 1 color. Flaggenkarte.) Ebend. (846,) 847. Subscr.-Pr. n. 1/6 ngr

Handels-Lexicon od. Encyclopädie der gesammten Handelswissenschaften f. Kaufleute u. Fabrikanten. Hrsg. von einem Verein Gelehrter u. Kaufleute. 9—54. Lfg. Lex. 8. (1. Bd. S. 513—650 u. XVIII S. 2. Bd. 507. XX u. 95 S. 3. Bd. IV u. 617 S. 4. Bd. IV u. 556 S. 5. Bd. IV u. 635 S.) Leipzig 847—48, Schäfer. à n. 1/6 ngr (cplt. n. 9 ngr)

Handels-Lexikon. 4 Bde. und Ergänzungsbd. Lex.-8. Leipzig 874—79, Glöckner. (* ℳ 58,50.) ℳ 25.; geb. (* ℳ 63.)

Handels-Lexicon, allgemeines, oder Encyclopädie der gesammten Handelswissenschaften für Kaufleute und Fabrikanten. Hrsg. von einem Verein prakt. Kaufleute. 2 Bde. (2. Aufl.) 1857. und 3., verb. Aufl. Lex.-8. (IX und 1609 S.) Leipzig 858, C. Schäfer.

Handels-Lexicon, Alphabetisches, aller k. k. Verordnungen in geistlichen Sachen. Wien 1790. V: *Schwerdling, Joh.* (KY 5/203 »Krems 1791«) (Auct. Kubasta, April 1900, Nr. 753) (WBL 32/377) (BiblPort)

Handels- und **Fabrik-Lexikon** für das Königreich Bayern. Hrsg. von Wilh. Frankl. gr. 8. (VII, 549 S.) München 871, Stahl. (* ℳ 4,20.) *

Handels-Lexikon, geograph., od. alphabet. geordnete Handels-Geographie. 2 Bde. 8. Schmalkalden 823, 24. Varnhagen. 5 ngr Schrbp. 6 ngr 16⅔ Velinp. 8 ngr

Handels-Lexikon, illustrirtes. Praktisches Hülfs- und Nachschlagebuch über alle Gegenstände und Verhältnisse des Handels- und Weltverkehrs. Auf Grund des Wissenswürdigsten aus dem Gebiete der gesammten Handelswissenschaften und der Kontorpraxis. Mit besond. Berücksicht. der Waarenkunde, des Fabrik- und Industriewesens; der Handels- und Zollgesetzgebung ꝛc. Zum Gebrauche für Kaufleute, Fabrikanten, Börsen-, Bank-, Eisenbahn-, Assekuranz- und Zollbeamte ꝛc. Hrsg. unter Mitwirkung berühmter Fachmänner durch die Redaction von Rothschild's Taschenbuch für Kaufleute. (4 Bde. von etwa je 20 Lfgn.) Mit 880 in den Text gedr. Abbild., Extrabildern ꝛc. 1.—26. Lfg. Lex.-8. (1. Bd. VIII, 778 S.; 2. Bd. S. 1—32 mit eingedr. Holzschn. und Holzschntaf.) Leipzig 874,75, Spamer. à Lfg. * 50 Pf.

Handels-Lexikon, illustrirtes. Praktisches Hülfs- und Nachschlagebuch für alle Gegenstände und Verhältnisse des Handels und Weltverkehrs. Mit besond. Berücksicht. der Waarenkunde, des Fabrik- und Industriewesens; der Handels- und Zollgesetzgebung, des Handels-, See- und Wechselrechts; der Münz-, Maß- und Gewichtskunde; ferner der Banken- und Börseneinrichtungen, des Aktien-, Genossenschafts- und Versicherungswesens; der Grundsätze der Volkswirthschaft und der Einrichtungen des Großverkehrs nebst dessen Hülfsmitteln in Bezug auf Schifffahrt, Eisenbahnen, Posten- und Telegraphenlinien; ferner der Geographie, Geschichte und Statistik des Welthandels, vornehmlich in Rücksicht auf Produktion und Konsumtion, auf Ein- und Ausfuhrverhältnisse ꝛc.; weiterhin der Kontorpraxis, als: der Korrespondenz, der kaufmännischen Rechenkunst und Buchhaltung, der Geschäftssprache und Terminologie ꝛc. Hrsg. unter Mitwirkung bewährter Fachmänner durch die Redaktion von Rothschild's Taschenbuch. Mit gegen 800 Text-Abbild., 48 Tonbildern und 1 Flaggenkarte. In 4 Bdn. 27.—100. (Schluß-)Lfg. Lex.-8. (2. Bd. S. 33—839; 3. Bd. 805 S.; 4. Bd. 864 S.) Leipzig 876—79, Spamer. à Lfg. * 50 Pf. *
compl. in 4 Bdn. à Bd. * ℳ 12,50. *
geb. in Halbfrzbd. à Bd. * ℳ 14,50. *

1.—26. Lfg. Ebendas. 1874,75. à 50 Pf.

Handelslexikon, illustrirtes, Ergänzung dazu, s. Nachschlageblätter zum täglichen Gebrauch aus dem Gebiete des Handels und Verkehrslebens im achten Jahrzehnt.

Handels- und Waaren-Lexicon, neuestes illustrirtes, oder Encyclopädie der gesammten Handelswissenschaften für Kaufleute und Fabrikanten. Hrsg. von einem Verein prakt. Kaufleute. 1—13. Lfg. Lex.-8. (1. Bd. 761 S. und 2. Bd. S. 1—61 mit 31 ill. und 6 schw. Stnt.) Leipzig 855—56, E. Schäfer. à Lfg. * 10 Ngr. *

Handels- und Waaren-Lexicon, neuestes illustrirtes, oder Encyklopädie der gesammten Handelswissenschaften für Kaufleute und Fabrikanten. Hrsg. von einem Verein prakt. Kaufleute. 14—25. (Schluß-)Lfg. Lex.-8. (2. Bd. IV und S. 65—845 mit 32 ill. und 1 schw. Stnt.) Leipzig 857—58, E. Schäfer. à Lfg. * 10 Ngr. *

Handelsmäklerordnung fur Leipzig vom 28. März 1870. Leipzig 1870

Handelsmäkler-Ordnung, neue, für Leipzig vom 30. Aug. 1886, nebst Bestätigungs-Decret vom 15. Septbr. 1886, giltig vom 1. Octbr. 1886 an. Im Anhang: Zusammenstellung der gesetzl. Bestimmungen über die Handelsmäkler. gr. 8. (16 S.) Leipzig 886, (Hinrichs' Verlag.) *

Handelsman, Josef, a. Warschau ⟨Rußland⟩: Ueber Suprarenininjektionen bei Kaninchen nebst Einleitung über Nebennierenveränderungen bei Arteriosklerose. Berlin (1906): E. Ebering. (41 S.) 8°

Berlin, Med. Fak., Ref. Orth, Diss. v. 4. Dez. 1906

[Geb. 20 Juli 83 Warschau; Wohnort: Warschau; Staatsangeh.: Rußland; Vorbildung: Gymn. Warschau Reife O. 01; Studium: Warschau 7, Wien 1, Berlin 2 S; Rig. 27. Nov. 06.]

Handelsman, Marcel, de Varsovie: Napoléon et la Pologne 1806—1807. D'après les documents des Archives Nationales et des Archives du Ministère des Affaires Etrangères. Paris 1909. X + 280 p. 8°. [4. V. 09.]

Zurich Phil Diss 1 S 1908/09

HANDELS-Mann, Der albere (!), Hanß Haspelmann. Der Räfträger und dessen seltzame Begebenheit. In Poetischer Erzehlung (19 sechszeil. Str.). O. O. u. J. (Köln, Franz Teubner, 1890; Druck von Elias Neuwald, Budapest.) Kl. 8°.

Sehr drollig, aber nichts Erotisches. 8 S. (incl. Tit. m. Bordüre, auf d. Rücks. Teubner'sche Verlagsanz.). — Vergriffen!

Handelsmann, der alberne, Hanß Haspelmann. Der Räfträger u. dessen seltzame Begebenheit. In poet. Erzehlg. Derb-kom. Schwank aus dem 17. Jahrh. 12. (8 S.) Köln 890. Teubner. — 50

Handelsmann u. Hauswirth, d. beim Einkauf der Weine klüglich verfahrende. 8. Leipz. 766. Compt. f. Lit. 9 K

Der beym Einkauf inn- und ausländischer Weine klüglich verfahrende deutsche Handelsmann und Hauswirth. Leipzig Hilscher 1766. 302 S. -- Rüd. *

Handelsmann, Heinr., die amtlichen Ausgrabungen aus Sylt 1875, 76, 77 und 1880. gr. 8. (70 S. mit eingedr. Holzschn.) Kiel 882, (v. Maack's Buchh.) *

Handelsmarine

—— die, der preussischen Provinzen Pommern und Preussen im Anfange des J. 1867. Zusammengestellt von den Experten der Stettiner See-Assecuradeurs. 16. (124 S.) (Ebendas.) *

Vgl.: Verzeichniss der preuss. See- und Küsten-Schiffe.

Handels-Marine, die, der preussischen Prov. Pommern und Preussen im Anfange d. J. 1868—1870. Zusammengestellt von den Experten der Stettiner See-Assecuradeurs. 16. (126; 128; 132 S., mit eingedr. Holzschn.) Stettin, (Saunier's Buchh.) à Jahrg. *

Handels-Marine, die preussische, im Anfange des J. 1863. Zusammengestellt von den Experten der Stettiner See-Assecuradeurs. 16. (93 S.) Stettin, (v. der Nahmer. — Saunier.) *

—— dass. — im Anfange des J. 1864. 16. (100 S.) (Ebendas.) *

—— dass. — im Anfange des J. 1865. 16. (116 S.) (Ebendas.) *

—— dass. — im Anfange des J. 1866. 16. (120 S.) (Ebendas.) *

Handelsminister, der, auf sechs Stunden. Ein Traum von Adam Riese dem Jüngeren, Buchhalter. Von dem Verein für Handelsfreiheit zu Hamburg gekrönt. gr. 8. (VI u. 54 S.) Hamburg 851, Perthes-Besser & Mauke. 4 ngf

Handels-Museum, das. Mit Beilage: Commercielle Berichte der k. u. k. österr.-ungar. Consular-Aemter. Hrsg. vom k. k. österr. Handels-Museum. Red.: A. v. Scala. Jahrg. 1890. 52 Nrn. (4 B.) gr. 4. Wien, Verlag d. k. k. österr. Handels-Museums. n. 16. —

Handels-Museum, das. Mit Beilage: Commercielle Berichte der k. u. k. österr.-ungar. Consular-Aemter. Hrsg. vom k. k. österr. Handels-Museum. Red.: A. v. Scala. 6.—9. Bd. Jahrg. 1891—1894. à 52 Nrn. (4 Bog.) gr. 4. Wien, Verlag d. k. k. österr. Handels-Museums. à Jahrg. n. 16. —

Handels-Museum, das. M. Beilage: Commerc. Berichte d. k. u. k. österreich.-ungar. Consular-Ämter. Hrsg. v. k. k. österr. Handels-Museum. Red : A. v. Scala. 10—13. Bd. Jahrg. 1895—1898. à 52 Nrn. (à ca. 2 Bog.) gr. 4. Wien, Verl. d. k. k. österr. Handels-Museums. à Jahrg. n. 16.—
Kann auch halbjährlich bezogen werden — Der 13. Bd. war von Jul. Böhm redigiert.

Handels-Museum, das. Mit Beilagen: Monats-, Quartals- u. Jahresberichte der k. u. k. öst.-ung. Consular-Aemter. Hrsg. v. k. k. österr. Handels-Museum. Red.: R. v. Roessler. 14.—17. Bd. 1899—1902. à 52 Nrn. Fol. (à ca. 16 S.) Wien, Verlag des k. k. österr. Handels-Museums. à Jahrg. n. 16.—
Der 11. Bd. ist von Jul. Böhm redigiert.

Handels-Museum, das. Mit Beilagen: Monats-, Quartals- u. Jahresberichte der k. u. k. österr.-ung. Konsular-Aemter. Hrsg. v. k. k. österr. Handels-Museum. Red.: R v. Roessler. 18.—21. Bd. 1903—1906. à 52 Nrn. (à ca. 12 u. 4 S.) Fol. Wien, Administration. à Jhrg. n. 16.—

Handels-Museum, das. Hrsg. v. der Direktion des k. k. österr. Handelsmuseums. Red.: Jos. Scheiner. 22.—25. Bd. 1907—1910 à 52 Nrn. (à ca. 16 S.) 33×21,5 cm. Wien. k. k. österr. Handels-Museum. à Jhrg. 16.—

— deutsches. Hrsg. u. Red.: Otto Lindenberg. II. Jahrg. 1900. 24 Nrn. hoch 4. (à ca. 12 S.) Berlin (W, Bayreutherstr. 33), Verlag „Deutsches Handelsmuseum". n. 10.—

— deutsches. Organ des Bundes der Kaufleute. Unter Mitwirkg. hervorrag. Fachmänner hrsg. v. Vosberg-Rekow. 1. Jahrg. 1904. 12 Nrn. (234 S.) Fol. Berlin, H. Paetel. n. 7.50

— dasselbe. 2. u. 3. Jahrg. 1905 u. 1906. à 12 Nrn. (226 u. 178 S.) 4. Berlin (S.W. 18, Hollmannstr. 10), Buchdr. Wilhelma. à Jhrg. 7.50
Erscheint nicht mehr.

Handelsnachrichten, deutsch-brasilianische. Monatsheft f. die Förderung der Handelsbeziehgn zwischen den beiden Wirtschaftsgebieten. Hrsg. u. Schriftwart: Claudio Bodé senr. Juli 1904—Juni 1905. 12 Nrn. (à ca. 12 S.) 4. Leipzig, L. A. Kittler. n. 12—
Erscheinen nicht mehr.

Handelspolitik, Die, der Balkanstaaten, s. Schriften des Vereins für Socialpolitik

Handelspolitik, Die deutsche und der Handelsvertragsverein. Berlin (1902): J. Belling. (14 S.) 8⁰ [Kopft. F.]

Handelspolitik, Deutschlands, und deren Wirkung auf den deutschen Nationalwohlstand. [Düsseldorf 1876.] V: *Mulvany, W. T.* (CBH)

Handelspolitik, üb. die, von Großbritannien, den Verehrern des Vaterlandes gewidmet, v. Amad. Antibarbario. Aus d. Span. übers. 2 Thle. gr. 8 Hamb. 811. Perthes u. B. 2 ℛ

Handelspolitik, Die, der wichtigeren Kulturstaaten, s.a. Schriften des Vereins für Socialpolitik

Handelspolitik d. wichtigeren Kulturstaaten in d. letzten Jahrzehnten. Berichte u. Gutachten veröff. v. Verein f. Socialpolitik. Bd. I—III. Leipz. 892.
I. Handelspolitik Nordamerikas, Italiens u. A.
II. Lotz, Ideen d. deut. Handelspolitik v. 1860—91.
III. Handelspolitik d. Balkanstaaten Rumänien, Serbien u. Bulgarien, Spaniens u. Frankreichs.

— die, der wichtigeren Kulturstaaten in den letzten Jahrzehnten. Bd 1-4. (Schriften des Vereins für Sozialpolitik 49-51. 57) Leipzig 1892-93

Handels- u. Machtpolitik. Reden u. Aufsätze, im Auftrage der „Freien Vereinigg. f. Flottenvorträge" hrsg. v. Gust. Schmoller, Max Sering, Adph. Wagner. 1. u. 2. Bd. 1. u. 2. unveränd. Aufl. gr. 8. Stuttgart 900. J. G. Cotta Nachf. 2.20
1. (VII, 208 S.) 1.—. — 2. (V, 246 S.) 1.20.

(F) Oesterreichs künftige Handelspolitik vom Standpunkte der Industrie. Vorbericht erstattet für den eilften Verbandstag. Wien. 1899. Central-Verband der Industriellen Oesterreichs. [In Comm. Leopold Weiss.] 8⁰. 56 S. fl. —.60

Handelspolitik, Die, des deutschen Reichs vom Frankfurter Frieden bis zur Gegenwart. Berlin 1899. V: *Zimmermann, Alfred.* (Kat. der ständ. Bibl. Stuttg. 1907. S. 649.) (Berl)

Handelspolitik, die, des Deutschen Reichs vom Frankfurter Frieden bis zur Gegenwart. gr. 8. (VIII, 320 S.) Berlin 899. E. S. Mittler & Sohn. n. 6.—; geb. in Leinw. n.n. 7.50

Handelspolitik, über die, der teutschen freien Städte, insbesond. Hamburgs u. Frankfurts. 2 Abhandll. aus der teutschen Vaterlands-Zeitung besond. abgedruckt. gr. 8. Darmstadt 833. Pabst. n. $^1/_3$ ℛ

Handelsvertragsverein Verband zur Förderung des deutschen Aussenhandels — HANDELSPOLITIK UND STEUERREFORM Verhandlungen der Mitgliederversammlung des Handelsvertragsvereins am 21 Januar 1906 zu Frankfurt a M Berlin 8⁰

Handels-Presse, Wiener. Früher „Der Bahnhof". Gegründet im J. 1842 von L. Raudnitz. Oesterreich-ungar. Monatsschrift. Hrsgbr.: Ph. Žalud. Jahrg. 1880—1884. à Jahrg. 12 Nrn. (à Nr. $1^1/_4$ Bog.) hoch 4. Wien, Administration. à Jahrg. *

Handelsrecht, das brasilianische s.a. Borchardt u. Stolp.

Handelsrecht, das brasilianische. Nach dem Codigo Commercial do Imperio do Brasil übers. und mit Bemerkungen begleitet von S. Borchardt und Herrm. Stolp. gr. 8. (VIII und 98 S.) Berlin 856, Deckersche geheime Ober-Hofbuchdr. ·

Handelsrecht, das, nach dem neuen Handels-Gesetz-Buch v. 6. V. 1897, s.: Miniatur-Bibliothek.

Handelsrecht, das preußische, im Gebiete des allgemeinen Landrechts u. der Allgemeinen Gerichtsordnung, mit Ausschluß des See- u. Wechselrechts. Volksausgabe. Berlin 862. Sacco. gr. 8. (224 S.) 15 ngr.

Handels- u. Wechsel-Recht, d. Preußische, s. F. W. Schunken, das Preußische Handels- u. W.-R. ꝛc.

Handelsrecht, das, und Prozeß-Recht in Handelssachen im Bezirke des rheinischen Appellations-Gerichtshofes zu Köln. Hrsg. von einem Justizbeamten. 8. (VIII und 250 S.) Düsseldorf (861)62, de Haen.

Das Russische Handels- und Verkehrs-Recht in seinen wesentlichsten Bestimmungen, nach d. gegenw. Stande d. Reichsgesetzgebung u. mit Berücks. d. internat. Vereinbarungen u. Verträge bearb. von Otto Handtmann. Th. 1. *Riga & Leipzig: Jonck & Poliewsky 1900.* 8° [F.]
[oo. 6389

Handelsrecht. schweizerisches. Entwurf. Bern. Juni 1864. 4.

— schweizerisches. Entwurf der durch den hohen Bundesbesrath niedergesetzten Spezialkommission. gr. 8. (181 S.) Zürich 864. Schultheß. gr. 8. (181 S.) n. 14 ngr.

Handels- u. Seerecht, Wechselrecht, Konkursrecht u. Versicherungsrecht v. Deutschland, bearb. u. erläutert v. Karl Lehmann, Ernst Jaeger, Heinr. Sievers, Hans Crüger, Carl Ritter, James Breit, E. Brodmann, H. König, Geo. Cohn, B. v. König, s.a. Handelsgesetze, die, des Erdballs.

Das Handels- und S e e recht, Wechselrecht, Konkursrecht und Versicherungsrecht von Deutschland. Bearb. u. erl. von Dr. jur. Karl Lehmann, Prof., Rostock [u.a.] Berlin: v. Decker (19[09–] 11). 1300 S. 4° (8°) (Die Handelsgesetze d. Erdballs. Ausg. D. Bd. 13. [2.])

Handelsrechtsquellen, neueste, s.a. Zeitschrift für das gesammte Handelsrecht.

Handelsrechts-Quellen, neueste. Beilageheft zur Zeitschrift für das gesammte Handelsrecht. Bd. 23. Hrsg. von L. Goldschmidt. gr. 8. (X, 857 S.) Stuttgart 878. Enke. n. 7. 20

Handelsrechtssätze auf Grund der Rechtsprechung der obersten deutschen Gerichtshöfe, insbesondere in Baden, Bayern, Oesterreich, Preußen, Sachsen, der Ober-Appellationsgerichtshöfe zu Jena u. Lübeck, unter Berücksicht. der einschläg. Literatur. Systematisch dargestellt für Juristen u. Kaufleute, insbesond. Handelsgerichtsassessoren. Ansbach 870. Brügel & Sohn. gr. 8. (XXIV, 240 S.) 1 ₰ 10 ngr.

Handelsregister des Kantons Basel-Stadt. Abgeschlossen am 16. Juni 1886. 4. (XVI, 159 S.) Basel 886, Schwabe. Durchsch. **

Handelsregister (Ragionenbuch) d. Kant. Basel-Stadt. Abgeschlossen am 30. April 1892. gr. 4. (XXIV, 226 S.) Basel, Schwabe. Mit Formularen durchsch. ** 5 60

Handelsregister (Ragionenbuch) des Kantons Basel-Stadt. Abgeschlossen auf 6. XII. 1899. gr. 8. (II, 99 S.) Basel 899. B. Schwabe. Kart. n. 1. 60

Handelsregister (Ragionenbuch) des Kantons Basel-Stadt. Abgeschlossen auf 8. VII. 1903. (II, 106 S.) gr. 8. Basel, B. Schwabe. Kart. n. 1. 60

Handelsregister (Ragionenbuch) des Kantons Basel-Stadt. Abgeschlossen auf 18. VI. 1908. (II, 141 S.) 8. Basel 908. Wepf, Schwabe & Co. Kart. 2. 80

Handels-Register, das, d. Königr. Bayern im J. 1871. Adress-Buch sämmtl. in den Handelsregistern d. Königr. Bayern bis zum Ende d. J. 1871 eingetrag. Einzeln-, Gesellschafts- u. Genossenschafts-Firmen m. Angabe der Geschäfts-Inhaber u. der zur Zeichng. der Firmen Berechtigten sowie der Geschäftszweige. Nach den Ortschaften geordnet nebst Anführg. der zuständ. Bezirks-, Handels- u. Landgerichte, Advocaten u. Notare. Lex.-8. (IV, 341 S.) München 872. Oldenbourg. n. 7. –

— des königl. Amtsgerichts Berlin-Mitte. Verzeichnis der in den Amtsgerichtsbezirken Berlin-Mitte, Berlin-Schöneberg, Berlin-Tempelhof, Berl.-Wedding, Charlottenbg., Gr.-Lichterfelde, Lichtenberg, Pankow, Rixdorf u. Weissensee domizilier. eingetrag. Einzelfirmen u. Gesellschaften aller Art sowie deren Vertreter. Zusammengestellt auf Grund der amtl. Regist. m. ministerieller Genehmigg. v. Frz. Engel u. Paul Togotzes. 46. Jahrg. (VII, 1592 u. 3 S.) gr. 8. Berlin 910. Verlag f. Börsen- u. Finanzliteratur. Geb. in Leinw. nn 15. —

Handels- u. Fabriken-Register der Provinz Westfalen. Ein Verzeichniß sämmtlicher Firmen, Handelsgesellschaften u. Procuristen dieser Provinz, welche bis 1. Juli des Jahres 1863 in die durch Gesetz vom 24. Juni 1861 eingeführten Handels-Register amtlich eingetragen wurden. Nebst Bezeichnung des Gegenstandes der Fabrikation oder des Handels u. einem Register. Arnsberg 863. Ritter. 8. (IV, 201 S.) 17½ ngr.

— der Schweiz. Enth. alle Firmen, wie sie im Handelsregister eingetragen u. im schweizer. Handelsamtsblatt publizirt worden sind. Alphabetisch nach Kantonen, Städten u. Berufsarten geordnet. gr. 8. (408 S.) Basel 883. 84. Birkhäuser. n. 20. —

Handelsregister-Adressbuch der Schweiz. Von den Handelsregisterführern kontrolliert. — Annuaire suisse du registre de commerce. 1.–11. Lfg. gr. 8. Zürich 893. 894. Art. Institut Orell Füssli, Verl. à n. 2. —
1. Kanton Zürich. (III, 84 S.) — 2. Kanton Bern. (IV u. S. 85–199.) — 3. Luzern, Urkantone u. Zug. (IV u. S. 201–256.) — 4. Glarus u. Graubünden. (IV u. S. 257–296.) — 5. St. Gallen u. Appenzell. (IV u. S. 297–356.) — 6. Aargau, Thurgau u. Schaffhausen. (IV u. S. 357–422.) — 7. Baselstadt, Baselland u. Solothurn. (IV u. S. 423–478.) 8. Tessin. (IV u. S. 479–509.) — 9. Freiburg u. Wallis. (IV u. S. 511–554.) 10. Waadt. (IV u. S. 555–682.) 11. Genf u. Neuenburg. (IV u. S. 683–810.)

Handels-Revue. Halbmonatsschrift f. Volkswirtschaft u. zur Pflege der Interessen des gesamten Handels in Kolonial-, Material-, Delikatessen-, Drogen- u. Farbwaren, sowie verwandten Branchen. Hrsg. u. geleitet v. E. R. Michälius. 1. Jahrg. Juli–Dezbr. 1894. 12 Nrn. (à ca. 2 Bog.) gr. 4. München (H. Lukaschik). n. 4. —

Handels-Revue. Halbmonatsschrift f. Volkswirthschaft. Hrsg. u. geleitet v. E. R. Michälius u. Max Bohrmann. 2. Jahrg. 1895. 24 Nrn. (à 2 Bog.) gr. 4. München (H. Lukaschik). n. 8. —

— dasselbe. Wochenschrift f. Volkswirtschaft, Finanz-, Industrie- & Versicherungswesen. Hrsg. u. red. v. Max Bohrmann. 3. Jahrg. 1896. 52 Nrn. (à ca. 12 S.) gr. 4. München (Herzogspitalstr. 19), Pössenbacher'sche Buchdr. n. 8. —

— dasselbe. Hrsg. u. Red.: H. v. Wohnlich. 4. u. 5. Jahrg. 1897–1898. à 52 Nrn. (Bog.) gr. 4. Ebd. à Jahrg. mit Postversendung n. 10. —
Kann auch vierteljährlich bezogen werden.

Handels-Revue f. Sprit, Wein, Bier, Liqueur, Essig, Mineralwasser, Conserven etc. Red.: J. Sandmann. Jahrg. 1883. 52 Nrn. (B.) Nebst Beiblatt: Alkohol, Zeitung f. die Gesammt-Interessen der Spirituosen-Branche u. der verwandten Geschäftszweige. 52 Nrn. (B.) Fol. Berlin 883. Burmester & Stempell. n. 12. —
cf.: Alkohol.

Deutsche Handelsrundschau. Organ des Verbandes deutscher kaufmännischer Genossenschaften u. der Zentraleinkaufsgenossenschaft des Verbandes. Jg. 1910 – 1921. Berlin: Verl. Dt. Handelsrundschau 1910–21.

Handelsschau. Internationale Zeitg. f. Handel u. Industrie, Einfuhr u. Ausfuhr. Red.: M. Schlegel. 1. Jahrg. April 1887—März 1888. 52 Nrn. (1/2 B.) gr. 4. Leipzig, (A. Duncker). n. 6. —

Handels- u. Gewerbe-Schematismus für das Herzogth. Salzburg. Redigirt von Aimé v. Wouwermans. Salzburg 866. Taube. Lex.-8. (V, 206 S.) cart. n. 1 Thlr 10 ngr.

Handels- u. Gewerbs-Schematismus von Wien u. dessen nächster Umgebung für 1844. Herausgeg. von dem niederösterreich. Gewerb-Vereine. Lex.-8. Wien 844, Kaulfuß Wwe., Prandel u. Comp. geb. n. 3 Thlr

Handels-Schifffahrt, üb. die, auf d. Rheinstrome, besonders in Beziehung auf das Königreich d. Niederlande. gr. 8. Heilbronn 826. Drechsler. 1 Thlr 8 gr

„Ueber die Handels-Schiffahrt auf dem Rheinstrome, besonders in Beziehung auf das Königreich der Niederlande", Heilbronn 1827. — Vorh.: Preuß. Staatsbibl. Berlin und Com. Bibl. Hamburg

Handelsschul-Atlas, s.: **Atlanten.**

Handels-Schule, s.a. Karner, Joh.

Lorenz, E. F. V. (Herausgeber) „Die Handelsschule, ein Wochenblatt fur Handelslehrlinge, sowie für die Herren Principale und Commis als Leitfaden bei der Unterweisung ihrer Pflegebefohlenen", 1. und 2. Cursus, 1 Band, Leipzig 1838, 1839 — Vorh.: Bücherei der Industrie- und Handelskammer Leipzig

Handels-Schule, die. Eine Wochenschrift für Lehrlinge aller Branchen und für Jünglinge, welche sich einem kaufmännischen Geschäfte widmen. Hrsg. von Johs. Ohnsorg. 1. Jahrg. Octbr. 1854 — Septbr. 1855. 52 Nrn. (Bog.) gr. 4. Hamburg, Jowien. Vierteljährlich Thlr. *

Die Fortsetzung erschien unter dem Titel:

Handels-Schule. Eine Wochenschrift zur Beförderung der kaufmänn. Bildung in jüngeren Kreisen. Gleichzeitig Organ der Gesellschaft: „Kaufmännischer Fortschritt." Hrsgbr.: Johs. Ohnsorg. 2. und 3. Jahrg. 1855 und 1856. à Jahrg. 52 Nrn. (Bog.) gr. Fol. und gr. 4. Hamburg, Jowien. à Jahrg. *

Handelsschule, die. Vorbereitung zur Abschlußprüfg. an e. Handelsschule, welche zur Erteilg. des Zeugnisses f. den Einjährigendienst berechtigt ist. Methode Rustin. Selbst-Unterrichts-Briefe, hrsg. vom Rustinschen Lehrinstitut. Red. v. C. Ilzig. Bearb. v. Gust. Behrendt, Max Baumann, Frz. Bußler u. v. a. 1.—120. Lfg. Lex.-8. (4014 S. u. 112 S. Formulare m. Abbildgn., 1 Tab., 8 farb. Karten u. 42 farb. Kartenseiten in gr. 4.) Potsdam 900—902. Bonneß & Hachfeld. Subskr.-Pr. à n. — 90; Einzelpr. à n. 1.25

Handelsschule, die. Vorbereitung zur Abschlußprüfg. an e. Handelsschule, welche zur Erteilg. des Zeugnisses f. den Einjährigendienst berechtigt ist. Methode Rustin. Selbst-Unterrichts-Briefe in Verbindung m. eingeh. Fernunterricht. Hrsg. vom Rustinschen Lehrinstitut f. briefl. Unterricht. Red. v. C. Ilzig. Bearb. v. Gust. Behrendt, Max Baumann, Frz. Bußler u. v. a. 121.—227. Lfg. (3414 u. Formulare 88 S. m. Abbildgn. u. 8 farb. Karten.) Lex.-8. Potsdam (903—906). Bonneß & Hachfeld. à n. — 90; Einzelpr. à n. 1.25

Handelsschule, die. Vorbereitung zur Abschlußprüfg. an e. Handelsschule, welche zur Erteilg. des Zeugnisses f. den Einjährigendienst berechtigt ist. Methode Rustin. Selbst-Unterrichts-Briefe in Verbind. m. eingeh. Fernunterricht. Hrsg. v. Rustinschen Lehrinstitut f. briefl. Unterricht. Red. v. C. Ilzig. Bearb. v. Gust. Behrendt, Max Baumann, Frz. Bußler u. v. a. 228.—250. Lfg. (758 S.) Lex. 8. Potsdam (907—09). Bonneß & Hachfeld. Subskr.-Pr. à -- 90; Einzelpr. à 1.25

— die. Zeitschrift f. wissenschaftl. u. prakt. Förderg. des Handelsschul- u. m. besond. Berücks. d. Fortbildgs.-Studiums. Hrsg. u. Schriftleiter: Joh. Fr. Ruprich. 1. Jahrg. März 1905—Febr. 1906. 24 Nrn. (à ca. 24 S.) gr. 8. Grulich (Österr.), Verlag der Handelsschule. Nicht durch den Buchhandel zu beziehen. nn 12. —

Handelsschule, Die, des Städtischen Gymnasiums in Bern; Genf 1896. Bern 1896. V: *Kuhn, Jac.* (Cat. d. Stadtbibl. Zürich. Zürich 1864—97.)

Die höhere Handelsschule in Stuttgart Rückblick auf 25 Jahre 1871 1896. Stuttgart: Benz (1896)

Die **Handelsschulen** und der kaufmännische Fortbildungsunterricht in der Schweiz. Dargest. v. Eidgen. Handelsdepartem. u. den Schulen f. d. Schweizer. Landesausstellg 1896. *Bern: Buchdr. Stämpfli & C. 1896.* (XVII, 350 S., 1 Kt.) 1 Bd 4.(8.) [96. 6441

Handelsschul-Lehrer-Zeitung, deutsche, hrsg. im Interesse der Handelsschule u. ihrer Lehrer v. Nicklisch & Großmann. 1. Jahrg. 1904. 52 Nrn. (IV, 364 S.) Fol. Magdeburg. Dresden, Verlag der deutschen Handelsschul-Lehrer-Zeitung. n. 8. —

— dasselbe. Hrsg. im Interesse unserer Handelsschulen u. ihrer Lehrkräfte. Organ des Vereins v. Direktoren u. Lehrern sächs. Handelsschulen u. seiner Zweigvereine usw. Red.: H. Grossmann, Hugo Dietze u. K. v. der Aa. 2. u. 3. Jahrg. 1905 u. 1906. à 52 Nrn. (IV, 364 u. IV, 560 S.) 4. Dresden, Verlag der deutschen Handelsschul-Lehrer-Zeitg. à Jhrg. n. 8. —

Handelsschulwesen, Das private, in seiner jetzigen Gestalt nebst Vorschlägen zu seiner Neuordnung. Hrsg. vom Ver. Deutscher Handelslehrer. Breslau [1909.] 8°.

Handelsschul-Zeitung, österreichische. Mittheilungen des Vereines der Lehrkräfte an österreich. Handelslehranstalten. Red.: Jul. Ziegler, Jos. Strehle u. Ignaz Bachmayer. 8. Jahrg. Octbr. 1901—Septbr. 1902. 10 Nrn. hoch 4. (à ca. 12 S.) Wien (I, Krugerstr. 3), Administration. n.n. 6. —

Handelsschul-Zeitung, österreichische. Organ des Vereines der Lehrkräfte an österreich. Handelslehranstalten. Red.: Eug. Schigut. 9.—11. Jahrg. Oktbr. 1902—Septbr. 1905. à 10 Nrn. (à ca. 12 S.) 4. Wien (IV, Schwarzenbergplatz 7), Administration. à Jhrg. n.n. 6. —

Der 9. Jahrg. ist v. Jul. Ziegler u. J. Bachmayer redig.

Handelsschul-Zeitung, österreichische. Organ des Vereines der Lehrkräfte an österreich. Handelslehranstalten. Red.: Eug. Schigut. 12. Jahrg. Oktbr. 1905—Septbr. 1906. 10 Nrn. (à ca. 12 S.) 4. Wien (IV, Schwarzenbergplatz 7), Administration. n.n. 6. —

Handelsschul-Zeitung, österreichische. **Zeitschrift f. das kaufmänn. Unterrichtswesen. Hrsg. v. den Vereinen der österr. Handelsschullehrer unter d. Schriftleitg. v. Jul. Ziegler u. Aug. Fischer. Neue Folge. 1. u. 2. Jahrg. 1900 u. 1910 à 12 Hefte. (à ca 36 S.) gr. 8. Wien, Manz. à Jhrg. 8. 60**
Die „Oesterreichische Zeitschrift f. das kaufmänn. Unterrichtswesen" wurde hiermit vereinigt. — Erscheint v. 1911 an im Verlag von A. Hölder in Wien.

„Handels-Seeberichte des österreichischen Lloyd", Jahrgang 1—3, Triest 1836—1838. — Fortsetzung u. d. T.: „Journal des österreichischen Lloyd", Jahrgang 4—13, Triest 1839—1848. fol. — Vorh.: Jg. 2 ff. Com. Bibl. Hamburg.

Handelssperre, od. d. Engländer in Todesnöthen, mit 1 ill. Kpf. 8. Magdeb. 811. v. Schütz. (Lauffer in Leipz.) 6 gr.

Handelsstädte, zu Festungen zu machen. Ist es gut und nothwendig? 8. Berlin **1815.**

Der **Handelsstand** im Ausl. Halbmonatsschr für die dt. Angestellten im Ausl. Amtl. Zeitschr. des Gewerkschaftsbundes der Angestellten (GDA). (Jg 1—11: Amtl. Zeitschr. des kaufmännischen Vereins von 1858). Jg 1 ff. — Hbg.: Gewerkschaftsbund der Angestellten (1910—1920: Hbg.: Kaufmännischer Verein von 1858) 1910 ff. 4°

Handelsstand, der bürgerliche, u. die Juden in München. gr. 8. München 820. (Finsterlin). 2 gr.

Wiener Handelstands-Bericht. Verantw. Red. *der Gremialvorstand.* Gedr. bei *Leop. Sommer.*
Erscheint in **Wien**, monatl. ½ Bogen in 4°. Ohne Preisangabe.

Handelsstands-Bericht, Wiener —. Redaktion der Gremialvorstand. Gedruckt bei Leop. Sommer. 4. 2spaltig. Monatlich 5 oder 6 Nummern. 1854.

Wiener Handelsstands-Bericht. Verantwortliche Redaktion: Der Gremial-Vorstand. Gedruckt bei Leop. Sommer. gr. 4. 2spaltig. Monatlich 2- oder dreimal. 1855.

Wiener Handelsstands-Bericht. Verantw. Redaktion: Der Gremialvorstand. Gedr. bei Leop. Sommer. 4 2spaltig. Erscheint etwa alle acht Tage. 1856.

Handels-Statistik, d. deutsche, nach ihren gegenwärt. Einrichtgn. u. Leistungen, s.a. Vierteljahrshefte z. Statistik d. Deutschen Reiches.

[F.] Die deutsche Handels-Statistik nach ihren gegenwärtigen Einrichtungen und Leistungen. Garn-Einfuhr und Ausfuhr in d. J. 1889 bis 1897. *Berlin: Puttkammer & Mühlbrecht 1898.* (1 Bl., VIII, 15 S.) 4.
= Vierteljahrshefte z. Statistik d. Deutschen Reichs Jg. 1898. H. 4. Ergänzungsheft. [illegible]

Handelsstatistik, Schweizerische

Handels-Statistik, schweizerische. Tabelle der Einheitswerte pro 1886. Fol. (24 S.) Zürich 887, (Orell, Füssli und Comp.) *

Handelsstatistik, Schweizerische. Jahresbericht und Werthtabelle 1889. Hrsg. vom Schweizer. Zolldepartement. In-4°. 84 S. Bern, Buchdr. S. Collin. 1890.

— Jahresbericht und Werthtabelle 1890. In-4°. I, 95 S. Ebd. 1891. 1 —

— Vergleichende Publikation des Waarenverkehrs der Schweiz mit dem Auslande 1885—1890. In-4°. 92 S. Ebd. 1891. 2 —

— Statistik des Warenverkehrs der Schweiz mit dem Auslande im Jahre 1890, hrsg. vom Eidg. Zolldepartement. Mit 2 color. Taf. u. 1 Beilage. Gr. in-4°. 340 S. Ebd. 1891. 5 —

Handelsstatistik, Schweizerische: Uebersicht der Ein- und Ausfuhr der wichtigsten Waren im I. Quartal 1891. Gr. in-4°. 48 S. Bern, Eidg. Zolldepartement. 1891. — 35

— Uebersicht der Ein- u. Ausfuhr der wichtigsten Waarenartikel im 2. Quartal 1891. Gr. in-4°. 48 S. Ebd. 1891. — 35

— Graphische Uebersicht des Gesammthandels der Schweiz mit dem Auslande 1885-1890, nebst den Zolleinnahmen und -Ausgaben von 1851—1890. 1 Blatt in 6 Farben. Ebd. — 35 1891.

— Geographische Darstellung des Gesammthandels u. des Verkehrs mit den einzelnen Ländern. In 8 Farben. 1 Tafel gr. in-fol. Ebd. — 50 1892.

— Graphische Darstellung der Zolleinnahmen u. Ausg. 1850—91. 1 Taf. gr. in-fol. Ebd. — 50 1892.

Handelsstatistik. Jahresbericht und Werthtabelle pro 1891. Gr. in-8°. 108 S. Ebd. 1892. 1 —

Handelsstatistik, Schweizerische. Statistik des Waarenverkehrs der Schweiz mit dem Auslande i. J. 1891. Hrsg. vom schweiz. Zolldept. Mit 2 Taf. In-fol. 360 S. Bern, Eidgen. Zolldepartement. 1892. 5 —

– Uebersicht der Ein- u. Ausfuhr der wichtigsten Waaren. I. Halbjahr 1892. In-fol. III, 48 S. Ebd. 1892. — 35

Handelsstatistik, Schweizerische. Jahresbericht 1893. In-4°. 66 S. — Statistik des Warenverkehrs der Schweiz mit dem Auslande im Jahre 1893. — Herausgegeben vom Schweiz. Zolldepartement. Bern. 1894.

— schweizerische. Ein- u. Ausfuhr d. wichtigsten Waren. — Statistique du commerce de la Suisse. Hrsg. v. schweizer. Zolldepartement. Jahrg. 1895—1896. à 4 Hfte. (à ca. 50 S.) Fol. Bern, Schmid & Francke. à Jahrg. n. 4. —

— dasselbe. Jahrg. 1897—1898. à 4 Hfte (à ca. 50 S.) Fol. Ebd. à Jahrg. n. 2. 40

Handelsstatistik. Schweizerische Handelsstatistik. Provisorische Zusammenstellung des Specialhandels der Schweiz im Jahre 1900. Hrg. vom schweizerischen Zolldepartement. Ausgegeben am 18. Februar 1901. — Statistique du commerce de la Suisse. Tableau provisoire du commerce spécial.... 16 S. fol. (Bern, A. Benteli.)

Handelsstatistik. Schweizerische Handelsstatistik. Ein- und Ausfuhr der wichtigsten Waren. Hrg. vom schweizerischen Zolldepartement. I. Quartal 1901. Ausgegeben am 1. Juni 1901. — Statistique du commerce de la Suisse. Importation et exportation des principaux articles. Publié par le Département fédéral des Douanes. 1er Trimestre 1901. Publié le 1er juin 1901. II + 52 S. fol. (Bern, A. Benteli.) [Quartalheft fr. —. 35, per Jahr fr. 1. 40]

Handelsstatistik. Schweizerische Handelsstatistik. Provisorische Zusammenstellung des Specialhandels der Schweiz im Jahre 1901. Hrg. vom schweizerischen Zolldepartement. Ausgegeben am 18. Februar 1902. — Statistique du commerce de la Suisse. Tableau provisoire du commerce spécial ... en 1901.... 16 S. fol. (Bern, A. Benteli.) [fr. —. 50]

Handelsstatistik. Schweizerische Handelsstatistik. Provisorische Zusammenstellung des Spezialhandels der Schweiz im Jahre 1902. Hrg. vom schweizerischen Zolldepartement. Ausgegeben am 16. Februar 1903 = Statistique du commerce de la Suisse. Tableau provisoire du commerce spécial ... en 1902.... 16 S. fol. (Bern, A. Benteli.)

Handelsstatistik. Schweizerische H'. Provisorische Zusammenstellung des Specialhandels der Schweiz im Jahre 1903. Hrg. vom schweizerischen Zolldepartement. Ausgegeben am 16. Februar 1904 = Statistique du commerce de la Suisse. Tableau provisoire du commerce spécial ... en 1903.... 16 S. fol. (Bern, A. Benteli.)

Handelsstatistik. Schweizerische H'. Provisorische Zusammenstellung des Specialhandels der Schweiz im Jahre 1904. Hrg. vom schweizerischen Zolldepartement. Ausgegeben am 15. Februar 1905 = Statistique du commerce de la Suisse. Tableau provisoire du commerce spécial ... en 1904.... 16 S. fol. (Bern, A. Benteli.)

Handelsstatistik. Schweizerische H'. Provisorische Zusammenstellung des Specialhandels der Schweiz im Jahre 1905. Hrg. vom schweizerischen Zolldepartement. Ausgegeben am 15. Februar 1906 = Statistique du commerce de la Suisse. Tableau provisoire du commerce spécial... en 1905.... 16 S. fol. (Bern, A. Benteli.)

Handelsstatistik. Schweizerische H'. Provisorische Zusammenstellung des Specialhandels der Schweiz im Jahre 1906. Hrg. vom schweizerischen Zolldepartement. Ausgegeben am 27. Februar 1907 = Statistique du commerce de la Suisse. Tableau provisoire du commerce spécial... en 1906.... 27 S. fol. (Bern, A. Benteli.)

Handelsstatistik. Schweizerische H'. Provisorische Zusammenstellung des Specialhandels der Schweiz im Jahre 1907. Hrg. vom schweizerischen Zolldepartement. Ausgegeben am 20. Februar 1908 = Statistique du commerce de la Suisse. Tableau provisoire du commerce spécial ... en 1907.... 27 S. fol. (Bern, A. Benteli & Co.) O4

Handelsstatistik, Schweizerische. Provisorische Zusammenstellung des Spezialhandels der Schweiz im Jahre 1907. Hrsg. vom schweizerischen Zolldepartement. Ausgegeben vom 20. Februar 1908 = Statistique du commerce de la Suisse. Tableau provisoire du commerce spécial .... 27 S. fol. Bern, A. Benteli & Co.

Handelsstatistik. Schweizerische H'. Provisorische Zusammenstellung des Specialhandels der Schweiz im Jahre 1908. Hrg. vom schweizerischen Zolldepartement. Ausgegeben am 20. Februar 1909 = Statistique du commerce de la Suisse. Tableau provisoire du commerce spécial... en 1908.... 27 S. fol. (Bümpliz, Benteli A.-G.)

Handelsstatistik. Schweizerische H'. Provisorische Zusammenstellung des Specialhandels der Schweiz im Jahre 1909. Hrg. vom schweizerischen Zolldepartement. Ausgegeben am 23. Februar 1910 = Statistique du commerce de la Suisse. Tableau provisoire du c' spécial ... en 1909.... 27 S. fol. (Bümpliz, Benteli A.-G.)

Handelsstatistik. Schweizerische H'. Provisorische Zusammenstellung des Specialhandels der Schweiz im Jahre 1910. Hrg. vom schweizerischen Zolldepartement. Ausgegeben am 22. Februar 1911 = Statistique du commerce de la Suisse. Tableau provisoire du c' spécial ... en 1910.... 27 S. fol. (Bümpliz, Benteli A.-G.)

Handels-Statistik der Vertrags-Häfen (China's) für die Periode 1863–1872. Zusammengestellt für die Oesterreichisch-Ungarische Welt-Ausstellung. Wien 1873. Zur Erläuterung des internationalen Austausches der Producte. Veröffentlicht auf Veranlassung des General-Inspectors der Chinesischen See-Zollverwaltung. Shanghai 1873. [Getr. Pag.] 4°.

Handels-System, das, des Herrn Senator Duckwitz. Beurtheilt von einem Kaufmanne. Geschrieben im Septbr. 1848. gr. 8. (21 S.) Hamburg 848. (Berendsohn.) n. 3 ngr

Handelstag, der deutsche. Antrag der Handelskammer zu Breslau für die Verhandlungen in Heidelberg betreffend die Einrichtung, Verfassung, Wiederkehr u. dauernde Vertretung des Handelstages. Breslau 861. Gosohorsky. gr. 8. (16 S.) n. 5 ngr.

DER DEUTSCHE HANDELSTAG 1861—1911, herausgegeben vom Deutschen Handelstag. Bd. 1. (Mit Tafeln.) Berlin 1911. Carl Heymanns Verlag. 4°.

Handelstag, deutscher. Zusammenstellung der Gutachten über Erneuerung der Handelsverträge. Berlin 1876

Handelstag, Deutscher. Enquête über den Einfluss der Gefängnisarbeit auf den freien Gewerbebetrieb. (164 S) 4° Berlin 1878

XX. DEUTSCHER HANDELSTAG. (22. und 23. Februar 1895.) Verhandlungen über die Kündigung des Handelsvertrages mit Argentinien und die Auferlegung eines Eingangszolles auf Quebrachoholz und andere überseeische Gerbstoffe. (Sonderabdruck.) Berlin 1895. (Druck von Liebheit & Thiesen, Berlin.) 8°.

Deutscher Handelstag. Mitteilungen an die Mitglieder. Berlin. Jahrgang 47 (1907) ff.

Handels- u. Gewerbe-Taschen-Adreßbuch, Münchner, f. 1895. Abgeschl. 1. Dezbr. 1894. 12. (VIII, 402 S.) München, Münchner Handelsdruckerei & Verlagsanstalt, M. Poeßl. Kart. n. 1. 50

Handelsteil
v. Neue Zürcher-Zeitung.

Handels-Telegraph, deutscher. Comptoir-Handbuch zum Gebrauche für Kaufleute, Fabrikanten, Beamte &c. Auf Grund von Handelskammer- und Konsulats-Berichten, officiellen Quellen und Orig.-Mittheilungen bearb. von Alex. Hoffers. 1. Jahrg. 1869. 8 Hefte. (à 5—6 Bog.) gr. 8. Berlin, H. Müller. * Einzelne Hefte *

Handelstractat, Der, vom 21. Jan. 1839 und der deutsche Nordseehandel. Hamburg 1839. V: *Kirchenpauer, Gustav Heinrich.* (Schr) (WFM) (CBH)

Handelstractat, der, vom 21. Jan. 1839 u. der deutsche Nordseehandel. gr. 8. Hamburg 839. (Hoffmann u. Campe. n. 1/3 ngr

Handelsübereinkunft zwischen der Schweiz und Frankreich. Übersetzung nach dem französischen Originaltext. [Sep.-Abdr. aus dem Bundesblatt....] 8. [Bern, Stämpfli & Cie.]

Ausg. A: Abgeschlossen am 20. Oktober 1906. — *In:* Botschaft des Bundesrates an die Bundesversammlung, betreffend die ... Hand'. ⟨Vom 5. November 1906.⟩ [Bern ...] 1906. S. 53—112.

Ausg. B, sep. (20. Oktober 1906.) 60 S. [Bern ...] 1906.

Handelsübereinkunft zwischen der Schweiz und Frankreich. Abgeschlossen am 20. Oktober 1906. In Kraft mit 23. November 1906. (Übersetzung nach dem französischen Originaltext. [Mit den] Ratifikationen, 19/21. November 1906.) [Sep.-Abdr. aus: Amtliche Sammlung der Bundesgesetze....] 63 S. 8. [Bern, Stämpfli & Cie.,] 1906.

Handels-Union, deutsche. Wochenschrift für die Interressen des deutschen Exports. Hrsg. von der Direction des Deutschen Export-Musterlagers Union. Nebst den Beiblättern: Schwarzes Blatt, Export-Katalog und Deutsche Export-Industrie. [Früher: Internationales Journal.] 14. und 15. Jahrg. 1885 und 1886. à Jahrg. 52 Nrn. (à Nr. 3 Bog. mit Illustr.) Fol. Berlin, SW., Kommandantenstr. 71, Selbstverlag der Direction. à Jahrg. *

—— dass. — 16. Jahrg. 1887. 1. Quartal. 13 Nrn. (à Nr. 3 Bog. mit Illustr.) Fol. Ebendas. *
Nicht weiter erschienen.

Handels-Usancen, Die. Chemnitz [1855]. V: *Noback, Frdr.* (Kat. d. stat. Bureaus. Dresden 1890.)

Handelsverein, Der deutsche, in Berlin. Programm und Statuten. Bonn 1881. V: *Loehnis, H.* (CBH)

Oldenburg, Handels- und Gewerbeverein, Erklärung über das Rundschreiben des bleibenden Ausschusses des deutschen Handelstages, d. d. Berlin, Februar 1864, die deutsche Goldmünze betreffend. Oldenburg im Aug. 1864.

Handels- und Gewerbeverein Göppingen. Bericht über das Jubeljahr 1893. Bearbeitet von Eisele. (49 S) Göppingen 1894

Kieler Handels- u. Industrie-Verein. Jahresbericht. 1857-59 (3 Vol.). Kiel 1860. 4°.
(I 1857 tillige: Kiels Handel u. Industrie 1801-1857).

Handels- und Industrieverein, schweizerischer. Bericht für 1873. 74. 78. 79. 83 und 84. Zürich 1873-84

Handels- und Zollverfassung, Die deutsche, und das Freihafen-System . . . Frankf. a. M. 1848. V: *Soetbeer, Gg Adolph.* (CBH)

Handelsverhältniß, das, d. freien Hanseestädte z. deutschen Nation. gr. 8. Bremen 821. Heyse. 1 ₰ 3 K

Handels-Verhältnisse, die, zwischen den Niederlanden u. dem Zollvereine, aus statistischen Quellen. gr. 8. (3 B.) Amsterdam 841, Müller. *

Handelsverhältnisse, über die, zwischen Würtemberg u. Baden. 8. Mannh. Kaufmann. 809.

Handelsverkehr zw. d. Schweiz u Deutschland. 1885-90. (125 S) 4° Zürich 1891

Der deutsch-belgische **Handelsvertrag.** Zsgest. im Reichsamt d. Innern. Berlin: E. S. Mittler & Sohn 1905. (28 S.) 4° [F.] (07. 726 II

Anonym: „Der deutsch-englische Handelsvertrag und seine Gegner" (Abdruck aus der „Allgemeinen preussischen Staatszeitung"), Berlin 1841. — Vorh.: Preuß. Staatsbibl. Berlin.

Handels-Vertrag, deutsch-französischer. Handels-Vertrag, Schifffahrts-Vertrag, Schluß-Protokoll nebst den derzeit. und künft. Tarifen in vergleich. Zusammenstellung. Hrsg. von der Red. der deutschen Industrie-Zeitung in Chemnitz. Fol. (18 S.) Chemnitz 862, Focke. *

Der deutsch-italienische **Handelsvertrag.** Zsgest. im Reichsamt d. Innern. Berlin: E. S. Mittler & Sohn 1905. (36 S.) 4° [F.] (07. 727 II

Handelsvertrag zwischen Deutschland u. Oesterreich-Ungarn. Vom 16. Dezbr. 1878. Nach amtl. Mittheilung. gr. 4. (34 S.) Berlin 879. C. Heymann's Verl. n. 1. —

— dasselbe. Vom 23. Mai 1881. 8. (42 S.) Dresden 881. Meinhold & Söhne. n. — 40

DER DEUTSCH-RUSSISCHE HANDELSVERTRAG. Referate, erstattet in der am 19. Februar 1894 abgehaltenen Versammlung der Delegierten des Centralverbandes deutscher Industrieller. Separatabdruck aus den Verhandlungen, Mittheilungen und Berichten des Centralverbandes deutscher Industrieller. Berlin 1894. Druck der Norddeutschen Buchdruckerei und Verlagsanstalt. 8°.

Handelsvertrag, Der deutsch-schweizerische, zusammengestellt im Reichsamt des Innern. 58 S. 4. Berlin, Ernst Siegfried Mittler & Sohn. 1. 75.
1905.

Handels-Vertrag, der englisch-deutsche, für die neue Zollvereins-Periode nach offiziellen Materialien. Nebst Reductions-Tabelle der deutschen u. englischen Münzen, Maasse u. Gewichte. — Der belgisch-deutsche Handelsvertrag für die neue Zollvereins-Periode nach offiziellen Materialien. Nebst Reductions-Tabelle der deutschen u. belgischen Münzen, Maasse u. Gewichte. Berlin 865. Hasselberg'sche Verlagsh. 16. (32 S.) n. 5 ngr.

—— der, mit Frankreich. 8. (69 S.) Dresden 862, Schönfeld's Buchh.
Aus: Dresdner Journal, besonders abgedruckt.

– der, zwischen Frankreich u Preussen (Zollverein), Französ. u deutsch. 4° Berlin

— der französisch-deutsche, u. der Zollvereins-Tarif für die neue Zollvereins-Periode nach officiellen Materialien. Nebst Reductions-Tabelle der deutschen u. französischen Münzen, Maasse u. Gewichte. 1—4. verm. Aufl. Berlin 865. Hasselberg'sche Verlagsh. gr. 16. (112 S.) 10 ngr.

— der französische. Kaufmännische Kritik desselben, dem Hannoverschen Handel- u. Gewerbestande gewidmet von einem Geschäftsmanne. Hannover 863. Klindworth. gr. 8. (55 S.) n. 6 ngr.

— der französische, u. seine Gegner. Ein Wort der Verständigung von einem Süddeutschen. Frankfurt a. M. 862. Sauerländer. gr. 8. (119 S.) 15 ngr.

— der französisch-preußische. Ein Mahnruf an alle Freunde des Vaterlandes insbesondere an die Mitglieder der deutschen Ständekammern. Leipzig 862. Denicke. gr. 8. (39 S.) n. 10 ngr.

— der französisch-preußische. Beiträge zu dessen Beurtheilung, verfaßt im Auftrage des Comités der Gegner des Vertrags. I. u. II. Stuttgart 863. Koch. 8. Jede Nr. n. 2 ngr.
Inhalt: I. Die Entstehungsgeschichte des Vertrags von Frdr. Ammermüller. (15 S.) — II. Die nationale Seite des Vertrags von G. Daffner. (23 S.)

— zwischen Sr. Maj. dem Kaiser von Oesterreich und Sr. Maj. dem König von Preußen. Wien 853. Tendler u. Co. 16. (77 S.) n. 4 ngr.

— der neue, mit Frankreich. Nebst den Ein- u. Ausfuhr-Tarifen ꝛc. u. der Circular-Depesche des Hrn. Grafen v. Bernstorff, vom 3. April 1862 die preußischen Motive enthaltend. Elberfeld 862. Friderichs. gr. 8. (2 Bl., 104 S.) 15 ngr.

— der neue, mit Frankreich. Nebst Motiven u. den früheren, wie den jetzt definitiv festgestellten Ein- u. Ausfuhr-Tarifen ꝛc. Nach amtl. Quellen bearb. vollständ. Ausg. 2. Aufl. Elberfeld 865. Friderichs. gr. 8. (III, 151 S.) 10 ngr.

—— zwischen Oesterreich und dem Zollverein, s. Zoll- und Handels-Vertrag.

— zwischen Oesterreich=Ungarn u. dem deutschen Reiche vom 23. Mai 1881. Erneuerung der Bestimmungen üb. den Veredlungsverkehr mit dem deutschen Zollgebiete bis einschließlich 31. Dezbr. 1881 nach der Verordnung der Ministerien der Finanzen u. d. Handels vom 28. Juni 1881. 8. (51 S.) Prag 881. Mercy. n. — 80

Handels-Vertrag, der. zwischen Österreich-Ungarn u. der Schweiz vom 23. Novbr. 1888; s.a. Gesetze, Sep.-Ausg. der neuen österreichischen. Nr. 60.

Handels=Vertrag, der, zwischen Oesterreich=Ungarn u. der Schweiz vom 23. Novbr. 1888. Mit den Tarifen der Zölle f. die Ein= und Ausfuhr, den Zusatzartikeln und Schlußprotokoll, sammt den Durchführungsbestimmgn. vom 28. Decbr. 1888 u. ausführl. Erläutergn. 8. (48 S.) Prag 889. Mercy. n. — 60

— zwischen Preußen [Zollverein] u. Frankreich. 1. vollständiger Abdruck des authentischen Textes. Berlin 862. Hempel. Lex. 8. (80 S.) n. 15 ngr.

— der preußisch=französische, u. die Zolleinigungsvorschläge Oesterreichs, gewürdigt von treuen Freunden des Zollvereins, ihres engeren Vaterlandes Baden u. des großen deutschen Gesammtvaterlandes. Freiburg im Br. 862. Herder. gr. 8. (72 S.) 6 ngr.

Handels= und Zoll=Vertrag, der Preußisch=Oesterreichische, vom 19. Febr. 1853 mit den Separat=Artikeln, dem Schluß=Protokoll und sämmtlichen Beilagen. Vollständiger und wörtlicher Abdruck des authentischen Textes, mit kurzen Inhaltsangaben über den einzelnen Paragraphen und einer Vergleichung des Tarifs der preußisch=österreichischen Zwischenzölle mit den Zolltarifen Oesterreichs und des Zollvereins, sowie dem Wortlaut des September=Vertrags u. der Anschlußverträge der Steuer=Vereins=Staaten. 1. u. 2. Aufl. Berlin 853. Hempel. gr. 8. (80 S.) n. 10 ngr.

— — 3. Aufl., vermehrt mit der Denkschrift der Kgl. Preuß. Regierung über den Preußisch=Oesterreichischen Vertrag. Ebend. 853. gr. 8. (78 S.) n. 10 ngr.

— der Preußisch=Oesterreichische, vom 19. Febr. 1853 zwischen Sr. Maj. dem Könige von Preußen und Sr. Maj. dem Kaiser von Oesterreich. Mit dem Schlußprotocoll von demselben Tage, den Separatartikeln, dem Zollcartell, dem Münzcartell, dem Verzeichnisse der zollfreien Gegenstände rc. Berlin 853. Stuhr. gr. 8. (63 S.) 7 1/2 ngr.

Handelsvertrag zwischen d. Kgl. Preuß. u. d. Großhrzgl. Hessischen Regierung einerseits u. d. Kgl. Bayerischen u. Kgl. Würtembergischen Regierung andererseits üb. d. wechselseit. Zoll= u. Handelsverhältnisse. gr. 8. ... Darmstadt 830, Leske.

Handelsvertrag, rumänischer, s.a. Gareis, Carl: Deutsche Reichsgesetze.

— rumänischer, vom 21.10.93. (Gareis Rges. 174-76) Giessen 1894

Handelsvertrag, russischer, s.a. Gareis, Carl: Deutsche Reichsgesetze.

— russischer, vom 10.2. (29.1.) 94. (Gareis Rges. 171-73) Giessen 1894

Handels- und Schiffahrts vertrag

— — und literarische Convention nebst Schluß=Protokoll zwischen den freien und Hansestädten Lübeck, Bremen und Hamburg und dem Kaiserreiche Frankreich. Unterzeichnet zu Hamburg am 4. März 1865. In französ. Sprache mit angehängter deutscher Uebersetzung. Fol. (30 S.) Hamburg 865, J. A. Meißner. *

Handels= u. Schifffahrtsvertrag zwischen Oesterreich u. der Türkei. Abgeschlossen zu Constantinopel am 22/10. Mai 1862. Die beiderseitigen Ratificirungen wurden am 6. Juli 1862 zu Constantinopel ausgewechselt. In französ., deutsch., ital. u. türk. Sprache. Wien 862, Hof= u. Staatsdruckerei. 4. (34 S.) n. 10 ngr.

Handels= und Schifffahrtsvertrag, der, zwischen Oesterreich-Ungarn und Italien, s.a. Gesetze, Sep.-Ausg. der neuen österreichischen.

Handels= u. Schifffahrtsvertrag, der, zwischen Oesterreich=Ungarn u. Italien vom 7. Decbr. 1887. Nebst den Tarifen der Zölle bei der Ein= u. Ausfuhr, den Zusatzartikeln, Zollcartel, Schlußprotokoll u. Viehseuchen=Uebereinkommen, sammt den Durchführungsbestimmgn. vom 30. Decbr. 1887. 8. (71 S.) Prag, Mercy. n. — 80

Handels= u. Schiffahrtsvertrag zwischen d. Deutschen Reiche u. Portugal nebst e. Schlußprotokoll, e. Notenwechsel, betr. den portugies. Zuckerzoll, u. e. Notenwechsel, betr. Verkehrsverbote f. Monopolartikel. (Reichstag 12. Legislatur-Periode. II. Session 1909/10 Nr. 50.) (172 S.) 31×22,5 cm. Berlin (909). (C. Heymann.) 2. 20

Handels= u. Schifffahrtsvertrag zwischen dem Deutschen Reiche u. Rußland. Vom 10. Febr./29. Jan. 1894. [Aus: „Deutsches Handelsarchiv".] gr. 4. (23 S.) Berlin 894. E. S. Mittler & Sohn. n. — 50

— dasselbe u. Entwurf e. Gesetzes betr. die Abänderung des Zolltarifgesetzes vom 15. Juli 1879. Fol. (32 S.) Berlin 894. C. Heymanns Verl. n. — 60

— dasselbe, nebst Zolltarifen (Reichsgesetzblatt Nr. 8, S. 153 u. ff.) u. Uebereinkunft wegen Wieder=Uebernahme der auf dem Gebiete des anderen Theils lebenden Angehörigen vom 10. Febr./29. Jan. 1894. gr. 8. (45 S.) Berlin 894. R. v. Decker. n. — 60

Handels= u. Schiffahrtsvertrag zwischen dem Deutschen Reiche u. Schweden vom 8. V. 1906 m. dem Vertragstarif, dem Schlußprotokoll u. einer Denkschrift. (107 u. 43 S.) 4. Berlin 906. C. Heymann. n. 3. —

Handels= und Schifffahrtsvertrag der deutschen Staaten mit China. Abgeschlossen durch Preußen. gr. 8. (40 S.) Amoy. (Leipzig 864, Roßberg'sche Buchh.) *

Handelsvertrag

—— zwischen der Schweiz und Frankreich. Fol. (18 S.) Zürich 864, Schabelitz'sche Buchh. *

Handelsvertrag zwischen der Schweiz u. Frankreich vom 1. Jan. 1865, nebst Zolltarif f. die Ein-, Aus- u. Durchfuhr etc. 2. rev. u. ergänzte Aufl. 8. (70 S.) Zürich 871. Schmidt. n. 1. 20

— zwischen der Sohweiz u. Frankreich. Vom 23. Fobr. 1882. gr. 8. (91 S.) Born 882. (Jenni.) n. 1. 50

Handelsvertrag zwischen der Schweiz u. Italien. Vom 13. VII. 1904. (S. 19—39.) Lex.-8. Berlin 905. E. S. Mittler & Sohn. n. — 75
Sonderabdruck aus: „Deutsches Handels-Archiv".

Handelsvertrag zwischen der Schweiz und Italien. Abgeschlossen am 13. Juli 1904. Ratifiziert ... am 15. ... [und] am 22. Dezember 1904... . ([Französischer] Originaltext [und deutsche] Übersetzung.) 108 S. 8. [Born, Stämpfli & Cie.,] 1905.

Handelsvertrag zwischen der Schweiz und Österreich-Ungarn ([nebst zugehörigen] Übereinkommen). 8. [Bern, Stämpfli & Cie.,] 1906.
Ausg. A: ⟨Vom 9. März 1906.⟩ [Sep.-Abdr. aus dem Bundesblatt....] 109 S.
Ausg. B: Abgeschlossen am 9. März 1906. Ratifiziert von der Schweiz am 5. Juli 1906. R' von Oest'-U' am 25. Juli 1906. In Kraft seit 1. August 1906. [Sep.-Abdr. aus: Amtliche Sammlung der Bundesgesetze....] 116 S.

Handelsvertrag zwischen der Schweiz und Serbien. 8. [Bern, Stämpfli & Cie.]
Ausg. A: ⟨Abgeschlossen am 28 Februar 1907.⟩ Übersetzung nach dem französischen Originaltext. — *In:* Botschaft des Bundesrates an die Bundesversammlung, betreffend den ... Hand'. ⟨Vom 30. März 1907.⟩ [Sep.-Abdr. aus dem Bundesblatt....] [Berne ...] 1907. S. 12—48. N 5966[1]
Ausg. B: Abg' am 28. Februar 1907. In Kraft seit 19. April 1907. (Üb' nach dem fr' Or'. [Mit den] Ratifikationen, 4/12 avril 1907.) [Sep.-Abdr. aus: Amtliche Sammlung der Bundesgesetze....] 38 S. [Berne ...] 1907.

Handelsvertrag zwischen der Schweiz und Spanien. Abgeschlossen am 1. September 1906. In Kraft mit 20. November 1906. (Übersetzung nach dem französischen Originaltext. [Mit den] Ratifikationen, 19. November 1906.) [Sep.-Abdr. aus: Amtliche Sammlung der Bundesgesetze....] 43 S. 8. [Bern, Stämpfli & Cie.,] 1906.

Handelsvertrag, der serbische, — e. Sieg d. Agrarier. Ein Wort zur Aufklärg. Von e. aufricht. Freunde der österr. Landwirtschaft. (20 S. m. 2 Tab.) 8. Wien 908. (Gerold & Co.) — 50

— der, zwischen den Staaten des deutschen Zoll- u. Handels-Vereins u. Belgien vom 30. Mai 1865. 2. Aufl. Elberfeld 865, Lucas. gr. 8. (64 S.) 10 ngr.

Handels-Vertrag, der, u. der Hannoversche Standpunkt. Harburg 863. Danckwerts in Comm. gr. 8. (15 S.) 2½ ngr.

—— der, und der Hannoversche Standpunkt. gr. 8. (15 S.) Harburg 864, (Danckwerts.)

—— zwischen dem Zollverein und Frankreich. gr. 8. (51 S.) Augsburg 862, Schmid's Verlag.

Handels- u. Zoll-Vertrag zwischen dem norddeutschen Bunde u. den zu diesem Bunde nicht gehör. Mitgliedern d. Zollvereins einerseits u. der Schweiz andererseits. Vom 13. Mai 1869. Nebst den Eingangs- u. Ausgangs-Abgaben, den Bestimmgn. üb. die Behandlg. d. grenznachbarl. Verkehrs ꝛc. Berlin 869. Kortkampf. gr. 16. (48 S.) n. 5 ngr.

— — zwischen Oesterreich u. den Staaten des deutschen Zoll- u. Handelsvereins. Wien 865. (Manz' Verlag.) 4. (61 S.) n.n. 12 ngr.

Handels- u. Zollvertrag zwischen dem Deutschen Reich u. Oesterreich-Ungarn, Italien u. Belgien, nebst dem Schiffahrtsvertrag zwischen dem Deutschen Reich u. Italien u. dem Viehseuchen-Uebereinkommen zwischen dem Deutschen Reich u. Oesterreich-Ungarn u. e. Denkschrift. 1. Aufl. (59 S.) 891; 2. verm. Aufl. m. d. Handels- u. Zollvertrag m. d. Schweiz. Fol. (279 S.) Berl. 892, C. Heymann.
1. Aufl. * 3 —; 2. Aufl. * 6 —

— — zwischen dem Deutschen Reich u. dem Königr. Serbien. Vom 21./9 Aug. 1892. [Aus: „Deutsches Handels-Archiv".] gr. 4. (23 S.) Berlin 894. E. S. Mittler & Sohn. n. — 50

Handels-, Zoll- u. Schiffahrtsvertrag zwischen dem Deutschen Reich u. Bulgarien. Dem Reichstage vorgelegt am 7. XII. 1905. (67 S.) 4. Ebd. (905). n. 2. —

Handels-, Zoll- u. Schiffahrtsvertrag zwischen dem Deutschen Reiche u. Rumänien. Vom 21. Oktbr. 1893. [Aus: „Deutsches Handels-Archiv".] gr. 4. (28 S.) Berlin 894. E. S. Mittler & Sohn. n. — 50

Handels- und Zoll vertrag

—— —— der Staaten des deutschen Zoll-Vereins mit 1. Belgien. Vom 22. Mai 1865. 2. England. Vom 30. Mai 1865. In Kraft vom 1. Juli 1865 an. Mit den Tarifen. gr. 8. (III und 70 S.) Elberfeld 865, Friderichs.

— — zwischen den Staaten des deutschen Zoll- u. Handelsvereins u. Oesterreich. Berlin 865. (v. Decker.) Fol (63 S.) 15 ngr.

— — zwischen den Staaten des deutschen Zoll- u. Handelsvereins u. Oesterreich vom 11. April 1865. Elberfeld 865. Friderichs. gr. 8. (III, 76 S.) 10 ngr.

— — der, zwischen den Staaten des deutschen Zoll- u. Handels-Vereins u. Oesterreich. 2. Aufl. Elberfeld 865. Lucas. gr. 8. (70 S.) 10 ngr.

— — zwischen dem deutschen Zollverein u. Oesterreich vom 9. März 1868, nebst dem Schluß-Protokoll von demselben Tage, sowie das Gesetz, betr. den Vereins-Zolltarif vom 1. Juli 1865. Berlin 868. Moeser. gr. 4. (85 S.) n. 10 ngr.

— — zwischen dem deutschen Zoll-Verein u. Oesterreich. Elberfeld 868. Lucas. gr. 8. (72 S.) 10 ngr.

Die Handelsverträge. Darstellung ihres Inhalts, mit Benutzung d. amtl. Denkschriften. Berlin: Centralbur. d. nationallib. Partei 1905. (113 S.) 8° [F.]
= Reichstagssession. 1904/5. H. 1.

Handels-Verträge u. **Handelsbeziehungen**, die, Deutschlands m. and Ländern, sow. Gegenstände allgemeinen u. kaufmänn. Interesses. Bericht d. engl. General-Konsuls zu Frankfurt a. M. an d. Auswärt. Amt zu London. 1894. Nr. 340. London, Harrison & Sons Deutsche Uebersetzg. v. H. Klose. gr. 8. (46 S.) Zürich 895. C. M. Eboll. n. — 80

DIE NEUEN HANDELSVERTRÄGE Verhandlungen des Gesamt-Ausschusses des Handelsvertragsvereins am 4. Februar 1905. Herausgegeben vom Sekretariat des Handelsvertragsvereins Berlin 8°.

— die neuen. Sep.-Ausg. des österreich. wirtschaftspolit. Archivs. Hrsg. vom k. k. Handelsministerium. 1. Bd.: Die Handelsverträge des Deutschen Reiches. (V, 360 S.) Lex.-8. Wien 906. Manz. n. 6. —

Handelsverträge, die neuen. Sep.-Ausg. des österreich. wirtschaftspolit. Archivs. Hrsg. vom k. k. Handelsministerium. 1. Bd.: Die Handelsverträge des Deutschen Reiches. I. Nachtrag: (Die Handelsvereinbargn. m. Schweden, Äthiopien u. den Vereinigten Staaten v. Amerika. Zusatzvertrag m. der Türkei. Übereinkommen m. Bulgarien üb. die Zollfreiheit v. Umzugsgut.) (III, 54 S.) Lex.-8. Wien '07, Manz. 1. 30.

— die neuen, des Deutschen Reichs m. Italien, Belgien, Rußland, Rumänien, der Schweiz, Serbien u. Oesterreich-Ungarn sowie das neue Viehseuchenübereinkommen m. Oesterreich-Ungarn. Dem Reichstage am 1. II. 1905 vorgelegt. Vollständige Ausg. (VI, 99, 77, 118, 59, 94, 29, 144 u. 31 S.) 4. Berlin (905). R. v. Decker.
Geb. in Halbleinw. n.n. 6. 50

Handelsverträge, die, Osterreich-Ungarns. 1. Bd.: Die Handelsverträge des Deutschen Reiches. I. Nachtrag: (Die Handelsvereinbargn. m. Schweden, Äthiopien u. den Vereinigten Staaten v. Amerika. Zusatzvertrag m. d. Türkei. Übereinkommen m. Bulgarien üb. die Zollfreiheit v. Umzugsgut. (III, 54 S.) Lex. 8. Wien 907. Manz. 1. 30

Handelsverträge, die, Osterreich-Ungarns: Sep.-Ausg. des österr. wirtschaftspolit. Archivs. Hrsg. v. k. k.

Handelsministerium. (III, II, 387 S.) Lex. 8. Wien 909. Manz. 4. 30

Handels-Verträge, die, zwischen Oesterreich-Ungarn u. Italien, dem Deutschen Reiche, Belgien etc., s. a. Gesetze, Sep.-Ausg. der neuen österreichischen, Nr. 71.

Handels-Verträge, die, zwischen Oesterreich-Ungarn u. Italien, dem Deutschen Reiche, Belgien u. der Schweiz vom 6. u. 10. Decbr. 1891, sammt den Zollcartellen, Zöllen bei der Einfuhr in die Vertragsstaaten, Bestimmgn. üb. die Erleichtergn. im Grenzverkehre, dem Viehseuchen Übereinkommen u. dem Übereinkommen zum Schutze der Erfindgn., Marken u. Muster zwischen Österreich-Ungarn u. dem Deutschen Reiche. Giltig vom 1. Febr. 1892. 8. (216 S.) Prag 892. Höfer & Klouček. n. 2. 80

— die, des **Deutschen Reichs**. Eine Zusammenstellg. der gelt. Handels-, Zoll-, Schiffahrts- u. Konsularverträge des Reichs u. einzelner Bundesstaaten m. dem Auslande. Hrsg. im Reichsamte des Innern. (XXX, 1376 S.) 8. Berlin 906. E. S. Mittler & Sohn. n. 12.—; geb. n. 13.50

— die, des **Deutschen Reichs** mit Belgien, Italien, Oesterreich-Ungarn, Rumänien, Rußland, der Schweiz u. Serbien, nebst dem Viehseuchenübereinkommen m. Oesterreich-Ungarn. Zusammengestellt im Reichsamt des Innern. (28, 36, 104, 24, 43, 58 u. 23 S.) Lex.-8. Ebd. 905. n. 7. 50

Hieraus einzeln:
Belgien. (28 S.) n. 1. —. — Italien. (36 S.) n. 1. —. — Österreich-Ungarn nebst dem Viehseuchenübereinkommen. (104 S.) n. 3. —. — Rumänien. (24 S.) n. — 80. — Rußland. (43 S.) n. 1. 50. — Schweiz. (58 S.) n. 1. 75. — Serbien. (23 S.) n. — 80.

[F.] Die **Handels**- und Schiffahrts-**Verträge Deutschlands** mit dem Auslande. 1872—1897. Bd 1. 2. *Berlin: Gedr. v. E. S. Mittler & Sohn 1897.* 2 Bde 4.
1 Verträge m. Belgien—Portugal (XIX, 752 S.)
2. Verträge m. Rumänien—Zanzibar u. Internationale Verträge (X, 753—1694 S.)
[97. 7008

Handels- und Schiffahrts-Verträge der freien Hansestädte und Bremens insbesondere. Bremen 1842. V: *Smidt, J. H. W.* (CBII)

Handels- u. Schifffahrts-Verträge der freien Hansestädte u. Bremens insbesondere. gr. 4. Bremen 842, Schünemann. n. 2/3 ₰

Handels- u. Schiffahrtsverträge Oesterreich-Ungarns m. dem Deutschen Reich, Italien, Belgien u. der Schweiz, sowie das Uebereinkommen üb. den Markenschutz zwischen dem Deutschen Reich u. Oesterreich-Ungarn, s.: Zollgesetzgebung, die neue.

Handelsverträge, die sieben neuen deutschen, m. Italien, Belgien, Rußland, Rumänien, Schweiz, Serbien u. Oesterreich-Ungarn u. Viehseuchen-Uebereinkommen m. Oesterreich-Ungarn. Mit Denkschrift nebst erläut. (statist. u. anderem) Material. (VI, 99, 77, 118, 59, 94, 29, 144, 31 u. VII, 32, 19, 19, 97, 57, 31, 32, 48, 4, 2, 12, 4, 3, 385, 69, 47, 55, 25, 101, 21, 207 u. 3 S.) 4. Berlin 905. C. Heymann. n. 20. —

HANDELSVERTRÄGE ODER ZOLLKRIEGE. Hamburg, H. O. Persiehl (Gutenberg-Haus). (Ohne bes. Titelblatt.) 4°.

Handels- u. Zollverträge d. Deutschen Reiches m. Oesterreich-Ungarn, Italien, Belgien u. der Schweiz, nebst dem Schiffahrtsvertrag m. Italien u. dem Viehseuchen-Uebereinkommen m. Oesterreich-Ungarn, s.: Zollgesetzgebung, die neue.

Handelsverträge

— zwölf verschiedene italienische. 4° Turin 1856-64

Der **Handelsvertragsverein**, sein **Wesen** u. seine **Ziele**. *(Berlin: J. Springer [1901].)* (12 S.) 8° [Kopft.]
[01. 6800

Handelsvertragsverein Geschäftsbericht. 1906,07-11/12. Berlin 1907-12

Handels-Wacht, deutsche. Blätter f. deutschnat. Handelspolitik u. soziale Reform im Kaufmannsstande. Zeitschr. f. d. Angelegenheiten der Berufsgenossenschaft Deutschnation. Handlungsgehilfen-Verband. Schriftleitung: W. Schack. Hrsg.: J. Irwahn. 3.—5. Jahrg 1896—1898. à 24 Nrn (à 1—2 Bog.) gr. 4. Hamburg. (Leipzig, H. Beyer.) à Jahrg. n. 4. 80
Kann auch halbjährlich bezogen werden.

Handelswacht, deutsche. Wochenschrift f. deutschnationale Handelspolitik u. soziale Reform im Kaufmannsstande. Hrsg. v. der Berufsgenossenschaft Deutschnationaler Handlungsgehilfen-Verband. Schriftleiter: W. Schack. 6.—8. Jahrg. 1899—1901. à 52 Nrn. gr. 4. (à ca. 16 S.) Hamburg. (Leipzig, C. F. Steinacker.) à Jahrg. n. 4.80

— dasselbe. Zeitschrift der Berufsgenossenschaft Deutschnationaler Handlungsgehilfen-Verband. Schriftleiter: i. V. R. v. Bein. 9. Jahrg. 1902. 24 Nrn. gr. 4. (à ca. 24 S.) Ebd. n. 8. —

Handelswacht, deutsche. Zeitschrift der Berufsgenossenschaft Deutschnationaler Handlungsgehilfen-Verband. Hrsg.: Wilh. Schack. Schriftleitung: Rich. Döring. 10.—13. Jahrg. 1903—1906. à 24 Nrn. (à ca. 16 S.) gr. 4. Hamburg, Deutschnationaler Handlungsgehilfen-Verband. à Jhrg. n. 8. —

Handels-Wacht, deutsche. Zeitschrift des deutschnationalen Handlungsgehilfen-Verbandes. Schriftleitg.: Alfr. Roth. 14.—17. Jahrg. 1907—1910 à 24 Nrn. (488, 472, 484 u. 488 S.) Lex. 8. Hamburg, Buchh. des deutschnationalen Handlungsgehilfen-Verbandes. à Jhrg. 8. —

Handels-Wacht, deutsche. Zeitschrift der Berufsgenossenschaft Deutschnationaler Handlungsgehilfen-Verband. 1907-13. 4° Hamburg 1907-13

Handelswelt, die. Monatschrift f. Kaufleute u. Industrielle. Abhandlungen u. Mittheilgn. aus allen Gebieten des Handels, der Industrie, der Volkswirthschaft u. der Kulturgeschichte. Hersg. unter Mitwirkg. v. Bartholmäi, Büchele, A. v. Carnap etc. 1—4. Bd. à 6 Hfte. Stuttgart 868, 69. Nübling. Lex.-8. Jedes Heft (ca. 72 S.) 7½ ngr.
cfr. Vorwärts, Magazin für Kaufleute.

Handelswelt, die. Illustrirte Monatschrift f. Kaufleute u. Industrielle. Abhandlungen u. Mittheilgn. aus allen Gebieten d. Handels, der Industrie, der Volkswirthschaft u. der Kulturgeschichte. Hrsg. unter Mitwirkg. v. Bartholomäi, Büchele, A. v. Carnap etc. 3. Jahrg. od. 5. u. 6. Bd. à 6 Hfte. gr. 8. (1. Hft. 56 S. m. 1 Steintaf.) Stuttgart 871. Nübling. à Hft. — 75

Handels-Zeitschrift, neue, für die Interessen der jungen Kaufleute. Organ des Verbandes deutscher kaufmänn. Vereine. Redact.: Ludw. Heimann. 1. Jahrg. 1874. 52 Nrn. (Bog.) gr. 4. Berlin, Heimann. *

Handels-Zeitschrift, neue, für die Interessen des Handels und der Industrie. Organ des Verbandes deutscher kaufmänn. Vereine. Redact.: Ludw. Heimann. 2. Jahrg. 1875. 52 Nrn. (Bog.) gr. 4. Berlin, Ludw. Heimann. *

—— dass. — für die Interessen des Handels und der Industrie. Organ des Verbandes deutscher kaufmänn. Vereine und des brandenburg. Provinzialverbandes für Handel und Gewerbe. Redact.: Ludw. Heimann. 3. Jahrg. 1876. 52 Nrn. (Bog.) gr. 4. Ebendas. *
Nicht weiter erschienen.

Handels- und Bank-Zeitung. f. Bank- und Handels-Zeitung.

Handelszeitung, Bayerische. –
Nürnberg. – ? – 31. XII. 1865.
Vorh. u. d. T.: Nürnberger Journal.
Fortges. u. d. T.: Nürnberger Abendzeitung.

Handelszeitung, bayerische. Organ f. die Interessen d. Handels, d. Verkehrs u. der Industrie, hrsg. v. der Handels- u. Gewerbekammer f. Oberbayern Red.: J. Landgraf u. Aug. Fläxl. 1—6. Jahrg. 1871—1876. à 52 Nrn. (B.) Imp.-4. München, Franz. à Jahrg. n. 8. —

Handelszeitung, bayerische. Organ f. die Interessen d. Handels, d. Verkehrs u. d. Industrie, hrsg. v. der Handels- u. Gewerbe-Kammer für Oberbayern. Red.: Aug. Fläxl. 7—10. Jahrg. 1877—1880. à 52 Nrn. (à 1—2 B.) Imp.-4. München, (Franz). à Jahrg. n. 8. —

— dasselbe. Red. v. Neuburg. 11. u. 12. Jahrg. 1881 u. 1882. à 52 Nrn. (à 2—3 B.) Fol. Ebend. à Jahrg. n.n. 6. —

Handelszeitung, bayerische. Organ f. die Interessen d. Handels, d. Verkehrs u. der Industrie, hrsg. v. der Handels- u. Gewerbe-Kammer f. Oberbayern. Red.: Dahlmann u. R. Schreiber. 13—16. Jahrg. 1883—1886. à 52 Nrn. (à 2 – 3 B.) Fol. München, (Franz'sche Hofbuchh.). à Jahrg. n.n. 6. —

Handelszeitung, bayerische. Organ für die Interessen des Handels, des Verkehrs und der Industrie, hrsg. von der Handels- und Gewerbekammer für Oberbayern. Red. v. R. Schreiber. 17. u. 18. Jahrg. 1887. 1888. à Jahrg. 52 Nrn. (à Nr. 2 — 3 B.) Fol. München, (Franz'sche Hofbuchh.). à Jahrg. n. 6.—

Handels-Zeitung, bayerische. Organ f. d. Interessen d. Handels, d. Verkehrs u. der Industrie, hrsg. v. der Handels- u. Gewerbekammer f. Oberbayern. Red. v. Jul. Kahn. 22.—24. Jahrg. 1892—1894. à 52 Nrn. (à ca. 2 Bog.) Fol. München, (H. Lukaschik). à Jahrg. n. 6. —
20. u. 21 Jahrg. 1890 u. 1891 erschienen als Beilage der Allgemeinen Zeitung.

Handels-Zeitung, bayerische. Organ f. d. Interessen d. Handels, d. Verkehrs u. d. Industrie, hrsg. v. d. Handels- u. Gewerbekammer f. Oberbayern. Red. v. Jul. Kahn. 25.–28. Jahrg. 1895—1898. à 52 Nrn. (à ca. 3 Bog.) Fol. München (H. Lukaschik). à Jahrg. n. 6. —
Kann auch halbjährlich bezogen werden.

Handels-Zeitung, bayerische. Organ f. die Interessen des Handels, des Verkehrs u. der Industrie, hrsg. v. der Handels- u. Gewerbekammer f. Oberbayern. Red. v. Jul. Kahn. 29.—32. Jahrg. 1899—1902. Nebst: Bayerisches Submissionsblatt. 52 Nrn. Fol. (870, 888, 780 u. 818 S.) München, C. Haushalter. à Jahrg. n. 6.—

Handels-Zeitung, bayerische. Organ f. die Interessen des Handels, des Verkehrs u. der Industrie, hrsg. v. der Handels- u. Gewerbekammer f. Oberbayern. Red. v. Jul. Kahn. 33.—36. Jahrg. 1903—1906. à 52 Nrn. (à ca. 12 S.) 4. München (H. Lukaschik). à Jhrg. n. 6. —

Handels-Zeitung, bayerische. Organ f. die Interessen des Handels, des Verkehrs u. der Industrie, hrsg. v. der Handels- u. Gewerbekammer f. Oberbayern. Red. v. Jul. Kahn. 37—39. Jahrg. 1907—1909 à 52 Nrn. (à ca. 10 S.) 34×22 cm. München, H. Lukaschik. à Jhrg. 6. —

Handelszeitung, bayerische. 1908-13. 4° München 1908-13

—— Bremer. Wochenschrift für Handel, Volkswirthschaft und Statistik. 1. Jahrg. Oktbr.—Decbr. 1883. 13 Nrn. (à Nr. 1½ Bog.) gr. 4. Bremen, Roussell. *

—— dass. — 2. Jahrg. 1884. 52 Nrn. (à Nr. 1½ Bog.) gr. 4. Ebendas. *

Chicagoer Handels-Zeitung: 1877?—1880?
Commercial weekly. Continued from HANDELS- UND INDUSTRIE-ZEITUNG. Circulation: 1878, 1800 (est.). Edited by J. Lingenburg & C. Wenborne, 1877, by Hermann Lieb, 1878—80?, published by Sittig & Wenborne, 1877—79, by Chicago Demokrat Printing Co., 1880.
Chicago, IL

Handels-Zeitung, Deutsche, Organ f. Handels-Freiheit, National-Oekonomie u. Literatur. Hamburger Handels- u. Börsenblatt. Jahrg. 1849. Juli — Decbr. 1849. Nr. 27—182. gr. Fol. (B.) Hamburg, Perthes-Besser & Mauke. Vierteljährlich n. 1 ℛ 24 ngr

Handelszeitung, Deutsche. Organ f. Handelsfreiheit. Wochenschrift f. Politik, National-Oekonomie u. Literatur. Hamburger Handels- u. Börsenblatt. Jahrg. 1849. 182 Nrn. Fol. (B. m. Beil.) Hamburg. (Perthes-Besser & Mauke.) n. 5 ℛ 18 ngr

—— deutsche. Organ des „Vereins von Berliner Kaufleuten" und Central-Blatt für die kaufmänn. Vereine Deutschlands. Fachschrift für die Interessen des gesammten Waaren-Handels. Mit Gratis-Beilage der unterhaltenden und belehrenden Wochenschrift „Sorgenfrei". Hrsg. von F. A. Günther, unter Mitwirkung des „Vereins von Berliner Kaufleuten". 1. und 2. Jahrg. 1876 und 1877. à Jahrg. 52 Nrn. (Bog.) Fol. Nebst „Sorgenfrei". 2. und 3. Jahrg. 1876 und 1877. à Jahrg. 52 Nrn. (Bog.) gr. 4. Berlin, Günther. à Jahrg. *

—— deutsche. Fachschrift für den Colonial-, Material-, Specerei- ꝛc. Handel und verwandte Geschäftszweige. Central-Organ für die kaufmänn. Vereine Deutschlands. 1. Jahrg. 1878. 104 Nrn. (Bog.) Fol. Mit Gratis-Beilage: Otto Ruppius' illustrirtes Sonntagsblatt. 52 Nrn. (à 1½ Bog. mit eingedr. Holzschn.) gr. 4. Berlin, Hoevel. *

—— dass. — Organ des Central-Verbandes der Kaufleute Deutschlands. 2. Jahrg. 1879. 104 Nrn. (Bog.) Fol. Mit Gratis-Beilage: Otto Ruppius' illustrirtes Sonntagsblatt. 52 Nrn. (à 1½ Bog. mit eingedr. Holzschn.) gr. 4. Ebendas. *

—— deutsche. Fachschrift für den Colonial-, Material-, Specerei- ꝛc. Handel und verwandte Geschäftszweige. Organ des Central-Verbandes der Kaufleute Deutschlands. 3. Jahrg. 1880. 52 Nrn. (Bog.) Fol. Berlin, Hoevel. *

—— dass. — Organ des Central-Verbandes der Kaufleute Deutschlands. 4.—7. Jahrg. 1881—1884. à Jahrg. 52 Nrn. (Bog.) Fol. Ebendas. à Jahrg. *

—— deutsche. 8.—10. Jahrg. 1885—1887. à Jahrg. 52 Nrn. (Bog.) Fol. Berlin, Hoevel. à Jahrg. *

— deutsche. Zeitschrift f. Handel, Industrie u. Volkswirthschaft. Offizielles Organ d. Vereins Berliner Kaufleute der Colonialwaaren-Branche. 10.—13. Jahrg. 1887—1890. à 52 Nrn. (B.) Fol. Berlin, Aug. Katz. à Jahrg. n. 8. —

— deutsche. Zeitschrift f. Handel, Industrie u. Volkswirthschaft. 14.–17. Jahrg. 1891—1894. à 52 Nrn. (Bog.) Fol. Berlin, Aug. Katz. à Jahrg. n. 8. —

— deutsche. Zeitschrift f. Handel, Industrie u. Volkswirthschaft. Offiz. Organ d. Vereins Berliner Kaufleute d. Colonialwaarenbranche ꝛc. 18. u. 19. Jahrg. 1895—1896. à 52 Nrn. (à ca. 1 Bog.) Fol. Berlin-Charlottenburg, Aug. Katz. à Jahrg. n. 8. —

Handelszeitung, Frankfurter. –
F. a. M. – 27. VIII. 1856 – 31. VIII. 1859.
Vorh. u. d. T.: Frankfurter Geschäftsbericht.
Fortges. u. d. T.: Neue Frankfurter Zeitung.

Handels- u Gewerbszeitung, gemeinnütz. Preuß., 1—3. Jahrg. 1833—35. à 104 Nrn. (½ B.) 4. Potsdam, Vogler. à
1. Jahrg. 1833, redig. v. K. Günther, führt v. Nr. 1—14 auch d. Tit.: Gemeinnützige Volkszeitung v. Handel, Gewerbe, Hauswirthschaft ꝛc.

Handels- und Gewerbs-Zeitung, gemeinnütz. preuß., v. H. Vogler; unt. Mitwirk. vieler deutsch. Geschäftsmänner u. Technologen. 4. Jahrg. 1836. 104 Nrn. (½ Bog.) 4. Potsdam, Vogler'sche Buchh. (?)
1—3. Jahrg. 1833—35, vgl. 8. Bd. 1. Abthl. S. 316.

Handels- u. Gerichtszeitung. Organ zur Wahrg. der Interessen der Geschäftswelt. 12. u. 13. Jahrg. 1905 u. 1906. à 104 Nrn. (550 u. 518 S.) Fol. München, J. Linck. à Jhrg. n. 12. —
Erschien früher u. d. T.: Münchner Handels- und Gerichtszeitung

Handels- u. Gerichtszeitung. Organ zur Wahrg. der Interessen der Geschäftswelt. 14.—17. Jahrg. 1907—1910 à 104 Nrn. (IV, 498; IV, 544; IV, 522 u. IV, 540 S.) 42 ×80 cm. München, J. Linck. à Jhrg. 14. —

Handels(-Zeitung): Handels- und Gewerbe-Zeitung
s.a. Luzerner Nachrichten (I)

Handels- und Gewerbe-Zeitung. Organ für handelstechnische und gewerbliche Interessen. Jahrg. 1881—1884. à Jahrg. 52 Nrn. (Bog.) gr. 4. Berlin, Expedition.
Früher u.d.T.: Handels- u. Gewerbe-Anzeiger à Jahrg. *

Handels- u. Gewerbe-Zeitung. Organ f. die Handels-, techn. u. gewerbl. Interessen deutscher Kaufleute u. Industrieller m. Registern üb. Patente, neue Firmen, Konkurse u. Submissionen. Redact.: E. Bernhard. 11. Jahrg. 1891. 52 Nrn. (à Nr. 2 Bog.) gr. 4. Berl. (Lpz., A. Strauch.) 12 —

Handels- u. Gewerbe-Zeitung. Organ f. die Handels-, techn. u. gewerbl. Interessen deutscher Kaufleute u. Industrieller m. Registern üb. Patente, neue Firmen, Konkurse [die beiden letzteren m. Angabe der Geschäftsbranche] u. Submissionen. Red.: E. Bernhard. 11. Jahrg. 1891. 52 Nrn. (2 Bog.) gr. 4. Berlin, Verlag der Handels- u. Gewerbe-Zeitung (E. Rhode). n. 12. —

— dasselbe. Red.: Gompertz. 12. u. 13. Jahrg. 1892. 1893. à 52 Nrn. (2 Bog.) gr. 4. Ebd. à Jahrg. n. 12. —

Handelszeitung

— für die Gold- u. Silberwaren-Industrie u. verwandte Geschäftszweige. Organ der Kunstgewerbe-Vereine Hanau u. Pforzheim, sowie des Gewerbe-Museums Gmünd i. W. 1. Jahrg. März—Dezbr. 1898. 24 Nrn. gr. 4. (202 S. m. Abbildgn.) Leipzig, W. Diebener. n. 6.—; Ausg. f. Fabrikanten u. Grossisten (incl. handelspolit. Beilage) n. 7. —

Handels- und Industrie-Zeitung: 1876?
Commercial weekly. Continued as Chicagoer Handels-Zeitung. Edited & published by German Publishing Association.
Chicago, IL

Handels-Zeitung u. Kunstgewerbeblatt f. die Gold- u. Silberwaren-Industrie. Organ der Kunstgewerbe-Vereine Hanau u. Pforzheim, des Gewerbe-Museums Gmünd i. W. u. der freien Vereinigg. des Gold- u. Silberwaren-Gewerbes Berlin. 2. Jahrg. 1899. 24 Nrn. gr. 4. (à ca. 12 S. m. Abbildgn.) Leipzig, W. Diebener. n. 6. —; Ausg. f. Fabrikanten u. Grossisten (incl. handelspolit. Beilage) n. 7. —
Fortsetzung s.: Goldschmiede-Zeitung, deutsche.

Handels-Zeitung, Leipziger. 7.—9. Jahrg. der Zeitung für Handel u. Fabriksindustrie. Redacteur: Karl Junghanns. 1844—1846. à 104 Nummern. (Bogen.) gr. 4. Leipzig. (C. F. Schmidt.) Expedition d. H.-Ztg. à n. 4 ℳ

— Leipziger. Red.: Carl Junghanns. 1847. 1848. à 312 Nrn. gr. 4. (½ Bog.) Leipzig, C. F. Schmidt in Comm. à n. 5 ℳ — Organ f. Handel u. Politik. Red.: Carl Junghanns. Jahrg. 1849. 312 Nrn. gr. Fol. (Bog.) Leipzig, Lorck. n. 8 ℳ — Organ f. Handel u. Industrie. Jahrg. 1850. 312 Nrn. gr. Fol. (Bog.) Ebd. n. 8 ℳ

Handels- u. Gerichtszeitung, Münchener. Bayer. Gerichtszeitg. Organ z. Schutze vor Verlusten im Handels- u. Geschäftsverkehr. Organ zur Bekämpfg. unlaut. Wettbewerbes. 4. u. 5. Jahrg. 1897—1898. à 52 Nrn. (Bog.) Fol. München, Münchener Handelsdruckerei & Verlagsanstalt, M. Poeßl. à Jahrg. n. 10. —
Kann auch vierteljährlich bezogen werden.

Handels- u. Gerichtszeitung, Münchener. Bayerische Gerichtszeitg. Neue Folge der: „Münchener Gerichtszeitg." u. „Neue Münchener Gerichtszeitg." Organ zur Bekämpfg. unlauteren Wettbewerbes. 6. Jahrg. 1899. 52 Nrn. gr. Fol. (à ca. 4 S.) München, Münchener Handelsdruckerei u. Verlagsanstalt M. Poeßl. n. 10. —

— — Münchener. Organ zur Wahrg. der Interessen der Geschäftswelt. (Handelsregister, Sitzungslisten der Handelskammern, Versäumnisurteile, Manifestantenliste, Manifestationseide, Konkurse, Insolvenzen, Zwangs-Versteigerungstermine etc.) 10. Jahrg. 1903. 104 Nrn. (à ca. 4 S.) Fol. München [A. H. Müller.] J. Linck. n. 12.—

Handelszeitung, Neue europäische. Leipzig 1786 ff. H: *Herrmann, Joh. Chn.* (Schedel, Handb. d. Litt. f. Kaufleute. Leipzig 1796. S. 42.)

— neue, f. die Interessen der jungen Kaufleute. Organ d. Verbandes deutscher kaufmänn. Vereine. Red.: Ludw. Heimann. 1—3. Jahrg. 1874—1876. à 52 Nrn. (B.) gr. 4. Berlin, Ludw. Heimann. à Jahrg. n. 12. —

New-Yorker Handels-Zeitung: Jahrgang 1–66 (ganze no 1–3593), Feb 21, 1855—July 14, 1917

Weekly, except semi weekly, July 20, 1887–Jan. 14, 1888. An important trade journal, contains market reports, by city and state, ship landings, some immigration information as well as personal information, notices of Societies in "Allerlei," etc. European Edition published for a time, which bears sub-title Wochentliche Ausgabe für Europa [seen in 1859]. Includes various "Beilage," usually an annual review, entitled Uebersicht … im Jahre 1857, etc. For daily edition, see New-Yorker Handels-Zeitung: Tägliche Ausgabe. Various irregularities in numbering.
Large quarto, with slight variations, each issue 4–16 pages; illustrated, including maps, charts; index, usually 2 pages, published for each volue Jahrgang 1, no. 1–7 reproduced in typescript from original German manuscript Feb 21–Apr. 4, 1855
Circulation 1870, 4200 (est.), 1890, 3500, 1910, 9000, European circulation, 2500.
Title varies New-Yorker Geschafts-Bericht, Jahrgang 1, no 1—7, Feb. 21—Apr. 4, 1855; 2) New-Yorker Geschaftsbericht Handels-Zeitung, Jahrgang 1, no. 8—13, Apr. 10—May 23, 1855, thereafter, New-Yorker Handels-Zeitung.
Edited by Moritz Meyer [as editor-in-chief, Feb. 1873—Feb. 1876], Feb. 21, 1855—Apr. 1884?; by Ludwig Frank, Jan. 1876–Feb. 1884?; by Paul Philippson, May 3, 1884—Jan. 1888, by Dr. Ed Simon, Feb 4, 1888–Aug 1890, by E. A. Northon, Aug. 16, 1890–Dec. 1893; by Immanuel Auerbach [assisted for a time in 1894 by J. Auspitz], Dec. 23, 1893—Mar ? 1905; by Mayer Auerbach, Mar 1905–1917
Published by Moritz Meyer [he remained at head of firm until his death], Feb. 21, 1855—Jan. 1889?, by New Yorker Handels-Zeitung Co., Feb. 2, 1889?–1917.
New York, NY

— New-Yorker. Für Deutschland, Belgien, Holland, Dänemark, Finnland rc. Red.: M. Meyer. R. Baumann. (1.) Jahrg. Novbr. 1851—Decbr. 1852. 52 Nrn. Imp.-Fol. (B.) New-York. (Hamburg, Jowien.) n. n. 10 ₰

Handels-Zeitung, new-yorker, Ausg. für Deutschland, Belgien, Holland, Dänemark rc. Redakt.: M. Meyer. R. Baumann. 2. Jahrg. Novbr. 1852—Novbr. 1853. 100 Nrn. (Bog.) Imp.-Fol. New-York. (Hamburg, Jowien.) **

Handels-Zeitung, new-yorker. Redig. von M. Meyer. 6. Jahrg. Novbr. 1856 bis Octbr. 1857. Tägl. Ausg. 313 Nrn. (Bog.) Fol. New-York. (Philadelphia, Schäfer und Koradi.) Thlr. *

New-Yorker Handels-Zeitung. Tägliche Ausgabe: Aug 31, 1857–Dec 31, 1858?

Daily edition of New-Yorker Handels-Zeitung. Advertised in the weekly edition. It is believed that it adopted the numbering of the weekly edition, but was suspended with the end of 1858.
New York, NY

Handels-Zeitung, New-Yorker. Redig. von M. Meyer. 1862—67. à Jahrg. 52 Nrn. (à 4 Bog.) Fol. New-York, (Steiger.) à Jahrg. *

Handelszeitung, Newyorker. 1878. New-York 1878

—— norddeutsche, s. Industrie- und Handels-Zeitung.

Handels(-zeitung): Handels- und Postzeitung
v Baseler Zeitung (II)

Handels-Zeitung, Preussische, für Kaufleute. Geschäftsmänner u. Landwirthe. Red.: H. Kühn. 27—32. Jahrg. 1853—58. à ca. 300 Nrn. (à 1/2—1 Bgn.) Berlin, Moeser. gr. 4. Jeder Jahrg. n. 4 ₰ 18 ngr

—— preussische, für Kaufleute, Geschäftsmänner und Landwirthe. Redig. von H. Kühn. 31—34. Jahrg. 1857—60. à Jahrg. ca. 300 Nrn. (à 1/2—1 Bog.) gr. 4. Berlin, (Moeser.) à Jahrg. **

—— dass. — 35. Jahrg. 1861. 300 Nrn. (à 1/2—1 Bog.) gr. 4. (Ebendas.)

St. Galler Handels-Zeitung: Senn-Barbieux' St. Galler Handels-Zeitung und spezielles Stickerei-Geschäftsblatt
① Organ für die Interessen aller ostschweizerischen Industriezweige (Januar 1881—18 2. 1881). Organ für die Interessen aller schweizerischen Industriezweige (22. 2. 1881–29. 4 1881). Organ für schweizerische Industrie, Gewerbe, Verkehr und Volkswirtschaft (3. 5. 1881—15 11. 1881) Schweizer Industrieblatt und Organ für Bauwesen, Gemeindeverwaltung, Volkswirtschaft und gemeinnützige Bestrebungen (ab 20. 11. 1881) ② Senn-Barbieux' St. Galler Handels-Zeitung und spezielles Geschäftsblatt für Stickerei, Weberei, Spinnerei … etc. (22. 2 1881—29. 4. 1881) Senn-Barbieux' St. Galler Handels-Zeitung (3. 5 1881—15. 11. 1881). St Galler Handels-Zeitung (20. 11. 1881—16 3. 1884) ④ Schweizer Industrie-Zeitung in Verbindung mit der St. Galler Handels-Zeitung ⑤ Januar 1881—16. 3 1884 ⑥ 4°, dann 2° (ab 20. 11. 1881) ⑦ wöchentlich 2×, dann Wochenblatt (ab 20 11 1881) ⑧ Goßau (SG)· H. Kellenberger (Januar 1881—29 4 1881); St. Gallen. Th. Wirth (3. 5. 1881—15. 11. 1881); Buchs (SG) J. Kuhn (20. 11. 1881—16. 3 1884) ⑨ Chronik der Fortschritte und Erfindungen. Handelsgeographische Rundschau. Blätter für Haus- und Landwirthschaft ⑩ W. Senn-Barbieux ⑪ W. Senn-Barbieux ⑬ BGSZ. 1047 ⑭ SG: Va.

Handelszeitung, schweizerische. 1868-71. fol Zürich 1868-71

— schweizerische. Wochenschrift f. Handel u. Verkehr, Versicherungs- u. Eisenbahnwesen. Red.: P. A. Schaerer. 1. Jahrg. Mai 1888—April 1889. 52 Nrn. (2 B.) gr. 4. Zürich, Schroeter & Meyer. n. 10. —

Handelszeitung, Schweizerische, und Finanz-Rundschau, s. Eisenbahn, Schweizerische, und Handelszeitung

Handels(-Zeitung): Schweizerische Handels- und Gewerbe-Zeitung
① Mittheilungen über Volkswirthschaft (20. 12 1851—18 12. 1852). Mittheilungen über Volkswirthschaft und Eisenbahnen (25. 12. 1852—23 6. 1860) Centralorgan für Arbeitsvermittlung (30. 6. 1860—28 12. 1861) ③ Schweizerisches Gewerbeblatt I Abtheilung. Mittheilungen über Volkswirthschaft und Industrie (Ig) ④ Schweizerische Eisenbahn- und Handels-Zeitung ⑤ 3. 1 1852—28. 12. 1861. Probeblatt. 20. 12. 1851 ⑥ 4° (vergrößert 30. 6. 1860) ⑦ Wochenblatt (3 1 1852—23 6. 1860) wöchentlich 2× (30 6. 1860—28 12 1861) ⑧ Zürich E. Kiesling (20. 12. 1851—Mai 1856). Ch. Beyel (Juni 1856—März 1858). Fr. Schultheß (Juni 1858—28. 12. 1861) ⑨ Beilage der schweiz Handels- u. Gewerbe-Zeitung (5 1 1856—1857, 4°, Wochenbeilage) ⑩ Ch Beyel (20 12 1851—Mai 1856). Verlagshandlung des Ch. Beyel (Juni 1858—Oktober 1860). Fr Schultheß (November 1860—28 12 1861) ⑪ Hermann von Marschall ⑫ für eine zentralistische schweizerisch-nationale Handelspolitik, für Arbeiterschutz, gegen Schutzzölle, wendet sich an ein breites Publikum (auch an die Frauen) ⑬ An die Leser, »Schweizerische Handels- und Gewerbe-Zeitung« Nr 50, 11. 12. 1852. An die Leser. »Schweizerische Handels- und Gewerbe Zeitung« Nr 26, 30 6. 1860. Schlußwort »Schweizerische Handels- und Gewerbe-Zeitung« Nr 104, p. 414, 28. 12. 1861 ⑪ Bs. WA (1853—1861), Be L, Zh Z.

Handels- u. Gewerbe-Zeitung, Schweizerische, Mittheilungen über Volkswirthschaft. Red.: H. Marschall. 3. Jahrg. od. Neue Folge 1. Jahrg. 1852. 52 Nrn. hoch 4. (B.) Zürich, Beyel. n. 2 ₰ (Fortsetzung der 1. Abth. des Schweizer. Gewerbeblattes.)

Handels- und Gewerbe-Zeitung, schweizerische. Mittheilungen über Volkswirthschaft und Eisenbahnen. Redig. von H. v. Marschall. 7. Jahrg. 1858. 52 Nrn. (Bog.) gr. 4. Zürich, Schultheß. *

Handels- und Gewerbezeitung, schweizerische. 1861. fol Zürich 1861

Handels(-Zeitung): Schweizerische Handels- und Gewerbs-Zeitung
⑤ 2 1. 1841—1842 (?) ⑥ 4° ⑦ Wochenblatt ⑧ St. Gallen F. Brentano ⑬ BGSZ· 1047 ⑭ SG Va (Jahrgang 1841) ⑮ Auf 1842 Verbindung mit einem »Schweizerischen Universal-Anzeiger« angekundigt, der wöchentlich 2× erscheinen sollte

Handelszeitung

— f. die gesamte Uhren-Industrie u. mechanische Musik-Instrumentenfabrikation. Unter Mitwirkg. hervorrag. Fachmänner hrsg. 1. Jahrg. Aug. 1894—Juli 1895. 24 Nrn. (à ca. 2 Bog.) gr. 4. Leipzig, W. Diebener. n. 6. —

— f. d. gesamte Uhren-Industrie u. mechan. Musik-Instrumenten-Fabrikation. Unt. Mitwirkg. hervorrag. Fachmänner hrsg. 2. Jahrg. 1895. 24 Nrn. (à ca. 20 S.) gr. 4. Leipzig, Wilhelm Diebener. n. 6. —

— dasselbe. 3. u. 4. Jahrg. 1896—1897. à 24 Nrn. (à ca. 4 Bog.) gr. 4. Ebd. à Jahrg. n. 4. —

— dasselbe, f. Gold- u. Silberwaren, Musikwerke, Optik, Mechanik u. Elektrotechnik. 5. Jahrg. 1898. 24 Nrn. (à ca. 12 S.) gr. 4. Ebd. n. 4. —; Ausg. f. Fabrikanten u. Grossisten (incl. handelspolit. Beilage) n. 7. —

— für die gesamte Uhren-Industrie, Gold- u. Silberwaren, Musikwerke, Optik, Mechanik u. Elektrotechnik. Unter Mitwirkg. hervorrag. Fachmänner hrsg. 6. u. 7. Jahrg. 1899 u. 1900. à 24 Nrn. gr. 4. (à ca. 16 S. m. Abb.) Ebd. à Jahrg. n. 4. —; Ausg. f. Fabrikanten u. Grossisten (m. handelspolit. Beilage) à Jahrg. n. 7. —
Fortsetzung s.: Uhrmacher-Zeitung, Leipziger.

Wiener Handels- u. Börsen-Zeitung. II. Jahrg. Verantw. Red. u. Eigenth. *Karl v. Mayer.* Druck u. Verl. v. *J. B. Wallishausser.*
Erscheint in **Wien**, tägl. mit Ausn. d. Sonn- u. Feiert. 3 Bog. in Fol. 3-spalt. Pränu.-Pr. 1/4-jähr. 2 fl. 30 kr. — pr. Post 1 fl. 30 kr. Ins.: Die 4-spalt Petitzeile 6 kr.

Handels-Zustände, über die, der Ems-Häfen Emden u. Leer u. über die Hannoversche West-Eisenbahn. 2. Aufl. gr. 8. (XIV u. 70 S.) Emden 852, Rakebrand. n. 1/3 Thlr.

Handelt, bis daß ich wiederkomme. Missions-Traktat über Luc. 19, 13. Berlin 870. (C. Beck.) 8. (16 S.) 1 1/3 ngr.

Händen, In guten. Von M. v. O. 2. Aufl. Berlin: Deutsche Ev. Buch- u. Tract.-Ges. 1901. (60 S.) 8° [F.]

Händen, C., die Bühne oder die dramatische Kunst. gr. 8. Berlin 845, Schröder. n. 1/4 Thlr.

Handerla, F., Institutiones Logicae. 8. maj. Budae. 782.

Handēs amsoreay baroyakan, usumnakan, aruestakan 1887–1899. 13 voll. Wienna 1887–1899

Handfertigkeiten. Nr. 5. 8. Leipzig, Seemann u. Co. n. — 80
Anleitung zur Brandmalerei u. zum Tiefbrand. Von Clara Roth. Mit 48 Abbildgn. (II, 42 S.) 902.

Handfertigkeitstag, Osnabrücker, am 15. April 1884. Hrsg. im Auftrag des deutschen Central-Comite für Handfertigkeits-Unterricht und Hausfleiß. 8. (84 S.) Bremen 884, Roussell. *

Handfertigkeitsvorlagen der Leipziger Schülerwerkstatt. Hrsg. v. den Mitgliedern d. Vorstandes u. d. Lehrerkollegiums derselben. Wold. Götze, Mor. Haupt, Otto Heeger u. A. 1.—14. Abtl. qu. Fol. (à Abtl. 5 Taf. m. Text auf den Umschlägen.) Lpz., An der Pleiße 9 c, 1885—92, (Kantor A. Zehrfeld). à Abtl. ** 1 20
5 Abtlgn. zusammen ** 5 —
1. 7. 8. Papparbeiten. I—III. — 2. 9. 10. Tischlerarbeiten. I—III. — 3. Holzschnitzerei. — 4. Metallarbeiten. — 5. Modellieren. — 6. 11. 12. Kerbschnittmuster. I—III. — 13. Kerbschnittmuster. Elementarkursus. — 14. Vorstufe f. Papier- u. Holzarbeiten.

Handfertigkeitsvorlagen der Leipziger Schülerwerkstatt. Hrsg. v. den Mitgliedern des Vorstandes u. des Lehrerkollegiums derselben, Wold. Götze, Mor. Haupt, Otto Heeger, Emil Illing u. a. 1., 2., 4., 5. u. 7.—15. Abtlg. (Je 5 Taf. m. 2 S. Text auf dem Umschlag.) qu. Lex.-8. Leipzig (A. Hahn). à n. 1. 20
1. Papparbeiten I. 3., durchgeseh. Aufl. 904.
2. Hobelbankarbeit I. 2. verb. Aufl. 892.
4. Metallarbeiten I. 2., verb. u. verm. Aufl. 899.
5. Modellieren. 2., vollständig geänd. Ausg. 904.
7. Papparbeiten II. 2., verb. Aufl. 891.
8. Papparbeiten III. 2., verb. Aufl. 895.
9. Hobelbankarbeiten II. 2., verb. Aufl. 900.
10. Hobelbankarbeiten III. 2., verb. Aufl. 901.
11. Kerbschnitzerei II. 2., verb. Aufl. 894.
12. Kerbschnitzerei III. 2., verb. Aufl. 895.
13. Kerbschnitzerei, Elementarkursus. 2., verb. Aufl. 902.
14. Vorstufe zur Papp- u. Holzarbeit. 893.
15. Metallarbeit II. 894.
Die 3. u. 6. Abtlg. können nicht mehr geliefert werden.

Handfeste, die Kulmische, bei d. 600jähr. Feier ihrer Ertheilung, übers. u. erläut. v. J. C. Kretzschmer. (Latein. u. Deutsch.) gr. 8. (4 1/4 B.) Marienwerder 833, Baumann.

Handfeuerwaffen, die gezogenen, der königl. bayerischen Infanterie. (System Podewils.) Die Grundzüge ihres Systems und ihre Versuchsergebnisse. 8. (54 S. mit eingedr. Holzschn.) Darmstadt 862, Zernin. *
Aus: Militär-Wochenblatt für das deutsche Bundesheer, besonders abgedruckt.

Handfibel. Herausgeg. vom Lehrervereine zu Köln. 4. Aufl. gr. 12. (Mit 1 lith. B.) Köln 841, Du-Mont-Schauberg. geb. 1/8 Thlr. — 5. Aufl. gr. 12. Ebend. 842. 1/8 Thlr. — 8. Aufl. 844. 1/8 Thlr.

Handfibel, hrsg. v. Lehrervereine zu Köln. 6—8. Aufl. 12. (à 1 1/2 B. u. 1 B. m. Schreibschrift.) Köln 843, 44, Du Mont-Schauberg'sche Buchh. à

— Hrsg. vom Lehrervereine zu Köln. 21. Aufl. gr. 12. (60 S. wovon 14 lith.) Köln 849, Du Mont-Schauberg. — 22. Aufl. 8. (60 S.) Ebd. 850. — 23. Aufl. 8. (60 S.) Ebd. 850. — 24. Aufl. 8. (60 S.) Ebd. 850. — 25. Aufl. 8. Ebd. 851. — 26. Aufl. 8. Ebd. 851. — 27. Aufl. 8. Ebd. 851. — 28. Aufl. 8. Ebd. 852. — 29. Aufl. 8. (à 60 S.) Ebd. 852. n. n. 3 ngr.

Handfibel, gearbeitet u. hrsg. v. einem Lehrervereine. 11. Aufl. 8. Langensalza 841, Schulbuchh. d. Thüring. Lehrervereins.

— — hrsg. von einem Lehrer-Vereine. 1. Aufl. (6 1/2 B.) 843 u. 2., verm. u. verb. Aufl. 8. (7 B.) Sondershausen 844, Eupel. à

Handfibel. Hrsg. von einem Lehrer-Vereine. 3. verm u. verb. Aufl. 8. (110 S.) Sondershausen 847, Eupel. — 4. verm. u. verb. Aufl. 8. (112 S.) Ebd. 850. 1/12 Thlr.

Handfibel. Herausg. von einem Lehrer-Vereine. 5. verm. Aufl. 854. (112 S.) 2 1/2 ngr. — 6., mit dem Schreib-Leseunterrichte verm. Aufl. Sondershausen 857. Eupel. 8. (127 S.) 3 ngr.

Handfibel, Herausg. von einem Lehrervereine. 7., mit dem Schreib-Leseunterrichte verm. Aufl. Sondershausen 862. Eupel. 8. (127 S.) 3 ngr.

Hand-Fibel, s.a. Schulz, Otto.

—— enthält: Elementar-Uebungen zum Lesen; poetische u. prosaische Lesestücke; eine Sammlung bibl. Sprüche; die 5 Hauptstücke des christl. Glaubens. 13. Aufl. gr. 8. (11 B.) Berlin 844, L. Oehmigke. *

—— Enthält: Elementar-Uebungen zum Lesen; poet. und pros. Lesestücke; eine Sammlung bibl. Sprüche; die fünf Hauptstücke des christl. Glaubens. (Von Otto Schulz.) 22—38. Aufl. 1847—51. und 39. Aufl. 8. (176 S. mit Holzschn.) Berlin 852, L. Oehmigke. *

— Enthält: Elementar-Uebungen zum Lesen; poetische u. prosaische Lesestücke; eine Sammlung biblischer Sprüche; die fünf Hauptstücke des christl. Glaubens. (Von Otto Schulz.) 43. Aufl. Berlin 853, L. Oehmigke. 8. (176 S. m. Holzschn. im Text.) n. 4 ngr.

— Enth. Elementar-Uebungen zum Lesen; poetische u. prosaische Lesestücke; eine Sammlung biblischer Sprüche; die fünf Hauptstücke des christlichen Glaubens. (Von Otto Schulz.) Ausgabe A. 44—75. Aufl. Berlin 854—64. Oehmigke's Verlag. 8. (176 S. mit Holzschn.) n. 4 ngr.

— — Ausgabe B. für den Schreib-Lese-Unterricht bearb. von Karl Bormann. 1—8. Aufl. Ebend. 862—64. 8. (176 S. mit Holzschn.) n. 4 ngr.

Hand-Fibel. Enth. Elementar-Uebungen zum Lesen; poetische u. prosaische Lesestücke; eine Sammlung bibl. Sprüche; die fünf Hauptstücke d. christl. Glaubens. (Von Otto Schulz.) Ausg. A. 76—80 Aufl. Berlin 865—69. Oehmigke's Verlag. 8. (176 S. mit eingedr. Holzschn.) n.n. 5 ngr.

— — Ausg. B. für den Schreib-Lese-Unterricht bearb. von Karl Bormann. 9—24. Aufl. Ebend. 865—69. 8. (176 S.) n.n. 5 ngr.

Hand-Fibel. Enth. Elementar-Uebungen zum Lesen; poetische und prosaische Lesestücke; eine Sammlung bibl. Sprüche; die fünf Hauptstücke des christl. Glaubens. (Von Otto Schulz.) Ausg. A. 68.—86. Aufl. 8. (176 S. mit eingedr. Holzschn.) Berlin 862—68, Oehmigke's Verlag. *

—— dass. — Ausg. B. für den Schreib-Lese-Unterricht bearb. von Karl Bormann. 18.—48. Aufl. 8. (176 S. mit eingedr. Holzschn.) Ebendas. 868—74. geb. **

Hand-Fibel. Enthält: Elementar-Uebungen zum Lesen; poetische und prosaische Lesestücke; eine Sammlung bibl. Sprüche; die fünf Hauptstücke des christl. Glaubens. (Von Otto Schulz.) Ausg. A. 87.—95. Aufl. 8. (176 S. mit eingedr. Holzschn.) Berlin 869—74, Oehmigke's Verlag. geb. **

—— dass. — Ausg. B. Von Otto Schulz. Für den Schreib-Lese-Unterricht bearb. von Karl Bormann. 49.—73. Aufl. 8. (V, 176 S. mit eingedr. Holzschn.) Ebendas. 875—79. * geb. **

Hand-Fibel. Enthaltend: Elementar-Uebungen zum Lesen; poetische und prosaische Lesestücke; eine Sammlung bibl. Sprüche; die fünf Hauptstücke des christlichen Glaubens. Ausg. A. 96.—108. Aufl. 8. (176 S. mit eingedr. Holzschn.) Berlin 875—79, Oehmigke's Verlag. * 40 Pf.; geb. **

Hand-Fibel. Ausg. C. Von Otto Schulz. Ohne die bibl. Sprüche und die Hauptstücke. Enth. Elementar-Uebungen zum Lesen; poetische und prosaische Lesestücke. Nach der analytisch-synthet. Methode beab. von H. Bohm. 1.—22. Aufl. 8. (132 S.) Berlin 874—79, Oehmigke's Verlag. * — 40 geb. ** — 50

Hand-Fibel. Enthaltend: Elementar-Uebungen zum Lesen; poetische und prosaische Lesestücke; eine Sammlung bibl. Sprüche; die fünf Hauptstücke des christlichen Glaubens. Ausg. A. 109.—120. Aufl. 8. (176 S. mit eingedr. Holzschn.) Berlin 880—84, Oehmigke's Verlag. * 40 Pf.; geb. **

—— dass. — Ausg. B. Von Otto Schulz. Für den Schreib-Lese-Unterricht bearb. von Karl Bormann. 74.—93. Aufl. 8. (184 S. mit eingedr. Holzschn.) Ebendas. 880—84. * geb. **

—— dass. — Ausg. C. Von Otto Schulz. Ohne die bibl. Sprüche und die Hauptstücke. Enthaltend Elementar-Uebungen zum Lesen; poetische und prosaische Lesestücke. Nach der analytisch-synthet. Methode bearb. von H. Bohm. 23.—64. Aufl. 8. (132 S.) Ebendas. 880—84. * 40 Pf.; geb. **

Hand-Fibel. Enthaltend: Elementar-Uebungen zum Lesen; poet. und prosaische Lesestücke; eine Sammlung bibl. Sprüche; die fünf Hauptstücke des christl. Glaubens. Ausg. A. 121.—131. Aufl. 8. (176 S. mit eingedr. Holzschn.) Berlin 885—88, Oehmigke's Verlag. * 40 Pf.; geb. **

—— dass. — Ausg. B. Von Otto Schulz. Für den Schreib-Lese-Unterricht bearb. von Karl Bormann. 94.—111. Aufl. 8. (184 S. mit eingedr. Holzschn.) Ebendas. 885—88. * geb. **

—— dass. — Ausg. C. Von Otto Schulz. Ohne die bibl. Sprüche und die Hauptstücke. Enthaltend Elementar-Uebungen zum Lesen; poet. und prosaische Lesestücke. Nach der analytisch-synthet. Methode bearb. von H. Bohm. 65.—105. Aufl. 8. (132 S.) Ebendas. 885—88. * 40 Pf.; geb. **

Hand-Fibel. Enth.: Elementar-Übungen zum Lesen; poet. u. pros. Lesestücke; e. Sammlg. bibl. Sprüche; die 5 Hauptstücke d. christl. Glaubens. Ausg. A, B, C u. D. Berlin 890. Oehmigke's Verl. à n. — 40; geb. n.n. — 50

A. 133. Aufl. (176 S. m. eingedr. Holzschn.)
B. Von O. Schulz. Ohne bibl. Sprüche u. die Hauptstücke. Für den Schreib-Lese-Unterricht bearb. v. K. Bormann. 115., rev. Aufl. (184 S. m. eingedr. Holzschn.)
C. Von O. Schulz. Ohne die bibl. Sprüche u. die Hauptstücke. Nach der analytisch-synthet. Methode bearb. v. H. Bohm. 107. Aufl. (144 S. m. eingedr. Holzschn.)
D. Von O. Schulz. Auf Grund der Schreib-Lese- u. Normalwort-Methode bearb. 5. Aufl. (144 S. m. Abbildgn.)

Handfibel. Von Otto Schulz. Ausg. A. 136. Aufl. 8. (176 S. m. Abbildgn.) Berl. 892, Oehmigke's Verlag. * — 40; geb. ** — 50

—— dass. — Ausg. B., f. den Schreib-Lese-Unterricht bearb. v. Karl Bormann. 123. rev. Aufl. 8. (184 S. m. Abbildgn.) Ebd. 892. * — 40; geb. ** — 50

—— dass. — Ausg. C. Nach der analytisch-synthet. Methode bearb. v. H. Bohm. 114. Aufl. 8. (144 S. m. Abbildgn.) Ebd. 892. * — 40; geb. ** — 50

—— dass. — Ausg. D. Auf Grund der Schreiblese- u. Normalwortmethode bearb. 14. Aufl. gr. 8. (144 S. m. Abbildgn.) Ebd. 892. * — 40; geb. ** — 50

Vgl.: Albrecht, K. W., Bilder-Fibel.

Hand-Fibel. Enth.: Elementar-Übgn. zum Lesen; poet. u. prosaische Lesestücke; e. Sammlg. bibl. Sprüche; die 5 Hauptstücke des christl. Glaubens. Ausg. A. 144. Aufl. 8. (176 S. m. Abbildgn.) Berlin 902. L. Oehmigke's Verl. n. — 40; Einbd. n.n.n. — 10

Vergl.: Schulz, Otto.

Hand-Fibel. Enth.: Elementar-Uebgn. zum Lesen; poet. u. prosaische Lesestücke; e. Sammlg. bibl. Sprüche; die 5 Hauptstücke des christl. Glaubens. Neue Rechtschreibg. Ausg. A. 146. Aufl. (176 S. m. Abbildgn.) 8. Berlin 904. L. Oehmigke's Verl. n. — 40; geb. n. — 60

— Hrsg. v. dem Lehrer-Vereine des Kreises Bonn. 3. Aufl. 8. (40 S. wovon 16 lith.) Bonn 848, Henry & Cohen. 1/12 ₰

—— Hrsg. von dem Lehrer-Vereine des Kreises Bonn. 6. Aufl. 8. (40 S., wovon 16 lithogr.) Bonn 857, [Cohen und Sohn.] geb. *

— erstes Uebungsbuch zur leichten Erlernung des Lesens, für zahlreiche Schülerklassen, und mit steter Rücksicht auf chorweises Ueben entworfen für katholische Schulen. Striegau 854. Hoffmann. 8. (138 u. 2 lith. S.) n. 4 ngr

— Erstes Uebungsbuch zur leichten Erlernung des Lesens, für zahlreiche Schülerklassen u. mit steter Rücksicht auf chorweises Ueben entworfen für katholische Schulen. 2. Aufl. Striegau 860. Hoffmann. 8. (140 S.) 4¾ ngr

Hand-Fibel, Berlinische (v. D. Schulz), enthält: Elementar-Uebungen zum Lesen; poetische u. prosaische Lesestücke; eine Sammlung bibl. Sprüche; die fünf Hauptstücke des christl Glaubens. (Mit vielen Abbildd.) 8. Berlin 838, L. Oehmigke. n. 1/8 ℛ — 2e Ausg. 8. 838. n. 1/8 ℛ — 6e Ausg. 8. Ebd 840. n. 3 1/4 ggr (Vergl. Wand-Fibel.)

— Berlinische, enthält: Elementar-Uebungen zum Lesen; poetische u. prosaische Lesestücke; eine Sammlung bibl. Sprüche; die fünf Hauptstücke des christl. Glaubens. 9. Aufl. 8. Berlin 842, L. Oehmigke. n. 4 ngr — 13. Aufl. gr. 8. Ebend. 844. n. 4 ngr

Handfibel, bewegl., f. die Volksschulen im Herzogthum Nassau. 6 Bogen in Fol. Eschweiler, .. 2e Aufl. 818. N. Aufl. 824. (Frkf. a. M., Andreä). 10 ggr

Hand-Fibel f. die Elementarschulen in Elsaß-Lothringen. 2 Thle. 8. (31 u. 32 S.) Colmar 875. Barth. In 1 Bdchn. n. — 50

Handfibel zur gründl. und leichten Erlernung des Lesens nach der Lautmethode. 2te Aufl. 8. Eschweiler. (Frankfurt a. M., Andreä in Comm.) 818.

zur Erlernung des Lesens s. a. Osthof, Fr.

— zur Erlernung d. Lesens, brauchbar sowohl bei der Laut-, als auch bei der Buchstabirmethode. (Von Friedr. Osthoff.) 12. (1 B.) Iserlohn 845. (Hagen, Butz.) *

— zur Erlernung des Lesens. Geordnet nach der Schreiblesemethode von der evangelischen Lehrer-Conferenz in Crefeld. I-III. (Heft.) Crefeld 858. Schüller. 12. (24; 24; 48 S.) 1. u. 2.: à n. 2 ngr; 3.: 4 1/2 ngr

— zur Erlernung des Lesens. Geordnet nach der Schreiblesemethode von der evangel. Lehrer-Conferenz in Crefeld. 1. und 2. (Thl.) 12. Crefeld 860, Schüller. [1. Thl. (26 S.) 2. (24 S.) à Thl. geb. * 2 Ngr.] *

— dass. — 3. (Thl.) A. u. d. T.: Erstes Lesebuch. 12. (84 S.) Ebendas. 860. geb. *

— zur Erlernung d. mechan. Lesens, sowohl nach d. Lautir- als Buchstabirmethode, verbunden mit d. Schreiben, in method. Stufenfolge. Hrsg. v. d. Lehrern d. Mörsischen Lehrer-Conferenz. 2 Abthln. 8. Mörs, Dolle.

Abthl. 1. Das Lesen einsilbiger Wörter. 1—4., verb. Aufl. (à 1 B. u. Vign.) 840. à 2 Gr.
" 2. Das Lesen zwei- u. mehrsilbiger Wörter. 1. u. 2., verm. u. verb. Aufl. (à 1 1/2 B. u. Vign.) 837. à 2 Gr.

— Hoyerswerdaer. 8. (32 S.) Hoyerswerda 819, Erbe. n. n. 1/12 ℛ

— kleine. 3. Hft.: Das Lesen kleiner poetischer u. prosaischer Lesestücke. 2. verm. u. verb. Aufl. A. u. d. T.: Lesebuch für Elementarschulen. 1. Abth. 8. (96 S.) Fürstenwalde 852, Uttech. n. 4 ngr

Handfibel, kleine. Danzig 856. (Berlin, Geelhaar.) 8. (26 S.) 1 1/2 ngr

— kleine. 1. Heft: Das Lesen der Wörter. 3. verm. u. verb. Aufl. Fürstenwalde 859. Uttech. 8. (32 S.) n. 2 ngr

— Kölner. 1. Abth. Herausg. vom Lehrervereine zu Köln. Köln 856. DuMont-Schauberg. 12. (48 S., wovon 16 lith.) n. 2 1/2 ngr

— — 2. Abth. Ein Lesebüchlein für die untere Classe. Herausg. ꝛc. Ebend. 856. 12. (48 S.) n. 2 1/2 ngr

— Kölner. Hrsg. vom Lehrerverein zu Köln. 24.—38. Aufl. 8. (46 S., wovon 12 lithogr.) Köln 869—74, DuMont-Schauberg'sche Buchh. geb. (** 25 Pf.) **

— dass. — 2. Abthl.: Ein Lesebüchlein für die untere Classe. 8.—12. Aufl. 8. (48 S.) Ebendas. 869—73. geb. (** 25 Pf.) **

— Kölner. Hrsg. vom Lehrerverein zu Köln. 1. Abthl. 39.—49. Aufl. (46 S., wovon 12 lithogr.) 1875—78. * 30 Pf.; 50.—57. neubearb. Aufl. 8. (46 S., wovon 16 lithogr.) Köln 879, DuMont-Schauberg'sche Buchh. geb. ** — 40
— dass. — 2. Abthl.: Ein Lesebüchlein für die untere Klasse. 13.—15. Aufl. 8. (48 S.) Ebendas. 876—78. geb. ** — 30
— dass. — 2. Abthl.: Erstes Lesebuch. Unterstufe. 16.—19. neubearb. Aufl. 8. (96 S.) Ebendas. 879. geb. ** — 40

— Kölner. 2 Abtlgn. Hrsg. vom Kölner Lehrerverein. gr. 8. Köln 883,84, Du Mont-Schauberg'sche Buchh. geb. à Abtl. ** 40 Pf. **

Inhalt:
Abtl. 1. 58.—72. verb. und umgearb. Aufl. (46 S. mit eingedr. Illustr.)
" 2. Erstes Lesebuch. Unterstufe. 20.—33. verb. und umgearb. Aufl. (96 S.)

— Kölner. 2 Abtlgn. Hrsg. vom Kölner Lehrerverein. gr. 8. Köln 885—88, Du Mont-Schauberg'sche Buchh. geb. à Abtl. ** 40 Pf. **

Inhalt:
Abtl. 1. 73.—92. verb. und umgearb. Aufl. (46 S. mit eingedr. Illustr.)
" 2. Erstes Lesebuch. Unterstufe. 34.—43. verb. und umgearb. Aufl. (96 S.)

— Kölner. Hrsg. vom Kölner Lehrerverein. 2 Abtlgn. gr. 8. Köln 890. Du Mont-Schauberg. geb. à n. — 40
1. 102. Aufl. (46 S. m. Abbildgn.)
2. 1. Lesebuch. Unterstufe. 50. Aufl. (93 S.)

— Kölner. 1. u. 2. Abtl. Hrsg. vom Kölner Lehrerverein. gr. 8. Köln 892, M. DuMont-Schauberg. geb. à Abtl. ** — 40; ** — 80
1. 110. Aufl. (46 S. m. Abbildgn.).
2. Erstes Lesebuch. Unterstufe. 56. Aufl. (93 S.)

— Kölner. 1. u. 2. Abtlg. Hrsg. vom Kölner Lehrerverein. gr. 8. Köln 894. M. Du Mont-Schauberg. Geb. à n.n. — 40
1. 118. Aufl. (46 S. m. Bildern.)
2. 1. Lesebuch. Unterstufe. 62. Aufl. (95 S.)

Handfibel, Kölner. Hrsg. v. Kölner Lehrerverein. 2 Abtlgn. gr. 8. Köln 898. M. Du-Mont-Schauberg. Geb. in Halbldr. à n.n. — 40
1. 135. Aufl. (46 S. m. Abb.)
2. Erstes Lesebuch. Unterstufe. 74. Aufl. (95 S.)

Kölner Handfibel. Hrsg. vom Kölner Lehrerverein. Abt. 1. 2. *Köln: M. Du Mont-Schauberg 1899–1900.* 2 Bde 8° [F.]
1. 141. Aufl. 1900. 2. Erstes Lesebuch. Unterstufe. 77. Aufl. 1899. [illegible] 3375 5

— Kölner. Hrsg. vom Kölner Lehrerverein. 2 Abtlgn. gr. 8. Köln, M. Du Mont-Schauberg. Geb. in Halbldr. à n.n. — 40
1. 155. Aufl. (46 S. m. Abbildgn.) 902.
2. Erstes Lesebuch. Unterstufe. 83. Aufl. (95 S.) 901.

— Kölner. Hrsg. vom Kölner Lehrerverein. 2 Abtlgn. 8. Cöln, M. Du Mont-Schauberg. Geb. à n.n. — 40
I. 176. Aufl. (46 S. m. Abbildgn.) 906.
II. Erstes Lesebuch. Unterstufe. 100. Aufl. (95 S.) 906.

Handfibel, Kölner. Hrsg. v. Kölner Lehrerverein. 2 Abtlgn. 8. Cöln 910. M. Du Mont-Schauberg. Geb. nn — 90
I. 196.—199. Aufl. (65 S. m. Abbildgn.) Geb. nn — 45
II. Mit Bildern nach Zeichngn. v. Hans Wildermann. 118.—123. Aufl. (109 S.) Geb. nn — 45

— f. den Lautir-, Schreiblese- u. Sprachunterricht in 2 Abthlgn. (in 1 Bd.) Zunächst als Einführung in die poet. u. prosaischen Lesestücke der Verl. Handfibel u. in Preuß u. Vetters Kinderfreund. [2. verb. u. erw. Aufl. d. Anfangs der Verl. Handfibel.] 12. (36 S.) Guben 847, Berger in Comm. — 3. stark verm. Aufl. d. Anfangs der Verl. Handfibel. 12. (38 S.) Ebd. 849, in Comm. — 4. [5. Aufl. d. Anfangs der Verl. Handfibel.] 12. (38 S.) Ebd. 851, in Comm. n. 1 ngr

— dies. 3. Abthl.: Luther's kleiner Katechismus. 12. (12 S.) Ebd. 847. n. 1/2 ngr

Handfibel zum Lesenlernen nach der Lautirmethode. Mit Titelvign. 8. Barmen u. Schwelm 832. Falkenberg. 1 ℛ

— zum schnellen u. leichten Lesenlernen nach d. Lautirmethode. 6. m. e. Anh. verm. Aufl. gr. 8. (Mit 2 Bl. Vorschriften.) Barmen 846, Falkenberg'sche Verlagsh. n. 2 ngr

Handfibel zum schnellen u. leichten Lesenlernen nach d. Lautirmethode. 6., m. ein. Anh. verm. Aufl. gr. 8. (1 B. u. 2 Bl. Vorschriften.) Barmen 846. [Castrop, Falkenberg'sche Vrlgsh.], Thlr. *

—— für den ersten Lese- und Sprach-Unterricht. (Von Frz. Grüzmacher.) 8. (80 und 8 lithogr. S.) Bromberg 860, Levit. *

— für den ersten Lese- u. Sprach-Unterricht. (Von Frz. Grüzmacher.) 1—4. Aufl. Bromberg 862—64. Levit. 8. (104 S.) n. 3 ngr; geb. n. 4 ngr

—— für den ersten Lese- und Sprach-Unterricht. (Hrsg. von Frz. Gruzmacher.) 2.—5. Aufl. 8. (96 S. mit eingedr. Holzschn. und 8 lithogr. S.) Bromberg 862—64, Levit. * 3 Ngr.; geb. *

Handfibel für den ersten Lese- und Sprach-Unterricht. Bromberg 1862. 5. Aufl. 1865. V: *Grüzmacher, Frz.* (Ky)

— für den ersten Lese- u. Sprach-Unterricht. (Hersg. von Frz. Gruzmacher.) 5. Aufl. Bromberg 865. Levit. 8. (96 S. mit eingedr. Holzschn. u. 8 lithogr. S.) n. 3 ngr; geb. n. 4 ngr

Handfibel für alle Plagegeister, besonders für Schul- und andere Meister, darin in schlechtem Galgenhumor, ein alter Leidensbruder und Freund, der Volksschullehrer Kuttenfeind, dieses Büchleins berühmter Autor, viel Galle und wenig Zeit verlor. 1.—4. Aufl. 8. (56 S.) Königsberg 872, Meyer und Comp. *

—— für den Schreib- und Lese-Unterricht. 8. (32 S., wovon 8 lithogr.) Unna 855(56,) Rubens.

— stehende, f. Volksschulen im Herzogth. Nassau. 17 Bog. in Fol. Frankf. a. M. 824. (Andreä.) 20 ℛ

— für Unterklassen der Volksschule. 8. (74 S.) Cassel 848, Luckhardt. n. 2 2/3 ngr; geb. n. 4 ngr

Handfibel zum ersten Unterricht im Lesen. Schwed 1817. V: *Paalzow, Christoph Ludwig.* (Ky)

— zum ersten Unterr. im Lesen. 3te Aufl. 8. Berlin 823, L. Oehmigke.

—— zum ersten Unterricht im Lesen. 7. u. 8., unveränd. Aufl. 8. ... Schwedt 830, 35. (Berlin, Oehmigke.) à

— für den Unterricht im Lesen der Druckschrift. 2. Aufl. gr. 12. (24 S.) Elberfeld 850. (Hamm, Grote.) n. n. 1 1/2 ngr

Handgriffe bei dem Illuminiren. Gotha 1776. 8°.

Handgriffe beim Illuminiren. 8. Gotha... N. Aufl. 802. Ettinger. 5 ℛ

Handgriffe beym Illuminiren. 8. Gotha, Ettinger. 803.

Handgriffe, Cranoscopische, O. O. [1808]. V: *Hess, Dav.* (Cat. d. Stadtbibl. Zürich. Zürich 1864—97.)

— cranoscopische. 2 Bl. Text u. Kpf. Fol. Zürich, Orell. 16 ℛ

Handhabe, e., f. die HH. Prediger zur Führung der Kirchenbücher im Russischen. 8. (23 S.) Reval 892, (Kluge). * 1 —

Die **Handhabung** der Bäckereiverordnung. ⟨Aus d. Verhandlungen d. 12. ordentl. Landesverbandtages 1909 in Berlin.⟩ Spandau 1909: Graßmann in Stettin. 20 S. 8°
(Mitteilungen d. Preuß. Landesverbandes d. Haus- u. Grundbesitzer-Vereine. H. 47.)

Handhabung des Basismessungs-Apparates von General [Carlos] Ibañez. Anleitung zu den Messungen bei Weinfelden und Bellinzona im Juli 1881. [Hrg. durch die] Schweizerische geodätische Commission. [Mit Figuren.] 8. Bern 1881.

Handhabung, die, der Baupolizei im Großherzogthum Baden auf Grund der Verordnung vom 5. Mai 1869 amtlich zusammengestellt. Nebst eingefügtem Abdr. aller dahin einschl. Gesetze, Verordngn. u. Instructionen u. freiem Raum zu Nachträgen. 1. u. 2. Aufl. Mannheim 869. Schneider. gr. 8. (45 S.) 5 ngr

Handhabung, die, der Baupolizei im Großherzogth. Baden auf Grund der Verordng. vom 5. Mai 1869, die Anlage u. den Betrieb der Dampfkessel, die Sicherg. der öffentl. Gesundheit u. Reinlichkeit. 2. verm. Aufl. gr. 16. (VI, 77 S.) Lörrach 875. Gutsch. n. — 40

Handhabung, die, der Baupolizei im Großherzogth. Baden auf Grund der Verordnung vom 5. Mai 1869, die Anlage u. den Betrieb der Dampfkessel, die Sicherung der öffentlichen Gesundheit u. Reinlichkeit betr. 3., verm. Aufl. gr. 16. (VII, 96 S.) Lörrach 885. Gutsch. cart. n. — 60

Handhabung der Bestimmungen betreffend den Verlust des Wahlrechts [illegible] Armenunterstützungen. Leipzig 1896. [illegible] Schriften des deutschen Vereins für Armenpflege [illegible] Heft 26 [illegible]

Handhabung, die, der Gesundheitsgesetze in Preussen, f. Behörden, Medizinalbeamte, Aerzte u. Gewerbtreibende in einz. Abhandlgn. erläutert. Hrsg. v. Springfeld u. F. Silber. 1. u. 2. Bd. 12. Berlin 898. R. Schoetz. Kart. à n. 3.—
1. D. Rechte u. Pflichten d. Unternehmer v. Privatkranken-, Privatentbindungs- u. Privatirrenanst. (§ 30 R.-G.-O.). Von Springfeld (VI, 156 S.) n. 3.—
2. D. Rechte u. Pflichten d. Hebammen (§ 30 R.-G.-O.). Von Springfeld. (VIII, 181 S.)

Handhabung, die, der Gesundheitsgesetze in Preussen, f. Behörden, Medizinalbeamte, Aerzte u. Gewerbtreibende in einzelnen Abhandlgn. erläutert. Hrsg. v. Springfeld u. F. Silber. III.—VI. Bd. 12. Berlin, R. Schoetz. Kart. n. 41.50
III. Das Selbstdispensirrecht der Aerzte u. Homöopathen. Von Springfeld. (XIV, 175 S.) 899. n. 4.—
IV. Die Rechte u. Pflichten der Unternehmer gewerblicher Anlagen, Arbeitgeber u. Arbeitnehmer, f. Gewerbeaufsichts-, Medizinal- u. Verwaltungsbeamte, Fabrikbesitzer, gewerbl. Unternehmer u. Arbeiter. Von Roth, Tschorn u. Welzel. (XV, 787 S.) 899. n. 15.—
V. Die Rechte u. Pflichten der Drogisten u. Geheimmittelhändler, f. Drogisten, Fabrikanten, Medizinal- u. Verwaltungsbeamte bearb. Von Springfeld. (XV, 890 S.) 900. n. 18.—
VI. Die Rechte u. Pflichten der Gift- u. Farbenhändler, f. Drogisten, Fabrikanten, Medizinal- u. Verwaltungsbeamte bearb. Von Springfeld. (VIII, 228 S.) 900. n. 4.50

[H.] Die **Handhabung** des **Heilverfahrens** bei Versicherten (§ 12 des I. u. A. V. G.) durch die Hanseatische Versicherungsanstalt für Invaliditäts- u. Altersversicherung i. J. 1896 u. Ergebnisse d. Heilverfahrens bei lungenkranken Versicherten bis Ende 1896. *Hamburg: Gedr. bei Lütcke & Wulff (1897).* (IV, 36 S.) 1 Bd 8.(4.) [illegible]

— des **Infanterie-Gewehrs M/71** beim Exerziren. Nach den allerhöchsten Vorschriften in tabellar. Form bearb. 8. (16 S.) Potsdam 875. Döring. n. — 10

Handhabung (Manipulation) der bei der Artillerie vorkommenden Lasten, der Geschütze und Fuhrwerke, dann Benehmen bei Terrain Hindernissen und Transportirung der Artillerie Gegenstände zu Wasser. Zum Gebrauch für die k. k. österreichische Artillerie (Mit Tabellen und 4 Tafeln Abbildungen.) (Donation Liechtenstein) 8 Wien 1833.

Handhabung d. Sicherheitspolizei, üb. die, durch Gendarmerie in constitutionellen Staaten, besond. in d. Großh. Baden. Als Widerlegung der Schr.: Die Unvereinbarkeit d. Handhabung d. Polizei durch Gendarmerie ꝛc. gr. 8. Karlsr. 831. Braun. 6 Ƙ

Handhabungsarbeiten der Fußartillerie. Vom 29. II. 1904. D.V.E. Nr. 389. (60 u. VI S. m. Abbildgn.) kl. 8. Berlin 904. E. S. Mittler & Sohn. n. 1.30; kart. n. 1.50

Handicaps des Kaiserlichen Yacht-Clubs. Einzel-Ausgaben. (Berlin.) 1902 ff. 8°.

Handjéri, Alex., Dictionnaire français-arabe-persan et turc, enrichi d'exemples en langue turque avec des variantes, et de beaucoup de mots d'arts et de sciences. 3 Vols. gr. 4. (XI und 2764 S.) Moscau 840. 41. (Leipzig, Steinacker.) **

Handjery, princeps Nicolavs (geb. am 18 Dez. 1836 in Konstantinopel): Observationes de fvrtis pro diversitate probationvm varie pvnitis ... Lipsiae, form. Breitkopfii Härteliiqve (1857). 4 Bl., 64 S. 8.

Bonn, Jur. Fak., Diss. v. 20 Juni 1857

Handius, s. Hand

Handkalender, s.a. Handcalender

—— und **Adreß-Kalender** des Großherzogthums Luxemburg. 1878—1880. 16. (à Jahrg. ca. 270 S.) Luxemburg, Schamburger. à Jahrg.

—— und **Adreß-Kalender** des Großherzogthums Luxemburg. 1882. 16. (318 S.) Luxemburg, Schamburger.
Jahrg. 1881 nicht erschienen.

Hand- und Amtskalender für die protestant. Geistlichkeit Bayerns diesseits des Rheins auf die J. 1887 und 1888. gr. 4. (à Jahrg. 48 S.) Rothenburg o. T., Peter. cart. à Jahrg. *

—— bequemster, für die J. 1862—67. 19.—24. Jahrg. 12. (à LXXIX S.) Wien, Karafiat's Kalender-Expedition. à Jahrg. **

Handkalender, chronolog. s.a. **Steinbeck, C. G.**

Handkalender, Chronologischer .... Gera 1795 s. u.: Steinbeck, C. G., Chronol. Handkalender ....

Handkalender, Fromme's, für das Jahr 1887. Neu-Oblong-Miniaturformat. Wien, Fromme. In schwarzem Leder fl. 1 50.
— in feinstem Kalbleder. Ebd. fl. 2.—.

Hand-Kalender, Fromme's, für das Jahr 1888. II. Jahrg. Oblong-Miniatur-Format mit Abreissblattern. In Schwarzleder mit Taschen. Ebd. fl. 1 50.
— Derselbe. In feinstem Kalbleder. Ebd. fl. 2 —.

Hand-Kalender, Fromme's, f. 1890—1893. 4.—7. Jahrg. 32. (20; 19; 19; 19 S. u. je 1 Tagebuch.) Wien, Fromme. à Jahrg. geb. in Ldr. * 3 —; in Kalbldr. 4 —

Hand-Kalender, Fromme's, für das Jahr 1894. VIII. Jahrgang. Oblong-Miniatur-Format mit Abreißblättern. In Schwarzleder mit Taschen Wien: Fromme. 1 50
Derselbe, in feinstem Kalbleder 2.—

Hand-Kalender, Fromme's, f. d. J. 1895. 9. Jahrg. 32. (19 S., Tagebuch u. Abreissblätter.) Wien, C. Fromme. Geb. in Ldr. n. 3.—; in Kalbldr. m. Goldschn. 4.—

Hand-Kalender, Fromme's, f. d. J. 1896. 11. Jahrg. 32. (19 S., Tagebuch u. Abreissblätter.) Wien, C. Fromme. Geb. in Ldr. n. 3 —; in Kalbldr. m. Goldschn. 4.—

Hand-Kalender für evangelische Geistliche auf das J. Christi 1881—1885. 4. (à Jahrg. ca. 45 S.) Nürnberg, Löhe's Buchh. cart. à Jahrg. **

Handkalender, Kurzgefasster, chronol.-geneal. a. d. J. .... 1795. München.

Handkalender, Luxemburger, auf das J. 1863—68, zum Gebrauche der Einwohner des Großherzogth. Luxemburg. 97.—102. Jahrg. 16. (à Jahrg. 120—144 S.) Luxemburg, Brück. à Jahrg.

Hand-Kalender, Luxemburger, auf die J. 1869—1875. Zum Gebrauche der Einwohner des Großherzogth. Luxemburg. 103.—109. Jahrg. 32. (à 126 S.) Luxemburg, Brück.
103.—106. Jahrg. à *
107.—109. Jahrg. à ·

Hand-Kalender, Luxemburger, auf die J. 1876—1880. Zum Gebrauche der Einwohner des Großherzogth. Luxemburg. 110.—114. Jahrg. gr. 16. (à Jahrg. ca. 123—126 S.) Luxemburg, Brück. à Jahrg. * — 40

—— Luxemburger, auf d. J. 1890. Zum Gebrauch d. Einwohner d. Großherzogth. Luxemburg. 124. Jahrg. 16. (115 S. m. Abbildgn.) Luxemb., Brück. * — 40

—— ostfriesischer, auf die J. 1881—1885. 8. (à Jahrg. ca. 34 S.) Norden, Soltau's Verlag. à Jahrg.

Handkalender, ostfriesischer, auf die J. 1886—1889. 8. (à Jahrg. 32 S.) Norden, Soltau. à Jahrg.

—— ostfriesischer, auf d. J. 1890—1893. 8. (à Jahrg. 32 S.) Norden, Soltau. à Jahrg. — 15

— ostfriesischer, auf das J. 1896. 8. (32 S.) Norden, D. Soltau. — 15

— ostfriesischer, auf d. J. 1899. 8. (32 S.) Norden, D. Soltau. — 15

Handkalender, ostfriesischer, auf d. J. 1902. 8. (32 S.) Norden, D. Soltau. — 15

Handkalender, ostfriesischer, auf d. J. 1907. (32 S.) 8. Norden, D. Soltau. — 15

Handkalender, ostfriesischer, auf d. J. 1911. (36 S.) 8. Norden, D. Soltau. — 15

Hand- und Schreib-Kalender, s. Schreib- und Hand-Kalender.

Hand- und Schreibe-Kalender auf d. J. 1815, mit Rechnentafeln zur Bequemlichkeit f. Personen, welche nicht rechnen können. 12. Leipz. Sommer. 815. (Wird jährlich fortgesetzt.)

Hand- und Schreibe-Kalender f. alle Stände auf die Jahre 1810 und 11. 8. Zürich, Orell, Füßli und Comp. (à 16 gr.)

Handkarte

Handkarte des Herzogthumes Bukowina im Masse 1 : 600.000, gezeichnet von Eduard Fischer. Czernowitz. [1899.] Pardini. 28.5×29.5 fl. —.10

Handkarte der politischen Bezirke Krems und Pöggstall. 1 150.000, 50×39 *cm* gefalzt in Umschlag K —.60, mit Wegmarkierung K — 90
Krems: Oesterreicher 1906.

Handkarte vom Kriegsschauplatze in der Herzegowina, Bosnien, Dalmatien, Montenegro, Serbien. 1 : 2,500,000. Kpfrst. und color. qu. gr. 4. Weimar 876, Geograph. Institut.

Handkarte des politischen und Schul-Bezirkes Luditz. 1 : 150.000. Quer-4. Chromolithographie Luditz: Hoffer 1894 * —.15

Handkarte von Mähren und Schlesien mit politischer Eintheilung. Gezeichnet und gestochen vor J. E. Wagner. 2. ergänzte Aufl. Maßstab 1 : 450.000. Chromolithogr. 75×55 *cm.*
Prag: Kytka 1896 —.50

Mittelbachs billige Hand- und Reisekarte von Schleswig-Holstein. Bl. 1: Nördliche Hälfte. Bl. 2: Südliche Hälfte. Hamburg und Lübeck. 1 : 300000. Leipzig. [1910.] 2 Bl. Groß-Fol. 63/46 cm u. 66/47,5 cm, zsgef. in Umschlag. 8°

[R.] Mittelbach's Neueste Hand- und Verkehrskarte von Deutschland. Massst. 1 : 1,500,000. *Leipzig: Mittelbach [1903].* (1 Kartenbl. 85×69 cm.) 8° [kol.] [03. 3007]

Handkarte der Oesterr.-ungar. Monarchie. Entworfen und gezeichnet von B. Kozenn. Masstab : 1 : 2500000. Tondruck. Revid. Ausgabe. 1882. Ebdss., Gefalzt in 8. 50 kr. Wien: Hölzel 1882.

Handkarte der österr.-ungar. Monarchie. 1 : 4,000.000. 40×28 *cm* K —.20
Czernowitz: H. Pardini, K. K. Univ. Buchh. 1907.

Neue Handkarte vom Ägäischen Meere mit Kreta. 1 : 1 750 000. Glogau. 1 Bl. c I. Ff.

Handkarte von Niederösterreich, für Schulen herausgegeben von M. A. Becker, k. k. Schulrath und Inspektor der Volks- und Realschulen in Niederösterreich und nach den Angaben des k. k. Rathes A. Steinhauser, gezeichnet und lithographirt von dem Zeichnungsbeamten Franz Šimič des k. k. m. g. Institutes. 1853. Wien in Kommission beim Kunsthändler Joseph Bermann. gr. Fol. 1 Bl. mit Ortschaften, Straßen, Gewässern, Waldungen und beiläufige Einwohnerzahl der Orte, 1 Bl. mit noch beigegebenen Gebirgen und 1 Bl. bloß Gebirgs- und Gewässerkarte. 3 Bl. gr. Fol.

Hand- u. Reisekarte v. Königreich Böhmen. Entworfen u. gezeichnet v. B. Kozenn. Masstab: 1 : 600000. Neue revidirte Ausgabe 1882. Q.-Folio. Mit colorirten Grenzen. Wien, Eduard Hölzel. Gefalzt in 8. 50 kr., auf Leinwd. gespannt in Decke 1 fl. 20 kr. Dieselbe in böhmischer Sprache (Příruční mappa království Českého od B. Kozenna i J. Erben). Ebdss. Ebenso.

Hand- u. Reisekarte der Markgrafschaft Mähren u. des Herzogthums Schlesien Entworfen und gezeichnet von B. Kozenn. Masstab: 1 : 6 0.000. Neue revidirte Ausgabe 1882. Ebdss. Ebenso. Dieselbe in böhm. Sprache (Příruční mappa markrabství Moravského a vévodství Slezského, kterou navrhl a kreslil) Ebdss. Ebenso. (Diese 4 Karten bilden die Nr. 5, 6, 7, 8 von Hölzel's General-Hand- und Reisekarten.) Wien: Hölzel 1882.

Handkarte der Schweiz. Zum Gebrauch f. Schulen. 1 Blatt quer in-fol. Gera, Issleib & Rietzschel. 1880. — 55

Handkarte des politischen Bezirkes Sternberg. im Maasse 1 : 200.000. (Aus der Generalkarte von Mittel-Europa, 1 : 200.000.) Lithograph. Farbendruck Hitschfeld: Sternberg, 1896. —.12

Handkarte der europäischen Türkei, Bulgarien und Ostrumelien 1 : 1,200.000. [Hölzel's General-, Hand- und Reisekarten. Nr. 17.] 75×60 *cm* gefalzt in Umschlag K 3.—
Wien: Hölzel 1904.

Hand- u. Eisenbahnkarten üb. alle Theile Deutschlands u. Oesterreichs sowie alle Länder Europa's u. der Welt bearb. v. H. Kiepert, C. F. Weiland, Adolf Graef, Carl Graef. Ausg. 1873. No. 6. 8. 10—36. 38. 41—67. 69—73. 86. Kpfrst. u Farbendr. Imp.-Fol. Weimar 873. geograph. Institut. In Carton à n. 1. 50

6. Europa. — 8. Deutschland. — 10. Deutschlands Eisenbahnen. — 11. Preuss. Staat u. deutsches Reich. — 12 Prov. Preussen, Posen, Polen. — 13. Prov. Pommern. — 14. Prov. Schlesien. – 15. Prov. Brandenburg. — 16 Prov. Sachsen. — 17. Schleswig-Holstein. – 18. Hannover Braunschweig. — 19. Westfalen, Rheinlande, Hessen. — 20. Bayern. — 21. Württemberg, Baden. — 22. Königreich Sachsen. — 23. Mecklenburg. — 24. Thüringen. — 25 Oest.-Ung. Monarchie. — 26. Erzherzogthum Oesterreich Salzburg. — 27. Mähren u. Oester. Schlesien. — 28. Böhmen. — 29. Steiermark, Kärnthen, Krain. — 30. Tyrol. – 31. Ungarn, Galizien. — 32. Schweiz. — 33. Italien. – 34. Ober- u. Mittel-Italien. — 35. Unter-Italien. — 36 Frankreich. — 38. Elsass-Lothringen. — 41. Spanien u Portugal. — 42. Britische Inseln. — 43. England. — 4 Niederlande u. Belgien. — 45. Dänemark. — 46. Schwede u. Norwegen. — 47. Europ. Russland. — 48. Europ. Türke — 49. Griechenland. — 50. Asien. — 51. Asiat. Türkei u Kaukasusländer. — 52. Vorder-Asien, Arabien, Persien — 53. Vorder-Indien, Ceylon. — 54. China, Japan, Hinter Indien. — 55. Afrika. — 56. Nordw. Afrika, Algier. – 57. Aegypten, Abissinien. — 58. Süd-Afrika, Capland Madagaskar. — 59. America. — 60. Nordamerica. — 6 Vereinigte Staaten, Canada. — 62. Oestl. Theil d Ve Staaten. — 63. Mexico, Central-America. — 64. Wes Indien, Venezuela. — 65. Süd-America. — 66. Australie Tasmania. — 67. Austral-Continent. — 69. Galizien. 70. Walachei. — 71. Moldau. — 72. Serbien. — 73. Bosnie Dalmatien, Montenegro. – 86. Sächs. Schweiz u. Lausitzer Gebirge.

— dasselbe. No. 2. Zur Uebersicht der Verkehrsweg Weltkarte. Ausg. 1873. Kpfrst. u. Farbendr. Imp Fol. Ebend. 873. In Carton. n. 2. –

Hand- u. Reisekarten üb. alle Theile Deutschlands u. Oesterreichs, sowie alle Länder Europas u. d. Erde. 21. Aufl. 1888. Nr. 2, 6, 8, 11—36, 38, 41—67, 69, 73, 86. Chromolith. Fol. Weimar 888. Geograph. Institut. à n. 1. 20

2. Erdkarte in Mercator's Projection. — 6. Europa. — 8. Deutschland u. Oesterreich. — 11. Deutsches Reich u. Preussischer Staat. — 12. Prov. Preussen m. Posen u. Königr. Polen. — 13. Pommern. — 14. Prov. Schlesien m. Riesengebirge u. den Sudeten. — 15. Brandenburg. — 16. Prov. Sachsen m. Anhalt. — 17. Schleswig-Holstein m. den freien Städten Hamburg u. Lübeck, Fürstenthum Lübeck u. Lauenburg. — 18. Hannover m. Braunschweig, Oldenburg, den Hansestädten u. Lippe. — 19. Westfalen m. Rheinprov., Hessen-Nassau, Waldeck, Hohenzollern, Jahdegebiet u. Grossherz. Hessen. — 20. Bayern. — 21. Württemberg m. Baden, Hohenzollern, dem Schwarzwald, Odenwald u. der Rauhen Alb. — 22. Königreich Sachsen m. dem Erzgebirge, der Sächsischen Schweiz u. dem Lausitzer Gebirge. — 23. Mecklenburg-Schwerin u. Strelitz m. Lübeck. — 24. Thüringen m. Thüringerwald, Frankenwald, Rhön- u. Fichtelgebirge. — 25. Oesterr.-ungar. Monarchie. — 26. Erzherzogth. Oesterreich ober u. unter der Enns, m. Salzburg. — 27. Mähren m. Oesterreichisch-Schlesien, den Sudeten u. dem Mähr.-Ungar. Grenzgebirge. — 28. Böhmen. — 29. Steiermark m. Kärnten, Krain, Görz, Gradiska, Istrien. — 30. Tirol m. Vorarlberg u. Liechtenstein. — 31. Ungarn m. Slavonien, Kroatien, Dalmatien, Galizien, Bukowina, Siebenbürgen u. Karpathen. — 32. Schweiz. — 33. Italien m. Tunis u. Corsika. — 34. Ober- u. Mittelitalien m. Corsika. — 35. Unter-Italien m. Sicilien. — 36. Frankreich. — 38. Deutsch-französische Grenzländer m. Elsass-Lothringen, Belgien, Baden, Württemberg, Hessen, Rheinprovinz u. Schweiz. — 41. Spanien u. Portugal. — 42. Britische Inseln. — 43. England. — 44. Niederlande u. Belgien m. Luxemburg. — 45. Dänemark m. Schleswig-Holstein u. Lauenburg. — 46. Schweden u. Norwegen. — 47. Europäisches Russland m. Kaukasus. — 48. Europäische Türkei m. Griechenland, Rumänien, Serbien, Montenegro, Bulgarien, Ostrumelien, Insel Kreta. — 49. Griechenland m. den Ionischen Inseln. — 50. Asien. — 51. Asiatische Türkei m. Kaukasus u. Westpersien. — 52. Vorder-Asien m. Arabien, Iran, Chiwa, Turan, Belutschistan, Afghanistan u. Turkistan. — 53. Vorder-Indien. — 54. China m. Japan, Hinter-Indien u. dem Indischen Archipelagus. — 55. Afrika. — 56. Nordwestlicher Theil Afrikas m. Tunis, Tripolis, Algier, Marocco, Sahara u. Sudan. — 57. Nordöstlicher Theil Afrikas m. Aegypten u. Abessinien. — 58. Südlicher Theil Afrikas m. Inner-Afrika, Capland u. Madagascar. — 59. Amerika. — 60. Nord-Amerika u. Westindien. — 61. Vereinigte Staaten v. Nord-Amerika m. Canada. — 62. Oestlicher Theil der Vereinigten Staaten. — 63. Mexiko u. Central-Amerika. — 64. West-Indien m. Central-Amerika u. Columbia. — 65. Süd-Amerika. — 66. Australien. — 67. Austral-Continent. — 69. Galizien m. Bukowina u. den Karpathen. — 73. Bosnien m. Dalmatien u. Montenegro. — 86. Sächsische Schweiz u. Lausitzer Gebirge.

Hand- u. Reisekarten, Weimarer, aller Länder der Erde. Red. v. J. I. Kettler. Nr. 2, 6, 8, 10—36, 38, 41—67, 69, 73, 86, 87, 91, 93, 96 u. 97. Farbendr. Fol. Weimar 893. 894. Geograph. Institut. à n. 1. —; auf Leinw. n. 1. 80; in Etui n. 2. 20

2. Erdkarte in Mercator's Projection. — 6. Europa. — 8. Deutschland. — 10. Eisenbahn- u. Dampferkarte v. Mittel-Europa. — 11. Deutsches Reich u. Preussischer Staat. — 12. Prov. Preussen, Posen u. Königr. Polen. — 13. Pommern. — 14. Schlesien. — 15. Brandenburg. — 16. Prov. Sachsen u. Anhalt. — 17. Schleswig-Holstein, die freien Städte Hamburg u. Lübeck, Fürstent. Lübeck u. Lauenburg. — 18. Hannover, Braunschweig, Oldenburg, die Hansestädte u. Lippe. — 19. Westfalen, Rheinprovinz, Hessen-Nassau, Waldeck, Hohenzollern u. Grossherzogth. Hessen. — 20. Bayern. — 21. Württemberg, Baden, Hohenzollern. — 22. Königr. Sachsen. — 23. Mecklenburg-Schwerin u. Strelitz, Lübeck. — 24. Thüringen. — 25. Oesterr.-ungar. Monarchie. — 26. Erzherzogth. Österreich ober u. unter der Enns, Salzburg. — 27. Mähren, Oesterreichisch-Schlesien. — 28. Böhmen. — 29. Steiermark, Kärnten, Krain, Görz, Gradiska, Istrien. — 30. Tirol, Vorarlberg u. Liechtenstein. – 31. Ungarn, Slavonien, Kroatien, Dalmatien, Galizien, Bukowina, Bosnien u. die Herzegowina. — 32. Schweiz. — 33. Italien. — 34. Ober- u. Mittel-Italien. — 35. Unter-Italien. — 36. Frankreich. — 38. Die deutsch-französischen Grenzländer. — 41. Spanien u. Portugal. — 42. Britische Inseln. — 43. England u. Wales. — 44. Niederlande u. Belgien. — 45. Dänemark, Island u. Far-Oer, Schleswig-Holstein u. Lauenburg. 46. Schweden u. Norwegen. — 47. Europäisches Russland. — 48. Europäische Türkei, Griechenland, Rumänien, Serbien, Montenegro, Bulgarien, Ostrumelien, Insel Kreta. — 49. Griechenland. — 50. Asien. — 51. Asiatische Türkei, die Kaukasusländer u. Westpersien. — 52. Vorder-Asien, umfassend Klein-Asien, Syrien, Arabien, Iran u. Turan, Belutschistan, Afghanistan, die Länder am Euphrat u. Tigris u. die Kaukasusländer. — 53. Vorder-Indien. — 54. China, Japan, Hinter-Indien u. der Indische Archipelagus. — 55. Afrika. — 56. Das nordwestliche Afrika. 57. Das nordöstliche Afrika. — 58. Süd-Afrika u. Madagaskar. — 59. Amerika. — 60. Nord-Amerika u. West-Indien. — 61. Vereinigte Staaten v. Nord-Amerika u. Canada. – 62. Oestlicher Theil der Vereinigten Staaten. — 63. Mexiko u. Central-Amerika. — 64. West-Indien m. Central-Amerika, Columbia u. Venezuela. — 65. Süd-Amerika. — 66. Australien. — 67. Austral-Continent. — 69. Galizien u. Bukowina. — 73. Bosnien, Dalmatien u. Montenegro. — 86. Sächsische Schweiz u. Lausitzer Gebirge. — 87. Deutsch-Ostafrika. — 91. Die westrussischen Grenzländer. — 93. Süd-Frankreich. — 96. Die Küstenländer d. Schwarzen Meeres. — 97. Eisenbahn- u. Dampferkarte v. Österreich-Ungarn.

Hand- u. Reisekarten, Weimarer, aller Länder der Erde. Nr. 2, 6, 8, 10—36, 41—67, 73, 86, 87, 91—93, 96 u. 97. 30. Aufl. 1897. Farbdr. Weimar 897. Geograph. Institut. à n. 1. —

2. Erdkarte. Bearb. v. A. Gräf u. J. Runge. Polit. Uebersicht v. C. Riemer. 46 × 66,5 cm. — 6. Europa. Bearb. v. Adf. u. Carl Gräf. 1 : 10,000,000. 52 × 62 cm. — 8. Deutschland, entw. u. gezeichnet v. C. F. Weiland. 1 : 2,500,000. 59 × 54 cm. — 10. Eisenbahn- u. Dampferkarte v. Mittel-Europa. Von W. Williams. Neu bearb. von C. Riemer. 60 × 71 cm. In Leinw.-Karton. — 11. Deutsches Reich. 1 : 1,800,000. 53,5 × 64 cm. — 12. Die preuss. Provv. Ost- u. West-Preussen u. Posen u. das Königr. Polen. Rev. v. C. Riemer. 1 : 1,200,000. 55 × 63,5 cm. — 13. Preuss. Prov. Pommern, reducirt nach den preuss. Generalstabs-Aufnahmen. 1 : 600,000. 52 × 65 cm. — 14. Preuss. Prov. Schlesien. Rev. v. C. Riemer. 1 : 600,000. 49,5 × 65,5 cm. — 15. Preuss. Prov. Brandenburg. Bearb. v. Adf. Gräf. 1 : 600,000. 48,5 × 61 cm. — 16. Die preuss. Prov. Sachsen nebst den anhalt. Ländern. Entw. v. A. Gräf, gezeichnet

v. A. Mueller. 1 : 600,000. 54,5 × 48 cm. — 17. Preuss. Prov. Schleswig-Holstein mit Lauenburg u. den freien Hansestädten Hamburg u. Lübeck. Rev. v. C. Riemer. 1 : 445,000. 61,5 × 50 cm. — 18. Hannover, Braunschweig, Oldenburg u. die Hansestädte. 1 : 600,000. 53,5 × 64,5 cm. — 19. Westfalen, Rheinprovinz, Hessen-Nassau. Das Grossherzogth. Hessen. Die Fürstenthümer Waldeck u. Lippe. Neben-Karte: Die Hohenzollernschen Lande od. der Reg.-Bez. Sigmaringen. Rev. v. C. Riemer. 1 : 600,000. 64 × 54,5 cm. — 20. Das Königr. Bayern. Bearb. v. C. F. Weiland. 1 : 850,000. 48,5 × 60,5 cm. — 21. Königr. Württemberg, Grossherzogth. Baden, Hohenzollern. Rev. v. C. Riemer. 1 : 450,000. 61,5 × 54 cm. — 22. Das Königr. Sachsen. Bearb. v. C. Gräf. 1 : 375,000. 46,5 × 62 cm. — 23. Mecklenburg. Bearb. v. Herm. Müller u. J. I. Kettler. 1 : 360,000. 46,5 × 61 cm. — 24. Grossherz.-Herzogl. Sächsische Länder nebst den Fürstenthümern Schwarzburg u. Reuss. (Thüringen.) Bearb. v. C. Gräf. 1 : 350,000. 55 × 62,5 cm. — 25. Oesterr.-ungarische Monarchie. Rev. v. C. Riemer. 1 : 2,500,000. 45,5 × 68 cm. — 26. Nieder- u. Ober-Oesterreich od. das Erzherzogth. Oesterreich unter u. ob der Enns u. das Herzogth. Salzburg. Bearb. v. C. Gräf. Rev. v. C. Riemer. 1 : 600,000. 49 × 66 cm. — 27. Die Markgrafsch. Mähren u. das Herzogth. Ober- u. Nieder-Schlesien. Bearb. v. C. Gräf. 1 : 600,000. 44,5 × 56,5 cm. — 28. Das Königr. Böhmen. Rev. v. C. Riemer. 1 : 600,000. 50,5 × 61 cm. — 29. Die Herzogth. Steiermark, Kärnten, Krain, das (illyr.) Küstenland, die gefürst. Grafschaft Görz u. Gradiska, die Markgrafsch. Istrien, die Stadt Triest m. Gebiet u. das ungar. Littorale. Bearb. v. C. Gräf. 1 : 600,000. 67,5 × 53,5 cm. — 30. Die gefürstete Grafsch. Tirol m. Vorarlberg u. das Fürstenth. Liechtenstein. Rev. v. J. I. Kettler u. C. Riemer. 1 : 600,000. 44,5 × 56,5 cm. — 31. Das Königr. Ungarn m. s. Nebenländern. Galizien, die Bukowina u. Dalmatien, Bosnien u. die Herzegowina. Rev. v. C. Riemer. 1 : 2,000,000. 51,5 × 65 cm. — 32. Die Schweiz. Rev. v. C. Riemer. 1 : 600,000. 46 × 64,5 cm. — 33. Italien. 1 : 2,000,000. 65 × 55 cm. — 34. Ober- u. Mittel-Italien. 1 : 1,200,000. 52 × 63,5 cm. — 35. Unter-Italien. Von H. Kiepert. Red. Arnd. 1 : 1,200,000. 59,5 × 52 cm. — 36. Frankreich. Bearb. v. C. Gräf. 1 : 2,000,000. 57,5 × 64 cm. — 41. Spanien u. Portugal. Vorzügl. nach D. Francisco Coëlo. 1 : 2,000,000. 52,5 × 64,5 cm. — 42. Die Britischen Inseln od die Vereinigten Königr. Grossbritannien u. Ireland. 1 : 1,800,000. 62,5 × 51,5 cm. — 43. England. 1 : 1,200,000. 64,5 × 51,5 cm. — 44. Die Niederlande u. Belgien. 1 : 800,000. 63,5 × 50 cm. — 45. Dänemark, Island u. die Far-Oer. Preuss. Prov. Schleswig-Holstein m. Lauenburg. 1 : 860,000. 61,5 × 55 cm. — 46. Schweden u. Norwegen. Bearb. v. C. Gräf. 1 : 3,000,000. 68 × 52 cm. — 47. Das Kaisert. Russland u. das Grossfürstent. Finland. Rev. v. C. Riemer. 1 : 6,588,000. 58,5 × 47,5 cm. — 48. Die europäische Türkei, Griechenland, Rumänien, Serbien, Montenegro, Bulgarien. Bearb. v. Carl Gräf. 1 : 3,000,000. 57,5 × 51 cm. — 49. Das Königr. Hellas od. Griechenland u. die Jonischen Inseln (Ephtánisos). 1 : 800,000. 55,5 × 66,5 cm. — 50. Asien. 1 : 20,000,000. 53,5 × 64,5 cm. — 51. Die asiat. Türkei, die Kaukasusländer u. West-Persien. 1 : 3,600,000. 54,5 × 66 cm. — 52. Vorder-Asien; umfassend Klein-Asien, Syrien, Arabien, Iran u. Turan, Balutschistan, Afghanistan, die Länder am Euphrat u. Tigris u. die Kaukasus-Länder. Bearb. v. A. u. C. Gräf. 1 : 8,000,000. 50 × 57,5 cm. — 53. Vorder-Indien. Gezeichnet v. A. Gräf. 1 : 5,000,000. 66 × 53,5 cm. — 54. Das südöstl. Asien od. China, Japan u. Hinter-Indien m. dem ind. Archipelagus. 1 : 10,000,000. 65 × 55,5 cm. — 55. Afrika. 1 : 16,000,000. 55 × 64 cm. — 56. Das nordwestl. Afrika. Bearb. v. Adf. Gräf. Neubearb. v. Herm. Müller u. J. I. Kettler 1885. 1 : 8,000,000. 64,5 × 53 cm. — 57. Das nordöstl. Afrika. Bearb. v. Consul G. Le Jean u. A. Gräf. Neubearb v. Herm. Müller 1884. 1 : 8,000,000. 64,5 × 53 cm. — 58. Karte v. Afrika. Von J. I. Kettler. Bl. 3. Süd- u. Mittel-Afrika. Bearb. v. J. I. Kettler u. C. Riemer. 1 : 8,000,000. 51 × 64,5 cm. — 59. America. Bearb. u. gezeichnet v. H. Kiepert u. Arnd. 1 : 25,000,000. 64 × 51 cm. — 60. Nordamerica m. Westindien. 1 : 15,000,000. 60,5 × 51,5 cm. — 61. Die Vereinigten Staaten v. Nordamerica nebst Canada. 1 : 8,000,000. 53,5 × 64,5 cm. — 62. Die Vereinigten Staaten v. Nordamerica (östl. Teil). Bearb. v. C. Gräf. 1 : 4,500,000. 63,5 × 57 cm. — 63. Mexiko u. die Republiken v. Central-America. Bearb. v. C. Gräf. 1 : 6,000,000. 56,5 × 64,5 cm. — 64. Westindien, Central-America u. das nördl. u. nordwestl. Süd-America, Columbia u. Venezuela. Bearb. v. Heinr. Kiepert. 1 : 6,000,000. 53,5 × 63,5 cm. — 65. Süd-America. 1 : 15,000,000. 56,5 × 46,5 cm. — 66. Australien. 53 × 65,5 cm. — 67. Australien (Austral-Kontinent), in Mercators Projection entw. v. C. F. Weiland. 48 × 57,5 cm. — 73. Bosnien u. Dalmatien, entw. v. H. Kiepert. 1 : 800,000. 49,5 × 61 cm. — 86. Das Lausitzer Gebirge u. die umlieg. Gegenden u. die sog. Sächsische Schweiz, entw. v. C. F. Weiland. 1 : 220,000. 42,5 × 52,5 cm. — 87. Deutsch-Ostafrika. Gez. v. J. I. Kettler u. C. Riemer. 1 : 3,000,000. 46,5 × 50 cm. — 91. Westrussische Grenzländer. Red. v. J. I. Kettler. 1 : 3,000,000. 65 × 42,5 cm. — 92. Nord-Frankreich. 1 : 1,200,000. 54,5 × 70 cm. — 93. Süd-Frankreich. Rev. v. J. I. Kettler. 1 : 1,200,000. 46,5 × 64,5 cm. — 96. Küstenländer des Schwarzen Meeres. Red. v. J. I. Kettler. 1 : 3,000,000. 46 × 60,5 cm. — 97. Eisenbahn- u. Dampferkarte von Oesterreich-Ungarn. Von W. Williams. Rev. v. J. I. Kettler. 1 : 2,000,000. 60 × 71 cm.

Hand- u. Reisekarten, Weimarer, aller Länder der Erde. Nr. 2, 6, 8, 10—36, 41—67, 73, 86, 87, 91—93, 96 u. 97. 34. Aufl. 1901. Farbdr. Weimar, Geograph. Institut. à n. 1. —; auf Leinw. à n. 1. 80; in Etui à n. 2. 20

2. Erdkarte. Bearb. v. A. Gräf u. J. Runge. Polit. Übersicht v. C. Riemer. 46 × 66,5 cm. — 6. Europa. Bearb. v. Adf. u. Carl Gräf. 1 : 10,000,000. 52 × 62 cm. — 8. Deutschland, entworfen und gezeichnet v. C. F. Weiland. 1 : 2,500,000. 59 × 54 cm. — 10. Williams, W., Eisenbahn- u. Dampferkarte v. Mittel-Europa. Neu bearb. v. C. Riemer. 60 × 71 cm. — 11. Der Preussische Staat u. das Deutsche Reich, 1 : 1,800,000. 53,5 × 64 cm. — 12. Die preuss. Provv. Ost- u. West-Preussen u. Posen u. das Königr. Polen. Rev. v. C. Riemer. 1 : 1,200,000. 55 × 63,5 cm. — 13. Preuss. Prov. Pommern, reducirt nach den preuss. Generalstabs-Aufnahmen. 1 : 600,000. 52 × 65 cm. — 14. Preuss. Prov. Schlesien. Red. v. B. Riemer. 1 : 600,000. 49,5 × 65,5 cm. — 15. Preuss. Prov. Brandenburg. Bearb. v. Adf. Gräf. 1 : 600,000. 48,5 × 61 cm. — 16. Die preuss. Prov. Sachsen nebst den anhalt. Ländern. Entworfen v. A. Gräf, gezeichnet v. A. Mueller. 1 : 600,000. 54,5 × 48 cm. — 17. Preuss. Prov. Schleswig-Holstein m. Lauenburg und den freien Hansestädten Hamburg und Lübeck. Rev. v. C. Riemer. 1 : 445,000. 61,5 × 50 cm. — 18. Hannover, Braunschweig. Oldenburg u. die Hansestädte. 1 : 600,000. 53,5 × 64,5 cm. — 19. Westfalen, Rheinprovinz, Hessen-Nassau. Das Grossherzogth. Hessen. Die Fürstenthümer Waldeck u. Lippe. Neben-Karte: Die Hohenzollernschen Lande od. der Reg.-Bez. Sigmaringen. Rev. v. C. Riemer. 1 : 600,000. 64 × 54,5 cm. — 20. Das Königr. Bayern. Bearb. v. C. F. Weiland. 1 : 850,000. 48,5 × 60,5 cm. — 21. Königr. Württemberg, Grossherzogth. Baden, Hohenzollern. Rev. v. C. Riemer. 1 : 450,000. 61,5 × 54 cm. — 22. Das Königr. Sachsen. Bearb. v. C. Gräf. 1 : 375,000. 46,5 × 62 cm. — 23. Mecklenburg. Bearb. v. Herm. Müller u. J. I. Kettler. 1 : 360,000. 46,5 × 61 cm. — 24. Grossherzoglich-Herzoglich Sächsische Länder, nebst den Fürstenthümern Schwarzburg u. Reuss. (Thüringen.) Bearb. v. C. Gräf. 1 : 350,000. 55 × 61,5 cm. — 25. Oesterreichisch-ungarische Monarchie. Rev. v. C. Riemer. 1 : 2,500,000. 45,5 × 68 cm. — 26. Nieder- u. Ober-Oesterreich od. d. Erzherzogth. Oesterreich unter u. ob d. Enns u. das Herzogth. Salzburg. Bearb. v. C. Gräf. Rev. v. C. Riemer. 1 : 600,000. 49 × 66 cm. — 27. Die Markgrafsch. Mähren u. das Herzogth. Ober- u. Nieder-Schlesien. Bearb. v. C. Gräf. 1 : 600,000. 44,5 × 56,5 cm. — 28. Das Königr. Böhmen. Rev. v. C. Riemer. 1 : 600,000. 50,5 × 61 cm. — 29. Die Herzogthümer Steiermark, Kärnten, Krain, das (illyr.) Küstenland, die gefürstete Grafsch. Görz u. Gradiska, die Markgrafsch. Istrien, die Stadt Triest m. Gebiet u. das ungarische Littorale. Bearb. v. C. Gräf. 1 : 600,000. 67,5 × 53,5 cm. — 30. Die gefürstete Grafsch. Tirol m. Vorarlberg u. das Fürstenth. Liechtenstein. Rev. v. J. I. Kettler u. C. Riemer. 1 : 600,000. 44,5 × 56,5 cm. — 31. Das Königr. Ungarn m. seinen Nebenländern. Galizien, die Bukowina und Dalmatien, Bosnien u. die Herzegowina. Rev. v. C. Riemer. 1 : 2,000,000. 51,5 × 65 cm. — 32. Die Schweiz. Rev. v. C. Riemer. 1 : 600,000. 46 × 64,5 cm. — 33. Italien. 1 : 2,000,000. 65 × 55 cm. — 34. Ober- u. Mittel-Italien. 1 : 1,200,000. 52 × 63,5 cm. — 35. Unter-Italien. Von H. Kiepert. Red. Arnd. 1 : 1,200,000. 59,5 × 52 cm. — 36. Frankreich. Bearb. v. C. Gräf. 1 : 2,000,000. 57,5 × 64 cm. — 41. Spanien u. Portugal. Vorzüglich nach D. Francisco Coëlo. 1 : 2,000,000. 52,5 × 64,5 cm. — 42. Die Britischen Inseln od. die vereinigten Königr. Grossbritannien u. Ireland. 1 : 1,800,000. 62,5 × 51,5 cm. — 43. England. 1 : 200,000. 64,5 × 51,5 cm. — 44. Die Niederlande u. Belgien. 1 : 800,000. 63,5 × 50 cm. — 45. Dänemark, Island u. die Far-Oer. Preussische Prov. Schleswig-Holstein m. Lauenburg. 1 : 860,000. 61,5 × 55 cm. — 46. Schweden und Norwegen. Bearb. v. C. Gräf. 1 : 3,000,000. 68 × 52 cm. — 47. Das Kaisert. Russland u. das Grossfürstent. Finland. Rev. v. C. Riemer. 1 : 6,588,000. 58,5 × 47,5 cm. — 48. Die europäische Türkei, Griechenland, Rumänien, Serbien, Montenegro, Bulgarien. Bearb. v. Carl Gräf. 1 : 3,000,000. 57,5 × 51 cm. — 49. Das Königr. Hellas od. Griechenland u. die Jonischen Inseln (Ephtánisos). 1 : 800,000. 55,5 × 66,5 cm. — 50. Asien. 1 : 20,000,000. 53,5 × 64,5 cm. — 51. Die asiatische Türkei, die Kaukasusländer u. West-Persien. 1 : 3,600,000. 54,5 × 66 cm. — 52. Vorder-Asien, umfassend Klein-Asien, Syrien, Arabien, Iran u. Turan, Balutschistan, Afghanistan, die Länder am Euphrat u. Tigris u. die Kaukasus-Länder. Bearb. v. A. u. C. Graef. 1 : 8,000,000 50 × 57,5 cm. — 53. Vorder-Indien. Gezeichnet v. A. Gräf. 1 : 5,000,000. 66 × 53,5 cm. — 54. Das südöstliche Asien od. China, Japan u. Hinter-Indien m. dem ind. Archipelagus. 1 : 10,000,000. 65 × 55,5 cm. — 55. Afrika. 1 : 16,000,000. 55 × 64 cm. — 56. Das nordwestl. Afrika. Bearb. v. Adf. Gräf. Neubearb. v. Herm. Müller u. J. I. Kettler 1885. 1 : 8,000,000. 64,5 × 53 cm. — 57. Das nordöstl. Afrika. Bearb. v. G. Le Jean u. A. Gräf. Neu bearb. v. Herm. Müller 1884. 1 : 8,000,000. 64,5 × 53 cm. — 58. Kettler's, J. I., Karte v. Afrika. Bl. 3. Süd- und Mittel-Afrika. Bearb. v. J. I. Kettler u. C. Riemer. 1 : 8,000,000. 51 × 64,5 cm. — 59. Amerika. Bearb. u. gezeichnet v. H. Kiepert, Arnd, Dir. 1 : 25,000,000. 64 × 51 cm. — 60. Nordamerika m. Westindien. 1 : 15,000,000. 60,5 × 51,5 cm. — 61. Die Vereinigten Staaten v. Nordamerika nebst Canada. 1 : 8,000,000 53,5 × 64,5 cm. — 62. Die Vereinigten Staaten

v. Nordamerika (östl. Teil). Bearb. v. C. Gräf. 1 : 4,500,000. 63,5×57 cm. — 63. Mexiko u. die Republiken v. Central-America. Bearb. v. C. Gräf. 1 : 6,000,000. 56,5×64,5 cm. — 64. Westindien, Central-America u. das nördliche u. nordwestliche Süd-America, Columbia u. Venezuela. Bearb. v. Heinr. Kiepert. 1 : 6,000,000. 53,5×63,5 cm. — 65. Süd-America. 1 : 15,000,000. 56,5×46,5 cm. — 66. Australien. 53×65,5 cm. — 67. Australien (Austral-Kontinent), in Mercators Projection entworfen v. C. F. Weiland. 48×57,5 cm. — 73. Bosnien und Dalmatien, entworfen von H. Kiepert. 1 : 800,000. 49,5×61 cm. — 86. Das Lausitzer-Gebirge und die umlieg. Gegenden u. die sog. Sächsische Schweiz, entworfen v. C. F. Weiland. 1 : 220,000. 42,5×52,5 cm. — 87. Deutsch-Ostafrika. Gez. v. J. I. Kettler, C. Riemer. 1 : 3,000 000. 46,5×50 cm. — 91. Westrussische Grenzländer. Red. v. J. I. Kettler. 1 : 3,000,000. 65×42,5 cm. — 92. Nord-Frankreich. 1 : 1,200,000. 54,5×70 cm. — 93. Süd-Frankreich. Rev. v. J. I. Kettler. 1 : 1,200,000. 46,5×64,5 cm. — 96. Küstenländer des Schwarzen Meeres. Red. von J. I. Kettler. 1 : 3,000,000. 46,5×60,5 cm. — 97. Williams, W., Eisenbahn- u. Dampferkarte v. Oesterreich-Ungarn. Rev. v. J. I. Kettler. 1 : 2,000,000. 60×71 cm.

Hand- u. Reisekarten, Weimarer, aller Länder der Erde. Nr. 13—24, 34, 41 u. 46. Neue Ausg. 1902. Farbdr. Weimar, Geograph. Institut. à n. 1.—

13. Preuss. Prov. Pommern. Red. v. P. Hornbogen. 1 : 600,000. Nebenkarte: Umgebung v. Stettin. 1 : 100,000. 52×65 cm. — 14. Preuss. Prov. Schlesien. Bearb. v. Adf. Gräf. 1 : 600,000. 49,5×65,5 cm. — 15. Preuss. Prov. Brandenburg. Bearb. v. Adf. Gräf. 1 : 600,000. Nebenkarte: Berlin u. Umgegend. 48,5×61 cm. — 16. Die preuss. Prov. Sachsen nebst den anhaltischen Ländern. Rev. v. P. Hornbogen. 1 : 600,000. 54,5×48 cm. — 17. Preuss. Prov. Schleswig-Holstein mit Lauenburg u. den freien u. Hansestädten Hamburg u. Lübeck. Rev. von C. Riemer. 1 : 445,000. 61,5×50 cm. — 18. Hannover, Braunschweig, Oldenburg u. die Hansestädte. 1 : 600,000. Nebenkarten: Holstein u. Fürstenth. Birkenfeld. 53,5×64,5 cm. — 19. Die preuss. Provv. Westfalen Rheinprovinz, Hessen-Nassau. Das Grossherzogth. Hessen. Die Fürstenthümer Waldeck u. Lippe. Neben-Karten: Die Hohenzollernschen Lande od. der Reg.-Bez. Sigmaringen u. der Kreis Schmalkalden (Prov. Hessen-Nassau). Rev. v. C. Riemer. 1 : 600,000. 64×51,5 cm. — 20. Das Königr. Bayern. Bearb. v. C. F. Weiland. Nebenkarte: München u. Umgebg. 1 : 850,000. 48,5×60,5 cm. — 21. Königr. Württemberg, Grossherzogth. Baden, Hohenzollern. Bearb. v. C. F. Weiland u. H. Kiepert. Rev. von Herm. Müller. 1 : 450,000. 61,5×54 cm. — 22. Das Königr. Sachsen. Rev. v. C. Riemer. 1 : 375,000. 46,5×62 cm. — 23. Mecklenburg. Bearb. v. Herm. Müller u. J. I. Kettler. 1 : 360,000. 46,5×61 cm. — 24. Grossherzoglich-Herzoglich Sächsische Länder, nebst den Fürstenthümern Schwarzburg u. Reuss. (Thüringen.) Bearb. v. C. Gräf. 1 : 350,000. 55×62,5 cm. — 34. Ober- u. Mittel-Italien. 1 : 1,200,000. 52×63,5 cm. Nebenkarte: Umgebg. v. Rom (nach Gell u. Westphal). 1 : 400,000. — 41. Spanien u. Portugal. Rev. v. P. Hornbogen. 1 : 2,000,000. 52,5×64,5 cm. — 46. Schweden u. Norwegen. Bearb. v. C. Gräf. 1 : 3,000,000. 68×52,5 cm.

Handkarten [Schlagwort]

Handkarten. Gaebler, Eduard, Handkarten. Neue Aufl. (1903). (à 2 farb. S.) à ca. 43×26 cm. Leipzig (903). G. Lang. à — 15

Aachen. — Arnsberg. — Baden. — Bayern. — Brandenburg. — Braunschweig. — Düsseldorf. — Elsass-Lothringen. — Hannover. — Prov. Hannover. — Grossherzogt. Hessen I u. II. — Hessen-Nassau. — Koblenz. — Köln. — Lothringen. — Grossherzogt. Mecklenburg-Schwerin u. M.-Strelitz. — Minden. — Münster. — Ostpreussen. — Pfalz. — Pommern. — Posen. — Königr. Preussen. — Königr. Sachsen. — Prov. Sachsen. — Schlesien. — Schleswig-Holstein. Thüringen. — Trier. — Unter-Elsass. — Westpreussen. — Württemberg.

Handkarten. Herausg. von H. Kiepert, C. u. A. Graef, C. Ohmann, Thót. Weimar, Geogr. Inst., o. J. [vor 1877].

Alpenländer (Schweiz, Tyrol, Ober-Italien). 1 : [illegible]. Bayern, Württemberg, Baden, Elsass-Lothringen. 1 : [illegible]. Brandenburg, Pommern, Posen u. Mecklenburg. 1 : [illegible]. Deutsches Reich u. Kgr. Preussen. 1 : [illegible]. Deutschland 1 : [illegible]. Mittleres Deutschland. 1 : [illegible]. Nordöstl. Deutschland. 1 : [illegible]. Nordwestl. Deutschland. 1 : [illegible]. Südwestl. Deutschland. 1 : [illegible]. Westliches Deutschland 1 : [illegible]. Deutschlands Eisenbahnen. 1 : [illegible]. Hannover, Schleswig-Holstein, Oldenburg 1 : [illegible]. Oesterreichs deutsche Provinzen. 1 : [illegible]. Erzhgth. Oesterreich, Salzburg, Tyrol, Steiermark. 1 : [illegible]. Oesterreichisch-Ungarische Monarchie 1 : [illegible]. Desgl. 1 : [illegible]. Kgr. Preussen. 1 : [illegible]. Prov. Preussen, Posen u. Kgr. Polen. 1 : [illegible]. Sachsen, Hessen, Westfalen, Rheinprovinz. 1 : [illegible]. Schlesien, Kgr. Sachsen, Böhmen, Mähren. 1 : [illegible]. Thüringen. 1 : [illegible].
(Preis 1 Blattes 30–120 Pf.)

Hand- u. Reisekarten. Mittelbach's, R., billige Hand- u. Reisekarten. 1 : 300,000. 1.–16. Blatt. Farbdr. Leipzig, Mittelbach. à — 85

1. Schleswig-Holstein. Nördliche Hälfte. 48×67 cm. (910.)
2. Dasselbe. Bd. II. Südliche Hälfte. Hamburg-Lübeck. 46×64 cm. (910.)
3. Mecklenburg. Westliche Hälfte. Lübeck – Ost-Holstein. 62×44,5 cm. (910.)
4. Dasselbe. Östliche Hälfte u. Nordwest-Pommern m. Rügen u. Usedom. 64×48 cm. (910.)
5. Oldenburg—Bremen. Reg.-Bez. Aurich u. Osnabrück. 69×48 cm. (910.)
6. Süd-Hannover — Braunschweig — Lippe-Detmold — Schaumburg-Lippe. 50,5×67,5 cm. (910.)
7. Westfalen. Nördliche Hälfte. Reg.-Bez. Münster u. Minden. 43,5×71,5 cm. (910.)
8. Reg.-Bezz. Düsseldorf u. Arnsberg (rhein.-westfäl. Industriegebiet.) 45×68 cm. (910.)
9. Prov. Hessen-Nassau u. Oberhessen. 66,5×65 cm. (910.)
10. Grossherzogt. Hessen u. Reg.-Bez. Wiesbaden. 59×58 cm. (910).
11. Thüringen. 52,5×63 cm. (910.)
12. Reg.-Bez. Magdeburg, Hzgt. Anhalt m. Harzgebirge. 58×55,5 cm. (910.)
13. Reg.-Bez. Merseburg m. Hzgt. Anhalt u. dem nördl. Teile des Kgr. Sachsen. 48,5×68 cm. (910.)
14. Kgr. Sachsen westliche Hälfte (Kreishauptmannschaften Leipzig, Zwickau, Chemnitz) u. Sachsen-Altenburg. 53,5×50,5 cm. (910.)
15. Dasselbe. Östliche Hälfte (Kreishauptmannschaften Dresden u. Bautzen) u. Nordböhmen. 45,5×50,5 cm. (910.)
16. Berlin u. Central-Brandenburg. 59×53,5 cm. (910.)

Thorvaldsens Museum. Handkatalog für die Besuchenden. *Kopenhagen: Thieles Buchdr. 1892.* (1 Bl., IV, 43 S., 2 Taf.) 1 Bd. 8. [illegible]

Hand-Katalog f. Lehrer. Fortsetzg., s.: Fenzl's Hand-Katalog.

Frick's Handkatalog. Gr.-8°. (XVI, 176 S.) 1906.

Handkatalog für Juristen. Eine Auswahl der vorzüglichsten Werke u. Zeitschriften a. d. Rechts- u. Staatswissenschaft etc. mit bes. Berücksicht. d. Gesetze f. d. Markgrafsch. Mähren. Geschlossen bis Ende 1880. 8. (66 S.) geh. 20 kr.
Brünn: C. Winkler 1881.

Hand-Catalog für Juristen. Eine Auswahl der vorzüglichsten Werke und Zeitschriften aus der Rechts- und Staatswissenschaft, mit besond. Berücksicht. der Gesetze für die Markgrafsch. Mähren. Geschlossen mit Ende 1880. 16. (66 S.) Brünn 881, Winkler's Buchh. *

Hand-Katalog f. Lehrer. Schulj. 1901/2. XVIII. Jahrg. 2. Aufl. Geleitet v. Alex. Meixner. gr. 16. (103 S.) Waidhofen, F. M. Kargl's Wwe. Geb. in Leinw. n. — 92

Hand-Katalog f. österr. Lehrer. Schulj. 1894/95. XI. Jahrg. Geleitet v. Alex. Meixner. gr. 16. (103 u. 12 S.) Waidhofen a. d. Th. 894. F. M. Kargl. Geb. in Leinw. n. 1. —

— pädagogischer. Ein Wegweiser durch die neuere Literatur auf dem Gebiete der Pädagogik u. deren Hilfswissenschaften. Unter Mitwirkg. namhafter Schulmänner hrsg. Ausg.: Herbst 1904. (94 S.) 8. Osterwieck, A. W. Zickfeldt. n. — 35

Pädagogischer **Handkatalog.** Ein literar. Wegweiser bei d. Vorbereitung auf Prüfungen u. d. Unterricht. 4. Ausg. (Osterwieck) 1909: (Zickfeldt). IV, 114 S. 8°
(Pädagogische Warte. Jg. 16, Beil.)

Handkatalog, pädagogischer. Ein literar. Wegweiser bei der Vorbereitg. auf Prüfgn. u. den Unterricht. Unt. Mitwirkg. namhafter Schulmänner hrsg. 5. Ausg. 1910. (VII, 132 S.) 8. Osterwieck, A. W. Zickfeldt. n — 40

— für Professoren. Mit Kalender vom 1. IX. 1904 bis 31. XII. 1905. (224 u. 16 S.) 16. Wien, A. Pichler's Wwe. & Sohn. Geb. in Leinw. u. geh. n.n. 1. 20

Handkatalog d. Sortimenters f. Lager u. Kundenverkehr. Verzeichnis e. Auswahl litterar. Erscheingn. der letzten ca. 25 Jahre, nach Schlagworten geordnet unter Berücksicht. der prakt. Bedürfnisse. Hrsg. v. H. Weissbach. 4. Aufl. der „Hilfstabelle d. Sortimenters f. Lager u. Kundenverkehr". gr. 8. (VIII, 296 S.) Weimar 889. Weissbach. geb. n.n. 10. —

— theologischer. Systematisches Verzeichnis wicht. neuerer evangelisch-theolog. Werke, m. e. Schlagwort-Register. 7. verm. u. verb. Aufl. Herbst 1902. 12. (96 S.) Göttingen (Vandenhoeck & Ruprecht.) n. — 20

— theologischer. Systematisches Verzeichnis wicht. neuerer evangelisch-theolog. Werke, m. e. Schlagwort-Register. 11. verb. Aufl. Herbst 1906. (IV, 117 S.) kl. 8. Göttingen (Vandenhoeck & Ruprecht). n. — 30

— theologischer. Systematisches Verzeichn. wicht. neuerer evangel.-theolog. Werke, m. Autoren- u. Stichwort-Register. 14. verb. Aufl. Herbst 1909. (131 S.) kl. 8. Göttingen, Vandenhoeck & Ruprecht. p — 35

— f. Volksschullehrer. Hrsg. v. der Lehrer-Spar- u. Vorschusscasse f. den Schulbez. Zwettl. Für 116 Schüler. 12. (89 S.) Zwettl (898). O. Neugebauer. Geb. in Leinw. n. — 60

Handkatalog für Volksschullehrer 8°. (256 S.) geb. K —.75
Wien: Pichler 1903.

Handkatalog für Volksschullehrer. 8°. (272 S.) geb. K —.75
Wien: Pichler 1904.

— für Volksschullehrer. Mit Kalender vom 1. IX. 1904 bis 31. XII. 1905. (208 u. 16 S.) 16. Wien, A. Pichler's Wwe. & Sohn. Geb. in Leinw. u. geh. n.n - 75

Handkatalog für Volksschullehrer. 8°. (208, 64 S.)
Wien: Pichler 1907. geb. K .75

Handkatalog für Volksschullehrer. 8°. geb. K —.75
Wien: Pichler 1910.

— für Volksschullehrer. Mit Kalender v. 1. IX. 1910 bis 31. XII. 1911. (208 u. 16 S. m. 12 Abb. u. 1 Bildn.) 16. Wien, A. Pichler's Wwe. & Sohn. Geb. in Leinw. u. geh. nn — 75

Handke, Fritz: Untersuchungen im Gebiete der Schumann-Strahlen. (Berlin 1909: Hartkopf.) 42 S. 8°
Berlin, Phil. Diss. v. 14. Aug. 1909, Ref. Rubens
[Geb. 14. Mai 82 Berlin; Wohnort: Berlin; Staatsangeh.: Preußen; Vorbildung: Sophien-Realgymn. Berlin Reife O 01. Studium: Berlin 8 S.; Rig. 22 Juli 09.] [U 09. 182

Handke, Hermann *Gustav Jacob* [aus Freienwalde a. O.]: Die Theorie der Schönheit räumlicher Formen bei den englischen und deutschen Popularphilosophen im vorigen Jahrhundert ... Freienwalde a. O., E. Pilger's Buchdr., 1896; 67 S. 8.
München, Phil. Fak., Inaug.-Diss. v. 1896

Handke, Rob., musikalische Stillehre f. Lehrerseminare u. kirchenmusikalische Anstalten. Ein Handbuch f. Lehrer u. Schüler. (IV, 259 u. VII S.) gr. 8. Meissen 905. H. W. Schlimpert. n. 4. —; geb. n.n. 4. 60
Erschien auch in 4 Heften à n. 1. —.

Handke, Robert [aus Berlin]: Über das Verhältnis der westsächsischen Evangelien-Übersetzung zum lateinischen Original ... Halle a. S., Hofbuchdr. v. C. A. Kaemmerer & C., 1896; 34 S., 1 Bl. 8.
Halle, Phil. Fak., Inaug.-Diss. v. [29. Jan.] 1896

Haendke, Berthold, s. Haendcke

Hand-Kommentar, s. a.: Hand-Commentar.

Göttinger **Handkommentar** zum Alten Testament. In Verbindung mit anderen Fachgelehrten hrsg. von W[ilhelm] Nowack. 3. Aufl. Abt. 1, Bd 1. Göttingen: Vandenhoeck & Ruprecht 19(09–)10. 8°
[rr. 4816]

— Göttinger, zum Alten Testament, in Verbindg. m. anderen Fachgelehrten hrsg. v. W. Nowack. I. Abtlg. Die histor. Bücher. 1. Bd. Lex. 8. Göttingen 910. Vandenhoeck & Ruprecht. 11. —; geb. in Leinw. 12. —; in Halbldr. 13. —
Genesis, übers. u. erklärt. Von Herm. Gunkel. 3. neubearb. Aufl. m. ausführl. Registern v. Paul Schorlemmer. (CIV, 510 S.)

— dasselbe. III. Abtlg., die prophet. Bücher. II. Bd. 2 Tle. Lex. 8. Ebd 7. —· geb. in Leinw. 8. —; in Halbfrz. 9. —
II. 1. Das Buch Jeremia, übers. u. erklärt. Von F. Giesebrecht. 2. völlig umgearb. Aufl. Mit 1 Abb. im Text. (XLII, 259 S.) 907. Einzelpr. 7. —
2. Die Klagelieder des Jeremias, übers. u. erklärt. Von Max Löhr. 2. umgearb. Aufl. (XVI, 32 S.) 906. Einzelpr. 1. —; in 1 Bd. geh. 7. —; geb. in Leinw. 8. —; in Halbfrz. 9. —

— kurzer, zum Alten Testament, in Verbindg. mit I. Benzinger, A. Bertholet, K. Budde, B. Duhm, H. Holzinger, G. Wildeboer hrsg. v. Karl Marti. (In 20 Lfgn.) 1.—6. Lfg. gr. 8. Freiburg i/B. J. C. B. Mohr. Subskr.-Pr. n. 19. 20; Einzelpr. n. 26. 90; Einbde. à n.n. 1. —
1. XV. Abtlg.: Die Sprüche, erklärt von G. Wildeboer. (XXIV, 95 S.) 897. Subskr.-Pr. n. 1. 90; Einzelpr. n. 2. 50
2. XVI. Abtlg.: Das Buch Hiob, erklärt von Bernh. Duhm. (XV, 212 S.) 897. Subskr.-Pr. n. 3. 60; Einzelpr. n. 4. 80
3. Das Buch d. Richter, erklärt von Karl Budde. (XXIV, 147 S.) 897. Subskr.-Pr. n. 2. 50; Einzelpr. n. 3. 60
4. Das Buch Hesekiel, erklärt von Alfr. Bertholet. Mit 5 Abb. (XXVI, 259 S.) 897. Subskr.-Pr. n. 4. —; Einzelpr. n. 6. —
5. I. Abtlg.: Genesis, erklärt von H. Holzinger. Mit 1 Abb. (XXX, 278 S.) 898. Subskr.-Pr. n. 4. 50; Einzelpr. n. 6. —
6. XVII. Abtlg.: Die fünf Megillot (d. Hohelied, d. Buch Ruth, d. Klagelieder, d. Prediger, d. Buch Esther), erklärt von Karl Budde, Alfr. Bertholet u. G. Wildeboer. (XXIV, 202 S.) 898. Subskr.-Pr. n. 2. 70; Einzelpr. n. 4. —

— kurzer, zum Alten Testament, in Verbindg. m. I. Benzinger, A. Bertholet, K. Budde, B. Duhm, H. Holzinger, G. Wildeboer hrsg. v. Karl Marti. 7.—11. Lfg. gr. 8. Freiburg i/B. Tübingen, J. C. B. Mohr. Subskr.-Pr. n. 18.15; Einzelpr. n. 23.50; Einbde. à n.n. 1.—
7. IX. Abtlg. Die Bücher der Könige, erklärt. Von J. Benzinger. Mit 9 Abbildgn. im Text, e. Plan des alten Jerusalem u. e. Geschichtstabelle. (XXIII, 216 S.) 899. Subskr.-Pr. n. 3. 60; Einzelpr. n. 5. —
8. XIV. Abtlg. Die Psalmen, erklärt. Von Bernh. Duhm, (XXXII, 312 S.) 899. Subskr.-Pr. n. 5. —; Einzelpr. n. 6.—
9. Deuteronomium. Von Alfr. Bertholet. (XXX, 119 S.) 899. Subskr.-Pr. n. 1. 80; Einzelpr. n. 2. 50
10. Das Buch Jesaja, erklärt. Von Karl Marti. (XXVI, 428 S.) 900. Subskr.-Pr. n. 5. 40; Einzelpr. n. 7. —
11. Exodus, erklärt. Von H. Holzinger. Mit 8 Abbildgn. (XX, 155 S.) 900. Subskr.-Pr. n. 2. 35; Einzelpr. n. 3.—

— dasselbe 12.—18. Lfg. gr. 8. Tübingen, J. C. B. Mohr. Subskr.-Pr. n.n. 16. 60; f. Abonnenten nach dem 31. XII. 1900 n. 22. —; Einzelpr. n. 26. 55; Einbde. à n.n. 1.—
12. Das Buch Daniel, erklärt. Von Karl Marti. (XXIII, 98 S.) 901. Subskr.-Pr. n. 1. 50; resp. n. 1. 90; Einzelpr. n. 2. 35
13. Leviticus, erklärt. Von Alfr. Bertholet. (XX, 104 S.) 901. Subskr.-Pr. n. 1. 60; resp. n. 2. —; Einzelpr. n. 2. 40
14. Die Bücher der Chronik, erklärt. Von I. Benzinger. (XVIII, 141 S.) 901. Subskr.-Pr. n. 1. 80; resp. n. 2. 50; Einzelpr. n. 3. —

15. Das Buch Jeremia, erklärt. Von Bernh. Duhm. (XXIII, 391 S.) 901. Subskr.-Pr. n. 4.80; resp. n. 5.80; Einzelpr. n. 6.80
16. Das Buch Josua, erklärt. Von H. Holzinger. (XXII, 103 S.) 901. Subskr.-Pr. n. 1.50; resp. 2.—; Einzelpr. n. 2.50
17. Die Bücher Esra u. Nehemia, erklärt. Von Alfr. Bertholet. (XX, 112 S.) 902. Subskr.-Pr. n. 1.50; resp. n. 2.—; Einzelpr. n. 2.50
18. Die Bücher Samuel, erklärt. Von Karl Budde. (XXVII, 343 S.) 902. Subskr.-Pr. n. 4.—; resp. n. 5.80; Einzelpr. n. 7.—

— kurzer, zum Alten Testament, in Verbindg. m. I. Benzinger, A. Bertholet, K. Budde, B. Duhm, H. Holzinger, G. Wildeboer hrsg. v. Karl Marti. 19. Lfg. u. 20. Lfg. 2 Hälften. Lex.-8. Tübingen, J. C. B. Mohr. Subskr.-Pr. n. 6.05; f. Abonnenten nach dem 31. XII. 1900 n. 10.50; Einbde. à n.n. 1.— (kplt. 76.—; geb. in 5 Halbfrz.-Bdn. n.n. 90.—; in 20 Leinw.-Bdn. n.n. 96.—)
19. Numeri, erklärt von H. Holzinger. (XVIII, 176 S.) 903. Subskr.-Pr. n. 2.05; f. Abonnenten nach dem 31. XII. 1900. n. 3.—; Einzelpr. n. 3.75; Einbd. n.n. 1.—
20. Dodekapropheton, erklärt von Karl Marti. 2 Hälften. (XVI, 492 S.) 903. 904. Subskr.-Pr. n. 4.—; f. Abonnenten nach dem 31. XII. 1900 n. 7.50; (Einzelpr. n. 8.—; geb. n.n. 9.—)
Der Subskr.-Preis ist erloschen.

Handkommentar zum Alten Testament. In Verbindg. m. anderen Fachgelehrten hrsg. v. W. Nowack. II. Abth. Die poetischen Bücher. 2. Bd. gr. 8. Göttingen 892. Vandenhoeck & Ruprecht. n. 8.20; geb. n.n. 10.—
Die Psalmen, übers. u. erklärt v. Frdr. Baethgen. (XLIV, 451 S.)

— dasselbe. III. Abth. Die prophetischen Bücher. 1. Bd., 2. Bd. in 2 Thln., 3. Bd. 2. Thl. gr. 8. Ebd. n. 17.40
I. Das Buch Jesaia, übers. u. erklärt v. Bernh. Duhm. (XXII, 458 S.) 892. n. 8.20; geb. n.n. 10.—
II, 1. Das Buch Jeremia, übers. u. erklärt v. Frdr. Giesebrecht. (XXXVI, 268 S.) 894. Einzelpr. n. 6.40
II, 2. Die Klagelieder des Jeremia, übers. u. erklärt v. Max Löhr. (XX, 26 S.) 891. Einzelpr. n. 1.—
(2. Bd. kplt.: n. 6.40; in 1 Bd. geb. n.n. 8.—
III, 2. Das Buch Daniel, übers. u. erklärt v. Geo. Behrmann. (LI, 84 S.) 894. n. 2.80

Handkommentar zum Alten Testament. In Verbindg. m. and. Fachgelehrten hrsg. v. W. Nowack. I. Abth.: Die histor. Bücher, 3. Bd., 1 Thl. gr. 8. Göttingen, Vandenhoeck & Ruprecht. n. 3.20
Das Deuteronomium übersetzt u. erklärt. Von Karl Steuernagel. (II, LXII, 130 S.) 898. n. 3.20

— dasselbe. II. Abth.: Die poet. Bücher. I.—III. Bd. gr. 8. Ebd. n. 20.—; geb. n.n. 25.—
I. Das Buch Hiob, übers. u. erklärt v. Karl Budde. (LVI, 256 S.) 896. n. 6.—; geb. n.n. 7.60
II. Die Psalmen, übers. u. erklärt v. Karl Frdr. Baethgen. 2., neubearb. Aufl. (VI, XLII, 436 S.) 897. n. 8.—; geb. n.n. 9.80
III, 1. Die Sprüche, übers. u. erklärt v. W. Frankenberg. (IV, 170 S.) 898. n. 3.40
2. Prediger u. Hoheslied, übers. u. erklärt v. D. C. Siegfried. (IV, 126 S.) 898. n. 2.60
(III, 1. 2. in 1 Halbfrzbd. geb. n.n. 7.60)

— dasselbe. III. Abth.: Die prophet. Bücher. 4. Bd. gr. 8. Ebd. 898. n. 8.—; geb. n.n. 9.80
Die kleinen Propheten, übersetzt u. erklärt v. W. Nowack. (IV, 212 S.)

Handkommentar zum Alten Testament. In Verbindg. m. anderen Fachgelehrten hrsg. v. W. Nowack. I. Abth., die histor. Bücher. I. Bd.; II. Bd. 1. Thl. III. Bd. 2. u. 3. Thl. IV. Bd. 1. u. 2. Thl. V. Bd. u. VI. Bd. 1. u. 2. Thl. gr. 8. Göttingen, Vandenhoeck & Ruprecht. n. 45.80
I. Genesis, übers. u. erklärt. Von Herm. Gunkel. 2. verb. Aufl. (XCII, 439 S.) n. 9.80; geb. in Leinw. n. 10.80; in Halbldr. n. 11.80
1. Aufl. (VIII. LXXIV. 450 S.) 901. n. 9.80; geb. n. 11.60
II. 1. Exodus-Leviticus, übers. u. erklärt. Von B. Baentsch. (IV, 441 S.) 900. n. 8.—
III. 2. Das Buch Josua, übers. u. erklärt. Von Carl Steuernagel. (S. 131—248.) 899. n. 2.20
3. Allgemeine Einleitung in den Hexateuch. Von Carl Steuernagel. Mit 1 Tab. (IV u. S. 249—286.) 900. n. 1.—; (3. Bd. kplt. in 1 Halbfrz-Bd. n.n. 8.—)
IV. 1. Richter-Ruth, übers. u. erklärt. Von W. Nowack. (XXVIII, 201 S.) 900. n. 4.80
2. Die Bücher Samuelis, übers. u. erklärt. Von W. Nowack. (XXXIV, 262 S.) 902. n. 5.80; (I u. II. n. 10.60; geb. in Leinw. n. 11.60; in Halbldr. n. 12.60)
V. Die Bücher der Könige, übers. u. erklärt. Von Rud. Kittel. (XVI, 312 S.) 900. n. 6.40; geb. n.n. 8.—
VI. 1. Die Bücher der Chronik, übers. u. erklärt. Von Rud. Kittel. (XVI, 180 S. m. 1 Taf.) 902. n. 4.—
VI. 2. Esra, Nehemia u. Esther, übers. u. erklärt. Von C. Siegfried. (IV, 175 S.) 901. n. 3.80; (I. u. II. n. 7.80; geb. in Leinw. n. 8.80 in Halbldr. n. 9.80)

Handkommentar zum Alten Testament. In Verbindg. m. anderen Fachgelehrten hrsg. v. W. Nowack. III. Abtlg., die prophet. Bücher. 1. Bd. u. 3. Bd. 1. Thl. gr. 8. Göttingen, Vandenhoeck & Ruprecht. n. 14.—
1. Das Buch Jesaia, übers. u. erklärt. Von Bernh. Duhm. 2. verb. Aufl. (XXII, 446 S.) 902. n. 8.—; geb. n.n. 9.80
3. I. Das Buch Ezechiel, übersetzt u. erklärt. Von Rich. Kraetzschmar. (XV, 302 S. m. 1 Taf.) 900. n. 6.—; (1. u. 2. in 1 Halbfrz.-Bd. n.n. 10.60)

Handkommentar zum Alten Testament. In Verbindg. m. anderen Fachgelehrten hrsg. v. W. Nowack. I. Abtlg., die histor. Bücher. 2. Bd. II. Tl. gr. 8. Göttingen, Vandenhoeck & Ruprecht. n. 5.80 (vollständig: n. 106.—; geb. in Leinw. n. 119.—; in Halbldr. n. 132.—)
Exodus — Leviticus — Numeri, übers. u. erklärt von Bruno Baentsch. II. Tl. Numeri. (VI, LXXXII u. S. 443 bis 702.) 903. n. 5.80 (vollständig in 1 Bd. geb., Leinw. n. 14.80; Halbldr. n. 15.80)

— dasselbe. II. Abtlg. Die poet. Bücher. 2. Bd. Lex.-8. Ebd. n. 8.—; geb. in Leinw. n. 9.—; in Halbldr. n. 10.—
Die Psalmen, übers. u. erklärt. Von Frdr. Baethgen. 3. neubearb. Aufl. (IV, L, 438 S.) 904.

— dasselbe. III. Abtlg., die prophet. Bücher. 4. Bd. gr. 8. Ebd. n. 8.—; geb. in Leinw. n. 9.—; in Halbfrz. n. 10.—
Die kleinen Propheten, übers. u. erklärt. Von W. Nowack. 2. (verm. u. verb.) Aufl. (VI, 446 S.) 903.

Handkommentar zum Alten Testament hrsg. von D. W[ilhelm] Nowack. 3. Aufl. Abt. 1, Bd 1, H. 1. Göttingen: Vandenhoeck & Ruprecht 1909. 8°

Hand-Commentar zum Neuen Testament, bearb. v. H. J. Holtzmann, R. A. Lipsius, P. W. Schmiedel, H. v. Soden. 1. Bd. Die Synoptiker. — Die Apostelgeschichte. Bearb. v. Holtzmann. 4 Abthlgn. Lex.-8. Freiburg i/Br. 889. J. C. B. Mohr. n. 6.—; geb. n. 8.—
1.—3. Abth.: Synoptiker. (XVI, 304 S.) n. 4.—
4. Abth.: Apostelgeschichte. (XVIII u. S. 305—432.) n. 2.—

— dasselbe. 2. Bd. 1. Abth. 1. Hälfte. Lex.-8. Ebd. 890. n. 1.80
II. 1: 1. 2. Thessalonicherbrief. 1. 2. Korintherbrief. Bearb. v. Schmiedel. 1. Hälfte. (112 S.) n. 1.80

— dasselbe. 3. Bd. 2. Abth. Lex.-8. Ebd. 890. n. 3.—
Hebräerbrief, Briefe d. Petrus, Jakobus, Judas. Bearb. von H. v. Soden. (VIII, 182 S.)

— dasselbe. 4. Bd. 1. Abth. Lex.-8. Ebd. 890. n. 3.—
Johanneisches Evangelium. Bearb. v. Holtzmann. (VIII, 206 S.)

Hand-Commentar zum Neuen Testament, bearb. v. H. J. Holtzmann, R. A. Lipsius, P. W. Schmiedel, H. v. Soden. 2. Bd. 1. Abth. 2. Hälfte, 2. Bd. 2. Abth., 3. Bd. 1. Abth. u. 4. Bd. 2. Abth. Lex.-8. Freiburg i/B. 891. J. C. B Mohr. n. 13. 70 (kplt. 4 Bde.: n. 27. 50)
II, 1, II. Die Briefe an die Thessalonicher u. an die Korinther v. Paul Wilh. Schmiedel. 2. Hälfte. (XVI, u. S. 113—276.) n. 3. 20 (2. Bd. 1. Abth. kplt.: n 5. —)
II, 2. Briefe an die Galater, Römer, Philipper. Bearb. v. Lipsius. (VIII, 236 S.) n. 4. —
III, 1. Die Briefe an die Kolosser, Epheser, Philemon. Die Pastoralbriefe. Bearb. von H. v. Soden. (III, VII, 255 S u. 3. Bd. 2. Abth. S. 181 187.) n. 4. 50
IV, 2. Briefe u. Offenbarung d. Johannes. Bearb. v. Holtzmann. (VIII u. S. 209—327.) n. 2. —
(4. Bd. kplt.: n. 5. —; geb. n.n. 7. —)

— dasselbe. 4 Bde. in 6 Abthlgn. 2., verb. u. verm. Aufl. gr. 8. Ebd. 892. n. 33. —; geb. in 4 Halbfrz.-Bde. n.n. 41. —
I. Die Synoptiker. — Die Apostelgeschichte. Bearb. v. Holtzmann. (XVI, 432 S.) n. 8. —; geb. n.n. 10. —
II, 1. Die Briefe an die Thessalonicher u. an die Korinther. Bearb. v. Paul Wilh. Schmiedel. (XVI, 316 S.) n. 5. 40
II, 2. Die Briefe an die Galater, Römer, Philipper. Bearb. v. R. A. Lipsius. (VIII, 254 S.) n. 4. 60
(2. Bd. kplt.: n. 10. —; geb. n.n. 12. —)
III, 1. Die Briefe an die Kolosser, Epheser, Philemon; die Pastoralbriefe. Bearb. von H. v. Soden. (VIII, 261 S.) n. 4. 50
III, 2. Hebräerbrief, Briefe d. Petrus, Jakobus, Judas. Bearb. von H. v. Soden. (XII, 216 S.) n. 4.
(3. Bd. kplt.: n. 8. 50; geb. n.n. 10. 50)
IV. Evangelium, Briefe u. Offenbarung d. Johannes Bearb. v. H. J. Holtzmann. (X, 364 S.) n. 6. 50; geb. n.n. 8. 50

— zum Neuen Testament. Bearb. v. H. J. Holtzmann, R. A. Lipsius, P. W. Schmiedel, H. v. Soden. I. Bd. 3., gänzlich umgearb. Aufl. 1. u. 2. Abth. gr. 8. Ebd. n. 11. —; geb. n. 13. 25
1. Die Synoptiker. Von H. J. Holtzmann. (XVIII, 429 S.) 901. n. 7. —; geb. n.n. 8. 25
2. Die Apostelgeschichte. Von H. J. Holtzmann. (VIII, 160 S.) 901. n. 2. 50; geb. n.n. 3. 50

— dasselbe. 3. Bd. 2. Abth. gr. 8. Ebd. n. 4. —; geb. n.n. 5. —
Hebräerbrief, Briefe des Petrus, Jakobus, Judas. Von H. v. Soden. 3., verb. u. verm. Aufl. (XII, 234 S.) Freiburg 899.

Hand-Commentar zum Neuen Testament, bearb. v. W. Bauer, H. J. Holtzmann, R. A. Lipsius u. a. 4. Bd. Lex. 8. Tübingen, J. C. B. Mohr. 9.75; geb. 11. —
Evangelium, Briefe u. Offenbarung des Johannes. Von H. J. Holtzmann. 3., neubearb. Aufl., besorgt von W. Bauer. (XIII, 504 S.) 908. 9.75; geb. 11. —
111

Handkonkordanz, s.a. Handconcordanz

Hand-Konkordanz, biblische, od. alphabetisches Wortregister der Heiligen Schrift. 4., gründl. rev. Aufl. kl. 4. (1016 S.) Bremen (902). Verlag des Tractathauses. 4. —; geb. in Leinw. 4. 50; in Halbfrz. 5. —

Hand-Konkordanz, biblische, od. alphabetisches Wortregister der Heiligen Schrift. 5., unveränd. Aufl. (1016 S.) kl. 8. Bremen (906). Buchh. u. Verlag des Traktathauses. n. 5. —; geb. in Leinw. n. 6. —; in Ldr. n. 7. 50

Handkorb, Der Frau Mutter,
eine Wochenschrift. Wittenberg 1769. H: *Boden, Benjamin Gottlieb Lorenz.* (Ml.)

Handl, Alfr., Gesetz v. 26. I. 1907, betr. strafrechtliche Bestimmungen zum Schutze der Wahl- u. Versammlungsfreiheit. Erläut. v. H. (42 S.) gr. 8. Czernowitz 907. (Wien, Manz.) — 85
Sonderabdruck aus „Oesterr. Richter-Ztg."

Handl, Alois, über eine neue Art der Beobachtung an Heberbarometern. Lex.-8. (6 S.) Wien 868, (Gerold's Sohn.)

— Über die Ausdehnung der festen Körper mit steigenden Temperaturen. (Beiträge zur Molekulartheorie [illegible]) . . . . . —.30
Separatabdruck

—— Beiträge zur Moleculartheorie. Lex.-8. (10 S.) Wien 868, Gerold's Sohn. *

—— dass. — II. Ueber die Constitution der Flüssigkeiten. Lex.-8. (12 S.) (Ebendas.) 872. *

—— dass. — III. Ueber den Zustand gesättigter und übersättigter Lösungen. Lex.-8. (8 S.) (Ebendas.) 872. *

—— dass. — IV. Ueber die Ausdehnung der festen Körper mit steigenden Temperaturen. Lex.-8. (14 S.) (Ebendas.) 874. **

—— weitere Beiträge zur Moleculartheorie. (V.) Lex.-8. (13 S. mit 2 eingedr. Holzschn.) Ebendas. 875. **

Handl, Alois, über den Farbensinn der Thiere und die Vertheilung der Energie im Spectrum. Lex.-8. (12 S.) Wien 887, (Tempsky.) **

Handl, Alois, Fortuna die Glücksgöttin, oder die auf 50jährige Erfahrungen gegründete geheime Kunst, wie man mit wenigem Gelde auf die möglichst zuverläßigste und sicherste Art durch das Lotto-Spiel, in kurzer Zeit viele Tausend Gulden gewinnen kann! Mit einer großen Anzahl von schon berechneten Spiel-Regeln, Vortheilen und Lotto-Geheimnissen, sowie einem ausführlichen, egypt. Traumbuch ꝛc. Nebst den k. k. Lotto-Gefälls-Vorschriften. 2. Aufl. (150 S.) 1855. und 3., verm. und verb. Aufl. gr. 8. (IV und 195 S.) Gratz 856, Kienreich's Verlag. (Leipzig, Haessel.) *

Handl, Alois (I.), Fortuna die Glücksgöttin, oder die auf 50jähr. Erfahrungen gegründete geheime Kunst, wie man mit wenigem Gelde auf die möglichste zuverlässigste und sicherste Art durch das Lotto-Spiel in kurzer Zeit viele Tausend Gulden gewinnen kann. Mit einer großen Anzahl von schon berechneten Spielregeln, Vortheilen und Lotto-Geheimnissen. Nebst den k. k. Lotto-Gefälls-Vorschriften bis 1855, und Angabe der Ziehungstage für das J. 1858 von allen österreich. Lotto-Ziehungen. Ein unentbehrliches Handbüchlein für Lottospieler und alle Lotto-Kollektanten. 4., verm., vielfach verb. Aufl. gr. 8. (IV und 177 S.) Gratz 858, Kienreich's Verlag. (Leipzig, Haessel.) *

Handl, Alois, über ein neues Hydrodensimeter. Lex.-8. (4 S. mit 1 eingedr. Holzschn.) Wien 885, (Tempsky.) — 15
Vorstehende zwei Schriften sind aus: Sitzungsberichte der k. Akademie der Wissenschaften, besonders abgedruckt.

Handl, Alois: Über e. einfaches Hydrodensimeter. Lex.- 8. (3 S. m. 2 Fig.) Wien 1892, (Tempsky).
Aus: Sitzungsber. d. k. Akad. d. Wiss., besonders abgedruckt.

— Über die Konstitution der Flüssigkeiten (Beiträge zur Molekulartheorie 2) S 65. II 377 . . . . . vgr.
Separatabdruck

— Über die Kristallformen der ameisensauren Salze S 42 747 . . . vgr.
Separatabdruck

— Die Kristallformen einiger phenylschwefelsaurer Salze. S. 47 I. 6 . . . . . vgr.
Separatabdruck

Handl, Alois (II.), die Krystallformen einiger chemischen Verbindungen. Lex.-8. (13 S. mit 3 Stnt. in qu. gr. 4.) Wien 858, (Gerold's Sohn.) *

—— über die Krystallformen einiger chemischen Verbindungen. Lex.-8. (9 S. mit 1 Stnt. in gr. 4.) Wien 859, (Gerold's Sohn.) *

Handl, Alois, kleines Lehrbuch der Chemie. Für Schulen und zum Selbstunterrichte. gr. 8. (IV, 134 S.) Teschen 875, Prochaska. *M 2,40.; geb. * 2 80

Handl, Alois, Lehrbuch der Physik f. die oberen Classen der Gymnasien. 6., auf Grund des neuen Normallehrplanes vollst. umgearb. Aufl. gr. 8. (X, 238 S. m. 155 Abb.) Wien 900. A. Hölder. Geb. in Leinw. n. 2.65

— Lehrbuch der Physik für die oberen Klassen der Mittelschulen. gr. 8. (XIV, 242 S. mit 146 in den Text gedr. Abbild.) Wien 877, Hölder. * 2 60

Handl, Alois, Lehrbuch der Physik für die oberen Klassen der Mittelschulen. 2. umgearb. Aufl. Ausg. für Gymnasien. gr. 8. (XVI, 286 S. mit zahlreichen in den Text gedr. Holzschn.-Abbild.) Wien 880, Hölder. *

Handl, Alois, Lehrbuch der Physik für die oberen Klassen der Mittelschulen. 3. umgearb. Aufl. Ausg. für Gymnasien. gr. 8. (XVI, 311 S. mit 204 in den Text gedr. Abbild.) Wien 884, Hölder. *

—— dass. — Ausg. für Realschulen. 2. dem Lehrplane gemäß umgearb. Aufl. gr. 8. (XVI, 258 S.) Ebendas. 880. *

—— dass. — 3. umgearb. Aufl. Ausg. für Realschulen. gr. 8. (XVI, 282 S.) Ebendas. 884. *

—— Lehrbuch der Physik für die oberen Classen der Mittelschulen. 4. umgearb. Aufl. Ausg. für Gymnasien. gr. 8. (XVI, 299 S. mit 209 in den Text gedr. Abbild.) Wien 888, Hölder. * 2 72

—— dass. — 4. umgearb. Aufl. Ausg. für Realschulen. gr. 8. (XV, 270 S.) Ebendas. 888. * 2 48

Handl, Alois, Lehrbuch d. Physik f. d. oberen Classen d. Mittelschulen. 5., umgearb. Aufl. Ausg. f. Gymnasien. gr. 8. (XI, 266 S. m. 189 Abb.) Wien 894. A. Hölder. Geb. n. 2. 80; Ausg. f. Realschulen. (X, 236 S. m. 189 Abb.) 894. Geb. n. 2. 60

—— Lehrbuch der Physik für Pharmaceuten, Chemiker und Angehörige ähnlicher Berufszweige. gr. 8. (XII, 261 S. mit 198 in den Text gedr. Fig.) Ebendas. 885. * 4 —

— und Rich. Přibram, über eine Methode zur Bestimmung des Siedepunktes. Vorläufige Mittheilung. Lex.-8. (7 S. mit 2 eingedr. Holzschn.) Wien 877, (Gerold's Sohn.) * — 20
Aus: Sitzungsberichte der k. Akademie der Wissenschaften, besonders abgedruckt.

— Notiz über einen einfachen Apparat zur Erhaltung eines constanten Gasdruckes. Lex.-8. (3 S. mit 1 eingedr. Holzschn.) Wien 878, (Gerold's Sohn.) * — 20
Aus: Sitzungsberichte der k. Akademie der Wissenschaften, besonders abgedruckt.

—— Notiz über die älteren meteorologischen Beobachtungen in Lemberg. Lex.-8. (5 S.) Wien 871, (Gerold's Sohn.) *

—— Notiz über absolute Intensität und Absorption des Lichtes. Lex.-8. (4 S.) Wien 872, (Gerold's Sohn.)

—— Tabellen zur Berechnung der Mehlpreise, und zwar: von 1 ℔ bis 2 Zentner und 1 fl. bis 50 fl. 30 kr., dann nach Muth und Strichen von 20 fl. bis 400 fl., so wie die Berechnung der Mehlsteuer von 1 ℔ bis 90 Zentner. Für Müller, Bäcker und Früchtenhändler, dann Gefälls- und Buchhaltungs-Beamte. 18. (III und 83 S.) Gratz 854, (Ferstl'sche Buchh.) *

—— Theorie der Waagebarometer. Lex.-8. (10 S. mit 1 eingedr. Holzschn.) Wien 869, (Gerold's Sohn.) *
Vorstehende neun Schriften sind aus: Sitzungsberichte der k. Akademie der Wissenschaften, besonders abgedruckt.

—— und Adf. Weiss, Untersuchungen über den Zusammenhang in den Aenderungen der Dichten und Brechungsexponenten in Gemengen von Flüssigkeiten und Verbindungen von Gasen. Lex.-8. (55 S. mit 1 Stnt. in 4.) Wien 858, (Gerold's Sohn.) **
Vorstehende drei Schriften des Verf. wurden aus: Sitzungsberichte der k. Akademie der Wissenschaften, Jahrg. 1858 und 1859, besonders abgedruckt.

— über die specifische Zähigkeit der Flüssigkeiten und ihre Beziehung zur chemischen Constitution, s. Přibram, Rich.

— Über den Zustand gesättigter und übersättigter Lösungen. (Beiträge zur Molekulartheorie 3.) S. 66. II 136 . . . . vgr
Separatabdruck

Handl, Al. Ueber den Zustand gesättigter und übersättigter Lösungen. Wien. 1872.

Handl, Anton, Oberarzt in d. Kaiserl. Schutztruppe für Kamerun: Über ein grosses Sarkom der rechten Hand. M. 2 Photogr. Erlangen 1906: Junge & Sohn. (29 S.) 8°
Erlangen, Med. Fak., Ref. Graser, Diss. v. 15. Aug. 1906
[Geb. 8. Mai 73 Hebertshausen; Wohnort: Kamerun; Staatsangeh.: Bayern; Vorbildung: Gymn. München Reife 93; Studium: München 10 S.; Coll. 2. Aug. 06; Approb. 11. Febr. 99.]

Handl, Frz., Libussa. Eine Sage aus Böhmens Vorzeit. Dichtung. (91 S.) kl. 8. Leipzig 908. Verlag f. Literatur, Kunst u. Musik. 2. —

— „Was Liebe vermag". Romanze in 4 Gesängen. (42 S.) kl. 8. Ebd. 906. 1.—; geb. n 2. —

HANDL, Heinrich (Regensburg): Ueber einen seltenen Fall von Sarcom der Schädelbasis. Nach einer Beobachtung in der II. med. Klinik zu München.- München: Wolf 1878. 22 S.
25.7.1878 - Urk (Titel: De basis cranii sarcomate.); Chr 1878/79,11
Diss. Ingolst.-Landsh.-Mchn.

Jacob Handl (Gallus). Opus musicum. Motettenwerk f. d. ganze Kirchenjahr. Th. 1. Hrsg. v. Emil Bezecny u. Josef Mantuani. Wien: Artaria & C. 1899. 4
= Publicationen d. Gesellschaft z. Herausgabe d. Denkmäler d. Tonkunst in Österreich. Bd VI. Th. 1. 179 3915

Handl, Johann. 's Nullerl. Marsch für die Zither, arrangiert von E. Zdaril. Klgft., v. Kleinmayr, (ca. 1890.) Folio. 5 S.

Handl, M., s. Standarte, die.

Handl, Moritz, s. Monatskurse, Berliner

Handl, Willi. deutsche Schauspieler. s.: Bab, Jul.

Handlanger, der kleine. Hrsg.: Rob. Sponsel. 5. Jahrg. 1900. 52 Nrn. 8. (828 S.) Frankfurt a/M. (Stettin, Christl. Buch- u. Kunsthandlg.) Geb. n. 2. —
Erscheint nicht mehr.

Handlaterne

Handlaterne zur Beleuchtung der Lüdeckischen Predigt von der Vorsichtigkeit bey Ergötzungen, angeboten von einem der bey Tage keine Leuchte braucht. Franckfurth und Leipzig 1771. 15 S. 8°.

Handle, Aug., (eigentl. Fr. Wlg.) Trauerrede auf d. höchst. Hintritt des hochwürdigen Herrn Marcus Egle. 8. Insbr. 820. Wagner. 2 K

Handleiter durch Katechismus u. Spruchbuch der protest. Kirche in Bayern. 12. (2⅟₁₂ B.) Nördlingen 844, Beck'sche Buchh. 3 Ngr. Parthiepreis bei 25 Exempl. *

Handleiter durch Katechismus u. Spruchbuch der protestant. Kirche in Bayern. 2. verb. Aufl. gr. 16. (69 S.) Nördlingen 848, Beck. 3 ngr

Handleiter, kirchenrechtlicher, zum Amtshandbuch für die protestantischen Geistlichen des Königr. Bayern diesseits des Rheins. 8. (64 S.) Erlangen 874, Deichert. *

Handleitung

— zum erst. Hauptinhalt d. symbol. Bücher. 12. Frankf. 731.

Handleitung, sichere, zum Himmel. 8. Augsb. 773. M. Rieger. 2 K

— zu wohlanständigen Sitten. 12. Halle, Waisenh. 733. -

Handler, Sophie, üb. die Reduction d. Hämaglobins im Herzen. Inaug.-Diss. gr. 8. (30 S. m. Abbildgn.) München 889. (Bern, Huber & Co.) n. — 60

Handler, Sophie: Über die Reduction d. Hämaglobins im Herzen. Diss. gr. 8° (30 S. m. Abbildgn.) Münch. 1889. (Bern, Körber.) * – 60

[Russische Händler und Volkstypen.] München, bey J. M. Hermann 1826
11 Bl. Lithogr. bez. mit dem Monogramm CL. 4°
6 Bl. gegenseitige Kopien nach A. Orlowski, 4 Bl. nach C. Kollmann.

(Händler, C. A.,) Euphronia, s. Euphronia.

Händler, C. A., Ideen zu e. Methodik d. Gymnasialunterrichts, aus Vernunft u. Erfahr. Eine Monographie. 8. (8 B.) Magdeburg 830, Rubach'sche Buchh.

—— über d. nöth. Vereinfachung u. Verbesserung d. latein. Sprachunterr. Eine Zuschr. an d. Lehrer d. latein. Sprache auf Hochschulen u. Gymnasien. gr. 8. (1 B.) Magdeburg 835, Heinrichshofen.

Haendler, Erhard (Artelshof/Noricus), De Archippo et admonitione Pauli ad illum pertinente Coloss. IV. 17. Dissert. histor.-exeget. Präs. Johann Augustin Dietelmair. Altdorf (Joh. Adam Hessel) 27. I. 1751. 32 S. (4.50) 12620
Widm. v.: Präs., Johann Ludwig Spoerl, M. Adelhard, J. Schoenleben (dtsch.), Carl Fried. Michahelles.

Händler, G. H., Lexikon d. Abbreviaturen, s.: Dalman, Gust. H., aramäisch-neuhebräisches Wörterbuch.

Händler, M., Leitfaden für den Religionsunterricht in den oberen Klassen höherer Lehranstalten. Enth.: 1. Eine kurze Einleitung in die heilige Schrift sammt einem Ueberblick der heiligen Geschichte. 2. Einen Abriß der Kirchengeschichte. Berlin 863. W. Schultze. gr. 8. (95 S.) n. 9 ngr

—— der Winter 1812—1813. Ein Vortrag auf Veranstaltung des Vereins für innere Mission zu Frankfurt a. O. am Vorabend des 3. Febr. 1863. gr. 8. (20 S.) Berlin 863, W. Schultze. **

Haendler, Otto, Herbst. Gedichte. (VII, 182 S.) 8. Dresden 906. E. Reißner. n. 2. —; geb. n. 3. —

Haendler, Otto, s.: Pompilj, Viktoria Aganoor, Gedichte.

Haendler, Otto, Rosen u. Dornen. Gedichte. 8. (VIII, 279 S.) Kassel 880. Klaunig. 3. —; geb. n. 4. —

Händler, Paul, 12 biblische Bilder in feinem Farbendr. Für Alt und Jung, insbesondere zur Vertheilung in Sonntagsschulen. 1.—5. Serie. 16. (à Serie 12 Chromolithogr.) Frankfurt a. M. 877—79, (Leipzig, Böhme. — Stuttgart, J. F. Steinkopf.) à Serie * 80 Pf. * 4 —

Händler, Paul, zwölf biblische Bilder in feinem Farbendr. Für Alt und Jung, insbesondere zur Vertheilung in Sonntagsschulen. 6. Serie. 16. (12 Chromolithogr.) Stuttgart 881, (J. F. Steinkopf.) *

Händler, Paul, der Apostel Paulus. 9 Bilder (in Lichtkpfrdr.) aus seinem Leben. Erläutert u. zu e. Gesammtbild d. Apostels verbunden v. Wilh. Baur. Imp.-4. (VI, 35 S.) Dresden 893. O. Brandner. Geb. in Leinw. m. Goldschnitt. n. 16. —

Händler, R., Anschauungstafel f. den Schreibunterricht. (1 Bl. m. Abbildgn.) 68×64,5 cm. Dresden 906. A. Huhle. n. — 60; auf Pappe n. 1. —

— Lehrbuch f. den Schreibunterricht nach physiologischer Methode. Neue Bahnen durch wissenschaftl. Erkenntnisse. Gemeinverständlich dargeboten. Mit 20 Anschauungstaf. (VIII, 104 S.) 8. Ebd. 906. Geb. in Leinw. n. 2. 50

— Normalliniatur f. Schrift u. Ziffern. Ihre physiolog. Bestimmg. u. method. Anwendg. Ergänzung zum Lehrbuche f. den Schreibunterricht. Nebst e. Liniaturmuster hrsg. (12 u. IV S.) 8. Ebd. 906. n. — 60

Handler, S. Ueber die Reduction des Hämoglobins im Herzen. Gr. in-8°. 30 S. Bern (Huber & Co.). 1890. — 75

Händlerin, Die dreihundertjährige, nach dem Tode. Wien 1800.
V: *Gleich, Jos. Alois.* (NN) (Ky) (MGT)

Handlexicon oder Verzeichniss berühmter Menschen . . . Nürnberg 1810.
V: *Riedner, Adam Nicolaus.* (Ky) (GGr)

— oder Verzeichniß berühmter Menschen, welche seit Erschaffung der Welt bis auf jetzige Zeiten gelebt haben; aus verschiedenen Schriften gezogen, (v. Adm. Nikl. Riedner). 8. Nürnb. 810.

Handlexicon, berlinisches histor., enth.: eine encyclopäd. Uebersicht aller histor.-wicht. Thatsachen sowohl d. Universal- als auch Specialgesch., rc. Hrsg. von e. Vereine v. Gelehrten. 3. Bd. 7. u. 8. Hft. 4. Bd. 1—5. Hft. (Girgenti vecchio — Hugenotten.) gr. 8. (40½ B.) Berlin 835—37, Natorff u. Cp. (?) à H. * ⅓ Thlr. *
1—3. Bd. 1—6. Hft. Ebendas. 1833, 34. * 7 Thlr.

Hand-Lexicon, biblisches. Ein gemeinfaßl. Hülfsbuch zum richtigen Verständnisse d. heil. Schrift Neuen Testaments für Freunde christl. Bibelforschung. 1. Abthl. d. vier Evangelien. 8. (16½ B.) Barmen 846. [Castrop, Falkenberg'sche Vrlsh.]* -

Handlexikon, biochemisches. Bearb. v. H. Altenburg, I. Bang, K. Bartelt u. a. Hrsg. v. Emil Abderhalden. IV. Bd. 1. Hälfte u. VII. Bd. 1. Hälfte. Lex. 8. Berlin 910. J. Springer. 36. —
IV. 1. Proteine der Pflanzenwelt, Proteine der Tierwelt, Peptone u. Kyrine, oxydative Abbauprodukte d. Proteine, Polypeptide. (352 S.) 14. —
VII. 1. Gerbstoffe, Flechtenstoffe, Saponine, Bitterstoffe, Terpene. (538 S.) 22. —
Mehr ist hiervon noch nicht erschienen.

—— Franskt och Svenskt, s. Dictionnaire.

Handlexikon der wichtigsten im öffentl. Leben vorkommenden Fremdwörter u. Fachausdrücke s.a. Arbeiter-Bibliothek, katholische.

Handlexikon der wichtigsten im öffentlichen Leben vorkommenden Fremdwörter und Fachausdrücke. 1.–10. Taus. Berlin: Der Arbeiter in Comm. 1907. 35 S. 8°
(Katholische Arbeiter-Bibliothek. H. 2.)

Handlexicon, geograph., v. ganz Europa ꝛc. Wien. (Fleischer in Leipz.) 791.

— geograph., von ganz Europa ꝛc. 8. Wien 791. Rehm. 1 ℳ

Handlexikon der Geschichte und Biographie, s. Geschichts-Lexikon.

Handlexikon, histor., encyklopädische Uebersicht aller wichtigen Thatsachen sowohl der Universal- als Special-Geschichte, mit Berücksichtigung der Mythologie, der Statistik, der Länder- u. Völkerkunde, der Literär- u. Kunstgeschichte, u. der Biographien der merkwürdigsten Personen aller Zeiten. 1r Bd. A—B. gr. 8. Berl. 833. (832). Natorff u. Comp. 2 ℳ 8 ₰

Handlexicon, historisches, encyclopäd. Uebersicht aller wichtigen Thatsachen, sowohl der Universal- als Special-Geschichte, mit Berücksichtigung der Mythologie, der Statistik, der Länder- u. Völkergeschichte ꝛc. 2r u. 3r Bd. 1—86 Hft. u. 4r Bd. 16—56 Hft. gr. 8. Berlin 834—37. Natorff u. Comp. (à Hft. 1/3 ℳ) 4⅔ ℳ Vergl. Thl. III. S. 34.

Handlexicon, histor., encyclopäd. Uebersicht aller wicht. Thatsachen sowohl d. Universal- als Special-Geschichte, mit Berücksichtig. d. Mythologie, d. Statistik, d. Länder- u. Völkerkunde, d. Literär- u. Kunstgesch., u. d. Biographieen d. merkwürd. Personen aller Zeiten. 1—3. Bd. A — Girgenti. gr. 8. (123¼ B.) Berlin 833, 34, Natorff u. Comp. à 2 Thlr. 8 Gr.

Handlexikon, kirchliches. Ein Hilfsbuch zur Orientierg. auf dem Gesamtgebiete der Theologie u. Kirche. In Verbindg. m. e. Anzahl evangelisch-luther. Theologen hrsg. v. Carl Meusel. (In 40 Lfgn.) 1—6. Lfg. gr. 8. (1. Bd. S. 1—480.) Leipzig 885. 86. J. Naumann. à n. 1. —

Handlexikon, kirchliches. Ein Hilfsbuch zur Orientierg. auf dem Gesamtgebiete der Theologie u. Kirche. In Verbindg. m. e. Anzahl evangelisch-luther. Theologen hrsg. v. C. Meusel unter Mitwirkg. v. E. Haack u. B. Lehmann. 7.—28. Lfg. gr. 8. (1. Bd. IV u. S. 481—800; 2. Bd. 804 S.; 3. Bd. S. 1—640.) Leipzig 887—890. J. Naumann. à Lfg. n. 1. —

Hand-Lexikon, kirchliches. In Verbindg. m. e. Anzahl ev.-luther. Theologen hrsg. Begründet v. Carl Meusel, fortgeführt v. Ernst Haack u. B. Lehmann. 29.—40. Lfg. gr. 8. (3. Bd. VI u. S. 641—815; 4. Bd. S. 1—800.) Leipzig 891—894. J. Naumann. à Lfg. n. 1. —; in Bdn. à n. 10. —; geb. in Halbfrz. à n.n. 12. 25

Hand-Lexikon, kirchliches. In Verbindg. m. e. Anzahl ev.-luther. Theologen hrsg. Begr. v. Carl Meusel, fortgef. v. Ernst Haack, B. Lehmann u. A. Hofstätter. 41.—56. Lfg. gr. 8. (5. Bd. 800 u. 6. Bd. S. 1—480.) Leipzig 895—898. J. Naumann's Verl. à n. 1. —; in Bdn. à n. 10. —; geb. in Halbfrz. à n.n. 12. 25

Hand-Lexikon, kirchliches. In Verbindg. m. e. Anzahl ev.-luther. Theologen hrsg. Begründet v. Carl Meusel, fortgeführt v. Ernst Haack, B. Lehmann u. A. Hofstätter. 57.—65. (Schluß-)Lfg. gr. 8. (6. Bd. S. 481—800 u. 7. Bd. 407 S.) Leipzig 899—902. J. Naumann's Verl. à n. 1. —; in Bdn. à n. 10. —; geb. in Halbfrz. à n.n. 12. 25

Ⓑ — kirchliches. Begründet v. C. Meusel. 7 Bde. 885—902. (KVL 31.) Erm. Pr. geb. 35. —

Handlexikon, kirchliches. Ein Nachschlagebuch üb. das Gesamtgebiet der Theologie u. ihrer Hilfswissenschaften. Unter Mitwirkg. zahlreicher Fachgelehrten in Verbindg. m. Karl Hilgenreiner, Jos. B. Nisius, S. J., u. Jos. Schlecht hrsg. v. Mich. Buchberger. (In 2 Bdn. zu je ca. 20 Lfgn.) 1.—18. Lfg. (1. Bd. Sp. 1—1728.) Lex.-8. München 904—906. Allgemeine Verlags-Gesellschaft. à n. 1. —; auch in 4 Halbbdn. à n. 10. —

— kirchliches. Ein Nachschlagebuch üb. das Gesamtgebiet der Theologie u. ihrer Hilfswissenschaften. Unter Mitwirkg. zahlr. Fachgelehrten in Verbindg. m. Karl Hilgenreiner, Jos. B. Nisius, S. J., u. Jos. Schlecht hrsg. v. Mich. Buchberger. 19.—44. Lfg. (1. Bd. XVI S. u. Sp. 1729—2072 u. 2. Bd. Sp. 1—2112.) Lex. 8. München 907—10. Allgemeine Verlags-Gesellschaft. à 1. —; (1. Bd. vollst. 22. —; geb. in Halbfrz. n 25. —)

Handlexicon. Kirchliches Handlexikon. Ein Nachschlagebuch über das Gesamtgebiet der Theologie und ihrer Hilfswissenschaften. Unter Mitwirkung zahlreicher Fachgelehrten in Verbindung mit den Professoren Karl Hilgenreiner, Joh(ann) B[aptist] Nisius S. J. und Joseph Schlecht hrg. von Professor Michael Buchberger. [Illustriert.] Band 1: A—H. XVI S. + 2072 Spalten. gr.-8. München, Allgemeine Verlags-Gesellschaft, 1907. [in Liefg. à M. 1. —; Bd. 1 geb. M. 25. —]
(*Schweizerische* Mitarbeiter: Dr. Joseph Beck, Dr. Albert Büchi, Dr. Heinrich Reinhardt †, Dr. Gustav Schnürer in Freiburg i. S.; P. Gabriel Meier in Einsiedeln.) — *Viele Artikel* die Schweiz *und Schweizer betr., z. B. Sp. 2f. 162/4. 180. 186. 501/3. 548. 583. 664f. 818f. 936f. 1636f. etc.*

der Land- u. Hauswirthschaft, oder Erklärung u. Beschreibung der den Acker- u. Wiesenbau, die Viehzucht und Thierheilkunde, den Wein-, Garten- u. Obstbau ꝛc. ꝛc. betreff. Gegenstände. 1.–10. Liefg. gr. 8. Carlsruhe u. Freiburg 843, 44, Herder'sche Verlagsb. à n. ¼ ℳ

Handlexicon, Medicinisches, . . . Augsburg 1782. Ü: *Mösl, Vitalis.* (MGT) (Hr) (Call)

Handlexikon medizinisches worin
Medicinisches Hand-Lexikon, worinn alle Krankheiten,...Kennzeichen,...Heilungsmittel wider dieselbe,...vorgetragen worden...
Nach der 4.franz.Aufl.übers. Bd 1 - 2, gbd.

Augsburg: Wolff 1782

JB 515

— **medizinisches,** f. praktische Arzte. Unter Mitwirkg. v. Alfr. Adler, Alfr. Bass, Jul. Baum u. a. hrsg. v. Max Kahane. (IV, 911 S. m. 272 Abbildgn. u. 7 farb. Taf.) Lex. 8. Wien 908. Urban & Schwarzenberg. 26. —; geb. in Halbfrz. n 30. —

Handlexikon, Meyers, des allgemeinen Wissens

Handlexikon des allgemeinen Wissens. In einem Band. 5. gänzlich umgearbeitete Auflage. 8. (1702 S.) In Halblnwbd. 6.30
Wien: Bibliographisches Institut 1893.

Handlexicon, neues historisches, oder Nachrichten von Kaisern, Königen, Patriarchen ꝛc. s.a. Ladvocat.

— neues histor., oder Nachr. von Patriarchen, Kaisern ꝛc. 5 Thle. gr. 8. Ulm, Stettin. 785-803. (1r—4r à 1 Rthlr. 16 gr. 5r 2 Rthlr. 8 gr.)

— — dess. 1r u. 2r. neue Aufl. 8. Ebend. 801-6. (à 1 Rthlr. 16 gr.)

Handlexikon, neues historisches, od. Nachrichten von Patriarchen, Kaisern, Königen ꝛc. 6r Bd. gr. 8. Ulm, Stettin. 816.

— ökonomisches, oder erklär. Darstellung u. Beschreib. aller zum Acker- u. Gartenbau ꝛc. gehör. Gegenstände, s.a. Wünschelmanns gold. Wünschelruthe.

—— ökonom., od. erklär. Darstellung u. Beschreib. aller zum Acker- u. Gartenbau, Viehzucht, Wieswachs, u. and. zu e. Haushaltung gehör. Gegenstände, in alphabet. Ordn.; als e. prakt. Rathgeber u. unentbehrl. Handb. f. Land- u. Stadtleute, Gewerbe ꝛc. Hrsg. v. e. prakt. Oekonomen. (Neue, wohlf. Ausg. v. Wünschelmann's „gold. Wünschelruthe." 1829.) gr. 8. (26½ B.) München, Lindauer.

„Oekonomisches Handlexicon oder erklärende Darstellung und Beschreibung aller zum Acker- und Gartenbau, zur Viehzucht und zum Wieswachs und anderer zur Haushaltung gehörender Gegenstände in alphabetischer Ordnung; ein praktischer Rathgeber und unentbehrliches Handbuch für Stadt- und Landbewohner . . .", herausgegeben von einem praktischen Oekonomen, München 1831 (Lindener).

— für die Papierindustrie und das Buchgewerbe. Hrsg. unter Mitwirkg. hervorrag. Fachleute v. Gust. Schacht. (In ca. 75 Lfgn.) 1.—3. Lfg. (VIII, 96 S. m. Abbildgn. u. 3 Taf. u. S. 1—32 m. Abb. u. 1 Taf.) Lex. 8. Leipzig 909. 10. G. Schacht. Subskr.-Pr. à 1.—; Einzelpr. à 1. 25

Handlexikon, Pharmaceutisches. Synonyma in lateinischer, deutscher, böhmischer und polnischer Sprache. Für Apotheker, Aerzte und Droguisten zusammengestellt von Dr. J. Zd. Lerch, K. Schürer und K. Vaniček. Gr.-8. (448 S.) Prag: Řivnáč 1889. 5.—

Handlexicon für Prediger und theologische Schriftsteller . . . Cöthen 1790. H: *Masius (Meese), Johann Nicolaus (später Gottfried Lebrecht).* (MGT) (StAt) (Ky)

— für Prediger u. theolog. Schriftsteller, oder Encyklopädie über mancherlei Sachen ꝛc., (v. A. L. Masius). 1r u. 2r Thl. gr. 8. Köthen 790.

— der jüdisch-deutschen Sprache. 8. Prag 782. Schönfeld. 9 gr.

— utt Svenskt och Tyskt. — Neues Taschen-Wörterbuch der schwedischen und deutschen Sprache. Stereotyp-Ausg. 16. Leipzig 844, K. Tauchnitz. 1 ₰

Handlexikon der katholischen Theologie f. Geistliche u. Laien. Hrsg. im Vereine mit mehreren Gelehrten geistlichen u. weltlichen Standes von Jos. Schäfler. (In 4 Bdn. od. ca. 50 Hftn.) 1—20. Hft. gr. 8. (1. Bd. VI, 947 S. u. 2. Bd. S. 1—640.) Regensburg 880—82. Manz. à — 60

— der katholischen Theologie f. Geistliche u. Laien. Hrsg. im Vereine m. mehreren Gelehrten geistl. u. weltl. Standes v. Jos. Schäfler. 21—30. Hft. gr. 8. (2. Bd. S. 641—958 u. 3. Bd. S. 1—480.) Regensburg 883—86. Verlags-Anstalt. à — 60

— der katholischen Theologie f. Geistliche u. Laien. Hrsg. im Vereine m. mehreren Gelehrten geistl. u. weltl. Standes v. J. Schäfler. 31.—35. Hft gr. 8. (3. Bd. S. 481—880.) Regensburg 887—890. Verlags-Anstalt. à — 60

— der katholischen Theologie f. Geistliche u. Laien. Begonnen im Vereine m. mehreren Gelehrten geistl. u. weltl. Standes v. Jos. Schäfler, fortgesetzt v. Jos. Sax. 36.—40. Hft. gr. 8. (3. Bd. S. 881—960; 4. Bd. S. 1—320.) Regensburg 891—893. Nationale Verlags-Anstalt. à Lfg. — 60

— d. kathol. Theologie f. Geistl. u. Laien. Begonnen im Vereine mit mehr. Gelehrten geistl. u. weltl. Standes v. Jos. Schäfler, fortges. v. Jos. Sax. 41.—44. Hft. gr. 8. (4. Bd. S. 321—640.) Regensburg 895—898. Nationale Verlags-Anstalt. à — 60

— der kathol. Theologie f. Geistliche u. Laien. Begonnen im Vereine m. mehreren Gelehrten geistl. u. weltl. Standes v. Jos. Schäfler, fortgesetzt v. Jos. Sax. 45.—49. (Schluß-)Hft. gr. 8. (4. Bd. S. 641—1022.) Regensburg 898—900. Verlags-Anstalt vorm. G. J. Manz. à — 60

Therapeutisches Hand-Lexikon und Receptsammlung für Thierärzte. Unter Mitw. bewährter Fachmänner hrsg. von Alois Koch. Wien 1892. 627 S.

Handlexicon der Tonkunst, s. Paul, Osc.

Handlirsch, Ant., s.: Abhandlungen der k. k. zool.-botan. Gesellschaft in Wien.

Handlirsch, Ant., neue Arten der Gattung Gorytes Latr. (Hymenopteren). [Aus: „Annalen d. k. k. naturhistor. Hofmuseums".] Lex.-8. (8 S.) Wien 893. A. Hölder. n. — 60

— Bemerkungen zu der Arbeit des Hrn. Prof. Dr. Heymons üb. die Abdominalanhänge der Libellen. (S. 59—63.) Lex.-8. Wien 904. (A. Hölder.) n. 1. 80
Sonderabdr. a.: „Annalen d. k. k. naturhistor. Hofmuseums".

Handlirsch, Ant., die Hummelsammlung des k. k. naturhistorischen Hofmuseums. Lex.-8. (42 S. mit 1 lithogr. Taf.) Wien 888, Hölder. * 3 20
Aus: Annalen des k. k. naturhistorischen Hofmuseums, besonders abgedruckt.

Handlirsch, Ant. Hummelstudien. I. II. Lex.-8. (S. 445—464 m. 2 Abbildgn.) Wien 891, Hölder. * — 60
Aus: Annalen d. k. k. naturhistor. Hofmuseums, besonders abgedruckt.

— die fossilen Insekten u. die Phylogenie der rezenten Formen. Ein Handbuch f. Paläontologen u. Zoologen. Hrsg. m. Unterstützg. aus der Treitl-Stiftg. der kaiserl. Akademie der Wissenschaften in Wien. (In etwa 8 Lfgn.) 1.—3. Lfg. (VI, 480 S. m. 27 Taf. u. XX S. Erklärgn.) Lex.-8. Leipzig 906. W. Engelmann. à n. 8. —

Handlirsch, Ant., die fossilen Insekten u. die Phylogenie der rezenten Formen. Ein Handbuch f. Paläontologen u. Zoologen. Hrsg. m. Unterstützg. aus der Treitl-Stiftg. der kaiserl. Akademie der Wissensch. in Wien. Mit 51 Taf. sowie 14 Fig. u. Stammbäumen im Text u. 3 auf besonderen Taf. 4.—9. Lfg. (II, VII —IX u. S. 481—1430.) Lex. 8. Leipzig 906—08. W. Engelmann. à Lfg. 8.—; (vollst. 2 Bde.: 72.—; geb. in Halbfrz. 81. —)

— über einige Insektenreste aus der Permformation Russlands. (8 S. m. 1 Taf.) 4. St.-Pétersbourg 904. (Leipzig, Voss' Sort.) n. — 60
Sonderabdruck aus: „Mémoires de l'acad. imp. des sciences de St. Pétersbourg".

HANDLIRSCH, Anton
Zur Kenntnis der Stridulationsorgane bei den Rhynchoten. Ein morphologisch-biologischer Beitrag von Anton Handlirsch. Mit 1 Tafel (Nr. VII) und 15 Textfiguren. (Annalen des k. k. naturhistorischen Hofmuseums. Separatabdruck aus Bd. XV. Heft 2.) Wien. 1900. [In Comm.] Hölder. Lex.-8°. Paginirt: S. 128—141. K 1.80

— Monographie der m. Nysson u. Bembex verwandten Grabwespen. I—V. [Aus: „Sitzungsber. d. k. Akad. d. Wiss."] Lex.-8. Wien, (Tempsky). n. 13. 60
I. Mit 5 Taf. (176 S.) 887. n. 4.—. — II. Mit 2 Taf. (93 S.) 888. n. 1. 80. — III. Mit 3 Taf. (250 S.) 888. n. 4. 40. — IV. (78 S.) 889. n. 1. 80. — V. Mit 1 Taf. (90 S.) 890. n. 1. 60.

— Monographie der m. Nysson u. Bembex verwandten Grabwespen. VI. VII. (Schluss.) [Aus: „Sitzungsber. d. k. Akad. d. Wiss."] Lex.-8. Wien, (F. Tempsky). n. 8. 20 (kplt.: n. 21. 80)
VI. (181 S. m. 8 Taf.) 892. n. 3. 60. — VII. (286 S. m. 7 Taf.) 893. n. 4. 60.

Handlirsch, Ant., Monographie d. m. Nysson u. Bembex vorw. Grabwespen. Nachträge u. Schlusswort. [Aus: „Sitzungsber. d. k. Akad. d. Wiss."] Lex.-8. (279 S. m. 2 Taf.) Wien 895. (C. Gerold's Sohn.) n. 4. 60 (Hauptwerk u. Nachträge: n. 26. 40)

— Monographie der Phymatiden. [Aus: „Annalen d. k. k. naturhistor. Hofmuseums".] Lex.-8. (104 S. m. 35 Abb. u. 6 Taf.) Wien 897. A. Hölder. n. 11. 20

— zur Morphologie des Hinterleibes der Odonaten. (S. 117—122 m. 13 Abbildgn.) Lex.-8. Wien 903. (A. Hölder.) n. 1. —
Sonderabdr. a.: „Annalen d. k. k. naturhistor. Hofmuseums".

— zur Phylogenie der Hexapoden (vorläufige Mitteilung). (23 S. m. 1 Taf.) gr. 8. Ebd. 903. n. — 60
Sonderabdruck aus: „Sitzungsber. d. k. Akad. d. Wiss."

— s.: Verhandlungen der k. k. zoologisch-botanischen Gesellschaft in Wien.

Handlohn, vom, der Erbgüter, besond. nach Nürnb. Rechten, (v. J. C. Siebenkees). 8. Nürnb. 798. Grattenauer. (Eichhorn). 16 gr.

Handlohnsordnung, Bayreuthische. Bayreuth 1760. V: *Seidel, Johann Christoph.* (ML)

Handloike, Max, die lombardischen Städte unter der Herrschaft der Bischöfe u. die Entstehung der Communen. gr. 8. (VII, 186 S.) Berlin 883. W. Weber. n. 2. 40

Handloike, (Carl Friedr. Ludw.) Max (geb. Berlin 9. 12. 1858): Die lombardischen Städte unter der Herrschaft der Bischöfe und die Entstehung der Communen. Dessau (1883). (IV, 30 S.) 8°
Berlin, Phil. Diss. v. 31. Jan. 1883.

Handloß, Paul *(geb. Alt-Patschkau bei Neiße [31. 12. 1844])*: Adolf I, Erzbischof von Mainz, Graf von Nassau, und sein Gegner Ludwig, Bischof von Bamberg, Markgraf von Meißen. Th. I. Breslau (1874). (37 S.) 8° [J.]
Breslau, Phil. Diss. v. 24. Jan. 1874.

v. **Handlowick**, ..., genaue Beschreib. der Saporoger Kosaken. Weißenb. 789. Typogr. Soc. (Wienbrack in Leipz.) 2 gr.

Handlung, oder Acta Gehaltner Disputation zu Bern..., Im Jahr 1528. Mit angehenckter Eydgnóssischer Confession, oder Bekantnuß Des wahren Christlichen Glaubens. Auffs neue widerum gedruckt. [2 Theile.] fol. Bern 1701.
[Theil 1.] Handl. oder A. Geh. Disp. . [Mit Wappenvignette.]
[Theil 2.] Bekantnuß Deß Wahren Glaubens . : Einhelligklich außgangen Von den Dienern der Kirchen Christi in der Eydgnoßschafft zu Zürich Bern und Biel [Mit Wappenvignette.]

„Handlung, Artickel, vnnd Instruction, so fürgenommen worden sein von allen Rottenn der Pauren", o. O. 1525. Mit 2 Holzschnitten. — Vorh.: Bibl. des German. Nat. Mus. Nürnberg.

Handlung und Dichtung der Bühnenwerke Richard Wagners nach ihren Grundlagen in Geschichte und Sage von H. P. Berlin 1889. V: *Pfordten, Hermann Ludwig Freiherr von der.* (Börsenblatt, Jg. 86, Nr. 208 vom 24. IX. 1909) (Urheberrechtseintragsrolle Nr. 586) (Hdschr. Mitth. von Friedrich Müller, München.)

Handlung u. Dichtung der Bühnenwerke Rich. Wagners, nach ihren Grundlagen in Sage u. Geschichte dargestellt v. H. P. 10 Hefte. 12. Berl. 890,91, Trowitzsch u. Sohn. à Heft * — 50; * 5 —
1. Einleitung. Jugendopern. (S. 1—24.) — 2. Rienzi. Der fliegende Holländer. (S. 25—52.) — 3. Tannhäuser. Lohengrin. (S. 53—93.) — 4. Tristan u. Isolde. (50 S.) — 5. Die Meistersinger v. Nürnberg. (51 S.) — 6. Das Rheingold. Vorabend der Trilogie: Der Ring d. Nibelungen. (34 S.) — 7. Die Walküre. 1. Tag der Trilogie: Der Ring d. Nibelungen. (42 S.) — 8. Siegfried. 2. Tag der Trilogie: Der Ring d. Nibelungen. (46 S.) — 9. Götterdämmerung. 3. Tag der Trilogie: Der Ring d. Nibelungen. (51 S.) — 10. Parsifal. (35 S.)

Handlung, die, von Hamburg; od. Beschreibung d. kaufmänn. u. Manufaktur-Gewerbe, u. zuverläss. Nachrichten v. d. Handelsanstalten, d. Maßen, Gewichten, Münzen rc. 2 Bde. gr. 8. Innsbruck, Wagner. 805.

— — dass. Beilage, f. Hansestädte, Lübeck und Bremen.

Handlung, Die, von Hamburg, oder Beschreibung der kaufmännischen und Manufactur-Gewerbe . . . Leipzig 1805—7. V: *Schumann, Aug.* (CBH)

Handlung, die, von Hamburg, oder Beschreib. aller kaufmänn. u. Manufaktur-Gewerbe dieser Handelsstadt. 2 Bde. 8. Ronneb. u. Zwickau 806. Schumann. 5 gr. (Ist mit d. Hamburger Contoristen gleichen Inhalts.)

Handlung, Die, von Holland . . . [A. d. Franz.] Frankf. u. Leipzig 1770. V: *Accarias de Sérionne, Jacques.* Ü: *Jünger, Christian Friedrich.* (CBH) (ML)

— die, von Holland, od. Abriß von d. Holländ. Handlung, von der Verfass. der Vortheile der Völker durch d. Handlung; aus d. Französ. gr. 8. Frankf. u. Leipz. 771. Schwickert. 1 ℛß 8 𝔤𝔤

— üb. die Oesterreichische, nach der Donau abwärts in d. schwarze u. mittelländ. Meer u. d. Ausland. 8. Wien 792. Doll. 4 𝔤𝔤

— der heil. Taufe. 4. Dresd. 813. (Leipz., Tauchnitz). 6 𝔤𝔤

Handlung, Die, verschiedener Völker auf der Küste von Guinea und in Westindien; a. d. Dän. . . . Kopenh. 1758. V: *Rømer, Ludw. Ferd.* Ü: *Mengel, Chr Gottl.* (Bruun, Bibl. Danica. II, 559.)

— die, verschied. Völker auf d. Küste von Guinea u. Westindien. 8. Kopenh. 758. Proft. 4 𝔤𝔤

Handlungen und Gebete bei dem Gottesdienst der lutherischen Gemeinde in Kempten. Kempten 1794. V: *Lunz Joh. Georg.* (Ky)

— u. Gebete bei dem Gottesdienst d. luther. Gemeinde in Kempten, (v. Lunz). 8. Kempt. 794. Dannheimer. 18 𝔤𝔤

Handlungen und Gebete beym öffentlichen Gottesdienst in den Herzogthümern Curland und Semgallen. Mietau 1786. V: *Wehrt, Carl Dietrich.* (Ky) (MGT)

— u. Gebete beim öffentl. Gottesdienst in dem Herzogth. Kurland u. Semgallen, (v. K. D. Wehrt). Fol. Mietau 786. N. Aufl. gr. 8. Königsb. 792. (W. Härtel in Lpz.) 12 𝔤𝔤 Hbg. Pr. 4 𝔤𝔤

Handlungen und Gebete beym öffentl. Gottesd. in den Herzogthüm. Kurland und Semgallen. gr. 8. Königsberg, Nicolovius. 792. Rthlr. -

Handlungen, Gesetzmässige, verbesserte und vollkommene, des Freymaurer-Ordens, welche in allen gesetzmässigen, verb. und vollk. Logen geübt werden von allen gesetzmässig verb. und vollk. Freymaurer-Brüdern, welche gewesen sind, oder, seyn werden, zerstreut oder vereinzelt auf der Oberfläche der Erde. Buch 1—4. [Rudolstadt ca. 1804—1806.] V: *Schröder, Friedr. Ludw.* (TT 1338) (wolfstieg II, 545)

Handlungen, gesetzmässige, verbesserte und vollkommene, des Freymaurerordens welche in allen gesetzmässigen, verbesserten und vollkommenen Logen geubt werden von allen gesetzmässig verbesserten und vollkommenen Freymaurer-Brudern welche gewesen sind, sind, oder seyn werden, zerstreut oder vereinigt auf der Oberfläche der Erde. Erstes Buch in vier Abtheilungen) Rudolstadt Geheimdruckerei ca. 1805. 8. VI, 182 S.

Handlungen, Gottesdienstliche, bei der Taufe und dem heiligen Abendmahl. Nürnberg u. Altdorf 1799. V: *Junge, Christian Gottfried.* (will)

Handlungen, große und gute, ruff. Regenten. gr. 8. Berlin. 802. Jezt Sommerbrodt.

Handlungen, Grosse und gute, Russischer Regenten, Feldherren . . . Berlin 1804. V: *Claussen, Hnr. Frdr. Chn.* (MGT) (Ky)

— große u. gute, Russischer Regenten, Feldherren ꝛc., (von H. F. C. Claussen). 8. Berl. 804. Unger. 16 𝔤𝔤

— d. freyen u. angenehmen Maurerbrüder, s. a. Signatstern.

Handlungen der freien und angenommenen Maurer-Brüder der Grossen Landes-Loge der Freimaurer zu Berlin oder Das gesetzmässige verb. und vollk. Logen-Buch. Berlin: Schöne 1804. XX, 340 S. 8°
(Signatstern. 3.)
Enth. den 4. u. 5. Grad des alten schwedischen Systems. Korrespondenz v. Starck. Geschichte u. Ursprung der geheimen Wissenschaften. Üb. Hieroglyphen.
[Auszug u. d. Tit.:]
Handlungen der freyen und angenommenen Maurer-Brüder. Buch 5—6. [Hrsg. von Friedr. Ludw. Schröder.] [Rudolstadt ca 1805—1806: Geheimdr.] 8°
5. 50 S. 6. 60 S. 23.
Abgedr. in: Signatstern. 3 (1804) S. 3—115.
Tt. 1339—1340. Nr 10B der Schröderschen Ritualsammlung; nur für die Geheimakten des Engbundes gedruckt.

Handlungen, Die öffentlichen, der Schleswig-Holsteinischen Ritterschaft von 1815 bis 1838. Kiel 1839. V: *Hansen, Joh. Jürgen Heinrich.* (schles'

Handlungen, schöne, kurze Charakterschilderungen u. Lebensbeschreib. achtungsw. deutscher Bürger. Ein Familienbuch ꝛc. 8. Leipz. 811. Joachim. 8 𝔤𝔤

Unerlaubte **Handlungen**, Schadensersatz nach dem Bürgerlichen Gesetzbuch. Anh: Text-Abdr. aus d. BGB. *Berlin: Puss & Garleb [1900].* (30 S.) 8° [F.]
= Recht, Unser neues. H. 19. [01. 4012

Handlungs-Adreßbuch, s. Handels-Adreßbuch.

Handlungs- und Fabriken-Adressbuch, Allgemeines, von Obersachsen. Ronneb. u. Leipz. 1800. V: *Schumann, Aug.* (MS) (Ky)

— allgem., f. das Großherzogth. Hessen. Zusammengestellt u. herausg. v. A. Küchler. 8. Mainz 826. N. Aufl., (2 Abthll.) 8. Ebd. 829. Kupferberg. 16 ℊ

Handlungs- u. Fabriken-Adreßbuch von Franken. 2 Bde. 8. Zwickau 807—10. Schumann. 3 ꝛß 8 ℊ

Handlungs-Adreßbuch von Crefeld u. den umliegenden Orten Gladbach, Rheydt, Viersen, Süchteln, Dülken u. Uerdingen. 8. Cref. ... 2e Aufl. ... Schüller. 8 ℊ

— Dass. v. Obersachsen. 8. Zwickau 800. Schumann. 1 ꝛß 14 ℊ

— topographisch-statist., enth.: Schwaben, Franken, d. Schweiz, Frankfurt u. Amsterdam. 8. Eßling. 811. Fixdorf u. Kl. 1 ꝛß 8 ℊ

Handlungs-Adress-Handbuch

— u. Gewerbs-Addreß-Handbuch von Schwaben, od. Verzeichniß d. Fabrikanten, Kaufleute ꝛc., nebst 1 Karte von Schwaben. gr. 8. Ulm, Jak. Ebner. 18 ℊ

Handlungs-Adreßkalender von Frankfurt am Main, welcher ein Verzeichniß aller dasigen Handelsleute u. Fabrikanten, die Börsenanschläge, den Abgang u. die Ankunft der Posten ꝛc. enthält, f. d. J. 1820—29. 8. Frkf. a. M., Streng. à J. 9 ℊ

Handlungs-Adreßkalender von Mainz, f. 1818. 8. Mainz, Kupferberg. 5 ℊ

Handlungsakademie - Journal

Ibbecken, H. L. (Herausgeber) „Handlungsakademie-Journal"; nur ein Heft, Duisburg 1782

Handlungs-Anzeigen, s. Anzeigen-, Handlungs-

Handlungsaussichten Oesterreichs im 19ten Jahrh. 8. Wien, Rosl u. Kaulfuß. 802.

„Frankfurter Handlungs-Avis-Comptoir-Zeitung", „Mit Ihro Römisch-Kayserlichen Majestät allergnädigsten Freyheit", 1. Jahrgang Frankfurt a. M. 1771 (verlegts auf dem Kayserlichen privilegierten Handlungs-Avis-Comptoir). — Vorh.. StB Frankfurt a. M. — Comm. 581.

Handlungsbibliothek, s.a. Büsch.

Büsch, Johann Georg und Ebeling, C. D. (Herausgeber): „Handlungsbibliothek", 3 Bände, je 4 Stücke, Hamburg 1784—1797 (A. Campe). — Dies, fortgesetzt von einer Gesellschaft praktischer Kaufleute, 6 Hefte, Hamburg 1801 (Herold Jun.). — Vorh. Preuß. Staatsbibliothek Berlin — Fg. 173 — und Com Bibl. Hamburg.

Handlungsbibliothek, neue, v. e. Gesellschaft theoret. u. prakt. Kaufleute, herausg. von A. Schumann. 1r Bd. 4 Stcke. gr. 8. Zwickau 800. Schumann. 1 ꝛß 12 ℊ

Handlungsbriefe, s.a. Briefe. — Handlungsbriefe, z. Übers. ins Engl.

Handlungsbriefe, od. Korrespondenz-Muster üb. d. hauptsächl. Geschäftszweige Europa's; in span., italien., französ. u. deutscher Sprache zum Gebr. f. angeh. Kaufleute. — A. u. d. Titln.: Cartas de Comercio, ó Modelos de Correspondencia etc. — Lettere mercantili, ossia Modelli di Corrispondenza etc. — Lettres de Commerce, ou Modèles de Correspondance etc. gr. 8. (17 B.) Nürnberg 835, Bäumler. (?) Thlr.

Handlungsbriefe, deutsche, mit engl. Erklärungen der schwersten Wörter u. Redensarten u. einem deutsch erklär. Wörterbuch der üblichsten kaufmänn. Ausdrücke. 8. Frkf. a. M. 820. Streng. 18 ℊ

— z. Uebersetzen ins Englische. 8. Unna 808. Hesselmann. (Müller in Leipz.) 8 ℊ

— zum Uebersetzen in's Englische. 8. Unna ... — 2e verm. Aufl. Auf's Neue herausg. von Niepmann. 8. Dortmund ... Krüger. $^1/_2$ ꝛß

— zum Uebersetzen in's Französische. 2e verb. Aufl. Auf's Neue herausg. von L. Duwez. 8. Dortmund ... Krüger. $^1/_3$ ꝛß

— zum Uebersetzen aus d. Italien. in's Deutsche u. aus d. Deutschen in's Italienische. 1e Abthl., welche die ersten enthält, $^1/_4$ ꝛß 2e Abthl., welche die letzten enthält, $^1/_4$ ꝛß gr. 12. Dortmund 808, jetzt Krüger. $^1/_2$ ꝛß

Handlungsbriefsteller, Allgemeiner, besonders Frankfurter ... Frankfurt a. M. 1808. V: *Cleminius, Johann Georg.* (Ky)

Handlungsbriefsteller, allgem., besond. Frankfurter ꝛc. (Auch u. d. T.: Anleit. z. kaufmänn. Briefwechsel), (v. J. Geo. Cleminius). 8. Frankf. a. M. 808. 2e v. J. E. Liebhold umgearb. Aufl. 820. Jäger. 1 ꝛß 8 ℊ (vergl. Comptoir-Handbuch).

Handlungs-Briefsteller, allgemeiner, besond. Frankfurter, in vielen brieflichen u. vollstandigen, zum Theil auch auf die Handelsgeschäfte von Frankfurt a. M. besonders berechneten Geschäfts-Darstellungen ꝛc. 3e, des Nachdrucks wegen wohlfeil. Ausg. 8. Frankfurt 837. Jäger. $^3/_4$ ꝛß

„Leipziger Handlungs-Briefsteller, oder nützliches Handbuch der kaufmännischen Correspondenz und der damit verbundenen Wissenschaften", Leipzig 1798. — Vorh.: Büch. der Industrie- und Handelskammer Leipzig. — Neuauflage, Leipzig 1802

Handlungsbriefsteller, Leipziger, für angehende Kaufleute ... Leipz. 1798. V: *Kerndörffer, Hnr. Aug.* (Ky)

— Leipziger, f. angeh. Kaufleute, oder nützl. Handbuch der kaufmänn. Correspondenz ꝛc., (v. H. A. Kerndörfer). 8. Lpz. 798. N. Aufl. 802 u. 20. (Drobisch). 1 ꝛß 4 ℊ

— neuer Leipziger, oder Anleit., alle auf kaufmänn. Geschäfte Bezug habende schriftliche Aufsätze nicht abschreiben, sondern selbst verfertigen zu lernen. N. Aufl. gr. 8. Leipz. 820. (W. Nauck). 1 ꝛß 16 ℊ

— — neuer Leipziger, oder Anleitung, alle auf kaufmännische Geschäfte Bezug habende schriftliche Aufsätze nicht abschreiben, sondern selbst verfertigen zu lernen. Neue Aufl. gr. 8. Leipzig, Sommer. 820.

— -Briefsteller, neuester Leipziger, od. Anleitung alle kaufmänn. schriftl. Aufsätze nicht abzuschreiben, sondern selbst verfertigen zu lernen, mit K. gr. 8. Leipz. Sommer. 816.

Handlungsbuch

„Ott Rulands Hand'ungsbuch", Stuttgart 1843 (Aus der Bibliothek des literarischen Vereins in Stuttgart). — Vorh.: Com. Bibl. Hamburg und Bücherei der Industrie- und Handelskammer Leipzig.

Handlungsbuch, das, Vickos v. Geldorsen. Bearb. v. Hans Nirrnheim. Hrsg. v. Verein f. hamburg. Geschichte. gr. 8. (LXXIX, 199 S. m. 2 Taf.) Hamburg 895. L. Voss. n. 6. —

Handlungs-Correspondent, der, in d. französ., engl. u. deutschen Sprache. 8. Riga 808. Meinshausen. 2 ℔

Handlungs Einverständniss zwischen dem k. k. Hofe und der ottomanischen Pforte, zum Vortheile der österr. Handlung, unter dem Namen Sined. oder Einverständniss, geschlossen den 14. Hornung 1784. Nebst einem Anhange der früheren, die österreichische Handlung in dem türkischen Gebiete begünstigenden Verträge, und des Handlungstraktates zwischen Russland und der Pforte vom 10 Junius 1783. 8. Wien 1785.

Handlungseinverständniß zwisch. d. K. K. Hofe u. d. Ottom. Pforte unt. d. Nam. Sened. od. Verbindlichkeitsacte. 8. Wien, Kaulfuß. 804.

Handlungseinverständniß zwischen d. k. k. Hofe u. der Ottomanischen Pforte unter d. Namen Sened oder Verbindlichkeitsacte. 8. Wien 804. (Schaumburg u. C.) 1 ℔ Hbg. Pr. 16 ℊ

Handlungs-Encyclopädie, allgem. vollständ., od. Conversations-Lex. aller kaufmänn. Wissenschaften f. Banquiers, Kaufleute, Fabrikanten, Apotheker ꝛc. (24 Lfgn.) A — Zym. Nebst Anhang: Die Münz-, Maaß-, Gewichts-, Bank- u. Wechselverhältnisse d. wichtigsten Handelsstädte d. Erde. — Wörterbuch d. kaufm. Geschäftssprache. gr. 8. (188⅞ B.) Gera u. Grimma 835 — 41. [Verlags-Comptoir.] à L. * ⅓ Thlr. *

Handlungserdbeschreibung, allgem., d. österr. Kreislande. 2 Thle. gr. 8. Ronneb. Schumann. 803. 4.

Handlungsgehilfe u. **Prinzipal**, ihre Rechte u. Pflichten. Nach dem gegenwärt. Stande der Gesetzgebg. u. unter Berücksicht. der neuesten höchstrichterl. Entscheidgn. gemeinverständl. dargestellt v. e. prakt. Juristen. 8. (51 S.) Berlin 902. H. Spamer. n. — 75

Handlungsgehilfe, der, u. die kaiserl. Social-Reform. Eine Antwort an den Hrn. Minister v. Bötticher, betr. die Arbeitsverhältnisse im Handelsgewerbe. Bearb. u. hrsg. v. der „Freien Vereinigung der Kaufleute" zu Berlin. gr. 8. (32 S.) Berlin 893. (Buchhdlg. des „Vorwärts".) n. — 25.

Handlungsgehilfen (Die) und die Arbeitskammern. Eingabe, dem Reichstage u. Reichsamt des Innern überreicht vom Zentralverband der Handlungsgehilfen und -Gehilfinnen Deutschlands (Sitz Hamburg). 16°. Hamburg, Max Josephsohn, 1909.

Handlungsgehilfen und Lehrlinge nach dem neuen Handelsgesetzbuch. Ein Leitfaden f. alle Angestellten d. Handelsgewerbes. Anh.: Die neuen Reichstagsbeschlüsse über Ladenschluss u. Arbeitszeit. Text-Abdr. aus d. neuen HGB. *Berlin: Pass & Garleb [1900].* (36 S.) 8° [Ꝺ]
— Recht, Unser neues. II. 5. [ut. 4011

Die Deutschnation u. d. **Handlungsgehilfen-Bewegung**, ihr Werdegang. 4. Aufl. Hamburg Deutschnat. Handlungsgehilfenverband 1909. 70 S. 8°
(Schriften des D. H. V. Bd. 6.) [illegible] 5

Handlungsgehilfen-Forderungen zur Verbesserung des Handelsgesetzbuches s.a. Schriften d. deutschnationalen Handlungsgehilfen-Verbandes Hamburg. 42.

Handlungsgehilfen-Forderungen z. Verbesserung d. Handelsgesetzbuches. Hamburg 1909. 8°

Handlungsgehilfengesetz, das. Gesetz vom 16. I. 1910 über den Dienstvertrag der Handlungsgehilfen u. anderer Dienstnehmer in ähnl. Stellg. In Wirksamkeit vom 1. VII. 1910. Erläutert durch Auszüge aus den Bemerkgn. der Regierg. zu dem Entwurfe des Gesetzes, aus dem Bericht des volkswirtschaftl. Ausschusses des Abgeordnetenhauses u. aus dem Bericht der verein. volkswirtschaftl. u. jurid. Kommission des Herrenhauses. Populäre Handausg. für Dienstgeber u. Dienstnehmer. (31 S.) 8. Wien 910. M. Perles. — 60

Handlungsgehilfentag, deutscher, s.a. Schriften des deutschnationalen Handlungsgehilfen-Verbandes.

Handlungsgehilfentag (Neunter deutscher) 1905. 4 Bände. 8°. Hamburg, Deutschnation. Handlungsgehilfenverband, 1905.

Handlungsgehilfentag, 10. deutscher, 1907. II. Tl.: Verhandlungsschrift üb. die Vollverhandlgn. am 8., 9. u. 10. VI. 1907 in Dresden. 1. u. 2. Bd. (Vollverhandlungen.) (69 u. 66 S.) 8. Hamburg, Buchh. d. Deutschnat. Handlungsgehilfen-Verbandes. 1. —
Schriften des deutschnationalen Handlungsgehilfen-Verbandes Bd. 33. 34.

Handlungsgehilfen-Verband, der deutschnationale. Was ist er und was will er? (80 S. m. Abbildgn.) 16. Hamburg (907). Deutschnation. Handlungsgehilfen-Verband. — 10

Handlungsgehilfen-Verband, deutschnationaler. Englische Arbeitszeit und Sonnabendfrühschluss in kaufmännischen Betrieben (23 S) Hamburg 1910

Der ostpreußische **Handlungsgehülfe**. Monatl. Nachrichten d. Gaues Ostpreußen im Verbande Deutscher Handlungsgehülfen, Leipzig. Jg. 1. No 1. Königsberg i. Pr.: (Gau Ostpreußen im V. D. H.) 1907. 4° [Kopft.] [07. 1909 10

Handlungsgehülfin, die. Wochenschr. für Standesfragen. Organ d. kaufmänn. Damen-Vereins Frankfurt a. M. Schriftleiter: Carl F. Riehl. 1. Jahrg. Apr. 1896 — März 1897. 52 Nrn. (Bog.) gr. 4. Frankfurt a./M., (A. Blažek jun.) 3. —
Weiter nicht erschienen.

Handlungsgesch., fz., d. Europ. Nationen, n. d. Ital. d. Scrofani v. Hagenbruch. 8. Erf. Keyser. 805.

Handlungsgeschichte, Pragmatische, der Stadt Leipzig . . . Leipzig 1772. V: ***Franz, Johann Georg Friedrich.*** **(ML) (CBH) (Cb) (EngG) (ML) (schz) ›1778‹ (Ky)**

Handlungsgeschichte, pragmatische, der Stadt Leipzig, worinnen der Ursprung, das Wachsthum, die Ursachen und die Veränderungen der Handlung aus glaubwürdigen Urkunden und zuverlässigen Zeugnissen beschrieben werden. Leipzig 1772. 8°.

— pragmat., d. St. Leipzig. 8. Lpz. Gleditsch. 772.

Handlungsgeschichte, pragmat., der Stadt Leipzig, (von Jh. Geo. Fr. Franz). 8. Leipz. 778. (Brockhaus). 12 ℊ

Handlungs-Gesellschaften, von, ihrer Auseinandersetzung, Gesellschafts- u. d. Gesellschafter Particular-Gläubigern. Nebst e. correcten Abdrucke d. Frankf. Wechsel-Ordnung, (von Nicol. Meyer). gr. 8. Frankf. 825. Varrentrapp. 1 ℔

„Handlungsgesetzbuch; nach der officiellen Ausgabe aus der kaiserlichen Druckerey, übersetzt von Fr. Lassaulx", Coblenz 1808 (Pauli & Co.).

„Handlungsgesetzbuch; nach der officiellen Ausgabe aus dem Französischen übersetzt von H. Gf. W. Daniels", Köln 1808, 1810 (Keil); 2. Auflage ebenda 1813.

Handlungsgesetzbuch, neues franz., s. Napoleon.

Handlungsgespräche, poln. deutsche. 8. Bresl. Korn d. jüng. 736.

Handlungsgrundsatz. – oder allg. Hauptregeln die Handelschaft in Aufnahme zu bringen. A. d. Italien. Wien 1782.

Handlungsgrundsätze, s.a. Böddecker.

Handlungs-Grundsätze zur wahren Aufnahme der Länder ... Cosmopolis [Hamb.] 1768. 2. Aufl. [Bremen] 1775. V: *Reimarus*, *Joh. Alb. Hnr.* (WR) (SCHR) (CBH)

Handlungsgrundsätze zur wahren Aufnahme d. Länder u. zur Beförder. der Glückseligkeit ihrer Einwohner; aus d. Natur u. Geschichte. Mit Beiträgen. 8. Bremen 774. Cramer. (Wien, Trattner). 8 Gr.

Handlungshaus, das, Hoffmann u. Haase in Magdeburg, dessen Stockung u. Fall. gr. 8. (7¼ B. u. 1 Tab.) Minden 845, Eßmann.

Handlungslehrling, der, Regeln, Grundsätze u. Bemerkn. zu seinem Besten. 1/32. (48 Seit.) Nürnberg 841, Leuchs u. Co.

Handlungspflanzen. Nürnb. 1818. V: *Juch*, *Carl Wilhelm.*

Handlungspflanzen, die, besonders für Materialisten, Droguisten u. Kaufleute, in Kupfern dargestellt nebst einer genauen Beschreibung. 1s Heft. Mit 6 ill. Kpf. Fol. Nürnb. 818. (Stein). 1 Thlr.

Handlungsrecht, Allgemeines Preussisches, eine systematische Sammlung alles desjenigen was in dem allgemeinen Landrecht und der Gerichtsordnung auf Handlungsrecht Bezug hat. Dortm. 1796. V: *Mallinkrodt*, *E.* (OA)

Handlungsrecht, allgem. Preußisches, herausg. von A. Mallinkrodt. gr. 8. Dortm. ... 2e Aufl. 800. 3e Aufl. gr. 8. Hamm 825. Schulz. 16 Gr.

Allgem. Handlungsrecht f. d. preuss. Staaten; e. geordn. Ausz. a. d. allgem. Landr. u. d. allgem. Gerichtsordn. f. d. preuss. Staaten. *Dortmund*, Blothe. (796.) 800. 8. (1 Thl. 12 Gr.)

Handlungsrecht, allgem., f. d. preuß. Staaten. Ein geordn. Auszug aus d. allgem. Landrecht u. d. allgem. Gerichtsordn. In Verbind. mit d. dieselb. ergänz., abänd. u. erläut. Gesetzen, Verordnn. u. Rescripten. 4., verm. Ausg. 8. (22 B.) Hamm 839, Schulz.

Handlungsrecht, allgemeines, für die preußischen Staaten. Ein geordneter Auszug aus dem allgemeinen Landrecht u. der allgemeinen Gerichtsordnung. In Verbindung mit den dieselben ergänzenden, abändernden und erläuternden Gesetzen, Verordnungen und Reskripten. 5. mit Ober-Tribunals-Beschlüssen und Präjudizien rc. bis auf die neueste Zeit ergänzte Ausg. Hamm 853. Wickenkamp. 8. (XXXV, 334 S. und: Die seit dem 1. Febr. 1849 in Kraft getretene allgemeine deutsche Wechselordnung mit dem Einführungsgesetz in Preußen vom 15. Febr. 1850 rc. 49 S.) 25 Sgr

Handlungsreisende, der, wie er sein soll u. was er zu thun hat, um Aufträge zu erhalten u. e. glücklichen Erfolgs in seinen Geschäften gewiß zu sein. Von e. alten Commis-Voyageur. Mit Titkpfr. 12. (9 B.) Ilmenau 832, [Weimar,] Voigt.

Handlungsschematismus, Nürnbergischer. 8. Nürnb. 796. Grattenauer. 12 Gr.

Handlungssysteme, über die jetzigen, Bestimmung d. Kornpreise u. der Kornhandel, (von M. W. v. Arnim). 8. Prenzlau 789. (Maurers B. in Berl.) 14 Gr.

Handlungs-Wissenschaft, die, in ihrem allgemeinen Umrisse. 2 Thle. 8. Wien 813. Rehm. 3 Thlr Schrbp. 4 Thlr 4 Gr.

Handlungswissenschaften, der, 1. Thl., enth. die Comptoirkenntnisse. 3. völl. umgearb. Aufl. v. Fr. Bohn u. B. Montag. 8. (Mit 2 Tab. u. 1 lith. Taf.) Quedlinb. 845, Ernst. 5/6 Thlr

Handlungswörterbuch. 8. Regensb. 768. Montag u. W. 4 Gr.

Handlungs- u. Fabrik-Wörterbuch, bergisches, in deutscher, französ. u. engl. Sprache. 8. Elberf. 811. Mannes. 20 Gr.

— kleines vollst. terminolog., 2e Aufl. 8. Hamb. (802). (Herold jun.) 8 Gr.

Handlungszeitung oder wöchentliche Nachrichten von Handel, Manufakturwesen ... Gotha 1784—99. H: *Hildt*, *Joh. Adolph.* (MS) (MGT) (KY)

— oder wöchentl. Nachrr. v. Handel, Manufakturwesen u. Oekonomie, (herausg. v. J. A. Hildt). 1r — 15r Jahrg. 1784 — 98. gr. 8. Gotha 784—92. Ettinger. 22 Thlr 12 Gr. 1793 — 98. ...

— v. J. A. Hildt. Gotha. f. 1793 - 98.

Handlungszeitung, Allgemeine, für die Jahre 1786[—90]. Leipzig. H: *Schröckh*, *Samuel Jacob.* (MGT) (KY)

Handlungszeitung, allgemeine, Jahrg. 1793—810. gr. 4. Nürnberg, Expedition der Handlungs-Zeitung. (à 3 Rthlr. 8 gr.)

—-Zeitung, allgemeine, 18r—22r Jahrg. 1811—15. gr. 4. Nürnb. Comt. d. allgem. Handlungs-Zeitung. jeder Jahrg. 6 Rthlr. 16 gr.

Handlungszeitung, allgemeine. 23r bis 28r Jahrg. 1816 — 1821. gr. 8. Nürnberg, Compt. der allg. Handl. Zeitung. à Jahrg. 6 Rthlr. 16 Gr.

Handlungs-Zeitung, allgem., mit d. neuesten Erfindungen u. Verbesserungen im Fabrikwesen, u. in d. Stadt- u. Landwirthschaft. 29r — 34r Jahrg. 1822 — 27. gr. 4. Nürnb., Contor d Handl. Ztg. à Jahrg.

Handlungs-Zeitung, allgem., mit d. neuesten Erfindungen u. Verbessern. im Fabrikwesen, u. in d. Stadt- u. Landwirthschaft. 35 — 41. Jahrg. 1828 — 34. à ca. 156 Nrn. (Bog.) gr. 4. Nürnberg, Contor d. Handlungs-Zeitung. à
1 — 17. Jahrg. 1794 — 1810. à 8 Thlr 8 Gr. — 18 — 28 J. 1811—21. à 6 Thlr. 16 Gr. — 29—34. J. 1822—27. à 5 Thlr. 15 Gr. Ebendas.

Handlungs-Zeitung, allgem., hrsg. v. Erhard Friedr. Leuchs. 42 — 44. Jahrg. 1835 — 37. à 12 Hfte. gr. 4. Nürnberg, Leuchs u. Comp. à *
Wurde 1838 mit der: Allgem. polytech. Zeitung, vgl. diese, verschmolzen. — 1—41. Jahrg. 1794—1834. s. 8. Bd. 1. Abthl. S. 316.

Handlungszeitung, Allgemeine kaiserl. und königl. privilegirte, und Anzeigen, nebst monatlichen Beyträgen für das Neueste und Nützlichste der Chemie, Fabrikenwissenschaft . . . Nürnb. 1793—1802. H: *Leuchs, Joh. Mich.* (wö)

Handlungszeitung, allgemeine, u. Anzeigen, herausg. v. J. M. Leuchs. 1r Halb-Jahrg. 794. 2r—39r Jahrg. 795—832. gr. 4. Nürnb., Contor der Handl.-Zeit. à Jahrg. 3 ß 8 K u. 6 ß 16 K u. Jahrg. 822 — 32. à Jahrg. 5 ß 15 ß

— allgem. Leipziger, (v. S. J. Schröckh) auf 1786 Juli bis Dec. u. 1787, 88. gr. 8. Leipz., Schwickert. 5 ß auf d. J 1789, 90. gr. 8. Ebd. (Graffé). 4 ß

Handlungszeitung, Allgemeine Niederrheinisch-Westphälische. –
Wuppertal. – 1 IV. 1803 – 16. I. 1805.
Fortges. u. d. T.: Niederrheinisch-Westphälische Allgemeine Zeitung.

Schröckh, Samuel Jak. (Herausgeber): „Leipziger Europäische Handlungszeitung" (später „Allgemeine Handlungszeitung") auf 1786 (Juli—Dezember) und 1787, 1788 (Stücktitel), Leipzig (Schwickert); auf die Jahre 1789, 1790 Leipzig (Graffé). — Vorh.: Bayerische Staatsbibliothek München. — Bandtitel: „Allgemeine Handlungszeitung aufs Jahr 1786 (— 1790).

Handlungs- u. Industrie-Zeitung, neue allgem. Wiener, od. Mittheiln. d. Neuesten, Gemeinnützigsten u. Wissenswürdigsten aus d. Gebiethe d. Handels, d. Fabriks- u. Gewerbswesens, d. Haus- u. Landwirthschaft u. d. Kunst. 1. Jahrg. 1827. Hrsg. v. Al. Hofmann. July—Dec. 52 Nrn. Mit Vign. gr. 4. Wien, Ludwig.

—— dies. 2. Jahrg. 1828. Hrsg. v. M. A. Diesing. Jan.—Juny. 52 Nrn. Mit Vign. gr. 4. Ebds.

Krüger, W. (Herausgeber): „Preussische Handlungszeitung auf das Jahr 1801; eine Sammlung von Aufsätzen merkantilischen Inhalts", Berlin, Januar—Juni 1801 (Duncker & H.).

— Preußische, auf 1801. 6 Stcke. Herausg. v. W. Krüger. gr. 4. Berl. 801. Duncker u. H. 2 ß

Kühn, H. (Herausgeber): „Preussische Handlungszeitung für Kaufleute, Geschäftsmänner und Landwirthe", Berlin ab 1826 (Enslin, später Herold).

—— **Preuss., f. Kaufleute, Geschäftsmänner u. Landwirthe. Redig. v. H. Kühn. 1829, 104 No. gr. 4. Berlin, (Enslin'sche Buchh.)**

—— **dies. Jahrg. 1831—33, hrsg. v. dems. à 156 Nrn. (½ B.) gr. 4. Berlin, Hold.** à

Handlungs-Zeitung, Preuss., für Kaufleute, Geschäftsmänner u. Landwirthe. Red. u. Hrsg.: H. Kuhn. 21 u. 22. Jahrg. 1847 u. 1848. à 156 Nrn. gr. 4. (½ Bog.) Berlin. (Geelhaar.) à n. 5⅓ ß

„Wiener Handlungszeitung, darinn alle merkwürdige neuere Vorfälle in dem Handlungswesen von Europa . . . berichtet werden", Nr. 1—54, Wien 1783—1784 (Allg. Correspondenz-Expedition). — Vorh.: Wien, Bibl. v. Portheim.

Haendly, Car (geb. Deuna in Thür 30. 8 1832) De ulcere ventriculi chronico simplici. Berolini (1860). (32 S.) 8°
Berlin, Med. Diss. v 3. Okt. 1860

Haendly, Paul, a. Berlin: Hemianopsie und Hemianästhesie als direkte Herdsymptome bei Hirnblutungen. Berlin 1907: B. Paul. (25 S.) 8°
Heidelberg, Med. Fak., Ref. Vierordt, Diss. v. 1907
[Geb. 15. März 83 Berlin; Wohnort: Berlin; Staatsangeh.: Preußen; Vorbildung: Gymn. Berlin Reife O. 01; Studium: Bonn 1, München 1, Bonn 2, Heidelberg 3, Berlin 1, Heidelberg 2 S; Coll. 13. Juli 06; Approb. 7 Febr. 07.]

Handmann, Bernh., Inspektor Flamm. Humoristisches aus dem Reiseleben. (109 S. m. Abbildgn.) 8. Chemnitz (906). H. Thümmler. n. — 50

Handmann, Bernh., das walte Gott!, s.: Zehnpfennig-Bibliothek, moderne. VI. 7.

— das walte Gott! Kriminalroman. (247 S.) 8. Dresden 905. E. Pierson. n. 3. —

Das walte Gott! Kriminalroman von Bernhard **Handmann.** Neurode, Hamm, Speyer: W. W. E. Klambt [1907]. (160 S.) 8° [F.]
— **Zehnpfennigbibliothek,** Moderne. Jg. 6, Bd 7. [08. 7097 2]

Handmann, Ernst, a. Madras: Über das Hirngewicht des Menschen auf Grund von 1414 im pathologischen Institut zu Leipzig vorgenommenen Hirnwägungen. Leipzig: Veit & Co. 1906. (40 S.) 8°
Leipzig, Med. Fak., Ref. Marchand, Diss. v. 11. März 1906
[Geb. 5. März 81 Madras; Wohnort: Bremen; Staatsangeh.: Sachsen; Vorbildung: Thomasgymn. Leipzig Reife O. 00; Studium: Leipzig 4, Freiburg i. B. 1, Leipzig 5 S.; Coll. 8 Nov 05; Approb. 11. März 06.]

Handmann, *Johannes* Martin [aus Tritschinopoly]: Aus d. pharmakolog. Institut d. Univ. Leipzig. Ueber Kosotoxin, einen wirksamen Bestandtheil der Flores Koso . . . M. 1 Abb. (Aus: Arch. f. experiment. Pathol. u. Pharmakol., Bd XXXVI.) Leipzig, Druck v. J. B. Hirschfeld, 1895; 29 S. 8.
Leipzig, Med. Fak., Inaug.-Diss. v. 25. Juli 1895

Handmann, Rich., das Christentum als Weltreligion. Umschau auf dem Gebiete der gesamten evangel. Mission am Ende des 19. Jahrh. gr. 8. (24 S.) Leipzig 901. Verlag der ev. luther. Mission. n. — 20

Handmann, Rich., Erfahrungen und Winke in Betreff der Feier von Missionsfesten. [Aus: „Jahrb. d. sächs. Missionskonferenz 1891".] Mit einem Missionsliede u. Missionsgebete. 8. (9 S.) Leipzig 891. Verlag der evang. luther. Mission. n.n. — 05

— das Hebräer-Evangelium, s.: Texte u. Untersuchungen zur Geschichte der altchristl. Literatur.

Handmann, Rich. Der Kampf der Geister in Indien, s. Zeitfragen d. christlichen Volkslebens.

Handmann, Richard: Carl Friedrich Kremmer, e. Missionar bis zum Tode,
s. Palmzweige v. dem ostindischen Missionsfelde.

— die evang.-luther. Missionanstalt zu Dresden u. Leipzig, s.: Palmzweige v. d. ostind. Missionsfelde. Gr. Ser. 4.

Handmann, R., das Missionsziel der Erbauung e. evang.-luther. Volkskirche im Tamulenlande. Missionsstudie. (20 S.) 8. Leipzig (908). Verlag der ev.-luth. Mission. — 20

— Perijanâsachen, e. tamulischer Pastor, s.: Palmzweige aus d. ostind. Missionsfelde.

Handmann, Rich., s.: Palmzweige a. d. ostind. Missionsfelde.

Handmann, Richard: Pâkianâda Püllei's Selbstbiographie,
s. Palmzweige v. dem ostindischen Missionsfelde.

Handmann, Richard: Spuren Immanuels in d. Geschichte d. evang.-luther. Mission unt. d. Tamulen,
s. Sammlung v. Missionsschriften.

Handmann, R., Jogi Surappen, der Zemindar v. Kilkotei. Eine Bekehrungsgeschichte aus dem Gebiete der evang.-luth. Bekehrungsstation zu Tritschinopoli in Ostindien. Leipzig 870. (J. Naumann.) gr. 16. (56 S.) n. 5 ngr.

— der Symbolismus des Herzens u. seine natürliche Grundlage. 2., verm. u. verb. Aufl. (III, 75 S.) 8. Graz 904. Styria. n. — 85

— die evangelisch-lutherische Tamulen-Mission in der Zeit ihrer Neubegründung. Ein Beitrag zur Geschichte der evangel. Mission im 19. Jahrh. Mit 22 Portr., 1 Bild u. 2 Karten. (X, 478 S.) gr. 8. Leipzig 903. J. C. Hinrich's Verl. n. 4. 80; geb. in Leinw. n. 5. 80

Handmann, Richard: Überblick üb. d. Gebiet d. evang.-luther. Mission im Tamulenlande, s. Sammlung v. Missionsschriften.

Handmann, Rich., Umschau auf dem Gebiete der evangelisch-lutherischen Mission in Ostindien, s. Sammlung von Missionsschriften.

Handmann, Rich, was ist die Aufgabe eines Missionars? Darlegung der einzelnen Zweige der Missionsarbeit, m. besond. Berücksicht. der ev.-luther. Tamulenmission. Eine Missionsstudie. (33 S.) 8. Leipzig 904. Verlag der ev.-luther. Mission. n. — 20

— d. Weihnachtsfeier d. Tamulenchristen, s.: Palmzweige aus d. ostind. Missionsfelde.

Handmann, Rudolf

Handmann, R., die internationale elektrische Ausstellung in Wien 1883. Ein Übersichtsbild der vorzüglichsten bisher. Leistungen auf elektr. Gebiete. gr. 8. (57 S. mit eingedr. Fig. und 2 Holzschntaf.) Münster 884, Aschendorff'sche Buchh.
Aus: Natur und Offenbarung, besonders abgedruckt.

Handmann, Rud., Bericht über den Egger'schen elektromagnetischen Motor. [Mit 1 (lith.) Taf. u. 6 (eingedr.) Holzschn.] [Aus: „Sitzungsber. d. k. Akad. d. Wiss."] Lex.-8. (62 S.) Wien 878. Gerold's Sohn in Comm. n. 1. 50

Handmann, Rud., kurze Beschreibung [Charakteristik] der häufigsten u. wichtigsten Tertiärconchylien d. Wiener Beckens. Mit 8 Fig.-Taf. 12. (164 S.) Münster 889. Aschendorff. n. 2. 40

— mikroskopische Bilder aus der höher organisierten Pflanzenwelt, s.: Jugend- u. Volks-Bibliothek naturwissenschaftl. 28. Bdchn.

Handmann, Rud., S. J., mikroskopische Bilder aus der höher organisierten Tierwelt, s.: Jugend- u. Volksbibliothek, naturwissenschaftl. 32. Bdchn.

Handmann (R.). Die fossile Conchylienfauna von Leobersdorf im Tertiärbecken von Wien. Münster 1887. 8. Mit 8 Figurentafeln.

-- dasselbe aus dem Zellleben u. der niederen Tier- u. Pflanzenwelt, s.: Jugend- u. Volksbibliothek, naturwissenschaftl. 27. Bdchn.

Handmann, Rud., die fossile Conchylienfauna von Leobersdorf im Tertiärbecken von Wien. gr. 8. (47 S. mit 8 Fig.-Taf.) Münster 887, Aschendorff'sche Buchh. * 2 40

Handmann, Rud., S. J., allgemeine Einführg. in die geistl. Übungen des hl. Ignatius v. Loyola, Stifters der Gesellschaft Jesu. Als Mscr. gedr. 8. (IV, 340 S.) Salzburg 899. A. Pustet. n. 3. —

Handmann, R., S. J., die Idee der geistlichen Übungen nach dem Plane des hl. Ignatius v. Loyola, s.: Hettinger, Frz.

Handmann, Rud., S. J., das Mikroskop u. seine Anwendung im allgemeinen, s.: Jugend- u. Volksbibliothek naturwissenschaftliche. 18. Bdchn.

— der neue Egger'sche electromagnetische Motor u. die electromagnetische Triebkraft im Allgemeinen. Mit 32 in den Text gedr. (Holzschn.-)Abbildungen u. 1 Taf. gr. 8. (VI, 143 S.) Münster 879. Aschendorff. n. 2. —

—— die Neogenablagerungen des österreichisch-ungarischen Tertiärbeckens. gr. 8. (III, 71 S. mit 86 Orig.-Zeichnungen auf 8 Taf.) Münster 888, Aschendorff'sche Buchh. * 2 40

—— die menschliche Stimme und Sprache in physiologisch-psychologischer Beziehung. gr. 8. (VIII, 230 S. mit 27 in den Text eingedr. Fig.) Ebendas. 887. Münster Handmann, Rud 4 —

(F) **Handmann**, R., Die geistlichen Übungen des heiligen Ignatius von Loyola. 8°. (193 S.) K 1.80, geb. K 2.40
Graz. Styria 1904.

-- verba vitae aeternae, s.: Illsung, Jac.

— das Vorkommen v Cordiorit u. Cordiorit-Gesteinen bei Linz u. ein Vergleich m. den diesbezüglichen Vorkommnissen im bayerischen Wald, nebst einer Erklärung ihrer Entstehungsweise. (34 S. m. 3 Taf. u. 3 Bl. Erklärgn) gr. 8. Linz a/D. 904. Museum Francisco-Carolinum. (Nur direkt.) n. — 33

— Aus der kleinen Welt des unbelebten Stoffes, s.: Jugend- und Volksbibliothek, naturwissenschaftliche.

Hand-Ordbok ny Engelsk och Svensk, s.: Pocket-Dictionary.

Handorff, F[ranz] von: Die Ausführung von Kreisteilungen in der Maschinentechnik. Berlin: S. Fischer 1903. 19 S. 4° ¶ Aus: Zeitschrift f. Werkzeugmaschinen u. Werkzeuge. Jg. 7. 1902/03.
Hannover, Dr.-Ing.-Diss. v. 27. 2. 1903

Hand-Pädagogik, kleine. Goldene Worte f. Eltern, Lehrer u. Erzieher beiderlei Geschlechts zum prakt. Gebrauch. Bearb. u. hrsg. v. e. Kinderfreundin. (43 S.) 16. Wien, (Sallmayer'sche Buchh.) — 50

Handpostille oder katholische Unterrichtungen auf alle Sonn- und Festtage ... Münster 1845. V: *Darup, Franz Wilh.* (Rass)

Handrack, E., orohydrographische Karte des Königr. Sachsen. 2. verb. Aufl. Fol. (mit 4 S. Text in gr. 8.) Dresden 872, Kubel. *

—— Kartennetz zur orohydrographischen Karte vom Königr. Sachsen. Fol. Ebendas. 872. *

Handrack, Ed., das Schnell-Schönschreiben in der Volksschule, s. Schulze, J.

Handruck, Ed., Vaterlandskunde f. sächsische Volksschulen. Mit besond. Berücksicht. d. Gewerbebetriebs. gr. 8. (IV, 76 S.) Dresden 876. Huhle. n. — 50; cart. n.n. — 65

— Vaterlandskunde f. sächsische Volksschulen. Mit besond. Berücksicht. d. Gewerbebetriebs bearb. 2., verb. Aufl. Mit 1 Karte. gr. 8. (IV, 80 S.) Dresden 888. Huhle. n. — 75; geb. n. — 90

Handreichung, christliche, für Dienende. Neue umgearb. Aufl. 12. (VIII u. 166 S.) Nürnberg 852, Raw. 1/6 ₰ geb. 6 ngr

Handreichung, christl., f. Dienende weibl. Geschlechts. 12. (Halle, Waisenhaus-B.) 821.

Handreichung zur rechten Führung des geistlichen Amtes nach außen und nach innen. Breslau o. J. V: *Lang, Gustav.* (Russell III, 458)

Handreichung zur rechten Führung des geistlichen Amtes nach außen u. nach innen. Breslau 862. Dülfer. 8. (VIII, 101 S.) n. 10 ngr

Handreichung, eine geistliche, nach dem Rathe d. Herrn. 8. Leipz. Kummer. (in Comm.) 811.

— eine, f. ein Haus der Noth. 8. (46 S.) Berlin 851, Wohlgemuth's B. (W. Schultze) in Comm. 1/4 ₰

Handreichung für den Kindergottesdienst. 1.—3 Heft. gr. 8. Berlin, Deutsche Sonntagsschulbuchh. 1. 70
Aus dem Briefwechsel m. einer Besinnlichen, hrsg. v. Charlotte Fels. (36 S.) 910. (Hft. 4.) — 40
Jangauf, Karl, lerne vom Gegner! Selbstkritik am Betriebe unserer Kindergottesdienste. (36 S.) 910. (Hft. 3.) — 40
Kritzinger, W., Erziehung des Kindes zum Gebet. (24 S.) (909). (Hft. 2.) — 40
Romberg, W., zur Methodik des Kindergottesdienstes. 2. Aufl. (41 S.) (909). (Hft. 1.) — 50

— f. d. Krankendienst. 12. (19 S.) Berlin 899. Deutsche ev. Buch- u. Tractatgesellschaft. n. — 20

— dasselbe, s.a. Für dich. Nr. 12.

— für den Krankendienst. (19 S.) Berlin 1899. Deutsch. Evangel. Buch- und Traktatgesellschaft.

Handreichung für die Pflege und Erziehung der Kleinen. 1. und 2. Heft. 8. (96; VIII, 86 S.) Barmen 878,79, Klein. à Heft * ℳ 1,20. * 2 40

Handreichung für die Pflege und Erziehung der Kleinen. Für Kleinkinderpflegerinnen ... Karlsruhe 1888—9?. V: *Brandt, M. G. W.* (Ky)

Handreichung f. die Pflege u. Erziehung der Kleinen. Für Kleinkinderpflegerinnen u. Mütter, sowie Vorstände v. Kleinkinderschulen. (Von M. G. W. Brandt.) 1. u. 2 Hft. gr. 8. Karlsruhe, Ev. Schriftenverein f. Baden. à n. 1. —
1. 2., durchgeseh. Aufl. (VIII, 91 S.) 888.
2. (VIII, 85 S.) Nonnenweier 879.

— für Sonntagsschule u. Kindergottesdienst. Hrsg. v. Rothweiler. 1. u. 2. Jahrg. (1909 u. 1910. 52 Nrn. 104 u. 112 S.) 8. Elberfeld. Buchh. der ev. Gesellschaft f. Deutschland. à Jahrg. nn — 40

Handreichung beim Unterricht in der biblischen Geschichte. Berlin 1851. 3. Aufl. 1859. V: *Weitling, J. C. F.* (zu) (Ky)

Handreichung beim Unterricht in der biblischen Geschichte. (Von J. C. F. Weitling.) 3. Aufl. 1856(59) * 3⅓ Ngr. und 4., verm. und verb. Aufl. 8. (IV und 44 S.) Berlin 861, W. Schultze. Thlr. *

— zur Vertiefung christlicher Erkenntnis. Hrsg. v. Jul. Möller u. W. Zöllner. 1.—4. Hft. gr. 8. Gütersloh 897. C. Bertelsmann. n. 2. 80
1. D. Leben d. Aurelius Augustinus (Bischofs v. Hippo). Von Jul. Möller. (IV, 48 S.) n. — 60
2. Amos u. Hosea. Von W. Zöllner. (VI, 77 S.) n. 1. —
3. Der Pietismus und A. H. Francke. Von Frdr. Palmié. (45 S.) n. — 60
4. St. Johannes, d. Apostel. Von Geo. Stosch. (52 S.) 897. n. — 60

Handreichung zur Vertiefung christlicher Erkenntnis. Hrsg. v. Jul. Möller u. W. Zöllner. 5.—8. Hft. gr. 8. Gütersloh, C. Bertelsmann. n. 6. 10
5. Paulus, der Apostel Jesu Christi. Von Otto Zöckler. (99 S.) 899. n. 1. 40
6. Einführg. in die christl. Kirchenbaukunst. Von Ernst Ziegeler. Mit 70 Abbildgn. (VII, 74 S.) 900. n. 1. 50; geb. n. 2. —
7. Christi Leidensgeschichte das Meisterwerk der göttlichen Vorsehung. Von Herm. Werner. (106 S.) 902. n. 1. 40
8. Die alttestamentliche Heilsgeschichte, übersichtlich dargestellt. Von Wilh. Volck. (VII, 125 S.) 903. n. 1. 80

Handreichung zur Vertiefung christlicher Erkenntnis. Hrsg. v. Jul. Möller u. W. Zöllner. 9.—11. Heft. gr. 8. Gütersloh, C. Bertelsmann. 3. 40
Kalties, H., der Begriff der Offenbarung. (48 S.) 909. (Hft. 11.) — 80
— Der Lutherische Sakramentsbegriff. (51 S.) 908. (Heft 10.) — 80
Samtleben, G., die biblischen Wunder, ihre Möglichkeit u. Wirklichkeit beleuchtet. (VIII, 120 S.) 907. (Hft. 9.) 1. 80

Handreichung, wie e. christliche Hebamme ihres Dienstes warten soll. 16. (16 S.) Schweidnitz 892. L. Heege. Kart. n. — 20

Handreichungen für Volks- u. Familien-Abende. Hrsg. im Auftrage des deutschen Vereins f. ländl. Wohlfahrts- u. Heimatpflege. 1.—4. Heft. 8. Berlin, Deutsche Landbuchh. n. 2. 20
1. Die Vorführung v. Lichtbildern. Kurz gefaßte Beschreibung der notwend. Apparate nebst Anweisg. f. ihre prakt. Handhabung. Von Frz. Fürstenberg. Mit zahlreichen Abbildgn. (54 S.) 904. n. 1. —
2. Das deutsche Volkslied. Ein Vortrag f. Volksunterhaltungsabende. Von Karl Becker. — Ein Volksliederabend mit lebenden Bildern. Von Elisab. Postler. — Programme von Volksliederabenden aus verschiedenen Vereinen. (64 S.) 904. n. — 75
3. Wie es den Arbeitern in der Großstadt ergeht. Ein Bericht aus d. Großstadtleben. Von M. Heller. (32 S.) 905. n. — 25
4. Die Liebe zu unserer Dorfheimat — der Quell der Volksgesundheit. Vortrag, geh. zu Affolterbach in Hessen, am 6. V. 1906. Von K. Hesselbacher. (15 S.) 906. n. — 20

Handreichungen f. Volks- u. Familien-Abende. Hrsg. im Auftrage des deutschen Vereins für ländl. Wohlfahrts- u. Heimatpflege. 5. Heft. 8. Berlin, Deutsche Landbuchh. 1. —
Das deutsche Dorf. Ein Vortrag zu e. Lichtbilderserie. Von Ludw. Ahrens. (40 S.) 910.
Hft. 1—4. Ebd. 904—08. 2. 20.

Handreise, kl., v. Walther Bergius. 8. Penig, Dienemann. 802.

Fr. P.

Handreise, kleine, von Walth. Bergius, 8. Penig 802. Dienemann. (Leich in Leipz.) 1 ₰ fein Pap. 1 ₰ 12 ℛ

Handreise, Kleine, von Walther und Bergius. Penig 1803. V: *Kanne, Joh. Arnold.* (MGT)

Handrick, Alfr Einige Aufgaben aus der sphärischen Astronomie. 13 S u. 4 Taf. **Progr.** *Neuhaldensleben* 1881.

Handrick, Eduardus: Commentarius criticus et exegeticus in quintam Persii satiram.
Halle-Wittenberg, Phil. Diss. v 30 Aug. 1830
Geb. [Wettaburg (Kr. Naumburg a. d. S.) 1805; dort nicht im KB]
Ms. fehlt. — Vom Verf. ersch.: Disputatio de nonnullis quintae Persii satirae locis. Torgau 1846: Wideburg. 15 S. 8° (4°) Gymn.-Progr. Der Name des Vaters lautet bei dessen Trauung (Grossgestewitz 4 p Trin. 1799) Handrück.

Handrick, E., De nonnullis quintae Persii satirae locis. Pr. 1846. 15 S. 4°.

Handrick: Uebersetzung der 5. Satire des Persius 11 S.–Torgau, Progr. 1853

Handrick, Franz. **Bibliographie der Freiburger Literatur (*1902: Litteratur) für die Jahre 1900 und 1901 u. für das Jahr 1902. Zusammengestellt von Franz Handrick.** ([Sep.-Abdr. aus:] Freiburger Geschichtsblätter.... [Jahrg.] 8 u. [9].) 23 S. u. S. 226—239. 8. [Freiburg i. Ue., Universitätsbuchh., 1901 u. 1902.]

Handrick, Franz. **Die Einverleibung der bernisch-freiburgischen Vogtei Schwarzenburg in den Kanton Bern.** [Sep.-Abdr. aus: Freiburger Geschichtsblätter.... Jahrg. 8.] 21 S. 8. [Freiburg i. Ue., Universitätsbuchh., 1901.]

Handrick, Kurt, aus Zittau Zur **Kenntnis** des Nervensystems und der Leuchtorgane von Argyropelecus hemigymnus. Mit 2 Taf. u. 2 Abb. im Text. *Stuttgart: E. Nägele 1901.* (65 S.) 4° (= Zoologica, H 32)
Leipzig, Phil. Diss. v. [6 Mai] 1901

Handrick, Kurt, zur Kenntnis des Nervensystem u. der Leuchtorgane des Argyropelecus hemigymnus, s.a. Zoologica. 32. Hft.

Zur Kenntnis des Nervensystems und der Leuchtorgane des Argyropelecus hemigymnus. Von Kurt **Handrick** in Zittau. Mit 6 Taf. *Stuttgart: E. Nägele 1901.* (68 S.) 4°
= Zoologica. H. 32. [01. 5947

Handrock, erste homilet. Verwertung der v. evang. Oberkirchenrate u. d. Generalsynode für kirchl. Gebr. im J. 1898 festgest. alttestamentl. epistol. u. evang. Lektionen. gr. 8. (VI, 242 S.) Naumburg 898. (J. Domrich.) n. 2. —

Handrock, Jul., **mechanische Studien für Pianoforte. Eine Auswahl unentbehrl. Uebungen vom ersten Anfang bis zur höchsten Ausbildung fortschreitend in streng method. Ordnung mit erläut. Anmerkungen. qu. 4. (VIII und 48 S.) Halle 863, Schmidt's Verlag.**

Handrock, R.

— ich glaube. Eine Mitgabe f. das Leben. 8. (VI, 74 S.) Ebd. 894. n. 1. 50; geb. n. 2. 25

Handrock, R., an Deutschlands Kinder. Den Helfern u. Helferinnen evangel. Kindergottesdienste gewidmet. 8. (32 S.) Halle a/S. 893. (E. Strien. — 25

Hands, T.
Numerical Exercises in Chemistry. (Inorganic.) London, 1884. 8vo.

Hand-Schatten. 18 neue unterhaltende Schattenbildungen mit der Hand darzustellen. gr. 16. (18 Stnt.) Hamburg 863, Gebr. Spiro. In Couvert.

Hand- u. Hausschatz zur Pflege der Gesundheit u. ärztlicher Ratgeber in **Krankheitsfällen.** Unter Mitwirkg. tücht. Fachmänner bearb. v. F. Dornblüth, Dyrenfurth, Gollner, v. Guérard, S. Ruhemann. 6 Bde. 8. Stuttgart 888. Brettinger. à Bd. n. 1. 20; geb. à n. 1. 50

1. 2. Bock Hufeland's hausärztliches Buch vom gesunden u. kranken Menschen in 2 Bdn. Mit 2 lith. Taf. u. Anh. üb. Bäder, Milch u. Luftkuren 2c. Bearb. v. F. Dornblüth, Dyrenfurth, Gollner, v. Guérard, S. Ruhemann. Ein medizin. Hauslexikon. 2 Bde. Mit 2 lith. Taf. (XII, 196, 192 S.)
3. Handbuch der Kinderkrankheiten. Gemeinverständliche Belehrgn. f. Mütter u. Pflegerinnen. Von Gollner. (V, 95 S.)
4. Allgemeine Gesundheitspflege. Hygienische Briefe v. Gollner. (VIII, 111 S.)
5. Gesundheitspflege d. Kindes. Guter Rat über Mutter u. Pflegerinnen-Pflichten. Von Fr. Dornblüth. (VIII, 152 S.)
6. Leben u. Pflege d. Weibes. Von M. Dyrenfurth. (VIII, 95 S.)

Handschin. Heinrich H' von Rickenbach (1830 1894). Sein Lebenslauf, sein Begräbnis und seine Stiftung. Mit einem Bildnis [Tafel]. Dem Druck übergeben durch die Regierung von Baselland. 5. Liestal 1894. Ludin.

Das Sprichwort bei Hans Sachs. By Charles Hart **Handschin.** I. Madison, Wisc.: (Univ.) 1904. 8°
= Bulletin of the Univ. of Wisconsin. Philol. and Lit. Ser. Vol. 3, No 1. [05. 8771 4

Hand-Schreiben Ihro Königl Majestät (Friedrich Wilhelm I.) in Preussen (d. d. Berlin, den 7. Juli 1711) An den Herrn Hertzogen Carl Friderich Durch den Land-Rath von Bassewitz In Stockhor. übergeben ... O. a. J. 4 k

HAND-Schreiben, Verwechselte curieuse Hamburg (c. 1710). 4°. Rar!
Bibl. J. A. Fabricii III. Hbg 1739. p. 554.

Handschrift, die. Blätter f. wissenschaftl. Schriftkunde u. Graphologie. Unt. Mitwirkg. v. A. Erlenmeyer u. W. Preyer hrsg. v. W. Langenbruch. 1. Jahrg. 1895. 9 Nrn. (Bog. m. Schriftprob.) Lex.-8. Hamburg, L. Voss. n. 6. —; einz. Nr. n. 3. —
Weiter nicht erschienen.

Handschrift, Allerneueste Königinhofer. Tschechische Geschichten aus Tausend und Einer Nacht. Düsseldorf [1890]. V: *Willomitzer, Joseph.* (Kü XVI, 1316)

Handschrift, allerneueste Königinhofer. Tschechische Geschichten aus 1001 Nacht. gr. 4. (S. 535—572 m. Illustr.) Düsseldorf 889. F. Bagel. n. 3. —

Handschrift, die Dresdner, **der Chronik des Bischofs Thietmar v. Merseburg. Mit Unterstützg. der Generaldirektion der kgl. sächs. Sammlgn. f. Kunst u. Wissenschaft, der König-Johann-Stiftg. u. der Zentraldirektion der Monumenta Germaniae historica in Fksm. hrsg. (v. Ludw. Schmidt). (385 Taf. m. IV S Text.) Lex.-8. Dresden 905. F. & O. Brockmann's Nachf.** n.n. 300. —
Die Exemplare werden erst nach Eingang der Bestellung einzeln hergestellt.

Handschrift. Die eigenhändige H' der Eidgenössischen Chronik des Aegidius Tschudi.... Njbl. Zürich s.a. [Wyss, Georg von].

Handschrift, Die eigenhändige, der eidgenössischen Chronik des Ägidius Tschudi in der Stadtbibliothek Zürich. Zürich [1889]. V: *Vögelin, Friedrich Salomon.* (Cat. der Stadtbibl. Zürich. Zürich 1864—97.)

Text . . . Charlottenburg 1894. Ü (Text): *Walther, Jos.* (Berl)

Die **Handschrift** von Exeter. Metra d. Boetius, Salomo u. Saturn, d. Psalmen. Hrsg. v. Bruno Assmann. Nebst e. Lebensskizze Grein's v. Richard Paul Wülker u. m. Grein's Bildn. (In 2 Hälften) *Leipzig: G. H. Wigand 18(97.)98.* (6 Bl., 246 S., 1 Bl., 1 Portr.; XII S., 2 Bl., 242 S., 1 Bl.) 1 Bd 8.
= Bibliothek d. angelsächsischen Poesie. Bd III. [98. 1181]

Handschrift auf unbekannte Art von St. Helena gekommen. A. d. Franz. von W. J. Krug. London [Zürich] 1817. V: *Montholon, Charles Tristan Comte de.* (Wr)

Handschrift, auf unbekannte Art von St. Helena gekommen. Aus dem Französ. Mit Anmerkk. u. e. Nachschrift vom Prof. (T. W.) Krug. 2e Aufl. gr. 8. Leipz. 817. Rein. 12 gGr. Dass. aus d. Französ. 8. Zürich 817. Orell. [illegible]

Handschrift, die Heidelberger, cod. Pal. germ. 341, hrsg. v. Gust. Rosenhagen, s.a. **Texte**, deutsche, des Mittelalters.

Die Heidelberger Handschrift cod. Pal. germ. 341 hrsg. von Gustav Rosenhagen. Mit 2 Taf. Berlin: Weidmann 1909. XLI, 251 S. 8°
(Kleinere mittelhochdeutsche Erzählungen, Fabeln u. Lehrgedichte. 3.)
(Deutsche Texte d. Mittelalters. Bd 17.)

Handschrift, keine schlechte mehr. Schönschreib-Apparat „Ideal". qu. hoch 4. (16 S. m. 2 S. Erläutergn. auf dem Umschlag u. 1 Durchpausebl.) Hof (900). R. Lion Kart. n. 1.20; Ausg. f. latein Schrift zu gleichem Preise.

— — die Königinhofer. Eine Sammlung lyrisch-epischer Nationalgesänge. Aus dem Altboehmischen übersetzt von W. Swoboda. Herausgeg. von W. Hanka. Mit dem böhm. Originaltext. 8. Prag, Kraus. 818.

— die Königinhofer. Eine Samml. lyrisch-epischer Nationalgesänge. Aus dem Altböhmischen übers. von W. Swoboda. Herausg. von W. Hanka. Mit dem böhm. Originaltext. 8. Prag 819. Krauß. (Enobloch in Leipz.) 20 gGr.

Handschrift, Königinhofer, Samml. altböhm. lyrisch-epischer Gesänge, nebst and. altböhm. Gedichten. Aufgefunden u. hrsg. v. W. Hanka. Verteutscht u. mit e. histor.-krit. Einleit. verseh. v. W. Al. Swoboda. Nebst 1 Facsimile. — A. u. d. T.: Kralodworsky Rukopis. etc. gr. 8. (17 B.) Prag 829, Calve.

Handschrift, die Königinhofer. Stenografische Ausg. mit Zeichnungen von Jos. Scheiwl. Hersg. zur fünfzigjähr. Feier der Auffindung der Königinhofer Handschrift vom ersten Gabelsberger Stenografenvereine zu Prag. (In deutscher u. böhm. Sprache.) Prag 867. (Lehmann,) (VII, 68 lithogr. S.) n. 1 Thlr 15 ngr.

Handschrift, königinhofer und grünberger, s. **Rukopis.**

Handschrift an die ungarische Nation, so auf dem Landtage zu Pressburg 1768 durch den Scharfrichter öffentlich verbrannt worden. 1785. V: *Grossinger.* (Briefe über den gegenw. Zustand der Literatur, S. 157) (Der deutsche Zuschauer. O. O. 1785/1788. 8. Bd., S. 192/193) (Bibl Port)

— die schöne. Selbstunterricht im Schnell- u. Schönschreiben. Anweisung, um nach wenigen Stunden tücht. Uebung auch die schlechteste Handschrift zu e. schönen umzubilden. Hrsg. v. einem prakt. Schulmanne. (8 S.) 4. Erfurt (903). Keyser. n. — 50

— e. schöne, erlernt Jeder, wenn er 20 bis 30 Std. Trebor's Schreibmethode fleissig u. aufmerksam übt. (44 S.) Lex.-8. Solingen (906). Buschhaus & Schönenberg. n. 2. 50

—— die, meiner Werthen u. Lieben. qu. kl. 4. (24 S. m. farb. Illustr.) [Münch. 889.] Nürnb., Stroefer. geb. * 1 50

Die Wolfenbüttler Handschrift 2. 4. Aug. 2° hrsg. von Karl Euling. Mit 1 Taf. Berlin: Weidmann 1908. XVIII, 243 S. 8° [Nebent.:] Die sog. Wolfenbüttler Priamelhandschrift.
(Kleinere mittelhochdeutsche Erzählungen, Fabeln u. Lehrgedichte. 2.)
(Deutsche Texte d. Mittelalters. Bd. 14.)

— zweite, von St. Helena gekommen, s. Denkwürdigkeiten für die Geschichte Frankreichs im J. 1815.

Handschriften, altdeutsche, aus Oesterreich. Hrsg. v Adb. Jeitteles. 1. Bd. A. u. d. T.: Altdeutsche Predigten aus dem Benedictinerstifte St. Paul in Kärnten. gr. 8. (XLIII, 187 S.) Innsbruck 878. Wagner. n. 5. 20

Handschriften der arabischen, persischen und türkischen, der k. k. Hofbibliothek zu Wien. Beschrieben von Prof. Dr. Gustav Flügel. III. Bd. Herausgegeben und die Correctur besorgt durch die k. k. orientalische Akademie zu Wien. 4. (LXVIII u. 654 S.) Wien, k. k. Hof- u. Staatsdruckerei [illegible]
(Die Preise der früher erschienenen Bde. I u. II sind jetzt [illegible] herabgesetzt.)

—— berühmte, des Mittelalters in phototypischer Nachbildung. I.: Das Nibelungenlied nach der Hohenems-Münchener Handschrift [A] in phototyp. Nachbildung. Nebst Proben der Handschriften B und C. Mit einer Einleitung von Ludw. Laistner. Lex.-8. (V, 48 S. mit 125 S. in Lichtdr.) München 886, Verlagsanstalt für Kunst und Wissenschaft. geb. in Leder * 60 —
Die Einleitung auch allein, s. **Laistner,** Ludw.

Ⓑ — berühmte, d. M.-A. I. Das Nibelungenlied. 886. (ABB 25.) Jetzt: Frankfurt a. M., J. Baer & Co. Erm. Pr. 36. —

Handschriften, die, der königl. öffentlichen Bibliothek zu Stuttgart. 1. Abtlg. 2 Bde. Lex.-8. Stuttgart 889. 890. W. Kohlhammer. n. 26. -
Die historischen Handschriften. Beschrieben v. W. v. Heyd. 2 Bde. (VII, XV, 320 S. u. V, 236 S.)

Handschriften, die, der öffentlichen Bibliothek der Universität Basel. I. Abtlg. 1. Bd. Lex. 8. Basel. (Leipzig, C. Beck.) nn 25. —
Die deutschen Handschriften. Von Gust. Binz. 1. Bd. Die Handschriften der Abteilg. A. (XI, 437 S.) 907.

DEUTSCHE HANDSCHRIFTEN Festgabe zur Begrüssung des Sechsten Allgemeinen Deutschen Neuphilologen Tages zu Karlsruhe, Pfingsten 1894, dargebracht vom Karlsruher Verein der Lehrer neuerer Sprachen Karlsruhe 1894 Verlag von Ch. Th. Groos — A. u. d. T.: Deutsche Handschriften der Grossh. Badischen Hof und Landesbibliothek von THEODOR LÄNGIN ıb 1894 — 4°.

Handschriften, deutsche, aus dem Britischen Museum. In Auszügen hsggb. von Dr. Bachtold, Prof. in Solothurn. 172 Stn. gr. 8. Schaffhausen, C. Baader. 1873. 4. 20

Handschriften. Die Deutschen H' der Oeffentlichen Bibliothek der Universität Basel. Beschrieben von Dr. Gustav Binz.... Band 1: Die Handschriften der Abteilung A. [2 Teile.] XII + 437 S. gr.-8. Basel, (Gedruckt bei Gasser & Cie.,) [Comm. Carl Beck, Leipzig,] 1907[—1908]. [M. 25.—] Bibl.

[Teil 1: Text.] XII + 368 S. Basel 1907. — [Teil 2:] Register. S. 369—437. [B' 1908.]

(Handschriften der Universitäts-Bibl' in Basel. Teil I. Band 1: Deutsche H' 1.)

Handschriften, die deutschen, der königl. Hof- u. Staatsbibliothek zu München, s.a. Catalogus codicum manuscriptorum bibliothecae regiae Monacensis.

Handschriften, die Deutschen, der k. Hof- u. Staatsbibliothek zu Munchen. Nach *J. A. Schmeller's* kürzerem Verzeichniss (hrsg. von Director Dr. *Karl Halm*. 2 Thle. (in 1 Bde.). München, in Commiss. d. Palm'schen Hofbuchh. (Druck von F. Straub.) 1866. Imp.-8°. [illegible]

Lat. Lett. [illegible] Bll. u. [illegible] fortl. S. (incl. Reg.) Beschreibt [illegible] Hss. u. [illegible] Anst.-Sammlgn. — [illegible] Catalogus codicum manuscriptorum bibliothecae regiae Monacensis. Tom. V. VI.

— u. **Drucke** des Mittelalters u. der Renaissance. Katalog 500, anlässlich des 120jähr. Bestehens des Antiquariates Joseph Baer u. Co. hrsg. I. Tl. Handschriften des XI. bis XVI. Jahrh. Incunabula, Typographica 1450—1500. (136 S. m. Abbildgn. u. 8 Taf.) Lex.-8. Frankfurt a/M. 905. J. Baer & Co. n. 3.—

Handschriften für Freunde geheimer Wissenschaften zum Druck befördert von M. J. F. v. L** K. K. a. R. Wien 1794. V: *Linden, Max Jos. Freiherr von.* (WBL 56/227) (wolfstieg II, 962) (biblport)

Handschriften für Freunde geheimer Wissenschaften, zum Druck befördert von M. D. F. v. L. 1r Bd., mit Kpf. 8. Wien 794. Blumauer. (Sommer in Leipz.) 1 [illegible] 8 [illegible]

Handschriften, die, von Grünberg und Königinhof. Altböhmische Poesien aus dem 9. bis 13. Jahrh. Von Siegfried Kapper. 16. (XVI und 99 S.) Prag 859, Bellmann's Verlag. *

— die, der grossherzogl. badischen Hof- u. Landesbibliothek in Karlsruhe. I. II. gr. 4. Karlsruhe, Ch. Th. Groos. n. 2. 50

I. Geschichte u. Bestand der Sammlung v. Wilh. Brambach. (25 S.) 891. n. 1.—

II. Orientalische Handschriften v. Wilh. Brambach. (X, 62 S.) 892. n. 1.50

— dasselbe. Beilage I. u. II. gr. 4. Ebd. 891. n. 5. 50

I. Hermann v. der Hardt in seinen Briefen u. seinen Beziehungen zum Braunschweigischen Hofe, zu Spener, Francke u. dem Pietismus v. Ferd. Lamey. (V, 44 S.) 891. n. 1.50

II. Romanische Handschriften v. Ferd. Lamey. (IV, VI, 49 S. m. 3 Lichtdr.) Deutsche Handschriften v. Thdr. Längin. (XIII, 117 u. XX S.) 894. n. 4.—

Handschriften, die, d. grossherzogl. badisch. Hof- u. Landes-Bibliothek in Karlsruhe. III. u. IV. Lex.-8. Karlsruhe. Heidelberg, Ch. Th. Groos. n. 9.— (I.—IV. u. Beilage I. u. II.: n. 17.—)

III. D. Durlacher u. Rastatter Handschriften, beschr. v. Alfr. Holder. (III, 206 S.) 895. n. 4.—

IV. D. Karlsruher Handschriften. (X, 283 S.) 896. n. 5.—

Handschriften, die, der grossherzogl. badischen Hof- u. Landesbibliothek in Karlsruhe. V. Lex.-8. Leipzig 906. B. G. Teubner. n. 20.—

Die Reichenauer Handschriften, beschrieben u. erläutert. Von Alfr. Holder. 1. Bd. Die Pergamenthandschriften. (IX, 642 S.)

Handschriften geschichtlichen Inhalts, welche aus der Universitäts-Bibliothek zu Frankfurt in die zu Breslau gelangt sind. Dem Verein für Geschichte der Mark Brandenburg zur Feier seines 50jähr. Bestehens gewidmet vom Verein für die Geschichte Berlins. 8. (45 S.) Berlin 887, (Mittler und Sohn.) * — 60

Aus: Mittheilungen des Vereins für die Geschichte Berlins, besonders abgedruckt.

Die neu-aramäischen **Handschriften** der Kgl. Bibliothek zu Berlin in Auswahl hrsg., übs. u. erläut. v. Mark Lidzbarski. Bd 1. 2. (In 3 Th.) *Weimar: E. Felber 18(94—)96.* 2 Bde 8.

1. 1896 (a. d. Umschl. 1894). (3 Bl., XXIX S., 1 Bl., 499 S.)
2. 1896 (a. d. Umschl. 1895). (XII, 580 S.)

— Studien, Semitistische. H. 4—9. [96. 1407

Handschriften im Original von 100 Personen eigenhändig niedergeschrieben. M. 28 z. Texte componirten Zeichn., Vorschriften u. Facsimiles v. Schiller, Jean Paul u. Hebel, f. d. Schuljugend z. Uebung im Lesen d. Geschriebenen. 3 Hfte. qu. gr. 8. (43 lith. Bl.) Candern 834, Ober-Rheinisches Compt. 12 Gr., ill.

—— im Original v. 100 Personen eigenhänd. niedergeschrieben. Mit 28 z. Texte componirten Zeichn., Vorschriften u. Facsimiles v. Schiller, Jean Paul u. Hebel. Hrsg. v. Carl Emmül f. d. Schuljugend z. Uebung im Lesen d. Geschriebenen. III Hfte. II. Aufl. qu. gr. 8. (6 lith. B.) Candern 835, [Gutsch.] *

Orientalische **Handschriften** der Stadtbibliothek ausgelegt zum 13. Internat. Orientalisten-Congresse Sept. 1902 in Hamburg. *[Hamburg 1902.]* (40 S.) 4° [Autogr.] [03. 13080

Handschriften namhafter Persönlichkeiten d. XIX. Jahrh. Ein Handbuch f. Graphologen u. Liebhaber d. Graphologie. 1. Hft. gr. 4. (46 S.) Leipzig (901). P. List. n. 1.—

Handschriften, St. Gallische, s.a. Scherer.

Handschriften, St. Gallische. In Auszügen herausg. von Gust. Scherer. St. Gallen 859. Huber & Co. Lex.-8. (V, 92 S.) n. 26 ngr.

— d. Süßenbachschen, z. Geschichte d. 7jährigen Krieges in d. großherzogl. hess. Hofbibliothek zu Darmstadt, s.a. Beiheft z. Militär-Wochenblatt.

Die Süssenbachschen Handschriften zur Geschichte des Siebenjährigen Krieges in der Grossherzogl. Hessischen Hofbibliothek zu Darmstadt. Feldzug 1756 u. Feldzug 1757. Bearb. in d. Kriegsgeschichtl. Abth. II d. Grossen Generalstabes. Berlin: E. S. Mittler & Sohn (1898). (S. 323—393.) 8°
= Beihefte z. Militär-Wochenblatt. 1898. H. 8.

Ueber die syrischen Handschriften, welche neuerlich das Britische Museum erworben hat. Nach einem Artikel des Quarterly Review No. 153 [= Allgemeine Literatur-Zeitung No. 203—205. September 1846]. Halle 1846.

— die, des historischen Vereins f. Mittelfranken. I. (VII, 54 S.) 8. Ansbach 907. (F. Seybold.) nn 1. 20

Handschriften, 84 verschied., e. Leseb. f. Volks- u. Gewerbschulen, enth. „Der arme Richard, od. d. Weg z. Wohlstand, v. Benj. Franklin.“ Sodann Auszüge aus Theophron v. J. H. Campe. Lithogr. 4. (7 B.) Carlsruhe 836, Wagner. (Marx'sche Buchh.) *

Zwey merkwürd., vor ungefähr 20 Jahren ausgearb. Handschrr., worin der Chur- u. Fürsten Ceremonialstreitigk. nicht nur untersucht, sond. auch polit. Reflexionen üb. der. Uneinigk. u. s. w. gemacht werden. *Amst.* 783. 8.

Handschriftenkatalog

Handschriftencatalog. H'-K' der Stadtbibliothek Zürich. Abteilung I: Zürcherische Familien-Archive. Heft 1: Archiv der Familie Hirzel. — *A. u. d. T.:* Zürch' Familien-Archive in der St' Zürich. Heft 1.... IV + VIII + 76 S. 8. Zürich, Berichthaus, 1907. Bibl.

Handschriften-Katalog der Stadtbibliothek Zürich. I. Abtlg. Zürcherrische Familien-Archive. 1. Heft. Archiv der Familie Hirzel. (VII, 76 S.) gr. 8. Zürich 907. Stadtbibliothek. nn 1. —

Handschriften-Sammlung v. Briefen u. Geschäfts-Aufsätzen. Umgearb. auf Grund des § 14 des neuen Unterrichtsplanes der Fortbildungsschulen. Zusammengestellt von mehr. prakt. Schulmännern. (40 autogr. S.) 8. Bruchsal (909). O. Katz. — 40

Handschriften-Verzeichnisse, die, der Königlichen Bibliothek herausg. von Pertz. 1. Bd. Verzeichniss der Sanscrit-Handschriften von A. Weber. Mit 6 Schrifttafeln. Berlin 853. Nicolai'sche Verlhdlg. gr. 4. (XXIV, 481 S. u. 6 lith. Taf., wovon 1 in Farbendr.) n. 12 ℳ

Handschriften-Verzeichnisse, die, der königl. Bibliothek zu Berlin. 5. Bd. Verzeichniss der Sanskrit- u. Prâkrit-Handschriften v. A. Weber. 2. Bd. gr. 4. (VIII, 352 S.) Berlin 886. (Asher & Co.) cart. n. 16. — (1. u. 5.: n. 34. —)
Bd. 2—4 kamen nicht in den Handel.

Handschriften-Verzeichnisse, die, der königl. Bibliothek zu Berlin. 4. Bd., 5. Bd. 2. Abth., 6.—8. u. 10. Bd. gr. 4. Berlin, Asher & Co. cart. n.n. 163. — (1., 4.—8. u. 10. Bd.: n.n. 197. —)
4. Verzeichniss der persischen Handschriften v. W. Pertsch. (XVI, 1279 S.) 888. n.n. 60. —
5. II. Verzeichniss der Sanskrit- u. Prâkrit-Handschriften v. A. Weber. 2. Bd. 2. Abth. (X u. S. 353 827.) 888. n.n. 22. —
6. Verzeichniss der türkischen Handschriften v. W. Pertsch. (XI, 583 S.) 889. n.n. 25. —
7. Verzeichniss der arabischen Handschriften v. W. Ahlwardt. 1. Bd. I. u. II. Buch. (XVIII, 413 S.) 887. n.n. 20. —
8. — dasselbe. 2. Bd. (VI, 686 S.) 889. n. 30. —
10. Verzeichniss der armenischen Handschriften v. N. Karamianz. (VIII, 88 S. m. 5 Taf.) 888. n.n. 6. —

Handschriften-Verzeichnisse, die, der königl. Bibliothek zu Berlin. 5. Bd. 3. Abth., 9., 12., 16.—18. Bd. Imp.-4. Berlin, A. Asher & Co. Kart. n.n. 160. — (1., 4—10., 12. u. 16—18.: n.n: 357. —)
5, 3. Verzeichniss der Sanskrit- u. Prâkrit-Handschriften v. A. Weber. II. Bd. 3. (Schluss-) Abth. (XXVII u. S. 829—1363 m. 5 Taf.) 892. n.n. 27. — (V. Bd. kplt.: n.n. 65. —)
9. Verzeichniss der arabischen Handschriften v. W. Ahlwardt. 3. Bd. (VIII, 628 S.) 891. n.n. 28. —
12. Verzeichniss der lateinischen Handschriften. Von Val. Rose. 1. Bd. (V, XXIII, 513 S.) 893. n.n. 24. —
16. Verzeichniss der arabischen Handschriften v. W. Ahlwardt. 4. Bd. (VI, 561 S.) 893. n.n. 25. —
17. dasselbe. 5. Bd. (VIII, 645 S.) 893. n.n. 28. —
18. dasselbe. 6. Bd. (VIII, 628 S.) 894. n.n. 28. —
(1—6.: n.n. 159.)

Handschriften-Verzeichnisse, die, der königl. Bibliothek zu Berlin. 2. Bd. 2 Abthlgn. 3., 11. u. 19.—21. Bd. gr. 4. Berlin (A. Asher & Co.). n.n. 136. — (1 2, II, 3—12, 16—21: n.n. 493. —)
2. I. Verzeichniss der hebräischen Handschriften von Mor. Steinschneider. (VIII, 149 S. m. 3 Taf.) 878. n.n. 15. —
2. II. dasselbe. II. (VIII, 172 S.) 897. n.n. 10. —
3. Verzeichniss d. abessin. Handschriften v. A. Dillmann. (VIII, 85 S. m. 3 Taf.) 878. n.n. 12. —
11. Verzeichniss d. griech. Handschriften. I. Von W. Studemund u. L. Cohn. (1890.) II. Von C. de Boor. (VIII, XXXVI, 254 S.) 897. n.n. 14. —
19. Verzeichn. der arab. Handschriften v. W. Ahlwardt. 7. Bd. XIX. Buch (Fortsetzg.). (VIII, 808 S.) 895. n.n. 36. —
20. Dasselbe. 8. Bd. (X, 462 S.) 896. n.n. 21. —
21. Dasselbe. 9. Bd. (VIII, 618 S) 897. n.n. 28. —
(1.—9.: n.n. 244. —)

Handschriften-Verzeichnisse, die, der königl. Bibliothek zu Berlin. 13. u. 22. Bd. u. 23. Bd. 1. u. 2. Abth. gr. 4. Berlin, A. Asher & Co. Kart. n.n. 102. —; (1—13. u. 16—23. n.n. 613. —)
13. Verzeichniss der lateinischen Handschriften. Von Val. Rose. II. Bd. Die Handschriften d. kurfürstl. Bibliothek u. der kurfürstl. Lande. 1. Abtlg. (X, 550 S.) 901. n.n. 25. —; (I u. II, 1. n.n. 49. —)
22. Verzeichniss der arabischen Handschriften. Von W. Ahlwardt. 10. Bd. Register u. Schrifttafeln. (IX, 595 S. m. 12 Lichtdr.-Taf.) 899. n.n. 32. —; (kplt. n.n. 276. —)
23. Verzeichniss d. syrischen Handschriften. Von Ed. Sachau. 1. u. 2. Abth. (XV, VII, 913 S. m. 8 Lichtdr.-Taf.) 899. n.n. 45. —

Handschriften-Verzeichnisse, die, der königl. Bibliothek zu Berlin. 13. Bd. II. u. III. Abtlg. gr. 4. Berlin, Behrend & Co. Kart. n.n. 45. —
2. Verzeichniss der lateinischen Handschriften. Von Val. Rose. II. Bd. Die Handschriften der kurfürstl. Bibliothek u. der kurfürstl. Lande. 2. Abtlg. (VII, u. S. 551—999.) 903. n.n. 21. —
3. Dasselbe. 3. Abtlg. (X, u. S. 1001—1522). 905. Kart. n.n. 24. —

Handschriftvorlagen f. d. Selbstunterricht der Unteroffiziere im Schönschreiben. (16 S.) 33×21 cm. Berlin (910). E. S. Mittler & Sohn. p — 75

Handschuch, Georg Friedrich: Die syphilitischen Krankheitsformen und ihre Heilung. Mit steter Rücksicht auf die Beobachtungen und Erfahrungen der neuesten Zeit. 436 S., gbd.

München: Franckh 1831

JB 4.708

Handschuch, G. Fr., die syphilit. Krankheitsformen u. ihre Heilung. Mit steter Rücksicht auf d. Beobachtungen u. Erfahrn. d. neuesten Zeit dargest. gr. 8. (29¼ B.) Stuttgart 831. [Hallberger.]

Ueber die Lustseuche, und ihre Heilung ohne Quecksilber. Von G[eorg] Friederich Handschuch. Würzburg: Etlinger 1826. VI, 132 S. 8

Handschuch, Karl Fr. God. Alb.

Handschuch, Car. Fr. God. Alb., de Plantis Fumariaceis systematis naturalis earumque viribus et usu, adjectis descriptionibus specierum, quae in Germania crescunt. Dissert. inaug. med.-botan. 8 maj. (2¼ B.) Erlangae 832, (Heyder.) Thlr.

Handschuch, Wilhelm (kgl. Lehrer für Arithmetik und Realien) „Poetische Versuche". pg. 2—16. 4°. Albr. Volkhart.
Augsburg, Progr. 1862/63

Handschuh und Rose. Mittheilungen an die Freimaurer-Schwestern, dem Ziegeldecker im Osten von Altenburg entlehnt. [Red. Bernh. Lützelberger, [Gabe 8—14:] hrsg. von Bernh. Lützelberger [u.] Emil Wagner.] Gabe 1—14. [Cahla 1838—1854: Beck, [seit 1848:] Altenburg: Hofbuchdr.] 8⁰ [Kopftit.]
Gabe 2, 4—6: Mittheilungen an Freimaurer-Schwestern und Luftens, der freimaurerischen Rundschrift, „der Ziegeldecker im Osten von Altenburg," entlehnt.
Gabe 3: Feierklänge für die Freimaurer-Schwestern, aus den Hallen des Archimedes zu den 3 Reissbretern im Or. von Altenburg.
Gabe 7: Mittheilungen an Freimaurer-Schwestern und Luftens, durch den „Ziegeldecker i. O. v. Altenburg" aus dessen masonischer Rundschrift.
Gabe 8: Mittheilungen an Freimaurer-Schwestern durch den „Ziegeldecker im Osten von Altenburg".
Gabe 9: Mittheilungen an Freimaurer-Schwestern Aus „Bruderblätter für Freimaurer etc."
Gabe 10—14: Schwesternblätter für Freimaurer-Frauen. Abdr. aus „Bruderblätter für Freimaurer etc."
1. 32 S. [1838]; 2. 16 S. [1839]; 3. 16 S. [1840]; 4. 24 S. [1842]; 5. 24 S. [1844]; 6. 40 S. [1845]; 7. 16 S. [1846]; 8. 32 S. [1847]; 9. 16 S. [1848]; 10. 40 S. [1849]; 11. 16 S. [1850]; 12. 16 S. [1852]; 13. 48 S. [1853]; 14. 18 S. [1854].
Recens: f. Gabe 4: Archiv f. Frmrei. 2, 1 (1842) S. 108—112.
Kl. 66, Tt. 173. 3. 25.

Handschuh, Georg Friedrich, s. Handschuch

Handschuh, Josef

—— sieben Fastenpredigten, als Anleit. z. Anfange u. zur Vollendung d. Heils, gehalten in d. Stadtpfarrkirche zu d. 9 Chören d. Engel am Hof. 8. (10 B.) Wien 830, Mechitaristen Congreg.-Buchh.

— Heinrich u. Antonio, s. K. G. Bretschneider.

Handschuh, J., Dr. K. G. Bretschneider's Heinrich u. Antonio od. d. Proselyten d. röm. u. evangel. Kirche, fortgesetzt (u. widerlegt). gr. 8. (17¼ B.) Wien 828, Wimmer.

—— Predigt üb. d. sieben Worte am Kreuze. 8. (1¾ B.) Wien 829, (Mechitaristen Congreg.-Buchh.)

—— der 118. Psalm erläut., ein Beitr. z. Apologie d. Breviers. 8. (9½ B.) Wien 838, [Wimmer, Schmidt u. Leo.]

Handschuh, Jos., die Psalmen erläut., ein Beitrag z. Apologie d. Breviers. 1—4. Bd. gr. 8. Wien, [Wimmer, Schmidt u. Leo.] à * 1 Thlr.
Bd. 1. 1—30. Psalm. (20¼ B.) 839.
" 2. 31—60. Psalm. (22⅛ B.) 840.
" 3. 61—90. Psalm. (24¾ B.) 841.
" 4. 91—117. Psalm. (19½ B.) 842.

Handschuh, Jos., die Psalmen erläutert, ein Beitrag zur Apologie des Breviers. 5. Bd. 119—150. Psalm. (Schluß.) 8. (15¼ B.) Wien 844. [Schmidt u. Leo.]
1—4. Bd. Ebendas. 1839—42. * 4 Thlr.

Handschuhfabrikant, der. Spezial-Organ f. die Handschuh-Industrie. Red.: Rud. Friedemann. 1. u. 2. Jahrg. 1904 u. 1905. à 12 Nrn. (à ca. 8 S.) 4. Stuttgart [Verlag des Handschuhfabrikant]. Leipzig, Leipz. Bienenzeitung. à Jhrg. n. 8. —

— dasselbe. Red.: W. Klüh. 3. Jahrg. 1906. 12 Nrn. (à ca. 10 S.) 4. Leipzig-Reudnitz (Leipziger Bienen-Zeitung). n. 1. 60

Handschuhfabrikant, der. Spezial-Organ f. die Handschuh-Industrie. Red.: F. Lülfing. 7. Jahrg. 1910. 12 Nrn. (184 S.) Lex. 8. Leipzig-Rendnitz, Verl. des Handschuhfabrikant. nn 2. 60

Handschuhfabrikanten-Zeitung, österreichisch-ungarische. Mit dem Beiblatt: „Gerber- u. Färber-Zeitung". Redig. v. Carl Seewald jun. 2.—5. Jahrg. Mai 1889—April 1893. à Jahrg 24 Nrn. gr. 4. (à Nr. ca. 10 S.) Wien, Volkswirtschaftl. Verlag. à Jahrg. ' 8 —

Handschuhfabrikanten-Zeitung, österr.-ungar. Mit dem Beiblatt: „Gerber- u. Färber-Zeitung". Unabhängiges Organ f. das Handschuh- u Bandagenmacher-Gewerbe sowie verwandte Interessen. Red. v. Carl Seewald jun. 4.—7. Jahrg. Mai 1891—Apr. 1895. à 24 Nrn. (à ca. 1½ Bog.) gr. 4. Wien, Volkswirtschaftl. Verl. A. Dorn. à Jahrg. n. 8. —

Handschuhk, der. An Minna'n. Uff'n Balle, s.: Boesion, säk'sche.

Handschuhmacher-Zeitung, allgemeine. Organ f. die gesammte Handschuh-Industrie u. verwandte Geschäftszweige. Red.: J. Bechthold. 2. u. 3. Jahrg. 1893. 1894. à 52 Nrn. (à ca. 1½ Bog.) gr. 4. Berlin F. A. Günther. à Jahrg. n. 4. —
Von Nr. 18 d. Jahrg. 1894 an zeichnen als Red.: Jul. Litten u. f. d. techn. Thl. M. Winsky. Von dieser Nr. an erscheint die Zeitung in Fol., außerdem erhält sie als Beilage: „Sorgenfrei".

Handschuhmacher-Zeitung, allgemeine. Organ f. d. ges. Handschuh-Industrie u. verwandte Geschäftszweige. Red.: Eug. Engelbrecht. 4.—7. Jahrg. 1895—1898. à 52 Nrn. (à ca. 6 S.) Fol. Mit Beiblatt: Sorgenfrei. Wochenschrift z. Unterhaltg. u. Belehrg. Red.: Eug. Engelbrecht. 21.—24. Jahrg. 1895—1898. à 52 Nrn. (Bog.) gr. 4. Berlin, F. A. Günther's Zeitungsverl. à Jahrg. n. 4. —
Kann auch vierteljährlich bezogen werden. — Der 4. u. 5. Jahrg. war von Jul. Litten redigiert.

Handschuh-Zeitung, allgemeine. Organ f. die gesammte Handschuh-Industrie u. verwandte Geschäftszweige. Offizielles Organ der Handschuhmacher-Innung. Berlin, Dresden ꝛc. u. des Vereins der Glacé-Handschuh-Fabrikanten u. Interessenten der Branche v. Berlin. Red.: Steph. Schmitz. 8. Jahrg. 1899. 52 Nrn. Fol. (à ca. 6 S.) M. Unterhaltungsblättern: All-Deutschland (52 Nrn.) u. Feld u. Garten (12 Nrn.) Berlin (C., Klosterstr. 50/51), Expedition. n. 4. —

Handstock, der, ei. Sonnenuhr u. Werkzeug Höhen zu messen, (v. Gybi Albr. Eichelberg). 12. Wesel 708. Hainsius. 2 g.

Handstreich, Der, bis auf Spitz und Knopf: oder der Bauernstolz. Schauspiel in vier Akten . . . Heilbronn a. N. u. Rothenburg a. d. T. 1827. V: *Wagner, Gottlieb Friedrich.* (GGr)

Handstreich, der, bis auf Spitz u. Knopf, oder d. Bauernstolz. Schauspiel in 4 Akten, im schwäb. Dialecte; vom Verf. der Repräsententen-Wahl zu Dippllsburg. gr. 8. Heilbronn, Claß.

Handt, A., Controdanco (Française). Dio Touren diesos Tanzos in französ. Sprache m. doutschen Anmorkgn. Zum Kommando wie zum Nachlosen. 24. (11 S.) Erfurt 893. F. Bartholomäus. n. — 25

— dasselbe u. Quadrille à la cour. 24. (22 S.) Ebd. 893. n. — 40

Handt, A., Contredanse (Française). Die Touren dieses Tanzes in französ. Sprache m. deutschen Anmorkgn. Z. Kommando wie z. Nachlesen. 16. (11 S.) Erfurt 895. F. Bartholomäus. n. — 25

Handt, A., Contredanse u. Quadrille à la cour. Die Touren dieser Tänze in französ. Sprache m. deutschen Anmerkgn. Zum Kommando wie zum Nachlesen. 32. (22 S.) Erfurt 887. Bartholomäus. n. — 40

— Contredanse u. Quadrille à la cour. D. Touren dieser Tänze in französ. Sprache m. deutschen Anmerkgn. Zum Kommando wie zum Nachlesen. 16. (22 S.) Ebd. 895. n. — 40

— Quadrille à la cour. Die Touren dieses Tanzes in franz. Sprache m. deutschen Erklärgn. Zum Kommando wie zum Nachlesen. 24. (13 S.) Ebd. 893. n. — 25

Handt, A., Quadrille à la cour. Die Touren dieses Tanzes in französ. Sprache m. deutschen Anmorkgn. Zum Kommando wie z. Nachlesen. 16. (13 S.) Erfurt 895. F. Bartholomäus. n. — 25

— die Touren der Quadrille à la cour. 24. (3 S.) Ebd. 893. n. — 15

Handt, Carl (Leipzig), De erysipelate. Diss. med. Präs. Christian Friedr. Ludwig. Lpz. (Staritz) 17. VII. 1821. 28 S. (6.—) 13030
Gew.: Johann Christian Gottfried Joerg.

Handt, W., première quadrille des contredanses françaises. Quadrille à la cour. gr.16. (16 S.) Löbau Westpr. 879. Skrzeczek. n. — 20

Handt, W[erner], Dr.: Die atomistische Grundlage der Vaiśeṣikaphilosophie nach den Quellen dargestellt. *Rostock 1900: G. Kreysing in Leipzig.* (64 S.) 8°
Tübingen, Phil. Diss. v. 1900

Handtabellen, histor.-genealog. gr. 8. Wien 777. v. Trattner. 5.ß

Handtafel für den Schiesslehrer.
[Berlin 1897.] V: *Brunn, Adalb. v.* (Berl)

Handtafel f. den Schießlehrer. 16. (8 S. m. Abbildgn.) Berlin 890. Liebel. Auf Pappe u. lackirt. n. — 40

Handtafel f. den Schießlehrer. (2. u. 3. Aufl. Nach der Schießvorschrift v. 1893.) gr. 16. (8 S. auf Kart. m. Fig.) Berlin 894. Liebel. n. — 40

Handtafeln f. d. pharmaceut. Laboratorium im Regim d. Pharmacopoëa germanica.

Hand-Tafeln zur Verwandlung der Wiener Gewichte in Zoll-Gewichte und auch umgekehrt. Für den Gebrauch des Handelsstandes eingerichtet. (Sep.-Abdr. aus dem neu erschienenen Werke: „Handbuch ausführlicher metrischer Tabellen von F. Schödl.) Wien 866. (v. Waldheim.) gr. 8. (8 S.) n. 4 ngr

Handthierung und Gewerbe, H. 24stündige, in Hamburg. 1824. V: *Holtzmann.* (GGr)

Handtke, Franz

Handtke, F., nordostliches Afrika oder Aegypten, Nubien u. Habesch. Imp. Fol. Lith. u. color. Glogau 848, Flemmings Verl. 8 ngl

Konigreich Bayern. Entworfen von F. Handtke. (Maßst. = 1:000,000. Bearb. u. erg. im kartogr. Inst. d. Verlagsbuchh. 15. Aufl. [Mit 1 Nebenkarte.] Glogau: C. Flemming [1905].) (1 Kartenbl 00×09 cm.) 8° [Kopft. lith.] [kol.]
— Generalkarten, Carl Flemmings. No 16. [05. 6564

Provinz Brandenburg. Entworfen von F. Handtke. (Maßst. 1:500.000. Bearb. u. erg. im kartogr. Inst. d. Verlagshandl. 46. Aufl. [Mit 2 Nebenkarten.] Glogau: C. Flemming [um 1904?].) (1 Kartenbl 68×50 cm.) 8° [Kopft. lith.] [kol.]
— Generalkarten, Carl Flemmings. No 5 [05 6561

Handtke, F., Deutschland und die Schweiz. M. 1:1791000 Lith u. illum Glogau, Flemming, 1860. Imp.-Fol.

Handtke, F., Eisenbahnkarte vom Königr. Sachsen. 1:160,000. 9 Bl. in Farbendr. gr. Fol. Glogau 877, Flemming. *
Auf Leinw. in Mappe * M 10,50.; mit rohen Holzrollen *
Mit polirten Holzrollen *

Handtke, F. General-Karte von Afrika 59. u 63. Auflage 1:14500000. Glogau 1889 u. 1891 Je 1 Bl. c L. Ff

Handtke, F. General-Karte von Australien. 1:20000000. Glogau 1889. 1 Bl. c. L. Ff

— General-Karte v. Deutschland. Imp. Fol. Lith. u. color. Ebd. 849. 1/3 ß

Handtke, F., Generalkarte von Deutschland, Deutsches Reich, nebst Deutsch-Oesterreich u. Schweiz. 1 : 825000. 36.—40. Aufl. Nach den neuesten Materialien ergänzt im kartograph. Institut der Verlagshandlung. Gotha 1889—91. Imp.-Fol. Chromolith. (1 M. 50 Pf.)

Handtke, F., General-Karte von Deutschland und der Schweiz. Nach den neuesten Materialien entworfen. Fol. Glogau 871—73, Flemming. M 1,50.; aufgez. in Carton

— General-Karte von Frankreich. Imp. Fol. Lith. u. color. Ebd. 848. 1/3 ß

Handtke, F. Generalkarte von Hannover, Braunschweig, Lippe, Hamburg, Bremen und Lübeck. 8. Auflage. 1:600000. Glogau 1890. 1 Bl c. L.

Handtke, F., General-Karte des Schwarzen Meeres, nebst Kriegsschauplatz in der europ. und asiat. Türkei. Mit den Karten des Bosporus und der Dardanellenstrasse. Chromolithogr. Imp.-Fol. Glogau 877, Flemming. *

(Handtke, F.), Neueste Generalkarte des europäischen Russland. (Masst. 1 . 5 000 000.) (Glogau) [1906]. 8°.
(St. Petersburger Zeitung, Beil.)

Handtke, F., Generalkarte des Deutschen Reiches, der deutsch-österreich. Provinzen und der Schweiz. 1 : 1791000. Ausg. 1850, 1859. Glogau, Flemming. Lith. u kol Imp.-Fol. (M. 1.50.)

Handtke, F., General-Karte vom europäischen Russland. 1 : 5,000,000. Ausg. 1875. Glogau, Flemming.

— General-Karte vom europäischen Russland u. den kaukasischen Ländern. Imp. Fol. Lith. u. color. Ebd. 848. 1/3 ℛ

—— General-Karte vom westlichen Russland, nebst Preussen, Posen und Galizien. 1 : 2,000,000. 1878, und Ausg. 1875. Fol. Ebendas.

Handtke, F. General-Karte von Serbien und Montenegro. 1 : 600 000. Glogau 1870. 1 Bl. c. L. Fl.

Handtke, F., Generalkarte vom Preussischen Staat, entw. u. gez. Glogau, Flemming. [1855?] . . . .
—. —— Ebenda [1867?] . . . .

Handtke, F., General-Karte der Europäischen Türkei und Montenegro's. Glogau 1877.

Handtke, F., General-Karte der europäischen Türkei und des Vladikats Montenegro. Nach den neuesten Materialien entworfen. 1 : 1,580,000. Ausg. 1875. Fol. Glogau, Flemming. *

— östliche Halbkugel. Imp. Fol. Lith. u. col. Ebd. 848. 1/3 ℛ

— dies. (Wandkarte.) gr. Fol. (12 lith. u. color. Bl.) Ebd. 851. 5/6 ℛ

— östliche und westliche Halbkugel. (Wandkarten.) Fol. (24 col. Blätter.) Ebend. 845. à 5/6 ℛ

Handtke, F., westliche Halbkugel. Imp. Fol. Lith. u. color. Glogau 848, Flemmings Verl. 1/3 ℛ

— dies. (Wandkarte.) gr. Fol. (12 lith. u. color. Bl.) Ebd. 851. 5/6 ℛ

Handtke, F., Hand-Atlas des Preuß. Staats in 24 Bl. 2. Aufl. qu. gr. 4. Glogau 841. (Flemming.) n. 1/3 ℛ

Handtke, Fr., Hand-Atlas des preuss. Staats in 36 Blätt. 12 Lfgn. enthalt.: Die Reg.-Bezirke Trier, Oppeln, Erfurt. — Prov. Brandenburg, Reg.-Bez. Danzig, Reg.-Bez. Königsberg. — Prov. Sachsen, Reg.-Bez. Coblenz, Reg.-Bez. Minden. — Prov. Westphalen, Reg.-Bez. Merseburg, Reg.-Bez. Breslau. — Prov. Schlesien, Reg.-Bez. Bromberg, Reg.-Bez. Cöln. — Prov. Westpreussen, Reg.-Bez. Aachen, Reg.-Bez. Liegnitz. — Prov. Ostpreussen, Reg.-Bez. Stettin, Reg.-Bez. Magdeburg. — Prov. Posen, Reg.-Bez. Gumbinnen, Reg.-Bez. Düsseldorf. — Rheinprovinz, Reg.-Bez. Köslin, Reg.Bez. Stralsund. — Prov. Pommern, Reg.-Bez. Frankfurt, Reg.-Bez. Marienwerder. Uebersichtskarte d. preuss. Staats. — Reg.-Bez. Posen. — Reg.-Bez. Arnsberg. — Reg.-Bez. Potsdam. — Reg.-Bez. Münster. — Neuenburg und Valendis. Fol. Glogau 846, Flemming. (à Lfg. 10 Ngr.) Einzelne Karten à 3 1/2 Ngr.

— Hand-Atlas des Preuss. Staats in 36 Bl. Nach den besten u. neuesten Materialien bearb. 2. Aufl. 1. u. 2. Lfg. Fol. (à 2 lith. u. color. Karten.) Ebd. 852. (à n. 1/6 ℛ) n. 1/3 ℛ

Hannover, Oldenburg, Braunschweig, Lippe, Hamburg, Bremen und Lubeck. Entworfen von F. Handtke. (Maßst. 1:600,000. Bearb. u. erg. im kartogr. Inst. d. Verlagsbuchh. 23. Aufl.) [Mit 2 Nebenkarten.] (Glogau: C. Flemming [1904].) (1 Kartenbl. 72×57 cm.) 8° [Kopft. lith.] [kol.]
— Generalkarten, Carl Flemmings. No 13. 125. 6196

— der österreichische Kaiser-Staat. Imp. Fol. Lith. u. color. Ebd. 848. 1/3 ℛ

Handtke, F., Karte von Afghanistan, Turkestan und Beludschistan (1 : 8,000,000), nebst einer Karte des indisch-afghan. Grenz-Gebietes. Chromolithogr. qu. gr. Fol. Glogau 878, Flemming.

— Karte von Afrika. Imp. Fol. Lith. u. color. Ebd. 848. 1/3 ℛ

— Karte von Asien. Imp. Fol. Lith. u. color. Ebd. 848. 1/3 ℛ

— Karte der Provinz Brandenburg. Imp. Fol. Lith. u. color. Ebd. 851. 1/3 ℛ

Handtke, F., [Karte der] Provinz Brandenburg. 46. Aufl. Masstab 1 : 500 000. Glogau [1905]. 8°.
(Carl Flemmings General-Karten.)

Handtke, F., Karte von Deutschland und der Schweiz. Neue Ausg. Verh. 1 : 1791000. Chromolith. Glogau, Flemming, 1867. Imp.-Fol. (1 ℛ)

— Karte von Europa. Imp. Fol. Lith. u. color. Ebd. 848. 1/3 ℛ

Karte von Frankreich. Entworfen von F. Handtke. Bearb u. erg. im kartogr. Inst. d. Verlagsbuchh. Maßst. 1:1,700,000. (23. Aufl.) (Glogau: C. Flemming [1904].) (1 Kartenbl. 76×63 cm.) 8° [kol.]
= Generalkarten, Carl Flemmings. No 28. 1 4. 1109

—— von Kiel und Umgegend. 1 : 12,500. 4 Bl. Hrsg. von der kartograph. Abtheilung der königl. preuss. Landesaufnahme 1875. Fol. Berlin, (Schropp'sche Landkartenh.) * *

Handtke's, F., Karte des deutsch-französischen Kriegsschauplatzes. M. 1 : 600000. Glogau, Flemming, 1870. gr. Fol. 4 Bll. Lith. u. kol.

—— Karte des russisch-türkischen Kriegsschauplatzes in Asien, Generalkarte vom Kaukasus. Lithogr. und color. Imp.-Fol. Ebendas. 877. *

Handtke, F., Karte von Mittel-Deutschland. 2 Bll. M. 1:600000. Glogau, Flemming, 1866. Imp.-Fol. Lith. u. kolor. (2/3 ℛ)

Handtke, F., Karte der Nord- und Ostsee, nebst Specialplänen der hauptsächlichsten Hafenplätze. M. 1 : 1179000. Glogau, Flemming, 1864. Imp.-Fol. Lith.

Handtke, F., [Karte von] Ostpreussen. Masstab 1 : 472 000. 35. Aufl. Glogau [1905]. 8°
(Carl Flemmings Generalkarten. Nr 3.)

— Karte der Provinz Posen. Imp. Fol. Lith. u. color. Ebd. 848. 1/3 ℛ

Handtke, F., [Karte der] Provinz Posen. 39. Aufl. Masstab 1 : 500 000. Glogau [1905]. 8°.
(Carl Flemmings General-Karten. Nr 7.)

Handtke, F., [Karte von der] Rheinprovinz. 30. Aufl. Masstab 1 : 470 000. Glogau [1905]. 8°.
(Carl Flemmings Generalkarten. Nr 11.)

Handtke, F., [Karte der] Provinz Sachsen nebst Thüringen u. Anhalt. 45. Aufl. Masstab 1 : 460 000. Glogau [1905]. 8°.
(Carl Flemming, Generalkarten. Nr 9.)

— Karte der Provinz Schlesien. Imp. Fol. Lith. u. color. Ebd. 852. 1/3 ℛ

Handtke, F., [Karte der] Provinz Schlesien. 52. Aufl. Masstab 1 : 510 000. Glogau [1905]. 8°.
(Carl Flemmings Generalkarten. Nr 8.)

Handtke, F., Karte von Schleswig-Holstein, Lauenburg und den angrenzenden Landestheilen. 1 : 600,000. 2. Aufl. Fol. Glogau 875, Flemming. *ℳ 1,20.; aufgez. *

Handtke, F., [Karte von] Schleswig-Holstein, Mecklenburg, Hamburg, Bremen u. Lübeck. 18. Aufl. Masstab 1 : 600 000. Glogau [1905]. 8°.
(Carl Flemmings General-Karten. Nr 14.)

Handtke, F., [Karte von] Westfalen. 31. Aufl. Masstab 1 : 350 000. Glogau [1905]. 8°.
(Carl Flemmings Generalkarten. Nr 10.)

Handtke, F., [Karte von] West-Preussen. 35. Aufl. Masstab 1 : 472 000. Glogau [1905]. 8°.
(Carl Flemmings General Karten.)

Makedonien, Altserbien und angrenzende Länder. Bearb. von **F. Handtke** u. C[arl] Hoch. Maßst. 1 : 600,000. [Mit 1 Nebenkarte.] *Glogau: C. Flemming [1904].* (1 Kartenbl. 76×60 cm.) 8° [kol.]
— **Generalkarten**, Carl Flemmings. No 52. [04. 5394]

Handtke. Das schwarze Meer nebst dem Kriegsschauplatze in der Europ. und Asiat. Türkei. 1: 2 700 000. fol. Glogau 1854.

Handtke, F.: N i e d e r l a n d e, Belgien und Luxemburg. Entworfen von –. Bearb. u. erg. im kartogr. Inst. d. Verlagshandl. Maßst. 1: 600 000. (5. Aufl.)
Glogau: C. Flemming [1904]. (1 Kartenbl. 57x76 cm.) 8°
[kol.]
= Generalkarten, Carl Flemmings. No 31.

Handtke, F.: Provinz O s t p r e u ß e n. Entworfen von – (Maßst. 1:475 000. Bearb. u. erg. im kartogr. Inst. d. Verlagsbuchh. 34. Aufl) [Mit 1 Nebenkarte.] (Glogau: C. Flemming [1905].) (1 Kartenbl. 50x65 cm.) 8°
[Kopft. lith.] [kol.]
= Generalkarten, Carl Flemmings. No 3.

Provinz Pommern. Bearb. von F. **Handtke** (Maßst. 1 : 520,000. Bearb. u erg. im kartogr. Inst. d. Verlagsbuchh. 20. Aufl. [Mit 1 Nebenkarte.] Glogau: C. Flemming [um 1904?].) (1 Kartenbl. 70×50 cm.) 8° [Kopft. lith.] [kol.]
— **Generalkarten**, Carl Flemmings. No 6. [05. 6360]

Provinz Posen. Entworfen von F. **Handtke.** (Maßst. 1 : 500 000. Bearb. u. erg. im kartogr. Inst. d. Verlagsbuchh. 39. Aufl. Glogau: C. Flemming [1904].) (1 Kartenbl. 48×62 cm.) 8° [Kopft. lith.] [kol.]
— **Generalkarten**, Carl Flemmings. No 7. [05. 6363]

Provinz Posen. Entworfen von F. **Handtke.** (Bearb. u. erg. im kartogr. Inst. d. Verlagsbuchh. Maßst. 1:500.000. 40. Aufl. Glogau: C. Flemming [1906].) (1 Kartenbl. 48×62 cm.) 8° [Kopft. lith.] [kol.]
— **Generalkarte**, Carl Flemmings. No 7. [06. 15838]

Handtke, F., Post- und Reise-Karte von Deutschland und den Nachbar-Staaten bis Kopenhagen, Dover, Paris, Lyon, Turin, Ferrara, Ofen etc. Nach den neuesten und besten Quellen entworfen, bearb. u. gez. Glogau, Flemming's Verlag, 1845. Imp.-Fol. Lith. u. kolor. (1 1/2 ℛ.)

— **Post- u. Reise-Karte von Deutschland u. den Nachbar-Staaten bis Kopenhagen, Dover, Paris, Lyon, Turin, Ferrara, Ofen, Debrecin, Lublin, Grodno, Tauroggen.** Neu revid. Ausgabe fur 1847. Fol. (6 Bl.) Ebd. 1 1/2 ℛ Aufgez. in Etui 2 ℛ

Handtke, F., Post- und Reise-Karte von Deutschland und den Nachbar-Staaten bis Kopenhagen, Dover, Paris, Lyon, Turin, Ferrara, Ofen etc. Nach den neuesten und besten Quellen entworfen, bearb. u. gez. [Neue revid. Ausg. f. 1854.] Ebenda 1854
——, —— Neue revidirte Ausgabe für 1855. Glogau 1856. Imp.-Fol.
——, —— N. revid. Ausg. f. 1856. Ebenda 1856.
——, —— Desgl. f. 1857. Ebenda 1857.

Handtke, F., Post- und Reise-Karte von Deutschland und den Nachbar-Staaten bis Kopenhagen, Dover, Paris, Lyon, Turin, Ferrara, Ofen etc. Nach den neuesten und besten Quellen entworfen, bearbeitet u. gez. [Neue Ausg.] Glogau, Flemming, 1859 [1867?], 1871 [1877? 4 Blatt. Lith. u. kolor. (2 ℛ.) . . . .

Handtke, F., Post- und Reisekarte von Deutschland und den Nachbarstaaten. Nach den neuesten u. besten Quellen entw., bearb. u. gez. Ausg. 1854—1889. 35. Aufl. Glogau, Flemming. Imp.-Fol. Chromolith. (M. 6.)

Handtke F, Post-, Reise- und Eisenbahnkarte von Deutschland, der Schweiz, den Niederlanden und Belgien, nebst Teilen der angrenzenden Länder. Glogau 1852

Handtke, Post-, Reise- und Eisenbahn-Karte von Deutschland, der Schweiz, den Niederlanden u. Belgien, nebst Theilen der angrenzenden Länder etc. Zum Reisegebrauch eingerichtet und mit Bezeichnung der Strassen, Eilwagen- u. Extrapost-Routen, der Eisenbahnen, sowie der Dampfboot-Verbindungen versehen, und nach den neuesten und besten Hilfsmitteln bearb. Neue revid. Ausg. für 1853. Mit den polit. Grenzen in Buntdruck. Glogau, Flemming. Imp.-Fol. Chromolith. (2 ℛ.)

— **Post-, Reise- u. Eisenbahn-Karte von Deutschland, der Schweiz, den Niederlanden u. Belgien, nebst Theilen der angrenzenden Länder.** Zum Reisegebrauch eingerichtet, u. mit Bezeichnung der Strassen, Eilwagen- u. Extrapost-Routen, der Eisenbahnen, so wie der Dampfbootverbindungen versehen. Neue revid. Ausgabe für 1849. Imp. Fol. Lith. u. color. Ebd. In Etui 1 1/2 ℛ; auf Leinw. u. in Etui 2 ℛ — Neue revid. Ausgabe für 1850. Imp. Fol. Lith. u. color. Ebd. In Etui 1 1/2 ℛ; auf Leinw. u. in Etui 2 ℛ — Neue revid. Ausgabe für 1851. Imp. Fol. Lith. u. color. Ebd. 1 1/2 ℛ; auf Leinw. u. in Engl. gr. S. Carton. 2 1/6 ℛ — Nach den neuesten u. besten Hülfsmitteln bearbeitet. Neue revid. Ausgabe für 1852. Imp. Fol. Lith. u. color. Ebd. 1 1/2 ℛ; auf Leinw. u. in Engl. qu. 4. Carton 2 1/6 ℛ

—— **Post-, Reise- und Eisenbahn-Karte von Deutschland, der Schweiz, den Niederlanden und Belgien, nebst Theilen der angrenz. Länder, bis Kopenhagen, Ferrara, Paris etc. Zum Reisegebrauch eingerichtet und mit Bezeichnung der Strassen, Eilwagen- und Extrapost-Routen, der Eisenbahnen, sowie der Dampfschiff-Verbindungen versehen und nach den neuesten und besten Hülfsmitteln bearb. Neue revid. Ausg. für 1868—1875. Fol. Ebendas. aufgez. in Carton ℳ 6.; mit Stäben ***

Handtke, F., Post-, Reise- und Eisenbahn-Karte von Deutschland, der Schweiz, den Niederlanden und Belgien, nebst Theilen der angrenzenden Länder . . . Zum Reisegebrauch eingerichtet und mit Bezeichnung der Strassen etc. versehen und nach den neuesten und besten Hülfsmitteln bearb. Neue revid. Ausg für 1869. Glogau, Flemming. 1869. Imp.-Fol. 4 Bll. Chromolith.
——, —— Mit den politischen Grenzen in Buntdruck. Ebenda 1871; 1873, 1874. Imp.-Fol. Chromolith.

Handtke, F., Post- und Eisenbahn-Reisekarte von Central-Europa, nach F. Handtke's Post- u. Reisekarte. . . . Ausgaben [1864?, 1867?,] 1871, 1878. . . . . . .

Handtke, F., Reise-Karte von Deutschland und den Nachbarstaaten. Nach den besten Quellen entworfen, bearb. u. gezeichnet. 1 : 1500000. 36.—38. Aufl. Glogau, 1890—92. Imp.-Fol. Chromolith. (6 M.)

—— Reisekarte von Deutschland u. den Nachbarstaaten nach F. Handtke's Post- u. Reise-Karte reducirt. 1 : 2 150 000. 47.—48. Aufl. Glogau, Flemming, 1890—91. Imp.-Fol. Chromolith.

Handtke, F.: R e i s e - K a r t e von Deutschland und den Nachbar-Staaten bis Kopenhagen. Dover, Paris, Maria-Theresiopel, Budapest, Debreczin, Lublin, Grodno, Tauroggen. Nach d. besten Quellen entw., bearb. u. gezeichnet von –. Rev. u. erg. im Kartogr. Inst. d. Verlagshandl. (47. Aufl.) Maßstab 1:1,500,000. Glogau: C. Flemming (1902). (1 Kartenbl. 101x71 cm.) 8° [kol.]

Handtke, F.: R h e i n p r o v i n z. Entworfen von –. (Maßst. 1:470,000. Bearb. u. erg. im kartogr. Inst. d. Verlagsbuchh. 31. Aufl.) [Mit 3 Nebenkarten.] (Glogau: C. Flemming [1904].) (Kartenbl. 50x65 cm.) 8°
[Kopft. lith.] [kol.]
= Generalkarten, Carl Flemmings. No 11.

Provinz Sachsen nebst Thüringen und Anhalt. Entworfen von F. **Handtke.** (Maßst. 1 : 460,000. Bearb. u. erg. im kartogr. Inst. d. Verlagsbuchh. 45. Aufl. [Mit 1 Nebenkarte.] Glogau: C. Flemming [1905].) (1 Kartenbl. 60×67 cm.) 8° [Kopft. lith.] [kol.]
— **Generalkarten**, Carl Flemmings. No 9. [05. 7186]

Handtke, F.: Provinz S c h l e s i e n. Entworfen von –. (Verhältniß = 1:510,000. Bearb. u. erg. im kartogr. Inst. d. Verlagshandl. 52. Aufl.) [Mit 4 Nebenkarten.] (Glogau: C. Flemming [1905].)(1 Kartenbl. 77x56 cm.) 8° [Kopft. lith.] [kol.]
= Generalkarten, Carl Flemmings. No 8.

Handtke, F.: Schleswig-Holstein, Mecklenburg, Hamburg, Bremen und Lübeck. Entworfen von –. (Maßst. 1:600,000. Bearb. u. erg. im kartogr. Inst. d. Verlagsbuchh. 18. Aufl.)[Mit 1 Nebenkarte.] (Glogau: C. Flemming [1904].) (1 Kartenbl. 76x57 cm.) 8°
[Kopft. lith.] [kol.]
= Generalkarten, Carl Flemmings. No 14.

Handtke, F., (Pfennig-) Schul-Atlas d. neueren Erdbeschreibung in 25 (lith. u. ill.) Bl. 1. u. 2. Aufl. qu. gr. 4. Glogau 840, 41, Flemming. à Thlr.

—— Schul-Atlas der neueren Erdbeschreibung in 25 Blätt. 3. Aufl. 1. Lfg. Europa. — Asien. — Spanien. — Frankreich. — Palästina. qu. gr. 4. Glogau 845, Flemming.

— Schul-Atlas der neueren Erdbeschreibung in 25 (lith. u. color.) Bl. 4. Aufl. qu. gr. 4. Ebd. 847. — 5. verb. Aufl. qu. gr. 4. Ebd. 847. — 6. vollständig umgearb. Aufl. qu. 4. Ebd. 850. — 7. vollständig umgearb. Aufl. qu. gr. 4. Ebd. 851. — 8. vollständig umgearb. Aufl. qu. gr. 4. Ebd. 851. — 9. vollständig umgearb. Aufl. qu. gr. 4. Ebd. 852. 1/2 ß

Handtke's, F., Schul-Atlas der neueren Erdbeschreibung in 25 (lith. u. color.) Blättern. 11—16. Aufl. Glogau 854—58. Flemming. qu. gr. 4. 16 ngr

Handtke, F., Schul-Atlas der neueren Erdbeschreibung in 25 (lith.) Blattern. 16. Aufl. 859. — 17. Aufl. Glogau 860. Flemming. qu. 4. 16 ngr

Handtke, F., Schul-Atlas der neueren Erdbeschreibung in 24 (chromolith.) Blättern. 25. u. 26. Aufl. Glogau 869. Flemming. qu.-4. n. 10 ngr

Handtke, F., Schul-Atlas der neueren Erdbeschreibung in 24 (lith. u. color.) Karten. 27. Aufl. gr. 4. Glogau 873. Flemming. n. — 80

Handtke, F., Schul-Wandkarte von Afrika in 9 Blättern. 1:6,500,000. 5. Aufl. Chromolithogr. und color. Imp.-Fol. Glogau 877, Flemming. *
Auf Leinw. *M 8,; mit rohen Holzrollen *
Mit polirten Holzrollen *

—— und A. Ehrlenholtz, Schulwandkarte der preussischen Prov. Hannover, des Grossherzogth. Oldenburg und des Herzogth. Braunschweig in 9 Bl. Chromolithogr. Imp.-Fol. Ebendas. 878. *
Auf Leinw. *
Mit rohen Holzrollen *M 12.; mit polirten Holzrollen *

Handtke, F., und L. Diesner, Schulwandkarte der preussischen Prov. Hessen-Nassau und der Fürstenthümer Waldeck und Pyrmont. 1:200,000. 6 Bl. Chromolithogr. Imp.-Fol. Glogau 877, Flemming. *
Auf Leinw. in Mappe *
Mit rohen Stäben *M 9,50.; mit polirten Stäben *

—— und Hugo Friedemann. Schul-Wandkarte vom Königr. Sachsen. 9 Bl. Chromolithogr. Imp.-Fol. Ebendas. 876. *
Auf Leinw. in Mappe *M 10,50.; mit rohen Holzrollen *
Mit polirten Holzrollen *

—— und J. Lindemann, Schul-Wandkarte der Prov. Schleswig-Holstein in 6 Bl. Nach den neuesten und besten Quellen bearb. 2. verb. Aufl. Fol. Ebendas. 873.
aufgez. in Mappe *M 6,75.; mit rohen Holzrollen *
Mit schwarz polirten Holzrollen *

Handtke, F., und J. W. O. Richter, Schul-Wandkarte von Thüringen in 9 Blättern. 1:170,000. Chromolithogr. **und color. Imp.-Fol. Glogau 877, Flemming.**
Auf Leinw. *M 10.; mit rohen Holzrollen *
Mit polirten Holzrollen *

Handtke, F[ranz], (und) Herrich, A[lwin]. Schweiz. Massstab 1: 600000. 5. Aufl. 1 Bl. quer-fol., *in Umschlag* 8. Glogau, Carl Flemming, [1904]. (M. 2. —, aufgez. M. 1. 50 mehr)
Carl Flemmings Generalkarten.
Titel auf dem Blatt: Schweiz Bearb. von F. H' und A. H'. Massstab 1:600000. 622/788 mm. Glogau, C' F'... A.-G. — Carl Flemmings Generalkarten. No. 21.

Handtke, F Specialkarte der Eisenbahnen Mittel-Europas. Dresden 1858. 4 Bl. c. I

Handtke, F., Special-Karte der Eisenbahnen Mittel-Europas mit Angabe aller Eisenbahn-Stationen, Haupt-Kunststrassen, schiffbaren Flüsse und Kanäle, Dampfschiff-Routen und Stationen, Speditionsorte, Zoll- und Steuer-Aemter, Bäder, der Grenzen des Zollvereins und der benachbarten Zollgebiete entworfen u. gez. M. 1:1300000. Dresden, Kuntze, 1859. Imp.-Fol. 4 Bll. Lith. u. kolor. (2 ß) . . . . (apa)
——, —— Neue Ausg. Ebenda 1860.
——, —— Neue Ausg. Ebenda 1865.

Handtke, F. Specialkarte des Kriegsschauplatzes in Süd-Russland. 1:420000. Glogau 1854.

Handtke, F. Specialkarte des Kriegsschauplatzes in Süd-Russland (Nordküste des Schwarzen Meeres) mit den Plänen von Odessa, der Einfahrt in den Dniepr-Liman, der Gegend um Nikolajeff, Cherson 1:420000 Glogau 1855. 1 Bl. c. I.

Handtke, F Special-Karte der Halbinsel Krymm 1:350000. Glogau 1854. 4 Bl c I Ff

F. Handtke's Specialkarte der Düppeler Schanzen 1:33000 [Nebenkarte: Übersichtskarte der Umgegend von Flensburg bis Apenrade, des Sundewitt und der Insel Alsen 1:200000 (Glogau o. J 1 Bl Fol 44.5 47 cm. [Umschlagt] 1864.
[Kopft.]: F. Handtke's Topographische Karte der Gegend um Düppel nebst den Schanzen und Gravenstein, mit Operations-karte vom Sundewitt u Alsen

Handtke, F. Specialkarte von Tirol und Salzburg 1:600000 Glogau 1 Bl c I Ff

—— Special-Karte der europäischen Türkei in 20 Bl. 1:600,000. Sect. 7. 8. 11. und 12. Fol. Ebendas. 875.
à Sect. *

Handtke's, F., Specialkarte von Tyrol und Salzburg. 1:600,000. Fol. Glogau 868. Flemming. In Carton

Der preußische Staat. Entworfen von F. Handtke. (Maßst. 1:1 825.000. Bearb. u. erg. im kartogr. Inst. d. Verlagsbuchh. 19. Aufl. [Mit 1 Nebenkarte.] Glogau: C. Flemming [um 1904?].) (1 Kartenbl. 62×51 cm.) 8°
[Kopft. lith.] [kol.]
= **Generalkarten**, Carl Flemmings. No 2. [c5. 6559

— Vereinigte Staaten von Nord-Amerika. Imp. Fol. Lith. u. color. Ebd. 848. 1/3 ß

— Süd-America. Imp. Fol. Lith. u. color. Ebd. 848. 1/3 ß

Handtke, F[ranz], (und) Herrich, A[lwin]. Ostalpenländer: Tirol mit Vorarlberg, Salzburg, Steiermark, Kärnten, Krain, Görz-Gradisca und angrenzende Gebiete. Massstab: 1 : 600000. 2. Aufl. 1 Bl. quer-fol., *in Umschlag* 8. Glogau, Carl Flemming, [1904]. M. 2. — (aufgezogen M. 1. 50 mehr)
Carl Flemmings General-Karten.
Titel auf dem Blatt: Ostalpenländer. Bearb. von F. H' und A. H'. Massstab 1 : 600000. 638/856 mm. Glogau, C' F'. — Carl Flemmings Generalkarten. No. 20.

— siehe: Umgegend von Wien.

— Wandkarte von Africa, zum Gebrauch f. Schulen eingerichtet nach den besten Quellen entw. u. gezeichn. gr. Fol. (6 Bl.) Ebend. 846. 1/2 ß

Handtke, F., Wandkarte von Afrika, zum Gebrauch für Schulen eingerichtet, nach den besten Quellen entworfen. 4. Aufl. 6 Bl. Fol. Glogau 868, Flemming. *M* 1,80.; aufgez. *
Mit rohen Holzrollen * *M* 5,50.; mit polirten Holzrollen *

— Wandkarte v. Asien zum Gebrauch f. Schulen eingerichtet u. nach d. besten vorhandenen Materialien entw. u. gez. gr. Fol. (9 Bl.) Ebend. 846. 3/4 ß

— Wandkarte von Australien zum Gebrauch für Schulen entworfen u. gezeichnet. gr. Fol. (6 lith. u. color. Bl.) Ebd. 850. 1/2 ß

—— Wandkarte von Australien in 6 Blättern. 2. Aufl. Fol. Ebendas. 874. *M* 2,25.; aufgez. *
Mit rohen Holzrollen * *M* 6,50.; mit polirten Holzrollen *

— Wandkarte der preuß. Prov. Brandenburg, z. Gebrauch f. Schulen eingerichtet nach den besten Quellen entw. u. gez. gr. Fol. (6 Bl.) Ebend. 846. 1/2 ß

—— Wandkarte der norddeutschen Bundesstaaten in 12 Bl. Fol. Ebendas. 870. *M* 4,50.; aufgez. in Mappe *

— Wandkarte von Deutschland zum Gebrauch für Schulen. gr. Fol. (8 lith. u. illum. Bl.) Ebend. 845. 3/4 ß

— Wandkarte v. Deutschland z. Gebrauch f. Schulen eingerichtet, u. nach den besten Quellen entw. u. gez. Roy.-Fol. (9 Bl.) Ebend. 846. 3/4 ß

— Wandkarte von Deutschland. 3. verb. Aufl. zum Gebrauch für Schulen eingerichtet, u. nach den besten Quellen entw. u. gez. 9 lith. u. color. Bl. in gr. Fol. Ebd. 851. 3/4 ß

Handtke, F., Wandkarte von Deutschland. Zum Gebrauch für Schulen eingerichtet. u. nach den besten Quellen entworfen u. gezeichnet. Glogau, Flemming, 1853. 9 Bl. lith. u. kol. Roy-Fol. (3/4 *Rt.*)
—, —— Neue verb. Aufl. Ebenda 1853.
——, — — 4. Aufl. Ebenda 1859.
——, — — 5. Aufl. Ebenda 1862. . . . .

— Wandkarte von Europa zum Gebrauch f. Schulen eingerichtet, nach d. besten vorhandenen Materialien entw. u. gez. gr. Fol. (9 Bl.) Ebend. 846. 3/4 ß

— Wandkarte von Europa zum Gebrauch für Schulen eingerichtet, nach den besten vorhandenen Materialien entw. u. gez. 9 lith. u. color. Bl. in gr. Fol. Ebd. 851. 3/4 ß

Handtke, F., Wandkarte der oestlichen und der westlichen Erdkugel in 12 Bl. 8.—10. Aufl. 1868—72. à *M* 2,50.; und 11. Aufl. Fol. Glogau 873, Flemming. à Wandkarte aufgez. à * *M* 9.; aufgez. mit rohen Holzrollen *
Mit polirten Holzrollen *

— Wand-Karte des Oesterreichischen Kaiserstaates, entw. u. nach den besten Hülfsmitteln gez. 10 lith. u. color. Bl. in gr. Fol. Ebd. 852. 5/6 ß

— Wandkarte von Nord-Amerika zum Gebrauch für Schulen entw. u. gez. gr. Fol. (9 lith. u. color. Bl.) Ebd. 851. 3/4 ß

Handtke, F., Wandkarte von Nord-Amerika zum Gebrauch für Schulen entworfen und gezeichnet. 2. Aufl. 9 Bl. Fol. Glogau 868, Flemming. (*M* 2,25.) *M* 2,70.; aufgez. *
Mit rohen Holzrollen * *M* 8,50.; mit polirten Holzrollen *

— Wandkarte von Palaestina, zum Gebrauch für Schulen eingerichtet. 4 lith. u. color. Bl. in Fol. Ebd. 848. 12 ngl

— Wandkarte von Palaestina, zum Gebrauch für Schulen eingerichtet, u. nach den besten Quellen entw. u. gez. 4 lith. u. color. Bl. in gr. Fol. Ebd. 851. 12 ngl

— Wand-Karte der Provinz Preussen, zum Gebrauch für Schulen eingerichtet, nach den besten Quellen entw. u. gez. 8 lith. u. color. Bl. in gr. Fol. Ebd. 852. 2/3 ß

Handtke, F., Wandkarte des deutschen Reiches u. der deutsch-oesterreichischen Provinzen in 9 chromolith. Bll. Nach den neuesten und besten Quellen bearb. Lith. u. kolor. Glogau, Flemming, 1872. Imp.-Fol. (1 *Rt.*) . . . . (Br. Mus.)
——, —— 10—14. Aufl. Glogau, Flemming, 1874—91. (1 1/2 *Rt.*)

—— Wandkarte des deutschen Reiches in 9 Bl. 1872. *M* 3., und 10. Aufl. Fol. Ebendas. 874.
aufgez. * *M* 8,50.; mit rohen Holzrollen *
Mit schwarz polirten Holzrollen *

— Wandkarte der preuss. Rheinprovinz, zum Gebrauch für Schulen eingerichtet. 6 lith. u. color. Bl. in gr. Fol. Ebd. 847. 1/2 ß

— Wandkarte d. preuß. Prov. Sachsen, zum Gebrauch für Schulen eingerichtet, nach den besten Quellen entw. u. gez. gr. Fol. (6 Bl.) Ebend. 846. 1/2 ß

—— Wandkarte der Prov. Schleswig-Holstein in 6 Bl. Nach den neuesten Quellen bearb. Fol. Glogau 873, Flemming.
aufgez. * *M* 6.; mit rohen Holzrollen *
Mit schwarz polirten Holzrollen *

— Wandkarte vom Preuß. Staat zum Gebrauch f. Schulen. gr. Fol. (8 lith. u. illum. Bl.) Ebend. 845. 2/3 ß

— Wandkarte vom Preussischen Staat. Zum Gebrauch für Schulen eingerichtet u. nach den besten Quellen entw. u. gez. 8 lith. u. color. Bl. in gr. Fol. Ebd. 851. 2/3 ß

Handtke, F., Wandkarte vom Preussischen Staat, ... entw. u. gez. 6. Aufl. Glogau [1861?] . . . . (Br. Mus.)
—— —— 10. Aufl. Ebda [1868.] . . . . (Br. Mus.)

— Wandkarte von der preuss. Provinz Westphalen, zum Gebrauch für Schulen entw. u. gez. gr. Fol. (6 lith. u. color. Bl.) Ebd. 850. 1/2 ß

(F. **Handtke.**) Provinz Westfalen. Maßst. 1:350,000. (31. Aufl.) *Glogau: C. Flemming [1904].* (1 Kartenbl. 69×58 cm.) 8° [kol.]
— **Generalkarten**, Carl Flemmings. No 10. [04. 5752]

Provinz Westpreußen. Bearb. von F. **Handtke.** (Maßst. 1:472,000. Bearb. u. erg. im kartogr. Inst. d. Verlagsbuchh. 35. Aufl. [Mit 1 Nebenkarte.] Glogau: C. Flemming [um 1904?].) (1 Kartenbl. 64×50 cm.) 8° [Kopft. lith.] [kol.]
— **Generalkarten**, Carl Flemmings. No 4. [05. 6360]

Württemberg, Baden, Hessen und Elsaß-Lothringen. Entworfen von F. **Handtke.** (Maßst. = 1:600,000. Bearb. u. erg. im kartogr. Inst. d. Verlagsbuchh. Glogau: C. Flemming [1905].) (1 Kartenbl. 56×68 cm.) 8° [Kopft. lith.] [kol.]
— **Generalkarten**, Carl Flemmings. No 17. [05. 6363]

Handtmann, E., Versuch einer Beantwortung der Frage: Wie haben sich die Freunde der christlichen Wahrheit und der drei preußischen Schulregulative vom 1., 2. und 3. Oktbr. 1854 den Fortschrittsmännern unserer Zeit gegenüber zu verhalten. Lex.-8. (75 S.) Wriezen 860, (Röder.) *

Handtmann, E., s.a. Blumen, fliegende, d. Mark Brandenburg.

Handtmann-Seedorf, E.: Fliegende B l u m e n der Markt Brandenburg. Plauderei üb. zehn märkische Schmetterlinge v. e. Landpfarrer.
Berlin: G. Hempel 1899. (26 S.) 1 Bd 8°

Handtmann, E., rote Immortelle. Die Rose v. Jericho im deutschen Land Brandenburgisches Märchen. 8. (72 S.) Düsseldorf 886. F. Bagel. cart. n. 1. 20

— neue Sagen aus der Mark Brandenburg. Ein Beitrag zum deutschen Sagenschatz. 8. (VIII, 263 S.) Halle 883. Abenheim. n. 4. —; geb. n. 5. —

Handtmann, E., der Slavismus im Lichte der Ethik. Sociale u. eth. Bilder in polit. Rahmen. gr. 8. (149 S.) Gotha 878. F. A. Perthes. n. 2. 40

Handtmann, E., was auf märkischer Heide sprießt. Märkische Pflanzen-Legenden u. Pflanzen-Symbolik. 12. (VII, 184 S.) Berlin 890. Lüstenöder. n. 3. —

Handtmann, Joh. (Zellin a. d. Oder), Ueber Hautveränderungen bei septischen Erkrankungen. Diss. med.-chir. Halle (Plötz [R. Nietschmann]) 26. IV. 1882. 42 S. mit Biogr. (M.: C. Schliebner.) (4.50) 13031
Oppon.: M. Böttger, J. Rühl. — Gew.: Frau Anna Pfützenreuter, Frau Anna Wernicke. — Krankengesch. d. Franz Pötsch.

Handtmann, K., Versuch einer Beantwortung der Frage: Wie haben sich die Freunde der christlichen Wahrheit u. der drei preußischen Schulregulative vom 1., 2. u. 3. Oktober 1854 den Fortschrittsmännern unserer Zeit gegenüber zu verhalten. Wriezen 860. Röder in Comm. Lex.-8. (75 S.) n. 12 ngr.

Handtmann, K., s.: Wilhelm II., Kaiser, Worte u. Reden.

Handtmann, Karl, die Neu-Irvingianer od. die „Apostolische Gemeinde". Ihre Geschichte, Lehre u. Verfassung dargestellt. (VII, 84 S.) gr. 8. Gütersloh 903. C. Bertelsmann. n. 1. —

Handtmann, Karl, die Neu-Irvingianer oder die „Apostolische Gemeinde". Ihre Geschichte, Lehre und Eigenart dargestellt. 2. verm. Aufl. (VIII, 122 S.) 8. Gütersloh 907. C. Bertelsmann. 1.50; geb. 2. —

Handtmann, Karl, kritische Notizen z. dem dogmatischen Gehalt d. Erklärung vom 15. Aug. 1845, m. besond. Beziehung auf die Vertheidigungsschr. des Hrn. Pred. Eltester: „Offene Antwort." gr. 8. Potsdam 845, Stuhr'sche Buchh. 3 ngr

Handtmann, Karl, üb. Traurecht u. Trauformen. Ein Zeugniß aus der evangel. Kirche in Preußen. gr. 8. (121 S.) Leipzig 876. Mentzel. n. 2. —

Handtmann, Otto

— Bestimmungen u. Vorschriften f. die dauernd od. zeitweilig in Rußland sich aufhaltenden Angehörigen fremder Staaten. Nebst Regeln f. den Handels- u. Reise-Verkehr. 8. (47 S.) Riga 893. Jonck & Poliewsky. n. 1. 35

Handtmann, Otto, die wichtigsten Bestimmungen f. die im Auslande sich aufhaltenden deutschen Militärpflichtigen. 8. (19 S.) Berlin 894. E. S. Mittler & Sohn. n.n. — 25

Handtmann, Otto, d. russische Handels- u. Verkehrs-Recht in seinen wesentlichsten Bestimmgn., nach dem gegenwärt. Stande d. Reichsgesetzgebg. u. m. Berücksicht. der internation. Vereinbargn. u. Verträge bearb. 1. Thl. gr. 8. (V, 97 S.) Riga 900. Jonck & Poliewsky. n. 3.20

— russisches Paß-Büchlein. Paß- u. Aufenthalts-Bestimmgn. f. Reisende nach Rußland. gr. 16. (35 S.) Leipzig 901. R. Gerhard. n. — 60

Handtwig, Gustav Christian

– (Praes.), s. B u r c h a r d : De affectibus quibusdam spasmodicis ...

Handtwig, Chr., resp. A. W. de **Marne**, De dormientibus eorumque situ. Rost. 4°. 1752

Handtwig, G. Ch., De situ dormientium. Rost. 4°. 1753

Handverkauf-Taxe. Lex.-8. Stettin 844. (Sanne u. Comp.) n. 5/6 ß

Handverkauf-Taxe für Apotheken. 1. Octbr. 1858. gr. 8. (32 S.) Hannover 858, Hahn'sche Hofbuchh. *

Handverkauf-Taxe f. Apotheken entworfen vom Aargauischen Apotheker-Verein. 4. (82 S.) Aarau 870. Christen. n. 2. —

Handverkauf-Taxe für Apotheken nach Grammen in 1 Groschenwährung nebst 500-Gramm-Preisen. Hannover 868. Schmorl & v. Seefeld. gr. 8. (31 S.) 7½ ngr.

Handverkauf-Taxe für Apotheker. 2. Aufl. gr. 8. (137 S.) Berlin 846, Amelang'sche Sortimentsh.
Mit eingeschrieb. Preisen nach der berliner Taxe *

Handverkauf-Taxe für Apotheker. 2. Aufl. gr. 8. (137 S.) Berlin 849, Gärtner. 2/3 ß; in Leinw. geb. 5/6 ß; in Leinw. geb. u. mit eingeschriebenen Preisen nach der Berliner Taxe n. 1 1/6 ß

— für Apotheker. 3. Aufl. Berlin 855. Gaertner. Lex.-8. (160 S.) 20 ngr

— für Apotheker. 4. Aufl. Berlin 866. Gaertner gr. 8. (128 S.) n. 15 ngr; geb. n. 20 ngr.

— — 4. Aufl. (Mit Preisen nach der Arzneitaxe für 1866.) Ebend. 866. gr. 8. (128 S.) n.n. 1 ß

— für Apotheker. 5. Aufl. gr. 8. (118 S.) Berlin 873. Gaertner. n. 2. —; geb. n. 2. 50; m. handschriftlich eingetrag. Preisen geb. n.n. 3. 50

Handverkaufs-Taxe für Apotheker. 4. (124 S.) Königswartha 875. (Chemnitz, Kramer.) 2 50

Handverkauf-Taxe f. Apotheker. Festgestellt vom Verein der Apotheker zu Berlin. 6. Aufl. gr. 8. (119 S.)
Berlin 883. Gaertner. n. 2. —; geb. n. 2. 50; m. handschriftlich eingetragenen Preisen n.n. 3. 50

Handverkauf-Taxe für Apotheker. Festgestellt vom Verein der Apotheker zu Berlin. 7. Aufl. gr. 8. (127 S.) Berlin 888. Gaertner. n. 2. —

Handverkaufs-Taxe f. Apotheker. Bearb. v. der Tax-Kommission des Leipziger Apotheker-Vereins. 2., verm. u. verb. Aufl. 4. (400S.) Leipzig 894. Promenadenstr. 11, Germania-Apotheke. Geb. in Halbfrz. n.n. 12. —

Handverkauf-Taxe f. Apotheker. Festgest. im Auftr. d. Vereins d. Apotheker Berlins v. Max Froelich. 8., erweit. Aufl. gr. 8. (147 S.) Berlin 895. R. Gaertner. n. 2. 50; geb n.n. 3. —; geb., m. handschriftl. eingetrag. Preisen, n.n. 4. —

Handverkaufs-Taxe zum Gebrauch für Apotheker u. Droguisten. Dresden 860. Kuntze. 4. (2 Bl., 106 S.) 20 *ngr.*

— zum Gebrauch f. Apotheke u. Droguisten. 2., durchgesch. u. verm. Aufl. gr. 8. (98 S.) Dresden 878. Kuntze. geb. n. 3. —

—— für Apotheker Süddeutschlands. Nach commissioneller Berathung bearb. gr. 8. (62 S.) München 873, Grubert. *

——s. a. Hartmann, G.

Handverkaufs-Taxe des Allgemeinen Knappschafts-Vereins zu Bochum. Gültig vom 1. April 1908 ab. [Bochum, 1908.] 23 S.

Handveste der Stadt Thun..., von der Gräfin Elisabeth von Kyburg Anno 1264 ertheilet. 4. Bern 1779.

Handvoll, Zwote, Nüsse für Politiker, Aerzte und Rezensenten, zum Aufbeissen hingeworfen von einem Tirolerbauer. O. O. 1786. 19 S. 8°. V: *Richter, Joseph.* (WBL XXVI/60 ff.) (Hans Viktor Pisk: Josef Richter. Diss. Wien 1927. S. 97)

Handvoll, Eine, Nüsse für Theologen, Philosophen und Juristen zum Aufbeissen hingeworfen von einem Tirolerbauer. O. O. 1786. 23 S. 8°. V: *Richter, Joseph.* (Hans Viktor Pisk: Josef Richter. Diss. Wien 1927. S. 97)

Handvoll, Eine, Schurkereien und Thorheiten aus dem Tagebuche eines reisenden Engländers. London [Salzburg] 1786. V: *Grossing (Grossinger), Franz Rud. von.* (Ky) (MGT) (WBL) (SZMJ)

Handwaffen-Verwaltungsvorschrift f. die kaiserl. Marine (Hw. V.). gr. 8. (IX, 153 S.) Berlin 901. (E. S. Mittler & Sohn.) n. 1. 60

Handweiser für Alle, welche ohne thierärztl. Kenntnisse ihr krankes Vieh selbst heilen u. die Krankheiten desselben schnell u. sicher erkennen wollen rc. 8. Quedlinb. 842. Ernst. 1/2 *ß*

— zu Christian von Stramberg's Rheinischem Antiquarius. gr. 8. (48 S.) Coblenz 879. Hergt. — 75

— für den katholischen Pfarrbez. Leipzig (Stadt u. Land) m. Karte. 1902. Im Auftrage des kathol. Pfarramtes. Von Andr. Deutschmann. gr. 16. (127 S.) Leipzig 902. (X. Pflugmacher.) n.n. — 50

— der literarische, zunächst für das katholische Deutschland [herausg. von Fr. Hülskamp u. H. Rump] vor dem Richterstuhle der öffentlichen Meinung. 2 Hefte. Regensburg 863. Manz. gr. 8. (20, 25 S.) Jedes Heft n. 1⅓ *ngr.*

Handweiser, Literarischer

Handweiser, literarischer, zunächst für das katholische Deutschland. Herausg. von Frz. Hülskamp u. Herm. Rump. 1—3. Jahrg. 1862—64. à 10 Nrn. (à 2½ Bgn.) Münster, Theissing. 4. 1. Jahrg. 15 *ngr* — 2. u. 3. Jahrg. à 20 *ngr.*

Handweiser, literarischer, zunächst für das katholische Deutschland. Hersg. von Frz. Hülskamp u. Herm. Rump. 4. u. 5. Jahrg. 1865—66. à Jahrg. 10 Nr. (Nr. 31—50.) (à 2½ Bog.) Münster, Theissing'sche Buchh. hoch 4. Jeder Jahrg. 20 *ngr.*

Handweiser, literarischer, zunächst für das katholische Deutschland rc. 6—9. Jahrg. 1867—1870 à Jahrg. 12 Nrn. (Nr. 51—98.) (à 2½ Bog.) Ebend. hoch 4. Jeder Jahrg. n. 25 *ngr.*

Handweiser, literarischer, zunächst f. das katholische Deutschland. Hrsg. v. Frz. Hülskamp u. Herm. Rump. 10. Jahrg. 1871. 12 Nrn. [Nr. 99—110.] (à 3 B.) hoch 4. Münster, Theissing. n. 2. 50

— dasselbe. 11—15. Jahrg. 1872—1876 à 18 Nrn (2 B.) hoch 4. Ebend. à Jahrg. 3. —

Handweiser, literarischer, zunächst f. das katholische Deutschland. Hrsg. u. red. von Frz. Hülskamp. 16—18. Jahrg. 1877—1879. à 18 Nrn. (2 B.) hoch 4. Münster, Theissing. à Jahrg. n. 3. —

— dasselbe. 19—21. Jahrg. 1880—1882. à 24 Nrn. (2 B.) hoch 4. Ebend. à Jahrg. n. 4. —

Handweiser, litterarischer, zunächst f. das kathol. Deutschland. Hrsg. u. red. v. Frz. Hülskamp. 22—25. Jahrg. 1883—1886. à 24 Nrn. (2 B.) hoch 4. Münster 883. Theissing. à Jahrg. n. 4 —

Handweiser, literarischer. Zunächst f. das kathol. Deutschland. Hrsg. u. red. v. F. Hülskamp. 26—29. Jahrg. 1887—1890. à 24 Nrn. (2 B.) hoch 4. Münster, Theissing. à Jahrg. n. 4. —

— litterarischer. Zunächst f. alle Katholiken deutscher Zunge. Hrsg. u. red. v. Frz. Hülskamp. 30. 33. Jahrg. 1891—1894. à 24 Nrn. (2 Bog.) hoch 4. Münster i/W., Theissing. à Jahrg. n. 4. —

— litterarischer, zunächst f. alle Katholiken deutscher Zunge. Hrsg. u. red. v. Frz. Hülskamp. 34. u. 35. Jahrg. 1895—1896. à 24 Nrn. (Bog.) Lex.-8. Münster, Theissing. à Jahrg. n. 4. —

— dasselbe. 36. Jahrg. Mai—Dezbr. 1897. 18 Nrn. (à ca. 1 Bog.) Lex.-8. Ebd. n. 3. —

— dasselbe. 37. Jahrg. Febr.—Dezbr. 1898. 24 Nrn. (Bog.) Lex.-8. Ebd. n. 4. —

— literarischer, zunächst für alle Katholiken deutscher Zunge. Begründet, hrsg. u. red. v. Frz. Hülskamp. 38. u. 39. Jahrg. 1899 u. 1900. à 24 Nrn. gr. 8. (à ca. 32 Sp.) Münster, Theissing. à Jahrg. n. 4.—

— dasselbe. 40. Jahrg. Oktbr. 1901—Dezbr. 1902. 24 Nrn. gr. 8. (à ca. 32 Sp.) Ebd. n. 4. —

— literarischer, zunächst f. alle Katholiken deutscher Zunge. Begründet, hrsg. u. red. v. Frz. Hülskamp. 41. Jahrg. 1903. 12 Nrn. (16 u. 592 Sp.) gr. 8. Münster, Theissing. n. 3. —

— dasselbe. Begründet v. Frz. Hülskamp u. Herm. Rump. In neuer Folge red. v. Edm. Niesert. 42. Jahrg. Juni bis Dezbr. 1904. 12 Nrn. (16 u. 592 Sp.) gr. 8. Ebd. n. 3. —

— dasselbe. 43. Jahrg. 1905. 24 Nrn. (24 u. 976 Sp.) gr. 8. Ebd. n. 4. —

— dasselbe. 44. Jahrg. 1906. 24 Nrn. (30 u. 1008 Sp.) gr. 8. Ebd. n. 6. —

— literarischer, zunächst f. alle Katholiken deutscher Zunge. Begründet v. Frz. Hülskamp u. Herm. Rump. In neuer Folge hrsg. u. red. v. Edm. Niesert. 45.—48. Jahrg. 1907—1910. à 24 Nrn. (968, 976, 984 u. 984 Sp.) gr. 8. Münster, Theissing. à Jhrg. 6. —

Handweiser, literarischer, f. Freunde katholischer Kirchenmusik. Unter Mitwirkg. bewährter Fachmänner hrsg. v. J. Auer. 1. Jahrg. 1893. 4 Nrn. (Bog.) gr. 8. Regensburg, A. Coppenrath's Verl. n.n. — 20

Handweiser, literarischer, f. Freunde kathol. Kirchenmusik. Unt. Mitwirkg. bewährter Fachmänner hrsg. v. J. Auer. 3.—6. Jahrg. 1895—1898. à 3—4 Nrn. (à ca. 16 S.) gr. 8. Regensburg, A. Coppenrath's Verl. à Jahrg. n.n. — 20

Handweiser, literarischer, für Freunde katholischer Kirchenmusik. Unt. Mitwirkg. bewährt. Fachmänner hrsg. v. J. Auer. 7.—10. Jahrg. 1899—1902. à 3—4 Nrn. gr. 8. (à 32 Sp.) Regensburg, A. Coppenrath's Verl. à Jahrg. — 30

Handweiser, literarischer, für Freunde katholischer Kirchenmusik. Unter Mitwirkung bewährter Fachmänner hrsg. v. J. Auer. 11.—14. Jahrg. 1903—1906 à 3 Nrn. (à Jahrg. 98 Sp.) gr. 8. Regensburg, A. Coppenrath's Verl. à Jhrg. n.n.n. — 20

Handweiser, literarischer, für Freunde katholischer Kirchenmusik. Unter Mitwirkg. bewährter Fachmänner hrsg. v. P. Griesbacher. 15.—18. Jahrg. 1907 —1910. 3, 3, 4 u. 3 Nrn. (96, 104, 144 u. 84 Sp.) Lex. 8. Regensburg, A. Coppenrath's Verl. à Jhrg. nnn — 20

— politischer, für Landtags- u. Reichsraths-Deputirte mit besonderer Beziehg. auf das Königr. Böhmen. Prag 867. Mercy. gr. 4. (14 S.) n. 16 ngr.

Handweiser, Populärer geographischer, für Touristen. Eine Einführung in die geographischen Grundbegriffe mit besonderer Berücksichtigung der Ostalpen. Herausgegeben vom deutschen und österreichischen Alpenvereine. Mit 16 Abbildungen und 6 Kärtchen im Texte und vier Kartenbeilagen. 8. (149 S.) Wien: Lechner 1892 . 1.50

— der lateinischen Rechtschreibung f. Schüler höherer Lehranstalten. 8. (16 S.) Marburg 883. Schilp. n. — 25

— f. den landwirtschaftlichen Unterricht an den rheinischen Wanderhaushaltungsschulen. Hrsg. v. der Lokal-Abteilg. St. Vith-Malmedy des landwirtschaftl. Vereins f. Rheinpreußen. (VI, 58 S.) 8. Trier 904. J. Lintz. Kart. n. 1. —

—— Wiener literarischer, für die katholische Welt. Hrsgbr.: Adf. Höllerl. Chef-Redact.: Ant. Steiner. 1. Jahrg. Juli 1884—Juni 1885. 24 Nrn. (à Nr. 2—2½ Bog.) gr. 4. Wien, Administration. *

—— Wiener literarischer, für die kathol. Welt. Hrsgbr.: Adf. Höllerl. Chef-Redact.: Ant. Steiner. 2. Jahrg. 1885. 24 Nrn. (à Nr. 2—2½ Bog.) gr. 4. Wien, Administration. * 6 —

—— dass. — Hrsgbr.: Adf. Höllerl. 3. Jahrg. 1886. Januar — Juni. 12 Nrn. (à Nr. 2—2½ Bog.) gr. 4. Ebendas. * 3 —

Fortsetzung, s. Centralblatt, österreichisches literarisches.

Handwercher, Frz. Sales, Betrachtung des Leidens Christi, nach Anleitung einer büßenden Seele. Passau 862. Keppler. 8. (72 S. mit Holzschn. u. 1 Holzschntaf.) 3 ngr.

Handwercher, Frz. v. Sales, s. Leitsterne auf der Bahn des Heils 7r Bd.

Handwerck, Carl, s. H a n d w e r c k , Karl

Handwerck, Georg Ludw. [Präs.] u. Heinr. Chrn. Schoepff (Baruthino-Francus) [Auct. et Resp.]
Disputatio academica, de eo quod justum est circa aedificia privata, maxime extra urbes posita, subjunctis variis constitutionibus, ubi simul de origine, fundamentis et incrementis societatum humanarum in genere, atque civilium in specie, praeliminariter disseritur.
Giessae 1. Feb. 1715: Joh. Müller. (6), 62 S. 4°
publico eruditorum examini

Handwerck, Hugo, Dr.: Gellerts älteste Fabeln. (1.) Aus den Belustigungen des Verstandes und des Witzes gesammelt und herausgegeben. Marburg 1904: R. Friedrichs Univ.-Buchdr. (S. 1—23.) 4°
Marburg, k. G P 1904 (403)

Handwerck, Hugo, Prof. Dr.: Gellerts älteste Fabeln. Aus den „Belustigungen des Verstandes und des Witzes" gesammelt u. hrsg. T. 2. Marburg 1907: R. Friedrich. (27 S.) 4° ¶(Forts. d. P-Beil. 1904.)
Marburg, k. G Philippinum OP 1907 (493)

Handwerck, Hugo [aus Cassel]: Studien über Gellert's fabelstil. . Marburg, Buchdr. F. Sommering, 1891; 43 S. 4°
Marburg, Phil. Fak., Inaug.-Diss. v. [12. Mai] 1891

Handwerck, Hugo. Studien üb. Gellert's Fabelstil. Diss. gr. 4. (43 S.) Marb. 891. (Lpz., Fock.) * 1 —

Handwerck, Karl

Handwerck, Carl, pract. Arzt aus Cassel: Aus d. k. Universitäts-Kinderklinik u. d. Pathol. Institut zu München. Zur pathologischen Anatomie der durch Dystokie entstandenen Rückenmarksläsion. *Berlin 1901: G. Reimer.* (33 S.) 8°
(Aus: Virchow's Archiv f. pathol. Anat. u. Physiol., Bd 164, 1901.)
München, Med. Diss. v. 1901

-01.

Handwerk, das. Zeitung für die gewerbtreibenden Deutschen. Red.: L. Storch. 1. Jahrg. 1848. Juli bis Septbr. 27 Nrn. gr. 4. (½ B.) Gotha, Thienemann in Comm. n. 18 ngr — Red.: Chr. Bertuch, Aug. Ludwig u. Jul. Mentzel. 1. Jahrg. 1848. 2. Quartal. Octbr. bis Decbr. Nr. 28—53. gr. 4. (½ B.) Gotha, Müller in Comm. n. 17 ngr — (2. Jahrg.) 1849. 104 Nrn. gr. 4. (½ B.) Ebd. in Comm. n. 2 ℔; halbjährlich n. 1 ℔ 3 ngr; vierteljährlich n. 17 ngr

Handwerk, das. (15 S.) kl. 8. Backnang 909. (Stuttgart, Holland & Josenhans.) p — 20

— das, s.a. Vorträge, soziale.

Das Handwerk. Als Ms. gedr. M. Gladbach: Zentralstelle d. Volksvereins f. d. Kath. Deutschland 1909. 204 S. 8°
(Soziale Vorträge. H. 5.)

Handwerk, das christliche, in d. Innungen d. Mittelalters u. d. Handwerkerfrage d. Gegenwart. Von e. Handwerkerfreunde. gr. 8. (32 S.) Aachen 898. J. Schweitzer. n. — 35

Handwerk, das deutsche. 1897-1900. 4° Reutlingen 1897-1900

Handwerk, das deutsche. 1901-07. 4° Reutlingen. Stuttgart 1901-07

Handwerk, Das Deutsche, sonst und jetzt. [Altona-Ottensen 1900.] V: *Lange, Hermann.* (Berl)

Handwerk, Das, der Fleischer zu Bautzen, s. Baumgärtel, Hermann

Handwerk und Fortbildungsschule. 8°. M.-Gladbach, Volksvereinsverlag, 1911. (Sociale Volksbibliothek, 30.)

Handwerk und Gewerbe im Bezirk Baden. [Illustriert.] 40 + *Annoncen* 84 S. 8. Baden, Verlag d. Handwerker- u. Gewerbevereins d. Bezirks Baden, Buchdr. Jäger, [1904]. N 3431
S. 3–17 u. 23—29: Geschichtliche Einleitung u. Geschichtliches über die Stadt B' ([von] B[artholomeus] F[ricker]; *S. 30 f.: Kalender* 1905; *S. 33—40:* Mitglieder-Verzeichnis des H'- und G'....

Handwerk, das, gegenüber der Gewerbe-Freiheit. Herausg. vom Vorstand des Handwerkervereins in Münster. Münster 861. Coppenrath in Comm. gr. 8. (VI, 58 S.) n. 5 ngr

Handwerk hat einen goldnen Boden. Erlebnisse eines Handwerkers. Iserlohn 1849. 110 S. 8

Handwerk, Vielerlei, vielerlei Unglück; Posse. Neustrelitz 1790. V: *Bröckelmann, Wilhelm.* (Ky)

Handwerk, vielerlei, vielerlei Unglück; Posse (v. W. Bröckelmann). 8. Neustrel. 790. Hofbuchh. 4 gl.

Handwerk, die Vertilgung der Apfelblutlaus. gr. 8. (4 S.) Altenburg 893. (Schnuphase.) n.n. — 15

Handwerk, A., Festschrift zum 50jähr. Bestehen d. Turnvereins zu Grimma, Grimma 1897, 40 S., 8°.

Handwercker, die. Ein neues u. belehrendes ABC- u. Lesebuch mit 16 (lith. u. color.) Bildern. 8. (16 S.) Neu-Ruppin 848. (Leipzig, Thomas.) ¼ ℔

Handwerker, der, 3 Stcke. 8. Elbing. 785. Hartmann. 6 gl.

Handwerker, die. Ein belehrendes Bilderbuch für aufmerksame Kinder. Fürth (857). Löwensohn. 8. (8 lith. u. color. Bl.) n. 1 ngr

Handwerker, die, ein belehrendes Bilderbuch für aufmerksame Kinder. 8. (7 ill. Stnt. mit 1 Bl. Text.) Fürth 858, Löwensohn. *

Handwerker, die. Ein Bilderbuch f. die Jugend. — Les artisans. — De ambachten. qu. gr. 4. (12 color. Steintaf.) Leipzig 874. Bauer. 1. 50

Handwerker (Der) Organ des Zentralausschusses der vereinigten Innungsverbände Deutschlands. Hrsg. von einer Redaktionskommission unter Leitung von J. H. Meyer. 1. Jhrg. 1889. 5. Jhrg. 1893. gr. 4°. Berlin, A.-G. Pionier.
Forts. u. d. T.: Handwerkerzeitung (Deutsche). Organ für die Besten aller Stände etc. Hrsg. von Aug. Flemming. 6. Jhrg. 1894—95 à 52 Nrn. gr. 4°. Berlin, A.-G. Pionier.

Handwerker, der christliche, oder Leben des guten Heinrich. — Ein Gedanke von Oben, Erzählung für katholische Familien. Aachen 860. Cremer. 8. (121 S.) 10 ngr

Handwerker, der, in d. Fremde, e. vollständ. Anleit. wie Gesellen sich sowohl auf ihren Reisen, als auch in d. Werkstätten zu verhalten, so wie üb. d. Betragen, welches sie auf Herbergen u. and. Orten zu beobachten haben, um sich zu glückl. Menschen u. nützl. Staatsbürgern zu bilden. Nebst e. kurzen Erdbeschreib., Bemerk. d. Merkwürdigkeiten in d. Haupt- u. Residenzstädten, d. gangbarsten Reiserouten durch Deutschland 2c. Von H. L. Wandergern. M. 1 Karte. 12. (19 B.) Hanau 829, Edler.
Reiserouten nebst Karte, apart 5 Gr.

Handwerker, der gelehrte, s.a. Braubach, Dr.

Handwerker, Der gelehrte. Eine komische Erzählung. Altona 1797. V: *Braubach, Daniel.* (Ky) (GGr)

Handwerker, der gelehrte, eine komische Erzählung, vom Verf. der kleinen Aufsätze für Bürger, 8. Altona, 797. Kaven. 15 sgl.

Handwerker und Künstler, Der junge, in allen seinen Verhältnissen . . . Berlin 1801. V: *Franke, Franz Christian Friedrich.* (MGT) (Ky) »ein Buch welches lehrt: wie junge Leute es anfangen müssen . . . 1804«. (MGT)

— u. Künstler, der junge, in allen seinen Verhältnissen. (von Fr Chr. Franke). 12. Berl. 801. 2e Aufl. 804. Franke. 8 1/3

Handwerker, d., u. Künstler u. Fortschritte u. Muster. 1r bis 3r Bd. M. Abbildd. gr. 4. Weim. 826—27. Ind. C. à 2 Rthl.

—— und Künstler, der, Fortschritte u. Muster. 4—6. Bd. à 24 Stcke. mit vielen eingedr. Abbildn. gr. 4. Weimar 828—33, Landes-Ind.-Compt. à Bd.
1—3. Bd. Ebendas. 1826, 27. à 2 Thlr. — Einzeln jedes Stück 3 Gr. [Berichtige hiernach den Titel im 7. Bde. d. W.]

Handwerker, der praktische. 1. Jahrg. 1879. 52 Nrn. (Bog. mit eingedr. Illustr.) Fol. Rottenburg. (Tübingen, Lindenmaier.) * 6 40

— politischer, für Landtags- und Reichsraths-Deputirte mit besonderer Beziehung auf das Königr. Böhmen. gr. 4. (14 S.) Prag 867, Mercy. *

Handwerker, Der rechtschaffene. Ein Werk für Handwerksbursche. Berlin 1793. 2. Aufl. 1796. V: *Franke, Frz. Chn. Friedrich.* Vgl. Ersch IV (1837), Nr. 1690a. Von MGT. 13, 406 f. unter F.s Schriften nicht verzeichnet. (DARP)

— der rechtschaffene. Buch f. Handwerksbursche. 12. Berl. ... 2e Aufl. 796. (Maurer's B.) 0 ½

Handwerker, Otto, aus Würzburg: Geschichte der Würzburger Universitäts-Bibliothek bis zur Säkularisation. *Würzburg 1904. H. Stürtz.* (147 S.) 8°
Würzburg, Phil. Diss. v. 1904

Handwerker, Otto, Geschichte der Würzburger Universitäts-Bibliothek bis zur Säkularisation. Diss. (III, 147 S. m. 4 Abbildgn. u. 1 Taf.) gr. 8. Würzburg 904. Stahel's Verl. n. 2. —

Handwerkerbarbarei oder Geschichte meiner Lehrjahre. Beitrag zur Erziehungsmethode deutscher Handwerker. 8⁰. Halle 1790.

Handwerker-Bibliothek. 1. Bd. gr. 8. Dresden, G. Wolf. n. 1. —
Eisenkonstruktion für den Schlosser. Anleitung zur Ausführg. einfacher Eisenkonstruktionen, bearb. v. der Schriftleitg. der „Allgem. Schlosser-Zeitg." (73 S. m. Fig.) (906.)

Handwerker-Bibliothek. 2.—6. Bd. 8. Dresden, G. Wolf. à 1. —
Bodenweber, Adf. und Hugo Dreher, Schaukasten-Konstruktionen. Mit 7 Entwürfen u. 6 Konstruktions-Zeichngn. (18 S.) (907.) (Bd. 5.)
Netz, Th., Luftgas-Anlagen. Mit zahlreichen Abbildgn. im Text. (47 S.) (909.) (Bd. 6.)
Pöthe, Rhold., der Blitzableiter. Herstellung, Anlegg. u. Prüfung v. Blitzableiter-Anlagen an Gebäuden jeder Art für Schlosser, Mechaniker, Klempner, Installateure usw. Mit 48 Abbildgn. (64 S.) 907. (Bd. 3.)
Prohaska, die Herstellung der Gittermasten. Mit 3 Fig.-Taf. (8 S. m. 3 Fig.) (907.) (Bd. 2.)
Täschner, Alb., Verbrennungs-Kraftmaschinen. Mit zahlr. Abbildgn. im Text. (38 S.) (907.) (Bd. 4.)

Handwerkerbibliothek, illustr. deutsche. 1.—7. Bd. 8. Stuttgart, Süddeutsches Verlags-Institut. Geb. in Leinw. à n. 1. —
1. Der prakt. Bäcker. Ein Hilfsbuch u. Leitfaden z. Ausübg. d. Bäckerhandwerks v. G. Güttinger. (VI, III, 150 S.) 896.
2. Der prakt. Fleischer (Metzger). Ein Hilfsbuch u. Leitfaden z. Ausübg. d. Fleischergewerbes. Von Geo. Wenger. (IX, 165 S.) 897.
3.—5. Der prakt. Bierbrauer. Ein Hilfsbuch u. Leitfaden z. Ausübg. d. Malz- u. Bierbereitg. von Karl Michel. (XV, 470 S.) 897.
6. 7. Der prakt. Klempner. Ein Leitfaden u. Hilfsbuch f. jeden Blecharbeiter als Klempner, Flaschner, Spengler, Blechner, Blechschmied, Schlosser, Kupferschmied u. s. w. Von Otto Kallenberg. (XI, 226 S.) 898.

Handwerkerbibliothek, illustr. deutsche. 1.—7. Bd. 8. Stuttgart [Südd. Verlagsinstitut], E. H. Moritz. geb. à n. 1.—
1. (VI, III, 150 S.) 896. — 2. (IX, 165 S.) 897.
3.—5. (XV, 470 S.) 897. — 6. 7. (XI, 226 S.) 898.

— illustrierte deutsche. 1. Bd. 8. Stuttgart (906). E. H. Moritz. Geb. in Leinw. n. 1. —
Der praktische Bäcker. Ein Hilfsbuch u. Leitfaden zur Ausübg. des Bäckerhandwerkes. Von G. Güttinger. 2. verm. Aufl. v. Fr. Busch. Nebst Gesundheitspflege in Bäckereien v. A. Bender. Mit 25 Illustr. (181 S.)

Koeppers Handwerkerbibliothek Leipzig
1. Eisenach J, der Tischlerlehrling (58 S) 1904. — 2. Der Dachdeckerlehrling. (64 S) 1905. — 3. Bier G, der Maurerlehrling. (80 S) 1905. — 4. Eisenach J und L Posens, der Drechslerlehrling. (66 S) 1906. — 5. Nixdorf C J, der Schriftsetzerlehrling. (67 S) 1906. — 6. Bier G, der Zimmererlehrling. (69 S) 1906. — 7. Heinze E, der Anstreicherlehrling. (62 S) 1906. — 8. Nixdorf C J, der Buchdruckerlehrling (59 S) 1906. — 9. Pape R, der Schuhmacherlehrling. (74 S) 1906. — 10. Ohlig P, der Schlosserlehrling. (85 S) 1906.

Koeppers Handwerkerbibliothek. Leipzig
11. Marquardt P. der Stellmacherlehrling (92 S) 1908. — 12 Peters E, der Schneiderlehrling (78 S) 1908. — 13. Eisenach J u J Caspary, der Glaserlehrling (80 S) 1908. — 14. Kindgen M und L Danulat, der Bäckerlehrling. (64 S) 1908 — 15. Weis sen F, der Klempnerlehrling. (70 S) 1908. — 16 Pastré G, der Tapezierer-, Polsterer- und Dekorateurlehrling (75 S) 1909. — 17. Herbig R, der Barbier-, Friseur- und Perückenmacherlehrling (74 S) 1909. — 18. Gronemann K, der Schmiedelehrling. (58 S) 1910. — 19 Schiffer H, der Steinmetzlehrling (64 S) 1910 — 20 Lehner F, das Lehrmädchen im Damenschneiderinnen-Gewerbe. (87 S) 1911. — 21. Koepper G, die Metallkunde. (76 S) 1912 — 22 Weiler D, der Fleischerlehrling (63 S) 1913.

— neue. Hrsg. v. A. Grunenberg u. Jos. Wilden. 1.—7. Bdchn. gr. 8. Krefeld (902). J. Greven. n. 1. 80
1. 2. Handwerkergesetz, neues. Statut der Handwerkskammer zu Düsseldorf u. Vorschriften der Handwerkskammer zur Regelg. des Lehrlingswesens. (72 S.) n. — 50
3. 4. Gesellen- u. Meisterprüfg., die, im Handwerk. (83 S.) n. — 50
5. Förderung des Handwerks in Oesterreich. Bericht über eine Studienreise in Oesterreich. Von A. Grunenberg. (46 S.) n. — 30
6. Die Entstehungsgeschichte des Handwerkergesetzes. Von J. Jacobskötter. (22 S.) n. — 20
7. Die Wirkung des Gesetzes vom 26. VII. 1897 auf das Handwerk. Statistische Darleggn. Von Grunenberg u. Wilh. Peters. (35 S.) n. — 30

— neue. Hrsg. v. A. Grunenberg u. Jos. Wilden. 8. Hft. gr. 8. Krefeld, W. Greven. n. — 50
Grundriß der Geschichte des deutschen Handwerks. Von Jos. Wilden. (39 S.) (903.)
1.—7. Bdchn. jetzt Ebd. 902. n. 1. 80.

Handwerkerbilder, 1 u. 2. Farbdr. Wien (902). A. Pichler's Wwo. & Sohn. Mit Leinw.-Rand u. Oesen à n. 1. 80
1. Maurer. 86,5×67,5 cm. — 2. Tischler. 86×66,5 cm.

Handwerker-Blatt. Red. vom Vorstand des Handwerker-Vereins der Prov. Sachsen. Redactions-Commission: Beck, Behrens, Philippson, Weise. 1. Jahrg. 1848. 19. Mai bis Decbr. 33 Nrn. 4. (B.) Magdeburg, Baensch. 7/8 ₰ — Organ der Provinzen Sachsen u. Brandenburg. Red. vom Vorstand ꝛc. 2. u. 3. Jahrg. 1849 u. 1850. à 52 Nrn. gr. 4. (B.) Magdeburg, Creutz in Comm. à Jahrg. n. 1 1/3 ₰

Handwerkerblatt, neues deutsches. Organ des rhein. u. des westfäl. Prov.-Handwerkerbundes, d. Landesverbandes hess. Handwerker ꝛc. Red.: Pet. Beutz. 2.—4. Jahrg. 1900—1903. à 52 Nrn. gr. 4. (à ca. 12 S.) Wiesbaden, P. Plaum. à Jahrg. n.n. 3. —
Der 1. Jahrg. erschien unter d. Titel:

Handwerkerblatt, neues deutsches. Publikations-Organ der Handwerkskammern: Aachen, Arnsberg, Cassel usw. Organ der Handwerkerverbände: Rheinischer u. westfäl. Provinz.-Handwerkerbund, Landesverband hess. Handwerker usw. Red.: Emil Böttger. 5.—8. Jahrg. 1903—1906 à 52 Nrn. (à ca. 12 S.) 4. Wiesbaden, P. Plaum. à Jhrg. n.n. 3. —
Der 5. Jahrg. ist v. P. Beutz, der 6. v. A. Schröder red.

Handwerkerblatt, neues deutsches. Publikations-Organ der Handwerkskammern: Aachen, Arnsberg, Cassel usw. Organ der Handwerkerverbände: Rheinischer u. westfäl. Prov.-Handwerkerbund, Landesverband hess. Handwerker usw. Red.: Wilh. Godschalk. 9.—12. Jahrg. 1907—1910. à 52 Nrn. (à ca. 8 S.) 39×27 cm. Wiesbaden, P. Plaum. à Jhrg. 3. 60

— rheinisches. Red.: P. Beutz. 1. Jahrg. Mai 1899—April 1900. 52 Nrn. gr. 4. (à ca. 8 S.) Ebd. n.n. 3. —

Handwerker-, Fach- und Berufsbühne. Hrsg. von Felix Renker. H. 1. Mühlhausen i Th.: Danner [1910]. 8° [11. 1010. 3

Handwerkerbund u. Handwerkertag. Offenes Sendschreiben an Herrn B. A. Huber zu Wernigerode. Berlin 867. Exped. der deutschen Gemeinde-Zeitung. Lex.-8. (8 S.) 1 ngr.

Handwerkerfrage, die. Ein Versuch zu ihrer Lösg. Von e. Handwerker. gr. 8. (35 S.) Dresden-Blasewitz 886. Loewenstein. — 50

Handwerkerfrage (Zur). Das Klebegesetz. Burschen-Bataillone. Praktische Vorschläge zur Lösung der socialen Frage. 8°. Hamm, Breer u. Thiemann in Komm., 1899. 39 S.

Handwerkerfreund, der. Eine Monatsschrift zur Belehrung u. Unterhaltung f. jeden Handwerker. Redig. v. F. Gehrke. (1. Jahrg.) 1. Hft. gr. 8. Berlin 846. (Enslin'sche Buchh.) pr. 6 Hefte n. 1 ₰

Der Handwerkerfreund. Sonntagsbeiblatt zu den neuesten Nachrichten. Hrsg. Dr. H. Hersch. Nr 4, 5, 6. 1850. 4.

Handwerkerfreund, ostdeutscher. Central-Organ aller Handwerker Ostdeutschlands — Pommerns, Ost- u. Westpreußens, Posens ꝛc. Fach- u. Offertenblatt f. Handwerker-Bedarfsartikel aller Art. Mit Beilage: Illustr. Unterhaltungs-Blatt: „Die Frau Meisterin". 1. Jahrg. April—Dezbr. 1901. 18 Nrn. gr. 4. (à ca. 8 u. 4 S.) Bütow-Cöslin, W. Banselow. n. 1. 80

— dasselbe. Publikations-Organ des „Westpreuß. Bäcker-Verbandes" (Germania). Mit Beilage: Humor ist Trumpf. Jahrg. 1902. 24 Nrn. gr. 4. (à ca. 8 u. 8 S. m. Abb.) Ebd. n. 2. 40

Handwerkerfreund, ostdeutscher. Zentral-Organ aller Handwerker Ostdeutschlands — Pommerns, Ost- u. Westpreußens, Posens, Schlesiens etc. Fach- u. Offertenblatt f. Handwerker-Bedarfsartikel, Maschinen, Werkzeuge aller Art. Mit Beilage: Welt im Bild. 3.—5. Jahrg. 1903 bis 1905. à 24 Nrn. (à ca. 4 u. 8 S. m. Abbildgn.) gr. 4. Bütow-Cöslin, W. Banselow. à Jahrg. 2. 40

Handwerker- und Gewerbefreund, schweizerischer. 1864. Bern 1864

Handwerker-Gesetz, das neue. Gesetz betr. d. Abänderg. d. Gewerbeordng. V. 26. VII. 1897. Innungen, Innungsausschüsse, Handwerkskammern, Innungsverbände, Lehrlingsverhältnisse, Meistertitel. 12. (62 S.) Berlin 897. F. Dümmler's Verl. n. — 50

[F.] Das neue **Handwerker-Gesetz.** Gesetz betr. d. Abänderg d. Gewerbeordg. Vom 26. Juli 1897 . . (Umschlagt.: Das neue Handw.-Ges. v. 26. Juli 1897 u. Gewerbeordng f. d. Deutsche Reich in d. Fassg des Ges. v. 6. Aug. 1896. Nebst d. Ges. z. Bekämpfg d. unlaut. Wettbewerbes . . . Ergänzt u. erl. . . . v. R[ichard] Höinghaus. 11. Aufl.) *Berlin: F. Dümmler 1897.* (191 S.) 1 Bd 8. [97. 7077

Handwerkergesetz, neues. Statut der Handwerkskammer zu Düsseldorf und Vorschriften der Handwerkskammer zur Regelung des Lehrlingswesens, s.: Handwerkerbibliothek, neue. 1. 2. Bdchn.

Handwerker-Innungen. Ihre Einrichtung u. Ausgestaltung. 3. Aufl. M.Gladbach: Volksver. f. d. kath. Deutschland 1906. (80 S.) 8° [F.]
= Tages-Fragen, Soziale. H. 5. [06. 11383 6

Handwerker-Innungen u. -Genossenschaften, die, s.a.: Tages-Fragen, soziale. 5. Hft.

Die **Handwerker-Innungen** und -Genossenschaften. Ihre Bedeutung u. Aufgaben. 2. verm. Aufl. *M. Gladbach: Zentralstelle d. Volksver. f. d. kath. Deutschland 1902.* (50 S) 8° [F.]
= Tages-Fragen, Soziale. H 5. [02. 9844 6

Handwerker-Kalender für d. J. 1907. (176 u. 37 S. m. Abbildgn. u. 1 Bildnis.) gr. 8. Budweis, Verlagsanstalt „Moldavia". (Nur direkt.) Kart. n. 1. —

(F) **Handwerkerkalender für das Jahr 1908.** Gr.-8°. (176, 36 S.) Budweis: Verlagsanstalt „Moldavia", 1907. K 1.—

Handwerker-Kalender f. d. J. 1909. (176 u. 44 S. m. Abbildgn. u. 3 Taf.) gr. 8. Budweis, Verlagsanstalt „Moldavia". Kart. 1. —

Handwerker-Kalender, allgemeiner deutscher, f. d. J. 1893. 8. (167 S.) Laurahütte, Pramor. * — 50

Handwerker-Kalender f. Baden. 5. Jahrg. 1903. 12. (224 u. VI S.) Karlsruhe, G. Braun'sche Hofbuchdr. Geb. in Leinw. n. 1. —

Handwerker-Kalender, deutscher, auf. d. J. 1884. Hrsg. v. Mitgliedern d. Allg. Deutschen Handwerker-Bundes. 2. Jahrg. 8. (140 S. m. Illustr.) Osnabrück, Wehberg. n. — 35

— deutscher, f. d. J. 1905. (III S., Schreibkalender u. 211 S.) 16. Hamm, Th. O. Weber. Geb. in Leinw. n. 1. 20
Erscheint nicht mehr.

— für Hessen. 2. Jahrg. 1902. Hrsg. v. Ferd. Reuter. 12. (243 u. 7 S.) Ebd. Geb. in Leinw. n. 1. —
Erscheint nicht mehr.

Handwerker-Kalender, katholischer, auf die J. 1885 und 1886. 8. (à Jahrg. ca. 150 S. mit Illustr.) Osnabrück, Wehberg. à Jahrg. * — 50
Erscheint nicht mehr.

Handwerker-Kalender, rheinisch-westfälischer, auf d. Jahr 1883. Hrsg. mit Beiträgen von Mitgliedern beider Vereine. 1. Jahrg. 8. (127 S.) Osnabrück, Wehberg. n. — 35

— Württembergischer. Herausgegeben von H Freytag. 1906. 07. Stuttgart 1906. 07

— württembergischer, f. d. J. 1907. Hrsg. v. Hans Freytag. (79 S. m. Abbildgn.) gr. 8. Stuttgart, W. Kohlhammer. — 25

— württembergischer, f. d. J. 1911. Hrsg. v. Hans Freytag. (80 S. m. Abbildgn.) gr. 8. Stuttgart, W. Kohlhammer. — 25

Handwerker- und Arbeiter-Notiz-Kalender, deutscher, für die J. 1879 und 1880. (1. und 2. Jahrg.) 16. (192; 181 S.) Nürnberg, Wörlein und Comp. à Jahrg. geb. * — 50

Handwerker- u. Arbeiter-Notiz-Kalender, deutscher, f. d. J. 1892. 12. (250 S.) Nürnb., Wörlein u. Comp. geb. in Leinw. — 50; stärkere Ausg. — 75

Handwerkernovelle, die, vom 26. VII. 1897 (Reichsgesetz, betr. d. Abänderg. d. Gewerbeordng. v. 26. VII. 1897), nebst d. kaiserl. Verordng. v. 14. III. 1898 u. d. Bundesrathsbekanntmachg. üb. d. Musterstatuten f. Jungn. rc. nebst diesen v. 19. III. 1898. M. alphabet. Sachregister. gr. 16. (IV, 180 S.) München 898 C. H. Beck. Kart n. — 80

[S.] Die Handwerkernovelle (Gesetz v. 26 Juli 1897, betr. d. Abänderung d. Gewerbeordnung,' bearb. v. Dr Gustav Rohmer, k. bayer. Bezirksamtsassessor. *München. C. H. Beck 1895.* (X, 338 S.) 1 Bd 8.
— Gewerbeordnung, Die, f. d. Deutsche Reich 3. Aufl. Ergänzgsbd.
198 7334 16

Handwerkerpolitik (Kommunale), unter besonderer Berücksichtigung der bayerischen Verhältnisse. 8⁰. M.-Gladbach, Volksvereins-Verlag, 1910. (Sociale Volksbibliothek, Heft 12.)

Handwerker's, des, Heim od. Lebensklugheit in Theorie u. Praxis. Mitgeteilt v. e. New-Yorker Arzte. 12. (14 S.) Lorch 902. K. Rohm. — 10

Handwerkerschule, s.a. Bernsdorff, M., die Schule des Schuhmachers. — Hendrich, M., die Schule des Fleischers. — Kallmeyer, L., die Schule des Sattlers. — Kelle, F. L., die Schule des Tischlers. — Schule, die, des Bäckers.

Handwerker-Schule, die. Lehrbuch für Diejenigen, welche sich im Rechnen, Schönschreiben, in der deutschen Sprache, im Briefstyl u. in der Führung der Geschäftsbücher ohne Beihülfe eines Lehrers vollständig ausbilden, sowie über das Merkwürdigste und Wissenswertheste auf dem Gebiete der Erfindungen belehren wollen. Herausg. von Ed. Kühn, unter Mitwirkung mehrerer tüchtiger Lehrer. 1–18. Liefg. Berlin 851. (Bieler u. Co.) gr. 8. Jede Liefg. n. 1 ngr

Inhalt: Liefg. 1. 2. 9. 10. 17. 18. Rechenbuch. (S. 1—96.) — Liefg. 3. 4. 11. 12. Deutsche Sprache. (S. 1—64.) — Liefg. 5. 6. 13. 14. Anleitung zum Schönschreiben. (S. 1—32.) — Liefg. 7. 8. 15. 16. Das Merkwürdigste und Wissenswertheste aus dem Gebiete der Erfindungen. (S. 1–64 mit Holzschn. im Text.)

Handwerkerschule, Die, zu Halle a. S. Denkschrift zur Eröffnung ihres neuen Gebäudes . . . [Halle a. S. 1901.] V: *Brumme, Gustaf & Carl Rehorst.* (Berl)

Handwerker- und Kunstgewerbeschule zu Elberfeld. Bericht 1901/02. Elberfeld 1902

Handwerker- und Kunstgewerbeschule zu Elberfeld Bericht 1906/07-13. Elberfeld 1907-13.

Handwerker- und Kunstgewerbeschule zu Krefeld. Jahresbericht 1905. 1907. 08. 11. Krefeld 1906-12

Handwerkerschulen des Kantons Aargau. Organisation, Reglement u. Lehrplan. Gr. in-8⁰, 20 S. Ebendas. 1888.

Handwerkertag, der 2. deutsche, zu Frankfurt a. M. vom 25. bis 26. Septbr. 1863. Nach den stenographischen Aufzeichnungen herausg. vom Präsidium des deutschen Handwerker-Bundes. Frankfurt a. M. 863. Brönner. 8. (152 S.) n. 10 ngr

Handwerkertag, 2. norddeutscher, s. Bericht.

Handwerker- und Arbeiter-Union: 1851?–?
Edited & published by John Oeff. See Der Hochwächter Oct. 22, 1851
Cincinnati, OH

DIE HANDWERKER-, ARBEITER- UND ÄHNLICHEN VEREINE IN PREUSSEN Herausgegeben vom Centralverein in Preussen für das Wohl der arbeitenden Klassen. Besonderer Abdruck aus dem »Arbeiterfreund«, der Zeitschrift des Centralvereins, Jahrg 1866. Berlin, 1867. Im Selbstverlage des Centralvereins. 8⁰.

Handwerkervereins-Zeitung, deutsche. Wochenschrift zur Wahrg. u. Hebung der Interessen der Handwerker- u. Gewerbevereine. Leitung: H. Spatzier. 1. Jahrg. 1890. 52 Nrn. (1½ B.) gr. 4. Berlin, Teichgräber. n. 4. —

Handwerker-Zeitung. Organ des Schlesischen Handwerker-Vereins u. unter dessen Verantwortlichkeit redigirt. 1. u 2. Jahrg. 1849 u. 1850. (1850: Red. J. Moecke.) à 52 Nrn. gr. 4. (B.) Breslau, Korn. à n. 1⅔ rf

Handwerkerzeitung, allgemeine. 1886-1900. fol München 1886-1900

Handwerker-Zeitung, Allgemeine. 1901-07. 4⁰ München 1901-07

Handwerkerzeitung allgemeine 1908-13. 4⁰ München 1908-13

Handwerker-Zeitung, Alpenländische. 1905-07. fol Graz 1905-07

Handwerker- u. Arbeiter-Zeitung. Organ für Arbeiter u. Arbeitgeber. Hrsg. vom polit. Klub. 1848. Dezbr. 3 Nrn. 4. (½ B.) Solingen, Amberger. 2 ngr — Jahrg. 1849. 36 Nrn. 4. (½ B.) Ebd. 24 ngr

Handwerker-Zeitung, deutsche. Organ f. die Besten aller Stände. Hrsg. u. Red.: Aug. Flemming. 6. Jahrg. 1894. 52 Nrn. (à ca. 1½ Bog.) gr. 4. Berlin, A.-G. Pionier. n. 6. —
s.a. Handwerker.

Handwerker-Zeitung, deutsche (Früher: „Der Handwerker".) Organ f. d. Besten aller Stände. Amtl. Publikationsorgan sämmtl. Berliner Handwerker-Innungs-Spar- u. Darlehnskassen. Red.: C. Knüppel. Nebst: Illustr. Unterhaltungsblatt. 7.—10. Jahrg. 1895—1898. à 52 Nrn. (à ca. 3 Bog.) gr. 4. Berlin, F. v. Perbandt & Co à Jahrg. n. 6. —
Kann auch vierteljährlich bezogen werden. — Der 7. Jahrg. war noch von Aug. Flemming redigiert.

Handwerker-Zeitung, deutsche. (Früher: „Der Handwerker".) Organ f. die Besten aller Stände. Amtliches Publikationsorgan sämmtl. Berliner Handwerker-Innungs-Spar- u. Darlehnskassen. Red.: Frhr. v. Broich. Nebst: Illustr. Unterhaltungsblatt. 11. Jahrg. 1899. 52 Nrn. gr. 4. (à ca 20 S.) Berlin, F. v. Perbandt & Co. n. 6. —

Handwerker-Zeitung, deutsche allgemeine. Organ für die Gesammt-Interessen der deutschen Handwerker. Herausg. u. red. von Frdr. Kirchhoff. (1.) Jahrg 1869. 52 Nrn. (B.) Leipzig 869. Expedition. hoch 4. n. 1 *af* 10 *ngr.*

Handwerker-Zeitung, Frankfurter. 1901-07. 4° Frankfurt a. O. 1901-07

— Frankfurter 1908. 4° Frankfurt a. O. 1908

Königsberger **Handwerker-Zeitung**. Amtl. Organ d. Handwerkskammer zu Königsberg i. Pr. Jg. 1 u. 2. 1901 u. 1902. *Königsberg i. Pr. 1901: Ostpr. Dr.* 4° [F.] [04 6137 10

Handwerker-Zeitung, Mitteldeutsche. 1902-07. 4° Halle 1902-07

— mitteldeutsche 1907/08-13 4° Halle a. S 1907-13

Neuvorpommersche **Handwerker-Zeitung** für den Regierungsbezirk Stralsund ‹Neuvorpommern u. Rügen›. Amtl. Organ d. Handwerkskammer zu Stralsund. Jg. 1. Stralsund: Tageblatt 1902. 8°

— für das Herzogtum Oldenburg 1907-13 4° Oldenburg 1907-13

Handwerker- und Gewerbezeitung, Thüringer. 1902-04. 4° Erfurt 1902-04

Handwerker-Zeitung Vereint Vorwärts Ein Montagsblatt für den deutschen Handwerker Jahrg 1 Nr. 1—18 (29 August bis 27. Dezember). Berlin 1850. (Verantwortlicher Redakteur Adolph Streckfuß.)

Die **Handwerks-Ausstellung**, Magdeburg 1904. Nach d. Akten d. Ausstellung bearb. u. hrsg. von d. Handwerkskammer zu Magdeburg. Magdeburg: Handwerkskammer 1905. IV, 167 S., 30 Taf. 8°

Handwerksbarbarey; ein Beitrag z. Erziehungsmethode deutscher Handwerker, (v. Jh. Gtlf. Probst). 8. Halle 790.

Handwerksbarbarei oder Geschichte meiner Lehrjahre. Ein Beitrag zur Erziehungsmethode deutscher Handwerker. Halle u. Leipz. 1790 (Nachw. Fritz Bergemann). [Neudruck.] [Leipzig.] V: *Probst, Joh. Gotthilf August.* (berlzu 1923, II, 2331)

Handwerksbarbarey, od. Gesch. meiner Lehrjahre. 8. Halle, Dreyssig. 790.

Handwerksblatt, das deutsche. Mitteilungen des deutschen Handwerks- u. Gewerbekammertages m. e. Beihilfe aus Reichsmitteln hrsg. v. dessen Geschäftsführer. Schriftleitung: H. Mensch. 1.—4. Jahrg. 1907—1910. à 12 Hefte. (1907. 240 S.) Lex. 8. Berlin, J. Guttentag. à Jhrg. 6. —

Handwerksblatt, das Deutsche. 1907-13. 4° Berlin 1907-13

„Handwerksbuch Verordnung, die Leistung des Eides, daß die Handwerksknechte keinem Bündnisse angehören, betreffend. Verzeichniss der Färbermeister und ihrer Gehülfen in Nürnberg; Bestimmung über letztere; Beschwerden der Bürger von Nürnberg gegen den Reichsschultheißen H. Geuder", Handschrift, um 1380. — Vorh.: German. Nat. Mus. Nürnberg.

Handwerksbursche, der, auf sr. Reise durch Deutschland, oder Beschreib. aller merkwürd. Städte u. Dörfer 2c. Mit 1 Kpf. 8. Halle 803. Dieterici. 12 gl.

Handwerksbursche auf seiner Reise durch Deutschland, Der. Mit 1 Kupf. Halle 1805. 8.

Handwerks-Gebrauch und Gewohnheiten, Der Schornsteinfeger-Gesellen, nebst dazu gehörigen Gesellen-Regeln und Schornsteinfegerliedern. Berlin 1895. gr. 8.

[Umschlagt.:] [F.] Der Schornsteinfeger-Gesellen **Handwerks-Gebrauch** und Gewohnheiten nebst dazu gehör. Gesellen-Regeln u. Schornsteinfegerliedern . *Berlin: G. B. C. Kahn [1897].* (20 S.) 1 Bd 8. [98. 549

Handwerksgeselle, der, oder das Vermächtniß einer Mutter. Ein fläm. Stillleben. — Die beiden Blinden oder Trübsinn und Heiterkeit. Erzählung für kathol. Familien. 8. (142 S. mit 2 Stnt.) Aachen 853, Cremersche Buchh. —

Handwerksgeselle, der, oder das Vermächtniß einer Mutter. Ein flämisches Stillleben. — Die beiden Blinden oder Trübsinn und Heiterkeit. — Zwei Erzählungen für kathol. Familienleben. 2. Aufl. 8. (142 S. mit 2 Stnt.) Aachen 859, Cremer'sche Buchh. -

Handwerks-Gesellen- u männl. Zentral-Feiertagsschule in München. München 1863

Die **Hand-Werks Gewohnheit** derer Handschuhmacher Geselien. O. O. u. J. (Anf. 19. Jahrh.)
Mit d. Titel 21 Bl. handschriftl. Eintragungen m. 22 Musterzeichnungen, z. T. koloriert. 8°

Handwerkskammer, die, f. Elsaß-Lothringen. Zusammenstellung der auf die Errichtg. der Handwerkskammer für Elsaß-Lothringen u. ihres Gesellenausschusses bezüglich. Bestimmgn. Im amtl. Auftrag hrsg. 12. (38 S.) Straßburg 900. Straßburger Druckerei u. Verlagsanst. 1. —

Handwerkskammer, Mecklenburg Protokoll d. Vollversammlung 1907. 09-13. Schwerin 1907-13

Handwerkskammer zu Saarbrücken. Bericht 1904/05-12. Saarbrücken 1905-12

[Handwerkskammertag.] 2. 3. Deutscher Handwerks- und Gewerbekammertag. Darmstadt [illegible] Leipzig (1901—1902). 4°.
2. [illegible] Darmstadt am 27. u. 28. Sept. 1901
3. [illegible] 26. u. 27. Sept. 1902
[Fortges. u. d. Tit.]
Protokoll üb. d. 4. u. 5. Deutschen Handwerks- u. Gewerbekammertag. O. O. (1903. 1904). 4°.
4. zu München am 10., 11. u. 12. Sept. 1903.
[illegible] am 7. [illegible] u. 9. Sept. 1904.
[Fortges. u. d. Tit.]
Deutscher Handwerks- u. Gewerbekammertag Cöln 1905. 4°.
6. zu Cöln am 9. 10. u. 11. Aug. 1905.
[Fortges. u. d. Tit.:]
Bericht, Stenographischer, üb. d. Verhandlungen d. 7 ff. Deutschen Handwerks- u. Gewerbekammertages. 4°.
7. zu [illegible] am 3. 4. u. 5. Sept. 1906.
8. zu Strassburg am 9., 10. u. 11. Sept. 1907
9. zu [illegible] am 24. 25. u. 26. Aug. 1908
10. zu Königsberg i. Pr. am 9. 10. u. 11. Aug. 1909.

Handwerkslehre, dramatische, v. Avonianus. gr. 8. (VII, 298 S.) Berlin 895. H. Walther. n. 5. —; geb. n. 6. —

Handwerkslehre, dramatische, v. Avonianus (Rob. Hessen). 2., umgearb. u. verm. Aufl. gr. 8. (IX, 292 S.) Berlin 902. Herm. Walther. n. 5. —; geb. n. 6. —

Handwerkslehre, die, des Schuhmachers. Leitfaden. Turbenthal 1892

Handwerkslieder. Leipzig und Dessau 1783. V: *Eichholtz, Friedrich Wilhelm.* (GGr) (ML)

Handwerkslieder, deutsche. Gesammelt u. hersg. von Osk. Schade. Leipzig 865. F. C. W. Vogel. 16. (VIII, 280 S. mit Titel in Holzschn.) 1 ℛ

Handwerkslieder auf Gelagen, Morgensprachen ꝛc. 8. Dessau 783. (Mauck in Leipz.) 3 ℛ

Handwerkslieder auf Gelagen, Morgensprachen ꝛc. 8. Dessau. (Sommer in Lpz.) 783.

Handwerksmeister und Gewerbetreibende Vereinigt euch! [Herausgeber:] Schweizerischer Gewerbeverein. 48 S. 8. (Burgdorf, S. Haller, 1901.) Gratis

Handwerksnotarius, d. curieuse u. lustige. 10 Thle. 8. Frft. 732–34.

[Handwerks-Umzüge und Tänze, Fischerstechen u. a. in Nürnberg.] A. J. Trautner excud. Norib[ergae um 1770].
10 Taf. in Kupferst. 8°
Stecher J. P. Henkel. Unvollständig. Bl. 7 u. 8 fehlen.

Handwerksweisen, v. dem, aus Bergius Kameralmagazin gezogen. 8. Hof 775. (Grau.) 3 ℛ

Handwerkszeitung. 1901-07. fol — Berlin 1901-07

Handwerks-Zeitung. Central-Organ f. deutsches Handwerkskammerwesen, offizielles Publikations-Organ der Handwerkskammer zu Berlin. Organ f. die Interessen des Central-Ausschusses vereinigter Innungsverbände u. der Innungsausschüsse vereinigter Inngn. Verbandsblatt der Innungsverbände: „Bund deutscher Steinsetzer-Inngn." u. „Bund deutscher Böttcher-Inngn." Hrsg. unter Mitwirkg. e. Red.-Kommission (Vors. J. Bernard). Red.: Otto Kirstein. 2. Jahrg. 1902. 24 Nrn. Fol. (à ca. 6 S.) Berlin, Deutscher Verlag. n. 4. —

Handwerks-Zeitung. Amtliches Organ der Handwerkskammer zu Berlin. Offizielles Publikationsorgan des Zentral-Ausschusses vereinigter Innungsverbände. Red.: Hugo Roehl. 3.—6. Jahrg. 1903—1906. à 24 Nrn. (à ca. 8 S.) Fol. Berlin, Liebheit & Thiesen. à Jhrg. n. 4. —

Handwerkszeitung. 1908-13. 4° — Berlin 1908-13

Handwerkszeitung, deutsche, e. unterhalt. u. belehr. Blatt f. gewerbtreib. Bürgersleute u. techn. Künstler. Hrsg. v. † Theod. Hell. 1. Jahrg. 1840. Juli—Dec. 78 Nrn. (½ Bog.) gr. Lex.-8. Dresden u. Leipzig, Arnoldische Buchh.

Handwerks- u. Gewerbe-Zeitung. Monatsblatt für die Sektionen des schweiz. Handwerks- u. Gewerbevereins, hrsg. unter Mitwirkung der HH. Sulzberger, Mosmann u. A. 1—3. Jahrg. 1849—1851. à 12 Nrn. gr. 8. (½ B.) Schaffhausen, Brodtmann. 1. u. 2: à ¼ ℛ 3: n. 16 ℊℊ

Handwerks(-zeitung): Handwerks- und Gewerbezeitung
① Monatsblatt für die Sektionen des schweiz. Handwerks- u. Gewerbevereins ⑤ März 1850–1854 ⑥ 8° ⑦ Monatsblatt ⑧ Schaffhausen: Buchdruckerei der Brodtmann'schen Buchhandlung ⑩ unter Mitwirkung von Ing. Jakob Sulzberger, Prof. Dr. Mosmann u. a ⑫ Handwerkerinteressen auf Grundlage der Prinzipien der Handels- und Gewerbefreiheit ⑭ Bs: WA (1850); Be: L (Nr. 1).

Handwerkszeitung, Ostpreussische. 1904-07. 4° — Insterburg 1904-07

Handwerks-Zeitung, ostpreußische. Amtliches Organ der Handwerkskammer zu Insterburg. Publikationsorgan der Innungsausschüsse zu Gumbinnen, Insterburg, Tilsit u. Memel. Red.: R. Pape. 7.—10. Jahrg. 1907—1910. à Jahrg. 24 Nrn. (à Jhrg. IV, 192 S.) Lex. 8. Insterburg, Handwerkskammer. (Nur direkt.) à Jhrg. 2. 40

— Ostpreussische. 1908-13. 4° — Insterburg 1908-13

Handwörterbuch

—— allgem. deutsch. encyclopädisches, od. wohlfeilstes Taschen-Conversations-Lexikon f. alle Stände. 36 Bde. 16. (360 B.) Augsburg 828—31, Schlosser. à 4 Gr. Zusamm. genomm.

—— dass. — Bildnisse hierzu, s. Gallerie v. 1000 Bildn.

— allgem. geograph., n. Anl. d. Büschingsch. Erdbeschr. 8. Nrnb. Zeh. 788.

— allgem. theologisches, für Protestanten u. Katholiken. 1s – 6s Hft. A. u O. bis Aposteltheilung. 4. Leipzig 834, 35. Andrä. Subscr.-Pr. à Hft. ¼ ℛ

Handwörterbuch des biblischen Altertums f. gebildete Bibelleser. Hrsg. unter Mitwirkg. v. G. Baur, Beyschlag, Fr. Delitzsch u. a. v. Ed. C. Aug. Riehm. 2. Aufl., besorgt v. Fr. Baethgen. Mit vielen Abbildgn., Karten u. Plänen im Text, Einschaltbildern, farb. Karten u. e. Schrifttaf. außerhalb des Textes. 24 Lfgn. gr. 8. (1. Bd. VIII, 1120 S.; 2. Bd. S. 1121—1880.) Bielefeld 893. 894. Velhagen & Klasing. à n. 1. —; auch in 4 Halbbdn à n. 6. — (kplt.: n. 24. —; in 2 Halbfrzbdn. n. 30)

Handwörterbuch d. bibl. Altertums f. gebild. Bibelleser. Hrsg. unter Mitwirkung von G. Baur, Beyschlag, Fr. Delitzsch u. a. v. Ed. C. Aug. Riehm. 2. Aufl., besorgt v. Frdr. Baethgen. M. vielen Abb., Karten u. Plänen im Text, Einschaltbildern, farb. Karten u. e. Schrifttaf. außerhalb d. Textes. Neue [Titel-] Ausg. (In 24 Lfgn.) 1.—8. Lfg. gr. 8. (1. Bd. VIII u. S 1—640.) Bielefeld (894) 898. Velhagen & Klasing. à n. 1. —

— des biblischen Altertums für gebildete Bibelleser. Hrsg. unt. Mitwirkg. v. G. Baur, Beyschlag, Fr. Delitzsch u. a. v. Ed. C. Aug. Riehm. 2. Aufl., besorgt v. Frdr. Baethgen. Mit vielen Abbildgn., Karten u. Plänen im Text, Einschaltbildern, farb. Karten u. e. Schrifttaf. außerhalb des Textes. Neue [Titel-] Ausg. 9.—24. (Schluß-) Lfg. gr. 8. (S. 641—1880.) Bielefeld [894.] 899. Velhagen & Klasing. à n. 1. —

Handwörterbuch, antiquarisches, zum Verständnisse der griech. und röm. Klassiker, nach Sam. Pitiskus und den besten Hülfsmitteln. Berlin 792. 8. Ebend. 796. 8.

Handwörterbuch, antiquarisches, z. Verstehen der griech. u. latein. class. Schriftsteller, nach Sam. Pitiscus u. A. gr. 8. Berl. 2. Aufl. 796. Acad. B. 1 ℛ

Handwörterbuch d. Astronomie. Unt. Mitwirkg. v. E. Becker, E. Gerland, M. Haid etc. hrsg. v. W. Valentiner. [Aus: „Encyklopädie d. Naturwissenschaften".] 1.—16. Lfg. gr. 8. (1. u. 2. Bd. XIV, 839 u. VIII, 644 S. u. 3. Bd. S. 1—384 m. Abb. u. Taf.) Breslau 895—898. E. Trewendt. à n. 3. 60 (1. Bd. kplt. n. 24. —; 2. Bd. kplt. n. 20. —; Einbde. à n.n. 2. 40)

Handwörterbuch der Astronomie. Unter Mitwirkg. v. E. Becker, E. Gerland, N. Herz etc. hrsg. v. W. Valentiner. [Aus: „Encyklopädie d. Naturwiss."] 17.—28. Lfg. gr. 8. (III. Bd. 1. Abt. X u. S. 385—496; III. Bd. 2. Abt. XI, 611 S. u. IV. Bd. IX, 432 S. m. Abbildgn.) Breslau 899—902. Leipzig, J. A. Barth. à n. 3. 60; (III. 1. n. 16. —; III. 2. n. 20. —; IV. n. 20. —; Einbde. in Halbfrz. à n.n. 2. 40; vollständig n. 100. —; geb. n.n. 112. —)

— dasselbe s.a. Encyklopädie d. Naturwissenschaften.

— der Ausdrücke in d. Rechtssprache. gr. 8. Leipz. Böhme. 810.

Handwörterbuch für technische Ausdrücke in der kaiserl. Marine. Hrsg. von der kaiserl. Admiralität. 8. (IV, 208 S.) Berlin 879. Mittler & Sohn. n. 3. —

Handwörterbuch, biblisches, illustriert. Unter Mitwirkung von P. Braun, Fr. Delitzsch, F. Godet rc. redig. von P. Zeller. (In 8 Lfgn.) 1.—5. Lfg. Lex.-8. (S. 1—592 mit eingedr. Holzschn., 1 Chromolithogr. und 1 lithogr. und color. Karte.) Calw 883,84, Vereinsbuchhandlung. à Lfg. *M 1. *

Handwörterbuch, biblisches, illustriert. Unter Mitwirkung von P. Braun, Fr. Delitzsch, F. Godet rc. redig. von P. Zeller. 6.—8. (Schluß-)Lfg. Lex.-8. (S. 593—1040 mit 514 eingedr. Holzschn., 1 Bild und 3 Karten in Farbendr.) Calw 885, Vereinsbuchh. à Lfg. *M 1.—. * 3 —
1.—5. Lfg. Ebendas. 1883,84. à *M 1.—.; compl. geb. *M 10.—.

— biblisches, illustriert. (Calwer Bibellexikon.) Unter Mitwirkg. v. Frdr. Delitzsch, J. Frohnmeyer, F. Godet u. a. Theologen. Red. v Paul Zeller. 2., durchgeseh. Aufl. 8 Lfgn. Lex.-8. (992 S. m. Text-Bildern u. 3 farb. Karten.) Calw u. Stuttgart 893 Vereinsbuchh. à n. 1.

Handwörterbuch für Bienenfreunde. Eine alphabetisch geordnete Zusammenstellung der Ergebnisse der neuesten Forschungen über Naturgeschichte, Pflege u. Ausnutzung der Bienen, so wie des Wissenswerthesten aus der Geschichte der Bienenzucht u. ihrer Freunde bis zur Gegenwart. Hersg. von den zeitigen Vorstehern des Märkischen Imker-Vereins. Berlin 867. Heinicke. Lex.-8. (IV, 264 S.) 24 ngr.

Handwörterbuch der Chemie, nach d. neuesten Theorien u. nach ihrer prakt. Anwend. auf Künste, Gewerbe u. Fabriken, so wie auf Pharmacie, Medizin rc. Mit Hinsicht auf Naturwissenschaften u. allgem. Waarenkunde nach d. Dictionnaire de Chimie par Brismontier, le Coq et Boisduval bearb. u. mit d. neuesten Entdeckungen, ingl. mit d. latein., franz. u. engl. Nomenclatur versehen v. H. Leng. 8. (30½ B.) Ilmenau 828, [Weimar,] Voigt.

— dasselbe, s.a. Encyklopädie d. Naturwissenschaften.

— der Chemie. Hrsg. v. Ladenburg unter Mitwirkg. v. Berend, Biedermann, Drechsel etc. Mit zahlreichen (eingedr.) Holzschn. 1—4. Bd. Lex.-8. (VIII, 712, 667, 653 u. 609 S.) Breslau 883—86. Trewendt. n. 66. —; geb. n. 75. 60

Handwörterbuch der Chemie, hrsg. v. Ladenburg. Unter Mitwirkg. v. Ahrens, Baurath, Berend etc. Mit Holzschn. 5.—8. Bd. Lex.-8. (642, 625, 617 u. 695 S.) Breslau 887—890. Trewendt. à Bd. n. 16. —; geb. à n. 18. 40 (1—8.: n. 130. —; geb. n. 149. 20)

— der Chemie, hrsg. v. A. Ladenburg. Unter Mitwirkg. v. Abel, Ahrens, Biedermann etc. 9.—12. Bd. Mit Holzschn. Lex.-8. Breslau, E. Trewendt. n. 70. —; Einbde. à n.n. 2. 40 (1—12.: n. 200 —)
9. (752 S.) 891. n. 18. — 10. (793 S.) 892. n. 18. — 11. (724 S.) 893. n. 18. — 12. (642 S.) 894. n. 16. —.

— der Chemie, hrsg. v. A. Ladenburg. Unt. Mitwirkg. v. Abel, Ahrens, Alexander etc. 13. Bd. Lex.-8. (869 S. m. Holzschn.) Breslau 895. E. Trewendt. n. 18. —; Einbd. n n. 2. 40 (1.—13.: n. 218. —)

— dasselbe. Generalregister. (Bearb. v. Alb. Matzdorff.) Lex.-8. (160 S.) Ebd. 896. n. 4. 50; geb. in Halbfrz. n.n. 6. 60 (kplt.: n. 220. —; geb. n. 250. —)

Handwörterbuch der Chemie u. Physik. Von E. F. August, F. W. Barentin, W. H. Dove, L. F. Kaemptz, K. F. Kloeden, R. F. Marchand, F. Minding, F. W. C. Radicke, J. A. W. Roeber, L. F. W. A. Seebeck. 1. u. 2. Bd. (A—K.) Lex.-8. Berlin, Simion. [1. (50½ B.) 842. 3 Thlr. 10 Ngr., 2. (39 B.) 45. * 3 Thlr.] *

— der Chemie u. Physik. Von E. F. August, F. W. Barentin, W. H. Dove, L. F. Kaemptz, K. F. Kloeden, R. F. Marchand, F. Minding, F. W. G. Radicke, J. A. W. Roeber, L. F. W. A. Seebeck. III. Bd. 1. u. 2. Hälfte. L—Z. Mit eingedr. Holzschn. gr. 8. (952 S.) Berlin 849. 50, Simion. (à n. 2 ℛ) n. 4 ℛ (cplt. n. 10⅓ ℛ)

Handwörterbuch d. reinen u. angewandten Chemie. In Verbind. mit mehr. Gelehrten hrsg. v. Just. Liebig, J. C. Poggendorff u. Fr. Wöhler. Mit Kpfrn. u. Holzschn. 1. Bd. (6 Lfgn.) u. 2. Bd. 1. u. 2. Lfg. (od. d. Ganzen 1—8. Lfg.) gr. 8. Braunschweig, Vieweg u. Sohn. à L. * ⅔ Thlr. *
Bd. 1. A—Byssolith. (64⅙ B. u. 4 Kpfrt.) 836—42.
- 2. Lfg. 1. u. 2. C—Circularpolarisation. (19 B.) 842.

—— der reinen u. angewandten Chemie. Hrsg. v. J. Liebig, J. C. Poggendorff u. Fr. Wöhler. Mit Kpfrn. u. in den Text eingedr. Holzschn. 2. Bd. 3—6. Lfg. (od. der Reihenfolge 9—12. Lfg. Circularpolarisation—Elektroskop. Lex.-8. (34½ B.) Braunschweig 843—45, Vieweg et Sohn. à Lfg. * 20 Ngr. *
I. Bd. u. II. Bd. 1. u. 2. Lfg. Ebendas. 1836—42. * 5 Thlr. 10 Ngr.

Handwörterbuch der reinen u. angewandten Chemie. Hrsg. v. J. (Freih. v.) Liebig, J. C. Poggendorff u. Fr. Wöhler. II. Bd. 7. Lfg. — Hrsg. v. denselben. Redig. v. Herm. Kolbe. III. Bd. 6 Lfgn. IV. Bd. 7 Lfgn. V. Bd. 1. u. 2. Lfg. [In der Reihe die 14 — 27. Lfg.] gr. 8. (II: S. 873 — 1129. III: 984 S. IV: 1015 S. V. Bd.: S. 1 — 296. Mit eingedr. Holzschn.) Braunschweig 847 — 52, Vieweg & Sohn. à Lfg. n. ⅔ ℛ

— dass. Supplemente. 1—4. Lfg. gr. 8. (XII S. u. S. 1—598.) Ebd. 850 — 52. à n. ⅔ ℛ

Handwörterbuch der reinen und angewandten Chemie. In Verbindung mit mehren Gelehrten hrsg. von J. v. Liebig, J. C. Poggendorff und Fr. Wöhler. Redig. von Herm. Kolbe. V. Bd. 3—6. Lfg. (Der Reihenfolge 29—32. Lfg.) gr. 8. (S. 297—880 mit eingedr. Holzschn. und 7 Tab. in qu. gr. Fol.) Braunschweig 853, Vieweg und Sohn. à Lfg. * 20 Ngr. Thlr. *

Handwörterbuch der reinen und angewandten Chemie. In Verbindung mit mehren Gelehrten hrsg. von J. v. Liebig etc. Redig. von Herm. Kolbe. VI. Bd. 1—6. Lfg. (Der Reihenfolge 33—38. Lfg.) gr. 8. (S. 1—980 mit eingedr. Holzschn.) Ebds. 854—55. à Lfg. * 20 Ngr. *

—— dass. — Supplementband. 5. und 6. Lfg. gr. 8. (S. 599—977.) Ebds. 853. à Lfg. * 20 Ngr. *

—— dass. — Begründet von J. v. Liebig, J. C. Poggendorff und Fr. Wöhler. 2. Aufl. neu bearb. von P. A. Bolley, H. Buff, Engelbach, H. v. Fehling, Frankland etc. Redig. von Herm. v. Fehling. 1. Bd. 1. und 2. Lfg. gr. 8. (XII und S. 1—306. mit zahlreichen in den Text eingedr. Holzschn.) Ebds. 856. à Lfg. * 20 Ngr. *

Handwörterbuch der reinen und angewandten Chemie. Begründet von J. v. Liebig, J. C. Poggendorf und Fr. Wöhler. 2. Aufl. neu bearb. von P. A. Bolley, H. Buff, Engelbach, H. v. Fehling, Frankland etc. Redig. von Herm. v. Fehling. Mit zahlreichen in den Text eingedr. Holzst. 1. Bd. 3—8. Lfg., 2. Bd. 1. Abthl. 1—9. Lfg., 2. Bd. 2. Abthl. 1—10. Lfg., 2. Bd. 3. Abthl. 1—6. Lfg., 7. Bd. 1—8. Lfg. und 8. Bd. 1—4. Lfg. gr. 8. Braunschweig, Vieweg und Sohn. [1. Bd. 3—8. Lfg. (S. 305—1140.) 857., 2. Bd. 1. Abthl. 1—9. Lfg. (S. 1—1152.) 858. 59., 2. Bd. 2. Abthl. 1—10. Lfg. (S. 1—1276 mit 1 Chromolithogr.) 859,—61., 2. Bd. 3. Abthl. 1—6. Lfg. (S. 1—768.) 861,62., 7. Bd. 1—8. Lfg. (1028 S.) 859,60., 8. Bd. 1—4. Lfg. (S. 1—464.) 861. à Lfg. * 20 Ngr.] *

1. Bd. 1. und 2. Lfg. 2. Aufl. 1856. * 1 Thlr. 10 Ngr., 3. Bd. (6 Lfgn.) 1848,49. * 4 Thlr., 4. Bd. (7 Lfgn.) 1849—51. * 4 Thlr. 20 Ngr., 5. Bd. (6 Lfgn.) 1851—53. * 4 Thlr., 6. Bd. (6 Lfgn.) 1854—56. * 4 Thlr.

—— dass. — 2. Aufl. neu bearb. von mehren Gelehrten und red. von Herm. v. Fehling. 2. Bd. 3. Abthl. 7.—9. Lfg. (In der Reihe die 34.—36. Lfg.) gr. 8. (S. 769—1123 mit zahlreichen in den Text gedr. Holzschn.) Ebendas. 862. à Lfg. * 20 Ngr. *

1. und 2. Bd. 2. Aufl. und 3.—9. Bd. 1849—65. * 58 Thlr. 20 Ngr.; bei completem Bezug ermäss. Preis * 30 Thlr.

—— der reinen und angewandten Chemie. Begründet von J. v. Liebig, J. C. Poggendorff und Fr. Wöhler. Bearb. in Verbindung mit mehren Gelehrten und redig. von H. v. Fehling und H. Kolbe. 8. Bd. 5.—9. Lfg. (In der Reihe die 51.—55. Lfg.) gr. 8. (S. 465—1085 mit zahlreichen in den Text gedr. Holzschn.) Braunschweig 863, Vieweg und Sohn. à Lfg. * 20 Ngr. *

—— dass. — Bearb. in Verbindung mit mehren Gelehrten und redig. von H. v. Fehling. 9. Bd. 10 Lfgn. [In der Reihe die 56.—65. (Schluss-)Lfg.] gr. 8. (1231 S. mit zahlreichen in den Text gedr. Holzschn.) Ebendas. 864,65. à Lfg. * 20 Ngr. *

—— der technischen Chemie, s. Böttger, Rud., und R. Gräger.

—— der gesammten Chirurgie u. Augenheilkunde, hrsg. v. W. Walther, M. Jaeger, J. Radius. 6 Bde. gr. 8. Leipzig, Gebhardt u. Reisland. 16½ Thlr., hrbgs. Pr. *

Bd. 1. Abbinden — Atresia vulvae. (41 B.) 836.
- 2. Atrophia — Fascia scapularis. (39 B.) 837.
- 3. Fascia T-formis — Hypopyon. (51 B.) 838.
- 4. Incontinentia — Opium. (52¾ B.) 839.
- 5. Orthopaedia — Staphyloma. (40 B.) 839.
- 6. Staphylorrhaphia — Zincum. (42⅞ B. incl. Register.) 840.

Deutsch-Chinesisches Hand-Wörterbuch ... mit besond. Berücks. d. Schantung-Sprache. Hrsg. von Mitgl. d. kath. Mission Süd-Schantung. Bd 1. Jentschoufu: Kath. Mission 1906. 8° [07 13997

Deutsch-Chinesisches Hand-Wörterbuch ... mit besond. Berücks. d. Schantung-Sprache. Hrsg. von Mitgl. d. kath. Mission Süd-Schantung. Bd 1. 2. Jentschoufu: Kath. Mission 1906—07. 2 Bde 8°
1. A-M 1906. 2. N-Z. 1907 [08. 14770

— deutsch-engl. u. engl.-deutsch., s. Pocket-Dictionary.

Handwörterbuch, Deutsches, für die Geschäftsführung ... Leipz. 1805—6. V: *Voigt, Christian Frdr. Traug.* (Gi) (Ky)

„Deutsches Handwörterbuch für die Geschäftsführung, den Umgang und die Lectüre", Band I und II, Band I in 2 Abteilungen, Leipzig 1805—1807, 3 Bände. — Vorh.: Bücherei der Industrie- und Handelskammer Leipzig.

Handwörterbuch, deutsches, f. die Geschäftsführung den Umgang u. die Lektüre in 3 Bde. 2te umgearb. Ausg. 1r Bd. gr. 8. Altona, Hammerich. 815. Rthlr.

— — deutsches, für die Geschäftsführung, den Umgang und die Lectüre, 2te vom Hofr. Reinhard umgearb. Aufl. 3 Bände. gr. 8. Altona, Hammerich. 817.

Handwörterbuch, Deutsch-Ungarisch-Lateinisches. Pressburg 1846—48. H: *Kovácsy, János.* (EB)

—— englisch-deutsches u. deutsch-englisches, s. Pocket-Dictionary.

Handwörterbuch der alten Erdkunde, nach d. Franz. d. Dufau und Guadet.

—— erklärendes, der in d. Gerichts- u. Umgangssprache vorkomm. fremden Redensarten u. Kunstausdrücke. Anh. z. unterweis. Haussecretair f. d. Königr. Sachsen. 2., unveränd. wohlf. Ausg. gr. 8. (25½ B.) Leipzig 837, Polet.

Hat gleichen Inhalt mit: Neues erklärendes Fremdwörterbuch.
Vgl. Haus-Secretair, der unterweisende.

Handwörterbuch zur Erklärung und Verdeutschung der in der katholischen Religion und Kirche, sowie bei dem Kultus und den Ceremonien derselben u. s. w. vorkommenden Ausdrücke und Fremdwörter. Augsburg, Kreuzer und Co., später Jahrmbacher, (1844) 1816, 16°, 124 S., 60 Pf.

— f. angeh. Forst- u. Waidmänner, s.a. F. Thon.

Handwörterbuch für angehende Forst- und Waidmänner. Marb. 1796. 2. Aufl. von F. Thon. 1808. V: *Herwig, Georg.* (EngOec) (Ky)

— f. angeh. Forstm. u. Waidmänner. (v. G. Herwig). 8. Lpz. 796. 2e verb. Aufl., v. F. Thon. 808. Krieger. 18 K

—— der neuesten Fortschritte des Gewerbewesens. Ein Supplement zu allen vorhandenen technolog. Wörter- und Handbüchern. Nach den besten und neuesten in- und ausländ. Hilfsmitteln bearb. 1. Bd. 1. und 2. Lfg. gr. 8. (S. 1—160 mit 1 Stnt. in qu. Fol.) Leipzig 860. 61, Gerhard. à Lfg. * 12 Ngr. *

Von der 3. Lfg. an ist der Titel abgeändert und lautet jetzt:

—— der Fortschritte der gesammten Technologie, s.a. Handwörterbuch der neuesten Fortschritte des Gewerbewesens.

—— der Fortschritte der gesammten Technologie. Nach den besten und neuesten in- und ausländ. Hülfsmitteln hrsg. von Carl Schöpffer. 3 Lfgn. gr. 8. (IV und 1036 S. mit 8 Stnt.) Ebendas. 860—62. *

Handwörterbuch für Freunde der Länder- und Völkerkunde ... Berlin 1840. V: *Schmidt, Joh. Marius Frdr.* (Koner)

—— für Freunde d. Länder- u. Völkerkunde u. Leser v. Reisebeschreibungen. gr. 12. (6½ B.) Berlin 840, Rücker u. Püchler.

—— f. Freunde der Länder- u. Völkerkunde u. Leser von Reisebeschreibungen. 12. (6½ B.) Berlin 845, Rücker u. Püchler.

Handwörterbuch, Gedrängtes, der deutschen Sprache ... Erfurt 1821. 2. Aufl. 1838. V: *Weingart, Johann Frdr.* (Ky) (MGT) »1831«. H: *Wenig, Chn.* (Ba)

— — gedrängtes, der deutschen Sprachlehre mit Bezeichnung der Aussprache und Betonung, nebst Angabe der nächsten sinnverwandten Wörter. Nebst einer kurzen Sprachlehre und einer Tabelle der unregelm. Zeitwörter. 2 Abth. gr. 8. Erfurt, Keyser. 821.

— geograph. histor.-mytholog., z. Behufe d. Studiums alter Klassiker. 2 Abtheil. 8. Kempten 826, Dannheimer.

— der öffentlichen u. privaten Gesundheitspflege. Unter Mitwirkg. v. W. Angerstein, van Bebber, Becker u. A. hrsg. v. O. Dammer. Für Medizinalbeamte, Aerzte, Apotheker, Chemiker, Verwaltungsbeamte, Beamte der Kranken- u. Unfallversicherung, Fabrikbesitzer, Fabrik-Inspektoren, National-Oekonomen, Landwirthe, Ingenieure u. Architekten. 1.—8. Lfg. Lex.-8. (S. 1—640 m. eingedr. Abbildgn.) Stuttgart 890. Enke. à Lfg. n. 2.—

— der öffentlichen u. privaten Gesundheitspflege. Unter Mitwirkg. v. W. Angerstein, van Bebber, Becker u. A. hrsg. v. O. Dammer. Für Medicinalbeamte, Aerzte, Apotheker, Chemiker, Verwaltungsbeamte, Beamte der Kranken- u. Unfallversicherung, Fabrikbesitzer, Fabrikinspektoren, National-Oekonomen, Landwirte, Ingenieure u. Architekten. 9.—12. Lfg. Lex.-8. (VIII u. S. 641—960 m. 2 Abbildgn.) Stuttgart 891. Enke. à n. 2.— (kplt. geb. in Halbfrz.: n. 27.—)

Handworterbuch des Grenz- u Auslanddeutschtums. Stuttg. n. d.

Handwörterbuch, Griechisch-deutsches, zum Schulgebrauch.

Leipzig 1784. V: *Vollbeding, Joh. Christoph.* (MGT) (Ky)

— griech.-deutsches, zum Schulgebrauch (v. J. Cph. Vollbeding). gr. 8. Leipz. 784. Schwickert. 2 Rthlr. Supplemente, Emendationen u. Berichtigungen. gr. 8. Ebd. 788. 12 gr.

— griech. deutsch., üb. d. neue Testament. 8. Berlin, Voß. 796.

Handwörterbuch, Historisches,

a. d. Franz., von O. v. Lohenschiold. Ulm 1760—63. V: *Ladvocat, Jean Baptiste.* (AarF)

— historisch-poet., f. Freunde u. Freundinnen d. Lectüre 2c. gr. 8. Sulzbach, Seidel. 806.

Handwörterbuch, Jllustriertes, der Botanik. Hrsg von C. K. Schneider. Leipzig 1905

— italienisch., f. Anf. 8. Stuttg. Löflund. 788.

Handwörterbuch; kleines dänisch-deutsches. 8. Kopenh. Bonnier. 815.

Handwörterbuch der medicinischen Klinik,

oder der praktischen Arzneikunde . . . Erfurt 1806—24. V: *Dreyssig, Wilhelm Frdr.* (Call)

Handwörterbuch, Kurzgefasstes,

über die schönen Künste . . . Leipzig 1794. H: *Grohmann, Joh. Gfried & Heinrich Blümner.* (GGr) (OL)

— kurzgef., über die schönen Künste, von e. Gesellschaft Gelehrter, (herausg. von J. G. Grohmann). 2 Bde. gr. 8. Leipz. 794, 96. Voß. 2 Rthlr.

—— kurzgefaßtes latein.-deutsches u. deutsch-latein., mit e. Verzeichnisse latein. Abbreviaturen u. geograph. Namen. Neu bearb. v. O. Kreußler u. J. C. Volbeding. 2 Thle. Stereotypausg. gr. 8. (65 B.) Leipzig 841, K. Tauchnitz.

Thl. 1. Latein.-deutsch. 1 Thlr.
" 2. Deutsch-lateinisch. 16 Gr.

—— kurzgefaßtes, f. Pächter u. Verpächter, Miether u. Vermiether. Aus ökonom. u. jurist. Standpunkte, namentlich auf Grundlage der preuß., sächs. u. österreich. Rechtsbestimmungen u. m. Berücksichtig. der Erbzins- u. Erbpachtverhältnisse bearb. von e. prakt. Juristen. 12. (9 B.) Nordhausen 813, Fürst.

—— kurzgefaßtes, f. Vormünder u. Bevormundete in d. kgl. preuß. Staaten. Enth. d. gesammte preuß. Gesetzgeb. betreff. d. Vormundschafts-Wesen, auf Grundlage d. allgem. Landrechts Thl. II. Tit. XVIII. alphabet. zusammengest. u. erläut. v. ein. prakt. Juristen. 12. (8½ B.) Nordhausen 839, Fürst.

Handwörterbuch, Leipziger,

der Handlungs-, Comptoir- und Waarenkunde . . . Leipzig 1819. V (Handwörterbuch): *Heusinger, Johann Caspar & Johann Carl Ihling;* (Adressbuch): *Hecht, C. L.* (BrMm) (Ky) (BrVV) (CBH) S. a. Nr. 8458.

— — Leipziger, der Handlungs-, Comptoir- u. Waarenkunde, nebst einem Handlungs-Adreß-Buche, die Firmen und Geschäfte der wichtigsten Handlungshäuser in ganz Europa enth. 2 Theile in 3 Bänden. gr. 8. Leipzig, Brockhaus. 819. Fein Druckp.

Velinpap.

— der gesammten Medizin. Unter Mitwirkung v. A. Baginsky, B. Baginsky, Beetz etc. hrsg. v. A. Villaret. 1.—22. Lfg. Lex.-8. (1. Bd. 892 S.; 2. Bd. S. 1—880.) Ebd. 887—890. à Lfg. n. 2.—

— der gesammten Medizin. Unter Mitwirkg. v. Albrecht, A. Baginsky, B. Baginsky etc. hrsg. v. A. Villaret. 23. u. 24. Lfg. Lex.-8. (2. Bd. VIII u. S. 881—1040.) Ebd. 891. à n. 2.— (kplt.: n. 48.—; geb. n. 54.—)

— d. gesamten Medicin. Unt. Mitwirkg. v. Albrecht, A. Baginsky, B. Baginsky u. a. hrsg. v. A. Villaret. 2., gänzlich neubearb. Aufl. (In 25 Lfgn.) 1.—12. Lfg. gr. 8. (1. Bd. S. 1—960.) Stuttgart 897—898. F. Enke. à Lfg. n. 2.—

— der gesamten Medizin. Unter Mitwirkg. v. Albrecht, A. Baginsky, B. Baginsky u. a. hrsg. v. A. Villaret. 2., gänzlich neubearb. Aufl. 13.—27. Lfg. gr. 8. (1. Bd. S. 961—1084 u. 2. Bd. X, 1180 S.) Stuttgart 899. 900. F. Enke. n. 32. 60; (kplt. n. 56. 60; geb. in 2 Halbfrz.-Bde. n.n. 62. 60)

— militärisches, s. a. Rüstow, W.

— militair., oder Beschreib. u. Vorstellung d. Waffen, Werkzeuge, Truppenbewegungen etc., die im Kriege zu Lande vorkommen. Mit 7 Kpf. gr. 8. Leipz. 800. Reo. 1 rthl 12 gr.

Handwörterbuch, militärisches, nach dem Standpunkte der neuesten Literatur und mit Unterstützung von Fachmännern bearb. und redig. von W. Rüstow. 13 Lfgn. oder 2 Bde. Lex.-8. Zürich 858.59, Schultheß. [1. Bd. (V und 526 S.) 2. (483 S.) à Lfg. * 10 Ngr.] Thlr. *

—— militärisches, für die J. 1859 bis zum Ende 1867 nach dem Standpunkte der neuesten Litteratur und mit Unterstützung von Fachmännern bearb. und redig. von W. Rüstow. (Nachtrag zu dem im J. 1859 erschienenen Handwörterbuch.) Lex.-8. (III und 121 S.) Zürich 868, Schultheß. *

—— der gesammten Militärwissenschaften mit erläuternden Abbildungen. Hrsg. unter Mitwirkung hervorrag. Autoritäten auf allen Gebieten des militär. Wissens von B. Poten. 45 Lfgn. oder 9 Bde. gr. 8. (480; 432; 400; 410; 446; 430; 432; 440; 397 S. mit eingedr. Holzschn. und Holzschntaf.) Bielefeld 876—80, Velhagen und Klasing. à Lfg. * ℳ 1,80. * 81 —
geb. in 5 Halbfrzbde. ** 95 —

Handwörterbuch der Mineralogie und Geognosie. Leipzig 1828. 8. [Hrsg. v. C. Hartmann].

—— der Mineralogie, Geologie und Paläontologie. Hrsg. von A. Kenngott, unter Mitwirkung von v. Lasaulx und F. Rolle. 1. und 2. Bd. Lex.-8. Breslau, Trewendt. [1. Bd. (VI, 551 S. mit 87 Holzschn. und 2 lithogr. Taf.) 882; 2. Bd. (V, 495 S. mit 202 Holzschn. und 2 lithogr. Taf.) 885.] à Bd. * ℳ 15. *
geb. à Bd. * ℳ 17,40. **
Vgl.: Encyklopädie der Naturwissenschaften.

—— der Mineralogie, Geologie und Palaeontologie, hrsg. von A. Kenngott unter Mitwirkung von R. Hörnes, A. v. Lasaulx und Fr. Rolle. 3. (Schluss-)Bd. Lex.-8. (V, 673 S. mit 103 Holzschn.) Breslau 887, Trewendt. *
geb. **
1. und 2. Bd. Ebendas. 1882,85. à * ℳ 15.—.; geb. à * ℳ 17.40. — Vgl. Encyklopädie der Naturwissenschaften.

— moral., 8. Hildburghausen, Hanisch. 797.

— moralisches, f. denkende Leser aus allen Ständen. 8. Hildburgh. 797. (Ch. Fleischer in Leipz.) 20 gr.

Handwörterbuch, Musikalisches, oder kurzgefasste Anleitung, sämmtliche im Musikwesen vorkommende, vornehmlich ausländische Kunstwörter richtig zu schreiben, auszusprechen und zu verstehen. Weimar 1786. 8. . . . . (D.)

— musikal., m. K. 8. Weimar, Hoffmann. 786.

— musikalisches, mit Kpf. 8. Wien 786. Hoffmann. 16 gr.

—— mythologisches, od. alphabet. geordn. Erklär. d. Wissenswürdigsten aus d. Götterlehre d. alten Griechen u. Römer, Slaven u. Deutschen. Ein nützl. Hülfsb. z. richtig. Verstehen d. Dichterwerke jener Nationen, ꝛc. Zum Gebr. f. gebild. Nichtgelehrte, Frauenzimmer, angeh. Künstler, u. f. d. untersten Classen d. latein. u. d. obersten d. Bürgerschulen. N. d. neuesten u. besten Quellen bearb. 1. Aufl. 831. 18 Gr., neue A. (N. Ttl.) (à 15½ B.) 8. Braunschweig 835, G. C. E. Meyer.

— der Naturgeschichte der drei Reiche. Ein vollständiges Nachschlage- u. Uebersichtsbuch für alle Stände. 3 Bde. Hildburghausen 863. Kesselring. gr. 8. (380 S.; 384 S.; 492 S.) n. 1 rthl 10 ngr.

—— neues allgem., d. deutschen Sprache, mit d. in ders. vorkomm. fremden Wörtern, u. e. Anh., enthalt. d. in d. Jurisprudenz gewöhnl. latein. Ausdrücke. N. d. neuesten Quellen zweckmäßig bearb. v. mehr. Freunden d. Litteratur. 2 Bde. 8. (55½ B.) Göppingen 830. (Stuttgart, Beck u. Fränkel.)

Handwörterbuch, neues, der Chemie. Auf Grundlage d. v. Liebig, Poggendorff u. Wöhler, Kolbe u. Fehling hrsg. Handwörterbuchs der reinen u. angewandten Chemie u. unter Mitwirkg. v. mehren Gelehrten bearb. u. red. von Herm. v. Fehling. (In ca. 6 Bdn.) Mit in den Text eingedr. Holzst. 1—21. Lfg. gr. 8. (1. Bd. IX, 1216 S. u. 2. Bd. S. 1—768.) Braunschweig 871—76. Vieweg & Sohn. à n. 2. 40

Handwörterbuch, neues, der Chemie. Auf Grundlage des v. Liebig, Poggendorff u. Wöhler, Kolbe u. Fehling hrsg. Handwörterbuches der reinen u. angewandten Chemie u. unter Mitwirkung von Bunsen, Fittig, Fresenius etc. bearb. u. red. von Herm. v. Fehling. Mit in den Text eingedr. Holzst. 22—43. Lfg. gr. 8. (2. Bd. S. 769—1248, 3. Bd. 1056 S. u. 4. Bd. S. 1—336) Braunschweig 877—82. Vieweg & Sohn. à n. 2. 40

— neues, der Chemie. Auf Grund d. v. Liebig, Poggendorff u. Wöhler, Kolbe u. Fehling hrsg. Handwörterbuchs der reinen u. angewandten Chemie u. unter Mitwirkg. v. Baumann, Bunsen, Classen etc. bearb. u. red. von Herm. v. Fehling u. Carl Hell. Mit in den Text eingedr. Holzst. 44—55. Lfg. gr. 8. (4. Bd. S. 337—1266 u. 5. Bd. S. 1—224.) Braunschweig 883—86. Vieweg & Sohn. à n. 2. 40

— neues, der Chemie. Auf Grundlage des v. Liebig, Poggendorff u. Wöhler, Kolbe u. Fehling hrsg. Handwörterbuchs der reinen u. angewandten Chemie u. unter Mitwirkung v. Baumann, Bunsen, Fittig etc. bearb. u. red. von H. v. Fehling. Nach dem Tode d. Herausgebers fortgesetzt v. C. Hell. Mit eingedr. Holzst. 56.—68. Lfg. gr. 8. (5. Bd. S. 225—1352; 6. Bd. S. 1—196.) Braunschweig 887—890. Vieweg & Sohn. à Lfg. n. 2. 40

— neues, der Chemie. Auf Grundlage d. v. Liebig, Poggendorff u. Wöhler, Kolbe u. Fehling hrsg. Handwörterbuchs der reinen u. angewandten Chemie u. unter Mitwirkg. v. Baumann, Bunsen, Fittig u. a. Gelehrten bearb. u. red. von Herm. v. Fehling. Nach dem Tode d. Hrsg. fortgesetzt v. Carl Hell. 69.—77. Lfg. gr. 8. (6. Bd. S. 97—944 m. Holzst. u. 1 farb. Spektraltaf.) Braunschweig 891—894. F. Vieweg & Sohn. à n. 2. 40

— neues, d. Chemie. Auf Grundlagen d. v. Liebig, Poggendorff u. Wöhler, Kolbe u. Fehling hrsg. Handwörterbuchs d. reinen u. angew. Chemie u. unt. Mitwirkg. v. Baumann, Bunsen, Fittig u. a. Gelehrten bearb. u. red. v. Herm. v. Fehling. N. d. Tode d. Hrsg. fortgesetzt v. Carl Hell. 78.—82. Lfg. gr. 8. (6. Bd. S. 945—1429 m. Holzst.) Braunschweig 895—898. F. Vieweg & Sohn. à Lfg. n. 2. 40

— neues, der Chemie. Auf Grundlage des v. Liebig, Poggendorff u. Wöhler, Kolbe u. Fehling hrsg. Handwörterbuchs der reinen u. angewandten Chemie und unter Mitwirkg. v. Fittig, Fraas, Fresenius u. a. Gelehrten bearb. u. red. von Herm. v. Fehling. Nach dem Tode des Hrsg. fortgesetzt v. Carl Hell u. Carl Haeussermann. 83.—92. Lfg. gr. 8. (7. Bd. S. 1—960 m. Abbildgn.) Braunschweig 899—902. F. Vieweg & Sohn. à n. 2. 40

Handwörterbuch, neues, der Chemie. Auf Grundlage des v. Liebig, Poggendorff u. Wöhler, Kolbe u. Fehling hrsg. Handwörterbuchs der reinen u. angewandten Chemie u. unter Mitwirkung v. Fittig, Fresenius, Hesse usw. u. a. Gelehrten bearb. u. red. von Herm. v. Fehling. Nach dem Tode des Hrsg. fortgesetzt v. Carl Hell u. Carl Haeussermann. 93.—102. Lfg. (7. Bd. S. 961—1493 u. 8. Bd. S. 1—416 m. Abbildgn.) gr. 8. Braunschweig 903—906. F. Vieweg & Sohn. à n. 2. 40

Handwörterbuch, neues, der Chemie. Auf Grundlage des v. Liebig, Poggendorff u. Wöhler, Kolbe u. Fehling hrsg. Handwörterbuchs der reinen u. angewandten Chemie u. unter Mitwirkg. v. Fittig, Fresenius, Hesse usw. u. a. Gelehrten bearb. u. red. von Herm. v. Fehling. Nach dem Tode des Hrsg. fortgesetzt v. Carl Heil u. Carl Haeussermann. 103.—109. Lfg. (8. Bd. S. 417—1088 m. Abb.) gr. 8. Braunschweig 907—10. F. Vieweg & Sohn. à Lfg. 2. 40

Handwörterbuch, neues deutsch-holländ. u. holländ.-deutsches, ganz neu bearb. v. zwei in beiden Sprachen erfahr. Männern, mit einigen Tausend neuen Wörtern verm., u. mit e. fünffachen Anh. vers. 2 Thle. (1. Thl. 3., gänzl. umgearb. Aufl. u. 2. Thl. 2. Ausg.) gr. 12. (70¼ B.) Zütphen 832. (Amsterdam, Laarman.) Thlr. *

— neues, d. deutschen engl. u. franz. Sprache. 8. Leipzig, Schwickert. 801.

Nützliches Handwörterbuch für angehende Forst- und Waidmänner. - Leipzig 1795

Handwörterbuch, Nützliches, für angehende Forst- und Weidmänner. Leipzig 1796. V: *Herwig, Georg.* (MGT)

— der Pharmacie. Praktisches Handbuch f. Apotheker, Ärzte, Medicinalbeamte u. Drogisten. Unter Mitwirkg. hervorrag. Fachmänner hrsg. v. A. Brestowsky. 1.—18. Lfg. Lex.-8. (1. Bd. VII, 968 S.; 2. Bd. S. 1-464.) Wien 892—894. W. Braumüller. à n. 2. 40; auch in 4 Halbbdn. à n. 14. 40 (1. Bd. kplt. geb. in Halbfrz.: n. 32.—)

— d. Pharmacie. Prakt. Handb. f. Apotheker, Ärzte, Medicinalbeamte u. Drogisten. Unt. Mitwirkg. hervorrag. Fachmänner hrsg. v. A. Brestowski. 19.—24. Lfg. Lex.-8. (2. Bd. V u. S. 465—943.) Wien 895—896 W. Braumüller. à n. 2. 40 (2. Bd. kplt.: n. 28. 80; geb. in Halbfrz. n. 32.—)

— der Pharmakognosie des Pflanzenreichs. Hrsg. von G. C. Wittstein. Lex.-8. (994 S.) Ebendas. 883. geb.

Vgl.: Encyklopädie der Naturwissenschaften.

— physikal. chem., f. Gelehrte u. Ungel. ꝛc. ein Ausz. aus Gehlers u. a. physisch. und chemisches Wörterbuch. 2 Bde. m. K. gr. 8. Leipz. Weygand. 799-800.

— der Physiologie, mit Rücksicht auf physiologische Pathologie. In Verbindung mit mehren Gelehrten herausgeg. v. Rud. Wagner. Mit Kpfrn. u. in den Text eingedr. Holzschn. 1., 2. Bd. à 6 Liefg. u. 3. Bd. 1., 2. Liefg. Lex.-8. Braunschweig 842—46, Vieweg u. Sohn. à Liefg. n. 1 ß

— der Physiologie mit Rücksicht auf physiolog. Pathologie. Hrsg. v. Rud. Wagner. 15—25. Lfg. gr. 8. (III. Bd. 1. Abthlg.: S. 351—874. m. eingedr. Holzschn. u. 4 Kpfrtaf. III. Bd. 2. Abthlg.: 589 S. m. eingedr. Holzschn. u. 1 Kpfrtaf. IV. Bd.: S. 1—501 m. eingedr. Holzschn. u. 2 Kpfrtaf.) Braunschweig 847—51, Vieweg & Sohn. à Lfg. n. 1 ß (1—25: n. 25 ß)

— der Physiologie mit Rücksicht auf physiologische Pathologie. In Verbindung mit mehren Gelehrten herausg. von Rud. Wagner. Mit Kpfrn. u. in den Text eingedr. Holzschn. 26—28. (letzte) Liefg. Braunschweig 853. Vieweg. Lex.-8. (1. Bd.: 3 Bl., S. 505—1046.) Jede Liefg. n. 1 ß

— der Politik od. Erklärung u. Erläuterung aller in Zeitungen, National-Versammlungen, Vereinen, Clubbs ꝛc. vorkomm. polit. Ausdrücke u. Begriffe. Für das deutsche Volk bearb. u. unter Mitwirkung mehr. freisinniger Volksmänner hrsg. von Rud. Denike. 3 Hfte. gr. 16. (198 S.) Berlin 849, Weyl & Co. (à ⅙ ß) ½ ß

— f. den histor. u. doctrinellen Religionsunterricht. Nach d. neuesten u. besten Quellen bearb. v. einem Lehrer-Vereine u. hrsg. v. L. C. Schmerbach. 13 Lfgn. gr. 8. (VI u. 847 S.) Neustadt a. O. 849—51, Wagner. (1—12. Lfg. à 6 ngl. 13. Lfg. ¼ ß) 2 ß 19½ ngl.

— für den historischen und doctrinellen Religionsunterricht. Nach den neuesten und besten Quellen bearb. und unter Mitwirkung Mehrerer hrsg. von H. Kaiser und L. Schmerbach. Mit einem Vorworte von W. Thilo. 2., verb. und verm. Aufl. gr. 8. (VIII und 816 S.) Leipzig 854, G. Mayer.

Der Name Kaiser steht irrthümlich auf dem Titel mit y geschrieben.

— für den historischen u. doctrinellen Religionsunterricht. Nach den neuesten u. besten Quellen bearb. u. unter Mitwirkung Mehrerer herausg. von H. Kayser u. L. Schmerbach. Mit einem Vorwort von Wilh. Thilo. 3. wohlfeile Ausg. Leipzig 859. G. Mayer. (Altona, Haendcke & Lehmkuhl.) gr. 8. (VIII, 816 S.) n. 1 ß 20 ngr.

HANDWÖRTERBUCH, Satirisches (nicht von Rebmann). Paris (Altona, Bechtold). 1797.
Weller, fing. Druckorte.

Satirisches Handwörterbuch für jede Gattung von Leser (nicht von Rebmann). Lfrg. I. (einz.?). Paris (ebd.) 1797 8°. 32 S. (9 Mk. Paul Graupe, Berlin, 1911.)

— der Seelenmalerei, für Zeichner, Maler u. Liebhaber charakteristischer u. allegor. Darstellungen, mit 52 in Kupfer gestochenen Köpfen. gr. 8. Leipz. 803. Andrä. 2 th

— der Seelenmahlerey für Zeichner, Mahler ꝛc. m. K. gr. 8. Leipz. v. Kleefeld. (a. Bauer). 803.

— der altdeutschen Sprache. s. Docen. Büsching.

Handwörterbuch der deutschen Sprache ... Halle 1804 [1804—8]. 8. N. Aufl. 1813. V: *Voigtel, Traug. Ghelf.* (Ky) (Ba) (Gi) (Vater)

— der deutschen Sprache. Umgearbeitete mit grammat. Notizen u. d. vorzügl. Fremdwörtern vers. (Titl.-)Ausg. 2 Thle. 16. (55⅞ B.) Leipzig 846, Herm. Fritsche.

Handwörterbuch der Teutschen Sprache, zum Gebrauche des Lesens, Sprechens und Schreibens . . . Leipz. 1798. V: *Harnisch, Johann Chn.* (MGT) (Ky)

— der deutschen Sprache, zum Gebrauch des Lesens, Sprechens u. Schreibens; nebst e. kl. Sprachlehre, (von Jh. Chr. Harnisch). gr. 8. Leipz. 798. Rabenhorst. 2 ℛ 2e völlig umgearb. Aufl., unter d. T.: Taschenwörterbuch d. deutschen Sprache. gr. 12. Leipz. 821. Leo. 2 ℛ

— der deutschen Sprache, mit Rücksicht auf Synonymen. gr. 8. Halle 805. Kümmel. 2 ℛ 14 g/ Schrbp. 3 ℛ 6 g/ Velinp. 4 ℛ 6 g/ 2r Thl. Auch u. d. T.: Verdeutschungswörterbuch, oder Verzeichniß d. fremden in d. deutsche Sprache aufgenommenen Wörter, nebst deren Verdeutschung. gr. 8. Ebd. 808. 18 g/ Schrbp. 1 ℛ 8 g/ Velinp. 1 ℛ 18 g/

— Anhang hierzu. s. Verdeutschungswörterbuch.

—— der griechischen Sprache, begründet v. Frz. Passow Neu bearb. u. zeitgemäss umgestaltet v. Val. Chr. Fr. Rost u. Friedr. Palm. 1. Bd. 1. u. 2. Abthl. 1. Lfg. (Α—Ἔρχομαι.) Des ursprüngl. Werkes 5. Aufl. gr. Lex.-8. (75½ B.) Leipzig 841, 43, Vogel.

— der griechischen Sprache begründet v. Frz. Passow. Neu bearb. u. zeitgemäss umgestaltet v. Val. Chr. Fr. Rost, Fried. Palm u. Otto Kreussler. I. Bd. 2. Abthl. 2. u. 3. Lfg. u. 2. Bd. I. Lfg. Ἔρχομαι—Μυδριασις. Des ursprüngl. Werkes 5. Aufl. gr. Lex.-8. (125 halbe Bog.) Leipzig 845—47, Vogel.
1. Bd. 1. Abthl. u. 2. Abthl. 1. Lfg. Ebendas. 1841, 43. 2 Thlr. 7½ Ngr.

— der griechischen Sprache, begründet von Frz. Passow. Neu bearb. und zeitgemäss umgestaltet von Val. Chr. Fr. Rost, Friedr. Palm, Otto Kreussler, Carl Keil und Ferd. Peter. Des ursprüngl. Werkes 5. Aufl. II. Bd. 2—6. Lfg. Μυδροκτυπεω — πωυγξ. hoch 4. (II. Bd. V und S. 289—1313.) Leipzig 848—52, Vogel.
1. Bd. und 2. Bd. 1. Lfg. Ebendas. 1841—47. 5 Thlr. 12 Ngr.

—— der griechischen Sprache, begründet von Frz. Passow. Neu bearb. und zeitgemäss umgestaltet von Val. Chr. Fr. Rost, Friedr. Palm, Otto Kreussler, Carl Keil und Ferd. Peter. Des ursprüngl. Werkes 5. Aufl. II. Bd. 2. Abthl. 1—12. Lfg. hoch 4. (S. 1315—2562.) Leipzig 853—56, Vogel. Subscr.-Pr. à Lfg. * 7½ Ngr. *
1. Bd. und 2. Bd. 1. Abthl. Ebendas. 1841—52. 8 Thlr. 27 Ngr.

—— der griechischen Sprache begründet von Frz. Passow. Neu bearb. und zeitgemäss umgestaltet von Val. Chr. Fr. Rost, Fr. Palm, Otto Kreussler, Carl Keil, Ferd. Peter und G. E. Benseler. Des ursprüngl. Werkes 5. Aufl. II. Bd. 2. Abthl. 13. Lfg. hoch 4. (VIII und S. 2563—2649.) Leipzig 857, Vogel. *
1. Bd. und 2. Bd. 1. Abthl. und 2. Abthl. 1—12. Lfg. Ebendas. 1841—56. * 11 Thlr. 20 Ngr.

—— der neugriechischen u. deutschen Sprache, s.a. Λεξικον.

Handwörterbuch der neugriechischen und deutschen Sprache. N. A. Leipz. 1842. V: *Kind, Carl Theod.* (vater)

—— der neugriechischen und deutschen Sprache. (Hrsg. von Thdr. Kind.) Karl Tauchnitz'sche Ster.-Ausg. Neuer Abdr. gr. 16. (VIII, 672 S.) Leipzig 870, Holtze. (*M.* 3.)

Handwörterbuch der Neugriechischen und deutschen Sprache. Neuer Abdr. Leipzig 1876. V: *Kind, Theod.* (KB)

—— der neugriechischen und deutschen Sprache. Hrsg. von Theodor Kind. Karl Tauchnitz'sche Stereotypausg. Neuer Abdruck. 16. (VIII, 672 S.) Leipzig 881, Holtze.

—— der neugriechischen und deutschen Sprache. Hrsg. von Th. Kind. Karl Tauchnitz'sche Ster.-Ausg. Neuer Abdr. 16. (VIII, 672 S.) Leipzig 888, Holtze.

Handwörterbuch der ungarischen und deutschen Sprache mit besonderer Rücksicht auf die Phraseologie. Redigiert von Adalbert Kelemen. I. Deutsch-ungarischer Theil. Budapest. [1901.] Athenaeum. [In Comm. Braumüller Wien.] Gr.-8°. 512 S.
Geb. K 7.50

— f. deutsche Sprachreinigung. 8. Berl. Soc. Buchh. 815.

— der Staatswissenschaften. Hrsg. v. J. Conrad, L. Elster, W. Lexis, Edg. Loening. 1.—9. Lfg. Lex.-8. (1. Bd. XII, 1047 S. u. 2. Bd. S. 1—448.) Jena 890. Fischer. à n. 3.— (1. Bd. cplt.: n. 18.—)

— der Staatswissenschaften. Hrsg. v. J. Conrad, L. Elster, W. Lexis, Edg. Loening. 33 Lfgn. Lex.-8. Jena 890—894. G. Fischer. n. 120.—; geb. n. 135. —
1. Bd. (XII, 1047 S.) n. 21.60; geb. n. 23.50. — 2. Bd. (XI, 1008 S.) n. 21.60; geb. n. 23.50. — 3. Bd. (X, 1105 S.) n. 21.60; geb. n. 23.50. — 4. Bd. (XIV, 1276 S.) n. 21.60; geb. n. 23.50. — 5. Bd. (XII, 885 S.) n. 16.80; geb. n. 20.50. — 6. Bd. (X, 959 S.) n. 16.80; geb. n. 20.50. Einzelne Bde. werden nicht abgegeben.

— d. Staatswissenschaften. Hrsg. v. J. Conrad, L. Elster, W. Lexis, Ed. Loening. 1. Suppl.-Bd. Lex.-8. (IX, 904 S.) Jena 895. G. Fischer. n. 16.—; geb. n.n. 18.—; Ladenpr. v. 1. Jan. 1896 ab n. 20.—; geb n.n. 22.50

— dasselbe. 2. Suppl.-Bd. M. Register z. 1. u. 2. Suppl.-Bd., bearb. v. Paul Lippert. Lex.-8. (X, 1076 S.) Ebd. 897. n. 24.—; geb. n.n. 26.50 (Hauptwerk, Sachreg. u. 1. u. 2 Suppl.-Bd.: n. 165.50)

— dasselbe. 2., gänzlich umgearb. Aufl. (In 25 Lfgn. od. 7 Bdn.) 1.—4. Lfg. Lex.-8. (1. Bd. S. 1—1152.) Ebd. 898. à Lfg. n. 5.—

— der Staatswissenschaften. Hrsg. v. J. Conrad, L. Elster, W. Lexis, Edg. Loening. 2., gänzlich umgearb. Aufl. 5.—25. Lfg. Lex.-8. (1. Bd. X u. S. 1153—1231; 2. Bd. XI, 1216 S.; 3. Bd. XI, 1291 S.; 4. Bd. XI, 1421 S.; 5. Bd. XII, 1051 S.; 6. Bd. XII, 1187 S. u. 7. Bd. X, 1120 S.) Jena 899—901. G. Fischer. à n. 5.—; (1. Bd. n. 21.—; 2. Bd. n. 20.—; 3. Bd. n. 22.—; 4. Bd. n. 23.—; 5. Bd. n. 15.—; 6. Bd. n. 12.— u. 7. Bd. n. 12.—; kplt. n. 125.—; Einbde. à n. 2.50)

— der Staatswissenschaften. Hrsg. v. J. Conrad, L. Elster, W. Lexis n. Edg. Loening. 3. gänzlich umgearb. Aufl. 1.—44. Lfg. (1. Bd. XII, 1132; 2. Bd. IX, 1084; 3. Bd. X, 1148; 4. Bd. IX, 1227 S., 5. Bd. S. 1—800; 6. Bd. S. 1—1120 u. 7. Bd. S. 1—329.) Lex. 8. Jena 908—10. G. Fischer. 108.50; (1.—4. u. 6 Bd. 96.—; geb. 111.—)

Handwörterbuch, Technologisches, zur Erläuterung der bey den Künstlern und Handwerkern . . . gebräuchlichen Kunstausdrücke. Leipzig 1818. V: *Meineke, Joh. Hnr. Frdr.* (BrVV)

„Technologisches Handwörterbuch, zur Erläuterung der bei den Künstlern und Handwerkern zur Bezeichnung ihrer Arbeiten und Werkzeuge gebräuchlichen Kunstausdrücke", Leipzig 1818 (Brockhaus).

— d. ges. Thierheilkunde u. Thierzucht m. Inbegriff aller einschläg. Disciplinen u. d. spec. Etymologie. Unt. Mitwirkg. v. Ableitner, Anacker, Jos. Blaas u. A. hrsg. v. A. Koch. (Suppl. z. Encyklopädie d. ges. Thierheilkunde u. Thierzucht.) 1.—18. Lfg. gr. 8. (1. Bd. IV, 960 S. u. 2. Bd. S. 1—192 m. Abb.) Wien 895—898. M. Perles. à Lfg. n. 1. 80

— der gesammten Thierheilkunde u. Thierzucht m. Inbegriff aller einschlägigen Disciplinen u. der speciellen Etymologie. Unter Mitwirkg. von Ableitner, Anacker, Jos. Blaas u. A. hrsg. v. A. Koch. (Suppl. zur Encyklopädie der gesammten Thierheilkunde u. Thierzucht.) 19.—30. Lfg. gr. 8. (2. Bd. IV u. S. 193—944 m. Abbildgn.) Wien 898—903. M. Perles. à n. 1.80

Handwörterbuch des gesamten Versicherungswesens einschliesslich der socialpolitischen Arbeiter-Versicherung. Unter Mitwirkg hervorrag. Fachleute u. Juristen d. In- u. Ausl. hrsg. v. Eugen Baumgartner. Bd 1. Lfg 1. *Strassburg: E. Baumgartner 1897.* 4.(8.) [97-1909]

— d. ges. Versicherungswesens einschliessl. d. socialpolit. Arbeiter-Versicherg. Unt. Mitwirkg. hervorrag. Fachleute u. Juristen d. In- u. Auslandes hrsg. v. Eug. Baumgartner. 1.—5. Lfg. Lex.-8. (1. Bd. S. 1—400.) Strassburg 897—898. K. J. Krüger. à Lfg. n. 1. 50

— des gesamten Versicherungswesens einschliesslich der socialpolitischen Arbeiter-Versicherung. Unt. Mitwirkg. v. Geo. Adler, E. Blaschke, H. Blasius u. A. hrsg. v. Eug. Baumgartner. 6.—10. Lfg. Lex.-8. (1. Bd. XVI u. S. 481—798.) Strassburg 899. [E. Baumgartner.] K. J. Trübner. à n. 1. 50 (1. Bd. kplt. n. 15.—; geb. in Halbfrz. n. 17. 50)

Handwörterbuch der preußischen Verwaltung. In Verbindung mit Baerecke, Brase, v. Bremen u. a. bearb. u. hrsg. von v. Bitter. In 2 Bdn. (IX, 1027 u. 883 S.) Lex.-8. Leipzig 906. Roßberg'sche Verlagsbuchh. n. 34. —; geb. n. 38. —
Erschien auch in 17 Lfgn. à n. 2. —

Handwörterbuch der Preussischen Verwaltung. In Verbindung mit... bearb. u. hrsg. von [Rudolf] v. Bitter, Präsid. d. Hauptverwalt. d. Staatsschulden. Leipzig: Roßberg 1906. 4°(8°) [06. 6789]

— der preußischen Verwaltung. In Verbindung m. Baerecke, Broicher, v. Bremen u. a. bearb. u. hrsg. von v. Bitter. 2. Aufl. (In ca. 18 Lfgn.) 1. u. 2. Lfg. (I. Bd. S. 1—192.) Lex. 8. Leipzig 911. Roßberg'sche Verlagsbuchh. à Lfg. 2. 40

Handwörterbuch f. Volksschullehrer. Quedlinburg 1828., s.a. Baumgarten, Joh. Christoph Friedr.

Handwörterbuch für Volksschullehrer . . . Quedlinburg 1828. V: *Baumgarten, Joh. Chph Ferd.* (Ky)

— für Volksschullehrer. Od. Belehrungen üb. Erziehung u. Unterr. im Allgem.; üb. Volksschulen überh., ihre äuß. u. innere Einrichtung u. Ordn.; üb. Lehr- u. Lectionsplan ꝛc. (Von Joh. Chrstph. Friedr. Baumgarten.) 2 Thle. 8. (24 B.) Quedlinburg 828, Basse.

— für den deutschen Volksschullehrer, s. Petzoldt, C.

— der schweizerischen Volkswirtschaft, Socialpolitik u. Verwaltung. Hrsg. v. N. Reichesberg. 1.—18. Lfg. Lex.-8. (1. Bd. S. 1—576.) Bern 901—902. Verlag Encyklopädie. à — 80

— der schweizerischen Volkswirtschaft, Sozialpolitik u. Verwaltung. Hrsg. v. N. Reichesberg. 19.—64. Lfg. (1. Bd. XII u. S. 577—1007; 2. Bd. VIII, 961 S. u. 3. Bd. S. 1—64.) Lex.-8. Bern 902—906. Verlag Encyklopädie. à — 80; Einzelpr. à — 96 (1. Bd. kplt. n. 21. —; geb. n. 24. —; 2. Bd. 2 Hälften à n. 10. 80; Einzelpr. à n. 12. —)

— der schweizerischen Volkswirtschaft. Sozialpolitik u. Verwaltung. Hrsg. v. N. Reichesberg. 65.—117. Lfg.) (3. Bd. S. 65—1744.) Lex. 8. Bern 907—10. Verlag Enzyklopädie. Subskr.-Pr. à Lfg. —80; Einzelpr. — 96

Handwörterbuch der Schweizerischen Volkswirtschaft, Socialpolitik und Verwaltung. Hrg. von Dr. jur. N[aum] Reichesberg.... Band 1, Liefg. 1: Ablösung — Aerztewesen. IV + 32 S. gr.-8. Bern-Berlin, Dr. John Edelheim & Co., 1901.
(*cpl.* in 81 Lieferungen oder 3 Bänden; Subscr.: Liefg. à fr. 1. —. Halbbd. à fr. 13. 50, Bd. à fr. 27. —, *cpl.* fr. 81. —)

Handwörterbuch der Schweizerischen Volkswirtschaft.... Hrg. von Dr. jur. N[aum] Reichesberg.... Band 1, Liefg. 2—4: Aerztewesen ⟨Schluss⟩... — Internationaler Arbeiterschutz ⟨Anfang⟩.... *je* IV + 32 S. = S. 33—128. gr.-8. Bern-Berlin, Dr. John Edelheim & Co., 1901. (*cpl.* in 81 Lieferungen à fr. 1. — ...)

Handwörterbuch der Schweizerischen Volkswirtschaft, Socialpolitik und Verwaltung. Hrg. von Dr. jur. N[aum] Reichesberg.... Band 1, Liefg. 5: Arbeiterschutz... ⟨Schluss⟩ — Arbeitersekretariate.... IV S. + S. 129—160. gr.-8. Bern-Berlin, Dr. John Edelheim & Co., 1902. (*cpl.* in 81 Lieferungen à fr. 1. —...)

Handwörterbuch der Schweizerischen Volkswirtschaft, Socialpolitik und Verwaltung. Hrg. von Dr. jur. N[aum] Reichesberg.... Band 1, Liefg. 6—8. gr.-8. Bern, Verlag Encyklopädie, 1902. (*cpl.* in 81 Lieferungen à fr. 1. — ...)
Liefg. 6: Arbeitersekretariate... — Arbeiterversicherung.... IV S. + S. 161—192.
Liefg. 7: Arbeiterversicherung ⟨Schluss⟩... — Arbeitslosenversicherung.... IV S. + S. 193—224.
Liefg. 8: Arbeitslosenversicherung ⟨Schluss⟩... — Arbeitslosigkeit.... IV S. + S. 225—256.

Handwörterbuch der Schweizerischen Volkswirtschaft, Socialpolitik und Verwaltung. Hrg. von Dr. jur. N[aum] Reichesberg.... Band 1, Liefg. 9—11. gr.-8. Bern, Verlag Encyklopädie, 1902. (*cpl.* in 81 Lieferungen à fr. 1. —...)
Liefg. 9: Arbeitslosigkeit ⟨Schluss⟩... — Arbeitsunterricht.... IV S. + S. 257—288.
Liefg. 10: Arbeitsunterricht... — Armenwesen.... IV S. + S. 289—320.
Liefg. 11: Armenwesen.... IV S. + S. 321—352.

Handwörterbuch der Schweizerischen Volkswirtschaft, Socialpolitik und Verwaltung. Hrg. von Dr. jur. N[aum] Reichesberg.... Band 1, Liefg. 12—16. gr.-8. Bern, Verlag Encyklopädie, 1902. (*cpl.* in 81 Lieferungen à fr. 1. — ...)
Liefg. 12: Armenwesen ... ⟨Schluss⟩ ... — Auswanderungswesen ⟨Anfang⟩.... IV S. + S. 353—384.
Liefg. 13: Auswanderungswesen ⟨Schluss⟩ ... — Banknotenwesen.... IV S. + S. 385—416.
Liefg. 14: Banknotenwesen ⟨Schluss⟩ ... — Bauernbefreiung.... IV S. + S. 417—448.
Liefg. 15: Bauernbefreiung ⟨Schluss⟩ ... — Beamtenvereine.... IV S. + S. 449—480.
Liefg. 16: Beamtenvereine ... ⟨Schluss⟩ ... — Besitz.... IV S. + S. 481—512.

Handwörterbuch der Schweizerischen Volkswirtschaft, Socialpolitik und Verwaltung. Hrg. von Dr. jur. N[aum] Reichesberg.... Band 1, Liefg. 17 u. 18. gr.-8. Bern, Verlag Encyklopädie, 1902. (*cpl.* in 81 Lieferungen à fr. 1. — ...)

Liefg. 17: Besitz ⟨Schluss⟩ ... — Betreibung und Konkurs.... IV S. + S. 513—544.
Liefg. 18: Betreibung und Konkurs ⟨Schluss⟩ ... — Bienenzucht.... IV S. + S. 545—576.

Handwörterbuch der Schweizerischen Volkswirtschaft, Socialpolitik und Verwaltung. Hrg. von Dr. jur. N[aum] Reichesberg.... Band 1, Liefg. 19—22. (*cpl.* in 81 Lieferungen à fr. 1. — ...) gr.-8. Bern, Verlag Encyklopädie, 1902.

Liefg. 19: Bienenzucht ⟨Schluss⟩ ... — Bodenverschuldung.... IV S. + S. 577—608.
Liefg. 20: Bodenverschuldung ⟨Schluss⟩ ... — Budget der Eidgenossenschaft.... IV S. + S. 609—640.
Liefg. 21: Budget der Eidgenossenschaft ⟨Schluss⟩ ... — Bundesgesetzgebung.... IV S. + S. 641—672.
Liefg. 22: Bundesgesetzgebung ⟨Schluss⟩ ... — Bundesversammlung.... IV S. + S. 673—704.

Handwörterbuch der Schweizerischen Volkswirtschaft, Socialpolitik und Verwaltung. Hrg. von Dr. jur. N[aum] Reichesberg.... Band 1, Liefg. 23—26: Bundesversammlung ⟨Schluss⟩ ... — Ehegesetzgebung.... *je* IV S. + S. 705—832. 8. Bern, Verlag Encyklopädie, 1903. (*cpl.* in 81 Lieferungen à fr. 1.— ...)

Handwörterbuch der Schweizerischen Volkswirtschaft, Socialpolitik und Verwaltung. Hrg. von Dr. jur. N[aum] Reichesberg.... Band 1, Liefg. 29 u. 30: Enteignung ⟨Schluss⟩ ... — Feuerpolizei.... *je* IV S. + S. 897—960. 8. Bern, Verlag Encyklopädie, 1903. (*cpl.* in 81 Lieferungen à fr. 1.— ...)

Handwörterbuch der Schweizerischen Volkswirtschaft, Socialpolitik und Verwaltung. Hrg. von Dr. jur. N[aum] Reichesberg.... Liefg. 36 = Band 2 ⟨Liefg. 4⟩: Futterbau ⟨Schluss⟩ ... — Geistige Getränke.... IV S. + S. 97—128. 8. Bern, Verlag Encyklopädie, 1904. (*cpl.* in 81 Lieferungen à fr. 1. — ...)

Handwörterbuch der Schweizerischen Volkswirtschaft.... Liefg. 37—39 = Band 2 ⟨Liefg. 5—7⟩: Geistige Getränke ⟨Fortsetzung⟩... — ... Gemeindewesen.... *je* IV S. + S. 129—224. 8. Bern, Verlag Encyklopädie, 1904. (*cpl.* in 81 Lieferungen à fr. 1. — ...)

Handwörterbuch der Schweizerischen Volkswirtschaft.... Liefg. 40—46 = Band 2 ⟨Liefg. 8—14⟩: Gemeindewesen ... ⟨Schluss⟩ ... — ... Grundpfandrecht.... *je* IV S. + S. 225—448. 8. Bern, Verlag Encyklopädie, 1904. (*cpl.* in 81 Lieferungen à fr. 1. — ...)

Handwörterbuch der Schweizerischen Volkswirtschaft.... Liefg. 51—53 = Band 2 ⟨Liefg. 19—21⟩: Handels- und Gewerbefreiheit ⟨Schluss⟩ ... — Industriedepartement ⟨Eidgenössisches⟩.... IV S. + S. 577—672. 8. Bern, Verlag Encyklopädie, 1905. (à fr. 1. —)

Handwörterbuch der Schweizerischen Volkswirtschaft.... Liefg. 54—56 = Band 2 ⟨Liefg. 22—24⟩: Industriedepartement ⟨Eidgenössisches⟩ ⟨Schluss⟩ ... — Konkordate.... *je* IV S. + S. 673—768. 8. Bern, Verlag Encyklopädie, 1905. (à fr. 1. —)

Handwörterbuch der Schweizerischen Volkswirtschaft.... Liefg. 57—61 = Band 2 ⟨Liefg. 25—29⟩: Konkordate ⟨Schluss⟩ ... — Lieferungs- und Differenzgeschäfte.... *je* IV S. + S. 769—928. 8. Bern, Verlag Encyklopädie, 1905. (à fr. 1. —)

Handwörterbuch der Schweizerischen Volkswirtschaft, Sozialpolitik und Verwaltung. Hrg. von Dr. jur. N[aum] Reichesberg.... Liefg. 63 = Band 3 ⟨Liefg. 1⟩: Markenschutz ... — Mässigkeits- und Abstinenzbewegung.... IV + 32 S. 8. Bern, Verlag Encyklopädie, 1906. (à fr. 1. —)

Handwörterbuch der Schweizerischen Volkswirtschaft, Sozialpolitik und Verwaltung. Hrg. von Dr. jur. N[aum] Reichesberg.... Liefg. 64 = Band 3 ⟨Liefg. 2⟩: Mässigkeits- und Abstinenzbewegung ⟨Schluss⟩ ... — Militärwesen.... IV S. + S. 33—64. 8. Bern, Verlag Encyklopädie, 1906. (à fr. 1. —)

Handwörterbuch der Schweizerischen Volkswirtschaft, Sozialpolitik und Verwaltung. Hrg. von Dr. jur. N[aum] Reichesberg.... Liefg. 65 = Band 3 ⟨Liefg. 3⟩: Militärwesen. ⟨Schluss⟩ ... — Montanindustrie.... IV S. + S. 65—96. 8. Bern, Verlag Encyklopädie, 1907. (à fr. 1. —)

Handwörterbuch der Schweizerischen Volkswirtschaft, Sozialpolitik und Verwaltung. Hrg. von Dr. jur. N[aum] Reichesberg.... Liefg. 66—70 = Band 3 ⟨Liefg. 4—8⟩. Montanindustrie ... — Politische Parteien ⟨Schweizerische⟩ .... *je* IV S. + S. 97—256. 8. Bern, Verlag Encyklopädie, 1907. (à fr. 1. —)

Handwörterbuch der Schweizerischen Volkswirtschaft, Sozialpolitik und Verwaltung. Hrg. von Dr. jur. N[aum] Reichesberg.... Liefg. 71—74 = Band 3 ⟨Liefg. 9—12⟩: Politische Parteien ⟨Schweizerische⟩ ... — ... Ratenzahlungsgeschäft.... *je* IV S. + S. 257—384. 8. Bern, Verlag Encyklopädie, 1907. (à fr. 1. —)

Handwörterbuch der Schweizerischen Volkswirtschaft, Sozialpolitik und Verwaltung. Hrg. von Dr. jur. N[aum] Reichesberg.... Liefg. 75—85 = Band 3 ⟨Liefg. 13—23⟩: Ratenzahlungsgeschäft ⟨Schluss⟩ ... — ... Staatsfinanzen.... *je* IV S. + S. 385—720. 8. Bern, Verlag Encyklopädie, 1907 (**Liefg. 83/85:* 1908). (à fr. 1. — [**Liefg. 82:* fr. —.50]) U2

Handwörterbuch der Schweizerischen Volkswirtschaft, Sozialpolitik und Verwaltung. Hrg. von Dr. jur. N[aum] Reichesberg.... Liefg. 86 = Band 3 ⟨Liefg. 24⟩: Staatsfinanzen ... — ... Staatsverträge.... IV S. + S. 721—752. 8. Bern, Verlag Encyklopädie, 1908. (à fr. 1. —)

Handwörterbuch der Schweizerischen Volkswirtschaft, Sozialpolitik und Verwaltung. Hrg. von Dr. jur. N[aum] Reichesberg.... Liefg. 87—95 = Band 3 ⟨Liefg. 25—33⟩: Staatsverträge ... — ... Technische Mittelschulen ⟨Schluss⟩ .... *je* IV S. + S. 753—1040. 8. Bern, Verlag Encyklopädie, 1909. [à fr. 1. —]

Handwörterbuch der Schweizerischen Volkswirtschaft, Sozialpolitik und Verwaltung. Hrg. von Dr. jur. N[aum] Reichesberg.... Liefg. 96—104 = Band 3 ⟨Liefg. 34—42⟩: Tier- und Pflanzenschutz ... — ... Versicherungswesen.... *je* IV S. + S. 1041—1328. 8. Bern, Verlag Encyklopädie, 1909. [à fr. 1. —]

Handwörterbuch der Schweizerischen Volkswirtschaft, Sozialpolitik und Verwaltung. Hrg. von Dr. jur. N[aum] Reichesberg.... Liefg. 105—108 = Band 3 ⟨Liefg. 43—46⟩: Versicherungswesen ... — ... Volkszählungen.... *je* IV S. + S. 1329—1456. 8. Bern, Verlag Encyklopädie, 1910. [à fr. 1. —]

Handwörterbuch der Schweizerischen Volkswirtschaft, Sozialpolitik und Verwaltung. Hrg. von Dr. jur. N[aum] Reichesberg.... Liefg. 109 *u.* 110 = Band 3 ⟨Liefg. 47 *u.* 48⟩: Volkszählungen ⟨Schluss⟩ ... — ... Wasserbauwesen.... *je* IV S. + S. 1457—1520. 8. Bern, Verlag Encyklopädie, 1910. [à fr. 1. —]

Handwörterbuch der Schweizerischen Volkswirtschaft, Sozialpolitik und Verwaltung. Hrg. von Dr. jur. N[aum] Reichesberg.... Liefg. 111 *u.* 112 = Band 3 ⟨Liefg. 49 *u.* 50⟩: Wasserbauwesen ⟨Schluss⟩ ... — ... Zunftwesen.... *je* IV S. + S. 1521—1584. 8. Bern, Verlag Encyklopädie, 1910. [à fr. 1. —]

Handwörterbuch der Schweizerischen Volkswirtschaft, Sozialpolitik und Verwaltung. Hrg. von Dr. jur. N[aum] Reichesberg.... Liefg. 113 *u.* 114 = Band 3 ⟨Liefg. 51 *u.* 52⟩: Zunftwesen ⟨Schluss⟩ ... — Nachträge: Alpinismus ... — ... Bierbrauereigewerbe und Bierbesteuerung.... *je* IV S. + S. 1585—1648. 8. Bern, Verlag Encyklopädie, 1910. [à fr. 1. —]

Handwörterbuch der Schweizerischen Volkswirtschaft, Sozialpolitik und Verwaltung. Hrg. von Dr. jur. N[aum] Reichesberg.... Liefg. 115 *u.* 116 = Band 3 ⟨Liefg. 53 *u.* 54⟩: Bierbrauereigewerbe und Bierbesteuerung ⟨Schluss⟩ ... — ... Informationswesen ⟨kaufmännisches⟩.... *je* IV S. + S. 1649—1712. 8. Bern, Verlag Encyklopädie, 1910. [à fr. 1. —]

Handwörterbuch der Schweizerischen Volkswirtschaft, Sozialpolitik und Verwaltung. Hrg. von Dr. jur. N[aum] Reichesberg.... Liefg. 117—119 = Band 3 ⟨Liefg. 55—57⟩: Informationswesen ⟨kaufmännisches⟩ ... — ... Pfandleihanstalten .... *je* IV S. + S. 1713—1808. 8. Bern, Verlag Encyklopädie, 1910. [à fr. 1. —]

Handwörterbuch der Schweizerischen Volkswirtschaft, Sozialpolitik und Verwaltung. Hrg. von Dr. jur. N[aum] Reichesberg .... Liefg. 122 u. 123 = Band 3 ‹Liefg. 60 u. 61›: Turnwesen ‹Schluss›... —... Versicherungswesen .... je IV S. + S. 1873—1936. 8. Bern, Verlag Encyklopädie, 1911. [à fr. 1.—]

—— der Volkswirthschaftslehre. Unter Mitwirkung von namhaften deutschen Gelehrten und Fachmännern bearb. von H. Rentzsch. 14 Hefte. Lex.-8. (IV und 1148 S.) Leipzig 864—66, [Klinkhardt.] à Heft * 10 Ngr. *

—— der Volkswirthschaftslehre. Unter Mitwirkung von namhaften deutschen Gelehrten und Fachmännern bearb. von H. Rentzsch. 2. Ausg. in 12 Lfgn. Lex.-8. (IV, 1148 S., Leipzig 870, Klinkhardt. à Lfg. * M. 1. *

— vollst. dänisch-deutsch u. deutsch-dänisches, nach den besten Hülfsmitteln bearbeitet. 2 Bde. gr. 8. Altona 811. Hammerich. Druckp. 4 ₰ Schrbp. 5 ₰

— vollst. deutsches, für d. Geschäftsführung, d. Umgang rc., (v. C. F. T. Voigt). 2 Bde. gr. 8. Leipz. 805—7. Seeger. 4 ₰ 12 gr 2e, vom Hofr. Reinhard umgearb. Aufl. 3 Bde. gr. 8. Altona 817. Hammerich. 4 ₰ 12 gr

Handwörterbuch, Vollstaendiges deutsch-französisch-englisches. Nach einem neuen Plane bearbeitet ... Leipzig 1835. H: *Richter, Carl Friedrich Enoch.* (BrVV)

— vollständiges deutsch-französisch-englisches, nach einem neuen Plane bearb. zum Gebrauch der drei Nationen. 3. Aufl. gr. 8. Braunschweig 841, Vieweg u. Sohn. n. 1 ₰

Handwörterbuch, vollständiges, der alten Erdkunde, mit sorgfältiger Rücksicht auf die neuere. Nach dem Französ. von Dufau und Guadet bearbeitet und mit den Arbeiten teutscher Geographen bereichert. Weim. 821. Th. 1. (A-F.) 8. 2 rthl.

Handwörterbuch, Vollständiges, der deutschen, französischen und englischen Sprache. Leipzig 1835. H: *Richter, Carl Friedrich Enoch.* (BrVV)

—— vollständ., d. deutschen, französ. u. engl. Sprache. Nach ein. neu. Plane bearb. z. Gebr. d. drei Nationen. (Von Carl Friedr. Enoch Richter.) 3 Abthln. in 1 Bde. 1—3. Aufl. gr. 16. (78½ B.) Leipzig 835—41, Brockhaus. à *

Die 3 Abthln. sind auch einzeln unt. folgend. Titln. zu erhalten:
Dictionary, a compl., engl.-german-french. On an entirely new plan, for the use of the three nations. (36 B.) * 1 Thlr. 16 Gr.
Dictionnaire franç.-allem.-anglais. Ouvrage compl., rédigé sur un plan entièrement nouv., à l'usage des trois nations. (18 B.) * 16 Gr.
Handwörterbuch, vollständ. deutsch-französ.-engl., nach e. neu. Plane bearb. z. Gebr. d. drei Nationen. (24½ B.) * 1 Thlr.

— vollständ., der Deutschen, Französischen u. Engl. Sprache. Nach einem neuen Plane bearb. zum Gebrauch d. drei Nationen. In 3 Abthlgn. 4. Aufl.—Dictionnaire complet Français-Allemand-Anglais. — A complete dictionary English-German-French. br. 8. (VI u. 1238 S.) Leipzig 849, Brockhaus. n. 2⅔ ₰

—— vollständiges, der deutschen, französischen und englischen Sprache. Nach einem neuen Plane bearb. zum Gebrauche der drei Nationen. In 3 Abthlgn. 5. Aufl. A. u. d. T.: Dictionnaire complet français-allemand-anglais. 5. Edition. — A complete dictionary english-german-french. 5. Edition. br. 8. (XIV und 1238 S.) Leipzig 856, Brockhaus. *

—— vollständiges, der deutschen, französischen und englischen Sprache. Nach einem neuen Plane bearb. zum Gebrauch der drei Nationen. In 3 Abthlgn. — Dictionnaire complet français-allemand-anglais. — A complete dictionary english-german-french. 6. Aufl. 1857. und 7. Aufl. br. 8. (XIV und 1238 S.) Leipzig 861, Brockhaus. geb. *

—— vollständiges, der deutschen, französischen und englischen Sprache. Nach einem neuen Plane bearb. zum Gebrauch der drei Nationen. In 3 Abthln. 8. Aufl. br. 8. (XIII und 1238 S.) Leipzig 866, Brockhaus. geb. *

Handwörterbuch, Vollständiges, der deutschen, französischen und englischen Sprache. Nach einem neuen Plane bearbeitet zum Gebrauch der drei Nationen. In drei Abtheilungen. Neunte vollständig umgearbeitete und verbesserte Aufl. Leipzig 1870. H: *Kaltschmidt, Jacob Heinrich.* (BrVV)

—— vollständiges, der deutschen, französischen und englischen Sprache zum Gebrauch der drei Nationen. — Dictionnaire complet français-allemand-anglais à l'usage des trois nations. — In 3 Abthlgn. 9. vollständig umgearb. und verb. Aufl. 1870, und 10. verb. Aufl. br. 8. (XIV, 1182 S.) Leipzig 873, Brockhaus. cart. * M. 8.; geb. *

— vollständiges, der deutschen, französischen u. englischen Sprache zum Gebrauche der drei Nationen. 3 Abthlgn. in 1 Bd. 12. Aufl. 8. (VI, 265; IV, 540 u. IV, 376 S.) Leipzig 883. Brockhaus. cart. n. 8. —; geb. n. 9. —

— vollständiges, der deutschen, französischen u. englischen Sprache, zum Gebrauch der drei Nationen. 3 Abthlgn. in 1 Bde. 13. Aufl. gr. 8. (VI, 265; IV, 540 u. IV, 376 S.) Leipzig 889. Brockhaus. cart. n. 8. —; geb. n. 9. —

-- vollständiges, d. deutschen, französischen u. englischen Sprache, z. Gebrauch d. drei Nationen. 3 Abthlgn. in 1 Bd. 14. Aufl. br. 8. (VI, 265; IV, 540 u. IV, 376 S.) Leipzig 896. F. A. Brockhaus. n. 8. —; geb. in Halbfrz. n. 9. —

— waidmännisches, f. Liebhab. d. Jagd, Jäger u. Forstbedienten. 8. Leipz. Leo. 802.

-- der Zoologie, Anthropologie u. Ethnologie. Unter Mitwirkg. v. R. Böhm, Wilh. Hartmann, F. v. Hellwald etc. Mit Holzschn. 1—4. Bd. Lex.-8. Breslau, Trewendt. n. 62. —; geb. n. 71. 60

1. Hrsg. v. Gust. Jäger. (VII, 564 S.) 880. n. 15. —; geb. n. 17. 40. — 2. Hrsg. v. Gust. Jäger. Mit 2 lith. Taf. (544 S.) 883. n. 15. —; geb. n. 17. 40. — 3. Hrsg. v. Ant. Reichenow. Mit 1 lith. Taf. (639 S.) 885. n. 16. —; geb. n. 18. 40. — 4. Hrsg. v. Ant. Reichenow. (640 S.) 886. n. 16. —; geb. n.n. 18. 40.

— der Zoologie, Anthropologie u. Ethnologie. Hrsg. v. Ant. Reichenow. Unter Mitwirkg. v. J. Dewitz, B. Dürigen, H. Griesbach etc. Mit Holzschn. 5. Bd. Lex.-8. (640 S.) Breslau 888. Trewendt. n. 16. —; geb. n.n. 18. 40 (1—5.: n. 78. —; geb. n.n. 90. —)

— der Zoologie, Anthropologie u. Ethnologie. Hrsg. v. Ant. Reichenow. Unter Mitwirkg. v. J. Dewitz, B. Dürigen, H. Griesbach etc. Mit Abbildgn. 6. Bd. Lex.-8. (571 S.) Breslau 892. E. Trewendt. n. 16. —; geb. in Halbfrz. n.n. 18. 40 (1—6.: n. 94. —; geb. n.n. 108. 40)

— d. Zoologie, Anthropologie u. Ethnologie. Hrsg. v. J. Frenzel unt. Mitwirkg. v. G. Buschan, B. Dürigen, H. Griesbach u. a. 7. Bd. gr. 8. (576 S. m. Holzschn.) Breslau 897. E. Trewendt. n. 16.—; geb. in Halbfrz. n.n. 18. 40 (1.—7.: n. 110.—; geb. n.n. 126. 40)

— der Zoologie, Anthropologie u. Ethnologie. Hrsg. von P. Matschie unter Mitwirkg. v. G. Buschan, B. Dürigen, J. Frenzel u. a. 8. Bd. gr. 8. (707 S. m. Holzschn.) Breslau 900. [E. Trewendt.] Leipzig, J. A. Barth. n. 18.—; geb. in Halbfrz. n.n. 20.40 (1—8 n. 128.—; geb. n.n. 146. 80)

— dasselbe, s.a. Encyklopädie d. Naturwissenschaften.

Handzeichnungen, alte, nach dem verlorenen Kirchenschatz der St. Michaels-Hofkirche zu München. Mit erklär., reich illustr. Text hrsg. von Leop. Gmelin. Fol. (20 S. mit 30 Taf. in Lichtdr. von Jos. Albert.) München 888, J. Albert. In Mappe

Handzeichnungen, ausgewählte, älterer Meister aus der Sammlung Edward Habich zu Cassel. Hrsg. v. O. Eisenmann. 1. u. 2. Lfg. Fol. (à 20 Blatt.) Lübeck 890. Nöhring. à Lfg. n. 20.—

— ausgewählte, älterer Meister a. d. Sammlung Edward Habich zu Cassel. Hrsg. v. O. Eisenmann. 3. (Schluss-)Lfg. Fol. (20 Bl.) Lübeck 891. B. Nöhring. n. 20.— (kplt. in Mappe n. 67. 50)

Handzeichnungen und Bilder von Carl Stahl 1824—48. Darmstadt 1901. V: *Haupt, Jürgen.* (Berl)

Handzeichnungen Arnold Böcklins in dem Besitze des Frh. M[aximil.] von Heyl . . . [Darmstadt 1901.] V: *Back, Frdr.* (Berl)

Handzeichnungen und Bruchstücke eines Naturmenschen . . . Leipz. 1797. V: *Kaffka (Engelmann), Johann Christoph.* (MGT) (Ky) (GGr)

— u. Bruchstücke e. Naturmenschen; ein polit., philosoph., histor. u. satyr. Gemengsel, (von J. Ch. Kaffka). 2 Bdchn. 8. Berl. 797—98. Maurers B. 12 ℋ

Handzeichnungen, Freie, nach der Natur . . . Berlin 1820. V: *Decker, Carl.* (MGT)

Handzeichnungen, freye, nach der Natur, von Adelbert vom Thale. 8. Berlin, Mittler. 820.

Handzeichnungen des Königs Friedrich Wilhelm IV Facsimiles Fol (Berlin)

Handzeichnungen, fünfzig, alter Meister aus der J. A. G. Weigel'schen Sammlung. In Lichtdr. von Martin Rommel und Comp. gr. Fol. (1 Bl. Text.) Stuttgart 883, Engelhorn. In Leinw.-Mappe à Bl.

— altholländischer Genremaler. Hrsg. u. eingeleitet v. Wilh. Bode. Mit Text v. Wilh. R. Valentiner. (50 Taf. m. 60 S. Text.) gr. 8. Berlin 907. J. Bard. Geb. in Leinw. 15.—; Luxusausg., geb. in Ldr. 35.— (Handzeichnungen großer Meister. Bd 2.)

Handzeichnungen aus dem Kreise des höhern politischen und gesellschaftlichen Lebens. Cöln [Altenburg] 1812 [1811]. N. Aufl. 1896. V: *Cölln, von* (Kriegsrat). Red: *Spazier, Wilhelmine.* (H. E. Brockhaus, F. A. Brockhaus I, 184 f.) (Zeitschr. f. Büch. 1923, S. 87)

Handzeichnungen aus d. Kreise d. höhern polit. u. gesellschaftl. Lebens. Zur Charakteristik d. letzten Hälfte d. 18ten Jahrh. N. Aufl. 8. Leipz. 815. Brockhaus. 1 ℛ

HANDZEICHNUNGEN aus dem Kreise des höhern politischen u. gesellschaftlichen Lebens. Zur Charakteristik der letzten Hälfte des achtzehnten Jahrhunderts. Neue Auflage. O. O. (Lpz., Brockhaus) 1816. 8°. (Expl. in Dresden; auch in Mainz, Stadtbibl. u. in Wien, Hofbibl.)

Arges Scandalosum von größter Seltenheit! Tit., 1 Bl. Inh. (der 18 Nrn.), 242 S. (Zuerst gedr. Cöln, bei Peter Hammer, 1811, mit d. Bezeichnung „Bdchn. 1" (nicht mehr ersch.). (Expl. in Darmstadt.) (8 Mk. Friedr. Klüber, München, 1898.)

15. Veröffentlichung des Vereins für Kunst und Alterthum in Ulm und Oberschwaben, unter dem Protektorate Sr. Königlichen Hoheit des Kronprinzen Karl von Württemberg.

HANDZEICHNUNGEN ALTER MEISTER. (4 Tafeln.) Ulm, 1864. In Comm. der Stettin'schen Buchhandlung. fol.

Handzeichnungen alter Meister aus d. Albertina u. and. Sammlgn. Hrsg. v. Jos. Schönbrunner u. Jos. Meder. I. Bd. 12 Lfgn. Imp.-4. (à 10 Taf. in Licht- u. Buchdr. m. 10 S. Text.) Wien 896. Gerlach & Schenk. à Lfg. n. 3.— (I. Bd. kplt. in Mappe: n. 42.—)

Handzeichnungen alter Meister aus d. Albertina u. and. Sammlgn. Hrsg. von Jos. Schönbrunner u. Jos. Meder. II. Bd. 12 Lfgn. Imp.-4. (118 Taf. in Licht- u. Buchdr. m. 7 Bl. Text.) Ebd. 897. à Lfg. n. 3.— (II. Bd. kplt. in Mappe n. 42.—)

— dasselbe. III. Bd. 12 Lfgn. Imp.-4. (à 10 Taf. in Licht- u. Buchdr. m. 14 S. Text.) Ebd. 897-898 à Lfg. n. 3.— (kplt. in Mappe: n. 42.—)

Handzeichnungen alter Meister aus der Albertina u. anderen Sammlungen. Hrsg. v. Jos. Schönbrunner u. Jos. Meder. IV. Bd. 12 Lfgn. Imp.-4. (120 Taf. in Licht- u. Buchdr. m. XII S. Text.) Wien 899. F. Schenk. à n. 3.—; in Mappe n.n. 42.—

— dasselbe. V. Bd. 12 Lfgn. Imp.-4. (120 Taf. in Licht- u. Buchdr. m. 12 S. Text.) Ebd. 900. 901. à n. 3.—; in Mappe n.n. 42.—

— dasselbe. VI. Bd. 12 Lfgn. Imp.-4. (120 Taf. in Licht- u. Buchdr. m. 12 S. Text.) Ebd. 901. à n. 3.—; in Mappe n.n. 42.—

— dasselbe. VII. Bd. 12 Lfgn. Imp.-4. (120 Taf. in Licht- u. Buchdr. m. 12 S. Text.) Ebd. 902. à n. 3.—; in Mappe n.n. 42.—

Handzeichnungen alter Meister aus der Albertina u. anderen Sammlungen. Hrsg. v. Jos. Schönbrunner u. Jos. Meder. VIII.—X. Bd. à 12 Lfgn. (à Bd. 120 Taf. in Licht- u. Buchdr. m. 16, 12 u. XII S. Text.) Imp.-4. Wien 903—905. F. Schenk. à Lfg. n. 3.

— dasselbe. Hrsg. v. Jos. Meder. XI. Bd. 1.—8. Lfg. (80 Taf. in Licht- u. Buchdr.) Imp.-4. Ebd. 906. à Lfg. n. 3.—

Handzeichnungen alter Meister aus der Albertina u. anderen Sammlungen. Hrsg. v. Jos. Meder. XI. Bd. 9.—12. Lfg. (40 Taf. in Licht- u. Buchdr. m. XIV S. Text.) 36,5×29 cm. Wien 907. F. Schenk. à Lfg. 3.—

— dasselbe. XII. (Schluss-)Bd. 12 Lfgn. (100 Taf. in Licht- u. Buchdr. m. III, 12 S. Text.) 36,5×29 cm. Ebd. 907.08. 36.—; erh. Pr. (à Bd.) 42.—; in Mappe 50.—

— dasselbe. General-Register zu Bd. I—XII. (13 S.) 36,5×29 cm. Ebd. (908.) 3.—

— alter Meister im Besitze des Museum Wallraf Richartz zu Köln am Rhein. 25 Lichtdr.-Taf. m. Text. Hrsg. v. Arth. Lindner. (5 Bl. Text.) 38×29,5 cm. Köln (907). W. Abels. In Mappe 20.—

— alter Meister im Städelschen Kunstinstitut. Hrsg. v. der Direktion. Originaltreue Lichtdr. der Hofkunstanstalt Albert Frisch. (In 10 Lfgn.) 1.—6. Lfg. (60 z. Tl. farb. Taf.) 54×39 cm. Frankfurt a/M. 908—10. Städelsches Kunstinstitut. à Lfg. 16.—

— alter Meister im kgl. Kupferstichkabinet zu Dresden. Hrsg. u. besprochen v. Karl Woermann. 1.—6. Mappe. gr. Fol. (à 25 Lichtdr.-Taf. m. XII, 72 S. Text.) München 896—897. F. Hanfstaengl. In Leinw.-Mappe à n. 80.—

Handzeichnungen alter Meister im königl. Kupferstich-Kabinet zu München, hrsg. v. W. Schmidt. Unveränderliche Phototypie-Reproduktionen v. Fr. Bruckmann's artist. Anstalt. 1. Lfg. gr. Fol. (20 Bl. m. 1 Bl. Text.) München 884. Verlagsanstalt f. Kunst u. Wissenschaft. In Mappe. n. 60.—

— alter Meister im königl. Kupferstich-Kabinet zu München, hrsg. v. W. Schmidt. Unveränderliche Phototypie-Reproduktionen der Verlagsanstalt Bruckmann. 2.—5. Lfg. gr. Fol. (à 20 Bl. m. 1 Bl. Text.) München 886—888. Verlagsanstalt f. Kunst u. Wissenschaft. In Mappe. à Lfg. n. 60.—

Handzeichnungen alter Meister im königl. Kupferstich-Kabinet zu München, hrsg. v. W. Schmidt. Unveränderliche Phototypie-Reproduktionen der Verlagsanstalt Bruckmann. 6.—8. (Schluss-)Lfg. gr. Fol. (à 20 Bl. m. 1 Bl. Text.) München 889—893. Verlagsanstalt f. Kunst u. Wissenschaft. In Mappen. à n. 60.—

— alter Meister im königl. Kupferstich-Kabinet zu München. Hrsg. v. W. Schmidt. 9. Lfg. Suppl. gr. Fol. (20 Bl. in Fksm.-Lichtdr. m. 1 Bl. Text.) München 900. Verlagsanstalt F. Bruckmann. In Mappe n. 60.—

Handzeichnungen alter Meister in photographischen Nachbildungen aus dem Britischen Museum, London und dem Louvre, Paris. (42 Bl) fol London

— alter Meister aus dem Nationalmuseum in Stockholm, nach den Originalen photogr. v. C. F. Lindberg. 25 Taf. Text v. G. Upmark. Fol. (2 Bl.) Stockholm 889. Blaedel & Co. In Mappe. n.n. 60.—

— alter Meister aus verschiedenen Sammlungen, vorwiegend aus Privatbesitz. Fcsm.-Reproduction in unveränderl. Lichtdr. Hrsg. v. Hugo Helbing. 1. Serie. (In 6 Lfgn.) 1. Lfg. gr. Fol. (20 Taf. m. IV S. Text.) München (902.) Vereinigte Kunstanstalten. In Mappe n. 55.—

— alter Meister d. holländischen Schule. (In 8 Lfgn.) 1.—3. Lfg. Fol. (à 8 Lichtdr.) Haarlem 897—898. H. Kleinmann & Co. à Lfg. n.n. 4.—

— alter Meister d. holländischen Schule. 4.—8. Abt. Fol. (40 Taf.) Haarlem 898. 899. H. Kleinmann & Co. à n. 4.—

— dasselbe. II. Serie. 8 Lfgn. Fol. (64 Taf. m. III S. Text.) Ebd. (899. 900). à n. 4.—; in Mappe n. 37.—

— dasselbe. III. Serie. 8 Lfgn. Fol. (64 Taf.) Ebd. 901. à 4.—

— dasselbe. IV. Serie. 1.—7. Lfg. Fol. (56 Taf.) Ebd. 902. à 4.—

— alter Meister der holländischen Schule. IV. Serie. 8. Lfg. u. V. u. VI. Serie. à 8 Lfgn. (à Lfg. 8 Taf.) Fol. Haarlem (903—906). H. Kleinmann & Co. à Lfg. 4.—

— alter Meister der holländischen Schule. VII. Serie. 1. u. 2. Lfg. (16 Taf.) 39×29,5 cm. Haarlem (907. 09). H. Kleinmann & Co. à Lfg. 4.—

— (alter Meister) der holländischen u. vlämischen Schule im königl. Kupferstichkabinet zu Amsterdam. Hrsg. v. E. W. Moes. Fcsm.-Reproduktion in Farben v. Emrik & Binger in Haarlem. (In 10 Lfgn.) 1.—7. Lfg. (à Lfg. 10 Bl.) Imp.-Fol. Haag (904—906). M. Nijhoff. — Leipzig, K. W. Hiersemann. à Lfg. n.n. 34.—

— (alter Meister) der holländischen u. vlämischen Schule im königl. Kupferstichkabinet zu Amsterdam. Hrsg. v. E. W. Moes. Fcsm.-Reproduktion in Farben v. Emrik & Binger in Haarlem. 8.—10. (Schluss-)Lfg. (30 Bl. m. III S. Text.) 60,5×47,5 cm. Haag, M. Nijhoff. — Leipzig (907). K. W. Hiersemann. à nn 34.— (Vollst. in 2 Halb-Ldrmappen nn 340.—).
112

— alter Meister der vlämischen Schule. XIV., XV. u. XVI. Jahrh. I. Serie. 1.—3. Lfg. (à 8 Taf.) Fol. Haarlem (905. 906.) H. Kleinmann & Co. à n. 4.—

Handzeichnungen älterer Meister der Oeffentlichen Kunst-Sammlung Basel (reproduziert und hrg. von Braun & Cie ...). II S. + 80 Tafeln. fol. Dornach i/E, Paris & New-York, Braun & Cie, [1910]. [in Mappe Subscr. M. 160.—]

Handzeichnungen berühmter Meister aus der Weigel'schen Kunstsammlung zu Leipzig, in treuen, in Kpfr. gest. Nachbildungen herausg. vom Besitzer derselben Rud. Weigel. 1—7. Heft. Leipzig 854—58. R. Weigel. Fol. Jedes Heft von 3 Taf. n. 4 ℳ

Handzeichnungen berühmter Meister aus der Weigelschen Kunstsammlung in treuen in Kupfer gestochenen Nachbildungen herausg. vom Besitzer derselben Rud. Weigel. 36 Kupferstiche mit einem Vorwort u. Inhalts-Verzeichniss. 8—12. (letztes) Heft. Leipzig 858—61. Imp.-Fol. Jedes Heft von 3 Taf. n. 4 ₰

Handzeichnungen deutscher Meister. Eine Sammlung von Bildern aus Italien u. der Schweiz v. G. Bauernfeind, A. E. Dison, Th. v. Eckenbrecher etc. In unveränderl. Lichtdr. reproducirt v. Schober u. Bäckmann. gr. Fol. (28 Bl. u. 1 Bl. Text.) Stuttgart 878. Engelhorn. In Leinw.-Mappe. n. 60. —

— grosser Meister. Hrsg. von Ernst Jaffé u. Curt Sachs. 1. Bd. gr. 8. Berlin, J. Bard. Geb. n. 10. —; Luxusausg. n. 30. —
Chodowiecki's, Dan., Handzeichnungen. Ausgewählt sowie m. e. einleit. Studie u. ausführl. Erklärgn. versehen von Wolfg. v. Oettingen. (50 Taf. m. 51 S. Text.) 907.

— schweizerischer Meister des XV.—XVIII. Jahrh. Im Auftrage der Kunstcommission unter Mitwirkg. v. D. Burckhardt u. H. A. Schmid hrsg. v. Paul Ganz. I. Serie. 4 Lfgn. (60 Taf., 1 Bl. Inhaltsverzeichnis, III S. Text u. 34 Bl. Text in Lex.-8.) gr. 4. Basel (904. 905.) Helbing & Lichtenhahn.
Subskr.-Pr. à Lfg. n. 8. —; Einzelpr. à Lfg. n. 10. —

— dasselbe. II. Serie. 1.—3. Lfg. (45 Taf. u. 45 Bl. Text in Lex.-8.) gr. 4. Ebd. 906.
Subskr.-Pr. à Lfg. n. 8. —; Einzelpr. à Lfg. n. 10. —

Handzeichnungen schweizerischer Meister des XV.—XVIII. Jahrh. Im Auftrage d. Kunstcommission unter Mitwirkg. v. D. Burckhardt u. H. A. Schmid hrsg. v. Paul Ganz. II. Serie. 4. Lfg. (15 Taf. m. 2 Bl. Text u. 17 Bl. Text in Lex. 8.) 39×31 cm. Basel 907. Helbing & Lichtenhahn. Subskr.-Pr. 8.—; Einzelpr. 10. —

— dasselbe. Im Auftrage der Kunstcommission unter Mitwirkg. v. verschiedenen Fachgenossen hrsg. von Paul Ganz. III. Serie. 4 Lfgn. (60 Taf. m. 7 Bl. Text sowie 15 Bl. Erläutergn. in Lex. 8.) 39,5×32 cm. Ebd. (907. 08.) Subskr.-Pr. à 8.—; Einzelpr. à 10. — (vollst. 126.—; in 3 Leinw.-Mappen n 144.—; in 3 Kalbldr.-Portefeuilles n 180.—)
Der Subskr.-Preis ist mit Vollendg. d. Werkes erloschen.

Handzeichnungen nach der Natur. Berlin 1790. V: *Hippel, Theodor Gottfried von.* (BrMm) (EE) (Mn)

— nach der Natur. 8. Berl. 790. Voß. 14 ℊ

Handzeichnungen nach Rabener u. Lichtenberg. Nr. 1 u. 2. 8 Gießen 808. (Leske in Darmst.) 8 ℊ

— nach Rabener u. Lichtenberg. N. 1 u. 2. 8. Gießen, Tasche u. Müller. 808.

Handzeichnungen aus der Sammlung der Uffizien zu Florenz. Hrsg. v. Pini. (128 Tfln.) 3 Bde. Fol.

Hané, Eug., Kindermund in Dichtungen. gr. 16. (101 S.) Stuttgart 900. Greiner & Pfeiffer. n. 1. 20

Hané, Eug., Träumereien im Studierstübchen. Dichtungen. 12. (IV, 91 S.) Dresden 888, Pierson. *ℳ 1.50.; geb. *

Im Zenith. Neue Dichtungen von Eugen Hané. *Bonn-Leipzig: E. Moos 1900.* (IV, 104 S.) 8° [F.] [01. 2423 5

Hane, G., Exposita veterum Germaniae notitia usque ad Taciti tempora judicetur de hujus scriptoris libello, qui de Germania inscribitur, cum quod ad idem attinet, tum quod ad scriptoris ingenium et artem. Diss. inaug. Rostochii 1875. 8.

Hane, Georg. Bemerkungen zu Knebels französischer Schulgrammatik. 2 Teile. 18, 20 SS. **Progr.** *Rössel* 1883. 1884.

Hane, Gg. Sur le rôle de l'accent latin dans la formation de la langue française. 19 S. **Progr.** *Braunsberg* 1880.

Hane, G., Sur le rôle de la langue française. Pr. 1880. 19 S. 4°.

John Hane's Gegründete Beschwerden gegen das Postamt zu Altona, namentlich Dr. Christ. Gottl. Hirschfeld, Postmeister, Kiss und Meyer, Schreiber. Aus dem Engl. übersezzet. o. O. 1798. 8°

Hane, Kiichi: Neurectomie des II. Trigeminusastes wegen Neuralgie. Göttingen 1910: Hofer. 42 S. 8°
Göttingen, Med. Diss. v. 19. Juli 1910, Ref. Braun
[Geb. 15. De. 81 Shizuoka; Wohnort: Göttingen; Staatsangeh.: Japan; Vorbildung: Provinzial-Mittelsch. Shizuoka Reife April 01; Chiba Med. Akad. 8, Göttingen 2 S., Rig. 21 Juni 10.] [U 10. 1376

Hane, Paschen Heinrich

— üb. d. Gebr. d. Metapher in ascet. Vorträgen 2c. gr. 8. Schwerin, Bärensprung. 788.

— — dasselbe. gr. 8. Leipz. Gräff in Commiss. 788.

Hane's, üb. Hierarchie u. Preßfreyheit. gr. 8. Gräff in Leipzig.

Hane, Paschen Hnr., († d. 26. Sept. 1815.) über die Nothwendigkeit verbess. Gesangbücher. 8. Schwerin 795. Bödner. 5 ℊ

— über ältere Republiken, mit Hinsicht auf die neue franzöf. Republik. 8. Schwerin 793. Bödner.

— Schriftserklärungen; vorane. Abhandl. über die Metaphora in ascet. Vorträgen; nebst Fortsetz. gr. 8. Schwerin 788—90. Bödner. 20 ℊ

— Uebersicht der Mecklenburgischen Geschichte. 8. Hamb. 804. (Campe).

Hane, Philipp Friedrich

HANE, PHIL. FRID., Commentatio acad. de vario subinde ob rationes politicas reformatorum sic dictorum in Aug. Conf. animo. Kiliæ. (1701). 4. P.

Hane, Ph. F., Anm. üb. r Ant. W. Böhmers 8 Büch. von d. Reform. d. Kirche in Engl. 8. Hamb. Bohn. 735.

Hane, Ph. Fr., († d. 27. Sept. 1774.) Entwurf von d. Kirchengeschichte d. N. Test. aus d. Offenbarung Johannis. 3 Thle gr. 8. Leipz. 768—72. Breitkopf u. H. 2 ₰

Hane, Pt. F. H., († d. 18. Jan. 1827.) üb. Glückseligkeit in theoret. u. prakt. Hinsicht. 8. Rostock 792.

— die zehnjähr. Glückseligkeit d. cimbrischen Musen unter Katharina II. gr. 4. Kiel 773. Bohn. 6 ℊ

Hane, Philipp Friedrich (Präs.), s. Harpprechtstein, Johann Friedrich von: Memoria viripolitici ... Mercurini Arborei de Gattinara ...

— hist. crit. August. confessionis. 4. ibid. 732.

— hist. sacrorum a Luthero emendator. etc. 4. Lips. Gleditsch. 729.

Hane, Philipp[us] Fridericus: Memoria viri politici, ævo suo maximi, Mercurini Arborei de Gattinara, imp. gl. Carolo V. [Resp.:] Joannes Fridericus Harpprecht de Harpprechtstein. — Kilonii (1728.:) Reuther. 62 S. 8° (4°)
Kiel, Phil. Diss. v. 31. Jan. 1728.

Hane, Ph. F., tentam. philosophiae eclecticae. 8. Rost. Fritsch. 729. Mthir. ·

Hane, Philipp Friedrich, De quaestione: an Imperatorem Rom. Germ. e principum ecclesiasticorum numero eligi, quid impediat? Präs. Philipp Friedr. Hane (Vater). Kiel (Gottfr. Bartsch) 10. I. 1753. 46 S. (6.50) 13033

— — Sermones de tempore, in quibus mirae rerum humanarum vices, inversusque circa easdem fatorum ordo . . Kiel (Gottfr. Bartsch) 1766. 55 S. (6.50) 13034
Gew.: Georg Christian Wolff. — S. 22: Diet. Gerh. Hoepfner (Hamburg), S. 26: August Johann Siedenburg (Lübeck).

Häne, Johs., der Auflauf zu St. Gallen im J. 1491, s.a. Mitteilungen zur vaterländischen Geschichte (St. Gallen). XXVI.

Häne, Johannes Dr.: Der Auflauf zu St. Gallen im Jahre 1491. (S.-A. aus den „St. Galler Mitteilungen zur vaterländischen Geschichte." Bd. XXVI, 2. Hälfte (1899).) St. Gallen 1899. VIII, 177 S. 8°.
Zürich. Phil Habil.-Schr. 1. 8. 1899/1900.

Häne, Johannes Dr.: Der Auflauf zu St. Gallen im Jahre 1491. Hrsg. von —. St. Gallen: Fehr 1899. (VIII, 177 S.) 8° = Mitteilungen z. Vaterländischen Geschichte. Hrsg. v. Histor. Ver. in St. Gallen. 26, Hälfte 2.

Häne, J[ohannes]. Das Familienbuch zweier rheinthalischer Amtmänner des XV. und XVI. Jahrhunderts ⟨(Hans Vogler, Vater, und) Hans Vogler (Sohn), der Reformator des Rheinthals⟩. SA. 8. Zürich 1900.

Häne, Johannes. Mailändische Gesandtschafts-Berichte und ihre Mitteilungen über zürcherische und luzernische Truppen im Jahre 1490. SA. 8. Bern 1899.

Häne, Johannes. Zur Geschichte des Schwabenkrieges. Vortrag, gehalten in St. Gallen an der Jahresversammlung des Vereins für Geschichte des Bodensees und seiner Umgebung. am 19. Juli 1897. SA. gr.-8. Lindau i. B. 1898.

Häne, J[ohannes]. Ueber älteste Geschütze in der Schweiz. mit einer Urkunde vom Jahre 1391. [Illustriert.] SA. 4. [Zürich] 1900.

Häne, Johs., d. Klosterbruch in Rorschach u. d. St. Galler Krieg 1489--1490, s.a. Mitteilungen zur vaterl. Geschichte.

Häne, Johannes, aus Kirchberg. [Kt.] St. Gallen: Der Klosterbruch in Rorschach und der St. Galler Krieg 1489-1490. [S. A. aus: Mitteilungen zur vaterländ. Geschichte. hg. v. Histor. Verein in St. Gallen. Heft 26 (N. F. VI)]. St. Gall. Zollikofer Dr. [Fehr Verl.] 1895. IX, 272 S., 3 Bl. 8°.
Zürich. Phil. Diss. I. S. [v. 8. Aug. 1895].

Häne, J[ohannes]. Eine Stift-St. gallische Kompagnie in venetianischem Kriegsdienst ⟨1688–1691⟩. SA. 8. Zürich 1896.

Häne, J[ohannes]. Schweiz bis 1517. (Jahresberichte der Geschichtswissenschaft. [Jahrg. 22,] 1899. Sonderdruck [*d. i.* Ausschnitt]. § 24 A, S. II, 147—164. 8. Berlin, R. Gaertner, [1901].)

— zum Wehr- u. Kriegswesen in der Blütezeit der alten Eidgenossenschaft. gr. 8. (41 S.) Zürich 900. Schultheß & Co. n. 1. 40

Haneberg, Bischof Dan. Bonif. v., Erinnerungen an denselben, s.: Schegg, P.

Haneberg, B., zur Erkenntnisslehre von Ibn Sina u. Albertus Magnus. (Aus: Abhandlungen der k. bayer. Akad. der Wiss.) München 866. Franz'sche Buchh. gr. 4. (81 S.) n. 1 ₰

Haneberg, B., das muslimische Kriegsrecht. (Aus „Abhandlgn. der k. bayer. Akad. der W.") gr. 4. (78 S.) München 871. Franz in Comm. n.n. 2. 60

Haneberg, Dan. Bonif. v., der Abfall vom Glauben. Fasten-Hirtenbrief f. d. J. 1875. 8. (35 S.) Speyer 875. (Kleeberger.) — 26

— Abhandlung über das Schul- u. Lehrwesen d. Muhamedaner im Mittelalter, in der öffentl. Sitzung der k. bayer. Akademie der Wissenschaften zur Vorfeier des Geburtsfestes Sr. Maj. d. Königs am 27. Nov. 1850 bruchstückweise gelesen. gr. 4. (40 S.) München 850. (Franz. — Regensburg, Manz.) n. 12 ngr

Haneberg, Dan. Bonifac. v., die religiösen Alterthümer der Bibel. 2. grösstentheils umgearb. Aufl. des „Handbuchs der bibl. Alterthumskunde." Mit 2 Taf. in Steindruck (in 8. u. qu. gr. 4.) u. e. Titelbild in Holzschn. München 869. liter.-artist. Anstalt. gr. 8. (XV, 700 S.) n. 3 ₰ 10 ngr

Haneberg, Bischof Dan. Bonifac. v., die religiösen Alterthümer der Bibel. 2. grösstentheils umgearb. Aufl. des „Handbuchs der bibl. Alterthumskunde." gr. 8. (XV, 700 S. mit 2 Taf. in Steindr. in 8. und qu. gr. 4. und 1 Titelbild in Holzschn.) München 869. [Stuttgart, Cotta'sche Buchh.] *

— s. Archiv f. theolog. Literatur.

Haneberg, Daniel Bonif., vom innern u. äußern Berufe des Benediktinerordens. Eine Predigt, gehalt. an Mariä Lichtmeß 1852 bei d. Gelübdeablegung d. Priester Placidus Jungblut u. Maurus Floßmann zu München. gr. 8. (20 S.) Regensburg 852, Manz. n. 1/12 ₰

Haneberg, Daniel, der Beruf der barmherzigen Schwestern, s.: Rottmanner, Odilo, Predigten u. Ansprachen.

—— Von der Bestimmung des Menschen und dem Danke dafür. Predigt am Sylvesterabend 1854 gehalten zu München. gr. 8. (16 S.) München 855, Rieger'sche Buchh.

Haneberg, Dan., Einleitung ins alte Testament f. angehende Candidaten der Theologie. gr. 8. (23 B.) Regensburg 845, Manz. *

Haneberg, Dan. Bonif., Erörterungen über Pseudo-Wakidi's Geschichte der Eroberung Syriens. (Aus den Abhdlgn. der k. bayerischen Akademie der Wissensch.) München 860. Franz in Comm. gr. 4. (40 S.) n. 17½ ngr.

—— Evangelium nach Johannes, übers. und erklärt, s. Evangelien, die heiligen, übers. und erklärt.

Haneberg, Dan. Bonifaz, Festrede und zwei Ansprachen von Adph. Kolping, gehalten bei Gelegenheit der Stiftungs-Jahresfeier des katholischen Gesellen-Vereines in München am 13. u. 14. Juni 1858. München. (Lentner.) 8. (46 S.) n. 4 ngr.

Haneberg, Dan. Bonifac., Geschichte der biblischen Offenbarung als Einleitung in's alte und neue Testament. 3. Aufl gr. 8. (XVI und 839 S.) Regensburg 863, Manz. *

— Geschichte der biblischen Offenbarung als Einleitung in's alte u. neue Testament. 4. Aufl. gr. 8. (XVI, 882 S.) Regensburg 876. Manz. n. 10. —

— Hirtenbrief an den Klerus u. die Gläubigen seiner Diöcese bei dem Antritte d. Oberhirtenamtes erlassen. gr. 8. (16 S.) Speyer 872. Kleeberger. — 20

— eine heilige, katholische u. apostolische Kirche. Festpredigt zur 25jährg. Jubelfeier der Basilika in München. 8. (24 S.) München 875. Stahl in Comm. n. — 20

— ein Kranz auf den Sarkophag Sr. Majest. des Königs Ludwig I. von Bayern. Trauerrede gehalten in der Basilika zu München am 11. März 1868. 1—3. Aufl. München 868. Manz. gr. 8. (23 S.) 2 ngr.

Haneberg, das Leben Jesu, s.: Sepp, J. N.

Haneberg, D. Bonif., Renans Leben Jesu beleuchtet Regensburg, Manz, jetzt Verl.-Anst. 1864, 8°, 91 S., 90 Pf.

— u. F. J. **Holzwarth**, Predigten zur Feier d. 25jährg. Bischofs-jubiläums d. hochw. Bischofs v. Mainz, Wilhelm Emanuel, Freihrn. v. Ketteler, geh. am 25. u. 26. Juli 1875. Nebst der Ansprache d. hochw. Bischofs v. Mainz bei Aufrichtg. d. Kreuzes auf den Ostthurme des Domes v. Mainz. gr. 8. (47 S.) Mainz 875. Kirchheim. — 40

Haneberg, Dan., über die in einer münchner Handschrift aufbehalt. arab. Psalmenübersetz. d. R. Saadia Gaon. Mit e. Probe. gr. 4. (7½ B.) Regensburg 841, (Manz.) *

Haneberg, Daniel, De significationibus in Veteri Testamento praeter litteram valentibus (pro impetranda legendi facultate). München, 1839, 8°, 29 S.

Haneberg, Dan. (Bonf.), Versuch einer Geschichte der biblischen Offenbarung als Einleitung in's alte und neue Testament. 1. Aufl. (XII und 770 S.) 1850. 2 Thlr. 10 Ngr. und 2. Aufl. gr. 8. (XIV und 702 S.) Regensburg 852, Manz. Thlr. *

Haneberg, D. Bonif., Die Vorurteile gegen die kath. Kirche. Fasten-hirtenbrief. Speyer (Schwab) 1876, 8°, 43 S.

Haneberg, Dan., s. Wisemann, Nic., Zusammenhang ꝛc.

Hanebuth, Karl [aus Hannover]: Ueber die hauptsächlichsten Jeanne d'Arc-Dichtungen des 15., 16. und beginnenden 17. Jahrhunderts ... Marburg, *Druck v. A. Westen, Hannover*, 1893; 93 S. 8.
Marburg, Phil. Fak., Inaug.-Diss. v. [21. Juni] 1893

Hanebuth, Th., der Unterricht in weiblichen Handarbeiten in der Volksschule. Versuch. gr 8. (23 S.) Schleswig 883. Schroedter & Co. n. — 40

Hanefeld, Wilh., u. Otto **Stähler**, der Reg.-Bez. Arnsberg nach Reiselinien, Total- u. Einzelbildern, unter besond. Berücksicht. der Sagen u. Geschichte. (186 S.) 8. Dortmund 905. W. Crüwell. Geb. in Leinw. n. 1.60

Haneke, Paul, approb. Arzt aus Halle a. S.: Über Kaiserschnitte nach Erfahrungen der Hallenser Klinik 1894–98. *Halle a. S. 1898: C. A. Kaemmerer & Co.* (45 S.) 8°
Halle, Med. Diss. v. 14. Dez. 1898

Haeneke, A., Kalender f. alle auf Wochentag, Festtag od. Mondphase bezüglichen Zeitbestimmungen vom J. 1 bis 11399 n. Chr. nach altem u. neuem Stil. Mit Benutzg. der Kalendertaf. v. G. Steinbrink u. der kalendar. Abhandlgn. v. G. Schubring f. den allgemeinen Gebrauch bearb. 8. (6 S. auf Carton.) Danzig 886. R. Bertling. — 30

Haeneke, A., Unterrichtstafeln für die erste Stufe der Stolze'schen Stenographie. Für den Unterrichts-Cursus des stenogr. Vereins zu Danzig zusammengestellt. Danzig 869. (Anhuth.) 8. (30 S.) 6 ngr.

Hanekroth, (Heinr.), über die Nothwendigkeit, die Zahl der Aerzte zu fixiren. Ein Beitrag zu Hrn. Geh. Med.-Rath Schmidt's Schrift: „Die Reform der Medicinalverfassung in Preußen." Nebst einem Anh.: Zur Würdigung der Reformansichten des Hrn. Geh. Ob.-Med.-R. Trüstedt. In Gemeinschaft mit Diesterweg, Hellmann, Jung, Block, Romberg, Schmeisser, Schuster, Ungewitter verfaßt. 8. (38 S.) Wiesbaden 818, Friedrich. ⅓ Thlr.

Hanekroth, Heinrich Adolph

Hanekroth, Henricus Adolphus ⟨geb. am 15 Nov. 1799 in Siegen Westf.⟩: Theses medicae quas . . . dissertationi . . . De viribus et usu forcipis in partu proxime typis edendae praemisit. Bonnae, typ. F. Kupferberg (1820). 7 S. 8.
Bonn, Med. Fak., Thes. v. 11 Aug. 1820

Hanekroth, Henricus Adolph. ⟨geb. am 15 Nov. 1799 in Siegen Westf.⟩: De viribus et usu forcipis in partu . . . Bonnae, typ. H. Bohres 1820. 29 S., 1 Bl. 8. ¶ In Komm. bei Marcus in Bonn.
[Bonn], Med. Fak., Diss. v. [11 Aug.] 1820

Hanekroth, **H. A.**, de viribus et usu forcipis in partu; dissertatio medica. 8. Bonn 821. Marcus. 4 K

Hanel, A., Schleisernatzens Seff al dr Fichtlschenke od. „s' is halt ni glaiche". Komische Scene. (9 S.) 8. Saaz (906). (A. Ippoldt's Nachf.) n. — 85

Hanel, Adf. (I.), die österreichischen Steuergesetze und die Verordnungen über die Ausführung derselben. 3 Thle. 8. Mies und Prag. (Wien, Manz'sche Hofbuchh.) *
Inhalt:
Thl. 1. Die Erwerbsteuer. (239 S.) 879.
» 2. Die Hauszinssteuer. (215 S.) 877.
» 3. Die Gebäudeklassensteuer. (80 S.) 878.

Hanel, Adf., die österreichischen Steuergesetze und die Verordnungen über die Ausführung derselben. 4. und 5. Thl. [Nach dem Ableben des Hrsgbr. zusammengestellt von Vict. Röll.] 8. Wien 880, Manz'sche Hofverlagsh.

Inhalt:
Thl. 4. Die Grundsteuer[-Regulirung]. (61 S.)
» 5. Die Einkommensteuer. (335 S.)

Hanel, Adf., Unterrichts-Briefe zur Erlernung der deutschen Redezeichenkunst. 16. (194 S.) Grulich 875. (Prag, Dominicus.) n. 2. —

Hanel, Alfred, Arzt am St. Adalberthospital in Oppeln ⟨O.-S.⟩: Psychische Störungen bei der Lungentuberkulose insbesondere bei Phthisis incipiens tuberkulosa. Leipzig 1906: B. Georgi. (88 S.) 8°
Leipzig, Med. Fak., Ref. Flechsig, Diss. v. 29. Jan. 1906
[Geb. 12. Okt. 69 Patschkau; Wohnort: Oppeln; Staatsangeh.: Preußen; Vorbildung: Gymn. Guben Reife O. 93; Studium: Breslau 3, Freiburg Schw. 1, Freiburg i. B. 1, Straßburg 2, Breslau 1, Rostock 2, Berlin 6 S.; Coll. 29. Jan. 06; Approb. 1. Juni 05.]

Hanel, Alois, Vergißmeinnicht! Eine Reihe volkstüml. Meßgesänge. (24 S.) 16. Prag (910). (Saaz, A. Ippoldt's Nachf.) — 30

— s' Versprachen ai dr Fichtlschänke. Volksstück in 2 Aufzügen m. e. Vorspiele: „'s is halt ni glaiche!" (23 S.) 8. Saaz (907). (A. Ippoldt's Nachf.) nn 1.25

Hanel, P. Alois: s' Versprachen ai dr Fichtlschänke. Volksstück in 2 Aufz. mit e. Vorspiele: 's is halt ni glaiche!' Verfaßt ... von –, Dechant.
Saaz: Selbstverl. [1908]. 23 S. 8°

Hanel, Elise, aus Prag: Vererbung bei ungeschlechtlicher Fortpflanzung von Hydra grisea. ⟨Aus dem zoologisch-vergleichend-anatomischen Laboratorium der Universität Zürich.⟩ Mit 11 Kurven im Text. Jena 1907. II + 52 S. 8°. S.-A. aus der Jenaischen Zeitschrift für Naturwissenschaft. Bd. 43. 1907. [11. XI. 07.]
Zürich Phil. Diss. II. S. 1907/08.

Hanel, Franz [app. Arzt in Jena]: Über den Einfluss der Ohrgeräusche auf die Entstehung von Hallucinationen ... Leipzig-R., Druck v. O. Schmidt, 1894; 31 S. 8.
Jena, Med. Fak., Inaug.-Diss. v. [7. März] 1894

Aus der Diaspora. Vorträge und Ansprachen gehalten im Prager Br.-Kreise „Harmonie" von G. J. H[anèl]. Altenburg: Tittel [1903]. 222 S. 8°.

Hanel, J. J., Statuta et leges civitatis et insulae Curzulae, — Statuta et leges civitatis Spalati, } s. Monumenta historico-juridica Slavorum meridionalium.

Hanel, Jos., Reduction hyperelliptischer Functionen auf elliptische. Inaugural-Dissertation. gr. 8. (27 S.) Breslau 882. (Köhler.) n. 1. —

Hanel, M., das Rätsel der Sphinx. Aus dem Reich der Märchen u. der Liebe. Mit Buchschmuck v. der Verf. (143 S.) 8. München-Schwabing (908). E. W. Bonsels & Co. 2.—; geb. 3. —

Hanel, M., aus e. alten Stadt. Eine Prager Geschichte. (184 S. m. Abbildgn.) kl. 8. Wien 906. Wiener Verlag. n. 2. —; geb. n. 3. —

— aus dem Wald- u. Wiesenreich. Eine Vogel-, Frosch-, Schnecken- u. Käferlade. Bilder u. Text v. H. (12 farb. Bl. m. 15 Bl. Text.) qu. 4. Magdeburg (904). (Wien, Artaria & Co.) n. 6. —

Hanel, Paul, die Beinschäden u. ihre Heilung. Gemeinverständliche Darstellung der Entstehg., Verhütg. u. erfolgreichen Behandlung v. Krampfadern, Wochenschäden, Beingeschwüren, Flechten u. Salzfluss. (II, 74 S.) 8. Berlin (903). C. M. A. Müller & Co. n. 1. —

Hanel, Paul [aus Eisersdorf (Schlesien)]: Über versprengte Strumen.... Berlin, Buchdr. v. Gustav Schade (Otto Francke) (1880); 27 + 1 S. + 1 Bl. 8°
Berlin, Med. Fak., Inaug.-Diss. v. 8. Okt. 1880

Hanel, Rud., s.: Compass.
— s.: Compass, der kleine.

– s. Jahrbuch der österreich. Bau-Industrie.

– s. Jahrbuch der österreich. Berg- u. Hüttenwerke.

– s. Jahrbuch der österreich. Brauereien usw.

– s. Jahrbuch der Eisenbahnen u. Transport- Unternehmungen Österreich-Ungarns.

– s. Jahrbuch der österreich. Elektrizitätswerke.

– s. Jahrbuch der österreich. Getränke-Industrie.

– s. Jahrbuch der österreich. Holz-Industrie.

– s. Jahrbuch der österreich. chemischen Industrie.

– s. Jahrbuch der österreich. Leder- u. Lederwaren-Industrie.

– s. Jahrbuch der österreich. Mühlen- usw. Industrie.

– s. Jahrbuch der österreich. Papier- u. Druck- Industrie.

– s. Jahrbuch der österr. Sparkassen- u. Kreditgenossenschaften.

– s. Jahrbuch der österreich. Textil-Industrie.

– s. Jahrbuch der Versicherungs-Gesellschaften Österreich-Ungarns.

– s. Jahrbuch der österreich. Zucker-Industrie.

– s. Kompass.

– s. Kompass, der kleine.

Hanel, Rudolf [Hrsg.], s. Stand und Geschäftsergebnisse der im Berg- und Hüttenwesen sowie in der Maschinen- und Metallindustrie tätigen Aktiengesellschaften Österreich-Ungarns.

Häenel, Dissert. medica et chirurg. de Camphora. 4. Dresd. Walther. 739.

Haenel, Hauptregister, s.: Fischer's, Otto, Zeitschrift f. Praxis u. Gesetzgebung der Verwaltung.

Hänel und Adam und C Gurlitt, Sächsische Herrensitze und Schlösser. (76 S 69 T) fol Dresden (1879)

Hänel, Adam u C Gurlitt, Sächsische Herrensitze u Schlösser. (76 S 69 T) fol Dresden (1886)

Hänel A, die inneren Kräfte rechtwinklig belasteter Balken. (Einladungsschrift der Königlichen polytechnischen Schule Stuttgart) 4° Stuttgart 1860

Hänel, Albert

Hänel, Alb., das Beweissystem des Sachsenspiegels. In Beschränkung auf den bürgerl. Prozeß dargestellt. gr. 8. (X und 209 S.) Leipzig 858, Hirzel.

Haenel, Alb., decisiones consulum Goslariensium. Leipzig 862. Haessel. gr. 8. (IV, 50 S.) n. 16 *ngr.*

Haenel, A., s.a. Frage. – Zur Frage der „ stehenden Gefälle " in Schleswig-Holstein.

— u. W. Selig, zur Frage der „stehenden Gefälle" in Schleswig-Holstein. Gutachten f. die Aemter Bordelsholm, Neumünster, Reinbek u. Cismar. gr. 8. (V, 251 S.) Kiel 871. Homann in Comm. n. 3. 60

Hänel, A., u. W. Selig, zur Frage der „stehenden Gefälle" in Schleswig-Holstein. 2. Beitrag: die Domänen-Veräußerg. u. der sogenannte Domanial-Canon v. W. Seelig. gr. 8. (VIII, 60 S.) Ebend. 872. n. 1. —

— — dasselbe. 3. Beitrag: Das Herrengeld u. der gesetzte Canon im ehemal. Amte Gottorf, v. W. Seelig gr. 8. (VI, 126 S.) Ebend. 873. n. 2. 40

—— die Garantien der Großmächte für Schleswig. 8. (51 S.) Leipzig 864, Haessel.

Hänel u. **Lesse,** d. deut. Gesetzgebung üb. Konsularwes. u. Seeschifffahrt erläut. Berlin 875.

Hänel, A. u. Th. **Lesse,** die Gesetzgebung d. deutschen Reiches üb. Konsularwesen u. Seeschifffahrt. Für den prakt. Gebrauch dargestellt. gr. 8. (XXIV, 299 S.) Berlin 875. Kortkampf n. 6. —; geb. n. 7. —

Hänel, Alb., d. 18. Januar 1871. Rede b. d. Erinnerungsfeier d. Christian-Albrechts-Universität in Kiel am 18. Jan. 1896. gr. 8. (15 S.) Kiel 896. Universitäts-Buchh. n.n. 1. —

Hänel, Alb., das Kaiserthum. Rede zum Antritt d. Rektorates der Christian-Albrechts-Universität in Kiel am 5. März 1892. gr. 8. (16 S.) Kiel 892. Universitäts-Buchh. n.n. 1. —

Hänel, Alb., das zweite Ministerium des Freiherrn vom Stein. Rede zur Feier des Geburtstages Sr. Maj. des deutschen Kaisers, Königs v. Preussen Wilhelm II., geh. an der Christian-Albrechts-Universität am 27. I. 1908. (22 S.) gr. 8. Kiel 908. (Lipsius & Tischer.) — 60

Nachweisung des Erbrechts Herzog Friedrich's VIII. auf die Herzogthümer Schleswig-Holstein. [Von Albert **Hänel.**] Ueberreicht der deutschen Bundesversammlung am 1 September 1864. Kiel. 1865. 39 Seiten. Siehe in: Das Erbfolgerecht Herzog Friedrich's VIII. Kiel. 1865. 4°

—— Exemplar von 11 Seiten? 4°

— das Recht der Erstgeburt in Schleswig-Holstein. Eine Kritik der Schrift: Die legitime Erbfolge in Schleswig-Holstein. Kiel 864. Homann. gr. 8. (21 S.) 5 *ngr.*

— **Albert** (Leipzig), Speculum Saxonicum et Suevicum quatenus in jure probandi inter se discrepent sive congruant, exponitur. Comment. jur. I. Lpz. (A. Edelmann) 28. XII. 1857. 53 S. (5.—) 12621

— — Dasselbe. II. Lpz. (A. Edelmann) 25. I. 1858. 17 S. (3.50) 12622

— deutsches Staatsrecht, s.: Handbuch der deutschen Rechtswissenschaft.

Haenel, Alb., Studien zum deutschen Staatsrechte. 1. Studie. Die vertragsmäss. Elemente der deutschen Reichsverfassg. gr. 8. (VIII, 283 S.) Leipzig 873. Haessel. n. 6. —

Haenel, Alb., Studien zum deutschen Staatsrechte. II. Thl. 1. Hft. A. u. d. T.: Die organisatorische Entwicklung der deutschen Reichsverfassung. gr. 8. (96 S.) Leipzig 880. Haessel. n. 2. — (1. u. 2.: n. 8. —)

Haenel, A., Studien zum deutschen Staatsrechte. 2. Bd. 2. Hft. A. u. d. T.: Das Gesetz im formellen u. materiellen Sinne. gr. 8. (VI u. S. 97—354.) Leipzig 888. Haessel. n. 8. — (1. u. 2. Bd.: n. 16. —)

Hänel, Albert Friedrich

— s. 1) Aug. Karl Bock, accurata nervorum etc.

Haenel, Albe. Frider., Hodegetice medica, sive de medic. studio lib., quem tironum causa scripsit. 8 maj. (7 B.) Lipsiae 831, Hinrichs.

Hänel, Alb. Fr., († d. 21. April 1833.) dissertatio de spina ventosa. Acced. tabb. aen. 4 maj. Lpz. 823. (Hinrichs). 12 *gr.*

— **Albert Friedrich** (Leipzig), De spina ventosa. Diss. med. Lpz. (Staritz) 8. IV. 1823. 58 S. u. 1 Tfl. Abb. (J. F. Schröter del. & sc. Lips.) (6.20) 12623
Gew.: Carl Gottlob Kühn, Friedrich August Benjamin Puchelt.

Haenel, Albert Friedrich (Hrsg.):

s.: Summarium des Neuesten aus der in- und ausländischen Medicin. Bd 1-5. Leipzig: 1832-33.

JB 6.074

Hänel, Christian Fr.

Hänel, C. F.: „Anweisung zu Handlungsrechnungen", Chemnitz 1780 (Starke).

— Anweis. zu Handlungsrechnungen. 8. Chemn. 780. Stößel. 6 *gr.*

Hänel, C. F., philos. u. theol. Betracht. über verschiedne Gegenst. 8. München, Coppenrath. 780.

Hänel, Chr. Fr., († d. 12. Dec. 1782.) philosoph. u. theolog. Betrachtt. über verschied. Gegenstände. 8. Münster 781. Coppenrath. 5 gr

— polit. Betrachtt. üb. verschied. Gegenstände. 8. Chemnitz 781. Stößel 2 gr

— Erklärung des einfachen u. doppelten Buchhaltens der Wechselbriefe, u. von d. Nutzen e. Handelsgerichts ꝛc. 8. Chemnitz 778.

— Gedanken über die Handlung u. das Münzwesen, mit Fortsetz. 8. Chemnitz 777, 78. Stößel. 6 gr

— Gedanken üb. Polizei u. Regierungsform der Städte. 8. Münster 781. Coppenrath. 3 gr

— wohlerfahrnen Kaufmann. 8. Münster, Coppenrath. 780.

— d. wohlerfahrene Kaufmann. 8. Münster 782. (Coppenrath). 16 gr

— **Christian Heinrich** (Dresden), De morbis ex senio. Disp. med. Präs. Johann Christoph Pohl. Lpz. (Langenheim) 19. IX. 1777. 24 S. (6.—) 12626

Hänel, Curt, s. Hänel, Kurt

Haenel, Gr., s. Taschenbuch, Berliner.

Haenel, Erich, u. Heinr. Tscharmann, das Einzelwohnhaus der Neuzeit. Mit 218 Perspektiven u. Grundrissen sowie 6 aufgez. farb. Taf. (LII, 179 S.) Lex.-8. Leipzig 907. J. J. Weber. Geb. in Leinw. n. 7. 50

— u. Heinr. **Tscharmann,** das Einzelwohnhaus der Nenzeit. 1. u. 2. Bd. Lex. 8. Leipzig, J. J. Weber. Geb. in Leinw. à 7. 50

1. Mit 218 Perspektiven u. Grundrissen sowie 6 aufgezog. farb. Taf. 11. Taus. (LII. 179 S.) 909.
2. Mit 291 Abbildgn. u. Grundrissen sowie 16 farb. Taf. 2. Taus. (288 S.) 910.

Haenel, Erich: Spätgotik und Renaissance. Ein Beitrag zur Geschichte d. deutschen Architektur vornehmlich im 15. Jahrhundert. *Stuttgart: P. Neff (1898).* (75 S.) 8°
Leipzig, Phil. Diss. v. [31. Dez.] 1898

Haenel, Erich, Spätgotik u. Renaissance. Ein Beitrag zur Geschichte der deutschen Architektur vornehmlich im 15. Jahrh. Lex.-8. (VII, 116 S. m. 60 Abb.) Stuttgart 899. P. Neff Verl. n. 5.—; geb. n. 5. 50

Haenel, Erich, der sächsischen Kurfürsten Turnierbücher, in ihren hervorragendsten Darstellungen auf 40 ([1 farb.] Doppel-)Taf. hrsg. (Mit 52 S. Text.) 31×37,5 cm. Frankfurt a/M. 910. H. Keller. In Haibleinw.-Mappe 45.—; geb. in Halbfrz. 54.—

— Die Wohnung der Neuzeit. Mit 228 Abbildgn. u. Grundrissen sowie 16 farb. Taf. (287 S.) Lex. 8. Ebd. 908. Geb. in Leinw. 7. 50

Hänel, F., s. Dursy, Emil, Gypsmodelle des menschl. Gehirns.

(Hänel, Friedr.,) s. Curtius, Carl Friedr., Handbuch ꝛc., 4. Thl.

Haenel, Fr. [approb. Arzt aus Stuttgart]: Ein Fall von Arteria hyaloidea persistens, Persistenz des Kolliker'schen Mesoderm Fortsatzes und Colob. irid. congenit. (Aus d. histiolog. Laboratorium d. k. Univ.-Augenklinik zu München.) . . Erlangen, Druck d. Univ.-Buchdr. v. E. Th. Jacob, 1886; 23 S. 8°
München, Med. Fak., Inaug.-Diss. v. 1886.

Haenel, Fr., ein Fall von Arteria hyaloidea persistens, Persistenz des Kölliker'schen Mesoderm-Fortsatzes und Colob. irid. congenit. (Aus d. histiolog. Laboratorium d. k. Univ.-Augenklinik zu München.) Diss. München 1886, A. Buchholz. 8°. 23 S.

Hänel, Fr., de finibus inter civitatem atque ecclesiam caute regundis. Comment. juris publici. 8 maj. Dresden 835. Grimmer. 1/3 ß

Haenel, Frid., de finibus inter civitatem atque ecclesiam caute regundis. Comment. jur. publ. 8maj. (3 B.) Dresdsn 835, [R. et W. Kori.]

— **Friedrich,** De verborum formulis quibus jurisconsulti veteres simul et affirmandi rationem significare soliti sunt. Lpz. (Ben. Gotth. Teubner) 26. IX. 1821. 35 S. (6.—) 12627

(Hänel, Fr.,) die Gegensätze zwischen Recht u. Leben, s. Gegensätze.

Haenel, Frdr., Grundriss der physiologisohen Anatomie, s.: Roth, Wilh.

Im Moorgut. Die Bernsteinschnur. Aus d. Dän. von Friedrich v. Hänel Mit 4 Ill. *Berlin: Schriftenvertriebsanst. 1902.* (115 S.) 8° [F.]
— Volksbücher, Neue. Bdch. 70 [illegible]

— Versuch einer kurzen u. faßl. Darstell. d. Lehre v. Schadensersatz nach dem heutigen röm. Rechte, hauptsächl. f. Studirende. 8. Leipz. 823, Hinrichs.

Hänel, G., u. A. **Schumann,** Plan zur Versorgung d. Arbeitsunfähigen, s.: Schumann, A.

Hänel, Georg: Zum Gedächtniss unseres am 22. Oct. 1892 i. d. ew. O. eingegangenen gel. Brs Georg **Hänel.** Drei seiner Logenarbeiten von einem Freunde zur bleibenden Erinnerung und Erbauung zsgest. und dargeboten. (Hs. f. Frmr. Mstr.) Dresden 1893: Pässler. 44 S. 8°
Nebst Gedächtnisworten am Sarge von J. R. Roitzsch, u. Nekrolog von G. H. Hoppe.

Haenel, Gustav (Hrsg.), s. Arndts von Arnesberg, Karl Ludwig: Julii Paulli receptarum sententiarum ad filium libri V.

Haenel, Gust., ad Ciceronis Brutum: XXVII, 106. Leipzig 867. (Dürr'sche Buchh.) gr. 4. (27 S.) 9 ngr.

— — **Oratio de praecipuis causis juris in Saxonia exculti.** Lpz. (B. G. Teubner) 1853. 16 Seiten. (4.50) 12634

— Codicis Gregoriani et Cod. Hermogeniani Fragmm.—Cod. Theodos., s. **Corpus** juris Romani Antejustiniani.

—— Codex Theodosianus, s.a.Corpus.

Codex Theodosianus ad LIV. libb. MSS. et priorr. editt. fidem recogn. et annotat. crit. instruxit Gust. Haenel. Fasc. I. (lib. I—VI, 3. cont.) *Bonn.* 837. 4.

— Imperatoris Honorii Constitutio de Conventibus Annuis in Urbe Arelatensi Habendis. Prt. I. 4. Leipzig 845. (Staritz.) 16 S. ...

— — Solemnia inaug. viri Richard Eduard Brandt (Untermhaus/Gera). — Inest: Imperatoris Honorii constitutio de conventibus annuis in urbe Arelatensi habendis part. II. Lpz. (Wilh. Staritz) 19. VI. 1848. 19 S. mit Biogr. B.'s. (M.: A. C. Friederici.) (4.50) 12633

—— de constitutionibus, quas Iacobus Sirmondus Parisiis A. MDCXXXI. ed., Dissert. 4maj. (3¾ B. u. 1 lith. Schrifttaf.) Lipsiae 840, (libr. Hinrichs.) *

— — De constitutionibus quas Jacobus Sirmondus Parisiis a. 1631 edidit dissertatio. Lpz. (B. G. Teubner) 3. XII. 1840. 25 S. u. 1 Faksimile. (5.50) 12632

Haenel, Gust., Corpus legum, s.a.Corpus legum.

Haenel, Gust., corpus legum ab imperatoribus romanis ante Justinianum latarum, quae extra constitutionum codices supersunt. Accedunt res ab imperatoribus gestae, quibus romani juris historia et imperii status illustratur. Ex monumentis et scriptoribus graecis latinisque collegit, ad temporis rationem disposuit, indicibus, qui codices quoque comprehendunt, constitutionum, rerum, personarum, locorum instruxit etc. Fasc. I. (Leges.) Lipsiae 857. Hinrichs. gr. 4. (X, S. 1—273.) n. 8 *ß* 10 *ngr.*

Haenel, Gust., Corpus legum ab imperatoribus romanis ante Justinianum latarum, quae extra constitutionum codices supersunt. Accedunt res ab imperatoribus gestae, quibus romani juris historia et imperii status illustratur. Ex monumentis et scriptoribus graecis latinisque collegit, ad temporis rationem disposuit, indicibus, qui codices quoque comprehendunt, constitutionum, rerum, personarum, locorum instruxit. Fasc. II. Leipzig 860. Hinrichs. gr. 4. (S. 275—282 u. Indices 278 S.) n. 9 *ß* 20 *ngr.*

— descriptio breviarii codicis Justinianei, quod inest in codice Trecensi 1317. Leipzig 863. Dürr'sche Buchh. 4. (18 S.) 4½ *ngr.*

—— Dissensiones Dominorum, sive controversiae veterum juris Rom. interpretum qui Glossatores vocantur, edid. et adnotationibus illustr. Insunt Anonymi vetus collectio, Rogerii Dissensiones Dominor., codicis Chisiani collectio, Hugolini diversitates sive Dissensiones Dominor. super toto corpore juris civilis; quibus adcedunt excerpta e Rogerii summa codicis, Hugolini distinctionibus et quaestionum collectionibus. Omnia praeter Rogerii Dissensiones nunc primum e codicibus edita et indicibus rerum, glossatorum, legum, glossarum instructa. Lex.-8. (48 B.) Lipsiae 834, Hinrichs. Drckvlnp. 4 Thlr. 12 Gr., Schrbp.

— Ein unedirtes Gesetz des Kaisers Justinus II., sowie über eine Sammlung von Stellen der Julian'schen Epit. Novellarum. S.-A. 1857. 21 S. 1.—

— s. Handbuch, des im K. Sächs. geltd. Civilrechts (v. Curtius.

Hänel, Gust., Lebensskizzen einiger in Sachsen außerhalb Leipzig geborenen Juristen, welche sich um die Geschichte des römischen Rechts und Bearbeitung römischer Rechtsquellen seit dem XVI. Jahrh. verdient gemacht haben. Festschrift zu dem 25jähr. Ordinariats-Jubiläum des Hrn. Dr. Carl Georg v. Wächter, K. S. Wirkl. Geh. Rathes Exc. ꝛc. gr. 8. (III, 43 S.) Leipzig 878. (Hinrichs'sche Buchh.) *

——, Gust. Hugoni I. C. faustum diem VI. id. Maii quo ante X lustra summos in iure honores adeptus est, pie gratulatur. — Inest Legis Romanae Visigothorum partic. c. codd. Monac. et Phillipps imagine lapide expressa. 4maj. (3 B.) Lipsiae 838, libr. Hinrichs.

— — Gustavo Hugoni I. C. faustum diem 6. id. maii quo ante 10 lustra summos in jure honores adeptus est pie gratul. — Inest legis Romanae Visigothorum particula cum codd. Monac. et Phillipps. imagine lapide expressa. Lpz. (Hinrichs. Druck: B. G. Teubner) 1838. 19 S. u. 2 S. Faksimile. (6.—) 12631
Handschr. Widm. an Oberhofgerichtsrat Dr. Brehm.

Haenel, Gust.: Lex Romana Visigothorum. Recogn., annot., app., prolegomenis instruxit. Lipsiae 1849.

— — Notarum ad lib. I—IV. codicis Theodosiani editionem, quam Carolus Baudi a Vesme Augustae Taurinorum divulgavit, spec. I. Lpz. (A. Edelmann) 13. II. 1855. 18 S. (3.—) 12635

— — Dasselbe. II. 18. VII. 1855. 9 S. (3.—) 12636

— — Dasselbe. III. 14. II. 1859. 14 S. (3.—) 12637

—— notarum ad lib. I—IV codicis Theodosiani editionem quam Carolus Baudi a Vesme Augustae Taurinorum divulgavit. spec. III—V. gr. 4. (41 S.) Leipzig 863, (Dürr'sche Buchh.)

— Ueber die nova ordinatio decreti Gratiani durch Johannes u. Turrecremata. S.-A. 1856. 23 S. 1.—

Haenel, Gust., incerti auctoris ordo iudiciorum, s.a. Auctoris.

— — (Leipzig), Incerti auctoris ordo judiciorum (Ulpianus de edendo) e codicibus et editionibus emendavit glossis auxit annotatione critica instruxit. Lpz. (I. C. Hinrichs. Druck: B. G. Teubner) 1838. XXIV, 56 S. (6.—) 12630
Gew.: Carl August Brehm.

— s. Paulli Julii, Receptarum.

— Gustav, Antiqua summaria codicis Theodosiani ex codice Vaticano nunc primum edita. — Praemissa est codicis et summariorum descriptio. Lpz. 18. XI. 1834. XVI, 62 S. u. 1 Faksimile. (6.50) 12629

—— antiqua Summaria Codicis Theodosiani ex Cod. Vaticano cum codicis et summarior. descriptione nunc primum edidit. Accedit scripturae spec. (4maj.) 8maj. (5 B.) Lipsiae 834, (Hinrichs.)

—— varietas scripturae ex Paulli a Visigotthis epitomati codicibus, s.a. Paulli, Jul.

Hänel, Gust., varietas scripturae ex Paulli a Visigothis epitomati codd. (3½ B. als Text) 12maj. Bonn 834. Marcus. ...

— Versuch e. kurzen u. faßl. Darstell: der Lehre v. Schadenersatz nach d. heut. röm. Rechte, hauptsächl. für Studirende. 8. Lpz. 828. Hinrichs. 12 K

Hänel, Gust. Ad., Abhandlung über die Constructionsverhältnisse eiserner Gitterbalken. Mit 2 (lith.) Fig.-Taf. (in Fol.) Stuttgart 854. (Tübingen, Fues' Sorthdlg.) gr. 4. (17 S.) n. 14 ngr.

Hänel, Gust. Ad., Constructionslehre für Ingenieure. Ein Leitfaden für polytechn. Schulen und zum Selbststudium im Strassen-, Eisenbahn- und Wasserbaufache. (In 2 Abthlgn.) 1. Abthl.: Kunstbau (Brückenbau.) 1. Lfg. Lex.-8. (66 S. mit eingedr. Holzschn. und 19 Stnt. in Imp.-4. und gr. Fol.) Stuttgart 861, Becher's Verlag.

—— Constructionslehre für Ingenieure. Ein Leitfaden für polytechn. Schulen und zum Selbststudium im Strassen-, Eisenbahn- und Wasserbaufache. 1. Abthl.: Kunstbau (Brückenbau.) 2. Lfg. Lex.-8. (S. 67—154 mit eingedr. Holzschn.) Stuttgart 863, [Kroener.]
1. Abthl. 1. Lfg. Ebendas. 1861. * 2 Thlr. 7½ Ngr.

Hänel, Gust. Adf., Constructionslehre für Ingenieure. Ein Leitfaden für polytechn. Schulen und zum Selbststudium im Strassen-, Eisenbahn- und Wasserbaufache. 1. Abthl.: Kunstbau [Brückenbau]. 1. und 2. Lfg., mit Atlas (19 Stnt. in gr. 4.) Neue wohlf. (Titel-)Ausg. gr. 8. (S. 1—154.) Stuttgart 883, A. Koch. *

Hänel, (Gust. Adf.) v., zur Theorie der Tonnengewölbe. gr. 4. (15 S. mit 1 Stnt. in qu. Fol.) Stuttgart 868. (Tübingen, Fues'sche Sortimentsh.)

Hänel, Gustav Friedrich

Hänel, Gust. Fr., Catalogi Librorum Manuscriptorum, qui in Bibliothecis Galliae, Helvetiae, Hispaniae, Lusitaniae, Belgii, Britanniae M. asservantur, nunc primum editi (cum Indice locupletiss.) 4 maj. Leipz. 829, 30 Hinrichs. 10 ℛ franz. Schreib-Velinp. Roy.-4. 20 ℛ

— — De acquirendo rerum dominio. Diss. jur. civil. Lpz. (Breitkopf-Haertel) 10. VI. 1817. 83 Seiten. (6.50) 12641
Gew.: Christian Theoph. Eisenstuck (Dresden).

— Diss. de hereditate ex principiis juris naturalis judicanda. 4. Leipz. 817.

— — (Annaberg) u. (Respond.) **Carl Wilhelm** Mayer (Löbau/Laus.), De haereditate. Quaestiones juris naturalis. Lpz. (Breitkopf-Haertel) 16. IV. 1817. 28 S. (6.—) 12640
Gew.: Christian Jacob Eisenstuck.

— **Gustav Friedrich** (Leipzig), De testamento militari. Diss. jur. I. Präs. Johann Gottfried Mueller. Lpz. (Breitkopf-Haertel) 6. IV. 1815. 44 S. mit Widm. v. Präs. (5.—) 12638

— — Dasselbe. II. 18. IV. 1816. 43 S. (4.50) 12639

Haenel, Hans, über Weltschöpfung u. Weltende vom naturwissenschaftlichen Standpunkte. Entgegnung auf die Schrift des Herrn Professors Dr. Gustav Leipoldt: „Weltschöpfung u. Weltende". gr. 8. (16 S.) Dresden 901. E. Pierson. n. — 50

Haenel, Hans: Die psychischen Wirkungen des Trionals. M. 1 Fig. im Text. *Leipzig: W. Engelmann 1897.* (75 S.) 8°
¶ (Aus: Kraepelin, Psychologische Arbeiten, Bd 2 H. 2.)
Heidelberg, Med. Diss. v. [26. Febr.] 1897

Haenel, J. G., de ὀνοματοθεσίας infantum. Lips. 1767. 4.

Hänel, Joh. Friedrich

Hänel, Jh. Fr., Anweis. zur Gottseligkeit, nach d. Evangelien u. dem Katechismus. Mit e. Anh.: Geschichte des Christenthums in e. gedrängten Uebersicht. 1e. u. 2e Hälfte. 8. Bresl. 822 u. 23. Graß, Barth u. C. 18 K

Hänel, J. F. Ueber Humanität und Humanitäts-Studien. 7 S. . . .
Progr. Breslau E. 1831

Haenel, J. F. De veter. scriptor. interpretatione in gymn. ita facitanda, ut ad divinae veritatis sensum ac studium conformentur juvenum animi. 9 S. . . . . .

Progr. Breslau E. 1833

— Leitfaden z. Bibelkunde, od. Wegweiser durch sämmtl. Bücher d. heil. Schrift. gr. 8. Bresl. 824, Graß, B. u. C.

Hänel, Joh. Friedr., Leitfaden z. Bibelkunde, od. Wegweiser durch sämmtl. Bücher d. heil. Schrift. Für Volksschulen u. unt. Gymnasialklassen. Mit Lehrsprüchen, Liederversen, einigen ausführl. Erzähln. u. e. Zeittafel d. bibl. Geschichte versehen. 2., verb. Aufl. 8. (13 B.) Breslau 829, Graß, Barth u. Comp.

Hänel, J. F. Ueber die Nothwendigkeit eines den Bedürfnissen stud. Jünglinge angemessenen Relig.-Unterrichts auf Gymn. 20 S.
Progr. Breslau E. 1831

Haenel, Joannes Fridericus: Observationes exegeticae ad Davidis qînāh 'al Šāûl weal Jehônātān benô, II Sam 1, 18—27. Lipsiae 1812. (16 S) 4° [Ant. u. Hebr.]
Breslau, Progr. f. d. Arletius-Stipendium v 1812

— **Johann Friedrich**, De populo meliore et uberiore rerum ad hominem pertinentium cognitione non fraudando. Präs. Dom. Georg Andr. Willius. Altdorf (Joh. Paul Meyer) 24. IV. 1781. 24 S. (5.50) 12642

— freundl. Stimmen an Kinderherzen; od. Erweckungen z. Gottseligkeit für d. zarteste Alter. (Auch u. d. T.: Erster christl. Religionsunterricht in Erzählungen, Liedern u. Bibelsprüchen.) gr. 8. Bresl. 820. 2e Aufl. 825. 3e Aufl. 828. Graß, Barth u. Comp. 12 K

—— freundl. Stimmen an Kinderherzen; od. Erweckung zur Gottseligkeit f. d. zarteste Alter ꝛc. — A u. d. T.: Erster christl. Religionsunterr. in Erzähln., Liedern u. Bibelsprüchen. Entworfen f. Schule u. Haus. 3., u. 4., verm. Aufl. 8. (à 17⅛ B.) Breslau 828, 36, Graß, Barth u. Comp. à

Hänel, Jh. Fr., freundliche Stimmen an Kinderherzen; oder Erweckungen zur Gottseligkeit für das zarteste Alter, in Erzählungen, Liedern u. Bibelsprüchen. 5. Ausg. (M. 4 Kupf.) gr. 8. Breslau 840 (842), Graß, Barth u. Comp. ⅔ ℛ — 6. unveränd. Ausg. 844. 7/12 ℛ

Hänel, Joh. Frdr., freundliche Stimmen an Kinderherzen od. Erweckungen zur Gottseligkeit f. das zarteste Alter, in Erzählungen, Liedern u. Bibelsprüchen. Zusammengestellt nach den vier Jahreszeiten für Schule u. Haus. 7. unveränd. Aufl. 8. (XXXII u. 270 S. m. 1 Holzschn.) Breslau 849, Graß, Barth & Co. Verl. ½ ℛ

Haenel, Julius

Haenel, J.: Besitzen wir Xenophons hellenische Geschichten nur im Auszuge? 37 S. — Breslau Elis., Progr. 1872.

Hänel, Jul.: De epigrammatis Graeci historia spec. I. 23 S.– Breslau Elis., Progr. 1852.

Hänel, Kurt

Hänel, Curt. Skizzen und Vorarbeiten zu einer wissenschaftlichen Biographie Jakob Burckhardts (1818—1897). Folge I: Auf J' Burckhardts Spuren durch die Weltgeschichte. Wissenschaftliche Beilage zum Jahresberichte der zweiten städtischen Realschule zu Leipzig für das Schuljahr 1907—1908. II + 42 S. 4. Leipzig, Bruno Zechel.
1908. Programm No. 750.

Hänel, L., Jugend-Blätter rc., s. Jugend-Blätter.

— **Ludwig Ferdinand** (Dresden), De variis indicationibus atque contraindicationibus, de tempore ac loco, quo membrorum amputatio instituenda est. Diss. med.-chir. Jena (Carl Wilh. Theod Joch) 25. IX. 1818. 38 S. (6.—) 12643
Gew.: Johann Goercke.

Hänel, Ldw. Fd., de variis indicationibus atque contraindicationibus, de tempore ac loco, quo membrorum amputatio instituenda est. 4 maj. Leipz. 820. (Magazin f. Industrie). 8 gr.

Hänel, Marie Erdmuth Benigne, geb. Conradi, († 1775.) Samml. vermischter Gedichte. 8. Friedrichsstadt (Dresd.) 773.

Haenel, O Deutscher Bank- und Börsen-Kalender für das Jahr 1856. Berlin.

Hänel, Octav., Geisteserhebungen zu Gott, f. die Jugend. (Gebete.) Mit 1 Kpf. 12. Prag 810. Widtmann u. Krauß. 6 gr. (Haase S. das.) Schrbp. 4 gr.

Haenel, Osw., einfache Villen u. Landhäuser. Eine Sammlg. v. interessanten ausgeführten Bauten u. originellen Entwürfen namhafter Architekten d. In- u. Auslandes. Unter Mitwirkg. v. Frz. O. Hartmann hrsg. (In 5 Lfgn.) 1.—3. Lfg. Fol. (à 15 Taf. in Lichtdr., Photolith. u. Farbendr.) Dresden 894. Gilbers. In Mappe. à n. 12. —

Haenel, Osw., einfache Villen u. Landhäuser. Eine Sammlg. v. interessanten ausgef. Bauten u. origin. Entwürfen namhafter Architekten d. In- u. Auslandes. Unt. Mitwirkg. v. Frz. O. Hartmann hrsg. 4. u. 5. Lfg. Fol. (à 15 Taf. in Lichtdr., Photolith. u. Farbendr.) Dresden 895. Gilbers. In Mappe à n. 12. — (kplt. in Mappe: n. 63. —)

Hänel, Paul [app. Arzt aus Dresden]: Über eine Form von noch nicht beschriebener hereditärer neurotischer Muskelatrophie. . . . Jena, Frommannsche Buchdr., 1890; 2 Bl., 61 S., 1 Tab. 8°
Jena, Med. Fak., Inaug.-Diss. v. [4. Nov.] 1890

Hänel, Paul, üb. e. Form v. noch nicht beschriebener hereditärer neurotischer Muskelatrophie. Diss. gr. 8. (61 S. m. 1 Tab.) Jena 890. (Pohle.) n. 1. —

— **Richard Joachim** (Dresden), De intoxicatione per phosphorum acuta. Diss. med. Lpz. (A. Edelmann) 5. VI. 1858. 23 S. mit Biogr. (M.: S. Cesar.) (5.50) 12644
Oppon.: E. Brauer, P. Kersten.

Haenel, Walter [app. Arzt aus Stuttgart]: Ein Beitrag zur Casuistik der primären Extremitäten-Krebse. . . . München, Buchdr. v. M. Ernst, 1891; 26 S. 8°
München, Med. Fak., Inaug.-Diss. v. 1891

Hänel, Walther, appr. Tierarzt: Aus d. Klinik d. Tierärztl. Hochsch. zu Dresden. Klinisch-experimentelle Untersuchungen über allgemeine Narkose beim Hausgeflügel, speziell bei Hühnern und Tauben. Dresden 1908: (Schönfeld). 71 S. 8°
Leipzig, Veterinär-Med. Diss. v. 13. Okt. 1908, Ref. Röder
[Geb. 28. Aug. 80 Annaberg; Wohnort: Dresden; Staatsangeh.: Sachsen; Vorbildung: Realgymn. Annaberg Reife O. 02; Studium: Tierärztl. Hochschulen Dresden 6, Berlin 2 S.; Coll. 7. Nov. 08; Approb. 31. Juli 07.]
[U 09. 2784

Hänel von Cronenthal: Der Krieg der Verbündeten gegen Frankreich, s. Rau

Haneld, Fritz: Das englische Gewerkvereinsrecht nach 1870. ⟨Kap. 1 bis 3 inkl. Einl.⟩ (Leipzig: Duncker & Humblot 1909.) 40 S. 8° ¶ (Ersch. vollst. als: Staats- u. sozialwissensch. ~~Studien~~ Forschungen H. 139.) *)
Berlin, Phil. Diss. v. 24. Juli 1909, Ref. v. Schmoller
[Geb. 9. Nov. 85 Berlin; Wohnort: Pankow b. Berlin; Staatsangeh.: Preußen; Vorbildung: Andreas-Realgymn. Berlin Reife M. 04; Studium: Berlin 7 S.; Rig 18. Febr. 09.]
[U 09. 183

Haneld, Fritz, das englische Gewerkvereinsrecht nach 1870, s.a. Forschungen, staats- u. sozialwiss. 139. Hft.

Das englische Gewerkvereinsrecht nach 1870. Von Fritz **Haneld**. Leipzig: Duncker & Humblot 1909. VIII, 131 S. 8°
(Staats- u. sozialwissenschaftl. Forschungen. H. 139.) [09. 10575

Haenell, Karl Wilhelm

Haenell, Carol. Guil., de Eusebio Caesareensi religionis christianae defensore. Commentatio ad apologetices christianae historiam spectans. 8 maj. (5⅞ B.) Gottingae 843, libr. Dieterich. Thlr. *

Haenell, Carl Wilhelm (Lüchow), De Hippolyto episcopo, tertii saeculi scriptore. Commentat. histor.-crit. Götting. (Friedr. Ernst Huth) 4. VI. 1838. 64 S. (3.50) 12645
Gewidm.: David Julius Pott, Gottfr. Christ. Friedr. Lücke, Jo. Carl Ludw. Gieseler, Friedr. Wilh. Rettberg.

Hänell, Car. Guil., de Hippolyto episcopo, tertii saeculi scriptore. Comment historico-crit., praemio regio ornata. 4 maj. Gottingae 838. Vandenhoeck et Ruprecht. ½ Thlr.

Haenell, Carl Wilh., System der Gefängnißkunde. Nebst einem kurzen Anh.: Von der Verwaltung des Predigtamtes am Gefängniß. Göttingen 866. Vandenhoeck & Ruprecht. gr. 8. (VIII, 243 S.) n. 1 Thlr.

—— die Theologie als Wissenschaft vom Glauben gegenüber den Angriffen der modernen Philosophie. Eine öffentl. academ. Vorlesung. gr. 8. (1½ B.) Göttingen 844, Vandenhoeck u. Ruprecht. *

Hanemann

— s. a. **Hahnemann.**

Hanemann, A., Schloss Corvey a. d. Weser, e. Abriss s. Geschichte u. s. Baues. gr. 8. (25 S. m. 5 Taf.) Höxter 898. (O. Buchholtz.) n.n. — 75

Hanemann, A., Schloss Corvey a. d. Weser, e. Abriss seiner Geschichte u. seines Baues. (2. Aufl.) (IV, 28 S. m. 5 Taf.) 8. Holzminden 905. Corvey b/Höxter a. d. W. Kammerrat Hanemann. n. — 50

Schloss Corvey a. d. Weser, e. Abriss seiner Geschichte u. s. Baues von A. Hanemann. 3. Aufl. Holzminden 1907: Hüpke & Hesse. 28 S. 8°
[09. 10664 6

Hanemann, A., Schloss Corvey a. d. Weser, e. Abriss seiner Geschichte u. seines Baues. 4. Aufl. (28 S. m. 5 Taf.) 8. Holzminden 909. Schloss Corvey bei Höxter. Kammerrat Hanemann. — 50

Hanemann, Abraham (Übers.):

s.: Bateman, Thomas: Praktische Darstellung der Hautkrankheiten nach Willan's System. (A practical Synopsis of cutaneous diseases, according to the arrangement of Dr. (Robert) Willan. Second edition. Dt.) Mit Vorrede und Anmerkungen von Kurt (Polykarp Joachim) Sprengel. Halle: 1815

JB 4.680

Hanemann, Abr. A., die Schutzkraft der Kuhpocken durch d. neuesten Bericht d. National-Vaccinations-Anstalt in London außer Zweifel gesetzt. Aus d. engl. Werke des J. Moore, the history of vaccination. gr. 8. Hamb. 818. Perthes u. B. 9 gr.

Hanemann, Alfred

Hanemann, wirtschaftliche u. politische Verhältnisse in Deutsch-Südwest-Afrika. 2. verm. Aufl. (78 S.) gr. 8. Berlin 905. Deutscher Kolonial-Verlag. n. 1.50
1. Aufl. (III, 62 S.) 904. n. 1.50.

Hanemann, Fritz [approb. Arzt aus Regensburg]: Ein casuistisch-kritischer Beitrag zur Lehre von der Entstehung der Vorderkammerabsackungen. (Aus d. Univ.-Augenklinik zu München) ... München, Jos. Ant. Finsterlin, 1885; 26 S. u. 1 Taf. 8°.
München, Med. Fak., Inaug.-Diss. v. 1885.

Hanemann, Heinrich: Über die Reduktion von Silicium aus Tiegelmaterialien durch geschmolzenes kohlehaltiges Eisen. [1909.] 21 S. 8°
Berlin, Dr.-Ing.-Diss. v. 22. 1. 1909

Hanemann, Heinrich August (Hamburg), De asthmate thymico. Diss. med. Götting. (Dieterich) 1832. 32 S. (5.50) 13035
Gew.: A. A. Hanemann (Vater). — Krankengeschichte d. August Harnisch.

Hanemann, J. D., Anweis. z. engl. Sprache. 2 Thle.

Hanemann, Jo. L., Thaumatographia visus et oculorum. Kil. 4°. 1711

Hanemann, Ludw., über die Einwirkung von Bernsteinsäure auf Naphtylamin u. über das Verhalten der Toluylsäure zu Orthonitroanilin. Inaugural-Dissertation. gr. 8. (31 S.) Hannover 877. (Göttingen, Vandenhoeck & Ruprecht.) n. — 60

Hanemann, Mor., Felix Fistel, ein Künstler u. Virtuos uns. Zeit. Ein musikal. Hohlspiegel. gr. 8. (9½ B.) Berlin 846, Nicolai'sche Buchh. *

Hanemann, Mor., Aus der Musikerwelt. Leben und Schriften eines königl. preuß. Kammer-Musikus. gr. 8. (383 S.) Berlin [Leipzig] 874, Gülker und Comp. *

Hanemann, Mor., aus der Musikerwelt. Leben u. Schriften e. königl. preuß. Kammer-Musikus. gr. 8. (383 S.) Bielefeld 874. Gülker & Co. n. 6. —

Haner, D., die Börse, oder deutliche und gründliche Erklärung über kaufmännische Wechselbriefe, Staatspapiere, Geld- und Eisenbahn-Course der größten deutschen und angrenzenden Wechselplätze. Mit Erläuterung der dazu gehörigen Gegenstände dargestellt. Wittenberg 854. Kölling. (Mohr.) gr. 8. (VIII. 81 S.) n. 12 ngr

Haner, D., die Börse, oder deutliche und gründliche Erklärung über kaufmännische Wechselbriefe, Staatspapiere, Geld- und Eisenbahn-Course der größten deutschen und angrenzenden Wechselplätze. Mit Erläuterung der dazu gehörigen Gegenstände dargestellt. 2. (Titel-)Ausg. gr. 8. (VIII und 80 S.) Quedlinburg (854)57, Ernst'sche Buchh. *

— Lesefrüchte, s. Lesefrüchte.

— die Reduction oder Werthvergleichung einiger der gangbarsten Zahlungs-Münzsorten aller Welttheile mit preußisch Courant. Nebst Anweisung der kürzesten Zinsberechnung nach Rtn., mit einigen Exempeln, auch kaufmänn. Conto-Courants. Kurz und faßlich bearb. 8. (IV und 35 S.) Wittenberg 854, (Mohr.) *

Haner, Georg Jeremias

Haner, G. Jer., Geschichte von Siebenbürgen. 4. Erl. Walther. (a. Breuning). 763.

Haner, Geo. Jer., († d. 9. März 1777.), das königl. Siebenbürgen, entworfen u. mit Anmerkk. versehen. 4. Erl. 763. (Heyder). 1 rf

— de scriptoribus rerum Hungariae et Transsilvanicarum saeculi XVII. scriptisque eorundem. 8 maj. Wien 775. Trattner. 16 gr id. lib. 8 maj. Wien 798. Schaumberg u. Comp.; (a 1 ist in Berl.) 1 rf

Haner, Geor. Jer., de scriptoribus rerum Hungaricarum et Transylv. saeculi XVII. 8. Wien 798, jetzt v. Hochmeistersche Buchh. 1 rf

— — id. lib. 8. maj. Lips. Sommer. 798.

Haner, R. Alauda. Sammlg. v. Liedern, Duetten u. Terzetten, teils m. Begleitg., teils à capella zu singen. Zum Gebrauche f. die oberen u. mittleren Klassen höherer Töchterschulen u. f. Lehrerinnen-Seminare. 2 Hefte. qu. gr. 8. Bielef. 891, Belhagen u. Klasing.
cart. à Heft ** 1 30
1. [1. Gesangklasse.] 7. verb. Aufl. (IV, 137 S.) — 2. [2. Gesangklasse.] 4. verm. u. verb. Aufl. (IV, 124 S.)

Haener, (Guil Dav) Ant (geb Eisleben 1822) De amaurosi. Berlini (1849). (25 S.) 8°
Berlin, Med. Diss v 11 Mai 1849

Haener, J. H., de ritu benedictionis sacerdotalis. Jen. 1682; rec. 1712. 4.

Haener, Wilhelm David Anton, s. Haener, Anton

Haenort, d. Kaffee, s.: Hensel, Fr.

Hanerwaas, F.: Zur Kasuistik der Lebercirrhose im Kindesalter. D. 8°. Würzburg. 1871.

Hanescher, s. Nescher

Hanésse, Karl Ldw., Repertorium der classischen Alterthumswissenschaft, s. Karl Fr. Weber.

Hanésse, Carl Ludw., Repertor. d. class. Alterthumswiss., s. Weber, Carl Friedr.

Hanew, B. Beiträge zur Kriegsgeschichte der staufischen Zeit. Die Schlachten bei Carcano (1160) und Legnano (1176). Diss. Berlin 1905. 8°.

Hanewald, Carl, s. Hanewald, Karl

Hanewald, Johann Jac. (Alsleb./Magdeb.), De jure carnificum in bona propricidarum et quae circa eos reperiuntur. Diss. jur. Präs. Jac. Friedrich Ludovici. Halle (Chph. Andr. Zeitler) 3. X. 1702. 28 S., tlws. dtsch. (6.—) 13039

— — Dasselbe. 1702. (6.—) 13040

— — Dasselbe. Von dem Rechte der Scharfrichter an denen Gütern der Selbst=Mörder und die um und neben denenselben gefunden werden. Halle (Hendel) 1749. 32 S. (6.—) 13041

Hanewald, Karl

Hanewald, Carl, praktische Anleitung zum Runkelrüben-Anbau für die Zucker-Fabrikation. Mit besond. Hinsicht auf die landwirthschaftl. Vortheile dieser Industrie. 3., umgearb. Ausg. gr. 8. (36 S.) Brieg 847, Schwartz. *

Hanewald, Carl, üb. den Rübenbau z. Zuckerfabrikation. 8. (1 B.) Brieg 845, Schwartz.

Hanewickel, F[erdinand]: Gedanken über Kirchen- und Synodalgemeinschaft. Ein Vortrag von —. Pastor. Rechtfertigung u. Bekehrung in ihrem Unterschiede u. in ihrem Zusammenhange. Ein Referat von W. Hübener, Pastor, Kolberg. (Dresden & Kolberg): Selbstverlag.:
Leipzig: Naumann in Komm. 1908. VI, 85 S. 8°

Hanewinckel, F., ist die Bibel Gottes Wort? Ein Vortrag. (16 S.) gr. 8. Zwickau (903). Schriften-Verein. n. — 20

Hanewinckel, W., Gesetz u. Evangelium. Predigt üb. Evangelium Johannis 1, 17, geh. am 4. Sonntag nach Trinitatis, den 22. VI. 1902. 8. (14 S.) Dresden (902). E. Steyer (durch J. Naumann). n. — 10

Hanf, Armin Gust. Adalbert. (geb. Königsberg i. Pr. 6. 8. 1834): De specimine quodam sarcomatis retropharyngealis. Berolini (1859). (40 S.) 8°
Berlin, Med. Diss v 21 Juli 1859

Hanf, D. A., bewährtes Mittel sichre Vorkehrungen zu treffen, um das Zahnen der Kinder zu erleichtern u. sie vor Zahnkrämpfen zu schützen. 8. (13 S.) Berlin 847, G. Bethge in Comm. n. 1/6 ℛ

Hanf, Emil [approb. Arzt aus Osterfeld]: Die Varicocelentherapie . . . München, Druck v. M. Ernst (vorm. G. Pollner), 1888; 29 S. 8°
Würzburg, Med. Fak., Inaug. Diss. v. 1888

Hanf, Fr., Alle strafbar. Komödie in 1 A. 8. Rudolst. 809. Hildebrandt in Arnst. 3 gl.

Hanf, Frdr., wo ist die Wahrheit? Vorurtheilsfreie Prüfg. d. Glaubens der Reformatoren gegenüber der kathol. Kirchenlehre, m. e. reichen, den Schriften u. Reden der Reformatoren wörtlich entnommenen Beweismaterial. 2. Aufl. gr. 8. (XX, 482 S.) Regensburg 888. Verlags-Anstalt. 3. —

Hanf, Georg: Zur Frage des Reformgymnasiums. **Progr.** Kgl. Dom-Gymn. *Magdeburg* 1907 (295). 24 S. 4.

Hanf, Georg: Über Guillaume de Machauts Voir Dit. *Halle a. S. 1898: E. Karras.* (32 S.) 8° ¶(Erscheint vollständig in: Zeitschrift für romanische Philologie, Bd 22.)
Halle, Phil. Diss. v. [3. Febr.] 1898

Hanf, Hugo: Aus der Kgl. med. Univ.-Poliklinik zu Breslau. Über die Bedeutung des Traumas in der Ätiologie tuberkulöser Lungen- und Pleuraerkrankungen. Breslau 1905: Bresl. Genoss.-Buchdr. (60 S.) 8°
Breslau, Med. Fak., Ref. Stern, Diss. v. 11. Aug. 1905
[Geb. 30. Nov. 80 Mannheim; Heimatsort: Breslau; Staatsangeh. Baden; Vorbildung: Johannes-Gymn. Breslau Reife O. 99; Studium: Breslau 2, Freiburg i. B. 2, Breslau 3, Wurzburg 2 S.; Coll. 27. Juli 05; Approb. 31. Juli 05.]

Hanf, J. F., s. Archiv f. das Staats- u. Criminalrecht.

Hanf, Johann Paul (Nürnberg), De vario apud Germanos militiae statu. Spec. jur. Altdorf (Joh. Georg Meyer) 28. III. 1748. 52 S. (4.50) 13042

Hanf, Jos., vermischte Schriften, s.: Blätter, deutsche, aus Böhmen.

Hanf, Sophie, eine Heirat per procura. Roman in Briefen. (269 S.) 8. Strassburg 908. J. Singer. 3. 50

Hanf, S., s.a. Aus dem J. 1870.

Aus dem Jahre 1870. Tagebuch e. jungen Mädchens. Hrsg. von S. **Hanf.** Straßburg i. E. & Leipzig: J. Singer 1908. (VII, 160 S.) 8° [F.] 08, 1714

Hanff, Alfred, Referendar: Auftrag, Stellvertretung, Vollmacht, Vertrag auf Leistung an Dritte und ihre Beziehungen zu einander. Greifswald 1910: Abel. XI, 42 S. 8°
Greifswald, Jur. Diss. v. 13. Juli 1910, Ref. Pescatore
[Geb. 25. Febr. 84 Stettin; Wohnort: Stettin; Staatsangeh.: Preußen; Vorbildung: Marienstifts-Gymn. Stettin Reife O. 03; Studium: Freiburg i. B. 1, Berlin 3, Greifswald 3 S.; Rig. 2 Aug 09.] [U 10. 1516

— **Moritz Wolfg. Christian** (Coburg), De gradibus fidei. Diss. theol. Präs. Jo. Georg Walch. Jena (Meyer) 7. IV. 1753. 34 S. (5.50) 13044
Widm. v.: Präs., Jo. Christoph Koecher.

Hanff, Paul, Anleitung zur Erlernung der Gravierkunst u. einschlagender Techniken, m. erläut. Abbildgn. Neubearb. u. erweitert von Rob. Neubert. 8. Aufl. (VIII, 40 S. m. 8 Taf.) 8. Leipzig 905. H. Schlag Nachf. Geb. in Leinw. n. 1. 50

Hanff, Paul, Anleitg. z. Gravierkunst m. erläut. Abb. 8. (32 S.) Leipzig 896. H. Schlag Nachf. 1. —

Hanff, Walther (geb. Biesterfelde bei Dirschau 20. 2. 1846): Ueber Wiederanheilung vollständig vom Korper getrennter Hautstücke. Berlin (1870). (48 S.) 8°
Berlin. Med. Diss. v. 15 März 1870

Hanff, Walther, über Wiederanheilung vollständig vom Körper getrennter Hautstücke. gr. 8. (48 S. mit 1 Stnt. in qu. Fol.) Berlin 870. Hirschwald. *

HANFFLER, M. Joh., Ecclesiast. Custrinensis, Die von Boas ausgebreitete Flügel über seine geliebte Ruth, oder Hochzeit-Predigten und Trau-Sermones. Custrin 1704. 4°. 4 Alph. 5 Bog. Rarl
Bibl. Ludovici (bibliop.) continuatio. Vitemb. 1705.

Hanffstengel, Geo. v., die Förderung v. Massengütern. 2 Bde. gr. 8. Berlin, J. Springer. 15.—; geb. in Leinw. n 16. 60
I. Bau u. Berechng. der stetig arbeit. Förderer. (VIII. 244 S. m. 414 Fig.) 908. 7.—; geb. 7. 80
II. Förderer f. Einzellasten. (VI, 267 S. m. 445 Fig.) 909. 8.—; geb. n 8. 80

Hanfft, Heinrich [Referendar]: Verfügungsfreiheit des Vertragserblassers und Schutz des Vertragserben ... Göttingen, Druck d. Univ.-Buchdr. v. W. F. Kästner, 1896; 34 S. 8.
Göttingen, Jur. Fak., Inaug.-Diss. v. [15. Jan.] 1896

Hanfft, Heinr., das Verordnungsrecht des hamburgischen Senates. Eine historisch-dogmat. Skizze. gr. 8. (68 S.) Hamburg 900. O. Meißner's Verl. n. 2. —

Hanfft, J. C.

— Geneal. u. histor. Nachricht von den freyherrl. Wolzogenschen hohen Anverwandten. Meiningen 1720. fol.

Hanfft, J. C., Schediasma de Wolzogeniis, litteris et armis illustratis. Meiningae 1719. fol.

Hanfland, Fritz, aus Berlin: Dynamische Untersuchungen über Einführung einer Alkylgruppe. *Heidelberg 1902: K. Rößler.* (58 S.) 8°
Heidelberg, Naturw.-math. Diss. v. 1902

Hänfler, Joh., Haus- u. Kirchenschatz üb. die Evangel. und Epist. ꝛc. 2 Thle. Fol. Frankf. Andreä. 702.

— Hochzeitpredigten u. Trauersermons. 4. Wittenberg, 720.

HANFLER, Joh., Neue Mode. 4°.
Henr. Joh. Meieri haeredes & Godofr. Zimmermanni (bibliop. Witteberg & Berol.) Cat. libr. (c. 1705). 8°. Bl. 2b (ohne Angabe von Ort u. Jahr).

Hanfstängel, Jos., Die sieben weisen Meister. Erzählung aus der Römerzeit. 8. (180 S.) Neuhaus 865, Landfraß und Sohn. *

Hanfstaengl, Franz

Hanfstaengl, Frz., s. 1) Gemälde der K. Gallerie in Dresden.

Hanfstängl, F., die vorzüglichsten Gemälde der Gallerie in Dresden, s.a. Gemälde.

Hanfstaengl, Frz., die vorzüglichsten Gemälde der königl. Gallerie in Dresden, s.a. Gallerie.

Hanfstaengl, Franz. Die vorzüglichsten Gemälde der Königlichen Gallerie, nach den Originalen auf Stein gezeichnet. Nebst Erklärungen in historischer und artistischer Hinsicht in deutscher und französischer Sprache von **J. G. A. Frenzel.** 3 Bde. Dresden 1836. Fol.

Hanfstaengl, Franz, s. Künstler-Album

— s. Meisterwerke, die vorzüglichsten, der Dresdner Gemälde-Gallerie.

Das Konigliche Historische Museum in Dresden 1871 Photographirt und Verlag von Fr Hanfstangl in Munchen.
Tit 160 Taf. gr 2°

Hanfstaengl, Hans, s. Gemälde-Galerie, Dresdner.

Hanfstaengl's Maler-Klassiker. Die Meisterwerke der bedeutendsten Galerien Europas. V. u. VI. Bd. Lex.-8. München, F. Hanfstaengl. Geb. in Leinw. n. 21. —
V. Meisterwerke, die, der königl. Gemälde-Galerie im Haag u. der Galerie der Stadt Haarlem. 125 Kunstdrucke nach den Orig.-Gemälden m. einleit. Text v. Karl Voll. (XIX, 129 S.) 903. n. 9. —
VI. Meisterwerke, die, der königl. Gemälde-Galerie zu Cassel. 209 Kunstdrucke nach den Orig.-Gemälden. Mit einleit. Text v. Karl Voll. (XX, 209 S.) (904.) n. 12. —
Die Bände I—IV erschienen nicht unter Sammeltitel.

Hanffstengel, Th. v., nach Bismarck's Abgang. Zeitgemäße Betrachtungen aus der evangel. Kirche. [Aus: „Evangel. Gemeindebl. f. d. Herzogt. Braunschweig".] gr. 8. (19 S.) Braunschweig 890. Schwetschke & Sohn. — 30

Hanft, H., Altes u. Neues zum Rechenunterrichte. (32 S.) gr. 8. Halle (908). H. Schroedel. — 60

Hanft, H[einrich]: Aufgaben aus der Invaliditäts- u. Altersversicherung nach d. neuen vom 1. Jan. 1900 ab geltenden Bestimmungen. Von — in Halle.
Halle a. S.: H. Schroedel 1900. (8 S.) 8°

Hanft, H., Auflösungen zu Heft II, III, IV der Ausg. A. des Rechenbuches f. Volks- u. Bürgerschulen in 4 Heften. Für die Hand des Lehrers. (43, 40 u. 31 S.) 8. Halle (904. 905). H. Schroedel. à n. — 80

— Ergebnisse u. methodische Bemerkungen zum Rechenbuch f. Volks- u. Mittelschulen. Ausg. B. IV.—VII. Heft. Neue verb. Aufl. 8. Ebd. n.n. 3. 65
IV. (48 S.) 905. n. — 30. — V. (58 S.) 905. n. — 80.
VI. (64 S.) 906. n. — 80. — VII. (88 S.) 906. n.n. 1. 25.

— Rechenbuch f. Volks- u. Bürgerschulen, s.: Braune.

— Rechenbuch f. mehrklass. Volksschulen. Neubearbeitg. v. Braunes Rechenbuch f. Stadtschulen. Ausg. C. 7 Hefte. 8. Ebd. (909.) 2. 40
I. Die Zahlenreihen 1 bis 10 u. 1 bis 20. (32 S. m. Abb.) — 20
II. Die Zahlenreihe 1 bis 100. (56 S. m. Abb.) — 30
III. Die Zahlenreihe 1 bis 1000. (48 S. m. Abb.) — 35
IV. Die unbegrenzte Zahlenreihe. (48 S. m. Abb.) — 30; Auflösungen (36 S.) — 50
V. Mehrfach benannte Zahlen. (56 S. m. Abb.) — 30; Auflösungen (48 S.) — 50
VI. Die gemeinen Brüche u. Dezimalbrüche. Leichte Aufgaben aus den bürgerl. Rechnungsarten. (88 S. m. Abb.) — 35; Auflösungen (68 S.) — 80
VII. Schlußrechnungen, Prozentrechnungen. Haus- u. volkswirtschaftl. Rechnen. (112 S. m. Abb.) — 60

Hanft, H., Rechenbuch f. Volks- u. Mittelschulen. Neubearbeitung v. Braune's Rechenbuch f. Stadtschulen. Ausg. B. 2.—7. Hft. gr. 8. Halle, H. Schroedel. n.n. 2. 05
2. (IV, 56 S. m. Fig.) 900. n. — 30. — 3. (64 S.) 900. n. — 35.
4. (64 S.) 900. n. — 30. — 5. (64 S.) 900. n. — 30.
6. (70 S.) 900. n.n. — 35. — 7. (81 S.) 902. n. — 45.
Vergl.: Braune, A., Rechenbuch f. Stadtschulen.

— dasselbe. Ausg. B. 5.—7. Hft. Auflösungen. gr. 8. (54, 57 u. 47 S.) Ebd. 901. 902. à n. — 80

— Rechenbuch f. Volks- u. Mittelschulen. Neubearbeitung v. Braunes Rechenbuch f. Stadtschulen. Ausg. B. I.—III., VI. u. VII. Heft. gr. 8. Ebd. n. 1. 70
I. Die Zahlenreihen 1 bis 10 u. 1 bis 20. (32 S. m. Abbildgn.) 904. n. — 25
II. Die Zahlenreihe 1 bis 100. (56 S.) 904. n. — 30
III. Die Zahlenreihe 1 bis 1000. (56 S.) 904. n. — 35
VI. Für das 6. Schulj. Abschluß der Bruchrechnung. Schlußrechnungen. Durchschnittsberechnungen. Rabatt- u. Zinsrechnung. (68 S. m. 2 Fig.) 907. n. — 85
VII. Für das 7. u. 8. Schulj. Schlußrechnungen. Prozentrechnungen. Haus- u. volkswirtschaftliches Rechnen. (120 S. m. Fig.) 906. n. — 45
Vergl.: Braune, A.

Hanftmann, Bartel

Hanftmann, B., Führer durch den Magdeburger Dom. Im Auftrag des Magdeburger Architekten- u. Ingenieur-Vereins bearb. (IV, 112 S. m. Abbildgn., Titelbild u. 39 Lichtdr.) 8. Magdeburg 909. E. Baensch jun. Geb. in Leinw. 2. —

— Hessische Holzbauten. Beiträge zur Geschichte des westdeutschen Hauses u. Holzbaues, zur Führg. durch L. Bickell: „Hessische Holzbauten". (XX, 200 S. m. 119 Abbildgn. u. 1 Kartenskizze.) Lex. 8. Marburg 907. N. G. Elwert's Verl. 10.—; geb. in Leinw. 11. 50

HANFTWURZEL, Maximilian (Lodz): Die Kriminalität des Königreichs Polen. (Titel nach der Urkunde) 8.11.1909 - Urk; Chr 1909/10,20
Diss.Ingolst.-Landsh.-Mchn.

Hang, H., Vergleichende Erdkunde und alttestamentliche geographische Weltgeschichte Mit 10 Karten, davon 3 in Farbendruck. Gotha 1894. (19512)

Hang, Roman. Acht Briefe über christl. Kindererziehung. In-8°, 152 S. Mit 37 Illustrat. Einsiedeln, Benziger. 1878.

Hangartner, Ulr., Theodor Ruggle, Pfarrer v. Goßau, in seinem Leben u. Wirken. Erzählt von seinem ehemal. Caplan. Mit d. Bildniß des Verewigten. gr. 8. (239 S.) Goßau 892. J. G. Cavelti-Hangartner. n. 1. 60

Anonym: Joh. Hängärtner. Zürich, Kantonsschule, Progr. 1887.

Hangelsberg, s.: Mark.

Haugen, Fälle d. notwend. Streitgenossenschaften m. bes. Erörterung d. § 61 C.-P.-O., sow. Fälle d. unmittelbaren Beteiligg. beim Ausgange d. Rechtsstreites im Rechtsgebiete des Code civil. (§§ 61, 59, 66 u. 858, Nr. 4. C.-P.-O.) gr. 8. (II, 94 S.) Lahr 895. M. Schauenburg n. 2. —

Hangen, Friedrich

Hangen, F., s.a. Betriebsverhältnisse d. deutsch. Landwirtschaft.

Hangen, F., F. Wellmann, Betriebsverhältnisse der deutschen Landwirtschaft. Bearb. unter Leitg. der Betriebs-Abteilg. der deutschen Landwirtschafts-Gesellschaft. Stück V der Sammlg. Hrsg. vom Vorstande. (114 S. m. Tab.) Lex.-8. Berlin, P. Parey. 1908. 3. —
137. Heft. Arbeiten der deutschen Landwirtschafts-Gesellschaft.

-- Landwirtschaftliche Gesellschaftsreise durch Posen u. Westpreußen, s.a. Arbeiten der deutschen Landwirtschafts-Gesellschaft.

Hangen-Landau, F. Dr.: Landwirtschaftliche Gesellschaftsreise durch Polen und Westpreußen. Reisebericht von —. Mit e. großen Zahl von Abb.
Berlin: Landwirtsch.-Gesellsch. 1909. 36 S., Taf. 8°
(Arbeiten d. Deutschen Landwirtschafts-Gesellschaft. H. 154.)

Hangen, Friedrich, a. Oberhilbersheim: Untersuchungen über die landwirtschaftlichen Betriebsformen in der Probstei und über ihre Rentabilität. Berlin 1907: Buchdr. „Die Post." (76 S.) 8° [Fr.] ¶ [Aus: Arbeiten d. deutschen Landwirtschafts-Gesellschaft H. 137.]
Gießen, Phil. Fak., Ref. Gisevius, Diss. v. 12. Nov. 1907
[Geb. 23. Okt 84 Oberhilbersheim; Wohnort: Gießen; Staatsangeh.: Hessen, Vorbildung: Oberrealsch. Mainz Reife O. 02; Studium: Landw. Hochsch Berlin 2, Univ. Halle 1, Landw. Hochsch Gießen 4 S.; Rig. 21 Febr 07.]

Hangen, Ph., s.: Ashor, D., exercices on the habitual mistakes of Germans in English conversation etc.

Hanger, d. Obersten Georg, Leben u. Abentheuer von ihm selbst beschrieben. Aus d. Engl. 8. Leipz. 802. Hartknoch. 1 ℞

— Dass. Aus dem Engl. mit Anmerkk. 2 Thle. 8. Berl. 802. Nauck. 1 ℞

Hänggi A.: Behandlung d. akuten Gelenkrheumatismus mit Veratrin. Inaug.-diss. Thun 1861. 23 S. P.

Hänggi, Ed. Schwizer Dorfbilder. 8. (136 S.) Bern 892. (Kaiser). * 2 —; geb. * 2 80

Hänggi, Ed., Schwizer Dorfbilder (Solothurner Mundart). 2., unveränd. Aufl. 8. (IV, 136 S. m. Bildn.) Bern 893. Selbstverl. 1. 60

— Zwei kleine Erzählungen, s.: Verein f. Verbreitung guter Schriften Bern.

Hänggi. Vater Johann H' (*geb.* 1791). Ein Lebensbild. [Mit 8 Tafeln.] 8. *o. O.* 1859.

Hänggi, K., allerhand Pech, s.a. Esser's J., Sammlung leicht aufführbarer Theaterstücke. 80. Hft.

Allerhand Pech. Schwank in 3 Aufz. von K. Hänggi. *Paderborn: J. Esser [1903]* (26 S.) 8° [F.]
— Sammlung, J. Esser's, leicht aufführb. Theaterstücke. H. 80. [1903]

Hänggi, Peter, Bemerkungen über die Schrift des Hrn. Probstes und Prof. J. B. Leu: „Warnung vor Neuerungen und Uebertreibungen in der kathol. Kirche Deutschlands" gr. 8. (64 S.) Solothurn 854, Scherer'sche Buchh. Thlr. *

—— Stimme aus dem Grabe des Hochw. Bischofes v. Basel, oder: Der Hirte an Jesu statt und sein Hintritt. Predigt gehalten zu Solothurn, am 2. Sonnt. nach Ostern. gr. 8. (14 S.) Solothurn 854, Scherer'sche Buchh. *

—— Versuch einer kurzen Darstellung der kirchlichen Festzeiten in Bezug auf die Glaubens- und Sittenlehre. Konferenz-Abhandlung. 8. (20 S.) Solothurn 854, Scherer'sche Buchh.

Hanghans, Paul. Deutsche Erde: Beiträge zur Kenntnis deutschen Volkstums allerorten und allerzeit. Gotha: Paul Langhans, 1902-14, 13 v.

Hangi, Ant., die Moslim's in Bosnien—Hercegovina. Ihre Lebensweise, Sitten u. Gebräuche. Autoris. Übersetzg. v. Herm. Tausk. (VI, 267 S. m. Abbildgn. u. 11 Taf.) gr. 8. Sarajevo 907. D. A. Kajon. 4. —

Hangkamer, Joseph. (geb. Calcar bei Cleve 21. 2. 1820) De tussi convulsiva Berolini (1843). (20 S.) 8°
Berlin, Med. Diss. v. 19. Aug. 1843

Hangl, Lorenz — Verzeichniß der Herren Repräsentanten, Ehren- und wirklichen Mitglieder des Kranken- und Leichen-Unterstützungs-Vereines St. Johann der Täufer auf der Wieden, Favoritenstraße Nr. 294, im Jahre 1857, sammt Ausweis der Einnahmen und Ausgaben mit Abschluß der letzten Rechnung. Achtungsvoll gewidmet von — —. Wien, 1857. Gedruckt bei A. Pichlers Witwe und Sohn. (11 S. 8.)

Hango, Herm., Asche! Neue Gedichte. 12. (VIII, 120 S.) Wien 899. A. Hartleben. n. 2. —

Hango, Herm., Faust u. Prometheus. Eine Dichtg. 12. (VII, 99 S.) Wien 895. A. Hartleben. n. 2. 25; geb. n. 3. 25

— neue Gedichte. 12. (VIII, 222 S.) Ebd. 894. n. 3. —; geb. n. 4. —

— s.: Kalender des deutschen Schulvereins.

Hango, H., zum Licht! Gedichte. 12. (VII, 205 S.) Stuttgart 890. Bonz & Co. n. 2. 40; geb. m. Goldschn. n. 3. 60

— Lieder aus dem Wienerwalde. Neue Gedichte. (186 u. IV S.) 8. Linz (903). Wien [Oesterreich. Verlagsanstalt]. J. Deubler. Geb. in Leinw. 3. —

Hango, Herm., Nausikaa. Trauersp. in 5 Aufzgn. 12. (88 S.) Wien 897. A. Hartleben. n. 1. 80; geb. n. 3. —

Hangö. Ostseebad u. Wasserheilanstalt. 8. (13 S.) Helsingfors 887. (Edlund's Buchh.) n. — 32

Hangok a multból. A magyar nemzet nagy napjainak emlékeül. Ös czeszedte és kiadta két magyar honfi. Második változatlan kiadás. Leipzig 862. Mittler. 16. (XVIII, 345 S. u. 1 Stahlst.) n. 1 Rthlr 10 ngr.

Hanhart, H., der gegenwärtige Stand der schweizerischen Volkswirthschaft, der Weg zur ferneren Vermehrung d. Volksvermögens u. deren Zweck, inbegriffen die Handelsbilanzen der Land- u. Forstwirthschaft, der Genussmittel, des Bergbaues, der sämmtl. Industrieen u. die Gesammtbilanz der schweizer. Volkswirthschaft vom J. 1879. gr. 8. (VII, 52 S.) Zürich 881. Schmidt. n. 1. 40

Hanhardt, H., u. A. Waldner, Tracirungs-Handbuch f. die Ingenieurarbeiten im Felde bei der Projectirung u. dem Bau v. Eisenbahnen u. Wegen. Mit (eingedr.) Holzschn. gr. 16. (379 S.) Berlin 873. Ernst & Korn. n. 4. —

Hanhart, H., u. A. Waldner, Tracirungs-Handbuch f. die Ingenieurarbeiten im Felde bei der Projectirung u. dem Bau v. Eisenbahnen u. Wegen. 2. veränd. Aufl. (VII, 379 S. m. Fig.) kl. 8. Berlin 904. W. Ernst & Sohn. Kart. n. 4. —

Hanhart, H., u. A. Waldner, Tracirungs-Handbuch f. die Ingenieurarbeiten im Felde bei der Projektierung u. dem Bau v. Eisenbahnen u. Wegen. 3. unveränd. Aufl. (VII, 379 S. m. Holzschn.) kl. 8. Berlin 909. W. Ernst & Sohn. Kart. 4. —

(Hanhart, J .) Am Grabe meines Kindes, Franz H'. Geboren den 30ten April 1808. gestorben den 23ten Mai 1814. Selbstgespräche. 8. o. O. 1814.

Hanhart, Jh., Gedichte. 8. Winterth. 817. Steiner. 14 gr

— Konrad Geßner. Ein Beitrag zur Geschichte des wissenschaftl. Strebens u. der Glaubensbesserung im 16ten Jahrhundert. A. d. Quellen geschöpft. gr. 8. Winterth. 824. Steiner. 1 Rthlr 12 gr

Hanhart, Joh. Ulr., Winterthur. Dissertatio in[illegible] philosophica [illegible]
[illegible]
Basel: med. Diss. 1736.

Hanhart, Joh. Ulr., Winterthur. Dissertatio inauguralis anatomico-medica exhibens nutritionem foetus in utero materno.
Basel; med. Diss. 1709.

Hanhart, Johannes, s. Gessner, Konrad: Epistolarum.

Hanhart, Johannes, s. Reden, drei, am Reformationsfeste.

— Ulrich Zwinglis Stimme an die Lehrer des Evangeliums, und Konr. Geßners Ermahnung zur Standhaftigkeit im Bekenntniß der reinen evangel. Lehre. 8. Ebd. 818. Steiner. 3 gr

Hanhart, Johannes s. Sulzer, Johann Conrad, und Hanhart, Johannes.

— was sollen unsere Schulen seyn? Andeutungen u. Winke. 8. Winterth. 818.

Hanhart M und N, stilisierte Ranke. (1 T) fol auf Pappe. London

Hanhart, Rudolf

— Abriß d. Schweizerhistorie, zum Schulgebrauch. gr. 8. Basel 830. Schweighäuser. 12 gr

— Anleit. z. Gebrauch d. lithograph. Schreibvorlagen in Kurrent- u. Kanzleischrift f. d. Schüler d. Kantons Basel. Mit lithogr. Bl. 8. Basel 824. Schweighäuser.

(Hanhart, Rudolf.) Basel wird eidgenossisch. 1501. [Mit 1 Vignette und 1 Tafel.] (Njbl. Basel 1823.) 4. (Basel.)

(Hanhart, Rudolf.) (Beschreibung des Fabrikorts Islikon und Lebensgeschichte von) Bernhard Greuter, geb. den 20ten Feb. 1745. gest. den 11ten Sept. 1822. [Mit 1 Porträt und 1 Tafel.] Thurg. Njbl. (10, 1833). 4. (Frauenfeld) 1833.

Hanhart, Rudolph, von d. wissenschaftl. Bildung, als Quelle u. Stütze d. wahren Frömmigkeit. 8. Basel 822. Schweighäuser. 3 gr

— Basels Bildungsanstalten, literar. Hülfsmittel u. wissenschaftl. Vereine. 8. Basel 823. Schweighäuser.

— Blätter zur Belehrung u. Erbauung für Jünglinge edler Erziehung. gr. 8. Winterth. 824. Steiner. 1 Rthlr

— Erinnerungen an Fr. Aug. Wolf. Ein Beitrag zu seiner Lebensgeschichte, mit Belegen u. literar. Nachweisungen. gr. 8. Basel 825. Schweighäuser. 15 gr

— Erzähll. aus d. Schweizergeschichte nach den Chroniken. 4 Thle. mit Steindr. 8. Basel 829—32. Schweighäuser. 6 Rthlr

Hanhart, Rud., Erzählungen aus d. Schweizergeschichte nach d. Chroniken. 4. Thl. 8. (15 B., Titlbild. u. lith. Titl. m. Vign.) Basel 838, Schweighauser'sche Buchh.
1—3. Thl. Ebendas. 1829—32. 4 Thlr. 12 Gr.

Hanhart, Rud., Erzählungen aus der Schweizer-Geschichte nach den Chroniken. Neue Ausg. in 13 Hftn. 8. (1. Bd. 375 S. 2. Bd. 522 S. 3. Bd. 460 S. 4. Bd. XVI u. 704 S.) Basel 847, Schweighauser. (à Hft. n. 6 ngr) n. 2 Rthlr 18 ngr

— von d. Erziehung zur Religiosität durch d. Schule. Eine Rede. 4. Basel 825. Neukirch. 4 gr

— Lehrbuch d. Volksschulkunde. gr. 8. Basel 827. Schweighäuser. 15 gr

—— Lehrmittel f. Volksschulen, zunächst f. d. Wiederholungsunterr. 1. Lfg. in 3 Hftn. enthalt. d. elementar. Rechnen auf d. ersten u. zweiten Stufe. gr. 12. Basel 829, (Schneider.)
Hft. 1. Leitfaden f. Lehrer. ($3\frac{1}{3}$ B.) 5 Gr.
" 2. Unterrichtsmittel f. d. Lehrgehülfen. ($4\frac{1}{2}$ B.) 6 Gr.
" 3. Aufgaben f. Schüler. ($3\frac{1}{2}$ B.) 5 Gr.

—— Leitfaden z. Unterr. im Rechnen. 1. Thl., enthalt. d. Rechnen mit Anschauungsmitteln, u. d. Kopf- u. Zifferrechnen auf d. ersten u. zweiten Stufe, nebst Aufgaben f. d. Schüler. gr. 12. ($6\frac{3}{4}$ B.) Basel 829, (Schneider.)
Ist das 1. u. 3. Hft. der vorhergehenden Schrift unt. besonderm Titel.

— latein. Lesebuch, nach den Theilen d. Formenlehre geordnet. 1r Thl. 1r u. 2r Cursus. 8. Basel 819 u. 823. Schweighäuser. (à 12 gr.) 1 th 2r Thl. 1r u. 2r Cursus. 8. Ebd. 825 u. 27. (à 12 gr.) 1 th

– Lesebuch zur Verbreitung gemeinnütz. Kenntnisse zum Gebrauch in Schulen. 4 Thle. 8. Basel 822—25. Schweighäuser. 3 th

— zweites deutsches Lesebuch zum Gebrl. d. Baslerischen Schulen, s.a. Lesebuch zur Verbreit. gemeinnütz. Kenntnisse.

— — zweites deutsches Lesebuch zum Gebrauch der Baslerischen Schulen. 8. Ebend. 810.

— über d. Nutzbarkeit d. Schul-Disciplin. 4. Basel 818. Schweighäuser. 3 gr.

—— die Rechtschreibung d. hochdeutschen Sprache in e. Nuß. Aus d. „Zeitschrift f. Volksschullehrer" f. d. Schulgebr. besond. abgedr. 1 Bog. in Fol. Basel 830, Schweighauser.

— Reden u. Abhandlungen pädagog. Inhalts. 8. Winterthur 824, Steiner.
Hieraus ist besonders abgedruckt:
— Veredlung d. Handwerkstandes durch bessere Vorbildung, Ausbildung u. Fortbildung. 8. Ebend. 824.

— orthograph. Wandtafel, oder d. Orthographie in einer Nuß. Basel ... Schweighäuser. 2 gr.

Hanhart, Rudolf. Einige Worte zur Gedächtnissfeyer des Herrn [Johann] Friedrich Miville. Doctors und Prof. der Theologie in Basel (1754–1820). 8. (Basel 1820.)

(——) Zeitschrift f. Volksschullehrer, s. 8. Bd.: Zeitschrift.

Hanhart, T. Bernet-, s. Bernet-Hanhart.

Hanhart, Th., Hülfstabelle für die Zins- und Disconto-Rechnung mittelst Theilbrüchen (sogenannte welsche Praktik) umfassend jegl. Zinsfuss von $\frac{1}{8}$ bis $12\frac{7}{8}$ Proz. p. a. von $\frac{1}{8}$ zu $\frac{1}{8}$ % fortschreitend, nebst einer leichtfassl. Anleitung zum prakt. Gebrauch und einem Verzeichniss aller ganzen Zinszahlen-Divisoren für $\frac{1}{8}$ bis 20 Proz. jährl. Zinsen. kl. 8. (IV S.) Winterthur 887, (Kieschke Verlag.) *

Hanhart, Th., Ohne den Glauben vermögen wir nichts, durch den Glauben Alles. Synodalpredigt gehalten den 20. Mai 1856. gr. 8. (24 S.) Zürich 856, Meyer und Zeller's Verlag. *

Hanhart, Th. Praktische Zins- und Disconto-Rechnung mit Vermeidung aller unbequemen Divisoren. Hülfs-Tabelle für die Zins- und Disconto-Rechnung mittelst Theilbrüchen u. s. w. In-8°, 3 S. Winterthur, Kommissionsverlag v. Moritz Kieschke. 1886. — 30

Hanhart, Ulrich, Assistent, von Steckborn [Kt. Thurgau]: Ueber Derivate des Dimethylanilins. — Einwirkung von Benzotrichlorid auf Kupfer. Zür. Zürcher u. Furrer Dr. 1880. 45 S., 1 Bl. 8°.
Zürich. Phil. Diss. [v. 19. Juli 1880].

Hanhofen, Veit v., Russland's Steuerkraft. 1. Tl. (20 S. m. 4 Tab.) 8. Riga (906). F. Deutsch. n. 1. 20

Häni, Albert [med. prakt. aus Kirchberg, St. Gallen]: Aus der chirurg. Klinik der Universität Zürich. Ueber das primäre Carcinom der Gallenwege. (Mit 2 Tafeln.) Aarau 1902. 47 S. 8°.
Zürich Med. Diss 1901/1902.

Häni, Alb., über das primäre Carcinom der Gallenwege. gr. 8. (47 S. m. 1 Taf.) Aarau 902. H. R. Sauerländer & Co. n.n. 1. 25

Häni, Rudolf

Häni, R. Der Kartoffelbau. Kurze Anleitg. zur rationellen Kultur der Kartoffel. Im Auftrag der Oekonom. Gesellschaft d. Kantons Bern. 2. Aufl. 8. (33 S.) Bern 889, Wyß. * — 40

Häni, R., spezieller Pflanzenbau. Kurze Anleitung zum Anbau der landwirthschaftlichen Kulturgewächse. Für praktische Landwirthe u. zum Gebrauch beim landwirthschaftlichen Unterricht; mit besonderer Berücksichtigung der schweizerischen Verhältnisse. gr. 8. (XII, 221 S.) Bern 876. Lang & Co. n. 2. 40

— spezieller Pflanzenbau. Anleitung zum Anbau der landwirthschaftl. Kulturgewächse. 2., umgearb. Aufl. v. A. Kindler-Siewerdt. 8. (VII, 275 S.) Bern 889. Schmid, Francke & Co. n. 2. 50

Häni, R. Schreib- u. Hülfskalender für d. schweiz. Landwirthe u. Bauern auf d. Jahr 1889. In-8°, 360 S. Bern, Schmid, Francke & Cie.
In Lwd. gebd. 2 —, in Ldr. gebd. 3 50

Häni, Rud. Schreibkalender für d. schweizerischen Landwirte und Bauern pro 1894. Kl. in-8°. 16 u. 111 S. Bern, Schmid Francke & Co. 2 —

— dasselbe f. 1896, s.: Schreibkalender.

Häni's Schreib-Kalender f. d. schweiz. Landwirte u. Bauern. Hrsg. v. C. Moser (früher A. v. Fellenberg-Ziegler u. F. Rödiger). 1897. 36. Jahrg. 12. (XVIII S., Schreibkalender u. 99 S. m. 1 Bildnis.) Bern, Schmid & Francke. Geb. in Leinw. n. 2. —

-- dasselbe f. 1898, s.: Moser, C.

Häni, R., Wiesen, s.: Bericht üb. Gruppe 26 der schweizerischen Landesausstellung Zürich 1883.

HANICA, Nicolaus (Ochsenfurt): Über den Jodoformverband. (Titel nach der Urkunde)
29.7.1885 - Urk: Chr 1885/86,16
Diss.Ingolst.-Landsh.-Mchn.

Hanich, August, Resultate der Untersuchungen mit Bausteinen der österr.-ungar. Monarchie Lex.-8. (44 S. mit Tabellen) 1.50
Wien: Graeser 1892.

Hänich, E. G. W., Lieder an d. feierl. Tagen d. Schulexamen u. Zulassungen zum heil. Abendmahl nach den bekannten Psalm- u. Festliedern rc. gr. 8. Bern 823. Jenni. 3 gr.

Haeniche, Ewaldus: Quaestiones Apollodoreae II. Halis (1875: Basse in Quedlinburg). 30 S. 8°
Halle-Wittenberg, Phil. Diss. v. 5. Aug. 1875
Geb. Gross-Oschersleben 26. 12. 1851. V.

Hanicke, Heinr., u. Bruno Klette, Handbuch für Kürschner. Anleitung zum rationellen Betrieb des Kürschner-Gewerbes. (In 10 Lfgn.) 1—7. Lfg. gr. 4. (IV, u. S. 1—36 m. je 10 Steintaf.) Dresden 881. 82. Gilbers' Verl. à n. 2. 50

Hanicke, Heinr., u. Bruno Klette, Handbuch f. Kürschner. Anleitung zum rationellen Betrieb d. Kürschner-Gewerbes. 8—10. (Schluss-)Lfg. gr. 4. (S. 37 - 58 m. 31 Steintaf.) Dresden 883. Gilbers' Verl. à n. 2. 50

Hanicke, Heinr., Handbuch für Kürschner, Anleitung zum rationellen Betrieb der Kürschnerei. gr. 8. (100 Taf. m. 105 Bl. Text.) Leipzig (902). A. Duncker. In Leinw.-Mappe n.n. 15. —

Hanicke, L., Präparationen zu Luther's kleinem Katechismus in fortlaufendem Gedankengange, s.: Zeibig, Th.

Haenicke, Otto: Die Polen kommen. Drama in 2 Bild. aus d. J. 1642. Festspiel z. 600jähr. Jubelfeier d. Stadt Neustettin von –.
Neustettin: Hertzberg (1910). 68 S. 8°

Haenicke, Otto Zu Ciceros Reden de lege agraria. 18 S
Progr. Wi. G *Stettin* 1883

Haenicke, Otto Kritische Untersuchung über die Echtheit der 12 Satire von Juvenal. 22 S Progr. *Putbus* 1877

Haniel, Alfred: (Zur Frage der Verstaatlichung des Steinkohlenbergbaues in Deutschland.) Düsseldorf 1910: Bagel. 123 S. 8°
Freiburg i. B., Rechts- u. staatsw. Diss. v. 1910, Ref. v. Schulze-Gävernitz
[Geb. 1. Juni 83 Düsseldorf; Wohnort: Düsseldorf; Staatsangeh.: Preußen; Vorbildung: Städt. Gymn. Düsseldorf Reife O. 03; Studium: München 2, Berlin 3, Freiburg i. B. 3 S.; Rig. 24. Juli 09.] [U 10. 935

Haniel, Curt Alfons, s. Haniel, Kurt Alfons

Haniel, *Edgar* [Kammergerichtsref. aus Berlin]: Beitrag zur Lehre vom Wesen und Beweis des Irrthums bei der condictio indebiti unter Berücks. d. neueren Gesetzgebg ... Göttingen, Druck d. Dieterich'schen Univ.-Buchdr., 1893; 71 S. 8.
Göttingen, Jur. Fak., Inaug.-Diss. v. [13. Jan.] 1894

Haniel, E., Beitrag zur Lehre vom Wesen u. Beweis d. Irrthums bei der condictio indebiti unter Berücksicht. der neueren Gesetzgebung. Diss. gr. 8. (72 S.) Göttingen 893. (Vandenhoeck & Ruprecht.) n. 1. 40

Haniel, Franz: Zur Lehre vom Bergwerkseigentum. Heidelberg 1908: K. Groos Nachf. (98 S.) 8°
Heidelberg, Jur. Fak., Ref. Schroeder, Diss. v. 1908
[Geb. 26. Juni 83 Düsseldorf; Wohnort: Heidelberg; Staatsangeh.: Preußen; Vorbildung: Stadt. Gymn. Dusseldorf Reife O. 03; Studium: Bonn 3, Berlin 2, Bonn 2, Heidelberg 1 S.; Rig. 12. Mai 08.]

Haniel, Fritz von: Frachtverhältnisse und Frachtlage der amerikanischen Eisenindustrie. Berlin 1928

Haniel, John, die Flötzlagerung in der Stoppenberger u. Horst-Hertener Mulde des westfälischen Steinkohlengebirges. Hierzu 3 (chromolith.) Karten [je 2 Blätter] u. eine (chromolith.) Texttaf. Imp.-4. (59 S.) Essen 881. Bädeker. n. 30. —

Haniel, Karl, Referendar: Die Wirkungen der Darlehnshingabe von fremdem Geld. *Rostock 1902: C. Hinstorff.* (56 S.) 8° [F.]
Rostock, Jur. Diss. v. [15. Apr.] 1902

Haniel, Kurt Alfons

Haniel, C[urt] A[lfons]: Die geologischen Verhältnisse der Südabdachung des Allgäuer Hauptkammes und seiner südlichen Seitenäste vom Rauhgern bis zum Wilden. Berlin 1911: G. Schade. 37 S., 4 Taf. 8° ¶(Aus: Zeitschrift d. Dtsch. geol. Gesellsch. Bd 63.)
München, Phil. Diss. v. 13. Juli 1910, Ref. Rothpletz
[Geb. 9. Mai 84 Mülheim a. R.; Wohnort: Düsseldorf; Staatsangeh.: Preußen; Vorbildung: Realgymn. Dusseldorf Reife O. 04; Studium: Heidelberg 1, München 4, Bonn 2, München 4 S.; Rig. 13. Juli 10.] [U 11. 3795

Haniel und Lueg. Ueber Differential-Expansions-Maschinen. Düsseldorf, 1876 und 1880. 2 Ex.

Haniel & Lueg, Maschinenfabrik: Katalog der Abtheilung für Bergwerksmaschinen. Düsseldorf-Grafenberg 1895

Haniel & Lueg, Maschinenfabrik: Katalog der Abtheilung für hydraulische Maschinen. Ausg. 1891. Düsseldorf-Grafenberg 1896

Haniel & Lueg, Maschinenfabrik: Katalog der Abtheilung für Walzwerksmaschinen. Düsseldorf-Grafenberg 1895

Haniel & Lueg, Maschinenfabrik, Eisen- und Stahlwerk: Kataloge. 1904 ff. Düsseldorf-Grafenberg

Das Schachtabteufen in neuerer Zeit. Hrsg. von Haniel & Lueg. Düsseldorf-Grafenberg, 1896. 104 S. mit 24 Taf. [Fe 3

Haniel & Lueg, Maschinenfabrik: Special-Katalog für hydraulische Nieteinrichtungen. Düsseldorf-Grafenberg 1896

Hänig, A.

— Ballon- u. Flugmotoren. Ihre techn. Entwicklg. u. gegenwärt. Gestaltg. (IV, 196 S. m. 111 Abbildgn. u. 5 Tab.) Lex. 8. Rostock 910. Berlin, C. J. E. Volckmann Nachf. 5.50; geb. in Leinw. 6. 50

Haenig, A., der Erz- u. Metallmarkt. (VIII, 450 S.) Lex. 8. Stuttgart 910. F. Enke. 10.80; geb. in Leinw. n 12. --

(F) **Haenig, A.,** Der Graphit. Eine technische Monographie. [Chemisch-technische Bibliothek. Bd. 323.] 8°. (ill. 224 S.) K 4.40, geb. K 5.30

— Der Graphit. Eine techn. Monographie. (VII, 221 S. m. 29 Abbildgn.) 8. Wien 910. A. Hartleben. 4.—; geb. 4. 80

— Der Konstruktionsstahl u. seine Mikrostruktur unter besond. Berücksicht. des modernen Automobilstahls, s.a. Bibliothek, automobiltechnische. 5. Bd.

Haenig (A.). Der Konstruktionsstahl und seine Mikrostruktur unter besond. Berücks. des modernen Automobilstahls. M. 360 Abb. Mit ein. Anh.: Mikrograph. Untersuch. über Gefügebestandteile von abgeschrecktem Stahl. (8 Tab. u. 25 Taf.) Berlin 1910. 334 S.
(Automobiltechnische Bibliothek. Bd 5.)

Haenig, A., die Kriegswaffen auf der Weltausstellung Lüttich 1905. (IV, 40 S. m. Abbildgn.) Lex.-8. Suhl (906). A. Kaufmann Nachf. Kart. n. 3. —

— **Luftschiffhallen-Bau.** Sammlung moderner Luftschiffhallen-Konstruktionen m. statist. Berechngn. (IV, 170 S. m. 111 Abbildgn. u. 4 Tab.) Lex. 8. Rostock 910. Berlin, C. J. E. Volckmann Nachf. 5.50; geb. in Leinw. 6.50

— **Der Schmirgel u. seine Industrie.** Eine techn. Studie üb. moderne Schleifmittel u. die Entwicklg. der Schleifmaschinenindustrie. (VIII, 112 S. m. 45 Abbildgn.) 8. Wien 910. A. Hartleben. 3.—; geb. 3.80

— Die Steinkohle, s.a. **Bibliothek** der gesamten Technik.

Haenig (A.), Die Steinkohle, ihre Gewinnung und Verwertung. Unt. besond. Berücks. d. nationalökonom. Bedeutung d. Steinkohle sowie d. neuesten Anlag. zu ihrer Gewinn. u. Verwert. f. Praxis u. Selbststud. erl. M. 129 i. d. T. u. auf Taf. gedr. Abb. Leipzig (1907.) 329 S.
(Der Bergbau. Bd 6.)
(Bibl. d. gesamt. Technik. Bd 82.)

Haenig, C., s.: **Zeitschrift** f. allgemeine Warenkunde.

Hänig, Conrad, s. Hänig, Konrad

Hänig, David Pauli: Zur **Psychophysik** des Geschmackssinnes. Mit 7 Fig. im Text. *Leipzig: W. Engelmann 1901.* (50 S.) 8° ¶(Aus: Wundt's Philos. Studien, Bd 17, H. 4.)
Leipzig, Phil. Diss. v. [2. Dez.] 1901

Hänig, Konrad

Hänig, Conr., Amortisations-Tabellen f. alle nach ¼ Prozent abgestuften Verzinsungen zwischen 3 u. 5 Prozent u. f. ganz-, halb- u. vierteljährliche Verrechnung. (VII, 219 S.) Lex.-8. Leipzig 905. Voit & Co. Geb. in Leinw. n. 15. —

Haenig, Conrad: Ueber Hansens Methode, ein geodätisches Dreieck auf die Kugel oder in die Ebene zu übertragen. . . Dessau, Druck v. Weniger & Co., 1888. 2 Bl + 36 S + 1 Bl 8°
Leipzig. Phil. Fak., Inaug. Diss. v. 21. Dez. 1888

Hänig, Pauli, Arbeitsunterricht u. Volksschule. Vortrag, geh. in der Hauptkonferenz des Schulinspektionsbez. Leipzig-Stadt am 12. XI. 1907. (20 S.) gr. 8. Leipzig 908. F. Brandstetter. —50
Sonderabdruck aus „Der prakt. Schulmann"

Haenigsen-Oberhagen [Schlagwort]

Haenigsen-Oberhagen. Karte des Haenigsen-Oberhagener Oelreviers. 1 : 7100. 43,5×81,5 cm. Farbdr. (Mit Text an der Seite.) Berlin (910). Verlag f. Fachliteratur. 8.—; auf Leinw. 10. —

Hanika, Joh., die Artillerie im Festungskriege, s.a. Militär-Wochenblatt. 1908. 3. Beiheft.

Die Artillerie im Festungskriege. Von Oberlt. Johann **Hanika.** Berlin: E. S. Mittler & Sohn 1908. (S. 130–162.) 8° [Umschlagt. ...]
— **Militär-Wochenblatt.** 1908, Beih. 3, (s.) [08. 7367

Hanika, N., Heilung d. Lungenschwindsucht. (Tuberkulose.) E. bewährtes Verfahren. gr. 8. (43 S.) München 897. Seitz & Schauer. n. 1.50

Hanika, N., e. notgedrungenes Wort zur Heilung der Lungenschwindsucht. gr. 8. (30 S.) München 892. C. Merhoff. — 60

— dasselbe, nebst e. Nachtrag weiterer geheilter Fälle. gr. 8. (38 S.) Ebd. 892. n. 1. —

Hanimair, Jos., Bibel der natürlichen Religion. [„Praeambula fidei".] Lehr- und Betrachtungsbuch für jedermann, namentlich für Gebildete ohne Unterschied des Glaubensbekenntnisses, enthaltend zahllose allen Confessionen gemeinsame natürlich-religiöse Grundsätze und kurze, höchst-ideenreiche Betrachtungen über solche, als Vernunftoffenbarung aus der Literatur und den Sprichwörterschätzen der Culturvölker aller Zeiten zur Förderung der Religionseinheit und zum Zwecke einer Erziehungsanstalt gesammelt und hrsg. gr. 8. (III, 1014 S.) Freistadt 887. (Linz, Ebenhöch'sche Buchh.) **

Hanimann, J., der Chemie- u. Mineralogie-Unterricht in unsern Schulen. gr. 8. (82 S.) Schaffhausen 883. (Schoch.) 1.20

Hanimann, Jean. Assistent von Busswyl-Sirnach (Kt. Thurgau). Ueber Derivate des Dimethylanilins. Zür. Zürcher u. Furrer Dr. 1877. 54 S., 1 Bl. 8°.
Zürich. Phil. Diss. [v. 31. Juli 1877].

Hanimayr J: Gedanken über Geist, Kraft und Stoff. 14. Freistadt 74. Progr.

Hanisch: Celasius Dobner's Leben u. gelehrtes Wirken. 12 S. – Prag N., Progr. 1854

Hanisch, Alwin: Zum Gedichte vom 'Recht'. Leipzig 1909: Glausch. 44 S. 8°
Leipzig, Phil. Diss. v. 30. Juni 1909, Ref. Sievers, Köster
[Geb. 23. Okt. 84 Dortmund; Wohnort: Dortmund; Staatsangeh.: Preußen; Vorbildung: Realgymn Dortmund Reife O. 04; Studium: Jena 1, Leipzig 7, Berlin 2 S.; Rig. 8. Jan. 09.] [U 09. 2978

Hanisch, Aug., Bestimmung d. Biegungs-, Zug-, Druck- u. Schubfestigkeit an Bausteinen der österr.-ungar. Monarchie. hoch 4. (47 S. m. 1 Taf.) Wien 901. C. Graeser & Co. n. 4.40

Hanisch, Aug., Frostversuche m. Bausteinen der österr.-ungar. Monarchie als Ergänzg. d. „Resultate d. Untersuchgn. m. Bausteinen". gr. 4. (40 S. m. 4 Abb.) Wien 895. C. Graeser. n. 1.50

Hanisch, Aug., Resultate der Untersuchungen m. Bausteinen der österreichisch-ungarischen Monarchie. gr. 4. (IV, 44 S. m. 8 graph. Taf. in gr. Fol.) Wien 892. C. Graeser. n. 2.80

— u. Heinr. **Schmid,** Österreichs Steinbrüche. Verzeichnis der Steinbrüche, welche Quader, Stufen, Pflastersteine, Schleif- u. Mühlsteine od. Dachplatten liefern. Mit Unterstützg. des hohen k. k. Ministeriums f. Cultus u. Unterricht verf. u. hrsg. Unter Mitwirkg. v. Lucian Baecker, Alois Gattinger, Carlo Hesky etc. Imp.-4. (VII, 352 S.) Ebd. 901. n.n. 20. —

Hanisch, Aug., u. Osw. **Mayer,** wahre u. scheinbare Zugfestigkeit. (3 S. m. 1 Fig.) 32,5×23,5 cm. Stuttgart 905. (Freiburg i/B., J. Bielefeld.) — 75
Sonderabdruck aus „Baumaterialienkde."

Hanisch, E., De titulorum Argolicorum dialecto. I. Diss. 1908. 57 S.

Hanisch. E., Verzeichniss der röm. Münzen des Gymnasiums. Pr. 1812. 20 S. 4°.

Hanisch Edmund: Eichendorffs Literaturdramen und die satirischen Komödien von Tieck und Brentano.
II. 1910 PN 3094 Diss Innsbr. [illegible]

Hanisch, Ernst Ed., Handbuch für Eisenbahn-Beamte, Spediteure und Kaufleute, enthaltend: Verhaltungs-Massregeln für Waaren-Versandt nach dem Auslande durch die Eisenbahnen, nebst Angabe der einschläg. zollgesetzl. Bestimmungen. 2. Aufl. gr. 8. (80 S. mit 10 Formularen.) Leipzig 885, C. A. Koch's Verlagsh. *

—— Handbuch für Kaufleute, Spediteure und Eisenbahn-Beamte, enthaltend: Verhaltungs-Massregeln für Waaren-Versandt nach dem Auslande durch die Eisenbahnen, nebst Angabe der einschläg. zollgesetzl. Bestimmungen. 3. Aufl. 8. (80 S. mit Formularen.) Ebendas. 887. *

Hanisch, Ernst Gottfried (Dresden), De regula Catoniana. Disp. jur. Präs. Martin Gottlieb Pauli. Wittbg. (Gerdes) 14. VIII. 1769. 28 S. (6.—) 13045

Hanisch, G. A., der Deklamator. Theoretisch-prakt. Anleitung der freien Vortragekunst und Mustersammlung für den Vortrag passender Dichtungen ernsten und komischen Inhalts nebst Erläuterungen über den Vortrag derselben. gr. 12. (XXXVIII und 202 S.) München 858, (Fleischmann's Separat-Conto.) *

Hanisch, Georg Daniel

— s. Gesangbuch für d. Garnison-Gemeinde in Ratenau.

Hanisch, Geo. Dn., († d. 2. Juli 1822.) christl. Huldigungsreden. gr. 8. Stendal 808. Franzen u. Gr. 3 K

— Predigten z. Andenken d. Stadt Tangermünde. 8. Stendal 783. Franzen u. Gr. 3 K

— 3 Predigten, im Felde gehalten. 8. Stendal 779. Franzen u. Gr. 2 K

Hanisch, Glob. Aug., d. „König Friedrich August-Turm" od. d. „Wunderblume" d. Löbauer Berges. Eine Volkssage. gr. 8. (8 S.) Löbau 896. (E. Oliva.) n.n. — 15

Hanisch, Johannes

Hanisch, Johannes: Deutschlands Lederproduktion und Lederhandel. Stuttgart: Union 1905. (VI, 110 S.) 8° ¶ [= Zeitschr. f. d. ges. Staatswissenschaft, Ergh. 16.]
Leipzig, Phil. Fak., Ref. Bücher u. Stieda, Diss. v. 8. Mai 1905
[Geb. 27. Okt. 64 Bobernig, Schlesien; Wohnort: Posen; Staatsangeh.: Preußen; Vorbildung: Seminar Liebenthal Reife 84, Wiederholungsprüf. Sommer 87; Studium: Leipzig Handelssch. 4, Univ. 6 S.; Rig. 19. Dez. 05.]

Hanisch, Hans, Deutschlands Lederproduktion u. Lederhandel, s.a. Zeitschrift f. die gesamte Staatswissenschaft. 16. Erg.-Hft.

Deutschlands Lederproduktion und Lederhandel. Von Dr. Hans Hanisch. Tübingen: H. Laupp 1905. (VIII, 110 S.) 8°
= Zeitschrift f. d. gesamte Staatswissenschaft. Erg.H. 16. [os. 6004]

Hanisch, Jos., Auxilium christianorum. Missa quatuor vocibus cantanda cum organo obligato canticis ad graduale et offertorium adjectis. Imp.-4. (37 S.) Einsiedeln 868, Gebr. Benziger. *
Stimmen einzeln (à 8 S.) à *

Hanisch, Jos., collectio cantionum sacrarum. Fasc. I. Partitur. gr. 4. (26 S.) Regensburg 874. Pustet. n. 1. 80; Stimmen (22 S.) n. 90

Hanisch, Jos., 81 Cadenzen in allen Dur- u. Moll-Tonarten [jede Tonart in 3 Lagen] u. 7 drei-, vier- u. fünfstimmige Praeludien für die Orgel. Op. XVI. Fol. (16 S.) Einsiedeln 876. Benziger. 1. 60

— zwei lateinische Messen „Laudate Dominum" u. „De immaculata conceptione" f. 1. Tenor u. Bässe u. willkürl. Orgelbegleitg. componirt. qu. 4. (59 S.) Regensburg 870. Coppenrath. n. 2. 80

— missa pro defunctis cum responsorio „Libera me, Domine" ad 3 voces pares (Ten. Bass. I. u. II. cum Org. et 2 Trombis ad libitum.) Partitur. gr. 4. (39 S.) Regensburg 876. Pustet. n. 3. —; Stimmen (17 S.) n. 1. —

Hanisch, Joseph (Domorganist in Regensburg). Missa: „Omnis spiritus laudet Dominum". Für 3 Singstimmen mit Orgelbegleitung. Opus X. Partitur und Singstimmen. In-fol., 38 S. Einsiedeln, Gebr. K. und N. Benziger. 1881.

— organum comitans ad graduale romanum, s.: Haberl, F. X.

—— 100 drei- und vierstimmige Orgel-Praeludien über Orig.- und Choral-Motive. qu. gr. 4. (53 S.) [Köln und Neuss 876], Düsseldorf, Schwann. *

Hanisch, Jul., das zweckmässigste System der kaufmann. Rechnungsführung. 4. (32 S.) Zürich 850, Meyer & Hanisch. n. 24 ngr

HANISCH, K., Reinholds theatralische Leiden und Freuden. 2 Theile. Ulm, Stettinsche Buchh., 1826. 8°. (1 1/3 Rthl.) (4 Mk. Heinr. Kerler, Ulm, 1905.) Selten!
1: Tit., 1 Bl. poet. Widm. (an den vormal., † Kgl. Würtemb. Hofschauspieler Anton Vincenz), 230 S. 2: Titel, 220 S., 1 Bl. Druckf. — Zahm.

Hanisch, K., s. 1) Mannigfaltigkeiten aus d. Gebiete d. Literatur u. Kunst. 1r Jahrg.

Hanisch, Karl

Hanisch, Carl, 100 kurze moralische Erzählungen für Kinder von 7 bis 10 Jahren. 1. Aufl. 1854. und 2. Aufl. 16. (VI und 265 S. mit 8 ill. Stnt.) Stuttgart 856(57,) Chelius.

Hanisch, Carl, hundert kurze moralische Erzählungen für Kinder von 7 bis 10 Jahren. 3. Aufl. gr. 16. (VI und 265 S. mit 8 ill. Bildern in Stahlst.) Stuttgart 858, Chelius.

Hanisch, Carl, 100 kurze moralische Erzählungen für Kinder von 7—10 Jahren. 4. Aufl. 16. (VI und 265 S. mit 8 ill. Bildern in Stahlst.) Stuttgart 862, Chelius. cart.

Hanisch, Carl, Hundert kurze moralische Erzählungen für Kinder von 7 bis 10 Jahren. 5. Aufl. gr. 16. (VI, 224 S. mit 8 color. Bildern.) Stuttgart 873, Chelius. [Leipzig, Berndt's Verlag.] geb.

Hanisch, Carl, 100 kurze moralische Erzählungen für Kinder von 7—10 Jahren. 6. Aufl. Mit (8 lith. u.) kolor. Bildern. gr. 8. (VI, 224 S.) Leipzig 878. Berndt. cart. 3. —

Hanisch, Carl, neueste Erzählungen. 8. (34 1/2 B.) Stuttgart 835, [Stoppani.]

Hanisch, Karl, neueste Erzählungen. 8. Stuttg. 835. Weise. 2 rf

Hanisch, M., Weihnachtsklänge. Op. 98. Text. gr. 4. (2 S.) Leipzig 897. C Merseburger. n. — 10

Ha' Nish, Otoman Zar-Adusht, das Leben Jesu. Enthüllungen nach bisher unbekannten oriental. Quellen. Übers. v. Dav. Ammann. (79 S.) 8. Leipzig 908. K. Lentze. 1.50

— Mazdaznan. Atmungs- u. Heilkunde. Zarathustrische Unterrichtsbriefe. Autoris. Übersetzg. v. Dav. Ammann. 2. Aufl. (218 S. m. Abb. gr. 8. Leipzig (909. 10). Mazdaznan-Verlag. Geb. in Leinw. 10.—; Prachtausg. 14.—; auch in 12 Lfgn. à — 60

— dasselbe. Wiedergeburt (innere Studien). Autoris. Übersetzg. v. Dav. Ammann. (VIII, 161 S. m. eingedr. Bildnis.) gr. 8. Ebd. (909. 10). 7.20; geb. 10.—; Prachtausg. 14.—; auch in 12 Lfgn. à — 60

Hanisch, Rudolf, aus Zwickau i. S.: Der **Positivismus** von Ernst Laas. *Halle a. S.: Kreibohm & Co. 1902.* (82 S.) 8°
Leipzig, Phil. Diss. v. [28. Juli] 1902

Die Leipziger Freie Studentenschaft ⟨Finkenschaft⟩ 1899–1905. Von Dr. phil. Rudolf **Hanisch.** Leipzig: G. Fock 1906. (IV, 136 S.) 8°
— **Bericht** d. Leipziger Finkenschaft. 3. [o6. 1978a 4

Hanisch, Rudolf, aus Leopoldshall b. Staßfurt: Über den 2,6-Dimethyl-4-Chlor-Nicotinsäureäthylester und dessen Derivate. *Rostock 1903: C. Hinstorff.* (50 S.) 8°
Rostock, Phil. Diss. v. [13. Nov.] 1902
(Nur in beschränkter Zahl für den Austausch)

Hänisch, v., August v. Goeben, königlich preußischer General der Infanterie u. kommandirender General des VIII. Armeekorps. Eine Lebensskizze. Mit dem (photolith.) Bildniß des Generals v. Goeben. [Aus: „Beiheft zum Militär-Wochenblatt".] gr. 8. (88 S.) Berlin 881. Mittler & Sohn. n. 1.80

— dasselbe. s.a. Beiheft zum Militär-Wochenblatt.

Hänisch, Ad., das Mädchen von Gleiwitz, Erzählung aus den Zeiten des 30jähr. Krieges. 8. Landsberg 8.12. Ende. 18 gr.

Hänisch, Ad., das Mädchen von Gleiwitz. Erzähl. a. d. Zeiten d. 30jähr. Krieges. 8. (12½ B.) Landsberg 832, [Wilmsen.]

Haenisch, Ador. Über die Nearthrosenbildung bei Luxatio radii anterior inveterata. Diss. Med. Univ. Zürich. [Mit 7 Tafeln.] 26 S. 8. Zürich, Polygraph. Institut A.-G., 1904.

Hänisch, B., De Pediensibus, Paralis, Diacriis. 2 Tle. Pr. 1865 67. 8, 14 S. 4°. à 1.20

Haenisch, Benno: De Pisistrati et Hippiae tyrannide cap VII–XI. Halis (1862): Orphanotropheum. 34 S. 8°
Halle-Wittenberg, Phil Diss pro impetratis honoribus v. 5 Apr. 1862
Geb Grenzdorf (Ober-Lausitz) 4.1 1838 V
Verf. war am 29 März 1862 promoviert worden,

Hänisch, Ed.

Hänisch — De oratione, quae sub Lysiae nomine in Platonis Phaedro legitur, utrum Lysiae an Platonis esse videatur. . . . .
Progr. Ratibor 1825

Hänisch, E. — Ueber die Partikel quanquam. 12 S. . . . . . .
Progr. Ratibor 1832

Hänisch, E. — Ueber die Verbindung der Nomina Subst. durch Präpositionen in der lateinl. Sprache. I., II. 6 und 27 S.
Progr. Ratibor 1835, 1838

Hänisch, Ed. — Verzeichniß der Römischen Münzen des Gymnasiums. 20 S.
Ratibor, Progr. 1842

Hänisch, E. — Wie erscheint die athenische Erzieh. bei Aristophanes. 19 S.
Progr. Ratibor 1829

Haenisch, Erich, aus Berlin: Die chinesische **Redaktion** des Sanang Setsen, Geschichte der Ostmongolen, im Vergleiche mit dem mongolischen Urtexte. ¶ [Nur Diplom. Verf. ist vor Drucklegung der Diss. promoviert; der Druck wird nachgeliefert.]
(Nicht für den Austausch)
Berlin, Phil. Diss. v. 6. Mai 1904

Haenisch, Erich, a. Berlin: Die chinesische **Redaktion** des Sanang Setsen, Geschichte der Ostmongolen, im Vergleiche mit dem mongolischen Urtexte. Berlin 1904: Reichsdruckerei. (29 S.) 8° ¶ (Erschien vollst. 1904 in: Mitteilungen des Seminars für Orientalische Sprachen zu Berlin Jg. 7, Abt. 1. [Vgl. 1903/04 Be 117.]
Berlin, Phil. Fak., Ref. Grube, Pischel, Diss. v. 6. Mai 1904
[Geb. 27. Aug. 80 Berlin; Wohnort: Berlin; Staatsangeh.: Preußen; Vorbildung: Gymn. Kolberg Reife O. 99; Studium: Berlin 8 S.; Rig. 5. Mai 04.]

Haenisch, F., Handbuch der acuten Infectionskrankheiten, s.: Handbuch der speciellen Pathologie u. Therapie.

Hänisch, F., de variis theoriis, quae de partus caussis allatae sunt. Gryphisw. 1864.
Schul-/Univ.-Schrift

Haenisch, Fedor, approb. Arzt aus Berlin: **Fremdkörper** in der Stirn- und Oberkieferhöhle. *Strassburg i. E.: Schlesier & Schweikhardt 1901.* (40 S.) 8°
Strassburg, Med. Diss. v. 1901

Haenisch, Fritz, Gerichtsassessor: Wirkungen des Abnahmeverzuges des Käufers. Greifswald 1907: J. Abel. (40 S.) 8° [J.]
Greifswald, Jur. Fak., Ref. Jung, Diss. v. 13. Juli 1907
[Geb. 8 Apr 79 Greifswald; Wohnort: Greifswald; Staatsangeh.: Preußen; Vorbildung: Gymn. Anklam Reife M. 98, Studium: München 1, Berlin 1, Greifswald 5 S.; Rig. 21 Dez. 06.]

Hänisch, G., (Peruquier, † d. 17. Juli 1800.), s.a. Gottfried Wacker.

Hänisch, G., Gottfried Wacker. 8. Freiberg 790. Craz u. G. n gr.

Hänisch, Georg Fedor

Haenisch, G. Fedor, Röntgendiagnostik des uropoetischen Systems, s.a. Fortschritte auf dem Gebiete der Röntgenstrahlen. 20. Erg.-Bd.

Haenisch, G[eorge] Fedor Dr: Röntgendiagnostik des uropoetischen Systems von — in Hamburg. Mit 24 Handzeichn. u. 16 Taf. Hamburg: L. Gräfe & Sillem 1908. (48 S.) 4°
= Archiv u. Atlas d. normalen u. pathol. Anatomie in typischen Röntgenbildern. [20.]
= Fortschritte auf d. Geb. d. Röntgenstrahlen. Erg. H. 20.

Haenisch, Gerhard, Unterarzt beim 5. Bad. Feld-Art.-Reg. No 76, aus Kolberg: Aus d. 2. med. Klinik Berlin. Geh. Rat Prof. Dr. Gerhardt. Zur **Casuistik** der Bleigicht. *Freiburg i. B. 1903: K. Henn.* (28 S.) 8°
Freiburg i. B., Med. Diss. v. 1903

Haenisch, Harry: **Kritische Bemerkungen zur Statistik des Uteruscarcinoms nebst einer Zusammenstellung der Dauererfolge von 668 vaginalen Totalexstirpationen wegen Carcinoma colli uteri und 59 wegen Carcinoma corporis uteri.** *Berlin 1898: B. Paul.* (39 S.) 8°
Freiburg i. B., Med. Diss. v. 1898

Haenisch, Hugo (Carl Wilhelm) *(geb Jackschönau bei Breslau 24 6 1859)*: Inquiry into the Sources of the „Cursor Mundi". Breslau 1884 (30 S.) 8° *[Vollst. in: Cursor Mundi ... ed. by Rich Morris. Vol 1 1874-93 = Early English Text Society. Orig. Ser. 57. 99. 101]*
Breslau, Phil. Diss. v. 29 Apr. 1884

Haenisch, Johann Gotthold (Grimmensis), De spongiarum apud veteres usu. Diss. philos. Präs. Abraham Krigel. Lpz. (Langenheim) 21. IV. 1734. 32 S. (6.20) 12648
Gew.: Johann Michael Schumann (Weissenfels).

Haenisch, Max [appr. arzt aus Colberg]: Ueber experimentell zu erzeugende melliturie .... Colberg, Druck d. C. F. Post'schen Buchdr (Dr. P. Jancke), 1887; 16 S. 8°
Erlangen, Med. Fak, Inaug.-Diss. v 1887

Hänisch, Oskar, Festschrift zum 50jähr. Bestehen des Allgemeinen Turnvereins zu Leipzig-Gohlis, Leipzig-Gohlis 1898, 96 S., 8°.

Hänisch, Victor [aus Euskirchen]: [I.] Beitrag zur Kenntnis der Configuration der Schleimsäure. [II.] Einige Derivate des Amidoacetals ... Berlin, A. W. Schade's Buchdr., 1894; 27 S., 1 Bl. 8.
Berlin, Phil. Fak., Inaug.-Diss. v. 13 Jan. 1894

Haenisius, Gottlieb (Sorau/Laus.), De temperamentis. Meditatio philos. Präs. Friedrich Mentz. Lpz. (Goetz) 6. VII. 1712. 22 S. (6.20) 12649

Hanitsch, Gab.

— Spielerkatechism. 8. Ebend. 742.

HANITSCH, G., Unterricht von Gevatterschaften. Budissin 1735. 8°.
Ehestandsalmanach II. p. 262.

Hanitsch, Gab., Unterricht von Gevatterschaften. 8. Budiss. Drechsldt. 735.

Hanitsch, Rich., die Wasseraufnahme bei Cyclas u. Anodonta. gr. 8. (88 S. m. 1 Steintaf.) Jena 884. (Neuenhahn.) 1.20

Hanitzsch, C. A., Equipagenbüchlein. Praktische Winke f. Equipagen-Besitzer beim Ankauf, der Aufbewahrg. u. Benutzg. v. Wagen ꝛc. 16. (X, 77 S. m. 17 Abbildgn.) Leipzig 894. F. F. Weber. n. 1.20

Hanitzsch, Mart., auf, Christen, auf zur wackeren Wehr! Predigt am Sedantage, geh. am 12. Sonntage nach Trinitatis 1906. (15 S.) 8. Leipzig 906. J. C. Hinrichs' Verl. n. —20

— danket dem Herrn, denn er ist freundlich u. seine Güte währet ewiglich. Predigt am Erntedankfeste 1906. (15 S.) 8. Ebd. 906. n. —20

d'Hanizki, Thadée: Mazourka de Concert pour Violon avec Orchestre ou Piano. Par —. (Part. u. Stimme.) Berlin: Freie Musikal. Vereinig. 1896. (7, 3 S.) 4°

Hank, Gustav Adolf, gepr. Rechtsprakt.: Die geschichtliche Entwicklung des Innungsrechts in Bayern seit 1868. Nürnberg 1911: Sebald. VII, 237 S. 8° ¶ (Im Buchh. ebd.)
Erlangen, Jur. Diss. v. 15. Nov. 1910, Ref. Rieker
[Geb. 29. Okt. 81 Freiburg i. B.; Wohnort: Freiburg; Staatsangeh.: Baden u. Bayern; Vorbildung: Gymn Freiburg i. B. Reife Juli 01; Studium: Freiburg i. B. 1, München 4, Erlangen 3 S.; Rig 13. Dez. 10.] [U 11. 808

Hank, Rich., Schicksale. Novellen. 12. (187 S.) Mannheim 898. J. Bensheimer's Verl. n. 1.20; geb. n.n. 2.20

Hanka, V., siehe: Manuscript of the queen's court.

Hanka, Václesl., Начала русскаго языка. Počátky ruského jazyka. 3. rozmnožené vydání. Prag 857. (Rziwnatz.) 12. (269 S. u. 5 lith. Taf.) n. 24 ngr

— ostatky slovanského bohoslužení z Čechách. Prag 859. (Rziwnatz.) gr. 8. (XII, 74 S. u. 1 lith. Taf.) n. 1 ₰ 18 ngr
Hieraus einzeln:

— o ostatcích slovanského bohoslužení v Čechách. Ebend. 859. gr. 8. (21 S.) n. 12 ngr

— počátky posvátného jazyka slovanského. 2 popravené vydání. Ebend. 859. gr. 12. (48 S.) n. 6 ngr
— — in russischer Sprache. Ebend. 859. gr. 12. (48 S.) n. 12 ngr

Hanka, Václesl, Počátky ruského jazyka. gr. 12. (168 S. mit 1 Stnt.) Prag 850, (Ehrlich's Buchh.) *

—— Pravopis český. 9. Vydání. 24. (96 S.) Prag 849, (Ehrlich's Buchh.) *

Hanka, Venceslav, s. Bibliothek des litterarischen Vereins in Stuttgart XLVIII.

Hanka, Wencesl., Entwurf zu e. Etymologikon d. Slaw. Sprache, s. Dobrowsky, Jos.

—— Geschichte Böhmens, s.a. Geschichte.

Geschichte Böhmens in lithographisch ausgeführten Blättern; dargestellt von einem Verein Akademischer Künstler Prags. Erklärt von Wenceslaw Hanka. 1 Bd. Text, 1 Bd. Tafeln. Prag 1824. 4°.

—— Glagolitica, s. Dobrowsky, Jos.

—— Königinhofer Handschrift, s. Handschrift.

Hanka, W., Igor Swatslawitsch Heidengesang. s. Swatslawitsch.

Hanka, W. Correspondenz zwischen Kaiser Rudolf, dem ungarischen Könige Matthias, den Erzherzogen Leopold u. Albrecht, dann den Herren Wenceslaw von Wchynicz u. Ad. von Althen in Betreff des passauischen Kriegsvolkes. 4. Prag 1845.

Hanka's, Wěnceslaw, Lieder. Aus dem Böhm. übers. von Alfr. Waldau. Prag 863. Dominicus. 16. (VI, 169 S.) n. 28 ngr

—— Slavin, s. Dobrowsky, Jos.

Hanka, Wenz., böhmische Vorschriften. 16. 24 Heft. Prag 832. Enders. (à 18 Kr) 1 ₰ 12 Kr

Hankamer, W., Leben u. glorreiches Wirken Papst Leo XIII. 1878. 1903. Festschrift zum 25jähr. Jubiläum seines ruhmwürd. Pontifikates. (40 S. m. Abbildgn.) gr. 8. Essen 903. Fredebeul & Koenen. n. — 25

Hankau [Schlagwort]

Hankau, s.: China. Karte v. Ostchina.

Hanke's patent-technischer Almanach. Jahrg. 1896. Vademecum f. Erfinder, Ingenieure, Fabrikanten, Betriebsleiter, techn. Bureaux. 12. (IV, 189 S.) Dresden R. M. Hanke. Kart. n. 1. 60

— dasselbe, s. a. Almanach.

— Export-Adressbuch f. 1897. Guide of the German exporting industry. Guide de l'industrie d'exportation de l'Allemagne. Guia por la industria Alemana de exportacion. M. Enthüllgn. üb. d. Schlittenfahrerthum: Ein berühmter Schlittenfahrer-Process. 8. (III, XVI, 146 S.) Dresden 896. R. M. Hanke. 3. —

Hanke: Die landwirtschaftlichen Gebäude in Steiermark. 16 S.–Graz OR., Progr. 1861

Hanke, A., Grammatik u. Vokabularium der Bongu-Sprache (Astrolabebai, Kaiser-Wilhelmsland), s.a. Archiv f. das Studium deutscher Kolonialsprachen. VIII.

Hanke, A.: Grammatik und Vokabularium der Bongu-Sprache (Astrolabebai, Kaiser-Wilhelmsland) von –, Miss. Mit 1 Kt., 1 wortvergleichenden Tab. von 9 Orten d. Astrolabegebietes u. 1 Vokabularium d. Sungumana-Sprache. Berlin: G. Reimer in Komm. 1909. XII, 252 S. 8°
(Archiv f. d. Studium deutscher Kolonialsprachen. Bd 8.)

Hanke, Ad.: Versuch einer kurz gefassten Darstellung der mikroskopischen Pflanzenanatomie. 13 S. 8°.– Troppau OR., Progr. 1854.

Hanke, Adolf. Die ersten Versuche in der qualitativen chemischen Analyse. Eine Anleitung für den praktischen Unterricht nach einer leicht ausführbaren Methode, bearbeitet von — —. Troppau. Dr. von A. Traßlers Sohn 1857. (42 S. 8.)

Hänke, Andr., so gehts in der Welt. Lstspl. gr. 8. Wien 792. Hörling. 5 gr.

Hanke C, Keramik. Farb. Entw. i. Geschmacke d. Gegenw. (20 T) fol Plauen (1905)

Hanke, Curt, s. Hanke, Kurt

Hanke, Daniel Abraham

[De venae Sectione. Deutsch:] Die dem Ansehen nach paradoxe aber in der Wahrheit und Erfahrung gegründete Auflösung folgender Frage: Ob in denen warmen oder kalten Ländern öffter Ader zu lassen sey. Zum 2.mahl u.zwar in teutscher Sprache nebst e. beygefügten Kurtzen Abhandlung vom Schwindel und dessen Cur, eröffnet u. publ. von Daniel Abraham Hancke [Hanke]. Franckfurt & Leipzig 1734. 115 S. 8

Hanke, Erwin, über die Condensation v. substituierten Acetessigestern m. Phenolen. Diss. gr. 8. (62 S.) Tübingen 900. F. Pietzcker. n.n. 1. 20

Hanke Franz: William Collins, ein Vorläufer der romantischen Bewegung.
H. 1910 PN 2990 Diss. Innsbruck, Univ. 2001

Hanke, Fr(anz) Steph(an) (Übers.u.Comm.):

s.: Manning, Henry: Über die Mutterbeschwerung. (A Treatise on female diseases: in which are also comprehended those incident to pregnant and child-bed women. Second London edition. Dt.) Wien: 1790

JB 4.482

Hanke, Friedrich

— Münchhausens Abenteuer. Die Schildbürger. 2 lust. Erzählgn. Für die Jugend mit Berücksicht. der neuen Rechtschreibg. bearb. Mit 8 schwarzen Textbildern sowie 4 farb. Bildern v. Eug. Hanetzog. (128 S.) 8. Berlin (905) Verlag Jugendhort. Geb. 1. 40

Hanke, Fridericus: De Apuleio libri qui inscribitur περὶ ἑρμηνείας auctore. Vratislaviae 1909: Schatzky. 60 S. 8°
Breslau, Phil. Diss. v. 27. Febr. 1909, Ref. Foerster-Skutsch
[Geb. 7. Juli 81 Breslau; Wohnort: Breslau; Staatsangeh.: Preußen; Vorbildung. Gymn. Oppeln Reife O. 03; Studium: München 1, Breslau 8 S.; Rig. 11. Nov. 08.] [U 09. 602

— Schönste Erzählungen, s.: Schmid, Christoph v.

— Narrenstreiche. Drei lust. Erzählgn. Für die Jugend ausgewählt u. m. Berücksicht. der neuen Rechtschreibg. bearb. Mit 6 schwarzen Textbildern sowie 7 farb. Bildern v. Eug. Hanetzog. (128 u. 112 S.) gr. 8. Berlin (905). Verlag Jugendhort. Geb. in Leinw. 4. 50

— die Ostereier u. andere Erzählungen, s.: Schmid, Christoph v.

Hanke. Frdr., Don Quijote, s.: Cervantes, Mich.

— Gullivers Reisen zu den Zwergen u. Riesen, s.: Swift, Jonathan.

— wundersame Reisen u. Abenteuer. (Inh.: Gullivers Reisen u. Don Quijote.) Für die Jugend bearb. u. m. Berücksicht. der neuen Rechtschreibg. hrsg. Mit 6 schwarzen Textbildern v. E. Hanetzog, sowie 6 farb. Bildern v. Ernst Zimmer. (128 u. 119 S.) 8. Berlin (904). Verlag Jugendhort. Geb. in Halbleinw. 2. 25; in Leinw. gr. 8. 3. —

— Wundersame Reisen u. Abenteuer. (Inhalt: Gullivers Reisen u. Don Quijote.) Für die Jugend bearb. u. m. Berücksicht. der neuen Rechtschreibg. hrsg. Mit 6 schwarzen Textbildern v. E. Hanetzog, sowie 6 farb. Bildern v. Ernst Zimmer. (128 u. 119 S.) gr. 8. Ebd. (904). Geb. in Leinw. 4. 50
Erh. Pr. 8. —

— Rosa v. Tannenburg, s.: Schmid, Christoph v.

— Till Eulenspiegels Streiche. Für die Jugend mit Berücksicht. der neuen Rechtschreibg. bearb. Mit 8 schwarzen Textbildern, sowie 3 farb. Bildern von Eug. Hanetzog. (112 S.) 8. Berlin (905). Verlag Jugendhort. Geb. 1. 40

— lustige Welt. Sammlung wundersamer Reisen, Abenteuer u. Streiche. Für die Jugend bearb. u. m. Berücksicht. der neuen Rechtschreibg. hrsg. Mit 12 Textbildern, sowie 13 farb. Bildern v. Ernst Zimmer u. Eug. Hanetzog. (VIII, S. 7–128, 119, 128 u. 112 S.) gr. 8. Berlin (906). Verlag Jugendhort. Geb. in Leinw. 6. —

Hanke, Friedrich Gottlob

1751. * Principia theoriae de infinito mathematico et demonstrationem possibilitatis parallelarum publico eruditorum examini subjiciunt *Fridericus Gottlob Hanke* A. M. et *Benjamin Gottlieb Binder* Vrat. Sil. Lipsiae ex officina Stopffelia. 4. 19 Seiten.

Hanke, Gf. Benj., Cantica sacra ex germanica in lat. linguam transl. 12. Dresd. 728.

Hanke, H., Weihnachtsgrüße f. Sonntagsschulen u. christl. Familien. Gesammelt u. hrsg. Mit e. Vorwort v. Dammann. 16. (64 S.) Mülheim a/R. 887. Buchhandlg. d. evang. Vereinshauses. — 25

Hanke, Henriette, geb. Arndt, Bilder des Herzens und der Welt. In Erzählungen. 18 Bdchn. 2e verb. Aufl. gr. 12. Liegnitz 834. Kuhlmey. 11/12 ℛ (26—46 Bdchn. Ebd. 823—25 kosten 3½ ℛ)

— Blumenkranz für Freundinnen der Natur. In Erzählungen. 1e Samml. 8. Hannov. 826. Hahn. 1 ℛ 12 ℊ 2e Samml. A. u. d. T.: Ehrenpreis u. Balsamine. 2 Erzähll. 8. Hannov. 827. Hahn. 1 ℛ 16 ℊ

— der Brief. — Minna. — Der Barmherzige. Drei Erzählungen. gr. 12. Liegnitz 837. Kuhlmey. 1⁵/₆ ℛ

— der Christbaum. Eine Erzählung. gr. 12. Liegnitz 824, Kuhlmey.

— Claudie, ein Roman. 3 Bdchen. gr. 12. Liegnitz 823 u. 24, Kuhlmey.

—— Ehen werden im Himmel geschlossen. Roman. 2 Thle. gr. 12. (26⅔ B.) Liegnitz 840, Kuhlmey.

— Elfride. Roman. 2 Bde. gr. 12. (36⅓ B.) Hannover 846, Hahn'sche Hof-Buchh.

Hanke, Henriette

Elisabeth. Erzahlung.
Berlin: Bethge 1833. 284 S. 8°

—— Erholungsstunden. Eine Sammlung kleiner Erzähln. 1. u. 2. Bdchn. gr. 12. Liegnitz, Kuhlmey. [1. (15½ B.) 828. 1 Thlr. 8 Gr., 2. (12½ B.) 829. 1 Thlr. 4 Gr.]

— die Freundinnen. 3 Thle. gr. 12. Liegn. 825—26, Kuhlmey.

— geistl. u. moral. Gedichte. 8. Bresl. Seidel. 725.

— Gedichte u. d. Neukirchischen Satyr. 4 Thl. 8. Dresd. 731—35.

— Herbstblätter. In drei Erzählungen: Die Sphinx. — Der jüngste Tag. — Das Häuschen auf d. Stadtmauer. gr. 12. Berlin 841. Bethge. 1⅙ ℛ

— die Familie Jacobi. Ein häusl. Gemälde. 2 Thle. gr. 12. Liegnitz 827, Kuhlmey.

— s.a. Jagdschloß, das, der Diana.

—— das Jagdschloß Diana u. Wallys Garten. Zwei Erzähln. 2., verb. Aufl. gr. 12. (13 B.) Liegnitz 836, Kuhlmey.

Hanke, Henriette

Der Colibri und Die Ruine. Zwei Erzählungen.
Liegnitz Kuhlmey 1835. 400 S. 8°

— s.a. Monate, die zwölf

—— die zwölf Monate d. Jahres. In Erzähln. 2 Bde. 2., verb. Aufl. gr. 12. (24 B.) Liegnitz 832, Kuhlmey.

— die zwölf Monate des Jahres. In Erzählungen. 2 Bde. 2e verb. Aufl. gr. 12. Liegnitz 833. Kuhlmey. 2⁵/₁₂ ℛ

Hanke, Henriette (Wilhelmine), die Perlen. 2 Thle. gr. 8. (30 B.) Hannover 828, Hahn. Thlr.

—— die Perlen. Roman in 2 Thln. 2. Aufl. gr. 12. (19⅝ B.) Hannover 836, Hahn'sche Hofbuchh.

— die Pflegetöchter. 2e gänzl. umgearb. Aufl. gr. 12. Liegnitz 832. Kuhlmey. 1 ℛ 8 ℊ (1e Aufl., s. Pflegetöchter.)

— — Polterabend-Scenen u. Aufzüge. Nebst vermischten Gedichten. gr. 12. (6¾ B.) Hannover 843, Hahn'sche Hofbh.

—— der Schmuck. In Briefen. Seitenstück zu d. Perlen. 3 Thle. gr. 12. (32⅓ B.) Hannover 837, 38, Hahn'sche Hfbb.

Hanke's, geb. Arndt, Henriette, sämmtliche Schriften. Ausgabe letzter Hand. 1.—6. Bd. Perlen. 3 Bde. — Wallys Garten. — Blumen. 1. u. 2. Bd. gr. 12. Hannover 841, Hahn'sche Hof-Buchh. à n. ⅓ ℛ

— dies. 7.—21. Bd. Blumen. 3.—7. Bd. — Der Hofgärtner. — Claudie. 4 Bde. — Schwiegermutter. 3 Bde. — Pflegetöchter. 1. u. 2. Bd. (Mit d. Portr. u. Facsimile d. Verf.) gr. 12. Ebend. 841, 42. à n. ⅓ ℛ

— dies. 22.—32. Bd. Ich suchte. — Die Verlobung. — Der Ring. — Der letzte Wille. — Die Wittwen. 4 Bde. — Geliehenes Gut u. eigener Besitz. 2 Bde. — Der Brief. gr. 12. Ebend. 842. à n. ⅓ ℛ

— dies. 33.—52. Bd. — Die Freundinnen 6 Bde. — Das Herrenhaus. — Das Jagdschloß Diana. — Die Ruine. — Die Schwester. 4 Bde. — Das Maal. — Das Schachspiel. — Der Pelzmantel. — Die Familie Jacobi. 4 Bde. — Der Barmherzige. — Der Schutzpatron. gr. 12. Ebend. 843. à n. ⅓ ℛ

— dies. 53.—62. Bd. Die Schwägerinnen. 3 Bde. — Der Alte überall u. Nirgends. Die Sphinx. — Der Colibri. — Der Hut. Minna. — Der Amtsrath. 1. u. 2. Bd. — Die Schriftstellerin. 1. u. 2. Bd. gr. 12. Ebend. 843. à n. ⅓ ℛ

— dies. 63.—71. Bd. Tante u. Nichte. — Der Schmuck. 5 Bde. — Die zwölf Monate d. Jahres. 3 Bde. gr. 12. Ebend. 843, 44. à n. ⅓ ℛ

— dies. 72.—88. Band. — Der Christbaum. — Elisabeth. 2 Bde. — Der jüngste Tag. — Die dritte Frau. — Die Bekehrung. — Das Häuschen auf der Stadtmauer. — Ehen werden im Himmel geschlossen. 4 Bde. — Der Braut Tagebuch. 3 Bde. — Der Frau Tagebuch. 3 Bde. — Polterabend-Scenen u. Aufzüge. — Vermischte Gedichte. gr. 12. Ebend. 844. à n. ⅓ ℛ

— dies. 89.—94. Bd. Elfride. 6 Bde. gr. 12. Ebend. 846. à n. ⅓ ℛ

Hanke, Henr., geb. Arndt, sämmtl. Schriften. Ausg. letzter Hand. 95–100. Bd. Die Tochter des Pietisten. 2 Bde. gr. 12. (317 u. 350 S.) Hannover 848, Hahn. n. 2 ₰ (ausnahmsweise einzeln zu haben.)

— dies. 101 u. 102. Bd. Meine Hausgötter. Eine Sammlung kleiner Aufsätze zunächst f. die Freunde der Verfasserin. gr. 12. (VIII u. 191 S.) Ebd. 849. n. 2/3 ₰

— dies. 103–108. Bd. Eine schlesische Gutsfrau u. ihre Angehörigen. Roman. 2 Thle. 8. (1: IV u. 276 S. 2: IV u. 258 S.) Ebd. 849. n. 2 ₰ (1–108.: n. 36 ₰)

Hanke, Henriette, geb. Arndt, sämmtliche Schriften. Ausgabe letzter Hand. 109–126. Bd. Hannover 853–57. Hahn. 8. Jeder Bd. n. 10 ℳ

109–114. Bd. Ein stilles Hauswesen. 2. Bde. 1. Bd.: Der Arzt und seine Tochter. — 2. Bd.: Der Arzt und seine Frau. 853. (2 Bl., 254; 2 Bl., 226 S.)

115–117. Bd. Mein Wintergarten. Kleine Schilderungen aus dem Leben. 854. (2 Bl., 273 S.)

118–120. Bd. Mein Wintergarten. Kleine Schilderungen aus dem Leben. Fortsetzung. 855. (3 Bl., 238 S.)

121–123. Bd. Mein Wintergarten. Kleine Schilderungen aus dem Leben. 2. Fortsetzung. 856. (3 Bl., 267 S.)

124–126. Bd. Mein Wintergarten. Kleine Schilderungen aus dem Leben. Schluß. 857. (3 Bl., 223 S.)

—— die Schriftstellerin u. d. Schutzpatron. Zwei Erzähln. gr. 12. (14 B.) Liegnitz, Kuhlmey.

— die Schwägerin. Roman. 2 Thle. gr. 12. Hannover 835, 36. Hahn. 2 5/6 ₰

—— die Schwester. Seitenstück z. Schwiegermutter. 2 Thle. 8. (40½ B.) Hannover 831, Hahn.

—— die Schwiegermutter. Roman. 2 Bde. 1. Aufl. 8. (27½ B.) 830., 2. A. gr. 12. (18¼ B.) Hannover 833, Hahn. à Aufl.

—— der Braut Tagebuch. gr. 12. (17⅔ B.) Hannover 841, Hahn'sche Hofbuchh.

—— der Frau Tagebuch. Fortsetzung von der Braut Tageb. gr. 12. (18¼ B.) Hannover 842, Hahn'sche Hof-Buchh.

Hanke, Henriette

Tante und Nichte. Und: die dritte Frau. Zwei Erzählungen.
Liegnitz: Kuhlmey 1832. 356 S. 8°

—— Vergeltungen. Erzählend dargestellt. 2 Bdchn. 8. Berlin, Bethge. [1. (15½ B.) 829. 1 Thlr. 8 Gr., 2. (19 B.) 830. 1 Thlr. 12 Gr.]

—— der letzte Wille. Erzähl. gr. 12. (11 B.) Liegnitz 830, Kuhlmey.

—— die Wittwen. Roman. 2 Thle. gr. 12. (13½ u. 14 B.) Hannover 833, Hahn. à 1 Thlr. 18 Gr.

Hanke, Henriette, geb. Arndt, d. Witwen. 4 Tle. in 1 Bd. 12. (102, 146, 128 u. 126 S.) Stuttgart 895. [C. Malcomes.] Franckh. 1. 50; geb. in Leinw. n. 2. 25

— dasselbe, s.a. Roman- u. Erzählungsschatz f. d. deutsche Haus.

Hanke, Hub., O. T., die Sakramente der Taufe usw., s.: Breiteneicher, Mich.

Hanke, J. A., Bibliothek der mährischen Staatskunde. 1r Thl. m. K. 8. Wien, Hörling. 786.

— Taschenbuch für Christen, e. Kern d. heiligen Schrift. 8. Ebend. 787.

— Vers. üb. die Schiffbarmachung des Flusses March rc. 8. Ebend. (Gaßl in Brünn). 796.

Hanke, J. W., über Eröffnung d. Eitergeschwülste nach verschied. Methoden. Zum Gebrauch für angehende Wundärzte. gr. 8. Bresl. 829. W. Korn. 12 K

— prophylaktisches Heilverfahren bei Verletzungen vom tollen Hunde, u. Behandl. d. eingetretenen Wuthkrankheit. 8. Bresl. 830. Gosohorsky. 12 K

Hanke, Kurt

Hanke, Curt, Keramik. Farbige Entwürfe im Geschmacke der Gegenwart. (20 farb. Taf.) gr. Fol. Plauen (906). Ch. Stoll. In Mappe n. 28. —

— moderne Monogramme u. Siegel. (12 Taf.) gr. 4. Ebd. (906). n. 8. —

Hanke, M. (Hrsg.), s. Almanach, Patent-technischer, für den Weltverkehr.

Hanke, M., Anmerkungen von dem Latein-Reden der stud. Jugend zu Breslau, ein Gutachten des 1709 verstorb. Rektors M. H. Hrsg. v. Schönborn. Pr. 1858. VI, 88 S. 4°. 1.—

Hanke, Mart., monumenta pie defunctis olim erecta. Bresl. Blesing. 718. —

Hanke, Mart., (†...) Vratislaviensia eruditionis propagatores ed. Scholz. Fol. Bresl. 767. W. G. Korn. 20 K

— scripta de Silesiorum rebus, nominib. etc. c. III Indic. 4. Vratisl. 702.

Hanke, Osk., das Sonderrecht des Viehkaufes. In enger Anlehng. an die Kommentarform bearb. Nebst e. tierärztl. Erläuterg. der Haupt- u. Vertragsmängel der Haustiere v. Rhard. Froehner. (XII, 254 S.) gr. 8. Berlin 910. F. Vahlen. 5.—; geb. 6.—

Hanke, Paul, neuer Lehrgang der gewerblichen Buchführung, s.: Koch, Aug.

Hanke, Phil., lateinische Chrestomathie f. Pharmaceuten. Mit e. vollständ. Wörterb. versehen. gr. 8. (15½ B.) Berlin 842, Herm. Schultze.

—— Elemente der pharmaceut. Wissenschaften, od. Leitfaden zur Vorbereitung auf d. preuß. Apotheker-Gehilfen-Prüfung. 8. (21½ B.) Berlin 843, Herm. Schultze.

Hanke, Phil., Elemente der pharmaceutischen Wissenschaften oder Leitfaden zur Vorbereitung auf die preuß. Apotheker-Gehilfen-Prüfung. 2. Thl. 2., verm. und verb. Aufl. 8. (XVI und 456 S.) Leipzig 850, H. Schultze.

Hanke, Phl., Leitfaden zur Vorbereitung auf die Preußische Apotheker-Gehilfen-Prüfung. In Fragen entworfen für Eleven der Pharmacie. 8. Berlin 841, Schultze. ½ ₰ — 2. Thl. Mit der Abänderung des Tit.: Elemente der pharmaceut. Wissenschaften, oder Leitfaden rc. 8. Ebend. 843. 1 ₰

— Leitfaden zur Vorbereitung auf die preußische Apotheker-Gehilfen-Prüfung. In Fragen entworfen für Eleven der Pharmacie. 2., verm. und verb. Ausg. 8. (XII und 131 S.) Leipzig 856, H. Schultze.

— Nachtrag zur 2. Aufl. vom „Leitfaden zur Vorbereitung auf die preußische Apotheker-Gehülfen-Prüfung" und von „Elemente der pharmaceutischen Wissenschaften" enth. die Veränderungen der 7. Ausg. der Pharmacopoea borussica. 8. (IV und 63 S.) Ebendas. 864.

Hanke, Phil., Leitfaden zur Vorbereitung auf die preußische Apotheker-Gehülfen-Prüfung. In Fragen entworfen für Eleven der Pharmacie. 2 Thle. 3., verm. u. verb. Aufl. Leipzig 867. H. Schultze. 8. (XVIII, 668 S.) n. 2 *ℛ*

Hanke, R., das ewig Beharrliche oder die göttliche Einheit und der letzte Endzweck des Seins. I. gr. 8. (IV, 54 S.) [Breslau 880, Gosohorsky's Sortiment.] Freiburg i. Br., Kiepert und v. Bolschwing. *
Vergriffen.

Hanke, R., kleine Beiträge z. Unterricht im Orgelspiele. gr. 8. (16 S.) Innsbruck (902). (Vereinsbuchh. u. Buchdr.) n. — 20

Hanke, R., Franz Grillparzer, — Friedrich Hebbel, } s.: Volks- u. Jugend-Bibliothek.

(F) **Wielands Oberon.** Ein episches Gedicht. Herausg. von R. Hanke. Neu bearbeitet von Dr. A. Lichtenheld. [Graesers Schulausgaben klassischer Werke. Heft 69/70.] Gr.-8°. (XII, 178 S.) Wien: Graeser 1905. K 1.—

Hanke, R.: Walther v. d. Vogelweide. 39. Bozen L.-B.-A. 75. Progr.

Hanke, Rich., Leitfaden zur praktischen Erlernung des Billardspiels m. Abbildgn. (96 S.) kl. 8. Neurode 908. Neuroder Verlagsanstalt. 1.80

Hanke, Rob., deutsches Lesebuch f. allgemeine Volksschulen, s.: Jacobi, Alfr.

Hanke, Rud.: Das erziehliche Moment im mathematischen Unterrichte. 6 S. – Bozen, L.-B.-A., Progr. 1882.

Hanke, Vict., die Berufs- od. Gewerbe-Erkrankungen des Auges, s.a. **Sammlung zwangloser Abhandlungen aus dem Gebiete d. Augenheilkunde. VI, 2.**

Die Berufs- oder Gewerbe-Erkrankungen des Auges. Von Dr Victor **Hanke**, Privatd., Wien. *Halle a. S.: C. Marhold 1901.* (24 S.) 8 = **Sammlung** zwangloser **Abhandlungen** aus d. Geb. d. Augenheilkunde. Bd 3, H. 2. [04. 1350] 3

— **Therapie der Augenkrankheiten,** s.a. **Handbibliothek, medicinische. 3. Bd.**

Hanke, V., Therapie der Augenkrankheiten. [Medicinische Bibliothek. III. Bd.] 8°. (234 S.) Wien: Hölder 1903. geb. K 3.60

Hanke, W., Vorschriften zum Schönschreiben, in Böhmischer Sprache. 1. u. 2. Hft. qu. gr. 4. (15 Bl. in Kpfrst.) Prag 851, Enders. à Hft.

Hanke* v. Hankenstein, J., de epigraphia Caroli Ludov., Archid. Austriae etc. et in gall. germ. ling. transl., oder Schilderungen Karl Ludwigs, Erzherzogs v. Oesterreich. Mit 1 Kpf. 4. Wien 802. Pichler. 10 *K

Hanke v. Hankenstein, Jh. Aloys, († d. 26. März 1806.) Bibliothek d. Mährischen Staatskunde. 1r Thl. mit 13 Kpf. 8. Wien 786. Hörling. 1 *ℛ*

— s. 1) v. Kohari, Religion u. Sitten.

Hanke von Hankenstein, Joh. Alois, s. Recension d. ält. Urkunde

— Taschenbuch für Christen, ein Kern d. heil. Schrift. 8. Wien 786, Hörling. (Gastl in Brünn). 4 *K*

— Versuch über d. Schiffbarmachung des Flusses March u. Handlung d. Mährer. 8. Wien 782. 2e A. 784. Mit 1 Karte. 8. Brünn, Gastl. 8 *K*

— über d. Wahl d. städt. Magistrate in den österreich. Staaten. 8. Brünn 784.

Haenke, Thaddäus: Mineralogische und botanische Bemerkungen auf einer Reise nach dem Riesengebirge, s. Jirasek, J.

Haenke, Thaddäus: Die botanischen Beobachtungen auf der Reise nach dem Böhmischen Riesengebirge. 129 S.(S.31 - 159). Dresden: 1791

s.: Beobachtungen auf Reisen nach dem Riesengebirge. Veranstaltet und herausgegeben von der Königl.Böhm.Gesellschaft der Wissenschaften. Zweite Abtheilung.

JB 5.625

— s. **Linné, genera plantarum.**

Haenke, Thadd., Reliquiae, s.a. **Reliquiae.**

Hänke*, Thadd., († 1819.) Hänkeanae Reliquiae, seu descriptiones et icones plantarum, quas in America meridionali et boreali, in insulis Philippinis et Marianis collegit. Cura musei Bohemici. Fasc. I—V. C. tabb. XLVIII aeri incisis. Fol. maj. Prag 825—30. (Calve; a. Borrosch u. A.) 21 *ℛ* 8 *K

Hankel

— s. a. **Hanckel.**

Hankel, Lehrbuch der Pharmacie, s. Döbereiner, Frz.

Hankel Über die Magnetisirung von Stahlnadeln durch den elektrischen Funken und den Nebenstrom desselben. 28 S.
Halle, R. Sch., Progr. 1845

Hankel, Bonaventura Ferdinand (Frankenhausen/Thür.), De phosphoro. Diss. med.-chemica. Bln. (Gebr. Gaedicke) 29. IV. 1817. 34 S. mit Biogr. (M.: Struve.) (6.50) **13047**
Gew.: B. Wilh. Fried. Struve.

Hankel, Ernst. Der Bezirk Glauchau in gesundheitlicher Beziehung, m. besond. Berücksicht. der beiden Städte Glauchau u. Meerane. gr. 8. (VIII, 55 S. m. 14 Abbildgn.) Glauchau 890, Peschke. * 2 50

Hankel, Ernst, Handbuch der Inhalations-Anästhetica Chloroform, Aether, Stickstoffoxydul, Aethylbromid m. Berücksicht. der strafrechtlichen Verantwortlichkeit bei Anwendg. derselben. gr. 8. (III, 140 S.) Wiesbaden 891. [E. Jungklaass.] Leipzig, A. Langkammer. n. 4.—

Hankel, Ernst, Handbuch d. Inhalations-Anästhetica Chloroform, Äther, Stickstoffoxydul, Äthylbromid, Pental m. Berücksicht. d. strafrechtl. Verantwortlichkeit b. Anwendg. derselben. Für Ärzte, Zahnärzte u. Studierende. 2., vollständig neubearb. u. verm. Aufl. gr. 8. (VII, 196 S.) Leipzig 898. A. Langkammer. n. 6. —; geb. n. 7. —

Hankel, Ernst, die Kindersterblichkeit der Stadt Glauchau im J. 1884. gr. 8. (20 S.) Glauchau 886. Peschke. n. — 80

Hankel, Ernst, Laboratoriumsversuche über die Klärung der Abfallwässer von Fabriken. Hygienische Studien. gr. 8. (17 S.) Glauchau 884, Peschke. *

— Unglücksfälle durch hochgespannte elektrische Ströme, s.a. Sammlung klin. Vorträge.

Unglücksfälle durch hochgespannte elektrische Ströme v. Ernst Hankel (Glauchau) ... *Leipzig: Breitkopf & Härtel 1898.* (14 S.) 8.
— Sammlung Klinischer Vorträge. N. F. No 208. (98. 4139

Hankel, F., De panegyrico in Messallam Tibulliano. Diss. 1874. 42 S. 1.25

Hankel, Fritz

Hankel, F., die Ernennung u. die soziale Stellung der römischen Kriegstribunen. Ein Beitrag zur Geschichte d. röm. Kriegswesens. gr. 4. (34 S.) Dresden 890. (Leipzig, Fock.) n. 1. 20

Hankel, Fritz [Oberl. Dr.]: Die Ernennung und die soziale Stellung der römischen Kriegstribunen. Ein Beitrag zur Geschichte des römischen Kriegswesens. Dresden, Druck v. B.G. Teubner, 1890; 34 S. 4°
Dresden-Neustadt, k. G, OP 1890 (529)

Hankel, Fritz. Die Ernennung u. die soziale Stellung der römischen Kriegstribunen. Ein Beitrag zur Geschichte d. röm. Kriegswesens. gr. 4. (34 S.) Dresd. 891. (Lpz., Fock.) * 1 20

Hankel, Fritz Gedächtnisrede auf Oberlehrer Heinrich Immanuel Schnabel († am 17. April 1894) am 1. Mai in der Aula gehalten. (Umschlagtitel: .. Schnabel). 4 (S 3—8 der Schuln.).
Kgl. G. *Dresden-Neustadt* 1895 (548).
Progr.

Hankel, [Fritz]: Gedächtnisrede auf Prof. Dr. Edmund Ulbricht († 19. Februar 1907). S. 10—15. 4. Kgl. Gymn. *Dresden-Neustadt* 1907 (676).
Progr.

Hankel, Gust., und Ed. von Holleben, Predigt u. Altarrede am ersten Jubelfeste der Kirche zu Steinthalleben. 8. Frankenhausen 837. (Sangerhausen, Dittmar.) 1/12 ℛ

Hankel, Herm., die Elemente der projectivischen Geometrie in syntetischer Behandlung. Vorlesungen. gr. 8. (VIII, 256 S. m. eingedr. Holzschn.) Leipzig 875. Teubner. n. 7. —

Hankel, Herm., die Entwickelung der Mathematik in den letzten Jahrhunderten. Ein Vortrag beim Eintritt in den akadem. Senat der Universität Tübingen am 29. April 1869 gehalten. Tübingen 869. Fues. gr. 8. (36 S.) 5 *ngr.*

Hankel, Herm., die Entwickelung der Mathematik in den letzten Jahrhunderten. 2. Aufl. Mit e. Vorwort v. P. du Bois-Reymond. gr. 8. (27 S.) Tübingen 884. Fues. n. — 80

—— zur Geschichte der Mathematik im Alterthum und Mittelalter. gr. 8. (IV, 410 S.) Leipzig 874, Teubner.

Hankel, Herm., die Euler'schen Integrale bei unbeschränkter Variabilität des Argumentes. Zur Habilitation in der philosophischen Facultät der Universität Leipzig bearb. Leipzig 863. Voss in Comm. gr. 8. (40 S.) n. 10 *ngr.*

— über eine besondere Klasse der symmetrischen Determinanten. Inaug.-Dissert. Göttingen 861. (Leipzig, Voss.) gr. 4. (29 S.) n. 12 *ngr.*

— storia delle matematiche presso gli Arabi. Traduzione dal tedesco del Fil. Keller. gr. 4. (61 S. m. 1 Steintaf. Roma 873. Berlin, Mayer & Müller. n. 2. —

— zur allgemeinen Theorie der Bewegung der Flüssigkeiten. Gekrönte Preisschrift. Göttingen 861. (Vandenhoeck & Ruprecht.) gr. 4. (IV, 53 S.) n. 16 *ngr.*

Hankel, H. Theorie der complexen Zahlensysteme. Leipzig 1867.

—— elektrische Untersuchungen. 2. Abhandlung über die thermoelektrischen Eigenschaften des Boracites. gr. Lex.-8. (104 S.) Leipzig 857, Hirzel. *

—— dass. — 3. Abhandlung über Elektricitätserregung zwischen Metallen und erhitzten Salzen. gr. Lex.-8. (49 S.) Ebendas. 858. *

—— dass. — 4. Abhandlung über das Verhalten der Weingeistflamme in elektrischer Beziehung. gr. Lex.-8. (80 S.) Ebendas. 859. *

—— dass. — 5. Abhandlung. Maassbestimmungen der elektromotorischen Kräfte. 1. Thl. hoch 4. (52 S.) Ebendas. 861. *

Vorstehende vier Schriften des Verf. wurden aus: Abhandlungen der mathemat.-phys. Classe der k. sächs. Gesellschaft der Wissenschaften, besonders abgedruckt.

1. Abhandl. Ebendas. 1856. * 2 Thlr.

— Untersuchungen über die unendlich oft oscillirenden u. unstetigen Functionen. Ein Beitrag zur Feststellg. des Begriffs der Function überhaupt. Tübingen 870. (Fues.) gr. 4. (51 S.) n. 20 *ngr.*

Hankel, Herm., Untersuchungen üb. die unendlich oft oszillierenden u. unstetigen Funktionen, s.a. Ostwald's, Wilh., Klassiker der exakten Wissenschaften. Nr. 153.

Untersuchungen über die Unendlich oft oszillierenden und unstetigen Funktionen. Von Hermann Hankel. Hrsg. von Philip E. B. Jourdain. Leipzig: W. Engelmann 1905. (S. 44—115.) 8°
— Klassiker, Ostwald's, d. exakten Wissenschaften. No 153. [2.] (07. 4030

—— über die Vieldeutigkeit der Quadratur und Rectification algebraischer Curven. gr. 8. (IV und 85 S.) Leipzig 864, Voss. *

Hankel, Herm., Vorlesungen über die Elemente der projectivischen Geometrie in synthetischer Behandlung. gr. 8. (VIII, 256 S. mit eingedr. Holzschn.) Leipzig 875, Teubner. *

— Vorlesungen über die complexen Zahlen u. ihre Functionen. In 2 Thln. 1. Thl. A. u. d. T.: Theorie der complexen Zahlensysteme insbesond. der gemeinen imaginären Zahlen u. der Hamilton'schen Quaternionen nebst ihrer geometr. Darstellung. Leipzig 867, Voss. gr. 8. (XII, 196 S. mit eingedr. Holzschn.) n. 1 ℛ 24 *ngr.*

Hankel, J. u. G., Grundlage zu e. Religionsunterricht. 8. Rostock, Korpe. 737.

Hankel, J. Gli. W., († 181..) Gedichte, nach seinem Tode herausg. (von seinem Bruder). 8. Sondersh. 820. Voigt. 18 gl

Hankel, Jh. Adm. Günther, († im Juni 1792.) Grundlage zu e. Religionsunterricht. 8. Rostock 797. (Stiller). 8 ß

Hankel, M.. Tri unuaktaj komedioj. s.: Kotzebue, A. v.

Hankel, *Wilhelm* Martin [aus Schwerin]: Über Durochinon und Didurochinon ... Kiel, Druck v. A. F. Jensen, 1896; 33 S., 1 Bl. 8.
Kiel, Phil. Fak., Inaug.-Diss. v. [8. Aug.] 1896

Hankel, Paul, die sechste Bitte. Mod. Drama in 5 Akten. 16. (114 S.) München (898). Rubinverlag. n. 1. —

Hankel, Paul, d. Christentum im Banne d. jüdischen Glaubens. E. Beleuchtg. d. alten Testamentes v. Standpunkte d. wahren Christentums. gr. 8. (57 S.) Heidelberg 895. J. Hörning. n. — 80

Hankel, Paul, Galilei. Drama in 2 Abtlgn. u. 5 Akten. 8. (100 S.) Leipzig 885. Mutze. n. 1. 50

Hankel, Paul, Harald. Ein Lied der Liebe. 8. (IV, 48 S.) Berlin 893. C. F. Conrad. n. — 75

Hankel, Paul, aus Deutschlands toller Zeit. Kultur-histor. Roman aus der Mitte des 19. Jahrh. (204 S.) gr. 8. Stuttgart 905. Nationaler Verlag (C. Etzold). n. 2. 50; geb. n. 3. 50

Hankel, P., aus Deutschlands toller Zeit. Jetzt: Berlin, J. Singer & Co.

Hankel, Wilhelm Gottlieb

Hankel, W. G., Anleitung zur Experimentalchemie. Mit 1 Kupfertaf. gr. 8. Halle 842, Ed. Anton. 1½ ß

— Ueber einen Apparat zur Messung sehr kleiner Zeiträume (Berichte der Kgl. Sächs. Ges. der W. Mathem.-phys. Kl., 17. Febr 1866.)

Hankel, Wilhelm Gottlieb (Hrsg.), s. Arago, François: Populäre Astronomie.

Hankel, Wilhelm Gottlieb (Hrsg.), s. Arago, François: Instructionen, Berichte und Aufsätze über die auf wissenschaftl. Reisen zu lösenden Fragen.

Hankel, Wilhelm Gottlieb (Hrsg.), s. Arago, Francois: Sämmtliche Werke.

— Ueber die Durchbohrung des Stanniols durch den Entladungsschlag der elektrischen Batterie. (Abdruck aus den Berichten der mathem.-physik. Klasse der Königl. Sächs. Gesellsch. der Wissensch., 1865.)

— Ueber die thermo-elektrischen Eigenschaften des Bergkrystalls. (Ber. der Kgl. Sächs. Ges. der W. Mathem.-phys. Kl., 17. Febr. 1866.)

HANKEL, WILHELM GOTTLIEB.
Enleitung zur Experimental-Chemie. Halle, 1842. 8vo.

— Ueber die von G. Meissner an der Oberfläche des menschlichen Körpers beobachteten elektrischen Erscheinungen. (Abdr. aus den Berichten der mathem.-physik. Klasse der Königl. Sächs. Gesellsch. der Wissensch., 1862.)

Hankel, W., Grundriß der Physik. Mit vielen eingedr. Holzschn. [Abdr. aus Döbereiner's „Deutsches Apothekerbuch" 2. Thl.] gr. 8. (VIII u. 327 S.) Stuttgart 848, Becher. 1 ß 12 ngr

Hankel, W., Dr., Ueber die Construction eines Elektrometers. (Abhandl. der Kön. Sächs. Ges. der Wissensch. Mathem.-physik. Klasse. 1850.)

— Ueber das vermeintliche Leitungs-Vermögen der Marekanite für Elektricität. (Berichte über die Verhandl. der Kön. Sächs. Gesellsch. der Wissensch. zu Leipzig. Mathem.-physik. Klasse. Jahrg 1851.)

— Maassbestimmungen der elektro-motorischen Kräfte. (Abdr. aus den Ber. der mathem.-physik. Klasse der Kön. Sächs. Gesellsch. der Wissensch., 1861.)

— Ueber die Messung der atmosphärischen Elektricität. (Berichte der math.-physik. Klasse, 1852.)

Hankel, W. G., Messungen über die Absorption der chemischen Strahlen des Sonnenlichtes. (Aus d. Abhdlgn. d. math.-phys. Classe d. k. Sächs. Ges. d. Wiss.) Leipzig 862. Hirzel. 4. (38 S.) n. 12 ngr

— Messungen der Abstossungen des krystallisirten Wismuths durch die Pole eines Magnets mittelst der Drehwage.

— Messungen über die Grösse der Kraft, welche zwischen einer elektrischen Spirale und einem in ihrer Axe befindlichen Eisenkerne in der Richtung dieser Axe wirkt.

— W., Dr., Mittheilung einiger Versuche über die Elektricität der Flamme und die hiedurch erzeugten elektrischen Ströme. Leipzig 1850.

Hankel, Guilelmus: Quaestionis de thermoelectricitate crystallorum pars altera. Halae (1840): Ploetz. 48 S. 8°
Halle-Wittenberg, Phil. Hab.-Schr. v. 3. März 1840
Pars [1] ist Hallische phil. Diss. v. 10 Dez. 1839, vgl Nr. 2779 und ebda über die deutsche Bearbeitung.

— Ueber farbige Reflexion des Lichtes von mattgeschliffenen Flächen bei und nach dem Eintritte einer spiegelnden Zurückwerfung.

— Neue Theorie der elektrischen Erscheinungen. (Abdruck aus den Ber. der math.-phys. Kl. der Kön. Sächs. Ges. der Wissensch., 1865.)

— Neue Theorie der elektrischen Erscheinungen, Fortsetzung (Abdr. aus den Ber. der math.-phys. Kl. der Kön. Sächs. Ges. der W., 1866.)

Hankel, Guilelmus: De thermoelectricitate crystallorum. Adiecta est tabula aenea. Halae (1839): Ploetz. 32 S., 1 Taf. 8°
Halle-Wittenberg, Phil. Diss. v. 10. Dez. 1839
Geb. [Ermsleben (Gebirgskr. Mansfeld) 17. 6. 1814]
Verb. Hallische gekrönte philos. Preisarbeit v. 1834, Pars 2 ist Hallische phil. Hab.-Schr. v. 3. März 1840, vgl. Nr. 4573.
Vom Verf. ersch. deutsch: Ueber die Thermo-Elektricität der Krystalle. In: Annalen der Physik u. Chemie. Bd 49. Leipzig 1840. S. 493—504, Bd 50. 1840. S. 237—250, 471—96, 605—615; und: Ueber die Thermo-Elektricität einiger Krystalle in Beziehung auf die Anzahl und die Lage der Pole und den Wechsel der daselbst auftretenden Elektricitäten, ebda Bd 61. 1844. S. 281—294.
Verf. erlebte die Diplomerneuerung 1889 als Geh. Rat u. ordentlicher Professor der Physik in Leipzig, vgl. Anh. Nr. 592.

Hankel, W. G., elektr. Untersuchungen, s.a. Abhandlungen der königl. sächs. Gesellschaft d. Wissensch. Mathem.-phys. Classe. 24. Bd.

Hankel, W. G., elektrische Untersuchungen. 1. Abhandlung über die Messung der atmosphärischen Elektricität nach absolutem Maasse. Aus d. Abhandlungen d. K. Sächs. Gesellschaft d. W. Leipzig 856. Hirzel. Lex.-8. (221 S. u. 2 lith. Taf.) n. 2 ß

— — 2. Abhandlung über die thermo-elektrischen Eigenschaften des Boracites. — 3. Abhandlung. Ueber Elektricitätserregung zwischen Metallen und erhitzten Salzen. Aus d. Abhandlungen d. K. Sächs. Gesellschaft d. W. Ebend. 857. Lex.-8. (52 S.) 2.: n. 24 ngr; 3.: n. 16 ngr n. 1 ß 10 ngr

— elektrische Untersuchungen. 4. Abhandlung über das Verhalten der Weingeistflamme in elektrischer Beziehung. (Aus d. Abhdlgn. d. math.-phys. Classe d. k. Sächs. Ges. d. Wiss.) Ebend. 859. 4. (80 S.) n. 20 ngr

— — 5. Abhandlung. Maassbestimmungen der elektromotorischen Kräfte. 1. Thl. (Aus den Abhdlgn. d. math.-phys. Classe d. k. Sächs. Ges. d. Wiss.) Ebend. 861. 4. (52 S.) n. 16 ngr.

Hankel, W. G., elektrische Untersuchungen. 6. Abhandlung: Maassbestimmungen der elektromotor. Kräfte. 2. Thl. [Aus den Abhandlungen der mathemat.-phys. Classe der k. sächs. Ges. der Wiss.] Leipzig 865. Hirzel. hoch 4. (109 S.) n. 28 ngr.

— — 7. Abhandlung: Ueber die thermoelektrischen Eigenschaften des Bergkrystalles. [Aus den Abhandlungen der mathemat.-phys. Classe der k. sächs. Ges. der Wiss.] Ebend. 866. hoch 4. (70 S. mit 2 chromolith. Taff. in qu. 4.) n. 24 ngr.

— — 8. Abhandlung. Ueber die thermoelektrischen Eigenschaften d. Topases. [Aus den Abhandlungen der mathemat.-phys. Classe der k. sächs. Ges. der Wiss.] Ebend. 870. Mit 4 (chromolith.) Taff. (in qu. Fol.) hoch 4. (98 S.) n. 24 ngr.

Hankel, W. G., elektrische Untersuchungen. 9—12. Abhandlg. [Aus „Abhandlgn. der mathematisch-phys. Classe der k. sächs. Ges. d. Wiss."] Lex.-8. Leipzig 872—75. Hirzel. à n. 2. — (1—12.: n. 29. 20)

9. Ueber die thermoelektr. Eigenschaften d. Schwerspathes. Mit 4 (chromolith.) Taf. (74 S.)
10. Ueber die thermoelektr. Eigenschaften d. Aragonites. Nebst e. Uebersicht üb. die Entwickelg. der Lehre v. der Thermoelektricität der Krystalle. Mit 3 (chromolith.) Taf. (in qu. Fol.) (74 S.)
11. Ueber die thermoelektrischen Eigenschaften d. Kalkspathes, d. Berylles, d. Idiocrases u. d. Apophyllites. Mit 3 (chromolith.) Taf. (in qu. Fol.)
12. Ueber die thermoelektrischen Eigenschaften d. Gypses, d. Diopsids, d. Orthoklases, d. Albits u. d. Periklins. Mit 4 (lith. u. color.) Taf. (in qu. Fol.) (68 S.)

Hankel, W. G., elektrische Untersuchungen. 13—16. Abhandlg. [Aus: „Abhandlgn. d. k. s. Ges. d. Wiss."] hoch 4. Leipzig 878—82. Hirzel. à n. 2. — (1—16.: n. 37. 20)

13. Ueber die thermoelektrischen Eigenschaften d. Apatits, Brucits, Coelestins, Prehnits, Natroliths, Skolezits, Datoliths u. Axenits. Mit 3 (chromolith.) Taf. (54 S.)
14. Ueber die photo- u. thermo-elektrischen Eigenschaften des Flussspathes. Mit 3 (lith. u. color.) Taf. (79 S.)
15. Ueber die aktino- u. piezoelektrischen Eigenschaften des Bergkrystalles u. ihre Beziehung zu den thermoelektrischen. Mit 4 (lith. u. color.) Taf. (92 S.)
16. Ueber die thermoelektrischen Eigenschaften des Helvins, Mellits, Pyromorphits, Mimetesits, Phenakits, Pennins, Dioptases, Strontianits, Witherits, Cerussits, Euklases u. Titanits. Mit 3 (lith. u. color.) Taf. (48 S.)

Hankel, W. G., elektrische Untersuchungen. 17. Abhandlg. [Aus: „Abhandlgn. d. k. sächs. Gesellsch. d. Wiss."] Lex.-8. Leipzig 883. Hirzel. n. 1. 80 (1—17.: n. 39. —)

Ueber die bei einigen Gasentwickelungen auftretenden Elektricitäten. (63 S.)

Hankel, W. G., elektrische Untersuchungen. 18. Abhandlg. Fortsetzung der Versuche üb. das elektrische Verhalten der Quarz- u. der Boracitkrystalle. Mit 3 Taf. [Aus: „Abhandlgn. d. k. sächs. Gesellsch. d. Wiss."] Lex.-8. (70 S.) Leipzig 887. Hirzel. n. 2. — (1—18.: n. 41. —)

Hankel, W. G., elektrische Untersuchungen. 19. Abhandlg. [Aus: „Abhandlgn. d. k. sächs. Gesellsch. d. Wiss."] Lex.-8. Leipzig 892. S. Hirzel. n. 1. 80

Ueber die thermo- u. piëzoelektrischen Eigenschaften der Krystalle d. chlorsauren Natrons, d. unterschwefelsauren Kalis, d. Seignette-Salzes, d. Resorcins, d. Milchzuckers u. d. dichromsauren Kalis. In Verbindg. m. H. Lindenberg. (48 S. m. 3 Taf.)

— u. H. **Lindenberg**, elektrische Untersuchungen. 20. Abhandlg. Lex.-8. Ebd. 894. n. 1. 60 (1—20.: n. 44. 40)

Ueber die thermo- u. piëzoelektrischen Eigenschaften der Krystalle d. brom- u. überjodsauren Natrons, d. Asparagins, d. Chlor- u. Brombaryums, sowie d. unterschwefelsauren Baryts u. Strontians. (34 S. m. 3 farb. Taf.)

Hankel, Wilhelm Martin, s. Hankel, Martin

Hanken, Willy, bewegte See, s.: Blätter, bunte, aus aller Welt.

Hankensbüttel, s.: Preussen, Messtischblätter.

Hankenstein, I. v., de Epigraphia Caroli Ludov. Archid. Austriae etc. et in gall. germ. ling. transl. 4. Vienn. Pichler. 80.

— Schilderungen Carl Ludwigs Erzherzogs von Oestreich (deutsch u lat.). m. K. 4. Wien, Pichler. 80.

— — dieselben (lat. u. böhmisch). 4. Ebend. 802.

— — dieselben (lat. u. französisch). 4. Ebend. 802.

Hanker, F. C., die Nebenbuhler, s. Theater-Repertoir, Wiener.

Hanker, F. L., Seneca's Leben nach Diderot. Leipz. 794. 8. 1 rthlr.

Hanker, Garlieb

Hanker, Carl s.a. F. L. Ephen.

Hanker, Carl., (Psdn. F. L. Epheu), s. Geschichte Karl Sievers.

Hanker, Garlieb (Hamburg) [Auctor]
Dissertatio juridica inauguralis de vera indole et natura antichreseos.
Gissae [8.] Mai 1763: Jo. Jak. Braun. 24 S. 4°
pro licentia summos in utroque jure honores rite capessendi.

KAMMA. Eine Erzählung (von *Garlieb Hanker*). Hamburg 1779. Rar!

Anon.-Lex. II. p. 350 (nach Schröder).

LIEBESERKLÄRUNG, Die gemachte (von *Garlieb Hanker*). Berlin 1781.

Anon.-Lex. III. p. 60 (nach Schröder, Meusel). Goedeke hat „1782". — Rar!

—s. A. M. Schumann, Euclelia.

Hanker, Carl., (✝ d. 5. März 1807.) d. Tempel d. Ruhms; ein Gedicht. 8. Leipz. 783. Barth. 5 gr.

Hanker, H., sprachliche Übungen, s.: Meyer, Joh.

Hanker, Hnr., (✝ d. 30. Sept. 1822.) de jure circa sacra, in specie de jure reformandi etc. 4. Götting. 780. Vandenhöck u. R. 10 gr.

Hanker, Hermann

HANKER, H.: Die Rechte u. Freiheiten d. Handels der Völker unter einander, nach d. Völkerrechte u. d. Moral. *Hamburg.* 782. 8.

— Vers. üb. d. Rechte d. Freyh. d. Handels d. Völker ꝛc. 8. Hamb. Bohn. 782.

— Versuch über d. Rechte d. Freiheiten d. Handels d. Völker unter einander ꝛc. 8. Hamb. 782. (Campe). 6 gr.

Hankiewicz, Clemens, s. Hankiewicz, Klemens

Hankiewicz, H. Ritter v., Bestimmungen über Münzwesen, Staatspapiergeld u. Staatsschuld in Oesterreich. Für den amtl. Gebrauch festgestellt. Mit statist. Daten üb. Ausmünzg. u. Staatsschuld. gr. 8. (XXVII, 265 S.) Wien 887. Hof- u. Staatsdruckerei. n. 4. —

Hankiewicz, H. Ritter v., die österreichischen Pensions-Vorschriften für Civil-Staatsbedienstete, nebst einem Anhange über die Emeritalnorm des bestandenen Freistaats Krakau. In alphabet. Stoffordnung übersichtlich zusammengestellt. Krakau 862. Baumgardten. gr. 8. (IV, 117 S.) n. 24 ngr.

Hankiewicz, H. Ritter v. H., die österreichischen Pensions- u. Provisions-Vorschriften f. Civil-Staatsbedienstete. Systematisch dargestellt. 2., m. Benützg. der Orig.-Acten neu bearb. Aufl. gr. 8. (XV, 411 S.) Wien 886. Hof- u. Staatsdruckerei. Subscr.-Pr. n. 6. —; Ladenpr. n. 8. —

—— die österreichischen Pensions- und Provisions-Vorschriften für Civil-Staatsbedienstete. Systemat. dargestellt. 2. mit Benützung der Orig.-Acten neu bearb. Aufl. gr. 8. (XV, 411 S.) Ebendas. 887. Subscr.-Pr. * Ladenpr. *

— die kaiserl. Verordnung vom 10. März 1860 üb. die Disciplinarbehandlung der Staatsbeamten u. Diener in Oesterreich. Mit erläut. Bemerkgn. versehen. gr. 8. (XI, 159 S.) Ebd. 888. n. 3. 20

— amtliche Zusammenstellung der f. die Cassa-Manipulation u. das Dienstverhältniß der Cassabeamten im Allgemeinen zu beobachtenden Vorschriften, mit besond. Rücksicht auf die Steuerämter. Ergänzt u. erläutert. gr. 8. (XLVIII, 634 S.) Wien 889. Hof- u. Staatsdruckerei. n. 8. —

Hankiewicz, Klemens

Hankiewicz, Clemens, Grundzüge der slavischen Philosophie. 2. verm. Aufl. gr. 8. (110 S.) Lemberg 873. Milikowski. n. 2. —

Hankiewicz, Clem. v., die Kilimweberei u. die Kilimweberschule d. Wladyslaw R. v. Fedorowicz in Okno. gr. 8. (107 S.) Wien 894. C. Gerold's Sohn. n. 2. —

Hanko, Gebr.: Katalog landwirthschaftlicher Maschinen. Potschappel b. Dresden 1898. 1899. 1901. 1903

Hanko, J., die Erde in der Vergangenheit, Gegenwart u. Zukunft. Breslau 865. (Maruschke & Berendt.) 8. (116 S.) n. 16 ngr.

HANKÓ, Wilhelm von

Die Bäder und Mineralwässer der Erdélyer (Siebenbürgischen) Landestheile Ungarns. Von Prof. Dr. Wilhelm Hankó. Kolozsvár. 1900. Erdélyi-Kárpát-Egyesület. [In Comm. Wien. Deuticke.] Gr.-8°. VIII, 248 S. K 4.—

Hankó, Wilh., d. Behandlg. d. Mineralwässer, s.a. Bibliothek, balneologische.

Hankó, W: Die Behandlung der Mineralwässer. Budapest 1895

Hankoph, Johann Albert (Hamburg), De effectu erroris in contractu emti venditi. Dissert. jur. Präs. Fried. Gottlieb Struve. Kiel (Gottfr. Bartsch) 24. IX. 1749. 46 S. (6.20) 13049

Hankwitz, Kurt, Kammergerichtsref.: Die Einwirkung von Zuwendungen des Erblassers unter Lebenden auf die Gestaltung der Pflichtteilsansprüche nach dem Bürgerlichen Gesetzbuche für das Deutsche Reich. *Schöneberg-Berlin [1901]: W. Gronau.* (98 S.) 8° [F.]
Tübingen, Jur. Diss. v. 1901

Hankwitz, Kurt, die Einwirkung d. Zuwendungen des Erblassers unter Lebenden auf die Gestaltung der Pflichtteilsansprüche nach dem bürgerl. Gesetzbuche f. das Deutsche Reich. Diss. gr. 8. (98 S.) Schöneberg-Berlin (902). (Berlin, Dobberke & Schleiermacher) n. 1. 80

Hanky, Václav, Mluvnice polského jazyka. II. opravené vydání. gr. 12. (XXIV u. 176 S.) Prag 850, Calve. 1/3 ₰

— Obrazy dějin českých. 2. Vydání. 18. (242 S.) Prag 850, Hess. 1/3 ₰

Hanl, Carl, s. Hanl, Karl

Hanl, F. X. Karl, erster Unterricht von Gott für d. lieben Kleinen, welche lesen lernen. 12. Prag ... Widtmann. 6 gr.

Hanl, Frz., d. Rechnen d. Kleinen. Ausführl. Anleitg. f. Lehramtszöglinge u. angeh. Elementarlehrer m. bes. Berücksicht. d. Zerlegens u. d. Posner-Langer'schen Rechenstäbchen. gr. 8. (VIII, 195 S.) Reichenberg 898. P. Sollors. n. 3. —

Ⓑ Hanl, F., das Rechnen d. Kleinen. 898. (ABC 29.) Jetzt: Wien, A. Pichler's Wwe. & Sohn. Erm. Pr. 2. —

Hanl, J. Ad. Carl, die Vorbereitung zum heil. Sakramente der Firmung. Ein Lehr- u. Erbauungsbuch. Mit 1 Kupfer. 8. Prag 843, Scheib. 3/4 ₰

Hanl, J. Ad. Karl, Die Vorbereitung zum heiligen Sakramente der Firmung. Ein Lehr- u. Erbauungsbuch. 2. Ausg. Prag 865. Reinitzer. 8. (X, 244 S.) n. 12 ngr. geb. n. 16 ngr.

Hanl, Karl

Hanl, Carl, die sieben heil. Sakramente, od. d. Heil- u. Gnadenmittel d. Seele f. alle Zeiten d. Lebens. Ein kathol. Gebeth- u. Unterr.-Buch f. Freunde d. Tugend u. Religion. Hrsg. v. Jos. Joh. Rudl. gr. 12. (14½ B. u. 12 Kpfr.) Prag 835, Haase Söhne.

Hanl, Carl, die sieben heiligen Sakramente. 3., ganz umgearb. Aufl. 12. (359 S. mit 7 Stahlst. und lithogr. Titel.) Prag 858, Bellmann's Verlag.

Hanl, C., die heil. Schrift des alten Testamentes, s.a. Schrift.

Hanl, C., Die hl. Schrift des A. Test. in ihrem geschichtlichen Zusammenhange mit belehrenden Anwendungen von C. Hanl und bildlichen Darstellungen durch Kupfer nach J. Führig und L. Friese. Prag, Engelmann, 1828, gr. 8°. Ausgabe mit illum. Kupfern 26 Mk.; mit schwarzen Kupfern 19,50 Mk.

Haenle's Kursus der Krankenpflege u. der ersten Hilfe. Mit e. zerlegbaren (farb.) Modell des menschl. Körpers. (86 S.) 8. München (905). Heidelberg, J. Hörning. 1.20; Modell allein — 80

Haenle, Adph., architektonisches Album. Eine Sammlung verschiedener, theilweise ausgeführter Baulichkeiten, Façaden, Grundrisse und Details. 1. und 2. Heft. gr. Fol. (à Heft 6 Chromolithogr. mit lithogr. Titel.) Uttweil [Stuttgart] 860. 61, Uhler. à Heft * 2 Thlr. 24 Ngr. *

Haenle, Adph., architectonisches Album. Eine Sammlung ausgeführter Stadt-, Land-, Gartenhäuser etc. Façaden, Grundrisse und Details. 3.—5. Heft. (à 6 Chromolithogr.) gr. Fol. Stuttgart 863—65, Uhler. à Heft * 2 Thlr. 21 Ngr. *

— der Ideenfreund. Eine Sammlung der verschiedenartigsten Entwürfe zu städtischen und ländlichen Wohnhäusern, zu Land-, Garten- und Schweizerhäusern, Villas, Verandas etc. Mit besonderer Rücksicht auf Holzarchitektur und Details. Zum Gebrauche für Architekten, Bautechniker und für technische und Gewerbeschulen. 1—4. Heft. Ebend. 861—63. Imp.-4. Jedes Heft (à 6 lith. Bl.) n. 1 ₰ 12 ngr.

— der Ideenfreund. Eine Sammlung der verschiedenartigsten Entwürfe zu städt. u. ländl. Wohnhäusern, zu Land-, Garten-, u. Schweizerhäusern, Villas, Verandas etc. Mit besond. Rücksicht auf Holzarchitektur u. Details. Zum Gebrauche für Architekten, Bautechniker u. für techn. u. Gewerbeschulen. 5. u. 6. Heft. Ebend. 865. Jedes Heft (6 Chromolith.) 1 ₰ 12 ngr.

Hänle, Christian Friedrich

Hänle, Chrn. Friedr., Galvano-Epikalymmatik oder hydroelektrische Metallüberziehung, Vergoldung, Versilberung, Verplatinirung, Verkupferung ꝛc. auf galvanischem Wege. Ausführlich bearb. für den Gewerbsmann. Nebst dem Neuesten und Wissenswürdigsten über Galvanoplastik, Galvanotypie, Stylographie, Galvanographie ꝛc. 2. sehr verm. Aufl. Lahr 857. (Geiger. 12. (XV, 118 S. u. 1 lith. Taf. in Fol.) n 25 ngr

Hänle, Chr. Fr., Grundlinien d. pharmaceut. Chemie, mit besond. Berücksichtigung d. pharmaceut. Operationen. Für d. ersten Unterr. entworfen. M. 2 Stnt. (gr. 4.) gr. 8. (38 B.) Karlsruhe 832, Groos.

Hänle, Chr. Fr., die hydroelektrische Metallüberziehung, oder Vergoldung, Versilberung, Verplatinirung, Verkupferung, Vernikelung und Verzinkung auf galvanischem Wege. Mit 1 Steint. gr. 8. Lahr 843. (Geiger.) n. 2/3 ₰

Hänle, Chrstn. Friedr., Mittheilungen d. Gewerbevereins zu Lahr, s. Mittheilungen.

Hänle, Chrstn. Friedr., die Principien d. Physik u. Chemie in Bezieh. auf d. Gewerbliche. Populär bearb. f. Gewerbs- u. Realschulen, z. Selbstunterr. u. Unterhalt. f. Kaufleute u. Geschäftsmänner jeder Art. gr. 8. (36 B. u. 2 Stat.) Stuttgart 837, [Scheible, Rieger u. Sattler.] Thlr.

— stöchiometr. Schemata, od. Darstell. d chem. Prozesses pharmaceut.-chem. Präparate in atomist. Formeln. gr. 8. (13 1/2 B.) Stuttgart 836, [Scheible, Rieger u. Sattler.]

Hänle, Chr. Fr., die Ursache der inneren Erdwärme, die Entstehung des Erdplaneten, der Feuerkugeln, Sternschnuppen u. Meteorsteine. gr. 8. (79 S.) Lahr 851, Geiger. n. 1/3 ₰

Hänle, Christian Heinrich

— Abriß d. Geometrie u. Mechanik für Pädagogien u. mittler Klassen d. Gymnasien, nebst e. Probe geometr. Geistesgymnastik nach Pestalozzi u. Ladomus. 8. Frankf. a. M. 811. Hermann. 6 gr

— Abriß d. alten Geschichte d. Griechen u. Römer im Urterte d. röm. Schriftsteller. gr. 8. Caff. u. Marburg, Krieger. 813.

Hänle, C. H., Abriss der Geschichte der Griechen und Römer, aus ihren Schriftstellern bearbeitet. Lateinisch. Mit Anmerk. Cassel und Marb. 815. 8. 1 rthl. 8 gr.

Hänle, Chr. Hnr., latein. Anthologie, aus d. Werken d. vorzügl. röm. Dichter. 8. Frankf. a. M. 803. Andreä. 20 gr

Christian Heinrich Hänle. Über Benützung der Schulleesebibliotheken.
Lahr, P 1814

— Bilderlehre u. darauf gebaute Gleichnisse u. Parabeln für Lehrer u. Prediger aller Confessionen, wie auch für künftige Dichter u. Künstler. 16 Bdchen. gr. 8. Hadam. 815. (Lanz in Weilb.) 1 ₰

Hänle, C. H., Bilderlehre u. darauf gebaute Gleichnisse u. Parabeln f. Lehrer u. Prediger aller Confessionen, wie auch f. künft. Dichter u. Künstler. 16 Bdchen. gr. 8. Hadam. neue Gel. Buchh. 815.

Christian Heinrich Hänle. Über die Bildung der Jugend zum Frohsinn. Ein Lehrgedicht.
Lahr, P 1811

— pädagog. Blätter für junge Lehrer u. erwachsene Zöglinge höherer Lehranstalten. 2 Bdchen. gr. 8. Hadam, 815, 21. (Lanz in Weilb.) 2 ₰ (A. u. d. T.: Schulschriften: Schulreden u. 7 Kindergespräche ꝛc. 2 Bdchen.)

Hänle, Christian Heinrich, s. Blumenlese aus französ. Dichtern ...

Hänle, Christian Heinrich, s. Cornelius Nepos im Auszuge.

Hänle, Chr. H., die Geometrie als Geistesgymnastik. 1r Theil. Hadamar, Gelehrten-Buchhandlung. 817.

— d. Geometrie als Geistesgymnastik. 1r Thl. 8. Hadam. 817. (Lanz in Weilb.) 12 gr

Hänle, Chr. Hnr., populäre Gleichnisse in Gleichnißreden für Prediger, Lehrer u. reifere Jugend. 8. Frankf. 810. Guilhaumann. 20 gr

— populäre Gleichnisse u. Gleichnißreden f. Prediger, Lehrer u. d. reif. Jugend. (2. Aufl.) 8. (18 B.) Frankfurt a. M. 830, Guilhaumann.

— deutsches Handbuch für Erwachsene. 8. Frankf. a. M. 819. Andreä. 1 ₰ 2e umgearb. Aufl. unt. d. T.: deutsches Handbuch für mittlere Klassen d. Gymnasien. Eine Vorschule d. Lektüre ganzer Classiker, mit steten Winken zum Nachdenken über Sprache, Styl u. Geschmack ꝛc. gr. 8. Ebd. 826. 1 ₰

— griech. Handbuch für Erwachsene vor dem Lesen ganzer Classiker. gr. 8. Frankf. 820. Andreä. 1 ₰

— Handbuch d. französ. Sprache für Erwachsene. 8. Hadam. 818. 2e Aufl. unt. d. T.; Handbuch d. französ. Sprache für mittlere Klassen d. Gymnasien. 8. Ebd. 826. (Lanz in Weilb.) 1 ₰

— antiqua Historia Graecor. et Romanorum ipsas veterum scriptor. Romanorum narrationes complectens, in us. schol. 8maj. Frankf. 821. Guilhaumann. 18 gr

— Kern d. alten Geschichte d. Griechen u. Römer, im Urtexte d. röm. Schriftsteller. Zur Vorbereitung auf d. Lektüre d. ganzen latein. Classiker, nebst e. Abriß d. alten Geschichte überhaupt, in deutscher Sprache. gr. 8. Marb. 815. Krieger. 1 Rthlr 8 gr

— Lehrbuch d. Staatengeschichte für höhere Schulen. 8. Heidelb. 808. Mohr. 20 gr Schrbp. 1 Rthlr 8 gr

— erstes Lesebuch für Anfänger d. latein. Sprache. 8. Gießen 803. 2e A. 810. Heyer. 8 gr

— — französisches Lesebuch für Anfänger, nebst Wörterbuch. gr. 8. Hadamar, Gelehrten-Buchhandlung. 816.

— französ. Lesebuch für Anfänger, nebst Wörterbuch. gr. 8. Hadam. 816. (Lanz in Weilb.) 12 gr

— Materialien zu deutschen Stylübungen u. feierl. Reden. 4 Thle. 8. Frankf. 796—822. Andreä. 3 Rthlr 2 gr 1r u. 2r Thl. 2e Ausg. 822. 24. 1 Rthlr 8 gr 3r Thl. A. u. d. T.: prakt. zum Theil auf Musik gegründete Anleit. zur Declamation. 8. 815. 18 gr 4r Thl. A. u. d. T.: Eikon, oder allgemeine Bilderlehre f. künst. Redner, Künstler u. Lehrer. 822. 1 Rthlr 5r Thl. A. u. d. T.: d. Invention d. Gedanken, oder Anweis. für d. Jugend, d. Meditation bei deutschen Aufsätzen zu unterstützen. gr. 8. Ebd. 826. 16 gr

Hänle, Christian Heinrich, s. M o l i è r e , Jean Baptiste: Vier Schauspiele.

Christian Heinrich Hänle. Über die Musik als Gegenstand der Erziehung. Lahr. P 1808

Haenle, Christian Heinrich, Progymnasmate oratoria. Prolusio scholast. in gymnasio. Weilburg (L. E. Lanz) 1.—3. IV. 1833. 56 S. (6.50) 12650

— Schulschriften, Schulreden, pädagog.-philosoph. Aufsätze ꝛc., nebst 2 Dialogen für Schulfeierlichkeiten ꝛc. 2 Bdchen. gr. 8. Hadam. 820, 21.

— sechs Tragödien von P. Corneille, J. Racine u. Voltaire, für höhere Klassen d. Gymnasien bearbeitet. 8. Gießen 827. Heyer. 16 gr

— — ausführlicher Unterricht zur Weltgeschichte. 1r Theil, ein Lehr- und Lesebuch für Schulen und zum Selbstunterricht. 2r Theil Belege aus classischen Schriftstellern und Reisebeschreibungen. gr. 8. Halle, Waisenhaus-Buchh. 821.

— kleine Weltbegebenheiten. 8. Cassel u. Marb. 813. Krieger. 12 gr 1815 Hbg. Pr. 8 gr

Christian Heinrich Hänle. Über den Wert der wissenschaftlichen Bildung. Lahr. P 1805

— über d. Wichtigkeit d. wissenschaftl. Bildung. Progr. 8. Lahr 805.

Haenle, Frdr., die Weltausstellung in Chicago u. ihre Bedeutung f. das heimische Kunstgewerbe. Vortrag. Mit 17 erläut. Abbildgn. gr. 8. (39 S.) Berlin u. München 893. M. Schorß. n. 1. —

Haenle, Friedrich G. L., aus München, Rechtspraktikant am kgl. Landger. Traunstein: **Einfluss** des Bürgerlichen Gesetzbuchs auf die strafrechtliche Behandlung des Notstands, sowie philosophische Fragen des Notstandsrechts. *Traunstein 1899: E. Leopoldseder.* (45 S.) 8° [Ant. u. F.]
Erlangen, Jur. Diss. v. 28. Juni 1899

Hänle, G. C., chemisch-technische Abhandlung üb. d. Berlinerblau. m. K. gr. 8. Frankf. Hermann. 810.

— chemisch-technische Abhandl. üb. d. Salmiak. m. K. gr. 8. Ebend. 808.
vgl.: H ä n l e . Georg Friedrich

Hänle, (G. Fr.,) die gläserne Maske. Ein Gemälde aus d. Criminalakten d. 17ten Jahrh. 2e Ausg. 8. Frankfurt 825, Sauerländer.

Hänle, Georg Friedrich

Hänle, G. F., chemisch-technische Abhandlungen. 3s Bändchen. Mit 1 Kupfer. gr. 8. Frankfurt a. M., Hermann. 819.
Auch unter dem Titel:
technisch-ökon. Verbesserung der Salmiak-Fabrikation.

— — 4s Bdchn. mit 1 Steint. gr. 8. Frankfurt a. M., Herrmann. 821.
Auch unter dem Titel:
Technisch-ökonomische Verbesserungen der Berlinerblau-Fabrikation.

Hänle, (G. F.,) chemisch-technische Abhandlungen 4s Bdchn. A. u. d. T.: technisch-ökonom. Verbess. d. Berlinerblau-Fabrikation. Mit 1 Kpft. gr. 8. Frankf. 822, Herrmann.

Hänle, Geo. Fr., († d. 23. Juni 1824.) chemisch-technische Abhandlungen über d. Salmiak. Mit 1 Kpft. gr. 8. Frkf. a. M. 808. Hermann. 12 gr 2s Bdchen. A. u. d. T.: chem.-techn. Abhandll. über d. Berlinerblau. Mit 1 Kpf. gr. 8. Ebd. 810. 8 gr 3s Bdchn. Mit 1 Kpf. A. u. d. T.: technisch-ökonom. Verbesserungen d. Salmiak-Fabrikation. 9 gr 4s Bdchen. A. u. d. T.: techn.-ökonom. Verbesserungen d. Berlinerblau-Fabrikation. 9 gr
vgl.: H ä n l e , G. E.

— Entwurf zu e. allgem. u. beständigen Apothekertaxe, mit vollständig ausgearbeiteten u. genau berechneten Tabellen. gr. 4. Frankf. a. M. 818. Hermann. 3 Rthlr Hdn. Pr. 1 Rthlr 12 gr

Hänle, Georg Friedrich.
Lehrbuch der Apothekerkunst ... Leipzig 1820—26. V (Abth. 3): *Trommsdorf, Joh. Barthol.* (Ky)

— Lehrbuch d. Apothekerkunst, nach den neuesten u. bewährtesten Erfahrr., Entdeckungen, Berichtigungen u. Grundsätzen bearb. zum Selbstunterricht für Aerzte, Apotheker u. Materialisten. 2 Bde à 3 Abthll. (3e Abthl. fortgesetzt u. beendigt von J. B. Trommsdorf.) gr. 8. Leipz. 820—26. W. Vogel. 11 Rthlr 3 gr

— Magazin f. d. neuesten Entdeck. ꝛc. in d. Pharmacie, f. M a g a z i n.

— neues französ.-deutsches Wörterbuch d. Pharmacie, Physik, Chemie u. Naturgeschichte ꝛc. Mit Zusätzen. Aus d. Französ. gr. 8. Karlsr. 825. Müller. 2 Rthlr

Hänle, H., Beispielsammlung für die ersten Uebungen in der Latein. Syntax. gr. 8. Gießen 840 Heyer, Vater. 5 gr

Haenle, Leo, ein Beitrag zur gewerblichen Frage in Bayern mit besonderer Berücksichtigung der königl. Haupt- und Residenzstadt München. München 857. Literar.-artist. Anstalt. gr. 8. (48 S.) n. 8 ngr

Haenle, Osc., die Bacterien-Flora der Metzer Wasserleitung. (68 S.) gr. 8. Strassburg 903. (Metz, P. Müller.) n.n. 3. —

Haenle, Osc., Einführung in die organische Chemie. Ein Repetitorium. 12. (X, 111 S.) Berlin 894. S. Karger. Kart. n. 2. —

HAENLE, OSCAR. Ueber die Einwirkung von Jod auf die Silbersalze der rechts und links polarisirenden Weinsäuren. (Freiburg in Baden) Strassburg, 1884.

-- die Mineralquellen des Elsass in bakteriologischer u. chemischer Beziehung. (Erste bakteriolog., neueste chem. Untersuchg.) (110 S. m. 6 Abbildgn.) 8. Strassburg i/E. 904. Dr. Osc. Haenle. n. 4. 60

Hänle, Siegfried

Haenle, S., Ansbach in der deutschen Geschichte. Vortrag, gehalten in der ersten Hauptversammlung des Gesammtvereins der deutschen Geschichts- und Alterthumsvereine in Ansbach am 7. Septbr. 1885. 8. (37 S.) Berlin 886, (Mittler und Sohn.) *

Haenle, S.: Die Anwalts-Ordnung in der Justiz-Commission. Berlin 1876.

Haenle, S., Bemerkungen e. deutschen Juristen zum Prozeß Bazaine. gr. 8. (29 S.) Berlin 874. Weidmann. n. 1. —

Haenle, S., das Buch vom Schwanenorden, s. Stillfried-Alcántara, R.

S. HAENLE, Erinnerungen an die Hohenzollern in Ansbach. (Seiner Kaiserlichen Hoheit Friedrich Wilhelm, Kronprinzen des deutschen Reichs und von Preußen, am 9. September 1873 in Ansbach überreicht von den Anwälten des historischen Vereins für Mittelfranken.) Ansbach 1873. Druck von C. Brügel & Sohn. 4°.

— eine Pariser Familien-Geschichte. 8. Würzburg 840. Stahel'sche Buchh. 1 ℔

Haenle, S., über die Freigabe der Advocatur, s. Protokoll, stenographisches, des 9. bayer. Anwaltstages.

— Geschichte der Juden im ehemal. Fürstenth. Ansbach. Mit Urkunden u. Regesten. Ansbach 867. Junge. gr. 8. (VIII, 240 S.) n. 24 ngr

Hänle, S. and v. Spruner, Guide of the bathing places of Franconia Kissingen, Bocklet, Brückenau and their environs. From the german. Translated by S. Louis, Ph. D. M. A. With a map. 12. (7⅙ B. u. 1 Temperatur-Tabelle.) Würzburg 845, Stahel'sche Buchh. *

Hänle, S., Handbuch f. Reisende, s. Ausflug in d. fränkischen Bäder Kissingen.

—— —— Handbuch für Reisende auf dem Maine. 1. Aufl. (11½ B. u. 1 Karte.) 843 u. 2., verm. Aufl. 12. (12⅔ B. u. 1 Karte.) Würzburg 845, Stahel'sche Buchh. à * 1 Thlr., ohne Karte *

—— —— dass., mit d. Anhang: Ausflug in die fränkischen Bäder Kissingen, Bocklet, Brückenau etc. 12. (15⅚ B.) Ebds. 845. *
Vgl. Ausflug.

Hänle, S., der moderne Liebeshof. Skizzen u. Novelletten. 8. Bamberg 839. Literar.-artist. Institut. ¾ ℔

Hänle, S., württembergische Lustschlösser, s. Lustschlösser.

Haenle, S., das gute Recht Schleswig-Holsteins. Ansbach 863. Junge. gr. 8. (23 S.) 3 ngr

—— Romantisches aus der Geschichte der Hohenzollern. Vortrag, gehalten im Ansbacher Gewerbeverein im Februar dieses Jahres. gr. 8. (35 S.) Ansbach 887, Brügel und Sohn.

— Tabellen zur Geschichte der deutschen Staaten, s. v. Spruner, K.

— die dermalige Tax- u. Stempel-Gesetzgebung in Bayern. Vortrag auf dem 5. Anwaltstage zu Würzburg am 4. Juni 1864 gehalten. Nürnberg 864. Soldan. gr. 8. (31 S.) n. 4 ngr

Haenle, S., Urkunden u. Nachweise zur Geschichte v. Heinrich Topler, Bürgermeister der freien Stadt Rotenburg. [Aus: "Jahresberichte d. histor. Vereins f. Mittelfranken."] gr. 8. (87 S.) Ansbach 874. Brügel & Sohn. n. 1. —

Haenle. S.: Urkunden und Nachweise zur Geschichte des Schwanen-Ordens. Ansbach 1876.

Hänle, Siegfr., Wilhelmine Caroline, die Hohenzollern'sche Prinzessin aus Onolzbach auf dem englischen Königsthrone. Eine biograph. Skizze. 4. (41 S. m. 1 Bildnis.) Ansbach 901. (F. Seybold.) n. 2. —
Sonderabdruck aus: „Jahresber. d. histor. Ver. f. Mittelfranken."

Hänle, Siegfried [Hrsg.] s. Wochenschrift, Juristische

HAENLEIN (—.). Entw. d. Compositenbluethe. Naumb. 1874. 8°.

Hänlein, A., Choräle u. Chorgesänge zum gottesdienstlichen Gebrauch. („Vierzig Chorgesänge" II. Folge.) Im Auftrag des Vorstandes des evang. Kirchengesangvereins f. Baden bearb. (76 S.) 8. Göttingen 903. Vandenhoeck & Ruprecht. Geb. in Leinw. n. — 80
I. Folge u. d. T.: Helbing, A., u. A. Hänlein, 40 Chorgesänge z. gottesdienstlichen Gebrauch. Lahr 896. Geb. n. — 80

Hänlein, A., Choräle u. Chorgesänge zum gottesdienstlichen Gebrauch. („Vierzig Chorgesänge" II. Folge.) Im Auftrag des Vorstands des evang. Kirchengesangvereins f. Baden bearb. 2. Aufl. (76 S.) 8. Göttingen 907. Vandenhoeck & Ruprecht. Geb. in Leinw. — 80

Hänlein, A., 40 Chorgesänge z. gottesdienstl. Gebrauch, s.: Helbing, A.

Haenlein, Albrecht, (Dr.): Beiträge zur Geschichte der Hausweberei im bayerischen Voigtland. München [1905]: G. Franz. (64 S.) 8°
München, Staatswirtsch. Fak., Ref. Brentano, Diss. v. 19. Mai 1905
[Geb. 5. Mai 70 Benediktbeuren, Oberbayern; Wohnort: Nürnberg; Staatsangeh.: Bayern; Vorbildung: Altes Gymn. Nürnberg Reife Juli 88; Studium: München 8 S.; Rig. 19. Jan. 95.]

Haenlein, Aug., die Amateur-Photographie. Practische Anleitung. gr. 8. (25 S. mit Fig.) Frankfurt a. M. 888, (Alt.) * 1 —

Haenlein, Aug. Die Amateur-Photographie unter besond. Berücksicht. der Moment-Aufnahmen. Nach den neuesten Erfahrgn. bearb. 2. verb. u. verm. Aufl. gr. 8. (37 S. m. Abbildgn.) Frankf. a. M. 891, Bechhold. * 1 —

Hänlein, C. F., s. Hänlein, German Friedrich Karl

Hänlein, Conrad Sigismund Carl, s. Hänlein, Konrad Sigismund Karl

Haenlein, F. H., s.: Bibliotheca botanica.

Haenlein, F. H., die deutschen Reichspatente d. Klasse 28 (Gerberei). Alphabetisch u. sachlich zusammengestellt u. m. Anmerkgn. versehen. gr. 8. (67 S.) Freiberg 901. Craz & Gerlach. n. 2. —

— **German Friedrich Carl** (Erlangen), Observationes quaedam de officio et potestate interpretis circa antinomias in pandectis obvias. Diss. jur. Erlangen (Jo. Lud. Chr. Hilpert) 1817. 41 S. (6.—) 12652
vgl.: Hänlein, Hermann Friedrich Carl

Hänlein, C. F., observationes quaedam de officio interpretis circa antinomias in pandectis obvias. 4maj. Erlang. 817. Palm. 6 gr

Hänlein, Heinrich Karl Alexander

— Diss. inaug. Commentarius in epistolam Judae. Sect. I. II. 8. Erlang. 796.

— Dankpredigt wegen des d. 5. April 1795 zu Basel geschlossenen Friedens. 8. Erlang. 795. (Heyder). 3 gr

Haenlein, H. C. A., de temporis, quo J. Chr. cum apostolis versatus est, duratione. Erlang. 1796. 4.

— epistola Judae, graece, commentar. crit. et annotat. illustr. 8maj. Erlang. 799. Ed. nova 804. Palm. 16 gr

— Fest- u. Casualpredigten. gr. 8. Erlang. 792. Palm. 1 rthl 4 gr

Hänlein, Heinr. Karl Alex., († d. 16. März 1829.) Handbuch d. Einleit. in d. Schriften d. N. Testam. 3 Bde. gr. 8. Erlang. 794 u. ff. 2e A. 802—809. Palm. 6 rthl 4 gr Hbg. Pr. 4 rthl 12 gr

Hänlein, Heinr. Karl Alex. (Hrsg.), s. Journal, Neues theologisches.

Hänlein, Heinrich Karl Alexander, s. Kirchenjahrbuch für Baiern.

— **Heinrich Carl Alexander**, Commentatio de lectoribus, quibus epistola Pauli apostoli, quae ad Ephesios missa traditur, vere scripta fuisse videatur. Erlangen (Hilpert) 1797. 16 S. (2.50) 12653

— Lehrbuch d. Einleit. in d. Schriften d. N. Testam. 8. Erlang. 802. Palm. 1 rthl 12 gr

— Diss. inaug. Observationes criticae atque exegeticae ad loca quaedam Veteris Testamenti, Spec. I. 8maj. Götting. 788.

Hänlein, Heinrich Karl Alexander, s. Predigten, 6, zur Beförderung.

— — Examinis curarum criticarum atque exegeticarum Gilberti Wakefield in libros N. F. Particula secunda, stricturas in Epistolam ad Hebraeos continens. Erlangen (Hilpert) 1799. 15 Seiten. (2.50) 12654

Hänlein, Hermann Friedrich Karl

Hänlein, Hm. F. K.: Observatt. quaed. de officio et potest. interpret. circa antinomias in Pand. *Erl.* 817. 4. (6 Gr.)
vgl.: Hänlein, German Friedrich Karl

Hänlein, Karl, s. Corneille, Meisterwerke.

Hänlein, Konrad Sigismund Karl

— Lehrbuch d. Staatengeschichte für höhere Schulen. 8. Heidelb. Mohr u. Z. 808.
Schreibp.

Hänlein, Konr. Sigm. Karl, († d. 31. Aug. 1819.) Diss. inaug. de actionis Paulinae natura, requisitis et usu forensi. 4. Ansb. 785. Gassert. 8 gr

Haenlein, Conrad Sigismund Carl, De actionis paulianae naturae requisitis et usu forensi. Diss. jur. Erlangen (Ellrodt) April 1785. 88 Seiten. (7.—) 12651

— u. Kretschmann (a. Lang) Staatsarchiv. s. Staatsarchiv.

Haenlein, Oscar [aus Fürth]: Aus d. Universitätsklinik f. Hautkrankheiten u. Syphilis zu Bonn. Ueber Gonorrhoe der parurethralen Gänge ... Bonn, Buchdr. J. Bach Wwe, 1894; 1 Bl., 5—45 S. 8.
Bonn, Med. Fak., Inaug.-Diss. v. [15. Febr.] 1895

Haenlein, Paul, über das jetzige Stadium des lenkbaren Luftschiffes. (48 S. m. 24 Abbildgn.) 8. Leipzig (904). Grothlein & Co. n. 1.50

Hanmann, Dr. K., kurze Diätetik während d. Cholera-Epidemie zu Rostock. Für seine Mitbürger herausg. gr. 8. Rostock u. Schwerin 832. Stiller. 4 gr

Hanmann, Karl, zur Lehre vom Zahnen der Kinder. Eine von dem wissenschaftl. Vereine für Aerzte u. Apotheker Mecklenburgs gekrönte Preisschrift. 8. Rostock 846, Leopold. 1/2 rthl

Hanmann, Karl, Warnemünde, dessen Seebad u. die Wirkung der dortigen Luft. Ein kleines Handbuch f. Aerzte u. Curgäste. 16. Rostock 843, Leopold. 1/2 rthl

v. Hann, Hauptmann, Feld-Dienst der Infanterie. 8. Berlin 834. Mittler. 5/12 rthl

Hann, Chr. Wilhelm

Hann, Chr. Guill. De animi affectu atque consilio, quo Q. Horatius Flaccus carmen II. 14. composuisse videatur. 28 S.
Mühlhausen, Progr. 1850

Hann Franz: Ueber das Verhältnis der Philosophie Spinozas zu Descartes.
1875 Diss. Innsbruck, Univ. 1356

Hann, Franz Gustav

Hann, Frz. Gust. Über Amalrich von Bena und David von Dinant. Ein Beitrag zur Geschichte der religiösen Bewegungen in Frankreich zu Beginn des 13. Jahrhunderts. 22 S. 8. *Villach* 1881. **Progr.**

Hann, Frz. Gust., üb. den Ausgangspunct f. die metaphysische Einsicht nach Kant. gr. 8. (83 S.) Innsbruck. 875. Wagner. n. — 80

Hann, Franz Gustav. Der Gurker Dom. Seine Entstehung, Architektur u. Kunstwerke. Klgft., Gutenberghaus, 1910, Duodez, 32 S.

— Der Gurker Dom. Seine Entstehg., Architektur u. Kunstwerke. Ein kunstgeschichtl. Wegweiser. (52 S. m. Abbildgn.) kl. 8. Klagenfurt 910. (J. Heyn.) 1.20

Hann, F. G., Ekstase u. Suggestion im Einzelleben u. in der Geschichte. Vorträge, geh. im Geschichtsvereine f. Kärnten zu Klagenfurt. (47 S.) 8. Klagenfurt 910. F. v. Kleinmayr. — 60

Hann, FG, d. Ethik Spinozas u. d. Philosophie Descartes. 8. (123) Innsbr. 75, Wagner. n. 2. 40

Hann, Franz: *Festrede anlässlich des 50jähr. Regierungsjubiläums Sr. Maj. des Kaisers Franz Josef I.* 8 (S. 35—39). **Progr.** Staats-Oberg. *Klagenfurt* 1899.

Hann, Frz. G., Kunstgeschichtl. Führer durch d. Gurker Dom. [Aus: „Kärntner Zeitg."] 12. (42 S. m. Abb.) Klagenfurt 897. (A. Raunecker.) n.n. — 25

HANN, Franz G.
(F) Kunstgeschichtlicher Führer durch den Gurker Dom. Von Prof. Dr. Franz G. Hann. 2. vermehrte und verbesserte Auflage. Klagenfurt. 1899. Verlag der St. Josef-Vereins-Buchdruckerei. [In Comm. Raunecker.] 8°. 48 S. * fl. —.12

Hann, Frz. G., zur Geschichte u. Kunst Venedigs bis in die Zeit Tizian's. (85 S.) kl. 8. Klagenfurt 906. J. Leon sen. n. 1. —

Hann, Franz *Gustav* Die gothische Kirchenbaukunst in Kärnten. 8 (20 S.) **Progr.** Staats-Oberg. *Klagenfurt* 1893. Auch in Xenia Austriaca IV (1893).

Hann, Fr. G., die gothische Kirchenbaukunst in Kärnten. Progr. gr. 8. (20 S.) Klagenfurt 893. (F. v. Kleinmayr.) 1.—

Hann, Frz., die romanische Kirchenbaukunst in Kärnten. Progr. gr. 8. (18 S.) Klagenfurt 894. (F. v. Kleinmayr.) n. 1. —

Hann, Frz. Gustav Über Fichte's „Kritik aller Offenbarung". 36 S. 8. **Progr.** *Villach* 1879.

Hann, Frz. G. Die Schicksalsidee in Schillers Wallenstein. Eine ästhetische Abhandlung. 17 S. 8. **Progr.** G. *Klagenfurt* 1881.

Hann, Franz Meister Jan Scorel und das Obervellacher Altarbild. 8 (S. 3—18). **Progr.** Staats-G. *Klagenfurt* 1888.

HANN, Heinrich (Neunburg v.W.): De purgantibus usw.- Landishuti: Thomann (1820). 16 S.,3 Bl. 18.12.1820 - Pe 381; F 58
Diss. Ingolst.-Landsh.-Mchn.

Hann, J., und J. Haddon, Aufgaben aus der Differenzial- und Integral-Rechnung, s. Haddon.

Hann, Joh. Wenzel Leopold Thaddäus

Hann, Jh. Wenz. L. Th., s. Albert, d. Abentheurer.

— Erstlinge, d. Muse geopfert. 8. Lemberg u. Bresl. 807. W. G. Korn. 16 K

— selecta literarum classicarum exemplaria, philologiae auditor. usui. II Voll. 8. Leopoli 789.

ODEN und Lieder (von *Joh. Wenzel Leop. Thaddäus Hann*). Wien, o. J. (c. 1785).
Anon.-Lex. III. p. 231 (nach Meusel).

Hann, Jh. Wenz. Leop. Thadd., vermischte Versuche in d. Dichtkunst. 1r Bd. 8. Wien 772. (Leipz., Brockhaus). 8 K 2r Bd. 8. Wien 782....

— Xenocrat; ein Gedicht in 7 Büchern. 8. Lemb. 787.

Hann, Julius

— Die täglichen Änderungen der Windstärke auf dem Gipfel des Ben Nevis (und des Tsukubasan im Anhang). S. 121. IIa 85. . . . . 1.10
Separatabdruck

Hann, Julius: Die neue Anemometer- und Temperatur-Station auf dem Obir-Gipfel (2140 m). Mit einer Lichtdrucktafel und einer Abbildung im Text. (Meteorologische Zeitschrift Jahrg. 10. 1893. S. 281—290.) Wien 1893. 10 S. 4°.

Hann, J., (Jelinek's) Anleitung zur Ausführung meteorologischer Beobachtungen an Stationen II. u. III. Ordnung. Wien 1884. 2 Expl.

Hann, Julius s. Anleitung zu wissenschaftlichen Beobachtungen auf Alpenreisen. Wien, München (1878–)1882.

Hann, J. (Dr.) Anleitung zu wissenschaftlichen Beobachtungen auf Alpenreisen. II. Abtheil., Einführung in die Meteorologie der Alpen. In-8°. München, J. Lindauer. 1879. 1 35

Hann, Julius: Einige Anomalien in den Winden des nördlichen Indiens und ihre Beziehung zur Druckverteilung. Nach S. A. Hill. (Meteorologische Zeitschrift. Jahrg. 6. Oktober 1889.) (Berlin 1889.) 17 S., 2 Tf. 4°.

Hann, J., Die Anomalien der Witterung auf Island in dem Zeitraume 1851 bis 1900 und deren Beziehungen zu den gleichzeitigen Witterungsanomalien in Nordwesteuropa. [Aus: Sitzungsber. d. k. Akad. d. Wiss., mathem.-naturw. Klasse.] Gr.-8°. (87 S.) † Linz: Feichtinger 1904. K 1.60

Hann, Jul., die Anomalien der Witterung auf Island in dem Zeitraume 1851 bis 1900 u. deren Beziehungen zu den gleichzeitigen Witterungsanomalien in Nordwesteuropa. (87 S.) gr. 8. Wien 904. (A. Hölder.) n. 1. 60

Hann J.: Atlas d. Meteorologie. Gotha 1887. 12 S. 12 kol. Kt. Fol. (Berghaus' Physikalischer Atlas. Abt. 3).

— Neue Arbeiten über den Föhn. (Zeitschrift der österreichischen Gesellschaft für Meteorologie. III. Bd. 1868, No. 10.)

Hann, Jul., über die **Aufgaben** der Meteorologie der Gegenwart. Vortrag, geh. am 19. Mai 1878. [Aus: „Sitzungsber. d. k. Akad. d. Wiss."] Lex.-8. (26 S.) Wien 878. Gerold's Sohn in Comm. n. — 40

Hann, J., Beiträge zum täglichen Gange der meteorologischen Elemente in den höheren Luftschichten. [Aus: „Sitzungsber. d. k. Akad. d. Wiss."] Lex.-8. (47 S.) Wien 894. (F. Tempsky.) n. — 90

Hann, Julius: Beiträge zur Kenntniss der Vertheilung des Luftdruckes auf der Erdoberfläche. (Meteorologische Zeitschrift. Bd. 3. 1886. S 97—112) Berlin 1886. 16 S 8°.

Hann, Julius Beiträge zur arktischen Meteorologie. Nach den „Contributions to our knowledge of the meteorology of the Arctic Regions". P. 4 and 5. London, 1885 and 1888 (Meteorologische Zeitschrift Jahrg. 6. September 1889. S. 321—329.) (Berlin 1889) 9 S. 4°.

Hann, J., Weitere Beiträge z. d. Grundlagen f. e. Theorie d. tägl. Oscillation d. Barometers. [Aus: „Sitzungsber. d. k. Akad. d. Wiss."] gr. 8. (79 S.) Wien 898. (C. Gerold's Sohn.) n. 1. 70

Hann, Julius Einige Bemerkungen zur Entwickelungs-Geschichte der Ansichten über den Ursprung des Föhn (Meteorologische Zeitschrift. Jahrg 2. November 1885 S. 393—399.) Berlin 1885. 7 S. 4°

Hann, Julius: Bemerkungen zur täglichen Oscillation des Barometers. (Sitzungsberichte der kais. Akademie der Wissenschaften. Bd. 93. Abth. II. Mai 1886.) (Wien 1886) 14 S 8°.

Hann, J., Bemerkungen zur täglichen Oscillation d. Barometers. Lex.-8. (14 S.) Wien 886. (Gerold's Sohn.) n.n. — 30

Hann, Julius: Bemerkungen über die Temperatur in den Cyklonen und Anticyklonen (Meteorologische Zeitschrift. Jahrg. 7. 1890. No. 9. S. 328—344) Wien 1890 17 S. 4°

—— Bemerkungen und Vorschläge zu den gegenwärtigen Grundlagen der Wetterprognose. [Auch als Beitrag zur Orientirung über die Punkte 15 und 27 des Programmes des zweiten internationalen Meteorologen-Congresses.] Lex.-8. (13 S.) Wien 879, (Faesy und Frick.) *

—— Bericht, erstattet dem zweiten internationalen Meteorologen-Congress über die Beobachtungen auf hohen Bergen und im Luftballon [Punkt 30 des Programms]. gr. 8. (Ebendas.) 878. *

— Bericht, erstattet dem 2. internationalen Meteorologen-Congress über die Beobachtungen auf hohen Bergen u. im Luftballon [Punkt 30 des Programms]. gr. 8. (23 S.) Ebend. 879. n. — 60

— Bericht über die Fortschritte der geograph Meteorologie. (Geogr Jahrb. XI). Gotha 1887

— Beschreibung einiger empfehlenswerther meteorologischer Instrumente, welche nicht zur gewöhnlichen Ausrüstung einer meteorologischen Station gehören, nebst einer Sammlung von meteorologischen und physikalischen Tafeln. Wien 1881.

Hann, Julius Ueber die Beziehungen zwischen Luftdruck- und Temperatur-Variationen auf Berggipfeln (Meteorologische Zeitschrift. Jahrg. 5 Januar 1888. S 7—17) (Berlin 1888.) 11 S. 4°

Hann, J., zur Charakteristik der Winde des adriatischen Meeres. [Mit 1 (lith.) Taf.] [Aus den Sitzungsber. der k. Akad. der Wiss.] Wien 869. (Gerold's Sohn.) Lex.-8. (18 S.) n. 5 ngr.

— über die tägliche Drehung der mittleren Windrichtung u. üb. e. Oscillation der Luftmassen v. halbtägiger Periode auf Berggipfeln von 2 bis 4 km Seehöhe. (97 S. m. 3 Fig) gr. 8. Ebd. 902. n. 1.80
2 Sonderabdrucke aus: „Sitzungsber. d. k. Akad. d. Wiss."

— Ebbe u. Fluth im Luftmeer der Erde, s.a. Sammlung populärer Schriften, hrsg. v. der Gesellschaft Urania.

Hann, Julius: Ebbe und Fluth im Luftmeer der Erde. ([S.-A.] Illustrirte naturwissenschaftliche Monatsschrift „Himmel und Erde". Jahrg. 6. Heft 8 u. 9.) (Sammlung populärer Schriften. Herausgegeben von der Gesellschaft Urania zu Berlin. No. 28) Berlin 1894. 40 S. 8°.

— Der Einfluss der Winde auf die mittleren Werthe der wichtigeren meteorologischen Elemente zu Wien. (Aus dem LVI. Bde. d. Sitzb. d. k. Akad. d. Wissensch. II. Abth., Octbr.-Heft, Jahrg. 1867).

—— der Einfluss der Winde auf die mittleren Werthe der wichtigeren meteorologischen Elemente zu Wien. Lex.-8. (25 S.) Wien 868, (Gerold's Sohn.) *

— Einführung in die Meteorologie der Alpen, s.a. Anleitung zu wissenschaftlichen Beobachtungen auf Alpenreisen.

Hann, J. Einführung in die Meteorologie der Alpen. In-8°, 62 S. München, Lindauer. 1879. 1 35

Hann, Julius, Die Entstehung der Gewitter im Zusammenhange mit der Witterung.

Die Erde als Ganzes, ihre Atmosphäre und Hydrosphäre. Von Julius Hann. 5. neubearb. Aufl. M. 24 Taf. in Farbendr. u. 92 Textabb. Wien: F. Tempsky 1896. (4 Bl., 336 S., 24 Kt. u. Taf.) 1 Bd 4. (8.)
— Hann, Jul. . . . : Allg. Erdkunde. 5. Aufl. Abt. I. [96. 734]

— die Erde als Weltkörper, ihre Atmosphäre u. Hydrosphäre. Astronomische Geographie, Meteorologie u. Oceanographie. Mit 14 Taf. in Farbendr. u. 68 Holzst. gr. 8. (IV, 209 S.) Prag 884. Tempsky. — Leipzig, Freytag. geb. n. 5. —

—— J. von Hochstetter und A. Pokorny. Allgemeine Erdkunde, s.a. Wissen, unser, v. der Erde.

Hann, J. F., v. Hochstetter und A. Pokorny, Allgemeine Erdkunde. Ein Leitfaden der astronom. Geographie, Meteorologie, Geologie und Biologie. 1. Aufl. (XI, 372 S. mit 143 Holzschn. im Text und 5 Farbendrucktaf.) 1872, und 2. verm. und verb. Aufl. gr. 8. (X, 393 S. mit 150 Holzschn. im Text und 7 Farbendrucktaf.) Prag 875, Tempsky. *

—— Ferd. v. Hochstetter und Alois Pokorny, allgemeine Erdkunde. Ein Leitfaden der astronom. und phys. Geographie, Geologie und Biologie. Mit 205 Holzst. im Text, 15 Taf. und 1 geolog. Uebersichtskarte von Mittel-Europa in Farbendr. 3. neu bearb. Aufl. Lex.-8. (XII, 646 S.) Prag 881, Tempsky. *

— F. v. Hochstetter u. A. Pokorny, allgemeine Erdkunde. Astronomische u. phys. Geographie, Geologie u. Biologie 4. Aufl. Mit 21 Taf. in Farbendr. u. 366 Text-Abbildgn. in Schwarzdr. gr. 8. (XIV, 767 S.) Prag 886. Tempsky. — Leipzig, Freytag. n. 12. —

— Hochstetter, Pokorny, allgem. Erdkunde. 5., neu bearb. Aufl. v. J. Hann, Ed. Brückner u. A. Kirchhoff. 1. u. 2. Abthlg. Lex.-8. Wien u. Prag, F. Tempsky. — Leipzig, G. Freytag. n. 18. —
1. Die Erde als Ganzes, ihre Atmosphäre u. Hydrosphäre. Von J. Hann. M. 24 Taf. in Farbendr. u. 92 Textabb. (VI, 336 S.) 896. n. 10. —
2. D. feste Erdrinde u. ihre Formen. Ein Abriss d. allgem. Geologie u. d. Morphologie d. Erdoberfläche. Von Ed. Brückner. (XII, 368 S. m. 182 Abb.) 897. n. 8. —

— Hochstetter, Pokorny, allgemeine Erdkunde. 5., neu bearb. Aufl. von J. Hann, Ed. Brückner u. A. Kirchhoff. 3. Abtlg. Lex.-8. Wien, F. Tempsky. — Leipzig, G. Freytag. n. 10. —
Pflanzen- u. Tierverbreitung. Von Alfr. Kirchhoff. Mit 157 Abb. im Text u. 3 Karten in Farbendr. (XI, 327 S.) 899.
Abt. I u. II. Ebd. 896. 897. n. 18. —.

— Ergebnisse aus Dr. E. Glasers meteorologischen Beobachtungen in San'a (el-Jemen). S. 120. IIa. 1891 . . . . 2.—
Separatabdruck

Hann, J., Ergebnisse der meteorologischen Beobachtungen der niederländischen internationalen Polar-Expedition 1882/3 in der Kara-See. (Sonderabdruck a. d. Meteorol. Zeitschrift 1893.)

Hann, Julius: Die meteorologischen Ergebnisse der Lady Franklin Bay-Expedition 1881—83. Angezeigt und theilweise bearbeitet. (Meteorologische Zeitschrift. Jahrg. 7. Januar 1890. S. 1—18.) (Berlin 1890.) 18 S. 4°.

Hann, Julius: Die Ergebnisse der schwedischen internationalen Polar-Expedition 1882/83 auf Spitzbergen, Cap Thordsen. Bd. 1. 1—3. Einleitung und meteorologische Beobachtungen, bearbeitet von Nils Ekholm. (Meteorologische Zeitschrift. Jahrg. 11. Februar 1894. S. 41—53.) (Berlin 1894.) 13 S. 4°.

Hann, Julius: Die Ergebnisse der dänischen internationalen Polar-Expeditionen im Jahre 1882—1883. (Meteorologische Zeitschrift. Jahrg. 7. März 1890. S. 95—116.) (Berlin 1890.) 22 S. 4°.

— über den **Föhn in Bludenz.** [Aus: „Sitzungsber. d. k. Akad. d. Wiss."] Lex.-8. (25 S.) Wien 882. (Gerold's Sohn.) n.n. — 50

— d. tägl. Gang d. Barometers an heit. u. trüben Tagen, namentl. auf Berggipfeln. [Aus: Sitzungsber. d. k. Akad. d. Wiss."] Lex.-8. (60 S. m. 4 Fig.) Ebd. 895. n. 1. 30

— der tägliche Gang der Temperatur auf dem Obirgipfel (2140 m) u. einige Folgerungen aus demselben. [Aus: „Sitzungsber. d. k. Akad. d. Wiss."] Lex.-8. (41 S.) Wien 893. (F. Tempsky.) n. — 70

Hann, Jul., der tägl. Gang d. Temperatur in d. äusser. Tropenzone. A. Das amerikan. u. afrikan. Tropengebiet. (88 S.) 31,5×24,5 cm. Wien 907. (A. Hölder.) 6. 90

— dasselbe. B. Das ind. u. austral. Tropengebiet. (93 S.) 32×24,5 cm. Ebd. 907. 6. 60
2 Sonderabdrucke aus „Denkschr. d. k. Akad. d. Wiss."

— der tägliche Gang der Temperatur in der inneren Tropenzone. (118 S.) 4. Ebd. 905. n. 6. 80
Sonderabdruck aus: „Denkschr. d. k. Akad. d. Wiss."

— über den täglichen **Gang** einiger meteorologischen Elemente in Wien [Stadt]. [Aus: „Sitzungsber. d. k. Akad. d. Wiss."] Lex.-8. (27 S.) Ebend. 881. n. — 45

— über den täglichen **Gang** des Luftdruckes, der Temperatur, der Feuchtigkeit, Bewölkung u. Windstärke auf den Plateaux der Rocky Mountains. [Aus: „Sitzungsber. d. k. Akad. d. Wiss."] Lex.-8. (20 S.) Ebend. 881. n. — 40

Hann, J., astronom. u. physische Geographie, s.: Wissen, unser, von der Erde.

Hann, Jul., Handbuch der Klimatologie, s.a. Bibliothek geographischer Handbücher.

— **Handbuch der Klimatologie.** gr. 8. (X, 764 S.) Stuttgart 883. Engelhorn. n. 15.—

— Handbuch d. Klimatologie. (Bibliothek geograph. Handbücher, hrsg. von Frdr. Ratzel.) 2., wesentl. umgearb. u. verm. Aufl. 3 Bde. M. 22 Abb. gr. 8. (XII, 404; VIII, 384 u. VIII, 576 S.) Stuttgart 897. J. Engelhorn. n. 36.—

Handbuch der Klimatologie v. **Julius Hann.** 2. wesentl. umgearb. u. verm. Aufl. Bd I—III. *Stuttgart: J. Engelhorn 1898.* 3 Bde 8.
I. Allgem. Klimatologie. M. 13 Abb. (XII, 404 S.)
II. Spez. Klimatologie. Abt. I: Klima d. Tropenzone. M. 5 Abb. (VIII, 384 S.)
III. Spez. Klimatologie. Abt. II: Klima d. gemäss. u. d. kalten Zonen. M. 4 Abb. (VIII, 576 S.)
(Bibliothek geographischer Handbücher. [No 2.]) [97. 6903

Handbuch der Klimatologie von Dr. Julius **Hann,** Prof. (Mit Abb.) 3. wesentl. umgearb. u. verm. Aufl. Bd 1–3. Stuttgart: Engelhorn 1908–11. 8°
1. Allgem. Klimalehre. 1908. 2. Klimatographie. T. 1. Klima d. Tropenzone. 1910. 3. Klimatographie. T. 2. Klima d. gemässigten Zonen u. d. Polarzonen. 1911.
(Bibliothek geographischer Handbücher. N. F. [2.]) [11. 10966 G

— zur barometrischen Höhenmessung. [Aus: „Sitzungsber. d. k. Akad. d. Wiss."] Lex.-8. (14 S.) Ebend. 876. n.n. — 30

Hann, Julius: Klima von Neu-Seeland. ([S.-A.] Zeitschrift der österreichischen Gesellschaft für Meteorologie. Bd. 6.) (Wien 1871.) 18 S. 8°.

— Klimatographie v. Niederösterreich, s.a. **Klimatographie von Oesterreich, I.**

Hann, J[ulius]: Klimatographie von Niederösterreich von —. Wien: W. Braumüller in Komm. 1904. (II, 104 S.) 4° (8°) = Klimatographie von Österreich. 1.

Hann, Jul., Lehrbuch der Meteorologie. Mit 111 Abbildgn. im Text, 8 Taf. in Lichtdr. u. Autotyp., sowie 15 Karten. gr. 8. (XIV, 805 S.) Leipzig 901. Ch. H. Tauchnitz. n. 30. —; geb. in Halbfrz. n.n. 33.—
Erschien auch in 10 Lfgn. à n. 3. —.

— Lehrbuch der Meteorologie. 2. neubearb. Aufl. Mit 89 Abbildgn. im Text, 9 Taf. in Autotyp., 14 Karten u. 4 Tab. (XII, 643 S.) Lex.-8. Leipzig 905. 906. Ch. H. Tauchnitz. n. 24. —; geb. in Halbfrz. n. 26. 50
Erschien auch in 8 Lfgn. à n. 3. —.

— über den **Luftdruck zu Wien.** Mit einem Nachtrag: Ueber die Temperatur zu Wien. [Aus: „Sitzungsber. d. k. Akad. d. Wiss."] Lex.-8. (32 S.) Ebend. 878. n.n. — 50

Hann Julius von, Dr.: Die gleichzeitigen interdiurnen Luftdruck- und Temperaturänderungen auf dem Sonnblickgipfel (3105 *m*) und zu Salzburg (430 *m*) mit Bemerkungen über die unperiodischen Luftdruckschwankungen. S. 122. IIa. 45 . . . K 2.60
Separatabdruck

— das Luftdruck-Maximum vom Novbr. 1889 in Mittel-Europa, nebst Bemerkgn. über die Barometer-Maxima im Allgemeinen. [Aus: „Denkschr. d. k. Akad. d. Wiss."] Imp.-4. (24 S. m. 2 Taf.) Wien 890. (Tempsky.) n. 3. 40

Hann, Julius: Ueber die Luftfeuchtigkeit als klimatischer Factor. ([S.-A.] Wiener klinische Wochenschrift. 1889. Nr. 18—19.) (Wien 1889. 13 S. 8°.

Hann, J., Die Luftströmungen auf dem Gipfel des Säntis (2504 *m*) und ihre jährliche Periode. [Aus den Sitzungsber. d. kais. Akad. d. Wissensch.] Gr.-8°. (41 S.) † K —.80

— die Luftströmungen auf dem Gipfel des Säntis (2504 m) u. ihre jährliche Periode. (41 S.) gr. 8. Wien 903. (A. Hölder.) n. — 80

— Meteorologie, s.: Anleitung zu wissenschaftl. Beobachtungen auf Reisen.

— Zur **Meteorologie** der Adria. (36 S.) gr. 8. Wien 908. (A. Hölder). 1.—

— zur Meteorologie der Alpengipfel. [Mit 1 (eingedr.) Holzschn.] [Aus: „Sitzungsber. d. k. Akad. d. Wiss."] Lex.-8. (38 S.) Ebend. 878. n. — 60

— zur Meteorologie des Äquators. Nach den Beobachtgn. am Museum Goeldi in Pará gr. 8. (69 S. m. 7 Fig.) Wien 902. (C. Gerold's Sohn.) n. 1.40
Sonderabdruck aus: „Sitzungsber. d. k. Akad. d. Wiss."

— zur Meteorologie des Aequators nach den Beobachtungen zu Pará am Museum Goeldi. II. (61 S.) gr. 8. Ebd. 905. n. 1.20 (I u. II. n. 2.60)
2 Sonderabdrucke aus: „Sitzungsber. d. k. Akad. d. Wiss."

Hann, J., Zur Meteorologie von Peru. [Aus: Sitzungsber. d. k. Akad. d. Wiss., mathem.-naturw. Klasse.] Gr.-8°. (90 S.)

— Zur Meteorologie v. Peru. (90 S.) gr. 8. Ebd. 909. 2.45

Hann, Julius: Zur Meteorologie des Sonnblickgipfels ([S.-A.] Zeitschrift des Deutschen und Oesterreichischen Alpenvereins 1889. Bd 20.) Wien 1889 25 S. 8°.

HANN, Julius
Die Meteorologie von Wien nach den Beobachtungen an der k. k. meteorologischen Central-Anstalt 1852—1900 von Julius Hann. Besonders abgedruckt aus dem LXXIII. Bd. der Denkschriften der mathematisch-naturwissenschaftlichen Classe der kaiserlichen Akademie der Wissenschaften. Wien. 1901. In Comm. Gerold's Sohn. 4°. 62 S. K 3.80

Hann, J. Die jährliche Periode der Niederschläge. 1879.

— die tägliche Periode der Geschwindigkeit u. der Richtung des Windes. [Aus: „Sitzungsber. d. k. Akad. d. Wiss."] Lex.-8. (86 S.) Ebend. 879. n. 1.50

Hann, J. Über die tägl. u. jährliche Periode d. relativen Feuchtigkeit in Wien. 1870.

— die tägliche Periode der Windstärke auf dem Sonnblickgipfel u. auf Berggipfeln überhaupt. [Aus: „Sitzungsber. d. k. Akad. d. Wiss."] Lex.-8. (72 S.) Ebd. 894. n. 1.20

— Psychrometer-Tafeln, s.: Jelinek.

— einige Resultate der anemometrischen Aufzeichnungen in Wien. 1873—1892. [Aus: „Sitzungsber. d. k. Akad. d. Wiss."] Lex.-8. (80 S.) Ebd. 893. n. 1.40

Hann, J., einige Resultate aus Major v. Mechow's meteorologischen Beobachtungen im Innern v. Angelo. Lex.-8. (29 S.) Wien 884. (Gerold's Sohn.) n.n. — 50

Hann, Julius: Resultate der meteorologischen Beobachtungen auf dem Gipfel von Pike's Peak (Colorado) 4308 m (14134 feet) nach Beobachtungen vom November 1874 bis inklusive Juni 1888. (Meteorologische Zeitschrift Jahrg. 8. Juni 1891. S. 201—220.) (Wien 1891.) 20 S. 8°.

Hann, Julius: Die Resultate der meteorologischen Beobachtungen an der internationalen Polarstation Point Barrow. (Meteorologische Zeitschrift. Jahrg. 5. März 1888. S. 100—105.) (Berlin 1888.) 6 S. 4°.

Hann, Julius: Resultate der meteorologischen Beobachtungen der französischen Polar-Expedition 1882/83 am Cap Horn. (Meteorologische Zeitschrift. Jahrg 6. März 1889 S. 95—109.) (Berlin 1889.) 15 S. 4°.

Hann, Julius: Resultate der meteorologischen Beobachtungen an der finnländischen internationalen Polarstation in Sodankyiac (Meteorologische Zeitschrift. Jahrg. 7. Juni 1890. S. 205—220.) (Berlin 1890.) 16 S. 4°.

— einige Resultate stündlicher meteorologischer Beobachtungen auf dem Gipfel d. Fuji in Japan. [Aus: „Sitzungsber. d. k. Akad. d. Wiss."] Lex.-8. (18 S.) Ebd. 891. n. — 40

— Resultate d. 1. Jahrganges der meteorologischen Beobachtungen auf dem Sonnblick [3095 m]. [Aus: „Sitzungsber. d. k. Akad. d. Wiss."] Lex.-8. (34 S.) Wien 888. (Tempsky.) n. — 60

— die Schwankungen der Niederschlagsmengen in grösseren Zeiträumen. gr. 8. (120 S.) Ebd. 902. n. 2.10
Sonderabdruck aus: „Sitzungsber. d. k. Akad. d. Wiss."

Hann, Ein Scirocco-Sturm in den Südalpen im November 1867.

— die meteorologische Station auf d. Gipfel d. Sonnenblick, s.: Obermayer, A. v.

— Studien üb. die Luftdruck- u. Temperaturverhältnisse auf dem Sonnblickgipfel, nebst Bemerkg. über deren Bedeutg. f. die Theorie der Cyclonen u. Anticyclonen. [Aus: „Sitzungsber. d. k. Akad. d. Wiss."] Lex.-8. (86 S.) Ebd. 891. n. 1.40

— üb. d. Temperatur v. Graz Stadt u. Graz Land. [Aus: „Sitzungsber. d. k. Akad. d. Wiss."] gr. 8. (15 S.) Wien 898. (C. Gerold's Sohn.) n. — 40

— über die Temperatur der südlichen Hemisphäre. [Aus: „Sitzungsber. d. k. Akad. d. Wiss."] Lex.-8. (24 S.) Ebend. 882. n. — 40

— üb. d. Temperatur des Obirgipfels (2140 m) u. d. Sonnblickgipfels (3106 m). [Aus: „Sitzungsber. d. k. Akad. d. Wiss."] gr. 8. (32 S.) Ebd. 898. n. — 60

— Ueber die Temperatur von Wien nach 100jährigen Beobachtungen. (Aus dem 76. Bde der Sitzber der k. Akad. d. Wissensch. II Abth. Nov.-Heft 1877.) Wien. (1821)
(Nachtrag hierzu in des Verfassers Abhandlung: „Ueber den Luftdruck zu Wien.")

— die Temperatur-Abnahme mit der Höhe als eine Function der Windesrichtung. [Mit 1 (lith.) Taf.] [Aus den Sitzungsber. der k. Akad. der Wiss.] Ebend. 869. Lex.-8. (26 S.) n. 6 ngr.

— über die Temperaturabnahme m. der Höhe bis zu 10 km nach den Ergebnissen der internationalen Ballonaufstiege. (85 S.) gr. 8. Wien 904. (A. Hölder.) n. — 70
Sonderabdruck aus: „Sitzungsber. d. k. Akad. d. Wiss."

Hann, Dr. J. Temperatur- und Regenkarte von Japan. Gotha 1888. 1 Bl. c. L.

Hann, Julius: Temperatur-Mittel aus der Periode 1851—1885 für die österreichischen Alpen und deren Grenzgebiete ([S.-A.] Jahrbücher der k. k. Central-Anstalt für Meteorologie und Erdmagnetismus Bd. 22. 1885.) (Wien 1886.) 30 S. 4°.

— — Ueber die monatlichen und jährlichen Temperaturschwankungen in Oesterreich-Ungarn (Sitzb. d. k. Akad. d. Wissensch. 84. Bd. II. Abth. 1881. Dez.) gr. 8. (78 S.) geh. In Comm. 50 kr. Wien: Gerold 1882.

—— über die monatlichen und jährlichen Temperaturschwankungen in Oesterreich-Ungarn. Lex.-8. (78 S.) (Ebendas.) 882. *

—— die Temperaturverhältnisse der österreichischen Alpenländer. 3 Thle. Lex.-8. (99; 51; 166 S.) Wien 885, (Tempsky.) * 5 —
Aus: Sitzungsberichte der k. Akademie der Wissenschaften, besonders abgedruckt.

Hann, Julius: Ueber die Temperatur- und Regenverhältnisse der Japanischen Inseln (Petermanns Mittheilungen. 1888. Heft 10 S. 289—296.) Gotha 1888. 8 S., 1 Krt 4°

Hann, Julius: Ueber gewisse beträchtliche Unregelmässigkeiten des Meeres-Niveaus ([S.-A.] Mittheilungen der k k Geographischen Gesellschaft in Wien. Bd. 18 1875. No. 12.) Wien 1875 15 S. 8°

— Untersuchungen üb. die tägliche Oscillation des Barometers. [Aus: „Denkschr. d. k. Akad. d. Wiss."] Imp.-4. (78 S.) Wien 889. (Tempsky.) n. 4. —

Hann, Jul., Untersuchungen über die Regenverhältnisse von Oesterreich-Ungarn. I. u. II. [Aus: „Sitzungsber. d. k. Akad. d. Wiss."] Lex.-8. Wien 879. (Gerold's Sohn.) n.n. 1. 50
I. Die jährliche Periode der Niederschläge. (65 S.) n. 1. —
II. Veränderlichkeit der Monats- u. Jahresmengen, gleichzeitige Vertheilung der letzteren in der Periode 1849/78. Nachtrag: Fünftägige Mittel des Regenfalles u. der Regenwahrscheinlichkeit. (35 S.) n.n. — 50

Hann, J., Untersuchungen üb. die Veränderlichkeit der Tagestemperatur. [Aus: „Sitzungsber. d. k. Akad. d. Wiss."] Lex.-8. (87 S. m. 1 lith. Curventaf.) Wien 875. (Gerold's Sohn.) n. 1. 60

— weitere Untersuchungen üb. die tägliche Oscillation d. Barometers. [Aus: „Denkschr. d. k. Akad. d. Wiss."] Imp.-4. (60 S. m. 1 Fig.) Ebd. 892. n. 3. 40

— Untersuchungen über die Winde der nördlichen Hemisphäre u. ihre klimatologische Bedeutung. [Mit 2 (lith.) Taf.] [Aus den Sitzungsber. der k. Akad. der Wiss.] Ebend. 870. Lex.-8. (66 S.) n. 14 ngr.

— Untersuchungen üb. die Winde der nördlichen Hemisphäre u. ihre klimatologische Bedeutung. 2. Thl. der Sommer. [Mit 1 (lith.) Taf.] [Aus „Sitzungs- d. k. Akad. d. Wiss."] Lex.-8. (53 S.) Ebend. 872. n. 1. — (1. 2.: n. 2. 40)

— Die tägliche Variation der Windstärke auf den Berggipfeln in Südindien in ihrer Beziehung zu der täglichen Luftdruckschwankung. (64 S.) gr. 8. Ebd. 908. 1. 70
3 Sonderabdrucke aus „Sitzungsber. d. k. Akad. d. Wiss."

— die Veränderlichkeit der Temperatur in Österreich. [Aus: „Denkschr. d. k. Akad. d. Wiss.] Imp.-4. (80 S.) Ebd. 891. n. 4. 10

Hann, Julius: Ueber die klimatischen Verhältnisse von Bosnien und der Herzegowina. ([S.-A.] Sitzungsberichte der kaiserl. Akademie der Wissenschaften. Jahrg 1883. Bd. 88. Abth II Juni-Heft.) Wien 1883. 21 S. 8°. Wien: Gerold 1883.

— d. Verhältnisse d. Luftfeuchtigkeit auf d. Sonnblickgipfel.) [Aus: „Sitzungsber. d. k. Akad. d. Wiss."] Lex.-8. (51 S. m. 3 Fig.) Ebd. 895. n. 1. —

— die thermischen Verhältnisse der Luftströmungen auf dem Obir [6288 Par. Fuss] in Kärnthen. [Aus den Sitzungsber. der k. Akad. der Wiss.] Ebend. 868. Lex.-8. (16 S. mit 1 Steintaf.) n. 5 ngr.

—— die Vertheilung des Luftdruckes über Mittel- und Süd-Europa, s.a. Abhandlungen, geographische.

— Die Vertheilung des Luftdruckes uber Mittel- und Südeuropa, dargestellt auf Grundlage der 30jährigen Monats- und Jahresmittel 1851/80 nebst allgemeinen Untersuchungen uber die Veränderlichkeit der Luftdruck-Mittel und -Differenzen sowie deren mehrjährige Perioden. (Geograph. Abhandlungen, herausgegeben von Prof. Dr. Albrecht Penck in Wien. Band II, Heft 2). Wien 1887.

— die Vertheilung des Regenfalls über Österreich in der Periode vom 11—15. Aug. 1880 u. deren Beziehung zur Vertheilung des Luftdruckes. [Aus: „Sitzungsber. d. k. Akad. d. Wiss."] Lex.-8. (50 S.) Ebend. 880. n. — 80

Prag, Königl. Böhmische Gesellschaft der Wissenschaften. Systematisch und chronologisch geordnetes Verzeichniss sammtlicher Werke und Abhandlungen der — Verfasst von Ign. J. Hanus. Prag 1854

— die Wärmeabnahme mit der Höhe an der Erdoberfläche u. ihre jährliche Periode. [Aus den Sitzungsber. der k. Akad. der Wiss.] Ebend. 870. Lex.-8. (17 S.) n. 4 ngr.

— über die Wärmeabnahme m. der Höhe im asiatischen Monsungebiet. [Aus: „Sitzungsber. d. k. Akad. d. Wiss."] Lex.-8 (19 S.) Ebend. 873. n. — 40

— Wärmelehre usw., s.: Pfaundler, Leop.

— s.: Zeitschrift, meteorologische.

Hann, P., anspruchslose Geschichten. 12. (III, 299 S.) Leipzig 891. A. G. Liebeskind. n. 3. 60

Hann, Pauline
Herr im Hause. Roman. Berlin 1880.
In: Roman-Zeitung, Deutsche. Bd 1.

Hann, W., Vers. in d. Dichtkunst. 8. Wien. (Gleditsch in Leipzig). 772.

Hann v. Hannenheim, Jul., der Hermannstädter Bürger- u. Gewerbeverein 1840—1890. gr. 8. (XIII, 159 S.) Hermannstadt 890. (Krafft.) n.n. 1. 60

Hann v. Weyhern, Ansichten üb. Ausbildung e. Eskadron nach den Anforderungen der Jetztzeit. 2., verm. Ausg. gr. 8. (VI, 221 S.) Berlin 881. F. Luckhardt. n. 4. —

Hann v. Weyhern, die theoretische Aus- und Fortbildung des Reserve-Offiziers und des Unteroffiziers der Kavallerie in der Kenntniß des Geländes und des Feldbienstes. Leitfaden für den Unterricht und zur Selbstunterweisung. 2. verm. und verb. Aufl. gr. 8. (XI, 181 S. mit 42 Fig. und 2 Plänen.) Berlin 888, F. Luckhardt. * 3 —

Hann v. Weyhern, Major Wolstern v. Woltenstern. Ein kurzes, aber ehrenvolles Soldatenleben. Militär. Zeitbild aus dem J. 1798 bis 1814, nach Briefen, Tagebüchern u. Akten zusammengestellt v. seinem Enkel. Mit 1 Bildnis u. 2 Abbildgn. gr. 8. (IV, 196 S.) Berlin 900. E. S. Mittler & Sohn. n. 4. —; geb. in Leinw. n.n. 5. 50; ermäß. Pr. n. 2. —

Hann v. Weyhern, die Erziehung d. Kavalleristen zum Patrouillen-Dienst. Geschrieben f. die 3 Regimenter der 4. Kavallerie-Brigade. gr. 8. (IV, 41 S.) Berlin 886. Wilhelmi. n. 1. 20

—— Cavalleristische Versuche. gr. 8. (36 S. m. eingedr. Zeichngn.) Berl. 887. Wilhelmi. * 1 20

Hanna, d. Soldaten Kochbüchlein im Felde. 4. Aufl. 16. (63 S.) Frankfurt a/M. 891. Kesselring. —20

Hanna, Franz

Hanna, Fr.: Sophokles Beziehungen zu Herodot, mit bes. Rücksicht auf jene Stellen der Soph. Tragödien, in denen man Anspielungen auf Herod. Geschichts-Darstellung gefunden hat. 17. Stražnic. 1875. Progr.

Hanna, Frz. Über den apologetischen Charakter der horazischen Satiren 2 Teile. 21, 32 SS. 8. Progr. *Nikolsburg* 1878 1879.

Hanna, Franz: Katalog der Lehrerbibliothek des k. k Akademischen Gymnasiums in Wien nach dem Stande vom 1 Juni 1899. Zusammengestellt von F. H. 1 Theil 8 (79 S.). II. Theil. 8 (S. 81—170, 1 S. Inh.). Progr. K. k Akademisches G. *Wien* 1899. 1900

Hanna Franz: Das byzantinische Lehrgedicht Spaneas nach dem Codex Vindobonensis theolog. 193. 16. Wien Ak. G. 96.
— . . . nach dem Codex Vindob. Suppl. gr. 77 u. Oxoniensis Miscell. 284. 27. ibd. 98.
Progr.

Hanna, Fr., zur Prosopographia Horatiana. gr. 8. (24 S.) Krems 885. (Wien, Pichler's Wwe. & Sohn.) n. 1. —

Persius. Hanna, *Franz* Specimen lexici Persiani 8 (S. 3—11). Progr. K. k. Akademisches Gymnasium *Wien* 1892.

Hanna, Will., des Herrn letzter Leidenstag. Nach der 6. Aufl. des engl. Originals ins Deutsche übertr. von B. Brandes. Mit einer Vorrede von Brandes. Göttingen 863. Vandenhoeck & Ruprecht. gr. 8. (VII, 207 S.) n. 24 *ngr.*

Hanna More, siehe: More, Hanna.

Hannaček, Wladimir, Böhmisches Sprech- und Lesebuch für Mittel- und Bürgerschulen. I. Theil. 4. unveränderte Auflage. Gr.-8. (63 S.) Geb. Wien: Hölder 1896. —.48

Hannach, Eugen: Erzbischof Siegfried I. von Mainz als persönlicher und politischer Charakter. *Berlin [1900]: W. & S. Loewenthal.* (62 S.) 8°
Rostock, Phil. Diss. v. [12. Nov.] 1900

Hannach, Oscar. Synthese des 3 — Oxy — β-Benzylchromons. Diss. Phil. Bern. 40 S. 8. Bern, Harald Jensen, 1903.

Hannack, s. Hannak

Hannah. Aus dem Englischen von Sophie Verena. . . . Leipz. 1873. V: *Craik, Dinah Mary geb. Mulock.* (Russell II/1 S. 134)

Hannah. Von der Verf. v. „John Halifax, Gentleman." Aus dem Engl. v. Sophia Verena. 2 Bde. 8. (274 u. 287 S.) Leipzig 873. E. J. Günther. n. 6. —

Hannah, der Herrnhuterin Deborah Findling, v. Therese Huber. 8. Leipzig, Brockhaus. 821.

Hannak, Eman., Appianus u. seine Quellen. Allgemeines über Appianus u. sein Werk. Die fragmentarisch überlieferten Bücher. Wien 869. Beck'sche Univ.-Buchh. 8. (III, 184 S.) n. 24 *ngr.*

Hannak, Eman., Appianus und seine Quellen. Allgemeines über Appianus und sein Werk. Die fragmentarisch überlieferten Bücher. 8. (III, 184 S.) Wien 869, Hölder. *

Hannak, Eman., compendio di storia, geografia e statistica della monarchia austro-ungarica per le classi inferiori e superiori delle scuole medie. Traduzione italiana sulla IV. ed. tedesca. gr. 8. (X, 180 S.) Wien 877. Hölder. n. 1. 80

Hannak, Eman., compendio di storia, geografia e statistica della monarchia austro-ungarica per le classi inferiori e superiori delle scuole medie. 2. impressione italiana riveduta e corretta sulla 7. ed. tedesca I° e II° corso. gr. 8. (VIII, 192 S.) Wien 884. Hölder. n. 1. 80

Hannak, Eman., compendio di storia, geografia e statistica della monarchia austro-ungherese per le classi inferiori e superiori delle scuole medie. 3. impress. italiana riveduta e corretta sulla 10. ed. tedesca I. et II. corso. gr. 8. (VI, 191 S. m. 18 Abbildgn.) Wien 894. A. Hölder. n. 1. 80

Hannak, Eman., Compendio di storia, geografia e statistica della monarchia austroungherese per le classe inferiori e superiori delle scuole medie. 4. impressione italiana, riveduta e corretta sulla 15. ed. tedesca, riveduta dal J. Pölzl. (VII, 230 S. m. 18 Abbildgn.) gr. 8. Wien 908. A. Hölder. 1. 90

Hannak, Eman., Prof. E. Alberts Essay. Die Frauen u. das Studium der Medicin, kritisch beleuchtet. gr. 8. (42 S.) Wien 895. A. Hölder. n. 1. —

Hannak, Eman., Geographie der oesterreichisch-ungarischen Monarchie als Erläuterg. der Dolezal'schen Schulwandkarte zum Selbstunterrichte, sowie zum Gebrauche der höheren Klassen an Volks- u. Bürgerschulen. gr. 8. (VI, 68 S.) Gotha 871. J. Perthes. n. 1. —

Hannak, Dr. Emanuel, Historija, geografija i statistika Austro-Ugarske za više razrede srednjih škola. Preveo Ant. Vučetić. Drugo popravljeno srpskohrvatsko izdanje po XI. i XII. njemačkom. Wien 1908. Schulbücherverlag Geh. K 2.90, geb K 3.—.

— das Historische in den Persern des Aeschylos. Wien 865. (Berlin, Calvary & Co.) gr. 8. (67 S.) n. 15 *ngr.*

—— Lehrbuch der Geschichte des Alterthums für die unteren Klassen der Mittelschulen. 1. Aufl. 1870; 2. Aufl. 1873. *M 1,70.; 3. umgearb. Aufl. (XVIII, 186 S.) 1874, und 4. verb. Aufl. gr. 8. (XX, 182 S. mit 18 in den Text gedr. Orig.-Holzschn.) Wien 875, Hölder. *

—— Lehrbuch der Geschichte des Altertums für die unteren Classen der Mittelschulen. 5. verb. und gekürzte Aufl. gr. 8. (XVI, 163 S. mit 18 in den Text gedr. Orig.-Holzschn.) Ebendas. 878. *

—— Lehrbuch der Geschichte des Altertums für die unteren Klassen der Mittelschulen. Mit 18 eingedr. Holzschn. 6. verb. und gekürzte Aufl. (X, 154 S.) 1881. geb. in Leinw. *M 1,80.; 7. verb. und gekürzte Aufl. gr. 8. (XII, 141 S.) Ebendas. 884. geb. *

— dasselbe, f. die unteren Classen der Mittelschulen. Mit 13 in den Text gedr. Orig.-Holzschn. 8. Aufl. gr. 8. (XII, 141 S.) Ebend. 885. geb. n. 1. 68

Hannak, Eman. Lehrbuch der Geschichte d. Alterthums f. die unteren Classen der Mittelschulen. 9. gekürzte u. umgearb. Aufl. gr. 8. (V, 187 S. m. 55 Abbildgn.) Wien 892, Hölder. geb. ** 1 70

— Lehrbuch d. Geschichte d. Alterthums f. die unteren Classen d. Mittelschulen. 10., gekürzte u. umgearb. Aufl. gr. 8. (V, 122 S. m. 55 Abb.) Ebd. 895. Geb. n. 1. 60

Hannak, Eman., Lehrbuch der Geschichte des Alterthums f. die unteren Classen der Mittelschulen. 11. unveränd. Aufl. gr. 8. (V, 122 S. m. 55 Abbildgn.) Wien 899. A. Hölder. Geb. n. 1. 60

Hannak, Dr. Emanuel, Lehrbuch der Geschichte des Altertumes für die unteren Klassen der Mittelschulen. Vollständig umgearbeitet von Anton Rebhann. 12. Auflage. Wien 1903. Alfred Hölder. Preis, geheftet 1 K 40 h, gebunden 1 K 90 h.

— dasselbe f. die unteren Klassen der Mittelschulen. Vollständig umgearb. v. Ant. Rebhann. 13. Aufl. Inhaltlich unveränd. Abdr. der 12. Aufl. (V, 143 S. m. 50 Abbildgn.) gr. 8. Ebd. 905. Geb. n. 1. 65

— Lehrbuch der Geschichte des Altertums f. die unteren Klassen der Mittelschulen. Vollständig umgearb. v. Ant. Rebhann. 14. Aufl. Inhaltlich im wesentlichen unveränd. Abdr. der 12. Aufl. (V, 143 S. m. 50 Abbildgn.) gr. 8. Ebd. 908. Geb. 1. 70

— Lehrbuch der Geschichte des Alterthums für Lehrer- u. Lehrerinnenbildungsanstalten [zugleich als Leitfaden zum Selbstunterrichte für Lehrer]. 2., verb. Aufl. Mit 13 in den Text gedr. Orig.-Holzschn. gr. 8. (XVI, 162 S.) Ebend. 880. n. 1. 50

— Lehrbuch der Geschichte d. Alterthums f. Lehrer u. Lehrerinnenbildungs-Anstalten [zugleich als Leitfaden zum Selbstunterrichte f. Lehrer]. 3. verb. u. gekürzte Aufl. Mit 13 in den Text gedr. Orig.-Holzschn. gr. 8. (XVI, 151 S.) Ebend. 882. n. 1. 40

— Lehrbuch der Geschichte des Alterthums für Oberclassen der Mittelschulen. gr. 8. (XX, 312 S.) Ebend. 877. n. 2. 80

— dasselbe, f. Oberclassen der Mittelschulen. 2. Aufl. gr. 8. (VIII, 286 S.) Ebend. 883. n. 2. 40

—— Lehrbuch der Geschichte des Alterthums für Oberclassen der Mittelschulen. 3. verb. und gekürzte Aufl. gr. 8. (X, 264 S.) Wien 888, Hölder. * 2 —

— dasselbe, f. Oberclassen der Mittelschulen. 4., verb. Aufl. gr. 8. (VI, 267 S.) Ebd. 894. n. 2. —; geb. n. 2. 40

— dasselbe f. Oberclassen d. Mittelschulen. 5., ungeänd. Aufl. gr. 8. (VI, 267 S.) Ebd. 898. n. 2. 40

— dasselbe f. Oberklassen der Mittelschulen. 6. Aufl. Inhaltlich unveränd., in der neuen Rechtschreibg. hergestellter Abdr. der 5. Aufl. gr. 8. (VI, 267 S.) Ebd. 902. Geb. in Leinw. n. 2. 50

Hannak's, Eman., Lehrbuch d. Geschichte des Altertums f. Oberklassen der Mittelschulen. Neu bearb. von Herm. Raschke. 7. verb. Aufl. (VI, 259 S.) 8. Wien 905. A. Hölder. Geb. n. 2. 15

—— Lehrbuch der Geschichte für Lehrer- und Lehrerinnenbildungs-Anstalten [zugleich als Leitfaden zum Selbstunterrichte für Lehrer]. 2. und 3. Thl. 4. Aufl. [Umgearb. Abdr. der 3. Aufl.] gr. 8. Ebendas. 885. *

Inhalt:

Thl. 2. Mittelalter. (X, 142 S. mit 20 Holzschn.) * M 1.40.
„ 3. Neuzeit. (VIII, 155 S. mit 8 Holzschn.) * M 1.44.
1. Thl.: Alterthum. Ebendas. 1882. * M 1.40. — Vorstehende dreitheilige Ausg. ist nicht mehr im Handel; an deren Stelle tritt die nachstehende neue Bearbeitung:

—— Lehrbuch der Geschichte für Lehrer- und Lehrerinnen-Bildungsanstalten. 4. verb. und gemäß dem mit Verordnung des hohen k. k. Ministeriums für Cultus und Unterricht vom 31. Juli 1886, Z. 6031, abgeänderten Lehrplane umgearb. Aufl. 2 Thle. gr. 8. Ebendas. 888. *

Inhalt:

Thl. 1. Allgemeine Geschichte bis zum Abschlusse des Vertrages von Verdun. (VI, 115 S. mit 16 in den Text gedr. Orig.-Holzschn.) * M 1.—.
2. Allgemeine Geschichte vom Abschlusse des Vertrages von Verdun bis auf die Gegenwart. (VI, 136 S. mit 12 in den Text gedr. Orig.-Holzschn.) * M 1.12.

—— Lehrbuch der Geschichte des Mittelalters für die unteren Klassen der Mittelschulen. 1. Aufl. 1872. * M 1,20.; 2. und 3. verb. Aufl. gr. 8. (VIII, 120 S.) Wien 878,75, Hölder. *

— Lehrbuch der Geschichte des Mittelalters für die unteren Classen der Mittelschulen. Mit 20 in den Text gedr. Orig.-Holzschn. 4., verb. Aufl. gr. 8. (VIII, 112 S.) Ebend. 878. n. 1. 20

—— Lehrbuch der Geschichte des Mittelalters für die unteren Klassen der Mittelschulen. 5. verb. und gekürzte Aufl. gr. 8. (VI, 112 S. mit 20 eingedr. Holzschn.) Ebendas. 881. geb. in Leinw. *

—— dass. — für die unteren Classen der Mittelschulen. 6. und 7. verb. und gekürzte Aufl. (VIII, 102 S. mit 20 in den Text gedr. Orig.-Holzschn.) Ebendas. 885. geb. * 1 40

— dasselbe, f. die unteren Classen der Mittelschulen. Mit 20 in den Text gedr. Orig.-Holzschn. 8., verb. u. gekürzte Aufl. gr. 8. (VIII, 92 S.) Ebd. 888. n. — 84; geb. n.n. 1. 16

—— Lehrbuch der Geschichte d. Mittelalters f. die unteren Classen der Mittelschulen. Mit 20 in den Text gedr. Holzschn. 9. unveränd. Aufl. gr. 8. (VIII, 92 S.) Ebd. 891. * — 84; geb. in Leinw. ** 1 16

— Lehrbuch der Geschichte d. Mittelalters f. die unteren Classen der Mittelschulen. 10., umgearb. Aufl. gr. 8. (IV, 114 S. m. 32 Abbildgn.) Ebd. 894. n. 1. 8; geb. n. 1. 48

— Lehrbuch d. Geschichte d. Mittelalters für die unt. Classen d. Mittelschulen. M. 32 in d. Text gedr. Abb. (meist Orig.-Holzschn.). 11., unveränd. Aufl. gr. 8. (IV, 114 S.) Ebd. 896. Geb. n. 1. 48

Hannak, Dr. Emanuel, Lehrbuch der Geschichte des Mittelalters für die unteren Klassen der Mittelschulen. Vollständig umgearbeitet von Anton Rebhann. Mit 35 in den Text gedruckten Abbildungen. 12. Auflage. Wien 1904. A. Hölder. Preis, geheftet 1 K 20 h, gebunden 1 K 70 h.

— Lehrbuch der Geschichte des Mittelalters f. die unteren Klassen der Mittelschulen. Vollständig umgearb. v. Ant. Rebhann. Mit 35 in den Text gedr. Abbildgn. (meist Orig.-Holzschn.). 13. Aufl. Inhaltlich unveränd. Abdr. der 12. Aufl. (VI, 127 S.) gr. 8. Ebd. 906. Geb. n. 1. 48

—— dass. — Für Lehrer- und Lehrerinnenbildungsanstalten [zugleich als Leitfaden zum Selbstunterrichte für Lehrer.] Mit 8 in den Text gedr. Orig.-Holzschn. 2. verb. Aufl. (VIII, 169 S.) 1880. *M 1.50.; 3. verb. und gekürzte Aufl. gr. 8. (VIII, 155 S.) Ebendas. 883. *

— Lehrbuch d. Geschichte d. Mittelalters f. Lehrer- u. Lehrerinnenbildungs-Anstalten. 4. Aufl. 8. (X u. 142 S m. 20 eingedruckten Orig.-Holzschn.) Ebds. 70 kr.

—— dass. — Für Oberklassen der Mittelschulen. 2. verb. und gekürzte Aufl. gr. 8. (XII, 215 S.) Ebendas. 879. *

Hannak, Eman., Lehrbuch der Geschichte des Mittelalters für Oberclassen der Mittelschulen. 3. verb. und gekürzte Aufl. gr. 8. (XI, 192 S.) Wien 888, Hölder. * 1 80

— dasselbe f. Oberclassen der Mittelschulen. 4. unveränd. Aufl. gr. 8. (VIII, 192 S.) Ebd. 893. Geb. n. 2. 20

HANNAK, E.
Lehrbuch der Geschichte des Mittelalters für Oberclassen der Mittelschulen von Dr. E. Hannak. 5. unveränderte Auflage Wien. 1899. Hölder. Gr.-8°. VIII, 192 S. fl. —.90, geb. fl. 1.10

— Lehrbuch der Geschichte d. Mittelalters f. Oberklassen der Mittelschulen. 6. Aufl. gr. 8. (VIII, 192 S.) Ebd. 902. Geb. in Leinw. n. 2. 30

— dasselbe f. Oberklassen der Mittelschulen. Neu bearb. v. Herm. Raschke. 7., verb. Aufl. (VIII, 199 S.) 8. Ebd. 906. Geb. n. 2. 04

—— Lehrbuch der Geschichte der Neuzeit für die mittleren Klassen der Mittelschulen. 1. Aufl. 1873, und 2. Aufl. 8. (X, 180 S. mit 9 in den Text gedr. Orig.-Holzschn.) Wien 873, Hölder. *

— Lehrbuch der Geschichte der Neuzeit f. die mittleren Classen der Mittelschulen. Mit 9 in den Text gedr. Orig.-Holzschn. 2. Aufl. gr. 8. (X, 180 S.) Ebend. 876. n. 1. 80

— Lehrbuch der Geschichte der Neuzeit für die mittleren Classen der Volksschulen. Mit 9 in den Text gedr. Orig.-Holzschn. 3., verb. u. verkürzte Aufl. gr. 8. (XII, 159 S.) Ebend. 878. n. 1. 80

Hannak, Eman., Lehrbuch der Geschichte der Neuzeit für die mittleren Classen der Mittelschulen. Mit 9 in den Text gedr. Orig.-Holzschn. 4. verb. und gekürzte Aufl. (XII, 148 S.) 1879. geb. in Leinw. *M 1,80.; 5. verb. und gekürzte Aufl. gr. 8. (X, 134 S.) Ebendas. 883. *

—— Lehrbuch der Geschichte der Neuzeit für die mittleren Classen der Mittelschulen. 6. Aufl. [Umgearb. Abdr. der 5. Aufl.] gr. 8. (X, 134 S. mit 9 in den Text gedr. Orig.-Holzschn.) Ebendas. 885. geb. * 1 60

— dasselbe, f. Unterclassen der Mittelschulen. 7., verb. u. verkürzte Aufl. gr. 8. (VIII, 117 S. m. 8 Holzschn.) Ebd. 890. n. 1. 20; geb. n.n. 1. 60

— Lehrbuch d. Geschichte d. Neuzeit f. die unt. Classen d. Mittelschulen. 8., vollständig umgearb. Aufl. gr. 8. (VII, 113 S. m. 1 Titelbild u. 81 Abb.) Ebd. 895. Geb. n. 1. 60

HANNAK Emanuel
(F) Lehrbuch der Geschichte der Neuzeit für die unteren Classen der Mittelschulen von Dr. Emanuel Hannak. Mit einem Titelbild und 81 in den Text gedruckten Abbildungen. 9. unveränderte Auflage. Wien. 1899. Hölder. Gr.-8°. VII, 113 S. fl. —.60, geb. fl. —.80

— Lehrbuch der Geschichte der Neuzeit für die unteren Klassen der Mittelschulen. Vollständig umgearb. u. ergänzt von Ant. Rebhann. 10. Aufl. (In neuer Rechtschreibg.) gr. 8. (V, 118 S. m. 29 Abbildgn.) Ebd. 902. Geb. in Leinw. n. 1. 78

— Lehrbuch der Geschichte der Neuzeit f. die unteren Klassen der Mittelschulen. Vollständig umgearb. u. ergänzt v. Ant. Rebhann. 11, verb. Aufl. (V, 120 S. m. 29 Abbildgn.) gr. 8. Ebd. 905. Geb. n. 1. 56

Hannaks Lehrbuch der Geschichte für die unteren Klassen der Mittelschulen. Vollständig umgearbeitet und ergänzt von Anton Rebhann. III. Teil: Geschichte der Neuzeit seit dem westfälischen Frieden. 12., auf Grund der neuen Lehrpläne verbesserte Auflage. Wien 1910. Hölder. Geh. K 1.10, geb. K 1.60.

— dasselbe, f. Lehrer- u. Lehrerinnen-Bildungs-Anstalten. 3., verb. u. gekürzte Aufl. Mit 8 in den Text gedr. Orig.-Holzschn. gr. 8. (VIII, 155 S.) Ebend. 883. n. 1. 44

2. verb. Aufl. Ebenda 1880.

— Lehrbuch d. Geschichte d. Neuzeit f. Lehrer- u. Lehrerinnenbildungs-Anstalten. 4. Aufl. 8. (VIII u. 155 S.) Ebds. 72 kr 1885.

— Lehrbuch der Geschichte der Neuzeit für Oberclassen der Mittelschulen. 2., verb. Aufl. gr. 8. (XI, 272 S.) Ebend. 881. n. 2. 40

— Lehrbuch der Geschichte d. Neuzeit f. Oberclassen der Mittelschulen. 3., verb. u. gekürzte Aufl. gr. 8. (XII, 245 S.) Ebd. 889. n. 2. —

-- dasselbe f. Oberclassen d. Mittelschulen. 4., unveränd. Aufl. gr. 8. (VI, 245 S.) Ebd. 895. Geb. n. 2. 40

HANNAK, Emanuel
Lehrbuch der Geschichte der Neuzeit für Oberclassen der Mittelschulen von Dr. E. Hannak. 5. unveränderte Auflage. Wien. 1900. Hölder. Gr.-8° VI, 245 S. K 2.—, geb. K 2.40

— dasselbe f. Oberklassen der Mittelschulen. 6. Aufl. Inhaltlich unveränd., in der neuen Rechtschreibg. hergestellter Abdr. der 5. Aufl. gr. 8. (VI, 245 S.) Ebd. 902. Geb. in Leinw. n. 2. 50

— dasselbe f. Oberklassen der Mittelschulen. Neu bearb. v. Herm. Raschke. 7. Aufl. (In neuer Rechtschreibg.) (VIII, 271 S.) gr. 8. Ebd. 903. Geb. in Leinw. n. 2 40

Hannak, Dr. Emanuel, Lehrbuch der Geschichte der Neuzeit für Oberklassen der Mittelschulen. Neu bearbeitet von Dr. Hermann Raschke. 8., im wesentlichen unveränderte, somit gemäß Min.-Erl. vom 22. Juli 1903, Z. 24156, allgemein zulässige Auflage. Wien 1907. Alfred Hölder. Geh. K 2.20, geb. K 2.70.

— Lehrbuch der österreichischen Geschichte, der Verfassung u. der Staatseinrichtungen der österreichisch-ungarischen Monarchie f. Lehrer- u. Lehrerinnen-Bildungsanstalten [zugleich als Leitfaden zum Selbstunterrichte f. Lehrer]. gr. 8. (IX, 112 S.) Ebend. 885. n. 1. 20

Hannak, Eman., der Antrag Liechtenstein, s. Tagesfragen.

— Manuale di storia, geografia e statistica della monarchia Austro-Ungarica per le classi superiori delle scuole medie. Dalla 14. ed. tedesca versione del G. Gelcich. (216 S.) 8. Ebd. 906. n. 1. 80

— **Methodik d. Unterrichts in der Geschichte, s.: Lehrbuch der speciellen Methodik f. die österreich. Lehrer- u. Lehrerinnen-Bildungsanstalten.**

Hannak: Das Museum u. die Bibliothek in Alexandria. 42 S. 8°–Wien L., Progr. 1867

Hannak Dr. E.: Die Reformbewegung auf dem Gebiete des österr. Volksschulwesens während des J. 1848. 25. Wiener-Neustadt L.-B.-A. 79. Progr.

Hannak, Dr. Emanuel und Dr. Friedrich **Umlauft,** historischer Schulatlas in 30 Karten. Zur Geschichte des Alterthums, des Mittelalters und der Neuzeit. Für Gymnasien, Realschulen und diesen verwandten Anstalten. I. Das Alterthum. 12 Karten. qu. 4°. Wien, Hölder. fl —.60 1886.

Hannak, Dr. Emanuel, und Dr. Friedrich **Umlauft,** historischer Schulatlas mit 30 Karten. Zur Geschichte des Alterthums, des Mittelalters und der Neuzeit für Gymnasien, Realschulen und diesen verwandte Anstalten. II. Das Mittelalter und die Neuzeit. 18 Karten. Quer-Folio. Wien, Hölder. fl. —.96, cart. fl. 1.16 1887.

Hannak, Dr. Emanuel, und Umlauft, Dr. Friedrich, Historischer Schulatlas in 30 Karten. Zur Geschichte des Alterthums, des Mittelalters und der Neuzeit für Gymnasien, Realschulen und diesen verwandte Anstalten. 3. Auflage. Wien 1891. A. Hölder. (Min.-Erl. 8. October 1891. Z. 21038.)
I. Das Alterthum. 12 Karten. Geheftet —.60 cartonnirt —.80
II. Das Mittelalter und die Neuzeit. 18 Karten. Geheftet —.96, cartonnirt 1.16

Hannak, Dr. Emanuel, und Umlauft, Dr. Friedrich, Historischer Schulatlas in 30 Karten. Zur Geschichte des Alterthums, des Mittelalters und der Neuzeit. Für Gymnasien, Realschulen und diesen verwandte Anstalten. 4. Aufl. I. Theil: Das Alterthum, in 12 Karten. Wien 1894. Alfred Hölder. (Min.-Erl. v. 5. Juli 1894, Z. 15408) —.60, cartonnirt .80

Hannak, Dr. Emanuel und Umlauft, Dr. Friedrich, Historischer Schulatlas in 30 Karten. Zur Geschichte des Alterthums, des Mittelalters und der Neuzeit für Gymnasien, Realschulen und diesen verwandte Anstalten. 4. Auflage. Wien 1895. A. Hölder. II. Das Mittelalter und die Neuzeit, 18 Karten. (Min.-Erl. vom 22. Mai 1896, Z. 12151.) Geh. —.96, cartonnirt 1.16

Historischer Schulatlas in dreissig Karten. Zur Geschichte des Alterthums, des Mittelalters und der Neuzeit für Gymnasien, Realschulen und diesen verwandte Anstalten von Dr. Emanuel Hannak und Dr. Friedrich Umlauft. I. Das Alterthum. 12 Karten. 5. unveränderter Abdruck. Wien. 1899. Hölder. Quer-Fol. fl. —.60, cart. fl. —.80

Historischer Schul-Atlas in dreissig Karten. Zur Geschichte des Alterthums, des Mittelalters und der Neuzeit für Gymnasien, Realschulen und diesen verwandte Anstalten von Dr. Emanuel Hannak und Dr. Friedrich Umlauft. II. Das Mittelalter und die Neuzeit. 18 Karten. 5. unveränderter Abdruck. Wien. 1899. Hölder. Gr.-8. Geb fl. 1.60

Hannak, E und **Umlauft,** F., Historischer Schul-Atlas in 30 Karten. 6. Abdruck. Lex.-8°. Wien: Hölder 1902. geb. K 1.60

—— dass. — für die höheren Classen der Mittelschulen. 4. verb. in zwei Stufen gegliederte Aufl. Oberstufe. gr. 8. (X, 174 S.) Ebendas. 875. *

Hannak, Eman., österreichische Vaterlandskunde für die höheren Classen der Mittelschulen. Oberstufe. 5. verb. Aufl. gr. 8. (X, 202 S.) Wien 877, Hölder. * 1 92

—— österreichische Vaterlandskunde für die höheren Classen der Mittelschulen. Oberstufe. 6. und 7. verb. Aufl. gr. 8. (VIII, 206 S.) Ebendas. 880,81. geb. in Leinw. *

—— österreichische Vaterlandskunde für die höheren Classen der Mittelschulen. Oberstufe. 8. verb. Aufl. gr. 8. (IV, 204 S.) Ebendas. 886. geb. * 2 20

— Oesterreichische Vaterlandskunde für die höheren Classen der Mittelschulen. 9. verbesserte Auflage. Wien 1890. A. Hölder. (Min.-Erl. 18. Juni 1890. Z. 12033.) In Leinw. geb. 1.14

—— oesterreichische Vaterlandskunde für die mittleren und höheren Classen der Mittelschulen. 1.—8. verb. Aufl. gr. 8. (155 S.) Wien 869—73, Hölder. *

— österreichische Vaterlandskunde für die oberen Classen der Mittelschulen. Oberstufe. 9., verb. Aufl. gr. 8. (VI, 200 S.) Ebd. 890. geb. n.n. 2. 28

— österreichische Vaterlandskunde f. die oberen Classen der Mittelschulen. 10., verb. Aufl. gr. 8. (202 S.) Wien 893. A. Hölder. Geb. n. 2. 28

Hannak, Dr. Emanuel, Oesterreichische Vaterlandskunde für die oberen Classen der Mittelschulen. 11., im Wesentlichen unveränderte Auflage. Wien 1896. Alfred Hölder. (Min.-Erl. v. 7. April 1896, Z. 7545.) Geh. —.94, geb. 1.14

— dasselbe für die oberen Classen d. Mittelschulen. 12., umgearb. Aufl. gr. 8. (206 S.) Ebd. 898. Geb. n. 2. 28

— österreichische Vaterlandskunde für die oberen Klassen der Mittelschulen. 13., im wesentlichen unveränd. Aufl. Durchgesehen von J. Pölzl. (In neuer Rechtschreibg.) gr. 8. (206 S.) Ebd. 902. Geb. in Leinw. n. 2. 38

Hannak, E., Österreichische Vaterlandskunde für die oberen Klassen der Mittelschulen. 14. Aufl. Gr.-8°. (204 S.) Wien: Hölder 1905.

— österreichische Vaterlandskunde f. die oberen Klassen der Mittelschulen. 15. Aufl. Durchgesehen v. J. Pölzl. Inhaltlich im wesentlichen unveränd. Abdr. der 14. Aufl. (205 S. m. 2 Stammtaf.) gr. 8. Ebd. 906. Geb. n. 2. 10

Hannak, Eman., oesterreichische Vaterlandskunde für die unteren Classen der Mittelschulen. 4. verb. in zwei Stufen gegliederte Aufl. Unterstufe. gr. 8. (VII, 139 S.) Wien 875, Hölder. *

— oesterreichische Vaterlandskunde f. die unteren Classen der Mittelschulen. 5. verb., in 2 Stufen gegliederte Aufl. Unterstufe. gr. 8. (VII, 139 S.) Ebend. 876. n. 1. 60

—— oesterreichische Vaterlandskunde für die unteren Classen der Mittelschulen. Unterstufe. 5. durchgeseh. Aufl. gr. 8. (IX, 133 S.) Ebendas. 877. *

—— dass. — Für die unteren Classen der Mittelschulen. Unterstufe. 6. Aufl. (129 S.) 1879. *ℳ 1,60.; 7. verb. Aufl. gr. 8. (IV, 120 S.) Ebendas. 1881. geb. in Leinw. *

—— dass. — für die unteren Classen der Mittelschulen. Unterstufe. 8. gemäss den Instructionen für den Unterricht in den Gymnasien und Realschulen verb. Aufl. gr. 8. (IV, 110 S.) Ebendas. 886. geb. * 1 76
Vgl.: Beiträge, interessante, zur gegenwärtigen Tagesfrage.

— Oesterreichische Vaterlandskunde für die unteren Classen der Mittelschulen. 9. verbesserte Auflage. Wien 1890. A. Hölder. (Min.-Erl. 27. Juni 1890. Z. 12937.) Geheftet —.72, in Leinwand gebunden —.92

— dasselbe f. die unteren Classen der Mittelschulen. (Geographie der österreich.-ungar. Monarchie.) 10., umgearb. Aufl. gr. 8. (IV, 106 S. m. 18 Abbildgn.) Ebd. 893. Geb. n. 1. 84

— österreichische Vaterlandskunde f. d. unt. Classen d. Mittelschulen. (Geographie d. österr.-ungar. Monarchie.) 11., im wesentl. unveränd. Aufl. gr. 8. (IV, 106 S. m. 18 Abb.) Ebd. 896. Geb. n. 1. 84

— dasselbe für die untern Klassen der Mittelschulen. (Geographie der österreichisch-ungar. Monarchie.) 12., im wesentlichen unveränd. Aufl. Durchgesehen v. J. Pölzl. (In neuer Rechtschreibg.) gr. 8. (IV, 106 S. m. 18 Abbildgn.) Ebd. 902. Geb. in Leinw. n. 1. 94

— dasselbe f. die unteren Klassen der Mittelschulen. (Geographie der österreichisch-ungar. Monarchie.) 13. Aufl. Durchgesehen v. J. Pölzl. Inhaltlich im wesentlichen unveränd. Abdr. der 12. Aufl. (IV, 106 S. m. 18 Abbildgn.) gr. 8. Wien 906. A. Hölder. Geb. n. 1. 68

Hannamann, D. A., über d. Grenzlinie zwischen Verbrechen u. Vergehen. gr. 8. Wien ... v. Mösle. 8 gl.

Hannamann, D. A., die Hausehre; e. Schspl. in 5 Aufz. Wien 801. Wallishausser. 6 gl.

— s. Körbchen, die drei.

Hannappel, Matthias: Poetik Alain Chartiers. (Separat-Abdruck aus den Französischen Studien herausgegeben von G. Körting und E. Koschwitz. Verlag von Gebr. Henninger in Heilbronn.) Altenburg, Pierer'sche Hofbuchdruckerei. Stephan Geibel & Co., 1881. 8. 54 S.

Hannas, s.: Philosophie d. gesund. Menschenverstandes.

Hannauer, Georg

Hannauer, G., Ursprung der Ideen nach Thomas v. Aquin. Regensburg (Stadtamhof) 1865. 4°. 13 S. Progr. d. Studienanst.

Hannäus, Georg

Historische Beschreibung der Vieh- Seuche welche seit dem Jahre 1745 in den hiesigen Gegenden grassiret. Entworfen von G[eorg] Hannaeo [Hannaeus]. Hamburg: König 1746. 60 S. 8

Dissertatio Inauguralis Medica De Febribus Eyderostadenses corripientibus epidemicis, Vulgò Stoppel-Fiebern; Quam . . . Sub Praesidio Georgii Dethardingii Pro Gradu Doctoris Summisque in Arte Medica Honoribus . . . ritè consequendis Publico Scrutinio & Examini submittit Author Georgius **Hannaeus**. Hafniae. 1735. 4°k. Bei: Bemerkungen über die epidemischen Krankheiten etc. v. Thomas Friedlieb. o. O. u. J. 8°.

Hannay, James, Eustach Conyers. Deutsche Originalausg. 2 Bde. Leipzig 856. Kollmann. 8. (2 Bl., 312; 2 Bl., 283 S.) 1 ₰ 10 ngl

Hannay, Josef, Kammergerichtsreferendar: Das Indossament zu Inkasso-Zwecken. Berlin 1905: B. Paul. (95 S.) 8° Rostock, Jur. Fak., Ref. Lehmann, Diss. v. 20. Mai 1905
[Geb. 23. Juli 80 Münster i. Westf.; Wohnort: Berlin; Staatsangeh.: Preußen; Vorbildung: Gymn. Berlin Reife O. 99; Studium: Berlin 7 S.; Rig. 29. Nov. 04.]

Hann-Band zum vierzigjährigen Redaktionsjubiläum J(ulius) Hann's von Freunden u. Kollegen gewidmet. Red. von Dr. J[osef] M[aria] Pernter, Wien, u. Dr. G[ustav] Hellmann, Berlin. Mit Bild u. Faks. von J. Hann, 76 Textfig. u. 5 Taf. Braunschweig: F. Vieweg & Sohn 1906. (VIII, 404 S.) 4°(8°)
(Meteorolog. Zeitschrift.)

Hannbaum, Philipp (Würzburg), De prioritate pignorum qualificatorum in creditorum concursu secundum placita juris communis Romani. Spec. jur. Präs. Joseph Maria Schneidt. Würzburg (F. E. Nitribitt) Juli 1796. 50 S. (6.—) 13050

Hannbeckh, Max, Eisenbahn- u. Reise-Karte von Central-Europa. 1:600000. Gezeichnet von Anton Fachbach Edler v. Lohnbach. 16 Blatt Lith. 57,5×68,5 cm Wien, Selbstverlag, 1891.

Hannbeckh, M...., sieh: Reise-Courier f. Eisenb.- u. Dampfschiff. 1885 ff.

Hannchen; nichts weniger als Origin.-Lstspl. in 5 A. Wien, Wallishausser. 8 gl.

Hannchen nichts weniger als ein Originalschauspiel in 5 Aufzügen. [Wien] 1771. V: *Kessler, Chph. Edler von.* (GGr V/315, Nr. 30)

Hannchen nichts weniger als ein Originalschauspiel in 5 Aufzügen. Preßburg 1772. V: *Kessler, Chph Edler von.* (GGr)

Hannchen. Drama v. Keßler. 8. Presb. Löwe. 772.

§ **HANNCHEN**, ein prosaisch-komisch (sic!) Gedicht in vier Gesängen. Mit Titelvignette. Frankfurt u. Leipzig (Breslau, Gutsch) 1778. 12°. (3 Mk. G. Priewe, 1895; 5 Mk. Bernh. Liebisch, Lpz., 1908.)
80 SS. Zum Theil anstössig.

Hannchen, od. d. Kirchhofmädchen, Gedicht in 6 Gesängen. s.a. S. G. Presser.

Hannchen, oder d. Kirchhofsmädchen; ein prosaisches Gedicht in 6 Gesängen, (v. S. G. Presser). 8. Bresl. 783. (J. F. Korn). 6 gl.

— od. d. Kirchhofmädchen. Gedicht in 6 Gesängen, v. S. G. Presser. 8. Bresl. Korn d. ält. 786.

Hannchen oder das getreue Ehepaar. Nordhausen 1779. V: *Böttger, Gottfried Conrad.* (ML)

— od. d. getreue Ehepaar, v. d. Verf. d. angenehmen Monats. 8. Nordh. Groß. (Nitzsche.) 791.

Hannchen; e. wahre Gesch. 8. Berl. Quien. (Dunker u. H.) 802.

— u. Bernardo. Sgspl. in 2 A. 8. Salzb. 788. Duyle. 4 gr

FORSTMEISTERS Hannchen. Sensations-Roman. 2 Bde. in 80 Hftn. Mit Illustr. Dresden, o. J. 8°. (Mk. 8—.) (3 Mk. 50 Pfg. H. Hugendubel, c. 1905.)

Hannchen die schöne F**k**ts (Freiknechts)-Tochter. Neue Auflage. Ebd. 1816. 8°.
Kayser's Roman-Verz.

Hannchen, die schöne F..k..ts Tochter. Ein Beleg zur Barbarey des 19ten Jahrh. N. A. 8. Leipzig, Central-Compt. 816.

Hannchen, die erfahrene Haushälterin, ein Koch- und Hausbuch. Die besten Vorschriften angebend zur schmackhaften und ökonomischen Bereitung der gekochten und gebratenen Fleisch-, Eier- und Mehlspeisen der Gemüse, der Fluß- und Seefische, der Saucen, Beiessen, Backwerke, Cremes, etc., nebst den bewährtesten Anleitungen, sowohl die verschiedenen Eßwaaren einzusalzen, zu räuchern, in Essig, Branntwein, Zucker einzumachen, als nach Appert's vortrefflicher Methode aufzubewahren. La découverte d'un mets nouveau a fait plus de bien à l'humanité que la découverte d'une étoile. HENRION DE PANSEY, ancien Président de la Cour de cassation. (Vignette: *Früchtekorb*) Paris, Leipzig, Straßburg, in allen Buchhandlungen 1838
Kol.: G. Silbermann, Straßburg.
307 S., 8°.
BNP V. 41. 351.

Hans Clauert – s. Nr. 657: *Der Märkische Eulenspiegel.*

— u. Karoline, oder zwei Liebhaberinnen u. ein Liebhaber; ein Lesebuch für Unverheirathete. Mit 1 Kpf. 8. Leipz. 804. (W. Nauck). 16 gr

— und Caroline, oder zwey Liebhaberinnen und ein Liebhaber; e. Leseb. f. Unverheirathete. 8. Leipz. Sommer. 804.

Hannchen, das kleine, mit 12 color. Bildern. 16. Berlin 841, Hasselberg. 1/4 Rthlr

Hannchen und die Küchlein. Halle 1821. V: *Eberhard, Chn Aug. Glob.* (GGr)

— u. Robert. Operette in 3 A. (v. Jakob Matthesius). 8. Gotha 794. Ettinger. 4 gr

— — die schöne Schinderknechts-Tochter. Ein Beleg zur Barbarey und Größe des 19. Jahrh. Einfach und wahr! Leipzig, in Joachims Buchh., o. J. (c. 1810). 8°. Titel gestoch. u. 180 S. (3 Mk. Frz. Teubner, c. 1898.)
Stellenw. etwas frei. Erregte s. Z. grosses Aufsehen u. Theilnahme.

Hannchens Geschichte, oder die Folgen mütterl. Thorheiten, v. E. Hildebrandt. 2 Thle. m. Kupf. 8. Berlin, Stuhr. 816.

Hannchens Hin- u. Herzüge, nebst d. Gesch. dreyer Hochzeitnächte. 3 Bdch. 8. Lpz. Graff. 807.

Hannchens Hin- u. Herzüge, (v. Chr. Althing). 3 Bdchen. 8. Dresd. 800, 801. 8. Leipz. 807. Wienbrack). 3 Rthlr

Hannchens kleines Museum. 2 Bde. 8. Gießen 809. Müller. 3 Rthlr

Hannchens Winterfreuden, eine Samml. von Liedern ꝛc. 8. Halle 793. Dreyssig. 6 gr

Hannchen's Zeitvertreib, m. 12 col. Bildern. 16. Berlin 841, Hasselberg.

Hanncke, Rud., erdkundliche Aufsätze f. die oberen Klassen höh. Lehranstalten. gr. 8. (VII, 90 S. m. 12 Taf.) Glogau 900. C. Flemming. Geb. in Leinw. n. 1.80

— dasselbe. Neue Folge. Die nichtdeutschen Staaten Europas. gr. 8. (VII, 132 S.) Ebd. 901. Geb. in Leinw. n. 1.80

— das Bourbonenthum in Spanien, s.a. Sammlung gemeinverständl. wissensch. Vorträge.

Das Bourbonenthum in Spanien. Von Prof. Dr. [Rudolf] Hanncke in Cöslin (Pomm.). *Hamburg: Verlagsanst. u. Dr. A.-G. 1900.* (27 S.) 8° [F.]
— Sammlung gemeinverständl. wiss. Vorträge. N. F. Ser. 14. H. 335.
(N. 335)

[F.] **Hanncke,** Rudolf [Dr., Prof.]: Cöslin im 15. Jahrhundert. Cöslin, gedr. bei C. G. Hendess, 1893; 28 S. 8.
Cöslin, k. G, OP 1893 (132)

Hanncke, R., Cöslin im 15. Jahrh. 8. (28 S.) Cöslin 893. (P. Perrin.) — 75

— pommersche Geschichtsbilder. 2. neu durchgeseh. u. verm. Aufl. sämtl. bisher erschienener Skizzen u. Kulturbilder des Verf. gr. 8. (XI, 223 S.) Stettin 899. L. Saunier. n. 4.50

Hanncke, Rud. Hinterpommern und das Jahr 1811.
16 S. **Progr.** *Cöslin* 1881.

Hanncke, Rud., pommersche Kulturbilder. Studien z. pomm. Geschichte. gr. 8. (VII, 63 S.) Stettin 895. L. Saunier. n. 1.50

Hanncke, R., neue pommersche Skizzen. Kulturbilder u. Studien zur pommerschen Geschichte. gr. 8. (V, 69 S.) Stettin 887. Saunier. n. 1.60

Hanncke, Rud., pommersche Skizzen. Kulturbilder aus der pomm. Geschichte. gr. 8. (VII, 82 S.) Stettin 881. Saunier. n. 2.50

Hanncke, Rudolf, Referendar: Die Verpflichtung des mit der Eigentumsklage belangten Besitzers zur Herausgabe von Nutzungen und zum Schadenersatze nach Gemeinem Rechte und dem Rechte des Bürgerlichen Gesetzbuches. *Köslin 1903: C. G. Hendeß.* (46 S.) 8° [F.]
Greifswald, Jur. Diss. v. [12. Juni] 1903

Hanne, Der Herr Dr., in Braunschweig im Conflicte m. d. dasigen Geistlichkeit. gr. 8. Braunschw. 846, Meyer sen. n. 1/6 Rthlr

Hanne, die stille, u. andere Geschichten. Erzählungen für Jung u. Alt von M. v. O. Mit 2 Illustr. von M. v. Arnswaldt. 1. u. 2. Aufl. 8. (à 96 S.) Schwerin 902, F. Bahn. n. — 90; geb. in Leinw. n. 1. —

Hanne, die stille, u. andere Geschichten. Erzählungen f. Jung u. Alt von M. v. O. 3. u. 4. Aufl. (Je 96 S. m. 2 Vollbildern.) 8. Schwerin 907. F. Bahn. n. — 90; geb. n. 1. —

Hanne, J. K., s. Hanne, J. R.

Hanne, J. R., die Bedeutung des religiösen Liberalismus. Nach einem in Heide am 27. Juli 1881 geh. Vortrage. 8. (42 S.) Heide 882. Pauly. — 60

Hanne, J. R., Blätter christl. Lebensanschauung. gr. 8. (III, 228 S.) Hamburg 895. H. Seippel. n. 3. —

Hanne, J. R., der ideale und der geschichtliche Christus. 1. und 2. Aufl. 8. (57 S.) Berlin 871, Henschel. [Leipzig, Barth.] *
Vgl.: Sandvoß, Frz., offener Brief.

— vom inneren Frieden. Antritts-Predigt, geh. bei seiner Einführung in das Pastorat zu St. Johannis in Eppendorf am 6. Juli 1879. gr. 8. (15 S.) Hamburg 879. Seippel. n. — 40

Hanne, J. R., ein neues Gesangbuch? Ein Wort an Hamburgs evangelisch-luther. Gemeinden. gr. 8. (24 S.) Hamburg 900. Grefe & Tiedemann. — 30
Erweit. Sonderabdr. a.: „Ev. Gemeindebote f. Norddeutschland".

Hanne, J. R., freier Glaube. Religiöse Blätter f. protestant. Christen. gr. 8. (VII, 141 S.) Hamburg 885. Seippel. n. 2. —

— protestantischer Glaube. Christlich-religiöse Reden. gr. 8. (VII, 115 S.) Hamburg 873. Seippel & Leopoldt. n. 1. 80

— der römisch-katholische Glaube, s.: Katholicismus, der römische, beleuchtet in Vorträgen.

—— über Glauben und Wissen. Eine Rede, gehalten im Hamburger Protestanten-Verein am 10. Febr. 1880. gr. 8. (24 S.) Hamburg 880, Seippel. *

Hanne, J. R., s.: Glaubenslehren, christliche, im Lichte der liberalen Theologie.

—— Luther und die Bibel. Vortrag, auf Veranlassung des Comités für die Hamburger Volks-Lutherfeier gehalten am 3. Juli 1883. gr. 8. (17 S.) Hamburg 883, Seelig und Ohmann.

— Martin Luther, der deutsche Christ. Predigt zur Feier des 400jährigen Geburtsfestes des deutschen Reformators in der Kirche St. Johannis zu Eppendorf am 400jähr. Tauftage Luthers den 11. Novbr. 1883. gr. 8. (16 S. mit 1 Stnt.) Hamburg 883, Seippel.

Hanne, J. R., Fritz Reuters Religion. Ein Gedenkblatt zum 100 jähr. Geburtstage des Dichters. (31 S.) gr. 8. Wismar 910. Hinstorff's Verl. — 50

Hanne, J. R., unsere Stellung zum Dogma. Rede, am 18. deutschen Protestantentage in Gotha geh. [Aus: „Protestantenblatt".] gr. 8. (24 S.) Bremen 890. Rößler. n. — 20

—— Urkundensammlung der kirchenregimentlichen Infallibilität in Berlin und Stettin. Nebst den zu ihrem Verständnis und zur vollen Beleuchtung des Colberger kirchl. Streites erforderl. Actenstücke. gr. 8. (58 S.) Berlin 871, Henschel. [Leipzig, Barth.] *

—— Warum bleiben wir Christen? Zur Abwehr für die liberale Theologie wider den fanat. Atheismus der Gegenwart. Offene Antwort auf den offenen Brief des Herrn Frz. Sandvoß. gr. 8. (52 S.) Berlin 871, Henschel. [Leipzig, Barth.] *

— wie entstand das Dogma von der Gottheit Christi? Vortrag, geh. im Protestantenverein zu Chemnitz am 29. Oktbr. u. im Protestantenverein zu Leipzig am 30. Oktbr. 1877. gr. 8. (39 S.) Ohrdruff 878. Stadermann jr. Verl. n. — 50

— einige Worte üb. den liturgischen Theil d. protestantischen Gottesdienstes. Vortrag geh. am 18. Oktbr. 1875 in der Prediger-Konferenz der Ephorie Tenneberg in Waltershausen. gr. 8. (29 S.) Ohrdruf 875. Stadermann jun. n. — 40

Hanne, Joh. Wilhelm

Hanne, J. W., Anti-Hengstenberg. Drei protestantische Briefe nebst einem Anh. protestant. Thesen. Elberfeld 867. Friderichs. gr. 8. (64 S.) n. 10 ngr.

Hanne, Joh. Wilh., Antiorthodox od. gegen Buchstabendienst u. Pfaffenthum, u. für den freien Geist d. Humanität u. des Christenthums. gr. 8. (11 B.) Braunschweig 846, Westermann. Thlr. *

Hanne, J. W., Bekenntnisse, oder: Drei Bücher vom Glauben. Zum Viaticum auf der Wanderung durch die Wüste dieser Zeit zum rechten Heimathlande des Glaubens. Für werdende Christen. Hannover 861. C. Rümpler. 8. (XIII, 456 S.) n. 1 ♉︎ 20 ngr.

— Bekenntnisse, oder: drei Bücher vom Glauben. 2. mit einer Rede über zwei brennende kirchl. Zeitfragen verm. Ausg. Hannover 865. Rümpler. 8. (XXIV, 456 S.) 27 ngr.

— der Beruf des Gustav-Adolf-Vereins zur Mitwirkung an der volksthümlichen Erneuerung der evangel. Kirche. Eine, mit einigen Sätzen von Dr. Mart. Luther über das Priesterthum der Gemeinde begleitete, vor dem Stralsunder Zweigverein der Gustav-Adolf-Stiftung am 18. Oktbr. gehaltene Zeitpredigt. Greifswald 866. Scharff. gr. 8. (39 S.) n. 5 ngr.

s. Brackebusch, H., der Gustav-Adolphs-Verein.

Hanne, J. W., der Christenglaube u. die Erziehung zur wahren Christlichkeit, s.: Vorträge, protestantische.

Hanne, Joh. Wlh., Festreden an die Gebildeten über das Wesen des christl. Glaubens, insbesondere über das Verhältniß der geschichtl. Person Christi zur Idee des Christenthums, nebst einer Abhandlung über das Wunder. 8. Braunschweig 839. Leibrock. 7/8 ♉︎

Hanne, Joh. Wilh., das kündlich große Geheimniß der Offenbarung Gottes im Fleisch. Mit einer Zuschrift an den Hrn. Dr. E. Niemann. 12. (10 S.) Hannover 856, Rümpler. *

— der Geist des Christenthums, seine Entwickelung u. sein Verhältniß zu Kirche u. Cultur der Gegenwart. Protestantische Briefe. Elberfeld 867. Friderichs. gr. 8. (VIII, 307 S.) n. 1 ♉︎ 10 ngr.

Hanne, J. W., An die hochwürdige Geistlichkeit der Stadt Kiel und die gleichgesinnten Geistlichen Schleswig-Holsteins. Ein Sendschreiben. Greifswald 864. Bamberg. 16. (16 S.) 1½ ngr.

—— d. freie Glaube im Kampfe m. den theol. Halbheiten uns. Tage. Blätter f. das mündige Volk. gr. 8. (10 B.) Braunschweig 846, Westermann. *

— die Idee der absoluten Persönlichkeit, oder: Gott und sein Verhältniß zur Welt, insonderheit zur menschlichen Persönlichkeit. Eine speculativ-theologische Untersuchung über Wesen, Entwickelung und Ziel des christl. Theismus. 2 Bde. Ebend. 861, 62. gr. 8. (XI, 553; VI, 321 S.) n. 4 Thlr

— die Idee der absoluten Persönlichkeit, oder: Gott u. sein Verhältniß zur Welt, insonderheit zur menschl. Persönlichkeit. Eine speculativ-theolog. Untersuchung über Wesen, Entwickelung u. Ziel des christl. Theismus. 2 Bde. 2. Aufl. Hannover 865. Rümpler. gr. 8. (XIX, 874 S.) n. 2 Thlr 20 ngr.

— die christliche Kirche nach ihrer Stellung u. Aufgabe im Reiche der Sittlichkeit. Rede am 22. März 1868 in Greifswald gehalten. Berlin 868. Burmester & Stempell. 16. (108 S.) n. 7½ ngr.

— die Kirche im neuen Reiche. Ein protest. Weckeruf an die Gemeinden. gr. 8. (XXIV, 216 S.) Berlin 871. Leipzig, Barth. n. 3. —

—— der Lobgesang der Engel in der heiligen Nacht. Eine Predigt am Abend vor Weihnachten. 8. (22 S.) Hildesheim 857, Gerstenberg'sche Buchh.

Hanne, J(oh.) W(ilh.), religiöse Mahnungen zur Sühne. Rede und Choraltexte bei der Sonnt. 26. März (1848 zu Braunschweig) abgehalt. Todtenfeier. Zum Gedächtniß der im Kampf für das freie deutsche Staatsbürgerthum blutig Gefallenen. gr. 8. (19 S.) Braunschweig 848, (J. H. Meyer.) **.

der moderne Nihilismus und die Strauß'sche Glaubenslehre im Verhältniß zur Idee der christlichen Religion. Eine kritische Beleuchtung u. positive Ueberwindung des Grundprincips u. der Hauptconsequenzen der destructiven Philosophie, versucht. gr. 8. Bielefeld 842, Velhagen u. Klasing. 1½ Thlr

—— zur Orientirung! Eine Rede vor der braunschweiger Volksversammlung den 21. März (1848) gehalten. gr. 8. (16 S.) Braunschweig 848, (J. H. Meyer.) **

— drei Predigten über christl. Glauben u. Lieben. gr. 8. (3½ B.) Braunschweig 841, Leibrock.

— der ideale Protestantismus, sein Wesen, seine Genesis u. sein Verhältniß zum Bibel- u. Kirchenglauben, sowie seine Stellung zu den gegenwärtigen religiösen Zeitrichtungen. 8. Bielefeld 845, Velhagen u. Klasing. ⅚ Thlr

—— Rationalismus u. speculat. Theologie in Braunschweig. Ein Versuch üb. d. wirkl. Verhältniß beider z. christl. Glauben, nebst e. speculat.-dogmat. Entwickel. d. Menschwerd. u. Versöhn. Gottes in ihrer Nothwendigkeit u. Wirklichkeit. gr. 8. (10 B.) Braunschweig 838, [Vieweg u. Sohn.]

J. W. **Hanne**: Friedr. Schleiermacher als relig. Genius Deutschlands. *Braunschw.*, Oehme u. Müller. 840. 16° m. S-'s Bildn. 12 gl

J. W. **Hanne**: Sokrates als Genius d. Humanität; e. Seitenst. zu F. Schleiermacher als religiöser Genius Deutschlands; dargest. in e. Rede. *Braunschw.*, Vieweg u. S. 841. 16° 10 gl

Hanne, Joh. Wilh., Vorhöfe z. Glauben od. das Wunder d. Christenthums im Einklange m. Vernunft u. Natur. Ein apologet. Versuch in Briefen. I. A. u. d. T.: Vorhöfe z. Glauben. 1. Thl.: Der christl. Glaube im Kampfe m. dem modernen Aufklärungschristenthum u. der Widerspruch des letztern m. der Vernunft. Lex. 8. (XVI u. 102 S.) Jena 850, Frommann. — II. A. u. d. T.: Vorhöfe zum Glauben. 2. Thl.: Das Wunder des Christenthums nach seiner wahrheitsgewissen Begründung im speculativen Organismus des menschl. Erkennens. 1 u. 2. Abschnitt. Lex. 8. (190 S.) Ebd. 850. 1 Thlr — 3 u. 4. Abschn. Mit 2 Steintaf. (in gr. 4.) Lex. 8. (XXVIII u. 204 S.) Ebd. 851. 1 Thlr (cplt. 2 Thlr 18 ngr)

— christliche Weihestunden in und außer der Kirche. Mit einer kurzen Entwicklung der Idee des evangelischen Gottesdienstes in besonderer Beziehung auf das Kirchenlied. Greifswald 863. Scharff. 12. (107 S.) 7½ ngr.

—— die Zeit der deutschen Freiheitskriege in ihrer Bedeutung für die Zukunft des Reiches Gottes und seiner Gerechtigkeit. Eine Zeitpredigt zum 50jähr. Gedenktage der Schlacht bei Leipzig. gr. 8. (35 S.) Greifswald 863, Scharff.

— Zeitspiegelungen. Zur Orientirung der Gebildeten in Religion u. Sitte. gr. 8. (XXVI u. 256 S.) Hannover 852, Rümpler. n. 1 Thlr 6 ngr

— Zeitspiegelungen. Zur Orientirung der Gebildeten in Religion und Sitte. 2. (Titel-) Ausg. Hannover (852.) 854. Rümpler. gr. 8. (XXVI, 256 S.) 22½ ngr

— ein Zeugniß von Christo als Abschiedswort v. Braunschweig. (Predigten.) Nebst einem poet. Anh. 16. (31 S.) Braunschweig 849. (J. H. Meyer.) n. ⅓ Thlr

Hanne, R., die Entstehung u. Zusammensetzung des Ackerbodens, s.: Merkblätter, landwirtschaftliche. 2.

Hanne, Reinhold, aus Hamburg-Eppendorf: Die **Acidität** der Kuhmilch. *Leipzig 1902: O. Schmidt.* (60 S.) 8°
Leipzig, Phil. Diss. v. [1. März] 1902

Fritz Reuters Religion. Ein Gedenkblatt z. 100jähr. Geburtstage d. Dichters. Von Lic. J[ohannes] R[obert] **Hanne**, Pastor em. Wismar: Hinstorff 1910. 31 S. 8° [10. 13161]

Hanne, W. J. W., Zeitspiegelungen. 8°. Hannover 1852.
Enth. u. a.: Christenthum und Socialismus. — Die Widersprüche des Sozialismus in sich selbst.

Hannecke, C., u. R. Platzdasch, 15 Bilder aus der deutschen Geschichte. Für die Hand der Kinder beim ersten Geschichtsunterrichte. Im Auftrage der Duisburger Lehrerconferenz hrsg. 8. (V, 74 S.) Duisburg 877. Raske & Mendelssohn im Comm. n. — 50

— u. A. **Spengler**, 15 Bilder aus der deutschen Geschichte. Für die Hand der Kinder beim ersten Geschichtsunterricht bearb. 5., um e. Vor[illegible] verm. Aufl. 8. (76 S.) Ebd. 894. Kart. n.n. 10

Hannecke, K., Schul-Choralbuch. - Enth. 65 der gangbarsten Melodien d. neuen „Evangel. Gesangsbuchs f. Rheinland u. Westfalen", darunter sämtl. v. der kgl. Regierg. zu Düsseldorf f. Volksschulen vorgeschriebene. 2stimmig f. den Schulgebrauch gesetzt. 12. (40 S.) Düsseldorf 893. A. Bagel. n. — 25

Hannecke, Paul, s.a. Hanneke

Das Celloidinpapier, seine Herstellung und Verarbeitung. M. bes. Berücks. d. Anfertigg v. Mattpapier sowie d. Platintonprozesses v. **Paul Hannecke**, Assist. ... d. Kgl. Techn. Hochsch. zu Berlin. M. 15 Fig. im Text. *Berlin: G. Schmidt 1897.* (VI S., 1 Bl., 131 S., 1 Bl.) 1 Bd 8. = Bibliothek, Photographische. No 7.

Hannecken, s.a. Hanneken

v. Hannecken, H. Marschall Bazaine und die Capitulation von Metz. (62) 8. Darmstadt 1872. 0.80.

Der **Krieg** um Metz. (Von v. Hannecken.) Berlin 1871. 36 S.

Hannecken, v. Vorstudien für einen englisch-russischen Krieg. Berlin 1878. 27 S.

Hannecken, Menn., Explicatio epist. ad Ephesios, c. praef. Ruffii. 4. Ienae, Ritter. 751.

Hannecken, P. L., s. Hanneken, Philipp Ludwig

Hannecker, A., die Philistäer. Biblisch-histor. Abhandlg. 4. (50 S.) Eichstätt, 872. (Krüll.) n. 3. —

Hanneke, Paul, s.a. Hannecke

Hanneke, Paul, das Celloidinpapier, s. Herstellg. u. Verarbeitg. m. bes. Berücksicht. d. Anfertigg. v. Mattpapier, sow d. Platintonprozesses, s.: **Bibliothek**, photographische.

Hanneke, Paul: Handbuch der Photographie, s. Vogel, H.W.

Hanneke, Paul, die Herstellung v. Diapositiven zu Projektionszwecken (Laternbildern), Fenstertransparenten u. Stereoskopen, s.a. **Bibliothek, photographische. 20. Bd.**

Die Herstellung von Diapositiven zu Projektionszwecken (Laternbildern), Fenstertransparenten und Stereoskopen. von **Paul Hanneke**. Mit 23 Abb. Berlin: G. Schmidt 1904. (VIII, 128 S.) 8° = Bibliothek, Photographische. Bd 20.

Hanneke, Paul: Die Herstellung von Diapositiven zu Projektionszwecken (Laternbildern), Fenstertransparenten u. Stereoskopen von –. 2. Aufl. Mit 32 Abb. Berlin: G. Schmidt 1909. VIII, 128 S. 8° (Photographische Bibliothek. Bd 20.)

— die Herstellung von photographischen Postkartenbildern, s.a. **Bibliothek, photographische. 22. Bd.**

Hanneke, Paul: Die Herstellung von photographischen Postkartenbildern nebst Anleitung z. Präparation lichtempfindl. Postkarten nach einfacheren Verfahren. Von –. Mit 11 Abb. Berlin: H. Scjmidt 1905. (79 S.) 8° = Bibliothek, Photographische. No 22.

— s.: **Mitteilungen, photographische.**

Hanneke, Paul: Das photogr. Pigment-Verfahren, s. Vogel, H.W.

— Photographisches Rezept-Taschenbuch. Eine Sammlung v. erprobten Rezepten f. den Negativ- u. Positivprozess unter Berücksicht. der neuesten Verfahren. (IV, 175 S.) kl. 8. Berlin 907. G. Schmidt. Geb. in Leinw. 2.25

— Taschenbuch d. prakt. Photographie, s.: Vogel, E.

Hanneken, s.a. Hannecken

Hanneken, Balth. Meno (Giessen), De hemiplegia. Exercit. med. Präs. Christian Vater. Wittenbg. (Chn. Schrödter) Juni 1700. 39 S. (6.50) 13051
Gew.: Philipp Ludwig Hanneken (Vater). — Widm. v. Präs.

Hanneken, H., s.a. Hannecken

Hannecken, H. v., Marschall Bazaine u. die Capitulation v. Metz. [Aus: „Allgemeine Militär-Zeitung."] gr. 8. (62 S.) Darmstadt 872. Zernin. n. — 80

v. Hanneken. Militärische Betrachtungen über den russ.-türk. Krieg. (27) 8. Berlin 1878. 0.60.

— **zum inneren Frieden im Reiche.** gr. 8. (III, 198 S.) Mainz 872. v. Zabern. n. 3. —

(**Hanneken.**) Militärische Gedanken und Betrachtungen über den deutsch-französischen Krieg der Jahre 1870 und 1871 vom Verfasser des „Krieges um Metz". 8. Mainz 1871.

(**Hanneken, H. v.**) Der Krieg um Metz. Von einem preuß. General. Berlin 1871. 8°. (Verm. Jähns.) Dass. 2. Abdr. 1871.

Hannecken, v., Vorstudien f. einen englisch-russischen Krieg. Im April 1878 geschrieben. gr. 8. (27 S.) Berlin 878. Mittler & Sohn. n. — 60

— **die allgemeine Wehrpflicht.** gr. 8. (203 S.) Gotha 873. F. A. Perthes. n. 4. —

— **Jo. Lud.** (Giessen), De embryone in ovulo ante conceptionem praeexistente. Dissertat. med. Präs. Adam Brendel. Wittbg. (Chn. Gerdes) 1703. 48 S. (6.50) 13053
Gew.: Philipp Ludwig Hanneken (Vater). — Widm. v. Präs.

— — Dasselbe. o. O. (Ausschnitt). 19 Bl. (6.20) 13054

— **Meno Nicolaus** (Lübeck), De ventriculi per aestatem imbecillitate. Disp. acad. Präs. Georg Albert Hamberger. Jena (Gollner) Jan. 1702. 32 S. (6.50) 13055
Widm. v.: Georg Wolffgang Wedel, Präs.

Hannecken, Minnette v., aus fernen Kindertagen. Märchen gr. 8. (120 S. m. 5 Farbdr.) Mühlheim a/R. 897. J. Bagel. Geb. 1. 80

Hannecken, Minnette v., der kleine Toni. Lebensschicksale e. deutschen Waisenknaben. Erzählung. gr. 8. (106 S. m. 5 Farbdr.) Mülheim a/R. (899). J. Bagel. Geb. 1. 80

Hanneken, Philipp Ludwig

Hannekenius, P. L., de amore Salvatoris in Judam proditorem. Jen. 1722. 4.

— — Civibus regni gratiae, qui haec lecturi, a domino Jesu, gratiae rege, prospera omnia & salutaria pr. Wittbg. 9. X. 1701. 4 Bl. mit Biogr. v. Sigismund Richter (Chemnitz. Radeberg; M.: A. J. Hilliger). (5.—) 13058

Hanneckenius, P. L., de consummatione moriendi in cruce Salvatoris. Viteb. 1700. 4.

— — u. David Schultetus (Hamburg), De jure gratiae principis christiani, in reos noxae capitalis. Von dem Begnadigungs=Recht eines Christlichen Fürsten, bey denen so das Leben verwürcket. Diss. theol. 15. XI. 1701. Jena 1736. 54 Seiten. (6.50) 13059
S. 53: Additamentum ex Johanne Sarisburiensi lib. 4. Policratici, cap. 8.

— — Dasselbe. Lpz. (Theodor Philippi) 1712. 6 Bl., 56 S. (6.—) 13060

Hannecken, P. L., de morali sabbatico Christianorum. Coburg. 1705. 4.

— — u. Johann Georg Wild (Beutingen/Hohenlohe), De moribus regni Christi illisque opposito pietismo & chiliasmo commentatio. Wittenbg. (Christian Fincel) Jan. 1701. 62 S. (6.50) 13057
Widm. a. W. v.: P. L. Hanneken, Anton Samuel Ludwig (Öhringen/Hohenlohe).

— — (Hamburg), De scarificatione occipitis plurium capitis morborum auxilio. Diss. med. Präs. August Friedr. Walther. Lpz. (Langenheim) 1. XII. 1741. 32 S. (6.20) 13061

Hanneken, P. L., de vere religiosi adoratoris spiritu et veritate. Viteb. 1705. 4.

Hanneken, Woldemar

Hanneken, W. v., s.a. Kreuz u. Quer durchs Leben.

von Hanneken, Woldemar. Kreuz und quer durchs Leben I. Sumatra. Berlin 1902. 71 S. 8°

Sumatra von Woldemar v. Hanneken. *Berlin: W. Süsserott 1902.* (71 S.) 8° [J.]
= Kreuz und Quer durchs Leben 1

Hannel, Geisteserhebung zu Gott, f. d. Jugend. 8. Prag, G. Haas. 815.

Hannemann, sechs Elternabende in Friedenau. schmal gr. 8. (46 S.) Friedenau=Berlin (901). H. Brücker. n. — 80
Sonderabdruck aus: „Schulbl. f. d. Prov. Brandenburg".

Hannemann, siehe: *Mittheilungen, Aarg. landw.*

Hannemann, siehe: *Mittheilungen, Landwirthschaftliche.*

Hannemann, Adalbert

Hannemann, A., die im Reg.-Bez. Coblenz geltenden Polizeiverordnungen der Zentral-Provinzial- u. Bezirksbehörden u. sonstigen landespolizeilichen Vorschriften. Ein Handbuch f. die Behörden, Beamten, Rechtsanwälte u. Bewohner des Regierungsbezirks. Im amtl. Auftrage hrsg. (VII, 893 S.) gr. 8. Coblenz 904. (W. Groos.) Geb. in Leinw. n.n. 10. —

Die im Regierungsbezirk Coblenz geltenden Polizeiverordnungen der Zentral-, Provinzial- und Bezirksbehörden und sonstigen landespolizeilichen Vorschriften. Ein Handbuch f. d. Behörden ... u. Bewohner d. Regierungsbezirks. Im amtl. Auftr. hrsg. von A[dalbert] Hannemann, Reg.Sekr. Coblenz: Selbstverl. 1904. (VII, 893 S.) 8° [J.]

Hannemann, Adf., Beschreibung d. Kreises Teltow u. seiner Einrichtungen. 1. Fortsetzg., die J. 1886/87 bis 1893/94 behandelnd. Bearb. auf Grund amtl. Quellen. Mit e. besonderen Ortschafts-Verzeichniß d. Kreises Teltow. gr. 4. (IX, 488 u. 21 S.) Berlin 894. C. Heymanns Verl. Kart. n. 20.
Das Hauptwerk kam nicht in den Handel.

— Einrichtung u. Buchführg. v. Sparkassen nach dem Muster der Sparkasse d. Kreises Teltow. Mit 95 Mustern. Fol. (V, 175 S.) Ebd. 893. Geb. n. 8. —

— dasselbe. Nachtrag: Geschäfts-Anweisung f. die Sparkasse d. Kreises Teltow. gr. 8. (VI, 48 S.) Ebd. 894. Kart. n. 1. —

Hannemann, Adf., u. Frz. Hannemann, die Schulsparkasse in Friedenau. (49 S.) gr. 8. Berlin 907. C. Heymann. n. 1. —

Hannemann, Alwine, Gedichte. Stralsund 861. (Bremer.) 16. (36 S.) n. 10 *ngr.*

Schleusensänge und Philomelaklänge. 24 Lieder von August Hannemann, Carl Rietenstahl u. Richard Zoozmann. Dem Vereine 'Philomela' gewidmet z. 5. Dez. 1909 von Carl Rietenstahl. Berlin 1909: Rietenstahl, Zumpe & Co. 18 Bl. 8°
(Zoozmann Herz u. Natur. Anh.) A 14. 4730

Hannemann, Bernhard: Über einen Fall von Syringomyelie. Emmendingen: Dolter 1908. 24 S. 8°
Freiburg i. B., Med. Diss. v. 1908, Ref. Hoche
[Geb. 10. März 83 Berlin; Wohnort: Freiburg i. B.; Staatsangeh.: Preußen; Vorbildung: Askan. Gymn. Berlin Reife O. 03; Studium: Heidelberg 3, Berlin 3, Heidelberg 1, Berlin 1, Freiburg i. B. 2 S.; Coll. 30. Juli 08.]
[U 09. 931

Hannemann, C. Ursprung und Werth der Kraftfuttermittel des Handels. In-8°. 122 S. Bern, K. J. Wyss. 1894. 2 —

Hannemann, C. J., Kubik-Tabellen für Bretter, Bohlen, Mauerlatten, Balken u. Rundholz. Danzig 865. Doubberck. 8. (64 S.) geb. n. 20 *ngr.*

—— Kubiktabellen für runde Hölzer in ganzen und halben Zollen und nach Umfang. 8. (20 S.) Danzig 865, Doubberck. geb.

Hannemann, Carl Friedrich, s. Hannemann, Karl Friedrich

— Christian Friedrich, De pactis ad lib. ff. II. tit. XIV. Disp. jur. Präs. Nicolaus Martini. Kiel (Barthold Reuther) Juni 1703. 12 Bl. (6.20) 13063

Hannemann, Eduard [aus Halle a. S.]: Metrische Untersuchungen zu John Ford .... Halle a. S., Hofbuchdr. v. C. A. Kaemmerer & Co., 88; 62 S. + 1 Bl. 8°
Halle, Phil. Fak., Inaug.-Diss. v. [8. März] 1888

Hannemann, Eduard, metrische Untersuchungen zu John Ford. Diss. Halle 1888. Lippertsche Buchh. 8°. 62 S.

Hannemann, Elise, Hausarbeit, s.: Falkenberg, Luise.

Hannemann, Elise, Kochbuch. 8. (XI, 708 S.) Berlin 899. O. Seehagen. Geb. in Leinw. n. 4. 50

— Kochbuch. 6. Aufl. (VIII, 684 S.) 8. Berlin 904. Lehrbücher-Verlag. Geb. in Leinw. n. 4. 50

Hannemann, Elise, kleines Kochbuch. gr. 8. (96 S.) Berlin 900. O. Seehagen. Kart. n. 1. —

— u. Kasack, Krankendiät. Leitfaden f. die Krankenernährg. im Hause u. zu Lehrzwecken f. die Hand der Aerzte, Studierenden, Hausfrauen u. Pflegerinnen. Nach mehrjähr. Kursen f. diätet. Küche im Lette-Verein bearb. (197 S.) kl. 8. Ebd. 904. Geb. in Leinw. n. 2. 50

Hannemann, Elise: Krankendiät. Leitfaden f. d. Krankenernährung im Hause u. zu Lehrzwecken f. d. Hand d. Ärzte, Studierenden, Hausfrauen u. Pflegerinnen. Nach mehrjähr. Kursen f. diätet. Küche im Lette-Ver. bearb. von –, Vorsteherin zu Berlin, u. Dr. [Richard] Kasack, Arzt. Berlin & Leipzig: Lehrbücher-Verl. 1904. (197 S.) 8°
(Publikationen d. Lette-Vereins.)

— Schellfisch-Kochbuch. 60 in d. Praxis erprobte Recepte zur Zubereitg. d. Schellfisches, Kabliaus u. verw. Fische. 12. (39 S. m. 1 Abb.) Berlin 896. W. Moeser — 60

Hannemann, Elise, Winke f. die diätetische Küche, s.: Strauss, H., Vorlesungen üb. Diätbehandlung innerer Krankheiten.

Hannemann, Ferd., der landwirthschaftliche Gartenbau, enthaltend den Gemüsebau, die Obstbaumzucht, den Weinbau am Spalier und den Hopfen- und Tabaksbau, als Leitfaden für die Sonntagsschulen auf dem Lande und für Ackerbauschulen bearb. 8. (VIII und 176 S. mit in den Text gedr. Holzschn.) Breslau 861, E. Trewendt.

Hannemann, Ferd., Katechismus des Hopfenbaues für Landschullehrer, Rustikalbesitzer, Ackerbürger, Ackerbaulehrer ꝛc. bearb. Mit 8 Abbildgn. (in eingedr. Holzschn.) Weimar 870. B. F. Voigt. 16. (V, 30 S.) 6 ngr.

Hannemann, Ferd., Katechismus der Obstbaumzucht für Landschulen. 1. Aufl. 867. u. 2. Aufl. Weimar 870. B. F. Voigt. 16. (VIII. 73 S. mit 29 Abbild. in Holzschn.) 6 ngr.

Hannemann's, Ferd., Katechismus der Obstbaumzucht u. des Obstbaues für Landschulen. 3., erweit. Aufl., nach dem Tode des Verf. bearb. v. J. Hartwig. Mit 38 (eingedr.) Abbildungen. 12. (XII, 98 S.) Weimar 881. B. F. Voigt. — 90

Hannemann, Franz

Hannemann, Frz., Erziehungsarbeit in der Schule. (192 S.) gr. 8. Berlin 907. C. Heymann. 3. —

Hannemann, Frz., Theorie und Praxis der Zeichenkunst, s. Gründling, Paul.

Hannemann, Friedrich Maximilian, s. Hannemann, Maximilian

Hannemann, H., die schlimmsten Jesuiten des deutschen Reichs und des deutschen Reichstages. eine öffentliche Denunciation an Bismark. 210 Stn. gr. 8. St. Gallen. Altwegg-Weber. 3. 50
1875.

Hannemann, (Hans), Oberarzt in d. Schutztruppe für S.W.A.: Das Gefecht östlich Hartebeestmund am 24. und 25. Oktober 1905. Landsberg a. W. 1909: Dermietzel & Schmidt. S. 144—155. 8°
Landsberg a. W., k. G u. R, in Festschr. z. 50j. Jubil. T. 2. OP 1909 (93)** [S 09. 157

Hannemann, Hanns, appr. Arzt: Aus d. Univ.-Poliklinik f. Haut- u. Geschlechtskrankh. zu Berlin. Dir.: Lesser. Ueber Lichen nitidus. (Berlin 1910: Blanke.) 28 S. 8°
Berlin, Med. Diss. v. 7. Nov. 1910, Ref. Bier
[Geb. 20. Sept. 77 Landsberg a. W.; Wohnort: Berlin; Staatsangeh.: Preußen; Vorbildung: Gymn. Landsberg Reife O. 97; Studium: Marburg 8, Berlin 2 S.; Coll. 4. Nov. 10; Approb. 4. April 02.] [U 11. 62

Prorector et senatus academiae Kiloniensis ... [Einladung des Prorektors u. Senats d. Universität Kiel zum Begräbnis des Johann Ludwig **Hannemann,** Prof. d. Medizin, † 25. Okt. 1724.] — Kilonii (1724): Reuther. 2 Bl. 4°

Hannemann, J. L., De anomalis et paradoxis morborum curationibus. Diss. prima, de dolore capitis et epilepsia, defendet Elias *Mobach.* 72 pp. Kil. 4°. Diss. sec., de vertigine, resp. G. *Classen.* 24 pp. Kil. 4°.
1706

HANNEMANN, JOH. LUDV.
Agricolas dissertatio Fridericiana de metallis. Kiliæ, 1709. 4to.

Johannis Ludovici Hannemanni Horae subcisivae Fridrichstadienses seu nodus Gordii de L. P. elaboratione a sophistis connexus solutus. Kiloni. 1715. 8°

Hannemann, I. Lud., Pharus ad ophir auriferum s. comment. in Galli arcam philosophiae hermeticae. 4. Lubec. 714.

— physica restituta c. exegesi. 4. ibid. 725.

Hannemannus J. L.: Dissertatio physica piscem torpedinem ejusque proprietates admirandas exhibens. Diss. Kiloni 1710. 18 S.

Hannemann, Joh. Ldwg. De superstitione veterum Gothorum Kiloni 1706. 4 . (0)

— Synops. philosophiae natural. sanctior. illustr. 4. Tub. Cotta. 718.

Hannemannus, Joh[annes] Ludovicus: Schuldige Trähnen über den schmertzlichen Abschied ... [Trauergedicht zur Beisetzung auf Christophorus **Franck**[e], Prof. d. Theol., † 11. Febr 1704, beigesetzt am 24. Febr. 1704.] — Kiel 1704: Reuther. 2 Bl. 4°

Hannemann, K., Katechismus für Jünglinge u. Jungfrauen. Ein Wegweiser durchs Leben. 8. (16 S.) Berlin 878. Rosenthal. n. — 50

Hannemann, Karl, s.: **Euskara.**

Hannemann, K., der Finger d. Ermordeten, s.a.: Novellen-Bibliothek, criminalistische.

Hannemann, Karl, der Finger des Ermordeten. Kriminal-Roman. (96 S.) 8. Neuweißensee (905). E. Bartels. 1.—

Hannemann, Karl, Prolegomena zur baskischen od. kantabrischen Sprache. gr. 8. (VII, 75 S.) Leipzig 884. T. O. Weigel. n. 2.—

Hannemann, Karl Friedrich

Hannemann, Carl Friedrich (Gommern), Dissertatio qua demonstratur jure Sax. fratri liberos sororemque habenti bona a matre per ultimam voluntatem, sub lege, ne alienentur, sed ut in familia conserventur, relicta, extra familiam sub pacto de retrovendendo alienare non licere. Präs. Johann August Hieronymus Thalwitzer. Wittbg. (Tzschiedrich) 30. V. 1794. 16 Seiten. (5.—) 13062
Gew.: Carl Nicolaus Hannemann (Vater).

Hannemann, Kurt, a. Stettin: Die Wanderung von Säureresten in acylierten Phenylhydrazonen aromatischer o-Oxyaldehyde und o-Oxyketone. Greifswald 1908: H. Adler. (52 S.) 8°
Greifswald, Phil. Fak., Ref. Auwers, Diss. v. 4. Mai 1908
[Geb. 14. Jan. 84 Stettin; Wohnort. Greifswald; Staatsangeh.: Preußen; Vorbildung: Gymn. Greifswald Reife M. 03; Studium: Greifswald 9 S.; Rig. 27. April 08.]

Hannemann, Luise: Hausarbeit, s. Falkenberg, Luise

Hannemann, L., Ursprung u. Wert der Kraftfuttermittel d. Handels. gr. 8. (123 S.) Bern 894. K. J. Wyß. n. 1. 60

Hannemann, *Friedrich* Maximilian [app. Arzt aus Lünen a/d. Lippe]: Aus d. patholog. Institut zu Kiel. Ein interessanter Fall von Prostata-Tuberkulose ... Ruhrort, Druck v. C. H. Jacke, 1895; 19 S. 8.
Kiel, Med. Fak., Inaug.-Diss. v. [28. Juni] 1895

Hannemann, Otto [aus München]: Ueber einen Fall von Multipler Sklerose des Gehirns und Rückenmarks ... München, kgl. Hofbuchdr. Kastner & Lossen, 1897; 40 S. 8.
München, Med. Fak., Inaug.-Diss. v. 1897

Hannemann, Otto [pr. Arzt aus Berlin]: Über Glycosurie und Diabetes mellitus bei Basedowscher Krankheit ... Berlin, Buchdr. v. H. Larsen, *1895;* 28 S., 2 Bl. 8.
Berlin, Med. Fak., Inaug.-Diss. v. 30. Sept. 1895

Hannemann, Rob., der Pianofortebau, s.: Blüthner, Jul., u. H. Gretschel.

Hannemüller, Ueber den Einfluss d. röm. Priestertums auf die Verfassung u. Verwaltung des röm Staates. Pr. 1869. 31 S. 4°. 1 20

Hannemüller, quaest. Eurip. spec. I. Gott. 54 p. 1864.
Schul/Univ.-Schrift

Hannemüller, Karl, Marine-Assistenzarzt aus Blankenburg a. H. Aus d. pathol. Institute zu Kiel. Gefässarrosionen im Verlaufe von Scharlach. *Kiel 1901: P. Peters.* (15 S.) 8°
Kiel, Med. Diss. v. [2. Dez.] 1901

Hannenberg, Gottfried

Hannenberg, Godefr., Demonstratio septicollis, quod dissidentes verbi ministri non sint presbyteri. Posen 1723, 8°. Auch deutsch Braunsberg 1724.

(Hannenberg, Gottfr.,) Fünfzehn Motiva, welche alle gutherzige Lutheraner bei gegenwärtiger Gefahr viel lieber sich mit der röm.-kath. Kirche zu vereinigen, als die ... Religionsallianz mit den Calvinern einzugehen bewegen könnten. Posen 1723, 8°.

Hannenberg, Godofr., Theologia controversa totam fidei catholicae doctrinam succincte et dilucide complectens faciliori usui accommodata. Posnaniae (Posen) 1723, in 8°, 152 pp.

HANNENBERG, GODEFRIDUS, S. J.: Vertheidigung der seligsten Jungfrau, und der göttlichen Mutter Maria wider die Ketzereyen unseres Zeitalters, in welcher ihre vorzügliche Verehrung, und Anrufung durch augenscheinliche Gründe erwiesen wird. Zu jedermanns heilsamen Gebrauche sowohl zur näheren Erkenntnis, und Beschützung dieser katholischen Wahrheit - als auch zum nützlichen Prodigen, frommer Betrachtungen, klugen Gesprächen u. s. w. eingerichtet. Uibersetzt durch Rudolph Alois von Mälik. Tyrnau 1791: Druck Wenzel Jelinek. Verlag. Franz Draweczky (2 f.) 216 S (4 f.) 1 1 - 180 mm

Hannenheim, Dr. Julius Hann v., Der Hermannstädter Bürger- und Gewerbeverein 1840—1890. Zur Feier des fünfzigjährigen Bestandes veröffentlicht vom Ausschusse des Bürger- und Gewerbevereines. 8. (XIII, 159 S.) * —.80
Hermannstadt: Krafft 1890.

Hannenheim, St. v., die Bekehrung. Spiel in 1 Aufzug. (26 S.) 8. Hermannstadt 906. (W. Krafft.) n.n. —44

Hannequand-Brame, C., bewährte u. umfassende Anweisung, die Runkelrübe nach den neuesten Erfahrungen durch Saat, Pflege, Ernte u. Aufbewahrung für eine möglichst reichliche Zuckergewinnung vorzubereiten. Aus d. Franz. von Victor Jacobi. gr. 12. Leipzig 837. Michelsen. 1/3 ₰

Hanner, Adolf

Hanner, A., analytische Geometrie des Punktes, der Geraden u. der Kegelschnitte, nach neueren Methoden dargestellt. 8. (VIII, 480 S. m. 127 Fig.) Prag 890. Dominicus, Verl. n. 10.—

Hanner, Adf.: Analytische Geometrie d. Punktes, der Geraden u. der Kegelschnitte, nach neueren Methoden dargestellt. gr. 8°. (VIII, 480 S. m. 127 in den Text gedr. Fig.) Prag: Dominicus 1891.

Hanner, Adf., analyt. Geometrie d. Punktes, der Geraden u. der Kegelschnitte. gr. 8. (VIII, 480 S. m. 127 Fig.) Prag 891. Berlin W. u. S. Löwenthal. n. 10.—

Hanner, Johann David

HANNER, J. D., Die Folgen der rasenden Liebe: bereuet nach Entleibung der Geliebten von ihrem Liebhaber. Hort mich mit geruhrtem Herzen — Burger meiner Vaterstadt etc. [8 Str.] Wien 1782. 8°. 2 Bll. Rar!
Haydinger's Bibl I no 1356.

HANNER, J. D., Heyrathskontrakt Steffel eines Lehenkutschers, und Franzel einer Hausirerin: Schon sieben Jahre — Hab ich dich karesirt (!) etc. [9 Str.] 2 Bl. Wien 1783. 8°. Rar!
War in Haydinger's Bibl.

HANNER J[ohann] D[avid]. Klagen eines Soldaten im Arreste uber die Folgen seiner begangenen Laster. Von -. o. V., Wien 1786 2 Bl

Hanner, Joh. Dav., Ueber die Wirthe und Kellner in Wien, auch in der Vorstadt und vor den Linien. Wien, 1782.
Karajan's Bibl II no 4424. — Selten

Hannes, Berthold, appr. Arzt: Über den Einfluss der Temperatur bei der Wirkung der sichtbaren Strahlen und bei dem Sensibilisierungsvorgange auf die roten Blutkörperchen und Jodkalium. München 1909: Mühlthaler. 15 S. 8°
München, Med. Diss. v. 9. Aug. 1909, Ref. v. Tappeiner
[Geb. 14 Dez. 82 Dresden; Wohnort: Koburg; Staatsangeh.: Sachsen-Koburg-Gotha; Vorbildung: Gymn. Koburg Reife O. 02; Studium: Freiburg i. B. 1, Berlin 2, Erlangen 1, München 7 S.; Coll. 9. Aug. 09; Approb. 14. Jan. 09.]
[U 09. 3329

Hannes, C. K., vgl. Hannes, Christian Ludwig. – Hannes, Christian Rudolph

Hannes, C. K., de insitione variolarum in urbe patria Vesaliensi tentata. 8. Wesel 772. (Brockhaus in Lpz.) 4 gr.

— de puero epileptico, foliis aurantior. recent. sanato. 4. Wesel 766. 3 gr.

Hannes, Christian

— Diss. inaug., qua foetum in utero per os nutriri demonstratur. 4. Duisb. 756.

Hannes, Christian Ludwig, vgl. Hannes, C. K. – Hannes, Christian Rudolph

Hannes, C. L., Brief an Baldinger üb. d. Friesel etc. gr. 8. Leipz. Sommer. (a. Wittekind in Eisenach). 770.

Hannes, Chr., Brief an Baldinger über den Friesel u. and. Beobachtt. gr. 8. Wesel 770. ... 6 gr.

— de insitione variolarum, epistola ad Beyer. 8. Wesel. (Gleditsch in Leipzig). 772.

— de puero epileptico, foliis aurantior. recent. servato. 4. ibid. 766.

Hannes, Chr. Ldw., d. Unschuld d. Obstes in Erzeugung d. Ruhr. gr. 8. Wesel 766. (Brockhaus in Leipz.) 6 gr.

Hannes, Christian Rudolph, vgl. Hannes, C. K. – Hannes, Christian Ludwig

Hannes, Chr. Rud., Ueb. d. Friesel. Wesel u. Lpz. 8°. 1770

Hannes, Chr., Rud., resp. A. E. **Buechner**, De puero epileptico (a terrore) foliis aurantiorum recentibus curato. 61 pp. Lps. 4°.
Sandifort, Thes. III, Lugd. Bat. 1778, III, 311–324. A. D. B. X, 2, p. 228.
1766

Hannes, Christian Rudolph: Die Unschuld des Obstes in Erzeugung der Ruhr. Wesel 1766. 76 S.

Hannes, Ferdinand, appr. Arzt a. Bremen: Ein Beitrag zur Kenntnis der intracapsulären Spontanresorption der senilen Cataract. Wernigerode 1904: Bergmann & Moeser. (50 S.) 8°
Freiburg i. B., Med. Fak., Ref. Axenfeld, Diss. v. 1904
[Geb. 12. Febr. 79 Bremen; Wohnort: Freiburg; Staatsangeh.: Bremen; Vorbildung: Fürstl. Stolbergsches Gymn. Wernigerode; Studium: Heidelberg 2, München 1, Berlin 1, Freiburg 7 S.; Coll. 15. Juli 04; Approb. 15. April 1904.]

Hannes, Gustavus: De pneumonia crouposa Halis (1866): Lipke. 32 S. 8°
Halle-Wittenberg, Med. Diss. v. 26. Dez. 1866
Geb. Kleve 9 12. 1842. V.

Hannes, Ludwig [aus Fraustadt]: Des Averroës Abhandlung: „Über die Möglichkeit der Conjunktion" oder: „Über den materiellen Intellekt", in der hebraeischen Uebersetzung eines Anonymus nach Handschriften zum ersten Male hrsg., übs., erl., m. Einl. u. Parallelstellen versehen. Heft 1 ... Halle a. S., Hofbuchdr. v. C. A. Kaemmerer & C., 1892; 54, 11 S., 3 Bl. 8.
Halle, Phil. Fak., Inaug.-Diss. v. 9. Dez. 1892

Hannes, M., in Jungborn zu Gaste. Ein Ausflug ins Märchenland. 2., ergänzte Aufl. (36 S. m. Abbildgn.) 8. Jungborn-Stapelburg 905. R. Just. n. — 50
1. Aufl. (32 S. m. Abbildgn.) 905. n. — 50.

Hannes, Paul [app. Arzt aus Altkirch (Ob.-Els.)]: Ueber den Wechsel der Ansichten in der Lehre von der Aetiologie und Diagnostik der Extrauterinschwangerschaften ... Altkirch, Buchdr. v. E. Masson, 1892; 60 S. 8.
Strassburg, Med. Fak., Inaug.-Diss. v. 1892

Hannes, Victor, prakt. Arzt aus Altkirch (Ob.-Els.): Ein Fall von Endarteritis [!] syphilitica an der untern Extremität. *Straßburg i. E. 1902: C. & J. Goeller.* (52 S.) 8°
Straßburg, Med. Diss. v. 1902

Hannes, Vincenz, Album- od. Stammbuch-Verse. Denksprüche, Abschieds-Verse v. Liebenden, Postkarten-Verse, Trinksprüche, Wünsche etc. etc. (151 S.) gr. 16. Wien (903). Szelinski & Co. — 70

— a Widahall vom Salzachtal. Gedichte in Salzburger Mundart. (IV, 72 S.) gr. 16. Salzburg (903). (E. Richter.) n. — 50

Hannes, Walther, prakt. Arzt: Aus d. Universitäts-Kinderklinik zu Breslau. Über die Beziehungen der Leukocytose zu der spontanen, sowie der durch Wärme hervorgerufenen Schweissbildung. *Breslau 1901: W. Sternberg.* (37 S.) 8°
Breslau, Med. Diss. v. 3. Aug. 1901

Hannes, Walther, Dr., Oberarzt an d. Königl. Univ.-Frauenklinik: Cystoskopische Untersuchungen beim Collumcarcinom des Uterus, ihre Bedeutung für die Diagnose der Ausbreitung des Krebses ins septum vesicovaginale und für die Indikationsstellung zur Operation auch bezüglich der wahrscheinlichen Notwendigkeit, Teile des Harnapparates resecieren zu müssen. Breslau 1907: Breslauer Genossenschafts-Buchdruckerei. (61 S.) 8°
Breslau, Med. Fak., Hab.-Schr. v. 3. Juli 1907
(Nicht für den Austausch)

Hannes, Wilhelm *(geb. Lissa in Pos. [9 4 1845])*: Ein Beitrag zur Lehre von der Aphasie. Breslau 1873. (33 S.) 8° *[Im Buchhandel 1873 bei Koebner in Breslau]*
Breslau, Med. Diss. v 13. Aug. 1873

Hänneschе un Bevva om Carnevals-Kongress Gözenich. Cöln ca. 1840. V: *Firmenich-Richartz, Johann Matthias.* (StB Köln II, 35)

Hänneschen, d. Kölner, u. s. Entwickelg. z. rhein. Volksbühne, s.: Volksbühne, platt-kölnische.

Hannesen, F. A.: Lucubrationes selectiores theoret.-pract. circa doctrinam de computatione graduum tum, arg. connubiorum, tum successionis in causa intestati attingentes. Acc. Ge. Chr. Gebauer de agnator. et cognator. nominibus Germanicis. (Schwerdmagen u. Spillmagen) praef. etymol. *Gött.* 736. 4.

Hannésen, Johann Andreas

— — **Lucubrationes selectiores theoretico practicae circa doctrinam de computatione graduum tum argumentum connubiorum tum successionis in caussa intestati attingentes in usum praelectionum adornatae. — Accessit Georg Christian Gebauer, De agnatorum et cognatorum nominibus Germanicis Schwerdmagen et Spillmagen praefatio etymologica. Götting. (C. H. Cuno) 1736. 11 Bl., 56 S. u. Tit.-Kupf. (7.—)** 13068
Gewidm.: Gerlach Adolph v. Münchhausen (Strausfurth).

Hannéson, I. Andr., lucubrat. de computatione graduum etc. 4. Gotting. Vandenhök. 736.

Hannesen, Jo. Andr.: Commentatio iur. de iurisdictione. Ed. 2. Gissae 1773.

— — **(Präses), Dissertationes hebdomadales de justitia & jure ad perill., dum viveret cancellarii J. H. Boehmeri lib. I. tit. I. juris digestorum. Götting. (Jo. Fried. Hager) 1750. 90 Seiten. (7.—)** **13070**
Respondenten: Joh. Heinr. Ludw. Augspurg (Hannov.), Aug. Wilh. Berckelmann (Braunschweig), Phil. Joach. v. Boltenstern (Pomm.), Seb. Heinr. Gercken (Lübeck), Anthon Wilh. Ostmann (Gottinga Niedec.), Joh. Theodor Schloetke (Hannov.), Carl Phil. Friedrich Schwickard (Cellerfeld). — Gew.: Ernst Frh. v. Steinberg (Bodenburg . .).

Hannesen, Jo. Andr.: Opusculum de probatione per comparationem literarum subsidiaria ejusque praxi forensi imprimis in terris Brunsvigo-Luneburgicis visitata. Progr. Gottingae 1743.

— — **Diss. epistolica qua priscae ac verae nobilitatis insignisque eruditionis viro gen. Ernesto Augusto Guilielmo von dem Bussche egregio Georgiae Augustae pariter ac patriae ornamento academiae valedicturo gratul. nec non de opinata senatus in causa rerum ad civitatem pertinentium judicantis recusatione ad constitutionem Calenbergensem d. 11. VIII. 1733 quaedam praefat. Götting. (Hager) 24. XI. 1749. 20 S., tlws. dtsch. (5.—)** **13069**

Hannésen, Johann Andreas, De testamenti accedente decennii lapsu facta revocatione, quam ex L. XXVII. cod. de testam. Diss. jur. Präs. Georg Christian Gebauer. Götting. (Abr. Vandenhoeck) 28. VII. 1736. 40 S. (6.—) 13066
Gew.: Justus Heinrich Hattorf (Osterode). — Widm. v. Präs.

— — Dasselbe. Götting. (Vict. Bossigel) 1753. 39 Seiten. (6.—) **13067**

— — Liber singularis de statu civitatis ejusque juribus. Götting. (Johann Wilhelm Schmidt) 1752. 46 S., tlws. dtsch. (6.—) 13071

Hannesen, Jo. Andr.: Sylloge opusculorum minorum varii argumenti. Praef. est Chr. Frid. Ge. Meister. (Nr 1—10.) Gottingae et Lipsiae 1754.
[Nr 5 ff. u. d. Tit.:]
Verschiedene kleine teutsche Schriften. Göttingen 1748.

— Sylloge opusculorum minor. 8. Gotting. Bossiegel. (et Hahn in Hannover). 754.

Hannésen, **Jh. Andr., († d. 26. Nov, 1752.) sylloge opusculorum minor. varii argumenti, praef. est C. F. G. Meister. 8. Gütting. 755. Bossiegel. (Hahn in Hannov.) 16 gr.**

Hannesen, Rob. u. Joh. Graffman, Puter, Pater, Peter. Lustige Erzählgn. u. droll. Bilder. gr. 4. (24 Bl. m. farb. Abbildgn.) Berlin (902). A. Engel. Geb. 2.—

Hannesse, H., Angriff etc. mit dem Bajonnet, s. Andeutungen für den Angriff mit dem Bajonnet.

Hannett, John [wirkl. Name] , s. Arnett , John Andrews [Pseud.]

Hanni, Lucius, kinemat. Interpretation der Maxwellschen Gleichungen m. Rücksicht auf d. Reziprozitätsprinzip der Geometrie. (22 S.) gr. 8. Wien 907. (A. Hölder.) — 70

— dasselbe. (Fortsetzung.) (15 S.) gr. 8. Ebd. 908. — 50
2 Sonderabdr. aus „Sitzungsber. d. k. Akad. d. Wiss."

Hänni, Rosa, Blütenzweige aus Gottes Garten. Gedichte. (VIII, 176 S.) kl. 8. Bern 909. K. J. Wyß. Geb. in Leinw. 3. —

Haenni, Rupert, P. O. S. B.: die litterarische Kritik in Ciceros „Brutus". Sarnen 1905. 74 S. 8°.
Freiburg i. Schw. Phil. Diss. 1904/1905.

Haenni, Rupert. Die litterarische Kritik in Cicero's «Brutus.» von Dr. phil. P. R' Haenni, O. S. B. 46 S. 4.
Beilage zur Jahresbericht über die Kantonale Lehranstalt zu Sarnen ‹Obwalden› für das Schuljahr 1904/05. Sarnen, Josef Müller, 1905.

Hannibal, od. Beiträge geg. d. neu aufstrebenden Obscurantismus, f. Freunde d. christl. Aufklärung u. gesunden Vernunft in allen Ständen. Hrsg. v. Königsberger. 1—4. Hft. 8. (16½ B.) München 831, Weber.

Hannibal, oder Beyträge geg. d. neu aufstreb. Obskurantismus. Eine Zeitschr. f. Freunde d. christl. Aufklär. u. d. gesunden Vernunft. Hrsg. v. Königsberger. 6 Hfte. 8. (10½ B.) München 831, 32. (Regensburg, Reitmayr.) Vollständig

Hannibal. Trauerspiel in fünf Akten. Berlin 1849. V: *Jerzewski, von.* (Ky)

Hannibal. Trauerspiel in 5 Akten. (Manuscript.) gr. 8. (148 S.) Berlin 849, Schneider und Comp. *

Hannibal u. Antiochus. Ein Bruchstück aus d. 18ten Buche des Polybius etc. Nach d. Französ. 8. St. Petersb. 806. (Hartknoch in Leipz.) 16 gr.

— — Des, Geschichte, übersetzt von Dr. A. Haakh, Professor. 1. Bändchen. Buch I und II. 8. Stuttgart 1858.

Hannibal Capuanae urbis hospes. [Salisb. 1767.] V: *Reichssiegel, Florian v.* (Hr)

Hannibal, H. P., s. Geschichte d. Gesellsch. z. Rettung etc.

Hannibal, Gr., philos. Gedanken. 8. Augsburg, Doll. 785.

— Pensées, épilogue à Frédéric Guillaume. 8. Strasbourg, König. 781.

Hannibal's Heerzug üb. d. Alpen. A. d. Engl. v. F. H. Müller. M. 1 lith. (u. ill.) Karte d. Westalpen. gr. 8. (11 B.) Berlin 830, Enslin'sche Buchh.
Die Karte apart 6 Gr.

Hannibal Tribüne : 1891
Independent weekly. Edited & published by A Wulff & A. Herbst.
Hannibal, MO

Hannich, Josef, s.a. Hannisch

Hannich, Jos., Bauern merkt auf! Ein Wort zur Belehrung und Aufmunterung für die arbeitende Bevölkerung auf dem Lande und in den Städten. 8°. Steinschönau (Wien, 1. Wiener Volksbuchh.) 1896.

Hannich, Josef, Bauern merkt auf! Ein Wort zur Belehrung und Aufmunterung für die arbeitende Bevölkerung auf dem Lande und in den Städten. 3. Auflage. 8. (27 S.) In Comm. —.06
Wien: 1. Wiener Volksbuchhandlung 1896.

Hannich, Josef, Bauern, merkt auf! Ein Wort zur Belehrung und Aufmunterung für die arbeitende Bevölkerung auf dem Lande und in den Städten. 4. Auflage. 8. (27 S.) * —.06
Wien: 1. Wiener Volksbuchhandlung 1896.

Hannich, Jos., das Bündnis. Ein Festspiel. 12. (14 S.) Steinschönau 893. (Wien, 1. Wiener Volksbuchh., J. Brand.) n. — 20

Hannich, Jos., der betende Christ oder Betrachtungen und Gebete über die vorzüglichsten Geheimnisse des Lebens, Leidens und Sterbens Jesu Christi und der heil. Jungfrau Maria, besonders während der heil. Fastenzeit. Aus dem Latein. in's Deutsche übers., nebst Morgen-, Abend-, Meß-, Beicht- ꝛc. Gebeten und Litaneien ꝛc. gr. 8. (XX und 284 S.) Wollstein 858(61.) (Fraustadt, Neustadt'sche Buchh.)

Hannich, Rud., die Seele d. Vagabunden. Gedichte. (28 S.) kl. 8. Leipzig 906. Verlag f. Literatur, Kunst u. Musik. 1.20; geb. n 2. —

Hannicke, (C. A.,) Principia juris civilis Romane Germanici et Saxon. Regii in usum juris stud. adumbrata. gr. 8. Lips. 827, Köhler. Rthlr.

Hannickel, s.a. Hannikel

Hannickel, od. d. Räuber- u. Mörderbande, welche in Sulz gefang n g no.um. ꝛc. 8. Tüb. Heerbrand. 787.

Hannickel Findelkind od. der Schornsteinfeger von vornehmer Abkunft. Eine wahre Begebenheit. 2 Bde. 2., verb. Aufl. 8. (20 B.) Nordhausen 845, Fürst.

Hannig, A., Chronik v. Langenbielau nebst den wichtigsten Begebenheiten aus seiner Umgebg. gr. 8. (218 S.) Langenbielau 887. Stiebler. n. 5. —; geb. 6. —

Hannig, Emil

E. Hannig, Zur Physiologie pflanzlicher Embryonen. 1. *Leipzig: A. Felix 1904.* 4°
— Zeitung, Botanische. Jg. 62. Abth. 1, H. 3/4. [04. 5815

Hannig, Emil: Über die Staubgrübchen an den Stämmen und Blattstielen der Cyathaeaceen und Marattiaceen. M. 1 Taf. *(Leipzig) 1898: (Breitkopf & Härtel).* (27 S. mit Taf.) 4°
¶ (Aus: Botanische Zeitung, Jg. 56.)
Strassburg, Math.-naturw. Diss. v. 1898

Hannig, Franc., de Pegaso, s.a. Abhandlungen, Breslauer philologische. VIII. 4.

Hannig, Franciscus, Silesius: De Pegaso. *Vratislaviae: M. & H. Marcus (1901).* (44 S.) 8° ¶ [Erschien vollst. als: Bresl. philol. Abhandl., Bd 8, H. 4.]
Breslau, Phil. Diss. v. 12. Nov. 1901

Hannig, Geo., d. Friedhof u. seine Kunst. Zeitgemässe Betrachtgn. üb. die Ausgestaltg. unserer Friedhöfe. Für Laien u. Fachleute. (XII, 160 S. m. Abb.) Lex. 8. Berlin 908. Gebr. Borntraeger. Geb. in Leinw. 14. —

Hannig, Georg,* städt. Friedhofsdirektor in Stettin. Friedhofkunst, Gartenkunst, Feuerbestattung. 7 Aufsätze. — Nebelung und Schiefelbein, Stettin.

Hannig, Hans, Referendar: Das Blanko-Akzept. Halle a. S. 1910: Kaemmerer. VII, 97 S. 8°
Halle, Jur. Diss. v. 16. April 1910, Ref. Rehme
[Geb. 10. Juli 83 Gr. Czymochen; Wohnort: Halle a. S.; Staatsangeh: Preußen; Vorbildung: Gymn. Strasburg Wpr. Reife O. 03; Studium: Heidelberg 3, Halle 4 S.; Rig. 8 März 10.] [U 10. 1667

Hannig, Richard, prakt. Arzt aus Berlin: Ueber congenitale und traumatische Cystengeschwülste insonderheit der Abdominalhöhle. *Leipzig 1902: B. Georgi.* (40 S.) 8°
Leipzig, Med. Diss. v. (17. Juli) 1902

Hannig, Wilhelm, aus Montigny b. Metz: 17 Fälle von Kranioklasie mit dem Fehling'schen Kephalothrypthelktor und 2 Fälle von Extraktion mit dem Segond'schen Korkzieher. *Straßburg i. E. 1901: C. Müh & Co.* (26 S.) 8°
Straßburg, Med. Diss. v. 1904

Hannig, Wilhelm [cand. med. aus Munsterberg]. Ueber die Gangrän nach Verletzungen grösserer Gefässe. Breslau, Druck v. Anton Schreiber, 1888; 46 S. 8°
Erlangen, Med. Fak., Inaug. Diss. v. 31. März 1888

Hannikel, s.a. Hannickel

Hannikel, oder der Zigeuner Anführer; ein Lied fürs Volk. O. O. [ca. 1700]. V: *Wittich, Christian Friedrich.* (MGT)

Hannikel oder die Räuber- und Mörderbande, welche in Sulz in Verhaft genommen . . . worden . . . Tübingen 1787. V: *Wittich, Christian Friedrich.* (MGT) (Ky)

Hannikel, od. die Räuber- u. Mörderbande, welche in Sulz in Verhaft genommen, u. am 17. Juli 1787 daselbst justificirt worden. Ein wahrer Zigeunerroman, aus d. Kriminalakten gezogen (v Chr. Fr. Wittich). Nebst Anhang. 8. Tübing. 787. (Osiander). 8 gr.

Hannikel, Findelkind. 8. Altenb. 811. Petersen. (Joachim in Leipz.) 1 f

Hanning, Hanns, Münchhausen's Jagd- u. Reise-Abenteuer, wie er dieselben seinen Freunden zu erzählen pflegte. Der Jugend wiedererzählt. (96 S. m. 2 Farbdr.) 8. Berlin (904). R. Wahl. Geb. 2. —

Bischof Hannington. *Kaiserswerth: Diakonissen-Anst. [1902].* (12 S., 8° [F.]
— Geschichten u. Bilder fürs deutsche Volk. No 41.

Hannisch, Josef, s.a. Hannich

Hannisch, Jos., Bauern, merkt auf! E. Wort zur Belehrg. u. Aufmunterg. f. d. arbeit. Bevölkerg. auf dem Lande u. i. d. Städten. 1.—4. Aufl. 8. (27 S.) Steinschönau 896. Wien (Wiener Volksbuchh.). n. — 10

Hannisch, Jos., das Bündnis, s.: Arbeiterbühne. Nr. 17.

Hannmann, Friedrich, aus Malchin: Dryden's tragödie 'All for Love or the World well Lost' und ihr verhältnis zu Shakespeare's 'Antony and Cleopatra'. *Rostock 1903: C. Boldt.* (82 S.) 8°
Rostock, Phil. Diss. v. [22. Dez.] 1902

Hannmann, Frdr., Dryden's tragödie „All for love or the world well lost" u. ihr verhältnis zu Shakespeare's „Antony and Cleopatra". Diss. (82 S.) gr. 8. Rostock 903. (H. Warkentien.) n. 1. 20

Hanno, Fürst in Norden. Schauspiel. Leipzig 1781. V: *Bock, Joh. Chph.* (Ky)

Hanno, Fürst in Norden. Schspl. (v. Jh. Chr. Bock). 8. Leipz. 781. Compt. f. Lit. 4 gr

Hanno, Eug. Anleitung zur Erlernung der französischen Umgangssprache auf Grund der Anschauung. Eine Ergänzg. zu jedem Lehrbuche der französ. Sprache. gr. 8. (IV, 101 S. m. 4 Bildern.) Frankf. a. M. 891, Jügel's Verlag. geb. * 1 20

Hanno, J., Liederkranz, mit Musikbegleitung. gr. 4. Regensb. 830. Reitmayr. 5 gr

Hanno, Raph., Amulete f. edle Menschen gegen Anfälle d. Kleinmüthigkeit. 16. Heidelb. 827. Groos. 6 gr

— Gedichte. 1e Samml. 12. Heidelb. 825. Winter. 20 gr

Hanno, Raph., Liebe und Weisheit. Auswahl aus seinen hinterlassenen Schriften. Hrsg. von E. Fortlage. 2 Thle. gr. 16. Jena 876, [Dufft.] Fischer. à Thl. * *M* 3. * 6 —
Inhalt:
Thl. 1. Gedichte. (XV, 208 S.)
» 2. Betrachtungen. (IV, 191 S.)

Hanno, Raph., das Schloß im Abendroth. 16. (2 B.) Heidelberg 828, Groos.

— das Schloß im Abendroth. 16. Karlsr. 828, Groos. 3 gr

— die hebräische Sprache f. d. Anfang auf Schulen u. Akademien. Zunächst z. Gebrauch bei seinen Vorlesungen. 1e Abth. gr. 8. Heidelberg 825, Groos.

—— die hebr. Sprache f. d. Anfang auf Schulen u. Akademien. Zunächst z. Gebr. bei seinen Vorlesn. In 2 Abthln. — 2. Abthl. gr. 8. (15¼ B.) Heidelberg 828, Groos.

—— Vorreden meines Vetters. Mit e. Eingange verm. 8. (10 B.) Heidelberg 828, Groos.

Hannoniae — Comitatus — in suas etc. exhibita a Joh. Bapt. Homanno. Norinbergae. 1 : 225,000. 1 Bl.

Hannonis Navigatio. Textum crit. recogn. et adnotat. illustr. Fr. Guil. Kluge. 8 maj. (3⅓ B.) Lipsiae 829, Nauck.

— periplus gr. c. annotatt. atque emendat. ed. J. L. Hug. (Progr.) 4. Frburg 808...

— — 4. Bresl. 828.... (16 Seiten. Schulprogr.)

Αννωνος Περιπλους. Hannonis Navigatio. Textum critice recogn. et adnotatione illustr. Fr. Wlh. Kluge. 8maj. Leipz. 829. Hartmann. 8 gr

Hannotin, Émile, dix ans d'études philosophiques. gr. 8. (286 S.) Paris 872. Sandoz & Fischbacher n. 6. —

Hannov, Rudo., Exercitationum criticar. in Comicos Graecos lib. III. 8 maj. (10½ B.) Halae 830. [Lipsiae, Meissner.]

Hannov, Rud., exercitationum criticarum in comicos libri tres. 8maj. Halle 830. Reinicke u. C. 18 gr

Hannover [Sachliches OW]

Hannover. Plan der Stadt nebst einem Führer für Fremde, s. Brockhaus' Reise-Atlas.

Hannover, Aufgenommen und gezeichnet von dem Inspector Pentz und Lieutenant Bennefeld, Ingenieurs Geographs. Gest. v. Franz. 1 : 10,000. 1 Bl.

— eine Epistel. 8. Hannov. 795. Hahn. 3 gr

Hannover, über, Gedanken eines Reichsstädt. Bürgers. 8. Braunschw. 803. Pluchart, 4 gr

Hannover, aufgenommen und gezeichnet in den Jahren 1826 — 1831 von August Papen, Lieut. im Königl. Hannovr. Ingenieur-Corps. Aufgetragen und radirt von A. Papen. Schrift gestochen von Wild. Landschaften von F. Knolle. Ausarbeitung des Plans von Knolle, Fischer und Wild. Verlag der C. F. Hornemann'schen Hof-Kunsthandlung in Hannover. 1:5,000 1 Bl. mit 30 Perspect. Ansichten und 1 Heft Text.

Hannover. Ein patriotisches Memoria. Hannover 1864. V: *Grotefend, A.* (Löwe, Bibl. d. Hann. u. Braunschw. Gesch. Hann. 1908 S. 103.)

Hannover. Ein patriotisches Promemoria. gr. 8. (36 S.) Hannover 864, Klindworth. *
Aus: Deutsche Nordsee-Zeitung, besonders abgedruckt.

Hannover. Führer durch die Stadt u. ihre Bauten. Festschrift zur 5. General-Versammlung des Verbandes deutscher Architekten- u. Ingenieur-Vereine. Hrsg. vom Architekten u. Ingenieur-Verein zu Hannover. Red. v. Thdr. Unger. Mit 5 Lith., 11 Holzschn. u. 114 Phototypien. gr. 8. (XIV, 246 S.) Hannover 882. Klindworth. geb. n. 6. —

— dasselbe. Führer u. Plan v. Hannover u. Linden. [Neueste Revision.] gr. 16. (54 S. m. 1 farb. Plan.) Hannover 892. Schmorl & v. Seefeld Nachf. n. 1. —

— alt, immerdar! od. Hannov. Rettung rc. gr. 8.

Hannover u. Altenburg. Die Vermählung des Kronprinzen Georg von Hannover mit der Prinzessin Marie von Sachsen-Altenburg. Erinnerungsblätter an die schönsten Tage beider Länder in den Jahren 1842 u. 1843. Von Wladimir. gr. 8. Ronneburg 843. (Altenb., Helbig.) n. ½ ß

Hannover und Deutschland. Darstellung des Conflicts zwischen Regierung und Ständen. Hannover 1849. V: *Goedeke, Carl.* (JStBbII)

Hannover und König Georg V. Leipzig 1863. V: *Oppermann, Hch. Albert.* (PROVBHann 411)

Hannover und die Grundrechte. Hannover 1849. V: *Abeken, Herm.* (Loewe, Bibliographie der Hann. u. Braunschw. Gesch. Hann. 1908. S. 101.)

Hannover und die Grundrechte. gr. 8. (28 S.) Hannover 849, Hahn'sche Hofbuchh.

— u. die **Hannoveraner.** Harmlose Plaudereien v. Armin. 1. Nörgelei. gr. 8. (III, 16 S.) Hannover 892. W. Ferck. n. — 30

Hannover, die kgl. Haupt- u. Residenzstadt. Führer durch die Städte Hannover u. Linden, d. städt. Forst Eilenriede, Herrenhausen u. Umgebgn. 12. (52 S.) Hannover 892. W. Ferck. n. — 60

—— die Haupt- und Residenz-Stadt. Ein Führer durch die Stadt und Umgegend. hoch 4. (60 S. mit 1 lithochrom. und 12 lithogr. Ansichten, 1 lithogr. Plane und lithogr. Titel.) Hannover 847, Gebr. Jänecke.

Hannover-Köln-Cassel. Führer für Reisende auf den Eisenbahnen zwischen Hannover, Rheine, Köln und Cassel, s. Brockhaus' Reise-Atlas.

Hannover unter eignen Königen. Bremen 1866. V: *Lammers, August.* (PROVB Hann 412)

Hannover unter eignen Königen. Bremen 866. (Celle, Schulze'sche Buchh.) gr. 8. (15 S.) 1½ ngr.

Hannover, das Königreich, und das Herzogthum Braunschweig dargestellt in malerischen Original-Ansichten ihrer interessantesten Gegenden, merkwürdigsten Städte, Badeorte, Kirchen rc. Nach der Natur aufgenommen und in Stahl gest. von verschiedenen Künstlern. Historisch und topographisch beschrieben von O. v. Heinemann. Section: Braunschweig. Nr. 1—4. Lex.-8. (S. 1—64 mit 13 Stahlst.) Darmstadt 853, Lange. à Nr. * 7½ Ngr. Thlr. *

—— das Königreich, und das Herzogthum Braunschweig dargestellt in maler. Original-Ansichten ihrer interessanten Gegenden, merkwürdigsten Städte, Badeorte, Kirchen rc. Nach der Natur aufgenommen und in Stahl gest. von verschiedenen Künstlern. Historisch und topographisch beschrieben von O. v. Heinemann. 5—58. Heft und Supplementheft. Lex.-8. (1. Abthl. S. 65—460 und 2. Abthl. 728 S. mit 161 Stahlst.) Darmstadt 859, Lange. [5—58. Heft à * 7⅓ Ngr., Supplementheft * 22½ Ngr.] * 1

Hannover, das Königreich, in malerischen Originalansichten seiner interessantesten Gegenden, seiner merkwürd. Städte, Badeorte, Kirchen, Burgen rc. Nach der Natur aufgenommen von G. Osterwald, C. A. Lill u. A. Von einem histor.-topograph. Text begleitet. (In 36 Lfgn.) No. 1—17. Lex.-8. (52 Stahlst. u. 10½ B. Text.) Darmstadt 843—47, Lange. à * 10 Ngr. *

—— das Königreich, in malerischen Original-Ansichten, seiner interessantesten Gegenden, seiner merkwürd. Städte, Badeorte, Kirchen, Burgen rc. Nach der Natur aufgenommen von G. Osterwald, C. A. Lill u. A. Mit histor.-topograph. Text. Nr. 18—46. Lex.-8. (81 Stahlst. und S. 169—423.) Darmstadt 848, Lange. à Nr. * 10 Ngr. *

—— dass. — Supplement-Heft: Frankfurt a. M. geschildert von J. W. Appell. Lex.-8. (4 Stahlst. und 16 S. Text.) Darmstadt 849, Lange. *

Hannover, das Königreich, in malerischen Original-Ansichten. Von einem historisch topograph. Texte begleitet. Nr. 47. und 48. Lex.-8. (IV und S. 425—495 und XXVIII S. mit 7 Stahlst.) Darmstadt 853, Lange. à Nr. * 10 Ngr. *

Hannover, Das Koenigreich, nach seinen öffentlichen Verhältnissen ... Nordhausen 1818. V: *Leutsch, Carl Chn von.* (GGr) V: *Crome* [?]. (Dn)

— **über d. Kurfürstenthum, zur Berichtigung der bei d. französ. Occupation in Umlauf gebrachten Ideen.** 8. Hannov. 803. Hahn. 10 gr.

Hannover, Das Kurfürstenthum, unter den Franzosen in den Jahren 1803, 1804 und 1805, und dessen fernere Schicksale nebst einer genauen Charakteristik des französischen Militärs. Von einem Augenzeugen. 8. 1806.

— **das Kurfürstenth. unter den Franzosen 1803, 4, 5, u. dessen fernere Schicksale rc., (v. L. H. Schelver).** 8. Braunschw. 806. Vieweg. 16 gr.

Pharus-Plan Hannover. (Kleine Ausg.) Maasst. 1:10,000. [Nebst] Führer durch Hannover u. Vororte ... *Berlin: Pharus-Verl. [1907].* (1 Kartenbl. 50×37 cm, 15 S.) 8° [kol.] [illegible]

— **im Porte-Monnaie. Für Einheimische u. Fremde.** Neuester Fahrplan etc. 8. Aufl. Hannover 868. Schmorl & v. Seefeld. 128. (48 S.) 2½ ngr.

— — 1870. II. Vom 1. Juni. Neuester Fahrplan etc. Ebend. 870. 128. (56 S.) 2½ ngr.

—— dass. — und Fahrplanbuch für Nordwest-Deutschland 1874. 6 Nrn. 128. (à Nr. 92 S.) Ebendas. 874. à Nr.

Hannover im Porte-Monnaie und Fahrplanbuch für Nordwest-Deutschland. 1875—1879. à Jahrg. 6 Nrn. 128. (à Nr. 96 S.) Hannover, Schmorl und v. Seefeld. à Nr. 25 Pf.; à Jahrg. 1 50

—— im Porte-Monnaie und Fahrplanbuch für Nordwest-Deutschland. 1880—1883. à Jahrg. 6 Nrn. 128. (à Nr. ca. 96 S.) Hannover, Schmorl und v. Seefeld. à Nr.

—— im Porte-Monnaie und Fahrplanbuch. 1884. 6 Nrn. 128. (à Nr. ca. 96 S.) Ebendas. à Nr.

Hannover im Porte-Monnaie und Fahrplanbuch. 1885—1888. à Jahrg. ca. 6 Nrn. 128. (à Nr. 96 S.) Hannover, Schmorl und v. Seefeld. à Nr. — 25

Hannover im Porte-Monnaie u. Fahrplanbuch. 1890. ca. 6 Nrn. 128. (Nr. 1. 128 S.) Hannover 890. Schmorl & v. Seefeld Nachf. à Nr. — 25

— im Porte-Monnaie u. Fahrplanbuch. 1894. 6 Nrn. 128. (à Nr. ca. 128 S.) Ebd. à Nr. — 25

— im Porte-Monnaie u. Fahrplanbuch. 1898. 4 Nrn. (à ca. 200 S.) 128. Hannover, Schmorl & v. Seefeld Nachf. à — 25

Hannover im Porte-Monnaie u. Fahrplanbuch. 1903. 4 Nrn. 128. (à ca. 192 S.) Hannover, Schmorl & v. Seefeld Nachf. à Nr. — 25

Hannover im Porte-Monnaie u. Fahrplanbuch. 1906. 4 Nrn. (à ca. 208 S.) 128. Hannover, Schmorl & v. Seefeld Nachf. à Nr. — 25

Hannover im Porte-Monnaie u. Fahrplanbuch. 44. Jhrg. 1910. 4 Nrn. (à ca. 213 S.) 6,6×5,3 cm. Hannover, Schmorl & v. Seefeld Nachf. à Nr. — 25

—— Provinz, s. Ortschafts-Verzeichnis.

Die Provinz Hannover in Geschichts-, Kultur- und Landschaftsbildern In Verbindung mit C. Diercke, A. Ebert, E. Görges, F. Günther, W. Hering, L. Rosenbusch, H. Steinvorth herausgegeben von Johannes Meyer. Zweite, vollständig umgearbeitete und wesentlich vermehrte Auflage Mit 83 Abbildungen im Text, 5 Vollbildern und einem Doppelbild, sowie mit einer Karte der Provinz Hannover von C. Diercke. Bd (1) (2). Hannover 1888. 2 Bde., 1686 S. 8°

D. Prov. Hannover unt. d. roten Kreuze a. d. Brüsseler Ausstellung f. Gesundheitspfl. u. Rettungswesen i. J. 1876. Hannover 1877.

Hannover, d. Reg.-Bez., Verwaltungsbericht üb. dessen Sanitäts- und Medicinalwesen in den J. 1892—1894. N. amtl. Quellen bearb. v. Herm. Becker. gr. 8. (III, 122 S.) Berlin 897. J. Springer. n. 3. —

— die königl. Residenzstadt. Führer u. Plan. 12. (24 S. m. chromolith. Plan in qu. gr. Fol.) Ebend. 881. n. 1. —

Hannover, die königl. Residenzstadt. Führer und (chromolithogr.) Plan in gr. Fol. [Neueste Revision.] 12. (32 S.) Hannover 883, Schmorl und v. Seefeld. *

—— die königl. Residenzstadt. Führer und Plan. [Neueste Revision.] 1885. (32 S.); neueste Revision 1888. gr. 16. (44 S. mit 2 chromolithogr. Plänen.) Ebendas. * 1 —

Desgl. Revision von 1895. 1 Bl. c. L.

Hannover, die Stadt, s. Papen, A.

Hannover, Die Stadt, und ihre nächste Umgebung ... Hannover 1831. V: *Broennenberg, Adolph Carl Aug.* (JStBbH)

— d. Stadt, u. ihre nächste Umgegend. Ein chorograph. Fragment. Als Zugabe zum Plan von Hannover. gr. 8. Hannov. 831. Hahn. 8 gGr. Dazu: A. Papen, Plan d. Residenzstadt Hannover. gr. Adlerform. Ebd. 832. Bornemann. 3 ℛ︀ ill. 5 ℛ︀

— u. Umgebung. Lesebuch zur Heimatkunde. Hrsg. vom hannov. Lehrerverein. gr. 8. (III, 93 S. m. 2 Abbildgn. u. 1 Ansicht.) Hannover 894. Hahn. n. — 50

— u. Umgebung. Heimatkunde. Mit 20 Abbildgn. u. 4 Vignetten. Hrsg. vom Lehrerverein Hannover-Linden. 2. umgearb. Aufl. des Lesebuches zur Heimatkunde. (VI, 153 S.) 8. Hannover 906. Hahn. n. — 60; geb. n. 1. —

— u. Umgebungen. Neuester Führer für Fremde u. Einheimische. Mit einem (lith.) Plane der Stadt. 8. (36 S.) Hannover 880. Kniep's Verl. 1. —

— u. Umgegend. Entwicklung u. Zustände seiner Industrie u. Gewerbe. Dargebracht den Theilnehmern der XV. Hauptversammlg. d. Vereins deutscher Ingenieure vom Hannov. Bezirks-Verein. Nebst (chromolith.) Plan v. Hannover (in qu. gr. 4.) u. geognost. (chromolith.) Karte der Umgegend (in qu. gr. 4.) sowie e. (lith.) nord-west-deutschen Eisenbahn-Karte. gr. 4. gr. 16. (VI, 288 S.) Hannover 874. Th. Schulze. n. 4. 50

— an der Wende des Jahrhunderts. gr. 8. (V, 92 S. m. Abbildgn. u. Taf.) Hannover (899). Hahn. Geb. in Leinw. n. 2. —

Hannover, wie es war, ist und werden wird ... [Wolfenbüttel] 1804. V: *Müller, Gottfried Friedrich.* (MGT) (Ky)

— wie es war, ist, u. werden wird, e. Gallerie der bei Gelegenheit d. Besitznahme desselben durch d. Franzosen merkwürd. Personen u. Sachen rc., (von G. Fr. Müller). 2 Hefte. 8. (Wolfenb. 804. Albrecht). 1 ℛ︀

— in Wort u. Bild. Hrsg. v. Verein zur Förderg. d. Fremdenverkehrs in Hannover. Text v. Adf. Kiepert. Mit 286 Illustr. n. Orig.-Gemälden u. Orig.-Zeichngn. v. Dieckmann, Fiermann, Hammel u. a., sowie nach photograph. Orig.-Aufnahmen. (156 S. m. Abb.) 36×27 cm. Hannover (910). A. Kiepert. 6. —; geb. in Leinw. 8. —; auch in 6 Lfgn. à 1. —

Hannover in Wort u. Bild. Jetzt: Hannover, Gebr. Jänecke. Erh. Pr. 8.—.

Hannover's Besetzung durch die Preußen im Jahre 1866 u. die hannoversche Armee. Hannover 866. Helwing'sche Hofbuchh. gr. 8. (8 S.) 1 ngr.

Hannovers Eisenbahnen vor dem Urtheile der Oeffentlichkeit, nebst einem vertraul. Berichte der Eisenbahn-Commission über das Kgl. Schreiben u. das Schreiben des Kgl. Cabinets vom 24. Febr. 1846 die West- u. Südbahn betr. gr. 8. (61 S.) Leipzig 847. Orthaus in Comm. n. 1/3 ℛ︀

Hannovers Eisenbahnen vor dem Urtheile der Oeffentlichkeit, nebst einem vertraul. Berichte der Eisenbahn-Commission über das kgl. Schreiben und das Schreiben des kgl. Cabinets vom 24. Februar 1846 die West- und Südbahn betreffend. gr. 8. (61 S.) Leipzig 848, (Orthaus.) *

Hannover's Handel und Schifffahrt zur See und die Mittel zur Hebung derselben. Eine statistische Skizze. Göttingen 864. Deuerlich. gr. 8. (38 S.) n. 5 ngr.

—— Schicksal vom Juni bis Septbr. 1866. (Als Mscr. gedr.) gr. 8. (28 S.) Hannover 866, Helwing'sche Hofbuchh. * *

Hannover's politisches Tagewerk. Von einem Weltbürger. Bremen 856. Strack. 8. (20 S.) 3 3/4 ngr.

Hannovers finanzielle Zukunft unter preussischer Herrschaft. Mit Beziehung auf die Erxleben-sche Schrift (von Georg Hanssen). gr. 8°. Hannover, Rümpler, 1867.

Hannover [Schlagwort]

— s.a. Deutschland. Karte. (Abt. Preussen.)

— s.a. Eilenriede.

– s.a. Eisenbahnkarten.

– s.a. Europa. Liebenow.

– s.a. Europa. Übersichtskarte.

– s.a. Generalkarte, Flemming.

– s.a. Generalkarten.

– s.a. Geologische Karten, Brackebusch.

– s.a. Handkarten.

– s.a. Hand- und Reise karten.

– s.a. Heimatskärtchen. 13.

– s.a. Heimatskarten.

– s.a. Kreiskarten.

– s.a. Militärkarten. Garnisonkarte.

– s.a. Pharus-Städte-Atlas.

– s.a. Radfahrerkarten. Franke.

– s.a. Radfahrerkarten. Junghans.

– s.a. Radfahrerkarten. Karte. Strassenprofilkarte.

– s.a. Radfahrerkarten. Centralkarte. Karte. Universal-Automobilkarte.

– s.a. Regenkarten.

— s.a. **Westentaschen-Sammlung.**

— s.a. Woerl's Reisehandbücher.

Hannover-Berlin, s.: Automobilkarten. Automobil-Tourenkarte. Mittelbach.

Hannover-Bremen, s.: Automobilkarten. Pharus-Auto-Strecke.

Hannover-Cuxhaven, s.: Automobilkarten. Automobil-Tourenkarte.

Hannover-Frankfurt a. M., s.: Automobilkarten. Mittelbach.

Hannover-Hamburg, s.: Automobilkarte.n 'Automobil-Tourenkarte. Mittelbach. Pharus-Auto-Strecke.

Hannover-Köln, s.: Automobilkarten. Mittelbach. Pharus-Auto-Strecke.

Hannover-Magdeburg, s.: Automobilkarten. Pharus-Auto-Strecke.

Hannover-Norddeich, s.: Automobilkarten. Mittelbach.

Hannover, Prov. Asche, A., Handkarte der Prov. Hannover u. d. angrenzenden Länderteile. 1 : 1,000,000. 32×36 cm. Farbdr. Hannover (900). Hahn. n.n. — 15

Hannover, Stadt. Asche, A., Heimats-Atlas f. die Schulen der kgl. Haupt- u. Residenzstadt Hannover, der Stadt Linden u. der Umgegend. (7 farb. Kartens. m. 8 S. illustr. Text.) 32×27,5 cm. Hannover (909). Hahn. 1. 10

Hannover, Kreis. Asche, A., Karte des Kreises Hannover u. Linden. Im Auftrage des Lehrervereins Hannover-Linden gezeichnet. 1 : 150,000. 23,5×28 cm. Farbendr. Hannover 894. Hahn. n.n. — 10

— — Wandkarte der Kreise Hannover u. Linden. Im Auftrage des Lehrervereins Hannover-Linden gezeichnet. 1 : 30,000. 4 Blatt à 57×68 cm. Farbendr. Ebd. 894. Auf Leinw. m. Stäben u. lackiert. n.n. 15. —

— — Wandkarte der Prov. Hannover u der angrenzenden Länderteile. 1 : 200,000. 6 Blatt à 79×58 cm. Farbdr. Ebd. (899). Auf Leinw. m. Stäben n. 18. —

Hanover — Topographisch-militairischer Atlas von dem Konigreiche — Grossherzogthume Oldenburg, Herzogthume Braunschweig, Furstenthume Lippe und dem Gebiete der freyen Stadt Bremen in 26 Sectionen, herausgegeben von dem Geographischen Institute. Weimar 1816. 1 : 190,000. 1 Uebersichts-Bl. 1 Erklärungs-Bl. u. 26 Bl.

— Diehm, Jos., Karte der Prov. Hannover, Oldenburg, Braunschweig, Lippe, Hamburg, Bremen u. Lübeck. In 4 Sektionen f. Radfahrer u. Touristen. 1 : 250,000. Sektion Südost-Hannover. 59×67,5 cm. Lith. Hannover (899). O. Borgmeyer. n. 1. 50; auf Leinw. 2. —

Hannover, Prov. Diercke, C., Schulwandkarten. Prov. Hannover. 1 : 200,000. 161×180 cm. Farbdr. Braunschweig, G. Westermann. Auf Leinw. m. Stäben 20. —

Hannover, Prov. Eckert, Max, Heimatskarte v. Hannover, Oldenburg u. Braunschweig. 1 : 1,000,000. 31×36 cm. Farbdr. Halle (903). H. Schroedel. n.n. — 12

Hanoverani — Electoratus — cum ditionibus et praefecturis suis nova et accurata delin. curata a Matth. Seuttero. Aug. Vind. 1728? Tob. Lotter sculps. 1 : 500,000. 1 Bl.

Hannover, Stadt. Führer u. Plan von Hannover. 53. Ausg. 1890. Plan: 1:11,666. Farbendr. gr. Fol. Mit Text. gr. 16. (4 S.) Hannover 890. Klindworth. In Carton. n. — 50

Hannover, Prov. Gaebler, E., Heimatskarte d. Prov. Hannover, physikalisch u. politisch. [Aus: „G., Schulhandatlas".] 1 : 1,750,000. 2 Seiten à 17×23.5 cm. Farbdr. Leipzig 897. G. Lang. n. — 10

— Gaebler's, Ed., Schulwandkarte der Prov. Hannover. 1 : 150,000. 2. verb. Aufl. 6 Blatt à 101×76 cm. Farbdr. Leipzig (902). G. Lang. n. 12. —; auf Leinw. in Mappe od. m. Stäben n. 18. —

— Gaebler, Eduard, Schulwandkarte der Prov. Hannover. 1 : 150,000. 3., durchgesch. Aufl. 6 Blatt à 101×76 cm. Farbdr. Leipzig (905). G. Lang. n. 12. —; auf Leinw. in Mappe od. m. Stäben n. 18. —

— Gaebler, Eduard, Schulwandkarte der Prov. Hannover. 1 : 150,000. 4. durchgeseh. Aufl. 6 Blatt à 101×76 cm. Farbdr. Leipzig (908). G. Lang. 13.—; auf Leinw. m. Stäben 18.—; erh. Pr. 20.—

Hannover — General- und Post-Karte des Königreichs —, Herzogth. Braunschweigs und der angr. Länder, von A. Papen. 500,000. 4 Bl.

Hannover — Hydro-Oro-Chorographische General-Post und Wege-Karte des Konigreichs — Herzogthums Braunschweig, Grofsherzogthums Oldenburg; Der Fürstenthümer Lippe-Dettmold, Schaumburg-Lippe und Pyrmont, und der angränzenden Länder etc. Zusammengetragen und reducirt von Wilhelm Müller, königlich Hannover'schen Ingenieur-Major und Aide-General-Quartiermeister-Lieutenant 1821. In den koniglichen Hofbuchhandlungen zu Hannover. 1 : 400,000. 12 Bl.

Hannover, Stadt. Gier, H., Plan d. königl. Haupt- u. Residenz-Stadt Hannover m. den dazu gehörenden Vororten u. d. Stadt Linden. Nach amtl. Quellen u. eigenen Aufnahmen bearb. 4. Aufl. 4 Blatt à 81 × 61 cm. Autogr. u. Farbendr. Hannover 895. (H. Lindemann.) n. 7. 50

Hannover, Prov. Guthe, Karte d. Prov. Hannover m. den angrenzenden Gebieten. Nordwest-Deutschland. Nach G.'s Angaben. 1:1,000,000. Neue, vervollständ. Ausg. 1888. Chromolith. qu. Fol. Hannover 888. Klindworth. n. — 70

— Handtke, F., General-Karte v. Hannover, Oldenburg, Braunschweig, Lippe, Hamburg, Bremen u. Lübeck. 1:600,000. 8. Aufl. Chromolith. Imp.-Fol. Glogau 890. Flemming. n. 1.—; auf Leinw. in Leinw.-Decke n. 2. 50

Hannover, Prov. Handtke, F., General-Karte der Prov. Hannover, v. Oldenburg, Braunschweig, Lippe, Hamburg, Bremen u. Lübeck. 1.600,000. 9. Aufl. Farbendr. 64,5×79 cm. Glogau 891. C. Flemming. n. 1.—; auf Leinw. in Kaliko-Karton n. 2. 50

— Handtke, F., General-Karte d. Prov. Hannover, v. Oldenburg, Braunschweig, Lippe, Hamburg, Bremen u. Lübeck. 1 : 600,000. 14. u. 15. Aufl. 64,5 × 79 cm. Farbendr. Glogau 894. 95. C. Flemming. n. 1.—

— u. A. Ehrlenholtz, Schul-Wandkarte d. preuss. Provinz Hannover, d. Grossherzogt. Oldenburg u. d. Herzogt. Braunschweig. 1 : 240,000. 2. Aufl. 9 Blatt à 43,5 × 51 cm. Farbendr. Ebd. (892). n. 6.—; auf Leinw. in Mappe n. 10. 50; m. rohen Stäben n. 12.—; m. schwarz polierten Stäben n. 13. 50

Hannover — Chorograph. Karte des Königreichs — Grossherzogthums Oldenburg, Herzogthums Braunschweig, der Furstenthumer Dettmold etc. und der angrenzenden Gegenden. Zusammengetragen, reducirt und gezeichnet nach den besten und neuesten Ortsbestimmungen, Triangulirungen und Vermessungen von W. Muller, D. P. Ingenieur-Capitain und Aide-General Quartiermeister-Lieutenant. Hannover 1818. In den beyden koniglichen Hofbuchhandlungen. Die grosse Postkarte 1 : 790,000. Die kleine Postkarte, zugleich Netz 1 : 1,300,000. Die Karte selbst 1 : 152,400. 35 Bl.

Hanover — Charte vom Königreich — nebst angränzenden Ländern von D. F. Sotzmann. Nurnberg bey Schneider und Weigels. 1815. 1 : 900,000. 1 Bl.

Hannover, Prov. Karte der Prov. Hannover f. den Schulgebrauch. 1 : 500,000. Farbendr. 19,5 × 23,5 cm. Hannover 892. Helwing's Verl. n. — 12

— Karte der Prov. Hannover. (Von Free.) 1 : 1,500,000. 19,5×23 cm. Farbdr. Hannover 899. Helwing. n. — 12

Hannover — Topographische Karte des Königreichs — und Herzogthums Braunschweig von A. Papen, Pr. Lieutenant im königl. Hannöver'schen Ingenieur-Corps. 1:100,000. 67 Bl. im Erscheinen.

Hannover, Stadt. Karte der Umgegend v. Hannover für Radfahrer u. Touristen. Umfassend u. A.: Den ganzen Teutoburger Wald, das Wesergebirge, e. Theil vom Grossherzogth. Oldenburg u. der Prov. Westfalen m. Strassen- u. Kleinbahnen. 1 : 300,000. 2. Aufl. 34,5 × 54,5 cm. Lith. Hannover (900). O. Borgmeyer. — 50

— Leeder, E., Wandkarte d. Prov. Hannover. 1 : 240,000. Für den Schulgebrauch entworfen, gezeichnet u. hrsg. 2. Aufl., rev. v. M. Leeder. 6 Blatt. Chromolith. gr. Fol. Essen 889. Baedeker. n. 4. —; auf Leinw. in Mappe n. 10. 50; m. Stäben n. 12. —

— Leeder, E., Wandkarte der Prov. Hannover. Für den Schulgebrauch. 1 : 240,000. 3. Aufl., rev. v. M. Leeder. 6 Blatt à 66,5×48,5 cm. Farbendr. u. kolor. Essen 894. G. D. Baedeker. n. 4. —; auf Leinw. in Mappe n. 10. 50; m. Stäben n. 12. —

Hannover, Reg.-Bez. Liebenow, W., neue Spezial- u. Verkehrskarte f. die Reg.-Bezz. Hannover u. Osnabrück. Nach amtl. Kartenwerken neu bearb. von Hans Ravenstein. 1 : 300,000. (Volks-Ausg.) 52×74 cm. Farbdr. Frankfurt a/M. (907). L. Ravenstein. 1. —

— Mittelbach's neueste Specialkarte der Prov. Hannover, des Herzogth. Braunschweig sowie der Fürstenthümer Lippe u. Schaumburg-Lippe zum Hand- u. Bureaugebrauch. 1 : 300,000. 92×114,5 cm. Farbdr. Leipzig (904) Mittelbach. n.n. 1. 75

Hannover, Stadt. Pharus-Plan. Hannover. 1 : 10,200. 66×87 cm. Farbdr. Nebst: Führer durch Hannover u. Vororte m. Hinweis auf den Pharus-Plan. (15 S.) schmal 8. Berlin (903). Pharus-Verlag. n. 1.—

— — dasselbe. 1 : 10,200. 37×50 cm. Farbdr. Kleine Ausg. Nebst: Führer durch Hannover u. Vororte m. Hinweis auf den Pharus-Plan. (15 S.) 8. Ebd. n. — 60

Ⓑ Hannover, Stadt. Pharus-Plan Hannover. (903.) (KBL 34.) Jetzt: Hannover, Sachse & Heinzelmann.

— Plan der königl. Haupt- u. Residenzstadt Hannover. 1 : 13,000. Farbendr. qu. gr. Fol. Mit Strassenverzeichn. an den Seiten, Theaterplänen auf der Rückseite u. kleinem Führer in 12. (2 S.) Hannover 890. Borgmeyer. n. — 50

— Plan der kgl. Haupt- u. Residenzstadt Hannover. (1 : 13,000.) 46 × 39 cm. Farbendr. M. Grundrissen d. Theater auf d. Rückseite u. Strassenverz. an d. Seiten. Hannover 896. O. Borgmeyer. — 50

— Plan der kgl. Haupt- u. Residenzstadt Hannover u. der Stadt Linden. (1 : 13,000.) 47,5 × 41,5 cm. Farbdr. (Ausg. 1899.) Mit Grundrissen der Theater auf der Rückseite, Strassenverzeichnis an den Seiten u. kurzem Führer auf dem Umschlag. Ebd. n. — 50

Hannover, Stadt. **Plan,** neuester, der königl. Haupt- u. Residenzstadt Hannover u. der Stadt Linden. (Neue Revision.) 41×36 cm. Farbendr. Mit Strassenverzeichnis an den Seiten. Hannover 894. Schmorl & v. Seefeld Nachf. n. — 50

Hannover, Stadt. **Plan,** neuester, d. königl. Haupt- u. Residenzstadt Hannover u. der Stadt Linden. Neue Revision. 41 × 36 cm. Farbendr. Mit Strassenverz. an d. Seiten. Hannover 896. Schmorl & v. Seefeld Nachf. n. — 50

— — neuester, der königl. Haupt- u. Residenzstadt Hannover u. der Stadt Linden. 1 : 10,000. Neue Revision. 41,5×38 cm. Farbdr. Mit Strassenverzeichnis an den Seiten. Hannover (901). Schmorl & v. Seefeld Nachf. n. — 50

— — neuester, der königl. Haupt- u. Residenzstadt Hannover u. der Stadt Linden, m. Karten der Eilenriede. Verkehrskarte der weiteren Umgebg. Hannovers (auf der Rückseite). (Mit Text am Rande.) 50×40 cm. Farbdr. Mit kurzer Beschreibg. der Stadt Hannover u. ihrer Sehenswürdigkeiten. 12. (32 S.) Hannover 902. Wolff & Hohorst Nachf. — 20

— **Plan,** neuester, der königl. Haupt- u. Residenzstadt Hannover u. der Stadt Linden. 1 : 10,000. Neue Revision. 41,5×53,5 cm. Farbdr. Mit Strassenverzeichnis an den Seiten. Hannover (905). Schmorl & v. Seefeld Nachf. n. — 50

— — neuester, v. Hannover u. Linden. Rev. nach den neuesten Aufnahmen. 52,5×54,5 cm. Farbendr. Mit 5 S. Text u. Strassenverzeichnis am Rande. Hannover 894. Th. Schulze. In Karton. 1. —

— — neuester, von Hannover, nebst Linden u. Eilenriede. 38×57 cm. Farbdr. Mit Strassen-Verzeichniss u. Angabe der Sehenswürdigkeiten auf der Rückseite. Hannover (901). Verein f. den Fremdenverkehr. n. — 40

Hannover — Plan der Residenzstadt — mit der Angabe der Hausnummern. 1822. Bearbeitet von W. Muller Schrift von Rowe. Plan v. Wagner gestochen. Gedruckt von G. Erdinger. 1 : 4000. 1 Bl.

— — der königl. Residenz-Stadt Hannover. Ausg. 1890. Chromolith. qu. gr. Fol. Hannover, Schmorl & v. Seefeld. n. — 50

Hannover, Prov. Rokahr, G., Wandkarte vom Reg.-Bez. [Landdrostei] Hannover, samt den angrenz. Gebietsteilen. 1 : 100,000. 6 Blatt. Chromolith. Imp.-Fol. Hameln 888. Fuendeling. n. 6. —; f. Aufzug auf Leinw. in Mappe od. m. Rollen n.n. 4.—

— **Schaffnit's** neue Verkehrs-Karte v. Hannover u. Oldenburg. [Aus: „W. Koch u. C. Opitz, Eisenb.- u. Verkehrs-Atlas".] 1 : 600,000. 37×48,5 cm. Farbdr. Düsseldorf (899). C. Schaffnit. — 30

— **Schaffnit's** neue Verkehrs-Karte v. Hannover-Oldenburg u. den angrenzenden Gebieten. [Aus: „Dr. W. Koch u. C. Opitz, Eisenb.- u. Verkehrsatlas".] 1 : 600,000. 4. Aufl. 50,5×59 cm. Farbdr. Düsseldorf (910). C. Schaffnit. — 30

— **Spezialkarte** der Umgegend v. Hannover. (Nach den neuesten Generalstabskarten bearb. f. Radfahrer u. Touristen.) 1:75,000. 56×68 cm. Farbdr. Hildesheim 899. F. Borgmeyer. n. 1.—; auf Pappe n. 1. 50; auf Leinw. in Pappetui n. 1. 75; in Celluloidetui n. 2. 50

Hannover — Strassen- und Wege-Karte vom Königreiche —, Herzogth. Braunschweig und Grossherzogthum Oldenburg — bearb. u. herausg. vom Kgl. Hannov. Generalstabe. Hannover 1863. 250,000. 4 Bl.

— **Uebersichtskarte** v. Hannover, Oldenburg, Braunschweig, Lippe, Hamburg, Bremen u. Lübeck. 1 : 600,000. 55,5 × 66 cm. Lith. Nebst: Alphabetisches Verzeichnis sämtl. Ortsnamen. 8. (31 S.) Hannover 898. O. Borgmeyer. n. 1. 50

— Wanderkarte ...

— — des hannoverschen Touristen-Vereins, umfassend: Deister, Osterwald, Süntel, Weserberge, Bückeberge u. s. w. 1 : 100,000. 2., verb. Aufl. 38,5×53,5 cm. Farbdr. Nebst Touren-Zusammenstellung. (20 S) 8. Hannover (905). F. Wehdemann. n. — 75

— **Wanderkarte** des hannoverschen Touristen-Vereins, umfassend: Deister, Osterwald, Süntel, Weserberge, Bückeberge u. s. w. 4. verb. Aufl. 1 : 100,000. 38,5×53,5 cm. Farbdr. Nebst Touren-Zusammenstellg. (20 S.) kl. 8. Hannover (910). F. Weidemann. — 75

Hannover, Umgebung. **Wanderkarte** der Umgegend v. Hannover f. d. Gebiete d. Weser, Leine, Innerste u. d. Teutoburger Waldes. 1 : 200,000. Neue Revision v. 1896. 37 × 50 cm. Farbendr. Ebd. 896. n. 1. —

Hannover, Stadt. **Wanderkarte** der Umgegend von Hannover f. die Gebiete der Weser, Leine, Innerste u. des Teutoburger Waldes. 1 : 200,000. Neue Revision v. 1901. 37×50 cm. Farbdr. Hannover, Schmorl & v. Seefeld-Nachf. n. 1. —

— **Wanderkarte** der Umgegend v. Hannover f. die Gebiete der Weser, Leine, Innerste u. des Teutoburger Waldes. 1 : 200,000. Neue Revision. 37×50 cm. Farbdr. Ebd. (906). n. — 60

— **Wegekarte** der Prov. Hannover, bearb. u. hrsg. vom Landesdirectorium. 1 : 200,000. 9 Blatt à 55,5×60 cm. Farbendr. u. kolor. Hannover 893. (Schmorl & v. Seefeld Nachf.) n.n. 20. — ; auf Leinw. m. Stäben n.n. 32. —; einzelne Blätter n.n. 3. —; auf Leinw. n.n. 3. 75; in Mappe n.n. 4. —

— **Wunder,** Rob., Wirtschaftskarte. Sektion Hannover. 1 : 600,000. 40,5×50,5 cm. Farbdr. Braunschweig (905). R. Wunder. n. 1. —

Hannover [Verfasser]

Hannover, Adolph

Hannover, Adph., das Auge. Beiträge zur Anatomie, Physiologie u. Pathologie dieses Organs. [Nebst 4 lith. Taf.] gr. 8. (IV u. 160 S.) Leipzig 852, Voß. n. 1 1/2 ⅌

Hannover A.: Autobiographie. [Kbh.] (1882). 16 S. P. *[Adolph Hannover].*

Hannovér, Ad., de cartilaginibus, musculis, nervis auris externae atque de nexu nervi vagi et nervi facialis. Dissert. anatom.-physiol. 4 maj. Hauniae 839. (Berolini, Hirschwald.) n. 1/2 ₰

Hannover A.: Ueber Entophyten auf den Schleimhäuten d. todten u. lebenden menschlichen Körpers. (1842). (15) S. 1 Tvl. (Særtr.) P.

Hannover, Adph., die Entwickelung und der Bau des Säugethierzahns. Mit 8 Kpfrtaf. Aus „Nova Acta Acad. Caes.-Leopold-Carol." Breslau u. Bonn 856. Bonn, Weber. gr. 4. (38 S.) n. 4 ₰

—— das Epithelioma, eine eigenthümliche Geschwulst, die man im Allgemeinen bisher als Krebs angesehen hat. gr. 8. (IV und 150 S. mit 2 Stnt.) Leipzig 852, Voss. *

Die danischen Invaliden aus dem Kriege 1864 in ärztlicher Beziehung v. Adolph **Hannover.** Separat-Abdruck aus v. Langenbeck's Archiv für klinische Chirurgie. Bd. 12. H. 2. Berlin. 1870. 8°.

— das Mikroskop, seine Construction und sein Gebrauch. Mit 41 Abbildgn. (Holzschn. im Text). Leipzig 854. Voss. 8. (IV, 123 S.) n. 28 ngr

Hannover, Ado., de quantitate relativa et absoluta acidi carbonici ab homine sano et aegroto exhalati. 8maj. (6 B.) Hauniae 845, Philipsen. -

— Recherches microscopiques sur le système nerveux. gr. in-4. (11 B. u. 8 Stnt.) Copenhague 844, Philipsen. (Leipzig, Brockhaus u. Avenarius.)

Hannover, Adphe., la rétine de l'homme et des vertébrés. Mémoire histologique, historico-critique et physiologique. Avec 6 pl. gravées (sur cuivre). gr. 4. (211 S.) Kopenhagen 876. Höst & Sohn. n. 20. —
vgl.: H a n n o v e r, Alphonse

—— Tableau micrométrique pour servir à la comparaison et la réduction des diverses mesures, qui sont employées dans la micrométrie microscopique. Fol. Copenhague 843, Philipsen. (Leipzig, Hinrichs.) *

Hannover, Alphonse, la rétine de l'homme et des vertébrés. Mémoire histologique, historico-critique et physiologique. Avec six planches gravées. gr. 4. (211 S.) Kopenhagen 876. Höst & Sohn. n. 20. —
vgl.: H a n n o v e r, Adolph

Hannover, Emil, B. R. in Versen. Betriebs-Reglement („B. R.") f. die Personenbeförderg. auf den österreichisch-ungar. u. bosnisch-herzegovin. Eisenbahnen nebst Verkehrs-Ordng. („V. O.") f. die Personenbeförderg. auf den deutschen Eisenbahnen in Versen. (56 S.) schmal Fol. Wien (903). Spielhagen & Schurich. n. — 80

Hannover, Emil, dänische Kunst des 19. Jahrh., s.a. G e s c h i c h t e der modernen Kunst. VII.

Dänische Kunst des 19. Jahrhunderts. Von Emil **Hannover**. Mit 120 Abb. Leipzig: E. A. Seemann 1907. (168 S.) 4°(8°) [J.]
— **Geschichte** d. modernen Kunst. 7. (08. 1640 8

Hannover, Emil: Antoine Watteau. Aus dem Dän. übers. v. Alice Hannover. gr. 8°. (VIII, 128 S. mit Abbildgn.) [Berl.: Oppenheim 1889.] Frankf.a.M., Schwelm.

Der tapffere Hannoveraner. Sieges-Lied auf die Flucht der Französischen Armee über die Weser. 1758. Eine Erzählung. 4. 4 Bl.

1) Triumph! uns flieht nun der Franzos, Dem Helden wird jetzt bang. 29 Str.
2) Ein Preussischer Husar fiel in Franzosen Hände. (Spruchgedicht.)

Hannoveraner, Die, in Thüringen und die Schlacht bei Langensalza. Langensalza 1866. 2. Aufl. 1866. V: *Schwerdt*. (Feldkircher Zeitung. 1866. Nr. 95, S. 378.)

Hannoveraner, die, in Thüringen u. die Schlacht bei Langensalza. Eine Episode aus der neuesten Kriegsgeschichte. Von einem unparteiischen Augenzeugen mit Benutzung der zuverlässigsten Nachrichten. 1. u. 2. bericht. u. vervollständ. Aufl. Langensalza 866. Klinghammer. gr. 8. (206 S.) n. 18 ngr
Ausg. mit 1 chromolith. Schlachtplan in gr. 4. u. 1 lith. Uebersichtskarte. n. 25 ngr

Die Hannoveraner in T h ü r i n g e n und die Schlacht bei Langensalza. Eine Episode aus d. neuesten Kriegsgeschichte. Von e. unparteiischen Augenzeugen mit Benutzung d. zuverlässigsten Nachrichten.
Langensalza: Wendt & Klauwell 1906. 208 S. 8° [Umschlagt.]
(Aus d. Unstruttale H. 30/31.)

Hannover Gazette: Apr 4, 1805 1864?
Democratic weekly. Title varies: DIE HANNOVER GAZETTE, UND UNPARTHEYISCHE WOCHENSCHRIFT, Apr 4, 1805 1851? Edited & published by J. P. Starck & Daniel P. Lange, 1805—16, by Daniel Philipp Lange, 1816 - 51?, by Gutelius & Schwarz, 1851?—1864?
Hanover, PA

Hannoverland

— Monatsschrift f. Geschichte, Landes- u. Volkskunde, Sprache, Kunst u. Literatur unserer niedersächs. Heimat (Zeitschrift Hannoverscher Vereine). Organ d. Göttinger Geschichtsvereins, des Museumsvereins zu Harburg, des Vereins f. Heimatkde. in Wilhelmsburg a. E. Mitteilgn. f. die Mitglieder des Vereins f. Geschichte der Stadt Hannover. Hrsg. v. G. F. Konrich. Jahrg. 1907—1910. à 12 Hefte. (à 24 S. m. 1 Taf.) Lex. 8. Hannover, E. Geibel. à Jhrg. 5. —

Hannoverland. Ein Buch der Heimatpflege. Hrsg. unter Mitarbeit v. Barckhausen, E. W. Bause, Bock u. a. v. G. F. Konrich. (79 S. m. Titelbild.) Lex. 8. Hannover 910. E. Geibel. 1. —

Hannoverland in Wort u. Bild. Mit Beiträgen v. H. Allmers, Fr. v. Bodenstedt, C. Görges u. A. Hrsg. v. Mitgliedern d. Architekten- u. Ingenieur-Vereins zu Hannover. Fol. (63 S. m. 7 Textbildern u. 24 Lichtdr.-Taf.) Hannov.-Lind. 891, Manz u. Lange. geb. * 30 —

Hannover's, s. am Ende des Eintrags „Hannover" als sachliches OW.

Hanns, s.a. H a n s

Hanns bleibt Hanns oder der Bauer ein Fürst. Ein Lustspiel in drey Aufzügen. Nach dem Französischen. Wien 1781. V: *Schink, Joh. Fch.* (wrztg 1781, Beil. bei Nr. 5) (BiblPort)

— — H a n n s, D e r d i c k e. Ein Seitenstück zum lahmen Wachtelpeter von C. G. Cramer. Mit Titelkpf. (F. B l a s c h k e sc.). Wien, 1801. In der Hochenleitterischen Kunst- und Buchhandlung. 8°.
190 S. (incl. Tit. u. 2 Bll. Vorr.). Selten! — N i c h t von Cramer. (Goedeke hat: „Leipzig" 1801.)

HANNS, J u n c k e r, aus S c h w a b e n - L a n d A n k u n f t z u r M a m a mit Scherz und Liedern. Nürnberg 1762. 8°. 3 Bogen.
Cat. Meissner III. — Rar!

Der kleine HANNS JÜRGEN Bey guter Laune, [Nr. 1] ---- Nebst seinen Lustigen Gedancken über die Morgen-Röthe, über den Vormittag, über den Mittag, über den Nachmittag, über den Abend und über die Nacht; [Nr. 2] — — Hanns Jürgen ... Und sein lustiger Spectateur, Welcher einige gesammlete Tropffen aus dem unergründlichen Meer des Betrugs untersuchet. [Nr. 3] — — nebst seinen lustigen Gedancken über die Vier Jahrs-Zeiten des menschlichen Alters. [Nr. 4] — — Und Sein schwermender Cupido, Worinnen ein und anderen lächerlichen Umständen etliche Unordnungen kürtzlich fürgetragen werden, welche zum öfftern bey unvorsichtigen Mariagen vorzufallen pflegen. [Nr. 5] — — Und Seine à la modische Welt-Schule. [Nr. 6] — — und seine kurtzweilige Thee-Collation. 6 Teile (No. 1—6, jede mit separatem Titel aber durchpaginiert) in 1 Bde. Frankfurt und Leipzig, 1723—24. 4°. 124 SS. (numer. 128: SS. 101—04 übersprungen). Etwas späterer Ppbd. (mit Bereibungen). 240.—

Alles was erschienen! H.-G. III 77: „Sehr seltene Sammlung". Sehr witzige, vor allem vom Trinken, Essen und Lieben handelnde Plaudereien mit allerlei eindeutigen Anspielungen und vielen Versen.

* **HANNS** Jürgen, Der kleine, Bey guter Laune, nebst seinen Lustigen Gedanken über die Morgen-Röthe, über den Vormittag, Mittag, Nachmittag, Abend, Nacht. — H. J. und sein Spectateur. — H. J. über die 4 Jahrs-Zeiten des menschlichen Alters. — H. J. und sein schwermender Cuppido (so!). — H. J. und seine à la modische Welt-Schule. — H. J. und seine kurtzweilige Thee-Collation. 6 Thle. Franckfurt und Leipzig 1723—24. 4°. (1—4 in Berlin, 76 S., 1 vol.; 1—6 in Stuttgart, 1 vol.) (4 fl. 50 xr. Gilhofer & Ranschburg, 1888.)

Sehr seltene Sammlung. — Am Ende von Stück 1:
Die Ding ihr Herrn! das ist aus,
Ein jeder geh' mit mir nach Hauss;
Ein jeder stell sich wieder ein,
Wenns andre Ding wird fertig seyn.
„In kurtzen soll des kleinen Hanns Jürgen à la modische Weltschule erfolgen."
Citirt in: Flohr, Dr. Otto, Geschichte des Knittelverses. Berlin 1893. Gr. 8°. S. 25.

Hanns Wurst In Verdruss vollen gedruckten und gut gesetzten Zeiten. Wien 1731. V: *Prehauser, Gottfried.* (Bancalari S. 388) (BiblPort)

Hanns, F. Der Zukunftsstaat. E. soz. Studie. Leipzig 1906. 8°.

Hanns, F. Rob., Beiträge zur Geschichte des deutsch-sprachlichen Unterrichts im 17. Jahrhundert. Leipzig 1881. 8.
Leipziger Inaug.-Diss. . . . .

Hanns, Rob., drei Zeitfragen aus dem Gebiete des erziehenden Unterrichts. 1. Der Lehrer in der Fortbildungsschule als Erzieher. 2. Ueber die Anwendbarkeit der Herbart-Zillerschen Formalstufen im Volksschulunterricht. 3. Wie kann die Volksschule auf Verminderung der Roheit und Sittenlosigkeit hinwirken? Eine Festgabe zur Säkularfeier des Lehrer-Seminars zu Dresden-Friedrichstadt. gr. 8. (81 S.) Dresden 887, Huhle. * 1 —

Hannsen, Hanns, Beiträge z. Technik d. Bühnenregiekunst. (125 S.) kl. 8. Leipzig 908. Xenien-Verlag. 2.—; geb. in Leinw. 3.—; in Ldr. 4.50

— s.: Festschrift zur Einweihung des Goethetheaters in Bad Lauchstedt.

Hannss, Bruno [aus Gorma]: Ein Fall von Bronchialdrüsendurchbruch in den Oesophagus. . . . Zwickau, Druck v. C. A. Günther Nachf., 1891; 34 S. 8°
Jena, Med. Fak., Inaug.-Diss. v. [28. Jul.] 1891

Hannss, Bruno. Ein Fall v. Bronchialdrüsendurchbruch in den Oesophagus. Diss. gr. 8. (34 S.) Zwickau 891. (Rudolst., Dabis.) * — 60

Hannss, Max, Gerichtsref. in Halle a. S.: Die Unterhaltspflicht im bürgerlichen Recht. *Halle a. S. 1901: Gebauer-Schwetschke.* (64 S.) 8° [F.]
Erlangen, Jur. Diss. v. [6. Dez.] 1900

Hannstein, Frid. Joan. (geb. Quedlinburg 16. 3. 1832): De hypertrophia folliculari membranae mucosae intestinalis. Berolini (1856). (27 S.) 8°
Berlin, Med. Diss. v. 4. Apr. 1856

Hannswurst, ein Lustspiel in 1 Aufz. Pressburg 1761. V: *Petrasch, Joseph Frh. von,* nicht: *Windisch, Karl Gottlob von.* (GGr V, 352; XII, 379, 3) (Zeitschr. f. Büch. 1923, S. 87)

Der gezüchtigte politische Hannswurst am Saalstrom, oder die entblöste Schmähsucht des sächsischen Bauers, der im Traume mit einem französischen Soldaten spricht. 1759. 4. 47 S.

HANSS-Wurst, Der Kurtzweilige, von Frölichshausen; oder über fünffhundert auserlesene, rare, kurtzweilige, possier- u. lächerliche Historien. Allen Melancholicis, Grillenfängern u. lustigen Leuten zu sonderbarer Zeitvertreibung zusammen gelesen u. ans Licht gegeben von *N. L.* .Mit Titelkpf. (Hanswurst auf der Bühne.) Anno 1718. 12°. (In Dresden: Lit. Germ. rec. D. 311.)
334 S. (incl. Tit.). Meist kurze Geschichten u. Anekdoten ohne Nrn. u. Ueberschriften. Gehört zu den zahmen Schwankbüchern. Rar! — Zuerst gedr. o. O. 1712. 12°. Mit Titelkpf.

Hannswurst und Schubart. Vom Verfasser der Sympathie. O. O. u. J. V: *Bader* (?) (BSchwLk V, 5, 1/1)

Hannswurst und Schubart. Ein Lustspiel, aufgeführt von dem Verfasser der Sympathie, zum Vergnügen der Schwaben. (Vignette.) Wann hören wir doch einmal auf, Schwabenstreiche zu machen? Schubarts Chronik 74. Stück, vorigen Jahres. 1755 8°. 63 S. Rariss. (Auf der 64. unpaginirten Seite „Erinnerung".) (41 Mk., hübsch. Pppbd. m. Titelschildchen, Martin Breslauer's Berliner Oct.-Auction 1910, no. 2617.)
Goedeke IV, 33, 6. Vergl. Archiv f. Literaturgesch. 1877. 6, 367.

Hannswursten-Träume, Pudelnärrische, gewidmet zur Unterhaltung in trüben Stunden. Wien 1787. 1817. V: *Hafner, Philipp.* (Auct. Kürschner, S. 180) (GGr IV³/657, Nr. 13/11) (BiblPort)

HANNSWURSTEN-TRÄUME, Pudelnärrische. Gewidmet zur Unterhaltung in trüben Stunden. Mit 1 Holzschn. auf d. Titel. Wien 1817. 8°. 77 S. Rar!
Prof. Kürschner's Bibl. Lpz. 1904. Nr. 2259.

Hannus, C., Offenbarung u. Wissenschaft. Ein Beitrag zum Kampf um „Bibel u. Babel". Nach 3 Vorträgen. 2. Taus. (44 S.) gr. 8. Bremen 903. (C. Schnauffer.) n. 1.—

Hannusch, J. J. Kaiser Karl V., seine Zeit und seine Zeitgenossen. Ein geschichtlicher Umriss. „Plus ultra" (Wahlspruch Karl V.). 8. Wien 1853.

Hannusch, J. J., Kaiser Karl V. seine Zeit und seine Zeitgenossen. Ein geschichtlicher Umriß. Wien 853. Beck. 8. (1 Bl., 136 S.) 1 ₰

Hannwacker, G., Zur Lehre von den Bedingungssätzen in der latein. Sprache. Pr. 1861. 12 S. 4°. —.90

Hannwacker, Georg, Rechtsprakt. in Würzburg: Die Teilung des Fragestoffs bei der Fragestellung im schwurgerichtlichen Verfahren. Würzburg 1905: C. J. Becker. (70 S.) 8°
Heidelberg, Jur. Fak., Ref. v. Lilienthal, Diss. v. 14. Dez. 1905
[Geb. 2. Apr. 79 Schweinfurt; Wohnort: Würzburg; Staatsangeh.: Bayern; Vorbildung: Gymn. Würzburg Reife Juni 99; Studium: Würzburg 4. München 2 S.; Rig. 16. Nov. 04.]

Hannwacker, Philipp

1. Carmen latinum in adventum Maximiliani II. clementissimi regis. [9 alt. Strophen.] — 2 Gymnasiallektüre und sprachliche Erörterungen. Von Ph. Hannwacker, Std. R. u. P. — 1856. K., Kösel. — S. 3—11
Progr. Kempten

Friderico Thierschio .... diem XIV Cal. Quintiles, quo die ante decem lustra dignitate Doctoris ornatus est, celebranti, qua decet observantia gratulantur Gymnasii Campodunensis Professores. — Inest dissertatio de legendis Graecorum et Romanorum libris, quam scripsit Ph. Hannwacker, G. R. — 1858. C., Koesel. — S. 3—7 in 8.
Progr. Kempten

Hannwacker, Ph.: Ciceronis de off. lib. I. 7 S. – Kempten, Progr. 1869.

Hannwaker, Ph.: Ueber Platons Protagoras. 14 S. – Kempten, Progr. 1871.

Hannwacker, Ph.: Horatii Sat. I. II. 3 S.– Kempten , Progr. 1869.

Hannwacker, P. Sprache und Sprachbildung. Kempten, St. A., 1862. 20 S. **Progr.**

Hannwacker, P. Sprache, Wort und Wurzel, Laut und Lautwandel. Kempten, St. A., 1865. 17 S. 4. ***Progr.***

Hannwacker, P., Ueb. einige Stellen aus Cic. de officiis lib. I. u. Hor. Sat. I u. II. Pr. 1869. 12 S. 4°.

Haenny, Louis. [von Gerzensee, Kt. Bern]: Schriftsteller und Buchhändler in Rom. Halle a S. E. Karras Dr. [Leipz. G. Fock; 2. A. ib. 1885]. 1884. 118 S., 1 Bl. 8°.
Zürich, Phil. Diss. I. S. [v. 2. Aug. 1884].

Hano, E. Boileau comme critique. Crefeld, R., 1865. 34 S. 4. **Progr.**

Hano, E. Some hints about Shakespeare's Othello. Schlettstadt, Rg., 1880. 8 S. 4. **Progr.**

Hano, Eug., Anleitg. zur Erlerng. der französischen Umgangssprache auf Grund der Anschaug. Eine Ergänzg. zu jedem Lehrbuche der französ. Sprache. gr. 8. (IV, 101 S. m. 1 Bildern.) Frankfurt a/M. 892. C. Jügel's Verl. Geb. n. 1.20

Hanofsky, Karl, u. Paul Artmann, kurze Anleitung z. qualitativen chemischen Analyse nach d. Schwefelnatriumgange. (VII, 115 S.) gr. 8. Wien 910. F. Deuticke. 2.50

Hanogg auf Freiersfüssen. Komischer Vortrag. (1 Herr.) Elgg [1905]. V: *Huggenberger, Alfred.* (BBullschw 14, S. 174)

Hanor. Dr. Carl Sigmund Ritter von Prof., Vorlesungen über neuere Behandlungsweisen der Syphilis. gr. 8. Dritte vielfach vermehrte Auflage. (200 S.) geh. 1 fl. 80 kr.
Wien. Urban & Schwarzenberg 1882.

Hanotaux, Gabr., Geschichte des zeitgenössischen Frankreich 1871—1900. Autoris. Uebersetzg. v. Th. J. Plange. 1. u. 2. Bd. gr. 8. Berlin, G. Grote. n. 17.—; geb. n. 21.—
1. Die Regierg. Thiers'. Mit 4 Bildnissen in Kpfrdr. (VIII, 600 S.) 903. n. 8.—; geb. n. 10.—
2. Die Präsidentschaft des Marschalls Mac Mahon. 1. Tl. Mit 5 Bildnissen in Kpfrdr. (VII, 564 S.) 905. n. 9.—; geb. n. 11.—

Hanotaux, Gabr., Geschichte des zeitgenössischen Frankreich 1871—1900. Autoris. Übersetzg. v. Th. J. Plange. II. Bd. 2. Tl. u. III. (Schluß-)Bd. gr. 8. Berlin, G. Grote. à 9.—; geb. 11.—
II. Die Präsidentschaft des Marschalls Mac Mahon. 2. Tl. Mit 5 Bildnissen in Kpfrdr. (572 S.) 907.
III. Die parlamentar. Republik. Mit 5 Bildern in Kpfrdr. (VII, 600 S.) 909.
Bd. I u. II, 1. Ebd. 903. 905. 17.—; geb. 21.—.

Hanotel, Philipp. Sapientia hujus mundi stultitia apud Deum. Clagenfurti, Khleinmayr, 1691. Duodez. 240 S.

Hanoum, Kerimée, Haremsbilder, s.a. **Unterwegs und Daheim.**

[F.] Haremsbilder. Von Kerimée **Hanoum.** *Breslau: S. Schottlaender 1896.* (124 S.) 1 Bd 8.
== **Unterwegs** u. Daheim. (Ser.) n. (Bd) 7. 196. 7113

Hanoum, Kérimée, Hofluft (Xia), s.: **Bloch's**, Eduard, Theater-Korrespondenz.

— Vom Orient u. v. Occident. Fortsetzg. d. 1 Bds. d. Haremsbilder. (Unterwegs u. Daheim.) schmal 8. (211 S.) Breslau 897. Schles. Buchdruckerei 2c. n. — 75; geb. n. 1.—

Hanoum, Kerimée, was der Außenwelt verschlossen. Neue Ausg. der „Haremsbilder". (228 S. m. 1 Bildnis.) 8. Breslau 904. Berlin, S. Schottländer's schles. Verlagsanstalt. n. 3.—; geb. n. 4.—

Hanoum, Kérimée, Xia. Weiteres vom Orient u. Occident. (Unterwegs u. Daheim.) schmal 8. (191 S.) Breslau (901). Schles. Buchdruckerei 2c. n. — 75; geb. n. 1.—

Hanov, Michael Christoph

— potiores philosophiae recentiores controversae. 8. Lpz. 765. (Brockhaus). 4 gr.

— potiores Philosophiae recentiores controversiae. 8. Lips. Gleditsch. 765.

Hanov, Mich. Cph., († d. 21. Sept. 1773.) potiores philosophiae recent. controversiae publice expositae in Athenaeo Gedanensi. 8. Leipz. 765. Eurich. 4 gr.

— disquisitiones argumenti potiss. metaphys. 4. Gedani 750. Voss. 20 gr.

Hanov, M. C., de electione per sortem. Gedani 1743. 4; deutsch von G. C. Trausold. Hamb. 1751. 8.

— Danziger Erfahrungen u. Erläuter. 12 Bde. 4. Leipz.

— Danziger Erfahrungen, Nachrr. u. Erläuterungen. 20 Bde. 4. Danzig 739—69.

— Entw. d. Erfindungs- u. der Lehrkunst 2c. 8. Danzig, Rüdiger. 740.

Hanovius, M Chr (M Chr Hanover). Impossibilitas quadraturae circuli a priori adserta. Gedani 1741. 4.

— impossibilitas quadraturae circuli etc. 4. Ged. Voss. 741.

Hanov, Michael Christoph, s. J u s Culmense.

— meditamenta nova argum. philos. et literarii. 4. Ged. Voss. 742.

— erl. Merkwürdigkeiten d. Natur nach den Grundf. d. neust. Physiker. 4. Danzig. 737.

— d. Danziger großen Mondenjahre, monatliches u. künftiges Wetter. 4. Danzig 767. (Wöchentl. ein Bogen.)

— opuscula philosophica. Ed. Jh. Dav. Titius. II Tom. 4. Halle 761, 62. Renger, 1 ℔

— philosophiae civilis sive Politica. P. I.—IV. 4. Danzig 756—59.

— philosophiae naturalis, sive physicae dogmaticae IV Tom. 4. Halle 761—67.

Hanov, Mich. Cph., philosophiae natur. IV. T. ist Verlag der Renger'schen Buchh.

— philosophiae civilis sive politica, hat Ebendies. und der Pr. ist 5 1/2 ℔

H a n o v , M. C.: „Seltenheiten der Natur und Oeconomie, nebst deren kurzen Beschreibung und Erörterung aus den Danziger Erfahrungen und Nachrichten ausgezogen und hersg. von J. D. Titius", 3 Bde., Leipzig 1753—1755.

— erörterte Ursachen von Springkölbchen. 4. Danzig 751. Knoch. 3 ℔

Hanov, Michael Christoph, s. W o l f , Chr. v.: Oeconomica.

Hanover [Schlagwort], s. H a n n o v e r [Schlagwort]

Hanover [Verfasser]

– s.a. H a n o v

Hanover, Siegmund, aus Wandsbek (Holst.): Das **Festgesetz** der Samaritaner nach Ibrâhîm ibn Ja'kûb. Edition u. Uebers. seines Komm. zu Lev. 23. *Berlin 1904: H. Itzkowski.* (74, XVIII S.) 8°
Jena, Phil. Diss. v. (25. Juli) 1903

Hanover, Siegm., das Festgesetz der Samaritaner nach Ibrâhîm ibn Ja'kûb. Edition u. Uebersetzg. seines Kommentars zu Lev. 23 nebst Einleitg. u. Anmerkgn. (74 u. XVIII S.) gr. 8. Berlin 904. L. Lamm. n. 2. 50

Hanoverani, s. H a n n o v e r [Schlagwort]

Der Hanover Citizen und York County Demokrat: Feb. 1860–1892?
Democratic weekly, supported Tilden. Sub-title: Eine Zeitung für Politik, Tages-Neuigkeiten, Literatur, und Unterhaltung. Title varies: Der Bürger [in 1876].
Circulation: 1871, 720 (est.), 1880, 860, 1892, 1020. Edited & published by Heltzel & Metzler, 1860–1871, by Heltzel & Bange, 1872–75, by William Heltzel, 1876–79; by Barton H. Knode, 1880–91, by Joseph S. Corman, 1892.
Hanover, PA

Das Hanover Intelligenz-Blatt und Öffentlicher Anzeiger für York und Adams Counties: 1821–1826.
Weekly. Title varies: Das Hanover Intelligenz-Blatt. Edited & published by Joseph Schnuck & Peter Müller.
Hanover, PA

Hanow: Bericht über die äußeren Verhältnisse der Steinbartschen Erziehungs- und Unterrichtsanstalten. 19 S. – Züllichau. Progr. 1852.

Hanow, üb. einige electromagnetische u. magnetoelectrische Erfindungen. hoch 4. (17 S. m. 1 Steintaf. in qu. Fol.) Delitzsch 874. (Pabst.) n. 1. 20

Hanow: Schedae criticae ad Vergilii Georgica. 14 S. – Lissa, Progr. 1863

Hanow, Albert, und Otto Gundelach

Hanow, A., und O. Gundelach, Briefsteller für den Handwerker. Eine Anleitung für den briefl. Verkehr des Handwerkers und Geschäftsmannes im Privat- und Geschäftsleben, sowie im Verkehr mit Behörden. 8. (VIII, 168 S.) Berlin 887, Oehmigke's Verlag. cart. * 1 —

Hanow, A. u. O. Gundelach. Briefsteller f. Handwerker u. Geschäftsleute. 2. (Titel-)Aufl. 8. (VIII, 168 S.) Berl. 892, Oehmigke's Verlag. cart. * 1 —

— — **Musterbeispiele** f. den schriftlichen Verkehr im Geschäftsleben. Ein Hilfsbuch f. Schüler in Fortbildungsschulen. 8. (VIII, 168 S.) Ebd. 887. n. — 80

Hanow, A., u. O. **Gundelach**, **Musterbeispiele** f. den schriftlichen Verkehr im kaufmännischen u. gewerblichen Leben sowie im Verkehr m. Behörden. Eine Sammlg. v. Schriftsätzen f. die Hand der Fortbildungsschüler. Besondere Ausg. f. Lehrlinge, enth.. Briefe im privaten Verkehr, Geschäftsbriefe, Geschäftsaufsätze, Gesuche, Patentgesetz, Zuständigkeit bei Gesuchen rc., Sühne-, Mahn- u. Klageverfahren, Militärangelegenheiten u. Erklärg. v. Fremdwörtern. (VIII, 199 S.) gr. 8. Berlin 904. L. Oehmigke's Verl. n. 1. —

— — der schriftliche Verkehr des Kaufmannes u. Gewerbetreibenden. Für Kaufleute, selbständ. Handwerker u. Gehilfen e. unentbehrl. Ratgeber f. den Schriftwechsel im Privat- u. Geschäftsleben, sowie im Verkehr m. den Behörden. (VII, 332 S.) gr. 8. Ebd. 904. n. 1. 80; kart. n. 2. —

Hanow, Benno, a. Neudorf Bz. Bromberg: Beiträge zur Kriegsgeschichte der staufischen Zeit. Die Schlachten bei Carcano und Legnano. Berlin 1905: A. W. Hayn's Erben. (47 S.) 8°
Berlin, Phil. Fak., Ref. Delbrück, Tangl, Diss. v. 18. Febr. 1905
[Geb. 1. Febr. 80 Neudorf, Kreis Czarnikau; Heimatsort: Schönlanke; Staatsangeh.: Preußen; Vorbildung: Pädagogium Züllichau Reife O. 01; Studium: Berlin 8 S.; Rig. 19. Jan. 05.]

Hanow, Benno, Beiträge zur Kriegsgeschichte der staufischen Zeit: Die Schlachten bei Carcano u. Legnano. Diss. (47 S.) gr. 8. Berlin 905. (R. Hanow.) n. 1. —

Hanow, (Car.) Eduard. (geb. Stolp 4. 11. 1832): De syphilisatione. Berolini (1858). (32 S.) 8°
Berlin, Med. Diss. v. 24. März 1858

[F.] **Hanow**, Friedr. [Dr.]: *Die im Kirchenjahre 1894/95 verstorbenen früheren Angehörigen der Anstalt.* Züllichau, Druck v. H. Hampel, 1896; 75—76 S. 4.
Züllichau, k. Pd u. Waisenhaus '(Steinbartsche Erz.- u. Unt.-A)', OP 1896 (90)

[F.] **Hanow**, Friedr. [Dr.]: *Die im Kirchenjahre 1895/96 verstorbenen früheren Angehörigen der Anstalt.* Züllichau, Druck v. H. Hampel, 1897; 16—17 S. 4.
Züllichau, k. Pd u. Waisenhaus '(Steinbartsche Erz.- u. Unt.-A)', OP 1897 (90)

Hanow, Friedr.: [Die im Kirchenjahre 1896/97 verstorbenen früheren Angehörigen der Anstalt.] *Züllichau 1898: H. Hampel.* (15—16 S.) 4° [F.]
Züllichau, k. Pd u. Waisenhaus (Steinbartsche Erz.- u. Unt.-A), OP 1898 (91)

Hanow, Friedr., Claudii Ptolemaei περὶ κριτηρίου καὶ ἡγεμονικοῦ lib. rec. Pr. 1870. 15 S. 4°. 1.20

Hanow, F., Dionysi Halicarn. de compositione verborum libri epitome e germanicis exemplis edita. Pr. 1868. 28 S. 4°. 1.50

Hanow, Fridericvs (geb. am 1 Dez. 1836 in Sorau Lausitz): De Theophrasti Charactervm libello ... Lipsiae, typ. B. G. Tevbneri (1858). 30 S., 1 Bl. 8. ¶ Erschien zugleich selbständig bei Teubner in Leipzig.
Bonn, Phil. Fak., Diss. v. 7 Aug. 1858

Hanow, Friedr., de Theophrasti characterum libello. gr. 8. (30 S.) Leipzig 858, Teubner.

Hanow, Friedr., Dr.: (Prof.) Friedrich Guido **Rohmer,** (gest. am 17. Mai 1899). *Züllichau 1900: H. Hampel.* (S. 15—16.) 4° [F.]
Züllichau, k. Pd u. Waisenhaus (Steinbartsche Erz.- u. Unt.-A), OP 1900 (95)

Hanow, Friedrich *Rudolf: Professor Dr. Georg Nikolaus Schilling, gestorben am 10. Juli 1898.* 4 (S. 15—16).
Kgl. Pädagogium u. Waisenhaus (Steinbartsche Erziehungs- und Unterrichtsanstalten) *Züllichau* 1899
Progr.

Hanow, Friedr., Dr.: [Schulfeier, gehalten am 26. November 1899 zum Andenken an die während des letzten Kirchenjahres heimgegangenen früheren Angehörigen der Anstalt.] *Züllichau 1900: H. Hampel.* (S. 16—17.) 4°
Züllichau, k. Pd u. Waisenhaus (Steinbartsche Erz.- u. Unt.-A), OP 1900 (95)

[F.] **Hanow,** Friedr. [Dr.]: Herr Professor Dr. Georg Stoeckert, *gest. am 11. März 1894.* Züllichau, Druck v. H. Hampel, 1895; 15—16 S. 4.
Züllichau, k. Pd u. Waisenhaus '(Steinbartsche Erz.- u. Unt.-A)', OP 1895 (91)

Hanow, Fr. In Theophrasti characteres symbolae criticae. 26 S.
Züllichau, Progr. 1860

Hanow, F., In Theophrasti characteras symbolae criticae. 2 Tle. Pr. 1860. 61. 26. 27 S. 4°. 3.—

Hanow, Gustav Rudolph, s. Hanow, Rudolph

Hanow, Heinrich [aus Stettin]: Ueber Azobenzolsalicylsäure und einige Derivate derselben. . . Greifswald, Druck v. Julius Abel, 1890; 36 S. 8°
Greifswald, Phil. Fak., Inaug.-Diss. v. 28 Jul. 1890

Hanow, Hugo, Erläuterungen zu den Satzungen der Invaliden-, Witwen- u. Waisenversicherungskasse d. See-Berufsgenossensch. Unt. Benutzg. amtl. Quellen. (VI, 236 S.) 8. Berlin 907. Behrend u. Co. 4.—

Hanow, Hugo [Hrsg.], s. Kommentar zur Reichsversicherungsordnung

Hanow, J. A., New-York, s.: Grieben's Reiseführer.

Hanow, Karl: Über Kerfabsonderungen und ihre Benutzung im eigenen Haushalte. Delitzsch, Meyner & Sohn (1890); S. 3-22, 4°
Delitzsch, KPG, P 1890

Hanow, Karl. Ueber Kerfabsonderungen u. ihre Benutzung im eigenen Haushalte. gr. 4. (22 S.) Delitzsch 890, (Pabst). * 1 50

Hanow, O. J., Disputatio Vergiliana. Pr. 1869. 12 S. 4°. 1.—

Hanow, Rudolph

Hanow, Rud. De Aristophanis ampullo versuum corruptrice. 14 S. .
Züllichau, Progr. 1844

— Commentariolum Horatianum. Pr. 1866. 11 S. 4°.

Hanow, R., Disputatiunculae Horatianae. I. Gel. 1830. 14 S.
— — II. 1858. 9 S.

— Zu Horat. Ep. I 14, 44. I 8, 18. II 2, 108. I 2, 65. I 10, 1—7. Gel. 1858 11 S. 4°. 1 —

— Festbericht über das 25jährige Jubiläum des Alumnatsgebäudes. 27. 28. September 1905. S. 29—36. 4.
Kgl. Pädagogium u. Waisenhaus [Steinbartsche Erziehungs- u. Unterrichtsanstalten] *Züllichau* 1906 (106).
Progr.

Hanow, Gustavus **Rudolphus:** • Commentatio qua Comicorum Graecorum Philonidis, Pherecratis, Cratini, Aristophanis tum historia illustratur, tum fragmenta emendantur. 135 S. 4° Gedruckt wurde zunächst nur Cap. 1. De Philonide comico u. d. T.:
Exercitationum criticarum in comicos Graecos particula. Halis Saxonum (1830): Schimmelpfennig. 31 S. 8°
Halle-Wittenberg, Phil. Diss. v. 6. März 1830
Geb. [Lobsens (Posen; Kr. Wirsitz) 4. 12. 1806]
Vom Verf. ersch. dann als: Exercitationum criticarum in comicos Graecos libri tres. Liber I. Halis Saxonum: Reinicke 1830. VI, 164 S. 8° S. 1—89 ist die eingereichte Diss. (mit Veränderungen) und S. 1—27 enthält den Teildr. der Diss.

Hanow, Rud., Ist Horatius ein kleiner Dichter? Ein Beitrag zur Charakteristik des Horatius. 4. Halle 838. Buchh. des Waisenhauses. n. 1/3 ₰

Hanow, Rvdolphvs *Henricus Christianus* [Zvllichaviensis]: De Ivliano Toletano ... Ienae, typ. descr. H. Hampel Zvllichav, 1891; 64 S. 8.
Jena, Phil. Fak., Inaug.-Diss. v. 1891

Hanow, Rudolf: [Nachruf auf den am 1. März 1904 verstorbenen Professor Karl Cavan.] S. 27—28. 4.
Kgl. Pädagogium u. Waisenhaus [Steinbartsche Erziehungs- u. Unterrichts-Anstalten] *Züllichau* 1904 (102).
Progr.

Hanow, Rud. De Cornelio Nepote a loco, quem in scholis obtinet, removendo. 17 S. . . . .
Züllichau, Progr. 1850

Hanow, R. **Comment. de Augusti principatu. 14 S.** . . . .
Progr. Sorau 1837

Hanow, Rud. Drei Reden. [Zur Feier des Geburtstages Seiner Majestät des Königs in den Jahren 1840. 1842 und 1844 gehalten.] 14 S. . . . .
Züllichau, Progr. 1845

Hanow. Scida horatiana, quae est de carm. XI. libr. II. 6 S.
Züllichau, Progr. 1856

Hanow H. W. Thiemann. [Biographie des verstorbenen Professors am Pädagogium zu Züllichau H. W. Thiemann.] 25 S. 8
Züllichau, Progr. 1849

Hanow. R., Disputatio de Juvenalis satirae quartae vers. 75 sqq. Pr. 1844. 11 S. 4°. 1.-

— s. Xenophons Gastmahl.

Hanow, Walther [aus Öckermünde]: Über multiple Cavernome an Zunge und Lippen ... Berlin, Buchdr. v. G. Schade, *1894;* 30 S., 1 Bl. 8.
Berlin, Med. Fak., Inaug.-Diss. v. 10. März 1894

Hanow, Wilhelm

Hanow, W. Die alten Drucke der Gymnasialbibliothek und der Stadtbibliothek zu Anclam und die Urkunden des Anclamer Stadtarchivs. 18 S. Progr. *Anclam* 1880

Hanow, W.: Zum Geschichtsunterrichte in Tertia. 32 S.– Anklam, Progr. 1872.

Hanow, W. Katalog der Bibliothek des Gymnasiums zu Anclam. 1. Teil. 18 S. Progr. *Anclam* 1876.

Hanow, Wilh. Lacedaemonier und Athener in den Perserkriegen. 21 S. Progr. *Anclam* 1885.

Hanow, [Wilhelm]: Nekrolog auf den [am 28. Juli 1900] verstorbenen Direktor Theodor Heinze. S. 19—20 der Schuln. 4. Progr. Gymn. *Anklam* 1901 (142).

Hanpolder, J. Kaiser Franz I. im Kampfe für die Freiheit Europås. ($8^3/_8$ B) 12. Emmerich 1836. 1,00.

Hanquet, Fritz [Kammergerichts-Ref.]. Das legatum debiti . . . Berlin, Buchdr. v. Gustav Schade (Otto Francke) (1890); 60 S. + 1 Bl. 8°
Berlin, Jur. Fak., Inaug.-Diss. v. 28. Dez. 1890

Hanraths, George, Kammergerichts-Ref. aus Spandau: **Die Kalksteinbrüche bei Rüdersdorf I. Eine Studie zur Brandenburg-Preuss. Wirtschaftspolitik.** *Berlin: Mayer & Müller 1899.* (VIII, 120 S.) 8° ¶ (Eine Forts., die Darstellung d. Arbeiterverhältnisse, erscheint später.)
Würzburg, Jur. Diss. v. 1899

Hanrei, Der doppelte. A. d. Franz. von Molsdorff. [Frankf. a. M.?] 1750. V: *Bremond, Gabriel de.* (BrMm)

Hanrieder, Max, Festpredigt, geh. bei der feierlichen Eröffnung des Gottesdienstes in der restaurierten Stadtpfarrkirche St. Moriz in Augsburg am hl. Kirchweihfeste, den 20. X. 1901. 8. (14 S.) Augsburg 901. Literar. Institut v. Dr. M. Huttler. n. — 10

Hanrieder, Norbert: Der oberösterreichische Bauernkrieg. Volksmundartl. Epos. Linz: Selbstverl. d. Hrsg. als Mitgl. d. Stelzhamer-Bundes. 1907. (218 S.) 8°
= Hoamát, Aus dá. Volksausg. ausgewählter oberösterr. Dialektdichtungen. Bd 15.

Hanrieder, Norb., Bilder a. d. Volksleben d. Mühlviertels, s.: Aus dá Hoamát.

Hanrieder, Norb., die Gallinade. 8. (64 S.) Linz-Urfahr 902. Verlag des kathol. Preßvereines. n. — 70

Hanrieder, Norb., Kelle od. Kreuz od. Freimaurer u. Jesuiten, s.a. Schul- u. Vereinsbühne, christliche, Nr. 32

Kelle — oder Kreuz oder Freimaurer und Jesuiten. Schauspiel nach Bolanden [d. i. Jos. Bischoff] von Norbert Hanrieder. Linz a. D.: Kathol. Pressverein 1904. 48 S. 8° (Christl. Schul- u. Vereinsbühne. 32.)

Hanrieder, Norbert [Bearb.], s. Stelzhamer, Franz: Mundartliche Dichtungen

Hanriot, Hippolyte, die Braut in Rußland, s.: Arbeiterbühne.

— Der Renegat, s.: Arbeiterbühne.

Hans, s.a. Hanns

HANS im Banne der Frauen. (3 Mk., eine böhm. Firma, 1901.)
Im Cat. des Händlers folgende erbauliche Inhalts-Anzeige: „Hans, ein noch junger Mann und schon Bureauvorsteher, hat sich nicht nur das Vertrauen seines Prinzipals, sondern auch der Frauen zu erringen gewusst. Erst ein grosser Weiberfeind, wird er, nachdem er in die Geheimnisse der Liebe von der Frau seines Prinzipals eingeweiht, ein grosser Verehrer des schönen Geschlechtes. In anziehender Weise erzählt er seine Abenteuer, welche er auf Reisen mit Frauen und Mädchen durchmachte. Dieses Werkchen ist ein Leckerbissen für jeden Feinschmecker."

HANS Bartold und Hans Unterberg, die Stifter der blutgierigen Räuberbande bei Andreasberg. Historisches Räubergemälde (zahmer Roman) aus der letzten Hälfte des 16. Jahrhunderts. Leipzig, literar Museum, 1866. 8°. 158 S.

Hans und Bethe; Versuch eines . . . Lesebuchs. Berlin 1790. V: ***Spörlin, Sebastian.*** (MGT) (Ky)

Hans und Bethe, Versuch eines nach den Bedürfnissen unsrer Landleute zu bearbeitenden Lesebuchs, 2 Hefte, 8. Basel, 790/92. Schweighäuser. 13 sgl.

— bleibt bei Hans, oder d. Bauer ein Fürst; ein Lstspl. 8. Leipz. 781 Barth. 4 gr.

Hans v. Blerr, der letzte seines Stammes. Eine Geschichte aus der jetzigen Ritterzeit, (von ... Heidrich). 8. Zerbst 795. (Kummer). 1 ß

— Bruder, v. Meißen. 1r Thl. 8. Lpz. Köhler: 793.

HANS, Bruder, von Meissen, ein komischer (freier) Roman, mitunter auch wahre Geschichte. Th. I. Leipzig (Pilsen, Morgensäuler) 1793. 8°. (3 Mk. Lesser, Breslau, 1875.)
Tit. u. 245 SS. Ohne Angabe des Verlegers. — Auch ein 2. Th. erschienen?

Hans, der dicke. Seitenstück zu Cramers Wachtelpeter. 8. Leipz. 801. Joachim. 12 gr.

HANS in allen Gassen, Nante im Bierkeller oder das oeffentliche und muendliche Berlin. 1843.
Weller, Lex. Ps. p. 245.

— im Glück. gr. 4. (6 S. m. 6 Chromolith.) Eßlingen 873. Schreiber. n. 1 —

Hans im Glück od. d. Sprichwörterspiel. Ebd. Ebenso. 1 fl. 50 kr. 1885.

Hans im Glück. 8 (6 S. m. 4 farb. Bildern.) Berlin 893. Friedrichs & Co. -- 10

— u. Gorge; e. Familiengemälde v. K. G. Cramer, m. Kupf. 8. Verl. Akadem. Buchhdl. 809.

Hans, Graf v. Thorenheim, oder: die Ritter des 18. Jahrh. 8. Leipz. ... N. A. 808. (W. Rauch) 1 ß

Hans Graubart. Eine Familiengeschichte. 8. Wien 802. K. Haas. 16 ℊ

Hans der Grausame, Herzog, von Sagan im Jahre 1488 ... Bresl. 1850. V: *Kyntsch, Marc.* (KY)

Hans von Greifenhorst, Trauerspiel ... Frankf. 1797. V: *Bahr, Robert.* (NN)

Hans v. Greifenhorst. Trspl. in 3 A. 8. ... (Leipz., Wienbrack). 6 ℊ

Hans un Gret. Ein episches Volksgedicht von G. W. ... Hagen 1885. V: *Wulff, G. vereh. Eiben.* (Nd. Jahrb. 22, S. 71) (Zeitschr. f. Büch. 1923, S. 87)

Hans un Gret. Ein episches Volksgedicht v. G. W.... 12. (III, 306 S.) Hagen 885. Risel & Co. n. 3. —; geb. n. 4. —

Hans u. Grete. Illustrierte Jugend-Zeitg. Schriftleitung: Volchert-Lietz, unter Mitwirkg. v. Trojan, Etzel, Busse-Palma u. a. m. 8. Jahrg. 1910. 12 Hefte. (à ca. 12 S.) Lex. 8. Berlin-Schöneberg, G. E. Nagel. à Jahrg. 2. —

HANS guck in die Welt, Mode-Modernitäten für Mannspersonen und Frauenzimmer, curiös zu lesen. O. O. 1775. 8°. Rar! (4 Mk. Heberle, Cöln, 1896.)

— von Hansburg, d. Junker, auf Hanshausen, Begebenh. u. Abenteuer; e. deutsche Originalgesch. nach d. Natur. 2 Thle. 8. Altenbg. Richter. (akadem. Bchhdl. in Jena.) 783.

— in der Heimath. Lstspl. in 3 A. 8. Wien 810. Wallishausser. 6 ℊ

Hans von Hohald oder Geschichte eines Weltbürgers. Vom Verfasser der Stutzperrücke. Leipz. 1786—1787. V: *Koch, Christian Wilhelm & Carl Wilhelm Waider.* (BGE III³, 286)

Hans v. Hohold, oder Geschichte e. Weltbürgers, (v. Karl W. Walder). 8. Leipz. 786.

Hans von der Jachenau. Eine vaterländ. Erzählung f. christl. Jugend u. christl. Volk. Von d. Verf. der Erzählungen „des Priesters Ottmar, Agnes u. Sephias" rc. 8. (19 B. u. 1 Stahlst.) Augsburg 811, Rieger'sche Buchh. -

Hans Jörgel von Gumpoldskirchen

— v. Gumpoldskirchen. Volksschrift im Wiener Dialekte. Red.: Ant. Langer. 21. Jahrg. 1852. 52 Hfte. gr. 8. (à 2½ S. mit schw. u. color. Lith.) Ebd. n. 4 ℊ

Hans Jörgel von Gumpoldskirchen. Volksschrift im Wiener Dialekte. Red.: Ant. Langer. 22—24. Jahrg. 853—55. à 52 Hefte (à ½ Bgn.). Mit schwarzen u. color. Lithogr. Wien, Dirnböck. gr. 8. Jeder Jahrg. 4 ℊ

Hans Jörgel von Gumpoldskirchen. Volksschrift in Wiener Mundart. Red.: Ant. Langer. 25—34. Jahrg. 1856—1864. a 52 Nrn. (à 2 Bgn.) Wien, Dirnböck. 4. Jeder Jahrg. 3 ℊ; mit 12 color. Lithogr. 3 ℊ 20 ngr.

— **Volksschrift in Wiener Mundart.** Red.: Ant. Langer. 35. u. 36. Jahrg. 1866—67. à Jahrg. 52 Nrn. (à 2 Bgn.) Ebend. 4. Jeder Jahrg. 3 ℊ; mit 12 color. Lith. 3 ℊ 20 ngr.

Hans Jörgel von Gumpoldskirchen. Volksschrift in Wiener Mundart. Redakteur: Anton Langer. 37. Jahrgang 1868. 52 Hefte. 4. (à 2 Bgn.) Ebds. Ganzjährig mit 12 Bildern 5 fl. 50 kr. Halbjährig mit 6 Bildern 2 fl. 75 kr. Für die Provinz: Ganzjährig (nur mit Bildern) 6 fl. 75 kr. Halbjährig (nur mit Bildern) 3 fl. 38 kr. Ganzjährige Pränumeranten erhalten „Hans Jörgels von Gumpoldskirchen illustrirten österreichischen Volks-Kalender für Humor und Ernst für das Jahr 1868" als Prämie. Mit der Gratis-Beilage des Romans „Schwärzer und Pfarrerköchin".

Hans Jörgel von Gumpoldskirchen. Volksschrift in Wiener Mundart. Redacteur: Anton Langer. 38. Jahrgang. 1869. 52 Hefte. 4. (à 2 Bogen.) Ebds. Ganzjähr. mit 12 Bildern 5 fl. 50 kr. Halbjährig mit 6 Bildern 2 fl. 75 kr. Für die Provinz: Ganzjährig (nur mit Bildern) 6 fl. 75 kr. Halbjährig (nur mit Bildern) 3 fl. 38 kr. Ganzjährige Pränumeranten erhalten: Hans Jörgels von Gumpoldskirchen illustrirter österreichischer Volks-Kalender für Humor und Ernst, für das Jahr 1869 — als Prämie. Mit der Gratis-Beilage: „Das Mädchen aus der Geistermühle".

Hans Jörgel von Gumpoldskirchen. Volksschrift im Wiener Mundart. Redakteur: Anton Langer. 39. Jahrgang 1870. 52 Hefte. 4. (à 2 Bgn.) Wien, Dirnböck's B. (Georg Draudt.) Ganzjährig mit 12 colorirten Bildern 5 fl. 50 kr. Halbjährig 2 fl. 75 kr. Ohne Bilder ganzjährig 4 fl. 50 kr., halbjährig 2 fl. 25 kr. Für die Provinz ganzjährig (nur mit Bildern) 6 fl. 75 kr., halbjährig 3 fl. 38 kr. Ganzjährige Pränumeranten erhalten „Hans Jörgel's von Gumpoldskirchen illustrirten österreichischen Volkskalender für Humor und Ernst für das Jahr 1870" als Prämie. Mit der Gratis-Beilage die Romane: „In Saus und Braus" und „Das Mädchen aus der Geistermühle".

Hans Jörgel von Gumpoldskirchen. Redacteur Karl Costa vormals Anton Langer. 52. Jahrg. 1883. (52 Hefte.) 4. Wien, Jacob Dirnböck's Buchh. (Georg Draudt). Heft 1—5 pro compl. m. Bild. 6 fl., ohne Bild. 5 fl.

Hans Jörgel von Gumpoldskirchen. Red. Karl Costa, vormals Anton Langer. 53. Jahrg. 1884. (52 Hefte.) 4. Wien, Jakob Dirnböck's Buchh. (Georg Draudt.) Heft 1 pro complet mit Bildern für Wien 6 fl., ohne Bilder 5 fl. für die Provinz ganzjährig (nur mit Bildern) 7 fl. 25 kr., halbjährig 3 fl. 63 kr.

Hans Jörgel von Gumpoldskirchen, Red. Carl Costa, vormals Anton Langer. 54. Jahrg. 1885. (52 Hefte). 4. Wien, Jacob Dirnböck's Buchh. (Georg Draudt). Heft 1—8, pro compl. mit Bildern 6 fl., ohne Bilder 5 fl., halbjährig mit Bildern 3 fl., ohne Bilder 2 fl. 50 kr.

Hans Jörgel von Gumpoldskirchen. Red. Carl Costa, vormals Anton Langer. 55. Jahrg. 1886. (52 Hefte.) 4. Wien, Dirnböck. Heft 1. pro complet mit Bildern fl. 6.—, ohne Bilder fl. 5.—, halbjährig mit Bildern fl. 3.—, ohne Bilder fl. 2.50.

Hans Jörgel von Gumpoldskirchen. Redacteur Carl Costa, vormals Anton Langer. 56. Jahrg. 1887. (52 Hefte.) 4. Wien, Dirnböck Heft 1 pro complet mit Bildern fl. 6.—, ohne Bilder fl. 5.—, halbjährig mit Bildern fl. 3.—, ohne Bilder fl. 2.50.

Hans Jörgel, der constitutionelle. Volksschrift im Wiener Dialekte. Red.: Ant. Langer. 19 u. 20. Jahrg. 1850. 1851. à 52 Hfte. gr. 8. (à 1½ Bog. mit 1 color. Taf.) Wien, Dirnböck. à Jahrg. 4 ℊ

HANS Jörgel, Neuer, von Tribuswinkel v. 29. Februar 1880, Nr. 1.
Verboten v. L.-G. Wien, 1880. § 305.

— — vom 15. Jänner 1886. Nr. 1.
Verboten v. L.-G. Wien, 18. Jänner 1886. § 516.

— — vom 28. Februar 1887. Nr. 4.
Verboten v. L.-G. Wien, 1. März 1887. § 516.

— des Junker von Hansburg auf Hanshausen Begebenheiten und Abentheuer, eine deutsche Originalgeschichte nach der Natur, 2 Theile, 8. Altenburg, 783. Richter. 2 Rthl. 15 sgl.

Hans Kasperl und sein Weib Grete. Eine lehrreiche Geschichte vom Onkel Friedrich. Mit schönen neuen (8 chromolithogr.) Bildern. hoch 4. (Mit eingedr. Text.) Leipzig 884, Opetz. cart.

Hans Kladl, oder das Rendezvous in d. neuen Allee. Singspl. in 3 Thlen. 8. Leipz. 797, 98. Hinrichs. 16 gl.

Hans kommt durch seine Dummheit fort, ein komischer Roman . . . Leipz. 1782. V: *Hempel, Gottlob Ludwig.* (ML) (Ky)

Hans kommt durch seine Dummheit fort, (v. Glo. Ldw. Hempel. 8. Leipz. 783. Jacobäer. (Aue in Altona). 1 rthl 4 gl

— — dasselbe, neue Aufl., s. Brüder, 2 ungleiche.

— d. Konstanzer, e. schwäbische Gaunergesch. 8. Stuttgart, Erhard. 789.

Hans, Kostanzer, eine schwäbische Jauners-Geschichte . . . Stuttg. 1789. V: *Schöll, Johann Ulrich.* (MGT) (Heyd) (Ky) V: *Schäffer, Georg Jacob.* (ABJP)

Hans Kostanzer; e. schwäb. Gaunergeschichte, (von Jh. Ulr. Schöll). 8. Stuttg. 789. Sattler. 20 gl

— v. Kricktrak; e. Posse in 1 A. 8. Leipz. 802. Rein. 12 gl

Hans von Metebach; eine interessante Geschichte . . . Eisenach 1781. V: *Otto, Joh. Gfr.* (Ky) »ein Roman« (MGT)

— Puf. Lustsp. 8. Hamb. Hertel. 766.

Hans, Der Salzburger, und sein Sohn Hansl. Kom. Oper in 2 Aufzügen . . . V: *Richter, Joseph.* (GGr V/319, Nr. 47/48) (Hans Viktor Pisk: Josef Richter. Diss. Wien 1927. S. 146)

Hans der Schuhflicker; ein Singspiel a. d. Franz. Frankfurt a. M. 1772. Ü: *Faber, Johann Heinrich.* (ML)

Hans der Schuhflicker. Singsp. 8. Frankf. Andreä. 772.

— von Schwaben, oder Kaiser Albrechts Tod. Schspl. (von Jh. Ldw. Am. Bühl). 8. St. Gallen. Reutlner 784. Huber u. C. 8 gl

Hans von Spernach und seine Kinder. Wittenberg 1791 (so Kayser, Romane, S. 133). Frankfurt u. Leipzig 1794 (so GGr V, 516). V: *Kühne, Chn. Frdr. Gottlo.* Titelaufl. von dessen »Unglück krönte ihre Liebe« (IV, 7978). Vgl. Jahrb. d. Goethe-Ges. 12 (1926), S. 206, 208

Hans Taps, s.a. Taps, Hans.

Hans Taps, der Gärtner in Tripstrill. 8. Altenburg, Hahn. 820.

Hans Unruh und Franz Wohlgemuth, s. Schillings-Bücher des Rauhen Hauses.

— in Wien. Lstspl. in 3 A. 8. Wien, Wallishausser. 6 gl

Hans Wilfert, des treuen Herren treuer Knecht. Ein Gemälde aus dem Landleben zum Spiegel für Herren u. Dienstboten vom Verf. von „Dorf Schöngrund" rc. 8. Zwickau 845, Verein z. Verbreitung guter Volksschriften. (Leipzig, Klinkhardt.) 3 ngl

Hans Wurst's Abenteuer. Ein Bilderbuch mit drolligen Geschichten für Kinder. In zierliche Knittelpoesie gebracht von C. Reinhardt. 4. Wien 860, v. Waldheim. geb. –

Hans, Onkel, s.: Pastors Kinder auf dem Lande.

Hans Däumling, s.: Däumling, Hans.

Hans Michels, Brief über die 10. Versammlung deutscher (echter und unechter Land- und Forstwirthe zu Gratz, vom 14—19. Septbr. 1846. gr. 8. (32 S. und 1 Titlkpfr.) Gratz 847, Dirnböck. *

Hans am See [Pseud.], s. Hansjakob, Heinrich

Hans Jörgel von Gumpoldskirchen

Hans-Jörgels Badereise, od. Abenteuer auf einer Fahrt von Wien nach Hradisch, Luhatschowitz, Brunn, Leitomischl, Czaslau, Prag, Töplitz, Tetschen, Blasewitz, Dresden, Leipzig, Karlsbad, Marienbad, Franzensbad u. zurück, zu Wasser u. zu Land. Unentbehrl. Handb. f. Jeden, welcher diese Tour nicht machen will rc. In Briefen an seinen Schwager Marel in Feselau. 2 Thle. 8. (21½ B. u. ill. Titlbld.) Wien 842, (41.) [Dirnböck.]

— von Gumpoldskirchen komische Briefe an seinen Schwager in Feselau über Wien u. seine Tagsbegebenheiten. 11.—14. Jahrgang. 1842—1845. à 24 Hefte. 8. Ebend. 845. à 4 rthl

Hans Jörgel, Geschichten-Buch. Eine Auswahl der besten Erzählungen, Theater, Witze u. Späße aus dessen Volkskalender. 1—4. Bd. Wien 865—68. Dirnböck's Buchh. gr. 8. (ca. 1000 S. mit vielen eingedr. Holzschn. u. Stahlst.) Jeder Bd. n. 8 ngr.

— Reise nach Oberösterreich, Salzburg u. Bayern. In Briefen an den Schwager Marel in Feselau. 2 Bde. gr. 8. (Mit col. Titelbild.) Wien 844, Dirnböck. 1 rthl

Hans Jörgel von Gumpoldskirchen: Volkskalender, s.a. Hans-Jörgel-Volkskalender

Hans Jörgel's österreichischer Volks-Kalender für Humor u. Ernst auf das J. 1851. Hrsg. v. Ant. Langer. 8. (XVIII u. 143 S.) Wien, Dirnböck. n. ⅓ ₰ — auf das Schalt-Jahr 1852. 2. Jahrg. Hrsg. v. Ant. Langer. Mit vielen (eingedr.) Holzschn. [Durchaus Orig.-Artikel.] 8. (XVI u. 160 S.) Ebd. — 2. Aufl. 8. (XVI u. 160 S.) Ebd. — 3. Aufl. 8. (XVI u. 160 S.) Ebd. 12 ngr.

Hans Jörgel's illustrirter österreichischer Volks-Kalender für Humor und Ernst. Herausg. von Ant. Langer. Mit 2 Lithogr. u. vielen (in den Text gedr.) Holzschn. (Durchaus Original-Artikel.) 3. Jahrg. 1. u. 2. Aufl. Wien, Dirnböck. 8. (XVI, 158 S.) 12 ngr.

— — 4. Jahrg. 1854. (XVI, 160 S.) n. 10 ngr. — 5. Jahrg. 1859. Mit zahlreichen Illustr. (Holzschn. im Text.) Wien, Dirnböck. 8. (XVI, 128 S.) 12 ngr.

Hans Jörgel's von Gumpoldskirchen illustrirter österreichischer Volks-Kalender für Humor und Ernst auf das J. 1859—1864. Herausg. von Ant. Langer. (Durchaus Orig.-Artikel.) 5—10. Jahrg. Mit zahlreichen Holzschn. Ebend. 8. 5.: 12 ngr.; 6. 7.: à n. 10 ngr.; 8—10.: à 8 ngr.

Hans Jörgel's v. Gumpoldskirchen illustr. österreichischer Volks-Kalender für Humor u. Ernst auf die J. 1865—68. Hersg. von Ant. Langer. (Durchaus Orig.-Artikel.) 11—14. Jahrg. (à 96—110 S. mit zahlreichen eingedr. Holzschn.) Ebend. 8. Jeder Jahrg. 8 ngr.

[illegible] Hans Jörgel's von Gumpoldskirchen illustrirter Volks-Kalender für Humor und Ernst auf das J[illegible] 1869. Herausgegeben von Anton Langer. Durchaus Original-Artikel. [illegible] Mit zahlreichen Holzschnitten [illegible] Wien, [illegible] Draudt [illegible] 40 kr.

(9.) Hans Jörgel's von Gumpoldskirchen illustrirter österreichischer Volks-Kalender für Humor und Ernst auf das Jahr 1870. Herausgegeben von Anton Langer. Durchaus Original-Artikel. 16. Jahrgang. Mit zahlreichen Holzschnitten. 8. (72 S.) Wien, J. Dirnböck's B. (G. Draudt.) 40 kr.

(10. Hans Jörgel's von Gumpoldskirchen illustrirter österreichischer Volks-Kalender für Humor und Ernst auf das Jahr 1871. Herausgegeben von Anton Langer. Durchaus Original-Artikel. 17. Jahrgang. Mit zahlreichen Holzschnitten. 8. ([illegible] S.) Wien, Dirnböck's B. (Draudt.) 40 kr.

Hans Jörgel's v. Gumpoldskirchen illustrirter österreichischer Volks-Kalender für Humor und Ernst auf die J. 1876—1880. Hrsg. von Ant. Langer. 22.—26. Jahrg. 8. (à Jahrg. ca. 112 S. mit Holzschntaf.) Wien, Dirnböck's Buchh. à Jahrg. *

Hans Jörgel's von Gumpoldskirchen, Illustr. österr. Volkskalend für Humor u. Ernst auf d. J. 1884 Gegründet v. Ant. Langer fortges. von Carl Costa. XXX Jahrg 8 (151 S.) Wien, Jacob Dirnböck's Buchhandlung 40 kr.

Hans Jörgel's von Gumpoldskirchen, illustr. österr. Volkskalender für Humor und Ernst auf das Jahr 1887 Gegründet von Anton Langer, fortgesetzt von Carl Costa. 33. Jahrgang. 8°. (128 S.) Wien, Dirnböck. fl. —.40.

Hans Jorgel's von Gumpoldskirchen illustr. österr. Volkskalender für Humor und Ernst auf das Jahr 1888 Gegründet von Anton Langer, fortgesetzt von Carl Costa. 34. Jahrgang. 8°. 115 S. Wien, Dirnböck. fl. —.40

Hans. Arkolay und die Büchsenkartätschen Eine Kritik von Arkolay's „Mysterien der Artillerie". Wien 1870.

Hans s.: Ehefreiheit.

Hans, s.: Jahrhundertfeier, die, des A. B. v. Stettenschen Töchter-Institutes.

Hans, B., Ultramontanismus u. Flottenverein. Ein Vortrag f. die Zweigvereine d. Flottenvereins u. d. Evangel. Bundes zu Augustusburg i. Erzgeb. (77 S.) 8. Borna 908. R. Noske. 1. —

Hans, Eug., s.: Urkundenbuch der Pfarrei Bergheim.

Hans, Felix, Gerichtsassessor: Die rechtliche Bedeutung der Vorschrift des § 1134 Abs. 2 des Bürgerlichen Gesetzbuchs, insbesondere ihr Verhältnis zu den Vorschriften der Zivilprozessordnung über einstweilige Verfügungen. Greifswald 1909: Abel. 47 S. 8°

Greifswald, Jur. Diss. v. 15. Okt. 1910, Ref. Pescatore

[Geb. 21. Febr. 77 Lübben; Wohnort: Berlin; Staatsangeh.: Preußen; Vorbildung: Joachimthalsches Gymn. Berlin Reife O. 96; Studium: München 1, Berlin 7, Greifswald 2 S.; Rig. 14. Juli 09.] [U 11. 1587

Hans, Hans [aus Köln]: Aus d. chirurg. Klinik in Bonn. Trepanation bei „traumatischer Neurose" ... Köln, Druck v. J. P. Bachem, 1897; 1 Bl., 60 S., 1 Bl. 8.

Bonn, Med. Fak., Inaug.-Diss. v. [27.] Febr. 1897

Hans, Henning, Ernst Kaspari. Schauspiel in 2 Aufzügen. (100 S.) kl. 8. Reval 905. Kluge & Ströhm. n. 2. 50

Hans, J., Studien für den Unterricht im Zeichnen u. Malen etc. gr. 8. Nördl. 824. Beck. 16 gGr. Hbg. Pr. 8 gGr.

Hans, Jul., s.: Bundespredigten, evangelische.

Hans, Jul., die sittlichen Forderungen Jesu u. das Leben der Gegenwart. Vortrag. (43 S.) 8. Augsburg 908. J. A. Schlosser. — 50

— religiöse Fragen. 8 Vorträge. (III, 71 S.) 8. Augsburg 904. J. A. Schlosser. n. 1. —

Hans, Jul. Das Augsburger Friedensfest. Flugschrift f. die Mitglieder d. evangel. Bundes in Augsburg. 12. (29 S.) Augsb. 891, Schlosser. — 40

Hans, Jul., Geschichte des evangelischen Armenkinderhauses zu Augsburg. Zur 200-jährigen Jubelfeier seines Bestehens. 12°. Augsburg, J. A. Schlossersche Buchhandlg., 1902. 27 S.

Hans, Jul., Geschichte der St. Anna-Kirche in Augsburg. gr. 8. (40 S.) Augsburg 876. Schlosser. n. 1. —

Hans, Jul., Glaube u. Leben. Predigten. gr. 8. (VII, 363 S.) Augsburg 878. Schlosser. n. 3. 50

— ich glaube, darum rede ich. Predigt üb. 2. Kor. 4, 13, geh. bei der 5. Generalversammlg. d. Evangel. Bundes in Kassel am Donnerstag, den 1. Oktbr. 1891. gr. 8. (13 S.) Leipzig 892. Buchh. d. Evangel Bundes von C. Braun. n. — 15

Hans, Jul., Jesus der gute Hirte. Predigt über Johannes 10, 11 und 12, gehalten am Sonntag Judica den 18. März 1888 zur Einweihung des neuen Glasgemäldes in der St. Annakirche. gr. 8. (10 S.) Augsburg 888, Schlosser'sche Buchh. * — 20

Hans, Julius „Die Jugend Friedrichs des Grossen". pg. 3—12. 4°. Ph. J. Pfeiffer.
Augsburg, Progr. 1872/73

— Karfreitag u. Ostern. Zwei Festpredigten. gr. 8. (17 S.) Augsb. 891. Schlosser. * — 40

— die Augsburger Konfession. Vortrag. gr. 8. (20 S.) Ebd. 902. n. — 20

— der protestantische Kultus. gr. 8. (III, 140 S.) Ebd. 890. n. 2. —

Hans, Jul., Mitgabe f. Konfirmanden. 8. (20 S.) Augsburg 885. Schlosser. cart. n. — 25

— Mitgabe f. Konfirmanden. 2., veränd. Aufl. 8. (22 S.) Ebd. 892. n. — 35

Hans, Jul., Mitgabe f. Konfirmanden. 3. Aufl. 16. (29 S.) Augsburg 896. J. A. Schlosser. n. — 35

— Mitgabe f. Konfirmanden. 4. Aufl. 12. (32 S.) Ebd. 900. n. — 50; geb. n. — 75

— Mitgabe f. Konfirmanden. 5. Aufl. (32 S.) kl. 8. Ebd. 907. — 40

— eine Palästinafahrt. Vortrag, geh. am 7. XII. 1898 im Schießgrabensaale in Augsburg. 8. (31 S.) Ebd. 899. n. — 50

Hans, Jul., Predigten auf die Sonn- und Festtage des Kirchenjahres. 4 Lfgn. gr. 8. (II, 618 S.) Augsburg 884, Schlosser'sche Buchh. à Lfg. ℳ 1,50.; geb. *

— Predigten auf alle Sonn- u. Festtage d. Kirchenjahres. 2. (Titel-)Aufl. gr. 8. (II, 624 S.) Ebd. 894. n. 4. : geb. n.n. 5. 50

— Schlußpredigt, s.: Flugschriften d. Evangelischen Bundes.

— das Unvergängliche in Luther und seinem Werk. Predigt, gehalten beim 400jähr. Jubiläum der Geburt Luthers in Augsburg am 11. Novbr. 1883. gr. 8. (11 S.) Ebendas. 883.

— zwei Zeitpredigten üb. Luc. 2, 41—52. Gehalten am 1. u. 2. Sonntag nach Epiph. 8. (16 S.) Augsburg 876. v. Jenisch & Stage. — 15

Hans, Kurt, ein Reisebummel von Berlin nach Monaco. Mit vielen Photographien des Verf. Umschlagentwurf u. Textzeichngn. v. Paul Kraemer. 1.—3. Taus. (127 S.) schmal gr. 8. Berlin (906). Harmonie. n. 2. 50; geb. n. 4. —

Ⓑ Hans, Kurt, ein Reisebummel. 906. (KBL 33.) Ladenpr. aufgehoben.

Hans, L., Herstellung v. Druckplatten mittelst Zinkätzung. [Aus „Archiv f. Buchdruckerkunst."] 16. (28 S.) Leipzig 871. Waldow. n. 1. 50

Hans, L., Herstellung von Druckplatten mittelst Zinkätzung. 8. (28 S.) Leipzig 874, Waldow. *
Aus: Archiv für Buchdruckerkunst, besonders abgedruckt.

Hans, L.: Herstellung von Druckplatten mittelst Zinkätzung. Leipzig (Um 1887) 1

Hans, M. Martial, die Kanalisirung der Maas von Namur bis zur französischen Grenze. Autoris. Übersetzg., m. Zusätzen versehen u. m. Unterstützg. d. Ministeriums der öffentl. Arbeiten hrsg. v. E. Düsing. Mit Vorwort v. O. Baensch. Mit 6 Fig.-Taf. gr. 8. (IX, 74 S.) Wiesbaden 885. Bergmann. n. 7. —

Hans, Thdr., Neujahrsbetrachtungen. 5 Predigten, geh. in St. Petersburg im Januar 1873. gr. 8. (56 S.) Neusalz 873. Lange. — 75

Hans, Th., Predigt über 2. Mose 14, 15. Gehalten in St. Petersburg am Epiphaniastage, den 6. Jan. 1866. Berlin 866. (E. Beck.) gr. 8. (15 S.) n. 2 ngr

Hans, Wilh., die rationelle Bewertung der Kohlen. Ein Mahnwort. (47 S.) Lex.-8. Danzig 905. (Leipzig, H. A. L. Degener.) n. 2. —

Hans, Wilhelm, aus Augsburg: Gutachten und Streitschriften über das jus reformandi des Rates vor und während der Einführung der offiziellen Kirchenreform in Augsburg 1534—1537. Ein Beitrag zur Geschichte d. Anschauungen von d. kirchl. Aufgaben d. Obrigkeit in d. Reformationszeit. *Augsburg 1901: (Ph. J. Pfeiffer).* (IV, 85 S.) 8°
Leipzig, Phil. Diss. v. [30. Juli] 1901

Gutachten und Streitschriften über das jus reformandi des Rates vor und während der Einführung der offiziellen Kirchenreform in Augsburg ⟨1534–1537⟩. Ein Beitrag z. Gesch. d. Anschauungen von d. kirchl. Aufgaben d. Obrigkeit in d. Reformationszeit von Dr. Wilhelm Hans. *Augsburg: J. A. Schlosser 1901.* (IV, 85 S.) 8°

Hans, Wilhelm : Schicksal und Wille. Ein Versuch über Henrik Ibsens Weltanschauung. Von –. München: Beck 1906. 109 S. 8°
(Kleine Bücher über Fragen d. Lebens.)

Hans, Wilhelm: Ibsens Selbstporträt in seinen Dramen. T. 1. ⟨von Catilina bis Brand⟩. Hamburg 1909: Lütcke & Wulff. 47 S. 8°
Hamburg, R in St. Pauli OP 1909 (987) [S 09. 158

Hans, Wilh., Ibsens Selbstporträt in seinen Dramen. (V, 220 S.) 8. München 911. C. H. Beck. Geb. in Leinw. 3. 50

Hansa

„Hansa. Centralorgan für deutsche Auswanderung", Hamburg 1852. fol. — Fortsetzung u. d. T.: „Hansa. Organ für deutsche Auswanderung, Colonisation und überseeischen Verkehr", Hamburg 1853 bis 1856. fol. — Fortsetzung u. d. T.: „Hansa. Hamburgische Auswanderungszeitung. Organ . . . .", Hamburg 1857. fol. — Alle vorh.: Com. Bibl. Hamburg.

Hansa. Organ für deutsche Auswanderung, Colonisation und überseeischen Verkehr. 1—3. Jahrg. 1852—54. à n. 3 ℛ 6 ngr. — 4. u. 5. Jahrg. 1855 u. 56. à 104 Nrn. (à 1 Bgn.) Hamburg. (Kittler.) Fol. Jeder Jahrg. nn. 2 ℛ 15 ngr.

Hansa. Hamburgische Auswanderungs-Zeitung, Organ für deutsche Auswanderung, Colonisation und überseeischen Verkehr, nebst Entscheidungen der vom Staate eingesetzten Deputation für das Auswanderungswesen und Consulats-Berichten. 6. Jahrg. 1857. 52 Nrn. (Bog.) gr. Fol. Hamburg, (Kittler.) +

Hansa. Zeitschrift für deutsches Seewesen. Red. von G. Schuirman u. G. Thaulow. 1. u. 2. Jahrg. 1864 u. 1865. à Jahrg. 26 Nrn. (Bgn.) Hamburg, (Kittler.) gr. 4. Jeder Jahrg. n. 5 ℛ 10 ngr.

— Zeitschrift für Seewesen u. Organ der Deutschen Gesellschaft zur Rettung Schiffbrüchiger. Redig. von G. Schuirman u. G. Thaulow. 3—7. Jahrg. 1866—70. à Jahrg. 26 Nrn. (Bgn.) (Ebend.) Jeder Jahrg. n.n. 3 ℛ

Hansa. Zeitschrift f. Seewesen. Organ d. „deutschen naut. Vereins" u. der deutschen Gesellschaft zur Rettg. „Schiffbrüchiger" Red.: H. Tecklenborg u. W. v. Freeden. 8—12. Jahrg. 1871—1875. à 26 Nrn hoch 4. Hamburg, Expedition à Jahrg. n. 9. —

— dass. — Redig. und hrsg. von W. v. Freeden. 13.—16. Jahrg. 1876—1879. à Jahrg. 26 Nrn. (Bog.) gr. 4. Ebendas. à Jahrg. * 12 —

Hansa. Zeitschrift für Seewesen. Red. u. hrsg. von W. v. Freeden. 15—19. Jahrg. 1878—1882. à 26 Nrn. (B.) gr. 4. Hamburg, Silomon. n. 12. —

Hansa. Zeitschrift f. Seewesen. Red. u. hrsg. von W. v. Freeden. 20—23. Jahrg. 1883—1886. à 26 Nrn. (B.) gr. 4. Bremen, Silomon. à Jahrg. n. 12. —

Hansa. Zeitschrift f. Seewesen. Red. u. hrsg. von W. v. Freeden. 24.—27. Jahrg. 1887—1890. à 26 Nrn. (B.) gr. 4. Bremen, Silomon. à Jahrg. n. 12. —

Hansa. Zeitschrift f. Seewesen. Red. u. hrsg. von W. v. Freeden. 28. Jahrg. 1891. 26 Nrn. (Bog.) gr. 4. [Bremen, Silomon.] Hamburg, Eckardt & Messtorff. n. 12. —
Fortsetzung u. d. T.:

— Deutsche naut. Zeitschrift. Organ f. Seewesen, Schiffbau u. Schiffsmaschinenkunde. Red.: R. Landerer. 29. Jahrg. 1892. 52 Nrn. (à ca. 2 Bog. m. Abbildgn.) gr. 4. Hamburg, Eckardt & Messtorff. n. 16. —

— dasselbe. Red.: Ludw. Jerrmann. 30. Jahrg. 1893. 52 Nrn. (à ca. 2 Bog.) gr. 4. Ebd. n. 16. —

— dasselbe. Red.: R. Landerer. 31. Jahrg. 1894. 52 Nrn. (à ca. 2 Bog.) gr. 4. Ebd. n. 16. —

Hansa. Deutsche naut. Zeitschrift. Red.: R. Landerer. 32.—35. Jahrg. 1895—1898. à 52 Nrn. (à 1—2 Bog.) gr. 4. Hamburg, Eckardt & Messtorff. à Jahrg. n. 16. —
Kann auch vierteljährlich bezogen werden.

Hansa. Deutsche naut. Zeitschrift. Red.: C. Schroedter. 36.—39. Jahrg. 1899—1902. à 52 Nrn. gr. 4. (VIII, 623 S. m. 2 Taf.; VIII, 623; VIII, 623 u. VIII, 624 S.) Hamburg, Eckardt & Messtorff. à Jahrg. n. 16. —
Der 36. Jahrg. ist von R. Landerer redigiert.

Hansa. Deutsche naut. Zeitschrift. Publikations-Organ der See-Berufsgenossenschaft. Organ f. Seeschiffahrt u. Schiffbauwesen. Red.: C. Schroedter. 40.—43. Jhrg. 1903—1906, à 52 Nrn. (626, 632, 628 u. 628 S.) gr. 4. Hamburg, Verlag d. „Hansa". Messtorff & C. Schroedter. à Jhrg. n. 16. —

Hansa. Deutsche naut. Zeitschrift. Red.: C. Schroedter. 44—47. Jahrg. 1907—1910. à 52 Nrn. (à Jahrg. ca. 1300 S.) Lex. 8. Hamburg, Verlag d. Hansa. à Jahrg. 16. —

— Illustr. Zeitschrift für Verkehrswerthzeichenkunde. 1. Jahrg. Juli 1894—Juni 1895. 24 Nrn. (à ca. ½ Bog.) gr. 8. Bremen, R. Oelrichs. n. 2.

Hansa, Beschr. d. neuentdeckten Stahlwassers bey Liebwerde in Böhmen. 8. Dresd. Walther. 790.

Hansa (Hoepner), s. a. **Hamburg u. Bremen in Gefahr.**

Hamburg und Bremen in Gefahr! Sind unsere Hansestädte Hamburg u. Bremen in e. Seekriege mit England in Gefahr u. können sie auf genügenden Schutz durch unsere Flotte u. d. Küstenbefestigungen rechnen? Von '**Hansa**' [d. i. Otto Hoepner, Kapitän z. S. a. D.]. 3.–4. Taus. ⟨Neu durchges.⟩ Altona: J. Harder 1906. (108 S.) 8° 108. 6331

— s. **Wert, der, unserer deutschen Schlachtflotte.**

Mathias Hansa, Abhandlung von Teplitzer mineralischen Badewässer dessen äußerlich-und innerlichen Gebrauche... Nebst e. Anh. von denen biliner Mineralwässern, Salzen u. Magnesia (Vom Biliner Sauerbrunn, Seidschitzer Bitterwasser, Polychrestsalz u. Magnesia aus Bitterwasser). Brüx 1784: Fuhr. 394 S. 8°

— Anleit. zum vernünft. Gebrauche d. böhm. Sedlitzer Bitterwassers. 4. ... 795.

— Beschreib. d. neuentdeckten Stahlwassers bei Liebwerda in Böhmen. 8. Dresd. 793. Walther. 3 Gr.

Hansa-Album. Hrsg. v. A. Harnisch. (Mit Titlbld. u. Vignetten.) gr. 8. (10 B.) Halberstadt 842, Lindequist u. Schönrock. **

Die Geschichte vom Hühnerthorir [**Hœnsa-þóris saga**]. Eine altisländ. Saga übers. von Andreas Heusler. *Berlin: Wiegandt & Grieben 1900.* (91 S.) 8° (co. 7189

Der Hansabote. Jahrgang 1 Oct 1904–1914?
Monthly, established to promote the Hanseatische Kolonisationsgesellschaft m.b.H., with considerable commerce and trade information. Sub-title (with May 13, 1911) Monatsblatt für die Landwirte Sta. Catharina. Large quarto, each issue 4–8 pages, some issues with „Beilage" of one leaf. Published by Dr. Aldinger Palmenhof 1905–1913, with Th. Reistenbach as editor Sept. 4, 1909 while Dr. Aldinger Palmenhof traveled in Europe.
Blumenau

Der Hansabote. Monatsblatt für die Landwirte Santa Catharinas. Jg 1—9. — Blumenau: Hömke; Hbg: Hanseatische Kolonisations-Ges. (1906—1912; Blumenau: Koehler) 1904/05—1912/13. 4°

Hansa-Bund für Gewerbe, Handel und Industrie, Berlin. Ortsverband Gross-Berlin. — HANSA-BUCHFÜHRUNG. Die Buchführung des gewerblichen Mittelstandes. D. R. G. M. 2.—5. Tausend. Bearbeitet vom Ortsverband Gross-Berlin des Hansa-Bundes. (Berlin-Leipzig. Hansa-Buchhandlung: Hermann Hillger Verlag.) 8°.

[H. A.,] HANSA-BUND UND MITTELSTAND. (Charlottenburg: 1909. Druck v. Rich. Münch.) 4°.

HANSA-BUND UND ZENTRUMSPARTEI (o. O. 1909.) 4°

HANSA-FAHRT DEUTSCHER HANDWERKER zur Weltausstellung in Brüssel. (Mit 1 Tafel.) Berlin. Verlag des Hansa-Bundes. 8°.

Hansa-Küche. Erprobte Rezepte für die feine und bürgerliche Küche. Dresden [1907]. V: *Erasmi, Charlotte & Heinrich Erasmi.* (Berlzu 1918, I, 213)

Hansal, Mart., neueste Briefe aus Chartum in Central-Afrika, geschrieben an seinen Freund Fr. X. Imhof, Lehrer 2c. in Wien. Herausg. von Letzterem. Wien 855. Wallishausser. 8. (VII, 148 S.) n. 12 ngr

Hansal, Martin -- Erste Fortsetzung der neuesten Briefe aus Chartum in Central-Afrika, geschrieben von — — an seinen Freund Franz Xaver Imhof. Herausgegeben von Letzterem. Wien, 1856. Druck und Verlag von J. B. Wallishausser. (VI. 146 S. 8.)

Die **Hansastädte**. Industrie u. Handel. Breslau: M. Gottlieb [1907]. (28 Bl.) quer-8° (08. 6338

VOM HANSATAG IN BREMEN. Bericht über die Jahres-Versammlung des Hansischen Geschichts-Vereins und des Vereins für niederdeutsche Sprachforschung. 28. Mai 1896, von FRIEDRICH BACHMANN-Zernin. Sonderabdruck aus der „Rostocker Zeitung". ib., 1896. — 8°. 25.—

Hansa-Wisbyfahrt 1881. Zwangslose Plaudereien von H. Sch . . . Bremen 1881. V: *Schaffert, H.* (RUSSELL XVI, I, 2, 3164)

Hansch, Geschichte d. kgl. sächs. Ingenieur- u. Pionierkorps (Pionier-Bataillons Nr. 12). Unt. Benutzg. handschriftl. u. urkundl. Quellen im Auftr. des Bataillons bearb. gr. 8. (VII, 414 S. m. 5 farb. Uniformtaf. in hoch 4.) Dresden 898. (C. Höckner's Buchh.) n. 6.--

Hansch A. Der Schmadribach in der Schweiz. — Die Wildgratspitze in Tirol. Oehlfarbendruck in 2. Auflage. Auf Leinwd. gespannt und gefirnisst. Olmütz. Eduard Hölzel pr. Bl à 3 fl

Hansch, Constantin Friedrich, s. Hansch, Konstantin Friedrich

Hansch, Franz, Neurogliom des Gangliom Gasseri. (Aus d. Patholog. Institute zu München). Diss. München 1886, Jos. Ant. Finsterlin. 8°. 16 S.
Sonder-Abdruck aus: Münchener Medizinische Wochenschrift Jahrgang 1886.

Hansch, Konstantin Friedrich

Hansch, Constant. Friedrich (Danzig), De cognitione Christi secundum carnem ex 2. Corinth. V, 16. Diss. theol. Präs. Martin Chladen. Wittbg. (Gerdes) April 1711. 48 S. mit Widm. v. Präs. (6.50) 13073

Hansch, Michael Gottlieb

— Abbild. d. Predigten im erst. Christenth. 8. Frankf. Eßlinger. 725.

Hansch, Michael Gottlieb [Präs.], s. Böckling, Gottlieb: De moralitate cogitationum humanarum.

— de enthusiasmo Platon. 4. Lips. Gleditsch. 716.

— medicina corporis et mentis. 8. Vien. 750.

Hansch, Mich. Gli., († 175. .) medicina mentis et corporis. 8. Nürnb. 728. N. A. unt. d. T.: medicina mentis et corporis, seu de Heuretice et Hygieine, lib. II. 8. Amsterd. (s. potius Wien) 750. 3 gr

* *D. Michaelis Gottlieb Hanschii* Consiliarii Caesarii, leges motus, exemplis singularibus illustratae: Cum tabula mnemonica virium secundum principia *Godofredi Guilielmi Leibnitii*. Cum licentia superiorum. Viennae Austriae. Prodiit e typographeo imperiali aulico, et prostat apud Paulum Straube. 4. 40 S.
1732.

— **Michael Gottlieb**, Officium hominis circa arcana, ex rectae rationis principiis succincte delineatum. Disp. I. Lpz. (Chn. Goez) 6. XII. 1704. 10 Bl. (5.—) 13074

— theoremata metaphys. ex philosophia Leibnit. selecta. 4. Lips. 725.

Hansch, Mich. Gottl., trias dissertation. logicar. 8. Vienn. 734.

Hänsch, Irwing u. Irwingianer. Eine Belehrung für Jedermann. Potsdam 868. (Berlin, W. Schultze.) gr. 8. (16 S.) n.n. 2½ ngr.

Hänsch, Bruno Fel., das deutsche Kolonialreich. Eine politisch-geograph. Studie. (36 S.) Lex. 8. Leipzig 906. B. G. Teubner. — 80
Sonderabdruck aus „Geogr. Ztschr."

Hänsch, Bruno Felix, cand. paed., aus Pulsnitz: Matthias Christian Sprengel, ein geographischer Publizist am Ausgange des 18. Jahrhunderts. *Halle a. S. 1902: Waisenhaus.* (64 S.) 8°
Leipzig, Phil. Diss. v. [22. Mai] 1902

Hänsch, Ernst: Die wettinische Hauptteilung von 1485, und die aus ihr folgenden Streitigkeiten bis 1491. Leipzig 1909: Hoffmann. 131 S 8°
Leipzig, Phil. Diss. v. 26. Nov. 1909, Ref. Brandenburg, Seeliger
[Geb. 12. März 82 Oschatz; Wohnort: Weixdorf; Staatsangeh.: Sachsen; Vorbildung: Thomassch. Leipzig Reife O. 03; Studium: Leipzig 12 S.; Rig. 14. Mai 09.] [U 10. 3143

Hänsch, Felix

Hänsch, F., u. Alfr. Pelz, das Zwickau-Chemnitzer Kohlengebiet, s.a. Landschaftsbilder aus dem Königr. Sachsen.

Das Zwickau-Chemnitzer Kohlengebiet. Von Dr. F[elix] **Hänsch**, Sem.-Oberl., Alfred Pelz, Lehrer. Mit 10 Abb., 17 Skizzen, 3 Karten, 1 geol. Übersichtskarte u. 6 Profilen, sowie 1 topogr. u. 1 orohydrogr. Karte. Meissen: H. W. Schlimpert (1908). (160 S.) 8° [F.]
— **Landschaftsbilder** aus d. Königr. Sachsen. [3.] (07. 17649 8

Hänsch, Fr. Aug., († d. ... Dec. 1820.) gemeinnütz. Handbuch für alle Stände. 3 Thle. 12. Zwickau 807, 8. Schumann. 2 rℓ 15 gr

— mytholog. Taschenwörterbuch, bearbeit. nach Vanier, Moritz Rammler ꝛc. gr. 12. Zwickau 804. Schumann. 1 rℓ Neue, von K. E. Richter besorgte Aufl. unt. d. T.: Richter, Taschenbuch d. Mythologie. 16. Zwickau 824. Schumann. 16 gr.

Haensch, Heinrich *Gustav* [app. Arzt aus Schweidnitz]: Aus d. chirurg. Klinik zu Marburg. Ueber Sarcome der langen Röhrenknochen und die Resultate ihrer operativen Behandlung ... Marburg, Buchdr. F. Sömmering, 1893; 52 S. 8.
Marburg, Med. Fak., Inaug.-Diss. v. [7. Apr.] 1893

Hänsch, J. H. A., die große Sünderliebe d. Sohnes Gottes. Eine Advents-Pred. üb. Joh. 8, 1—11. gr. 8. (1 B.) Berlin 837, (Wolff u. Comp.)

Hänsch, Joh., Heidennacht u. Christentrost im letzten Stündlein, s.: Palmzweige vom ostindischen Missionsfelde.

Hänsch, Rud., Gemütspflege, s.a. Abhandlungen, pädagogische.

Gemütspflege. Eine volkstümliche Darstellung ihrer Mittel u. Wege unter Berücks. d. Gegenwart. Von Rudolf **Hänsch**. Bielefeld: Helmich [1908]. 20 S. 8° [Umschlagt.]
(Pädagogische Abhandlungen. N. F. Bd 13, H. 10.) (10. 1303

Hänsch, Rudolf

— Aug. Löffler, Paul Mückenberger, Heinr. Schimpf, die Praxis d. heimatkundl. Unterrichts. Stoffe zur Heimatkunde, unter Berücksicht. der pädagog. Bestrebgn. der Gegenwart f. das 3. Schulj. bearb. Mit e. sachlich u. methodisch orientier. Anh. f. die gesamte Heimatkunde. 44 Illustr., 35 in d. Text gedr. Bilder, Skizzen u. Pläne sowie 4 farb. Kartenbeil., bearb. v. Kurt Hänsch. 4 bunte Taf. u. 1 Gesamtplan. (VIII, 154 S.) Lex. 8. Leipzig 910. A. Hahn. 3.20; geb. 3. 80

Hänsche, Rhold., drollige Bilder f. kleine Leute. (8 S. m. farb. Abb. u. 9 S. Text.) 24,5×31,5 cm. Stuttgart (910). G. Weise. 1.50; auf Pappe, geb. 3. —

— Das Zwergenbilderbuch. (8 S. m. farb. Abb. u. 9 S. Text.) 24,5×32 cm. Ebd. (910). 1.50; auf Pappe, geb. 3. —

Hanschel, F. S., s. Magazin, für Pädagogik.

Hanschen, Johann Georg

Wie **Hans Iversen Loyt** Burgermeister dieser Stadt und Frau **Maria Loyten** gebohrne Jansen nach einer 50 j Ehe diesen gegenseitigen Bund den 27. Sept. 1758 wieder erneuerten. entwarf . . . folgende Zeilen Johann Georg **Hanschen**. Flensburg. (1758.) 2 Bl. Fol.
Nebst vier Gedichten verschiedener Verfasser beim Tode von Hans Iversen Loyt, 1765, und beim Tode von Frau Maria Loyt. 1767.

Hänschen; e. Kindergeschichte. 8. Leipz. 784. Böhme. (Gnobloch) 8 gl

Hänschen; e. Kindergesch. 8. Wien, Hartmann. (a. Böhme, Lpz.) 784.

Hänschen und sein Freund. Mariechen und ihr Freund. Zwei Geschichten für große u. kleine Kinder von Tante Amanda. Berlin 854. Wohlgemuth. 12. (1 Bl., 62 S. m. Holzschn. im Text.) n. 5 ngl

Hänschen und Fritzchen, oder Liederlich und Ordentlich und wohin Beides führt. Langensalza (858). Schulbuchhdlg. des Thür. Lehrervereins. 16. (12 lith. Bl. in Farbendr.) 15 ngl

Hänschen und Gretchen. Operette von Sedaine. 8. Riga, (Hartknoch in Lpz.) 773.

Hänschen u. Gretchen, od. die frohen Kinder. 2 Thle. 8. Berl. 795. Nicolai. 1 ℛ 4 gl

— Pechvogels erste Handelsreise od. Hänschen, der sein Glück versuchen wollte. Ein lust. Bilderbuch m. 16 Bildern u. Versen. qu. 4. (15 S.) Stuttgart 874. H. Müller. 2. 10

Hänschen i. d. Kinderschuhen. 6 in Farb. ausgeführte Bild. m. Text. 4. Wien. Edmund Schmid. Elegant geb. 1 fl. 20 kr.

Von **Hänschen, Paul und Peter** die Streiche hör' ein jeder, Die sie verübt bei Tante und auch als Räuberbande. Verlag Spes, Lausanne [ca. 1905?]. Titel und 11 Bl. mit 1 schwarzen und elf farbigen Tafeln. Querkleinfol. Farbig illustr. Or.Karton m. Leinenrücken. 14.—
Amüsantes Schweizer Bilderbuch. Gut erhalten, etwas locker im Einband.

HÄNSCHEN in der Pension. (Um 1910.) 8°.
Verb. d. Ldg. III Berlin A. 4. J. 891/14.

Hänschen, unser. (Ausgestanztes Kaninchen.) 8. (14 S. m. z. Tl. farb. Bildern.) München 891. Nürnberg, Th. Stroefer. n. — 40

Hänschen, das verloren geglaubte. Gesucht u. wiedergefunden v. der Großmutter. Ein neuerfundenes schönes Bilderbuch f. Kinder von 3 bis 8 Jahren. qu. 4. (8 Chromolith. m. 8 S. Text.) Leipzig 873. Oehmigke. geb. 2. 70

Hänschen an den Weihnachtsmann. Ein Bilderbuch m. Märchen, Geschichten u. lust. Schwänken f. Mädchen u. Buben im Alter von 7 bis 10 Jahren. (48 S. m. z. Tl. farb. Abbildgn. u. 1 Farbdr.) 4. Köln (904). Schaffstein & Co. Kart. n. 2. —

Hänschens Kreuzzüge, v. Altbing. 8. Berl. Belitz. 805.

Hänschen's Tafel. kl. 4. (14 S. m. z. Tl. farb. Bild.) Nürnberg 896. Th. Stroefer. — 40

Hänschen's Weihnachtsfrüchte u. 8 andere kurze Erzählgn. f. Knaben, s.: Jugendbände, Münchner. Nr. 2.

— 1. Weihnachtsgeschenk. Enttäuscht u. doch beglückt od.: Wie Jim e. fleischernes Herz bekam, s.: Jugendlust.

Hanschke, Fritz, Eberhardt von Rochow und die Pädagogik um die Wende des vorigen Jahrhunderts, s. Sammelmappe, pädagogische, Heft 100.

Hanschke, Gottfried, aus Straupitz bei Lübben: Über Chinazolinverbindungen. *Berlin (1899): G. Schade.* (47 S.) 8°
Berlin, Phil. Diss. v. 11. Jan. 1899

Hanschke, Johs., 20 ausgewählte Predigten. (Einbd.-Titel: Meine Seele dürstet nach Gott, nach dem lebend. Gott.) (III, 194 S. m. Bildnis.) 8. Grunewald-Berlin 905. Gr. Lichterfelde, Verlag der Arbeiter-Versorgg. A. Troschel. Geb. in Leinw. n. 2. 40

Hanschke, Paul [Hrsg.], s. Turner, Der.

Haenschke, Rich., praktisches Formularbuch f. den Verkehr m. Behörden. Für den tägl. Gebrauch gesammelt u. hrsg. gr. 8. (239 S.) Berlin (900). R. Schwartz. Geb. in Leinw. n. 3. —

® **Haenschke, Rich.,** prakt. Formularbuch. 900. (KVK 31.) Jetzt: Berlin, E. Globig. Erm. Pr. 1. —

Haenschke, Formulare zu Akten freiwilliger Gerichtsbarkeit im Geltungsbereiche der preußischen Grundbuch-Ordnung u. d. Gesetzes üb. den Eigenthums-Erwerb 2c. vom 5. Mai 1872. gr. 8. (15 S.) Bromberg 873. Mittler. n. — 40

— s.a. Gesetzbuch, das bürgerliche.

— das bürgerliche Gesetzbuch in volksthümlicher Bearbeitung. gr. 16. (VIII, 112 S.) Berlin 899. Graudenz, J. Gaebel. n. — 50

Haenschke, Rich., das bürgerl. Gesetzbuch. Volkstümlich bearb. (160 S.) kl. 8. Berlin (907). Schriftenvertriebsanstalt. 1. —

— s.: Gesetzbuch, praktisches.

— s.: Rechtsbuch, neuestes, f. das Deutsche Reich.

Haenschke, R., die Subhastations-Ordnung vom 15. März 1869. Für den prakt. Gebrauch durch Anmerkungen erläutert. 8. (VI, 78 S.) Berlin 882. Kortkampf. geb. n. 1. 20

— Synodal-Album 1875. Mitglieder-Verzeichniß der preuß. außerordentl. General-Synode m. biograph. Notizen ꝛc. gr. 8. (VII, 80 S.) Ebend. 875. n. 1. 50; Nachtrag (S. 81—101.) n. — 50

Hanschmann, Alex. Bruno, kurze Chronik der Stadt Waldenburg u. des fürstl. Hauses Schönburg-Waldenburg. Zum ersten Male chronologisch nach älteren Quellen zusammengestellt. gr. 8. (VI, 66 S.) Waldenburg 880. (Glauchau, Peschke.) n.n. 1. 50

Hanschmann, Alex. Bruno, Friedrich Fröbel. Die Entwickelung seiner Erziehungsidee in seinem Leben. Nach authent. Quellen. 1. Ausg. 1874. *M.* 7., und 2. billige (Titel-)Ausg. gr. 8. (XX, 480 S.) Bielefeld [Eisenach] 875, Bacmeister. *

Hanschmann, Alex. Bruno, Friedrich Fröbel. Die Entwickelung seiner Erziehungsidee in seinem Leben. Nach authent. Quellen dargestellt. 3., bis auf die Neuzeit ergänzte Aufl. gr. 8. (XX, 535 S.) Dresden 900. Bleyl & Kaemmerer. n. 4. —

Hanschmann, Alex. Bruno, die biblischen Geschichten für die ersten drei Schuljahre, s. Kneiß, A.

— die biblischen Geschichten für die ersten 6 Schuljahre, s.: Kneiß, A.

— die Handarbeit in der Knabenschule. Drei Abhandlgn. üb. die Verbindg. d. Kindergartens u. der prakt. Arbeit m. der Lernschule. gr. 8. (64 S.) Kassel 876. Wigand. n. 1. —

— die Handarbeit in der Knabenschule. Drei Abhandlungen über die Verbindung des Kindergartens u. der prakt. Arbeit m. der Lernschule. Mit einem Beitrage v. A. Clauson-Kaas. 2. (Titel-)Aufl. gr. 8. (VIII, 64 S.) Kassel (1876) 881. Wigand. n. 1. —

Hanschmann, Alex. Bruno, und Osw. Pommrich, methodischer Leitfaden zur Erdkunde von Deutschland. Für die Hand der Schüler in Volks- und Fortbildungsschulen und unteren Klassen höherer Lehranstalten. gr. 8. (56 S. mit 4 Stnt.) [Kassel 879, Bacmeister.] Dresden, Bleyl und Kämmerer. * — 40

Hanschmann, Alex. Bruno, Bernard Palissy, der Künstler, Naturforscher u. Schriftsteller als Vater der induktiven Wissenschaftsmethode des Bacon v. Verulam. Mit der Darstellg. der Induktionsmethode Francis Bacons u. John Stuart Mills, sowie e. neuen Erkenntnistheorie, nebst dem Bildnisse Palissys nach dessen eigner Fayence. Ein Beitrag zur Geschichte der Naturwissenschaften u. der Philosophie. (Umschlag: Bernard Palissy u. Francis Bacon.) (VII, 231 S.) gr. 8. Leipzig 903. Dieterich. n. 4. 50

Hanschmann, A. B., Pädagog. Strömungen a. d. Wende des Jahrhunderts im Gebiete der Volksschule. Eine Würdigung Pestalozzi's, Fröbel's, Ziller's. Festschrift im Pestalozzijahr 1896. (52 S.) Leipzig 1896. E. Wunderlich.

— das System des Kindergartens nach Fröbel. gr. 8. (29 S.) Bielefeld [Eisenach] 874, Bacmeister. *

— von der Wiege bis zur Hochschule. Das Fröbelsche Erziehungsgebäude in seiner Vollendg. Ein ergänzter Sonderabdr. aus: Friedrich Fröbel. Die Entwickelg. seiner Erziehungsidee in seinem Leben. gr. 8. (54 S.) Ebd. 901. n. 1. 20

Hanschmann, A. B, Waldenburg u. das Muldenthal. Eine landschaftlich-geographisch-histor. Skizze. E. Führer durch Stadt Waldenburg u. Umgebung für Reisende u. Sommerfrischler u. e. Heimatskunde f. Schulen. Hrsg. v. Bürgerverein zu Waldenburg. gr. 16. (II, 38 S. m. 2 Abb. u. 1 Karte.) Waldenburg 896. (Glauchau, A. Peschke.) n.n. — 60

Hanschmann, Emil

Hanschmann, E., Die Jugendspiele an den städtischen Schulen (Aus „Praxis d. Erziehungsschule", Bd. 8, S. 221—239), Altenburg 1894, 9 S., 8°.

Hanschmann, Emil, Jägers Turnsystem und seine Bedeutung für das gegenwärtige Schulturnen, Altenburg 1900, 27 S., Gr.-8°.

Hanschmann, J. G., Abendunterhaltungen für Kinder von 7—8 Jahren, zur Bildung d. Verstandes u. zur Belebung d. sittl. Gefühls. 6 Bdchen. 8. Leipz. 830. Hartmann. 12 *K*

— Anweisung zum Rechnen nach dem neuen Münz-, Maaß- u. Gewichtssystem im Königreich Sachsen. Ein prakt. Leitfaden für Jedermann, insbesond. für Lehrer an Bürger- und Volksschulen. 1. u. 2. Abtheil. gr. 8. Ebend. 842. 2 *ß* — 2. unveränd. Aufl. A. u. d. T.: Method. Lehrbuch d. Arithmetik. 1. Thl. Das Dezimal- oder dekadische Zahlensystem. gr. 8. Leipzig 844, Geuther. $1\frac{1}{2}$ *ß*

Hanschmann, J. G., ein Blick auf den Schullehrerverein der Ephorie Leipzig u. auf dessen Wirken im J. 18$\frac{32}{33}$, nebst einigen Vorträgen. 8. Leipzig 833. (Kayser's Buchh; Beyer.) $\frac{2}{3}$ *ß*

Hanschmann, J. G., das Denkmal f. Schwedens Heldenkönige Gustav II Adolf – Karl XIV Johann bei Göritz im Anhalt-Bernburg. Amtsbezirke Coswig. gr. 8. (3 B.) Leipzig 840, Schreck.

— Es soll eine Heerde und ein Hirte werden! Katechet. Betrachtung über Johannis 10. V. 14. 15. 16. 8. Leipzig 839. Schreck. $\frac{1}{6}$ *ß*

Hanschmann, (D.) J. G., der christlichen Katechetik besonderer Theil oder die christl. Festkatechetik. gr. 8. (32 S.) Leipzig 851, Leiner. *

—— der kleine Katechismus f. protestant. Schulen, neugefaßt. 8. ($3\frac{1}{4}$ B.) Leipzig 835, Fort.

Hanschmann, J. G., die Kunst jedes Wort richtig schreiben zu lernen, s. Kunst ꝛc.

—— Lehrbuch der allgem. Katechetik. Ein Leitfaden zur Unterweisung im Katechesiren für Volksschullehrer und Seminaristen. gr. 8. (XII und 176 S.) Leipzig 848, Leiner.

—— erstes Lehrbuch f. Landschulen, 8. (4 B.) Leipzig 833, Kayser.

(——) die Lehre von Gott, s. † Johannes.

—— erstes Lesebuch f. Knaben u. Mädchen. 8. (5 B.) Leipzig 831, Hartmann.

— erstes Lesebuch für Landschulen. 8. Leipz. 832. Kaysers B. 3 gl

— erstes Lesebuch für Stadt- u. Landschulen. N. Stereotyp-ausg. 8. Leipzig 840. Kayser'sche Buchh. 1/12 ℛ

—— erstes Lesebuch f. Stadt- u. Landschulen. Neue Stereotyp-ausg. 8. (4 B.) Leipzig 840, [Peter.]

Hanschmann, J. G., erstes Lesebuch für Stadt- u. Landschulen. 3. Stereotypausg. 8. Leipzig 843, Peter. (Köß-ling.) 1/8 ℛ

Hanschmann, (D.) J. G., Dr. Martin Luther als klassischer Lehrmeister auf dem Felde der Katechese ꝛc., s. Luther.

— s. 1) K. Portius, Grundsätze e. Schul-Disciplin.

— Rechentafeln für Volks- u. Bürgerschulen nach d. neuen Münz-, Maß- und Gewichts-Systeme im Königr. Sachsen. Elementarischer Cursus. gr. 8. Leipzig 840. Böhme. 1/4 ℛ

— Resultate hierzu. gr. 8. Ebd. 840. 1/12 ℛ

— Rechentafeln ꝛc. 2r Cursus. 8. Ebd. 840. 5 gl

— Resultate hierzu. 8. Ebd. 840. 1/12 ℛ

— Rechentafeln für Volks- u. Bürgerschulen nach dem neuen Münz-, Maß- u. Gewichts-Systeme im Königreiche Sachsen. 3. Cursus. Lex.-8. Leipzig 841, Böhme. 5/12 ℛ (1—3: 7/8 ℛ) — dies. als Vorlegeblätter, auf eine Seite gedruckt. Ebend. 841. 5/8 ℛ

—— dass. — Resultate hierzu. 3 Hfte. gr. 8. Ebds. [1., 2. (à 1½ B.) 840. à 1/12 Thlr., 3. (3½ B.) 841. 5 Gr.]

— untrügliche Reductions-Tabelle der Altgr. in Neugr., für den Leipziger Kunst- u. Gewerbe-Verein herausgegeben. gr. 4. Leipzig 841, Böhme. 1 ngl

Hanschmann, J. G., untrügl. Reductions-Tabelle der Altgr. in Neugr. gr. 4. Leipzig 841, [Geuther?] Thlr.

— christlicher Religionsunterricht f. die gebildete Jugend. Ein Leitfaden bei dem Unterricht in höh. Bürgerschul-, Seminar-vorbereitungs- u. Unterclassen. gr. 8. (60 S.) Leipzig 849, Fest. 6 ngl

— s. Rousseau, J. J., sämmtl. Werke.

Hanschmann, J. G., Sachsens Schullehrer, s. Sachsens Schullehrer.

—— Sachsens Schullehrer, s. Schullehrer, Sachsens.

Hanschmann, J. G., Schulnachrichten aus Weimar. 8. (44 S.) Weimar 847, Hoffmann. n. 1/6 ℛ

—— das Strafrecht der Schule. Ein Wort zur Verständigung zwischen Schule und Haus. 2. Aufl. gr. 8. (32 S.) Weimar 853. Böhlau. *

Hanschmann, J. G., das Strafrecht der Schule. Ein Wort der Verständigung zwischen Schule und Haus. 3. revid. Aufl. besorgt von Alex. Bruno Hanschmann. 8. (42 S.) Leipzig 874. Theile. *

Hanschmann, J. G., das Strafrecht der Schule. Ein Wort der Verständigung zwischen Schule und Haus. 4. revid. (Titel-) Aufl., besorgt von Alex. Bruno Hanschmann. 8. (43 S.) Leipzig (874)76, Theile. * — 50

—— Winke für den methodischen Unterricht der biblischen Geschichte in der Volks- und Bürgerschule. Im Hinblick auf die Normallehrpläne und Anforderungen an die Volksschule im Großherzogth. Sachsen-Weimar-Eisenach. gr. 8. (51 S.) Weimar 853, Böhlau. *

Hans Dampf-Kalender, Illustrirter — für das Jahr 1855. Herausgegeben von Reyhongs unter Mitwirkung der lustigen Gesellschaft des „Hans Dampf", der Redaktion der „Oesterreichischen Illustrirten Zeitung", und mehrerer Mitarbeiter der „Münchner Fliegenden Blätter" und der humoristischen „Düsseldorfer Monathefte". I. Jahrgang. Mit 30 Illustrationen aus der xylogr. Anstalt der „Oesterr. Illustr. Zeitung." (XVIII, 110 S.) Buchdruckerei der Edlen von Ghelen'schen Erben.

Hans Dampf-Kalender, illustrirter, für das Jahr 1855. Herausg. von Reyhongs, unter Mitwirkung der lustigen Gesellschaft des „Hans Dampf", der Red. der „Oesterreich. Illustrirten Zeitung" ꝛc. 1. Jahrg. Mit 30 Illustr. (Holzschn. im Text). Wien. (Leipzig, Hübner.) gr. 8. (XVIII, 110 S.) n. 10 ngl

Hansding, A., Handbuch der Torfgewinnung und Torfverwertung m. bes. Berücks. d. erforderl. Maschinen u. Geräte nebst deren Anlage- u. Betriebskosten. 2. Aufl. Berlin 1904. 8°. *[1. Aufl. 1876.]*

Hanse, üb. d. deutsche, Wie soll sie s. b. e. künftigen Frieden benehmen? 8. Hamb. Villaume. 796.

Hanseade, Die, ein komisches prosaisches Gedicht in vier Gesängen. Frankfurt a. M. 1768. 2. Aufl. 1770. V: *Lucius, Georg Ignaz.* (ML) (Ky) (Mn)

Hanseade, die, ein komisch-prosaisches Gedicht. (v. J. G. G. Lucius): 12. Frankf. a. M. 768. 2e A. 770, Brönner, 8 gl

Hanseaten-Hoch. Hamburg: Musik-Kommission der vereinigten 5 Logen. o. J. 2 Bl. 8°. [Kopftit.]
Mit Noten.

Hanseestädte, s. Hansestädte

Hansel, s.a. Hänsel

Hansel, der. Ein kathol. Haus- u. Volkskalender f. d. J. 1871. Hrsg. v. F. A. Muth. 8. (XIV, 79 S. m. eingedr. Holzschn.) Würzburg 871. Woerl. n — 50

Hansel vom Berge, aus dem Leben einer Kleinkinder-Lehrerin, s. Familien-Bibliothek für's deutsche Volk.

Hansel, (der daumenlange), mit dem ellenlangen Barte. 8. Linz 832. Hümer. (Haslinger.) 1/8 ℛ

Hansel und Gräthel ein Märlein ... München 1839. V: *Pocci, Franz Graf v.* (EE) »1838« (Ky)

Hansel u. Gretel, s.a. Grüß Gott. 29. Hft.

Hansel u. Gretel. Ein Märchen für Kinder. 8. (6 S. m. 6 Chromolith.) Wesel 881. Düms. n. — 10

Hansel, Alois, Konfessionsschule od. Mischschule?, s.: Volksaufklärung. Nr. 91.

Hansel, C.: Quaestiones scholasticae. 10 S. 4° –Glatz, Progr. 1871.

Haensel, H: Fabriken aetherischer Oele und Essenzen. Bericht über das 1.—4. Vierteljahr 1900 ff. Pirna und Außig

Hansel, H., die Notverordnung nach deutschem Staatsrechte, s.a. Studien. Rostocker rechtswissenschaftliche. II. 2.

Die Notverordnung nach deutschem Staatsrechte. Versuch e. Begriffsbestimmung von Dr. H. Hansel. *Leipzig: A. Deichert Nachf. 1904.* (VIII, 62 S.) 8°
— Studien, Rostocker Rechtswissenschaftliche. Bd 2, H. 2.

Hansel, K.: Bemerkungen zur Schul-Lectüre. Sagan. 4. *17 p.*
Schul-/Univ.-Schrift

Hansel, Karl: Horatiana. 12 S. Progr. *Sagan* 1878.

Hansel Vincenz: Uber einige Eruptivgesteine von der Inselgruppe der Neuen Hebriden. 54 Wien XVIII. R. 01.
Progr.

Hansel V.: Über die Eruptivgesteine des Wolfsberges bei Tschernoschin. 11. Pilsen R. 83. Progr.

Hansel, V.: Über basaltische Gesteine aus der Gegend von Weseritz u. Manetin. 17 S. – Pilsen, Progr. 1886.

Hansel, Vinz., üb. die Keimung der Preissia commutata N. ab E. [Mit 1 (lith.) Taf. (in qu. 4.)] [Aus: „Sitzungsber. d. k. Akad. d. Wiss."] Lex.-8. (9 S.) Wien 876. (Gerold's Sohn.) n.n. — 50

Hänsel, s.a. Hansel

Hänsel u. Gretel. 8. (8 S. m. 5 farb. Bildern.) Wesel 891. W. Düms. — 15

Hänsel u. Gretel. 8. (12 S. m. 7 [6 farb.] Abbildgn.) Stuttgart (902). G. Weise. n. — 10

Hänsel und Grethel, ein Märlein, s.a. Pocci, F. v.

Hänsel und Grethel, ein Mährlein, herausg. in Zach's lithogr. Kunstanstalt in München (von Graf Frz. von Pocci). (Mit vielen Holzschnitten.) 8. München 838. (Literarisch-artist. Anstalt.) 1/4 ℛ

Hänsel u. Grethel. Ein Märchen f. art. Kinder. Mit 6 bunten Bildern nach Original-Aquarellen v. C. Offterdinger. 4. (4 S.) Leipzig 872. Loewe. geb. — 75

Hänsel, Lehre v. d. Auszug od. d. Leibzucht. Leipz. 834.

Hänsel, Liederbuch, s.: Ebert.

Hänsel, A., u. O. Rentsch, Confirmandenbüchlein. Ein ausführl. Spruchbuch f. den evangel. Confirmanden-Unterricht, zugleich f. den Katechismus-Unterricht in Schulen, nach der Ordng. d. kleinen Katechismus Luthers zusammengestellt. 8. (48 S.) Hannover 872. Meyer. n. 30

HÄNSEL, Chr. Gottl., Allerneueste Anweisung zur äusserlichen Moral beym Tanzen (worinnen der Missbrauch der Tanzkunst vor Augen geleget wird). Leipzig, Müller, 1755. 8°. Rar!
Bibl. Bülov. II. 2. Sangerhaus. 1835. 8° p. 217; Bartholomaus p. 11.

Hänsel, Emil, e. Ausflug nach Brasilien u. den La Platastaaten. Mit Berücksicht. der Melloschen revolutionären Bewegg. in Brasilien. Mit Illustr. u. 1 Karte. gr. 8. (VII, 188 S.) Warmbrunn 894. M. Leipelt. n. 4. —; geb. n. 5. 25

Hänsel, Emil [aus Hirschberg i. Schles.]: Ueber die Glandulae Bartholini mit besonderer Berucksichtigung ihrer cystösen Degeneration .... Würzburg, Druck d. A. Memminger'schen Buchdr., 1885; 64 S. 8°.
Würzburg, Med. Fak., Inaug.-Diss. v. 1885.

Hänsel, Emil, ueber die Glandulae Bartholini mit besonderer Berücksichtigung ihrer cystösen Degeneration. Diss. Würzburg 1885, Stahelsche Univ.-Buchh. 8°. 64 S.

Hänsel's, F. H., Notiz-Blatt über Papiergeld und Münzen. Zeitschrift für das Geldwesen. 1—4. Jahrg. 1861—64. à 6 Nrn. (à 1 Bgn.) Plauen, Schröter in Comm. Fol. Jeder Jahrg. 5 ngr.

Hänsel's, F. H., Notiz-Blatt über Papiergeld u. Münzen. Zeitschrift über das Geldwesen. 5—10. Jahrg. 1865—70. à Jahrg. 6 Nrn. (Bgn.) Plauen, (Schröter.) Fol. Jeder Jahrg. 5 ngr.

Hänsel's, F. H., Notizblatt üb. Papiergeld u. Münzen. Zeitschrift f. das Geldwesen. 11—13. Jahrg. 1871—1873. à 6 Nrn. (B.) Fol. Plauen, Schröter's Verl. in Comm. à Jahrg. — 50

— dasselbe. 15. u. 16. Jahrg. 1875 u. 1876. à 6 Nrn. (B.) Fol. Ebend. à Jahrg. — 75

Hänsel's, F. H., Notiz-Blatt über Papiergeld u. Münzen. Zeitschrift für das Geldwesen, Industrie-, Handels- u. Verkehrs-Interessen. 17—22. Jahrg. 1877—1882. à 6 Nrn. (B.) Fol. Plauen, Schröter in Comm. à Jahrg. — 75

Hänsel's, F. H., Notiz-Blatt. Zeitschrift f. das Geldwesen, Industrie-, Handels- u. Verkehrs-Interessen. 23—26. Jahrg. 1883—1886. à 6 Nrn. (B.) Fol. Plauen, Hänsel. à Jahrg. — 75

Hänsel's, F. H., Notiz-Blatt üb. Papiergeld u. Münzen. Zeitschrift f. das Geldwesen, Industrie-, Handels- und Verkehrs-Interessen. 30. Jahrg. 1890. 6 Nrn. (B.) Fol. Plauen, Hänsel. — 75

Hänsel's, F. H., Notiz-Blatt üb. Papiergeld u. Münzen. Zeitschrift f. das Geldwesen, Industrie-, Handels- u. Verkehrs-Interessen. 31.—34. Jahrg. 1891—1894. à 6 Nrn. (Bog.) Fol. Plauen, F. H. Hänsel. à Jahrg. n. — 75

Hänsel's, F. H., Notiz-Blatt üb. Papiergeld u. Münzen. Zeitschrift f. d. Geldwesen, Industrie-, Handels- u. Verkehrs-Interessen. 35.-38. Jahrg. 1895—1898. à 6 Nrn. (à 1—2 Bog.) schmal Fol. Plauen, F. H. Hänsel. à Jahrg. — 75

Hänsel's, F. H., Notiz-Blatt üb. Papiergeld u. Münzen. Zeitschrift f. d. Geldwesen, Industrie-, Handels- u. Verkehrs-Interessen. 39.—42. Jahrg. 1899—1902. à 6 Nrn. schmal Fol. (à ca. 6 S. u 4 S. in 8.) Plauen, F. H. Hänsel. à Jahrg. — 75

Hänsel's, F. H., Notiz-Blatt üb. Papiergeld u. Münzen. Zeitschrift f. das Geldwesen, Industrie-, Handels- u. Verkehrs-Interessen. Mit der Beilage: Post- u. Telegraphie. 43. u. 44. Jahrg. 1903 u. 1904. à 6 Nrn. (à ca. 6 u. 2 S.) schmal Fol., bz. Fol. Plauen, F. H. Hänsel. à Jahrg. — 75

— dasselbe. Red.: Paul Kapp-Hartwig. 45. u. 46. Jahrg. 1905 u. 1906. à 12 Nrn. (à ca. 8 S.) Fol. Ebd. à Jhrg. 1. 25

Hänsel's, F. H., Notiz-Blatt üb. Papiergeld u. Münzen. Wochenschrift f. Geld- u. Münzwesen, Industrie, Handel u. Verkehr. Mit Beilage: Verlosungsliste. Schriftleitg.: Paul Kapp-Hartwig. 47. Jahrg. 1907. 52 Nrn. (à ca. 12 u. 8 S.) 35×25 cm. Plauen, F. H. Hänsel. 8. —

— dasselbe. 48. Jahrg. Jan.—Septbr. 1908. 39 Nrn. (à ca. 8 u. 8 S.) 35×25 cm. u. 31,5×23 cm. Ebd. 6. —
[Forts. s.: Kapitalist, der.]

Hänsel, Fr. Mor. Ad.

Hänsel, F. M. A., daß die meisten Menschen ihren Weg fälschl. f. d. rechten halten. Eine Bußtags-Pred. gr. 8. (1½ B.) Leipzig 832, Köhler. Thlr.

Hänsel, Fr. Mor. Ad., *Γρηγορίου τοῦ Ναζιανψζήνου λόγος εἰς τὴν καινὴν κυριακήν.* Gregorii Nazianzeni oratio in novam, quae dicitur, dominicam, illustr. introductione et comment. perpetuo. 8 maj. Leipzig 836. Köhler. 1/3 ℛ

Haensel, F. M. A., Gregorii Nazianzeni oratio in novam dominicam, illustrata introductione et commentario perpetuo. Comment. theol.-philol. Lpz. (Elberti) 18. III. 1836. 76 S. (6.50) 12655

—— zwei Predigten: Wie es um die Lehrer d. Kirche nach Pauli Wort u. Beispiel stehen soll, und: Von d. Einheit d. Geistes. gr. 8. (2¼ B.) Leipzig 838, K. Tauchnitz.

Hänsel, Friedrich —. Journal des k. k. Theaters in Krakau für das Jahr 1854. Herausgegeben von — —. (Sprawozdanie c. k. teatru krakowskiego. na rok 1854. Wydane przez Fryderyka Hänsel. Kraków. 1855. Czcionkami drukarni »Czasu.« (8 S. 8)

Haensel, Gerhard, Tierarzt: Aus d. chir. Klinik d. Tierärztl. Hochsch. zu Dresden. Beiträge zur Geschichte der Kastration unserer Haustiere im Altertum. Dresden 1908: (Schönfeld). 40 S. 8°
Leipzig, Veterinär-Med. Diss. v. 3. Okt. 1908, Ref. Röder
[Geb. 24 Jan. 84 Herwigsdorf; Wohnort: Radebeul; Staatsangeh.: Sachsen; Vorbildung: Realgymn. Zittau Reife O. 03; Studium: Dresden Tierärztl. Hochsch. 7 S.; Coll. 7 Nov. 08: Approb. 7. März 07.] [U 09. 2785

Haensel, Gustav: Kondensation von Dinitrilen mit Isatinsäure, o-Amidoacetophenon und o-Amidobenzaldehyd zu Chinolinderivaten. Borna-Leipzig 1909: Noske. 46 S. 8°
Erlangen, Phil. Diss. v. 24. Aug. 1909, Ref. Fischer
[Geb. 4. Okt. 77 Pirna; Wohnort: Pirna; Staatsangeh.: Sachsen; Vorbildung: Wettiner-Gymn. Dresden Reife O. 97; Studium: Dresden Techn. Hochsch. 3, München 4, Leipzig 1, München 8 S.; Rig. 19. Dez. 08.] [U 10. 860

Hänsel, Gust. Volkm. († d. 10. Nov. 1813.) über d. Princip d. Strafrechts. Ein Versuch. 8. Leipz. 811. Rein. 9 gr.

— Gustav Benedict Heinrich (Leipzig), De natura delictorum observationes. Lpz. (Friedrich Christian Dürr) 20. IV. 1809. 24 S. (5.50) 12656
Gew.: Jacob Richter.

Hänsel, Hugo [kommissar. Dirigent Oberl. Dr.]: Beschreibung des neuen Gymnasiums in Linden. (Umschl.-Tit.: . . . nach Mitteilungen des k. Regierungs-Baumeisters Herrn Rob. Schulze.) Linden, Druck v. Gebr. Wengler (1890); S. 5—10, 3 Taf. 4°
Linden, k. Kaiserin Auguste Victoria-G, P 1890

Hänsel, [Hugo]: [Der Direktor der Anstalt, Dr. Ferdinand Graßhof † 16. Februar 1905.] S. 3. 4.
Progr. Kgl. Kaiserin Auguste Victoria-Gymn. *Linden* 1905 (365).

Hänsel, Hugo [Dirig. Oberl. Dr.]: Feier bei der Einweihung des neuen Klassengebäudes. Linden, Druck v. Gebr. Wengler, *1891*: S 3—8; 4°
Linden, k. Kaiserin Auguste Victoria-G, P 1891 (303)

Hänsel [Hugo], Direktor Prof. Dr.: Die Feier bei der Einweihung des neuen Schulgebäudes. Beschreibung des Neubaues. Nienburg a. d. W. 1907: Hoffmann. (S. 3—12.) 4°
Nienburg a. d. W., k. PG OP 1907 (386)

Hänsel, Hugo: Ueber den Gebrauch der pronomina reflexiva bei Notker Halle a/S. 1876: Karras. 30 S. 8°
Halle-Wittenberg, Phil. Diss. v. 28. Apr. 1876
Geb. Schön-Ellguth (Schlesien) 11. 5. 1854. V.

Hänsel, Hugo [Prof. Dr.]: Die philosophische Propädeutik und die Platolektüre in Prima. Linden, Druck v. Gebr. Wengler, *1895*; 3—15 S. 4.
Linden, k. Kaiserin Auguste Victoria-G, P 1895 (315)

Hänsel, Hugo Wie kommt nach Kant Erfahrung zustande? 18 S.
Progr. *Geestemünde* 1883

Hänsel, Karl, († d. 12. Juni 1810.) s. asiat. Magazin.

Haensel, M(ax), wissensch. Hilfsl. am Gymn. zu Königshütte: Ueber Gewichtsänderungen unter magnetischem Einfluss bei Reaktionen mit Eisensalzen. *Breslau 1899: R. Galle.* (39 S.) 8°
Breslau, Phil. Diss. v. 14. Okt. 1899

Hänsel, Paul: Über die Einwirkung von Grignardschem Reagens auf Meta-Phthalaldehyd. o. O. (1909.) 59 S. 8°
Berlin, Phil. Diss. v. 9. Okt. 1909, Ref. Gabriel
[Geb. 10. Aug 84 Dresden; Wohnort: Charlottenburg; Staatsangeh.: Sachsen; Vorbildung: Realgymn. Freiberg Reife O. 05; Studium: Techn. Hochschulen Dresden 4, Berlin 2, Univ. 2 S.; Rig. 15. Juli 09.] [U 10. 168

Haensel, Paul *Hermann* [Apotheker aus Zittau]: Ueber Peucedanin, Oreoselon und Athamantin ... Marburg, Buchdr. F. Sömmering, 1891; 89 S. 8.
Marburg, Phil. Fak., Inaug.-Diss. v. [7. Okt.] 1891

[Ant. u. Russ.] Paul **Haensel**. Die neuesten Tendenzen in der Kommunalbesteuerung. P. Genzel'. Novějšija tečenija v kommunal'nom obloženii na zapadě.
Moskva 1909: Russk. Tovariščestvo. VII, 351 S. 4⁰ (8⁰)

Hänsel, Paul Hermann, s. Hänsel, Paul

(—). — Am Tage der frohen Verbindung des Herrn Gerichtsnotarius **Philipp Hänsel** mit Demoiselle **Henriette Sernau** von einer Theilnehmenden Familie H . . und A . . freundschaftlich geweiht. Lpz. (Johann Carl Werther) 17. IV. 1806. 4 S. (5.—) 12658

(—). — **Der Hänsel= und Sernauischen** Verbindung, welche in Brena d. 17. April 1806 vollzogen wurde, gewidmet von des Bräutigams Eltern. Lpz. (Joh. Carl Werther) 4. S. (5.—) 12659

(—). — **P. H. F. Haensello** collegae die 27. III. 1830. Lpz. (Carl Tauchnitz). 4 S. (4.80) 12660

(Hänsel, Phil. Heinr. Friedr.,) Bemerkungen u. Excurse zu „Curtius Handbuch d. Civilrechts," s.a. Bemerkungen u. Excurse 2c.

(**Hänsel**, Phil. Heinr. Friedr.): Bemerkungen und Excurse über das in dem Königreich Sachsen gültige Civilrecht, nach Anleitung von Curtius' Handbuch zsgest. Abth. 1—3. Leipzig 1828—33. 3 Bde

Hänsel, Philipp Heinrich Friedrich, s.a. Beweis, über den, d. Handelsbücher.

(Hänsel, Phil. Heinr. Friedr.): Ueber den Beweis durch Handelsbücher im Civil-Prozess. *Leipzig*, Hinrichs. 830. 8. (20 Gr.)

Haensel, Phil. Heinr. Friedr., Handbuch der Institutionen des Rechts, in einem Commentar zu den Justinianeischen Institutionen des röm. Rechts dargestellt. Ein Hülfsb. f. angehende Juristen. 1. Bd. gr. 8. (30½ B.) Leipzig 842. [Köhler'sche Vrlgsb.]

— s. 1) Handbuch des im Königr. Sachsen gelt. Civilrechts (von Curtius). 2) Das Verfahren in geringfügigen Rechtssachen.

— s. Haubold, Chr. G., Lehrbuch d. K. Sächs. Privatrechts.

Hänsel, Philipp Heinrich Friedrich: „Die Lehre von dem Auszuge oder der Leibzucht, nach gemeinem in Deutschland und namentlich im Königreich Sachsen gültigen Rechten" Leipzig 1834 (Köhler). — Vorh. Bibl. des Oberlandesgericht Celle — Md 123 — und des Kammergerichts Berlin — Ec. 600.

— Verfahren, das, in geringfügigen Rechtssachen.

Hänsel, Rudolf, approb. Arzt aus Eschdorf: Ueber ausgedehnte **Hauthämorrhagien** bei Epilepsie. *Pulsnitz 1903: E. L. Försters Erben.* (27 S.) 8°
Leipzig, Med. Diss. v. (6. Juni) 1903

— **Theophil Wilhelm** (Dreiskau/Misn.), De symbolica feudorum investitura per poculum. Präs. Josia Ludwig Ernst Püttmann. Lpz. (Langenheim) 2. IX. 1777. 16 S. (5.50) 12661

Hänseln, Jh. Wlh., († d. ... 1782.), f Orbnüngsb, Hefts.

Haensell, Fritz, die fliessenden Wasser d. Höhenlandes u. ihre urgeschichtl. Anwohner in Sage u. Mythos. Ein Beitr. z. Lehre v. d. Entstehg. u. Verwandtschaft d. Völker. (XI, 300 S.) gr. 8. Berlin 908. D. Reimer. 3. —

Haensell, J., Handbuch für den Unterricht in der Formenlehre der russischen Sprache. gr.8. (II, 175 S.) Riga 877. Kymmel. geb. n. 3. —

— dasselbe. 2. Aufl. gr.8. (IV, 175 S.) Ebend. 878. geb. n. 2. —

— dasselbe. 3. Aufl. gr.8. (IV, 187 S.) Ebend. 882. geb. n. 3. —

Haensell, J., Handbuch f. den Unterricht in der Formenlehre der russischen Sprache. 4. Aufl. gr. 8. (IV, 200 S.) Riga 885. Kymmel's Verl. geb. n. 3. —

Haensell, J., Handbuch für den Unterricht in der Formenlehre der russischen Sprache. 5. Aufl. gr. 8. (IV, 200 S.) Riga 887. Kymmel's Verlag. geb. n. 3. —

— Leitfaden f. den ersten Unterricht in der Formenlehre der russischen Sprache. 5. Aufl. [Ausg. f. Elementarschulen.] gr. 8. (94 S.) Ebd. 887. cart. n. 1. 20

— Leitfaden für den ersten Unterricht in der Formenlehre der russischen Sprache. 3. Aufl. [Ausg. f. Elementarschulen.] gr.8. (81 S.) Ebend. 881. cart. n. 1. 20

Haensell, J. Leitfaden f. den ersten Unterricht in der Formenlehre der russischen Sprache. 6. Aufl. gr. 8. (94 S.) Riga 889, Kymmel's Verlag. cart. * 1 20

—— Werkstücke, gesammelte Studien zur Braunschweigischen Geschichte, s. Aufsätze und Vorträge aus verschiedenen Wissensgebieten.

Haensell, Otto, aus Riga: Die **Besonderheiten der Unterlassungsschulden.** ⟨obligationes in non faciendo.⟩ *Coburg 1903: A. Roßteutscher.* (41 S.) 8° [F. u. Ant.]
Jena, Jur. Diss. v. (24 Febr.) 1903

Haensell, Paul. Beiträge zur Lehre von der Tuberculose der Iris, Cornea und Conjunctiva nach Impfversuchen an Thieren und klinischen Beobachtungen an Menschen. Diss Dorpat 8° 61 pp. **1879.**

[**Hanselmann**, Chn. Ernst.] Beweiß, dass die Reichs-Lehenbare immediate Graf- und Herrschaften ohnzweifelhafte Fahn und Thron-Leher seyen, mit Archival-Urkunden, besonders in Ansehung der Reichs-Grafschaft Hohenlohe Oehringen. Holl 1743.

Hanselmann, Chr. Er., († d. 26. Aug. 1775.) diplomat. Beweis d. Landeshoheit d. Hauses Hohenlohe, vor d. Zeit des Interregni. 3 Bde, mit Kpf. Fol. Nürnb. 751—62. Felssecker. 9 ꝛß Schrbpap. 11 ꝛß

— Beweis, wie weit d. Römer Macht in denen mit verschied. deutschen Völkern geführten Kriegen auch in d. nunmehr. Ostfränk., sonderl. Hohenlohischen Länder eingedrungen. Mit 16 Kpft. Fol. Schwäbisch-Hall 768. (Metzler in Stuttg.) 3 ꝛß 8 ꝛ Fortsetz. d. Beweises 2c. Mit 21 Kpft. Fol. Ebd. 773.

Hanselmann, H., in meinem Rosengärtelein. Neue Märchen. Mit 8 farb. Vollbildern v. Arpad Schmidhammer. (V, 134 S.) 8. Stuttgart (908). Levy & Müller. Geb. in Leinw. 3. —

— Deutscher Stil. 115 Aufsätze, Dispositionen u. Briefe f. Schüler an kaufmänn. u. gewerbl. Fortbildungsschulen zur Vorbereitg. auf die Lehrlingsprüfg., auf das Einjährig-Freiwilligenexamen sowie zum Selbstunterricht. (X, 174 S.) 8. Stuttgart (908). A. Bonz & Co. Geb. 1.80

Hanselmann H, deutscher Styl 115 Aufsatze, Dispositionen und Briefe (174 S) Stuttgart (1909)

Hanselmann, Heinr., kalligraphische Vorlagen in verschiedenen Schriftarten für Schüler techn. Lehranstalten. qu. schmal-Fol. (8 Stnt.) Barmen 875, [Möllenhoff.] Taddel's Buchh. * 1 —

Hanselmann, K., s. Robertson, J. M.

Hänselmann, Ludw. Mittelniederdeutsche Beispiele im Stadt Archive zu Braunschweig s.a. Ueberlieferungen z. Litter., Geschichte u. Kunst.

[F.] Mittelniederdeutsche Beispiele im Stadt-Archive zu Braunschweig gesammelt v. Ludwig **Hänselmann**. *Wolfenbüttel: J. Zwissler 1892.* (XII, 111 S.) 1 Bd 8.
= Ueberlieferungen z. Litteratur, Geschichte u. Kunst. Bd 4. (97. 2767

Haenselmann, Ludw., s.: Brandis', Henning, Diarium.

LUDWIG HÄNSELMANN, Braunschweig in seinen Beziehungen zu den Harz- und Seegebieten. Vortrag gehalten zu Braunschweig am 3. Juni 1873 in der gemeinschaftlichen Jahresversammlung des Hansischen Geschichtsvereins und des Harzvereins für Geschichte und Alterthumskunde. Für die Mitglieder des Harzvereins abgedruckt aus den »Hansischen Geschichtsblättern«, Heft 3. Leipzig 1874. Duncker & Humblot. 8⁰.

Hänselmann, Ludw., deutsches Bürgerleben. Alte Chronikenberichte, bearb. v. L. H. 1. Bd. 8. Braunschweig 886. Goeritz. n. 4. 80; geb. n. 5. 50
Das Schichtbuch. Geschichten v. Ungehorsam u. Aufruhr in Braunschweig 1292—1514. Nach dem Niederdeutschen d. Zollschreibers Herm. Bothen u. anderen Ueberliefergn. bearb. (XXIV, 274 S.)

Hänselmann, Ludw., Hans Dilien der Türmer. Eine braunschweig. Geschichte aus dem 14. Jahrh. 2. Aufl. (191 S.) 8. Wolfenbüttel 904. J. Zwißler. n. 1. —; geb. in Leinw. n. 1. 20

Hänselmann, Ludw., Hans Dilien d. Türmer. Eine braunschweig. Geschichte aus dem 14. Jahrh. 3. Aufl. (150 S.) 8. Wolfenbüttel 909. J. Zwißler. 1.—; geb. 1. 50

Hänselmann, Ludw., Feuerpolizei und Feuerhilfe im alten Braunschweig. 8. (103 S.) Braunschweig 878, Wagner's Verlag. * 1 50
Aus: Braunschweiger Tageblatt, besonders abgedruckt.

— Karl Friedrich Gauß. Zwölf Kapitel aus seinem Leben. gr.8. (106 S.) Leipzig 878. Duncker & Humblot. n. 2. 40

— s.: Haars, e. Braunschweiger i. russ. Feldzuge v. 1812.

— d. erste Jahrhundert d. Waisenhausschule in Braunschweig. gr. 8. (XV, 488 S. m. 1 Abb.) Braunschweig 897. A. Limbach. n. 15. —

Hänselmann, Ludw., Joh. Anton Leisewitz und die Armenpflege in der Stadt Braunschweig. 8⁰. Bremen s. a.

— unterm Löwensteine, s.a. Hausbibliothek, deutsche.

— unterm Löwensteine. Alte Geschichten aus e. ungeschriebenen aber wahrhaftigen Chronika. 8. (XII, 303 S.) Wolfenbüttel 883. Zwißler. n. 4. —; geb. in Leinw. n. 5. —; in Liebhaberhalbfrzbd. n. 6. —

Hänselmann, Ludw., s.: Meier, Berth., Legenden u. Geschichten des Klosters St. Aegidien zu Braunschweig.

— s.: Oppermann, Heinr., treue Bauern in Nöthen der Fremdherrschaft.

der Tod des Herzogs Leopold's v. Braunschweig. [Aus: „Braunschweiger Tageblatt".] 8. (40 S.) Braunschweig 878. Wagner. n. 1. —

Hänselmann, L., s.: Urkundenbuch der Stadt Braunschweig.

Hänselmann, L., Werkstücke, gesammelte Studien zur Braunschweigischen Geschichte, s.: Aufsätze u. Vorträge aus verschiedenen Wissensgebieten.

Haenselt, Max, aus Sorau N.-L.: Die Wanderleber. *Göttingen 1898: Dieterich.* (21 S.) 8°
Göttingen, Med. Diss. v. [26. Sept.] 1898

Hansemann, s. Ostmark, Die.

Hansemann, Adph., die Lehre v. den Wechselbriefen für Kaufleute u. wechselfähige Nicht-Kaufleute des Königr. Sachsen, nach der neuen allgem. deutschen Wechsel-Ordnung zum Gebr. rechtsunkund. Geschäftsmänner u. Gewerbtreibender, kurz u. faßl. bearb., u. m. einem Wörterbuche aller bei Wechselbriefen vorkomm. Fremdwörter u. gebräuchl. Kunstausdrücke versehen. br. gr.8. (IV u. 144 S.) Grimma 849, Verlags-Comptoir. 5/6 ₰

Hansemann, D.: „Gutachten über die Gesetzgebung im Feuer-Versicherungs-Wesen", Als Ms., Aachen 1834. — Vorh.: Com. Bibl. Hamburg.

Hansemann, David

Hansemann, D. v., der Aberglaube in der Medizin u. seine Gefahr f. Gesundheit u. Leben, s.a. Aus Natur u. Geisteswelt. 83. Bdchn.

Der Aberglaube in der Medizin und seine Gefahr für Gesundheit und Leben von Dr. med. D[avid] v. **Hansemann**, Univ.Prof. Leipzig: Teubner 1905. 133 S. 8°
(Aus Natur u. Geisteswelt. Bdch. 83.) (11. 1838) 11

Hansemann, Dav. v., Atlas d. bösartigen Geschwülste. (27 farb. lith. Taf. m. 27 Bl. Erklärgn. u. VII, 53 S. Text.) gr. 8. Berlin 910. A. Hirschwald. Geb. in Halbleinw. 9. —

Hansemann, Dav., über die Ausführung d. preuß. Eisenbahn-Systems. gr. Lex.-8. Berlin 843, A. Duncker. 2/3 ₰

Hansemann D, Banknoten-System für deutsche Bundesstaaten. Cassel 1857

Hansemann, Dav. v., s.: Bericht üb. die v. Komitee f. Krebsforschung am 15. X. 1900 erhobene Sammelforschung.

Bericht über die fünfjährige Thätigkeit in der pathologisch-anatomischen Anstalt des Krankenhauses im Friedrichshain. Von Prosector Prof. David **Hansemann**. Berlin 1900: Schumacher. 14 S. 8° (11. 5265) 11

Hansemann, David „Bericht über die Vorarbeiten und Verhandlungen wegen Weiterführung der rheinischen Eisenbahn von Köln bis zur Landesgrenze bei Minden", o. O. April 1842. Mit 2 Karten. — Vorh.: Com Bibl. Hamburg.

— Deszendenz u. Pathologie. Vergleichend-biolog. Studien u. Gedanken. (XI, 488 S.) gr. 8. Ebd. 909. 11. —

Hansemann, Dav., d. mikroskop. Diagnose d. bösartigen Geschwülste. gr. 8. (VII, 207 S. m. 83 Fig.) Berlin 897. A. Hirschwald. n. 7. —

— die mikroskopische Diagnose der bösartigen Geschwülste. 2. Aufl. Lex.-8. (XII, 268 S. m. 106 Fig.) Berlin 902. A. Hirschwald. n. 8. —

Hansemann, D., über die Einführung des deutschen Handelsgesetzbuches. Vortrag gehalten in der Sitzung des deutschen Handelstages zu Heidelberg am 17. Mai 1861. Berlin 861. (Fr. Schulze.) gr. 8. (16 S.) n. 2½ ngr.

— die Eisenbahnen u. deren Aktionäre in ihrem Verhältniß zum Staat. gr. 8. (Mit 3 Tabb.) Leipzig u. Halle 837. Renger. (Volckmar.) 7/8 ₰

— Preußens wichtigste Eisenbahn-Frage. (Mit 2 Tabb.) gr. 8. Leipzig u. Halle 837. Renger. (Volckmar.) n. 1/6 ₰

— zwei Fälle v. Mikrocephalie m. Rachitis, s.a. Bibliotheca medica. 11. Hft.

Hansemann, David: Zwei Fälle von Mikrocephalie mit Rachitis. Von (Prof.) –, in Berlin. Mit 4 Taf. Stuttgart: E. Nägele 1899. (25 S.) 4°
= Bibliotheca medica. Abt. C, H. 11.

— Über das Gehirn v. Hermann v. Helmholtz. 2. unveränd. Abdr. (16 S. m. 2 Taf.) gr. 8. Leipzig 908. J. A. Barth. 1.—
Sonderabdr. aus „Zeitschrift f. Psychologie u. Physiologie der Sinnesorgane" Bd. XX, 1899.

— Üb. d. Gehirne v. Th. Mommsen, Historiker, R. W. Bunsen, Chemiker, u. Ad. v. Menzel, Maler, s.a. Bibliotheca medica.

Hansemann, David v.: Über die Gehirne von Th. Mommsen, Historiker, R. W. Bunsen, Chemiker, und Ad. v. Menzel, Maler. Von –. Mit 6 Taf. Stuttgart: E. Schweizerbart 1907. (18 S.) 4°
= Bibliotheca medica. Abt. A. H. 5.

— Inhalts-Verzeichniss, s.: Archiv f. patholog. Anatomie u. Physiologie.

— die Krankheiten aus den Gewohnheiten u. Mißbräuchen des täglichen Lebens. 6 populäre Vorträge, geh. im Oktbr. u. Novbr. 1899. 1. u. 2. Aufl. gr. 8. (à 111, 62 S.) Berlin 900. 901. G. Reimer. n. —60

— Kritik d. preuß. Eisenbahn-Gesetzes v. 3. Nov. 1838. gr. 8. (10¼ B.) Aachen 841, Mayer.

— die Mahl- u. Schlachtsteuer in Aachen u. Burtscheid. gr. 4. (2 B.) Aachen 846, Mayer. *

Dav. Hansemann, Motive zum Entwurfe eines Gesetzes über die Aufhebung der Grundsteuer-Befreiungen Berlin, 1848.

Hansemann, Dav., Preußen u. Frankreich. Staatswirthschaftlich u. polit., unt. vorzügl. Berücksichtigung d. Rheinprovinz. 1. Aufl. (24¼ B. u. 10 Tab.) Leipzig 833, Brüggemann. 3 Thlr., 2., verb. u. verm. A. (18¾ B. u. 10 Tab., z. Thl. gr. Fol.) gr. 8. Leipzig 833, Rein.
Die 1. Aufl. erschien anonym.

Dav. Hansemann, Preußen und Frankreich, staatswirthschaftlich und politisch, unter vorzüglicher Berücksichtigung der Rheinprovinz (1833). 2. Aufl. Bonn (Leipzig) 1834. (H. behandelt besonders die finanziellen Verhältnisse, namentlich die Besteuerung, und will beweisen, daß Preußen höher besteuert sei, als Frankreich, und in Preußen wieder die Rheinprovinz höher, als die östlichen Provinzen). — Die Irrthümer der Schrift werden nachgewiesen in: Kaufmann's „Würdigung der Schrift: Preußen und Frankreich. 2. A. Bonn, 1834", sowie in Dieterici's Recension in den Berliner Jahrbüchern f. wissenschaftl. Kritik, 1834, April, Nr. 61 u. 62, und in v. Kamptz' Annalen 1833, S. 581—876. Mehrere einzelne Kritiken finden sich auch in der „Preuß. Staatszeitung" v. J. 1833.

— die Rachitis des Schädels, e. vergleichend-anatomische Untersuchung. 4. (VII, 40 S. m. 9 Lichtdr.-Taf.) Berlin 901. A. Hirschwald. n. 5.—

— das menschliche Skelett. Eine kurze Zusammenstellg. f. Nichtmediziner zum Gebrauch bei Ausgrabgn. (14 S. m. 6 Taf.) 8. Berlin 904. A. Hirschwald. n. —80

Hansemann, Dav., das Statut der Disconto-Gesellschaft in Berlin, nach den am 20. Dezbr. 1852 genehmigten Zusätzen und Abänderungen. Mit erläuternden Bemerkungen und Anlagen. Berlin 853. F. Schneider. Lex.-8. (2 Bl., 43 S.) n. 8 ngl.

Hansemann, Dav., Studien üb. die Spezificität, den Altruismus u. die Anaplasie der Zellen m. besond. Berücksicht. der Geschwülste. gr. 8. (96 S. m. 2 Fig. u. 13 Lichtdr.-Taf.) Berlin 893. A. Hirschwald. n. 8.—

— die politischen Tagesfragen, mit Rücksicht auf den Rhein. Landtag. Lex.-8. (10¾ B.) Aachen 846, Mayer.

Hansemann, David, die politischen Tagesfragen mit Rücksicht auf den Rhein. Landtag. gr. 8. (172 S.) Aachen 847, Mayer. 1/3 ₰

Hansemann, David, die deutsche Verfassung, s.a. Verfassung.

Hansemann, David, Abgeordneter der Ersten Preußischen Kammer, Die deutsche Verfassung vom 28. März 1849. Mit Anmerkungen. Berlin, Gebr. Unger, 1849. 74 S. 8°.

4. Auflage *31. Mai 1849.*

6. Auflage (20000 Exemplare).

7. Auflage *14. Juni 1849.*

— die deutsche Verfassungs-Frage. gr. 8. (64 S.) Frankfurt a. M. 848, Sauerländer's Verlag. Thlr. *

— das preußische und deutsche Verfassungswerk. Mit Rücksicht auf mein polit. Wirken. 1. und 2. Aufl. gr. 8. (VIII und 381 S.) Berlin 850, Schneider und Comp. *

— s.: Verhandlungen des Comités f. Krebsforschg.

— s.: Veröffentlichungen des Komitee's f. Krebsforschung.

— das Wesen der Disconto-Gesellschaft in Berlin, und ihre Benutzung. Lex.-8. (64 S.) Berlin 852, [Schneider.] *

— s.: Zeitschrift f. Krebsforschung.

— über Zelltheilung in d. menschlichen Epidermis. [Aus: „Festschrift f. R. Virchow".] gr. 4. (12 S. m. 1 Taf.) Berlin 891. G. Reimer. n. 1.20

Hansemann, (David Just. Ludw.) Ueber Preußens Lage und Politik am Ende des Jahres 1830. Als Manuscript gedruckt Aachen 1845. 96 S. 8.

Hansemann, Fritz D. v., die Lehre v. der einheitl. Reise im Rechte d. Blockade u. Kriegskonterbande unter besond. Berücksicht. d. durch d. Londoner Seekriegsrechtskonferenz geschaffenen Rechtszustandes, s.a. Zeitschrift f. Völkerrecht u. Bundesstaatsrecht.

Hansemann, Fritz D. von, Regierungsrefer.: Die Lehre von der einheitlichen Reise im Rechte der Blockade und Kriegskonterbande, unter besonderer Berücksichtigung des durch die Londoner Seekriegsrechtskonferenz geschaffenen Rechtszustandes. Breslau: Kern 1910. VII, 74 S. 8° ¶ (Ersch. auch als: Zeitschrift f. Völkerrecht u. Bundesstaatsrecht. Bd 4, Beih.)
Würzburg, Jur. Diss. v. 1. Aug. 1910, Ref. Meurer
[Geb. 13. Sept. 80 Berlin; Wohnort: Berlin; Staatsangeh.: Preußen; Vorbildung: Gymn. Berlin Reife O. 05; Studium: Leipzig 3, Bonn 3 S.; Rig. 26. Febr. 10.] [U 10. 4299

Hansemann, F. D. v., s. Zeitschrift f. Völkerrecht.

Hansemann, Gust., die Atome u. ihre Bewegungen. Ein Versuch zur Verallgemeinerung der Krönig-Clausius'schen Theorie der Gase. Leipzig 871. E. H. Mayer. gr. 8. (XVI, 192 S. mit 4 Steintaff. in qu. Fol.) n. 1 ₰ 10 ngr.

Hansemann, Gust., die doppelte Buchführung in der Weltwirthschaft. Ein Versuch zur Einführg. d. Princips v. der Erhaltg. der Kraft in die Socialwissenschaft. gr. 8. (VIII, 108 S.) Leipzig 901. B. G. Teubner. n. 2. 60

Hansemann, Gustav: Ueber eine neue Methode zur Bestimmung der Schwingungsdauer von Magnetstäben ([S.-A.] Annalen der Physik und Chemie. N. F. Bd 28. 1886. S. 245—263.) (Leipzig 1886.) 19 S. 8°.

Hansemann, Gust., Eduard v. Hartmann's Philosophie d. Unbewußten f. das Bewußtsein weiterer Kreise. gr. 8 (XI, 82 S.) Leipzig 874. Mayer. n. 1. 20

Hansemann, Gust., die wirthschaftlichen Verhältnisse des Zollvereins. Insbesondere in Beziehung auf die Leinen-, Baumwollen- und Wollen-Industrie. Berlin 863. Stilke & v. Muyden. gr. 8. (XI, 116 S.) n. 10 ngr.

Hansemann, D. C. G. D., vermischte Gedichte. gr. 12. (11 B.) Hamburg 811, Perthes-Besser u. Mauke.

Hansemann, D. Karl G. D., s. J. Thomson, d. Freiheit.

Hansemeier, fröhliche Toaste in Versen f. Familien- u. Vereins-Feste u. f. Jubiläen. 8. (153 S.) Berlin (901). E. Bloch. n. 3.—

Hansemeier (Hans Meyer), das neue Buch der Prologe f. festliche Gelegenheiten. (95 S.) 8. Berlin (909). H. Steinitz. 1.20

— Das Hochzeits-Varieté. I. Tl.: Umrisse zu Hochzeits-Aufführgn. II. Tl.: Einzelrollen u. Vorträge. III. Tl.: Schlußgesänge. (95 S.) 8. Ebd. (909). 1.20

Hansen, A., zu Grumbye in Angeln im Reichsrathe zu Kopenhagen im October 1859. Itzehoe 1860. V: *Reiche, Friedrich Heinrich Jens.* (A)

Hansen, A., aus Grumbye in Angeln [Mitglied der Schleswig'schen Ständeversammlung] im Reichsrath zu Kopenhagen im October 1859. Hamburg 860. (Itzehoe, Nusser.) gr. 8. (22 S.) n. 3 ngr.

Hansen, s.a. Hanssen

Hansen, die Bartholoma … a h … Lenn r 1865.
Schul-/Univ.-Schrift

Hansen, Beiträge zu alten Geographen. Pr. 1879. 9 S.

Hansen. Beschreibung der … in den … Aemtern Friedrichsburg und Cronenburg vorgenommenen Einrichtungen … A. d. Dän. übersetzt. Altona 1792. Ü: *Otte, Friedrich Wilhelm.* (NN) (MGT)

Hansen, Gesch. d. Univers. F. Frankfurt 800.

Hansen, das Buch Hiob in dichterischer Form. 16. (97 S.) Kottbus 877, Gotthold-Expedition. cart. * — 60

Hansen, das Buch Hiob in dichterischer Form. 16. (97 S.) Kottbus 877. (Leipzig, Böhme.) cart. n. — 60

Hansen, die Garten-Stadt München-Perlach, 1.: Perlepich-Waldenbäs.

Hansen (I.), zur Pathologie des Aussatzes. 8. (18 S.) Prag 870, Calve'sche Universitäts-Buchh.
Aus: Archiv für Dermatologie und Syphilis, besonders abgedruckt.

— die recht- und gesetzmäßige Thronfolge des Königreichs Dänemark nach der Lex Regia oder nach dem Dänischen Königs-Gesetz vom 14. Novbr. 1665. Frankfurt a. M. 854. Brönner. 8. (20 S.) 3 ngr.

Hansen, A., Beiträge z. Geschichte der Völkerwanderung. 1. Abthlg. A. u. d. T.: Ost-Europa nach Herodot m. Ergänzungen aus Hippokrates. gr. 8. (11⅝ B.) Dorpat 844. (Gläser's Verl.)*

Vernichtung der Vandalen. 8. Ebend. 843. n. 1/6 ₰

Hansen, A., de vita Aetii. Part. 1. 2. Mit Nachtrag. 8. Dorpat 843. (Glaser.) n. 1 ₰

Hansen, A. (H.), Vorschriften zum Schönschreiben in Volksschulen. 1. und 2. Heft. 4. (18 Stnt.; 20 Stnt.) Altona 858. 59, (Hestermann.) [1. Heft 18 Ngr., 2. Heft 21 Ngr.]

— — 2 Hefte. (2. Aufl.) Altona 864. (Schlüter.) 4. (38 lith. Bl.) n. 1 ₰ 5 ngr.
1. Heft n. 15 ngr.; 2. Heft n. 20 ngr.

Hansen, A., Vorschriften zum Schönschreiben in Volksschulen. 2 Hefte. 2—4. Aufl. Altona 864—66. (Schlüter.) 4. (18 S. u. 20 Steintaff.) [1. Heft n. 15 ngr., 2. Heft n. 20 ngr.] n. 1 ₰ 5 ngr.

Hansen, A. H., die Erziehung des eigenen Willens (eigene Macht). Ein untrügl. Ratgeber zur unbedingten Stählg. des eigenen Willens, zur Erlangg. u. Erhöhg. der Arbeitsfreudigkeit u. Tatkraft, zur Kräftigg. des Gedächtnisses, Hebg. der Nervosität etc. etc., e. durchschlag. Methode f. Jeden, der nach Glück, Erfolg, Zufriedenheit, u. wie die ird. Güter alle heissen, strebt. (III, 51 S.) 8. Leipzig 906. R. Nitschke. n 2.—

Hansen, A. H., die Erziehung des eigenen Willens (eigene Macht). Untrügl. Ratgeber zur unbedingten Stählg. des eigenen Willens, zur Erlangg. u. Erhöhg. der Arbeitsfreudigkeit u. Tatkraft, zur Kräftigg. des Gedächtnisses, Hebung der Nervosität 2c. 2c., e. durchschlag. Methode f. Jeden, der nach Glück, Erfolg, Zufriedenheit, wie d. ird. Güter alle heißen, strebt. (58 S.) 8. Dresden (907). F. Caspar & Co. 2.—

Hansen, Ad. M., Geschichte der neuentstandenen evangelischen Gemeinde in der Stadt Baden vom 3. 1832—1875. Mit einem (lithogr.) Bilde der Kirche nach ihrer Vollendung. gr. 8. (IV, 77 S.) Karlsruhe 875, (Braun'sche Hofbuchh.) * 2 —

Hansen, Adolph: Ein Beitrag zur Kenntniss des Transpirationsstromes, s. Arbeiten des botanischen Instituts in Würzburg.

– Quantitative Bestimmung des Chlorophyllfarbstoffes in den Laubblättern,
s. Arbeiten des botanischen Instituts in Würzburg.

Hansen, Adph., Breviarium iuridioum, d. i. zu Teutsch Juristen=Brevier. Ein newes Buch, kurzweilig u. zu singen, m. vielen lieplichen carminibus auch nothwend. Traktementen zur Welt gesetzt. gr. 8. (VIII, 206 S.) Berlin 896. S. Rosenbaum, Verlag. n. 3. —;
in Halbpergament geb. n.n. 4. —

Hansen, A., systematische Charakteristik der medicinisch-wichtigen Pflanzenfamilien, nebst Angabe der Abstammg. der wichtigeren Arzneistoffe d. Pflanzenreichs. Neu bearb. 12. (IV, 56 S.) Würzburg 889. Stahel. cart. n. 1. —

— Chlorophyllfarbstoff, s.: Arbeiten des botanischen Instituts in Würzburg.

Hansen, Adph., Drogenkunde Ein Leitfaden u. Repetitorium f. Studium u. Praxis. gr. 8. (IV, V, 4, 203 S.) Bonn 897. Gera, F. v. Zezschwitz.
Geb. in Leinw. n. 4. —

Hansen, Adolf, Dr., Prof. d. Botanik: Die Entwicklung der Botanik seit Linné. (Enthält ausserdem: Chronik d. Universität für 1901/02 sowie: Verkündigung d. Ergebnisse d. letzten Preisarbeiten u. d. für 1902/03 gestellten Preisaufgaben.) *Giessen 1902: v. Münchow.* (S. 1—20, 36—40.) 4°
Giessen, Rede zur Feier d. Jahresfestes 1902

Hansen, Adf., die Entwicklung der Botanik seit Linné. (Rektoratsrede zur Feier des Jahresfestes der Ludwigs-Universität zu Giessen, 1. VII. 1902.) gr. 8. (24 S.) Giessen 902. J. Ricker. n. — 60

Hansen, A., Erinnerungen aus d. J. 1848---1850. gr. 8. (VII, 160 S.) Kiel 871. Universitäts=Buchh. n. 2. 40

— die Ernährung der Pflanzen, s.a. Wissen, das, der Gegenwart. 38. Bd.

— Die Ernährung d. Pflanzen. 2., verb. Aufl. 8. (IV, 299 S. m. 79 Abb.) Wien u. Prag 898. F. Tempsky. Leipzig, G. Freytag. n. 5. —

— die Farbstoffe der Blüthen u. Früchte. Mit 2 (lith.) Spectraltaf. [Aus: „Verhandlgn. d. phys.-med. Gesellsch. in Würzb."] gr. 8. (19 S.) Würzburg 884. Stahel. n. 1. 50

Hansen, Adolph, Dr.: Die Farbstoffe des Chlorophylls. Mit Brewster's Spektralzeichn., einer eigenen Spektraltaf. u. 2 Holzschn. 1889. 88 S., 2 Taf. 8°
¶ Auch bei Bergstraesser in Darmstadt.
Darmstadt Tc. H., Hab.-Schr. v. 10. 11. 1888

—— über Fermente und Enzyme, s. Arbeiten des botanischen Instituts in Würzburg.

– Zur Geschichte u. Kritik d. Zellenbegriffes in d. Botanik. M. 1 Taf. aus Robert Hooke's Micrographia. gr. 8. (58 S.) Bonn 897. Gera, F. v. Zezschwitz. n. 2. —

— zur Geschichte u. Kritik d. Zellenbegriffes i. d. Botanik. gr. 8. (58 S. m. 1 Taf.) Giessen 897. J. Ricker. n. 2. —

— Grenzen der Religion u. Naturwissenschaft. Zur Kritik v. Haeckels monist. Religion u. Naturphilosophie. (52 S.) 8. Ebd. 908. 1. 20

Hansen, Adph., Goethes Metamorphose der Pflanzen. Geschichte e. botan. Hypothese. In 2 Tln. m. 9 Taf. v. Goethe u. 19 Taf. v. Verf. Giessen 907. A. Töpelmann. 22. —;
geb., Text in Leinw.-Bd., Taf. in Leinw.-Mappe n 24. 50
1. Text. (XI, 380 S.) gr. 8.
2. Tafeln. (16 S. Text.) 30,5×23 cm.

— Pflanzen=Physiologie. D. Lebenserscheingn. u. Lebensbedinggn. d. Pflanzen. Neue (Titel=) Ausg. gr. 8. (314 S. m. 160 Holzschn.) Gießen (890) 898. J. Ricker. n. 4. —

—— und E. Köhne, die Pflanzenwelt, enthaltend die Formengliederung, Lebenserscheinungen und Gestaltungsvorgänge im Gewächsreiche. Beschreibende Botanik, allgemein faßl. dargestellt von Emil Köhne. Mit Farbendr.-Taf. und Holzschn. (In ca. 15 Lfgn.) 1.—9. Lfg. (à Lfg. 2 Bog.) gr. 8. Stuttgart 887,88, Weisert. à Lfg. * 40 Pf. *

—— u. E. Köhne. Die Pflanzenwelt, enth. die Formengliederg., Lebenserscheingn. u. Gestaltungsvorgänge im Gewächsreiche. Mit Farbendr.-Taf. u. Holzschn. 10.—16. (Schluß-)Lfg. gr. 8. (à Lfg. 2 Bog.) Stuttg. 890. Weisert. à Lfg. * — 40; * 2 80

Hansen, Adph., die Quebracho-Rinde. Botanisch-pharmakognost. Studie. Mit 25 Abbildungen auf 3 lith. Taf. Lex.-8. (III, 25 S.) Berlin 880. Springer. n. 3. —

Der Referendar. E. Abriss seiner Geschichte v. Dr. Adolph Hansen. Als Ms. gedr. *Berlin: Dr. v Rosenbaum & Hart 1898.* (4 Bl., 72 S.) 1 Bd 8.
(98. 9069

Hansen, Ad., Repetitorium der Anatomie und Physiologie der Pflanzen. Nebst einem Anhang: Die im botan. Garten zu Würzburg cultivirten Medicinal-Pflanzen. gr. 8. (74 S.) Würzburg 884, Stahel'sche Universitäts-Buchh. *

—— Repetitorium der Botanik. 2. Aufl. gr. 8. (IV, 151 S. mit 22 Abbild. in Holzschn.) Würzburg 887, Stahel'sche Universitäts-Buchh. * ℳ 3.20.; geb. * *

—— Repetitorium der Botanik f. Mediciner, Pharmaceuten u. Lehramtscandidaten. 3. verm. u. verb. Aufl. (VII, 157 S. m. 41 Holzschn.) 890; 4. verb. Aufl. Mit 41 Blüthendiagrammen in Holzschn. u. 1 Anh.: Verzeichniss d. wichtigsten Arzneipflanzen. gr. 8. (VII, 157 S.) Würzb. 892, Stahel. * 3 20; geb. * * 3 80

– Repetitorium d. Botanik f. Mediciner, Pharmaceuten u. Lehramts-Candidaten. 5., verb. Aufl. M. 38 Blüthendiagrammen. gr. 8. (V, 198 S.) Würzburg 896. Stahel'sche Verlagsanstalt. n. 3. 20;
geb. in Leinw. n.n. 3. 80

— Repetitorium der Botanik f. Mediciner, Pharmaceuten u. Lehramts-Candidaten. 6. verb. Aufl. Mit 38 Blüthendiagrammen u. e. Anh.: Verzeichniss der gebräuchlichsten Arzneipflanzen. gr. 8. (VII, 192 S.) Würzburg 901. [Stahel's Verl.] Giessen, J. Ricker. n. 3. 20; geb. in Leinw. n.n. 3. 80

Hansen, Adph., Repetitorium der Botanik f. Mediziner, Pharmazeuten u. Lehramts-Kandidaten. 7. umgearb. u. erweit. Aufl. (VII, 208 S. m. 41 Abbildgn. u. 8 Taf.) gr. 8. Giessen 906. A. Töpelmann. n. 3. 20;
geb. in Leinw. n. 3. 80

— Repetitorium d. Botanik f. Mediziner, Pharmazeuten u. Lehramts-Kandidaten. 8. umgearb. u. erweit. Aufl. (IV, 220 S. m. 41 Abb. u. 8 eingedr. Taf.) gr. 8. Ebd. 910. 3.50; geb. in Leinw. 4. —

Hansen, Adph., Repetitorium der Pharmakognosie. 2., verm. u. verb. Aufl. (XVI, 245 S.) 8. Leipzig 909. K. Grethlein. Geb. in Leinw. 3. 50

— pflanzengeographische Tafeln. 1. u. 2. Lfg. à 5 Taf. à 73×97,5 cm. Lichtdr. u. lackiert. Nebst: Erläuterungen. gr. 8. (IV u. S. 1—28.) Steglitz-Berlin (900. 901). Neue photograph. Gesellschaft. à Lfg. n. 40. —

— pflanzengeographische Tafeln. 3. Lfg. 5 Taf. je 73×97,5 cm. Lichtdr. u. lackiert. Nebst: Erläuterungen. (S. 29—38.) gr. 8. Berlin-Steglitz (904). Neue photograph. Gesellschaft. 40. —; einzelne Taf. 8. —

Hansen, Adolf, Turner-Marsch, Christiania, 3 S., 2°.

—— vergleichende Untersuchungen über Adventivbildungen bei den Pflanzen. gr. 4. (52 S. mit 9 lithogr. Taf.) [Frankfurt a. M. 881, Winter.] Basel, Schwabe. *
Aus: Abhandlungen der Senckenbergischen naturforschenden Gesellschaft, besonders abgedruckt.

—— weitere Untersuchungen über den grünen und gelben Chlorophyllfarbstoff. gr. 8. (4 S.) Ebendas. 886.
Aus: Sitzungsberichte der Würzb. physikalisch-medicinischen Gesellschaft, besonders abgedruckt.

— die Vegetation der ostfriesischen Inseln. Ein Beitrag zur Pflanzengeographie besonders zur Kenntnis der Wirkg. des Windes auf die Pflanzenwelt. Mit 4 photograph. Bildern u. 1 Karte. Lex.-8. (87 S.) Darmstadt 901. A. Bergsträsser. n. 4. —

Hansen, Adolph (geb. am 10 Mai 1851 in Altona): Ueber Verbindungen des Chlorals mit Oxysäuren ... Bonn, Univ.-Buchdr. v. C. Georgi 1877. 34 S., 1 Bl. 8.
Bonn, Phil. Fak., Diss. v. 17 Nov. 1877

— Haeckels „Welträtsel" u. Herders Weltanschaug. (40 S.) gr. 8. Ebd. 907. 1. 20

Hansen, Adolph Ulrich

Hansen, A. U., Bethesda. Meditationen über u. für unser heimgesuchtes Geschlecht. Wandsbeck 868. (Altona, Mentzel.) 8. (XII, 136 S.) n. 24 ngr.; in engl. Einb. mit Goldschn. n. 1 ₰ 6 ngr.

Hansen, A. U., Charakterbilder aus den Herzogthümern Schleswig, Holstein und Lauenburg, den Hansestädten Hamburg und Lübeck, wie dem Fürstenthum Lübeck, betreffend das Land und seine Gestaltungen, das Volk und sein Werden, sein Leben, seine Sprache, seine Einrichtungen und Zierden, entworfen für das Volk. Hamburg 858. Würger. gr. 8. (XV, 301 S.) 1 ₰ 6 ngr

Charakterbilder aus den Herzogthümern Schleswig-Holstein und Lauenburg, den Hansestädten Hamburg und Lübeck etc. etc. entw. v. Adolf Ulrich Hansen. (2. (Titel-)Aufl.) Altona. 1866. 8°.

Hansen, Ad. Ulr., Chronik v. Wandsbeck. 8. (5 B.) Altona 834, Aue.

Hansen, A., das angenehme Jahr des Herrn, bezeugt und gepredigt durch eine Darstellung des christlichen Kirchenjahres und durch Predigten über die evangelischen Perikopen. 2 Bde. Hamburg 858. Agentur des Rauhen Hauses. gr. 8. (XVI, 352; 368 S.) n. 2 ₰

Hansen, A. (I.), das angenehme Jahr des Herrn, bezeugt und gepredigt durch eine Darstellung des christl. Kirchenjahres und durch Predigten über die evangel. Perikopen. 2 Bde. (in 1 Bde.) gr 8. (XVI und 720 S.) Hamburg 859, Agentur des Rauhen Hauses. Thlr. *

Hansen, Ad. Ulr., Jubel-Predigt zur 3. Secularfeier d. Gelehrtenschule in Meldorf am 19. Juni 1840. gr. 8. (1 B.) Altona, (Blatt.) *

Hansen, Anton *Heinrich Carl Otto* [app. Arzt aus Hadersleben]: Aus d. patholog. Institute zu Kiel. Ein Fall von Pankreas-Blutung, Pankreas-Nekrose und Fett-Nekrose ... Kiel, Druck v. L. Handorff, 1893; 32 S., 1 Bl. 8.
Kiel, Med. Fak., Inaug.-Diss. v. [2. März] 1893

von Hansen, Arthur [aus Livland]: Ueber einige Derivate des Tricyanwasserstoffs. ... Heidelberg, Universitätsbuchdr. v. J. Hörning, 1889; 24 S. 8°
Heidelberg, Phil. Fak., Inaug.-Diss. v. [25. Jun.] 1889

Angler Skizzen v. August **Hansen.** Flensburg. 1881. 8°.

Erinnerungen aus den Jahren 1848—1850 v. August **Hansen.** Kiel. 1870. 8°.

Hansen, August, Livländer, Zur Lehre von der Darmeinschiebung. Diss. Dorpat. 4°. 52 pp.

Der 24. März 1848 oder Die Vorgänge in Kopenhagen, Kiel und Rendsburg. In ihrem geschichtlichen Zusammenhange aus authentischen Quellen zusamg. und bearb. v. August **Hansen.** Schleswig. 1893. 8°.

Hansen B. Helland- u. Nansen F.: Die jährlichen Schwankungen d. Wassermassen im norwegischen Nordmeer in ihrer Beziehung zu den Schwankungen d. meteorologischen Verhältnisse, der Ernteerträge u. d. Fischereierzeugnisse in Norwegen. Leipz. [1909]. (25) S. Fig. (Sertr.). 4°.

Hansen, Berth., Daniel Boone, der erste Ansiedler in Kentucky. Eine geschichtl. Erzählung. 16. (64 S.) Mülheim 878. Bagel. n. — 25

— dasselbe. s.a. Volks-Erzählungen, kleine.

Daniel Boone, der erste Ansiedler in Kentucky. Eine geschichtl. Erzählung von Berth. **Hansen.** Mülheim a. d. Ruhr: J. Bagel [1901]. (64 S.) 8° [F.]
[06. 4731

– Jules Gerard, s.a. Volks-Erzählungen, Kleine.

— Jules Gerard, der Löwentödter. Eine Erzählung. 16. (62 S.) Ebend. 878. n. — 25

Jules Gerard der Löwentöter. Eine Erzählung von B[erth.] **Hansen.** Mülheim a. d. Ruhr: J. Bagel [1904]. (63 S.) 8° [F.] [06. 4733

– Die Meuterei d. Irländer, s.a. Volks-Erzählungen, Kleine.

— die Meuterei der Irländer. Eine Erzählung. 16. (60 S.) Ebend. 878. n. — 25

– Pontiac, der Ottawa-Häuptling, s.a. Volks-Erzählungen, Kleine.

— Pontiac, der Ottawa-Häuptling. Eine geschichtl. Erzählung. 16. (64 S.) Ebend. 878. n. — 25

– Der treue Seekadett, s.a. Volks-Erzählungen, Kleine.

— der treue Seekadett. Eine geschichtl. Erzählung. 16. (63 S.) Ebend. 878. n. — 25

— der befreite Sklave. Eine Erzählung. 16. (64 S.) Ebend. 878. n. — 25

Hansen, Berth., der Sohn d. Gouverneurs, s.a. Volks-Erzählungen, kleine.

— der Sohn des Gouverneurs. Eine Erzählung. 16. (64 S.) Ebend. 878. n. — 25

– Der Tod in der Wüste, s.a. Volks-Erzählungen, Kleine.

— der Tod in der Wüste. Eine geschichtl. Erzählung aus dem Indianerleben. 16. (61 S.) Ebend. 878. n. — 25

Der Tod in der Wüste. Eine geschichtl. Erzählung aus d. Indianerleben von B[erth.] Hansen. Mülheim a. d. Ruhr: J. Bagel [1902]. (64 S.) 8° [F.] [06. 4734

Hansen, Berth., s.: Volkserzählungen, kleine.

– Die rote Ceder, s.a. Volks-Erzählungen, Kleine.

— die rothe Ceder oder: Der Utah-Häuptling. Eine Erzählung aus dem Indianergebiet. 16. (60 S.) Mülheim 878. Bagel. n. — 25

Die rote Zeder. Eine Erzählung aus d. Indianergebiet von B[erth.] Hansen. Mülheim a. d. Ruhr: J. Bagel [1904]. (64 S.) 8° [F.] [06. 4739

Hansen C.: Om en Gruppe hele transcendente Funktioner. Disp. (Kbh.). Leipz. 1904. 66 S. 4°.

Der Holsteinische Canal von Brunsbüttel nach der Neustädter Bucht zur Verbindung der Nordsee und Ostsee v. C. Hansen aus New-York. Kopenhagen. 1860. 4° g.

— Das Schneeglöckchen, *Galanthus*, Blätter zu seiner Geschichte u. Kultur. Kopenh. 1900. 15 S. Fig. P.

Hansen, C., moderne Schriften. Vorlagenwerk f. Firmenschreiber, Lithographen, Bildhauer etc. hoch 4. (72 z. Tl. farb. Taf.) Düsseldorf 896. F. Wolfrum In Mappe: 12. 50
Erscheint auch in 12 Lfgn. à n. 1. —.

Hansen Jr., C.: „Vorschlag zu einem Zolltarif für die Herzogthümer und vielleicht für den ganzen dänischen Staat, so wie eine Wahrscheinlichkeits-Berechnung über die Industrie-Schuld des dänischen Staats", Odense 1838. — Vorh.: Com. Bibl. Hamburg.

Hansen, C. F., s. Hansen, Ernst Friedrich

Hansen, C. J., Predigt über 1 Cor. 13, 13 zufolge der Anordnung der Tilemann-Müller'schen Stiftung am S. Invocavit d. J. gehalten. Kiel 855. (Akademische Buchhdlg.) 8. (15 S.) nn. 3¾ ngr

Hansen, Carl Ludolph, s. Hansen, Karl Ludolph

Hansen, Carl Nicolaus Diedrich, s. Hansen, Karl Nikolaus Diedrich

Hansen, Christ., die Akropolis von Athen, s. Ldw. Roß.

Hansen jun., Chr., über die Anlage eines Seehafens an der Westküste als Ausgangspunkt für die Eisenbahnlinien der dänischen Halbinsel. Mit (2 lith.) Karten u. Plänen (in Fol.). Flensburg 855. (Altona, Lehmkuhl u. Co.) gr. 8. (48 S.) n. 16 ngr

Bemerkungen über die projectierten Eisenbahnen im Herzogthum Schleswig v. Chr. Hansen jun. Flensburg. 1852. 8°.

Hansen, jun., Chr., noch einige Bemerkungen, die materiellen Interessen d. Staats betreff., als Antwort auf die von d. Syndicus Klenze hrsg. Schrift: „Prüfung d. Eisenbahn-Projecte Schleswig-Holsteins." Mit e. Anh. üb. d. Verhältnisse d. Stadt Altona z. In- u. Auslande. gr. 8. (5¼ B.) Schleswig 840, (Bruhn.) *

Hansen jun., Chr., die projectirten Eisenbahnen in den Herzogthümern Schleswig-Holstein und ihre Folgen für den ganzen dänischen Staat, mit besond. Rücksicht auf Hamburg, nebst 1 Karte u. 1 Plane. 8. Flensburg 839. (Altona, Aue.) ½ ß

—— die project. Eisenbahnen in d. Hrzgth. Schleswig-Holstein u. ihre Folgen f. d. ganzen dän. Staat, mit besond. Rücksicht auf Hamburg. 8. (3½ B., 1 Karte u. 1 Plan.) Flensburg 839. (Dessau, Aue.)

Hansen, Christian [app. Arzt aus Fauderup]: Aus d. patholog. Institute zu Kiel. Ein Fall von Schnürwirkungen an den Baucheingeweiden ... Kiel, Druck v. Schmidt & Klaunig, 1893; 16 S., 1 Bl. 8.
Kiel, Med. Fak., Inaug.-Diss. v. [5. Juli] 1893

Die Politik und die materiellen Interessen, zunächst in Bezug auf das dänische Reich, v. Christian Hansen jun. Aus der „Flensburger Zeitung" Nr. 293—296 abgedruckt. Flensburg. [1851.] 8°.

Ueber Schutzzölle, Finanzzölle und Handelsfreiheit. Mit besonderer Berücksichtigung der Gewerbsindustrie des Dänischen Staates v. Christian Hansen jun. Flensburg. 1857. 8°.

— Dänisches Staatsinteresse und Holstein. Eisenbahn. Bemerkungen, veranlaßt durch die in Kiel erschienene Schrift: „Holsteinische Eisenbahn." Mit 1 Karte. gr. 8. Schleswig 840. (Bruhn.) n. 7 ß

An das Volk der Herzogthümer in Betreff der angeblichen Uebervortheilung von Seiten Dänemarks, nebst Betrachtungen über die künftige Stellung Schleswigs im dänischen Staatsverbande v. Christian Hansen jun. Flensburg. 1849. 8°.

Hansen, Chrn., Wesen und Bedeutung des Grundtvigianismus in der dänischen Kirche. Nach seinem Tode herausg. von K. Wieseler. Kiel 863. Schröder & Co. gr. 8. (VII, 124 S.) n. 20 ngr.

Hansen, Christian Friedrich

Hansen, (C. Fr.,) Samml. v. verschied. öffentl. u. Privatgebäuden. 1—4 Hft. Imp. Fol. Kopenhagen 826—27, Gyldendal.

Hansen, Chr. Friedr., Sammlung v. verschied. öffentl. u. Privat-Gebäuden. 5—12. Hft. Imp.-Fol. (50 Kpfrt. u. 1 B. Erklär. z. 1—4. Hft.) Kopenhagen 831—34, Gyldendal. à 2 Thlr. 12 Gr.

Hansen, Chrstn. Frieder., Sammlung v. verschied. öffentl. u. Privat-Gebäuden, unt. speciell. Aufsicht ausgeführt. 13. u. 14. Hft. 1835 u. 1836. Imp.-Fol. (à 6 Blätter. Kpfrst. m. dän. u. deutsch. Unterschrift.) Copenhagen 840. (Hamburg, Perthes-Besser u. Mauke.) *
1—12. Hft. Ebendas. 1826—34. à * 2 Thlr. 16 Gr., lavirt à * 8 Thlr.

Hansen, Christian Johannes: Über Verdampfen und Sieden hochmolekularer organischer Substanzen in luftleeren und luftverdünnten Räumen. Berlin: Trenkel 1909. 72 S. 8°
Heidelberg, Naturw.-math. Diss. v. 10. Febr. 1909, Ref. Curtius
[Geb. 16. Dez. 86 Flensburg; Wohnort: Flensburg; Staatsangeh.: Preußen; Vorbildung: Gymn. Flensburg Reife O. 05; Studium: Zürich 1, Berlin 2, Leipzig 2, Heidelberg 2 S.; Rig. 27. Nov. 08.] [U 09. 2042

Hansen, Christian Peter

Hansen, C. P., Andenken an die Insel Sylt. 12 Miniaturansichten. Lithogr. 4. Hamburg 863, Gassmann's Verlag. cart. * 1 Thlr.; ill. *

Hansen, C. P., die Anfänge des Schulwesens oder eine Schulchronik der Insel Sylt. gr. 8. (44 S.) Garding 879. Lühr & Dircks. n. — 60

Beiträge zu den Sagen, Sittenregeln, Rechten und der Geschichte der Nordfriesen gesam. v. Christian Peter Hansen. Mit einer Selbstbiographie des Verfassers. Deezbüll. 1880. 8°.

Hansen, C. P., Chronik der Friesischen Uthlande. Altona 856. Lange. Lex.-8. (2 Bl., 258 S. u. 1 Lithogr.) n. 1 ℛ

Hansen, C. P., Chronik der friesischen Uthlande. 2. sehr verm. Aufl. gr. 8. (320 S.) Garding 877, Lühr und Dircks. *

—— der Sylter-Friese. Geschichtliche Notizen, chronologisch geordnet und benutzt zu Schilderungen der Sitten, Rechte, Kämpfe und Leiden, Niederlagen und Erhebungen des sylter Volks in dem 17. und 18. Jahrh. 8. (236 S.) Kiel 860, Homann. *

Hansen, C. P., die Friesen. Scenen aus dem Leben, den Kämpfen u. Leiden der Friesen, besonders der Nordfriesen. Entworfen nach mehrentheils geschichtl. Quellen. 2. sehr verm. Ausg. gr. 16. (IV, 161 S.) Garding 876. Lühr & Dircks. n. 1. 50

Antiquarische Karte der friesischen Berghard en entw. v Chr[Pjeter Hansen. Die Inseln Sylt, Föhr u Amrum um 1240 nach Meier und 1872 nach C P Hansen. Hamburg. o. J 1 Bl. 31 43 cm.

Antiquarische Karte (Umschlag: Kartei der Insel Sylt. Nach eigenen Messungen etc. Entw. 1866 v. Christian Peter Hansen Berichtigt 1891. 1 : 75000. Garding. o. J. Lithogr. 1 Bl. Fol. 46 29 cm. Zusammengefaltet in Umschlag. 8°.

[illegible] Katechismus [illegible] Mundart [illegible] Uebersetzung [illegible] Christian Peter Hansen. [illegible] 1862 [illegible]

Notizen zu einer Lebensbeschreibung des Kanzleiraths Uwe Jens Lornsen. Gesamm v [illegible] Lornsens Nachbar]. Hrsg v Christian Peter Hansen | Hamburg [Altona 1840] 8°

—— Sagen und Erzählungen der Sylter Friesen, nebst einer Beschreibung der Insel Sylt als Einleitung und einer (lithogr.) Karte der Insel Sylt (in Fol.) als Zugabe. 8. (XVIII, 222 S.) Garding 875, Lühr und Dircks. cart. *

Hansen, C. P., Sagen u. Erzählungen d. Sylter Friesen, m. Beschreibg. u. Karte d. Insel Sylt. 3. Aufl. Bearb. v Chrn. Jensen. 8. (VII, 243 S.) Garding 895. H. Lühr & Dircks. Kart. n. 3. —

— friesische Sagen und Erzählungen. Altona 858. Wendeborn. 8. (2 Bl., XI, 194 S.) n. 22½ ℊℊ

Hansen, C. P., die nordfriesische Insel Sylt, s. a. Weber's illustrirte Reisebibliothek.

Die nordfriesische Insel Sylt wie sie war und wie sie ist. Ein [illegible] für Badegäste und Reisende. Von Christian Peter Hansen. [illegible] 11 Abbildungen und 1 Karte. Leipzig 1859 [illegible]

— Ubbo der Friese, s. Volkserzählungen aus Schleswig-Holstein.

— die friesischen Uthlande vor 1000 Jahren, s. Volkserzählungen aus Schleswig-Holstein.

—— das Schleswig'sche Wattenmeer und die friesischen Inseln. gr. 8. (VIII und 277 S. mit 10 lithogr. Bildern und 1 lithogr. Karte nach Originalzeichnungen in Fol.) Glogau 865, Flemming.

— der Badeort Westerland auf Sylt u. dessen Bewohner. Mit einer (lith.) Karte der Insel Sylt. (in Fol.) Altona 868. (Lehmkuhl & Co.) 8. (IV, 236 S.) n. 1 ℛ

— der Badeort Westerland auf Sylt u. dessen Bewohner. Mit e. (lith.) Karte der Insel Sylt (in qu. Fol.) 8. (IV, 236 S.) Garding 870. Altona, Uflacker. n. 3. -; die Karte apart. — 75

Hansen, C. P. Das Nordseebad Westerland auf Sylt u. dessen Bewohner. 2. Aufl. Durchgesehen u. um e. Biographie C. P. Hansens verm. v. Chr. Jensen. 12. (IV, 234 S. m. 1 Karte.) Garding 891, Lühr u. Dircks. geb. * 3 —

Hansen, Christine: Frauenbildung im 17. Jahrhundert in Frankreich nach den Briefen von Mme de Sévigné. Kopenhagen 1910: Nielsen & Lydiche. 66 S. 8°
Heidelberg, Phil. Diss. v. 29. Nov. 1910, Ref. Neumann
[Geb. 19 Nov 80 Nyborg, Wohnort Nyborg; Staatsangeh : Dänemark; Vorbildung: Gymn. v. Frl Zahle Kopenhagen Reife M. 02; Studium: Berlin 4, Heidelberg 4 S.; Rig 10 Mai 10] [U 11. 2203

Hansen, Claus Jakob, s. Hansen, Klaus Jakob

Hansen, Clemens, s. Hansen, Klemens

Hansen, D., Stock u. Peitsche im XIX. Jahrh. Ihre Anwendg. u. ihr Mißbrauch im Dienste des modernen Straf- u. Erziehungswesens. 2 Bde. gr. 8. Dresden 899. H. R. Dohrn. n. 10. —; ermäß. Preis n. 5. —
1. (96 S.) n. 6. —. — 2. (S. 97—158.) n. 4. —.

— dasselbe. Neue Folge. Stock u. Peitsche. Ihre Anwendg. im Dienste der Erziehg., der Vergeltg. u. des krankhaften Sexualismus. gr. 8. (130 S. m. Abbildgn.) Ebd. 900. n. 6. —

— Stock u. Peitsche. Ihre Anwendg. u. ihr Missbrauch im modernen Straf- u. Erziehungswesen. 2. umgearb. Aufl. gr. 8. (III, 213 S. m. Abbildgn.) Ebd. 902. n. 6. —

Hansen, D., wie heilt' ich mich? Wie heilt man sich? v. seinem Lungenleiden, Magenleiden, Geschlechtsleiden, Nervenschwäche, Manneschwäche u. wie erlangte ich meine Manneskraft wieder durch e. neues kombiniertes, selbst zusammengestelltes Heilverfahren. (36 S.) 12. Leipzig (Bernhardstr. A 92) (903). Reinhard Poehle. n. — 50

Hansen, D. A., der moderne Materialismus und die evangelische Volksschule. gr. 8. (54 S.) Oldenburg i. H. 857, Fränckel. Leipzig, (Brauns.)

Hansen, E., kleine Novellen. [Harznovellen aus alter u. neuer Zeit. Skizzen aus Nord u. Süd.] 8. (110 S.) Berlin 881. Prüfer. geb. m. Goldschn. 2. 50

Hansen, E., Typen aus Appenzell Inner-Rhoden. 24 Studienblätter (in Lichtdr.) Begleit. Text v. J. B Grütter. 4. (7 S. m. 2 Abb.) Zürich 894. Art. Institut Orell Füßli, Verl. In Mappe n. 6. 50

Hansen, E., e. Vergißmeinnicht-Strauß in Liedern. Eine Anthologie deutscher Lyrik, gesammelt. 12. (95 S.) Leipzig 889. Fock. geb. m. Goldschn. n. 1. —

Hansen, Ed., das zukünftige Leipzig. Eine illustr. Schilderg. der projectirten Elsterbassins, des Palmengartens u. der damit verbundenen Bauten. Mit 18 Illustr. u. 1 mehrfarb. Orientirungsplane. Illustr. nach Orig.-Zeichngn. v. Arth. Leißner. Lex.-8. (58 S.) Leipzig 894. (Berlin, A. 28. Hayn's Erben.) n. 1.

Hansen, Emil Christian, s.: Centralblatt f. Bakteriologie usw.

Hansen, Emil Chrn., Untersuchungen aus der Praxis der Gärungsindustrie. 1. Heft. Lex.-8. (71 S.) München 888, Oldenbourg. *

Hansen, Emil Chr. Untersuchungen aus der Praxis der Gährungsindustrie. 1. Heft. 2. verm. u. neubearb. Aufl., m. 14 Abbildgn. Lex.-8. (VIII, 85 S.) Münch. 890, Oldenbourg. * 3 —

Hansen, Emil Chr., Untersuchungen aus der Praxis der Gärungsindustrie. Beiträge zur Lebensgeschichte der Mikroorganismen. II. Hft. Lex.-8. (VII, 128 S.) München 892. R. Oldenbourg. n. 4. 40
(I u. II.. n. 7. 40)

Hansen, Emil Chr., Untersuchgn. a. d. Praxis d. Gärungsindustrie. Beiträge z. Lebensgeschichte d. Mikroorganismen. I. Hft. 3., verm. u. neubearb. Aufl., m. 19 Abb. Lex.-8' (XI, 92 S.) München 895. R. Oldenbourg. n. 3. 50

Hansen E. C.: Ueber das Zählen mikroskopischer Gegenstände in der Botanik. 1884. [Rostr. Saml.].

Hansen, Emil Chr., s.: Zentralblatt f. Bakteriologie.

Johannisrosen. Freimaurergedicht von E[du.] Mangner. Für Tenor- oder Sopransolo, Soloquartett oder Männerchor und Pianoforte komp. von Emil Rob. Hansen. Op. 11. Leipzig: Kahnt 1904.
Recens: FZ. 58 (1904) S. 167—168 (R. Böhme). Hymnus zum Lobe der Schwestern beim Johannisfeste.
[A. (NF.) 24 (1905) S. 271.]

Der Liebe Wege. Roman v. Erna Juel-Hansen. Autoris. Uebers. v. Mathilde Mann. *Breslau: S. Schottlaender 1899.* (237 S.) 8° [Š.] [illegible]

Hansen, Ernst

Hansen, E., des Herrn Rat ist wunderbarlich u. führet es herrlich hinaus. Predigt am Tage der Enthüllung des Kriegerdenkmals zu Garding am 8. IX. 1907. (14 S.) 8. Garding (907). H. Lühr & Dircks. — 20

Hansen, Ernst Friedrich
Anleitung zur Kenntniss der einheimischen Gräser so wie zu deren Anbau, Saamengewinnung und Benutzung als Futterpflanzen, zunächst für die Landwirthe der Herzogthümer Schleswig, Holstein und Lauenburg, gesam. und nach Mertens und Koch bestimmt und beschrieben v. Ernst Friedrich Hansen. Nebst einem Herbarium mit 65 Arten getrockneter Gräser. Plön 1827. 8°
(Kiel, Universitäts-Buchh.)

Hansen, F., der kaiserl. Werftbeamte des technischen u. Verwaltungs-Sekretariats, nebst Anh.: Der Handwerker der kaiserl. Werften, s.: Was willst Du werden? Nr. 59.

Hansen, F. F., Billed-A.-B.-C., s.: Roiesen, A.

Aus meinem Mai. Kleine Blumen, dargereicht v. Ferdinand Hansen. (Kiel.) [1882.] 8°.

Hansen, Frdr., Aeroplane. Aus der Praxis f. die Praxis. (IV, 23 S. m. 12 Abb. u. 2 Taf.) gr. 8. Rostock 909. Berlin, C. J. E. Volckmann Nachf. 1. —

Hansen, Friedr., de arte metrica Commodiani, s. Dissertationes philologicae Argentoratenses.

Hansen, Friedrich *Carl Ferdinand* [Assistenzarzt am Stadtkrankenh. in Zeitz]: Aus d. patholog. Institut zu Greifswald. Ueber Bildung und Rückbildung von elastischen Fasern ... (Aus: Virchow's Arch. f. path. Anat. u. Physiol. u. f. klin. Med., Bd 137.) Greifswald, Druck v. J. Abel, 1896; 2 Bl., 26 S., 1 Bl. 8.
Greifswald, Med. Fak., Inaug.-Diss. v. 14. Febr. 1896

— Monoplane u. prakt. Erfahrgn. im Bau v. Flugmaschinen nebst Beschreibg. d. wicht. Flugmotoren. (IV, 32 S. m. 22 Abb. u. 4 Taf.) Lex. 8. Ebd. 910. 1. 80

Hansen, Friedr. Philosophemata zur lateinischen Syntax, s. Commentationes in honorem Guilelmi Studemund.

Hansen, Fritz, Die Arbeiterbewegung und ihr Verhältniss zur Kunst. 2. Aufl. 8°. Berlin, Selbstverlag, 1893.

Hansen, Fritz: Die Erfindung der Lithographie durch Alois Senefelder. Von –.
Schkeuditz–Leipzig: C. Müller 1896. (63 S.) 8°

Gesetzeskunde für Photographen. Von Fritz Hansen, Berlin. Bunzlau: Photograph 1909. 90 S. 8° [illegible]

Hansen, Fritz: Die Industrie photographischer Bedarfsartikel. Von –. Berlin: (Handelsvertragsver.) 1901. (16 S.) 8°
= Interesse d. deutschen Industrie an d. Handelsverträgen. H. 2.

Hansen, Fritz, die photograph. Industrie Deutschlands. (III, 48 S. m. 1 Taf.) 8. Halle 908, W. Knapp. 2. —

— Die graph. Künste u. das neue Recht. Nach e. Vortrage, geh. in d. Vereinigg. befr. Kollegen d. graph. Künste zu Berlin 1908. (31 S.) gr. 8. Berlin 908. Papierindustrieller Verlag. 1. —

Hansen, Fritz, mit allen Hunden gehetzt. Stürme aus dem Leben e. Volksschullehrers. (IV, 92 S.) gr. 8. Ahaus (909). J. Hopp. (Nur direkt.) 1. 50

Hansen, Fritz, gewerbliche Rechtsfragen. Kurze Erläuterg. der f. den Photographen u. Atelierinhaber wichtigsten Bestimmgn. des bürgerl. Gesetzbuches u. der Gewerbe-Ordng. in Bezug auf den Arbeitsvertrag. Im Auftrage des Rechtsschutz-Verbandes Deutscher Photographen verf. gr. 8. (VIII, 63 S.) Halle 901. W. Knapp. n. 1. 50

— Steuereinschätzung. Kurze Erläuterg. der f. den Photographen u. Atelierinhaber wichtigsten Bestimmgn. der Einkommensteuergesetze, insbesondere der preuss. Gesetze vom 24. VI. 1891 u. 19. VI. 1906. (60 S.) 8. Halle 907. W. Knapp. 2. —

— Das photograph. Urheberrecht nach dem Gesetze vom 9. I. 1907, s.a. Encyklopädie der Photographie. 57. Heft.

Das photographische Urheberrecht nach dem Gesetze vom 9. Januar 1907. Mit e. Anh.: Internat. Photographienschutz u. Formulare f. Urheberrechtsverträge. Von Fritz **Hansen**. Halle a.S.: W. Knapp 1907. (87 S.) 8°
— **Encyklopädie** d. Photographie. H. 57. [07. 1980] 3

— Das Urheberrecht in der Praxis d. Postkarten-Industrie. Nach e. Vortrag, geh. auf der Mitglieder-Versammlg. des Schutzverbds. f. die Postkartenindustrie (E. V.) in Leipzig 1908. Mit e. Anh.: Urheberrechts-Verträge f. Postkarten Verleger. (31 S.) 8. Berlin 908. Papierindustrieller Verlag. — 75

Als Ms. gedr. Zusammenstellung der ausländischen Einfuhrzölle auf die wichtigsten photographischen Bedarfsartikel. 1910. Hrsg. v. Verein d. Fabrikanten photogr. Artikel (E. V.). Bearb. von Fritz **Hansen**-Berlin. (Berlin 1910: Huber.) 168 S. 4°(8°) [11. 75]

Hansen, Friedrich Karl Ferdinand, s. Hansen, Friedrich

Hansen, G. Armauer, u. Carl Looft, die Lepra vom klinischen u. pathologisch-anatomischen Standpunkte, s.: Bibliotheca medica.

Hansen, Geo., der deutsche Arbeiter u. die Sozialdemokratie. Mahnruf e. deutschen Arbeiters an seine Genossen. gr. 8. (VII, 80 S.) Berlin 891. Puttkammer & Mühlbrecht. n. 1. —

Hansen, Georg, approb. Arzt aus Hadersleben: Aus d. patholog. Institute zu Kiel. Zur Aetiologie und Statistik der amyloiden Degeneration. *Kiel 1899: P. Peters.* (10 S.) 8°
Kiel, Med. Diss. v. [27. Juli] 1899

Hansen, G., die drei Bevölkerungsstufen. Ein Versuch, die Ursachen f. das Blühen u. Altern der Völker nachzuweisen. gr. 8. (VIII, 407 S.) München 889. Lindauer. n. 7. —

Hansen, Georg, a. Hamburg: Ueber die Diffusionskoeffizienten der Aminbasen in Wasserstoff und Luft. Coburg 1907: A. Roßteutscher. (60 S.) 8°
Jena, Phil. Fak., Ref. Winkelmann, Diss. v. 2. März 1908
[Geb. 27. Mai 84 Hamburg; Wohnort: Hamburg; Staatsangeh.: Hamburg; Vorbildung: Realgymn. Hamburg Reife M. 02; Studium: München 2, Göttingen 2, Jena 5 S.; Rig. 25. Okt. 07.]

Lieder für Brüder Freymaurer. [Hrsg. von Georg Christ. Hansen.] Hannover: 1789. 110 S. 4° [Kupfertit.]
Kl. 1593. 63 Lieder ohne Noten.

— **Georg Wilhelm** (Güstrow/Meckl.), De servitutibus juris publici falso nomine sic appellatis. Diss. jur. Präs. Joach. Erdmann Schmidt. Jena (Schill) 24. XI. 1764. 34 S. (6.50) 13079
Widm. v.: Präs., Carl August Tittel, Jacob Raue, G. E. Oeltze, Ad. Friedr. v. Gundlach (Mecklenburg), C. B. v. Normann (Schwed.-Pommern), H. v. Bülow d. Ä. (Mecklenburg), Heinrich Ulrich v. Bülow (Mecklenburg).

Hansen, Godfred, die Nordwest-Passage, s.: Amundsen, Roald.

Hansen, Gotthard

Hansen, Ghard. v., die alten Befestigungen Revals. [Aus: „Revalsche Zeitg."] 8. (16 S.) Reval 891. (F. Wassermann.) n. 1. —

Hansen, Ghard. v., Geschichtsblätter des revalschen Gouvernements-Gymnasiums, zu dessen 250jähr. Jubiläum am 6. Juni 1881 zusammengestellt u. dargebracht. gr. 8. (VIII, 252 S.) Reval 881. Kluge. n. 4. —

Hansen, Ghard. v., s.: Katalog d. Revaler Stadtarchivs.

Hansen, Ghard v., die Kirchen u. ehemaligen Klöster Revals. gr. 8. (V, 138 S.) Reval 873. (Kluge.) n. 3. —

Hansen, Ghard. v., die Kirchen u. ehemaligen Klöster Revals. 3. Aufl. gr. 8. (V, 212 S.) Reval 885. Kluge. n. 4. 80

— Regesten aus zwei Missivbüchern d. XVI. Jahrh. im Revaler Stadt-Archiv, s.: Archiv f. d. Geschichte Liv-, Est- u. Curlands.

— die Sammlungen inländischer Alterthümer u. anderer auf die baltischen Provinzen bezüglichen Gegenstände d. estländischen Provinzial-Museums beschrieben. Mit 11 lith. Taf. u. den Katalogen der Abtheilgn. historisch u. ethnographisch merkwürd. Gegenstände aus dem übrigen Europa u. den außereurop. Erdtheilen. gr. 8. (VI, 124 S.) Ebend. 875. n. 1. 80

Hansen, G. v., alte russische Urkunden, die im Revaler Stadtarchiv aufbewahrt werden. (Russisch u. Deutsch.) 8. (69 S.) Reval 889. (Kluge.) n. 2. 50

Copia. Testamentarische Verfügung (der Eheleute Gotthard und Anna Hansen) vom 8. April 1786 nebst zwei Beilagen. Fol.
Nebst Gesuch der Eheleute Hansen um facultas testandi vom 31. Mai 1785 und Concessio facultatis testandi vom 21. Juni 1785. Fol. Gedruckte Kopien.

— aus baltischer Vergangenheit. Miscellaneen aus dem Revaler Stadtarchiv. gr. 8. (VIII, 160 S.) Reval 894. F. Kluge. n. 3. —

Hansen, Gottlieb Olaf

Hansen, G. Olaf, D. privaten Bauerrechte Estlands f. d. Gebiete v. Fickel, Kaltenbrunn, Kandel u. Essemäggi, s.a. Verhandlungen d. gelehrten Estn. Gesellschaft zu Dorpat.

Hansen, G. Olaf: Die privaten Bauerrechte Estlands für die Gebiete von Fickel, Kaltenbrunn, Kandel und Essemäggi. — Dorpat (Jurjew) 1896: Schnakenburg. XXI, 341 S. (Verhandlungen der gelehrten Estnischen Ges. zu Dorpat. Bd 18.)

Hansen, die privaten Bauerrechte Estlands f. die Gebiete v. Fickel, Kaltenbrunn, Kandel u. Essemäggi. Leipz. 897.

Hansen, Glieb. Olaf, Geschichte des Geschlechtes derer v. Uexküll. 1. Bd. gr. 8. (XXIX, 255 S. m. 3 Stammtaf.) Reval 900. (Kluge & Ströhm.) n. 7. —

Hansen, H., Beitrag zur Geschichte der Insel Madagaskar besonders im letzten Jahrzehnt. Auf Grund norweg. Quellen. gr. 8. (VIII, 437 S. m. 1 Karte.) Gütersloh 899. C. Bertelsmann. n. 5. 50; geb. n. 6. 50

Hansen, H.: Bericht über die Deputation aus Angeln nach Berlin, s. Schmidt, Georg Karl Wilhelm

Hansen, H.: Chronik des Kirchspiels Hohenaspe mit Drage. Ottenbüttel, Aspe, Friedrichsruhe und Christinenthal. Von —. Selbstverlag des Verfassers. Hohenaspe. 1895. 8°

Hansen, H., Dänemark, s. Handbuch des öffentlichen Rechts der Gegenwart in Monographien.

Hansen, H., Gefühls-Antisemiten. Ein Wiener Zeitbild. 8. (80 S.) Zürich 898. C. Schmidt. n. 1.—

Hansen, H. v., zwei Kriegsjahre. Erinnerungen eines alten Soldaten an den Feldzug der Russen gegen die Türken 1828 u. den polnischen Aufstand 1831. gr. 8. [III, 438 S.) Berlin 881. Mittler & Sohn. n. 8. —

Hansen, H., aus versunkenem Lande. Historische Erzählg. aus dem Mittelalter. (71 S.) kl. 8. Husum (905). F. Petersen. n. - 50

Hansen, H., „Lasset uns Ihn lieben, denn Er hat uns zuerst geliebt." Eine Mitgabe für's Leben. Mit 10 Vollbildern nach Originalen v. L. Ludwig. 8. (22 S.) Berlin (899). Goens & Rau. Geb. in Leinw. 1. 50

Hansen, H., s. Martensen, Hans Lassen: Zur täglichen Erbauung

Hansen, H. A., Rede bei d. Säcular-Geburts-Feier Joh. Heinr. Pestalozzi's am 12. Jan. 1846. gr. 8. (1½ B.) Altona 846. (Schlüter.) *

Hansen, H. F.

— Lehrstoff u. Lehrgang f. d. deutschen Sprachunterricht. I—III. Heft. Für d. 2—4. Schuljahr. (23, 24 u. 28 S.) 8. Ebd. 909. à — 30.

Hansen, H. F.: Die deutsche Rechtschreibung.

Hansen, H. F., die deutsche Rechtschreibung in ausgeführten, m. Diktatstoffen versehenen Lektionen f. die Hand der Schüler bearb. 8. (IV, 62 S.) Flensburg 899. A. Westphalen. n. — 60

— die deutsche Rechtschreibung f. die Hand der Schüler. Ausg. B m. e. orthograph. u. grammat. Wörterverzeichnis. 8. (VI, 78 S.) Ebd. 901. n. — 50

Hansen, H. F., die deutsche Rechtschreibung. Ausg. A. Diktatstoffe. 2. Aufl. (IV, 52 S.) 8. Flensburg 903. A. Westphalen. n. — 60

— dasselbe f. die Hand der Schüler. Ausg. B m. e. orthographisch-grammat. Wörterverzeichnis. 3. Aufl. (III, 83 S.) 8. Ebd. 905. n. — 50

Hansen, H. F., die deutsche Rechtschreibung f. d. Hand der Schüler. Ausg. B m. e. orthographisch-grammat. Wörterverzeichnis. 4. Aufl. (III, 83 S.) Flensburg 907. A. Westphalen. — 50

— die Unterschiede zwischen der Puttkamerschen u. der neuen Rechtschreibung. (13 S.) 8. Ebd. 903. n. — 10

Hansen, H. J., die Cladoceren u. Cirripedien der Plankton-Expedition, s.a. Ergebnisse der etc. Plankton-Expedition der Humboldt-Stiftung.

Die Cladoceren und Cirripedien der Plankton-Expedition. Von Dr H. J. Hansen, Kopenhagen. M. 3 Taf. u. 1 Kt. *Kiel & Leipzig: Lipsius & Tischer 1899.* (58 S., 4 Taf.) 4.
= Ergebnisse der .. 1889 ausgef. Plankton-Expedition d. Humboldt-Stiftung. Bd II. G. d. [99. 1194

Hansen, H. J., Isopoden, Cumaceen u. Stomatopoden, s.: Ergebnisse d. Plankton-Expedition d. Humboldt-Stiftung.

Hansen, H. N., Feier bei der Einweihung des neuen Gottesackers in Winterhausen a. M. am Kirchweihfeste, den 8. Septbr. 1862, nebst Rede über 2. Mos. 3, 1—5. gr. 8. (16 S.) Würzburg 862, Stuber. *

Hansen, H. N., Ich hatte viel Bekümmerniß in meinem Herzen; aber deine Tröstungen ergötzen meine Seele. Antritts-Predigt üb. Psalm 94, 19. am 4. Adventsonnt. den 21. Dezbr. 1851 gehalten. gr. 8. (16 S.) Erlangen 851, Bläsing in Comm. n. 2 ngr

Hansen, H. N., die lebensvolle Predigt des Evangeliums u. der evangelische Heilsweg: Aus Gnaden durch den Glauben. Zwei Predigten in der St. Nicolai- u. St. Johanniskirche zu Flensburg gehalten. Würzburg 868. Stuber. gr. 8. (32 S.) 3 ngr.

Hansen, Hans, approb. Arzt aus Tondern: Aus d. patholog. Institute zu Kiel. Amyloidentartung und Lues, Beitrag zur Lehre von der Amyloidentartung. *Kiel 1898: P. Peters.* (24 S.) 8°
Kiel, Med. Diss. v. [14. Aug.] 1899

Hansen, Hans, e. kleines Buch. Gedichte. 8. (VIII, 45 S.) Dresden 895. E. Pierson. n. 1. —; geb. in Leinw. m. Goldschn. n. 2. —

Hansen, die Danisirung des Herzogthums Schleswig und die Verwüstung von Kirche und Schule. Leipzig 855. Remmelmann. (Kaiserslautern, Meuth.) gr. 8. (47 S.) n. 10 ngr

Hansen, Hans (Übers.), s. Devore, Gaston: Verkannt.

Hansen, Hans: Fibel zu den Eckernförder Lesetabellen, s. Eggers

HANSEN, HANS. Ueber Orthocymol und einige Derivate desselben. (Freiburg im Breisgau) Flensburg, 1880.

Hansen, Hans, Gerichtsass.: Welche Wirkung hat es, wenn der wirkliche Eigentümer sich mit dem unrichtig eingetragenen Eigentümer mündlich einigt, daß die Eintragung bei Bestand bleiben soll? Flensburg 1908: Meyer. 35 S. 8°
Rostock, Jur. Diss. v. 25. Okt. 1908, Ref. Bernhöft
[Geb. 1. Mai 80 Flensburg; Wohnort: Flensburg; Staatsangeh.: Preußen; Vorbildung: Gymn. Flensburg Reife O. 00; Studium: München 2, Kiel 4 S.; Rig. 8. Sept. 08.] [U 09. 3061

— ein Wort für die Wahrung der unmittelbaren persönlichen Hoheits-Rechte u. insbesondere der episkopalen Hoheits-Rechte Seiner Majestät König Frederik VII. Hamburg 854. (Nolte u. Köhler.) 8. (12 S.) n. 4 ngr

— die kirchlichen Zustände des Herzogthums Schleswig und über die Verhältnisse der verschiedenen Sprachen. Ebend. 854. gr. 8. (40 S.) n. 6 ngr

Hansen, Hans (Abb.), s. Abriß d. vornehmsten Weltbegebenheiten.

Hansen, Harald, die Faßfabrikation. Eine Anleitg. f. die maschinelle Herstellg. der Fässer. (44 S. m. 48 Abbild.) gr. 8. Leipzig 907. B. F. Voigt. 1. —

Hansen, Heinr., nordalbingische Blätter, s. Blätter

Eben-Ezer! Festpredigt zur Feier des 200jährigen Jubiläums der Kirchweihe der Neustadt-Ploener Johanniskirche den 8. November 1885 geh. v. Heinrich Hansen. Ploen. 1885. 8°

— 20 sassische Leeder ut't Hochdütsche öwerdragen. (8 S.) gr. 8. Kropp (906). (Husum C. F. Delff.) n.n. — 10

Hansen, Heinrich: 20 sassische Leeder ut't Hochdüdsche öwerdragen vun –, Pastor up Pellworm.
(Pellworm: Selbstverl. [1908].) (4 Bl.) 8° [Kopft.]

Hansen, Heinr., über Memorieren u. Memorierstoff auf d. Gebiete d. Religionsunterrichtes. Ein Beitrag zur Reform des Religionsunterrichts. (IV, 108 S.) gr. 8. Hannover 909. C. Meyer. 1.50; geb. 1.80

Hansen, Heinrich, approb. Arzt aus Garding: Aus d. med. Klinik in Kiel. Ueber Paralysis agitans mit Extensionstypus. *Kiel 1903: Schmidt & Klaunig.* (21 S.) 8°
Kiel, Med. Diss. v. [24. Apr.] 1903

Hansen, Heinrich: Des auferstandenen Heilandes Ruf zur Auferstehung. Eine Osterpredigt, gehalten in der Stadtkirche zu Eckernförde den 8. April 1833. Von –.
Schleswig. 1833. 8°

Deutsche Volks- und Sänger-Feste in Schleswig-Holstein, besonders das am 1., 2. und 3. Juni 1845 gefeierte Deutsche Volks- und Sängerfest in Eckernförde. Von Heinrich Hansen. Mit 1 Ansicht von Eckernförde. Altona. 1846. 8°.

— **Heinrich Georg** (Güstrow/Meckl.), De tertia specie processus, mixti sc., seu denunciatorii, ejusque indole, et differentia, a processu tam civili, quam criminali. Dissert. jur. Präs. Hermann Becker. Rostock (Joh. Jac. Adler) 12. VIII. 1760. 34 S. mit Widm. v. Präs. (6.—) 13080

Hansen, Heinr. Joh., Geschichte der Stadt Narva. Dorpat 858. (Lübeck, Dittmer.) gr. 8. (XII, 396 S., 16 lith. Taf. u. 1 lith. Musikbeilage.) n. 3 ℛ 10 ngr

Hansen, Helene, Thereslis Preis. Abenteuer der schwarzen Schlange. Lunx u. die Miez. Die kleinen Plänemacher, s.: Kinderfreude.

Hansen, Henrik. Das Staatsrecht d. Königr. Dänemark, s. Goos, C.

Hansen, Hermann: Das Märchen von den sieben Raben oder Das Märchen von der Kunst. Dramat. Märchen in 5 Aufz. u. e. Vorspiel von –.
Dresden: Pierson 1906. VIII, 117 S. 8°

Hansen, J.: Bericht über die Deputation aus Angeln nach Berlin, s. Schmidt, Georg Karl Wilhelm

Hansen, J., landwirtschaftliche Buchführung. Register zur einfachen landwirtschaftl. Buchführg. m. Anleitg. zur Vornahme der Inventur u. zur Ermittelg. des steuerpflicht. Reinertrages. Fol. (817 S.) Jena 893. C. Hochhausen jun. Geb. n.n. 7. —

Hansen, J., landwirtschaftl. Buchführung. Register z. einfachen landwirtschaftl. Buchführg. m. Anleitg. z. Vornahme d. Inventur u. zur Ermittelg. d. Reinertrages wie d. steuerpflicht. Einkommens entworfen. 2. Aufl. Fol. (IV, 176 S.) Jena 896. C. Hochhausen. Geb. n.n. 4. —

— u. H. Meyerhoff, die Kontrollvereine der Rheinprovinz, s.: Veröffentlichungen der Landwirtschaftskammer f. die Rheinprov. 1906, III u. V.

— u. H. Ebbinghaus, die Kontrollvereine der Rheinprovinz im J. 1908, s.: Veröffentlichungen der Landwirtschaftskammer f. d. Rheinprovinz.

Hansen, J. A. J., der Orden Unserer lieben Frau von Sion und das Waisenhaus zu Ecce-Homo in Jerusalem, gestiftet von Maria Thdr. und Maria Alph. Ratisbonne, kurz dargestellt. 1. Aufl. 1862. 4 Ngr. und 2., verb. und verm. Aufl. 16. (140 S.) Trier 863, Braun's Verlag.

—— der Ronge'sche Spuk zu Ottweiler. Ein offenes Wort an und für seine Pfarrkinder. 12. (59 S.) Trier 863, Braun's Verlag.

Hansen, J. G., Trauerworte am Grabe des Generalsuperintendenten D. C. F. Meyer in Coburg. Gesprochen am 25. März 1870. Coburg 870. Riemann'sche Hofbuchh. gr. 8. (8 S.) 2½ ngr.

Hansen, J. Heinrich, über die Bevölkerungsdichtigkeit Attika's und ihre politische Bedeutung im Alterthum. gr. 4. (20 S.) Hamburg 885, O. Meissner's Verlag. *

Hansen, J. Henricus. [Slesvicensis]: De metallis atticis commentatio prior .... Hamburgi, apud O. Meissnerum, 1885; 30 S. 4°.
Strassburg, Phil. Fak., Inaug.-Diss. v. 1885.

Hansen, J. Phil., Liebe u. Haß. Geschichtlich-romantische Erzählung. 2 Bde. Brüssel 866. (Kießling & Co.) 8. (V, 472 S.) 1 ℛ 10 ngr.

Hansen, Jac., Andachtsübungen zu Ehren der heiligen Engel, bestehend aus den betr. kirchl. Tagzeiten, Betrachtgn., Gebeten, neuntäg. Andachten, Liedern, dem engl. Rosenkranz ꝛc. 16. (IV, 312 S. m. 1 Holzschn.) Dülmen 883. Laumann. n. — 80; geb. n. 1.20

Jacobus Fridericus Hansen. Theses ex philosophia mentis, quas pro disputatione secunda defendet nobilis ac eruditus Jacobus Fridericus Hansen, Bruchsaliensis, logices auditor; oppugnabunt ornatus et eruditus Antonius Kappler, Ettlinganus, ethices et physices auditor, et ingenui ac eruditi Josephus Günther, Bruchsaliensis, Joannes Baptista Pfeiffer, Rheno-Tabernensis, logices auditores.
Badenae in principali Athenaeo Marchio-Badensi die 23. Martii MDCCLXVII. Horis ante et post meridiem consuetis. 4 S.
Rastatt, P 1767

Abenteuer im Busch. Der Bündelmann. 2 austral. Erzählungen von Felix Lilla [d. i. Jakob Otzen Hansen]. Mülheim a. d. Ruhr: J. Bagel [1902]. (64 S.) 8° [J.] [04. 4733

Das Bramahschloß. Eine Kriminalgeschichte. G. Washington als Erbschaftsrichter. 2 Erzählungen von Felix Lilla [d. i. Jakob Otzen Hansen]. Mülheim a. d. Ruhr: J. Bagel [1902]. (63 S.) 8° [J.] [04. 4734 *

Hansen, J. O., die unterirdische Eisenbahn, s. Erzählungen aus Heimat und Ferne.

– Die Entführung, s. Unterhaltungs-Bibliothek.

Hansen, J. O., s.: Fern, Bal.

– Das Geheimnis der Grabesbucht, s.a. Unterhaltungs-Bibliothek.

Das Geheimnis der Grabesbucht. Der Retter in der Not. 2 Erzählungen von J[akob] O[tzen] **Hansen**. Mülheim a. d. Ruhr: J. Bagel [1902]. (64 S.) 8° [F.]

— das Geheimnis des Trappers, s. Erzählungen aus Heimat und Ferne.

Hansen, Jakob Otzen Juana, die Entführung, s. Unterhaltungs-Bibliothek

Klippen des Glücks und andere Kriminal-Novellen von Felix Lilla [d. i. Jakob Otzen **Hansen**]. Mülheim a. d. Ruhr J. Bagel [1904]. (96 S.) 8° [F.]

Kriegsbeil und Friedenspfeife. Prairiejustiz. Erzählungen aus d. texan. Wildnis von Felix Lilla [d. i. Jakob Otzen **Hansen**]. Mülheim a. d. Ruhr J. Bagel [1904]. (62 S.) 8° [F.]

– Der Leibeigene von Tawan, die eiserne Maske, s. Unterhaltungs-Bibliothek

– Die eiserne Maske, s. Unterhaltungs-Bibliothek.

– Ein weißer Sklave; des Pedlars Verhängnis, s.a Unterhaltungs-Bibliothek

Ein weisser Sklave. Des Pedlars Verhängnis. 2 Erzählungen von J[akob] O[tzen] Hansen. *Mülheim: J Bagel [1898].* (64 S.) 8° [F.]

Der Squatter in Arkansas. Erzählung aus d. Westen Nordamerikas von Felix Lilla [d. i. Jakob Otzen **Hansen**]. Mülheim a. d. Ruhr: J. Bagel [1902]. (61 S.) 8° [F.]

Hansen, Jakob Otzen Die Tochter des Henkers u. and. Erzählgn. Von Felix Lilla [d. i. Jakob Otzen Hansen] 3 Vollbild. Berlin. A. Weichert 1897. (95 S., 3 Taf.) 1 Bd 8° = Wochen-Bibliothek, Weichert's. Bd 30.

– Des Pedlars Verhängnis, s. Unterhaltungs-Bibliothek.

Hansen, J. O., s.: Volkserzählungen, kleine.

Der Geitzhals auf der Insel Silt Ein Schauspiel in 4 Aufzügen (v. **Jep Peter Hansen**). Flensburg 1809 8°

Hansen, Jep. Pt., mathem. Constücken. Mit Kpft. 8. Alt. 816.

Hansen, J. P., Nahrung f. Leselust in nordfriesischer Sprache. I. D. Geizhalz od. d. Silter Petritag. 3. Ausg. II. D. glückl. Steuermann. Ein Enkel d. Geizhalses. 2. Ausg. III. Lieder u. and. Kleinigkeiten z. schuldlosen gesellschaftl. Unterhaltg. 3. Ausg. 12. (XXI, 289 S. m. Bildn. u. 1 Abb.) Westerland-Sylt 896. (Meldorf, M. Hansen.) Kart. n.n. 3. 50

— systemat. u. gemeinnützl. Rechenbuch für d. Jugend d. Herzogth. Schleswig u. Holstein. 8. Sonderburg 819.

— deutsches u. dänisches Schulbuch zur ersten Uebung im Lesen u. Denken. 8. Flensb. 808. 2e A. ... 3e A. 825.

— d. dän. Trigonometrieskale, eine Stellvertreterin d. ausländ. Plain- u. Zünterskale. 8. Hamb. 814. (Herold jun.) 10 K.

Hansen, J. P., die dänische Trigonometriescale, eine Stellvertreterin d. ausländischen Plain- u. Zünterscale. 8. Hamb. Vollmer. 814.

Hansen, Joannes

— kann d. Herrnhuthische Gemeine eine wahrhaft evangel.-christl. genannt werden? 8. Leipz. 821. Reclam. 16 K

Hansen, Joannes (eigentl. Hans), ein ernstes Wort wider die Herrnhuther; Beantwortung einer sogenannten unparth. Beurtheilung u. Berichtigung. 8. (Hamb. 823. Herold). 12 K

Hansen, Joh., Untersuchungen üb. den Preis des Getreides m. besond. Rücksicht auf den Nährstoffgehalt desselben, s.: Studien, staatswissenschaftliche.

Hansen, Jh. Ant. Jos., die wichtigsten Beziehungen des bürgerl. Lebens, mit besond. Berücksichtigung der Rheinprovinz. 8. Saarbrücken 838. Neumann. n 1/4 ß

Hansen, Joh. Ant. Jos., die Demokratie, vom Standpunkte der Vernunft u. d. Christenthums betrachtet. gr. 8. (61 S.) Trier 850, Gall. 1/4 ß

Hansen, Joh. Ant. Jos., der Dom zu Trier, e. Beitr. zu dess. Gesch. u. Beschreib. Besond. Abdr. a. d. „Rhein. Provinzialblättern." 8. (6 B.) Trier 833, Montigny.

—— das Fest des heil. Bischofs und Bekenners Terentius, gefeiert zu Ottweiler am 3. Novbr. 1850. Ein Beitrag für Geschichte und Alterthum. gr. 8. (18 S.) Trier 851, Gall's Vrlgsh.

Hansen, Joh. Ant. Jos., Glück auf in Christo Jesu! Gebetbuch f. Berg- u. Hüttenleute, besonders f. die Mitglieder der St. Barbara-Bruderschaft. Neu hrsg. v. P. Nikolay. (XV, 341 S. m. Titelbild.) 16. Saarlouis 908. F. Stein Nachf. Geb. in Leinw. 1.—

Hansen, Joh. Ant. Jos., Lebensbeschreibung des heiligen Hirten, Einsiedlers und Abtes Wendelinus, eines Königssohns aus Schottland, mit einer Andacht, Litanei und verschiedenen Gebeten zu diesem Heiligen, wie auch mit Morgen-, Abend-, Meß- und anderen Andachten und Gebeten, neu bearb. Mit 1 Titelkpfr. Regensburg 855. Manz. 12. (451 S.) 13½ ngl

—— der Morgenstern der kirchl. und polit. Wiedergeburt Deutschlands oder prophet. Stimmen über Gegenwart und Zukunft kurz zusammengestellt. gr. 8. (40 S.) Trier 850, Gall's Vrlgsh. *

— der Morgenstern der religiösen und politischen Wiedergeburt Deutschlands, oder prophetische Stimmen über unsere Gegenwart und Zukunft, kurz zusammengestellt. 2. verm. u. verb. Ausg. Trier 854. Gall. gr. 8. (VI, 68 S.) 8 ngl

Hansen, Jh. Ant. Jos., die Mosel u. ihre romantischen Ufer. Dampfschifffahrts-Karte von Metz bis Coblenz. Lith. von W. Becker. (M. 8 Vignett. u. beigedrucktem Text.) ½ gr. Fol. Zweibrücken (840), Ritter. 1/3 ß

— la Moselle et ses rives romantiques. Carte de navigation par le bateau à vapeur de Metz à Coblentz. (Ausgeführt wie vorstehend.) le même. 1/3 ß

—— Treviris od. trierisches Archiv, s. Treviris.

—— Unser Vaterland. Ein Fest- u. Prüfungs-Geschenk f. d. vaterländ. Jugend. gr. 12. (2⅔ B.) Saarlouis 828. (Köln, Du Mont-Schauberg.)

Hansen, Johann Friedrich

Hansen, (a. Hanssen), Jh. Fr., († d. 19. Nov. 1789.) Staatsbeschreib. d. Herzogth. Schleswig, herausg. v. Ant. Fr. Büsching. 4. Hamb. 766. Bohn. 12 [illegible]. Ganz umgearb. unt. d. T.: vollständ. Staatsbeschreib. d. Herzogth. Schleswig. gr. 8. Flensb. 770. Christiani. [illegible]

Als meine Schwester starb. Den 26. August 1787. [Von] Johann Heinrich **Hansen**. — Schleswig (1787): Serringhausen. 2 Bl. 8°

[Plöner Predigten für die Sonntagsverteilung v. Joh. Heinr. **Hansen.**] (Bordesholm.) o. J. 8°

Hansen, Joh. Jak., d. Betrachtgn. üb. d. Leben Christi, s. Bonaventura, hl.

[F.] Blüten der Andacht. Vollständ. Gebet- u. Erbauungsbuch. Hrsg. v. Joh. Jak. **Hansen**, Priester d. Erzdiöc. Köln ... *Paderborn: Bonifacius-Dr. [1896].* (488 S., 1 Taf.) 1 Bd 8.

— D. Buch d. Lebens, s.: Waldner, J.

Hansen, Joh. Jak., das allgemeine hl. Jubiläum. Anleitung u. Gebete zur Gewinng. des v. unserm Hl. Vater Leo XIII. f. d. J. 1901 bewilligten Jubiläumsablasses. gr. 16. (64 S. m. 1 Bildnis.) Paderborn 901. Bonifacius-Druckerei. — 15

Hansen, Joh. Jak., Leben des ehrw. Paters Joseph Barrelle aus der Gesellschaft Jesu. (357 S.) 8. Paderborn 908. Bonifacius-Druckerei. 3. —

Leben des seligen Ludwig Maria Grignion de Montfort, Apostol. Missionar, Stifter d. Congregation d. Missionare von d. Gesellsch. Mariä u. d. Congreg. d. Töchter d. Weisheit. Nach Quellen bearb. von Johann Jakob **Hansen**, Pfarrer. *Paderborn: Bonifacius Dr. 1900.* (303 S.) 8° [F.]
— **Hausschatz**, Geistlicher, f. kath. Christen. Jg. 22, H. 1. 2.

Hansen, Joahnn Jakob: Das Leben des seligen Petrus Canisius aus der Gesellschaft Jesu. Nach d. Dorigny'schen Lebensbeschreibung des Seligen neu bearb. von –, Pfarrer. Paderborn: Bonifacius-Dr. 1898. (159 S.) 8°
= Hausschatz, Geistlicher, für kath. Christen. Jg. 20, H. 1.

— Lebensbilder hervorragender Katholiken des 19. Jahrh. Nach Quellen bearb. u. hrsg. gr. 8. (VIII, 382 S. m. 20 Bildnissen.) Ebd. 901. n. 3. 60

Hansen, Joh. Jak., Lebensbilder hervorragender Katholiken des 19. Jahrh. Nach Quellen bearb. u. hrsg. 2—4. Bd. gr. 8. Paderborn, Bonifacius-Druckerei. n. 11. 20
2. (VIII, 404 S. m. 15 Bildnissen.) 903. n. 3. 80
3. (VIII, 409 S. m. 30 Bildnissen.) 905. n. 4. —
4. (VIII, 295 S. m. 16 Bildnissen.) 905. n. 3. 40

Lebensbilder hervorragender Katholiken des neunzehnten Jahrhunderts. Nach Quellen bearb. u. hrsg. von Johann Jakob **Hansen**, Pfarrer. 2. verb. u. verm. Aufl. Bd 1. Paderborn: Bonifacius-Dr. 1906. 8° [F.]
07. 4164 6

— **Lebensbilder hervorrag. Katholiken des 19. Jahrh. Nach Quellen bearb. u. hrsg. 5. Bd. (VIII, 344 S. m. 1 Bildnis.) 8. Ebd. 909.** 3. 80
1—4. Bd. Ebd. 901—905. 14.80.

— Lilien unter den Dornen. s.: Busenbaum.

— das römische Meßbuch. (Missalo romanum.) Ins Deutsche übers. u. m. Erklärgn. versehen. 12. (XVI, 807 S. m. Titelbild.) Paderborn 899. Bonifacius-Druckerei. Geb. in Leinw. n. 2. 40

— Eucharist. Monat, s: Bourdaloue.

Hansen, Johann Jürgen Heinrich (wirkl. Name), s. Eichwald, H. (Pseud.)

Hansen, Joan. Nic. (geb. Rinkjöbing 20. 8. 1808): De musicae in corpus humanum vi. Berolini (1833). (37 S.) 4°
Berlin, Med. Diss. v. 20. Aug. 1833

Hansen, Johannes

Hansen, J., s.a. Bericht v. Dikopshof

Bericht v. Dikopshof. Die Einrichtungen und die Versuchstätigkeit auf dem zur Königl. Landwirtschaftlichen Akademie Bonn-Poppelsdorf gehörigen Gut Dikopshof in d. J. 1905–1907. Von Dr. J[ohannes] **Hansen**, Prof., Bonn-Poppelsdorf. 1. Berlin: P. Parey 1908. 4°(8°)
= **Jahrbücher**, Landwirtschaftliche. Bd 37, Erg.Bd 3. 08. 16770 9

— **Die Fütterung des Rindviehes, s.: Bücherei, landwirtschaftliche.**

— **Fütterungsversuche m. Milchkühen,** s.a. **Arbeiten der deutschen Landwirtschafts-Gesellschaft.**

Fütterungsversuche mit Milchkühen. Im Auftr. d. Sonderausschusses f. Fütterungswesen d. Deutschen Landwirtsch.-Gesellsch. dargest. von Prof. Dr. J[ohannes] **Hansen**-Bonn. Berlin: Deutsche Landwirtsch.-Gesellsch. 1907. (73 S.) 8° [F.]
= **Arbeiten** d. Deutschen Landwirtsch.-Gesellschaft. H. 134.

Hansen, J., landwirtschaftliche Haustierlehre, s.: Wilckens.

Hansen, Johs.: Die Kontrollvereine der Rheinprovinz im Jahre 1904. Bericht über ihre Thätigkeit, erstattet im Auftr. d. Landwirtschaftskammer f. d. Rheinprov. von –, Prof. Bonn: Landwirtschaftskammer f. d. Rheinprov. 1906. (87 S.) 8°
= Veröffentlichungen d. Landwirtschaftskammer f. d. Rheinprov. 1906. No 3.

Nährstoff und Eiweißbedarf der Abmelkkuhe. Fütterungsversuche angestellt ... von Prof. Dr. J[ohannes] **Hansen**-Bonn. Berlin: Deutsche Landwirtsch.-Gesellschaft 1910. 157 S. 8°
(Arbeiten d. Deutschen Landwirtsch.-Gesellschaft. H. 171.) 10. 1681

— u. A. Hermes, die Rindviehzucht im In- u. Auslande. 2 Bde. gr. 8. Leipzig. Berlin, R. C. Schmidt & Co. n. 19. 50; geb. n. 22. 50
1. (XII, 667 S. m. 96 Abbildgn. u. 12 Karten.) 905. n. 13. —; geb. n. 14. 50
2. (VIII, 396 S. m. 69 Abbildgn.) 905. n. 6. 50; geb. n. 8. —

(B) — u. A. Hermes, Rindviehzucht. 905. (KBL 33.) Jetzt: Hannover. M. & H. Schaper.

Hansen, Johs., Untersuchungen über den Preis des Getreides mit besonderer Rücksicht auf den Nährstoffgehalt desselben, s.a. **Studien, staatswissenschaftliche.**

Hansen, Johannes: Untersuchungen über den Preis des Getreides mit besonderer Rücksicht auf den Nährstoffgehalt desselben .... Jena, Gustav Fischer, 1886; 1 Bl. + 78 S. 8°
Jena, Phil. Fak., Inaug.-Diss. v. 1886.

— u. A. Günther, Versuche üb. Stallmist-Behandlung, s.a. Arbeiten d. deutschen Landwirtschafts-Gesellschaft.

[F.] Versuche über Stallmist-Behandlung. E. Beitr. z. Frage der Stallmist-Konservierg. I. A. d. Deutschen Landwirtsch.-Ges. ... bearb. v. Prof. Dr. J. **Hansen**, Oberglogau, u. Dr. A. Günther, Berlin. *Berlin: Dr. v. Gebr. Unger 1898.* (141 S.) 1 Bd 8.
= **Arbeiten** d. Deutschen Landwirtschafts-Gesellschaft. H. 30.

— 3 Vorträge üb. die Anwendg. der Elektrizität a. d. Lande, s.: Strahl.

Hansen, J., welche Arbeiten kann d. deutsche Gesellsch. f. Züchtungskunde im prakt. Zuchtbetriebe zur Ausführung bringen, s.: Flugschrift, 5., der deutschen Gesellschaft f. Züchtungskunde.

Hansen, Jörgen A., e. Beitrag zur Persistenz d. Ductus omphalo-entericus. Inaugural-Dissertation. gr. 8. (21 S.) Kiel 885. Lipsius & Tischer. n. — 60

Hansen, Jos., rheinische Akten z. Geschichte d. Jesuitenordens 1542—1582, s.: Publikationen d. Gesellschaft f. rhein. Geschichtskunde.

Hansen, Jos., Beiträge zur Geschichte v. Aachen. 1. Hft. 8. Bonn 886. Weber. n. 1. 80
1. Zur Kritik sagenhafter Beziehungen Karls d. Grossen zu Aachen. 2. Die lutherische Gemeinde zu Aachen im Laufe d. 16. Jahrh. (VII, 80 S.)

Hansen, Jos.: Histor. Museum d. Stadt Cöln. Allgemeiner Führer durch die Sammlungen in der Hahnentorburg und in der Eigelsteintorburg. 2. Aufl. Cöln: Köln. Verl.-Anst. 1908. 59 S. 8°

Hansen, Jos., die Gesellschaft f. rhein. Geschichtskde. in den J. 1881—1906. Vortrag, geh. in d. 26. Jahresversammlg. der Gesellschaft f. rhein. Geschichtskde. in Köln am 9. III. 1907. (34 S.) gr. 8. Bonn 907. Köln a/Rh., Ges. f. rhein. Geschichtskde. 1. 20

Hansen, Jos., der Kampf um Köln 1576—1584, s.a. Nuntiaturberichte aus Deutschland.

Hansen, d. Kampf um Köln. (Nuntiaturberichte.) Berlin 892.

Hansen, Josef (Hrsg.), s. Lea, Henry Charles: Geschichte der Inquisition im Mittelalter.

— Arnold Mercator u. d. wiederentdeckten Kölner Stadtpläne v. 1571 u. 1642. (M. 2 Stadtplänen.) [Aus: „Mitteilgn. aus d. Stadtarchiv v. Köln".] gr. 8. (20 S.) Köln 897. (M. Du Mont-Schauberg.) Kart. n. 4. —

Hansen, Jos., Gustav v. Mevissen. Ein rhein. Lebensbild 1815—1899. 2 Bde. (XVI, 869 u. X, 668 S. m. 3 Bildnissen.) gr. 8. Berlin 906. G. Reimer. n. 20. —; geb. in Halbfrz. n. 25. —

Hansen, Jos., s.: Mitteilungen a. d. Stadtarchiv v. Köln.

Hansen [Bearb.], s. Nuntiaturberichte aus Deutschland

— — Quellen und Untersuchungen zur Geschichte des Hexenwahns und der Hexenverfolgung im Mittelalter. Mit einer Untersuchung der Geschichte des Wortes „Hexe" von *J. Frank*. Bonn 1901. 8°. (15 frcs., br. neu, Adolf Geering, Basel, 1905:)
Ein umfassendes Quellenwerk von hohem culturhistor. Interesse.

— Quellen u. Untersuchungen zur Geschichte des Hexenwahns u. der Hexenverfolgung im Mittelalter. Mit e. Untersuchg. der Geschichte des Wortes Hexe v. Johs. Franck. gr. 8. (XI, 703 S. m. Abbildgn.) Bonn 901. C. Georgi. n. 12. —

— der Reichstag zu Regensburg. (Nuntiaturberichte.) Berlin 894.

— die Stadtarchive v. Andernach, Duisburg u. Linz, s.: Annalen des historischen Vereins f. d. Niederrhein.

Hansen, Jos., zur Vorgeschichte der Soester Fehde, s.: Zeitschrift, westdeutsche, für Geschichte u. Kunst.

— Westfalen u. Rheinland im 15. Jahrh., s.: Publicationen aus den k. preuß. Staatsarchiven.

— Zauberwahn, Inquisition u. Hexenprozeß im Mittelalter u. die Entstehung der großen Hexenverfolgung, s.a. Bibliothek, historische. 12. Bd.

Hansen, Joseph: Zauberwahn, Inquisition und Hexenprozess im Mittelalter und die Entstehung der grossen Hexenverfolgung. Von —. München & Leipzig: R. Oldenbourg 1900. (XV, 538 S.) 8°
= Bibliothek, Historische. Bd 12.

Hansen, J., s.: Zeitschrift, westdeutsche, f. Geschichte u. Kunst.

Hansen, Jules, diplomatische Enthüllgn. a. d. Botschafterzeit d. Barons v. Mohrenheim. (1884—1898.) Autoris. Uebersetzg. v. Christoph Luerot. 5—6. Taus. (XIV, 208 S.) 8. Oldenburg (908). G. Stalling's Verl. 1. —
1—4. Taus. (XIV, 208 S.) Ebd. 907. 2. —.

Hansen, Julius, approb. Arzt aus Stolberg im Rhld.: Aus d. Kieler Universitäts-Frauenklinik. VI Fälle von primären desmoiden Geschwülsten der Ligamenta lata. *Kiel 1899: P. Peters.* (30 S.) 8°
Kiel, Med. Diss. v. 10. Mai 1899.

Hansen, Jürgen

—— über d. Heirathen d. Armen u. d. dabei betheiligte Recht d. Communen. gr. 8. (2¾ B.) Altona 832, Aue.

Hansen, Jürgen, Critik d. Armenwesens. gr. 8. (12 B.) Altona 834, Aue.

Hansen, K., neuer Rechenknecht in Reichsmünze. Sofortige Antwort auf die Frage: Wie viel kostet eine bestimmte Anzahl Meter, Liter, Kilo ꝛc., wenn eins derselben kostet? Für jeden Preis und jede Anzahl. Nebst Vergleichstabelle der alten Maaße und Gewichte mit den neuen. 1. und 2. Aufl. 16. (IV, 107 S.) Hamburg 877, Kramer. cart. *

Hansen, K., neuer Rechenknecht in Reichsmünze. Sofortige Antwort auf die Frage: Wie viel kostet eine bestimmte Anzahl Meter, Liter, Kilo, Pfunde, Stück ꝛc., wenn eins derselben kostet? Für jeden Preis u. jede Anzahl. Nebst Vergleichstabellen der alten Maße u. Gewichte mit den neuen. 3. Aufl. 12. (111 S.) Hamburg 882. Kramer. cart. n. 1. —

Hansen, K., neuer Rechenknecht in Reichsmünze. Sofortige Antwort auf die Frage: Wie viel kostet e. bestimmte Anzahl Meter, Liter, Kilo, Pfunde, Stück etc., wenn eins derselben kostet? Für jeden Preis u. jede Anzahl. Nebst Vergleichs-Tabelle der alten Maasse u. Gewichte m. den neuen u. Zinstabelle auf Jahr u. Monat. 4. Aufl. 12. (112 S.) Hamburg 894. G. Kramer, Verl. Kart. n. 1. —

Hansen, K. N., Staatsmaterialien und historisch-politische Aufklärung f. Publikum. 2 Bde. in 12 Stck. gr. 8. Leipzig, Barth. 787.

Hansen, Karl, Erinnerung an die Schiller-Feier in Harburg. Prolog. Harburg 859. Danckwerts. 4. (6 S.) n. 2⅓ ngr.

Hansen, Carl, Henrik Ette. Geschichte e. Lebens. (274 S.) 8. Dresden 904. E. Pierson. n. 3. 50; geb. n. 4. 50

Hansen, Carl, s.: Heilmethode, die magnetische od. sogenannte Huth'sche.

—— deutsches Lesebuch (In 5 Thln.) 1—4. Thl. gr. 8 Harburg 860, Elkan. geb. *

Inhalt:

Thl. 1. Für das 7. und 8. Lebensjahr. (VIII und 160 S.) * 8 Ngr
» 2. Für das 9. und 10. Lebensjahr. (VIII und 192 S.) * 10 Ngr.
» 3. Für das 11. und 12. Lebensjahr. (VI und 244 S.) * 12½ Ngr.
» 4. Für das 13. und 14. Lebensjahr. (VI und 252 S.) * 12½ Ngr.

—— dass. — 5. Thl. 2 Lfgn.: Deutsche Dichter und Prosaiker von 375—1860 nebst Metrik, Figurenlehre und Poetik. Ein Handbuch für höhere Lehranstalten und Freunde deutscher Literatur. gr. 8. (X und 648 S.) Ebendas. 861. 62. [1. Lfg. * 10 Ngr., 2. Lfg. * 25 Ngr.] *

Hansen, Carl, deutsches Lesebuch. 1.—4. Thl. gr. 8. Harburg, Elkan. geb. *]

Inhalt:

Thl. 1. Für das 7. und 8. Lebensjahr. 2. Aufl. 1863. und 3. Aufl. (X und 160 S.) 865. * 8 Ngr.
» 2. Für das 9. und 10. Lebensjahr. 2. Aufl. 1864. und 3. Aufl. (VIII und 208 S.) 867. * 10 Ngr.
» 3. Für das 11. und 12. Lebensjahr. 3. Aufl. (VI und 244 S.) 868. * 12½ Ngr.
» 4. Für das 13. und 14. Lebensjahr. 2. Aufl. (X und 264 S.) 866. ** 11 Ngr.; geb. * 13 Ngr.

Hansen, Karl, deutsches Lesebuch. 5 Thle. gr. 8. Harburg, Elkan. *

Inhalt:

Thl. 1. Für das 7. und 8. Lebensjahr. 4. Aufl. 1869; 5. Aufl. 1871, und 6. Aufl. (VIII, 160 S.) 874. * 70 Pf.; geb. * 80 Pf.
» 2. Für das 9. und 10. Lebensjahr. 4. Aufl. 1869, und 5. Aufl. (VIII, 208 S.) 871. * 90 Pf.; geb. * M 1.
» 3. Für das 11. und 12. Lebensjahr. 4. Aufl. 1870, und 5. Aufl. (VI, 244 S.) 873. * M 1,10.; geb. * M 1,25.
» 4. Für das 13. und 14. Lebensjahr. 3. Aufl. (X, 264 S.) 870. ** M 1,10.; geb. * M 1,30.
» 5. Deutsche Dichter und Prosaiker. Auswahl deutscher Gedichte und Prosastücke von 375—1871 nebst Metrik, Figurenlehre und Poetik. Ein Handbuch der deutschen Nationalliteratur für höhere Lehranstalten und Freunde deutscher Literatur. 2. sehr erweit. und verb. Aufl. (XIV, 679 S.) 873. * M 4.

—— dass. — 2. Thl. B. gr. 8. (VI, 160 S.) Ebendas. 875. *
—— dass. — 2 Thl. C. gr. 8. (VI, 164 S.) Ebendas. 875. *

Hansen, Karl, deutsches Lesebuch. 1.—4. Thl. gr. 8. Harburg, Elkan. * M 3,85.; geb. *

Inhalt:

Thl. 1. Für das 7. und 8. Lebensjahr. 7.—10. Aufl. (VIII, 160 S.) 877—79. * 70 Pf.; geb. * 95 Pf.
» 2. Für das 9. und 10. Lebensjahr. 6.—9. Aufl. (VIII, 208 S.) 876—79. * 90 Pf.; geb. * M 1,15.
» 3. Für das 11. und 12. Lebensjahr. 6.—8. Aufl. (VIII, 244 S.) 876—79. * M 1,10.; geb. * M 1,35.
» 4. Für das 13. und 14. Lebensjahr. 4. Aufl. (X, 276 S.) 873. * M 1,15.; geb. * M 1,40.
5. Thl. Ebendas. 1873. * M 4.; geb. * M 5,50.

Hansen, Karl, deutsches Lesebuch. 1.—4. Tl. Nach der neuen Rechtschreibung bearb. gr. 8. Leipzig, (Brockhaus.) [1. Tl. 11.—13. Aufl. (VIII, 160 S.) 880,81. * M 1.; 2. Tl. 10.—18. Aufl. (VIII, 208 S.) 880—83. * M 1,25.; 3. Tl. 9. Aufl. (VIII, 248 S.) 880. * M 1,35.; 4. Tl. 5.—7. Aufl. (VIII, 276 S.) 880—83. * M 1,40.] geb. *

5. Thl. (Ebendas.) 1873. geb. * M 4,50.

Hansen, Karl, deutsches Lesebuch. 5 Tle. gr. 8. Leipzig, (Brockhaus.) [1. Tl. 14.—23. Aufl. (VIII, 160 S.) 882—88. * M 1.—; 2. Tl. 19.—23. Aufl. (VIII, 208 S.) 884—88. * M 1.25.; 3. Tl. 10.—18. Aufl. (VIII, 244 S.) 884—88. * M 1.35.; 4. Tl. 8.—11. Aufl. (VIII, 276 S.) 884—88. * M 1.40.; 5. Tl. 2.—3. Aufl. (X, 704 S.) 885,86. * M 4.50.] aeb. *

Hansen, Karl. Deutsches Lesebnch. 5 Tle. gr. 8. [Lpz. 889, Rob. Hoffmann.] Braunschw., Wollermann. geb. * 9 50

1. 24. Aufl. (VIII, 160 S.) * 1 —. — 2. 24. Aufl. (VIII, 208 S.) * 1 25. — 3. 19. Aufl. (VIII, 244 S.) * 1 35. — 4. 12. Aufl. (VIII, 276 S.) * 1 40. — 5. Deutsche Dichter u. Prosaiker. Auswahl deutscher Gedichte u. Prosastücke v. 375—1885, nebst Metrik, Figurenlehre u. Poetik. Ein Handbuch d. deutschen Nationallitteratur f. höhere Lehranstalten u. Freunde deutscher Litteratur. 4. Aufl. (X, 407 S.) * 4 50.

Hansen, Karl, deutsches Lesebuch. 1.—4. Tl. Durchgesehen u. hrsg. v. F. Hoffmeyer. gr. 8. Braunschweig 898. H. Wollermann. Geb. n. 5.—

1 25. Aufl. (VIII, 160 S.) n. 1.—. — 2. 25. Aufl. (VIII, 208 S.) n. 1. 25. — 3. 20. Aufl. (VIII, 244 S.) n. 1. 35. — 4. 12. Aufl. (VIII, 276 S.) n. 1. 40.

—— Poetik, Metrik, Figurenlehre und Dichtungsarten für die oberen Classen höherer Lehranstalten und zum Selbstunterricht. 2. sehr erweit. und verb. Aufl. gr. 8. (VI, 68 S.) Harburg 873, Elkan. *

Aus: „Hansen, deutsche Dichter und Prosaiker", 2. Aufl., besonders abgedruckt.

— Reif u. Anderes. (71 S.) 8. Leipzig 904. Modernes Vorlagsbureau. n. 1. —

Hansen, Carl, Tabelle für den ersten Unterricht in der Weltgeschichte. Harburg 867. Elkan. gr. 8. (8 S.) n. 2 ngr.

Hansen, Karl, Tabelle für den ersten Unterricht in der Weltgeschichte. 2. verb. und bis auf die Gegenwart ergänzte Aufl. 8. (8 S.) Harburg 874, Elkan. *

Hansen, Karl Ludolph

— — De jure civium rationes tributorum extraordinariorum exigendi. Diss. jur. Lpz. (Carl Tauchnitz) 24. III. 1803. 54 S. (6.—) 13077

Gewidm.: Justus Heinrich Hansen, Carl Friedrich Treitschke.

Hansen, Carl Ludolph (Leipzig), Utrum possessorium summarium et ordinarium in jure coquendae et vendendae cerevisiae obtineat. Quaestion. juris publ. Saxonici. Präs. Christian Gottlob Biener. Lpz. (Carl Tauchnitz) 8. IV. 1800. 92 S. mit Widm. v. Präs. (6.50) 13076

Hansen, Karl Nikolaus Diedrich

Hansen, Carl Nicol. Diedr., Gedanken in Bezug auf einige Fragen des Armenwesens. Mit besond. Rücksicht auf die Verhältnisse in den Herzogth. Schleswig u. Holstein gr. 8. (IV u. 111 S.) Kiel 817, Schwers. 18 ngr

Hansen, C. N. D., die Verfassung der Dänischen Monarchie. Ein Versuch. Heide 859. Pauly. gr. 8. (VI, 41 S.) 9 ngr

Hansen, Klaus Jakob

Hansen, Cl. J., die Amtsentsetzung des Pastor Lühr in Eckernförde. Ein theologisches Bedenken, motivirt u. erörtert für Alle, die es angeht. gr. 8. (40 S.) Hamburg 882. Seippel. n. 1. —

Hansen, Klemens

von Hansen, Clemens. Die Heraldik im Sinne von Ornamentik. Ein Wort zur Beherzigung. Dresden 1879. 8°.

Katalog, Zweiter — der concess. öffentlichen Leihbibliothek des L. G. Hansen, Buchhändler in Budweis. Ausgegeben am 1. Dez. 1856. Linz, 1856. Dr. von Huemers Witwe und Danner. (3¼ Bogen 8.)

Verzeichniss von Gewachsen aus der Gegend von Husum deren standort dem Lehrer [Paul] Paulsen daselbst bekannt ist. Geschrieben v. Lars Hansen (1830) 4°k. Siehe m

Verzeichniss der einlandischen Pflanzen meines Herbarums Gesam. vom 1 Jul. 1825 bis October 1826: vom Organisten [Lars] Hansen in Husbye Handschrift 8°

Hansen, L(eopold): Die Ausdrucksformen der Affekte im Tristan Gottfrieds von Straßburg. Kiel 1908: Fiencke. 107 S. 8°
Kiel, Phil. Diss. v. 17. Sept. 1908, Ref. Kauffmann
[Geb. 25. Febr. 85 Hadersleben; Wohnort: Hadersleben; Staatsangeh.: Preußen; Vorbildung: Oberrealsch. Flensburg Reife O. 04; Studium: Freiburg i. B. 1, Heidelberg 1, Kiel 6 S.; Rig. 23. Mai 08.] [U 09. 2318

Hansen, Lud. (Resp.): De termino animationis foetus humani..., s. A l b e r t i, Mich. (Praes.)

Hansen M., das Problem der Liquidät im deutschen Kreditbankwesen. (131 S.) (Abhandlungen, Tübinger 5) Stuttgart 1910

Hansen, (M. C. u. J. M. Thiele,) Erzählungen Othar v. Bretagne u. Bergmanns Thal, aus d. Dän. v. Fr. Lenburg. Mit 1 Vign. 8. Berlin 824, Vereinsbuchh.

Hansen, M. C., Polykarps supplirte Manuscripte, s. Romane u. Novellen, Norwegische.

Hansen, M. C., u. J. M. Thiele, „Othar v. Bretagne" u. „Bergmannsthal". Erzählungen; aus d. Dän. übers. v. Fr. Lenburg. 8. Berl. 823. Vereinsbuchh. 1 ₰ 12 gl.

Hansen, M. C., 100 Räthsel zur Weckung des Nachdenkens für die reifere Jugend. Altona 868. (Lehmkuhl & Co.) 8. (80 S.) 7½ ngr.

Hansen, M. Mork, e. Paar Worte üb. den dänisch-deutschen Streit u. Nordschleswig. Hrsg. m. e. Vorrede. gr. 8. (XI, 12 S.) Kolding 886. Jørgensen. n. — 50

Hansen, Marx, de tropis et figuris apud Tibullum. Dissertatio. gr. 8. (48 S.) Kiel 881. Lipsius & Tischer. n. 1. 20

Hansen, Matthias: Aus d. Psychiatr. u. Nervenklinik zu Kiel. Zur Lehre der Katatonie mit Stupor. Kiel 1908: Jensen. 22 S. 8°
Kiel, Med. Diss. v. 10. Juni 1910, Ref. Siemerling
[Geb. 21. April 85 Kiel; Wohnort: Kiel; Staatsangeh.: Preußen; Vorbildung: Gymn. Kiel Reife O. 03; Studium: Kiel 5, München 1, Kiel 4 S.; Coll. 4 Juli 08, Approb. 1 April 10.] [U 10. 2441

Hansen, Matthias Otto, s. H a n s e n, Otto

Hansen, Max, d. Kunst-Glas-Aetzer. Vorlagenwerk v. verzierten Scheiben, Firmenschildern etc. f. Glasaetzerei, Malerei, Sandblaswerke u. s. w., hrsg. unter Mitwirkg. hervorrag. Künstler. 1. Serie. hoch 4. (32 Taf.) Düsseldorf 895. F. Wolfrum. In Mappe 10. —

Hansen, Michel: W. Jordans Nibelunge in ihrem Verhältniss zu der Nibelungensage und dem Liede. Eine litterarische Studie. – S. 3–104.
Luxemburg, École industrielle et commerciale de l'Athénée, Progr. 1888/89

Hansen, N. J., das Angler Vieh und die Viehzucht in Angeln. Vortrag, gehalten in der „Agronomia" zu Jena. Mit Vorwort und vielen Anmerkungen versehen von J. Brümmer. gr. 8. (16 S.) Schleswig 884. (Kappeln, Koch.)
Aus: Wochenblatt für Land- und Hauswirthschaft, besonders abgedruckt.

Hansen, Nikol., das Problem der Liquidität im deutschen Kreditbankwesen, s.a. A b h a n d l u n g e n, Tübinger staatswissenschaftliche. 5.

Hansen, Nikolaus: Das Problem der Liquidität im deutschen Kreditbankwesen. Mit 2 graph. Darst. u. zahlr. bankstatist. Tab. Stuttgart: Enke 1910. II, 131 S. 8° ¶ (Ersch. auch als: Tübinger staatswiss. Abhandlungen. H. 5.)
Tübingen, Staatswiss. Diss. v. 20. Mai 1910, Ref. Fuchs
(Nur in beschränkter Anzahl für den Austausch)
[Geb. 7. Okt. 84 Brunsbüttel; Wohnort: Brunsbüttel; Staatsangeh.: Preußen; Vorbildung: Oberrealsch. vor d. Holstentore Hamburg Reife O. 04; Studium: Rostock 3, Berlin 1, Tübingen 2 S.; Rig. . Mai 10.] [U 10. 4211

Hansen, Nic., theses theologicae. gr. 8. (XV, 74 S.) Luxemburg 881. (Brück.) 1. 50

Hansen, Ap. F. P. A., über die Nachkrankheiten der Influenza, nebst Bemerkungen über Maxim. Stoll's Gastricismus. gr. 8. Schleswig 840 (Bruhn.) ¼ ₰

Hansen, Osk., die Hohenzollern od. Der Friedenskaiser, Kaiser Wilhelm II., s.a. Heidelmann's, A., Theaterbibliothek.

Die Hohenzollern oder Der Friedenskaiser, Kaiser Wilhelm II. Dramat. Festspiel mit Musik in 1 Akt von **Oskar Hansen**. *Bonn: A. Heidelmann [1900].* (11 S.) 8° [F.]
= Theaterbibliothek, A. Heidelmann's. II. 12. [06. 1900

— das Mädchen vom Waldsee, s.a. Welt, alle.

Hansen, Oskar: Das M ä d c h e n vom Waldsee. Novelle von von –. Berlin: A. Weichert 1900. 48 S. 8o
= Welt, Alle. Bd 21.

Hansen, *Matthias* Otto [app. Arzt aus Niebüll]: Aus d. patholog. Institute zu Kiel. Ueber die Thymusdrüse und ihre Beziehungen zur Entwicklung der Kinder ... Kiel, Druck v. Ch. Donath, 1894; 25 S., 1 Bl. 8.
Kiel, Med. Fak., Inaug.-Diss. v. [18. Dez.] 1894

Hansen, Otto, üb. d. Thymusdrüse u. ihre Beziehgn. zur Entwicklg. d. Kinder. Diss. gr. 8. (26 S.) Kiel 894 (Gnevkow & v. Gellhorn.) n. — 80

Hansen, Ottomar, a. Oldesloe: Über die äquiforme Geometrie im Bündel. Kiel 1907: Schmidt & Klaunig. (49 S.) 8°
Kiel, Phil. Fak., Ref. Heffter, Diss. v. 11. Juli 1907
[Geb. 30. Nov. 84 Oldesloe; Wohnort: Kiel; Staatsangeh.: Preußen; Vorbildung: Matthias-Claudius-Gymn. Wandsbek Reife O 03; Studium: T.H. Darmstadt 2, Univ. Göttingen 1, Berlin 2, Kiel 3 S.; Rig. 8. Juni 07.]

Hansen, P., Gebete f. Haus u. Schule. 12. (111 S.) Meldorf 897. (M. Hansen.) Geb. n.n. — 60

Hansen, P. Neue tekel! 5 Predigten an die christl. Gemeinde. gr. 8. (III, 35 S.) Kropp 891, Buchh. „Eben-Ezer". * — 50

Hansen, P. G., das Walten des Herrn, oder: merkwürdige Schicksale und Erfahrungen eines aus dem Herzogthum Schleswig entlassenen protestantischen Geistlichen. Kein Roman. Eine Autobiographie. Hamburg 863. (Altona, Uflacker.) 8. (VII, 298 S.) n. 1 ₰

Hansen, P. H., über die Chronometer, welche Herr Kessels in Stockholm verfertigt, aus den Notizen über ihren Gang von Bessel, Bohnenberger, Hansteen, Schumacher u. Zahrtmann gezogen u. mit Bemerkung über die vortheilhafteste Art, sie zu Längenbestimmungen zu gebrauchen. Nebst Bemerkung über die Behandlung der Chronometer u. dem Preisverzeichnisse der Kessel'schen Uhren. gr. 8. Altona 836, (Hamburg, Perthes, Besser u. Mauke.) n. ⅓ ₰

Hansen, Paul, appr. Arzt: Beitrag zur chirurgischen Behandlung der perforierten Magengeschwüre. Leipzig 1905: B. Georgi. (32 S.) 8°
Leipzig, Med. Fak., Ref. Trendelenburg, Diss. v. 1. Juli 1905
[Geb. 28. Aug. 76 Eutritzsch b. Leipzig; Wohnort: Hubertusburg; Staatsangeh.: Sachsen; Vorbildung: Staatsgymn. Leipzig Reife O. 96; Studium: Leipzig 8, Freiburg i. B. 1, Leipzig 6 S.; Coll. 7. Juli 05; Approb. 28. Juli 03.]

Hansen, Peter

— Anmerk. ub. Edelmanns Irrthümer zc. in d. Schr. Göttlichkeit d. Vernunft. 8. Fl. neb Kerte. 745.

— Beschreib. d. Holsteinplönisch. n Lande. 4. Schleswig, Christiani. 764.

— Betr. von e. tugendh. Leben rechtgläub. Christen. 3 Thle. 8. Lübeck, Böckmann. 724–30.

Hansen, Pet., Betr. d. evang. luth. Lehre von d. Beichte. 8. Lüb. Böckmann. 737.

Hansen, (a. Hanssen), Pet., († d. 23. März 1760.) Betrachtt. über d. Leiden Jesu Christi. 4. Rostock 751. Stiller. 12 gr.

— Betrachtt. über d. hohe Lied Salomonis. 4. Hamb. 756. Herold. 18 gr.

— — üb. d. Pred. Salomo. 4. Lübeck, Böckmann. 744.

Hansen, Pet., Betrachtungen üb. die Sonn- u. Festtags-Episteln. 4. Rostock, Stiller. 748. Rthlr.

— — üb. die S. u. Fest. Evangel. 2 Thle. 4. Lübeck, Böckmann. 743.

— Betrachtt. über d. Sprüche Salomo, in welchen nebst einer nach d. Grundtext sorgfältig abgefaßten Uebersetzung d. wahre Sinn ꝛc. dieses Buches möglichst besorget ꝛc. wird. 4. Plön 746. N. Aufl., f. Jb. Fr. Kirc.

— Glaubenslehre d. Christen, od. d. einz. wahre Religion. 4. Rostock, Koppe. (Stiller). 755.

— achtzig Grundfragen, u. Antw. a. Dippels Schr. Etw. Neu. s ꝛc. 8. Lübeck, Böckmann. 733.

Kommerzienrat Georg Howaldt in Kiel, ein Mann der Tat. Ein Gedenkwort von Landesversicherungsr. [Peter] Hansen. Vortrag geh. 1909. Kiel 1909: Jensen. 15 S. 8° [11. 3049

— Holsteinplön. Kirchenritual. 8. Lübeck. 753.

Kurzgefasste zuverlässige Nachricht von den Holstein-Plönischen Landen, wobey zugleich die Geschichte von den beiden berühmten Clöstern Arensbök und Reinfeld grösstentheils aus ungedruckten Uhrkunden mitgetheilet worden v. P. H. [d. i.. Peter Hansen] Plön. (1759.) 4°.

— kurzgefaßte Nachricht von den Holstein.-Plön. Landen. 4. Plön 760. (anonym). Mit n. Titel: Beschreib. d. Holstein-Plönischen Lande. 4. Schleswig 764. Christiani. 1 rß 4 gr.

— geistl. Reden üb. Lehr. d. christl. Relig. 8. Rost. Koppe. (Stiller). 752.

— d. siegende Religion d. Christen. 8. Lübeck, Böckmann. 748.

— christl. Sittenlehre n. Vern. u. Schr. 3 Thle. 4. Lüb. (Junius in Leipzig). 749–53.

Hansen, Peter, a. Langstedt (Schleswig-Holstein): Über flüssig-krystallinische Substanzen. Halle a. S. 1907: C. A. Kaemmerer & Co. (41 S.) 8°

Halle, Phil. Fak., Ref. Volhard, Diss. v. 13. April 1907

[Geb. 17. Febr. 81 Langstedt, Kr. Schleswig; Wohnort: Halle a. S.; Staatsangeh.: Preußen; Vorbildung: Oberrealsch. Flensburg Reife O. 03; Studium: Univ. Heidelberg 1, T.H. Berlin 1, Univ. Halle 5 S.; Rig. 19. Febr. 07.]

Hansen, Peter Andreas

Hansen, P(et.) A(ndr.), (zwei Abhandlungen.) I. Allgemeine Auflösung eines beliebigen Systems von linearischen Gleichungen. II. Ueber die Entwickelung der Grösse $(1 - 2\alpha H + \alpha^2)^{-1/2}$ nach den Potenzen von α. hoch 4. (48 S.) Leipzig 849, [Hirzel.] *

Aus: Abhandlungen der mathemat.-phys. Classe der k. sächs. Gesellschaft der Wissenschaften zu Leipzig, besonders abgedruckt.

Hansen, P. A., Neue direkte Auflösung des Keppler'schen Problems.

Hansen, P. A., Auseinandersetzung einer zweckmässigen Methode zur Berechnung der absoluten Störungen der kleinen Planeten. 1. Abhandlung. 856. (178 S.) n. 1 rß 20 ngr. — 2. Abhandlung. 857. (148 S.) n. 1 rß 10 ngr. (Aus den Abhandlungen der K. Sächs. Gesellschaft der W.) Leipzig, Hirzel Lex.-8. n. 3 rß

Hansen, P. A., Auseinandersetzung einer zweckmässigen Methode zur Berechnung der absoluten Störungen der kleinen Planeten. 3. Abhandlung. (Aus den Abhdlgn. der math.-phys. Classe d. k. Sächs. Gesellschaft d. Wiss.) Leipzig 859. Hirzel. 4. (255 S.) n. 2 rß 12 ngr.

Hansen, P. A., über die Bestimmung der Bahn e. Himmelskörpers aus 3 Beobachtungen, s.a. Ostwald's, Wilh., Klassiker der exakten Wissenschaften. Nr. 141.

Hansen, Peter Andreas: Über die Bestimmung der Bahn eines Himmelskörpers aus drei Beobachtungen von —. Hrsg. von J[ulius] Bauschinger.
Leipzig: W. Engelmann 1903. (S. 79–160.) 8°
= Klassiker, Ostwald's, d. exakten Wissenschaften. No 141.

Hansen, P. A. Bestimmung der Längendifferenz zwischen Leipzig und Gotha, 1865 ausgeführt von Bruhns und Auwers. Leipzig 4

Hansen, P(eter) A(ndreas), Bestimmung des Längenunterschiedes zwischen den Sternwarten zu Gotha u. Leipzig. [Aus den Abhandlungen der math.-phys. Classe der k. sächs. Ges. der Wiss.] Leipzig 866. Hirzel. hoch 4. (94 S. mit 1 Steintaf. in qu. 4.) n. 28 ngr.

Hansen, P. A., Bestimmung der Sonnenparallaxe durch Venusvorübergänge vor der Sonnenscheibe mit besond. Berücksicht. des im J. 1874 eintreffenden Vorüberganges. hoch 4. (98 S. mit 2 lithogr. Planigloben in qu. 4.) Leipzig 870, Hirzel. *

Hansen, P. A., v. der Bestimmung der Theilungsfehler e. gradlinigen Maassstabes. [Aus: „Abhandlgn. d. k. s. Ges. d. Wiss."] hoch 4. (140 S. m. 2 Tab. in qu. gr. 4.) Leipzig 874. Hirzel. n. 4. —

— Darlegung der theoretischen Berechnung der in den Mondtafeln angewandten Störungen. 1. und 2. Abhandl hoch 4. (408 S. und 899 S.) Leipzig 862,64, Hirzel. à Abhandl. * 3 Thlr. *

— über die Darstellung der graden Aufsteigung und Abweichung des Mondes in Function der Länge in der Bahn und der Knotenlänge. hoch 4. (21 S.) Leipzig 874, Hirzel. *

Hansen, P. A. Über die Entwicklung der Grosse $(1 - 2\alpha H + \alpha^2)^{-1/2}$ nach den Potenzen von α

Hansen, P. A., Entwickelung der negativen und ungraden Potenzen der Quadratwurzel der Function $r^2 + r'^2 - 2rr'$ (cos U cos U' + sin U sin U' cos J). Aus den Abhdlgn. d. K. Sächs. Gesellschaft der W. Ebend. 854. Lex.-8. (94 S.) n. 1 rß

— Entwickelung des Products einer Potenz des Radius Vectors mit dem Sinus oder Cosinus eines Vielfachen der wahren Anomalie in Reihen, die nach den Sinussen oder Cosinussen der Vielfachen der wahren, excentrischen oder mittleren Anomalie fortschreiten. Aus den Abhdlgn. d. K. Sächs. Gesellschaft der W. Ebend. 853. Lex.-8. (100 S.) n. 1 ℛ

— Entwickelung eines neuen veränderten Verfahrens zur Ausgleichung eines Dreiecknetzes mit besonderer Betrachtung des Falles, in welchem gewisse Winkel voraus bestimmte Werthe bekommen sollen. [Aus den Abhandlungen der math.-phys. Classe der k. sächs. Ges. der Wiss.] Ebend. 869. hoch 4. (105 S.) n. 1 ℛ

Hansen, Petrus Andr., Fundamenta nova investigationis orbitae verae quam Luna perlustrat, quibus annexa est solutio problematis quatuor corporum breviter exposita. 4 maj. Gothae 838. (Glaeser.) n. $6^2/_3$ ℛ

Hansen P A Methode zur Berechnung der absoluten Störungen der kleinen Planeten. Leipzig 1856—59 3 Abhandl.

— von der Methode der kleinsten Quadrate im Allgemeinen u. in ihrer Anwendung auf die Geodäsie. [Aus den Abhandlungen der math.-phys. Classe der k. sächs. Ges. der Wiss.] Ebend. 867. hoch 4. (236 S. mit eingedr. Holzschn.) n. 2 ℛ

Hansen, (P. A.,): ausführl. Methoden mit d. Frauenhoferschen Heliometer Beobachtt. anzustellen. gr. 4. Gotha 827, (Gläser.)

— Relationen einestheils zwischen Summen u. Differenzen u. anderntheils zwischen Integralen u. Differentialen. [Aus den Abhandlungen der math.-phys. Classe der k. sächs. Ges. der Wiss.] Ebend. 865. hoch 4. (79 S.) n. 20 ngr.

Hansen, Petr. Andr., Schriften der Sternwarte Seeberg. Ermittelung der absoluten Störungen in Ellipsen von beliebiger Excentricität u. Neigung. I. Thl., welcher als Beispiel die Berechnung der absoluten, vom Saturn erzeugten Störungen des Enkeschen Kometen enthält. gr. 4. (22 B.) Gotha 843. (Glaeser.) *

Hansen, P. A., über die Störungen der grossen Planeten, insbesondere des Jupiter. hoch 4. (208 S.) Leipzig 875, Hirzel. *
Aus: Abhandlungen der k. sächsischen Gesellschaft der Wissenschaften, besonders abgedruckt.

— et C. F. R. Olufsen, supplément aux tables du soleil. Copenhague 857. (Leipzig, Lorck.) gr. 4. (7 S.) nn. 6 ngr.

— Tafeln der Egeria mit Zugrundelegung der in den Abhandlungen der königl. sächs. Gesellschaft der Wissenschaften in Leipzig veröffentlichten Störungen dieses Planeten berechnet u. mit einleit. Aufsätzen versehen. [Aus den Abhandlungen der math.-phys. Classe der k. sächs. Ges. der Wiss.] Ebend. 867. hoch 4. (177 S.) n. 2 ℛ 8 ngr.

— die Theorie des Aequatoreals. Aus den Abhdlgn. d. K. Sächs. Gesellschaft der W. Ebend. 855. hoch 4. (73 S. mit Holzschn. im Text.) n. 24 ngr.

— Theorie der Pendelbewegung, s. a. Schriften, neueste, der naturforschenden Gesellschaft in Danzig.

Hansen, P. A., Theorie der Pendelbewegung mit Rücksicht auf die Gestalt und Bewegung der Erde. (Preisschrift) Danzig 1853. (S. 5640)

Hansen, P. A, Theorie der Sonnenfinsternisse und verwandten Erscheinungen. Mit 2 (lith.) Taf. (in Fol.) Aus d. Abhdlgn. d. K. Sächs. Gesellsch. d. W. Ebend. 858. Lex.-8. (151 S.) n. 2 ℛ

Hansen, P. A., Untersuchung üb. d. gegenseit. Störungen d. Jupiters u. Saturns. Eine v. d. Kgl. Akad. d. Wissenschaften zu Berlin am 8. Juli 1830 gekr. Preisschr. gr. 4. (43 B.) Berlin 831, (Dümmler.)

— Untersuchung d. Weges e. Lichtstrahls durch e. beliebige Anzahl v. brechenden sphärischen Oberflächen. [Aus „Abhandlgn. der mathematisch-phys. Classe der königl. sächs. Ges. der Wiss."] hoch 4. (III, 137 S.) Ebend. 871. n. 3. 60

— dioptrische Untersuchungen m. Berücksichtigung der Farbenzerstreuung u. der Abweichung wegen Kugelgestalt. . Abhandlg. [Aus: „Abhandlgn. d. k. s. Ges. d. Wiss."] hoch 4. (VI, 88 S.) Ebend. 871. n. 2. —

— geodätische Untersuchungen. [Aus den Abhandlungen der math.-phys. Classe der k. sächs. Ges. der Wiss.] Ebend. 865. hoch 4. (IV, 224 S.) n. 1 ℛ 26 ngr.

— fortgesetzte geodätische Untersuchungen, bestehend in 10 Supplementen zur Abhandlung von der Methode der kleinsten Quadrate im Allgemeinen u. in ihrer Anwendung auf die Geodäsie. [Aus den Abhandlungen der math.-phys. Classe der k. sächs. Ges. der Wiss.] Leipzig 868. Hirzel. hoch 4. (III, 184 S.) n. 1 ℛ 24 ngr.

— Supplement zu der geodätische Untersuchungen benannten Abhandlung die Reduction der Winkel eines sphäroidischen Dreiecks betr. [Des IX. Bdes. der Abhandlungen der mathemat.-phys. Classe der königl. sächs. Gesellschaft der Wissenschaften Nr. III.] hoch 4. (66 S.) Leipzig 869, Hirzel.

Hansen, Peter Christian

Der Arbeiterbauverein für Gaarden, Kiel und Umgegend. Ansprache an Arbeiter und Arbeiterfreunde in Kiel und Umgegend v. Peter Christian Hansen. Kiel. 1891) 8°.
Sonderabdruck aus Nr. 60 der Nord-Ostsee-Zeitung vom 5. Februar 1894)

— 25 Jahre reichsgesetzlicher Arbeiterfürsorge. Ein Gedenkblatt. 1—25. u. 26—35. Taus. (à 16 S.) gr. 8. Hamburg 906. Agentur des Rauhen Hauses. n. — 15

— 25 Jahre reichsgesetzl. Arbeiterfürsorge. Ein Gedenkblatt. 51—70. Taus. (16 S.) gr. 8. Hamburg (907). Agentur des Rauhen Hauses. — 15

Hansen, Peter Christian: Arbeiterversicherung und Alkohol von Landesversicherungsrat –. Mit e. Anh.: Ein offener Briefwechsel mit d. 'Deutschen Brauerbunde'. Hamburg: Deutschlands Grossloge des I. O. G. T. 1907. (23 S.) 8°

Hansen, P. Chr., Arbeiterversicherung u. Alkohol. Festvortrag auf d. V. deutschen Abstinententag in Flensburg am 25. VII. 1907. (Mit e. Anh.: Zwei offene Briefe an d. „Deutschen Brauerbd.".) (23 S.) 8. Hamburg 909. Deutschlands Großloge II. — 20

Baugenossenschaften und private Kleinwohnung-herstellung v. Peter Christian Hansen. (Berlin, o. J 8° Sonderabdruck aus: Der Arbeiterfreund

Hansen, P. Chr.,
— Baut Arbeiterwohnungen. 8°. Flensburg 1878.

(9. Internationaler Wohnungskongress, Wien. Mai 1910. Thema 2.) Die baugenossenschaftliche Bewegung in Schleswig-Holstein v. [Peter Christian] **Hansen.** (Wien. 1910.) 4°

Hansen, P. Chr., praktisches Christentum im Staatsleben, s.a. Lehr u. Wehr für's deutsche Volk. 22. Hft.

Praktisches Christentum im Staatsleben. Die Grundzüge der deutschen Arbeiterversicherung v. Peter Christian **Hansen.** (Hamburg.) o. J. 8°

Die Durchführung des Heilverfahrens seitens der Landes-Versicherungsanstalt Schleswig-Holstein v. [Peter Christian] **Hansen.** Sonderabdruck aus dem Jahrbuch des Roten Kreuzes. (Schleswig.) o. J. 8°

Die Entwickelung der Baugenossenschaften in Schleswig-Holstein v. [Peter Christian] **Hansen.** (Berlin.) 1902. 8°.

Erinnerungen an General (Rudolph) von Reibnitz v. [Peter Christian] **Hansen** Sonderabdruck aus: Flensburger Nachrichten Jan 1910. 1 Bl. 2°, in 8° eingest.

Hansen, P. Chr., die Erweiterung des Handarbeitsunterrichts f. nicht vollsinnige u. verkrüppelte Personen, s.a. Schriften d. deutschen Vereins f. Armenpflege u. Wohlthätigkeit. 60.

Hansen, P[eter] Chr[istian]: Die Erweiterung des Handarbeitsunterrichts für nicht vollsinnige und verkrüppelte Personen. Von –, Landesversicherungs-R. in Kiel.
Leipzig: Duncker & Humblot 1902. (62 S.) 8°
= Schriften d. deutschen Vereins f. Armenpflege u. Wohlthätigkeit. H. 60.

Hansen, P. Chr., die Erziehung verwahrloster Kinder in Schleswig-Holstein. Ein Beitrag zu der Frage: Familien- oder Anstalts-Erziehung? [Aus: „Ztschr. des nordwestdeutschen Vereins für Gefängnißwesen".] gr. 8. (38 S.) Kiel 882. Universitäts-Buchhandlung. n. 1. —

Hansen, P[eter] Chr[istian]: Pro Finlandia. [Hamburg] o J. 8° Sonderabdruck aus: Der Lotse. Hamburgische Wochenschrift für deutsche Kultur

Förderung und Hemmungen des genossenschaftlichen Kleinwohnungsbaues in Schleswig-Holstein v. Peter Christian **Hansen.** (Berlin.) o. J. 4° Sonderabdruck aus der Zeitschrift für Wohnungswesen

Hansen, P. Chr.: Die Frau im Arbeiterhaushalt. Vortr. f. d. 5. Volksunterhaltungsabend in Kiel am 24. März 1889. — Kiel: Jensen 1889. 14 S. 8°

— Die Frau im Arbeiterhaushalte. Vortrag f. d. 5. Volksunterhaltungsabend in Kiel am 24. März 1889. gr. 8°. Kiel, Lipsius u. Tischer, 1889.

Hansen, P. Chr., das Invaliditäts- u. Altersversicherungsgesetz in seiner Bedeutung f. den Arbeiterstand. gr. 8. (37 S.) Kiel 894. H. Eckardt. n. — 25

Jugend-Bewegung und Alkohol-Bekämpfung in Schweden. [v.] Peter Christian **Hansen.** Ergänzte Wiedergabe eines im Nov 1907 in Kiel gehaltenen Vortrags. Separat-Abdruck aus: Die Alkoholfrage. Dresden 1908. 8°

Hansen, P[eter] Chr[istian]: Die Kaiser Wilhelms-Spende in ihrer Bedeutung für eine Alters- und Invaliditätsversicherung der Frauen. Vortrag, geh. zu Flensburg 1898 von –, Landesversicherungsrath.
Hamburg: O. Meißner (1898). (15 S.) 8°
Aus: Evang. Gemeindebote.

Landesversicherungsanstalt und Alkoholbekämpfung. Von Landesversicherungsrat [Peter Christian] **Hansen** in Kiel. [Dresden: O.V.Böhmert 1904.] (13 S.) 8° [Kopft.]
Aus: Die Alkoholfrage. Jg. 1, H. 4. [illegible]

Die Ofotenbahn, die nördlichste Eisenbahn der Erde. Vortrag v. [Peter Christian] **Hansen.** Sonderabdruck aus den „Lübeckischen Anzeigen". Lübeck. 1904. 8°

— Die Organe d. Arbeiterversicherung im Kampf gegen den Alkoholismus. (24 S.) 8. Berlin 909. Mäßigkeits-Verlag. — 40
Sonderabdruck aus: „Der Alkoholismus".

Das Recht des Krüppels auf gesetzliche Fürsorge und Ausbildung. Vortrag v. [Peter Christian] **Hansen.** Separatabdruck aus: Monatsschrift für Innere Mission, hrgg. v. Theodor Schäfer. Gütersloh. [1907.] 8°

— Das Reich u. der Alkohol. (8 S.) 8. Ebd. 909. — 10
Sonderabdruck aus: „Mäßigkeits-Blätter".

Hansen, [Peter Christian]: August Sartori, ein Kieler Großkaufmann. Ein Gedenkwort von Landesversicherungsrat –. Vortrag, geh. 1904 in Kiel.
Kiel 1904: Nord-Ostsee-Zeitung. (24 S.) 8°

Hansen, P. Chr., Schleswig-Holstein, seine Wohlfahrtsbestrebungen u. gemeinnützigen Einrichtungen. Im Auftrage des Schleswig-Holsteinischen Lokalkomités für die allgemeine deutsche Ausstellung auf dem Gebiete der Hygiene u. des Rettungswesens zu Berlin 1882 hrsg. gr. 8. (XI, 710 S. mit 1 chromolith. Karte.) Kiel 882. Universitäts-Buchhandlung. n.n. 6. —

Die Sesshaftmachung von Landarbeitern und die Landesversicherungs-Anstalt Schleswig-Holstein v. Peter Christian **Hansen.** Sonderabdruck aus dem Archiv für innere Kolonisation Bd 1, H 1. Berlin (1908.) 8°

(Über den Stand der Tuberkulosebekämpfung in Schleswig-Holstein v. [Peter Christian] **Hansen.**) Sonderabdruck aus den Verhandlungen der Sitzung des Ausschusses, Berlin, den 24. Mai 1909, einberufen vom Deutschen Zentral-Komitee zur Bekämpfung der Tuberkulose (Berlin. 1909.) 8°

Was Schleswig-Holstein Victor Böhmert zu verdanken hat v. Peter Christian **Hansen.** (Dresden. 1909.) 8° Sonderabdruck aus: Schmidt, Peter „Am Born der Gemeinnützigkeit". Böhmert-Festgabe

Hansen, P. Ch., die Wohnungsverhältnisse in den größeren Städten, s.a. Sammlung v. Vorträgen.

— Die Wohnungsverhältnisse in den grösseren Städten. »Sammlung von Vorträgen.« (52 S.) Heidelberg 1883. C. Winter.

Statistische Zusammenstellung der [illegible] in Schleswig-Holstein. Im Auftrage der Handelskammer bearb. v. Peter Christian **Hansen.** Kiel [illegible]. 8°.

Hansen, R.: Cetewayo, der Zulukönig, s. Volks- u. Jugend-Erzählungen.

Hansen, R., das Feuer, welches Christus angezündet hat. Gastpredigt über Lukas 12, 19 52. Salzburg 863. Mayr. gr. 8. (12 S.) n. 4 ngr.

Hansen, R., die Gefahren Deutschlands. Vortrag, in der Aula des Domgymnasiums am 22. Jan. 1878 gehalten. gr. 8. (24 S.) Schleswig 878. Bergas. n. — 60

Hansen, R.: Unter den H e r e r o s,
s. V o l k s - u. Jugend- E r z ä h l u n g e n.

Hansen, R., wie werde ich Solo-Klarinettist? Wie verfertige ich meine Solo-Klarinettenblätter selber? Ein unentbehrl. Lehr- u. Hilfsbuch zum Selbstunterricht f. jeden Klarinettisten, Lehrer u. Schüler. (31 S.) 12. Leipzig (Bernhardstr. A 92) (903). Reinhard Pochle. n. 1. 20

Hansen R. Malling-: Perioden im Gewicht d. Kinder u. in der Sonnenwärme. Beobachtungen. Fragment III B. Kopenh. 1886. 42 gr. Tvl. St. tv.-Fol.

Hansen, Reimer Beiträge zu alten Geographen. [1. Skylax Periplus § 20. 2. Steph. Byz. s. v *Χαριμάται*. 3. Steph. v *Ἄναια*. 4 Steph v *Μύρλεια* 5 Pompon. Mela I 6 P 6 P. M I 94—96. 7 P M. II 44. 8. Varro Atac. als Quelle Melas.] 9 S. G. *Sondershausen* 1879

Beiträge zur lateinischen Schulgrammatik. Von **Reimer Hansen.** Oldesloe. 1885. 4° Realprog.-Progr.

Berlin — Hamburg — Nordseebäder ⟨Sylt. Föhr, Amrum, Rom⟩ v. Reimer **Hansen.** Gotha. (1904.) 8°. = Rechts und links der Eisenbahn H. 3

Hansen, Reimer, Berlin—Lübeck (Hamburg)—Ostseebäder, s.a. R e c h t s u. l i n k s der Eisenbahn.

Hansen, Reimer: B e r l i n – Warnemünde–Kopenhagen,
s. R e c h t s u. links der Eisenbahn.

Hansen, Reimer, de gentibus in Ponto orientali inde a Thermodonte fluvio ad Phasim usque habitantibus. Dissertatio. gr. 4. (55 S.) Kiel 876. (v. Maack.) n. 2. 40

Hansen, Reimer: De gentibus in Ponto orientali inde a Thermodonte fluvio ad Phasim usque habitantibus. Kiliae 1876: Mohr. 55 S. 4° [Umschlagt.]

— Geschichte der Stadt I t z e h o e. (IX, 258 S. m. Abbild., 16 Taf., 2 farb. Karten u. 1 farb. Plan.) gr. 8. Itzehoe 910. Th. Brodersen. Geb. in Leinw. 4. —

- H a m b u r g – Kiel–Kopenhagen u. zurück,
s. R e c h t s u. links der Eisenbahn.

Neue Koge in Suderdithmarschen v. Reimer **Hansen.** Ausschnitt aus Globus, Bd 73. Nr. 22. Braunschweig. 1898. 4°.

-- Landes- u. Provinzialgeschichte der Prov. Schleswig-Holstein, s.: S c h l e e, Ernst.

Hansen, Reimer, methodischer Lehrer-Kommentar zu Xenophons Anabasis, s.: Ergebnisse des altsprachlichen Unterrichts.

Hansen, Reimer, s.: Petersen', Johs., Schriften üb. Nordstrand.

— s.: **Quellen zur Geschichte des Bist. Schleswig.**

— d. dithmarsische Chronist Johann R u s s e u. s. Vorgänger. gr. 8. (85 S.) Kiel (901). (Meldorf, M. Hansen.) n. 1. — Sonderabdruck aus: „Heimath".

Ueber die Sturmfluten an der Nordseeküste v. Reimer **Hansen.** (Stuttgart. 1909.) 8° Separat-Abdruck aus: Gaea 1909, II. 3.

Zur geographischen Verteilung der Personennamen Schleswig-Holsteins um 1500 v. **Reimer Hansen.** Sonder-Abdruck aus: Globus, Bd. 78, Nr. 4. Braunschweig. 1900. 4°.

—· Vokabeln u. erste Präparation zu Xenophons Anabasis. 1.—4. Hft.: Buch 1—4. 8. (IV, 50; 45, 43 u. 55 S.) Gotha 892. F. A. Perthes. à n. — 60

Hansen, Reimer, Vokabeln u. erste Präparation zu X e n o p h o n s A n a b a s i s. 1.—5. Hft. 8. Gotha. F. A. Perthes. n. 2. 80
1. Buch 1. 2. Aufl. (IV, 53 S.) 896. n. — 60
2. Buch 2. 2., verb. Aufl. (46 S.) 897. n. — 60
3. Buch 3. 2., verb. Aufl. (46 S.) 897. n. — 60
4. Buch 4. 2., verb. Aufl. (57 S.) 897. n. — 60
5. Buch 5. (32 S.) 896. n. — 40

— Vokabeln u. erste Präparation zu Xenophons Anabasis. 1.—4. u. 6. Hft. 8. Gotha, F. A. Perthes. à n. — 60
1. Buch 1. 4. Aufl. (IV, 53 S.) 900.
2. Buch 2. 4. Aufl. (46 S.) 901.
3. Buch 3. 3. verb. Aufl. (46 S.) 899.
4. Buch 4. 3. verb. Aufl. (57 S.) 900.
6. Buch 6 u. 7. (IV, 64 S.) 901.

– Vokabeln u. erste Präparation zu Xenophons Anabasis. 1.—5. Heft. kl. 8. Gotha, F. A. Perthes. n. 2. 80
1. Buch 1. 6. Aufl. (IV, 53 S.) 904. n. — 60
2. Buch 2. 5. Aufl. (46 S.) 904. n. — 60
3. Buch 3. 5. verb. Aufl. (46 S.) 905. n. — 60
4. Buch 4. 4. Aufl. (57 S.) 904. n. — 60
5. Buch 5. 2. verb. Aufl. (33 S.) 902. n. — 40

— V o k a b e l n u. erste Präparation zu Xenophons Anabasis. 1—5. Heft. 8. Gotha, F. A. Perthes. 2. 80
1. Buch I. 8. Aufl. (IV, 53 S.) 909. — 60
2. Buch II. 6. Aufl. (46 S.) 907. — 60
3. Buch III. 6., verb. Aufl. (46 S.) 908. — 60
4. Buch IV. 5. Aufl. (57 S.) 907. — 60
5. Buch V. 3., verb. Aufl. (33 S.) 909. — 40

Ueber Wanderungen germanischer Stämme auf der cimbrischen Halbinsel v. Reimer **Hansen.** Sonder-Abdruck aus Bd 70 Nr 9 des Globus. Braunschweig. [1895.] 4°.

Ueber Wanderungen germanischer Stämme auf der cimbrischen Halbinsel v. Reimer **Hansen.** Sonder-Abdruck aus Bd. 70. Nr 9 des Globus. Braunschweig. [1895.] 4°

Hansen, R., Wörterbuch zu Xenophon's Anabasis u. Hellenika. Für den Schulgebrauch bearb. gr. 8. (VII, 176 S.) Gotha 890. F. A. Perthes. n. 1. 60

Hansen, Reinhard

Hansen, R., die Aufgabe Deutschlands. Vortrag in der Aula des Domgymnasiums am 27. Jan. 1873 gehalten. 8. (30 S.) Schleswig 873, Bergas. *

Hansen, R., d. kirchl. Gegensatz unserer Zeit, wie er sich in unserer Landeskirche gestaltet, auf Veranlassung einer Aeußerung im Itzehoer Kirchen- u. Schulblatt aufzudecken versucht. gr. 8. (2½ B.) Hamburg 845, Nestler u. Melle.

—— liturgisches Handbuch. Auszug aus dem schleswig-holsteinischen Kirchenbuch und dem kleinen Glücksburger Altarbuch nebst den Abweichungen der preuß. Agende. 8. (V, 139 S.) Schleswig 870, Schulbuchhandlung. [Bergas.] geb. **

⊙ Der christliche Heldenmuth. Wahlpredigt über Römer 8, 35—39 zu Siesebye im Herzogthum Schleswig am 27. April 1851 geh. v. R[einhard] **Hansen.** Hamburg. (1851.) 8°

—— die Union im Zusammenhang der Zeitgeschichte. Ein Vortrag. gr. 8. (35 S.) Schleswig 867, Schulbuchh. *

Hansen, Richard [aus Schwabstedt (Schleswig-Holstein)]: **Die Behandlung der Myome** . . . Würzburg, Becker's Univ.-Buchdr., 1887; 25 S 8°
Würzburg, Med. Fak., Inaug.-Diss. v 1887

Hansen, S. A., unsere Blumen im Zimmer. Ihr Leben u. ihre Pflege. gr. 16. (151 S.) Berlin 877. Eckstein Nachf. cart. geb. n. 2. —

Hansen, S. A., unsere Blumen im Zimmer. Ihr Leben und ihre Pflege. gr. 16. (151 S.) Leipzig 877, Expedition des allgem. literar. Wochenberichts. cart. * ℳ 2.; geb. *

Hansen, S. A., unsere Blumen im Zimmer. Ihre Bedeutung, ihr Leben u. ihre Pflege. 2. Aufl. 12. (VIII, 156 S.) Berlin 888. Eckstein Nachf. geb. n. 2. —; m. Goldschn. n. 3. —

Hansen, Simon Friedrich

— — De felonia per indirectum in crimine laesae majestatis commissa. Disp. jur. Präs. Christoph Schreiter. Lpz. (Müller) 18. IX. 1710. 27 Seiten. (6.—) **13082**

— Simon Friedrich, De jure nobilitatis Lutheranae ad immediata Germaniae capitula et canonicatus. Diss. jur. publ. Präs. Gottlieb Gerhard Titius. Lpz. (Joh. Casp. Müller) 30. V. 1709. 64 S., tlws. dtsch., mit Widm. v. Präs. (7.—) **13081**

Hansen, Sophus, Großstadt-Bilderbuch. (15 farb. Taf.) 25,5×36 cm. Leipzig (909). R. Voigtländer. Kart. 2.50; auf Pappe. (15 S.) 3. 60

Hansen, Th. v. A. Thommen und E. Colliznon Gutachten über die Anlage einer obern Rheinbrücke in Basel Basel 1876

Hansen, Th. Frhr. v., s.: Heeres-Museum, das k. u. k., im Artillerie-Arsenale in Wien.

Hansen, Th. v., s.: Innen-Decorationen, Wiener.

Hansen, Th., Schulrede, gehalten zu Wetzlar am 15. October 1858. Mülheim a. d. R. 861. v. Kamp. gr. 8. (15 S.) n. 6 ngr.

Hansen, Th., das Wechselstempelsteuergesetz vom 10. VI. 1869/4. VI. 1879 nebst den Ausführungsbestimmungen des Bundesrates vom 8. III. 1901. Für Handel- u. Gewerbetreibende bearb. u. hrsg. (VI, 41 S.) gr. 8. Hamburg 904. O. Meißner's Verl. Kart. n. 1. 50

Hansen, Th. R. v., s. Studien aus der Specialschule.

Hansen, Theodor, s.a. H a n s e n , Theodor Heinrich Fürchtegott

Hansen, Theodor, Marine-Ober-Assistenzarzt Aus d. chirurg. Abteilung d. Diakonissen-Krankenhauses zu Danzig. Oberarzt: Dr. F. F. Fischer. Ein **Fall** von Fremdkörper-Einklemmung im Antrum pyloricum. *Greifswald 1899: H. Adler.* (29 S.) 8°
Greifswald, Med Diss. v. 20. Sept 1899

Hansen, Theodor, Arzt aus Bonn: **Aus d. Kgl. Universitäts-Frauenklinik in Bonn. Ueber das Geschlecht des Kindes bei engem Becken.** *Bonn 1903: P. Bieberstein.* (45 S.) 8°
Bonn, Med Diss. v. 8. Juli 1903

Hansen, Thdr., über die ethischen Grundbedingungen theologischer Polemik. Kiel 870. Schwers. gr. 8. (IV, 33 S.) 7½ ngr.

Hansen, Thdr., Wilhelm Hey, nach seinen eigenen Briefen u. Mitteilgn. seiner Freunde dargestellt. gr. 8. (VIII, 413 S.) Gotha 886. F. A. Perthes. geb. n. 7. —

Hansen, Thdr., aus den Jugendjahren Jesu. Eine Darstellg. geist. Zustände im heil. Lande einige Jahre vor der Taufe d. Herrn. Nebst Studien üb. die Jugendjahre Jesu. Autoris. deutsche Ausg. v. O. Gleiß. 8. (X, 298 S.) Leipzig 886. Fr. Richter. n. 3. 80; geb. m. Goldschn. n. 4. 80

Hansen, Th., die lutherische und reformirte Kirchenlehre von der Kirche. Gotha 855. F. A. Perthes. gr. 8. (2 Bl., 100 S.) n. 16 ngr

—— über die Methode und Stufenfolge des Religionsunterrichts auf Gymnasien. gr. 8. (VII und 108 S.) Gotha 855, F. A. Perthes. *

Hansen, Thdr., die Familie Rambach. Aus handschriftl. u. gedr. Quellen dargestellt. gr. 8. (VIII, 250 S.) Gotha 875. F. A. Perthes. n. 3. —

— die Realschule in Sonderburg, zugleich ein Votum über die Realschule überhaupt in unserem Heimatlande. [Aus: Sonderborg Avis.] Sonderburg 866. (Hamburg, Niemeyer.) gr. 8. (42 S.) n. 7½ ngr.

Hansen, Thdr., aus dem Reisetagebuche e. evangelischen Theologen u. Pädagogen. gr. 8. (VII, 264 S.) Gotha 876. F. A. Perthes. n. 3. 60

— Johann Rist. Zur Erinnerung an seinen 200jähr. Todestag den 31. Aug. 1867, u. zur Begrüßung der Mitglieder des 14. Kirchentages in Kiel, 3–6. Septbr. 1867. Kiel 867. Schwers'sche Buchh. gr. 8. (24 S.) n. 5 ngr.

H a n s e n, Dr. Theod (Pastor zu Lunden in Schleswig-holstein), J o h a n n R i s t u n d s e i n e Z e i t. Aus den Quellen dargestellt. Halle, Verlag der Buchhandlung des Waisenhauses. 1872. Gr. 8°. (Mk. 4,50.) (In München: Biogr. 987 k.)
XVI—368 S (incl Regg. u. Nachträge S 355) — In 2 Abthlgn., die erste „Weltliches" (18 Nrn), die zweite „Geistliches" (11 Werke) enthaltend — Sehr fleißige Arbeit Leider die meisten Titel ohne Formatsangabe — Nachtrag in Zeitschr. f dtsch. Philologie 5 442.

Schriftworte und Gebet gesprochen am Sarge unserer vielgeliebten Mutter Frau **Dorothea Jepsen** am Vorabend ihrer Bestattung v. Theodor Hansen. (Bordesholm. [1896.) 8° geb. in 4°

— am Strom des Lebens. Predigten. Gotha 869. F. A. Perthes. gr. 8. (XII, 266 S.) n. 1 ℛ 6 ngr.

—— Vortrag, gehalten am 28. Juni 1876 auf der Jahresversammlung des schleswig-holstein. Hauptvereins der Gustav-Adolf-Stiftung zu Lütjenburg. Mit Vorwort von K. Zimmermann. gr. 8. (20 S.) [Bredstedt 876.] Breklum, Christl. Buchh.

Hansen, Theodor Heinrich Fürchtegott, s.a. H a n s e n , Theodor

Hansen, Th. H. F., die Bereitung auf das Kommen des heiligen Geistes. Die Herrlichkeit der Mission. 2 Predigten. gr. 8. (22 S.) Oldenburg 881. Büttmann & Gerriets. n. — 50

Hansen, Th. H. F., bittet, so wird euch gegeben; suchet, so werdet ihr finden; klopfet an, so wird euch aufgethan. Konfirmationsrede, geh. am Sonntage Judica 1885 zu St. Lamberti in Oldenburg. gr. 8. (8 S.) Oldenburg 885. Schulze. — 30

Hansen, Th. H. F., die Demüthigung ist der Weg zur Erhöhung. Predigt. gr. 8. (10 S.) Oldenburg 883. Bültmann & Gerriets. n. — 50

Fest-Predigt am 21. März 1873, zur Feier des 25jährigen Gedächtnisstages der Schleswig-Holsteinischen Erhebung gehalten in St. Nicolai in Kiel v. Theodor Heinrich Fürchtegott **Hansen**. Kiel 1873. 8°.

— Ramsauer u. Kuhlmann, Festreden bei der Einweihung der neuen Kirche zu Burhave am 23. Juli 1880 gehalten. gr. 8. (24 S.) Oldenburg 880. Bültmann & Gerriets in Comm. n.n. — 50

Hansen, Thdr. H. F., Glaube, Hoffnung, Liebe. Predigt, gehalten am Sonntage Invocavit 1861 in der Klosterkirche zu Kiel. Kiel 861. (Akadem. Buchhdlg.) gr. 8. (15 S.) n. 3¾ ngr.

— Konfirmationsrede über Micha 6, V. 8, geh. in der St. Lambertikirche zu Oldenburg am Sonntag Judica, 27. März 1887. gr. 8. (16 S.) Ebd. 887. — 30

Hansen, Rede bei d. Beisetzg. d. Erbgroßherzogin Elisabeth v. Oldenburg geb. Prinzessin v. Preußen — 1895 Septbr. 5 — geh. gr. 8. (7 S.) Oldenburg 895. Schulze. n. — 30

— Rede bei d. Beisetzg. d. Großherzogin Elisabeth von Oldenburg, geb. Prinzessin von Sachsen-Altenburg — 1896, Febr. 7 — geh. gr. 8. (8 S.) Ebd. 896. — 30

Hansen, Rede, geh. bei der Beisetzg. weil. Sr. königl. Hoh. des Großherzogs Nicolaus Friedrich Peter v. Oldenburg, 19. VI. 1900 gr. 8. (8 S.) Oldenburg 900. Schulze. n. — 30

Rede gehalten bei der Bestattung des Universitätspedellen [Dietrich] Biel am 9. April 1874 v. Theodor Hansen. Kiel. 1874. s.a. in: Schriften d. Univ. zu Kiel, Bd. 21. Kiel. 1875 4°.

Hansen, Rede geh. bei der Bestattung d. Universitätspedellen Biel am 9. April 1874. 4. (5 S.) Kiel 874. Universitäts-Buchh. — 30

⊙ Rede geh. bei der Bestattung von Christian Esselsgroth u Feodor Voigt v. Th[eodor] H einrich] F[ürchtegott] Hansen Kiel 1872. 8°, geb. in 4°

— Rede bei d. Confirmation d. Herzogin Sophie Charlotte v. Oldenburg — 1895, 11. Apr. — geh. gr. 8. (8 S.) Ebd. 895. n. — 30

— Rede am Sarge d. sel. Geheimen Oberkirchenrath u. Oberhofprediger Dr. theolog. Nielsen. 8. (8 S.) Oldenburg 883. Schulze. — 30

— Rede, bei d. Taufe d. Herzogs Nicolaus Friedrich Wilhelm v. Oldenburg — 1897 10. IX. — geh. gr. 8. (7 S.) Ebd. 897. n. — 30

— wann dürfen wir hoffen auf den Segen der christlichen Gemeinschaft? Antrittspredigt über 1. Joh. 1, 3 in der St. Lambertikirche zu Oldenburg gehalten. gr. 8. (10 S.) Oldenburg 879. Schmidt's Sort. n. — 40

Wann wird es Weihnacht in der Menschenseele? Predigt v. Theodor [Heinrich Fürchtegott] **Hansen**. Oldenburg. 1891. 8°

Hansen, Th., wann wird es Weihnacht in der Menschenseele? Predigt, geh. zu S. Lamberti in Oldenburg am 2. Weihnachtstage 1891. gr. 8. (14 S.) Oldenburg 892. Schulze. — 30

Hansen, Theoph. v., das k. k. Reichsraths-Gebäude in Wien. 28 Taf. in Kpfrst. Gezeichnet vom Atelier Hansen. Gestochen v. H. Bültemeyer etc. Fol. (1. Hälfte 14 Kpfrtaf.) Wien 888. Ad. Lehmann. In Mappe. n. 70. —

— dasselbe, s.a. Monumental Bauten, Wiener.

— das k. k. Reichsraths-Gebäude in Wien. gr. Fol. (28 Taf. in Kpfrst. u. Heliograv. m. 7 Bl. Text v. H. Auer.) Wien 890. Ad. Lehmann. In Mappe. n. 70. —; französ. Ausg. u. d. T.: „Le palais du parlement à Vienne" zu gleichem Preise.

Die lutherische und reformirte Kirchenlehre von der Kirche dargestellt v. Thomas [Adolf Theodor] **Hansen**. Gotha. 1855. 8°.

Hansen, V., aktenmäßige Darstellung wunderbarer Heilungen, welche bei der Ausstellung des h. Rockes zu Trier im Jahr 1844 sich ereignet. Nach authent. Urkunden geordnet u. zusammengetragen, — auch mit medizinischen Bemerkungen begleitet. 8. Trier 845, Gall. n. ⅔ ℛ

Hansen, V. 18 wunderbare Heilungen, welche bei der Ausstellg. d. h. Rockes zu Trier im J. 1844 sich ereignet. Nach authent. Urkunden gesammelt. Für weitere Kreise neu hrsg. gr. 8. (X, 36 S.) Bonn 891, Hanstein. * — 60; französ. Ausg. (48 S.) * — 60

Hansen, V., die Krankheiten des Herzens. Heilung derselben ohne Arzt. Zum Gebrauch für Leidende. Berlin 856. Artistische Anstalt. (Mecklenburg.) 8. (1 Bl., 76 S.) 10 ngr

— Relation authentique des guérisons miraculeuses opérées pendant la dernière exposition de la sainte robe à Trèves, en 1844. Traduit de l'Allemand par l'Abbé Wayant. Augmenté d'une introduction et de notes du traducteur sur le pèlerinage de Trèves. 12. Paris 845. Trèves, Gall. n. ⅔ ℛ

—— die Salpetersäure innerlich gereicht als Heilmittel der Bright'schen Krankheit, od. Albuminurie, durch 18 geheilte Fälle erläutert. Nebst e. Vorr. v. Fr. Nasse. gr. 8. (5¾ B.) Trier 843, Lintz'sche Buchh. —

Hansen, V., vie de Saint Hilaire, évêque de Poitiers et docteur d'église. 8. (86 S.) Luxemburg 875. Brück. n. — 80

Hansen, Valentinus (geb Trier Febr 1807) Peritonaei humani anatomia et physiologia Berolini (1834) (44 S.) 4°
Berlin, Med Diss v 21 Juni 1834

Hansen, W., Bemerkungen über die Brauchbarkeit der Keilräder zur Fortpflanzung drehender Bewegungen

— W., Beschreibung eines Apparates, mit Hülfe dessen man beliebige Gegenstände perspectivisch mit der grössten Schärfe aufzunehmen im Stande ist. (Mit Abbildungen.) (Aus Dingler's polytechn. Journ., Bd. CXXX, Heft 1, besonders abgedruckt.)

Jihann Aadulf un sien Lüd. In Geschichde ut de 30jahrige Krieg v. **W. H[ansen]**. Dresden u. Leipzig 1910. 8°

Angler Landwirtschaftlicher Verein 1856. 17. März 1906. Denkschrift zum 50 j. Stiftungsfest in Neukirug am Mittwoch, den 6. Juni 1906 Hrgg im Auftrage des Vereins (von **W. Hansen**. Flensburg.) 1906 8

Hansen, W Untersuchungen über die Refractionsverhältnisse und das Wachsthum der Augen im 10.--15. Lebensjahre Kiel 1884

Hansen, Waldem., Sagitta. Eine neue Kurz- u. Schnellschrift. 6 Schriftzeichen! Kein Druck! Keine Sigel! Keine langen Züge! (30 u. 14 S. m. Bildnis.) gr. 8. Hamburg 906. J. Kriebel. n. 2. —

Hansen, Waldem., för de Sofa-Eck. Plattdütschen Riemsnack. 1. Bd. (84 S.) 8. Hamburg 907. J. Kriebel. 1.50

Die Bauernhäuser in Schleswig-Holstein v. Wilhelm **Hansen.** Ausschnitt aus: Westermanns Monatshefte, Braunschweig. 1865. 8°.

Hansen, Wilhelm, Assistenzarzt b. Inf.-Reg. Nr. 31: Beitrag zur Casuistik der Myositis ossificans traumatica des Muskulus[!] bracchialis internus. Greifswald 1908: Adler. 26 S. 8°
Greifswald, Med. Diss. v. 17. Aug. 1908, Ref. Payr
[Geb. 6. Juni 79 Rendsburg; Wohnort: Altona; Staatsangeh.: Preußen; Vorbildung: Gymn. Rendsburg Reife M. 00; Studium: Berlin K. W. A. 10 S.; Coll. 6. März 08; Approb. 11. Dez. 06.] [U 09. 1486

Hansen, Wilh., Edmund v. Kucksburg. Eine Rittergeschichte a. d. Zeiten d. Kreuzzüge. 8. (12 B.) Nordhausen 843, Fürst. —

Hansen, Wilh., Konrad v. Wiesenthal und Agnes v. Weißenborn oder: Die Wege des Verhängnisses. Rittergeschichte aus dem 13. Jahrhundert. 8. (191 S.) Leipzig 856(57,) Colditz.

Hansen, Wilh., Ritter Hugo von Scharfenstein, der unschuldig Geächtete, oder: Die wunderbare Fügung des Himmels in der friedlichen Klause. Rittergeschichte aus der Vorzeit. Leipzig 857. Colditz in Comm. 8. (192 S.) 15 ngr

Hansen, Wilh., Thesen, Bitten, Fragen aus der Gegenwart. Oder: Gegen Diplomaten helfen nur Thaten. Gegen Demokraten hilft noch e. Andres als Soldaten. gr. 8. (43 S.) Kiel 850, Akadem. Buchhandlung. n. 6 ngr

Hansen, Willy, aus Rostock: Aus d. Hygien. Institut d. Universität Rostock. Ueber das Vorkommen gemischter Fettsäure-Glyceride im tierischen Fette. *München 1902: R. Oldenbourg.* (17 S.) 8°
Rostock, Phil. Diss. v. [22. März] 1902

Gedichte v. Ferdinand Hansen Ahnelby. Kiel 1881. 8°

Traum und Leben. Gedichte von Clara **Hansen**-Kober. · Berlin-Leipzig: Wigand 1910. 77 S. 8° [11. 4188

Hansen-Kober, Clara, Traum u. Leben. Gedichte. (79 S.) 8. Leipzig 910. Modernes Verlagsbureau. 2.50; geb. 3.50

Hansen-Taylor, Marie, u. Horace E. Scudder, Bayard Taylor. Ein Lebensbild, aus Briefen zusammengestellt. Übers. u. bearb. v. Anna M. Koch. Mit (Lichtdr.-) Portr. gr. 8. (VII, 528 S.) Gotha 885. F. A. Perthes. n. 8. —

Hansen-Taylor, Marie, aus zwei Weltteilen. Erinnerungen. Mit Bildnissen v. Bayard Taylor u. Marie Hansen-Taylor. (III, 226 S.) Lex.-8. Stuttgart 905. Deutsche Verlags-Anstalt. n. 5. —; geb. n. 6. —

Hansens, Bruder, Marienlieder aus dem 14. Jahrhundert. Nach einer bisher unbekannt gebliebenen Handschrift der kaiserl. öffentlichen Bibliothek zu St. Petersburg herausg. von Rud. Minzloff. Hannover 863. Hahn. Lex.-8. (XXIII, 364 S. u. 1 lith. Taf.) n. 4 ℛ

Carl Ren. **Hansens:** Staatsmaterialien und hist. polit. Aufklärungen für das Publicum. Dessau 1783. 8°
Kl. 409. Das 3. Stück enth. Betrachtungen über das von J. Moser gefällte Urtheil über die Frmr-Gesellschaften.

Hanser, A., die Eisenkonstruktionen des einfachen Hochbaues, s.: Lauenstein, R.

Hanser. Alfred [approb. Arzt aus Weinheim in Baden]: Ueber das Epithelialcarcinom der Mamma und über „Paget's disease" .... Heidelberg, Univ. Buchdr. v. J. Hörning, 1886; 42 S. 8°.
Heidelberg, Med. Fak., Inaug. Diss. v. 1886.

Hanser, Alfred, ueber das Epithelialcarcinom der Mamma und über „Paget's disease." Diss. Heidelberg 1886, Theodor Groos. 8°. 42 S.

Hanser, Ant., das Königreich Bayern. Fol. Kpfrst. u. color. Nürnberg 848, Fr. N. Campe. 1/2 ℛ

Hanser, Ant. v., Tagebuch der k. b. 4. Infanterie-Brigade während des Sommer-Feldzuges 1866, s.: Darstellungen aus der bayer. Kriegs- u. Heeresgeschichte. 9. Hft.

Hanser, F., das Wichtigste von d. Bienenzucht, für den Landmann. 8. Eichstädt ... Beyer. 2 ngr

Hanser, Friedrich Wilhelm (Bolheim), Historia Davidis. Präs. Christian Friedrich Schnurrer. Tübing. (Sigmund) Aug. 1780. 46 S. mit Widm. v. Präs. (6.30) 13083

Hanser, G., neueste Eisenbahn- u. Post-Reisekarte von Mittel-Europa, der Schweiz, Holland, Belgien, Nord-Italien, dem östl. Frankreich bis Paris, e. Theile v. Ungarn, Polen etc. Mit besond. Berücksicht. auf Eisenbahnen u. Dampfschifffahrt u. unter Beigabe mehrerer Tabellen etc. Imp. Fol. Stahlst. u. color. Nürnberg 848, Serz & Co. 12 ngr

Hanser, G., neueste Eisenbahn- und Post-Reisekarte von Mittel-Europa. Mit besond. Rücksicht auf Eisenbahnen und Seedampfschifffahrt. (Neue Ausg.) Kpfrst. und ill. gr. Fol. Mit 8 lithogr. Tab. in 8. und 4. Nürnberg 856, Serz und Comp. *

Hanser, G., neueste Eisenbahn- und Post-Reisekarte von Mittel-Europa. Mit besond. Rücksicht auf Eisenbahnen und Seedampfschifffahrt. 1868,69. *M 1., und (Neue Ausg.) Fol. Nürnberg 870—74, Serz und Comp. *

Hanser, G., Landes-Versammlung der württemb. Zentrumspartei zu Ravensburg, s.: Zeitfragen, polit., in Württemberg. Nr. 8.

Hanser, G., Post- und Eisenbahn-Reisekarte von Deutschland, Holland, Belgien, der Schweiz, Italien bis Neapel, Theil von Frankreich, Ungarn, Polen etc. Nürnberg. 1846. ½ Thlr.

— Post- u. Eisenbahn-Reisekarte v. Deutschland, Holland, Belgien, der Schweiz, Italien bis Neapel, dem grössten Theil von Frankreich, Ungarn, Polen etc. Mit besond. Rücksicht auf Eisenbahnen u. Seedampfschifffahrt. Imp. Fol. Stahlst. u. color. (Mit 8 Tab. in 8.) Ebd. 849. 18 ngr; auf Leinw. 1 ℛ 6 ngr — Mit d. Fahrplänen d. Eisenbahnen 24 ngr; auf Leinw. 1 ℛ 12 ngr — (Neue Ausg.) Mit besond. Berücksicht. auf Eisenbahnen u. Dampfschifffahrt und unter Beigabe mehrerer Tabellen etc. Imp. Fol. Stahlst. u. color. Ebd. 850. 18 ngr; auf Leinw. in 8. Carton. 1 ℛ 6 ngr — Mit Distanceangaben in 8. Carton. 24 ngr; auf Leinw. in 8. Carton. 1 ℛ 12 ngr — Mit besond. Berücksicht. auf Eisenbahnen u. Dampfschifffahrt u. unter Beigabe mehrerer Tabellen etc. Imp. Fol. Stahlst. u. color. Mit: Neuester Eisenbahn-Atlas v. Deutschland, Belgien, den Niederlanden u. dem Lombard. Venetian. Königreiche. Enthaltend 9 Specialkarten f. Eisenbahnrouten nebst e. Uebersichtskarte v. Mittel-Europa. Entworfen u. bearb. v. F. A. Müller. Stahlst. u. color. 8. Ebd. 850. 1 ℛ; auf Leinw. 1½ ℛ — Mit Distanceangaben in 8. Carton. 1 ℛ 6 ngr; auf Leinw. 1 ℛ 21 ngr

Hanser, G., Post- u. Eisenbahn-Reisekarte. Deutschland, Holland, Belgien, die Schweiz, Italien bis Neapel, der grösste Theil von Frankreich, Ungarn, Polen etc. Mit besond. Rücksicht auf Eisenbahnen u. Seedampfschifffahrt. Imp. Fol. Stahlst. u. color. Nürnberg 851, Serz & Co. — (Neue Ausg.) Ebd. 852. 18 ngr; auf Leinw. 1 Thlr 6 ngr — Mit grösseren Distanz-Bestimmungen 24 ngr; auf Leinw. 1 Thlr 12 ngr — Mit Müller's Eisenbahn-Atlas 1 Thlr; auf Leinw. 1 Thlr 24 ngr

Hanser, G., Post- und Eisenbahn-Reisekarte. Deutschland, Holland, Belgien, die Schweiz, Italien bis Neapel, der grösste Theil von Frankreich, Ungarn, Polen etc. Mit besonderer Rücksicht auf Eisenbahnen und Seedampfschiffahrt. M. 1 : 3000000. Nürnberg, Serz u. Co., (1851). Imp.-Fol. Stahlst. u. kolor.
—, — (Neue Ausg.) Ebda. Nürnberg 1856. Imp.-Fol. Stahlst. u. illum. (24 Ngr.)
—, — Ebda. 1858. Imp.-Fol. . . . . (D.)
—, — Neue Ausg. Ebenda 1859. Mit Distanzbestimmungen. — Mit Eisenbahnatlas. . . . . (Br. Mus.)
—, — Neue gänzl. umgearb., verb. u. verm. Ausg. Stahlst. u. illum. Ebenda 1860.
—, — Neue Ausg. Stahlst. u. illum. Nürnberg, Serz & Co., 1863. Imp.-Fol. — Mit Eisenbahn-Atlas. — Mit Anhang: Fortsetzung der Oesterreichischen Monarchie bis zur östlichen Grenze. — Mit grösseren Distanz-Bestimmungen.
—, — Neue, gänzlich umgearb., verb. u. verm. Ausg. Stahlst. u. illum. Nürnberg, Serz & Co., 1863. Imp.-Fol.
—, — Neue, gänzlich umgearb., verb. u. verm. Ausg. Nürnberg, Serz & Co. Ebenda 1865. Imp.-Fol. Stahlst. u. kolor.
—, — Ebenda 1867. . . . . (Br. Mus.)
—, — Ebenda 1870, 1871. gr. Fol. Lith. u. kolor. . . . . (Br. Mus.)
—, — Verm., verb. u. ganz neu in Stahl gest. u. kolor. Ausg. 1873. Ebenda 1873—75.
—, — Neue, gänzlich umgearb., verb. u. verm. Ausg. 1876, 1890. Nürnberg, Serz & Co. Imp.-Fol. Stahlst. u. kolor.

— Post- und Eisenbahn-Reisekarte. Deutschland, Holland, Belgien, die Schweiz, Italien bis Neapel, der grösste Theil von Frankreich, Ungarn, Polen etc. Mit besond. Rücksicht auf Eisenbahnen und Seedampfschiffahrt. (Neue Ausg.) Kpfrst. und ill. Imp.-Fol. Mit 7 lithogr. Tab. in 8. Nürnberg 856, Serz und Comp. 18 Ngr.; auf Leinw.
Mit Distanz-Bestimmungen 24 Ngr.; auf Leinw.
Mit Müller's Eisenbahnatlas 1 Thlr.; auf Leinw.

— Post- und Eisenbahn-Reisekarte von Deutschland, Holland, Belgien, der Schweiz, Italien bis zum Aetna, dem grössten Theile von Frankreich, Ungarn, Polen etc. Mit besond. Rücksicht auf Eisenbahnen und Seedampfschiffahrt. Neue, gänzlich umgearb., verb. und verm. Ausg. Fol. Ebendas. 868—75. In Carton * aufgez. *

— dass. — Mit Anhang: Fortsetzung der österreich. Monarchie bis zur östl. Grenze. Ebendas. 873. In Carton

— der Proporz f. Landtags- u. Gemeindewahlen in Württemberg. Populäre Darstellg. f. die Hand des Wählers. (55 S.) 8. Stuttgart 906. Deutsches Volksblatt. n. — 20

Hanser, G., geographischer Schul-Atlas über alle Theile der Erde und das Wichtigste über das Weltgebäude, nach neuern Grundsätzen umgearb. von C. Arendts. 5. Aufl. 853. — 6., verm. etc. Aufl. Regensburg 855. Manz. qu. gr. 4. (2 Bl. Text u. 25 Karten in Stahlst.) n. 1 Thlr 2½ ngr

— — (Ausg. für die k. k. Oesterreichischen Staaten.) 5. Aufl. 853. — 6., verm. etc. Aufl. Ebend. 855. qu. gr. 4. (31 Karten in Stahlst.) n. 1 Thlr 10 ngr
Ausg. f. Preussen in 30 Karten n. 1 Thlr 7½ ngr, für Sachsen nebst Thüringen in 26 Karten, für Hannover nebst Oldenburg, Holstein, Braunschweig in 25 Karten, für Mecklenburg in 25 Karten, für Hessen nebst Nassau, Waldeck etc. in 26 Karten à n. 1 Thlr 2½ ngr

Hanser, G., geographischer Schul-Atlas über alle Theile der Erde und das Wichtigste über das Weltgebäude. Nach neuern Grundsätzen umgearb. von Carl Arendts. 7., verm. und verb. Aufl. qu. Imp.-4. (42 in Stahl gest. und ill. Karten.) Regensburg 859, Manz. *

Hanser, G., geographischer Schul-Atlas über alle Theile der Erde und das Wichtigste über das Weltgebäude. Nach den neuern Grundsätzen umgearb. von Carl Arendts. 8., verm. und verb. Aufl. qu. gr. 4. (25 ill. Karten in Stahlst.) Regensburg 862, Manz. *

— Schul-Atlas der österreichischen Monarchie. Mit graphischen Darstellgn. aus der physikal. Erdkunde. 4., nach der neuesten polit. u. gerichtl. Eintheilg. abgeänd. Aufl. m. Angabe der Höhenprofile, Eisenbahnen etc. [Auszug aus Hanser's Schulatlas über alle Theile der Erde.] qu. Imp. 4. (7 color. Karten in Stahlst.) Ebd. 850. n. ⅓ Thlr

Hanser's, G., Schul-Atlas über alle Theile der Erde und das Wichtigste über das Weltgebäude. Revid. und zum Theil umgearb. von Carl Arendts. 1—4. Aufl. 1846—50. und 5., verm. und verb. Aufl. qu. Imp.-4. (3 S. und 25 in Kpfr. gest. und ill. Karten.) Regensburg 852(53,) Manz. *
Hiervon erschienen besondere Ausgaben:
Für Oesterreich. (31 Bl.) * 1 Thlr. 10 Ngr.
Für Preussen. (30 Bl.) * 1 Thlr. 7½ Ngr.
Für Sachsen und Thüringen. (26 Bl.) * 1 Thlr. 2½ Ngr.
Für Hannover, Oldenburg etc. (25 Bl.) * 1 Thlr. 2½ Ngr.
Für Mecklenburg. (25 Bl.) * 1 Thlr. 2½ Ngr.
Für Hessen, Nassau etc. (26 Bl.) * 1 Thlr. 2½ Ngr.

Hanser, G., Schul-Wand-Charte von Deutschland u. seine Grenzlande im Maße v. 1 : 1,250,000 geograph., statist. histor. bearb. 2. verb. Ausg. In Kupf. gest. gr. Fol. (4 col. Blätter.) Hamburg 845, Schuberth u. Comp. n. 1⅓ Thlr

Hanser, Hugo, Trost u. Labung für Kranke. St. Louis, Mo. 865. (Dresden, Naumann.) 16. (63 S.) n.n. 7½ ngr

Hanser, Hugo, Trost und Labung für Kranke. 16. (63 S.) St. Louis, Mo. 869. (Dresden, Naumann.) **

Hanser, Hugo, Trost u. Labung f. Kranke. 12. (104 S.) St. Louis, Mo. 882. (Dresden, H. J. Naumann.) geb. n. 1. 40

Hanser, J. J. J., Denkmal Jm. J. Gerh. Schellers. 8. Breslau, Barth. 803.

Hanser, Jules, les coulisses de la diplomatie quinze ans à l'étranger [1864—1879]. 8. (IV, 391 S.) Paris 880. Kopenhagen, Höst & Sohn. n. 6. —

Hanser, Karl Frdr., fünf Bücher klassischer Prosa. Völkerbilder. Menschenbilder. Geschichten. Abhandlungen. Reden. Ein Lesebuch für Jedermann, vornehmlich zur Förderung geistiger und sittlicher Entwickelung deutscher Jugend. Mit dem Bildnisse des Frhrn. vom Stein (in Stahlst.). Leipzig 862. Brandstetter. Lex.-8. (XVI, 908 S.) 2 Thlr 15 ngr

Hanser, Karl Frdr., Deutschland nach dem 30jährigen Kriege. Dargestellt in politischer, materieller und socialer Beziehung und mit Rücksicht auf die Entwicklung des europäischen Staatensystems seit der Reformation. Leipzig 862. C. F. Winter. gr. 8. (XIV, 428 S.) n. 2 Thlr 10 ngr

Hanser, Carl Johann Otto. Gesch d ersten Ev-Luth Dreieinigkeits-Gmde in StL, Mo ... zur Feier ihres 50-jhr Jubs am 16. u 17. Juni, 1889. StL, 1889.

Hanser, Carl Johann Otto: I r r f a h r t e n und Heimfahrten. Erinnerungen aus meinem Leben. Von –. Buffalo, N. Y.: Lutheran Publ. Co.; [Zwickau i. S.: Schriften-Ver. d. sep. ev.-luth. Gemeinden] 1910. 291 S. 8°

Hanser, Otto, Jubelfestbüchlein für die liebe evangelisch-lutherische Schuljugend zum 25. Juni 1880. Ein Gespräch über Augsburg. Confession u. die Concordienformel. 8. (15 S.) St. Louis, Mo. 880. (Dresden, H. J. Naumann.) n. — 25

— die schöne Jugend des JEsusknaben das herrlichste Vorbild für christliche Jünglinge u. Jungfrauen. Predigt am 1. Sonntag nach Epiphanias 1880 über Lucä 2, 41—52. 8. (16 S.) Ebend. 880. n. — 25

Hanser, Robert: Schlingbeschwerden bei Aneurysmen. Rostock 1909: Winterberg. 71 S. 8°
Heidelberg, Med. Diss. v. 7. Sept. 1909, Ref. Fleiner
[Geb. 16. Jan. 84 Mannheim; Wohnort: Heidelberg; Staatsangeh.: Baden; Vorbildung: Gymn. Mannheim Reife Juli 02; Studium: Heidelberg 5, München 1, Heidelberg 4 S.; Coll. 8. Dez. 08; Approb. 8. Sept. 09.] [U 10. 2060

Hanser, Rud.

— Proletarier-Liederbuch. Sammlung von ausgewählten Liedern und Gedichten für das arbeitende Volk. 2. Ausg. 8°. Wien, A. Heimann u. L. Bretschneider, 1891.

Hanser, Rud., Strahlen, oder ein Allerseelen-Licht am Schlachtfelde der Gegenwart. Sociale Sonntags-Reminiscenz. 8°. Budapest, A. Ihrlinger u. Genossen, 1886.

Hanser, W. Hugo, Leichenrede am Sarge des weil. Wilh. Michael Carl Sommer, Pastors in Kingsville, Md., geb. den 27. März 1826 in Bautzen, Sachsen, gest. den 19. Decbr. 1878 in Baltimore, Md., begraben den 22. Decbr. 1878 in Druid Hill Park. 8. (16 S.) St. Louis, Mo. 880. (Dresden, H. J. Naumann.) n. — 30

Hanserecesse. Die Recesse und andere Akten der Hansetage von 1256—1430. Hrsg. durch die histor. Commission bei der königl. (bayer.) Akademie der Wissenschaften. 1.—3. Bd. hoch 4. Leipzig, Duncker und Humblot. [1. Bd. (XXXVIII, 559 S.) 870. *ℳ 12.; 2. Bd. (XV, 518 S.) 872. *ℳ 12.; 3. Bd. (XV, 564 S.) 875. *ℳ 16.] *

— dasselbe. 2. Abth. Hrsg. vom Verein f. hansische Geschichte. 1. Bd. A. u. d. T.: Hanserecesse von 1431—1476. Bearb. von Goswin Frhr. v. der Ropp. 1. Bd. hoch 4. (XXIV, 595 S.) Ebend. 876. n. 18. —

Hanserecesse. Hrsg. durch die historische Commission bei der königl. Academie der Wissenschaften zu München (1. Folge). 4. u. 5. Bd. A. u. d. T.: Die Recesse u. andre Akten der Hansetage von 1256—1430. 4. u. 5. Bd. hoch 4. (XXVI, 664 u. IX, 619 S.) Leipzig 877. 80. Duncker & Humblot. à n. 20. —

— dasselbe. 2. Abth. Hrsg. vom Verein für Hansische Geschichte. 2. Bd. A. u. d. T.: Hanserecesse von 1431—1476. Bearb. von Goswin Frhr. v. der Ropp. 2. u. 3. Bd. hoch 4. (XII, 622 u. XII, 608 S.) Ebend. 878. 82. à n. 20. —

— dasselbe. 3. Abth. Von 1477—1530. Bearb. v. Dietr. Schäfer. 1. Bd. Lex.-8. (XV, 598 S.) Ebend. 881. n. 20. — (I, 1—5, II, 1—3 u. III, 1.: n. 158. —)

Hanserecesse. Hrsg. vom Verein f. hansische Geschichte. 2. Abth. 4. Bd. u. 3. Abth. 2. Bd. Lex.-8. Leipzig, Duncker & Humblot. n. 42. —
II. 4. Hanserecesse von 1431—1476, bearb. von Goswin Frhr. v. der Ropp. 4. Bd. (XI, 576 S.) n. 20. —
III. 2. Hanserecesse von 1477—1530. Bearb. v. Dietr. Schäfer. 2. Bd. (XVI, 687 S.) n. 22. —

Hanserecesse. 1. Abth. Die Recesse u. andere Akten der Hansetage von 1256—1430. 6. Bd. Auf Veranlassg. Sr. Maj. d. Königs v. Bayern hrsg. durch die histor. Commission bei der königl. Akademie der Wissenschaften. hoch. 4. (IV, 655 S.) Leipzig 889. Duncker & Humblot. n. 22. —

— dasselbe. 2. Abth. Hanserecesse 1431—1476, bearb. von Goswin Frhr. v. der Ropp. 5. u. 6. Bd. Lex.-8. (XIII, 647; XIII, 634 S.) Ebd. 888. 890. à Bd. n. 22. —

—— dass. — 3. Abthl. 1477—1530, bearb. von Dietr. Schäfer. 3. Bd. Lex.-8. (XII, 590 S.) Ebendas. 888. *
1. Abthl. 1.—5. Bd., 2. Abthl. 1.—4. Bd., 3. Abthl. 1. und 2. Bd. Ebendas. 1870—83. *ℳ 200.—.

— dasselbe. 3. Abth. 1477—1530, bearb. v. Dietr. Schäfer. 3. u. 4. Bd. Lex.-8. (XII, 590 S.) Ebd. n. 42. — (I, 1—6, II, 1—6, III, 1—4: n. 308. —)
3. (XII, 590 S.) 888. n. 20. —. — 4. (XIV, 686 S.) 890. n. 22. —.

— dasselbe. II. Abth. Hrsg. vom Verein f. hans. Geschichte. Hanserecesse von 1431—1476. Bearb. von Goswin Frhr. v. der Ropp. 7. (Schluss-)Bd. 4. (X, 890 S.) Ebd. 892. n. 30. —

Hanserecesse. Auf Veranlassg. Sr. Maj. des Königs v. Bayern hrsg. durch die histor. Commission bei der kgl. Akademie der Wissenschaften. I. Abth. 7. Bd. 4. Leipzig 893. Duncker & Humblot. n. 22. —
Die Recesse u. andere Akten der Hansetage von 1256—1430. 7. Bd. (X, 659 S.)

— dasselbe. III. Abth. Hrsg. vom Verein f. Hansische Geschichte. Hanserecesse von 1477—1530. Bearb. v. Dietr. Schäfer. 5. Bd. hoch 4. (XIII, 785 S.) Ebd. 894. n. 26. — (I, 1—7. II. u. III, 1—5.: n. 390. —)

Hanserecesse. (1. Abth.) Auf Veranlassg. d. Königs v. Bayern hrsg. durch d. histor. Commission bei d. kgl. Akademie d. Wissenschaften. 8. Bd. 4. Leipzig 897. Duncker & Humblot. n. 28. —
(I, 1—7., II u. III, 1—5.: n. 381. —)
Recesse, d. u. and. Akten d. Hansetage v. 1256—1430. (XXII, 832 S.)

Hanserecesse. 3. Abthlg. Hrsg. vom Verein f. hans. Geschichte. 6. Bd. hoch 4. Leipzig, Duncker & Humblot. n. 28. 40; (I, 1—8, II u. III, 1—6, n. 412. 40)
Hanserecesse von 1477—1530. Bearb. v. Dietr. Schäfer. 6. Bd. (XVI, 863 S.) 899.

Hanserecesse. 3. Abth. Hrsg. vom Verein f. hans. Geschichte. 7. Bd. Lex.-8. Leipzig, Duncker & Humblot. n. 31. — (I, 1—8. II u. III, 1—7.: 443. 40)
Hanserecesse von 1477—1530. Bearb. v. Dietr. Schäfer. 7. Bd. (XIV. 941 S.) 905.

Hanserecesse. 3. Abth. Hrsg. v. Verein f. hans. Gesch. 8. Bd. Lex. 8. Leipzig, Duncker & Humblot. 32. —
Hanserecesse von 1477—1530. Bearb. v. Dietr. Schäfer u. Frdr. Techen. 8. Bd. (XVIII, 975 S.) 910. 32.,—
I. Abt. 1—8., II. Abt. 1—7 u. III. Abt. 1—7. Ebd. 870—899. 473.40.

Hanses, Heinrich August (Magdeburg), Schediasma de commentariis historicis, quos Galli *memoires* vocant. Präs. Jo. Burchard Mencken. Leipzig (Fleischer jun.) 19. IV. 1708. 56 S. mit Widm. v. Präs. (7.—) 13084

— — Dasselbe. o. O. 1711. (6.50) 13085

Hanses, Joachim Friedrich

— — (Magdeburg), De praebenda equestri dicta Die Reit=Pfründe. Dissert. jur. canon. Präs. Friedr. Gottlieb Struve. Jena (Müller) April 1710. 52 S. mit Widm. v. Präs. (6.50) 13087

Hansestädte [Schlagwort]

Hansestädte, s.a. Hand- u. Reisekarten 18. — Heimatskarten.

— Puritz, Ludw., Wandkarte f. die Umgegend von Hannover. 1 : 200,000. 50×37 cm. Lith. Hannover 892. Schmorl & v. Seefeld Nachf. n. 1. —

— Puritz, Ludw., Wandkarte für die Umgegend v. Hannover. 1 : 200,000. Chromolith. qu. gr. Fol. Hannover 887. Schmorl & v. Seefeld. n. 1. —

— Richter, Gust., Wandkarte der Prov. Hannover. 1 : 225,000. 4 Blatt à 67,5×82,5 cm. Farbdr. Essen (899). G. D. Baedeker. n. 12. —; auf Leinw. m. Stäben n. 18. —

Hansestädte [Sachliches OW]

Hanseestädte, die, Hamburg, Bremen, Lübeck. 8. Hamb. 808. Krausch. 10 gl.

• **Hansestädte, die, Lübeck u. Bremen. Ein Handbuch f. Einheimische u. Fremde. Beilage zu d. Werke: die Handlung von Hamburg. gr. 8. Innsbruck, Wagner. 807.**

— die, Lübeck u. Bremen, e. Handbuch für Kaufleute. 8. Zwickau 807. Schumann. 1 ℛ 16 gr

Hanse-Städte, die, in ihrem Verhältniß zu den Staaten des Deutschen Zoll-Vereins, besonders nach dem Abschlusse des Handels-Tractats zwischen letzteren u. Holland. gr. 8. Hamburg 839. Hoffmann u. Campe. 1/6 ℛ

Hänsgen, Emil, gesammelte Anschauungen im Lichte der Natur. (IV, 96 S.) 8. Klotzsche-Dresden 908. Isis-Verlag. 2. —

Hansgertu, s.: Blim-Blim!

Hansgirg, Anton

Beiträge zur Biologie und Morphologie des Pollens. Von Prof. Dr. Anton Hansgirg. *Prag: Kgl. böhm. Ges. d. Wiss. 1897.* (76 S.) 8.
═ Věstník Král. Č. Společnosti Náuk. Třída math.-přírodovědecká. 1897. [No] 23. [97. 8.139]

Hansgirg, Ant., Beiträge zur Biologie u. Morphologie des Pollens. [Aus: „Sitzungsber. d. k. böhm. Gesellsch. d. Wiss."] gr. 8. (76 S.) Prag 897. (F. Řivnáč.) n. 1. 20

Beiträge zur Kenntniss der Blüthenombrophobie. Von Prof. Dr. A[nton] Hansgirg. *Prag: Kgl. böhm. Ges. d. Wiss. 1896.* (67 S., 2 Taf.) 8.
═ Věstník Král. Č. Společnosti Náuk. Třída math.-přírodovědecká. 1896. [No] 33. [97. 8.139]

— **Beiträge zur Kenntniss der Süsswasser-Algen u. Bacterien-Flora v. Tirol u. Böhmen.** [Aus: Sitzungsber. d. k. böhm. Gesellsch. d. Wiss."] gr. 8. (52 S.) Ebd. 892. n. 1. —

Hansgirg, Ant., neue Beiträge zur Kenntniss der Meeresalgen- u. Bacterien-Flora der österreichisch-ungarischen Küstenländer. [Aus: „Sitzungsber. d. k. böhm. Gesellsch. d. Wiss."] gr. 8. (S. 211—249 m. 1 farb. Taf.) Prag 892. (F. Řivnáč.) n. 1. —

Hansgirg, Ant., zur Biologie der Laubblätter. gr. 8. (142 S.) Prag 900. (F. Řivnáč.) n. 2. —
Sonderabdr. a.: „Sitzungsber. d. böhm. Gesellsch. d. Wiss."

— **algologische u. bacteriologische Mittheilungen.** [Aus: „Sitzungsber. d. k. böhm. Gesellsch. d. Wiss."] gr. 8. (S. 297—365.) Ebd. 891. n. 1. 20

— **physiologische u. algologische Mittheilungen.** [Aus: „Sitzungsber. d. k. böhm. Gesellsch. d. Wiss."] gr. 8. (S. 83—140 m. 1 lith. Taf.) Ebd. 891. n. 1. 20

— Phyllobiologie, nebst Übersicht der biologischen Blatt-Typen v. 61 Siphonogamen-Familien. gr. 8. (XIV, 486 S. m. 40 Abbildgn.) Leipzig 903. Gebr. Borntraeger. n. 12. —; geb. n.n. 13. 20

Hansgirg, Ant., Nachträge zur Phyllobiologie. (56 S.) gr. 8. Prag 903. (F. Řivnáč.) n. — 96
Sonderabdr. aus: „Sitzungsber. d. böhm. Gesellsch. d. Wiss."

Hansgirg, Ant., Prodromus der Algenflora von Böhmen, s. Archiv der naturwissenschaftlichen Landesdurchforschung von Böhmen.

— algologische Schlussbemerkungen. gr. 8. (17 S.) Prag 902. (F. Řivnáč.) n. — 24

—— **physiologische und algologische Studien. gr. 4. (VI, 187 S. mit 4 lithogr. Taf., theilweise in Farbendr.) Prag 887, (Borovy. — Leipzig, Felix.)** *

— üb. neue Süsswasser- u. Meeres-Algen u. Bacterien, m. Bemerkgn. zur Systematik dieser Phycophyten u. üb. den Einfluss d. Lichtes auf die Ortsbewegn. d. Bacillus Pfefferi nob. [Aus: „Sitzungsberichte d. böhm. Gesellsch. d. Wiss."] gr. 8. (34 S. m. 2 Taf.) Prag 890. (Řivnáč.) n. 1. 20

— über die phyllobiologischen Typen einiger Phanerogamen-Familien. gr. 8. (38 S.) Ebd. 901. n. — 50
2 Sonderabdrucke aus: „Sitzungsber. der böhm. Gesellsch. d. Wiss."

Neue Untersuchungen über den Gamo- und Karpotropismus sowie über die Reiz- und Schlafbewegungen der Blüthen und Laubblätter. Von Prof. Dr. Anton Hansgirg. *Prag: Kgl. böhm. Ges. d. Wiss. 1896.* (111 S. 1 Taf.) 8.
═ Věstník Král. Č. Společnosti Náuk. Třída math.-přírodovědecká. 1896. [No] 34. [97. 8.194]

— **pflanzenbiologische Untersuchungen nebst algologischen Schlussbemerkungen. (VIII, 240 S.) Lex.-8. Wien 904. A. Hölder.** n. 6. 80

— **physiologische u. phycophytologische Untersuchgn. gr. 4. (286 S. m. 8 Taf.) Prag 893. Kl. Karlsgasse 144, J. Taussig. n. 16. 80; kart. n. 17. 20**

Hansgirg, Carl Viktor, s. Hansgirg, Karl Viktor

Hansgirg, Franziska

— hospodyně našeho věku. Krátké naučení o vedení městského i venkovského hospodářství. S 42 vyobrazeními. Ebend. 865. gr. 8. (VIII, 215 S.) n. 23 *ngr.*; geb. n. 1 ℛ 1 *ngr.*

Hansgirg, Franziska, neue böhmische Köchin, oder leichtfaßliche Anweisung alle Arten von Speisen sowohl für eine geringere als eine größere Haushaltung schmackhaft und billig herzustellen. Mit 30 Abbildgn. (Holzschn.) u. einem Inhaltsverzeichnisse und alphabetischem Sachregister. Prag 865. Kober. 8. (XVI, 282 S.) n. 28 *ngr.*; geb. n. 1 ℛ 7 *ngr.*

— nová česká kuchařka, aneb navedení ku připravování všelikých pokrmů, hodících se pro skrovnou i skvostnější domácnost. S 30 vyobrazeními. Ebend. 864. 8. (XVI, 245 S.) n. 23 ngr.; cart. n. 26 ngr.; geb. n. 1 ₰ 1 ngr.

Hansgirg, Karl Vikt., Begebnisse auf einem böhmischen Gränzschlosse. Wien 863. Typogr.-liter.-artist. Anstalt. 8. (VI, 234 S.) n. 1 ₰ 10 ngr.

Hansgirg, Karl Vikt., Heimatstimmen. Gedicht. M. ein. Umschlagsvign. v. Karl Swoboda. Lex.-8. (4½ B.) (Gitschin, 841. (Prag, Ehrlich.) *

Hansgirg, Karl Vikt., Kaiserkronen und Schwertlilien. Patriotische Dichtungen. 2. Aufl. 8. (IV, 69 S.) Pilsen 868, Maasch.

Hansgirg, Karl Vikt., Liebe u. Leben. Sonettenbuch. Lex.-8. (XI, 116 S) Prag 873. Calve. geb. n. 3. —

—— Liederbuch für Deutsche in Böhmen. 8. (112 S.) Prag 864, Tempsky. *

Hansgirg, Carl Vict., Lorbeer- und Eichenblätter. Poetische Festgabe zur prager Radetzky-Feier. 1. und 2. Aufl. Lex.-8. (16 S.) Prag 858. 59, Bellmann's Verlag. *

Hansgirg, Karl Vikt. Ritter v., Orient und Occident. Epische Dichtungen. 1. und 2. Aufl. gr. 8. (XIII, 339 S.) Prag 876, Calve'sche Hofbuchh. geb. *

Hansgirg, Carl Vikt., die Physiognomie der Stadt Prag in den März- und Apriltagen 1848. 8. (23 S.) Prag 848, Haase, Söhne, Verlags-Expedition.

Hansgirg, Vikt., Kaiserkronen u. Schwertlilien. Patriotische Dichtungen. 2. Aufl. Pilsen 868. Maasch. 8. (IV, 69 S.) 10 ngr.

Hanshofer, Max

— Wie gewinnt und sichert sich der Kaufmann dauernde Stellung? Eine Beleuchtung der Handelsgehilfen-Frage. gr. 8°. Berlin, Verl. f. Sprach- u. Handelswissenschaft, 1892.

Hansi

Die Hohkönigsburg im Wasgenwald und ihre Einweihung. 16 Bilder von **Hansi**. Text von Prof Dr Knatschke. (Muhlhausen i. E.: Bahy [1908].) 16 Taf. 4°
(Hansi Vogesenbilder Ser 2) [m. 1480

Hansi, Vogesen-Bilder. 10 Zeichngn. (2. Aufl.) (10 farb. Taf. u. Titelbl.) 34×26 cm. Mülhausen i/E. (907). Ch. Bahy. 5. —

— dasselbe. II. Serie. Die Hohkönigsburg im Wasgenwald u. ihre Einweihg. 16 Bilder. Text v. Knatschke. (16 farb. Taf. m. Titel- u. Widmungsbl.) 34,5×26,5 cm. Ebd. (908). 6. —

Hansi, G., die Grenzvermarkungen, Grenzzeichen, Grenzscheidungen, Grenzregulirungen u. Grenzstreitigkeiten. Unter Mittheilg. der hierauf bezügl. hauptsächlichsten Bestimmgn. d. Allgemeinen preuß. Landrechts 2c. bearb. gr. 8. (44 S.) Striegau 886. (Nahlick.) n. 1. 50

Hansi, G., Grenzvermarkungen, Grenzzeichen, Grenzscheidungen, Grenzregulirungen u. Grenzstreitigkeiten. Unter Mittheilg. der hierauf bezügl. hauptsächlichsten Bestimmungen d. Allgemeinen Preuß. Landrechts, d. Rhein. Civilgesetzbuches u. s. w. bearb. 2., verm. Aufl. gr. 8. (69 S.) Striegau 888. (Schweidnitz, Weigmann.) n. 2. —

Hansi, G., Grenzvermarkungen, Grenzzeichen, Grenzscheidungen, Grenzregulirungen u. Grenzstreitigkeiten. Unter Mittheilg. der hierauf bezügl. hauptsächlichsten Bestimmgn. des allgem. preuß. Landrechts, des rhein. Civilgesetzbuches u. s. w. bearb. 3., verb. u. verm. Aufl. 8. (76 S.) Berlin 895. G. Wattenbach. n. 2. 30; kart. n. 2. 50

Hansi, G. Grundbesitz und Grundkredit nach Einführung des Grundbuchs und der Grund- und Gebäudesteuerbücher in Preussen. Unter Mittheilung der hierauf bezüglichen hauptsächlichsten Gesetze bearbeitet. gr. 8°. Striegau, G. Wattenbach, 1892.

Hansi, G., Stellung u. Erwerbsleben der Landmesser u. Culturtechniker als Beamte u. im freien Gewerbe-Betriebe. (Geodäsie u. Cultur-Technik. II. Nachtrag.) Bedeutung der deutschen Vermessungswissenschaften für die Anlegg. des deutschen Grundbuches. gr. 8. (15 S.) Berlin 899. G. Wattenbach. Kostenlos.

—— Vorfluth und Beseitigung der schädlichen Bodennässe und des Grundwassers durch culturtechnische Anlagen. Unter Mittheilung der hierauf bezügl. hauptsächlichsten Bestimmungen der neuen preuss. Vorfluthgesetzgebung und des preuss. allgemeinen Landrechts bearb. gr. 8. (50 S.) Striegau 886, (Nahlick.) *

Hansi, Gustav

Geodäsie und Cultur-Technik. Bearb. von G[ustav] Hansi, Kgl. Steuerinsp. a. D., Berlin. [1.] 2. Berlin & Leipzig: G. Wattenbach 1899. 2 Bde 8°
[1.] Stellung u. Erwerbsleben d. Landmesser u. Cultur-Techniker als Beamte u. im freien Gewerbe-Betriebe.
2. Bedeutung d. deutschen Vermessungswissenschaften f. d. Anlegung d. deutschen Grundbuches.

Hansi, Jh. Imm., comment. philolog.-theolog. in vaticin. Jesaiae LII, 13. LIII, 12. 8maj. Leipz. 791. (List in Berl.) 6 K

Hansl, Johann Immanuel (Weiffa/Misn.), Commentatio philologico-theologica in vaticinium Jesa. LII, 13 — LIII, 12. — Quam viro Jo. Georg Christian Hoepfner munus conrectoris in gymnasio Islebiensi nuper ei clement. demandatum gratul. amicorum et auditorum. Lpz. (Sommer) 1791. 60 S. mit Namen d. Gratul. (6.—) 13088

Hansi, Matth., d. Kinder Engel. 8. Leipz. Junius. 712.

Hansjakob, Heinrich

Hansjakob, Heinr., Abendläuten. Tagebuchblätter. Illustriert v. C. Liebich. 1.—3. Aufl. 12. (à 411 S.) Stuttgart 900. A. Bonz & Co. n. 4. 20; geb. in Leinw. n. 5. 40

Hansjakob, Heinr., Abendläuten. Tagebuchblätter. Illustriert v. C. Liebich. 4. u. 5. Aufl. (à 411 S.) kl. 8. Stuttgart 903. A. Bonz & Co. n. 4. 20; geb. in Leinw. n. 5. 40

Hansjakob, Heinrich. Alpenrosen mit Dornen. Reiseerinnerungen ([aus dem] Schweizerland). Illustriert von Curt Liebich. IV + 585 S. 8. Stuttgart, Adolf Bonz & Comp., 1905. [geb. M. 7. —]

Alpenrosen mit Dornen. Reiseerinnerungen von Heinrich Hansjakob. Ill. von Curt Liebich. 2. Aufl. Stuttgart: A. Bonz & Co. 1905. (585 S.) 8° [F.] [05. 7193

Hansjakob, Heinrich. Alpenrosen mit Dornen. Reiseerinnerungen. (Kopfleisten und Vignetten nach Zeichnungen von C[urt] Liebich.) 444 S. 8. Stuttgart, Adolf Bonz & Comp., [1909]. [M. 2. —, geb. 3. —]

Reiseerinnerungen [von] H. H. Volksausgabe. Band 4 ...

Bauernblut. Erzählungen aus d. Schwarzwald von Heinrich Hansjakob. 2., unveränd. Aufl. Heidelberg: G. Weiß 1896. (V, 315 S.) 8° [F.] [06. 6799

— Bauernblut. Erzählgn. aus d. Schwarzwald. 2., unveränd. Aufl. 8. (VII, 315 S.) Ebd. 898. n. 3. 60; geb. in Leinw. n. 4. 50

— Bauernblut. Erzählungen aus dem Schwarzwald. 3., unveränd. Aufl. 8. (VII, 315 S.) Heidelberg 901. Kassel, G. Weiß, Verl. n. 3. 60; geb. in Leinw. n. 4. 50

— Bauernblut. Erzählungen aus dem Schwarzwald. 4., unveränd. Aufl (V, 315 S.) 8. Kassel 904. Ohlau, F. Leichter. n. 3. 60; geb. in Leinw. n. 4. 50

Bauernblut. Erzählungen aus d. Schwarzwald von Heinrich Hansjakob. 4., unveränd. Aufl. *Kassel: G. Weiß 1904.* (V, 315 S.) 8° [F.] [04. 8851 4

Bauernblut. Erzählungen aus d. Schwarzwald von Heinrich Hansjakob. 5., unveränd. Aufl. Ohlau: F. Leichter [1907]. (V, 315 S.) 8° [F.] [07. 7361 2

— Bauernblut. Erzählungen aus dem Schwarzwald, illustr. v. Curt Liebich. 6. Aufl. (479 S.) kl. 8. Ebd. (910). 4.80; geb. in Leinw. 6. —
5. Aufl. (V, 315 S.) 907. 3.60; geb. 4.50.

Hansjakob, Heinr., der schwarze Berthold, der Erfinder d. Schießpulvers u. der Feuerwaffen. Eine krit. Untersuchg. gr. 8. (VII, 91 S. m. Titelbild.) Freiburg i/B. 891. Herder. n. 1. 40: geb. n. 1. 80

Hansjakob, H., dürre Blätter. I. u. II. 8. Heidelberg, G. Weiß' Verl. n. 5. —; geb. n. 6. 60
I. (V, 254 S.) 889. n. 2. 20; geb. n. 3. —
II. (V, 298 S.) 890. n. 2. 80; geb. n. 3. 60

— dürre Blätter. 2 Bde. 3., durchgeseh. Aufl. 8. (VII, 254 u. V, 298 S.) Ebd. 895. 97. à n 3. —; geb. in Leinw. à n. 3. 80 (kplt. n. 5. 20; geb. n. 6. 80)

— dürre Blätter. 1. Bd. 4., durchgeseh. Aufl. Volksausg. 8. (V, 254 S.) Kassel 902. G. Weiß. n. 1. 80; geb. in Leinw. n. 2. 40

Dürre Blätter. Von Heinrich Hansjakob. Bd 1. 2. Ohlau: F. Leichter 1905–06. 2 Bde 8° [F.]
1. 5., durchges. Aufl. 1906. 2. 4., durchges. Aufl. 1905. [06. 6798

Hansjakob, Heinr., dürre Blätter. 2. Bd. 5., durchgeseh. Aufl. (VI, 297 S.) 8. Ohlau 908. [F. Leichter]. Stuttgart, A. Bonz & Co. 3.—; geb. 3. 80

— der Christian, s.: Verein f. Verbreitung guter Schriften, Bern. Nr. 10.

— Erinnerungen e. alten Schwarzwälderin, niedergeschrieben v. H. 1. u. 2. Aufl. (Illustriert v. W. Hasemann) 12. (à 292 S.) Stuttgart 898. A. Bonz & Co. n. 3. —; geb. in Leinw. n. 4. 20

— Erinnerungen e. alten Schwarzwälderin, niedergeschrieben v. H. Illustr. v. W. Hasemann. 4., verb. u. verm. Aufl. 12. (300 S.) Stuttgart 902. A. Bonz & Co. n. 3. —; geb. in Leinw. n. 4. 20

— Erinnerungen e. alten Schwarzwälderin, niedergeschrieben v. H. Illustriert v. W. Hasemann. 5. u. 6., verb. u. verm. Aufl. (à 300 S.) kl. 8. Stuttgart 902. 905. A. Bonz & Co. n. 3. —; geb. in Leinw. n. 4. 20

— Ausgewählte Erzählungen. Volksausg. 5 Bde. 8. Stuttgart (907). A. Bonz & Co. à Bd. 1.50; geb. in Leinw. 2. 40
1. Waldleute. (263 S.) — 2. Erzbauern. (282 S.)
3. Der steinerne Mann v. Hasle. Eine Erzählg. (256 S.)
4. Meine Madonna. Eine Familienchronik. (233 S.)
5. Erinnerungen e. alten Schwarzwälderin. — Kleine Geschichten. (277 S.)

— Erzbauern. Erzählungen. Mit Illustr. v. Hugo Engl. 1.—3. Aufl. 12. (à VI, 498 S.) Ebd. 899. n. 5. —; geb. in Leinw. n. 6. —

Hansjakob, Heinr., Erzbauern. Erzählungen. Mit Illustr. v. Hugo Engl. 4., verb. Aufl. (VI, 498 S.) kl. 8. Stuttgart 905. A. Bonz & Co. n. 5. —; geb. in Leinw. n. 6. —

Erzbauern. Erzählungen von Heinrich Hansjakob. Stuttgart: Bonz [1909]. 282 S. 8°
(Bibliothek August Scherl. Bd 523.) [10. 13910

— letzte Fahrten. Erinnerungen. Illustriert v. C. Liebich. 12. (VII, 419 S.) Ebd. 902. n. 4. —; geb. in Leinw. n. 5. —

— letzte Fahrten. Erinnerungen. Illustriert v. C. Liebich. 4. Aufl. (VII, 419 S.) kl. 8. Ebd. 902. n. 4. —; geb. in Leinw. n. 5. —

Hansjakob, Heinrich: Letzte Fahrten. Erinnerungen von –. Stuttgart: Bonz [1908]. 259 S. 8°
(Hansjakob: Reiseerinnerungen. Volksausg. Bd 2.)

— auf der Festung. Erinnergn. e. bad. Staatsgefangenen. 2., neu durchgeseh. u. verb. Aufl. 8. (63 S.) Heidelberg 896. G. Weiß Verl. n. — 80; kart. n. 1. —

— auf der Festung. Erinnerungen e. bad. Staatsgefangenen. 3. u. 4. Aufl. 8. (à 63 S.) Kassel 900. 902. G. Weiß. n. — 80; kart. n.n. 1. 05

— Auf der Festung. Erinnerungen e. bad. Staatsgefangenen. 5. Aufl. (63 S.) 8. Ohlau (907). [F. Leichter]. Stuttgart, A. Bonz & Co. Kart. 1. —

Hansjakob, Heinr., in Frankreich. Reise-Erinnerungen. 8. (IV, 517 S.) Mainz 874. Kirchheim. 4. —

Hansjakob, Heinrich. In Frankreich. Reise-Erinnerungen. 2. Aufl. VIII + 468 S. 8. Stuttgart, Adolf Bonz & Comp., 1904. [geb. M. 5. 60]
Darin S. 461—468: Genf, Freiburg, Bern.

—— Im Gefängnisse. Neue Erinnerungen eines bad. Strafgefangenen. gr. 8. (IV, 119 S.) Mainz 874, Kirchheim.

— Im Gefängnisse. Neue Erinnergn. e. bad. Staatsgefangenen. 2., umgearb. Aufl. (234 S.) kl. 8. Stuttgart 907. A. Bonz & Co. 2.40; geb. in Leinw. 3. 40

Hansjakob, Heinr., Der heilige Geist. Kanzelvorträge. Freiburg, Herder, 1899.
17. Vortrag: Der Spiritismus.

— der hl. Geist. Kanzelvorträge, geh. in der Pfarrkirche St. Martin zu Freiburg. gr. 8. (V, 105 S.) Freiburg i/B. 900. Herder. n. 2. 70; geb. in Leinw. n. 4.—

— der hl. Geist. Kanzelvorträge, geh. in der Kirche St. Martin zu Freiburg. 2., verb. Aufl. (X, 196 S.) gr. 8. Freiburg i/B. 905. Herder. n. 2. 70; geb. in Leinw. n. 3.50

Kleine Geschichten von Heinrich **Hansjakob**. Stuttgart: Bonz (1906–07). 47, 56, 64 S. 8°
[1.] Aus dem Leben eines Glücklichen. Eine Erzählung von H. Hansjakob. 1906. [2.] Aus dem Leben eines Unglücklichen. Erzählung von H. Hansjakob. 1906. [3.] Aus dem Leben eines Vielgeprüften. Wahrheit u. Dichtung von H. Hansjakob. 5. Aufl. 1907. [11. 13066

— Die Gnade. 6 Fastenvorträge, geh. in der Pfarrkirche St. Martin zu Freiburg. (VIII, 64 S.) gr. 8. Freiburg i/B. 910. Herder. 1.80; geb. in Leinw. 2. —

— mein Grab. Gedanken u. Erinnerungen. Mit 1 Titelbild v. Curt Liebich. 1.—3. Aufl. (à VI, 167 S.) kl. 8. Stuttgart 905. A. Bonz & Co. n. 1. 80; geb. in Leinw. n. 2. 80

Hansjakob, Heinr., die Grafen v. Freiburg im Br. im Kampfe mit ihrer Stadt oder Wie kam die Stadt Freiburg im Br. an das Haus Oesterreich. Eine histor. Abhandlung. Zürich 867. Woerl. br. 8. (IV, 112 S.) 12 ngr.

— d. Leutnant v. Hasle. E. Erzählg. aus d. 30jähr. Kriege. 2., unveränd. Aufl. 8. (IV, 329 S.) Ebd. 896. n. 3 80; geb. in Leinw. n. 5. —

Hansjakob, Heinr., der Leutnant v. Hasle. Eine Erzählg. aus dem 30jähr. Kriege. 3., durchgeseh. Aufl. 8. (IV, 332 S.) Heidelberg 900. Kassel, G. Weiß, Verl. n. 3. 80; geb. in Leinw. n. 5.—

— der Leutnant v. Hasle. Eine Erzählg. aus d. 30jähr. Kriege. 4. u. 5. durchgeseh. Aufl. (à IV, 332 S.) 8. Ohlau 903. 906. F. Leichter. n. 3. 80; geb. in Leinw. n. 5. —

— Der Leutnant v. Hasle. Eine Erzählg. aus dem 30-jähr. Kriege, illustr. v. Curt Liebich. 6. Aufl. (428 S.) kl. 8. Stuttgart (910). A. Bonz & Co. 4.80; geb. in Leinw. 6. —

Hansjakob, Heinr., Heriman, der Lahme von der Reichenau. Sein Leben und seine Wissenschaft. gr. 8. (III, 106 S.) Mainz 875, Kirchheim. *

Hans am See, der Herr u. sein Diener. gr. 8. (78 S.) Mainz 873. Kirchheim. — 60

——— in Italien. Reise-Erinnergn. 2 Bde. 8. (956) Ebd. 77. 9. —

Hansjakob, Heinrich. In Italien. Reise-Erinnerungen. 2., umgearbeitete Aufl. Band 1. VIII+501 S. 8. Stuttgart, Adolf Bonz & Comp., 1905. [geb. M. 6. —]
Darin S. 1—21: Rorschach. Chur. St. Bernardin; *S. 21—43:* Bellinzona. Locarno. Lago Maggiore.

— Hermann v. Vicari, Erzbischof v. Freiburg, s.: Deutschlands, Episcopat, in Lebensbildern. 874.

— Jesus v. Nazareth, Gott in der Welt u. im Sakramente. 6 Predigten, geh. in der Fastenzeit 1890 in der Kirche St. Martin zu Freiburg. gr. 8. (III, 96 S.) Freiburg i/Br. 890. Herder. n. 1. 50

— Jesus v. Nazareth, Gott in der Welt u. im Sakramente. 6 Predigten, geh. in der Fastenzeit 1890. 1. Aufl. (IV, 96 S.) 890; 2. verb. Aufl. gr. 8. (VIII, 100 S.) Freib. i. Br. 892, Herder. ^k 1 50

— dasselbe. 3., verb. u. erweit. Aufl. Volksausg. 8. (VIII, 288 S.) Ebd. 895. n. 2. —; geb. in Leinw. n. 2. 60

— Jesus v. Nazareth, Gott in der Welt u. im Sakramente. 6 Vorträge, geh. in der Fastenzeit 1890 in der Kirche St. Martin zu Freiburg. 3., verb. u. verm. Aufl. gr. 8. (VIII, 86 S.) Ebd. 901. n. 1. 50

— Jesus v. Nazareth, Gott in der Welt u. im Sakramente. 6 Vorträge, geh. in der Fastenzeit 1890 in der Kirche St. Martin zu Freiburg. 4., verb. Aufl. (VIII, 87 S.) gr. 8. Freiburg i/B. 910. Herder. 1.60; geb. in Leinw. 2. 40

Hansjakob, Heinr., in Italien. Reise-Erinnerungen. 2 Bde. 8. (VII, 581 u. VII, 375 S.) Mainz 877. Kirchheim. 9. —

— in Italien. Reise-Erinnergn. 2. u. 3. umgearb. Aufl. 2 Bde. (à VII, 501 u. V, 370 S.) 8. Ebd. 905. à n. 4. 80; geb. in Leinw. à n. 6. -

— aus meiner Jugendzeit. Erinnerungen. 8. (VIII, 267 S.) Heidelberg 880. Weiß. n. 3. —; geb. n. n. 4. —

— aus meiner Jugendzeit. Erinnerungen. 2., verb. u. erweit. Aufl. Mit dem Bildnisse d. Verf. gr. 8. (VII, 287 S.) Heidelberg 890. G. Weiß' Verl. n. 3. 20; geb. n. 4. —

— aus meiner Jugendzeit. Erinnergn. 4., verb. u. erweit. Aufl. 8. (VII, 287 S. m. Bildn.) Ebd. 897. n. 3. 20; geb. in Leinw. n. 4. —

— aus meiner Jugendzeit. Erinnerungen. 5., verb. u. erweit. Aufl. Volksausg. 8. (VIII, 288 S.) Heidelberg 901. Kassel, G. Weiß. n 2. —; geb. in Leinw. n. 2. 60

Aus meiner Jugendzeit. Von Heinrich Hansjakob. 6. durchges. Aufl. *Kassel: G. Weiß 1903.* (VI, 287 S.) 8° [1 F.]

— aus meiner Jugendzeit. Erinnerungen. 6. u. 7., verb. Aufl. Mit dem Bildnisse des Verf. aus seiner Knabenzeit. (à VII, 287 S.) 8. Ohlau 906. F. Leichter. n. 3. 20; geb. in Leinw. n. 4. —

— Aus meiner Jugendzeit. Erinnerungen. 8., verb. Aufl. Mit dem Bildnisse des Verf. aus seiner Knabenzeit. (VII, 287 S.) 8. Ohlau (907). [F. Leichter]. Stuttgart, A. Bonz & Co. 3.20; geb. 4. —

— Kanzelvorträge f. Sonn- u. Feiertage. Geh. in der Kirche St. Martin zu Freiburg. gr. 8. (X, 507 S.) Freiburg i/B. 899. Herder. n. 6.—; geb. in Halbfrz. n. 8.—

— Kanzelvorträge f. Sonn- u. Feiertage. Geh. in der Kirche St. Martin zu Freiburg. 2., verb. Aufl. (XII, 509 S.) gr. 8. Freiburg i/B. 903. Herder. n. 6. —; geb. in Halbfrz. n. 8. —

— Kanzelvorträge f. Sonn- u. Feiertage. Geh. in der Kirche St. Martin zu Freiburg. 3., verb. u. verm. Aufl. (XII, 555 S.) gr. 8. Freiburg i/B. 910. Herder. 8.—; geb. in Leinw. 9. 40

— der Kapuziner kommt! Ein Schreckensruf im Lande Baden. gr. 8. (24 S.) Ebd. 902. n. — 20

— in der Karthause. Tagebuchblätter. Mit Illustr. v. Curt Liebich. 1.—3. Aufl. 12. (à 415 S.) Stuttgart 901. A. Bonz & Co. n. 4. 20; geb. in Leinw. n. 5.40

— in der Karthause. Tagebuchblätter. Mit Illustr. v. Curt Liebich. 4. u. 5. Aufl. (à 415 S.) kl. 8. Stuttgart 903. A. Bonz & Co. n. 4. 20; geb. in Leinw. n. 5. 40

— die wahre Kirche Jesu Christi. 6 Predigten, geh. in der Fastenzeit 1887 in der Kirche St. Martin zu Freiburg. gr. 8. (98 S.) Freiburg i/Br. 890. Herder. n. 1. 50

— die wahre Kirche Jesu Christi. 6 Vorträge, geh. in d. Fastenzeit 1887 in d. Kirche St. Martin zu Freiburg. 2., neu durchges. Aufl. gr. 8. (80 S) Freiburg i/B. 897. Herder. n. 1. 30

— die wahre Kirche Jesu Christi. 6 Vorträge, geh. in der Fastenzeit 1887 in der Kirche St. Martin zu Freiburg. 3., durchgeseh. Aufl. (VII, 80 S.) gr. 8. Freiburg i/B. 905. Herder. n. 1. 50; geb. in Leinw. n. 2. 30

—— wilde Kirschen. 8. (VII, 362 S.) Heidelberg 888, G. Weiß' Verlag. *ℳ 4.—.; geb. *

— wilde Kirschen. Erzählungen aus dem Schwarzwald. 2., verb. u. erweit. Aufl. Volks-Ausg. 8. (VII, 373 S.) Heidelberg 893. G. Weiß Verl. n. 2. 40; geb. in Leinw. n. 3. 20; auch in 6 Lfgn. à n. — 40

— dasselbe. 3., verb. u. erweit. Aufl. 8. (VII, 378 S.) Ebd. 893. n. 4. —; geb. in Leinw. n. 5. —

— wilde Kirschen. Erzählungen aus d. Schwarzwald. 4., verb. u. erweit. Aufl. Volksausg. 8. (VIII, 396 S.) Heidelberg 896. G. Weiß Verlag. n. 2. 50; geb. in Leinw. n. 3. 20

— wilde Kirschen. Erzählungen aus dem Schwarzwald. 5., verb. u. erweit. Aufl. 8. (VIII, 396 S.) Heidelberg 901. Kassel, G. Weiß, Verl. n. 4.—; geb. in Leinw. n. 5.—

— dasselbe. 6., verb. u. erweit. Aufl. Volksausg. 8. (VIII, 396 S.) Kassel 902. G. Weiß. n. 2. 50; geb. in Leinw. n. 3. 20

— wilde Kirschen. Erzählungen aus dem Schwarzwald. 7. u. 8. verb. u. erweit. Aufl. (à VIII, 396 S.) 8. Ohlau (905 906). F. Leichter. n. 4. —; geb. in Leinw. n. 5. —

— Wilde Kirschen. Erzählungen aus dem Schwarzwald. 9., verb. u. erweit. Aufl. (VIII, 396 S.) 8. Ohlau (908). [F. Leichter]. Stuttgart, A. Bonz & Co. 4.—; geb. 5. —

Hansjakob, Heinrich. Der Waldshuter Krieg vom Jahre 1468. Zur vierhundertjährigen Erinnerung untersucht und dargestellt. Mit urkundlichen Beilagen. 8. Waldshut 1868.

— der Waldshuter Krieg vom J. 1468. Zur 400jähr. Erinnerg. untersucht u. dargestellt. Mit urkundl. Beilagen. 2., neu durchgeseh. Aufl. gr. 8. (73 S.) Waldshut 901. H. Zimmermann. n. 1. 50

— aus dem Leben eines Glücklichen. Eine Erzählg. 1—3. Taus. 12. (47 S.) Stuttgart (901). [J. Roth.] München, Allg. Verlags-Gesellschaft. n. — 40

— Aus dem Leben e. treuen Hausgenossen. 1—4. Taus. (204 S.) kl. 8. Stuttgart (909). A. Bonz & Co. 1.60; geb. in Leinw. 2. 40

— aus dem Leben eines Unglücklichen, s.a. Bücherei, allgemeine. N. F. 3.

HANSJAKOB, H.
(F) Aus dem Leben eines Unglücklichen. Erzählung von H. Hansjakob. [Allgemeine Bücherei. Neue Folge 3.] Stuttgart. Wien. [1900.] Roth. 8°. 46 S· K —.24

— aus dem Leben e. Unglücklichen. Erzählung. 4.—6. Taus. (56 S.) kl. 8. Stuttgart 906. A. Bonz & Co. n. —40

— Aus dem Leben eines Vielgeliebten. Nachtgespräche. 1—4. Taus. (152 S.) kl. 8. Ebd. (909). 1.20; geb. in Leinw. 2. —

— aus dem Leben e. Vielgeprüften. Wahrheit u. Dichtg. 1.—4. Aufl. (64 S.) kl. 8. Ebd. 903. n.n. — 50

— Aus dem Leben eines Vielgeprüften. Wahrheit u. Dichtg. 5. Aufl. (64 S.) kl. 8. Ebd. 907. nn — 50

— meine Madonna. Eine Familienchronik. Illustriert v. Hugo Engl. 12. (395 S.) Stuttgart 903. A. Bonz & Co. n. 4. —; geb. in Leinw. n. 5. —

— meine Madonna. Eine Familienchronik. Illustriert v. Hugo Engl. 3. Aufl. (395 S.) 12. Stuttgart 903. A. Bonz & Co. n. 4. —; geb. in Leinw. n. 5. —

— der närrische Maler, s.a. Familien-Bücherschatz.

[F.] Der närrische Maler. E. Erzählg aus d. Schwarzwalde v. Heinrich Hansjakob (a. d. Umschl.: Hansjacob). Aus d. Vfs 'Wilden Kirschen' '(Heidelb. . . . 1888)' . . . *Weimar & Berlin: Schriftenvertriebsanst.; (Christl. Zeitschriftenver.) [1897].* (140 S., 5 Taf.) 1 Bd 8. [97. 6619

Horn, W. O. v. [d. i.: Oertel, Wilhelm]: Aus d. Ostender Badeleben. *Weimar & Berlin [1897].*
in: Hansjakob, Heinrich: D. närrische Maler. [97. 6619

Villinger, H[ermine]: E. Abgedankter. *Weimar & Berlin [1897].*
in: Hansjakob, Heinrich: D. närrische Maler. [97. 6619

Rosegger, P[etri] K[ettenfeier]: Von e. Siege d. Gewissens. *Weimar & Berlin [1897].*
in: Hansjakob, Heinrich: D. närrische Maler. [97. 6619

Hoffmann, E[rnst] T[heodor] A[madeus]: Meister Martin, d. Küfer, u. s. Gesellen. *Weimar & Berlin [1897].*
in: Hansjakob, Heinrich: D. närrische Maler. [97. 6619

Hansjakob, Heinr., der steinerne Mann v. Hasle. Eine Erzählg. Illustr. v. Curt Liebich. 12. (426 S.) Stuttgart 898. A. Bonz & Co. n. 4. –; geb. in Leinw. n. 5. —

— der steinerne Mann v. Hasle. Eine Erzählg. Illustriert v. Curt Liebich. 3. Aufl. 12. (426 S.) Ebd. 898. n. 4. —; geb. in Leinw. n. 5. —

— **Meßopfer, Beicht u. Communion. Sechs Predigten, geh. in der Fastenzeit 1891 in der Kirche St. Martin zu Freiburg. gr. 8. (118 S.) Freiburg i/B. 891. Herder. n. 1. 80**

— Meßopfer, Beicht u. Communion. 6 Vorträge, geh. in d. Fastenzeit 1891 in d. Kirche St. Martin zu Freiburg. 2., neu durchgeseh. Aufl gr. 8. (94 S.) Freiburg 897. Herder. n. 1. 50

— Meßopfer, Beicht u. Kommunion. 6 Vorträge, geh. in der Fastenzeit 1891 in der Kirche St. Martin zu Freiburg. 3., neu durchgeseh. Aufl. (VII, 96 S.) gr. 8. Ebd. 904. n. 1. 60; geb. n. 2. 40

Hans am See (Heinrich Hansjakob), Das „Narrenschiff unserer Zeit". Mainz, Kirchheim, 1873, 8°, 70 S., 60 Pf.

Hansjakob, Heinr., in den Niederlanden. Reise-Erinnerungen. 2 Thle. [1. Belgien. — 2. Holland.] 8. (IV, 565 S.) Heidelberg 881, Weiß Verlag. *

— in den Niederlanden. Reise-Erinnergn. (Ergänzung zu: Ausgewählte Schriften.) 2., verb. Aufl. 2 Thle. I. Belgien. II. Holland. 8. (V, III, 554 S.) Heidelberg 901. Kassel, G. Weiß, Verl. n. 6.—; in 1 Leinw.-Bd. n. 6.90 auch in 9 Lfgn. zum Subskr.-Pr. v. à n. — 50

(B) · In den Niederlanden. 901. (KBB 31.) Jetzt: Stuttgart, A. Bonz & Co.

[F.] Im Paradies. Tagebuchblätter v. Heinrich Hansjakob. M. 1 Ansicht v. Hofstetten. *Heidelberg: G. Weiss 1897.* (2 Bl., 313 S., 1 Taf.) 1 Bd 8. (97. 2209

— im Paradies. Tagebuchblätter. Mit e. Ansicht v. Hofstetten. 2., verb. Aufl. 8. (313 S.) Kassel 902. G. Weiß. n. 3.80; geb. n. 4. 80

— **Im Paradies. Tagebuchblätter. Mit e. Ansicht v. Hofstetten. 3., verb. Aufl. (313 S.) 8. Ohlau (907). [F. Leichter]. Stuttgart, A. Bonz & Co. 3.80; geb. 4. 80**

— Rede üb. Einführung religiöser Orden in Baden. Geh. am 23. Septbr. 1888 auf der Volksversammlg. zu Haslach i. K. gr. 8. (12 S.) Freiburg i/Br. 888. Herder. n. — 10

— **Reiseerinnerungen. Volksausg. 5 Bde. 8. Stuttgart, A. Bonz & Co. à Bd. 2.—; geb. in Leinw. 3. —**
1. Verlassene Wege. Tagebuchblätter. (280 S.) (908.)
2. Letzte Fahrten. Erinnerungen. (250 S.) (909.)
3. Sommerfahrten. Tagebuchblätter. (358 S.) (909.)
4. Alpenrosen m. Dornen. Reiseerinnerungen. (Kopfleisten u. Vignetten nach Zeichngn. v. C. Liebich.) (444 S.) (909.)
5. Sonnige Tage. Reiseerinnerungen. (Kopfleisten u. Vignetten nach Zeichngn. v. C. Liebich.) (465 S.) (900.)

— **In der Residenz. Erinnerungen eines badischen Landtagsabgeordneten. 1. und 2. Abdr. 8. (VIII, 238 S.) Heidelberg 878, Weiß. ***

— **die Salpeterer, eine politisch-religiöse Secte auf dem südöstlichen Schwarzwald. 1. Aufl. 5 ngr u. 2., vielfach erweit. Aufl. Mit urkundl. Beilagen. Waldshut 867. Zimmermann. gr. 8. (IV, 98 S.) n. 10 ngr.**

[F.] Die Salpeterer, e. polit.-relig. Secte auf d. südöstl. Schwarzwald. Von Heinrich Hansjakob. 3., durchges. u. erweit. Aufl. M. urkundl. Beil. *Freiburg i. B.: Herder 1896.* (IV, 99 S.) 1 Bd 8. (96. 9403 L

— Sancta Maria. 6 Vorträge, geh. in d. Fastenzeit 1893 in d. Kirche St. Martin zu Freiburg. 2., verb. Aufl. gr. 8. (IV, 102 S.) Ebd. 898. n. 1. 50

— Sancta Maria. 6 Vorträge, geh. in der Fastenzeit 1893 in der Kirche St. Martin zu Freiburg. 3., verb. Aufl. (VI, 103 S.) gr. 8. Freiburg i/B. 903. Herder. n. 1. 60; geb. in Leinw. n. 2. 40

— Sancta Maria. 6 Vorträge. Geh. in der Fastenzeit 1893 in der Kirche St. Martin zu Freiburg. 4., verb. Aufl. (VI, 103 S.) gr. 8. Freiburg i/B. 910. Herder. 1.80; geb. in Leinw. 2. 60

— St. Martin zu Freiburg als Kloster u. Pfarrei. Geschichtlich dargestellt. Mit e. Titelbild u. 2 Textillustr. 8. (VII, 206 S.) Ebd. 890. n. 2. 50; geb. n. 3. —

— **Schneeballen. (1. Reihe.) 8. (VII, 213 S.) Heidelberg 892. G. Weiß Verl. n. 2. 50; geb. in Leinw. n. 3. 30**

— **dasselbe. Neue Folge. 8. (III, 264 S.) Ebd. 892. n. 3. —; geb. in Leinw. n. 3. 80**

[F.] Schneeballen. Reihe 1—3. Von Heinrich Hansjakob. *Heidelberg: G. Weiss 1894—96.* 3 Bde 8.
1. 2., verb. u. verm. Aufl. 1895. (VII, 250 S., 1 Bl.)
2. 3., durchges. Aufl. 1896. (206 S., 1 Bl.)
3. Schneeballen v. Bodensee. 1894. (2 Bl., 315 S.) (97. 66

— dasselbe. 3. Reihe. Schneeballen vom Bodensee. 3., durchgeseh. Aufl. 8. (323 S.) Ebd. 900. n. 3. 80; geb. in Leinw. n. 4. 60

— **Schneeballen. 1. u. 2. Reihe. 4., durchgeseh. Aufl. Volksausg. 8. (IX, 250 S. u. 267 S.) Ebd. 901 902. à n. 1. 80; geb. in Leinw. à n. 2. 40**

Schneeballen. Von Heinrich Hansjakob. Reihe 1. 5., durchges. Aufl. *Kassel: G. Weiß 1903.* 8° [F.] (03. 8,=4

— Schneeballen. 1. u. 2. Reihe. gr. 8. Ohlau 906. F. Leichter. à n. 3. —; geb. in Leinw. à n. 3. 80
1. 6., durchgeseh. Aufl. (VII, 250 S.)
2. 5., durchgeseh. Aufl. (268 S.)

— Schneeballen. 1. u. 2. Reihe. Illustriert v. Curt Liebich. 7., bezw. 6. Aufl. (388 u. 399 S.) kl. 8. Stuttgart 911. A. Bonz & Co. à 4.—; geb. in Leinw. à 5. —

— Schneeballen vom Bodensee. (III.) 5., durchgeseh. Aufl. (IV, 322 S.) 8. Ebd. 906. n. 3. 80; geb. in Leinw. n 4. 60

— die Schöpfung. 6 Kanzelvorträge, geh. in der Pfarrkirche St. Martin zu Freiburg. 1. u. 2., unveränd. Aufl. (à X, 67 S.) gr. 8. Freiburg i/B. 904. Herder. n. 1. 20; geb. n. 2. —

Hansjakob, Heinr., ausgewählte Schriften. Volks-Ausg. 8. Bde. 8 Heidelberg, G. Weiß Verl. n. 15. —; geb. n.n. 19. —
1. Aus m. Jugendzeit. Erinnergn. 3., verb. u. erweit. Aufl. (VIII, 326 S.) 897. 1.80; geb. n. 2. 30
2. Aus m. Studienzeit. Erinnergn. 3., verb. u. erweit. Aufl. (VII, 326 S.) 897. 1. 80; geb. n. 2. 30
3. Wilde Kirschen. Erzählgn. aus d. Schwarzwald. 4., verb. u. erweit. Aufl. (VIII, 396 S.) 896. 2. 40; geb. n. 2. 90
4. Dürre Blätter. 1. Bd. 2., durchgeseh. Aufl. (VII, 254 S.) 895. 1. 80; geb. n. 2. 30
5. Dasselbe. 2. Bd. 2., durchgeseh. Aufl. (V, 298 S.) 896. 1. 80; geb. n. 2. 30
6. Schneeballen. 1. Reihe. 3., durchgeseh. Aufl. (IX, 250 S.) 895. 1. 80; geb. n. 2. 30
7. Dasselbe. 2. Reihe. 2., durchgeseh. Aufl. (V, 266 S.) 895. 1. 80; geb. n. 2. 30
8. Dasselbe. 3. Reihe. Schneeballen v. Bodensee. 2., neu durchgesch. Aufl. (323 S.) 896. 1. 80; geb. n. 2. 30

Heinrich Hansjakob Ausgewählte Schriften Volksausg 5 Aufl. Bd 1 *Heidelberg. G. Weiss 1901. 8°* [illegible] 4

Hansjakob, Heinr., ausgewählte Schriften. Volksausg. (In 10 Bdn.) 1—4. Bd. (1—6. Tauſ.) kl. 8. Stuttgart, A. Bonz & Co. à 1.60; geb. in Leinw. 2.50
1. Aus meiner Jugendzeit. (Erinnerungen.) Mit e. Bildnis des Verf. v. C. Liebich. (299 S.) 910.
2. Aus meiner Studienzeit. Erinnerungen. (326 S.) 910.
3. Wilde Kirschen. Erzählungen aus dem Schwarzwald. 1—6. Tauſ. (369 S.) 910.
4. Schneeballen. 1. Reihe. (1—6. Tauſ.) (218 S.) 910.

— im Schwarzwald. Erzählungen f. die deutsche Jugend, ausgewählt aus den Schriften v. H. gr. 8. (III, 124 S.) Ebd. 901. Kart. n. 1.—

Im Schwarzwald. Erzählungen f. d. deutsche Jugend u. d. Volk ausgewählt aus d. Schriften von Heinrich **Hansjakob.** 5. bis 8. Taus. Ohlau: F. Leichter 1905. (123 S.) 8° [F.] [illegible]

Hansjakob, Heinrich. Im Schwarzwald. Erzählungen für die deutsche Jugend und das Volk, ausgewählt aus den Schriften von H' H'. 9. bis 12. Tausend. IV + 124 S. 8. Ohlau, Franz Leichter, [1907]. [geb. M. 1.—]
Darin S. 96—118: Der heilige Leutnant. (*Spielt in* des Herzogs von Weimar Armee, bei Rheinfelden 1638.)

— Im Schwarzwald. Erzählungen f. die deutsche Jugend u. das Volk, ausgewählt aus den Schriften v. H. 13—16. Tauſ. (IV, 123 S.) 8. Ohlau (910). [F. Leichter]. Stuttgart, A. Bonz & Co. Geb. in Leinw. 1.—

— Sommerfahrten. Tagebuchblätter. Illustriert v. Curt Liebich. 1.—3. Aufl. (à VIII, 559 S.) kl. 8. Stuttgart 904. A. Bonz & Co. n. 5.—; geb. in Leinw. n. 6.—

Hansjakob, Heinrich: Sommerfahrten. Tagebuchblätter von –. Stuttgart: Bonz [1909]. 358 S. 8°
(Hansjakob: Reiseerinnerungen. Volksausg. Bd 3.)

Hansjakob, Heinr., aus meiner Studienzeit. Erinnerungen. 8. (VII, 317 S.) Heidelberg 885. Weiß' Verl. n. 3.50; geb. n. 4.40

— meine Studienzeit. Erinnerungen. 2., verb. u. verm. Aufl. 8. (VII, 326 S.) Ebd. 894. n. 3.60; geb. in Leinw. n. 4.50

— aus meiner Studienzeit. Erinnergn. 3., verb. u. erweit. Aufl. Volksausg. 8. (V, 326 S.) Ebd. 897 n. 2.—; geb. in Leinw. n. 2.60

— aus meiner Studienzeit. Erinnerungen. 4. verb. Aufl. 8. (VII, 326 S.) Ebd. 902. n. 3.60; geb. in Leinw. n. 4.50

— dasselbe. 5. verb. Aufl. Volksausg. (V, 326 S.) 8. Ebd. 902. n. 2.—; geb. in Leinw. n. 2.60

— aus meiner Studienzeit. Erinnerungen. 6. verb. Aufl. (VII, 326 S.) 8. Ohlau (906). F. Leichter. n. 3.60; geb. n. 4.50

6. Aus meiner Studienzeit. 906. (KBL 33.) Jetzt: Stuttgart, A. Bonz & Co.

Hansjakob, Heinr., stille Stunden. Tagebuchblätter. Illustriert v. Curt Liebich. 1.—3. Aufl. (VI, 375 S.) kl. 8. Stuttgart 904. A. Bonz & Co. n. 3.80; geb. in Leinw. n. 4.80

Sonnige Tage. Erinnerungen von Heinrich **Hansjakob.** Ill. von Curt Liebich. Stuttgart: A. Bonz & Co. 1906. (629 S.) 8° [F.] [illegible]

Hansjakob, Heinrich: Sonnige Tage. Reiseerinnerungen von –. Stuttgart: Bonz [1909]. 465 S. 8°
(Hansjakob: Reiseerinnerungen. Volksausg. Bd 5.)

— aus kranken Tagen. Erinnergn. 2., neu durchgeseh. u. verb. Aufl. Mit e. Ansicht v. Illenau. 8. (297 S.) Ebd. 897. n. 3.60; geb. in Leinw. n. 4.40

— aus kranken Tagen. Erinnerungen. 3. neu durchgeseh. Aufl. Mit 1 Ansicht v. Illenau. 8. (297 S.) Ebd. 901. n. 3.60; geb. in Leinw. n. 4.40

— aus kranken Tagen. Erinnerungen. 4., neu durchgeseh. Aufl. Mit e. Ansicht v. Illenau. (297 S.) 8. Kassel 904. Ohlau, F. Leichter. n. 3.60; geb. n. 4.40

Hansjakob, Heinr., aus kranken Tagen. Erinnerungen. 5., neu durchgeseh. Aufl. Mit e. Ansicht v. Illenau. (297 S.) 8. Ohlau (907). [F. Leichter]. Stuttgart, A. Bonz & Co. 3.60; geb. 4.40

— Der Theodor, s.: Reclam's Novellen-Bibliothek.

— dasselbe, s.: Universal-Bibliothek.

— Die Toleranz u. die Intoleranz der katholischen Kirche. Sechs Predigten, geh. in der Fastenzeit. 8. (IV, 87 S.) Ebd. 890. * 1.60

— die Toleranz u. die Intoleranz der katholischen Kirche. 6 Vorträge, geh. in der Fastenzeit 1888 in der Kirche St. Martin zu Freiburg. 2., verb. Aufl. gr. 8. (IV, 76 S.) Freiburg i/B. 899. Herder. n. 1.30

— Valentin, der Nagler, s.: Volksbücher, Wiesbadener.

— d. Vogt auf Mühlstein. E. Erzählg. a. d. Schwarzwald. Prachtausg. m. 8 Heliogr估. u. Orig.-Zeichngn. v. Wilh. Hasemann. gr. 4. (59 S.) Freiburg i/B. 895. Herder. Geb. in Leinw. m. Goldschn. n. 12.—

— Der Vogt auf Mühlstein. Eine Erzählg. aus dem Schwarzwald. Prachtausg. m. 8 Heliograv. nach Orig.-Zeichngn. v. Wilh. Hasemann. 2., verb. u. verm. Aufl. (V, 66 S.) 31,5×24 cm. Freiburg i/B. (907). Herder. Geb. in Leinw. m. Goldschn. 12.—

— s.a. Volkstrachten aus dem Schwarzwald.

Hansjakob, [Heinrich]. Unsere Volkstrachten. Ein Wort zu ihrer Erhaltung von Pfarrer Hansjakob. Freiburg im Breisgau. Herder'sche Verlagshandlung 1892.
24 S. 8°

Hansjakob, unsere Volkstrachten. Ein Wort zu ihrer Erhaltung. 4. Auflage. (32 S) Freiburg 1896

— unsere Volkstrachten. Ein Wort zu ihrer Erhaltg. 4., erweit. Aufl. gr. 8. (32 S. m. 2 Abb.) Ebd. 897. n.—30

— Waldleute. Erzählgn. Illustr. v. W. Hasemann. 3. Aufl. 12. (III, 448 S.) Stuttgart (897). A. Bonz & Co.) n. 4.—; geb. in Leinw. n. 5.—

— Waldleute. Erzählungen. Illustriert v. W. Hasemann. 4. Aufl. 12. (III, 448 S.) Stuttgart (899). A. Bonz & Co. n. 4.—; geb. in Leinw. n. 5.—

— Waldleute. Erzählungen. Illustriert v. W. Hasemann. 5. neu durchgeseh. Aufl. (449 S.) kl. 8. Stuttgart (906). A. Bonz & Co. n. 4.—; geb. in Leinw. n. 5.—

— verlassene Wege. Tagebuchblätter. (Einbd.: Reiseerinnerungen.) Illustriert v. C. Liebich. 1.—3. Aufl. 12. (à VIII, 412 S.) Stuttgart 902. A. Bonz & Co. n. 4. 20; geb. in Leinw. n. 5. 40

— verlassene Wege. Tagebuchblätter. (Einbd.: Reiseerinnerungen.) Illustriert v. C. Liebich. 4. Aufl. (VI, 425 S.) kl. 8. Ebd. 905. n. 4. 20; geb. in Leinw. n. 5. 40

Hansjakob, Heinrich: Verlassene W e g e. Tagebuchblätter von –. Stuttgart: Bonz [1908]. 260 S. 8⁰
(Hansjakob: Reiseerinnerungen. Volksausg. Bd 1.)

— die Wunden unserer Zeit u. ihre Heilung. 6 Vorträge, geh. in der Fastenzeit 1892 in der Kirche St. Martin zu Freiburg. gr. 8. (IV, 116 S.) Ebd. 892. n. 1. 80

— die Wunden uns. Zeit u. ihre Heilg. 6 Vorträge, geh. in d. Fastenzeit 1892 in d. Kirche St. Martin zu Freiburg. 2., verb. Aufl. gr. 8. (IV, 96 S.) Freiburg i/B. 898. Herder. n. 1. 50

— die Wunden unserer Zeit u. ihre Heilung. 6 Vorträge, geh. in der Fastenzeit 1892 in der Kirche St. Martin zu Freiburg. 3., verb. Aufl. (VI, 98 S.) gr. 8. Freiburg i/B. 903. Herder. n. 1. 60; geb. in Leinw. n. 2. 40

Zeit und Kirche. Kanzelreden f. alle Sonntage d. Kirchenjahres. Geh. in d. Pfarrkirche St. Martin zu Freiburg von Pfarrer Heinrich **Hansjakob**. Freiburg im Br.: Herder 1903. (XI, 339 S.) 8° [F.]

— Zeit u. Kirche. Kanzelreden f. alle Sonntage des Kirchenjahres. Geh. in der Pfarrkirche St. Martin zu Freiburg. 2., verb. Aufl. (X, 358 S.) gr. 8. Ebd. 910. 5.30; geb. in Leinw. 6. 60

Hansing, Elimar [app. Arzt aus Oldenburg i. Gr.]: Ein Fall von Haematocele retrouterina ... Tübingen, F. Pietzcker, 1893; 30 S. 8.
Tübingen, Med. Fak., Inaug.-Diss. v. 1893

Hansing, G. A. F., Eppelein v. Gailingen. Dramat. bearb. 8. Nürnb. 795. (Wienbrack in Leipz.) 15 sgr bei André in Leipz. 4 gr

— Kunstlerglück oder die Proberollen. Lstspl. 8. Linz. 807. Haslinger. 6 gr

Hansing, Heinrich [approb. Arzt aus Lauhausen in Hannover]: Ueber Acetonurie .... Freiburg i. B., Buchdr. zum Gutenberg v. F. Thiergarten, 1888; 30 S. + 1 Bl. 8°
Freiburg i. B., Med. Fak., Inaug.-Diss. v. 1888

Hansing, Karl, Hardenberg u. die 3. Koalition, s.a. **Studien, historische. 12. Hft.**

Hansing, Karl: **Hardenberg** und die dritte Koalition. 1. Zeiten der Neutralität. *Berlin (1898): E. Ebering.* (59 S.) 8°
• [Erschien vollst. als H. 12 d. Histor. Studien.]
Göttingen, Phil. Diss. v. [30. Juni] 1899

Hansing, Karl: H a r d e n b e r g und die dritte Koalition. Von –, Dr. phil. Berlin: E. Ebering 1899. (4 Bl., 109 S., 1 Bl.) 1 Bd 8⁰
= Studien, Historische. H. XII.

Hansing, Siegfried: Das P i a n o f o r t e in seinen akustischen Anlagen von –, New-York 1888. 2. verb. u. erw. Aufl., rev. vom Verf. Schwerin: Selbstverl. 1909. VII, 244 S. 8⁰

Hansing, Siegfr., das Pianoforte in seinen akustischen Anlagen. 2. verb. u. erweit. Aufl., rev. vom Verf. des Werkes. (VII, 244 S. m. Abb.) gr. 8. Schwerin 909. (Leipzig, P. de Wit.) Geb. in Leinw. 12. —

Hansing, Th., lateinische Fabeln und Geschichten zum Uebersetzen und Memoriren für die untersten Gymnasialclassen. Anhang: Die Zumpt'schen Geschlechtsregeln in vereinfachter Form. 2. verb. Aufl. Lüneburg 853. Engel. 8. (31 S.) nn. $2^1/_2$ ngr

Hansing, Th., lateinische Fabeln und Geschichten zum Übersetzen und Memorieren für die untersten Gymnasialclassen. 3., nach dem Handexemplar des Verf. vielfach bericht. u. verm., auch mit einem Wörterverzeichniss verseh. Aufl., besorgt durch K. Abicht. Anhang: Die Geschlechtsregeln der latein. Grammatik in berichtigter Form und erleichterter Fassung. Lüneburg 860. Engel. gr. 8. (48 S.) n. 5 ngr

Hansing, Th., lateinische Fabeln u. Geschichten zum Uebersetzen u. Memorieren für die untersten Gymnasialclassen. 4. Aufl. besorgt durch K. Abicht. Anh.: Die Geschlechtsregeln der latein. Grammatik in berichtigter Form u. erleichterter Fassung. Lüneburg 870. Engel. gr. 8. (48 S.) n. 5 ngr; cart. n.n. $6^1/_2$ ngr

Hansing, Th., lateinische Fabeln u. Geschichten zum Übersetzen u. Memorieren f. die untersten Gymnasialklassen. 5. Aufl., besorgt durch K. Abicht. Anh.: Die Geschlechtsregeln der latein. Grammatik in berichtigter Form u. erleichterter Fassung. gr. 8. (48 S.) Lüneburg 880. Engel. geb. n. — 70

Hansing, Th., u. C. Clottu, Französ. Lesebuch, s.: C l o t t u, C.

Hansing, Wilhelm [pr. Arzt aus Bremen]: Beiträge zur Lehre und Casuistik der Extrauterinschwangerschaft m. bes. Berücks. d. Therapie ... Strassburg i. E., Buchdr. C. Goeller, 1895; 115 S. 8.
Strassburg, Med. Fak., Inaug.-Diss. v. 1895

H a n s j o r g. Der blinde H' (Johann Georg Geyer. 1781–1863). ein Fuhrer vieler Sehenden. Ein Bild aus dem wurttembergischen Gemeinschaftsleben. ‹SA.› 8. Basel (1889).

Hansjörg, der blinde, e. Führer vieler Sehenden. Ein Bild aus d. württemberg. Gemeinschaftsleben. 8. (52 S.) Basel 889, [Spittler.] Jaeger u. Kober. * — 20
Aus: Basler Sammlgn., besonders abgedruckt.

Hans-Jörgel-Volks-Kalender, s.a. H a n s J ö g e l von Gumpoldskirchen: Volkskalender

Hans-Jörgel-Volks-Kalender, Illustrirter, für Humor und Ernst f. 1882, gegr. v. Anton Langer fortges. v. Carl Costa. 28. Jahrg. 8. (168 S.) geh. 50 kr. Wien: Dirnböck 1881.

Hans-Jörgel-Volkskalender, Illustrirter, für Humor und Ernst f. 1883 gegründet v. Anton Langer fortgesetzt von Carl Costa. 29. Jahrg. 8. (121 S.) geh. 40 kr. Wien: Dirnböck 1882.

Hans-Jörgel-Volkskalender, Illustr., f. Humor u. Ernst f. 1885. gegründet v. Anton Langer, fortges. v. Carl Costa. 31. Jahrg. 8 (118 S.) Wien, Jacob Dirnböck's Buchh. (G. Draudt). 40 kr. 1884

Hans-Jörgel-Volks-Kalender, Illustrirter, für Humor u. Ernst f. 1886. XXXII. Jahrg. 8. (126 S.) Wien, Jacob Dirnböck's Buchh. (G. Draudt). 40 kr. 1885.

Hansitz, s. H a n s i z

H a n s i u s, F., de rationariis praelectorum, von Amtsbüchern. 4. Wittenberg. 737.

Hansius, M., Schediasma de claris Closiis. Vratislaviae 1709. 4.

Hansiz, M a r k u s. Analecta seu collectanea pro historia Carinthiae concinnanda. (Klgft.), Kleinmayer, 1782. pars I.

— analecta pro histor. Carinthiae concinnanda. II Ptes. 8maj. Nurnb. 793. Stein. 18 gr

— documentum decisorium litis de sede monastica olim Ratisbonae propositum. 4maj. Wien 775. Trattner. 4 gr

Hansizii, Mark., († 1766.) Germaniae sacrae T. I. Metropolis Laureacensis. Cum episcop. Passaviensi chronologice proposita. Fol. Augsb. 727. T. II. Archiepiscopatus Salisburgensis chronolog. propositus. ibid. 729. T. III. de episcopatu Ratisbon. prodromus. Fol. Wien 755. Trattner. 10 gr

H a n s i z i i, Marc., G e r m a n i a sacra; metropolis Laureacensis una c. episcop. Passav. etc. II Tmi. Fol. Augsburg. Trattner. 728. 2

— — id. lib. III Tom. kann m. d. Hoffman haben fur 1

Hansiz, M a r k u s. Historia reformationis religionis in Styria, Carinthia et Carniolia. Clagenfurti, Kleinmayr, 1769. 239 S.

— illustratio apologetica prodromi episcop. Ratisbon. 4maj. Wien 755. Trattner. 12 gr

Hansiz, M. Illustratio pro commodo . . . veritatem de prima ecclesia cathedrali Ratisbonensi minus assequentis . . . Ratisbonae 1755. H: *Krause, Joh. Bapt.* (BrMm)

Hansiz, Marcus Quinquennium primum imperii Romano-Germanici C a r o l i VI. Romanorum imperatoris semper Augusti, Germaniae, Hispaniae etc Regis, Archiducis Austriae etc. Constantis, Fortis, Pii, Felicis, Victoris etc (Mit Abbild.) Fol Graecii 1717.

Hansiz, Marcus. Excussio valoris disquisitionis . . . de valore privilegiorum libertatis Monasterii S. Emmerami. Ratisbonae 1755. H: *Krause, Joh. Bapt.* (BrMm)

— disquisitio de valore privilegiorum libertatis Monasterii ad S. Emmeranum. 4maj. Wien 755. Trattner. 4 gr

Hansitz, P.: P a n e g y r i c u s ad solennes exequias Leopoldi I., imperatoris et Hungariae regis, virtutibus, meritis, victoriis et ipso obitu vere magni. fol.
Viennae 1705.

Hansiz, P. Panegyricus divo Josepho I. dictus. fol. Viennae 1711.

Hanske, Nic. Über den Königsregenten Pausanias. (50) 8. Leipzig 1873

Hanske, Nic. Plutarch als Boeoter. 33 S. Progr. *Wurzen* 1884.

Hanske, Paul, Referendar in Chemnitz: Die **Bedeutung** des Rescriptum divi Marci und der Sacrae constitutiones für die Compensatio im stricti iuris iudicium. *Leipzig 1903: W. Wigand.* (107 S.) 8°
Leipzig, Jur. Diss. v. 1903

Hausknecht, J. F., über Verne u. sein Gnadenbild. Mit Abbildung (in Holzschn.). 8. (79 S.) Salzkotten 877. v. Sobbe. n.n. — 50

Hansl oder der verlorne Sohn. Singspiel in 2 Thln. Zunächst für Gesellenvereine, dann für jede im christlichen Sinne geleitete kleinere Bühne. Musik von P. Rampis. Augsburg 860. Schmid. 8. (28 S. u. 34 S. Musikbeil. in 4.) n. 16 ngr.

Hansl, der daumenlange, mit den Siebenmeilenstiefeln. Volksmärchen in 3 Aufzügen. Für Kindertheater bearb. v. G. u. B. Ovm. 32. (24 S.) Urfahr-Linz 878. Kraußlich. — 5

Hänsler, Basilius, O. Cist., die Heiligblutreliquie in Weingarten. (52 S. m. 6 Taf.) kl. 8. Ravensburg (906). Dorn. n. — 75

Hänsler, P. Basilius. De Mariae plenitudine gratiae secundum S. Bernardum, Abbatem Ecclesiaeque Doctorem. Diss. Doctor. Theol. Friburg. apud Helvetios auctore P. Basilio Hänsler, S. Theol. Lic., S. O. Cist. Ex Monasterio ... Mehrerau. 79 p. 8. Friburgi Helvetiorum, Typis Consoc. Sancti Pauli, 1901.

Hänsler, Basilio, S. O. Cist., de Mariae plenitudine gratiae secundum S. Bernardum, abbatem ecclesiaeque doctorem. Diss. gr. 8. (79 S.) Friburgi Helveticorum 901. (Bregenz, J. N. Teutsch.) n. 3. —

Hänsler, Georg: Beitrag zur Kenntnis des Gallertkrebses. *Freiburg i. B. 1897: E. Kuttruff.* (28 S.) 8°
Freiburg i. B., Med. Diss. v. 1897

Hanslian, Rudolf: I. Über die Verbindungen des Selens mit Chlor und Brom. II. Molekulargewichtsbestimmungen in gefrierendem und siedendem Jod. Weida i. Th. 1910: Thomas & Hubert. 106 S. 8°
Leipzig, Phil. Diss. v. 8. Juli 1910, Ref. Beckmann, Hantzsch
[Geb. 7. März 83 Johrensdorf, Mähren; Wohnort: Leipzig; Staatsangeh.: Anhalt; Vorbildung: Realgymn. Bernburg bis Obersek., Disp. v. 19. Febr. 09; Studium: Erlangen 1, Leipzig 7 S.; Rig. 12. Mai 10.] [U 10. 3146

Hanslick, Eduard

Hanslick, Ed., Offener Brief an, s. Franz, Rob.

Hanslick, Eduard. Briefe von Felix Mendelssohn-Bartholdy an Aloys Fuchs. Mit Einleitung von —. (Ausschnitt aus der Deutschen Rundschau, XV. Berlin 1888.)

Hanslick, Ed., am Ende des Jahrhunderts. [1895—1899.] (Der „Modernen Oper" VIII. Tl.) Musikalische Kritiken u. Schildergn. gr. 8. (VI, 452 S.) Berlin 899. Allgem. Verein f. deutsche Litteratur. n. 6. —; geb. in Halbfrz. n. 7. 50

Hanslick, Eduard: Am E n d e des Jahrhunderts.⟨1895–1899.⟩ ⟨Der 'Modernen Oper' VIII. Teil.⟩ Musikal. Kritiken u. Schilderungen v. –. 2. Aufl. Berlin: Allgem. Ver. f. Deutsche Litt. 1899. (VI, 452 S.) 8°
= Verein, Allgemeiner, für Deutsche Litteratur. Abt. 25.[1].

—— s. G a l l e r i e französ. und deutscher Tondichter.

Hanslick, Ed., Geschichte des Concertwesens in Wien. Wien 869. Braumüller. gr. 8. (XV, 438 S.) n. 3 rß 10 ngr.

— — 2. Thl. A. u. d. T.: Aus dem Concertsaal. Kritiken u. Schilderungen aus den letzten 20 Jahren des Wiener Musiklebens nebst e. Anh.: Musikalische Reisebriefe aus England, Frankreich u. der Schweiz. Ebend. 870. gr. 8. (XII, 534 S.) n. 3 rß 10 ngr.

Hanslick, Ed., Concerte, Componisten und Virtuosen der letzten fünfzehn Jahre. 1870—1885. Kritiken. 2. und 3. Aufl. 8. (VI, 447 S.) Berlin 886,87, Allgemeiner Verein für Deutsche Literatur. *ℳ 7.—.; geb. *

Hanslick, Ed., Concerte, Componisten u. Virtuosen d. letzten 15 Jahre. 1870—1885. Kritiken. 3. Aufl. gr. 8. (XVI, 448 S.) Berlin 896. Allgem. Verein f. deutsche Litteratur. n. 7.—

Hanslick, Aus dem Concertsaal. Kritiken und Schilderungen aus den letzten 20 Jahren des Wiener Musiklebens nebst einem Anhang: Musikalische Reisebriefe aus England, Frankreich und der Schweiz. (Geschichte des Concertwesens in Wien. 2. Theil.) gr. 8. (XII u. 534 S.) Wien, Braumüller. 1870. 5 fl.

— aus d. Concert-Saal. Kritiken u. Schildergn. aus 20 Jahren d. Wiener Musiklebens 1848—1868. Nebst e. Anh.: Musikal. Reisebriefe aus England, Frankreich u. d. Schweiz. 2., durchgeseh. u. verb. Aufl. gr. 8. (XVI, 604 S.) Wien 897. W. Braumüller. n. 8.—; geb. in Halbfrz. n. 9.40

Hanslick, Ed., aus meinem Leben. 2 Bde. 3. Aufl. gr. 8. (III, 339 u. III, 369 S. m. 2 Bildnissen.) Berlin 894. Allg. Verein f. deutsche Litteratur. n. 10.—; geb. in Halbfrz. n. 12.—

[H.] Fünf Jahre Musik '[1891—1895]'. '(Der 'Modernen Oper' vn. Teil.)' Kritiken v. Eduard **Hanslick**. 2. Aufl. *Berlin: Allg. Ver. f. Deutsche Litt. 1896.* (vn S., 1 Bl., 402 S.) 1 Bd 8.
(Allg. Verein f. Deutsche Litteratur. Abt. 22. [No 1.]) [97. 1089

— Musikalisches u. Litterarisches. Kritiken u. Schilderungen. [Der „Modernen Oper" V. Thl.] 1. u. 2. Aufl. gr. 8. (IV, 359 S.) Ebd. 889. n. 5.—; geb. n. 6.—

Hanslick, Ed., vom Musikalisch-Schönen. Ein Beitrag zur Revision der Aesthetik der Tonkunst. gr. 8. (VII und 104 S.) Leipzig 854, R. Weigel.

Hanslick, Ed., vom Musikalisch-Schönen. Ein Beitrag zur Revision der Aesthetik der Tonkunst. 2., verb. Aufl. gr. 8. (XIII und 118 S.) Leipzig 858, R. Weigel.

— vom Musikalisch-Schönen. Ein Beitrag zur Revision der Aesthetik der Tonkunst. 3., verb. Aufl. Leipzig 865. H. Vogel. 8. (XI, 140 S.) n. 18 ngr.

—— Vom Musikalisch-Schönen. Ein Beitrag zur Revision der Aesthetik der Tonkunst. 4. verb. Aufl. gr. 8. (X, 138 S.) Leipzig 874, Barth. *

Hanslick, Ed., vom Musikalisch-Schönen. Ein Beitrag zur Revision der Aesthetik der Tonkunst. 5. verb. Aufl. 8. (XI, 138 S.) Leipzig 876, Barth. *

Hanslick, Ed., vom Musikalisch-Schönen. Ein Beitrag zur Revision der Aesthetik der Tonkunst. 6. verm. und verb. Aufl. 8. (XIV, 196 S.) Leipzig 881, Barth. *

—— vom Musikalisch-Schönen. Ein Beitrag zur Revision der Aesthetik der Tonkunst. 7. verm. und verb. Aufl. 8. (XIII, 196 S.) Leipzig 885, Barth. *
geb. in Halbfrz. *

Hanslick, Ed. Vom Musikalisch-Schönen. Ein Beitrag zur Revision der Aesthetik d. Tonkunst. 8. verm. u. verb. Aufl. 8. (XII, 221 S.) Lpz. 891, Barth. geb. in Leinw. 8 —
Vgl.: Schneider, Paul. Ueber d. Darstellungsvermögen d. Musik.

— vom Musikalisch-Schönen. E. Beitrag z. Revision d. Ästhetik d. Tonkunst. 9., durchgesehene Aufl. 8. (XI, 221 S.) Leipzig 896. J. A. Barth. Geb. in Leinw. 3.—

— vom Musikalisch-Schönen. Ein Beitrag zur Revision der Ästhetik der Tonkunst. 10. Aufl. 8. (IX, 221 S.) Leipzig 902. J. A. Barth. Geb. in Leinw. 3.—

Vom Musikalisch-Schönen. Ein Beitrag z. Revision der Ästhetik d. Tonkunst von Eduard **Hanslick**. 11. Aufl. Leipzig: Breitkopf & Härtel 1910. IX, 174 S. 8°
(Breitkopf & Härtels Musikbücher.) [11. 10952 4

— die moderne Oper, s.a. Verein, allgemeiner, f. deutsche Literatur.

Hanslick, Eduard. Die moderne Oper. Kritiken und Studien. Berlin 1875.

—— die moderne Oper. Kritiken und Studien. 8. Tausend. 8. (IX, 341 S.) Berlin 885, Allgemeiner Verein für deutsche Litteratur. *ℳ 5.—.; geb. *

—— Die moderne Oper. [I. Thl.] Kritiken u. Studien. 9. Tausend. 8. (VIII, 343 S.) Berl. 892, Allgemeiner Verein f. deutsche Litteratur. * 5 —; geb. * 6 —

— moderne Oper. 1.—3. Thl. gr. 8. Berlin, Allgem. Verein f. deutsche Litteratur. à n. 5.—; geb. à n. 6.—
1. Kritiken u. Studien. 10. Tausend. (IX, 341 S.) 900.
2. Musikalische Stationen. 6. Tausend. (VI, 361 S.) 901.
3. Aus dem Opernleben der Gegenwart. Neue Kritiken u. Studien. 4. Aufl. (IV, 379 S.) 901.

—— aus dem Opernleben der Gegenwart, s.a. Verein, allgemeiner, für deutsche Literatur.

Hanslick, Ed, aus dem Opernleben der Gegenwart. [Der „Modernen Oper" III. Thl.] Neue Kritiken u. Studien. 3. Tausend. 8. (IV, 379 S.) Berlin 885. Allgemeiner Verein f. deutsche Litteratur. n. 5.—; geb. n. 6.—

—— s. Schwind, Mor. v., Opern-Cyclus im Foyer des k. k. Opernhauses in Wien.

—— musikalisches Skizzenbuch. [Der „Modernen Oper" IV. Thl.] Neue Kritiken und Schilderungen. 2. Aufl. 8. (VIII, 335 S.) Ebendas. 888. *ℳ 5.—.; geb. *
Vgl.: Hirschfeld, Rob., das kritische Verfahren Ed. Hanslick's beleuchtet.

— Musikalisches Skizzenbuch. (Der „Modernen Oper" IV. Theil.) 3. Auflage. Berlin 1888.

— musikalisches Skizzenbuch. (Der „Modernen Oper" IV. Thl.) Neue Kritiken u. Schildergn. 3. Aufl. gr. 8. (VIII, 335 S.) Berlin 896 Allgem. Verein f. deutsche Litteratur. n. 5.—

—— musikalische Stationen, s.a. XVI. Bd. 2. Abthl.: Verein, allgemeiner, für deutsche Literatur.

— Musikalische Stationen. Neue Folge der „Modernen Oper". Berlin 1880.

—— musikalische Stationen. [Der „Modernen Oper" II. Bd.]. 5. Aufl. 8. (361 S.) Ebendas. 885. *ℳ 5.—.; geb. *

— Suite. Aufsätze üb. Musik u. Musiker. 8. (291 S.) Teschen 884. Prochaska. n. 4.50; Einbd. n.n. — 50

Hanslick, Eduard. Suite. Aufsätze über Musik und Musiker. Berlin (1885).

—— Aus dem Tagebuche e. Musikers. (Der „Modernen Oper" VI. Thl.) Kritiken u. Schildergn. 3. Aufl. gr. 8. (V, 360 S.) Ebd. 892. * 5 —; geb. * 6 —
Der „Modernen Oper" II.—IV. Thl. Ebd. 1885—88 à Bd. * 5 —; geb. * 6 —.

— über Rich. Wagner, s. Lübke, W.

Aus neuer und neuester Zeit. ⟨Der modernen Oper IX. Teil.⟩ Musikal. Kritiken u. Schilderungen von Eduard Hanslick. 2. Aufl. *Berlin: Allgem. Ver. f. Deutsche Litt. 1900.* (377 S.) 8° [F.]
— Verein, Allgemeiner, f. Deutsche Litteratur. Abt. 26, [4.] [01. 853]

Hanslik, Erwin, Biala, e. deutsche Stadt in Galizien. Geographische Untersuchg. des Stadtproblems. Unter Mitwirkg. v. Frz. Farny. (XI, 264 S. m. 37 Abbildgn. u. Plänen u. 3 Karten.) gr. 8. Teschen 909. K. Prochaska. 5. —

Hanslik, Erwin: Biala, eine dt. Stadt in Galizien. Geographische Untersuchung des Stadtproblems. — Wien: Prochaska in Komm. 1909. XI, 264 S.

Hanslik, Erwin: Über die Entstehung und Entwicklung von *Bielitz*-Biala. Bielitz '03. S. 1—16. Bielitz, Staats-G., Jahresb. 1902/03.

Hanslik, Erwin, über die Entstehung u. Entwicklung v. Bielitz-Biala. Nach dem am 2. V. 1903 im Festsaale des Bielitzer Staatsgymnasiums geh. populärwissenschaftl. Vortrags. Progr. (16 S.) gr. 8. Bielitz (903). (W. Fröhlich.) n. — 50

Hanslik, Erwin: Gedanken über die ästhetische Erziehung an österreichischen Gymnasien. S. 3—28. 8.
Progr. K. k. Staats-Gymn. *Bielitz* 1905.

— Kulturgrenze u. Kulturzyklus in den poln. Westbeskiden, s.a. Petermann's, A., Mitteilungen aus Justus Perthes geograph. Anstalt. 158. Erg.-Hft.

Kulturgrenze und Kulturzyklus in den polnischen Westbeskiden. Eine prinzip. kulturgeogr. Untersuchung von Dr. Erwin Hanslik, Prof. Mit 8 Abb. u. 3 Karten auf 4 Taf. Gotha: J. Perthes 1907. (VII, 115 S.) 4°
= Mitteilungen, Petermanns, aus J. Perthes' Geogr. Anst. Erg.H. No 158. [07. 16744]

Hanslik Erwin: Die Kulturverhältnisse der polnischen Westbeskiden.
H. 1906 PN 1999 Diss. Wien, Univ. 2387

Hanslik, Josef Adolf

— s. J. H. M. Dambeck, Vorlesungen.

Hanslik, Josef Adolf: Geschichte und Beschreibung der Prager Universitätsbibliothek (mit 1 Grundriß). Prag, 1851. F. Robliček.

Jos. Hanslik's Uebersicht d. log. Formen, als Hülfsmittel b. öffentl. u. Selbstunterr. *Prag*, Enders. 822. 3 Tab. gr. fol. 18 gl

Hanslmann, Frz., Bad St. Wolfgang am Weichselbach in der Fusch, im Herzogthum Salzburg. gr. 8. Wien 838. (Salzburg, Mayr'sche Buchh.) 1/4 ₰

Hanslmann, Franz: Bad St.Wolfgang am Weichselbach in der Fusch im Herzogthume Salzburg. 39 S., gbd.
Wien: PP.Mechitaristen 1838
JB 2.826

Hansmann, Alfr., Conspectus generalis ovorum avium Europam habitantium. Dissertatio inauguralis. gr. 4. (18 S.) Kiel 860, (Akademische Buchh.) *

Hansmann, E., Anweisung zum Gebrauch des Wassers für Wasserfreunde. Berlin 860. Nicolai's Verlhdlg. gr. 8. (24 S.) n. 8 ngr.

Hansmann, E., Rechnungstafeln für die Königl. Preußischen Zoll-Erhebungs-Stellen nebst den nöthigen Gewichts-Reductionstafeln auf Zoll- u. Preußisches Gewicht. Nach Anweisung des Hohen Königl. Finanz-Ministeriums aufgestellt. Berlin 853. Hayn. 4. (62 S.) n. 1 ₰

— Rechnungstafeln für die Königl. Preuß. Zoll-Erhebungs-Stellen nebst den nöthigen Gewichts-Reductionstafeln auf Zoll- und Preußisches Gewicht. Nach Anweisung des Hohen Königl. Finanz-Ministeriums aufgestellt. Berlin 859. Gaertner in Comm. 4. (64 S.) nn. 1 ₰

— Nachtrag zu den Rechnungstafeln für die Königl. Preußischen Zoll-Erhebungs-Stellen betr. die am 1. September 1861 in Anwendung kommenden Zollsätze. Nach Anweisung des Königlichen Finanz-Ministeriums aufgestellt. Ebend. 861. (1 Tab. in Fol.) n. 5 ngr.

Hansmann, E., Rechnungstafeln für die königlich preußischen Zoll-Erhebungs-Stellen nebst den nöthigen Gewichts-Reductionstafeln auf Zoll- u. früheres preußisches Gewicht. Nach Anweisung des königl. hohen Finanz-Ministeriums aufgestellt. Berlin 865. (Gaertner.) hoch 4. (58 S.) n. 1 ₰ 5 ngr.

Hansmann, Frida. Beziehungen zwischen der chemischen Wirkung der aus einer Röntgenröhre austretenden Strahlung zur Wirkung des Lichtes auf dieselbe Bromsilbergelatine. Diss. Phil. Bern. [Mit Figuren. — Separat-Abdruck aus: Fortschritte auf dem Gebiete der Röntgenstrahlen. Band 5.] II + 30 S. 4. Hamburg, Lucas Gräfe & Sillem, 1901.

Hansmann, Jul., Nürnberglicht u. Sauerstoff. Ein Vortrag, geh. am 23. VI. 1905 vor dem „Verein f. Technik u. Industrie" zu Barmen. (35 S.) 8. Berlin 905. Trowitzsch & Sohn. n. 1. 20

Hansmann Max: Über Geologie im geographischen Unterrichte. 13. Bregenz 98.
Progr.

Hansmann, Otto [aus Cöslin]: Ueber die Einwirkung aromatischer Sulfochloride auf Phenoläther ... Heidelberg, Univ.-Buchdr. v. Ph. Wiese, 1896; 30 S., 2 Bl. 8.
Heidelberg, Naturw.-math. Fak., Inaug.-Diss. v. [26. Apr.] 1896

Hansmann, Rich. Die Jankó-Klaviatur. Kurzgefaßte Darstellg. ihrer Einrichtg., sowie ihrer Bedeutg. u. Vorteile f. das Klavierspiel. 1. Aufl. (7 S. m. 8 Fig.) 891; Neue Aufl. gr. 8. (8 S. m. 12 Fig.) Lpz. 892, Merseburger. * — 10

Die Jankó-Klaviatur. Kurzgefaßte Darstellung ihrer Einrichtung, sowie ihrer Bedeutung u. Vorteile f. d. Klavierspiel von Richard Hansmann. Neue Aufl. Leipzig: C. Merseburger 1892. (7 S.) 8° [F.] [07. 3406]

Hansmann, Rudolf

Hansmann, R., das deutsche Privatrecht vom Standpunkte des Geschäftsmannes im Sinne des Handelsgesetzbuches. (XLVI, 651 S.) gr. 8. Berlin (906). A. W. Hayn's Erben. n. 9. —; geb. in Leinw. n. 10. —; in Halbfrz. n. 11. —

Hansmann, R[ud.]: Das deutsche Privatrecht vom Standpunkte des Geschäftsmannes im Sinne des Handelsgesetzbuches. Berlin [1907].

Hansmann, R., der Ruhestand der Reichsbeamten u. die Fürsorge f. ihre Witwen u. Waisen, nach den Abändergn. d. Reichsbeamtengesetzes u. dem Beamtenhinterbliebenengesetze vom 17. V. 1907 erläuternd dargestellt. (94 S.) 8. Berlin 907. R. v. Decker. Geb. in Leinw. 2. —

— Der Ruhestand der preußischen Staatsbeamten u. die Fürsorge f. ihre Hinterbliebenen, nach den Abändergn. d. Pensionsgesetzes u. des Fürsorgegesetzes durch die Gesetze vom 27. V. 1907 erläuternd dargestellt. (68 S.) 8. Ebd. 907. Geb. in Leinw. 2. —

Der Ruhestand der Preußischen Staatsbeamten und die Fürsorge für ihre Hinterbliebenen, nach d. Abänderungen d. Pensionsgesetzes u. d. Fürsorgegesetzes durch d. Gesetze v. 27. Mai 1907 erl. dargest. von R[udolf] **Hansmann**, Geh. Reg.R. a. D. Berlin: R. v. Decker 1907. (68 S.) 8° [F.] [07, 18664

Hansmann, Victor

Als Ms. gedr. Die Nazarener. Große Oper in 4 Aufz. Dichtung von Carl Wilhelm Marschner. Mit freier Benutzung e. novellist Idee des Richard Voß. Musik von Victor **Hansmann**. [Textbuch] Berlin [1906]: G. Bernstein. (75 S.) 8° [F.] [08, 1117

Hanson, Charles Henry, stories of King Arthur, hrsg. v. Clem. Klöpper, s.: Schulbibliothek, französ. u. engl.

Hanson, Jakob, Referendar a. Camberg (Nassau): **Die Umwandlung der Hypothek in eine Grundschuld** ⟨§ 1198 BGB.⟩. Borna-Leipzig 1908: R. Noske. (70 S.) 8° [F.]
Marburg, Jur. Fak., Ref. Heymann, Diss. v. 10. Aug. 1908
[Geb. 18. Jan. 83 Camberg; Wohnort: Camberg; Staatsangeh.: Preußen; Vorbildung: Gymn. Montabaur Reife O. 01; Studium: Heidelberg 1, Berlin 2, München 3, Marburg 4 S.; Rig. 21. Mai 08.]

Hanson, Laura

MARHOLM, Laura (d. i. *Laura Hanson*, geb. *Mohr*), Das Buch der Frauen. Zeitpsychologische Portraits. Mit 6 Autotyp. 3. Aufl. Paris 1895. (Ebd. I. 189*?) 8° (Mk. 3—) (1 Mk. 25 Pfg. H. Hugendubel, Munchen, c. 1905.) Zahm.

Hanson, Peter Treschow

⊙ Reise durch einen Theil von Sachsen und Danemark in den letztverflossenen Jahren [v. Peter Treschow **Hanson**]. Altona. 1813. 8°.
Von S. 236—314 wird die Provinz Schleswig-Holstein behandelt.

Hanson, Wilhelm, approb. Arzt aus Hagen: **Ueber den klinischen Wert** der quantitativen Harnsäurebestimmung nach der Methode von Ruhemann. *Berlin 1902: G. Pöllner.* (32 S.) 8°
Leipzig, Med. Diss. v. (1. Apr.) 1902

Hansotte, ..., généalogie, ou les causes de la révolut. sociale du 18me siècle. gr. 8. Wien 797. Sammer. 16 Kr

Hanspaul, F., die Seelentheorie u. die Gesetze des natürlichen Egoismus u. der Anpassung. gr. 8. (XVI, 292 S.) Berlin 899. C. Duncker. n. 5. —

Die Seelentheorie und die Gesetze des natürlichen Egoismus und der Anpassung von F. **Hanspaul**. 2. gänzl. umgearb. Aufl. *Berlin: C. Duncker 1901.* (VII, 538 S.) 8° [01. 10242

Hanspeter, der. Ein Familien-Kalender für Stadt und Land auf die J. 1869—1874. 1.—6. Jahrg. 82. (à Jahrg. 128—200 S. mit eingedr. Holzschn.) Frankfurt a. M., Hamacher. à Jahrg. *

—— dass. — auf das J. 1875. 7. Jahrg. 4. (67 S.) Ebendas. *

Hanspeter, der. Ein Familienkalender für Stadt und Land. 1876. 8. Jahrg. 4. (51 S.) Frankfurt a. M. 875, Hamacher. *
Nicht weiter erschienen.

Hanss, Costanzer, eine Schwäbische Jauners Geschichte. Stuttg. 1789. V: *Schöll, Joh. Ulr.* (Kat. der ständ. Bibl. Stuttg. 1907. S. 311.)

Hans Sachs-Feier. 4. November 1894. [Wien 1894.] H: *Streinz, Frz.* (Berl)

Hänßel, unser Herzog u. unser Schiller. Schulrede, geh. am Geburtstage Sr. Hoh. des Herzogs v. Sachs.-Meiningen im Schiller-Gedenkjahre 1905. Jugend-Fest-Gabe zum 80. Geburtstage Sr. Hoh. des Herzogs Georg II. v. Sachsen-Meiningen. (24 S.) qu. 16. Leipzig (906). R. Böhm. n.n. — 25

— Schillers Idealismus u. Lehrerschaft u. Schule der Gegenwart. Stimmungsvortrag. geh. auf der 26. allgemeinen meining. Landes-Lehrerversammlg. (12 S.) gr. 8. Ebd. 906. n. — 50

Hänssel, Otto, aus Leipzig: Der **Einfluss Rousseaus auf die philosophisch-pädagogischen Anschauungen Herders.** *Dresden: Bleyl & Kaemmerer 1902.* (60 S.) 8°
Leipzig, Phil. Diss. v. [11. Juni] 1902

Hansselmann, Christan Ernst

— Beleuchtung des von D. G. Struben herausgegebenen [mit abgedruckten] s. g. Vernichtigten Beweises der Teutschen Reichsstande volligen Landes Hoheit vor dem s. g. Interregno. Zu mehrerer Bevestigung des i. J. 1751 ans Licht gestellten „diplomatischen Beweises" und der i. J. 1757 weitererlautert und vertheydigten Landeshoheit des Hauses Hohenlohe. Ebd. 1762. 2°

Hansselmann, Chn. Ernst. Diplomatischer Beweiss, dass dem Hause Hohenlohe die Landes-Hoheit mit denen zu selbiger gehorenden Rechten nicht etwan in dem s. g. Interregno, sondern schon lang vorher zugestanden. Samt einer Abhandlung von dieses Hauses Ursprung u. Herkunft, mit Urkunden. Nurnberg: Felssecker 1751. 2°.

Hansselmann, C. E., Diplomat. Beweis, dass dem Hause Hohenlohe die Landeshoheit nicht im Interregno erst zu Theil geworden etc., samt einer Abhandlung von dieses Hauses Ursprung und Herkunft. 2 Bde. Mit 7 Kpfrtfln. Nürnberg 1751—57. fol.

Hansselmann, Chrn. Ernst („Fürstl. Hohenlohisch-gemeinschaftl. Hof-, auch resp. Regierungs- u. Lehen-Rath, der Kgl.-Preuss. u. Churf.-Pfalz. Akademien, auch anderer Societaten d. Wiss. Mitgl.", geb. 1699, † 1775). Beweiss ('), wie weit der *Römer Macht*, in den mit verschied. teutschen Völkern geführten Kriegen, auch in die nunmehrige *Ost-Frankische, sonderlich Hohenlohische, Lande* eingedrungen, dargest. aus denen in solchen Landen noch vorhandenen, seit einiger Zeit weiter entdeckten, bisher noch nicht bekannt gewesenen merkwürd. *römischen Monumenten* u. a. Ueberbleibseln, nebst einer histor. Beschreibung der unterschiedl. teutschen Völker, als gewesenen Inwohnern jeztgedachter (') Landen selbiger Zeit bis nach Ankunft der Franken . . . . 2 Thle. (1 vol.) Mit 16 + 24 Kpftaf. (ausgegrab. Alterthümer, Karten etc., *G. P. sc.*, *G. J. Osterlag excud. Lind.*). Schwäb. Hall. Gedr. u. verlegt von Joh. Chp. Messerer, 1768, 73. Fol. Gleichzeit. Hpgtb., schönes Expl. (aus der Hofbibl. zu Eichstätt).
I: 8 Bll., 243 S., 4 Bll. „Real-Reg.", 16 Taf. II: 9 Bll., 400 S., 7 Bll. Reg., 7 Bll. Add. & Corr., 24 Taf.

— Weiter erlauterte und vertheidigte Landeshoheit des Hauses Hohenlohe vor denen Zeiten des grossen Interregni. Samt andern Anmerkungen, Urkunden u. Sigillen. Ebd. 1757. 2°

Hanssen

— s. a. Hansen.

Haussen, Erinnerungen am Confirmationstage. 8. Lübeck 824. v. Rohden.

Hanssen, Über die beabsichtigte allgemeine Deutsche Volkszählung. (Göttingen 1849.)

Hanssen, A. F. (Red.), s. Zeitung, Schleswig-Holsteinische.

Hanssen, August [Dr. aus Meldorf]: Chemische Studien über Brucin verbunden mit einer kurzen Übersicht über die wichtigsten Resultate, welche die Alkaloid-Untersuchungen bis jetzt ergeben haben .... Erlangen, Lütjens' Druckerei, Hamburg, 1887; 98 S. 8°
Erlangen, Phil. Fak., Hab.-Schr. v. Jul. 1887

Hanssen, Aug., Studien üb. den chemischen Nachweis fremder Fette im Butterfette. gr. 8. (84 S.) Erlangen 884. Deichert. n. — 80

Hanssen, C. C. F., Erinnerungen am Confirmationstage. 8. Lübeck 824. v. Rohden. 3 ß

Hansßen, C. J., practische Anleitung zur Entwässerung d. Felder durch Drains u. zur Fabrication der Drainröhren. gr. 8. (30 S. m. eingedr. Holzschn.) Kopenhagen 852, Gibe. Leipzig, Lorck. n. n. 9 ngr

Reform chemischer und physikalischer Berechnungen v. C. J. T. **Hanssen,** Civil-Ing. Auf Kosten des Kopenhagener 'Carlsberg Fonds' in deutscher, dän. u. engl. Sprache gedr. (Vorr. G[ustav] Karsten.) *München: In Komm. b. A. Langen; (Kopenhagen: Dr. v. J. Joergensen & C.) (1897).* (XVI, 71 S., 1 Taf.) 1 Bd 4. [97. 3911]

Hanssen, Carl Gottlieb, s. Hanssen, Karl Gottlieb

Hanssen, Eduard, approb. Arzt aus Gelting in Angeln: Aus d. Königl. Universitäts-Augenklinik zu Kiel. Ueber Ciliarkörper-Verletzungen und ihre Beziehung zur Ophthalmia sympathica. (Mit einer Casuistik aus d. Königl. Universitäts-Augenklinik zu Kiel.) *Kiel 1898: P. Peters.* (51 S.) 8°
Kiel, Med. Diss. v. [10. Aug.] 1898

Hanssen, Ferd., de Brodermord to Rantzau. 8. (II, 61 S.) Elmshorn 898. J. M. Groth. n. 1. 40

Feldblom. Plattdeutsche Gedichte von Ferdinand **Hanssen**. Elmshorn 1900: J. Schüthe. (111 S.) 8° [F.] [07. 6348 9]

Feldblom. Plattdeutsche Gedichte v. Ferdinand Hanssen. Elmshorn. 1904. 8°.

Wulf Isebrand. Ein dithmarsischer Heldensang aus d. Zeit d. ruhmreichen Schlacht bei Hemmingstedt von Ferdinand **Hanssen.** Elmshorn [1898]: J. M. Groth. (VII, 40 S.) 8° [F.] [07. 6349 9]

— Profiser Möller. Eine plattdeutsche Humoreske aus der Apothekerwelt. 8. (67 S.) Ebd. 898. n. 1. 80

Hanssen, Ferd., Persetter sin Hannis. Eine Erzählung in niederdeutscher Mundart. 8. (VI, 113 S.) Hamburg 886, (Nestler und Melle's Verlag.) *M 2.—.; geb. *

Sylter Stranddisteln Harmlose Reime aus dem Badeleben gesam im Strandkorb 513 Ende August 1898 [v Ferdinand Hanssen' Elmshorn. 1898. 8°

Hanssen, Friedrich

Hanssen, Fr. Accentus grammati in metris Anacreontico et remi jambico quae sit vis et ratio explicatur, s.a.
Philologus

Hanssen, F., Accentus grammatici in metris Anacreontico et hemiambico quae sit vis et ratio explicatur. S.-A. s. a. 30 S.

Hanssen, Fridericus [Lvbecensis]: De arte metrica Commodiani. Argentorati apud Carolum I. Truebner, 1881. 8. 72 S.

Hanssen, Frdr., Bemerkungen zu Homer. [Aus: „Verhandlgn. d. deutschen wissenschaftl. Ver. zu Santiago".] gr. 8. (12 S.) Santiago 892. (Berlin, R. Friedländer & Sohn.) n. — 40

Hanssen, F., Sobre la conjugacion del libre de Apolonio. S.-A. 1896. 81 S.

Hanssen, Frdr., spanische Grammatik auf histor. Grundlage, s.a. Sammlung kurzer Lehrbücher der romanischen Sprachen u. Literaturen. VI.

Spanische Grammatik auf historischer Grundlage von Friedrich **Hanssen.** Halle: Niemeyer 1910. XVII, 277 S. 8°
(Sammlung kurzer Lehrbücher d. roman. Sprachen u. Literaturen. 6.) [10. 8133 2]

— iliacos intra muros peccatur et extra. Auch e. Beitrag zur Schulfrage. [Aus: „Verhandlgn. d. deutschen wissenschaftl. Ver. zu Santiago".] gr. 8. (8 S.) Ebd. 893. n. — 20

Hanssen, F., Sobre la interpretacion de un pasaje de la Iliada (De Jovis consilio). S.-A. 1893. 62 S. 1.50

— Zur lateinischen u. romanischen Metrik. S.-A. 1901. 80 S.

Hanssen, F., Philosophemata z. latein. Syntax. S.-A. s. a. 10 S.

Hanssen, Fr., Quaestiuncula Pseudoanacreontica, s. Commentationes philologae quibus Ottoni Ribbeckio congratulantur Discipuli Lipsienses.

Hanssen, F., Sobre el ruego de Tetis. (De Thetidis precibus). S.-A. 1898. 16 S.

Hanssen, F., Anacreonteorum sylloge Palatina reg. et expl. Hab. 1884. 37 S. 1.—

— Sobre un troso de musica griega. S.-A. 1898. 10 u. 1 Taf.

— Uebersetzungen chilenischer Volkslieder. [Aus: „Verhandlgn. d. deutschen wissenschaftl. Ver. zu Santiago".] gr. 8. (9 S.) Ebd. 892. n. — 40

Hanssen, Georg

Hanssen, Geo., agrarhistorische Abhandlungen. gr. 8. (V, 568 S.) Leipzig 880. Hirzel. n. 9. —

**Hanssen, Geo., agrarhistorische Abhandlungen. 2. Bd. gr. 8. (V, 577 S.) Leipzig 884. Hirzel. n. 10. —
(1. u. 2 : n. 19. —)**

Hanssen, (Prof.), über die Anlage von Korndampfmühlen in den Herzogthüm. Schleswig u. Holstein. gr. 8. Kiel u. Eutin 838. Bauermeister u. Griem. 1/4 ß

Hanssen, über d. Anlage v. Korndampfmühlen in d. Hrzgth. Schleswig u. Holstein. gr. 8. (3 B.) Kiel u. Eutin 838. (Hamburg, Schuberth u. Comp.]

—— üb. öffentl. Arbeitsnachweisungs-Anstalten. gr. 8. (2 1/4 B.) Heidelberg 846, C. F. Winter. *
Aus: Archiv der polit. Oekonomie u. Polizeiwissensch. besond. abgedruckt.

Hanssen, Georg, Archiv der politischen Oekonomie, s. Archiv.

Hanssen, Archiv d. politischen Oekonomie etc.
s. Rau

Hanssen, Geo., die Aufhebung der Leibeigenschaft und die Umgestaltung der gutsherrlich-bauerlichen Verhaltnisse überhaupt in den Herzogthümern Schleswig und Holstein. Gekrönte Preisschrift. St. Petersburg 861. (Leipzig, Voss.) Lex.-8. (2 Bl., 195 S.) nn. 25 ngr

Hanssen, (Georg), ein Beitrag zu den Debatten üb. die Oldenburgische Zollanschluß-Frage. gr. 8. (30 S.) Oldenburg 852, Schulze. n. 4 ℛ

Hanssen, Georg, das Amt Bordesholm im Herzogth. Holstein. Eine statist. Monographie auf histor. Grundlage. M. 1 Karte v. Amte. gr. 8. (24 B.) Kiel 842, Schwers'sche Buchh. *

Hanssen, G., histor.-statist. Darstellung d. Insel Fehmarn. Ein Beitr. z. genauern Kunde d. Hrzgth. Schleswig. gr. 8. (23 B.) Altona 832, Hammerich.

Hanssen G.: Agriculturae doctrina cathedris universitatum vindicata. Diss. [Kiel]. Altonae 1832. 18 S. 4°.

Hanssen, Georg, s. Festgabe f. G. H.

—— statist. Forschungen üb. d. Hrzgth. Schleswig, mit besond. Rücksicht auf nationelle Eigenthümlichkeiten, Gemeindewesen, Steuerverhältnisse u. d. gegenwärt. Zustand d. Bauernwirthschaften. 1. Hft.: Die Küstenstrecke v. d. Breede Aue bis zur Wid Aue. gr. 8. (5 B.) Heidelberg 832, Winter.

Statistische Forschungen über das Herzogthum Schleswig mit besonderer Rucksicht auf nationelle Eigenthumlichkeiten. Gemeindewesen. Steuerverhaltnisse und den gegenwartigen Zustand der Bauernwirthschaften v. Georg **Hanssen.** 8°.
Heft 1: Die Kustenstrecke von der Breede Aue bis Wid Aue Heidelberg. 1832
Heft 2. Das Amt Hadersleben. Altona. 1833

Hanssen, Georg, Gedächtnisrede, s.: Cohn, Gust.

Hanssen, G., die Gehöferschaften (Erbgenossenschaften) im Regierungsbezirk Trier. gr. 4. (24 S.) Berlin 863, (Dümmler's Verlag.) *
Aus: Abhandlungen der k. Akademie der Wissenschaften zu Berlin, 1863, besonders abgedruckt.

Hanssen, Ge. Zur Geschichte der Feldsysteme in Deutschland Tübingen 1865

Hanssen, Georg: Zur Geschichte norddeutscher Gutswirthschaft seit Ende des 16. Jahrhunderts. Von –. Separatabdruck aus dem Journal für Landwirthschaft. Jg. 22., 1874. Göttingen. 1875. 8°
Bezieht sich auf das Gut Rundhof.

Hanssen, zur Geschichte norddeutscher Gutswirthschaft seit Ende d. 16. Jahrh. [Aus: „Journal f. Landwirthschaft."] gr. 8. (79 S.) Göttingen 875. Deuerlich. n. 2. —

Hanssen, Georg. Die Bremer Grundsteuerfrage. Ein der Kammer f. Landwirthschaft zu Bremen 1876 erstattetes Gutachten, als Mscr. gedr. 8°. Göttingen, Dietrich'sche B., 1876.

– Gutachten über die Grundsteuer-Regulirung im sogen. Bremer Geltungs-Gebiete der Landwirthschaftskammer zu Bremen erstattet. gr. 4. (115 S.) Göttingen 876. (Dieterich's Sort.) n. 3. —

An die Landwirtschaftskammer zu Bremen (v. Georg **Hanssen**) ‹Als Manuskript gedruckt› (Göttingen 1876.) 8°

Lebenserinnerungen des Agrarhistorikers und Nationalökonomen Georg **Hanssen.** Niedergeschrieben von ihm selber, hrgg von seinem Sohne Hermann Hanssen. Mit 1 Bildnis Georg Hanssens und 1 Faksimile (Leipzig. 1910) 8° Ausschnitt aus: Zeitschrift der Gesellschaft fur Schleswig-Holsteinische Geschichte Bd. 40

Statistische Mittheilungen uber nordfriesische Districte, v. Georg **Hanssen.** I Die Christian-Albrechts-Koege. II Risummoor III. Fohr IV Amrum Schleswig 1835 8°

Die Nationalitäts- und Sprach-Verhältnisse des Herzogthums Schleswig v. [Georg] **Hanssen.** [Tubingen (1878)] 8° Ausschnitt aus: Zeitschrift für Staatswissenschaft. 1878, H. 1.

⊙ Angewandte Nationaloeconomie nach dem Vortrage v. Georg Hanßen. Nachgeschrieben in Kiel 1838 Handschrift. 8°

Hanssen, G. Referat über die Grundsteuerfrage. 8°. s. l. 1874.

Hanssen, G, s. Schriften des Vereins f. Socialpolitik.

Hanssen, Herr Professor, die Statistik d. Zollvereins u. der Anschluß Oldenburgs. gr. 8. (22 S.) Oldenburg 852, Schulze. n. 4 ℛ

Das Zollwesen der Herzogthümer Schleswig und Holstein in Vorzeit und Gegenwart v. [Georg] **Hanssen.** [Heidelberg. 1841 u. 43.] 8° Ausschnitt aus: Archiv für politische Oekonomie . . . hrgg. v. Rau. Bd. 5 u. 6 (N. F. Bd. 1.)

Hanssen, Heinrich, a. Kattrepel (Süder-Dithmarschen): Die Geschichte der starken Zeitworter im Nordenglischen. Kiel 1906: Ludtke & Martens. (127 S.) 8°
Kiel, Phil. Fak., Ref. Holthausen, Diss. v. 6. Marz 1906
[Geb. 18 Jan 84 Kattrepel, Süder-Dithmarschen; Wohnort: Kattrepel; Staatsangeh.: Preußen, Vorbildung Reformrealgymn Altona Reife O 02; Studium Marburg 1, Straßburg 2, Berlin 1, Kiel 3 S., Rig 16 Dez 05.]

Hanssen, Hinrich, aus Lehe (Hann.): Die **Bildung** des Feuersteins in der Schreibkreide. *Kiel 1901: Schmidt & Klaunig.* (48 S.) 8° ¶ (Aus: Schriften d. Naturwiss Vereins f. Schleswig-Holstein, Bd 12, H. 2)
Kiel, Phil. Diss. v. [3 Aug.] 1901

Hanssen, Jakob

Chronik des Landes Dithmarschen v. Jakob **Hanssen** und Heinrich **Wolf.** Hamburg 1833 8°

Hanssen, J., und H. Wolf, Chronik des Landes Dithmarschen. gr. 8. Hamburg 833. (Heide, Pauly; Leipzig, Kayser's Buchh.) 2⅓ ℛ

Hanssen, J., u. P. Hennings, Welt u. Mensch. Ein Lehr- u. Lesebuch für Schule u. Haus. 8. Meldorf 844. Altona, Schlüter. n. ½ ℛ

Hanssen, Johannes Peter, s. Hanssen, Peter

Hanssen, Karl Gottlieb: Versuch einer Chronik von Eckernförde. Von –. Kiel. 1833. 8°

Hanssen, Otto, ein Wiedersehen, s: Daheim. Stenographen-Bibliothek. 6. u. 7. Bd.

Hansson, *Johannes* Peter [app. Arzt aus Glückstadt]: Aus d. patholog. Institute zu Kiel. Beitrag zur Aetiologie der Endocarditis . Kiel, Druck v. L. Handorff, 1892; 14 S., 1 Bl. 8.
Kiel Med Fak., Inaug.-Diss. v. [16. Okt.] 1892

Peter **Hanssens** Heilige Betrachtungen über alle Sonn- und Fest-Tags-Evangelia Mit nothigem Register. Lubeck und Leipzig (1748.) 8°

Peter **Hanssens** Betrachtungen uber das Hohe Lied Salomo Solchem ist eine Umschreibung nach diesen Betrachtungen beygefüget, aus welcher deutlich erhellet, daß dieses geheimnißvolle Buch der heil. Schrift in einem bündigen Zusammenhang geschrieben . Mit nöthigem Register. Hamburg. 1756 8°

Petri **Hanssens** Betrachtungen uber den Prediger Salomo 2. Ausg. Lübeck. 1744. 8°

Zwölf geistliche Betrachtungen über die schwere Leiden des Sündenbüssers Jesu Christi nach den vier Evangelisten. Solchen ist die dreizehnte von der Begräbnüß desselben beigefügt. Von Peter **Hanssen.** Rostock 1751. 8°

Hanssen, Peter, approb. Arzt aus Erkelenz (Rheinl.): **Über zwei Fälle von Nabelschnur-Zerreißung bei normalen Geburten.** *Gießen 1904: v. Münchow.* (24 S.) 8°
Gießen, Med. Diss. v. 1904

Geschichte des Ilexhaines auf dem Fuchsberg v. P[eter] **Hanssen.** [Hamburg. 1908.] 8° Sonderabdruck aus: Mitteilungen des Vereins f. Hamburgische Geschichte 1908. H. 7.

Geschichte der Männer-Vereine vom Roten Kreuz in Schleswig-Holstein mit besonderer Berücksichtigung der Sanitäts-Kolonnen von 1897 an. Nach einem Vortrag v. [Peter] **Hanssen.** o. O. u. J. 8° Ausschnitt aus?

Haben die Geburtenzahlen in Schleswig-Holstein auch auf dem Lande abgenommen? v P[eter] **Hanssen.** [Itzehoe] o. J. 1 Bl. Fol., geb in 8° Sonderabdruck aus: Itzehoer Nachrichten. Nr. 207.

Holstein-Plönisches Kirchen-Ritual in sechs Abtheilungen verfaßt ... Ans Licht gestellet v. **Peter Hanssen.** Plön. 1753. 8°

Die Säuglings-Sterblichkeit der Stadt Flensburg v. [Peter] Hansen [richtig: **Hanssen**]. [Flensburg.] o. J. 4°, geb. in 8° Ausschnitt aus einer Flensburger Zeitung.

Die Säuglings-Sterblichkeit im Kreise Steinburg v. [Peter] **Hanssen.** (Itzehoe) o. J 1 Bl Fol, geb in 8° Sonderabdruck aus Itzehoer Nachrichten Nr 227.

Ueber Theodor Storms letzte Schaffenszeit v. P[eter] **Hanssen.** [Itzehoe. 1906.) Fol. Ausschnitt aus: Itzehoer Nachrichten. Nr. 288, 2. Beilage, Dienstag, 11. Dez. 1906.

Zureichende Trost-Gründe wider die Bitterkeit des Todes aus der lebendigmachenden Kraft JESU wurden an dem 16. Sonntage nach dem Fest der heil. Dreyeinigkeit 1749. Auf dem Hochfürstl. Schleswig-Holsteinischen Land- und Lust-Hause Travendahl ... in einer offentlichen Rede vorgestellet ... v. **Peter Hanssen.** Plön. o. J. 4° k.

Ueber Unregelmäßigkeiten im Abfall der Säuglings-Sterblichkeit nach Tagen und Monaten. „Klippen". Von [Peter] **Hanssen.** (Berlin.) o. J. 8° Sonderabdruck aus der Zeitschrift für Säuglingsschutz.

Hanssen, R. [app. Arzt aus Travemünde]: Die Augenklinik zu Kiel ... Kiel, Druck v. L. Handorff, 1889; 16 S. u. 3 Taf. 8°
Kiel, Med. Fak., Inaug.-Diss. v. 27. Mai 1889

Hanssen, Rud., allerlei Insekten. Fol. (4 Farbendr.-Taf.) Leipzig 890. **Baldamus, Sep.-Cto.** n. 5. —; einzelne Blatt à n. 2. —

Hanssen, Thdr., Beicht- u. Abendmahlsbüchlein aus u. nach Dr M. Luthers kleinem Katechismus. Jungen u. alten Christen dargeboten. (IV, 127 S.) 16. Zwickau (906) Schriften-Verein. Geb. in Leinw. n. — 60; m. Goldschn. n. — 80

Hanssen, Thdr., evangelisch-lutherischer Symbol-Katechismus. Ein geschichtl. Unterricht fürs Volk üb. die Symbole od. Bekenntnisschriften der evangelisch-luther. Kirche. 8. (IV, 60 S.) Zwickau 902. J. Herrmann. n. — 30

— evangelisch-lutherischer Symbol-Katechismus. Ein geschichtl. Unterricht fürs Volk üb. die Symbole od. Bekenntnisschriften der evangelisch-luther. Kirche. 2. rev. Aufl (IV, 60 S.) 8. Zwickau 904. J. Herrmann. n. — 30

Hänßler, Ernst, Erlebnisse e. Soldaten d. 4. bad. Infant.-Regts. „Prinz Wilhelm" im Feldzuge 1870/71, s.a. Badener im Feldzug 1870/71.

[F.] Erlebnisse eines Soldaten des 4. bad. Infant.-Regiments 'Prinz Wilhelm' im Feldzuge 1870/71. Von **Ernst Hänssler,** Kunstmaler. *Karlsruhe: J. J. Reiff 1896.* (4 Bl., 148 S., 1 Kt.) 1 Bd 8.
— Badener im Feldzug 1870/71. Bd 10. [96.]

Hansson, Laura, s.: Marholm, Laura.

Hansson, Ola. Alltagsfrauen. Ein Stück moderner Liebesphysiologie. 8. (XV, 219 S.) Berl. 891, S. Fischer Verlag. * 2 —; geb. * 2 75

Hansson, Ola, Alltagsfrauen. Beiträge zur Liebesphysiologie der Gegenwart. 2. Aufl. 8. (XVII, 241 S.) Berlin 895. C. Duncker. n. 2. 50

HANSSON, O. Alltagsfrauen. Beiträge zur Liebesphysiologie der Gegenwart. 2. Auflage. Berlin 1896. 8°.

— Frau Ester Bruce. Roman. 8. (214 S.) Breslau 895. Schles. Verlags-Anstalt. n. 3. —; geb. n. 4. —

— vor d. Ehe. Roman. 8. (131 S.) Berlin 895. O. Janke. n. 1. —

— im Huldrebann. Nachtspuk. — Meervögel, s.a. Unterwegs u Daheim.

[F.] Im Huldrebann. Nachtspuk. Novellen v. **Ola Hansson.** *Breslau: S. Schottlaender 1896.* (160 S.) 1 Bd 8.
— Unterwegs und Daheim. (Ser.) 1. (Bd) 12. [96. 1029]

[F.] Nordisches Leben v. **Ola Hansson.** Bd 1. *Berlin: C. Duncker 1897.* 8. [96. 9133]

— Der Materialismus in der Litteratur, s. Gegen den Materialismus.

— Friedrich Nietzsche. S. Persönlichkeit u. s. System. [Aus: „Unsere Zeit".] gr. 8. (30 S.) Leipzig (890). C. G. Naumann. Unentgeltlich.

— schwedische Novellen, s.: Meyer's Volksbücher.

Hansson, Ola, Parias. Fatalistische Geschichten. 8. (VIII, 155 S.) Berlin 890. Zoberbier. n. 2. 50; Luxus-Ausg. auf holländ. Papier 7. 50

— d. Schutzengel. Roman. 8. (189 S.) Berlin 896. G. Grote. n. 3. —; geb. n. 4. —

— Seher u. Deuter. (E. A. Poe. — W. M. Garschin. — M. Stirner. — P. Bourget. — A. Böcklin.) gr. 8. (VII, 168 S.) Berlin 894. Rosenbaum & Hart. n. 3. —; geb. n. 4. —

— Seher u. Deuter. 2. (Titel-) Aufl. gr. 8. (VII, 168 S.) Berlin (893) 895. Rosenbaum & Hart. n. 3. —

— Sensitiva amorosa. Neue Herzensprobleme. gr. 8. (III, 59 S.) Berl. 892, Küchenmeister. * 1 50

— Das junge Skandinavien. 4 Essays. 8. (184 S.) Dresd. 891, Pierson. * 2 —

Ⓑ **Hansson, Ola,** d. junge Skandinavien. 891. (KBB 27.) Jetzt: Berlin, Verlag Berlin-Wien.

— d. Weg z. Leben. Sechs Geschichten. 8. (VII, 230 S.) Berlin 896. C. Duncker. n. 3. —

[F.] Der Weg zum Leben. Sechs Geschichten v. Ola Hansson. *Berlin: C. Duncker 1896.* (4 Bl., 230 S.) 1 Bd 8. [96. 395]

Hansson-Marholm, Frau Laura, s.: Marholm, Laura.

Hanstadt, J. N. L. von: „Anleitung zur Markscheidekunst", nebst 1 Atlas, Pesth 1835. — Vorh.: Preuß. Oberbergamt Dortmund — Text N. 36; Atlas H. 100.

Hansteen, Christopher: Magnetischer Atlas, gehörig zum Magnetismus der Erde von –. Christiania 1819. qu. Fol.

Hansteen, Chr. und C. Fearnley Beschreibung und Lage der Universitätssternwarte in Christiania. Christiania 1849 4.

— Zur Geschichte und zur Vertheidigung seiner Untersuchungen über den Magnetismus der Erde, und kritische Bemerkungen über die hierher gehörigen Arbeiten der Herren Biot und Morlet. (Gilbert's Ann der Physik, Bd. 75, St. 2, J. 1823, St. 10.)

Hansteen, Ch., Reise-Erinnerungen aus Sibirien, s.a. Hausbibliothek für Länder- und Völkerkunde. Bd 2.

Hansteen, Chrph., Reise-Erinnerungen aus Sibirien. Deutsch von H. Sebald. Neue (Titel-)Ausg. Leipzig (854) 865. Senf. gr. 8. (VIII, 215 S.) 1 ₰

Hansteen, Chrph., Reise-Erinnerungen aus Sibirien. Deutsch v. H. Sebald. 3. Aufl. gr. 8. (215 S.) Leipzig 874. G. Senf. 2. 50

Hansteen, Christopher, und L. **Due:** Resultate magnetischer astronomischer und meteorologischer Beobachtungen auf einer Reise nach dem östlichen Sibirien in den Jahren 1828—1830. Gleichzeitige Beobachtungen von Dr Erman nach Kamtschatka, von Georg Fuss nach Pekin, und von Baron Ferdinand Wrangel und Lieutenant Anjou in dem nordöstlichen Sibirien und auf dem Eismeere in den Jahren 1821—1823 beigefügt Mit drei Karten und einer Figur-Tafel. Anhang, enthaltend magnetische Beobachtungen auf verschiedenen Land- und Seereisen von dem Verfasser und seinen Landsleuten. Herausgegeben von der Gesellschaft der Wissenschaften zu Chrisiania. Christiania 1863. XII, 190 S. 4°

— Resultate aus den magnetischen Beobachtungen, welche auf den Entdekkungsreisen in das Nordwestliche Polarmeer unter den Kapt. Ross und Parry angestellt sind. (Ann. der Physik, Bd. 71, Jahrg. 1822.)

— Schreiben an den Prof. Gilbert über seinen Magnetismus der Erde. (Ann. der Physik, Bd 70, Jahrg 1822.)

Hansteen, Christopher: Untersuchungen über den Magnetismus der Erde Uebersetzt von P. Treschow Hansen. Th. 1. Die mechanischen Erscheinungen des Magneten. Mit 5 Kupfertafeln und einem Atlasse von 7 Karten. Text Atlas. Christiania 1819. 2 Bde. XXX, 502, 148 S.; 7 Krt. 8° u. Fol.

Hansteen, Cph., Untersuchungen über den Magnetismus d. Erde, übers. von P. Treschow Hanson. 1r Thl.; d. mechan. Erscheinungen d. Magneten, mit 5 Kpft. u. 1 Atlas von 7 Karten, gr. 4. Christiania 819. (Kopenh., Gyldendal; a. Perthes u. B. in Hamb.) 15 ₰

— über d. tägl. Veränderung d. Intensität d. Erdmagnetismus ꝛc. gr. 4. Münch. 821. (Franz). 8 ₰ (Auch in den Denkschriften d. Acad. d. W.)

— Verbesserung der Bestimmung des magnetischen Aequators auf seiner Neigungs-Karte für 1780. (Ann. der Physik, Bd. 70, J. 1822.)

— Ueber einen Versuch des Herrn Dr. Seebeck, und über das Gesetz der electro-magnetischen Kraft. (Ann. der Physik, Bd. 70, J. 1822.)

Hansteen [Cranner] B.: Beiträge z. Kenntniss d. Eiweissbildung u. d. Bedingungen d. Realisirung dieses Processes im phanerogamischen Pflanzenkörper. 1896. [Rostr. Saml.].

Hansteen [Cranner] B.: Ueber die Ursachen d. Entleerung d. Reservestoffe aus Samen. 1894. [Rostr. Saml.].

Hanstein

Wilhelm und Martua Radja Israel. Kurze Lebensbilder aus Sumatra. (Erzählt von Miss. **Hanstein.**) *Barmen: Missionshaus 1899.* (15 S.) 8° [F.]
— Missions-Traktate, Kleine. No 30. [01. 6001 5

– Magazin

— von Festpredigten, von Hanstein. Eylers und Dräseke. Magdebg. 1816—22. 6 Bde. 8.

Hanstein, Adalbert

Hanstein, Adb. v., Achmed, d. Heiland. Eine ep. Dichtg. 12. (75 S.) Berlin 899. Concordia. n. 1. 50; geb. in Halbleinw. n. 2. —

Hanstein, Adb. v., die Aktien des Glücks, s.a. Collection Tiefenbach.

— d. Aktien d. Glücks. Humorist.-satir. Zeitroman. 1.—5. Taus. 8. (372 S.) Berlin 895. Leipzig, C. F. Tiefenbach, Sep.-Cto. n. 3. —; geb. n. 4. —

von Hanstein, Adalbert [aus Berlin]: Ueber die Begründung der Pflanzenanatomie durch Nehemia Grew und Marcello Malpighi . . . . Bonn, Univ.-Buchdr. v. C. Georgi, 1886; 91 S. 8°.
Bonn, Phil. Fak., Inaug. Diss. v. 15. März 1886.

Hanstein, Adb. v., über die Begründung der Pflanzenanatomie durch Nehemia Grew und Marcello Malpigbi. Inaugural-Dissertation. gr. 8. (92 S.) Bonn 886. (Berlin, C. F. Conrad.) *

Ein Beitrag z. Kritik d. Rede Prof. Ladenburgs geh. auf d. Versammlung Deutscher Naturf. u. Aerzte zu Kassel 1903. Gott und Unsterblichkeit in der modernen Weltanschauung. Vortrag geh. zu Hannover 1903 von Dr. Adalbert v. **Hanstein.** Privatd. zu Hannover. *Hannover & Leipzig: Hahn 1904.* (41 S.) 8° [04. 1831

—— s. †Bertus, Ludw.

Das jüngste Deutschland. Zwei Jahrzehnte miterlebter Litteraturgesch. Dargest. von Adalbert v. **Hanstein** Mit 113 Bildn. Buchschmuck von Emil Büchner. *Leipzig: R. Voigtländer 1900.* (XVI, 375 S.) 4°(8°)[00. 1136

Das jüngste Deutschland. 2 Jahrzehnte miterlebter Litteraturgeschichte. Dargest. von Adalbert v. **Hanstein,** Privatd. Mit 113 Schriftsteller-Bildn. Buchschmuck von Emil Büchner. 2., unveränd. Abdr. Leipzig: R. Voigtländer 1901. (XVI, 375 S.) 4° [F.] [01. 9415 11

Hanstein, Adalb. v., das jüngste Deutschland. Zwei Jahrzehnte miterlebter Literaturgeschichte. Mit 113 Schriftsteller-Bildnissen. Buchschmuck v. Emil Büchner. 3., unveränd. Abdr. (8.—10. Taus.) (XVI, 376 S.) Lex.-8. Leipzig 905. R. Voigtländer. n. 6. 50; geb. in Leinw. n. 8. —

[F.] Die soziale Frage in der Poesie v. Dr. Adalbert v. **Hanstein.** Erweit. Abdr. a. d. Akad. Rundschau 1896. 1. Taus. *Leipzig: Freund & Möschke 1897.* (43 S.) 1 Bd 4.(8.) [97. 348

Die Frauen in der Geschichte des deutschen Geisteslebens des 18. und 19. Jahrhunderts von Dr. Adalbert v. **Hanstein.** (Mit Kunstbeil.) Buch 1. 2. Leipzig: Freund & Wittig 1899—1900. 8°
1. Die Frauen in d. Zeit d. Aufschwunges d. deutschen Geisteslebens. 1899.
2. ... in d. Jugendzeit d. großen Volkserzieher u. d. großen Dichter. Mit e. Textbilde. 1900. [11. 9371

— Frauenmoral u. Herrenhalbheit. Off. Schreiben an Käthe Schirmacher, s.a. Fragen d. öffentl. Lebens.

Hanstein, Adalbert v.: Frauenmoral und Herrenhalbheit. Offenes Schreiben an Dr. Käthe Schirmacher, Verf. d. Schrift: Herrenmoral u. Frauenhalbheit. — Berlin: Kritik 1896. 15 S. 8° (Fragen d. öff. Lebens. H. 6.)

— Gustav Freytag. Gedächtnis-Rede, geh. auf d. 4. allgem. deutschen Schriftsteller- u. Journalistentag in d. Aula d Universität Heidelberg. gr. 8. (31 S) Heidelberg 895 J Hörning. n. — 50

Hanstein, A. v., Kain's Geschlecht. Eine Dichtung in Einzelbildern. 1. u. 2. Aufl. 8. (VIII, 116 S.) Berlin 888. Conrad. n. 2. 40; geb. n. 3. —

Gott u. Unsterblichkeit in der modernen Weltanschauung. Vortrag, geh. zu Hannover in der Aula der höheren Schulen am Georgsplatz am 15. XII 1903. Ein Beitrag zur Kritik der Rede Professor Ladenburgs, geh. auf der Versammlg. deutscher Naturforscher u. Aerzte zu Kassel am 21. IX. 1903. (41 S.) gr. 8. Hannover 904. Hahn. n. — 75

— Gerhart Hauptmann, s.a. Volksbücher, biographische.

[J.] Gerhart Hauptmann. E. Skizze v Adalbert v Hanstein. M. 1 Bildn. *Leipzig: R Voigtlander 1898* (64 S., 1 Port.) 1 Bd 8.
= Volksbücher, Biographische. No 21 22.

— Ibsen als Idealist. Vorträge üb. Henrik Ibsen's Dramen, geh. an d. Humboldt-Akademie zu Berlin. gr. 8. (XII, 210 S. m. Bildn) Leipzig 897. Freund & Wittig. n. 4. —

Hanstein, Adb. v., die Königsbrüder. Schauspiel in 5 Aufzügen. 8. (VIII, 131 S.) Berlin 892. [C. F. Conrad.] Freund & Jeckel. n. 2. —; geb. n. 3. —

– (Hrsg.), s. Kuczynski, Paul: Musiker- und Dichter-Briefe.

— der Liebesrichter. 16. (64 S.) Berlin 893. M. Schildberger. Geb. m. Goldschn. n. 1. —

—— Albert Lindner. In seinem Leben und seinen Werken dargestellt. 8. (VIII, 128 S.) Berlin 888, Schildberger. *

—— Menschenlieder. 1. und 2. Aufl. 12. (VIII, 104 S.) Berlin 887, Conrad. * M 1.50.; geb. *

— Menschenlieder. Gedichte. 3. stark verm. Aufl. (III, 166 S. m. Bildnis.) 8. Ebd. 904. Geb. in Leinw. n. 3. —

Hanstein, Adalb. v., Menschenlieder. Gedichte. 4. Aufl. (VI, 166 S. m. Bildnis.) 8. Hannover 909. Hahn. Geb. in Leinw. 3. 60

— s.: Musiker- u. Dichterbriefe an Paul Kuczynski.

[J.] Der Vikar. Novelle in Versen v. Adalbert v. Hanstein. *Berlin: Concordia 1897.* (32 S.) 1 Bd 8.

— König Saul. Drama in 4 Aufzgn. 8. (VIII, 118 S.) Ebd. 897. n. 2. -

Hanstein, Adalb. v., Vaterlandsliebe u. Gedankenfreiheit. Ein Zuruf an die Jugend. (19 S.) gr. 8. Hannover 904. Hahn. n. — 30

— der Vikar. Novelle in Versen. 2. Aufl. (29 S.) 8. Berlin 904. Concordia. Geb. in Leinw. n. 1. 20

— zwei Welten. Roman aus d. modernen Berlin. 2 Bde. 8. (195 u. 225 S.) Berlin 898. M. Schildberger. n. 5. 50; in 1 Leinwbd. n. 6. 50

– wie entstand Schillers Geisterseher? s.a. Forschungen zur neueren Litteraturgeschichte. XXII.

Wie entstand Schillers Geisterseher? Von Adalbert v. Hanstein. Privatd. zu Hannover. *Berlin: A. Duncker 1903.* (80 S.) 8°
= Forschungen z. neueren Litteraturgeschichte. 22.

—— Kaiser Wilhelms II. Nord- u. Südlandfahrten. Reich illustriert v. ersten deutschen Künstlern. 12 Lfgn. gr. 4. (187 S.) Berl. 889,90, Deutsch-Nationaler Verlag (Ferd. Lange).
à Lfg. * — 50; * 6 —; geb. * 10
Kpfrdr.-Ausg. à Lfg. * 1 —; * 12 —; geb. * 18 —

— ein edles Wort. (Neue [Titel-]Ausg. v.: „Der Liebesrichter".) (64 S.) 16. Berlin [893] 904. M. Schildberger. Geb. in Leinw. n. 1. —

v. Hanstein, Friedrich, oder Mönchslist u. Pfaffentrug, (von Frz. Wiesenthal). 8. Hamb. 801. (Herold jun.) 1 ₰ 18 gr

Hanstein, Friedr. v., od. Mönchslist u. Pfaffentrug; e. Thüringer Ritter- u. Geistergesch. a. d. Zeiten d. Vehmgerichte. 8. Hamburg, Vollmer. 801.

Hanstein, Gottfried August Ludwig

— Antrittspredigt, am 1. Nov. 1807 gehalten. gr. 8. Berl. 807. Mittler. 3 gr

— auch d. Gaben u. Opfer, welche d. Vaterland fordert, sind eine heil. Pflicht u. haben einen herrl. Lohn. Predigt am 11. Juli 1813 gehalten. gr. 8. Berl. 813. Mittler. 3 gr

Hanstein, Gfr. Aug. Lud., üb. Beherrschung d. Leidensch. 8. Stendal, Franzen. 793.

Hanstein, Gf. Aug. Ldw., († d. 25. Febr. 1821.) christl. Belehrungen u. Ermunterungen in Predigten rc. Mit Portr. gr. 8. Berl. 807. Maurers B. 1 ₰ 6 gr Schrbp. 1 ₰ 10 gr

— s. Blätter, neue homilet.

— heil. Blicke in d. Reich d. Natur. 8. Berl. 821. Christiani 20 gr

— Dank u. Gelübde. Predigt am Dankfeste nach d. erfreul. Wiederkehr d. Königs u. seines Hauses. In d. Klosterkirche gehalten. gr. 8. Berl. 809. Mittler. 3 gr

— Dankpredigt nach d. glorreichen Einzuge d. verbündeten Mächte in d. Hauptstadt Frankreichs. gr. 4. Berl. 814. (Mittler). 8 gr

— Dankpredigt an den feierl. Siegesfeste, d. 24. Oct. 1813. gr. 8. Berl. 813. Mittler. 3 gr

— Erinnerungen an Jesus Christus, 30 Predigten zur Fasten-, Ostern- u. Adventzeit in d. J. 1807. gr. 8. Berl. 808. 2e Aufl. 815. Dieterici. (Mittler). 20 gr

— — 2te Fortsetzung, Predigten in den Jahren 1809 und 10 gehalten. gr. 8. Ebend. 811.
Auch unter dem Titel:
Lazarus. Zehn Predigten über das 11te Kapitel des Evangelii Johannis.

— ernste Erinnerung an die ernste Zeit. gr. 8. Berlin, Dieterici. 816.

Hanstein, G. A. L., Erinnerungen an Jesus Christus. 1ste Fortsetzung. Zehn Predigten zur Fasten- und Adventszeit. 2te Aufl. gr. 8. Berlin, Dieterici. (Mittler.) 818. Rthlr.

— — derselben 3te Fortsetzung. Elf Predigten des Jahres 1817 gehalten. gr. 8. Ebend. 818.
auch unter dem Titel:
Die Frauen und Jungfrauen der evangel. Geschichten, in Predigten ꝛc.

— 4e Fortsetz. A. u. d. T.: Lazarus, 10 Predigten über d. 11te Kap. d. Evangel. Johannis; nebst e. Zugabe. 13 Predigten zur Fasten- u. Osterzeit. gr. 8. Berl. 820. (Mittler.) 20 gr.

Hanstein, (G. A. L.) Erinnerungen an Jesus Christus. 2te Forts. 10 Predigten z. Fastenzeit in d. J. 1809 u. 10 gehalten. 2te Aufl. gr. 8. Berlin 822, Mittler. Rthlr.

— dess. 3te Forts. — A. u. d. T.: die Frauen u. Jungfr. d. evangel. Geschichte in Predigten f. christl. Frauen u. Jungfr. 2te Aufl. 8. Berlin 824, Mittler.

Hanstein, Gtfr. Aug. Ludw., Erinnerungen an Jesus Christus. Zehen Predigten, zur Fasten-, Oster- u. Advents-Zeit d. J. 1807 gehalten. 3., unveränd. Aufl. gr. 8. (15 B.) Berlin 828, Mittler.

— zur Feier d. Geburtsfestes J. Majestät d. Königin, am 11. März 1810 im Luisenstift gesprochen. gr. 8. Berl. 810. Mittler. 3 gr.

— zur Feier d. 400jähr. Jubelfestes d. Kirche u. des Hospitals zu St. Gertrud in Köln an d. Spree, gehalten am Trinit.-Sonnt. 1811. Nebst erläut. histor. Nachrichten. gr. 8. Berl. 811. Mittler. 3 gr.

— d. Gebet d. Herrn, in Gesängen. 8. Berl. 813. Mittler. 6 gr.

— zum Gedächtniß d. 400jähr. Regierung d. Hohenzollerschen Regentenhauses auf den preuß. Thron u. des im J. 1813 bei Leipzig erkämpften Sieges, gehalten am 22. Oct. 1815 in d. Kirche zum grauen Kloster. gr. 8. Berl. 815. Mittler. 3 gr.

— Gesang, Gebet u. Predigt bei d. gottesdienstl. Feier des Andenkens an Hrn. Jh. Ernst Lübecke, gewes. Prediger u. 2ten Diac. zu St. Petri in Berlin, nebst dessen Lebenslauf. gr. 8. Berl. 807. Mittler. 4 gr.

— Gott u. Vorsehung. Vier Predigten. Mit 1 Kpf. 12. Berl. 819. Sander. 16 gr.

— — Grabrede und Trostpredigt zum Gedächtniß der früh verklärten unvergeßl. Henr. Schneider, geb. Körner. ꝛc. gr. 8. Berlin. Mittler. 820.

— Grabrede u. Trostpredigt zum Gedächtniß der früh verklärten unvergeßl. Henr. Schneider, geb. Körner ꝛc. gr. 8. Berl. 821. Mittler. 3 gr.

Hanstein, Gf. Aug. Ldw., d. Herr ist auferstanden. Vier Osterpredigten, im J. 1810, 11. gr. 8. Berl., Maurers B. (Hornemann in Stolp.) 8 gr.

— ein Hirt u. eine Heerde, Predigt am 2ten Sonnt. nach Ostern gehalten. gr. 8. Berl., Mittler. 3 gr.

— ein Höherer waltet. Eine religiöse Ode. gr. 8. Berl., Mittler. 1 gr.

— u. F. P. Wilmsen, krit. Jahrbuch d. homilet. u. ascet. Literatur, Homiletik u. Ascetik. 2 Jahrgg. (oder 4 Hefte) 1813 u. 14. gr. 8. Berl. 813—14. Amelang. 2 Rthlr. 8 gr.

— d. Jahreswechsel u. Krönungstag 1814. Gebete u. Predigten. 8. Berl. 814. Sander. 8 gr.

— d. Jubelfest d. evangel. Kirche im Jahr Christi 1817. 3 Predigten zur Feier d. Reformation. gr. 8. Berl. 818. Nicolai. 6 gr.

— d. Jubeljahr d. evangel. Kirche. 4 vorbereitende Predigten. gr. 8. Berl. 817. Sander. 9 gr.

– Das Leben im Glauben, s. Hanstein, Johann August Ludwig

— Leben u. Tod. 5 Predigten. 16. Berl. 819. Albanus. 16 gr.
2e Aufl. unt. d. Tit.: Leben u. Tod. Eine Weihnachts- u. Neujahrsgabe für gebildete Christen. 16. Berl. 825. L. Oehmigke. 16 gr.

Hanstein, Gf. Aug. Ldw., Leben und Tod. 16. Berlin 819, jetzt Wundermann in Münster. 2/3 Rthlr.

— d. christl. Lehre für Kinder. 8. Brandenb. 804. (ohne f. Namen). 7e A. Ebd. 820. Wiesike. 2 gr.

Hanstein, Gfr. Aug. Lud., die christl. Lehre f. Kinder. 5te verb. Aufl. 8. Magdeb. v. Schütz. 815.

— Dass., für Lehrer, mit untergelegten Fragen. 8. Ebd. 804. (o. f. Namen). 2e A. Ebd. 820. 8 gr.

— die christliche Lehre für Kinder. 7te verb. Aufl. Brandenburg, ist Verlag von Wiesike. 821.

— Leitfaden zum Unterrichte d. Katechumenen u. d. Schüler in den obern Religionsklassen. 8. Stendal 793. 2e A. 802. 3e A. 809. 4e A. 819. Neuer Abdr. 821. Franzen u. Gr. 3 gr.

— d. Königin Luise, gefeiert durch Gesang u. Rede bei dem religiösen Trauerfeste d. Luisenstiftes am 10. Aug. 1810. gr. 8. Berl. 810. Mittler. 3 gr.

— s. Magazin von Fest- u. Gelegenheitspredigten.

— mit Gott wollen wir Thaten thun. Eine Predigt bei d. gottesdienstl. Feier d. Auszuges d. vaterländ. Heere, im Frühjahr 1813, am 4ten Sonnt. in d. Fastenzeit, d. 28. März gehalten. gr. 8. Berl. 813. Mittler. 3 gr.

— Nachricht von d. Denkmale für d. verstorb. Vaterlandsvertheidiger auf dem Gottesacker zu Potsdam ꝛc., am 19. Oct. 1815. 8. (Potsd. 816. Horvath). 4 gr.

— d. Obliegenheiten e. Kirchen- u. Schulinspektors. 8. Magdeb 803. Heinrichshofen. 6 gr. (Erschien 1802 unter d. T.: Was sollen Kirchen- u. Schulinspektoren seyn?)

— Predigt, am allgem. Bettage, d. 11. Mai 1808 gehalten. gr. 8. Berl. 808. Mittler. 3 gr.

— Predigt am allgem. Bettage 1809 in d. St. Petrikirche gehalten. gr. 8. Berl. 809. Mittler. 3 gr.

— Predigt zum Gedächtniß d. Herrn J. K. Pischon. gr. 8. Berl. 806. Voß. 3 ggr.

— Predigt zum Gedächtniß D. S. Reinbeck's. gr. 8. Berl. 805. Sander. 2 ggr. Engl. Druckp. 4 ggr.

— Predigt am Neujahrsfest 1807 gehalten. 2e Aufl. gr. 8. Berl., Mittler. 3 ggr.

— Predigt am ersten Sonntage nach d. Einäscherung d. St. Petrikirche zu Köln an d. Spree am 24. Sept. 1809 in d. Kirche zum grauen Kloster gehalten. Nebst d. Altargebet. gr. 8. Berl. 809. Mittler. 4 ggr.

— Predigt bei d. Trauerfeier wegen des am 19. Juli 1810 zu Hohenzieritz erfolgten Ablebens J. Maj. d. regier. Königin Louise v. Preußen. gr. 8. Berl. 810. Mittler. 3 ggr.

— Predigt, wir sind unsterblich. gr. 8. Berlin, 808.

— Predigt, u. Fortsetzung hiervon. gr. 8. Ebend. 809.

Hanstein, Gf. Aug. Ldw., u. Wilmsen, Predigten, s. Predigten über die Sonn- und Festtags-Evangelien.

— Predigten bei seiner Amtsveränderung. 8. Stendal 803. Franzen u. Gr. 4 ggr.

— 3 Predigten bei d. letzten Amtsveränderung. gr. 8. Berl. 805. Sander. 5 ggr.

— 3 Predigten über d. Beherrschung d. Leidenschaften. 8. Stendal 793. Franzen u. Gr. 6 ggr.

— einz. Predigten bey versch. Gelegenh. geh. in den Jahren 1807. 8. 9. 10. gr. 8. Berlin, Dieterici. (d. Stck. 4 gr.).

— u. Ribbeck's Predigten bei Einführung Konr. Gli. Ribbeck's. gr. 8. Berl. 805. Maurers B. 5 ggr.

— u. Wilmsen, Predigten über evangel. Texte des Kirchenjahres, 2 Bdchen. gr. 8. Berl. 817 u. 21. Maurers B. (Heinemann in Stolp.) 1 rthl. 8 ggr.

— 2 Predigten bei feierl. Gelegenheiten am 4ten u. 18ten Januar 1818 gehalten. gr. 8. Berl., Amelang. 6 ggr.

— 2 Predigten an den heil. Tagen des Pfingstfestes. Zur Ankündigung d. Haus- u. Kirchen-Collecte zum Wiederaufbau d. St. Petrikirche gehalten. gr. 8. Berl. 810. Mittler. 6 ggr.

— 2 Predigten über den Werth u. d. Werthachtung d. öffentl. Andachten. 8. Stendal 799. Franzen u. Gr. 4 ggr.

— christl. Religions- u. Sittenlehren. Ein Handbuch für Katecheten rc. 8. Magdeb. 808. Heinrichshofen. 18 ggr.

— s. Schilde, Passionsandachten.

Hanstein, Gf. Aug. Ldw., Seyd fröhlich in Hoffnung, Predigt am Fest d. Heimsuchung Mariä, d. 3. Juli 1807. 2e A. gr. 8. Berl., Mittler. 3 ggr.

— siehe, wir preisen selig, die erduldet haben. Predigt bei d. Gedächtnißfeier der in dem Kampfe fürs Vaterland Gebliebenen; am 4. Juli 1816 gehalten. gr. 8. Berl. 816. Mittler. 3 ggr.

— Singet mit Freuden! Predigt nach dem abermaligen Einzuge in Paris. gr. 8. Berl. Dieterici. 815.

— singet mit Freuden von d. Siege, in den Hütten d. Gerechten! Dankpredigt nach dem abermal. glorreichen Einzuge d. Verbündeten in d. Hauptstadt Frankreichs; gehalten am 16. Juli 1815. gr. 8. Berl. 815. Mittler. 3 ggr.

— s. G. W. Sucro, Predigten.

— Synodalpredigt, gehalten am 18. Aug. 1818 vor d. Berliner Geistlichkeit. gr. 8. Berl., Sander. 6 ggr.

— Trauerpredigt am Begräbnißtage d. Frau Predigerin Christiane Petri, d. 27. März 1814 zu Schönhausen an d. Elbe gehalten. gr. 8. Berl. 814. Mittler. 3 ggr.

— Trauerpredigt bei d. Gedächtnißfeier des am 30. Dec. 1818 entschlafenen Dr. Hermes. Am 31. Januar 1819 gehalten. Nebst d. Lebenslauf d. Verstorbenen. gr. 8. Berl., Mittler. 3 ggr.

— Trauerrede u. Gedächtnißpredigt auf Hrn. Jakob Elias Troschel, Prediger u. Archidiacon. zu St. Petri in Berlin, nebst dessen Lebenslauf. gr. 8. Berl. 817. Mittler. 4 ggr.

— Vorbereitungen zur Feier des 3ten Jubelfestes d. Reformation in Kirchen u. Schulen. 2 Hefte. gr. 8. Berl. 817. Sander. 1 rthl.

— wann nahet sich unsre Erlösung? Predigt, gehalten am 2ten Adventsonntage 1807. gr. 8. Berl. 807. Mittler. 3 ggr.

— was kann d. Thränen des Menschenfreundes über d. Vaterland trocknen? Predigt am 2ten Aug. 1807 gehalten. gr. 8. Berl. 807. Mittler. 3 ggr.

— wer andern wohlthut, thut sich selber wohl. Predigt, gehalten am 13. Sonnt. nach Trinit. 1817. gr. 8. Berl. 817. Mittler. 3 ggr.

— wer ist würdig, eine Zeit großer Offenbarungen Gottes zu erleben? Eine Gastpredigt am 11. Sept. 1814 zu Tangermünde gehalten. gr. 8. Stendal, (Franzen u. Gr.); (a. Mittler in Berl.) 3 ggr.

— wir sind unsterblich. 4 Osterpredigten. gr. 8. Berl. 808. Maurers B. (Heinemann in Stolpen). 10 ggr.

— wir werden uns wiedersehen; 3 Predigten. gr. 8. Berl. 815. 2e A. 822. Sander. 10 ggr.

— Wohl dir Land, deß König edel ist. Predigt zur Feier d. Geburtstags Friedrich Wilhelm III., am 3. Aug. 1817 gehalten. gr. 8. Berl., Albanus. 3 ggr.

— worin sind alle Christengemeinden Eins? Predigt am Tage d. ersten öffentl. Gottesdienstes d. St. Petri-Gemeinde in d. Domkirche am 26. Nov. 1809 gehalten. gr. 8. Berl., Mittler. 3 ggr.

— d. Zeichen d. Zeit. Eine Predigt. gr. 8. Berl. 820. Nicolai. 6 ggr.

— d. ernste Zeit. Eine religiöse Ode. gr. 8. Berl. 814. Mittler. 1 ggr.

— d. ernste Zeit. Predigten in den Jahren 1813; 14. gr. 8. Magdeb. 815. Heinrichshofen. 1 rthl. 12 ggr.

— d. Zeit, eine Erzieherin d. Jugend. Schulpredigt für d. J. 1813. gr. 8. Berl. 813. Mittler. 3 ggr.

Hanstein, H., über die Bedeutung des Fruchtwechsels auf dem Ackerlande. Eine Untersuchung der Verhältnisse, welche bei dem Wechsel der Cultur-Pflanzen auf dem Ackerlande im Allgemeinen von Einfluss sind, und eine Betrachtung über die Entbehrlichkeit der Waldstreu für dasselbe. Wiesbaden 863. Limbarth in Comm. gr. 8. (24 S.) n. 5 ngr.

— uber die Bedeutung der Waldstreu für den Wald. Eine Beleuchtung der von Prof. Dr. Fraas in der 6. Plenarversammlung deutscher Land- u. Forstwirthe zu Würzburg am 15. September 1862 ausgesprochenen Ansichten. 3. Abdr. Darmstadt 863. (Wiesbaden, Limbarth.) gr. 8. (23 S.) n. 4 ngr.

Hanstein, Heinr., die Familie der Gräser in ihrer Bedeutung für den Wiesenbau für Landwirthe und Cameralisten bearb. gr. 8. (XIV und 188 S. mit vielen in den Text eingedr. Holzschn. und 11 Stnt.) Wiesbaden 857, [Limbarth.] *

Hanstein, Heinr., die Familie der Gräser in ihrer Bedeutung für den Wiesenbau für Landwirthe und Cameralisten bearb. Mit vielen in den Text eingedr. Holzschn. u. 11 lith. Taf. Wiesbaden 857. Ritter. gr. 8. (XIV, 133 S.) n. 1 ß 10 ngr.

—— Verbreitung und Wachsthum der Pflanzen in ihrem Verhältnisse zum Boden auf Grundlage einer Betrachtung der Vegetation zwischen Rhein, Main und Neckar für Botaniker, Landwirthe, Cameralisten und Forstleute bearb. gr. 8. (VIII und 176 S.) Darmstadt 859, Jonghaus'sche Hofbuchh. –

Hanstein, Ioan (Ludov Aemil. Rob.) (geb Potsdam 15 5 1822). Plantarum vascularium fohia, causis, radix utrum organa sint origine distuncta, an eiusdem organi diversae tantum partes Halae (1848) (83 S.) 8° ¶ Aus. Linnaea. Bd 21 1848.
Berlin, Phil. Diss. v 13. Mai 1848
[Verf. wurde laut Diplom am 15 Mai promoviert.]

Hanstein, Joh. Aug. Ludw., das Leben im Glauben ꝛc.,

Diese Schrift ist nicht v. Gtfr. A. L. Hanstein, sondern von dem Genannten.

— d. Leben im Glauben. Predigten. Nach dessen Tode herausg. von den Hinterbliebenen. 2 Thle. gr. 8. Berl. 831, Martius u. C. 1 ß 12 K 2e Aufl. 2 Thle. gr. 8. Ebd. 831, Logier. 1 ß 12 K

—— das Leben im Glauben. Predigten auf alle Sonn- u. Festtage d. Jahres üb. freigewählte Texte. Nach dess. Tode hrsg. v. den Hinterbliebenen. 2 Thle. 1., u. 2. Aufl. (49½ B.) Berlin 831, Martius u. Comp. à 1 Thlr. 12 Gr., 3. Aufl. (44 B.) gr. 8. Berlin 833, Logier.

Hanstein, Johann Heinrich (Giessen)
Die Samen der Futtergräser und deren Verfälschung. Darmstadt 1853.
[Sonderdruck aus: Ztschr. f. d. landwirthschaftlichen Vereine des Großherzogthums Hessen. 23. Jg. 1853.]
Dr. phil. 28.9.1853.

Hanstein, Johannes v.

Hanstein, J., s.a. Abhandlungen, botanische.

HANSTEIN (J.). Botanische Abhandlungen . . . Bonn, 1870. 8°.

Hanstein, Johs. v., Beiträge zur allgemeinen Morphologie der Pflanzen, s. Abhandlungen, botanische, aus dem Gebiet der Morphologie und Physiologie.

Hanstein, Johs., Christian Gottfried Ehrenberg. Ein Tagwerk auf dem Felde der Naturforschung des 19. Jahrh. gr. 8. (VII, 162 S.) Bonn 877, A. Marcus. *

Hanstein, J., die Entwicklung des Keimes der Monokotylen und Dikotylen, s.a. Abhandlungen, botanische

HANSTEIN (J.). Entw. des Keimes der Monokotylen und Dicotylen Bonn, 1870. 8°.

—— über die Entwickelung des botanischen Unterrichtes an den Universitäten. Festrede. Nebst Nekrolog und Schriften-Verzeichniß, verf. von Jürgen Bona Meyer. gr. 8. (42 S.) Bonn 880, A. Marcus. *

HANSTEIN (J.). Pl. vascularium folia, caulis, radix . . . Utrum organa sint origine distincta. Halae, [1848]. 8°.

Hanstein, Johs., über gürtelförmige Gefässstrang-Verbindungen im Stengelknoten dicotyler Gewächse. gr. 4. (22 S. mit 4 Stnt.) Berlin 858, (Dümmler's Verlagsh.) *
Aus: Abhandlungen der k. Akademie der Wissenschaften zu Berlin, Jahrg. 1857, besonders abgedruckt.

Ad avdiendam orationem de problematis, qvae adhvc qvi in physiologia plantarvm versati svnt tractavervnt ac de via, qvae iam est ingredienda, ad mvnvs prof ord. in ordine phil. vniversitatis Fridericiae Gvilelmiae Rhenanae . . . capessendvm d. XXIV m. Febr. 1866 . . . habendam . . . invitat Ioannes **Hanstein** . . . — Inest Pilvlariae globvliferae generatio cvm Marsilia comparata. Bonnae, form. C. Georgi 1866. 16 S. 4. ¶ Erschien zugleich selbständig bei Marcus in Bonn.

—— **Pilulariae** globuliferae generatio cum Marsilia comparata. Dissertatio academica. gr. 4. (16 S.) Bonn 866, Marcus. *

– Ueber eine neuholländische Marsilea mit essbaren Früchten (Nardoo) nebst Bemerkungen zur Entwickelungs Geschichte dieser Gattung. 1862

Hanstein, Johs., die **Milchsaftgefässe** und die verwandten Organe der Rinde. Gekrönte Preisschrift. gr. 4. (VII und 92 S. mit 10 Stnt.) Berlin 864, Wiegandt und Hempel. *

—— die Parthenogenesis der Caelobogyne ilicifolia, s.a. Abhandlungen, botanische.

HANSTEIN (J.). Parthenogenesis der Caclobogyne ilicifolia. Bonn, 1877. 8°.

Hanstein (J. v.), Das Protoplasma als Träger der Lebensverrichtungen. Heidelberg 1880. 8.

— das **Protoplasma** als Träger der pflanzlichen u. thierischen Lebensverrichtungen, s.a. Sammlung v. Vorträgen.

Hanstein, Johs. v., das Protoplasma als Träger der pflanzlichen und thierischen Lebensverrichtungen. Für Laien und Fachgenossen dargestellt. [I. und II. Vortrag: Die organische Zelle. Die Bildung der organischen Gewebe. — III. Vortrag: Der Lebensträger.] 2. unveränd. (Titel-)Ausg. 8. (188 S. mit 16 Holzschn.) Heidelberg 887, C. Winter's Universitäts-Buchh. *

—— über die **Richtungen** und Aufgaben der neueren Pflanzen-Physiologie. 8. (26 S.) Bonn 866, Marcus. *

HANSTEIN (J.). Die Scheitelzellgruppe im Vegetationspunkt der Phanerogamen. Bonn, 1869. 4°.

—— **Übersicht** des natürlichen Pflanzensystems. Zum Gebrauche in den Vorlesungen zusammengestellt. gr. 8. (19 S.) Bonn 867, Marcus. *

Hanstein, Johs., Untersuchungen über den Bau und die Entwickelung der Baumrinde. Mit 8 lith. Taf. Berlin 853. G. W. F. Müller. gr. 8. (VII, 108 S.) n. 1 ß 7½ ngr.

— Versuche über die Leitung des Saftes durch die Rinde und Folgerungen daraus.

– (Hrsg.), s. Wochenblatt, Pharmaceutisches.

—— einige **Züge** aus der Biologie des Protoplasmas, s. Abhandlungen, botanische, aus dem Gebiet der Morphologie und Physiologie.

— Dr., Ueber den Zusammenhang der Blattstellung mit dem Bau des dicotylen Holzringes. Berlin 1857.

—— über den **Zweckbegriff** in der organischen Natur. gr. 8. (27 S.) Bonn 880, Cohen und Sohn. *

Hanstein, Jos. v., s. Hanstein, Johannes

v. Hanstein, Karl Wlh. Fr., Tabellen zur leichten Auffindung des Kubikinhaltes runder Holzstämme. gr. 8. Götting. 814. Vandenhöck u. R. 6 gr

Hanstein, L. v., unter heiterer Flagge, s.: Eckstein's humoristische Bibliothek.

Hanstein, L. v., heitere Geschichten f. heitere Leute, s.: Eckstein's humoristische Bibliothek.

Hanstein, Edw., über den Vortrag d. Mathematik, besonders d. Geometrie. Mit 1 Kpf. 8. Stendal 804. Franzen u. Gr. 12 gr

Hanstein, M., die Alfinge, s.: Bücherschatz, deutscher.

Hanstein, Marie. Die Alfinge, s. Hausbibliothek, deutsche. — Haus- u. Volksbibliothek.

Hanstein, Marie, die Aslaug-Sage. Mit 1 (phototyp.) Titelbild. 8. (IV, 72 S.) Berlin 876. Neuenhahn. n. 1. 50

Hanstein, M., d. Aslaug-Sage. 8. (72 m. 1 Phot.) Berl. 77, Neuenhahn. n. 1. 50

— des Knappen Sigwart goldnes Buch. Eine Mär in altdeutscher Form. gr. 8. (199 S.) Berlin 872. Gaertner. n. 3. —

Hanstein, Marie, König Dietrich u. Königin Gotelind. Mit einem (phototyp.) Titelbilde nach Orig.-Zeichnung der Verf. 8. (III, 120 S.) Bonn 880. Hanstein. n. 2. —

— vier deutsche Märlein. Dem reiferen Kindesalter erzählt. Mit 6 (chromolith.) Bildern v. Leop. Venus. gr. 8. (III, 184 S.) Glogau 872. Flemming. geb. 4. —

— auf dem Wolfsbühel. Erzählung aus dem Anfange des 16. Jahrh. gr. 8. (VI, 131 S.) Ebend. 882. n. 2. —

— auf dem Wolfsbühel. Erzählung aus dem Anfange des 16. Jahrh. 2. (Titel-)Ausg. gr. 8. (VI, 131 S.) Bonn 893. P. Hanstein. n. 1. – ; geb. in Leinw. m. Goldschn. n. 2.

Theater-Prinzesschen. Bühnenmysterien u. Theatermisere. Ein Theater-Roman nach d. Leben von Otfrid v. **Hanstein**. Mit e. Einführung von Kurt Küchler. Göttingen (& Leipzig). H. Peters (1906). (144 S.) 8° [F.] (c4. 1959 7

Hanstein, Ph. G. Frh. v., Gegründete Nachricht von dem hochfreiherrl. Geschlecht von Hanstein. Hamburg 1775. fol. Auch in Krohn's Allgem. Adelslexikon. 2. Thl. 1. Bd.

v. Hanstein, Frhr. Ph. Hnr., s. P. H. v. Mondstein.

Hanstein, R. v., Bau u. Leben des Menschen u. der Wirbeltiere. Für höhere Lehranstalten u. zum Selbstunterricht. Mit 62 schwarzen Abbild. Ergänzungsbd. zu desselben Verf. Lehrbuch der Tierkunde. (V, 70 u. III S.) 8. Esslingen (907). J. F. Schreiber. Geb. 1. —

— Generalregister, s.: Jahrbücher, zoologische.

— Lehrbuch der Tierkunde **m. besond. Berücksicht. der Biologie. Für höh. Lehranstalten u. zum Selbstunterricht. Mit 272 farb. u. 195 schwarzen in den Text gedr. Abbildgn., nebst 1 Erdkarte.** (XII, 380 u. XVI S.) 8. Esslingen (907). J. F. Schreiber. Geb. 5. —

— Naturgeschichte **des Tierreichs m. besond. Berücksicht. der Biologie. Mit 272 farb. u. 257 schwarzen in den Text eingedr. Abbildgn., nebst 1 Erdkarte.** (XII, 391, XVI; II, 70 u. III S.) 8. Ebd. (907.) Geb. in Leinw. 8. —

Hanstein, Reinh. v., Danzigs mittelalterliche Grabsteine, s.: Engel, Bernh.

von **Hanstein**, Reinold (geb. am 21 Nov. 1858 in Berlin): Die Brachiopoden der oberen Kreide von Ciply . . . Bonn, Univ.-Buchdr. v. C. Georgi 1879. 56 S., 1 Bl. 8.
Bonn, Phil. Fak., Diss. v. 17 Nov. 1879

Hanstein, Th. v., s.: Innen-Decorationen, Wiener.

Hanstein, W., Gedichte aus dem Englischen, s. Gedichte.

Hansult, Georg Moritz, aus Lehrbach im Kreis Alsfeld; z. Z. Regierungsaccessist in Friedberg: Das **Patronat in der evangelischen Landeskirche** des Grossherzogtums **Hessen**. *Friedberg 1898: C. Damm.* (VI, 95 S.) 8° [F.]
Giessen, Jur. Diss. v. 1898

[F.] Das Patronat in der evangelischen Landeskirche des Grossherzogthums Hessen v. Dr. jur. **Moritz Hansult,** Regiergsaccessist in Friedberg. [Aufgekl.:] *Giessen: E. Roth (1898).* (VI, 95 S.) 1 Bd 8. (98. 10707

(B) **Hansult, M., das Patronat in d. ev. Landeskirche d. Großh. Hessen. 808. (KBL 29.) Jetzt: Gießen, A. Töpelmann. Erm. Pr. 1. 20**

Hanswurst, Doctor nolens volens. Kein Originalpossenspiel. 8. Frankf. Flittner. 776.

Hanswurst, Doktor nolens volens. Posse in drei Aufzügen nach Moliere. Frankf. u. Leipz. 1777. V: *Mylius, Wilh. Christhelf Siegm.* (MGT) (Mn) »1778«. (EE) (Ky)

Hanswurst Doctor nolens volens. Posse in 3 Aufz. (v. Wlh. Chrhlf. Siegm. Mylius). 8. Frankf. u. Leipz. 777. N. Aufl. Naumb. 778. (Sander in Berl.) 5 gr

Der Hanswurst am Erle: Jan 26--Feb. 2, 1880
Published for the Buffalo Orpheus "Narrensitzung und Bal Masque" Organ fur Sinn und Unsinn. Erscheint so oft er gedruckt wird mit Ausnahme der Schalttage. Cartoons.
Buffalo, NY

— u. s. Familie. Lustsp. in 4 A. 8. (ist veränderter Tit. des Hefts Nr. 1. v. d. Maske.) Leipz. Gleditsch.

Hanswurst, der, u. d. Frosch, ein Gespräch. 8. Wien 789. (W. Rauck in Leipz.) 8 gr

Hanswurst, der, u. d. Frosch, e. Gespr. 8. Wien. (Sommer in Lpz.) 789.

Hanswurst u. seine Gesellen. Lustige Geschichte vom Hanswurst u. Bajazzo in Verschen v. Onkel Friedrich. hoch 4. (8 Chromolith.) Leipzig 884. Opetz. cart. 1. —

Hanswurst, Der Wienerische, oder lustige Reisebeschreibung aus Salzburg in verschiedene Länder. Hsg. v. Prehauser. Pintzgerthal 1787. V: *Stranitzky, Jos. Ant.* (wr)

Hanswurst, der wienerische, oder lustige Reisebeschreibungen aus Salzburg. 8. Pinzergerthal, v. Mösle. (Lpz. Kummer.) 811.

Hanswurstenträume, der Unterhaltung in trüben Stunden gewidmet. 8. Wien 812. Wimmer. 10 Ng.

Hanswursten-Träume, pudelnärrische. 8. Wien 817. Wimmer. 10 Ng.

HANSWURSTIUS r e d i v i v u s. Das ist die wieder erstandene Porzenelle. Ein gross Fastnacht-Pupfenspil pp.
Hawwele, hawwele lohne!
Die Fastnacht geht one!
Mit 10 Illustrationen u. 5 Notenbeilagen. (Frankfurt a. M. 1850.) 8°. (5 Mk. 50 Pfg., Orig.-Umschl., Oskar Rauthe, 1908.)
Selten! Manuscript für Freunde! Teilweise im F r a n k - f u r t e r D i a l e k t.

HANS WURST-CALENDER, N e u - v e r f e r t i g t e r und z u g e m e i n e n B e s t e n u n b r a u c h b a r e r, Angefüllt mit unterschiedlichen Seltenheiten, und Wundersammen Astrologischen Fragen . . . vor die studirende Jugend in Grönland . . . Mit einem Kupfer auf dem Titel. O. Ö. (Wien) 1730 (in Chronogramm). 8 Bll. 4°.
Ausserordentlich selten! Das Kupfer stellt eine Hanswurstfigur dar, trägt am Kopf den Namen G o d e f r i d u s P r e h a u s e r und am Fusse die Worte: Inter Vieun. Comicos dictus Hans Wurst. Vermutlich war Prehauser der Verfasser dieses Kalenders. — C. G. Boerner's Leipziger Febr.-Auction 1909, no. 275.

Hanswurst's lustige Streiche. Ein Verwandlungs-Bilderbuch m. heiteren Versen. gr. 8. (15 farb. Taf.) Eßlingen 892, Schreiber. * — 60

Hanswursttheater, Wienerisches. (Sieben Hanswurst-Komödien, aufgeführt in der Internationalen Ausstellung für Musik- und Theaterwesen in Wien, 1892, von Dr. Fr. v. Radler. Kl.-8. In illustriertem Umschlag in Farbendruck 1.50
Wien: Daberkow 1894.

Hansy, Fr., s.: Semmering, der, als Winterstation.

Hansy, Frz., zur Casuistik u. Therapie der Blutgeschwülste, s.a. Beiträge zur klinischen Medicin u. Chirurgie.

Hansy, Dr. Franz, Zur Casuistik und Therapie der Blutgefässgeschwülste. Aus der Klinik des Herrn Hofrath Prof. Theodor Billroth in Wien. Mit 3 lithographirten Tafeln. (Beiträge zur klinischen Medicin und Chirurgie. 3. Heft.) Gr.-8. (VI, 69 S.) 1 20
Wien: Braumüller 1893.

Hansy, Frz., üb. d. Principien d. modernen Wundbehandlung. gr. 8. (25 S.) Wien 898. W. Braumüller. n. — 36

Hanszel, Frdr., über Fremdkörper in den oberen Luftwegen. Für den prakt. Arzt zusammengestellt. (53 S. m. 1 Taf.) gr. 8. Wien 903. J. Šafář. n. 1. 50

Hanszel (Hubert), Versuche an einer Dreifach-Expansions-Dampfmaschine. Beitrag zur Frage d. Heizung d. Dampfmaschine. Berlin 1910. 82 S. m. 1 Tab.
Berlin, Ing.-Diss. v. 1908

Hanszel, Hubert: Versuche an einer Dreifach-Expansions-Dampfmaschine. Beitrag zur Frage der Heizung der Dampfmaschine. 1910. 82 S., 1 Tab. 4° ¶ Auch als: Mitteilungen über Forschungsarbeiten auf d. Gebiete d. Ingenieurwesens. H. 101. 1911; Ausz. in: Zeitschrift d. Vereines deutscher Ingenieure. Bd 56. 1912, Halbj. 1.
Berlin, Dr.-Ing.-Diss. v. 22. 1. 1909

Hanszelmann, Chrn Ernst, Beweiss, wie weit der Römer Macht in d. ostfränk. Lande eingedrungen, nebst historischer Beschreibung unterschiedlicher teutscher Völker. Mit Fortsetzung. Mit Kupfertafeln. Schwäb. Hall 1768—81. Fol. . . . . (D)

Hantel, G.: B e r i c h t üb. d. a. 4. 6. 1899 z. Elbing u. Marienburg stattgehabte Krankenträger- u. Wasserwehr-Übung. Elbing 1900.

Hantel, Dr. G. Aus dem Siegesjahre 1870/71. Kriegsfahrten eines Truppenarztes vom X. Armee-Korps, 2. Hann. Drag.-Rgt. Nr. 16. Elbing 1885. 339 S.

Hantel, Georg (geb. Frauenburg in Ostpr [20. 9. 1844]). Thesen. Berlin (1870). (2 Bl.) 8°
Berlin, Med. Thes v 6. Aug 1870

Hantel, Richard, Unterarzt im Westpr. Feldart.-Reg. No 16: Aus d. Kgl. Universitäts-Frauenklinik zu Königsberg i. Pr. Zur **Statistik** der Placenta praevia. 123 Fälle aus d. Königsb. Universitäts-Frauenklinik. *Königsberg i. Pr. 1900: M. Liedtke.* (23 S.) 8°
Königsberg, Med. Diss. v. 11. Mai 1900

Hantelmann

—— s. Floto's Handbuch für Offiziere.

Hantelmann, zweites K a p i t e l des Exerzir-Reglements für die Infanterie der Königl. Preußischen Armee vom 3. 1847 mit den Abänderungen für die Handhabung des Zündnadelgewehrs, u. den anderweit ergangenen abändernden Bestimmungen. Berlin 857. Decker. 8. (24 S.) nn. 2½ ngr.

Hantelmann, 2. Kapitel des Exercier-Reglements für die Infanterie der königl. preuß. Armee vom 3. 1847. [1870.] mit den Abänderungen für die Handhabung des Infanterie-Gewehres M/71 vom 26. Juni 1878. 1. und 2. unveränd. Aufl. 8. (27 S.) Berlin 874, v. Decker'sche Geh. Ober-Hofbuchdr.

Hantelmann, Zweites Kapitel des Exerzir-Reglements für die Infanterie der königl. preußischen Armee vom 3. 1847 [1870] mit den Abänderungen für die Handhabung des Infanterie-Gewehrs M/71. vom 26. Juni 1878 und 20. Febr. 1875. 3. Aufl. gr. 16. (27 S.) Berlin 875, v. Decker's Verlag.

Hantelmann, der K o m p a g n i e - D i e n s t in der Kgl. Preußischen Armee. 3. verm. u. mit den neuesten (bis Mitte Oktbr. 1855 erschienenen) Bestimmungen versehene Ausg. des G r i e s h e i m'schen Kompagniedienstes. Mit 13 Beilagen (in gr. 8., 4. u. Fol.) worunter 1 lith. Taf. Berlin 856. Schlesinger'sche Buchhdlg. gr. 8. (XXXVI, 631 S.) n. 3 ₰

Hantelmann, der Kompagnie-Dienst im deutschen Heere. 4., völlig neu bearb. Aufl. des Griesheim'schen Kompagniedienstes. I. Organisation. Lex.-8. (XXXIV, 890 S.) Berlin 877. Friedberg & Mode. n. 12. —

Hantelmann, Schema-Heft für die Bataillone u. Kompagnieen der königl. preußischen Armee. Nach den neuesten Bestimmungen zusammengestellt u. bearb. Berlin 865. Bath. Fol. (III, 92 S.) n. 25 ngr.

Hantelmann, Schützen-Instruktion. Nach dem Exerzier-Reglement und den ergangenen neuen Bestimmungen bearb. gr. 8. (VI und 51 S. mit 31 in den Text gedr. Fig.) Breslau 857, (Korn.) *

—— Schützen-Instruktion. Nach dem Exercier-Reglement und den ergangenen neuesten Bestimmungen bearb. 3. und 4. Aufl. Lex.-8. (VI, 56 S. mit 31 in den Text gedr. Fig. in Holzschn.) Berlin 869, Voßische Buchh. *

—— dass. — Nach dem im J. 1870 neu revid. Exerzier-Reglement bearb. 5. Aufl. gr. 8. (VI, 63 S. mit 34 in den Text gedr. Fig.) Ebendas. 872. *

—— Schützen-Instruktion. Nach dem im J. 1870 neu redigirten Exerzir-Reglement und den neuen Abänderungen bearb. 6. Aufl. gr. 8. (IV, 62 S. mit 29 in den Text gedr. Fig.) Berlin 875. Militaria.

—— dass. — Nach dem im J. 1875 neu redigirten Exerzir-Reglement und den neuen Abänderungen bearb. 7. Aufl. gr. 8. (IV, 56 S. mit 28 in den Text gedr. Fig.) Ebendas. 876. *

— Transport-Kommandos bei Einziehung u. Entlassung von Heerespflichtigen im deutschen Heere. gr. 8. (IV, 91 S.) Berlin 879. Luckhardt'sche Verlagsh. n. 1. 50

Hantelmann, Armin. (Frid.) (geb. Culm a. W. 11. 5. 1824): De spasmis epilepticis. Berolini (1850). (32 S.) 8°
Berlin, Med. Diss. v. 2. März 1850

Hantelmann, E. jun., s. Annalen des Advocaten-Vereins.

Hantelmann, E., Vorschußcassen und Vorschuß-Vereine und deren zweckmäßige Einrichtung nebst einem Entwurfe zu einem Statute, zunächst seinen Mitbürgern im Handwerker- und Arbeiterstande zur Prüfung und Beachtung dargeboten. gr. 8. (64 S.) Emden 857. Leipzig, C. Fleischer. *

Hantelmann, Hermann: Die Kalkindustrie in der Provinz Sachsen, dem Herzogtum Anhalt und den Thüringischen Staaten in wirtschaftlicher und sozialer Hinsicht. Diss. Jena. Aachen 1910

Hantelmann, Julius (Braunschweig), De ritibus sacris. Exercit. theol. Präs. Joachim Hildebrand. Helmstedt (Henning Müller) Mai 1655. 28 Bl. (7.—) 13090
Widm. v.: Christ. Friedr. Schmid (Lehrens).

— — Dasselbe. Helmstedt (Gg. Wolfg. Hamm) 1697. (6.—) 13091

— — Dasselbe. 1713. (6.50) 13092

— Philipp Julius (Braunschweig), De crimine sine poena. Diss. jur. Präs. Johann Heinrich Hartleben. Jena (Werther) 14. III. 1725. 26 Seiten. (6.50) 13093
Gew.: v. Dehn (Wendhausen . .).

— Werner Gottfr. (Braunschweig), De increpatione paterna Von Väterlichen Schelten. Dissert. jur. Präs. Christian Wildvogel. Jena (Joh. Adolph Müller) April 1706. 42 S. (6.50) 13094
Gewidm.: Phil. Ludw. Probst v. Wendhausen (Wendhausen), Friedr. v. Steinberg (Brüggen . .), Urban Dietrich v. Ludeken, Rudolph Christian Freih. v. Imhoff, Caspar v. Stein (Ostheim . .).

Hanthaler, Chrysostomus: „Exercitationes faciles de numis veterum pro tyronibus", Norimbergae (Exercitatio prooemialis) 1735. 2 Bände. — Vorh.: Bibl. des Oberlandesgerichts Celle — Tc. 379.

— Exercitat. de nummis veterum pro tironib. VI pts. c. fig. 4. Vien. Trattner. 735—42.

Hanthaler, Ch., Exercitationes de numis veterum pro tironibus. Cum figg. Norimb. et Vienn. 736-58. 6 Part. 4. 3 rthl.

— Fasti Campilienses T. I. cont. Elogia X. etc. primor. Austriae Marchion. etc. c. fig. fol. Lincii. (Weidmann, L.) 747.

— Idea tripart. Concionum evangelicar. 8. Augsb. Wolf. 729.

Hanthaler, Chrys., notit. anecdotae de stirpe Babenbergica in Austria. 8. Cremsii. 742. –

Hanthaler, Chrisostomus. Notulae, Anecdotae et Chronica Illustris Stirpis Babenbergicae in Osterrichia dominantis.
8. Cremsii 1742.

Hanthaler, C., Recensus diplomatico-genealogicus archivi Campiliensis. Pars I et II. Tom. I. cum XXXII tab. aen. Fol. Viennae, Beck. 819.

Hanthaler, (C,) Recensus diplomatico-genealogicus archivi Campiliensis T. II. C. XVII tab. aen. Fol. Wien 820, Beck. 10 Rthlr. Beide Tomi c. XLX tab. aen. 819—20. (Tom. II. macht auch v. d. fasti campilienses etc. d. 3n u. 4n Thl. aus.)

Hanthó, Ludwig

Hanthó, Geschichte von Ungarn, s.a. Dierner, Geschichte von Ungarn.

Hanthó, Ludw., Geschichte von Ungarn zum Schulgebrauch. Nach A. Dierner neu bearb., deutsch von Gust. Berky. Mit 1 (lith.) Stammtaf. (in 4.) Pest 862. Kilian. gr. 8. (90 S.) n. 10 ngr.

Haentjens, Pet., s.: Yachtbau u. Yachtsegeln.

— u. Alfr. Techow, „Yachtsegeln". Eine Anleitg. zum Ankauf, zur Instandhaltg. u. zum Segeln v. kleinen Booten u. Yachten. Hrsg. v. der Red. „Die Yacht". Mit Illustr. v. Otto Protzen u. 150 Fig. im Text. (VII, 284 S.) gr. 8. Berlin 908. Verlag Dr. Wedekind & Co. Geb. in Leinw. 5. —

Hantierungen, Gewerbliche, in der Jugend zu erlernen ist ein Bedürfnis unserer Zeit. Wien 1861. V: *Winiwarter, Georg Ritt. v.* (Ky)

Hantierungen, gewerbliche, in der Jugend zu erlernen ist ein Bedürfniss unserer Zeit. (Von Geo. R. v. Winiwarter.) gr. 8. (XII und 86 S.) Wien 861, Lechner'sche Universitäts-Buchh. *

Haentjes, Ign. Über die Schicksalsidee bei Homer und den Tragikern. 17 S.
Köln, Fr. W., Progr. 1848

Haentjes, J., Ueber Willkür u. Bedrückung in der Verwaltung der röm. Provinzen. Pr. 1863. 16 S. 4°. 1.—

Hantke, Arth., die Chronik des Gislebert v. Mons. Leipzig 871. Duncker & Humblot. gr. 8. (IX, 70 S.) n. 15 ngr.

Hantke, Ernst, Handbuch für den amerikanischen Brauer u Mälzer. 1.—24. Lfg. Lex.-8. (1. Bd. XIX, 648 S. u. 2. Bd. S. 1—96 m. Abb.) Milwaukee, Wisc. 896—898. (Leipzig, The International News Company. à Lfg. n. 1. —

Hantke, Ernst, Handbuch f. den amerikanischen Brauer u. Mälzer. 25.—47. (Schluss-)Lfg. Lex.-8. (2. Bd. S. 97—808 u. XVI S. m. Abbildgn.) Milwaukee, Wis. 899. (Leipzig, The International News Company.) à n. 1.—

Hantke, M., Geschäftsvorfälle im Waren-Geschäft. Zur Benutzg. beim Unterricht in der einfachen u. doppelten Buchführg. in kaufmänn. Fortbildungsschulen. gr. 8. (19 S.) Geestemünde 899. J. H. Henke. n. — 60

Hantke, Robert, approb. Arzt aus Berlin: Ein Beitrag zur Aetiologie des caput obstipum musculare. *Kiel 1900: P. Peters.* (15 S.) 8°
Kiel, Med. Diss. v. [14. Mai] 1900

Hantke, Rudolf

Hantke, Rud., Auffatz-Uebungen f. Volksschulen, s.: Tschache, G.

— Diktierstoff nach den Regeln f. die deutsche Rechtschreibung, s.: Tschache, G.

Deutsche Geschichte ... bearbeitet von H. Weigand und A. Tecklenburg. Erg. H. f. d. Provinz Schlesien bearb. von Rudolf **Hantke**, Rektor in Breslau. Hannover: C. Meyer 1900. (52 S.) 8°
= Weigand, Heinrich: Deutsche Geschichte. Erg. H. (No 9.)

— Geschichte der Prov. Schlesien, s.: Weigand, H., u. A. Tecklenburg, deutsche Geschichte.

— deutscher Lehrerkalender, s.: Postel, Emil.

Hantke, Rud., Material zu deutschen Aufsätzen, s.: Tschache, G.

— s.: Postel's, Emil, deutscher Lehrerkalender.

— Stoff zu deutschen Aufsatzübungen, s.: Tschache, G.

Hantke, Sigismund (Posen), De tussi convulsiva. Diss. med. Bln. (Nietack) 2. X. 1835. 46 S. mit Biogr. (M.: R. Manasse.) (6.—) 13095
Oppon.: A. Oettinger, D. Rosenkranz, E. Munk. — Gew.: A., J. u. M. Hantke (Brüder).

Hantken von Prudnik, Max.

Hantken, M. v., neue Daten zur geologischen und palaeontologischen Kenntniss des südlichen Bakony, s. Mittheilungen aus dem Jahrbuche der k. ungar. geologischen Anstalt.

Hantken v. Prudnik, Max, das Erdbeben von Agram im J. 1880. Bericht an das k. ungar. Ministerium für Ackerbau, Industrie und Handel. gr. 8. (86 S. mit 2 lithogr. und color. und 6 lithogr. Taf.) Budapest 882. (Berlin, Friedländer und Sohn.) *
Aus: Jahrbuch der k. ungarischen geologischen Anstalt, besonders abgedruckt.

—— dass. —s.a. Mittheilungen aus dem Jahrbuche der k. ungarischen geologischen Anstalt.

— die Fauna der Clavulina Szabói Schichten, s.: Mittheilungen aus dem Jahrbuche der k. ungar. geologischen Anstalt.

Hantken, M. v. Katalog der auf der Wiener Weltausstellung 1873 ausgestellten Nummuliten, präparirt von M. v. Hantken und S. E. v. Madarasz. Pest 1873.

Hantken Ritt. v. Trudnik, Max., die Kohlenflötze u. der Kohlenbergbau in den Ländern der ungarischen Krone. Im Auftrage des königl. ungar. Ministeriums f. Agricultur, Industrie u. Handel. [Aus dem ungar. Orig. ins Deutsche übertragen.] Mit 4 Karten, 1 Taf. m. Profilen (Chromolith. Fol.) u. 67 (in den Text gedr.) Fig. in Zinkotypie. gr. 8. (IV, 354 S.) Budapest 878. (Kilian.) n. 6. —

Hantken, M. v. Die Kollektiv-Ausstellung ungarischer Kohlen auf der Wiener Weltausstellung 1873. Pest 1873.

Hantken, M. v., der Ofner Mergel, s. Mittheilungen aus dem Jahrbuche der k. ungar. geolog. Anstalt.

—— die geologischen Verhältnisse des Grazer Braunkohlengebietes, s.: Mittheilungen a. d. Jahrbuch d. k. ungar. geolog. Anst.

Hantone, Bueve de
s. **Bueve** de Hantone [Beuve de Hanstone]. [11. 1129]

Hantower, Ludwig, aus Warschau: Zur **Kenntnis** der 1,8-Dioxynaphtalin-3,6-disulfosäure ⟨Chromotropsäure⟩. *Berlin (1900): E. Ebering.* (47 S.) 8°
Berlin, Phil. Diss. v. 21. Juli 1900

Hantsch M.: Über Liudprand v. Cremona. 53. Leoben 88. Progr

Hantsch, Vikt., Bank-Kontor. Einmonatiges Geschäfts-Beispiel. (16 S.) gr. 8. Wien 911. Mor. Stern. 1. —

Häntsch, Christian Friedrich: Pathogenetisch-therapeutische Betrachtung der typhösen Katarrhal-, Schleim- und Darmfieber, oder des typhösen Processes in seinen vorherrschenden Richtungen und Concentrationen. 71 S., gbd.

Zittau u.Leipzig: Birr 1843

JB 5.106

Haentsch, Christian Friedrich (Neu-Gersdorf/Laus.), De scarlatina. Dissert. med. Präs. Johann Carl Friedrich Leune. Lpz. (Staritz) 12. VII. 1822. 34 S. mit Literatur. (5.50) 12663

Häntsch, Kurt

Häntsch, K., über Herbarts Bildungsideal, s.: **Zur Pädagogik der Gegenwart. 18. Hft.**

Häntsch, K., Herbarts pädagogische Kunst u. v. pädagogischer Kunst überhaupt. Ein Beitrag zum Kampf um Herbart u. e. Einführung in das Studium seiner Pädagogik. (V, 83 S.) gr. 8. Leipzig 907. E. Wunderlich. 1.20; geb. in Leinw. 1. 60

Häntsch, Kurt: Über den **Zweck** der Erziehung bei Herbart. *(Naumburg a. S. [1903]: A. Rietz & Sohn.)* (74 S.) 8°
Leipzig, Phil. Diss. v. [25. März] 1903

Hantsche, Arthur, aus Dresden: William **Cowper,** sein Naturgefühl und seine Naturdichtung. Ein Beitrag zur Geschichte d. Naturgefühls in England. *Dresden: (Lehmann i. Komm.) 1901.* (139 S.) 8°
Leipzig, Phil. Diss. v. [25. Nov.] 1901

Hantsche, Dan. F., geistl. Reden. 4. Sorau, Hebold. 751.

Hantsche, Ernst, die Champignonzucht im kleinen u. großen Maßstabe. Eigene prakt. Erfahrgn. gr. 8. (VII, 55 S. m. Abbildgn. u. 1 Taf.) Siebenlehn 894. Mohorn i/S., Selbstverlag. (Leipzig, H. Voigt.) Kart. n. 1. —

Hantschel, Arthur, appr. Arzt a. Dresden: Aus der medizinischen Universitäts-Poliklinik zu Leipzig. Direktor: Geh. Medizinalrat Prof. Dr. F. A. Hoffmann. Über Nervenstörungen im Anschluß an Halswirbelluxationen. Kirchhain N.-L. 1907: (M. Schmersow). (31 S.) 8°
Leipzig, Med. Fak., Ref. Hoffmann, Diss. v. 26. Jan. 1907
[Geb. 9. Aug. 75 Dresden; Wohnort: Dresden; Staatsangeh.: Sachsen; Vorbildung: Gymn. Plauen i. V. Reife M. 98; Studium: Leipzig 3, München 3, Leipzig 6 S.; Coll. 26. Jan. 07; Approb. 18. Juni 03.]

Hantschel, Franz

— der Prager Ausflügler. Ein Verzeichnis v. 165 Nachmittags- u. 567 Ganztags-Ausflügen v. Prag in deutsches Sprachgebiet. Hrsg. m. Unterstützg. des deutschen Vereines f. städt. Angelegenheiten in Prag. 12. (XI, 109 S.) Prag-Smichow (902). (Prag, G. Neugebauer.) n. — 60

Hantschel, F., zur Durchforschung Nordböhmens. Register f. die Jahrgänge I—XX der „Mittheilungen des nordböhm. Excursions-Clubs". 3 Thle. gr. 8. Leipa (J. Hamann). n. 2. 60
1. Für die ersten 10 Jahrgänge. (IV, 55 S.) 888. n. — 60
2. Neue Folge. Für die Jahrgänge XI—XV. (73 S.) 893. n. 1. —
3. 2. Folge. Für die Jahrgänge XVI—XX. (99 S.) 898. n. 1. —

Hantschel, F.: Heimatkunde des politischen Bezirkes Böhmisch-Leipa. Bearb. Hrsg. vom Lehrerverein des Schulbezirkes Böhmisch-Leipa. — Böhmisch-Leipa: Selbstverl. 1904—1911. 1180 S. mit Abb., 2 Pl., 1 Kt., zahlr. Taf.

Hantschel's F., Kammweg-Führer von der Jeschkenkoppe bei Reichenberg bis zum Rosenberge bei Tetschen, m. Berücksicht. der anschließ. Kammwege. Mit 1 Wegekarte u. 4 Ansichts-Postkarten. (III, 79 S.) kl. 8. Prag-Smichow 905. (Zittau, W. Fiedler.) n. — 85

Hantschel, Frz., Bad Kottowitz bei Haida u. seine Umgebung. Für Curgäste u. Touristen bearb. Mit einer (lith.) Orientirungskarte. 12. (VIII, 93 S.) Böhm.-Leipa 880. (Hamann.) n. 1. 20

Hantschel, F., s.: Mitteilungen d. nordböhmischen Excursions-Clubs.

Hantschel, F., weiland Kronprinz Rudolf. Mit besond. Bezugnahme auf seinen Aufenthalt in Nordböhmen. 8. (58 S.) Leipa 889. Künstner. n. — 50

— nordböhmisches Sommerfrischen-Buch. Verzeichnis der Sommer-Aufenthaltsorte in dem Thätigkeitsgebiete des „Nordböhm. Excursions-Club" u. dem angrenz. Landstriche westlich der Elbe. Hrsg. vom „Nordböhm. Excursions-Club". Mit 1 Übersichtskärtchen u. 7 Bildern. 8. (VIII, 60 S.) Leipa (896). J. Künstner, Verlag. — 50

— Leipaer Touristen-Führer, s.: Spezial-Führer, nordböhmischer. III.

Touristen-Führer durchs böhm. Niederland (Rumburger Granitgebirge) m. Einschluss d. Kreibitzer u. Zittauer Gebirges. s.: Spezial-Führer, nordböhmischer.

— nordböhmischer Touristen-Führer für die Gegend zwischen der Landesgrenze im Norden, der Sprachgrenze im Süden, dem Komotauer Erzgebirge im Westen u. dem Riesengebirge im Osten. Mit e. Touren-Verzeichnisse u. 26 Karten-Beilagen. Hrsg. vom nordböhm. Excursions-Club. 12. (XII, 689 S.) Ebd. (894). Geb. in Leinw. n. 2. —

Hantschel, F[ranz]: Nordböhmischer Touristen-Führer für die Gegend zwischen Landesgrenze im Norden, d. Sprachgrenze im Süden, d. Komotauer Erzgebirge im Westen u. d. Riesengebirge im Osten. 2. verb. u. stark verm. Aufl. Leipa ('07). XI, 703 S.

Hantschel, Dr. F., Reichenberger Touristen-Führer für die Gegend zwischen dem Jeschken-Gebirge im Westen und der Iser im Osten, zwischen der Sprachgrenze im Süden und der Landesgrenze im Norden. Mit 4 Abbildungen und 4 Karten. 8. (102 S.) Cart. —.60
Reichenberg: Fritsche 1895.

— dasselbe, s.a. Spezialführer, Nordböhmischer.

Hantschel, F., s.a. Verzeichnis der Curorte u. Sommerfrischen Deutsch-Böhmens.

Hantschel, F., Verzeichnis der Kurorte und Sommerfrischen Deutsch-Böhmens. 8. Jahrg. 1908. 8°. (ill. VIII, 212, 26 S.) Leipa i. B.: Künstner 1903. K 1.-

Hantschel, Oskar: Das Linzer „Museum physicum". Geschichte des physikalischen Kabinetts am Linzer Staatsgymnasium und seiner Kustoden vom Jahre 1754 bis zur Gegenwart. (Nebst einer Wiedergabe des Inventars vom Jahre 1775.) 27 S. 8.
Progr.

Haentschel, Ernst Samuel (Zittau), De aere alieno studiosorum; vulgo Vom Schuld- und Credit-Wesen der Studenten. Disp. jur. Präs. Christian Hanack (Wittenberg). Wittbg. (Wwe. Gerdes) 22. XII. 1724. 108 S. (10.—) 12664

Häntschel, F. E., Briefe u. andere schriftliche Arbeiten zum Gebrauche f. die oberen Klassen der einfachen Volksschule, insbes. aber der einfachen ländlichen Fortbildungsschule. 8. (32 S.) Plauen 888. Neupert's Verl. n. — 50

Hantschke, Fr. W., Bergreisen, Seefahrten rc. neuerer Zeit, s. F. P. Wilmsen, Bergreisen.

Hantschke, **Jh. Karl Lebr., de authentia Cap. 21. Evangel. Joannis, e sola orationis indole judicanda. 8. Leipz. 818.**

Hantschke, Ioannes Carolus Lebrecht: *De Authentia Capitis XXI. Evangelii Ioannei e sola orationis indole judicanda, Dissertatio critico-exegetica uberior atque emendatior. 8 S. 8° (4°)
[Halle-Wittenberg, Phil. Diss v. 10. Apr. 1819]
Geb. [Zinnitz (Kr. Kalau) 6.8 1796]
Enth Addenda et rectius constituenda zu des Verf. Druckschrift: Handschke [vielmehr: Hantschke], Jo[hann] Carol Lebr[echt]: De authentia Capitis XXI. Evangelii Joannis e sola orationis indole, iudicanda. Lipsiae 1818: Glueck. 32 S. 8°
Auch bei der Taufe wurde im KB der Name des Vaters des Verf. Handschke geschrieben. Der Verf. lebte, lehrte und schrieb sonst stets unter der Namensform Hantschke.

Hantschke, J. C. L. Über die Bedeutung der Ortsnamen auf lar, insbesondere über die Entstehung und Bedeutung des Namens Wetzlar. 12 S.
Wetzlar, Progr. 1847

Hantschke, Joh. Carl Leber., Hermann Cruse als Schulmann u. Dichter, nebst vielen zur Geschichte d. Rheinlande gehörenden histor.-literar. Andeutungen. Ein pädagog.-literar. Versuch. Lex.-8. (5¼ B.) Elberfeld 831, (Becker.)

— Hermann Cruse als Schulmann u. Dichter, nebst vielen zur Geschichte der Rheinlande gehörenden histor.-literar. Andeutungen. Ein pädag.-literar. Versuch. Lex.-8. Elberf. 832. Becker. 12 gr

Hantschke, J.C.L. Elegi gratulatorii. Beim Amtsantritt von Förstemann und Langensiepen. 1 S. . . . .
Progr. Elberfeld 1826

Hantschke. J.C.L. : Latein. Geburtstagsgedicht auf Se. Maj. den König. 6 S.
Progr. Elberfeld 1831

— Gleichnisse u. Deutung. Zwei Predigten. 8. Elberf. 826. Schönian. 8 gr

— s. M. Luther, über Schulen.

(Hantschke, J.C.L.?) Scholar. superiorum moderatores et magistri. Ein lat. und deutsch. Gedicht. Bei des Geh. Raths Kortüm Abgang nach Berlin. 2 S. . . . .

Progr. Elberfeld 1826

Hantschke, Joh. Car. Lebrecht. De sententiarum ordine in Horatii Epistola ad Pisones sive de Arte Poetica liber. 6 S.

Wetzlar, Progr. 1853

— de vocalium graecarum pronuntiatione. 8. Elberf. 827. Schönian. 8 K

— de vocalium graecarum pronuntiatione. Programma scholast. separatim editum. Pars I. 4 maj. Elberf. 827. Schönian. 8 K

Hantschke, J. C. L. Schule und Zeitgeist. 21 S. . . . .

Progr. Elberfeld 1839

Hantschke, J. K. L. Schulrede, gehalten am 3. August 1825. . . . .

Progr. Elberfeld 1827

— s. A. Simon, französ. Grammatik.

— solemnia natalitia Friderici Guilielmi III., Regis Boruss. Augustiss. ac Potentissimi, d. III. m. Aug. MDCCCXXX publ. pieque celebrata Scholarum Elberfeldensium nomine atque auctoritate auspicatus est. (Gedicht.) 4 maj. Elberf. 831. (Becker). 4 K

Hantschke, J. C. L. Staat, Schule und Haus müssen in ihren Strebungen Eins sein, wenn d. Werk d. Jugendbildung gedeihen soll. 8 S.

Progr. Elberfeld 1827

— hebräisches Uebungsbuch f. Schulen. In 2 Abtheill. durchaus prakt. eingerichtet. Mit Vorrede v. G. B. Winer. gr. 8. Leipz. 823. Reclam. 15 K

— de vocalium graecorum pronuntiatione. 8. Elberf. 827, Schönian.

— Wesen u. Zweck d. Gymnasialunterrichts. gr. 8. Elberf. 827. Schönian. 4 K

Häntschke, H., Gewinnbetheiligung der Arbeit. Jean-Baptiste André Godin u. seine Schöpfg., das Familisterium v. Guise [Aisne] in Frankreich, e. prakt. Versuch zur Lösung der Arbeiterfrage. [Aus: „Blätter für Genossenschaftswesen".] gr. 8. (48 S.) Berlin 890. Walther & Apolant, Verl. n. — 50

Häntschke, H., Handbuch f. Konsumvereine, s. a. Oppermann, G.

Häntschke, H.: Individualismus und Kollektivismus in der neueren genossenschaftlichen Bewegung. Berlin 1895.

Häntschke, H., Konsumverein siehe Handbibliothek f. Genossenschaftswesen.

Häntschke, H., die gewerblichen Produktivgenossenschaften in Deutschland. Beitrag zur Förderg. der Handwerker u. Arbeiterfrage. gr. 8. (VII, 350 S.) Charlottenburg 891. A. Gertz. n. 6

— Weidmanns-Heil, s.: Humor, deutscher.

Haentschke, W., die Protokollführung üb. d. Hauptverhandlungen in Strafsachen. 12. (IV, 80 S.) Berlin 890. (Nauck & Co.) cart. n. 1. —

Haentschky, M. M., praes. Chr. Vater, De melancholia. 32 pp. Witeb. 4°. 1702

Hantschl, Frz., Anfangsgründe d. einfachen u. doppelten kaufmänn. Buchhaltens. gr. 8. (12½ B.) Wien 840, Rohrmann.

Hantschl, Franz. Kaufmännisches Rechenbuch mit gelegenheitlicher Hinweisung auf merkantil-buchhalterische Darstellung, bearbeitet als Grundlage für seine Vorlesungen. Von — —. I—II Theil. 8. (VIII, 513 S. 1 Bl. und 428 S.) Wien. Gedruckt bei Karl Ueberreuter. 1841. Preis für beide Theile 4 fl. C. M.
Verlag der Schulbücher-Verschleiß-Administration.

Hantschl, Frz., das Rechnen mit Decimalbrüchen nebst einem Anhang über die einfachen u. zusammengesetzten Verhältnisse, Proportionen, Regel de Tri u. Ketten-Rechnung. 2. unveränd. Titel-Ausg. der einleitenden Rechnungen zum kaufmännischen Rechenbuche. Wien (846.) 858. Lechner. gr. 8. (200 S.) n. 18 ngr

Hantschl, Frz., einleitende Rechnungen rc., s. Rechnungen.

Hantschl, Frz., s. Thoßer, Jul., die Interessen- oder Discont-Produkten-Summe.

Hantschl, Jos., († d. 2. Juni 1826.) logarithm. trigonometrisches Handbuch, welches die gemeinen Logarithmen d. natürl. Zahlen v. 1000 bis 10,000 rc. enthält. gr. 4. Wien 827. (Wimmer). 1 ꝑ 16 K

Hantschl, Jos., logarithmisch-trigonometrisches Handbuch, welches die gemeinen Logarithmen der natürlichen Zahlen von 1000 bis 10,000, so wie auch die Logarithmen der trigonometrischen Funktionen durch den ganzen Quadranten von 10 zu 10 Secunden, auf 6 Decimalstellen, und endlich noch viele andere, zum Gebrauche der Mathematik eingerichtete Tafeln und Formeln enthält. Wohlf. Ausg. schm. gr. 4. Wien 833. Rohrmann (u. Schweigerd.) ¾ ꝑ

Hantschl, J., Wechsel-Pari-Tafel f. Wien. A. Plätze, welche gegen Wien die beständige Valuta haben. Fol. Wien, Kupfer u. W. 811.

— Wechsel-Pari-Tafel f. Wien. A. Plätze, welche gegen Wien die beständige Valuta haben. Fol, Wien 811. Wimmer. 4 K

Hantschmann, A. V., de αὐτοχειρίᾳ Judae Iscar. 1712. 4.

Hantusch, A. u. E. Lorenz. Rechenaufgaben aus dem Gewerbsleben, zum Gebrauche in gewerbl. u. allgem. Fortbildungsschulen, sowie in den oberen Klassen der Volksschulen. gr. 8. (52 S.) Dresd. 891, Huhle. * — 50

Hantusch, A., u. E. Lorenz, Rechenbuch f. gewerbliche Berufe, insbesond. f. Holzarbeiter. 2. veränd. u. verm. Aufl. (96 S. m. Fig.) 8. Dresden 910. A. Huhle. — 80

Hantusch, Albert, appr. Arzt a. Bautzen: Beitrag zur Kenntnis der lokalen Coecumblähung beim Dickdarmverschluß. Rostock 1906: Adlers Erben. (36 S.) 8°
Rostock, Med. Fak., Ref. Erich, Diss. v. 20. Okt. 1906
[Geb. 8. Nov. 79 Guttau in Sachsen; Wohnort: Bautzen; Staatsangeh.: Sachsen; Vorbildung: Gymn. Bautzen Reife O 99; Studium: Leipzig 10 S.; Coll. 19. Sept. 05; Approb. 16. Apr. 04.]

Hantz, Georges. Ex-Libris G' H', graveur, directeur du Musée des Arts décoratifs, Genève. [25 Ex-L', avec Avant-Propos allemand et français.] [II + 8 p. +] 25 planches. 4. Leipzig, Karl W. Hiersemann, 1908. [en portefeuille M. 40. —; Ed. de 100 exemplaires.]
(Les Ex-libris ... ont été imprimés par Henri Feh à Zurich.)

Hantzsch, Adf., Festschrift zum 50jährigen Jubiläum der II. Bürgerschule zu Dresden. Nach den Quellen bearb. gr. 8. (75 S.] Dresden 885. (Huhle) n.n. — 50

Hanzsch, Adf., Geschichte der Neustädter Realschule in Dresden. Säcularschrift zur Feier ihres historisch beglaubigten 400jähr. Bestehens. gr. 8. (73 S.) Dresden 875, [Schilling.] Millus. *

Hantzsch, Adf., Namenbuch der Straßen u. Plätze Dresdens, s.: Mitteilungen des Vereins f. Geschichte Dresdens. Hft. 17. 18.

Hantzsch, Arthur

Hantzsch, A., die Diazoverbindungen. gr. 8. (82 S.) Stuttgart 902. F. Enke. n. 2.40
Sonderabdruck aus: „Sammlg. chem. u. chem.-techn. Vorträge".

Hantzsch, A., Grundriss der Stereochemie. [Aus: „Handwörterbuch der Chemie".] 8. (VIII, 144 S. m. Fig.) Breslau 893. E. Trewendt. Geb. in Leinw. n. 4.

Hantzsch, A., Grundriss der Stereochemie. 2. verm. u. verb. Aufl. (VIII, 188 S.) gr. 8. Leipzig 904. J. A. Barth. n. 5.60; geb. in Leinw. n. 6.40

HANTZSCH, ARTHUR. Ueber die Synthese pyridinartiger Verbindungen aus Acetessigäther und Aldehydammoniak. Leipzig, 1882.

Hantzsch, A Versuche zur Constitutionsbestimmung der synthetischen Hydropyridinderivate. 1885.

HANTZSCH, ARTHUR RUDOLF. Ueber Paraoxyphenetol und einige vom Hydrochinon derivirende Aldehyde und Alkohole. Würzburg, 1880.

Hantzsch, Bernh., Beitrag zur Kenntnis der Vogelwelt Islands. (VI, 341 S. m. 26 Abbildgn. u. 1 Karte.) Lex.-8. Berlin 905. R. Friedländer & Sohn. n. 12.—

Hantzsch, Bernh., über Eskimo-Steingräber im nordöstl. Labrador u. das Sammeln anthropologischen Materials aus solchen, s.: Oetteking, Bruno, e. Beitrag zur Kraniologie der Eskimo.

Hantzsch, J. H.: Bemerkungen über die [Sächsischen] Staatsweinberge und die Kuffenhauskellerei in staatswirthschaftlicher und finanzieller Rücksicht. Neustadt-Dresden o.J. [um 1845] Heinrich. 5 S. -- 11°

Hantzsch, Rud., Goethe's Farbenlehre und die Farbenlehre der heutigen Physik. Mit 5 radirten (lith.) Blättern (in 8. u. 4.) u. 8. farb. Taf. Dresden 862. Türk. gr. 8. (XII, 142 S.) n. 25 ngr.

— Gesamt-inhaltsverzeichnis, s: Archiv, neues, f. sächsische Geschichte u. Altertumskunde.

— die ältesten gedruckten Karten der sächsisch-thüringischen Länder (1550—1593). Hrsg. u. erläutert. (Aus den Schriften der königl. sächs. Kommission f. Geschichte.) Mit 18 Taf. in Lichtdr. Imp.-Fol. Nebst Text. (VIII, 6 S.) gr. 4. Leipzig 905. B. G. Teubner. In Leinw.-Mappe n. 18.—

— die Landkartenbestände der königl. öffentlichen Bibliothek zu Dresden, s.: Zentralblatt f. Bibliothekswesen. 28. Beiheft.

Hantzsch, Viktor (Hrsg.), s. Denkmäler, Kartograph., z. Entdeckungsgesch. v. Amerika. . .

Hantzsch, Vikt., Dresdner auf Universitäten vom 14. bis zum 17. Jahrh., s.a. Mitteilungen des Vereins f. Geschichte Dresdens.

Dresdner auf Universitäten vom 14. bis zum 17. Jahrhundert. Zsgest. von Dr. Viktor **Hantzsch**. Dresden: W. Baensch 1906. (112 S.) 8° [F.]
— **Mitteilungen** d. Vereins f. Geschichte Dresdens. H. 19. [06. 3960]

Hantzsch, Victor. Die Landkartenbestände der Königlichen öffentlichen Bibliothek zu Dresden. Nebst Bemerkungen über Einrichtung und Verwaltung von Kartensammlungen, von Viktor H'. Beiheft 28 zum Zentralblatt für Bibliothekswesen. VI+146 S. 8. Leipzig, Otto Harrassowitz, 1904. [M. 6. —]

Hantzsch, Vikt., Sebastian Münster, s.a. Abhandlungen der philolog.-histor. Classe der königl. sächs. Gesellschaft der Wissenschaften. 18. Bd.

Hantzsch, Victor. Sebastian Münster (1489–1552). Leben, Werk, wissenschaftliche Bedeutung. Von Viktor H'. gr.-8. Leipzig 1898.
Des 18 Bandes der Abhandlungen der philologisch-historischen Classe der Königl. Sächsischen Gesellschaft der Wissenschaften N° 8.

Hantzsch, Vikt., deutsche Reisende d. 16. Jahrh., s.a. Studien, Leipziger, aus d. Gebiet d. Geschichte.

Hantzsch, Viktor. Deutsche Reisende des sechzehnten Jahrhunderts Aus „Leipziger Studien aus dem Gebiet der Geschichte", I. Bd, 4. Heft. 8. Leipzig **1895.**

Hantzsch, *Karl* Viktor *Gustav* [aus Dresden]: Die überseeischen Unternehmungen der Augsburger Welser ... [Erschien vollst. u. d. T.: Deutsche Reisende des 16. Jahrh., als Heft 4 d. 1. Bds von: Leipz. Studien aus d. Geb. d. Gesch.] *Altenburg, Pierer'sche Hofbuchdr.*, 1895; 42 S., 1 Bl. 8.
Leipzig, Phil. Fak., Inaug.-Diss. v. [2. Juli] 1895

Hantzsch, Vikt., s.: Weltgeschichte.

Haentzsche, Bruno, Tagebuchblätter aus d. hl. Lande. 8. (VI, 295 S. m. Abb.) Hermannsburg 898. Missionshandlg. n. 2.—; geb. n. 3.—

Häntzsche, J. C.: Der alte Kanal von Gulga.
in: Festschrift zur Jubelfeier des 25jährigen Bestehens des Vereins für Erdkunde zu Dresden S. 215—224 Dresden 1888. 10 S. 8°.

Häntzsche, Jul. Cäsar, Talysch. Eine geograf. Skizze. Dresden 867. Schönfeld's Buchh. gr. 8. (64 S.) n. 15 ngr.

Haentzsche-Valett, Henny, Gieb Mir dein Herz. Ernste Lieder. gr. 16. (VIII, 146 S.) Hermannsburg 901. Missionshandlg. n. 1.20; geb. n. 1.50

Häntzschel, A. Dresden, s. Grieben's Reisebibliothek. —

Häntzschel, A., Dresden, Dresdens Umgebungen u. die sächsische Schweiz, s.: Stiehler, H.

Häntzschel, C. R., s.: Globus-Kalender.

Häntzschel, C. R., Photographisches f. Thierfreunde, s.: Universal-Bibliothek f. Thierfreunde.

Häntzschel, C. R., Reise-Handbuch f. Amateurphotographen. M. 13 Abb. im Text u. 12 Vollbild. 8. (V, 70 S.) Halle 896. W. Knapp. Kart. n. 1.50

— der gemüthliche Sachse auf Reisen. Schbindler-Heinrich auf d. sächsisch-thüring. Industrie- u. Gewerbe-Ausstellg. z. Leipzig. Illustr. v. Arth Thiele. Erzählgn., Erlebnisse, Anekdoten, Witze ꝛc. in sächs. Mundart. Große Ausg. 8. (176 S.) Leipzig 897. A. Bergmann. n. 1.—; kleine Ausg. (96 S.) n. —.50

Haentzschel, Carl Gottfried, s. Haentzschel, Karl Gottfried

Haentzschel, Emil [Dr.]: Beitrag zur Theorie der Funktionen des elliptischen und des Kreiscylinders. Berlin, R. Gaertners Verlagsbuchh. H. Heyfelder, 1889; 19 S. 4°
Berlin, III. st. HB, OP 1889 (106)

Haentzschel, Emil, das Erdsphäroid u. seine Abbildung. (VIII, 140 S. m. 16 Abbildgn.) gr. 8. Leipzig 903. B. G. Teubner. Geb. in Leinw. n. 3.40

Haentzschel, Emil, Dr.: Über die verschiedenen Grundlegungen in der Trigonometrie. Mit 4 Fig. *Berlin: R. Gaertner 1900.* (31 S.) 4° ¶(Erweiterung d. 1897 bei Dürr in Leipzig unter gleichem Titel erschienenen Broschüre des Verf.)
Berlin, Köllnisches G, OP 1900 (58)

Haentzschel, E., üb. d. verschied. Grundleggn. i. d. Trigonometrie. Eine historisch-krit. Studie. gr 8. (8 S. m. 1 Fig.) Leipzig 897. Dürr'sche Buchh. — 40

Haentzschel, Emil, über die verschiedenen Grundlegungen in der Trigonometrie. Progr. 4. (31 S. m. 4 Fig.) Berlin 900. [R. Gaertner.] Weidmann. n. 1. —

Haentzschel, Emil, Dr.: Elementare **Herleitung** der Newtonschen Reihen für Sinus und Cosinus und die Normierung der Vorzeichen bei der Definition der trigonometrischen Funktionen. Mit 4 Fig. *Berlin: R. Gaertner 1901.* (22 S.) 4° •(Vgl. P-Beil. 1900 u. Unterrichtsblätter f. Math. u. Naturw., Jg. 6, 1900.)
Berlin, Köllnisches G, OP 1901 (58)

— mathematischer Leitfaden f. Realschulen, s.: **Bork, Heinr.**

Haentzschel, Emil, üb. die Reduktion der Gleichung $\frac{\delta^2 V}{\delta x^2} + \frac{\delta^2 V}{\delta y^2} + \frac{\delta^2 V}{\delta x^2} = 0$ auf gewöhnliche Differentialgleichungen. Ein Beitrag zur Theorie der Lamé'schen Funktionen 2. Ordng. gr. 8. (47 S.) Berlin 883. (Mayer & Müller.) n. 1. 60

Haentzschel, Emil, Studien üb. die Reduction der Potentialgleichung auf gewöhnliche Differentialgleichungen. Ein Anhang zu Heine's Handbuch der Kugelfunctionen. gr. 8. (VII, 180 S.) Berlin 893. G. Reimer. n. 6. —

Haentzschel, Emil: Über ein orthogonales System von bizirkularen Kurven vierter Ordnung. Berlin: Weidmann 1908. 28 S. 8°(4°)
Berlin, Köllnisches G OP 1908 (70) [S 08. 156

Haentzschel, Emil Zur Theorie der Funktionen des elliptischen Cylinders. 4 (24 S.). **Progr.** Rg. *Duisburg* 1886 (437)

Häntzschel, F. A., Cantor Lindner's funfzigjährige Amtsjubelfeier od. Lehrerleid u. Lehrertrost. gr. 8. (1½ B.) Adorf 815, Müller's Buchh.

Häntzschel, Georg *Esaias Woldemar* [aus Radeburg '(Sachsen)']: Beiträge zur Pharmacognosie der Morrenia brachystephana Gr. '(Tasi.)' ... Dresden, C. R. Gärtner'sche Buchdr., 1895; 39 S., 1 Bl., 5 Taf. 8.
Erlangen, Phil. Fak., Inaug.-Diss. v. 26. Juni 1895

Häntzschel, Gust. Emil, ein freies Wort gegen den Entwurf einer bürgerlichen Proceßordnung für das Königreich Sachsen. Chemnitz 865. Focke. gr. 8. (23 S.) n. 5 *ngr.*

— **Joh. Gottfr.** (Zittau), Candidam solidamque de regali fidelium sacerdotio sententiam. Präs. Gottlieb Wernsdorf. Wittbg. (Wwe. Gerdes) März 1728. 58 S. (7.—) 12666

— **Joh. Samuel** (Zittau), De incerta ambiguorum decisione. Diss. jur. Präs. Samuel Stryk. Halle (Joh. Gruner) Aug. 1706. 40 S., tlws. dtsch. (6.30) 12667

Haentzschel, Carl Gottfried (Z. L.), De licentia poetica dissertationem. Präs. Gottfried Polycarp Müller (Director d. Gymnasiums). Zittau (Michael Hartmann) 20. IV. 1729. 12 Bl. mit Widm. v. Präs. (6.—) 12665

Haentzschel, O., die Auf- u. Abnahme v. Testamenten im Geltungsbereiche d. Allgemeinen Landsrechts f. die preußischen Staaten unter Berücksicht. der Vormundschaftsordng. vom 5. Juli 1875. Mit Formularen zu Testamenten. gr. 8. (VII, 175 S.) Breslau 875. Kern's Verl. 3. 50.

Haentzschel, O., die Auf- und Abnahme von Testamenten im Geltungsbereiche des Allgemeinen Landrechts für die preußischen Staaten unter Berücksicht. der Vormundschafts-Ordnung vom 5. Juli 1875 und der am 1. Octbr. 1879 in Kraft getretenen Justizorganisationsgesetze. Mit Formularen zu Testamenten. 2. Aufl. 8. (VIII, 176 S.) Breslau 882, Kern's Verlag. cart. *

Haentzschel, O., die Auf- u. Abnahme v. Testamenten im Geltungsbereiche des Allgemeinen Landrechts f. die preußischen Staaten unter Berücksicht. der Vormundschafts-Ordnung vom 5. Juli 1875. Mit Formularen zu Testamenten. 3., neu bearb. Aufl. 8. (VII, 132 S.) Breslau 894. J. U. Kern's Verl. Kart. n. 2. 75

Häntzschel [-Clairmont], Walter

Häntzschel, W., Beamtenthum u. Socialdemokratie. 8. (II, 56 S.) Leipzig-Neuschönefeld 893. Gebr. Kretzschmar. n. — 80

— Beiträge zur Praxis des Formens u. Giessens. 1. Heft. 8. Berlin, O. Elsner. — 80
Die Schablonenformerei. In kurzgefasster, gemeinverständl. Darstellg. (43 S. m. Abbildgn.) 906.

Haentzschel-Clairmont, Walth., neue elektro-techn. Bibliothek. Eine populäre Darstellg. zum Studium u. Selbstunterricht in den physikal. u. techn. Grundlagen der Elektrotechnik sowie ihrer Konstruktionen. Verfahren u. Praktiken. 3 Bde. Berlin 910. (Leipzig, W. Opetz.) Geb. in Leinw. 24. —

1. Die Elektrizitätslehre. Eine gemeinverständl. Darstellg. der physikal. Grundlagen der Elektrotechnik. (Neue Aufl.) (VIII, 152 S. m. 107 Abbildgn.) gr. 8. Einzelpr. 3. —
2. Die elektrotechnische Praxis. Eine gemeinverständl. Darstellg. der in der modernen Elektrotechnik übl. Konstruktionen, Verfahren u. Praktiken. Mit 572 Textabbildgn., darunter zahlr. Schaltungstaf. u. Tabellen. 2., rev. u. verm. Aufl. (VIII, 580 S.) gr. 8. Einzelpr. 16. —
3. Der vierpolige Elektromotor. Die Dynamomaschine. Der Drehstrom-Oeltransformator. Modell-Atlas. 3 zerlegbare Modelle auf [illegible] (farb.) Taf., sowie e. Zeichng. im Grundriss u. Aufriss e. elektr. Strassenbahnwagens. Mit Zeichen-Erklärgn. u. erläut. Text. (8 S. u. 3 S. auf der Rückseite der Taf.) 25×35 cm.

Haentzschel, W., die Dampfmaschine, s.a. Hillger's illustrierte Volksbücher. 6. Bd.

Die Dampfmaschine. Von W[alther] **Haentzschel**-Clairmont, Ingen. Mit 35 Ill. *Berlin-Leipzig: H. Hillger [1904].* (96 S.) 8° [5.]
= **Volksbücher, Hillgers** illustrierte. No 5. [04. 5463

— Die Dampfturbine. Ein zerlegbares (farb.) Modell zum Zwecke der Selbstbelehrg. u. f. den Unterricht an gewerbl. Fachschulen m. beschreib. Text. (10 Sp. m. 1 Bl. Erklärgn.) 23×34 cm. Fürth 909. G. Löwensohn. Geb. in Halbleinw. 3. —

Häntzschel, W., Elektrotechnik, 2. Aufl. v. Bennewitz, s.: Hittenkofer, M., Unterrichts-Werke. Nr. 118.

Er kennt die Weiber nicht! oder: Der Bräutigam als Schwiegermutter. Schwank in 3 Aufz. von Jean Clairmont [d. i. Walter **Häntzschel-Clairmont**]. Charlottenburg: [Selbstverl.] 1903. (93 S.) 8° [07. 11600

Häntzschel, Walt., Erfindungen u. Experimente. Gemeinverständliche Darstellg. aus allen Gebieten der Technik u. ihrer Anwendg. in der modernen Industrie u. dem Gewerbebetriebe. Mit ca. 1200 Orig.-Illustr. u. Kunstbeilagen. 3 Bde. (XX, 415, 468, 498 u. IX S.) gr. 8. Nebst: Dampf u. Elektricität. Die Technik im Anfang des 20. Jahrh. 12 zerlegbare, zum Tl. bewegl. Modelle. Mit Zeichen-Erklärgn. (VI S. m. 1 farb. Taf.) u. erläut. Text. (26 S. m. Abb. u. 1 Taf.) qu. Lex.-8. Berlin (905). W. Herlet. Geb. in Leinw. n. 45. —

Erfindungen und Experimente. Gemeinverständl. Darstellung aus allen Gebieten d. Technik u. ihrer Anwendung in d. modernen Industrie u. d. Gewerbebetriebe von Walter **Häntzschel**[-Clairmont]. Bd 1. Berlin: W. Herlet 1907. 8° [F.] [07. 16231

Die Hausgeissel. Schauspiel in 3 Akten von Jean Cairmont [vielm. Clairmont, d. i. Walter **Häntzschel**-Clairmont]. Charlottenburg: Selbstverl. 1907. (83 S.) 8° [07. 11761

— Die Heißdampf-Schnellzug-Lokomotive u. Knorr-Schnellbremse. 2 zerlegbare (farb.) Modelle. (Modellatlas zu: Der prakt. Lokomotivbeamte.) (26 Sp. Text.) 24×34 cm. Berlin (Schönhauser Allee 105), Kurt Anthor. Kart. 5. 75

Der moderne Installateur. Ein prakt. Handbuch über d. gesamte Installationstechnik d. Neuzeit, z. Gebr. bei d. Ausführung von Wasserleitungs- u. Gasanlagen ... von Walther **Häntzschel**[-Clairmont]. Ingen. Mit 17 Modellen in separatem Atlas, 4 Taf. in Buntdr., 33 Vollbild. u. Taf., 618 Textabb., 83 Tab. u. 32 Schaltungsskizzen. 2. Aufl. [Text.] Modellatlas. Berlin: H. Zahn [um 1906]. 1 Bd 4°(8°), 1 Bd quer-4° [07. 11962

Kohlenmangel durch Kohlenvergeudung. Ein Beitrag z. Lösung d. Rauchfrage von W[alter] **Häntzschel**-Clairmont. Berlin 1907: O. Elsner. (69 S.) 8°
Aus: Eisenzeitung Jg. 1907, No 24–37. [07. 16733

— Modell e. lenkbaren Luftschiffes nach dem ganzstarren System (Anlehnung Zeppelin). Ein zerlegbares (farb.) Modell zum Zwecke der Selbstbelehrg. u. f. den Unterricht an gewerbl. Fachschulen, m. beschreib. Text. (12 Sp. m. 1 Bl. Erklärgn.) 23,5×34 cm. Ebd. (909.) Geb. in Halbleinw. 3. —

— Modell e. Aeroplans der Brüder Wright. Ein zerlegbares (farb.) Modell zum Zwecke der Selbstbelehrg. u. f. den Unterricht an gewerbl. Fachschulen, m. beschreib. Text. (8 Sp. m. 1 Bl. Erklärgn.) 24×33,5 cm. Fürth (910). G. Löwensohn. Geb. in Halbleinw. 3. —

— Mysterien der Isis. Drama in 8 Akten. Musik von Frz. v. Bloh. (108 S.) 8. Leipzig-Gohlis 908. B. Volger. 2. —

— der Patentschwindel. Ein offenes Wort üb. das Patentgeschäft im In- u. Auslande. 1. Tl. gr. 8. (40 S.) Leipzig-Reuschleußig 894. (Kühn & Richter.) — 50

Die elektrotechnische Praxis. Eine gemeinverständl. Darstellung d. physikal. u. techn. Grundlagen d. Elektrotechnik von Walter **Häntzschel**[-Clairmont], Ingen. Mit 2 Modellen, 44 Schaltungstaf., 14 Vollbild., 640 Textabb. u. Tab. Leipzig: W. Fiedler 1907. (VIII, 636 S.) 8° [07. 11963

— Die elektrotechn. Praxis. Eine gemeinverständl. Darstellg. der physikal. u. techn. Grundlagen der Elektrotechnik. Mit 2 zerlegb. Modellen, 44 Schaltungstafeln, 14 Vollbildern, 646 Textabbildgn. u. Tab. (VIII, 636 S.) gr. 8. Leipzig 907. Berlin, C. A. Weller. Geb. in Leinw. 20. —

Haentzschel-Clairmont, Walth., die Praxis des Kraftwagenbaues. Anh.: Gesetze u. Verordngn. f. den Verkehr m. Kraftfahrzeugen. (VIII, 248 S. m. 159 Abbildgn.) gr. 8. Nebst: Modell-Atlas. 7 zerlegbare (farb.) Modelle auf 4 Taf. Mit Zeichen-Erklärgn. (auf der Rückseite) u. erläut. Text. (8 S.) 25×36 cm. Berlin 910. [H. Schran & Co.] Leipzig, W. Opetz. Geb. in Leinw. 15.—; jeder Tl. allein 7. 50

Die Praxis des Maschinenbauers. Eine populäre Darstellung d. techn. Grundlagen d. Maschinenbaues, sowie d. Eisenerzeugung u. Verarbeitung zu Maschinenteilen ... von Walter **Häntzschel**[-Clairmont], Ingen. Mit 5 Maschinenmodellen, 24 Vollbild., 4 Taf. in Schwarzdr., 1 Taf. in Buntdr., 717 Textabb. u. 88 Tab. 3. Aufl. [Text.] Modell-Atlas. Berlin: H. Zahn [1907]. 1 Bd 4°(8°), 1 Bd quer-4° [07. 11964

— Die Praxis des modernen Maschinenbaues. Gemeinverständl. Darstellg. der techn. Grundlagen u. Praktiken des Maschinenbaues, unter Mitwirkg. v. Frank Kirchbach, A. Hildebrandt, Gust. Palis u. a. Mit 9 zerlegbaren (farb.) Maschinenmodellen auf 7 Taf. (auf Pappe), gezeichnet vom Verf. (2. Aufl.) 3 Bde. Berlin 910. C. A. Weller. Geb. 30. —
1. Enth. 10 Konstruktionstaf. in Bunt- u. Schwarzdr., üb. 100 Tab. u. ca. 600 Textabb. (XVI, 675 S.) gr. 8. Geb. in Leinw.
2. Enth. 9 Konstruktionstaf., 70 Tab. u. ca. 700 Textabbildgn. (XII, 947 S.) gr. 8. Geb. in Leinw.
3. Modellatlas. 34×24,5 cm. Geb.

— Die Praxis der Modelltischlerei, s.a. Bibliothek der gesamten Technik.

Die Praxis der Modelltischlerei. Von Walter **Häntzschel**-Clairmont. Mit 153 Abb. Hannover: M. Jänecke 1908. (184 S.) 8°
= **Bibliothek** d. gesamten Technik. Bd 93. [08. 11637

Der Prinzipienreiter. Schauspiel in 3 Akten u. 1 Nachspiel von J[ean] Clairmont [d. i. Walter **Häntzschel**-Clairmont]. Berlin: E. Bloch 1901. (79 S.) 8° [07. 11959

— Zerlegbare Projektionsmodelle als praktische Anleitung zur Herstellg. richtiger techn. Zeichngn. u. perspektivisch gezeichneter Skizzen f. Schulen, f. den Selbstunterricht u. f. die metallverarbeitenden Gewerbe (nach eigenem, durch D.R.G.M. geschütztem System). Nebst ausführl. erläut. Text m. 25 Illustr. (54 S. m. 4 farb. Modellen.) Lex. 8. Leipzig (908). W. Fiedler. In Leinw.-Mappe 10. —

Die Stellvertreterin. Ein Intriguenspiel aus d. Zeit d. Rokkoko in 3 Akten von J[ean] Clairmont [d. i. Walter **Häntzschel**-Clairmont]. Berlin: E. Bloch 1901. (106 S.) 8° [07. 11960

— unhaltbare Zustände. Ein Beitrag zur Reform des Patentgesetzes u. zur Regelg. der Patent Anwaltrechte. 8. (16 S.) Leipzig 894. F. Simon. n. — 30

Zuvorgekommen. Lustspiel in 4 Akten von Jean Clairmont [d. i. Walter **Häntzschel**-Clairmont]. Charlottenburg: Selbstverl. 1902. (89 S.) 8° [07. 11967

HANUM, Darja (ps.), Haremsbilder. 2te Aufl. Köln. Verlag von Alex. Böltje (c. 1882). Kl. 8°. Bunter Orig.-Umschl.
Der Pseud. fehlt bei Weller u. Holzmann & Bohatta. Ziemlich zahm 144 S. Rücks. d. Tit.: Druck von Bauer u. Witzler, Oberhausen. — Ed. I. c. 1880?

Hanuš, F., der Zukunftsstaat. Eine soziale Studie. (VII, 46 S.) 8. Leipzig 906. M. Altmann. n. — 80

Hanus, F. A. G., ein Stück Geschichte der Freiherrl. v. Burgk'schen Berg- u. Hütten-Knappschaft im Plauenschen Grunde bei Dresden in vier Kapiteln. br. 8. (24 S.) Dresden 851, Grimm & Co. in Comm. n. 1/12 Thlr

Hanuš, II. J., Nástin logiky na zakladě metafysickém. 8. (XVI u. 118 S.) Prag 850, Calve in Comm. n. 2/3 Thlr

Hanuš, Ign. Joh., der bulgarische „Mönch Chrabru" [IX. u. X. Jahrh.] Ein Zeuge der Verbreitung glagolischen Schriftwesens unter den Slawen bei deren Bekehrung durch die Heiligen Kyril und Method. (Aus dem Archiv für Kunde österreich. Geschichtsquellen abgedr.) Wien 859. Gerold in Comm. gr. 8. (100 S.) n. 15 *ngr.*

— Děva, zlatovlasá bohyně pohanských Slovanův. O sledu pozůstatkův ctění behyně této. Pallas Athenĕ přepodobné. (Z pojednání král. české společnosti nauk v Praze.) Prag 860. (Rziwnatz.) gr. 4. (40 S.) n. 10 *ngr.*

Hanusch, Ign. Joh., Entwicklungsprozeß des Mythus an sich u. in seinem Übergange in die Philosophie. Abhandlung in A. Schmidls „Österr. Blätter f. Litt. u. Kunst". 1845, Nr. 87 f.

—— Über die Feierlichkeiten bei den Jahresfesten der alten Slaven u. über deren Reste unter uns. Abhandlung in dem (slav.) Kalender „Koleda", Jahrg. 1852.

Hanuš, J. J., die gefälschten böhmischen Gedichte aus den J. 1816—1849. Als e. Beitrag zur böhm. Literatur-Geschichte dargestellt. Prag 868. Dominicus. gr. 8. (84 S.) n. 18 *ngr.*

Hanusch, Ign. Joh., Geschichte der Filosofie v. ihren Uranfängen an bis zur Schließung der Filosofenschulen durch Kaiser Justinian. Mit Beigabe der Literatur vom allgemein kulturhistor. Standpunkte entworfen. gr. 8. (XII u. 643 S.) Olmütz 850, Neugebauer. 2¼ *ß*

Ign. J. **Hanusch**: Grundzüge e. Handbuchs d. Metaphys. *Lemb.*, Piller. (*Lpz.*, Gebhardt u. Reisland.) 845. 8° 14*gl*

Ign. J. **Hanusch**: Handbuch d. wissenschaftl. Denklehre in philos. Wissen einleitend. *Lemb.* (*Olmütz*, Neugebauer.) 843. gr8° 16*gl*

— Handbuch der Erfahrungs-Seelenlehre in philosophisches Wissen einleitend entworfen. 3., umgearb. Aufl. gr. 8. (VI u. 113 S.) Brünn 849, Winiker. n. ⅔ *ß*

Hanusch, Ign. Joh., Handbuch der filosofischen Ethik. gr. 8. (11¼ B.) Lemberg 846. (Leipzig, Gebhardt u. Reisland.) Thlr. *

— Handbuch der Logik. 2. umgearb. Aufl. gr. 8. (IV u. 128 S.) Prag 850, Calve. n. ⅔ *ß* (dass. Böhmisch, s.: Hanuš, H. J.)

— bájeslovný kalendář slovanský čili pozůstatky pohansko-svatečných obřadův slovanských. Prag 860. Kober & Markgraf. 8. (VIII, 264 S. u. 1 Tab. in Fol.) n. 1 *ß*

Hanusch, J. J. —. Kaiser Karl V., seine Zeit und seine Zeitgenossen. Ein geschichtlicher Umriß. „Plus ultra" (Wahlspruch Karl V.) Von — —. 8. (X, 136 S.) Wien. Gedruckt bei A. Pichler's Witwe und Sohn Fr. Beck's Universitäts-Buchhandlung. 1853.

Hanuš, Ign. Jan., Sv. Kyril nepsal kyrilsky než hlaholsky. Z pojednání kr. české společnosti nauk. Prag 857. (Storch.) gr. 4. (26 S.) n. 15 *ngr.*

—— Über die Mythen. In der Brünner Ztg „Tydenik" 1848, Nr. 25 f.

— die lateinisch-böhmischen Oster-Spiele des 14—15. Jahrhunderts, handschriftlich aufbewahrt in der k. k. Universitäts-Bibliothek zu Prag. Prag 863. Bellmann. Lex.-8. (IV, 109 S.) n. 24 *ngr.*

— Quellenkunde u. Bibliographie der böhmisch-slovenischen Literaturgeschichte vom J. 1348—1868. Prag 868. (Tempsky.) gr. 8. (III, 254 S.) n. 1 *ß*

Hanuš, Ignaz J., Rozbor filosofie Tomáče ze Stítného dle rukopisu „řečí besedních", s. Bibliothéka, novočeská.

Hanuš Ignaz Johann, Dr.: Zur slavischen Runenfrage mit besonderer Rücksicht auf die obotritischen Runen-Altertumer sowie auf die Glagolica und Kyrilica. Ar. 18. 1 . . . . vgr.
Separatabdruck

— das Schriftwesen u. Schrifttum der böhmisch-slovenischen Völkerstämme in der Zeit des Ueberganges aus dem Heidentume in das Christentum. Eine literatur-histor. Abhandlung. Prag 867. (Rživnatz.) gr. 8. (126 S.) n. 24 *ngr.*

— über die alterthümliche sitte der Angebinde bei Deutschen, Slaven und Litauern. Als ein beitrag zur comparativen deutsch-slav. archäologie entworfen. Prag 855. (Tempsky.) gr. 8. (2 Bl., 43 S.) n. 10 *ngr.*

Hanuš, J. J. Die Stellung der kritischen Blätter für Literatur und Kunst zu einer Fraction der neuböhmischen Literatur. Ein Culturbild mit einem Schattenrisse. *Prag* 1858. *Frdr. Rohliček.* 19 S. 8°.

Separatabdr. aus der Zeitschr.: Kritische Blätter für Literatur und Kunst 1858. II. Jhrg. II. Bd. Nr. 25 u. 26. Gegen *K. L. Zap* und jene Fraction in der böhmischen Literatur gerichtet, welche keine andere als die čechische, d. i. national-böhmische Literatur anerkennt.

Hanuš, Ign. J. — Systematisch- und chronologisch-geordnetes Verzeichniß sämmtlicher Werke und Abhandlungen der königl. böhmischen Gesellschaft der Wissenschaften. Verfaßt von — —. 8. (80 S.) Prag. Druck von Friedrich Rohlicek. 1854.

Hanuš, Ignaz J., systematisch und chronologisch geordnetes Verzeichniss sämmtlicher Werke und Abhandlungen der königl. böhmischen Gesellschaft der Wissenschaften. gr. 8. (IV und 80 S.) Prag 854, (Tempsky.) Thlr. *

—— Vorlesungen über die allgem. Cultur-Geschichte der Menschheit. Gehalten an der Universität zu Olmütz. gr. 8. (IV und 247 S.) Brünn 849, (Winiker's Buchh.) *

— malý výbor ze staročeské literatury. Podle rukopisův c. k. knihovny vysokých škol Pražských 14—17 století posud z větší části netištěnich. Prag 863. Kober. gr. 8. (VIII, 99 S.) n. 19 *ngr.*

—— die Wissenschaft des slawischen Mythus im weitesten, den altpreußisch-lithauischen Mythus mit umfassenden Sinne. Nach Quellen bearb., sammt der Literatur d. slaw.-preuß.-lithauischen Archäologie u. Mythologie. Als ein Beitrag z. Gesch. der Entwicklung d. menschl. Geistes. gr. 8. (28¼ B.) Lemberg 842, Millikowski. *

—— Zusätze und Inhalts-Verzeichnisse zu Hanslik's „Geschichte und Beschreibung der k. k. Prager Universitäts-Bibliothek" (Prag 1851) zusammengestellt und mit Unterstützung der k. Academie in Wien hrsg. gr. 8. (VIII und 92 S.) Prag 863, (Rživnatz.) *

—— Zustand der slavischen Götterlehre in der Gegenwart. Abhandlung in A. Schmidls Österr. Blätt. f. Litt. u. Kunst 1844, Nr. 10.
Ist zum Teil eine Selbstkritik seines vorstehenden Werkes, die namentlich die übertriebene Hervorhebung der indischen u. parsischen Elemente darin tadelt. Vgl. Wurzbach, Biogr. Lex. VII, 310.

Hanuš, P., das Suchen Gottes. Eine naturwissenschaftlich-philosoph. Studie. (Das Stoffproblem; die zweite Person; das Bewußtsein des Stoffes; die „Unsterblichkeit" der Seele: Verstand u. Stoff.) (III, 87 S.) 8. Ebd. 906. n. — 75

Hanus, P. A., u. B. Piston, die Zimmermannskunst, od. Handbuch für Zimmerleute u. Bauverständige überhaupt. Enthalt. ausführl. Anweisungen zur Erlangung der erforderl. Kenntnisse aller prakt. Fertigkeiten e. Zimmermanns. Aus d. Franz. Mit vielen Abbildd. u. 1 Tab. gr. 12. Ulm 832. Ebner. 1 5/6 ℛ︎

Hanus Václav: Quintus E n n i u s. 19. Klattau 96.
Progr.

Hanussa, Kurt, approb. Arzt aus Lübeck: Über die **Behandlung** lokaler Erfrierungen mit passiver und aktiver Hyperaemie. *Greifswald 1903: H. Adler.* (41 S.) 8°
Greifswald, Med. Diss. v. 27. Febr. 1903

Hanusch, e. Reise-Vivisection. Billet-doux e. fahr. Musikanten an seinen Freund Bartholf. 12. (56 S.) Wien 887. v. Hölzl. 1. 25

Hanusch, Ferd., die Enterbten, s.: **Bühne, soziale.**

— Die Namenlosen. Geschichten aus dem Leben der Arbeiter u. Armen. (286 S.) 8. Wien 910. Wiener Volksbuchh. 2.—; geb. in Leinw. n 2. 50

— Schattenseiten, s.: **Bühne, soziale.**

Hanusch, Ferd., Weber-Seff. Erzählung. (70 S.) gr. 8. Wien 906. Wiener Volksbuchh. n. 1. 50

Hanusch, Ignatz Johann, s. H a n u š .

Hanuschke, Anton

Hanuschke, Gerh. Bernh. Ant., chirurgisch-operative Erfahrungen einer 25jährigen wundärztlichen Beschäftigung. Mit 10 Taf. nach Photogr. u. Zeichngn. lith. Abbildgn. Leipzig 864. Engelmann in Comm. gr. 4. (XXXIX, 368 S.) n. 5 ℛ︎

Hanuschke, (Bernhardus Gerhardus) Antonius *(geb Maifritzdorf in Schles 14 3 1812)*: De genitalium evolutione in embryone femineo observata. Vratislaviae (1837). (24 S., 1 Taf.) 4° *[Im Buchhandel 1837 bei Schulz & Ko in Breslau.]*
Breslau, Med Diss v 25 Nov 1837

Hanuss, Eman., Vortrag, geh. am 16. Mai 1876 im landwirthschaftl. Clubb zu Prag. gr. 8. (23 S.) Prag 876. (Calve.) n. — 48

Hanusz, Joh. Lautlehre der polnisch-armenischen Mundart v. Kuty in Galizien. Mit e. Vorwort v. Friedr. Müller. gr. 8. (IV, 94 S.) Wien 889, Hölder. * 5 —

Hanusz, Dr. Johann, Ueber das allmälige Umsichgreifen d. — n — Declination im Altindischen. S.-A. gr. 8. (45 S) Wien * Carl Gerold's Sohn. 35 kr. 1885.

Hanusz, Joh., über das allmälige Umsichgreifen der -*n*-Declination im Altindischen. Lex.-8. (45 S.) Wien 885, (Tempsky.) **
Aus: Sitzungsberichte der k. Akademie der Wissenschaften, besonders abgedruckt.

HANUY, Franciscus Xav.: De reformatione in Hungaria atque de Lutheranorum et Calvinianorum ad ecclesiam catholicam relatione usque ad tempora Maximiliani II. 1564. — (1893) IV, 136 S. 4° (Handschr.) Diss. 506
Diss. Wien, Univ.

Jonas **Hanway** Beschreibung der neuesten Reichsveränderungen in Persien, worinnen nach einer kurzen Vorstellung der persischen Monarchie von ihrer ersten Stiftung an, die Regierungen des Schach Sultan Husseins, vornehmlich aber die Geschichte des berühmten Eroberers Nadir Kuli, von seiner Geburt an bis zu seinem Tode 1747, mit einigen beygefügten Umständen von der unglücklichen Regierung seines Nachfolgers Adil Schach enthalten sind. = Jonas Hanway zuverlässige Beschreibung seiner Reisen. Th. 2. Hamburg u. Leipzig. 1754 4° k

Hanway, Jonas, († ...) Beschreib. seiner Reisen von London d. Rußland ꝛc., mit Landkarten u. Kpf. gr. 4. Hamb. 754. Holle. 4 ℛ︎

Hanway, Jonas, Zuverlässige Beschreibung seiner Reisen, von London durch Russland und Persien und wieder zurück durch Russland, Deutschland und Holland, in den Jahren 1742—50. Aus dem Engl. übers. Th. 1. 2. Mit Kupfern und Karten. Hamburg u. Leipzig 1754. 4. . . . . (FBA)

Hanway, Jonas. Tugend im niedrigen Leben . . . A. d. Engl. Leipzig 1775—76. Ü: *Gellius, Johann Gottfried.* (ML) (BrMm) (Ky)

— Tugend im niedrigen Leben, oder Betrachtt. über d. gegenseit. Pflichten d. Reichen u. Armen, d. Herren u. Diener ꝛc.; in Gesprächen zwischen e. Vater u. seiner Tochter. Aus d. Engl. (von Jh. Gf. Gellius). 4 Thle. 8. Leipz. 775, 76. Schwickert. 3 ℛ︎

Hanxleden

— u. **Kühnemuth**, Turn- u. Singspiele nebst methodischer Anleitg. f. Schulen u. Turnvereine. (93 S.) kl. 8. Cassel (910). Hess. Schulbuchh. R. Röttger. Geb. in Leinw. 1. 20

Hanxleden, v., und **Kühnemuth**, Turn- und Singspiele nebst methodischer Anleitung für Schulen und Turnvereine, m. Abb., 2. Aufl., Cassel, 107 S., 8°.

Hanxleden, Erich v., Lehrbuch der Mathematik, s.: **Bauer, Wilh.**

Hany's, R. J., Grundlehr. d. Physik, a. d. Fr. m. Anm. v. Blumhof. 1r u. 2r Bd. m. K. gr. 8. Weim. Ind. Compt. 804.

Haenzel, A., Mineralogie f. Volksschulen. In 12 ausgew. Lektionen. [Aus: „Konferenzblätter".] gr. 8. (98 S.) Tangerhütte 896. Quedlinburg, C Voges. n — 60

Hänzel, Edm. Der Einheitstrieb in e. moralischen Wissenschaft u. Weltanschauung. Gemeinverständl. Ideen zur Lösg. d. Welträthsels. gr. 8. (IV, 84 S.) Zeitz 891, Nicolaiplatz 1, Selbstverlag. ** 1 —

Der Elektrizitätsstrom im verdünnten Gase von Edm. **Hänzel.** (Fredersdorf-Berlin: Selbstverl. [1906].) (36 S.) 8° [illegible]

Hänzel, Edm., die **Empfindungen** als Abbildungen des Hirnstoffs. (31 S. m. 1 Taf.) gr. 8. Leipzig (904). R. Uhlig. n. — 50

Die Empfindungen als Abbildungen des Hirnstoffs von Edm. **Hänzel.** Leipzig: R. Uhlig [1905]. (31 S.) 8° [Z.] [illegible]

Die Körperreaktion gegen das Licht als Ursache der Reflexion, Brechung und Polarisation des Lichts gegenüber den Röntgenstrahlen von Edm. **Hänzel.** Leipzig: R. Uhlig [1905]. (29 S.) 8° [illegible] 11

— die **Körperreaktion** gegen das Licht als Ursache der Reflexion, Brechung u. Polarisation des Lichts gegenüber den Röntgenstrahlen. (29 S. m. 1 Taf.) 8. Leipzig (906). R. Uhlig. n. — 50

Die elektrische Ladung eines Akkumulators von Edm. **Hänzel.** Berlin-Fredersdorf: Selbstverl. [1907]. (31 S.) 8° [illegible]

Hänzel, Edm., ein Universalkörper als Träger der stofflich-seelischen Gebilde. (32 S. m. 1 Fig.) gr. 8. Leipzig (905). R. Uhlig. n. — 50

— die Vereinigung der theologisch-sittlichen Weltanschauung m. der Naturwissenschaft. (24 S.) gr. 8. Ebd. (903). n. — 50

Hanzely: Einige allgemeine Regeln in Betreff der Erziehung der Jugend. 4 S.– Gyöngyös, Progr. 1855.

Hanzely, E. J., s. Hanzely, Karl Jos.

Hanzely, J., Sammlung der Bequartierungs-Vorschriften der k. k. Landes-Gensdarmie, s.a. Sammlung.

Hanzely, Joh., *Rechnungsoff.* Sammlung der Bequartierungs-Vorschriften der k. k. Landes-Gensdarmerie, seit der Errichtung dieses Institutes bis in die neueste Zeit etc. *Oedenburg* 1858. *Carl Romwalter.* 251, XIII S., 1 Bl. 8 Mit 1 Taf. 2 fl. 35 kr. Ö.-W.
Auch unt. d. Tit.: »A cs. k. országos csendőrség beszállásolására vonatkozó, ezen intézet felállítása óta mostanig megjelent szabályrendeletek-gyűjteménye etc.

Hanzely, Karl Jos.

— elementa mineralogiae, in us. studiosorum rhetoricae. 8. Brünn ... Gastl. 3 gr

— Erklär. lat. Sprichwört. 8. Brünn. 794.

— gloria posthuma studiosorum Brunensium in obsidione Suecica anno 1645 pro urbe militantium. 8. Brünn .. Gastl. 2 gr

Hanzely, Karl Jos., († d. 1. Oct. 1806.) de veteris populi Romani ordinibus etc. 8. Brünn, Gastl. 4 gr

— de re sacra et militari veterum Romanorum libellus, 8. Brünn ... Gastl. 4 gr

— geograph. Tabellen über das Lehrbuch d. Erdbeschreibung zum Gebr. d. Jugend in den k. k. Staaten. 8. Brünn 792. Gastl. 9 gr

— de vita privata veterum Romanorum libellus. 8. Brünn 800. Gastl. 3 gr

— de vita privata Veterum Romanorum libellus. 8. ibidem. (a. Haslinger in Linz.) 800.

Hanzely, Vinz. Anleitung zur neuesten Reichshofraths-praxis. 2 Bde. gr. 8. Bamb. Gobhard. 784–85.

Hanzely, Vinz., († ...) Anleit. zur neuesten Reichshofrathspraxis. 2 Bde. gr. 8. Frankf. u. Leipz. 784, 85. (Wesché). 2 Rthlr 8 gr

— s.a. Grundlinien d. Reichshofrathspraxis.

HANZELY, Vz.: Grundlinien d. h. R. H. R. Praxis im Allgem., m. erläut. Anmm. u. Beyspp.; sammt Beyll. *Bamb.*, Göbhardt. 778—85. 2 Thle. 4. (2 Thl. 8 Gr.)

Eb.: Grundr. d. R. Hofräthl. Verfahrens in Justiz- u. Gnadensachen m. d. nöthig. Formeln. *Stuttgart*, Metzler. 786—88. 3 Bde. in 4 Thlen. 8. (6 Thl.)

Hanzlik, Stanislav, die räumliche Verteilg. der meteorologischen Elemente in den Antizyklonen. (Ein Beitrag zur Entwicklungsgeschichte der Antizyklonen.) (94 S. m. 8 Fig. u. 4 Taf.) 31,5×25 cm. Wien 908. (A. Hölder.) 8. 40
Sonderabdruck aus „Denkschr. d. k. Akad. d. Wiss."

— Die räumliche Verteilung der meteorologischen Elemente in den Zyklonen. Ein Beitrag zur Entwicklungsgeschichte der Zyklonen (mit 5 Taf und 5 Textfiguren). D 88. 67 . . . . „ 8.—
Separatabdruck

Hanzsche, Johann T. (Hrsg.), s. Zeitung, Marylandische Teutsche.

Hänzschel, J. G., de hetaeriis vett. Christianorum. Lips. 1729. 4.

Haoh Kjöh, Tieh u. Pinsing. Ein chinesischer Familien-Roman in 5 Büchern. Deutsche Säkular-Ausg. Bremen 869. Kühtmann & Co. gr. 8. (XXXI, 314 S.) n. 1 Rthlr 15 ngr.

Haoh Kjöh Tschwen, d. i. die angenehme Geschichte des Haoh Kjöh ... Leipzig 1766. Ü (ins Deutsche): *Murr, Christoph Gottlieb von.* (Ky) (Will) (BrMm) (EE)

Haoh Kjöh Tschwen, d. i. die Geschichte des Haoh Kjoh, ein chines. Roman; aus d. Chines. ins Engl, u. aus diesem in das Deutsche übersetzt. Mit Zusätzen, u. e. Versuch einer chines. Sprachlehre, (v. C. G. v. Murr). 8. Leipz. 766. Gleditsch. (Brockhaus). 22 gr

Ha-Orah. Ritualwerk, Rabbi Salomo ben Isaac (Raschi) zugeschrieben. 1. Tl., hrsg. nach e. Handschrift des Rabbi Chaim Joseph Dawid Asulai, m. Vergleichgn. der Lesearten, Verbessergn. u. Zusätzen anderer drei Handschriften, im Besitze der Alliance Israelite Paris u. der Bodlejana in Oxford (cod. 563 u. 564), sowie der Excerpte, die der Editor des Sefer Ha-Pardes aus e. Handschrift hinzufügte. 2. Tl., nach obenerwähnter Oxforder Handschrift (cod. 563). Mit Anmerkgn. nebst e. ausführl. Einleitg. versehen v. Salomon Buber. (VII, 167 u. 231 S.) Lex.-8. Lemberg 905. (Berlin, M. Poppelauer.) n. 4. —

Kolibri 360 GmbH
Ferdinand-Jühlke-Straße 7
99095 Erfurt, Deutschland
produktsicherheit@kolibri360.de